国家规划重点图书

水工设计手册

（第2版）

主　编　索丽生　刘　宁

副主编　高安泽　王柏乐　刘志明　周建平

第1卷　基础理论

主编单位　水利部水利水电规划设计总院

河海大学

主　　编　刘志明　王德信　汪德爟

主　　审　张楚汉　陈祖煜　陈德基

中国水利水电出版社

www.waterpub.com.cn

内容提要

《水工设计手册》（第 2 版）共 11 卷。本卷为第 1 卷——《基础理论》，共分 6 章，其内容分别为：工程数学、工程力学、水力学、土力学、岩石力学和计算机应用技术。

本手册可作为水利水电工程规划、勘测、设计、施工、管理等专业的工程技术人员和科研人员的常备工具书，同时也可作为大专院校相关专业师生的重要参考书。

图书在版编目（CIP）数据

水工设计手册．第 1 卷，基础理论/刘志明，王德信，汪德爟主编．—2 版．—北京：中国水利水电出版社，2011.8（2015.3 重印）
ISBN 978-7-5084-8990-2

Ⅰ.①水… Ⅱ.①刘…②王…③汪… Ⅲ.①水利水电工程-工程设计-技术手册 Ⅳ.①TV222-62

中国版本图书馆 CIP 数据核字（2011）第 184062 号

书　名	水工设计手册（第 2 版） 第 1 卷　基础理论
主编单位	水利部水利水电规划设计总院　河海大学
主　编	刘志明　王德信　汪德爟
出版发行	中国水利水电出版社 （北京市海淀区玉渊潭南路 1 号 D 座　100038） 网址：www.waterpub.com.cn E-mail：sales@waterpub.com.cn 电话：（010）68367658（发行部）
经　售	北京科水图书销售中心（零售） 电话：（010）88383994、63202643、68545874 全国各地新华书店和相关出版物销售网点
排　版	中国水利水电出版社微机排版中心
印　刷	涿州市星河印刷有限公司
规　格	184mm×260mm　16 开本　55.25 印张　1870 千字
版　次	1983 年 10 月第 1 版第 1 次印刷 2011 年 8 月第 2 版　2015 年 3 月第 2 次印刷
印　数	4001—7000 册
定　价	**295.00** 元

《水工设计手册》（第2版）

技术委员会

主　　任　潘家铮

副 主 任　胡四一　郑守仁　朱尔明

委　　员　（以姓氏笔画为序）

马洪琪　王文修　左东启　石瑞芳　刘克远

朱尔明　朱伯芳　吴中如　张超然　张楚汉

杨志雄　汪易森　陈明致　陈祖煜　陈德基

林可冀　林　昭　茆　智　郑守仁　胡四一

徐瑞春　徐麟祥　曹克明　曹楚生　富曾慈

曾肇京　董哲仁　蒋国澄　韩其为　雷志栋

潘家铮

组织单位

水利部水利水电规划设计总院

水电水利规划设计总院

中国水利水电出版社

《水工设计手册》（第 2 版）

各卷卷目、主编单位、主编、主审人员

卷目		主编单位	主编	主审
第 1 卷	基础理论	水利部水利水电规划设计总院 河海大学	刘志明 王德信 汪德爟	张楚汉　陈祖煜 陈德基
第 2 卷	规划、水文、地质	水利部水利水电规划设计总院	梅锦山 侯传河 司富安	陈德基　富曾慈 曾肇京　韩其为 雷志栋
第 3 卷	征地移民、环境保护与水土保持	水利部水利水电规划设计总院	陈　伟 朱党生	朱尔明　董哲仁
第 4 卷	材料、结构	水电水利规划设计总院	白俊光 张宗亮	张楚汉　石瑞芳 王亦锥
第 5 卷	混凝土坝	水电水利规划设计总院	周建平 党林才	石瑞芳　朱伯芳 蒋效忠
第 6 卷	土石坝	水利部水利水电规划设计总院	关志诚	林　昭　曹克明 蒋国澄
第 7 卷	泄水与过坝建筑物	水利部水利水电规划设计总院	刘志明 温续余	郑守仁　徐麟祥 林可冀
第 8 卷	水电站建筑物	水电水利规划设计总院	王仁坤 张春生	曹楚生　李佛炎
第 9 卷	灌排、供水	水利部水利水电规划设计总院	董安建 李现社	茆　智　汪易森
第 10 卷	边坡工程与地质灾害防治	水电水利规划设计总院	冯树荣 彭土标	朱建业　万宗礼
第 11 卷	水工安全监测	水电水利规划设计总院	张秀丽 杨泽艳	吴中如　徐麟祥

《水工设计手册》
第 1 版组织和主编单位及有关人员

组织单位　水利电力部水利水电规划设计院

主 持 人　张昌龄　奚景岳　潘家铮

（工作人员有李浩钧、郑顺炜、沈义生）

主编单位　华东水利学院

主 编 人　左东启　顾兆勋　王文修

（工作人员有商学政、高渭文、刘曙光）

《水工设计手册》

第1版各卷（章）目、编写、审订人员

卷目	章目		编写人	审订人
第1卷 基础理论	第1章	数学	张敦穆	潘家铮
	第2章	工程力学	李咏偕　张宗尧　王润富	徐芝纶　谭天锡
	第3章	水力学	陈肇和	张昌龄
	第4章	土力学	王正宏	钱家欢
	第5章	岩石力学	陶振宇	葛修润
第2卷 地质　水文 建筑材料	第6章	工程地质	冯崇安　王惊谷	朱建业
	第7章	水文计算	陈家琦　朱元甡	叶永毅　刘一辛
	第8章	泥沙	严镜海　李昌华	范家骅
	第9章	水利计算	方子云　蒋光明	叶秉如　周之豪
	第10章	建筑材料	吴仲瑾	吕宏基
第3卷 结构计算	第11章	钢筋混凝土结构	徐积善　吴宗盛	周　氐
	第12章	砖石结构	周　氐	顾兆勋
	第13章	钢木结构	孙良伟　周定荪	俞良正　王国周　许政谐
	第14章	沉降计算	王正宏	蒋彭年
	第15章	渗流计算	毛昶熙　周保中	张蔚榛
	第16章	抗震设计	陈厚群　汪闻韶	刘恢先
第4卷 土石坝	第17章	主要设计标准和荷载计算	郑顺炜　沈义生	李浩钧
	第18章	土坝	顾淦臣	蒋彭年
	第19章	堆石坝	陈明致	柳长祚
	第20章	砌石坝	黎展眉	李津身　上官能

卷目	章目		编写人	审订人
第5卷 混凝土坝	第21章	重力坝	苗琴生	邹思远
	第22章	拱坝	吴凤池　周允明	潘家铮　裘允执
	第23章	支墩坝	朱允中	戴耀本
	第24章	温度应力与温度控制	朱伯芳	赵佩钰
第6卷 泄水与过坝建筑物	第25章	水闸	张世儒　潘贤德 沈潜民　孙尔超 屠　本	方福均　孔庆义 胡文昆
	第26章	门、阀与启闭设备	夏念凌	傅南山　俞良正
	第27章	泄水建筑物	陈肇和　韩　立	陈椿庭
	第28章	消能与防冲	陈椿庭	顾兆勋
	第29章	过坝建筑物	宋维邦　刘党一 王俊生　陈文洪 张尚信　王亚平	王文修　呼延如琳 王麟璠　涂德威
	第30章	观测设备与观测设计	储海宁　朱思哲	经萱禄
第7卷 水电站建筑物	第31章	深式进水口	林可冀　潘玉华 袁培义	陈道周
	第32章	隧洞	姚慰城	翁义孟
	第33章	调压设施	刘启钊　刘蕴琪 陆文祺	王世泽
	第34章	压力管道	刘启钊　赵震英 陈霞龄	潘家铮
	第35章	水电站厂房	顾鹏飞	赵人龙
	第36章	挡土墙	甘维义　干　城	李士功　杨松柏
第8卷 灌区建筑物	第37章	灌溉	郑遵民　岳修恒	许志方　许永嘉
	第38章	引水枢纽	张景深　种秀贤 赵伸义	左东启
	第39章	渠道	龙九范	何家濂
	第40章	渠系建筑物	陈济群	何家濂
	第41章	排水	韩锦文　张法思	瞿兴业　胡家博
	第42章	排灌站	申怀珍　田家山	沈日迈　余春和

水利水电建设的宝典

——《水工设计手册》(第2版)序

《水工设计手册》(第2版)在广大水利工作者的热切期盼中问世了，这是我国水利水电建设领域中的一件大事，也是我国水利发展史上的一件喜事。3年多来，参与手册编审工作的专家、学者、工程技术人员和出版工作者，花费了大量心血，付出了艰辛努力。在此，我向他们表示衷心的感谢，致以崇高的敬意！

为政之要，其枢在水。兴水利、除水害，历来是治国安邦的大事。在我国悠久的治水历史中，积累了水利工程建设的丰富经验。特别是新中国成立后，揭开了我国水利水电事业发展的新篇章，建设了大量关系国计民生的水利水电工程，极大地促进了水工技术的发展。1983年，第1版《水工设计手册》应运而生，成为我国第一部大型综合性水工设计工具书，在指导水利水电工程设计、培养水工技术和管理人才、提高水利水电工程建设水平等方面发挥了十分重要的作用。

第1版《水工设计手册》面世28年来，我国水利水电事业发展迈上了一个新的台阶，取得了举世瞩目的伟大成就。一大批技术复杂、规模宏大的水利水电工程建成运行，新技术、新材料、新方法和新工艺广泛应用，水利水电建设信息化和现代化水平显著提升，我国水工设计技术、设计水平已跻身世界先进行列。特别是近年来，随着科学发展观的深入贯彻落实，我国治水思路正在发生着深刻变化，推动着水工设计需求、设计理念、设计理论、设计方法、设计手段和设计标准规范不断发展与完善。因此，迫切需要对《水工设计手册》进行修订完善。2008年2月水利部成立了《水工设计手册》(第2版)编委会，正式启动了修编工作。在编委会的组织领导下，水利水电规划设计总院、水电水利规划设计总院和中国水利水电出版社3家单位，联合邀请全国4家水利水电科学研究院、3所重点高等学校、15个资质优秀的水利水电勘测设计研究院(公司)等单位的数百位专家、学者和技术骨干参与，经过3年多的艰苦努力，《水工设计手册》(第2版)现已付梓。

《水工设计手册》（第2版）以科学发展观为统领，按照可持续发展治水思路要求，在继承前版成果中开拓创新，全面总结了现代水工设计的理论和实践经验，系统介绍了现代水工设计的新理念、新材料、新方法，有效协调了水利工程和水电工程设计标准，充分反映了当前国内外水工设计领域的重要科研成果。特别是增加了计算机技术在现代水工设计方法中应用等卷章，充实了在现代水工设计中必须关注的生态、环保、移民、安全监测等内容，使手册结构更趋合理，内容更加完整，更切合实际需要，充分体现了科学性、时代性、针对性和实用性。《水工设计手册》（第2版）的出版必将对进一步提升我国水利水电工程建设软实力，推动水工设计理念更新，全面提高水工设计质量和水平产生重大而深远的影响。

当前和今后一个时期，是加强水利重点薄弱环节建设、加快发展民生水利的关键时期，是深化水利改革、加强水利管理的攻坚时期，也是推进传统水利向现代水利、可持续发展水利转变的重要时期。2011年中央1号文件《关于加快水利改革发展的决定》和不久前召开的中央水利工作会议，进一步明确了新形势下水利的战略地位，以及水利改革发展的指导思想、目标任务、基本原则、工作重点和政策举措。《国家可再生能源中长期发展规划》、《中国应对气候变化国家方案》对水电开发建设也提出了具体要求。水利水电事业发展面临着重要的战略机遇，迎来了新的春天。

《水工设计手册》（第2版）集中体现了近30年来我国水利水电工程设计与建设的优秀成果，必将成为广大水利水电工作者的良师益友，成为水利水电建设的盛世宝典。广大水利水电工作者，要紧紧抓住战略机遇，深入贯彻落实科学发展观，坚持走中国特色水利现代化道路，积极践行可持续发展治水思路，充分利用好这本工具书，不断汲取学识和真知，不断提高设计能力和水平，以高度负责的精神、科学严谨的态度、扎实细致的作风，奋力拼搏，开拓进取，为推动我国水利水电事业发展新跨越、加快社会主义现代化建设作出新的更大贡献。

是为序。

水利部部长 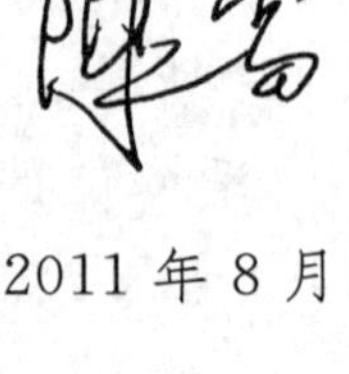

2011年8月8日

序

经过500多位专家学者历时3年多的艰苦努力，《水工设计手册》（第2版）即将问世。这是一件期待已久和值得庆贺的事。借此机会，我谨向参与《水工设计手册》修编的专家学者，向支持修编工作的领导同志们表示敬意。

30年前，为了提高设计水平，促进水利水电事业的发展，在许多专家、教授和工程技术人员的共同努力下，一部反映当时我国水利水电建设经验和科研成果的《水工设计手册》应运而生。《水工设计手册》深受广大水利水电工程技术工作者的欢迎，成为他们不可或缺的工具书和一位无言的导师，在指导设计、提高建设水平和保证安全等方面发挥了重要作用。

30年来，我国水利水电工程设计和建设成绩卓著，工程规模之大、建设速度之快、技术创新之多居世界前列。当然，在建设中我们面临一系列问题，其难度之大世界罕见。通过长期的艰苦努力，我们成功地建成了一大批世界规模的水利水电工程，如长江三峡水利枢纽、黄河小浪底水利枢纽、二滩、水布垭、龙滩等大型水电站，以及正在建设的锦屏一级、小湾和溪洛渡等具有300米级高拱坝的巨型水电站和南水北调东中线大型调水工程，解决了无数关键技术难题，积累了大量成功的设计经验。这些关系国计民生和具有世界影响力的大型水利水电工程在国民经济和社会发展中发挥了巨大的防洪、发电、灌溉、除涝、供水、航运、渔业、改善生态环境等综合作用。《水工设计手册》（第2版）正是对我国改革开放30多年来水利水电工程建设经验和创新成果的总结与提炼。特别是在当前全国贯彻落实中央水利工作会议精神、掀起新一轮水利水电工程建设高潮之际，出版发行《水工设计手册》（第2版）意义尤其重大。

在陈雷部长的高度重视和索丽生、刘宁同志的具体领导下，各主编单位和编写的同志以第1版《水工设计手册》为基础，全面搜集资料，做了大量归纳总结和精选提炼工作，剔除陈旧内容，补充新的知识。《水工设计手册》（第2版）体现了科学性、实用性、一致性和延续性，强调落实科学发展观和人与自然和谐的设计理念，浓墨重彩地突出了生态环境保护和征地移民的要求，彰显了与时俱进精神和可持续发展的理念。《水工设计手册》（第2版）质量总体良好，技术水平高，是一部权威的、综合性和实用性强的一流设计手册，一部里程碑式的出版物。相信它将为21世纪的中国书写治水强国、兴水富民的不朽篇章，为描绘辉煌灿烂的画卷作出贡献。

我认为《水工设计手册》（第2版）另一明显的特色在于：它除了提供各种先进适用的理论、方法、公式、图表和经验之外，还突出了工程技术人员的设计任务、关键和难点，指出设计因素中哪些是确定性的，哪些是不确定的，从而使工程技术人员能够更好地掌握全局，有所抉择，不至于陷入公式和数据中去不能自拔；它还指出了设计技术发展的趋势与方向，有利于启发工程技术人员的思考和创新精神，这对工程技术创新是很有益处的。

工程是技术的体现和延续，它推动着人类文明的发展。从古至今，不同时期留下的不朽经典工程，就是那段璀璨文明的历史见证。2000多年前的都江堰和现代的三峡水利枢纽就是代表。在人类文明的发展过程中，从工程建设中积累的经验、技术和智慧被一代一代地传承下来。但是，我们必须在继承中发展，在发展中创新，在创新中跨越，才能大大地提高现代水利水电工程建设的技术水平。现在的年轻工程师们一如他们的先辈，正在不断克服各种困难，探索新的技术高度，创造前人无法想象的奇迹，为水利水电工程的经济效益、社会效益和环境效益的协调统一，为造福人类、推动人类文明的发展锲而不舍地奉献着自己的聪明才智。《水工设计手册》（第2版）的出版正值我国水利水电建设事业新高潮到来之际，我衷心希望广大水利水电工程技术人员精心规划，精心设计，精心管理，以一流设计促一流工程，为我国的经济社会可持续发展作出划时代的贡献。

中国科学院院士
中国工程院院士 潘家铮

2011年8月18日

第 2 版 前 言

《水工设计手册》是一部大型水利工具书。自20世纪80年代初问世以来，在我国水利水电建设中起到了不可估量的作用，深受广大水利水电工程技术人员的欢迎，已成为勘测设计人员必备的案头工具书。近30年来，我国水利水电工程建设有了突飞猛进的发展，取得了巨大的成就，技术水平总体处于世界领先地位。为适应我国水利水电事业的发展，迫切需要对《水工设计手册》进行修订。现在，《水工设计手册》（第2版）经10年孕育，即将问世。

一

《水工设计手册》修订的必要性，主要体现在以下五个方面：

第一是满足工程建设的需要。为满足西部大开发、中部崛起、振兴东北老工业基地和东部地区率先发展的国家发展战略的要求，尤其是2011年中共中央国务院作出了《关于加快水利改革发展的决定》，我国水利水电事业又迎来了新的发展机遇，即将掀起大规模水利水电工程建设的新高潮，迫切需要对已往水利水电工程建设的经验加以总结，更好地将水工设计中的新观念、新理论、新方法、新技术、新工艺在水利水电工程建设中广泛推广和应用，以提高设计水平，保障工程质量，确保工程安全。

第二是创新设计理念的需要。30年前，我国水利水电工程设计的理念是以开发利用为主，强调“多快好省”，而现在的要求是开发与保护并重，做到“又好又快”。当前，随着我国经济社会的发展和生产生活水平的不断提高，不仅要注重水利水电工程的安全性和经济性，也更要注重生态环境保护和移民安置，做到统筹兼顾，处理好开发与保护的关系，以实现人与自然和谐相处，保障水资源可持续利用。

第三是更新设计手段的需要。计算机技术、网络技术和信息技术已在水利水电工程建设和管理中取得了突飞猛进的发展。计算机辅助工程

(CAE) 技术已经广泛应用于工程设计和运行管理的各个方面，为广大工程技术人员在工程计算分析、模拟仿真、优化设计、施工建设等方面提供了先进的手段和工具，使许多原来难以处理的复杂的技术问题迎刃而解。现代遥感（RS）技术、地理信息系统（GIS）及全球定位系统（GPS）技术（即“3S”技术）的应用，突破了许多传统的地球物理方法及技术，使工程勘探深度不断加大、勘探分辨率（精度）不断提高，使人们对自然现象和规律的认识得以提高。这些先进技术的应用提高了工程勘测水平、设计质量和工作效率。

第四是总结建设经验的需要。自20世纪90年代以来，我国建设了一大批具有防洪、发电、航运、灌溉、调水等综合利用效益的水利水电工程。在大量科学研究和工程实践的基础上，成功破解了工程建设过程中遇到的许多关键性技术难题，建成了举世瞩目的三峡水利枢纽工程，建成了世界上最高的面板堆石坝（水布垭）、碾压混凝土坝（龙滩）和拱坝（小湾）等。这些规模宏大、技术复杂的工程的建设，在设计理论、技术、材料和方法等方面都有了很大的提高和改进，所积累的成功设计和建设经验需要总结。

第五是满足读者渴求的需要。我国水利水电工程技术人员对《水工设计手册》十分偏爱，第1版《水工设计手册》中有些内容已经过时，需要删减，亟待补充新的技术和基础资料，以进一步提高《水工设计手册》的质量和应用价值，满足水利水电工程设计人员的渴求。

二

修订《水工设计手册》遵循的原则：一是科学性原则，即系统、科学地总结国内外水工设计的新观念、新理论、新方法、新技术、新工艺，体现我国当前水利水电工程科学研究和工程技术的水平；二是实用性原则，即全面分析总结水利水电工程设计经验，发挥各编写单位技术优势，适应水利水电工程设计新的需要；三是一致性原则，即协调水利、水电行业的设计标准，对水利与水电技术标准体系存在的差异，必要时作并行介绍；四是延续性原则，即以第1版《水工设计手册》框架为基础，修订、补充有关章节内容，保持《水工设计手册》的延续性和先进性。

三

为切实做好修订工作，水利部成立了《水工设计手册》（第2版）编委会和技术委员会，水利部部长陈雷担任编委会主任，中国科学院院士、中国工程院院士潘家铮担任技术委员会主任，索丽生、刘宁任主编，高安泽、王柏乐、刘志明、周建平任副主编，对各卷、章的修编工作实行各卷、章主编负责制。在修编过程中，为了充分发挥水利水电工程设计、科研和教学等单位的技术优势，在各单位申报承担修编任务的基础上，由水利部水利水电规划设计总院和水电水利规划设计总院讨论确定各卷、章的主编和参编单位以及各卷、章的主要编写人员。主要参与修编的单位有25家，参加人员约500人。全书及各卷的审稿人员由技术委员会的专家担任。

第1版《水工设计手册》共8卷42章，656万字。修编后的《水工设计手册》（第2版）共分为11卷65章，字数约1400万字。增加了第3卷《征地移民、环境保护与水土保持》、第10卷《边坡工程与地质灾害防治》和第11卷《水工安全监测》等3卷，主要增加的内容包括流域综合规划、征地移民、环境保护、水土保持、水工结构可靠度、碾压混凝土坝、沥青混凝土防渗体土石坝、河道整治与堤防工程、抽水蓄能电站、潮汐电站、鱼道工程、边坡工程、地质灾害防治、水工安全监测和计算机应用等。

第1、2、3、6、7、9卷和第4、5、8、10、11卷分别由水利部水利水电规划设计总院和水电水利规划设计总院负责组织协调修编、咨询和审查工作。全书经编委会与技术委员会逐卷审查定稿后，由中国水利水电出版社负责编辑、出版和发行。

四

修订和编辑出版《水工设计手册》（第2版）是一项组织策划复杂、技术含量高、作者众多、历时较长的工作。

1999年3月，中国水利水电出版社致函原主编单位华东水利学院（现河海大学），表达了修订《水工设计手册》的愿望，河海大学及原主编左东启表示赞同。有关单位随即开展了一些前期工作。

2002年7月，中国水利水电出版社向时任水利部副部长的索丽生提出了“关于组织编纂《水工设计手册》（第2版）的请示”。水利部给予了高度重视，但因工作机制及资金不落实等原因而搁置。

2004年8月，水利部水利水电规划设计总院、水电水利规划设计总院和中国水利水电出版社三家单位，在北京召开了三方有关人员会议，讨论修订《水工设计手册》事宜，就修编经费、组织形式和工作机制等达成一致意见：即三方共同投资、共担风险、共同拥有著作权，共同组织修编工作。

2006年6月，水利部水利水电规划设计总院、水电水利规划设计总院和中国水利水电出版社的有关人员再次召开会议，研究推动《水工设计手册》的修编工作，并成立了筹备工作组。在此之后，工作组积极开展工作，经反复讨论和修改，草拟了《水工设计手册》修编工作大纲，分送有关领导和专家审阅。水利部水利水电规划设计总院和水电水利规划设计总院分别于2006年8月、2006年12月和2007年9月联合向有关单位下发文件，就修编《水工设计手册》有关事宜进行部署，并广泛征求意见，得到了有关设计单位、科研机构和大学院校的大力支持。经过充分酝酿和讨论，并经全书主编索丽生两次主持审查，提出了《水工设计手册》修编工作大纲。

2008年2月，《水工设计手册》（第2版）编委会扩大会议在北京召开，标志着修编工作全面启动。水利部部长陈雷亲自到会并作重要讲话，要求各有关方面通力合作，共同努力，把《水工设计手册》修编工作抓紧、抓实、抓好，使《水工设计手册》（第2版）“真正成为广大水利工作者的良师益友，水利水电工程建设的盛世宝典，传承水文明的时代精品”。

修订和编纂《水工设计手册》（第2版）工作得到了有关设计、科研、教学等单位的热情支持和大力帮助。全国包括13位中国科学院、中国工程院院士在内的500多位专家、学者和专业编辑直接参与组织、策划、撰稿、审稿和编辑工作，他们殚精竭虑，字斟句酌，付出了极大的心血，克服了许多困难，他们将修编工作视为时代赋予的神圣责任，3年多来，一直是苦并快乐地工作着。

鉴于各卷修编工作内容和进度不一，按成熟一卷出版一卷的原则，逐步完成全手册的修编出版工作。随着2011年中共中央1号文件的出台和新中国成立以来的首次中央水利工作会议的召开，全国即将掀起水利水电工程建设的新高潮，修编出版后的《水工设计手册》，必将在水利水电工程建设中发挥作用，为我国经济社会可持续发展作出新的贡献。

本套手册可供从事水利水电工程规划、设计、施工、管理的工程技术人员和相关专业的大专院校师生使用和参考。

在《水工设计手册》（第2版）即将陆续出版之际，谨向所有关怀、支持和参与修订和编纂出版工作的领导、专家和同志们，表示诚挚的感谢，并祈望广大读者批评指正。

《水工设计手册》（第2版）编委会

2011年8月

第 1 版 前 言

我国幅员辽阔，河流众多，流域面积在 1000km^2 以上的河流就有 1500 多条。全国多年平均径流量达 27000 多亿 m^3，水能蕴藏量约 6.8 亿 kW，水利水电资源十分丰富。

众多的江河，使中华民族得以生息繁衍。至少在 2000 多年前，我们的祖先就在江河上修建水利工程。著名的四川灌县都江堰水利工程，建于公元前 256 年，至今仍在沿用。由此可见，我国人民建设水利工程有悠久的历史和丰富的知识。

中华人民共和国成立，揭开了我国水利水电建设的新篇章。30 余年来，在党和人民政府的领导下，兴修水利，发展水电，取得了伟大成就。根据 1981 年统计（台湾省暂未包括在内），我国已有各类水库 86000 余座（其中库容大于 1 亿 m^3 的大型水库有 329 座），总库容 4000 余亿 m^3，30 万亩以上的大灌区 137 处，水电站总装机容量已超过 2000 万 kW（其中 25 万 kW 以上的大型水电站有 17 座）。此外，还修建了许多堤防、闸坝等。这些工程不仅使大江大河的洪涝灾害受到控制，而且提供的水源、电力，在工农业生产和人民生活中发挥了十分重要的作用。

随着我国水利水电资源的开发利用，工程建设实践大大促进了水工技术的发展。为了提高设计水平和加快设计速度，促进水利水电事业的发展，编写一部反映我国建设经验和科研成果的水工设计手册，作为水利水电工程技术人员的工具书，是大家长期以来的迫切愿望。

早在 60 年代初期，汪胡桢同志就倡导并着手编写我国自己的水工设计手册，后因十年动乱，被迫中断。粉碎“四人帮”以后不久，为适应我国四化建设的需要，由水利电力部规划设计管理局和水利电力出版社共同发起，重新组织编写水工设计手册。1977 年 11 月在青岛召开了手册的编写工作会议，到会的有水利水电系统设计、施工、科研和高等学校共 26 个单位、53 名代表，手册编写工作得到与会单位和代表的热情支持。这次会议讨论了手册编写的指导思想和原则，全书的内容体系，任务分工，计划进度和要求，以及编写体例等方面的问题，并作出了相应的决定。会后，又委托华东水利学院为主编单位，具体担负手册的编审任务。随着编写单位和编写人员的逐步落实，各章的初稿也陆续写出。1980年4月，由组织、主编和出版三个单位在南京召开了第1卷审稿会。同年8月，三个单位又在北京召开了与坝工有关各章内容协调会。根据议定的程序，手册各章写出以后，一般均打印分发有关单位，采用多种形式广泛征求意见，有的编写单位还召开了范围较广的审稿会。初稿经编写单位自审修改后，又经专门聘请的审订人详细审阅修订，最后由主编单位定稿。在各协作单位大力支持下，经过编写、审订和主编同志们的辛勤劳动，现在，《水工设计手册》终于与读者见面了，这是一件值得庆贺的事。

本手册共有42章，拟分8卷陆续出版，预计到1985年全书出齐，还将出版合订本。

本手册主要供从事大中型水利水电工程设计的技术人员使用，同时也可供地县农田水利工程技术人员和从事水利水电工程施工、管理、科研的人员，以及有关高校、中专师生参考使用。本手册立足于我国的水工设计经验和科研成果，内容以水工设计中经常使用的具体设计计算方法、公式、图表、数据为主，对于不常遇的某些专门问题，比较笼统的设计原则，尽量从简；力求与我国颁布的现行规范相一致，同时还收入了可供参考的有关规程、规范。

这是我国第一部大型综合性水工设计工具书，它具有如下特色：

(1) 内容比较完整。本手册不仅包括了水利水电工程中所有常见的水工建筑物，而且还包括了基础理论知识和与水工专业有关的各专业知识。

(2) 内容比较实用。各章中除给出常用的基本计算方法、公式和设计步骤外，还有较多的工程实例。

(3) 选编的资料较新。对一些较成熟的科研成果和技术革新成果尽量吸收，对国外先进的技术经验和有关规定，凡认为可资参考或应用的，也多作了扼要介绍。

(4) 叙述简明扼要。在表达方式上多采用公式、图表，文字叙述也力求精练，查阅方便。

我们相信，这部手册的问世将对我国从事水利水电工作的同志有一定的帮助。

本手册编成之后，我们感到仍有许多不足之处，例如：个别章的设置和顺序安排不尽恰当；有的章字数偏多，内容上难免存在某些重复；对现代化的设计方法如系统工程、优化设计等，介绍得不够；在文字、体例、繁简程度等方面也不尽一致。所有这些，都有待于再版时加以改进。

本手册自筹备编写至今，历时已近5年，前后参加编写、审订工作的有30多个单位100多位同志。接受编写任务的单位和执笔同志都肩负繁重的设计、科研、教学等工作，他们克服种种困难，完成了手册编写任务，为手册的顺利出版作出了贡献。在此，我们向所有参加手册工作的单位、编写人、审订人表示衷心的感谢，并致以诚挚的慰问。已故水力发电建设总局副总工程师奚景岳同志和水利出版社社长林晓同志，他们生前参加手册发起并做了大量工作，谨在此表示深切的怀念。

最后，我们诚恳地欢迎读者对手册中的疏漏和错误给予批评指正。

水利电力部水利水电规划设计院

华东水利学院

1982年5月

目　录

第2章 工程力学

第3章 水 力 学

第4章 土 力 学

第5章 岩石力学

第6章 计算机应用技术

第1章

工　程　数　学

本章是《水工设计手册》（第2版）其他各章节所需数学知识的平台，修编时不追求数学理论与公式推导的完整性，而追求知识的实用性与正确性。由于目前的水工设计更多地依赖于数值模拟技术的进步，因此增加了适用于水工设计的较为成熟的新型数值计算方法。修编后的内容由原来的8节扩充为13节：

（1）1.1～1.8节，参考了第1版《水工设计手册》的编写顺序与内容，但各节具体内容都有所增加、调整和完善：①删除了原“第8节 数学表”；②原“第7节 概率与数理统计”分成了“1.6 概率论”和“1.7 数理统计”2节，并增加了有工程设计应用背景的“马尔可夫链”、“假设检验”、“方差分析”、“回归分析”、“正交试验设计”、“抽样检验方法”、“主成分分析”和“可靠性分析”等内容；③“1.8 数值分析”，是在原第5节的基础上增加了“刚性微分方程及其数值解法”等大量内容而成。

（2）“1.9 有限分析法”、“1.10 有限体积法”、“1.11 有限元基本方法”、“1.12 最优化方法”和“1.13 人工神经网络”5节为新增内容。

章主编　张敦穆　王如云

章主审　姜启源　刘景麟

本章各节编写及审稿人员

节次	编　写　人	审稿人
1.1	张敦穆	姜启源 刘景麟
1.2		
1.3		
1.4		
1.5		
1.6		
1.7		
1.8		
1.9	宋志尧　王如云	
1.10	王如云　宋志尧	
1.11	宋志尧	
1.12	丁根宏	
1.13	王如云	

注　参加 1.1～1.8 节编写的人员还有：郁大刚、苏海东、徐小明、董祖引、徐跃之、崔建华、肖汉江、陕亮、刘向阳、顾华、李水艳。

第1章 工程数学

1.1 初等数学

1.1.1 初等代数

1.1.1.1 解析式

1. 因式分解

$a^2-b^2=(a-b)(a+b)$

$a^3-b^3=(a-b)(a^2+ab+b^2)$

$a^3+b^3=(a+b)(a^2-ab+b^2)$

$a^n-b^n=(a-b)(a^{n-1}+a^{n-2}b+a^{n-3}b^2+\cdots+ab^{n-2}+b^{n-1})$

$a^{2n}-b^{2n}=(a+b)(a^{2n-1}-a^{2n-2}b+a^{2n-3}b^2-\cdots+ab^{2n-2}-b^{2n-1})$

$a^{2n+1}+b^{2n+1}=(a+b)(a^{2n}-a^{2n-1}b+a^{2n-2}b^2-\cdots-ab^{2n-1}+b^{2n})$

$a^3+b^3+c^3-3abc=(a+b+c)(a^2+b^2+c^2-ab-ac-bc)$

$x^2+(a+b)x+ab=(x+a)(x+b)$

$a^2\pm 2ab+b^2=(a\pm b)^2$

$a^2+b^2+c^2+2ab+2ac+2bc=(a+b+c)^2$

$a^3\pm 3a^2b+3ab^2\pm b^3=(a\pm b)^3$

$a^3+b^3+c^3+3a^2b+3a^2c+3ab^2+3b^2c+3ac^2+3bc^2+6abc=(a+b+c)^3$

2. 部分分式

任意实系数有理函数都可以唯一地表示为整式与既约真分式之和，而既约真分式可以唯一地表示为基本真分式 $\frac{A}{x-a}$、$\frac{B}{(x-a)^n}$、$\frac{Cx+D}{x^2+px+q}$、$\frac{Ex+F}{(x^2+px+q)^n}$（其中 x^2+px+q 在实数范围内不可分解）之和。若既约真分式为 $\frac{P(x)}{Q(x)}$，其中

$$Q(x)=(x-a_1)^{r_1}\cdots(x-a_m)^{r_m}(x^2+p_1x+q_1)^{s_1}\cdots(x^2+p_tx+q_t)^{s_t}$$

则 $\frac{P(x)}{Q(x)}$ 可唯一地分解为

$$\frac{P(x)}{Q(x)}=\frac{A_1}{x-a_1}+\frac{A_2}{(x-a_1)^2}+\cdots+\frac{A_{r_1}}{(x-a_1)^{r_1}}+\cdots$$
$$+\frac{B_1}{x-a_m}+\frac{B_2}{(x-a_m)^2}+\cdots+\frac{B_{r_m}}{(x-a_m)^{r_m}}$$
$$+\frac{C_1x+D_1}{x^2+p_1x+q_1}+\frac{C_2x+D_2}{(x^2+p_1x+q_1)^2}+\cdots$$
$$+\frac{C_{s_1}x+D_{s_1}}{(x^2+p_1x+q_1)^{s_1}}+\cdots+\frac{E_1x+F_1}{x^2+p_tx+q_t}$$
$$+\frac{E_2x+F_2}{(x^2+p_tx+q_t)^2}+\cdots+\frac{E_{s_t}x+F_{s_t}}{(x^2+p_tx+q_t)^{s_t}}$$

例如

$$\frac{3x^5-4x^4+5x^3-3x^2+4x-2}{x^4-x^3-x+1}$$
$$=3x-1+\frac{4x^3-1}{(x-1)^2(x^2+x+1)}$$
$$=3x-1+\frac{3}{x-1}+\frac{1}{(x-1)^2}+\frac{x+1}{x^2+x+1}$$

1.1.1.2 一元代数方程求根（以下方程均为实系数）

1. $ax^2+bx+c=0$

(1) 当 $a=0$、$b\neq 0$ 时，只有一个根 $x=-\frac{c}{b}$。

(2) 当 $a\neq 0$ 时，判别式 $\Delta=b^2-4ac$。

当 $\Delta<0$ 时，在实数范围内无根；

当 $\Delta=0$ 时，有二重根 $x_1=x_2=-\frac{b}{2a}$；

当 $\Delta>0$ 时，有两个根 $x_1=\frac{-b+\sqrt{b^2-4ac}}{2a}$、$x_2=\frac{-b-\sqrt{b^2-4ac}}{2a}$。

2. $x^3+ax^2+bx+c=0$

令 $x=y-\frac{a}{3}$ 代入，则

$$y^3+py+q=0$$

其中，$p=b-\frac{a^2}{3}$，$q=\frac{2}{27}a^3-\frac{1}{3}ab+c$。设其三个根分别为 y_1、y_2、y_3，则

$$y_1=\sqrt[3]{-\frac{q}{2}+\sqrt{\left(\frac{q}{2}\right)^2+\left(\frac{p}{3}\right)^3}}+\sqrt[3]{-\frac{q}{2}-\sqrt{\left(\frac{q}{2}\right)^2+\left(\frac{p}{3}\right)^3}}$$

$$y_2=\omega_1\sqrt[3]{-\frac{q}{2}+\sqrt{\left(\frac{q}{2}\right)^2+\left(\frac{p}{3}\right)^3}}+\omega_2\sqrt[3]{-\frac{q}{2}-\sqrt{\left(\frac{q}{2}\right)^2+\left(\frac{p}{3}\right)^3}}$$

$$y_3=\omega_2\sqrt[3]{-\frac{q}{2}+\sqrt{\left(\frac{q}{2}\right)^2+\left(\frac{p}{3}\right)^3}}+\omega_1\sqrt[3]{-\frac{q}{2}-\sqrt{\left(\frac{q}{2}\right)^2+\left(\frac{p}{3}\right)^3}}$$

其中　$\omega_1=\dfrac{-1+\sqrt{3}\mathrm{i}}{2}$，$\omega_2=\dfrac{-1-\sqrt{3}\mathrm{i}}{2}$

三次方程式根的复数解法：当 $\left(\frac{q}{2}\right)^2+\left(\frac{p}{3}\right)^3<0$ 时，三次方程的三个根均为实数，但上述公式求出的根仍用复数表达，此时可以用辅助变量按以下方式解算。为简化书写，令三次方程的标准形式为

$$y^3+3py+2q=0$$

并记　$$r=\pm\sqrt{|p|}$$

若 r 与 q 的符号相同，则可由表 1.1-1 决定辅助变量 φ，并利用 φ 定出三个实根 y_1、y_2、y_3。

表 1.1-1　一元三次方程的三个根

$p<0$		$p>0$
$q^2+p^3\leqslant 0$	$q^2+p^3>0$	
$\cos\varphi=\dfrac{q}{r^3}$	$\cosh\varphi=\dfrac{q}{r^3}$	$\sinh\varphi=\dfrac{q}{r^3}$
$y_1=-2r\cos\left(\dfrac{\varphi}{3}\right)$ $y_2=2r\cos\left(60^\circ-\dfrac{\varphi}{3}\right)$ $y_3=2r\cos\left(60^\circ+\dfrac{\varphi}{3}\right)$	$y_1=-2r\cosh\left(\dfrac{\varphi}{3}\right)$ $y_2=r\cosh\left(\dfrac{\varphi}{3}\right)+\mathrm{i}\sqrt{3}r\sinh\left(\dfrac{\varphi}{3}\right)$ $y_3=r\cosh\left(\dfrac{\varphi}{3}\right)-\mathrm{i}\sqrt{3}r\sinh\left(\dfrac{\varphi}{3}\right)$	$y_1=-2r\sinh\left(\dfrac{\varphi}{3}\right)$ $y_2=r\sinh\left(\dfrac{\varphi}{3}\right)+\mathrm{i}\sqrt{3}r\cosh\left(\dfrac{\varphi}{3}\right)$ $y_3=r\sinh\left(\dfrac{\varphi}{3}\right)-\mathrm{i}\sqrt{3}r\cosh\left(\dfrac{\varphi}{3}\right)$

1.1.1.3　不等式

1. 不等式性质

(1) $a>b\Leftrightarrow b<a$。

(2) 传递性：$a>b$，$b>c\Rightarrow a>c$。

(3) 单调性：$a>b\Rightarrow a+c>b+c$。

(4) $a>b$，$c>0\Rightarrow ac>bc$；$a>b$，$c<0\Rightarrow ac<bc$。

(5) $a>b$，$c>d\Rightarrow a+c>b+d$；$a>b$，$c<d\Rightarrow a-c>b-d$。

(6) $a>b>0$，$c>d>0\Rightarrow ac>bd$。

(7) $a>b>0$，$r>0\Rightarrow a^r>b^r$；$a>b>0$，$r<0\Rightarrow a^r<b^r$。

(8) $\dfrac{a}{b}<\dfrac{c}{d}$，$bd>0\Rightarrow\dfrac{a}{b}<\dfrac{a+c}{b+d}<\dfrac{c}{d}$。

2. 绝对值不等式

(1) $|a\pm b\pm c\pm\cdots\pm k|\leqslant|a|+|b|+|c|+\cdots+|k|$。

(2) $||a|-|b||\leqslant|a\pm b|\leqslant|a|+|b|$。

3. 常用基本不等式

(1) $n^2>(n-1)(n+1)$　(n 是自然数)。

(2) $a^2+b^2\geqslant 2ab$，$a^3+b^3+c^3\geqslant 3abc$　($a,b,c>0$)。

(3) $\left|\dfrac{a_1+a_2+\cdots+a_n}{n}\right|\leqslant\sqrt{\dfrac{a_1^2+a_2^2+\cdots+a_n^2}{n}}$。

(4) $\dfrac{n}{\dfrac{1}{a_1}+\dfrac{1}{a_2}+\cdots+\dfrac{1}{a_n}}\leqslant\sqrt[n]{a_1a_2\cdots a_n}\leqslant\dfrac{a_1+a_2+\cdots+a_n}{n}$　($a_i>0$，$i=1,2,\cdots,n$)。

(5) $\left(\dfrac{a_1+a_2+\cdots+a_n}{n}\right)^k\leqslant\dfrac{a_1^k+a_2^k+\cdots+a_n^k}{n}$　($k>1$，$a_i>0$，$i=1,2,\cdots,n$)。

$\left(\dfrac{a_1+a_2+\cdots+a_n}{n}\right)^k\geqslant\dfrac{a_1^k+a_2^k+\cdots+a_n^k}{n}$　($0<k<1$，$a_i>0$，$i=1,2,\cdots,n$)。

(6) 柯西 (Cauchy) 不等式。设 a_i、b_i ($i=1,2,\cdots,n$) 为任意实数，则

$$\left(\sum_{i=1}^n a_ib_i\right)^2\leqslant\left(\sum_{i=1}^n a_i^2\right)\left(\sum_{i=1}^n b_i^2\right)$$

(7) 伯努利 (Bernoulli) 不等式。

$(1+a_1)(1+a_2)\cdots(1+a_n)>1+a_1+a_2+\cdots+a_n$　($a_i>0$，$i=1,2,\cdots,n$，$n\geqslant 2$)

$(a+1)^n>1+na$　($a>-1$，$a\neq 0$，$n>1$)

(8) 詹生 (Jensen) 不等式。

$\left(\sum\limits_{i=1}^n a_i^s\right)^{\frac{1}{s}}\leqslant\left(\sum\limits_{i=1}^n a_i^t\right)^{\frac{1}{t}}$　($0<t<s$，$a_i>0$，$i=1,2,\cdots,n$)。

(9) 闵可夫斯基 (Minkowski) 不等式。

1) 若 $k>1$，$a_i,b_i>0$，$i=1,2,\cdots,n$，则

$$\left[\sum_{i=1}^n(a_i+b_i)^k\right]^{\frac{1}{k}}\leqslant\left(\sum_{i=1}^n a_i^k\right)^{\frac{1}{k}}+\left(\sum_{i=1}^n b_i^k\right)^{\frac{1}{k}}$$

2) 若 $0<k<1$，$a_i,b_i>0$，$i=1,2,\cdots,n$，则

$$\left[\sum_{i=1}^{n}(a_i+b_i)^k\right]^{\frac{1}{k}} \geqslant \left(\sum_{i=1}^{n}a_i^k\right)^{\frac{1}{k}}+\left(\sum_{i=1}^{n}b_i^k\right)^{\frac{1}{k}}$$

(10) 杨（Young）不等式。若 $p>1$，$q>1$，$\frac{1}{p}+\frac{1}{q}=1$，$a,b\geqslant 0$，则

$$ab \leqslant \frac{a^p}{p}+\frac{b^q}{q}$$

(11) 霍尔德（Hölder）不等式。若 $p>1$，$q>1$，$\frac{1}{p}+\frac{1}{q}=1$，$a_i,b_i\geqslant 0$，$i=1,2,\cdots,n$，则

$$\sum_{i=1}^{n}a_i b_i \leqslant \left(\sum_{i=1}^{n}a_i^p\right)^{\frac{1}{p}}\left(\sum_{i=1}^{n}b_i^q\right)^{\frac{1}{q}}$$

4. 三角函数、指数函数、对数函数的不等式

$\sin x < x < \tan x \quad \left(0<x<\frac{\pi}{2}\right)$

$\cos x < \frac{\sin x}{x} < 1 \quad (0<x<\pi)$

$\frac{\sin x}{x} > \frac{2}{\pi} \quad \left(-\frac{\pi}{2}<x<\frac{\pi}{2}\right)$

$\cos x > 1-\frac{1}{2}x^2 \quad (-\infty<x<\infty,\ x\neq 0)$

$\sin x > x-\frac{1}{6}x^3 \quad (x>0)$

$\tan x > x+\frac{1}{3}x^3 \quad \left(0<x<\frac{\pi}{2}\right)$

$e^x > 1+x \quad (x\neq 0)$

$\frac{x}{1+x} < \ln(1+x) < x \quad (x>-1,\ x\neq 0)$

1.1.1.4 排列组合

1. 阶乘

自然数 n 的阶乘公式为

$n! = n(n-1)(n-2)\cdots 3\cdot 2\cdot 1,\ 0!=1$

斯特林（Stirling）公式为

$$n! \approx \sqrt{2\pi n}\left(\frac{n}{e}\right)^n \quad (\text{当 } n \text{ 充分大})$$

或 $$n! = \sqrt{2n\pi}\left(\frac{n}{e}\right)^n e^{\frac{\theta}{12n}} \quad (0<\theta<1)$$

2. 全排列

n 个元素的全排列是指它们依一定顺序排列成的序列。

(1) n 个不同元素的全排列个数为

$$P(n)=n!$$

(2) n 个元素中有 $n_1,n_2,\cdots,n_r$ 个元素相同时（$n_1+n_2+\cdots+n_r=n$）的全排列个数为

$$P_{n_1,n_2,\cdots,n_r}(n)=\frac{n!}{n_1!n_2!\cdots n_r!}$$

特别地，由 r 与 $n-r$ 个相同元素构成的 n 个元素的全排列个数为

$$P_{r,n-r}(n)=\binom{n}{r}=\frac{n!}{r!(n-r)!}$$

3. 组合

由 n 个元素中取 r 个元素（不重复），不同取法的种数为组合数，即

$$C_n^r=\binom{n}{r}=\frac{n!}{r!(n-r)!}$$

4. 选排列

由 n 个元素中取 r 个元素（不重复），考虑所选元素的排列顺序（元素相同而顺序不同视为不同取法），不同取法的种数为选排列，即

$$A_n^r=r!\binom{n}{r}=\frac{n!}{(n-r)!}$$

5. 二项式公式

$$(a+b)^n=\sum_{i=0}^{n}C_n^i a^i b^{n-i}$$

6. 基本计算公式

$$C_m^n=\frac{A_m^n}{P_n}=\frac{m(m-1)(m-2)\cdots[m-(n-1)]}{1\cdot 2\cdot 3\cdot\cdots\cdot n}=\frac{P_m}{P_nP_{m-n}}=\frac{m!}{n!(m-n)!}=C_m^{m-n}$$

$$C_m^n+C_m^{n-1}=C_{m+1}^n$$

$$C_n^0+C_n^1+C_n^2+\cdots+C_n^n=2^n$$

1.1.1.5 数列与简单级数

1. 数列与级数的概念

按照某种规则排列着的一列数

$$a_1,a_2,\cdots,a_n,\cdots$$

称为数列，记为 $\{a_n\}$。若把这一列数用和号联接成

$$a_1+a_2+\cdots+a_n+\cdots$$

则称其为数列的相应级数，记为 $\sum_{n=1}^{+\infty}a_n$，其中 a_n 称为该数列或级数的通项（又称为一般项）。

2. 等差数列与等差（算术）级数

$$a_1,\ a_1+d,\ a_1+2d,\ \cdots$$

称为首项为 a_1、公差为 d 的等差数列。与等差数列相应的级数称为等差级数，又称为算术级数。

通项（第 n 项）公式为

$$a_n=a_1+(n-1)d$$

前 n 项的和为

$$S_n=\frac{n}{2}(a_1+a_n)=\frac{n}{2}[2a_1+(n-1)d]$$

3. 等比数列与等比（几何）级数

$$a_1,\ a_1q,\ a_1q^2,\ \cdots$$

称为首项为 a_1、公比为 q 的等比数列。与等比数列相应的级数称为等比级数，又称为几何级数。

通项公式为

$$a_n=a_1q^{n-1}$$

前 n 项的和为

$$S_n=\frac{a_1-a_nq}{1-q}=\frac{a_1(1-q^n)}{1-q}\quad(q\neq1)$$

4. 某些数列的前 n 项和

$$1+2+3+\cdots+n=\frac{1}{2}n(n+1)$$

$$1+3+5+\cdots+(2n-1)=n^2$$

$$1^2+2^2+3^2+\cdots+n^2=\frac{1}{6}n(n+1)(2n+1)$$

$$1^3+2^3+3^3+\cdots+n^3=\left[\frac{1}{2}n(n+1)\right]^2$$

$$1\times2+2\times3+3\times4+\cdots+n(n+1)$$
$$=\frac{1}{3}n(n+1)(n+2)$$

$$\frac{1}{1\times2}+\frac{1}{2\times3}+\frac{1}{3\times4}+\cdots+\frac{1}{n(n+1)}=\frac{n}{n+1}$$

1.1.2 初等几何

1.1.2.1 三角形

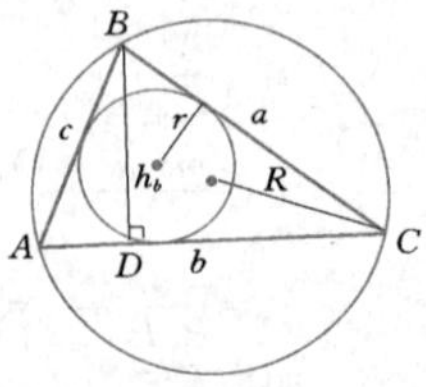

图 1.1-1 与三角形有关的量

图 1.1-1 中的点 A、B、C 可以构成一个平面三角形，记为 $\triangle ABC$；A、B、C 称为三角形的三个顶点；与 $\angle BAC$、$\angle CBA$、$\angle ACB$ 对应的对边长分别为 $|BC|=a$、$|AC|=b$、$|AB|=c$；边 AC 上的高线为 BD，长度 $|BD|=h_b$；$\triangle ABC$ 的内切圆、外接圆的半径分别为 r、R。

1. 面积

$$S=\frac{1}{2}bh_b=\frac{1}{2}ab\sin C=2R^2\sin A\sin B\sin C=rp$$
$$=\sqrt{p(p-a)(p-b)(p-c)}=\frac{c^2\sin A\sin B}{2\sin(A+B)}$$

其中 $$p=\frac{1}{2}(a+b+c)$$

2. 外接圆半径

$$R=\frac{abc}{4S}=\frac{a}{2\sin A}=\frac{b}{2\sin B}=\frac{c}{2\sin C}$$

3. 内切圆半径

$$r=\frac{S}{p}=\frac{a\sin\frac{B}{2}\sin\frac{C}{2}}{\sin\frac{B+C}{2}}=4R\sin\frac{A}{2}\sin\frac{B}{2}\sin\frac{C}{2}$$

其中 $$p=\frac{1}{2}(a+b+c)$$

1.1.2.2 多边形

1. 任意四边形

$$S=\frac{1}{2}d_1d_2\sin\varphi$$

式中 S——面积；

d_1、d_2——两对角线的长；

φ——两对角线的夹角。

$$S=\sqrt{(p-a)(p-b)(p-c)(p-d)-abcd\cos^2\gamma}$$

其中 $$p=\frac{1}{2}(a+b+c+d)$$

式中 a、b、c、d——四边的长；

γ——两对角之和的一半。

2. 正多边形

设 a 为边长，r 为内切圆半径，R 为外接圆半径，φ 为圆心角 $\left(\varphi=\frac{2\pi}{n}，n\text{ 为边数}\right)$，$S$ 为面积，则

$$S=\frac{1}{2}nR^2\sin\varphi=nr^2\tan\frac{\varphi}{2}$$

$$a=2R\sin\frac{\varphi}{2}=2r\tan\frac{\varphi}{2}$$

$$r=\frac{a}{2}\cot\frac{\varphi}{2}，R=\frac{a}{2\sin\frac{\varphi}{2}}$$

1.1.2.3 圆

设 R 为半径，D 为直径，θ 为圆心角（以弧度计），S 为面积，C 为周长，l 为弧长。圆、扇形、弓形、圆环的有关计算公式见表 1.1-2。

1.1.2.4 旋转体

旋转体的有关几何量及其计算公式见表 1.1-3。

表 1.1-2　圆、扇形、弓形、圆环的有关计算公式

名　称	图　形	计　算　公　式
圆	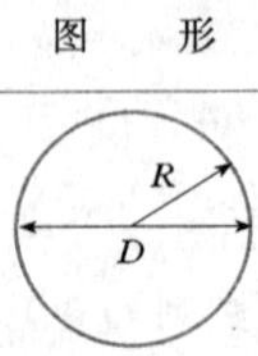	$C=\pi D=2\pi R$ $S=\pi R^2=\frac{1}{4}\pi D^2$
扇形	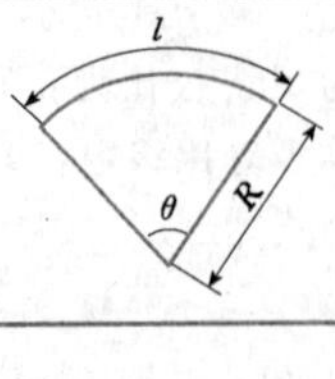	$l=R\theta$ $S=\frac{1}{2}Rl=\frac{1}{2}R^2\theta$

续表

名称	图形	计算公式
弓形	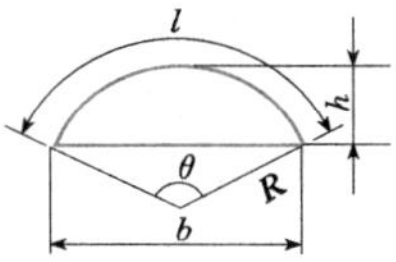	$l = R\theta$ $S = \frac{1}{2}R^2(\theta - \sin\theta) = \frac{1}{2}[R^2\theta - b(R-h)]$ $= \frac{1}{2}R^2\theta - \frac{1}{2}b\sqrt{R^2 - \left(\frac{b}{2}\right)^2}$ $R = \frac{b^2 + 4h^2}{8h}$ $\theta = 4\arctan\frac{2h}{b}$ 弦长 $b = 2R\sin\frac{\theta}{2}$ 拱高 $h = 2R\sin^2\frac{\theta}{4} = \frac{1}{2}b\tan\frac{\theta}{4} = R - \sqrt{R^2 - \left(\frac{b}{2}\right)^2}$
圆环	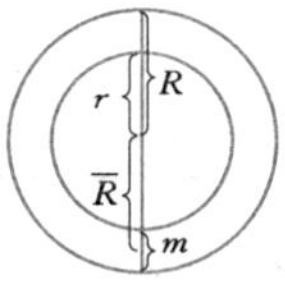	平均半径 $\overline{R} = \frac{1}{2}(R + r)$ 环形宽度 $m = R - r$ $S = \pi(R^2 - r^2) = \pi(R+r)(R-r) = 2\pi\overline{R}m$

表 1.1-3　　旋转体的有关几何量及其计算公式

名称	图形	侧面积 M	表面积 S	体积 V
圆柱	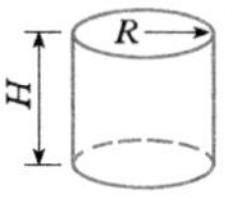	$M = 2\pi RH$	$S = 2\pi R(H + R)$	$V = \pi R^2 H$
圆锥	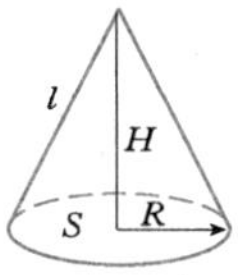	$M = \pi Rl\ (l = \sqrt{H^2 + R^2})$	$S = \pi R(l + R)$	$V = \frac{1}{3}\pi R^2 H = \frac{1}{3}SH$ (S 为底面积)
圆台	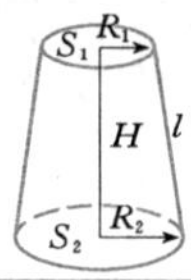	$M = \pi(R_1 + R_2)l$ $(l = \sqrt{H^2 + (R_2 - R_1)^2})$	$S = \pi[R_1^2 + R_2^2 + (R_1 + R_2)l]$	$V = \frac{1}{3}\pi H(R_1^2 + R_2^2 + R_1R_2)$
球	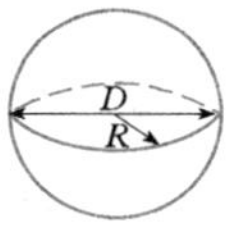		$S = 4\pi R^2 = \pi D^2$	$V = \frac{4}{3}\pi R^3 = \frac{\pi D^3}{6}$
球冠	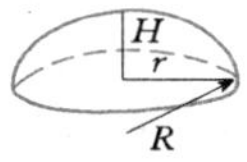	$M = 2\pi RH = \pi(r^2 + H^2)$ (球面部分)	$S = \pi(2RH + r^2)$ $= \pi(H^2 + 2r^2)$	$V = \frac{1}{6}\pi H(H^2 + 3r^2)$ $= \pi H^2\left(R - \frac{H}{3}\right)$
球台	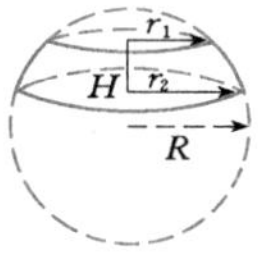	$M = 2\pi RH$	$S = \pi(2RH + r_1^2 + r_2^2)$	$V = \frac{1}{6}\pi H[3(r_1^2 + r_2^2) + H^2]$

续表

名称	图 形	侧面积 M	表面积 S	体积 V
球锥面体	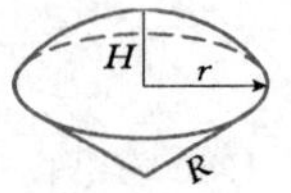	$M=\pi rR$（锥面部分）	$S=\pi R(2H+r)$	$V=\frac{2}{3}\pi R^2 H$
管柱	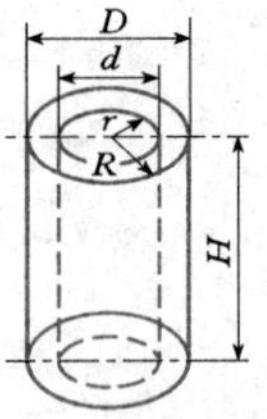	$M=2\pi H(R+r)=4\pi H\overline{R}$	$S=M+2\pi(R^2-r^2)$	$V=\pi H(R^2-r^2)$ $=\pi H(R+r)\times(R-r)$ $=2\pi Hm\overline{R}$ $\left[m=R-r,\ \overline{R}=\frac{1}{2}(R+r)\right]$
圆环胎	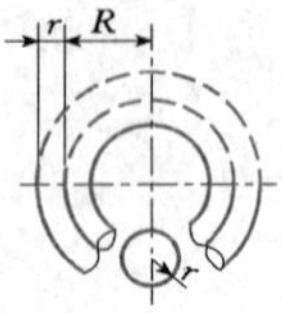		$S=4\pi^2 Rr=\pi^2 Dd$ $(D=2R,\ d=2r)$	$V=2\pi^2 Rr^2=\frac{1}{4}\pi^2 Dd^2$

1.1.2.5 多面体

1. 四面体

设四面体（见图 1.1-2）的棱长分别为 a、b、c、p、q、r，则体积 V 满足下式：

$$V^2=\frac{1}{288}\begin{vmatrix} 0 & r^2 & q^2 & a^2 & 1 \\ r^2 & 0 & p^2 & b^2 & 1 \\ q^2 & p^2 & 0 & c^2 & 1 \\ a^2 & b^2 & c^2 & 0 & 1 \\ 1 & 1 & 1 & 1 & 0 \end{vmatrix}$$

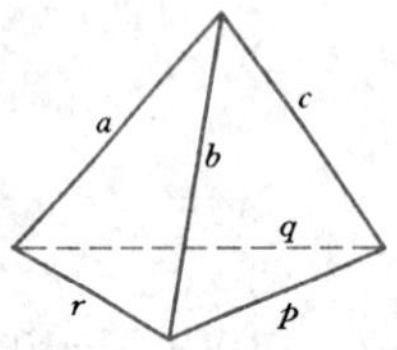

图 1.1-2 四面体

2. 棱柱

设 l 为底周长，S 为底面积，H 为柱高，则

$$\text{侧面积}=lH$$
$$\text{表面积}=2S+lH$$
$$\text{体积}=SH$$

3. 棱锥

设 S 为底面积，H 为高，则

$$\text{体积}=\frac{1}{3}SH$$

设 h 为正棱锥的斜高，l 为底周长，则

$$\text{正棱锥侧面积}=\frac{1}{2}lh$$

4. 棱台

设 S_1、S_2 分别为上、下底面积，H 为高，则

$$\text{体积}=\frac{1}{3}H(S_1+S_2+\sqrt{S_1S_2})$$

设 l_1、l_2 分别为正棱台上、下底的周长，h 为斜高，则

$$\text{正棱台侧面积}=\frac{1}{2}(l_1+l_2)h$$

1.1.2.6 部分圆柱体

1. 斜截圆柱体

设斜截圆柱体（见图 1.1-3）中 H、h 分别为最大、最小高度，R 为底圆的半径，则

$$\text{侧面积}=\pi R(H+h)$$

$$\text{表面积}=\pi R\left[H+h+R+\sqrt{R^2+\left(\frac{H-h}{2}\right)^2}\right]$$

$$\text{体积}=\frac{1}{2}\pi R^2(H+h)$$

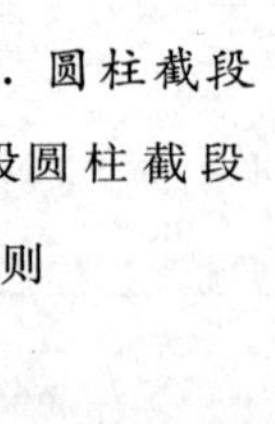

图 1.1-3 斜截圆柱体

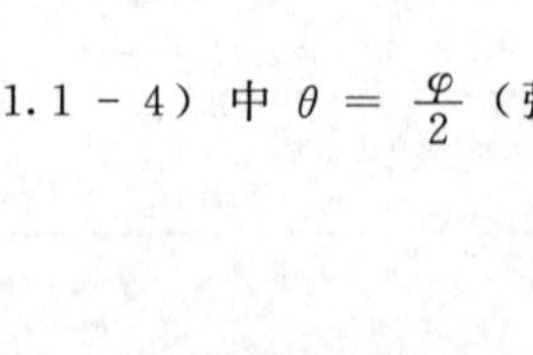

图 1.1-4 圆柱截段

2. 圆柱截段

设圆柱截段（见图 1.1-4）中 $\theta=\frac{\varphi}{2}$（弧度），则

$$侧面积(柱面部分) = \frac{2RH}{b}[(b-R)\theta + a]$$

$$体积 = \frac{H}{3b}[a(3R^2 - a^2) + 3R^2(b-R)\theta]$$

$$= \frac{HR^3}{b}\left(\sin\theta - \frac{1}{3}\sin^3\theta - \theta\cos\theta\right)$$

上述两式也适用于 $b>R$、$\varphi>\pi$ 的情形。

1.1.3 三角

1.1.3.1 弧度和度的关系

（1）$1° = \frac{\pi}{180}$弧度≈0.01745 弧度。

（2）1 弧度$= \frac{180°}{\pi} \approx 57.29578° \approx 57°17'45''$。

1.1.3.2 三角函数关系

1. 基本关系

$\tan\alpha = \frac{\sin\alpha}{\cos\alpha}$，$\cot\alpha = \frac{\cos\alpha}{\sin\alpha}$

$\sec\alpha = \frac{1}{\cos\alpha}$，$\csc\alpha = \frac{1}{\sin\alpha}$

$\cot\alpha = \frac{1}{\tan\alpha}$

$\sin^2\alpha + \cos^2\alpha = 1$

$1 + \tan^2\alpha = \sec^2\alpha$，$1 + \cot^2\alpha = \csc^2\alpha$

2. 诱导公式

诱导公式见表 1.1-4。

3. 常用的三角函数值

常用的三角函数值见表 1.1-5。

4. 特殊的三角函数值

特殊的三角函数值见表 1.1-6。

5. 三角函数的周期性

$\sin(2n\pi + \alpha) = \sin\alpha$

$\cos(2n\pi + \alpha) = \cos\alpha$

$\tan(n\pi + \alpha) = \tan\alpha$

$\cot(n\pi + \alpha) = \cot\alpha$

$\sec(2n\pi + \alpha) = \sec\alpha$

$\csc(2n\pi + \alpha) = \csc\alpha$

式中 n——整数。

表 1.1-4 **诱导公式**

三角函数 \ 角度 θ	$-\alpha$	$\frac{\pi}{2}\pm\alpha$	$\pi\pm\alpha$	$\frac{3\pi}{2}\pm\alpha$	$2n\pi\pm\alpha$
$\sin\theta$	$-\sin\alpha$	$\cos\alpha$	$\mp\sin\alpha$	$-\cos\alpha$	$\pm\sin\alpha$
$\cos\theta$	$\cos\alpha$	$\mp\sin\alpha$	$-\cos\alpha$	$\pm\sin\alpha$	$\cos\alpha$
$\tan\theta$	$-\tan\alpha$	$\mp\cot\alpha$	$\pm\tan\alpha$	$\mp\cot\alpha$	$\pm\tan\alpha$
$\cot\theta$	$-\cot\alpha$	$\mp\tan\alpha$	$\pm\cot\alpha$	$\mp\tan\alpha$	$\pm\cot\alpha$
$\sec\theta$	$\sec\alpha$	$\mp\csc\alpha$	$-\sec\alpha$	$\pm\csc\alpha$	$\sec\alpha$
$\csc\theta$	$-\csc\alpha$	$\sec\alpha$	$\mp\csc\alpha$	$-\sec\alpha$	$\pm\csc\alpha$

注 n 为整数。

表 1.1-5 **常用的三角函数值**

三角函数 \ 角度 α	0°	30°	45°	60°	90°	120°	135°	150°	180°	270°	360°
	0	$\frac{\pi}{6}$	$\frac{\pi}{4}$	$\frac{\pi}{3}$	$\frac{\pi}{2}$	$\frac{2\pi}{3}$	$\frac{3\pi}{4}$	$\frac{5\pi}{6}$	π	$\frac{3\pi}{2}$	2π
$\sin\alpha$	0	$\frac{1}{2}$	$\frac{\sqrt{2}}{2}$	$\frac{\sqrt{3}}{2}$	1	$\frac{\sqrt{3}}{2}$	$\frac{\sqrt{2}}{2}$	$\frac{1}{2}$	0	-1	0
$\cos\alpha$	1	$\frac{\sqrt{3}}{2}$	$\frac{\sqrt{2}}{2}$	$\frac{1}{2}$	0	$-\frac{1}{2}$	$-\frac{\sqrt{2}}{2}$	$-\frac{\sqrt{3}}{2}$	-1	0	1
$\tan\alpha$	0	$\frac{\sqrt{3}}{3}$	1	$\sqrt{3}$	∞	$-\sqrt{3}$	-1	$-\frac{\sqrt{3}}{3}$	0	∞	0
$\cot\alpha$	∞	$\sqrt{3}$	1	$\frac{\sqrt{3}}{3}$	0	$-\frac{\sqrt{3}}{3}$	-1	$-\sqrt{3}$	∞	0	∞

表 1.1-6　特殊的三角函数值

三角函数 \ 角度 α	15° $\frac{\pi}{12}$	18° $\frac{\pi}{10}$	22.5° $\frac{\pi}{8}$	36° $\frac{\pi}{5}$
$\sin\alpha$	$\frac{\sqrt{2}}{4}(\sqrt{3}-1)$	$\frac{1}{4}(\sqrt{5}-1)$	$\frac{1}{2}\sqrt{2-\sqrt{2}}$	$\frac{1}{4}\sqrt{10-2\sqrt{5}}$
$\cos\alpha$	$\frac{\sqrt{2}}{4}(\sqrt{3}+1)$	$\frac{1}{4}\sqrt{10+2\sqrt{5}}$	$\frac{1}{2}\sqrt{2+\sqrt{2}}$	$\frac{1}{4}(\sqrt{5}+1)$
$\tan\alpha$	$2-\sqrt{3}$	$\frac{\sqrt{5}-1}{\sqrt{10+2\sqrt{5}}}$	$\sqrt{2}-1$	$\frac{\sqrt{10-2\sqrt{5}}}{\sqrt{5}+1}$
$\cot\alpha$	$2+\sqrt{3}$	$\frac{\sqrt{10+2\sqrt{5}}}{\sqrt{5}-1}$	$\sqrt{2}+1$	$\frac{\sqrt{5}+1}{\sqrt{10-2\sqrt{5}}}$
$\sec\alpha$	$\sqrt{2}(\sqrt{3}-1)$	$\frac{4}{\sqrt{10+2\sqrt{5}}}$	$\frac{2}{\sqrt{2+\sqrt{2}}}$	$\sqrt{5}-1$
$\csc\alpha$	$\sqrt{2}(\sqrt{3}+1)$	$\sqrt{5}+1$	$\frac{2}{\sqrt{2-\sqrt{2}}}$	$\frac{4}{\sqrt{10-2\sqrt{5}}}$

6. 正弦量

(1) 表达式为

$$u = A\sin(\omega t + \varphi)$$

$$T = \frac{2\pi}{\omega}$$

式中　A——振幅；

ω——圆频率；

φ——初相；

T——周期。

(2) 表达式为

$$u = a\sin\omega t + b\cos\omega t$$

也可以写成如下形式：

$$u = A\sin(\omega t + \varphi)$$

其中　$A = \sqrt{a^2 + b^2}$，　$\tan\varphi = \frac{b}{a}$

1.1.3.3　常用公式

1. 和（差）角公式

$$\sin(\alpha \pm \beta) = \sin\alpha\cos\beta \pm \cos\alpha\sin\beta$$

$$\cos(\alpha \pm \beta) = \cos\alpha\cos\beta \mp \sin\alpha\sin\beta$$

$$\tan(\alpha \pm \beta) = \frac{\tan\alpha \pm \tan\beta}{1 \mp \tan\alpha\tan\beta}$$

$$\cot(\alpha \pm \beta) = \frac{\cot\alpha\cot\beta \mp 1}{\cot\beta \pm \cot\alpha}$$

2. 倍角公式

$$\sin2\alpha = 2\sin\alpha\cos\alpha = \frac{2\tan\alpha}{1+\tan^2\alpha}$$

$$\cos2\alpha = \cos^2\alpha - \sin^2\alpha = 2\cos^2\alpha - 1$$

$$= 1 - 2\sin^2\alpha = \frac{1-\tan^2\alpha}{1+\tan^2\alpha}$$

$$\tan2\alpha = \frac{2\tan\alpha}{1-\tan^2\alpha}$$

$$\cot2\alpha = \frac{\cot^2\alpha - 1}{2\cot\alpha}$$

$$\sin3\alpha = 3\sin\alpha - 4\sin^3\alpha$$

$$\cos3\alpha = 4\cos^3\alpha - 3\cos\alpha$$

$$\tan3\alpha = \frac{3\tan\alpha - \tan^3\alpha}{1 - 3\tan^2\alpha}$$

$$\cot3\alpha = \frac{\cot^3\alpha - 3\cot\alpha}{3\cot^2\alpha - 1}$$

$$\sin n\alpha = n\cos^{n-1}\alpha\sin\alpha - C_n^3\cos^{n-3}\alpha\sin^3\alpha + C_n^5\cos^{n-5}\alpha\sin^5\alpha - \cdots$$

$$\cos n\alpha = \cos^n\alpha - C_n^2\cos^{n-2}\alpha\sin^2\alpha + C_n^4\cos^{n-4}\alpha\sin^4\alpha - \cdots$$

式中　n——整数。

3. 半角公式

$$\sin\frac{\alpha}{2} = \pm\sqrt{\frac{1-\cos\alpha}{2}}$$

$$\cos\frac{\alpha}{2} = \pm\sqrt{\frac{1+\cos\alpha}{2}}$$

$$\tan\frac{\alpha}{2} = \pm\sqrt{\frac{1-\cos\alpha}{1+\cos\alpha}} = \frac{1-\cos\alpha}{\sin\alpha} = \frac{\sin\alpha}{1+\cos\alpha}$$

$$\cot\frac{\alpha}{2} = \pm\sqrt{\frac{1+\cos\alpha}{1-\cos\alpha}} = \frac{\sin\alpha}{1-\cos\alpha} = \frac{1+\cos\alpha}{\sin\alpha}$$

$$\sec\frac{\alpha}{2} = \pm\sqrt{\frac{2\sec\alpha}{\sec\alpha+1}}$$

$$\csc\frac{\alpha}{2} = \pm\sqrt{\frac{2\sec\alpha}{\sec\alpha-1}}$$

4. 和、差与积的互化公式

$$\sin\alpha + \sin\beta = 2\sin\frac{\alpha+\beta}{2}\cos\frac{\alpha-\beta}{2}$$

$$\sin\alpha - \sin\beta = 2\cos\frac{\alpha+\beta}{2}\sin\frac{\alpha-\beta}{2}$$

$$\cos\alpha+\cos\beta=2\cos\frac{\alpha+\beta}{2}\cos\frac{\alpha-\beta}{2}$$

$$\cos\alpha-\cos\beta=-2\sin\frac{\alpha+\beta}{2}\sin\frac{\alpha-\beta}{2}$$

$$\tan\alpha\pm\tan\beta=\frac{\sin(\alpha\pm\beta)}{\cos\alpha\cos\beta}$$

$$\cot\alpha\pm\cot\beta=\pm\frac{\sin(\alpha\pm\beta)}{\sin\alpha\sin\beta}$$

$$\tan\alpha\pm\cot\beta=\frac{\pm\cos(\alpha\mp\beta)}{\cos\alpha\sin\beta}$$

$$\sin\alpha\pm\cos\alpha=\sqrt{2}\sin\left(\alpha\pm\frac{\pi}{4}\right)=\pm\sqrt{2}\cos\left(\alpha\mp\frac{\pi}{4}\right)$$

$$2\sin\alpha\cos\beta=\sin(\alpha+\beta)+\sin(\alpha-\beta)$$

$$2\cos\alpha\sin\beta=\sin(\alpha+\beta)-\sin(\alpha-\beta)$$

$$2\cos\alpha\cos\beta=\cos(\alpha+\beta)+\cos(\alpha-\beta)$$

$$-2\sin\alpha\sin\beta=\cos(\alpha+\beta)-\cos(\alpha-\beta)$$

5. 降幂公式

$$\sin^2\alpha=\frac{1}{2}(1-\cos2\alpha)$$

$$\cos^2\alpha=\frac{1}{2}(1+\cos2\alpha)$$

$$\sin^3\alpha=\frac{1}{4}(3\sin\alpha-\sin3\alpha)$$

$$\cos^3\alpha=\frac{1}{4}(\cos3\alpha+3\cos\alpha)$$

1.1.3.4 边角关系及其解法

设 a、b、c 分别为三角形三条边的长度，A、B、C 分别为它们所对应的角，S 为三角形的面积，R 为外接圆的半径，r 为内切圆的半径，$p=\frac{1}{2}(a+b+c)$ 为半周长。

1. 正弦定理

$$\frac{a}{\sin A}=\frac{b}{\sin B}=\frac{c}{\sin C}=2R$$

2. 余弦定理

$$a^2=b^2+c^2-2bc\cos A$$

3. 正切定理

$$\frac{a-b}{a+b}=\frac{\tan\frac{A-B}{2}}{\tan\frac{A+B}{2}}$$

或

$$\tan\frac{A-B}{2}=\frac{a-b}{a+b}\cot\frac{C}{2}$$

4. 半角公式

$$\sin\frac{A}{2}=\sqrt{\frac{(p-b)(p-c)}{bc}}$$

$$\cos\frac{A}{2}=\sqrt{\frac{p(p-a)}{bc}}$$

$$\tan\frac{A}{2}=\frac{1}{p-a}\sqrt{\frac{(p-a)(p-b)(p-c)}{p}}=\frac{r}{p-a}$$

1.1.4 初等函数

1.1.4.1 几类有特殊性质的函数

1. 单调函数

若对于区间 $[a, b]$ 中的任意 $x_1>x_2$ 都有 $f(x_1)\geqslant f(x_2)$ [或 $f(x_1)\leqslant f(x_2)$]，则称 $f(x)$ 为 $[a,b]$ 上的单调增函数（或单调减函数）。单调增函数和单调减函数统称为单调函数。

2. 奇函数与偶函数

若对于定义域中的任意 x 恒有 $f(-x)=-f(x)$，则称 $f(x)$ 为奇函数；若对于定义域中的任意 x 恒有 $f(-x)=f(x)$，则称 $f(x)$ 为偶函数。

3. 周期函数

若存在实数 $T\neq0$，使对定义域中的任意 x 恒有 $f(x+T)=f(x)$，则 $f(x)$ 称为以 T 为周期的周期函数；否则，称 $f(x)$ 为非周期函数。

1.1.4.2 基本初等函数

基本初等函数包括幂函数、指数函数、对数函数、三角函数、反三角函数五类。

1. 幂函数

$$y=x^\alpha=e^{\alpha\ln x}\quad(x>0,\ \alpha\in R)$$

特别地，当 $\alpha>0$ 时，定义域为 $x\geqslant0$；当 α 为正偶数时，定义域为 $x\in(-\infty,+\infty)$。

2. 指数函数

$$y=a^x\quad[a>0,\ a\neq1,\ x\in(-\infty,+\infty)]$$

当 $0<a<1$ 时，$y=a^x$ 在 $(-\infty,+\infty)$ 上单调减少；

当 $a>1$ 时，$y=a^x$ 在 $(-\infty,+\infty)$ 上单调增加。

3. 对数函数

$$y=\log_a x\quad(a>0,\ a\neq1,\ x>0)$$

特别地，当 $a=e$ 时，称为自然对数，记为 $y=\ln x$；当 $a=10$ 时，称为常用对数，记为 $y=\lg x$。

当 $0<a<1$ 时，$y=\log_a x$ 在 $(0,+\infty)$ 上单调减少；当 $a>1$ 时，$y=\log_a x$ 在 $(0,+\infty)$ 上单调增加。

$$a^{\log_a N}=N,\ \log_a a^N=N$$

$$\log_a 1=0,\ \log_a a=1$$

$$\log_a(MN)=\log_a M+\log_a N$$

$$\log_a\left(\frac{M}{N}\right)=\log_a M-\log_a N$$

$$\log_a M^N=N\log_a M\quad(N\text{ 为任意实数})$$

$$y=\log_a x=\frac{\log_b x}{\log_b a}=\frac{1}{\log_x a}=\frac{\ln x}{\ln a}$$

4. 三角函数

(1) 三角正弦函数 $y=\sin x$ $[x\in(-\infty,+\infty)]$，是以 2π 为周期的周期函数。

(2) 三角余弦函数 $y=\cos x$ $[x\in(-\infty,+\infty)]$，是以 2π 为周期的周期函数。

(3) 三角正切函数 $y=\tan x$ $[x\in(-\infty,+\infty)$，$x\neq k\pi+\dfrac{\pi}{2}$，$k$ 为整数$]$，是以 π 为周期的周期函数。

(4) 三角余切函数 $y=\cot x$ $[x\in(-\infty,+\infty)$，$x\neq k\pi$，k 为整数$]$，是以 π 为周期的周期函数。

(5) 三角正割函数 $y=\sec x$ $[x\in(-\infty,+\infty)$，$x\neq k\pi+\dfrac{\pi}{2}$，$k$ 为整数$]$，是以 2π 为周期的周期函数。

(6) 三角余割函数 $y=\csc x$ $[x\in(-\infty,+\infty)$，$x\neq k\pi$，k 为整数$]$，是以 2π 为周期的周期函数。

5. 反三角函数

反三角函数是三角函数的反函数，如 $y=\sin x$，其反函数为 $y=\mathrm{Arcsin}x$（反正弦），余类推。这里 y 均用弧度来度量。反三角函数有多个分支，它们的主值分支分别记为：$y=\arcsin x$，$y=\arccos x$，$y=\arctan x$，$y=\mathrm{arccot}x$。

(1) 反三角正弦函数 $y=\arcsin x$，$x\in[-1,1]$，值域 $R=\left[-\dfrac{\pi}{2},\dfrac{\pi}{2}\right]$。$y=\arcsin x$ 是 $[-1,1]$ 上单调增加的奇函数。

(2) 反三角余弦函数 $y=\arccos x$，$x\in[-1,1]$，值域 $R=[0,\pi]$。$y=\arccos x$ 是 $[-1,1]$ 上单调减少的函数。

(3) 反三角正切函数 $y=\arctan x$，$x\in(-\infty,+\infty)$，值域 $R=\left(-\dfrac{\pi}{2},\dfrac{\pi}{2}\right)$。$y=\arctan x$ 是 $(-\infty,+\infty)$ 上单调增加的奇函数。

(4) 反三角余切函数 $y=\mathrm{arccot}x$，$x\in(-\infty,+\infty)$，值域 $R=(0,\pi)$。$y=\mathrm{arccot}x$ 是 $(-\infty,+\infty)$ 上单调减少的非奇非偶函数。

1.1.4.3 初等函数

由基本初等函数和常数经过有限次四则运算与复合，用一个有限表达式表示的函数称为初等函数。初等函数在其定义区间上连续。

例如，$f(x)=\dfrac{\sin(2x^2-e^x)}{\sqrt{5+2x-x^2}}+\arctan\dfrac{1}{x}$ 是初等函数，而 $f(x)=\begin{cases}3x-1 & (x<0)\\ 5 & (x=0)\\ \ln(1+x) & (x>0)\end{cases}$ 则不是初等函数。

1.1.4.4 双曲函数

1. 定义

双曲正弦 $\sinh x=\dfrac{e^x-e^{-x}}{2}$

双曲余弦 $\cosh x=\dfrac{e^x+e^{-x}}{2}$

双曲正切 $\tanh x=\dfrac{\sinh x}{\cosh x}=\dfrac{e^x-e^{-x}}{e^x+e^{-x}}$

双曲余切 $\coth x=\dfrac{\cosh x}{\sinh x}=\dfrac{e^x+e^{-x}}{e^x-e^{-x}}$

双曲正割 $\mathrm{sech}x=\dfrac{1}{\cosh x}=\dfrac{2}{e^x+e^{-x}}$

双曲余割 $\mathrm{csch}x=\dfrac{1}{\sinh x}=\dfrac{2}{e^x-e^{-x}}$

2. 基本关系式

$\cosh^2x-\sinh^2x=1$

$\tanh^2x+\mathrm{sech}^2x=1$

$\coth^2x-\mathrm{csch}^2x=1$

3. 常用公式

$\sinh(x\pm y)=\sinh x\cosh y\pm\cosh x\sinh y$

$\cosh(x\pm y)=\cosh x\cosh y\pm\sinh x\sinh y$

$\sinh x\pm\sinh y=2\sinh\dfrac{x\pm y}{2}\cosh\dfrac{x\mp y}{2}$

$\cosh x+\cosh y=2\cosh\dfrac{x+y}{2}\cosh\dfrac{x-y}{2}$

$\cosh x-\cosh y=2\sinh\dfrac{x+y}{2}\sinh\dfrac{x-y}{2}$

$\sinh2x=2\sinh x\cosh x$

$\cosh2x=\cosh^2x+\sinh^2x$

$\sinh\dfrac{x}{2}=\pm\sqrt{\dfrac{\cosh x-1}{2}}$

（$x>0$ 取正号，$x<0$ 取负号）

$\cosh\dfrac{x}{2}=\sqrt{\dfrac{\cosh x+1}{2}}$

$(\cosh x\pm\sinh x)^n=\cosh nx\pm\sinh nx$（$n$ 为正整数）

4. 反双曲函数的对数表达式

$y=\mathrm{arsinh}x=\sinh^{-1}x=\ln(x+\sqrt{x^2+1})$

$y=\mathrm{arcosh}x=\cosh^{-1}x=\pm\ln(x\pm\sqrt{x^2-1})$ $(x\geqslant1)$

$y=\mathrm{artanh}x=\tanh^{-1}x=\dfrac{1}{2}\ln\dfrac{1+x}{1-x}$ $(|x|<1)$

$y=\mathrm{arcoth}x=\coth^{-1}x=\dfrac{1}{2}\ln\dfrac{x+1}{x-1}$ $(|x|>1)$

$y=\mathrm{arsech}x=\mathrm{sech}^{-1}x=\pm\dfrac{1}{2}\ln\dfrac{1+\sqrt{1-x^2}}{1-\sqrt{1-x^2}}$

$(0<|x|\leqslant1)$

$y=\mathrm{arcsch}x=\mathrm{csch}^{-1}x=\dfrac{1}{2}\ln\dfrac{\sqrt{1+x^2}+1}{\sqrt{1+x^2}-1}$ $(x\neq0)$

1.2 解析几何

1.2.1 坐标系

1.2.1.1 二维坐标系

1. 直角坐标系的变换

（1）坐标系的平移（见图 1.2-1）。

$$\begin{cases} x = X + h \\ y = Y + k \end{cases}$$

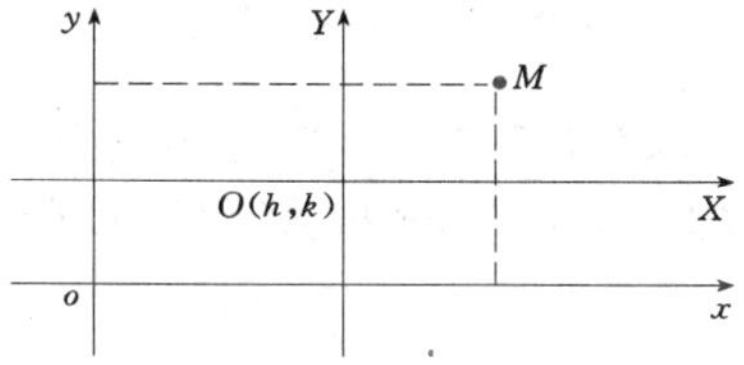

图 1.2-1 坐标系的平移

（2）坐标系的旋转（见图 1.2-2）。

设旋转角为 α，则

$$\begin{cases} x = X\cos\alpha - Y\sin\alpha \\ y = X\sin\alpha + Y\cos\alpha \end{cases}$$

$$\begin{cases} X = x\cos\alpha + y\sin\alpha \\ Y = -x\sin\alpha + y\cos\alpha \end{cases}$$

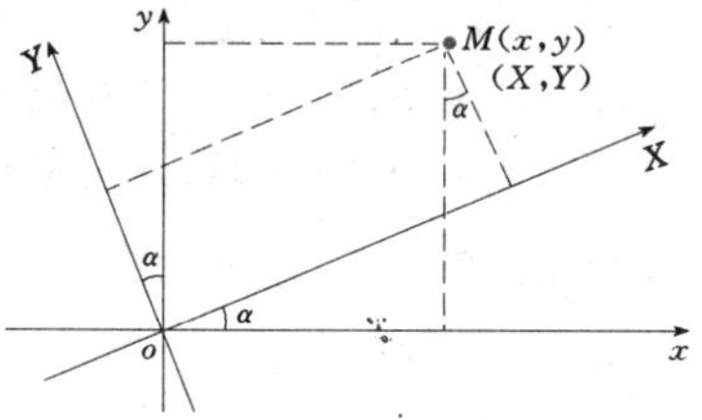

图 1.2-2 坐标系的旋转

2. 极坐标系

极坐标系是比较简单并且常用的一种坐标系（见图 1.2-3），其坐标系表达式为

$$\begin{cases} x = \rho\cos\varphi \\ y = \rho\sin\varphi \end{cases} \quad (0 \leqslant \rho < +\infty，0 \leqslant \varphi < 2\pi)$$

$$\begin{cases} \rho^2 = x^2 + y^2 \\ \tan\varphi = \dfrac{y}{x} \end{cases}$$

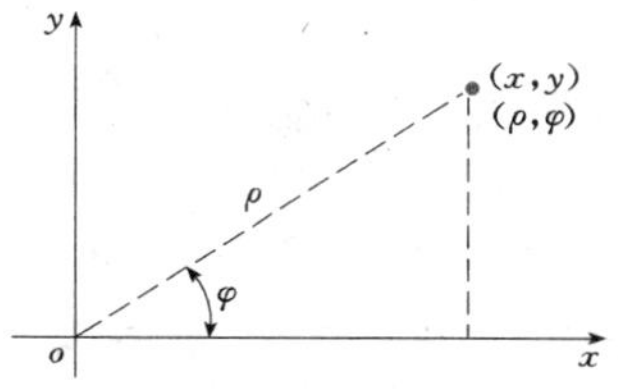

图 1.2-3 极坐标系

在极坐标系下的单位矢量为

$$\begin{cases} \boldsymbol{e}_\rho = \cos\varphi\boldsymbol{i} + \sin\varphi\boldsymbol{j} \\ \boldsymbol{e}_\varphi = -\sin\varphi\boldsymbol{i} + \cos\varphi\boldsymbol{j} \end{cases}$$

由极坐标系到直角坐标系的变换公式为

$$\begin{cases} v_x = v_\rho\cos\varphi - v_\varphi\sin\varphi \\ v_y = v_\rho\sin\varphi + v_\varphi\cos\varphi \end{cases}$$

由直角坐标系到极坐标系的变换公式为

$$\begin{cases} v_\rho = v_x\cos\varphi + v_y\sin\varphi \\ v_\varphi = -v_x\sin\varphi + v_y\cos\varphi \end{cases}$$

1.2.1.2 三维坐标系

1. 直角坐标系的变换

设点 M 在 $oxyz$ 中的坐标为 (x, y, z)，在 $OXYZ$ 中的坐标为 (X, Y, Z)。

（1）坐标系的平移。将 $oxyz$ 平移至 $OXYZ$，且 O 在 $oxyz$ 中的坐标为 $\overrightarrow{oO} = (a, b, c)$，则

$$\begin{cases} x = X + a \\ y = Y + b \\ z = Z + c \end{cases} \text{ 或 } \begin{pmatrix} x \\ y \\ z \end{pmatrix} = \begin{pmatrix} X \\ Y \\ Z \end{pmatrix} + \begin{pmatrix} a \\ b \\ c \end{pmatrix}$$

（2）坐标系的旋转。将 $oxyz$ 旋转至 $OXYZ$（o 与 O 重合）。OX、OY、OZ 关于 $oxyz$ 的方向角见表 1.2-1，则有

表 1.2-1 OX、OY、OZ 关于 $oxyz$ 的方向角

原坐标系 / 旋转后坐标系	ox	oy	oz
OX	α_1	β_1	γ_1
OY	α_2	β_2	γ_2
OZ	α_3	β_3	γ_3

$$\begin{cases} x = X\cos\alpha_1 + Y\cos\alpha_2 + Z\cos\alpha_3 \\ y = X\cos\beta_1 + Y\cos\beta_2 + Z\cos\beta_3 \\ z = X\cos\gamma_1 + Y\cos\gamma_2 + Z\cos\gamma_3 \end{cases}$$

或

$$\begin{pmatrix} x \\ y \\ z \end{pmatrix} = \begin{pmatrix} \cos\alpha_1 & \cos\alpha_2 & \cos\alpha_3 \\ \cos\beta_1 & \cos\beta_2 & \cos\beta_3 \\ \cos\gamma_1 & \cos\gamma_2 & \cos\gamma_3 \end{pmatrix} \begin{pmatrix} X \\ Y \\ Z \end{pmatrix}$$

2. 柱面坐标系

对于柱面坐标系有

$$\begin{cases} x = \rho\cos\varphi \\ y = \rho\sin\varphi \quad (\rho \geqslant 0，0 \leqslant \varphi < 2\pi，-\infty < z < +\infty) \\ z = z \end{cases}$$

在柱坐标系下的单位矢量为

$$\begin{cases} \boldsymbol{e}_\rho = \cos\varphi\boldsymbol{i} + \sin\varphi\boldsymbol{j} \\ \boldsymbol{e}_\varphi = -\sin\varphi\boldsymbol{i} + \cos\varphi\boldsymbol{j} \\ \boldsymbol{e}_z = \boldsymbol{k} \end{cases}$$

由圆柱坐标系到直角坐标系的变换公式为

$$\begin{cases} v_x = v_\rho\cos\varphi - v_\varphi\sin\varphi \\ v_y = v_\rho\sin\varphi + v_\varphi\cos\varphi \\ v_z = v_z \end{cases}$$

由直角坐标系到圆柱坐标系的变换公式为

$$\begin{cases} v_\rho = v_x\cos\varphi + v_y\sin\varphi \\ v_\varphi = -v_x\sin\varphi + v_y\cos\varphi \\ v_z = v_z \end{cases}$$

3. 球面坐标系

对于球面坐标系有

$$\begin{cases} x = r\sin\theta\cos\varphi \\ y = r\sin\theta\sin\varphi \quad (0 \leqslant r,\ 0 \leqslant \varphi < 2\pi,\ 0 \leqslant \theta \leqslant \pi) \\ z = r\cos\theta \end{cases}$$

在球坐标系下的单位矢量为

$$\begin{cases} \boldsymbol{e}_r = \sin\theta\cos\varphi\boldsymbol{i} + \sin\theta\sin\varphi\boldsymbol{j} + \cos\theta\boldsymbol{k} \\ \boldsymbol{e}_\theta = \cos\theta\cos\varphi\boldsymbol{i} + \cos\theta\sin\varphi\boldsymbol{j} + \sin\theta\boldsymbol{k} \\ \boldsymbol{e}_\varphi = -\sin\varphi\boldsymbol{i} + \cos\varphi\boldsymbol{j} \end{cases}$$

由球面坐标系到直角坐标系的变换公式为

$$\begin{cases} v_x = v_r\sin\theta\cos\varphi + v_\theta\cos\theta\cos\varphi - v_\varphi\sin\varphi \\ v_y = v_r\sin\theta\sin\varphi + v_\theta\cos\theta\sin\varphi + v_\varphi\cos\varphi \\ v_z = v_r\cos\theta - v_\theta\sin\theta \end{cases}$$

由直角坐标系到球面坐标系的变换公式为

$$\begin{cases} v_r = v_x\sin\theta\cos\varphi + v_y\sin\theta\sin\varphi + v_z\cos\theta \\ v_\theta = v_x\cos\theta\cos\varphi + v_y\cos\theta\sin\varphi - v_z\sin\theta \\ v_\varphi = -v_x\sin\varphi + v_y\cos\varphi \end{cases}$$

4. 正交曲线坐标系

设空间任意点的直角坐标 (x_1, x_2, x_3) 可表示为 (q_1, q_2, q_3) 的函数，即

$$x_1 = x_1(q_1, q_2, q_3)$$
$$x_2 = x_2(q_1, q_2, q_3)$$
$$x_3 = x_3(q_1, q_2, q_3)$$

且它们的反函数可表示为

$$q_1 = q_1(x_1, x_2, x_3)$$
$$q_2 = q_2(x_1, x_2, x_3)$$
$$q_3 = q_3(x_1, x_2, x_3)$$

这里假定以上诸式中的函数均为单值，具有一阶连续偏导数，并满足 $J = \dfrac{\partial(x_1, x_2, x_3)}{\partial(q_1, q_2, q_3)} \neq 0$，则 (x_1, x_2, x_3) 与 (q_1, q_2, q_3) 之间的变换是一一对应的。

给定以 (x_1, x_2, x_3) 为直角坐标的点 M，从上述变换中，可以得到唯一的一组坐标 (q_1, q_2, q_3)，称为 M 点的曲线坐标。

曲面 $q_1 = q_1(x_1, x_2, x_3) = c_1$、$q_2 = q_2(x_1, x_2, x_3) = c_2$、$q_3 = q_3(x_1, x_2, x_3) = c_3$（其中 c_1、c_2、c_3 为常数）称为坐标曲面，坐标曲面两两相交的交线称为坐标曲线。若三族坐标曲面相互正交，则坐标曲线也两两正交，该曲线坐标称为正交曲线坐标。曲线坐标系中的坐标曲线相当于直角坐标系中平行于坐标轴的直线。

设 M 点的矢径为 $\boldsymbol{r} = x_1\boldsymbol{i} + x_2\boldsymbol{j} + x_3\boldsymbol{k}$，则 $x_1 = x_1(q_1, q_2, q_3)$、$x_2 = x_2(q_1, q_2, q_3)$、$x_3 = x_3(q_1, q_2, q_3)$ 可表示为 $\boldsymbol{r} = \boldsymbol{r}(q_1, q_2, q_3)$。坐标曲线在 M 点的切线矢量分别为 $\dfrac{\partial \boldsymbol{r}}{\partial q_1}$、$\dfrac{\partial \boldsymbol{r}}{\partial q_2}$、$\dfrac{\partial \boldsymbol{r}}{\partial q_3}$，三条坐标曲线的切线矢量记做

$$\boldsymbol{\varepsilon}_l = \frac{\partial \boldsymbol{r}}{\partial q_l} = \frac{\partial x_1}{\partial q_l}\boldsymbol{i} + \frac{\partial x_2}{\partial q_l}\boldsymbol{j} + \frac{\partial x_3}{\partial q_l}\boldsymbol{k} \quad (l = 1,2,3)$$

由坐标曲线的正交性可知 $\boldsymbol{\varepsilon}_1$、$\boldsymbol{\varepsilon}_2$、$\boldsymbol{\varepsilon}_3$ 两两正交，定义 $\boldsymbol{\varepsilon}_i$ 为正交曲线坐标系的基矢量，它的模记为

$$h_i = |\boldsymbol{\varepsilon}_i| = \left|\frac{\partial \boldsymbol{r}}{\partial q_i}\right| = \sqrt{\left(\frac{\partial x_1}{\partial q_i}\right)^2 + \left(\frac{\partial x_2}{\partial q_i}\right)^2 + \left(\frac{\partial x_3}{\partial q_i}\right)^2} \quad (i = 1,2,3)$$

式中 h_i——拉梅（Lamé）系数。

这样，正交曲线坐标系的单位矢量为

$$\boldsymbol{e}_i = \frac{\boldsymbol{\varepsilon}_i}{|\boldsymbol{\varepsilon}_i|} = \frac{1}{h_i}\frac{\partial \boldsymbol{r}}{\partial q_i} \quad \text{（重复下标不求和）}$$

对于正交曲线坐标，显然有

$$\boldsymbol{e}_i \cdot \boldsymbol{e}_j = \delta_{ij}$$
$$\boldsymbol{e}_i \times \boldsymbol{e}_j = \varepsilon_{ijk}\boldsymbol{e}_k$$

其中 $\varepsilon_{ijk} = \begin{cases} 1 & [(i,j,k) \text{ 为 } 1,2,3 \text{ 的偶排列}] \\ -1 & [(i,j,k) \text{ 为 } 1,2,3 \text{ 的奇排列}] \end{cases}$

1.2.2 平面解析几何

1.2.2.1 几项基本计算

1. 两点间的距离

直角坐标系 $A(x_1, y_1)$、$B(x_2, y_2)$ 两点间的距离为

$$d = \sqrt{(x_2 - x_1)^2 + (y_2 - y_1)^2}$$

极坐标系 $A(\rho_1, \theta_1)$、$B(\rho_2, \theta_2)$ 两点间的距离为

$$d = \sqrt{\rho_1^2 + \rho_2^2 - 2\rho_1\rho_2\cos(\theta_2 - \theta_1)}$$

2. 定比分点公式

设点 $M(x, y)$ 是线段 AB 的分点（见图 1.2－4）。

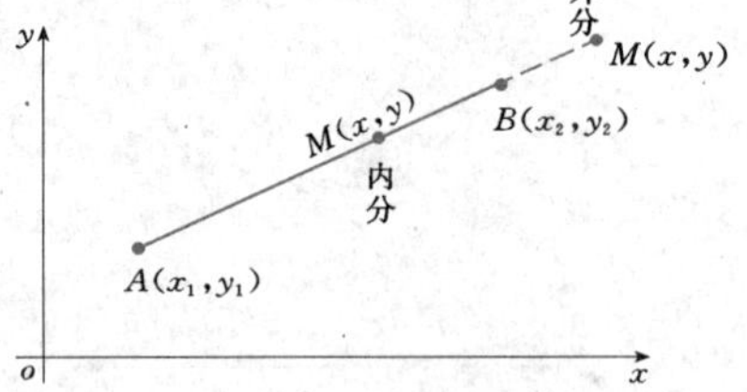

图 1.2－4 定比分点

(1) $\frac{AM}{MB}=\lambda$ ($\lambda\neq 1$)，$\lambda>0$ 时称为内分，$\lambda<0$ 时称为外分，则

$$x=\frac{x_1+\lambda x_2}{1+\lambda},\quad y=\frac{y_1+\lambda y_2}{1+\lambda}$$

(2) 中点公式（$\lambda=1$）为

$$x=\frac{x_1+x_2}{2},\quad y=\frac{y_1+y_2}{2}$$

3. 面积（顶点按逆时针向顺序排列）

(1) 三角形（见图 1.2-5）面积为

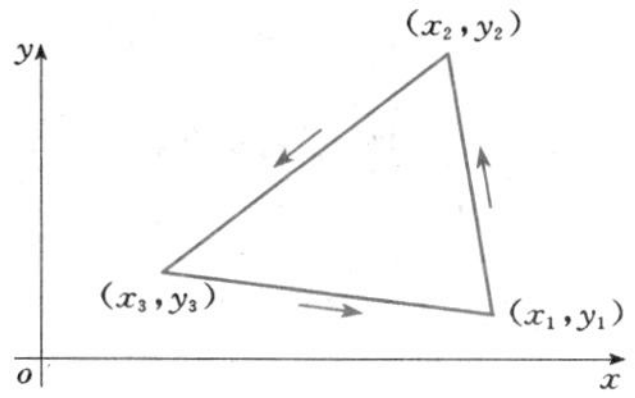

图 1.2-5 三角形

$$S=\frac{1}{2}\begin{vmatrix} x_1 & y_1 & 1\\ x_2 & y_2 & 1\\ x_3 & y_3 & 1\end{vmatrix}$$

$$=\frac{1}{2}\left(\begin{vmatrix} x_1 & y_1\\ x_2 & y_2\end{vmatrix}+\begin{vmatrix} x_2 & y_2\\ x_3 & y_3\end{vmatrix}+\begin{vmatrix} x_3 & y_3\\ x_1 & y_1\end{vmatrix}\right)$$

(2) 多边形（见图 1.2-6）面积为

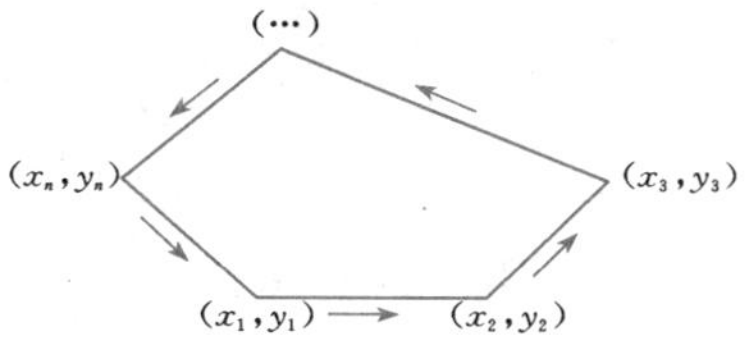

图 1.2-6 多边形

$$S=\frac{1}{2}\left(\begin{vmatrix} x_1 & y_1\\ x_2 & y_2\end{vmatrix}+\begin{vmatrix} x_2 & y_2\\ x_3 & y_3\end{vmatrix}+\cdots+\begin{vmatrix} x_{n-1} & y_{n-1}\\ x_n & y_n\end{vmatrix}+\begin{vmatrix} x_n & y_n\\ x_1 & y_1\end{vmatrix}\right)$$

1.2.2.2 直线

1. 直线的斜率（角系数）k

设正半轴 ox 到直线的旋转角（逆时针方向为正，顺时针方向为负）为 α（α 不唯一，可以相差 $\pm n\pi$），如图 1.2-7 所示，则直线的斜率 $k=\tan\alpha$（k 由直线唯一决定）。

2. 直线方程

(1) 一般式方程：$Ax+By+C=0$ （$A^2+B^2>0$），当 $B\neq 0$ 时，斜率 $k=-\frac{A}{B}$，纵截距 $b=-\frac{C}{B}$。

(2) 斜截式方程：$y=kx+b$，其中 k 为斜率，b 为纵截距。

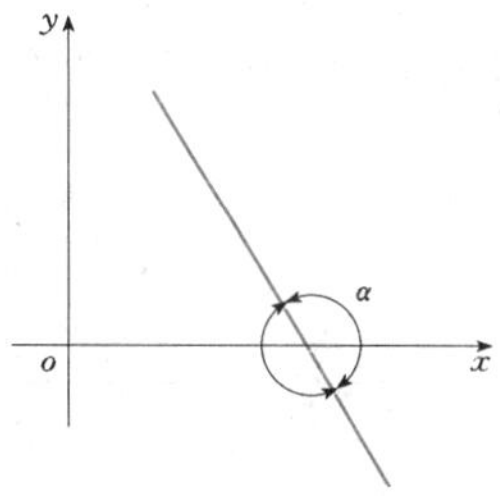

图 1.2-7 直线的斜率

(3) 点斜式方程：$y-y_0=k(x-x_0)$，直线过点 (x_0,y_0)，其中 k 为斜率。

(4) 两点式方程：

$$\frac{y-y_1}{y_2-y_1}=\frac{x-x_1}{x_2-x_1}$$

或

$$\begin{vmatrix} x & y & 1\\ x_1 & y_1 & 1\\ x_2 & y_2 & 1\end{vmatrix}=0$$

直线过两点 (x_1,y_1)、(x_2,y_2)，斜率 $k=\frac{y_2-y_1}{x_2-x_1}$。

(5) 法线式方程（见图 1.2-8）：

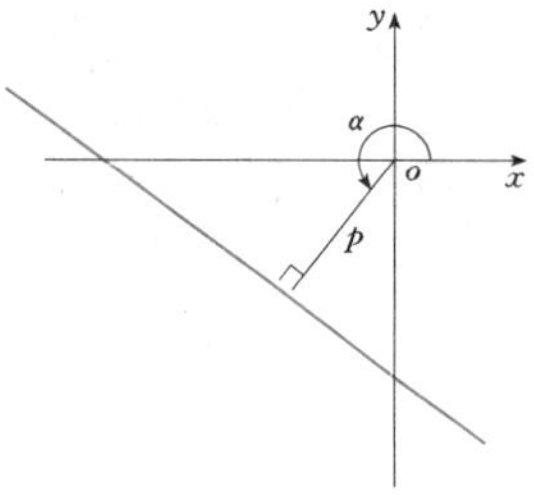

图 1.2-8 直线的法线式

$$x\cos\alpha+y\sin\alpha-p=0\quad (p\geqslant 0)$$

或

$$\frac{Ax+By+C}{\pm\sqrt{A^2+B^2}}=0$$

式中，分母上根号前的正负号，当 $C\neq 0$ 时，与 C 异号；当 $C=0$ 时，符号任意取。

(6) 截距式方程：$\frac{x}{a}+\frac{y}{b}=1$ （$a,b\neq 0$），a、b 分别为 x 轴、y 轴上的截距，对应法线式方程，$\alpha=\arctan\left(-\frac{b}{a}\right)$，$p=\frac{|ab|}{\sqrt{a^2+b^2}}$。

3. 直线问题

(1) 点线距离。

1) 点 (x_0,y_0) 到直线 $x\cos\alpha+y\sin\alpha-p=0$ 的距离为

$$d=|x_0\cos\alpha+y_0\sin\alpha-p|$$

2) 点 (x_0,y_0) 到直线 $Ax+By+C=0$ 的距离为

$$d = \frac{|Ax_0 + By_0 + C|}{\sqrt{A^2 + B^2}}$$

(2) 两直线关系。设两条直线如下：

$L_1 \quad A_1x + B_1y + C_1 = 0$ （斜率为 k_1）

$L_2 \quad A_2x + B_2y + C_2 = 0$ （斜率为 k_2）

1) 若直线 L_1 与 L_2 的夹角为 θ，则

$$\tan\theta = \frac{k_2 - k_1}{1 + k_1k_2} = \frac{A_1B_2 - A_2B_1}{A_1A_2 + B_1B_2}$$

2) 若 $L_1 /\!/ L_2$，则

$$k_1 = k_2 \text{ 或 } \frac{A_1}{A_2} = \frac{B_1}{B_2}$$

特别地，当 $\frac{A_1}{A_2} = \frac{B_1}{B_2} = \frac{C_1}{C_2}$ 时，两直线重合。

3) 若 $L_1 \perp L_2$，则 $k_1k_2 = -1$ 或 $A_1A_2 + B_1B_2 = 0$。

4) 两直线交点坐标为方程 L_1、L_2 的解。

5) 过直线 L_1、L_2 交点的所有直线（直线束）的方程为

$$\lambda(A_1x + B_1y + C_1) + \mu(A_2x + B_2y + C_2) = 0$$
$$(\lambda^2 + \mu^2 > 0)$$

(3) 三直线关系。设三条直线如下：

$L_1 \quad A_1x + B_1y + C_1 = 0$ （斜率为 k_1）

$L_2 \quad A_2x + B_2y + C_2 = 0$ （斜率为 k_2）

$L_3 \quad A_3x + B_3y + C_3 = 0$ （斜率为 k_3）

则三条直线 L_1、L_2、L_3 共点的条件为

$$\begin{vmatrix} A_1 & B_1 & C_1 \\ A_2 & B_2 & C_2 \\ A_3 & B_3 & C_3 \end{vmatrix} = 0$$

1.2.2.3 二次曲线

1. 圆

(1) 圆的方程：

1) $x^2 + y^2 = R^2$，圆心 (0,0)，半径 R。

2) $(x-a)^2 + (y-b)^2 = R^2$，圆心 (a,b)，半径 R。

3) $A(x^2 + y^2) + 2Dx + 2Ey + F = 0 (A \neq 0)$，该式为圆的一般方程，圆心 $\left(-\frac{D}{A}, -\frac{E}{A}\right)$，半径 $\sqrt{\frac{D^2 + E^2 - F^2}{A^2}}$。

4) 过三点 (x_1,y_1)、(x_2,y_2)、(x_3,y_3) 的圆方程为

$$\begin{vmatrix} x^2 + y^2 & x & y & 1 \\ x_1^2 + y_1^2 & x_1 & y_1 & 1 \\ x_2^2 + y_2^2 & x_2 & y_2 & 1 \\ x_3^2 + y_3^2 & x_3 & y_3 & 1 \end{vmatrix} = 0$$

(2) 圆的切线方程：圆 $(x-a)^2 + (y-b)^2 = R^2$ 上一点 (x_1,y_1) 处的切线方程为

$$(x-a)(x_1-a) + (y-b)(y_1-b) = R^2$$

2. 椭圆 $(0<b<a)$

(1) 椭圆的基本元素：长半轴 a，短半轴 b，焦距 $2c$，$c = \sqrt{a^2 - b^2}$，离心率 $e = \frac{c}{a} < 1$。

(2) 椭圆方程：

1) $\frac{x^2}{a^2} + \frac{y^2}{b^2} = 1$，焦点 $F(\pm c, 0)$。

2) $\frac{x^2}{b^2} + \frac{y^2}{a^2} = 1$，焦点 $F(0, \pm c)$。

3) $\frac{(x-h)^2}{a^2} + \frac{(y-k)^2}{b^2} = 1$（见图 1.2-9），中心 (h,k)，长轴平行于 x 轴，焦点 $F(h \pm c, k)$。

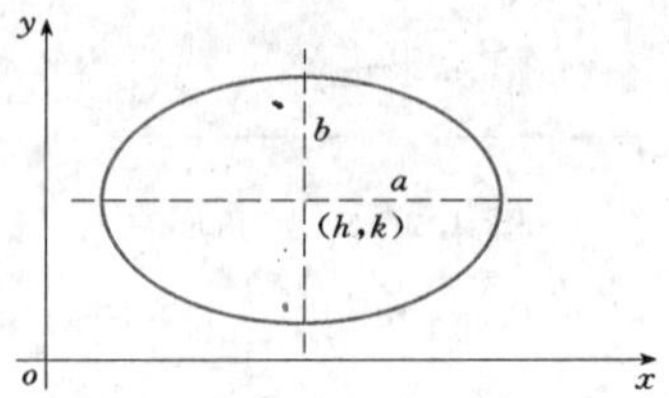

图 1.2-9 椭圆 $\frac{(x-h)^2}{a^2} + \frac{(y-k)^2}{b^2} = 1$

4) $\frac{(x-h)^2}{b^2} + \frac{(y-k)^2}{a^2} = 1$，中心 (h,k)，长轴平行于 y 轴，焦点 $F(h, k \pm c)$。

(3) 椭圆 $\frac{x^2}{a^2} + \frac{y^2}{b^2} = 1$ 在点 (x_1,y_1) 处的切线方程为

$$\frac{x_1x}{a^2} + \frac{y_1y}{b^2} = 1$$

(4) 椭圆面积为

$$S = \pi ab$$

3. 双曲线

(1) 双曲线的基本元素：实半轴 a，虚半轴 b，焦距 $2c$，$c = \sqrt{a^2 + b^2}$，离心率 $e = \frac{c}{a} > 1$。

(2) 双曲线方程：

1) $\frac{x^2}{a^2} - \frac{y^2}{b^2} = 1$，焦点 $F(\pm c, 0)$。

2) $-\frac{x^2}{b^2} + \frac{y^2}{a^2} = 1$，焦点 $F(0, \pm c)$。

3) $\frac{(x-h)^2}{a^2} - \frac{(y-k)^2}{b^2} = 1$（见图 1.2-10），中心 (h,k)，实轴平行于 x 轴，焦点 $F(h \pm c, k)$。

4) $-\frac{(x-h)^2}{b^2} + \frac{(y-k)^2}{a^2} = 1$，中心 (h,k)，实轴平行于 y 轴，焦点 $F(h, k \pm c)$。

5) $xy = k$，等轴双曲线（见图 1.2-11）。

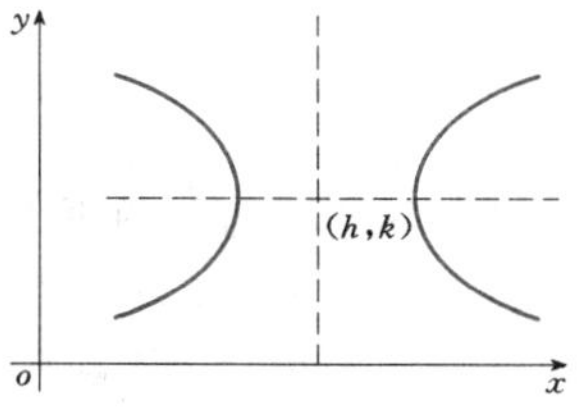

图 1.2-10 双曲线$\frac{(x-h)^2}{a^2}-\frac{(y-k)^2}{b^2}=1$

(3) 双曲线 $\frac{x^2}{a^2}-\frac{y^2}{b^2}=1$ 的渐近线（见图 1.2-12）方程为

$$\frac{x^2}{a^2}-\frac{y^2}{b^2}=0 \quad 或 \quad y=\pm\frac{b}{a}x$$

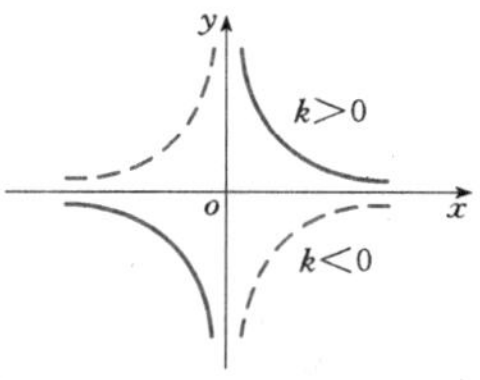

图 1.2-11 双曲线 $xy=k$

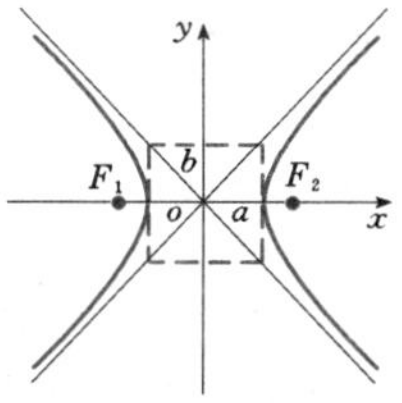

图 1.2-12 双曲线 $\frac{x^2}{a^2}-\frac{y^2}{b^2}=1$ 的渐近线

(4) 双曲线$\frac{x^2}{a^2}-\frac{y^2}{b^2}=1$在点 (x_1,y_1) 处的切线方程为

$$\frac{x_1x}{a^2}-\frac{y_1y}{b^2}=1$$

4. 抛物线

(1) 抛物线的基本元素：顶点 A，焦点 F，焦点参数 $p(p>0)$，准线 L。

(2) 抛物线方程 $(p>0)$：

1) $y^2=2px$（见图 1.2-13），焦点 $F\left(\frac{p}{2},0\right)$，准线 $L\left(x=-\frac{p}{2}\right)$。

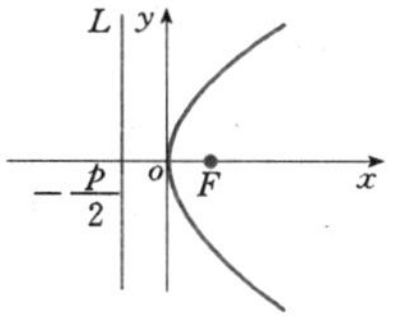

图 1.2-13 抛物线 $y^2=2px$

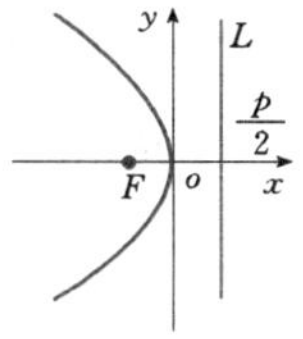

图 1.2-14 抛物线 $y^2=-2px$

2) $y^2=-2px$（见图 1.2-14），焦点 $F\left(-\frac{p}{2},0\right)$，准线 $L\left(x=\frac{p}{2}\right)$。

3) $x^2=2py$（见图 1.2-15），焦点 $F\left(0,\frac{p}{2}\right)$，准线 $L\left(y=-\frac{p}{2}\right)$。

4) $x^2=-2py$（见图 1.2-16），焦点 $F\left(0,-\frac{p}{2}\right)$，准线 $L\left(y=\frac{p}{2}\right)$。

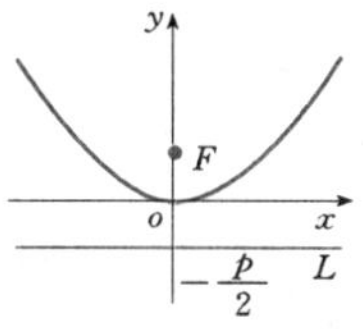

图 1.2-15 抛物线 $x^2=2py$

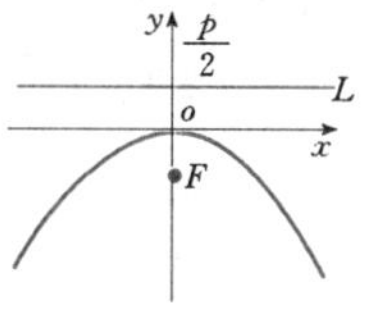

图 1.2-16 抛物线 $x^2=-2py$

5) $(y-k)^2=2p(x-h)$（见图 1.2-17），顶点 $A(h,k)$，焦点 $F\left(h+\frac{p}{2},k\right)$，准线 $L\left(x=h-\frac{p}{2}\right)$。

6) $(x-h)^2=2p(y-k)$（见图 1.2-18），顶点 $A(h,k)$，焦点 $F\left(h,k+\frac{p}{2}\right)$，准线 $L\left(y=k-\frac{p}{2}\right)$。

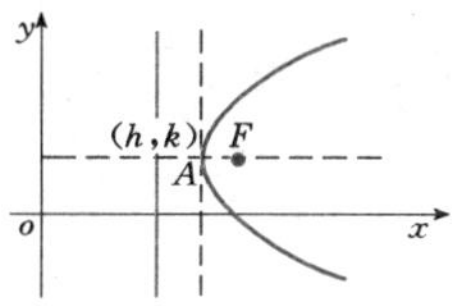

图 1.2-17 抛物线 $(y-k)^2=2p(x-h)$

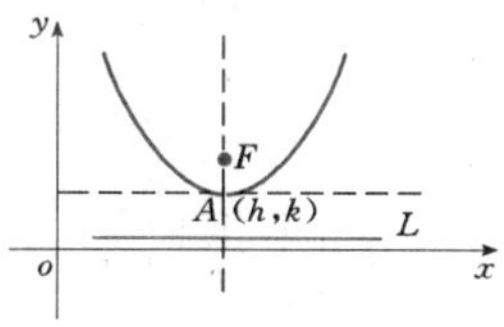

图 1.2-18 抛物线 $(x-h)^2=2p(y-k)$

(3) 抛物线 $y^2=2px$ 在点 (x_1,y_1) 处的切线方程为

$$y_1y=p(x+x_1)$$

(4) 抛物拱形（跨度 $2a$，高 h）（见图 1.2-19）。

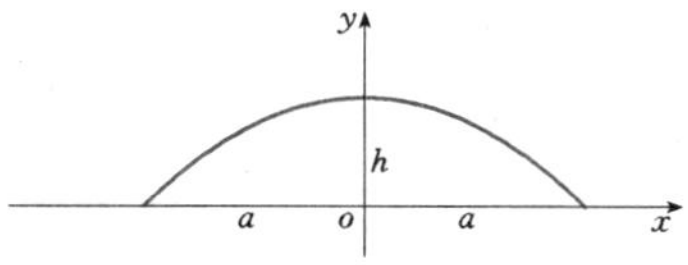

图 1.2-19 抛物拱形

抛物拱形方程为

$$x^2=\frac{a^2}{h}(h-y)$$

抛物拱形弧长为

$$s=\sqrt{a^2+4h^2}+\frac{a^2}{2h}\ln\frac{2h+\sqrt{a^2+4h^2}}{a}$$

抛物拱形面积为

$$S=\frac{4}{3}ah$$

5. 二次曲线的一般性质

(1) 二次曲线的分类（见表 1.2-2）。一般表达式为

$$Ax^2+2Bxy+Cy^2+2Dx+2Ey+F=0 \tag{1.2-1}$$

当 A、B、C 不同时为 0 时，为二次曲线，由式 (1.2-1) 的系数可组成下列函数：

$$\Delta_1=A+C,\ \Delta_2=\begin{vmatrix}A & B\\ B & C\end{vmatrix},\ \Delta_3=\begin{vmatrix}A & B & D\\ B & C & E\\ D & E & F\end{vmatrix}$$

式中 Δ_1、Δ_2、Δ_3——二次曲线的不变量（即经过坐标变换后，这些量是不变的），其中 Δ_3 为二次方程的判别式。

表 1.2-2　二次曲线的分类

判别类型	图形		化简后的标准方程	特征
$\Delta_2>0$（椭圆型）	$\Delta_3\neq0$ $\Delta_1\Delta_3<0$	椭圆	$\lambda_1x'^2+\lambda_2y'^2+\dfrac{\Delta_3}{\Delta_2}=0$，其中 λ_1、λ_2 是特征方程 $\lambda^2-\Delta_1\lambda+\Delta_2=0$ 的两个特征根	有心二次曲线
	$\Delta_3\neq0$ $\Delta_1\Delta_3>0$	无轨迹		
	$\Delta_3=0$	一个点		
$\Delta_2<0$（双曲型）	$\Delta_3\neq0$	双曲线		
	$\Delta_3=0$	相交两直线		
$\Delta_2=0$（抛物型）	$\Delta_3\neq0$	抛物线	$\Delta_1y'^2\pm2\sqrt{-\dfrac{\Delta_3}{\Delta_1}}x'=0$	无心二次曲线
	$\Delta_3=0$ $k_1<0$	平行两直线	$\Delta_1y'^2+\dfrac{k_1}{\Delta_1}=0$	
	$\Delta_3=0$ $k_1>0$	无轨迹		
	$\Delta_3=0$ $k_1=0$	一条直线		

注　$k_1=\begin{vmatrix}A & D\\ D & F\end{vmatrix}+\begin{vmatrix}C & E\\ E & F\end{vmatrix}$。

(2) 二次曲线 $Ax^2+2Bxy+Cy^2+2Dx+2Ey+F=0$ 上一点 (x_1,y_1) 处若有切线，则切线方程为

$$Ax_1x+B(x_1y+xy_1)+Cy_1y+D(x+x_1)+E(y+y_1)+F=0$$

(3) 过五点 $(x_i,y_i)(i=1,2,3,4,5)$ 的二次曲线方程为

$$\begin{vmatrix}x^2 & xy & y^2 & x & y & 1\\ x_1^2 & x_1y_1 & y_1^2 & x_1 & y_1 & 1\\ x_2^2 & x_2y_2 & y_2^2 & x_2 & y_2 & 1\\ x_3^2 & x_3y_3 & y_3^2 & x_3 & y_3 & 1\\ x_4^2 & x_4y_4 & y_4^2 & x_4 & y_4 & 1\\ x_5^2 & x_5y_5 & y_5^2 & x_5 & y_5 & 1\end{vmatrix}=0$$

1.2.2.4　直线和二次曲线的极坐标方程与参数方程

1. 直线

(1) $\theta=\alpha$（α 是常数），即 $y=x\tan\alpha$（斜截式）。

(2) $\rho=\dfrac{p}{\cos(\theta-\alpha)}$（见图 1.2-20），即 $x\cos\alpha+y\sin\alpha-p=0$（法线式）。

(3) $\rho(A\cos\theta+B\sin\theta)+C=0$，即 $Ax+By+C=0$（一般式）。

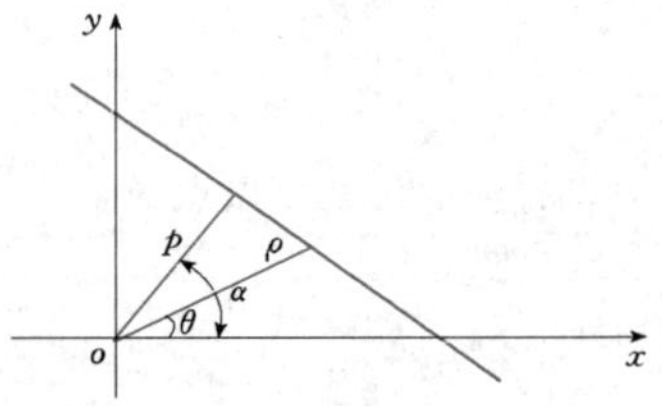

图 1.2-20　直线 $\rho=\dfrac{p}{\cos(\theta-\alpha)}$

(4) $\begin{cases}x=x_0+lt\\ y=y_0+mt\end{cases}$ 或 $\begin{cases}x=x_0+t\cos\alpha\\ y=y_0+t\sin\alpha\end{cases}$（参数式）

其中 $$k=\frac{m}{l}=\tan\alpha$$

式中 t——参数；

k——直线的斜率，且直线过 (x_0,y_0) 点。

2. 圆

(1) $\rho=R$（R 为常数）（见图 1.2-21），即 $x^2+y^2=R^2$。

(2) $\rho=2R\cos\theta$（见图 1.2-22），即 $x^2+y^2=2Rx$。

(3) $\rho=2R\sin\theta$（见图 1.2-23），即 $x^2+y^2=2Ry$。

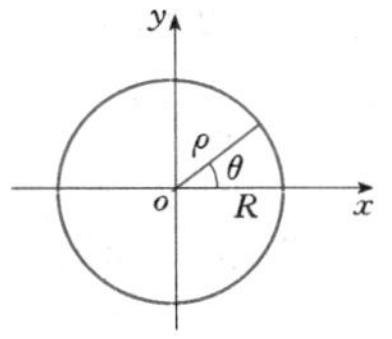

图 1.2-21 圆 $\rho=R$

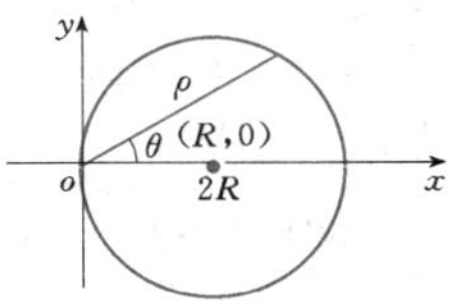

图 1.2-22 圆 $\rho=2R\cos\theta$

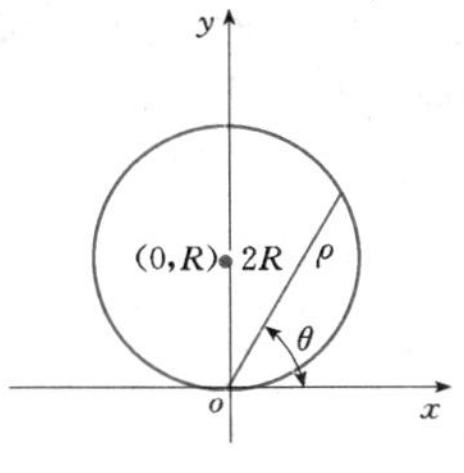

图 1.2-23 圆 $\rho=2R\sin\theta$

(4) $\rho^2+\rho_0^2-2\rho_0\rho\cos(\theta-\theta_0)=R^2$（见图 1.2-24），即 $(x-x_0)^2+(y-y_0)^2=R^2$。

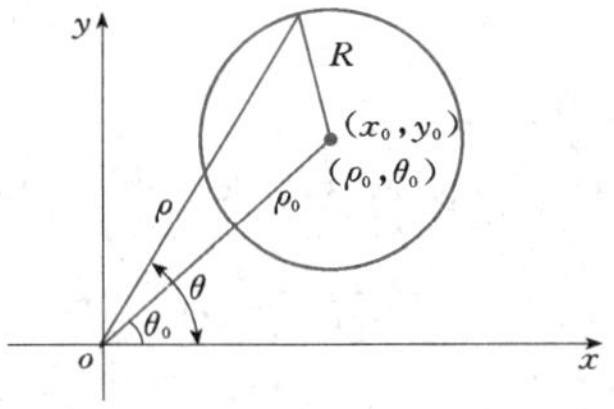

图 1.2-24 圆 $\rho^2+\rho_0^2-2\rho_0\rho\cos(\theta-\theta_0)=R^2$

(5) $A\rho^2+\rho(2D\cos\theta+2E\sin\theta)+F=0$，即 $A(x^2+y^2)+2Dx+2Ey+F=0$。

(6) $(x-x_0)^2+(y-y_0)^2=R^2$ 的参数方程（见图 1.2-25）为

$$\begin{cases} x=x_0+R\cos t \\ y=y_0+R\sin t \end{cases}$$

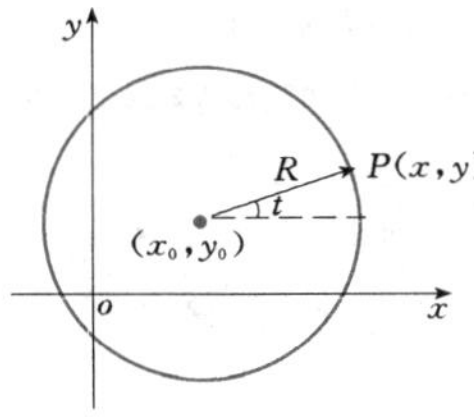

图 1.2-25 圆 $(x-x_0)^2+(y-y_0)^2=R^2$

3. 椭圆的参数方程

$$\begin{cases} x=a\cos t \\ y=b\sin t \end{cases}$$

4. 双曲线的参数方程

$$\begin{cases} x=a\cosh t \\ y=b\sinh t \end{cases} \quad 或 \quad \begin{cases} x=a\sec t \\ y=b\tan t \end{cases} \quad 或 \quad \begin{cases} x=a\csc t \\ y=b\cot t \end{cases}$$

即 $$\frac{x^2}{a^2}-\frac{y^2}{b^2}=1$$

5. 抛物线的参数方程

$$\begin{cases} x=\dfrac{t^2}{2p} \\ y=t \end{cases}$$

即 $$y^2=2px$$

6. 圆锥曲线（见图 1.2-26）的极坐标方程

$$\rho=\frac{p}{1-e\cos\theta}$$

其中 $$e=\frac{\rho}{d}$$

式中，$e<1$ 时为椭圆；$e>1$ 时为双曲线；$e=1$ 时为抛物线。F 为圆锥曲线的焦点和极点。

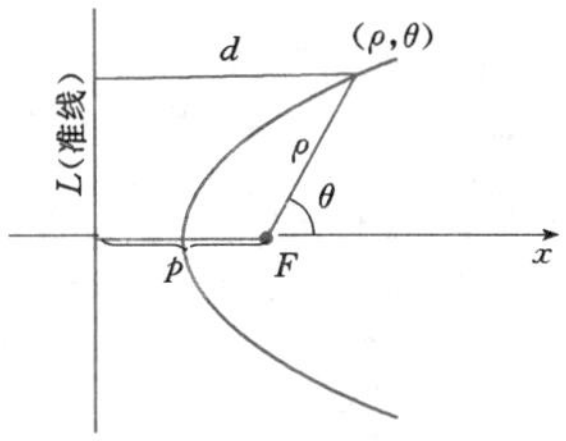

图 1.2-26 圆锥曲线

1.2.3 空间解析几何

1.2.3.1 几项基本计算

1. 两点间的距离

$A(x_1,y_1,z_1)$、$B(x_2,y_2,z_2)$ 两点间的距离为

$$d=\sqrt{(x_2-x_1)^2+(y_2-y_1)^2+(z_2-z_1)^2}$$

2. 定比分点的坐标

设点 $M(x,y,z)$ 是线段 $[A(x_1,y_1,z_1),B(x_2,y_2,z_2)]$ 的分点，$\dfrac{AM}{MB}=\lambda(\lambda\neq-1)$，其中当 $\lambda>0$ 时称为内分，$\lambda<0$ 时称为外分，则

$$\begin{cases} x=\dfrac{x_1+\lambda x_2}{1+\lambda} \\ y=\dfrac{y_1+\lambda y_2}{1+\lambda} \\ z=\dfrac{z_1+\lambda z_2}{1+\lambda} \end{cases}$$

中点公式（$\lambda=1$）为

$$\begin{cases} x=\dfrac{x_1+x_2}{2} \\ y=\dfrac{y_1+y_2}{2} \\ z=\dfrac{z_1+z_2}{2} \end{cases}$$

3. 四面体体积

设四顶点分别为 $M_1(x_1,y_1,z_1)$、$M_2(x_2,y_2,z_2)$、$M_3(x_3,y_3,z_3)$、$M_4(x_4,y_4,z_4)$，且 $\overrightarrow{M_1M_2}$、$\overrightarrow{M_1M_3}$、$\overrightarrow{M_1M_4}$ 构成右手系，则体积公式为

$$V=\frac{1}{6}\begin{vmatrix} x_1 & y_1 & z_1 & 1 \\ x_2 & y_2 & z_2 & 1 \\ x_3 & y_3 & z_3 & 1 \\ x_4 & y_4 & z_4 & 1 \end{vmatrix}=\frac{1}{6}\begin{vmatrix} x_1-x_2 & y_1-y_2 & z_1-z_2 \\ x_1-x_3 & y_1-y_3 & z_1-z_3 \\ x_1-x_4 & y_1-y_4 & z_1-z_4 \end{vmatrix}$$

1.2.3.2　直线与平面

1. 直线的方向

(1) 方向角（见图 1.2-27）：

$\alpha=(ox,oM)$，$\beta=(oy,oM)$，$\gamma=(oz,oM)$

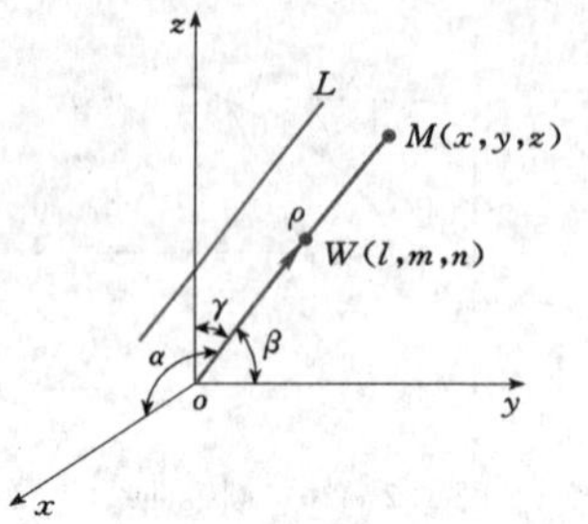

图 1.2-27　直线的方向角

(2) 方向余弦（直线的方向角的余弦）：

$$\cos\alpha=\frac{x}{\rho},\ \cos\beta=\frac{y}{\rho},\ \cos\gamma=\frac{z}{\rho}$$

其中　$\rho=\sqrt{x^2+y^2+z^2}$

且　$\cos^2\alpha+\cos^2\beta+\cos^2\gamma=1$

(3) 方向数 l、m、n。通过原点且平行于直线 L 的直线 oM 上任意一点 W 的坐标 $(l,\ m,\ n)$ 称为直线 L 的方向数，即

$$\frac{\cos\alpha}{l}=\frac{\cos\beta}{m}=\frac{\cos\gamma}{n}=\frac{1}{k}$$

其中　$k=\sqrt{l^2+m^2+n^2}$

(4) 通过两点 $M_1(x_1,y_1,z_1)$、$M_2(x_2,y_2,z_2)$ 的直线的方向数与方向余弦，即

$$\frac{l}{x_2-x_1}=\frac{m}{y_2-y_1}=\frac{n}{z_2-z_1}$$

$$\cos\alpha=\frac{x_2-x_1}{d}$$

$$\cos\beta=\frac{y_2-y_1}{d}$$

$$\cos\gamma=\frac{z_2-z_1}{d}$$

其中　$d=\sqrt{(x_2-x_1)^2+(y_2-y_1)^2+(z_2-z_1)^2}$

2. 平面的方程

(1) 一般式方程为 $Ax+By+Cz+D=0$（$A^2+B^2+C^2>0$），A、B、C 为该平面的法线 N 的方向数。

(2) 点法式方程为 $A(x-x_0)+B(y-y_0)+C(z-z_0)=0$，平面过点 (x_0,y_0,z_0) 且法线 N 的方向数为 A、B、C。

(3) 截距式方程为 $\frac{x}{a}+\frac{y}{b}+\frac{z}{c}=1$（$a,b,c\neq 0$），平面在 ox、oy、oz 轴上的截距分别为 a、b、c。

(4) 法线式方程为 $x\cos\alpha+y\cos\beta+z\cos\gamma-p=0$（$p\geqslant 0$），$\alpha$、$\beta$、$\gamma$ 为平面法线的方向角，p 为法线长，即原点到平面的距离。

(5) 三点式方程为

$$\begin{vmatrix} x & y & z & 1 \\ x_1 & y_1 & z_1 & 1 \\ x_2 & y_2 & z_2 & 1 \\ x_3 & y_3 & z_3 & 1 \end{vmatrix}=0$$

或

$$\begin{vmatrix} x-x_3 & y-y_3 & z-z_3 \\ x_1-x_3 & y_1-y_3 & z_1-z_3 \\ x_2-x_3 & y_2-y_3 & z_2-z_3 \end{vmatrix}=0$$

式中 (x_1,y_1,z_1)、(x_2,y_2,z_2)、(x_3,y_3,z_3) 为平面上三点。

3. 直线的方程

(1) 对称式方程为 $\frac{x-x_0}{l}=\frac{y-y_0}{m}=\frac{z-z_0}{n}$，直线过点 (x_0,y_0,z_0)，方向数为 l、m、n。

(2) 参数式方程为 $\begin{cases} x=x_0+lt \\ y=y_0+mt \\ z=z_0+nt \end{cases}$，直线过点 (x_0,y_0,z_0)，方向数为 l、m、n。

(3) 两点式方程为 $\frac{x-x_1}{x_2-x_1}=\frac{y-y_1}{y_2-y_1}=\frac{z-z_1}{z_2-z_1}$，直线过 (x_1,y_1,z_1)、(x_2,y_2,z_2) 两点。

(4) 一般式方程或交面式方程为

$$L\quad \begin{cases} A_1x+B_1y+C_1z+D_1=0 \\ A_2x+B_2y+C_2z+D_2=0 \end{cases}$$

4. 点、直线、平面的相互关系

设有平面

π_1　$A_1x+B_1y+C_1z+D_1=0$

π_2　$A_2x+B_2y+C_2z+D_2=0$

及直线

L_1　$\frac{x-x_1}{l_1}=\frac{y-y_1}{m_1}=\frac{z-z_1}{n_1}$

L_2　$\frac{x-x_2}{l_2}=\frac{y-y_2}{m_2}=\frac{z-z_2}{n_2}$

则点、直线、平面有以下相互关系。

(1) 夹角 θ、平行条件和垂直条件，见表 1.2-3。

(2) 两直线共面。其共面条件为

$$\begin{vmatrix} x_2-x_1 & y_2-y_1 & z_2-z_1 \\ l_1 & m_1 & n_1 \\ l_2 & m_2 & n_2 \end{vmatrix}=0$$

表 1.2-3

构成条件 / 线面关系	夹角 θ	平行条件	垂直条件
面与面	$\cos\theta=\dfrac{A_1A_2+B_1B_2+C_1C_2}{\sqrt{A_1^2+B_1^2+C_1^2}\ \sqrt{A_2^2+B_2^2+C_2^2}}$	$\dfrac{A_1}{A_2}=\dfrac{B_1}{B_2}=\dfrac{C_1}{C_2}$	$A_1A_2+B_1B_2+C_1C_2=0$
线与线	$\cos\theta=\dfrac{l_1l_2+m_1m_2+n_1n_2}{\sqrt{l_1^2+m_1^2+n_1^2}\ \sqrt{l_2^2+m_2^2+n_2^2}}$	$\dfrac{l_1}{l_2}=\dfrac{m_1}{m_2}=\dfrac{n_1}{n_2}$	$l_1l_2+m_1m_2+n_1n_2=0$
线与面（L_1 与 π_1）	$\sin\theta=\dfrac{\lvert l_1A_1+m_1B_1+n_1C_1\rvert}{\sqrt{l_1^2+m_1^2+n_1^2}\ \sqrt{A_1^2+B_1^2+C_1^2}}$	$l_1A_1+m_1B_1+n_1C_1=0$	$\dfrac{l_1}{A_1}=\dfrac{m_1}{B_1}=\dfrac{n_1}{C_1}$

所在面的方程为

$$\begin{vmatrix} x-x_1 & y-y_1 & z-z_1 \\ l_1 & m_1 & n_1 \\ l_2 & m_2 & n_2 \end{vmatrix}=0$$

（3）距离。点 (x_0,y_0,z_0) 到平面 π_1 的距离为

$$d=\frac{\lvert A_1(x_0-x_1)+B_1(y_0-y_1)+C_1(z_0-z_1)\rvert}{\sqrt{A_1^2+B_1^2+C_1^2}}$$

点 (x_0,y_0,z_0) 到直线 L_1 的距离 d 的平方为

$$d^2=(x_0-x_1)^2+(y_0-y_1)^2+(z_0-z_1)^2-\frac{[l_1(x_0-x_1)+m_1(y_0-y_1)+n_1(z_0-z_1)]^2}{l_1^2+m_1^2+n_1^2}$$

两不平行直线 L_1、L_2 间的最短距离（即 L_1、L_2 的公共垂线与该两直线的交点之间的距离）为

$$d=\left|\frac{\begin{vmatrix} x_1-x_2 & y_1-y_2 & z_1-z_2 \\ l_1 & m_1 & n_1 \\ l_2 & m_2 & n_2 \end{vmatrix}}{\sqrt{\begin{vmatrix} m_1 & n_1 \\ m_2 & n_2 \end{vmatrix}^2+\begin{vmatrix} n_1 & l_1 \\ n_2 & l_2 \end{vmatrix}^2+\begin{vmatrix} l_1 & m_1 \\ l_2 & m_2 \end{vmatrix}^2}}\right|$$

两直线共面条件为 $d=0$。

（4）四点 $(x_i,y_i,z_i)(i=1,2,3,4)$ 共面，其条件为

$$\begin{vmatrix} x_1 & y_1 & z_1 & 1 \\ x_2 & y_2 & z_2 & 1 \\ x_3 & y_3 & z_3 & 1 \\ x_4 & y_4 & z_4 & 1 \end{vmatrix}=0$$

1.2.3.3 二次曲面

1. 空间中曲面方程

（1）曲面方程的一般式。在空间直角坐标系中，曲面方程可用一般式 $F(x,y,z)=0$ 表示。

（2）球面方程：

1）$x^2+y^2+z^2=R^2$，球心 (0，0，0)，半径 R。

2）$(x-x_0)^2+(y-y_0)^2+(z-z_0)^2=R^2$，球心 (x_0,y_0,z_0)，半径 R。

3）二次曲面方程为

$$ax^2+by^2+cz^2+2fxy+2gxz+2hyz+2lx+2my+2nz+d=0$$

其为球面的充要条件为

$$a=b=c\neq 0$$
$$f=g=h=0$$
$$l^2+m^2+n^2-ad>0$$

球心 $\left(-\dfrac{l}{a},-\dfrac{m}{a},-\dfrac{n}{a}\right)$，半径 $\dfrac{1}{a}\sqrt{l^2+m^2+n^2-ad}$。

（当 $l^2+m^2+n^2-ad\leqslant 0$ 时为一点或虚球面）

（3）曲面参数方程：

曲面参数方程的一般式为

$$\begin{cases} x=x(u,v) \\ y=y(u,v) \\ z=z(u,v) \end{cases}$$

球面参数方程为

$$\begin{cases} x=R\cos\theta\cos\varphi \\ y=R\cos\theta\sin\varphi \\ z=R\sin\theta \end{cases}$$

$-\dfrac{\pi}{2}\leqslant\theta\leqslant\dfrac{\pi}{2}$，$-\pi\leqslant\varphi<\pi$，$\varphi$ 为经度，θ 为纬度（见图 1.2-28）。

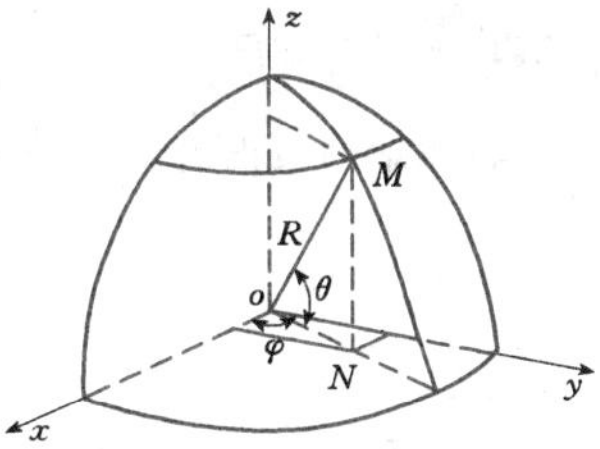

图 1.2-28 球面的参数

2. 空间中曲线方程

（1）曲线方程的一般式。空间中曲线可视为两曲面的交线，用一般式 $\begin{cases} F(x,y,z)=0 \\ G(x,y,z)=0 \end{cases}$ 表示。

$\begin{cases} x^2+y^2+z^2=25 \\ z=4 \end{cases}$ 和 $\begin{cases} x^2+y^2=9 \\ z=4 \end{cases}$ 表示同一圆。

（2）曲线参数方程。空间中曲线参数方程为

$$\begin{cases} x=x(t) \\ y=y(t) \\ z=z(t) \end{cases}$$

例如，圆柱螺旋线（见图 1.2-29）方程为

$$\begin{cases} x=R\cos\varphi \\ y=R\sin\varphi \quad (-\infty<\varphi<\infty) \\ z=\pm b\varphi \quad (b>0) \end{cases}$$

3. 柱面、锥面、旋转曲面

（1）柱面。柱面是一条直线沿给定曲线平行移动所产生的曲面；这些直线称为直母线，给定曲线称为准曲线。

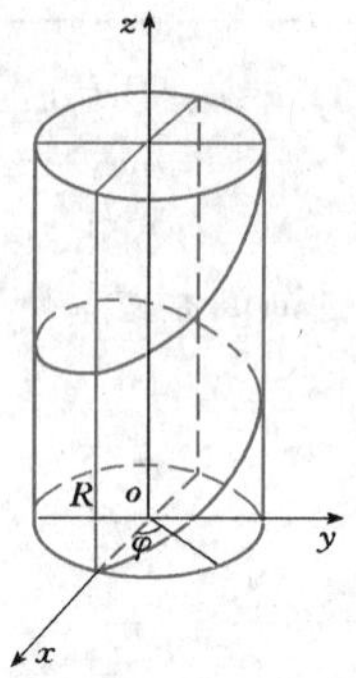

图 1.2-29 圆柱螺旋线

在空间直角坐标系中，缺一变数的方程表示一柱面，它的直母线平行所缺变数的坐标轴。

1）直母线平行 x 轴的椭圆柱面（见图 1.2-30）方程为

$$\frac{y^2}{a^2}+\frac{z^2}{b^2}=1$$

2）直母线平行 y 轴的抛物柱面（见图 1.2-31）方程为

$$x^2=2pz$$

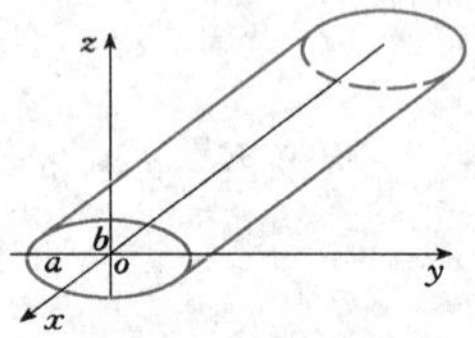

图 1.2-30 椭圆柱面

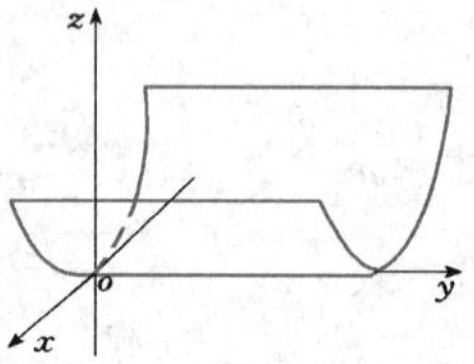

图 1.2-31 抛物柱面

3）直母线平行 z 轴的双曲柱面（见图 1.2-32）方程为

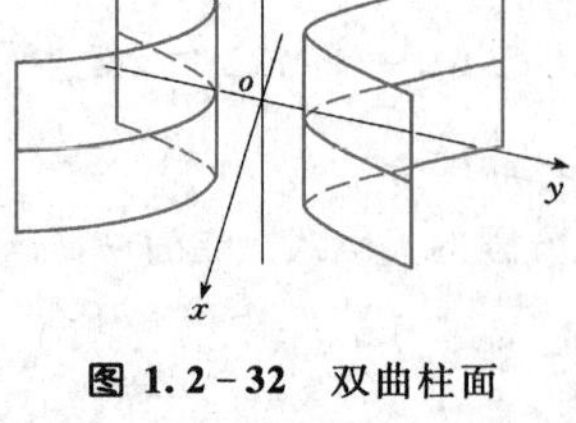

图 1.2-32 双曲柱面

$$\frac{x^2}{a^2}-\frac{y^2}{b^2}=-1$$

4）直母线方向为 $a=\{X,Y,Z\}$ 的柱面方程为

$$\begin{cases} x=f(u)+Xv \\ y=g(u)+Yv \\ z=h(u)+Zv \end{cases}$$

准曲线方程为

$$\begin{cases} x=f(u) \\ y=g(u) \\ z=h(u) \end{cases}$$

（2）锥面。锥面是由经一固定点和一给定曲线相交的直线所组成的曲面。这固定点称为锥面的顶点，这些直线称为锥面的直母线，给定曲线称为准曲线。

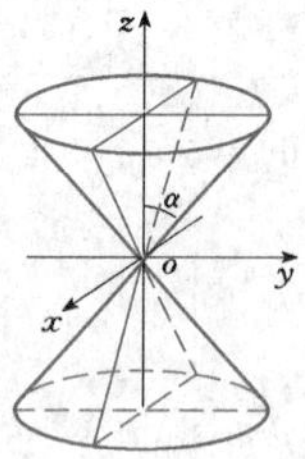

图 1.2-33 二次锥面

在空间直角坐标系中，齐次方程 $F(x,y,z)=0$ 表示以原点为顶点的锥面。

1）原点为顶点的二次锥面（见图 1.2-33）方程为

$$\frac{x^2}{a^2}+\frac{y^2}{b^2}-\frac{z^2}{c^2}=0$$

2）准曲线方程为 $\begin{cases} x=f(u) \\ y=g(u) \\ z=h(u) \end{cases}$ 的锥面，$N(x_1,y_1,z_1)$ 为顶点，则

$$\begin{aligned} x&=x_1+v[f(u)-x_1] \\ y&=y_1+v[g(u)-y_1] \\ z&=z_1+v[h(u)-z_1] \end{aligned}$$

（3）旋转曲面。旋转曲面是由一条曲线 c 绕一固定直线旋转所产生的曲面。固定直线称为旋转轴，曲线 c 称为旋转曲面的母曲线。

在空间直角坐标系中，坐标平面上一条曲线，绕其上一条坐标轴旋转所产生的旋转曲面的求法为

$$\begin{cases} f(x,y)=0 \\ z=0 \end{cases} \quad (oxy \text{ 平面上曲线})$$

绕 x 轴旋转的旋转曲面方程为

$$f(x,\pm\sqrt{y^2+z^2})=0$$

绕 y 轴旋转的旋转曲面方程为

$$f(\pm\sqrt{x^2+z^2},y)=0$$

（对坐标平面 oyz，ozx 上的曲线可得类似结论）。

1）圆环面（见图 1.2-34）。圆

$\begin{cases} (x-R)^2+y^2=r^2 \\ z=0 \\ (0<r<R) \end{cases}$，绕 y 轴旋转的旋转曲面方程为

$$(x^2+y^2+z^2+R^2-r^2)^2=4R^2(x^2+z^2)$$

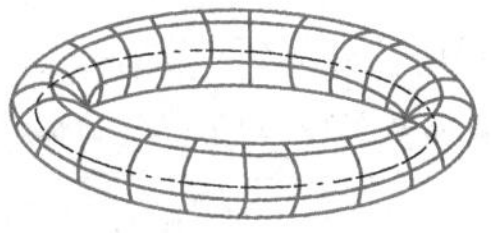

图 1.2-34 圆环面

2）绕 z 轴的旋转曲面。母曲线为 $\begin{cases} x=f(t) \\ y=g(t) \\ z=h(t) \end{cases}$，

绕 z 轴旋转的旋转曲面方程为

$$\begin{cases} x=\sqrt{[f(t)]^2+[g(t)]^2}\cos\varphi \\ y=\sqrt{[f(t)]^2+[g(t)]^2}\sin\varphi \\ z=h(t) \\ (0\leqslant\varphi\leqslant 2\pi) \end{cases}$$

4. 解析法讨论二次曲面的步骤

（1）曲面的对称性：讨论图形各部分间的关系。

（2）曲面的范围：讨论图形存在范围。

（3）曲面与坐标轴、坐标平面的关系：对图形大概轮廓有所了解。

（4）曲面弯曲变化情况：主要方法是平行截面法，用一族平行平面截曲面，研究截口线的变化情况。

5. 椭球面

椭球面（见图 1.2-35）标准方程为

$$\frac{x^2}{a^2}+\frac{y^2}{b^2}+\frac{z^2}{c^2}=1 \quad (a,b,c>0)$$

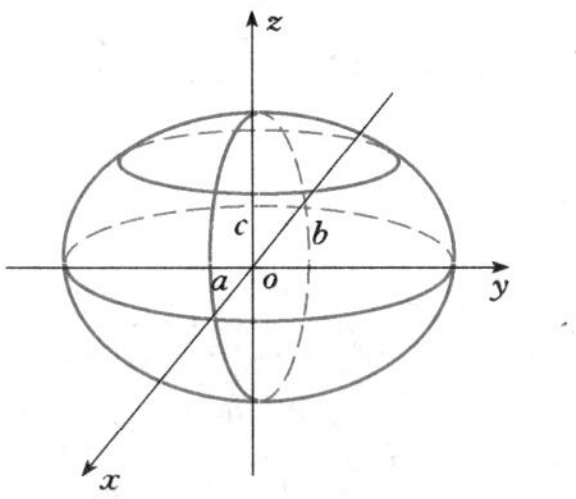

图 1.2-35 椭球面

对称轴：三条坐标轴；

对称平面：三个坐标平面；

中心：(0，0，0)；

范围：$-a\leqslant x\leqslant a$，$-b\leqslant y\leqslant b$，$-c\leqslant z\leqslant c$；

顶点：$(\pm a，0，0)$、$(0，\pm b，0)$、$(0，0，\pm c)$。

与坐标平面交线皆椭圆，平行平面 $z=h$ 的截线为一族椭圆，则有

$$\begin{cases} \frac{x^2}{a^2}+\frac{y^2}{b^2}=1-\frac{h^2}{c^2} \\ z=h \end{cases}$$

半轴 a、b、c 中有两个相等，例如，$a=b$ 为旋转椭球面，$a=b=c$ 为球面。

6. 双曲面

（1）单叶双曲面（见图 1.2-36）方程为

$$\frac{x^2}{a^2}+\frac{y^2}{b^2}-\frac{z^2}{c^2}=1$$

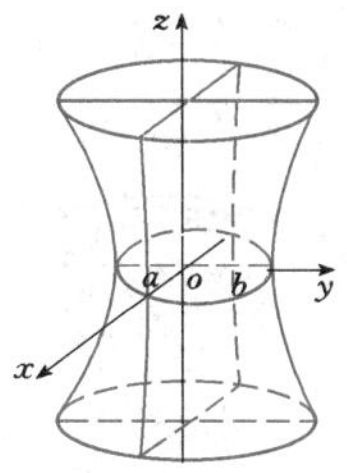

图 1.2-36 单叶双曲面

对称轴：三条坐标轴；

对称平面：三个坐标平面；

中心：(0，0，0)；

顶点：$(\pm a，0，0)$，$(0，\pm b，0)$ 与 z 轴不相交。

与坐标平面交线分别为椭圆和双曲线，平行平面 $z=h$ 的截线为一族椭圆，其方程为

$$\begin{cases} \frac{x^2}{a^2}+\frac{y^2}{b^2}=1+\frac{h^2}{c^2} \\ z=h \end{cases}$$

半轴 $a'=a\sqrt{1+\frac{h^2}{c^2}}$、$b'=b\sqrt{1+\frac{h^2}{c^2}}$，当 $a=b$ 时为旋转单叶双曲面。

（2）双叶双曲面（见图 1.2-37）方程为

$$\frac{x^2}{a^2}+\frac{y^2}{b^2}-\frac{z^2}{c^2}=-1$$

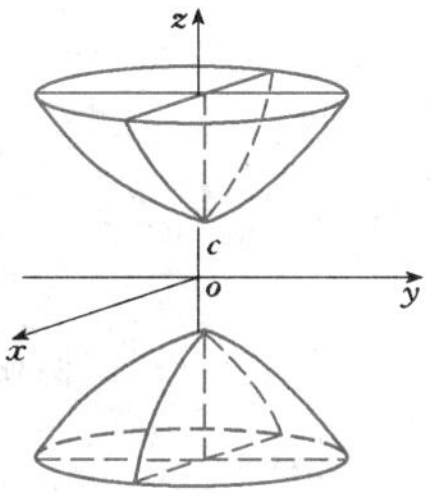

图 1.2-37 双叶双曲面

对称轴：与单叶双曲面相同；

范围：在 $z=c$ 与 $z=-c$ 之间无图形；

顶点：$(0，0，\pm c)$。

与 x 轴、y 轴不相交，与坐标平面 ozx、oyz 交线为双曲线，与坐标平面 oxy 不相交，平行平面 $z=h$ 截线为一族椭圆，其方程为

$$\begin{cases} \frac{x^2}{a^2}+\frac{y^2}{b^2}=\frac{h^2}{c^2}-1 \\ z=h \end{cases}$$

半轴 $a''=a\sqrt{\frac{h^2}{c^2}-1}$、$b''=b\sqrt{\frac{h^2}{c^2}-1}$，当 $a=b$ 时为旋转双叶曲面。

(3) 双曲面的渐近锥面（见图1.2-38）方程为

$$\frac{x^2}{a^2}+\frac{y^2}{b^2}-\frac{z^2}{c^2}=0$$

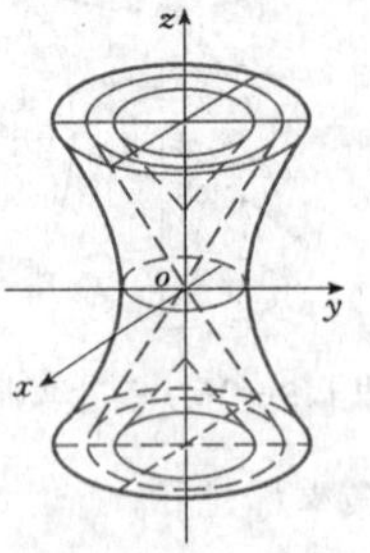

图 1.2-38 双曲面的渐近锥面

其为单叶双曲面

$$\frac{x^2}{a^2}+\frac{y^2}{b^2}-\frac{z^2}{c^2}=1$$

与双叶双曲面

$$\frac{x^2}{a^2}+\frac{y^2}{b^2}-\frac{z^2}{c^2}=-1$$

的渐近曲面。

对于相同的 a、b、c，用 $z=h$ 去截双曲面和二次锥面皆为椭圆，其半轴如下：

单叶双曲面为

$$a'=a\sqrt{1+\frac{h^2}{c^2}},\ b'=b\sqrt{1+\frac{h^2}{c^2}}$$

二次锥面为

$$\bar{a}=\frac{a|h|}{c},\ \bar{b}=\frac{b|h|}{c}$$

双叶双曲面为

$$a''=a\sqrt{\frac{h^2}{c^2}-1},\ b''=b\sqrt{\frac{h^2}{c^2}-1}$$

且 $\frac{b'}{a'}=\frac{b''}{a''}=\frac{\bar{b}}{\bar{a}}=\frac{b}{a}$，为相似椭圆；$a'>\bar{a}>a''$，$b'>\bar{b}>b''$；$\lim\limits_{|h|\to\infty}(a'-a'')=0$，$\lim\limits_{|h|\to\infty}(b'-b'')=0$。

7. **抛物面**

(1) 椭圆抛物面（见图1.2-39）方程为

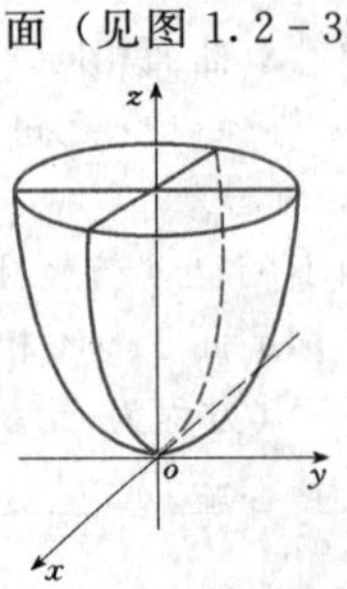

图 1.2-39 椭圆抛物面

$$\frac{x^2}{p}+\frac{y^2}{q}=2z\quad(p>0,\ q>0)$$

对称轴：z 轴；

对称平面：{坐标平面 ozx，oyz}；

范围：$z\geqslant0$；

顶点：(0，0，0)。

与坐标平面 ozx 和 oyz 交线为抛物线，平行平面 $z=h$ 的截线为一族椭圆，其方程为

$$\begin{cases}\frac{x^2}{2ph}+\frac{y^2}{2qh}=1\\ z=h\quad(h>0)\end{cases}$$

当 $p=q$ 时为旋转椭圆抛物面。

(2) 双曲抛物面（见图1.2-40）方程为

$$\frac{x^2}{p}-\frac{y^2}{q}=2z\quad(p>0,\ q>0)$$

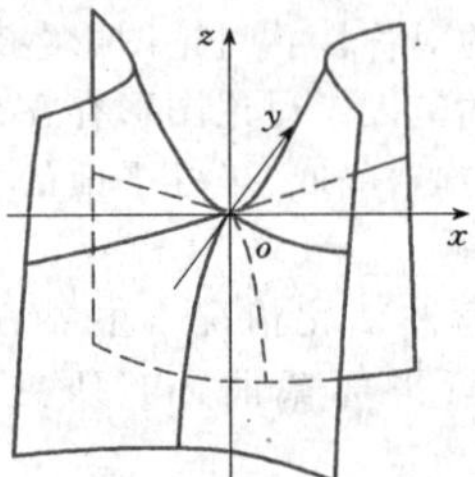

图 1.2-40 双曲抛物面

对称轴：同椭圆抛物面；

顶点：(0，0，0)。

与坐标平面 ozx 和 oyz 交线为抛物线，与坐标平面 oxy 交线为两直线，平行平面 $z=h$ 截线为一族双曲线，其方程为

$$\begin{cases}\frac{x^2}{2ph}-\frac{y^2}{2qh}=1\\ z=h(h\neq0)\end{cases}$$

形状呈马鞍形，又称为马鞍面。

8. **直纹二次曲面**

直纹面是指由直线构成的曲面，这些直线称为曲面的直母线。

二次曲面中柱面、锥面、单叶双曲面和双曲抛物面都是直纹面。

(1) 单叶双曲面的两族直母线（见图1.2-41），其方程为

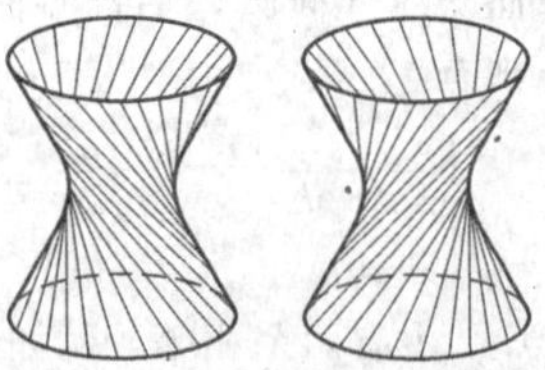

图 1.2-41 单叶双曲面的两族直母线

$$\begin{cases}\lambda\left(\dfrac{x}{a}+\dfrac{z}{c}\right)=\mu\left(1+\dfrac{y}{b}\right)\\ \mu\left(\dfrac{x}{a}-\dfrac{z}{c}\right)=\lambda\left(1-\dfrac{y}{b}\right)\end{cases}$$

$$\begin{cases}\lambda'\left(\dfrac{x}{a}+\dfrac{z}{c}\right)=\mu'\left(1-\dfrac{y}{b}\right)\\ \mu'\left(\dfrac{x}{a}-\dfrac{z}{c}\right)=\lambda'\left(1+\dfrac{y}{b}\right)\end{cases}$$

其中，λ、μ 和 λ'、μ' 为不同时为零的任意两数，也可用一个参数 $\dfrac{\mu}{\lambda}$ 和 $\dfrac{\mu'}{\lambda'}$ 代替它们。

两族直母线具有的性质如下：

1）单叶双曲面上每一点，每一族中有一条且只有一条直线通过它。

2）同族中每两条直母线不共面。

3）异族中两条直母线必共面。

4）经过单叶双曲面上每一点有两条且只有两条直母线（即除此两族直母线无其他直母线）。

（2）双曲抛物面的两族直母线（见图 1.2-42），其方程为

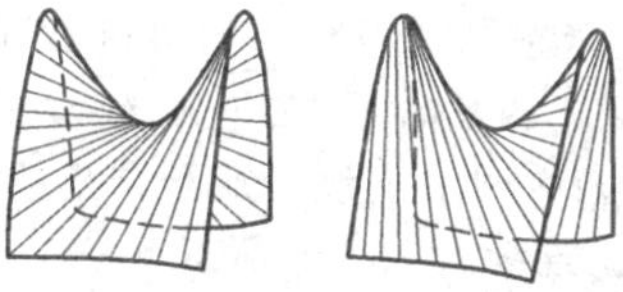

图 1.2-42 双曲抛物面的两族直母线

$$\begin{cases}\lambda\left(\dfrac{x}{\sqrt{p}}+\dfrac{y}{\sqrt{q}}\right)=2\mu z\\ \mu\left(\dfrac{x}{\sqrt{p}}-\dfrac{y}{\sqrt{q}}\right)=\lambda\end{cases}$$

$$\begin{cases}\lambda'\left(\dfrac{x}{\sqrt{p}}-\dfrac{y}{\sqrt{q}}\right)=2\mu' z\\ \mu'\left(\dfrac{x}{\sqrt{p}}+\dfrac{y}{\sqrt{q}}\right)=\lambda'\end{cases}$$

双曲抛物面的两族直母线性质同单叶双曲面。

9. 二次曲面围成区域和交线举例

（1）曲面 $x^2+y^2=R^2$ 和 $x^2+z^2=R^2$ 与三个坐标平面所围成区域的图形（第一卦限部分）。

曲面 $x^2+y^2=R^2$ 和 $x^2+z^2=R^2$ 分别为直母线平行 z 轴和 y 轴的圆柱面，所围成区域的图形如图 1.2-43所示。

（2）曲面 $z=x^2+y^2$ 与平面 $x-y+1=0$、$x+y-1=0$、$y=0$、$z=0$ 所围成区域的图形。

曲面 $z=x^2+y^2$ 为旋转椭圆抛物面，$x-y+1=0$ 和 $x+y-1=0$ 为平行于 z 轴的两平面，所围成区域的图形如图 1.2-44 所示。

（3）曲面 $x^2+y^2=2x$ 和 $x^2+y^2+z^2=4$ 的交线图形。

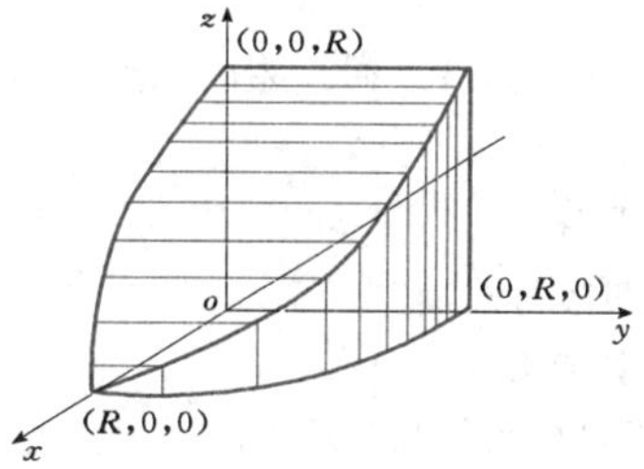

图 1.2-43 $x^2+y^2=R^2$ 和 $x^2+z^2=R^2$ 所围圆柱面

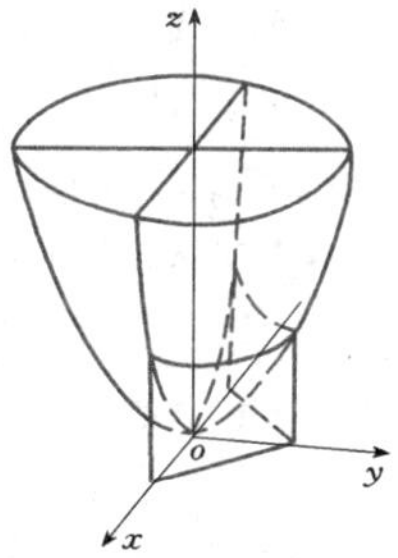

图 1.2-44 $z=x^2+y^2$ 与平面所围区域

曲面 $x^2+y^2-2x=0$，即 $(x-1)^2+y^2=1$ 为直母线平行 z 轴、半径为 1 的圆柱面。

曲面 $x^2+y^2+z^2=4$，即球心为（0，0，0）、半径为 2 的球面。

两曲面的交线图形如图 1.2-45 所示。

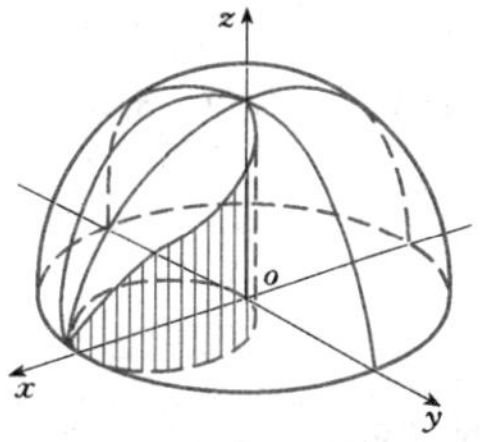

图 1.2-45 $x^2+y^2=2x$ 和 $x^2+y^2+z^2=4$ 的交线图形

（4）曲面 $x^2+z^2=4z$ 和 $x^2+4y=0$ 的交线图形。

曲面 $x^2+z^2=4z$，即 $x^2+(z-2)^2=4$ 为直母线平行于 y 轴的圆柱面。

曲面 $x^2+4y=0$ 为直母线平行于 z 轴的抛物面。

两曲面的交线图形如图 1.2-46 所示。

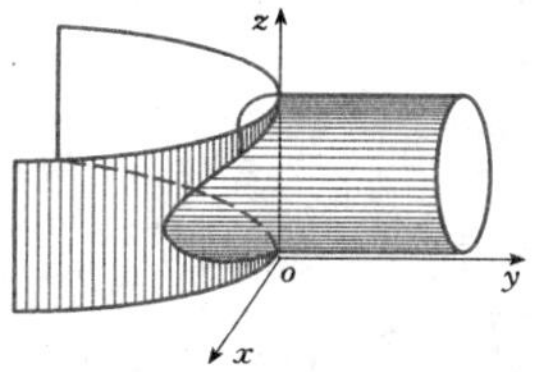

图 1.2-46 $x^2+z^2=4z$ 和 $x^2+4y=0$ 的交线图形

1.3 微 积 分

1.3.1 微分法

1.3.1.1 极限与连续

1. 函数的极限

(1) 极限存在的几个常用准则：

1) 若 $f_1(x) \leqslant f(x) \leqslant f_2(x)$，且 $\lim f_1(x) = \lim f_2(x) = A$，则 $\lim f(x) = A$。

2) 若 $f(x)$ 为增函数，且 $f(x) \leqslant M$，则 $\lim\limits_{x\to+\infty} f(x)$ 必存在而不超过 M。

3) 若 $f(x)$ 为减函数，且 $f(x) \geqslant M$，则 $\lim\limits_{x\to+\infty} f(x)$ 必存在而不小于 M。

(2) 极限运算定理：

1) $\lim ku = k\lim u$（k 表示常量）

2) $\lim(u+v) = \lim u + \lim v$

3) $\lim(uv) = \lim u \lim v$

4) $\lim \dfrac{u}{v} = \dfrac{\lim u}{\lim v}$，$\lim v \neq 0$、$\infty$

5) 连续函数求极限 $\lim f(\varphi(x)) = f(\lim\varphi(x))$

(3) 几个基本极限：

1) $\lim\limits_{x\to0} \dfrac{\sin x}{x} = 1$

2) $\lim\limits_{z\to\infty}\left(1+\dfrac{1}{z}\right)^z = \lim\limits_{x\to0}(1+x)^{\frac{1}{x}} = \mathrm{e}$

3) $\lim\limits_{x\to0}(1+kx)^{\frac{1}{x}} = \lim\limits_{x\to0}(1+x)^{\frac{k}{x}} = \mathrm{e}^k$

4) $\lim\limits_{x\to0}\dfrac{\ln(1+x)}{x} = 1$

5) $\lim\limits_{x\to0}\dfrac{\mathrm{e}^x-1}{x} = 1$

(4) 几个重要极限：

1) $\lim\limits_{x\to0}\dfrac{\tan x}{x} = 1$

2) $\lim\limits_{x\to0}\dfrac{\sin mx}{\sin nx} = \dfrac{m}{n}$ $(n \neq 0)$

3) $\lim\limits_{x\to0}\dfrac{\arcsin x}{x} = 1$

4) $\lim\limits_{x\to+\infty}\dfrac{\ln x}{x^n} = 0$ $(n > 0)$

5) $\lim\limits_{x\to+\infty}\dfrac{x^n}{\mathrm{e}^x} = 0$

6) $\lim\limits_{x\to+0} x^x = 1$

7) $\lim\limits_{x\to+\infty} x^{\frac{1}{x}} = 1$

8) $\lim\limits_{n\to\infty}\sqrt[n]{n!} = \infty$

9) $\lim\limits_{n\to\infty}\dfrac{\sqrt[n]{n!}}{n} = \dfrac{1}{\mathrm{e}}$

10) $\lim\limits_{n\to\infty}\dfrac{\sqrt{2\pi n}\left(\dfrac{n}{\mathrm{e}}\right)^n}{n!} = 1$

11) $\lim\limits_{n\to\infty}\left\{\left(1+\dfrac{1}{2}+\dfrac{1}{3}+\cdots+\dfrac{1}{n}\right)-\ln n\right\} = C = 0.57721566\cdots$［欧拉（Euler）常数］

12) $\lim\limits_{n\to\infty}\dfrac{F_n}{F_{n+1}} = \dfrac{\sqrt{5}-1}{2} = 0.61803398\cdots$

其中 $F_n = \dfrac{1}{\sqrt{5}}\left[\left(\dfrac{1+\sqrt{5}}{2}\right)^{n+1} - \left(\dfrac{1-\sqrt{5}}{2}\right)^{n+1}\right]$

$(n = 0,1,2,\cdots)$

［菲波拉契（Fibonacci）数列］

F_n 可由下列递推公式求出：

$F_0 = F_1 = 1$，$F_k = F_{k-1} + F_{k-2}$ $(k = 2,3,\cdots)$

2. 函数的连续性

(1) 连续函数的运算：

1) 连续函数的代数和是连续函数。

2) 有限个连续函数的积是连续函数。

3) 两个连续函数的商（分母不为零）是连续函数。

4) 复合函数的连续性：如果函数 $f(x)$ 在区间 $[a,b]$ 上连续，函数 $\varphi(y)$ 在包含 $f(x)$ 的区间 $[a,b]$ 上的值域的某区间上连续，则复合函数 $\varphi(f(x))$ 在区间 $[a,b]$ 上连续。

(2) 连续函数的性质：

1) 如果函数 $f(x)$ 在点 $x = a$ 连续，并且 $f(a) > 0$［或 $f(a) < 0$］，那么 $f(x)$ 在点 a 的某一个邻域［例如，a 的 ε－邻域 $(a-\varepsilon, a+\varepsilon)$，其中 $\varepsilon>0$］内都有 $f(x) > 0$［或 $f(x) < 0$］。

2) 闭区间上连续的函数，一定在该区间上有界，且能取到最大值和最小值。

3) 如果函数 $f(x)$ 在闭区间 $[a,b]$ 上连续，M、m 分别是 $f(x)$ 在 $[a,b]$ 上的最大值和最小值，则对于 $m \leqslant K \leqslant M$，一定存在 $\xi \in [a,b]$，使得 $f(\xi) = K$。特别地，如果 $f(a)f(b) \leqslant 0$，则至少存在一点 $\xi \in [a,b]$，使得 $f(\xi) = 0$。

1.3.1.2 微分的定义

若函数 $y = f(x)$ 在点 x 的改变量可表示为 $\Delta y = A(x)\Delta x + o(\Delta x)$，则此改变量的线性主部 $A(x)\Delta x$ 称为函数 y 在点 x 的微分，记做 $\mathrm{d}y = A(x)\Delta x$。特别当 $f(x) = x$ 时有 $\mathrm{d}x = \Delta x$，则函数 y 的微分又可记为 $\mathrm{d}y = A(x)\mathrm{d}x$。

函数 $y = f(x)$ 的微分存在的充分必要条件是：函数存在导数 $y' = f'(x)$。此时，$\mathrm{d}y = f'(x)\mathrm{d}x$。

1.3.1.3 导数与微分的运算法则

$y = f(x)$

$$y' = f'(x) = \frac{dy}{dx} = \frac{df(x)}{dx} = \lim_{\Delta x \to 0} \frac{f(x+\Delta x) - f(x)}{\Delta x}$$

$$df(x) = f'(x)dx$$

(1) $(c)' = 0$，$dc = 0$（c 为常数）

(2) $(cu)' = cu'$，$d(cu) = cdu$

(3) $(u \pm v)' = u' \pm v'$，$d(u \pm v) = du \pm dv$

(4) $(uv)' = u'v + uv'$，$d(uv) = vdu + udv$

(5) $\left(\frac{u}{v}\right)' = \frac{vu' - uv'}{v^2}$，$d\left(\frac{u}{v}\right) = \frac{vdu - udv}{v^2}$

(6) 若 $y = f(u)$，$u = \varphi(x)$，则

$$y'_x = f'(u)\varphi'(x),\ df(u) = f'(u)du$$

或

$$\frac{dy}{dx} = \frac{dy}{du}\frac{du}{dx}$$

(7) $y' = \frac{1}{x'}$ 或 $\frac{dy}{dx} = \frac{1}{\frac{dx}{dy}}$

(8) 参量方程 $\begin{cases} x = f(t) \\ y = \varphi(t) \end{cases}$，则

$$\frac{dy}{dx} = \frac{\frac{dy}{dt}}{\frac{dx}{dt}} = \frac{\varphi'(t)}{f'(t)},\ dy = \frac{\varphi'(t)}{f'(t)}dx$$

1.3.1.4 导数与微分的基本公式

(1) $(u^\alpha)' = \alpha u^{\alpha-1}u'$，$du^\alpha = \alpha u^{\alpha-1}du$（$\alpha$ 为任何实数）

$(\sqrt{u})' = \frac{u'}{2\sqrt{u}}$，$d\sqrt{u} = \frac{du}{2\sqrt{u}}$

(2) $(\ln u)' = \frac{u'}{u}$，$d\ln u = \frac{du}{u}$

$(\log_a u)' = \frac{u'}{u\ln a}$，$d\log_a u = \frac{du}{u\ln a}$

(3) $(e^u)' = e^u u'$，$de^u = e^u du$

$(a^u)' = (a^u \ln a)u'$，$da^u = a^u \ln a du$

(4) $(\sin u)' = (\cos u)u'$，$d\sin u = \cos u du$

(5) $(\cos u)' = (-\sin u)u'$，$d\cos u = -\sin u du$

(6) $(\tan u)' = (\sec^2 u)u'$，$d\tan u = \sec^2 u du$

(7) $(\cot u)' = (-\csc^2 u)u'$，$d\cot u = -\csc^2 u du$

(8) $(\sec u)' = (\sec u \tan u)u'$，$d\sec u = \sec u \tan u du$

(9) $(\csc u)' = (-\csc u \cot u)u'$

$d\csc u = -\csc u \cot u du$

(10) $(\arcsin u)' = \frac{u'}{\sqrt{1-u^2}}$，$d\arcsin u = \frac{du}{\sqrt{1-u^2}}$

(11) $(\arccos u)' = -\frac{u'}{\sqrt{1-u^2}}$，$d\arccos u = -\frac{du}{\sqrt{1-u^2}}$

(12) $(\arctan u)' = \frac{u'}{1+u^2}$，$d\arctan u = \frac{du}{1+u^2}$

(13) $(\mathrm{arccot}\, u)' = -\frac{u'}{1+u^2}$，$d\mathrm{arccot}\, u = -\frac{du}{1+u^2}$

(14) $(\mathrm{arcsec}\, u)' = \frac{u'}{u\sqrt{u^2-1}}$，$d\mathrm{arcsec}\, u = \frac{du}{u\sqrt{u^2-1}}$

(15) $(\mathrm{arccsc}\, u)' = -\frac{u'}{u\sqrt{u^2-1}}$，$d\mathrm{arccsc}\, u = -\frac{du}{u\sqrt{u^2-1}}$

(16) $(\sinh u)' = (\cosh u)u'$，$d\sinh u = \cosh u du$

(17) $(\cosh u)' = (\sinh u)u'$，$d\cosh u = \sinh u du$

(18) $(\tanh u)' = (\mathrm{sech}^2 u)u'$，$d\tanh u = \mathrm{sech}^2 u du$

(19) $(\coth u)' = (-\mathrm{csch}^2 u)u'$

$d\coth u = -\mathrm{csch}^2 u du$

(20) $(\mathrm{sech}\, u)' = (-\tanh u\, \mathrm{sech}\, u)u'$

$d\mathrm{sech}\, u = -\tanh u\, \mathrm{sech}\, u du$

(21) $(\mathrm{csch}\, u)' = (-\coth u\, \mathrm{csch}\, u)u'$

$d\mathrm{csch}\, u = -\coth u\, \mathrm{csch}\, u du$

(22) $(\sinh^{-1} u)' = \frac{u'}{\sqrt{1+u^2}}$，$d\sinh^{-1} u = \frac{du}{\sqrt{1+u^2}}$

(23) $(\cosh^{-1} u)' = \pm \frac{u'}{\sqrt{u^2-1}}$

$d\cosh^{-1} u = \pm \frac{du}{\sqrt{u^2-1}}$ $(|u| > 1)$

(24) $(\tanh^{-1} u)' = \frac{u'}{1-u^2}$，$d\tanh^{-1} u = \frac{du}{1-u^2}$

(25) $(\coth^{-1} u)' = \frac{u'}{1-u^2}$，$d\coth^{-1} u = \frac{du}{1-u^2}$

(26) $(\mathrm{sech}^{-1} u)' = \pm \frac{u'}{u\sqrt{1-u^2}}$

$d\mathrm{sech}^{-1} u = \pm \frac{du}{u\sqrt{1-u^2}}$

(27) $(\mathrm{csch}^{-1} u)' = \frac{-u'}{u\sqrt{1+u^2}}$

$d\mathrm{csch}^{-1} u = \frac{-du}{u\sqrt{1+u^2}}$

1.3.1.5 高阶导数

(1) $(cu)^{(n)} = cu^{(n)}$

(2) $(u \pm v)^{(n)} = u^{(n)} \pm v^{(n)}$

(3) 莱布尼兹公式

$$(uv)^{(n)} = \sum_{i=0}^{n} C_n^i u^{(n-i)} v^{(i)}$$

(4) 反函数

$$\frac{d^2 x}{dy^2} = -\frac{y''}{(y')^3}$$

(5) 参量函数

$$y''_{xx} = \frac{d^2 y}{dx^2} = \frac{\frac{dy'}{dt}}{\frac{dx}{dt}} = \frac{x'_t y''_{tt} - x''_{tt} y'_t}{x'^3_t}$$

式中 x'_t、y'_t——x、y 关于参变量 t 的一阶导数；

x''_{tt}、y''_{tt}——x、y 关于参变量 t 的二阶导数。

(6) $(x^\alpha)^{(n)} = \alpha(\alpha-1)\cdots(\alpha-n+1)x^{\alpha-n}$［当 α 为正整数，且 $n>\alpha$ 时，$(x^\alpha)^{(n)} = 0$］，特别地

$$(\sqrt{x})^{(n)}=\begin{cases}\dfrac{(-1)^{n-1}\cdot 1\cdot 3\cdot 5\cdot\cdots\cdot(2n-3)}{2^n}x^{-\left(n-\frac{1}{2}\right)} & (n>1)\\ \dfrac{1}{2}x^{-\frac{1}{2}} & (n=1)\end{cases}$$

(7) $(\sin mx)^{(n)}=m^n\sin\left(mx+\dfrac{n\pi}{2}\right)$

$(\sin x)^{(n)}=\sin\left(x+\dfrac{n\pi}{2}\right)$

(8) $(\cos mx)^{(n)}=m^n\cos\left(mx+\dfrac{n\pi}{2}\right)$

$(\cos x)^{(n)}=\cos\left(x+\dfrac{n\pi}{2}\right)$

(9) $(\sin^2 x)^{(n)}=-2^{n-1}\cos\left(2x+\dfrac{n\pi}{2}\right)$

(10) $y=\arctan x$

$y^{(n)}=(n-1)!\cos^n y\sin\left(ny+\dfrac{n\pi}{2}\right)$

(11) $y=\operatorname{arccot} x$

$y^{(n)}=(-1)^n(n-1)!\sin^n y\sin ny$

(12) $(e^x)^{(n)}=e^x$

$(e^{kx})^{(n)}=k^n e^{kx}$

$(a^x)^{(n)}=a^x(\ln a)^n$

(13) $(e^{ax+b})^{(n)}=a^n e^{ax+b}$

(14) $(\log_a x)^{(n)}=\dfrac{(-1)^{n-1}(n-1)!}{x^n\ln a}$

$(\ln x)^{(n)}=\dfrac{(-1)^{n-1}(n-1)!}{x^n}$

$(\lg x)^{(n)}=\dfrac{(-1)^{n-1}(n-1)!}{x^n\ln 10}$

(15) $[\ln(1+x)]^{(n)}=\dfrac{(-1)^{n-1}(n-1)!}{(1+x)^n}$

(16) $(e^x\sin x)^{(n)}=2^{\frac{n}{2}}e^x\sin\left(x+\dfrac{n\pi}{4}\right)$

(17) $(\sinh x)^{(n)}=\begin{cases}\sinh x & (n\text{ 为偶数})\\ \cosh x & (n\text{ 为奇数})\end{cases}$

(18) $(\cosh x)^{(n)}=\begin{cases}\cosh x & (n\text{ 为偶数})\\ \sinh x & (n\text{ 为奇数})\end{cases}$

1.3.1.6 多元函数的求导

1. 偏导数

设 $u=f(x_1,\cdots,x_n)$，定义函数 u 关于 x_i 的偏导数为

$$\frac{\partial u}{\partial x_i}=\lim_{\Delta x_i\to 0}\frac{f(x_1,\cdots,x_i+\Delta x_i,\cdots,x_n)-f(x_1,\cdots,x_i,\cdots,x_n)}{\Delta x_i}$$

在利用前面的公式求导时，只将 x_i 当做变量，其余自变量都当做常数。当混合偏导数连续时，则它与求导次序无关，即

$$\frac{\partial^{p+q}u}{\partial x_i^p\partial x_j^q}=\frac{\partial^{p+q}u}{\partial x_j^q\partial x_i^p}$$

2. 偏微分与全微分

设 $u=f(x_1,\cdots,x_n)$，偏微分为

$$\mathrm{d}_{x_i}u=\frac{\partial u}{\partial x_i}\mathrm{d}x_i$$

全微分为

$$\mathrm{d}u=\frac{\partial u}{\partial x_1}\mathrm{d}x_1+\frac{\partial u}{\partial x_2}\mathrm{d}x_2+\cdots+\frac{\partial u}{\partial x_n}\mathrm{d}x_n$$

3. 复合函数微分法

(1) 设 $u=f(x,y)$，$x=x(s,t)$，$y=y(s,t)$，则

$$\begin{cases}\dfrac{\partial u}{\partial s}=\dfrac{\partial u}{\partial x}\dfrac{\partial x}{\partial s}+\dfrac{\partial u}{\partial y}\dfrac{\partial y}{\partial s}\\[2mm] \dfrac{\partial u}{\partial t}=\dfrac{\partial u}{\partial x}\dfrac{\partial x}{\partial t}+\dfrac{\partial u}{\partial y}\dfrac{\partial y}{\partial t}\end{cases}$$

(2) 设 $u=f(x_1,x_2,\cdots,x_n)$，$x_i=x_i(t_1,t_2,\cdots,t_m)$ $(1\leqslant i\leqslant n)$，则

$$\frac{\partial u}{\partial t_j}=\frac{\partial u}{\partial x_1}\frac{\partial x_1}{\partial t_j}+\frac{\partial u}{\partial x_2}\frac{\partial x_2}{\partial t_j}+\cdots+\frac{\partial u}{\partial x_n}\frac{\partial x_n}{\partial t_j}=\sum_{i=1}^{n}\frac{\partial u}{\partial x_i}\frac{\partial x_i}{\partial t_j}\quad(1\leqslant j\leqslant m)$$

4. 全导数

设 $u=f(x_1,x_2,\cdots,x_n)$，$x_i=x_i(t)$ $(1\leqslant i\leqslant n)$，则全导数为

$$\frac{\mathrm{d}u}{\mathrm{d}t}=\frac{\partial u}{\partial x_1}\frac{\mathrm{d}x_1}{\mathrm{d}t}+\frac{\partial u}{\partial x_2}\frac{\mathrm{d}x_2}{\mathrm{d}t}+\cdots+\frac{\partial u}{\partial x_n}\frac{\mathrm{d}x_n}{\mathrm{d}t}=\sum_{i=1}^{n}\frac{\partial u}{\partial x_i}\frac{\mathrm{d}x_i}{\mathrm{d}t}$$

5. 隐函数微分法

(1) 设 y 是由函数方程 $f(x,y)=0$ 确定的隐函数，则

$$\frac{\mathrm{d}y}{\mathrm{d}x}=y'=-\frac{\dfrac{\partial f}{\partial x}}{\dfrac{\partial f}{\partial y}}$$

(2) 设 z 是由函数方程 $f(x,y,z)=0$ 确定的隐函数，则

$$\frac{\partial z}{\partial x}=z'_x=-\frac{\dfrac{\partial f}{\partial x}}{\dfrac{\partial f}{\partial z}},\quad\frac{\partial z}{\partial y}=z'_y=-\frac{\dfrac{\partial f}{\partial y}}{\dfrac{\partial f}{\partial z}}$$

(3) 设 $u=u(x,y)$、$v=v(x,y)$ 是由方程组 $\begin{cases}F(x,y,u,v)=0\\ G(x,y,u,v)=0\end{cases}$ 确定的隐函数，则由以下方程组

$$\begin{cases}\dfrac{\partial F}{\partial x}+\dfrac{\partial F}{\partial u}\dfrac{\partial u}{\partial x}+\dfrac{\partial F}{\partial v}\dfrac{\partial v}{\partial x}=0\\[2mm] \dfrac{\partial G}{\partial x}+\dfrac{\partial G}{\partial u}\dfrac{\partial u}{\partial x}+\dfrac{\partial G}{\partial v}\dfrac{\partial v}{\partial x}=0\end{cases}$$

可以解出 $\dfrac{\partial u}{\partial x}$、$\dfrac{\partial v}{\partial x}$。类似地，可以求出 $\dfrac{\partial u}{\partial y}$、$\dfrac{\partial v}{\partial y}$。

6. 方向导数

设 l 表示过点 $P(x,y,z)$ 的单位矢量，它的方向角为 α、β、γ，则 $u=f(x,y,z)$ 在点 P 处沿 l 的方向导数为

$$\left(\frac{\partial u}{\partial l}\right)_P=\frac{\partial u}{\partial x}\cos\alpha+\frac{\partial u}{\partial y}\cos\beta+\frac{\partial u}{\partial z}\cos\gamma$$

1.3.1.7 中值定理及其应用

1. 罗尔（Rolle）定理

若 $f(x)$ 在 $[a,b]$ 连续，在 (a,b) 可导，且 $f(a)=f(b)$，则存在 $c\in(a,b)$，使得 $f'(c)=0$。

2. 拉格朗日（Lagrange）定理

若 $f(x)$ 在 $[a,b]$ 连续，在 (a,b) 可导，则存在 $c\in(a,b)$，使得

$$\frac{f(b)-f(a)}{b-a}=f'(c)$$

若 $f(a)=f(b)$，则 $f'(c)=0$，此时拉格朗日定理转化为罗尔定理，即罗尔定理是拉格朗日定理的一个特例。

3. 柯西（Cauchy）定理

若 $f(x)$ 与 $g(x)$ 在 $[a,b]$ 连续，在 (a,b) 可导，且 $g'(x)\neq 0$，则存在 $c\in(a,b)$，使得

$$\frac{f(b)-f(a)}{g(b)-g(a)}=\frac{f'(c)}{g'(c)}$$

若 $g(x)=x$，则 $g'(x)=1$，此时柯西定理转化为拉格朗日定理。

4. 泰勒（Taylor）展开式

若在点 a 的邻域上，$f^{(n)}(x)$ 存在，则

$$f(x)=f(a)+f'(a)(x-a)+\frac{f''(a)}{2!}(x-a)^2+\cdots+\frac{f^{(n)}(a)}{n!}(x-a)^n+R_n(x)$$

其中 $$R_n(x)=\frac{f^{(n+1)}(\xi)}{(n+1)!}(x-a)^{n+1}$$

ξ 介于 a 和 x 之间。该展开式称为泰勒展开式，$R_n(x)$ 称为展开式的余项。若 $a=0$，相应的展开式又称为麦克劳林（Maclaurin）公式。

5. 二元函数的泰勒展开式

设 $f(x,y)$ 在点 $P_0(x_0,y_0)$ 的邻域各阶偏导数存在，则

$$\begin{aligned}f(x,y)=&f(x_0,y_0)+\left[(x-x_0)\frac{\partial}{\partial x}+(y-y_0)\frac{\partial}{\partial y}\right]f(x_0,y_0)\\&+\frac{1}{2!}\left[(x-x_0)\frac{\partial}{\partial x}+(y-y_0)\frac{\partial}{\partial y}\right]^2f(x_0,y_0)+\cdots\\&+\frac{1}{n!}\left[(x-x_0)\frac{\partial}{\partial x}+(y-y_0)\frac{\partial}{\partial y}\right]^nf(x_0,y_0)\\&+\frac{1}{(n+1)!}\left[(x-x_0)\frac{\partial}{\partial x}+(y-y_0)\frac{\partial}{\partial y}\right]^{n+1}f(\xi,\eta)\end{aligned}$$

其中，点 (ξ,η) 在连接 $P_0(x_0,y_0)$ 与 $P(x,y)$ 的线段上，而

$$\left[(x-x_0)\frac{\partial}{\partial x}+(y-y_0)\frac{\partial}{\partial y}\right]^kf=\sum_{j=0}^{k}C_k^j(x-x_0)^j\frac{\partial^jf}{\partial x^j}(y-y_0)^{k-j}\frac{\partial^{k-j}f}{\partial y^{k-j}}$$

6. 单调性

如果 $f(x)$ 在 $[a,b]$ 上存在，那么若 $f'(x)>0$，则 $f(x)$ 递增；若 $f'(x)<0$，则 $f(x)$ 递减。

7. 极值

(1) 一元可微函数 $f(x)$ 的极值。

1) 极值在内点 x_0 存在的必要条件：$f'(x_0)=0$。

2) 极值存在的充分条件。

判别法则一：当 x 渐增通过 x_0 时，$f'(x)$ 由正变负，则 $f(x_0)$ 为极大值；反之，若 $f'(x)$ 由负变正，则 $f(x_0)$ 为极小值。

判别法则二：设 $f'(x_0)=0$，若 $f''(x_0)<0$，则 $f(x_0)$ 为极大值；若 $f''(x_0)>0$ 时，则 $f(x_0)$ 为极小值。

(2) 二元可微函数的极值。

1) 必要条件。如果函数 $f(x,y)$ 在点 (x_0,y_0) 处有极值，则必有

$$f'_x(x_0,y_0)=0,\ f'_y(x_0,y_0)=0$$

2) 充分条件。若 $f'_x(x_0,y_0)=0$，$f'_y(x_0,y_0)=0$，记 $A=f''_{xx}(x_0,y_0)$，$B=f''_{xy}(x_0,y_0)$，$C=f''_{yy}(x_0,y_0)$，$\Delta=B^2-AC$。

若 $\Delta<0$，则当 $A<0$ 时，$f(x_0,y_0)$ 为极大值；当 $A>0$ 时，$f(x_0,y_0)$ 为极小值。

若 $\Delta>0$，则 $f(x_0,y_0)$ 不是极值。

若 $\Delta=0$，则不能确定 $f(x_0,y_0)$ 是否为极值。

(3) 条件极值［拉格朗日（Lagrange）乘数法］。

由条件 $\varphi(x,y,z)=0$ 求函数 $u=f(x,y,z)$ 的极值。作函数

$$L(x,y,z;\lambda)=f(x,y,z)+\lambda\varphi(x,y,z)$$

求解方程组

$$\begin{cases}L'_x(x,y,z;\lambda)=0\\L'_y(x,y,z;\lambda)=0\\L'_z(x,y,z;\lambda)=0\\L'_\lambda(x,y,z;\lambda)=\varphi(x,y,z)=0\end{cases}$$

的解组 (x,y,z)，则函数 $u=f(x,y,z)$ 可能在这些点处达到极值。

由条件 $\varphi(x,y,z)=0$、$\psi(x,y,z)=0$ 求函数 $u=f(x,y,z)$ 的极值。作函数

$$L(x,y,z;\lambda,\mu)=f(x,y,z)+\lambda\varphi(x,y,z)+\mu\psi(x,y,z)$$

求解方程组

$$\begin{cases} L'_x(x,y,z;\ \lambda,\mu)=0 \\ L'_y(x,y,z;\ \lambda,\mu)=0 \\ L'_z(x,y,z;\ \lambda,\mu)=0 \\ L'_\lambda(x,y,z;\ \lambda,\mu)=\varphi(x,y,z)=0 \\ L'_\mu(x,y,z;\ \lambda,\mu)=\psi(x,y,z)=0 \end{cases}$$

的解组 (x,y,z)，则函数 $u=f(x,y,z)$ 可能在这些点处达到极值。

上述 λ、μ 等参数称为拉格朗日乘数。

8. 洛比达（L'Hospital）法则求极限

洛比达法则是用来计算 $\frac{0}{0}$、$\frac{\infty}{\infty}$、$0\cdot\infty$、$\infty-\infty$、0^0、∞^0、1^∞ 七种不定式极限的。

(1) 洛比达法则 $\left(\frac{0}{0}\right)$。设函数 $f(x)$、$g(x)$ 的定义区间为 $(a,b]$，且在 $(a,b]$ 内存在导数 $f'(x)$、$g'(x)[g'(x)\neq 0]$ 和 $\lim\limits_{x\to a}f(x)=0$、$\lim\limits_{x\to a}g(x)=0$，若极限 $\lim\limits_{x\to a}\frac{f'(x)}{g'(x)}$ 存在（有穷或无穷），则

$$\lim_{x\to a}\frac{f(x)}{g(x)}=\lim_{x\to a}\frac{f'(x)}{g'(x)}$$

成立。

如果 $\lim\limits_{x\to a}\frac{f'(x)}{g'(x)}$ 又是 $\frac{0}{0}$ 型不定式，可再次利用洛比达法则。

(2) 洛比达法则 $\left(\frac{\infty}{\infty}\right)$。设函数 $f(x)$、$g(x)$ 的定义区间为 $(a,b]$，且在 $(a,b]$ 内存在导数 $f'(x)$、$g'(x)[g'(x)\neq 0]$ 和 $\lim\limits_{x\to a}f(x)=\infty$、$\lim\limits_{x\to a}g(x)=\infty$，若极限 $\lim\limits_{x\to a}\frac{f'(x)}{g'(x)}$ 存在（或无穷），则

$$\lim_{x\to a}\frac{f(x)}{g(x)}=\lim_{x\to a}\frac{f'(x)}{g'(x)}$$

成立。

如果 $\lim\limits_{x\to a}\frac{f'(x)}{g'(x)}$ 又是 $\frac{\infty}{\infty}$ 型不定式，可再次利用洛比达法则。

(3) 其他类型不定式（$0\cdot\infty$，$\infty-\infty$，0^0，∞^0，1^∞）。先转化成 $\frac{0}{0}$ 型或 $\frac{\infty}{\infty}$ 型不定式，再利用洛比达法则求极限。

9. 曲线的性状及其条件

(1) 曲线的性状及其条件（见表 1.3-1）。

(2) 渐近线（见表 1.3-2）。

表 1.3-1　曲线的性状及其条件

曲线的性状	关于 y 轴对称	关于原点对称	单调上升
满足的条件	$f(-x)=f(x)$	$f(-x)=-f(x)$	$f'(x)>0$
图　像	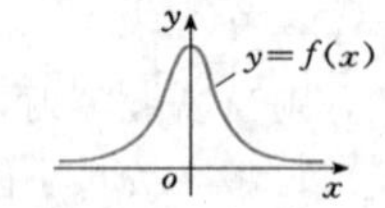	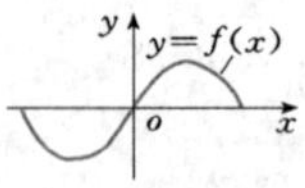	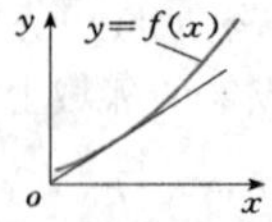
曲线的性状	单调下降	凹	凸
满足的条件	$f'(x)<0$	$f''(x)>0$	$f''(x)<0$
图像	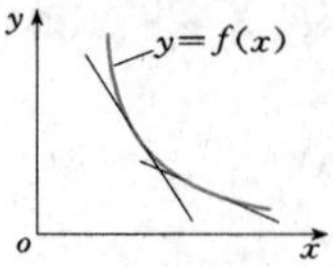	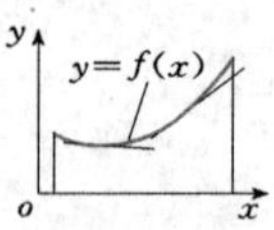	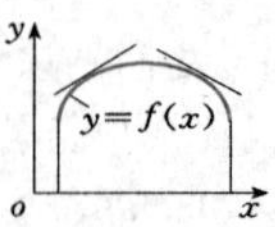
曲线的性状	凹	凸	极大值点
满足的条件	$\rho^2+2\rho'^2-\rho\rho''<0$	$\rho^2+2\rho'^2-\rho\rho''>0$	$f'(x_0)=0$(或不存在) 当 x 渐增通过 x_0 时，$f'(x)$ 由正变 负或者 $f''(x_0)<0$
图像	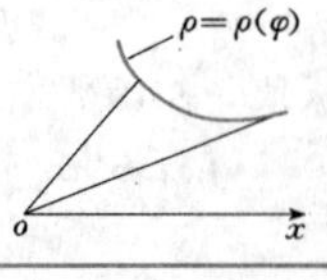	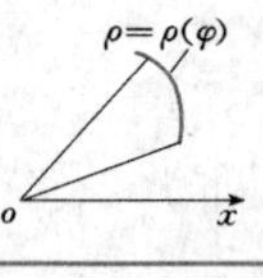	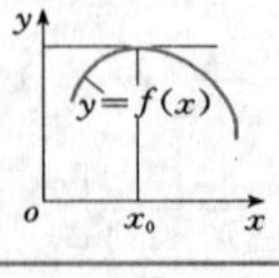

续表

<table>
<tr><th>曲线的性状</th><th>极小值点</th><th>拐　点</th><th>拐　点</th></tr>
<tr><td>满足的条件</td><td>$f'(x_0)=0$(或不存在)
当 x 渐增通过 x_0
时，$f'(x)$ 由负变
正或者 $f''(x_0)>0$</td><td>$f''(x_0)=0$(或不存在)
当 x 渐增通过 x_0
时，$f''(x)$ 变号</td><td>$\rho_0^2+2\rho_0'^2-\rho_0\rho_0''=0$
$2\rho_0\rho_0'+3\rho_0'\rho_0''-\rho_0\rho_0'''\neq 0$，
其中 $\rho_0'=\rho'(\varphi_0)$，…</td></tr>
<tr><td>图像</td><td>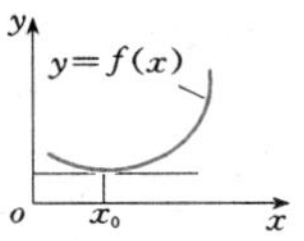</td><td>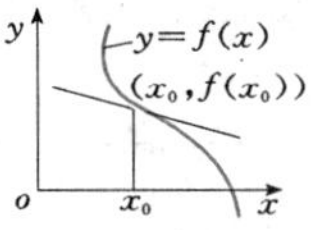</td><td>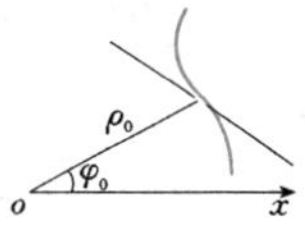</td></tr>
</table>

表 1.3-2　　曲线存在渐近线的条件及渐近线方程

曲线方程	条　件	渐近线方程
$F(x,y)=0$	将 $F(x,y)$ 的最高次数各项之和用 $\Phi(x,y)$ 表示，解方程 $\Phi(x,y)=0$，得 $x=\varphi(y)$，$y=\psi(x)$；$y\to\infty$ 时，$x\to a$；$x\to\infty$ 时，$y\to b$	$x=a$ $y=b$
	将 $y=kx+b$ 代入 $F(x,y)$ 后按 x 的幂次展开 $F(x,kx+b)=f_1(k)x^m+f_2(k,b)x^{m-1}+\cdots$ 解联立方程 $\begin{cases}f_1(k)=0\\f_2(k,b)=0\end{cases}$ 得到 k、b，即为渐近线的斜率和纵截距	$y=kx+b$
$y=f(x)$	$\lim\limits_{x\to\infty}\dfrac{y}{x}=k$，$\lim\limits_{x\to\infty}(y-kx)=b$ $x\to a$ 时，$y\to\infty$(或 $y\to\infty$ 时，$x\to a$) $x\to\infty$ 时，$y\to b$(或 $y\to b$ 时，$x\to\infty$)	$y=kx+b$ $x=a$ $y=b$
$\begin{cases}x=x(t)\\y=y(t)\end{cases}$	$\lim\limits_{t\to t_0}x(t)=\infty$，$\lim\limits_{t\to t_0}y(t)=\infty$ $\lim\limits_{t\to t_0}\dfrac{y(t)}{x(t)}=k$，$\lim\limits_{t\to t_0}[y(t)-kx(t)]=b$	$y=kx+b$

1.3.2　积分法

1.3.2.1　不定积分运算法则

(1) $\int f'(x)\mathrm{d}x=f(x)+C$

(2) $\int kf(x)\mathrm{d}x=k\int f(x)\mathrm{d}x$

(3) $\int[f(x)+g(x)+\cdots+h(x)]\mathrm{d}x$

$=\int f(x)\mathrm{d}x+\int g(x)\mathrm{d}x+\cdots+\int h(x)\mathrm{d}x$

(4) $\int uv'\mathrm{d}x=uv-\int vu'\mathrm{d}x$

或　$\int u\mathrm{d}v=uv-\int v\mathrm{d}u$　(分部积分法)

(5) $\int f(x)\mathrm{d}x\overset{x=\varphi(t)}{=}\int f(\varphi(t))\varphi'(t)\mathrm{d}t$　(换元法)

(被积函数含 $\sqrt{a^2-x^2}$ 时设 $x=a\sin t$，被积函数含 $\sqrt{a^2+x^2}$ 时设 $x=a\tan t$，被积函数含 $\sqrt{x^2-a^2}$ 时设 $x=a\sec t$)

1.3.2.2　不定积分基本公式

如表 1.3-3 所列，表中略去积分常数和 $\ln|f(x)|$ 中的绝对值符号，用时注意加上。

表 1.3-3 **初等函数不定积分**

$f(x)$	$\int f(x)\mathrm{d}x$	$f(x)$	$\int f(x)\mathrm{d}x$
k	kx	$\cos^n x\sin x$	$-\dfrac{\cos^{n+1}x}{n+1}$
x^m	$\dfrac{x^{m+1}}{m+1}\quad(m\neq-1)$	$\sin^n x\cos x$	$\dfrac{\sin^{n+1}x}{n+1}$
$\dfrac{1}{x}$	$\ln x$	$\sin mx\sin nx$	$-\dfrac{\sin(m+n)x}{2(m+n)}+\dfrac{\sin(m-n)x}{2(m-n)}$
e^{ax}	$\dfrac{1}{a}e^{ax}$	$\cos mx\cos nx$	$\dfrac{\sin(m+n)x}{2(m+n)}+\dfrac{\sin(m-n)x}{2(m-n)}$
a^x	$\dfrac{a^x}{\ln a}$	$\sin mx\cos nx$	$-\dfrac{\cos(m+n)x}{2(m+n)}-\dfrac{\cos(m-n)x}{2(m-n)}$
$\dfrac{1}{a^2-x^2}$	$\dfrac{1}{2a}\ln\left(\dfrac{a+x}{a-x}\right)$	$\arcsin ax$	$x\arcsin ax+\dfrac{1}{a}\sqrt{1-a^2x^2}$
$\dfrac{1}{\sqrt{a^2-x^2}}$	$\arcsin\dfrac{x}{a}$	$\arccos ax$	$x\arccos ax-\dfrac{1}{a}\sqrt{1-a^2x^2}$
$\dfrac{1}{\sqrt{x^2\pm a^2}}$	$\ln(x+\sqrt{x^2\pm a^2})$	$\arctan ax$	$x\arctan ax-\dfrac{1}{2a}\ln(1+a^2x^2)$
$\sqrt{a^2-x^2}$	$\dfrac{x}{2}\sqrt{a^2-x^2}+\dfrac{a^2}{2}\arcsin\dfrac{x}{a}$	$\mathrm{arccot}\,ax$	$x\,\mathrm{arccot}\,ax+\dfrac{1}{2a}\ln(1+a^2x^2)$
$\sqrt{x^2\pm a^2}$	$\dfrac{x}{2}\sqrt{x^2\pm a^2}\pm\dfrac{a^2}{2}\ln(x+\sqrt{x^2\pm a^2})$	$\mathrm{arcsec}\,ax$	$x\,\mathrm{arcsec}\,ax-\dfrac{1}{a}\ln(ax+\sqrt{a^2x^2-1})$
$\dfrac{1}{a^2+x^2}$	$\dfrac{1}{a}\arctan\dfrac{x}{a}$	$\mathrm{arccsc}\,ax$	$x\,\mathrm{arccsc}\,ax+\dfrac{1}{a}\ln(ax+\sqrt{a^2x^2-1})$
$\dfrac{1}{x^2-a^2}$	$\dfrac{1}{2a}\ln\left(\dfrac{x-a}{x+a}\right)$	$\sinh ax$	$\dfrac{1}{a}\cosh ax$
$\dfrac{1}{x\sqrt{x^2-a^2}}$	$\dfrac{1}{a}\mathrm{arcsec}\dfrac{x}{a}$	$\cosh ax$	$\dfrac{1}{a}\sinh ax$
$\sin ax$	$-\dfrac{1}{a}\cos ax$	$\tanh ax$	$\dfrac{1}{a}\ln\cosh ax$
$\cos ax$	$\dfrac{1}{a}\sin ax$	$\coth ax$	$\dfrac{1}{a}\ln\sinh ax$
$\tan ax$	$-\dfrac{1}{a}\ln\cos ax$ 或 $\dfrac{1}{a}\ln\sec ax$	$\mathrm{sech}\,ax$	$\dfrac{1}{a}\arctan(\sinh ax)$
$\cot ax$	$\dfrac{1}{a}\ln\sin ax$ 或 $-\dfrac{1}{a}\ln\csc ax$	$\mathrm{csch}\,ax$	$\dfrac{1}{a}\ln\tanh\dfrac{ax}{2}$
$\sec ax$	$\dfrac{1}{a}\ln(\sec ax+\tan ax)$	$\mathrm{sech}^2 ax$	$\dfrac{1}{a}\tanh ax$
$\csc ax$	$\dfrac{1}{a}\ln(\csc ax-\cot ax)$	$\mathrm{csch}^2 ax$	$-\dfrac{1}{a}\coth ax$
$\sin^2 ax$	$\dfrac{x}{2}-\dfrac{1}{2a}\sin ax\cos ax$	$\mathrm{arsinh}\,ax$	$x\,\mathrm{arsinh}\,ax-\dfrac{1}{a}\sqrt{1+a^2x^2}$
$\cos^2 ax$	$\dfrac{x}{2}+\dfrac{1}{2a}\sin ax\cos ax$	$\mathrm{arcosh}\,ax$	$x\,\mathrm{arcosh}\,ax-\dfrac{1}{a}\sqrt{a^2x^2-1}$
$\tan^2 ax$	$\dfrac{1}{a}\tan ax-x$	$\mathrm{artanh}\,ax$	$x\,\mathrm{artanh}\,ax+\dfrac{1}{2a}\ln(1-a^2x^2)$
$\cot^2 ax$	$-\dfrac{1}{a}\cot ax-x$	$\mathrm{arcoth}\,ax$	$x\,\mathrm{arcoth}\,ax+\dfrac{1}{2a}\ln(1-a^2x^2)$
$\sec^2 ax$	$\dfrac{1}{a}\tan ax$	$\mathrm{arsech}\,ax$	$x\,\mathrm{arsech}\,ax+\dfrac{1}{a}\arcsin ax$
$\csc^2 ax$	$-\dfrac{1}{a}\cot ax$	$\mathrm{arcsch}\,ax$	$x\,\mathrm{arcsch}\,ax+\dfrac{1}{a}\mathrm{arsinh}\,ax$

1.3.2.3 定积分的计算

1. 牛顿—莱布尼兹（Newton-Leibniz）公式

$$\int_a^b f(x)\mathrm{d}x = \left[\int_a^x f(x)\mathrm{d}x\right]\Big|_a^b$$

即如果 $F(x)$ 为 $f(x)$ 的任一原函数，则

$$\int_a^b f(x)\mathrm{d}x = F(x)\big|_a^b = F(b) - F(a)$$

2. 换元法

在 $\int_a^b f(x)\mathrm{d}x$ 中作变量代换 $x = \varphi(t)$，则

$$\int_a^b f(x)\mathrm{d}x = \int_\alpha^\beta f(\varphi(t))\varphi'(t)\mathrm{d}t$$

其中 $a = \varphi(\alpha) \leqslant x = \varphi(t) \leqslant \varphi(\beta) = b$

3. 分部积分法

$$\int_a^b u(x)v'(x)\mathrm{d}x = \int_a^b u(x)\mathrm{d}v(x) = u(x)v(x)\big|_a^b - \int_a^b v(x)\mathrm{d}u(x)$$

4. 奇、偶、周期函数的积分

奇函数

$$f(-x) = -f(x)$$

$$\int_{-a}^a f(x)\mathrm{d}x = 0$$

偶函数

$$f(-x) = f(x)$$

$$\int_{-a}^a f(x)\mathrm{d}x = 2\int_0^a f(x)\mathrm{d}x$$

周期函数

$$f(x+T) = f(x)$$

$$\int_a^{a+T} f(x)\mathrm{d}x = \int_0^T f(x)\mathrm{d}x = \int_{b-T}^b f(x)\mathrm{d}x = \int_{-\frac{T}{2}}^{\frac{T}{2}} f(x)\mathrm{d}x$$

5. 某些常用的积分

(1) $\int_{-\pi}^{\pi} \sin nx\,\mathrm{d}x = \int_{-\pi}^{\pi} \cos nx\,\mathrm{d}x = 0$

(2) $\int_{-\pi}^{\pi} \cos mx \sin nx\,\mathrm{d}x = 0$

(3) $\int_{-\pi}^{\pi} \sin mx \sin nx\,\mathrm{d}x = \int_{-\pi}^{\pi} \cos mx \cos nx\,\mathrm{d}x = \begin{cases} 0 & (m \neq n) \\ \pi & (m = n) \end{cases}$

(4) $\int_0^{\pi} \sin mx \sin nx\,\mathrm{d}x = \int_0^{\pi} \cos mx \cos nx\,\mathrm{d}x = \begin{cases} 0 & (m \neq n) \\ \dfrac{\pi}{2} & (m = n) \end{cases}$

(5) $\int_0^{+\infty} \dfrac{\sin ax}{x}\mathrm{d}x = \begin{cases} \dfrac{\pi}{2} & (a > 0) \\ 0 & (a = 0) \\ -\dfrac{\pi}{2} & (a < 0) \end{cases}$

(6) $\int_0^{+\infty} \dfrac{\sin ax \cos bx}{x}\mathrm{d}x = \begin{cases} \dfrac{\pi}{2} & (0 < b < a) \\ 0 & (0 < a < b) \\ \dfrac{\pi}{4} & (a = b > 0) \end{cases}$

(7) $\int_0^{+\infty} \dfrac{\tan x}{x}\mathrm{d}x = \dfrac{\pi}{2}$

(8) $\int_0^{+\infty} \sin x^2\,\mathrm{d}x = \int_0^{+\infty} \cos x^2\,\mathrm{d}x = \dfrac{1}{2}\sqrt{\dfrac{\pi}{2}}$

(9) $\int_0^1 x^m(1-x)^n\,\mathrm{d}x = \dfrac{m!n!}{(m+n+1)!}$

（m,n 为正整数）

(10) $\int_0^{\frac{\pi}{2}} \sin^{2n+1} x\,\mathrm{d}x = \int_0^{\frac{\pi}{2}} \cos^{2n+1} x\,\mathrm{d}x = \dfrac{2 \cdot 4 \cdot 6 \cdot \cdots \cdot 2n}{3 \cdot 5 \cdot 7 \cdot \cdots \cdot (2n+1)}$ （n 为正整数）

(11) $\int_0^{\frac{\pi}{2}} \sin^{2n} x\,\mathrm{d}x = \int_0^{\frac{\pi}{2}} \cos^{2n} x\,\mathrm{d}x = \dfrac{1 \cdot 3 \cdot 5 \cdot \cdots \cdot (2n-1)}{2 \cdot 4 \cdot 6 \cdot \cdots \cdot 2n} \times \dfrac{\pi}{2}$ （n 为正整数）

(12) $\int_0^1 \dfrac{\arcsin x}{x}\mathrm{d}x = \dfrac{\pi}{2}\ln 2$

(13) $\int_0^{\frac{\pi}{2}} \ln\sin x\,\mathrm{d}x = \int_0^{\frac{\pi}{2}} \ln\cos x\,\mathrm{d}x = -\int_0^{\frac{\pi}{2}} \dfrac{x}{\tan x}\mathrm{d}x = -\dfrac{\pi}{2}\ln 2$

(14) $\int_0^{+\infty} \mathrm{e}^{-ax}\,\mathrm{d}x = \dfrac{1}{a}$

(15) $\int_0^{+\infty} \mathrm{e}^{-ax^2}\,\mathrm{d}x = \dfrac{1}{2}\sqrt{\dfrac{\pi}{a}}$ $(a > 0)$

(16) $\int_0^{+\infty} x^n \mathrm{e}^{-ax}\,\mathrm{d}x = \dfrac{n!}{a^{n+1}}$ （$a > 0$，n 为正整数）

(17) $\int_0^{+\infty} \mathrm{e}^{-ax} \cos bx\,\mathrm{d}x = \dfrac{a}{a^2+b^2}$

(18) $\int_0^{+\infty} \mathrm{e}^{-ax} \sin bx\,\mathrm{d}x = \dfrac{b}{a^2+b^2}$

(19) $\int_0^{+\infty} \dfrac{\mathrm{e}^{-ax} - \mathrm{e}^{-bx}}{x}\mathrm{d}x = \ln\dfrac{b}{a}$

(20) $\int_0^{+\infty} e^{-a^2x^2}dx = \frac{\sqrt{\pi}}{2a}$

(21) $\int_0^{+\infty} x^{2n}e^{-ax^2}dx = \frac{1\cdot3\cdot5\cdot\cdots\cdot(2n-1)}{2^{n+1}a^n}\sqrt{\frac{\pi}{a}}$

(22) $\int_0^1 \frac{x^p}{(1-x)^p}dx = \frac{p\pi}{\sin p\pi}$ $(p^2<1)$

(23) $\int_0^1 \frac{x^{p-1}}{(1-x^n)^{\frac{p}{n}}}dx = \frac{\pi}{n\sin\frac{p\pi}{n}}$ $(0<p<n)$

(24) $\int_0^1 \ln x\ln(1-x)dx = 2-\frac{\pi^2}{6}$

(25) $\int_0^1 \frac{\ln x}{x^2-1}dx = \frac{\pi^2}{8}$

(26) $\int_0^1 \frac{\ln x}{1-x}dx = \int_0^1 \frac{\ln(1-x)}{x}dx = -\frac{\pi^2}{6}$

(27) $\int_0^1 \frac{\ln x}{1+x}dx = -\int_0^1 \frac{\ln(1+x)}{x}dx = -\frac{\pi^2}{12}$

(28) $\int_0^1 \ln(1+\sqrt{x})dx = \frac{1}{2}$

(29) $\int_0^1 \frac{dx}{\sqrt{\ln\frac{1}{x}}} = 2\int_0^1\sqrt{\ln\frac{1}{x}}dx = \sqrt{\pi}$

(30) $\int_0^a \sqrt{a^2-x^2}dx = \frac{\pi a^2}{4}$

(31) $\int_0^a \sqrt{2ax-x^2}dx = \frac{\pi a^2}{4}$

(32) $\int_0^{+\infty} \frac{dx}{a+bx^2} = \frac{\pi}{2\sqrt{ab}}$ $(a>0,\ b>0)$

6. 不能积分的超越函数（级数计算法）

(1) $\mathrm{Si}(x) = \int_0^x \frac{\sin t}{t}dt = x-\frac{1}{3}\times\frac{x^3}{3!}+\frac{1}{5}\times\frac{x^5}{5!}-\cdots$ $(x\in R)$

(2) $\mathrm{Ci}(x) = -\int_x^{\infty}\frac{\cos t}{t}dt = C+\ln x-\frac{1}{2}\times\frac{x^2}{2!}+\frac{1}{4}\times\frac{x^4}{4!}-\cdots$ $(x>0)$

(3) $\mathrm{Li}(x) = \int_0^x \frac{dt}{\ln t} = C+\ln(-\ln x)+\ln x+\frac{1}{2}\times\frac{(\ln x)^2}{2!}+\frac{1}{3}\times\frac{(\ln x)^3}{3!}+\cdots$

$(0<x<1)$

其中，$C=0.57721566\cdots$，称为欧拉常数。

(4) $\int_0^x e^{-t^2}dt = \frac{x}{1}-\frac{1}{1!}\times\frac{x^3}{3}+\frac{1}{2!}\times\frac{x^5}{5}-\cdots$

7. 含参数积分

（1）连续性。若二元函数 $f(x,y)$ 在有界区域 $R(a\leqslant x\leqslant A,\ b\leqslant y\leqslant B)$ 上有定义且连续，则 $F(y)=\int_a^A f(x,y)dx$ 是闭区间 $[b,B]$ 上的连续函数。

（2）积分号下的微分法。若 $f(x,y)$ 在有界区域 $R(a\leqslant x\leqslant A,b\leqslant y\leqslant B)$ 上连续，且存在连续偏导数 $f'_y(x,y)$，则当 $b<y<B$ 时有

$$\frac{d}{dy}\int_a^A f(x,y)dx = \int_a^A f'_y(x,y)dx$$

一般情况下，当积分限为参数 y 的可微函数 $\varphi(y)$ 和 $\psi(y)$，且当 $b\leqslant y\leqslant B$，$a\leqslant\varphi(y)\leqslant A$，$a\leqslant\psi(y)\leqslant A$ 时有

$$\frac{d}{dy}\int_{\varphi(y)}^{\psi(y)} f(x,y)dx = f(\psi(y),y)\psi'(y) - f(\varphi(y),y)\varphi'(y) + \int_{\varphi(y)}^{\psi(y)} f'_y(x,y)dx$$

（3）积分号下的积分法。若 $f(x,y)$ 在有界区域 $R(a\leqslant x\leqslant A,b\leqslant y\leqslant B)$ 上连续，则

$$\int_b^B\left[\int_a^A f(x,y)dx\right]dy = \int_a^A\left[\int_b^B f(x,y)dy\right]dx$$

1.3.2.4 重积分的计算

1. 二重积分

（1）直角坐标系（见图 1.3-1）下二重积分：

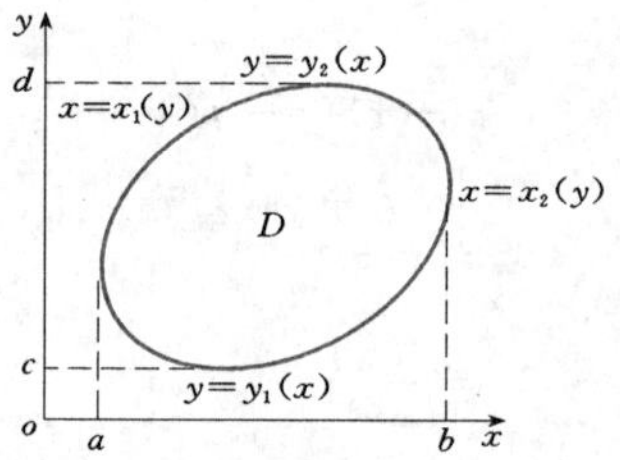

图 1.3-1 平面直角坐标系下的积分域

$$\iint_D f(x,y)d\sigma = \int_a^b dx\int_{y_1(x)}^{y_2(x)} f(x,y)dy = \int_c^d dy\int_{x_1(y)}^{x_2(y)} f(x,y)dx$$

其中 $d\sigma = dxdy$

式中 $d\sigma$——平面直角坐标的面积元素。

（2）极坐标系（见图 1.3-2）下二重积分：

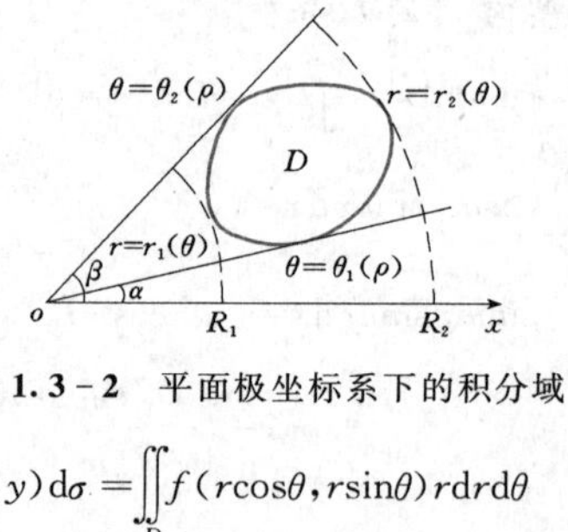

图 1.3-2 平面极坐标系下的积分域

$$\iint_D f(x,y)d\sigma = \iint_D f(r\cos\theta,r\sin\theta)rdrd\theta = \int_\alpha^\beta d\theta\int_{r_1(\theta)}^{r_2(\theta)} f(r\cos\theta,r\sin\theta)rdr = \int_{R_1}^{R_2} rdr\int_{\theta_1(r)}^{\theta_2(r)} f(r\cos\theta,r\sin\theta)d\theta$$

其中 $$d\sigma = r\mathrm{d}r\mathrm{d}\theta$$

式中 $d\sigma$——极坐标的面积元素。

(3) 一般曲线坐标系下二重积分：

$$\iint_D f(x,y)\mathrm{d}x\mathrm{d}y = \iint_{D'} f(x(u,v),y(u,v)) \mid J \mid \mathrm{d}u\mathrm{d}v$$

其中，$x=x(u,v)$、$y=y(u,v)$ 把域 D' 一一映射到 D，变换的雅克比（Jacobi）行列式为

$$J = \begin{vmatrix} \dfrac{\partial x}{\partial u} & \dfrac{\partial x}{\partial v} \\ \dfrac{\partial y}{\partial u} & \dfrac{\partial y}{\partial v} \end{vmatrix}$$

且设 $J \neq 0$（个别点除外）。

2. 三重积分

(1) 直角坐标系（见图 1.3-3）下三重积分：

$$\iiint_\Omega f(x,y,z)\mathrm{d}x\mathrm{d}y\mathrm{d}z = \iint_{D_{xy}} \mathrm{d}x\mathrm{d}y\int_{z_1(x,y)}^{z_2(x,y)} f(x,y,z)\mathrm{d}z$$
$$= \iint_{D_{yz}} \mathrm{d}y\mathrm{d}z\int_{x_1(y,z)}^{x_2(y,z)} f(x,y,z)\mathrm{d}x$$
$$= \iint_{D_{xz}} \mathrm{d}x\mathrm{d}z\int_{y_1(x,z)}^{y_2(x,z)} f(x,y,z)\mathrm{d}y$$

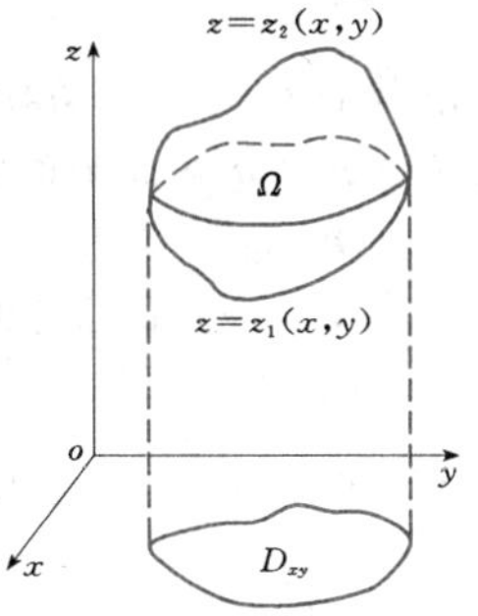

图 1.3-3 三维直角坐标系下的积分域

(2) 柱坐标系下三重积分：

$$\iiint_\Omega f(x,y,z)\mathrm{d}V = \iiint_\Omega f(r\cos\theta, r\sin\theta, z) r\mathrm{d}r\mathrm{d}\theta\mathrm{d}z$$
$$= \iint_{D_{xy}} r\mathrm{d}r\mathrm{d}\theta\int_{z_1(r\cos\varphi, r\sin\varphi)}^{z_2(r\cos\varphi, r\sin\varphi)} f(r\cos\theta, r\sin\theta)\mathrm{d}z$$

其中 $$\mathrm{d}V = r\mathrm{d}r\mathrm{d}\theta\mathrm{d}z$$

式中 $\mathrm{d}V$——柱坐标的体积元素。

(3) 球坐标系下三重积分：

$$\iiint_\Omega f(x,y,z)\mathrm{d}V$$
$$= \iiint_\Omega f(r\sin\varphi\cos\theta, r\sin\varphi\sin\theta, r\cos\varphi) r^2$$
$$\times \sin\varphi\mathrm{d}r\mathrm{d}\varphi\mathrm{d}\theta$$

其中 $$\mathrm{d}V = r^2\sin\varphi\mathrm{d}r\mathrm{d}\varphi\mathrm{d}\theta$$

式中 $\mathrm{d}V$——球坐标的体积元素；

φ——垂直角；

θ——水平角。

(4) 一般曲线坐标系下三重积分：

$$\iiint_\Omega f(x,y,z)\mathrm{d}x\mathrm{d}y\mathrm{d}z$$
$$= \iiint_{\Omega'} f(x(u,v,w), y(u,v,w), z(u,v,w))$$
$$\times \mid J \mid \mathrm{d}u\mathrm{d}v\mathrm{d}w$$

其中，$x=x(u,v,w)$、$y=y(u,v,w)$、$z=z(u,v,w)$ 把域 Ω' 一一映射到 Ω，变换的雅克比行列式为

$$J = \begin{vmatrix} \dfrac{\partial x}{\partial u} & \dfrac{\partial x}{\partial v} & \dfrac{\partial x}{\partial w} \\ \dfrac{\partial y}{\partial u} & \dfrac{\partial y}{\partial v} & \dfrac{\partial y}{\partial w} \\ \dfrac{\partial z}{\partial u} & \dfrac{\partial z}{\partial v} & \dfrac{\partial z}{\partial w} \end{vmatrix}$$

且设 $J \neq 0$（个别点除外）。

1.3.2.5 曲线积分与曲面积分的计算

1. 曲线积分

(1) 对弧长的曲线积分。设曲线 C 的参数方程为 $x=\varphi(t)$、$y=\psi(t)$、$z=\omega(t)(\alpha \leqslant t \leqslant \beta)$，则

$$\int_C f(x,y,z)\mathrm{d}s = \int_\alpha^\beta f(\varphi(t),\psi(t),\omega(t))$$
$$\times \sqrt{\varphi'^2(t)+\psi'^2(t)+\omega'^2(t)}\mathrm{d}t$$

(2) 对坐标的曲线积分。设有向曲线 $C(A,B)$ 以 A 为起点，函数 $P=(x,y,z)$、$Q=Q(x,y,z)$、$R=R(x,y,z)$ 在光滑曲线 C [$x=\varphi(t)$、$y=\psi(t)$、$z=\omega(t)$] 的各点 上连续，该曲线的正方向为 t 增加的方向，则

$$\int_C P(x,y,z)\mathrm{d}x + Q(x,y,z)\mathrm{d}y + R(x,y,z)\mathrm{d}z$$
$$= \int_\alpha^\beta [P(\varphi(t),\psi(t),\omega(t))\varphi'(t) + Q(\varphi(t),\psi(t),\omega(t))$$
$$\times \psi'(t) + R(\varphi(t),\psi(t),\omega(t))\omega'(t)]\mathrm{d}t$$

2. 曲面积分

(1) 对面积的曲面积分。设曲面 S 的方程为 $z=z(x,y)$，S 在 oxy 平面的投影为 D_{xy}，则

$$\iint_S f(x,y,z)\mathrm{d}S = \iint_{D_{xy}} f(x,y,z(x,y))$$
$$\times \sqrt{1+z'^2_x+z'^2_y}\mathrm{d}x\mathrm{d}y$$

(2) 对坐标的曲面积分。设定向曲面 S（定向是在曲面上指定一个连续变化的法线方向）的方程 $z=z(x,y)$，S 在 oxy 平面的投影为 D_{xy}，则

$$\iint_S f(x,y,z)\mathrm{d}x\mathrm{d}y = \pm \iint_{D_{xy}} f(x,y,z(x,y))\mathrm{d}x\mathrm{d}y$$

右边的正负号取法为，若指定的法线方向与 oz 轴的

夹角$\leqslant \frac{\pi}{2}\left(\geqslant \frac{\pi}{2}\right)$，取正（负）号。类似的，可以计算$\iint\limits_S f(x,y,z)\mathrm{d}y\mathrm{d}z$、$\iint\limits_S f(x,y,z)\mathrm{d}z\mathrm{d}x$。

1.3.2.6 广义积分

（1）如果极限$\lim\limits_{b\to+\infty}\int_a^b f(x)\mathrm{d}x$存在，则定义无穷区间$[a,+\infty)$内的广义积分为

$$\int_a^{+\infty} f(x)\mathrm{d}x=\lim_{b\to+\infty}\int_a^b f(x)\mathrm{d}x$$

（2）如果极限$\lim\limits_{a\to-\infty}\int_a^b f(x)\mathrm{d}x$存在，则定义无穷区间$(-\infty,b]$内的广义积分为

$$\int_{-\infty}^{b} f(x)\mathrm{d}x=\lim_{a\to-\infty}\int_a^b f(x)\mathrm{d}x$$

（3）如果极限$\lim\limits_{a\to-\infty}\int_a^0 f(x)\mathrm{d}x$和$\lim\limits_{b\to+\infty}\int_0^b f(x)\mathrm{d}x$都存在，则定义无穷区间$(-\infty,+\infty)$内的广义积分为

$$\int_{-\infty}^{+\infty} f(x)\mathrm{d}x=\lim_{a\to-\infty}\int_a^0 f(x)\mathrm{d}x+\lim_{b\to+\infty}\int_0^b f(x)\mathrm{d}x$$

（4）无界函数的广义积分。

1）若$f(x)$于点a无界$\left[\text{即}\lim\limits_{x\to a+0}f(x)=\infty\right]$，如果极限$\lim\limits_{\varepsilon\to+0}\int_{a+\varepsilon}^b f(x)\mathrm{d}x$存在，则定义

$$\int_a^b f(x)\mathrm{d}x=\lim_{\varepsilon\to+0}\int_{a+\varepsilon}^b f(x)\mathrm{d}x$$

2）若$f(x)$于点b无界$\left[\text{即}\lim\limits_{x\to b-0}f(x)=\infty\right]$，如果极限$\lim\limits_{\varepsilon\to+0}\int_a^{b-\varepsilon} f(x)\mathrm{d}x$存在，则定义

$$\int_a^b f(x)\mathrm{d}x=\lim_{\varepsilon\to+0}\int_a^{b-\varepsilon} f(x)\mathrm{d}x$$

3）若$f(x)$于点$c(a<c<b)$无界，如果极限$\lim\limits_{\varepsilon\to+0}\int_a^{c-\varepsilon} f(x)\mathrm{d}x$与$\lim\limits_{\varepsilon'\to+0}\int_{c+\varepsilon'}^b f(x)\mathrm{d}x$都存在，则定义

$$\int_a^b f(x)\mathrm{d}x=\lim_{\varepsilon\to+0}\int_a^{c-\varepsilon} f(x)\mathrm{d}x+\lim_{\varepsilon'\to+0}\int_{c+\varepsilon'}^b f(x)\mathrm{d}x$$

1.3.2.7 各种积分之间的关系

1. 两种曲线积分之间的关系

设有向曲线C的正向切线方向的余弦为$\cos\alpha$、$\cos\beta$、$\cos\gamma$，则

$$\int_C P(x,y,z)\mathrm{d}x+Q(x,y,z)\mathrm{d}y+R(x,y,z)\mathrm{d}z$$
$$=\int_C[P(x,y,z)\cos\alpha+Q(x,y,z)\cos\beta+R(x,y,z)\cos\gamma]\mathrm{d}s$$

2. 两种曲面积分之间的关系

设定向曲面S的指定法线方向余弦为$\cos\alpha$、$\cos\beta$、$\cos\gamma$，则

$$\iint\limits_S P(x,y,z)\mathrm{d}y\mathrm{d}z+Q(x,y,z)\mathrm{d}z\mathrm{d}x+R(x,y,z)\mathrm{d}x\mathrm{d}y$$
$$=\iint\limits_S[P(x,y,z)\cos\alpha+Q(x,y,z)\cos\beta+R(x,y,z)\cos\gamma]\mathrm{d}S$$

3. 格林（Green）公式（曲线积分与二重积分的关系）

设在平面区域D上，函数$P(x,y)$、$Q(x,y)$及$\frac{\partial P(x,y)}{\partial y}$，$\frac{\partial Q(x,y)}{\partial x}$均连续，$D$的边界为$C$（取正向），则

$$\oint_C P(x,y)\mathrm{d}x+Q(x,y)\mathrm{d}y=\iint\limits_D\left(\frac{\partial Q}{\partial x}-\frac{\partial P}{\partial y}\right)\mathrm{d}x\mathrm{d}y$$

上述条件下，若$\frac{\partial Q}{\partial x}=\frac{\partial P}{\partial y}$，则有下述积分性质：

（1）闭路线上的积分为零，即

$$\oint_C P(x,y)\mathrm{d}x+Q(x,y)\mathrm{d}y=0$$

（2）由A到B的积分与路线无关，即

$$\int_{C_1(A,B)} P\mathrm{d}x+Q\mathrm{d}y=\int_{C_2(A,B)} P\mathrm{d}x+Q\mathrm{d}y$$

4. 奥斯特洛格拉德斯基—高斯（Ostrogradski-Gauss）公式（曲面积分与三重积分的关系）

设$P(x,y,z)$、$Q(x,y,z)$、$R(x,y,z)$在域Ω上具有一阶连续偏导数，S为Ω的边界曲面，取S的外法线方向规定为S的正向，则

$$\iiint\limits_\Omega\left(\frac{\partial P}{\partial x}+\frac{\partial Q}{\partial y}+\frac{\partial R}{\partial z}\right)\mathrm{d}x\mathrm{d}y\mathrm{d}z=\iint\limits_S P\mathrm{d}y\mathrm{d}z+Q\mathrm{d}z\mathrm{d}x+R\mathrm{d}x\mathrm{d}y$$
$$=\iint\limits_S(P\cos\alpha+Q\cos\beta+R\cos\gamma)\mathrm{d}S$$

式中　$\cos\alpha$、$\cos\beta$、$\cos\gamma$——S的外法线方向余弦。

5. 斯托克斯（Stokes）公式（曲线积分与曲面积分的关系）

设曲面S的边界为曲线C，C与S的方向取右手系，则

$$\oint_C P\mathrm{d}x+Q\mathrm{d}y+R\mathrm{d}z=\iint\limits_S\left(\frac{\partial R}{\partial y}-\frac{\partial Q}{\partial z}\right)\mathrm{d}y\mathrm{d}z+\left(\frac{\partial P}{\partial z}-\frac{\partial R}{\partial x}\right)\mathrm{d}z\mathrm{d}x+\left(\frac{\partial Q}{\partial x}-\frac{\partial P}{\partial y}\right)\mathrm{d}x\mathrm{d}y$$

1.3.2.8 积分的应用

1. 求面积

（1）平面图形面积计算公式（见表1.3-4）。

（2）曲面面积计算公式（见表1.3-5）。

表 1.3-4　　平面图形面积计算公式

图　　形	面　积　S	图　　形	面　积　S
曲边梯形区域 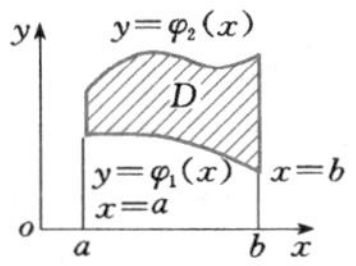	$S=\int_a^b[\varphi_2(x)-\varphi_1(x)]\mathrm{d}x$	扇形区域 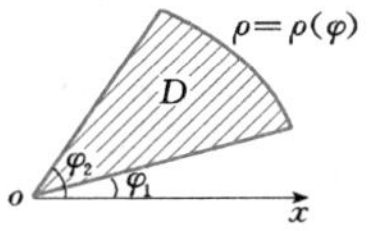	$S=\iint\limits_D\rho\mathrm{d}\rho\mathrm{d}\varphi=\frac{1}{2}\int_{\varphi_1}^{\varphi_2}\rho^2\mathrm{d}\varphi$
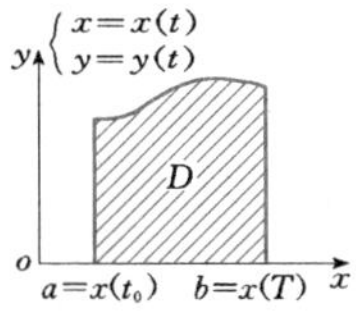	$S=\int_{t_0}^{T}y(t)x'(t)\mathrm{d}t$	一般区域 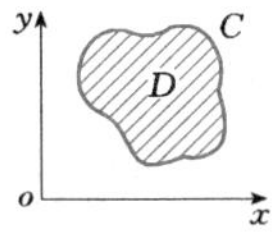	$S=\iint\limits_D\mathrm{d}x\mathrm{d}y=\frac{1}{2}\oint_C x\mathrm{d}y-y\mathrm{d}x$

表 1.3-5　　曲 面 面 积 计 算 公 式

图　　形	面　积　S
旋转面 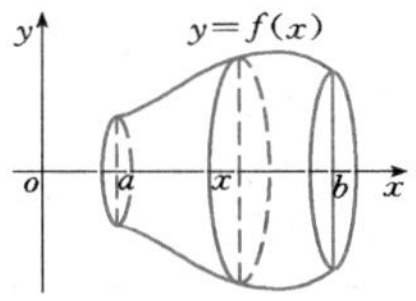曲线 $y=f(x)$ 绕 x 轴旋转	$S=2\pi\int_0^s y\mathrm{d}s=2\pi\int_a^b y\sqrt{1+y'^2}\mathrm{d}x$ 或　$S=2\pi\bar{y}s$ 式中，$y=f(x)$ 为$[a,b]$上的曲线方程；s 为$[a,b]$上的曲线长度；$\mathrm{d}s$ 为弧微分；$\bar{y}$ 为曲线重心 G 到旋转轴的距离
曲面 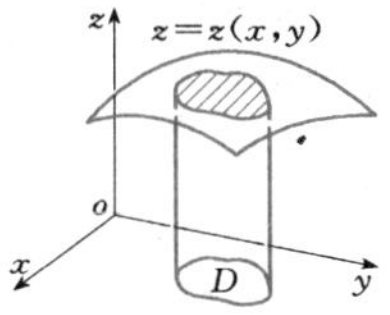在 oxy 平面的区域 D 上	$S=\iint\limits_D\sqrt{1+\left(\frac{\partial z}{\partial x}\right)^2+\left(\frac{\partial z}{\partial y}\right)^2}\mathrm{d}x\mathrm{d}y$
曲面 $\begin{cases}x=x(u,v)\\y=y(u,v)\\z=z(u,v)\end{cases}$ 在 u、v 的区域 D 上	$S=\iint\limits_D\sqrt{EG-F^2}\mathrm{d}u\mathrm{d}v$ 其中　$E=\left(\frac{\partial x}{\partial u}\right)^2+\left(\frac{\partial y}{\partial u}\right)^2+\left(\frac{\partial z}{\partial u}\right)^2$ $F=\frac{\partial x}{\partial u}\frac{\partial x}{\partial v}+\frac{\partial y}{\partial u}\frac{\partial y}{\partial v}+\frac{\partial z}{\partial u}\frac{\partial z}{\partial v}$ $G=\left(\frac{\partial x}{\partial v}\right)^2+\left(\frac{\partial y}{\partial v}\right)^2+\left(\frac{\partial z}{\partial v}\right)^2$
柱面 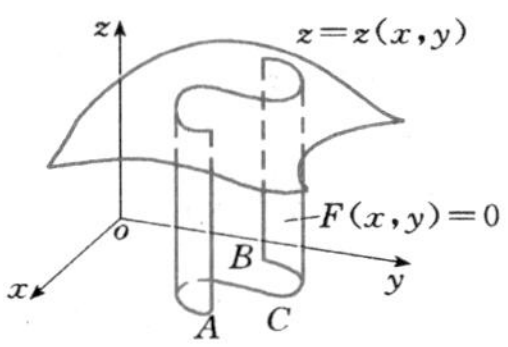柱面 $F(x,y)=0$ 夹在曲面 $z=z(x,y)$ 和 oxy 平面之间	$S=\int_{C(A,B)}z(x,y)\mathrm{d}s$ 式中，C 为柱面的准线；$\mathrm{d}s$ 为曲线 $C(A,B)$ 上的弧微分

2. 求体积

体积计算公式见表1.3-6。

3. 求重心

(1) 平面图形几何重心坐标的计算公式（见表1.3-7）。

(2) 物体总质量与重心坐标的计算公式（见表1.3-8）。

表 1.3-6　　体积计算公式

图　形	体　积　V
旋转体 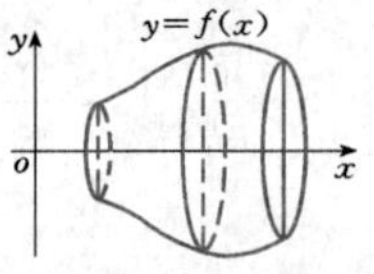 曲线 $y=f(x)$ 绕 x 轴旋转体	$V=\pi\int_a^b y^2\mathrm{d}x$ 式中，$y=f(x)$ 为 $[a,b]$ 上的曲线方程
旋转体 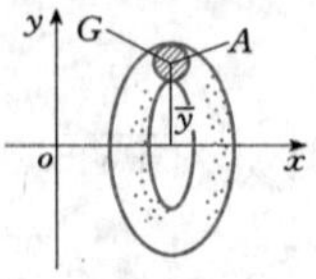 平面图形绕 x 轴	$V=2\pi\bar{y}A$ 式中，A 为旋转的平面图形的面积；$\bar{y}$ 为该平面图形重心 G 到旋转轴（x 轴）的距离。 该式对计算环状体积较为方便
任意柱体 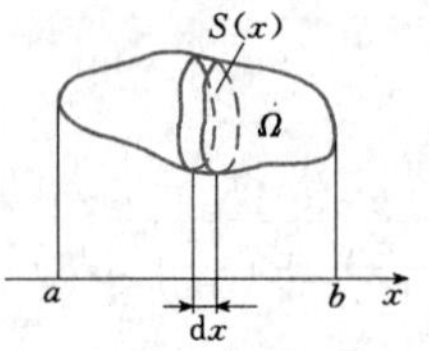 	$V=\int_a^b S(x)\mathrm{d}x$ 式中，$S(x)$ 为垂直于 x 轴的截面面积
直柱体 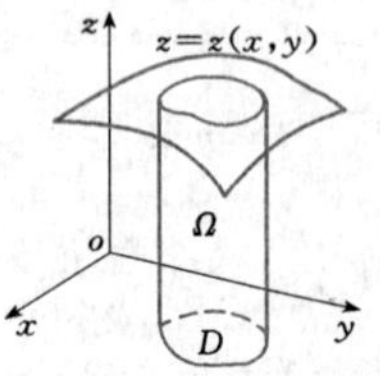 在曲面 $z=z(x,y)$ 与区域 D 之间	$V=\iint\limits_D z\mathrm{d}x\mathrm{d}y$
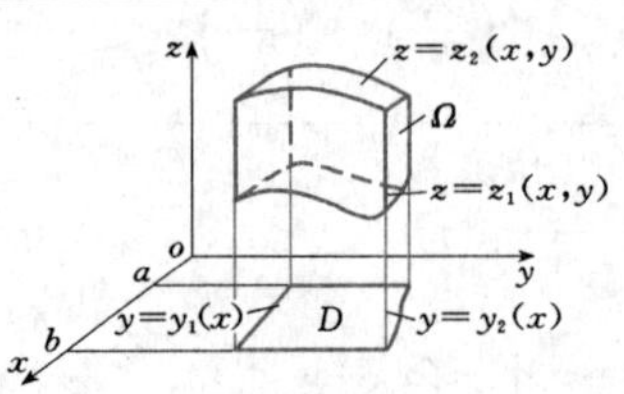 空间区域 Ω 由下列曲面围成： 曲面：$z=z_1(x,y)$，$z=z_2(x,y)$ 直柱面：$y=y_1(x)$，$y=y_2(x)$ 平面：$x=a$，$x=b$	$V=\iiint\limits_\Omega \mathrm{d}x\mathrm{d}y\mathrm{d}z$ $=\int_a^b\mathrm{d}x\int_{y_1(x)}^{y_2(x)}[z_2(x,y)-z_1(x,y)]\mathrm{d}y$ $=\iint\limits_D[z_2(x,y)-z_1(x,y)]\mathrm{d}x\mathrm{d}y$ 式中，D 为 oxy 平面上的区域，它由曲线 $y=y_1(x)$、$y=y_2(x)$、$x=a$、$x=b$ 围成

表 1.3-7　　平面图形几何重心坐标的计算公式

图　　形	几何重心 $G(\bar{x},\bar{y})$
平面曲线 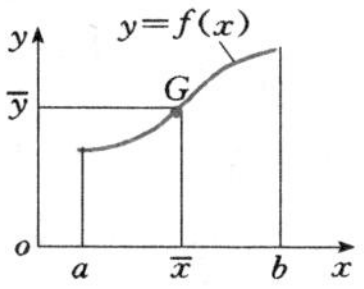	$\begin{cases} \bar{x} = \dfrac{\int_a^b x\sqrt{1+y'^2}\,\mathrm{d}x}{\int_a^b \sqrt{1+y'^2}\,\mathrm{d}x} \\ \bar{y} = f(\bar{x}) \end{cases}$
曲边梯形 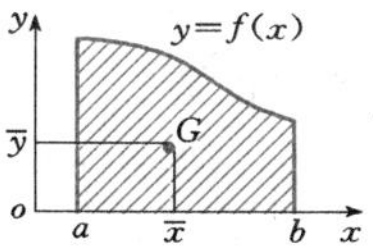	$\begin{cases} \bar{x} = \dfrac{\int_a^b x f(x)\,\mathrm{d}x}{\int_a^b f(x)\,\mathrm{d}x} \\ \bar{y} = \dfrac{\int_a^b f^2(x)\,\mathrm{d}x}{2\int_a^b f(x)\,\mathrm{d}x} \end{cases}$
平面图形 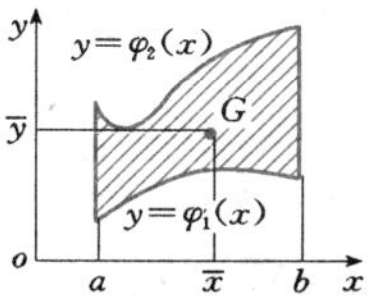 平面图形由曲线 $y=\varphi_1(x)$、$y=\varphi_2(x)$、$x=a$、$x=b$ 围成	$\begin{cases} \bar{x} = \dfrac{\int_a^b x[\varphi_2(x)-\varphi_1(x)]\,\mathrm{d}x}{\int_a^b [\varphi_2(x)-\varphi_1(x)]\,\mathrm{d}x} \\ \bar{y} = \dfrac{\int_a^b [\varphi_2^2(x)-\varphi_1^2(x)]\,\mathrm{d}x}{2\int_a^b [\varphi_2(x)-\varphi_1(x)]\,\mathrm{d}x} \end{cases}$

表 1.3-8　　物体总质量与重心坐标的计算公式

物体形状及其密度 ρ	总质量 M 与重心 $G(\bar{x},\bar{y},\bar{z})$
薄板 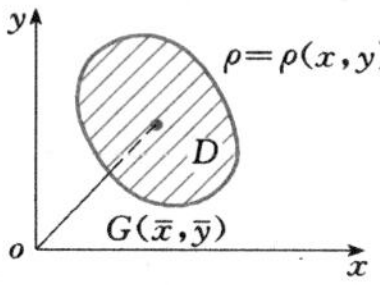 $\rho(x,y)$ 为薄板的面密度	$M = \iint\limits_D \rho(x,y)\,\mathrm{d}x\mathrm{d}y$ $\begin{cases} \bar{x} = \dfrac{1}{M}\iint\limits_D x\rho(x,y)\,\mathrm{d}x\mathrm{d}y \\ \bar{y} = \dfrac{1}{M}\iint\limits_D y\rho(x,y)\,\mathrm{d}x\mathrm{d}y \end{cases}$
一般物体 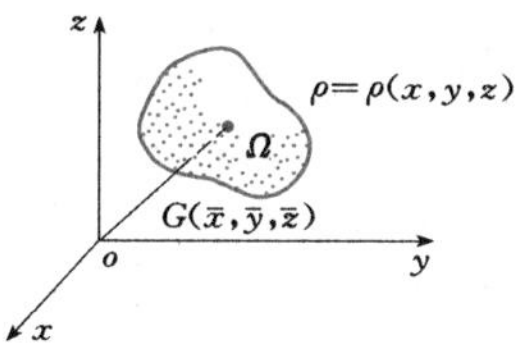 $\rho(x,y,z)$ 为物体的密度	$M = \iiint\limits_\Omega \rho(x,y,z)\,\mathrm{d}x\mathrm{d}y\mathrm{d}z$ $\begin{cases} \bar{x} = \dfrac{1}{M}\iiint\limits_\Omega x\rho(x,y,z)\,\mathrm{d}x\mathrm{d}y\mathrm{d}z \\ \bar{y} = \dfrac{1}{M}\iiint\limits_\Omega y\rho(x,y,z)\,\mathrm{d}x\mathrm{d}y\mathrm{d}z \\ \bar{z} = \dfrac{1}{M}\iiint\limits_\Omega z\rho(x,y,z)\,\mathrm{d}x\mathrm{d}y\mathrm{d}z \end{cases}$
空间线状物体 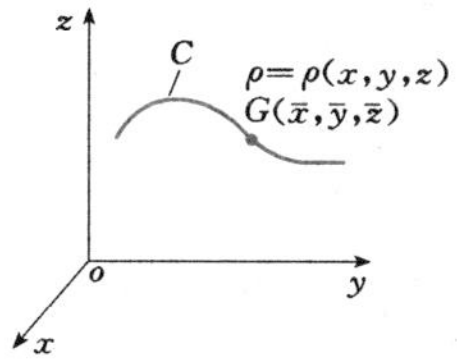 $\rho(x,y,z)$ 为曲线 C 的线密度	$M = \int_C \rho(x,y,z)\,\mathrm{d}s$ $\begin{cases} \bar{x} = \dfrac{1}{M}\int_C x\rho(x,y,z)\,\mathrm{d}s \\ \bar{y} = \dfrac{1}{M}\int_C y\rho(x,y,z)\,\mathrm{d}s \\ \bar{z} = \dfrac{1}{M}\int_C z\rho(x,y,z)\,\mathrm{d}s \end{cases}$ 式中，ds 为弧微分，以上积分为曲线积分

4. 求转动惯量

(1) 薄板的转动惯量。设 oxy 平面内薄板 D 的密度为 $\rho=\rho(x,y)$，对于 x 轴、y 轴，原点 o 的转动惯量分别为 J_x、J_y、J_o，则

$$J_x=\iint_D y^2\rho(x,y)\mathrm{d}x\mathrm{d}y$$

$$J_y=\iint_D x^2\rho(x,y)\mathrm{d}x\mathrm{d}y$$

$$J_o=\iint_D (x^2+y^2)\rho(x,y)\mathrm{d}x\mathrm{d}y=J_x+J_y$$

(2) 一般物体的转动惯量。设物体 Ω 的密度为 $\rho=\rho(x,y,z)$。若物体对于坐标平面的转动惯量分别为 J_{xy}、J_{yz}、J_{zx}，物体对于某轴 l 的转动惯量为 J_l，物体对于坐标轴的转动惯量分别为 J_x、J_y、J_z，物体对于原点的转动惯量为 J_o，则

$$J_{xy}=\iiint_\Omega z^2\rho(x,y,z)\mathrm{d}x\mathrm{d}y\mathrm{d}z$$

$$J_{yz}=\iiint_\Omega x^2\rho(x,y,z)\mathrm{d}x\mathrm{d}y\mathrm{d}z$$

$$J_{zx}=\iiint_\Omega y^2\rho(x,y,z)\mathrm{d}x\mathrm{d}y\mathrm{d}z$$

$$J_l=\iiint_\Omega r^2\rho(x,y,z)\mathrm{d}x\mathrm{d}y\mathrm{d}z$$

式中 r——物体的动点到轴 l 的距离。

$$J_x=J_{xy}+J_{zx},\ J_y=J_{yx}+J_{yz},\ J_z=J_{zx}+J_{zy}$$

$$J_o=\iiint_\Omega (x^2+y^2+z^2)\rho(x,y,z)\mathrm{d}x\mathrm{d}y\mathrm{d}z$$

$$J_o=J_{xy}+J_{yz}+J_{zx}$$

5. 求流体压力

设流体接触面的边缘曲线为 $y=f(x)$（见图 1.3-4)，设流体密度为 ρ，则单侧压力为

$$p=\int_a^b \rho x f(x)\mathrm{d}x$$

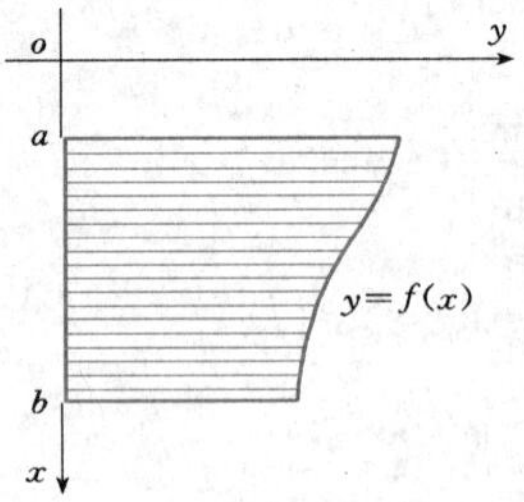

图 1.3-4　流体接触面的边缘曲线

6. 求变力所做的功

(1) 若 s 为路程，$f(s)$ 为变力，则

$$W=\int_a^b f(s)\mathrm{d}s$$

(2) 若 s 为路程，运动路线为 C，$f(x,y)$ 为变力，θ 为变力 f 与路线 C 切线的夹角，则

$$W=\int_{C(A,B)} f(x,y)\cos\theta\mathrm{d}s$$

(3) 若变力沿坐标轴的三个分力分别为 $P(x,y,z)$、$Q(x,y,z)$、$R(x,y,z)$，C 为空间运动路线，则

$$W=\int_{C(A,B)} P(x,y,z)\mathrm{d}x+\int_{C(A,B)} Q(x,y,z)\mathrm{d}y+\int_{C(A,B)} R(x,y,z)\mathrm{d}z$$

1.3.3 无穷级数

1.3.3.1 幂级数的运算

设有幂级数 $f(x)=\sum\limits_{n=0}^{\infty}a_nx^n, g(x)=\sum\limits_{n=0}^{\infty}b_nx^n$，则各相关运算如下：

(1) $f(x)+g(x)=\sum\limits_{n=0}^{\infty}(a_n+b_n)x^n$

(2) $cf(x)=\sum\limits_{n=0}^{\infty}ca_nx^n$

(3) $f(x)g(x)=\sum\limits_{n=0}^{\infty}(a_0b_n+a_1b_{n-1}+\cdots+a_nb_0)x^n$

(4) $f'(x)=\sum\limits_{n=1}^{\infty}na_nx^{n-1}$

(5) $\int_0^x f(x)\mathrm{d}x=\sum\limits_{n=0}^{\infty}\int_0^x a_nx^n\mathrm{d}x=\sum\limits_{n=0}^{\infty}\dfrac{a_n}{n+1}x^{n+1}$

1.3.3.2 泰勒级数、马克劳林级数

1. 泰勒级数

$$f(x)=f(x_0)+\frac{f'(x_0)}{1!}(x-x_0)+\frac{f''(x_0)}{2!}(x-x_0)^2+\cdots+\frac{f^{(n)}(x_0)}{n!}(x-x_0)^n+\cdots$$

2. 马克劳林级数

$$f(x)=f(0)+\frac{f'(0)}{1!}x+\frac{f''(0)}{2!}x^2+\cdots+\frac{f^{(n)}(0)}{n!}x^n+\cdots$$

1.3.3.3 傅里叶（Fourier）级数

1. 定义

设 $f(x)$ 是以 $2l$ 为周期的函数，且在 $[-l,l]$ 上绝对可积，则三角级数 $\dfrac{a_0}{2}+\sum\limits_{n=1}^{\infty}\left(a_n\cos\dfrac{n\pi}{l}x+b_n\sin\dfrac{n\pi}{l}x\right)$ 称为 $f(x)$ 的傅里叶级数，记为

$$f(x)\sim\frac{a_0}{2}+\sum_{n=1}^{\infty}\left(a_n\cos\frac{n\pi}{l}x+b_n\sin\frac{n\pi}{l}x\right)$$

其中 $a_n=\dfrac{1}{l}\int_{-l}^{l}f(x)\cos\dfrac{n\pi}{l}x\mathrm{d}x\quad(n=0,1,2,\cdots)$

$$b_n=\frac{1}{l}\int_{-l}^{l}f(x)\sin\frac{n\pi}{l}x\,\mathrm{d}x\quad(n=1,2,3,\cdots)$$

称为欧拉—傅里叶系数公式。

(1) 若 $f(x)$ 满足欧拉—傅里叶系数公式，且 $f(x)$ 为奇函数，则得傅里叶正弦级数

$$f(x)\sim\sum_{n=1}^{\infty}b_n\sin\frac{n\pi}{l}x$$

其中 $b_n=\frac{2}{l}\int_{0}^{l}f(x)\sin\frac{n\pi}{l}x\,\mathrm{d}x\quad(n=1,2,\cdots)$

(2) 若 $f(x)$ 满足欧拉—傅里叶系数公式，且 $f(x)$ 为偶函数，则得傅里叶余弦级数

$$f(x)\sim\frac{a_0}{2}+\sum_{n=1}^{\infty}a_n\cos\frac{n\pi}{l}x$$

其中 $a_n=\frac{2}{l}\int_{0}^{l}f(x)\cos\frac{n\pi}{l}x\,\mathrm{d}x\quad(n=0,1,2,\cdots)$

2. 傅里叶级数的收敛性

设 $f(x)$ 是以 $2l$ 为周期的函数，在区间 $[-l,l]$ 上至多有有限个第一类间断点和极值点，则 $f(x)$ 的傅里叶级数必收敛，且在 $[-l,l]$ 上有

$$\frac{a_0}{2}+\sum_{n=1}^{\infty}\left(a_n\cos\frac{n\pi}{l}x+b_n\sin\frac{n\pi}{l}x\right)=\begin{cases}f(x) & (x\text{ 为连续点})\\ \dfrac{f(x-0)+f(x+0)}{2} & (x\text{ 为间断点})\\ \dfrac{f(-l+0)+f(l-0)}{2} & (x\text{ 为端点 }\pm l)\end{cases}$$

1.3.3.4 常用函数的级数展开式

(1) $$(1+x)^{\alpha}=1+\alpha x+\frac{\alpha(\alpha-1)}{2!}x^2+\frac{\alpha(\alpha-1)(\alpha-2)}{3!}x^3+\cdots\quad(|x|<1)$$

(2) $$\frac{1}{1+x}=\sum_{n=0}^{\infty}(-1)^n x^n=1-x+x^2-x^3+\cdots\quad(|x|<1)$$

(3) $$\frac{x}{x-1}=\sum_{n=0}^{\infty}\frac{1}{x^n}=1+\frac{1}{x}+\frac{1}{x^2}+\frac{1}{x^3}+\cdots\quad(|x|>1)$$

(4) $$\sqrt{1+x}=1+\sum_{n=1}^{\infty}(-1)^n\frac{(-1)\cdot1\cdot3\cdot\cdots\cdot(2n-3)}{n!2^n}x^n=1+\frac{x}{2}-\frac{1}{2\times4}x^2+\frac{1\times3}{2\times4\times6}x^3-\cdots\quad(|x|\leqslant1)$$

(5) $$\sqrt[3]{1+x}=1+\sum_{n=1}^{\infty}(-1)^n\frac{(-1)\cdot2\cdot5\cdot\cdots\cdot(3n-4)}{n!3^n}x^n=1+\frac{1}{3}x-\frac{1}{9}x^2+\frac{5}{81}x^3-\cdots\quad(|x|\leqslant1)$$

(6) $$\frac{1}{\sqrt{1+x}}=1+\sum_{n=1}^{\infty}(-1)^n\frac{1\cdot3\cdot\cdots\cdot(2n-1)}{n!2^n}x^n=1-\frac{1}{2}x+\frac{1\times3}{2\times4}x^2-\frac{1\times3\times5}{2\times4\times6}x^3+\cdots\quad(-1<x\leqslant1)$$

(7) $$\frac{1}{\sqrt[3]{1+x}}=1+\sum_{n=1}^{\infty}(-1)^n\frac{1\cdot4\cdot\cdots\cdot(3n-2)}{n!3^n}x^n=1-\frac{1}{3}x+\frac{2}{9}x^2-\frac{14}{81}x^3+\cdots\quad(-1<x\leqslant1)$$

(8) $$\sqrt[q]{(1+x)^p}=(1+x)^{\frac{p}{q}}=1+\sum_{n=1}^{\infty}\frac{p(p-q)(p-2q)\cdots(p-nq+q)}{n!q^n}x^n=1+\frac{p}{q}x+\frac{p(p-q)}{2q^2}x^2+\frac{p(p-q)(p-2q)}{3!q^3}x^3+\cdots\quad(p>0,\ q>0;\ |x|\leqslant1)$$

(9) $$\mathrm{e}^x=\sum_{n=0}^{\infty}\frac{x^n}{n!}=1+x+\frac{x^2}{2!}+\frac{x^3}{3!}+\cdots\quad(-\infty<x<+\infty)$$

(10) $$a^x=\sum_{n=0}^{\infty}\frac{(\ln a)^n}{n!}x^n=1+x\ln a+\frac{x^2(\ln a)^2}{2!}+\frac{x^3(\ln a)^3}{3!}+\cdots\quad(a>0,-\infty<x<+\infty)$$

(11) $$\ln(1+x)=\sum_{n=1}^{\infty}(-1)^{n-1}\frac{x^n}{n}=x-\frac{x^2}{2}+\frac{x^3}{3}-\cdots\quad(-1<x\leqslant1)$$

(12) $$\ln\frac{1+x}{1-x}=2\sum_{n=1}^{\infty}\frac{x^{2n-1}}{2n-1}=2\left(x+\frac{x^3}{3}+\frac{x^5}{5}+\cdots\right)\quad(|x|<1)$$

(13) $$\ln\frac{x+1}{x-1}=2\sum_{n=1}^{\infty}\frac{1}{(2n-1)x^{2n-1}}=2\left(\frac{1}{x}+\frac{1}{3x^3}+\frac{1}{5x^5}+\cdots\right)\quad(|x|>1)$$

(14) $\ln x = \sum_{n=1}^{\infty}(-1)^{n-1}\frac{(x-1)^n}{n}$

$= (x-1) - \frac{1}{2}(x-1)^2 + \frac{1}{3}(x-1)^3 - \cdots \quad (0 < x \leqslant 2)$

(15) $\ln x = 2\sum_{n=1}^{\infty}\frac{(x-1)^{2n-1}}{(2n-1)(x+1)^{2n-1}}$

$= 2\left[\frac{x-1}{x+1} + \frac{1}{3}\left(\frac{x-1}{x+1}\right)^3 + \frac{1}{5}\left(\frac{x-1}{x+1}\right)^5 + \cdots\right] \quad (x > 0)$

(16) $\ln(x+\sqrt{1+x^2})$

$= \sum_{n=1}^{\infty}(-1)^n\frac{(-1)\times 1\times 3\times\cdots\times(2n-3)}{(n-1)!2^{n-1}}\frac{x^{2n-1}}{2n-1}$

$= x - \frac{1}{2}\times\frac{x^3}{3} + \frac{1\times 3}{2\times 4}\times\frac{x^5}{5} - \cdots \quad (|x| < 1)$

(17) $\sin x = \sum_{n=0}^{\infty}(-1)^n\frac{x^{2n+1}}{(2n+1)!}$

$= x - \frac{x^3}{3!} + \frac{x^5}{5!} - \cdots \quad (-\infty < x < +\infty)$

(18) $\cos x = \sum_{n=0}^{\infty}(-1)^n\frac{x^{2n}}{(2n)!}$

$= 1 - \frac{x^2}{2!} + \frac{x^4}{4!} - \cdots \quad (-\infty < x < +\infty)$

(19) $\tan x = x + \frac{1}{3}x^3 + \frac{2}{15}x^5 + \frac{17}{315}x^7 + \frac{62}{2835}x^9 + \cdots \quad \left(|x| < \frac{\pi}{2}\right)$

(20) $\cot x = \frac{1}{x} - \frac{1}{3}x - \frac{1}{45}x^3 - \frac{2}{945}x^5 - \frac{1}{4725}x^7 - \cdots \quad (|x| < \pi,\ x \neq 0)$

(21) $\arcsin x$

$= x + \sum_{n=1}^{\infty}\frac{1\times 3\times\cdots\times(2n-1)}{2\times 4\times\cdots\times(2n)}\frac{x^{2n+1}}{2n+1}$

$= x + \frac{1}{2}\times\frac{x^3}{3} + \frac{1\times 3}{2\times 4}\times\frac{x^5}{5} + \cdots$

$(|x| < 1)$

(22) $\arctan x = \sum_{n=0}^{\infty}(-1)^n\frac{x^{2n+1}}{2n+1}$

$= x - \frac{x^3}{3} + \frac{x^5}{5} - \cdots \quad (|x| \leqslant 1)$

(23) $\sinh x = \sum_{n=0}^{\infty}\frac{x^{2n+1}}{(2n+1)!}$

$= x + \frac{x^3}{3!} + \frac{x^5}{5!} + \cdots$

$(-\infty < x < +\infty)$

(24) $\cosh x = \sum_{n=0}^{\infty}\frac{x^{2n}}{(2n)!}$

$= 1 + \frac{x^2}{2!} + \frac{x^4}{4!} + \cdots$

$(-\infty < x < +\infty)$

(25) $\tanh x = x - \frac{1}{3}x^3 + \frac{2}{15}x^5 - \frac{17}{315}x^7 + \cdots \quad \left(|x| < \frac{\pi}{2}\right)$

(26) $\operatorname{arsinh} x$

$= x + \sum_{n=1}^{\infty}(-1)^n\frac{1\times 3\times\cdots\times(2n-1)}{2\times 4\times\cdots\times(2n)}\frac{x^{2n+1}}{2n+1}$

$= x - \frac{1}{2}\times\frac{x^3}{3} + \frac{1\times 3}{2\times 4}\times\frac{x^5}{5} - \cdots$

$(|x| < 1)$

(27) $\operatorname{artanh} x = \sum_{n=0}^{\infty}\frac{x^{2n+1}}{2n+1} = x + \frac{x^3}{3} + \frac{x^5}{5} + \cdots$

$(|x| < 1)$

(28) $f(x) = x \quad (0 < x < 2\pi)$ (见图 1.3－5)

$f(x) = \pi - 2\left(\frac{\sin x}{1} + \frac{\sin 2x}{2} + \frac{\sin 3x}{3} + \cdots\right)$

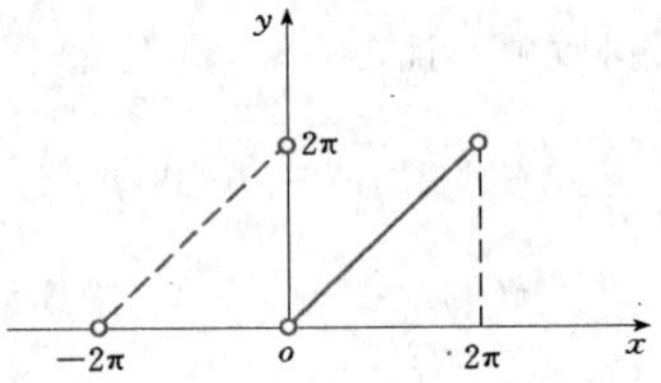

图 1.3－5 $f(x)=x(0<x<2\pi)$的延拓

(29) $f(x) = x(-\pi < x < \pi)$ (见图 1.3－6)

$f(x) = 2\left(\frac{\sin x}{1} - \frac{\sin 2x}{2} + \frac{\sin 3x}{3} + \cdots\right)$

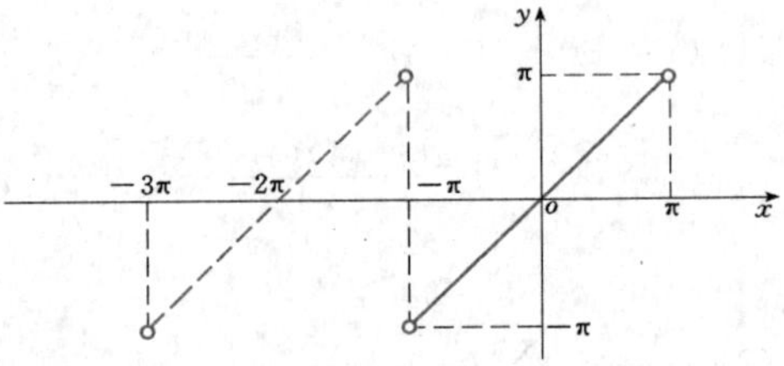

图 1.3－6 $f(x)=x(-\pi<x<\pi)$的延拓

(30) $f(x) = \begin{cases} -\pi - x & \left(-\pi \leqslant x \leqslant -\frac{\pi}{2}\right) \\ x & \left(-\frac{\pi}{2} \leqslant x \leqslant \frac{\pi}{2}\right) \\ \pi - x & \left(\frac{\pi}{2} \leqslant x \leqslant \pi\right) \end{cases}$

(见图 1.3－7)

$f(x) = \frac{4}{\pi}\left(\sin x - \frac{\sin 3x}{3^2} + \frac{\sin 5x}{5^2} - \cdots\right)$

(31) $f(x) = |x| \ (-\pi < x < \pi)$ (见图 1.3－8)

$f(x) = \frac{\pi}{2} - \frac{4}{\pi}\left(\cos x + \frac{\cos 3x}{3^2} + \frac{\cos 5x}{5^2} + \cdots\right)$

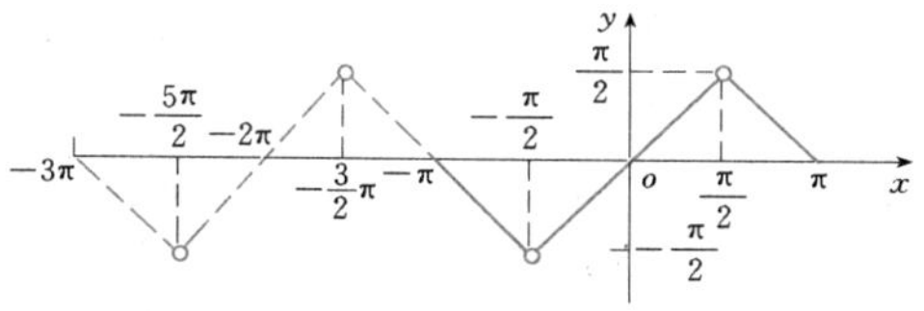

图 1.3 - 7　$f(x)=\begin{cases} -\pi-x & \left(-\pi\leqslant x\leqslant -\frac{\pi}{2}\right) \\ x & \left(-\frac{\pi}{2}\leqslant x\leqslant \frac{\pi}{2}\right) \\ \pi-x & \left(\frac{\pi}{2}\leqslant x\leqslant \pi\right) \end{cases}$ 的延拓

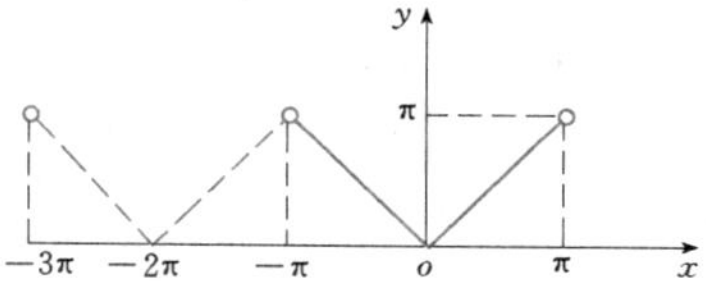

图 1.3 - 8　$f(x)=|x|(-\pi<x<\pi)$的延拓

(32) $f(x) = h(0 < x < \pi)$ (见图 1.3 - 9)

$$f(x) = \frac{4h}{\pi}\left(\sin x + \frac{\sin 3x}{3} + \frac{\sin 5x}{5} + \cdots\right)$$

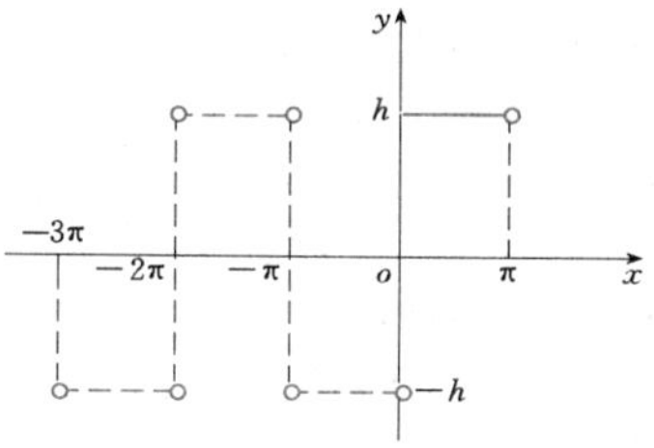

图 1.3 - 9　$f(x)=h(0<x<\pi)$的奇延拓

(33) $f(x) = x^2(-\pi \leqslant x \leqslant \pi)$ (见图 1.3 - 10)

$$f(x) = \frac{\pi^2}{3} - 4\left(\frac{\cos x}{1^2} - \frac{\cos 2x}{2^2} + \frac{\cos 3x}{3^2} - \cdots\right)$$

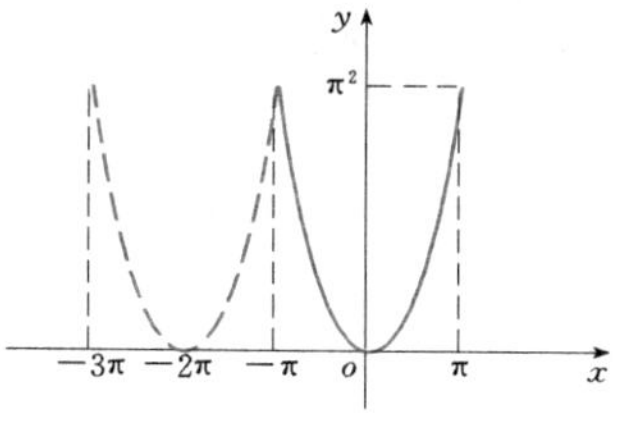

图 1.3 - 10　$f(x)=x^2(-\pi\leqslant x\leqslant\pi)$的延拓

(34) $f(x) = x(\pi - x)(0 \leqslant x \leqslant \pi)$ (见图 1.3 - 11)

$$f(x) = \frac{\pi^2}{6} - \left(\frac{\cos 2x}{1^2} + \frac{\cos 4x}{2^2} + \frac{\cos 6x}{3^2} + \cdots\right)$$

(35) $f(x) = x(\pi - x)(0 \leqslant x \leqslant \pi)$ (见图 1.3 - 12)

$$f(x) = \frac{8}{\pi}\left(\sin x + \frac{1}{3^3}\sin 3x + \frac{1}{5^3}\sin 5x + \cdots\right)$$

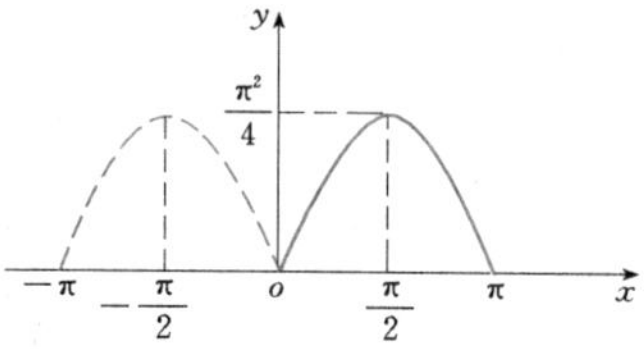

图 1.3 - 11　$f(x)=x(\pi-x)(0\leqslant x\leqslant\pi)$的偶延拓

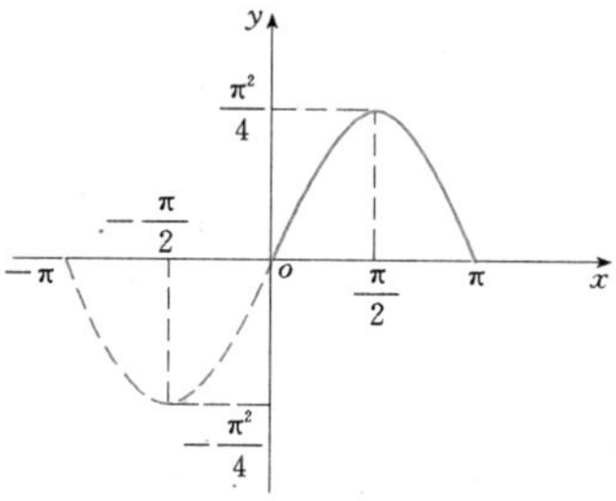

图 1.3 - 12　$f(x)=x(\pi-x)(0\leqslant x\leqslant\pi)$的奇延拓

(36) $f(x) = |\sin x|(-\pi \leqslant x \leqslant \pi)$ (见图 1.3 - 13)

$$f(x) = \frac{2}{\pi} - \frac{4}{\pi}\left(\frac{\cos 2x}{1\times 3} + \frac{\cos 4x}{3\times 5} + \frac{\cos 6x}{5\times 7} + \cdots\right)$$

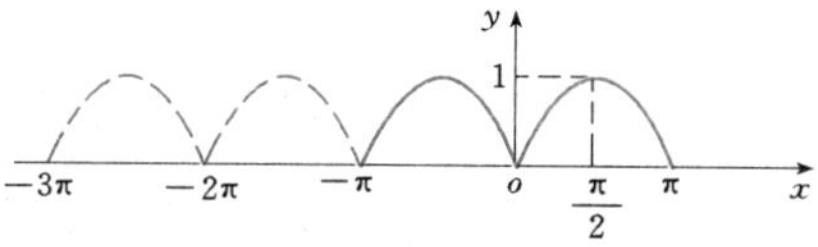

图 1.3 - 13　$f(x)=|\sin x|(-\pi\leqslant x\leqslant\pi)$的延拓

(37) $f(x) = \cos x(0 < x < \pi)$ (见图 1.3 - 14)

$$f(x) = \frac{4}{\pi}\left(\frac{2\sin 2x}{1\times 3} + \frac{4\sin 4x}{3\times 5} + \frac{6\sin 6x}{5\times 7} + \cdots\right)$$

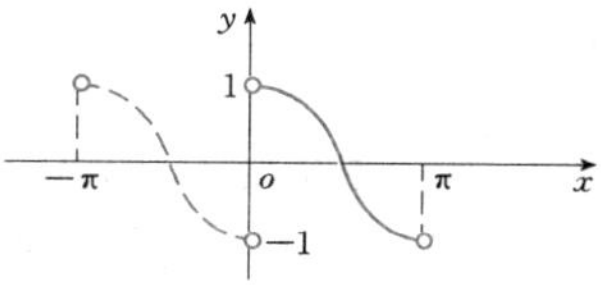

图 1.3 - 14　$f(x)=\cos x(0<x<\pi)$的延拓

(38) $f(x) = \begin{cases} 0 & (-\pi \leqslant x \leqslant 0) \\ \sin x & (0 \leqslant x \leqslant \pi) \end{cases}$ (见图 1.3 - 15)

$$f(x) = \frac{1}{\pi} + \frac{1}{2}\sin x - \frac{2}{\pi}\left(\frac{\cos 2x}{1\times 3} + \frac{\cos 4x}{3\times 5} + \frac{\cos 6x}{5\times 7} + \cdots\right)$$

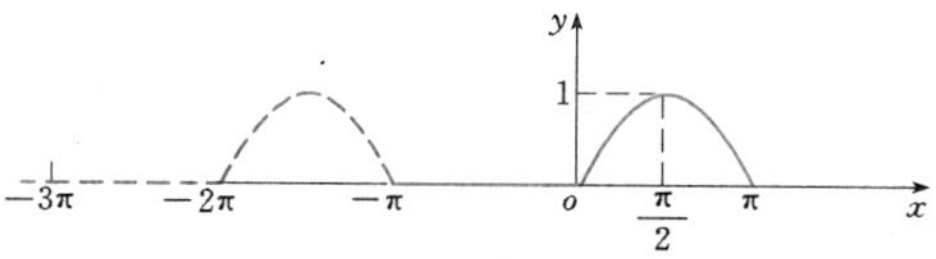

图 1.3 - 15　$f(x)=\begin{cases} 0 & (-\pi\leqslant x\leqslant 0) \\ \sin x & (0\leqslant x\leqslant \pi) \end{cases}$ 的延拓

1.3.3.5 近似计算公式

当 $|x|<1$ 时，有以下近似公式：

(1) $\sqrt[n]{1+x}\approx 1+\frac{x}{n}$，误差 $<\frac{|n-1|}{2n^2}|x^2|$

(2) $\sqrt{1+x}\approx 1+\frac{x}{2}$，误差 $<\frac{1}{8}|x^2|$

(3) $\sqrt[3]{1+x}\approx 1+\frac{x}{3}$，误差 $<\frac{1}{9}|x^2|$

(4) $\frac{1}{\sqrt{1+x}}\approx 1-\frac{x}{2}$，误差 $<\frac{3}{8}|x^2|$

(5) $\frac{1}{\sqrt[3]{1+x}}\approx 1-\frac{x}{3}$，误差 $<\frac{2}{9}|x^2|$

(6) $\frac{1}{1-x}\approx 1+x$，误差 $<x^2$

(7) $\frac{1}{1+x}\approx 1-x$，误差 $<x^2$

(8) $\sin x\approx x-\frac{x^3}{6}$，误差 $<\frac{|x^5|}{120}$

(9) $\cos x\approx 1-\frac{x^2}{2}$，误差 $<\frac{x^4}{24}$

(10) $\tan x\approx x+\frac{x^3}{3}$，误差 $<\frac{2}{15}|x^5|\frac{\pi}{\pi-x}$

(11) $\ln(1+x)\approx x-\frac{x^2}{2}$，误差 $<\frac{|x^3|}{3(1-\mathrm{x}^2)}$

(12) $a^x\approx 1+x\ln a$，误差 $<\frac{(\ln a)^2}{2}a^{|x|}x^2$

(13) $\ln(x+\sqrt{1+x^2})\approx x-\frac{x^3}{6}$，误差 $<\frac{3}{40}|x^5|$

1.3.4 矢量分析和场论

1.3.4.1 矢量代数

以 $\boldsymbol{a}$ 等记矢量，ox、oy、oz 轴的单位矢量分别记为 $\boldsymbol{i}$、$\boldsymbol{j}$、$\boldsymbol{k}$，则 $\boldsymbol{a}=a_x\boldsymbol{i}+a_y\boldsymbol{j}+a_z\boldsymbol{k}$，$a_x$、$a_y$、$a_z$ 称为矢量 $\boldsymbol{a}$ 的分量，也记为 $\boldsymbol{a}=\{a_x,a_y,a_z\}$。以点 $A(x_1,y_1,z_1)$ 为起点，点 $B(x_2,y_2,z_2)$ 为终点的矢量为 $\overrightarrow{AB}=\{x_2-x_1,y_2-y_1,z_2-z_1\}$。以 $\boldsymbol{a}^0$ 表示 $\boldsymbol{a}$ 的单位矢量，矢量 $\boldsymbol{a}$ 的模 $|\boldsymbol{a}|=\sqrt{a_x^2+a_y^2+a_z^2}$，故 $\boldsymbol{a}^0=\frac{\boldsymbol{a}}{|\boldsymbol{a}|}$。

1. 矢量的代数运算

(1) 矢量加法。几何上按平行四边形法则相加，若 $\boldsymbol{a}=\{a_x,a_y,a_z\}$，$\boldsymbol{b}=\{b_x,b_y,b_z\}$，则 $\boldsymbol{a}+\boldsymbol{b}=\{a_x+b_x,a_y+b_y,a_z+b_z\}$。

(2) 数量与矢量的乘法。以 c 乘 $\boldsymbol{a}$，就是将 $\boldsymbol{a}$ 伸缩 $|c|$ 倍，$c>0$ 时方向不变，$c<0$ 时改成反向，若 $\boldsymbol{a}=\{a_x,a_y,a_z\}$，则 $c\boldsymbol{a}=\{ca_x,ca_y,ca_z\}$。

(3) 矢量的数量积。设 $\boldsymbol{a}=\{a_x,a_y,a_z\}$，$\boldsymbol{b}=\{b_x,b_y,b_z\}$，则

$$\boldsymbol{a}\cdot\boldsymbol{b}=|\boldsymbol{a}||\boldsymbol{b}|\cos(\widehat{\boldsymbol{a},\boldsymbol{b}})=a_xb_x+a_yb_y+a_zb_z$$

(4) 矢量的矢量积。矢量 $\boldsymbol{a}$、$\boldsymbol{b}$ 的矢量积 $\boldsymbol{a}\times\boldsymbol{b}$ 为一矢量，其大小为 $|\boldsymbol{a}||\boldsymbol{b}|\sin(\widehat{\boldsymbol{a},\boldsymbol{b}})$，方向垂直于 $\boldsymbol{a}$、$\boldsymbol{b}$ 所决定的平面，且使得三矢量 $\boldsymbol{a}$、$\boldsymbol{b}$、$\boldsymbol{a}\times\boldsymbol{b}$ 构成右手系。设 $\boldsymbol{a}=\{a_x,a_y,a_z\}$，$\boldsymbol{b}=\{b_x,b_y,b_z\}$，则

$$\boldsymbol{a}\times\boldsymbol{b}=\begin{vmatrix}\boldsymbol{i} & \boldsymbol{j} & \boldsymbol{k}\\ a_x & a_y & a_z\\ b_x & b_y & b_z\end{vmatrix}=\begin{vmatrix}a_y & a_z\\ b_y & b_z\end{vmatrix}\boldsymbol{i}+\begin{vmatrix}a_z & a_x\\ b_z & b_x\end{vmatrix}\boldsymbol{j}+\begin{vmatrix}a_x & a_y\\ b_x & b_y\end{vmatrix}\boldsymbol{k}$$

(5) 三矢量 $\boldsymbol{a}$、$\boldsymbol{b}$、$\boldsymbol{c}$ 的混合积 $[\boldsymbol{abc}]$ 定义为

$$[\boldsymbol{abc}]=(\boldsymbol{a}\times\boldsymbol{b})\cdot\boldsymbol{c}=\boldsymbol{a}\cdot(\boldsymbol{b}\times\boldsymbol{c})$$

对于分量表达式有

$$[\boldsymbol{abc}]=\begin{vmatrix}a_x & a_y & a_z\\ b_x & b_y & b_z\\ c_x & c_y & c_z\end{vmatrix}$$

$[\boldsymbol{abc}]$ 的绝对值等于以 $\boldsymbol{a}$、$\boldsymbol{b}$、$\boldsymbol{c}$ 为边的平行六面体的体积。

2. 性质

(1) 关于加、减法与数乘：

$\boldsymbol{a}+\boldsymbol{b}=\boldsymbol{b}+\boldsymbol{a}$

$(\boldsymbol{a}+\boldsymbol{b})+\boldsymbol{c}=\boldsymbol{a}+(\boldsymbol{b}+\boldsymbol{c})$

$\boldsymbol{a}+\boldsymbol{0}=\boldsymbol{a}$

$|\boldsymbol{a}+\boldsymbol{b}|\leqslant|\boldsymbol{a}|+|\boldsymbol{b}|$

$(k_1+k_2)\boldsymbol{a}=k_1\boldsymbol{a}+k_2\boldsymbol{a}$

$k(\boldsymbol{a}+\boldsymbol{b})=k\boldsymbol{a}+k\boldsymbol{b}$

$k_1(k_2\boldsymbol{a})=(k_1k_2)\boldsymbol{a}$

$|k\boldsymbol{a}|=|k||\boldsymbol{a}|$

$\boldsymbol{a}$、$\boldsymbol{b}$ 共线的充分必要条件为存在不全为零的数 p、q，使得 $p\boldsymbol{a}+q\boldsymbol{b}=\boldsymbol{0}$。$\boldsymbol{a}$、$\boldsymbol{b}$、$\boldsymbol{c}$ 共面的充分必要条件为存在不全为零的数 p、q、r，使得 $p\boldsymbol{a}+q\boldsymbol{b}+r\boldsymbol{c}=\boldsymbol{0}$。

(2) 关于矢量的数量积：

$\boldsymbol{a}\cdot\boldsymbol{b}=\boldsymbol{b}\cdot\boldsymbol{a}$

$\boldsymbol{a}\cdot(\boldsymbol{b}+\boldsymbol{c})=\boldsymbol{a}\cdot\boldsymbol{b}+\boldsymbol{a}\cdot\boldsymbol{c}$

$(k\boldsymbol{a})\cdot\boldsymbol{b}=k(\boldsymbol{a}\cdot\boldsymbol{b})=\boldsymbol{a}\cdot(k\boldsymbol{b})$

$\boldsymbol{a}\cdot\boldsymbol{a}=|\boldsymbol{a}|^2$

$|\boldsymbol{a}\cdot\boldsymbol{b}|\leqslant|\boldsymbol{a}||\boldsymbol{b}|$

$\boldsymbol{a}$、$\boldsymbol{b}$ 垂直的充分必要条件为 $\boldsymbol{a}\cdot\boldsymbol{b}=0$。

(3) 关于矢量的矢量积：

$\boldsymbol{a}\times\boldsymbol{b}=-\boldsymbol{b}\times\boldsymbol{a}$

$\boldsymbol{a}\times(\boldsymbol{b}+\boldsymbol{c})=\boldsymbol{a}\times\boldsymbol{b}+\boldsymbol{a}\times\boldsymbol{c}$

(次序不能更换)

$(k\boldsymbol{a})\times\boldsymbol{b}=k(\boldsymbol{a}\times\boldsymbol{b})=\boldsymbol{a}\times(k\boldsymbol{b})$

$\boldsymbol{a}\times\boldsymbol{a}=\boldsymbol{0}$

$\boldsymbol{a}$、$\boldsymbol{b}$ 共线的充分必要条件是 $\boldsymbol{a}\times\boldsymbol{b}=\boldsymbol{0}$。

(4) 关于矢量的混合积：

$[\boldsymbol{abc}]=[\boldsymbol{bca}]=[\boldsymbol{cab}]=-[\boldsymbol{acb}]=-[\boldsymbol{cba}]=-[\boldsymbol{bac}]$

$\boldsymbol{a}$、$\boldsymbol{b}$、$\boldsymbol{c}$ 共面的充分必要条件为 $[\boldsymbol{abc}]=0$。

1.3.4.2 矢量的微分与积分

1. 一般微分法公式

设 $\boldsymbol{a}=\boldsymbol{a}(t)$、$\boldsymbol{b}=\boldsymbol{b}(t)$ 为矢量函数，t 为自变量（标量），若 $\boldsymbol{a}(t)=a_x(t)\boldsymbol{i}+a_y(t)\boldsymbol{j}+a_z(t)\boldsymbol{k}$，则

$$\frac{\mathrm{d}}{\mathrm{d}t}\boldsymbol{a}(t)=\frac{\mathrm{d}a_x(t)}{\mathrm{d}t}\boldsymbol{i}+\frac{\mathrm{d}a_y(t)}{\mathrm{d}t}\boldsymbol{j}+\frac{\mathrm{d}a_z(t)}{\mathrm{d}t}\boldsymbol{k}$$

$$\int_{t_1}^{t_2}\boldsymbol{a}(t)\,\mathrm{d}t=\boldsymbol{i}\int_{t_1}^{t_2}a_x(t)\mathrm{d}t+\boldsymbol{j}\int_{t_1}^{t_2}a_y(t)\,\mathrm{d}t+\boldsymbol{k}\int_{t_1}^{t_2}a_z(t)\mathrm{d}t$$

(1) $\frac{\mathrm{d}}{\mathrm{d}t}\boldsymbol{c}=\boldsymbol{0}$（$\boldsymbol{c}$ 表示常矢）

(2) $\frac{\mathrm{d}}{\mathrm{d}t}(\boldsymbol{a}+\boldsymbol{b})=\frac{\mathrm{d}\boldsymbol{a}}{\mathrm{d}t}+\frac{\mathrm{d}\boldsymbol{b}}{\mathrm{d}t}$

(3) $\frac{\mathrm{d}}{\mathrm{d}t}(k\boldsymbol{a})=k\frac{\mathrm{d}\boldsymbol{a}}{\mathrm{d}t}$ （k 表示常数）

(4) $\frac{\mathrm{d}}{\mathrm{d}t}[u(t)\boldsymbol{a}]=\frac{\mathrm{d}u}{\mathrm{d}t}\boldsymbol{a}+u\frac{\mathrm{d}\boldsymbol{a}}{\mathrm{d}t}$ [$u(t)$ 表示标量函数]

(5) $\frac{\mathrm{d}}{\mathrm{d}t}(\boldsymbol{a}\cdot\boldsymbol{b})=\frac{\mathrm{d}\boldsymbol{a}}{\mathrm{d}t}\cdot\boldsymbol{b}+\boldsymbol{a}\cdot\frac{\mathrm{d}\boldsymbol{b}}{\mathrm{d}t}$ （次序可以更换）

(6) $\frac{\mathrm{d}}{\mathrm{d}t}(\boldsymbol{a}\times\boldsymbol{b})=\frac{\mathrm{d}\boldsymbol{a}}{\mathrm{d}t}\times\boldsymbol{b}+\boldsymbol{a}\times\frac{\mathrm{d}\boldsymbol{b}}{\mathrm{d}t}$ （次序不能更换）

(7) $\frac{\mathrm{d}\boldsymbol{a}}{\mathrm{d}t}=\frac{\mathrm{d}\boldsymbol{a}}{\mathrm{d}s}\frac{\mathrm{d}s}{\mathrm{d}t}$ [$\boldsymbol{a}=\boldsymbol{a}(s)$，$s=\varphi(t)$]

(8) $\frac{\mathrm{d}}{\mathrm{d}t}[\boldsymbol{abc}]=[\frac{\mathrm{d}\boldsymbol{a}}{\mathrm{d}t}\boldsymbol{bc}]+[\boldsymbol{a}\frac{\mathrm{d}\boldsymbol{b}}{\mathrm{d}t}\boldsymbol{c}]+[\boldsymbol{ab}\frac{\mathrm{d}\boldsymbol{c}}{\mathrm{d}t}]$

（次序不能更换）

2. 坐标矢量的导数公式

$$\boldsymbol{r}=\boldsymbol{r}(t)=x(t)\boldsymbol{i}+y(t)\boldsymbol{j}+z(t)\boldsymbol{k}$$

$$|\boldsymbol{r}|=\sqrt{x^2+y^2+z^2}$$

(1) $\frac{\mathrm{d}\boldsymbol{r}}{\mathrm{d}t}=\frac{\mathrm{d}x}{\mathrm{d}t}\boldsymbol{i}+\frac{\mathrm{d}y}{\mathrm{d}t}\boldsymbol{j}+\frac{\mathrm{d}z}{\mathrm{d}t}\boldsymbol{k}$，表示切线矢量，指向 t 的增加方向（见图 1.3-16）。

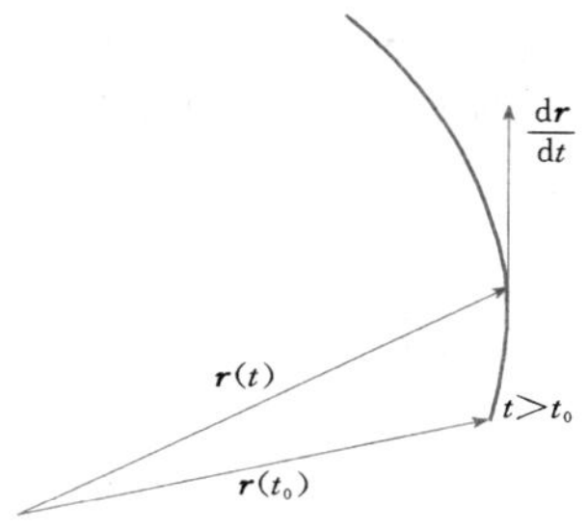

图 1.3-16 切线矢量

(2) $\frac{\mathrm{d}^2\boldsymbol{r}}{\mathrm{d}t^2}=\frac{\mathrm{d}^2x}{\mathrm{d}t^2}\boldsymbol{i}+\frac{\mathrm{d}^2y}{\mathrm{d}t^2}\boldsymbol{j}+\frac{\mathrm{d}^2z}{\mathrm{d}t^2}\boldsymbol{k}$

(3) $\frac{\mathrm{d}\boldsymbol{r}}{\mathrm{d}s}=\boldsymbol{\tau}$

式中 s——矢端曲线的弧长；

$\boldsymbol{\tau}$——切线的单位矢量。

(4) $\frac{\mathrm{d}\boldsymbol{r}^0}{\mathrm{d}t}\perp\boldsymbol{r}^0$，即单位变矢量的导数与其本身垂直。

3. 矢量积分

设 $\boldsymbol{a}=\boldsymbol{a}(t)$、$\boldsymbol{b}=\boldsymbol{b}(t)$ 表示矢量函数，$\frac{\mathrm{d}\boldsymbol{b}}{\mathrm{d}t}=\boldsymbol{a}$。

(1) 不定积分：

$$\int\boldsymbol{a}(t)\mathrm{d}t=\boldsymbol{b}(t)+\boldsymbol{c}$$

式中 $\boldsymbol{c}$——任意常矢。

(2) 定积分：

$$\int_{t_0}^{t_1}\boldsymbol{a}(t)\mathrm{d}t=\boldsymbol{b}(t_1)-\boldsymbol{b}(t_0)$$

(3) 平面面积矢量：

$$\boldsymbol{S}=\frac{1}{2}\int_L\boldsymbol{r}\times\mathrm{d}\boldsymbol{r}$$

其中
$$\boldsymbol{r}(t)=x(t)\boldsymbol{i}+y(t)\boldsymbol{j}+z(t)\boldsymbol{k}$$
$$\mathrm{d}\boldsymbol{r}=\boldsymbol{i}\mathrm{d}x+\boldsymbol{j}\mathrm{d}y+\boldsymbol{k}\mathrm{d}z$$

式中 L——$\boldsymbol{r}(t)$ 矢端所画的闭曲线；

$\boldsymbol{S}$——L 所包围的面积矢量，原点在闭曲线 L 内。

1.3.4.3 场论

设 $U=U(x,y,z)$、$V=V(x,y,z)$ 为标量函数，$\boldsymbol{a}=\boldsymbol{a}(x,y,z)$、$\boldsymbol{b}=\boldsymbol{b}(x,y,z)$ 为矢量函数，哈密顿（Hamilton）算子 ∇ 为

$$\nabla=\boldsymbol{i}\frac{\partial}{\partial x}+\boldsymbol{j}\frac{\partial}{\partial y}+\boldsymbol{k}\frac{\partial}{\partial z}$$

而拉普拉斯（Laplace）算子 Δ 为

$$\Delta=\nabla^2=\frac{\partial^2}{\partial x^2}+\frac{\partial^2}{\partial y^2}+\frac{\partial^2}{\partial z^2}$$

标量函数 U 的梯度 grad$U$ 为

$$\mathrm{grad}U=\nabla U=\boldsymbol{i}\frac{\partial}{\partial x}U+\boldsymbol{j}\frac{\partial}{\partial y}U+\boldsymbol{k}\frac{\partial}{\partial z}U$$

如果矢量场 $\boldsymbol{a}=\boldsymbol{a}(x,y,z)$ 是某一标量函数 $U(x,y,z)$ 的梯度

$$\boldsymbol{a}=\mathrm{grad}U$$

则称该矢量场为势量场，$\boldsymbol{a}$ 称为势矢量，U 称为势函数。矢量场为势量场的充要条件是 $\mathrm{rot}\boldsymbol{a}=\boldsymbol{0}$。

矢量场 $\boldsymbol{a}$ 的散度 div$\boldsymbol{a}$ 为

$$\mathrm{div}\boldsymbol{a}=\nabla\cdot\boldsymbol{a}=\frac{\partial a_x}{\partial x}+\frac{\partial a_y}{\partial y}+\frac{\partial a_z}{\partial z}$$

矢量场 $\boldsymbol{a}$ 的散度 $\mathrm{div}\boldsymbol{a}=0$ 时，则该矢量场称为管形场。管形场中通过任一闭曲面的流量等于零。任何矢量场 $\boldsymbol{a}$ 的旋度场都是管形的，即 div（rot$\boldsymbol{a}$）$=0$。

矢量函数 $\boldsymbol{a}$ 的旋度 rot$\boldsymbol{a}$（或 curl$\boldsymbol{a}$）为

$$\mathrm{rot}\boldsymbol{a}=\mathrm{curl}\boldsymbol{a}=\nabla\times\boldsymbol{a}=\begin{vmatrix}\boldsymbol{i}&\boldsymbol{j}&\boldsymbol{k}\\\frac{\partial}{\partial x}&\frac{\partial}{\partial y}&\frac{\partial}{\partial z}\\a_x&a_y&a_z\end{vmatrix}$$

$$=\left(\frac{\partial a_z}{\partial y}-\frac{\partial a_y}{\partial z}\right)\boldsymbol{i}+\left(\frac{\partial a_x}{\partial z}-\frac{\partial a_z}{\partial x}\right)\boldsymbol{j}+\left(\frac{\partial a_y}{\partial x}-\frac{\partial a_x}{\partial y}\right)\boldsymbol{k}$$

设曲面 S 的法线方向的单位矢量为 $\boldsymbol{n}$，定义 $\mathrm{d}\boldsymbol{S}=\boldsymbol{n}\mathrm{d}S$，设空间曲线的点的位置矢量 $\boldsymbol{r}=\boldsymbol{r}(t)=x(t)\boldsymbol{i}+y(t)\boldsymbol{j}+z(t)\boldsymbol{k}$，则 $\mathrm{d}\boldsymbol{r}=\boldsymbol{i}\mathrm{d}x+\boldsymbol{j}\mathrm{d}y+\boldsymbol{k}\mathrm{d}z$。

1. 微分公式

$\nabla(U+V)=\nabla U+\nabla V$

$\nabla(\lambda U)=\lambda\nabla U$ （λ 为常数）

$\nabla(UV)=V\nabla U+U\nabla V$

$\nabla^2(UV)=V\nabla^2U+U\nabla^2V+2\nabla U\cdot\nabla V$

$\nabla F(U)=F'(U)\nabla U$

$\nabla(\boldsymbol{a}\cdot\boldsymbol{b})=(\boldsymbol{a}\cdot\nabla)\boldsymbol{b}+(\boldsymbol{b}\cdot\nabla)\boldsymbol{a}+\boldsymbol{a}\times(\nabla\times\boldsymbol{b})+\boldsymbol{b}\times(\nabla\times\boldsymbol{a})$

$\nabla\cdot(\boldsymbol{a}+\boldsymbol{b})=\nabla\cdot\boldsymbol{a}+\nabla\cdot\boldsymbol{b}$

$\nabla\times(\boldsymbol{a}+\boldsymbol{b})=\nabla\times\boldsymbol{a}+\nabla\times\boldsymbol{b}$

$\nabla\cdot(\lambda\boldsymbol{a})=\lambda\nabla\cdot\boldsymbol{a}$ （λ 为常数）

$\nabla\times(\lambda\boldsymbol{a})=\lambda\nabla\times\boldsymbol{a}$ （λ 为常数）

$\nabla\cdot(U\boldsymbol{a})=U\nabla\cdot\boldsymbol{a}+\boldsymbol{a}\cdot\nabla U$

$\nabla\times(U\boldsymbol{a})=\nabla U\times\boldsymbol{a}+U\nabla\times\boldsymbol{a}$

$\nabla\cdot(\boldsymbol{a}\times\boldsymbol{b})=\boldsymbol{b}\cdot(\nabla\times\boldsymbol{a})-\boldsymbol{a}\cdot(\nabla\times\boldsymbol{b})$

$\nabla\times(\boldsymbol{a}\times\boldsymbol{b})=(\boldsymbol{b}\cdot\nabla)\boldsymbol{a}-(\boldsymbol{a}\cdot\nabla)\boldsymbol{b}+\boldsymbol{a}(\nabla\cdot\boldsymbol{b})-\boldsymbol{b}(\nabla\cdot\boldsymbol{a})$

$\nabla\cdot(\nabla\times\boldsymbol{a})=0$

$\nabla\times(\nabla\times\boldsymbol{a})=\nabla(\nabla\cdot\boldsymbol{a})-\nabla^2\boldsymbol{a}$

$\nabla\times(\nabla U)=\boldsymbol{0}$

2. 积分公式

（1）斯托克斯公式。设 S 为定向曲面，C 为 S 边界闭曲线，取正向，则矢量 $\boldsymbol{a}$ 沿 C 的环流

$$\oint_C\boldsymbol{a}\cdot\mathrm{d}\boldsymbol{r}=\iint_S(\nabla\times\boldsymbol{a})\cdot\mathrm{d}\boldsymbol{S}$$

或

$$\oint_C a_x\mathrm{d}x+a_y\mathrm{d}y+a_z\mathrm{d}z=\iint_{(S)}\left(\frac{\partial a_z}{\partial y}-\frac{\partial a_y}{\partial z}\right)\mathrm{d}y\mathrm{d}z+\left(\frac{\partial a_x}{\partial z}-\frac{\partial a_z}{\partial x}\right)\mathrm{d}z\mathrm{d}x+\left(\frac{\partial a_y}{\partial x}-\frac{\partial a_x}{\partial y}\right)\mathrm{d}x\mathrm{d}y$$

（2）奥斯特洛格拉得斯基—高斯公式。设 V 为空间区域，S 为它的边界曲面，以外法线方向定曲面 S 的正向，则

$$\oiint_S\boldsymbol{a}\cdot\mathrm{d}\boldsymbol{S}=\iiint_V\nabla\cdot\boldsymbol{a}\mathrm{d}V$$

（3）第一、第二格林（Green）公式。区域假设同奥斯特洛格拉得斯基—高斯公式，则

$$\oiint_S U\nabla V\cdot\mathrm{d}\boldsymbol{S}=\iiint_V(U\Delta V+\nabla U\cdot\nabla V)\mathrm{d}V$$

$$\oiint_S(U\nabla V-V\nabla U)\cdot\mathrm{d}\boldsymbol{S}=\iiint_V(U\Delta V-V\Delta U)\mathrm{d}V$$

3. 微分算子在柱坐标系、球坐标系和正交曲线坐标系中的表达式

（1）柱坐标系。$x=r\cos\varphi$、$y=r\sin\varphi$、$z=z$ 三个方向的单位矢量为 $\boldsymbol{e}_r$、$\boldsymbol{e}_\varphi$、$\boldsymbol{e}_z$，$\boldsymbol{a}=a_r\boldsymbol{e}_r+a_\varphi\boldsymbol{e}_\varphi+a_z\boldsymbol{e}_z$，则

$$\mathrm{grad}U=\nabla U=\frac{\partial U}{\partial r}\boldsymbol{e}_r+\frac{1}{r}\frac{\partial U}{\partial\varphi}\boldsymbol{e}_\varphi+\frac{\partial U}{\partial z}\boldsymbol{e}_z$$

$$\mathrm{div}\boldsymbol{a}=\nabla\cdot\boldsymbol{a}=\frac{1}{r}\frac{\partial}{\partial r}(ra_r)+\frac{1}{r}\frac{\partial}{\partial\varphi}a_\varphi+\frac{\partial}{\partial z}a_z$$

$$\mathrm{rot}\boldsymbol{a}=\nabla\times\boldsymbol{a}=\begin{vmatrix}\dfrac{\boldsymbol{e}_r}{r} & \boldsymbol{e}_\varphi & \dfrac{\boldsymbol{e}_z}{r}\\ \dfrac{\partial}{\partial r} & \dfrac{\partial}{\partial\varphi} & \dfrac{\partial}{\partial z}\\ a_r & ra_\varphi & a_z\end{vmatrix}$$

$$\Delta U=\nabla^2U=\frac{1}{r}\frac{\partial U}{\partial r}+\frac{\partial^2U}{\partial r^2}+\frac{1}{r^2}\frac{\partial^2U}{\partial\varphi^2}+\frac{\partial^2U}{\partial z^2}$$

（2）球坐标系。$x=\rho\sin\theta\cos\varphi$、$y=\rho\sin\theta\sin\varphi$、$z=\rho\cos\theta$ 三个方向的单位矢量为 $\boldsymbol{e}_\rho$、$\boldsymbol{e}_\theta$、$\boldsymbol{e}_\varphi$，$\boldsymbol{a}=a_\rho\boldsymbol{e}_\rho+a_\theta\boldsymbol{e}_\theta+a_\varphi\boldsymbol{e}_\varphi$，则

$$\mathrm{grad}U=\nabla U=\frac{\partial U}{\partial\rho}\boldsymbol{e}_\rho+\frac{1}{\rho}\frac{\partial U}{\partial\theta}\boldsymbol{e}_\theta+\frac{1}{\rho\sin\theta}\frac{\partial U}{\partial\varphi}\boldsymbol{e}_\varphi$$

$$\mathrm{div}\boldsymbol{a}=\nabla\cdot\boldsymbol{a}=\frac{1}{\rho^2}\frac{\partial}{\partial\rho}(\rho^2a_\rho)+\frac{1}{\rho\sin\theta}\frac{\partial}{\partial\theta}(a_\theta\sin\theta)+\frac{1}{\rho\sin\theta}\frac{\partial a_\varphi}{\partial\varphi}$$

$$\mathrm{rot}\boldsymbol{a}=\nabla\times\boldsymbol{a}=\begin{vmatrix}\dfrac{\boldsymbol{e}_\rho}{\rho^2\sin\theta} & \dfrac{\boldsymbol{e}_\theta}{\rho\sin\theta} & \dfrac{\boldsymbol{e}_\varphi}{\rho}\\ \dfrac{\partial}{\partial\rho} & \dfrac{\partial}{\partial\theta} & \dfrac{\partial}{\partial\varphi}\\ a_\rho & \rho a_\theta & \rho a_\varphi\sin\theta\end{vmatrix}$$

$$\Delta U=\nabla^2U=\frac{1}{\rho^2}\frac{\partial}{\partial\rho}\left(\rho^2\frac{\partial U}{\partial\rho}\right)+\frac{1}{\rho^2\sin\theta}\frac{\partial}{\partial\theta}\left(\sin\theta\frac{\partial U}{\partial\theta}\right)+\frac{1}{\rho^2\sin^2\theta}\frac{\partial^2U}{\partial\varphi^2}$$

（3）正交曲线坐标系。$x_1=x_1(q_1,q_2,q_3)$、$x_2=x_2(q_1,q_2,q_3)$、$x_3=x_3(q_1,q_2,q_3)$，且它们的反函数可表示为

$$q_1=q_1(x_1,x_2,x_3),\quad q_2=q_2(x_1,x_2,x_3),\quad q_3=q_3(x_1,x_2,x_3)$$

正交曲线坐标系的单位矢量为 $\boldsymbol{e}_1$、$\boldsymbol{e}_2$、$\boldsymbol{e}_3$，则

$$\nabla=\boldsymbol{e}_t\frac{1}{h_t}\frac{\partial}{\partial q_t}=\boldsymbol{e}_1\frac{1}{h_1}\frac{\partial}{\partial q_1}+\boldsymbol{e}_2\frac{1}{h_2}\frac{\partial}{\partial q_2}+\boldsymbol{e}_3\frac{1}{h_3}\frac{\partial}{\partial q_3}$$

$$\mathrm{grad}\varphi=\nabla\varphi=\boldsymbol{e}_t\frac{1}{h_t}\frac{\partial\varphi}{\partial q_t}=\frac{1}{h_1}\frac{\partial\varphi}{\partial q_1}\boldsymbol{e}_1+\frac{1}{h_2}\frac{\partial\varphi}{\partial q_2}\boldsymbol{e}_2+\frac{1}{h_3}\frac{\partial\varphi}{\partial q_3}\boldsymbol{e}_3$$

$$\mathrm{div}\boldsymbol{A}=\nabla\cdot\boldsymbol{A}=\frac{1}{h_1h_2h_3}\left[\frac{\partial}{\partial q_1}(h_2h_3a_1)+\frac{\partial}{\partial q_2}(h_3h_1a_2)+\frac{\partial}{\partial q_3}(h_1h_2a_3)\right]$$

$$\mathrm{rot}\mathbf{A} = \nabla \times \mathbf{A} = \frac{1}{h_1 h_2 h_3}\begin{bmatrix} h_1 \mathbf{e}_1 & h_2 \mathbf{e}_2 & h_3 \mathbf{e}_3 \\ \frac{\partial}{\partial q_1} & \frac{\partial}{\partial q_2} & \frac{\partial}{\partial q_3} \\ h_1 a_1 & h_2 a_2 & h_3 a_3 \end{bmatrix}$$

$$\Delta\varphi = \nabla^2 \varphi = \frac{1}{h_1 h_2 h_3}\left[\frac{\partial}{\partial q_1}\left(\frac{h_2 h_3}{h_1}\frac{\partial \varphi}{\partial q_1}\right) + \frac{\partial}{\partial q_2}\left(\frac{h_3 h_1}{h_2}\frac{\partial \varphi}{\partial q_2}\right) + \frac{\partial}{\partial q_3}\left(\frac{h_1 h_2}{h_3}\frac{\partial \varphi}{\partial q_3}\right)\right]$$

1.3.5 曲线与曲面

1.3.5.1 曲线

1. 平面曲线

平面曲线方程的常用形式如下：直角坐标系下平面曲线方程，其显式为 $y=f(x)$，隐式为 $F(x,y)=0$，参数式为 $\begin{cases} x=x(t) \\ y=y(t) \end{cases}$（$t$ 为任意参数）或 $\begin{cases} x=x(s) \\ y=y(s) \end{cases}$（$s$ 为曲线的弧长）；极坐标系下平面曲线方程为 $\rho=\rho(\theta)$。

以下有关平面曲线的公式，均按此顺序列出，以 s 记弧长参数。

（1）弧微分与弧长。一般形式分别为

$$\mathrm{d}s = \sqrt{(\mathrm{d}x)^2 + (\mathrm{d}y)^2}$$

$$s = \int_{(A)}^{(B)} \sqrt{(\mathrm{d}x)^2 + (\mathrm{d}y)^2}$$

上述各种形式见表 1.3-9（隐式从略）。

表 1.3-9　　弧微分与弧长

弧微分 ds	弧长 s
$\sqrt{1+[f'(x)]^2}\mathrm{d}x$	$\int_{x_1}^{x_2}\sqrt{1+[f'(x)]^2}\mathrm{d}x$
$\sqrt{x'^2(t)+y'^2(t)}\mathrm{d}t$	$\int_{t_1}^{t_2}\sqrt{x'^2+y'^2}\mathrm{d}t$
$\sqrt{\rho^2(\theta)+\rho'^2(\theta)}\mathrm{d}\theta$	$\int_{\theta_1}^{\theta_2}\sqrt{\rho^2(\theta)+\rho'^2(\theta)}\mathrm{d}\theta$

（2）曲线的切线、法线。设 (x_0, y_0) 为曲线上一点，见表 1.3-10（极坐标形式从略）。

（3）曲率 κ 与曲率中心坐标 (x_c, y_c)（曲率半径 $R=\frac{1}{\kappa}$），见表 1.3-11。

表 1.3-10　　曲线的切线、法线方程

曲线方程	切 线 方 程	法 线 方 程
$y=f(x)$	$y-y_0=f'(x_0)(x-x_0)$	$y-y_0=-\frac{1}{f'(x_0)}(x-x_0)$
$F(x,y)=0$	$F'_{x_0}(x-x_0)+F'_{y_0}(y-y_0)=0$	$F'_{y_0}(x-x_0)-F'_{x_0}(y-y_0)=0$
$\begin{cases} x=x(t) \\ y=y(t) \end{cases}$	$y'(t_0)(x-x_0)-x'(t_0)(y-y_0)=0$	$y'(t_0)(y-y_0)+x'(t_0)(x-x_0)=0$

表 1.3-11　　曲率与曲率中心坐标

曲线方程	曲 率 κ	曲率中心坐标 (x_c, y_c)
$y=f(x)$	$\left\lvert\frac{f''(x)}{[1+f'^2(x)]^{\frac{3}{2}}}\right\rvert$	$x_0-\frac{f'(x_0)[1+f'^2(x_0)]}{f''(x_0)}$，$y_0+\frac{1+f'^2(x_0)}{f''(x_0)}$
$F(x,y)=0$	$\left\lvert\frac{F'_xF'_y(F''_{xy}+F''_{yx})-(F'_y)^2F''_{xx}-(F'_x)^2F''_{yy}}{(F'^2_x+F'^2_y)^{\frac{3}{2}}}\right\rvert$	$x_0-\frac{F_x}{\kappa(F'^2_x+F'^2_y)^{\frac{1}{2}}}$，$y_0+\frac{F_y}{\kappa(F'^2_x+F'^2_y)^{\frac{1}{2}}}$
$\begin{cases} x=x(t) \\ y=y(t) \end{cases}$	$\left\lvert\frac{y''(t)x'(t)-y'(t)x''(t)}{[x'^2(t)+y'^2(t)]^{\frac{3}{2}}}\right\rvert$	$x_0-\frac{y'_0(x'^2_0+y'^2_0)}{x'_0y''_0-y'_0x''_0}$，$y_0+\frac{x'_0(x'^2_0+y'^2_0)}{x'_0y''_0-y'_0x''_0}$
$\rho=\rho(\theta)$	$\left\lvert\frac{\rho^2(\theta_0)+2\rho'^2(\theta_0)-\rho(\theta_0)\rho''(\theta_0)}{[\rho^2(\theta_0)+\rho'^2(\theta_0)]^{\frac{3}{2}}}\right\rvert$	$\rho\cos\theta-\frac{(\rho^2+\rho'^2)(\rho\cos\theta+\rho'\sin\theta)}{\rho^2+2\rho'^2-\rho\rho''}$ $\rho\sin\theta-\frac{(\rho^2+\rho'^2)(\rho\sin\theta-\rho'\cos\theta)}{\rho^2+2\rho'^2-\rho\rho''}$

2. 空间曲线

设 t 为任意参数，s 为曲线的弧长，$\boldsymbol{r}'=\dfrac{\mathrm{d}\boldsymbol{r}}{\mathrm{d}t}$，$\dot{\boldsymbol{r}}=\dfrac{\mathrm{d}\boldsymbol{r}}{\mathrm{d}s}$。曲线方程见表 1.3-12。

表 1.3-12 曲 线 方 程

曲线上点的刻画方式	参数式	自然参数式
坐标式	$\begin{cases}x=x(t)\\y=y(t)\\z=z(t)\end{cases}$	$\begin{cases}x=x(s)\\y=y(s)\\z=z(s)\end{cases}$
矢量式	$\boldsymbol{r}=\boldsymbol{r}(t)=\{x(t),y(t),z(t)\}$	$\boldsymbol{r}=\boldsymbol{r}(s)=\{x(s),y(s),z(s)\}$

弧长公式为

$$s=\int_{t_1}^{t_2}|\boldsymbol{r}'(t)|\mathrm{d}t=\int_{t_1}^{t_2}\sqrt{\boldsymbol{r}'\cdot\boldsymbol{r}'}\mathrm{d}t$$
$$=\int_{(A)}^{(B)}\sqrt{(\mathrm{d}x)^2+(\mathrm{d}y)^2+(\mathrm{d}z)^2}$$

1.3.5.2 曲面

曲面的法线方向、切平面与法线。

设曲面的点用矢径 $\boldsymbol{r}$ 来表示，在 $\boldsymbol{r}_0=\{x_0,y_0,z_0\}$ 处的法线方向的单位矢量记为 $\boldsymbol{n}$，则切平面方程为

$$(\boldsymbol{r}-\boldsymbol{r}_0)\cdot\boldsymbol{n}=0$$

其法线方向为

$$\boldsymbol{r}-\boldsymbol{r}_0=\lambda\boldsymbol{n}(\lambda\text{ 为实参数})$$

用不同方法规定的曲面的法线方向 $\boldsymbol{n}$，见表 1.3-13。

表 1.3-13 曲面方程与法线方向

曲面方程	曲面的法线方向 $\boldsymbol{n}$
$F(x,y,z)=0$	$\{F_x,F_y,F_z\}$
$z=f(x,y)$	$\left\{\dfrac{\partial f}{\partial x},\dfrac{\partial f}{\partial y},-1\right\}$
$\begin{cases}x=x(u,v)\\y=y(u,v)\\z=z(u,v)\end{cases}$	$\left\{\dfrac{D(y,z)}{D(u,v)},\dfrac{D(z,x)}{D(u,v)},\dfrac{D(x,y)}{D(u,v)}\right\}$
$\boldsymbol{r}=\boldsymbol{r}(u,v)$	$\boldsymbol{r}_u\times\boldsymbol{r}_v$，其中 $\boldsymbol{r}_u=\dfrac{\partial\boldsymbol{r}}{\partial u}$，$\boldsymbol{r}_v=\dfrac{\partial\boldsymbol{r}}{\partial v}$

1.4 微 分 方 程

1.4.1 常微分方程

1.4.1.1 一阶常微分方程

凡联系自变量、未知函数以及未知函数的某些导数或微分的方程，称为微分方程。如果未知函数只与一个自变量有关，则称为常微分方程。在常微分方程中，未知函数最高阶导数的阶数，称为方程的阶。

已将未知函数的最高阶导数解出的微分方程，称为显式微分方程，否则称为隐式微分方程。

n 阶隐式微分方程与显式微分方程的一般形式分别为

$$F(x,y,y',\cdots,y^{(n)})=0 \qquad (1.4-1)$$

与
$$y^{(n)}=f(x,y,y',\cdots,y^{(n-1)})$$

式中 F——$n+2$ 个变元的已知函数；

f——$n+1$ 个变元的已知函数。

如果定义在区间 I 上的某个函数代入微分方程后能使微分方程成为恒等式，则称该函数是微分方程在区间 I 上的解。如果微分方程的解中含有相互独立的任意常数（是指其中任意一个都不能由其余的表示），并且任意常数的个数与微分方程的阶数相同，则称这样的解为微分方程的通解。

给定微分方程（1.4-1）。如果对点 $x_0\in I$，给定了 n 个值的已知条件

$$\left.\begin{aligned}y(x)|_{x=x_0}&=y_0\\y'(x)|_{x=x_0}&=y'_0\\&\vdots\\y^{(n-1)}(x)|_{x=x_0}&=y_0^{(n-1)}\end{aligned}\right\} \qquad (1.4-2)$$

则称该条件式（1.4-2）为方程（1.4-1）的初始条件。x_0 称为自变量的初值，而 y_0，y'_0，…，$y_0^{(n-1)}$ 则是未知函数及其直到 $n-1$ 阶导数的给定的初值。

设 $I=[a,b]$，如果对于端点 $x=a$ 与 $x=b$，给定了如下关系：

$$\sum_{k=0}^{n-1}[\alpha_{i,k}y^{(k)}(a)+\beta_{i,k}y^{(k)}(b)]=\gamma_i \quad (i=1,2,\cdots,m) \qquad (1.4-3)$$

其中 $\alpha_{i,k}$、$\beta_{i,k}$ 为常数，且使得

$$\begin{bmatrix}\alpha_{1,0}&\cdots&\alpha_{1,n-1}&\beta_{1,0}&\cdots&\beta_{1,n-1}\\\vdots&\vdots&\vdots&\vdots&\vdots&\vdots\\\alpha_{m,0}&\cdots&\alpha_{m,n-1}&\beta_{m,0}&\cdots&\beta_{m,n-1}\end{bmatrix}$$

的秩为 m，则称此条件式（1.4-3）为方程（1.4-1）的边界条件。

初始条件式（1.4-2）和边界条件式（1.4-3）统称为定解条件。

求微分方程（1.4-1）满足定解条件的解的问题，称为定解问题。如果定解条件是初始条件，则称为初值问题或柯西问题；如果定解条件是边界条件，则称为边值问题。

微分方程的边值问题的解不一定存在，即使存在也不一定唯一。但对如下的线性微分方程组：

$$\frac{\mathrm{d}\boldsymbol{x}}{\mathrm{d}t}=\boldsymbol{A}(t)\boldsymbol{x}+\boldsymbol{b}(t) \qquad (1.4-4)$$

其中
$$\boldsymbol{x}=\begin{pmatrix}x_1\\x_2\\\vdots\\x_n\end{pmatrix}$$

$$\boldsymbol{A}(t)=\begin{pmatrix}a_{11}(t) & \cdots & a_{1n}(t)\\ \vdots & \ddots & \vdots\\ a_{n1}(t) & \cdots & a_{nn}(t)\end{pmatrix}$$

$$\boldsymbol{b}(t)=\begin{pmatrix}b_1(t)\\\vdots\\b_n(t)\end{pmatrix}$$

考虑两类常用的边值条件：

周期边值条件 $\boldsymbol{x}(a)=\boldsymbol{x}(b)$

两点边值条件 $L\boldsymbol{x}(a)+N\boldsymbol{x}(b)=\boldsymbol{0}$

式中 L、N——$n\times n$ 常矩阵。

记式（1.4-4）对应的齐次微分方程组为

$$\frac{\mathrm{d}\boldsymbol{x}}{\mathrm{d}t}=\boldsymbol{A}(t)\boldsymbol{x} \qquad (1.4-5)$$

则有如下结果（对以上两类边值条件的任一个）。

定理 1.4-1：若方程组（1.4-5）的边值问题仅有平凡解 $\boldsymbol{x}\equiv\boldsymbol{0}$，则对任何 $\boldsymbol{b}(t)$，方程组（1.4-4）的同样的边值问题恒有解。

一阶微分方程的若干可积类型及其通解。

1. 可分离变量的微分方程

$$\frac{\mathrm{d}y}{\mathrm{d}x}=h(x)g(y) \quad [g(y)\neq 0]$$

式中 $h(x)$、$g(y)$——已知连续函数。

分离变量，两端再分别积分得

$$\int\frac{1}{g(y)}\mathrm{d}y=\int h(x)\mathrm{d}x$$

设 $G(y)$、$F(x)$ 分别为 $\frac{1}{g(y)}$、$h(x)$ 的原函数，则通解为

$$G(y)=F(x)+C$$

2. 齐次微分方程

$$\frac{\mathrm{d}y}{\mathrm{d}x}=\varphi\left(\frac{y}{x}\right)$$

作变量代换 $u=\frac{y}{x}$，即 $y=ux$，分离变量再分别积分得通解为

$$x=C\mathrm{e}^{\int\frac{\mathrm{d}u}{\varphi(u)-u}}\left(u=\frac{y}{x}\right)$$

3. 可化为可分离变量或齐次微分方程的方程

$$\frac{\mathrm{d}y}{\mathrm{d}x}=f\left(\frac{a_1x+b_1y+c_1}{a_2x+b_2y+c_2}\right) \qquad (1.4-6)$$

若行列式 $D=\begin{vmatrix}a_1 & b_1\\a_2 & b_2\end{vmatrix}\neq 0$，令 $\begin{cases}x=X+h\\y=Y+k\end{cases}$，其中，$h$、$k$ 满足方程组

$$\begin{cases}a_1h+b_1k+c_1=0\\a_2h+b_2k+c_2=0\end{cases}$$

则方程（1.4-6）化为齐次微分方程

$$\frac{\mathrm{d}Y}{\mathrm{d}X}=f\left(\frac{a_1X+b_1Y}{a_2X+b_2Y}\right)$$

若行列式 $D=0$，即 $\frac{a_2}{a_1}=\frac{b_2}{b_1}=\lambda$，令 $z=a_1x+b_1y$，则方程（1.4-6）化为变量可分离的微分方程

$$\frac{\mathrm{d}z}{\mathrm{d}x}=a_1+b_1f\left(\frac{z+c_1}{\lambda z+c_2}\right)$$

4. 线性微分方程

如果在微分方程中，未知函数 y 及其所有出现的导数都是一次的，则称为线性常微分方程，否则称为非线性常微分方程。

一阶线性微分方程的一般形式为

$$\frac{\mathrm{d}y}{\mathrm{d}x}+P(x)y=Q(x)$$

式中 $P(x)$、$Q(x)$——已知连续函数。

若 $Q(x)\equiv 0$，则称为一阶线性齐次微分方程，否则称为一阶线性非齐次微分方程。

线性齐次微分方程 $\frac{\mathrm{d}y}{\mathrm{d}x}+P(x)y=0$ 的通解为

$$y=C\mathrm{e}^{-\int P(x)\mathrm{d}x}$$

线性非齐次微分方程 $\frac{\mathrm{d}y}{\mathrm{d}x}+P(x)y=Q(x)$ 的通解为

$$y=\mathrm{e}^{-\int P(x)\mathrm{d}x}\left[\int Q(x)\mathrm{e}^{\int P(x)\mathrm{d}x}\mathrm{d}x+C\right]$$

5. 伯努利（Bernoulli）方程

$$\frac{\mathrm{d}y}{\mathrm{d}x}+P(x)y=Q(x)y^{\alpha} \quad (\alpha\neq 0,1) \qquad (1.4-7)$$

该方程称为伯努利方程。令 $z=y^{1-\alpha}$，它可化为

$$\frac{\mathrm{d}z}{\mathrm{d}x}+(1-\alpha)P(x)z=(1-\alpha)Q(x)$$

由此可得其通解为

$$z=y^{1-\alpha}=\mathrm{e}^{-(1-\alpha)\int P(x)\mathrm{d}x}\left[(1-\alpha)\int Q(x)\mathrm{e}^{(1-\alpha)\int P(x)\mathrm{d}x}\mathrm{d}x+C\right]$$

6. 全微分方程

给定对称形式的微分方程

$$M(x,y)\mathrm{d}x+N(x,y)\mathrm{d}y=0 \qquad (1.4-8)$$

若 $M(x,y)\mathrm{d}x+N(x,y)\mathrm{d}y=\mathrm{d}u(x,y)$

则称方程（1.4-8）为全微分方程或恰当方程。

方程（1.4-8）为全微分方程的充分必要条件为

$$\frac{\partial M(x,y)}{\partial y}=\frac{\partial N(x,y)}{\partial x}$$

若方程（1.4-8）为全微分方程，则其通解为

$$u(x,y)=\int_{x_0}^{x}M(x,y)\mathrm{d}x+\int_{y_0}^{y}N(x_0,y)\mathrm{d}y=C$$

或 $u(x,y)=\int_{x_0}^{x}M(x,y_0)\mathrm{d}x+\int_{y_0}^{y}N(x,y)\mathrm{d}y=C$

7. 具有积分因子的微分方程

若方程（1.4-8）不是全微分方程，但能找到函数 $\mu=\mu(x,y)\neq 0$，使方程

$$\mu M(x,y)\mathrm{d}x+\mu N(x,y)\mathrm{d}y=0$$

成为全微分方程，则称 $\mu(x,y)$ 为方程（1.4-8）的积分因子。

若方程（1.4-8）不是全微分方程，则函数 $\mu=\mu(x,y)\neq 0$ 为方程（1.4-8）的一个积分因子的充分必要条件为

$$\frac{\partial\mu M}{\partial y}=\frac{\partial\mu N}{\partial x}$$

即
$$N\frac{\partial\mu}{\partial x}-M\frac{\partial\mu}{\partial y}=\left(\frac{\partial M}{\partial y}-\frac{\partial N}{\partial x}\right)\mu$$

8. 黎卡缇（Riccati）方程

$$\frac{\mathrm{d}y}{\mathrm{d}x}=p(x)y^2+q(x)y+r(x)\quad[p(x)\neq 0,\ r(x)\neq 0]$$

该方程称为黎卡缇方程。若已知该方程的一特解 $y_1(x)$，则令

$$y=y_1(x)+\frac{1}{u}$$

可将原方程化为线性微分方程，即

$$\frac{\mathrm{d}u}{\mathrm{d}x}+[q(x)+2p(x)y_1]u+p(x)=0$$

或令 $y=y_1(x)+u$，可将原方程化为伯努利方程，即

$$\frac{\mathrm{d}u}{\mathrm{d}x}=[q(x)+2p(x)y_1]u+p(x)u^2$$

9. 可解出 y 的微分方程

一般形式为

$$y=F(x,p)\tag{1.4-9}$$

其中
$$p=\frac{\mathrm{d}y}{\mathrm{d}x}$$

式中 F——x、p 的已知可微函数。

将方程（1.4-9）的两端对 x 求导得

$$\left(p-\frac{\partial F}{\partial x}\right)\mathrm{d}x-\frac{\partial F}{\partial p}\mathrm{d}p=0\tag{1.4-10}$$

若能求出方程（1.4-10）的通解 $p=\varphi(x,c)$ 或 $x=\psi(p,c)$，则方程（1.4-9）相应的通解为

$$y=F(x,\ \varphi(x,c))$$

或
$$x=\psi(p,c),\ y=F(\psi(p,c),p)$$

式中 p——参数。

（1）拉格朗日（Lagrange）方程：

$$y=xf_1(p)+f_2(p)\tag{1.4-11}$$

其中
$$p=\frac{\mathrm{d}y}{\mathrm{d}x}$$

式中 f_1、f_2——已知可微函数。

该方程可以化为 x 的线性微分方程

$$\frac{\mathrm{d}x}{\mathrm{d}p}=\frac{f_1'(p)}{p-f_1(p)}x+\frac{f_2'(p)}{p-f_1(p)}\quad[p\neq f_1(p)]$$

（2）克莱罗（Clairaut）方程：

$$y=xp+\varphi(p)\tag{1.4-12}$$

其中
$$p=\frac{\mathrm{d}y}{\mathrm{d}x}$$

式中 φ——已知可微函数。

该方程的通解为

$$y=cx+\varphi(c)$$

10. 可解出 x 的微分方程

$$x=F(y,p)\tag{1.4-13}$$

其中
$$p=\frac{\mathrm{d}y}{\mathrm{d}x}$$

式中 F——y、p 的已知可微函数。

将方程（1.4-13）的两端对 x 求导，并利用 $y''=p\dfrac{\mathrm{d}p}{\mathrm{d}y}$ 得

$$\left(p\frac{\partial F}{\partial y}-1\right)\mathrm{d}y+p\frac{\partial F}{\partial p}\mathrm{d}p=0\tag{1.4-14}$$

若能求出方程（1.4-14）的通解 $p=\varphi(y,c)$ 或 $y=\psi(p,c)$，则方程（1.4-13）相应的通解为

$$x=F(y,\varphi(y,c))$$

或
$$x=F(\psi(p,c),\ p),\ y=\psi(p,c)$$

式中 p——参数。

11. 不显含未知函数的微分方程

$$F(x,y')=0\tag{1.4-15}$$

若能引入适当参数 t，将方程（1.4-15）化为参数式

$$x=\varphi(t),\quad y'=\psi(t)$$

则可得方程（1.4-15）的参数形式的通解为

$$x=\varphi(t),\ y=\int\psi(t)\varphi'(t)\mathrm{d}t+C$$

12. 不显含自变量的微分方程

$$F(y,y')=0\tag{1.4-16}$$

若能引入适当参数 t，将方程（1.4-16）化为参数式

$$y=\varphi(t),\quad y'=\psi(t)$$

则可得方程（1.4-16）的参数形式的通解为

$$x=\int\frac{\varphi'(t)}{\psi(t)}\mathrm{d}t+C,\ y=\varphi(t)$$

1.4.1.2 变系数二阶线性方程及二阶特殊型

变系数二阶线性方程的一般形式

$$y''+p(x)y'+q(x)y=f(x)$$

式中 $f(x)$——自由项；

$p(x)$、$q(x)$——系数函数。

若 $f(x)\equiv 0$，即自由项为零的线性方程称为二阶线性齐次方程，否则称为二阶线性非齐次方程。

1. 齐次型

$$y''+p(x)y'+q(x)y=0$$

设 y_1 为一特解，则另一特解为

$$y_2 = y_1\int \frac{e^{-\int p(x)dx}}{y_1^2}dx$$

该方程的通解为

$$y = C_1y_1 + C_2y_2$$

例如，方程 $\frac{d^2u}{dr^2}+\frac{1}{r}\frac{du}{dr}-\frac{u}{r^2}=0$。由观察知，$u_1=r$ 为一特解，故另一特解为 $\frac{1}{r}$，通解为 $u=C_1r+\frac{C_2}{r}$。这是平面弹性问题中轴对称变形问题的解答，u 为径向位移，r 为极距。C_1 及 C_2 由计算域的内外边界条件确定。对于环向板的对称弯曲问题，也是同样的微分方程。这时 u 表示板上任一点的转角。求出 u 后再对 r 积分可得出板的挠度 ω 的表达式，相应的系数由边界条件确定（如板上有荷载，则右边有荷载项）。

2. 非齐次型

$$y''+p(x)y'+q(x)y=f(x)$$

设对应的齐次方程的两个线性无关的解为 y_1、y_2，则通解为 $y=C_1y_1+C_2y_2+y^*$，其中 y^* 为非齐次方程的特解

$$y^* = y_1\int\frac{-y_2f(x)}{y_1y_2'-y_2y_1'}dx + y_2\int\frac{y_1f(x)}{y_1y_2'-y_2y_1'}dx$$

3. 二阶特殊型（可降阶的二阶微分方程）

（1）$y''=f(x)$。两次积分后得通解为

$$y=\int\left[\int f(x)dx\right]dx+C_1x+C_2$$

（2）$y''=f(x,y')$。令 $y'=p$，则 $y''=\frac{dp}{dx}=p'$，从而方程化为 $p'=f(x,p)$，得其通解为

$$y'=p=\varphi(x,C_1)$$

再积分得原方程的通解为

$$y=\int\varphi(x,C_1)dx+C_2$$

（3）$y''=f(y,y')$。令 $y'=p$，利用复合函数求导法得 $y''=\frac{dp}{dx}=\frac{dp}{dy}\frac{dy}{dx}=p\frac{dp}{dy}$，从而方程化为 $p\frac{dp}{dy}=f(y,p)$。若求出其通解为 $y'=p=\varphi(y,C_1)$，分离变量再积分得原方程通解为

$$\int\frac{dy}{\varphi(y,C_1)}=x+C_2$$

1.4.1.3 常系数线性微分方程

给定 n 阶常系数齐次线性微分方程

$$y^{(n)}+a_1y^{(n-1)}+a_2y^{(n-2)}+\cdots+a_{n-1}y'+a_ny=0 \tag{1.4-17}$$

与 n 阶常系数非齐次线性微分方程

$$y^{(n)}+a_1y^{(n-1)}+a_2y^{(n-2)}+\cdots+a_{n-1}y'+a_ny=f(x) \tag{1.4-18}$$

式中　$a_1,a_2,\cdots,a_n$——实常数。

以 λ 为未知数的 n 次代数方程

$$\lambda^n+a_1\lambda^{n-1}+a_2\lambda^{n-2}+\cdots+a_{n-1}\lambda+a_n=0 \tag{1.4-19}$$

称为微分方程（1.4-17）的特征方程，特征方程的根称为特征根。

1. 常系数齐次线性微分方程通解的求法

先求特征方程（1.4-19）的全部特征根，再根据特征根的各种情况，分别列出微分方程（1.4-17）所对应的线性无关的特解，最后作线性无关的 n 个特解的任意常数的线性组合，即方程（1.4-17）的通解。

（1）若特征方程（1.4-19）有互不相等的 n 个实根 $\lambda_j(j=1,2,\cdots,n)$，则微分方程（1.4-17）有线性无关的 n 个特解 $y_j(x)=e^{\lambda_jx}(j=1,2,\cdots,n)$。此时，方程（1.4-17）的通解为

$$y(x)=\sum_{j=1}^{n}c_je^{\lambda_jx}$$

（2）若特征方程（1.4-19）有一个 r 重的实根 λ_0，则微分方程（1.4-17）与之相对应的线性无关的 r 个特解为

$$y_1(x)=e^{\lambda_0x},y_2(x)=xe^{\lambda_0x},\cdots,y_r(x)=x^{r-1}e^{\lambda_0x}$$

（3）若特征方程（1.4-19）有一对共轭复根

$$\lambda_1=\alpha+i\beta,\quad \lambda_2=\alpha-i\beta\quad(\alpha,\beta\in R)$$

则微分方程（1.4-17）与之相对应的线性无关的两个特解为

$$y_1(x)=e^{\alpha x}\cos\beta x,\quad y_2(x)=e^{\alpha x}\sin\beta x$$

（4）若特征方程（1.4-19）有一对 r 重共轭复根

$$\lambda_1=\alpha+i\beta,\quad \lambda_2=\alpha-i\beta\quad(\alpha,\beta\in R)$$

则微分方程（1.4-17）与之相对应的线性无关的 $2r$ 个特解为

$$\begin{aligned}y_1(x)&=e^{\alpha x}\cos\beta x\\y_2(x)&=xe^{\alpha x}\cos\beta x\\&\vdots\\y_r(x)&=x^{r-1}e^{\alpha x}\cos\beta x\\y_{r+1}(x)&=e^{\alpha x}\sin\beta x\\y_{r+2}(x)&=xe^{\alpha x}\sin\beta x\\&\vdots\\y_{2r}(x)&=x^{r-1}e^{\alpha x}\sin\beta x\end{aligned}$$

2. 常系数非齐次线性微分方程的特解的求法

由于非齐次线性微分方程（1.4-18）的通解等于它对应的齐次方程的通解和它本身一个特解之和，故这里主要讨论方程（1.4-18）的特解的求解方法。

（1）常数变易法。设方程（1.4-18）对应的齐

次线性方程的通解为

$$y(x)=c_1y_1(x)+c_2y_2(x)+\cdots+c_ny_n(x)$$

假设非齐次线性微分方程有一个特解

$$y^*(x)=c_1(x)y_1(x)+c_2(x)y_2(x)+\cdots+c_n(x)y_n(x)$$

其中，$c_j(x)(j=1,2,\cdots,n)$ 是待定函数，则须满足

$$\begin{cases}c_1'(x)y_1(x)+c_2'(x)y_2(x)+\cdots+c_n'(x)y_n(x)=0\\ c_1'(x)y_1'(x)+c_2'(x)y_2'(x)+\cdots+c_n'(x)y_n'(x)=0\\ \vdots\\ c_1'(x)y_1^{(n-1)}(x)+c_2'(x)y_2^{(n-1)}(x)+\cdots\\ \quad+c_n'(x)y_n^{(n-1)}(x)=f(x)\end{cases}$$

(2) 待定系数法。对于特殊类型的 $f(x)$，可设其特解为某些相应的待定表达式，再将这些待定表达式代入原方程 (1.4-18)，令各同类项的系数相等得待定系数所满足的代数方程组，解此方程组确定各系数，最后将各系数代入特解的表达式，即得方程 (1.4-18) 相应的特解。现将常用的 $f(x)$ 的各类型的特解形式见表 1.4-1。

1.4.1.4 常系数线性微分方程应用示例

1. 方程 $\ddot{y}+\omega^2y=0$（单自由度体系的自由振动，$\ddot{y}=\dfrac{\mathrm{d}^2y}{\mathrm{d}t^2}$）

方程的通解为

$$y=c_1\cos\omega t+c_2\sin\omega t=c\sin(\omega t-\phi)$$

式中 c_1、c_2、c、ϕ——常数，由初始条件确定；

ω——单自由度体系的固有频率。

表 1.4-1　$f(x)$ 的各类型的特解形式

$f(x)$ 的类型	特解 $y^*(x)$ 的待定表达式
(1) $a\mathrm{e}^{\alpha x}$	(1) $A\mathrm{e}^{\alpha x}$（α 不是特征根） $Ax^r\mathrm{e}^{\alpha x}$（$\alpha$ 是 r 重特征根）
(2) $\mathrm{e}^{\alpha x}(a_0x^n+a_1x^{n-1}+\cdots+a_{n-1}x+a_n)$	(2) $\mathrm{e}^{\alpha x}(A_0x^n+A_1x^{n-1}+\cdots+A_{n-1}x+A_n)$（$\alpha$ 不是特征根） $x^r\mathrm{e}^{\alpha x}(A_0x^n+A_1x^{n-1}+\cdots+A_{n-1}x+A_n)$（$\alpha$ 是 r 重特征根）
(3) $\mathrm{e}^{\alpha x}(a\cos\beta x+b\sin\beta x)$	(3) $\mathrm{e}^{\alpha x}(A\cos\beta x+B\sin\beta x)$（$\alpha\pm\mathrm{i}\beta$ 不是特征根） $x^r\mathrm{e}^{\alpha x}(A\cos\beta x+B\sin\beta x)$（$\alpha\pm\mathrm{i}\beta$ 是 r 重特征根）
(4) $\mathrm{e}^{\alpha x}[(a_0x^n+a_1x^{n-1}+\cdots+a_{n-1}x+a_n)\cos\beta x+(b_0x^n+b_1x^{n-1}+\cdots+b_{n-1}x+b_n)\sin\beta x]$	(4) $\mathrm{e}^{\alpha x}[(A_0x^n+A_1x^{n-1}+\cdots+A_{n-1}x+A_n)\cos\beta x+(B_0x^n+B_1x^{n-1}+\cdots+B_{n-1}x+B_n)\sin\beta x]$（$\alpha\pm\mathrm{i}\beta$ 不是特征根） $x^r\mathrm{e}^{\alpha x}[(A_0x^n+A_1x^{n-1}+\cdots+A_{n-1}x+A_n)\cos\beta x+(B_0x^n+B_1x^{n-1}+\cdots+B_{n-1}x+B_n)\sin\beta x]$（$\alpha\pm\mathrm{i}\beta$ 是 r 重特征根）

注 1. 表中 a、b、a_j、b_j $(j=0,1,2,\cdots,n)$，α、β 均为已知实常数，n 为正整数；A、B、A_j、B_j $(j=0,1,2,\cdots,n)$ 均为待定系数。

2. 若在 (4) 中 $f(x)$ 的两个多项式的次数不同，则特解 $y^*(x)$ 在 (4) 中的多项式的次数取 $f(x)$ 的两个多项式中的次数较高者。

2. 方程 $\ddot{y}+\omega^2y=f(t)$（单自由度体系的受迫振动）

方程的通解为

$$y=c_1\cos\omega t+c_2\sin\omega t+y^*$$

特解为

$$y^*=\frac{1}{\omega}\left[\sin\omega t\int f(t)\cos\omega t\,\mathrm{d}t-\cos\omega t\int f(t)\sin\omega t\,\mathrm{d}t\right]$$

3. 方程 $\ddot{y}+\omega^2y=q\sin pt$（受谐和振动力的单自由度体系）

方程的通解为

$$y=c_1\cos\omega t+c_2\sin\omega t+\frac{q\sin pt}{\omega^2-p^2}$$

4. 方程 $\ddot{y}+2\beta\dot{y}+\omega^2y=0$（受阻尼的单自由度体系的自由振动）

方程的通解为

$$y=\mathrm{e}^{-\beta t}(c_1\cos\omega_1t+c_2\sin\omega_1t)$$

其中

$$\omega_1=\sqrt{\omega^2-\beta^2}$$

如方程右端为 $q\sin pt$，则

$$y=\mathrm{e}^{-\beta t}(c_1\cos\omega_1t+c_2\sin\omega_1t)+M\sin pt+N\cos pt$$

其中

$$M=q\frac{\omega^2-p^2}{(\omega^2-p^2)^2+4\beta^2p^2}$$

$$N=-q\frac{2\beta p}{(\omega^2-p^2)^2+4\beta^2p^2}$$

5. 方程 $\ddot{y}+2\beta\dot{y}+\omega^2 y=f(t)$

方程的解为

$$y=\int_0^t \frac{f(t)}{\omega_1}e^{-\beta(t-\tau)}\sin\omega_1(t-\tau)d\tau$$

[杜哈梅尔(Duhamel)积分]

该积分可用来计算单自由度体系在地震过程中的变位(初始影响消失后)。

6. 方程 $\frac{d^4y}{dx^4}+\beta^4 y=0$(弹性地基上梁的弯曲,不受荷载段)

方程的通解为

$$y=e^{\beta x}(A\cos\beta x+B\sin\beta x)+e^{-\beta x}(C\cos\beta x+D\sin\beta x)$$

其中 $$\beta^4=\frac{k}{EI}$$

式中 k——地基系数;

EI——梁的刚度;

A、B、C、D——常数,由梁两端的 4 个边界条件确定。

该通解还可写为

$$y=c_1\varphi_1(\beta x)+c_2\varphi_2(\beta x)+c_3\varphi_3(\beta x)+c_4\varphi_4(\beta x)$$

其中 $\varphi_1(\beta x)=\cos\beta x\cosh\beta x$

$$\varphi_2(\beta x)=\frac{1}{2}(\sin\beta x\cosh\beta x+\cos\beta x\sinh\beta x)$$

$$\varphi_3(\beta x)=\frac{1}{2}\sin\beta x\sinh\beta x$$

$$\varphi_4(\beta x)=\frac{1}{4}(\sin\beta x\cosh\beta x-\cos\beta x\sinh\beta x)$$

采用这一形式的解后,c_1、c_2、c_3、c_4 等 4 个常数便分别与 $x=0$ 端的变位、转角、弯矩、剪力成比例,使 4 个常数有明显的物理意义,并可方便地采用"初参数法"进行计算。

如方程为 $\frac{d^4y}{dx^4}-\beta^4 y=0$,则通解为

$$y=c_1\cosh\beta x+c_2\sinh\beta x+c_3\cos\beta x+c_4\sin\beta x$$

1.4.1.5 常系数线性微分方程组

微分方程组

$$\begin{cases}\frac{dy_1}{dt}=a_{11}y_1+a_{12}y_2+\cdots+a_{1n}y_n+f_1(t)\\ \frac{dy_2}{dt}=a_{21}y_1+a_{22}y_2+\cdots+a_{2n}y_n+f_2(t)\\ \quad\vdots\\ \frac{dy_n}{dt}=a_{n1}y_1+a_{n2}y_2+\cdots+a_{nn}y_n+f_n(t)\end{cases} \tag{1.4-20}$$

称为常系数线性微分方程组,其中 a_{ij} 是常数。当 $f_i(t)\equiv 0(i=1,2,\cdots,n)$ 时,称式(1.4-20)为齐次的;当 $f_i(t)$ 不全恒等于零时,称式(1.4-20)为非齐次的。

称 λ 的 n 次代数方程

$$\begin{vmatrix}a_{11}-\lambda & a_{12} & \cdots & a_{1n}\\ a_{21} & a_{22}-\lambda & \cdots & a_{2n}\\ \vdots & \vdots & \vdots & \vdots\\ a_{n1} & a_{n2} & \cdots & a_{nn}-\lambda\end{vmatrix}=0$$

为非齐次线性微分方程组(1.4-20)所对应的齐次线性微分方程组的特征方程,特征方程的根称为特征根。

根据特征根的不同情形,给出齐次线性微分方程组线性无关解的不同形式(见表 1.4-2)。

表 1.4-2 齐次线性微分方程组线性无关解的形式

特征根 λ	线性无关解中相应的解的形式	说 明
λ 是单实根	$y_j(t)=A_je^{\lambda t}\quad(j=1,2,\cdots,n)$	A_j 是待定常数
λ 是 r 重实根	$y_j(t)=P_j(t)e^{\lambda t}\quad(j=1,2,\cdots,n)$	$P_j(t)$ 是系数待定的次数不超过 $r-1$ 次的多项式
$\lambda=\alpha+i\beta$ 是 k 重复根	$y_j(t)=e^{\alpha t}[Q_j(t)\cos\beta t+R_j(t)\sin\beta t]$ $(j=1,2,\cdots,n)$	$Q_j(t)$,$R_j(t)$ 是系数待定的次数不超过 $k-1$ 次的多项式

非齐次线性微分方程组(1.4-20)的一个特解,可由对应的齐次线性微分方程组的通解利用常数变易法求得。

设 $y_{11},y_{21},\cdots,y_{n1}$; $y_{12},y_{22},\cdots,y_{n2}$; $\cdots$; $y_{1n},y_{2n},\cdots,y_{nn}$ 是对应的齐次线性微分方程组的 n 个线性无关解。那么非齐次线性方程组的一个特解 y_1^*,y_2^*,$\cdots$,y_n^* 可由下列形式确定:

$$\begin{cases}y_1^*=c_1(t)y_{11}+c_2(t)y_{12}+\cdots+c_n(t)y_{1n}\\ y_2^*=c_1(t)y_{21}+c_2(t)y_{22}+\cdots+c_n(t)y_{2n}\\ \quad\vdots\\ y_n^*=c_1(t)y_{n1}+c_2(t)y_{n2}+\cdots+c_n(t)y_{nn}\end{cases}$$

式中,$c_i(t)$ 为待定函数,它们满足下列方程组:

$$\begin{cases} y_{11}\dfrac{dc_1}{dt}+y_{12}\dfrac{dc_2}{dt}+\cdots+y_{1n}\dfrac{dc_n}{dt}=f_1(t) \\ y_{21}\dfrac{dc_1}{dt}+y_{22}\dfrac{dc_2}{dt}+\cdots+y_{2n}\dfrac{dc_n}{dt}=f_2(t) \\ \vdots \\ y_{n1}\dfrac{dc_1}{dt}+y_{n2}\dfrac{dc_2}{dt}+\cdots+y_{nn}\dfrac{dc_n}{dt}=f_n(t) \end{cases}$$

从上述方程组解出 $\dfrac{dc_1}{dt},\dfrac{dc_2}{dt},\cdots,\dfrac{dc_n}{dt}$，再积分得出所要求的 $c_i(t)(i=1,2,\cdots,n)$。

1.4.1.6　拉普拉斯变换及其在解微分方程中的应用

拉普拉斯（Laplace）变换是积分变换中应用很广的一种。它可以把常系数线性微分方程的求解化为代数方程的求解，在求解常系数线性偏微分方程、非线性方程及差分方程上也很有用。由于这一解法为形式上的运算，因此又称为“运算法”。

1. 拉普拉斯变换的定义及性质

(1) 拉普拉斯变换的定义。设函数 $f(t)$ 在区间 $[0,+\infty)$ 上有定义，如果含复参变量 s 的无穷积分 $\int_0^{+\infty} e^{-st}f(t)dt$ 对 s 的某一取值范围是收敛的，则称

$$F(s)=\int_0^{+\infty} e^{-st}f(t)dt \qquad (1.4-21)$$

为函数 $f(t)$ 的拉普拉斯变换，其中 $f(t)$ 称为原函数，$F(s)$ 称为象函数，并记为

$$L[f(t)]=F(s)$$

(2) 拉普拉斯变换的反演。由 $F(s)$ 求 $f(t)$ 的运算称为反演，即

$$f(t)=\frac{1}{2\pi i}\int_{c-i\infty}^{c+i\infty} F(s)\, e^{st} ds \quad [c=\mathrm{Re}(s)]$$

记为
$$L^{-1}[F(s)]=f(t)$$

(3) 基本性质（下列式中 a、b 为常数）。

$$L[af(t)]=aL[f(t)]$$
$$L[af(t)+bg(t)]=aL[f(t)]+bL[g(t)]$$
$$L[f(at)]=\frac{1}{a}F\left(\frac{s}{a}\right)(a>0)$$
$$L[f'(t)]=sL[f(t)]-f(0)$$
$$L[f''(t)]=s^2L[f(t)]-sf(0)-f'(0)$$
$$L[f^{(n)}(t)]=s^nL[f(t)]-\sum_{r=0}^{n-1}s^{n-r-1}f^{(r)}(0)$$
$$L[-tf(t)]=F'(s)$$
$$L[(-1)^nt^nf(t)]=F^{(n)}(s)$$
$$L\left[\int_0^t f(u)du\right]=\frac{F(s)}{s}$$
$$L\left[\int_0^t\cdots\int_0^t f(u)(du)^n\right]=\frac{F(s)}{s^n}$$
$$L\Big[f(t-t_0)\mu(t-t_0)\Big]=F(s)e^{-st_0}\left(\text{其中 } \mu(t-t_0)=\begin{cases}1, t\geqslant t_0\\0, t<t_0\end{cases}\right)$$
$$L[f(t)*g(t)]=L[f(t)]L[g(t)]$$

其中
$$f(t)*g(t)=\int_0^t f(u)g(t-u)du=\int_0^t f(t-u)g(u)du$$

2. 用拉普拉斯变换法求解常系数线性微分方程的初值问题

拉普拉斯变换法主要是借助于拉普拉斯变换把常系数线性微分方程转换成复变数 s 的代数方程，通过代数运算，再利用拉普拉斯变换表，即可求出微分方程的解。

设给定微分方程

$$\frac{d^nx}{dt^n}+a_1\frac{d^{n-1}x}{dt^{n-1}}+\cdots+a_nx=f(t) \qquad (1.4-22)$$

及初始条件

$$x(0)=x_0, x'(0)=x'_0,\cdots,x^{(n-1)}(0)=x_0^{(n-1)}$$

其中，$a_1,a_2,\cdots,a_n$ 均为常数，而 $f(t)$ 连续且为原函数。

可以证明，如果 $x(t)$ 是方程（1.4-22）的任意解，则 $x(t)$ 及其各阶导数 $x^{(k)}(t)(k=1,2,\cdots,n)$ 均是原函数。记

$$F(s)=L[f(t)]\equiv\int_0^{+\infty} e^{-st}f(t)dt$$
$$X(s)=L[x(t)]\equiv\int_0^{+\infty} e^{-st}x(t)dt$$

那么，按原函数的微分性质有

$$L[x'(t)]=sX(s)-x_0$$
$$\cdots$$
$$L[x^{(n)}(t)]=s^nX(s)-s^{n-1}x_0-s^{n-2}x'_0-\cdots-x_0^{(n-1)}$$

于是，对方程（1.4-22）两端施行拉普拉斯变换，并利用线性性质就得到

$$\begin{aligned} &s^nX(s)-s^{n-1}x_0-s^{n-2}x'_0-\cdots-sx_0^{(n-2)}-x_0^{(n-1)} \\ &+a_1[s^{n-1}X(s)-s^{n-2}x_0-s^{n-3}x'_0-\cdots-x_0^{(n-2)}] \\ &+\cdots+a_{n-1}[sX(s)-x_0]+a_nX(s)=F(s) \end{aligned}$$

即
$$\begin{aligned} &(s^n+a_1s^{n-1}+\cdots+a_{n-1}s+a_n)X(s) \\ &=F(s)+(s^{n-1}+a_1s^{n-2}+\cdots+a_{n-1})x_0 \\ &\quad+(s^{n-2}+a_1s^{n-3}+\cdots+a_{n-2})x'_0+\cdots+x_0^{(n-1)} \end{aligned}$$

或
$$A(s)X(s)=F(s)+B(s)$$

其中，$A(s)$、$B(s)$ 和 $F(s)$ 都是已知多项式，由此

$$X(s)=\frac{F(s)+B(s)}{A(s)}$$

这就是方程（1.4-22）满足所给初始条件的解 $x(t)$ 的象函数。而 $x(t)$ 可直接查拉普拉斯变换表 1.4-3 得到。

表 1.4-3　　拉普拉斯变换表

序　号	$F(s)$	$f(t)$
1	$\frac{1}{s}$	1
2	$\frac{1}{s^2}$	t
3	$\frac{1}{s^n}$	$\frac{t^{n-1}}{(n-1)!}$　（n 为正整数）
4	$\frac{1}{s+a}$	e^{-at}
5	$\frac{1}{(s+a)^2}$	te^{-at}
6	$\frac{s}{(s+a)^2}$	$(1-at)e^{-at}$
7	$\frac{1}{(s+a)^3}$	$\frac{1}{2}t^2e^{-at}$
8	$\frac{s}{(s+a)^3}$	$t(1-\frac{a}{2}t)e^{-at}$
9	$\frac{1}{(s+a)^n}$	$\frac{1}{(n-1)!}t^{n-1}e^{-at}$　（n 为正整数）
10	$\frac{s^n}{(s+a)^{n+1}}$	$e^{-at}\sum_{k=0}^{n}\frac{n!(-a)^k t^k}{(n-k)!(k!)^2}$　（n 为正整数）
11	$\frac{1}{s(s+a)}$	$\frac{1}{a}(1-e^{-at})$
12	$\frac{1}{(s+a)(s+b)}$　$(a\neq b)$	$\frac{1}{b-a}(e^{-at}-e^{-bt})$
13	$\frac{s}{(s+a)(s+b)}$　$(a\neq b)$	$\frac{1}{b-a}(be^{-bt}-ae^{-at})$
14	$\frac{1}{(s+a)(s+b)(s+c)}$　$(a\neq b\neq c)$	$\frac{e^{-at}}{(b-a)(c-a)}+\frac{e^{-bt}}{(a-b)(c-b)}+\frac{e^{-ct}}{(a-c)(b-c)}$
15	$\frac{s}{(s+a)(s+b)(s+c)}$　$(a\neq b\neq c)$	$\frac{ae^{-at}}{(c-a)(a-b)}+\frac{be^{-bt}}{(a-b)(b-c)}+\frac{ce^{-ct}}{(b-c)(c-a)}$
16	$\frac{s^2}{(s+a)(s+b)(s+c)}$　$(a\neq b\neq c)$	$\frac{a^2e^{-at}}{(c-a)(b-a)}+\frac{b^2e^{-bt}}{(a-b)(c-b)}+\frac{c^2e^{-ct}}{(b-c)(a-c)}$
17	$\frac{1}{(s+a)(s+b)^2}$　$(a\neq b)$	$\frac{e^{-at}-e^{-bt}[1-(a-b)t]}{(a-b)^2}$
18	$\frac{s}{(s+a)(s+b)^2}$　$(a\neq b)$	$\frac{[a-b(a-b)t]e^{-bt}-ae^{-at}}{(a-b)^2}$
19	$\frac{1}{(s+a)^2+b^2}$	$\frac{e^{-at}}{b}\sin bt$
20	$\frac{s}{(s+a)^2+b^2}$	$\left(\cos bt-\frac{a}{b}\sin bt\right)e^{-at}$
21	$\frac{s+a}{(s+a)^2-b^2}$	$e^{-at}\cosh bt$
22	$\frac{b}{(s+a)^2-b^2}$	$e^{-at}\sinh bt$
23	$\frac{s}{s^2+a^2}$	$\cos at$
24	$\frac{1}{s^2+a^2}$	$\frac{1}{a}\sin at$
25	$\frac{s\cos b-a\sin b}{s^2+a^2}$	$\cos(at+b)$

续表

序　号	$F(s)$	$f(t)$
26	$\dfrac{s\sin b + a\cos b}{s^2 + a^2}$	$\sin(at + b)$
27	$\dfrac{s}{s^2 - a^2}$	$\cosh at$
28	$\dfrac{1}{s^2 - a^2}$	$\dfrac{1}{a}\sinh at$
29	$\dfrac{1}{s(s^2 + a^2)}$	$\dfrac{1}{a^2}(1 - \cos at)$
30	$\dfrac{1}{s^2(s^2 + a^2)}$	$\dfrac{1}{a^3}(at - \sin at)$
31	$\dfrac{1}{(s^2 + a^2)^2}$	$\dfrac{1}{2a^3}(\sin at - at\cos at)$
32	$\dfrac{s}{(s^2 + a^2)^2}$	$\dfrac{1}{2a}t\sin at$
33	$\dfrac{s^2}{(s^2 + a^2)^2}$	$\dfrac{1}{2a}(\sin at + at\cos at)$
34	$\dfrac{1}{s(s^2 + a^2)^2}$	$\dfrac{1}{a^4}(1 - \cos at) - \dfrac{1}{2a^3}t\sin at$
35	$\dfrac{1}{s^4 - a^4}$	$\dfrac{1}{2a^3}(\sinh at - \sin at)$
36	$s^{-\frac{1}{2}}$	$\dfrac{1}{\sqrt{\pi t}}$
37	$s^{-\frac{3}{2}}$	$2\sqrt{\dfrac{t}{\pi}}$
38	$\dfrac{1}{\sqrt{s^2 + a^2}}$	$J_0(at)$
39	$\dfrac{1}{s}e^{-a\sqrt{s}}$	$\mathrm{erfc}\left(\dfrac{a}{2\sqrt{t}}\right)\quad(a \geqslant 0)$
40	$-\dfrac{1}{2s}\ln(1 + a^2s^2)$	$\mathrm{Ci}\left(\dfrac{t}{a}\right)$
41	$\dfrac{1}{s}\arctan\dfrac{a}{s}$	$\mathrm{Si}(at)$
42	$\dfrac{1}{s}e^{a^2s^2}\mathrm{erfc}(as)$	$\mathrm{erf}\left(\dfrac{t}{2a}\right)\quad(a > 0)$
43	$-\dfrac{1}{s}\ln(1 + as)$	$\mathrm{Ei}\left(-\dfrac{t}{a}\right)\quad(a > 0)$

注　1. $\mathrm{erf}(t) = \dfrac{1}{2\pi}\int_{-\infty}^{t} e^{-x^2/2}\,dx$，即误差函数。

2. $\mathrm{erfc}(t) = 1 - \mathrm{erf}(t)$，即误差余函数。

3. $\mathrm{Ei}(t) = \int_{-\infty}^{t} \dfrac{e^x}{x}dx$，称为积分指数函数。

4. $\mathrm{Si}(t) = \int_0^t \dfrac{\sin x}{x}dx$、$\mathrm{Ci}(t) = -\int_t^{\infty} \dfrac{\cos x}{x}\,dx$，称为积分正弦、余弦函数。

【例】　求方程 $x''' + 3x'' + 3x' + x = 1$ 满足初始条件 $x(0) = x'(0) = x''(0) = 0$ 的解。

解：对方程两边施行拉普拉斯变换得

$$(s^3 + 3s^2 + 3s + 1)X(s) = \frac{1}{s}$$

由此得

$$X(s) = \frac{1}{s(s+1)^3}$$

把上式右端分解成部分分式

$$\frac{1}{s(s+1)^3} = \frac{1}{s} - \frac{1}{s+1} - \frac{1}{(s+1)^2} - \frac{1}{(s+1)^3}$$

对上式右端各项分别求出（见表 1.4－3）其原函数，则它们的和就是 $X(s)$ 的原函数

$$x(t) = 1 - e^{-t} - te^{-t} - \frac{1}{2}t^2e^{-t}$$
$$= 1 - \frac{1}{2}(t^2 + 2t + 2)e^{-t}$$

这就是所要求的解。

3. 拉普拉斯变换解法

利用拉普拉斯变换可将微分方程组化为代数方程组求解。例如，求

$$\begin{cases}\dfrac{3\mathrm{d}x_1}{\mathrm{d}t}+2x_1+\dfrac{\mathrm{d}x_2}{\mathrm{d}t}=1\\ \dfrac{\mathrm{d}x_1}{\mathrm{d}t}+4\dfrac{\mathrm{d}x_2}{\mathrm{d}t}+3x_2=0\end{cases}$$

在 $x_1(0)=x_2(0)=0$ 条件下的特解。可结合初始条件对方程组进行拉普拉斯变换，得

$$(3s+2)X_1(s)+sX_2(s)=\frac{1}{s}$$

$$sX_1(s)+(4s+3)X_2(s)=0$$

解得

$$X_1(s)=\frac{4s+3}{s(11s+6)(s+1)}$$

$$=\frac{4}{11\left(s+\frac{6}{11}\right)(s+1)}+\frac{3}{11s\left(s+\frac{6}{11}\right)(s+1)}$$

$$X_2=\frac{-1}{(11s+6)(s+1)}=\frac{-1}{11\left(s+\frac{6}{11}\right)(s+1)}$$

反演后得

$$x_1(t)=\frac{1}{2}-\frac{1}{5}\mathrm{e}^{-t}-\frac{3}{10}\mathrm{e}^{-\frac{6}{11}t}$$

$$x_2(t)=-\frac{1}{5}(\mathrm{e}^{-\frac{6}{11}t}-\mathrm{e}^{-t})$$

1.4.1.7 格林（Green）函数

在区间 $[a,b]$ 上考察二阶线性非齐次常微分方程

$$L[u]=-f(x)$$

其中 $$L=\frac{\mathrm{d}}{\mathrm{d}x}\left[p(x)\frac{\mathrm{d}}{\mathrm{d}x}\right]+q(x)$$

而方程具有的齐次边界条件为

$$a_1u(a)+a_2u'(a)=0$$

$$b_1u(b)+b_2u'(b)=0$$

其中，常数 a_1 和 a_2、b_1 和 b_2 都不全为零。假设函数 f、q 在 $[a,b]$ 上连续，而函数 p 在 $[a,b]$ 上连续可微且不等于零。

在给定的边界条件下微分式 $L[u]$ 的格林函数是满足下列条件的函数 $G(x,\xi)$：

(1) 在 $a\leqslant x$，$\xi\leqslant b$ 内，函数 $G(x,\xi)$ 和它对 x 的一阶及二阶导数在所有 $x\neq\xi$ 处都是连续的。

(2) 函数 $G(x,\xi)$ 在 $a\leqslant x$，$\xi\leqslant b$ 上连续，而它的一阶导数在点 $x=\xi$ 处有跳跃间断性，其跃度为

$$\left.\frac{\mathrm{d}G(x,\xi)}{\mathrm{d}x}\right|_{x=\xi^-}^{x=\xi^+}=-\frac{1}{p(\xi)}\qquad(1.4-23)$$

(3) 当 ξ 固定时，$G(x,\xi)$ 满足给定的边界条件。此外，$G(x,\xi)$ 除点 $x=\xi$ 外是相应齐次方程

$$L[u]=0$$

的解。

格林函数的基本定理：如果函数 $f(x)$ 在区间 $[a,b]$ 上连续，那么函数

$$u(x)=\int_a^b G(x,\xi)f(\xi)\mathrm{d}\xi$$

是边值问题

$$\begin{cases}L[u]=-f(x)\\ a_1u(a)+a_2u'(a)=0\\ b_1u(b)+b_2u'(b)=0\end{cases}$$

的解。

为了要在以 $x=\xi$ 为分点的两个子区间上表示格林函数，令

$$G(x,\xi)=\begin{cases}G_1(x,\xi) & (\xi<x\leqslant b)\\ G_2(x,\xi) & (a\leqslant x<\xi)\end{cases}$$

其中，G_1、G_2 都是连续函数。由 $G(x,\xi)$ 得连续性条件，必有

$$G_1(\xi,\xi)=G_2(\xi,\xi)$$

而由式（1.4-23），有

$$\left.\frac{\mathrm{d}G}{\mathrm{d}x}(x,\xi)\right|_{x=\xi^-}^{x=\xi^+}=\left.\frac{\mathrm{d}G_1}{\mathrm{d}x}(x,\xi)\right|_{x=\xi}-\left.\frac{\mathrm{d}G_2}{\mathrm{d}x}(x,\xi)\right|_{x=\xi}$$

$$=-\frac{1}{p(\xi)}$$

类似的，如果取 ξ 为变量，可定义

$$G(x,\xi)=\begin{cases}G_1(x,\xi) & (a\leqslant\xi\leqslant x)\\ G_2(x,\xi) & (x<\xi\leqslant b)\end{cases}$$

其中，G_1、G_2 都是连续函数。于是，必有

$$G_1(x,x)=G_2(x,x)$$

由条件 $\left.\dfrac{\mathrm{d}G(x,\xi)}{\mathrm{d}x}\right|_{\xi=x^-}^{\xi=x^+}=\dfrac{1}{p(x)}$，还可推得

$$\left.\frac{\mathrm{d}G}{\mathrm{d}x}(x,\xi)\right|_{\xi=x^-}^{\xi=x^+}=\left.\frac{\mathrm{d}G_2}{\mathrm{d}x}(x,\xi)\right|_{\xi=x}-\left.\frac{\mathrm{d}G_1}{\mathrm{d}x}(x,\xi)\right|_{\xi=x}$$

$$=\frac{1}{p(x)}$$

1.4.1.8 常微分方程的稳定性

考虑一阶方程组

$$\frac{\mathrm{d}\boldsymbol{y}}{\mathrm{d}t}=\boldsymbol{f}(t,\boldsymbol{y})\qquad(1.4-24)$$

右端向量场 $\boldsymbol{f}(t,\boldsymbol{y})$ 对 $\boldsymbol{y}\in G\subset R^n$ 和 $t\in R$ 连续。并对 $\boldsymbol{y}$ 满足李卜西茨（Lipschitz）条件。设式（1.4-24）有一个解 $\boldsymbol{y}=\boldsymbol{\varphi}(t)$ 在 $t_0\leqslant t<+\infty$ 上有定义。若对任意 $\varepsilon>0$，存在 $\delta>0$，使得只要

$$|\boldsymbol{y}_0-\boldsymbol{\varphi}(t_0)|<\delta\qquad(1.4-25)$$

则以 $\boldsymbol{y}(t_0)=\boldsymbol{y}_0$ 的解 $\boldsymbol{y}(t,t_0,\boldsymbol{y}_0)$ 也在 $t\geqslant t_0$ 有定义并且满足

$$|\boldsymbol{y}(t,t_0,\boldsymbol{y}_0)-\boldsymbol{\varphi}(t)|<\varepsilon \quad (对一切\ t\geqslant t_0) \tag{1.4-26}$$

称方程组（1.4-24）的解 $\boldsymbol{y}=\boldsymbol{\varphi}(t)$ 是李雅普诺夫（Lyapunov）稳定的。设 $\boldsymbol{y}=\boldsymbol{\varphi}(t)$ 是稳定的，并且存在 $0<\delta_1\leqslant\delta$，使得只要

$$|\boldsymbol{y}_0-\boldsymbol{\varphi}(t_0)|<\delta_1 \tag{1.4-27}$$

有
$$\lim_{t\to+\infty}|\boldsymbol{y}(t,t_0,\boldsymbol{y}_0)-\boldsymbol{\varphi}(t)|=0$$

称解 $\boldsymbol{y}=\boldsymbol{\varphi}(t)$ 是李雅普诺夫渐近稳定的。若 $\boldsymbol{y}=\boldsymbol{\varphi}(t)$ 不是稳定的，则称解 $\boldsymbol{\varphi}(t)$ 是不稳定的。

1. 线性近似的稳定性

这里只讨论式（1.4-24）的零解的稳定性，事实上令 $\boldsymbol{x}=\boldsymbol{y}-\boldsymbol{\varphi}(t)$，则关于解 $\boldsymbol{\varphi}(t)$ 的稳定性问题化为零解 $\boldsymbol{x}=0$ 的稳定性问题。注意此时可设 $\boldsymbol{f}(t,\boldsymbol{0})\equiv\boldsymbol{0}$。设 $\boldsymbol{f}(t,\boldsymbol{x})=\boldsymbol{A}(t)\boldsymbol{x}+\boldsymbol{B}(t,\boldsymbol{x})$，其中 $\boldsymbol{A}(t)$ 为 n 阶矩阵函数，对 $t\geqslant t_0$ 连续。向量 $\boldsymbol{B}(t,\boldsymbol{x})$ 在区域

$$G:\ t\geqslant t_0,\ |\boldsymbol{x}|\leqslant K \tag{1.4-28}$$

上连续，满足李卜西茨条件。且 $\boldsymbol{B}(t,\boldsymbol{0})\equiv\boldsymbol{0}(t\geqslant t_0)$，以及

$$\lim_{t\to+\infty}\frac{|\boldsymbol{B}(t,\boldsymbol{x})|}{|\boldsymbol{x}|}=0 \quad (对\ t\geqslant t_0\ 一致成立) \tag{1.4-29}$$

定理1.4-2：设方程组

$$\frac{\mathrm{d}\boldsymbol{x}}{\mathrm{d}t}=\boldsymbol{A}(t)\boldsymbol{x}+\boldsymbol{B}(t,\boldsymbol{x}) \tag{1.4-30}$$

的矩阵 $\boldsymbol{A}(t)$ 为常矩阵 $\boldsymbol{A}$，则

（1）零解是渐进稳定的，当且仅当矩阵 $\boldsymbol{A}$ 的特征根都有负实部。

（2）零解是稳定的，当且仅当矩阵 $\boldsymbol{A}$ 的特征根的实部都是非正的，且有零实部的特征根所对应的约当（Jordan）块都是一阶的。

（3）零解是不稳定的，当且仅当矩阵 $\boldsymbol{A}$ 的特征根至少有一个有正实部，或者至少有一个实部为零，且它所对应的约当块是高于一阶的。

2. 李雅普诺夫第二方法

考虑自治系统

$$\frac{\mathrm{d}\boldsymbol{x}}{\mathrm{d}t}=\boldsymbol{f}(\boldsymbol{x}),\quad \boldsymbol{f}(\boldsymbol{0})=\boldsymbol{0} \tag{1.4-31}$$

向量 $\boldsymbol{f}(\boldsymbol{x})=(f_1(x_1,\cdots,x_n),\cdots,f_n(x_1,\cdots,x_n))$ 于域 G：$|\boldsymbol{x}|<K$ 上连续，且局部满足李卜西茨条件。

纯量函数 $V(\boldsymbol{x})$ 是定义在

$$|\boldsymbol{x}|\leqslant k<K \tag{1.4-32}$$

上的连续可导函数。若

$$V(\boldsymbol{0})=0,\quad V(\boldsymbol{x})>0\quad (V(\boldsymbol{x})<0),\boldsymbol{x}\neq\boldsymbol{0},$$

则称 $V(\boldsymbol{x})$ 是式（1.4-32）上的定正（定负）函数；若

$$V(\boldsymbol{0})=0,\quad V(\boldsymbol{x})\geqslant 0\quad (V(\boldsymbol{x})\leqslant 0),\boldsymbol{x}\neq\boldsymbol{0},$$

则称 $V(\boldsymbol{x})$ 是式（1.4-32）上的常正（常负）函数。

记

$$\frac{\mathrm{d}V}{\mathrm{d}t}=\sum_{i=1}^{n}\frac{\partial V(\boldsymbol{x})}{\partial x_i}f_i(\boldsymbol{x}) \tag{1.4-33}$$

称为函数 $V(\boldsymbol{x})$ 沿着方程组（1.4-31）的方向导数。

李雅普诺夫定理：设 $V(\boldsymbol{x})$ 是式（1.4-32）上的定正函数，则

（1）若式（1.4-33）是常负函数，则式（1.4-31）的零解是稳定的。

（2）若式（1.4-33）是定负函数，则式（1.4-31）的零解是渐进稳定的。

（3）若式（1.4-33）是定正函数，则式（1.4-31）的零解是不稳定的。

1.4.2 特殊函数

特殊函数一般是指某类微分方程的不能用初等函数有限形式表示的解。但是这类函数在应用中是常见的，比如勒让德（Legendre）函数、贝塞尔（Bessel）函数及许多正交多项式等；另外一些是由特定形式的积分所定义的函数，如Γ-函数、B-函数。这里介绍这些函数的概念、常用公式及性质。

引用如下符号：

$$(a)_n=a(a+1)\cdots(a+n-1)=\frac{\Gamma(a+n)}{\Gamma(a)},\quad (a)_0=1$$

$$\binom{a}{n}=\frac{a(a-1)\cdots(a-n+1)}{n!}=\frac{\Gamma(1+a)}{n!\Gamma(1+a-n)}=\frac{(-1)^n\Gamma(n-a)}{n!\Gamma(-a)}$$

式中 n——正整数；

a——任意数。

1.4.2.1 由积分定义的特殊函数

1. 伽马函数（Γ-函数）

（1）Γ-函数的定义与其他表达式：

1) $\Gamma(z)=\int_0^{\infty}u^{z-1}\mathrm{e}^{-u}\mathrm{d}u\quad(\mathrm{Re}z>0)$

等式右边称为第二类欧拉（Euler）积分。

2) $\dfrac{1}{\Gamma(z)}=\dfrac{1}{2\pi i}\int_{-\infty}^{0^+}\mathrm{e}^t t^{-z}\mathrm{d}t\quad(|\arg t|<\pi)$

积分路线从负实轴上无穷远处出发，正向绕原点一周，再回到出发点（见图1.4-1）。

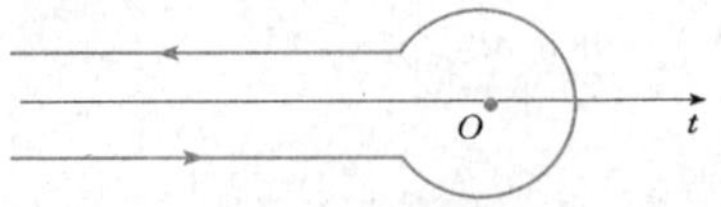

图1.4-1 积分路线

$\Gamma(z)$ 是 z 的半纯函数，在 $z=-n(n=0,1,2,\cdots)$ 具有单极点，相应的留数为 $\dfrac{(-1)^n}{n!}$。

3) $$\Gamma(z)=\lim_{n\to\infty}\frac{n!n^z}{z(z+1)\cdots(z+n)}$$
$$=\frac{1}{z}\prod_{k=1}^{\infty}\frac{\left(1+\frac{1}{k}\right)^z}{1+\frac{z}{k}}\quad(z\neq -n)$$

4) $$\frac{1}{\Gamma(z)}=ze^{\gamma z}\prod_{k=1}^{\infty}\left[\left(1+\frac{z}{k}\right)e^{-\frac{z}{k}}\right]$$

其中 $\gamma=\lim\limits_{n\to\infty}\left\{\sum\limits_{m=1}^{n}\frac{1}{m}-\ln n\right\}=0.57721566\cdots$ 为欧拉常数。

(2) Γ-函数有关公式：

$$\Gamma(z+1)=z\Gamma(z)\quad(\mathrm{Re}z>0)$$
$$\Gamma(n+1)=n!\quad(n\text{ 为正整数})$$

特别 $$\Gamma(1)=\Gamma(2)=1$$

$$\Gamma(z)\Gamma(1-z)=\frac{\pi}{\sin\pi z}\quad(\text{余元公式})$$

特别 $$\Gamma\left(\frac{1}{2}\right)=\sqrt{\pi}$$

$$\Gamma(z)\Gamma(-z)=\frac{-\pi}{z\sin\pi z}$$

$$\Gamma(n+z)\Gamma(n-z)$$
$$=\frac{\pi z}{\sin\pi z}[(n-1)!]^2\prod_{k=1}^{n-1}\left(1-\frac{z^2}{k^2}\right)\quad(n=1,2,3,\cdots)$$

$$\Gamma\left(\frac{1}{2}+z\right)\Gamma\left(\frac{1}{2}-z\right)=\frac{\pi}{\cos\pi z}$$

$$\Gamma\left(n+\frac{1}{2}+z\right)\Gamma\left(n+\frac{1}{2}-z\right)$$
$$=\frac{\left[\Gamma\left(n+\frac{1}{2}\right)\right]^2}{\cos\pi z}\prod_{k=1}^{n}\left[1-\frac{4z^2}{(2k-1)^2}\right]\quad(n=1,2,\cdots)$$

$$\Gamma(nz)=(2\pi)^{\frac{1}{2}(1-n)}n^{nz-\frac{1}{2}}\prod_{k=1}^{n-1}\Gamma\left(z+\frac{k}{n}\right)$$
$(n=1,2,\cdots)$(乘法公式)

$$\Gamma(2z)=\frac{2^{2z-1}}{\sqrt{\pi}}\Gamma(z)\Gamma\left(z+\frac{1}{2}\right)\quad(\text{倍元公式})$$

$$\Gamma\left(n+\frac{1}{2}\right)=\frac{(2n-1)!!}{2^n}\sqrt{\pi}$$

$$\Gamma\left(-n+\frac{1}{2}\right)=(-1)^n\frac{2^n\sqrt{\pi}}{(2n-1)!!}\quad(n=1,2,\cdots)$$

$$\prod_{k=1}^{n-1}\Gamma\left(\frac{k}{n}\right)\Gamma\left(1-\frac{k}{n}\right)=\frac{(2\pi)^{n-1}}{n}$$

$$\lim_{n\to\infty}\frac{n^z\Gamma(n)}{\Gamma(n+z)}=1\quad(\mathrm{Re}z>0)$$

(3) Γ-函数的渐近表达式：

1) 斯特林（Stirling）公式

$$\Gamma(z)=\sqrt{2\pi}z^{z-\frac{1}{2}}e^{-z}\left(1+\frac{z^{-1}}{12}+\frac{z^{-2}}{288}-\frac{139z^{-3}}{51840}\right.$$
$$-\frac{571z^{-4}}{2488320}+\frac{163879z^{-5}}{209018880}+\frac{5246819z^{-6}}{75246796800}$$
$$\left.-\frac{534703531z^{-7}}{902961561600}+\cdots\right)$$
$$(|\arg z|<\pi,\ |z|\to\infty)$$

当 $z=x$ 为正实数时

$$\Gamma(x)=\sqrt{2\pi}x^{x-\frac{1}{2}}e^{-x}[1+r(x)]$$
$$\left(|r(x)|\leqslant e^{\frac{1}{12x}}-1\right)$$
$$n!\approx\sqrt{2\pi}n^{n+\frac{1}{2}}e^{-n}\quad(n\to\infty)$$

2) $$\ln\Gamma(z)=\left(z-\frac{1}{2}\right)\ln z-z+\frac{1}{2}\ln(2\pi)$$
$$+\sum_{k=1}^{\infty}\frac{b_{2k}}{2k(2k-1)}z^{-2k+1}\quad(|\arg z|<\pi,\ |z|\to\infty)$$

式中，b_{2k} 为伯努利（Bernoulli）数，其为函数展开式 $\dfrac{t}{e^t-1}=\sum\limits_{n=0}^{\infty}b_n\dfrac{t^n}{n!}$ 中，当 $n=2k$ 时，$\dfrac{t^n}{n!}$前的系数。

(4) 可化为 Γ-函数的积分：

$$\int_0^{\infty}t^{z-1}e^{-\lambda t}dt=\int_0^1\left(\ln\frac{1}{t}\right)^{z-1}t^{\lambda-1}dt=\lambda^{-z}\Gamma(z)\quad(\lambda>0)$$

$$\int_0^{\infty}t^{2z-1}e^{-t^2}dt=\frac{1}{2}\Gamma(z)$$

$$\int_0^{\frac{\pi}{2}}\sin^n t\,dt=\int_0^{\frac{\pi}{2}}\cos^n t\,dt=\frac{\sqrt{\pi}}{2}\frac{\Gamma\left(\frac{n+1}{2}\right)}{\Gamma\left(\frac{n}{2}+1\right)}\quad(n>-1)$$

$$\int_0^{\infty}t^{z-1}e^{-\lambda t\cos\alpha}\cos(\lambda t\sin\alpha)dt=\lambda^{-z}\Gamma(z)\cos(\alpha z)$$
$$\left(\mathrm{Re}z>-1,\ \lambda>0,\ |\alpha|<\frac{\pi}{2}\right)$$

$$\int_0^{\infty}t^{z-1}e^{-\lambda t\cos\alpha}\sin(\lambda t\sin\alpha)dt=\lambda^{-z}\Gamma(z)\sin(\alpha z)$$
$$\left(\mathrm{Re}z>-1,\ \lambda>0,\ |\alpha|<\frac{\pi}{2}\right)$$

$$\int_0^{\infty}t^{z-1}e^{-at}\sin bt\,dt=\frac{\sin\left(z\arctan\frac{b}{a}\right)}{(a^2+b^2)^{\frac{z}{2}}}\Gamma(z)$$
$$(\mathrm{Re}z>-1,\ \mathrm{Re}a>|\mathrm{Im}b|)$$

$$\int_0^{\infty}t^{z-1}e^{-at}\cos bt\,dt=\frac{\cos\left(z\arctan\frac{b}{a}\right)}{(a^2+b^2)^{\frac{z}{2}}}\Gamma(z)$$
$$(\mathrm{Re}z>-1,\ \mathrm{Re}a>|\mathrm{Im}b|)$$

$$\int_0^{\infty}t^{x-1}\cos t\,dt=\cos\left(\frac{\pi x}{2}\right)\Gamma(x)\quad(x>0)$$

$$\int_0^{\infty}t^{x-1}\sin t\,dt=\sin\left(\frac{\pi x}{2}\right)\Gamma(x)\quad(x>0)$$

2. 贝塔函数（B-函数）

(1) B-函数的定义与其他表达式：

$$B(p,q)=\int_0^1u^{p-1}(1-u)^{q-1}du\quad(\mathrm{Re}p>0,\ \mathrm{Re}q>0)$$

右边称为第一类欧拉积分。

$$B(p,q)=\prod_{k=0}^{\infty}\frac{k(p+q+k)}{(p+k)(q+k)}\quad(p,q\neq 0,-1,-2,\cdots)$$

(2) B-函数有关公式：

$$B(p,q)=B(q,p)=\frac{\Gamma(p)\Gamma(q)}{\Gamma(p+q)}$$

$$B(p,q)B(p+q,\ r)=B(q,r)B(q+r,\ p)=B(r,p)B(r+p,\ q)$$

$$\frac{p+q}{q}B(p,\ q+1)=\frac{p+q}{p}B(p+1,\ q)=B(p,q)=B(p+1,\ q)+B(p,\ q+1)$$

$$B(p,p)=2^{1-2p}B\left(p,\ \frac{1}{2}\right)$$

$$B(p,p)B\left(p+\frac{1}{2},\ p+\frac{1}{2}\right)=\frac{\pi}{p}2^{1-4p}$$

$$\frac{1}{B(n,m)}=m\binom{n+m-1}{n-1}=n\binom{n+m-1}{m-1}$$

(m，n 为正整数)

$$\sum_{k=0}^{\infty}B(p,\ q+k)=B(p-1,\ q)$$

(3) 可化为B-函数的积分：

$$\int_a^b(t-a)^{p-1}(b-t)^{q-1}dt=(b-a)^{p+q-1}B(p,q)$$

$(b>a,\ \mathrm{Re}p>0,\ \mathrm{Re}q>0)$

$$\int_0^1 t^{v-1}(1-t^{\lambda})^{\beta-1}dt=\frac{1}{\lambda}B\left(\frac{v}{\lambda},\ \beta\right)$$

$(\mathrm{Re}v>0,\ \mathrm{Re}\beta>0,\ \lambda>0)$

$$\int_0^{\infty}\frac{t^{m-1}}{(1+bt^{a})^{m+n}}dt=a^{-1}b^{-\frac{m}{a}}B\left(\frac{m}{a},\ m+n-\frac{m}{a}\right)$$

$(a,b>0)$

$$\int_0^1[(1+t)^{p-1}(1-t)^{q-1}+(1+t)^{q-1}(1-t)^{p-1}]dt=2^{p+q-1}B(p,q)\quad(\mathrm{Re}p>0,\ \mathrm{Re}q>0)$$

$$\int_a^b\frac{(t-a)^{p-1}(b-t)^{q-1}}{(t-c)^{p+q}}dt=(b-a)^{p+q-1}(b-c)^{-p}(a-c)^{-q}B(p,q)$$

$(\mathrm{Re}p>0,\ \mathrm{Re}q>0,\ c<a<b)$

$$\int_{-1}^1\frac{(1+t)^{2p-1}(1-t)^{2q-1}}{(1+t^2)^{p+q}}dt=2^{p+q-2}B(p,q)$$

$(\mathrm{Re}p>0,\ \mathrm{Re}q>0)$

$$\int_0^{\frac{\pi}{2}}\frac{(\sin t)^{2m-1}(\cos t)^{2n-1}}{(a\cos^2 t+b\sin^2 t)^{m+n}}dt=\frac{B(m,n)}{2a^n b^m}$$

$(\mathrm{Re}m>0,\ \mathrm{Re}n>0)$

$$\int_0^1\frac{t^{p-1}+t^{q-1}}{(1+t)^{p+q}}dt=\int_1^{\infty}\frac{t^{p-1}+t^{q-1}}{(1+t)^{p+q}}dt=B(p,q)$$

$(\mathrm{Re}p>0,\ \mathrm{Re}q>0)$

$$\int_0^1(1-t^2)^{p-1}dt=2^{2p-2}B(p,p)\quad(\mathrm{Re}p>0)$$

$$\int_0^{\infty}e^{-pt}(1-e^{-tz})^{q-1}dt=\frac{1}{z}B\left(\frac{p}{z},q\right)$$

$(\mathrm{Re}\dfrac{p}{z}>0,\ \mathrm{Re}z>0,\ \mathrm{Re}q>0)$

$$\int_0^{\infty}\cosh t(\sinh t)^{2p-1}(1+b\sinh^2 t)^{-p-q}dt=\frac{1}{2}b^{-p}B(p,q)\quad(b>0,\ \mathrm{Re}p>0,\ \mathrm{Re}q>0)$$

$$\int_0^{\infty}(\sinh t)^{\alpha}(\cosh t)^{-\beta}dt=\frac{1}{2}B\left(\frac{\alpha}{2}+\frac{1}{2},\ \frac{\beta}{2}-\frac{\alpha}{2}\right)$$

$[\mathrm{Re}\alpha>-1,\ \mathrm{Re}(\alpha-\beta)<0]$

$$\int_0^{\infty}\frac{\cosh(2at)}{[\cosh(\rho t)]^{2\beta}}dt=4^{\beta-1}\rho^{-1}B\left(\beta+\frac{\alpha}{\rho},\beta-\frac{\alpha}{\rho}\right)$$

$$\left[\mathrm{Re}\left(\beta\pm\frac{\alpha}{\rho}\right)>0,\rho>0\right]$$

1.4.2.2 勒让德函数

勒让德方程为

$$(1-x^2)y''-2xy'+\nu(\nu+1)y=0 \tag{1.4-34}$$

式中 ν——实数。

因为 $x=\pm1$ 是方程的奇点，所以假设方程的解为下列幂级数：

$$y(x)=\sum_{k=0}^{\infty}a_k x^k$$

把这个幂级数逐项微分并代入勒让德方程，得到

$$\sum_{k=2}^{\infty}\{k(k-1)a_k+[\nu(\nu+1)-(k-1)(k-2)]a_{k-2}\}x^{k-2}=0$$

因此，幂级数解的系数必须满足下列递推公式：

$$a_k=\frac{(k-1)(k-2)-\nu(\nu+1)}{k(k-1)}a_{k-2}\quad(k\geqslant 2)$$

即 $$a_{k+2}=-\frac{(\nu-k)(\nu+k+1)}{(k+1)(k+2)}a_k\quad(k\geqslant 0)$$

可推得勒让德方程(1.4-34)的解为

$$y(x)=a_0\left[1+\sum_{k=1}^{\infty}\frac{(-1)^k\nu(\nu-2)\cdots(\nu-2k+2)(\nu+1)(\nu+3)\cdots(\nu+2k-1)}{(2k)!}x^{2k}\right]+a_1\left[x+\sum_{k=1}^{\infty}\frac{(-1)^k(\nu-1)(\nu-3)\cdots(\nu-2k+1)(\nu+2)(\nu+4)\cdots(\nu+2k)}{(2k+1)!}x^{2k+1}\right]=a_0p_{\nu}(x)+a_1q_{\nu}(x)$$

容易证明，级数 $p_\nu(x)$ 和 $q_\nu(x)$ 当 $|x|<1$ 时都收敛，且是线性无关的。

对于任何非负整数 n，$p_n(x)$ 和 $q_n(x)$ 中只有一个是 n 次多项式。在适当标准化后，这种多项式就用符号 $\mathrm{P}_n(x)$ 表示，并称为第一类 n 阶勒让德函数或 n 次勒让德多项式。通常，$\mathrm{P}_n(x)$ 定义为

$$\mathrm{P}_n(x)=\begin{cases}\dfrac{p_n(x)}{p_n(1)} & (n\text{ 为偶数})\\ \dfrac{q_n(x)}{q_n(1)} & (n\text{ 为奇数})\end{cases}$$

$\mathrm{P}_n(x)$ 的更明显的公式为

$$\mathrm{P}_n(x)=\sum_{k=0}^{N}\frac{(-1)^k(2n-2k)!}{2^nk!(n-k)!(n-2k)!}x^{n-2k}$$

其中

$$N=\begin{cases}\dfrac{n}{2} & (n\text{ 为偶数})\\ \dfrac{n-1}{2} & (n\text{ 为奇数})\end{cases}$$

对于任何非负整数 n，由于 $p_n(x)$ 和 $q_n(x)$ 中只有一个是 n 次多项式，而另一个是无穷级数。这个无穷级数经适当标准化后，称为第二类勒让德函数。它们定义为

$$\mathrm{Q}_n(x)=\begin{cases}p_n(1)q_n(x) & (n\text{ 为偶数})\\ -q_n(1)p_n(x) & (n\text{ 为奇数})\end{cases}$$

因此勒让德方程（1.4-34）（其中 $\nu=n$）的通解为

$$y(x)=C_1\mathrm{P}_n(x)+C_2\mathrm{Q}_n(x)$$

勒让德多项式也可以表示为

$$\mathrm{P}_n(x)=\frac{1}{2^nn!}\frac{\mathrm{d}^n}{\mathrm{d}x^n}(x^2-1)^n$$

该式称为罗德利格（Rodrigues）公式。

勒让德多项式也满足以下递推公式：

$$(n+1)\mathrm{P}_{n+1}(x)-(2n+1)x\mathrm{P}_n(x)+n\mathrm{P}_{n-1}(x)=0\quad(n\geqslant1)$$

$$(x^2-1)\mathrm{P}'_n(x)=nx\mathrm{P}_n(x)-n\mathrm{P}_{n-1}(x)\quad(n\geqslant1)$$

$$n\mathrm{P}_n(x)+\mathrm{P}'_{n-1}(x)-x\mathrm{P}'_n(x)=0\quad(n\geqslant1)$$

$$\mathrm{P}'_{n+1}(x)=x\mathrm{P}'_n(x)+(n+1)\mathrm{P}_n(x)\quad(n\geqslant0)$$

另外两个值得注意的关系式为

$$\mathrm{P}_{2n}(-x)=\mathrm{P}_{2n}(x)$$

$$\mathrm{P}_{2n+1}(-x)=-\mathrm{P}_{2n+1}(x)$$

勒让德多项式在区间 $[-1,1]$ 上组成一个正交函数系。于是有

$$\int_{-1}^{1}\mathrm{P}_n(x)\mathrm{P}_m(x)\mathrm{d}x=0\quad(n\neq m)$$

函数 $\mathrm{P}_n(x)$ 的模 $\|\mathrm{P}_n\|$ 为

$$\|\mathrm{P}_n\|^2=\int_{-1}^{1}\mathrm{P}_n^2(x)\mathrm{d}x=\frac{2}{2n+1}$$

在数学物理中，与勒让德方程有密切联系的另一个重要方程是连带勒让德方程

$$(1-x^2)y''-2xy'+\left[n(n+1)-\frac{m^2}{1-x^2}\right]y=0\tag{1.4-35}$$

式中　m——整数。

对于 $m\geqslant0$ 的情形，引入变量变换

$$y=(1-x^2)^{\frac{m}{2}}u\quad(|x|<1)$$

方程（1.4-35）变为

$$(1-x^2)u''-2(m+1)xu'+(n-m)(n+m+1)u=0$$

方程（1.4-35）的通解为

$$y(x)=(1-x^2)^{\frac{m}{2}}\frac{\mathrm{d}^mY(x)}{\mathrm{d}x^m}$$

其中　$Y(x)=C_1\mathrm{P}_n(x)+C_2\mathrm{Q}_n(x)$

为勒让德方程的通解。

连带勒让德方程（1.4-35）的一对线性无关的解是由所谓的第一类连带勒让德函数 $\mathrm{P}_n^m(x)$ 和第二类连带勒让德函数 $\mathrm{Q}_n^m(x)$ 给出的，分别定义为

$$\mathrm{P}_n^m(x)=(1-x^2)^{\frac{m}{2}}\frac{\mathrm{d}^m\mathrm{P}_n(x)}{\mathrm{d}x^m}$$

$$\mathrm{Q}_n^m(x)=(1-x^2)^{\frac{m}{2}}\frac{\mathrm{d}^m\mathrm{Q}_n(x)}{\mathrm{d}x^m}$$

注意，显然有

$$\mathrm{P}_n^0(x)=\mathrm{P}_n(x)$$

$$\mathrm{Q}_n^0(x)=\mathrm{Q}_n(x)$$

且当 $m>n$ 时，$\mathrm{P}_n^m(x)=0$。

现在，$\mathrm{P}_n^{-m}(x)$ 和 $\mathrm{Q}_n^{-m}(x)$ 可定义为

$$\mathrm{P}_n^{-m}(x)=(-1)^m\frac{(n-m)!}{(n+m)!}\mathrm{P}_n^m(x)\quad(m\geqslant0)$$

$$\mathrm{Q}_n^{-m}(x)=(-1)^m\frac{(n-m)!}{(n+m)!}\mathrm{Q}_n^m(x)\quad(m\geqslant0)$$

1.4.2.3 贝塞尔函数

二阶或高阶微分方程的解只有在少数情况下才能用初等函数表示。如贝塞尔方程的解就不能用初等函数表示，而是由微分方程定义了一类特殊函数，即贝塞尔函数。贝塞尔函数在许多数学物理问题中有重要作用，在圆柱坐标系中尤其有用，因此又称为圆柱函数。

方程

$$x^2y''+xy'+(x^2-\nu^2)y=0$$

称为 ν 阶贝塞尔方程，式中 ν 为任意实数（或复数），它的解称为贝塞尔函数。

因方程系数 $\dfrac{1}{x}$、$1-\dfrac{\nu^2}{x^2}$ 在 $x=0$ 不能展成幂级数，而是 x 的有理分式，故令

$$y(x)=x^\alpha\sum_{k=0}^{\infty}a_kx^k$$

代入原方程，令 x 各次幂的系数等于零，得 $\alpha=\pm\nu$，先取 $\alpha=\nu$，得

$$a_1 = 0,\ a_k = \frac{-a_{k-2}}{k(2\nu + k)}$$

因此　$a_1 = a_3 = \cdots = a_{2m+1} = \cdots = 0$

$$a_{2m} = \frac{(-1)^m a_0}{2^{2m} m!(\nu+1)(\nu+2)\cdots(\nu+m)}$$

取 $a_0 = \dfrac{1}{2^\nu \Gamma(\nu+1)}$，得到贝塞尔方程的一个特解，记做

$$J_\nu(x) = \sum_{m=0}^{\infty}(-1)^m \frac{x^{\nu+2m}}{2^{\nu+2m} m!\Gamma(\nu+m+1)}$$

该函数称为第一类 ν 阶贝塞尔函数。

取 $\alpha=-\nu$，得另一特解

$$J_{-\nu}(x) = \sum_{m=0}^{\infty}(-1)^m \frac{x^{-\nu+2m}}{2^{-\nu+2m} m!\Gamma(-\nu+m+1)}$$

该函数称为第一类 $-\nu$ 阶贝塞尔函数。

当 ν 不为整数时，这两个特解线性无关，此时贝塞尔方程的通解为

$$y(x) = C_1 J_\nu(x) + C_2 J_{-\nu}(x)$$

式中　C_1、C_2——任意常数。

当 $\nu=n$ 为整数时，$J_n(x)$ 与 $J_{-n}(x)$ 线性相关。通常采用的一个非正则特解是

$$Y_\nu(x) = \frac{J_\nu(x)\cos\nu\pi - J_{-\nu}(x)}{\sin\nu\pi}$$

该解也是贝塞尔方程的一个解，且与 $J_n(x)$ 线性无关，称 $Y_\nu(x)$ 为第二类 ν 阶贝塞尔函数，

当 ν 是整数或非整数时，$Y_\nu(x)$ 都是与 J_ν 线性无关的。

因此，贝塞尔方程的通解为

$$\begin{cases} y(x) = C_1 J_\nu(x) + C_2 J_{-\nu}(x) & (\nu\text{不是整数}) \\ y(x) = C_1 J_n(x) + C_2 Y_n(x) & (\nu = n\text{是整数}) \end{cases}$$

贝塞尔函数具有以下基本性质：

$$J_{\nu+1}(x) + J_{\nu-1}(x) = \frac{2\nu}{x} J_\nu(x)$$

$$\nu J_\nu(x) + x J'_\nu(x) = x J_{\nu-1}(x)$$

$$J_{\nu-1}(x) - J_{\nu+1}(x) = 2J'_\nu(x)$$

$$\nu J_\nu(x) - x J'_\nu(x) = x J_{\nu+1}(x)$$

$$\frac{d}{dx}[x^\nu J_\nu(x)] = x^\nu J_{\nu-1}(x)$$

$$\frac{d}{dx}[x^{-\nu} J_\nu(x)] = -x^{-\nu} J_{\nu+1}(x)$$

第三类贝塞尔函数是 J_ν 与 Y_ν 的复组合，因而取复数值

$$\begin{cases} H_\nu^{(1)}(x) = J_\nu(x) + iY_\nu(x) \\ H_\nu^{(2)}(x) = J_\nu(x) - iY_\nu(x) \end{cases}$$

其中　$i = \sqrt{-1}$

这些函数有时又称为第一类汉克尔（Hankel）函数和第二类汉克尔函数。

其他与贝塞尔函数有密切联系的函数是修正贝塞尔函数。考察含有参数 λ 的贝塞尔方程，即

$$x^2 y'' + xy' + (\lambda^2 x^2 - \nu^2) y = 0$$

该方程的通解为

$$y(x) = C_1 J_\nu(\lambda x) + C_2 Y_\nu(\lambda x)$$

如果 $\lambda=i$，则

$$y(x) = C_1 J_\nu(ix) + C_2 Y_\nu(ix)$$

可把 $J_\nu(ix)$ 写成

$$J_\nu(ix) = \sum_{m=0}^{\infty}(-1)^m \frac{(ix)^{\nu+2m}}{2^{\nu+2m} m!\Gamma(\nu+m+1)} = i^\nu I_\nu(x)$$

其中　$I_\nu(x) = \displaystyle\sum_{m=0}^{\infty} \frac{x^{\nu+2m}}{2^{\nu+2m} m!\Gamma(\nu+m+1)}$

$I_\nu(x)$ 称为第一类 ν 阶修正贝塞尔函数。第二类 ν 阶修正贝塞尔函数为

$$K_\nu(x) = \frac{\pi}{2}\frac{I_{-\nu}(x) - I_\nu(x)}{\sin\nu\pi}$$

因此得到修正贝塞尔方程

$$x^2 y'' + xy' - (x^2 + \nu^2) y = 0$$

的通解为

$$y(x) = C_1 I_\nu(x) + C_2 K_\nu(x)$$

1.4.3　偏微分方程

1.4.3.1　数学物理方程及其分类

数学物理方程是指在物理学、力学等自然科学及工程技术中所提出的偏微分方程（有时也包括某些常微分方程、积分方程及微分积分方程）。它是数学物理研究的基本内容。最重要和常见的为二阶线性偏微分方程，要寻求满足给定的初始条件和边界条件的解。微分方程中的自变量常为空间坐标 x，y，z 和时间坐标 t。待求函数可以是位势、水头、电压、温度、应力、变形等，下面均以 u 表示。二阶导数前的系数常为常数，而且通过自变量的线性齐次代换，常可化为下列标准形式：

$$\sum_i a_i \frac{\partial^2 u}{\partial x_i^2} + \cdots = 0$$

式中　x_i——自变量（如 $x_1 = x$，$x_2 = y$，$x_3 = z$，$x_4 = t$ 等）；

　　a_i——系数，均等于±1 或 0；

　　…——不包括有未知函数二阶导数的各项。

根据 a_i 的值，方程可分为以下三类：

（1）所有的 a_i 都异于 0，且有相同的符号时为椭圆型方程。

（2）所有的 a_i 都异于 0，且其中一个的符号与其他的 a_i 不同时为双曲型方程。

（3）a_i 中有一个为 0，其余均异于 0，且同号时为抛物型方程。

下面列举一些常见的数学物理方程。

1. 波动方程

$$\frac{\partial^2 u}{\partial t^2}-a^2\left(\frac{\partial^2}{\partial x^2}+\frac{\partial^2}{\partial y^2}+\frac{\partial^2}{\partial z^2}\right)u=f(x,y,z,t)$$

式中　$f(x,y,z,t)$——已知函数。

双曲型：u 为位移，$f(x,y,z,t)$ 表示扰动源，a 为扰动波传播速度。

2. 热传导方程

$$\frac{\partial u}{\partial t}-a^2\left(\frac{\partial^2}{\partial x^2}+\frac{\partial^2}{\partial y^2}+\frac{\partial^2}{\partial z^2}\right)u=f(x,y,z,t)$$

式中　$f(x,y,z,t)$——连续有界函数。

抛物型：u 为温度，$f(x,y,z,t)$ 表示内热源函数，a 是导温系数。

3. 泊松（Poisson）方程

$$\frac{\partial^2 u}{\partial x^2}+\frac{\partial^2 u}{\partial y^2}+\frac{\partial^2 u}{\partial z^2}=f(x,y,z)$$

椭圆型：u 为应力函数。例如，求柱体的扭转等。

$$\frac{\partial^2 u}{\partial x^2}+\frac{\partial^2 u}{\partial y^2}+\frac{\partial^2 u}{\partial z^2}=0 \quad \text{（拉普拉斯方程）}$$

椭圆型：u 为势函数，该方程又称为拉普拉斯方程，满足该方程的函数称为调和函数。例如，求地下水渗流势场即是。

4. 双调和方程

$$\left(\frac{\partial^4}{\partial x^4}+2\frac{\partial^4}{\partial x^2\partial y^2}+\frac{\partial^4}{\partial y^4}\right)u=0 \text{ 或 } f(x,y)$$

四阶偏微分方程，在平面弹性问题或平面弹性薄板弯曲问题中常遇到。u 为应力函数或挠度。满足双调和方程的函数称为双调和函数。

1.4.3.2　数学物理方程的解法

1. 对原方程进行积分求得一般解（含有任意函数）或基本解

例如，一维双曲型方程 $\frac{\partial^2 u}{\partial t^2}=a^2\frac{\partial^2 u}{\partial x^2}$ 的一般解为

$$u=f_1(x-at)+f_2(x+at)$$

2. 分离变量法

分离变量法是解线性偏微分方程常用的一种方法，特别当区域是矩形、柱体、球体时使用更为普遍。这种方法是先求满足边界条件的特解，利用叠加原理，作这些特解的线性组合，得到定解问题的解。求特解时常归结为求某些常微分方程边值问题的特征值和特征函数。

例如，两端固定的弦振动齐次方程混合问题

$$\begin{cases}\dfrac{\partial^2 u}{\partial t^2}=a^2\dfrac{\partial^2 u}{\partial x^2} & (0<x<l,\ t>0)\\ u\big|_{t=0}=\varphi(x),\ \dfrac{\partial u}{\partial t}\Big|_{t=0}=\psi(x) & (0\leqslant x\leqslant l)\\ u(0,t)=u(l,t)=0 & (t\geqslant 0)\end{cases}$$

设 $u(x,t)=X(x)T(t)$，代入方程后得 $\frac{T''}{a^2T}=\frac{X''}{X}$，该式左端与 x 无关，右端与 t 无关，故必须等于一个常数，记为 $-\lambda^2$，具体解法如下：

（1）$X(t)$、$T(t)$ 满足 $X''(x)+\lambda^2X(x)=0$，$T''(t)+a^2\lambda^2T(t)=0$（$\lambda$ 为常数）。

（2）用该二常微分方程的解的乘积表示弦振动方程的特解 $u_n(x,t)$。解边值问题

$$\begin{cases}X''(x)+\lambda^2X(x)=0\\ X(0)=X(l)=0\end{cases}$$

当　$\lambda^2=\lambda_n^2=\frac{n^2\pi^2}{l^2}\quad (n=1,2,\cdots)$

时，有非零解

$$X_n(x)=\sin\frac{n\pi}{l}x\quad (n=1,2,\cdots)$$

称 λ_n 为边值问题的特征值，$X_n(x)$ 为特征函数。把 λ_n 代入 $T(t)$ 的方程，得

$$T_n(t)=A_n\cos\frac{n\pi at}{l}+B_n\sin\frac{n\pi at}{l}\quad (n=1,2,\cdots)$$

式中　A_n、B_n——任意常数。

这样即可得到弦振动方程的特解为

$$\begin{aligned}u_n(x,t)&=X_n(x)T_n(t)\\&=\left(A_n\cos\frac{n\pi at}{l}+B_n\sin\frac{n\pi at}{l}\right)\sin\frac{n\pi}{l}x\\&\quad (n=1,2,\cdots)\end{aligned}$$

（3）把 $u_n(x,t)$ 叠加，形式上作级数

$$u(x,t)=\sum_{n=1}^{\infty}\left(A_n\cos\frac{n\pi at}{l}+B_n\sin\frac{n\pi at}{l}\right)\sin\frac{n\pi x}{l}$$

（4）利用特征函数的正交性，确定系数 A_n，B_n。把 $\varphi(x)$ 及 $\psi(x)$ 展开成傅里叶级数

$$\varphi(x)=\sum_{n=1}^{\infty}\varphi_n\sin\frac{n\pi x}{l}$$

$$\psi(x)=\sum_{n=1}^{\infty}\psi_n\sin\frac{n\pi x}{l}$$

其中

$$\varphi_n=\frac{2}{l}\int_0^l\varphi(\xi)\sin\frac{n\pi\xi}{l}\mathrm{d}\xi$$

$$\psi_n=\frac{2}{l}\int_0^l\psi(\xi)\sin\frac{n\pi\xi}{l}\mathrm{d}\xi$$

利用初始条件可得

$$A_n=\varphi_n,\quad B_n=\frac{l}{n\pi a}\psi_n$$

于是混合问题的形式解为

$$u(x,t)=\sum_{n=1}^{\infty}\left(\varphi_n\cos\frac{n\pi at}{l}+\frac{l}{n\pi a}\psi_n\sin\frac{n\pi at}{l}\right)\sin\frac{n\pi x}{l}$$

若 $\varphi(x)$ 具有一阶和二阶连续导数，三阶导数逐段连续，且 $\varphi(0)=\varphi(l)$，$\varphi''(0)=\varphi''(l)=0$；$\psi(x)$ 连续可微，二阶导数逐段连续，$\psi(0)=\psi(l)=0$，那

么形式解右端的级数一致收敛，形式解就是混合问题的正规解。

3. 双曲型方程的黎曼（Riemann）方法

拉普拉斯双曲型方程

$$Lu \equiv \frac{\partial^2 u}{\partial x \partial y} + a(x,y)\frac{\partial u}{\partial x} + b(x,y)\frac{\partial u}{\partial y} + c(x,y)u = f(x,y)$$

（1）古沙（Goursat）问题的特征线法。古沙问题是

$$\begin{cases} Lu = f \\ u|_{x=x_0} = \varphi(y),\ u|_{y=y_0} = \psi(x) \\ (x_0 \leqslant x \leqslant x_1,\ y_0 \leqslant y \leqslant y_1) \end{cases}$$

设 $a(x,y)$、$b(x,y)$、$c(x,y)$、$f(x,y)$ 为连续函数；$\varphi(y)$、$\psi(x)$ 连续可微且 $\varphi(y_0) = \psi(x_0)$，令

$$\frac{\partial u}{\partial x} = v,\ \frac{\partial u}{\partial y} = w$$

则古沙问题化为下面积分方程组的求解问题：

$$\begin{cases} v(x,y) = \psi'(x) + \int_{y_0}^{y} [f(x,y) - a(x,y)v - b(x,y)w - c(x,y)u]\mathrm{d}y \\ w(x,y) = \varphi'(y) + \int_{x_0}^{x} [f(x,y) - a(x,y)v - b(x,y)w - c(x,y)u]\mathrm{d}x \\ u(x,y) = \psi(x) + \int_{y_0}^{y} w\mathrm{d}y \end{cases}$$

它可用逐次逼近法求解，显然 $x = x_0$、$y = y_0$ 为拉普拉斯双曲型方程的特征线，所以该方法又称为特征线法。

（2）广义柯西（Cauchy）问题的黎曼方法。广义柯西问题是

$$\begin{cases} Lu = f(x,y) \\ u|_{y=\mu(x)} = \varphi(x),\ \left.\frac{\partial u}{\partial y}\right|_{y=\mu(x)} = \psi(x) \end{cases}$$

设 $a(x,y)$、$b(x,y)$、$c(x,y)$、$\varphi(x)$ 及 $\mu(x)$ 为连续可微函数，且 $\mu'(x) \neq 0$，而 $f(x,y)$ 及 $\psi(x)$ 为连续函数。

设 $M(x_0,y_0)$ 不是 $y = \mu(x)$ 上的点，过点 M 作特征线 $x = x_0$，$y = y_0$ 交 $y = \mu(x)$ 于 P 及 Q，记曲边三角形 PMQ 为 D（见图 1.4-2），在 D 上用格林公式得

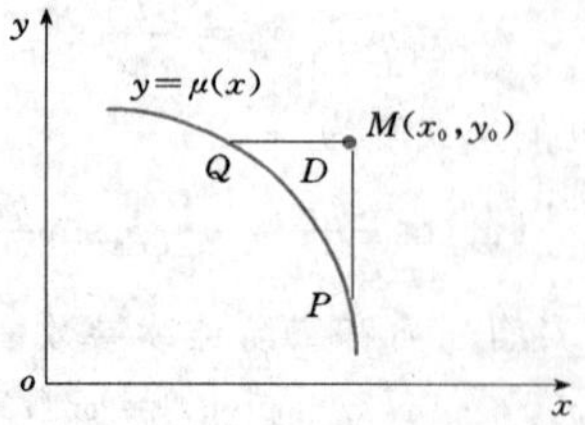

图 1.4-2 特征线构造的积分域

$$\iint_D [vLu - uL^* v]\mathrm{d}x\mathrm{d}y = \frac{1}{2}(uv)\Big|_P^M + \frac{1}{2}(uv)\Big|_Q^M + \int_P^M u\left(-\frac{\partial v}{\partial y} + av\right)\mathrm{d}y + \int_Q^M u\left(-\frac{\partial v}{\partial x} + bv\right)\mathrm{d}x + \int_Q^P \left[\frac{1}{2}\left(u\frac{\partial v}{\partial x} - v\frac{\partial u}{\partial x}\right) - buv\right]\mathrm{d}x - \left[\frac{1}{2}\left(u\frac{\partial v}{\partial y} - v\frac{\partial u}{\partial y}\right) - auv\right]\mathrm{d}y$$

其中 $L^* v = \frac{\partial^2 v}{\partial x \partial y} - \frac{\partial}{\partial x}[a(x,y)v] - \frac{\partial}{\partial y}[b(x,y)v] + c(x,y)v = \frac{\partial^2 v}{\partial x \partial y} - a\frac{\partial v}{\partial x} - b\frac{\partial v}{\partial y} + \left(c - \frac{\partial a}{\partial x} - \frac{\partial b}{\partial y}\right)v$

设 $v(x,y;\ x_0,y_0)$ 为下面古沙问题的解：

$$\begin{cases} L^* v = 0 \\ v(x_0,y;\ x_0,y_0) = \mathrm{e}^{\int_{y_0}^{y} a(x_0,y)\mathrm{d}y} \\ v(x,y_0;\ x_0,y_0) = \mathrm{e}^{\int_{x_0}^{x} b(x,y_0)\mathrm{d}x} \end{cases}$$

则广义柯西问题解的黎曼公式为

$$u(x_0,y_0) = \frac{1}{2}(uv)_P + \frac{1}{2}(uv)_Q - \int_Q^P \left\{\left[\frac{1}{2}\left(u\frac{\partial v}{\partial x} - v\frac{\partial u}{\partial x}\right) - buv\right]\mathrm{d}x - \left[\frac{1}{2}\left(u\frac{\partial v}{\partial y} - v\frac{\partial u}{\partial y}\right) - auv\right]\mathrm{d}y\right\} + \iint_D v(x,y;x_0,y_0)f(x,y)\mathrm{d}x\mathrm{d}y$$

其中，$v(x,y;\ x_0,y_0)$ 称为黎曼函数，该方法称为黎曼方法。

一般可用特征线法求黎曼函数。但对常系数偏微分方程

$$\frac{\partial^2 v}{\partial x \partial y} + \frac{c}{4}v = 0 \quad (c \text{ 为常数})$$

也可用以下方法求黎曼函数。设 $v = v(z)$，$z = [(x - x_0)(y - y_0)]^{\frac{1}{2}}$，则方程化为贝塞尔方程

$$\frac{\mathrm{d}^2 v}{\mathrm{d}z^2} + \frac{1}{z}\frac{\mathrm{d}v}{\mathrm{d}z} + cv = 0$$

黎曼函数就是满足此贝塞尔方程及条件 $v(0) = 1$ 的零阶贝塞尔函数，即

$$v(x,y;\ x_0,y_0) = J_0\sqrt{c(x - x_0)(y - y_0)}$$

对常系数的拉普拉斯双曲型方程通过变换可化为

$$\frac{\partial^2 u}{\partial x \partial y} + \frac{c}{4}u = f$$

的形式，这个形式就是黎曼函数。

4. 椭圆型方程的格林方法

在区域 D 考虑椭圆型方程

$$Lu \equiv \sum_{i,j=1}^{n} a_{ij} \frac{\partial^2 u}{\partial x_i \partial x_j} + \sum_{i=1}^{n} b_i \frac{\partial u}{\partial x_i} + cu = f$$

其中，a_{ij}、b_i、c、f 为 $x_1, \cdots, x_n$ 的连续可微函数，$a_{ij} = a_{ji}$，二次型 $\sum_{i,j=1}^{n} a_{ij}\alpha_i\alpha_j$ 是正定的。

利用格林函数解边值问题：

(1) 一般公式。在区域 D 上应用格林公式，并取 $v = G(x,\xi)$ 是方程 $Lv = \delta(x-\xi)$ 的解，则方程 $Lu = f$ 的狄利克雷 (Dirichlet) 问题 $u|_S = \varphi$ 的解为

$$u(x) = \int_D \cdots \int f(\xi) G(x,\xi) \mathrm{d}\xi_1 \cdots \mathrm{d}\xi_n + \int_S \varphi(\xi) \frac{\partial G(x,\xi)}{\partial N} \mathrm{d}S_\xi$$

式中 S——区域 D 的边界。

$$\frac{\partial}{\partial \boldsymbol{N}} = \sum_{i,j=1}^{n} a_{ij} \cos(\boldsymbol{N}, e_i) \frac{\partial}{\partial x_j} \quad (\boldsymbol{N}\text{ 是 } S \text{ 的外法线方向})$$

(2) 对于球体（球心为 O，半径为 a），$\frac{\partial^2 u}{\partial x^2} + \frac{\partial^2 u}{\partial y^2} + \frac{\partial^2 u}{\partial z^2} = 0$ 的基本解为 $\frac{1}{4\pi r}$，r 为 $P(x,y,z)$ 与参变点 $M(\xi,\eta,\zeta)$ 的距离，作 M 关于球面的反演点 M_1，记 r_1 为 M_1 与 P 的距离，则格林函数为

$$G(x,y,z;\ \xi,\eta,\zeta) = \frac{1}{4\pi}\left(\frac{1}{r} - \frac{a}{\rho_0}\frac{1}{r_1}\right)$$

其中 $\rho_0 = (\xi^2 + \eta^2 + \zeta^2)^{\frac{1}{2}}$

狄利克雷问题 $u|_S = \varphi$ 的解为

$$u(x,y,z) = \frac{1}{4\pi a}\iint_S \varphi(\xi) \frac{a^2 - \rho_0^2}{r^3} \mathrm{d}S_\xi$$

式中 S——球面。

引用球坐标时，解为泊松积分。

(3) 在圆上（半径为 a），$\frac{\partial^2 u}{\partial x^2} + \frac{\partial^2 u}{\partial y^2} + \frac{\partial^2 u}{\partial z^2} = 0$ 的格林函数为

$$G(x,y;\ \xi,\eta) = \frac{1}{2\pi}\left[\ln\frac{1}{r} - \ln\left(\frac{a}{\rho_0}\frac{1}{r_1}\right)\right]$$

式中 r—— $P(x,y)$ 与参变点 $M(\xi,\eta)$ 的距离；

r_1——P 与 M 点关于圆的反演点 M_1 的距离。

圆上狄利克雷问题的解为泊松积分。

5. 积分变换法

积分变换法是解线性偏微分方程，特别是常系数方程的一种有效的方法，它是把方程的某一独立变量看成参变量，做未知函数的积分变换，以减少原方程独立变量的个数而将方程化为简单形式。解此简化方程的对应定解问题并通过逆积分变换就得到原定解问题的解。下面举例说明傅里叶变换和拉普拉斯变换方法。

【例】 用傅里叶变换法求解下列弦振动的柯西问题：

$$\begin{cases} \dfrac{\partial^2 u}{\partial t^2} - a^2 \dfrac{\partial^2 u}{\partial x^2} = 0 \\ u|_{t=0} = \varphi(x) \\ \left.\dfrac{\partial u}{\partial t}\right|_{t=0} = 0 \end{cases}$$

解：把 t 看做参变量，作 $u(x,t)$ 关于 x 的傅里叶变换

$$F(u(x,t)) = \bar{u}(p,t) = \frac{1}{\sqrt{2\pi}}\int_{-\infty}^{\infty} u(x,t) \mathrm{e}^{\mathrm{i}px} \mathrm{d}x$$

原来的柯西问题化为下面的定解问题：

$$\begin{cases} \dfrac{\mathrm{d}^2 \bar{u}}{\mathrm{d}t^2} = -a^2 p^2 \bar{u} \\ \bar{u}|_{t=0} = F(\varphi(x)) = \bar{\varphi}(p) \\ \left.\dfrac{\mathrm{d}\bar{u}}{\mathrm{d}t}\right|_{t=0} = 0 \end{cases}$$

把 p 看做参数，其解为

$$\bar{u}(p,t) = \bar{\varphi}(p)\cos apt$$

由傅里叶变换的反演公式得到原问题的解为

$$\begin{aligned} u(x,t) &= \frac{1}{\sqrt{2\pi}}\int_{-\infty}^{\infty} [\bar{\varphi}(p)\cos apt] \mathrm{e}^{-\mathrm{i}px} \mathrm{d}p \\ &= \frac{1}{4\pi}\int_{-\infty}^{\infty} (\mathrm{e}^{\mathrm{i}(x-at)p} + \mathrm{e}^{\mathrm{i}(x+at)p}) \int_{-\infty}^{\infty} \varphi(\xi) \mathrm{e}^{-\mathrm{i}p\xi} \mathrm{d}\xi \mathrm{d}p \\ &= \frac{1}{2}[\varphi(x-at) + \varphi(x+at)] \end{aligned}$$

【例】 用拉普拉斯变换法求解下列热传导方程的定解问题：

$$\begin{cases} \dfrac{\partial u}{\partial t} = a^2 \dfrac{\partial^2 u}{\partial x^2} & (x < +\infty,\ t > 0) \\ u|_{t=0} = 0 & (0 < x < +\infty) \\ u|_{x=0} = u_0 & (t > 0) \end{cases}$$

解：把 x 当做参变量，作 $u(x,t)$ 关于 t 的拉普拉斯变换

$$L(u(x,t)) = \bar{u}(x,p) = \int_0^{\infty} u(x,t) \mathrm{e}^{-pt} \mathrm{d}t$$

原问题化为

$$\begin{cases} p\bar{u} = a^2 \dfrac{\mathrm{d}^2 \bar{u}}{\mathrm{d}t^2} \\ \bar{u}|_{x=0} = \dfrac{u_0}{p} \end{cases}$$

通解为

$$\bar{u} = c_1 \mathrm{e}^{-\frac{\sqrt{p}}{a}x} + c_2 \mathrm{e}^{\frac{\sqrt{p}}{a}x}$$

要求解有界，c_2 必须为零，所以 $c_1 = \frac{u_0}{p}$，则

$$\bar{u} = \frac{u_0}{p} \mathrm{e}^{-\frac{\sqrt{p}}{a}x}$$

查拉普拉斯变换表得

$$u(x,t)=u_0\operatorname{erfc}\left(\frac{x}{2a\sqrt{t}}\right)$$

式中 erfc——余误差函数。

1.4.3.3 一些数学物理方程的解

1. 双曲型方程

(1) $\frac{\partial^2 u}{\partial t^2}=a^2\frac{\partial^2 u}{\partial x^2}$，其一般解为

$$u=f_1(x-at)+f_2(x+at)$$

(2) $\frac{\partial^2 u}{\partial t^2}=a^2\frac{\partial^2 u}{\partial x^2}$，条件为 $u|_{t=0}=\varphi(x)$，$\left.\frac{\partial u}{\partial t}\right|_{t=0}=\psi(x)$，其解为

$$u=\frac{1}{2}[\varphi(x-at)+\varphi(x+at)]+\frac{1}{2a}\int_{x-at}^{x+at}\psi(\xi)\mathrm{d}\xi$$

(3) $\frac{\partial^2 u}{\partial t^2}-a^2\frac{\partial^2 u}{\partial x^2}=Q(x,t)$，条件同上，该方程为非齐次方程，其解为相应的齐次方程在所给条件下的解，与非齐次方程在零条件下的解之和，即在上述解答中增加

$$\frac{1}{2a}\iint_T Q(\xi,\tau)\mathrm{d}\xi\mathrm{d}\tau$$

$$(0\leqslant\tau\leqslant t,\ |\xi-x|\leqslant a|t-\tau|)$$

式中 T——三角形区域。

(4) $\frac{\partial^2 u}{\partial t^2}=a^2\frac{\partial^2 u}{\partial x^2}$，条件为 $u|_{x=0}=u|_{x=l}=0$，$u|_{t=0}=\varphi(x)$，$\frac{\partial u}{\partial t}|_{t=0}=\psi(x)$。

其解答见前述分离变量法求解弦振动方程。

(5) $\frac{\partial^2 u}{\partial t^2}=a^2\frac{\partial^2 u}{\partial x^2}+f(x,t)$，条件同（4）。其解 u 可写为

$$u=v(x,t)+w(x,t)$$

式中，$w(x,t)$ 为上例（4）之解，而

$$v(x,t)=\sum_{n=1}^{\infty}T_n(t)\sin\frac{n\pi x}{l}$$

$$T_n(t)=\frac{2}{n\pi a}\int_0^t\mathrm{d}\tau\int_0^l f(z,\tau)\sin\left(\frac{n\pi a}{l}(t-\tau)\right)\sin\frac{n\pi z}{l}\mathrm{d}z$$

(6) $\frac{\partial^2 u}{\partial t^2}=a^2\frac{\partial^2 u}{\partial x^2}+f(x,t)$，条件为 $u|_{x=0}=\mu_1(t)$，$u|_{x=l}=\mu_2(t)$，$u|_{t=0}=\varphi(x)$，$\left.\frac{\partial u}{\partial t}\right|_{t=0}=\psi(x)$，其解为

$$u=v(x,t)+U(x,t)$$

其中 $U(x,t)=\mu_1(t)+\frac{x}{l}[\mu_2(t)-\mu_1(t)]$

$v(x,t)$ 为下列问题之解，可按（5）所述推求：

$$\frac{\partial^2 v}{\partial t^2}=a^2\frac{\partial^2 v}{\partial x^2}+f(x,t)-\mu''_1(t)-\frac{x}{l}[\mu''_2(t)-\mu''_1(t)]$$

条件为 $v|_{x=0}=0$，$v|_{x=l}=0$，$v|_{t=0}=\varphi(x)-\mu_1(0)-\frac{x}{l}[\mu_2(0)-\mu_1(0)]$，$\left.\frac{\partial v}{\partial t}\right|_{t=0}=\psi(x)-\mu'_1(0)-\frac{x}{l}[\mu'_2(0)-\mu'_1(0)]$

(7) $\frac{\partial^2 u}{\partial t^2}=a^2\left(\frac{\partial^2 u}{\partial x^2}+\frac{\partial^2 u}{\partial y^2}\right)$，条件为 $u|_{t=0}=\varphi(x,y)$，$\left.\frac{\partial u}{\partial t}\right|_{t=0}=\psi(x,y)$，其解为

$$u(x,y,t)=\frac{1}{2\pi a}\frac{\partial}{\partial t}\iint_{K_{at}}\frac{\varphi(x+r\cos\theta,\ y+r\sin\theta)}{\sqrt{(at)^2-r^2}}r\mathrm{d}\theta\mathrm{d}r+\frac{1}{2\pi a}\iint_{K_{at}}\frac{\psi(x+r\cos\theta,\ y+r\sin\theta)}{\sqrt{(at)^2-r^2}}r\mathrm{d}\theta\mathrm{d}r$$

$$(K_{at}:0\leqslant r\leqslant at,\ 0\leqslant\theta\leqslant 2\pi)$$

(8) $\frac{\partial^2 u}{\partial t^2}=a^2\left(\frac{\partial^2 u}{\partial x^2}+\frac{\partial^2 u}{\partial y^2}\right)$或用极坐标表示为

$$a^2\left(\frac{\partial^2 u}{\partial r^2}+\frac{1}{r}\frac{\partial u}{\partial r}+\frac{1}{r^2}\frac{\partial^2 u}{\partial\varphi^2}\right)=\frac{\partial^2 u}{\partial t^2}$$

条件为 $u|_{t=0}=f(r,\varphi)$，$\left.\frac{\partial u}{\partial t}\right|_{t=0}=F(r,\varphi)$，$u|_{r=R}=0$（固定边圆形膜的振动），其解为

$$u=\sum_{n=0}^{\infty}\sum_{k=1}^{\infty}\left[(a_{nk}\cos n\varphi+b_{nk}\sin n\varphi)\cos\frac{a\mu_{nk}t}{R}+(c_{nk}\cos n\varphi+d_{nk}\sin n\varphi)\sin\frac{a\mu_{nk}t}{R}\right]\mathrm{J}_n\left(\mu_{nk}\frac{r}{R}\right)$$

式中 J_n——n 阶第一类贝塞尔函数；

μ_{nk}——J_n 的第 k 个正零点。

a_{nk}、b_{nk} 的计算公式为

$$a_{nk}=\frac{2}{\pi R^2\mathrm{J}_{n-1}^2(\mu_{nk})}\int_0^{2\pi}\mathrm{d}\varphi\int_0^R f(r,\varphi)\cos n\varphi\mathrm{J}_n\left(\mu_{nk}\frac{r}{R}\right)r\mathrm{d}r$$

$$b_{nk}=\frac{2}{\pi R^2\mathrm{J}_{n-1}^2(\mu_{nk})}\int_0^{2\pi}\mathrm{d}\varphi\int_0^R f(r,\varphi)\sin n\varphi\mathrm{J}_n\left(\mu_{nk}\frac{r}{R}\right)r\mathrm{d}r$$

在以上公式中用 $F(r,\varphi)$ 代替 $f(r,\varphi)$，并乘以$\frac{R}{a\mu_{nk}}$，即可得到确定 c_{nk}、d_{nk} 的公式。

(9) $\frac{\partial^2 u}{\partial t^2}=a^2\frac{\partial^2 u}{\partial x^2}$，条件为 $u|_{t=0}=f(x)$，$\left.\frac{\partial u}{\partial t}\right|_{t=0}=\varphi(x)$，$\left.\frac{\partial u}{\partial x}\right|_{x=0}=0$，$\left.\frac{\partial u}{\partial x}\right|_{x=1}=kp$（一根自由杆，在另一端突然加荷），其解为

$$u=\frac{ka^2pt^2}{2l}+\frac{kpx^2}{2l}+a_0+\frac{\pi a}{l}b_0t+\sum_{n=1}^{\infty}\left(a_n\cos\frac{\pi a_nt}{l}+\frac{b_n}{n}\sin\frac{\pi a_nt}{l}\right)\cos\frac{n\pi x}{l}$$

式中 a_n、b_n——函数 $f(x)-\frac{kpx^2}{2}$ 与 $\frac{l}{\pi a}\varphi(x)$ 在区间 $(0,l)$ 上按余弦的傅里叶级数展开式中的系数。

2. 椭圆型方程

(1) $\frac{\partial^2 u}{\partial x^2}+\frac{\partial^2 u}{\partial y^2}=0$，其基本解为

$$u=\ln\frac{1}{\sqrt{(x-x_0)^2+(y-y_0)^2}}$$

复变函数解 $u=p(x,y)$ 或 $q(x,y)$

式中 p、q——任意复解析函数的实部、虚部。

(2) $\frac{\partial^2 u}{\partial x^2}+\frac{\partial^2 u}{\partial y^2}+\frac{\partial^2 u}{\partial z^2}=0$，其基本解为

$$u=\frac{1}{\sqrt{(x-x_0)^2+(y-y_0)^2+(z-z_0)^2}}$$

(3) $\frac{\partial^2 u}{\partial x^2}+\frac{\partial^2 u}{\partial y^2}=0$，条件为 $u|_c=f(M)$

式中 c——以原点为圆心、以 R 为半径的圆周。

方程化为极坐标形式为

$$r^2\frac{\partial^2 u}{\partial r^2}+r\frac{\partial u}{\partial r}+\frac{\partial^2 u}{\partial \theta^2}=0,\quad u|_{r=R}=f(\theta)$$

则在圆周 c 内的解为

$$u=\frac{A_0}{2}+\sum_{n=1}^{\infty}(A_n\cos n\theta+B_n\sin n\theta)r^n$$

其中 $A_0=\frac{1}{2\pi}\int_{-\pi}^{\pi}f(t)\mathrm{d}t$

$$A_n=\frac{1}{\pi R^n}\int_{-\pi}^{\pi}f(t)\cos nt\,\mathrm{d}t\quad(n=1,2,\cdots)$$

$$B_n=\frac{1}{\pi R^n}\int_{-\pi}^{\pi}f(t)\sin nt\,\mathrm{d}t\quad(n=1,2,\cdots)$$

解的积分形式为

$$u=\frac{1}{2\pi}\int_{-\pi}^{\pi}f(t)\frac{R^2-r^2}{R^2-2rR\cos(t-\theta)+r^2}\mathrm{d}t$$

(4) $\frac{\partial^2 u}{\partial x^2}+\frac{\partial^2 u}{\partial y^2}+\frac{\partial^2 u}{\partial z^2}=\varphi(x,y,z)$，其一般解是它的任何一个特解与在有界区域 Ω 上的调和函数之和。方程的一个特解是

$$u=-\frac{1}{4\pi}\iiint_{\Omega}\frac{\varphi(\xi,\eta,\zeta)}{r}\mathrm{d}v$$

其中 $r=\sqrt{(\xi-x)^2+(\eta-y)^2+(\zeta-z)^2}$

(5) $\frac{\partial^2 u}{\partial x^2}+\frac{\partial^2 u}{\partial y^2}=0$，$(x,y)$ 在矩形域内，条件为 $u(0,y)=\varphi_1(y)$、$u(a,y)=\varphi_2(y)$、$u(x,0)=\psi_1(x)$、$u(x,b)=\psi_2(x)$，先设 $\varphi_1(y)=\varphi_2(y)=0$，可得

$$u=\sum_{n=1}^{\infty}\left[a_n\sinh\frac{n\pi}{a}(b-y)+b_n\sinh\frac{n\pi}{a}y\right]\sin\frac{n\pi}{a}x$$

其中 $a_n=\frac{2}{a\sinh\frac{n\pi b}{a}}\int_0^a\psi_1(x)\sin\frac{n\pi}{a}x\,\mathrm{d}x$

$$b_n=\frac{2}{a\sinh\frac{n\pi b}{a}}\int_0^a\psi_2(x)\sin\frac{n\pi}{a}x\,\mathrm{d}x$$

对于 $\psi_1(x)=\psi_2(x)=0$ 的情况，问题可类似地解出，取所求得的两个解之和，即求得原问题的解。

(6) $\frac{\partial^2 u}{\partial x^2}+\frac{\partial^2 u}{\partial y^2}=0$，条件为在某一封闭曲线 Σ 上的 u_0 值或在该曲线法线方向上的 $\frac{\partial u}{\partial n}$ 值为给定，则函数 u 在曲线内部某点 M 处的值为

$$u=\frac{1}{4\pi}\oint_{\Sigma}\frac{\partial}{\partial n}\frac{1}{r}u_0\mathrm{d}s\ \text{或}\ \frac{1}{4\pi}\oint_{\Sigma}\frac{1}{r}\frac{\partial u}{\partial n}\mathrm{d}s$$

式中 r——曲线 Σ 上点到点 M 的距离。

上面的解答也可推广到三维情况。

(7) $\frac{\partial^2 u}{\partial x^2}+\frac{\partial^2 u}{\partial y^2}+\frac{\partial^2 u}{\partial z^2}=\rho(x,y,z)$（泊松方程），如果 ρ 是一个连续函数，且已知 $r\to\infty$ 时 $u\to 0$，则一个特解为

$$u=-\frac{1}{4\pi}\int\frac{\rho\mathrm{d}v}{r}$$

式中 r——积分区域中的点到点 M 的距离，积分区域遍布全部空间。

(8) $\frac{\partial^2 u}{\partial x^2}+\frac{\partial^2 u}{\partial y^2}=-q$（薄膜挠度方程或杆件扭转方程），边界条件是在矩形 $[-a,a]\times[-b,b]$ 的边上 $u=0$。用分离变量法可解得

$$u=\frac{16qa^2}{\pi^3}\sum_{n=1,3,5,\cdots}^{\infty}\frac{1}{n^3}(-1)^{\frac{n-1}{2}}\left[1-\frac{\cosh\frac{n\pi y}{2a}}{\cosh\frac{n\pi b}{2a}}\right]\cos\frac{n\pi x}{2a}$$

3. 抛物型方程

(1) $\frac{\partial u}{\partial t}-a^2\left(\frac{\partial^2}{\partial x^2}+\frac{\partial^2}{\partial y^2}+\frac{\partial^2}{\partial z^2}\right)u=Q(x,y,z,t)$（均匀介质中的热传导方程。$Q$ 为热源函数，a 为导热系数）。初始条件为 $u|_{t=0}=f(x,y,z)$，求 $t>0$ 时的有界解。

如果 $Q=0$（齐次方程，无内热源），其解为

$$u(x,y,z,t)=\frac{1}{(2a\sqrt{\pi t})^3}\int_{-\infty}^{+\infty}\int_{-\infty}^{+\infty}\int_{-\infty}^{+\infty}f(x,y,z)\times \mathrm{e}^{-\frac{(x-\alpha)^2+(y-\beta)^2+(z-\gamma)^2}{4a^2t}}\mathrm{d}\alpha\mathrm{d}\beta\mathrm{d}\gamma$$

当 $Q\neq 0$ 时，上式右边应增加

$$\int_0^t\left[\int_{-\infty}^{+\infty}\int_{-\infty}^{+\infty}\int_{-\infty}^{+\infty}\frac{Q(x,y,z)}{[2a\sqrt{\pi(t-\tau)}]^3}\mathrm{e}^{-\frac{(x-\alpha)^2+(y-\beta)^2+(z-\gamma)^2}{4a^2t}}\mathrm{d}\alpha\mathrm{d}\beta\mathrm{d}\gamma\right]\mathrm{d}\tau$$

(2) $\frac{\partial u}{\partial t}=a^2\frac{\partial^2 u}{\partial x^2}$ $(0\leqslant x<+\infty,\ t\geqslant 0)$，条件为 $u|_{t=0}=f(x)$，$u|_{x=0}=0$（热量在半无限长均匀杆中的传导），其解为

$$u=\int_0^{+\infty}f(s)\frac{1}{2a\sqrt{\pi t}}\left[\mathrm{e}^{-\frac{(x-s)^2}{4a^2t}}-\mathrm{e}^{-\frac{(x+s)^2}{4a^2t}}\right]\mathrm{d}s$$

(3) $\frac{\partial u}{\partial t}=a^2\frac{\partial^2 u}{\partial x^2}$，条件为 $u|_{t=0}=f(x)$，$u|_{x=0}=u|_{x=l}=0$（无限大平板的对称冷却），其解为

$$u=\sum_{n=1}^{\infty}a_n\sin\frac{n\pi x}{l}e^{-a\left(\frac{n\pi}{l}\right)^2 t}$$

系数 a_n 由初始条件确定

$$a_n=\frac{2}{l}\int_0^l f(x)\sin\frac{n\pi x}{l}dx\quad(n=1,2,3,\cdots)$$

对于 $f(x)=t_0$（初始温度为常数），$a_n=\frac{4t_0}{n\pi}$（n 为奇数）及 0（n 为偶数），故

$$u=t_0\frac{4}{\pi}\sum_{n=1,3,\cdots}^{\infty}\frac{1}{n}e^{-an^2\pi^2t/l^2}\sin\frac{n\pi}{l}x$$

土力学中的固结问题，也属于同类方程。$f(x)$ 表示初始孔隙压力，$l/2$ 表示土层厚度，a 为固结系数，u 表示孔隙压力。

(4) $\frac{\partial u}{\partial t}=a^2\frac{\partial^2 u}{\partial x^2}$，条件为 $u|_{t=0}=f(x)$，$u|_{x=0}=u_0$，$u|_{x=l}=u_1$。可通过变换 $v=u-\left[u_0+\frac{x}{l}(u_1-u_0)\right]$ 化为零边界条件求解。

(5) $\frac{\partial u}{\partial t}=a^2\frac{\partial^2 u}{\partial x^2}$，条件为 $u|_{t=0}=f(x)$，$\frac{\partial u}{\partial x}|_{x=0}=hu|_{x=0}$。其解为

$$u=\frac{1}{2a\sqrt{\pi t}}\int_0^{+\infty}\left[f(\xi)e^{-\frac{(x-\xi)^2}{4a^2t}}+f(-\xi)e^{-\frac{(x+\xi)^2}{4a^2t}}\right]d\xi$$

其中 $f(-\xi)=f(\xi)-2he^{-h\xi}\int_0^{\xi}e^{h\xi}f(\xi)d\xi$

4. 双调和方程

双调和方程 $\left(\frac{\partial^4}{\partial x^4}+2\frac{\partial^4}{\partial x^2\partial y^2}+\frac{\partial^4}{\partial y^4}\right)u=0$ 的解，常由以下函数组成：

(1) 调和函数。

(2) 调和函数与 x 或 y 的积。

(3) 调和函数与 x^2+y^2（或 r^2）的积。

双调和方程的解常具备以下形式之一：

$$u=xp+yq+p_1$$
$$u=xp+p_1$$
$$u=yq+p_1$$
$$u=(x^2+y^2)p+p_1$$

式中 p、q——一对共轭调和函数；

p_1——任意调和函数。

如果 $\psi(z)$ 及 $\chi(z)$ 是任两个解析复变函数，$z=x+iy$，则双调和方程的解又可表示为

$$u=\mathrm{Re}[\bar{z}\psi(z)+\chi(z)]$$

如果求双调和方程在矩形（$l\times h$）域内的解，矩形两条长边上的条件是给定的（如矩形梁的平面弹性问题）。

置 $u=X(x)Y(y)$，代入双调和方程中并分离变量，可得两个常微分方程

$$X''+\lambda^2X=0$$
$$Y^{(4)}-2\lambda^2Y''+\lambda^4Y=0$$

其中 $\lambda=\frac{m\pi}{l}\quad(m=1,2,\cdots,n)$

最终解可写为

$$u=\sum_{m=1}^{n}\sin\frac{m\pi x}{l}\left(A_m\cosh\frac{m\pi y}{l}+B_m\sinh\frac{m\pi y}{l}+C_my\cosh\frac{m\pi y}{l}+D_my\sinh\frac{m\pi y}{l}\right)$$

四组常数由矩形长边上的条件确定。

如果求双调和方程在矩形（$a\times b$）域内的解，矩形四条边上的条件是给定的（如矩形板的弯曲问题）。

由于需满足四条边上的条件，所以其解要以双重三角级数表示。当四条边界为简支时

$$u=\sum_{m=1}^{\infty}\sum_{n=1}^{\infty}A_{mn}\sin\frac{m\pi x}{a}\sin\frac{n\pi y}{b}$$

系数 A_{mn} 由板上荷载 $q(x,y)$ 确定，即

$$A_{mn}=\frac{4}{D\pi^4\left(\frac{m^2}{a^2}+\frac{n^2}{b^2}\right)^2ab}\iint q(x,y)\sin\frac{m\pi x}{a}\sin\frac{n\pi y}{b}dxdy$$

式中 D——板的刚度（纳维解答）。

5. 弹性梁的自由振动方程

弹性梁的自由振动方程为

$$\frac{\partial^2 y}{\partial t^2}+a^2\frac{\partial^4 y}{\partial x^4}=0$$

其中 $a^2=\frac{EIg}{A\gamma}$

式中 EI——梁的刚度；

g——重力加速度；

A——截面积；

γ——容重。

由分离变量法可得

$$y=\sum_{i=1}^{\infty}X_i(A_i\cos\omega_it+B_i\sin\omega_it)$$

$$X_i=C_{1i}\sin k_ix+C_{2i}\cos k_ix+C_{3i}\sinh k_ix+C_{4i}\cosh k_ix$$

其中 $k_i^4=\frac{\omega_i^2}{a^2}$

每一个 X_i 都应满足梁两端的边界条件（共 4 个），这样就可确定 4 个常数间的比值，而且可以得到频率方程式，确定 k_i 即 ω_i 的值，从而获得通解。例如，对两端铰支梁，梁端的 $X=\frac{d^2X}{dx^2}=0$，故得 $c_1=c_2=0$、$c_3=c_4$，而且 $\sin kl=0$，即 $kl=\pi,2\pi,3\pi,\cdots,\omega_i=\frac{i^2a\pi^2}{l^2}$。

在复杂的条件下，数学物理方程的解析解很难或不可能求出，必须采用数值法求解。

1.5 线 性 代 数

1.5.1 矩阵和行列式基本知识

1.5.1.1 基本定义

1. 矩阵定义

一组 $m\times n$ 个数排列成一个 m 行 n 列的矩形数表，作为运算的对象，称为一个矩阵，其中每一个数称为矩阵的元素，可用大写字母表记，如

$$\boldsymbol{A}=\begin{bmatrix} a_{11} & a_{12} & \cdots & a_{1n} \\ a_{21} & a_{22} & \cdots & a_{2n} \\ \vdots & \vdots & \vdots & \vdots \\ a_{m1} & a_{m2} & \cdots & a_{mn} \end{bmatrix}$$

简记为 $\boldsymbol{A}=[a_{ij}]_{m\times n}$、$\boldsymbol{A}=[a_{ij}]$，也常写为 $\boldsymbol{A}_{m\times n}$ 或 $\boldsymbol{A}_{mn}$。a_{ij} 称为 $\boldsymbol{A}$ 的第 i 行第 j 列的元素。

当矩阵的行数等于列数（$m=n$）时，称 $\boldsymbol{A}$ 为方阵或 n 阶方阵（n 为方阵的阶）；否则（$m\neq n$）称 $\boldsymbol{A}$ 为长方矩阵或 $m\times n$ 矩阵。

从左上角延伸到右下角的对角线称为方阵的主对角线。

当方阵中的主对角线元素均为 1，其余元素均为 0 时，称为单位矩阵，常记为 $\boldsymbol{I}$ 或 $\boldsymbol{E}$。

主对角线以上元素全为零的矩阵称为下三角形矩阵；主对角线以下元素全为零的矩阵称为上三角形矩阵；除主对角线以外的元素都是零（$d_{ij}=0$，$i\neq j$；$d_{ij}=d_i$，$i=j$）的方阵称为对角矩阵，记为

$$diag(d_1,d_2,\cdots,d_n)=\begin{bmatrix} d_1 & & & \\ & d_2 & & \\ & & \ddots & \\ & & & d_n \end{bmatrix}$$

矩阵 $\boldsymbol{A}$ 的 a_{ij} 与 a_{ji} 互换位置形成的新矩阵称为 $\boldsymbol{A}$ 的转置矩阵，记为 $\boldsymbol{A}^{\mathrm{T}}$ 或 $\boldsymbol{A}'$；把 $\boldsymbol{A}$ 进行转置并对全部元素求共轭后形成的矩阵记为 $\boldsymbol{A}^{\mathrm{H}}$。

如果实方阵 $\boldsymbol{A}=\boldsymbol{A}^{\mathrm{T}}$，称 $\boldsymbol{A}$ 为实对称矩阵；如果复方阵 $\boldsymbol{A}=\boldsymbol{A}^{\mathrm{H}}$，则称 $\boldsymbol{A}$ 为埃尔米特（Hermite）矩阵。

$n=1$ 的矩阵称为列向量；$m=1$ 的矩阵称为行向量。

当两矩阵对应的元素均相等时，称两矩阵相等。

设 $\boldsymbol{A}$ 为 $m\times n$ 矩阵，在 $\boldsymbol{A}$ 中任取 $k(1\leqslant k\leqslant m)$ 行和 $k(1\leqslant k\leqslant n)$ 列，位于这些行和列相交处的 k^2 个元素，按其原来的顺序构成一个 k 阶行列式，称为 $\boldsymbol{A}$ 的 k 阶子式。如果 $\boldsymbol{A}$ 中不为零的子式最高阶数为 r，即存在 r 阶子式不为零，而任何 $r+1$ 阶子式（如果存在的话）皆为零，则称 r 为矩阵 $\boldsymbol{A}$ 的秩，记为 $R(\boldsymbol{A})=r$。规定零矩阵的秩等于零。

2. 行列式定义

行列式 $|\boldsymbol{A}|$ 或 $\det\boldsymbol{A}$ 是方阵 $\boldsymbol{A}$ 的纯量函数，定义如下：

（1）$n=1$，$|a_{11}|=a_{11}$。

（2）$n=2$，$\begin{vmatrix} a_{11} & a_{12} \\ a_{21} & a_{22} \end{vmatrix}=a_{11}a_{22}-a_{12}a_{21}$。

（3）$n=3$，则

$$\begin{vmatrix} a_{11} & a_{12} & a_{13} \\ a_{21} & a_{22} & a_{23} \\ a_{31} & a_{32} & a_{33} \end{vmatrix}=a_{11}a_{22}a_{33}+a_{12}a_{23}a_{31}+a_{13}a_{21}a_{32}-a_{13}a_{22}a_{31}-a_{12}a_{21}a_{33}-a_{11}a_{23}a_{32}$$

（4）$n=n$，则

$$\boldsymbol{A}=\begin{vmatrix} a_{11} & a_{12} & \cdots & a_{1n} \\ a_{21} & a_{22} & \cdots & a_{2n} \\ \vdots & \vdots & \vdots & \vdots \\ a_{n1} & a_{n2} & \cdots & a_{nn} \end{vmatrix}=\sum(-1)^{\delta}\times a_{1i_1}a_{2i_2}\cdots a_{ni_n}$$

式中　$\sum$——是对 $(1,2,\cdots,n)$ 的全部排列情况进行的；

δ——使序列 $(i_1,i_2,\cdots,i_n)$ 转换成自然序列 $(1,2,\cdots,n)$ 所必须对换的次数。

如果从行列式 $\boldsymbol{A}$ 中划去与元素 a_{ij} 相应的第 i 行、第 j 列，则所剩下的 $n-1$ 阶行列式为

$$M_{ij}=\begin{vmatrix} a_{11} & \cdots & a_{1,j-1} & a_{1,j+1} & \cdots & a_{1n} \\ \vdots & \vdots & \vdots & \vdots & \vdots & \vdots \\ a_{i-1,1} & \cdots & a_{i-1,j-1} & a_{i-1,j+1} & \cdots & a_{i-1,n} \\ a_{i+1,1} & \cdots & a_{i+1,j-1} & a_{i+1,j+1} & \cdots & a_{i+1,n} \\ \vdots & \vdots & \vdots & \vdots & \vdots & \vdots \\ a_{n,1} & \cdots & a_{n,j-1} & a_{n,j+1} & \cdots & a_{nn} \end{vmatrix}$$

则称 M_{ij} 为元素 a_{ij} 的余子式，称 $A_{ij}=(-1)^{i+j}M_{ij}$ 为 a_{ij} 的代数余子式。

1.5.1.2 基本运算

1. 矩阵的基本运算

（1）矩阵加减。矩阵相加减时，对应的元素相加减。同类型（即行数与列数分别相等）的矩阵才能加减。矩阵加减满足交换律和结合律：

$$\boldsymbol{A}+\boldsymbol{B}=\boldsymbol{B}+\boldsymbol{A}$$

$$(\boldsymbol{A}+\boldsymbol{B})+\boldsymbol{C}=\boldsymbol{A}+(\boldsymbol{B}+\boldsymbol{C})$$

（2）数乘矩阵。数乘矩阵时，将该数乘矩阵的每一元素，且有以下性质：

$$k\boldsymbol{A}=\boldsymbol{A}k$$

$$k(\boldsymbol{A}+\boldsymbol{B})=k\boldsymbol{A}+k\boldsymbol{B}$$

（3）矩阵相乘。两矩阵 $\boldsymbol{A}_{mn}$、$\boldsymbol{B}_{nl}$，当 $\boldsymbol{A}$ 矩阵的列数等于 $\boldsymbol{B}$ 矩阵的行数时，才能进行 $\boldsymbol{AB}$ 的乘法运算。

所得乘积为一个 $m\times l$ 矩阵，其元素 c_{ij} 等于左矩阵 $\boldsymbol{A}$ 中第 i 行与右矩阵 $\boldsymbol{B}$ 中第 j 列对应元素乘积之和，即

$$c_{ij}=\sum_{k=1}^{n}a_{ik}b_{kj}\quad(i=1,2,\cdots,m;\ j=1,2,\cdots,l)$$

矩阵相乘满足结合律和分配律，即

$$(\boldsymbol{AB})\boldsymbol{C}=\boldsymbol{A}(\boldsymbol{BC})$$

$$\boldsymbol{A}(\boldsymbol{B}+\boldsymbol{C})=\boldsymbol{AB}+\boldsymbol{AC}$$

矩阵一般不满足交换律，即

$$\boldsymbol{AB}\neq\boldsymbol{BA}\text{,但}$$

$$\boldsymbol{A}_{mn}\boldsymbol{I}_n=\boldsymbol{I}_m\boldsymbol{A}_{mn}=\boldsymbol{A}_{mn}$$

（4）矩阵的转置运算满足以下规则：

$$(\boldsymbol{A}+\boldsymbol{B})^{\mathrm{T}}=\boldsymbol{A}^{\mathrm{T}}+\boldsymbol{B}^{\mathrm{T}}$$

$$(\boldsymbol{AB})^{\mathrm{T}}=\boldsymbol{B}^{\mathrm{T}}\boldsymbol{A}^{\mathrm{T}}$$

（5）矩阵的分块。设 $\boldsymbol{A}=[a_{ik}]_{m\times r}$，$\boldsymbol{B}=[a_{kj}]_{r\times n}$，把 $\boldsymbol{A}$、$\boldsymbol{B}$ 分成一些小矩阵，即

$$\boldsymbol{A}=\begin{bmatrix}A_{11}&A_{12}&\cdots&A_{1l}\\A_{21}&A_{22}&\cdots&A_{2l}\\\vdots&\vdots&\vdots&\vdots\\A_{s1}&A_{s2}&\cdots&A_{sl}\end{bmatrix},\ \boldsymbol{B}=\begin{bmatrix}B_{11}&B_{12}&\cdots&B_{1t}\\B_{21}&B_{22}&\cdots&B_{2t}\\\vdots&\vdots&\vdots&\vdots\\B_{l1}&B_{l2}&\cdots&B_{lt}\end{bmatrix}$$

其中，每个 A_{ij} 是 $m_i\times r_j$ 矩阵、B_{ij} 是 $r_i\times n_j$ 矩阵，这种把一个矩阵分为若干小矩阵，而把每个小矩阵当作数一样处理的做法，称为矩阵的分块。若 $\boldsymbol{A}$ 的列的分法和 $\boldsymbol{B}$ 的行的分法一致，则

$$\boldsymbol{C}=\boldsymbol{AB}=\begin{bmatrix}C_{11}&C_{12}&\cdots&C_{1t}\\C_{21}&C_{22}&\cdots&C_{2t}\\\vdots&\vdots&\vdots&\vdots\\C_{s1}&C_{s2}&\cdots&C_{st}\end{bmatrix}$$

其中 $C_{pq}=\sum_{k=1}^{l}A_{pk}B_{kq}\,(p=1,2,\cdots,s;\ q=1,2,\cdots,t)$

（6）矩阵求逆。

1）逆矩阵的定义。只有方阵才可能有逆矩阵。设 $\boldsymbol{A}$ 为一 n 阶方阵，如果存在着 n 阶方阵 $\boldsymbol{B}$，使得 $\boldsymbol{AB}=\boldsymbol{BA}=\boldsymbol{I}$，则称 $\boldsymbol{B}$ 为 $\boldsymbol{A}$ 的逆矩阵，记为 $\boldsymbol{A}^{-1}$。$\boldsymbol{A}$ 有逆矩阵的充分和必要条件是 $|\boldsymbol{A}|\neq0$。$|\boldsymbol{A}|=0$ 的矩阵称为奇异矩阵，它没有逆矩阵。

2）逆矩阵的性质。若 $\boldsymbol{B}$ 为 $\boldsymbol{A}$ 的逆矩阵，则 $\boldsymbol{A}$ 也为 $\boldsymbol{B}$ 的逆矩阵。或 $(\boldsymbol{A}^{-1})^{-1}=\boldsymbol{A}$，另有

$$(\boldsymbol{AB})^{-1}=\boldsymbol{B}^{-1}\boldsymbol{A}^{-1}$$

$$(\boldsymbol{A}^{\mathrm{T}})^{-1}=(\boldsymbol{A}^{-1})^{\mathrm{T}}$$

3）逆矩阵的求法：

$$\boldsymbol{A}^{-1}=\frac{1}{|\boldsymbol{A}|}\begin{bmatrix}A_{11}&A_{21}&\cdots&A_{n1}\\A_{12}&A_{22}&\cdots&A_{n2}\\\vdots&\vdots&\vdots&\vdots\\A_{1n}&A_{2n}&\cdots&A_{nn}\end{bmatrix}$$

式中 A_{ij} ——a_{ij} 的代数余子式。

4）一些特殊矩阵的求逆法。

a. 对角矩阵。对角矩阵的逆矩阵也是对角矩阵，其各元素为原矩阵相应元素的倒数。

b. 三角矩阵。三角矩阵的逆矩阵是同类型的三角矩阵，求逆时可按顺序先求出对角线各元素再计算其他元素。计算公式如下：

下三角矩阵为

$$\boldsymbol{L}=\begin{pmatrix}l_{11}&&&\\l_{21}&l_{22}&&\\\vdots&\vdots&\ddots&\\l_{n1}&l_{n2}&\cdots&l_{nn}\end{pmatrix}$$

$$\boldsymbol{L}^{-1}=\begin{pmatrix}l'_{11}&&&\\l'_{21}&l'_{22}&&\\\vdots&\vdots&\ddots&\\l'_{n1}&l'_{n2}&\cdots&l'_{nn}\end{pmatrix}$$

$$\begin{cases}l'_{ii}=\dfrac{1}{l_{ii}}\\l'_{ij}=-l'_{ii}\left(\sum\limits_{k=j}^{i-1}l_{ik}l'_{kj}\right)\\(i=1,2,\cdots,n;\ j=1,2,\cdots,i-1)\end{cases}$$

上三角矩阵为

$$\boldsymbol{U}=\begin{pmatrix}u_{11}&u_{12}&\cdots&u_{1n}\\&u_{22}&\cdots&u_{2n}\\&&\ddots&\vdots\\&&&u_{nn}\end{pmatrix}$$

$$\boldsymbol{U}^{-1}=\begin{pmatrix}u'_{11}&u'_{12}&\cdots&u'_{1n}\\&u'_{22}&\cdots&u'_{2n}\\&&\ddots&\vdots\\&&&u'_{nn}\end{pmatrix}$$

$$\begin{cases}u'_{ii}=\dfrac{1}{u_{ii}}\\u'_{ij}=-u'_{ii}\left(\sum\limits_{k=i+1}^{n}u_{ik}u'_{kj}\right)\\(i=n,n-1,\cdots,2,1;\ j=i+1,i+2,\cdots,n)\end{cases}$$

c. 对称矩阵。对称矩阵的逆矩阵也是对称矩阵。求逆时可采用平方根法，即先将对称矩阵 $\boldsymbol{A}$ 分解为三角矩阵的积 $\boldsymbol{A}=\boldsymbol{LL}^{\mathrm{T}}$，再求 $\boldsymbol{A}^{-1}=\boldsymbol{L}^{-\mathrm{T}}\boldsymbol{L}^{-1}$ [$\boldsymbol{L}^{-\mathrm{T}}=(\boldsymbol{L}^{\mathrm{T}})^{-1}$ 或 $(\boldsymbol{L}^{-1})^{\mathrm{T}}$]。

d. 正交矩阵。有一些方阵的逆矩阵等于其转置矩阵：$\boldsymbol{A}^{-1}=\boldsymbol{A}^{\mathrm{T}}$，这种矩阵称为正交矩阵。正交矩阵具有如下性质：

$$\sum_{k=1}^{n}a_{ik}a_{jk}=\sum_{k=1}^{n}a_{ki}a_{kj}$$

$$=\begin{cases}1&(\text{当 }i=j)\\0&(\text{当 }i\neq j;\ i,j=1,2,\cdots,n)\end{cases}$$

$$|\boldsymbol{A}|=\pm1$$

坐标系转动时，新旧坐标间的转换矩阵就是个正交矩阵。

2. 行列式的基本运算

（1）两行（列）互换，行列式改变符号。

（2）将其他行（列）的一个线性组合加到任意给定的行（列）上，该行列式的值不变。

（3）某两行（列）元素成比例，行列式为零。

（4）某行（列）元素同乘以数 a，等于该行列式乘 a。

（5）假定矩阵 $\boldsymbol{A}$ 的阶数为 n，则

$$|a\boldsymbol{A}|=a^n|\boldsymbol{A}|$$

（6）若 $\boldsymbol{A}=(a_{ij})_{n\times n}$，$A_{ij}$ 为 a_{ij} 的代数余子式，则

$$|\boldsymbol{A}|=\sum_{j=1}^{n}a_{ij}A_{ij}\quad(i=1,2,\cdots,n)$$

$$|\boldsymbol{A}|=\sum_{i=1}^{n}a_{ij}A_{ij}\quad(j=1,2,\cdots,n)$$

这样就将 n 阶行列式的计算降阶为 n 个 $n-1$ 阶行列式的计算。依次降阶，可以算出原 n 阶行列式的值。

在实际计算中，要先利用行列式的一些性质，将行列式变换，使尽可能多的元素变为零，以简化工作。

（7）给定两个 n 阶行列式 $|a_{ij}|_{n\times n}$ 和 $|b_{ij}|_{n\times n}$，则

$$\begin{vmatrix}a_{11}&a_{12}&\cdots&a_{1n}\\a_{21}&a_{22}&\cdots&a_{2n}\\\vdots&\vdots&\vdots&\vdots\\a_{n1}&a_{n2}&\cdots&a_{nn}\end{vmatrix}\begin{vmatrix}b_{11}&b_{12}&\cdots&b_{1n}\\a_{21}&a_{22}&\cdots&b_{2n}\\\vdots&\vdots&\vdots&\vdots\\b_{n1}&b_{n2}&\cdots&b_{nn}\end{vmatrix}$$

$$=\begin{vmatrix}\sum_{k=1}^{n}a_{1k}b_{k1}&\sum_{k=1}^{n}a_{1k}b_{k2}&\cdots&\sum_{k=1}^{n}a_{1k}b_{kn}\\\sum_{k=1}^{n}a_{2k}b_{k1}&\sum_{k=1}^{n}a_{2k}b_{k2}&\cdots&\sum_{k=1}^{n}a_{2k}b_{kn}\\\vdots&\vdots&\vdots&\vdots\\\sum_{k=1}^{n}a_{nk}b_{k1}&\sum_{k=1}^{n}a_{nk}b_{k2}&\cdots&\sum_{k=1}^{n}a_{nk}b_{kn}\end{vmatrix}$$

若设 $\boldsymbol{A}=(a_{ij})_{nn}$，$\boldsymbol{B}=(b_{ij})_{nn}$，则

$$|\boldsymbol{A}||\boldsymbol{B}|=|\boldsymbol{AB}|$$

1.5.2 线性变换与矩阵

1.5.2.1 相似变换

设有限维矢量空间上有一线性变换，它在矢量空间两个不同基底上的表示矩阵分别为 $\boldsymbol{A}$、$\boldsymbol{B}$。如果第一个基到第二个基的过渡矩阵为 $\boldsymbol{X}$，则 $\boldsymbol{X}$ 为非奇异矩阵（即 $\det\boldsymbol{X}\neq0$），并且有

$$\boldsymbol{B}=\boldsymbol{X}^{-1}\boldsymbol{AX}$$

称矩阵 $\boldsymbol{A}$ 与矩阵 $\boldsymbol{B}$ 相似，也称 $\boldsymbol{A}$ 经过相似变换转化为 $\boldsymbol{B}$，记作 $\boldsymbol{A}\sim\boldsymbol{B}$，它具有下列性质：

（1）$\boldsymbol{A}\sim\boldsymbol{A}$，$\boldsymbol{A}^{\mathrm{T}}\sim\boldsymbol{A}$。

（2）若 $\boldsymbol{A}\sim\boldsymbol{B}$，则 $\boldsymbol{B}\sim\boldsymbol{A}$。

（3）若 $\boldsymbol{A}\sim\boldsymbol{B}$，$\boldsymbol{B}\sim\boldsymbol{C}$，则 $\boldsymbol{A}\sim\boldsymbol{C}$。

（4）$\boldsymbol{X}^{-1}(\boldsymbol{A}_1+\boldsymbol{A}_2+\cdots+\boldsymbol{A}_m)\boldsymbol{X}$

$$=\boldsymbol{X}^{-1}\boldsymbol{A}_1\boldsymbol{X}+\boldsymbol{X}^{-1}\boldsymbol{A}_2\boldsymbol{X}+\cdots+\boldsymbol{X}^{-1}\boldsymbol{A}_m\boldsymbol{X}$$

（5）$\boldsymbol{X}^{-1}(\boldsymbol{A}_1\boldsymbol{A}_2\cdots\boldsymbol{A}_m)\boldsymbol{X}$

$$=\boldsymbol{X}^{-1}\boldsymbol{A}_1\boldsymbol{X}\cdot\boldsymbol{X}^{-1}\boldsymbol{A}_2\boldsymbol{X}\cdot\cdots\cdot\boldsymbol{X}^{-1}\boldsymbol{A}_m\boldsymbol{X}$$

（6）$\boldsymbol{X}^{-1}\boldsymbol{A}^m\boldsymbol{X}=(\boldsymbol{X}^{-1}\boldsymbol{AX})^m$

（7）若 $f(\boldsymbol{A})$ 为矩阵 $\boldsymbol{A}$ 的多项式，则

$$\boldsymbol{X}^{-1}f(\boldsymbol{A})\boldsymbol{X}=f(\boldsymbol{X}^{-1}\boldsymbol{AX})$$

（8）若 $\boldsymbol{A}\sim\boldsymbol{B}$，则可知：

$\boldsymbol{A}$ 与 $\boldsymbol{B}$ 的秩相同，即 $R(\boldsymbol{A})=R(\boldsymbol{B})$。

$\boldsymbol{A}$ 与 $\boldsymbol{B}$ 的行列式相同，即 $\det\boldsymbol{A}=\det\boldsymbol{B}$。

$\boldsymbol{A}$ 与 $\boldsymbol{B}$ 的迹相同，即 $\mathrm{tr}\boldsymbol{A}=\mathrm{tr}\boldsymbol{B}$。

1.5.2.2 正交变换

设矢量空间为欧氏空间，取标准正交基作为基底。如果线性变换在两个基的矩阵表示为 $\boldsymbol{A}$、$\boldsymbol{B}$，则基的过渡矩阵 $\boldsymbol{Q}$ 为正交矩阵（$\boldsymbol{Q}^{-1}=\boldsymbol{Q}^{\mathrm{T}}$），称 $\boldsymbol{B}=\boldsymbol{Q}^{-1}\boldsymbol{AQ}=\boldsymbol{Q}^{\mathrm{T}}\boldsymbol{AQ}$ 为矩阵 $\boldsymbol{A}$ 的正交变换，其性质与相似变换类似。特别：对称矩阵 $\boldsymbol{A}$ 经正交变换后仍是对称矩阵。

1.5.2.3 旋转变换

若欧氏空间的线性变换在两个标准正交基下的矩阵表示分别为 $\boldsymbol{A}$、$\boldsymbol{B}$，而且由一个基到另一个基的过渡矩阵是保持定向的，则可取过渡矩阵 $\boldsymbol{U}$ 为旋转矩阵。例如

$$\boldsymbol{U}_{pq}=(u_{ij})=\begin{array}{c}\begin{array}{ccccccccccc}&&&(p)&&&&(q)&&&\end{array}\\\left[\begin{array}{ccccccccccc}1&&&&&&&&&&\\&\ddots&&&&&&&&&\\&&1&&&&&&&&\\&&&\cos\theta&\cdots&\cdots&\cdots&\sin\theta&&&\\&&&\vdots&1&&&\vdots&&&\\&&&\vdots&&\ddots&&\vdots&&&\\&&&\vdots&&&1&\vdots&&&\\&&&-\sin\theta&\cdots&\cdots&\cdots&\cos\theta&&&\\&&&&&&&&1&&\\&&&&&&&&&\ddots&\\&&&&&&&&&&1\end{array}\right]\end{array}\begin{array}{c}\\\\\\\\(p)\\\\\\\\(q)\\\\\\\\\end{array}$$

即

$$u_{pp}=u_{qq}=\cos\theta$$
$$u_{pq}=-u_{qp}=\sin\theta$$
$$u_{ii}=1(i\neq p,q)$$
$$u_{ij}=0(i,j\neq p,q;\ i\neq j)$$

这时称 $\boldsymbol{B}=\boldsymbol{U}_{pq}^{\mathrm{T}}\boldsymbol{AU}_{pq}$ 为 $\boldsymbol{A}$ 的旋转变换，称 $\boldsymbol{\theta}$ 为旋转角。如果 $\boldsymbol{A}$ 是对称矩阵，则 $\boldsymbol{B}$ 的元素 b_{ij} 与 $\boldsymbol{A}$ 的元素 a_{ij} 有如下对应关系：

$$\begin{cases} b_{pp} = a_{pp}\cos^2\theta - 2a_{pq}\sin\theta\cos\theta + a_{qq}\sin^2\theta \\ b_{qq} = a_{pp}\sin^2\theta + 2a_{pq}\sin\theta\cos\theta + a_{qq}\cos^2\theta \\ b_{pq} = b_{qp} = \dfrac{1}{2}(a_{pp} - a_{qq})\sin2\theta + a_{pq}\cos2\theta \\ b_{pj} = a_{pj}\cos\theta - a_{qj}\sin\theta \quad (j \neq p,q) \\ b_{qj} = a_{pj}\sin\theta + a_{qj}\cos\theta \quad (j \neq p,q) \\ b_{ij} = a_{ij} \quad (\text{其他元素}) \end{cases}$$

同时有如下性质：

$$\sum_{i,j=1}^{n} a_{ij}^2 = \sum_{i,j=1}^{n} b_{ij}^2, \quad \sum_{i=1}^{n} a_{ii}^2 \leqslant \sum_{i=1}^{n} b_{ii}^2$$

若取旋转角

$$\theta = \frac{1}{2}\text{arccot}\,\frac{a_{qq} - a_{pp}}{2a_{pq}}$$

则旋转变换使

$$b_{pq} = b_{qp} = 0$$

1.5.3 解线性代数方程组

1.5.3.1 线性方程组的可解性

(1) 一般线性方程组 $\mathbf{A}_{n\times n}\boldsymbol{x} = \boldsymbol{b}$，$\mathbf{A}$ 称为方程组的系数矩阵，未知数数量为 n。先考察 $R(\mathbf{A})$ 是否小于 $R(\mathbf{A} \vdots \boldsymbol{b})$，如果是，方程无解。如果不是，再考察 $R(\mathbf{A})$ 是否小于 n，如果是，方程有不定解，如果否，有定解。

(2) 齐次线性方程组 $\mathbf{A}_{n\times n}\boldsymbol{x} = 0$。考察 $R(\mathbf{A})$ 是否小于 n（即 $|\mathbf{A}|$ 是否$=0$），如果是，有非零解，否则只有零解。

(3) 线性方程组有不定解时的解法。这时 $r = R(\mathbf{A}) = R(\mathbf{A} \vdots \boldsymbol{b}) < n$，应将方程和未知数重新排列，使得位于系数矩阵左上角的 r 阶子式不为 0。然后将前 r 个未知数放在左边，其余的未知数移到右边，解出前 r 个方程（后面 $n-r$ 个方程不独立）。在方程右边的未知数可以自由取值，为自由未知数。

1.5.3.2 用行列式解线性方程组

1. 未知数的个数与方程的个数相等

标准形式为

$$\begin{cases} a_{11}x_1 + a_{12}x_2 + \cdots + a_{1n}x_n = b_1 \\ a_{21}x_1 + a_{22}x_2 + \cdots + a_{2n}x_n = b_2 \\ \qquad\vdots \\ a_{n1}x_1 + a_{n2}x_2 + \cdots + a_{nn}x_n = b_n \end{cases}$$

令

$$\Delta = \begin{vmatrix} a_{11} & a_{12} & \cdots & a_{1n} \\ a_{21} & a_{22} & \cdots & a_{2n} \\ \vdots & \vdots & \vdots & \vdots \\ a_{n1} & a_{n2} & \cdots & a_{nn} \end{vmatrix}$$

称为方程的系数行列式，并记 Δ_i 为在 Δ 中以右端常数项 b_k 代换 a_{ki}（$k=1, 2, \cdots, n$）所得的 n 阶行列式，则当 $\Delta\neq0$ 时，由克莱姆（Cramer）法则，方程组有唯一解。其解为

$$x_i = \frac{\Delta_i}{\Delta} \quad (i = 1,2,\cdots,n)$$

如果 $\Delta=0$，而且 Δ_i 并不都等于零，则原方程组为不相容方程组，无解。如果 $\Delta=0$，而且所有的 Δ_i 都等于零，则原方程组有无穷多解。例如，对于常数项 b_k 全为零的齐次方程组，其有非零解的充分必要条件为 $\Delta=0$。

2. 未知数的个数与方程的个数不相等的一个常见情形

对于下列方程组

$$\begin{cases} a_1x + b_1y + c_1z = 0 \\ a_2x + b_2y + c_2z = 0 \end{cases}$$

有

$$\frac{x}{\begin{vmatrix} b_1 & c_1 \\ b_2 & c_2 \end{vmatrix}} = \frac{y}{\begin{vmatrix} c_1 & a_1 \\ c_2 & a_2 \end{vmatrix}} = \frac{z}{\begin{vmatrix} a_1 & b_1 \\ a_2 & b_2 \end{vmatrix}}$$

1.5.3.3 用矩阵解线性方程组

1. 用逆矩阵法

如果方程组 $\mathbf{A}_{n\times n}\boldsymbol{x} = \boldsymbol{b}$ 的系数矩阵可逆，则

$$\boldsymbol{x} = \mathbf{A}^{-1}\boldsymbol{b}$$

2. 高斯消去法

对于 n 阶线性方程组

$$\begin{bmatrix} a_{11} & a_{12} & \cdots & a_{1n} \\ a_{21} & a_{22} & \cdots & a_{2n} \\ \vdots & \vdots & \vdots & \vdots \\ a_{n1} & a_{n2} & \cdots & a_{nn} \end{bmatrix} \begin{bmatrix} x_1 \\ x_2 \\ \vdots \\ x_n \end{bmatrix} = \begin{bmatrix} b_1 \\ b_2 \\ \vdots \\ b_n \end{bmatrix}$$

如果 $R(\mathbf{A}) = n$，可将系数 a_{ij} 和 b_i 合写为一个 $n\times(n+1)$ 阶矩阵（增广矩阵）。通过消元变形化成如下形式：

$$\begin{bmatrix} a_{11} & a_{12} & \cdots & a_{1n} & b_1 \\ a_{21} & a_{22} & \cdots & a_{2n} & b_2 \\ \vdots & \vdots & \vdots & \vdots & \vdots \\ a_{n1} & a_{n2} & \cdots & a_{nn} & b_n \end{bmatrix}$$

$$\rightarrow \begin{bmatrix} a_{11}^{(1)} & a_{12}^{(1)} & a_{13}^{(1)} & \cdots & a_{1,n-1}^{(1)} & a_{1,n}^{(1)} & b_1^{(1)} \\ & a_{22}^{(2)} & a_{23}^{(2)} & \cdots & a_{2,n-1}^{(2)} & a_{2,n}^{(2)} & b_2^{(2)} \\ & & a_{33}^{(3)} & \cdots & a_{3,n-1}^{(3)} & a_{3,n}^{(3)} & b_3^{(3)} \\ & & & \ddots & \vdots & \vdots & \vdots \\ & & & & a_{n-1,n-1}^{(n-1)} & a_{n-1,n}^{(n-1)} & b_{n-1}^{(n-1)} \\ & & & & & a_{nn}^{(n)} & b_n^{(n)} \end{bmatrix}$$

具体公式如下：

$$a_{ij}^{(k+1)} = a_{ij}^{(k)} - l_{ik}a_{kj}^{(k)}, \quad b_i^{(k+1)} = b_i^{(k)} - l_{ik}b_k^{(k)}$$

$$(k+1 \leqslant i,\ j \leqslant n)$$

$$l_{ik} = \frac{a_{ik}^{(k)}}{a_{kk}^{(k)}} \quad (i = k+1,\cdots,n)$$

$$a_{ik}^{(k)} = 0 \quad (k+1 \leqslant i \leqslant n)$$

如果发现 $a_{kk}^{(k)} = 0$ 时，可考虑把第 k 行与第 i（k

$< i \leqslant n$）行交换，在保证第 k 行第 k 列的元素不等于 0 的情况下，继续消元过程。

方程解为

$$x_n = \frac{b_n^{(n)}}{a_{nn}^{(n)}}$$

$$x_i = \frac{b_i^{(i)} - \sum_{j=i+1}^{n} a_{ij}^{(i)} x_j}{a_{ii}^{(i)}} \quad (i = n-1, \cdots, 2, 1)$$

1.5.4 矩阵特征值和特征向量

1.5.4.1 定义

结构振动与稳定性问题中常遇到形如 $\boldsymbol{A}\boldsymbol{x} = \lambda \boldsymbol{x}$ 的线性方程组，其中 $\boldsymbol{A}$ 为 n 阶方阵，λ 为待定常数，则 $\boldsymbol{A}\boldsymbol{x} = \lambda \boldsymbol{x}$ 可改写为

$$(\boldsymbol{A} - \lambda I)\boldsymbol{x} = 0$$

该式要有非零解，必须

$$|\boldsymbol{A} - \lambda I| = 0$$

即
$$\begin{vmatrix} a_{11}-\lambda & a_{12} & \cdots & a_{1n} \\ a_{21} & a_{22}-\lambda & \cdots & a_{2n} \\ \vdots & \vdots & \vdots & \vdots \\ a_{n1} & a_{n2} & \cdots & a_{nn}-\lambda \end{vmatrix} = 0$$

将左边的行列式展开，得到以 λ 为未知数的 n 次代数方程，称为矩阵 $\boldsymbol{A}$ 的特征方程，其 n 个根 λ_1，λ_2，…，λ_n 称为 $\boldsymbol{A}$ 的特征值。$\boldsymbol{A}$ 的全体特征值称为 $\boldsymbol{A}$ 的谱，记做 $\sigma(\boldsymbol{A})$，即 $\sigma(\boldsymbol{A}) = \{\lambda_1, \lambda_2, \cdots, \lambda_n\}$。矩阵 $\boldsymbol{A}$ 的所有特征值中绝对值最大的一个称为 $\boldsymbol{A}$ 的第一特征值。记 $\rho(\boldsymbol{A}) = \max\limits_{1 \leqslant i \leqslant n} |\lambda_i|$，称为矩阵 $\boldsymbol{A}$ 的谱半径。

把每一个特征值 λ_i 代回方程 $\boldsymbol{A}\boldsymbol{x} = \lambda \boldsymbol{x}$ 中，求出相应的非零解 x_i，称为对应于特征值 λ_i 的特征向量。

1.5.4.2 性质

（1）矩阵 $\boldsymbol{A}$ 的 n 个特征值之和，等于 $\boldsymbol{A}$ 主对角线元素之和，n 个特征值之积等于 $|\boldsymbol{A}|$。

（2）对角矩阵的特征值为对角元素。

（3）实对称矩阵的特征值为实数，且对应于不同特征值的特征向量相互正交。

（4）若矩阵 $\boldsymbol{A}$ 有 n 个不同的特征值，则 $\boldsymbol{A}$ 具有 n 个线性无关的特征向量。

1.6 概 率 论

1.6.1 事件与概率

1. 随机事件

具有以下三个特点的试验称为随机试验：

（1）可以在相同条件下重复进行。

（2）可能结果不止一个，但所有可能结果事先明确。

（3）一次试验前，结果不可预知。

在随机试验中，可能发生也可能不发生的事件称为随机事件（简称为事件），常用 A、B、C 等表示。

随机试验中的每一个可能结果称为一个样本点，样本点的全体组成的集合称为样本空间，常用 Ω 表示。

随机事件是样本空间的某些子集。仅含一个样本点的随机事件称为基本事件。必然发生的事件称为必然事件，即样本空间 Ω。不可能发生的事件称为不可能事件，它不包含任何样本点，常用 $\varnothing$ 表示。

若事件 A 发生必然导致事件 B 发生，则称事件 B 包含事件 A，记为 $A \subset B$。若 $A \subset B$ 且 $B \subset A$，则称 A 与 B 相等，记为 $A = B$。

事件 A 与 B 的和事件是指 A 和 B 至少有一个发生，记为 $A \cup B$。

事件 A 与 B 的积事件是指 A 和 B 同时发生，记为 $A \cap B$ 或 AB。

事件 A 与 B 的差事件是指 A 发生而 B 不发生，记为 $A - B$。

事件 A 的逆事件是指 A 不发生，记为 $\overline{A}$，即 $\overline{A} = \Omega - A$。逆事件又称为对立事件。

若事件 A 与 B 不能同时发生，则称 A 与 B 互不相容或互斥，即 $AB = \varnothing$。

事件之间的运算具有下列性质：

（1）交换律

$$A \cup B = B \cup A$$
$$A \cap B = B \cap A$$

（2）结合律

$$(A \cup B) \cup C = A \cup (B \cup C)$$
$$(A \cap B) \cap C = A \cap (B \cap C)$$

（3）分配律

$$A \cap (B \cup C) = (A \cap B) \cup (A \cap C)$$
$$A \cup (B \cap C) = (A \cup B) \cap (A \cup C)$$

（4）德·摩根（De Morgan）律

$$\overline{A \cup B} = \overline{A} \cap \overline{B}$$
$$\overline{A \cap B} = \overline{A} \cup \overline{B}$$
$$\overline{\bigcup_{i=1}^{n} A_i} = \bigcap_{i=1}^{n} \overline{A_i}$$
$$\overline{\bigcap_{i=1}^{n} A_i} = \bigcup_{i=1}^{n} \overline{A_i}$$
$$\overline{\bigcup_{i=1}^{\infty} A_i} = \bigcap_{i=1}^{\infty} \overline{A_i}$$
$$\overline{\bigcap_{i=1}^{\infty} A_i} = \bigcup_{i=1}^{\infty} \overline{A_i}$$

2. 概率的定义

设 $\Omega = \{\omega\}$，$F = \{A \mid A \subset \Omega\}$，如果 F 满足下列条件，则称 F 是 Ω 的一个 σ_- 域（或 σ_- 代数）。

（1）$\Omega \in F$。

（2）若 $A \in F$，则 $\overline{A} \in F$。

(3) 对于任意 $A_k \in F$，$(k=1, 2, \cdots)$，有 $\bigcup_{k=1}^{\infty} A_k \in F$。

在 σ_- 域 F 上定义一个实值集函数 $P(\cdot)$，如果它满足下列条件，则称 $P(\cdot)$ 为 F 上的概率测度（简称为概率），称 (Ω, F, P) 为概率空间。

(1) 对于任意 $A \in F$，有 $P(A) \geqslant 0$。

(2) $P(\Omega) = 1$。

(3) 对于任意 $A_k \in F$，$(k=1, 2, \cdots)$，$A_i \cap A_j = \varnothing (i \neq j)$，有

$$P(\bigcup_{k=1}^{\infty} A_k) = \sum_{k=1}^{\infty} P(A_k)$$

3. 古典概型

若随机试验满足下列两个条件，则称这类问题为古典概型：

(1) 样本空间中的元素只有有限个，即

$$\Omega = \{w_1, w_2, \cdots, w_n\}$$

(2) 基本事件 $\{w_1\}$，…，$\{w_n\}$ 发生的可能性相同。

古典概型中，设随机事件 A 含有 m 个样本点，则 A 的概率为

$$P(A) = \frac{m}{n}$$

4. 几何概型

若随机试验的样本空间是某一区域 G，G 的长度（或面积、体积）为 D，并设随机点落入长度（或面积、体积）相同的子区域内是等可能的。设 g 是 G 的长度（或面积、体积）为 d 的子区域，定义事件 A："随机点落入 g 内"，则 A 发生的概率为

$$P(A) = \frac{d}{D}$$

5. 概率的性质

(1) 对于任一事件 A，$0 \leqslant P(A) \leqslant 1$。

(2) $P(\varnothing) = 0$。

(3) 有限可加性：设 A_1，A_2，…，A_n 两两互不相容，则

$$P(\bigcup_{i=1}^{n} A_i) = \sum_{i=1}^{n} P(A_i)$$

(4) 若 $A \subset B$，则 $P(A) \leqslant P(B)$。

(5) $P(\overline{A}) = 1 - P(A)$。

(6) $P(A-B) = P(A) - P(AB)$。当 $B \subset A$ 时，$P(A-B) = P(A) - P(B)$。

(7) $P(A \cup B) = P(A) + P(B) - P(AB)$。

一般地，有

$$P(\bigcup_{i=1}^{n} A_i) = \sum_{i=1}^{n} P(A_i) - \sum_{1 \leqslant i < j \leqslant n} P(A_i A_j) + \sum_{1 \leqslant i < j < k \leqslant n} P(A_i A_j A_k) + \cdots + (-1)^{n-1} P(A_1 A_2 \cdots A_n)$$

6. 条件概率与事件的独立性

设 A、B 为两个事件，且 $P(A) > 0$，则称

$$P(B \mid A) = \frac{P(AB)}{P(A)}$$

为事件 A 发生的条件下事件 B 发生的条件概率。

显然，设 $P(A) > 0$，则 $P(AB) = P(A)P(B \mid A)$，称为乘法公式。

若 $P(AB) = P(A)P(B)$，则称事件 A 与 B 相互独立。设 A_1，A_2，…，A_n 为 n 个事件，若对任意 $i \neq j$，A_i 与 A_j 相互独立，则称这 n 个事件两两独立；若对于任意的 $2 \leqslant k \leqslant n$ 和 $1 \leqslant i_1 < i_2 < \cdots < i_k \leqslant n$，都有

$$P(A_{i_1} A_{i_2} \cdots A_{i_k}) = P(A_{i_1}) P(A_{i_2}) \cdots P(A_{i_k})$$

则称这 n 个事件相互独立。

7. 全概率公式与贝叶斯（Bayes）公式

若 n 个事件 B_1，B_2，…，B_n 两两互不相容，且 $\bigcup_{i=1}^{n} B_i = \Omega$，则称这 n 个事件是 Ω 的一个划分（或称为完备事件组）。

设 B_1，B_2，…，B_n 是 Ω 的一个划分，且 $P(B_i) > 0 (i = 1, 2, \cdots, n)$，则对于任意事件 $A \subset \Omega$，有

$$P(A) = \sum_{i=1}^{n} P(B_i) P(A \mid B_i)$$

该公式称为全概率公式。

设 B_1，B_2，…，B_n 是 Ω 的一个划分，且 $P(B_i) > 0 (i = 1, 2, \cdots, n)$，又设 $P(A) > 0$，则

$$P(B_k \mid A) = \frac{P(B_k) P(A \mid B_k)}{\sum_{i=1}^{n} P(B_i) P(A \mid B_i)} \quad (1 \leqslant k \leqslant n)$$

该公式称为贝叶斯公式。

1.6.2 常用的分布及其数字特征

1. 随机变量及其分布函数

设随机试验的样本空间为 Ω，若对每个可能的试验结果（样本点）$w \in \Omega$，都存在唯一的实数 $X(w)$ 与之对应，则称 $X(w)$ 是一个随机变量，简记做 X。

设 X 为随机变量，称函数

$$F(x) = P\{X \leqslant x\} \quad (-\infty < x < +\infty)$$

为随机变量 X 的分布函数。

分布函数具有下列性质：

(1) $0 \leqslant F(x) \leqslant 1 \quad (-\infty < x < +\infty)$。

(2) $F(x)$ 单调不减，即对 $\forall x_1 < x_2$，有 $F(x_1) \leqslant F(x_2)$。

(3) $\lim_{x \to -\infty} F(x) = 0$，$\lim_{x \to +\infty} F(x) = 1$。

(4) $F(x)$ 是右连续的，即 $F(x+0) = F(x)$。

(5) $P\{a < X \leqslant b\} = F(b) - F(a)$。

(6) $P\{X = a\} = F(a) - F(a-0)$。

2. 离散型随机变量及其分布列

若随机变量 X 只能取有限个值或可列无限个值 $x_1,x_2,\cdots,x_k,\cdots$，则称 X 为离散型随机变量；称 $P\{X=x_k\}=p_k(k=1,2,\cdots)$ 为随机变量 X 的分布列（律）。

分布列满足以下性质：

(1) 非负性：$p_k \geqslant 0(k=1,2,\cdots)$。

(2) 规范性：$\sum_{k=1}^{\infty} p_k=1$。

若 $P\{X-x_k\}=p_k$，$(k=1,2,\cdots)$，则 X 的分布函数为

$$F(x)=\sum_{x_k \leqslant x} P\{X=x_k\}=\sum_{x_k \leqslant x} p_k$$

它是一个在 x_k 处有一个跳跃 p_k 的阶梯函数。

3. 连续型随机变量及其密度函数

若随机变量 X 的分布函数 $F(x)$ 可表示为

$$F(x)=\int_{-\infty}^{x} f(t)\mathrm{d}t$$

其中 $f(x)$ 为非负函数，则称 X 为连续型随机变量；称 $f(x)$ 为 X 的概率密度函数（简称为密度函数）。

密度函数 $f(x)$ 具有下列性质：

(1) $f(x) \geqslant 0$。

(2) $\int_{-\infty}^{+\infty} f(x)\mathrm{d}x=1$。

(3) $P(a<X \leqslant b)=\int_{a}^{b} f(x)\mathrm{d}x$。

(4) 在 $f(x)$ 的连续点上有 $F'(x)=f(x)$。

4. 二维随机变量的联合分布及边缘分布

设随机试验的样本空间为 Ω，X、Y 是定义在 Ω 上的两个随机变量，则称向量 (X,Y) 为二维随机变量。

对任意两个实数 x、y，称

$$F(x,y)=P\ (X \leqslant x, Y \leqslant y)$$

为 X、Y 的联合分布函数。

联合分布函数具有下列性质：

(1) $F(x,y)$ 关于变量 x 或 y 是不减函数。

(2) $0 \leqslant F(x,y) \leqslant 1$，且 $F(+\infty,+\infty)=1$，$F(-\infty,y)=F(x,-\infty)=F(-\infty,-\infty)=0$。

(3) $F(x,y)$ 关于 x 或 y 是右连续的。

(4) 对于任意 $x_1<x_2$，$y_1<y_2$，均有

$$F(x_2,y_2)-F(x_2,y_1)+F(x_1,y_1)-F(x_1,y_2) \geqslant 0$$

一元函数

$$F_X(x)=P\{X \leqslant x,\ Y<+\infty\}=F(x,+\infty) \quad (-\infty<x<+\infty)$$

称为 (X,Y) 关于 X 的边缘分布函数。

(X,Y) 关于 Y 的边缘分布函数为

$$F_Y(y)=F(+\infty,y)=P\{X<+\infty, Y \leqslant y\} \quad (-\infty<y<+\infty)$$

若 $F(x,y)=F_X(x)F_Y(y)$，则称 X 与 Y 相互独立。

5. 二维离散型随机变量

若（X，Y）只取有限或可列个值，则称（X，Y）为二维离散型随机变量。

设（X，Y）的所有可能取值为 $(x_i,y_j)(i,j=1,2,\cdots)$，则称

$$P\{X=x_i, Y=y_j\}=p_{ij} \quad (i,j=1,2,\cdots)$$

为 X 和 Y 的联合分布列（律）。

联合分布列满足以下性质：

(1) 非负性：$p_{ij} \geqslant 0(i,j=1,2,\cdots)$。

(2) 规范性：$\sum_i \sum_j p_{ij}=1$。

设 $P\{X=x_i, Y=y_j\}=p_{ij}(i,j=1,2,\cdots)$，则

$$P\{X=x_i\}=\sum_j p_{ij}=p_{i\cdot} \quad (i=1,2,\cdots)$$

称为 (X,Y) 关于 X 的边缘分布列。

(X,Y) 关于 Y 的边缘分布列为

$$P\{Y=y_i\}=\sum_i p_{ij}=p_{\cdot j} \quad (j=1,2,\cdots)$$

对于固定的 j，若 $P\{Y=y_j\}=p_{\cdot j}>0$，则称

$$P\{X=x_i \mid Y=y_j\}=\frac{p_{ij}}{p_{\cdot j}} \quad (i=1,2,\cdots)$$

为在条件 $Y=y_j$ 下 X 的条件分布列。

对于固定的 i，若 $P\{X=x_i\}=p_{i\cdot}>0$，则在条件 $X=x_i$ 下 Y 的条件分布律为

$$P\{Y=y_j \mid X=x_i\}=\frac{p_{ij}}{p_{i\cdot}} \quad (j=1,2,\cdots)$$

离散型随机变量 X 和 Y 相互独立 $\Leftrightarrow$ 对于任意一组 (x_i,y_j)，都有

$$P(X=x_i, Y=y_j)=P(X=x_i)P(Y=y_j) \quad (i,j=1,2,\cdots)$$

即

$$p_{ij}=p_{i\cdot}\,p_{\cdot j}$$

6. 二维连续型随机变量

若 (X,Y) 的分布函数可表示为

$$F(x,y)=\int_{-\infty}^{x}\int_{-\infty}^{y} f(u,v)\mathrm{d}u\mathrm{d}v$$

其中 $f(u,v)$ 是非负函数，则称 (X,Y) 为二维连续型随机变量；称 $f(x,y)$ 为 (X,Y) 的联合密度函数。

联合密度函数 $f(x,y)$ 具有下列性质：

(1) $f(x,y) \geqslant 0$。

(2) $\int_{-\infty}^{+\infty}\int_{-\infty}^{+\infty} f(x,y)\mathrm{d}x\mathrm{d}y=1$。

(3) $P\{(X,Y) \in G\}=\iint_G f(x,y)\mathrm{d}x\mathrm{d}y$。

(4) 在 $f(x,y)$ 连续点处有 $\frac{\partial^2 F(x,y)}{\partial x \partial y}=f(x,y)$。

设 (X,Y) 的联合密度函数为 $f(x,y)$，则

$$f_X(x)=\int_{-\infty}^{+\infty}f(x,y)\mathrm{d}y$$

称为 (X,Y) 关于 X 的边缘密度函数。

(X,Y) 关于 Y 的边缘密度函数为

$$f_Y(y)=\int_{-\infty}^{+\infty}f(x,y)\mathrm{d}x$$

对于固定的 y，若 $f_Y(y)>0$，则称

$$f_{X|Y}(x\mid y)=\frac{f(x,y)}{f_Y(y)}$$

为在 $Y=y$ 条件下，(X,Y) 关于 X 的条件密度函数；称

$$F_{X|Y}(x\mid y)=\int_{-\infty}^{x}f_{X|Y}(u\mid y)\mathrm{d}u$$

为在 $Y=y$ 条件下，关于 X 的条件分布函数。

对于固定的 x，若 $f_X(x)>0$，则在 $X=x$ 条件下，(X,Y) 关于 Y 的条件密度函数为

$$f_{Y|X}(y\mid x)=\frac{f(x,y)}{f_X(x)}$$

关于 Y 的条件分布函数为

$$F_{Y|X}(y\mid x)=\int_{-\infty}^{y}f_{Y|X}(v\mid x)\mathrm{d}v$$

连续型随机变量 X 和 Y 相互独立⇔对于任意 (x,y)，在 $f(x,y)$ 的连续点处都有

$$f(x,y)=f_X(x)f_Y(y)$$

7. 正态分布

若 X 的密度函数为

$$f(x)=\frac{1}{\sqrt{2\pi}\sigma}\mathrm{e}^{-\frac{(x-\mu)^2}{2\sigma^2}}\quad(-\infty<x<+\infty)$$

则称 X 服从以 μ、σ^2 为参数的正态分布，记 $X\sim N(\mu,\sigma^2)$。

特别地，$N(0,1)$ 称为标准正态分布。

若 $X\sim N(\mu,\sigma^2)$，则 $\frac{X-\mu}{\sigma}\sim N(0,1)$。

若 (X,Y) 的密度函数为

$$\begin{aligned}f(x,y)=&\frac{1}{2\pi\sigma_1\sigma_2\sqrt{1-\rho^2}}\\&\times\exp\left(-\frac{1}{2(1-\rho^2)}\left[\frac{(x-\mu_1)^2}{\sigma_1^2}\right.\right.\\&\left.\left.-2\rho\frac{(x-\mu_1)(y-\mu_2)}{\sigma_1\sigma_2}+\frac{(y-\mu_2)^2}{\sigma_2^2}\right]\right)\end{aligned}$$

则称 (X,Y) 服从二维正态分布，记 $(X,Y)\sim N(\mu_1,\mu_2,\sigma_1^2,\sigma_2^2,\rho)$。其中

$$-\infty<x<+\infty,\quad -\infty<y<+\infty$$
$$\sigma_1>0,\quad \sigma_2>0,\quad |\rho|<1$$
$$-\infty<\mu_1,\mu_2<+\infty$$

若 $(X,Y)\sim N(\mu_1,\mu_2,\sigma_1^2,\sigma_2^2,\rho)$，则有以下关系成立：

(1) $X\sim N(\mu_1,\sigma_1^2)$，$Y\sim N(\mu_2,\sigma_2^2)$。

(2) $f_{X|Y}(x\mid y)$

$$=\frac{1}{\sqrt{2\pi}\sigma_1\sqrt{1-\rho^2}}\mathrm{e}^{-\frac{\left\{x-\left[\mu_1+\rho\frac{\sigma_1}{\sigma_2}(y-\mu_2)\right]\right\}^2}{2\sigma_1^2(1-\rho^2)}}$$

(3) $f_{Y|X}(y\mid x)$

$$=\frac{1}{\sqrt{2\pi}\sigma_2\sqrt{1-\rho^2}}\mathrm{e}^{-\frac{\left\{y-\left[\mu_2+\rho\frac{\sigma_2}{\sigma_1}(x-\mu_1)\right]\right\}^2}{2\sigma_2^2(1-\rho^2)}}$$

8. n 维随机变量

n 维随机变量 $(X_1,X_2,\cdots,X_n)$ 的分布函数定义为

$$F(x_1,x_2,\cdots,x_n)=P(X_1\leqslant x_1,\cdots,X_n\leqslant x_n)$$

若 $F(x_1,x_2,\cdots,x_n)=F_{X_1}(x_1)F_{X_2}(x_2)\cdots F_{X_n}(x_n)$

其中 $F_{X_i}(x_i)=F(+\infty,\cdots,+\infty,x_i,+\infty,\cdots,+\infty)$ 是 $(X_1,X_2,\cdots,X_n)$ 的第 i 元的一维边缘分布函数，则称 $X_1,X_2,\cdots,X_n$ 相互独立。

9. 数学期望

对离散型随机变量 X，其分布列为

$$P(X=x_k)=p_k\quad(k=1,2,\cdots)$$

若级数 $\sum\limits_{k=1}^{\infty}x_kp_k$ 绝对收敛，则称

$$EX=\sum_{k=1}^{\infty}x_kp_k$$

为 X 的数学期望。

对于连续型随机变量 X，其密度函数为 $f(x)$，若积分 $\int_{-\infty}^{+\infty}xf(x)\mathrm{d}x$ 绝对收敛，则称

$$EX=\int_{-\infty}^{+\infty}xf(x)\mathrm{d}x$$

为 X 的数学期望。数学期望又简称为期望或均值。

数学期望具有下列性质：

(1) $EC=C$，其中 C 为常数。

(2) $E(X+Y)=E(X)+E(Y)$。

(3) $E(aX)=aE(X)$，其中 a 为常数。

(4) 若 X,Y 独立，则 $E(XY)=E(X)E(Y)$。

若离散型随机变量 X 的分布列为

$$P(X=x_k)=p_k\quad(k=1,2,\cdots)$$

则 $Y=g(X)$ 的数学期望为

$$Eg(X)=\sum_{k=1}^{+\infty}g(x_k)p_k$$

若连续型随机变量 X 的密度函数为 $f(x)$，则 $Y=g(X)$ 的数学期望为

$$Eg(X)=\int_{-\infty}^{+\infty}g(x)f(x)\mathrm{d}x$$

若离散型随机变量 (X,Y) 的联合分布列为

$$P(X = x_i, Y = y_j) = p_{ij} \quad (i, j = 1, 2, \cdots)$$

则 $Z = g(X,Y)$ 的数学期望为

$$Eg(X,Y) = \sum_{j=1}^{+\infty}\sum_{i=1}^{+\infty} g(x_i, y_j) p_{ij}$$

若连续型随机变量 (X,Y) 的联合密度函数为 $f(x,y)$，则 $Z = g(X,Y)$ 的数学期望为

$$Eg(X,Y) = \int_{-\infty}^{+\infty}\int_{-\infty}^{+\infty} g(x,y) f(x,y) \mathrm{d}x\mathrm{d}y$$

10. *方差*

设 X 是随机变量，若 $E(X-EX)^2$ 存在，则称

$$D(X) = E(X-EX)^2$$

为 X 的方差。方差 DX 又记为 $\mathrm{Var}X$ 或 σ^2，且称 $\sigma = \sqrt{DX}$ 为 X 的均方差。

$$DX = EX^2 - (EX)^2$$

方差具有下列性质：

(1) $DC=0$，其中 C 为常数。

(2) $D(aX) = a^2 DX$，其中 a 为常数。

(3) 若 X、Y 独立，则 $D(X+Y) = DX + DY$。

(4) 若 $D(X) = 0$，则 $P(X = c) = 1$，即 X 以概率 1 取常数。

11. *协方差与相关系数*

设 X、Y 是两个随机变量，若 $E(X-EX)(Y-EY)$ 存在，则称

$$\begin{aligned}\mathrm{Cov}(X,Y) &= E(X-EX)(Y-EY)\\ &= E(XY) - EXEY\end{aligned}$$

为 X、Y 的协方差，又称 $\rho_{XY} = \dfrac{\mathrm{Cov}(X,Y)}{\sqrt{DX}\ \sqrt{DY}}$ 为 X、Y 的相关系数；若 $\rho_{XY} = 0$，则称 X、Y 不相关。

协方差与相关系数具有下列性质：

(1) $\mathrm{Cov}(X,Y) = \mathrm{Cov}(Y,X)$。

(2) $\mathrm{Cov}(\sum_{i=1}^{n} a_i X_i, Y) = \sum_{i=1}^{n} a_i \mathrm{Cov}(X_i, Y)$。

(3) $D(X \pm Y) = DX + DY \pm 2\mathrm{Cov}(X,Y)$。特别地，当 X、Y 独立时，$\mathrm{Cov}(X,Y) = 0$、$\rho_{XY} = 0$。

(4) $|\rho_{XY}| \leqslant 1$。

(5) $|\rho_{XY}| = 1$ 当且仅当存在常数 a、b，使

$$P(Y = aX + b) = 1$$

对于 n 维随机变量 $(X_1, X_2, \cdots, X_n)$，由协方差 $\sigma_{ij} = \mathrm{Cov}(X_i, Y_j)(i, j = 1, 2, \cdots, n)$ 排成的矩阵

$$\Sigma = \begin{pmatrix} \sigma_{11} & \sigma_{12} & \cdots & \sigma_{1n} \\ \sigma_{21} & \sigma_{22} & \cdots & \sigma_{2n} \\ \vdots & \vdots & \vdots & \vdots \\ \sigma_{n1} & \sigma_{n2} & \cdots & \sigma_{nn} \end{pmatrix}$$

则该矩阵称为 $(X_1, X_2, \cdots, X_n)$ 的协方差阵。协方差阵是对称非负定的。

12. *矩*

随机变量 X 的 k 阶原点矩为

$$\mu_k = EX^k \quad (k = 1, 2, \cdots)$$

随机变量 X 的 k 阶中心矩为

$$C_k = E(X-EX)^k \quad (k = 1, 2, \cdots)$$

两者之间的关系如下：

$$C_2 = \mu_2 - \mu_1^2$$

$$C_3 = \mu_3 - 3\mu_2\mu_1 + 2\mu_1^2$$

二维随机变量 (X,Y) 的 $k+l$ 阶混合原点矩为

$$EX^k Y^l$$

二维随机变量 (X,Y) 的 $k+l$ 阶混合中心矩为

$$E(X-EX)^k (Y-EY)^l$$

13. *中位数*

对离散型随机变量满足

$$\sum_{x_i \leqslant \mu_{Me}} p_i = \sum_{\mu_{Me} \leqslant x_i} p_i = \frac{1}{2}$$

对连续型随机变量满足

$$\int_{-\infty}^{\mu_{Me}} f(x)\mathrm{d}x = \int_{\mu_{Me}}^{+\infty} f(x)\mathrm{d}x = \frac{1}{2}$$

的 μ_{Me} 称为中位数。

14. *众数*

对离散型随机变量满足

$$p_{\mu_{M_0}} = \max$$

对连续型随机变量满足

$$\frac{\mathrm{d}}{\mathrm{d}x} f(\mu_{M_0}) = 0, \quad \frac{\mathrm{d}^2}{\mathrm{d}x^2} f(\mu_{M_0}) < 0$$

的 μ_{M_0} 称为众数。

15. *切比雪夫 (Chebyshev) 不等式与柯西—许瓦兹 (Cauchy - Schwarz) 不等式*

(1) 若随机变量 X 的方差 DX 存在，则 $\forall \varepsilon > 0$，有

$$P(|X-EX| \geqslant \varepsilon) \leqslant \frac{DX}{\varepsilon^2}$$

该式称为切比雪夫不等式。

(2) 若随机变量 (X,Y) 中 EX^2 及 EY^2 存在，则

$$[E(XY)]^2 \leqslant E(X^2)E(Y^2)$$

该式等号成立，当且仅当 $P(Y = t_0 X) = 1$，称为柯西—许瓦兹不等式。

16. *条件期望*

设 (X,Y) 是连续型或离散型随机变量，称

$$E(X \mid Y = y) = \int_{-\infty}^{+\infty} x f_{X|Y}(x \mid y)\mathrm{d}x \text{（连续型）}$$

或

$$E(X \mid Y = y_j) = \sum_i x_i P\{X = x_i \mid Y = y_j\} \text{（离散型）}$$

为 X 在 $Y = y$（或 y_j）条件下的条件数学期望，简称

条件期望。条件期望又称为最佳预报。

最佳预报的均方误差为

$$E(Y-E(Y\mid X))^2=DY-E((EY\mid X)-EY)^2$$

对于二维正态分布 $(X,Y)\sim N(\mu_1,\mu_2,\sigma_1^2,\sigma_2^2,\rho)$，有

$$E(Y\mid X=x)=\mu_2+\rho\frac{\sigma_2}{\sigma_1}(x-\mu_1)$$

其均方误差为

$$E(Y-E(Y\mid X))^2=\sigma_2^2(1-\rho^2)$$

17. 特征函数

设 X 是随机变量，称

$$\varphi(t)=Ee^{itX}\quad(-\infty<t<+\infty)$$

为 X 的特征函数。

特征函数具有下列性质：

(1) $|\varphi(t)|\leqslant\varphi(0)=1$，$\varphi(-t)=\overline{\varphi}(t)$。

(2) 设 X 的特征函数为 $\varphi(t)$，则 $Y=aX+b$ 的特征函数为

$$\varphi_Y(t)=e^{ibt}\varphi(at)$$

(3) 设 X、Y 的特征函数分别为 $\varphi_1(t)$、$\varphi_2(t)$，且 X、Y 独立，则 $Z=X+Y$ 的特征函数为

$$\varphi(t)=\varphi_1(t)\varphi_2(t)$$

(4) $\varphi^{(k)}(0)=i^kEX^k$。

18. 常用的离散型分布及其数字特征（见表1.6-1）

19. 常用的连续型分布及其数字特征（见表1.6-2）

表 1.6-1　常用的离散型分布及其数字特征

名称记号	分布列	期望	方差	特征函数
二项分布 $B(n,p)$	$P\{X=k\}=C_n^kp^kq^{n-k}$ $(k=0,1,2,\cdots,n;\ 0<p<1;\ q=1-p)$	np	npq	$(pe^{it}+q)^n$
泊松分布 $\pi(\lambda)$	$P\{X=k\}=\frac{\lambda^ke^{-\lambda}}{k!}$ $(k=0,1,2,\cdots;\ \lambda>0)$	λ	λ	$e^{\lambda(e^{it}-1)}$
几何分布 $G(p)$	$P\{X=k\}=q^{k-1}p$ $(k=1,2,\cdots;\ 0<p<1;\ q=1-p)$	$\frac{1}{p}$	$\frac{q}{p^2}$	$\frac{pe^{it}}{1-qe^{it}}$
超几何分布 $H(n,N,M)$	$P\{X=k\}=\frac{C_N^kC_{M-N}^{n-k}}{C_M^n}$ $(k=\max\{0,\ n+N-M\},\cdots,\min\{n,N\};$ $N\leqslant M$，$n\leqslant M$，M、N、n 均为正整数)	$n\frac{N}{M}$	$n\frac{M-n}{M-1}\frac{N(M-N)}{M^2}$	$\sum_{k=0}^{n}\frac{C_N^kC_{M-N}^{n-k}}{C_M^n}e^{itk}$
负二项分布 $B^-(\alpha,p)$	$P\{X=k\}=\binom{\alpha+k-1}{k}p^\alpha q^k$ $(k=0,1,2,\cdots,\ 0<p<1,\ q=1-p,\ \alpha$ 为正实数)	$\frac{\alpha q}{p}$	$\frac{\alpha q}{p^2}$	$\left(\frac{pe^{it}}{1-qe^{it}}\right)^\alpha$

表 1.6-2　常用的连续型分布及其数字特征

名称记号	密度函数	期望	方差	特征函数
均匀分布 $U(a,b)$	$f(x)=\begin{cases}\frac{1}{b-a} & (a<x<b)\\ 0 & (\text{其他})\end{cases}$	$\frac{a+b}{2}$	$\frac{(b-a)^2}{12}$	$\frac{e^{ibt}-e^{iat}}{it(b-a)}$
标准正态分布 $N(0,1)$	$f(x)=\frac{1}{\sqrt{2\pi}}e^{-\frac{x^2}{2}}$	0	1	$e^{-\frac{t^2}{2}}$
正态分布 $N(\mu,\sigma^2)$	$f(x)=\frac{1}{\sqrt{2\pi}\sigma}e^{-\frac{(x-\mu)^2}{2\sigma^2}}$ $(\mu,\ \sigma(\sigma>0)$ 为常数)	μ	σ^2	$e^{i\mu t-\frac{\sigma^2t^2}{2}}$
指数分布 $E(\lambda)$	$f(x)=\begin{cases}\lambda e^{-\lambda x} & (x>0)\\ 0 & (x\leqslant 0)\end{cases}$ $(\lambda>0$ 为常数)	$\frac{1}{\lambda}$	$\frac{1}{\lambda^2}$	$\left(1-\frac{it}{\lambda}\right)^{-1}$

续表

名称记号	密度函数	期望	方差	特征函数
伽马分布 $\Gamma(\alpha,\beta)$	$f(x)=\begin{cases}\dfrac{\beta^{\alpha}}{\Gamma(\alpha)}x^{\alpha-1}e^{-\beta x} & (x>0)\\ 0 & (x\leqslant 0)\end{cases}$ $\left(\Gamma(\alpha)=\int_0^{+\infty}t^{\alpha-1}e^{-t}dt\quad(\alpha>0)\right.$ (为伽马函数，$\alpha>0$、$\beta>0$ 为常数)	$\dfrac{\alpha}{\beta}$	$\dfrac{\alpha}{\beta^2}$	$\left(1-\dfrac{it}{\beta}\right)^{-\alpha}$
对数正态分布 $Ln(\mu,\sigma^2)$	$f(x)=\begin{cases}\dfrac{1}{\sqrt{2\pi}\sigma x}e^{-\frac{(\ln x-\mu)^2}{2\sigma^2}} & (x>0)\\ 0 & (x\leqslant 0)\end{cases}$	$e^{\mu+\frac{\sigma^2}{2}}$	$e^{2\mu+\sigma^2}(e^{\sigma^2}-1)$	$\sum_{n=0}^{\infty}\dfrac{(it)^n}{n!}e^{n\mu+\frac{n^2\sigma^2}{2}}$

1.6.3 极限定理

1. 依概率收敛

设 $Y_1,Y_2,\cdots,Y_n,\cdots$ 是一随机变量序列，a 是常数，若 $\forall\varepsilon>0$，有

$$\lim_{n\to\infty}P\{|Y_n-a|<\varepsilon\}=1$$

则称随机变量序列 $Y_1,Y_2,\cdots,Y_n,\cdots$ 依概率收敛于 a，记为

$$Y_n\xrightarrow{P}a$$

2. 大数定律

(1) 伯努利定理。设 n_A 是 n 次独立重复试验中事件 A 发生的次数，p 是事件 A 在每次试验中发生的概率，则 $\forall\varepsilon>0$，有

$$\lim_{n\to\infty}P\{|\frac{n_A}{n}-p|<\varepsilon\}=1$$

即

$$\frac{n_A}{n}\xrightarrow{P}p$$

(2) 切比雪夫定理。设随机变量 $X_1,X_2,\cdots,X_n,\cdots$ 相互独立，且具有相同的数学期望、方差

$$E(X_k)=\mu$$
$$D(X_k)=\sigma^2(k=1,2,\cdots)$$

则 $Y_n=\dfrac{1}{n}\sum_{k=1}^{n}X_k$ 依概率收敛于 μ，即

$$Y_n\xrightarrow{P}\mu$$

(3) 辛钦定理。设随机变量 $X_1,X_2,\cdots X_n,\cdots$ 相互独立，服从同一分布，具有数学期望 $E(X_k)=\mu(k=1,2,\cdots)$，则 $\forall\varepsilon>0$，有

$$\lim_{n\to\infty}P\{|\frac{1}{n}\sum_{k=1}^{n}X_k-\mu|<\varepsilon\}=1$$

即

$$\frac{1}{n}\sum_{k=1}^{n}X_k\xrightarrow{P}\mu$$

3. 中心极限定理

(1) 德莫佛—拉普拉斯 (De Moivre - Laplace) 定理。设随机变量 $X_n(n=1,2,.\cdots)$ 服从参数为 n，$p(0<p<1)$ 的二项分布，则对任意 x，有

$$\lim_{n\to\infty}P\left\{\frac{X_n-np}{\sqrt{np(1-p)}}\leqslant x\right\}=\int_{-\infty}^{x}\frac{1}{\sqrt{2\pi}}e^{-\frac{t^2}{2}}dt$$

(2) 独立同分布的中心极限定理。设随机变量 $X_1,X_2,\cdots,X_n,\cdots$ 独立同分布，且具有数学期望和方差

$$E(X_k)=\mu,\ D(X_k)=\sigma^2\neq 0\quad(k=1,2,\cdots)$$

则对任意 x，有

$$\lim_{n\to\infty}P\left\{\frac{\sum_{k=1}^{n}X_k-n\mu}{\sqrt{n}\sigma}\leqslant x\right\}=\int_{-\infty}^{x}\frac{1}{\sqrt{2\pi}}e^{-\frac{t^2}{2}}dt$$

(3) 李雅普诺夫 (Liapunov) 定理。设随机变量 $X_1,X_2,\cdots,X_n,\cdots$ 相互独立，它们具有数学期望和方差

$$E(X_k)=\mu_k,\ D(X_k)=\sigma_k^2\neq 0\quad(k=1,2,\cdots)$$

记 $B_n^2=\sum_{k=1}^{n}\sigma_k^2$，若存在正数 δ，使得当 $n\to\infty$ 时，$\dfrac{1}{B_n^{2+\delta}}\sum_{k=1}^{n}E\{|X_k-\mu_k|^{2+\delta}\}\to 0$，则对于任意 x，有

$$\lim_{n\to\infty}P\left\{\frac{\sum_{k=1}^{n}X_k-\sum_{k=1}^{n}\mu_k}{B_n}\leqslant x\right\}=\int_{-\infty}^{x}\frac{1}{\sqrt{2\pi}}e^{-\frac{t^2}{2}}dt$$

1.6.4 马尔可夫链

马尔可夫链指的是具有马尔可夫 (Markov) 性质的离散时间随机过程。一个随机过程 $\{X_n,n=0,1,2,\cdots\}$，它的状态空间是有限或可数的。用非负整数集 $Z_+:=\{0,1,2,\cdots\}$ 来表示过程的状态空间。若 $X_n=i$ 称过程在时刻 n 处于状态 i，已知 X_n 为状态 i，X_{n+1} 达到状态 j 的概率（称为单步转移概率）用 $p_{ij}^{n,n+1}$ 来表示，即

$$p_{ij}^{n,n+1}:=P\{X_{n+1}=j\mid X_n=i\}$$

若上述概率与 n 无关，则称转移概率是平稳的，记为 p_{ij}。

1. 基本定义

设对一切状态 $i_0,i_1,\cdots,i_{n-1},i,j$ 及一切 $n\geqslant 0$，

随机过程 $\{X_n\}$ 满足

$$P\{X_{n+1}=j\mid X_n=i,X_{n-1}=i_{n-1},\cdots,X_1=i_1,X_0=i_0\}$$
$$=P\{X_{n+1}=j\mid X_n=i\}=p_{ij} \qquad (1.6-1)$$

这样的随机过程称为马尔可夫链。式（1.6-1）表明，对马尔可夫链，给定过去的状态 $X_0,X_1,\cdots,X_{n-1}$ 及现在的状态 X_n，则将来的状态 X_{n+1} 的条件分布与过去的状态独立，只依赖于现在的状态，这称为马尔可夫性。由于概率是非负的，且过程必须转移到某状态，故有

$$p_{ij}\geqslant 0 \quad (i,j\geqslant 0)\,, \qquad \sum_{j=0}^{\infty}p_{ij}=1 \qquad (1.6-2)$$

用 $\boldsymbol{P}$ 记一步转移概率 p_{ij} 的矩阵（无限矩阵形式）

$$\boldsymbol{P}=\begin{bmatrix} p_{00} & p_{01} & p_{02} & \cdots \\ p_{10} & p_{11} & p_{12} & \cdots \\ \vdots & \vdots & \vdots & \vdots \\ p_{i0} & p_{i1} & p_{i2} & \cdots \\ \vdots & \vdots & \vdots & \vdots \end{bmatrix}$$

$\boldsymbol{P}$ 称为马尔可夫矩阵或概率转移矩阵。

一个马尔可夫链若给出它的初始分布 $P\{X_0=i\}=p_i$ 及转移概率 P_{ij}，则有

$$P\{X_0=i_0,X_1=i_1,\cdots,X_n=i_n\}$$
$$=p_{i_{n-1},i_n}p_{i_{n-2},i_{n-1}}\cdots p_{i_0,i_1}p_{i_0} \qquad (1.6-3)$$

2. 切普曼—柯尔莫哥洛夫（Chapman-Kolmogorov）方程

定义马尔可夫链的 n 步转移概率为处于状态 i 的过程在 n 次转移之后处于状态 j 的概率。记为 p_{ij}^n，即

$$p_{ij}^n:=P\{X_{n+m}=j\mid X_m=i\} \quad (n\geqslant 0,i\geqslant 0,j\geqslant 0) \qquad (1.6-4)$$

当然 $p_{ij}^1=p_{ij}$，用 $\boldsymbol{P}^{(n)}$ 记 n 步转移概率 $p_{ij}^{(n)}$ 的矩阵。

切普曼—柯尔莫哥洛夫方程：对一切 $n,m\geqslant 0$，一切 i、j 有

$$p_{ij}^{n+m}=\sum_{k=0}^{\infty}p_{ik}^n p_{kj}^m \qquad (1.6-5)$$
$$\boldsymbol{P}^{(n+m)}=\boldsymbol{P}^{(n)}\cdot\boldsymbol{P}^{(m)} \qquad (1.6-6)$$

式（1.6-6）中的点代表矩阵的乘法。

由此可知

$$\boldsymbol{P}^{(n)}=\boldsymbol{P}\cdot\boldsymbol{P}^{(n-1)}=\boldsymbol{P}\cdot\boldsymbol{P}\cdot\boldsymbol{P}^{(n-2)}=\cdots=\boldsymbol{P}^n$$

即 $P^{(n)}$ 可由矩阵 P 自乘 n 次算出。

3. 状态的分类

若对状态 i、j，存在 $n\geqslant 0$，使得 $p_{ij}^n>0$，则称从状态 i 可达到状态 j。两个相互可到达的状态 i、j 称为相通的，记做 $i\leftrightarrow j$。

（1）命题。相通是一种等价关系，即有下述关系：

1）$i\leftrightarrow i$。

2）若 $i\leftrightarrow j$，则 $j\leftrightarrow i$。

3）若 $i\leftrightarrow j$ 且 $j\leftrightarrow k$，则 $i\leftrightarrow k$。

注意，上述 1）成立，是规定

$$p_{ij}^0=\begin{cases}1 & (i=j)\\ 0 & (i\neq j)\end{cases}$$

因此，状态空间 Z_+ 按相通关系可以分为等价类。两个状态属于同一类，当且仅当它们是相通的。任意两个类或完全相同或不相交。若一个马尔可夫链的所有状态都是相通的，即只有一个等价类，则称此马尔可夫链是不可约的。

（2）定义。马尔可夫链 $\{X_n\}$ 和状态 $i\in Z_+$ 满足下面关系：

1）对一切 $p_{ii}^n>0$ 成立的正整数 n 的最大公约数称为状态 i 的周期，记为 $d(i)$［若对一切 $n\geqslant 1$，有 $p_{ii}^n=0$，则定义 $d(i)=\infty$］。$d(i)=1$，称 i 是非周期的。若马尔可夫链的每一个状态 i 的周期都为 1，则称此链是非周期的。

2）对每个整数 $n\geqslant 1$，令 $f_{ii}^n:=P\{X_n=i,\ X_\nu\neq i,\ \nu=0,1,\cdots,n-1\mid X_0=i\}$，即 f_{ii}^n 是从状态 i 出发，在第 n 次转移时首次回到状态 i 的概率。显然 $f_{ii}^1=p_{ii}$，并且规定 $f_{ii}^0=0$。

若 $\sum_{n=1}^{\infty}f_{ii}^n=1$，则称状态 i 为常返的，否则称为非常返的。非常返状态又称为瞬态。

f_{ii}^n 可由 $f_{ii}^0=0$、$f_{ii}^1=p_{ii}$ 以及式（1.6-7）递推计算：

$$p_{ii}^n=\sum_{k=0}^{n}f_{ii}^k p_{ii}^{n-k} \quad (n\geqslant 1) \qquad (1.6-7)$$

（3）命题。

1）若 $i\leftrightarrow j$，则 $d(i)=d(j)$。

2）状态 i 是常返的，当且仅当 $\sum_{n=1}^{\infty}p_{ii}^n=\infty$。

3）若 i 是常返的，且 $i\leftrightarrow j$，则 j 是常返的。

4）若 $i\leftrightarrow j$，且 j 是常返的，则 $f_{ij}=1$，其中 $f_{ij}^0:=0$，$f_{ij}^n:=P\{X_n=j,\ X_\nu\neq j,\ \nu=0,1,\cdots,n-1\mid X_0=i\}$，$f_{ij}:=\sum_{n=1}^{\infty}f_{ij}^n$。

4. 极限定理

易知，若 j 为瞬态，则对一切 i，有

$$\sum_{n=1}^{\infty}p_{ij}^n<\infty$$

该表达式表示从 i 出发进入状态 j 的平均次数是有限的，由此知 $\lim_{n\to\infty}p_{ij}^n=0$。

将返回状态 j 所需的平均转移步数记为 μ_{jj}，即

$$\mu_{jj}=\begin{cases}\infty & (\text{若 } j \text{ 是瞬态})\\ \sum_{n=1}^{\infty} nf_{jj}^{n} & (\text{若 } j \text{ 是常返的})\end{cases}$$

用 $N_j(t)$ 记到时刻 t 为止转移至状态 j 的次数

(1) 定理。设 $i\leftrightarrow j$，则有下述关系：

1) $P\left\{\lim\limits_{t\to\infty}\dfrac{N_j(t)}{t}=\dfrac{1}{\mu_{jj}} \mid X_0=i\right\}=1$。

2) $\lim\limits_{t\to\infty}\sum\limits_{k=1}^{n}\dfrac{p_{ij}^{k}}{n}=\dfrac{1}{\mu_{jj}}$。

3) 若 j 是非周期的，则 $\lim\limits_{n\to\infty}p_{ij}^{n}=\dfrac{1}{\mu_{jj}}$。

4) 若 j 有周期 d，则 $\lim\limits_{n\to\infty}p_{jj}^{nd}=\dfrac{d}{\mu_{jj}}$。

(2) 定义。

1) 若状态 j 是常返的，则当 $\mu_{jj}<\infty$ 时称为正常返的，而 $\mu_{jj}=\infty$ 时称为零常返的。

2) 正常返的非周期状态称为是遍历的。若令

$$\pi_j := \lim_{n\to\infty}p_{jj}^{nd(j)}$$

则对常返状态 j，$\pi_j>0$ 时为正常返的，$\pi_j=0$ 时为零常返的。正（零）常返性是一类性质。

(3) 定义。对于马尔可夫链，一个概率分布 $\{p_j, j\geqslant 0\}$ 称为平稳的，若

$$p_j=\sum_{i=0}^{\infty}p_i p_{ij} \quad (j\geqslant 0)$$

当 X_0 的概率分布是平稳分布，则对一切 n、X_n 有相同的分布。对每个 $m\geqslant 0, X_n, X_{n+1}, \cdots, X_{n+m}$ 对每个 n 均有相同的分布，即 $\{X_n, n\geqslant 0\}$ 是一个平稳过程。

(4) 定理。一个不可约非周期马尔可夫链属于以下两种情形之一：

1) 状态或全是瞬态的或全是零常返的，这时对一切 i,j，有 $\lim\limits_{n\to\infty}p_{ij}^{n}=0$，且不存在平稳分布。

2) 状态全是正常返的，即 $\pi_j=\lim\limits_{n\to\infty}p_{ij}^{n}>0$，这时 $\{\pi_j, j=0,1,\cdots\}$ 是平稳分布，且不存在任何其他的平稳分布。

1.7 数理统计

1.7.1 常用的统计量及其分布

1.7.1.1 总体与样本

研究对象的某个数量指标的全体称为总体，记做 X。组成总体的每个元素称为个体。从总体 X 中随机抽取一部分个体 $X_1, X_2, \cdots, X_n$，则称 $(X_1, X_2, \cdots, X_n)$ 为来自总体 X 的容量为 n 的一个样本。若 $X_1, X_2, \cdots, X_n$ 相互独立，且都与 X 同分布，则称 $(X_1, X_2, \cdots, X_n)$ 为简单随机样本，简称为样本。一次具体的观测结果 $(x_1, x_2, \cdots, x_n)$ 称为样本观测值。设总体 X 的分布函数为 $F(x)$，则样本 $(X_1, X_2, \cdots, X_n)$ 的联合分布函数为

$$F(x_1, x_2, \cdots, x_n)=\prod_{i=1}^{n}F(x_i)$$

1.7.1.2 数理统计中的三大分布

1. χ^2 分布

设随机变量 $X_1, X_2, \cdots, X_n$ 相互独立，$X_i \sim N(0,1)(i=1,2,\cdots,n)$，则

$$\chi_n^2=\sum_{i=1}^{n}X_i^2$$

服从自由度为 n 的 χ^2 分布，记做 $\chi_n^2\sim\chi^2(n)$，其概率密度为

$$f(x)=\begin{cases}\dfrac{1}{2^{\frac{n}{2}}\Gamma\left(\dfrac{n}{2}\right)}x^{\frac{n}{2}-1}e^{-\frac{x}{2}} & (x>0)\\ 0 & (x\leqslant 0)\end{cases}$$

对任意给定的正数 α，$0<\alpha<1$，称满足条件

$$P\{\chi^2>\chi_\alpha^2(n)\}=\int_{\chi_\alpha^2(n)}^{+\infty}f(x)\mathrm{d}x=\alpha$$

的点 $\chi_\alpha^2(n)$ 为 $\chi^2(n)$ 分布的上侧 α 分位点。

2. t 分布

设 $X\sim N(0,1)$，$Y\sim\chi^2(n)$，且 X、Y 独立，则

$$t=\frac{X}{\sqrt{\dfrac{Y}{n}}}$$

服从自由度为 n 的 t 分布，记为 $t\sim t(n)$，其概率密度为

$$f(x)=\frac{\Gamma\left(\dfrac{n+1}{2}\right)}{\sqrt{n\pi}\,\Gamma\left(\dfrac{n}{2}\right)}\left(1+\frac{x^2}{n}\right)^{-\frac{n+1}{2}}$$

对任意给定的正数 α，$0<\alpha<1$，称满足条件

$$P\{t>t_\alpha(n)\}=\int_{t_\alpha(n)}^{+\infty}f(x)\mathrm{d}x=\alpha$$

的点 $t_\alpha(n)$ 为 $t(n)$ 分布的上侧 α 分位点。

当 n 充分大时，t 分布近似于标准正态分布。在实际应用中，当 $n>45$ 时，有

$$t_\alpha(n)\approx z_\alpha(n)$$

其中，$z_\alpha(n)$ 为标准正态分布的上侧 α 分位点，满足

$$P\{X>z_\alpha(n)\}=\alpha \quad [X\sim N(0,1)]$$

3. F 分布

设 $X\sim\chi^2(n_1)$，$Y\sim\chi^2(n_2)$，且 X、Y 独立，则

$$F=\frac{X/n_1}{Y/n_2}$$

服从自由度为 (n_1, n_2) 的 F 分布，记为 $F\sim F(n_1, n_2)$，其概率密度为

$$f(x)=\begin{cases}\dfrac{\Gamma\left(\dfrac{n_1+n_2}{2}\right)\left(\dfrac{n_1}{n_2}\right)^{\frac{n_1}{2}}x^{\frac{n_1}{2}-1}}{\Gamma\left(\dfrac{n_1}{2}\right)\Gamma\left(\dfrac{n_2}{2}\right)\left(1+\dfrac{n_1}{n_2}x\right)^{\frac{n_1+n_2}{2}}} & (x>0)\\ 0 & (x\leqslant 0)\end{cases}$$

对任意给定的正数 α，$0<\alpha<1$，称满足条件

$$P\{F>F_\alpha(n_1,n_2)\}=\alpha$$

的点 $F_\alpha(n_1,n_2)$ 为 $F(n_1,n_2)$ 分布的上侧 α 分位点。它具有如下性质：

$$F_{1-\alpha}(n_1,n_2)=\frac{1}{F_\alpha(n_2,n_1)}$$

1.7.1.3 常用的统计量

统计量

$$A_k=\frac{1}{n}\sum_{i=1}^{n}X_i^k \quad (k=1,2,\cdots)$$

$$B_k=\frac{1}{n}\sum_{i=1}^{n}(X_i-A_1)^k \quad (k=1,2,\cdots)$$

分别称为样本 k 阶原点矩、样本 k 阶中心矩，特别地，称 A_1 为样本均值，记做$\overline{X}$，即

$$\overline{X}=\frac{1}{n}\sum_{i=1}^{n}X_i$$

统计量

$$S^2=\frac{1}{n-1}\sum_{i=1}^{n}(X_i-\overline{X})^2$$

称为样本方差。

统计量

$$S=\sqrt{\frac{1}{n-1}\sum_{i=1}^{n}(X_i-\overline{X})^2}$$

称为样本均方差或样本标准差。

1.7.1.4 正态总体的样本均值与样本方差的分布

设 $X\sim N(\mu,\sigma^2)$，$X_1,X_2,\cdots,X_n$ 是总体 X 的一个样本，则有下述关系：

(1) $\overline{X}\sim N\left(\mu,\dfrac{\sigma^2}{n}\right)$，$Z=\dfrac{\overline{X}-\mu}{\dfrac{\sigma}{\sqrt{n}}}\sim N(0,1)$。

(2) $\dfrac{(n-1)S^2}{\sigma^2}\sim\chi^2(n-1)$，且 $\overline{X}$ 与 S^2 独立。

(3) $\dfrac{\overline{X}-\mu}{\dfrac{S}{\sqrt{n}}}\sim t(n-1)$。

设 $X_1,X_2,\cdots,X_{n_1}$ 与 $Y_1,Y_2,\cdots,Y_{n_2}$ 分别为具有相同方差的正态总体 $N(\mu_1,\sigma^2)$、$N(\mu_2,\sigma^2)$ 的样本，且两个样本独立。设 $\overline{X}=\dfrac{1}{n_1}\sum\limits_{i=1}^{n_1}x_i$、$\overline{Y}=\dfrac{1}{n_2}\sum\limits_{i=1}^{n_2}y_i$ 分别为这两个样本的均值，$S_1^2=\dfrac{1}{n_1-1}\sum\limits_{i=1}^{n_1}(X_i-\overline{X})^2$、$S_2^2=\dfrac{1}{n_2-1}\sum\limits_{i=1}^{n_2}(Y_i-\overline{Y})^2$ 分别为这两个样本的方差，则有

$$T=\frac{(\overline{X}-\overline{Y})-(\mu_1-\mu_2)}{S_w\sqrt{\dfrac{1}{n_1}+\dfrac{1}{n_2}}}\sim t(n_1+n_2-2)$$

其中 $$S_w^2=\frac{(n_1-1)S_1^2+(n_2-1)S_2^2}{n_1+n_2-2}$$

称为这两个总体的混合样本方差。

1.7.2 参数估计

1.7.2.1 点估计

设 $X_1,\cdots,X_n$ 是来自总体 X 的一个简单随机样本，其中总体 X 含有未知参数 θ（可以是一维，也可以是多维），用统计量 $g=g(X_1,\cdots,X_n)$ 作为 θ 的估计，则称 g 为 θ 的点估计量，记为

$$\hat{\theta}=g(X_1,\cdots,X_n)$$

常用的点估计方法有矩估计法和极大似然估计法。

1. 矩估计法

设总体 X 的概率函数（离散型时指分布列，连续型时指概率密度）为 $f(x;\ \theta)$，其中 $\theta=(\theta_1,\cdots,\theta_m)$ 未知，$X_1,\cdots,X_n$ 是来自总体 X 的一个样本，令

$$E[X^k]=\frac{1}{n}\sum_{i=1}^{n}X_i^k \quad (k=1,\cdots,m)$$

这是一个含有未知参数 θ_1，$\cdots$，θ_m 的方程组，解方程组即得 θ_k 的矩法估计量

$$\hat{\theta}_k=\hat{\theta}_k(X_1,\cdots,X_n) \quad (k=1,\cdots,m)$$

2. 极大似然估计法

设总体 X 的概率函数为 $f(x;\theta_1,\cdots,\theta_m)$，其中 $\theta=(\theta_1,\cdots,\theta_m)$ 未知，$X_1,\cdots,X_n$ 是来自总体 X 的一个样本，令

$$L=L(x_1,\cdots,x_n;\ \theta_1,\cdots,\theta_m)=\prod_{i=1}^{n}f(x_i;\theta_1,\cdots,\theta_m)$$

该函数称为 X 的似然函数。所谓极大似然估计法（Maximum Likely Estimation，MLE）是寻求关于 $\theta_1,\cdots,\theta_m$ 的似然函数达到极大值的那些点 $\hat{\theta}_k(k=1,\cdots,m)$ 的方法。

通常可以解似然方程（组）

$$\frac{\partial L}{\partial\theta_k}=0 \ \text{或}\ \frac{\partial \ln L}{\partial\theta_k}=0 \quad (k=1,\cdots,m)$$

求得 θ_k 的极大似然估计

$$\hat{\theta}_k=\hat{\theta}_k(X_1,\cdots,X_n) \quad (k=1,\cdots,m)$$

1.7.2.2 估计量的评价标准

1. 无偏性

若 $E[\hat{\theta}]=\theta$，则称 $\hat{\theta}$ 为 θ 的无偏估计量。

2. 一致性

若 $\hat{\theta}\xrightarrow{P}\theta$，即对任意给定的 $\varepsilon>0$，$\lim\limits_{n\to\infty}P\{|\hat{\theta}-\theta|<\varepsilon\}=1$，则称 $\hat{\theta}$ 为 θ 的一致估计量。

3. 有效性

若 $E[\hat{\theta}_1]=E[\hat{\theta}_2]=\theta$，且 $D[\hat{\theta}_1]<D[\hat{\theta}_2]$，则称 $\hat{\theta}_1$ 作为 θ 的无偏估计比 $\hat{\theta}_2$ 有效。

1.7.2.3 置信区间

设 $X\sim f(x;\theta)$，θ 为未知参数，$X_1,\cdots,X_n$ 是来自总体 X 的一个样本，若存在统计量 $\theta_i=\theta_i(X_1,\cdots,X_n)$（$i=1,2$），使得对给定的 α（$0<\alpha<1$），有 $P\{\theta_1<\theta<\theta_2\}=1-\alpha$，则称（$\theta_1$，$\theta_2$）为 θ 的置信度为 $1-\alpha$ 的置信区间，θ_1、θ_2 分别称为 θ 的置信下限、上限。

1.7.2.4 正态总体参数的置信区间

1. 单总体均值 μ 的置信区间

（1）σ^2 已知，则 μ 的置信区间为

$$\left(\overline{X}-\frac{z_{\alpha/2}\sigma}{\sqrt{n}},\ \overline{X}+\frac{z_{\alpha/2}\sigma}{\sqrt{n}}\right)$$

（2）σ^2 未知，则 μ 的置信区间为

$$\left(\overline{X}-t_{\frac{\alpha}{2}}(n-1)\frac{S}{\sqrt{n}},\ \overline{X}+t_{\frac{\alpha}{2}}(n-1)\frac{S}{\sqrt{n}}\right)$$

2. 单总体方差 σ^2 的置信区间

（1）μ 已知，σ^2 的置信区间为

$$\left(\frac{nS_\mu^2}{\chi^2_{\frac{\alpha}{2}}(n)},\ \frac{nS_\mu^2}{\chi^2_{1-\frac{\alpha}{2}}(n)}\right)$$

其中
$$S_\mu^2=\frac{1}{n}\sum_{i=1}^{n}(X_i-\mu)^2$$

（2）μ 未知，σ^2 的置信区间为

$$\left(\frac{(n-1)S^2}{\chi^2_{\frac{\alpha}{2}}(n-1)},\ \frac{(n-1)S^2}{\chi^2_{1-\frac{\alpha}{2}}(n-1)}\right)$$

3. 两总体均值差 $\mu_1-\mu_2$ 的置信区间

（1）σ_1^2、σ_2^2 已知，$\mu_1-\mu_2$ 的置信区间为

$$\left((\overline{X}-\overline{Y})-z_{\frac{\alpha}{2}}\sqrt{\frac{\sigma_1^2}{n_1}+\frac{\sigma_2^2}{n_2}},\ (\overline{X}-\overline{Y})+z_{\frac{\alpha}{2}}\sqrt{\frac{\sigma_1^2}{n_1}+\frac{\sigma_2^2}{n_2}}\right)$$

（2）σ_1^2、σ_2^2 未知，$\mu_1-\mu_2$ 的置信区间为

$$\left((\overline{X}-\overline{Y})-t_{\frac{\alpha}{2}}(n_1+n_2-2)S_w\sqrt{\frac{1}{n_1}+\frac{1}{n_2}},\ (\overline{X}-\overline{Y})+t_{\frac{\alpha}{2}}(n_1+n_2-2)S_w\sqrt{\frac{1}{n_1}+\frac{1}{n_2}}\right)$$

其中 $S_w=\sqrt{S_w^2}$，$S_w^2=\dfrac{(n_1-1)S_1^2+(n_2-1)S_2^2}{n_1+n_2-2}$

4. 两总体方差比 $\dfrac{\sigma_1^2}{\sigma_2^2}$ 的置信区间

（1）μ_1、μ_2 已知，$\dfrac{\sigma_1^2}{\sigma_2^2}$ 的置信区间为

$$\left(\frac{S_{\mu_1}^2/S_{\mu_2}^2}{F_{\frac{\alpha}{2}}(n_1,n_2)},\ \frac{S_{\mu_1}^2/S_{\mu_2}^2}{F_{1-\frac{\alpha}{2}}(n_1,n_2)}\right)$$

（2）μ_1、μ_2 未知，$\dfrac{\sigma_1^2}{\sigma_2^2}$ 的置信区间为

$$\left(\frac{S_1^2/S_2^2}{F_{\frac{\alpha}{2}}(n_1-1,n_2-1)},\ \frac{S_1^2/S_2^2}{F_{1-\frac{\alpha}{2}}(n_1-1,n_2-1)}\right)$$

1.7.3 假设检验

1.7.3.1 假设检验的基本概念及步骤

先假设总体具有某种统计特性（如参数或分布），然后再通过样本检验这个假设是否可信，这种方法称为假设检验。假设检验的一般步骤如下：

（1）根据问题的要求作出原假设 H_0 和备择假设（与 H_0 对立）H_1。

（2）构造合适的统计量，要求在 H_0 真时其分布已知。

（3）由给定的显著性水平 α（$\alpha=P$｛拒绝 H_0 | H_0 真｝），根据 H_1 写出小概率事件及其概率表达式，从而写出对 H_0 的拒绝域。

（4）由样本观测值算出需要的结果，若结果落入拒绝域（即小概率事件发生），则拒绝 H_0；否则，接受 H_0。

1.7.3.2 正态总体参数的假设检验

正态总体参数的假设检验见表 1.7-1。

表 1.7-1　正态总体参数的假设检验

序号	原假设 H_0	统计量及其分布	备择假设 H_1	H_0 的拒绝域
1	$\mu=\mu_0$ （σ^2 已知）	$U=\dfrac{\overline{X}-\mu_0}{\frac{\sigma}{\sqrt{n}}}\overset{H_0\text{真}}{\sim}N(0,1)$	$\mu\neq\mu_0$ $\mu>\mu_0$ $\mu<\mu_0$	$\lvert U\rvert\geqslant z_{\frac{\alpha}{2}}$ $U\geqslant z_\alpha$ $U\leqslant -z_\alpha$

续表

序号	原假设 H_0	统计量及其分布	备择假设 H_1	H_0 的拒绝域
2	$\mu=\mu_0$ (σ^2 未知)	$T=\dfrac{\overline{X}-\mu_0}{\frac{S}{\sqrt{n}}}\overset{H_0\text{真}}{\sim} t(n-1)$	$\mu\neq\mu_0$ $\mu>\mu_0$ $\mu<\mu_0$	$\|T\|\geqslant t_{\frac{\alpha}{2}}(n-1)$ $T\geqslant t_\alpha(n-1)$ $T\leqslant -t_\alpha(n-1)$
3	$\sigma^2=\sigma_0^2$ (μ 已知)	$\chi^2=\sum\limits_{i=1}^{n}\left(\dfrac{X_i-\mu}{\sigma_0}\right)^2=\dfrac{nS_\mu^2}{\sigma_0^2}\overset{H_0\text{真}}{\sim}\chi^2(n)$	$\sigma^2\neq\sigma_0^2$ $\sigma^2>\sigma_0^2$ $\sigma^2<\sigma_0^2$	$\chi^2\leqslant\chi^2_{1-\frac{\alpha}{2}}(n)$ 或 $\chi^2\geqslant\chi^2_{\frac{\alpha}{2}}(n)$ $\chi^2\geqslant\chi^2_\alpha(n)$ $\chi^2\leqslant\chi^2_{1-\alpha}(n)$
4	$\sigma^2=\sigma_0^2$ (μ 未知)	$\chi^2=\dfrac{(n-1)S^2}{\sigma_0^2}\overset{H_0\text{真}}{\sim}\chi^2(n-1)$	$\sigma^2\neq\sigma_0^2$ $\sigma^2>\sigma_0^2$ $\sigma^2<\sigma_0^2$	$\chi^2\leqslant\chi^2_{1-\frac{\alpha}{2}}(n-1)$ 或 $\chi^2\geqslant\chi^2_{\frac{\alpha}{2}}(n-1)$ $\chi^2\geqslant\chi^2_\alpha(n-1)$ $\chi^2\leqslant\chi^2_{1-\alpha}(n-1)$
5	$\mu_1=\mu_2$ (σ_1^2,σ_2^2已知)	$U=\dfrac{\overline{X}-\overline{Y}-(\mu_1-\mu_2)}{\sqrt{\frac{\sigma_1^2}{n_1}+\frac{\sigma_2^2}{n_2}}}\overset{H_0\text{真}}{\sim}N(0,1)$	$\mu_1\neq\mu_2$ $\mu_1>\mu_2$ $\mu_1<\mu_2$	$\|U\|\geqslant z_{\frac{\alpha}{2}}$ $U\geqslant z_\alpha$ $U\leqslant -z_\alpha$
6	$\mu_1=\mu_2$ (σ_1^2,σ_2^2 未知)	$T=\dfrac{\overline{X}-\overline{Y}-(\mu_1-\mu_2)}{S_w\sqrt{1/n_1+1/n_2}}\overset{H_0\text{真}}{\sim}t(n_1+n_2-2)$	$\mu_1\neq\mu_2$ $\mu_1>\mu_2$ $\mu_1<\mu_2$	$\|T\|\geqslant t_{\frac{\alpha}{2}}(n_1+n_2-2)$ $T\geqslant t_\alpha(n_1+n_2-2)$ $T\leqslant -t_\alpha(n_1+n_2-2)$
7	$\sigma_1^2=\sigma_2^2$ (μ_1,μ_2 未知)	$F=\dfrac{S_1^2}{S_2^2}\overset{H_0\text{真}}{\sim}F(n_1-1,n_2-1)$	$\sigma_1^2\neq\sigma_2^2$ $\sigma_1^2>\sigma_2^2$ $\sigma_1^2<\sigma_2^2$	$F\leqslant F_{1-\frac{\alpha}{2}}(n_1-1,n_2-1)$ 或 $F\geqslant F_{\frac{\alpha}{2}}(n_1-1,n_2-1)$ $F\geqslant F_\alpha(n_1-1,n_2-1)$ $F\leqslant F_{1-\alpha}(n_1-1,n_2-1)$

表 1.7-1 中所用统计量为 U 的称为 U-检验法，所用统计量为 T 的称为 T-检验法，所用统计量为 χ^2 的称为 χ^2-检验法，所用统计量为 F 的称为 F-检验法。

1.7.3.3 非参数假设检验的 χ^2——拟合检验法

当总体分布未知时，根据样本对总体的分布进行假设检验，属于非参数假设检验问题。

设 $X_1,X_2,\cdots,X_n$ 是总体 X 的一个样本，$x_1,x_2,\cdots,x_n$ 为样本的观测值，$F(x)=P\{X\leqslant x\}$，$F_n(x)$ 为经验分布函数，$F_0(x)$ 为已知的分布函数(实际应用中通常可由观测值推测)。

对假设 H_0：$F(x)=F_0(x)$ 进行检验，实际上是观察 $F_n(x)$ 与 $F_0(x)$ 的差异是否过大。具体检验步骤如下：

将 n 个观测值按大小顺序排列，并等分成 k 个组(每个组内的观测值数一般不小于5)，用 n_i 表示在第 i 个区间 $[t_{i-1},t_i]$ 上的观测值数，称为实际频数，np_i 称为 $[t_{i-1},t_i]$ 上的理论频数，其中 $p_i=P\{t_{i-1}<X\leqslant t_i\}=F_0(t_i)-F_0(t_{i-1})$，$n_i$ 代表 $F_n(x)$，而 np_i 代表 $F_0(x)$，构造统计量（称为分歧度）为

$$\nu=\sum_{i=1}^{k}\frac{(n_i-np_i)^2}{np_i}$$

当 n 充分大时，近似地有

$$\nu=\sum_{i=1}^{k}\frac{(n_i-np_i)^2}{np_i}\sim\chi^2(k-r-1)$$

式中 r——$F_0(x)$ 中未知的参数个数。

若 $np_i<5$，则合并其附近的区间，使 $np_i>5$，n 一般较大（$\geqslant 50$），给出检验水平 α，由

$$P\{\nu\geqslant\chi^2_\alpha(k-r-1)\}=\alpha$$

即可得到对 H_0 的拒绝域

$$\nu\geqslant\chi^2_\alpha(k-r-1)$$

若 $\nu\geqslant\chi^2_\alpha(k-r-1)$，则拒绝 H_0；若 $\nu<\chi^2_\alpha(k-r-1)$，则接受 H_0，认为 $F_n(x)$ 与 $F_0(x)$ 无显著差异。

1.7.4 方差分析

方差分析是一种有效的根据已有试验数据分析各个因素影响程度的数理统计方法。

可控制的试验条件称为因素，用大写字母 $A,B,C,\cdots$ 表示。因素 A 在试验中所取的不同状态称为 A 的水平，因素 A 的 r 个不同水平相应地用 $A_1,A_2,\cdots,A_r$ 表示。

如果只考虑一个因素对所考察总体的影响，这样的试验称为单因素试验，相应的方差分析称为单因素方差分析；如果考虑两个因素，则相应称为双因素试验和双因素方差分析；多于两个因素的，则相应称为多因素试验和多因素方差分析。这里仅介绍单因素和双因素方差分析。

1.7.4.1 单因素方差分析

现在只考虑因素 A 的影响。设 A 有 r 个不同水平 $A_1,A_2,\cdots,A_r$，在 $A_i(i=1,2,\cdots,r)$ 水平下做了 n_i 次试验，获得了 n_i 个结果 $X_{ij}(j=1,2,\cdots,n_i)$，试验总次数记为 $n=\sum_{i=1}^{r}n_i$。记 $\overline{X}_i=\frac{1}{n_i}\sum_{j=1}^{n_i}X_{ij}(i=1,2,\cdots,r)$ 为组平均值，$\overline{X}=\frac{1}{n}\sum_{i=1}^{r}\sum_{j=1}^{n_i}X_{ij}$ 为总平均值。

设因素 A 在水平 $A_i(i=1,2,\cdots,r)$ 下的总体 X_i 服从正态分布 $N(\mu_i,\sigma^2)$，其中 μ_i、σ^2 未知。A_i 水平下的观测值可视为在总体 X_i 下容量为 n_i 的一个样本，从总体中抽取的各个样本，即 X_{ij}，假定相互独立。由这个假设显然可以看出，尽管这 r 个正态总体的方差未知，但它们是相等的。因此，只要检验同方差的若干正态总体均值是否相等即可解决因素 A 的影响程度。

如果假设

$$H_0:\ \mu_1=\mu_2=\cdots=\mu_r=\mu$$

成立，则认为因素 A 对试验结果没有显著影响；反之，则因素 A 对试验结果具有显著影响。

引起 X_{ij} 波动的有两个原因：一个纯粹是由随机性引起的（H_0 成立）；另一个是由因素 A 的不同水平作用所产生的差异（H_0 不成立）。为了区分这两种差异，可利用平方和分解定理：

$$S_T=S_E+S_A$$

其中

$$S_T=\sum_{i=1}^{r}\sum_{j=1}^{n_i}(X_{ij}-\overline{X})^2$$

$$S_E=\sum_{i=1}^{r}\sum_{j=1}^{n_i}(X_{ij}-\overline{X}_i)^2$$

$$S_A=\sum_{i=1}^{r}n_i(\overline{X}_i-\overline{X})^2$$

在给定显著性水平 α 下，假设得到 H_0 的拒绝域为

$$C=\{F\geqslant F_\alpha(r-1,\ n-r)\}$$

其中

$$F=\frac{\frac{S_A}{r-1}}{\frac{S_E}{n-r}}$$

当假设 H_0 成立时，有 $F\sim F(r-1,\ n-r)$。

具体计算时，常用以下简化公式：

$$S_T=\sum_{i=1}^{r}\sum_{j=1}^{n_i}X_{ij}^2-n\overline{X}^2$$

$$S_A=\sum_{i=1}^{r}n_i\overline{X}_i^2-n\overline{X}^2$$

$$S_E=S_T-S_A$$

1.7.4.2 双因素方差分析

设有 A、B 两个因素影响指标值，其中因素 A 取 r 个不同水平 $A_1,A_2,\cdots,A_r$，因素 B 取 s 个不同水平 $B_1,B_2,\cdots,B_s$。如果不必考虑因素 A 与因素 B 之间的交互效应，则只需对 (A_i,B_j) 的每个组合各做一次试验，其结果记为 X_{ij}，总试验次数 $n=rs$。记

$$\overline{X}_{i\cdot}=\frac{1}{s}\sum_{j=1}^{s}X_{ij}\quad(i=1,2,\cdots,r)$$

$$\overline{X}_{\cdot j}=\frac{1}{r}\sum_{i=1}^{r}X_{ij}\quad(j=1,2,\cdots,s)$$

$$\overline{X}=\frac{1}{n}\sum_{i=1}^{r}\sum_{j=1}^{s}X_{ij}$$

假设 $X_{ij}\sim N(\mu_{ij},\sigma^2)$，且各样本 X_{ij} 之间相互独立。这样，要考察因素 A、B 单独对指标的影响是否显著，就要分别检验假设

$$H_{0A}:\ \mu_{1j}=\mu_{2j}=\cdots=\mu_{rj}=\mu_j\quad(j=1,2,\cdots,s)$$

$$H_{0B}:\ \mu_{i1}=\mu_{i2}=\cdots=\mu_{is}=\mu_i\quad(i=1,2,\cdots,r)$$

如果检验结果拒绝 $H_{0A}(H_{0B})$，则认为因素 $A(B)$ 的不同水平对结果有显著影响；如果两者都不拒绝，则说明因素 A、B 的不同水平组合对结果无显著影响。

与单因素方差检验一样，相应地有如下结果：

$$S_T=S_E+S_A+S_B$$

其中

$$S_T=\sum_{i=1}^{r}\sum_{j=1}^{s}(X_{ij}-\overline{X})^2$$

$$S_E=\sum_{i=1}^{r}\sum_{j=1}^{s}(X_{ij}-\overline{X}_i-\overline{X}_j+\overline{X})^2$$

$$S_A=s\sum_{i=1}^{r}(X_i-\overline{X})^2$$

$$S_B=r\sum_{j=1}^{s}(\overline{X}_j-\overline{X})^2$$

在给定显著性水平 α 下，假设得到 H_{0A}、H_{0B} 的

拒绝域分别为

$$C_A = \{F_A \geqslant F_{A,\alpha}(r-1,(r-1)(s-1))\}$$

$$C_B = \{F_B \geqslant F_{B,\alpha}(s-1,(r-1)(s-1))\}$$

其中
$$F_A = \frac{\dfrac{S_A}{r-1}}{\dfrac{S_E}{(r-1)(s-1)}}$$

$$F_B = \frac{\dfrac{S_B}{s-1}}{\dfrac{S_E}{(r-1)(s-1)}}$$

当假设 H_{0A}、H_{0B}成立时，有 $F_A \sim F(r-1,(r-1)(s-1))$、$F_B \sim F(s-1,(r-1)(s-1))$。

1.7.5 回归分析

回归分析是数理统计学中寻找存在相关关系的变量间的数学关系式，并进行统计推断的一种有效方法。

假设进行了 n 次独立试验，测得自变量 x、因变量 y 的 n 组数据为 (x_i,y_i) $(i=1,2,\cdots,n)$。由于因变量 y 是随机变量，故可取 y 的条件期望 $u(x)=E(y\mid x)$ 作为 y 的估计值，即

$$\hat{y} = u(x) = E(y\mid x)$$

这样就得到一个确定性的函数 $\hat{y}=u(x)$ 来大致描述 x 与 y 之间的变化规律。函数 $u(x)$ 称为 y 关于 x 的回归函数，$\hat{y}=u(x)=E(y\mid x)$ 称为 y 关于 x 的回归方程。一般要从任意 x 的函数中找出回归函数 $u(x)$ 是很困难的，因此通常限制 $u(x)$ 是某一类型的函数。这里只讨论线性回归。

1.7.5.1 一元线性回归

1. 一元线性回归模型

在直角坐标系中，画出 n 个点 $(x_i,y_i)(i=1,2,\cdots,n)$ 的散点图。如果散点图有明显的线性趋势，则可以把试验结果 y 看成由 x 的线性函数 $a+bx$ 和随机因素 ε 两部分组成。即假定

$$y = a + bx + \varepsilon$$

式中 a、b——待估计的参数；

ε——随机误差，表示一切随机因素对 y 影响的总和。

通常假设

$$\varepsilon \sim N(0,\sigma^2)$$

式中 σ^2——未知参数。

这就意味着 $y\sim N(a+bx,\sigma^2)$，数理统计学上称之为一元正态线性回归模型。

n 组观测值 $(x_i,y_i)(i=1,2,\cdots,n)$ 应该满足

$$y_i = a + bx_i + \varepsilon_i \quad (i=1,2,\cdots,n)$$

式中 ε_i——第 i 次试验中的随机误差。

假设 $\varepsilon_1,\varepsilon_2,\cdots,\varepsilon_n$ 是独立随机变量，均服从 $N(0,\sigma^2)$，于是 $y_i \sim N(a+bx_i,\sigma^2)$。

2. 参数 a、b 的估计

构造观测值与回归值的离差平方和

$$Q = \sum_{i=1}^{n}(y_i - a - bx_i)^2$$

Q 值越小，表示 (x_i,y_i) 越靠近回归方程。分别求 Q 对 a、b 的一阶偏导数，并令其为零，可得到

$$\begin{cases} b = \dfrac{L_{xy}}{L_{xx}} \\ a = \bar{y} - b\bar{x} \end{cases}$$

其中
$$\bar{x} = \frac{1}{n}\sum_{i=1}^{n}x_i,\ \bar{y} = \frac{1}{n}\sum_{i=1}^{n}y_i$$

$$L_{xx} = \sum_{i=1}^{n}(x_i-\bar{x})^2,\ L_{xy} = \sum_{i=1}^{n}(x_i-\bar{x})(y_i-\bar{y})$$

3. 可线性化的非线性回归问题

实际中变量之间的相关关系一般是非线性的，然而有些关系可以通过适当的变量代换，将非线性问题转化为线性回归问题，使得计算求解变得简单。下面给出一些常用的可转化为线性回归问题的函数类型。

(1) 双曲线函数为

$$\frac{1}{y} = a + b\frac{1}{x}$$

令 $\tilde{y}=\dfrac{1}{y}$，$\tilde{x}=\dfrac{1}{x}$，则转化为

$$\tilde{y} = a + b\tilde{x}$$

(2) 幂函数为

$$y = cx^b$$

令 $\tilde{y}=\ln y$，$\tilde{x}=\ln x$，$a=\ln c$，则转化为

$$\tilde{y} = a + b\tilde{x}$$

(3) 指数函数为

$$y = ce^{bx}$$

令 $\tilde{y}=\ln y$，$a=\ln c$，则转化为 $\tilde{y}=a+b\tilde{x}$。

(4) 对数函数为

$$y = a + b\ln x$$

令 $\tilde{x}=\ln x$，则转化为

$$\tilde{y} = a + b\tilde{x}$$

(5) S 型曲线函数为

$$y = \frac{1}{a + be^{-x}}$$

令 $\tilde{y}=\dfrac{1}{y}$，$\tilde{x}=e^{-x}$，则转化为

$$\tilde{y} = a + b\tilde{x}$$

1.7.5.2 多元线性回归

在实际问题中，一般影响结果的因素往往有多

个，多元回归分析就是研究结果 y 与多个影响因素之间相关关系的数理统计方法。

1. 多元线性回归模型

设有 p 个因素 $x_1, x_2, \cdots, x_p$ 影响结果 y，具有的线性关系为

$$y = \beta_0 + \beta_1 x_1 + \beta_2 x_2 + \cdots + \beta_p x_p + \varepsilon$$

式中 $x_1, x_2, \cdots, x_p$——可控变量；

y——可观测的随机变量；

$\beta_0, \beta_1, \beta_2, \cdots, \beta_p$——未知参数。

$\varepsilon \sim N(0, \sigma^2)$，$\sigma^2$ 未知。

如果获得了 n 组独立观测值

$$(y_i, x_{i1}, x_{i2}, \cdots, x_{ip}) \quad (i = 1, 2, \cdots, n)$$

则可得如下方程组：

$$y_i = \beta_0 + \beta_1 x_{i1} + \beta_2 x_{i2} + \cdots + \beta_p x_{ip} + \varepsilon_i$$

式中 $\varepsilon_i (i = 1, 2, \cdots, n)$——相互独立，且与 ε 同分布。

2. 参数 $\beta_0, \beta_1, \beta_2, \cdots, \beta_p$ 的最小二乘估计

采用最小二乘法，令

$$Q = \sum_{i=1}^{n} [y_i - (\beta_0 + \beta_1 x_{i1} + \beta_2 x_{i2} + \cdots + \beta_p x_{ip})]^2$$

对 Q 分别求关于 $\beta_0, \beta_1, \beta_2, \cdots, \beta_p$ 的偏导数并令其为 0，可得

$$X^{\mathrm{T}} X \beta = X^{\mathrm{T}} Y$$

其中

$$X = \begin{bmatrix} 1 & x_{11} & \cdots & x_{1p} \\ 1 & x_{21} & \cdots & x_{2p} \\ \vdots & \vdots & \vdots & \vdots \\ 1 & x_{n1} & \cdots & x_{np} \end{bmatrix}, \quad Y = \begin{bmatrix} y_1 \\ y_2 \\ \vdots \\ y_n \end{bmatrix}, \quad \beta = \begin{bmatrix} \beta_1 \\ \beta_2 \\ \vdots \\ \beta_p \end{bmatrix}$$

如果 X 满秩，则 $X^{\mathrm{T}} X$ 的逆矩阵存在，可求出最小二乘估计

$$\beta = (X^{\mathrm{T}} X)^{-1} X^{\mathrm{T}} Y$$

1.7.5.3 回归的检验

实际问题一般不能断定随机变量 y 与一般变量 $x_1, \cdots, x_p$ 是否有线性关系，因此回归模型

$$y = \beta_0 + \beta_1 x_1 + \beta_2 x_2 + \cdots + \beta_p x_p + \varepsilon$$

只是一个假设。当求出线性回归方程后，要对它进行统计检验，以给出肯定或否定的结论。

对于 F 检验，可按表 1.7-2 进行。

再由 F 比的大小，作出结论。

表 1.7-2　　方差分析表

来源	平方和	自由度	均方和	F 比
回归	$S_{回} = \sum(\hat{y}_\alpha - \bar{y}_\alpha)^2 = S_{总} - S_{剩}$	p	$\dfrac{S_{回}}{p}$	$\dfrac{S_{回}/p}{S_{剩}/(N-p-1)}$
剩余	$S_{剩} = \sum_\alpha (y_\alpha - \hat{y}_\alpha)^2 = \sum_\alpha y_\alpha^2 - \sum_{j=0}^{p} b_j B_j$	$N-p-1$	$\dfrac{S_{剩}}{N-p-1}$	
总计	$S_{总} = \sum_\alpha (y_\alpha - \bar{y}_\alpha)^2 = \sum_\alpha y_\alpha^2 - \dfrac{1}{N}(\sum_\alpha y_\alpha)^2$	$N-1$		

1.7.6 正交试验设计

1.7.6.1 正交表与正交试验

当一个设计涉及多个因素并有多种水平的情况，要找出一个各种组合的最优方案时，若进行全面的试验，则常使得时间和费用急速增长，致使全面试验成为实际上不可行。正交试验方法就是一种通过合理安排各因素、各水平的适当搭配，使得只进行部分试验，也可得到较优的实施方案。

正交表是根据组合理论，按照正交性要求构造的表格，它在试验设计中有广泛的应用，利用正交表安排的试验称为正交试验。它适用于多因素、多指标、多因素间存在交互作用、具有随机误差的试验。通过正交试验，可以分析各因素及其交互作用对试验指标的影响，找出主次关系，并确定最优工艺条件。在正交试验中要求每个因素都是可控的。每个因素所取值的个数称为该因素的水平。

正交表的符号记为 $L_a(b^c)$，其中 L 表示正交表；下标 a 是正交表的行数，表示试验次数；c 是正交表的列数，表示试验至多可以安排的因素个数；b 是表中不同数字的个数，表示每个因素的水平数。例如 $L_8(2^7)$（见表 1.7-3），表示一个正交表，它有 8 行 7 列，每列有 2 个水平，即安排 8 次试验，每次试验至多 7 个因素，且每个因素只有 2 个水平。这种正交表称为 2 水平型的正交表。

又如 $L_8(4 \times 2^4)$，表示正交表中共有 8 行 5 列，其中有 1 列是 4 水平的，有 4 列是 2 水平的。它称为混合型的正交表，可用来安排因素水平不同的试验。

表 1.7-3 正交表 $L_8(2^7)$

表头设计	A	B	$A\times B$	C	$A\times C$	$B\times C$	D	
水平 列号 / 试验号	1	2	3	4	5	6	7	试验结果 y_i
1	1	1	1	1	1	1	1	y_1
2	1	1	1	2	2	2	2	y_2
3	1	2	2	1	1	2	2	y_3
4	1	2	2	2	2	1	1	y_4
5	2	1	2	1	2	1	2	y_5
6	2	1	2	2	1	2	1	y_6
7	2	2	1	1	2	2	1	y_7
8	2	2	1	2	1	1	2	y_8

1.7.6.2 正交表的交互列

一般在一个试验中，不仅各个因子在起作用，而且因子之间有时会联合起来影响试验结果，这种作用称为交互作用。如有 4 个因子（A、B、C、D），每个因子各有 2 个水平，选用正交表［见表 1.7-3］，其中包括 8 个试验。下面研究 A、B 的交互作用。

由于 A、B 都是 1 水平的试验结果均值为 $\frac{1}{2}(y_1+y_2)$，A 是 1 水平、B 是 2 水平的试验结果均值为 $\frac{1}{2}(y_3+y_4)$，A 是 2 水平、B 是 1 水平的试验结果均值为 $\frac{1}{2}(y_5+y_6)$，A、B 都是 2 水平的试验结果均值为 $\frac{1}{2}(y_7+y_8)$，于是 A、B 的交互效应为

$$\left[\frac{1}{2}(y_7+y_8)-\frac{1}{2}(y_1+y_2)\right]-\left[\frac{1}{2}(y_5+y_6)-\frac{1}{2}(y_1+y_2)\right]-\left[\frac{1}{2}(y_3+y_4)-\frac{1}{2}(y_1+y_2)\right]$$
$$=\frac{1}{2}(y_1+y_2+y_7+y_8)-\frac{1}{2}(y_3+y_4+y_5+y_6)$$

该值的$\frac{1}{2}$称为 A、B 间的交互作用，记为 $A\times B$。又由于该值正好是表 1.7-3 第 3 列水平 1 对应的试验结果均值与水平 2 对应的试验结果均值的差，故把表 1.7-3 的第 3 列用来标记 A、B 的交互作用，见表 1.7-3 表头设计部分的 $A\times B$。

任意两列分别安排了两个因素之后，这两个因素的交互作用可用表的其他列表示出来，称为交互列。某两个因素的交互列在 2 水平型正交表中只有一列，在 3 水平型正交表中有两列，例如 $L_9(3^4)$，任意两列的交互列是另外两列。通常低水平（水平数为 2 或 3）的正交表由另外专表写出交互列，例如 $L_8(2^7)$ 的交互列表（见表 1.7-4），指出第 3 列与第 5 列的交互列即是第 6 列等。

表 1.7-4 $L_8(2^7)$ 的交互列表

1	2	3	4	5	6	7	列号
(1)	3	2	5	4	7	6	1
	(2)	1	6	7	4	5	2
		(3)	7	6	5	4	3
			(4)	1	2	3	4
				(5)	3	2	5
					(6)	1	6
						(7)	7

1.7.6.3 正交表的正交性

正交表格具有正交性：

(1) 在任意一列中，每个水平的重复次数都相等，例如 $L_8(2^7)$ 中每列的每个水平都重复 4 次。

(2) 任意两列中，同行数字（水平）构成的数对，包含着所有可能的数对，而每个数对重复次数相等。例如在 $L_9(3^4)$ 中任意两列构成的数对都包含着 3 水平下所有可能的数对：(1，1)，(1，2)，(1，3)，(2，1)，(2，2)，(2，3)，(3，1)，(3，2)，(3，3)，而且每个数对重复次数都等于 1。

由于正交性，使得所安排的正交试验，均衡分散，具有可比性。

1.7.6.4 试验方案的制定步骤与安排方法

1. 制定步骤

(1) 确定试验中变化因素的个数及每个因素变化的水平。

(2) 根据专业知识或经验，初步分析各因素之间的交互作用，确定哪些是必须考虑的，哪些是暂时可以忽略的。

(3) 根据试验的人力、设备、时间及费用，确定进行试验的大概次数。

(4) 选用合适的正交表，安排试验。

2. 安排方法

(1) 在不考虑交互作用时，把因素逐个安排在正交表的任意列上，那么每次试验（对应于正交表的行）的试验条件（每个因素应取的水平）由安排因素的各列的水平确定。

（2）当需要考虑交互作用时，因素不能任意安排，应利用相应的表头设计安排试验。此时要注意不能使不同的因素（包括所考虑的交互作用）同处一列（因为分析时无法将同处一列的不同作用分析出来），如果做不到这一点，就需要采用更大的正交表。

例如，安排一个4因素 A、B、C、D 的试验，如果采用 L_8（2^7），由于受列数和水平数布置的限制，只能考虑 $A\times B$、$A\times C$ 和 $B\times C$，4个因素和3个交互作用的列布置见表1.7-3的表头设计。如果 A、B、C、D 4个因素所有的交互作用都要考虑，则不能用 L_8（2^7），而应选用更大的正交表，如 $L_{16}(2^{15})$。

1.7.6.5 正交表的直观分析

（1）计算第 i 水平的水平和 K_i 与水平均值 k_i。例如用 $L_9(3^4)$ 安排的4因素3水平的试验方案，可列出直观分析表1.7-5。

表1.7-5 用 $L_9(3^4)$ 安排的4因素3水平的试验方案

试验号 \ 列号（因素）	1(*A*)	2(*B*)	3(*C*)	4(*D*)	试验指标（*y*）
1	1	1	1	1	y_1
2	1	2	2	2	y_2
3	1	3	3	3	y_3
4	2	1	2	3	y_4
5	2	2	3	1	y_5
6	2	3	1	2	y_6
7	3	1	3	2	y_7
8	3	2	1	3	y_8
9	3	3	2	1	y_9
K_1	$K_1^{(1)}$	$K_1^{(2)}$	$K_1^{(3)}$	$K_1^{(4)}$	
K_2	$K_2^{(1)}$	$K_2^{(2)}$	$K_2^{(3)}$	$K_2^{(4)}$	
K_3	$K_3^{(1)}$	$K_3^{(2)}$	$K_3^{(3)}$	$K_3^{(4)}$	
k_1	$k_1^{(1)}$	$k_1^{(2)}$	$k_1^{(3)}$	$k_1^{(4)}$	
k_2	$k_2^{(1)}$	$k_2^{(2)}$	$k_2^{(3)}$	$k_2^{(4)}$	
k_3	$k_3^{(1)}$	$k_3^{(2)}$	$k_3^{(3)}$	$k_3^{(4)}$	
极差 R	$R^{(1)}$	$R^{(2)}$	$R^{(3)}$	$R^{(4)}$	

注 $K_i^{(j)}$ 表示第 j 列的 i 水平的试验指标和（简称为水平和）；$k_i^{(j)}$ 表示第 j 列的 i 水平的试验指标均值（简称为水平均值）；$R^{(j)}$ 表示第 j 列的 $k_1^{(j)}$，$k_2^{(j)}$，$k_3^{(j)}$ 的极差。

例如：

$$K_1^{(1)}=y_1+y_2+y_3,\ k_1^{(1)}=\frac{1}{3}K_1^{(1)}$$

$$K_2^{(1)}=y_4+y_5+y_6,\ k_2^{(1)}=\frac{1}{3}K_2^{(1)}$$

$$K_3^{(1)}=y_7+y_8+y_9,\ k_3^{(1)}=\frac{1}{3}K_3^{(1)}$$

$$K_3^{(2)}=y_3+y_6+y_9,\ k_3^{(2)}=\frac{1}{3}K_3^{(2)}$$

$$\vdots$$

$$R^{(1)}=\max\{k_1^{(1)},k_2^{(1)},k_3^{(1)}\}-\min\{k_1^{(1)},k_2^{(1)},k_3^{(1)}\}$$

$$\vdots$$

（2）评定因素重要性顺序。依照各因素指标均值的极差大小排出重要性顺序，极差越大表示该因素越重要。

（3）画出各因素与试验指标的关系图。求出 $k_i^{(j)}$ 后，对于每个 j，以水平值 i 为横坐标、以 $k_i^{(j)}$ 为纵坐标描点并画出折线图，称为第 j 个因素与试验指标的关系图。若 $k_i^{(j)}$ 变化幅度大，则对应的第 j 个因素的影响就愈大。若图上描出的点很分散，则说明第 j 个因素是主要的；若点比较集中，则说明该因素是次要的。

当需要考虑因素间的交互作用时，对应某交互作用的列的 $k_i^{(j)}$ 就表示由于该交互作用的影响而引起的。同样，可以画出因素之间的交互作用与试验指标的关系图。

对于既没有安排因素，也没有安排交互作用的"空列"，可以用来安排试验误差的估计。通过同样的计算得到 $k_i^{(j)}$，这可以看做是由于试验误差造成的，$k_i^{(j)}$ 变化的大小反映了该试验误差的大小。也可以画出试验误差与试验指标的关系图。

（4）选定最优工艺条件（最优搭配方案）。在不考虑交互作用时，只需根据该试验指标的要求（即该指标高者为优，或低者为优），从每个因素的关系图中找出最优点（最高点或最低点）的水平，将各因素的最优水平组合起来就是该指标的最优工艺条件。

当需要考虑因素间的交互作用时，经过分析已知某两个因素的交互作用对试验指标影响很大，这时根据试验结果，把对应于该两因素所有不同水平组合的试验指标（若对于同一组合有多次试验，则应求出其平均值）进行比较，选出该两因素的最优水平组合。最后，结合其他因素或交互作用选出的最优条件综合考虑，以确定最优工艺条件。

对于多指标的试验，每个指标都可按上述方法进行分析，其最优工艺条件应根据各个指标的情况综合考虑才能确定。

1.7.6.6 正交表的方差分析

设在正交表（见表1.7-6）中因素A被安排在第j列，该列的水平数为b_j（或b_A），每个水平的重复数为r_j，试验次数为n（行数）（显然有$r_jb_j=n$），则因素A的平方和S_A（或称为第j列平方和S_j）为

$$S_A=S_j=r_j\sum_{l=1}^{b_j}(k_l^{(j)}-k^{(j)})^2$$

$$=r_j\sum_{l=1}^{b_j}(k_l^{(j)})^2-\frac{1}{n}(\sum_{i=1}^{n}y_i)^2$$

其中
$$k^{(j)}=\frac{1}{n}\sum_{i=1}^{n}y_i$$

总平方和$S_总$为

$$S_总=\sum_{i=1}^{n}(y_i-\bar{y})^2=\sum_{i=1}^{n}y_i^2-\frac{1}{n}(\sum_{i=1}^{n}y_i)^2$$

不可忽略的交互作用的平方和$S_交$也按其所在列的平方和计算（公式同因素A的平方和S_A的计算公式）。

误差平方和$S_误$等于$S_总$与所有安排因素或交互作用的列的平方和之差，即

$$S_误=S_总-\sum_{\substack{(安排因\\素的列)}}S_j-\sum_{\substack{(安排交互\\作用的列)}}S_交$$

对正交表进行方差分析可以定量地给出各因素的均方和统计量等值，依据从大到小的顺序，判断出重要因素和次要因素。此时最优工艺条件的确定只要考虑重要因素，至于那些次要因素的水平，可根据其他条件确定。

表1.7-6 正交表的方差分析表

离差来源	平方和	自由度	均 方	统计量	置信限	统计推断
A	S_A	b_A-1	$s_A=\frac{S_A}{b_A-1}$	$F_A=\frac{s_A}{s_误}$	$F_\alpha(b_A-1,n_误)$	当$F>F_\alpha$时，认为相应的因素影响显著； 当$F<F_\alpha$时，认为相应的因素影响不显著
B	S_B	b_B-1	$s_B=\frac{S_B}{b_B-1}$	$F_B=\frac{s_B}{s_误}$	$F_\alpha(b_B-1,n_误)$	
$A\times B$	$S_A\times S_B$	$(b_A-1)\times(b_B-1)$	$s_{A\times B}=\frac{S_{A\times B}}{(b_A-1)(b_B-1)}$	$F_{A\times B}=\frac{s_{A\times B}}{s_误}$	$F_\alpha((b_A-1)\times(b_B-1),n_误)$	
⋮	⋮	⋮	⋮	⋮	⋮	
误差	$S_误$	$n_误$	$s_误=\frac{S_误}{n_误}$			
总平方和	$S_总$	$n-1$				

注 $n_误=n-1-\sum\limits_{\substack{(安排因\\素的列)}}(b_j-1)-\sum\limits_{\substack{(安排交互\\作用的列)}}(b_j-1)(b_l-1)$。

1.7.7 抽样检验方法

1.7.7.1 抽样检验的第一类错误和第二类错误

从整批产品中随机抽取n件样品进行质量检查，进而对整批产品作出“接收”或“拒收”的判断时可能出现两种错误：①第一类错误，把可接受的整批产品错判为不合格而加以“拒收”；②第二类错误，把质量不合要求的整批产品错判为合格而加以“接收”。

制定抽样检验方案的目的就是合理地确定尽可能小的样本容量n和作为判断的标准区间(L,H)，使得犯第一类错误的概率α和犯第二类错误的概率β都尽量地小。以下只讨论样本容量n和整批产品的量N（或称为批量N）满足$\frac{n}{N}<0.1$的情况。

1.7.7.2 单式抽样检验

单式抽样验收方案是指只进行一次抽样，从而对整批产品作出“接收”或“拒收”判断的方案。

1. 单式计件（对产品质量指标的检验只考虑“好品”与“次品”）的验收方案(n,c)

根据对产品质量的要求，收付双方协商定出两个小于1的正数p_0和p_1（$p_0\leqslant p_1$）。当次品率$p\leqslant p_0$时，则接收这批产品；当$p>p_1$时，则拒收这批产品。p_0和p_1分别称为“可接收的质量水平”和“批容许废品率”。

设样本容量为n，其中次品个数为k。如何合理地选取n和小于n的正整数c，使得按照“$k\leqslant c$”或者“$k>c$”分别决定“接收”或“拒收”该批产品时，犯第一类或第二类错误的概率都不大于预先给定的α和β呢？

对于方案(n,c)，从次品率为p的总体（批量为N）中抽取$n\left(<\frac{N}{10}\right)$件产品，其次品数不大于$c$的概率为

$$L(p,n,c)=\sum_{k=0}^{c}\binom{n}{k}p^k(1-p)^{n-k}$$

$L(p,n,c)$称为方案(n,c)的示性函数。

给定 p_0、p_1、α 和 β 后，n、c 是下列方程的解：

$$\begin{cases} L(p_0,n,c) = 1-\alpha \\ L(p_1,n,c) = \beta \end{cases}$$

记 u_r 满足

$$\int_{-\infty}^{u_r} \frac{1}{\sqrt{2\pi}} e^{-\frac{x^2}{2}} dx = r$$

则当 n 比较大时，$c = [nH]$（即 nH 的整数部分）取决于

$$\begin{cases} H = p_0 + u_{1-\alpha}\sqrt{\dfrac{p_0(1-p_0)}{n}} \\ H = p_1 - u_\beta\sqrt{\dfrac{p_1(1-p_1)}{n}} \end{cases}$$

2. 单式计量（对产品质量指标要测量出具体数据）验收方案 (n,L,H)

假定衡量产品好坏的数量指标 ξ 遵从正态分布，其方差 σ^2 为已知。当 $\xi \geqslant a$（或 $\xi < a$）时，认为产品合格；当 $\xi < a$（或 $\xi \geqslant a$）时，认为产品不合格。

设样本容量为 n，样本均值为 $\bar{x}$。如何合理地选取 n 和 L、H，使得按照“$L<\bar{x}<H$”和“$\bar{x}<L$ 或 $\bar{x}>H$”分别决定“接收”或“拒收”整批产品时，犯第一类或第二类错误的概率都不大于预先给定的 α 和 β。

记

$$\mu_0 = \alpha - \sigma\Phi^{-1}(p_0), \quad \mu_1 = \alpha - \sigma\Phi^{-1}(p_1)$$

其中，$\Phi^{-1}(x)$ 是正态概率积分

$$\Phi(x) = \int_{-\infty}^{x} \frac{1}{\sqrt{2\pi}} e^{-\frac{v^2}{2}} dv$$

的反函数。

单式计量验收方案见表 1.7-7。

表 1.7-7　　单式计量验收方案

条　件	方案代号	方案参数满足的方程组	统计推断
$\mu_0 > \mu_1$	(n,L)	$\begin{cases} L = \mu_0 - u_\alpha \dfrac{\sigma}{\sqrt{n}} \\ L = \mu_1 + u_{1-\beta} \dfrac{\sigma}{\sqrt{n}} \end{cases}$	当 $\bar{x} \leqslant L$ 时，拒收 当 $\bar{x} > L$ 时，接收
$\mu_0 < \mu_1$	(n,H)	$\begin{cases} H = \mu_0 + u_{1-\alpha} \dfrac{\sigma}{\sqrt{n}} \\ H = \mu_1 - u_\beta \dfrac{\sigma}{\sqrt{n}} \end{cases}$	当 $\bar{x} \geqslant H$ 时，拒收 当 $\bar{x} < H$ 时，接收
$\mu_1 < \mu_0 < \mu_2$	(n,L,H)	$\begin{cases} L = \mu_1 + u_{1-\beta} \dfrac{\sigma}{\sqrt{n}} \\ L = \mu_0 - u_{\frac{\alpha}{2}} \dfrac{\sigma}{\sqrt{n}} \\ H = L + 2u_{\frac{\alpha}{2}} \dfrac{\sigma}{\sqrt{n}} \end{cases}$	当 $\bar{x} \leqslant L$ 或 $\bar{x} \geqslant H$ 时，拒收 当 $L < \bar{x} < H$ 时，接收

1.7.7.3 复式记件抽样检验

单式抽样验收方案为了确保两类错误的相应概率不超过 α、β，常常需要抽取容量很大的样本。对于同样的 4 个数据 p_0、p_1、α、β，复式抽样的平均抽样件数比单式抽样较小。

复式抽样验收方案的做法是：先抽容量为 n_0 的样本，设其中的次品数为 k_0，与事先确定的 3 个数 $c_0 < c_1$ 及 c_2 相比较做判断。若 $k_0 \leqslant c_0$，则整批接收；若 $k_0 > c_1$，则整批拒收；若 $c_0 < k_0 \leqslant c_1$，则继续抽取容量为 n_1 的样本，记其中的次品数为 k_1，将两个样本合在一起，若 $k_0 + k_1 \leqslant c_2$ 则整批接收，若 $k_0 + k_1 > c_2$ 则整批拒收。其中 n_0、n_1、c_0、c_1、c_2 的决定与单式抽样方案相类似，要保证抽样验收方案当整批产品的次品率 $p \leqslant p_0$ 时，拒收的概率不超过 α，当 $p \geqslant p_1$ 时，接收的概率不超过 β。

记方案 (n_0,n_1,c_0,c_1,c_2) 的示性函数 $L(p;n_0,n_1,c_0,c_1,c_2)$ 为

$$L(p;n_0,n_1,c_0,c_1,c_2) = \sum_{k_0=0}^{c_0} \binom{n_0}{k_0} p^{k_0}(1-p)^{n_0-k_0} + \sum_{k_0=c_0+1}^{c_1} \left[\binom{n_0}{k_0} p^{k_0}(1-p)^{n_0-k_0} \times \sum_{k_1=0}^{c_2-k_0} \binom{n_1}{k_1} p^{k_1}(1-p)^{n_1-k_1} \right]$$

它事实上是抽取第二样本，经检验后，整批接收的概率，即概率 P（$k_0 \leqslant c_0$，次品率为 p）与 P（$c_0 < k_0 \leqslant$

c_1，$k_0+k_1\leqslant c_2$，次品概率为 p）之和。

当 p_0、p_1、α、β 已知时，n_0、n_1、c_0、c_1、c_2 满足下列方程：

$$\begin{cases} L(p_0;\ n_0,n_1,c_0,c_1,c_2)=1-\alpha \\ L(p_1;\ n_0,n_1,c_0,c_1,c_2)=\beta \end{cases}$$

该方程的求解是困难的，且不是唯一的，必须根据实际部门的具体情况提出其他合理限制（例如令 $n_1=2n_0$ 等），并制定专门的统计表来确定 n_0、n_1、c_0、c_1、c_2。

1.7.7.4 序贯记件抽样检验

序贯记件抽样检验验收方案比上面的方案更经济，更能减少检验次数。

对于给定的 p_0、p_1、α、β，序贯抽样的方法如下。

第 1 步，先抽取容量为 n_1 的样本，设其中次品数为 k_1，计算

$$c_{1,n_1}=h_1+sn_1$$
$$c_{2,n_1}=h_2+sn_1$$

其中

$$h_1=\frac{\lg\dfrac{\beta}{1-\alpha}}{\lg\dfrac{p_1}{p_0}-\lg\dfrac{1-p_1}{1-p_0}}$$

$$h_2=\frac{\lg\dfrac{1-\beta}{\alpha}}{\lg\dfrac{p_1}{p_0}-\lg\dfrac{1-p_1}{1-p_0}}$$

$$s=\frac{-\lg\dfrac{1-p_1}{1-p_0}}{\lg\dfrac{p_1}{p_0}-\lg\dfrac{1-p_1}{1-p_0}}$$

若样本的次品数 $k_1\leqslant c_{1,n_1}$，则整批接收；若 $k_1>c_{2,n_1}$，则整批拒收；若 $c_{1,n_1}<k\leqslant c_{2,n_1}$，则不做决定，继续抽样。

第 2 步，再抽取容量为 n_2 的样本，设其中的次品数为 k_2，计算

$$c_{1,n_1+n_2}=h_1+s(n_1+n_2)$$
$$c_{2,n_1+n_2}=h_2+s(n_1+n_2)$$

若两次抽样的积累样本的次数 $k_1+k_2\leqslant c_{1,n_1+n_2}$，则整批接收；若 $k_1+k_2>c_{2,n_1+n_2}$，则整批拒收；若 $c_{1,n_1+n_2}<k_1+k_2\leqslant c_{2,n_1+n_2}$，则不作决定，继续抽样。

以此类推，直到做出决定为止。应该注意的是，若每次样本的容量为 n_i，其中的次品数为 k_i，则在第 m 步时，积累样本的容量为 $\sum\limits_{i=1}^{m}n_i$，积累次品数为 $\sum\limits_{i=1}^{m}k_i$。可以证明，经有限次抽样可以作出判断。

序贯抽样验收方案可以有两种直观的表示方法：

（1）序贯计件抽样的图解法。以积累样本的容量 $n=\sum\limits_{i}n_i$ 为横坐标，以积累次品数 $k=\sum\limits_{i}k_i$ 为纵坐标，两条平行线

$$k=h_1+sn$$
$$k=h_2+sn$$

把整个平面划成三个区域：接收区、拒收区和继续抽查区（见图 1.7-1）。每检验一件产品后，看它是不是次品，然后在图上画一点（n，k），如果点落在接收区，就接收这批产品；如果点落在拒收区，就拒收这批产品；如果点落在继续抽查区，就继续抽查。经有限次抽查，点（n，k）总会越出继续抽查区，这时即可做出接收或拒收的判断。

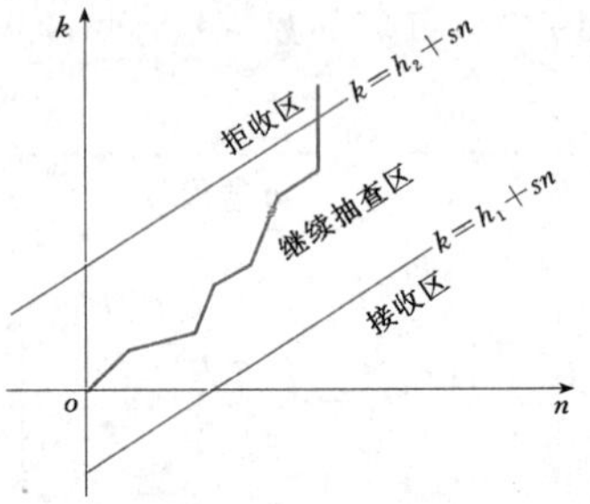

图 1.7-1 接收区、拒收区和继续抽查区

（2）序贯计件抽样的列表法。对给定不同的 p_0、p_1、α 和 β，列出积累样本的个数 $n=\sum\limits_{i}n_i$ 和所对应的判断标准 $c_{1,n}$ 和 $c_{2,n}$ 的表。当积累次品数 $k=\sum\limits_{i}k_i$ 越出区间 $(c_{1,n},c_{2,n})$，这时即可做判断。例如表 1.7-8 列出 $p_0=0.01$，$p_1=0.08$，$\alpha=5\%$，$\beta=10\%$ 的序贯抽样方案。

1.7.8 主成分分析

在科学研究中，往往需要对反映事物的多个随机变量 $X_1,X_2,\cdots,X_p$ 进行大量的观测，收集大量数据以便进行分析寻找规律。由于各变量间存在一定的相关关系，因此，有可能用较少的综合指标分别综合存在于各变量中的各类信息。主成分分析（principal component analysis）就是这样一种降维的方法。

一个度量指标的好坏除了可靠、真实之外，还必须能充分反映个体间的变异。如果有一项指标，不同个体的取值都大同小异，则该指标不能用来区分不同的个体。由这一点来看，一项指标在个体间的变异越大越好。因此可以把“变异大”作为“好”的标准来寻求综合指标。

表 1.7-8　$p_0=0.01$，$p_1=0.08$，$\alpha=5\%$，$\beta=10\%$的序贯抽样方案

n	$c_{1,n}$	$c_{2,n}$	n	$c_{1,n}$	$c_{2,n}$	n	$c_{1,n}$	$c_{2,n}$	n	$c_{1,n}$	$c_{2,n}$
2	×	2	20	×	3	38	0	3	56	0	4
3	×	2	21	×	3	39	0	3	57	0	4
4	×	2	22	×	3	40	0	3	58	0	4
5	×	2	23	×	3	41	0	3	59	0	4
6	×	2	24	×	3	42	0	3	60	0	4
7	×	2	25	×	3	43	0	3	61	1	4
8	×	2	26	×	3	44	0	3	62	1	4
9	×	2	27	×	3	45	0	3	63	1	4
10	×	2	28	×	3	46	0	3	64	1	4
11	×	2	29	×	3	47	0	3	65	1	4
12	×	2	30	×	3	48	0	3	66	1	4
13	×	2	31	0	3	49	0	4	67	1	4
14	×	2	32	0	3	50	0	4	68	1	4
15	×	2	33	0	3	51	0	4	69	1	4
16	×	2	34	0	3	52	0	4	70	1	4
17	×	2	35	0	3	53	0	4			
18	×	2	36	0	3	54	0	4			
19	×	2	37	0	3	55	0	4			

注　n表示积累样本的个数；$c_{1,n}$表示可以作出“接收”的最高次品件数；$c_{2,n}$可以作出“拒收”的最低次品件数；×表示不作决定。

1.7.8.1　主成分的一般定义

设随机变量 $X_1,X_2,\cdots,X_p$，对应的样本均数为 $\overline{X}_1,\overline{X}_2,\cdots,\overline{X}_p$，样本标准差为 $S_1,S_2,\cdots,S_p$。作标准化变换

$$x_i=\frac{X_i-\overline{X}_i}{S_i}$$

定义：

（1）若 $C_1=a_{11}X_1+a_{12}X_2+\cdots+a_{1p}X_p$，$a_{11}^2+a_{12}^2+\cdots+a_{1p}^2=1$，且使 $D(C_1)$ 最大，则称 C_1 为第一主成分。

（2）若 $C_2=a_{21}X_1+a_{22}X_2+\cdots+a_{2p}X_p$，$a_{21}^2+a_{22}^2+\cdots+a_{2p}^2=1$，$(a_{21},a_{22},\cdots,a_{2p})$ 垂直于 $(a_{11},a_{12},\cdots,a_{1p})$，且使 $D(C_2)$ 最大，则称 C_2 为第二主成分。

（3）类似地，可有第三、第四、第五……主成分，至多有 p 个。

1.7.8.2　主成分的性质

主成分 $C_1,C_2,\cdots,C_p$ 的性质如下：

（1）主成分间互不相关，即

$$\mathrm{Cov}(C_i,C_j)=0\quad(i\neq j)$$

（2）组合系数构成的向量 $(a_{i1},a_{i2},\cdots,a_{ip})$ 为单位向量，即

$$a_{i1}^2+a_{i2}^2+\cdots+a_{ip}^2=1$$

（3）各主成分的方差依次递减，即

$$D(C_1)\geqslant D(C_2)\geqslant\cdots\geqslant D(C_p)$$

（4）总方差不增不减，即

$$D(C_1)+D(C_2)+\cdots+D(C_p)$$
$$=D(X_1)+D(X_2)+\cdots+D(X_p)=p$$

这一性质说明，主成分是原变量的线性组合，是对原变量信息的一种改组，主成分不增加总信息量，也不减少总信息量。

（5）主成分与原变量的相关系数为

$$a_{ij}\sqrt{D(C_i)}=a_{ij}\sqrt{\lambda_i}$$

（6）令 $X_1,X_2,\cdots,X_p$ 的相关矩阵为 R，则 $(a_{i1},a_{i2},\cdots,a_{ip})$ 是 R 的第 i 个特征向量。而且，特征值 λ_i 就是第 i 主成分的方差，即

$$D(C_i)=\lambda_i$$

$$\lambda_1\geqslant\lambda_2\geqslant\cdots\geqslant\lambda_p$$

式中　λ_i——相关矩阵 R 的第 i 个特征值。

1.7.8.3 主成分数目的选取

由于总方差不增不减，C_1、C_2 等前几个综合变量的方差较大，而 C_p、C_{p-1} 等后几个综合变量的方差较小，因此通常只有前几个综合变量才称得上主（要）成分，后几个综合变量实为“次”（要）成分。

保留多少个主成分取决于保留部分的累积方差在方差总和中所占百分比（即累计贡献率），它标志着前几个主成分概括信息之多寡。实践中，粗略规定一个百分比即可决定保留几个主成分，通常累计方差贡献率要达到85%；如果多留一个主成分，累积方差增加无几，则不再多留。

1.7.9 可靠性分析

1.7.9.1 衡量可靠性的主要数量指标

可靠性是指产品在规定条件下和规定时间内，完成规定功能的能力。表示和衡量产品的可靠性的数量指标主要有可靠度、失效率、平均寿命与其方差、可靠寿命等。

1. 可靠度

可靠度是指产品在规定条件和规定时间内完成规定功能的概率。显然，可靠度是时间 t 的函数，记做 $R(t)$，因此又称为可靠度函数。其表示为

$$R(t)=P(X>t)$$

式中 t——规定的时间；

X——产品寿命。

假设在 $t=0$ 时有 N 件产品开始工作，到 t 时刻有 $n(t)$ 个产品失效，有 $N-n(t)$ 个产品继续在工作，则 $R(t)$ 的估计值为

$$\hat{R}(t)=\frac{\text{到时刻 } t \text{ 仍在正常工作的产品数}}{\text{试验的产品总数}}=\frac{N-n(t)}{N}$$

累积失效概率是寿命的分布函数，又称为不可靠度，记作 $F(t)$。它是产品在规定条件下和规定时间内失效的概率，通常表示为

$$F(t)=P(X\leqslant t)$$

显然

$$F(t)=1-R(t)$$

失效概率密度是累积失效概率对时间 t 的导数，记做 $f(t)$。它是产品在包含 t 的单位时间内发生失效的概率，可表示为

$$f(t)=\frac{\mathrm{d}F(t)}{\mathrm{d}t}=F'(t)=-R'(t)$$

或

$$F(t)=\int_0^t f(x)\mathrm{d}x$$

$F(t)$ 的估计值为

$$\hat{F}(t)=\frac{\text{到时刻 } t \text{ 失效的产品数}}{\text{试验的产品总数}}=\frac{n(t)}{N}$$

$f(t)$ 的估计值为

$$\hat{f}(t)=\frac{F(t+\Delta t)-F(t)}{\Delta t}$$

$$=\frac{\text{在}(t,t+\Delta t)\text{ 内每单位时间失效的产品数}}{\text{试验的产品总数}}$$

$$=\frac{n(t+\Delta t)-n(t)}{N\Delta t}=\frac{\Delta n(t)}{N\Delta t}$$

式中 $\Delta n(t)$——$(t,t+\Delta t)$ 时间间隔内失效的产品数。

2. 失效率

失效率是指工作到 t 时刻尚未失效的产品，在该时刻后单位时间内发生失效的概率，记做 $\lambda(t)$，则

$$\lambda(t)=\lim_{\Delta t\to 0}\frac{P(t<X\leqslant t+\Delta t \mid X>t)}{\Delta t}$$

由条件概率定义

$$\lambda(t)=\lim_{\Delta t\to 0}\frac{P(t<X\leqslant t+\Delta t)}{\Delta t P(X>t)}$$

$$\lambda(t)=\lim_{\Delta t\to 0}\frac{F(t+\Delta t)-F(t)}{\Delta t P(X>t)}$$

$$=\frac{1}{P(X>t)}\lim_{\Delta t\to 0}\frac{F(t+\Delta t)-F(t)}{\Delta t}$$

$$=\frac{f(t)}{R(t)}$$

失效率又可表示为

$$\lambda(t)=-\frac{1}{R(t)}\frac{\mathrm{d}R(t)}{\mathrm{d}t}$$

或

$$\lambda(t)=-\frac{\mathrm{d}\ln R(t)}{\mathrm{d}t}$$

从而

$$R(t)=\mathrm{e}^{-\int_0^t \lambda(t)\mathrm{d}t}$$

显然失效率越低，可靠性越高。

$\lambda(t)$ 的估计值为

$$\hat{\lambda}(t)=\frac{\text{在}(t,t+\Delta t)\text{ 内每单位时间内失效的产品数}}{\text{到时刻 } t \text{ 仍正常工作的产品数}}$$

$$=\frac{\Delta n(t)}{[N-n(t)]\Delta t}$$

3. 平均寿命及其方差

平均寿命是寿命的数学期望，记做 θ，它是标志产品平均能工作多长时间的特征量。不可修复产品的平均寿命是指产品失效前的平均工作时间，记作MTTF（Mean Time To Failure）；可修产品的平均寿命是指相邻两次故障间的平均工作时间，称为平均无故障工作时间或平均无故障间隔时间，记做MTBF（Mean Time Between Failures）。

若产品总体的失效密度函数 $f(t)$ 已知，则

$$\theta=\int_0^{+\infty} tf(t)\mathrm{d}t$$

故

$$\theta=\int_0^{+\infty} t\mathrm{d}F(t)=-\int_0^{+\infty} t\mathrm{d}R(t)$$

$$=[-tR(t)]_0^{+\infty}+\int_0^{+\infty} R(t)\mathrm{d}t$$

$$=\int_0^{+\infty} R(t)\mathrm{d}t$$

θ的估计值为

$$\hat{\theta}=\frac{\text{所有产品总的工作时间}}{\text{总故障数}}$$

寿命方差能反映产品寿命的离散程度，记做σ^2。由概率知识可知

$$\sigma^2=\int_0^{+\infty}(t-\theta)^2 f(t)\mathrm{d}t=\int_0^{+\infty}t^2 f(t)\mathrm{d}t-\theta^2$$

σ^2的估计值为

$$\hat{\sigma}^2=\frac{1}{n}\sum_{i=1}^{n}(t_i-\theta)^2$$

式中 t_i——第i个产品的寿命；

n——测试的产品总数。

平均寿命可用$\theta=\frac{1}{n}\sum_{i=1}^{n}t_i$来估算。

4. 可靠寿命

可靠寿命是指可靠度等于给定值r时产品的寿命，记做$t(r)$。可靠寿命可表示为

$$t(r)=R^{-1}(r)$$

式中 $R^{-1}(r)$——$R(t)$的反函数。

产品工作到可靠寿命$t(r)$时，大约有$100(1-r)\%$的产品失效。$r=0.5$时产品的寿命称为中位寿命，$r=\mathrm{e}^{-1}\approx0.368$时产品的寿命称为特征寿命。产品工作到中位寿命时，大约有一半会失效，产品工作到特征寿命时大约有63.2%的产品失效。

1.7.9.2 常用寿命分布及其可靠性指标

确定产品的寿命服从哪种分布是比较困难的，一般有两种方法：一种是根据其物理背景来确定，即通过分析产品所承受的应力情况、产品的内在结构、产品的性能，以及分析产品发生失效时的物理过程来确定；另一种是通过可靠性寿命试验及使用情况，获得产品的失效数据，用统计推断的方法来确定。在可靠性工程中，常用的分布有二项分布、泊松分布、指数分布、正态分布、对数正态分布、截尾正态分布和威布尔（Weibull）分布等。以下给出假设产品的寿命X服从下列分布函数时各自的可靠性指标。

1. 二项分布$B(n,p)$的可靠性指标

平均寿命 $E(X)=np$

寿命方差 $D(X)=np(1-p)$

2. 泊松分布$P(\lambda)$的可靠性指标

平均寿命 $E(X)=\lambda$

寿命方差 $D(X)=\lambda$

3. 指数分布$e(\mu,\lambda)$的可靠性指标

可靠度函数 $R(t)=\mathrm{e}^{-\lambda(t-\mu)}\quad(t\geqslant\mu)$

失效率函数 $\lambda(t)=\lambda$

平均寿命 $E(X)=\mu+\frac{1}{\lambda}$

寿命方差 $D(X)=\frac{1}{\lambda^2}$

可靠寿命 $t(r)=\mu+\frac{1}{\lambda}\ln\frac{1}{\mu}$

4. 正态分布$N(\mu,\sigma^2)$的可靠性指标

可靠度函数

$$R(t)=\frac{1}{\sqrt{2\pi}}\int_{\frac{t-\mu}{\sigma}}^{+\infty}\mathrm{e}^{-\frac{x^2}{2}}\mathrm{d}x=1-\Phi\left(\frac{t-\mu}{\sigma}\right)$$

失效率函数 $\lambda(t)=\dfrac{\phi\left(\frac{t-\mu}{\sigma}\right)\sigma^{-1}}{1-\Phi\left(\frac{t-\mu}{\sigma}\right)}$

其中 $\phi(t)=\frac{1}{\sqrt{2\pi}}\mathrm{e}^{-\frac{t^2}{2}}$，$\Phi(t)=\frac{1}{\sqrt{2\pi}}\int_{-\infty}^{t}\mathrm{e}^{-\frac{x^2}{2}}\mathrm{d}x$

式中 $\phi(t)$、$\Phi(t)$——随机变量X服从标准正态分布$N(0,1)$时的分布密度函数、分布函数。

平均寿命 $E(X)=\mu$

寿命方差 $D(X)=\sigma^2$

5. 截尾正态分布的可靠性指标

寿命分布函数

$$F(t)=1-\frac{1}{\Phi\left(\frac{\mu}{\sigma}\right)}\left[1-\Phi\left(\frac{t-\mu}{\sigma}\right)\right]$$

可靠度函数

$$R(t)=\frac{1}{\Phi\left(\frac{\mu}{\sigma}\right)}\left[1-\Phi\left(\frac{t-\mu}{\sigma}\right)\right]$$

失效率函数

$$\lambda(t)=\frac{\phi\left(\frac{t-\mu}{\sigma}\right)\sigma^{-1}}{1-\Phi\left(\frac{t-\mu}{\sigma}\right)}$$

平均寿命

$$E(X)=\mu+\frac{\sigma}{\sqrt{2\pi}\,\Phi\left(\frac{\mu}{\sigma}\right)}\mathrm{e}^{-\frac{1}{2}\left(\frac{\mu}{\sigma}\right)^2}$$

可靠寿命

$$t(r)=\mu+\sigma\Phi^{-1}\left[1-\Phi\left(\frac{\mu}{\sigma}\right)r\right]$$

6. 对数正态分布$Ln(\mu,\sigma^2)$的可靠性指标

可靠度函数 $R(t)=\left[1-\Phi\left(\frac{\ln t-\mu}{\sigma}\right)\right]$

失效率函数 $\lambda(t)=\dfrac{\phi\left(\frac{\ln t-\mu}{\sigma}\right)(t\sigma)^{-1}}{1-\Phi\left(\frac{\ln t-\mu}{\sigma}\right)}$

平均寿命 $E(X)=\mathrm{e}^{\mu+\frac{\sigma^2}{2}}$

寿命方差 $D(X)=\mathrm{e}^{2\mu+\sigma^2}(\mathrm{e}^{\sigma^2}-1)$

7. 三参数威布尔分布的可靠性指标

寿命分布函数

$$F(t)=1-e^{-\frac{(t-\gamma)^m}{\alpha}}\quad (t\geqslant\gamma\geqslant 0;\ \alpha,m>0)$$

可靠度函数

$$R(t)=e^{-\frac{(t-\gamma)^m}{\alpha}}\quad (t\geqslant\gamma\geqslant 0;\ \alpha,m>0)$$

失效率函数

$$\lambda(t)=\frac{m}{\alpha}(t-\gamma)^{m-1}\quad (t\geqslant\gamma\geqslant 0;\ \alpha,m>0)$$

平均寿命

$$E(X)=\gamma+\alpha^{\frac{1}{m}}\Gamma\left(1+\frac{1}{m}\right)$$

寿命方差

$$D(X)=\alpha^{\frac{2}{m}}\left[\Gamma\left(1+\frac{2}{m}\right)-\Gamma^2\left(1+\frac{1}{m}\right)\right]$$

1.7.9.3 典型不可修复系统的可靠性

记系统处于正常工作状态为 A，系统处于故障状态为 $\overline{A}$，单元 i 处于正常工作状态（$i=1,2,\cdots,n$）为 A_i，单元 i 处于故障状态（$i=1,2,\cdots,n$）为 $\overline{A_i}$，系统可靠度为 $R_s(t)$，单元 i 的可靠度（$i=1,2,\cdots,n$）为 $R_i(t)$。若已知可靠性框图和每个单元的可靠度或故障率，则通过适当的运算，可求得整个系统的可靠度、故障率、MTTF 等可靠性特征量。

假设系统、单元均处于正常或失效两种状态，且各单元所处的状态相互独立。这里给出几种常用的典型系统及其可靠性特征量的计算方法。

1. 可靠性框图

如果分析的是短路失效，只要一个短路系统即短路。其系统可靠性如图 1.7-2 所示。

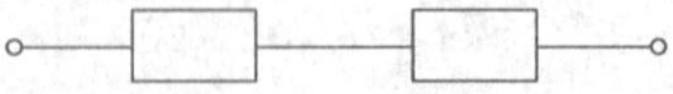

图 1.7-2 短路失效可靠性框图

如果分析的是开路失效，当两个单元同时失效，才会引起系统失效。其可靠性如图 1.7-3 所示。

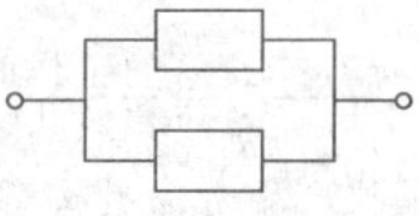

图 1.7-3 开路失效可靠性框图

2. 串联系统与并联系统

(1) 串联系统(见图 1.7-4)。

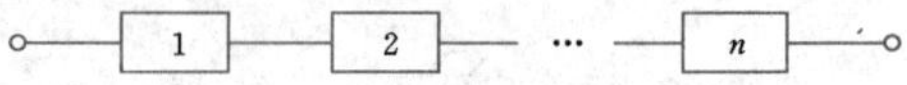

图 1.7-4 串联系统

特征：n 个单元全部正常工作时系统即正常工作，只要有一个单元失效系统即失效，则

$$A=A_1\cap A_2\cap\cdots\cap A_n=\bigcap_{i=1}^{n}A_i$$

$$P(A)=P(\bigcap_{i=1}^{n}A_i)=\prod_{i=1}^{n}P(A_i)\quad (A_i\text{ 之间相互独立})$$

$$R_s(t)=\prod_{i=1}^{n}R_i(t)$$

故在串联系统中系统的可靠度是各单元可靠度的乘积。

(2) 并联系统（见图 1.7-5)。

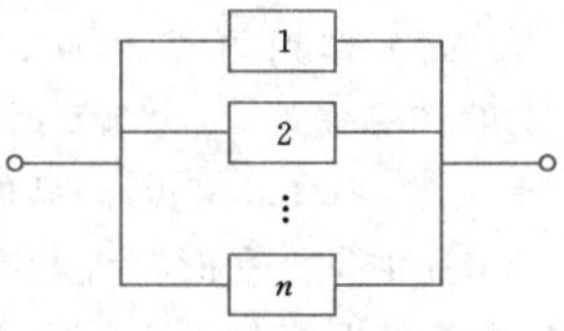

图 1.7-5 并联系统

特征：任一单元正常工作系统即正常工作，只有所有单元均失效系统才失效，则

$$\overline{A}=\overline{A_1}\cap\overline{A_2}\cap\cdots\cap\overline{A_n}=\bigcap_{i=1}^{n}\overline{A_i}\quad (A_i\text{ 之间相互独立})$$

$$P(\overline{A})=P(\bigcap_{i=1}^{n}\overline{A_i})=\prod_{i=1}^{n}P(\overline{A_i})$$

$$R_s(t)=1-\prod_{i=1}^{n}(1-R_i(t))$$

(3) 串—并联系统（见图 1.7-6)。

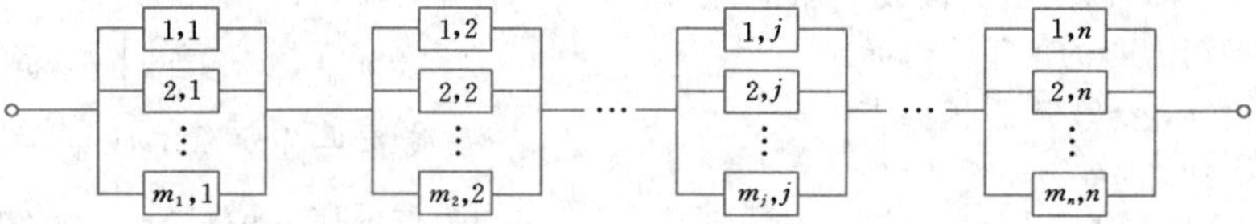

图 1.7-6 串一并联系统

设各单元的可靠度分别为 $R_{ij}(t)$，$(i=1,2,\cdots,m_j;\ j=1,2,\cdots,n)$，每一列视为一个子系统，则

$$R_s(t)=\prod_{j=1}^{n}\{1-\prod_{i=1}^{m_j}[1-R_{ij}(t)]\}$$

(4) 并—串联系统（见图 1.7-7)。

每一行视为一个子系统，则

$$R_s(t)=1-\prod_{i=1}^{m}[1-\prod_{j=1}^{n_i}R_{ij}(t)]$$

(5) 表决系统$\left(\frac{r}{n}\right)$（见图 1.7-8)。

特征：n 个单元中，只要有 r 个单元正常工作系统即能正常工作。

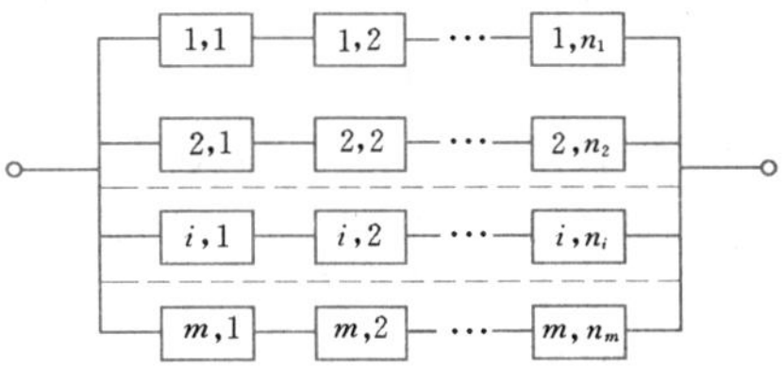

图 1.7-7 并—串联系统

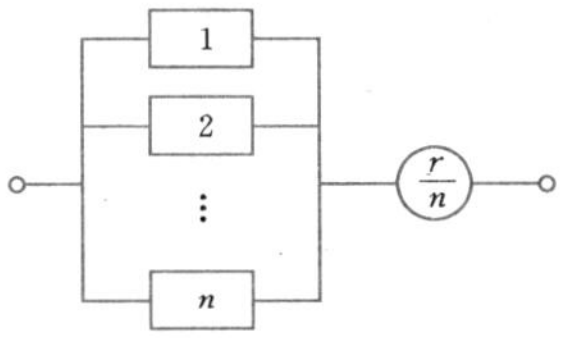

图 1.7-8 表决系统

一般的，对于 n 个相同单元组成的 $\frac{r}{n}$ 表决系统，则

$$R_s(t) = \sum_{i=r}^{n} \{ C_n^i R^i(t) [1 - R(t)]^{n-i} \}$$

其中 $$C_n^i = \frac{n!}{i!(n-i)!}$$

式中 i——正常工作单元数；

$R(t)$——一个单元的可靠度。

特别地，当 $r=n$ 时即为串联系统，当 $r=1$ 时即为并联系统。

3. 冷储备系统

冷储备是指储备的单元不失效也不劣化，储备期的长短对以后使用时的工作寿命没有影响，该系统可以用图 1.7-9 来表示。

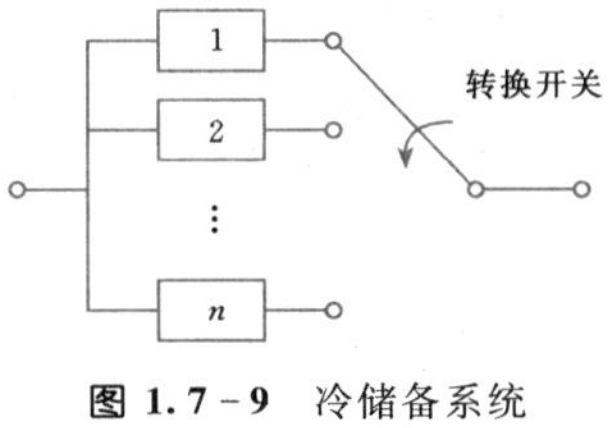

图 1.7-9 冷储备系统

(1) 转换开关完全可靠。设 n 个单元的寿命分别为 $X_1, X_2, \cdots, X_n$，且两两相互独立，则冷储备系统的寿命为

$$X_s = X_1 + X_2 + \cdots + X_n$$

系统可靠度为

$$R_s(t) = P(X_1 + X_2 + \cdots + X_n > t)$$
$$= 1 - F_1(t) * F_2(t) * \cdots * F_n(t)$$

式中 $F_i(t)$——第 i 个单元的寿命分布函数，$i=1, 2, \cdots, n$；

$*$——卷积运算符。

系统平均寿命

$$\theta_s = \theta_1 + \theta_2 + \cdots + \theta_n = \sum_{i=1}^{n} \theta_i$$

式中 θ_i——单元 i 的平均寿命。

(2) 转换开关不完全可靠（开关寿命 0-1 型）。

假设系统由 n 个单元和一个转换开关组成。在初始时刻，一个单元开始工作，其余单元作冷储备。当工作单元失效时，转换开关立即从失效单元转向下一个储备单元。转换开关不完全可靠，其寿命是 0-1 型的，即每次使用开关时，开关正常的概率为 p，开关失效的概率为 $q=1-p$。属于下面两种情形之一时系统即失效：

1) 当正在工作的单元失效，使用转换开关时开关即失效。

2) 所有 $n-1$ 次使用转换开关时，开关都正常，此时 n 个单元都失效时系统即失效。

设 $X_1, X_2, \cdots, X_n$ 与开关好坏相互独立，系统的可靠度为

$$R_s(t) = \sum_{j=1}^{n-1} P(X_1 + X_2 + \cdots + X_j > t) p^{j-1} q$$
$$+ P(X_1 + X_2 + \cdots + X_n > t) p^{n-1}$$

4. 网络系统

除串联、并联、表决等典型模型外，还有一般网络模型，如通信网络、交通网络、电路网络等。在对一个系统进行定量的可靠性分析之前，首先建立系统的可靠性框图，只要把每个框用弧表示，在各框的连接处标上节点，就可变成相应的网络。

网络系统的可靠性分析常用的方法包括全概率分解法、布尔（Boole）真值表法（穷举法）、最小路集法。

1.7.9.4 寿命数据分析

在实际工程中，由于种种条件的限制一般不可能获得完全样本，只能得到一组不完全样本。不完全样本有几种基本类型。

(1) 定数截尾 (n, r)。n 个独立同类型单元从 $t=0$ 开始进行寿命试验，试验在第 r 个单元失效时刻终止（r 为事先规定的正整数）。此时获得的只是前 r 个寿命数据，即

$$X_{(1)} \leqslant X_{(2)} \leqslant \cdots \leqslant X_{(r)}$$

(2) 定时截尾 (n, t_0)。n 个独立同类型单元从 $t=0$ 开始进行寿命试验，试验在固定时刻 t_0 终止。此时观察到的失效单元数是一个随机变量。若在试验终止时观察到 r 个单元失效，则得数据

$$X_{(1)} \leqslant X_{(2)} \leqslant \cdots \leqslant X_{(r)} \leqslant t_0$$

此外，寿命试验还分为失效单元无替换和有替换两种情况。无替换是指试验过程中不再用同型的新单

元接替失效单元。有替换是指当一个单元失效后立即用同型的新单元接替进行试验。

分别用 $(n,r,无)$、$(n,r,有)$、$(n,t_0,无)$、$(n,t_0,有)$ 来表示上述4种试验方式。

1. 指数分布的参数估计

(1) 单参数 $(n,r,无)$ 试验方案。设总体 X 有分布

$$F(t)=1-e^{-\lambda t}\quad(t\geqslant 0,\ \lambda>0)$$

记
$$\theta=\frac{1}{\lambda}$$

式中　λ——未知参数。

将 $(n,r,无)$ 试验方案下得到的失效数据从小到大排列为

$$X_{(1)}\leqslant X_{(2)}\leqslant\cdots\leqslant X_{(r)}$$

1) 平均寿命 θ 的 MLE 为

$$\hat{\theta}_r=\frac{T_r}{r}$$

其中
$$T_r=\sum_{i=1}^{r}X_{(i)}+(n-r)X_{(r)}$$

式中　T_r——试验总时间。

指数分布平均寿命 θ 的 MLE 为 $\hat{\theta}_r$，是 θ 的无偏估计且是 θ 的唯一的 UMVUE（方差一致最小无偏估计），其方差为 $\mathrm{Var}\hat{\theta}_r=\frac{\theta^2}{r}$。

2) 可靠度 $R(t)$ 的 MLE 为

$$\hat{R}(t)=e^{-t/\hat{\theta}_r}$$

但 $\hat{R}(t)$ 不是无偏的，$R(t)$ 唯一的 UMVUE 为

$$\tilde{R}(t)=\left(1-\frac{t}{r\hat{\theta}_r}\right)_+^{r-1}$$

其中　$x_+=x\vee 0$，$x_+^r=(x_+)^r$，$\vee=\max$

3) 失效率 λ 的 MLE 为

$$\hat{\lambda}=\frac{1}{\hat{\theta}_r}=\frac{r}{T_r}$$

$\hat{\lambda}$ 不是无偏的，$E\hat{\lambda}=\frac{r}{r-1}\lambda(r>1)$，$\mathrm{Var}\hat{\lambda}=\frac{r^2}{(r-1)^2(r-2)}\lambda^2(r>2)$。$\lambda^*=\frac{r-1}{r}\hat{\lambda}=\frac{r-1}{T_r}$ 是 λ 的无偏估计，且方差也较小，故 λ^* 作 λ 的估计比 $\hat{\lambda}$ 要好。

4) 平均寿命 θ 的区间估计。由于 $2\lambda T_r=\frac{2T_r}{\theta}\sim\chi^2_{2r}$，从而 θ 的置信度为 $1-\alpha$ 的双侧置信区间为

$$\left[\frac{2T_r}{\chi^2_{2r}\left(1-\frac{\alpha}{2}\right)},\ \frac{2T_r}{\chi^2_{2r}\left(\frac{\alpha}{2}\right)}\right]$$

(2) 双参数 $(n,r,无)$ 试验方案。设总体 X 有分布

$$F(t)=1-e^{-\frac{1}{\theta}(t-\mu)}$$
$$(t\geqslant\mu>0,\ \theta>0,\ t\geqslant 0)$$

1) θ、μ 的 MLE 为

$$\hat{\mu}=X_{(1)}$$

$$\hat{\theta}_r=\frac{1}{r}\left[\sum_{i=1}^{r}X_{(i)}+(n-r)X_{(r)}-nX_{(1)}\right]$$
$$=\frac{1}{r}\sum_{i=2}^{r}(n-i+1)(X_{(i)}-X_{(i-1)})\quad(1.7-1)$$

μ 的置信度 $1-\alpha$ 的下界为

$$\mu\geqslant X_{(1)}-\frac{r}{n(r-1)}\hat{\theta}_rF_{2,2(r-1)}(1-\alpha)$$
$$=X_{(1)}-\frac{r}{n}(\alpha^{-\frac{1}{r-1}}-1)\hat{\theta}_r$$

θ 的 $1-\alpha$ 的双侧置信区间为

$$\left[\frac{2r\hat{\theta}_r}{\chi^2_{2(r-1)}\left(1-\frac{\alpha}{2}\right)},\ \frac{2r\hat{\theta}_r}{\chi^2_{2(r-1)}\left(\frac{\alpha}{2}\right)}\right]$$

μ、θ 的 UMVUE 为

$$\tilde{\mu}=X_{(1)}-\frac{1}{n}\tilde{\theta}_r$$

$$\tilde{\theta}_r=\frac{r}{r-1}\hat{\theta}_r\quad(r>1)$$

2) 可靠度的估计。对固定的 t，可靠度的 MLE 为

$$\hat{R}(t)=\begin{cases}1 & (t\leqslant X_{(1)})\\ e^{-\frac{1}{\hat{\theta}_r}(t-X_{(1)})} & (t\geqslant X_{(1)}>0)\end{cases}$$

其中，$\hat{\theta}_r$ 由式（1.7-1）给出。

可靠度的 UMVUE 为

$$\tilde{R}(t)=\begin{cases}1 & (t\leqslant X_{(1)})\\ \frac{n-1}{n}\left(1-\frac{t-X_{(1)}}{r\hat{\theta}_r}\right)_+^{r-2} & (t\geqslant X_{(1)})\end{cases}$$

(3) 单参数 $(n,r,有)$ 试验方案。设总体 X 有分布

$$F(t)=1-e^{-\lambda t},\quad(t\geqslant 0,\ \lambda>0)$$

将 $(n,r,有)$ 试验方案下得到的失效数据从小到大排列为

$$X_{(1)}\leqslant X_{(2)}\leqslant\cdots\leqslant X_{(r)}$$

1) 平均寿命 θ 的 MLE 为

$$\hat{\theta}_r=\frac{n}{r}X_{(r)}=\frac{T_r}{r}$$

其中
$$T_r=nX_{(r)}$$

式中　T_r——试验总时间。

$\hat{\theta}_r$ 是 θ 的唯一的 UMVUE，其方差为

$$\mathrm{Var}\hat{\theta}_r = \frac{\theta^2}{r}$$

2）可靠度 $R(t)$ 的 MLE 为

$$\hat{R}(t) = \mathrm{e}^{-t/\hat{\theta}_r}$$

但 $\hat{R}(t)$ 不是无偏的，$R(t)$ 唯一的 UMVUE 为

$$\tilde{R}(t) = \left(1-\frac{t}{r\hat{\theta}_r}\right)_+^{r-1}$$

其中　$x_+ = x \vee 0$，$x_+^r = (x_+)^r$，$\vee = \max$

3）失效率 λ 的 MLE 为

$$\hat{\lambda} = \frac{1}{\hat{\theta}_r} = \frac{r}{T_r}$$

$E\hat{\lambda} = \frac{r}{r-1}\lambda(r>1)$，$\mathrm{Var}\hat{\lambda} = \frac{r^2}{(r-1)^2(r-2)} \times \lambda^2(r>2)$。$\lambda^* = \frac{r-1}{r}\hat{\lambda} = \frac{r-1}{T_r}$ 是 λ 的无偏估计，且 $\mathrm{Var}\lambda^* = \frac{\lambda^2}{r-2} < \mathrm{Var}\hat{\lambda}$。

4）平均寿命 θ 的区间估计。由于 $\frac{2n}{\theta}X_{(r)} = \frac{2n}{\theta} \times \sum_{i=1}^{r}(X_{(i)} - X_{(i-1)}) \sim \chi^2_{2r}$，从而 θ 的置信度为 $1-\alpha$ 的双侧置信区间为

$$\left[\frac{2nX_{(r)}}{\chi^2_{2r}\left(1-\frac{\alpha}{2}\right)},\ \frac{2nX_{(r)}}{\chi^2_{2r}\left(\frac{\alpha}{2}\right)}\right]$$

（4）单参数 $(n,t_0,$无$)$ 试验方案。试验在 t_0 时刻结束，设在 $(0,t_0]$ 时间段中失效单元数为 r，则有以下几种情况。

1）平均寿命 θ 的 MLE 为

$$\hat{\theta} = \frac{1}{r}T_r \quad (r \geqslant 1)$$

其中
$$T_r = \sum_{i=1}^{r} X_{(i)} + (n-r)t_0$$

式中　T_r——在试验终止时刻 t_0，n 个试验单元进行试验的总时间。

2）可靠度 $R(t)$ 的 MLE 为

$$\hat{R}(t) = \mathrm{e}^{-t/\hat{\theta}}$$

3）失效率 λ 的 MLE 为

$$\hat{\lambda} = \frac{1}{\hat{\theta}_r} = \frac{r}{T_r}$$

4）平均寿命 θ 的区间估计。θ 的置信度为 $1-\alpha$ 的双侧置信区间为 $\left[-\frac{t_0}{\ln(1-a)},\ -\frac{t_0}{\ln(1-b)}\right]$，$\theta$ 的置信度至少为 $1-\alpha$ 的双侧置信区间为 $\left[-\frac{t_0}{\ln(1-a^*)},\ -\frac{t_0}{\ln(1-b^*)}\right]$。

设 $B(x) = \sum_{i=0}^{r-1}\binom{n}{i}x^i(1-x)^{n-i}$，$a$、$b$ 分别为下列方程中的解 x：

$$B(x) + \binom{n}{r}x^r(1-x)^{n-r}u_1 = 1-\frac{\alpha}{2}$$

$$B(x) + \binom{n}{r}x^r(1-x)^{n-r}u_2 = \frac{\alpha}{2}$$

式中　u_1、u_2——$(0,1)$ 上两个独立的均匀随机数。

a^*、b^* 分别为下列方程中的解 x：

$$B(x) = 1-\frac{\alpha}{2}$$

$$B(x) + \binom{n}{r}x^r(1-x)^{n-r} = \frac{\alpha}{2}$$

即
$$a^* = \left[1+\frac{n-r+1}{r}F_{2(n-r+1),2r}\left(1-\frac{\alpha}{2}\right)\right]^{-1}$$

$$b^* = \left[1+\frac{n-r}{r+1}F_{2(n-r),2(r+1)}\left(\frac{\alpha}{2}\right)\right]^{-1}$$

（5）单参数 $(n,t_0,$有$)$ 试验方案。试验在 t_0 时刻结束。设在 $(0,t_0]$ 时间段中失效单元数为 r，则有以下几种情况。

1）平均寿命 θ 的 MLE 为

$$\hat{\theta} = \begin{cases} \frac{nt_0}{r} & (r \geqslant 1) \\ nt_0 & (r = 0) \end{cases}$$

2）可靠度 $R(t)$ 的 MLE 为

$$\hat{R}(t) = \mathrm{e}^{-t/\hat{\theta}}$$

$R(t)$ 的 UMVUE 为

$$\tilde{R}(t) = \left(1-\frac{t}{nt_0}\right)^r$$

3）失效率 λ 的 MLE 为

$$\hat{\lambda} = \frac{1}{\hat{\theta}_r}$$

4）平均寿命 θ 的区间估计。θ 的置信度为 $1-\alpha$ 的双侧置信区间为 $\left[\frac{1}{b},\frac{1}{a}\right]$，其中 a,b 分别为下列方程的解：

$$\phi_{r-1}(\lambda) + \frac{(n\lambda t_0)^r}{r!}\mathrm{e}^{-n\lambda t_0}u_1 = 1-\frac{\alpha}{2}$$

$$\phi_{r-1}(\lambda) + \frac{(n\lambda t_0)^r}{r!}\mathrm{e}^{-n\lambda t_0}u_2 = \frac{\alpha}{2}$$

其中
$$\phi_{r-1}(\lambda) = \int_{2n\lambda t_0}^{\infty} h_{2r}(x)\mathrm{d}x$$

式中　u_1、u_2——$(0,1)$ 上两个独立的均匀随机数；

$h_{2r}(x)$——χ^2_{2r} 的密度函数。

θ 的置信度至少为 $1-\alpha$ 的双侧置信区间为 $\left[\dfrac{2nt_0}{\chi^2_{2(r+1)}\left(1-\frac{\alpha}{2}\right)}, \dfrac{2nt_0}{\chi^2_{2r}\left(\frac{\alpha}{2}\right)}\right]$。

2. 截尾数据下威布尔分布的参数估计

假设总体的分布为 $F(t)=1-e^{-\frac{t^m}{\alpha}}$ $(t \geqslant 0;\alpha,m>0)$。在 $(n,r,$无$)$ 方案中有 r 个数据，即

$$x_{(1)} \leqslant x_{(2)} \leqslant \cdots \leqslant x_{(r)}$$

在 $(n,t_0,$无$)$ 方案中，试验在 t_0 终止时假定观察到 r 个数据，亦排列成

$$x_{(1)} \leqslant x_{(2)} \leqslant \cdots \leqslant x_{(r)} \leqslant t_0$$

记
$$x_{(s)}=\begin{cases} x_{(r)} & [\text{在}(n,r,\text{无})\text{方案中}] \\ t_0 & [\text{在}(n,t_0,\text{无})\text{方案中}] \end{cases}$$

m 及 α 的 MLE 由下面两个方程解出：

$$\frac{1}{m}=\frac{\sum\limits_{i=1}^{r} x_{(i)}^m \ln x_{(i)}+(n-r)x_{(s)}^m \ln x_{(s)}}{\sum\limits_{i=1}^{r} x_{(i)}^m+(n-r)x_{(s)}^m}-\frac{1}{r}\sum_{i=1}^{r}\ln x_{(i)}$$

$$\alpha=\frac{1}{r}\left[\sum_{i=1}^{r} x_{(i)}^m+(n-r)x_{(s)}^m\right]$$

1.8 数值分析

1.8.1 数值计算的误差

1.8.1.1 误差的来源与分类

(1) 模型误差。反映实际问题有关量之间关系的计算公式，即数学模型，通常只是近似的，由此产生的数学模型的解与实际问题的解之间的误差称为模型误差。

(2) 观测误差。数学模型中的某些参数是通过观测获得的，由观测得到的数据与实际数据之间的误差称为观测误差。

(3) 截断误差。如果求解数学模型所用的数值计算方法是一种近似方法，那么只能得到数学模型的近似解，它与数学模型的准确解之间的误差称为截断误差或方法误差。

(4) 舍入误差。参与运算的数据可能位数很多，甚至是无限的位数，但计算机的字长有限，由此产生的误差称为舍入误差。

1.8.1.2 误差和有效数字

设真值（或准确值）为 x，近似值为 x^*，误差和有效数字如下：

(1) 绝对误差。$e=x^*-x$ 称为 x^* 的绝对误差，简称误差。如果存在尽可能小的正数 ε，使得 $|e| \leqslant \varepsilon$，则称 ε 为 x^* 的误差限。

(2) 相对误差。$e_r=\dfrac{x^*-x}{x}$ 称为 x^* 的相对误差，实际计算中，如果 $\dfrac{e}{x^*}$ 很小，通常取 $e_r=\dfrac{x^*-x}{x^*}$。如果存在 $|e_r| \leqslant \varepsilon_r$，则称 ε_r 为 x^* 的相对误差限。

(3) 有效数字。将近似值 x^* 用十进制小数表示为

$$x^*=\pm 10^m \times [a_1+a_2 \times 10^{-1} + a_3 \times 10^{-2}+\cdots+a_k \times 10^{-(k-1)}]$$

其中，$a_1,a_2,\cdots,a_k$ 为数字 0～9，$a_1 \neq 0$，m 为整数。如果 x^* 的绝对值满足 $|x-x^*| \leqslant \dfrac{1}{2} \times 10^{m-k+1}$，则称 x^* 具有 k 位有效数字。

(4) 绝对误差限与相对误差限性质如下：

$$\varepsilon(x_1^* \pm x_2^*)=\varepsilon(x_1^*)+\varepsilon(x_2^*)$$

$$\varepsilon_r(x_1^* \pm x_2^*)=\frac{\varepsilon(x_1^*)+\varepsilon(x_2^*)}{|x_1^* \pm x_2^*|}$$

$$\varepsilon(x_1^* x_2^*)=|x_2^*|\varepsilon(x_1^*)+|x_1^*|\varepsilon(x_2^*)$$

$$\varepsilon_r(x_1^* x_2^*)=\frac{|x_2^*|\varepsilon(x_1^*)+|x_1^*|\varepsilon(x_2^*)}{|x_1^* x_2^*|}=\varepsilon_r(x_1^*)+\varepsilon_r(x_2^*)$$

$$\varepsilon\left(\frac{x_1^*}{x_2^*}\right)=\frac{|x_2^*|\varepsilon(x_1^*)+|x_1^*|\varepsilon(x_2^*)}{|x_2^*|^2}$$

$$\varepsilon_r\left(\frac{x_1^*}{x_2^*}\right)=\varepsilon_r(x_1^*)+\varepsilon_r(x_2^*)$$

(5) 函数求值的误差估计。设 n 元函数 $u=f(x_1,x_2,\cdots,x_n)$，$u^*=f(x_1^*,x_2^*,\cdots,x_n^*)$，则由泰勒公式可得误差估计为

$$e(u^*) \approx \sum_{i=1}^{n}\left(\frac{\partial f}{\partial x_i}\right)^* e(x_i^*)$$

$$\varepsilon(u^*) \approx \sum_{i=1}^{n}\left|\left(\frac{\partial f}{\partial x_i}\right)^*\right| \varepsilon(x_i^*)$$

1.8.1.3 数值运算原则

(1)要有数值稳定性，即能控制舍入误差的传播。

(2)要尽量避免两个相近的近似值相减。

(3)除法运算中，要尽量避免除数的绝对值远小于被除数的绝对值。

(4)简化计算步骤，尽量减少运算次数。

1.8.2 插值

设函数 $y=f(x)$ 在区间 $[a,b]$ 上有定义，且在点 $a \leqslant x_0 < x_1 < \cdots < x_n \leqslant b$ 上的值 $y_0,y_1,\cdots,y_n$ 已知，若存在一简单函数 $P(x)$，使 $P(x_i)=y_i(i=0,1,\cdots,n)$ 成立，则称 $P(x)$ 为 $f(x)$ 的插值函数，点 $x_0,x_1,\cdots,x_n$ 称为插值节点。

若 $P(x)$ 为次数不超过 n 的代数多项式，则称其为插值多项式，通常可以表示为

$$P_n(x)=\sum_{i=0}^{n}c_i\varphi_i(x)$$

式中　$\varphi_i(x)(i=0,1,\cdots,n)$ ——线性无关的多项式，称为插值基函数。

1.8.2.1 拉格朗日插值多项式

拉格朗日插值基函数

$$l_i(x)=\prod_{\substack{j=0\\j\neq i}}^{n}\frac{x-x_j}{x_i-x_j}\quad(i=0,1,\cdots,n)$$

拉格朗日插值多项式

$$L_n(x)=\sum_{i=0}^{n}y_il_i(x)$$

若函数 $f(x)$ 在 $[a,b]$ 上具有 n 阶连续导数且在 (a,b) 上存在 $n+1$ 阶导数，则拉格朗日插值多项式 $L_n(x)$ 的插值余项为

$$R_n(x)=f(x)-L_n(x)=\frac{f^{(n+1)}(\xi)}{(n+1)!}\prod_{i=0}^{n}(x-x_i)\quad[\xi\in(a,b)]$$

1.8.2.2 牛顿插值多项式

取 $n+1$ 个插值基函数 $\varphi_i(x)(i=0,1,\cdots,n)$，依次为 $\varphi_0(x)=1$，$\varphi_1(x)=x-x_0,\cdots$，$\varphi_n(x)=(x-x_0)(x-x_1)\cdots(x-x_{n-1})$，称这样定义的插值基函数为牛顿插值基函数。

牛顿插值多项式为

$$N_n(x)=c_0+c_1(x-x_0)+c_2(x-x_0)(x-x_1)+\cdots+c_n\prod_{i=0}^{n-1}(x-x_i)$$

其中 $c_i(i=0,1,\cdots,n)$ 为由低到高的逐次差商：

$$c_0=f(x_0)$$

$$c_1=f[x_0,x_1]=\frac{f(x_1)-f(x_0)}{x_1-x_0}$$

$$c_2=f[x_0,x_1,x_2]=\frac{f[x_1,x_2]-f[x_0,x_1]}{x_2-x_0}$$

$$\vdots$$

$$c_n=f[x_0,x_1,\cdots,x_n]=\frac{f[x_1,x_2,\cdots,x_n]-f[x_0,x_1,\cdots,x_{n-1}]}{x_n-x_0}$$

牛顿插值多项式 $N_n(x)$ 的插值余项为

$$R_n(x)=f(x)-N_n(x)=f[x,x_0,x_1,\cdots,x_n]\prod_{i=0}^{n}(x-x_i)$$

当 $n+1$ 个节点等距时，设步长为 h，则第 $i+1$ 个节点 $x_i=x_0+ih(i=0,1,\cdots,n)$，插值公式可进一步简化。根据已知等距节点 x_i 及函数值 $y_i=f(x_i)(i=0,1,\cdots,n)$，由低到高逐阶定义差分。向前差分 $\Delta f_i=y_{i+1}-y_i$，向后差分 $\nabla f_i=y_i-y_{i-1}$。

牛顿前插公式如下：

令 $$x=x_0+th\quad(0\leqslant t\leqslant 1)$$

$$N_n(x_0+th)=y_0+t\Delta f_0+\frac{t(t-1)}{2!}\Delta^2f_0+\cdots+\frac{t(t-1)\cdots(t-n+1)}{n!}\Delta^nf_0$$

余项为

$$R_n(x)=f(x)-N_n(x_0+th)=\frac{t(t-1)\cdots(t-n)}{(n+1)!}h^{n+1}f^{(n+1)}(\xi)\quad[\xi\in(x_0,x_n)]$$

牛顿后插公式如下：

令 $$x=x_n+th\quad(-1\leqslant t\leqslant 0)$$

$$N_n(x_n+th)=y_n+t\nabla f_n+\frac{t(t+1)}{2!}\nabla^2f_n+\cdots+\frac{t(t+1)\cdots(t+n-1)}{n!}\nabla^nf_n$$

余项为

$$R_n(x)=f(x)-N_n(x_n+th)=\frac{t(t+1)\cdots(t+n)}{(n+1)!}h^{n+1}f^{(n+1)}(\xi)\quad[\xi\in(x_0,x_n)]$$

相对于拉格朗日插值来讲，在增加新的插值节点时，牛顿插值只要在已有的插值多项式基础上，适当增加新的插值项即可，因此可以节省计算时间。但拉格朗日插值公式形式简单便于记忆。

1.8.2.3 带导数条件的埃尔米特插值多项式

埃尔米特插值多项式 $H_{2n+1}(x)$，要求与被插函数在节点处的导数值也相等，即有

$$H(x_i)=y_i,H'(x_i)=m_i(i=0,1,\cdots,n)$$

埃尔米特插值多项式基函数为

$$\begin{cases}\alpha_i(x)=\left[1-2(x-x_i)\sum\limits_{\substack{j=0\\j\neq i}}^{n}\dfrac{1}{x_i-x_j}\right]l_i^2(x)\\\beta_i(x)=(x-x_i)l_i^2(x)\end{cases}$$

其中 $$l_i(x)=\prod_{\substack{j=0\\j\neq i}}^{n}\frac{x-x_j}{x_i-x_j}$$

式中　$l_i(x)$ ——拉格朗日插值基函数。

埃尔米特插值多项式为

$$H_{2n+1}(x)=\sum_{i=0}^{n}[y_i\alpha_i(x)+m_i\beta_i(x)]$$

余项为

$$R_n(x)=f(x)-H_{2n+1}(x)=\frac{f^{(2n+2)}(\xi)}{(2n+2)!}\omega_{n+1}^2(x)\quad[\xi\in(a,b)]$$

其中 $\omega_{n+1}(x)=(x-x_0)(x-x_1)\cdots(x-x_n)$

1.8.2.4 分段低次插值

用插值函数近似表示连续函数 $y=f(x)$，并不

是次数越高越好。当插值多项式的次数较高时，可能会产生意想不到的“龙格(Runge)现象”，即在区间端点附近发生激烈的震荡。因此，通常采用分段低次插值，一般不超过三次的多项式函数。

1. 分段线性插值

已知节点 $a=x_0<x_1<\cdots<x_n=b$ 上的函数值 $f_0,f_1,\cdots,f_n$，分段线性插值函数为

$$I_h(x)=\frac{x-x_{k+1}}{x_k-x_{k+1}}f_k+\frac{x-x_k}{x_{k+1}-x_k}f_{k+1}$$

$$(x_k\leqslant x\leqslant x_{k+1};\ k=0,1,\cdots,n-1)$$

若用插值基函数表示，则在整个区间 $[a,b]$ 上

$$I_h(x)=\sum_{k=0}^{n}f_kl_k(x)$$

其中，基函数 $l_k(x)(k=0,1,\cdots,n)$ 的具体形式为

$$l_k(x)=\begin{cases}\dfrac{x-x_{k-1}}{x_k-x_{k-1}} & (x_{k-1}\leqslant x\leqslant x_k;\ k=0\text{ 略去})\\ \dfrac{x-x_{k+1}}{x_k-x_{k+1}} & (x_k\leqslant x\leqslant x_{k+1};\ k=n\text{ 略去})\\ 0 & (x\in[a,b],\ x\notin[x_{k-1},\ x_{k+1}])\end{cases}$$

2. 分段三次埃尔米特插值

对节点 $a=x_0<x_1<\cdots<x_n=b$，已知 $f(x_k)=f_k,f'(x_k)=m_k(k=0,1,\cdots,n)$，分段三次埃尔米特插值函数为

$$\begin{aligned}I_h(x)=&f_k\left(1+2\frac{x-x_k}{x_{k+1}-x_k}\right)\left(\frac{x-x_{k+1}}{x_k-x_{k+1}}\right)^2\\&+f_{k+1}\left(1+2\frac{x-x_{k+1}}{x_k-x_{k+1}}\right)\left(\frac{x-x_k}{x_{k+1}-x_k}\right)^2\\&+m_k(x-x_k)\left(\frac{x-x_{k+1}}{x_k-x_{k+1}}\right)^2\\&+m_{k+1}(x-x_{k+1})\left(\frac{x-x_k}{x_{k+1}-x_k}\right)^2\end{aligned}$$

$$(x_k\leqslant x\leqslant x_{k+1};\ k=0,1,\cdots,n-1)$$

若用插值基函数表示，则在整个区间 $[a,b]$ 上

$$I_h(x)=\sum_{k=0}^{n}(f_k\tilde{\alpha}_k(x)+m_k\tilde{\beta}_k(x))$$

其中，基函数 $\tilde{\alpha}_k(x),\tilde{\beta}_k(x)(k=0,1,\cdots,n)$ 的具体形式为

$$\tilde{\alpha}_k(x)=\begin{cases}\left(1+2\dfrac{x-x_k}{x_{k-1}-x_k}\right)\left(\dfrac{x-x_{k-1}}{x_k-x_{k-1}}\right)^2\\ \qquad (x_{k-1}\leqslant x\leqslant x_k;\ k=0\text{ 略去})\\ \left(1+2\dfrac{x-x_k}{x_{k+1}-x_k}\right)\left(\dfrac{x-x_{k+1}}{x_k-x_{k+1}}\right)^2\\ \qquad (x_k\leqslant x\leqslant x_{k+1};\ k=n\text{ 略去})\\ 0\qquad (x\in[a,b],\ x\notin[x_{k-1},x_{k+1}])\end{cases}$$

$$\tilde{\beta}_k(x)=\begin{cases}(x-x_k)\left(\dfrac{x-x_{k-1}}{x_k-x_{k-1}}\right)^2\\ \qquad (x_{k-1}\leqslant x\leqslant x_k;\ k=0\text{ 略去})\\ (x-x_k)\left(\dfrac{x-x_{k+1}}{x_k-x_{k+1}}\right)^2\\ \qquad (x_k\leqslant x\leqslant x_{k+1};\ k=n\text{ 略去})\\ 0\qquad (x\in[a,b],\ x\notin[x_{k-1},\ x_{k+1}])\end{cases}$$

1.8.2.5 三次样条插值

对于光滑性要求较高的分段插值，要保证具有二阶连续导数，需要使用三次样条插值函数 $S(x)$。

$S(x)$ 为分段函数，在每个子区间 $[x_i,x_{i+1}](i=0,1,\cdots,n-1)$ 上是一个三次多项式，共计 $4n$ 个待定系数。为保证在节点处的二阶光滑性，除需保证 $S(x)$ 在 $n+1$ 个节点上满足给定的函数值外，还要保证一阶导数 $S'(x)$、二阶导数 $S''(x)$，在 $n-1$ 个内节点处连续，总共有 $4n-2$ 个条件，加上 2 个端点的边界条件，则可确定插值函数 $S(x)$。

令 $S'(x)=m_i,S''(x)=M_i,h_i=x_{i+1}-x_i(i=0,1,\cdots,n)$。除了满足 $S(x_i)=y_i$ 以外，通常的边界条件还有如下 3 种：

(1) 已知两端点的一阶导数值

$$S'(x_0)=m_0,\ S'(x_n)=m_n$$

(2) 已知两端点的二阶导数值

$$S''(x_0)=M_0,\ S''(x_n)=M_n$$

(3) 周期条件。当 $f(x)$ 是以 x_n-x_0 为周期的周期函数时，则要求 $S(x)$ 也是周期函数，这时边界条件应满足

$$S'(x_0+0)=S'(x_n-0)$$
$$S''(x_0+0)=S''(x_n-0)$$

由三弯矩法得插值多项式表达式为

$$\begin{aligned}S(x)=&\frac{(x_{i+1}-x)^3}{6h_i}M_i+\frac{(x-x_i)^3}{6h_i}M_{i+1}\\&+\left[y_i-\frac{M_ih_i^2}{6}\right]\frac{x_{i+1}-x}{h_i}\\&+\left[y_{i+1}-\frac{M_{i+1}h_i^2}{6}\right]\frac{x-x_i}{h_i}\end{aligned}$$

$$(x\in[x_i,x_{i+1}];\ i=0,1,\cdots,n-1)$$

式中 M_i——待定系数。

由一阶导数连续可推导三弯矩方程

$$\mu_iM_{i-1}+2M_i+\lambda_iM_{i+1}=d_i\quad(i=1,2,\cdots,n-1)$$

其中

$$\mu_i=\frac{h_{i-1}}{h_{i-1}+h_i}$$
$$\lambda_i=1-\mu_i$$
$$d_i=6f[x_{i-1},x_i,x_{i+1}]$$

联立边界条件即可确定插值函数 $S(x)$。

1.8.3 逼近与曲线拟合

1.8.3.1 函数的最佳平方逼近

设所考虑的函数都是定义在区间 $[a,b]$ 上，首先定义两个函数 $f(x)$ 与 $g(x)$ 的内积为 $(f,g) := \int_a^b f(x)g(x)\mathrm{d}x$，并定义函数 $f(x)$ 的范数 $\|f\| := \sqrt{(f,f)}$，则对于给定函数 $f(x)(x\in[a,b])$，寻求一个简单函数 $p(x)$，使 $p(x)$ 与 $f(x)$ 的误差在范数平方 $\int_a^b [f(x)-p(x)]^2\mathrm{d}x$ 的意义上最小，称 $p(x)$ 为 $f(x)$ 的最佳平方逼近。

设 $p(x)=\sum\limits_{j=0}^{n}c_j\varphi_j(x)$，其中 $\varphi_0(x),\varphi_1(x),\cdots,\varphi_n(x)$ 组成线性无关的连续函数的集合 $\Phi=\{\varphi_0(x),\varphi_1(x),\cdots,\varphi_n(x)\}$。$p(x)$ 与 $f(x)$ 差的范数平方为

$$I(c_0,c_1,\cdots,c_n)=\int_a^b[f(x)-\sum_{j=0}^{n}c_j\varphi_j(x)]^2\mathrm{d}x$$

利用多元函数求极值的必要条件

$$\frac{\partial I}{\partial c_k}=0\quad(k=0,1,\cdots,n)$$

可得内积形式的方程组

$$\sum_{j=0}^{n}(\varphi_j,\varphi_k)c_j=(f,\varphi_k)\quad(k=0,1,\cdots,n)$$

上述关于 $c_0,c_1,\cdots,c_n$ 的线性方程组称为正规方程组或法方程组。求解法方程组，则可求得函数 $f(x)$ 的最佳平方逼近。

采用幂函数集 $\Phi=\{1,x,\cdots,x^n\}$ 去逼近连续函数 $f(x)$，当 n 较大时，法方程组呈现病态。因此，通常采用在区间 $[a,b]$ 上满足

$$(\varphi_i,\varphi_j)=\begin{cases}0 & (i\neq j)\\ a_i>0 & (i=j)\end{cases}$$

的正交多项式函数集，这时，法方程组的系数矩阵为非奇异对角阵，很容易求得

$$p(x)=\sum_{k=0}^{n}\frac{(f(x),\varphi_k(x))}{(\varphi_k(x),\varphi_k(x))}\varphi_k(x)$$

常用的正交多项式函数有勒让德多项式

$$\begin{cases}L_0(x)\equiv 1\\ L_n(x)=\dfrac{1}{2^n n!}\dfrac{\mathrm{d}^n}{\mathrm{d}x^n}[(x^2-1)^n]\quad(n=1,2,\cdots)\end{cases}$$

它是由幂函数集 $\{1,x,\cdots,x^n,\cdots\}$ 在区间 $[-1,1]$ 上正交化得到的。

1.8.3.2 离散数据曲线拟合

对于给定的离散数据点 $(x_i,y_i)(i=1,\cdots,n)$，采用最小二乘法拟合成曲线 $f(x)$，使误差的平方和最小，即 $Q=\sum\limits_{i=1}^{n}[y_i-f(x_i)]^2$ 最小。

(1) 线性最小二乘拟合。对于一次式 $f(x)=ax+b$，为使 $Q=\sum\limits_{i=1}^{n}[y_i-(ax_i+b)]^2$ 最小，则 $\dfrac{\partial Q}{\partial a}=0$、$\dfrac{\partial Q}{\partial b}=0$，即

$$\begin{cases}a\sum\limits_{i=1}^{n}x_i+nb=\sum\limits_{i=1}^{n}y_i\\ a\sum\limits_{i=1}^{n}x_i^2+b\sum\limits_{i=1}^{n}x_i=\sum\limits_{i=1}^{n}x_iy_i\end{cases}$$

从中解出系数 a、b。

(2) m 次多项式 $f(x)=\sum\limits_{j=0}^{m}a_jx^j$ 的最小二乘拟合。为使 $Q=\sum\limits_{i=1}^{n}[y_i-\sum\limits_{j=0}^{m}a_jx_i^j]^2$ 最小，则 $\dfrac{\partial Q}{\partial a_k}=0(k=0,1,\cdots,m)$，即

$$\sum_{j=0}^{m}[\sum_{i=1}^{n}x_i^jx_i^k]a_j=\sum_{i=1}^{n}x_i^ky_i\quad(k=0,1,\cdots,m)$$

解之得 a_j，即得 m 次多项式拟合曲线。

(3) 一般最小二乘拟合。设 $p(x)=\sum\limits_{j=0}^{m}a_j\varphi_j(x)$，其中，$\varphi_0(x),\varphi_1(x),\cdots,\varphi_m(x)$ 组成线性无关的连续函数的集合 $\Phi=\{\varphi_0(x),\varphi_1(x),\cdots,\varphi_m(x)\}$。

为使 $Q=\sum\limits_{i=1}^{n}[y_i-p(x_i)]^2=\sum\limits_{i=1}^{n}[y_i-\sum\limits_{j=0}^{m}a_j\varphi_j(x)]^2$ 最小，则 $\dfrac{\partial Q}{\partial a_k}=0(k=0,1,\cdots,m)$，即

$$\sum_{j=0}^{m}[\sum_{i=1}^{n}\varphi_j(x_i)\varphi_k(x_i)]a_j=\sum_{i=1}^{n}\varphi_k(x_i)y_i$$
$$(k=0,1,\cdots,m)$$

该式亦称为法方程组，解之得 a_j。

1.8.4 线性代数方程组数值解法

1.8.4.1 线性代数方程组的直接解法

1. 高斯消去法

n 阶线性方程组为

$$\begin{bmatrix}a_{11}&a_{12}&\cdots&a_{1n}\\a_{21}&a_{22}&\cdots&a_{2n}\\\vdots&\vdots&\vdots&\vdots\\a_{n1}&a_{n2}&\cdots&a_{nn}\end{bmatrix}\begin{bmatrix}x_1\\x_2\\\vdots\\x_n\end{bmatrix}=\begin{bmatrix}c_1\\c_2\\\vdots\\c_n\end{bmatrix}$$

将系数 a_{ij} 及常数 c_i 合写为一个 $n\times(n+1)$ 阶矩阵（增广矩阵），并通过变形化成如下形式（消去过程）：

$$\begin{bmatrix}a_{11}&a_{12}&\cdots&a_{1n}&c_1\\a_{21}&a_{22}&\cdots&a_{2n}&c_2\\\vdots&\vdots&\vdots&\vdots&\vdots\\a_{n1}&a_{n2}&\cdots&a_{nn}&c_n\end{bmatrix}\rightarrow$$

$$\begin{bmatrix} 1 & a_{12}^{(1)} & a_{13}^{(1)} & \cdots & a_{1,n-1}^{(1)} & a_{1,n}^{(1)} & c_1^{(1)} \\ & 1 & a_{23}^{(2)} & \cdots & a_{2,n-1}^{(2)} & a_{2,n}^{(2)} & c_2^{(2)} \\ & & 1 & \cdots & a_{3,n-1}^{(3)} & a_{3,n}^{(3)} & c_3^{(3)} \\ & & & \ddots & \vdots & \vdots & \vdots \\ & & & & 1 & a_{n-1,n}^{(n-1)} & c_{n-1}^{(n-1)} \\ & & & & & 1 & c_n^{(n)} \end{bmatrix}$$

再变化为下列形式（回代过程），即求得各 x 值：

$$\rightarrow \begin{bmatrix} 1 & & & & x_1 \\ & 1 & & & x_2 \\ & & \ddots & & \vdots \\ & & & 1 & x_n \end{bmatrix}$$

具体算法公式分为以下两部分。

（1）消去过程：

$$a_{ij}^{(0)} = a_{ij},\quad c_j^{(0)} = c_j \quad (i,j = 1,2,\cdots,n)$$

设 $a_{kk}^{(k-1)} \neq 0$，则

$$a_{kj}^{(k)} = \frac{a_{kj}^{(k-1)}}{a_{kk}^{(k-1)}},\quad c_k^{(k)} = \frac{c_k^{(k-1)}}{a_{kk}^{(k-1)}} \quad (j = k,\cdots,n)$$

$$a_{ij}^{(k)} = a_{ij}^{(k-1)} - a_{ik}^{(k-1)} a_{kj}^{(k)}$$

$$(i = k+1,\cdots,n;\ j = k,\cdots,n)$$

$$c_i^{(k)} = c_i^{(k-1)} - a_{ik}^{(k-1)} c_k^{(k)} \quad (i = k+1,\cdots,n)$$

以上 $k = 1,2,\cdots,n-1$。

当 $k=n$ 时，设 $a_{nn}^{(n-1)} \neq 0$，则

$$a_{nn}^{(n)} = \frac{a_{nn}^{(n-1)}}{a_{nn}^{(n-1)}},\quad c_n^{(n)} = \frac{c_n^{(n-1)}}{a_{nn}^{(n-1)}}$$

（2）通过回代过程得到方程组的解为

$$x_n = c_n^{(n)}$$

$$x_i = c_i^{(i)} - \sum_{j=i+1}^{n} a_{ij}^{(i)} x_j \quad (i = n-1,\cdots,1)$$

2. 选主元消去法

（1）列主元消去法。

1）在第一列中，选取绝对值最大者做主元。通过行的交换，将该主元移到主对角线（1，1）位置，仿高斯消去法作第一次消元。

2）在除第一行、第一列外的系统中，选取第一列绝对值最大者作第二个主元，移到主对角线上（2，2）位置，作第二次消元。顺序进行到 n。然后进行回代。

（2）行主元消去法。

1）在第一行中，选取绝对值最大者做主元。通过列的交换，将该主元移到主对角线（1，1）位置，仿高斯消去法作第一次消元。

2）在除第一行、第一列外的系统中，选取第一行绝对值最大者作第二个主元，移到主对角线上（2，2）位置，作第二次消元。顺序进行到 n。然后进行回代。

注意在上述列的交换过程中，解的分量次序要作相应变化。

（3）全主元消去法。

1）在全部系数 a_{ij} 中，选取绝对值最大者做主元。通过行与列的交换，将该主元移到主对角线（1，1）位置，仿高斯消去法作第一次消元。

2）在除第一行、第一列外的系统中选取绝对值最大者作第二个主元，移到主对角线上（2，2）位置，作第二次消元。顺序进行到 n。然后进行回代。

注意在上述行列交换过程中，如果出现列的交换，则解的分量次序要作相应变化。

3. 平方根法（三角分解法）

求解对称线性方程组

$$\boldsymbol{Ax} = \boldsymbol{b}$$

时，将 $\boldsymbol{A}$ 分解为 $\boldsymbol{A}=\boldsymbol{LL}^{\mathrm{T}}$，其中 $\boldsymbol{L}$ 是下三角矩阵，原方程化为 $\boldsymbol{LL}^{\mathrm{T}}\boldsymbol{x}=\boldsymbol{b}$ 或 $\boldsymbol{Ly}=\boldsymbol{b}$（$\boldsymbol{y}=\boldsymbol{L}^{\mathrm{T}}\boldsymbol{x}$）。

$\boldsymbol{L}$ 中元素的计算公式如下：

$$l_{ii} = \sqrt{a_{ii} - \sum_{k=1}^{i-1} l_{ik}^2}$$

$$l_{ij} = \frac{1}{l_{jj}}\left(a_{ij} - \sum_{k=1}^{j-1} l_{ik} l_{jk}\right)$$

$$(i = 1,2,\cdots,n;\ j = 1,2,\cdots,i-1)$$

然后先求中间变量 $\boldsymbol{y}$，即

$$y_1 = \frac{b_1}{l_{11}}$$

$$y_i = \frac{b_i - \sum_{k=1}^{i-1} l_{ik} y_k}{l_{ii}} \quad (i = 2,3,\cdots,n)$$

最后求算 x，即

$$x_n = \frac{y_n}{l_{nn}}$$

$$x_i = \frac{y_i - \sum_{k=i+1}^{n} l_{ki} x_k}{l_{ii}} \quad (i = n-1,\cdots,2,1)$$

4. 改进平方根法

求解对称线性方程组时，也可用改进平方根法，以避免开方演算。即将 $\boldsymbol{A}$ 分解为 $\boldsymbol{A}=\boldsymbol{L}_1\boldsymbol{D}\boldsymbol{L}_1^{\mathrm{T}}$，其中 $\boldsymbol{L}_1$ 是单位下三角矩阵，$\boldsymbol{D}$ 是对角矩阵，即

$$\boldsymbol{A} = \begin{bmatrix} 1 & & & & \\ l_{21} & 1 & & & \\ l_{31} & l_{32} & 1 & & \\ \vdots & \vdots & \vdots & \ddots & \\ l_{n1} & l_{n2} & l_{n3} & \cdots & 1 \end{bmatrix} \begin{bmatrix} d_1 & & & & \\ & d_2 & & & \\ & & d_3 & & \\ & & & \ddots & \\ & & & & d_n \end{bmatrix}$$

$$\times \begin{bmatrix} 1 & l_{21} & l_{31} & \cdots & l_{n1} \\ & 1 & l_{32} & \cdots & l_{n2} \\ & & 1 & \cdots & l_{n3} \\ & & & \ddots & \vdots \\ & & & & 1 \end{bmatrix}$$

而原方程组可写为

$$L_1DL_1^{\mathrm{T}}x = L_1 y = b$$

D、L_1 的元素计算公式如下：

$$d_1 = a_{11}$$

$$\begin{cases} \tilde{a}_{ij} = a_{ij} - \sum_{k=1}^{j-1} \tilde{a}_{ik} l_{jk} \\ l_{ij} = \dfrac{\tilde{a}_{ij}}{d_j} \\ d_i = a_{ii} - \sum_{k=1}^{i-1} \tilde{a}_{ik} l_{ik} \end{cases}$$

$$(i = 2,3,\cdots,n;\ j = 1,2,\cdots,i-1)$$

这样，可先求出中间变量 y，再求出最终变量 x，即

$$y_1 = b_1$$

$$y_i = b_i - \sum_{k=1}^{i-1} l_{ik} y_k \quad (i = 2,3,\cdots,n)$$

$$x_n = \frac{y_n}{d_n}$$

$$x_i = \frac{y_i}{d_i} - \sum_{k=i+1}^{n} l_{ki} x_k \quad (i = n-1,\cdots,2,1)$$

1.8.4.2 线性代数方程组的迭代解法

1. 简单迭代法

把线性方程组 $Ax=b$ 化为便于迭代的形式：

$$x = Bx + c$$

任意给 $x^{(0)}$，代入可算出第一次近似解，并反复进行迭代：

$$x^{(k)} = Bx^{(k-1)} + c$$

一直算到 $|x_i^{(k)} - x_i^{(k-1)}|$ 小于容许误差 ε 为止。

2. 雅可比迭代法

把线性方程组 $Ax=b$ 中的系数矩阵 $A = (a_{ij})_{n\times n}$ 分成 3 部分，即

$$A = D - L - U$$

其中

$$D = \begin{bmatrix} a_{11} & & & \\ & a_{22} & & \\ & & \ddots & \\ & & & a_{nn} \end{bmatrix}$$

$$L = \begin{bmatrix} 0 & & & & \\ -a_{21} & 0 & & & \\ \vdots & \vdots & \ddots & & \\ -a_{n-1,1} & -a_{n-1,2} & \cdots & 0 & \\ -a_{n,1} & -a_{n,2} & \cdots & -a_{n,n-1} & 0 \end{bmatrix}$$

$$U = \begin{bmatrix} 0 & -a_{1,2} & \cdots & -a_{1,n-1} & -a_{1,n} \\ & 0 & \cdots & -a_{2,n-1} & -a_{2,n} \\ & & \ddots & \vdots & \vdots \\ & & & 0 & -a_{n-1,n} \\ & & & & 0 \end{bmatrix}$$

于是，线性代数方程组可变为

$$x = D^{-1}(L+U)x + D^{-1}b$$

利用简单迭代法思想，即可得雅可比迭代法，其计算公式为

$$x^{(k+1)} = D^{-1}(L+U)x^{(k)} + D^{-1}b$$

3. 高斯—塞德尔（Gauss - Seidel）迭代法

在雅可比迭代法基础上，利用已经计算出的最新分量 $x_j^{(k+1)}(j = 1,2,\cdots,i-1)$ 计算 $x_i^{(k+1)}$，可得高斯—塞德尔迭代法，其计算公式为

$$x^{(k+1)} = D^{-1}Lx^{(k+1)} + D^{-1}Ux^{(k)} + D^{-1}b$$

4. 超松弛迭代法（SOR 方法）

高斯—塞德尔迭代法计算公式可以写为

$$x^{(k+1)} = x^{(k)} + \Delta x^{(k)}$$

其中 $\Delta x^{(k)} = D^{-1}[Lx^{(k+1)} + (U-D)x^{(k)} + b]$

式中 $\Delta x^{(k)}$ —— $x^{(k)}$ 的修正量。

为了提高收敛速度在修正量前加上松弛因子 ω，从而形成超松弛迭代法，其计算公式为

$$\begin{aligned} x^{(k+1)} &= x^{(k)} + \omega\Delta x^{(k)} \\ &= x^{(k)} + \omega D^{-1}[Lx^{(k+1)} + (U-D)x^{(k)} + b] \end{aligned}$$

$$(1 < \omega < 2)$$

式中 ω——超松弛因子。

5. 迭代法收敛性

给定线性代数方程组 $Ax = b$ 及相应的简单迭代法 $x^{(k)} = Bx^{(k-1)} + c$，如果 $\lim\limits_{k\to\infty} x^{(k)}$ 存在（记为 x^*），称该迭代法收敛，显然 x^* 就是此方程组的解，否则称该迭代法发散。有下列结论成立：

（1）对任意选取的初始向量 $x^{(0)}$，迭代法收敛的充要条件是迭代矩阵 B 的谱半径 $\rho(B) < 1$。

（2）如果 $A = (a_{ij})_{n\times n}$ 为严格对角占优矩阵，即满足 $|a_{ii}| > \sum\limits_{\substack{j=1 \\ j\neq i}}^{n} |a_{ij}|\ (i = 1,2,\cdots,n)$，则雅可比迭代法、高斯—塞德尔迭代法均收敛。

（3）如果 A 对称，且对角元 $a_{ii} > 0(i = 1,2,\cdots,n)$，则雅可比迭代法收敛的充要条件是 A、$2D-A$ 均为正定矩阵；高斯—塞德尔迭代法收敛的充要条件是 A 正定。

（4）SOR 方法收敛，则 $0<\omega<2$。

（5）如果 A 为对称正定矩阵，且 $0<\omega<2$，则 SOR 方法收敛。

（6）如果 A 为严格对角占优矩阵，且 $0<\omega\leqslant 1$，则 SOR 方法收敛。

1.8.5 矩阵特征值计算

1.8.5.1 幂法及反幂法

幂法是一种计算矩阵按模最大特征值及其对应特征向量的迭代方法，特别适用于大型稀疏矩阵。反幂法用来计算矩阵按模最小的特征值及其特征向量，也可用来计算对应于一个给定近似特征值的特征向量。

1. 幂法

设实矩阵 $\boldsymbol{A}=(a_{ij})_{n\times n}$ 有一个完全的特征向量组，其特征值为 $\lambda_1,\lambda_2,\cdots,\lambda_n$，相应的特征向量为 $\boldsymbol{x}_1,\boldsymbol{x}_2,\cdots,\boldsymbol{x}_n$。已知 $\boldsymbol{A}$ 的按模最大特征值是实数，且满足条件 $|\lambda_1|>|\lambda_2|\geqslant|\lambda_3|\geqslant\cdots\geqslant|\lambda_n|$，则对任取初始向量 $\boldsymbol{u}_0[(\boldsymbol{u}_0,\boldsymbol{x}_1)\neq 0]$，按下述幂法构造的向量序列 $\{\boldsymbol{u}_k\}$、$\{\boldsymbol{v}_k\}$ 为

$$\begin{cases}\forall\, \boldsymbol{u}_0 \quad [(\boldsymbol{u}_0,\boldsymbol{x}_1)\neq 0]\\ \boldsymbol{v}_k=A\boldsymbol{u}_{k-1}\\ \mu_k=\max\{\boldsymbol{v}_k\}\\ \boldsymbol{u}_k=\dfrac{\boldsymbol{v}_k}{\mu_k}\\ (k=1,2,\cdots)\end{cases}$$

有 $\lim\limits_{k\to\infty}\boldsymbol{u}_k=\dfrac{\boldsymbol{x}_1}{\max\{\boldsymbol{x}_1\}}$，$\lim\limits_{k\to\infty}\mu_k=\lambda_1$。这里 $\max\{\boldsymbol{v}\}$ 表示向量 $\boldsymbol{v}$ 的绝对值最大的分量，即如果有 $|v_{i_0}|=\max\limits_{1\leqslant i\leqslant n}|v_i|$，则 $\max\{\boldsymbol{v}\}=v_{i_0}$。

2. 反幂法

设实矩阵 $\boldsymbol{A}=(a_{ij})_{n\times n}$ 为非奇异矩阵，$\boldsymbol{A}$ 的特征值次序记为 $|\lambda_1|\geqslant|\lambda_2|\geqslant\cdots\geqslant|\lambda_{n-1}|>|\lambda_n|>0$，相应的特征向量为 $\boldsymbol{x}_1,\boldsymbol{x}_2,\cdots,\boldsymbol{x}_n$，则 $\boldsymbol{A}^{-1}$ 的特征值为

$$\left|\frac{1}{\lambda_n}\right|>\left|\frac{1}{\lambda_{n-1}}\right|\geqslant\cdots\geqslant\left|\frac{1}{\lambda_1}\right|$$

对应的特征向量为 $\boldsymbol{x}_n,\boldsymbol{x}_{n-1},\cdots,\boldsymbol{x}_1$。

对于 $\boldsymbol{A}^{-1}$ 应用幂法迭代（称为反幂法），可求得矩阵 $\boldsymbol{A}^{-1}$ 的按模最大特征值 $\dfrac{1}{\lambda_n}$，从而求得 $\boldsymbol{A}$ 的按模最小特征值 λ_n。

反幂法迭代公式为：任取初始向量 $\boldsymbol{u}_0[(\boldsymbol{u}_0,\boldsymbol{x}_n)\neq 0]$，构造向量序列

$$\begin{cases}\forall\, \boldsymbol{u}_0 \quad [(\boldsymbol{u}_0,\boldsymbol{x}_1)\neq 0]\\ \boldsymbol{v}_k=A^{-1}\boldsymbol{u}_{k-1}\\ \mu_k=\max\{\boldsymbol{v}_k\}\\ \boldsymbol{u}_k=\dfrac{\boldsymbol{v}_k}{\mu_k}\\ (k=1,2,\cdots)\end{cases}$$

这里迭代向量 $\boldsymbol{v}_k$ 可以通过解线性方程组 $\boldsymbol{A}\boldsymbol{v}_k=\boldsymbol{u}_{k-1}$ 求得，则有

$$\lim_{k\to\infty}\boldsymbol{u}_k=\frac{\boldsymbol{x}_n}{\max\{\boldsymbol{x}_n\}},\quad \lim_{k\to\infty}\mu_k=\frac{1}{\lambda_n}$$

1.8.5.2　雅可比法

给定对称矩阵 $\boldsymbol{A}=(a_{ij})$，构造一个旋转矩阵 $\boldsymbol{R}$，作旋转变换

$$\boldsymbol{B}=\boldsymbol{R}^{\mathrm{T}}\boldsymbol{A}\boldsymbol{R}$$

得到的矩阵 $\boldsymbol{B}=(b_{ij})$ 也是对称的，选择适当的 $\boldsymbol{R}$，可以使 $\boldsymbol{A}$ 中非对角元素中绝对值最大者在 B 中变为 0。这样求出的 $\boldsymbol{B}$ 记为 $\boldsymbol{A}_1$。$\boldsymbol{R}$ 记为 $\boldsymbol{R}_1$，并令 $\boldsymbol{V}_1=\boldsymbol{R}_1$，再找出 $\boldsymbol{A}_1$ 非对角元素中的主元，再次构造旋转矩阵 $\boldsymbol{R}_2$，计算 $\boldsymbol{A}_2=\boldsymbol{R}_2^{\mathrm{T}}\boldsymbol{A}_1\boldsymbol{R}_2$，并计算 $\boldsymbol{V}_2=\boldsymbol{V}_1\boldsymbol{R}_2$。

仿此进行 k 次旋转（$k=1,2,\cdots$），直到 $\boldsymbol{A}_k=\boldsymbol{R}_k^{\mathrm{T}}\boldsymbol{A}_{k-1}\boldsymbol{R}_k$ 的所有非对角线元素（或其平方和）小于容许误差为止。这时 $\boldsymbol{A}$ 化成一个近似的对角矩阵 $\boldsymbol{A}_k$。则 $\boldsymbol{A}_k$ 的对角线元素 $\lambda_1,\lambda_2,\cdots,\lambda_n$ 为 $\boldsymbol{A}$ 的近似特征值。其对应的特征向量是乘积 $\boldsymbol{V}_k=\boldsymbol{V}_{k-1}\boldsymbol{R}_k=\boldsymbol{R}_1\cdots\boldsymbol{R}_k$ 的各列向量。

雅可比法可求出矩阵的全部特征值和特征向量。

关于旋转矩阵的构造：假如要消除非对角线主元 $a_{ij}=a_{ji}$，则先确定旋转角 θ（见本卷 1.5.2.3）：

$$\tan2\theta=\frac{2a_{ij}}{a_{ii}-a_{jj}}\quad\left(|\theta|\leqslant\frac{\pi}{4}\right)$$

则旋转矩阵 R 为

$$\boldsymbol{R}=\begin{bmatrix}1&&&&&&&&\\&\ddots&&&&&&&\\&&1&&&&&&\\&&&\cos\theta&\cdots&\cdots&\cdots&-\sin\theta&&\\&&&\vdots&1&&&\vdots&&\\&&&\vdots&&\ddots&&\vdots&&\\&&&\vdots&&&1&\vdots&&\\&&&\sin\theta&\cdots&\cdots&\cdots&\cos\theta&&\\&&&&&&&&1&\\&&&&&&&&&\ddots\\&&&&&&&&&&1\end{bmatrix}\begin{matrix}\\\\\\i\text{ 行}\\\\\\\\j\text{ 行}\\\\\\\\\end{matrix}$$

即将单位矩阵中 (i,i)，(j,j) 位置中的 1 换为 $\cos\theta$；(i,j)，(j,i) 位置中的 0 换为 $-\sin\theta$ 及 $\sin\theta$。按此，计算 $\boldsymbol{B}=\boldsymbol{R}^{\mathrm{T}}\boldsymbol{A}\boldsymbol{R}$ 后，$\boldsymbol{B}$ 中元素除了 i 行、j 行、i 列、j 列外，与 $\boldsymbol{A}$ 的相应元素一样，即

$$\begin{aligned}&b_{ii}=a_{ii}\cos^2\theta+2a_{ij}\cos\theta\sin\theta+a_{jj}\sin^2\theta\\&b_{jj}=a_{ii}\sin^2\theta-2a_{ij}\cos\theta\sin\theta+a_{jj}\cos^2\theta\\&b_{ik}=b_{ki}=a_{ik}\cos\theta+a_{jk}\sin\theta\\&b_{kj}=b_{jk}=-a_{ik}\sin\theta+a_{jk}\cos\theta\quad(k\neq i,j)\\&b_{ij}=b_{ji}=0\\&b_{kl}=a_{kl}\quad(k\neq i,j;\ l\neq i,j)\end{aligned}$$

1.8.6　非线性方程（组）的解法

对于一元非线性函数 $f(x)$，若常数 x^* 使 $f(x^*)=0$，则称 x^* 为方程 $f(x)=0$ 的根，又称为函数 $f(x)$ 的零点。若 $f(x)$ 能分解为 $f(x)=(x-x^*)^m\varphi(x)$，其中 $\varphi(x^*)\neq 0$，则称 x^* 为方程 $f(x)=0$ 的 m 重根，或 $f(x)$ 的 m 重零点。应用数值方法求方程根的近似值，主要采用以下几种迭代法。

1.8.6.1　二分法

设 $f(x)$ 在区间 $[a,b]$ 上连续，并且 $f(a)f(b)<0$，则在区间 (a,b) 内存在一个实数 x^*，使得 $f(x^*)=0$。

令 $a_0=a$，$b_0=b$，对于 $k=0$，1，…，执行以下

步骤：

(1) 给定 $\varepsilon>0$，$\eta>0$，用于控制 x^* 近似值的精度。

(2) 计算 $x_k=\dfrac{a_k+b_k}{2}$。

(3) 若 $b_k-a_k<\varepsilon$ 或 $|f(x_k)|<\eta$，则停止计算，取 $x^*\approx x_k$，否则转向 (4)。

(4) 若 $f(a_k)f(x_k)<0$，则令 $a_{k+1}=a_k$，$b_{k+1}=x_k$；若 $f(a_k)f(x_k)>0$，则令 $a_{k+1}=x_k$，$b_{k+1}=b_k$；转向 (2)。

二分法的特点是算法简单，且总是收敛的，缺点是可能收敛太慢，且只能求单根和奇数重根，不能求偶数重根和复数根。

1.8.6.2 简单迭代法

简单迭代法就是反复应用某个固定的迭代公式，使求得的近似根逐步精确化。

改写方程 $f(x)=0$ 为

$$x=\varphi(x)$$

建立迭代格式为

$$x_{k+1}=\varphi(x_k)$$

产生序列 $\{x_k\}$。在一定条件下，序列 $\{x_k\}$ 收敛于 x^*。当 k 足够大时，可取 x_k 作为方程的近似根。可用条件 $|x_k-x_{k-1}|<\varepsilon$（$\varepsilon$ 为预先给定的正数）来控制迭代过程的结束。

迭代函数 $\varphi(x)$ 决定了简单迭代法的收敛性，其收敛条件如下：

(1) 当 $x\in[a,b]$ 时，$\varphi(x)\in[a,b]$。

(2) 当 $x\in[a,b]$ 时，存在 $0<L<1$，使得 $|\varphi'(x)|\leqslant L<1$，则 $\{x_k\}$ 收敛于唯一根 x^*，并有误差估计

$$|x^*-x_k|\leqslant\frac{1}{1-L}|x_{k+1}-x_k|\quad(k=1,2,\cdots)$$

$$|x^*-x_k|\leqslant\frac{L^k}{1-L}|x_1-x_0|\quad(k=1,2,\cdots)$$

1.8.6.3 迭代法加速收敛技术

采用下列技术，可以使简单迭代法的收敛加速。

(1) 斯蒂芬森 (Steffensen) 法的表达式为

$$\begin{cases}y_k=\varphi(x_k),\ z_k=\varphi(y_k)\\ x_{k+1}=x_k-\dfrac{(y_k-x_k)^2}{z_k-2y_k+x_k}\end{cases}\quad(k=0,1,\cdots)$$

(2) 埃特金 (Aitken) 法的表达式为

$$\begin{cases}\bar{x}_{k+1}=\varphi(x_k)\\ \tilde{x}_{k+1}=\varphi(\bar{x}_{k+1})\\ x_{k+1}=\tilde{x}_{k+1}-\dfrac{(\tilde{x}_{k+1}-\bar{x}_{k+1})^2}{\tilde{x}_{k+1}-2\bar{x}_{k+1}+x_k}\end{cases}\quad(k=0,1,\cdots)$$

1.8.6.4 牛顿迭代法

给定初始值 x_0，按

$$x_{k+1}=x_k-\frac{f(x_k)}{f'(x_k)}\quad(k=0,1,2,\cdots)$$

产生序列 $\{x_k\}$。由于在几何上，x_{k+1} 是曲线 $f(x)$ 在 x_k 点的切线与 x 轴的交点，因此该法又称为切线法。

牛顿迭代法对初始值 x_0 的选取要求 x_0 充分接近 x^* 才能保证局部收敛性。下述条件可帮助确定初始值。

设 $f(x)$ 在 $[a,b]$ 上满足下列关系：

(1) $f(a)\ f(b)<0$。

(2) $f'(x)\neq0$。

(3) $f''(x)$ 存在且不变号。

(4) 取 $x_0\in[a,b]$，使得 $f''(x)f(x_0)>0$，则牛顿迭代序列 $\{x_k\}$ 收敛于 $f(x)$ 在 $[a,b]$ 上的唯一根 x^*。

为避免每一步导数计算，使用简化牛顿法（平行弦法）得

$$x_{k+1}=x_k-\frac{f(x_k)}{f'(x_0)}\quad(k=0,1,2,\cdots)$$

1.8.6.5 牛顿下山法

牛顿迭代法对初始值 x_0 的选取要求较高，有些问题往往很难找到满足条件的初值 x_0，这时可利用所谓下山法来扩大初值的选取范围，则

$$\begin{cases}\bar{x}_{k+1}=x_k-\dfrac{f(x_k)}{f'(x_k)}\\ x_{k+1}=\lambda\bar{x}_{k+1}+(1-\lambda)x_k\end{cases}$$

即 $$x_{k+1}=x_k-\lambda\frac{f(x_k)}{f'(x_k)}\quad(k=0,1,2,\cdots)$$

其中，$0<\lambda\leqslant1$，称为下山因子。要求满足 $0<\varepsilon_\lambda\leqslant\lambda\leqslant1$，$\varepsilon_\lambda$ 为下山因子下界，一般开始时可简单地取 $\lambda=1$，然后逐步分半减少，即可选取 $\lambda=1,\ \dfrac{1}{2},\ \dfrac{1}{2^2},\cdots,\lambda\geqslant\varepsilon_\lambda$，且使 $|f(x_{k+1})|<|f(x_k)|$。

1.8.6.6 弦截法

为避免牛顿迭代法中 $f'(x_k)$ 的计算，采用差商 $\dfrac{f(x_k)-f(x_{k-1})}{x_k-x_{k-1}}$ 替换牛顿公式中的导数。该方法称为弦截法，又称割线法。设 x_{k-1},x_k 是方程 $f(x)=0$ 的两个近似根，则

$$x_{k+1}=x_k-\frac{f(x_k)}{f(x_k)-f(x_{k-1})}(x_k-x_{k-1})\quad(k=1,2,\cdots)$$

1.8.6.7 非线性方程组的牛顿迭代法

考虑方程组

$$\begin{cases} f_1(x_1,x_2,\cdots,x_n)=0 \\ f_2(x_1,x_2,\cdots,x_n)=0 \\ \quad\vdots \\ f_n(x_1,x_2,\cdots,x_n)=0 \end{cases}$$

式中 $f_1,f_2,\cdots,f_n$ —— $(x_1,x_2,\cdots,x_n)$ 的多元函数。

如果记 $\boldsymbol{x}=(x_1,x_2,\cdots,x_n)^{\mathrm{T}}$，$\boldsymbol{F}(\boldsymbol{x})=(f_1,f_2,\cdots,f_n)^{\mathrm{T}}$，则方程组可写成

$$\boldsymbol{F}(\boldsymbol{x})=\boldsymbol{0}$$

当 $n\geqslant 2$，且 $f_i(i=1,2,\cdots,n)$ 中至少有一个是自变量 $x_i(i=1,2,\cdots,n)$ 的非线性函数时，则称方程组为非线性方程组。

非线性方程组的牛顿迭代法为

$$\boldsymbol{x}^{(k+1)}=\boldsymbol{x}^{(k)}-[\boldsymbol{F}'(\boldsymbol{x}^{(k)})]^{-1}\boldsymbol{F}(\boldsymbol{x}^{(k)})\quad(k=0,1,\cdots)$$

其中 $$\boldsymbol{F}'(\boldsymbol{x})=\begin{bmatrix} \dfrac{\partial f_1(\boldsymbol{x})}{\partial x_1} & \dfrac{\partial f_1(\boldsymbol{x})}{\partial x_2} & \cdots & \dfrac{\partial f_1(\boldsymbol{x})}{\partial x_n} \\ \dfrac{\partial f_2(\boldsymbol{x})}{\partial x_1} & \dfrac{\partial f_2(\boldsymbol{x})}{\partial x_2} & \cdots & \dfrac{\partial f_2(\boldsymbol{x})}{\partial x_n} \\ \vdots & \vdots & \vdots & \vdots \\ \dfrac{\partial f_n(\boldsymbol{x})}{\partial x_1} & \dfrac{\partial f_n(\boldsymbol{x})}{\partial x_2} & \cdots & \dfrac{\partial f_n(\boldsymbol{x})}{\partial x_n} \end{bmatrix}$$

实际计算时先计算出

$$\boldsymbol{F}'(\boldsymbol{x}^{(k)})\Delta\boldsymbol{x}^{(k)}=-\boldsymbol{F}(\boldsymbol{x}^{(k)})$$

求出向量 $\Delta\boldsymbol{x}^{(k)}$ 后，再计算出

$$\boldsymbol{x}^{(k+1)}=\boldsymbol{x}^{(k)}+\Delta\boldsymbol{x}^{(k)}$$

1.8.7 数值微分

当给定函数 $f(x)$ 在某些离散点上的值后，近似地求出它在某点的导数，称为数值微分。

1.8.7.1 差商公式

1. 一阶导数

向前差分 $f'(x_0)=\dfrac{1}{h}[f(x_0+h)-f(x_0)]$

向后差分 $f'(x_0)=\dfrac{1}{h}[f(x_0-h)-f(x_0)]$

中心差分 $f'(x_0)=\dfrac{1}{2h}[f(x_0+h)-f(x_0-h)]$

2. 二阶导数

$$f''(x_0)=\frac{1}{h^2}[f(x_0-h)-2f(x_0)+f(x_0+h)]$$

1.8.7.2 插值型微分公式

构造函数 $f(x)$ 的一个 n 次插值多项式 $p_n(x)$，用插值多项式的（高阶）导数去近似函数的（高阶）导数，则得到插值型微分公式为

$$f'(x)\approx p_n'(x)$$

$$f^{(m)}(x)\approx p_n^{(m)}(x)\quad(m=2,3,\cdots)$$

1.8.7.3 样条求导

如果 $f(x)$ 可微，其样条插值函数 $S(x)$ 具有的性质为

$$f'(x)\approx S'(x)$$

因而可以用 $S'(x)$ 作为 $f'(x)$ 的近似值，且 x 可以是区间 $[a,b]$ 内的任意值，而不限定是节点 x_k。

1.8.8 数值积分

数值求积公式的一般形式为

$$I=\int_a^b f(x)\mathrm{d}x\approx\sum_{k=0}^{n}A_k f(x_k)$$

式中 $x_k(k=0,1,\cdots,n)$ ——求积节点；

A_k ——求积系数［与被积函数 $f(x)$ 无关］。

如果某个求积公式对于次数不大于 m 的多项式严格成立，而对于 $m+1$ 次不准确，则称该求积公式具有 m 次代数精度。

1.8.8.1 牛顿—柯特斯（Newton - Cotes）求积公式

设 $h=\dfrac{b-a}{n}$，选取等距节点 $x_k=a+kh(k=0,1,\cdots,n)$，构造出的插值型求积公式为

$$I_n=(b-a)\sum_{k=0}^{n}c_k^{(n)}f(x_k)$$

该式称为牛顿—柯特斯公式。

其中

$$c_k^{(n)}=\frac{(-1)^{n-k}}{nk!(n-k)!}\int_0^n\prod_{\substack{j=0\\j\neq k}}^{n}(t-j)\mathrm{d}t\quad(k=0,1,\cdots,n)$$

其中，$c_k^{(n)}$ 称为柯特斯系数。

当 n 为偶数时，牛顿—柯特斯公式至少具有 $n+1$ 次代数精度。

以下列出几个常用的牛顿—柯特斯求积公式：

（1）$n=1$，梯形公式为

$$\int_a^b f(x)\mathrm{d}x=\frac{h}{2}[f(x_0)+f(x_1)]$$

（2）$n=2$，辛普森（Simpson）公式为

$$\int_a^b f(x)\mathrm{d}x=\frac{h}{3}[f(x_0)+4f(x_1)+f(x_2)]$$

（3）$n=3$，辛普森 $\dfrac{3}{8}$ 公式为

$$\int_a^b f(x)\mathrm{d}x=\frac{3h}{8}[f(x_0)+3f(x_1)+3f(x_2)+f(x_3)]$$

（4）$n=4$，柯特斯公式为

$$\int_a^b f(x)\mathrm{d}x=\frac{2h}{45}[7f(x_0)+32f(x_1)+12f(x_2)+32f(x_3)+7f(x_4)]$$

多节点的牛顿—柯特斯公式是不稳定的，实际计算中不使用更高阶的牛顿—柯特斯公式。

1.8.8.2 复化求积公式

由于多节点的牛顿—柯特斯公式不宜使用，但当积分区间的长度较大时，少节点的牛顿—柯特斯公式的截断误差较大。为了提高计算积分的精度，可以把

积分区间等分为若干个子区间，在每个子区间使用少节点的牛顿—科特斯公式，然后将结果相加，这就是复化积分法，所得的求积公式称为复化求积公式。

将 $[a,b]$ 划分为 n 等份，其中步长为 $h=\dfrac{b-a}{n}$，则 $x_k=a+kh(k=0,1,\cdots,n)$。

（1）复化梯形公式为

$$\int_a^b f(x)\mathrm{d}x=\frac{h}{2}\left[f(a)+2\sum_{k=1}^{n-1}f(x_k)+f(b)\right]$$

（2）复化辛普森公式为

$$\int_a^b f(x)\mathrm{d}x=\frac{h}{6}\left[f(a)+4\sum_{k=0}^{n-1}f(x_{k+\frac{1}{2}})+2\sum_{k=1}^{n-1}f(x_k)+f(b)\right]$$

其中 $$x_{k+\frac{1}{2}}=x_k+\frac{1}{2}h$$

（3）复化柯特斯公式为

$$\int_a^b f(x)\mathrm{d}x=\frac{h}{90}\left[7f(a)+32\sum_{k=0}^{n-1}f(x_{k+\frac{1}{4}})+12\sum_{k=0}^{n-1}f(x_{k+\frac{1}{2}})+32\sum_{k=0}^{n-1}f(x_{k+\frac{3}{4}})+14\sum_{k=0}^{n-1}f(x_k)+7f(b)\right]$$

其中 $$x_{k+\frac{1}{4}}=x_k+\frac{1}{4}h$$

$$x_{k+\frac{1}{2}}=x_k+\frac{1}{2}h$$

$$x_{k+\frac{3}{4}}=x_k+\frac{3}{4}h$$

1.8.8.3 高斯求积公式

对于 n 个节点具有 $2n-1$ 次代数精度的求积公式，称为高斯求积公式，又被称为最高代数精确度求积公式，对次数小于 $2n$ 的多项式准确成立。其节点 $x_1,x_2,\cdots,x_n$ 称为高斯节点。

高斯求积公式中最常见的是高斯—勒让德（Gauss - Legendre）求积公式。

$$\int_{-1}^1 f(x)\mathrm{d}x=\sum_{k=1}^n w_k f(x_k)$$

式中 x_k、w_k——节点坐标、权值，见表 1.8 - 1。

表 1.8 - 1 高斯—勒让德公式的节点和权值

n	节点 x_k	权 w_k
1	0	2
2	0.5773502692	1
3	0 ±0.7745966692	0.8888888889 0.5555555556
4	±0.3399810436 ±0.8611363116	0.6521451549 0.3478548451
5	0 ±0.5384693101 ±0.9061798459	0.5688888889 0.4786286705 0.2369268851

任意区间 $[a,b]$，可以通过变换 $x=\dfrac{b-a}{2}t+\dfrac{a+b}{2}$，映射到区间 $[-1,1]$，这时

$$\int_a^b f(x)\mathrm{d}x=\frac{b-a}{2}\int_{-1}^1 f\left(\frac{b-a}{2}t+\frac{a+b}{2}\right)\mathrm{d}t$$

1.8.8.4 重积分

上述一维数值积分方法可以推广到二维、三维重积分，写成累次积分的形式，先对内层的积分使用数值积分方法，然后是外层积分。

以高斯积分为例，其二维情况为

$$\int_{-1}^1\int_{-1}^1 f(x,y)\mathrm{d}x\mathrm{d}y=\sum_{i=1}^n\sum_{j=1}^n w_i w_j f(x_i,y_j)$$

三维情况为

$$\int_{-1}^1\int_{-1}^1\int_{-1}^1 f(x,y,z)\mathrm{d}x\mathrm{d}y\mathrm{d}z=\sum_{i=1}^n\sum_{j=1}^n\sum_{k=1}^n w_i w_j w_k f(x_i,y_j,z_k)$$

1.8.9 常微分方程数值解

1.8.9.1 初值问题数值方法

1. 数值方法概述

常微分方程的初值问题为

$$\begin{cases}y'=f(x,y) & (a\leqslant x\leqslant b)\\ y(a)=y_0\end{cases}$$

当函数 $f(x,y)$ 满足利普希茨（Lipschitz）条件，即 $\forall x\in[a,b]$ 及 $y,\bar{y}\in R$，总存在常数 $L>0$，使得

$$|f(x,y)-f(x,\bar{y})|\leqslant L|y-\bar{y}|$$

则初值问题的解 $y=y(x)$ 存在唯一。

只有一些特殊类型的方程可求出其解析解，对实际问题中归结出来的微分方程一般用数值解法。设分点 $x_n=a+nh(n=0,1,\cdots,N)$，其中 $h=(b-a)/N$ 为步长，则在点 $x_n(n=0,1,\cdots,N)$ 上的近似解称为常微分方程初值问题的数值解。通常有三类方法：

（1）显式单步法。其一般形式为

$$y_{n+1}=y_n+h\varphi(x_n,y_n;h)$$

式中 φ——依赖于 $f(x,y)$ 的函数。

如欧拉法为

$$y_{n+1}=y_n+hf(x_n,y_n)$$

改进欧拉法为

$$y_{n+1}=y_n+\frac{h}{2}(k_1+k_2)$$

其中 $k_1=f(x_n,y_n)$，$k_2=f(x_n+h,y_n+hk_1)$

经典的龙格—库塔（Runge - Kutta）法为

$$y_{n+1}=y_n+\frac{h}{6}(k_1+2k_2+2k_3+k_4)$$

其中
$$k_1=f(x_n,y_n)$$
$$k_2=f\left(x_n+\frac{h}{2},y_n+\frac{h}{2}k_1\right)$$
$$k_3=f\left(x_n+\frac{h}{2},y_n+\frac{h}{2}k_2\right)$$
$$k_4=f(x_n+h,y_n+hk_3)$$

（2）线性多步法。其一般形式为

$$\sum_{i=0}^{k}\alpha_i y_{n+i}=h\sum_{i=0}^{k}\beta_i f(x_{n+i},y_{n+i})\quad(\alpha_k\neq 0)$$

若 $\alpha_0^2+\beta_0^2\neq 0$，则称为 k 步法，当 $\beta_k=0$ 时为显式方法，当 $\beta_k\neq 0$ 时为隐式方法。如 $k=4$ 的显式 Adams 公式为

$$y_{n+4}=y_{n+3}+\frac{h}{24}(55f_{n+3}-59f_{n+2}+37f_{n+1}-9f_n)$$

隐式方法需迭代求解，计算量较大，一般采用预测—校正法。

（3）预测—校正法。如改进欧拉法可写成

$$\begin{cases}\text{预测}\quad y_{n+1}^{p}=y_n+hf(x_n,y_n)\\ \text{校正}\quad y_{n+1}=y_n+\dfrac{h}{2}[f(x_n,y_n)+f(x_{n+1},y_{n+1}^{p})]\end{cases}$$

Adams 四阶预测—校正法为

$$\begin{cases}\text{预测}\quad y_{n+4}^{p}=y_{n+3}+\dfrac{h}{24}(55f_{n+3}-59f_{n+2}+37f_{n+1}-9f_n)\\ \text{求值}\quad f_{n+4}^{p}=f(x_{n+4},y_{n+4}^{p})\\ \text{校正}\quad y_{n+4}=y_{n+3}+\dfrac{h}{24}(9f_{n+4}^{p}+19f_{n+3}-5f_{n+2}+f_{n+1})\\ \text{求值}\quad f_{n+4}=f(x_{n+4},y_{n+4})\end{cases}$$

2. *局部截断误差与相容性*

设前 n 步计算时没有误差，即 $y_i=y(x_i)(i=0,1,\cdots,n)$，则称单步法、多步法在 t_{n+1}、t_{n+k} 的局部截断误差分别为

$$T_{n+1}=y(x_{n+1})-y_{n+1}=y(x_{n+1})-y(x_n)-h\varphi(x_n,y(x_n);\ h)$$

$$T_{n+k}=\sum_{i=0}^{k}[\alpha_i y(x_{n+i})-h\beta_i y'(x_{n+i})]$$

若 $T_{n+1}=O(h^{p+1})$ 或 $T_{n+k}=O(h^{p+1})$，则称相应的数值方法是 p 阶相容的。

1.8.9.2 刚性微分方程及其数值解法

1. 刚性方程组

若线性系统

$$\frac{\mathrm{d}y}{\mathrm{d}x}=\boldsymbol{f}(x)=\boldsymbol{A}\boldsymbol{y}(x)+\boldsymbol{g}(x)\quad(x\in[a,b])\tag{1.8-1}$$

其中
$$\boldsymbol{y}=(y_1,\cdots,y_m)^{\mathrm{T}}\in R^m$$
$$\boldsymbol{g}=(g_1,\cdots,g_m)^{\mathrm{T}}\in R^m$$
$$\boldsymbol{A}\in R^{m\times m}$$

若能满足下述条件，则称式（1.8-1）为刚性方程组。

（1）矩阵 $\boldsymbol{A}$ 的所有特征值的实部小于不大的正数。

（2）$\boldsymbol{A}$ 至少有一个特征值其实部是很大的负数。

（3）对应于最大负实部的特征值的解分量变化是缓慢的。

刚性方程组常出现解的分量数量级差别很大的情形，使得许多数值方法不适用于刚性方程组的求解。通常求解刚性方程组的方法为吉尔（Gear）方法及隐式龙格—库塔法。

2. *吉尔方法及其改进*

吉尔方法的一般形式为

$$\sum_{j=0}^{k}\alpha_j\boldsymbol{y}_{n+j}=h\beta_k\boldsymbol{f}_{n+k}\quad(\beta_k\neq 0,\ \alpha_k=1)$$

阶数 $k=1\sim4$ 的吉尔公式分别为

$$\boldsymbol{y}_{n+1}=\boldsymbol{y}_n+h\boldsymbol{f}_{n+1}$$
$$\boldsymbol{y}_{n+2}=\frac{1}{3}(4\boldsymbol{y}_{n+1}-\boldsymbol{y}_n+2h\boldsymbol{f}_{n+2})$$
$$\boldsymbol{y}_{n+3}=\frac{1}{11}(18\boldsymbol{y}_{n+2}-9\boldsymbol{y}_{n+1}+2\boldsymbol{y}_n+6h\boldsymbol{f}_{n+3})$$
$$\boldsymbol{y}_{n+4}=\frac{1}{25}(48\boldsymbol{y}_{n+3}-36\boldsymbol{y}_{n+2}+16\boldsymbol{y}_{n+1}-3\boldsymbol{y}_n+12h\boldsymbol{f}_{n+4})$$

形如

$$\sum_{j=0}^{k}\alpha_j\boldsymbol{y}_{n+j}=h(\beta_k\boldsymbol{f}_{n+k}+\beta_{k-1}\boldsymbol{f}_{n+k-1})\quad(\alpha_k\neq 0)$$

为改进的吉尔方法，它是隐式 k 步法。当 $k=2$ 的改进的吉尔公式为

$$\boldsymbol{y}_{n+2}=\frac{1}{\beta+\frac{1}{2}}\left[2\beta\boldsymbol{y}_{n+1}-\left(\beta-\frac{1}{2}\right)\boldsymbol{y}_n\right]+\frac{h}{\beta+\frac{1}{2}}[2\beta\boldsymbol{f}_{n+2}+(1-\beta)\boldsymbol{f}_{n+1}]$$

式中 β——自由参数。

3. *龙格—库塔法的一般结构*

解初值问题，即

$$\begin{cases}\boldsymbol{y}'=\boldsymbol{f}(x,\boldsymbol{y})\\ \boldsymbol{y}(x_0)=\boldsymbol{y}_0\end{cases}\tag{1.8-2}$$

$\boldsymbol{y}\in R^m$，$\boldsymbol{f}:R\times R^m\rightarrow R^m$ 的隐式龙格—库塔法可表示为

$$\boldsymbol{y}_{n+1}=\boldsymbol{y}_n+h\sum_{i=1}^{s}b_i\boldsymbol{k}_i$$

其中
$$k_i=\boldsymbol{f}(x_n+c_ih,\boldsymbol{y}_n+h\sum_{j=1}^{s}a_{ij}\boldsymbol{k}_j)\quad(i=1,2,\cdots,s)$$

式中 b_i、c_i、$a_{ij}(i,j=1,2,\cdots,s)$——实数。

4. *基于数值求积公式的隐式龙格—库塔法*

对式（1.8-2）进行积分，并用 s 个点的数值求积公式计算积分，可得基于数值积分的隐式龙格—库

塔法。如 $s=1$ 时阶数为 2 的基于高斯求积的隐式龙格—库塔法为

$$\boldsymbol{y}_{n+1}=\boldsymbol{y}_n+h\boldsymbol{f}\left(x_n+\frac{1}{2}h,\ \frac{1}{2}(\boldsymbol{y}_n+\boldsymbol{y}_{n+1})\right)$$

1.8.10 几种典型的数学物理方程的差分解法

1.8.10.1 抛物型方程的有限差分法

1. 差分法的基本概念

作为模型方程，考虑一维扩散方程第一边值问题，即

$$\begin{cases} Lu\equiv\dfrac{\partial u}{\partial t}-a\dfrac{\partial^2 u}{\partial x^2}=0 & [(x,t)\in G] \\ u(x,0)=\varphi(x) & (0\leqslant x\leqslant l) \\ u(0,t)=\psi_1(t),\ u(l,t)=\psi_2(t) & (t\geqslant 0) \end{cases} \tag{1.8-3}$$

其中，$G=\{(x,t)\mid 0<x<l,0<t<T\},a>0$，$\varphi(x)$、$\psi_1(t)$、$\psi_2(t)$ 都是已知的连续函数，并且满足相容性条件 $\varphi(0)=\psi_1(0)$、$\varphi(l)=\psi_2(0)$。

为了用有限差分方法解上述问题，用平行于坐标轴的直线 $x=x_j=jh(j=0,1,\cdots,N)$、$t=t_k=k\tau(k=0,1,\cdots,M)$，将求解区域 $\overline{G}=\{(x,t)\mid 0\leqslant x\leqslant l,0\leqslant t\leqslant T\}$ 划分成矩形网格，网格的顶点 (x_j,t_k) 称为节点，简记做 $(x_j,t_k)=(j,k)$。h、τ 为正常数，分别称为空间步长、时间步长；位于区域 G 内的节点称为内节点，其全体用 G_h 表示；位于边界上的节点称为边界点，其全体用 τ_h 表示，如图 1.8-1 所示。

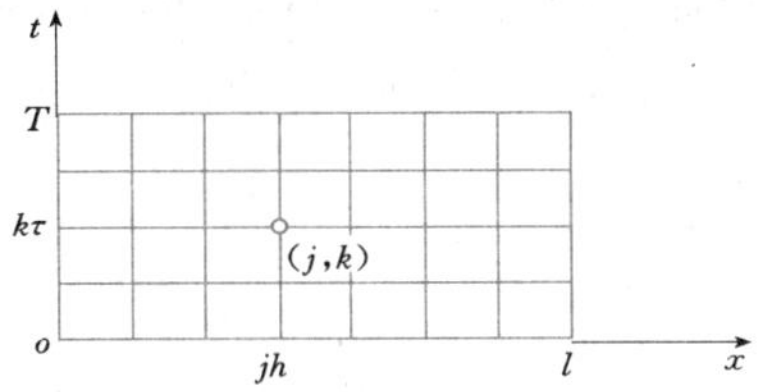

图 1.8-1 将求解区域划分成矩形网格

引入算子如下：

一阶向前差商

$$\frac{\Delta f(x_j)}{h}=\frac{f(x_{j+1})-f(x_j)}{h}=\left(\frac{\mathrm{d}f}{\mathrm{d}x}\right)_j+O(h)$$

一阶向后差商

$$\frac{\nabla f(x_j)}{h}=\frac{f(x_j)-f(x_{j-1})}{h}=\left(\frac{\mathrm{d}f}{\mathrm{d}x}\right)_j+O(h)$$

一阶中心差商

$$\frac{\delta f(x_j)}{2h}=\frac{f(x_{j+1})-f(x_{j-1})}{2h}=\left(\frac{\mathrm{d}f}{\mathrm{d}x}\right)_j+O(h^2)$$

二阶中心差商

$$\frac{\delta^2 f(x_j)}{h^2}=\frac{f(x_{j+1})-2f(x_j)+f(x_{j-1})}{h^2}=\left(\frac{\mathrm{d}^2 f}{\mathrm{d}x^2}\right)_j+O(h^2)$$

式中 $(\ \ )_j$——括号内的函数在 x_j 点的值。

上述算子也可用于多元函数，如

$$\frac{\delta_x^2 u(x_j,t_k)}{h^2}=\frac{u(x_{j+1},t_k)-2u(x_j,t_k)+u(x_{j-1},t_k)}{h^2}=\left(\frac{\partial^2 u}{\partial x^2}\right)_j^k+O(h^2)$$

式中 δ_x^2——关于变量 x 的二阶中心差分算子；

$(\ \ )_j^k$——括号内的函数在点 (x_j,t_k) 处的值。

上述各式均可用泰勒展开来证明。

2. 差分格式的建立

(1) 古典显格式。取节点 $(j,k)\in G_h$，于该节点处分别在 t 方向用一阶向前差商，x 方向用二阶中心差商代替式 (1.8-3) 中对应的微商，有

$$\begin{aligned} L_h u_j^k &=\frac{1}{\tau}[u(x_j,t_{k+1})-u(x_j,t_k)] \\ &\quad-\frac{a}{h^2}[u(x_{j+1},t_k)-2u(x_j,t_k)+u(x_{j-1},t_k)] \\ &=\left(\frac{\partial u}{\partial t}-a\frac{\partial^2 u}{\partial x^2}\right)_j^k+O(\tau+h^2) \\ &=(Lu)_j^k+O(\tau+h^2) \end{aligned}$$

当 $u(x,t)$ 为式 (1.8-3) 的解时，$O(\tau+h^2)$ 表示用差分算子 L_h 代替微分算子 L 时的误差，称为截断误差，记作

$$R_h u_j^k=L_h u_j^k-(Lu)_j^k=O(\tau+h^2) \tag{1.8-4}$$

截断误差反映了用 L_h 代替 L 的精度，式 (1.8-4) 表明对 τ 具有一阶精度，对 h 具有二阶精度。这样在节点 (j,k) 处的近似方程如下：

$$L_h u_j^k=\frac{u_j^{k+1}-u_j^k}{\tau}-a\frac{u_{j+1}^k-2u_j^k+u_{j-1}^k}{h^2}=0$$
$$(j=1,2,\cdots,N-1;\ k=0,1,\cdots,M-1) \tag{1.8-5}$$

式中 u_j^k——$u(x_j,t_k)$ 的近似值。

引入网格比 $r=\frac{a\tau}{h^2}$，式 (1.8-5) 可写为

$$u_j^{k+1}=ru_{j+1}^k+(1-2r)u_j^k+ru_{j-1}^k$$
$$(j=1,2,\cdots,N-1;\ k=0,1,\cdots,M-1) \tag{1.8-6}$$

该式称为式 (1.8-3) 的差分方程或差分格式，其节点如图 1.8-2 所示。

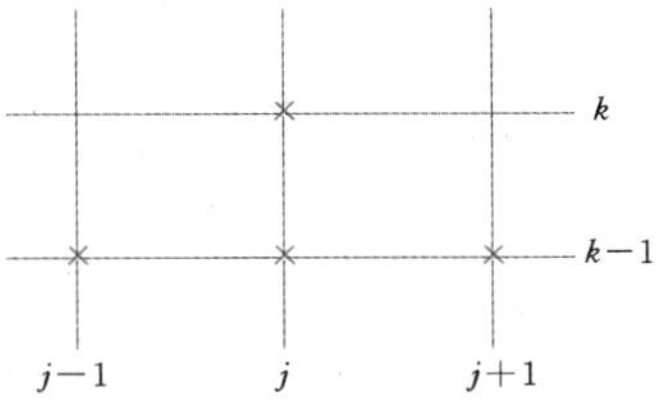

图 1.8-2 古典显格式节点

初边值条件在网格点上的值为

$$\begin{cases} u_j^0 = \varphi(x_j) & (j=1,2,\cdots,N-1) \\ u_0^k = \psi_1(t_k), u_N^k = \psi_2(t_k) & (k=0,1,\cdots,M) \end{cases} \tag{1.8-7}$$

取 $k=0$，利用式（1.8-7）可由式（1.8-6）依次逐层计算出 $u_j^k(k=1,2,\cdots,M)$。由于第 $k+1$ 层的值可以通过第 k 层的值明显表示出来，这种可直接逐层逐点计算出数值解的格式称为显格式，一般地，式（1.8-6）称为古典显格式。

（2）古典隐格式。t 方向改用一阶向后差商，x 方向仍用二阶中心差商代替对应的微商，则有

$$L_h u_j^k = \frac{u_j^k - u_j^{k-1}}{\tau} - a\frac{u_{j+1}^k - 2u_j^k + u_{j-1}^k}{h^2} = 0$$

$$(j=1,2,\cdots,N-1;\ k=0,1,\cdots,M)$$

引入网格比 $r=\dfrac{a\tau}{h^2}$，则有

$$-ru_{j+1}^k + (1+2r)u_j^k - ru_{j-1}^k = u_j^{k-1}$$
$$(j=1,2,\cdots,N-1;\ k=0,1,\cdots,M) \tag{1.8-8}$$

它的截断误差为 $R_h u_j^k = O(\tau+h^2)$，其节点如图 1.8-3 所示。

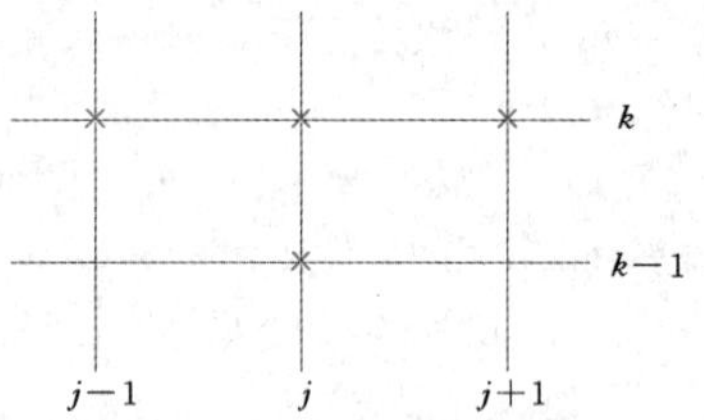

图 1.8-3 古典隐格式节点

结合定解条件在网格点上的值，由式（1.8-7），设已求出第 $k-1$ 层 u_j^{k-1} 后，为了求第 k 层的 u_j^k，需求解 $N-1$ 元线性代数方程组。式（1.8-8）称为古典隐格式，其矩阵形式为

$$Au^k = u^{k-1}$$

其中 $$A = \begin{bmatrix} 1+2r & -r & & & \\ -r & 1+2r & -r & & \\ & \ddots & \ddots & \ddots & \\ & & -r & 1+2r & -r \\ & & & -r & 1+2r \end{bmatrix}$$

为 $N-1$ 阶严格对角占优的三对角矩阵，$u^k=(u_1^k, u_2^k,\cdots,u_{N-1}^k)^{\mathrm T}$。

（3）加权六点格式及 Crank-Nicholson 格式。加权六点差分格式为

$$u_j^{k+1} - u_j^k = r[\theta(u_{j+1}^{k+1} - 2u_j^{k+1} + u_{j-1}^{k+1}) + (1-\theta)(u_{j+1}^k - 2u_j^k + u_{j-1}^k)]$$

其中 $\theta(0\leqslant\theta\leqslant1)$ 为权因子，其截断误差为

$$L_h u_j^{k+\frac12} = a\tau\left(\frac12-\theta\right)\left(\frac{\partial^3 u}{\partial x^2\partial t}\right)_j^{k+\frac12} + O(\tau^2+h^2) \tag{1.8-9}$$

当 $0<\theta<1$ 时，其节点如图 1.8-4 所示；当 $\theta=0$ 时，即为古典显格式；当 $\theta=1$ 时，即为古典隐格式。一般地当 $0<\theta\leqslant1$ 时，它都是隐格式。

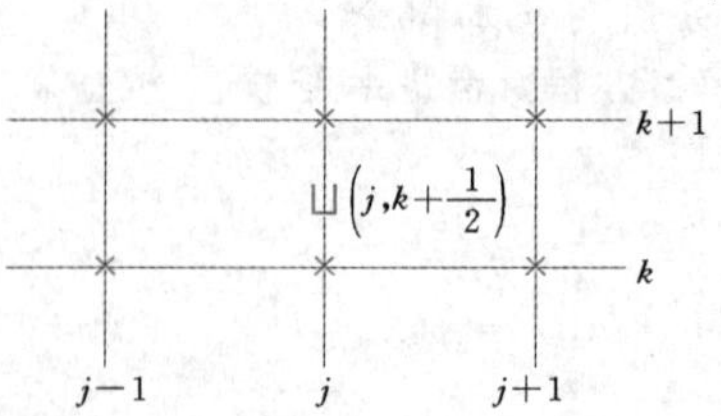

图 1.8-4 加权六点格式（$0<\theta<1$）节点

由式（1.8-9）可知，当 $\theta\neq\dfrac12$ 时，截断误差为 $O(\tau+h^2)$，而当 $\theta=\dfrac12$ 时截断误差为 $O(\tau^2+h^2)$，此时的格式为

$$2(1+r)u_j^{k+1} - ru_{j+1}^{k+1} - ru_{j-1}^{k+1} = 2(1-r)u_j^k + ru_{j+1}^k + ru_{j-1}^k$$

称为 Crank-Nicholson 格式。

（4）Richardson 格式。为提高截断误差的阶，在节点 (j,k) 处 t 方向用一阶中心差商代替一阶偏导数

$$\frac{u(x_j,t_{k+1}) - u(x_j,t_{k-1})}{2\tau} = \left(\frac{\partial u}{\partial t}\right)_j^k + O(\tau^2)$$

可得截断误差为 $O(\tau^2+h^2)$ 的 Richardson 格式

$$u_j^{k+1} = u_j^{k-1} + 2r(u_{j+1}^k - 2u_j^k + u_{j-1}^k) \tag{1.8-10}$$

其节点如图 1.8-5 所示。

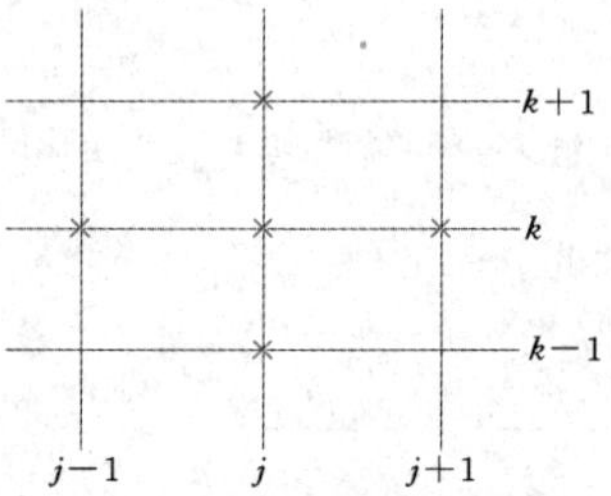

图 1.8-5 Richardson 格式节点

（5）DuFort-Frankel 格式。将式（1.8-10）中的 u_j^k 改为 $\dfrac12(u_j^{k+1}+u_j^{k-1})$，所得格式即为 DuFort-Frankel 格式

$$u_j^{k+1} = u_j^{k-1} + 2r(u_{j+1}^k - u_j^{k+1} - u_j^{k-1} + u_{j-1}^k)$$

3. 差分格式的稳定性及其判定方法

设 $u^k=(u_1^k,u_2^k,\cdots,u_{N-1}^k)^{\mathrm T}$，其 Euclid 型范数为

$$\|u^k\| = \sqrt{h\sum_j (u_j^k)^2}$$

当空间步长 h 为常数时，它与 Euclid 范数 $\sqrt{\sum_j (u_j^k)^2}$ 等价，而当 $h \to 0$ 时，由定积分定义它趋于 $u^k(x)$ 的 L^2 范数 $\sqrt{\int_0^l |u^k(x)|^2 \mathrm{d}x}$。

设 u^k 是差分格式的精确解，$\tilde{u}_j^k$ 是在初值产生误差 ε^0 后由差分格式得到的近似解，令 $\varepsilon^k = \tilde{u}_j^k - u^k$ 为第 k 层的误差向量，若

$$\|\varepsilon^{k+1}\| \leqslant M \|\varepsilon^0\| \quad \left(\forall\, 0 < k < \frac{T}{\tau}\right)$$

成立，其中 M 是与 τ 无关的正常数，则称差分格式是稳定的。

傅里叶方法是判定差分格式稳定性较为方便实用的方法。双层齐次差分格式的一般形式可表示为

$$\sum_{m \in \Omega_1} a_m u_{j+m}^{k+1} = \sum_{m \in \Omega_0} b_m u_{j+m}^k \quad (j = 0,1,2,\cdots,N-1) \tag{1.8-11}$$

式中 Ω_0、Ω_1——在第 k 层、第 $k+1$ 层上 m 可取值的有限集合。

例如，古典显格式 $\Omega_0 = \{-1,0,1\}$，$\Omega_1 = \{0\}$，$a_0 = 1$，$b_{-1} = b_1 = r$，$b_0 = 1-2r$。令 $u_j^k = v^k \mathrm{e}^{\mathrm{i}\sigma x_j}$（$u_j^k$ 是振幅为 v^k、频率为 σ 的谐波，$\mathrm{i} = \sqrt{-1}$），代入差分格式（1.8-11）得

$$v^{k+1} \sum_{m \in \Omega_1} a_m \mathrm{e}^{\mathrm{i}\sigma(x_j + x_m)} = v^k \sum_{m \in \Omega_0} b_m \mathrm{e}^{\mathrm{i}\sigma(x_j + x_m)}$$

消去公因子 $\mathrm{e}^{\mathrm{i}\sigma x_j}$ 可得

$$v^{k+1} = \Big[\sum_{m \in \Omega_1} a_m \mathrm{e}^{\mathrm{i}\sigma x_m}\Big]^{-1} \Big[\sum_{m \in \Omega_0} b_m \mathrm{e}^{\mathrm{i}\sigma x_m}\Big] v^k \overset{\text{记}}{=} G(\sigma,\tau) v^k$$

式中 $G(\sigma,\tau)$——增长因子。

差分格式（1.8-11）稳定的充要条件是冯·诺伊曼条件成立，即

$$|G(\sigma,\tau)| \leqslant 1 + C\tau$$

式中 C——与 τ、h 无关的常数。

4. 守恒型差分格式

考虑变系数热传导方程的第一边值问题，即

$$\begin{cases} \dfrac{\partial u}{\partial t} - \dfrac{\partial}{\partial x}\left[p(x,t)\dfrac{\partial u}{\partial x}\right] = f(x,t) \quad (0 < x < l, t > 0) \\ u(x,0) = \varphi(x) \\ u(0,t) = u(l,t) = 0 \\ p(x,t) \geqslant p_{\min} > 0 \end{cases} \tag{1.8-12}$$

从积分关系出发构造差分格式会保持守恒性质。对式（1.8-12）中的微分方程在矩形区域 $\{(x,t) \mid x_{j-\frac{1}{2}} \leqslant x \leqslant x_{j+\frac{1}{2}}, t_k \leqslant t \leqslant t_{k+1}\}$ 上积分，并利用数值积分可得差分方程为

$$\frac{u_j^{k+1} - u_j^k}{\tau} - \frac{1}{h^2}[\theta\Delta(A_j^{k+1} \nabla u_j^{k+1}) + (1-\theta)\Delta(A_j^k \nabla u_j^k)] = f_j^k$$
$$(0 \leqslant \theta \leqslant 1)$$

其中 $$A_j^k = h\left[\int_{x_{j-1}}^{x_j} \frac{\mathrm{d}x}{p(x,t)}\right]^{-1}$$

A_j^k 常用的表达式为

$$A_j^k = p(x_{j-\frac{1}{2}}, t_k)$$

或 $$A_j^k = \frac{1}{2}[p(x_{j-1}, t_k) + p(x_j, t_k)]$$

或 $$A_j^k = \frac{2p(x_{j-1}, t_k)p(x_j, t_k)}{p(x_{j-1}, t_k) + p(x_j, t_k)}$$

它们的截断误差均为 $O(h^2)$。f_j^k 常用的表达式为

$$f_j^k = f(x_j, t_{k+\frac{1}{2}})$$

或 $$f_j^k = \frac{1}{2}[f(x_j, t_k) + f(x_j, t_{k+1})]$$

它们的截断误差均为 $O(\tau^2 + h^2)$。

5. 非线性问题

（1）Richtmyer 线性化方法。非线性方程为

$$\frac{\partial u}{\partial t} = \frac{\partial^2 (u^5)}{\partial x^2}$$

用 Richtmyer 线性化方法所得差分格式为

$$\frac{w_j}{\tau} - \frac{5\theta}{h^2}\{[u^4]_{j+1}^k w_{j+1} - 2[u^4]_j^k w_j + [u^4]_{j-1}^k w_{j-1}\}$$
$$= \frac{1}{h^2}\{[u^5]_{j+1}^k - 2[u^5]_j^k + [u^5]_{j-1}^k\}$$

其中 $$w_j = u_j^{k+1} - u_j^k$$

（2）隐格式。考虑拟线性扩散方程的初边值问题为

$$\begin{cases} \dfrac{\partial u}{\partial t} = \dfrac{\partial}{\partial x}\left[K(u)\dfrac{\partial u}{\partial x}\right] \quad (0 < x < 1, 0 < t \leqslant T) \\ u(x,0) = \varphi(x) \\ u(0,t) = \psi_1(t),\ u(1,t) = \psi_2(t) \end{cases}$$

其中，$K(u) > 0$。其常用的两种隐格式分别为

$$\frac{u_j^{k+1} - u_j^k}{\tau} = \frac{1}{h}\left[a_{j+\frac{1}{2}}(u^k)\frac{u_{j+1}^{k+1} - u_j^{k+1}}{h} - a_{j-\frac{1}{2}}(u^k)\frac{u_j^{k+1} - u_{j-1}^{k+1}}{h}\right]$$

$$\frac{u_j^{k+1} - u_j^k}{\tau} = \frac{1}{h}\left[a_{j+\frac{1}{2}}(u^{k+1})\frac{u_{j+1}^{k+1} - u_j^{k+1}}{h} - a_{j-\frac{1}{2}}(u^{k+1})\frac{u_j^{k+1} - u_{j-1}^{k+1}}{h}\right]$$

其中 $$a_{j+\frac{1}{2}}(u) = K\left(\frac{u_j + u_{j+1}}{2}\right)$$

$$a_{j-\frac{1}{2}}(u) = K\left(\frac{u_{j-1} + u_j}{2}\right)$$

这两种隐格式的截断误差均为 $O(\tau + h^2)$。前者对 u_j^{k+1} 来说是线性的，其相应的差分方程组可用追赶法求解；而后者对 u_j^{k+1} 来说是非线性的，其相应的差分方程组要用迭代法求解。

（3）Lees 三层差分格式。考虑非线性方程

$$b(u)\frac{\partial u}{\partial t}=\frac{\partial}{\partial x}\left[K(u)\frac{\partial u}{\partial x}\right]\quad[b(u)>0,K(u)>0]$$

其 Lees 三层差分格式为

$$\begin{aligned}b(u_j^k)(u_j^{k+1}-u_j^{k-1})=\frac{2\tau}{3h^2}\{&a_{j+\frac{1}{2}}(u^k)[(u_{j+1}^{k+1}-u_j^{k+1})\\&+(u_{j+1}^k-u_j^k)+(u_{j+1}^{k-1}-u_j^{k-1})]\\&-a_{j-\frac{1}{2}}(u^k)[(u_j^{k+1}-u_{j-1}^{k+1})\\&+(u_j^k-u_{j-1}^k)+(u_j^{k-1}-u_{j-1}^{k-1})]\}\end{aligned}$$

其中　$a_{j+\frac{1}{2}}(u^k)=K\left(\dfrac{u_j^k+u_{j+1}^k}{2}\right)\approx K(u_{j+\frac{1}{2}}^k)$

$a_{j-\frac{1}{2}}(u^k)=K\left(\dfrac{u_{j-1}^k+u_j^k}{2}\right)\approx K(u_{j-\frac{1}{2}}^k)$

其截断误差为 $O(\tau^2+h^2)$，它是关于 u_j^{k+1} 的线性差分格式。

（4）预测—校正格式。考虑黏性流体力学中的 Burgers 方程

$$\frac{\partial u}{\partial t}+u\frac{\partial u}{\partial x}=\gamma\frac{\partial^2 u}{\partial x^2}$$

其预测—校正格式为

$$\begin{cases}\dfrac{u_j^{k+\frac{1}{2}}-u_j^k}{\frac{\tau}{2}}=-u_j^k\dfrac{\bar{\delta}_x u_j^k}{2h}+\gamma\dfrac{\delta_x^2 u_j^{k+\frac{1}{2}}}{h^2}\\[2ex]\dfrac{u_j^{k+1}-u_j^k}{\frac{\tau}{2}}=-u_j^{k+\frac{1}{2}}\dfrac{\bar{\delta}_x(u_j^k+u_j^{k+1})}{4h}+\gamma\dfrac{\delta_x^2(u_j^k+u_j^{k+1})}{2h^2}\end{cases}$$

其中　$\bar{\delta}_x u_j^k=u_{j+\frac{1}{2}}^k-u_{j-\frac{1}{2}}^k$

该格式为二阶精度，且只要解两次三对角线性方程组。

1.8.10.2　双曲型方程的有限差分法

1. 基本知识

考虑对流方程初值问题

$$\begin{cases}\dfrac{\partial u}{\partial t}+a\dfrac{\partial u}{\partial x}=0\quad(-\infty<x<+\infty,\ t>0)\\u(x,0)=\varphi(x)\qquad(-\infty<x<+\infty)\end{cases}\tag{1.8-13}$$

式中　a——常数。

对流方程有一个特征 $\lambda=a$，特征线为 $x-at=\xi$，沿特征线有

$$\frac{\mathrm{d}u}{\mathrm{d}t}=\frac{\partial u}{\partial t}+a\frac{\partial u}{\partial x}=0$$

故沿特征线 $u(x,t)$ 为常数。过平面 $x—t$ 上任一点 (x_0,t_0) 作特征线 $x_0-at_0=\xi$，它与 x 轴的交点为 $(x_0-at_0,0)$，由初始条件得 $u(x_0,t_0)=u(x_0-at_0,0)=\varphi(x_0-at_0)$，再由点 (x_0,t_0) 的任意性，可得解

$$u(x,t)=\varphi(x-at)$$

由于 $u(x,t)$ 在点 (x_0,t_0) 处的值依赖于初值函数 $\varphi(x)$ 在点 $x=x_0-at_0$ 的值，故 x 轴上的点 x_0-at_0 称为解 $u(x,t)$ 在点 (x_0,t_0) 的依赖区域；又由于直线 $x-at=c$ 上各点的 $u(x,t)$ 值都依赖于 $\varphi(x)$ 在点 $(c,0)$ 处的值，故直线 $x-at=c$ 称为点 $(c,0)$ 的影响区域（见图 1.8-6）。

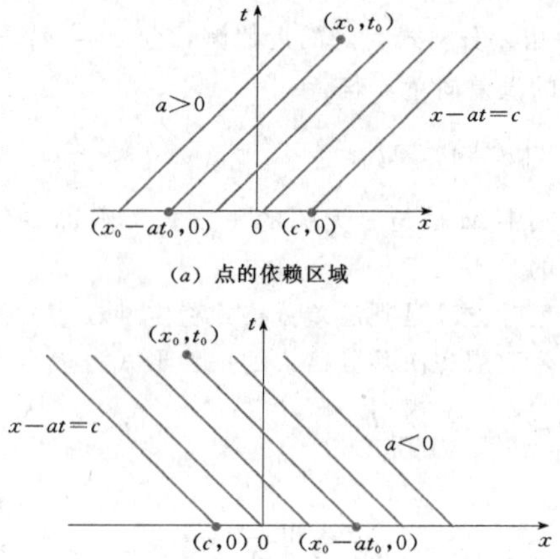

(b) 点的影响区域

图 1.8-6　依赖区域和影响区域

对双曲型方程来说，边界条件的提法与抛物型方程不同，如对式（1.8-13）来说，当 $a>0$ 时为了使问题适定，只能在求解区域的左边界上给出边界条件；反之，当 $a<0$ 时，只能在求解区域的右边界上给出边界条件。

2. 一阶线性双曲型方程的差分格式

（1）迎风格式。迎风格式的基本思想是关于空间导数 $\dfrac{\partial u}{\partial x}$ 用偏在特征线方向一侧的差商来代替。由此可得式（1.8-13）的截断误差为 $O(\tau+h)$ 的两个偏心差分格式为

$$\frac{u_j^{k+1}-u_j^k}{\tau}+a\frac{u_j^k-u_{j-1}^k}{h}=0\quad(a\geqslant 0)\tag{1.8-14}$$

$$\frac{u_j^{k+1}-u_j^k}{\tau}+a\frac{u_{j+1}^k-u_j^k}{h}=0\quad(a<0)\tag{1.8-15}$$

式（1.8-14）、式（1.8-15）称为迎风格式（见图 1.8-7）。

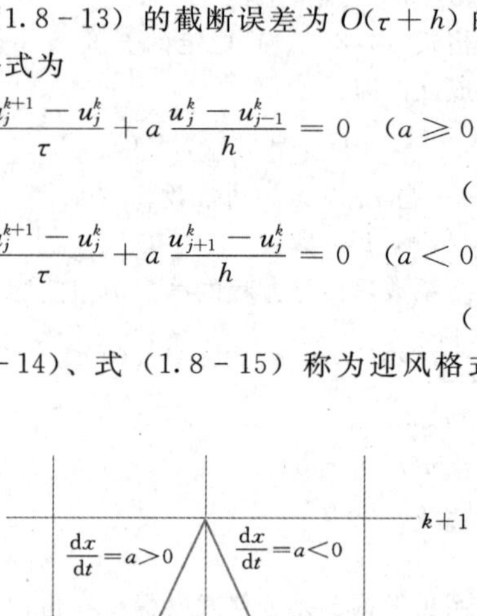

图 1.8-7　偏心差分格式节点取自特征线一侧

令网比 $r=\frac{a\tau}{h}$（与抛物型方程差分格式中的网比 r 不同），则有

$$u_j^{k+1}=u_j^k-r(u_j^k-u_{j-1}^k)\quad (a\geqslant 0) \tag{1.8-16}$$

$$u_j^{k+1}=u_j^k-r(u_{j+1}^k-u_j^k)\quad (a<0) \tag{1.8-17}$$

其增长因子为

$$|G(\sigma,\tau)|^2=1-4r(1-r)\sin^2\frac{\sigma h}{2}$$

稳定条件为

$$|r|\leqslant 1$$

若用相反方向的差商代替方向导数 $\frac{\partial u}{\partial x}$，则偏心差分格式为

$$u_j^{k+1}=u_j^k-r(u_{j+1}^k-u_j^k)\quad (a\geqslant 0)$$

$$u_j^{k+1}=u_j^k-r(u_j^k-u_{j-1}^k)\quad (a<0)$$

对于任意的 r 它们都是不稳定的。

用特征性质可得迎风格式稳定的一个必要条件：

$$a>0\text{ 时},\frac{\tau}{h}\leqslant\frac{1}{a};\quad a<0\text{ 时},-\frac{\tau}{h}\geqslant\frac{1}{a}$$

该条件称为 Courant - Friedrichs - Lewy（CFL）条件，或称为 Courant 条件。

（2）Lax - Friedrichs 格式。若用中心差商代替 $\frac{\partial u}{\partial x}$，可得截断误差为 $O(\tau+h^2)$ 的格式为

$$\frac{u_j^{k+1}-u_j^k}{\tau}+a\frac{u_{j+1}^k-u_{j-1}^k}{2h}=0 \tag{1.8-18}$$

其增长因子为

$$G(\sigma,\tau)=1-\mathrm{i}r\sin\sigma h$$

式（1.8-18）是绝对不稳定的。

为了克服式（1.8-18）的不稳定性，用 $\frac{1}{2}(u_{j+1}^k+u_{j-1}^k)$ 代替 u_j^k，得

$$\frac{u_j^{k+1}-\frac{1}{2}(u_{j+1}^k+u_{j-1}^k)}{\tau}+a\frac{u_{j+1}^k-u_{j-1}^k}{2h}=0 \tag{1.8-19}$$

式（1.8-19）称为 Lax - Friedrichs 格式。其截断误差为 $O\left(\tau+h^2+\frac{h^2}{\tau}\right)$，通常取网比为常数，因此式（1.8-19）是一阶精度的。其增长因子为

$$G(\sigma,\tau)=\cos\sigma h-\mathrm{i}r\sin\sigma h$$

$$|G(\sigma,\tau)|=\sqrt{1-(1-r^2)\sin^2\sigma h}$$

从而当 $|r|\leqslant 1$ 时，式（1.8-19）是稳定的。

（3）Lax - Wendroff 格式。

引入网比 $r=\frac{a\tau}{h}$，截断误差为 $O(\tau^2+h^2)$ 的差分格式为

$$u_j^{k+1}=u_j^k-\frac{r}{2}(u_{j+1}^k-u_{j-1}^k)+\frac{r^2}{2}(u_{j+1}^k-2u_j^k+u_{j-1}^k) \tag{1.8-20}$$

式（1.8-20）称为 Lax - Wendroff 格式。其增长因子为

$$G(\sigma,\tau)=1-2r^2\sin^2\frac{\sigma h}{2}-\mathrm{i}r\sin\sigma h$$

从而 $$|G(\sigma,\tau)|^2=1-4r^2(1-r^2)\sin^4\frac{\sigma h}{2}$$

当 $|r|\leqslant 1$ 时，差分格式稳定。

（4）利用特征线构造差分格式。特征概念在双曲型方程中有很重要的作用。借助于微分方程的解在特征线上为常数这一事实，可以构造出式（1.8-13）的各种差分格式。

设 $a>0$，Courant 条件成立，在 $t=t_k$ 层上的网格点 A、B、C、D 上的 u 值已给定（已计算出或由初值给定），要求计算在 $t=t_{k+1}$ 层上的网格点 P 上的 u 值。过点 P 作特征线与 BC 相交于点 Q（见图 1.8-8），由微分方程解的性质知 $u(P)=u(Q)$，$u(Q)$ 可利用插值来确定。

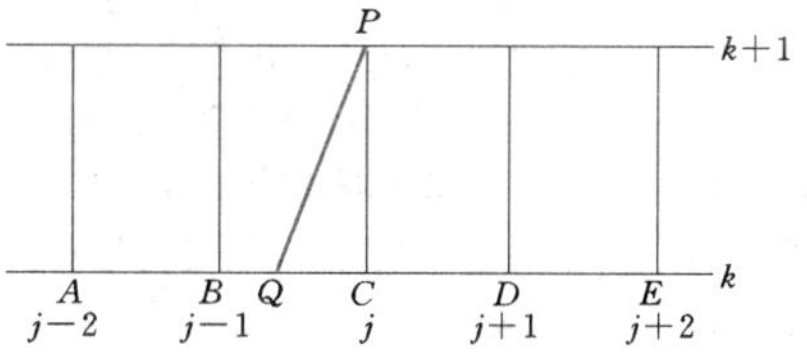

图 1.8-8 过点 P 作特征线与 BC 相交于点 Q

如利用 B、C 两点进行线性插值，则有

$$u(P)=u(Q)=\left(1-\frac{a\tau}{h}\right)u(C)+\frac{a\tau}{h}u(B)$$

即 $$u_j^{k+1}=u_j^k-r(u_j^k-u_{j-1}^k)$$

该式即为迎风差分格式。

如改用 B、D 两点进行线性插值，则有

$$u(P)=u(Q)=\frac{1}{2}\left(1-\frac{a\tau}{h}\right)u(D)+\frac{1}{2}\left(1+\frac{a\tau}{h}\right)u(B)$$

即 $$u_j^{k+1}=\frac{1}{2}(1-r)u_{j+1}^k+\frac{1}{2}(1+r)u_{j-1}^k$$

或改写为

$$u_j^{k+1}=\frac{1}{2}(u_{j-1}^k+u_{j+1}^k)-\frac{r}{2}(u_{j+1}^k-u_{j-1}^k)$$

该式即为 Lax - Friedrichs 格式。

此外，也可以用二次插值。如用 B、C、D 三个点作二次插值，则有

$$u_j^{k+1}=u_j^k-\frac{r}{2}(u_{j+1}^k-u_{j-1}^k)+\frac{r^2}{2}(u_{j+1}^k-2u_j^k+u_{j-1}^k)$$

该式即为 Lax - Wendroff 格式。

如用 A、B、C 三点进行二次插值，则有

$$u_j^{k+1}=u_j^k-r(u_j^k-u_{j-1}^k)-\frac{r}{2}(1-r)(u_j^k-2u_{j-1}^k+u_{j-2}^k) \tag{1.8-21}$$

该格式为二阶精度，称其为二阶迎风格式，其增长因子为

$$|G(\sigma,\tau)|^2=1-4r(1-r)^2(2-r)\sin^4\frac{\sigma h}{2}$$

当 $r=\dfrac{a\tau}{h}\leqslant 2$ 时，式（1.8-21）是稳定的。

对于 $a<0$ 的情况，二阶迎风格式可表示为

$$u_j^{k+1}=u_j^k+r(u_{j+1}^k-u_j^k)-\frac{r}{2}(1-r)(u_{j+2}^k-2u_{j+1}^k+u_j^k)$$

稳定条件是 $|r|=\left|\dfrac{a\tau}{h}\right|\leqslant 2$。

利用二阶迎风格式进行计算时，稳定性限制比较宽。

（5）隐格式为

$$\frac{u_j^k-u_j^{k-1}}{\tau}+a\frac{u_{j+1}^k-u_{j-1}^k}{2h}=0 \tag{1.8-22}$$

其截断误差为 $O(\tau+h^2)$，增长因子为

$$G(\sigma,\tau)=\frac{1-\mathrm{i}r\sin\sigma h}{1+r^2\sin^2\sigma h}$$

差分格式（1.8-22）是无条件稳定的。

为了提高差分格式的精度，修改式（1.8-22）为如下格式：

$$\frac{u_j^k-u_j^{k-1}}{\tau}+\frac{a}{2}\left(\frac{u_{j+1}^{k-1}-u_{j-1}^{k-1}}{2h}+\frac{u_{j+1}^k-u_{j-1}^k}{2h}\right)=0$$

该格式称为 Crank - Nicholson 型格式，其截断误差为 $O(\tau^2+h^2)$，增长因子为

$$G(\sigma,\tau)=\frac{1-\mathrm{i}\dfrac{r}{2}\sin\sigma h}{1+\mathrm{i}\dfrac{r}{2}\sin\sigma h}$$

该差分格式是无条件稳定的。

利用半节点 $\left(j+\dfrac{1}{2},k+\dfrac{1}{2}\right)$，并注意到

$$\left(\frac{\partial u}{\partial t}\right)_{j+\frac{1}{2}}^{k+\frac{1}{2}}=\frac{u(x_{j+\frac{1}{2}},t_{k+1})-u(x_{j+\frac{1}{2}},t_k)}{\tau}+O(\tau^2)$$
$$=\frac{1}{\tau}\left[\frac{u(x_{j+1},t_{k+1})+u(x_j,t_{k+1})}{2}-\frac{u(x_{j+1},t_k)+u(x_j,t_k)}{2}\right]+O(\tau^2+h^2)$$

$$\left[\frac{\partial u}{\partial x}\right]_{j+\frac{1}{2}}^{k+\frac{1}{2}}=\frac{u(x_{j+1},t_{k+\frac{1}{2}})-u(x_j,t_{k+\frac{1}{2}})}{h}+O(h^2)$$
$$=\frac{1}{h}\left[\frac{u(x_{j+1},t_{k+1})+u(x_{j+1},t_k)}{2}-\frac{u(x_j,t_{k+1})+u(x_j,t_k)}{2}\right]+O(\tau^2+h^2)$$

则可构造截断误差为 $O(\tau^2+h^2)$ 的隐格式如下：

$$u_{j+1}^{k+1}=u_j^k+\frac{1-r}{1+r}(u_{j+1}^k-u_j^{k+1})$$

其中

$$r=\frac{a\tau}{h}$$

该式即为 Wendroff 格式，它是绝对稳定的。该格式适用于周期的初边值问题或初边值混合问题，连同初始条件与边值条件一起，可以显式地计算区域 $x>0$、$t<+\infty$ 内所有网点上的解，但对单纯的初值问题是不适用的。

尽管很多隐格式是绝对稳定的，但并非所有的隐格式都如此。

3. 拟线性双曲型方程的差分格式

对于拟线性方程，即使方程的系数、右端项及初始条件均充分光滑，也只能保证在局部范围内有光滑解，而在大范围内解一般会出现间断。特征线法和特征差分格式通常只能用于计算解的光滑部分。考虑拟线性方程

$$\frac{\partial u}{\partial t}+a(x,t,u)\frac{\partial u}{\partial x}=f(x,t,u)\quad [a(x,t,u)\neq 0] \tag{1.8-23}$$

（1）特征线法。式（1.8-23）的特征和特征关系为

$$\begin{cases}\dfrac{\mathrm{d}x}{\mathrm{d}t}=a(x,t,u)\\[2mm]\dfrac{\mathrm{d}u}{\mathrm{d}t}=f(x,t,u)\end{cases}$$

设初始条件为 $u(x,0)=\varphi(x)(-\infty<x<+\infty)$，等分 x 轴的直线族为 $x=x_j(j=0,\pm1,\pm2,\cdots)$，特征线法为

$$\begin{cases}x_{j+1}-x_j=a(x_j,t_j^k,u_j^k)(t_{j+1}^{k+1}-t_j^k)\\u_{j+1}^{k+1}-u_j^k=f(x_j,t_j^k,u_j^k)(t_{j+1}^{k+1}-t_j^k)\end{cases} \tag{1.8-24}$$

先由式（1.8-24）中第一式求出 t_{j+1}^{k+1}，再由第二式求出 u_{j+1}^{k+1}。由计算过程可知在时间 t 方向用近似特征线逐步形成网格，区域的离散与近似解的计算是交替进行的。

（2）特征差分格式。式（1.8-23）的特征差分格式为

$$\begin{cases}\dfrac{u_j^{k+1}-u_j^k}{\tau}+a(x_j,t_{k+1},u_j^{k+1})\dfrac{u_j^k-u_{j-1}^k}{h}\\=f(x_j,t_k,u_j^k)\quad [a(x_j,t_{k+1},u_j^{k+1})\geqslant 0]\\\dfrac{u_j^{k+1}-u_j^k}{\tau}+a(x_j,t_{k+1},u_j^{k+1})\dfrac{u_{j+1}^k-u_j^k}{\tau}\\=f(x_j,t_k,u_j^k)\quad [a(x_j,t_{k+1},u_j^{k+1})<0]\end{cases} \tag{1.8-25}$$

式（1.8-25）关于 u_j^{k+1} 是非线性的，可用线性化法或迭代法来计算。

4. 守恒型差分格式

（1）守恒型方程的广义解。散度型非线性偏微分方程

$$\frac{\partial u}{\partial t}+\frac{\partial f(u)}{\partial x}=0 \qquad (1.8-26)$$

称为守恒型方程。式（1.8-26）一般只能保证在局部存在光滑解，而在大范围内一般会出现间断。在解的间断部分偏微分方程失去了通常的意义，可用格林公式将式（1.8-26）写成积分形式，将连续情形的古典解推广为间断情形的广义解。

设 $u(x,t)$ 为分片光滑函数，G 为平面上任一有界域，若对任一连同其内部都属于 G 的分段光滑简单闭曲线 Γ，恒有

$$\int_\Gamma (f\mathrm{d}t-u\mathrm{d}x)=0 \qquad (1.8-27)$$

则称 $u(x,t)$ 为方程（1.8-26）在 G 上的广义解。

设 γ 为分片可微解 $u(x,t)$ 的间断线，由式（1.8-27）可得 $u(x,t)$ 在 γ 上的间断关系为

$$\frac{\mathrm{d}x}{\mathrm{d}t}=\frac{f(u_R)-f(u_L)}{u_R-u_L}$$

式中 u_R、u_L ——$u(x,t)$ 从右侧及左侧趋于 γ 的极限；

$f(u_R)$、$f(u_L)$ —— $f(u)$ 从右侧及左侧趋于 γ 的极限。

设 K 为定义在上半平面 $t\geqslant 0$ 除了在有限条光滑曲线上间断外是连续可微的函数集合，$u(x,t)$ 为方程（1.8-26）满足初始条件 $u(x,0)=\varphi(x)$ 的广义解，若在其间断线上满足

$$\frac{f(u_L)-f(v)}{u_L-v}\geqslant\frac{f(u_R)-f(u_L)}{u_R-u_L}\geqslant\frac{f(u_R)-f(v)}{u_R-v} \quad (\forall v\in I) \qquad (1.8-28)$$

其中 $I=(\min\{u_R,u_L\},\max\{u_R,u_L\})$

则这样的广义解在 K 中是唯一的。称式（1.8-28）为熵条件，满足熵条件的唯一广义解为物理解。

（2）一致差分格式。一致差分格式在解的光滑部分及间断部分具有统一形式，间断解被表示为具有一定过渡层的连续解。设 τ、h 分别为时间步长、空间步长，记 $r=\frac{\tau}{h}$。

Lax-Friedrichs 格式为

$$u_j^{k+1}-\frac{1}{2}(u_{j-1}^k+u_{j+1}^k)+\frac{r}{2}(f_{j+1}^k-f_{j-1}^k)=0$$

1）盒式格式为

$$u_j^{k+1}-u_j^k+u_{j-1}^{k+1}-u_{j-1}^k+r(f_j^k-f_{j-1}^k+f_j^{k+1}-f_{j-1}^{k+1})=0$$

2）Lax-Wendroff 格式。在方程（1.8-26）右端附加黏性项 $\frac{\tau}{2}\frac{\partial}{\partial x}\left[f'(u)\frac{\partial f}{\partial x}\right]$，并用中心差商离散关于 x 的导数，即得

$$u_j^{k+1}=u_j^k-\frac{r}{2}(f_{j+1}^k-f_{j-1}^k)+\frac{r^2}{2}[a_{j+\frac{1}{2}}^k(f_{j+1}^k-f_j^k)-a_{j-\frac{1}{2}}^k(f_j^k-f_{j-1}^k)]$$

其中

$$a(u)=f'(u)$$

$$a_{j+\frac{1}{2}}^k=a\left(\frac{u_{j+1}^k+u_j^k}{2}\right)$$

$$a_{j-\frac{1}{2}}^k=a\left(\frac{u_j^k+u_{j-1}^k}{2}\right)$$

3）二步差分格式为

$$\begin{cases}u_{j+\frac{1}{2}}^{k+\frac{1}{2}}=\frac{1}{2}(u_j^k+u_{j+1}^k)-\frac{r}{2}(f_{j+1}^k-f_j^k)\\ u_j^{k+1}=u_j^k-r(f_{j+\frac{1}{2}}^{k+\frac{1}{2}}-f_{j-\frac{1}{2}}^{k+\frac{1}{2}})\end{cases}$$

1.8.10.3 椭圆型方程的有限差分法

1. 典型问题

椭圆型方程中最简单的模型是拉普拉斯方程，即

$$Lu\equiv\frac{\partial^2 u}{\partial x^2}+\frac{\partial^2 u}{\partial y^2}=0$$

和泊松方程，即

$$Lu\equiv\frac{\partial^2 u}{\partial x^2}+\frac{\partial^2 u}{\partial y^2}=f(x,y) \qquad (1.8-29)$$

椭圆型方程的定解问题是边值问题。设 G 为 x—y 平面上一有界区域，其边界 Γ 为分段光滑曲线。在 Γ 上 u 满足下列三类边值条件之一：

第一类边界条件 $u|_\Gamma=\alpha(x,y)$

第二类边界条件 $\left.\frac{\partial u}{\partial n}\right|_\Gamma=\beta(x,y)$

第三类边界条件 $\left.\left[\frac{\partial u}{\partial n}+k(x,y)u\right]\right|_\Gamma=\gamma(x,y)$

其中，$f(x,y)$、$\alpha(x,y)$、$\beta(x,y)$、$k(x,y)$、$\gamma(x,y)$ 均为已知的连续函数，$k(x,y)\geqslant 0$，$\frac{\partial u}{\partial n}$ 为沿 Γ 外法线方向的方向导数。

设沿 x 轴、y 轴方向的步长分别为 h_1、h_2，令 $h=(h_1^2+h_2^2)^{\frac{1}{2}}$，作两族与坐标轴平行的直线

$$x=ih_1 \quad (i=0,\pm1,\pm2,\cdots)$$

$$x=jh_2 \quad (j=0,\pm1,\pm2,\cdots)$$

两族直线的交点 (ih_1,jh_2) 称为节点，记为 (x_i,y_j) 或 (i,j)。从而得矩形网格剖分。当 $(x_i,y_j)\in G$ 时，称为内节点或内点，以 $G_h=\{(x_i,y_j)\in G\}$ 表示内点集合。网线 $x=x_i$ 或 $y=y_j$ 与边界 Γ 的交点称为界点，以 Γ_h 表示界点集合。令 $\overline{G_h}=G_h\cup\Gamma_h$，

则 $\overline{G_h}$ 就是代替连续域 $\overline{G}=G\cup\Gamma$ 的节点集合。如果两个节点沿 x 方向（或沿 y 方向）只差一个步长时，即

$$\left|\frac{x_i-x_{i'}}{h_1}\right|+\left|\frac{y_i-y_{j'}}{h_2}\right|=1 \text{ 或 } |i-i'|+|j-j'|=1$$

则称这两个节点 (x_i,y_j)、$(x_{i'},y_{j'})$ 是相邻的。若内点 (x_i,y_j) 的 4 个相邻点都属于 G_h，则称为正则内点；否则称为非正则内点。如图 1.8-9 所示。

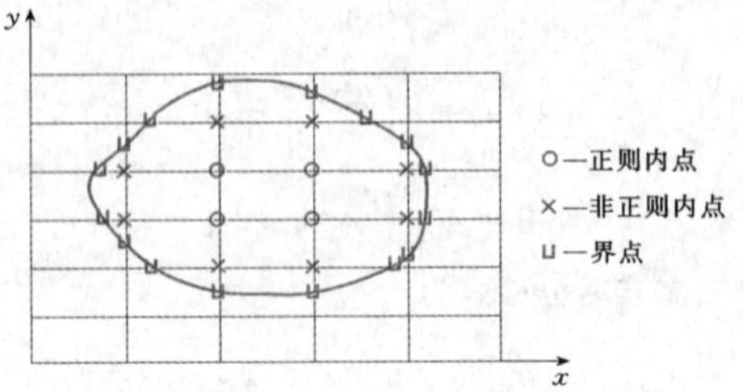

图 1.8-9 三类节点图示

(1) 五点差分格式为

$$\frac{u_{i+1,j}-2u_{ij}+u_{i-1,j}}{h_1^2}+\frac{u_{i,j+1}-2u_{ij}+u_{i,j-1}}{h_2^2}=f_{ij} \tag{1.8-30}$$

其截断误差为

$$R_{ij}(u)=-\frac{1}{12}\left[h_1^2\frac{\partial^4 u}{\partial x^4}+h_2^2\frac{\partial^4 u}{\partial y^4}\right]_{ij}+O(h^4)=O(h^2)$$

其中 u 是方程（1.8-29）的光滑解。

由于式（1.8-30）中只出现 u 在 (i,j) 及其四个相邻点上的值，故称为五点差分格式或五点菱形格式，其节点如图 1.8-10 所示。在这种节点模式上不可能构造出截断误差高于 $O(h^2)$ 的差分格式。

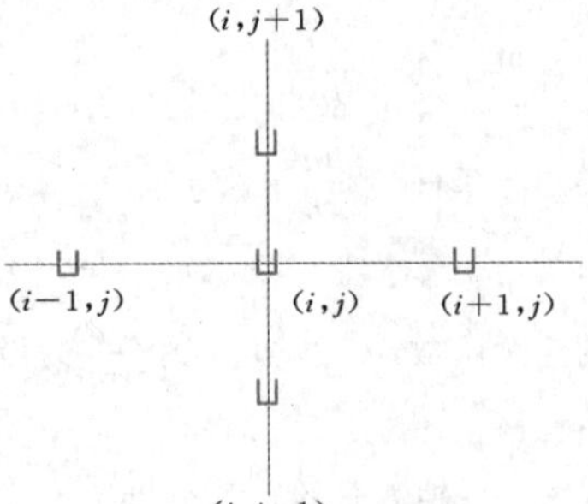

图 1.8-10 五点差分格式节点

特别地，取正方形网格 $h_1=h_2=h$，则差分方程（1.8-30）简化为

$$u_{ij}-\frac{1}{4}(u_{i-1,j}+u_{i,j-1}+u_{i+1,j}+u_{i,j+1})=-\frac{h^2}{4}f_{ij}$$

对拉普拉斯方程，则有

$$u_{ij}=\frac{1}{4}(u_{i-1,j}+u_{i,j-1}+u_{i+1,j}+u_{i,j+1})$$

该式表明 u 在每一内点处的值等于四个相邻节点值的算术平均。

(2) 九点差分格式为

$$\begin{aligned}L_h u_{ij}&=\frac{h_1^2+h_2^2}{12h_1^2h_2^2}\\&\quad\times[4u_{ij}-2(u_{i-1,j}+u_{i,j-1}+u_{i+1,j}+u_{i,j+1})\\&\quad+u_{i-1,j-1}+u_{i+1,j-1}+u_{i+1,j+1}+u_{i-1,j+1}]\\&=f_{ij}+\frac{1}{12}[h_1^2f_{xx}(x_i,y_j)+h_2^2f_{yy}(x_i,y_j)]\end{aligned}$$

其截断误差为 $O(h^4)$，节点如图 1.8-11 所示。

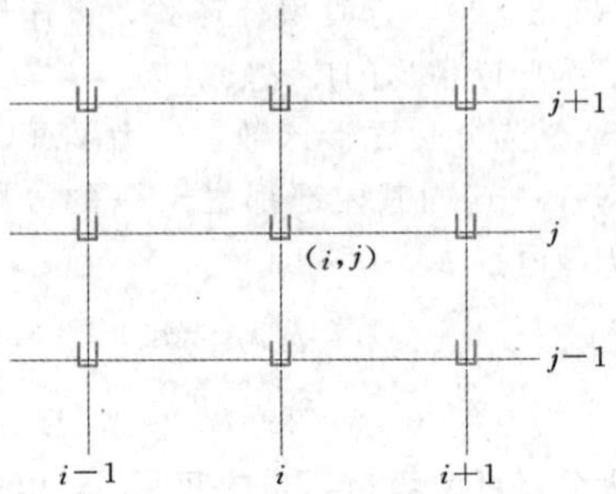

图 1.8-11 九点差分格式节点

(3) 边界条件的处理。对于拉普拉斯方程和泊松方程，五点差分格式一般只能在正则内点上建立（矩形区域除外），这样在一部分内点上或者没有差分方程，或者要用到在界点上的值。至于九点差分格式的情况更是如此。所谓边界条件的处理，就是根据边界条件，在这些点上补上适当的差分格式，使差分方程的个数与所要求的未知数 u_{ij} 的个数相等。

以第一类边界条件的处理为例，设 G_h^* 表示非正则内点的集合，Γ_h 表示界点的集合。

利用边界条件

$$u|_\Gamma=\alpha(x,y)$$

在 G_h^* 列出补充方程。

如图 1.8-12 所示，若界点 S 也是节点，则

$$u_S=\alpha(S)$$

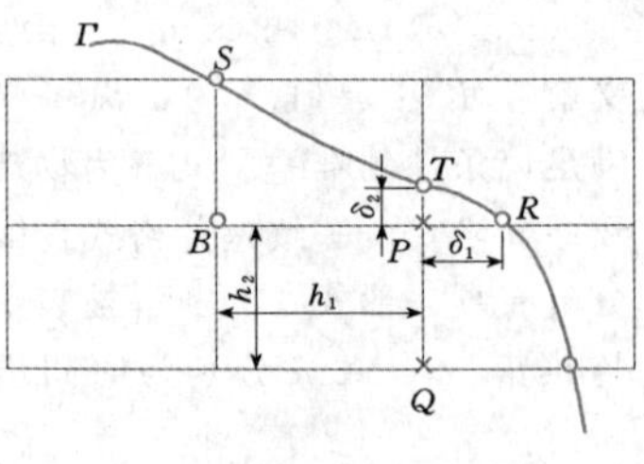

图 1.8-12 界点 S 是节点

若点 P 为非正则内点，则需在点 P 补充适当的差分格式，常采用方法有如下两种。

1) 直接转移法（修改边界法）。设 $P\in G_h^*$，选

取一个距点 P 最近的界点，如 $T\in\Gamma_h$，取

$$u_P=\alpha(T)$$

如此替代后的截断误差是 $O(h)$。比五点差分格式的截断误差 $O(h^2)$ 要低。但这种非正则内点上的格式仍保持差分方程组系数矩阵的对称性。

2）线性插值。设 $P\in G_h^*$，其邻点 B、Q 是内点，R、T 是界点，$|PR|=\delta_1$，$|PT|=\delta_2$，沿 x 方向作线性插值，有

$$u_P=\frac{h_1u_R+\delta_1u_B}{h_1+\delta_1}\qquad(1.8-31)$$

沿 y 方向作线性插值，有

$$u_P=\frac{h_2u_T+\delta_2u_Q}{h_2+\delta_2}$$

也可以用上述 x 方向、y 方向插值的平均，即取

$$u_P=\frac{h_1u_R+\delta_1u_B}{2(h_1+\delta_1)}+\frac{h_2u_T+\delta_2u_Q}{2(h_2+\delta_2)}$$

它们的截断误差均为 $O(h^2)$。用线性插值得到非正则内点上的差分格式将会破坏差分方程组系数矩阵的对称性。

2. 一般二阶椭圆型方程边值问题的差分方法

考虑二阶椭圆型偏微分方程的第一边值问题，即

$$\begin{cases}Lu\equiv-[(Au_x)_x+(Bu_y)_y+Cu_x+Du_y-Eu]\\ \quad=f[(x,y)\in G]\\ u|_{\partial G}=\alpha\end{cases}\qquad(1.8-32)$$

其中，$A(x,y)$、$B(x,y)\in C^1(\bar{G})$，$C(x,y)$、$D(x,y)$、$E(x,y)$、$f(x,y)$、$\alpha(x,y)\in C^0(\bar{G})$，且 $0<A_{\min}\leqslant A(x,y)$、$0<B_{\min}<B(x,y)$、$E\geqslant0$。

构造矩形网，设 h_1、h_2 分别为沿 x、y 方向的步长。用 G_h 表示网格内点的集合，Γ_h 表示界点的集合，$\bar{G}_h=G_h\cap\Gamma_h$。假定 G_h 是连通的，即对任意两节点 $\bar{P}$、$\bar{\bar{P}}\in G_h$，必有一串节点 $P_i\in G_h(i=1,2,\cdots,m-1)$，可与点 $\bar{P}$、$\bar{\bar{P}}$ 排成下列顺序：

$$\bar{P},P_1,P_2,\cdots,P_{m-1},\bar{\bar{P}}$$

使前后两点为相邻节点。

对于正则内点 $P(x_i,y_j)$，用差分方程（1.8-33）逼近式（1.8-32）

$$-\{[A_{i-\frac{1}{2},j}(u_{ij})_{\bar{x}}]_x+[B_{i,j-\frac{1}{2}}(u_{ij})_{\bar{y}}]_y+C_{ij}(u_{ij})_{\hat{x}}+D_{ij}(u_{ij})_{\hat{y}}-E_{ij}u_{ij}\}=f_{ij}\qquad(1.8-33)$$

其中 $A_{i-\frac{1}{2},j}=A(x_{i-\frac{1}{2}},y_j)=A\left(\left(i-\frac{1}{2}\right)h_1,jh_2\right)$

$$B_{i,j-\frac{1}{2}}=B(x_i,y_{j-\frac{1}{2}})=B\left(ih_1,\left(j-\frac{1}{2}\right)h_2\right)$$

$$(u_{ij})_{\bar{x}}=\frac{u_{ij}-u_{i-1,j}}{h_1},\quad(u_{ij})_{\bar{y}}=\frac{u_{ij}-u_{i,j-1}}{h_2}$$

$$(u_{ij})_x=\frac{u_{i+1,j}-u_{ij}}{h_1},\quad(u_{ij})_y=\frac{u_{i,j+1}-u_{i,j}}{h_2}$$

$$(u_{ij})_{\hat{x}}=\frac{u_{i+1,j}-u_{i-1,j}}{2h_1},\quad(u_{ij})_{\hat{y}}=\frac{u_{i,j+1}-u_{i,j-1}}{2h_2}$$

其截断误差为 $O(h_1^2+h_2^2)$。差分方程（1.8-33）可改写为

$$L_hu_{ij}\equiv a_{ij}u_{ij}-a_{i-1,j}u_{i-1,j}-a_{i,j-1}u_{i,j-1}-a_{i+1,j}u_{i+1,j}-a_{i,j+1}u_{i,j+1}=f_{ij}\qquad(1.8-34)$$

其中 $a_{i-1,j}={h_1}^2\left(A_{i-\frac{1}{2},j}-\frac{h_1}{2}C_{ij}\right)$

$$a_{i,j-1}=h_2^{-2}\left(B_{i,j-\frac{1}{2}}-\frac{h_2}{2}D_{ij}\right)$$

$$a_{i+1,j}=h_1^{-2}\left(A_{i+\frac{1}{2},j}+\frac{h_1}{2}C_{ij}\right)$$

$$a_{i,j+1}=h_2^{-2}\left(B_{i,j+\frac{1}{2}}+\frac{h_2}{2}D_{ij}\right)$$

$$a_{ij}=h_1^{-2}(A_{i+\frac{1}{2},j}+A_{i-\frac{1}{2},j})+h_2^{-2}(B_{i,j+\frac{1}{2}}+B_{i,j-\frac{1}{2}})+E_{ij}$$

由系数 A、B 的假设条件，只要 h_1、h_2 充分小，则 $a_{i-1,j}$、$a_{i,j-1}$、$a_{i+1,j}$、$a_{i,j+1}$、a_{ij} 均大于零，且

$$a_{ij}-a_{i-1,j}-a_{i,j-1}-a_{i+1,j}-a_{i,j+1}=E_{ij}\geqslant0\qquad(1.8-35)$$

对于非正则内点 P，建立不等距差分方程。如图 1.8-13 所示，用

$$[A_{i-\frac{1}{2},j}(u_{ij})_{\bar{x}}]_x=\frac{1}{\bar{h}_1}\left(A_{i+\frac{1}{2},j}\frac{\alpha(R)-u_{ij}}{\delta_1}-A_{i-\frac{1}{2},j}\frac{u_{ij}-u_{i-1,j}}{h_1}\right)$$

及 $(u_{ij})_{\hat{x}}=\dfrac{\alpha(R)-u_{i-1,j}}{h_1+\delta_1}$

等分别代替式（1.8-33）中相应的项，其中 $\bar{h}_1=\frac{1}{2}(h_1+\delta_1)$，这里的 δ_1 与式（1.8-31）中 δ_1 的相同。此时仍可将式（1.8-33）写成式（1.8-34）的形式，只要 h_1、$\bar{h}_1$、h_2 及 $\bar{h}_2$ 充分小，则式（1.8-34）的系数 $a_{i-1,j}$、$a_{i,j-1}$、$a_{i+1,j}$、$a_{i,j+1}$、a_{ij} 均大于零，且式（1.8-35）成立。在非正则内点，差分逼近的截断误差为 $O(h_1+h_2)$。

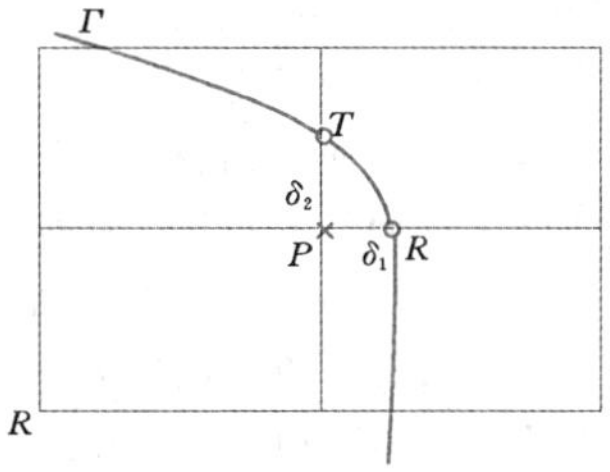

图 1.8-13 P 为非正则内点

3. 极值定理

设 u_{ij} 是 $\bar{G}_h$ 上的任一网函数，若 $L_h u_{ij} \leqslant 0$（$L_h u_{ij} \geqslant 0$），对任意 $(x_i, y_j) \in G_h$ 成立，则 u_{ij} 不可能在内点取正的极大值（负的极小值），除非 $u_{ij} \equiv$ 常数。

推论 1：差分方程（1.8-34）有唯一解。

推论 2：若网函数 u_{ij} 满足

$$L_h u_{ij} \geqslant 0 \quad [\forall (x_i, y_j) \in G_h]$$
$$u_{ij} \geqslant 0 \quad [\forall (x_i, y_j) \in \Gamma_h]$$

则 $u_{ij} \geqslant 0$，$\forall (x_i, y_j) \in G_h$。

4. 比较定理

设 u_{ij}、U_{ij} 是两个网函数，满足

$$|L_h u_{ij}| \leqslant L_h U_{ij} \quad [\forall (x_i, y_j) \in G_h]$$
$$|u_{ij}| \leqslant U_{ij} \quad [\forall (x_i, y_j) \in \Gamma_h]$$

则
$$|u_{ij}| \leqslant U_{ij} \quad [\forall (x_i, y_j) \in G_h]$$

推论 3：差分方程

$$\begin{cases} L_h u_{ij} = 0 & [(x_i, y_j) \in G_h] \\ u_{ij} = a_{ij} & [(x_i, y_j) \in \Gamma_h] \end{cases}$$

的解 u_{ij} 满足不等式

$$\max_{G_h} |u_{ij}| \leqslant \max_{\Gamma_h} |a_{ij}|$$

1.9 有限分析法

1.9.1 有限分析法基本思想

有限分析法的思想是：首先通过适当的可逆变换，把复杂的物理域映射到矩形计算域，同时控制方程和边界条件也转换成计算域坐标系下的形式；再对矩形计算域进行矩形网格剖分，在一个计算单元上对控制方程进行线性化处理，然后在假设计算单元边界网格节点处的值已知前提下，求解出方程的解析解，从而得到计算单元内部节点值与边界节点值的线性代数关系；把所有计算单元上的线性代数关系组合成一个线性代数方程组，结合已知的计算域边界条件，对方程组进行求解，从而得到计算域网格节点处的解；再通过物理域到计算域的逆变换，得到物理域曲线网格节点上的解。

1.9.2 数值网格生成方法

1.9.2.1 贴体坐标系的基本概念

如果计算区域的各边界是一个与坐标轴都平行的规则区域，则可以很方便地划分该区域，快速生成均匀网格。但实际工程问题的边界不可能与各种坐标系正好相符，于是需要采用数学方法构造一种坐标系，其各坐标轴恰好与被计算物体的边界相适应，则该坐标系就称为贴体坐标系（body - fitted coordinates）。直角坐标系是矩形区域的贴体坐标系，极坐标是环扇形区域的贴体坐标系。

假定有图 1.9-1（a）所示的在 x—y 平面内的不规则区域，为了构造与该区域相适应的贴体坐标系，把该区域中相交的两个边界分别作为曲线坐标系的两个轴，记为 ξ、η。在该物体的 4 个边上，可规定不同点的 ξ、η 值。例如，可假定在 A 点有 $\xi=0$、$\eta=0$，而在 C 点有 $\xi=1$、$\eta=1$。这样，就可把 ξ—η 看成是另一个计算平面上的直角坐标系的两个轴，根据上述规定的 ξ、η 的取值原则，在计算平面上的求解区域就简化成为一个矩形区域，只要给定每个方向的节点总数，立即可以生成一个均匀分布的网格，如图 1.9-1（b）所示。现在，如果能在 x—y 平面上找出与 ξ—η 平面上任意一点相对应的位置，则在物理平面上的网格即可轻松生成。常用的生成贴体坐标的方法有代数变换法和微分方程法。

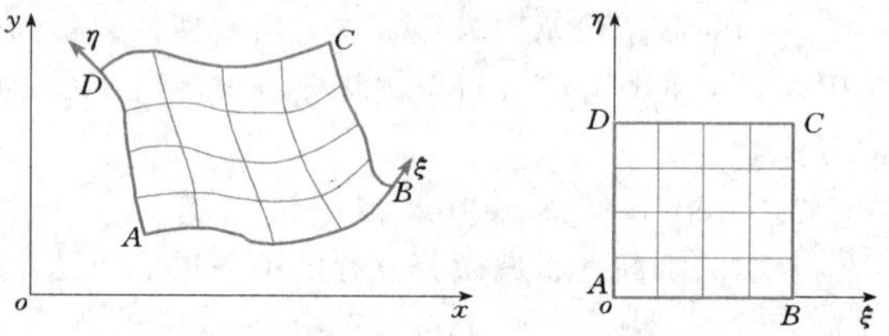

（a）x—y 物理域　（b）ξ—η 计算域

图 1.9-1 贴体坐标系示意图

1.9.2.2 代数变换法

假设物理域四条边界可分别用 $y = f_1(x)$、$y = f_2(x)$、$x = g_1(y)$、$x = g_2(y)$ 表示（见图 1.9-2）。则可构造代数变换法

$$\begin{cases} \xi = \dfrac{x - g_1(y)}{g_2(y) - g_1(y)} \\ \eta = \dfrac{y - f_1(x)}{f_2(x) - f_1(x)} \end{cases}$$

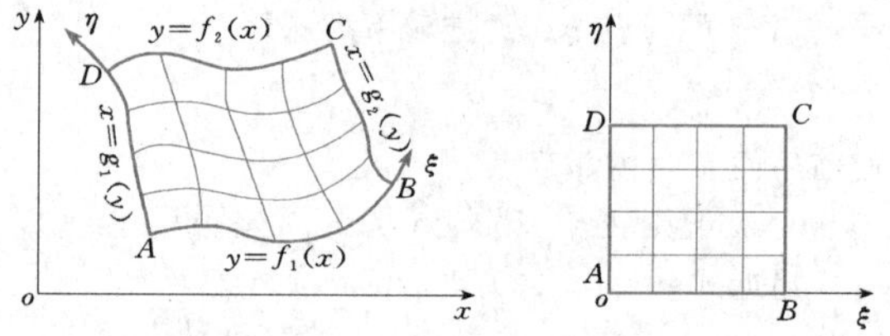

图 1.9-2 物理域和计算域

1.9.2.3 拉普拉斯方程法

根据二维拉普拉斯方程的唯一性和极值原理，可以把 ξ、η 取为物理平面上拉普拉斯方程的解，即

$$\nabla^2 \xi = \xi_{xx} + \xi_{yy} = 0 \tag{1.9-1a}$$
$$\nabla^2 \eta = \eta_{xx} + \eta_{yy} = 0 \tag{1.9-1b}$$

同时，在物理平面的求解区域上规定 $\xi(x,y)$、$\eta(x,y)$

的取值方法，于是就形成了物理平面上的第一类边界条件的拉普拉斯方程问题。在具体实施时，取定物理边界上现有节点上的 (ξ,η) 值，然后用数值方法求解方程式（1.9-1）获得内部节点上的值。为了找出与计算平面内各点相应的物理平面上的坐标，需把物理平面上的拉普拉斯方程转换到计算平面上的以 ξ、η 为自变量的方程，即

$$x_\eta[y_{\xi\xi}(y_\eta^2+x_\eta^2)-2y_{\eta\xi}(y_\xi y_\eta+x_\xi x_\eta)+y_{\eta\eta}(x_\xi^2+y_\xi^2)]$$
$$=y_\eta[x_{\xi\xi}(y_\eta^2+x_\eta^2)-2x_{\eta\xi}(y_\xi y_\eta+x_\xi x_\eta)+x_{\eta\eta}(x_\xi^2+y_\xi^2)] \tag{1.9-2a}$$

$$x_\xi[y_{\xi\xi}(y_\eta^2+x_\eta^2)-2y_{\eta\xi}(y_\xi y_\eta+x_\xi x_\eta)+y_{\eta\eta}(x_\xi^2+y_\xi^2)]$$
$$=y_\xi[x_{\xi\xi}(y_\eta^2+x_\eta^2)-2x_{\eta\xi}(y_\xi y_\eta+x_\xi x_\eta)+x_{\eta\eta}(x_\xi^2+y_\xi^2)] \tag{1.9-2b}$$

由于在变换区域中 $J=\left|\dfrac{\partial(x,y)}{\partial(\xi,\eta)}\right|=x_\xi y_\eta-x_\eta y_\xi\neq 0$，于是有

$$\alpha x_{\xi\xi}-2\beta x_{\eta\xi}+\gamma x_{\eta\eta}=0 \tag{1.9-3a}$$
$$\alpha y_{\xi\xi}-2\beta y_{\eta\xi}+\gamma y_{\eta\eta}=0 \tag{1.9-3b}$$

其中　$\alpha=x_\eta^2+y_\eta^2$，$\gamma=x_\xi^2+y_\xi^2$，$\beta=x_\xi x_\eta+y_\xi y_\eta$

用数值方法在计算平面的矩形区域内求解式（1.9-3），即可获得与计算平面上各节点 (ξ,η) 相对应的物理平面上各节点的坐标 (x,y)。

1.9.2.4 泊松方程法

有时为了控制网格疏密程度，可采用如下泊松方程形式生成网格，即

$$x_{\xi\xi}+y_{\eta\eta}=P(\xi,\eta) \tag{1.9-4a}$$
$$x_{\xi\xi}+y_{\eta\eta}=Q(\xi,\eta) \tag{1.9-4b}$$

式中　P、Q——用于网格疏密控制的已知函数。

P、Q 值可以按下列方式给定：

$$P(\xi,\eta)=-\sum_{l=1}^{L}a_l\,\mathrm{sgn}(\xi-\xi_l)\exp(-c_l\mid\xi-\xi_l\mid)$$
$$-\sum_{m=1}^{M}b_m\,\mathrm{sgn}(\xi-\xi_m)\exp\{-d_m[(\xi-\xi_m)^2+(\eta-\eta_m)^2]^{\frac{1}{2}}\} \tag{1.9-5}$$

$$Q(\xi,\eta)=-\sum_{l=1}^{L}a_l\,\mathrm{sgn}(\eta-\eta_l)\exp(-c_l\mid\eta-\eta_l\mid)$$
$$-\sum_{m=1}^{M}b_m\,\mathrm{sgn}(\eta-\eta_m)\exp\{-d_m[(\xi-\xi_m)^2+(\eta-\eta_m)^2]^{\frac{1}{2}}\} \tag{1.9-6}$$

其中，a_l、b_l、c_l、d_l 用来调整网格的疏密程度。符号函数为

$$\mathrm{sgn}(x)=\begin{cases}1 & (x>0)\\ 0 & (x=0)\\ -1 & (x<0)\end{cases}$$

式（1.9-5）中的第一项可以将 ξ= 常数的网格线向 $\xi=\xi_l$ 移动；式（1.9-6）中的第一项可以将 η= 常数的网格线向 $\eta=\eta_l$ 移动。式（1.9-5）、式（1.9-6）中的第二项分别可以使 ξ= 常数、η= 常数的网格线向点 (ξ_m,η_m) 密集。

当采用大的 P、Q 值生成加密网格时，会使计算的收敛速度放慢，且会限制可达到收敛的初值 (x,y) 的选择范围。因此开始计算时，可采用小的 P、Q 值或不加密，这样其收敛半径较大。然后，将收敛之后的解作为逐渐加密网格所选的 P、Q 的初值，直至达到要求的密集程度。

1.9.3 控制方程的转换及离散化

如果物理平面中的控制方程是稳态对流—扩散方程

$$\frac{\partial(\rho u_j\phi)}{\partial x_j}=\frac{\partial}{\partial x}\left(\Gamma_\phi\frac{\partial\phi}{\partial x_j}\right)+S_\phi \tag{1.9-7}$$

则式（1.9-7）中，等号左端为对流项；等号右端第一项为扩散项，其中 Γ_ϕ 为对应于变量 ϕ 的扩散系数，第二项 S_ϕ 为函数 ϕ 的源项。

假设物理域到计算域的坐标变换关系为

$$\begin{cases}\xi=\xi(x,y)\\ \eta=\eta(x,y)\end{cases}$$

物理平面内的网格由 ξ= 常数和 η= 常数的 2 族曲线构成。如果将控制微分方程转变为以 (ξ,η) 为自变量的坐标反变换方程，问题转化为在 (ξ,η) 平面上的计算域进行求解，则计算域的边界为直线边界，边界条件无需插值即可直接参加运算，不再有插值误差。

式（1.9-7）可转换为

$$\frac{1}{J}\frac{\partial}{\partial\xi}(\rho U\phi)+\frac{1}{J}\frac{\partial}{\partial\eta}(\rho V\phi)$$
$$=\frac{1}{J}\frac{\partial}{\partial\xi}\left[\frac{\Gamma_\phi}{J}(\alpha\phi_\xi-\beta\phi_\eta)\right]$$
$$+\frac{1}{J}\frac{\partial}{\partial\eta}\left[\frac{\Gamma_\phi}{J}(-\beta\phi_\xi+\gamma\phi_\eta)\right]+S_\phi(\xi,\eta) \tag{1.9-8}$$

其中　　$U=uy_\eta-vx_\eta$，$V=vx_\xi-uy_\xi$

$\alpha=x_\eta^2+y_\eta^2$，$\gamma=x_\xi^2+y_\xi^2$，$\beta=x_\xi x_\eta+y_\xi y_\eta$

式（1.9-8）中的各项仍然保持了物理平面中相应各项的意义。其中，源项 S 完全是由物理平面中的源项转变而来，其他各项在变换过程中并不给源项增添新的成分。对于 U、V，可以看成是计算平面上 ξ、η 方向上的速度分量。一旦物理域的曲线网格和计算域的矩形网格建立了节点一一对应的关系，用数值方法即可得到方程中的系数 α、β、γ。

由式（1.9-8）可以看出，求解区域从物理平面到计算平面的简化是以控制方程的复杂化为代价的。

对于式（1.9-8），可采用离散方法导出计算平面上的离散方程。图1.9-3给出了二维物理平面及计算平面上交错网格的局部图示，最终离散方程为

$$A_P\phi_P = A_E\phi_E + A_W\phi_W + A_N\phi_N + A_S\phi_S + B \tag{1.9-9}$$

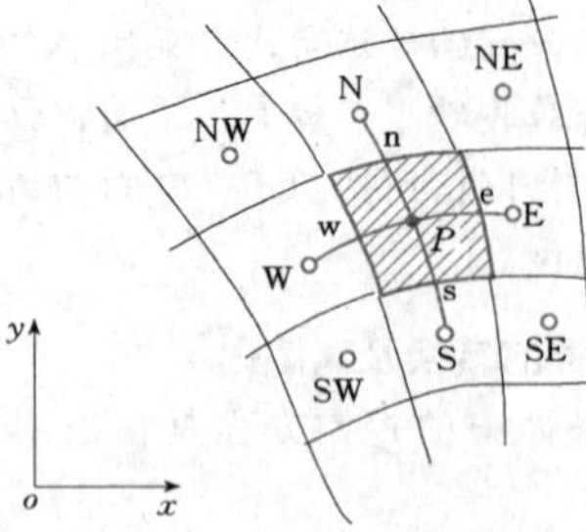

(a) 物理平面

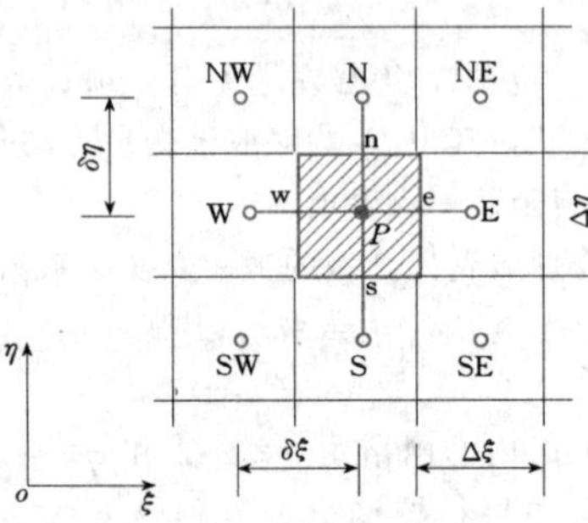

(b) 计算平面

图1.9-3 二维离散网

系数 A_E 等取决于所采用的格式。如当界面上的函数均采用分段线性关系时，有

$$\left.\begin{aligned} &A_E = D_e - \frac{1}{2}F_e,\ A_W = D_w + \frac{1}{2}F_w \\ &A_N = D_n - \frac{1}{2}F_n,\ A_S = D_s + \frac{1}{2}F_s \\ &A_P = A_E + A_W + A_N + A_S \end{aligned}\right\} \tag{1.9-10}$$

界面上 F、D 的计算式为

$$\begin{cases} F_e = (\rho U\Delta\eta)_e,\ F_w = (\rho U\Delta\eta)_w \\ F_n = (\rho V\Delta\xi)_n,\ F_s = (\rho V\Delta\xi)_s \end{cases} \tag{1.9-11a}$$

$$\begin{cases} D_e = \left(\dfrac{\alpha}{J}\Gamma_\phi\dfrac{\Delta\eta}{\delta\eta}\right)_e,\ D_w = \left(\dfrac{\alpha}{J}\Gamma_\phi\dfrac{\Delta\eta}{\delta\eta}\right)_w \\ D_n = \left(\dfrac{\gamma}{J}\Gamma_\phi\dfrac{\Delta\eta}{\delta\xi}\right)_n,\ D_s = \left(\dfrac{\gamma}{J}\Gamma_\phi\dfrac{\Delta\eta}{\delta\xi}\right)_s \end{cases} \tag{1.9-11b}$$

$$B = S_\phi J\Delta\xi\Delta\eta - \left[\left(\frac{\Gamma_\phi}{J}\beta\phi_\eta\Delta\eta\right)_w^e + \left(\frac{\Gamma_\phi}{J}\beta\phi_\xi\Delta\xi\right)_s^n\right] \tag{1.9-12}$$

在式（1.9-11）、式（1.9-12）中，$\Delta\xi$、$\Delta\eta$ 为界面间的距离，$\delta\xi$、$\delta\eta$ 为节点的距离，实际计算时为简便起见，通常均取为1。式（1.9-12）中，等号后的第二项是由于网格的非正交而引起的。一般该项的值较小，在迭代计算过程中可取上一轮的变量值，因而把它归入源项中。在 $(\phi_\eta)_w^e$ 及 $(\phi_\xi)_s^n$ 的离散表达式中，除了N、E、W、S四个邻点的 ϕ 值外，还包含有NE、SE、NW、SW四个远邻点的 ϕ 值。

1.9.4 边界条件的转换

物理平面上的控制方程转换到计算平面上后，边界条件亦应做相应的转换。物理平面上的第一类边界条件，变换后其值保持不变。但含有边界上导数项的边界条件，则应做变换处理。把三类边界条件统一表示为

$$A\phi + B\Gamma_\phi\frac{\partial\phi}{\partial \boldsymbol{n}} = C$$

式中 $\dfrac{\partial\phi}{\partial \boldsymbol{n}}$——边界上的法向导数。

对于二维流动问题，当物理平面上的曲线边界变换成计算平面上的直线后，上述边界表达式中的 A、B、C、Γ 都不变，但 $\dfrac{\partial\phi}{\partial \boldsymbol{n}}$ 应作转换。因计算平面上的边界与坐标平行，故相应的法向导数为 $\dfrac{\partial\phi}{\partial \boldsymbol{n}^{(\xi)}}$ 或 $\dfrac{\partial\phi}{\partial \boldsymbol{n}^{(\eta)}}$。这里 $\dfrac{\partial\phi}{\partial \boldsymbol{n}^{(\xi)}}$、$\dfrac{\partial\phi}{\partial \boldsymbol{n}^{(\eta)}}$ 分别表示垂直于 ξ、η 坐标的边界线上的法向导数，$\boldsymbol{n}^{(\xi)}$、$\boldsymbol{n}^{(\eta)}$ 的方向与 ξ、η 的方向相同。按定义，有

$$\boldsymbol{n}^{(\xi)} = \frac{\nabla\xi}{|\nabla\xi|},\ \boldsymbol{n}^{(\eta)} = \frac{\nabla\eta}{|\nabla\eta|}$$

其中 $$\nabla\xi = \frac{y_\eta\boldsymbol{i} - x_\eta\boldsymbol{j}}{J},\ \nabla\eta = \frac{-y_\xi\boldsymbol{i} + x_\xi\boldsymbol{j}}{J}$$

故有 $$\boldsymbol{n}^{(\xi)} = \frac{y_\eta\boldsymbol{i} - x_\eta\boldsymbol{j}}{\sqrt{\alpha}},\ \boldsymbol{n}^{(\eta)} = \frac{-y_\xi\boldsymbol{i} + x_\xi\boldsymbol{j}}{\sqrt{\gamma}}$$

故 $$\frac{\partial\phi}{\partial \boldsymbol{n}^{(\xi)}} = \frac{\alpha\phi_\xi - \beta\phi_\eta}{J\sqrt{\alpha}},\ \frac{\partial\phi}{\partial \boldsymbol{n}^{(\eta)}} = \frac{\gamma\phi_\eta - \beta\phi_\xi}{J\sqrt{\gamma}}$$

1.9.5 拉普拉斯方程的有限分析法

1.9.5.1 控制方程及边界条件

考察如图1.9-4所示的矩形区域 D，在 D 内控制方程为

$$\nabla^2\varphi = \varphi_{xx} + \varphi_{yy} = 0 \tag{1.9-13}$$

在四条边界 Γ_1、Γ_2、Γ_3、Γ_4 上函数值已知（第一边界条件）。

任取一个矩形单元（见图1.9-4），以该矩形单元中心点 $P(i,j)$ 为原点 O，x、y 轴的正向为 X、Y 的正向，建立局部直角坐标系 OXY。不妨作如下的边界近似（见图1.9-5）：

$$\varphi|_{Y=-h}=f_S(X),\ \varphi|_{Y=h}=f_N(X)$$
$$\varphi|_{X=-k}=f_W(Y),\ \varphi|_{X=k}=f_E(Y)$$

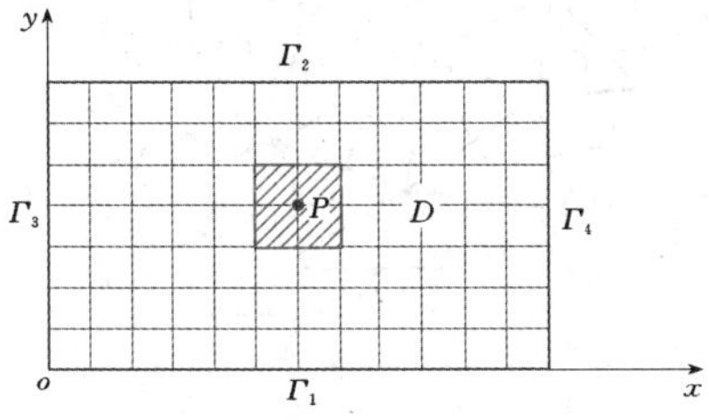

图 1.9-4 矩形求解区域与矩形单元

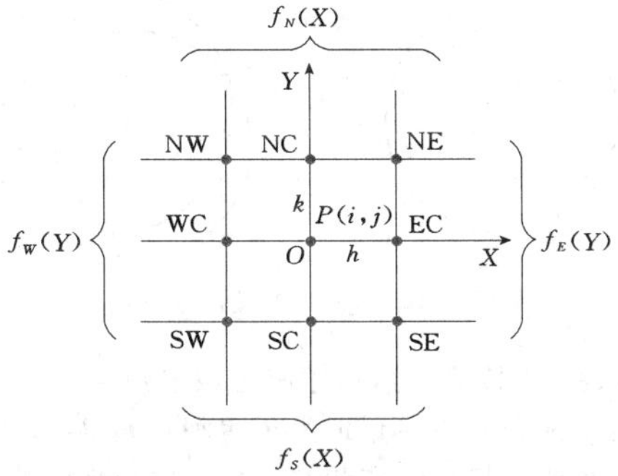

图 1.9-5 矩形单元

由于是求数值解，每个边界有三个节点值可以利用，因而边界条件可用二次多项式表示。例如东边界条件 $f_E(Y)$ 可写为

$$f_E(Y)=a_0+a_1Y+a_2Y^2$$

其中 $a_0=\varphi_{EC}$，$a_1=\dfrac{1}{2k}(\varphi_{NE}-\varphi_{SE})$

$$a_2=\frac{1}{2k^2}(\varphi_{NE}-2\varphi_{EC}+\varphi_{SE})$$

同理可得下列各式：

$$f_W(Y)=b_0+b_1Y+b_2Y^2$$

其中 $b_0=\varphi_{WC}$，$b_1=\dfrac{1}{2k}(\varphi_{NW}-\varphi_{SW})$

$$b_2=\frac{1}{2k^2}(\varphi_{NW}-2\varphi_{WC}+\varphi_{SW})$$

$$f_S(X)=a'_0+a'_1X+a'_2X^2$$

其中 $a'_0=\varphi_{SC}$，$a'_1=\dfrac{1}{2h}(\varphi_{SE}-\varphi_{SW})$

$$a'_2=\frac{1}{2h^2}(\varphi_{SE}-2\varphi_{SC}+\varphi_{SW})$$

$$f_N(X)=b'_0+b'_1X+b'_2X^2$$

其中 $b'_0=\varphi_{NC}$，$b'_1=\dfrac{1}{2h}(\varphi_{NE}-\varphi_{NW})$

$$b'_2=\frac{1}{2h^2}(\varphi_{NE}-2\varphi_{NC}+\varphi_{NW})$$

由于有了确定的边界条件，所以可以利用分离变量法，方程（1.9-13）的有限解析解为

$$\varphi(X,Y)=\sum_{n=1}^{\infty}[A_{1n}\sinh(\lambda_nX)+A_{2n}\cosh(\lambda_nX)]\sin\lambda_n(Y+k)$$
$$+\sum_{m=1}^{\infty}[B_{1m}\sinh(\mu_mY)+B_{2m}\cosh(\mu_mY)]\sin\mu_m(X+h) \quad (1.9-14)$$

其中，λ_n、μ_m 分别为 X 向、Y 向的特征值，并且有

$$\lambda_n=\frac{n\pi}{2k},\ \mu_m=\frac{m\pi}{2h}$$

这里系数 A_{1n}、A_{2n}、B_{1m}、B_{2m} 由边界条件定出。注意：这些边界条件中包含 φ_{EC}、φ_{WC}、φ_{NC}、φ_{SC}、φ_{SE}、φ_{SW}、φ_{NE}、φ_{NW} 八个边界节点值。式（1.9-14）即是矩形单元上的解析解（称为局部解析解）。

1.9.5.2 有限分析代数方程

在矩形单元中心点 $P(i,j)$ 计算方程式（1.9-14），得到如下拉普拉斯方程的九点有限分析格式

$$\varphi_P=C_{EC}\varphi_{EC}+C_{WC}\varphi_{WC}+C_{NC}\varphi_{NC}+C_{SC}\varphi_{SC}+C_{SE}\varphi_{SE}$$
$$+C_{SW}\varphi_{SW}+C_{NE}\varphi_{NE}+C_{NW}\varphi_{NW} \quad (1.9-15)$$

方程式（1.9-15）八个有限分析系数 C_{EC}，C_{WC}，…，C_{NW} 可确切地表示出。例如，如果网格尺寸均匀，即 $h=k=1$，令 $\mu_n=\dfrac{n\pi}{2}$，则四个边界中心节点的系数为

$$C_{EC}=C_{WC}=C_{NC}=C_{SC}$$
$$=\sum_{n=1}^{\infty}\frac{\sin\mu_n}{\mu_n^3\cosh\mu_n}[1-(-1)^n]$$
$$=0.20535$$
$$C_{SE}=C_{SW}=C_{NE}=C_{NW}$$
$$=\sum_{n=1}^{\infty}\frac{\sin\mu_n}{\mu_n^3\cosh\mu_n}[(-1)^n-1+\mu_n^2]$$
$$=0.044685$$

值得提出的是，由于以上级数收敛得很快，实际计算时，n 一般取 12～20 足以满足要求。

1.10 有限体积法

有限体积法（Finite Volume Methods，FVM）是偏微分方程问题和计算流体动力学问题的数值计算和数值模拟中一个重要的方法。FVM 从守恒形式的方程出发，采用无结构网格对求解区域进行单元剖分，在控制元（体）上通过对守恒方程积分从而建立数值计算模型。

1.10.1 无结构网格生成和控制元

目前最主要的无结构网格生成方法包括前沿推进法（advancing front method 或 front tracing method）

和 Delaunay 三角剖分方法。前沿推进法首先对边界进行剖分，即产生边界节点，再从边界向内找点构成三角单元并形成初始的推进面（Front），然后使推进面向区域内部推进，每生成一次单元，边界曲线所围成的区域面积就减少一次，当前的推进面也向内推进一步。前沿推进法的优点是思路明了，效率高，生成的三角形网格形状较好，并能保持计算边界的形状；其缺点是不能适应局部要求加密的情况。Delaunay 三角剖分方法是在区域内预先分布节点，根据单元外接圆内不包含其他点的准则来生成三角形网格。Delaunay 三角剖分方法的优点是三角形可较好地保持等边三角形，而且它的网格控制机理是面向整个剖分区域的，可以在网格的任意局部插入新的节点，再做新的网格剖分，实现网格局部加密的目的；其缺点是无法精确保持边界形状，剖分后需要进行光滑处理。

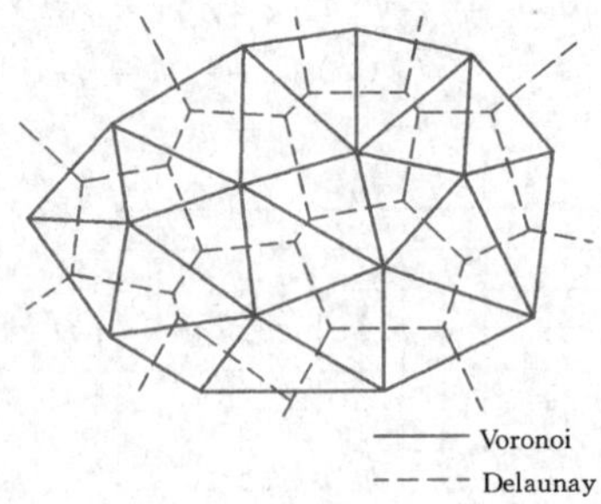

图 1.10－1 Delaunay 与 Voronoi 对偶图

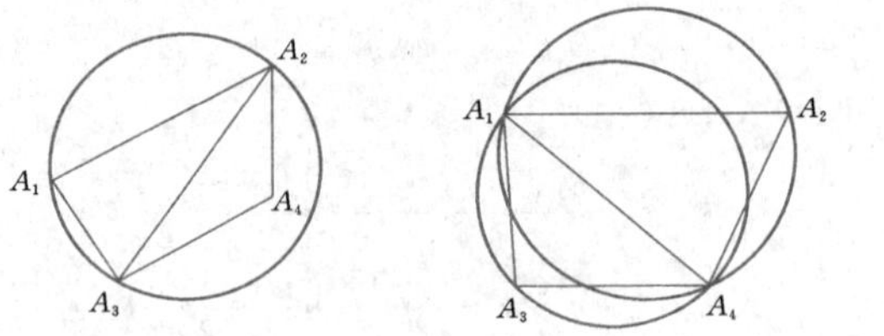

图 1.10－2 外接圆准则

1.10.1.1 无结构 Delaunay 三角形网格

1. 基本概念及性质

无结构三角形网格是应用于有限体积法和有限元法中最广泛的一种，它构造灵活，容易使单元的疏密配置比较合理，能较好地适合区域边界线和内部媒质分界线形状不规则的情况以及场的分布变化较大的情况，从而能在计算工作量不太大的条件下较好地保证解的精度。而在三角形网格自动剖分算法中，Delaunay 三角化方法具有特别的优势。Delaunay 三角剖分方法的最大的优点是满足最大最小角优化准则，即所有三角形单元中最小角之和最大，对于任意给定点集它具有唯一性和三角形正则化特点。

Delaunay 三角化主要思想是：给定区域 Ω 及点集 $\{P_i\}$，P_i 位于 Ω 内部或者边界上，则存在每一个点的区域 D_i，区域 D_i 内任意一点与 P_i 的距离都比 $\{P_i\}$ 中其他点的距离近。这种划分方法把平面划分成了一系列不重叠的凸多边形，称为 Voronoi 区域，并且使得 $\Omega=\bigcup_{i=1}^{N} D_i$，且这种分解是唯一的。用 d 表示欧几里得（Euclid）距离，则 D_i 满足的关系可表示为

$$D_i=\{p\in\Omega \mid d(p,p_i)<d(p,p_j),\forall j\neq i\}$$

连接所有相邻凸多边形中的 P_i 点形成的三角形网格就是 Delaunay 三角网，Delaunay 三角网和 Voronoi 图互为对偶图，如图 1.10－1 所示。

Delaunay 准则法必须满足以下准则：

（1）外接圆准则。对于由任意三个节点连接起来的三角形，它的外接圆不能包含其他节点，否则这个三角形将因此被删除，并重新生成，如图 1.10－2 所示，有 4 个点 A_1、A_2、A_3、A_4 应当分别由 A_1、A_2、A_4 和 A_1、A_3、A_4 连接成三角形才满足该准则。

（2）最大最小三角形内角法则。如果一个凸四边形的对角线被另一条所代替，这个三角形的最小角不能减小，生成的三角形尽量接近正三角形。相邻两个 Delaunay 三角形构成凸四边形，在交换凸四边形的对角线之后，六个内角的最小者不再增大。该性质即为最大最小三角形内角准则。

（3）Voronoi 相邻特性。对于每一个三角形都有一个与其相对应的顶点，这一顶点为三角形的外接圆圆心，通过它可反映相邻三角形的联系。

2. Delaunay 三角网生成方法

这里介绍的三角形网格的自动生成方法所生成的 Delaunay 网格的特点是各单元都具有空的外接圆，即各三角形单元的外接圆内部不包含其他单元的顶点，这样可以基本保证单元的质量。主要过程分为两个部分：节点生成和单元生成，一般是首先在区域内生成一定数目的节点，然后通过适当的算法生成三角形网格。这里主要介绍其中的 4 种算法：分治算法、三角网生长法、逐点插入法和 Bowyer－Watson 法。

（1）分治算法。分治算法的基本思路是把点集划分到足够的小，使其易于生成三角网，然后把子集中的三角网合并生成最终的三角网。不同的实现方法可有不同的点集划分法、子三角网生成法及合并法。

以横坐标为主，纵坐标为辅把点集按升序排列，然后递归地执行以下步骤：

1）把点集分为近似相等的两个子集 V_L、V_R。

2）在 V_L、V_R 中生成三角网。

3）优化所生成的三角网，使之成为 Delaunay 三

角网。

4）找出连接 V_L、V_R 中两个凸壳的底线和顶线。

5）由底线至顶线合并 V_L、V_R 中的两个三角网。

（2）三角网生长法。三角网生长算法的基本思路是：先找出点集中相距最短的两点连接成为一条 Delaunay 边，然后按照 Delaunay 三角网的判别法则找出包含此边的 Delaunay 三角形的另一端点，依次处理所有新生成的边，直至最终完成。

三角网生长算法的基本步骤是：

1）以任一点为起始点。

2）找出与起始点最近的数据点相互连接形成 Delaunay 三角网的一条边作为基线，按 Delaunay 三角网的判别法则，找出与基线构成 Delaunay 三角形的第三点。

3）基线的两个端点与第三个点相连，成为新的基线。

4）迭代以上两步直至所有基线都被处理。

（3）逐点插入法。逐点插入法的基本思路是：首先形成只有边界节点构成的开端网格，在此基础上，再引入一个新的节点，根据外接圆准则来修改原来的网格，形成新的网格，在此网格的基础上，再引进一个新的节点，形成新的网格，依次完成循环直至引进全部节点。具体实施步骤如下：

1）定边界节点并在剖分区域内按一定规律设置内部节点。

2）形成开端网格。

3）引进一个新的节点，图 1.10-3（a）给出了一个中间网格和引进的新节点 P。

4）判断有哪些已经存在的三角形单元的外接圆包围此新节点，如图 1.10-3（b）所示，共有五个这样的单元，另见图 1.10-3（a）具有虚线边的单元。

5）从已经存在的网格中删除以上这样的单元，形成一个包括新的多边形，如图 1.10-3（a）中新点 P 周围的实线所示，为一个七边多边形，从三角链表中删除以上得到的三角形单元。

6）将此新的节点与多边形各顶点相连，形成新的网格，如图 1.10-3（c）所示。

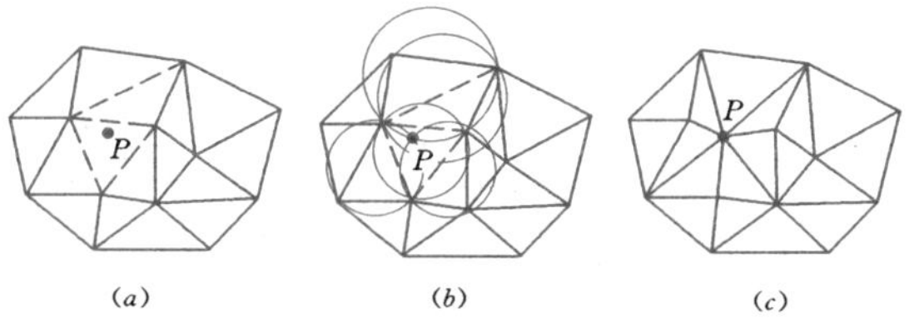

图 1.10-3　逐点插入法生成三角形网格

7）根据 Lawson 优化准则对新形成的三角形进行局部优化（如对角线互换），这样形成的三角形满足 Delaunay 三角形的各种特性。

8）调整数据结构，将新形成的三角形的数据先填充已被删除的单元的数据，余者添加在数据链表的尾部。重复步骤 3）～7），直至所有节点被插入。

（4）Bowyer-Watson 法。Bowyer 法是一种重连算法，这一算法在已有的满足 Delaunay 准则的网格划分中，引入新节点 Q，按照外接圆准则，局部更新点 Q 周围的网格划分，建立新的满足 Delaunay 准则的网格划分。但这种算法只考虑了初始网格中包含所有给定点的情形；Watson 算法基于 Delaunay 三角化的一个重要性质，即一个三角形当且仅当其外接圆不包含其他节点时才是 Delaunay 三角形。迭代地引入新节点，修改旧三角，使之包含新节点后仍为 Delaunay 三角形。

Bowyer-Watson 算法综合了两种算法的特点，先形成粗原始网格，再逐步插入新点进行细化。假定已有初始剖分网格为 T，向已有网格插入新点的 Bowyer-Watson 算法如下：

1）插入一个新点 P 到现有的 Delaunay 三角剖分中［见图 1.10-4（a）］。

2）寻找并删除所有外接圆包含 P 点的三角元，形成一个 Delaunay 腔［见图 1.10-4（b）］。

3）连接 P 点和 Delaunay 腔壁上所有各点，形成新的 Delaunay 三角剖分［见图 1.10-4（c）］。

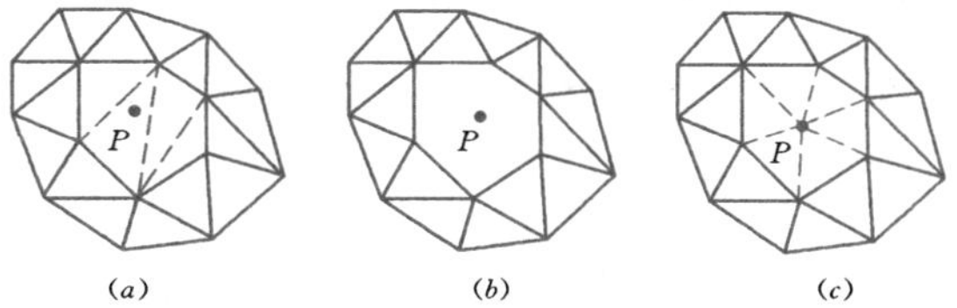

图 1.10-4　Bowyer-Watson 的网格生成示意图

应用 Bowyer-Watson 法进行网格剖分的整个过程简述如下：

1）建立一个覆盖整个计算区域的粗原始网格。

2）采用 Bowyer-Watson 法将边界点逐点插入原始网格。边界点由人工事先给定，并假设边界点的分布是合理的。

3）删除计算区域以外的三角形，并确保边界面的三角形剖分（进行拓扑相容性处理）正确。

4）用 Bowyer-Watson 法逐步向计算区域内插入新点（对于给定点集，按一定顺序插入即可，若内点是自动生成的，则需要按一定的策略生成内点），直到所有内点都被插入（对于给定内点集而言）或者网格达到一定的剖分要求（对网格自动生成算法而言）为止。

5）对所生成的网格进行拓扑相容性检查、网格光顺等工作。

Bowyer - Watson 法简单明了，平均计算时间为 $O(N^{\frac{3}{2}})$，最长时间为 $O(N^2)$。计算时间长的原因在于每增一点，都必须经过搜索、比较、确定外接圆包含该点的所有三角形。

1.10.1.2 控制元

网格剖分之后，即根据问题的特点和需要来确定控制元。控制元又称为控制体，这也是有限体积法名称的由来。然后，在控制元上积分原方程并进行离散和数值计算。在二维情况下，控制元的类型有两种，一种是将单一的网格单元（一般是三角形）作为控制元；另一种是将共角点的网格各取一部分合在一起作为控制元。二维三角剖分共角点的网格组合的控制元又分为统一型、垂心型、完全中心型、部分中心型，如图 1.10 - 5 所示。控制元可以统一描述为 k ($k \geqslant 3$) 个顶点的多边形。控制元确定好以后，需要计算的物理变量可以布设在控制元的中心处，或者控制元的顶点处。这里采用第一种控制元类型，即单一的三角单元，物理变量布设在三角单元的中心。

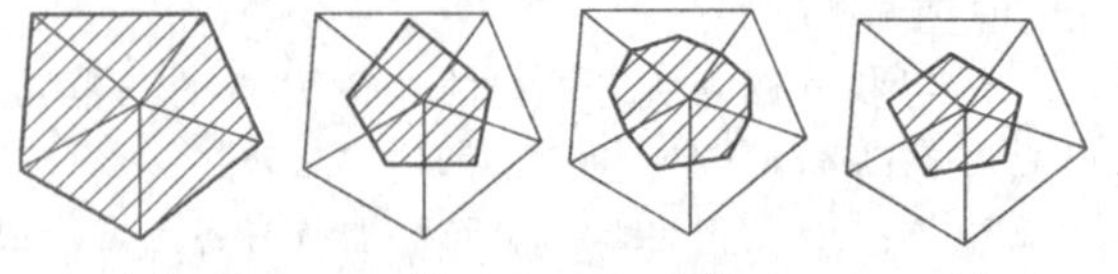

(a) (b) (c) (d)

图 1.10 - 5 有限体积法的四种控制元

1.10.2 双曲守恒型控制方程离散方式

一般 d 维 m 个分量的双曲守恒型控制方程为

$$\frac{\partial u}{\partial t} + \mathrm{div}F(u) = 0$$

$$x = (x_1, x_2, \cdots, x_d) \in \Omega,\ t \in (0, T)$$

其中，$\Omega \subset R^d$，$u = (u_1, u_2, \cdots, u_m)^{\mathrm{T}}$，实组合 $\sum_{i=1}^{d} \xi_i \frac{\partial F_i}{\partial u}$ 具有 m 个实特征值和完备的特征向量。

在控制单元 K 上进行积分，可得

$$\frac{\mathrm{d}}{\mathrm{d}t}\int_K u(x,t)\mathrm{d}x + \sum_{e \in \partial K}\int_e F(u(x,t)) \cdot n_{e,K}\mathrm{d}\Gamma = 0$$

其中，$n_{e,K}$ 记边 e 上向外的单位法向量。

用数值积分取代积分得

$$\sum_e \int_e F(u(x,t)) \cdot n_{e,K}\mathrm{d}\Gamma \approx \sum_{l=1}^{L} \omega_l F(u(x_{el}, t)) \cdot n_{e,K} |e|$$

记 $u(x,t)$ 在单元 K 上的平均值为

$$\bar{u}_K \equiv \frac{1}{|K|}\int_K u(x,t)\mathrm{d}x$$

用数值通量 $h_{e,K}(x,t)$ 取代通量 $F(u(x,t)) \cdot n_{e,K}$，于是可得到有限体积法的半离散化方程

$$\frac{\mathrm{d}\bar{u}_K}{\mathrm{d}t} + \sum_{e \in \partial K}\sum_{l=1}^{L} \omega_l h_{e,K}(x_{el}, t) \mid e \mid = 0$$

最后对 $\frac{\mathrm{d}\bar{u}_K}{\mathrm{d}t}$ 采用前差、后差或中心差等离散方法，并在给出数值通量的计算方法后，即可得到相应的有限体积数值格式。

由于积分平均，守恒变量在每个控制元内部都是常数，于是在整个求解区域内形成一系列分片函数。根据 Riemann 问题解的思想，把每个时间层的每个单元交接面都可以看成是间断面，在交接面处就构成了一个局部 Riemann 问题，并假设所考虑问题的时间间隔足够小，其余单元的信息尚未传播到所考察的交接面，因此物理变量值在单元边界两边被认为是不一样的，将其分别记为 $u_{i,L}$、$u_{i,R}$。在这种情况下，$F_{i,j}$ 的计算必须考虑这种间断，记

$$F_{i,j} = F^*(U_{i,L}, U_{i,R})$$

有两个重要问题需要解决：① $U_{i,L}$、$U_{i,R}$ 的计算［重构（reconstruction）］；②数值通量 F^* 的形式。以下介绍两者的一些常用方法，为简便起见，省略单元编号 i。

1.10.3 单元边界两边物理量的重构方法

物理量值 U_L、U_R 在单元边界两边的重构是 FVM 中的重要环节，决定方法的空间精度和分辨率。常用的 U_L、U_R 重构为分片常数逼近和分片线性逼近的 MUSCL 格式。

1. 分片常数逼近

如图 1.10 - 6 (a) 所示，设配置在控制元 Ω_i 中心的守恒量为 U_i，与之有公共边 l_{ij} 的控制元为 Ω_{i+1}，中心守恒量为 U_{i+1}，则

$$U_L = U_i,\ U_R = U_{i+1}$$

这是一阶精度方法，该方法稳定性好，但精度较低。

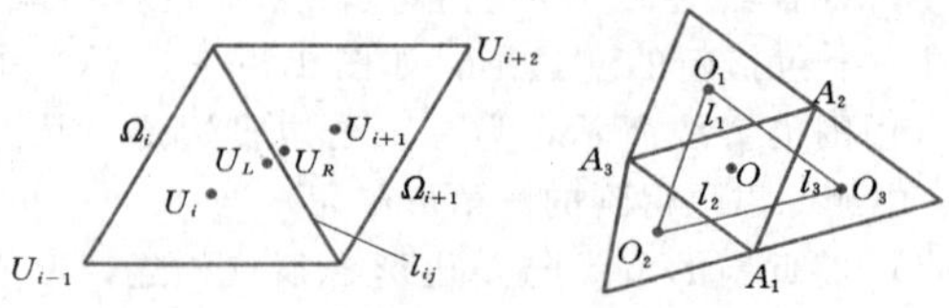

(a) (b)

图 1.10 - 6 控制元与守恒量记号

2. 分片线性逼近的 MUSCL 格式

如图 1.10 - 6 (a) 所示，设配置在控制元 Ω_i、Ω_{i+1} 的与边 l_{ij} 相对的顶点上的守恒量分别为 U_{i-1}、U_{i+2}，则

$$U_L = U_i + \frac{1}{2}\varphi(r_i)\delta U_{i-\frac{1}{2}}$$

$$U_R = U_{i+1} - \frac{1}{2}\varphi(r_{i+1})\delta U_{i+\frac{1}{2}}$$

其中 $\delta U_{i+\frac{1}{2}}=U_{i+1}-U_i$，$r_i=\dfrac{\delta U_{i+\frac{1}{2}}}{\delta U_{i-\frac{1}{2}}}$

式中 φ——限制器又称为限制函数（Limiter），用于保证格式的稳定性，不产生虚假振荡。

这是二阶精度方法。

（1）Upwind（迎风）型格式。如图1.10-6（b）所示，设配置在控制元 Ω_O 中心的守恒量为 U_O，$\forall(x,y)\in\Omega_O$，将 $U(x,y)$ 在 O 点进行 Taylor 展开，舍去二阶以上的项，则有

$$U(x,y)=U_O+\nabla U_O\cdot \boldsymbol{r}$$

其中
$$\boldsymbol{r}=(x-x_O,y-y_O)$$
$$\nabla U_O=\left(\frac{\partial U_O}{\partial x},\ \frac{\partial U_O}{\partial y}\right)$$

式中 $\boldsymbol{r}$——点 O 到点 (x,y) 的向量；

∇U_O——U 在点 O 的梯度。

∇U_O 的近似值可以利用高斯定理，通过下式得到：

$$\nabla U_O=\frac{1}{\Omega}\oint_{\partial\Omega}U n\,\mathrm{d}l$$

式中 $\partial\Omega$——点 O 周围已知其 U 值的点的连线所组成；

Ω——$\partial\Omega$ 所围区域的有向面积。

计算 ∇U_O 最直接的一种积分闭合路径就是与控制元 Ω_O 相邻的三个单元中心 O_1、O_2、O_3 为顶点的三角形。而 U_L、U_R 的取值可以采用边线上中点处的近似 U 值。为了保持重构的单调性和抑止振荡，在实际计算中也需要加入限制器 φ，即

$$U(x,y)=U_O+\varphi\nabla U_O\cdot\boldsymbol{r}$$

这是标准的中心型 FVM，是二阶精度。

（2）ENO 或 WENO 格式。ENO 方法利用可调节模板（adaptive stencil）的思想，通过比较各阶牛顿差商绝对值的大小自适应地选择模板，尽量避免在所选模板中包含间断，以提高插值多项式的精度从而实现高分辨率和无振荡的结果。其缺点主要是在进行模板选择时，为了得到 k 阶精度的格式，需要总体覆盖 $2k-1$ 个单元，但实际最后只选择其中一种形式的模板，即 k 个单元使用，也就是说用了 $2k-1$ 个单元，却只达到了 k 阶精度，因此比较浪费且效率较低。WENO 方法弥补了 ENO 方法的缺点，使用 $2k-1$ 个单元构造一个加权插值多项式，可以得到 $2k-1$ 阶精度。ENO 方法与 WENO 方法都是高阶精度的格式，能得到很好的计算结果，但计算代价非常大，在无结构网格上的计算则更加困难。

1.10.4 数值通量的构造

1. 算术平均形式

$$F^*=\frac{1}{2}[F(U_L)+F(U_R)]$$

或
$$F^*=F\left(\frac{U_L+U_R}{2}\right)$$

这是一种最简单的形式，效果相对较差。

2. Roe 的 Riemann 解算子逼近形式

双曲型守恒律方程组 $U_t+F(U)_x=U_t+A(U)U_x=0$ 的求解困难主要来自于对流项的非线性，而其中的关键又是雅可比矩阵 $A(U)$ 的非线性。Roe 方法利用左右函数的常数态 U_L、U_R 去构造一个常数矩阵 $\tilde{A}(U_L,U_R)$ 来代替 $A(U)$，将非线性问题转化为线性问题。$\tilde{A}(U_L,U_R)$ 是某种意义下 $A(U)$ 的平均矩阵，它具有所谓的"U"特性。

（1）相容性：$\tilde{A}(U_L,U_R)\rightarrow A(U)$，当 $U_L,U_R\rightarrow U$ 时。

（2）相似性：$\tilde{A}(U_L,U_R)\cdot(U_R-U_L)=F(U_R)-F(U_L)$。

（3）双曲型：$\tilde{A}(U_L,U_R)$ 具有实特征根和完备的特征向量。

性质（1）保证了在解的光滑区 $\tilde{A}(U_L,U_R)$ 的连续性。性质（2）表明，若原方程线性，且 U_L 与 U_R 之间存在一个单一的间断面，线性化方程的解即为原方程的精确解；对于非线性方程，由间断关系 $F(U_R)-F(U_L)=s(U_R-U_L)$ 知，$\tilde{A}(U_R-U_L)=s(U_R-U_L)$，所以 U_R-U_L 是 $\tilde{A}(U_L,U_R)$ 的右特征向量，其间断速度 s 是 $\tilde{A}(U_L,U_R)$ 的特征值。根据"U"特性，Roe 给出了一种数值通量的特征表示和 Roe 平均变量的构造方式：

$$F^*=\frac{1}{2}[F(U_L)+F(U_R)-|A|(U_R-U_L)]$$
$$|A|=R|\Lambda|L$$

其中
$$\boldsymbol{A}=\frac{\partial(\boldsymbol{F}\cdot\boldsymbol{n})}{\partial\boldsymbol{U}}$$
$$|\boldsymbol{\Lambda}|=\mathrm{diag}(\lambda_1,\lambda_2,\cdots,\lambda_m)$$

式中 $\lambda_1,\lambda_2,\cdots,\lambda_m$——$\boldsymbol{A}$ 的实特征值；

$\boldsymbol{R}$——以相应 $\boldsymbol{A}$ 的右特征向量为列组成的矩阵；

$\boldsymbol{L}$——以相应 $\boldsymbol{A}$ 的左特征向量为行组成的矩阵。

对于二维平底浅水波方程

$$U_t + F(U)_x + G(U)_y = 0$$

其中
$$U = [D, uD, vD]^T$$
$$F = [uD, u^2D + gD^2/2, uvD]^T$$
$$G = [vD, uvD, v^2D + gD^2/2]^T$$

式中　U——守恒量向量；

F、G——通量向量；

t——时间；

x、y——笛卡儿坐标系坐标；

$u(x,y,t)$、$v(x,y,t)$——x、y方向沿水深的平均流速分量；

$D(x,y,t)$——水深。

数值通量的特征表示为

$$A = \frac{\partial(F \cdot \boldsymbol{n})}{\partial U} = \begin{bmatrix} 0 & n_x & n_y \\ (c^2 - u^2)n_x - uvn_y & 2un_x + vn_y & un_y \\ -uvn_x + (c^2 - u^2)n_y & vn_x & un_x + 2vn_y \end{bmatrix}$$

$$R = \begin{bmatrix} 0 & 1 & 1 \\ n_y & u - cn_x & u + cn_x \\ -n_x & v - cn_y & v + cn_y \end{bmatrix}$$

$$|\Lambda| = \begin{bmatrix} |un_x + vn_y| & 0 & 0 \\ 0 & |un_x + vn_y - c| & 0 \\ 0 & 0 & |un_x + vn_y + c| \end{bmatrix}$$

$$L = \begin{bmatrix} -(un_y - vn_x) & n_y & -n_x \\ \dfrac{un_x + vn_y}{2c} + \dfrac{1}{2} & \dfrac{-n_x}{2c} & \dfrac{-n_y}{2c} \\ \dfrac{-(un_x + vn_y)}{2c} + \dfrac{1}{2} & \dfrac{n_x}{2c} & \dfrac{n_y}{2c} \end{bmatrix}$$

$$F(U_L) = \begin{bmatrix} D_L(\boldsymbol{q}_L \cdot \boldsymbol{n}) \\ u_L D_L(\boldsymbol{q}_L \cdot \boldsymbol{n}) + \dfrac{1}{2}gD_L^2 n_x \\ v_L D_L(\boldsymbol{q}_L \cdot \boldsymbol{n}) + \dfrac{1}{2}gD_L^2 n_y \end{bmatrix}$$

$$\boldsymbol{q}_L \cdot \boldsymbol{n} = u_L n_x + v_L n_y$$

$$F(U_R) = \begin{bmatrix} D_R(\boldsymbol{q}_R \cdot \boldsymbol{n}) \\ u_R D_R(\boldsymbol{q}_R \cdot \boldsymbol{n}) + \dfrac{1}{2}gD_R^2 n_x \\ v_R D_R(\boldsymbol{q}_R \cdot \boldsymbol{n}) + \dfrac{1}{2}gD_R^2 n_y \end{bmatrix}$$

$$\boldsymbol{q}_R \cdot \boldsymbol{n} = u_R n_x + v_R n_y$$

Roe平均变量为

$$u = \frac{u_R\sqrt{D_R} + u_L\sqrt{D_L}}{\sqrt{D_R} + \sqrt{D_L}}$$

$$v = \frac{v_R\sqrt{D_R} + v_L\sqrt{D_L}}{\sqrt{D_R} + \sqrt{D_L}}$$

$$c = \sqrt{\frac{g(D_R + D_L)}{2}}$$

3. HLL（Harten - Lax - Van Leer）的 Riemann 解算子逼近形式

$$F^* = \frac{1}{s_R - s_L}[s_R F(U_L) - s_L F(U_R) + s_R s_L(U_R - U_L)]$$

式中　s_L、s_R——左、右传波的波速。

根据 Toro 提出的做法，取

$$s_L = \min\{\boldsymbol{q}(U_L) \cdot \boldsymbol{n} - c(D_L), \boldsymbol{q}^* \cdot \boldsymbol{n} - c^*\}$$
$$s_R = \max\{\boldsymbol{q}(U_R) \cdot \boldsymbol{n} - c(D_R), \boldsymbol{q}^* \cdot \boldsymbol{n} + c^*\}$$

其中

$$\boldsymbol{q}(U) = (u, v),\quad c(D) = \sqrt{gD}$$

$$\boldsymbol{q}^* \cdot \boldsymbol{n} = \frac{1}{2}[\boldsymbol{q}(U_L) + \boldsymbol{q}(U_R)] \cdot \boldsymbol{n} + c(D_L) - c(D_R)$$

$$c^* = \frac{1}{2}[c(D_L) + c(D_R)] + \frac{1}{4}[\boldsymbol{q}(U_L) - \boldsymbol{q}(U_R)] \cdot \boldsymbol{n}$$

采用不同形式的数值通量和不同的U_L、U_R重构方法，可以得到各种各样的 FVM。例如，数值通量采用 Roe 的 Riemann 解算子逼近形式，U_L、U_R的重构采用 MUSCL 方法，即可得到 Roe 型 MUSCL 方法的 FVM；同样，也可以得到 Roe 型分片常数逼近的 FVM、HLL 型的 FVM 等。

1.10.5　限制器

二阶和高阶精度的格式虽然比一阶精度格式的精度高，但是却容易在间断附近产生非物理的伪振荡，为了克服这一缺点，通常在U_L、U_R的重构过程中引入限制器，对数值方法的数值耗散性和色散性效应进行自适应调节和控制，保持格式的单调性，从而达到数值结果高分辨率或无振荡的目的。常用的限制器有如下几种。

（1）Van Leer（1974 年）限制器：

$$\varphi(r) = \frac{|r| + r}{|r| + 1} \quad 或 \quad \varphi(r) = \begin{cases} \dfrac{2r}{1+r} & (r > 0) \\ 0 & (r \leqslant 0) \end{cases}$$

（2）Roe's Minmod（1970 年）限制器：

$$\varphi(r) = \max(0, \min(1, r))$$

（3）Roe's Superbee（1985 年）限制器：

$$\varphi(r) = \max(0, \min(2r, 1), \min(2, r))$$

（4）Chakravarthy & Osher（1983 年）限制器：

$$\varphi(r) = \max(0, \min(r, \delta))(1 \leqslant \delta \leqslant 2)$$

（5）　Roe－Sweby（1984 年）限制器：

$$\varphi(r) = \max(0, \min(\delta r, 1), \min(r, \delta))(1 \leqslant \delta \leqslant 2)$$

式中　r——前后相邻空间格点函数值变差的比值。

在求解单元i的重构值时，限制器的具体形式为

$$\Phi = \min(\varphi_j)（j 是单元 i 的相邻单元，公共边为 l_{ij}）$$
$$\varphi_j(r_j) = \max(0, \min(\delta r_j, 1), \min(r_j, \delta))(1 \leqslant \delta \leqslant 2)$$

$$r_j(U_j)=\begin{cases}\dfrac{U_i^{\max}-U_i}{U_j-U_i} & (U_j-U_i>0)\\ \dfrac{U_i^{\min}-U_i}{U_j-U_i} & (U_j-U_i<0)\\ 1 & (U_j-U_i=0)\end{cases}$$

$$U_i^{\max}=\max(U_i,U_j),\ U_i^{\min}=\min(U_i,U_j)$$

式中 U_i——配置在单元 i 中心的守恒变量；

U_j——用迎风型格式进行重构过程中未加限制器时的单元 i 第 l_{ij} 条边上的边界值。

1.11 有限元基本方法

1.11.1 变分方法

连接两点 (x_0,y_0)、(x_1,y_1) 的曲线 $y=y(x)$ 的弧长公式为

$$L[y]=\int_{x_0}^{x_1}\sqrt{1+y'^2}\,dx$$

当 $y=y(x)$ 在某个函数类 M 中变化时，弧长亦随之而改变。连接 (x_0,y_0)、(x_1,y_1) 两点的不同函数对应于不同的弧长。但对这一函数类中的任意一个函数，由弧长公式可知，总有一个确定的实数与之对应。这样，就建立了一个函数关系

$$L=L[y]$$

式中 L——$y(x)$ 的泛函，它的自变量是一函数，因变量是一个数。

研究泛函在某一函数类中的极值问题即所谓变分问题，例如两点间最短路线问题。研究泛函极值的方法即所谓变分法，研究泛函极值的近似方法即所谓直接方法。

1.11.1.1 与边值问题等价的变分问题

1. 二阶常微分方程的边值问题

以二阶常微分方程第一边值问题为例，在区间 $[x_0,x_1]$ 内求函数 $y=y(x)$，满足

$$\begin{cases}Ly\equiv-[p(x)y']'+q(x)y=f(x) & (x_0<x<x_1)\\ y(x_0)=y_0,\ y(x_1)=y_1\end{cases}$$

其中，$p(x)>0$、$q(x)\geqslant 0$；此外，$p'(x)$、$q(x)$、$f(x)$ 在 $[x_0,x_1]$ 上连续。该问题描述非均匀弦的振动过程，$y(x)$ 表示位移，$p(x)$ 表示张力，$q(x)$ 是横向弹性系数。

在齐次边界条件下，设 D_0 是 $[x_0,x_1]$ 上连续可微并满足边界条件 $y(x_0)=0$、$y(x_1)=0$ 的所有函数 $y(x)$ 的集合，作泛函

$$I[y]=(Ly,y)-2(f,y)\quad [y(x)\in D_0]$$

其中
$$\begin{cases}(Ly,y)=\displaystyle\int_{x_0}^{x_1}(Ly)y\,dx\\ (f,y)=\displaystyle\int_{x_0}^{x_1}f(x)y(x)\,dx\end{cases}$$

Ly 的算子 L 是正的对称算子，可以证明如下：

(1) $(Ly,z)=(y,Lz)$，对任意的 $y(x),z(x)\in D_0$。

(2) $(Ly,y)\geqslant 0$ 且 $(Ly,y)=0$ 的充要条件是：$y\equiv 0$，$y\in D_0$。

根据分部积分可求得

$$\begin{aligned}(Ly,y)&=\int_{x_0}^{x_1}[-(py')'+qy]y\,dx\\&=-(py')y\big|_{x_0}^{x_1}+\int_{x_0}^{x_1}(py'^2+qy^2)\,dx\\&=\int_{x_0}^{x_1}(py'^2+qy^2)\,dx\end{aligned}$$

即相应的泛函为

$$\begin{aligned}I[y]&=(Ly,y)-2(f,y)\\&=\int_{x_0}^{x_1}(py'^2+qy^2-2fy)\,dx\quad [y(x)\in D_0]\end{aligned}$$

在非齐次边界条件下，可构造函数使得边界条件齐次化，可以求得齐次边界条件和非齐次边界条件的泛函只相差一个常数项，它们的极值点是一样的。因此，相应的泛函也为

$$I[y]=\int_{x_0}^{x_1}(py'^2+qy^2-2fy)\,dx$$

又设 D 是 $[x_0,x_1]$ 上连续可微并满足边界条件 $y(x_0)=y_0$、$y(x_1)=y_1$ 的所有函数 $y(x)$ 的集合，则与常微分方程边值问题相应的变分问题是：在 D 内求函数 $y=\bar{y}(x)$ 使泛函

$$I[y]=\int_{x_0}^{x_1}(py'^2+qy^2-2fy)\,dx\quad [y(x)\in D]$$

达到极小值。

2. 椭圆型方程的边值问题

同理，对于微分方程，在区域 G 内求函数 $u=u(x,y)$ 满足下列椭圆型方程：

$$Lu\equiv-\frac{\partial}{\partial x}\left[p(x,y)\frac{\partial u}{\partial x}\right]-\frac{\partial}{\partial y}\left[p(x,y)\frac{\partial u}{\partial y}\right]+q(x,y)u=f(x,y)$$

三种边值条件及其对应的泛函表达式如下：

(1) $u|_\Gamma=0$，设在 $G+\Gamma$ 上二次连续可微，在 Γ 上满足该条件的函数集合为 M。

第一边值问题相应的泛函表达式为

$$\begin{aligned}I(u)&=(Lu,u)-2(f,u)\\&=\iint_G\left\{p\left[\left(\frac{\partial u}{\partial x}\right)^2+\left(\frac{\partial u}{\partial y}\right)^2\right]+qu^2-2fu\right\}dx\,dy\quad (u\in M)\end{aligned}$$

(2) $\left.\dfrac{\partial u}{\partial n}\right|_\Gamma=0$，设在 $G+\Gamma$ 上二次连续可微，在 Γ 上满足该条件的函数集合为 M_1。

第二边值问题相应的泛函表达式为

1) $q(x,y)\neq 0$，则

$$I(u)=(Lu,u)-2(f,u)$$
$$=\iint_G\left\{p\left[\left(\frac{\partial u}{\partial x}\right)^2+\left(\frac{\partial u}{\partial y}\right)^2\right]+qu^2-2fu\right\}\mathrm{d}x\mathrm{d}y\quad(u\in M_1)$$

2) $q(x,y)=0$，则

$$I(u)=(Lu,u)-2(f,u)$$
$$=\iint_G\left\{p\left[\left(\frac{\partial u}{\partial x}\right)^2+\left(\frac{\partial u}{\partial y}\right)^2\right]-2fu\right\}\mathrm{d}x\mathrm{d}y\quad(u\in\widetilde{M}_1)$$

同时 $\iint_G f(x,y)\mathrm{d}x\mathrm{d}y=0$

(3) $\left(\frac{\partial u}{\partial n}+\sigma u\right)\Big|_\Gamma=0$，设在 $G+\Gamma$ 上二次连续可微，在 Γ 上满足该条件的函数集合为 M_2。

第三边值问题相应的泛函表达式为

$$I(u)=(Lu,u)-2(f,u)$$
$$=\iint_G\left\{p\left[\left(\frac{\partial u}{\partial x}\right)^2+\left(\frac{\partial u}{\partial y}\right)^2\right]+qu^2-2fu\right\}\mathrm{d}x\mathrm{d}y+\int_\Gamma p\sigma u^2\mathrm{d}s\quad(u\in M_2)$$

其中，$p(x,y)>0$、$q(x,y)>0$、$\sigma(x,y)\geqslant 0$；此外，$p(x,y)$ 连续可微；$q(x,y)$、$f(x,y)$、$\sigma(x,y)$ 都是连续函数。

可以推得椭圆型等方程边值问题和其相应的变分问题也等价，因此，求解微分方程边值问题归结为求相应泛函的极小值函数。

1.11.1.2 Ritz 方法

1. Ritz 方法基本思想

在函数集合 M 中求泛函

$$I[u]=\iint_G F(x,y,u,u'_x,u'_y)\mathrm{d}x\mathrm{d}y$$

的极小值，其中 Γ 是 G 的边界，H 是在 $G+\Gamma$ 上的二次连续可微并在边界上满足条件 $u|_\Gamma=\varphi(s)$ 的函数集合。

设问题的精确解为 u^*，即 $I[u^*]=\min\limits_{u\in H}I[u]$ $(u^*\in H)$。为求得近似解，设想可构造函数序列 $\bar{u}_n(x,y)(n=1,2,\cdots)$，其中每个函数都满足边界条件，$\lim\limits_{n\to\infty}I[\bar{u}_n]=I[u^*]$ 且 $\lim\limits_{n\to\infty}\bar{u}_n=u^*$。构造函数序列的方法如下：

构造函数集合 H 的子集 $H_{(1)}:u_1(x,y,a_1)$，$H_{(2)}:u_2(x,y,a_1,a_2)$，…，$H_{(n)}:u_n(x,y,a_1,a_2,\cdots a_n)$，在这些集合中可以用初等方法求得泛函的极小值函数 $\bar{u}_n(x,y)$。当参数增多时，意味着函数集合在扩大，同时，这些函数集合都是 H 的子集，因此有 $H_{(1)}\subset H_{(2)}\subset\cdots\subset H_{(n)}\subset\cdots\subset H$。所以

$$I[\bar{u}_1]\geqslant I[\bar{u}_2]\geqslant\cdots\geqslant I[\bar{u}_n]\geqslant\cdots\geqslant\min_{u\in H}I[u]$$

因此，序列 $\{I[\bar{u}_n]\}$ 是一个单调下降且以 $\min\limits_{u\in H}I[u]$ 为下界的序列，它有极限存在

$$\lim_{n\to\infty}I[\bar{u}_n]=m$$

因此，必须构造出 M 的子集使得 $m=\min\limits_{u\in M}I[u]=I[u^*]$，且由于 $\bar{u}_n(x,y)$ 的极限存在，因此同时满足 $\lim\limits_{n\to\infty}\bar{u}_n(x,y)=u^*(x,y)$。

假定构造这些子集符合条件，那么只要确定 n 个参数 $a_1,a_2,\cdots,a_n$，即可将泛函求极值问题转化为求多元函数极值问题，为了确定 $a_1,a_2,\cdots,a_n$，只要解方程组

$$\frac{\partial I}{\partial a_k}=0\quad(k=1,2,\cdots,n)$$

即可。该方程组实际上是一个线性代数方程组。

2. 常微分方程边值问题

第一边值问题：在 $0\leqslant x\leqslant l$ 内求函数 $y(x)$ 满足下列方程和边界条件：

$$\begin{cases}Ly\equiv-(p(x)y')'+q(x)y=f(x)\quad(0<x<l)\\ y(0)=0,\ y(l)=0\end{cases}$$

相应的变分问题是：在 D_0 内求函数 $y=y(x)$ 使泛函

$$I[y]=\int_{x_0}^{x_1}(py'^2+qy^2-2fy)\mathrm{d}x\quad[y(x)\in D]$$

达到极小值。

为求得变分问题的近似解，首先构造函数集合 D_0^n，其中每一个函数 y_n 线性地依赖于参数 $a_1,a_2,\cdots,a_n$，即

$$y_n(x)=y(x,a_1,a_2,\cdots,a_n)$$
$$=a_1\varphi_1(x)+a_2\varphi_2(x)+\cdots+a_n\varphi_n(x)$$

式中 $\{\varphi_i(x)\}$——坐标函数系。

$\{\varphi_i(x)\}$ 满足下列条件：

(1) 每一个函数在 $[0,l]$ 上有连续导数并满足边界条件 $\varphi_i(0)=\varphi_i(l)=0$。

(2) $\{\varphi_i(x)\}$ 中任意有限个函数都是线性无关的。

(3) $\{\varphi_i(x)\}$ 是完备的，即对于具有连续导数且满足边界条件的任意函数 $y(x)$ 以及给定的 $\varepsilon>0$ 总存在正整数 n 和一组常数 $a_1,a_2,\cdots,a_n$，使以下不等式成立：

$$\begin{cases}\left|y(x)-\sum_{k=1}^n a_k\varphi_k(x)\right|<\varepsilon\\ \left|y'(x)-\sum_{k=1}^n a_k\varphi'_k(x)\right|<\varepsilon\end{cases}$$

其中，常微分算子 L 的特征函数系为 $\varphi_k(x)=\sin\frac{k\pi x}{l}$ $(k=1,2,\cdots)$，对于 D_0 中任意一个函数可按 $\sin\frac{k\pi x}{l}$ 展开。

接着需要确定系数 $a_1,a_2,\cdots,a_n$，即确定 $y_n=\sum_{k=1}^{n}a_k\varphi_k(x)$ 使泛函在 D_0^n 中达到最小。需求解线性代数方程组

$$\frac{\partial I[y_n]}{\partial a_k}=0\quad(k=1,2,\cdots,n)$$

将构造的函数 $y_n(x)$ 代入泛函，得到

$$\begin{aligned}I[y_n]&=\int_0^l(py_n'^2+qy^2-2fy_n)\mathrm{d}x\\&=\int_0^l\left\{p(\sum_{k=1}^{n}a_k\varphi_k')^2+q(\sum_{k=1}^{n}a_k\varphi_k)^2\right.\\&\quad\left.-2f\sum_{k=1}^{n}a_k\varphi_k\right\}\mathrm{d}x\\&=\sum_{k,s=1}^{n}\int_0^l pa_ka_s\varphi_k'\varphi_s'\mathrm{d}x+\sum_{k,s=1}^{n}\int_0^l qa_ka_s\varphi_k\varphi_s\mathrm{d}x\\&\quad-2\sum_{k=1}^{n}\int_0^l a_k\varphi_kf\mathrm{d}x\end{aligned}$$

设 $\alpha_{k,s}=\int_0^l(p\varphi_k'\varphi_s'+q\varphi_k\varphi_s)\mathrm{d}x\quad(k,s=1,2,\cdots,n)$

$$\beta_k=\int_0^l\varphi_kf\mathrm{d}x\quad(k=1,2,\cdots,n)$$

则 $$I[y_n]=\sum_{k,s=1}^{n}\alpha_{k,s}a_ka_s-2\sum_{k=1}^{n}\beta_ka_k$$

上式是关于 a_i 的多元二次函数，根据取极值的必要条件有

$$\frac{\partial I[y_n]}{\partial a_k}=0\quad(k=1,2,\cdots,n)$$

即 $$\sum_{k=1}^{n}\alpha_{s,k}a_k-\beta_s=0$$

这是关于 a_k 的线性代数方程组，可以证明，其解存在且唯一。设该方程组的解为 $\bar{a}_1,\bar{a}_2,\cdots,\bar{a}_n$，则

$$\bar{y}_n=\sum_{i=1}^{n}\bar{a}_i\varphi_i(x)$$

为使泛函达到最小值所得的解。同时可以证明 $I[\bar{y}_n]$ 收敛于 $\min I[y]$，$\{\bar{y}_n\}$ 收敛并且 $\lim_{n\to\infty}\bar{y}_n(x)=\bar{y}(x)$。

如果边界条件是非齐次的：$y(0)=y_0$，$y(l)=y_1$，可构造函数 $W(x)$

$$W(x)=y_0+\frac{(y_1-y_0)}{l}x$$

使边界条件齐次化，则函数 $V(x)=y(x)-W(x)$ 满足齐次边界条件，它的泛函和 $y(x)$ 的泛函形式完全一样，因此，其近似解的形式为

$$\bar{y}_n(x)=W(x)+\sum_{i=1}^{n}a_i\varphi_i(x)$$

将 $y_n=\sum_{i=1}^{n}a_k\varphi_k(x)$ 代入 $I[y]$，根据 $\frac{\partial I[y_n]}{\partial a_k}=0$，方程组 $\sum_{k=1}^{n}\alpha_{s,k}a_k-\beta_s=0$ 可以写成另外一种形式

$$\int_0^l[L(y_n)-f]\varphi_s\mathrm{d}x=0\quad(s=1,2,\cdots,n)$$

该式即所谓的伽辽金方法的方程组，将在后面介绍。

3. 椭圆型方程边值问题

对于一般椭圆型方程

$$\begin{aligned}L(u)&\equiv-\frac{\partial}{\partial x}\left(a\frac{\partial u}{\partial x}\right)-\frac{\partial}{\partial y}\left(b\frac{\partial u}{\partial y}\right)+cu\\&=f\quad[(x,y)\in G]\\u|_\Gamma&=0\end{aligned}$$

其中，$a=a(x,y)>0$、$b=b(x,y)>0$ 在 $G+\Gamma$ 上连续可微；$c=c(x,y)\geqslant0$、$f=f(x,y)$ 在 $G+\Gamma$ 上连续。其相应的变分问题为在 M 内求泛函

$$I(u)=\iint_G\left[a\left(\frac{\partial u}{\partial x}\right)^2+b\left(\frac{\partial u}{\partial y}\right)^2+cu^2-2fu\right]\mathrm{d}x\mathrm{d}y$$

的极小值。

求解该问题的基本思想和常微分方程边值问题一样，即在 M 内构造函数集合 $M^{(n)}$：

$$u_n(x,y)=\sum_{i=1}^{n}a_i\varphi_i(x,y)$$

式中 $\varphi_i(x,y)(i=1,2,\cdots,n)$——坐标函数系；
a_i——待定参数。

$\varphi_i(x,y)$ 通常可选取满足边界条件的三角函数或多项式，一般可以用如下方法去构造。

先作一个函数 $W=W(x,y)$，满足下列条件：

(1) $W=W(x,y)>0$，$(x,y)\in G$；$W|_\Gamma=0$，$(x,y)\in\Gamma$。

(2) 在 $G+\Gamma$ 内连续。

(3) 在 G 内有有界连续偏导数 $\frac{\partial W}{\partial x}$、$\frac{\partial W}{\partial y}$。然后构造坐标函数系 $\{\varphi_i(x,y)\}$：

$$\varphi_0=W,\ \varphi_1=Wx,\ \varphi_2=Wy,\ \varphi_3=Wx^2$$
$$\varphi_4=Wxy,\ \varphi_5=Wy^2,\cdots$$

可以证明，这个函数系符合坐标函数系的要求。

在一些特殊区域内函数 W 有如下的表达式：

(1) G 为圆域：$x^2+y^2\leqslant R^2$，$W(x,y)=R^2-x^2-y^2$。

(2) G 为在圆 $x^2+y^2=R^2$ 内而在圆 $\left(x-\frac{R}{2}\right)^2$

$+y^2=\frac{1}{4}R^2$ 外的区域，则取 $W(x,y)=(R^2-x^2-y^2)\left[\left(x-\frac{R}{2}\right)^2+y^2-\frac{1}{4}R^2\right]$。

(3) G 为矩形 $a\leqslant x\leqslant b$，$c\leqslant y\leqslant d$，则取 $W(x,y)=(b-x)(x-a)(d-y)(y-c)$。

(4) 若 G 是以 $a_kx+b_ky+c_k=0(k=1,2,\cdots,m)$，$m\geqslant 3$ 为边的凸多边形区域，则可取 $W(x,y)=\pm\prod_{k=1}^{m}(a_kx+b_ky+c_k)$。

将构造的函数代入所求的泛函，根据 $\frac{\partial I[u_n]}{\partial a_s}=0(s=1,2,\cdots,n)$，得到

$$\sum_{k=1}^{n}\alpha_{k,s}a_k=\beta_s\quad(s=1,2,\cdots,n)$$

这是一个线性代数方程组。同样，可以证明这一方程组有唯一解。若将这一方程组的解记为 $\bar{a}_1,\bar{a}_2,\cdots,\bar{a}_n$，则有

$$\bar{u}_n(x,y)=\sum_{k=1}^{n}\bar{a}_k\varphi_i(x,y)$$

即为所求的近似解。

此外，根据第一格林公式也可以得到另外一种形式——伽辽金方法的方程组

$$\iint_G(-\Delta u_n-f)\varphi_s\mathrm{d}x\mathrm{d}y=0\quad(s=1,2,\cdots,n)$$

1.11.1.3　伽辽金方法

伽辽金方法与变分问题没有任何联系，因此不需要将微分方程问题化为泛函变分问题来求解，但当微分方程问题和变分问题等价时，它和 Ritz 方法就是一样的。由于它不需要和变分问题相联系，所以它的应用范围比 Ritz 方法更为广泛。但因为缺乏与变分问题的联系，因而对一般微分方程应用伽辽金方法时，关于近似解是否逼近精确解是一个困难的问题。

以求如下边值问题为例：

$$\begin{cases}Ly\equiv-\frac{\mathrm{d}}{\mathrm{d}x}\left(p\frac{\mathrm{d}y}{\mathrm{d}x}\right)+qy=f\\y(0)=y(l)=0\end{cases}$$

假设 $\varphi_k(x)(k=1,2,\cdots,n)$ 是个完备的函数系，伽辽金方法也是求形如下式的近似解：

$$y_n(x)=\sum_{k=1}^{n}a_k\varphi_k(x)$$

式中　a_k——待定系数。

若 $y(x)$ 是边值问题的精确解，则必有

$$Ly(x)-f(x)\equiv 0$$

由于只有 n 个待定系数，只需 n 个正交条件，因此，在 Ly、$f(x)$ 是连续函数的条件下就等价于

$$\int_0^l(Ly-f)\varphi_s\mathrm{d}x=0\quad(s=1,2,\cdots,n)$$

这是一个关于 $a_1,a_2,\cdots,a_n$ 的线性代数方程组，称为伽辽金方法方程组，可以解得一组 $\bar{a}_1,\bar{a}_2,\cdots,\bar{a}_n$。

1.11.2　常微分方程边值问题的有限元方法

在区间 $[0,l]$ 内考虑常微分方程第一边值问题：

$$\begin{cases}Ly\equiv-\frac{\mathrm{d}}{\mathrm{d}x}[p(x)y']+q(x)y=f(x)\quad(x\in(0,l))\\y(0)=y(l)=0\end{cases}$$

其中，$p(x)>0$、$q(x)\geqslant 0$；$p'(x)$、$q(x)$、$f(x)$ 在 $[0,l]$ 上连续。其相应的变分问题是：在 D_0（$[0,l]$ 上连续可微且满足条件 $y(0)=y(l)=0$ 的所有函数的集合）内求函数 $\bar{y}(x)$，使泛函达到极小值，即

$$I[y(x)]=\int_{x_0}^{x_1}(py'^2+qy^2-2fy)\mathrm{d}x$$

用 $n+1$ 个点：$x_0,x_1,\cdots,x_n$（等距或不等距），将区间 $[0,l]$ 分割为 n 个子区间 $[x_{i-1},x_i](i=1,2,\cdots,n)$，即“基本元”，其中 $x_0=0$、$x_n=l$，并要求这些“基本元”互不重叠。

在每个基本元 $[x_{i-1},x_i]$ 上构造线性插值函数。设 $y(x)$ 在点 $x=x_{i-1},x_i$ 上的值分别为 y_{i-1},y_i，其线性插值函数为

$$\begin{aligned}y^{(i)}(x)&=\frac{x-x_i}{x_{i-1}-x_i}y_{i-1}+\frac{x-x_{i-1}}{x_i-x_{i-1}}y_i\\&=\frac{x_i-x}{x_i-x_{i-1}}y_{i-1}+\frac{x-x_{i-1}}{x_i-x_{i-1}}y_i\end{aligned}$$

该函数在点 $x=x_i$ 上有 $y^{(i)}(x_i)=y_i$，把每一个基本元上的函数 $y^{(i)}(x)$ 合并起来就得到在整个区间 $[0,l]$ 上都有定义的函数 $y_n(x)$：

$$y_n(x)=y^{(i)}(x)\quad x\in[x_{i-1},x_i]\quad(i=1,2,\cdots,n)$$

可以将函数 $y_n(x)$ 表示为 Ritz 方法的形式，即表示为坐标函数的线性组合。

由于

$$\begin{aligned}y^{(i)}(x)&=\frac{x_i-x}{x_i-x_{i-1}}y_{i-1}+\frac{x-x_{i-1}}{x_i-x_{i-1}}y_i\quad(x\in[x_{i-1},x_i])\\y^{(i+1)}(x)&=\frac{x_{i+1}-x}{x_{i+1}-x_i}y_i+\frac{x-x_i}{x_{i+1}-x_i}y_{i+1}\quad(x\in[x_i,x_{i+1}])\end{aligned}$$

可定义坐标函数系 $\varphi_i(x)$ 为

$$\varphi_i(x)=\begin{cases}\frac{x-x_{i-1}}{x_i-x_{i-1}}&(x\in[x_{i-1},x_i))\\1&(x=x_i)\\\frac{x_{i+1}-x}{x_{i+1}-x_i}&(x\in(x_i,x_{i+1}])\\0&(x\notin[x_{i-1},x_{i+1}])\end{cases}$$

于是 $$y_n(x)=\sum_{i=1}^{n-1}y_i\varphi_i(x)$$

要在 $D_0^{(n)}$ 中求函数 $\bar{y}_n(x)$ 使 $I[y(x)]$ 达到最小，由于 $\bar{y}_n(x)$ 取决于 $y_1,y_2,\cdots,y_{n-1}$，这和 Ritz 方法一样，将求 $I[y(x)]$ 极小值的变分问题化为求变数 y_1，$y_2,\cdots,y_{n-1}$ 的多元二次函数的极小值问题。因此将 $y_n(x)$ 代入 $I[y(x)]$，按多元函数求极值的必要条件得到

$$\sum_{k=1}^{n}\alpha_{s,k}a_k-\beta_s=0\quad(s=1,2,\cdots,n-1)$$

其中 $$\begin{cases}\alpha_{k,s}=\int_0^l(p\varphi'_k\varphi'_s+q\varphi_k\varphi_s)\mathrm{d}x=\alpha_{s,k}\\ \beta_k=\int_0^l\varphi_k f\mathrm{d}x\end{cases}$$

矩阵 $[\alpha_{k,s}]$ 是对称正定矩阵，称为刚度矩阵。为了形成总刚度矩阵，可以先在每个基本元上进行，然后再总体合成。通过一系列的推导，若 $p(x)$、$q(x)$、$f(x)$ 在 $[x_{i-1},x_i]$ 上分别取为常数 p_i、q_i、f_i，则

$$I[y(x)]=\int_{x_0}^{x_1}(py'^2+qy^2-2fy)\mathrm{d}x$$

$$=[y_{i-1}\quad y_i]k_1\begin{bmatrix}y_{i-1}\\ y_i\end{bmatrix}+[y_{i-1}\quad y_i]k_2\begin{bmatrix}y_{i-1}\\ y_i\end{bmatrix}-2\times\frac{x_i-x_{i-1}}{2}f_i(y_{i-1}+y_i)$$

其中 $$k_1=\frac{p_i}{(x_i-x_{i-1})}\begin{bmatrix}1&-1\\-1&1\end{bmatrix}$$

$$k_2=\frac{q_i(x_i-x_{i-1})}{6}\begin{bmatrix}2&1\\1&2\end{bmatrix}$$

或改写为

$$I[y(x)]=\int_{x_0}^{x_1}(py'^2+qy^2-2fy)\mathrm{d}x$$

$$=[y_{i-1}\ y_i]k\begin{bmatrix}y_{i-1}\\ y_i\end{bmatrix}-2\times\frac{x_i-x_{i-1}}{2}f_i(y_{i-1}+y_i)$$

其中 $$k=k_1+k_2$$

式中 k——单位刚度矩阵。

因此可得

$$I[y(x)]=\int_{x_0}^{x_1}(py'^2+qy^2-2fy)\mathrm{d}x=Y^{\mathrm{T}}KY-2F^{\mathrm{T}}Y$$

其中

$$Y=\begin{bmatrix}y_1\\y_2\\ \vdots\\ y_n\end{bmatrix},\quad F=\frac{1}{2}\begin{bmatrix}f_1l_1+f_2l_2\\ f_2l_2+f_3l_3\\ \vdots\\ f_{n-1}l_{n-1}+f_nl_n\end{bmatrix},\quad l_i=x_i-x_{i-1}$$

如此便得到关于变量 $y_1,y_2,\cdots,y_{n-1}$ 的二次函数。根据二次函数取极值的条件，得到线性代数方程组

$$\boldsymbol{KY}=\boldsymbol{F}$$

式中 $\boldsymbol{K}$——$n-1$ 阶的总刚度矩阵。

关于基本元的累加问题，每个基本元的单元刚度矩阵 k 在总刚度矩阵中的位置按以下原则确定，即对于第 $i(i=2,3,\cdots,n-1)$ 个基本元而言，单位刚度矩阵 k_i 位于总刚度矩阵中第 $i-1$ 行、i 行和第 $i-1$ 列、i 列，但第一个单元和第 n 个单元除外，由于利用了齐次边界条件，而只留了一个元素分别位于第 1 行、第 1 列和第 $n-1$ 行、第 $n-1$ 列上。

总刚度矩阵 $\boldsymbol{K}$ 是一个三对角矩阵，其主对角线的元素为

$$k_{ii}=\frac{p_i}{l_i}+\frac{p_{i+1}}{l_{i+1}}+\frac{1}{3}(q_il_i+q_{i+1}l_{i+1})$$
$$(i=1,2,\cdots,n-1)$$

其中 $p_i=p(x_i)$，$l_i=x_i-x_{i-1}$，$q_i=q(x_i)$

次对角线的元素为

$$k_{i,i+1}=k_{i+1,i}$$
$$=-\frac{p_{i+1}}{l_{i+1}}+\frac{1}{6}q_{i+1}l_{i+1}\quad(i=1,2,\cdots,n-2)$$

此外，方程组右端的常数项为

$$F_i=\frac{1}{2}(l_if_i+l_{i+1}f_{i+1})\quad(i=1,2,\cdots,n-1)$$

其中 $$f_i=f(x_i)$$

此外，也可用伽辽金方法得到同样的结果。对于得到的确定 $y_1,y_2,\cdots,y_{n-1}$ 的代数方程组可用追赶法解三对角方程组，从而得到变分问题极值函数在结点上的近似值。

如果常微分方程边值问题的边界条件是非齐次的，例如 $y(0)=y_0$，$y(l)=y_l$，那么作辅助函数

$$W(x)=\frac{y_l-y_0}{l}x+y_0$$

使边界条件齐次化，然后再按上述方法求相应常微分方程问题的数值解。

综上所述，在应用有限元方法求解微分方程的定解问题时，一般步骤如下：

（1）寻求微分方程相应的变分形式。

（2）对区域 $\overline{\Omega}$ 进行剖分。

（3）单元分析，构造插值函数。

（4）约束条件的处理与总体合成，建立有限元方程组。

（5）有限元方程组求解。

1.11.3 椭圆型方程边值问题的有限元方法

在区域 $G+\Gamma$ 内考虑以上第一边值问题，即

$$\begin{cases}Lu\equiv-\frac{\partial}{\partial x}\left[a(x,y)\frac{\partial u}{\partial x}\right]-\frac{\partial}{\partial y}\left[b(x,y)\frac{\partial u}{\partial y}\right]\\ \qquad+c(x,y)u=f(x,y)\quad[(x,y)\in G]\\ u|_\Gamma=\varphi(x,y)\end{cases}$$

其中，$a(x,y)>0$、$b(x,y)>0$ 在 $G+\Gamma$ 上连续可微；$c=c(x,y)\geqslant 0$、$f=f(x,y)$ 在 $G+\Gamma$ 上连续。其相应的变分问题是：在 $G+\Gamma$ 内求函数 $u(x,y)$，使泛函

$$I(u)=\iint_G\left[a\left(\frac{\partial u}{\partial x}\right)^2+b\left(\frac{\partial u}{\partial y}\right)^2+cu^2-2fu\right]\mathrm{d}x\mathrm{d}y$$

取极小值。

用有限元法求解该问题，首先要将 G 分割为有限个互不重叠的基本元，从常微分方程边值问题中已经知道，其边值条件是一维的，因此“基本元”是由区间分割成的一个个小区间；若边值条件是二维的情况下，可以把区域分割成平面图形，即三角形、四边形、五边形等；同样，在边值条件是三维的情况下，可以把区域分割成三棱柱体、四面体、六面体等。

1.11.3.1 区域剖分

1. 三角形剖分

(1) 一次三角形元。在区域 G 内取 n 个点 P_1，$P_2,\cdots,P_n$，在 Γ 上取 m 个点 $P_{n+1},P_{n+2},\cdots,P_{n+m}$，以这些点作为顶点联成三角形网，每个三角形就是一个“基本元”，把它记为 $\triangle_k$，k 是基本元的编号。三角形的顶点称为节点。所有三角形的全体记为 G_h（h 是所有三角形中的最大边长），它的边界为 Γ_h，是一条封闭的折线。

分割时应注意各基本元之间不能有公共内点，尽量将基本元 $\triangle_k$ 的三条边取得接近相等。分割要一直到边界，若边界为直线，即以此直线为三角形的边。至于基本元的大小不必选得一致，按问题的要求而定，可大可小。基本元 $\triangle_k$ 若有一条边落在 Γ_h 上，称它为边界基本元。分割以后，对节点和基本元进行编号，通常采用“先内部后边界”的次序。

区域剖分完后，在每个基本元上构造插值函数。假设 $\triangle_k$ 三个顶点的坐标为 $P_i=(x_i,y_i)$、$P_j=(x_j,y_j)$、$P_r=(x_r,y_r)$，所求函数 $u(x,y)$ 在三个顶点的值分别为

$$u_i=u(x_i,y_i),\ u_j=u(x_j,y_j),\ u_r=u(x_r,y_r)$$

设三个顶点（见图 1.11-1）按逆时针方向排列，以保证三角形 $\triangle_k$ 的面积

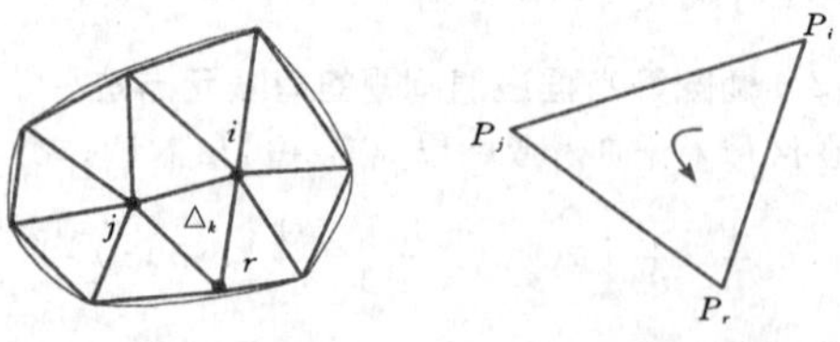

图 1.11-1 三角形元及区域的三角形剖分

$$\triangle_k=\frac{1}{2}\begin{vmatrix}1 & x_i & y_i\\1 & x_j & y_j\\1 & x_r & y_r\end{vmatrix}>0$$

在每个基本元上构造变分问题解 $u(x,y)$ 的线性插值函数为

$$u^{(k)}(x,y)=\lambda_1+\lambda_2 x+\lambda_3 y$$

令 $u^{(k)}(x,y)$ 在三个顶点 P_i、P_j、P_r 分别等于 u_i、u_j、u_r，即

$$\begin{cases}\lambda_1+\lambda_2x_i+\lambda_3y_i=u_i\\\lambda_1+\lambda_2x_j+\lambda_3y_j=u_j\\\lambda_1+\lambda_2x_r+\lambda_3y_r=u_r\end{cases}$$

由该方程可以唯一确定 λ_1、λ_2、λ_3，可得

$$\begin{cases}\lambda_1=\dfrac{1}{2\triangle_k}\{u_i(x_jy_r-x_ry_j)+u_j(x_ry_i-x_iy_r)\\\qquad+u_r(x_iy_j-x_jy_i)\}\\\lambda_2=\dfrac{1}{2\triangle_k}\{u_i(y_j-y_r)+u_j(y_r-y_i)+u_r(y_i-y_j)\}\\\lambda_3=\dfrac{1}{2\triangle_k}\{u_i(x_r-x_j)+u_j(x_i-x_r)+u_r(x_j-x_i)\}\end{cases}$$

若令

$$\begin{cases}\alpha_i=x_jy_r-x_ry_j\\\alpha_j=x_ry_i-x_iy_r\\\alpha_r=x_iy_j-x_jy_i\end{cases},\ \begin{cases}\beta_i=y_j-y_r\\\beta_j=y_r-y_i\\\beta_r=y_i-y_j\end{cases},\ \begin{cases}\gamma_i=x_r-x_j\\\gamma_j=x_i-x_r\\\gamma_r=x_j-x_i\end{cases}$$

则
$$\begin{cases}\lambda_1=\dfrac{1}{2\triangle_k}(\alpha_iu_i+\alpha_ju_j+\alpha_ru_r)\\\lambda_2=\dfrac{1}{2\triangle_k}(\beta_iu_i+\beta_ju_j+\beta_ru_r)\\\lambda_3=\dfrac{1}{2\triangle_k}(\gamma_iu_i+\gamma_ju_j+\gamma_ru_r)\end{cases}$$

再令
$$\begin{cases}N_i(x,y)=\dfrac{1}{2\triangle_k}(\alpha_i+\beta_ix+\gamma_iy)\\N_j(x,y)=\dfrac{1}{2\triangle_k}(\alpha_j+\beta_jx+\gamma_jy)\\N_r(x,y)=\dfrac{1}{2\triangle_k}(\alpha_r+\beta_rx+\gamma_ry)\end{cases}$$

则可将 $u^{(k)}(x,y)$ 化简为

$$u^{(k)}(x,y)=N_i(x,y)u_i+N_j(x,y)u_j\\+N_r(x,y)u_r\quad[(x,y)\in\triangle_k]$$

(2) 二次三角形元。以一个二次三角形元为例（见图 1.11-2）。采用面积坐标 $\{\lambda_1,\lambda_2,\lambda_3\}$（$\lambda_1+\lambda_2+\lambda_3=1$），三角形二次多项式可写为

$$U(x,y)=\omega_1\lambda_1^2+\omega_2\lambda_2^2+\omega_3\lambda_3^2+\omega_4\lambda_1\lambda_2\\+\omega_5\lambda_2\lambda_3+\omega_6\lambda_3\lambda_1$$

给定插值条件

$$\begin{cases}P_i=(x_i,y_i)\quad(i=1,2,3)\\P_{ij}=(x_{ij},y_{ij})\quad(1\leqslant i<j\leqslant 3)\end{cases}$$

$$\begin{cases}U(P_i)=u_i \quad (i=1,2,3)\\ U(P_{ij})=u_{ij} \quad (1\leqslant i<j\leqslant 3)\end{cases}$$

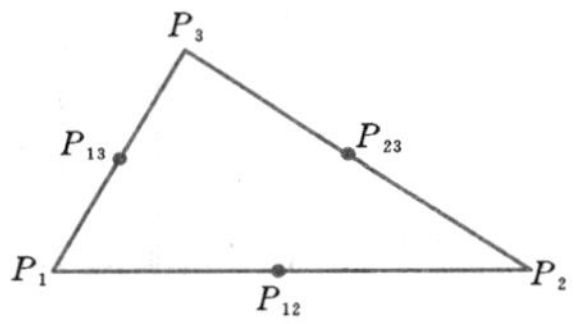

图 1.11-2 二次三角形元

则可确定 $\omega_i(1\leqslant i\leqslant 6)$ 如下：

$$\begin{cases}\omega_i=u_i \quad (1\leqslant i\leqslant 3)\\ u_{12}=\dfrac{1}{4}(\omega_1+\omega_2)+\dfrac{1}{4}\omega_4\\ u_{23}=\dfrac{1}{4}(\omega_2+\omega_3)+\dfrac{1}{4}\omega_5\\ u_{13}=\dfrac{1}{4}(\omega_3+\omega_1)+\dfrac{1}{4}\omega_6\end{cases}$$

解得

$$\omega_1=u_1,\ \omega_2=u_2,\ \omega_3=u_3,\ \omega_4=4u_{12}-(u_1+u_2)$$

$$\omega_5=4u_{23}-(u_2+u_3),\ \omega_6=4u_{13}-(u_1+u_{23})$$

因此，该三角形上二次插值多项式可写为

$$U(x,y)=u_1\lambda_1(2\lambda_1-1)+u_2\lambda_2(2\lambda_2-1)+u_3\lambda_3(2\lambda_3-1)+4u_{12}\lambda_1\lambda_2+4u_{23}\lambda_2\lambda_3+4u_{13}\lambda_3\lambda_1$$

令

$$\begin{cases}\mu_i=\lambda_i(2\lambda_i-1) \quad (i=1,2,3)\\ \mu_{ij}=4\lambda_i\lambda_j \quad (1\leqslant i<j\leqslant 3)\end{cases}$$

称其为二次插值函数的基函数，则

$$U(x,y)=\mu_1u_1+\mu_2u_2+\mu_2u_3+\mu_{12}u_{12}+\mu_{23}u_{23}+\mu_{13}u_{13}$$

这是第一个单元上构造的函数，将每一个单元上构造的函数 $u^{(k)}(x,y)$ 合并起来就得到 $u(x,y)$ 在整个 G_h 上的分块近似函数。

（3）三次三角形元（见图 1.11-3）。采用面积坐标 $\{\lambda_1,\lambda_2,\lambda_3\}(\lambda_1+\lambda_2+\lambda_3=1)$，三角形三次多项式可写成

$$U(x,y)=\omega_1\lambda_1^3+\omega_2\lambda_2^3+\omega_3\lambda_3^3+\omega_4\lambda_1^2\lambda_2+\omega_5\lambda_1\lambda_2^2+\omega_6\lambda_2^2\lambda_3+\omega_7\lambda_2\lambda_3^2+\omega_8\lambda_3^2\lambda_1+\omega_9\lambda_3\lambda_1^2+\omega_{10}\lambda_1\lambda_2\lambda_3$$

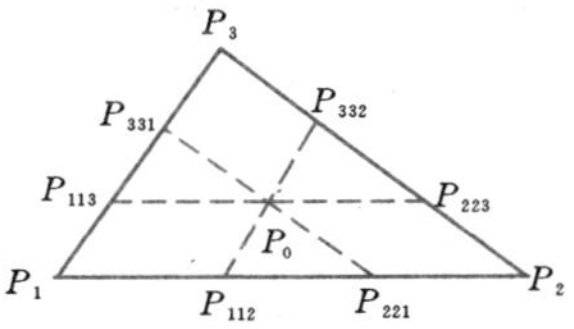

图 1.11-3 三次三角形元

给定插值条件

$$\begin{cases}P_i=(x_i,y_i) \quad (i=1,2,3)\\ P_{ij}=(x_{iij},y_{iij}) \quad (1\leqslant i,j\leqslant 3)\\ P_0=(x_0,y_0)\end{cases}$$

$$\begin{cases}U(P_i)=u_i \quad (i=1,2,3)\\ U(P_{iij})=u_{iij} \quad (1\leqslant i<j\leqslant 3)\\ U(P_0)=u_0\end{cases}$$

式中　P_{iij} ——边 $\overline{A_iA_j}$ 上的三分点；

　　　A_0 ——三角形的重心。

因此可确定 $\omega_i(1\leqslant i\leqslant 10)$ 如下：

$$\omega_i=u_i(1\leqslant i\leqslant 3)$$

$$\begin{cases}u_{112}=\omega_1\left(\dfrac{2}{3}\right)^3+\omega_2\left(\dfrac{1}{3}\right)^3+\omega_4\left(\dfrac{2}{3}\right)^2\left(\dfrac{1}{3}\right)+\omega_5\left(\dfrac{2}{3}\right)\left(\dfrac{1}{3}\right)^2\\ u_{221}=\omega_1\left(\dfrac{1}{3}\right)^3+\omega_2\left(\dfrac{2}{3}\right)^3+\omega_4\left(\dfrac{1}{3}\right)^2\left(\dfrac{2}{3}\right)+\omega_5\left(\dfrac{1}{3}\right)\left(\dfrac{2}{3}\right)^2\end{cases}$$

解得

$$\begin{cases}\omega_4=9u_{112}-\dfrac{9}{2}u_{221}-\dfrac{5}{2}u_1+u_2\\ \omega_5=9u_{221}-\dfrac{9}{2}u_{112}-\dfrac{5}{2}u_2+u_1\end{cases}$$

同理可得

$$\begin{cases}\omega_6=9u_{223}-\dfrac{9}{2}u_{332}-\dfrac{5}{2}u_2+u_3\\ \omega_7=9u_{332}-\dfrac{9}{2}u_{223}-\dfrac{5}{2}u_3+u_2\end{cases}$$

$$\begin{cases}\omega_8=9u_{331}-\dfrac{9}{2}u_{113}-\dfrac{5}{2}u_3+u_1\\ \omega_9=9u_{113}-\dfrac{9}{2}u_{331}-\dfrac{5}{2}u_1+u_3\end{cases}$$

再根据最后一个插值条件可以得到

$$u_0=\frac{1}{27}(\omega_1+\omega_2+\cdots+\omega_{10})$$

从而

$$\omega_{10}=27u_0-\frac{9}{2}(u_{112}+u_{221}+u_{223}+u_{332}+u_{331}+u_{113})+2(u_1+u_2+u_3)$$

因此，三角形三次插值多项式可以写为

$$U(x,y)=\sum_{i=1}^{3}\frac{\lambda_i(3\lambda_i-1)(3\lambda_i-2)}{2}u_i+\sum_{i\neq j}\frac{9}{2}\lambda_i\lambda_j(3\lambda_i-1)u_{iij}+27\lambda_1\lambda_2\lambda_3u_0$$

2. 矩形剖分

（1）双线性矩形单元（见图 1.11-4）。设在平面上给定一个矩形 $T=P_1P_2P_3P_4$，$P_i=(x_i,y_i)(1\leqslant i\leqslant 4)$，$P_0=(x_0,y_0)$ 是 T 的中心，则存在一个仿射变换 $F_T:\hat{T}\to T$，即

$$x=l_1\xi+x_0,\ y=l_2\eta+y_0$$

其逆变换为

$$\xi=\frac{x-x_0}{l_1},\ \eta=\frac{y-y_0}{l_2}$$

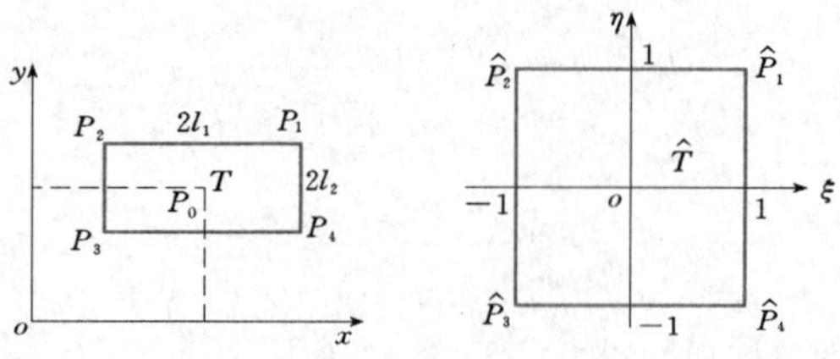

图 1.11-4 双线性矩形单元

因此在矩形 T 上构造插值多项式，只要在标准单元 $\hat{T}=\hat{P}_1\hat{P}_2\hat{P}_3\hat{P}_4$ 上构造同类插值多项式，然后通过变换 F_T，即可得到 T 上的插值多项式。首先构造双线性插值多项式 $\hat{p}\in Q_1(\hat{T})$，定义在 $\hat{T}$ 上双线性多项式的集合

$$\hat{p}(\xi,\eta)=a\xi\eta+b\xi+c\eta+d$$

使得 $\hat{p}(\hat{A}_i)=u_i\quad(i=1,2,3,4)$

先构造基函数 $\hat{p}_i(\xi,\eta)$，使得

$$\hat{p}_i(\hat{A}_j)=\delta_{ij}=\begin{cases}1 & (i=j)\\0 & (i\neq j)\end{cases}$$

容易得出

$$\begin{cases}\hat{p}_1(\xi,\eta)=\frac{1}{4}(1+\xi)(1+\eta)\\ \hat{p}_2(\xi,\eta)=\frac{1}{4}(1-\xi)(1+\eta)\\ \hat{p}_3(\xi,\eta)=\frac{1}{4}(1-\xi)(1-\eta)\\ \hat{p}_4(\xi,\eta)=\frac{1}{4}(1+\xi)(1-\eta)\end{cases}$$

因此 $\hat{p}(\xi,\eta)=\sum_{i=1}^{4}u_ip_i(x,y)$

其中
$$\begin{cases}p_1(x,y)=\frac{(x-x_2)(y-y_4)}{(x_1-x_2)(y_1-y_4)}\\ p_2(x,y)=\frac{(x-x_1)(y-y_4)}{(x_2-x_1)(y_2-y_4)}\\ p_3(x,y)=\frac{(x-x_4)(y-y_1)}{(x_3-x_4)(y_3-y_1)}\\ p_4(x,y)=\frac{(x-x_2)(y-y_1)}{(x_4-x_2)(y_4-y_1)}\end{cases}$$

而 $p_i(x,y)\in Q_1(T)$，是双线性插值在顶点 P_i 处的基函数，$p(x,y)\in Q_1(T)$ 是满足条件

$$p(A_i)=u_i\quad(1\leqslant i\leqslant 4)$$

的双线性插值。

(2) 双二次矩形单元（见图 1.11-5）。在标准矩形单元 $\hat{T}$ 上的双二次插值基函数为

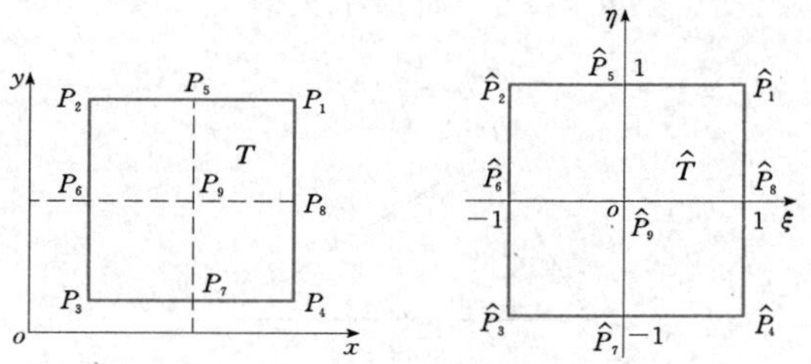

图 1.11-5 双二次矩形单元

$$\begin{cases}\hat{\Psi}_1(\xi,\eta)=\frac{1}{4}(1+\xi)(1+\eta)\xi\eta\\ \hat{\Psi}_2(\xi,\eta)=\frac{1}{4}(1-\xi)(1+\eta)\xi\eta\\ \hat{\Psi}_3(\xi,\eta)=\frac{1}{4}(1-\xi)(1-\eta)\xi\eta\\ \hat{\Psi}_4(\xi,\eta)=\frac{1}{4}(1+\xi)(1-\eta)\xi\eta\\ \hat{\Psi}_5(\xi,\eta)=\frac{1}{2}(1+\eta)\eta(1-\xi^2)\\ \hat{\Psi}_6(\xi,\eta)=-\frac{1}{2}(1-\xi)\xi(1-\eta^2)\\ \hat{\Psi}_7(\xi,\eta)=-\frac{1}{2}(1-\eta)\eta(1-\xi^2)\\ \hat{\Psi}_8(\xi,\eta)=-\frac{1}{2}(1+\xi)\xi(1-\eta^2)\\ \hat{\Psi}_9(\xi,\eta)=-(1-\xi^2)(1-\eta^2)\end{cases}$$

由仿射变换 F_T 的逆变换，即可得到矩形单元 T 上的双二次插值基函数为

$$\begin{cases}\Psi_1(x,y)=\frac{1}{4l_1^2l_2^2}(x-x_0)(y-y_0)(x-x_2)(y-y_4)\\ \Psi_2,\Psi_3,\Psi_4\text{ 与 }\Psi_1\text{ 类似}\\ \Psi_5(x,y)=-\frac{1}{2l_1^2l_2^2}(x-x_1)(x-x_2)(y-y_0)(y-y_4)\\ \Psi_6,\Psi_7,\Psi_8\text{ 与 }\Psi_5\text{ 类似}\\ \Psi_9(x,y)=\frac{1}{l_1^2l_2^2}(x-x_1)(x-x_2)(y-y_1)(y-y_4)\end{cases}$$

1.11.3.2 椭圆型方程边值问题的计算

对区域剖分后，用有限元法求解椭圆型边值问题。以一次三角形元为例，在每个单元上构造函数为

$$u^{(k)}(x,y)=N_i(x,y)u_i+N_j(x,y)u_j+N_r(x,y)u_r\quad[(x,y)\in\triangle_k]$$

将每个单元上构造的函数 $u^{(k)}(x,y)$ 合并得到 $u(x,y)$ 在整个 G_h 上的分块近似函数

$$\begin{aligned}u_{k_0}(x,y)&=u^{(k)}(x,y)\\&=N_i(x,y)u_i+N_j(x,y)u_j\\&\quad+N_r(x,y)u_r\quad[(x,y)\in\triangle_k]\end{aligned}$$

将它代入泛函 $I(u)$，得到关于变数 $u_i(i=1,2,\cdots,$

$n+m$）的多元二次函数为

$$I[u_{k_0}(x,y)]=\sum_{k=1}^{k_0}\iint_{\triangle_k}\left\{a(x,y)\left[\frac{\partial u^{(k)}}{\partial x}\right]^2+b(x,y)\left[\frac{\partial u^{(k)}}{\partial y}\right]^2+c(x,y)[u^{(k)}]^2-2fu^{(k)}\right\}\mathrm{d}x\mathrm{d}y$$

其中，k_0 是 $G_h+\Gamma_h$ 内的单元总数，$N=n+m$ 是节点的总数。因此，求泛函的极值问题就化为求多元二次函数的极值问题。

求解刚度矩阵，令

$$I^{(k)}=\iint_{\triangle_k}\left\{a(x,y)\left[\frac{\partial u^{(k)}}{\partial x}\right]^2+b(x,y)\left[\frac{\partial u^{(k)}}{\partial y}\right]^2+c(x,y)[u^{(k)}]^2-2fu^{(k)}\right\}\mathrm{d}x\mathrm{d}y$$

利用

$$\frac{\partial u^{(k)}}{\partial x}=u_i\frac{\partial N_i}{\partial x}+u_j\frac{\partial N_j}{\partial x}+u_r\frac{\partial N_r}{\partial x}=\frac{1}{\triangle_k}(\beta_iu_i+\beta_ju_j+\beta_ru_r)$$

$$\frac{\partial u^{(k)}}{\partial y}=u_i\frac{\partial N_i}{\partial y}+u_j\frac{\partial N_j}{\partial y}+u_r\frac{\partial N_r}{\partial y}=\frac{1}{\triangle_k}(\gamma_iu_i+\gamma_ju_j+\gamma_ru_r)$$

对泛函进行逐项分析，若取 $a(x,y)$ 为常数 a_k，则积分

$$\iint_{\triangle_k}a(x,y)\left[\frac{\partial u^{(k)}}{\partial x}\right]^2\mathrm{d}x\mathrm{d}y=\frac{1}{4\triangle_k^2}(\beta_iu_i+\beta_ju_j+\beta_ru_r)^2a_k\triangle_k=(u^{(k)})^{\mathrm{T}}K_1^{(k)}u^{(k)}$$

其中 $K_1^{(k)}=\dfrac{a_k}{4\triangle_k}\begin{bmatrix}\beta_i^2&\beta_i\beta_j&\beta_i\beta_r\\\beta_j\beta_i&\beta_j^2&\beta_j\beta_r\\\beta_r\beta_i&\beta_r\beta_j&\beta_r^2\end{bmatrix}$，$u^{(k)}=\begin{bmatrix}u_i\\u_j\\u_r\end{bmatrix}$

若取 $b(x,y)$ 为常数 b_k，则积分

$$\iint_{\triangle_k}b(u_y^{(k)})^2\mathrm{d}x\mathrm{d}y=\frac{1}{4\triangle_k^2}(\gamma_iu_i+\gamma_ju_j+\gamma_ru_r)^2b_k\triangle_k=(u^{(k)})^{\mathrm{T}}K_2^{(k)}u^{(k)}$$

其中
$$K_2^{(k)}=\frac{b_k}{4\triangle_k}\begin{bmatrix}\gamma_i^2&\gamma_i\gamma_j&\gamma_i\gamma_r\\\gamma_j\gamma_i&\gamma_j^2&\gamma_j\gamma_r\\\gamma_r\gamma_i&\gamma_r\gamma_j&\gamma_r^2\end{bmatrix}$$

若取 $c(x,y)$ 为常数 c_k，则积分

$$\iint_{\triangle_k}c(u^{(k)})^2\mathrm{d}x\mathrm{d}y=\iint_{\triangle_k}c(x,y)(N_i^2u_i^2+N_j^2u_j^2+N_r^2u_r^2)^2\mathrm{d}x\mathrm{d}y=(u^{(k)})^{\mathrm{T}}K_3^{(k)}u^{(k)}$$

其中
$$K_3^{(k)}=\begin{bmatrix}t_{ii}&t_{ij}&t_{ir}\\t_{ji}&t_{jj}&t_{jr}\\t_{ri}&t_{rj}&t_{rr}\end{bmatrix}$$

$$t_{ij}=\iint_{\triangle_k}c(x,y)N_i(x,y)N_j(x,y)\mathrm{d}x\mathrm{d}y=\frac{1}{12}c_k\triangle_k(1+\delta_{ij}),\quad\delta_{ij}=\begin{cases}0&(i\neq j)\\1&(i=j)\end{cases}$$

若取 $f(x,y)$ 为常数 f_k，则积分

$$2\iint_{\triangle_k}fu^{(k)}\mathrm{d}x\mathrm{d}y=2\iint_{\triangle_k}f(N_i^2u_i^2+N_j^2u_j^2+N_r^2u_r^2)\mathrm{d}x\mathrm{d}y=2(u^{(k)})^{\mathrm{T}}G^{(k)}$$

其中
$$G^{(k)}=\iint_{\triangle_k}fN_S\mathrm{d}x\mathrm{d}y=\frac{1}{3}\triangle_kf_k$$

综上分析，可得

$$I^{(k)}=(u^{(k)})^{\mathrm{T}}\boldsymbol{K}^{(k)}(u^{(k)})-2(u^{(k)})^{\mathrm{T}}\boldsymbol{G}^{(k)}$$

其中
$$\boldsymbol{K}^{(k)}=\boldsymbol{K}_1^{(k)}+\boldsymbol{K}_2^{(k)}+\boldsymbol{K}_3^{(k)}$$

称为单位刚度矩阵。对其进行总体合成得到

$$I[u_{k_0}(x,y)]=\sum_{k=1}^{k_0}I^{(k)}=\sum_{k=1}^{k_0}(u^{(k)})^{\mathrm{T}}\boldsymbol{K}^{(k)}(u^{(k)})-\sum_{k=1}^{k_0}(u^{(k)})^{\mathrm{T}}\boldsymbol{G}^{(k)}=u^{\mathrm{T}}\boldsymbol{K}u-2u^{\mathrm{T}}\boldsymbol{G}$$

其中，$\boldsymbol{K}$ 称为总刚度矩阵，由 $\boldsymbol{K}^{(k)}$ 按编号叠加而成；$\boldsymbol{G}$ 是由 $\boldsymbol{G}^{(k)}$ 按编号叠加而成；k_0 是单元总数。如果节点总数为 n，则总刚度矩阵 K 是 n 阶的。

按编号叠加的规则如下：

设
$$\boldsymbol{K}^{(k)}=\begin{bmatrix}l_{ii}&l_{ij}&l_{ir}\\l_{ji}&l_{jj}&l_{jr}\\l_{ri}&l_{rj}&l_{rr}\end{bmatrix}$$

是以编号为"i"、"j"、"r"的节点作为三个顶点的 $\triangle_k$ 的单元刚度矩阵。按编号叠加就是将 $\boldsymbol{K}^{(k)}$ 的每个元素加到该元素下标所指明的总刚度矩阵 $\boldsymbol{K}$ 的行列交叉的位置上，例如 $\boldsymbol{K}^{(k)}$ 中的 l_{ij} 应该加在总刚度矩阵的第 i 行第 j 列的交叉位置上。因此，由极值存在的必要条件得到确定 $u_1,u_2,\cdots,u_N$ 的代数方程组为

$$\boldsymbol{K}u=\boldsymbol{G}$$

解该方程组即可得到变分问题的近似解。

1.11.3.3 强加边界条件的处理

根据椭圆型方程边值问题的计算过程，最后由极值存在的必要条件得到确定 $u_1,u_2,\cdots,u_n$ 的代数方程组

$$\boldsymbol{K}u=\boldsymbol{G}$$

或
$$\sum_{j=1}^{n+m}K_{ij}u_j=G_i\quad(i=1,2,\cdots,n+m)$$

由于给定的边界条件 $u|_{\Gamma}=\varphi(x,y)$，所以对所得的代数方程组还需要加工，才能得到椭圆型方程边值问题在内部节点上的近似值。

现给出两种方法：

(1) 设 $u_s=\varphi(x_s,y_s)(s=n+1,n+2,\cdots,n+m)$，从方程 $\boldsymbol{K}u=\boldsymbol{G}$ 中去掉 m 个方程

$$\frac{\partial I[u_{k_0}]}{\partial u_s}=0\quad(s=n+1,n+2,\cdots,n+m)$$

对其余方程中出现的未知数 $u_j(j=n+1,\cdots,n+m)$ 用边界函数 $\varphi_j(j=n+1,\cdots,n+m)$ 代入，此时相当于将方程右端的常数项修改为

$$G_i-\sum_{j=n+1}^{n+m}K_{ij}\varphi_j$$

根据对节点和基本元进行编号采用“先内部后边界”的次序，方程和未知数的次序无须重新编排即得到 n 个未知数 n 个方程组

$$\sum_{j=1}^{n}K_{ij}u_j=G_i-\sum_{j=n+1}^{n+m}K_{ij}\varphi_j\quad(i=1,2,\cdots,n)$$

(2) 如果节点编号和基本元编号次序不是“先内部后边界”，而是任意编号，那么从公式

$$\frac{\partial I[u_{k_0}]}{\partial u_s}=0\quad(s=1,2,\cdots,n,n+1,\cdots,n+m)$$

中需要删去 m 个方程，并对其余的方程中落在边界上的位置数 u_j 代以 φ_j，这样可以得到含有 n 个未知数的 n 个方程的代数方程组，但方程的次序和未知数的次序必须重新编排，为了避免重新编排可以采取以下方法：

设节点的编号为 $h_1,h_2,\cdots,h_m$，令 $u_{h_k}=\varphi_k$，按 $\dfrac{\partial I[u_{k_0}]}{\partial u_{h_k}}=0$，那么原来要删去的 m 个方程为

$$\sum_{j=1}^{n+m}K_{h_k,j}u_j=G_{h_k}\quad(k=1,2,\cdots,m)$$

现将它保留下来，在其中令

$$K_{h_k,j}=\begin{cases}0 & (j\neq h_k)\\ 1 & (j=h_k)\end{cases}$$

于是上面的方程变为

$$u_{h_k}=G_{h_k}\quad(k=1,2,\cdots,m)$$

而 $u_{h_k}=\varphi_k$，即将常数项 G_{h_k} 修改为 φ_{h_k}，这 m 个方程最后修改为

$$u_{h_k}=\varphi_k\quad(k=1,2,\cdots,m)$$

而保留下来。在其余的方程

$$\sum_{j=1}^{n+m}K_{ij}u_j=G_i\quad(i\neq h_k;i=1,2,\cdots,n+m)$$

中，应将右端的常数项 G_i 修改为

$$G_i-\sum_{k=1}^{m}K_{i,h_k}\varphi_{h_k}$$

为了使得方程左端未知数的个数仍保留 N 个，还需要将系数矩阵的元素 $K_{i,h_k}(i\neq h_k)$ 修改为零。

综上所述，对原方程组的系数矩阵 $\boldsymbol{K}$ 和常数项 $\boldsymbol{G}$ 作如下的修改：

G_i 修改为

$$\begin{cases}\varphi_{h_k} & (i=h_k,\ k=1,2,\cdots,m)\\ G_i-\sum\limits_{k=1}^{m}K_{i,h_k}\varphi_{h_k} & (i\neq h_k,\ k=1,2,\cdots,m)\end{cases}$$

K_{ij} 修改为

$$\begin{cases}0 & (i\neq j,\ \text{但}\ i\ \text{或}\ j=h_k,\ k=1,2,\cdots,m)\\ 1 & (i=j,\ i=h_k,\ k=1,2,\cdots,m)\end{cases}$$

这样保留了含有 $n+m$ 个未知数的 $n+m$ 个方程的代数方程组（实际上是含有 n 个未知数的 n 个方程的代数方程组）。

1.11.4 抛物型方程边值问题的有限元方法

在区域 G：$\{0\leqslant x\leqslant l,t\geqslant 0\}$ 内考虑抛物型方程第一边值问题，即

$$\begin{cases}Lu\equiv\dfrac{\partial u}{\partial t}-\dfrac{\partial^2 u}{\partial x^2}=f(x,t) & (0<x<l,t>0)\\ u|_{t=0}=\varphi(x) & (0\leqslant x\leqslant l)\\ u(0,t)=u(l,t)=0\end{cases}$$

为了用有限元法求解抛物型方程第一边值问题，令时间变量 t 暂时固定，关于空间变量 x 离散给定偏微分方程，这样该问题的有限元方法就是之前研究的常微分方程边值问题的有限元方法。分割区间 $[0,l]$ 和构造坐标函数系 $\{\varphi_i\}$ 都完全一样。但是这里不用 Ritz 方法，而用伽辽金（Galerkin）方法。假设该问题具有以下形式的近似解

$$u^{(k)}(x,t)=\sum_{j=1}^{n-1}Q_j(t)\varphi_i(x)$$

按伽辽金方法应有

$$\int_0^l(L(u^{(k)})-f)\varphi_s\mathrm{d}x=0\quad(s=1,2,\cdots,n-1)$$

即有

$$\begin{aligned}&\int_0^l(u_t^{(k)}\varphi_s+u_{xx}^{(k)}\varphi_s-f\varphi_s)\mathrm{d}x\\ =&\int_0^l(u_t^{(k)}\varphi_s+u_x^{(k)}\varphi_{sx}-f\varphi_s)\mathrm{d}x\\ =&0\quad(s=1,2,\cdots,n-1)\end{aligned}$$

将 $u^{(k)}(x,t)$ 代入得

$$\sum_{j=1}^{n-1}\int_0^l\left(\frac{\partial Q_j}{\partial t}\varphi_j\varphi_s+Q_j\frac{\partial\varphi_j}{\partial x}\frac{\partial\varphi_s}{\partial x}-f\varphi_s\right)\mathrm{d}x=0$$
$$(s=1,2,\cdots,n-1)$$

在每个基本元上进行单元分析并进行总体合成，得到

$$MQ'+NQ=F(t)$$

这是一个含有 $n-1$ 个未知函数 $Q_1(t),Q_2(t),\cdots,Q_{n-1}(t)$ 的一阶常微分方程组。其中 M 由单元刚度矩阵 k_2 按编号叠加形成，N 由单元刚度矩阵 k_1 按编号叠加形成，此时 $q_i=p_i=1$，$Q=[Q_1(t),\cdots,Q_{n-1}(t)]^{\mathrm{T}}$，$F(t)$ 的每个分量为 $F_s(t)=\int_0^l f(x,t)\varphi_s(x)\mathrm{d}x$。

为了能得到相应的初始条件，以

$$u_0^{(k)}=\sum_{j=1}^{n-1}Q_j(0)\varphi_j(x)$$

在最小二乘意义下逼近 $u(x,0)=\varphi(x)$，即

$$\sum_{j=1}^{n-1}Q_j(0)\int_0^l\varphi_j\varphi_s\mathrm{d}x=\int_0^l\varphi\varphi_s\mathrm{d}x\quad(s=1,2,\cdots,n-1)$$

这是关于 $Q_j(0)$ 的代数方程组，系数可逆，从而可定出上述一阶常微分方程组的初始条件。这样将给定微分方程关于空间变量离散化后，得到自变量为 t 的常微分方程组，可用 Crank - Nicolson 格式解该方程组：

在 $\left(n+\frac{1}{2}\right)\Delta t$ 时间层上利用中心差商得到差分方程组

$$M\frac{Q^{n+1}-Q^n}{\Delta t}+N\frac{Q^{n+1}+Q^n}{2}=\frac{F^{n+1}+F^n}{2}$$

或

$$\left(M+\frac{N\Delta t}{2}\right)Q^{n+1}=\left(M-\frac{N\Delta t}{2}\right)Q^n+\frac{\Delta t}{2}(F^{n+1}+F^n)$$

将左边矩阵分解为

$$\left(M+\frac{N\Delta t}{2}\right)=LL^{\mathrm{T}}$$

其中 L 为 Cholesky 下三角矩阵，则有

$$LQ^{n+\frac{1}{2}}=\left(M-\frac{N\Delta t}{2}\right)Q^n+\frac{\Delta t}{2}(F^{n+1}+F^n)$$

$$L^{\mathrm{T}}Q^{n+1}=Q^{n+\frac{1}{2}}$$

因此，这里介绍的抛物型方程第一边值问题所用的方法，实际上是先用有限元方法关于空间变量 x 离散给定的偏微分方程，再用差分方法关于时间变量 t 离散所得的常微分方程组。可以证明用 Crank - Nicolson 格式解该方程组，过程是无条件稳定的。

1.11.5 双曲型方程边值问题的有限元方法

在区域 G：$\{0\leqslant x\leqslant l,t\geqslant 0\}$ 内考虑双曲型方程第一边值问题

$$\begin{cases}Lu\equiv\dfrac{\partial^2 u}{\partial t^2}-\dfrac{\partial^2 u}{\partial x^2}=f(x,t)\quad(0<x<l,\ t>0)\\ u\mid_{t=0}=\varphi(x)\quad(0\leqslant x\leqslant l)\\ u(0,t)=u(l,t)=0\end{cases}$$

与抛物型方程一样，先用伽辽金方法关于空间变量 x 离散给定的偏微分方程，然后用差分方法关于时间变量 t 离散所得到的常微分方程组。为此，假设有以下形式的近似解：

$$u^{(k)}(x,t)=\sum_{j=1}^{n-1}Q_j(t)\varphi_i(x)$$

其中 φ_i 为坐标系函数，按伽辽金方法，得到

$$\begin{aligned}\int_0^l(L[u^{(k)}]-f)\varphi_s\mathrm{d}x&=\int_0^l(u_{tt}^{(k)}\varphi_s+u_{xx}^{(k)}\varphi_s-f\varphi_s)\mathrm{d}x\\&=\int_0^l(u_{tt}^{(k)}\varphi_s+u_x^{(k)}\varphi_{sx}-f\varphi_s)\mathrm{d}x\\&=0\quad(s=1,2,\cdots,n-1)\end{aligned}$$

将 $u^{(k)}(x,t)$ 代入，有

$$\sum_{j=1}^{n-1}\int_0^l\left(\frac{\partial^2 Q_j}{\partial t^2}\varphi_j\varphi_s+Q_j\frac{\partial\varphi_j}{\partial x}\frac{\partial\varphi_s}{\partial x}-f\varphi_s\right)\mathrm{d}x=0$$
$$(s=1,2,\cdots,n-1)$$

同样，在每个基本元 $[x_{i-1},x_i]$ 上作单元分析，并进行总体合成，得到二阶常微分方程组

$$MQ''+NQ=F(t)$$

其中，$F(t)$ 的分量为

$$F_s=\int_0^l f(x,t)\varphi_s\mathrm{d}x$$

该二阶常微分方程组的第 j 方程为

$$\frac{Q''_{j+1}+4Q''_j+Q''_{j-1}}{6}-\frac{Q_{j-1}-2Q_j+Q_{j-1}}{h^2}=F_j$$

可用中心差商 $\Delta t^{-2}(Q^{n+1}-2Q^n+Q^{n-1})$ 代替上述方程中的二阶导数 Q''_j，然后在时间层上解差分方程组以求得 $Q_j(t)$ 的近似解。

1.12 最优化方法

1.12.1 基本概念

最优化问题的一般形式为

$$\begin{cases}\min f(X)\\ X\in R\end{cases}$$

其中 $R=\{X\mid g_j(X)\geqslant 0,j=1,2,\cdots,m\}$

最优化问题可分为线性规划（Linear Programming，LP），二次规划（Quadratic Programming，QP），非线性规划（Nonlinear Programming，NP），整数规划（Integer Programming，IP）等。非线性规划又可分为无约束非线性规划、有约束非线性规划等。

1.12.1.1 极值问题

若点 $X^*\in R$，而对任意 $X\in R$，都有 $f(X)\geqslant f(X^*)$，称 X^* 为 $f(X)$ 在 R 上全局极小点，$f(X^*)$ 为全局极小值。

若对所有 $X\in R$，$X\neq X^*$，都有 $f(X)>f(X^*)$，称 X^* 为 $f(X)$ 在 R 上严格全局极小点，$f(X^*)$ 为严格全局极小值。

对于 $X^* \in R$，存在 X^* 的邻域 $N_\delta(X^*)=\{X\in R \mid \| X-X^* \| < \delta,\delta>0\}$，而对任意 $X\in N_\delta(X^*)$，使 $f(X)\geqslant f(X^*)$，称 X^* 为 $f(X)$ 的局部极小点，$f(X^*)$ 为局部极小值。若 $f(X)>f(X^*)$，称 X^* 为 $f(X)$ 的严格局部极小点，$f(X^*)$ 为严格局部极小值。

1.12.1.2　极值点存在的条件

设 R 是 n 维欧氏空间 E^n 上的某一开集，$f(X)$ 在 R 上有一阶连续偏导数，且有点 $X^* \in R$ 取得局部极小值，则必有 $\nabla f(X^*)=0$。

设 R 是 n 维欧氏空间 E^n 上的某一开集，$f(X)$ 在 R 上具有二阶连续偏导数，$X^* \in R$，若 $\nabla f(X^*)=0$，且对任何非零向量 $Z\in E^n$，有 $Z^T H(X^*)Z>0$，则 X^* 为 $f(X)$ 的严格局部极小点。其中 $H(X^*)$ 为 $f(X)$ 在 X^* 处的海赛（Hessian）矩阵。

1.12.2　线性规划

1.12.2.1　数学模型

一类问题具有下列特征：

(1) 都有一组决策变量 $(x_1,x_2,\cdots,x_n)$ 表示某一方案，一般是非负的。

(2) 存在一定的约束条件，可用线性等式（不等式）来表示。

(3) 都有一个要求达到的目标，它可用决策变量的线性函数（称为目标函数）来表示，按问题的不同，要求目标函数实现最大化或最小化。

这类问题的数学模型称为线性规划。其一般形式为

$$\begin{cases}\max(\min)z=c_1x_1+c_2x_2+\cdots+c_nx_n\\ a_{11}x_1+a_{12}x_2+\cdots+a_{1n}x_n\leqslant(=,\geqslant)b_1\\ a_{21}x_1+a_{22}x_2+\cdots+a_{2n}x_n\leqslant(=,\geqslant)b_2\\ \qquad\vdots\\ a_{m1}x_1+a_{m2}x_2+\cdots+a_{mn}x_n\leqslant(=,\geqslant)b_m\\ x_1,x_2,\cdots,x_n\geqslant 0\end{cases}$$

一般线性规划问题可通过添加松弛变量或人工变量转化为下面的标准形式：

$$\begin{cases}\min f=cX\\ AX=b\\ X\geqslant 0\end{cases}$$

1.12.2.2　基本理论

1. 线性规划问题解的概念

(1) 满足约束条件的解称为可行解。

(2) 使目标函数达到最小值的可行解称为最优解。

(3) 考虑 $AX=b$，A 是 $m\times n$ 维系数矩阵，$R(A)=m$，如果 $A=(P_1,P_2,\cdots,P_n)$，则 $AX=b$ 可写为 $\sum\limits_{j=1}^{n}x_jP_j=b$，在 A 中选 m 个线性无关的列向量，不妨设 $P_1,P_2,\cdots,P_m$ 线性无关，称它们是线性规划的一组基，基对应的变量 $x_1,x_2,\cdots,x_m$ 称为基变量，其他的变量则称为非基变量。在选定一组基后，令非基变量都取零，则方程可唯一确定基变量的值，该解 X 称为基本解。

(4) 既是基本解又是可行解的解称为基本可行解。

(5) 使目标函数达到最小值的基本可行解称为最优基可行解。

2. 基本定理

若 LP 存在可行域，则其可行解集是凸集。

若 LP 有可行解，则一定有基可行解。

若 LP 有最优解，则至少存在一个基可行解是最优解。

1.12.2.3　单纯形方法

1. 确定初始基可行解

通过添加松弛变量、人工变量得到由单位向量构成的初始基。

2. 最优性检验

主要看基本可行解的变换对目标函数的影响。

一般约束条件经过迭代后，变成

$$x_i=b'_i-\sum_{j=m+1}^{n}a'_{ij}x_j\quad(i=1,2,\cdots,m)$$

$$f=\sum_{i=1}^{m}c_ib'_i-\sum_{j=m+1}^{n}\Big(\sum_{i=1}^{m}c_ia'_{ij}-c_j\Big)x_j=f_0-\sum_{j=m+1}^{n}\sigma_jx_j$$

(1) 最优解判定定理：若 $X=(x_1,x_2,\cdots,x_n)^T$ 是 LP 的一个基可行解，当其检验数 $\sigma_j\leqslant 0$ 时，则 X 是 LP 的最优解。

(2) 无穷多最优解判定定理：若 $X=(x_1,x_2,\cdots,x_n)^T$ 是 LP 的一个基可行解，对于一切 $\sigma_j\leqslant 0$，又存在某个非基变量的检验数 $\sigma_{m+t}=0$，则 LP 有无穷多最优解。

(3) 无界解判定定理：若 $X=(x_1,x_2,\cdots,x_n)^T=B^{-1}b$ 是 LP 的一个基可行解，有一个 $\sigma_{m+t}>0$，并且对 $i=1,2,\cdots,m$ 有 $a'_{i,m+t}\leqslant 0$，则该 LP 具有无界解（解为无穷大）。

3. 单纯形法的计算步骤

(1) 找初始可行基和初始可行解，建立初始单纯形表。

(2) 检验各非基变量 x_j 的检验数 $\sigma_j=f_j-c_j$，若 $\sigma_j\leqslant 0$，则已得到最优解，停止；否则，转下一步。

(3) 在 $\sigma_j>0$ 中，若有某个 σ_k 对应的 x_k 的系数

列向量 $P_k \leqslant 0$，则无界，停止。

(4) 在 $\sigma_j > 0$ 中确定 x_k 为换入变量，按最小 θ 规则计算，即

$$\theta = \min\left(\frac{b_i}{a_{ik}} \mid a_{ik} > 0\right) = \frac{b_s}{a_{sk}}$$

可确定 x_s 为换出变量，转 (5)。

(5) 以 a_{sk} 为主元素进行迭代，把 x_k 所对应的列向量

$$P_k = \begin{bmatrix} a_{1k} \\ a_{2k} \\ \vdots \\ a_{sk} \\ \vdots \\ a_{mk} \end{bmatrix} \Rightarrow \begin{bmatrix} 0 \\ 0 \\ \vdots \\ 1 \\ \vdots \\ 0 \end{bmatrix} \leftarrow \text{第 } s \text{ 行}$$

将基变量中的 x_s 换为 x_k 得新的单纯形表，重复 (2) ～ (5) 直到终止。

1.12.2.4 人工变量处理与两阶段方法

若线性规划标准形矩阵中不含单位阵，此时没有初始基，则通过引入人工变量构造初始基。在每一个等式约束的左端添加非负人工变量 x_{n+i} $(i=1,2,\cdots,m)$，则 $x_{n+i}(i=1,2,\cdots,m)$ 对应的基是单位基。

人工变量是加入到约束条件中的虚拟变量，要求将它们从基变量中逐个替换出来。人工变量没有实际意义，只是数学上的需要。主要有下列两个目的。

(1) 从人工变量经基变换到普通变量，实现基的转换。

(2) 若人工变量不能从基变量中换出，则原问题无可行解（无解）。

两阶段方法将线性规划问题的求解过程分为两步：

第 1 步　求原问题的一个基本可行解。

建立一个辅助问题，由所有人工变量之和构成一个目标函数，即

$$\min w = \sum_{i=1}^{m} x_{n+i}$$

当 $\min w$ 不为零时，即有人工变量不全为零，故原问题无可行解；否则，原问题有可行解，可进入第 2 步运算。

第 2 步　求解原问题。

以第 1 步得到的基本可行解为初始基本可行解，在约束条件中删去人工变量 $x_{n+i}(i=1,2,\cdots,m)$ 所对应的列，将目标函数改为原问题的目标函数，继续用单纯形方法求解原问题，方法同前。

1.12.2.5 对偶理论及对偶单纯形方法

1. 对偶模型

设原问题为

$$\begin{cases} \min f = cX \\ AX = b \\ X \geqslant 0 \end{cases} \tag{1.12-1}$$

则对偶问题为

$$\begin{cases} \max g = Yb \\ YA \leqslant c \end{cases} \tag{1.12-2}$$

2. 对偶定理

弱对偶定理：若 X、Y 分别为互为对偶的线性规划问题式 (1.12-1)、式 (1.12-2) 的可行解，则有 $cX \geqslant Yb$。

强对偶定理：若 X^*、Y^* 分别为互为对偶的线性规划问题式 (1.12-1)、式 (1.12-2) 的可行解，且 $cX^* = Y^* b$，则 X^*、Y^* 分别为式 (1.12-1)、式 (1.12-2) 的最优解。

对偶定理：若对偶问题式 (1.12-1) 和式 (1.12-2) 中有一个有最优解，则另一个也一定有最优解，并且两个问题的目标函数的最优值相等。

3. 对偶单纯形方法的求解步骤

(1) 假定已给一对偶可行基（单位阵 B），相应的基解为 $X_B = b$，若它的各个分量均非负，则这个解就是最优解，停止迭代；否则进入下一步。

(2) 选取换出变量的确定方法是：在 $(X_B)_i < 0$ 中按下标次序选取 x_s 为换出变量 [或按 $(X_B)_i$ 最小者]。

(3) 换入变量的确定，检查单纯形表中 x_s 所在行的各个系数 $a_{sj}(j=1,2,\cdots,n)$，若所有 $a_{sj} \geqslant 0$，则无可行解，停止计算；若 $a_{sj} < 0$ 存在，计算

$$\theta = \min_j\left(\frac{\sigma_j}{a_{sj}} \mid a_{sj} < 0\right) = \frac{\sigma_k}{a_{sk}}$$

按 θ 规则所对应的列的非基变量 x_k 为换入变量，这样才能保持得到的对偶问题的解仍为可行解。

(4) 以 a_{sk} 为主元素，按原单纯形法在表中进行迭代运算，得到新的计算表，对应一个新的基解 X_B'。

(5) 检查新解 X_B'，若它的所有分量均非负，则停止迭代，X_B' 为最优解；否则，转 (2)。

1.12.3 整数规划

1.12.3.1 概念和结论

对线性规划问题，设解的分量全为整数，则得到一个整数线性规划问题：

$$P: \quad \max f(X) = cX$$
$$AX \leqslant b$$
$$X \in N^n$$

若从 P 中去掉整数约束，则得到一个线性规划问题：

$$P': \quad \max f(X) = cX$$
$$AX \leqslant b$$
$$X \geqslant 0$$

于是 P' 称为 P 的一个松弛，而 P 称为 P' 的一个限制，并有下列结论。

(1) P' 的最优值不小于 P 的最优值。

(2) 若 $\bar{X}$ 是 P' 的整数最优解，则 $\bar{X}$ 也是 P 的最优解。

1.12.3.2 解法

1. 割平面法

(1) 算法原理。算法从解 P 的松弛问题 P' 开始，如果 P' 有整数最优解，则它就是 P 的最优解；否则进行迭代，每次迭代通过增加新的约束到问题中去再确定新解，直到得到整数最优解或者指出没有整数最优解为止。

(2) 算法描述。

1) 用单纯形法解没有整数条件的松弛问题，若可行解存在，则得到解 $\bar{X}$ 及目标函数值 $\bar{f} = c\bar{X}$，令 $t := 1$；否则，P 无解。

2) 若对任意的 $j(1 \leqslant j \leqslant n)$ 都有 $\bar{x}_j \in N$，则停止。这时 $\bar{X}$ 是 P 的最优解；否则，转 3)。

3) 任取 $\bar{X}$ 的一个非整数分量 $\bar{x}_q$，令 $r_q = b_q - [b_q] > 0$，第 q 行称源行。

4) 由源行并通过引进松弛变量 x_{n+t} 形成新的约束 $x_{n+t} - \sum_{j \in T} r_{qj} \cdot x_j = -r_q$，其中 T 为非基变量的下标集，$r_{qj} := a_{qj} - [a_{qj}]$。将新的约束添加到现行表中，并用对偶单纯形算法解这个新问题。

5) 若新问题有解 $\bar{X}$，则令 $t := t+1$ 转向 2)；否则，停止，P 没有可行整数解。

2. 分枝定界法

(1) 算法原理。算法从解 P 的松弛问题开始，如果它有整数最优解，则它必是 P 的最优解；否则用调整一个变量（固定为某一个整数）的办法生成一系列新问题，并利用该解所提供的最优解的新上界，再选择一部分新问题继续进行迭代，直到得到一个其目标函数达到最大值的整数解或者指出不存在整数解为止。

(2) 算法描述。

1) 开始置 $M := \Phi$，$I(0) := \Phi$，$t := 1$，

$$f^* := -\infty, \ P(0) := P'$$

2) 用单纯形法解问题 $P(0)$，得到解 $\bar{X}(0)$ 且具有目标函数值 $\bar{f}(0) = c\bar{X}(0)$（如果可行解存在）。

3) 若对任意的 $j(1 \leqslant j \leqslant n)$ 都有 $\bar{x}_j(0) \in N$，则停止，这时 $\bar{X}(0)$ 是 P 的最优解；否则，转 4)。

4) 置 $\Delta := \{t, t+1\}$；$\tau := 0$，选择变量 $\bar{x}_s(\tau) \notin N$，这里 $s \in [1, n]$，并解如下问题：

$$P(t): \quad \max f(X) = cX;\ AX \leqslant b;$$
$$x_s = [\bar{x}_s(\tau)];\ X \geqslant 0$$
$$P(t+1): \quad \max f(X) = cX;\ AX \leqslant b;$$
$$x_s = < \bar{x}_s(\tau) >;\ X \geqslant 0$$

得到解 $\bar{X}(\delta)$，这里 $\delta \in \Delta$，$< x >$ 表示大于 x 的最小整数。

5) 若存在 $\delta \in \Delta$，使得 $\bar{X}(\delta)$ 是最优解，则转 6)；否则，置 $\bar{f}(\delta) = -\infty$，对任意 $\delta \in \Delta$，转 12)。

6) 若存在 $\delta \in \Delta$，使得对任意的 $j(1 \leqslant j \leqslant n)$ 都有 $\bar{x}_j(\delta) \in N$，则转 7)；否则转 10)。

7) 确定 $\bar{f}(w) := \max_{\delta} \{\bar{f}(\delta) \mid \bar{x}_j(\delta) \in N, \forall j = 1, 2, \cdots, n\}$。

8) 若 $\bar{f}(w) > f^*$，则转 9)；否则，转 10)。

9) 置 $X^* := \bar{X}(w)$；$f^* := \bar{f}(w)$。

10) 置 $M := M \cup \{\delta \mid [\bar{x}_j(\delta) \notin N, 1 \leqslant j \leqslant n]$ 且 $[\bar{f}(\delta) \geqslant f^*], \delta \in \Delta\}$

$$I(t) := I(t+1) := I(\tau) \cup \{x_s\}$$
$$I(t+2) := \begin{cases} I(\tau) & (\text{若 } t > 1) \\ \phi & (\text{若 } t = 1) \end{cases}$$
$$J(t) := J(t+1) := x_s$$

若 $t > 1$，置 $\quad J(t+2) := J(\tau)$

$$\varepsilon(t) := -1;\ \varepsilon(t+1) := 1$$

若 $t > 1$，置 $\quad \varepsilon(t+2) := \varepsilon(\tau)$

11) 若 $t=1$，则置 $t := 3$，转 12)；否则置 $t := t+3$，转 12)。

12) 若 $M = \Phi$，则转 17)；否则，转 13)。

13) 确定 $\bar{f}(\tau) := \max\{\bar{f}(\delta) \mid \delta \in M\}$，置 $M := M - \{\tau\}$。

14) 若 $\bar{f}(\tau) < f^*$，则转 17)；否则，转 15)。

15) 置 $\Delta := \{t, t+1, t+2\}$，选择变量 $x_s(\tau) \notin N$，这里 $s \in [1, n]$。

16) 解如下问题：

$$P(t): \quad \max f(X) = cX, AX \leqslant b,\ X \geqslant 0$$
$$x_s = [\bar{x}_s(\tau)];\ x_i = \text{常数}, \forall i \in I(\tau)$$
$$P(t+1): \quad \max f(x) = cX, AX \leqslant b, X \geqslant 0$$
$$x_s = < \bar{x}_s(\tau) >; x_i = \text{常数}, \forall i \in I(\tau)$$
$$P(t+2): \quad \max f(x) = cX, AX \leqslant b, X \geqslant 0$$
$$x_k = x_k + \varepsilon(\tau);\ x_i = \text{常数}$$
$$\forall i \in [I(\tau) - \{x_k\}]$$

其中 $x_k = J(\tau)$

得到解 $\bar{X}(\delta)$，这里 $\delta \in \varDelta$，转 5)。

若问题 $P(t+2)$ 中的 x_k 由于限制 $x_k = x_k + \varepsilon(\tau)$ 而变成负的，则置 $x_k := 0$。

17) 若 $f^* = -\infty$，则停止，P 没有可行整数解；否则，停止，X^* 是 P 的最优解且目标函数值为 $f^* = cX^*$。

1.12.4 无约束非线性规划

1.12.4.1 下降算法

先给定一个初始估计 $X^{(0)}$，找 $X^{(1)}$，使 $f(X^{(1)}) < f(X^{(0)})$，如此不断进行下去可得序列 $\{X^{(k)}\}$，若这个序列有极限 X^*，即

$$\lim_{k\to\infty}\| X^{(k)} - X^* \| = 0$$

则称它收敛于 X^*。

下降迭代算法步骤：

(1) 置 $k=0$，选定初始点 $X^{(0)}$。

(2) 选一个搜索方向 $S^{(k)}$，使沿 $S^{(k)}$ 方向，$f(x)$ 的值下降。

(3) 从 $X^{(k)}$ 出发，沿方向 $S^{(k)}$ 求步长 λ_k，以产生下一个迭代点 $X^{(k+1)} = X^{(k)} + \lambda_k S^{(k)}$。

(4) 检查得到的新点 $X^{(k+1)}$ 是否为（近似）极小点，若是，则停止。否则，令 $k = k+1$，转 (2)。

检查方法：$\| \nabla f(X^{(k+1)}) \| < \varepsilon$，$| f(X^{(k+1)}) - f(X^{(k)}) | < \varepsilon$，$\| X^{(k+1)} - X^{(k)} \| < \varepsilon$，也可以采用相对误差。

关于确定步长 λ_k 的 3 种方法：$\lambda_k = c$；可接受点算法；沿搜索方向使目标函数下降最多（最佳步长），即

$$\lambda_k:\quad \min_{\lambda} f(X^{(k)} + \lambda S^{(k)})$$

1.12.4.2 一维搜索法

常用的有驻点法、二分法、斐波那契（Fibonacci）法、牛顿法、抛物线法（二次插值法）、Davidon 方法（三次插值法）、0.618 法、不精确一维搜索法等。

1. 牛顿法

求 $\min f(x)$。基本思想：用 $f(x)$ 在近似点 x_k 的二阶泰勒展开式近似代替 $f(x)$。

设 $y = f(x)$ 是在 $[a,b]$ 上的下单峰函数，$f''(x_k) > 0$，作

$$g(x) = f(x_k) + f'(x_k)(x - x_k) + \frac{1}{2}f''(x_k)(x - x_k)^2$$

令 $g'(x) = f'(x_k) + f''(x_k)(x - x_k) = 0$，得

$$x_{k+1} = x_k - \frac{f'(x_k)}{f''(x_k)}$$

牛顿法步骤：

(1) 置 $k=0$，给定 $\varepsilon>0$，取初始点 $x_0(a \leqslant x_0 \leqslant b)$。

(2) 若 $| f'(x_k) | < \varepsilon$，则 x_k 即为 $f'(x_k) = 0$ 的近似解，否则转 (3)。

(3) 计算 $x_{k+1} = x_k - \dfrac{f'(x_k)}{f''(x_k)}$，转 (2)。

2. 抛物线法（二次插值法）

用二次多项式 $p(x) = a_2x^2 + a_1x + a_0$ 逼近 $f(x)$。

令 $p'(x) = 2a_2x + a_1 = 0$

$$x^* = -\frac{a_1}{2a_2} \qquad (1.12-3)$$

过目标函数三个已知点：(x_1, f_1)、(x_2, f_2)、(x_3, f_3)，这里 $f_i = f(x_i)(i = 1,2,3)$，作一条抛物线，要求

$$a_2 x_i^2 + a_1 x_i + a_0 = f_i \quad (i = 1,2,3)$$

联立求解三元一次方程组得 a_1、a_2，将其代入式 (1.12-3) 即可。

或令 $s_1 = \dfrac{f_3 - f_1}{x_3 - x_1}$、$s_2 = \dfrac{\dfrac{f_2 - f_1}{x_2 - x_1} - s_1}{x_2 - x_3}$，得

$$x^* = \frac{1}{2}\left(x_1 + x_3 - \frac{s_1}{s_2}\right)$$

这里要求三个点 $x_1 < x_2 < x_3$，$f_1 > f_2$，$f_3 > f_2$。

由于二次多项式 $p(x)$ 仅是原目标函数 $f(x)$ 的近似描述，因此，在 x^* 附近一般要重复使用二次插值过程，才能得到满足一定精度的近似最优解。

常用 x_4 代替 x^*，并与 x_2 比较，重新选择新的三点，继续使用二次插值过程。

3. Davidon 方法（三次插值法）

已知 $f(x)$ 为连续函数，$f(a)$、$f(b)$、$f'(a)$、$f'(b)$，且 $f'(a)f'(b) < 0$，用三次多项式 $p(x)$ 逼近 $f(x)$。

设三次多项式 $p(x) = \alpha(x - a)^3 + \beta(x - a)^2 + \gamma(x - a) + \delta$ 满足

$$p(a) = f(a),\ p(b) = f(b),$$
$$p'(a) = f'(a),\ p'(b) = f'(b)$$

从中可解出 α、β、δ、γ。

下面求 $\min p(x)$：

(1) 当 $\alpha=0$ 时，$\hat{x} = a - \dfrac{\gamma}{2\beta}$。

(2) 当 $\alpha \neq 0$ 时，$\hat{x} = a + \dfrac{-\beta \pm \sqrt{\beta^2 - 3\alpha\gamma}}{3\alpha}$（为求极小值，负号舍去）。

(3) (1)、(2) 还可统一写为

$$\hat{x} = a - \frac{\gamma}{\beta + \sqrt{\beta^2 - 3\alpha\gamma}}$$

设 $u=f'(b)$，$v=f'(a)$，当 $a<b$、$v<0$ 时，令 $s=\dfrac{3[f(b)-f(a)]}{b-a}$，$z=s-u-v$，$w=\sqrt{z^2-uv}$，则

$$\hat{x}=a-\frac{(b-a)v}{z+w-v}$$

当 $a>b$、$v>0$ 时，交换 a、b 和 u、v，得

$$\hat{x}=b-\frac{(a-b)u}{z+w-u}=a-\frac{(b-a)v}{z-w-v}$$

综合上述两种情况，有

$$\hat{x}=a-\frac{(b-a)v}{z-w\cdot\mathrm{sgn}(v)-v}$$

4. 0.618 法

0.618 法又称为黄金分割法（Golden Ratio Method），是一种等速对称试探法，描述如下：

若 $\dfrac{x}{L}=\dfrac{L-x}{x}=\delta$，则可推得

$$\delta^2+\delta-1=0$$

因此 $$\delta=\frac{\sqrt{5}-1}{2}\approx 0.618$$

从而 $$x=\delta L\approx 0.618L$$

步骤如下：

(1) 置 $k=0$，设初始区间为 $[a_0,b_0]$，允许误差 $\varepsilon>0$，取 $\delta=0.618$。

(2) 若 $\left|\dfrac{b_k-a_k}{b_0-a_0}\right|\leqslant\varepsilon$，则停止，$x^*\in[a_k,b_k]$；否则转 (3)。

(3) 计算 $s_k=a_k+(1-\delta)(b_k-a_k)$、$t_k=a_k+\delta(b_k-a_k)$、$f(s_k)$、$f(t_k)$。

(4) 若 $f(s_k)\geqslant f(t_k)$，取 $a_{k+1}=s_k$，$b_{k+1}=b_k$，$s_{k+1}=t_k$，$f(s_{k+1})=f(t_k)$，求 $t_{k+1}=a_{k+1}+\delta(b_{k+1}-a_{k+1})$ 及 $f(t_{k+1})$；若 $f(s_k)<f(t_k)$，取 $a_{k+1}=a_k$，$b_{k+1}=t_k$，$t_{k+1}=s_k$，$f(t_{k+1})=f(s_k)$，求 $s_{k+1}=a_{k+1}+(1-\delta)(b_{k+1}-a_{k+1})$ 及 $f(s_{k+1})$。

(5) 令 $k=k+1$，转 (2)。

5. 不精确一维搜索法

从 $X^{(k)}$ 沿方向 $S^{(k)}$ 求步长 λ_k，得新点 $X^{(k+1)}=X^{(k)}+\lambda_k S^{(k)}$，使 $f(X^{(k+1)})<f(X^{(k)})$，不需要求最佳步长。

通常采用的是 Wolfe - Powell 不精确一维搜索准则。

对给定的常数 c_1、c_2、$0<c_1<c_2<1$，求 λ_k 满足如下条件：

条件 (Ⅰ) $f(X^{(k)})-f(X^{(k+1)})\geqslant -c_1\lambda_k[\nabla f(X^{(k)})]^{\mathrm{T}}\cdot S^{(k)}$（函数值是下降的）。

条件 (Ⅱ) $[\nabla f(X^{(k+1)})]^{\mathrm{T}}S^{(k)}\geqslant c_2[\nabla f(X^{(k)})]^{\mathrm{T}}S^{(k)}$（沿下降方向）。

常取 $c_1=0.1$，$c_2=0.5$。

不精确一维搜索法步骤如下：

(1) 给定 c_1、c_2，$0<c_1<c_2<1$，令 $a=0$，$b=-\infty$，$\lambda=1$，$j=0$。

(2) 令 $X^{(k+1)}=X^{(k)}+\lambda S^{(k)}$，计算 $f(X^{(k+1)})$，$\nabla f(X^{(k+1)})$，若 λ 满足条件（Ⅰ）、条件（Ⅱ），则令 $\lambda_k=\lambda$，计算结束；否则令 $j=j+1$，若 λ 不满足条件（Ⅰ），则转 (3)，若 λ 满足条件（Ⅰ），但不满足条件（Ⅱ），则转 (4)。

(3) 令 $b=\lambda$、$\lambda=\dfrac{\lambda+a}{2}$，转 (2)。

(4) 令 $a=\lambda$、$\lambda=\min\left\{2\lambda,\dfrac{\lambda+b}{2}\right\}$，转 (2)。

1.12.4.3 几种常用的无约束非线性规划

1. 最速下降法

迭代步骤如下：

(1) 置 $k=0$，给定初始近似点 $X^{(0)}$ 及精度 $\varepsilon>0$。

(2) 计算 $\nabla f(X^{(k)})$，若 $\|\nabla f(X^{(k)})\|\leqslant\varepsilon$，则停止，得 $X^*\approx X^{(k)}$。否则，转 (3)。

(3) 令 $S^{(k)}=-\nabla f(X^{(k)})$，从 $X^{(k)}$ 出发，沿 $S^{(k)}$ 进行一维搜索，求最佳步长 λ_k。

(4) 令 $X^{(k+1)}=X^{(k)}+\lambda_k S^{(k)}$，$k=k+1$，转 (2)。

2. 共轭梯度法

设 A 为 n 阶对称正定阵，如果 p 和 Aq 正交，即 $p^{\mathrm{T}}Aq=0$，则称 p 和 q 关于 A 共轭（A 正交）。一般地，设 A 为 n 阶对称正定阵，若非零向量组 $P^{(1)},P^{(2)},\cdots,P^{(n)}\in E^n$，满足 $(P^{(i)})^{\mathrm{T}}AP^{(j)}=0(i\neq j;i,j=1,2,\cdots,n)$，称该向量组为 A 共轭。

共轭梯度法的计算步骤：

(1) 取初始点 $X^{(0)}$，允许误差 $\varepsilon>0$。

(2) 若 $\|\nabla f(X^{(0)})\|\leqslant\varepsilon$，则停止，得 $X^*\approx X^{(0)}$。否则，转 (3)。

(3) 置 $k=0$，$S^{(0)}=-\nabla f(X^{(0)})$。

(4) 从 $X^{(k)}$ 出发，沿 $S^{(k)}$ 进行一维搜索，求最佳步长 λ_k（也可用下列公式求得）

$$\lambda_k=\frac{[\nabla f(X^{(k)})]^{\mathrm{T}}\nabla f(X^{(k)})}{(S^{(k)})^{\mathrm{T}}AS^{(k)}}$$

(5) 令 $X^{(k+1)}=X^{(k)}+\lambda_k S^{(k)}$。

(6) 若 $\|\nabla f(X^{(k+1)})\|\leqslant\varepsilon$，则停止，得 $X^*\approx X^{(k+1)}$。否则，转 (7)。

(7) 若 $k=n-1$，则令 $X^{(0)}=X^{(n)}$，转 (3)。否则，转 (8)。

(8) 计算

$$\mu_{k+1}=\frac{[\nabla f(X^{(k+1)})]^{\mathrm{T}}\nabla f(X^{(k+1)})}{[\nabla f(X^{(k)})]^{\mathrm{T}}\nabla f(X^{(k)})}$$

$$S^{(k+1)}=-\nabla f(X^{(k+1)})+\mu_{k+1}S^{(k)}$$

令 $k=k+1$，转（4）。

3. 牛顿法

设 $X^{(k)}$ 是 $f(X)$ 的近似点，将 $f(X)$ 在 $X^{(k)}$ 点作二阶泰勒展开，得

$$f(X) \approx f(X^{(k)}) + [\nabla f(X^{(k)})]^{\mathrm{T}}(X - X^{(k)}) + \frac{1}{2}(X - X^{(k)})^{\mathrm{T}} H(X^{(k)})(X - X^{(k)})$$

记右端为 $\varphi(X)$，令 $\nabla \varphi(X) = 0$，得

$$\nabla f(X^{(k)}) + H(X^{(k)})(X - X^{(k)}) = 0$$

$$X^{(k+1)} = X^{(k)} - [H(X^{(k)})]^{-1} \nabla f(X^{(k)})$$

该式即为牛顿迭代公式。

如果 $f(X)$ 是二次函数，则 $H(X)$ 为常数矩阵（设 H 正定），在这种情况下，从任一点 $X^{(0)}$ 出发，只需一次迭代即可求出 $f(X)$ 的极小点。

当 $f(X)$ 不是二次函数时，用 Taylor 展式逼近只是近似，此时常取 $-[HX^{(k)}]^{-1}\nabla f(X^{(k)})$ 为搜索方向，即

$$S^{(k)} = -[H(X^{(k)})]^{-1} \nabla f(X^{(k)})$$

$$X^{(k+1)} = X^{(k)} + \lambda_k S^{(k)}$$

其中，λ_k 由 $\min f(X^{(k)} + \lambda S^{(k)})$ 求得。

该方法称为阻尼牛顿法或广义牛顿法。

4. 变尺度法（DFP）

变尺度法是由 W. C. Davidon 于 1959 年首先提出，1963 年经 R. Fletcher 和 M. J. D. Powell 加以改进，是求解无约束优化问题最有效的算法之一，其基本思想是通过矩阵的加法和乘法构造一个牛顿法中 $[H(X^{(k)})]^{-1}$ 的近似矩阵 $\overline{H}^{(k)}$。

记 $G(X) = \nabla f(x)$，$\Delta G^{(k)} = G(X^{(k+1)}) - G(X^{(k)})$，$\Delta X^{(k)} = X^{(k+1)} - X^{(k)}$。

变尺度法的计算步骤：

（1）取初始点 $X^{(0)}$，允许误差 $\varepsilon>0$。

（2）若 $\| G^{(0)} \| \leqslant \varepsilon$，则停止，$X^* \approx X^{(0)}$。否则，转（3）。

（3）置 $k=0$，令 $\overline{H}^{(0)} = I$（单位阵）。

（4）计算 $S^{(k)} = -\overline{H}^{(k)} G^{(k)}$，从 $X^{(k)}$ 出发，沿 $S^{(k)}$ 进行一维搜索，求最佳步长 λ_k，得 $X^{(k+1)} = X^{(k)} + \lambda_k S^{(k)}$。

（5）若 $\| G^{(k+1)} \| \leqslant \varepsilon$，则 $X^* \approx X^{(k+1)}$。否则，转（6）。

（6）若 $k = n-1$，则令 $X^{(0)} = X^{(n)}$，转（3）；否则，计算 $\overline{H}^{(k+1)} = \overline{H}^{(k)} + \dfrac{\Delta X^{(k)} (\Delta X^{(k)})^{T}}{(\Delta X^{(k)})^{\mathrm{T}} \Delta G^{(k)}} - \dfrac{\overline{H}^{(k)} \Delta G^{(k)} (\overline{H}^{(k)} \Delta G^{(k)})^{\mathrm{T}}}{(\Delta G^{(k)})^{\mathrm{T}} \overline{H}^{(k)} \Delta G^{(k)}}$，令 $k = k+1$，转（4）。

1.12.5 约束非线性规划

1.12.5.1 非线性规划的数学模型

$$\min f(X)$$

$$\text{s. t.} \begin{cases} g_i(X) \leqslant 0 & (i = 1,2,\cdots,m) \\ h_j(X) = 0 & (j = 1,2,\cdots,p) \end{cases}$$

约束优化方法的分类：

（1）用线性规划或二次规划来逐次逼近非线性规划，如 SLP 法、SQP 法。

（2）把约束问题转化为无约束问题来处理，如 SUMT 法、乘子法。

（3）直接进行处理的分析方法，如可行方向法、梯度投影法、既约梯度法。

（4）直接搜索法，如复形法、随机试验法。

1.12.5.2 制约函数方法

制约函数方法（Sequential Unconstrained Minimization Technique，SUMT）是求解约束非线性规划的常用方法之一，分外点法和内点法两种方法。

1. SUMT 外点法

SUMT 外点法的计算步骤如下：

（1）选取 $M_1>0$（如 $M_1=1$），允许误差 $\varepsilon>0$，并令 $k=1$。

（2）求无约束极值问题的最优解，即

$$\min F(X, M_k) = F(X^{(k)}, M_k)$$

其中

$$F(X, M_k) = f(X) + M_k \sum_{i=1}^{m} [\max(0, g_i(X))]^2 + M_k \sum_{j=1}^{p} [h_j(X)]^2$$

（3）若对某一个 i 或 j 有 $[\max(0, g_i(X))]^2 \geqslant \varepsilon$ 或 $[h_j(X)]^2 \geqslant \varepsilon$，则取 $M_{k+1} > M_k$（如 $M_{k+1} = 10M_k$），令 $k = k+1$，转（2）；否则，停止，得 $X^* = X^{(k)}$。

2. SUMT 内点法

针对不等式约束，SUMT 内点法的计算步骤如下：

（1）选取 $r_1 > 0$（如 $r_1 = 1$），允许误差 $\varepsilon>0$。

（2）找一可行内点 $X^{(0)} \in R^0$，并令 $k=1$。

（3）构造障碍函数

$$I(X, r_k) = f(X) - r_k \sum_{i=1}^{m} \frac{1}{g_i(X)}$$

或

$$I(X, r_k) = f(X) - r_k \sum_{i=1}^{m} [\ln(-g_i(X))]$$

以 $X^{(k-1)}$ 为初始点，对障碍函数进行无约束极小化，即

$$\min I(X, r_k) = I(X^{(k)}, r_k)$$

$$X^{(k)} \in R^0$$

（4）检查是否满足下列收敛准则：

$$-r_k \sum_{i=1}^{m} \frac{1}{g_i(X^{(k)})} \leqslant \varepsilon$$

或 $$-r_k \sum_{i=1}^{m} [\ln(-g_i(X^{(k)}))] \leqslant \varepsilon$$

或 $$\| X^{(k)} - X^{(k-1)} \| \leqslant \varepsilon$$

或 $$| f(X^{(k)}) - f(X^{(k-1)}) | \leqslant \varepsilon$$

若满足，则 $X^* = X^{(k)}$；否则，取 $r_{k+1} < r_k\left(如\ r_{k+1} = \frac{r_k}{10}\right)$，令 $k=k+1$，转（3）。

3. 混合罚函数法

将内点法和外点法结合起来使用，当初始点 $X^{(0)}$ 给定以后，对 $X^{(0)}$ 不满足的那些不等式约束和等式约束，按外点法构造惩罚项 $P(X)$，对 $X^{(0)}$ 满足的那些不等式约束，按内点法构造障碍项 $B(X)$，即取混合罚函数为

$$F(X,r_k) = f(X) + r_k B(X) + \frac{1}{r_k} P(X)$$

其中 $$B(X) = -\sum_{i \in I_1} \frac{1}{g_i(X)}$$

$$P(X) = \sum_{i \in I_2} [\max(0, g_i(X))]^2 + \sum_{j=1}^{p} (h_j(X))^2$$

$$I_1 = \{i \mid g_i(X^{(k-1)}) < 0,\ i = 1,\cdots,m\}$$

$$I_2 = \{i \mid g_i(X^{(k-1)}) \geqslant 0,\ i = 1,\cdots,m\}$$

$$I = \{1,2,\cdots,m\},\ r_0 > r_1 > \cdots > r_k > r_{k+1} > \cdots \to 0$$

一般取 $r_0 = \max\left\{0.01, \frac{|v^*|}{100}\right\}$，$r_{k+1} = r_k c$ $(0 < c < 1)$，常取 $0.1 \leqslant c \leqslant 0.25$，$v^*$ 为约束优化问题最优值 $f(X^*)$ 的一个估计值。

1.12.6 动态规划

动态规划（Dynamic Programming）是最优化的一个分支。1951年美国数学家贝尔曼（R. Bellman）等人根据一类多阶段决策问题的特性，提出了解决这类问题的“最优性原理”，并建立了最优化的一个分支——动态规划。

动态规划把比较复杂的问题划分成若干阶段，通过逐段求解，最终求得全局最优解。特别对于离散性问题，由于解析数学无法运用，动态规划就成为非常有效的工具。

1.12.6.1 基本概念

（1）阶段。对所给问题的过程，根据时间和空间的自然特征，恰当地划分为若干个相互联系的阶段，以便能按一定的次序去求解。描述阶段的变量称为阶段变量，用 k 表示。

（2）状态。状态表示某阶段开始所处的自然状况（或条件），它既是本阶段的起始位置，又是上一阶段的终了位置，通常一个阶段包含若干个状态。描述状态的变量称为状态变量，用 s_k 表示第 k 个阶段的状态变量，用 S_k 表示所有可能状态的集合。

状态的选择不是任意的，必须具有下列性质：若某阶段状态给定后，则在这以后过程的发展不受这以前各阶段状态的影响，这个性质称为无后效性（即马尔可夫性）。

（3）决策。决策表示当过程处于某一阶段的某个状态时，可以作出不同的决定（或选择），从而确定下一阶段的状态，这种决定称为决策。在最优控制中又称为控制。描述决策的变量称为决策变量，常用 $u_k(s_k)$ 表示第 k 个阶段当状态处于 s_k 时的决策变量，它是状态变量的函数。决策变量的取值范围称为允许决策集合，常用 $D_k(s_k)$ 表示第 k 阶段从状态 s_k 出发的允许决策集合，有 $u_k(s_k) \in D_k(s_k)$。

（4）策略。策略是指一个按顺序排列的决策序列，用

$$p_{k,n}(s_k) = \{u_k(s_k), u_{k+1}(s_{k+1}), \cdots, u_n(s_n)\}$$

表示从第 k 阶段 s_k 状态开始到终止的决策序列，称为 k 子过程策略；当 $k=1$ 时，即为全过程的一个策略，简称为策略。

（5）状态转移方程。状态转移方程是确定过程由一个状态到另一个状态的演变过程。在第 k 阶段当状态处于 s_k 时，若该段的决策变量 u_k 一经确定，则第 $k+1$ 阶段的状态变量 s_{k+1} 的值也就随之确定，从而 s_{k+1} 的值随 s_k 和 u_k 的值变化而变化，记为 $s_{k+1} = T_k(s_k, u_k)$，称为状态转移方程。

（6）指标函数和最优值函数。指标函数是用以衡量多阶段决策过程实现效果的一种数量指标，用下式表示：

$$V_{k,n} = V_{k,n}(s_k, u_k, s_{k+1}, \cdots, s_{n+1}) \quad (k = 1,2,\cdots,n)$$

指标函数应具有可分离性，并满足递推关系

$$V_{k,n}(s_k, u_k, s_{k+1}, \cdots, s_{n+1}) = \varphi_k(s_k, u_k, V_{k+1,n}(s_{k+1}, \cdots, s_{n+1}))$$

指标函数的最优值称为最优值函数，记为

$$f_k(s_k) = \underset{u_k,\cdots,u_n}{\text{Optimization}} V_{k,n}(s_k, u_k, s_{k+1}, \cdots, s_{n+1})$$

1.12.6.2 最优性原理和泛函方程

1. 动态规划的最优性原理

动态规划的最优性原理：一个（整个过程的）最优策略所具有的性质是，不论过去的状态和决策如何，其余下的诸决策必构成一个最优子策略。

利用最优性原理，可以把多阶段决策问题的求解过程看成是一个连续的递推过程，由后向前逐步推算（因条件不同，也可能由前向后推算）。在求解时，各状态前面的状态和决策对其后面的子问题来说，只不

过相当于其初始条件而已，并不影响后面过程的最优策略。

为了利用最优性原理求解多阶段决策问题，还要导出一些递推公式，便于运算。

2. 泛函方程

在最短路的计算中，若记 $f_k(s_k)$ 表示第 k 阶段处于状态 s_k 时到终点的最短距离，$d_k(s_k,u_k(s_k))$ 表示从状态 s_k 到由决策 $u_k(s_k)$ 所决定的状态 s_{k+1} 之间的距离，则有下列递推关系式

$$f_{n+1}(s_{n+1}) = 0$$

$$f_k(s_k) = \min_{u_k \in D_k(s_k)} \{d_k(s_k,u_k(s_k)) + f_{k+1}(s_{k+1})\}$$

$$(k = n,n-1,\cdots,2,1)$$

一般地，所有动态规划过程之间的相似性在于，构造一组特殊类型泛函方程，称为递推关系，这些递推关系使得我们能够以简单的方式从 $f_{k+1}(s_{k+1})$ 算出 $f_k(s_k)$，典型的指标函数可以为“和”的形式或“积”的形式。

上述递推关系式即为极小化的泛函方程，且指标函数为“和”的形式，当其中的加号改为乘号时，即转化为“积”的形式。

3. 动态规划的基本方法

用动态规划求解实际问题时，为了遵循动态规划的最优性原理，需要将实际问题转化为动态规划的数学模型，一般按下列步骤进行：

(1) 根据时间或空间的自然特征，将问题划分为恰当的阶段。

(2) 正确选择状态变量 s_k，使其既能方便描述过程的演变，又能满足无后效性。

(3) 确定决策变量 u_k 及每个阶段的允许决策集合 $D_k(s_k)$。

(4) 写出状态转移方程 $s_{k+1} = T_k(s_k,u_k)$。

(5) 正确写出指标函数 $V_{k,n}$，其应满足下列三个性质。

1) 定义在全过程和所有后步子过程上的数量函数。

2) 具有可分离性，并满足递推关系，即

$$V_{k,n}(s_k,u_k,s_{k+1},\cdots,s_{n+1})$$
$$=\varphi_k(s_k,u_k,V_{k+1,n}(s_{k+1},\cdots,s_{n+1}))$$

3) 函数 $\varphi_k(s_k,u_k,V_{k+1,n}(s_{k+1},\cdots,s_{n+1}))$ 对变量 $V_{k+1,n}$ 要严格单调。

4. 函数空间与策略空间迭代法

多阶段决策问题其阶段数有可能是固定的，也有可能不是固定的，此时可用泛函方程来求解。

设有 N 个点，以 $1,2,\cdots,N$ 记之，任两点 i、j 之间的长度为 C_{ij}。当 i、j 间有一弧直接连接时，$0 \leqslant C_{ij} < +\infty$；当 i、j 间不直接连接时，$C_{ij} = +\infty$。今设 N 为终点，求任一点 i 至终点 N 的最短距离。

定义：$f(i)$ 为由 i 点出发至终点 N 的最短距离，则由最优性原理可得

$$f(i) = \min[C_{ij} + f(j)] \quad (i = 1,2,\cdots,N-1)$$

$$f(N) = 0$$

这样的泛函方程不是递推方程，且 $f(i)$ 出现在方程的两边，不能通过简单的递推求得结果。下面用两种迭代法来求解。

(1) 函数空间迭代法。设 $f_k(i)$ 表示由 i 点出发向 N 走 k 步所构成的所有路线中的最短距离。

函数空间迭代法求解步骤如下：

1) $f_1(i) = C_{iN}(i = 1,2,\cdots,N-1)$；$f_1(N) = 0$。

2) $f_k(i) = \min\limits_j[C_{ij} + f_{k-1}(j)]$ $(i = 1,2,\cdots,N-1)$；$f_k(N) = 0$。

3) 反复迭代 2) 直到 $f_k(i) = f_{k+1}(i) = \cdots = f(i)$ 为止$(i = 1,2,\cdots,N)$。

(2) 策略空间迭代法。策略空间的迭代就是先给出初始策略 $\{u_1(i)\}$，然后按某种方式求得新策略 $\{u_2(i)\},\{u_3(i)\},\cdots$，直至最终求出最优策略。

其步骤如下：

1) 选一无回路的初始策略 $\{u_1(i), i = 1,2,\cdots,N-1\}$，$u_1(i)$ 表示在此策略下由 i 点到达的下一个点。令 $k=1$。

2) 在此策略下作方程组

$$f_k(i) = C_{i,u_k(i)} + f_k(u_k(i)) \quad (i = 1,2,\cdots,N-1)$$

$$f_k(N) = 0$$

求解 $f_k(i)$，这里 $C_{i,u_k(i)}$ 为已知值。

3) 由指标函数 $f_k(i)$ 求策略 $u_{k+1}(i)$，其中 $u_{k+1}(i)$ 是 $\min\{C_{i,u} + f_k(u)\}$ 的解。令 $k = k+1$。

4) 按 2)、3) 反复迭代，可逐次求得 $\{u_k(i)\}$ 和 $\{f_k(i)\}$，若对某一 k，$u_k(i) = u_{k-1}(i)$ 对所有 i 成立，则称策略收敛，此时 $\{u_k(i)\}$ 就是最优策略，其相应的 $\{f_k(i)\}$ 为最优值。

1.12.6.3 动态规划问题举例

资源连续分配问题：设有数量为 s_1 的某种资源，可投入生产 A 和 B 两种产品，第一年若以数量 u_1 投入生产 A，剩下的 $s_1 - u_1$ 投入生产 B，其收入为 $g(u_1) + h(s_1 - u_1)$，这里 $g(0) = h(0) = 0$，在 A、B 生产后，资源的回收率分别为 $0 < a < 1$、$0 < b < 1$，则在第一年生产后，回收的资源量合计为 $s_2 = au_1 + b(s_1 - u_1)$；第二年将资源数量 s_2 中的 u_2 和 $s_2 - u_2$ 分别投入生产 A 和 B，又得到收入 $g(u_2) + h(s_2 - u_2)$，如此继续进行 n 年，问如何决定每年投入 A 生产的资源量，才能使总的收入最大？

该问题等价于下列规划问题：

$$\begin{aligned}\max z &= g(u_1)+h(s_1-u_1)+g(u_2)\\&\quad +h(s_2-u_2)+\cdots\\&\quad +g(u_n)+h(s_n-u_n)\\ s_2 &= au_1+b(s_1-u_1)\\ s_3 &= au_2+b(s_2-u_2)\\ &\vdots\\ s_n &= au_{n-1}+b(s_{n-1}-u_{n-1})\\ &0\leqslant u_i\leqslant s_i\quad (i=1,2,\cdots,n)\end{aligned}$$

下面用动态规划的方法求解。

设 s_k 为状态变量，表示第 k 阶段（第 k 年）可投入A、B两种生产的资源量。u_k 为决策变量，它表示在第 k 阶段用于 A 生产的资源量，则 s_k-u_k 表示用于 B 生产的资源量。

状态转移方程为

$$s_{k+1}=au_k+b(s_k-u_k)$$

最优值函数 $f_k(s_k)$ 表示当资源量为 s_k 时，从第 k 阶段至第 n 阶段采取最优分配方案进行生产后所得到的最大总收入。

因此，可写出动态规划的递推关系式为

$$f_n(s_n)=\max_{0\leqslant u_n\leqslant s_n}\{g(u_n)+h(s_n-u_n)\}$$

$$\begin{aligned}f_k(s_k)=\max_{0\leqslant u_k\leqslant s_k}\{&g(u_k)+h(s_k-u_k)\\&+f_{k+1}(au_k+b(s_k-u_k))\}\\&(k=n-1,\cdots,2,1)\end{aligned}$$

最后求出 $f_1(s_1)$ 即为所求问题的最大总收入。

1.12.7 多目标规划

1.12.7.1 基本概念

对于一般的多目标规划问题有

$$\begin{aligned}\text{(VP)}\quad & V-\min F(X)=(f_1(X),f_2(X),\cdots,f_p(X))^{\mathrm T}\\ \text{s.t.}\quad & g_i(X)\leqslant 0\quad (i=1,2,\cdots,m)\end{aligned}$$

其中 $X=(x_1,x_2,\cdots,x_n)^{\mathrm T},p\geqslant 2$

记 $R=\{X\mid g_i(X)\leqslant 0,\ i=1,2,\cdots,m\}$

设 $X^*\in R$，若对任意 $j=1,2,\cdots,p$，以及任意 $X\in R$ 均有

$$f_j(X)\geqslant f_j(X^*)\quad (j=1,2,\cdots,p)$$

则称 X^* 为问题（VP）的绝对最优解。最优解的全体记为 R_{ab}^*。

对于无绝对最优解的情况，设 $F^1=(f_1^1,f_2^1,\cdots,f_p^1)^{\mathrm T}$，$F^2=(f_1^2,f_2^2,\cdots,f_p^2)^{\mathrm T}$，并引入下面的偏好关系：

(1) $F^1<F^2$ 意味着 F^1 每个分量都严格小于 F^2 的相应分量，即 $f_j^1<f_j^2(j=1,2,\cdots,p)$。

(2) $F^1\leqslant F^2$ 等价于 $f_j^1\leqslant f_j^2(j=1,2,\cdots,p)$，且至少存在某个 $j_0(1\leqslant j_0\leqslant p)$，使 $f_{j0}^1<f_{j0}^2$。

(3) $F^1\leqq F^2$ 等价于 $f_j^1\leqslant f_j^2(j=1,2,\cdots,p)$。

设 $X^*\in R$，若不存在 $X\in R$ 满足 $F(X)\leqslant F(X^*)$，则称 X^* 为问题（VP）的有效解（或 Pareto 解）。有效解的全体记为 R_{pa}^*。

设 $X^*\in R$，若不存在 $X\in R$ 满足 $F(X)<F(X^*)$，则称 X^* 为问题（VP）的弱有效解（或弱 Pareto 解）。弱有效解的全体记为 R_{wp}^*。

1.12.7.2 处理多目标规划的一些方法

1. 约束法（主要目标法）

在目标函数 $f_1(X),f_2(X),\cdots,f_p(X)$ 中，选出其中的一个作为主要目标，如 $f_1(X)$，而其他的目标 $f_2(X),\cdots,f_p(X)$ 只要满足一定的条件即可。

如 $f_j(X)\leqslant f_j^0(j=2,\cdots,p)$，$f_j^0\geqslant\min\limits_{X\in R}f_j(X)$，$R=\{X\mid g_i(X)\leqslant 0,i=1,2,\cdots,m\}$。

于是可以把原来的多目标规划问题化为下面的单目标规划问题，即

$$\begin{cases}\min f_1(X)\\ g_i(X)\leqslant 0 & (i=1,2,\cdots,m)\\ f_j(X)\leqslant f_j^0 & (j=2,\cdots,p)\end{cases}$$

2. 分层序列法

把（VP）中的 p 个目标 $f_1(X),f_2(X),\cdots,f_p(X)$ 按其重要性排一个次序，分为最重要目标、次要目标等。不妨设 p 个目标的重要性序列为

$$f_1(X),f_2(X),\cdots,f_p(X)$$

(1) 先求第一个目标 $f_1(X)$ 的最优解

$$\min_{X\in R}f_1(X)$$

设其最优值为 f_1^*。

(2) 求第二个目标的最优解

$$\min_{X\in R_1}f_2(X)$$

其中，$R_1=R\cap\{X\mid f_1(X)\leqslant f_1^*\}$。求得最优值为 f_2^*。

(3) 求第三个目标的最优解

$$\min_{X\in R_2}f_3(X)$$

其中，$R_2=R_1\cap\{X\mid f_2(X)\leqslant f_2^*\}$。求得最优值为 $f_3^*,\cdots$。

(4) 求第 p 个目标的最优解。

$$\min_{X\in R_{p-1}}f_p(X)$$

其中，$R_{p-1}=R_{p-2}\cap\{X\mid f_{p-1}(X)\leqslant f_{p-1}^*\}$。此时求得最优解 X^*，最优值为 f_p^*，则 X^* 就是多目标问题（VP）在分层序列意义下的最优解，可以证明 $X^*\in R_{pa}^*$。

3. 评价函数法

直接求解多目标规划问题是比较困难的，有一类

方法是通过构造一个评价函数（或效用函数）$U(F(X))$ 将多目标规划问题（VP）转化为单目标规划问题，即

$$\min_{X\in R} U(F(X))$$

然后求解该问题，并将其最优解 X^* 作为（VP）的最优解。

由于构造评价函数的多样性，也就出现了不同的评价函数方法。

(1) 线性加权和法。对（VP）中的 p 个目标 $f_1(X),f_2(X),\cdots,f_p(X)$ 按其重要程度给以适当的权系数 $\lambda_j\geqslant 0(j=1,2,\cdots,p)$，且 $\sum\lambda_j=1$，然后构造评价函数

$$U(F(X))=\sum_{j=1}^{p}\lambda_j f_j(X)$$

目标函数是一种和的形式，这里要求所有项应具有相同量纲，若量纲不同，必须进行统一量纲或无量纲化处理。

(2) 平方和加权法。对单目标规划问题

$$\min_{X\in R} f_j(X)\quad (j=1,2,\cdots,p)$$

求出一个尽可能好的下界 $f_1^0,\cdots,f_p^0$（可看成是规定值），即

$$\min_{X\in R} f_j(X)\geqslant f_j^0\quad (j=1,2,\cdots,p)$$

构造评价函数

$$U(F(X))=\sum_{j=1}^{p}\lambda_j(f_j(X)-f_j^0)^2$$

其中，$\lambda_1,\cdots,\lambda_p$ 为事先给定的一组权系数，满足

$$\sum_{j=1}^{p}\lambda_j=1\quad(\lambda_j>0;j=1,2,\cdots,p)$$

然后求 $\min\limits_{X\in R} U(F(X))$，求得最优解 X^* 作为多目标规划的解。

(3) 理想点法（虚拟点法）。先求 p 个单目标规划问题的最优解，记

$$f_j^*=f_j(X^{(j)})=\min_{X\in R} f_j(X)\quad(j=1,2,\cdots,p)$$

若所有 $X^{(j)}(j=1,2,\cdots,p)$ 都相同，设为 X^*，则 X^* 为多目标函数的绝对最优解，但一般不易达到，因此向量

$$F^*=(f_1^*,f_2^*,\cdots,f_p^*)$$

只是一个理想点，理想点法的中心思想是定义一个模，在这个模的意义下，找一个点尽量接近理想点 F^*，即求

$$\min_{X\in R} U(F(X))=\min_{X\in R}\|F(X)-F^*\|$$

一般定义

$$\|F(X)-F^*\|=\left[\sum_{j=1}^{p}|f_j(X)-f_j^*|^q\right]^{\frac{1}{q}}=L_q(X)$$

q 的取值一般在 $[1,\infty)$ 区间，当取 $q=2$ 时，上述定义的模即为欧氏空间中两点之间的距离

$$L_2(X)=\left\{\sum_{j=1}^{p}[f_j(X)-f_j^*]^2\right\}^{\frac{1}{2}}$$

当 $q=1$ 时

$$L_1(X)=\sum_{j=1}^{p}|f_j(X)-f_j^*|$$

当 $q=\infty$ 时

$$L_\infty(X)=\max_{1\leqslant j\leqslant p}|f_j(X)-f_j^*|$$

(4) 极小极大法（协调矛盾法）。在对策论中，常常在作决策时要考虑："在最不利情况下找出一个最有利"的策略，即所谓"min－max"，依此，令评价函数

$$U(F(X))=\max_{1\leqslant j\leqslant p} f_j(X)$$

然后求最优解 $\min\limits_{X\in R} U(F(X))$，设为 X^*。

评价函数也可以采用赋权的形式，即令

$$(Q)\qquad \min_{X\in R} U(F(X))=\min_{X\in R}\{\max_{1\leqslant j\leqslant p}\lambda_j f_j(X)\}$$

其中，$\lambda_j\geqslant 0(j=1,2,\cdots,p)$ 是一组权系数。

对于极小极大问题，可以用增加一个变量 t 及 p 个约束的方法将其化为通常的数学规划模型。有下面等价的结论。

设 (X^*,t^*) 为

$$(Q_t)\qquad\begin{cases}\min t\\ \lambda_j f_j(X)\leqslant t\quad(j=1,2,\cdots,p)\\ X\in R\end{cases}$$

的最优解，则 X^* 必为 (Q) 的最优解；反之，设 X^* 为 (Q) 的最优解，令

$$t^*=\max_{1\leqslant j\leqslant p}\lambda_j f_j(X^*)$$

则 (X^*,t^*) 必为 (Q_t) 的最优解。

(5) 乘除法（几何平均法）。在（VP）中，设各目标函数值均有 $f_j(X)>0(j=1,2,\cdots,p)$。不妨设其中 k 个 $f_1(X),f_2(X),\cdots,f_k(X)$ 要求实现最小，其余 $f_{k+1}(X),\cdots,f_p(X)$ 要求实现最大，则可构造评价函数

$$U(F(X))=\frac{f_1(X)f_2(X)\cdots f_k(X)}{f_{k+1}(X)\cdots f_p(X)}$$

然后求 $\min\limits_{X\in R} U(F(X))$。

4. 评价函数的收敛性

若对任意 F、$F'\in E^p$，当 $F\leqslant F'$ 时，都有

$$U(F)<U(F')$$

成立，则称 $U(F)$ 是 F 的严格单调增函数。

若对任意 F、$F'\in E^p$，当 $F<F'$ 时，都有

$$U(F)<U(F')$$

成立，则称 $U(F)$ 是 F 的单调增函数。

若对 $F\in E^p$，$U(F)$ 是严格单调增函数，则单目标问题

$$\min_{X\in R} U(F(X))$$

的最优解 $X^* \in R^*_{pa}$。

若对 $F \in E^p$，$U(F)$ 是单调增函数，则单目标问题

$$\min_{X\in R} U(F(X))$$

的最优解 $X^* \in R^*_{wp}$。

5. 逐步法（交替式对话方法）

由于问题的复杂性，有时决策者所提供的信息不足以使分析者确定各目标函数之间的关系，因此需要在决策者与分析者之间建立一种交互式的对话方法（Step Method，STEM），分析者根据决策者提供的信息给出中间结果，决策者对中间结果发表意见，可根据中间结果进一步提供信息，让分析者重新计算，直到求得满意解为止。

多目标线性规划的 STEM 步骤：

设 $$f_i(X) = \sum_{j=1}^{n} c_{ij} x_j \ (i = 1,2,\cdots,p)$$

$$R = \{X \mid AX \leqslant b, X \geqslant 0\}$$

求 $V - \min\limits_{X\in R} F(X) = (f_1(X), f_2(X), \cdots, f_p(X))^{\mathrm{T}}$

（1）求 p 个线性规划的最优解，即

$$\min_{X\in R} f_i(X) = f_i(X^{(i)}) = f_i^* \quad (i = 1,2,\cdots,p)$$

令 $$f_i^{\max} \equiv \max_{1\leqslant j\leqslant p}\{f_i(X^{(j)})\} \quad (i = 1,2,\cdots,p)$$

显然 $f_i^{\max} \geqslant f_i^* (i = 1,2,\cdots,p)$。不妨设不完全取等号。

（2）决策者不能给出加权系数 λ，分析者只能根据函数 $f_i(X)$ 和 R 的性质给出一种算法：

令 $$\lambda_i = \frac{\alpha_i}{\sum\limits_{j=1}^{p} \alpha_j} \quad (i = 1,2,\cdots,p)$$

$$\text{其中}\ \alpha_i = \begin{cases} \dfrac{f_i^{\max} - f_i^*}{f_i^{\max}} \dfrac{1}{\left(\sum\limits_{j=1}^{n} c_{ij}^2\right)^{\frac{1}{2}}} & (\text{当}\ f_i^* \geqslant 0) \\ \dfrac{f_i^* - f_i^{\max}}{f_i^*} \dfrac{1}{\left(\sum\limits_{j=1}^{n} c_{ij}^2\right)^{\frac{1}{2}}} & (\text{当}\ f_i^* < 0) \end{cases}$$

（3）求线性规划

$$(P_0)\begin{cases} \min t \\ \lambda_i[f_i(X) - f_i^*] \leqslant t \quad (i = 1,2,\cdots,p) \\ X \in R \end{cases}$$

的最优解 $(X^{(0)}, t^{(0)})$。

（4）决策者对 $F(X^{(0)})$ 与 $F^* = (f_1^*, \cdots, f_p^*)^{\mathrm{T}}$ 进行比较，若对 $X^{(0)}$ 比较满意，则迭代停止；否则，对最满意的 $f_{j0}(X^{(0)})$ 提出允许变大的上限 Δf_{j_0}，而对其他 $f_i(X)(i \neq j_0)$ 则不允许变大，因此把 (P_0) 改成求

$$(P_1)\begin{cases} \min t \\ \lambda_i[f_i(X) - f_i^*] \leqslant t \quad (i = 1,2,\cdots,p; i \neq j_0) \\ f_{j_0}(X) \leqslant f_{j_0}(X^{(0)}) + \Delta f_{j_0} \\ f_i(X) \leqslant f_i(X^{(0)}) \quad (i = 1,2,\cdots,p; i \neq j_0) \\ X \in R \end{cases}$$

的最优解 $(X^{(1)}, t^{(1)})$，若对 $X^{(1)}$ 仍不满意，则可用这种思想在 (p_1) 中添加新的约束，或修改 Δf_{j_0} 的值，再求新的解，这种交互式对话进行若干次，直到决策者满意为止。

1.12.8 遗传算法

遗传算法（Genetic Algorithm，GA）是近年来发展起来的一种崭新的全局优化算法。20 世纪 60 年代，美国密歇根大学的 Holland 教授在研究自然和人工系统自适应行为的过程中，提出可以借鉴生物遗传学和自然选择机理，通过自然选择、杂交、变异等作用机制，实现各个个体的适应性的提高。体现了自然界中“物竞天择、适者生存”的进化过程。

1.12.8.1 基本思想

（1）应用遗传算法求解“最佳化问题”之前，必须将所遇到的问题转化成对应的函数，称为适应函数（Fitness Function）。适应函数代表着系统对外界环境的适应能力（Fitness），相当于该系统的性能指针（Performance Index），适应函数值愈大表示该系统的性能愈好；反之，表示性能愈差。

（2）遗传算法的目的便是通过一些拟生物化的人工运算过程，如选择（Selection）、杂交（Crossover; Mating）、变异（Mutation），依这些步骤进行演化。

（3）最后寻得适应函数的最优解。

1.12.8.2 基本概念

个体（individual）：解。

染色体（chromosome）：解的编码（字符串，向量等）。

基因（gene）：解中每一分量的特征（即分量的值）。

适应值（fitness）：适应函数值。

群体（population）：选定的一组解（其中解的个数为群体的规模）。

种群（reproduction）：根据适应值选取的一组解。

选择（selection）：从种群中选择适应值高的个体的过程。

杂交（crossover）：通过交配原则产生一组新解的过程。

变异（mutation）：编码的某些分量发生变化的

过程。

1.12.8.3 分类与适用范围

(1) 基于二进制编码的简单遗传算法 (Simple Genetic Algorithm, SGA), 用于变量较少、解易于用二进制表达的问题。

(2) 基于实数编码的加速遗传算法 (Real coding based Accelerating Genetic Algorithm, RAGA), 适合数值结果是用实数表达的问题。

(3) 基于整数编码的单亲遗传算法 (Integer coded Partheno Genetic Algorithm, IPGA), 主要用于离散型优化问题。

1.12.8.4 简单遗传算法步骤及实例

1. 简单遗传算法步骤

(1) 对研究的变量或对象进行编码 (建立字符串与可行解之间的联系), 并随机地建立一个初始群体。

(2) 计算群体中诸个体的适应度 (个体优劣尺度)。

(3) 执行产生新群体的操作, 包括以下内容:

1) 选择。将适应值高的个体选择到新群体中, 删除适应值低的个体。

2) 杂交。随机选出个体对, 进行片段交叉换位, 产生新个体对。

3) 变异。随机地改变某个体的某个字符, 而得到新个体。

(4) 根据某种条件判断计算过程是否可以结束, 如果不满足结束条件, 转 (2), 直到满足结束条件为止。

2. 简单遗传算法的求解过程

【例】 求 $\max f(x) = x^2$ $(0 \leqslant x \leqslant 31, x$ 为整数)。

解: 随机 (如均匀分布) 抽取 n 个整数, 这里 $n=4$, 将抽取的 4 个整数分别用二进制表示为

$x_1^1 = 01101$, $x_2^1 = 11000$, $x_3^1 = 01000$, $x_4^1 = 10011$

并计算函数值 $f(x_i^1) = f_i^1 (i = 1,2,3,4)$, $k = 1$。

然后按以下步骤反复循环, 假设当前是第 k 次循环。

(1) 选择种群。对已有的 4 个整数值 x_i^k 分别赋予概率 $p_i^n = \dfrac{f(x_i^n)}{\sum\limits_j f(x_j^n)}$, 利用上述概率, 对这 4 个整数进行 4 次有放回的随机抽取, 产生 4 个新的整数, 记为 $\tilde{x}_i^k (i = 1,2,3,4)$。显然, 概率大的数有更大的机会被抽中。本例中的一种可能结果是:

$\tilde{x}_1^k = 11000$, $\tilde{x}_2^k = 10011$, $\tilde{x}_3^k = 11000$, $\tilde{x}_4^k = 01101$

(2) 杂交。将 $\tilde{x}_i^k (i=1,2,3,4)$ 随机结合成两组, 每组两个数; 对每一组再进行一次随机抽样, 以等概率从 1,2,3,4 中选取一个数 m。假设在例子中 $\tilde{x}_1^k = 11000$、$\tilde{x}_2^k = 10011$ 分为一组, 随机抽取得 $m=3$, 那么将由二进制表示的 $\tilde{x}_1^k$、$\tilde{x}_2^k$ 从最低位开始的后三位互换, 得到两个新的二进制数, 记为 $\hat{x}_1^k$、$\hat{x}_2^k$, 另一组可类似处理。另一组抽得 $m = 2$, 这样得到 4 个新的整数:

$\hat{x}_1^k = 11011$, $\hat{x}_2^k = 10000$, $\hat{x}_3^k = 11001$, $\hat{x}_4^k = 01100$

(3) 变异。将杂交得到的 4 个二进制数, 每个数每个二进位进行一次随机抽样, 以一个小概率 p, 例如 $p = \dfrac{1}{1000}$ 将该位取反, 即由 0 变 1, 由 1 变 0; 以概率 $1-p$ 保持该位数字不变。这样得到的四个新数记为 $x_i^{k+1} (i = 1,2,3,4)$, 计算它们的函数值 $f(x_i^{k+1}) (i = 1,2,3,4)$, 转 (1)。

1.12.8.5 实数编码加速遗传算法步骤

1. 编码

设原问题中解的分量 x_j 的范围为 $a_j \leqslant x_j \leqslant b_j (j = 1,2,\cdots,n)$, 采用实数编码, 即利用如下线性变换

$$x_j = a_j + r_j (b_j - a_j) \quad (j = 1,2,\cdots,n)$$

将 x_j 映射到 $[0,1]$ 上的 r_j。

2. 选父代群体

给定种群规模 m, 随机产生 q 个染色体, 根据适应度值的优劣, 从 q 个染色体中选择最优的 m 个染色体作为初始种群。定义杂交概率 p_c 和变异概率 p_m, 取最大迭代次数 $I_{\max}$, 令 $k = 1$。

3. 杂交操作

随机选取杂交的父母对 (R,S), 设两个父母点为

$$R = (r_1, r_2, \cdots, r_n)^{\mathrm{T}}, \ S = (s_1, s_2, \cdots, s_n)^{\mathrm{T}}$$

据杂交概率 p_c, 取

$$r_i' = u_1 r_i + (1 - u_1) s_i \quad (p_c < 0.5)$$

$$r_i' = u_2 r_i + (1 - u_2) s_i \quad (p_c \geqslant 0.5)$$

所得 R' 作为子代的一个个体。其中 u_1、u_2 都是 $[0,1]$ 区间上的随机数。

4. 变异操作

选择一个进行变异操作的父代个体 $R = (r_1, r_2, \cdots, r_n)^{\mathrm{T}}$, 按照变异概率 p_m, 取

$$r_i' = u_i \quad (u < p_m)$$

$$r_i' = r_i \quad (u \geqslant p_m)$$

所得 R' 作为子代的一个个体。其中 u、u_i 都是 $[0,1]$ 区间上的随机数。

5. 选择操作

根据适应值的优劣, 从步骤 3、4 得到的后代集合中选择最优的 m 个染色体作为下一代种群。令 $k = k+1$。

6. 终止准则

当迭代次数达到预设的最大迭代次数时，即 $k=i_{max}$ 时，停止；否则，转（7）。

7. 加速循环

将上次演化迭代产生的优秀种群所对应的变量变化区间，作为变量新的初始变化区间，缩小解的搜索范围，转（1）。

1.13 人工神经网络

1.13.1 人工神经网络理论基础

人工神经网络（Artificial Neural Network，ANN）是以对大脑的生理研究成果为基础的，其目的在于模拟大脑的某些机理与机制，实现某个方面的功能。

与以串行的、离散的、逻辑符号推理为处理手段，以求得问题的精确解为处理目标的冯·诺伊曼计算机相比，人类大脑神经网络的信息处理机制以分布存储，并行处理为处理手段，以求问题的满意解为处理目标。从而大脑在信息处理的容错性、可塑性、自组织性、高效性等方面更具优势。

1.13.1.1 生物神经元与人工神经元

人类大脑是由约100亿个生物神经元构成。生物神经元不但是组成大脑的基本单元，而且也是大脑进行信息处理的基础元件。

生物神经元特性如下：

（1）生物神经元是一个多输入（一个生物神经元的多个树突与多个其他生物神经元的神经键相联系），单输出（一个生物神经元只有一个轴索作为输出通道）元件。

（2）生物神经元是一个具有非线性输入/输出特性的元件，表现在只有当来自各个神经键的活动电位脉冲总强度达到一定阈值之后，该生物神经元的神经键才能被激活，释放出神经传递化学物质，发出本身的活动电位脉冲。

（3）生物神经元具有可塑性，表现在其活动电位脉冲的传递强度依靠神经传递化学物质的释放量及神经键间隙的变化是可调节的。

（4）生物神经元的输出响应是各个输入的综合作用的结果，即所有输入的累加作用。输出分为兴奋型（正值）和抑制型（负值）两种。

根据生物神经元的上述4个特性，建立起来的模拟生物神经元的信息处理数学模型，称为人工神经元。

假设某人工神经元具有 n 个输入量 $x_1,x_2,\cdots,x_n$，一个输出量 y，来自各个神经键的活动电位脉冲总强度 X，阈值 θ，人工神经元的可塑性用连接权向量 $\omega_1,\omega_2,\cdots,\omega_n$ 表示，输出呈兴奋和抑制状态分别用 $y=1$、-1 表示，再引进非线性函数 $f(x)=\begin{cases}1 & (x\geqslant 0)\\ -1 & (x<0)\end{cases}$，则得到如图1.13-1所示的生物神经元模型。其数学表达式为

$$y=f(X-\theta) \tag{1.13-1}$$

其中 $f(x)=\begin{cases}1 & (x>0)\\ -1 & (x\leqslant 0)\end{cases}$，$X=\sum_{i=1}^{n}\omega_i x_i$ (1.13-2)

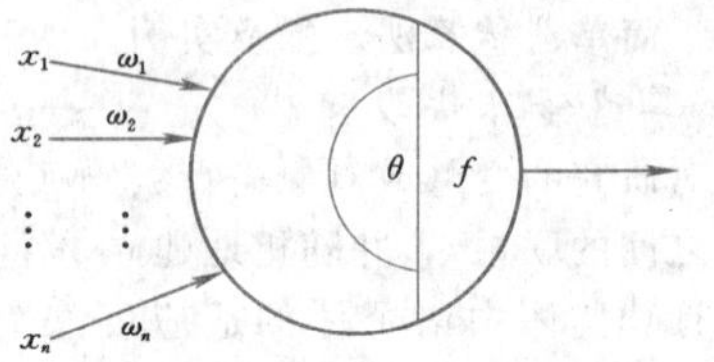

图1.13-1 生物神经元模型

1.13.1.2 生物神经网络与人工神经网络

每一个生物神经元又与约1万～10万个其他生物神经元相连接，如此构成一个庞大的三维空间的生物神经元网络。

生物神经网络是由上亿个以上的生物神经元连接而成，仅具有统计性规律的庞大网络。大脑神经网络往往具有层状结构，如大脑皮层的六层结构和小脑的三层结构。

人工神经网络是由人工神经元按一定规律构成的网络，是一种模拟人类大脑神经网络行为特征，可进行分布式并行信息处理的数学模型。限于物理实现的困难和计算的简便，人工神经网络中所含有的人工神经元数量远少于生物神经网络中所含的生物神经元数量，且每一个神经元都具有完全相同的结构，在没有特别规定的情况下，所有神经元的动作无论在时间上还是空间上都是同步的。

尽管人工神经网络连接形式的拓扑结构有一些差异，但总的来说主要是如图1.13-2所示的阶层型和全互连接型两种形式。

阶层型人工神经网络的层数以及各层的人工神经元的个数可以根据要求有所变化；全互连接型人工神经网络中人工神经元的个数也可根据要求有所不同。但无论哪种形式的人工神经网络都有一个共同的特点：网络的学习和运行取决于各种人工神经元连接权的动态演化过程。某些拓扑结构相同却具有各种不同功能和特性的人工神经网络，是因为其具有各种不同的工作和学习规则，即不同的连接权的动态演化规律。可

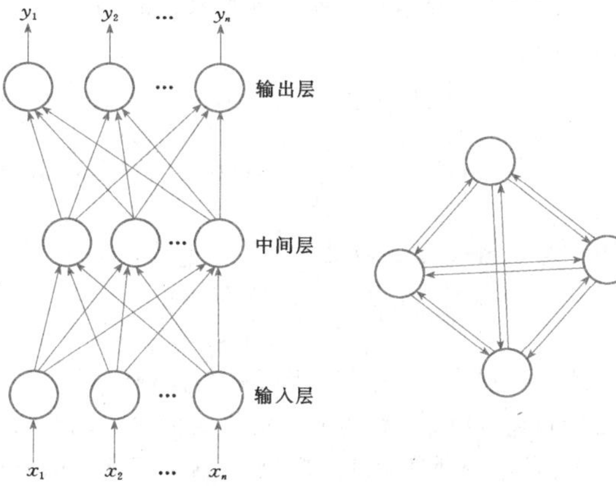

(a) 阶层型　　(b) 全互连接型

图 1.13-2 人工神经网络的连接形式

见，决定一个人工神经网络性质的主要因素有两点，一是网络的拓扑结构，二是网络的学习和工作规则，两者结合起来构成了一个人工神经网络的主要特征。

1.13.2 多阶层人工神经网络与误差逆传播算法

如图 1.13-2 (a) 所示的人工神经网络结构中，如果中间层数不小于 1，上下层之间各神经元实现全连接，即下层的每一个单元与上层的每个单元都实现权连接，而每层各人工神经元之间无连接，则称该网络为多阶层人工神经网络。由于输入层的人工神经元不进行信息处理，故该层一般不计入网络层数，即如果某多阶层人工神经网络具有 l 个中间层，加上 1 个输出层，则称为 $l+1$ 层人工神经网络。图 1.13-2 (a) 所示的人工神经网络称为 2 层人工神经网络。

误差逆传播神经网络是一种具有 2 层或 2 层以上的阶层型神经网络。网络按有教师示教的方式进行学习，当一对学习模式提供给网络后，神经元的激活值，从输入层经各中间层向输出层传播，在输出层的各神经元获得网络的输入响应。在这之后，按减小希望输出与实际输出误差的方向，从输出层经各中间层逐层修正各连接权，最后回到输入层，故得名“误差逆传播算法”。随着这种误差逆传播修正的不断进行，网络对输入模式响应的正确率也不断上升。

如图 1.13-2 (a) 所示的 2 层 BP 网络，设输入模式向量 $A^k=(a_1^k,a_2^k,\cdots,a_n^k)$，希望输出向量 $Y^k=(y_1^k,y_2^k,\cdots,y_q^k)$；中间层单元输入向量 $S^k=(s_1^k,s_2^k,\cdots,s_p^k)$，输出向量 $B^k=(b_1^k,b_2^k,\cdots,b_p^k)$；输出层单元输入向量 $L^k=(l_1^k,l_2^k,\cdots,l_q^k)$，输出向量 $C^k=(c_1^k,c_2^k,\cdots,c_q^k)$；输入层至中间层连接权 $\{\omega_{ij}\}(i=1,2,\cdots,n;j=1,2,\cdots,p)$；中间层至输出层连接权 $\{v_{jt}\}(j=1,2,\cdots,p;\ t=1,2,\cdots,q)$；中间层各单元输出阈值为 $\{\theta_j\}(j=1,2,\cdots,p)$；输出层各单元输出阈值为 $\{\gamma_t\}(t=1,2,\cdots,q)$。以上 $k=1,2,\cdots,m$。

设第 k 个学习模式网络希望输出与实际输出的偏差为

$$\delta_t^k=(y_t^k-c_t^k)\quad(t=1,2,\cdots,q)$$

δ_t^k 的均方值为

$$E_k=\sum_{t=1}^{q}\frac{(y_t^k-c_t^k)^2}{2}=\sum_{t=1}^{q}\frac{(\delta_t^k)^2}{2}$$

为了使 E_k 达到极小，利用梯度下降法，得到如下误差逆传播算法：

(1) 初始化。给各连接权 $\{\omega_{ij}\}$、$\{v_{jt}\}$ 及阈值 $\{\theta_j\}$、$\{\gamma_t\}$ 赋予 (−1，+1) 间的随机值。

(2) 随机选取一模式对 $A^k=(a_1^k,a_2^k,\cdots,a_n^k)$，$Y^k=(y_1^k,y_2^k,\cdots,y_q^k)$ 提供给网络。

(3) 用输入模式 $A^k=(a_1^k,a_2^k,\cdots,a_n^k)$，连接权 $\{\omega_{ij}\}$ 和阈值 $\{\theta_j\}$ 计算中间层各单元的输入 s_j^k；然后用 $\{s_j^k\}$ 通过 S 函数计算中间层各单元的输出 $\{b_j^k\}$

$$s_j^k=\sum_{i=1}^{n}\omega_{ij}a_i^k-\theta_j\quad(j=1,2,\cdots,p)$$

$$b_j^k=f(s_j^k)\quad(j=1,2,\cdots,p)$$

(4) 用中间层的输出 $\{b_j^k\}$，连接权 $\{v_{jt}\}$ 和阈值 $\{\gamma_t\}$ 计算输出层各单元的输入 $\{L_t^k\}$，然后用 $\{L_t^k\}$ 通过 S 函数计算输出层各单元的响应 $\{c_t^k\}$，即

$$L_t^k=\sum_{j=1}^{p}v_{jt}b_j^k-\gamma_t\quad(t=1,2,\cdots,q)$$

$$c_t^k=f(L_t^k)\quad(t=1,2,\cdots,q)$$

(5) 用希望输出模式 $Y^k=(y_1^k,y_2^k,\cdots,y_q^k)$，网络实际输出 $\{c_t^k\}$，计算输出层的各单元的一般化误差 $\{d_t^k\}$，即

$$d_t^k=(y_t^k-c_t^k)c_t^k(1-c_t^k)\quad(t=1,2,\cdots,q)$$

(6) 用连接权 $\{v_{jt}\}$，输出层的一般化误差 $\{d_t^k\}$，中间层的输出 $\{b_j^k\}$ 计算中间层各单元的一般化误差 $\{e_j^k\}$，即

$$e_j^k=\left[\sum_{t=1}^{q}d_t^kv_{jt}\right]b_j^k(1-b_j^k)\quad(j=1,2,\cdots,p)$$

(7) 用输出层各单元的一般化误差 $\{d_t^k\}$，中间层各单元的输出 $\{b_j^k\}$，修正连接权 $\{v_{jt}\}$ 和阈值 $\{\gamma_t\}$，即

$$v_{jt}(N+1)=v_{jt}(N)+\alpha d_t^kb_j^k$$

$$\gamma_t(N+1)=\gamma_t(N)-\alpha d_t^k$$

$$(j=1,2,\cdots,p;\ t=1,2,\cdots,q;\ 0<\alpha<1)$$

(8) 用中间层各单元的一般化误差 $\{e_j^k\}$，输入层各单元的输入 $A^k=(a_1^k,a_2^k,\cdots,a_n^k)$，修正连接权 $\{\omega_{ij}\}$ 和阈值 $\{\theta_j\}$，即

$$\omega_{ij}(N+1)=\omega_{ij}(N)+\beta e_j^ka_i^k$$

$$\theta_j(N+1) = \theta_j(N) + \beta e_j^k$$
$$(i = 1,2,\cdots,n;\ j = 1,2,\cdots,p;\ 0 < \beta < 1)$$

(9) 随机选取下一个学习模式对提供给网络，转(3)，直至全部 m 个模式对训练完毕。

(10) 重新从 m 个学习模式对中随机选取一个模式对，转(3)，直至网络全局误差函数 $E = \sum_{k=1}^{m} E_k = \frac{1}{2}\sum_{k=1}^{m}\sum_{t=1}^{q}(y_t^k - c_t^k)^2$ 小于预先设定的一个极小值，即网络收敛；或学习回数大于预先设定的值，即网络无法收敛。

(11) 结束学习。

在以上的学习步骤中，步骤(3)～(6)为输入学习模式的“顺传播过程”；步骤(7)～(8)为网络误差的“逆传播过程”；步骤(9)～(10)则为完成训练和收敛过程。

1.13.3 Hopfield 神经网络

Hopfield 网络的各个神经元都是相互连接的，即每一个神经元都将自己的输出通过连接权传送给所有其他神经元，同时，每个神经元又都接收所有其他神经元传递过来的信息。这里特别值得注意的是，由于 Hopfield 网络的这种结构特征，对于每一个神经元来说，自己输出的信号经过其他神经元又反馈回自己，所以也可以认为 Hopfield 网络是一种反馈型神经网络。

1.13.3.1 离散型 Hopfield 网络

离散型 Hopfield 网络结构如图 1.13-3 所示。这是一个只有 4 个神经元的离散型 Hopfield 网络。其中每个神经元只能取“1”或“0”两个状态。设网络有 n 个神经元，则各个神经元的状态可用向量 $\boldsymbol{U}$ 表示为

$$\boldsymbol{U} = (u_1, u_2, \cdots, u_n)$$

其中 $u_i = 1$ 或 $0 (i = 1,2,\cdots,n)$

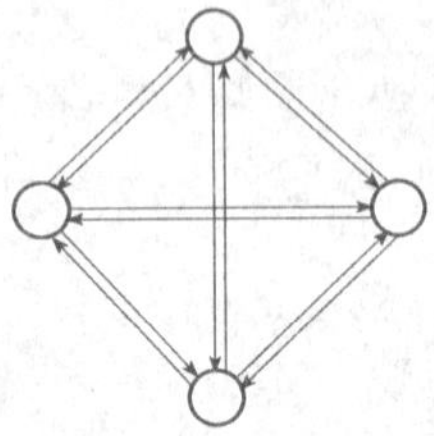

图 1.13-3 离散型 Hopfield 网络结构

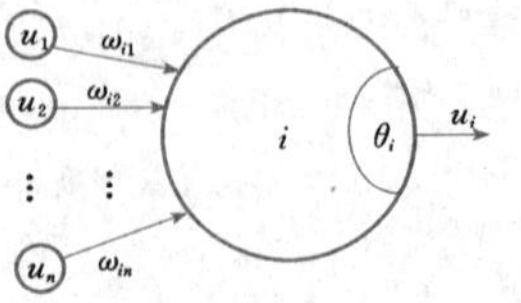

图 1.13-4 Hopfield 网络神经元结构

1. 离散型 Hopfield 网络运行规则

图 1.13-4 是 Hopfield 网络中某个神经元的结构图。设网络由 n 个这样的神经元构成。时刻 t 第 i 个神经元的输出为

$$u_i(t+1) = \text{sgn}(H_i) \qquad (1.13-3)$$

$$H_i(t) = \sum_{\substack{j=1 \\ j \neq i}}^{n} \omega_{ij} u_j(t) - \theta_i \qquad (1.13-4)$$

其中，符号函数 sgn(x) 为

$$\text{sgn}(x) = \begin{cases} 1 & (x \geqslant 0) \\ 0 & (x < 0) \end{cases}$$

式(1.13-3)表明，当所有其他神经元输出的加权总和超过第 i 个神经元的输出阈值时，该神经元被“激活”，否则将受到“抑制”。这里特别应该注意的是，按式(1.13-3)改变状态的神经元 u_i，并不是按顺序进行的，而是按随机的方式选取的。

Hopfield 工作运行规则如下：

(1) 从网络中随机选取一个神经元 u_i。

(2) 按式(1.13-4)求所选中的神经元 u_i 的所有输入的加权总和：

$$H_i = \sum_{\substack{j=1 \\ j \neq i}}^{n} \omega_{ij} u_j - \theta_i$$

(3) 按式(1.13-3)计算 u_i 的第 $t+1$ 时刻的输出值，即

IF $[H_i(t) \geqslant 0]$ THEN
  $u_i(t+1) = 1$
ELSE
  $u_i(t+1) = 0$

(4) u_i 以外的所有神经元输出保持不变

$$u_j(t+1) = u_j(t) \quad (j = 1,2,\cdots,n; j \neq i)$$

(5) 转(1)，直至网络进入稳定状态。

Hopfield 网络是一种具有反馈性质的网络，它有一个重要特点就是具有稳定状态，又称为吸引子。Hopfield 网络的稳定状态，用数学表示为

$$u_i(t+1) = u_i(t) = \text{sgn}(H_i) \quad (i = 1,2,\cdots,n)$$

一般情况下，一个 Hopfield 网络必须经过多次反复更新才能达到稳定状态。

当连接权矩阵 (ω_{ij}) 满足 $(\omega_{ii} = 0;\ i = 1,2,\cdots,n)$ 时，只要工作规则满足：在第 t 步，对于任意选取的第 i 个神经元，按下面要求进行网络状态改变：

$$u_i(t+1) = \begin{cases} 1 & [H_i(t) \geqslant 0] \\ 0 & [H_i(t) < 0] \end{cases}$$

$$u_j(t+1) = u_j(t) \quad (j = 1,2,\cdots,n; j \neq i)$$

则网络状态将达到能量函数

$$E(t) = -\frac{1}{2}\sum_{i,j=1}^{n} \omega_{ij} u_i(t) u_j(t) + \sum_{i=1}^{n} \theta_i u_i(t)$$

的极小值，即收敛。

2. 离散型 Hopfield 网络联想记忆的设计方法

设 M 个 N 维记忆模式为

$$V_k=(v_k(0),v_k(1),\cdots,v_k(N-1))(k=1,2,\cdots,M)$$

当连接权 ω_{ij} 和输出阈值 θ_i 按式（1.13-5）设计，且满足式（1.13-6）条件时，这 M 个记忆模式将对应网络的 M 个极小值，即网络的 M 个吸引子：

$$\begin{cases}\omega_{ij}=\sum_{k=1}^{M}[2v_k(i)-1][2v_k(j)-1](i\neq j)\\ \omega_{ii}=0,\ -C_p<\theta_i\leqslant C_p-M\end{cases}\tag{1.13-5}$$

$$2\sum_{j=0}^{N-1}v_k(j)v_p(j)-\sum_{j=0}^{N-1}v_p(j)=C_p\delta_{kp}\tag{1.13-6}$$

$$C_p=\sum_{j=0}^{N-1}v_p(j)>\frac{M}{2}(\text{正的常数})\quad(1\leqslant p,k\leqslant M)$$

其中
$$\delta_{kp}=\begin{cases}1 & (k=p)\\ 0 & (k\neq p)\end{cases}$$

1.13.3.2 连续时间型 Hopfield 网络

连续时间型 Hopfield 网络基本结构如图 1.13-5 所示。

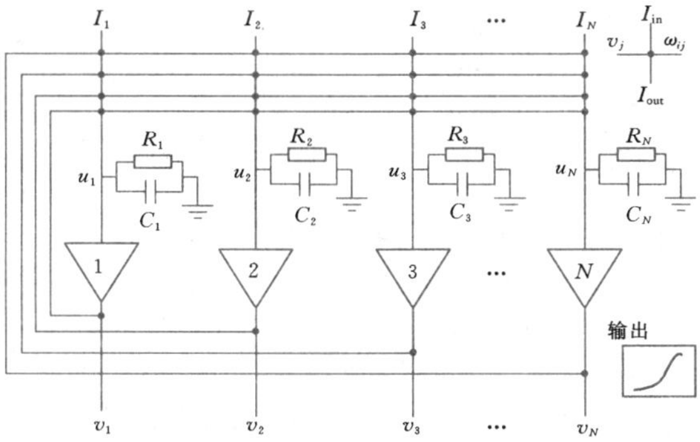

图 1.13-5 连续时间型 Hopfield 网络模型

图 1.13-5 中电阻 R_i 与电容 C_i 并联，模拟生物神经元的延时特性；运算放大器是一个输入，输出按 S 函数（非线性饱和特性）关系变化的非线性元件，它模拟生物神经元的非线性特性，即 $v_i=f(u_i)$；各放大器输出的反馈权值 ω_{ij}，反映神经元之间的突触特性。这里容许自反馈，即自反馈耦合 ω_{ii} 可以不等于 0。

电路中第 i 个节点的节点方程为

$$I_{out}=I_{in}+\omega_{ij}v_j\tag{1.13-7}$$

其中
$$\omega_{ij}=\frac{1}{R_{ij}}$$

式中 ω_{ij}——i 放大器与 j 放大器之间的反馈耦合系数；

R_{ij}——反馈电阻。

根据理想放大器的特性，其输入端口有电流流入，则第 i 个放大器的输入方程应为

$$C_i\frac{\mathrm{d}u_i}{\mathrm{d}t}=-\frac{u_i}{R_i}+\sum_{j=1}^{N}\omega_{ij}v_j+I_i\tag{1.13-8}$$

由放大器非饱和特性决定的 v_i 与 u_i 的关系为

$$v_i=\frac{1}{1+\mathrm{e}^{-u_i}}\tag{1.13-9}$$

1. 连续时间型 Hopfield 网络运行规则

给网络定义能量函数

$$E=-\frac{1}{2}\sum_{i=1}^{N}\sum_{j=1}^{N}\omega_{ij}v_iv_j-\sum_{i=1}^{N}v_iI_i+\sum_{i=1}^{N}\frac{1}{R_i}\int_0^{v_i}g^{-1}(t)\mathrm{d}t$$

其中
$$g(t)=\frac{1}{1+\mathrm{e}^{-t}}$$

式中 $g(t)$——S 函数；

$g^{-1}(t)$——$g(t)$ 的反函数。

对于式（1.13-8）的网络，若 $g^{-1}(t)$ 为单调递增且连续的函数，并有 $C_i>0$，则随网络的状态变化有

$$\frac{\mathrm{d}E}{\mathrm{d}t}\leqslant 0$$

当且仅当 $\frac{\mathrm{d}v_i}{\mathrm{d}t}=0$ 时，$\frac{\mathrm{d}E}{\mathrm{d}t}=0(i=1,2,\cdots,N)$，即网络状态改变总是朝着其能量函数减小的方向运动，并且最终收敛于网络的稳定平衡点，即 E 的极小值点。

当网络模型中的运放为理想放大器时（即 $u_i=0$ 时，仍可有输出 v_i），能量函数式可简化为

$$E=-\frac{1}{2}\sum_{i=1}^{N}\sum_{j=1}^{N}\omega_{ij}v_iv_j-\sum_{i=1}^{N}v_iI_i\tag{1.13-10}$$

最后将式（1.13-8）、式（1.13-9）整理后，得到连续时间型 Hopfield 网络的运行方程为

$$\frac{\mathrm{d}u_i}{\mathrm{d}t}=-\frac{u_i}{\tau}+\sum_{j=1}^{N}\omega_{ij}v_j+I_i\tag{1.13-11}$$

$$\tau=C_iR_i\tag{1.13-12}$$

其中
$$v_j=g(u_j)$$

式中 $g(t)$——S 函数。

2. 连续时间型 Hopfield 网络在优化组合问题中的应用

一个最有代表性的优化组合实例——旅行商问题（the Traveling Salesman Problem，TSP）。设有 n 个城市 $c_1,c_2,\cdots,c_n$，记为 $C=\{c_1,c_2,\cdots,c_n\}$；用 d_{ij} 表示 c_i 与 c_j 之间的距离，$d_{ij}>0(i,j=1,2,\cdots,n)$。有一旅行商从某一城市出发，访问各个城市一次且仅一次后，再回到原出发城市。要求找出一条最短的巡回路线。

为简明起见，仅举 $n=5$ 的例子。设这 5 个城市分别为 A、B、C、D、E。当任选一条路径如 $B\to D\to E\to A\to C$ 时，其总的路径长度 s 可表示为

$$s = d_{BD} + d_{DE} + d_{EC} + d_{CA} + d_{AB} \quad (1.13-13)$$

求解这 5 个城市 TSP 的第一个关键问题是找到一个简单，能够充分说明问题，又便于计算的表达形式。为此先观察图 1.13－6。

城市＼次序	1	2	3	4	5
A	0	0	0	1	0
B	1	0	0	0	0
C	0	0	0	0	1
D	0	1	0	0	0
E	0	0	1	0	0

图 1.13－6 5 城市巡回路线

图 1.13－6 中的行表示城市，列表示城市巡回次序。按照式（1.13－13）提出的路线，可得到如图 1.13－6 所示的表现形式。如果把图看作一个矩阵，这样形式的矩阵称为换位矩阵（Permutation Matrix）。进一步，如果把矩阵中每个元素对应于神经网络中的每个神经元的话，则可用一个 $n\times n=5\times 5=25$ 个神经元组成的 Hopfield 网络来解决这个问题。

有了明确的表达形式之后，第二个关键问题是如何把问题的目标函数表示为网络的能量函数，并将问题的变量对应为网络的状态。首先，对应换位矩阵，把问题的约束条件和最优要求分解出来：

（1）一次只能访问一个城市⇒换位矩阵每列只能有一个“1”。

（2）一个城市只能被访问一次⇒换位矩阵每行只能有一个“1”。

（3）一共有 N 个城市⇒换位矩阵中元素“1”之和应为 N。

（4）要求巡回路径最短⇒网络能量函数最小值对应于 TSP 的最短路径。

如果用 v_{ij} 表示换位矩阵第 i 行、第 j 列的元素，显然 v_{ij} 只能取“1”或“0”，当然，v_{ij} 同时也是网络的一个神经元的状态，则以上（4）也可表达为：构成最短路径的换位矩阵一定是形成网络能量函数极小点的网络状态。

得到网络能量函数的最后表达形式为

$$E=\frac{A}{2}\sum_{x=1}^{N}\sum_{i=1}^{N}\sum_{\substack{j=1\\ j\neq i}}^{N}v_{xi}v_{xj}+\frac{B}{2}\sum_{i=1}^{N}\sum_{x=1}^{N}\sum_{\substack{y=1\\ y\neq x}}^{N}v_{xi}v_{yi}+\frac{C}{2}\Big[\sum_{x=1}^{N}\sum_{i=1}^{N}v_{xi}-N\Big]^2+\frac{D}{2}\sum_{x=1}^{N}\sum_{y=1}^{N}\sum_{i=1}^{N}\times d_{xy}v_{xi}(v_{yi+1}+v_{yi-1}) \quad (1.13-14)$$

式（1.13－14）符合网络能量函数的定义，且只能当达到问题的最优解时，E 取得极小值，由此时的网络状态 v_{ij} 构成的换位矩阵表达了最佳旅行路线。为使网络能收敛到全局极小值，可按式（1.13－15）设置网络各连接权的初值。

设网络（x,i）神经元与（y,j）神经元之间的连接权为 $\omega_{xi,yj}$，神经元（x,i）的输出阈值为 I_{xi}，则有

$$\omega_{xi,yj}=-\underset{\text{(行约束)}}{A\delta_{xy}(1-\delta_{ij})}-\underset{\text{(列约束)}}{B\delta_{ij}(1-\delta_{xy})}-\underset{\text{(全局约束)}}{C}-\underset{\text{(路径长度约束)}}{Dd_{xy}(\delta_{ji+1}+\delta_{ji-1})} \quad (1.13-15)$$

$$I_{xi}=CN \quad (1.13-16)$$

其中

$$\delta_{ij}=\begin{cases}1 & (i=j)\\ 0 & (i\neq j)\end{cases} \quad (1.13-17)$$

实际上，将式（1.13－15）代入 Hopfield 网络能量函数式（1.13－10）则得到 TSP 问题能量函数式（1.13－14）（只相差一常数 N^2）。也可以说，比较式（1.13－8）与式（1.13－14），则可得到连接权表达式（1.13－15）。将式（1.13－15）、式（1.13－16）代入 Hopfield 网络运行方程式（1.13－11）、式（1.13－12），则得求解 TSP 的网络迭代方程为

$$\frac{\mathrm{d}u_{xi}}{\mathrm{d}t}=-\frac{u_{xi}}{\tau}-A\sum_{\substack{j=1\\ j\neq i}}^{N}v_{xj}-B\sum_{\substack{y=1\\ y\neq x}}^{N}v_{yi}-C\Big(\sum_{x=1}^{N}\sum_{y=1}^{N}v_{xy}-N\Big)-D\sum_{y=1}^{N}d_{xy}(v_{yi+1}+v_{yi-1}) \quad (1.13-18)$$

$$v_{xi}=g\left(\frac{u_i}{u_0}\right)=\frac{1}{2}\left[1+\tanh\left(\frac{u_i}{u_0}\right)\right] \quad (1.13-19)$$

式中 u_{xi}——各神经元的内部状态；

v_{xi}——神经元的输出。

这里取神经元的 I/O 函数为双曲正切函数。

具体计算迭代步骤如下：

（1）初始化。取 $u_0=0.02$，为保证问题收敛于正确解，按式（1.13－20）取网络的 25 个神经元内部初始状态为

$$u_{xi}=u_{00}+\delta_{u_{xi}} \quad (1.13-20)$$

其中

$$u_{00}=\frac{1}{2}u_0\ln(N-1)$$

式中 N——神经元个数；

$\delta_{u_{xi}}$——（－1，＋1）区间内的随机值。

这样做的目的是使网络因初始状态的不同而引起竞争，从而使网络朝收敛方向发展。

（2）按式（1.13－19），$v_{xi}(t_0)=\frac{1}{2}\left[\tanh\times\frac{u_{xi}(t_0)}{u_0}\right]$ 求出各神经元的输出 $v_{xi}(t_0)$。

（3）将 $v_{xi}(t_0)$ 代入式（1.13－18）中求得 $\frac{\mathrm{d}u_{xi}}{\mathrm{d}t}\Big|_{t=t_0}$，即

$$\frac{du_{xi}}{dt}\Big|_{t=t_0} = -\frac{u_{xi}}{\tau} - A\sum_{\substack{j=1\\ j\neq i}}^{N} v_{xj} - B\sum_{\substack{y=1\\ y\neq x}}^{N} v_{yi} - C\Big[\sum_{x=1}^{N}\sum_{y=1}^{N} v_{xy} - N\Big] - D\sum_{y=1}^{N} d_{xy}(v_{yi+1} + v_{yi-1})$$

(4) 按式（1.13－12）求出下一时刻的 $u_{xi}(t+\Delta t)$ 值

$$u_{xi}(t_0+\Delta t) = u_{xi}(t_0) + \frac{du_{xi}}{dt}\Big|_{t=t_0}\Delta t \tag{1.13-21}$$

转（2）。

在每进行一遍巡回之后，要检查运行结果即旅行路径的合法性。主要有以下方面：

（1）每个神经元的输出状态必须是“0”或“1”。

（2）换位矩阵每行有且仅有一个为1的单元。

（3）换位矩阵每列有且仅有一个为1的单元。这里只要神经元输出 $v_{xi}<0.01$ 则可视为0，$v_{xi}>0.99$ 则可视为1。当网络的运行迭代次数大于事先给定的回数时，经检查运行结果仍属非法时，说明从这一初始状态网络不能收敛到全局最小值。这时需要更换一组网络初始状态［即重新设置 $u_{xi}(t_0)=u_{00}+\delta_{u_{xi}}$］。转（2）开始再进行网络迭代，直到网络达到稳定状态。

经验表明，当选择合适参数，如 $A=500$、$B=500$、$C=200$、$D=500$、S 函数时间常数 $\tau_0=100$ 时，网络能得到较满意的收敛结果。但是应该指出，Hopfield网络解决TSP问题并不是每次都能收敛到最小值，而时常会“冻结”在无意义的旅行路线上。这说明Hopfield网络模型具有不稳健性（Non Robustness）。

参考文献

［1］ 华东水利学院．水工设计手册：基础理论［M］．北京：水利电力出版社，1983.

［2］ 数学手册编写组．数学手册［M］．北京：高等教育出版社，1979.

［3］ 数学手册编写组．数学手册［M］．北京：人民教育出版社，1979.

［4］ H．奈茨．数学公式［M］．石胜文，译．北京：海洋出版社，1983.

［5］ 郭大钧．大学数学手册［M］．济南：山东科学技术出版社，1985.

［6］ 叶其孝，沈永欢．实用数学手册［M］．北京：科学出版社，2006.

［7］ 沈永欢，等．实用数学手册［M］．北京：科学出版社，1992.

［8］ 中国矿业学院数学教研室．数学手册［M］．北京：科学出版社，1980.

［9］ 北京矿业学院高等数学教研组．数学手册［M］．北京：煤炭工业出版社，1976.

［10］ Gradshteyn I S，Ryzhik I M. Table of Integrals，Series and Products［M］. Seventh Edition. Edited by Alan Jeffrey and Daniel Zwillinger. Elsevier Inc，2007.

［11］ 颜庆津．数值分析［M］．北京：北京航空航天大学出版社，2005.

［12］ 李庆扬，王能超，易大义．数值分析［M］．北京：清华大学出版社，2008.

［13］ 同济大学，等．高等数学［M］．北京：高等教育出版社，2004.

［14］ 谢树艺．矢量分析与场论［M］．北京：人民教育出版社，1981.

［15］ 化工系统高校数学协作组．线性代数［M］．北京：中国计量出版社，1992.

［16］ 东北师范大学微分方程教研室．常微分方程［M］．北京：高等教育出版社，2005.

［17］ 谢鸿政，杨枫林．数学物理方程［M］．北京：科学出版社，2001.

［18］ 伍卓群，李勇．常微分方程［M］．北京：高等教育出版社，2005.

［19］ 魏宗舒，等．概率论与数理统计教程［M］．北京：高等教育出版社，1983.

［20］ V. K. 洛哈吉．概率论及数理统计导论（上、下册）［M］．高尚华，译．北京：高等教育出版社，1984.

［21］ 高社生，张玲霞．可靠性理论与工程应用［M］．北京：国防工业出版社，2002.

［22］ 曹晋华，程侃．可靠性数学引论［M］．北京：高等教育出版社，2006.

［23］ 顾唯明，张宁生．可靠性工程与质量管理标准常用术语汇编［M］．北京：国际工业出版社，1997.

［24］ 陈玉田．偏微分方程数值解法［M］．南京：河海大学出版社，1991.

［25］ 余德浩，汤华中．微分方程数值解法［M］．北京：科学出版社，2003.

［26］ 陆金甫，关治．偏微分方程数值解法［M］．北京：清华大学出版社，2004.

［27］ 陈内萍，罗智明，姚落根，等．概率论与数理统计［M］．北京：清华大学出版社，2007.

［28］ 陈景仁．湍流模型及有限分析法［M］．上海：上海交通大学出版社，1989.

［29］ 刘儒勋，舒其望．计算流体力学的若干新方法［M］．北京：科学出版社，2003.

［30］ 付德熏．流体力学数值模拟［M］．北京：国防工业出版社，1993.

［31］ 李开泰，黄艾香，黄庆杯．有限元方法及其应用［M］．北京：科学技术出版社，2006.

[32] 王勖成，邵敏．有限单元法基本原理与数值方法［M］．北京：清华大学出版社，1988.

[33] 王烈衡，许学军．有限元方法的数学基础［M］．北京：科学技术出版社，2004.

[34] 南京大学数学系计算数学专业．偏微分方程数值解法［M］．北京：科学出版社，1979.

[35] 孙志忠．偏微分方程数值解法［M］．北京：科学出版社，2005.

[36] 王伟．人工神经网络原理入门与应用［M］．北京：北京航空航天大学出版社，1995.

[37] 焦李成．神经网络计算［M］．西安：西安电子科技大学出版社，1996.

第2章

工　程　力　学

本章的修编根据现代水工计算力学的发展，在第1版《水工设计手册》的基础上做了修改、调整和补充，修编后的内容由原来的11节扩充为12节：

（1）加强了基本概念、基本理论的介绍。

（2）在2.3节中，删去了原第3节中的“迭代法”，增加了“矩阵位移法”。

（3）新增了“2.12 结构优化设计”。

（4）原“第6节 杆件结构的动力计算”改为“2.6 结构动力计算与结构振动控制”，并增加了结构抗震与振动控制的内容。

（5）在2.11节中，增加了薄板问题的有限单元法以及温度场与温度应力的有限单元法等内容。

（6）在2.7节中，删去了原第7节中的“差分法”。

章主编　陈国荣　张旭明　朱为玄　王润富

章主审　匡文起　朱以文

本章各节编写及审稿人员

<table>
<tr><th>节次</th><th>编　写　人</th><th>审稿人</th></tr>
<tr><td>2.1</td><td>朱为玄</td><td rowspan="12">匡文起
朱以文</td></tr>
<tr><td>2.2</td><td rowspan="4">张旭明</td></tr>
<tr><td>2.3</td></tr>
<tr><td>2.4</td></tr>
<tr><td>2.5</td></tr>
<tr><td>2.6</td><td>张旭明（2.6.1～2.6.5）
周星德（2.6.6）</td></tr>
<tr><td>2.7</td><td rowspan="4">王润富</td></tr>
<tr><td>2.8</td></tr>
<tr><td>2.9</td></tr>
<tr><td>2.10</td></tr>
<tr><td>2.11</td><td>陈国荣</td></tr>
<tr><td>2.12</td><td>张旭明</td></tr>
</table>

第2章 工 程 力 学

2.1 直杆变形的基本形式

假定直杆的材料是连续、均匀、各向同性的弹性介质，且变形是微小的。根据上述前提，得出直杆（主要是等直杆）在基本变形（轴向拉伸或压缩、剪切、扭转、弯曲）下的应力公式和变形公式，作为强度计算和刚度计算的主要依据。

2.1.1 平面图形的几何性质

直杆的应力和变形与某些平面图形的几何性质有关。平面图形几何性质的计算公式，见表 2.1-1；常用平面图形的几何性质，见表 2.1-2。

2.1.2 拉伸与压缩

2.1.2.1 轴力

根据截面法，轴力 F_N 在数值上等于横截面一侧各轴向外力的代数和。轴力正、负的一般规定是：拉力为正，压力为负。

2.1.2.2 应力公式和变形公式

1. 正应力公式

正应力在横截面上是均匀分布的，正应力公式为

$$\sigma = \frac{F_N}{A} \tag{2.1-1}$$

式中 σ——正应力，Pa；

F_N——轴力，N；

A——横截面面积，m^2。

2. 变形公式

当荷载在某一定限度内，杆的正应力不超过材料的比例极限，其变形公式（胡克定律）为

$$\Delta l = \frac{F_N l}{EA} \tag{2.1-2}$$

式中 Δl——杆的伸长或缩短长度，m；

l——杆的长度，m；

E——材料的弹性模量，Pa。

表 2.1-1　平面图形几何性质的计算公式

名　称	计　算　公　式	说　　明
面积矩（静矩）	$S_x = \int_A y\mathrm{d}A$ $S_y = \int_A x\mathrm{d}A$ 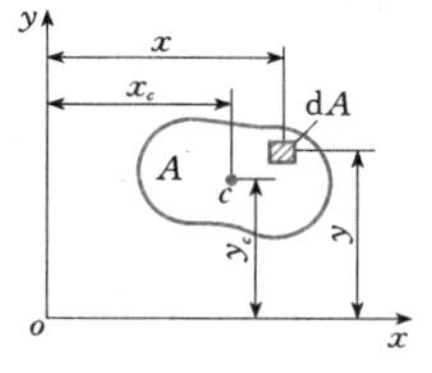 图 a	式中，dA 为微面积；x、y 为微面积所在处的坐标；A 为整个平面图形的面积；c 为形心；对于通过形心的坐标轴（形心轴），面积矩等于零
形心	$x_c = \frac{S_y}{A}$ $y_c = \frac{S_x}{A}$ （见图 a）	平面图形如有一个对称轴，则形心必在此对称轴上；如有一个以上的对称轴，则形心必在对称轴的交点上
惯性矩	$I_x = \int_A y^2\mathrm{d}A$ $I_y = \int_A x^2\mathrm{d}A$ 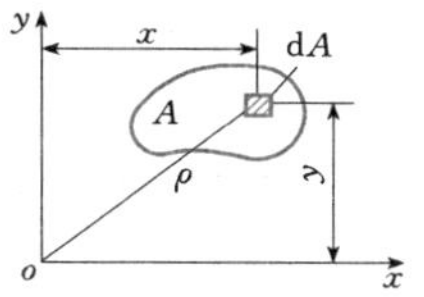 图 b	
极惯性矩	$I_\rho = \int_A \rho^2\mathrm{d}A = I_x + I_y$　（见图 b）	式中，$\rho = \sqrt{x^2+y^2}$，ρ 为微面积 dA 所在处到极点 o 的距离（极径）

续表

名　称	计　算　公　式	说　　明
惯性积	$I_{xy}=\int_A xy\mathrm{d}A$　　（见图 b）	可为正值或负值，惯性积等于零的一对互相垂直的坐标轴称为主轴
惯性半径	$i_x=\sqrt{\dfrac{I_x}{A}}$ $i_y=\sqrt{\dfrac{I_y}{A}}$	
平行移轴公式	$I_{x'}=I_x+a^2A$ $I_{y'}=I_y+b^2A$ $I_{x'y'}=I_{xy}+abA$ 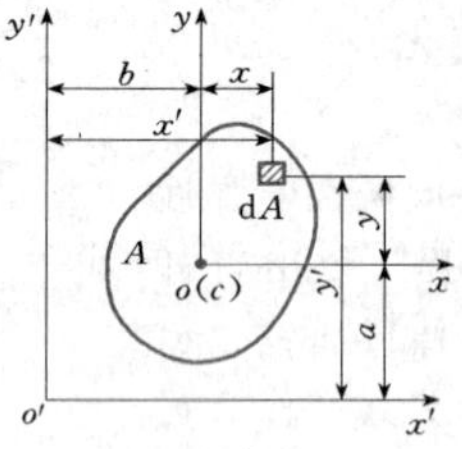 图 c	式中，a、b 为形心 c 在坐标系 $o'x'y'$ 中的坐标值。 坐标系 oxy 的原点在平面图形的形心 c 上
转轴公式	$I_{x'}=I_x\cos^2\alpha+I_y\sin^2\alpha-I_{xy}\sin2\alpha$ $I_{y'}=I_x\sin^2\alpha+I_y\cos^2\alpha+I_{xy}\sin2\alpha$ $I_{x'y'}=\dfrac{1}{2}(I_x-I_y)\sin2\alpha+I_{xy}\cos2\alpha$ 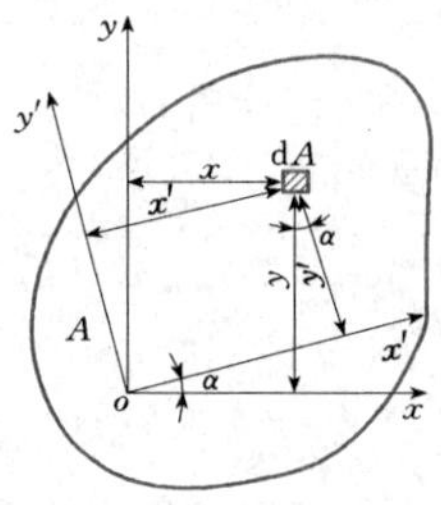 图 d	式中，α 为坐标轴的转角，且以绕 o 点逆时针转者为正
形心主惯性轴	$\tan2\alpha_0=\dfrac{-2I_{xy}}{I_x-I_y}$ 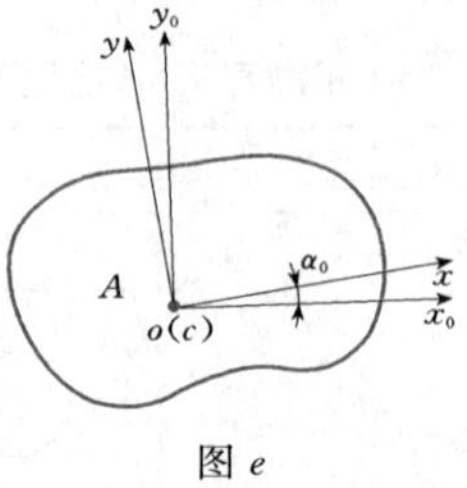 图 e	过形心 c，而且惯性积等于零的一对互相垂直的坐标轴（x_0，y_0），称为形心主惯性轴，其方向用 α_0 角表示。 平面图形有对称轴时，对称轴与另一相垂直的形心轴就是一对形心主惯性轴
形心主惯性矩	$I_{x_0}=I_x\cos^2\alpha_0+I_y\sin^2\alpha_0-I_{xy}\sin2\alpha_0$ $=\dfrac{I_x+I_y}{2}+\dfrac{1}{2}\sqrt{(I_x-I_y)^2+4I_{xy}^2}$ $I_{y_0}=I_x\sin^2\alpha_0+I_y\cos^2\alpha_0+I_{xy}\sin2\alpha_0$ $=\dfrac{I_x+I_y}{2}-\dfrac{1}{2}\sqrt{(I_x-I_y)^2+4I_{xy}^2}$ （见图 e）	平面图形对形心主惯性轴的两个惯性矩，称为形心主惯性矩。 形心主惯性矩是所有随 α 值变化的惯性矩中的极大值和极小值
弯曲截面系数	$W_1=\dfrac{I_{x_0}}{y_1}$ $W_2=\dfrac{I_{x_0}}{y_2}$ 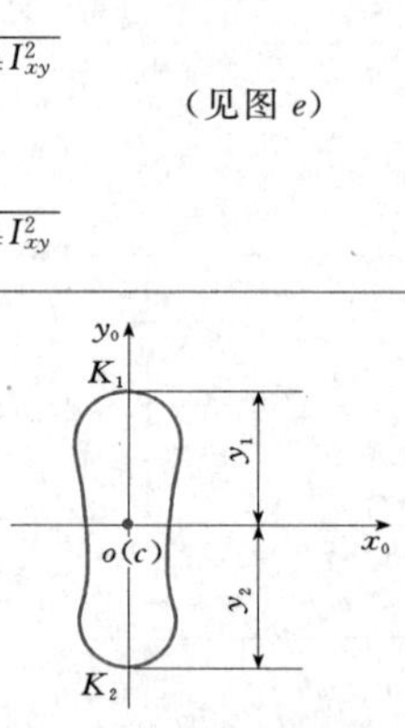 图 f	式中，I_{x_0} 为截面对形心主轴 x_0（平面弯曲中的截面中性轴）的惯性矩；y_1、y_2 分别为从 x_0 轴到截面上、下边缘两个最远点（即 K_1 和 K_2）的距离（取绝对值）

表 2.1-2 常用平面图形的几何性质（表中轴线 x_0-x_0 及 y_0-y_0 为形心轴）

序号	图形	面积 A	轴线至图形边缘最远点的距离 x、y	惯性矩 I、弯曲截面系数 W 及惯性半径 i
1	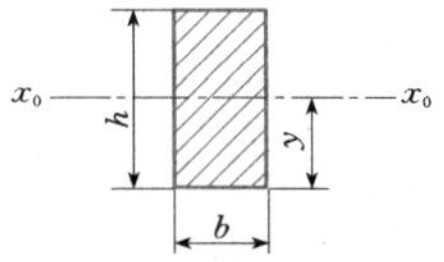	bh	$y=\frac{h}{2}$	$I_{x_0}=\frac{bh^3}{12}$ $W_{x_0}=\frac{1}{6}bh^2$ $i_{x_0}=0.289h$
2	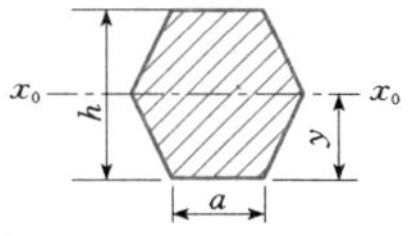（正六边形）	$\frac{3\sqrt{3}}{2}a^2=2.598a^2$ $\frac{\sqrt{3}}{2}h^2=0.866h^2$	$y=\frac{\sqrt{3}}{2}a$ $=0.866a$ $=0.5h$	$I_{x_0}=\frac{5\sqrt{3}}{16}a^4=0.541a^4$ $=0.0601h^4$ $W_{x_0}=\frac{5}{8}a^3=0.120h^3$ $i_{x_0}=0.456a=0.264h$
3	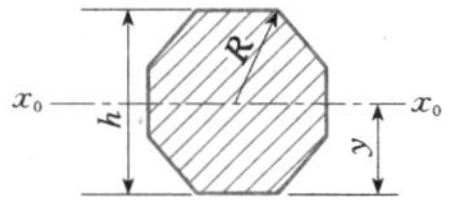（正八边形）	$2\sqrt{2}R^2=2.828R^2$ $\frac{2\sqrt{2}}{2+\sqrt{2}}h^2=0.828h^2$ 式中，R 为正八边形外接圆半径	$y=\frac{\sqrt{2+\sqrt{2}}}{2}R$ $=0.924R$ $=0.5h$	$I_{x_0}=\frac{1+2\sqrt{2}}{6}R^4=0.638R^4$ $=0.0547h^4$ $W_{x_0}=0.691R^3=0.109h^3$ $i_{x_0}=0.475R=0.257h$
4	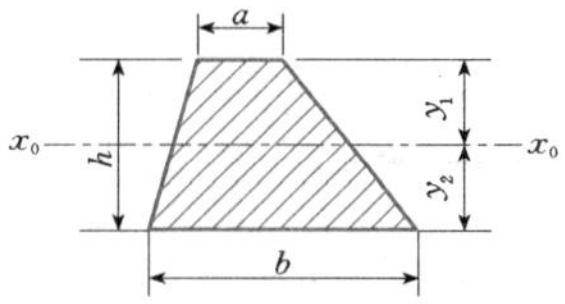	$\frac{h(b+a)}{2}$	$y_1=\frac{h(a+2b)}{3(a+b)}$ $y_2=\frac{h(b+2a)}{3(b+a)}$	$I_{x_0}=\frac{h^3(b^2+4ba+a^2)}{36(b+a)}$
5	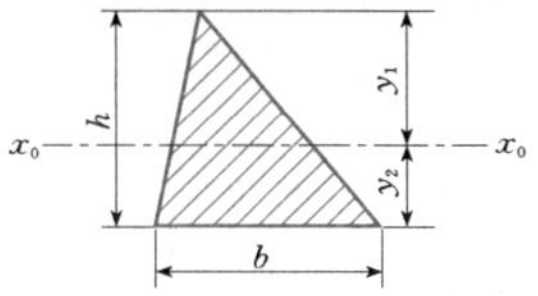	$\frac{bh}{2}$	$y_1=\frac{2}{3}h$ $y_2=\frac{1}{3}h$	$I_{x_0}=\frac{bh^3}{36}$ $i_{x_0}=\frac{h}{3\sqrt{2}}=0.236h$
6	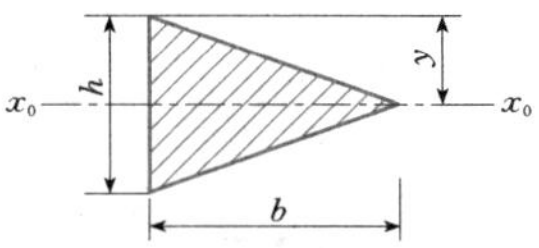	$\frac{bh}{2}$	$y=\frac{h}{2}$	$I_{x_0}=\frac{bh^3}{48}$ $W_{x_0}=\frac{bh^2}{24}$ $i_{x_0}=0.204h$
7	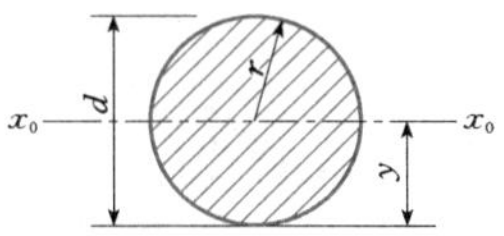	$\frac{\pi d^2}{4}=0.7854d^2$ $\pi r^2=3.1416r^2$	$y=r=\frac{d}{2}$	$I_{x_0}=\frac{\pi d^4}{64}=0.0491d^4$ $=0.7854r^4$ $W_{x_0}=0.0982d^3=\frac{\pi}{4}r^3$ $i_{x_0}=\frac{1}{4}d$
8	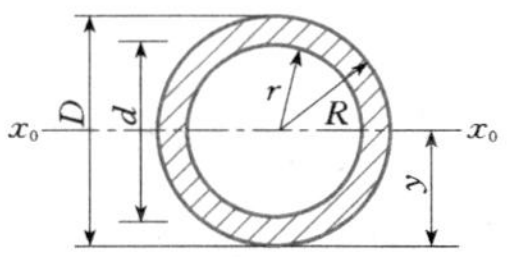（空心圆）	$\frac{\pi(D^2-d^2)}{4}$ $=0.785(D^2-d^2)$ $=\pi(R^2-r^2)$	$y=\frac{D}{2}$	$I_{x_0}=\frac{\pi(D^4-d^4)}{64}$ $=0.0491(D^4-d^4)$ $=\frac{\pi}{4}(R^4-r^4)$ $W_{x_0}=0.0982\frac{D^4-d^4}{D}$ $=\pi\frac{R^4-r^4}{4R}$ $i_{x_0}=\frac{\sqrt{D^2+d^2}}{4}$

续表

序号	图　形	面　积 A	轴线至图形边缘最远点的距离 x、y	惯性矩 I、弯曲截面系数 W 及惯性半径 i
9	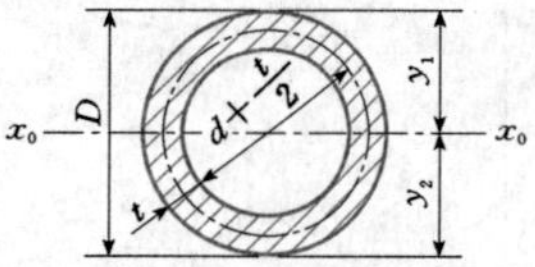 （$t \ll D$，薄圆环）	πDt $\pi(D-t)t$	$y=\dfrac{D}{2}$ $(y_1=y_2=y)$	$I_{x_0} \approx \dfrac{\pi D^3}{8}t$ $W_{x_0} \approx 0.7854D^2t$ $i_{x_0} \approx 0.354D$
10	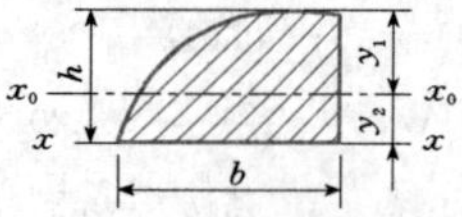 （二次抛物线）	$\dfrac{2}{3}bh$	$y_1=\dfrac{5}{8}h$ $y_2=\dfrac{3}{8}h$	$I_{x_0}=\dfrac{19}{480}h^3b$ $I_x=\dfrac{2}{15}h^3b$
11	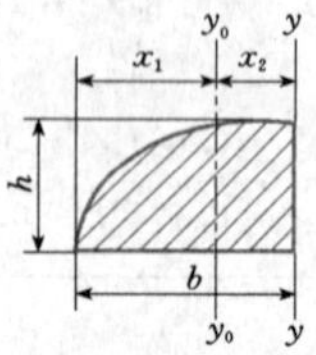 （二次抛物线）	$\dfrac{2}{3}bh$	$x_1=\dfrac{3}{5}b$ $x_2=\dfrac{2}{5}b$	$I_{y_0}=\dfrac{8}{175}hb^3$ $I_y=\dfrac{16}{105}hb^3$
12	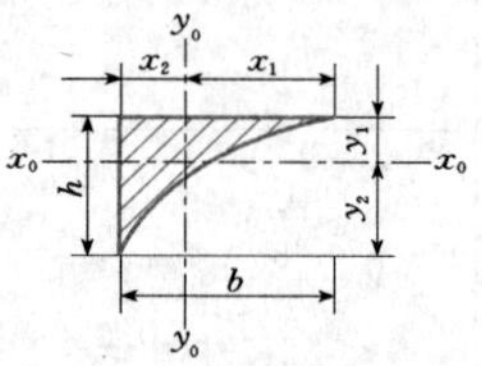 （二次抛物线角缘）	$\dfrac{1}{3}bh$	$y_1=\dfrac{1}{4}h$，$y_2=\dfrac{3}{4}h$ $x_1=\dfrac{7}{10}b$，$x_2=\dfrac{3}{10}b$	$I_{x_0}=\dfrac{1}{80}bh^3$ $I_{y_0}=\dfrac{37}{2100}hb^3$
13	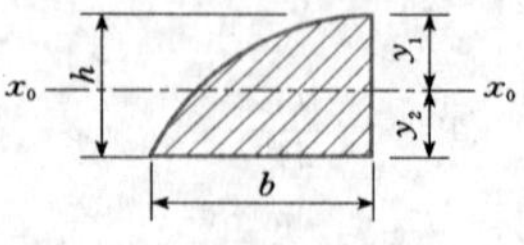 （n 次抛物线）	$\dfrac{n}{n+1}bh$	$y_1=\dfrac{n+3}{2(n+2)}h$ $y_2=\dfrac{n+1}{2(n+2)}h$	$I_{x_0}=\dfrac{n(n^2+4n+7)bh^3}{12(n+3)(n+2)^2}$ $I_x=\dfrac{n}{3(n+3)}bh^3$
14	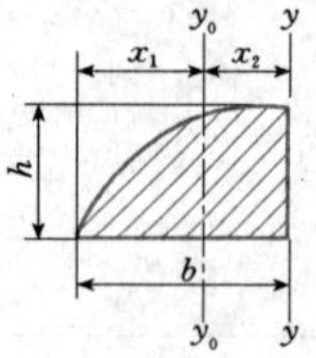 （n 次抛物线）	$\dfrac{n}{n+1}bh$	$x_1=\dfrac{n+1}{2n+1}b$ $x_2=\dfrac{n}{2n+1}b$	$I_{y_0}=\dfrac{n^3b^3h}{(3n+1)(2n+1)^2}$ $I_y=\dfrac{2n^3hb^3}{(n+1)(2n+1)(3n+1)}$
15	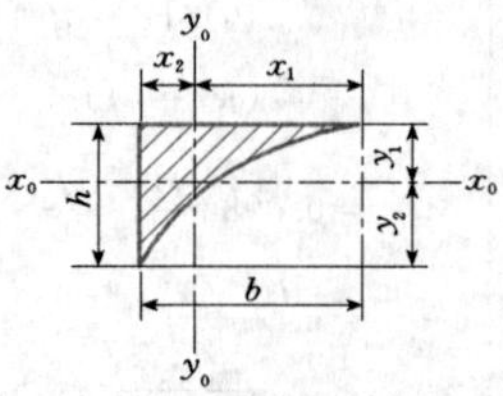 （n 次抛物线角缘）	$\dfrac{1}{n+1}bh$	$y_1=\dfrac{1}{n+2}h$ $y_2=\dfrac{n+1}{n+2}h$ $x_1=\dfrac{3n+1}{2(2n+1)}b$ $x_2=\dfrac{n+1}{2(2n+1)}b$	$I_{x_0}=\dfrac{bh^3}{(n+3)(n+2)^2}$ $I_{y_0}=\dfrac{7n^2+4n+1}{12(3n+1)(2n+1)^2}hb^3$

续表

序号	图　形	面　积 A	轴线至图形边缘最远点的距离 x、y	惯性矩 I、弯曲截面系数 W 及惯性半径 i
16	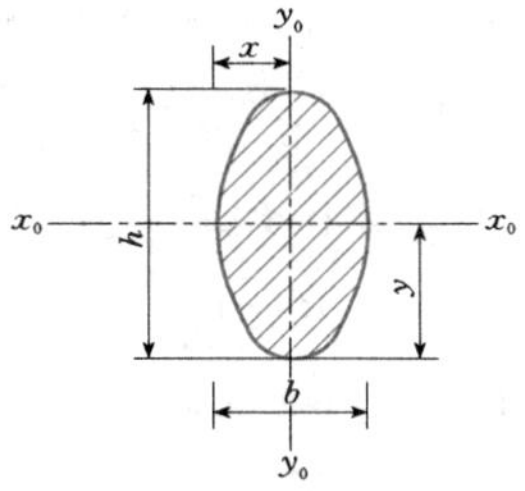（椭圆）	$\frac{\pi bh}{4}=0.7854bh$	$y=\frac{1}{2}h$	$I_{x_0}=\frac{\pi bh^3}{64}=0.0491bh^3$ $W_{x_0}=0.0982bh^2$ $i_{x_0}=\frac{1}{4}h$
			$x=\frac{1}{2}b$	$I_{y_0}=\frac{\pi hb^3}{64}=0.0491hb^3$ $W_{y_0}=0.0982b^2h$ $i_{y_0}=\frac{1}{4}b$
17	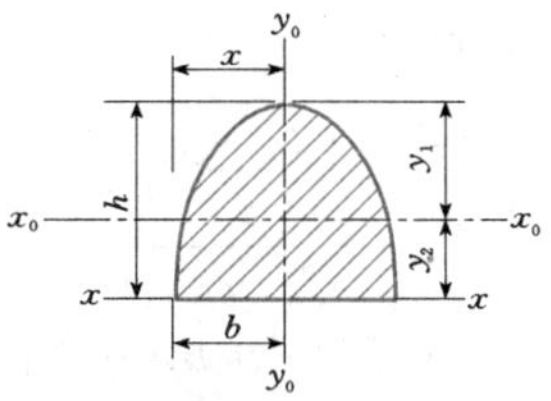（半椭圆）	$\frac{\pi bh}{2}=1.5708bh$	$y_1=h\left(1-\frac{4}{3\pi}\right)$ $=0.576h$ $y_2=\frac{4}{3\pi}h$ $=0.424h$	$I_{x_0}=\frac{9\pi^2-64}{72\pi}bh^3$ $=0.1097bh^3$ $i_{x_0}=0.264h$ $I_x=\frac{\pi}{8}h^3b,\quad i_x=\frac{h}{2}$
			$x=b$	$I_{y_0}=\frac{1}{8}\pi hb^3$ $W_{y_0}=0.393hb^2$ $i_{y_0}=\frac{b}{2}$
18	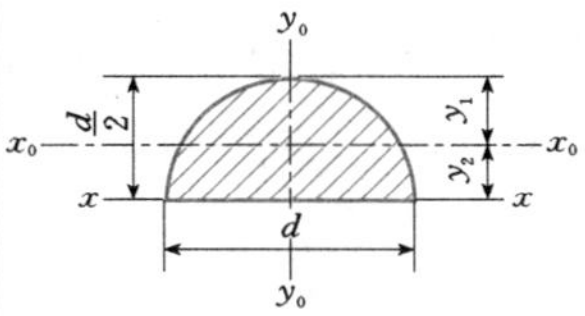	$\frac{\pi d^2}{8}=0.393d^2$	$y_1=\frac{d(3\pi-4)}{6\pi}$ $=0.288d$ $y_2=\frac{2d}{3\pi}=0.212d$ $x=0.5d$	$I_{x_0}=\frac{d^4(9\pi^2-64)}{1152\pi}$ $=0.00686d^4$ $I_x=\frac{\pi d^4}{128}=0.0245d^4$
19	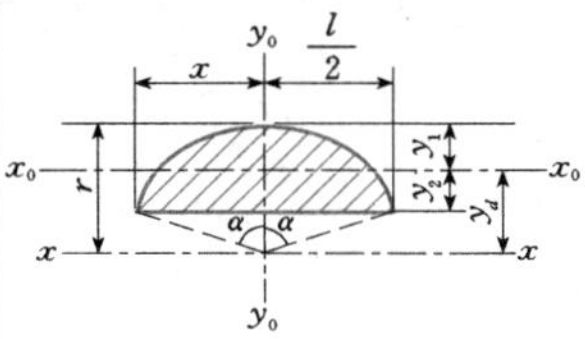	$\frac{r^2}{2}(2\alpha-\sin 2\alpha)$ 式中，α 单位为 rad	$y_d=\frac{4r}{3}\ \frac{\sin^3\alpha}{2\alpha-\sin 2\alpha}$ $y_1=r-y_d$ $y_2=r(1-\cos\alpha)-y_1$	$I_{x_0}=\frac{r^4}{8}(2\alpha-\sin 2\alpha\cos 2\alpha)-Ay_d^{y}$ $I_x=\frac{r^4}{8}(2\alpha-\sin 2\alpha\cos 2\alpha)$
			$x=\frac{l}{2}=r\sin\alpha$	$I_{y_0}=\frac{r^4}{24}[6\alpha-(3+2\sin^2\alpha)\sin 2\alpha]$
20	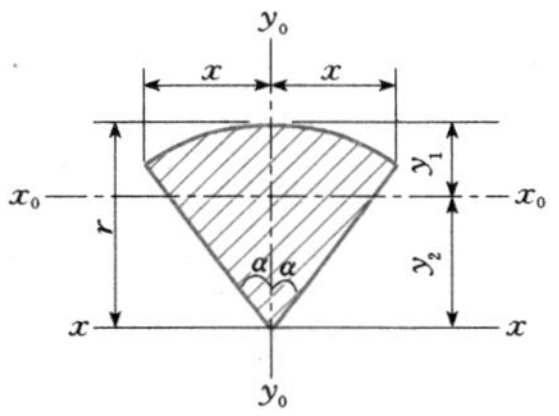	αr^2 式中，α 单位为 rad	$y_1=r-y_2$ $y_2=\frac{2r\sin\alpha}{3\alpha}$	$I_{x_0}=\frac{r^4}{4}\left(\alpha+\sin\alpha\cos\alpha-\frac{16\sin^2\alpha}{9\alpha}\right)$ $I_x=\frac{r^4}{4}(\alpha+\sin\alpha\cos\alpha)$
			$x=r\sin\alpha$	$I_{y_0}=\frac{r^4}{4}(\alpha-\sin\alpha\cos\alpha)$

续表

序号	图　　形	面　　积 A	轴线至图形边缘最远点的距离 x、y	惯性矩 I、弯曲截面系数 W 及惯性半径 i
21	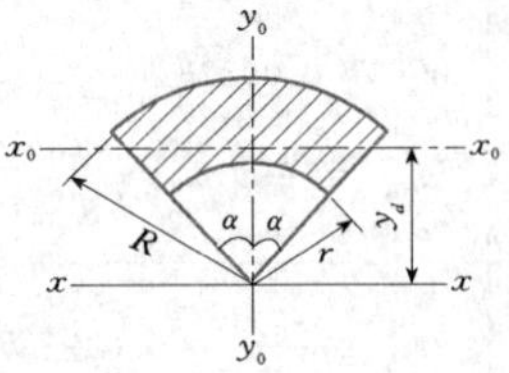	$\alpha(R^2-r^2)$	$y_d=\dfrac{2\sin\alpha}{3\alpha}\dfrac{R^3-r^3}{R^2-r^2}$	$I_{x_0}=\dfrac{1}{4}(\alpha+\sin\alpha\cos\alpha)\times(R^4-r^4)-\dfrac{4\sin^2\alpha}{9\alpha}\times\dfrac{(R^3-r^3)^2}{R^2-r^2}$ $I_x=\dfrac{1}{4}(\alpha+\sin\alpha\cos\alpha)\times(R^4-r^4)$
				$I_{y_0}=\dfrac{1}{4}(\alpha-\sin\alpha\cos\alpha)\times(R^4-r^4)$
22	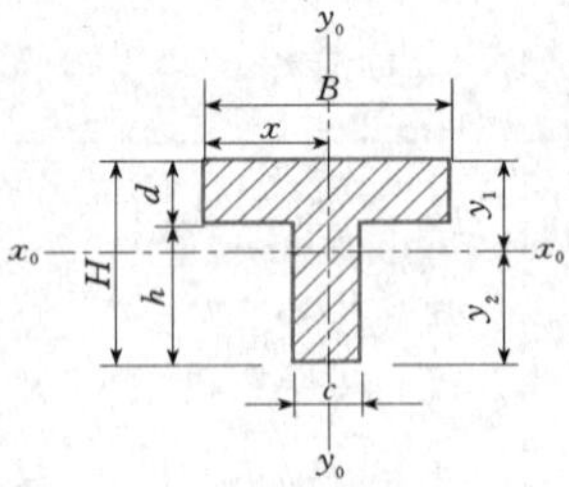	$Bd+hc$	$y_1=\dfrac{1}{2}\dfrac{cH^2+d^2(B-c)}{Bd+hc}$ $y_2=H-y_1$	$I_{x_0}=\dfrac{1}{3}[cy_2^3+By_1^3-(B-c)(y_1-d)^3]$
			$x=\dfrac{1}{2}B$	$I_{y_0}=\dfrac{1}{12}(dB^3+hc^3)$
23	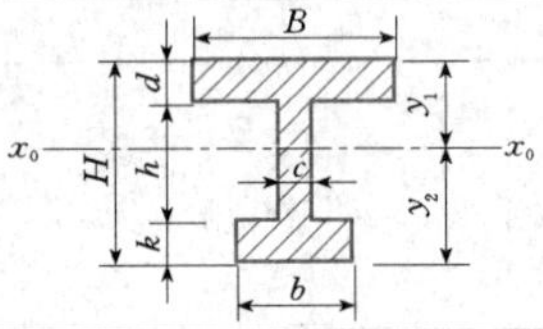	$Bd+ch+bk$	$y_1=H-y_2$ $y_2=\dfrac{1}{2}\left[\dfrac{cH^2+(b-c)k^2}{Bd+ch+bk}+\dfrac{(B-c)(2H-d)d}{Bd+ch+bk}\right]$	$I_{x_0}=\dfrac{1}{3}[by_2^3+By_1^3-(b-c)\times(y_2-k)^3-(B-c)\times(y_1-d)^3]$
24	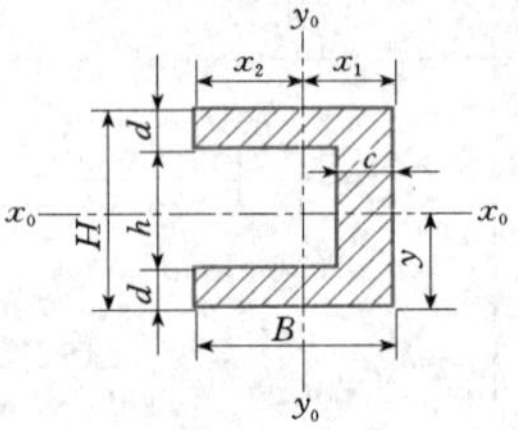	$BH-h\ (B-c)$	$y=\dfrac{1}{2}H$	$I_{x_0}=\dfrac{1}{12}[BH^3-(B-c)h^3]$
			$x_1=B-x_2$ $x_2=\dfrac{1}{2}\left[\dfrac{B^2H-h\ (B-c)^2}{BH-h(B-c)}\right]$	$I_{y_0}=\dfrac{1}{3}[Hx_1^3-h(x_1-c)^3]+\dfrac{2}{3}dx_2^3$
25	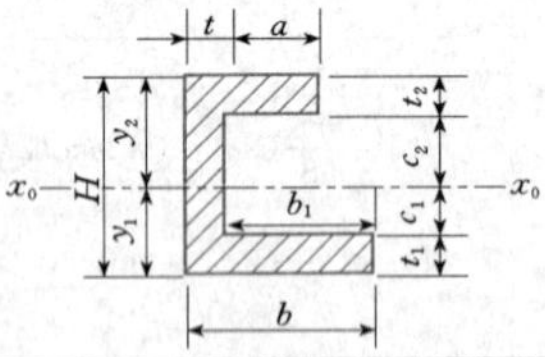	$Ht+b_1t_1+at_2$	$y_1=\left[\dfrac{1}{2}H^2t+\dfrac{1}{2}t_1^2b_1+at_2\left(H-\dfrac{1}{2}t_2\right)\right]+A$ $y_2=H-y_1$	$I_{x_0}=\dfrac{by_1^3-b_1c_1^3+(a+t)y_2^3-ac_2^3}{3}$
26	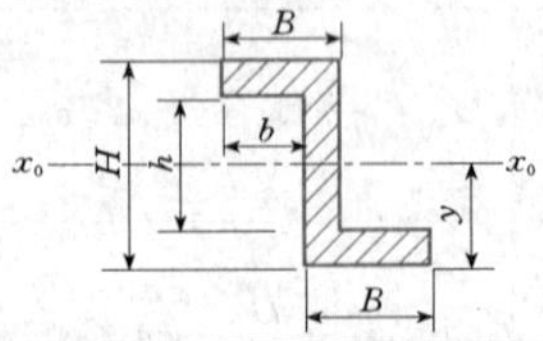	$BH-bh$	$y=\dfrac{1}{2}H$	$I_{x_0}=\dfrac{1}{12}(BH^3-bh^3)$
27	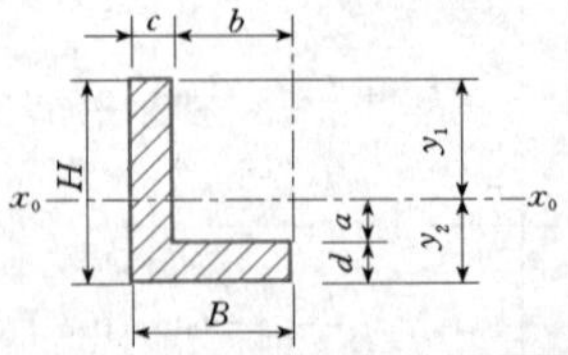	$cH+bd$	$y_1=H-y_2$ $y_2=\dfrac{1}{2}\dfrac{cH^2+bd^2}{cH+bd}$	$I_{x_0}=\dfrac{1}{3}(By_2^3-ba^3+cy_1^3)$

注　在序号10～15的图形中，所有抛物线的顶点都在该抛物线的左下端。

3. 正应变公式

$$\left.\begin{aligned}\varepsilon=\frac{\Delta l}{l}=\frac{F_N}{EA}=\frac{\sigma}{E}\\ \text{或}\quad \sigma=E\varepsilon\end{aligned}\right\}\qquad(2.1-3)$$

式中 ε——正应变，一般以拉应变为正，压应变为负。

4. 横向应变公式

$$\varepsilon'=-\mu\varepsilon\qquad(2.1-4)$$

式中 ε'——横向应变；

μ——材料的泊松比。

2.1.3 剪切

在实用强度计算中，假设切应力或挤压应力在受剪面或挤压面上是均匀分布的。

(1) 在两个互相垂直的平面上，垂直于交线的切应力 τ 和 τ' 的数值相等，而对于单元体的作用方向相反，有

$$\tau=\tau'\qquad(2.1-5)$$

(2) 在弹性范围内，切应力 τ 与切应变成正比(剪切胡克定律)，即

$$\tau=G\gamma\qquad(2.1-6)$$

式中 γ——切应变（单元体中直角的改变量）；

G——材料的剪切弹性模量，Pa。

G 与材料的另外两个弹性常数 E 和 μ 之间的关系为

$$G=\frac{E}{2(1+\mu)}\qquad(2.1-7)$$

2.1.4 扭转

扭转杆件横截面上的内力是作用在该面内的力偶(即扭矩 M_x)，其数值等于横截面一侧各扭转外力偶矩的代数和。

2.1.4.1 圆截面杆的扭转

1. 切应力

$$\left.\begin{aligned}\tau=\frac{M_x\rho}{I_p}\\ \tau_{\max}=\frac{M_x}{W_p}\end{aligned}\right\}\qquad(2.1-8)$$

其中 $I_p=\dfrac{\pi d^4}{32}\approx 0.1d^4$， $W_p=\dfrac{\pi d^3}{16}\approx 0.2d^3$

式中 I_p——极惯性矩；

W_p——扭转截面系数；

ρ——所求应力点至圆心的距离。

2. 扭转角与单位长度扭转角

$$\left.\begin{aligned}\varphi=\frac{M_x l}{GI_p}\\ \theta=\frac{M_x}{GI_p}\end{aligned}\right\}\qquad(2.1-9)$$

式中 φ——扭转角，rad；

θ——单位长度扭转角，rad/m；

l——杆长。

2.1.4.2 矩形截面杆的扭转

1. 最大切应力（发生在矩形长边的中点）

$$\tau_{\max}=\frac{M_x}{\alpha bc^2}\qquad(2.1-10)$$

式中 b——矩形长边的尺寸；

c——矩形短边的尺寸。

2. 短边中点切应力

$$\tau_1=\frac{M_x}{\alpha_1 bc^2}\qquad(2.1-11)$$

3. 单位长度扭转角

$$\theta=\frac{M_x}{\beta Gbc^3}\qquad(2.1-12)$$

式（2.1-10）～式（2.1-12）中的系数 α、β、α_1 可查表 2.1-3。

2.1.4.3 薄壁杆的纯扭转

1. 开口薄壁杆

开口薄壁杆的截面可认为由若干（n 个）窄矩形 $\left(\dfrac{b}{c}>10\right)$所组成，其各窄矩形的长度为 b_i，宽度为 c_i，各组成部分的扭转惯性矩为

$$C=\frac{1}{3}b_ic_i^3$$

整个截面的扭转惯性矩为

$$C=\frac{1}{3}\sum_{i=1}^{n}b_ic_i^3$$

表 2.1-3　系数 α、β、α_1

系数 \ $\frac{b}{c}$	1.0	1.5	2.0	3.0	4.0	6.0	8.0	10.0	很大
α	0.208	0.231	0.246	0.267	0.282	0.299	0.307	0.313	0.333
β	0.141	0.196	0.229	0.263	0.281	0.299	0.307	0.313	0.333
α_1	0.208	0.270	0.309	0.354	0.379	0.402	0.413	0.421	0.448

注 对于窄矩形截面$\left(\dfrac{b}{c}>10\right)$，计算时可取 $\alpha=\beta=\dfrac{1}{3}$。

对于型钢，其截面的扭转惯性矩为

$$C = \eta \frac{1}{3}\sum_{i=1}^{n} b_i c_i^3$$

式中　η——修正系数，角钢 $\eta=1.0$，槽钢 $\eta=1.12$，T 形截面 $\eta=1.15$，I 形截面 $\eta=1.20$。

（1）最大切应力：

$$\tau_{\max} = \frac{M_x}{C} c_{\max} \qquad (2.1-13)$$

（2）单位长度扭转角：

$$\theta = \frac{M_x}{GC} \qquad (2.1-14)$$

2. 闭合薄壁杆

设 A_0 为截面的壁厚中线所围成的面积，δ 为壁厚，s 为截面的壁厚中线的长度，l 为杆长（见图 2.1-1），则各计算式如下。

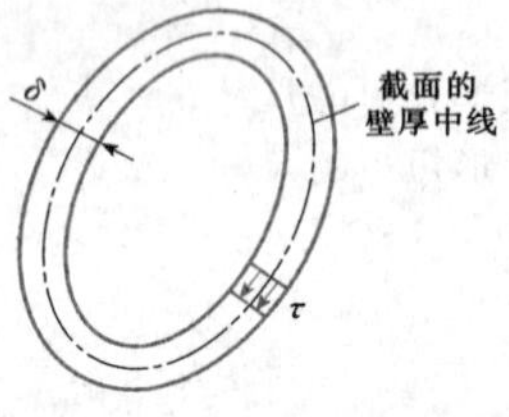

图 2.1-1　闭合薄壁杆的截面

（1）切应力：

$$\tau = \frac{M_x}{2A_0\delta} \qquad (2.1-15)$$

（2）单位长度扭转角：

$$\theta = \frac{\tau s}{2GA_0} \qquad (2.1-16)$$

（3）最大切应力，若截面壁厚不等，则最大切应力发生在厚度取最小值 $\delta_{\max}$ 之处：

$$\tau_{\max} = \frac{M_x}{2A_0\delta_{\min}} \qquad (2.1-17)$$

2.1.5　平面弯曲

2.1.5.1　弯曲内力——剪力与弯矩

1. 剪力

横截面上的剪力，在数值上等于截面一侧各横向外力的代数和。

正负号规定：剪力 F_Q 以对所截取部分顺时针向作用者为正，反之为负，如图 2.1-2（a）所示。

2. 弯矩

横截面上的弯矩，在数值上等于横截面一侧所有各外力对横截面中性轴 z 的矩的代数和。

正负号规定：当梁下半部受拉时，弯矩 M 为正，反之为负，如图 2.1-2（b）所示。

剪力和弯矩一般随着梁横截面的位置不同而变

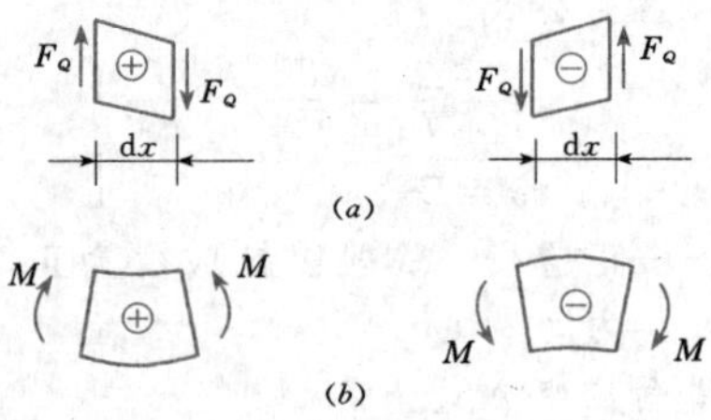

图 2.1-2　剪力和弯矩的正负号规定

化，若横截面的位置以坐标 x 表示，则

$$F_Q = F_Q(x),\quad M = M(x)$$

函数式 $F_Q(x)$ 和 $M(x)$ 用图线表示，即为剪力图和弯矩图。常见单跨静室梁的剪力图、弯矩图见表 2.1-6。

3. 分布荷载集度 q 与剪力、弯矩之间的关系

$$\frac{dF_Q}{dx} = q \qquad (2.1-18)$$

$$\frac{dM}{dx} = F_Q \qquad (2.1-19)$$

$$\frac{d^2M}{dx^2} = \frac{dF_Q}{dx} = q \qquad (2.1-20)$$

式中，分布荷载集度 q 以向上为正。

由于导数的几何意义是图线切线的斜率，因此可利用上列关系式，根据荷载图作出剪力图和弯矩图，或校核作图的正确性。

2.1.5.2　弯曲正应力

$$\sigma = -\frac{My}{I_z} \qquad (2.1-21)$$

$$\sigma_{\max} = \frac{M}{W_z} \qquad (2.1-22)$$

式中　M——梁横截面上的弯矩；

I_z——横截面对中性轴（z 轴）的惯性矩；

W_z——横截面对 z 轴的弯曲截面系数。

正应力的正负号，可由式（2.1-21）根据 M 与 y 的正负号来确定，也可先算出绝对值，再根据弯曲变形的实际情况来确定。如 M 为正时，中性轴以下的材料受拉，正应力为正值；中性轴以上的材料受压，正应力为负值（见图 2.1-3）。

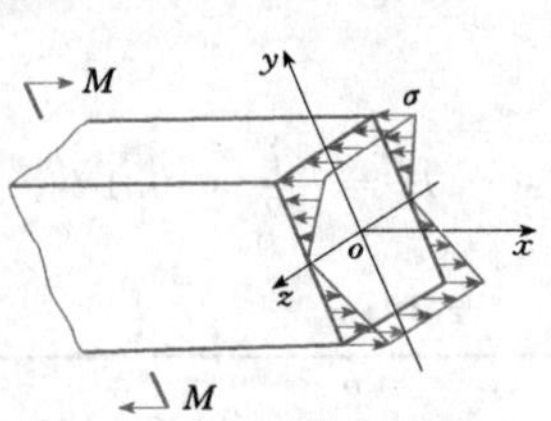

图 2.1-3　弯曲正应力

常用的弯曲截面系数查表 2.1-3。

2.1.5.3　弯曲切应力

弯曲切应力因梁的截面形状不同而有不同的分布。常用截面的弯曲切应力公式列于表 2.1-4。

表 2.1-4　常用截面的弯曲切应力

截面形状	切应力分布的假设	切应力公式	说明
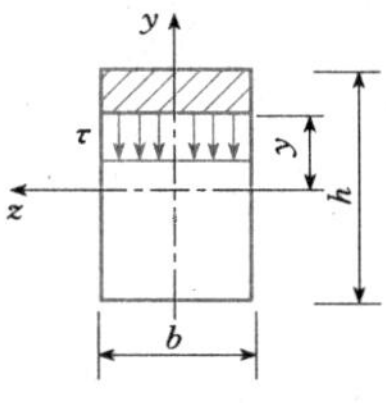 矩形（$h>b$）	（1）切应力沿截面宽度均匀分布。 （2）切应力的方向与剪力 F_Q 平行，即平行于 y 轴，或平行于截面侧边	（1）任意点： $\tau=\dfrac{F_QS(y)}{BI_z}$ （2）中性轴（z 轴）上各点： $\tau_{max}=\dfrac{2}{3}\dfrac{F_Q}{A}$	式中，F_Q 为截面上剪力；b 为矩形截面宽度；I_z 为截面对中性轴（z 轴）的惯性矩；$S(y)$ 为应力所在横线以外部分截面（阴影线部分面积）对中性轴 z 的面积矩
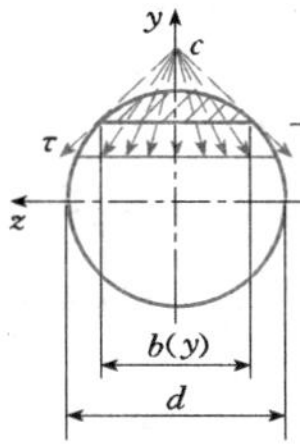 圆形	（1）在离中性轴等远的各点上切应力的方向线交于 y 轴上同一点 c。 （2）在离中性轴等远的各点，切应力在 y 方向的分量 τ_y 均相等	（1）任意点： $\tau_y=\dfrac{F_QS(y)}{b(y)I_z}$ （2）中性轴（z 轴）上各点： $\tau_{max}=\dfrac{4F_Q}{3A}$	式中，A 为截面面积；y 为应力所在点至中性轴的距离；$b(y)$ 为离中性轴等于 y 处的截面宽度
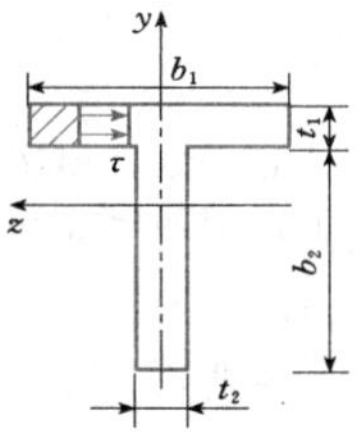 组合窄矩形	（1）切应力方向平行于截面周界。 （2）切应力沿窄矩形厚度均匀分布	（1）任意点： $\tau=\dfrac{F_QS'}{t_1I_z}$ （2）中性轴上各点： $\tau_{max}\approx\dfrac{F_Q}{t_2b_2}$	式中，S' 为应力所在厚度线一侧的部分截面对中性轴（z 轴）的面积矩；t_1 为应力所在点处的截面厚度

2.1.5.4　开口薄壁杆截面的弯曲中心

梁在两个互相垂直的形心主惯性平面内分别发生弯曲时，横截面上分别产生剪力。这两个剪力的作用线互相垂直，它们的交点称为弯曲中心或剪切中心。在具有两个对称轴的薄壁杆截面上，弯曲中心与形心是重合的。在只有一个对称轴或者没有对称轴的薄壁杆截面上。弯曲中心 A 与形心 c 不一定重合（见图 2.1-4）。在这种情况下，若外力 F 仍然作用在形心主惯性平面内，则可设想这力向弯曲中心 A 平移，成为与剪力 F_Q 在同一纵向平面内的力 F 和一个附加力矩 Fa。前者使梁仅发生平面弯曲，而后者使梁发生扭转。为了避免这种情况，外力必须作用在通过弯曲中心 A 且与形心主惯性平面平行的平面内，这样才只发生平面弯曲。几种开口薄壁杆截面的弯曲中心见表 2.1-5。

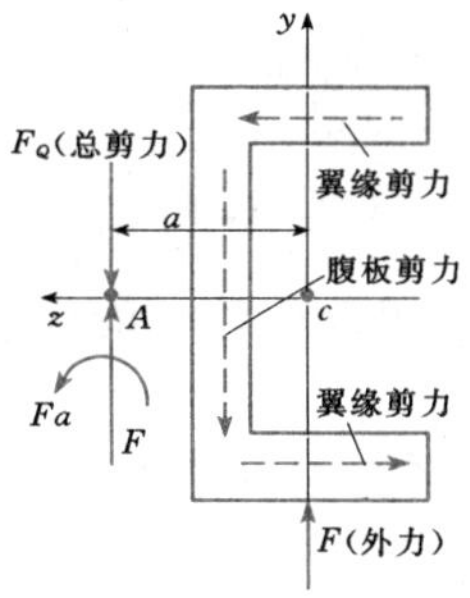

图 2.1-4　弯曲中心

2.1.5.5　弯曲变形——转角与挠度

以梁的原轴线为 x 轴，挠度 y 表示为

$$y=f(x) \qquad (2.1-23)$$

转角为

$$\theta=\frac{\mathrm{d}y}{\mathrm{d}x}=f'(x) \qquad (2.1-24)$$

采用图 2.1-5 所示的坐标系及弯矩符号，挠曲线的近似微分方程为

$$\frac{\mathrm{d}^2y}{\mathrm{d}x^2}=\frac{M}{EI} \qquad (2.1-25)$$

采用图 2.1-6 所示的坐标系及弯矩符号，挠曲线的近似微分方程为

$$\frac{\mathrm{d}^2y}{\mathrm{d}x^2}=-\frac{M}{EI} \qquad (2.1-26)$$

式中　I——截面对中性轴的惯性矩，即式（2.1-21）中的 I_z。

根据挠曲线的近似微分方程，用下列方法计算梁的转角和挠度。

表 2.1-5　　几种开口薄壁杆截面的弯曲中心

截面形状	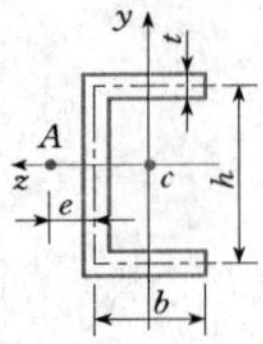 槽　形	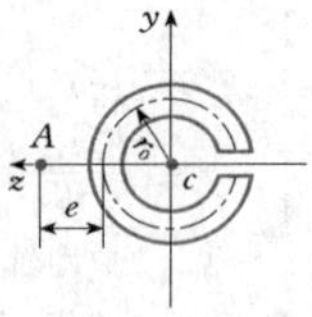 有缺口的圆环	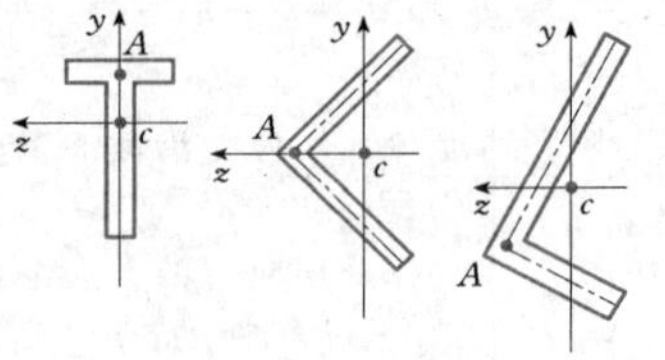 T形或L形	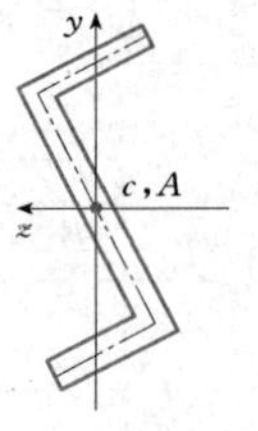 Z形
弯曲中心 A 的位置	$e=\dfrac{b^2h^2t}{4I_z}$	$e=r_0$	两个窄矩形厚度中线的交点	与形心 c 重合

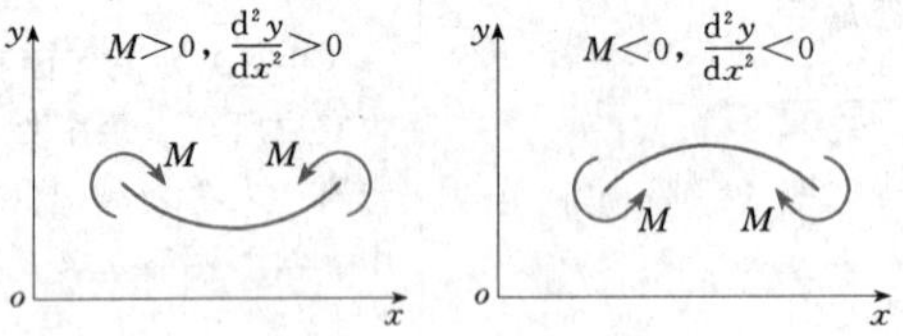

图 2.1-5　梁的挠曲线与坐标的关系之一

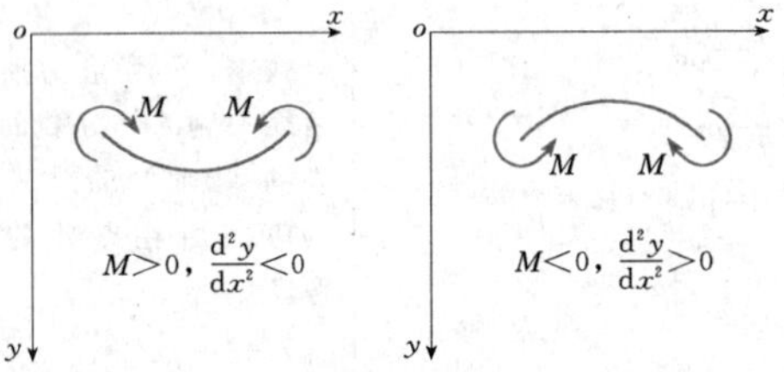

图 2.1-6　梁的挠曲线与坐标的关系之二

1. *积分法*

由式（2.1-25）积分得

$$\theta=\frac{\mathrm{d}y}{\mathrm{d}x}=\int\frac{M}{EI}\mathrm{d}x+C \qquad (2.1-27)$$

$$y=\int\theta\mathrm{d}x=\iint\frac{M}{EI}\mathrm{d}x\mathrm{d}x+Cx+D \qquad (2.1-28)$$

式中　θ——截面转角，以逆时针转向为正；

y——挠度，以向上为正；

C、D——积分常数，由梁的边界条件确定。

此外，也可由式（2.1-26）积分，但转角、挠度的正负号规定则相反。

2. *初参数法*

当梁的荷载比较复杂时，用积分法需要分段运算。若在各段内的积分都能遵循一定的法则，则可使各段的积分常数相同，因而可用一个通式表示全梁各段的转角和挠度。这些法则如下：

（1）全梁各段的坐标原点要取在同一点（如取在梁的左端点）。

（2）梁的各段弯矩式应保留本段之前各段弯矩式的形式。当某一段上出现新的弯矩项时，这些项应包含乘数 $(x-a)$ 的形式，a 表示该段的起始点至原点的距离。当有集中力偶 M 作用在梁上时，弯矩式中的相应项应写成 $M(x-a)^0$。

（3）进行积分时，应以 $(x-a)$ 为自变量，即不要将括号展开再积分。

（4）梁上某段受有均匀分布荷载，则必须将分布荷载延续至右端，同时在延续段附加等量反向的分布荷载，以使梁受荷载情况与原有情况相同。

根据以上法则，弯矩、转角、挠度的一般通式为

$$M=\sum M_i(x-a_i)^0+\sum F_i(x-b_i)^1+\sum\frac{q_i(x-c_i)^2}{2!}$$

$$EI\theta=EI\theta_0+\sum M_i(x-a_i)^1+\sum\frac{F_i(x-b_i)^2}{2!}+\sum\frac{q_i(x-c_i)^3}{3!}$$

$$EIy=EIy_0+EI\theta_0x+\sum\frac{M_i(x-a_i)^2}{2!}+\sum\frac{F_i(x-b_i)^3}{3!}+\sum\frac{q_i(x-c_i)^4}{4!}$$

式中　a_i、b_i——外力偶 M_i 或外力 F_i 的作用点至原点的距离；

c_i——分布力的开始点至原点的距离；

θ_0、y_0——积分常数，为原点处的转角和挠度（即初参数），由梁的边界条件确定，见表 2.1-6。

正负号规定：M_i 以顺时针向转为正；F_i 与 q_i 以向上为正；y 以向上为正；θ 以逆时针向转为正。

用以上通式计算转角与挠度时，若某一项的括号内为负值，则该项不计❶。

❶ 有时将这种情况表示为 $\|_a(x-a)$ 的形式，即当 $x<a$ 时，该项不计。

表 2.1-6　单跨静定梁的反力、弯矩及转角、挠度

序号	简支梁			
	荷载方式与 $F_Q(x)$、$M(x)$ 图	支座反力与弯矩	转角	挠度
1	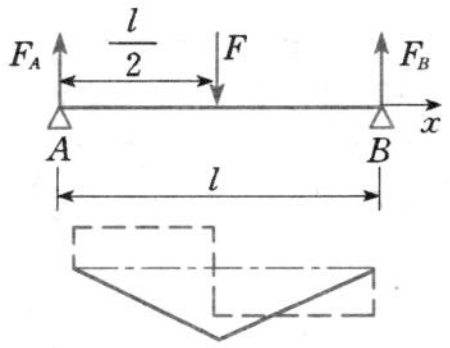	$F_A=\frac{F}{2}$，$F_B=\frac{F}{2}$ $M=Fl\left[\frac{x}{2l}-\Big\|_{\frac{l}{2}}\left(\frac{x}{l}-\frac{1}{2}\right)\right]$ $M_{max}=\frac{Fl}{4}\quad\left(x=\frac{l}{2}\right)$	$\theta=\frac{Fl^2}{16EI}\left[1-4\frac{x^2}{l^2}+\Big\|_{\frac{l}{2}}8\left(\frac{x}{l}-\frac{1}{2}\right)^2\right]$ $\theta_A=\frac{Fl^2}{16EI}$ $\theta_B=-\frac{Fl^2}{16EI}$	$y=\frac{Fl^3}{16EI}\left[\frac{x}{l}-\frac{4x^3}{3l^3}+\Big\|_{\frac{l}{2}}\frac{8}{3}\left(\frac{x}{l}-\frac{1}{2}\right)^3\right]$ $y_{max}=\frac{Fl^3}{48EI}\quad\left(x=\frac{l}{2}\right)$
2	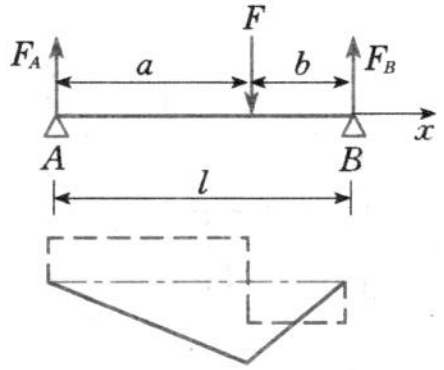	$F_A=F\frac{b}{l}$，$F_B=F\frac{a}{l}$ $M=Fl\left[\frac{b}{l}\frac{x}{l}-\Big\|_{a}\left(\frac{x-a}{l}\right)\right]$ $M_{max}=\frac{Fab}{l}\quad(x=a)$	$\theta=\frac{Fl^2}{6EI}\left[\frac{b}{l}\left(1-\frac{b^2}{l^2}-3\frac{x^2}{l^2}\right)+\Big\|_{a}3\left(\frac{x-a}{l}\right)^2\right]$ $\theta_A=\frac{Fab}{6EI}\left(1+\frac{b}{l}\right)$ $\theta_B=-\frac{Fab}{6EI}\left(1+\frac{a}{l}\right)$	$y=\frac{Fl^3}{6EI}\left[\frac{b}{l}\frac{x}{l}\left(1-\frac{b^2}{l^2}-\frac{x^2}{l^2}\right)+\Big\|_{a}\left(\frac{x-a}{l}\right)^3\right]$ $y_{x=a}=\frac{Fa^2b^2}{3EI}$ $y_{max}=0.0641\frac{Fbl^2}{EI}\left(1-\frac{b^2}{l^2}\right)^{\frac{3}{2}}$ （若 $a>b$，$x=\sqrt{\frac{l^2-b^2}{3}}$）
3	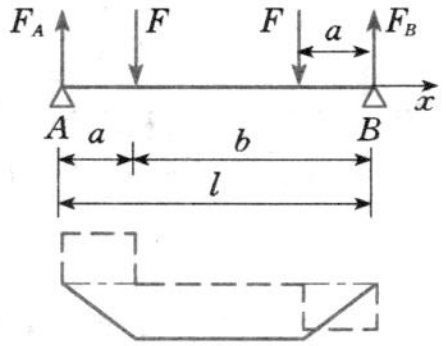	$F_A=F_B=F$ $M=Fl\left[\frac{x}{l}-\Big\|_{a}\left(\frac{x-a}{l}\right)-\Big\|_{b}\left(\frac{x-b}{l}\right)\right]$ $M_{max}=Fa\quad(a\leqslant x\leqslant b)$	$\theta=\frac{Fl^2}{2EI}\left[\frac{ab}{l^2}-\frac{x^2}{l^2}+\Big\|_{a}\left(\frac{x-a}{l}\right)^2+\Big\|_{b}\left(\frac{x-a}{l}\right)^2\right]$ $\theta_A=-\theta_B=\frac{Fab}{2EI}$	$y=\frac{Fl^3}{6EI}\left[\frac{x}{l}\left(3\frac{ab}{l^2}-\frac{x^2}{l^2}\right)+\Big\|_{a}\left(\frac{x-a}{l}\right)^3+\Big\|_{b}\left(\frac{x-b}{l}\right)^3\right]$ $y_{x=a}=\frac{Fla^2}{6EI}\left(3\frac{b}{l}-\frac{a}{l}\right)$ $y_{max}=\frac{Fl^2a}{6EI}\left(\frac{3}{4}-\frac{a^2}{l^2}\right)\quad\left(x=\frac{l}{2}\right)$

续表

序号	简支梁 荷载方式与 $F_Q(x)$、$M(x)$ 图	简支梁 支座反力与弯矩	简支梁 转角	简支梁 挠度
4	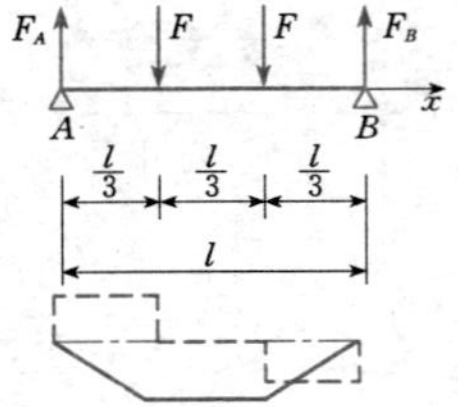	$F_A = F_B = F$ $M = Fx \quad \left(x \leqslant \frac{l}{3}\right)$ $M = \frac{Fl}{3} \quad \left(\frac{l}{3} \leqslant x \leqslant \frac{2l}{3}\right)$ $M = F(l-x) \quad \left(x \geqslant \frac{2l}{3}\right)$ $M_{max} = \frac{Fl}{3}$	$\theta = \frac{Fl^2}{18EI}\left[2-\left(\frac{3x}{l}\right)^2 + \Big\Vert_{\frac{l}{3}}\left(\frac{3x}{l}-1\right)^2 + \Big\Vert_{\frac{2l}{3}}\left(\frac{3x}{l}-2\right)^2\right]$ $\theta_A = \frac{Fl^2}{9EI}$ $\theta_B = -\frac{Fl^2}{9EI}$	$y = \frac{Fl^3}{18EI}\left[2\frac{x}{l} - 3\frac{x^3}{l^3} + \Big\Vert_{\frac{l}{3}} 3\left(\frac{x}{l}-\frac{1}{3}\right)^3 + \Big\Vert_{\frac{2l}{3}} 3\left(\frac{x}{l}-\frac{2}{3}\right)^3\right]$ $y_{max} = \frac{23}{648}\frac{Fl^3}{EI} \quad \left(x = \frac{l}{2}\right)$
5	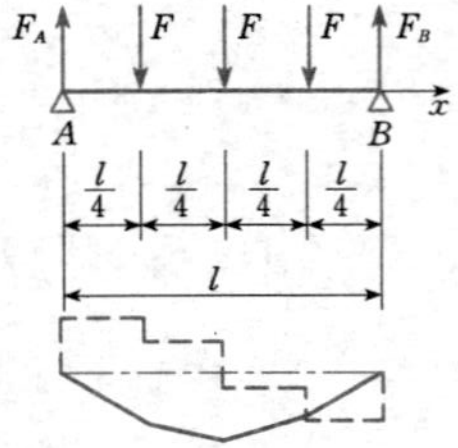	$F_A = F_B = \frac{3}{2}F$ $M = \frac{3}{2}Fx \quad \left(x \leqslant \frac{l}{4}\right)$ $M = F\left(\frac{l}{4}+\frac{x}{2}\right) \quad \left(\frac{l}{4} \leqslant x \leqslant \frac{l}{3}\right)$ $M = F\left(\frac{3l}{4}-\frac{x}{2}\right) \quad \left(\frac{l}{2} \leqslant x \leqslant \frac{3l}{4}\right)$ $M = F\left(\frac{3l}{2}-\frac{3x}{2}\right) \quad \left(x \geqslant \frac{3l}{4}\right)$ $M_{max} = \frac{Fl}{2} \quad \left(x = \frac{l}{2}\right)$	$\theta = \frac{Fl^2}{32EI}\left[5 - 24\frac{x^2}{l^2} + \Big\Vert_{\frac{l}{4}}\left(\frac{4x}{l}-1\right)^2 + \Big\Vert_{\frac{l}{2}}\left(\frac{4x}{l}-2\right)^2 + \Big\Vert_{\frac{3l}{4}}\left(\frac{4x}{l}-3\right)^2\right]$ $\theta_A = \frac{5}{32}\frac{Fl^2}{EI}$ $\theta_B = -\frac{5}{32}\frac{Fl^2}{EI}$	$y = \frac{Fl^3}{96EI}\left[15\frac{x}{l} - 24\frac{x^3}{l^3} + \Big\Vert_{\frac{l}{4}} 16\left(\frac{x}{l}-\frac{1}{4}\right)^3 + \Big\Vert_{\frac{l}{2}} 3\left(\frac{x}{l}-\frac{1}{2}\right)^3 + \Big\Vert_{\frac{3l}{4}} 16\left(\frac{x}{l}-\frac{3}{4}\right)^3\right]$ $y_{max} = \frac{19}{384}\frac{Fl^3}{EI} \quad \left(x = \frac{l}{2}\right)$
6	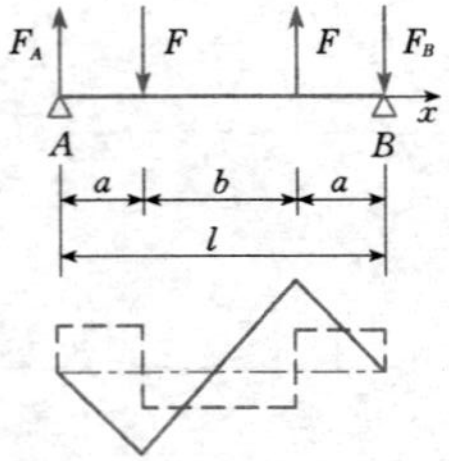	$F_A = \frac{Fb}{l}, \quad F_B = \frac{Fb}{l}$ $M = \frac{Fb}{l}x \quad (x \leqslant a)$ $M = \frac{Fa}{l}(l-2x) \quad (a \leqslant x \leqslant a+b)$ $M = \frac{Fb}{l}(x-l) \quad (x \geqslant a+b)$	$\theta = \frac{Fl^2}{6EI}\left[\frac{b}{l}\left(\frac{a}{l}-\frac{a^2}{l^2}\right) - 3\frac{b}{l}\frac{x^2}{l^2} - \Big\Vert_a 3\left(\frac{x}{l}-\frac{a}{l}\right)^2 - \Big\Vert_{a+b} 3\left(\frac{x}{l}-\frac{a}{l}-\frac{b}{l}\right)^2\right]$ $\theta_A = \frac{Fbl}{6EI}\left(\frac{a}{l}-\frac{a^2}{l^2}\right)$ $\theta_B = \frac{Fbl}{6EI}\left(\frac{a}{l}-\frac{a^2}{l^2}\right)$	$y = \frac{Fl^3}{6EI}\left[\frac{b}{l}\left(\frac{a}{l}-\frac{a^2}{l^2}\right)\frac{x}{l} - \frac{b}{l}\frac{x^3}{l^3} + \Big\Vert_a\left(\frac{x-a}{l}\right)^3 - \Big\Vert_{a+b}\left(\frac{x-a-b}{l}\right)^3\right]$ $y_{max} = \frac{Fa^2b}{6EI}\left(1-2\frac{a}{l}\right) \quad (x = a)$

续表

序号	简支梁			
	荷载方式与 $F_Q(x)$、$M(x)$ 图	支座反力与弯矩	转角	挠度
7	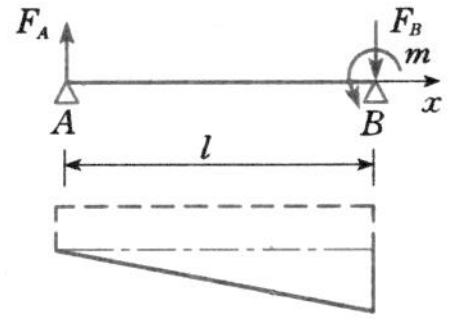	$F_A=\frac{m}{l}$，$F_B=\frac{m}{l}$ $M=m\frac{x}{l}$ $M_{max}=m\quad(x=l)$	$\theta=\frac{ml}{6EI}\left(1-3\frac{x^2}{l^2}\right)$ $\theta_A=\frac{ml}{6EI}$ $\theta_B=-\frac{ml}{3EI}$	$y=\frac{ml^2}{6EI}\left(\frac{x}{l}-\frac{x^3}{l^3}\right)$ $y_{max}=0.0641\frac{ml^2}{EI}\quad(x=0.5774l)$
8	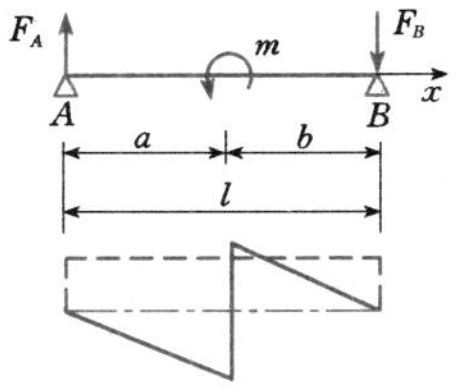	$F_A=\frac{m}{l}$，$F_B=\frac{m}{l}$ $M=m\frac{x}{l}\quad(x\leqslant a)$ $M=-m\left(1-\frac{x}{l}\right)\quad(x\geqslant a)$ $M_{max}=m\frac{a}{l}\quad$（若 $a>b$）	$\theta=\frac{ml}{6EI}\left[1-3\frac{b^2}{l^2}-3\frac{x^2}{l^2}+\Big\|_a 6\left(\frac{x-a}{l}\right)\right]$ $\theta_A=\frac{ml}{6EI}\left(1-3\frac{b^2}{l^2}\right)$ $\theta_B=\frac{ml}{6EI}\left(1-3\frac{a^2}{l^2}\right)$ $\theta_{x=a}=\frac{ml}{3EI}\left(3\frac{ab}{l^2}-1\right)$	$y=\frac{ml^2}{6EI}\left[\frac{x}{l}\left(1-3\frac{b^2}{l^2}-\frac{x^2}{l^2}\right)+\Big\|_a 3\left(\frac{x-a}{l}\right)^2\right]$ $y_{x=a}=\frac{mab}{3EI}\left(\frac{a-b}{l}\right)$ 如果力矩 m 作用在跨度中点附近（$0.4227<a/l<0.5773$），则弹性曲线具有 y_{max} 以及拐点。如果力矩作用在上述界限的左面，则弹性曲线只有最小值（向上的凸度）。如在这界限的右面，则弹性曲线仅有最大值（向下的凸度）
9	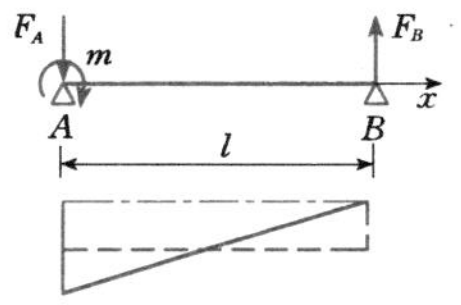	$F_A=\frac{m}{l}$，$F_B=\frac{m}{l}$ $M=\frac{m}{l}(l-x)$ $M_{max}=m\quad(x=0)$	$\theta=\frac{ml}{6EI}\left(2-6\frac{x}{l}+3\frac{x^2}{l^2}\right)$ $\theta_A=\frac{ml}{3EI}$ $\theta_B=-\frac{ml}{6EI}$	$y=\frac{ml}{6EI}x\left(2-3\frac{x}{l}+\frac{x^2}{l^2}\right)$ $y_{x=\frac{l}{2}}=\frac{ml^2}{16EI}$ $y_{max}=0.0641\frac{ml^2}{EI}\quad(x=0.423l)$

续表

序号	简支梁			
	荷载方式与 $F_Q(x)$、$M(x)$ 图	支座反力与弯矩	转角	挠度
10	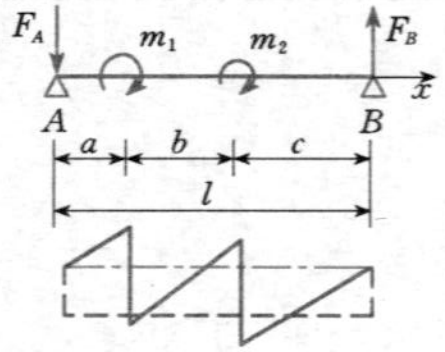	$F_A=\frac{m_1+m_2}{l}$，$F_B=\frac{m_1+m_2}{l}$ $M=-\frac{m_1+m_2}{l}x\quad(x\leqslant a)$ $M=\frac{m_1}{l}(l-x)-\frac{m_2}{l}x$ $(a<x\leqslant a+b)$ $M=\frac{m_1+m_2}{l}(l-x)\quad(x>a+b)$ $M_{\max1}=\frac{m_1}{l}(l-a)-\frac{m_2}{l}a\quad(x=a)$ $M_{\max2}=\frac{m_1+m_2}{l}c\quad(x=l-c)$	$\theta=-\frac{l}{6EI}\Big[-3\left(\frac{b+c}{l}\right)^2m_1-3\frac{c^2}{l^2}m_2$ $+m_1+m_2-3\frac{x^2}{l^2}(m_1+m_2)$ $+\Big\Vert_a 6\frac{x-a}{l}m_1+\Big\Vert_{a+b}6\frac{x-a-b}{l}m_2\Big]$ $\theta_A=-\frac{l}{6EI}\Big[m_1+m_2-3\frac{c^2}{l^2}m_2$ $-3\left(\frac{a+b}{l}\right)^2m_1\Big]$ $\theta_B=-\frac{l}{6EI}\Big[m_1+m_2-3\frac{a^2}{l^2}m_1$ $-3\left(\frac{a+b}{l}\right)^2m_2\Big]$	$y=-\frac{l^2}{6EI}\Big\{\frac{x}{l}\Big[\left(1-\frac{x^2}{l^2}\right)(m_1+m_2)$ $-3\left(\frac{b+c}{l}\right)^2m_1-3\frac{c^2}{l^2}m_2\Big]$ $+\Big\Vert_a 3\left(\frac{x-a}{l}\right)^2m_1$ $+\Big\Vert_{a+b}3\left(\frac{x-a-b}{l}\right)^2m_2\Big\}$
11	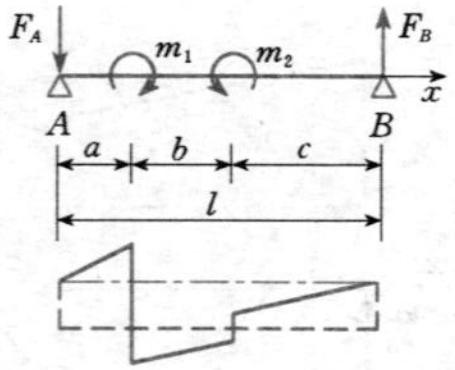	$F_A=\frac{m_1-m_2}{l}$，$F_B=\frac{m_1-m_2}{l}$ $M=-\frac{m_1-m_2}{l}x\quad(x\leqslant a)$ $M=\frac{m_1}{l}(l-x)+\frac{m_2}{l}x$ $(a<x\leqslant a+b)$ $M=\frac{m_1-m_2}{l}(l-x)\quad(x>a+b)$ $M_{\max}=\frac{m_1}{l}(l-a)+\frac{m_2}{l}a\quad(x=a)$	$\theta=-\frac{l}{6EI}\Big[-3\left(\frac{b+c}{l}\right)^2m_1+3\frac{c^2}{l^2}m_2$ $+m_1-m_2-3\frac{x^2}{l^2}(m_1-m_2)$ $+\Big\Vert_a 6\frac{x-a}{2}m_1-\Big\Vert_{a+b}6\frac{x-a-b}{l}m_2\Big]$ $\theta_A=-\frac{l}{6EI}\Big[m_1-m_2+3\frac{c^2}{l^2}m_2$ $-3\left(\frac{b+c}{l}\right)^2m_1\Big]$ $\theta_B=-\frac{l}{6EI}\Big[m_1-m_2-3\frac{a^2}{l^2}m_1$ $+3\left(\frac{a+b}{l}\right)^2m_2\Big]$	$y=-\frac{l^2}{6EI}\Big\{\frac{x}{l}\Big[\left(1-\frac{x^2}{l^2}\right)(m_1-m_2)$ $-3\left(\frac{b+c}{l}\right)^2m_1+3\frac{c^2}{l^2}m_2\Big]$ $+\Big\Vert_a 3\left(\frac{x-a}{l}\right)^2m_1$ $-\Big\Vert_{a+b}3\left(\frac{x-a-b}{l}\right)^2m_2\Big\}$

续表

序号	简支梁			
	荷载方式与 $F_Q(x)$、$M(x)$ 图	支座反力与弯矩	转角	挠度
12	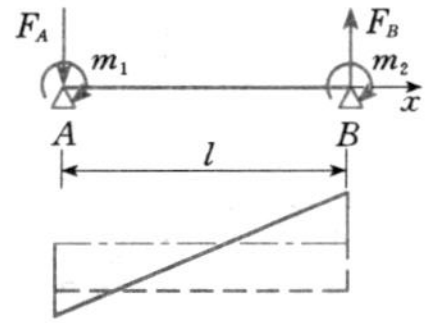	$F_A=\frac{m_1+m_2}{l}$，$F_B=\frac{m_1+m_2}{l}$ $M=m_1\frac{l-x}{l}-m_2\frac{x}{l}$ $M_{max}=m_1\quad(x=0)$	$\theta=\frac{m_1 l}{6EI}\left[2-\frac{m_2}{m_1}-6\frac{x}{l}+3\left(\frac{m_2}{m_1}+1\right)\frac{x^2}{l^2}\right]$ $\theta_A=\frac{m_1 l}{6EI}\left(2-\frac{m_2}{m_1}\right)$ $\theta_B=-\frac{m_1 l}{6EI}\left(1-\frac{2m_2}{m_1}\right)$	$y=\frac{m_1 l}{6EI}x\left[2-\frac{m_2}{m_1}-3\frac{x}{l}+\left(\frac{m_2}{m_1}+1\right)\frac{x^2}{l^2}\right]$ $y_{x=\frac{l}{2}}=\frac{m_1 l^2}{16EI}\left(1-\frac{m_2}{m_1}\right)$
13	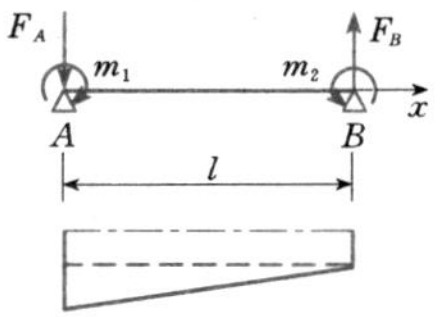	$F_A=\frac{m_1-m_2}{l}$，$F_B=\frac{m_1-m_2}{l}$ $M=m_1\frac{l-x}{l}+m_2\frac{x}{l}$ $M_{max}=m_1\quad(x=0)$	$\theta=\frac{m_1 l}{6EI}\left[2+\frac{m_2}{m_1}-6\frac{x}{l}-3\left(\frac{m_2}{m_1}-1\right)\frac{x^2}{l^2}\right]$ $\theta_A=\frac{m_1 l}{6EI}\left(2+\frac{m_2}{m_1}\right)$ $\theta_B=-\frac{m_1 l}{6EI}\left(1+2\frac{m_2}{m_1}\right)$	$y=\frac{m_1 l^2}{6EI}x\left[2+\frac{m_2}{m_1}-3\frac{x}{l}-\left(\frac{m_2}{m_1}-1\right)\frac{x^2}{l^2}\right]$ $y_{x=\frac{l}{2}}=\frac{m_1 l^2}{16EI}\left(1+\frac{m_2}{m_1}\right)$
14	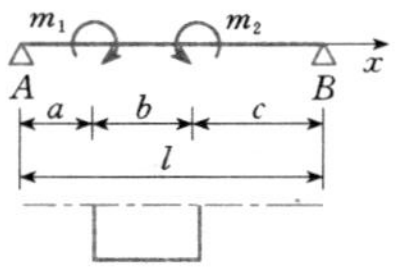	$F_A=F_B=0$（设 $m_1=-m_2$） $M=0\quad(x<a)$ $M=m_1\quad(a\leqslant x\leqslant a+b)$ $M=0\quad(x>a+b)$ $M_{max}=m_1$	$\theta=-\frac{m_1 l}{6EI}\left[3\frac{c^2}{l^2}-3\left(\frac{b+c}{l}\right)^2+\Big\|_{a}6\frac{x-a}{l}-\Big\|_{a+b}6\frac{x-a-b}{l}\right]$ $\theta_A=-\frac{m_1 l}{6EI}\left[3\frac{c^2}{l^2}-3\left(\frac{b+c}{l}\right)^2\right]$ $\theta_B=-\frac{m_1 l}{6EI}\left[3\left(\frac{a+b}{l}\right)^2-3\frac{a^2}{l^2}\right]$	$y=-\frac{m_1 l}{6EI}\left\{\frac{x}{l}\left[3\frac{c^2}{l^2}-3\left(\frac{b+c}{l}\right)^2\right]+\Big\|_{a}3\left(\frac{x-a}{l}\right)^2-\Big\|_{a+b}3\left(\frac{x-a-b}{l}\right)^2\right\}$
15	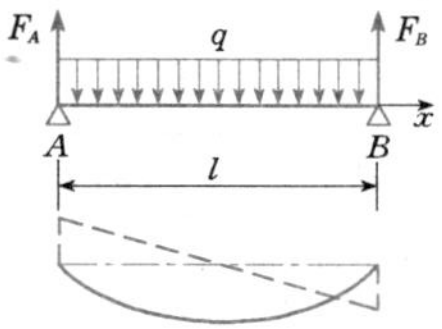	$F_A=F_B=\frac{ql}{2}$ $M=\frac{ql^2}{2}\left(\frac{x}{l}-\frac{x^2}{l^2}\right)$ $M_{max}=\frac{ql^2}{8}=0.125ql^2\quad\left(x=\frac{l}{2}\right)$	$\theta=\frac{ql^3}{24EI}\left(1-6\frac{x^2}{l^2}+4\frac{x^3}{l^3}\right)$ $\theta_A=-\theta_B=\frac{ql^3}{24EI}$	$y=\frac{ql^4}{24EI}\left(\frac{x}{l}-2\frac{x^3}{l^3}+\frac{x^4}{l^4}\right)$ $y_{max}=\frac{5ql^4}{384EI}\quad\left(x=\frac{l}{2}\right)$

续表

序号	简支梁 荷载方式与 $F_Q(x)$、$M(x)$ 图	支座反力与弯矩	转角	挠度
16	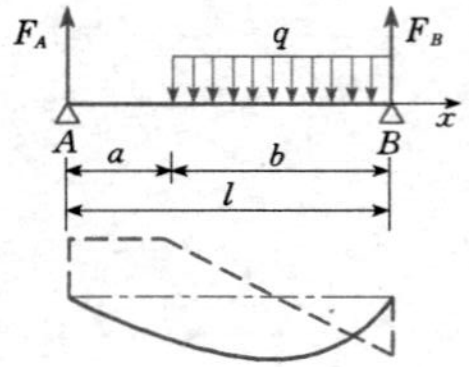	$F_A=\frac{qb^2}{2l}$，$F_B=qb\left(1-\frac{b}{2l}\right)$ $M=\frac{qbl}{2}\left[\frac{b}{l}\frac{x}{l}-\Big\|_a\frac{(x-a)^2}{lb}\right]$ $M_{max}=\frac{qb^2}{8}\left(1+\frac{a}{l}\right)^2$	$\theta=\frac{qlb^2}{24EI}\left[1+2\frac{q}{l}-\frac{q^2}{l^2}-6\frac{x^2}{l^2}+\Big\|_a 4\frac{(x-a)^3}{lb^2}\right]$ $\theta_A=\frac{qlb^2}{24EI}\left(1+2\frac{a}{l}-\frac{a^2}{l^2}\right)$ $\theta_B=-\frac{qlb^2}{24EI}\left(1+\frac{a}{l}\right)^2$	$y=\frac{ql^2b^2}{24EI}\left[\frac{x}{l}\left(1+2\frac{a}{l}-\frac{a^2}{l^2}-2\frac{x^2}{l^2}\right)+\Big\|_a\frac{(x-a)^4}{l^2b^2}\right]$ 如果 $a>0.547l$，则当 $x=\sqrt{\frac{1}{6}(l^2+2al-a^2)}$ 时，y_{max} 在左段上，如果 $a<0.547l$，则 y_{max} 在右面受荷载的段上
17	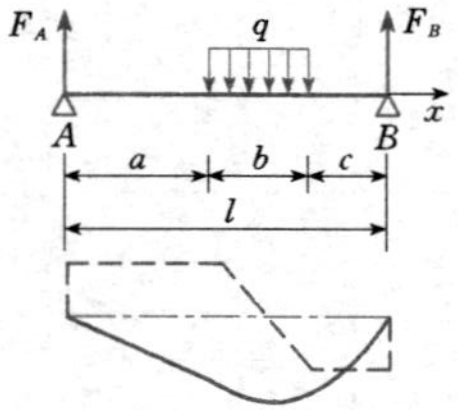	$F_A=\frac{qb}{2l}(b+2c)$ $F_B=\frac{qb}{2l}(b+2a)$ $M=\frac{qb}{2l}(b+2c)x \quad (x\leqslant a)$ $M=\frac{qb}{2l}(b+2c)x-\frac{q}{2}(x-a)^2$ $(a\leqslant x\leqslant a+b)$ $M=\frac{qb}{2l}(b+2c-2l)x+qb\left(a+\frac{b}{2}\right)$ $(x\geqslant a+b)$ $M_{max}=\frac{qb}{2l}\left(ab+2ac+\frac{b^3}{4l}+\frac{b^2c}{l}+\frac{bc^2}{l}\right)$ $\times\left[x=\frac{1}{2l}(2la+b^2+2bc)\right]$	$\theta=\frac{qbl^2}{24EI}\left\{4\frac{c+\frac{b}{2}}{l}\left(1-3\frac{x^2}{l^2}\right)-\left[4\frac{\left(c+\frac{b}{2}\right)^3}{l^3}-\frac{ab^2}{l^3}-\frac{1}{2}\frac{b^3}{l^3}+\frac{b^2}{l^2}\right]\right\} \quad (x\leqslant a)$ $\theta=\frac{qbl^2}{24EI}\left\{4\frac{c+\frac{b}{2}}{l}\left(1-3\frac{x^2}{l^2}\right)-\left[4\frac{\left(c+\frac{b}{2}\right)^3}{l^3}-\frac{ab^2}{l^3}-\frac{1}{2}\frac{b^3}{l^3}+\frac{b^2}{l^2}\right]+4\frac{(x-a)^3}{bl^2}\right\}$ $(a\leqslant x\leqslant a+b)$ $\theta_A=\frac{qbl^2}{24EI}\left[4\frac{c+\frac{b}{2}}{l}-4\frac{\left(c+\frac{b}{2}\right)^3}{l^3}+\frac{ab^2}{l^3}+\frac{1}{2}\frac{b^3}{l^3}-\frac{b^2}{l^2}\right]$ θ_B 亦可用 θ_A 式表达，只是式中 a 应换成 c，c 应换成 a	$y=\frac{qbl^3}{48EI}\left\{8\frac{c+\frac{b}{2}}{l}\left(\frac{x}{l}-\frac{x^3}{l^3}\right)-\frac{x}{l}\times\left[8\frac{\left(c+\frac{b}{2}\right)^2}{l^3}-2\frac{ab^2}{l^3}-\frac{b^3}{l^3}+2\frac{b^2}{l^2}\right]\right\}$ $(x\leqslant a)$ $y=\frac{qbl^3}{48EI}\left\{8\frac{c+\frac{b}{2}}{l}\left(\frac{x}{l}-\frac{x^3}{l^3}\right)-\frac{x}{l}\times\left[8\frac{\left(c+\frac{b}{2}\right)^3}{l^3}-2\frac{ab^2}{l^3}-\frac{b^3}{l^3}+2\frac{b^2}{l^2}\right]+2\frac{(x-a)^4}{bl^3}\right\} \quad (a\leqslant x\leqslant a+b)$

续表

序号	简支梁			
	荷载方式与 $F_Q(x)$、$M(x)$ 图	支座反力与弯矩	转角	挠度
18	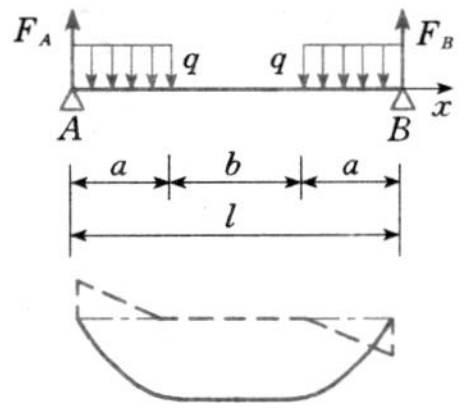	$F_A = F_B = qa$ $M = \frac{q}{2}(2a - x)x \quad (x \leqslant a)$ $M_{max} = M = \frac{qa^2}{2} \quad (a \leqslant x \leqslant a+b)$ $M = \frac{qa}{2}\left[\frac{a^2 - (x-a-b)^2}{a}\right]$ $(x \geqslant a+b)$	$\theta = \frac{ql^3}{48EI}\Big[-24\frac{a}{l}\frac{x^2}{l^2} + 8\frac{x^3}{l^3} + 2$ $-3\frac{b}{l} + \frac{b^3}{l^3} - \Big\|_{a} 8\frac{(x-a)^3}{l^3}$ $+\Big\|_{a+b} 8\frac{(x-l+a)^3}{l^3}\Big]$ $\theta_A = \frac{qb^3}{48EI}\left(2 - 3\frac{b}{l} + \frac{b^3}{l^3}\right)$ $\theta_B = -\frac{ql^3}{48EI}\left(2 - 3\frac{b}{l} + \frac{b^3}{l^3}\right)$	$y = \frac{ql^4}{48EI}\Big[-8\frac{a}{l}\frac{x^3}{l^3} + 2\frac{x^4}{l^4}$ $+\left(2 - 3\frac{b}{l} + \frac{b^3}{l^3}\right)\frac{x}{l}$ $-\Big\|_{a} 2\frac{(x-a)^4}{l^4}$ $+\Big\|_{a+b} 2\frac{(x-l+a)^4}{l^4}\Big]$ $y_{max} = \frac{ql^4}{48EI}\left(\frac{5}{8} - \frac{b}{l} + \frac{1}{2}\frac{b^3}{l^3}\right)$ $\left(x = \frac{1}{2}\right)$
19	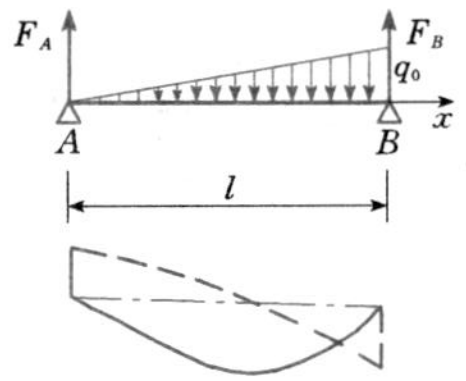	$F_A = \frac{q_0 l}{6}, \quad F_B = \frac{q_0 l}{3}$ $M = \frac{q_0 l^2}{6}\left[\frac{x}{l} - \left(\frac{x}{l}\right)^3\right]$ $M_{max} = 0.0642 q_0 l^2 \quad (x = 0.5773l)$	$\theta = \frac{q_0 l^3}{360EI}\left(7 - 30\frac{x^2}{l^2} + 15\frac{x^4}{l^4}\right)$ $\theta_A = \frac{7}{360}\frac{q_0 l^3}{EI} \approx 0.03889\frac{q_0 l^3}{2EI}$ $\theta_B = -\frac{q_0 l^3}{45EI} \approx 0.02222\frac{q_0 l^3}{EI}$	$y = \frac{q_0 l^4}{360EI}\left(7\frac{x}{l} - 10\frac{x^3}{l^3} + 3\frac{x^5}{l^5}\right)$ $y_{max} = 0.00652\frac{q_0 l^4}{EI} \quad (x = 0.5193l)$
20	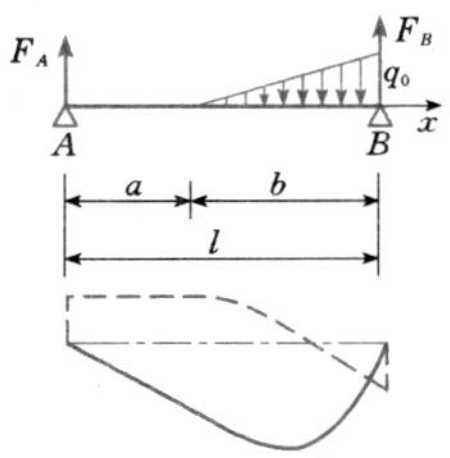	$F_A = \frac{q_0 b^2}{6l}$ $F_B = \frac{1}{2}q_0 b\left(1 - \frac{1}{3}\frac{b}{l}\right)$ $M = \frac{q_0 bl}{6}\left[\frac{b}{l}\frac{x}{l} - \Big\|_{a}\frac{(x-a)^3}{lb^2}\right]$	$\theta = \frac{q_0 bl^2}{360EI}\Big[\frac{b}{l}\left(7 + 6\frac{a}{l} - 3\frac{a^2}{l^2}\right)$ $-30\frac{x^2}{l^2} + \Big\|_{a} 15\frac{(x-a)^4}{l^2 b^2}\Big]$ $\theta_A = \frac{q_0 lb^2}{360EI}\left(7 + 6\frac{a}{l} - 3\frac{a^2}{l^2}\right)$ $\theta_B = -\frac{q_0 lb^2}{360EI}\left(8 + 9\frac{a}{l} + 3\frac{a^2}{l^2}\right)$	$y = \frac{q_0 bl^3}{360EI}\Big[\frac{b}{l}\left(7 + 6\frac{a}{l} - 3\frac{a^2}{l^2} - 10\frac{x^2}{l^2}\right)$ $\times\frac{x}{l} + \Big\|_{a} 3\frac{(x-a)^5}{l^3 b^2}\Big]$

续表

序号	简支梁			
	荷载方式与 $F_Q(x)$、$M(x)$ 图	支座反力与弯矩	转角	挠度
21	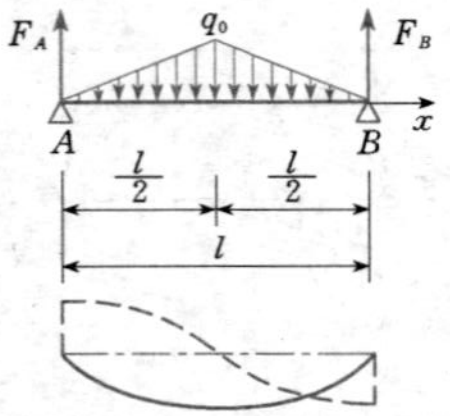	$F_A = F_B = \frac{q_0 l}{4}$ $M = \frac{q_0 l^2}{12}\left(3 - 4\frac{x^2}{l^2}\right)\frac{x}{l} \quad \left(x \leqslant \frac{l}{2}\right)$ $M_{\max} = \frac{q_0 l^2}{12} \quad \left(x = \frac{l}{2}\right)$	$\theta = \frac{q_0 l^3}{192EI}\left(5 - 24\frac{x^2}{l^2} + 16\frac{x^4}{l^4}\right)$ $\left(x \leqslant \frac{l}{2}\right)$ $\theta_A = -\theta_B = \frac{5q_0 l^3}{192EI} \approx 0.02604\frac{q_0 l^3}{EI}$	$y = \frac{q_0 l^4}{60EI}\frac{x}{l}\left(1.5625 - 2.5\frac{x^2}{l^2} + \frac{x^4}{l^4}\right)$ 或 $y = \frac{q_0 l^4}{120EI}\left[\frac{x}{8l}\left(25 - 40\frac{x^2}{l^2} + 16\frac{x^4}{l^4}\right)\right]$ $y_{\max} = \frac{q_0 l^4}{120EI} \quad \left(x = \frac{l}{2}\right)$
22	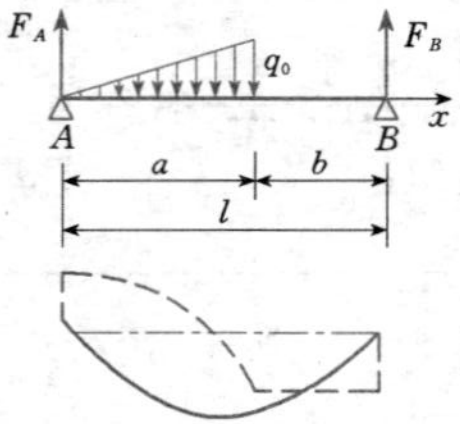	$F_A = \frac{q_0 a}{2}\left(1 - \frac{2a}{3l}\right)$ $F_B = \frac{q_0 a^2}{3l}$ $M = \frac{1}{2}q_0 a\left(1 - \frac{2a}{3l}\right)x + \frac{q_0 x^3}{6a}$ $(x \leqslant a)$ $M = \frac{q_0 a^2}{3l}(l - x) \quad (x \geqslant a)$	$\theta = \frac{q_0 a^3}{360EI}\left[15\frac{x^4}{a^4} + 30\left(2\frac{a}{l} - 3\right)\frac{x^2}{l^2}\right.$ $\left.-3\left(15 - 4\frac{a}{l}\right) + 40\frac{l}{a}\right] \quad (x < a)$ $\theta = \frac{q_0 a^2 l}{90EI}\left[15\frac{x^2}{l^2} - 30\frac{x}{l} + 3\frac{a^2}{l^2} + 10\right]$ $(x > a)$ $\theta_A = \frac{q_0 a^2 l}{360EI}\left(12\frac{a^2}{l^2} - 45\frac{a}{l} + 40\right)$ $(x = 0)$ $\theta_B = -\frac{q_0 a^2 l}{90EI}\left(5 - 3\frac{a^2}{l^2}\right)$	$y = \frac{q_0 a^3 x}{360EI}\left[3\frac{x^4}{a^4} + 10\left(2\frac{a}{l} - 3\right)\frac{x^2}{a^2}\right.$ $\left.-3\left(15 - 4\frac{a}{l}\right) + 40\frac{l}{a}\right] \quad (x < a)$ $y = \frac{q_0 a^2 l^2}{90EI}\left[5\frac{x^3}{l^3} - 15\frac{x^2}{l^2} + \left(3\frac{a^2}{l^2} + 10\right)\right.$ $\left.\times\frac{x}{l} - 3\frac{a^2}{l^2}\right] \quad (x > a)$ $y_{x=a} = \frac{q_0 a^3 l}{45EI}\left(5 - 9\frac{a}{l} + 4\frac{a^2}{l^2}\right)$
23	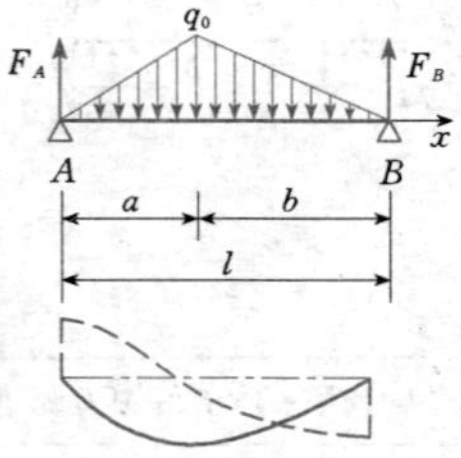	$F_A = \frac{q_0}{6}(l + b)$， $F_B = \frac{q_0}{6}(l + a)$ $M = \frac{q_0}{6}(l + b)x - \frac{q_0 x^3}{6a} \quad (x \leqslant a)$ $M = \frac{q_0}{6}(l + a)(l - x) - \frac{q_0(l - x)^3}{6b}$ $(x \geqslant a)$ $M_{\max} = \frac{q_0}{9}\sqrt{\frac{b(l + a)^3}{3}}$ $\left(若\ a < b，\quad x = l - \sqrt{\frac{b(l + a)}{3}}\right)$	$\theta = \frac{q_0}{360EI}\left[-30(2l - a)x^2 + 15\frac{x^4}{a}\right.$ $\left.+ 3a^3 - 12a^2 l + 8al^2 + 8l^3\right]$ $(x \leqslant a)$ $\theta_A = \frac{q_0}{360EI}(3a^3 - 12a^2 l + 8al^2 + 8l^3)$ $\theta_B = -\frac{q_0}{360EI}(3b^3 - 12b^2 l + 8bl^2 + 8l^3)$	$y = \frac{q_0}{360EI}\left[-10(2l - a)x^3 + 3\frac{x^5}{a}\right.$ $\left.+ x(3a^3 - 12a^2 l + 8al^2 + 8l^3)\right]$ $(x \leqslant a)$ $y_{x=a} = \frac{q_0}{45EI}(2a^4 - 4a^3 l + a^2 l^2 + al^3)$

续表

序号	简支梁			
	荷载方式与 $F_Q(x)$、$M(x)$ 图	支座反力与弯矩	转角	挠度
24	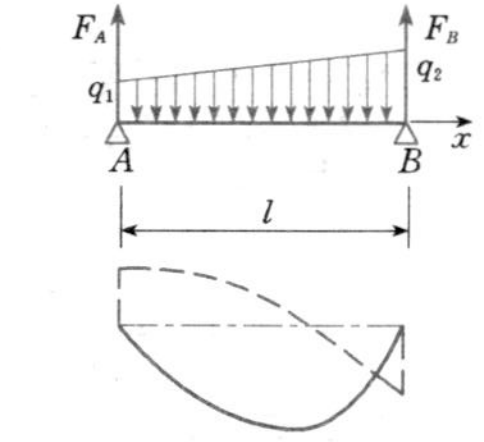	$F_A=\frac{l}{6}(q_2+2q_1)$ $F_B=\frac{l}{6}(q_1+2q_2)$ $M=\frac{l}{6}(q_2+2q_1)x-\frac{q_1x^2}{2}-\frac{x^3}{6l}(q_2-q_1)$	$\theta=\frac{l^3}{360EI}\left[15(q_2-q_1)\frac{x^4}{l^4}+60q_1\frac{x^3}{l^3}-30(2q_1+q_2)\frac{x^2}{l^2}+8q_1+7q_2\right]$ $\theta_A=\frac{(8q_1+7q_2)l^3}{360EI}$ $\theta_B=-\frac{(7q_1+8q_2)l^3}{360EI}$	$y=\frac{l^4}{360EI}\left[3(q_2-q_1)\frac{x^5}{l^5}+15q_1\frac{x^4}{l^4}-10(2q_1+q_2)\frac{x^3}{l^3}+(8q_1+7q_2)\frac{x}{l}\right]$ $y_{x=\frac{l}{2}}=\frac{5(q_1+q_2)l^4}{768EI}$

序号	外伸梁			
	荷载方式与 $F_Q(x)$、$M(x)$ 图	支座反力与弯矩	转角	挠度
1	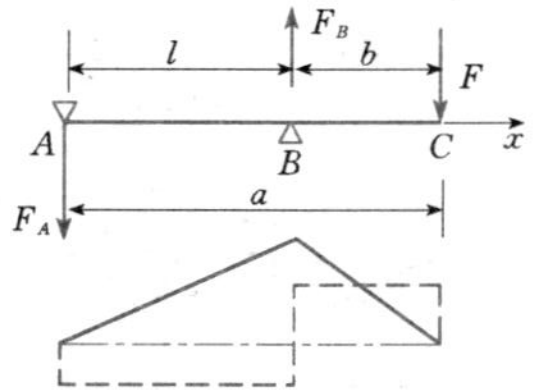	$F_A=\frac{Fb}{l}$ $F_B=\frac{Fa}{l}$ $M=-Fb\frac{x}{l}\quad(x\leqslant l)$ $M=-F(a-x)\quad(x\geqslant l)$ $M_{max}=-Fb\quad(x=l)$	$\theta=\frac{Fl^2}{6EI}\left[\frac{b}{l}\left(3\frac{x^2}{l^2}-1\right)-\Big\Vert_l 3\frac{a}{l}\left(\frac{x-l}{l}\right)^2\right]$ $\theta_A=-\frac{Fbl}{6EI}$ $\theta_B=\frac{Fbl}{3EI}$ $\theta_C=\frac{Fl^2}{6EI}\left(2\frac{b}{l}+3\frac{b^2}{l^2}\right)$	$y=\frac{Fl^3}{6EI}\left[\frac{b}{l}\frac{x}{l}\left(\frac{x^2}{l^2}-1\right)-\Big\Vert_l\frac{a}{l}\left(\frac{x-l}{l}\right)^3\right]$ $y_{max}=y_{x=a}=\frac{Fl^3}{3EI}\left(\frac{b^2}{l^2}+\frac{b^3}{l^3}\right)$
2	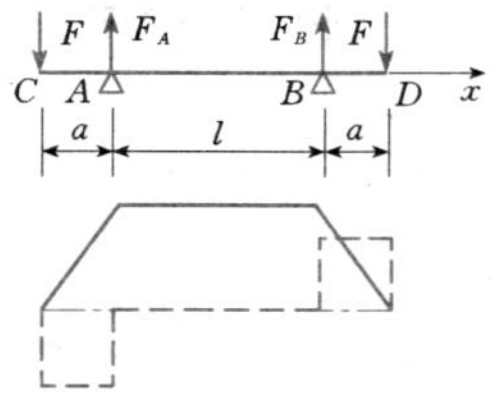	$F_A=F_B=F$ $M_{max}=M_A=M_B=-Fa$ $(a\leqslant x\leqslant a+l)$	$\theta_C=-\theta_D=-\frac{Fal}{2EI}\left(1+\frac{a}{l}\right)$ $\theta_A=-\theta_B=-\frac{Fal}{2EI}$	$y_C=y_D=\frac{Fa^2l}{6EI}\left(3+2\frac{a}{l}\right)$ $y_{max}=-\frac{Fal^2}{8EI}\quad(x=a+0.5l)$
3	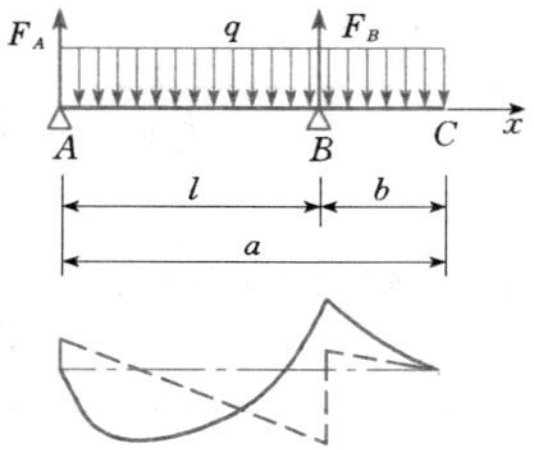	$F_A=qa\frac{l-b}{2l}$ $F_B=qa\frac{a}{2l}$ $M=\frac{qal}{2}\left[\frac{l-b}{l}\frac{x}{l}-\frac{l}{a}\left(\frac{x}{l}\right)^2\right]$ $(x\leqslant l)$ $M=-\frac{q}{2}(a-x)^2\quad(x\geqslant l)$	$\theta=\frac{ql^2a}{12EI}\left[2\frac{l}{a}\left(\frac{x}{l}\right)^3-3\frac{l-b}{l}\left(\frac{x}{l}\right)^2+\frac{l^2-2b^2}{2al}-\Big\Vert_l 3\frac{a}{l}\frac{(x-l)^2}{l^2}\right]$ $\theta_A=\frac{q}{24EI}l(l^2-2b^2)$ $\theta_B=-\frac{ql^2a}{24EI}\left(8\frac{a}{l}-3\frac{l}{a}-4\right)$	$y=\frac{ql^3a}{12EI}\left[\frac{l}{2a}\left(\frac{x}{l}\right)^4-\frac{l-b}{l}\left(\frac{x}{l}\right)^3+\frac{l^2-2b^2}{2al}\frac{x}{l}-\Big\Vert_l\frac{a}{l}\left(\frac{x-l}{l}\right)^3\right]$

续表

序号	外伸梁			
	荷载方式与 $F_Q(x)$、$M(x)$ 图	支座反力与弯矩	转角	挠度
4	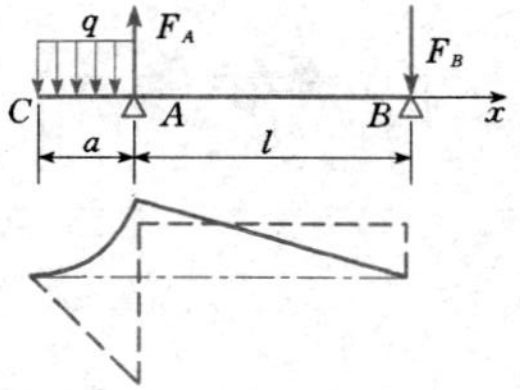	$F_A=\frac{qa}{2}\left(2+\frac{a}{l}\right)$ $F_B=\frac{qa^2}{2l}$ $M_{max}=M_A=-\frac{qa^2}{2}$	$\theta_C=-\frac{qa^2l}{6EI}\left(1+\frac{a}{l}\right)$ $\theta_A=-\frac{qa^2l}{6EI}$ $\theta_B=\frac{qa^2l}{12EI}$	$y_C=\frac{qa^3l}{24EI}\left(4+3\frac{a}{l}\right)$ $y_{max}=-0.0321\frac{qa^2l^2}{EI}$ $(x=a+0.423l)$
5	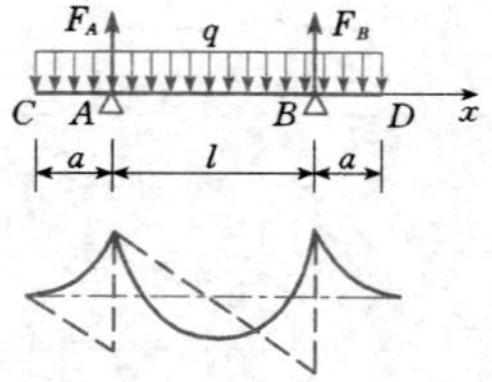	$F_A=F_B=\frac{ql}{2}\left(1+2\frac{a}{l}\right)$ $M_A=M_B=-\frac{qa^2}{2}$ $M_{max}=\frac{ql^2}{8}\left(1-\frac{4a^2}{l^2}\right)$	$\theta_C=-\theta_D=\frac{ql^3}{24EI}\left(1-6\frac{a^2}{l^2}-4\frac{a^3}{l^3}\right)$ $\theta_A=-\theta_B=\frac{ql^3}{24EI}\left(1-6\frac{a^2}{l^2}\right)$	$y_C=y_D=\frac{qal^3}{24EI}\left(-1+6\frac{a^2}{l^2}+3\frac{a^3}{l^3}\right)$ $y_{max}=\frac{ql^4}{384EI}\left(5-24\frac{q^2}{l^2}\right)$ $(x=a+0.5l)$
6	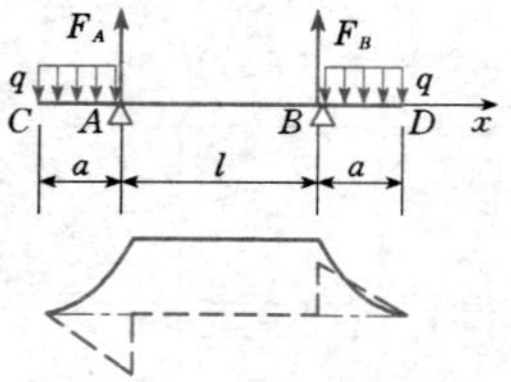	$F_A=F_B=qa$ $M_{max}=M_A=M_B=-\frac{qa^2}{2}$	$\theta_C=-\theta_D=-\frac{qa^2l}{12EI}\left(3+2\frac{a}{l}\right)$ $\theta_A=-\theta_B=-\frac{qa^2l}{4EI}$	$y_C=y_D=\frac{qa^3l}{8EI}\left(2+\frac{a}{l}\right)$ $y_{max}=-\frac{qa^2l^2}{16EI}$ $(x=a+0.5l)$
7	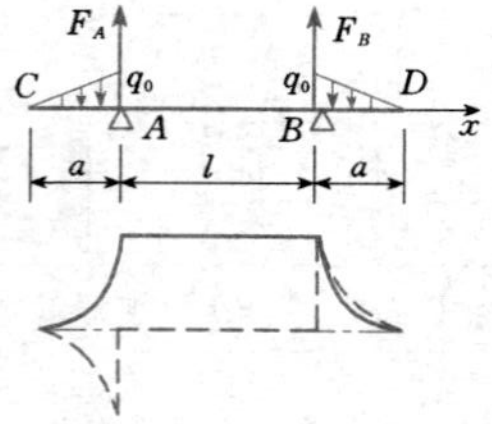	$F_A=F_B=\frac{q_0a}{2}$ $M=-\frac{q_0x^3}{6a}$ $(x\leqslant a)$ $M_{max}=M=-\frac{q_0a^2}{6}$ $(a\leqslant x\leqslant a+l)$ $M=-\frac{q_0(2a+l-x)^3}{6a}$ $(a+l\leqslant x\leqslant 2a+l)$	$\theta_C=-\theta_D=-\frac{q_0a^2l}{12EI}\left(1+\frac{a}{2l}\right)$ $\theta_A=-\theta_B=-\frac{q_0a^2l}{12EI}$	$y_C=y_D=\frac{q_0a^3l}{12EI}\left(1+\frac{2a}{5l}\right)$ $y_{max}=-\frac{q_0a^2l^2}{48EI}$ $(x=a+0.5l)$

续表

序号	悬臂梁			
	荷载方式与 $F_Q(x)$、$M(x)$ 图	支座反力与弯矩	转角	挠度
1	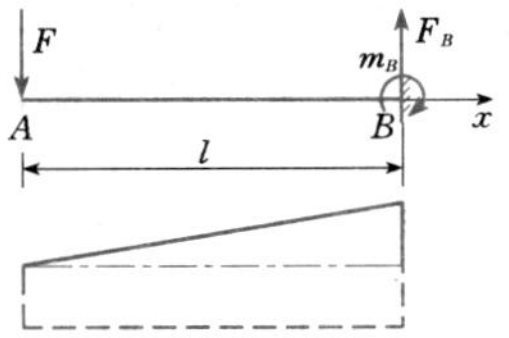	$F_B=F$ $m_B=-Fl$ $M=-Fx$ $M_{max}=-Fl$	$\theta=-\frac{Fl^2}{2EI}\left(1-\frac{x^2}{l^2}\right)$ $\theta_A=-\frac{Fl^2}{2EI}$ $\theta_B=0$	$y=-\frac{Fl^3}{6EI}\left(3\frac{x}{l}-\frac{x^3}{l^3}-2\right)$ $y_{max}=\frac{Fl^3}{3EI}\quad(x=0)$
2	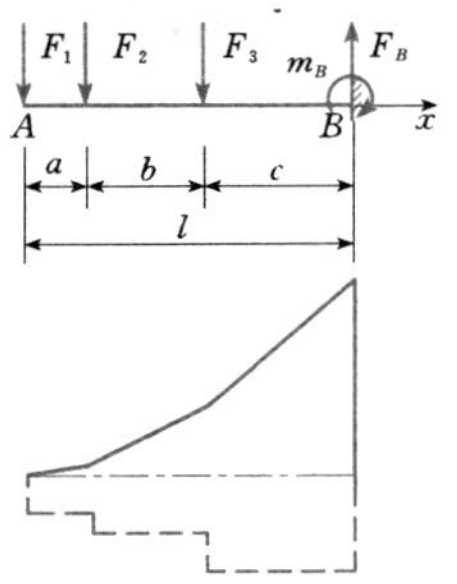	$F_B=F_1+F_2+F_3$ $m_B=F_1l+F_2(l-a)+F_3c$ $M=-F_1x\quad(x\leqslant a)$ $M=-F_1x-F_2(x-a)$ $(a\leqslant x\leqslant a+b)$ $M=-F_1x-F_2(x-a)$ $-F_3(x-a-b)$ $(x\geqslant a+b)$ $M_{max}=m\quad(x=l)$	$\theta=-\frac{l^2}{2EI}\left[F_1\left(1-\frac{x^2}{l^2}\right)+F_2\left(1-\frac{a}{l}\right)^2\right.$ $+F_3\frac{c^2}{l^2}-\Big\Vert_a F_2\left(\frac{x}{l}-\frac{a}{l}\right)^2$ $\left.-\Big\Vert_{a+b}F_3\left(\frac{x}{l}-\frac{a}{l}-\frac{b}{l}\right)^2\right]$ $\theta_A=-\frac{l^2}{2EI}\left[F_1+F_2\left(1-\frac{a}{l}\right)^2+F_3\frac{c^2}{l^2}\right]$ $\theta_B=0$	$y=-\frac{l^3}{6EI}\left\{F_1\left(3\frac{x}{l}-2-\frac{x^3}{l^3}\right)F_2\right.$ $\times\left[3\frac{x}{l}\left(1-\frac{a}{l}\right)^2+3\frac{a}{l}-\frac{a^3}{l^3}-2\right]$ $+F_3\left(3\frac{c^2}{l^2}\frac{x}{l}+\frac{c^3}{l^3}-3\frac{c^2}{l^2}\right)$ $-\Big\Vert_a F_2\left(\frac{x}{l}-\frac{a}{l}\right)^3$ $\left.-\Big\Vert_{a+b}F_3\left(\frac{x}{l}-\frac{a}{l}-\frac{b}{l}\right)^3\right\}$ $y_{max}=\frac{l^3}{6EI}\left[2F_1+F_2\left(2+\frac{a^3}{l^3}-3\frac{a}{l}\right)\right.$ $\left.+F_3\left(3\frac{c^2}{l^2}-\frac{c^3}{l^3}\right)\right]\quad(x=0)$
3	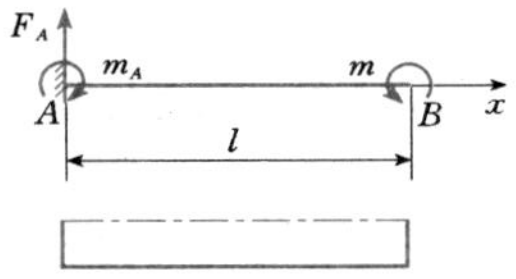	$F_A=0$ $m_A=m$ $M=M_{max}=m$	$\theta=-\frac{mx}{EI}$ $\theta_A=0$ $\theta_B=-\frac{ml}{EI}$	$y=-\frac{mx^2}{2EI}$ $y_{max}=-\frac{ml^2}{2EI}\quad(x=l)$
4	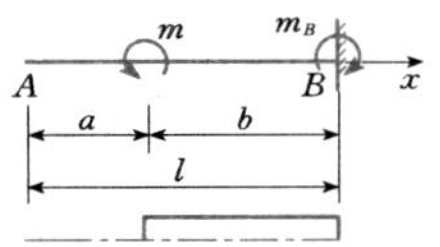	$F_B=0$ $m_B=-m$ $M=0\quad(x<a)$ $M_{max}=M=-m\quad(x\geqslant a)$	$\theta=\frac{ml}{EI}\left[-\frac{b}{l}+\Big\Vert_a\frac{(x-a)}{l}\right]$ $\theta_A=-\frac{mb}{EI}$ $\theta_B=0$	$y=\frac{ml^2}{2EI}\left[-2\frac{x}{l}\frac{b}{l}+2\frac{b}{l}-\frac{b^2}{l^2}\right.$ $\left.+\Big\Vert_a\left(\frac{x-a}{l}\right)^2\right]$ $y_{max}=y_A=\frac{ml^2}{2EI}\left(2\frac{b}{l}-\frac{b^2}{l^2}\right)$

续表

序号	悬臂梁			
	荷载方式与 $F_Q(x)$、$M(x)$ 图	支座反力与弯矩	转角	挠度
5	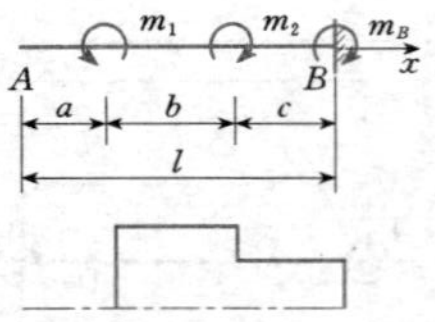	$F_B=0$ $m_B=-m_1+m_2$ $M=0\quad(x<a)$ $M_{\max}=M=-m_1\quad(a\leqslant x\leqslant a+b)$ $M=-m_1+m_2\quad(x\geqslant a+b)$	$\theta=\frac{m_1 l}{EI}\Big[\frac{m_2}{m_1}\frac{c}{l}-\Big(1-\frac{a}{l}\Big)+\Big\|_{a}\frac{x-a}{l}-\Big\|_{a+b}\frac{m_2}{m_1}\frac{x-a-b}{l}\Big]$ $\theta_A=\frac{m_1 l}{EI}\Big(\frac{m_2}{m_1}\frac{c}{l}-1+\frac{a}{l}\Big)\quad(x=0)$ $\theta_B=0\quad(x=l)$	$y=\frac{m_1 l}{2EI}\Big[2\frac{m_2}{m_1}\frac{c}{l}\frac{x}{l}-2\Big(1-\frac{a}{l}\Big)\times\frac{x}{l}+\frac{m_2}{m_1}\Big(\frac{c^2}{l^2}-2\frac{c}{l}\Big)+1-\frac{a^2}{l^2}+\Big\|_{a}\Big(\frac{x-a}{l}\Big)^2-\Big\|_{a+b}\frac{m_2}{m_1}\Big(\frac{x-a-b}{l}\Big)^2\Big]$ $y_A=\frac{m_1 l^2}{2EI}\Big[1-\frac{a^2}{l^2}+\frac{m_2}{m_1}\Big(\frac{c^2}{l^2}-2\frac{c}{l}\Big)\Big]$
6	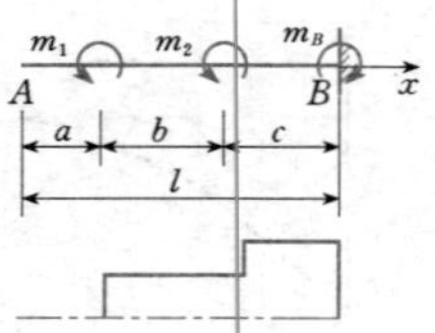	$F_B=0$ $m_B=-(m_1+m_2)$ $M=0\quad(x\leqslant a)$ $M=-m_1\quad(a\leqslant x\leqslant a+b)$ $M_{\max}=M=-m_1-m_2\quad(x\geqslant a+b)$	$\theta=\frac{m_1 l}{EI}\Big[-\Big(1-\frac{a}{l}\Big)-\frac{m_2}{m_1}\frac{c}{l}+\Big\|_{a}\frac{x-a}{l}+\Big\|_{a+b}\frac{m_2}{m_1}\frac{x-a-b}{l}\Big]$ $\theta_A=-\frac{m_1 l}{EI}\Big(1-\frac{a}{l}+\frac{m_2}{m_1}\frac{c}{l}\Big)\quad(x=0)$ $\theta_B=0\quad(x=l)$	$y=\frac{m_1 l}{2EI}\Big[-2\Big(1-\frac{a}{l}\Big)\frac{x}{l}-2\frac{m_2}{m_1}\frac{c}{l}\times\frac{x}{l}+1-\frac{a^2}{l^2}+\frac{m_2}{m_1}\Big(2\frac{c}{l}-\frac{c^2}{l^2}\Big)+\Big\|_{a}\Big(\frac{x-a}{l}\Big)^2+\Big\|_{a+b}\frac{m_2}{m_1}\Big(\frac{x-a-b}{l}\Big)^2\Big]$ $y_{\max}=y_A=\frac{m_1 l^2}{2EI}\Big[1-\frac{a^2}{l^2}+\frac{m_2}{m_1}\Big(2\frac{c}{l}-\frac{c^2}{l^2}\Big)\Big]$
7	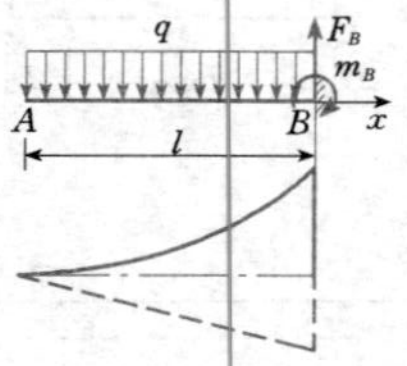	$F_B=ql$ $m_B=-\frac{ql^2}{2}$ $M=-\frac{qx^2}{2}$ $M_{\max}=-\frac{ql^2}{2}\quad(x=l)$	$\theta=-\frac{ql^3}{6EI}\Big(1-\frac{x^3}{l^3}\Big)$ $\theta_A=-\frac{ql^3}{6EI}\quad(x=0)$ $\theta_B=0\quad(x=l)$	$y=-\frac{ql^4}{6EI}\Big(\frac{x}{l}-\frac{1}{4}\frac{x^4}{l^4}-\frac{3}{4}\Big)$ $y_{\max}=y_A=\frac{ql^4}{8EI}$
8	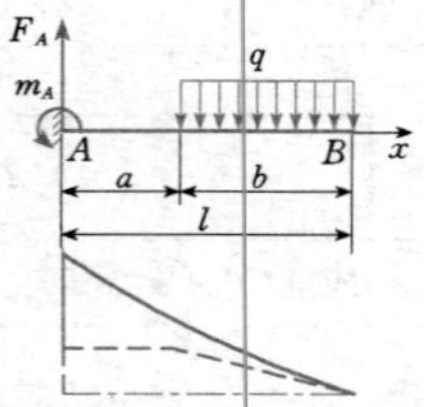	$F_A=qb$ $m_A=\frac{qb(a+l)}{2}$ $M=-\frac{qbl}{2}\Big[1+\frac{a}{l}-2\frac{x}{l}+\Big\|_{a}\frac{(x-a)^2}{bl}\Big]$ $M_{\max}=-\frac{qb(a+l)}{2}\quad(x=0)$	$\theta=\frac{ql^2b}{2EI}\Big[\Big(1+\frac{a}{l}\Big)\frac{x}{l}-\frac{x^2}{l^2}+\Big\|_{a}\frac{(x-a)^3}{3bl^2}\Big]$ $\theta_A=0\quad(x=0)$ $\theta_l=\frac{ql^2b}{6EI}\Big(1+\frac{a}{l}+\frac{a^2}{l^2}\Big)\quad(x=l)$ $\theta_B=\frac{qlab}{2EI}\quad(x=a)$	$y=\frac{ql^3b}{24EI}\Big[6\Big(1+\frac{a}{l}\Big)\frac{x^2}{l^2}-4\frac{x^3}{l^3}+\Big\|_{a}\frac{(x-a)^4}{bl^3}\Big]$ $y_{x=a}=\frac{qla^2b}{4EI}\Big(1+\frac{a}{3l}\Big)$ $y_{\max}=y_B=\frac{ql^3b}{24EI}\Big(2+6\frac{a}{l}+\frac{b^3}{l^3}\Big)$

续表

序号	悬臂梁			
	荷载方式与 $F_Q(x)$、$M(x)$ 图	支座反力与弯矩	转角	挠度
9	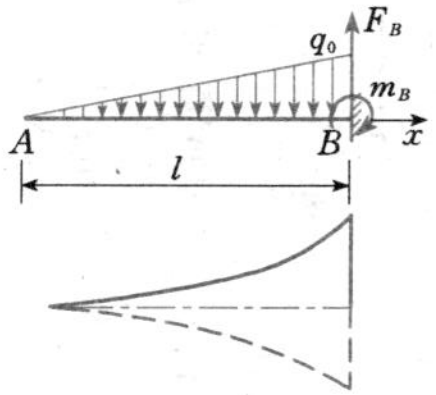	$F_B=\frac{q_0l}{2}$ $m_B=-\frac{q_0l^2}{6}$ $M=-\frac{q_0x^3}{6l}$ $M_{\max}=-\frac{q_0l^2}{6}\quad(x=l)$	$\theta=-\frac{q_0l^3}{24EI}\left(1-\frac{x^4}{l^4}\right)$ $\theta_A=-\frac{q_0l^3}{24EI}$ $\theta_B=0$	$y=-\frac{q_0l^4}{120EI}\left(5\frac{x}{l}-\frac{x^5}{l^5}-4\right)$ $y_{\max}=y_A=\frac{q_0l^4}{30EI}$ $y_B=0$
10	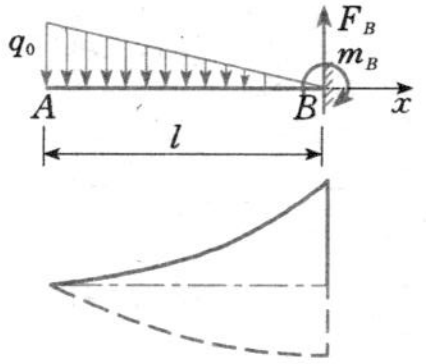	$F_B=\frac{q_0l}{2}$ $m_B=-\frac{q_0l^2}{3}$ $M=-\frac{q_0x^2}{6l}\quad(3l-x)$ $M_{\max}=m_B\quad(x=l)$	$\theta=\frac{q_0l^3}{24EI}\left(4\frac{x^3}{l^3}-\frac{x^4}{l^4}-3\right)$ $\theta_A=-\frac{q_0l^3}{8EI}$ $\theta_B=0$	$y=\frac{q_0l^4}{120EI}\left(5\frac{x^4}{l^4}-\frac{x^5}{l^5}-15\frac{x}{l}+11\right)$ $y_{\max}=y_A=\frac{11}{120}\frac{q_0l^4}{EI}$ $y_B=0$
11	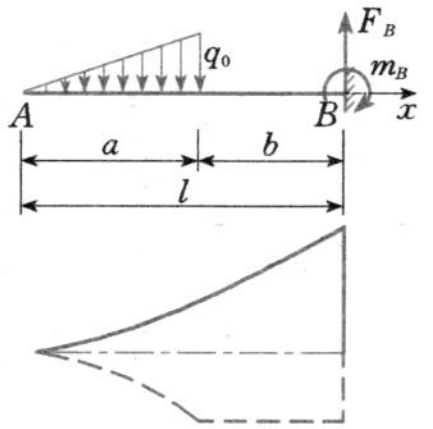	$F_B=\frac{q_0a}{2}$ $m_B=-\frac{q_0a}{6}(l+2b)$ $M=-\frac{q_0x^3}{6a}\quad(x\leqslant a)$ $M=-\frac{q_0a}{6}(3x-2a)\quad(x\geqslant a)$ $M_{\max}=m_B\quad(x=l)$	$\theta_A=-\frac{q_0l^3}{24EI}\left(6\frac{a}{l}-8\frac{a^2}{l^2}+3\frac{a^3}{l^3}\right)$ $\theta_B=0$	$y_{\max}=y_A=\frac{q_0l^4}{30EI}\left(5\frac{a}{l}-5\frac{a^2}{l^2}+\frac{a^4}{l^4}\right)$ $y_B=0$
12	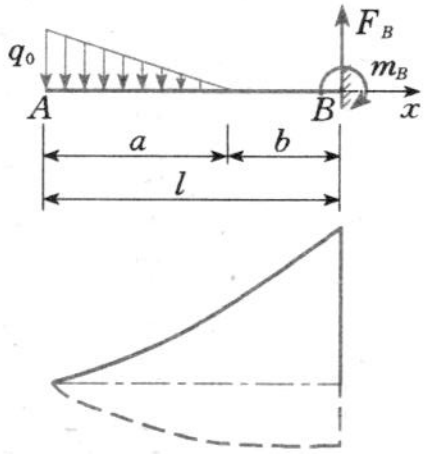	$F_B=\frac{q_0a}{2}$ $m_B=-\frac{q_0a}{6}(2l+b)$ $M=-\frac{q_0x^2}{6a}(3a-x)\quad(x\leqslant a)$ $M=-\frac{q_0a}{6}(3x-a)\quad(x\geqslant a)$ $M_{\max}=m_B\quad(x=l)$	$\theta_A=-\frac{q_0l^3}{24EI}\left(6\frac{a}{l}-4\frac{a^2}{l^2}+\frac{a^3}{l^3}\right)$ $\theta_B=0$	$y_{\max}=y_A=\frac{q_0l^4}{120EI}\left(20\frac{a}{l}-10\frac{a^2}{l^2}+\frac{a^4}{l^4}\right)$ $(x=0)$ $y_B=0$

注 1. 表中的挠度 y 以向下为正，反之为负；转角 θ 以顺时针转向为正，反之为负。$M(x)$（弯矩）图以实线表示，$F_Q(x)$（剪力）图以虚线表示。

2. 式中的 $\|_a(x-a)$ 项，表示当 $x<a$ 时此项不要。凡有 $\|$ 记号者，意义相同。

3. 分布荷载的方向均朝下。

4. 极大值均以绝对值计，但仍标出正负号，以资识别。

【例】 已知悬臂梁受力如图 2.1-7 所示，求自由端的转角 θ_A 和挠度 y_A。

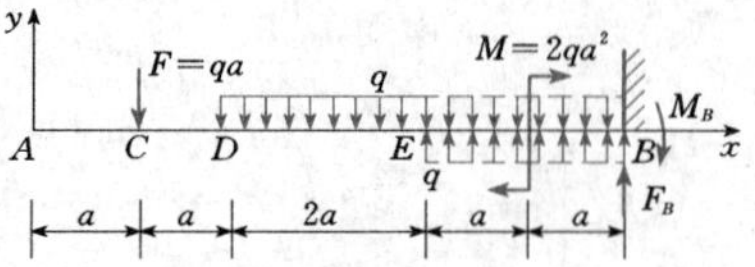

图 2.1-7 悬臂梁转角和挠度的计算

解：(1) 坐标原点选在梁的左端点 A 处。

(2) 将分布力 q 延续至梁的右端 B，而后在 EB 间加等量向上的分布力 q，如图 2.1-7 所示。

(3) 根据平衡条件求支座反力：

$$F_B = 3qa, \quad M_B = 9qa^2$$

(4) 列出梁的转角和挠度的表达式：

$$EI\theta = EI\theta_0 - \frac{F(x-a)^2}{2!} - \frac{q(x-2a)^3}{3!} + \frac{q(x-4a)^3}{3!} + M(x-5a)^1 + \frac{F_B(x-6a)^2}{2!} - M_B(x-6a)^1$$

$$EIy = EIy_0 + EI\theta_0 x - \frac{F(x-a)^3}{3!} - \frac{q(x-2a)^4}{4!} + \frac{q(x-4a)^4}{4!} + \frac{M(x-5a)^2}{2!} + \frac{F_B(x-6a)^3}{3!} - \frac{M_B(x-6a)^2}{2!}$$

(5) 根据边界条件确定初参数 θ_0 和 y_0。当 $x=6a$ 时 $y=0$，$\theta=0$，代入以上两式，解得

$$\theta_0 = \frac{119qa^3}{6EI}, \quad y_0 = -\frac{535qa^4}{6EI}$$

故悬臂梁转角和挠度的表达式为

$$EI\theta = \frac{119qa^3}{6} - \frac{qa(x-a)^2}{2} - \frac{q(x-2a)^3}{6} + \frac{q(x-4a)^3}{6} + 2qa^2(x-5a)$$

$$EIy = -\frac{535qa^4}{6} + \frac{119qa^3x}{6} - \frac{qa(x-a)^3}{6} - \frac{q(x-2a)^4}{24} + \frac{q(x-4a)^4}{24} + \frac{2qa^2(x-5a)^2}{2}$$

在本例中 x 的最大值为 $6a$，因此在 (4) 中表达式的最后两项，括号内都为负值，最大为零，无需列入。支座反力也不必求。

(6) 将 A 截面的坐标 $x=0$ 代入挠度和转角的表达式，求得

$$\theta_A = \frac{119qa^3}{6EI}(\circlearrowleft), \quad y_A = \frac{-535qa^4}{6EI}(\downarrow)$$

3. 共轭梁法

如果只需求梁轴线上某特定点的挠度或截面转角，宜用共轭梁法。

以 $\overline{q}=\dfrac{M}{EI}$，作为虚梁的虚荷载，虚梁的虚弯矩 $\overline{M}$、虚剪力 $\overline{F}_Q$ 和虚荷载 $\overline{q}$ 之间的关系为

$$\frac{d^2\overline{M}}{dx^2} = \frac{d\overline{F}_Q}{dx} = \overline{q}$$

并有

$$\theta = \overline{F}_Q \tag{2.1-29}$$

$$y = \overline{M} \tag{2.1-30}$$

即实梁某截面的转角等于虚梁在该截面上的虚剪力 $\overline{F}_Q$，实梁在某截面处的挠度等于虚梁在该截面上的虚弯矩 $\overline{M}$。这样，把求实梁的转角和挠度的问题，变换为求虚梁的虚剪力和虚弯矩问题（实梁和虚梁合称为共轭梁）。实梁与虚梁各种支承方式的对应关系见表 2.1-7。例如，设原梁为简支梁，则虚梁也是简支梁；设原梁为悬臂梁，则虚梁也是悬臂梁，但自由端和固定端易位。其他的共轭梁都可同样由表 2.1-7 建立。

2.1.6　直杆的组合变形

组合变形系指直杆受荷载作用同时发生两种或两种以上的基本变形。求解这类问题时，可将总荷载分解为对应于基本变形的简单荷载，分别进行计算，然后应用叠加原理求总的应力和变形（如正应力按代数相加，切应力和挠度按几何相加）。

2.1.6.1　偏心压缩（拉伸）

直杆受到不通过截面形心、但与杆轴线平行的压（拉）力作用时，就产生偏心压缩（拉伸），如图 2.1-8 所示。根据力向一点简化的原理，把力 F 向截面形心 o 点平移，成为轴向压力 F 和在 xoy、xoz 平面内的力偶 $M_z = F\cdot y_F$、$M_y = F\cdot z_F$（y_F、z_F 是力 F 作用点的坐标）。它们的作用是轴向压缩和两个方向的平面弯曲。对于这样的组合变形，在任意截面上任意点处，总的正应力由叠加原理计算如下：

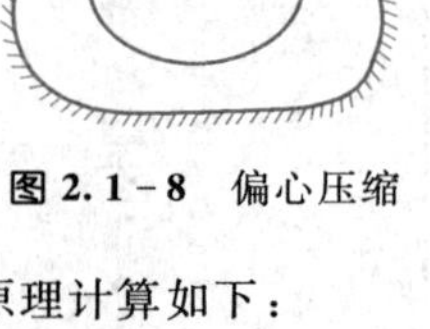

图 2.1-8 偏心压缩

$$\sigma = \frac{F}{A} + \frac{F\cdot y_F y}{I_z} + \frac{F\cdot z_F z}{I_y} = F\left(\frac{1}{A} + \frac{y_F y}{I_z} + \frac{z_F z}{I_y}\right) = \frac{F}{A}\left(1 + \frac{y_F y}{i_z^2} + \frac{z_F z}{i_y^2}\right) \tag{2.1-31}$$

式中，力 F 和坐标 y_F、z_F、y、z 都用代数值代入。

表 2.1-7　　实梁与虚梁各种支承方式的对应关系

实梁		虚梁	
支承方式	边界条件或连续条件	要求条件	支承方式
铰支端 或	$y=0$ $\theta\neq 0$	$\overline{M}=0$ $\overline{F}_Q\neq 0$	铰支端 或
固定端	$y=0$ $\theta=0$	$\overline{M}=0$ $\overline{F}_Q=0$	自由端
自由端	$y\neq 0$ $\theta\neq 0$	$\overline{M}\neq 0$ $\overline{F}_Q\neq 0$	固定端
中间支座 或	$y=0$ $\theta\neq 0$，　但连续	$\overline{M}=0$ $\overline{F}_Q\neq 0$，　但连续	中间铰接
中间铰接	$y\neq 0$，　但连续 $\theta\neq 0$，　且不连续	$\overline{M}\neq 0$，　但连续 $\overline{F}_Q\neq 0$，　且不连续	中间铰支 或

2.1.6.2　截面核心

偏心压缩（拉伸）的杆件中性轴方程为

$$1+\frac{y_F y}{i_z^2}+\frac{z_F z}{i_y^2}=0 \qquad (2.1-32)$$

中性轴在 y、z 轴上的截距为

$$\left.\begin{aligned} a_y&=-\frac{i_z^2}{y_F}\\ a_z&=-\frac{i_y^2}{z_F}\end{aligned}\right\} \qquad (2.1-33)$$

中性轴确定后，可根据离中性轴最远点的位置，求得最大拉、压应力。当轴向偏心荷载作用在截面形心周围的一个区域内（截面核心）时，中性轴不与截面上周界相交，截面上只有同一种符号的正应力。截面核心周界上各点的坐标为

$$\left.\begin{aligned} y_F&=-\frac{i_z^2}{a_y}\\ z_F&=-\frac{i_y^2}{a_z}\end{aligned}\right\} \qquad (2.1-34)$$

常用截面的截面核心如表 2.1-8 所示。

表 2.1-8　　截面核心的尺寸与形状

截面形状	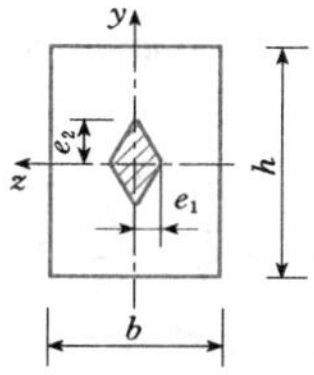 矩　形	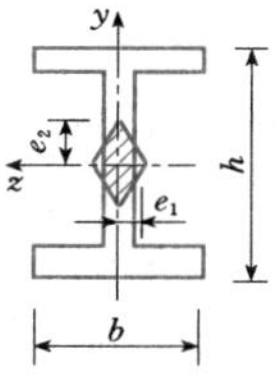 I　形	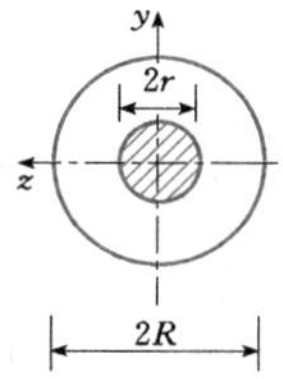 圆　形	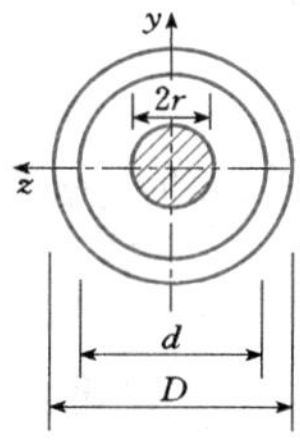 空　心　圆	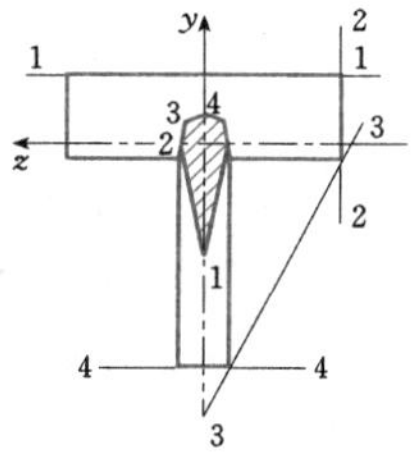 T　形
截面核心	菱　形 $e_1=\frac{b}{6}$ $e_2=\frac{h}{6}$	菱　形 $e_1=\frac{2I_z}{Ab}$ $e_2=\frac{2I_y}{Ah}$	圆　形 $r=\frac{R}{4}$	圆　形 $r=\frac{D}{8}\left[1+\left(\frac{d}{D}\right)^2\right]$	六　边　形 [角点 1、2、3、4 的坐标根据相应的中性轴 1—1、2—2、3—3、4—4，由式（2.1-34）确定。截面核心对称于 y 轴]

2.1.7　平面应力状态

研究通过杆内任一点的各个截面上的应力，需用单元体分析法研究这一点的应力状态。直杆在基本变形或组合变形的情况下，在杆内任一点处总可以截取这样的单元体，其中两个互相平行的平面上既无切应力又无正应力。这样的单元体处于二向应力状态或平面应力状态（见图 2.1-9，图中与 z 轴垂直的平面上无应力）。

2.1.7.1　斜截面上的应力

斜截面可用截面的外法线 n 与 x 轴的夹角 α 表示

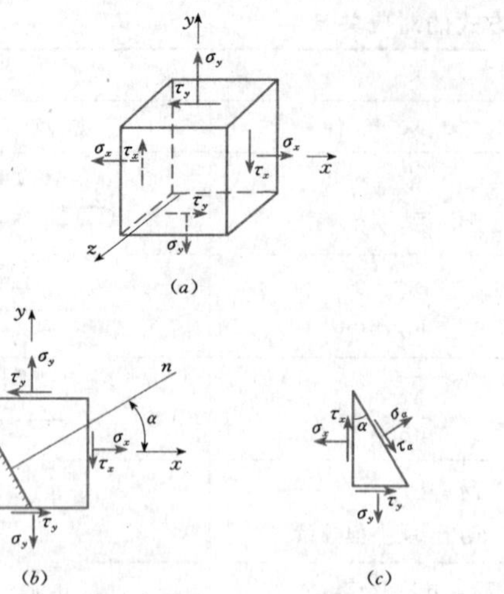

图 2.1-9　平面应力状态

其方位，规定从 x 轴逆时针转的 α 角为正，反之为负。斜截面上的应力为

$$\sigma_\alpha = \frac{\sigma_x + \sigma_y}{2} + \frac{\sigma_x - \sigma_y}{2}\cos 2\alpha - \tau_x \sin 2\alpha \tag{2.1-35}$$

$$\tau_\alpha = \frac{\sigma_x - \sigma_y}{2}\sin 2\alpha + \tau_x \cos 2\alpha \tag{2.1-36}$$

正负号规定：正应力 σ 以拉应力为正，压应力为负；切应力 τ 以对于单元体顺时针方向作用者为正，反之为负❶。

2.1.7.2　应力圆

应力圆方程为

$$\left(\sigma_\alpha - \frac{\sigma_x + \sigma_y}{2}\right)^2 + \tau_\alpha^2 = \left(\frac{\sigma_x - \sigma_y}{2}\right)^2 + \tau_x^2 \tag{2.1-37}$$

圆心在横坐标轴即 σ 轴上，圆心的横坐标为 $\frac{\sigma_x + \sigma_y}{2}$，圆的半径为 $\sqrt{\left(\frac{\sigma_x - \sigma_y}{2}\right)^2 + \tau_x^2}$。

用图解法求斜截面上的应力 σ_α 和 τ_α，即在 σ—τ 直角坐标系内，根据单元体上已知应力 σ_x、τ_x、σ_y、τ_y 的数值，确定应力圆的半径和圆心的坐标，作出应力圆。应力圆上各点与单元体的各个斜面有着一一对应的关系。若已知 α 角，可从 x 面的对应点 D_1，沿着相同的转向作圆心角 2α，在应力圆圆周上得斜截面的对应点 E，其坐标值即为 σ_α 和 τ_α 的数值。

2.1.7.3　主平面和主应力

切应力为零的平面称为主平面，它们的对应点就是图 2.1-10（b）中应力圆上的 A_1 和 A_2 点。主平面上的正应力称为主应力 σ_1 和 σ_2［见图 2.1-10（b）］，其计算公式为

$$\sigma_1 = \frac{\sigma_x + \sigma_y}{2} + \sqrt{\left(\frac{\sigma_x - \sigma_y}{2}\right)^2 + \tau_x^2} \tag{2.1-38}$$

$$\sigma_2 = \frac{\sigma_x + \sigma_y}{2} - \sqrt{\left(\frac{\sigma_x - \sigma_y}{2}\right)^2 + \tau_x^2} \tag{2.1-39}$$

主平面的方位由下式确定：

$$\tan 2\alpha_0 = -\frac{2\tau_x}{\sigma_x - \sigma_y} \tag{2.1-40}$$

在任何单元体内总可找出三个互相垂直的主平面，存在三个主应力。在二向应力状态（平面应力状态）下，有一个主应力为零。若三个主应力都不等于零，则为三向应力状态（或空间应力状态）。三个主应力用 σ_1、σ_2 和 σ_3 来表示，通常令 $\sigma_1 > \sigma_2 > \sigma_3$，$\sigma_1$ 为所有正应力中的极大值，σ_3 为极小值。

2.1.8　强度理论

表 2.1-9 中介绍了几种常用的强度理论，表中的［σ］为材料的容许正应力，［τ］为材料的容许切应力，［ε］为容许正应变，［σ_+］和［σ_-］分别为容许拉应力和容许压应力。根据强度理论提供的强度条件，可进行复杂应力状态下的强度计算。

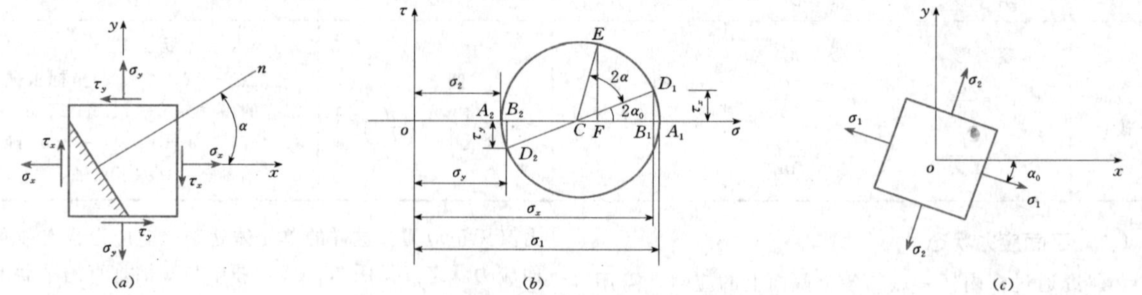

图 2.1-10　应力圆

❶　这里所用的切应力符号，与 2.7 节中所用的弹性力学符号不完全一致，详见 2.7 节。

表 2.1-9 几种强度理论

名　　称	破坏原因的假说	强　度　条　件	适用条件
第一强度理论——最大拉应力理论	最大拉应力达到某一限度	$\sigma_{max} \leqslant [\sigma]$，即 $\sigma_1 \leqslant [\sigma]$（$\sigma_1$ 须是拉应力）	脆断破坏
第二强度理论——最大拉应变理论	最大拉应变达到某一限度	$\varepsilon_{max} \leqslant [\varepsilon]$，即 $\sigma_1 - \mu(\sigma_2 + \sigma_3) \leqslant [\sigma]$	脆断破坏
第三强度理论——最大切应力理论	最大切应力达到某一限度	$\tau_{max} \leqslant [\tau]$，即 $\sigma_1 - \sigma_3 \leqslant [\sigma]$	屈服破坏
第四强度理论——形状改变能密度理论	形状改变能密度达到某一限度	$\frac{\sqrt{2}}{2}\sqrt{(\sigma_1-\sigma_2)^2+(\sigma_2-\sigma_3)^2+(\sigma_3-\sigma_1)^2} \leqslant [\sigma]$	屈服破坏
莫尔强度理论	切应力达到某一限度	$\sigma_1 - \frac{[\sigma_+]}{[\sigma_-]}\sigma_3 \leqslant [\sigma_+]$	剪断破坏，同时考虑材料内摩擦的影响

2.2 杆件结构的位移计算

2.2.1 计算公式

工程结构在荷载、温度变化、支座移动等因素作用下一般会产生变形和位移。变形是指结构或其某一部分形状的改变；位移是指结构上某点或截面位置的改变。杆件结构位移包括某点的线位移和某截面的角位移。

通常利用虚功原理计算杆件结构的位移。在结构所求位移 Δ_{km} 的处所方向上虚设单位广义力 $F_k=1$，建立虚拟平衡状态（见图 2.2-1），由虚功方程推得平面杆件结构的位移计算公式为

$$\Delta_{km} = \sum\int_l \overline{F}_{N_k}\varepsilon_m \mathrm{d}s + \sum\int_l \overline{F}_{Q_k}\gamma_m \mathrm{d}s + \sum\int_l \overline{M}_k \frac{1}{\rho_m}\mathrm{d}s - \sum \overline{F}_{R_{ik}}\Delta_{ic} \quad (2.2-1)$$

式中　Δ_{km}——结构位移，其中，下标 k 表示位移发生的处所方向，m 表示引起位移的原因，位移值为正表示位移方向与单位广义力方向一致，为负则表示与单位广义力方向相反；

$\overline{F}_{N_k}$、$\overline{F}_{Q_k}$、$\overline{M}_k$——结构在单位广义力 $F_k=1$ 作用下的内力，即虚拟平衡状态（k 状态）的内力；

$\varepsilon_m \mathrm{d}s$、$\gamma_m \mathrm{d}s$、$\frac{1}{\rho_m}\mathrm{d}s$——在 m 因素作用下结构微段的变形位移；

$\overline{F}_{R_{ik}}$——结构在单位广义力 $F_k=1$ 作用下引起的相应于发生支座位移的支座反力，即虚拟平衡状态（k 状态）下相应于发生支座位移的支座反力，以支座位移的方向为正；

Δ_{ic}——支座位移，其中，下标 i 表示若干个支座位移中的第 i 个支座位移，下标 c 表示支座位移。

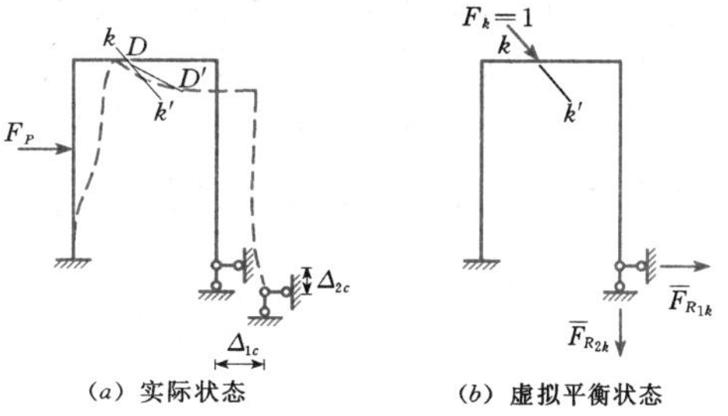

图 2.2-1　平面杆件结构位移计算图示

2.2.1.1 荷载作用下的位移计算公式

杆件结构在荷载作用下各微段的变形位移为

$$\varepsilon_m \mathrm{d}s = \frac{F_{N_P}}{EA}\mathrm{d}s,\quad \gamma_m \mathrm{d}s = \lambda\frac{F_{Q_P}}{GA}\mathrm{d}s,\quad \frac{1}{\rho_m}\mathrm{d}s = \frac{M_P}{EI}\mathrm{d}s$$

故荷载作用下的平面杆件结构位移计算公式为

$$\Delta_{kP} = \sum\int_l \frac{\overline{F}_{N_k}F_{N_P}}{EA}\mathrm{d}s + \sum\int_l \lambda\frac{\overline{F}_{Q_k}F_{Q_P}}{GA}\mathrm{d}s + \sum\int_l \frac{\overline{M}_k M_P}{EI}\mathrm{d}s \quad (2.2-2)$$

式中　Δ_{kP}——结构在荷载作用下 k 处所指定方向的位移（广义位移）；

F_{N_P}、F_{Q_P}、M_P——结构在荷载作用下的内力；

E、G——结构材料的弹性模量、剪切弹性模量；

I、A——杆件截面的惯性矩、截面积；

λ——计算平均剪切应变时考虑杆件截面上切应力分布不均匀而引入的修正系数，它与截面形状有关，矩形截面 $\lambda=6/5$，圆形截面 $\lambda=10/9$，薄壁圆环形截面 $\lambda=2$，I形或箱形截面 $\lambda=A/A'$，其中，A 为截面总面积，A' 为腹板面积。

对于梁和刚架，其杆件以受弯为主，通常只计弯矩项，略去剪力和轴力对位移的影响，位移计算公式简化为

$$\Delta_{kP}=\sum\int_l \frac{\overline{M}_k M_P}{EI}\mathrm{d}s \tag{2.2-3}$$

对于桁架，其各杆件只受轴力作用，且各杆轴力为常数，故位移计算公式为

$$\Delta_{kP}=\sum\int_l \frac{\overline{F}_{N_k}F_{N_P}}{EA}\mathrm{d}s=\sum\frac{\overline{F}_{N_k}F_{N_P}}{EA}l \tag{2.2-4}$$

式中 l——桁架各杆件的长度。

上述位移计算公式对静定和超静定结构均适用。对超静定结构的位移计算，可将虚设广义力作用在超静定结构的任意基本结构上，这样 $\overline{F}_{N_k}$、$\overline{F}_{Q_k}$、$\overline{M}_k$ 是静定结构的内力，计算得以简化。

2.2.1.2 温度变化引起位移的计算公式

温度变化时平面杆件结构的位移计算公式为

$$\begin{aligned}\Delta_{kt}&=\sum\int_l \alpha t\overline{F}_{N_k}\mathrm{d}s+\sum\int_l\frac{\alpha t'}{h}\overline{M}_k\mathrm{d}s\\&=\sum\alpha t\Omega_{\overline{F}_{N_k}}+\sum\frac{\alpha t'}{h}\Omega_{\overline{M}_k}\end{aligned} \tag{2.2-5}$$

式中 t、t'——杆件轴线上的温度变化值和杆件两侧温度变化值的差值，设 t_1、t_2 分别为杆件两侧温度变化值，则 $t'=t_2-t_1$，若杆件截面对于形心轴对称，则 $t=\dfrac{t_1+t_2}{2}$；

h——杆件截面高度；

α——材料的线膨胀系数；

$\overline{F}_{N_k}$、$\overline{M}_k$——单位广义力 $F_k=1$ 作用下结构的轴力和弯矩；

$\Omega_{\overline{F}_{N_k}}$、$\Omega_{\overline{M}_k}$——单位广义力 $F_k=1$ 作用下结构各杆件的轴力图面积和弯矩图面积。

公式适用条件：结构由均质等截面直杆组成，温度沿杆长不变、沿杆件截面高度方向呈线性变化。

正负号规定：轴力以拉为正；弯矩图画在杆件受拉一侧，杆件受拉侧温度变化值为 t_2，受压侧温度变化值为 t_1。

2.2.1.3 支座移动引起位移的计算公式

支座移动时平面杆件结构的位移计算公式为

$$\Delta_{kC}=-\sum\overline{F}_{R_{ik}}\Delta_{ic} \tag{2.2-6}$$

正负号规定：支座反力 $\overline{F}_{R_{ik}}$ 与相应支座移动方向一致为正，相反为负。

在计算温度变化和支座移动引起的位移时，若原结构为静定结构，则公式中 $\overline{F}_{N_k}$、$\overline{M}_k$ 和 $\overline{F}_{R_{ik}}$ 为静定结构的内力和反力，若原结构为超静定结构，则上述三量值均为超静定结构的内力和反力。

计算超静定结构位移时，也可将单位广义力 $F_k=1$ 作用在原超静定结构的静定基本结构上，此时，位移计算公式为

$$\begin{aligned}\Delta_{km}&=\sum\int_l\frac{\overline{F}_{N_k}F_{N_m}}{EA}\mathrm{d}s+\sum\int_l\lambda\frac{\overline{F}_{Q_k}F_{Q_m}}{GA}\mathrm{d}s\\&\quad+\sum\int_l\frac{\overline{M}_kM_m}{EI}\mathrm{d}s+\sum\int_l\alpha t\overline{F}_{N_k}\mathrm{d}s\\&\quad+\sum\int_l\frac{\alpha t'}{h}\overline{M}_k\mathrm{d}s-\overline{F}_{R_{ik}}\Delta_{ic}\\&=\sum\int_l\frac{\overline{F}_{N_k}F_{N_m}}{EA}\mathrm{d}s+\sum\int_l\lambda\frac{\overline{F}_{Q_k}F_{Q_m}}{GA}\mathrm{d}s\\&\quad+\sum\int_l\frac{\overline{M}_kM_m}{EI}\mathrm{d}s+\sum\alpha t\Omega_{\overline{F}_{N_k}}\\&\quad+\sum\frac{\alpha t'}{h}\Omega_{\overline{M}_k}-\overline{F}_{R_{ik}}\Delta_{ic}\end{aligned} \tag{2.2-7}$$

式中 F_{N_m}、F_{Q_m}、M_m——结构在温度变化或支座移动作用下原超静定结构的内力；

$\overline{F}_{N_k}$、$\overline{F}_{Q_k}$、$\overline{M}_k$、$\overline{F}_{R_{ik}}$——原超静定结构的静定基本结构在单位广义力 $F_k=1$ 作用下引起的内力和支座反力。

2.2.2 虚拟平衡状态的建立

应用虚功原理计算杆件结构位移时，需在结构上所求位移的处所和方向上虚设单位广义力 $F_k=1$ 作用，建立虚拟平衡状态。虚设的单位广义力必须与所求位移相应。

求线位移时虚设单位集中力作用；求角位移时虚设单位集中力偶作用；求两点间相对线位移时沿所求相对线位移方向虚设一对大小相等方向相反的单位集中力作用；求两截面间相对转角时虚设一对大小相等方向相反的单位集中力偶作用；求桁架某杆件的角位

移时，在杆件两端虚设一对大小为 $1/l$（l 为杆长）方向相反且与杆轴线垂直的集中力作用；求桁架两杆的相对转角时，分别在两根杆件两端虚设一对大小为 $1/l$（l 为杆长）方向相反且与杆轴线垂直的集中力作用，所组成的两个单位力偶转向相反。上述情况分别如图 2.2-2（a）～（f）所示。

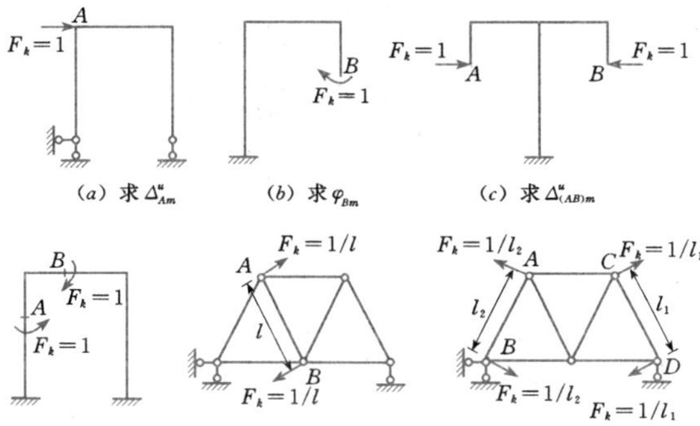

（a）求 Δ^u_{Am}　（b）求 φ_{Bm}　（c）求 $\Delta^u_{(AB)m}$

（d）求 $\varphi_{(AB)m}$　（e）求 $\varphi_{(AB)m}$　（f）求 $\varphi_{(AB\cdot CD)m}$

图 2.2-2　虚拟平衡状态

2.2.3　图乘法

计算杆件结构位移时，要进行积分运算。以弯矩项为例，即要计算 $\int_l \frac{\overline{M}_k M_P}{EI}\mathrm{d}s$。若满足下列条件，则积分运算可以用图乘法代替：

（1）结构各杆件（或杆段）为均质常截面直杆（杆段）。

（2）弯矩图 $\overline{M}_k$ 和 M_P 中至少有一个为直线型（见图 2.2-3）。

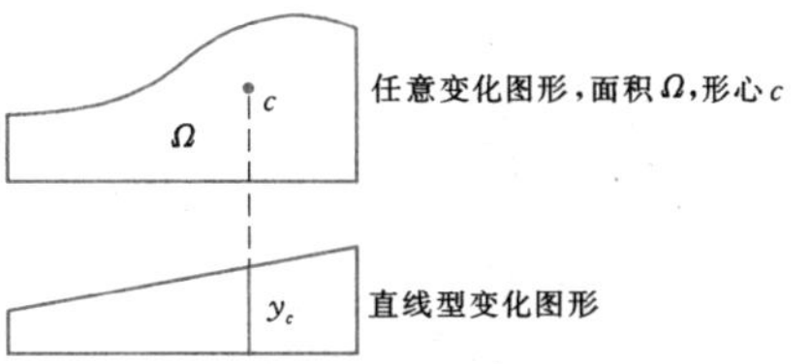

图 2.2-3　图乘法示意

此时积分公式为

$$\int_l \frac{\overline{M}_k M_P}{EI}\mathrm{d}s = \frac{1}{EI}\int_l \overline{M}_k M_P \mathrm{d}s = \frac{1}{EI}\Omega y_c \quad (2.2-8)$$

式中　Ω——按任意规律变化的弯矩图面积；

y_c——直线弯矩图上对应于按任意规律变化的弯矩图形心位置的纵距。

由此可写出荷载作用下杆件结构的位移计算公式，即

$$\Delta_{kP} = \sum\int_l \frac{\overline{F}_{N_k} F_{N_P}}{EA}\mathrm{d}s + \sum\int_l \lambda\frac{\overline{F}_{Q_k} F_{Q_P}}{GA}\mathrm{d}s + \sum\int_l \frac{\overline{M}_k M_P}{EI}\mathrm{d}s$$
$$= \sum\frac{1}{EI}\Omega_{F_N} y_c + \sum\frac{\lambda}{GA}\Omega_{F_Q} y_c + \sum\frac{1}{EI}\Omega_M y_c \quad (2.2-9)$$

图乘正负号规定：Ω 与 y_c 在杆件同一侧时取正号，在异侧时取负号。

如果内力图较为复杂时，应将复杂图形分解为简单图形分别图乘，然后将所得结果叠加。

常见图形的面积和形心位置如图 2.2-4 所示，各种图形相乘的结果见表 2.2-1。

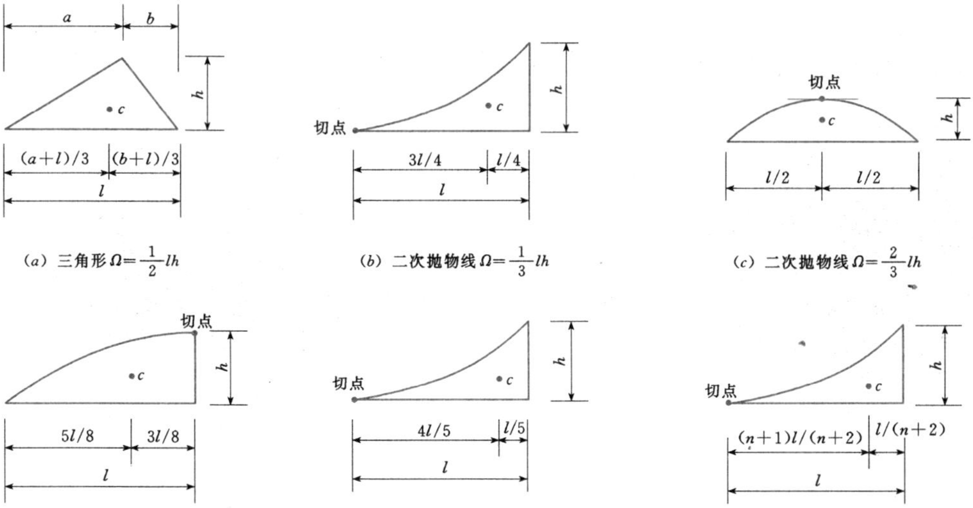

（a）三角形 $\Omega=\frac{1}{2}lh$　（b）二次抛物线 $\Omega=\frac{1}{3}lh$　（c）二次抛物线 $\Omega=\frac{2}{3}lh$

（d）二次抛物线 $\Omega=\frac{2}{3}lh$　（e）三次抛物线 $\Omega=\frac{1}{4}lh$　（f）n 次抛物线 $\Omega=\frac{1}{n+1}lh$

图 2.2-4　常见图形的面积和形心位置

表 2.2-1　　**积分 $\int \overline{M}_i M_k \, dx$ 的图乘公式**

$\overline{M}_i$ 图形 / M_k 图形	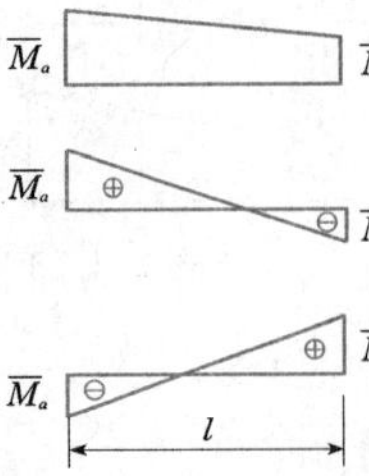	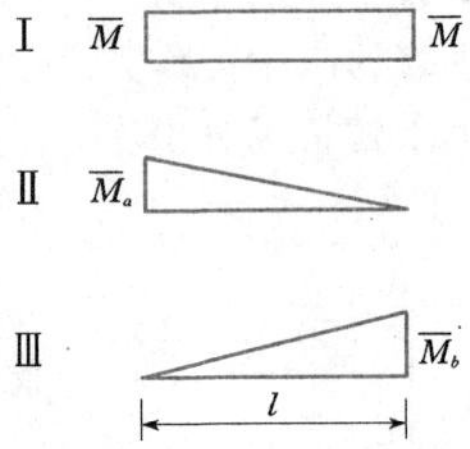	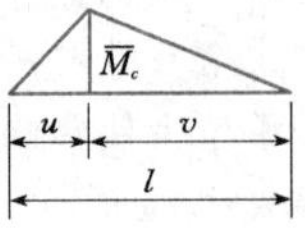 $\mu=\frac{u}{l}$ $\nu=\frac{v}{l}$ Ⅰ $u=v=\frac{l}{2}$ Ⅱ $u\neq v$ Ⅲ $\mu\geqslant\alpha$ Ⅳ $\mu\leqslant\alpha$
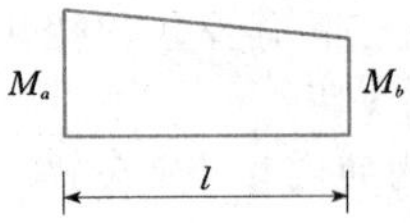	$\frac{l}{6}[2(\overline{M}_aM_a+\overline{M}_bM_b)+\overline{M}_aM_b+\overline{M}_bM_a]$	Ⅰ $\frac{l}{2}\overline{M}(M_a+M_b)$ Ⅱ $\frac{l}{6}\overline{M}_a(2M_a+M_b)$ Ⅲ $\frac{l}{6}\overline{M}_b(M_a+2M_b)$	Ⅰ $\frac{l}{4}\overline{M}_c(M_a+M_b)$ Ⅱ $\frac{l}{6}\overline{M}_c[M_a(1+\nu)+M_b(1+\mu)]$
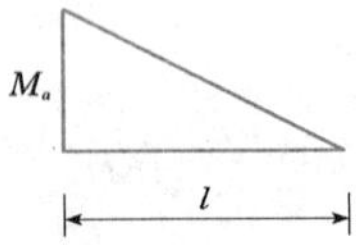	$\frac{l}{6}M_a(2\overline{M}_a+\overline{M}_b)$	Ⅰ $\frac{l}{2}\overline{M}M_a$ Ⅱ $\frac{l}{3}\overline{M}_aM_a$ Ⅲ $\frac{l}{6}\overline{M}_bM_a$	Ⅰ $\frac{l}{4}\overline{M}_cM_a$ Ⅱ $\frac{l}{6}\overline{M}_cM_a(1+\nu)$
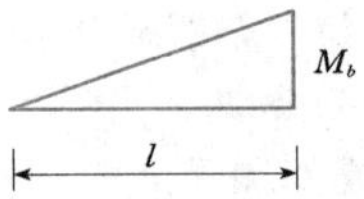	$\frac{l}{6}M_b(\overline{M}_a+2\overline{M}_b)$	Ⅰ $\frac{l}{2}\overline{M}M_b$ Ⅱ $\frac{l}{6}\overline{M}_aM_b$ Ⅲ $\frac{l}{3}\overline{M}_bM_b$	Ⅰ $\frac{l}{4}\overline{M}_cM_b$ Ⅱ $\frac{l}{6}\overline{M}_cM_b(1+\mu)$
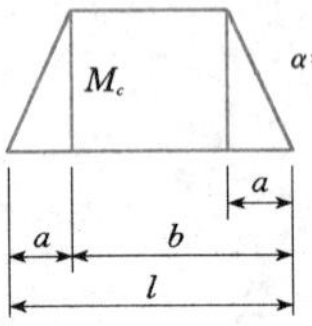 $\alpha=\frac{a}{l}$ $\beta=\frac{b}{l}$	$\frac{l}{2}M_c(\overline{M}_a+\overline{M}_b)\beta$	Ⅰ $l\overline{M}M_c\beta$ Ⅱ $\frac{l}{2}\overline{M}_aM_c\beta$ Ⅲ $\frac{l}{2}\overline{M}_bM_c\beta$	Ⅰ $\frac{l}{6}\overline{M}_cM_c(3-4\alpha^2)$ Ⅲ $\frac{l}{6}\overline{M}_cM_c\left(3-\frac{\alpha^2}{\mu\nu}\right)$ Ⅳ $\frac{l}{6}\overline{M}_cM_c\left(\frac{3\beta}{\nu}-\frac{\mu^2}{\alpha\nu}\right)$
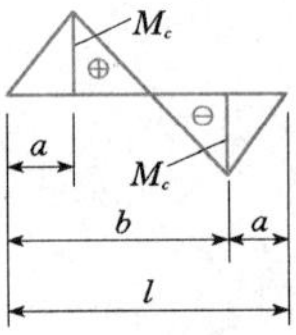 $\alpha=\frac{a}{l}$ $\beta=\frac{b}{l}$	$\frac{l}{6}M_c(\overline{M}_a-\overline{M}_b)\beta$	Ⅰ 0 Ⅱ $\frac{l}{6}\overline{M}_aM_c\beta$ Ⅲ $-\frac{l}{6}\overline{M}_bM_c\beta$	Ⅰ 0 Ⅲ $\frac{l}{6}\overline{M}_cM_c\frac{\nu-\mu}{\beta-\alpha}\left(1-\frac{\alpha^2}{\mu\nu}\right)$ Ⅳ $\frac{l}{6}\overline{M}_cM_c\frac{\beta}{\nu}\left(1-\frac{\mu^2}{\alpha\beta}\right)$
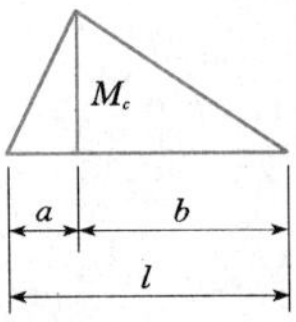 $\alpha=\frac{a}{l}$ $\beta=\frac{b}{l}$	$\frac{l}{6}M_c[\overline{M}_a(1+\beta)+\overline{M}_b(1+\alpha)]$	Ⅰ $\frac{l}{2}\overline{M}M_c$ Ⅱ $\frac{l}{6}\overline{M}_aM_c(1+\beta)$ Ⅲ $\frac{l}{6}\overline{M}_bM_c(1+\alpha)$	Ⅰ 若 $\alpha\leqslant\frac{1}{2}$： $\frac{l}{12}\overline{M}_cM_c\frac{3-4\alpha^2}{\beta}$ Ⅲ $\frac{l}{6}\overline{M}_cM_c\left[2-\frac{(\mu-\alpha)^2}{\mu\beta}\right]$ Ⅳ $\frac{l}{6}\overline{M}_cM_c\left[2-\frac{(\nu-\beta)^2}{\nu\alpha}\right]$

续表

$\overline{M}_i$ 图形 / M_k 图形	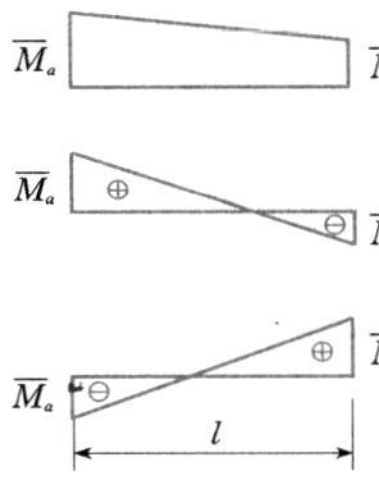	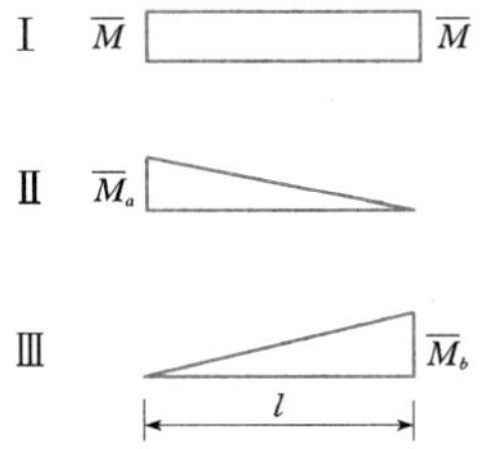	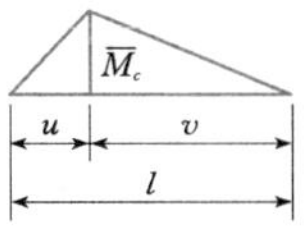 $\mu=\frac{u}{l}$ $\nu=\frac{v}{l}$ Ⅰ $u=v=\frac{l}{2}$ Ⅱ $u\neq v$ Ⅲ $\mu\geqslant\alpha$ Ⅳ $\mu\leqslant\alpha$
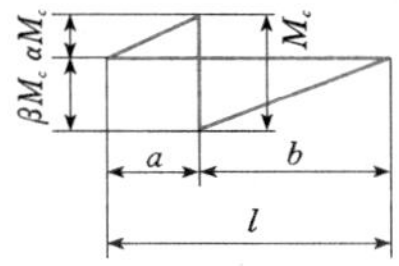 $\alpha=\frac{a}{l}$，$\beta=\frac{b}{l}$	$\frac{l}{6}M_c(\overline{M}_b\omega_{M\alpha}-\overline{M}_a\omega_{M\beta})$	Ⅰ $\frac{l}{2}\overline{M}M_c(\alpha-\beta)$ Ⅱ $-\frac{l}{6}\overline{M}_aM_c\omega_{M\beta}$ Ⅲ $\frac{l}{6}\overline{M}_bM_c\omega_{M\alpha}$	Ⅰ 若 $\alpha\leqslant\frac{1}{2}$： $-\frac{l}{4}\overline{M}_cM_c\times(1-4\alpha^2)$ Ⅲ $\frac{l}{6}\overline{M}_cM_c\left(\frac{3\alpha^2}{\mu}-\nu-1\right)$ Ⅳ $\frac{l}{6}\overline{M}_cM_c\left(1+\mu-\frac{3\beta^2}{\nu}\right)$
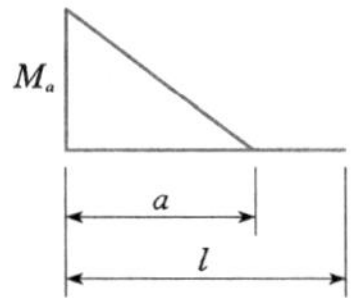 $\alpha=\frac{a}{l}$	$\frac{l}{2}M_a\left[\overline{M}_a-\frac{a}{3}(\overline{M}_a-\overline{M}_b)\right]\alpha$	Ⅰ $\frac{l}{2}\overline{M}M_a\alpha$ Ⅱ $\frac{l}{6}\overline{M}_aM_a(3-\alpha)\alpha$ Ⅲ $\frac{l}{6}\overline{M}_bM_a\alpha^2$	
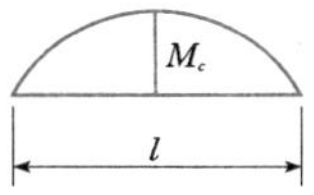	$\frac{l}{3}M_c(\overline{M}_a+\overline{M}_b)$	Ⅰ $\frac{2l}{3}\overline{M}M_c$ Ⅱ $\frac{l}{3}\overline{M}_aM_c$ Ⅲ $\frac{l}{3}\overline{M}_bM_c$	Ⅰ $\frac{5l}{12}\overline{M}_cM_c$ Ⅱ $\frac{l}{3}\overline{M}_cM_c(1+\omega_{R\mu})$
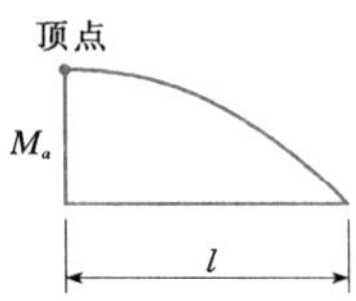	$\frac{l}{12}M_a(5\overline{M}_a+3\overline{M}_b)$	Ⅰ $\frac{2l}{3}\overline{M}M_a$ Ⅱ $\frac{5l}{12}\overline{M}_aM_a$ Ⅲ $\frac{l}{4}\overline{M}_bM_a$	Ⅰ $\frac{17l}{48}\overline{M}_cM_a$ Ⅱ $\frac{l}{12}\overline{M}_cM_a(3+3\nu-\nu^2)$
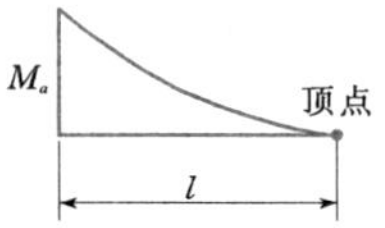	$\frac{l}{12}M_a(3\overline{M}_a+\overline{M}_b)$	Ⅰ $\frac{l}{3}\overline{M}M_a$ Ⅱ $\frac{l}{4}\overline{M}_aM_a$ Ⅲ $\frac{l}{12}\overline{M}_bM_a$	Ⅰ $\frac{7l}{48}\overline{M}_cM_a$ Ⅱ $\frac{l}{12}\overline{M}_cM_a(1+\nu+\nu^2)$

续表

$\overline{M}_i$ 图形 / M_k 图形	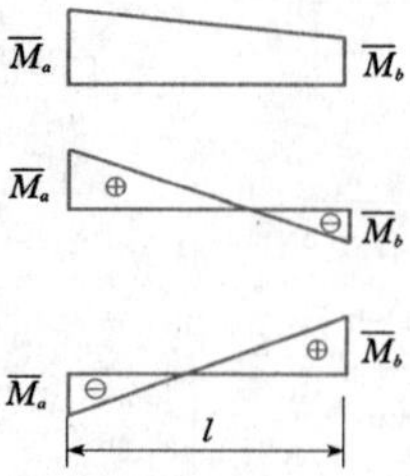	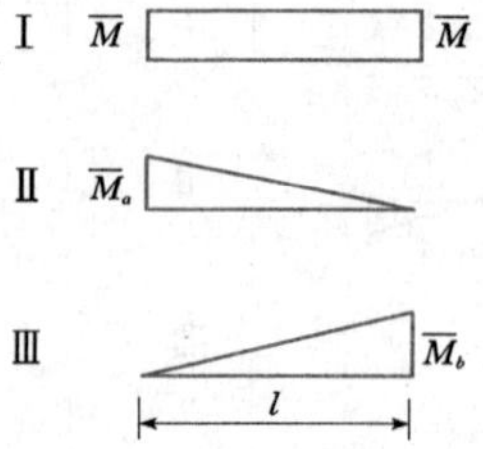	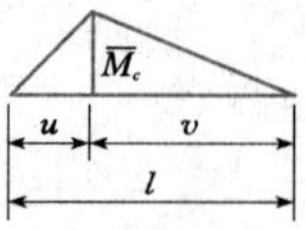 $\mu=\frac{u}{l}$ $\nu=\frac{v}{l}$ Ⅰ $u=v=\frac{l}{2}$ Ⅱ $u\neq v$ Ⅲ $\mu\geqslant\alpha$ Ⅳ $\mu\leqslant\alpha$
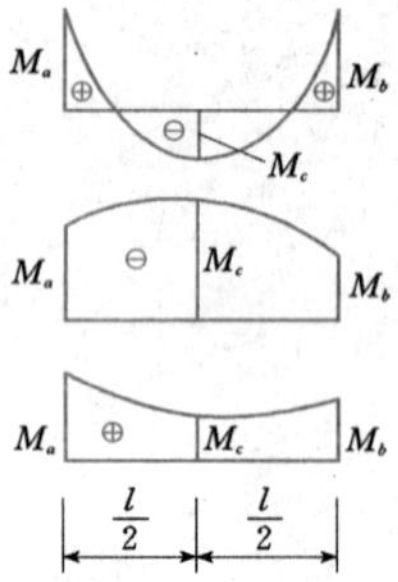	$\frac{l}{6}[\overline{M}_a(M_a+2M_c)+\overline{M}_b(M_b+2M_c)]$	Ⅰ $\frac{l}{6}\overline{M}(M_a+4M_c+M_b)$ Ⅱ $\frac{l}{6}\overline{M}_a(M_a+2M_c)$ Ⅲ $\frac{l}{6}\overline{M}_b(M_b+2M_c)$	Ⅰ $\frac{l}{24}\overline{M}_c(M_a+M_b+10M_c)$ Ⅱ $\frac{l}{6}\overline{M}_c[M_a\nu^2+M_b\mu^2+2M_c(1+\omega_{R\mu})]$
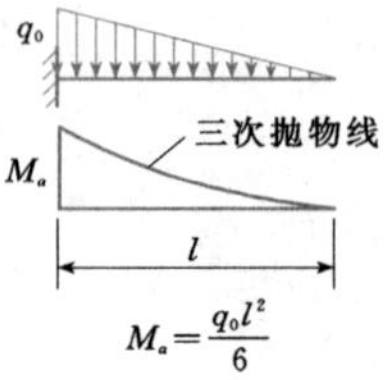	$\frac{l}{20}M_a(4\overline{M}_a+\overline{M}_b)$	Ⅰ $\frac{l}{4}\overline{M}M_a$ Ⅱ $\frac{l}{5}\overline{M}_aM_a$ Ⅲ $\frac{l}{20}\overline{M}_bM_a$	Ⅰ $\frac{3l}{32}\overline{M}_cM_a$ Ⅱ $\frac{l}{20}\overline{M}_cM_a(1+\nu)(1+\nu^2)$
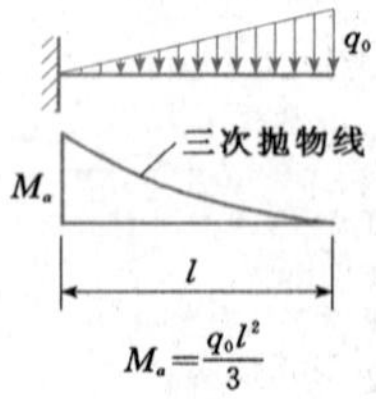	$\frac{l}{40}M_a(11\overline{M}_a+4\overline{M}_b)$	Ⅰ $\frac{3l}{8}\overline{M}M_a$ Ⅱ $\frac{11l}{40}\overline{M}_aM_a$ Ⅲ $\frac{l}{10}\overline{M}_bM_a$	Ⅰ $\frac{11l}{64}\overline{M}_cM_a$ Ⅱ $\frac{l}{10}\overline{M}_cM_a\left(1+\nu+\nu^2-\frac{\nu^3}{4}\right)$
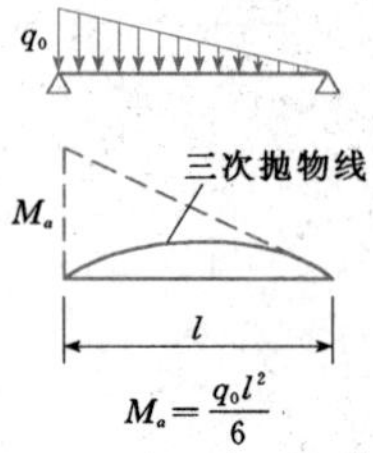	$\frac{l}{60}M_a(8\overline{M}_a+7\overline{M}_b)$	Ⅰ $\frac{l}{4}\overline{M}M_a$ Ⅱ $\frac{2l}{15}\overline{M}_aM_a$ Ⅲ $\frac{7l}{60}\overline{M}_bM_a$	Ⅰ $\frac{5l}{32}\overline{M}_cM_a$ Ⅱ $\frac{l}{20}\overline{M}_cM_a(1+\nu)\left(\frac{7}{3}-\nu^2\right)$

Image labels: (1) $\overline{M}_a$, $\overline{M}_b$, ⊕, ⊖, l; (2) Ⅰ $\overline{M}$ $\overline{M}$, Ⅱ $\overline{M}_a$, Ⅲ $\overline{M}_b$, l; (3) $\overline{M}_c$, u, v, l; (4) M_a, M_b, M_c, ⊕, ⊖, $\frac{l}{2}$, $\frac{l}{2}$; (5) q_0, 三次抛物线, M_a, l, $M_a=\frac{q_0l^2}{6}$; (6) q_0, 三次抛物线, M_a, l, $M_a=\frac{q_0l^2}{3}$; (7) q_0, 三次抛物线, M_a, l, $M_a=\frac{q_0l^2}{6}$

续表

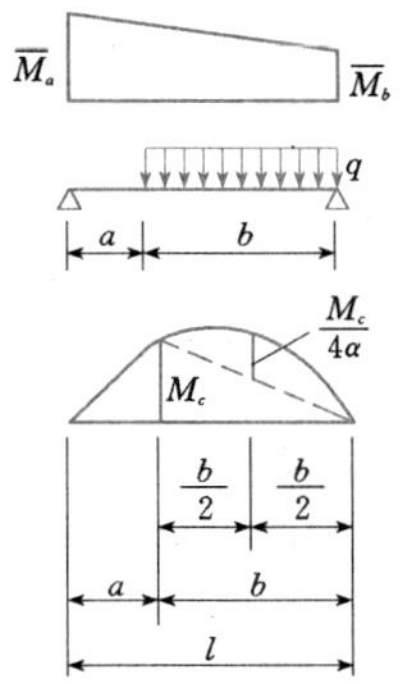

$$\alpha=\frac{a}{l}$$

$$\beta=\frac{b}{l}$$

$$M_c=\frac{\alpha\beta^2}{2}ql^2$$

$$\int \overline{M}_i M_k \mathrm{d}x=\frac{l}{12\alpha}[\overline{M}_a(2-\beta^2)+\overline{M}_b(2-\beta)^2]M_c$$

当$\overline{M}_b=0$时： $\frac{l}{12\alpha}\overline{M}_a M_c(2-\beta^2)$

当$\overline{M}_a=0$时： $\frac{l}{12\alpha}\overline{M}_b M_c(2-\beta)^2$

当$\overline{M}_a=\overline{M}_b=\overline{M}$时： $\frac{l}{6\alpha}\overline{M}M_c(1+2\alpha)$

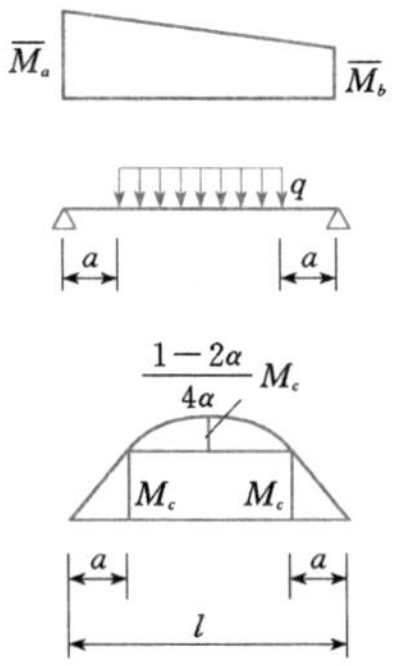

$$\alpha=\frac{a}{l}$$

$$M_c=\frac{\alpha(1-2\alpha)}{2}ql^2$$

$$\int \overline{M}_i M_k \mathrm{d}x=\frac{l}{12\alpha}M_c(\overline{M}_a+\overline{M}_b)(1+2\omega_{R\alpha})$$

当$\overline{M}_b=0$时： $\frac{l}{12\alpha}\overline{M}_a M_c(1+2\omega_{R\alpha})$

当$\overline{M}_a=0$时： $\frac{l}{12\alpha}\overline{M}_b M_c(1+2\omega_{R\alpha})$

当$\overline{M}_a=\overline{M}_b=\overline{M}$时： $\frac{l}{6\alpha}\overline{M}M_c(1+2\omega_{R\alpha})$

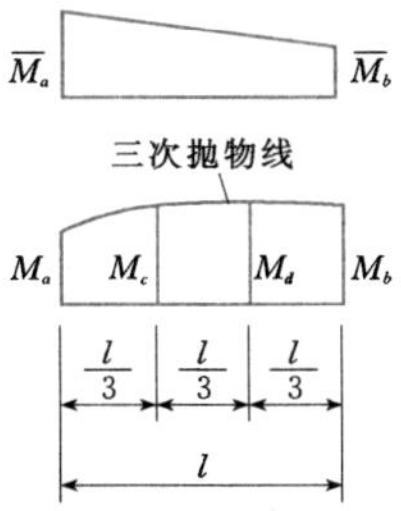

$$\int \overline{M}_i M_k \mathrm{d}x=\frac{l}{120}[\overline{M}_a(13M_a+36M_c+9M_d+2M_b)+\overline{M}_b(2M_a+9M_c+36M_d+13M_b)]$$

当$\overline{M}_b=0$时： $\frac{l}{120}\overline{M}_a(13M_a+36M_c+9M_d+2M_b)$

当$\overline{M}_a=0$时： $\frac{l}{120}\overline{M}_b(2M_a+9M_c+36M_d+13M_b)$

当$\overline{M}_a=\overline{M}_b=\overline{M}$时： $\frac{l}{8}\overline{M}(M_a+3M_c+3M_d+M_b)$

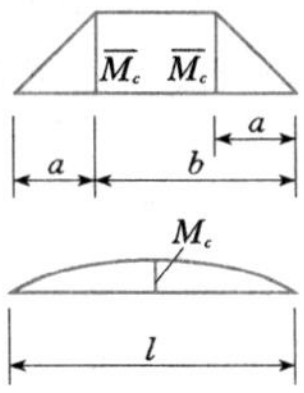

$$\alpha=\frac{a}{l}$$

$$\int \overline{M}_i M_k \mathrm{d}x=\frac{2}{3}l\overline{M}_c M_c(1-2\alpha^2+\alpha^3)$$

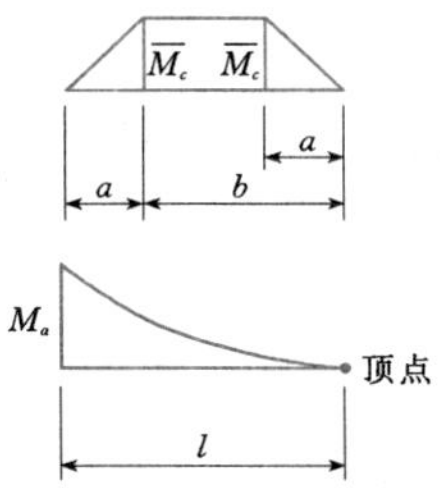

$$\beta=\frac{b}{l}$$

$$\int \overline{M}_i M_k \mathrm{d}x=\frac{l}{6}\overline{M}_c M_a(2-\omega_{R\beta})\beta$$

续表

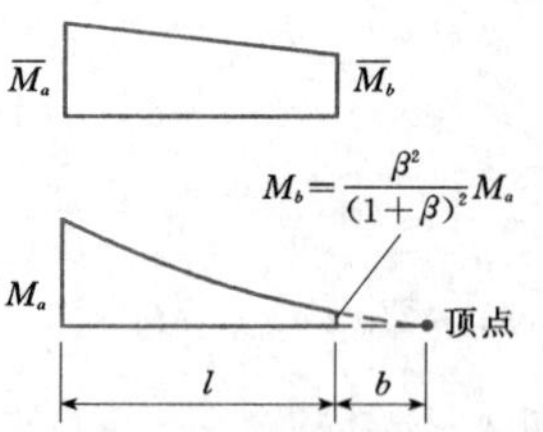	$\beta=\frac{b}{l}$ $\int\overline{M}_iM_k\mathrm{d}x=\frac{l}{12}\frac{M_a}{(1+\beta)^2}[\overline{M}_a(3+8\beta+6\beta^2)+\overline{M}_b(1+4\beta+6\beta^2)]$ 当 $\overline{M}_b=0$ 时： $\frac{l}{12}\overline{M}_aM_a\frac{3+8\beta+6\beta^2}{(1+\beta)^2}$ 当 $\overline{M}_a=0$ 时： $\frac{l}{12}\overline{M}_bM_a\frac{1+4\beta+6\beta^2}{(1+\beta)^2}$ 当 $\overline{M}_a=\overline{M}_b=\overline{M}$ 时： $\frac{l}{3}\overline{M}M_a\frac{1+3\beta+3\beta^2}{(1+\beta)^2}$

注 1. 表中公式中函数 ω 与参数 α 或 β 的关系如下：

$\omega_{R\alpha}=\omega_{R\beta}=\alpha\beta=\alpha-\alpha^2=\beta-\beta^2$

$\omega_{D\alpha}=\alpha-\alpha^3=\alpha(1-\alpha^2)=\beta(2-3\beta+\beta^2)=3\omega_{R\alpha}-\omega_{D\beta}=\omega_{R\alpha}(1+\alpha)=\omega_{R\alpha}(2-\beta)$

$\omega_{D\beta}=\beta-\beta^3=\beta(1-\beta^2)=\alpha(2-3\alpha+\alpha^2)=3\omega_{R\alpha}-\omega_{D\alpha}=\omega_{R\alpha}(1+\beta)=\omega_{R\alpha}(2-\alpha)$

$\omega_{d\alpha}=-\omega_{d\beta}=\omega_{D\alpha}-\omega_{D\beta}=-\alpha(1-3\alpha+2\alpha^2)=\beta(1-3\beta+2\beta^2)=2\omega_{D\alpha}-3\omega_{R\alpha}=3\omega_{R\alpha}-2\omega_{D\beta}$

$\omega_{M\alpha}=3\alpha^2-1=2-6\beta+3\beta^2=\omega_{M\beta}-3(2\beta-1)=1-6\omega_{R\alpha}-\omega_{M\beta}$

$\omega_{M\beta}=3\beta^2-1=2-6\alpha+3\alpha^2=\omega_{M\alpha}-3(2\alpha-1)=1-6\omega_{R\alpha}-\omega_{M\alpha}$

$\omega_{\varphi\alpha}=\alpha^2-\frac{1}{2}\alpha^4=\frac{1}{2}[1-\beta^2(2-\beta)^2]$

$\omega_{\varphi\beta}=\beta^2-\frac{1}{2}\beta^4=\frac{1}{2}[1-\alpha^2(2-\alpha)^2]$

$\omega_{P\alpha}=\alpha-\alpha^4=3\beta-6\beta^2+4\beta^3-\beta^4$

$\omega_{P\beta}=\beta-\beta^4=3\alpha-6\alpha^2+4\alpha^3-\alpha^4$

$\omega_{S\alpha}=\omega_{S\beta}=\alpha-2\alpha^3+\alpha^4=\beta-2\beta^3+\beta^4=\omega_{R\alpha}(1+\omega_{R\alpha})$

$\omega_{\tau\alpha}=\alpha\omega_{R\alpha}=\alpha^2\beta=\alpha^2-\alpha^3$

$\omega_{\tau\beta}=\beta\omega_{R\alpha}=\alpha\beta^2=\beta^2-\beta^3=\alpha-2\alpha^2+\alpha^3$

2. 表中曲线图形中凡未注明者均为二次抛物线。

2.3 杆件结构的内力分析

杆件结构按照不同的受力特点可分为梁、刚架、桁架、拱、悬索、组合结构等类型；根据结构是否存在多余约束又可分为静定结构和超静定结构。

静定结构的支座反力和内力均可由静力平衡条件唯一确定。其内力分析的要点是：根据结构的构造特征选取隔离体，建立平衡方程，解出支座反力和杆件内力。结构内力计算时的静力平衡方程为

对空间一般力系：

$$\left.\begin{aligned}\sum F_x&=0\\\sum F_y&=0\\\sum F_z&=0\\\sum M_x&=0\\\sum M_y&=0\\\sum M_z&=0\end{aligned}\right\}\qquad(2.3-1)$$

对平面一般力系：

$$\left.\begin{aligned}\sum F_x&=0\\\sum F_y&=0\\\sum M_A&=0\end{aligned}\right\}\text{ 或 }\left.\begin{aligned}\sum F_x&=0\\\sum M_A&=0\\\sum M_B&=0\end{aligned}\right\}\text{ 或 }\left.\begin{aligned}\sum M_A&=0\\\sum M_B&=0\\\sum M_C&=0\end{aligned}\right\}\qquad(2.3-2)$$

对空间汇交力系：

$$\left.\begin{aligned}\sum F_x&=0\\\sum F_y&=0\\\sum F_z&=0\end{aligned}\right\}\qquad(2.3-3)$$

对平面汇交力系：

$$\left.\begin{aligned}\sum F_x&=0\\\sum F_y&=0\end{aligned}\right\}\qquad(2.3-4)$$

作静定结构内力图时，一般采用控制截面法。

超静定结构内力分析必须同时考虑静力平衡条件和位移协调条件，其主要求解方法可分为两大类：力法和位移法。在这两种基本方法的基础上还演变出几种渐近法和近似法。此外，目前广泛使用的结构分析的计算机方法——结构矩阵分析也是以这两类方法为基础的。

2.3.1 悬索

2.3.1.1 荷载沿水平跨度均匀分布的悬索（抛物线）

（1）最小拉力 F_{T_0} 在悬索的最低点 o（见图 2.3-1），其公式为

$$F_{T_0}=F_H,\quad F_H=\frac{qb^2}{2f_2}=\frac{qa^2}{2f_1}\qquad(2.3-5)$$

式中 F_{T_0}——悬索最小拉力，方向为悬索的切线

方向；

F_H——悬索任一点拉力的水平分量；

f_1、f_2——悬索最低点至支撑点的铅直距离；

a、b——悬索最低点至支撑点的水平距离；

q——沿水平跨度均匀分布的竖向荷载。

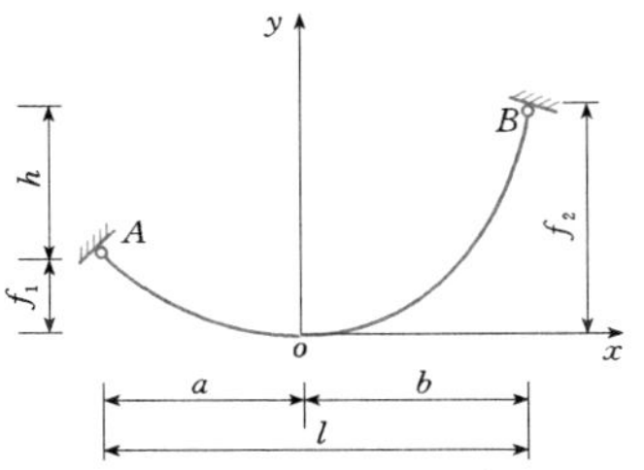

图 2.3-1 抛物线悬索

(2) 任意点的拉力：

$$F_T = \sqrt{F_H^2 + (qx)^2} \quad (2.3-6)$$

(3) A、B 两支承点的拉力分别为

$$\left.\begin{aligned} F_{T_A} &= \sqrt{F_H^2 + (qa)^2} \\ F_{T_B} &= \sqrt{F_H^2 + (qb)^2} \end{aligned}\right\} \quad (2.3-7)$$

(4) 悬索长度：

$$\left.\begin{aligned} &oA \text{ 长为 } L_1 \\ &\quad L_1 \approx a\left[1 + \frac{2}{3}\left(\frac{f_1}{a}\right)^2\right] \\ &oB \text{ 长为 } L_2 \\ &\quad L_2 \approx b\left[1 + \frac{2}{3}\left(\frac{f_2}{b}\right)^2\right] \\ &AB \text{ 总长为 } L \\ &\quad L = L_1 + L_2 \approx l + \frac{2}{3}\left(\frac{f_1^2}{a} + \frac{f_2^2}{b}\right) \\ &\text{当 } A、B \text{ 两点同高时} \\ &\quad L \approx l\left(1 + \frac{8}{3}\frac{f^2}{l^2}\right) \end{aligned}\right\} \quad (2.3-8)$$

2.3.1.2 荷载沿索长均匀分布的悬索（悬链线）

(1) 最小拉力 F_{T_0} 在悬索的最低点 o（见图 2.3-2），其公式为

$$F_{T_0} = qc \quad (2.3-9)$$

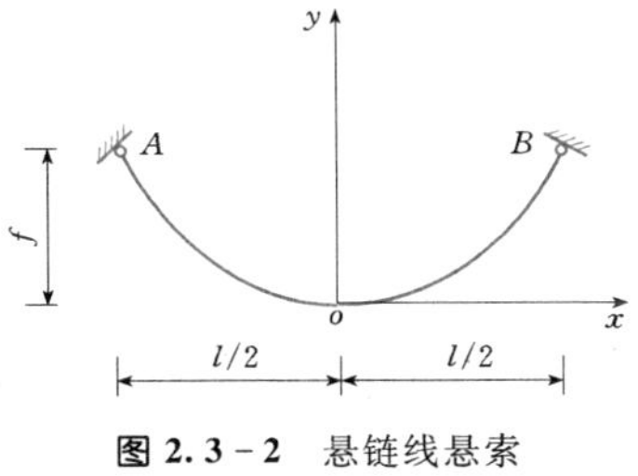

图 2.3-2 悬链线悬索

(2) 最大拉力 F_{T_A} 在两悬挂点 A、B，当两点同高时，最大拉力为

$$F_{T_A} = F_{T_B} = q(f + c) \quad (2.3-10)$$

(3) 任意点的拉力：

$$F_T = q(y + c) \quad (2.3-11)$$

其中 $$c = \frac{H}{q}$$

式中 c——超越函数中的一常数。

(4) 悬索长度：

$$L = 2c\,\mathrm{sh}\,\frac{l}{2c} \quad (2.3-12)$$

若令 $\frac{l}{2c} = z$，则

$$\frac{2f}{l} = \frac{\mathrm{ch}z - 1}{z} \quad (2.3-13)$$

通常是已知跨度 l 及垂度 f 或索长 L，故从上述各式中可求出 z 和 c 以及其他各量值。

按悬链线计算索长和拉力是较繁的。工程上通常将全索重量均匀分布至水平跨度上，然后按抛物线计算，计算所得拉力略微偏大。

2.3.2 静定桁架

静定桁架的分析一般采用节点法和截面法。节点法截取桁架的节点为隔离体，其上荷载和桁杆内力组成汇交力系，对空间桁架应用平衡方程式（2.3-3）求解，对平面桁架应用平衡方程式（2.3-4）求解。截面法截取桁架上包含若干节点的一部分为隔离体，其外力和内力组成平面或空间一般力系，对应的平衡方程分别为式（2.3-1）或式（2.3-2）。

计算各种静定桁架的表格如表 2.3-1～表 2.3-7 所示。

2.3.2.1 六节间折线形屋架

六节间折线形屋架见表 2.3-1。

2.3.2.2 梯形屋架

梯形屋架见表 2.3-2～表 2.3-4。

2.3.2.3 平行弦杆桁架

平行弦杆桁架见表 2.3-5、表 2.3-6。

2.3.2.4 下撑式桁架

下撑式桁架见表 2.3-7。

2.3.3 超静定结构

2.3.3.1 力法

力法的基本思想是将超静定结构转化为静定结构求解，因此，求解的关键是超静定结构的多余约束力。力法以解除多余约束后的静定结构为基本体系，以多余约束力为基本未知量，根据解除约束处的位移条件建立力法典型方程并求解。

表 2.3-1 **六节间折线形屋架**

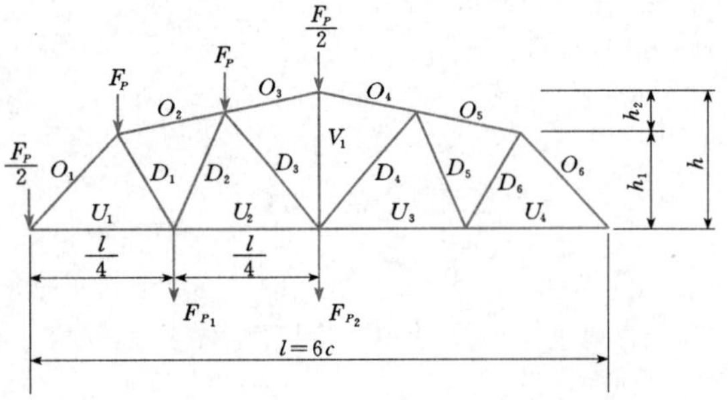

$$m=\frac{l}{h},\quad n=\frac{l}{h_2},\quad N=\sqrt{n^2+9}$$

$$K_1=\sqrt{m^2n^2+36(n-m)^2}$$

$$K_2=\sqrt{m^2n^2+144(n-m)^2}$$

$$K_3=\sqrt{m^2n^2+36(2n-m)^2}$$

$$K_4=\sqrt{m^2n^2+9(2n-m)^2}$$

杆件长度 =表中系数 $\times h$

杆件内力 =表中系数 $\times F_{P_i}$

杆件	长度系数	内力系数			
		上弦荷载		下弦荷载	
		全跨屋面	半跨屋面	F_{P_1}	F_{P_2}
O_1	$\frac{K_1}{6n}$	$-\frac{5K_1}{12(n-m)}$	$-\frac{7K_1}{24(n-m)}$	$-\frac{K_1}{8(n-m)}$	$-\frac{K_1}{12(n-m)}$
O_2	$\frac{mN}{6n}$	$-\frac{13mN}{6(4n-3m)}$	$-\frac{17mN}{12(4n-3m)}$	$-\frac{3mN}{4(4n-3m)}$	$-\frac{mN}{2(4n-3m)}$
O_3、O_4	$\frac{mN}{6n}$	$-\frac{3mN}{4n}$	$-\frac{3mN}{8n}$	$-\frac{mN}{8n}$	$-\frac{mN}{4n}$
O_5	$\frac{mN}{6n}$	$-\frac{13mN}{6(4n-3m)}$	$-\frac{3mN}{4(4n-3m)}$	$-\frac{mN}{4(4n-3m)}$	$-\frac{mN}{2(4n-3m)}$
O_6	$\frac{K_1}{6n}$	$-\frac{5K_1}{12(n-m)}$	$-\frac{K_1}{8(n-m)}$	$-\frac{K_1}{24(n-m)}$	$-\frac{K_1}{12(n-m)}$
U_1	$\frac{m}{4}$	$\frac{5mn}{12(n-m)}$	$\frac{7mn}{24(n-m)}$	$\frac{mn}{8(n-m)}$	$\frac{mn}{12(n-m)}$
U_2	$\frac{m}{4}$	$\frac{4mn}{3(2n-m)}$	$\frac{5mn}{6(2n-m)}$	$\frac{mn}{3(2n-m)}$	$\frac{mn}{3(2n-m)}$
U_3	$\frac{m}{4}$	$\frac{4mn}{3(2n-m)}$	$\frac{mn}{2(2n-m)}$	$\frac{mn}{6(2n-m)}$	$\frac{mn}{3(2n-m)}$
U_4	$\frac{m}{4}$	$\frac{5mn}{12(n-m)}$	$\frac{mn}{8(n-m)}$	$\frac{mn}{24(n-m)}$	$\frac{mn}{12(n-m)}$
D_1	$\frac{K_2}{12n}$	$\frac{(6n-11m)K_2}{12(n-m)(4n-3m)}$	$\frac{(6n-13m)K_2}{24(n-m)(4n-3m)}$	$\frac{(2n-3m)K_2}{8(n-m)(4n-3m)}$	$\frac{(2n-3m)K_2}{12(n-m)(4n-3m)}$
D_2	$\frac{K_3}{12n}$	$-\frac{(6n-11m)K_3}{6(2n-m)(4n-3m)}$	$-\frac{(6n-13m)K_3}{12(2n-m)(4n-3m)}$	$\frac{(2n+3m)K_3}{12(2n-m)(4n-3m)}$	$-\frac{(2n-3m)K_3}{6(2n-m)(4n-3m)}$
D_3	$\frac{K_4}{6n}$	$\frac{(2n-9m)K_4}{12n(2n-m)}$	$-\frac{(2n+9m)K_4}{24n(2n-m)}$	$-\frac{(2n+3m)K_4}{24n(2n-m)}$	$\frac{(2n-3m)K_4}{12n(2n-m)}$
D_4	$\frac{K_4}{6n}$	$\frac{(2n-9m)K_4}{12n(2n-m)}$	$\frac{(2n-3m)K_4}{8n(2n-m)}$	$\frac{(2n-3m)K_4}{24n(2n-m)}$	$\frac{(2n-3m)K_4}{12n(2n-m)}$
D_5	$\frac{K_3}{12n}$	$-\frac{(6n-11m)K_3}{6(2n-m)(4n-3m)}$	$-\frac{(2n-3m)K_3}{4(2n-m)(4n-3m)}$	$-\frac{(2n-3m)K_3}{12(2n-m)(4n-3m)}$	$-\frac{(2n-3m)K_3}{6(2n-m)(4n-3m)}$
D_6	$\frac{K_2}{12n}$	$\frac{(6n-11m)K_2}{12(n-m)(4n-3m)}$	$\frac{(2n-3m)K_2}{8(n-m)(4n-3m)}$	$\frac{(2n-3m)K_2}{24(n-m)(4n-3m)}$	$\frac{(2n-3m)K_2}{12(n-m)(4n-3m)}$
V_1	1	$\frac{9m}{2n}-1$	$\frac{9m}{4n}-\frac{1}{2}$	$\frac{3m}{4n}$	$\frac{3m}{2n}$

表 2.3-2　　　　　　　　**八节间端斜杆为上升式的梯形屋架**

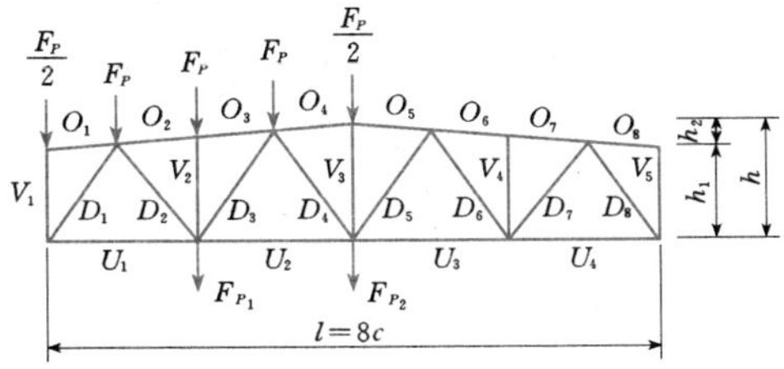

$m=\frac{l}{h}$，　$n=\frac{l}{h_2}$，　$N=\sqrt{n^2+4}$

$K_1=\sqrt{m^2n^2+(8n-6m)^2}$

$K_2=\sqrt{m^2n^2+(8n-2m)^2}$

杆件长度 = 表中系数 × h

杆件内力 = 表中系数 × F_{P_i}

杆件	长度系数	内力系数			
		上弦荷载		下弦荷载	
		全跨屋面	半跨屋面	F_{P_1}	F_{P_2}
O_1、O_8	$\frac{Nm}{8n}$	0	0	0	0
O_2、O_3	$\frac{Nm}{8n}$	$-\frac{3mN}{2(2n-m)}$	$-\frac{mN}{2n-m}$	$-\frac{3mN}{8(2n-m)}$	$-\frac{mN}{4(2n-m)}$
O_4、O_5	$\frac{Nm}{8n}$	$-\frac{mN}{n}$	$-\frac{mN}{2n}$	$-\frac{mN}{8n}$	$-\frac{mN}{4n}$
O_6、O_7	$\frac{Nm}{8n}$	$-\frac{3mN}{2(2n-m)}$	$-\frac{mN}{2(2n-m)}$	$-\frac{mN}{8(2n-m)}$	$-\frac{mN}{4(2n-m)}$
U_1	$\frac{m}{4}$	$\frac{7mn}{4(4n-3m)}$	$\frac{5mn}{4(4n-3m)}$	$\frac{3mn}{8(4n-3m)}$	$\frac{mn}{4(4n-3m)}$
U_2	$\frac{m}{4}$	$\frac{15mn}{4(4n-m)}$	$\frac{9mn}{4(4n-m)}$	$\frac{5mn}{8(4n-m)}$	$\frac{3mn}{4(4n-m)}$
U_3	$\frac{m}{4}$	$\frac{15mn}{4(4n-m)}$	$\frac{3mn}{2(4n-m)}$	$\frac{3mn}{8(4n-m)}$	$\frac{3mn}{4(4n-m)}$
U_4	$\frac{m}{4}$	$\frac{7mn}{4(4n-3m)}$	$\frac{mn}{2(4n-3m)}$	$\frac{mn}{8(4n-3m)}$	$\frac{mn}{4(4n-3m)}$
D_1	$\frac{K_1}{8n}$	$-\frac{7K_1}{4(4n-3m)}$	$-\frac{5K_1}{4(4n-3m)}$	$-\frac{3K_1}{8(4n-3m)}$	$-\frac{K_1}{4(4n-3m)}$
D_2	$\frac{K_1}{8n}$	$\frac{(10n-11m)K_1}{4(2n-m)(4n-3m)}$	$\frac{(6n-7m)K_1}{4(2n-m)(4n-3m)}$	$\frac{3(n-m)K_1}{4(2n-m)(4n-3m)}$	$\frac{(n-m)K_1}{2(2n-m)(4n-3m)}$
D_3	$\frac{K_2}{8n}$	$-\frac{3(2n-3m)K_2}{4(2n-m)(4n-m)}$	$-\frac{(2n-5m)K_2}{4(2n-m)(4n-m)}$	$\frac{(m+n)K_2}{4(2n-m)(4n-m)}$	$-\frac{(n-m)K_2}{2(2n-m)(4n-m)}$
D_4	$\frac{K_2}{8n}$	$\frac{(n-4m)K_2}{4n(4n-m)}$	$-\frac{(2m+n)K_2}{4n(4n-m)}$	$-\frac{(m+n)K_2}{8n(4n-m)}$	$\frac{(n-m)K_2}{4n(4n-m)}$
D_5	$\frac{K_2}{8n}$	$\frac{(n-4m)K_2}{4n(4n-m)}$	$\frac{(n-m)K_2}{2n(4n-m)}$	$\frac{(n-m)K_2}{8n(4n-m)}$	$\frac{(n-m)K_2}{4n(4n-m)}$
D_6	$\frac{K_2}{8n}$	$-\frac{3(2n-3m)K_2}{4(2n-m)(4n-m)}$	$-\frac{(n-m)K_2}{(2n-m)(4n-m)}$	$-\frac{(n-m)K_2}{4(2n-m)(4n-m)}$	$-\frac{(n-m)K_2}{2(2n-m)(4n-m)}$
D_7	$\frac{K_1}{8n}$	$\frac{(10n-11m)K_1}{4(2n-m)(4n-3m)}$	$\frac{(n-m)K_1}{(2n-m)(4n-3m)}$	$\frac{(n-m)K_1}{4(2n-m)(4n-3m)}$	$\frac{(n-m)K_1}{2(2n-m)(4n-3m)}$
D_8	$\frac{K_1}{8n}$	$-\frac{7K_1}{4(4n-3m)}$	$-\frac{K_1}{2(4n-3m)}$	$-\frac{K_1}{8(4n-3m)}$	$-\frac{K_1}{4(4n-3m)}$
V_1	$\frac{n-m}{n}$	$-\frac{1}{2}$	$-\frac{1}{2}$	0	0
V_2	$\frac{2n-m}{2n}$	-1	-1	0	0
V_3	1	$\frac{4m-n}{n}$	$\frac{4m-n}{2n}$	$\frac{m}{2n}$	$\frac{m}{n}$
V_4	$\frac{2n-m}{2n}$	-1	0	0	0
V_5	$\frac{n-m}{n}$	$-\frac{1}{2}$	0	0	0

表 2.3-3　　八节间端斜杆为下降式的梯形屋架

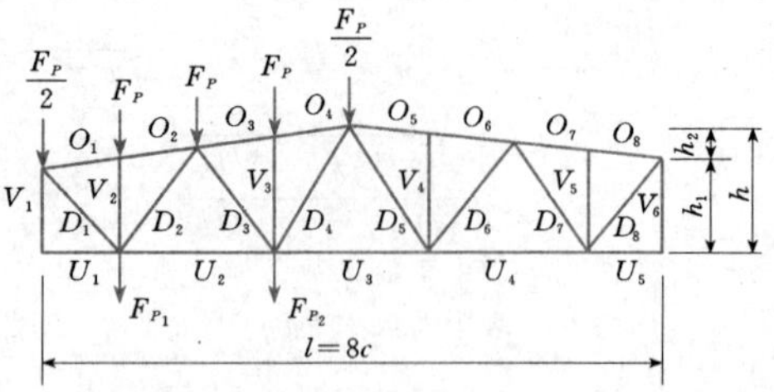

$m=\frac{l}{h}$，　$n=\frac{l}{h_2}$，　$N=\sqrt{n^2+4}$

$K_1=\sqrt{m^2n^2+64(n-m)^2}$

$K_2=\sqrt{m^2n^2+16(2n-m)^2}$，　$K_3=\sqrt{m^2+64}$

杆件长度＝表中系数×h

杆件内力＝表中系数×F_{P_i}

杆件	长度系数	内力系数			
		上弦荷载		下弦荷载	
		全跨屋面	半跨屋面	F_{P_1}	F_{P_2}
O_1、O_2	$\frac{Nm}{8n}$	$-\frac{7mN}{4(4n-3m)}$	$-\frac{5mN}{4(4n-3m)}$	$-\frac{7mN}{16(4n-3m)}$	$-\frac{5mN}{16(4n-3m)}$
O_3、O_4	$\frac{Nm}{8n}$	$-\frac{15mN}{4(4n-m)}$	$-\frac{9mN}{4(4n-m)}$	$-\frac{5mN}{16(4n-m)}$	$-\frac{15mN}{16(4n-m)}$
O_5、O_6	$\frac{Nm}{8n}$	$-\frac{15mN}{4(4n-m)}$	$-\frac{3mN}{2(4n-m)}$	$-\frac{3mN}{16(4n-m)}$	$-\frac{9mN}{16(4n-m)}$
O_7、O_8	$\frac{Nm}{8n}$	$-\frac{7mN}{4(4n-3m)}$	$-\frac{mN}{2(4n-3m)}$	$-\frac{mN}{16(4n-3m)}$	$-\frac{3mN}{16(4n-3m)}$
U_1、U_5	$\frac{m}{8}$	0	0	0	0
U_2	$\frac{m}{4}$	$\frac{3mn}{2(2n-m)}$	$\frac{mn}{2n-m}$	$\frac{3mn}{16(2n-m)}$	$\frac{5mn}{16(2n-m)}$
U_3	$\frac{m}{4}$	m	$\frac{m}{2}$	$\frac{m}{16}$	$\frac{3m}{16}$
U_4	$\frac{m}{4}$	$\frac{3mn}{2(2n-m)}$	$\frac{mn}{2(2n-m)}$	$\frac{mn}{16(2n-m)}$	$\frac{3mn}{16(2n-m)}$
D_1	$\frac{K_1}{8n}$	$\frac{7K_1}{4(4n-3m)}$	$\frac{5K_1}{4(4n-3m)}$	$\frac{7K_1}{16(4n-3m)}$	$\frac{5K_1}{16(4n-3m)}$
D_2	$\frac{K_2}{8n}$	$-\frac{(10n-11m)K_2}{4(4n-3m)(2n-m)}$	$-\frac{(6n-7m)K_2}{4(4n-3m)(2n-m)}$	$\frac{(n+m)K_2}{8(4n-3m)(2n-m)}$	$-\frac{5(n-m)K_2}{8(2n-m)(4n-3m)}$
D_3	$\frac{K_2}{8n}$	$\frac{3(2n-3m)K_2}{4(2n-m)(4n-m)}$	$\frac{(2n-5m)K_2}{4(2n-m)(4n-m)}$	$-\frac{(n+m)K_2}{8(4n-m)(2n-m)}$	$\frac{5(n-m)K_2}{8(4n-m)(2n-m)}$
D_4	$\frac{K_3}{8}$	$\frac{(4m-n)K_3}{4(4n-m)}$	$\frac{(n+2m)K_3}{4(4n-m)}$	$\frac{(n+m)K_3}{16(4n-m)}$	$\frac{3(n+m)K_3}{16(4n-m)}$
D_5	$\frac{K_3}{8}$	$\frac{(4m-n)K_3}{4(4n-m)}$	$-\frac{(n-m)K_3}{2(4n-m)}$	$-\frac{(n-m)K_3}{16(4n-m)}$	$-\frac{3(n-m)K_3}{16(4n-m)}$
D_6	$\frac{K_2}{8n}$	$\frac{3(2n-3m)K_2}{4(2n-m)(4n-m)}$	$\frac{(n-m)K_2}{(4n-m)(2n-m)}$	$-\frac{(n-m)K_2}{8(2n-m)(4n-m)}$	$\frac{3(n-m)K_2}{8(4n-m)(2n-m)}$
D_7	$\frac{K_2}{8n}$	$-\frac{(10n-11m)K_2}{4(4n-3m)(2n-m)}$	$-\frac{(n-m)K_2}{(4n-3m)(2n-m)}$	$-\frac{(n-m)K_2}{8(4n-3m)(2n-m)}$	$-\frac{3(n-m)K_2}{8(4n-3m)(2n-m)}$
D_8	$\frac{K_1}{8n}$	$\frac{7K_1}{4(4n-3m)}$	$\frac{K_1}{2(4n-3m)}$	$\frac{K_1}{16(4n-3m)}$	$\frac{3K_1}{16(4n-3m)}$
V_1	$\frac{n-m}{n}$	-4	-3	$-\frac{7}{8}$	$-\frac{5}{8}$
V_2	$\frac{4n-3m}{4n}$	-1	-1	0	0
V_3	$\frac{4n-m}{4n}$	-1	-1	0	0
V_4	$\frac{4n-m}{4n}$	-1	0	0	0
V_5	$\frac{4n-3m}{4n}$	-1	0	0	0
V_6	$\frac{n-m}{n}$	-4	-1	$-\frac{1}{8}$	$-\frac{3}{8}$

表 2.3-4 十节间端斜杆为上升式的梯形屋架

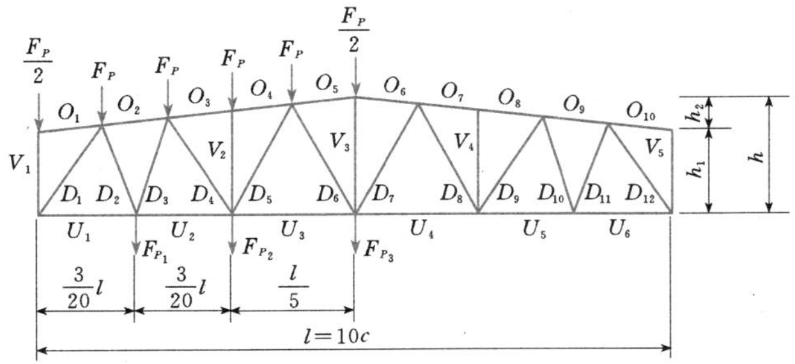

$m=\frac{l}{h}$， $n=\frac{l}{h_2}$， $N=\sqrt{n^2+4}$

$K_1=\sqrt{m^2n^2+(10n-8m)^2}$， $K_2=\sqrt{m^2n^2+(20n-16m)^2}$

$K_3=\sqrt{m^2n^2+(20n-12m)^2}$， $K_4=\sqrt{m^2n^2+(10n-6m)^2}$

$K_5=\sqrt{m^2n^2+(10n-2m)^2}$

杆件长度 = 表中系数 × h， 杆件内力 = 表中系数 × F_{P_i}

杆件	长度系数	内力系数				
		上弦荷载		下弦荷载		
		全跨屋面	半跨屋面	F_{P_1}	F_{P_2}	F_{P_3}
O_1、O_{10}	$\frac{Nm}{10n}$	0	0	0	0	0
O_2	$\frac{Nm}{10n}$	$-\frac{12.5mN}{2(10n-7m)}$	$-\frac{8.75mN}{2(10n-7m)}$	$-\frac{2.55mN}{2(10n-7m)}$	$-\frac{2.1mN}{2(10n-7m)}$	$-\frac{3mN}{4(10n-7m)}$
O_3、O_4	$\frac{Nm}{10n}$	$-\frac{10.5mN}{2(5n-2m)}$	$-\frac{6.75mN}{2(5n-2m)}$	$-\frac{2.1mN}{4(5n-2m)}$	$-\frac{2.1mN}{2(5n-2m)}$	$-\frac{3mN}{4(5n-2m)}$
O_5、O_6	$\frac{Nm}{10n}$	$-\frac{12.5mN}{10n}$	$-\frac{6.25mN}{10n}$	$-\frac{1.5mN}{20n}$	$-\frac{3mN}{20n}$	$-\frac{mN}{4n}$
O_7、O_8	$\frac{Nm}{10n}$	$-\frac{10.5mN}{2(5n-2m)}$	$-\frac{3.75mN}{2(5n-2m)}$	$-\frac{4.5mN}{20(5n-2m)}$	$-\frac{9mN}{20(5n-2m)}$	$-\frac{3mN}{4(5n-2m)}$
O_9	$\frac{Nm}{10n}$	$-\frac{12.5mN}{2(10n-7m)}$	$-\frac{3.75mN}{2(10n-7m)}$	$-\frac{4.5mN}{20(10n-7m)}$	$-\frac{9mN}{20(10n-7m)}$	$-\frac{3mN}{4(10n-7m)}$
U_1	$\frac{3m}{20}$	$\frac{4.5mn}{2(5n-4m)}$	$\frac{3.25mn}{2(5n-4m)}$	$\frac{8.5mn}{20(5n-4m)}$	$\frac{7mn}{20(5n-4m)}$	$\frac{mn}{4(5n-4m)}$
U_2	$\frac{3m}{20}$	$\frac{4mn}{5n-3m}$	$\frac{5.5mn}{2(5n-3m)}$	$\frac{3mn}{5(5n-3m)}$	$\frac{7mn}{10(5n-3m)}$	$\frac{mn}{2(5n-3m)}$
U_3	$\frac{m}{5}$	$\frac{6mn}{5n-m}$	$\frac{7mn}{2(5n-m)}$	$\frac{9mn}{20(5n-m)}$	$\frac{9mn}{10(5n-m)}$	$\frac{mn}{5n-m}$
U_4	$\frac{m}{5}$	$\frac{6mn}{5n-m}$	$\frac{5mn}{2(5n-m)}$	$\frac{3mn}{10(5n-m)}$	$\frac{3mn}{5(5n-m)}$	$\frac{mn}{5n-m}$
U_5	$\frac{3m}{20}$	$\frac{4mn}{5n-3m}$	$\frac{1.25mn}{5n-3m}$	$\frac{1.5mn}{10(5n-3m)}$	$\frac{3mn}{10(5n-3m)}$	$\frac{mn}{2(5n-3m)}$
U_6	$\frac{3m}{20}$	$\frac{4.5mn}{2(5n-4m)}$	$\frac{1.25mn}{2(5n-4m)}$	$\frac{1.5mn}{20(5n-4m)}$	$\frac{3mn}{20(5n-4m)}$	$\frac{mn}{4(5n-4m)}$

续表

杆件	长度系数	内力系数				
		上弦荷载		下弦荷载		
		全跨屋面	半跨屋面	F_{P_1}	F_{P_2}	F_{P_3}
D_1	$\frac{K_1}{10n}$	$-\frac{4.5K_1}{2(5n-4m)}$	$-\frac{3.25K_1}{2(5n-4m)}$	$-\frac{8.5K_1}{20(5n-4m)}$	$-\frac{7K_1}{20(5n-4m)}$	$-\frac{K_1}{4(5n-4m)}$
D_2	$\frac{K_2}{20n}$	$\frac{(17.5n-18.5m)K_2}{2(5n-4m)(10n-7m)}$	$\frac{(11.25n-12.25m)K_2}{2(5n-4m)(10n-7m)}$	$\frac{4.25(n-m)K_2}{2(5n-4m)(10n-7m)}$	$\frac{7(n-m)K_2}{4(5n-4m)(10n-7m)}$	$\frac{5(n-m)K_2}{4(5n-4m)(10n-7m)}$
D_3	$\frac{K_3}{20n}$	$-\frac{(17.5n-18.5m)K_3}{2(5n-3m)(10n-7m)}$	$-\frac{(11.25n-12.25m)K_3}{2(5n-3m)(10n-7m)}$	$\frac{1.5(n+m)K_3}{4(5n-3m)(10n-7m)}$	$-\frac{7(n-m)K_3}{4(5n-3m)(10n-7m)}$	$-\frac{5(n-m)K_3}{4(5n-3m)(10n-7m)}$
D_4	$\frac{K_4}{10n}$	$\frac{(12.5n-15.5m)K_4}{2(5n-3m)(5n-2m)}$	$\frac{(6.25n-9.25m)K_4}{2(5n-3m)(5n-2m)}$	$-\frac{1.5(n+m)K_4}{4(5n-3m)(5n-2m)}$	$\frac{7(n-m)K_4}{4(5n-3m)(5n-2m)}$	$\frac{5(n-m)K_4}{4(5n-3m)(5n-2m)}$
D_5	$\frac{K_5}{10n}$	$-\frac{(7.5n-13.5m)K_5}{2(5n-2m)(5n-m)}$	$\frac{(-1.25n+7.25m)K_5}{2(5n-2m)(5n-m)}$	$\frac{1.5(n+m)K_5}{4(5n-2m)(5n-m)}$	$\frac{3(n+m)K_5}{4(5n-2m)(5n-m)}$	$-\frac{5(n-m)K_5}{4(5n-2m)(5n-m)}$
D_6	$\frac{K_5}{10n}$	$\frac{(2.5n-12.5m)K_5}{10n(5n-m)}$	$-\frac{(3.75n+6.25m)K_5}{10n(5n-m)}$	$-\frac{1.5(n+m)K_5}{20n(5n-m)}$	$-\frac{3(n+m)K_5}{20n(5n-m)}$	$\frac{(n-m)K_5}{4n(5n-m)}$
D_7	$\frac{K_5}{10n}$	$\frac{(2.5n-12.5m)K_5}{10n(5n-m)}$	$\frac{1.25(n-m)K_5}{2n(5n-m)}$	$\frac{1.5(n-m)K_5}{20n(5n-m)}$	$\frac{3(n-m)K_5}{20n(5n-m)}$	$\frac{(n-m)K_5}{4n(5n-m)}$
D_8	$\frac{K_5}{10n}$	$-\frac{(7.5n-13.5m)K_5}{2(5n-2m)(5n-m)}$	$-\frac{6.25(n-m)K_5}{2(5n-2m)(5n-m)}$	$-\frac{7.5(n-m)K_5}{20(5n-2m)(5n-m)}$	$-\frac{3(n-m)K_5}{4(5n-2m)(5n-m)}$	$-\frac{5(n-m)K_5}{4(5n-2m)(5n-m)}$
D_9	$\frac{K_4}{10n}$	$\frac{(12.5n-15.5m)K_4}{2(5n-3m)(5n-2m)}$	$\frac{6.25(n-m)K_4}{2(5n-3m)(5n-2m)}$	$\frac{7.5(n-m)K_4}{20(5n-3m)(5n-2m)}$	$\frac{3(n-m)K_4}{4(5n-3m)(5n-2m)}$	$\frac{5(n-m)K_4}{4(5n-3m)(5n-2m)}$
D_{10}	$\frac{K_3}{20n}$	$-\frac{(17.5n-18.5m)K_3}{2(5n-3m)(10n-7m)}$	$-\frac{6.25(n-m)K_3}{2(5n-3m)(10n-7m)}$	$-\frac{7.5(n-m)K_3}{20(5n-3m)(10n-7m)}$	$-\frac{3(n-m)K_3}{4(5n-3m)(10n-7m)}$	$-\frac{5(n-m)K_3}{4(5n-3m)(10n-7m)}$
D_{11}	$\frac{K_2}{20n}$	$\frac{(17.5n-18.5m)K_2}{2(5n-4m)(10n-7m)}$	$\frac{6.25(n-m)K_2}{2(5n-4m)(10n-7m)}$	$\frac{7.5(n-m)K_2}{20(5n-4m)(10n-7m)}$	$\frac{3(n-m)K_2}{4(5n-4m)(10n-7m)}$	$\frac{5(n-m)K_2}{4(5n-4m)(10n-7m)}$
D_{12}	$\frac{K_1}{10n}$	$-\frac{4.5K_1}{2(5n-4m)}$	$-\frac{1.25K_1}{2(5n-4m)}$	$-\frac{1.5K_1}{20(5n-4m)}$	$-\frac{3K_1}{20(5n-4m)}$	$-\frac{K_1}{4(5n-4m)}$
V_1	$\frac{n-m}{n}$	$-\frac{1}{2}$	$-\frac{1}{2}$	0	0	0
V_2	$\frac{5n-2m}{5n}$	-1	-1	0	0	0
V_3	1	$\frac{5m-n}{n}$	$\frac{5m-n}{2n}$	$\frac{3m}{10n}$	$\frac{3m}{5n}$	$\frac{m}{n}$
V_4	$\frac{5n-2m}{5n}$	-1	0	0	0	0
V_5	$\frac{n-m}{n}$	$-\frac{1}{2}$	0	0	0	0

表 2.3-5 **上升式斜杆的平行弦杆桁架**

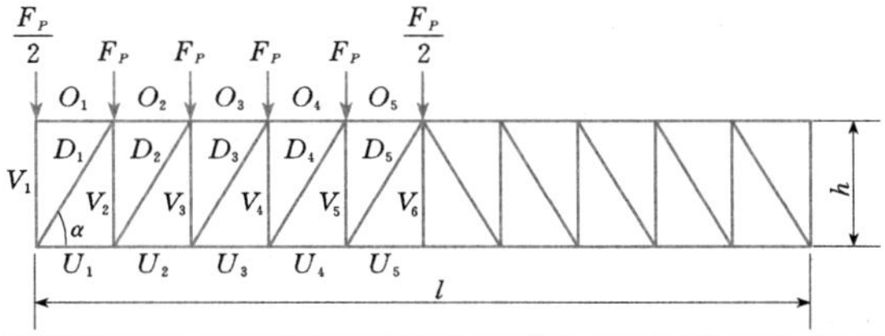

杆件	四节间			六节间			八节间			十节间			乘数
	左半跨 F_P	右半跨 F_P	满载	左半跨 F_P	右半跨 F_P	满载	左半跨 F_P	右半跨 F_P	满载	左半跨 F_P	右半跨 F_P	满载	
O_1	0	0	0	0	0	0	0	0	0	0	0	0	
O_2	−1.0	−0.5	−1.5	−1.75	−0.75	−2.5	−2.5	−1.0	−3.5	−3.25	−1.25	−4.5	
O_3	—	—	—	−2.50	−1.50	−4.0	−4.0	−2.0	−6.0	−5.50	−2.50	−8.0	$F_P\cot\alpha$
O_4	—	—	—	—	—	—	−4.5	−3.0	−7.5	−6.75	−3.75	−10.5	
O_5	—	—	—	—	—	—	—	—	—	−7.00	−5.00	−12.0	
U_1	1.0	0.5	1.5	1.75	0.75	2.5	2.5	1.0	3.5	3.25	1.25	4.5	
U_2	1.0	1.0	2.0	2.50	1.50	4.0	4.0	2.0	6.0	5.50	2.50	8.0	
U_3	—	—	—	2.25	2.25	4.5	4.5	3.0	7.5	6.75	3.75	10.5	$F_P\cot\alpha$
U_4	—	—	—	—	—	—	4.0	4.0	8.0	7.00	5.00	12.0	
U_5	—	—	—	—	—	—	—	—	—	6.25	6.25	12.5	
D_1	−1.0	−0.5	−1.5	−1.75	−0.75	−2.5	−2.5	−1.0	−3.5	−3.25	−1.25	−4.5	
D_2	0	−0.5	−0.5	−0.75	−0.75	−1.5	−1.5	−1.0	−2.5	−2.25	−1.25	−3.5	
D_3	—	—	—	0.25	−0.75	−0.5	−0.5	−1.0	−1.5	−1.25	−1.25	−2.5	$\frac{F_P}{\sin\alpha}$
D_4	—	—	—	—	—	—	0.5	−1.0	−0.5	−0.25	−1.25	−1.5	
D_5	—	—	—	—	—	—	—	—	—	0.75	−1.25	−0.5	
V_1	−0.5	0	−0.5	−0.50	0	−0.5	−0.5	0	−0.5	−0.50	0	−0.5	
V_2	0	0.5	0.5	0.75	0.75	1.5	1.5	1.0	2.5	2.25	1.25	3.5	
V_3	0	0	0	−0.25	0.75	0.5	0.5	1.0	1.5	1.25	1.25	2.5	F_P
V_4	—	—	—	0	0	0	−0.5	1.0	0.5	0.25	1.25	1.5	
V_5	—	—	—	—	—	—	0	0	0	−0.75	1.25	0.5	
V_6	—	—	—	—	—	—	—	—	—	0	0	0	

注 当荷载在下弦节点满载时，表中"满载"栏：V 杆的系数除 V_1 杆加 0.5 外，其余均应加 1.0，其他各杆的系数不变。

表 2.3-6 **下降式斜杆的平行弦杆桁架**

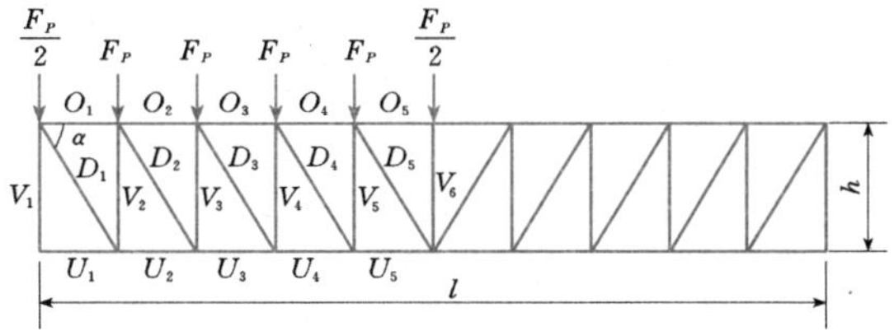

杆件	四节间			六节间			八节间			十节间			乘数
	左半跨 F_P	右半跨 F_P	满载	左半跨 F_P	右半跨 F_P	满载	左半跨 F_P	右半跨 F_P	满载	左半跨 F_P	右半跨 F_P	满载	
O_1	−1.0	−0.5	−1.5	−1.75	−0.75	−2.5	−2.5	−1.0	−3.5	−3.25	−1.25	−4.5	
O_2	−1.0	−1.0	−2.0	−2.50	−1.50	−4.0	−4.0	−2.0	−6.0	−5.50	−2.50	−8.0	
O_3	—	—	—	−2.25	−2.25	−4.5	−4.5	−3.0	−7.5	−6.75	−3.75	−10.5	$F_P\cot\alpha$
O_4	—	—	—	—	—	—	−4.0	−4.0	−8.0	−7.00	−5.00	−12.0	
O_5	—	—	—	—	—	—	—	—	—	−6.25	−6.25	−12.5	
U_1	0	0	0	0	0	0	0	0	0	0	0	0	
U_2	1.0	0.5	1.5	1.75	0.75	2.5	2.5	1.0	3.5	3.25	1.25	4.5	$F_P\cot\alpha$
U_3	—	—	—	2.50	1.50	4.0	4.0	2.0	6.0	5.50	2.50	8.0	

续表

杆件	四节间			六节间			八节间			十节间			乘数
	左半跨 F_P	右半跨 F_P	满载	左半跨 F_P	右半跨 F_P	满载	左半跨 F_P	右半跨 F_P	满载	左半跨 F_P	右半跨 F_P	满载	
U_4	—	—	—	—	—	—	4.5	3.0	7.5	6.75	3.75	10.5	$F_P\cot\alpha$
U_5	—	—	—	—	—	—	—	—	—	7.00	5.00	12.0	
D_1	1.0	0.5	1.5	1.75	0.75	2.5	2.5	1.0	3.5	3.25	1.25	4.5	$\dfrac{F_P}{\sin\alpha}$
D_2	0	0.5	0.5	0.75	0.75	1.5	1.5	1.0	2.5	2.25	1.25	3.5	
D_3	—	—	—	−0.25	0.75	0.5	0.5	1.0	1.5	1.25	1.25	2.5	
D_4	—	—	—	—	—	—	−0.5	1.0	0.5	0.25	1.25	1.5	
D_5	—	—	—	—	—	—	—	—	—	−0.75	1.25	0.5	
V_1	−1.5	−0.5	−2.0	−2.25	−0.75	−3.0	−3.0	−1.0	−4.0	−3.75	−1.25	−5.0	F_P
V_2	−1.0	−0.5	−1.5	−1.75	−0.75	−2.5	−2.5	−1.0	−3.5	−3.25	−1.25	−4.5	
V_3	−0.5	−0.5	−1.0	−0.75	−0.75	−1.5	−1.5	−1.0	−2.5	−2.25	−1.25	−3.5	
V_4	—	—	—	0.50	0.50	−1.0	−0.5	−1.0	−1.5	−1.25	−1.25	−2.5	
V_5	—	—	—	—	—	—	−0.5	−0.5	−1.0	−0.25	−1.25	−1.5	
V_6	—	—	—	—	—	—	—	—	—	−0.50	−0.50	−1.0	

注 当荷载在下弦节点为满载时，表中"满载"栏：V 杆的系数除 V_1 杆加 0.5 外，其余均应加 1.0，其他各杆的系数不变。

表 2.3-7 **下 撑 式 桁 架**

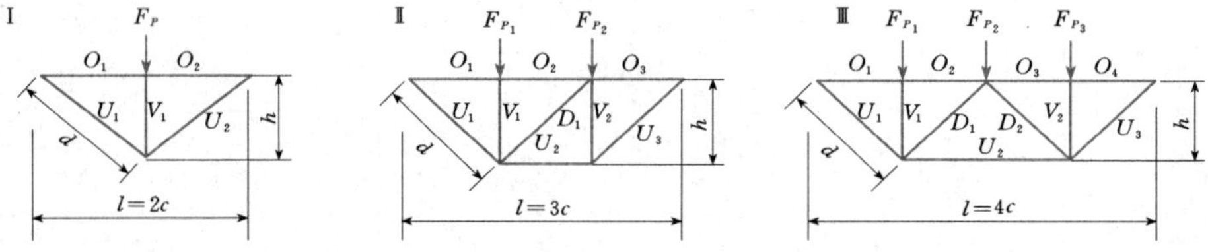

杆件内力=表中系数×F_{P_i}

杆件	桁架Ⅰ	桁架Ⅱ			桁架Ⅲ			
		F_{P_1}	F_{P_2}	满载 ($F_{P_1}=F_{P_2}$)	F_{P_1}	F_{P_2}	F_{P_3}	满载 ($F_{P_1}=F_{P_2}=F_{P_3}$)
O_1	$-\dfrac{c}{2h}$	$-\dfrac{2c}{3h}$	$-\dfrac{c}{3h}$	$-\dfrac{c}{h}$	$-\dfrac{3c}{4h}$	$-\dfrac{c}{2h}$	$-\dfrac{c}{4h}$	$-\dfrac{3c}{2h}$
O_2	$-\dfrac{c}{2h}$	$-\dfrac{2c}{3h}$	$-\dfrac{c}{3h}$	$-\dfrac{c}{h}$	$-\dfrac{3c}{4h}$	$-\dfrac{c}{2h}$	$-\dfrac{c}{4h}$	$-\dfrac{3c}{2h}$
O_3	—	$-\dfrac{c}{3h}$	$-\dfrac{2c}{3h}$	$-\dfrac{c}{h}$	$-\dfrac{c}{4h}$	$-\dfrac{c}{2h}$	$-\dfrac{3c}{4h}$	$-\dfrac{3c}{2h}$
O_4	—	—	—	—	$-\dfrac{c}{4h}$	$-\dfrac{c}{2h}$	$-\dfrac{3c}{4h}$	$-\dfrac{3c}{2h}$
U_1	$\dfrac{d}{2h}$	$\dfrac{2d}{3h}$	$\dfrac{d}{3h}$	$\dfrac{d}{h}$	$\dfrac{3d}{4h}$	$\dfrac{d}{2h}$	$\dfrac{d}{4h}$	$\dfrac{3d}{2h}$
U_2	$\dfrac{d}{2h}$	$\dfrac{c}{3h}$	$\dfrac{2c}{3h}$	$\dfrac{c}{h}$	$\dfrac{c}{2h}$	$\dfrac{c}{h}$	$\dfrac{c}{2h}$	$\dfrac{2c}{h}$
U_3	—	$\dfrac{d}{3h}$	$\dfrac{2d}{3h}$	$\dfrac{d}{h}$	$\dfrac{d}{4h}$	$\dfrac{d}{2h}$	$\dfrac{3d}{4h}$	$\dfrac{3d}{2h}$
D_1	—	$\dfrac{d}{3h}$	$-\dfrac{d}{3h}$	0	$\dfrac{d}{4h}$	$-\dfrac{d}{2h}$	$-\dfrac{d}{4h}$	$-\dfrac{d}{2h}$
D_2	—	—	—	—	$-\dfrac{d}{4h}$	$-\dfrac{d}{2h}$	$\dfrac{d}{4h}$	$-\dfrac{d}{2h}$
V_1	−1	−1	0	−1	−1	0	0	−1
V_2	—	$-\dfrac{1}{3}$	$-\dfrac{2}{3}$	−1	0	0	−1	−1

注 当荷载在下弦节点时，V_1 和 V_2 杆件内力如下（其余杆件内力不变）：

桁架Ⅰ，$F_{N_{V1}}=0$。

桁架Ⅱ，F_{P_1} 作用，$F_{N_{V1}}=0$，$F_{N_{V2}}=-\dfrac{1}{3}F_{P_1}$；$F_{P_2}$ 作用，$F_{N_{V1}}=0$，$F_{N_{V2}}=\dfrac{1}{3}F_{P_2}$；$F_{P_1}=F_{P_2}$ 作用，$F_{N_{V1}}=0$，$F_{N_{V2}}=0$。

桁架Ⅲ，$F_{N_{V1}}=0$，$F_{N_{V2}}=0$。

1. 计算步骤

（1）基本未知量的选取及基本系的建立。解除超静定结构的多余约束，代之以多余约束力，建立力法基本体系（简称为基本系）。多余约束力为力法基本未知量。

力法基本系必须是几何不变的。力法基本系不唯一，基本系和基本未知量的选取应使计算尽量简便。

如图 2.3-3（*a*）所示结构，可取图 2.3-3（*b*）～（*e*）所示静定基本系，基本未知量为 X_1、X_2 和 X_3。而图 2.3-3（*f*）所示体系为几何瞬变体系，不能作为力法基本系。

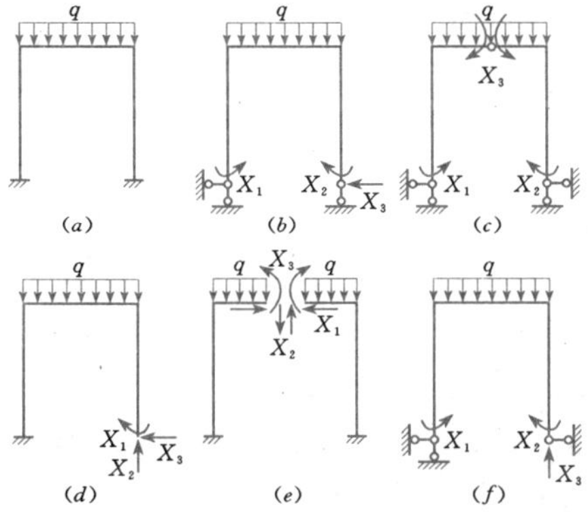

图 2.3-3　力法基本系

（2）典型方程的建立。基本系在多余约束力以及荷载等外部因素作用下，在解除约束处的位移应与原超静定结构相同，据此建立力法典型方程。

超静定结构在荷载作用下的典型方程为

$$\left.\begin{array}{ll}\Delta_1 = 0, & \delta_{11}X_1 + \delta_{12}X_2 + \cdots + \delta_{1n}X_n + \Delta_{1P} = 0 \\ \Delta_2 = 0, & \delta_{21}X_1 + \delta_{22}X_2 + \cdots + \delta_{2n}X_n + \Delta_{2P} = 0 \\ & \vdots \\ \Delta_n = 0, & \delta_{n1}X_1 + \delta_{n2}X_2 + \cdots + \delta_{nn}X_n + \Delta_{nP} = 0\end{array}\right\} \tag{2.3-14}$$

式中　δ_{ij}——柔度系数，表示单位多余约束力 $X_j=1$ 作用在基本系上引起的基本未知量 X_i 方向的位移，其中，δ_{ii} 称为主系数，δ_{ij} $(i\neq j)$ 称为副系数，根据位移互等定理有 $\delta_{ij}=\delta_{ji}$；

Δ_{iP}——自由项，表示荷载作用在基本系上引起的基本未知量 X_i 方向的位移。若结构受温度变化或支座移动等因素作用时，则自由项应为基本系在这些因素作用下 X_i 方向的位移，表示为 Δ_{it} 或 Δ_{ic} 等。

上述柔度系数和自由项均可由结构位移计算公式求得。

（3）典型方程的求解。力法典型方程是线性代数方程组，解之可得基本未知量 X_i。表 2.3-8 给出了用高斯消元法求解下列四元线性方程组的过程。

$$\delta_{11}X_1 + \delta_{12}X_2 + \delta_{13}X_3 + \delta_{14}X_4 + \Delta_{1P} = 0 \quad (1)$$
$$\delta_{21}X_1 + \delta_{22}X_2 + \delta_{23}X_3 + \delta_{24}X_4 + \Delta_{2P} = 0 \quad (2)$$
$$\delta_{31}X_1 + \delta_{32}X_2 + \delta_{33}X_3 + \delta_{34}X_4 + \Delta_{3P} = 0 \quad (3)$$
$$\delta_{41}X_1 + \delta_{42}X_2 + \delta_{43}X_3 + \delta_{44}X_4 + \Delta_{4P} = 0 \quad (4)$$

按表中次序计算，最后由式（Ⅳ）求得 $X_4 = -\dfrac{\Delta_{4P}'''}{\delta_{44}'''}$，代入式（Ⅲ）求得 X_3，把 X_3 和 X_4 代入式（Ⅱ）中求得 X_2，再把 X_2、X_3 和 X_4 代入式（Ⅰ）中解出 X_1。若未知值多于 4 个，同样可以按表 2.3-8 格式列表，求解各未知值。

（4）内力图的绘制。求出多余约束力后，可以根据平衡条件或叠加原理求出任意截面的内力：

$$\left\{\begin{array}{l}M = \overline{M}_1X_1 + \overline{M}_2X_2 + \cdots + \overline{M}_nX_n + M_P \\ F_Q = \overline{F}_{Q_1}X_1 + \overline{F}_{Q_2}X_2 + \cdots + \overline{F}_{Q_n}X_n + F_{Q_P} \\ F_N = \overline{F}_{N_1}X_1 + \overline{F}_{N_2}X_2 + \cdots + \overline{F}_{N_n}X_n + F_{N_P}\end{array}\right. \tag{2.3-15}$$

式中　$\overline{M}_i$、$\overline{F}_{Q_i}$、$\overline{F}_{N_i}$——基本系上由于单位多余约束力 X_i 作用引起的弯矩、剪力、轴力；

M_P、F_{Q_P}、F_{N_P}——基本系由于荷载作用引起的弯矩、剪力、轴力。

在桁架计算中只有轴力项。梁与刚架计算作最后内力图时，一般采用控制截面法，先求出杆端内力，然后用叠加法作弯矩图，最后根据杆件或节点的平衡条件以及内力变化规律作剪力图和轴力图。

（5）内力图的校核。该校核包括平衡校核及位移校核：

平衡校核，根据所求出的内力图，要求结构中任一部分都必须满足平衡条件。

位移校核，任意选取基本系和基本未知量 X_i，根据内力图计算出 X_i 方向的位移 Δ_i，要求 Δ_i 与原结构中的相应位移一致。对刚架的任一封闭、无铰部分，计算位移时只考虑弯矩项，则 $\dfrac{M}{EI}$ 图形的总面积应等于零。

2. 计算的简化

可利用结构的对称性和荷载的对称性，使力法典型方程中尽可能多的副系数为零，从而简化计算。利用对称性简化计算的要点如下（见图 2.3-4）：

（1）选用对称的基本系，选用正对称或反对称多余约束力作为基本未知值。

（2）在正对称荷载作用下，只考虑正对称未知力（反对称未知力为零）。

表 2.3-8　　**高斯消元法解典型方程式**

方程式简号	因子 α	X_1	X_2	X_3	X_4	Δ_{iP}	校　核
(1)		δ_{11}	δ_{12}	δ_{13}	δ_{14}	Δ_{1P}	$\sum_1=\delta_{11}+\delta_{12}+\delta_{13}+\delta_{14}$
(2)		δ_{21}	δ_{22}	δ_{23}	δ_{24}	Δ_{2P}	$\sum_2=\delta_{21}+\delta_{22}+\delta_{23}+\delta_{24}$
(Ⅰ)α_{12}	$\alpha_{12}=-\dfrac{\delta_{12}}{\delta_{11}}$	$\delta_{11}\alpha_{12}$	$\delta_{12}\alpha_{12}$	$\delta_{13}\alpha_{12}$	$\delta_{14}\alpha_{12}$	$\Delta_{1P}\alpha_{12}$	$\alpha_{12}\sum_1$
(Ⅱ)	(Ⅰ)α_{12}+(2)	0	δ'_{22}	δ'_{23}	δ'_{24}	Δ'_{2P}	$\sum'_2=\delta'_{22}+\delta'_{23}+\delta'_{24}$
(3)		δ_{31}	δ_{32}	δ_{33}	δ_{34}	Δ_{3P}	$\sum_3=\delta_{31}+\delta_{32}+\delta_{33}+\delta_{34}$
(Ⅰ)α_{13}	$\alpha_{13}=-\dfrac{\delta_{13}}{\delta_{11}}$	$\delta_{11}\alpha_{13}$	$\delta_{12}\alpha_{13}$	$\delta_{13}\alpha_{13}$	$\delta_{14}\alpha_{13}$	$\Delta_{1P}\alpha_{13}$	$\alpha_{13}\sum_1$
(Ⅱ)α_{23}	$\alpha_{23}=-\dfrac{\delta'_{23}}{\delta'_{22}}$	—	$\delta'_{22}\alpha_{23}$	$\delta'_{23}\alpha_{23}$	$\delta'_{24}\alpha_{23}$	$\Delta'_{2P}\alpha_{23}$	$\alpha_{23}\sum'_2$
(Ⅲ)	(3)+(Ⅰ)α_{13} +(Ⅱ)α_{23}	0	0	δ''_{33}	δ''_{34}	Δ''_{3P}	$\sum''_3=\delta''_{33}+\delta''_{34}$
(4)		δ_{41}	δ_{42}	δ_{43}	δ_{44}	Δ_{4P}	$\sum_4=\delta_{41}+\delta_{42}+\delta_{43}+\delta_{44}$
(Ⅰ)α_{14}	$\alpha_{14}=-\dfrac{\delta_{14}}{\delta_{11}}$	$\delta_{11}\alpha_{14}$	$\delta_{12}\alpha_{14}$	$\delta_{13}\alpha_{14}$	$\delta_{14}\alpha_{14}$	$\Delta_{1P}\alpha_{14}$	$\alpha_{14}\sum_1$
(Ⅱ)α_{24}	$\alpha_{24}=-\dfrac{\delta'_{24}}{\delta'_{22}}$	—	$\delta'_{22}\alpha_{24}$	$\delta'_{23}\alpha_{24}$	$\delta'_{24}\alpha_{24}$	$\Delta'_{2P}\alpha_{24}$	$\alpha_{24}\sum'_2$
(Ⅲ)α_{34}	$\alpha_{34}=-\dfrac{\delta''_{34}}{\delta''_{33}}$	—	—	$\delta''_{33}\alpha_{34}$	$\delta''_{34}\alpha_{34}$	$\Delta''_{3P}\alpha_{34}$	$\alpha_{34}\sum''_3$
(Ⅳ)	(4)+(Ⅰ)α_{14} +(Ⅱ)α_{24} +(Ⅲ)α_{34}	0	0	0	δ'''_{44}	Δ'''_{4P}	$\sum'''_4=\delta'''_{44}$

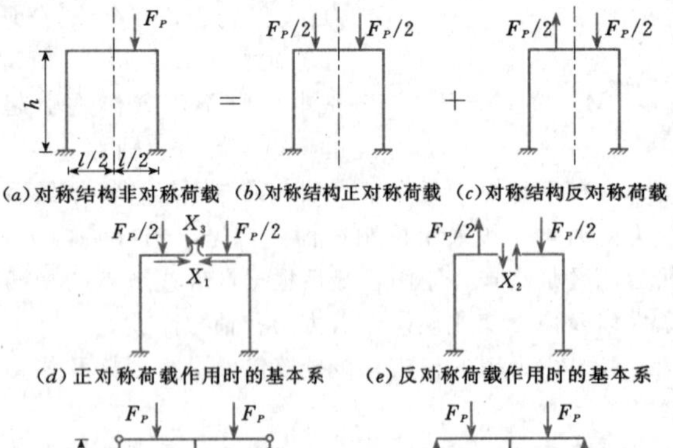

图 2.3-4　利用对称性简化计算

(3) 在反对称荷载作用下，只考虑反对称未知力（正对称未知力为零）。

(4) 非对称荷载可分解为正对称荷载和反对称荷载。

2.3.3.2　位移法

位移法以杆端内力和杆端位移及荷载关系式为计算基础，考虑位移协调条件，建立杆端位移和独立节点位移的关系，由平衡条件建立求解独立节点位移的位移法方程，解出独立节点位移后，便可根据杆端内力和杆端位移及荷载关系式计算出杆件内力。

1. 杆端内力与杆端位移及荷载关系式、形常数、载常数

(1) 两端固定梁（见图 2.3-5）：

$$\begin{cases} M_{AB}=4i\varphi_A+2i\varphi_B-\dfrac{6i}{l}\Delta_{AB}+M_{AB}^F \\ M_{BA}=2i\varphi_A+4i\varphi_B-\dfrac{6i}{l}\Delta_{AB}+M_{BA}^F \end{cases} \tag{2.3-16a}$$

式中　M_{AB}、M_{BA}——AB 杆两端的杆端弯矩；

i——AB 杆的线刚度，$i=\dfrac{EI}{l}$；

φ_A、φ_B——AB 杆两端的杆端角位移；

Δ_{AB}——AB 杆两端垂直于杆轴线方向的相对线位移；

M_{AB}^F、M_{BA}^F——AB 杆在荷载或其他外来因素作用下两端的杆端弯矩，称为固端弯矩。

杆端剪力与杆端位移的关系可由式（2.3-16a）

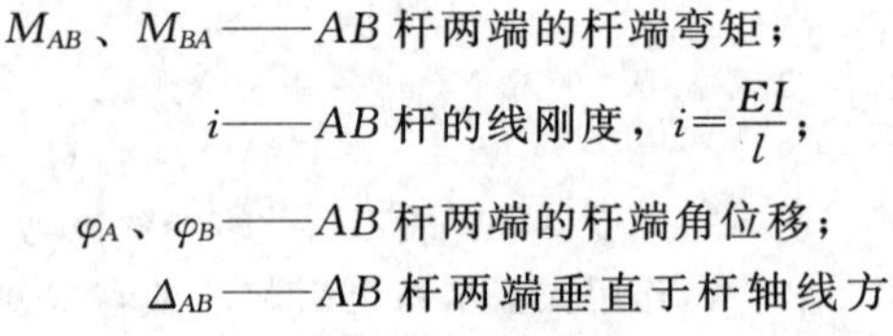

图 2.3-5　两端固定梁杆端弯矩和杆端位移

推出。

正负号规定：杆端弯矩、杆端角位移以顺时针为正，杆端剪力、杆件两端垂直于杆轴线方向的相对线位移以绕远端顺时针为正。

（2）一端固定、一端铰支梁（见图 2.3-6）：

$$M_{AB}=3i\varphi_A-\frac{3i}{l}\Delta_{AB}+M_{AB}^F \qquad (2.3-16b)$$

式中各符号意义及正负号规定同（1）。

（3）一端固定、一端滑移支座梁（见图 2.3-7）：

$$\begin{cases}M_{AB}=i\varphi_A+M_{AB}^F\\ M_{BA}=-i\varphi_A+M_{BA}^F\end{cases} \qquad (2.3-16c)$$

式中各符号意义及正负号规定同（1）。

（4）形常数、载常数。形常数是指杆件两端只发生某一单位杆端位移而引起的杆端内力；载常数是指只有荷载或其他外部因素（没有杆端位移）作用时的杆端内力。

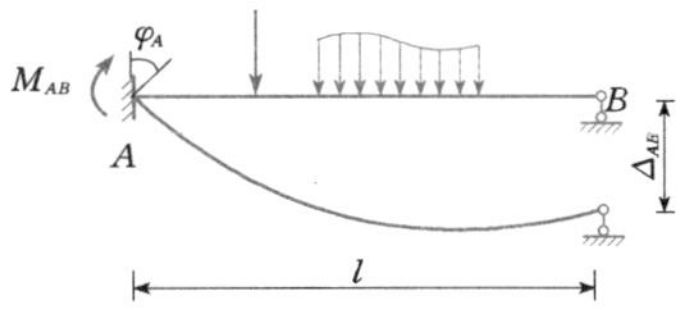

图 2.3-6　一端固定、一端铰支梁杆端弯矩和杆端位移

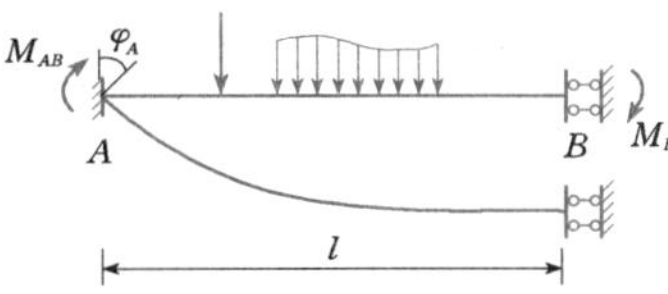

图 2.3-7　一端固定、一端滑移支座梁杆端弯矩和杆端位移

常见情况的形常数、载常数见表 2.3-9。

表 2.3-9　　**单跨超静定梁的形常数与载常数**

图号	简　图	弯矩图（绘在受拉边）	杆端弯矩 M_{AB}	杆端弯矩 M_{BA}	杆端剪力 $F_{Q_{AB}}$	杆端剪力 $F_{Q_{BA}}$
1	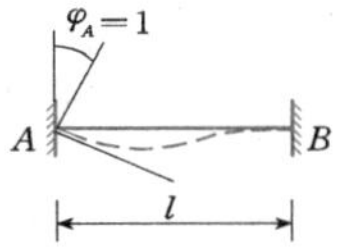	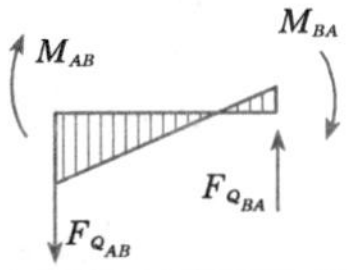	$4i_{AB}=S_{AB}$	$2i_{AB}$	$-\frac{6i_{AB}}{l}$	$-\frac{6i_{AB}}{l}$
2	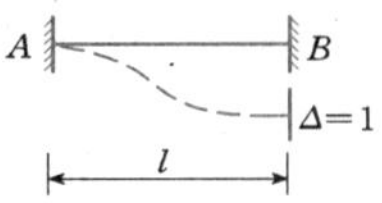	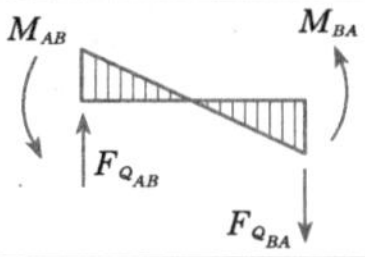	$-\frac{6i_{AB}}{l}$	$-\frac{6i_{AB}}{l}$	$\frac{12i_{AB}}{l^2}$	$\frac{12i_{AB}}{l^2}$
3	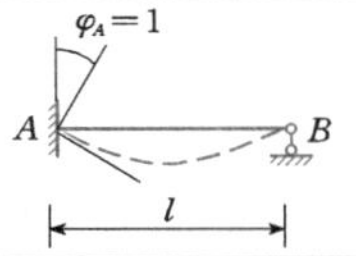	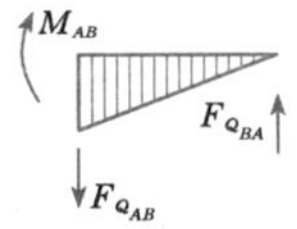	$3i_{AB}=S_{AB}$	0	$-\frac{3i_{AB}}{l}$	$-\frac{3i_{AB}}{l}$
4	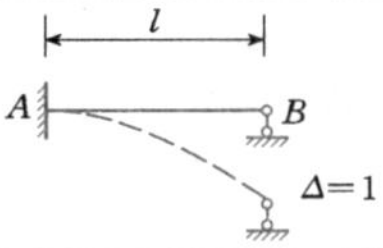	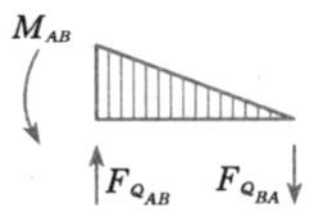	$-\frac{3i_{AB}}{l}$	0	$\frac{3i_{AB}}{l^2}$	$\frac{3i_{AB}}{l^2}$
5	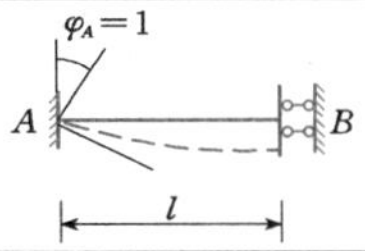	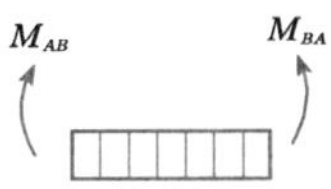	$i_{AB}=S_{AB}$	$-i_{AB}$	0	0
6	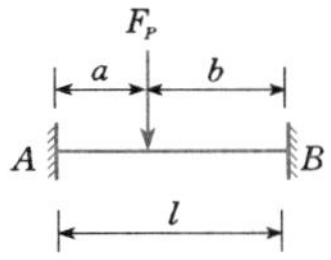	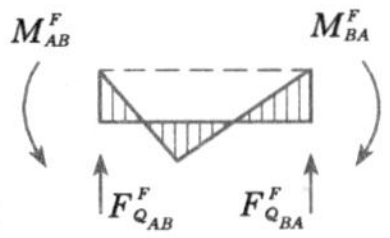	$-\frac{F_Pab^2}{l^2}$ $-\frac{F_Pl}{8}\quad(a=b)$	$\frac{F_Pa^2b}{l^2}$ $\frac{F_Pl}{8}\quad(a=b)$	$\frac{F_Pb^2}{l^2}\left(1+\frac{2a}{l}\right)$ $\frac{F_P}{2}\quad(a=b)$	$-\frac{F_Pa^2}{l^2}\left(1+\frac{2b}{l}\right)$ $-\frac{F_P}{2}\quad(a=b)$
7	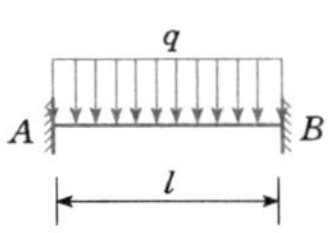	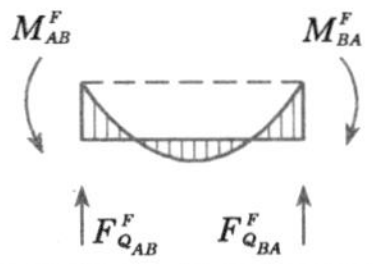	$-\frac{ql^2}{12}$	$\frac{ql^2}{12}$	$\frac{ql}{2}$	$-\frac{ql}{2}$

续表

图号	简 图	弯矩图（绘在受拉边）	杆端弯矩		杆端剪力	
			M_{AB}	M_{BA}	$F_{Q_{AB}}$	$F_{Q_{BA}}$
8	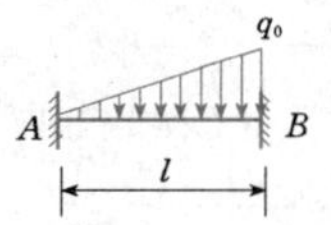	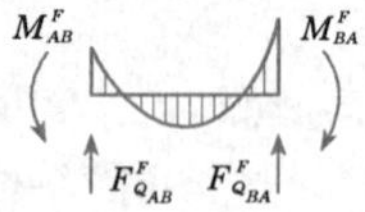	$-\frac{q_0l^2}{30}$	$\frac{q_0l^2}{20}$	$\frac{3q_0l}{20}$	$-\frac{7q_0l}{20}$
9	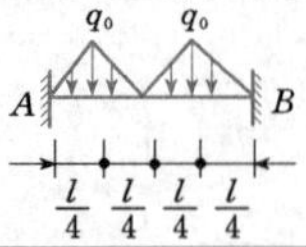	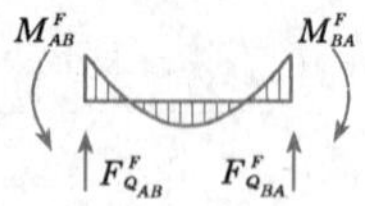	$-\frac{17q_0l^2}{384}$	$\frac{17q_0l^2}{384}$	$\frac{q_0l}{4}$	$-\frac{q_0l}{4}$
10	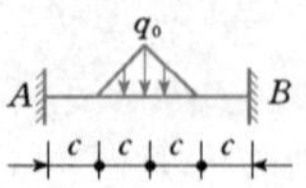	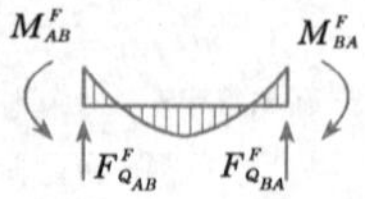	$-\frac{q_0cl}{24}\times\left(3-2\frac{c^2}{l^2}\right)$	$\frac{q_0cl}{24}\times\left(3-2\frac{c^2}{l^2}\right)$	$\frac{q_0c}{2}$	$-\frac{q_0c}{2}$
11	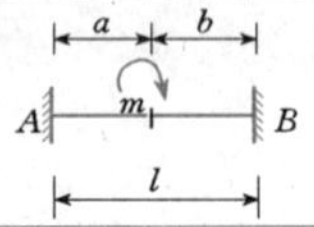	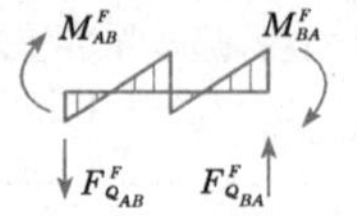	$\frac{mb}{l^2}(2l-3b)$	$\frac{ma}{l^2}(2l-3a)$	$-\frac{6ab}{l^3}m$	$-\frac{6ab}{l^3}m$
12	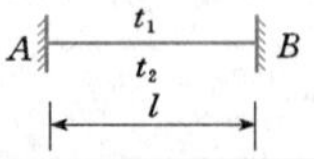	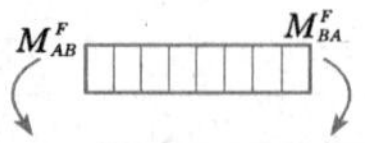	$-\frac{at'EI}{h}$	$\frac{at'EI}{h}$	0	0
13	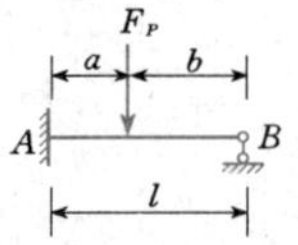	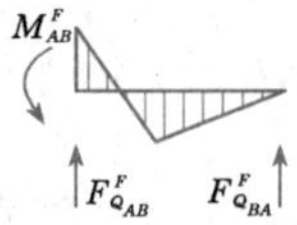	$-\frac{F_Pb(l^2-b^2)}{2l^2}$ $-\frac{3F_Pl}{16}$ $(a=b)$	0	$\frac{F_Pb(3l^2-b^2)}{2l^3}$ $\frac{11}{16}F_P$ $(a=b)$	$-\frac{F_Pa^2(3l-a)}{2l^3}$ $-\frac{5}{16}F_P$ $(a=b)$
14	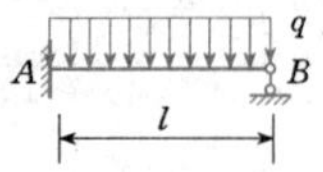	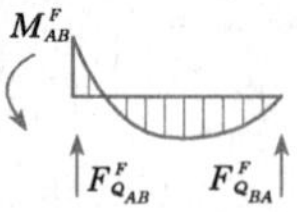	$-\frac{ql^2}{8}$	0	$\frac{5}{8}ql$	$-\frac{3}{8}ql$
15	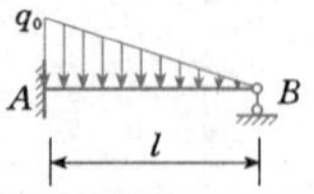	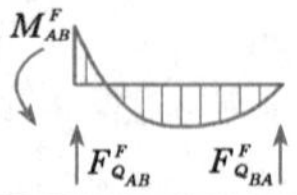	$-\frac{q_0l}{15}$	0	$\frac{2q_0l}{5}$	$-\frac{q_0l}{10}$
16	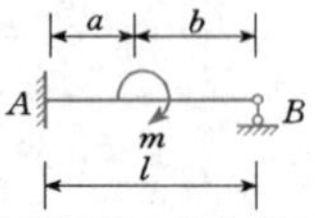	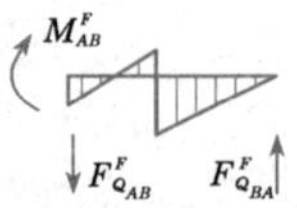	$\frac{m(l^2-3b^2)}{2l^2}$	0	$\frac{-3m(l^2-b^2)}{2l^3}$	$\frac{-3m(l^2-b^2)}{2l^3}$
17	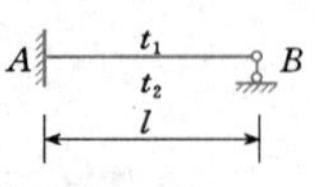	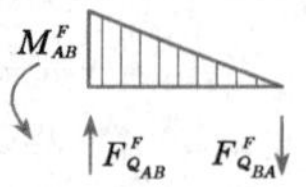	$-\frac{3at'EI}{2h}$	0	$\frac{3at'EI}{2hl}$	$\frac{3at'EI}{2hl}$
18	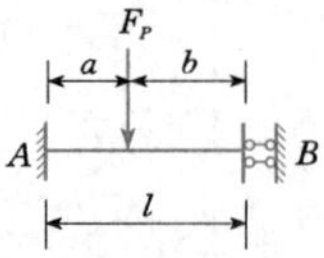	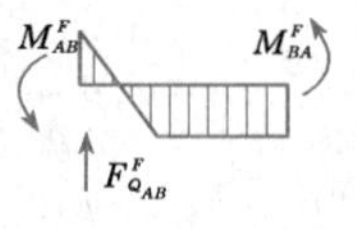	$-\frac{F_Pa(l+b)}{2l}$	$-\frac{F_Pa^2}{2l}$	F_P	0
19	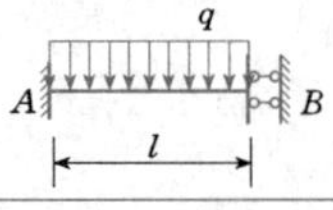	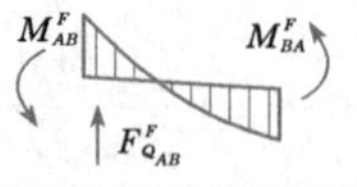	$-\frac{ql^2}{3}$	$-\frac{ql^2}{6}$	ql	0
20	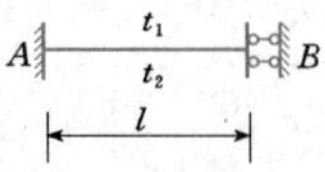	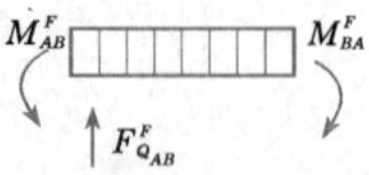	$-\frac{at'EI}{h}$	$\frac{at'EI}{h}$	0	0

2. 计算步骤

（1）基本未知量的选取及基本系的建立。以独立的节点位移作为位移法基本未知量，包括刚节点的角位移和独立的节点线位移。以图2.3-8（a）所示结构为例，取刚节点角位移 φ_1、φ_2 以及独立节点线位移 Δ_3 为基本未知量。

在原结构上考虑角位移基本未知量的刚节点上附加刚臂，在考虑线位移基本未知量的节点上沿线位移方向附加连杆支座，建立位移法基本系，见图2.3-8（b）。位移法基本系是一系列超静定梁的组合体。

（2）典型方程的建立。比较基本系和原结构，附加约束处的约束力应为零，据此建立位移法典型方程。超静定结构在荷载作用下的典型方程为

$$\left.\begin{aligned} F_{R_1}=0,\quad & k_{11}\Delta_1+k_{12}\Delta_2+\cdots+k_{1n}\Delta_n+F_{R_{1P}}=0\\ F_{R_2}=0,\quad & k_{21}\Delta_1+k_{22}\Delta_2+\cdots+k_{2n}\Delta_n+F_{R_{2P}}=0\\ & \vdots\\ F_{R_n}=0,\quad & k_{n1}\Delta_1+k_{n2}\Delta_2+\cdots+k_{nn}\Delta_n+F_{R_{nP}}=0 \end{aligned}\right\} \tag{2.3-17}$$

式中　k_{ij}——刚度系数，表示基本系上单位未知值 $\Delta_j=1$ 作用引起的第 i 个基本未知量 Δ_i 处的附加约束的约束反力，其中，k_{ii} 称为主系数，k_{ij}（$i\neq j$）称为副系数，根据反力互等定理有 $k_{ij}=k_{ji}$；

$F_{R_{iP}}$——自由项，表示基本系在荷载或其他因素（如温度变化或支座移动等）作用引起的基本未知量 Δ_i 方向的反力（这里为荷载作用）。

（3）系数和自由项的计算。绘制基本系在发生单位基本未知量时的单位弯矩图，如图2.3-8（c）～（e）所示，荷载或其他因素作用下的荷载弯矩图，如图2.3-8（f）所示。选取适当的隔离体，考虑适当的平衡条件，可以求得刚度系数和自由项

$$k_{11}=8i,\quad k_{12}=k_{21}=2i,\quad k_{13}=k_{31}=-\frac{6i}{l}$$

$$k_{22}=7i,\quad k_{23}=k_{32}=0,\quad k_{33}=\frac{12i}{l^2}$$

$$F_{R_{1P}}=\frac{ql^2}{12},\quad F_{R_{2P}}=0,\quad F_{R_{3P}}=-\frac{ql}{2}$$

（4）典型方程的求解。位移法典型方程是线性代数方程组，解之可得基本未知量为

$$\varphi_1=\frac{0.0376ql^2}{i},\quad \varphi_2=-\frac{0.0108ql^2}{i},\quad \Delta_3=\frac{0.0605ql^3}{i}$$

（5）内力图的绘制。求出独立节点位移 Δ_i 后，可以根据平衡条件或叠加原理求出任意截面的内

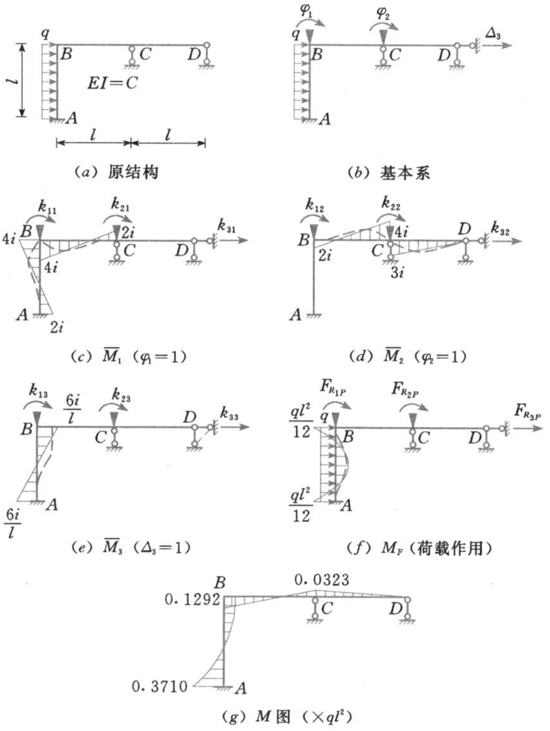

图2.3-8　用位移法计算超静定结构

力为

$$\left.\begin{aligned} M&=\overline{M}_1\varphi_1+\overline{M}_2\varphi_2+\overline{M}_3\Delta_3+M_P\\ F_Q&=\overline{F}_{Q_1}\varphi_1+\overline{F}_{Q_2}\varphi_2+\overline{F}_{Q_3}\Delta_3+F_{Q_P}\\ F_N&=\overline{F}_{N_1}\varphi_1+\overline{F}_{N_2}\varphi_2+\overline{F}_{N_3}\Delta_3+F_{N_P} \end{aligned}\right\} \tag{2.3-18}$$

式中　$\overline{M}_i$、$\overline{F}_{Q_i}$、$\overline{F}_{N_i}$——基本系由于单位基本未知值 Δ_i 作用引起的弯矩、剪力、轴力；

M_P、F_{Q_P}、F_{N_P}——基本系由于荷载作用引起的弯矩、剪力、轴力。

弯矩图如图2.3-8（f）所示。

2.3.3.3　力矩分配法

力矩分配法是以位移法为理论基础的一种渐近方法，适用于计算连续梁和无侧移刚架。力矩分配法不建立关于求解节点位移的方程组，不计算节点位移，而是直接以杆端弯矩为计算对象。首先用刚臂锁住刚节点，求出固端弯矩；然后依次将节点逐一放松，逐步消去刚臂的作用，采用逐渐逼近的方法求得杆端弯矩。计算结果的精度随计算轮次的增加而提高，最后收敛于精确解。

1. 计算公式

（1）分配系数：

$$\mu_{Ki}=\frac{S_{Ki}}{\sum_{j=1}^{n}S_{Kj}}\quad(i=1,2,\cdots,n)\qquad(2.3-19)$$

式中 S_{Ki}——Ki 杆的抗弯刚度；

$\sum_{j=1}^{n}S_{Kj}$——交于 K 点的各杆抗弯刚度之和。

显然 $$\sum_{i=1}^{n}\mu_{Ki}=1$$

(2) 固端弯矩与节点不平衡力矩。用刚臂将刚节点锁住时，由于荷载以及温度变化、支座移动等其他因素作用，在结构上会产生固端弯矩。固端弯矩在刚臂上引起约束力矩，该约束力矩称为该刚节点的不平衡力矩 m_K。

力矩分配法是依次逐一放松刚节点的渐近过程，是逐步消除刚臂作用的过程，反映在计算上就是消除不平衡力矩的过程。

(3) 分配弯矩：

$$M_{Ki}^{D}=\mu_{Ki}(-m_K)=-\mu_{Ki}m_K\qquad(2.3-20)$$

式中 M_{Ki}^{D}——分配弯矩；

式中，负号（一）反映了为消除不平衡力矩 m_K 所施加的与之大小相等、方向相反的力偶。

(4) 传递弯矩：

$$M_{iK}^{C}=C_{Ki}M_{Ki}^{D}\qquad(2.3-21)$$

式中 M_{iK}^{C}——传递弯矩；

C_{Ki}——杆端弯矩由 Ki 端向 iK 端传递的传递系数，随远端的约束情况不同而异，远端固定时 $C_{Ki}=\frac{1}{2}$，远端铰支时 $C_{Ki}=0$，远端为滑移支座时 $C_{Ki}=-1$。

(5) 杆端弯矩。杆端弯矩等于固端弯矩、杆端各次分配、传递的分配弯矩与传递弯矩之和，即

$$M_{Ki}=M_{Ki}^{F}+\sum K_{Ki}^{D}+\sum M_{Ki}^{C}\qquad(2.3-22)$$

正负号规定：杆端弯矩以顺时针为正，不平衡力矩以顺时针为正。

2. 算例

用力矩分配法计算图 2.3-9 (*a*) 所示无侧移刚架。集中荷载 $F_P=50\text{kN}$，杆长 $l=8\text{m}$，各杆 EI 为常数。

(1) 计算分配系数、传递系数。各杆端抗弯刚度为

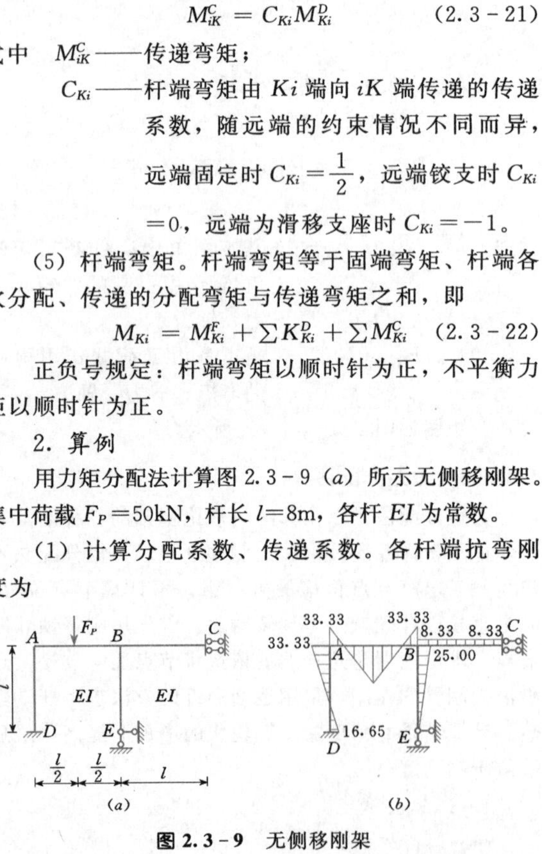

图 2.3-9 无侧移刚架

$$S_{AD}=4i,\quad S_{AB}=S_{BA}=4i,\quad S_{BC}=i,\quad S_{BE}=3i$$

节点 A
$$\begin{cases}\mu_{AD}=\dfrac{S_{AD}}{\sum S_{Aj}}=\dfrac{4i}{4i+4i}=0.5,\ C_{AD}=0.5\\[2ex]\mu_{AB}=\dfrac{S_{AB}}{\sum S_{Aj}}=\dfrac{4i}{4i+4i}=0.5,\ C_{AB}=0.5\end{cases}$$

$$\sum\mu_{Ki}=\mu_{AD}+\mu_{AB}=0.5+0.5=1$$

节点 B
$$\begin{cases}\mu_{BA}=\dfrac{S_{BA}}{\sum S_{Bj}}=\dfrac{4i}{4i+i+3i}=0.5,\quad C_{BA}=0.5\\[2ex]\mu_{BC}=\dfrac{S_{BC}}{\sum S_{Bj}}=\dfrac{4i}{4i+i+3i}=0.125,\ C_{BC}=-1\\[2ex]\mu_{BE}=\dfrac{S_{BE}}{\sum S_{Bj}}=\dfrac{4i}{4i+i+3i}=0.375,\ C_{BE}=0\end{cases}$$

$$\sum\mu_{Ki}=\mu_{BA}+\mu_{BC}+\mu_{BE}=0.5+0.125+0.375=1$$

(2) 计算固端弯矩：

$$M_{AB}^{F}=-0.125F_Pl=-50.0\text{kN}\cdot\text{m}$$

$$M_{BA}^{F}=0.125F_Pl=50.0\text{kN}\cdot\text{m}$$

(3) 计算分配弯矩和传递弯矩。分配弯矩和传递弯矩的计算过程如图 2.3-10 所示。

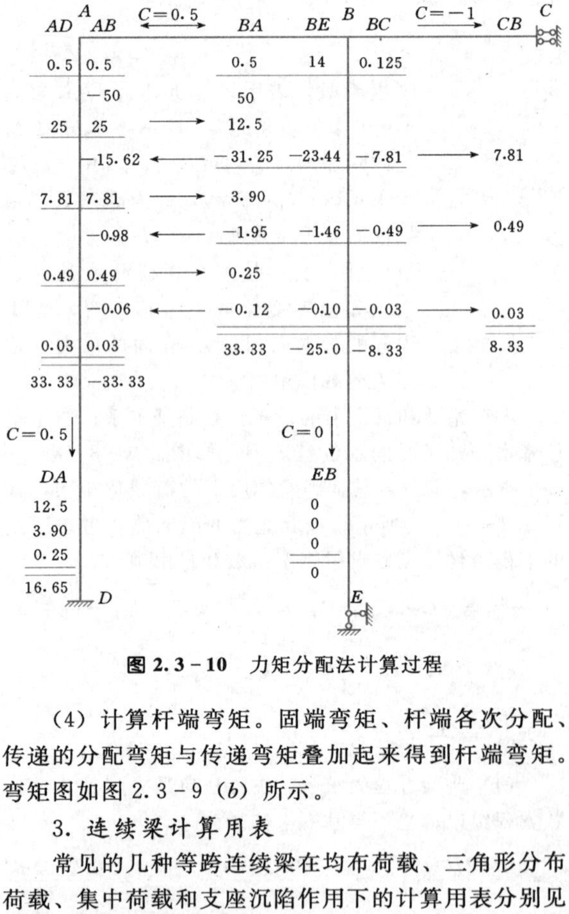

图 2.3-10 力矩分配法计算过程

(4) 计算杆端弯矩。固端弯矩、杆端各次分配、传递的分配弯矩与传递弯矩叠加起来得到杆端弯矩。弯矩图如图 2.3-9 (*b*) 所示。

3. 连续梁计算用表

常见的几种等跨连续梁在均布荷载、三角形分布荷载、集中荷载和支座沉陷作用下的计算用表分别见表 2.3-10～表 2.3-15 和表 2.3-16～表 2.3-18。支座弯矩等效均布荷载见表 2.3-19。

表 2.3-10　**二等跨等截面连续梁的计算系数**

均布及三角形荷载作用下：M=表中系数×ql^2，F_Q=表中系数×ql，f=表中系数×$\frac{ql^4}{100EI}$（三角形荷载作用时，公式中 q 换成 q_0）

集中荷载作用下：M=表中系数×F_Pl，F_Q=表中系数×F_P，f=表中系数×$\frac{F_Pl^3}{100EI}$

荷载图	跨内最大弯矩		支座弯矩	剪力			跨度中点挠度	
	M_1	M_2	M_B	F_{Q_A}	$F_{Q_{B左}}$ $F_{Q_{B右}}$	F_{Q_C}	f_1	f_2
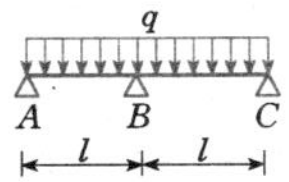	0.070	0.070	−0.125	0.375	−0.625 0.625	−0.375	0.521	0.521
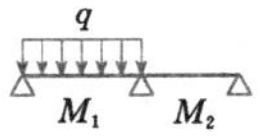	0.096	—	−0.063	0.437	−0.563 0.063	0.063	0.912	−0.391
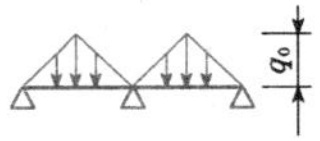	0.048	0.048	−0.078	0.172	−0.328 0.328	−0.172	0.345	0.345
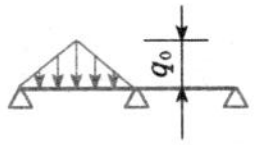	0.064	—	−0.039	0.211	−0.289 0.039	0.039	0.589	−0.244
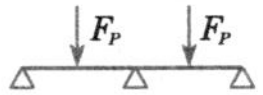	0.156	0.156	−0.188	0.312	−0.688 0.688	−0.312	0.911	0.911
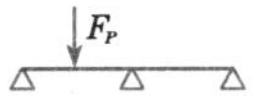	0.203	—	−0.094	0.406	−0.594 0.094	0.094	1.497	−0.586
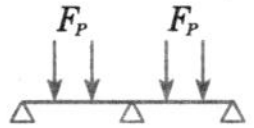	0.222	0.222	−0.333	0.667	−1.333 1.333	−0.667	1.466	1.466
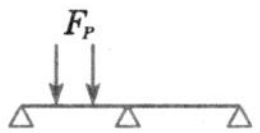	0.278	—	−0.167	0.833	−1.167 0.167	0.167	2.508	−1.042

表 2.3-11 三等跨等截面连续梁的计算系数

均布及三角形荷载作用下：M=表中系数×ql^2，F_Q=表中系数×ql，f=表中系数×$\frac{ql^4}{100EI}$（三角形荷载作用时，公式中 q 换成 q_0）

集中荷载作用下：M=表中系数×F_Pl，F_Q=表中系数×F_P，f=表中系数×$\frac{F_Pl^3}{100EI}$

荷载图	跨内最大弯矩		支座弯矩		剪力				跨度中点挠度		
	M_1	M_2	M_B	M_C	F_{Q_A}	$F_{Q_{B左}}$ $F_{Q_{B右}}$	$F_{Q_{C左}}$ $F_{Q_{C右}}$	F_{Q_D}	f_1	f_2	f_3
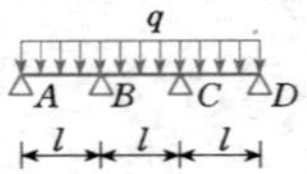	0.080	0.025	−0.100	−0.100	0.400	−0.600 0.500	−0.500 0.600	−0.400	0.677	0.052	0.677
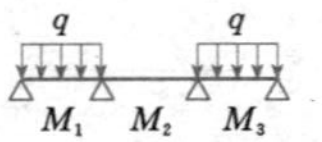	0.101	—	−0.050	−0.050	0.450	−0.550 0	0 0.550	−0.450	0.990	−0.625	0.990
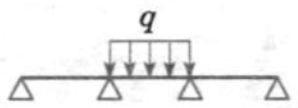	—	0.075	−0.050	−0.050	−0.050	−0.050 0.500	−0.500 0.050	0.050	−0.313	0.677	−0.313
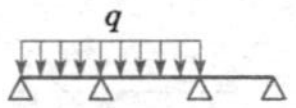	0.073	0.054	−0.117	−0.033	0.383	−0.617 0.583	−0.417 0.033	0.033	0.573	0.365	−0.208
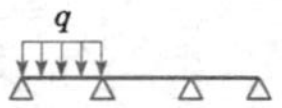	0.094	—	−0.067	0.017	0.433	−0.567 0.083	0.083 −0.017	−0.017	0.885	−0.313	0.104
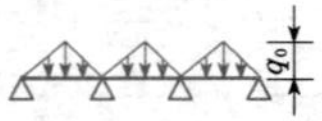	0.054	0.021	−0.063	−0.063	0.188	−0.313 0.250	−0.250 0.313	−0.188	0.443	0.052	0.443
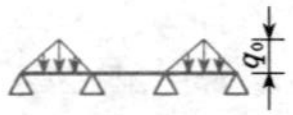	0.068	—	−0.031	−0.031	0.219	−0.281 0	0 0.281	−0.219	0.638	−0.391	0.638
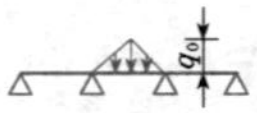	—	0.052	−0.031	−0.031	−0.031	−0.031 0.250	−0.250 0.031	0.031	−0.195	0.443	−0.195
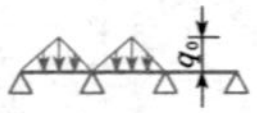	0.050	0.038	−0.073	−0.021	0.177	−0.323 0.302	−0.198 0.021	0.021	0.378	0.248	−0.130

续表

荷载图	跨内最大弯矩		支座弯矩		剪力				跨度中点挠度		
	M_1	M_2	M_B	M_C	F_{Q_A}	$F_{Q_{B左}}$ $F_{Q_{B右}}$	$F_{Q_{C左}}$ $F_{Q_{C右}}$	F_{Q_D}	f_1	f_2	f_3
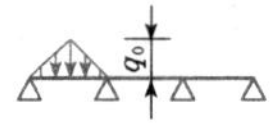	0.063	—	−0.042	0.010	0.208	−0.292 0.052	0.052 −0.010	−0.010	0.573	−0.195	0.065
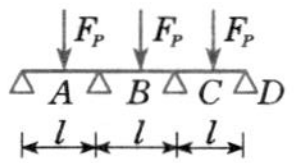	0.175	0.100	−0.150	−0.150	0.350	−0.650 0.500	−0.500 0.650	−0.350	1.146	0.208	1.146
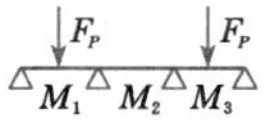	0.213	—	−0.075	−0.075	0.425	−0.575 0	0 0.575	−0.425	1.615	−0.937	1.615
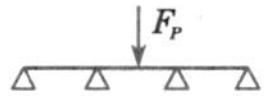	—	0.175	−0.075	−0.075	−0.075	−0.075 0.500	−0.500 0.075	0.075	−0.469	1.146	−0.469
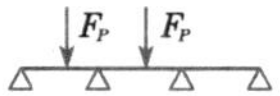	0.162	0.137	−0.175	−0.050	0.325	−0.675 0.625	−0.375 0.050	0.050	0.990	0.677	−0.312
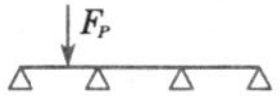	0.200	—	−0.100	0.025	0.400	−0.600 0.125	0.125 −0.025	−0.025	1.458	−0.469	0.156
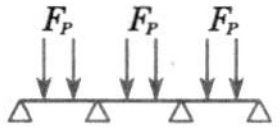	0.244	0.067	−0.267	−0.267	0.733	−1.267 1.000	−1.000 1.267	−0.733	1.883	0.216	1.883
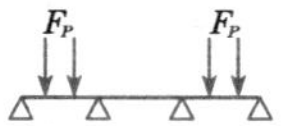	0.289	—	−0.133	−0.133	0.866	−1.134 0	0 1.134	−0.866	2.716	−1.667	2.716
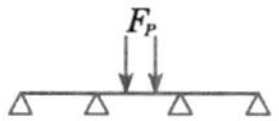	—	0.200	−0.133	−0.133	−0.133	−0.133 1.000	−1.000 0.133	0.133	−0.833	1.883	−0.833
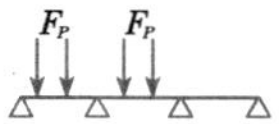	0.229	0.170	−0.311	−0.089	0.689	−1.311 1.222	−0.778 0.089	0.089	1.605	1.049	−0.556
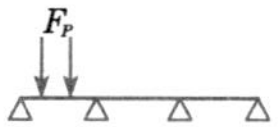	0.274	—	−0.178	0.044	0.822	−1.178 0.222	0.222 −0.044	−0.044	2.438	−0.833	0.278

表 2.3-12　四等跨等截面连续梁的计算系数

均布及三角形荷载作用下：M=表中系数$\times ql^2$，F_Q=表中系数$\times ql$，f=表中系数$\times \frac{ql^4}{100EI}$（三角形荷载作用时，公式中 q 换成 q_0）

集中荷载作用下：M=表中系数$\times F_P l$，F_Q=表中系数$\times F_P$，f=表中系数$\times \frac{F_P l^3}{100EI}$

荷载图	跨内最大弯矩				支座弯矩			剪力					跨度中点挠度			
	M_1	M_2	M_3	M_4	M_B	M_C	M_D	F_{Q_A}	$F_{Q_{B左}}$ $F_{Q_{B右}}$	$F_{Q_{C左}}$ $F_{Q_{C右}}$	$F_{Q_{D左}}$ $F_{Q_{D右}}$	F_{Q_E}	f_1	f_2	f_3	f_4
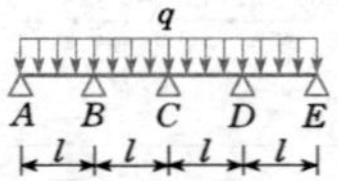	0.077	0.036	0.036	0.077	−0.107	−0.071	−0.107	0.393	−0.607 0.536	−0.464 0.464	−0.536 0.607	−0.393	0.632	0.186	0.186	0.632
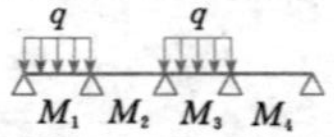	0.100	—	0.081	—	−0.054	−0.036	−0.054	0.446	−0.554 0.018	0.018 0.482	−0.518 0.054	0.054	0.967	−0.558	0.744	−0.335
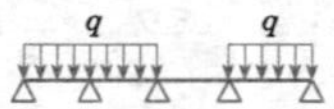	0.072	0.061	—	0.098	−0.121	−0.018	−0.058	0.380	−0.620 0.603	−0.397 −0.040	−0.040 0.558	−0.442	0.549	0.437	−0.474	0.939
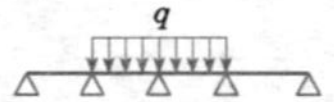	—	0.056	0.056	—	−0.036	−0.107	−0.036	−0.036	−0.036 0.429	−0.571 0.571	−0.429 0.036	0.036	−0.223	0.409	0.409	−0.223
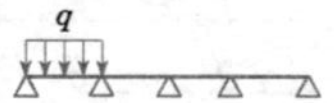	0.094	—	—	—	−0.067	0.018	−0.004	0.433	−0.567 0.085	0.085 −0.022	−0.022 0.004	0.004	0.884	−0.307	0.084	−0.028
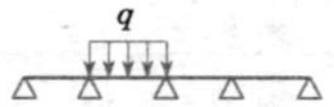	—	0.074	—	—	−0.049	−0.054	0.013	−0.049	−0.049 0.496	−0.504 0.067	0.067 −0.013	−0.013	−0.307	0.660	−0.251	0.084
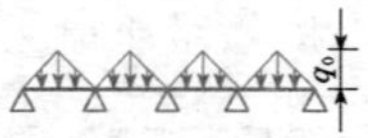	0.052	0.028	0.028	0.052	−0.067	−0.045	−0.067	0.183	−0.317 0.272	−0.228 0.228	−0.272 0.317	−0.183	0.415	0.136	0.136	0.415
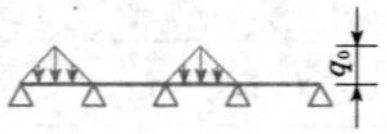	0.067	—	0.055	—	−0.034	−0.022	−0.034	0.217	−0.284 0.011	0.011 0.239	−0.261 0.034	0.034	0.624	−0.349	0.485	−0.209
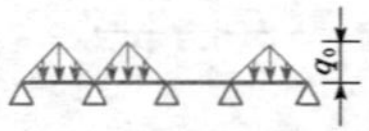	0.049	0.042	—	0.066	−0.075	−0.011	−0.036	0.175	−0.325 0.314	−0.186 −0.025	−0.025 0.286	−0.214	0.363	0.293	−0.296	0.607
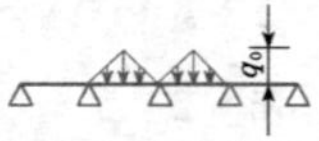	—	0.040	0.040	—	−0.022	−0.067	−0.022	−0.022	−0.022 0.205	−0.295 0.295	−0.205 0.022	0.022	−0.140	0.275	0.275	−0.140
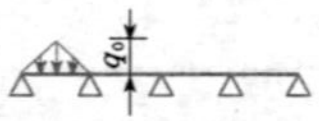	0.063	—	—	—	−0.042	0.011	−0.003	0.208	−0.292 0.053	0.053 −0.014	−0.014 0.003	0.003	0.572	−0.192	0.052	−0.017

续表

荷载图	跨内最大弯矩				支座弯矩			剪力					跨度中点挠度			
	M_1	M_2	M_3	M_4	M_B	M_C	M_D	F_{Q_A}	$F_{Q_{B左}}$ $F_{Q_{B右}}$	$F_{Q_{C左}}$ $F_{Q_{C右}}$	$F_{Q_{D左}}$ $F_{Q_{D右}}$	F_{Q_E}	f_1	f_2	f_3	f_4
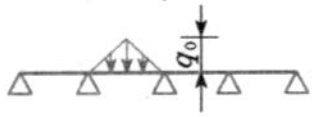	—	0.051	—	—	−0.031	−0.034	0.008	−0.031	−0.031 0.247	−0.253 0.042	0.042 −0.008	−0.008	−0.192	0.432	−0.157	0.052
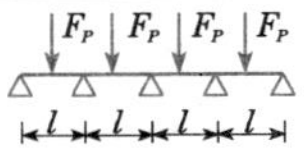	0.169	0.116	0.116	0.169	−0.161	−0.107	−0.161	0.339	−0.661 0.554	−0.446 0.446	−0.554 0.661	−0.339	1.079	0.409	0.409	1.079
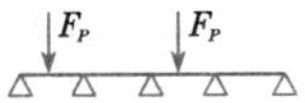	0.210	—	0.183	—	−0.080	−0.054	−0.080	0.420	−0.580 0.027	0.027 0.473	−0.527 0.080	0.080	1.581	−0.837	1.246	−0.502
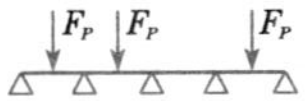	0.159	0.146	—	0.206	−0.181	−0.027	−0.087	0.319	−0.681 0.654	−0.346 −0.060	−0.060 0.587	−0.413	0.953	0.786	−0.711	1.539
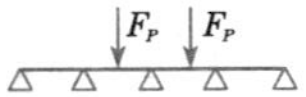	—	0.142	0.142	—	−0.054	−0.161	−0.054	−0.054	−0.054 0.393	−0.607 0.607	−0.393 0.054	0.054	−0.335	0.744	0.744	−0.335
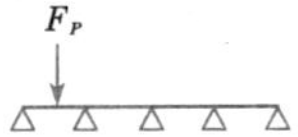	0.200	—	—	—	−0.100	0.027	−0.007	0.400	−0.600 0.127	0.127 −0.033	−0.033 0.007	0.007	1.456	−0.460	0.126	−0.042
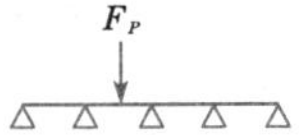	—	0.173	—	—	−0.074	−0.080	0.020	−0.074	−0.074 0.493	−0.507 0.100	0.100 −0.020	−0.020	−0.460	1.121	−0.377	0.126
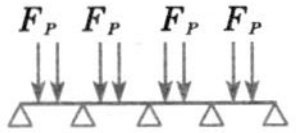	0.238	0.111	0.111	0.238	−0.286	−0.191	−0.286	0.714	−1.286 1.095	−0.905 0.905	−1.095 1.286	−0.714	1.764	0.573	0.573	1.764
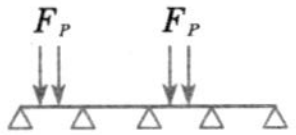	0.286	—	0.222	—	−0.143	−0.095	−0.143	0.857	−1.143 0.048	0.048 0.952	−1.048 0.143	0.143	2.657	−1.488	2.061	−0.892
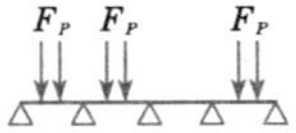	0.226	0.194	—	0.282	−0.321	−0.048	−0.155	0.679	−1.321 1.274	−0.726 −0.107	−0.107 1.155	−0.845	1.541	1.243	−1.265	2.582
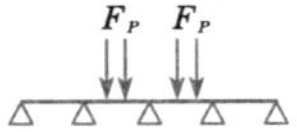	—	0.175	0.175	—	−0.095	−0.286	−0.095	−0.095	−0.095 0.810	−1.190 1.190	−0.810 0.095	0.095	−0.595	1.168	1.168	−0.595
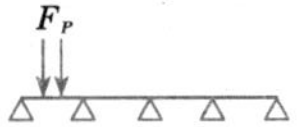	0.274	—	—	—	−0.178	0.048	−0.012	0.822	−1.178 0.226	0.226 −0.060	−0.060 0.012	0.012	2.433	−0.819	0.223	−0.074
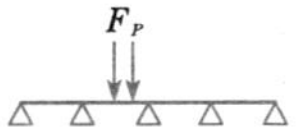	—	0.198	—	—	−0.131	−0.143	−0.036	−0.131	−0.131 0.988	−1.012 0.178	0.178 −0.036	−0.036	−0.819	1.838	−0.670	0.223

表 2.3-13 五等跨等截面连续梁的计算系数

均布及三角形荷载作用下：M=表中系数×ql^2，F_Q=表中系数×ql，f=表中系数×$\frac{ql^4}{100EI}$（三角形荷载作用时，公式中 q 换成 q_0）

集中荷载作用下：M=表中系数×F_Pl，F_Q=表中系数×F_P，f=表中系数×$\frac{F_Pl^3}{100EI}$

荷载图	跨内最大弯矩			支座弯矩				剪力						跨度中点挠度				
	M_1	M_2	M_3	M_B	M_C	M_D	M_E	F_{Q_A}	$F_{Q_{B左}}$ $F_{Q_{B右}}$	$F_{Q_{C左}}$ $F_{Q_{C右}}$	$F_{Q_{D左}}$ $F_{Q_{D右}}$	$F_{Q_{E左}}$ $F_{Q_{E右}}$	F_{Q_F}	f_1	f_2	f_3	f_4	f_5
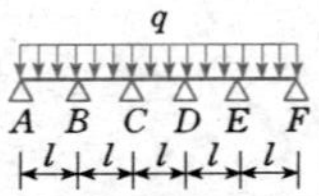	0.078	0.033	0.046	−0.105	−0.079	−0.079	−0.105	0.394	−0.606 0.526	−0.474 0.500	−0.500 0.474	−0.526 0.606	−0.394	0.644	0.151	0.315	0.151	0.644
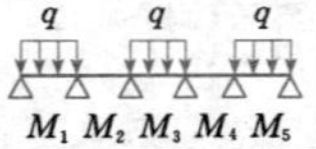	0.100	—	0.085	−0.053	−0.040	−0.040	−0.053	0.447	−0.553 0.013	0.013 0.500	−0.500 −0.013	−0.013 0.553	−0.447	0.973	−0.576	0.809	−0.576	0.973
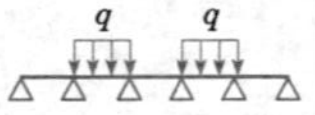	—	0.079	—	−0.053	−0.040	−0.040	−0.053	−0.053	−0.053 0.513	−0.487 0	0 0.487	−0.513 0.053	0.053	−0.329	0.727	−0.493	0.727	−0.329
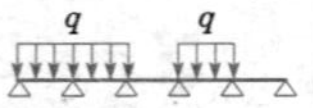	0.073	$\frac{0.059②}{0.078}$	—	−0.119	−0.022	−0.044	−0.051	0.380	−0.620 0.598	−0.402 −0.023	−0.023 0.493	−0.507 0.052	0.052	0.555	0.420	−0.411	0.704	−0.321
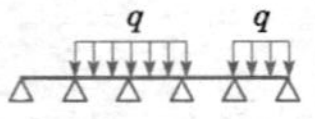	$\frac{—①}{0.098}$	0.055	0.064	−0.035	−0.111	−0.020	−0.057	−0.035	−0.035 0.424	−0.576 0.591	−0.409 −0.037	−0.037 0.557	−0.443	−0.217	0.390	0.480	−0.486	0.943
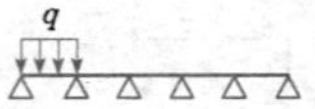	0.094	—	—	−0.067	0.018	−0.005	0.001	0.433	−0.567 0.085	0.085 −0.023	−0.023 0.006	0.006 −0.001	−0.001	0.883	−0.307	0.082	−0.022	0.008
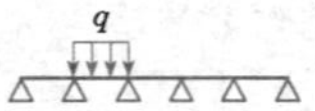	—	0.074	—	−0.049	−0.054	0.014	−0.004	−0.049	−0.049 0.495	−0.505 0.068	0.068 −0.018	−0.018 0.004	0.004	−0.307	0.659	−0.247	0.067	−0.022
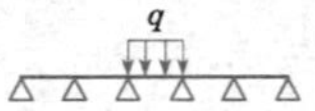	—	—	0.072	0.013	−0.053	−0.053	0.013	0.013	0.013 −0.066	−0.066 0.500	−0.500 0.066	0.066 −0.013	−0.013	0.082	−0.247	0.644	−0.247	0.082
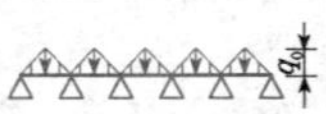	0.053	0.026	0.034	−0.066	−0.049	−0.049	−0.066	0.184	−0.316 0.266	−0.234 0.250	−0.250 0.234	−0.266 0.316	−0.184	0.422	0.114	0.217	0.114	0.422
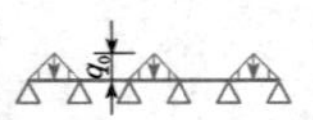	0.067	—	0.059	−0.033	−0.025	−0.025	−0.033	0.217	−0.283 0.008	0.008 0.250	−0.250 −0.008	−0.008 0.283	−0.217	0.628	−0.360	0.525	−0.360	0.628

续表

荷载图	跨内最大弯矩			支座弯矩				剪力						跨度中点挠度				
	M_1	M_2	M_3	M_B	M_C	M_D	M_E	F_{Q_A}	$F_{Q_{B左}}$ $F_{Q_{B右}}$	$F_{Q_{C左}}$ $F_{Q_{C右}}$	$F_{Q_{D左}}$ $F_{Q_{D右}}$	$F_{Q_{E左}}$ $F_{Q_{E右}}$	F_{Q_F}	f_1	f_2	f_3	f_4	f_5
	—	0.055	—	−0.033	−0.025	−0.025	−0.033	−0.033	−0.033 0.258	−0.242 0	0 0.242	−0.258 0.033	0.033	−0.205	0.474	−0.308	0.474	−0.205
	0.049	0.041② 0.053	—	−0.075	−0.014	−0.028	−0.032	0.175	−0.325 0.311	−0.189 −0.014	−0.014 0.246	−0.255 0.032	0.032	0.366	0.282	−0.257	0.460	−0.201
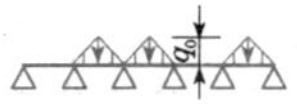	—① 0.066	0.039	0.044	−0.022	−0.070	−0.013	−0.036	−0.022	−0.022 0.202	−0.298 0.307	−0.193 −0.023	−0.023 0.286	−0.214	−0.136	0.263	0.319	−0.304	0.609
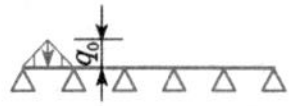	0.063	—	—	−0.042	0.011	−0.003	0.001	0.208	−0.292 0.053	0.053 −0.014	−0.014 0.004	0.004 −0.001	−0.001	0.572	−0.192	0.051	−0.014	0.005
	—	0.051	—	−0.031	−0.034	0.009	−0.002	−0.031	−0.031 0.247	−0.253 0.043	0.043 −0.011	−0.011 0.002	0.002	−0.192	0.432	−0.154	0.042	−0.014
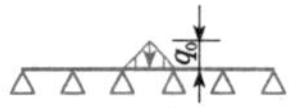	—	—	0.050	0.008	−0.033	−0.033	0.008	0.008	0.008 −0.041	−0.041 0.250	−0.250 0.041	0.041 −0.008	−0.008	0.051	−0.154	0.422	−0.154	0.051
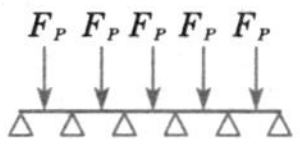	0.171	0.112	0.132	−0.158	−0.118	−0.118	−0.158	0.342	−0.658 0.540	−0.460 0.500	−0.500 0.460	−0.540 0.658	−0.342	1.097	0.356	0.603	0.356	1.097
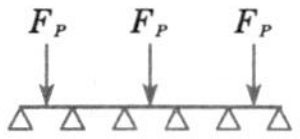	0.211	—	0.191	−0.079	−0.059	−0.059	−0.079	0.421	−0.579 0.020	0.020 0.500	−0.500 −0.020	−0.020 0.579	−0.421	1.590	−0.863	1.343	−0.863	1.590
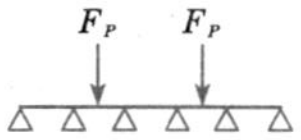	—	0.181	—	−0.079	−0.059	−0.059	−0.079	−0.079	−0.079 0.520	−0.480 0	0 0.480	−0.520 0.079	0.079	−0.493	1.220	−0.740	1.220	−0.493
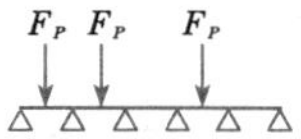	0.160	0.144② 0.178	—	−0.179	−0.032	−0.066	−0.077	0.321	−0.679 0.647	−0.353 −0.034	−0.034 0.489	−0.511 0.077	0.077	0.962	0.760	−0.617	1.186	−0.482
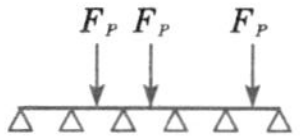	—① 0.207	0.140	0.151	−0.052	−0.167	−0.031	−0.086	−0.052	−0.052 0.385	−0.615 0.637	−0.363 −0.056	−0.056 0.586	−0.414	−0.325	0.715	0.850	−0.729	1.545

续表

荷 载 图	跨内最大弯矩			支座弯矩				剪 力						跨度中点挠度				
	M_1	M_2	M_3	M_B	M_C	M_D	M_E	F_{Q_A}	$F_{Q_{B左}}$ $F_{Q_{B右}}$	$F_{Q_{C左}}$ $F_{Q_{C右}}$	$F_{Q_{D左}}$ $F_{Q_{D右}}$	$F_{Q_{E左}}$ $F_{Q_{E右}}$	F_{Q_F}	f_1	f_2	f_3	f_4	f_5
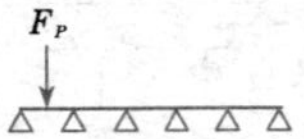	0.200	—	—	−0.100	0.027	−0.007	0.002	0.400	−0.600 0.127	0.127 −0.034	−0.034 0.009	0.009 −0.002	−0.002	1.455	−0.460	0.123	−0.034	0.011
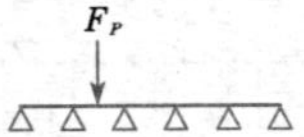	—	0.173	—	−0.073	−0.081	0.022	−0.005	−0.073	−0.073 0.493	−0.507 0.102	0.102 −0.027	−0.027 0.005	0.005	−0.460	1.119	−0.370	0.101	−0.034
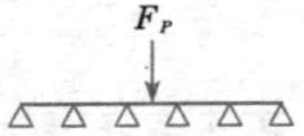	—	—	0.171	0.020	−0.079	−0.079	0.020	0.020	0.020 −0.099	−0.099 0.500	−0.500 0.099	0.099 −0.020	−0.020	0.123	−0.370	1.097	−0.370	0.123
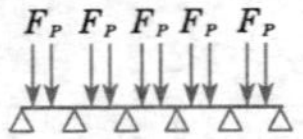	0.240	0.100	0.122	−0.281	−0.211	−0.211	−0.281	0.719	−1.281 1.070	−0.930 1.000	−1.000 0.930	−1.070 1.281	−0.719	1.795	0.479	0.918	0.479	1.795
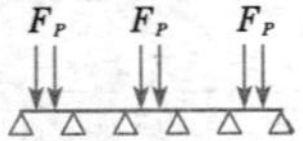	0.287	—	0.228	−0.140	−0.105	−0.105	−0.140	0.860	−1.140 0.035	0.035 1.000	−1.000 −0.035	−0.035 1.140	−0.860	2.672	−1.535	2.234	−1.535	2.672
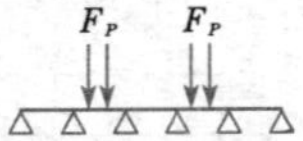	—	0.216	—	−0.140	−0.105	−0.105	−0.140	−0.140	−0.140 1.035	−0.965 0	0 0.965	−1.035 0.140	0.140	−0.877	2.014	−1.316	2.014	−0.877
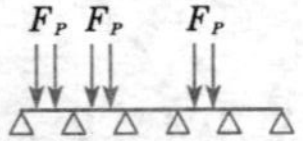	0.227	$\frac{0.189}{0.209}$ ②	—	−0.319	−0.057	−0.118	−0.137	0.681	−1.319 1.262	−0.738 −0.061	−0.061 0.981	−1.019 0.137	0.137	1.556	1.197	−1.096	1.955	−0.857
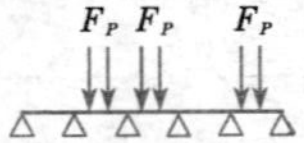	$\frac{—}{0.282}$ ①	0.172	0.198	−0.093	−0.297	−0.054	−0.153	−0.093	−0.093 0.796	−1.204 1.243	−0.757 −0.099	−0.099 1.153	−0.847	−0.578	1.117	1.356	−1.296	2.592
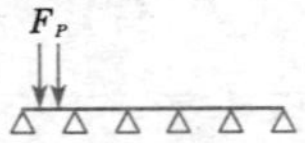	0.274	—	—	−0.179	0.048	−0.013	0.003	0.821	−1.179 0.227	0.227 −0.061	−0.061 0.016	0.016 −0.003	−0.003	2.433	−0.817	0.219	−0.060	0.020
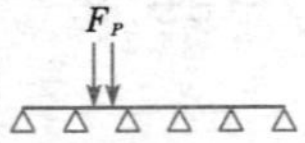	—	0.198	—	−0.131	−0.144	0.038	−0.010	−0.131	−0.131 0.987	−1.013 0.182	0.182 −0.048	−0.048 0.010	0.010	−0.817	1.835	−0.658	0.179	−0.060
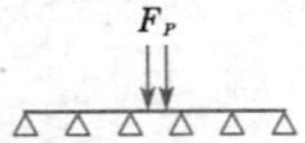	—	—	0.193	0.035	−0.140	−0.140	0.035	0.035	0.035 −0.175	−0.175 1.000	−1.000 0.175	0.175 −0.035	−0.035	0.219	−0.658	1.795	−0.658	0.219

① 分子及分母分别为 M_1 及 M_5 的弯矩系数。

② 分子及分母分别为 M_2 及 M_4 的弯矩系数。

表 2.3-14　　无限等跨等截面连续梁的计算

荷载布置	荷载类别	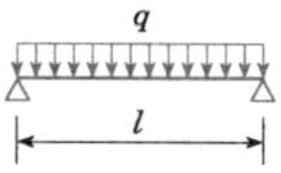	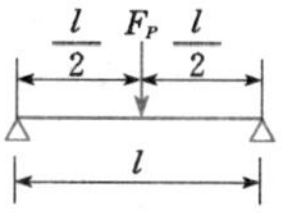	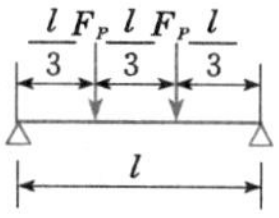	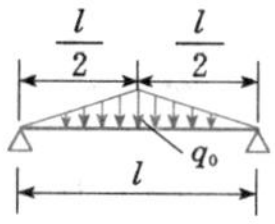
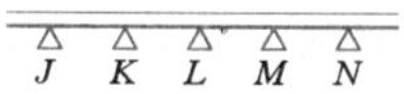	支座弯矩	$-0.083ql^2$	$-0.125F_Pl$	$-0.222F_Pl$	$-0.052q_0l^2$
	跨中弯矩	$0.042ql^2$	$0.125F_Pl$	$0.111F_Pl$	$0.031q_0l^2$
	剪　　力	$0.5ql$	$0.5F_P$	$1.0F_P$	$0.25q_0l$
	支座反力	$1.0ql$	$1.0F_P$	$2F_P$	$0.5q_0l$
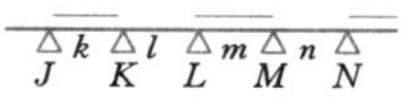	支座弯矩	$-0.042ql^2$	$-0.063F_Pl$	$-0.111F_Pl$	$-0.026q_0l^2$
	跨中弯矩 $M_k=M_m$	$0.083ql^2$	$0.188F_Pl$	$0.222F_Pl$	$0.057q_0l^2$
	支座反力	$0.5ql$	$0.5F_P$	$1.0F_P$	$0.25q_0l$
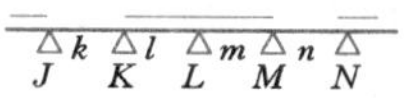	支座弯矩 M_L	$-0.114ql^2$	$-0.171F_Pl$	$-0.304F_Pl$	$-0.071q_0l^2$
	支跨弯矩 $M_K=M_M$	$-0.022ql^2$	$-0.034F_Pl$	$-0.060F_Pl$	$-0.014q_0l^2$
	L 支座反力	$1.183ql$	$1.274F_P$	$2.488F_P$	$0.614q_0l$
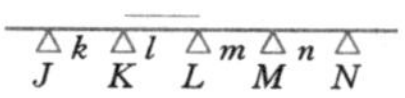	支座弯矩 $M_K=M_L$	$-0.053ql^2$	$-0.079F_Pl$	$-0.141F_Pl$	$-0.033q_0l^2$
	跨中弯矩 M_l	$0.072ql^2$	$0.171F_Pl$	$0.192F_Pl$	$0.050q_0l^2$
	支座弯矩 $M_J=M_M$	$0.014ql^2$	$0.021F_Pl$	$0.038F_Pl$	$0.009q_0l^2$

表 2.3-15　　半无限等跨等截面连续梁的计算系数

弯矩 M=表中系数×ql^2，剪力 F_Q=表中系数×ql

荷载图式	弯矩、剪力和支座反力	$l_1=0.8l$	$l_1=0.9l$	$l_1=l$
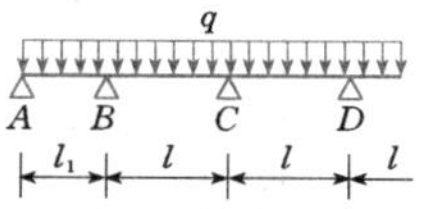	M_{AB}	0.044	0.060	0.078
	M_B	−0.082	−0.093	−0.106
	M_C	−0.084	−0.081	−0.077
	F_{Q_A}	0.298	0.347	0.394
	$F_{Q_{B左}}$	−0.502	−0.553	−0.606
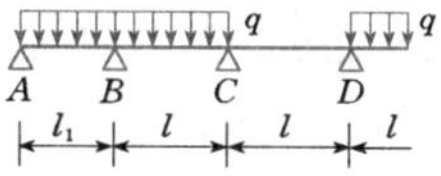	M_B^*	−0.098	−0.107	−0.120
	M_C	−0.027	−0.024	−0.021
	$F_{Q_{B左}}$	−0.522	−0.569	−0.620
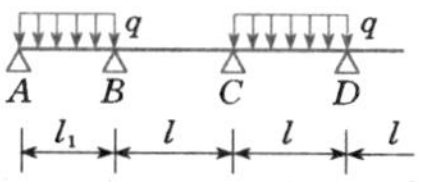	M_{AB}^*	0.069	0.084	0.100
	M_B	−0.023	−0.037	−0.053
	M_C	−0.047	−0.043	−0.039
	F_{Q_A}	0.372	0.409	0.447
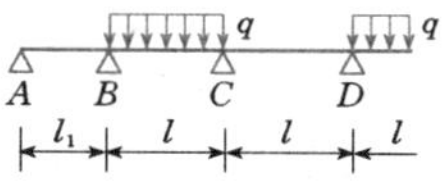	M_B	−0.059	−0.056	−0.053
	M_C	−0.037	−0.038	−0.039

注　1. M_{AB}（M_{AB}^*）为相应荷载布置下 AB 跨内最大弯矩。

2. 带有 * 号者为荷载在最不利布置时的最大内力。

表 2.3-16　　二、三、四、五等跨连续梁在支座沉陷时的支座弯矩系数

支座弯矩 $M=$ 表中系数 $\times \frac{EI}{l^2}\Delta$（式中，$\Delta$ 为支座的沉陷值）

梁的简图	支座弯矩	发生沉陷的支座					
		A	B	C	D	E	F
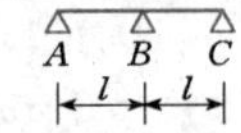	M_B	−1.5000	3.0000	−1.5000	—	—	—
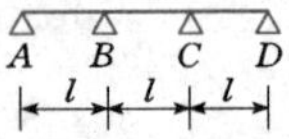	M_B	−1.6000	3.6000	−2.4000	0.4000	—	—
	M_C	0.4000	−2.4000	3.6000	−1.6000		
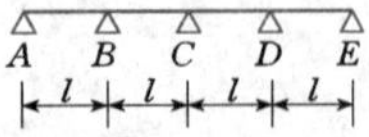	M_B	−1.6071	3.6428	−2.5714	0.6428	−0.1071	—
	M_C	0.4286	−2.5714	4.2857	−2.5714	0.4286	—
	M_D	−0.1071	0.6428	−2.5714	3.6428	−1.6071	—
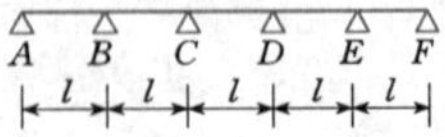	M_B	−1.6076	3.6459	−2.5837	0.6890	−0.1722	0.0287
	M_C	0.4306	−2.5837	4.3349	−2.7558	0.6890	−0.1148
	M_D	−0.1148	0.6890	−2.7558	4.3349	−2.5837	0.4306
	M_E	0.0287	−0.1722	0.6890	−2.5837	3.6459	−1.6076

表 2.3-17　　半无限等跨连续梁在支座沉陷时的支座弯矩系数

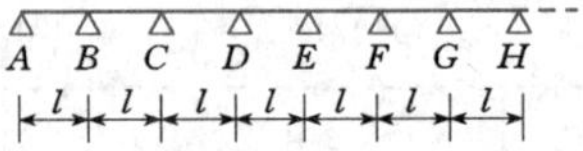

支座弯矩 $M=$ 表中系数 $\times \frac{EI}{l^2}\Delta$（式中，$\Delta$ 为支座的沉陷值）

支座弯矩	发生沉陷的支座				
	A	B	C	D	E
M_B	−1.6077	3.6462	−2.5847	0.6926	−0.1856
M_C	0.4308	−2.5847	4.3387	−2.7703	0.7423
M_D	−0.1154	0.6926	−2.7703	4.3885	−2.7836
M_E	0.0309	−0.1856	0.7423	−2.7836	4.3920
M_F	−0.0083	0.0497	−0.1989	0.7459	−2.7845
M_G	0.0022	−0.0133	0.0533	−0.1999	0.7461
M_H	−0.0006	0.0036	−0.0143	0.0536	−0.1999
M_I	0.0002	−0.0010	0.0038	−0.0143	0.0536

表 2.3-18　　无限等跨连续梁在支座沉陷时的支座弯矩系数

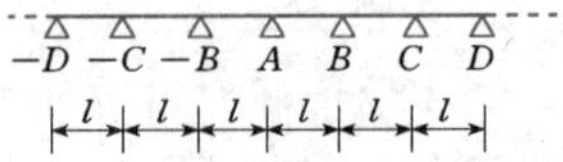

支座弯矩 $M=$ 表中系数 $\times \frac{EI}{l^2}\Delta$（式中，$\Delta$ 为支座的沉陷值）

支座弯矩	发生沉陷的支座 A	支座弯矩	发生沉陷的支座 A
M_A	4.3923	$M_{E(-E)}$	0.0536
$M_{B(-B)}$	−2.7846	$M_{F(-F)}$	−0.0144
$M_{C(-C)}$	0.7461	$M_{G(-G)}$	0.0038
$M_{D(-D)}$	−0.1999	$M_{H(-H)}$	−0.0010

表 2.3-19　　**支座弯矩等效均布荷载**

$\alpha=\frac{a}{l}$，　$\gamma=\frac{c}{l}$（式中，l 为梁的跨度，ω 值见表 2.2-1）

实际荷载	支座弯矩等效均布荷载 q_E	实际荷载	支座弯矩等效均布荷载 q_E
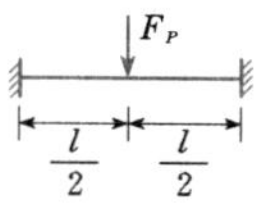	$\frac{3F_P}{2l}$	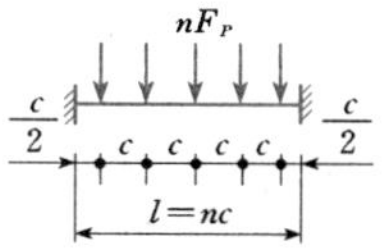	$\frac{2n^2+1}{2n}\frac{F_P}{l}$
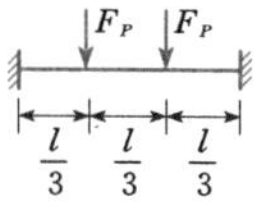	$\frac{8F_P}{3l}$	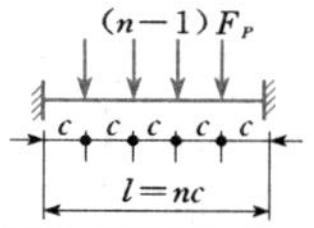	$\frac{n^2-1}{n}\frac{F_P}{l}$
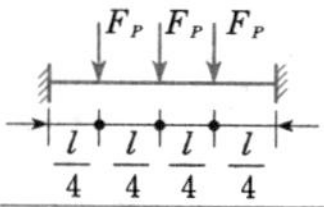	$\frac{15F_P}{4l}$	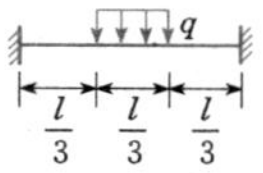	$\frac{13q}{27}$
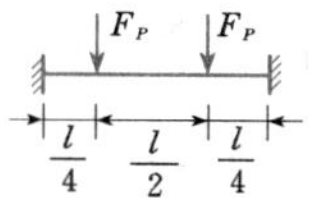	$\frac{9F_P}{4l}$	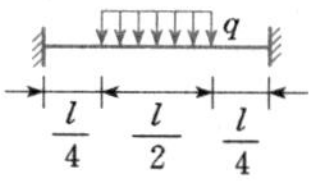	$\frac{11q}{16}$
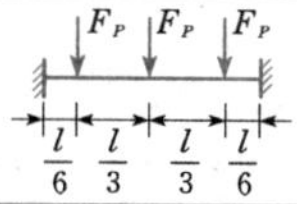	$\frac{19F_P}{6l}$	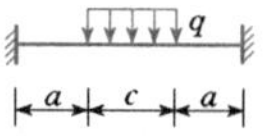	$\frac{\gamma}{2}(3-\gamma^2)q$
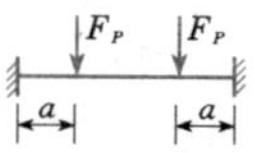	$12\omega_{Ra}\frac{F_P}{l}$	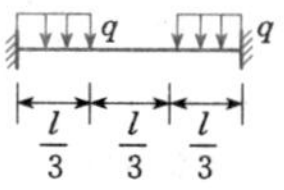	$\frac{14q}{27}$
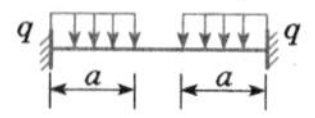	$2\alpha^2(3-2\alpha)q$	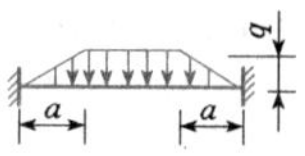	$(1-2\alpha^2+\alpha^3)q$
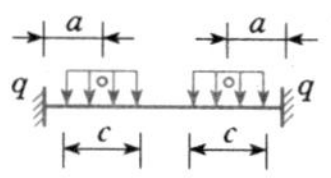	$\gamma(12\omega_{Ra}-\gamma^2)q$	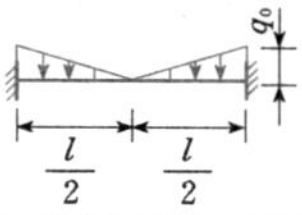	$\frac{3q_0}{8}$
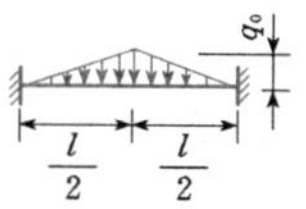	$\frac{5q_0}{8}$	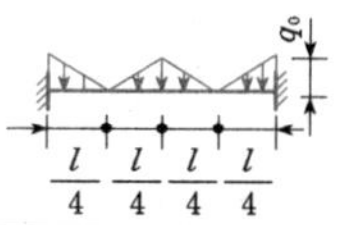	$\frac{15q_0}{32}$
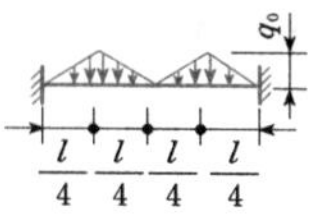	$\frac{17q_0}{32}$	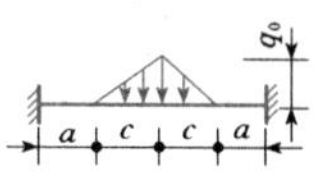	$\frac{\gamma}{2}(3-2\gamma^2)q_0$
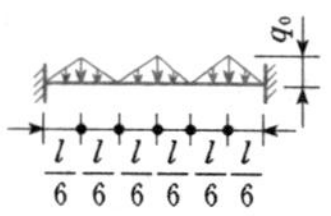	$\frac{37q_0}{72}$	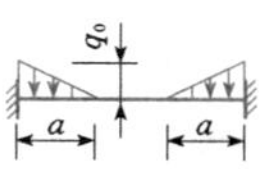	$\alpha^2(2-\alpha)q_0$
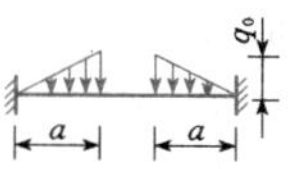	$\alpha^2(4-3\alpha)q_0$	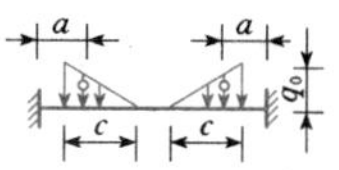	$\frac{\gamma}{3}(18\omega_{Ra}-\gamma^2)q_0$
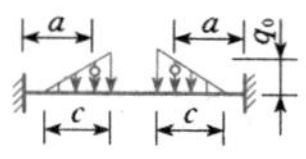	$\frac{\gamma}{3}(18\omega_{Ra}-\gamma^2)q_0$	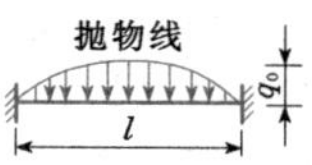	$\frac{4q_0}{5}$

对于不等跨连续梁，一般采用力矩分配法进行计算，其方法与步骤与刚架计算相同。不等跨连续梁在均布荷载作用下的最大内力系数见表 2.3-20 和表 2.3-21。

表 2.3-20　　二不等跨连续梁在均布荷载作用下的最大内力系数

弯矩 $M=$ 表中系数 $\times ql_1^2$，　剪力 $F_Q=$ 表中系数 $\times ql_1$

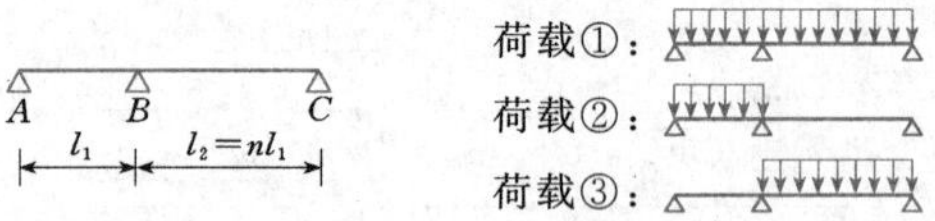

n	荷　载　①							荷载②		荷载③	
	M_B^*	M_{AB}	M_{BC}	F_{Q_A}	$F_{Q_{B左}}^*$	$F_{Q_{B右}}^*$	F_{Q_C}	M_{AB}^*	$F_{Q_A}^*$	M_{BC}^*	$F_{Q_C}^*$
1.0	−0.1250	0.0703	0.0703	0.3750	−0.6250	0.6250	−0.3750	0.0957	0.4375	0.0957	−0.4375
1.1	−0.1388	0.0653	0.0898	0.3613	−0.6387	0.6761	−0.4239	0.0970	0.4405	0.1142	−0.4780
1.2	−0.1550	0.0595	0.1108	0.3450	−0.6550	0.7292	−0.4708	0.0982	0.4432	0.1343	−0.5182
1.3	−0.1738	0.0532	0.1333	0.3263	−0.6737	0.7836	−0.5164	0.0993	0.4457	0.1558	−0.5582
1.4	−0.1950	0.0465	0.1572	0.3050	−0.6950	0.8393	−0.5607	0.1003	0.4479	0.1788	−0.5979
1.5	−0.2188	0.0396	0.1825	0.2813	−0.7187	0.8958	−0.6042	0.1013	0.4500	0.2032	−0.6375
1.6	−0.2450	0.0325	0.2092	0.2550	−0.7450	0.9531	−0.6469	0.1021	0.4519	0.2291	−0.6769
1.7	−0.2738	0.0256	0.2374	0.2263	−0.7737	1.0110	−0.6890	0.1029	0.4537	0.2564	−0.7162
1.8	−0.3050	0.0190	0.2669	0.1950	−0.8050	1.0694	−0.7306	0.1037	0.4554	0.2850	−0.7554
1.9	−0.3388	0.0130	0.2978	0.1613	−0.8387	1.1283	−0.7717	0.1044	0.4569	0.3155	−0.7944
2.0	−0.3750	0.0078	0.3301	0.1250	−0.8750	1.1875	−0.8125	0.1050	0.4583	0.3472	−0.8333
2.25	−0.4766	0.0003	0.4170	0.0234	−0.9766	1.3368	−0.9132	0.1065	0.4615	0.4327	−0.9303
2.5	−0.5938	0.0044	0.5126	−0.0938	−1.0938	1.4875	−1.0125	0.1078	0.4643	0.5272	−1.0268

注　1. $M_{AB}(M_{AB}^*)$、$M_{BC}(M_{BC}^*)$ 分别为相应荷载布置下 AB、BC 跨内最大弯矩。

2. 带有 * 号者为荷载在最不利布置时的最大内力。

表 2.3-21　　三不等跨连续梁在均布荷载作用下的最大内力系数

弯矩 $M=$ 表中系数 $\times ql_1^2$，　剪力 $F_Q=$ 表中系数 $\times ql_1$

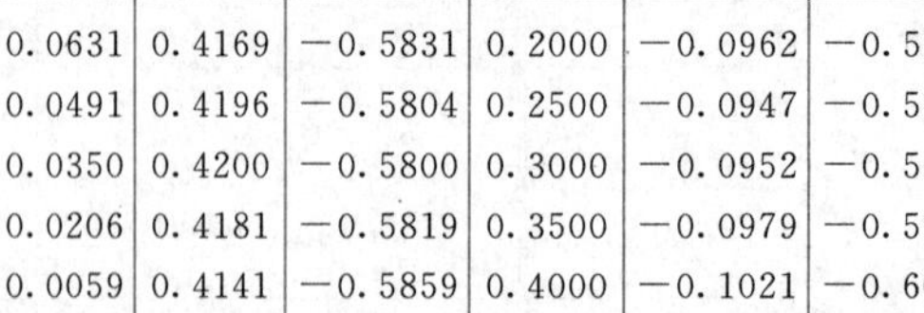

n	荷　载　①						荷载②			荷载③		荷载④
	M_B	M_{AB}	M_{BC}	F_{Q_A}	$F_{Q_{B左}}$	$F_{Q_{B右}}$	M_B^*	$F_{Q_{B左}}^*$	$F_{Q_{B右}}^*$	M_{AB}^*	$F_{Q_A}^*$	M_{BC}^*
0.4	−0.0831	0.0869	−0.0631	0.4169	−0.5831	0.2000	−0.0962	−0.5962	0.4608	0.0890	0.4219	0.0150
0.5	−0.0804	0.0880	−0.0491	0.4196	−0.5804	0.2500	−0.0947	−0.5947	0.4502	0.0918	0.4286	0.0223
0.6	−0.0800	0.0882	−0.0350	0.4200	−0.5800	0.3000	−0.0952	−0.5952	0.4603	0.0943	0.4342	0.0308
0.7	−0.0819	0.0874	−0.0206	0.4181	−0.5819	0.3500	−0.0979	−0.5979	0.4825	0.0964	0.4390	0.0403
0.8	−0.0859	0.0857	−0.0059	0.4141	−0.5859	0.4000	−0.1021	−0.6021	0.5116	0.0982	0.4432	0.0509
0.9	−0.0918	0.0833	0.0095	0.4082	−0.5918	0.4500	−0.1083	−0.6083	0.5456	0.0998	0.4468	0.0625
1.0	−0.1000	0.0800	0.0250	0.4000	−0.6000	0.5000	−0.1167	−0.6167	0.5833	0.1013	0.4500	0.0750
1.1	−0.1100	0.0761	0.0413	0.3900	−0.6100	0.5500	−0.1267	−0.6267	0.6233	0.1025	0.4528	0.0885
1.2	−0.1218	0.0715	0.0582	0.3782	−0.6218	0.6000	−0.1385	−0.6385	0.6651	0.1037	0.4554	0.1020
1.3	−0.1355	0.0664	0.0758	0.3645	−0.6355	0.6500	−0.1522	−0.6522	0.7082	0.1047	0.4576	0.1182
1.4	−0.1510	0.0609	0.0940	0.3490	−0.6510	0.7000	−0.1676	−0.6676	0.7525	0.1057	0.4597	0.1344

续表

n	荷　载①						荷载②			荷载③		荷载④
	M_B	M_{AB}	M_{BC}	F_{Q_A}	$F_{Q_{B左}}$	$F_{Q_{B右}}$	M_B^*	$F_{Q_{B左}}^*$	$F_{Q_{B右}}^*$	M_{AB}^*	$F_{Q_A}^*$	M_{BC}^*
1.5	−0.1683	0.0550	0.1130	0.3317	−0.6683	0.7500	−0.1848	−0.6848	0.7976	0.1065	0.4615	0.1514
1.6	−0.1874	0.0489	0.1327	0.3127	−0.6873	0.8000	−0.2037	−0.7037	0.8434	0.1073	0.4632	0.1694
1.7	−0.2082	0.0426	0.1531	0.2918	−0.7082	0.8500	−0.2244	−0.7244	0.8897	0.1080	0.4648	0.1883
1.8	−0.2308	0.0362	0.1742	0.2692	−0.7308	0.9000	−0.2468	−0.7468	0.9366	0.1087	0.4662	0.2080
1.9	−0.2552	0.0300	0.1961	0.2448	−0.7552	0.9500	−0.2710	−0.7710	0.9846	0.1093	0.4675	0.2286
2.0	−0.2813	0.0239	0.2188	0.2188	−0.7812	1.0000	−0.2969	−0.7969	1.0312	0.1099	0.4688	0.2500
2.25	−0.3540	0.0106	0.2788	0.1462	−0.8538	1.1250	−0.3691	−0.8691	1.1511	0.1111	0.4714	0.3074
2.5	−0.4375	0.0019	0.3437	0.0625	−0.9375	1.2500	−0.4521	−0.9521	1.2722	0.1122	0.4737	0.3701

注　1. $M_{AB}(M_{AB}^*)$、$M_{BC}(M_{BC}^*)$分别为相应荷载布置下 AB、BC 跨内最大弯矩。

2. 带有 * 号者为荷载在最不利布置时的最大内力。

2.3.3.4 矩阵位移法

矩阵位移法与经典结构力学位移法在原理上并无区别，只是在分析中将求解过程用矩阵形式表示，使得计算步骤标准化，适宜于编制通用计算机程序，便于计算过程程序化。

下面以平面问题为例说明矩阵位移法求解的一般步骤。

1. 离散化

（1）对整个结构，建立整体坐标系 XYZ。为便于用矩阵表示，需要建立适当的坐标系，并对坐标系中的力学量约定符号。对结构建立笛卡儿坐标系，称为整体坐标系。约定节点位移分量以整体坐标系中相应坐标轴正方向为正。同样，如果节点上作用有集中荷载，其分量也以整体坐标系中相应坐标轴正方向为正。

（2）对节点、单元编号。

（3）确定节点未知位移作为基本未知值并编号，即对节点自由度编号。

2. 单元分析

（1）对每个单元建立局部坐标系 $x_m y_m z_m$，确定单元自由度并对单元自由度编号。以典型的梁单元为例，如图 2.3-11 所示。通常将杆件的一端，如左端，称为 J 端，另一端，如右端，称为 K 端。在单元上建立笛卡儿坐标系 $x_m y_m z_m$，坐标原点放在 J 端，x_m 轴沿杆轴线由 J 端指向 K 端，y_m、z_m 轴与杆件横截面的两个主轴重合，对平面问题，y_m 轴与整体坐标系 Y 轴方向一致，z_m 轴由右手螺旋法则确定。这样建立在单元上的坐标系称为单元局部坐标系。对梁单元每个杆端有两个杆端位移分量，与之相应考虑杆端剪力和弯矩。杆端内力和杆端位移以局部坐标轴正方向为正。对杆端内力和杆端位移（统称为单元自由度）编号如图 2.3-11 所示。

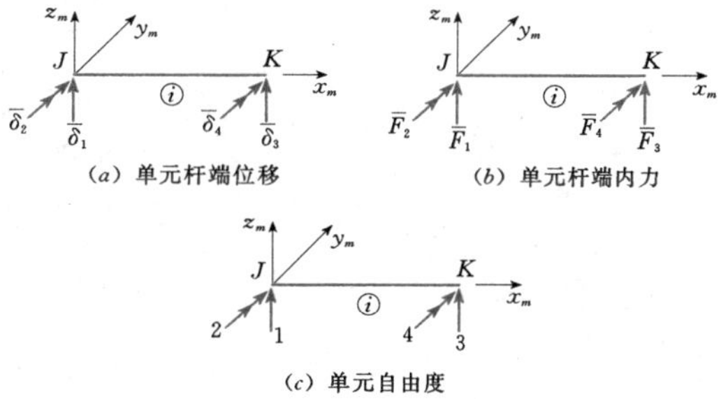

图 2.3-11　单元局部坐标系及单元自由度编号

（2）建立单元在局部坐标系中的单元刚度矩阵 $\bar{\boldsymbol{k}}_i$。对杆件结构，可用单位位移法或虚功原理推导单元刚度矩阵。常见单元的单元刚度矩阵如下。

1）平面铰接单元。平面铰接单元（见图 2.3-12）的单元刚度矩阵为

$$\bar{\boldsymbol{k}}_i=\begin{bmatrix}\frac{EA}{l} & 0 & -\frac{EA}{l} & 0\\ 0 & 0 & 0 & 0\\ -\frac{EA}{l} & 0 & \frac{EA}{l} & 0\\ 0 & 0 & 0 & 0\end{bmatrix}_i \qquad (2.3-23)$$

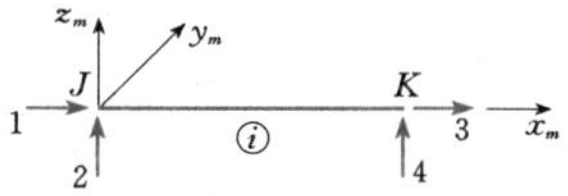

图 2.3-12　平面铰接单元

2）平面梁单元。平面梁单元（见图 2.3-11）的单元刚度矩阵为

$$\overline{\boldsymbol{k}}_i=\begin{bmatrix}\dfrac{12EI}{l^3} & -\dfrac{6EI}{l^2} & -\dfrac{12EI}{l^3} & -\dfrac{6EI}{l^2}\\ -\dfrac{6EI}{l^2} & \dfrac{4EI}{l} & \dfrac{6EI}{l^2} & \dfrac{2EI}{l}\\ -\dfrac{12EI}{l^3} & \dfrac{6EI}{l^2} & \dfrac{12EI}{l^3} & \dfrac{6EI}{l^2}\\ -\dfrac{6EI}{l^2} & \dfrac{2EI}{l} & \dfrac{6EI}{l^2} & \dfrac{4EI}{l}\end{bmatrix}_i \tag{2.3-24}$$

3）平面固接单元。平面固接单元（见图 2.3-13）的单元刚度矩阵为

$$\overline{\boldsymbol{k}}_i=\begin{bmatrix}\dfrac{EA}{l} & 0 & 0 & -\dfrac{EA}{l} & 0 & 0\\ 0 & \dfrac{12EI}{l^3} & -\dfrac{6EI}{l^2} & 0 & -\dfrac{12EI}{l^3} & -\dfrac{6EI}{l^2}\\ 0 & -\dfrac{6EI}{l^2} & \dfrac{4EI}{l} & 0 & \dfrac{6EI}{l^2} & \dfrac{2EI}{l}\\ -\dfrac{EA}{l} & 0 & 0 & \dfrac{EA}{l} & 0 & 0\\ 0 & -\dfrac{12EI}{l^3} & \dfrac{6EI}{l^2} & 0 & \dfrac{12EI}{l^3} & \dfrac{6EI}{l^2}\\ 0 & -\dfrac{6EI}{l^2} & \dfrac{2EI}{l} & 0 & \dfrac{6EI}{l^2} & \dfrac{4EI}{l}\end{bmatrix}_i \tag{2.3-25}$$

（3）对受单元荷载作用的单元，计算局部坐标系中的单元固端力列阵 $\overline{\boldsymbol{F}}_i^L$。对铰接单元，由于杆件上不受荷载作用，故不需考虑单元固端力。对受荷载作用的平面固接单元，计算单元固端力。对杆件上距 J 端距离为 a 的截面处作用集中力 $\boldsymbol{F}=[F_{x_m}\quad F_{z_m}\quad M_{y_m}]^{\mathrm{T}}$ 的单元（见图 2.3-14），其单元固端力列阵为

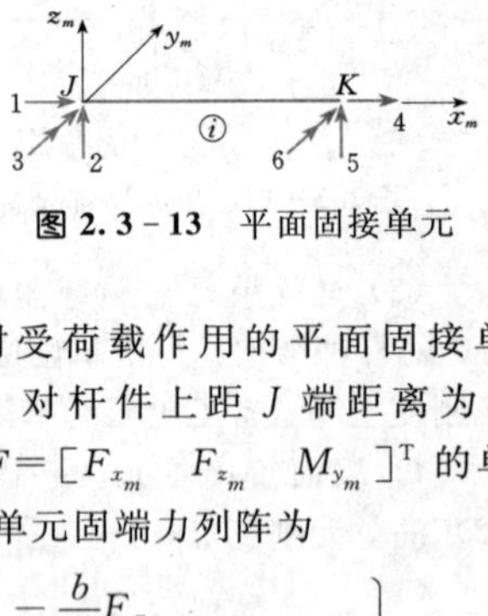

图 2.3-13　平面固接单元

$$\overline{\boldsymbol{F}}_i^L=\begin{Bmatrix}-\dfrac{b}{l}F_{x_m}\\ -\dfrac{b^2}{l^2}\left(1+2\dfrac{a}{l}\right)F_{z_m}+\dfrac{6ab}{l^3}M_{y_m}\\ -\dfrac{ab^2}{l^2}F_{z_m}+\dfrac{b}{l}\left(2-3\dfrac{b}{l}\right)M_{y_m}\\ -\dfrac{a}{l}F_{x_m}\\ -\dfrac{a^2}{l^2}\left(1+2\dfrac{b}{l}\right)F_{z_m}-\dfrac{6ab}{l^3}M_{y_m}\\ \dfrac{a^2b}{l^2}F_{z_m}+\dfrac{a}{l}\left(2-3\dfrac{a}{l}\right)M_{y_m}\end{Bmatrix}_i \tag{2.3-26}$$

对杆件上有满跨均布荷载作用的单元（见图 2.3-15），固端力列阵为

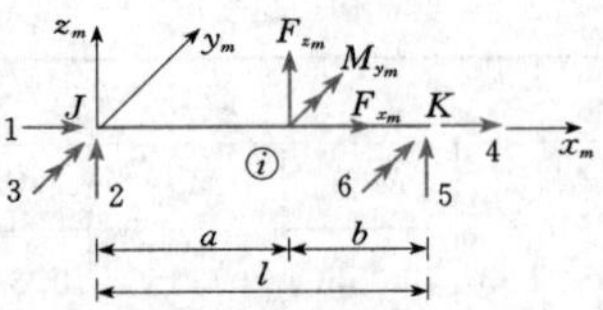

图 2.3-14　平面固接单元受集中力作用

$$\overline{\boldsymbol{F}}_i^L=\begin{Bmatrix}-\dfrac{q_{x_m}l}{2}\\ -\dfrac{q_{z_m}l}{2}\\ \dfrac{q_{z_m}l^2}{12}\\ -\dfrac{q_{x_m}l}{2}\\ -\dfrac{q_{z_m}l}{2}\\ -\dfrac{q_{z_m}l^2}{12}\end{Bmatrix}_i \tag{2.3-27}$$

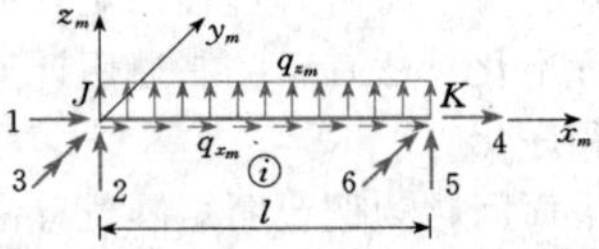

图 2.3-15　平面固接单元受均布荷载作用

（4）建立单元转换矩阵 $\boldsymbol{T}_i$ 及其转置矩阵 $\boldsymbol{T}_i^{\mathrm{T}}$。单元转换矩阵反映了单元杆端内力和位移在局部坐标系和整体坐标系之间的关系。平面固接单元（见图 2.3-16）的单元坐标转换矩阵为

$$\boldsymbol{T}_i=\begin{bmatrix}\cos\alpha & \sin\alpha & 0 & 0 & 0 & 0\\ -\sin\alpha & \cos\alpha & 0 & 0 & 0 & 0\\ 0 & 0 & 1 & 0 & 0 & 0\\ 0 & 0 & 0 & \cos\alpha & \sin\alpha & 0\\ 0 & 0 & 0 & -\sin\alpha & \cos\alpha & 0\\ 0 & 0 & 0 & 0 & 0 & 1\end{bmatrix}_i \tag{2.3-28}$$

平面铰接单元的坐标转换矩阵为

$$\boldsymbol{T}_i=\begin{bmatrix}\cos\alpha & \sin\alpha & 0 & 0\\ -\sin\alpha & \cos\alpha & 0 & 0\\ 0 & 0 & \cos\alpha & \sin\alpha\\ 0 & 0 & -\sin\alpha & \cos\alpha\end{bmatrix}_i \tag{2.3-29}$$

3. 整体分析

（1）形成单元定位向量 $\boldsymbol{\lambda}_i$。单元定位向量给出了单元自由度编号与节点自由度编号的对应关系，通过单元定位向量可将单元刚度矩阵拼装至结构可动节点刚度矩阵中。

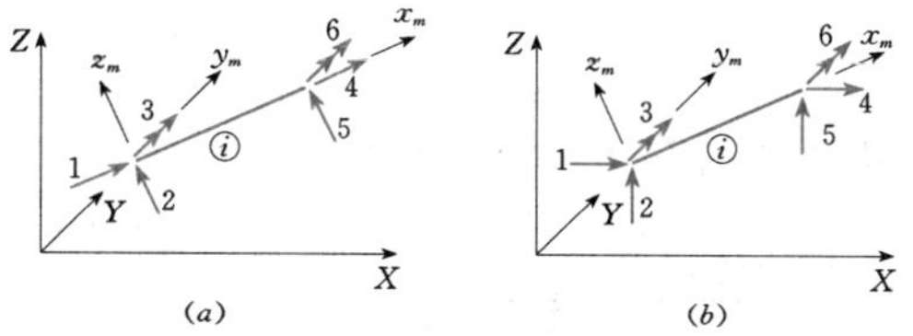

图 2.3-16 局部坐标系和整体坐标系中的平面固接单元

（2）计算整体坐标系中的单元刚度矩阵：

$$\boldsymbol{k}_i = \boldsymbol{T}_i^{\mathrm{T}}\overline{\boldsymbol{k}}_i\boldsymbol{T}_i \qquad (2.3-30)$$

并根据单元定位向量“对号入座”，形成可动节点刚度矩阵 $\boldsymbol{K}_{\delta\delta}$。

（3）计算整体坐标系中的单元固端力列阵 $\boldsymbol{F}_i^L$：

$$\boldsymbol{F}_i^L = \boldsymbol{T}^{\mathrm{T}}\overline{\boldsymbol{F}}_i^L \qquad (2.3-31)$$

并根据单元定位向量“对号入座”，形成可动节点等效荷载列阵 $\boldsymbol{F}_\delta$。

4. 解方程

求解节点位移 $\boldsymbol{\delta}$。

5. 计算单元杆端内力和支座反力

（1）根据单元定位向量，形成整体坐标系下的单元杆端位移列阵 $\boldsymbol{\delta}_i$。

（2）计算杆端内力：

$$\overline{\boldsymbol{F}}_i = \overline{\boldsymbol{k}}_i\boldsymbol{T}_i\boldsymbol{\delta}_i + \overline{\boldsymbol{F}}_i^L \qquad (2.3-32)$$

（3）由杆端内力计算支座反力。

6. 算例

图 2.3-17（*a*）所示平面刚架，设各杆 EI、EA 相同，均为常数，且在数值上有比值关系 $EI=20EA$。设 $F_{P_1}=P$，$F_{P_2}=2P$，$m=Pl$，$q=2.4\dfrac{P}{l}$，P 为一集中力数值。用矩阵位移法求解的过程如下：

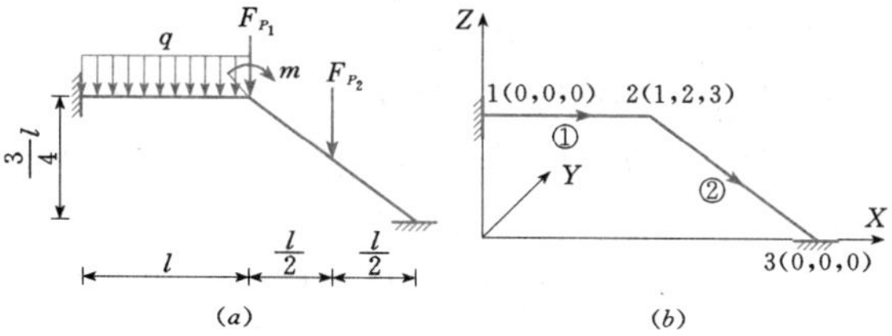

图 2.3-17 平面刚架例题

（1）离散化。整体坐标系、节点编号、单元编号、节点自由度编号、单元局部坐标系，如图 2.3-17（*b*）所示。

（2）单元分析。

1）计算单元刚度矩阵：

$$\overline{\boldsymbol{k}}_1 = \begin{bmatrix} \frac{EA}{l} & 0 & 0 & -\frac{EA}{l} & 0 & 0 \\ 0 & \frac{12EI}{l^3} & -\frac{6EI}{l^2} & 0 & -\frac{12EI}{l^3} & -\frac{6EI}{l^2} \\ 0 & -\frac{6EI}{l^2} & \frac{4EI}{l} & 0 & \frac{6EI}{l^2} & \frac{2EI}{l} \\ -\frac{EA}{l} & 0 & 0 & \frac{EA}{l} & 0 & 0 \\ 0 & -\frac{12EI}{l^3} & \frac{6EI}{l^2} & 0 & \frac{12EI}{l^3} & \frac{6EI}{l^2} \\ 0 & -\frac{6EI}{l^2} & \frac{2EI}{l} & 0 & \frac{6EI}{l^2} & \frac{4EI}{l} \end{bmatrix}$$

$$\overline{\boldsymbol{k}}_2 = \begin{bmatrix} \frac{EA}{\frac{5}{4}l} & 0 & 0 & -\frac{EA}{\frac{5}{4}l} & 0 & 0 \\ 0 & \frac{12EI}{\left(\frac{5}{4}l\right)^3} & -\frac{6EI}{\left(\frac{5}{4}l\right)^2} & 0 & -\frac{12EI}{\left(\frac{5}{4}l\right)^3} & -\frac{6EI}{\left(\frac{5}{4}l\right)^2} \\ 0 & -\frac{6EI}{\left(\frac{5}{4}l\right)^2} & \frac{4EI}{\frac{5}{4}l} & 0 & \frac{6EI}{\left(\frac{5}{4}l\right)^2} & \frac{2EI}{\frac{5}{4}l} \\ -\frac{EA}{\frac{5}{4}l} & 0 & 0 & \frac{EA}{\frac{5}{4}l} & 0 & 0 \\ 0 & -\frac{12EI}{\left(\frac{5}{4}l\right)^3} & \frac{6EI}{\left(\frac{5}{4}l\right)^2} & 0 & \frac{12EI}{\left(\frac{5}{4}l\right)^3} & \frac{6EI}{\left(\frac{5}{4}l\right)^2} \\ 0 & -\frac{6EI}{\left(\frac{5}{4}l\right)^2} & \frac{2EI}{\frac{5}{4}l} & 0 & \frac{6EI}{\left(\frac{5}{4}l\right)^2} & \frac{4EI}{\frac{5}{4}l} \end{bmatrix}$$

2）计算局部坐标系中单元固端力列阵：

对单元 1，作用有均布荷载 q，故单元固端力列阵为

$$\overline{\boldsymbol{F}}_1^L = \begin{bmatrix} 0 & \frac{ql}{2} & -\frac{ql^2}{12} & 0 & \frac{ql}{2} & -\frac{ql^2}{12} \end{bmatrix}^{\mathrm{T}}$$

对单元 2，跨中有集中力 F_{P_2} 作用，轴向分量为

$$F_{P_2}\sin\alpha = \frac{3}{5}F_{P_2} = \frac{6}{5}P$$

横向分量为

$$F_{P_2}\cos\alpha = \frac{4}{5}F_{P_2} = \frac{8}{5}P$$

故单元固端力列阵为

$$\overline{\boldsymbol{F}}_2^L = \begin{bmatrix} -\frac{3P}{5} & \frac{4P}{5} & -\frac{Pl}{4} & -\frac{3P}{5} & \frac{4P}{5} & \frac{Pl}{4} \end{bmatrix}^{\mathrm{T}}$$

3）计算单元坐标转换矩阵：

$$\boldsymbol{T}_1 = \boldsymbol{I}$$

$$T_2=\begin{bmatrix}\frac{4}{5} & -\frac{3}{5} & 0 & 0 & 0 & 0\\ \frac{3}{5} & \frac{4}{5} & 0 & 0 & 0 & 0\\ 0 & 0 & 1 & 0 & 0 & 0\\ 0 & 0 & 0 & \frac{4}{5} & -\frac{3}{5} & 0\\ 0 & 0 & 0 & \frac{3}{5} & \frac{4}{5} & 0\\ 0 & 0 & 0 & 0 & 0 & 1\end{bmatrix}$$

(3) 整体分析。

1) 形成单元定位向量：

$$\boldsymbol{\lambda}_1=[0\quad 0\quad 0\quad 1\quad 2\quad 3]^{\mathrm{T}}$$

$$\boldsymbol{\lambda}_2=[1\quad 2\quad 3\quad 0\quad 0\quad 0]^{\mathrm{T}}$$

2) 计算整体坐标系下单元刚度矩阵：

$$\boldsymbol{k}_1=\overline{\boldsymbol{k}}_1$$

$$\boldsymbol{k}_2=\boldsymbol{T}_2^{\mathrm{T}}\overline{\boldsymbol{k}}_2\boldsymbol{T}_2$$

$$=\frac{EA}{l}\begin{bmatrix}0.5121 & -0.3838 & -0.0768 & \\ -0.3838 & 0.2882 & -0.1024 & \boldsymbol{k}_{jk}\\ -0.0768 & -0.1024 & 64.0000 & \\ -0.5121 & 0.3838 & 0.0768 & \\ 0.3838 & -0.2882 & 0.1024 & \boldsymbol{k}_{kk}\\ -0.0768 & -0.1024 & 32.0000 & \end{bmatrix}$$

3) 拼装可动节点刚度矩阵。初始刚度矩阵：

$$\boldsymbol{K}_{\delta\delta}=\begin{bmatrix}0 & 0 & 0\\ 0 & 0 & 0\\ 0 & 0 & 0\end{bmatrix}$$

考虑第 1 个单元，$\boldsymbol{\lambda}_1=[0\quad 0\quad 0\quad 1\quad 2\quad 3]^{\mathrm{T}}$，故

$$\boldsymbol{K}_{\delta\delta}=\begin{bmatrix}k_{44}^1 & k_{45}^1 & k_{46}^1\\ k_{54}^1 & k_{55}^1 & k_{56}^1\\ k_{64}^1 & k_{65}^1 & k_{66}^1\end{bmatrix}$$

考虑第 2 个单元，$\boldsymbol{\lambda}_2=[1\quad 2\quad 3\quad 0\quad 0\quad 0]^{\mathrm{T}}$，故

$$\boldsymbol{K}_{\delta\delta}=\begin{bmatrix}k_{44}^1+k_{11}^2 & k_{45}^1+k_{12}^2 & k_{46}^1+k_{13}^2\\ k_{54}^1+k_{21}^2 & k_{55}^1+k_{22}^2 & k_{56}^1+k_{23}^2\\ k_{64}^1+k_{31}^2 & k_{65}^1+k_{32}^2 & k_{66}^1+k_{33}^2\end{bmatrix}$$

将各单元刚度矩阵代入上式得

$$\boldsymbol{K}_{\delta\delta}=\frac{EA}{l}\begin{bmatrix}1.5121 & -0.3838 & -0.0768\\ -0.3838 & 0.2889 & 0.0976\\ -0.0768 & 0.0976 & 144.0\end{bmatrix}$$

4) 拼装可动节点等效荷载列阵。考虑节点集中荷载作用：

$$\boldsymbol{F}_\delta^J=[0\quad -F_{P_1}\quad m]^{\mathrm{T}}=[0\quad -P\quad Pl]^{\mathrm{T}}$$

考虑单元荷载作用，先将单元固端力转换至整体坐标系中，有

$$\boldsymbol{F}_1^L=\overline{\boldsymbol{F}}_1^L$$

$$\boldsymbol{F}_2^L=\boldsymbol{T}_2^{\mathrm{T}}\overline{\boldsymbol{F}}_2^L=\left[0\quad P\quad -\frac{Pl}{4}\quad 0\quad P\quad \frac{Pl}{4}\right]^{\mathrm{T}}$$

拼装，即

$$\boldsymbol{F}_\delta^E=\left[0\quad -\left(\frac{ql}{2}+P\right)\quad -\left(\frac{ql^2}{12}-\frac{Pl}{4}\right)\right]^{\mathrm{T}}$$

$$=[0\quad -2.2P\quad 0.05Pl]^{\mathrm{T}}$$

叠加得

$$\boldsymbol{F}_\delta=\boldsymbol{F}_\delta^J+\boldsymbol{F}_\delta^E=[0\quad -3.2P\quad 1.05Pl]^{\mathrm{T}}$$

(4) 解方程：

$$\boldsymbol{\delta}=\frac{Pl}{EA}[-4.4791\quad -18.5235\quad 4.3862]^{\mathrm{T}}$$

(5) 计算杆端内力。由单元定位向量建立杆件单元杆端位移列阵：

$$\boldsymbol{\delta}_1=[0\quad 0\quad 0\quad -4.4791\quad -18.5235\quad 4.3862]^{\mathrm{T}}\times\frac{Pl}{EA}$$

$$\boldsymbol{\delta}_2=[-4.4791\quad -18.5235\quad 4.3862\quad 0\quad 0\quad 0]^{\mathrm{T}}\times\frac{Pl}{EA}$$

由公式 $\overline{\boldsymbol{F}}_i=\overline{\boldsymbol{k}}_i\boldsymbol{T}_i\boldsymbol{\delta}_i+\overline{\boldsymbol{F}}_i^L$ 计算杆端内力：

$$\overline{\boldsymbol{F}}_1=[4.4791P\quad 0.3358P\quad 0.0857Pl\quad -4.4791P\quad 2.0642P\quad 0.7787Pl]^{\mathrm{T}}$$

$$\overline{\boldsymbol{F}}_2=[5.4246P\quad 0.2316P\quad 0.2216Pl\quad -6.6246P\quad 1.3684P\quad 0.4877Pl]^{\mathrm{T}}$$

(6) 作内力图如图 2.3-18 所示。

2.3.4 变截面杆件结构

变截面杆件结构用位移法或力矩分配法计算时，其原理、方法和步骤均与等截面的情况相同，只是杆件的形常数和载常数不同于等截面杆件。下面列出一些常用的直线加腋变截面杆的形常数和载常数的计算公式。

2.3.4.1 杆端内力与杆端位移及荷载关系式

两端固定（见图 2.3-19），则

$$\begin{cases}M_{AB}=S_A\left[\varphi_A+C_{AB}\varphi_B-(1+C_{AB})\dfrac{\Delta}{l}\right]+M_{AB}^F\\ M_{BA}=S_B\left[\varphi_B+C_{BA}\varphi_A-(1+C_{BA})\dfrac{\Delta}{l}\right]+M_{BA}^F\end{cases}\tag{2.3-33}$$

式中 S_A——B 端固定 A 端发生单位转角的抗弯刚度；

S_B——A 端固定 B 端发生单位转角的抗弯刚度；

C_{AB}、C_{BA}——传递系数，远端弯矩与近端弯矩之比值。

S_A、S_B、C_{AB}、C_{BA}统称为变截面杆件的形常数。图2.3-19中：

$M_A=S_A\varphi_A$，　$M'_B=C_{AB}M_A=C_{AB}S_A\varphi_A$

$M_B=S_B\varphi_B$，　$M'_A=C_{BA}M_B=C_{BA}S_B\varphi_B$

$M''_A=-S_A\psi-C_{BA}S_B\psi=-(S_A+C_{BA}S_B)\psi$

$M''_B=-S_B\psi-C_{AB}S_A\psi=-(S_B+C_{AB}S_A)\psi$

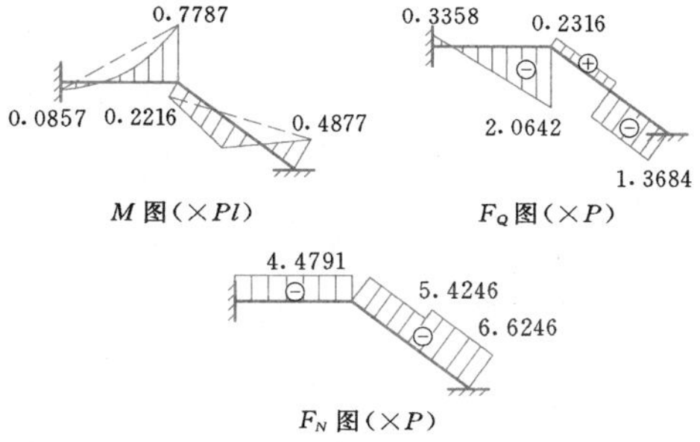

图2.3-18 平面刚架内力图

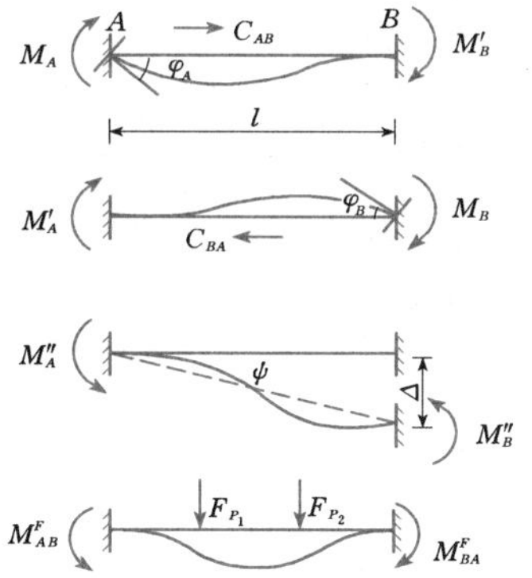

图2.3-19 两端固定杆件杆端弯矩和杆端位移

根据反力互等定理，有下列关系：

$$S_AC_{AB}=S_BC_{BA} \tag{2.3-34}$$

若A端为铰支时，$M_{AB}=0$，则

$$M_{BA}=S_B(1-C_{AB}C_{BA})\left(\varphi_B-\frac{\Delta}{l}\right)+(M^F_{BA}-C_{AB}M^F_{AB}) \tag{2.3-35}$$

当荷载及Δ均为零时，式（2.3-35）变为

$$M_{BA}=S_B(1-C_{AB}C_{BA})\varphi_B=S'_B \tag{2.3-36}$$

式中　S'_B——修正刚度。

2.3.4.2 固端弯矩

变截面杆件在荷载作用下的固端弯矩系数称为载常数。

均布荷载时（见图2.3-20），有

$$\left.\begin{aligned}M^F_{AB}&=-F_Aql^2\\M^F_{BA}&=+F_Bql^2\end{aligned}\right\} \tag{2.3-37}$$

集中荷载时（见图2.3-21），有

$$\left.\begin{aligned}M^F_{AB}&=-F_AF_Pl^2\\M^F_{BA}&=+F_BF_Pl^2\end{aligned}\right\} \tag{2.3-38}$$

式中，载常数F_A、F_B可根据加腋段长度系数α、深度系数r和集中荷载位置系数λ，由表2.3-22和表2.3-23查得。

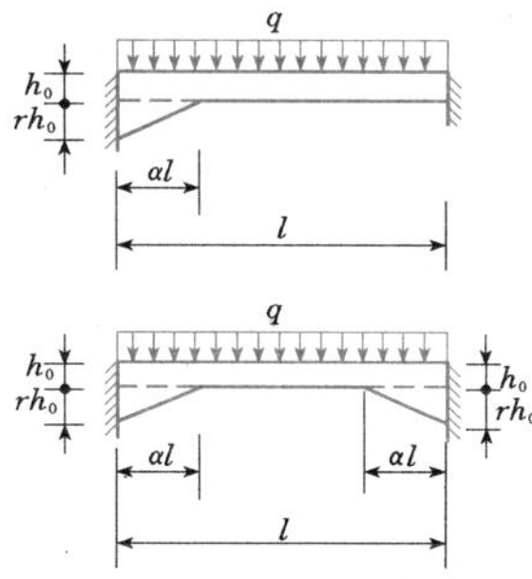

图2.3-20 均布荷载作用下的变截面杆件

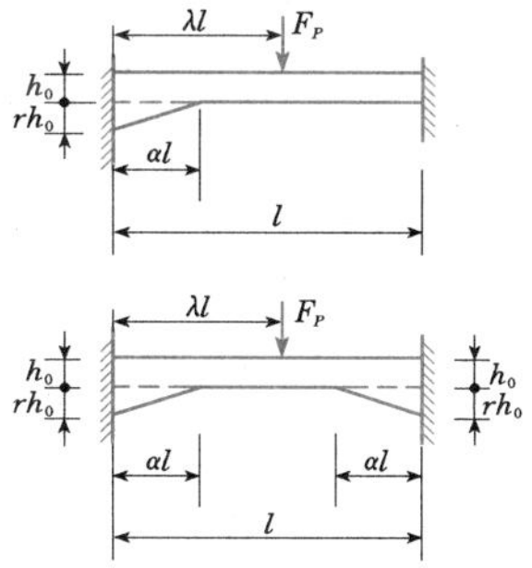

图2.3-21 集中荷载作用下的变截面杆件

2.3.5 粗短杆件结构

某些水工建筑物可以看成是由粗短杆件组成的，如尾水管、蜗壳等。对这类结构（见图2.3-22），杆件的剪切变形和节点结合区域的刚性往往是不能忽略的。如不考虑剪切变形的影响，其杆端弯矩的误差可达10%～15%。

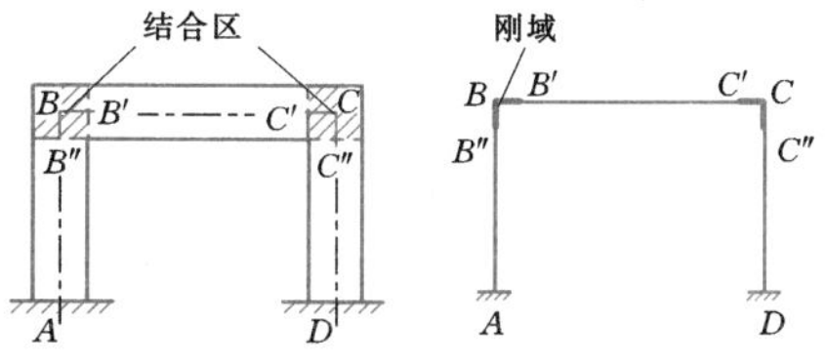

图2.3-22 考虑剪切变形及节点刚性段影响

2.3.5.1 计算公式

考虑刚性段时杆端弯矩为（见图2.3-23）

表 2.3－22　　　　矩形截面对称直线加腋梁的形常数及载常数

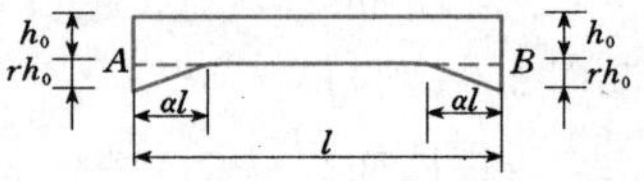

均布荷载作用时：　$M_A=-M_B=-Fql^2$

集中荷载作用时：　$M_A=-F_AF_Pl$，　$M_B=F_BF_Pl$

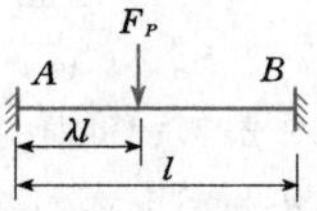

系数					α \ r	0.0	0.4	0.6	1.0	1.5	2.0
形常数	传递系数	$C_{AB}=C_{BA}$			0.1	0.500	0.552	0.567	0.588	0.603	0.613
					0.2	0.500	0.588	0.618	0.659	0.691	0.711
					0.3	0.500	0.608	0.647	0.705	0.753	0.785
					0.4	0.500	0.610	0.653	0.720	0.779	0.820
					0.5	0.500	0.595	0.633	0.692	0.748	0.789
	刚度系数	$\frac{S_{AB}}{i_0}=\frac{S_{BA}}{i_0}$			0.1	4.00	4.83	5.12	5.54	5.89	6.11
					0.2	4.00	5.75	6.51	7.81	9.08	10.05
					0.3	4.00	6.65	8.04	10.85	14.27	17.42
					0.4	4.00	7.44	9.50	14.26	21.31	29.36
					0.5	4.00	8.07	10.72	17.34	28.32	42.61
载常数（固端弯矩系数）	均布荷载	$F_A=F_B=F$			0.1	0.0833	0.0889	0.0905	0.0925	0.0941	0.0950
					0.2	0.0833	0.0926	0.0954	0.0993	0.1021	0.1039
					0.3	0.0833	0.0945	0.0982	0.1034	0.1074	0.1099
					0.4	0.0833	0.0947	0.0987	0.1046	0.1094	0.1126
					0.5	0.0833	0.0933	0.0969	0.1023	0.1070	0.1103
载常数（固端弯矩系数）	集中荷载		$\lambda=0.1$	F_A	0.1	0.0810	0.0884	0.0906	0.0936	0.0957	0.0969
					0.2	0.0810	0.0885	0.0908	0.0939	0.0962	0.0974
					0.3	0.0810	0.0875	0.0897	0.0924	0.0945	0.0962
					0.4	0.0810	0.0862	0.0880	0.0905	0.0925	0.0939
					0.5	0.0810	0.0852	0.0867	0.0887	0.0903	0.0914
				F_B	0.1	0.0090	0.0060	0.0050	0.0036	0.0025	0.0018
					0.2	0.0090	0.0065	0.0055	0.0039	0.0025	0.0018
					0.3	0.0090	0.0073	0.0066	0.0052	0.0039	0.0031
					0.4	0.0090	0.0081	0.0076	0.0067	0.0057	0.0049
					0.5	0.0090	0.0085	0.0081	0.0076	0.0071	0.0067
			$\lambda=0.3$	F_A	0.1	0.1470	0.1629	0.1679	0.1749	0.1802	0.1836
					0.2	0.1470	0.1732	0.1828	0.1973	0.2097	0.2184
					0.3	0.1470	0.1762	0.1876	0.2063	0.2241	0.2375
					0.4	0.1470	0.1729	0.1829	0.1991	0.2145	0.2264
					0.5	0.1470	0.1682	0.1761	0.1886	0.1999	0.2083
				F_B	0.1	0.0630	0.0617	0.0609	0.0594	0.0581	0.0572
					0.2	0.0630	0.0618	0.0600	0.0561	0.0515	0.0478
					0.3	0.0630	0.0640	0.0625	0.0577	0.0506	0.0438
					0.4	0.0630	0.0666	0.0667	0.0649	0.0608	0.0559
					0.5	0.0630	0.0672	0.0680	0.0686	0.0679	0.0667
			$\lambda=0.5$	$F_A=F_B$	0.1	0.1250	0.1340	0.1366	0.1400	0.1425	0.1441
					0.2	0.1250	0.1412	0.1463	0.1533	0.1587	0.1621
					0.3	0.1250	0.1461	0.1534	0.1640	0.1725	0.1781
					0.4	0.1250	0.1481	0.1567	0.1700	0.1816	0.1897
					0.5	0.1250	0.1458	0.1538	0.1667	0.1786	0.1875

注　$i_0=\frac{I_0}{l}$，I_0 为梁的最小截面惯矩。

表 2.3-23　　　　矩形截面一端直线加腋梁的形常数及载常数

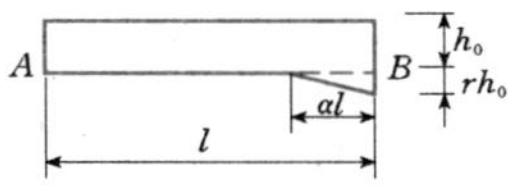

均布荷载作用时：$M_A = -F_A ql^2$，$M_B = F_B ql^2$

集中荷载作用时：$M_A = -F_A F_P l$，$M_B = F_B F_P l$

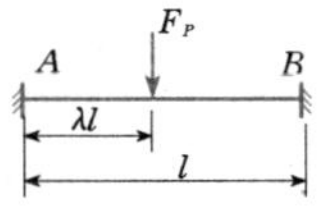

系数			α \ r	0.0	0.4	0.6	1.0	1.5	2.0
形常数	传递系数	C_{AB}	0.1	0.500	0.556	0.573	0.596	0.613	0.624
			0.2	0.500	0.606	0.642	0.694	0.736	0.764
			0.3	0.500	0.648	0.704	0.791	0.866	0.918
			0.4	0.500	0.679	0.754	0.879	0.996	1.082
			0.5	0.500	0.697	0.788	0.948	1.114	1.245
			1.0	0.500	0.642	0.709	0.834	0.981	1.119
		C_{BA}	0.1	0.500	0.496	0.495	0.493	0.492	0.491
			0.2	0.500	0.486	0.481	0.475	0.470	0.467
			0.3	0.500	0.470	0.461	0.449	0.439	0.433
			0.4	0.500	0.453	0.438	0.418	0.403	0.392
			0.5	0.500	0.434	0.413	0.385	0.363	0.349
			1.0	0.500	0.388	0.350	0.294	0.247	0.214
	刚度系数	$\frac{S_{AB}}{i_0}$	0.1	4.00	4.14	4.19	4.25	4.30	4.33
			0.2	4.00	4.26	4.35	4.49	4.61	4.68
			0.3	4.00	4.34	4.48	4.71	4.91	5.06
			0.4	4.00	4.39	4.57	4.87	5.18	5.42
			0.5	4.00	4.43	4.62	4.99	5.39	5.73
			1.0	4.00	5.17	5.74	6.86	8.23	9.57
		$\frac{S_{BA}}{i_0}$	0.1	4.00	4.64	4.85	5.14	5.36	5.50
			0.2	4.00	5.31	5.81	6.57	7.22	7.66
			0.3	4.00	5.98	6.84	8.29	9.68	10.72
			0.4	4.00	6.59	7.86	10.24	12.82	14.94
			0.5	4.00	7.12	8.81	12.28	16.52	20.42
			1.0	4.00	8.57	11.63	19.46	32.69	50.13
载常数（固端弯矩系数）	均布荷载	F_A	0.1	0.0833	0.0780	0.0763	0.0741	0.0724	0.0714
			0.2	0.0833	0.0747	0.0717	0.0673	0.0638	0.0616
			0.3	0.0833	0.0730	0.0690	0.0630	0.0577	0.0542
			0.4	0.0833	0.0722	0.0678	0.0607	0.0541	0.0494
			0.5	0.0833	0.0718	0.0672	0.0597	0.0524	0.0468
			1.0	0.0833	0.0675	0.0618	0.0529	0.0450	0.0392
		F_B	0.1	0.0833	0.0946	0.0981	0.1029	0.1066	0.1088
			0.2	0.0833	0.1025	0.1093	0.1192	0.1274	0.1327
			0.3	0.0833	0.1069	0.1162	0.1311	0.1442	0.1534
			0.4	0.0833	0.1084	0.1192	0.1376	0.1554	0.1688
			0.5	0.0833	0.1079	0.1191	0.1390	0.1599	0.1770
			1.0	0.0833	0.1011	0.1086	0.1216	0.1352	0.1466

续表

系数				α \ r	0.0	0.4	0.6	1.0	1.5	2.0
载常数（固端弯矩系数）	集中荷载	$\lambda=0.1$	F_A	0.1	0.0810	0.0804	0.0802	0.0799	0.0797	0.0795
				0.2	0.0810	0.0798	0.0794	0.0788	0.0783	0.0780
				0.3	0.0810	0.0795	0.0789	0.0779	0.0770	0.0764
				0.4	0.0810	0.0793	0.0785	0.0772	0.0758	0.0748
				0.5	0.0810	0.0791	0.0783	0.0767	0.0749	0.0735
				1.0	0.0810	0.0766	0.0744	0.0706	0.0664	0.0627
			F_B	0.1	0.0090	0.0103	0.0108	0.0114	0.0118	0.0121
				0.2	0.0090	0.0116	0.0125	0.0140	0.0152	0.0164
				0.3	0.0090	0.0127	0.0141	0.0166	0.0190	0.0210
				0.4	0.0090	0.0133	0.0153	0.0190	0.0228	0.0258
				0.5	0.0090	0.0137	0.0161	0.0208	0.0263	0.0311
				1.0	0.0090	0.0139	0.0168	0.0224	0.0296	0.0370
		$\lambda=0.3$	F_A	0.1	0.1470	0.1426	0.1412	0.1393	0.1378	0.1369
				0.2	0.1470	0.1391	0.1363	0.1321	0.1287	0.1264
				0.3	0.1470	0.1368	0.1327	0.1262	0.1203	0.1161
				0.4	0.1470	0.1355	0.1305	0.1219	0.1134	0.1070
				0.5	0.1470	0.1346	0.1291	0.1192	0.1087	0.1001
				1.0	0.1470	0.1243	0.1154	0.1005	0.0860	0.0752
			F_B	0.1	0.0630	0.0724	0.0754	0.0795	0.0826	0.0846
				0.2	0.0630	0.0806	0.0871	0.0968	0.1049	0.1104
				0.3	0.0630	0.0870	0.0970	0.1134	0.1286	0.1397
				0.4	0.0630	0.0911	0.1041	0.1273	0.1513	0.1702
				0.5	0.0630	0.0930	0.1079	0.1364	0.1688	0.1969
				1.0	0.0630	0.0885	0.1001	0.1221	0.1475	0.1682
		$\lambda=0.5$	F_A	0.1	0.1250	0.1164	0.1137	0.1100	0.1072	0.1055
				0.2	0.1250	0.1102	0.1049	0.0971	0.0908	0.0866
				0.3	0.1250	0.1064	0.0990	0.0874	0.0771	0.0700
				0.4	0.1250	0.1044	0.0958	0.0815	0.0679	0.0578
				0.5	0.1250	0.1032	0.0941	0.0788	0.0636	0.0519
				1.0	0.1250	0.0953	0.0850	0.0691	0.0555	0.0460
			F_B	0.1	0.1250	0.1432	0.1490	0.1568	0.1629	0.1667
				0.2	0.1250	0.1581	0.1701	0.1881	0.2030	0.2129
				0.3	0.1250	0.1684	0.1862	0.2150	0.2412	0.2599
				0.4	0.1250	0.1734	0.1950	0.2327	0.2704	0.2993
				0.5	0.1250	0.1733	0.1958	0.2371	0.2812	0.3174
				1.0	0.1250	0.1583	0.1717	0.1951	0.2184	0.2371
		$\lambda=0.7$	F_A	0.1	0.0630	0.0534	0.0505	0.0464	0.0434	0.0415
				0.2	0.0630	0.0476	0.0423	0.0346	0.0285	0.0246
				0.3	0.0630	0.0453	0.0387	0.0289	0.0208	0.0155
				0.4	0.0630	0.0449	0.0383	0.0283	0.0189	0.0144
				0.5	0.0630	0.0448	0.0384	0.0288	0.0207	0.0153
				1.0	0.0630	0.0434	0.0375	0.0289	0.0221	0.0176

续表

系数				α \ r	0.0	0.4	0.6	1.0	1.5	2.0
载常数（固端弯矩系数）	集中荷载	$\lambda=0.7$	F_B	0.1	0.1470	0.1672	0.1735	0.1822	0.1887	0.1928
				0.2	0.1470	0.1809	0.1929	0.2105	0.2247	0.2339
				0.3	0.1470	0.1865	0.2017	0.2252	0.2452	0.2585
				0.4	0.1470	0.1849	0.2001	0.2241	0.2453	0.2597
				0.5	0.1470	0.1812	0.1950	0.2175	0.2382	0.2529
				1.0	0.1470	0.1689	0.1766	0.1893	0.2010	0.2097
		$\lambda=0.9$	F_A	0.1	0.0090	0.0052	0.0042	0.0028	0.0018	0.0013
				0.2	0.0090	0.0050	0.0038	0.0023	0.0014	0.0009
				0.3	0.0090	0.0051	0.0039	0.0024	0.0015	0.0010
				0.4	0.0090	0.0053	0.0042	0.0028	0.0018	0.0012
				0.5	0.0090	0.0055	0.0044	0.0030	0.0020	0.0014
				1.0	0.0090	0.0055	0.0048	0.0035	0.0026	0.0020
			F_B	0.1	0.0810	0.0889	0.0911	0.0940	0.0960	0.0972
				0.2	0.0810	0.0893	0.0917	0.0948	0.0969	0.0980
				0.3	0.0810	0.0887	0.0911	0.0943	0.0965	0.0977
				0.4	0.0810	0.0877	0.0900	0.0931	0.0954	0.0968
				0.5	0.0810	0.0869	0.0890	0.0919	0.0943	0.0958
				1.0	0.0810	0.0850	0.0858	0.0877	0.0893	0.0905

注　$i_0=\frac{I_0}{l}$，I_0 为梁的最小截面惯矩。

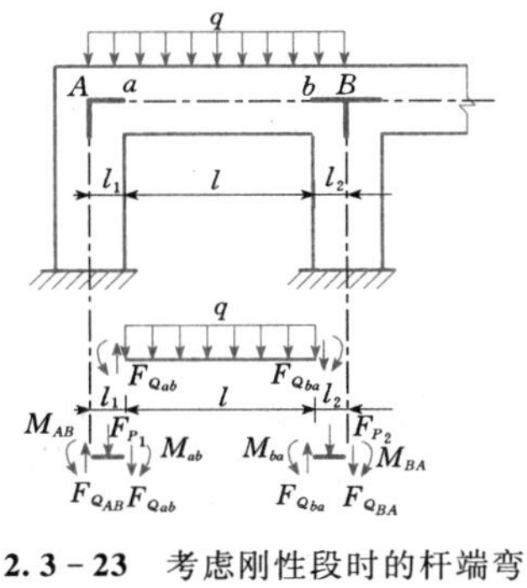

图 2.3-23　考虑刚性段时的杆端弯矩

$$\left.\begin{aligned}M_{AB}&=M_{ab}-F_{Q_{ab}}l_1-F_{P_1}S_1\\M_{BA}&=M_{ba}-F_{Q_{ba}}l_2-F_{P_2}S_2\end{aligned}\right\}\qquad(2.3-39)$$

$$\left.\begin{aligned}F_{Q_{AB}}&=F_{Q_{ab}}+F_{P_1}\\F_{Q_{BA}}&=F_{Q_{ba}}+F_{P_2}\end{aligned}\right\}\qquad(2.3-40)$$

式中　l_1、l_2——刚性段的长度（各为节点宽度之半）；

F_{P_1}、F_{P_2}——作用在刚性段上荷载的合力；

S_1、S_2——上述合力对杆端之力臂。

正负号规定：弯矩以顺时针为正，剪力以使杆段顺时针转为正。

2.3.5.2　形常数及载常数

考虑剪切变形与节点刚性段影响时，杆件的形常数、载常数列于表 2.3-24 和表 2.3-25 中。

表中符号的意义如下：

S_{AB}——A 端的抗弯劲度；

C_{AB}——传递系数；

E、G——材料的弹性模量、剪切模量，钢筋混凝土 $G=0.425E$；

l——杆件柔性段长度；

A、I——杆件的截面积、惯性矩；

λ——剪切修正系数；

ρ、ρ'——剪切变形影响系数，公式分别如下：

$$\rho=\frac{l^3}{l^3+\dfrac{12EI\lambda l}{AG}},\quad \rho'=\frac{l^3}{l^3+\dfrac{3EI\lambda l}{AG}}$$

有了形常数和载常数后，其他计算与不考虑剪切变形及刚性段时一样。

2.3.6　刚架

刚架结构因整体性好，内力分布比较均匀，杆件较少，内部空间较大，故在工程中得到广泛应用。实际工程中的刚架多是超静定的，其内力和位移计算较为繁复，可利用计算机结构分析软件计算。有时也将复杂刚架简化为较为简单的刚架计算。

本节列出若干种刚架在各种不同荷载作用下的内

表 2.3-24　考虑剪切变形时杆件的载常数（固端弯矩 M 及固端剪力 F_Q）公式

简　图	计 算 公 式
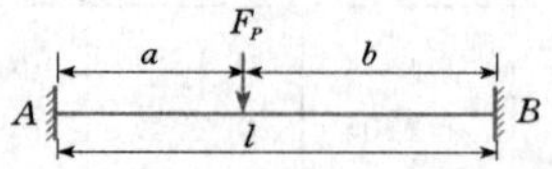	$M_{AB}=-\frac{l+\rho(b-a)}{2l^2}F_Pab$，$M_{BA}=\frac{l-\rho(b-a)}{2l^2}F_Pab$ $F_{Q_{AB}}=\frac{F_Pb}{l}\left[1+\frac{\rho a(b-a)}{l^2}\right]$，$F_{Q_{BA}}=-\frac{F_Pa}{l}\left[1-\frac{\rho b(b-a)}{l^2}\right]$
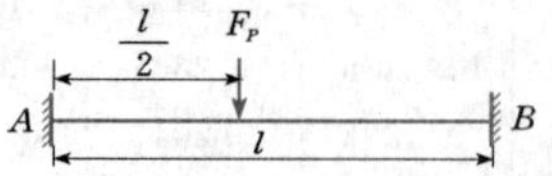	$M_{AB}=-\frac{1}{8}F_Pl$，$M_{BA}=\frac{1}{8}F_Pl$ $F_{Q_{AB}}=\frac{F_P}{2}$，$F_{Q_{BA}}=-\frac{F_P}{2}$
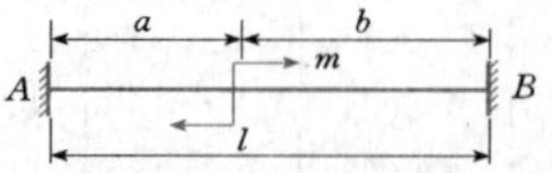	$M_{AB}=-\frac{3\rho a-l}{l^2}mb$，$M_{BA}=\frac{3\rho b-l}{l^2}ma$ $F_{Q_{AB}}=-\frac{6\rho ab}{l^3}m$，$F_{Q_{BA}}=-\frac{6\rho ab}{l^3}m$
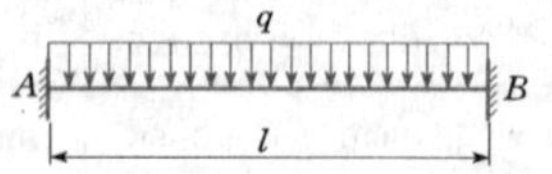	$M_{AB}=-\frac{1}{12}ql^2$，$M_{BA}=\frac{1}{12}ql^2$ $F_{Q_{AB}}=\frac{1}{2}ql$，$F_{Q_{BA}}=-\frac{1}{2}ql$
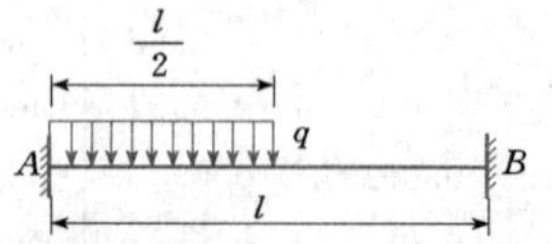	$M_{AB}=-\frac{8+3\rho}{192}ql^2$，$M_{BA}=\frac{8-3\rho}{192}ql^2$ $F_{Q_{AB}}=\frac{ql}{8}\left(3+\frac{1}{4}\rho\right)$，$F_{Q_{BA}}=-\frac{ql}{8}\left(1-\frac{1}{4}\rho\right)$
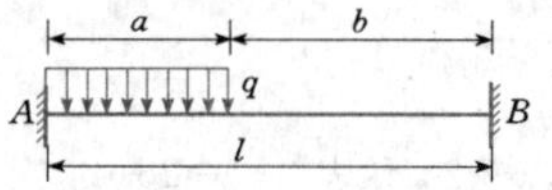	$M_{AB}=-\frac{l(3l-2a)+3\rho(l-a)^2}{12l^2}qa^2$，$M_{BA}=\frac{l(3l-2a)-3\rho(l-a)^2}{12l^2}qa^2$ $F_{Q_{AB}}=\frac{qa}{2l}(2l-a)+\frac{(l-a)^2}{2l^3}\rho qa^2$，$F_{Q_{BA}}=-\frac{2a^2}{2l}+\frac{(l-a)^2}{2l^3}\rho qa^2$
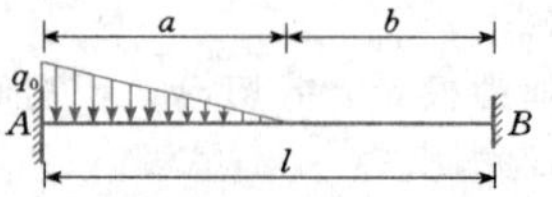	$M_{AB}=-\frac{5l(2l-a)+\rho(10l^2-15al+6a^2)}{120l^2}q_0a^2$ $M_{BA}=\frac{5l(2l-a)-\rho(10l^2-15al+6a^2)}{120l^2}q_0a^2$ $F_{Q_{AB}}=\frac{q_0a}{6l}(3l-a)+\frac{10l^2-15al+6a^2}{60l^3}\rho q_0a^2$ $F_{Q_{BA}}=-\frac{q_0a^2}{6l}+\frac{10l^2-15al+6a^2}{60l^3}\rho q_0a^2$
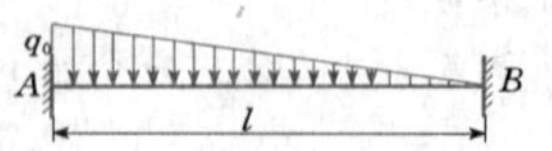	$M_{AB}=-\frac{5+\rho}{120}q_0l^2$，$M_{BA}=\frac{5-\rho}{120}q_0l^2$ $F_{Q_{AB}}=\frac{q_0l}{3}\left(1+\frac{\rho}{20}\right)$，$F_{Q_{BA}}=-\frac{q_0l}{6}\left(1-\frac{\rho}{10}\right)$
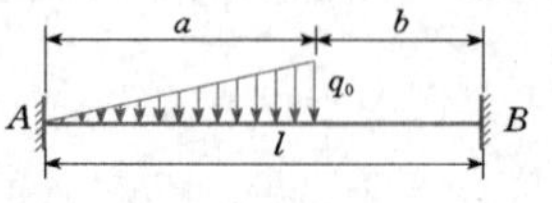	$M_{AB}=-\frac{5l(4l-3a)+\rho(20l^2-45al+24a^2)}{120l^2}q_0a^2$ $M_{BA}=\frac{5l(4l-3a)-\rho(20l^2-45al+24a^2)}{120l^2}q_0a^2$ $F_{Q_{AB}}=\frac{q_0a}{6l}(3l-2a)+\frac{20l^2-45al+24a^2}{60l^3}\rho q_0a^2$ $F_{Q_{BA}}=-\frac{q_0a^2}{3l}+\frac{20l^2-45al+24a^2}{60l^3}\rho q_0a^2$
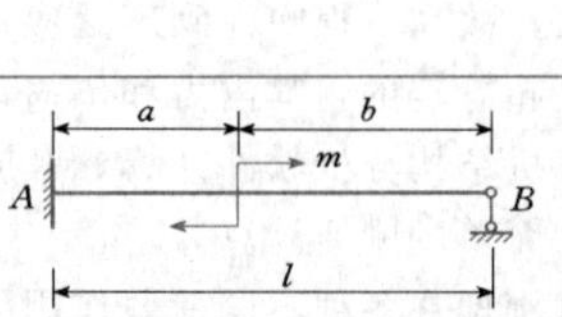	$M_{AB}=\frac{-3\rho'b^2+(3\rho'-2)l^2}{2l^2}m$ $F_{Q_{AB}}=-\frac{3\rho'}{2}\left(1-\frac{b^2}{l^2}\right)\frac{m}{l}$，$F_{Q_{BA}}=-\frac{3\rho'}{2}\left(1-\frac{b^2}{l^2}\right)\frac{m}{l}$

续表

简　图	计 算 公 式
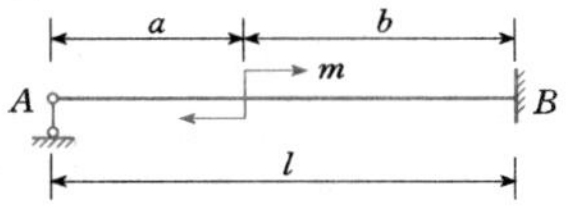	$M_{BA}=-\frac{3\rho'a^2-(3\rho'-2)l^2}{2l^2}m$ $F_{Q_{AB}}=-\frac{3\rho'}{2}\left(1-\frac{a^2}{l^2}\right)\frac{m}{l}$，$F_{Q_{BA}}=-\frac{3\rho'}{2}\left(1-\frac{a^2}{l^2}\right)\frac{m}{l}$
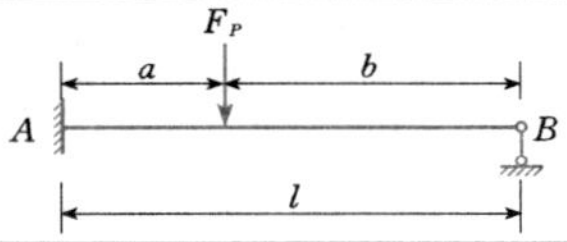	$M_{AB}=-\frac{l+b}{2l^2}\rho'F_Pab$ $F_{Q_{AB}}=\frac{F_Pb}{l}\left[1+\frac{a}{2l^2}\rho'(l+b)\right]$，$F_{Q_{BA}}=-\frac{F_Pa}{l}\left[1-\frac{b}{2l^2}\rho'(l+b)\right]$
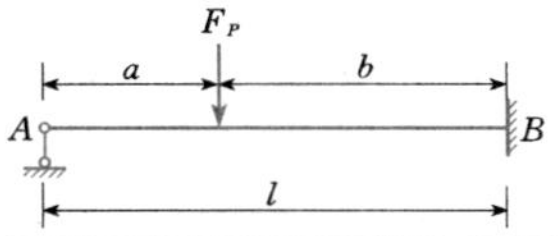	$M_{BA}=\frac{l+a}{2l^2}\rho'F_Pab$ $F_{Q_{AB}}=\frac{F_Pb}{l}\left[1-\frac{a}{2l^2}\rho'(l+a)\right]$，$F_{Q_{BA}}=-\frac{F_Pa}{l}\left[1+\frac{b}{2l^2}\rho'(l+a)\right]$
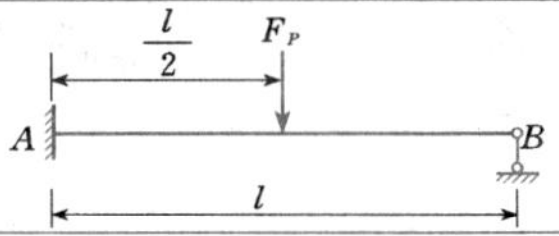	$M_{AB}=-\frac{3}{16}\rho'F_Pl$ $F_{Q_{AB}}=\frac{F_P}{2}\left(1+\frac{3}{8}\rho'\right)$，$F_{Q_{BA}}=-\frac{F_P}{2}\left(1-\frac{3}{8}\rho'\right)$
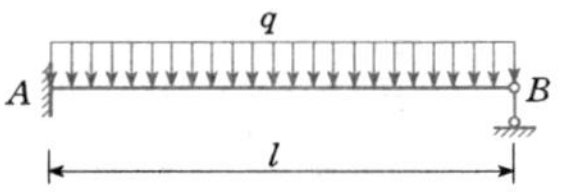	$M_{AB}=-\frac{1}{8}\rho'ql^2$ $F_{Q_{AB}}=\frac{ql}{2}\left(1+\frac{1}{4}\rho'\right)$，$F_{Q_{BA}}=-\frac{ql}{2}\left(1-\frac{1}{4}\rho'\right)$
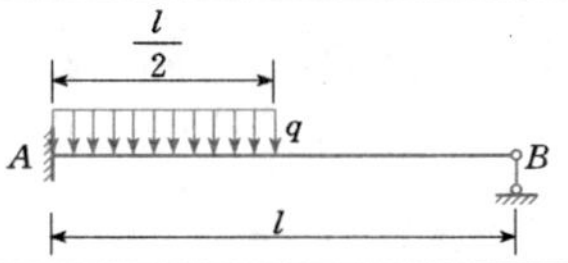	$M_{AB}=-\frac{9}{128}\rho'ql^2$ $F_{Q_{AB}}=\frac{3}{8}ql\left(1+\frac{3}{16}\rho'\right)$，$F_{Q_{BA}}=-\frac{1}{8}ql\left(1-\frac{9}{16}\rho'\right)$
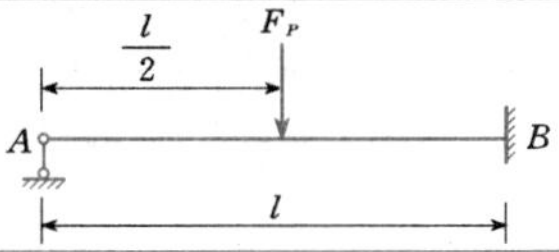	$M_{BA}=\frac{3}{16}\rho'F_Pl$ $F_{Q_{AB}}=-\frac{F_P}{2}\left(1-\frac{3}{8}\rho'\right)$，$F_{Q_{BA}}=\frac{F_P}{2}\left(1+\frac{3}{8}\rho'\right)$
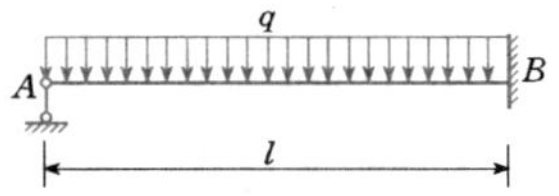	$M_{BA}=\frac{1}{8}\rho'ql^2$ $F_{Q_{AB}}=\frac{ql}{2}\left(1-\frac{1}{4}\rho'\right)$，$F_{Q_{BA}}=-\frac{ql}{2}\left(1+\frac{1}{4}\rho'\right)$
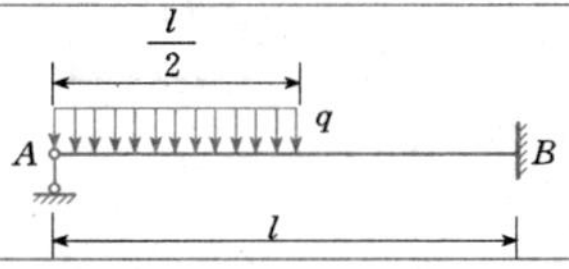	$M_{BA}=\frac{7}{128}\rho'ql^2$ $F_{Q_{AB}}=\frac{1}{8}ql\left(3-\frac{7}{16}\rho'\right)$，$F_{Q_{BA}}=-\frac{1}{8}ql\left(1+\frac{7}{16}\rho'\right)$
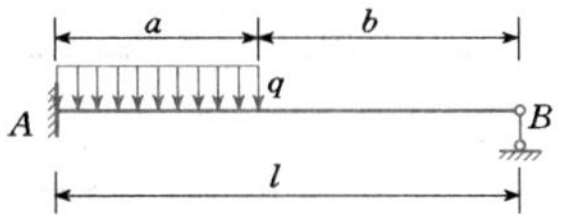	$M_{AB}=-\frac{(2l-a)^2}{8l^2}\rho'qa^2$ $F_{Q_{AB}}=\frac{qa}{2l}(2l-a)+\frac{(2l-a)^2}{8l^3}\rho'qa^2$，$F_{Q_{BA}}=-\frac{qa^2}{2l}+\frac{(2l-a)^2}{8l^3}\rho'qa^2$
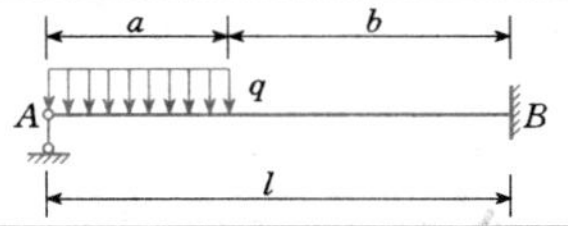	$M_{BA}=\frac{2l^2-a^2}{8l^2}\rho'qa^2$ $F_{Q_{AB}}=\frac{qa^2}{2l}-(2l-a)-\frac{2l^2-a^2}{8l^3}\rho'qa^2$，$F_{Q_{BA}}=-\frac{qa^2}{2l}-\frac{2l^2-a^2}{8l^3}\rho'qa^2$
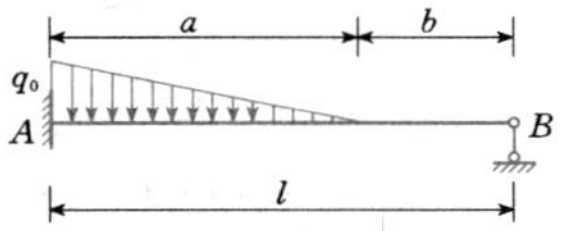	$M_{AB}=-\frac{20l^2-15al+3a^2}{120l^2}\rho'q_0a^2$ $F_{Q_{AB}}=\frac{q_0a}{6l}(3l-a)+\frac{20l^2-15al+3a^2}{120l^3}\rho'q_0a^2$ $F_{Q_{BA}}=-\frac{q_0a^2}{6l}+\frac{20l^2-15al+3a^2}{120l^3}\rho'q_0a^2$

续表

简 图	计 算 公 式
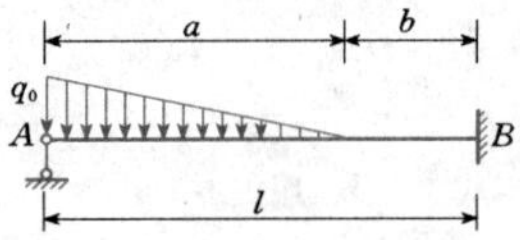	$M_{BA}=\frac{10l^2-3a^2}{120l^2}\rho' q_0 a^2$ $F_{Q_{AB}}=\frac{q_0 a}{6l}(3l-a)-\frac{10l^2-3a^2}{120l^3}\rho' q_0 a^2$，$F_{Q_{BA}}=-\frac{q_0 a}{6l}-\frac{10l^2-3a^2}{120l^3}\rho' q_0 a^2$
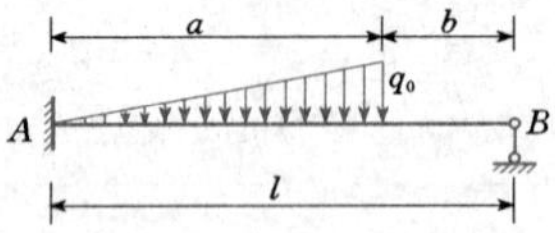	$M_{AB}=-\frac{40l^2-45al+12a^2}{120l^2}\rho' q_0 a^2$ $F_{Q_{AB}}=\frac{q_0 a}{6l}(3l-2a)+\frac{40l^2-45al+12a^2}{120l^3}\rho' q_0 a^2$ $F_{Q_{BA}}=-\frac{q_0 a^2}{3l}+\frac{40l^2-45al+12a^2}{120l^3}\rho' q_0 a^2$
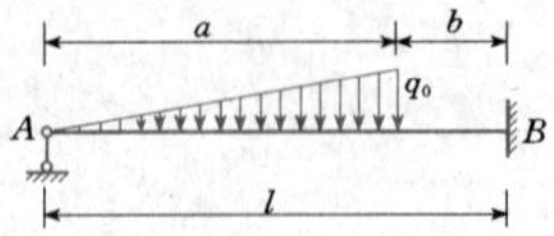	$M_{BA}=\frac{5l^2-3a^2}{30l^2}\rho' q_0 a^2$ $F_{Q_{AB}}=\frac{q_0 a}{6l}(3l-2a)-\frac{5l^2-3a^2}{30l^3}\rho' q_0 a^2$，$F_{Q_{BA}}=-\frac{q_0 a^2}{3l}-\frac{5l^2-3a^2}{30l^3}\rho' q_0 a^2$
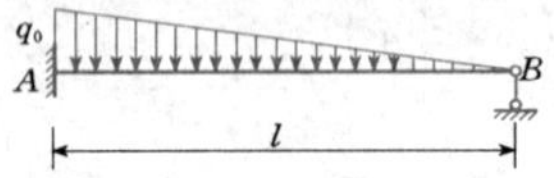	$M_{AB}=-\frac{1}{15}\rho' q_0 l^2$ $F_{Q_{AB}}=\frac{q_0 l}{3}\left(1+\frac{1}{15}\rho'\right)$，$F_{Q_{BA}}=-\frac{q_0 l}{6}\left(1-\frac{2}{5}\rho'\right)$
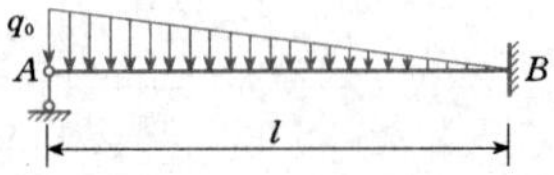	$M_{BA}=\frac{7}{120}\rho' q_0 l^2$ $F_{Q_{AB}}=\frac{q_0 l}{3}\left(1-\frac{7}{40}\rho'\right)$，$F_{Q_{BA}}=-\frac{q_0 l}{6}\left(1+\frac{7}{20}\rho'\right)$
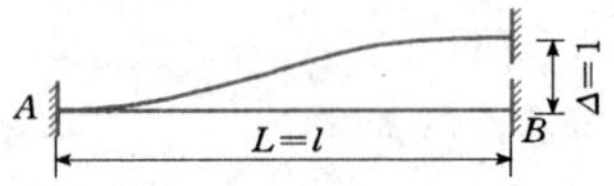	$M_{AB}=M_{BA}=-\frac{6EI}{l^2}\rho$ $F_{Q_{AB}}=F_{Q_{BC}}=\frac{12EI}{l^3}\rho$
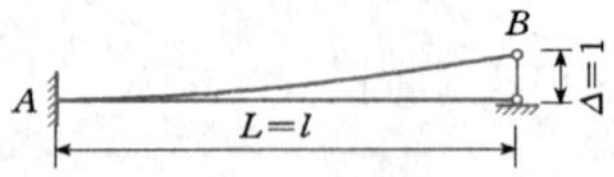	$M_{AB}=-\frac{3EI}{l^2}\rho'$ $F_{Q_{AB}}=F_{Q_{BA}}=\frac{3EI}{l^3}\rho'$
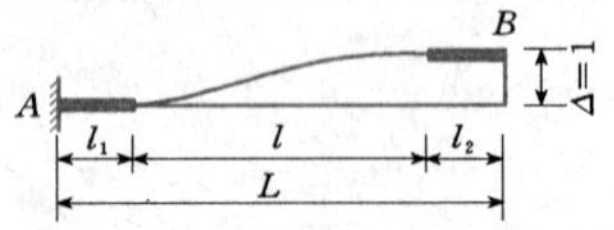	$M_{AB}=-\frac{6EI}{l^2}(1+2m)\rho$，$M_{BA}=-\frac{6EI}{l^2}(1+2n)\rho$ $F_{Q_{AB}}=F_{Q_{BA}}=\frac{12EI}{l^3}$
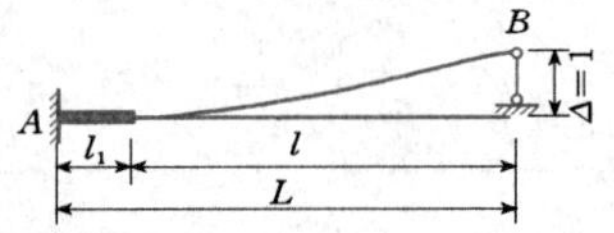	$M_{AB}=-\frac{3EI}{l^2}(1+m)\rho'$ $F_{Q_{AB}}=F_{Q_{BA}}=\frac{3EI}{l^3}\rho'$

表 2.3-25　　考虑剪切变形时杆件的形常数公式

杆 件 形 式	抗 弯 劲 度	传 递 系 数
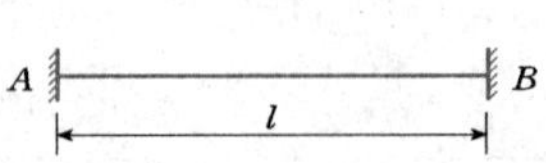	$S_{AB}=\frac{EI}{l}(3\rho+1)$ $S_{BA}=\frac{EI}{l}(3\rho+1)$	$C_{AB}=\frac{3\rho-1}{3\rho+1}=\frac{3}{2}\rho'-1$ $C_{BA}=\frac{3\rho-1}{3\rho+1}=\frac{3}{2}\rho'-1$
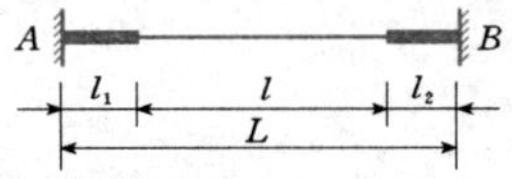 $m=\frac{l_1}{l}$　$n=\frac{l_2}{l}$	$S_{AB}=\frac{EI}{l}(3\rho+1+12m\rho+12m^2\rho)$ $S_{BA}=\frac{EI}{l}(3\rho+1+12n\rho+12n^2\rho)$	$C_{AB}=\frac{3\rho-1+6(m+n)\rho+12mn\rho}{3\rho+1+12m\rho+12m^2\rho}$ $C_{BA}=\frac{3\rho-1+6(m+n)\rho+12mn\rho}{3\rho+1+12n\rho+12n^2\rho}$

续表

杆 件 形 式	抗 弯 劲 度	传 递 系 数
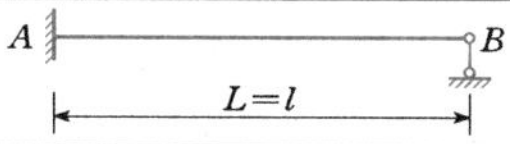	$S_{AB}=\frac{3EI}{l}\rho'$	$C_{AB}=0$
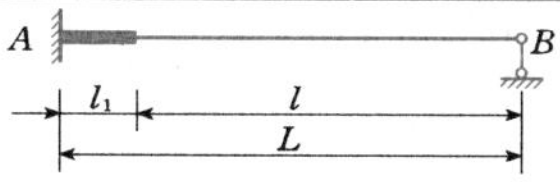 $m=\frac{l_1}{l}$	$S_{AB}=\frac{3EI}{l}(1+m)^2\rho'$	$C_{AB}=0$

力计算公式，以供查阅。

2.3.6.1　等截面刚架计算公式

表 2.3-26～表 2.3-36 列出了七种类型铰接和固定支座的等截面单层单跨刚架在各种不同荷载作用下的内力计算公式。

在计算公式中，反力和内力的正负号规定如下：竖向反力 V 以向上为正，水平反力 H 以向内为正，弯矩 M 在各种类型的刚架中虚线的一面受拉为正，刚架的弯矩图画在受拉一侧。

计算公式中的 ω 值见表 2.2-1 表下注。

1. Γ 形刚架

表 2.3-26　　Γ 形刚架计算公式之一

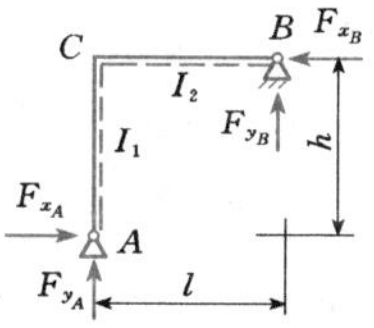

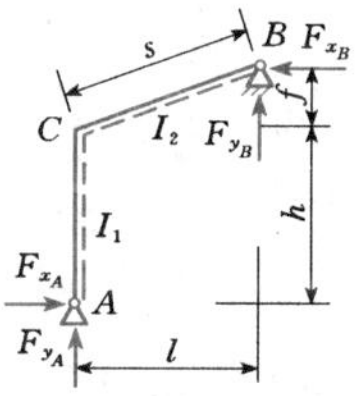

$$\varphi_1=\frac{f}{h+f},\quad \varphi_2=\frac{h}{h+f},\quad \varphi_3=\frac{l}{h+f}$$

$$\psi=\frac{f}{h},\quad \mu=1+\frac{K_2}{K_1}$$

$$K_1=\frac{I_1}{h},\quad K_2=\frac{I_2}{l}\text{（水平横梁时）}$$

$$K_2=\frac{I_2}{s}\text{（斜横梁时）}$$

简 图	计 算 公 式
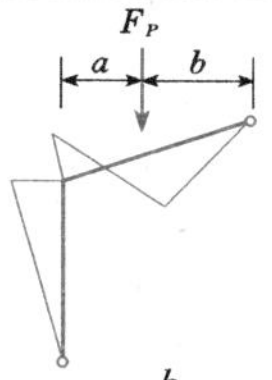 $\beta=\frac{b}{l}$	$\Phi=\frac{1}{\mu}\omega_{D\beta}$ $\left.\begin{matrix}F_{y_A}\\F_{y_B}\end{matrix}\right\}=\frac{F_P}{2}\left[1\mp\left(1-2\beta-\frac{1}{\varphi_2\Phi}\right)\right]$，$F_{x_A}=F_{x_B}=\frac{F_Pl}{2h}\Phi$ $M_C=-\frac{F_Pl}{2}\Phi$
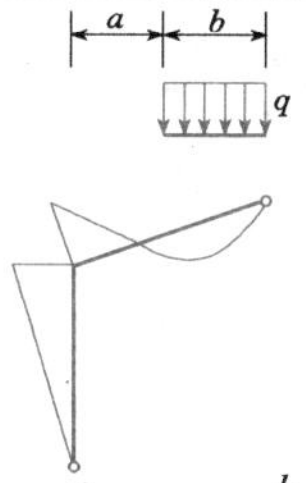 $\alpha=\frac{a}{l}$，$\beta=\frac{b}{l}$	$\Phi=\frac{1}{2\mu}\omega_{\varphi\beta}$ $\left.\begin{matrix}F_{y_A}\\F_{y_B}\end{matrix}\right\}=\frac{ql}{2}\left[\beta\mp\left(\omega_{Ra}-\frac{1}{\varphi_2}\Phi\right)\right]$，$F_{x_A}=F_{x_B}=\frac{ql^2}{2h}\Phi$ $M_C=-\frac{ql^2}{2}\Phi$ 当 $b=l$ 时：$\Phi=\frac{1}{4\mu}$
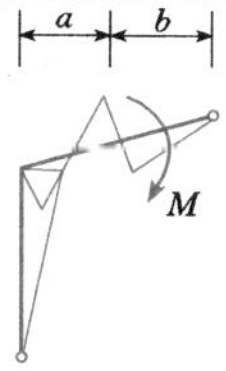 $\alpha=\frac{a}{l}$，$\beta=\frac{b}{l}$	$\Phi=\frac{1}{2\mu}\omega_{M\beta}$ $F_{y_A}=-F_{y_B}=-\frac{M}{l}\left(1-\frac{1}{\varphi_2}\Phi\right)$，$F_{x_A}=F_{x_B}=\frac{M}{h}\Phi$ $M_C=-M\Phi$ 当 $a=l$ 时：$\Phi=-\frac{1}{2\mu}$

续表

简图	计算公式
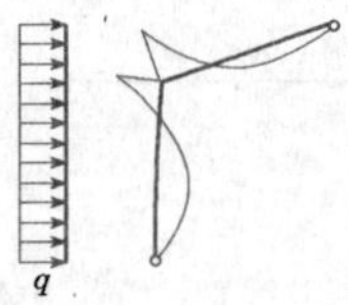	$\Phi=\frac{K_2+K_1\psi^2}{4K_1\mu}$ $F_{y_A}=-F_{y_B}=\frac{qh}{2\varphi_3}(\psi+\Phi)$，$\left.\begin{matrix}F_{x_A}\\F_{x_B}\end{matrix}\right\}=\frac{qh}{2}\left(\mp\frac{1}{\varphi_2}+\psi+\Phi\right)$ $M_C=-\frac{qh^2}{2}\Phi$
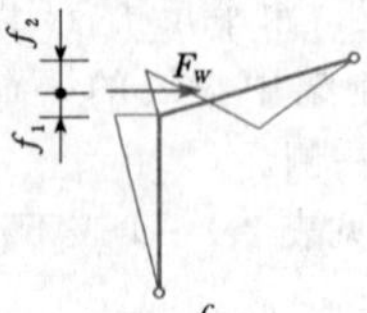$\beta=\frac{f_2}{f}$	$\Phi=\frac{1}{2\mu}\omega_{D\beta}$ $F_{y_A}=-F_{y_B}=\frac{F_Wf}{l}\left(\beta+\frac{1}{\varphi_2}\Phi\right)$，$\left.\begin{matrix}F_{x_A}\\F_{x_B}\end{matrix}\right\}=\frac{F_W}{2}(1\mp1+2\psi\Phi)$ $M_C=-F_Wf\Phi$ 当 $f_2=f$ 时：$\Phi=0$
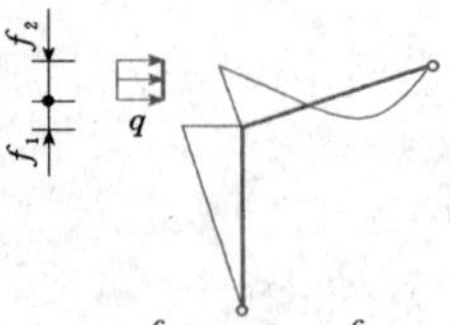$\alpha=\frac{f_1}{f}$，$\beta=\frac{f_2}{f}$	$\Phi=\frac{1}{2\mu}\omega_{\varphi\beta}$ $F_{y_A}=-F_{y_B}=\frac{qf^2}{2l}\left(\beta^2+\frac{1}{\varphi_2}\Phi\right)$，$\left.\begin{matrix}F_{x_A}\\F_{x_B}\end{matrix}\right\}=\frac{qf}{2}(\beta\mp\beta+\psi\Phi)$ $M_C=-\frac{qf^2}{2}\Phi$ 当 $f_2=f$ 时：$\Phi=\frac{1}{4\mu}$
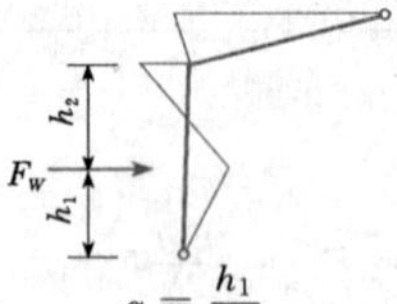$\alpha=\frac{h_1}{h}$	$\Phi=\frac{K_2}{2K_1\mu}\omega_{D\alpha}$ $F_{y_A}=-F_{y_B}=\frac{F_Wf}{l}\left(\alpha+\frac{1}{\varphi_1}\Phi\right)$，$\left.\begin{matrix}F_{x_A}\\F_{x_B}\end{matrix}\right\}=\frac{F_W}{2}[2(\alpha+\Phi)-1\mp1]$ $M_C=-F_Wh\Phi$
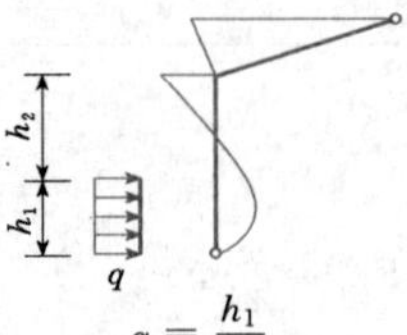$\alpha=\frac{h_1}{h}$	$\Phi=\frac{K_2}{2K_1\mu}\omega_{\varphi\alpha}$ $F_{y_A}=-F_{y_B}=\frac{qhf}{2l}\left(\alpha^2+\frac{1}{\varphi_1}\Phi\right)$，$\left.\begin{matrix}F_{x_A}\\F_{x_B}\end{matrix}\right\}=\frac{qh}{2}(\mp\alpha-\omega_{R\alpha}+\Phi)$ $M_C=-\frac{qh^2}{2}\Phi$ 当 $h_1=h$ 时：$\Phi=\frac{K_2}{4K_1\mu}$
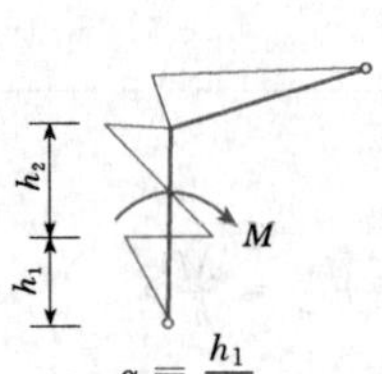$\alpha=\frac{h_1}{h}$	$\Phi=\frac{K_2}{2K_1\mu}\omega_{M\alpha}$ $F_{y_A}=-F_{y_B}=\frac{M\psi}{l}\left(1-\frac{1}{\varphi_1}\Phi\right)$，$F_{x_A}=F_{x_B}=\frac{M}{h}(1-\Phi)$ $M_C=M\Phi$ 当 $h_1=h$ 时：$\Phi=\frac{K_2}{K_1\mu}$ 当 $h_1=0$ 时：$\Phi=-\frac{K_2}{2K_1\mu}$

续表

简　　图	计　算　公　式
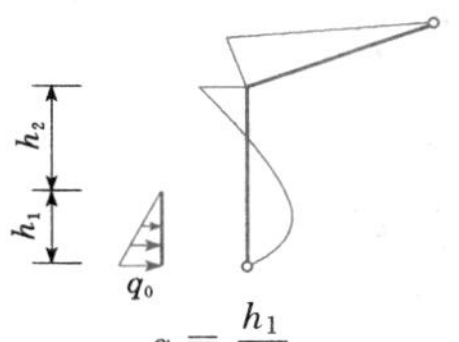 $\alpha=\dfrac{h_1}{h}$	$\Phi=\dfrac{K_2\alpha}{K_1\mu}(10-3\alpha^2)$ $F_{y_A}=-F_{y_B}=\dfrac{q_0h\alpha}{120\varphi_3}(20\varphi_1\alpha+\Phi)$，$\left.\begin{matrix}F_{x_A}\\F_{x_B}\end{matrix}\right\}=\dfrac{q_0h\alpha}{120}(20\alpha-30\mp30+\Phi)$ $M_C=-\dfrac{q_0h^2\alpha}{120}\Phi$ 当 $h_1=h$ 时：$\Phi=\dfrac{7K_2}{K_1\mu}$
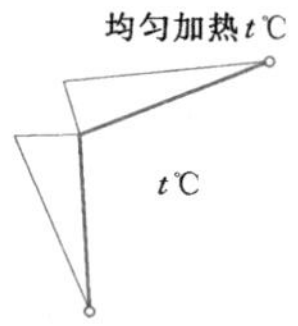	$\Phi=\dfrac{3EI_2l}{Sh^2\mu}\left(1+\dfrac{1}{\varphi_3^2}\right)\alpha_tt$ $F_{y_A}=-F_{y_B}=\dfrac{1}{\varphi_3}\Phi$，$F_{x_A}=F_{x_B}=\Phi$ $M_C=-h\Phi$ 式中，α_t 为线膨胀系数

表 2.3-27　　**Γ形刚架计算公式之二**

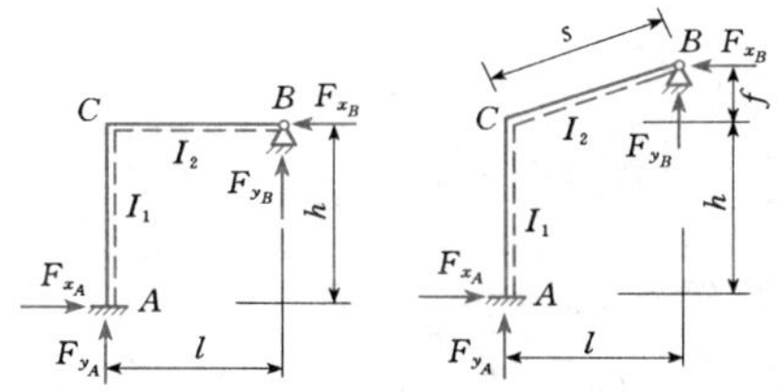

$$K_1=\frac{I_1}{h}$$

$$K_2=\frac{I_2}{l}（水平横梁时），\quad K_2=\frac{I_2}{s}（斜横梁时）$$

$$\mu=\frac{1}{K_1+0.75K_2}$$

简　　图	计　算　公　式
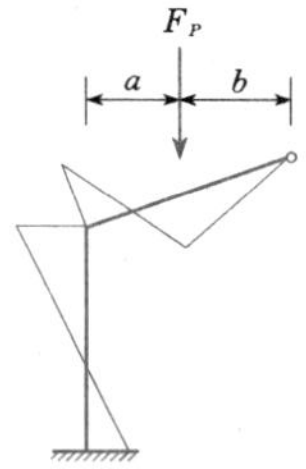	$F_{y_A}=\dfrac{F_Pb\mu K_1}{4l^3}\left[\dfrac{4l^2}{\mu K_1}+a(l+b)\left(2+\dfrac{3f}{h}\right)\right]$ $F_{y_B}=\dfrac{F_Pa\mu K_1}{4l^3}\left[\dfrac{4l^2}{\mu K_1}-b(l+b)\left(2+\dfrac{3f}{h}\right)\right]$ $F_{x_A}=F_{x_B}=\dfrac{3F_Pab\mu K_1}{4hl^2}(l+b)$ $M_A=\dfrac{F_Pab\mu K_1}{4l^2}(l+b)$，$M_C=-\dfrac{F_Pab\mu K_1}{2l^2}(l+b)$
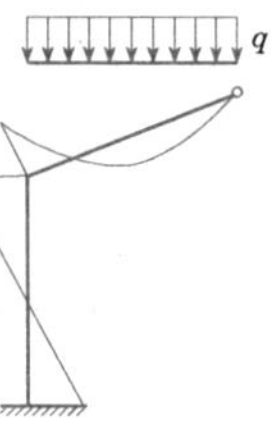	$F_{y_A}=\dfrac{ql\mu}{8}\left[3K_2+5K_1\left(1+\dfrac{3f}{10h}\right)\right]$ $F_{y_B}=\dfrac{3ql\mu}{8}\left[K_2+K_1\left(1-\dfrac{f}{2h}\right)\right]$ $F_{x_A}=F_{x_B}=\dfrac{3ql^2\mu K_1}{16h}$ $M_A=\dfrac{ql^2\mu K_1}{16}$，$M_C=-\dfrac{ql^2\mu K_1}{8}$
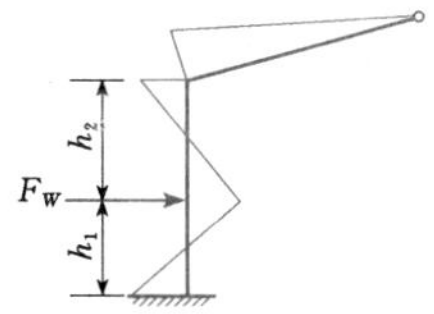	$F_{y_A}=-F_{y_B}=\dfrac{3F_Wh_1^2h_2\mu K_2}{4h^2l}\left\{1+\dfrac{f}{h_2h}\left[3h_2+h_1+\dfrac{2K_1}{3K_2}(3h_2+2h_1)\right]\right\}$ $F_{x_A}=-(F_W-F_{x_B})$ $F_{x_B}=\dfrac{F_Wh_1^2\mu K_1}{4h^3}\left[\dfrac{3K_2}{K_1}(3h_2+h_1)+2(3h_2+2h_1)\right]$ $M_A=-\dfrac{F_Wh_1h_2}{h_2}(0.5h_1\mu K_1+h_2)$，$M_C=-\dfrac{3F_Wh_1^2h_2\mu K_2}{4h^2}$

续表

简　　图	计 算 公 式
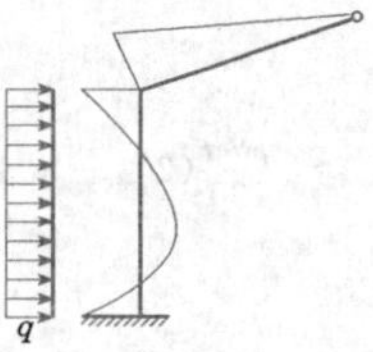	$F_{y_A}=-F_{y_B}=\frac{qh^2\mu K_2}{16l}\left[1+\frac{6f}{h}\left(1+\frac{K_1}{K_2}\right)\right]$ $F_{x_A}=-\frac{qh\mu}{8}(3K_2+5K_1)$，$F_{x_B}=\frac{3qh\mu}{8}(K_2+K_1)$ $M_A=-\frac{qh^2\mu}{16}(K_2+2K_1)$，$M_C=-\frac{qh^2\mu K_2}{16}$
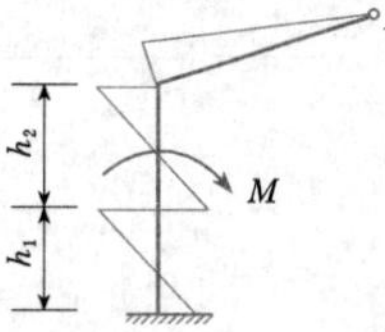	$F_{y_A}=-F_{y_B}=\frac{3Mh_1\mu K_2}{4h^2 l}\left\{2h_2-h_1+\frac{2f}{h}\left[3h_2+\frac{K_1}{K_2}(h_1+2h_2)\right]\right\}$ $F_{x_A}=F_{x_B}=\frac{3Mh_1\mu K_1}{2h^3}\left[h+h_2\left(\frac{3K_2}{K_1}+1\right)\right]$ $M_A=\frac{3M\mu K_1}{4h^2}\left[\frac{2}{3}h^2-2h_2^2+h_2(2h-3h_2)\frac{K_2}{K_1}\right]$ $M_C=-\frac{3Mh_1\mu K_2}{4h^2}(2h_2-h_1)$
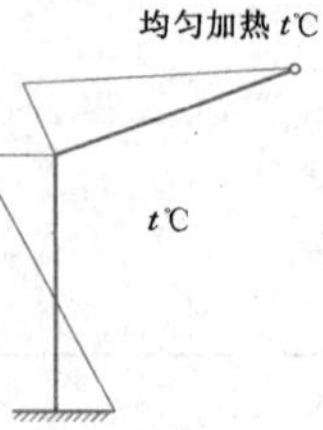	水平横梁时： $F_{y_A}=-F_{y_B}=\frac{3EI_1\mu K_2}{2h^2l^2}(3l^2+2h^2)\alpha_t t$ $F_{x_A}=F_{x_B}=\frac{3EI_1\mu}{2h^3 l}(6K_2l^2+2K_1l^2+3K_2h^2)\alpha_t t$ $M_A=\frac{3EI_1\mu}{2h^2 l}(3K_2l^2+2K_1l^2+K_2h^2)\alpha_t t$ $M_C=-\frac{3EI_1\mu K_2}{2h^2 l}(3l^2+2h^2)\alpha_t t$ 斜横梁时： $F_{y_A}=-F_{y_B}=\frac{3EI_1\mu K_2}{2h^2l^2}\left\{\left[3+\frac{2f}{h}\left(3+\frac{K_1}{K_2}\right)\right]S^2\right.$ $\left.+2\left(1+\frac{4f}{h}\right)h^2+\left(9+2\frac{K_1}{K_2}\right)f^2\right\}\alpha_t t$ $F_{x_A}=F_{x_B}=\frac{3EI_1\mu}{2h^3 l}[2K_1(S^2+fh)+3K_2(2S^2+h^2+3fh)]\alpha_t t$ $M_A=\frac{3EI_1\mu}{2h^2 l}[2K_1(S^2+fh)+K_2(3S^2+h^2+4fh)]\alpha_t t$ $M_C=-\frac{3EI_1\mu K_2}{2h^2 l}(3S^2+2h^2+5fh)\alpha_t t$ 式中，α_t 为线膨胀系数

2. ⊓形刚架

表 2.3-28　　**⊓形刚架计算公式之一**

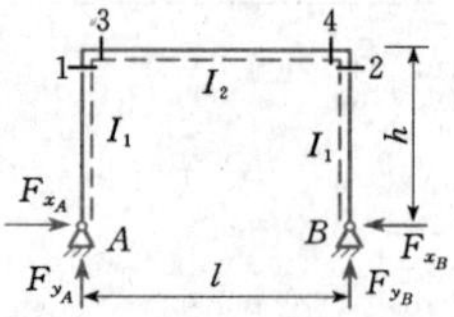

$$\lambda=\frac{l}{h}$$

$$K=\frac{h}{l}\frac{I_2}{I_1}$$

$$\mu=3+2K$$

简　　图	计 算 公 式
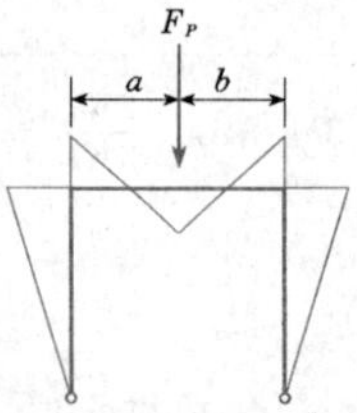 $\alpha=\frac{a}{l}$，$\beta=\frac{b}{l}$	$F_{y_A}=F_P\beta$，$F_{y_B}=F_P\alpha$，$F_{x_A}=F_{x_B}=\frac{3F_P}{2\mu}\lambda\omega_{Ra}$ $M_1=M_2=-\frac{3F_Pl}{2\mu}\omega_{Ra}$

续表

简　图	计 算 公 式
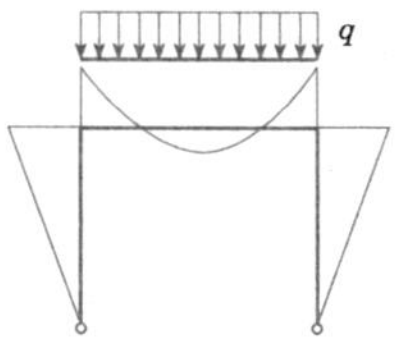	$F_{y_A}=F_{y_B}=\dfrac{ql}{2}$，$F_{x_A}=F_{x_B}=\dfrac{ql}{4\mu}\lambda$ $M_1=M_2=-\dfrac{ql^2}{4\mu}$
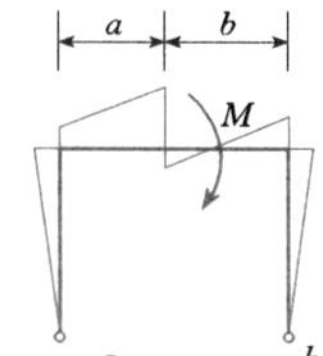 $\alpha=\dfrac{a}{l}$，$\beta=\dfrac{b}{l}$	$\Phi=\dfrac{3}{2\mu}(\beta-\alpha)$ $F_{y_A}=-F_{y_B}=-\dfrac{M}{l}$，$F_{x_A}=F_{x_B}=\dfrac{M}{h}\Phi$ $M_1=M_2=-M\Phi$
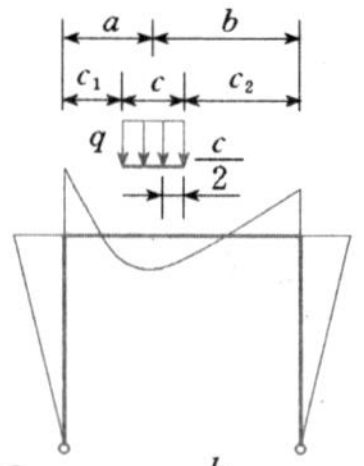 $\alpha=\dfrac{a}{l}$，$\beta=\dfrac{b}{l}$，$\gamma=\dfrac{c}{l}$	$\Phi=\dfrac{\lambda}{2\mu}\left[3\omega_{R\alpha}-\left(\dfrac{\gamma}{2}\right)^2\right]$ $F_{y_A}=qc\beta$，$F_{y_B}=qc\alpha$，$F_{x_A}=F_{x_B}=qc\Phi$ $M_1=M_2=-qch\Phi$ 当 c_1 或 $c_2=0$ 时：$\Phi=\dfrac{\lambda\gamma}{4\mu}(3-2\gamma)$ 当 $c_1=c_2$ 时：$\Phi=\dfrac{\lambda}{8\mu}(3-\gamma^2)$
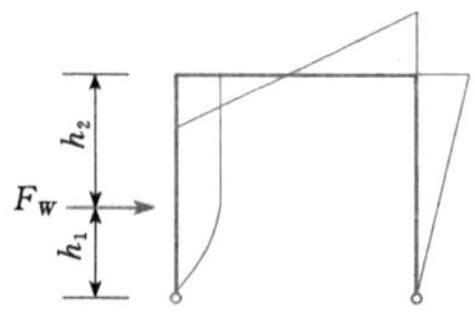 $\alpha=\dfrac{h_1}{h}$	$\Phi=\dfrac{1}{\mu}[3(1+K)-K\alpha^2]$ $F_{y_A}=-F_{y_B}=-\dfrac{F_Wh_1}{l}$，$\left.\begin{matrix}F_{x_A}\\F_{x_B}\end{matrix}\right\}=-\dfrac{F_W}{2}(1\pm1-\alpha\Phi)$ $\left.\begin{matrix}M_1\\M_2\end{matrix}\right\}=\dfrac{F_Wh\alpha}{2}(1\pm1-\Phi)$ 当 $h_1=h$ 时：$\left.\begin{matrix}F_{x_A}\\F_{x_B}\end{matrix}\right\}=\mp\dfrac{F_W}{2}$，$\left.\begin{matrix}M_1\\M_2\end{matrix}\right\}=\pm\dfrac{F_Wh}{2}$
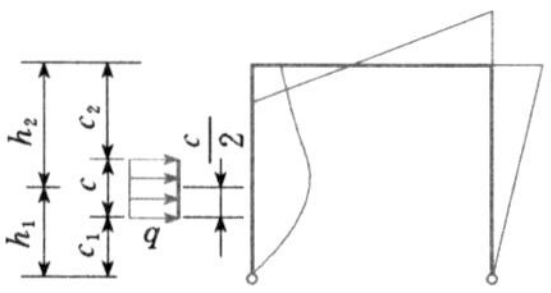 $\alpha=\dfrac{h_1}{h}$，$\gamma=\dfrac{c}{h}$	$\Phi=\dfrac{1}{\mu}\left\{3(1+K)-K\left[\alpha^2+\left(\dfrac{\gamma}{2}\right)^2\right]\right\}$ $F_{y_A}=-F_{y_B}=-\dfrac{qc\alpha}{\lambda}$，$\left.\begin{matrix}F_{x_A}\\F_{x_B}\end{matrix}\right\}=-\dfrac{qc}{2}(1\pm1-\alpha\Phi)$ $\left.\begin{matrix}M_1\\M_2\end{matrix}\right\}=\dfrac{qch\alpha}{2}(1\pm1-\Phi)$ 当 $c_1=0$ 时：$\Phi=\dfrac{1}{2\mu}[6(1+K)-K\gamma^2]$ 当 $c_2=0$ 时：$\Phi=\dfrac{1}{2\mu}[6+5K-K(1-\gamma)^2]$

续表

简　　图	计 算 公 式
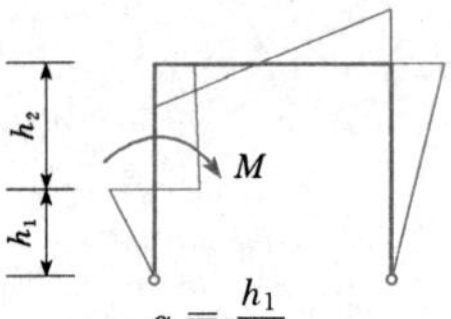 $\alpha=\dfrac{h_1}{h}$	$\Phi=\dfrac{3}{\mu}[1+K(1-\alpha^2)]$ $F_{y_A}=-F_{y_B}=-\dfrac{M}{l}$，　$F_{x_A}=F_{x_B}=\dfrac{M}{2h}\Phi$ $\left.\begin{matrix}M_3\\M_4\end{matrix}\right\}=\dfrac{M}{2}(1\pm1-\Phi)$ 当 $h_1=0$ 时：　$\Phi=\dfrac{3}{\mu}(1+K)$ 当 $h_2=0$ 时：　$\Phi=\dfrac{3}{\mu}$
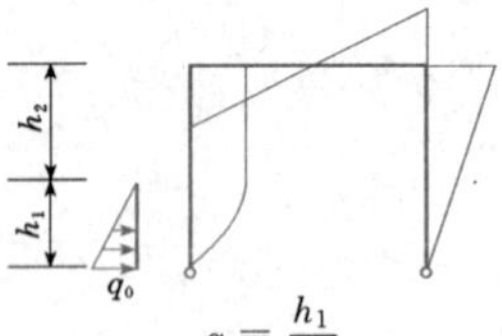 $\alpha=\dfrac{h_1}{h}$	$\Phi=\dfrac{K}{10\mu}(10-3\alpha^2)$ $F_{y_A}=-F_{y_B}=-\dfrac{q_0h_1^2}{6l}$，　$\left.\begin{matrix}F_{x_A}\\F_{x_B}\end{matrix}\right\}=-\dfrac{q_0h\alpha}{12}[3\pm3-\alpha(1+\Phi)]$ $\left.\begin{matrix}M_1\\M_2\end{matrix}\right\}=\dfrac{q_0h^2\alpha^2}{12}(\pm1-\Phi)$ 当 $h_1=h$ 时：　$\Phi=\dfrac{7K}{10\mu}$
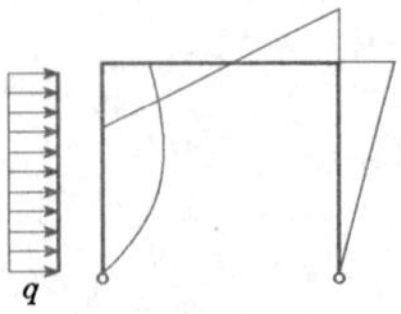	$\Phi=\dfrac{1}{2\mu}(6+5K)$ $F_{y_A}=-F_{y_B}=-\dfrac{qh^2}{2l}$，　$\left.\begin{matrix}F_{x_A}\\F_{x_B}\end{matrix}\right\}=-\dfrac{qh}{2}\left(1\pm1-\dfrac{\Phi}{2}\right)$ $\left.\begin{matrix}M_1\\M_2\end{matrix}\right\}=\dfrac{qh^2}{4}(1\pm1-\Phi)$
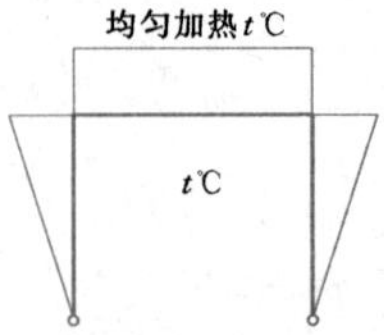	$F_{y_A}=F_{y_B}=0$，　$F_{x_A}=F_{x_B}=\dfrac{3EI_2}{h^2\mu}\alpha_tt$ $M_1=M_2=-\dfrac{3EI_2}{h\mu}\alpha_tt$ 式中，α_t 为线膨胀系数

表 2.3-29　　　　冂形刚架计算公式之二

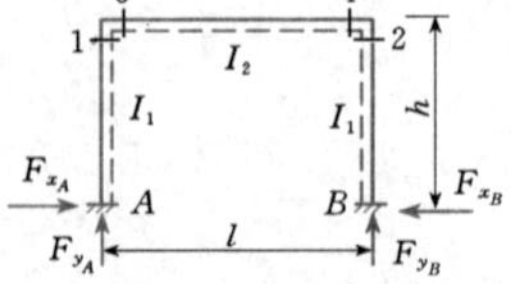

$$K=\frac{h}{l}\,\frac{I_2}{I_1}$$
$$\mu_1=2+K$$
$$\mu_2=1+6K$$

简　　图	计 算 公 式
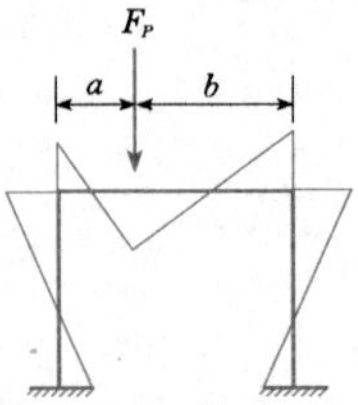 $\alpha=\dfrac{a}{l}$	$\Phi=\dfrac{1}{\mu_2}(1-2\alpha)$ $F_{x_A}=F_{x_B}=\dfrac{3F_Pl}{2h\mu_1}\omega_{R\alpha}$ $\left.\begin{matrix}M_A\\M_B\end{matrix}\right\}=\dfrac{F_Pl}{2}\left(\dfrac{1}{\mu_1}\mp\Phi\right)\omega_{R\alpha}$，　$\left.\begin{matrix}M_1\\M_2\end{matrix}\right\}=-\dfrac{F_Pl}{2}\left(\dfrac{2}{\mu_1}\pm\Phi\right)\omega_{R\alpha}$

续表

简　　图	计　算　公　式
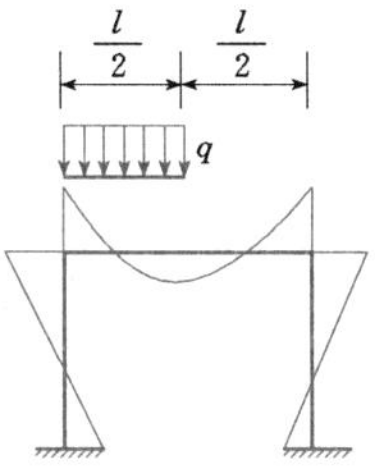	$F_{x_A}=F_{x_B}=\frac{ql^2}{8h\mu_1}$ $\left.\begin{matrix}M_A\\M_B\end{matrix}\right\}=\frac{ql^2}{24}\left(\frac{1}{\mu_1}\mp\frac{3}{8\mu_2}\right)$，　$\left.\begin{matrix}M_1\\M_2\end{matrix}\right\}=-\frac{ql^2}{24}\left(\frac{2}{\mu_1}\pm\frac{3}{8\mu_2}\right)$
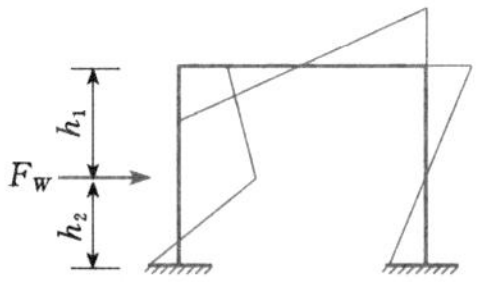 $\alpha=\frac{h_1}{h}$，　$\beta=\frac{h_2}{h}$	$\left.\begin{matrix}F_{x_A}\\F_{x_B}\end{matrix}\right\}=-\frac{F_W}{2}\left\{1\pm1-\alpha-\frac{1}{\mu_1}[K\omega_{D\alpha}-(1+K)\omega_{D\beta}]\right\}$ $\left.\begin{matrix}M_A\\M_B\end{matrix}\right\}=-\frac{F_Wh}{2}\left\{\frac{1}{\mu_1}[(1+K)\omega_{D\beta}-K\omega_{R\alpha}]\pm\alpha\left(1-\frac{3K\alpha}{\mu_2}\right)\right\}$ $\left.\begin{matrix}M_1\\M_2\end{matrix}\right\}=-\frac{F_Wh}{2}K\alpha^2\left[\frac{1}{\mu_1}(1-\alpha)\mp\frac{3}{\mu_2}\right]$ 当 $h_1=h$ 时： $F_{x_A}=-F_{x_B}=-\frac{F_W}{2}$ $M_A=-M_B=-\frac{3F_Wh}{2}\left(\frac{1}{3}-\frac{K}{\mu_2}\right)$ $M_1=-M_2=\frac{3F_WhK}{2\mu_2}$
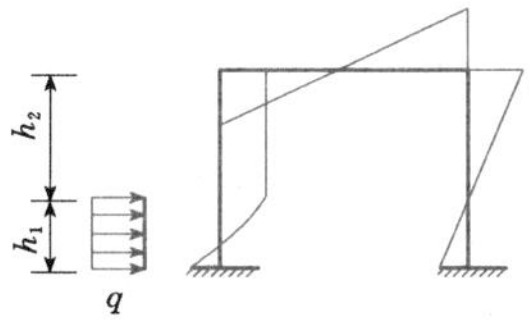 $\alpha=\frac{h_1}{h}$，　$\beta=\frac{h_2}{h}$	$\Phi=\frac{1}{2}-\omega_{\varphi\beta}$ $\left.\begin{matrix}F_{x_A}\\F_{x_B}\end{matrix}\right\}=-\frac{qh}{4}\left\{2\alpha\pm2\alpha-\alpha^2-\frac{1}{\mu_1}[K\omega_{\varphi\alpha}-(1+K)\Phi]\right\}$ $\left.\begin{matrix}M_A\\M_B\end{matrix}\right\}=-\frac{qh^2}{4}\left\{\frac{1}{3\mu_1}[(3+2K)\Phi-K\omega_{\varphi\alpha}]\pm\alpha^2\left(1-\frac{2K\alpha}{\mu_2}\right)\right\}$ $\left.\begin{matrix}M_1\\M_2\end{matrix}\right\}=-\frac{qh^2K\alpha^3}{4}\left(\frac{4-3\alpha}{6\mu_1}\mp\frac{2}{\mu_2}\right)$ 当 $h_1=h$ 时：　$\Phi=\frac{1}{2}$
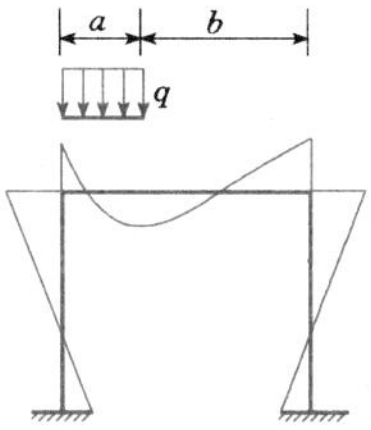 $\alpha=\frac{a}{l}$	$\Phi=\frac{1}{\mu_1}(3\alpha^2-2\alpha^3)$ $F_{x_A}=F_{x_B}=\frac{ql^2}{4h}\Phi$ $\left.\begin{matrix}M_A\\M_B\end{matrix}\right\}=\frac{ql^2}{12}\left(\Phi\mp\frac{3}{\mu_2}\omega_{R\alpha}^2\right)$，　$\left.\begin{matrix}M_1\\M_2\end{matrix}\right\}=-\frac{ql^2}{12}\left(2\Phi\pm\frac{3}{\mu_2}\omega_{R\alpha}^2\right)$ 当 $\alpha=l$ 时：　$\Phi=\frac{1}{\mu_1}$

续表

简 图	计 算 公 式
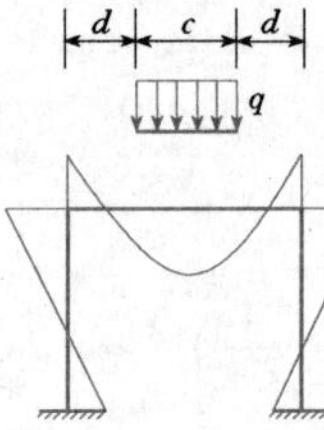 $\gamma=\dfrac{c}{l}$	$\Phi=\dfrac{1}{2\mu_1}(3\gamma-\gamma^3)$ $F_{x_A}=F_{x_B}=\dfrac{ql^2}{4h}\Phi$ $M_A=M_B=\dfrac{ql^2}{12}\Phi,\quad M_1=M_2=-\dfrac{ql^2}{6}\Phi$
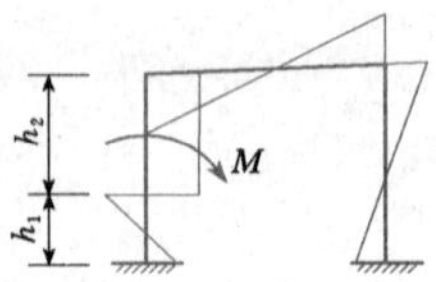 $\alpha=\dfrac{h_1}{h},\quad \beta=\dfrac{h_2}{h}$	$F_{x_A}=F_{x_B}=\dfrac{M}{2h}\left\{1-\dfrac{1}{\mu_1}\left[K\omega_{M_\alpha}+(1+K)\omega_{M_\beta}\right]\right\}$ $\left.\begin{matrix}M_A\\M_B\end{matrix}\right\}=-\dfrac{M}{2}\left\{\dfrac{1}{3\mu_1}\left[K\omega_{M_\alpha}+(3+2K)\omega_{M_\beta}\right]\pm\left(1-\dfrac{6K\alpha}{\mu_2}\right)\right\}$ $\left.\begin{matrix}M_3\\M_4\end{matrix}\right\}=\dfrac{MK}{2}\left[\dfrac{1}{3\mu_1}(2\omega_{M_\alpha}+\omega_{M_\beta})\pm\dfrac{6\alpha}{\mu_2}\right]$ 当 $h_1=h$ 时： $F_{x_A}=F_{x_B}=\dfrac{3M}{2h\mu_1}$ $\left.\begin{matrix}M_A\\M_B\end{matrix}\right\}=\dfrac{M}{2}\left(\dfrac{1}{\mu_1}\mp\dfrac{1}{\mu_2}\right)$ $\left.\begin{matrix}M_3\\M_4\end{matrix}\right\}=\dfrac{MK}{2}\left(\dfrac{1}{\mu_1}\pm\dfrac{6}{\mu_2}\right)$
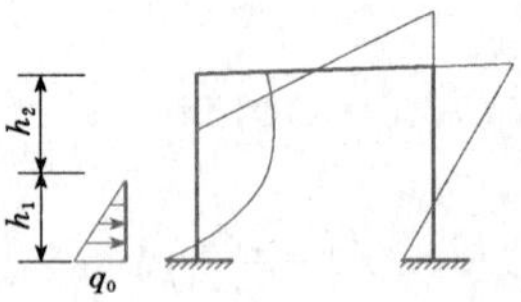 $\alpha=\dfrac{h_1}{h}$	$\left.\begin{matrix}F_{x_A}\\F_{x_B}\end{matrix}\right\}=-\dfrac{q_0h\alpha}{40}\left\{10\pm10-\dfrac{\alpha^2}{\mu_1}\left[5(1+K)-\alpha(1+2K)\right]\right\}$ $\left.\begin{matrix}M_A\\M_B\end{matrix}\right\}=\dfrac{q_0h^2\alpha^2}{40}\left[\dfrac{\alpha}{3\mu_1}(1+K)(5-3\alpha)+\dfrac{5\alpha}{3}-\dfrac{10}{3}\mp\left(\dfrac{10}{3}-\dfrac{5K\alpha}{\mu_2}\right)\right]$ $\left.\begin{matrix}M_1\\M_2\end{matrix}\right\}=-\dfrac{q_0h^2K\alpha^3}{40}\left[\dfrac{1}{3\mu_1}(5-3\alpha)\mp\dfrac{5}{\mu_2}\right]$ 当 $h_1=h$ 时： $\left.\begin{matrix}F_{x_A}\\F_{x_B}\end{matrix}\right\}=-\dfrac{q_0h}{40}\left(7\pm10+\dfrac{2}{\mu_1}\right)$ $\left.\begin{matrix}M_A\\M_B\end{matrix}\right\}=-\dfrac{q_0h^2}{40}\left[\dfrac{8+3K}{3\mu_1}\pm5\left(\dfrac{2}{3}-\dfrac{K}{\mu_2}\right)\right]$ $\left.\begin{matrix}M_1\\M_2\end{matrix}\right\}=-\dfrac{q_0h^2K}{40}\left(\dfrac{2}{3\mu_1}\mp\dfrac{5}{\mu_2}\right)$
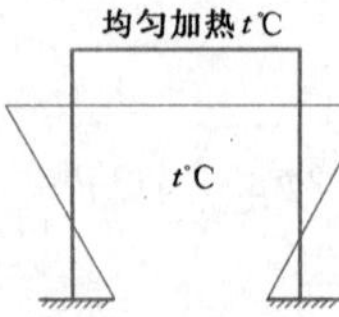	$\Phi=\dfrac{3EI_2}{h\mu_1}\alpha_t t$ $F_{x_A}=F_{x_B}=\dfrac{2K+1}{hK}\Phi$ $M_A=M_B=\dfrac{K+1}{K}\Phi$ $M_1=M_2=-\Phi$ 式中，α_t 为线膨胀系数

3. ∩形刚架

表 2.3-30 **∩形刚架计算公式之一**

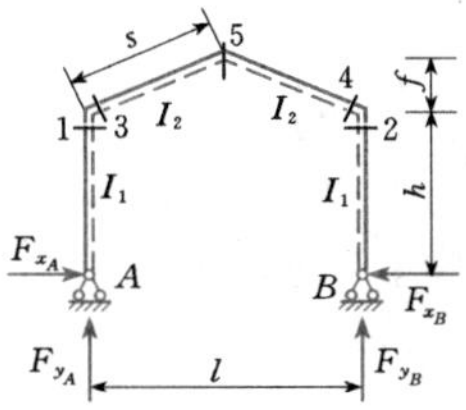

$$\lambda=\frac{l}{h},\quad \psi=\frac{f}{h}$$

$$K=\frac{h}{s}\cdot\frac{I_2}{I_1}$$

$$\mu=3+K+\psi(3+\psi)$$

简　图	计　算　公　式
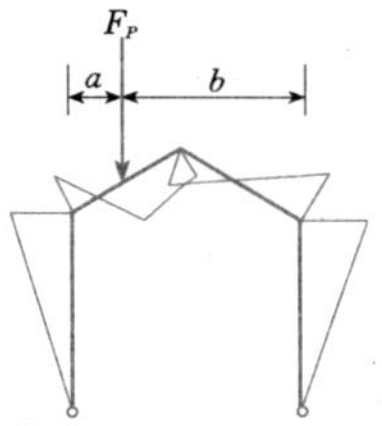 $a\leqslant\frac{l}{2},\quad \alpha=\frac{a}{l},\quad \beta=\frac{b}{l}$	$\Phi=\frac{\alpha}{\mu}\left[\frac{3}{2}(2+\psi)-\alpha(3+2\alpha\psi)\right]$ $F_{y_A}=F_P\beta\quad F_{y_B}=F_P\alpha,\quad F_{x_A}=F_{x_B}=\frac{F_P}{2}\lambda\Phi$ $M_1=M_2=-\frac{F_Pl}{2}\Phi,\quad M_5=\frac{F_Pl}{2}[\alpha-(1+\psi)\Phi]$ 当 $a=\frac{l}{2}$ 时：$\Phi=\frac{1}{4\mu}(3+2\psi)$
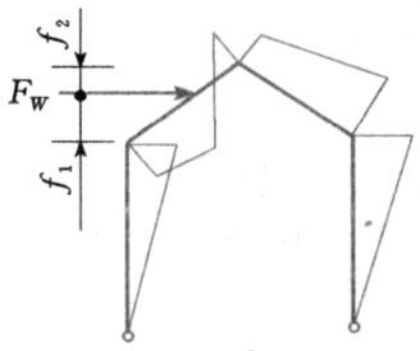 $\beta=\frac{f_2}{f}$	$\Phi=\frac{\psi\beta^2}{2\mu}[3(1+\psi)-\beta\psi]$ $F_{y_A}=-F_{y_B}=-\frac{F_W}{l}(h+f_1),\quad \left.\begin{matrix}F_{x_A}\\F_{x_B}\end{matrix}\right\}=-\frac{F_W}{2}(\pm1+\Phi)$ $\left.\begin{matrix}M_1\\M_2\end{matrix}\right\}=\frac{F_Wh}{2}(\pm1+\Phi),\quad M_5=-\frac{F_Wh}{2}[\beta\psi-(1+\psi)\Phi]$ 当 $f_1=f$ 时：$\Phi=0$
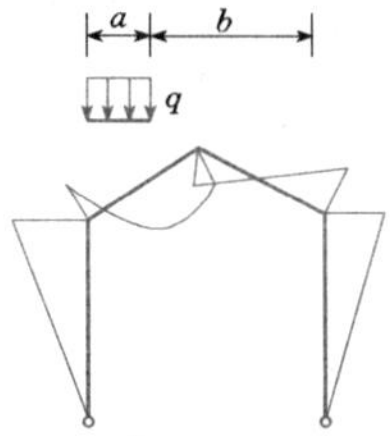 $a\leqslant\frac{l}{2},\quad \alpha=\frac{a}{l}$	$\Phi=\frac{\alpha^2}{\mu}\left[\frac{3}{2}(2+\psi)-\alpha(2+\alpha\psi)\right]$ $F_{y_A}=\frac{ql\alpha}{2}(2-\alpha),\quad F_{y_B}=\frac{ql\alpha^2}{2},\quad F_{x_A}=F_{x_B}=\frac{ql}{4}\lambda\Phi$ $M_1=M_2=-\frac{ql^2}{4}\Phi,\quad M_5=\frac{ql^2}{4}[\alpha^2-(1+\psi)\Phi]$ 当 $a=\frac{l}{2}$ 时：$\Phi=\frac{1}{16\mu}(8+5\psi)$
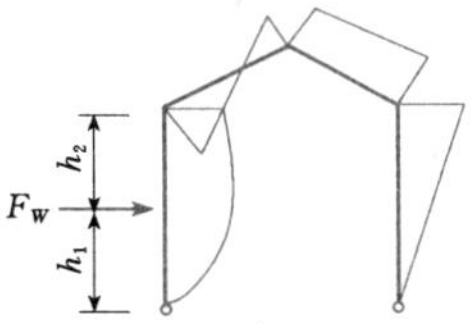 $\alpha=\frac{h_1}{h}$	$\Phi=\frac{1}{2\mu}[3(2+\psi+K)-\alpha^2K]$ $F_{y_A}=-F_{y_B}=-\frac{F_Wh_1}{l},\quad \left.\begin{matrix}F_{x_A}\\F_{x_B}\end{matrix}\right\}=-\frac{F_W}{2}(1\pm1-\alpha\Phi)$ $\left.\begin{matrix}M_1\\M_2\end{matrix}\right\}=\frac{F_Wh\alpha}{2}(1\pm1-\Phi),\quad M_5=\frac{F_Wh\alpha}{2}[1-(1+\psi)\Phi]$ 当 $h_1=h$ 时：$\Phi=\frac{1}{2\mu}[3(2+\psi)+2K]$
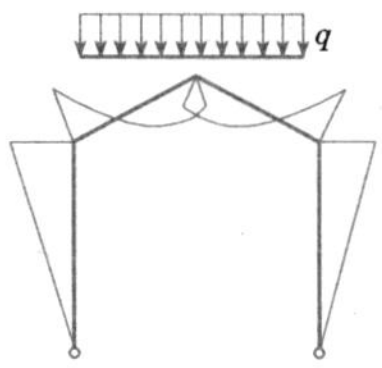	$\Phi=\frac{8+5\psi}{4\mu}$ $F_{y_A}=F_{y_B}=\frac{ql}{2},\quad F_{x_A}=F_{x_B}=\frac{ql}{8}\lambda\Phi$ $M_1=M_2=-\frac{ql^2}{8}\Phi,\quad M_5=\frac{ql^2}{8}[1-(1+\psi)\Phi]$

续表

<table>
<tr><th>简　图</th><th>计 算 公 式</th></tr>
<tr><td>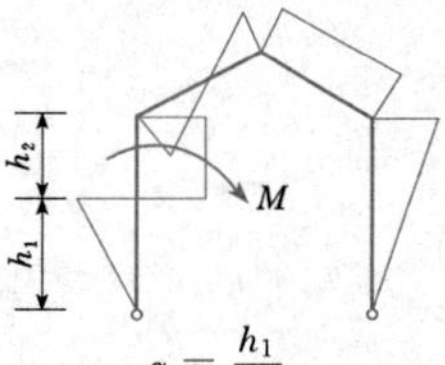
$\alpha=\frac{h_1}{h}$</td><td>$\Phi=\frac{3}{2\mu}[2+\psi+K(1-\alpha^2)]$
$F_{y_A}=-F_{y_B}=-\frac{M}{l}$，$F_{x_A}=F_{x_B}=\frac{M}{2h}\Phi$
$\left.\begin{matrix}M_3\\M_4\end{matrix}\right\}=\frac{M}{2}(1\pm1-\Phi)$，$M_5=\frac{M}{2}[1-(1+\psi)\Phi]$
当 $h_1=h$ 时：$\Phi=\frac{3}{2\mu}(2+\psi)$
当 $h_1=0$ 时：$\Phi=\frac{3}{2\mu}(2+\psi+K)$</td></tr>
<tr><td>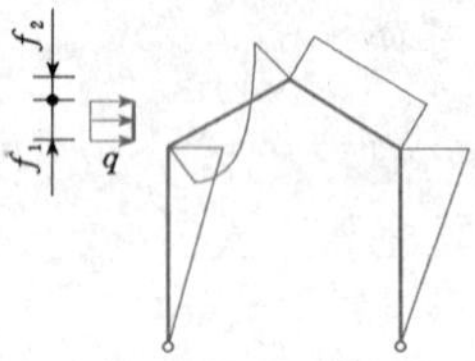
$\alpha=\frac{f_1}{f}$，$\beta=\frac{f_2}{f}$</td><td>$\Phi=\frac{\psi}{8\mu}\{\alpha^2(4+3\alpha\psi)+2\beta[2(3+2\psi)+\alpha\psi(1+\alpha)]\}$
$F_{y_A}=-F_{y_B}=-\frac{qf_1}{2l}(2h+f_1)$，$\left.\begin{matrix}F_{x_A}\\F_{x_B}\end{matrix}\right\}=-\frac{qf\alpha}{2}(\pm1+\Phi)$
$\left.\begin{matrix}M_1\\M_2\end{matrix}\right\}=\frac{qfh\alpha}{2}(\pm1+\Phi)$，$M_5=-\frac{qfh\alpha}{2}\left[\psi\left(1-\frac{\alpha}{2}\right)-(1+\psi)\Phi\right]$
当 $f_1=f$ 时：$\Phi=\frac{\psi}{8\mu}(4+3\psi)$</td></tr>
<tr><td>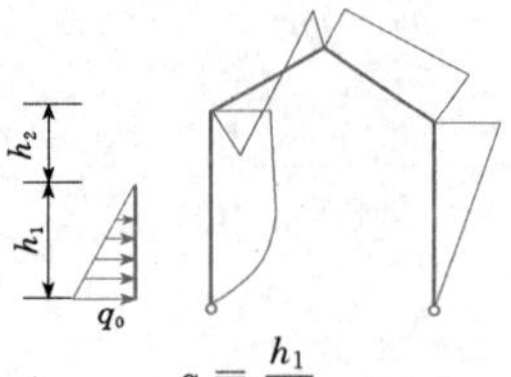
$\alpha=\frac{h_1}{h}$</td><td>$\Phi=\frac{1}{2\mu}\left[\psi(3+2\psi)-K+\frac{3K\alpha^2}{10}\right]$
$F_{y_A}=-F_{y_B}=-\frac{q_0h_1^2}{6l}$，$\left.\begin{matrix}F_{x_A}\\F_{x_B}\end{matrix}\right\}=-\frac{q_0h\alpha}{12}[3\pm3-\alpha(1-\Phi)]$
$\left.\begin{matrix}M_1\\M_2\end{matrix}\right\}=\frac{q_0h^2\alpha^2}{12}(\pm1+\Phi)$，$M_5=-\frac{q_0h^2\alpha^2}{12}[\psi(1+\psi)\Phi]$
当 $h_1=h$ 时：$\Phi=\frac{1}{2\mu}\left[\psi(3+2\psi)-\frac{7K}{10}\right]$</td></tr>
<tr><td>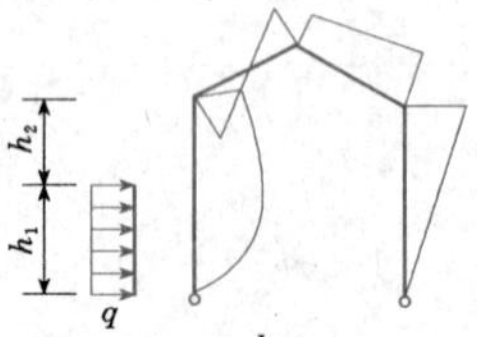
$\alpha=\frac{h_1}{h}$</td><td>$\Phi=\frac{1}{4\mu}[6(2+\psi+K)-K\alpha^2]$
$F_{y_A}=-F_{y_B}=-\frac{qh_1^2}{2l}$，$\left.\begin{matrix}F_{x_A}\\F_{x_B}\end{matrix}\right\}=-\frac{qh\alpha}{2}\left(1\pm1-\frac{\alpha}{2}\Phi\right)$
$\left.\begin{matrix}M_1\\M_2\end{matrix}\right\}=\frac{qh^2\alpha^2}{4}(1\pm1-\Phi)$，$M_5=\frac{qh^2\alpha^2}{4}[1-(1+\psi)\Phi]$
当 $h_1=h$ 时：$\Phi=\frac{1}{4\mu}[6(2+\psi)+5K]$</td></tr>
<tr><td>均匀加热 t℃
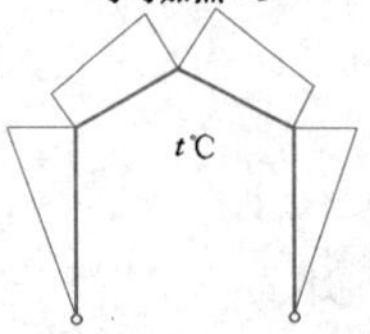</td><td>$F_{y_A}=F_{y_B}=0$，$F_{x_A}=F_{x_B}=\frac{3EI_2l}{2Sh^2\mu}\alpha_tt$
$M_1=M_2=-\frac{3EI_2l}{2Sh\mu}\alpha_tt$，$M_5=M_1(1+\psi)=M_2(1+\psi)$
式中，α_t 为线膨胀系数</td></tr>
</table>

表 2.3-31　　**∩形刚架计算公式之二**

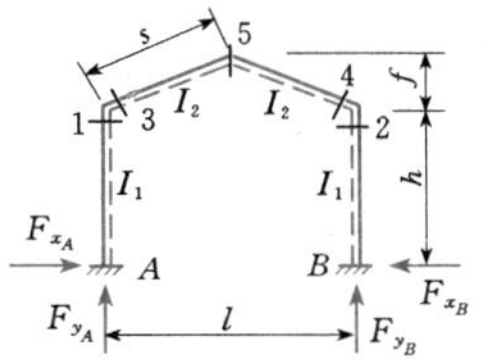

$$\lambda=\frac{l}{h},\quad \psi=\frac{f}{h},\quad K=\frac{h}{s}\frac{I_2}{I_1}$$

$$\mu_1=4(1+K)-2\mu_2(K-\psi),\quad \mu_2=\frac{3(K-\psi)}{2(K+\psi^2)},\quad \mu_3=2+6K$$

$$C_1=\frac{2(1+K)}{K-\psi},\quad C_2=\frac{3(2+K+\psi)}{2(K+\psi^2)}=(C_1-1)\mu_2$$

F_{y_A}、F_{y_B} 及 M_5 可在算出 F_{x_A}、F_{x_B}、M_A 及 M_B 之后，按静力平衡条件计算

简　　图	计　算　公　式
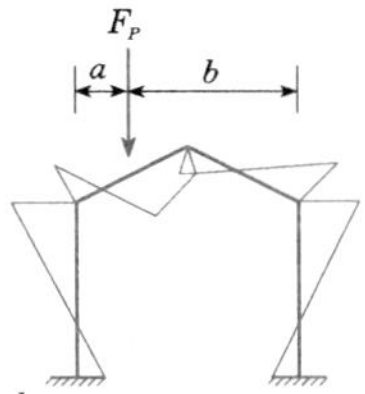 $a\leqslant\frac{l}{2},\quad \alpha=\frac{a}{l},\quad \beta=\frac{b}{l}$	$F_{x_A}=F_{x_B}=\frac{F_P\alpha\lambda\mu_2}{3\mu_1}[\psi C_1(3-4\alpha^2)+6\beta]$ $\left.\begin{matrix}M_A\\M_B\end{matrix}\right\}=F_Pl\alpha\left\{\frac{1}{3\mu_1}[\psi C_2(3-4\alpha^2)+6(\mu_2-1)\beta]\mp\frac{\beta}{\mu_3}(\beta-\alpha)\right\}$ $\left.\begin{matrix}M_1\\M_2\end{matrix}\right\}=-F_Pl\alpha\left\{\frac{1}{3\mu_1}[\psi\mu_2(3-4\alpha^2)+6\beta]\pm\frac{\beta}{\mu_3}(\beta-\alpha)\right\}$
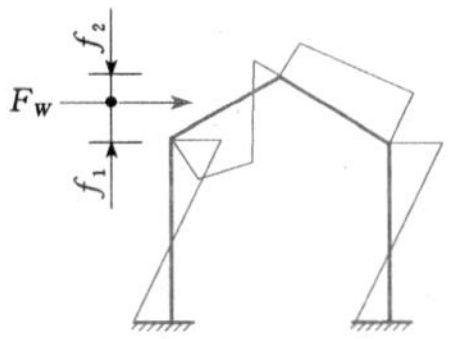 $\alpha=\frac{f_1}{f},\quad \beta=\frac{f_2}{f}$	$\left.\begin{matrix}F_{x_A}\\F_{x_B}\end{matrix}\right\}=-\frac{F_W}{2}\left\{\frac{2\psi\beta^2\mu_2}{3\mu_1}[\psi C_1(3-\beta)+3]\pm1\right\}$ $\left.\begin{matrix}M_A\\M_B\end{matrix}\right\}=-\frac{F_Wh}{2}\left\{\frac{2\psi\beta^2}{3\mu_1}[\psi C_2(3-\beta)+3(\mu_2-1)]\pm\left[1-\frac{1}{\mu_3}(3K-2\psi\omega_{R\alpha}+\psi\omega_{\tau\alpha})\right]\right\}$ $\left.\begin{matrix}M_1\\M_2\end{matrix}\right\}=\frac{F_Wh}{2}\left\{\frac{2\psi\beta^2}{3\mu_1}[\psi\mu_2(3-\beta)+3]\pm\frac{1}{\mu_3}(3K-2\psi\omega_{R\alpha}+\psi\omega_{\tau\alpha})\right\}$
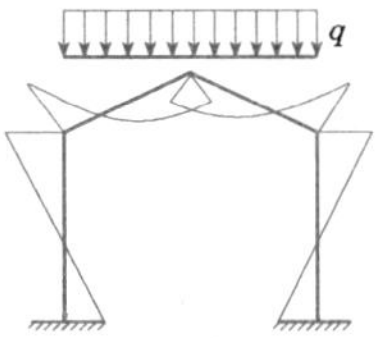	$F_{x_A}=F_{x_B}=\frac{ql\lambda\mu_2}{24\mu_1}(5\psi C_1+8)$ $M_A=M_B=\frac{ql^2}{24\mu_1}[5\psi C_2+8(\mu_2-1)]$ $M_1=M_2=-\frac{ql^2}{24\mu_1}(5\psi\mu_2+8)$
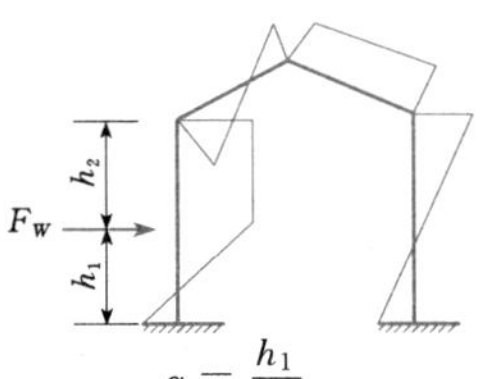 $\alpha=\frac{h_1}{h}$	$\left.\begin{matrix}F_{x_A}\\F_{x_B}\end{matrix}\right\}=-\frac{F_W}{2}\left\{1\pm1-\frac{2K\alpha^2\mu_2}{3\mu_1}[C_1(3-\alpha)-3]\right\}$ $\left.\begin{matrix}M_A\\M_B\end{matrix}\right\}=\frac{F_Wh\alpha}{2}\left\{\frac{2K\alpha}{3\mu_1}[C_2(3-\alpha)-3(\mu_2-1)]\pm\left(\frac{3K\alpha}{\mu_3}-1\right)-1\right\}$ $\left.\begin{matrix}M_1\\M_2\end{matrix}\right\}=-\frac{F_WhK\alpha^2}{6}\left\{\frac{2}{\mu_1}[\mu_2(3-\alpha)-3]\mp\frac{9}{\mu_3}\right\}$ 当 $h_1=h$ 时： $\left.\begin{matrix}F_{x_A}\\F_{x_B}\end{matrix}\right\}=-\frac{F_W}{2}\left[1\pm1-\frac{2K\mu_2}{3\mu_1}(2C_1-3)\right]$ $\left.\begin{matrix}M_A\\M_B\end{matrix}\right\}=\frac{F_Wh}{2}\left\{\frac{2K}{3\mu_1}[2C_2-3(\mu_2-1)]\pm\left(\frac{3K}{\mu_3}-1\right)-1\right\}$ $\left.\begin{matrix}M_1\\M_2\end{matrix}\right\}=-\frac{F_WhK}{6}\left[\frac{2}{\mu_1}(2\mu_2-3)\mp\frac{9}{\mu_3}\right]$

续表

简　　图	计 算 公 式
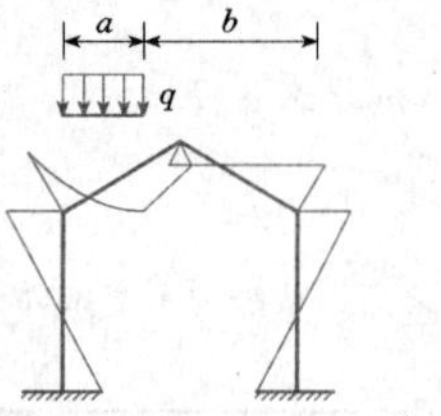 $a\leqslant\frac{l}{2}$　$\alpha=\frac{a}{l}$，　$\beta=\frac{b}{l}$	$F_{x_A}=F_{x_B}=\frac{ql\alpha^2\lambda\mu_2}{6\mu_1}[\psi C_1(3-2\alpha^2)+2(3-2\alpha)]$ $\left.\begin{matrix}M_A\\M_B\end{matrix}\right\}=\frac{ql^2\alpha^2}{6}\left\{\frac{1}{\mu_1}[\psi C_2(3-2\alpha^2)+2(3-2\alpha)(\mu_2-1)]\mp\frac{3\beta^2}{\mu_3}\right\}$ $\left.\begin{matrix}M_1\\M_2\end{matrix}\right\}=-\frac{ql^2\alpha^2}{6}\left\{\frac{1}{\mu_1}[\psi\mu_2(3-2\alpha^2)+2(3-2\alpha)]\pm\frac{3\beta^2}{\mu_3}\right\}$
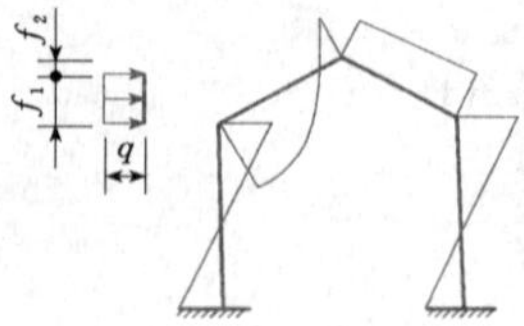 $\alpha=\frac{f_1}{f}$，　$\beta=\frac{f_2}{f}$	$\Phi_1=1+\beta+\beta^2$，　$\Phi_2=(1+\beta)(1-\beta^2)$ $\left.\begin{matrix}F_{x_A}\\F_{x_B}\end{matrix}\right\}=-\frac{qf\alpha}{2}\left\{\frac{\psi\mu_2}{6\mu_1}[(3\psi C_1+4)\Phi_1-\psi C_1\beta^3]\pm1\right\}$ $\left.\begin{matrix}M_A\\M_B\end{matrix}\right\}=-\frac{qf^2\alpha}{24}\left\{\frac{2}{\mu_1}[3\psi C_2\Phi_1+4(\mu_2-1)\Phi_1-\psi C_2\beta^3]\pm\left[\frac{12}{\psi}-\frac{3}{\mu_3}\left(\frac{12K}{\psi}-\Phi_2\right)\right]\right\}$ $\left.\begin{matrix}M_1\\M_2\end{matrix}\right\}=\frac{qf^2\alpha}{24}\left\{\frac{2}{\mu_1}[(3\psi\mu_2+4)\Phi_1-\psi\mu_2\beta^3]\pm\frac{3}{\mu_3}\left(\frac{12K}{\psi}-\Phi_2\right)\right\}$ 当 $f_1=f$ 时：　$\Phi_1=1,\Phi_2=1$
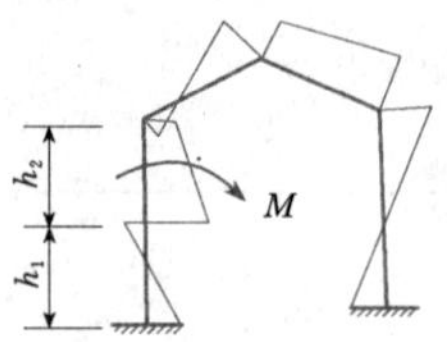 $\alpha=\frac{h_1}{h}$	$F_{x_A}=F_{x_B}=\frac{MK\alpha\mu_2}{h\mu_1}[C_1(2-\alpha)-2]$ $\left.\begin{matrix}M_A\\M_B\end{matrix}\right\}=\frac{M}{2}\left\{\frac{2K\alpha}{\mu_1}[C_2(2-\alpha)-2(\mu_2-1)]-1\mp\left(1-\frac{6K\alpha}{\mu_3}\right)\right\}$ $\left.\begin{matrix}M_3\\M_4\end{matrix}\right\}=-MK\alpha\left\{\frac{1}{\mu_1}[\mu_2(2-\alpha)-2]\mp\frac{3}{\mu_3}\right\}$ 当 $h_1=h$ 时： $F_{x_A}=F_{x_B}=\frac{MK\mu_2}{h\mu_1}(C_1-2)$ $\left.\begin{matrix}M_A\\M_B\end{matrix}\right\}=\frac{M}{2}\left\{\frac{2K}{\mu_1}[C_2-2(\mu_2-1)]-1\mp\left(1-\frac{6K}{\mu_3}\right)\right\}$ $\left.\begin{matrix}M_3\\M_4\end{matrix}\right\}=-MK\left[\frac{1}{\mu_1}(\mu_2-2)\mp\frac{8}{\mu_3}\right]$
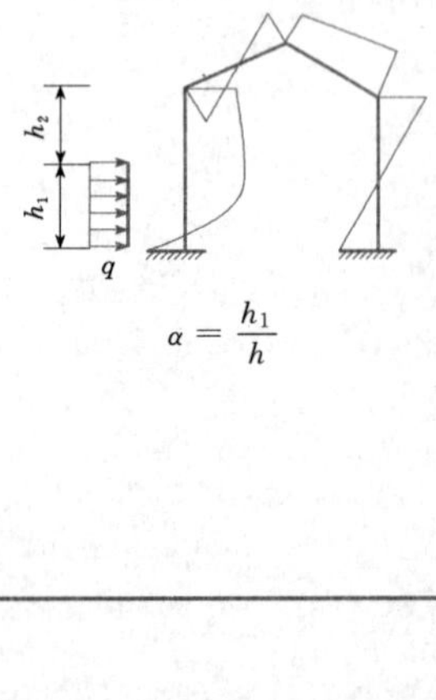 $\alpha=\frac{h_1}{h}$	$\left.\begin{matrix}F_{x_A}\\F_{x_B}\end{matrix}\right\}=-\frac{qh\alpha}{2}\left\{1\pm1-\frac{K\alpha^2\mu_2}{6\mu_1}[C_1(4-\alpha)-4]\right\}$ $\left.\begin{matrix}M_A\\M_B\end{matrix}\right\}=\frac{qh^2\alpha^2}{12}\left\{\frac{K\alpha}{\mu_1}[C_2(4-\alpha)-4(\mu_2-1)]-3\mp\left(3-\frac{6K\alpha}{\mu_3}\right)\right\}$ $\left.\begin{matrix}M_1\\M_2\end{matrix}\right\}=-\frac{qh^2K\alpha^3}{12}\left\{\frac{1}{\mu_1}[\mu_2(4-\alpha)-4]\mp\frac{6}{\mu_3}\right\}$ 当 $h_1=h$ 时： $\left.\begin{matrix}F_{x_A}\\F_{x_B}\end{matrix}\right\}=-\frac{qh}{2}\left[1\pm1-\frac{K\mu_2}{6\mu_1}(3C_1-4)\right]$ $\left.\begin{matrix}M_A\\M_B\end{matrix}\right\}=\frac{qh^2}{12}\left\{\frac{K}{\mu_1}[3C_2-4(\mu_2-1)]-3\mp\left(3-\frac{6K}{\mu_3}\right)\right\}$ $\left.\begin{matrix}M_1\\M_2\end{matrix}\right\}=-\frac{qh^2K}{12}\left[\frac{1}{\mu_1}(3\mu_2-4)\mp\frac{6}{\mu_3}\right]$

续表

简　图	计　算　公　式
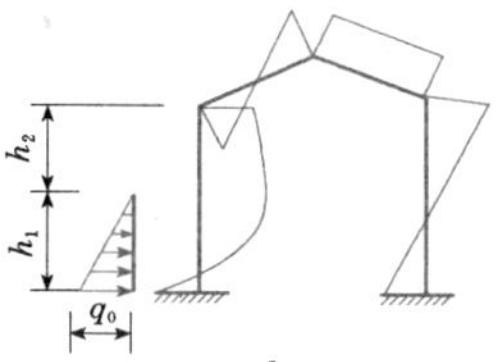 $\alpha=\frac{h_1}{h}$	$\left.\begin{matrix}F_{x_A}\\F_{x_B}\end{matrix}\right\}=-\frac{q_0h\alpha}{4}\left\{1\pm1-\frac{K\alpha^2\mu_2}{15\mu_1}[C_1(5-\alpha)-5]\right\}$ $\left.\begin{matrix}M_A\\M_B\end{matrix}\right\}=\frac{q_0h^2\alpha^2}{120}\left\{\frac{2K\alpha}{\mu_1}[C_2(5-\alpha)-5(\mu_2-1)]-10\mp\left(10-\frac{15K\alpha}{\mu_3}\right)\right\}$ $\left.\begin{matrix}M_1\\M_2\end{matrix}\right\}=-\frac{q_0h^2K\alpha^3}{120}\left\{\frac{2}{\mu_1}[\mu_2(5-\alpha)-5]\mp\frac{15}{\mu_3}\right\}$ 当 $h_1=h$ 时： $\left.\begin{matrix}F_{x_A}\\F_{x_B}\end{matrix}\right\}=-\frac{q_0h}{4}\left[1\pm1-\frac{K\mu_2}{15\mu_1}(4C_1-5)\right]$ $\left.\begin{matrix}M_A\\M_B\end{matrix}\right\}=\frac{q_0h^2}{120}\left\{\frac{2K}{\mu_1}[4C_2-5(\mu_2-1)]-10\mp\left(10-\frac{15K}{\mu_3}\right)\right\}$ $\left.\begin{matrix}M_1\\M_2\end{matrix}\right\}=-\frac{q_0h^2K}{120}\left[\frac{2}{\mu_1}(4\mu_2-5)\mp\frac{15}{\mu_3}\right]$
均匀加热 t℃ 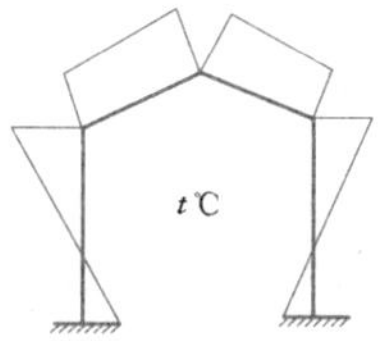	$F_{x_A}=F_{x_B}=\frac{2EI_2lC_1\mu_2}{Sh^2\mu_1}\alpha_t t$ $M_A=M_B=\frac{2EI_2lC_2}{Sh\mu_1}\alpha_t t$ $M_1=M_2=-\frac{2EI_2l\mu_2}{Sh\mu_1}\alpha_t t$ 式中，α_t 为线膨胀系数

4. ∩形刚架（横梁为抛物线形）

表 2.3-32　　∩形刚架计算公式之一

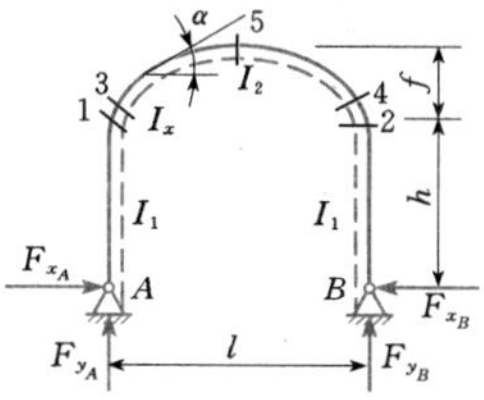

$$\frac{I_2}{I_x\cos\alpha}=1,\quad \psi=\frac{f}{h},\quad \lambda=\frac{l}{h}$$

$$K=\frac{h}{l}\frac{I_2}{I_1},\quad \mu=5(3+2K)+4\psi(5+2\psi)$$

简　图	计　算　公　式
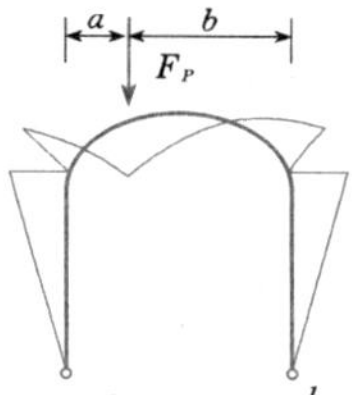 $\alpha=\frac{a}{l}$，$\beta=\frac{b}{l}$	$\Phi=\frac{5}{\mu}(3\omega_{R\alpha}+2\psi\omega_{S\alpha})$ $F_{y_A}=F_P\beta$，$F_{y_B}=F_P\alpha$，$F_{x_A}=F_{x_B}=\frac{F_P}{2}\lambda\Phi$ $M_1=M_2=-\frac{F_Pl}{2}\Phi$ 当 $a\leqslant\frac{l}{2}$ 时：$M_5=\frac{F_Pl}{2}[\alpha-(1+\psi)\Phi]$
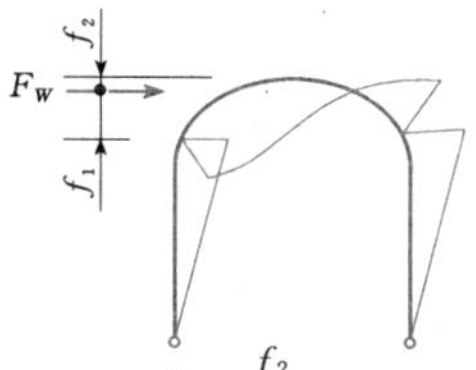 $\beta=\frac{f_2}{f}$	$\Phi=\frac{2\psi\beta^{\frac{3}{2}}}{\mu}[5(1+\psi)-\psi\beta]$ $F_{y_A}=-F_{y_B}=-\frac{F_W}{l}(h+f_1)$，$\left.\begin{matrix}F_{x_A}\\F_{x_B}\end{matrix}\right\}=-\frac{F_W}{2}(\Phi\pm1)$ $\left.\begin{matrix}M_1\\M_2\end{matrix}\right\}=\frac{F_Wh}{2}(\Phi\pm1)$，$M_5=-\frac{F_Wh}{2}[\psi\beta-(1+\psi)\Phi]$ 当 $f_2=f$ 时：$\Phi=\frac{2\psi}{\mu}(5+4\psi)$

续表

简　　图	计　算　公　式
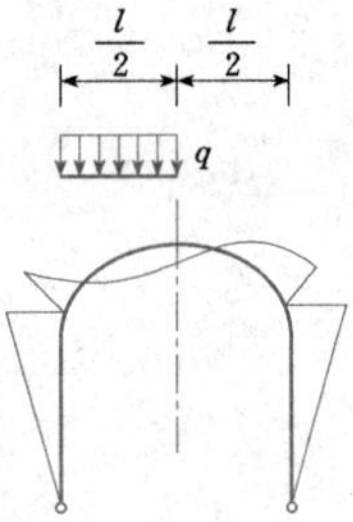	$\Phi=\frac{2}{\mu}(5+4\psi)$ $F_{y_A}=\frac{3ql}{8}$，$F_{y_B}=\frac{ql}{8}$，$F_{x_A}=F_{x_B}=\frac{ql}{16}\lambda\Phi$ $M_1=M_2=-\frac{ql^2}{16}\Phi$，$M_5=\frac{ql^2}{16}[1-(1+\psi)\Phi]$
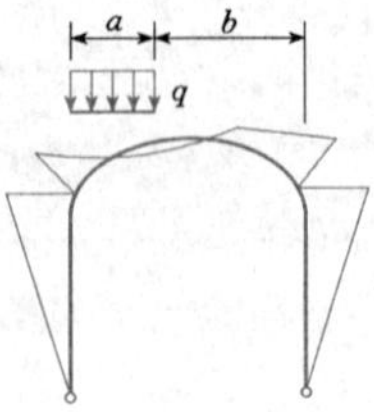 $\alpha=\frac{a}{l}$	$\Phi=\frac{\alpha^2}{\mu}[5(3+2\psi)-10\alpha(1+\psi\alpha)+4\psi\alpha^3]$ $F_{y_A}=\frac{qa}{2}(2-\alpha)$，$F_{y_B}=\frac{qa}{2}\alpha$，$F_{x_A}=F_{x_B}=\frac{ql}{4}\lambda\Phi$ $M_1=M_2=-\frac{ql^2}{4}\Phi$ 当 $a=l$ 时：$\Phi=\frac{1}{\mu}(5+4\psi)$ 当 $a\leqslant\frac{l}{2}$ 时：$M_5=\frac{ql^2}{4}[\alpha^2-(1+\psi)\Phi]$
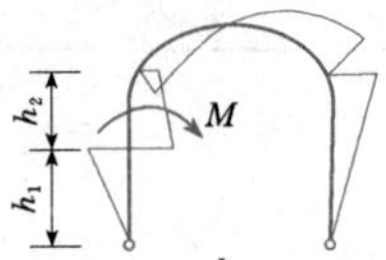 $\alpha=\frac{h_1}{h}$	$\Phi=\frac{5}{\mu}[3(1+K)+2\psi-3K\alpha^2]$ $F_{y_A}=-F_{y_B}=-\frac{M}{l}$，$F_{x_A}=F_{x_B}=\frac{M}{2h}\Phi$ $\left.\begin{matrix}M_3\\M_4\end{matrix}\right\}=\frac{M}{2}(1\pm1-\Phi)$，$M_5=\frac{M}{2}[1-(1+\psi)\Phi]$ 当 $h_1=h$ 时：$\Phi=\frac{5}{\mu}(3+2\psi)$，$M_1=-\frac{M}{2}\Phi$ 当 $h_1=0$ 时：$\Phi=\frac{5}{\mu}(3+3K+2\psi)$
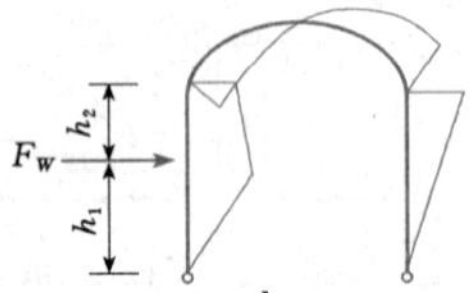 $\alpha=\frac{h_1}{h}$	$\Phi=\frac{5}{\mu}[3(1+K)+2\psi-K\alpha^2]$ $F_{y_A}=-F_{y_B}=-\frac{F_Wh_1}{l}$，$\left.\begin{matrix}F_{x_A}\\F_{x_B}\end{matrix}\right\}=-\frac{F_W}{2}(1\pm1-\alpha\Phi)$ $\left.\begin{matrix}M_1\\M_2\end{matrix}\right\}=\frac{F_Wh\alpha}{2}(1\pm1-\Phi)$，$M_5=\frac{F_Wh\alpha}{2}[1-(1+\psi)\Phi]$
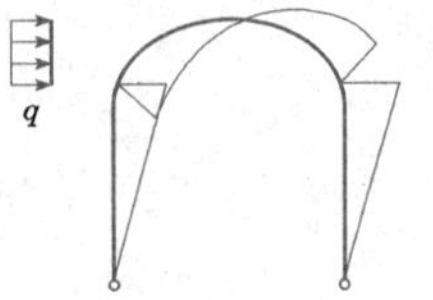	$\Phi=\frac{4\psi}{7\mu}(7+6\psi)$ $F_{y_A}=-F_{y_B}=-\frac{qf}{2l}(2h+f)$，$\left.\begin{matrix}F_{x_A}\\F_{x_B}\end{matrix}\right\}=-\frac{qf}{2}(\Phi\pm1)$ $\left.\begin{matrix}M_1\\M_2\end{matrix}\right\}=\frac{qfh}{2}(\Phi\pm1)$，$M_5=-\frac{qfh}{2}\left[\frac{\psi}{2}-(1+\psi)\Phi\right]$
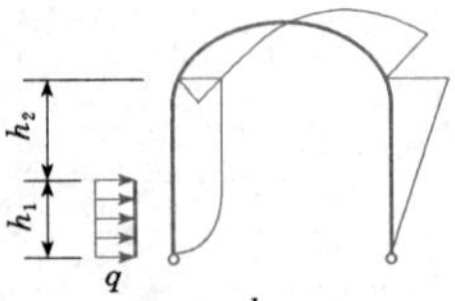 $\alpha=\frac{h_1}{h}$	$\Phi=\frac{5}{2\mu}\{2[3(1+K)+2\psi]-K\alpha^2\}$ $F_{y_A}=-F_{y_B}=-\frac{qh_1^2}{2l}$，$\left.\begin{matrix}F_{x_A}\\F_{x_B}\end{matrix}\right\}=-\frac{qh\alpha}{2}\left(1\pm1-\frac{\alpha}{2}\Phi\right)$ $\left.\begin{matrix}M_1\\M_2\end{matrix}\right\}=\frac{qh^2\alpha^2}{4}(1\pm1-\Phi)$，$M_5=\frac{qh^2\alpha^2}{4}[1-(1+\psi)\Phi]$ 当 $h_1=h$ 时：$\Phi=\frac{5}{2\mu}(6+5K+4\psi)$

续表

简　图	计　算　公　式
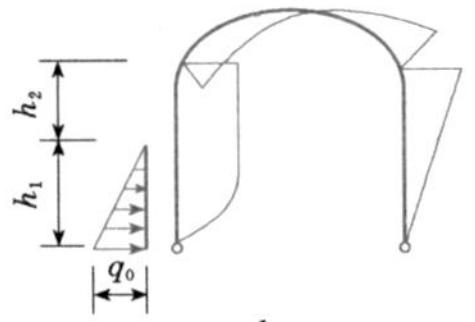 $\alpha=\dfrac{h_1}{h}$	$\Phi=\dfrac{1}{2\mu}\{10[3(1+K)+2\psi]-3K\alpha^2\}$ $F_{y_A}=-F_{y_B}=-\dfrac{q_0h_1^2}{6l}$，$\left.\begin{matrix}F_{x_A}\\F_{x_B}\end{matrix}\right\}=-\dfrac{q_0h\alpha}{4}\left(1\pm1-\dfrac{\alpha}{3}\Phi\right)$ $\left.\begin{matrix}M_1\\M_2\end{matrix}\right\}=\dfrac{q_0h^2\alpha^2}{12}(1\pm1-\Phi)$，$M_5=\dfrac{q_0h^2\alpha^2}{12}(1-\Phi-\psi\Phi)$ 当 $h_1=h$ 时：$\Phi=\dfrac{1}{2\mu}(30+20\psi+27K)$
均匀加热 t℃ 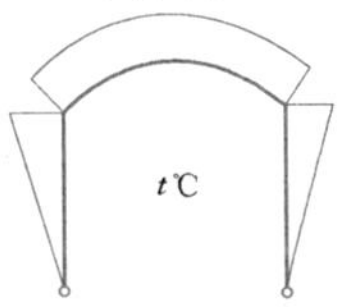	$F_{y_A}=F_{y_B}=0$，$F_{x_A}=F_{x_B}=\dfrac{15EI_2}{h^2\mu}\alpha_t t$ $M_1=M_2=-\dfrac{15EI_2}{h\mu}\alpha_t t$，$M_5=M_1(1+\psi)=M_2(1+\psi)$ 式中，α_t 为线膨胀系数

表 2.3-33　∩形刚架计算公式之二

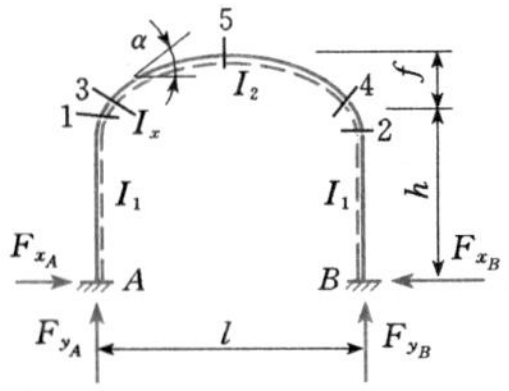

$$\frac{I_2}{I_x\cos\alpha}=1,\quad \psi=\frac{f}{h},\quad K=\frac{h}{l}\frac{I_2}{I_1}$$

$$\mu_1=\frac{5(3K-2\psi)}{2(5K+4\psi^2)},\quad \mu_2=3(1+2K)-\mu_1(3K-2\psi)$$

$$\mu_3=\frac{3(1+2K)}{3K-2\psi},\quad \mu_4=1+6K,\quad \mu_5=(\mu_3-1)\mu_1$$

简　图	计　算　公　式
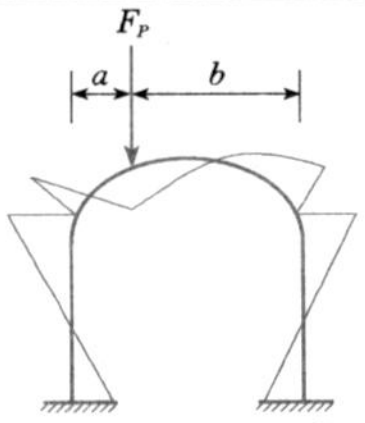 $\alpha=\dfrac{a}{l}$，$\beta=\dfrac{b}{l}$	$F_{x_A}=F_{x_B}=\dfrac{F_Pl\mu_1}{2h\mu_2}(2\psi\mu_3\omega_{S\alpha}+3\omega_{R\alpha})$ $\left.\begin{matrix}M_A\\M_B\end{matrix}\right\}=\dfrac{F_Pl}{2}\left\{\dfrac{1}{\mu_2}[2\psi\mu_5\omega_{S\alpha}+3(\mu_1-1)\omega_{R\alpha}]\mp\dfrac{1}{\mu_4}(\omega_{\tau\beta}-\omega_{\tau\alpha})\right\}$ $\left.\begin{matrix}M_1\\M_2\end{matrix}\right\}=-\dfrac{F_Pl}{2}\left[\dfrac{1}{\mu_2}(2\psi\mu_1\omega_{S\alpha}+3\omega_{R\alpha})\pm\dfrac{1}{\mu_4}(\omega_{\tau\beta}-\omega_{\tau\alpha})\right\}$
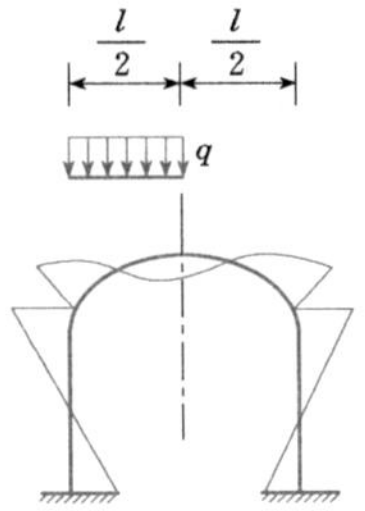	$F_{x_A}=F_{x_B}=\dfrac{ql^2\mu_1}{40h\mu_2}(4\psi\mu_3+5)$ $\left.\begin{matrix}M_A\\M_B\end{matrix}\right\}=\dfrac{ql^2}{40}\left\{\dfrac{1}{\mu_2}[4\psi\mu_5+5(\mu_1-1)]\mp\dfrac{5}{8\mu_4}\right\}$ $\left.\begin{matrix}M_1\\M_2\end{matrix}\right\}=-\dfrac{ql^2}{40}\left[\dfrac{1}{\mu_2}(4\psi\mu_1+5)\pm\dfrac{5}{8\mu_4}\right\}$
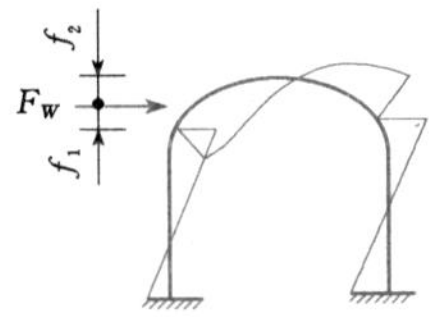 $\beta=\dfrac{f_2}{f}$	$\left.\begin{matrix}F_{x_A}\\F_{x_B}\end{matrix}\right\}=-\dfrac{F_W}{2}\left\{\dfrac{2\psi\mu_1\beta^{\frac{3}{2}}}{5\mu_2}[\psi\mu_3(5-\beta)+5]\pm1\right\}$ $\left.\begin{matrix}M_A\\M_B\end{matrix}\right\}=-F_Wf\left\{\dfrac{\beta^{\frac{3}{2}}}{5\mu_2}[\psi\mu_5(5-\beta)+5(\mu_1-1)]\pm\left[\dfrac{1}{2\psi}-\dfrac{1}{8\mu_4}\left(\dfrac{12K}{\psi}-1-2\beta+3\beta^2\right)\right]\right\}$ $\left.\begin{matrix}M_1\\M_2\end{matrix}\right\}=F_Wf\left\{\dfrac{\beta^{\frac{3}{2}}}{5\mu_2}[\psi\mu_1(5-\beta)+5]\pm\dfrac{1}{8\mu_4}\left(\dfrac{12K}{\psi}-1-2\beta+3\beta^2\right)\right\}$ 当 $f_2=f$ 时：$\beta=1$

续表

简 图	计 算 公 式
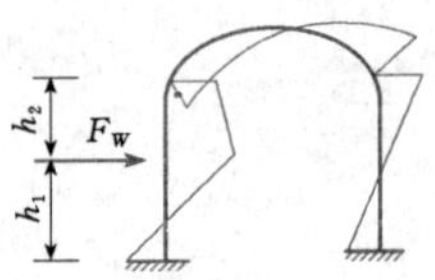 $\alpha=\frac{h_1}{h}$	$\left.\begin{matrix}F_{x_A}\\F_{x_B}\end{matrix}\right\}=-\frac{F_W}{2}\left\{1\pm 1-\frac{K\alpha^2\mu_1}{\mu_2}[\mu_3(3-\alpha)-3]\right\}$ $\left.\begin{matrix}M_A\\M_B\end{matrix}\right\}=\frac{F_W h\alpha}{2}\left\{\frac{K\alpha}{\mu_2}[\mu_5(3-\alpha)-3(\mu_1-1)]-1\mp\left(1-\frac{3K\alpha}{\mu_4}\right)\right\}$ $\left.\begin{matrix}M_1\\M_2\end{matrix}\right\}=-\frac{F_W hK\alpha^2}{2}\left\{\frac{1}{\mu_2}[\mu_1(3-\alpha)-3]\mp\frac{3}{\mu_4}\right\}$
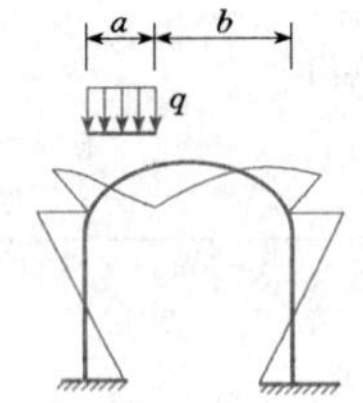 $\alpha=\frac{a}{l}$，$\beta=\frac{b}{l}$	$\Phi_1=5-5\alpha^2+2\alpha^3$，$\Phi_2=3-2\alpha$ $\left.\begin{matrix}F_{x_A}\\F_{x_B}\end{matrix}\right\}=\frac{ql^2\alpha^2\mu_1}{20h\mu_2}(2\psi\mu_3\Phi_1+5\Phi_2)$ $\left.\begin{matrix}M_A\\M_B\end{matrix}\right\}=\frac{ql^2\alpha^2}{20}\left\{\frac{1}{\mu_2}[2\psi\mu_5\Phi_1+5(\mu_1-1)\Phi_2]\mp\frac{5\beta^2}{\mu_4}\right\}$ $\left.\begin{matrix}M_1\\M_2\end{matrix}\right\}=-\frac{ql^2\alpha^2}{20}\left[\frac{1}{\mu_2}[2\psi\mu_1\Phi_1+5\Phi_2]\pm\frac{5\beta^2}{\mu_4}\right]$ 当 $a=l$ 时：$\Phi_1=2$，$\Phi_2=1$
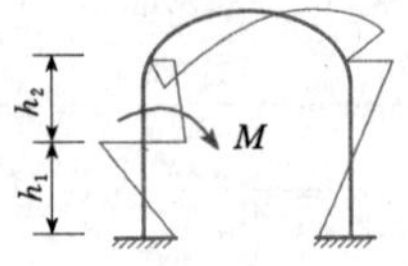 $\alpha=\frac{h_1}{h}$	$F_{x_A}=F_{x_B}=\frac{3MK\alpha\mu_1}{2h\mu_2}[\mu_3(2-\alpha)-2]$ $\left.\begin{matrix}M_A\\M_B\end{matrix}\right\}=\frac{M}{2}\left\{\frac{3K\alpha}{\mu_2}[\mu_5(2-\alpha)-2(\mu_1-1)]-1\mp\left(1-\frac{6K\alpha}{\mu_4}\right)\right\}$ $\left.\begin{matrix}M_3\\M_4\end{matrix}\right\}=-\frac{3MK\alpha}{2}\left\{\frac{1}{\mu_2}[\mu_1(2-\alpha)-2]\mp\frac{2}{\mu_4}\right\}$ 当 $h_1=h$ 时：$\alpha=1$
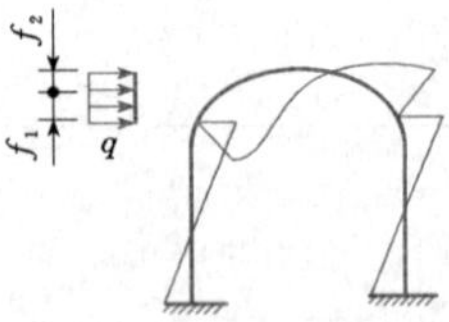 $\alpha=\frac{f_1}{f}$，$\beta=\frac{f_2}{f}$	$\Phi_1=1-\beta^{\frac{5}{2}}$，$\Phi_2=1-\beta^{\frac{7}{2}}$ $\left.\begin{matrix}F_{x_A}\\F_{x_B}\end{matrix}\right\}=-\frac{qf}{2}\left\{\frac{4\psi\mu_1}{5\mu_2}\left[(\psi\mu_3+1)\Phi_1-\frac{\psi\mu_3}{7}\Phi_2\right]\pm\alpha\right\}$ $\left.\begin{matrix}M_A\\M_B\end{matrix}\right\}=-qf^2\left\{\frac{2}{5\mu_2}\left[(\psi\mu_5+\mu_1-1)\Phi_1-\frac{\psi\mu_5}{7}\Phi_2\right]\pm\alpha\left[\frac{1}{2\psi}-\frac{1}{8\mu_4}\left(\frac{12K}{\psi}-1+\beta^2\right)\right]\right\}$ $\left.\begin{matrix}M_1\\M_2\end{matrix}\right\}=qf^2\left\{\frac{2}{5\mu_2}\left[(\psi\mu_1+1)\Phi_1-\frac{\psi\mu_1}{7}\Phi_2\right]\pm\frac{\alpha}{8\mu_4}\left(\frac{12K}{\psi}-1+\beta^2\right)\right\}$ 当 $f_1=f$ 时：$\Phi_1=1$，$\Phi_2=1$
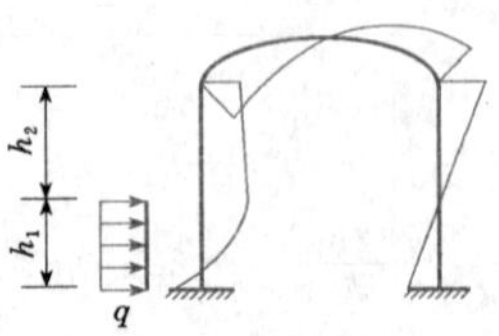 $\alpha=\frac{h_1}{h}$	$\left.\begin{matrix}F_{x_A}\\F_{x_B}\end{matrix}\right\}=-\frac{qh\alpha}{2}\left\{1\pm 1-\frac{K\alpha^2\mu_1}{4\mu_2}[\mu_3(4-\alpha)-4]\right\}$ $\left.\begin{matrix}M_A\\M_B\end{matrix}\right\}=\frac{qh^2\alpha^2}{4}\left\{\frac{K\alpha}{2\mu_2}[\mu_5(4-\alpha)-4(\mu_1-1)]-1\mp\left(1-\frac{2K\alpha}{\mu_4}\right)\right\}$ $\left.\begin{matrix}M_1\\M_2\end{matrix}\right\}=-\frac{qh^2\alpha^3K}{4}\left\{\frac{1}{2\mu_2}[\mu_1(4-\alpha)-4]\mp\frac{2}{\mu_4}\right\}$

续表

简　　图	计　算　公　式
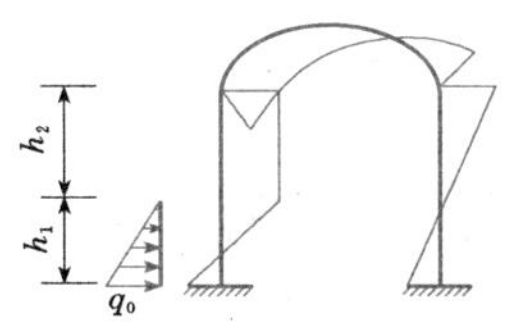 $\alpha=\dfrac{h_1}{h}$	$\left.\begin{matrix}F_{x_A}\\F_{x_B}\end{matrix}\right\}=-\dfrac{q_0h\alpha}{2}\left\{1\pm1-\dfrac{K\alpha^2\mu_1}{10\mu_2}[\mu_3(5-\alpha)-5]\right\}$ $\left.\begin{matrix}M_A\\M_B\end{matrix}\right\}=\dfrac{q_0h^2\alpha^2}{40}\left\{\dfrac{K\alpha}{\mu_2}[\mu_5(5-\alpha)-5(\mu_1-1)]-\dfrac{10}{3}\mp\left(\dfrac{10}{3}-\dfrac{5K\alpha}{\mu_4}\right)\right\}$ $\left.\begin{matrix}M_1\\M_2\end{matrix}\right\}=-\dfrac{q_0h^2K\alpha^3}{40}\left\{\dfrac{1}{\mu_2}[\mu_1(5-\alpha)-5]\mp\dfrac{5}{\mu_4}\right\}$ 当 $h_1=h$ 时：$\alpha=1$
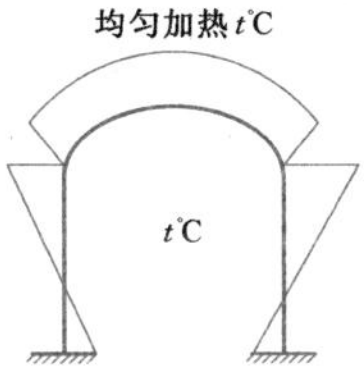	$F_{x_A}=F_{x_B}=\dfrac{3EI_2\mu_1\mu_3}{h^2\mu_2}\alpha_t t$ $M_A=M_B=\dfrac{3EI_2\mu_5}{h\mu_2}\alpha_t t$ $M_1=M_2=-\dfrac{3EI_2\mu_1}{h\mu_2}\alpha_t t$ 式中，α_t 为线膨胀系数

5. ▭形刚架

表 2.3-34　　　　▭　形　刚　架

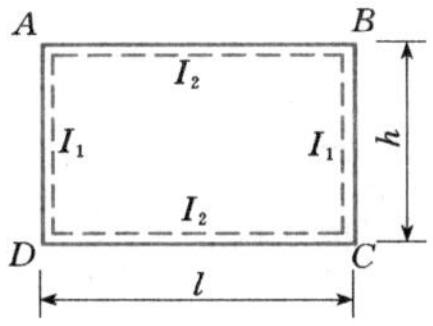

$K=\dfrac{h}{l}\dfrac{I_2}{I_1}$

$\mu=K^2+4K+3$

简　　图	计　算　公　式
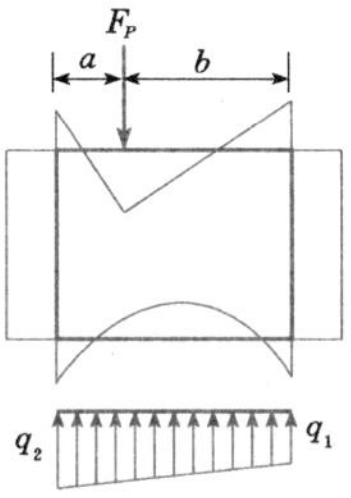 $\alpha=\dfrac{a}{l}$ $q_1=\dfrac{F_P}{l}(6\alpha-2)$，　$q_2=\dfrac{F_P}{l}(-6\alpha+4)$	$\Phi=\dfrac{3(1+8\alpha-30\alpha^2+20\alpha^3)}{10(1+3K)}$ $\left.\begin{matrix}M_A\\M_B\end{matrix}\right\}=-\dfrac{F_Pl}{12}\left\{\dfrac{1}{\mu}[6\omega_{R\alpha}(3+2K)-K]\pm\Phi\right\}$ $\left.\begin{matrix}M_C\\M_D\end{matrix}\right\}=-\dfrac{F_Pl}{12}\left\{\dfrac{1}{\mu}[3+2K-6K\omega_{R\alpha}]\mp\Phi\right\}$
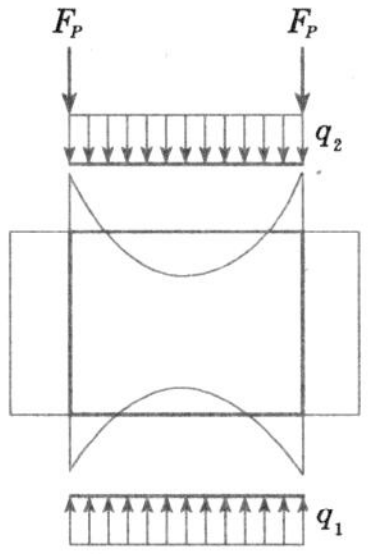 $F_P=\dfrac{(q_1-q_2)l}{2}$	当 $q_1=q_2$ 时： $M_A=M_B=M_C=M_D=-\dfrac{q_2l^2}{12(K+1)}$ 当 $q_1\neq q_2$ 时： $M_A=M_B=-\dfrac{l^2[q_2(2K+3)-q_1K]}{12(K^2+4K+3)}$ $M_C=M_D=-\dfrac{l^2[q_1(2K+3)-q_2K]}{12(K^2+4K+3)}$

续表

简　图	计　算　公　式
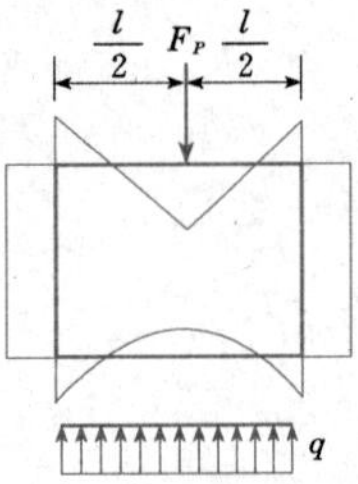 $q=\dfrac{F_P}{l}$	$M_A=M_B=-\dfrac{F_Pl(4K+9)}{24(K^2+4K+3)}$，　$M_C=M_D=-\dfrac{F_Pl(K+6)}{24(K^2+4K+3)}$ 当 $K=1$ 时：　$M_A=M_B=-\dfrac{13F_Pl}{192}$，　$M_C=M_D=-\dfrac{7F_Pl}{192}$
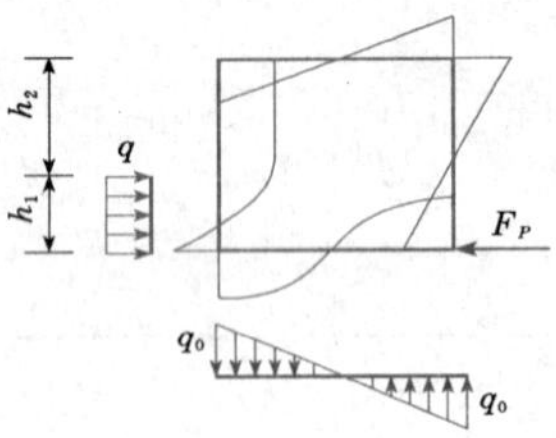 $\alpha=\dfrac{h_1}{h}$，　$q_0=\dfrac{3qh_1^2}{l^2}$，　$F_P=qh_1$	$\Phi=\dfrac{6\alpha^2(5K\alpha+3)}{1+3K}$ $\left.\begin{matrix}M_A\\M_B\end{matrix}\right\}=\dfrac{qh^2}{120}\left\{\dfrac{5}{\mu}[K^2(3\alpha^4-4\alpha^3)+3K(\alpha^4-2\alpha^2)]\pm\Phi\right\}$ $\left.\begin{matrix}M_C\\M_D\end{matrix}\right\}=-\dfrac{qh^2}{120}\left\{\dfrac{5}{\mu}[K^2(3\alpha^4-8\alpha^3+6\alpha^2)+3K(\alpha^4-4\alpha^3+4\alpha^2)]\mp(30\alpha^2-\Phi)\right\}$
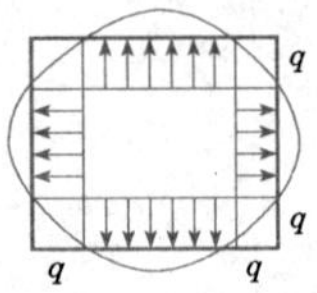	$M_A=M_B=M_C=M_D=\dfrac{q(h^2K+l^2)}{12(K+1)}$
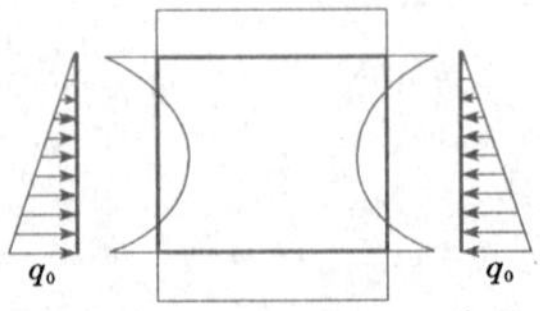	$M_A=M_B=-\dfrac{q_0h^2K(2K+7)}{60(K^2+4K+3)}$，　$M_C=M_D=-\dfrac{q_0h^2K(3K+8)}{60(K^2+4K+3)}$ 当 $K=1$ 时：　$M_A=M_B=-\dfrac{3q_0h^2}{160}$，　$M_C=M_D=-\dfrac{11q_0h^2}{480}$
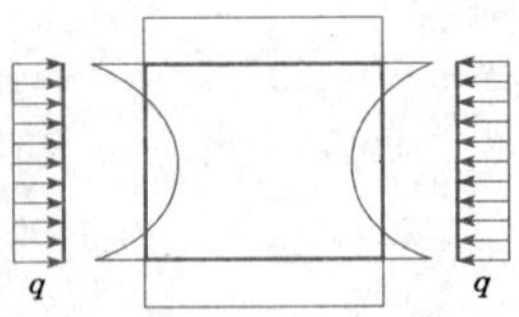	$M_A=-\dfrac{qh^2K}{12(K+1)}$ 当 $K=1$ 时：　$M_A=M_B=M_C=M_D=-\dfrac{qh^2}{24}$
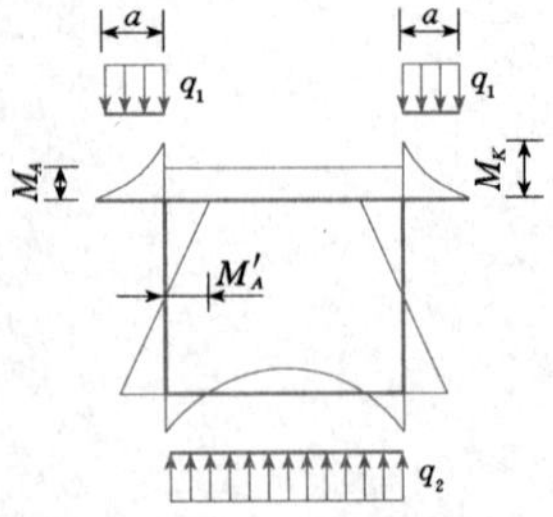 $q_2=\dfrac{2q_1a}{l}$	$M_K=-\dfrac{q_1a^2}{2}$，　$M_A'=M_A+\dfrac{q_1a^2}{2}$ $M_A=M_B=-\dfrac{q_1a}{6}\left\{\dfrac{1}{\mu}[3K^2a+K(6a-l)]\right\}$ $M_C=M_D=-\dfrac{q_1a}{6}\left\{\dfrac{1}{\mu}[K(3a+2l)+3l]\right\}$

续表

简　　图	计　算　公　式
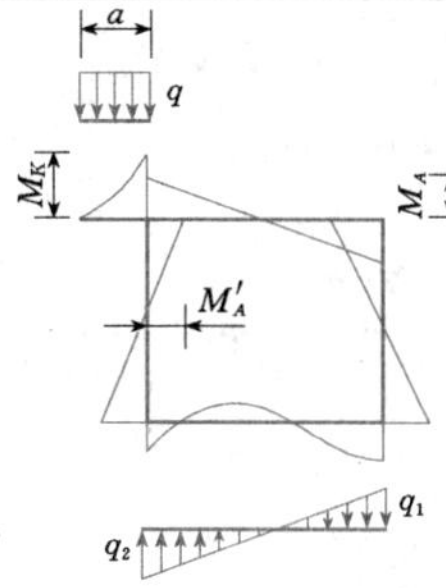 $q_1=\frac{qa}{l^2}(2l+3a)$，　$q_2=\frac{qa}{l^2}(4l+3a)$	$\Phi=\frac{18a(1+5K)+3l}{10(1+3K)}$ $M_K=-\frac{qa^2}{2}$，　$M'_A=M_A+\frac{qa^2}{2}$ $\left.\begin{matrix}M_A\\M_B\end{matrix}\right\}=-\frac{qa}{12}\left\{\frac{1}{\mu}[3K^2a+K(6a-l)\pm\Phi]\right\}$ $\left.\begin{matrix}M_C\\M_D\end{matrix}\right\}=-\frac{qa}{12}\left\{\frac{1}{\mu}[K(3a+2l)+3l]\pm(3a-\Phi)\right\}$
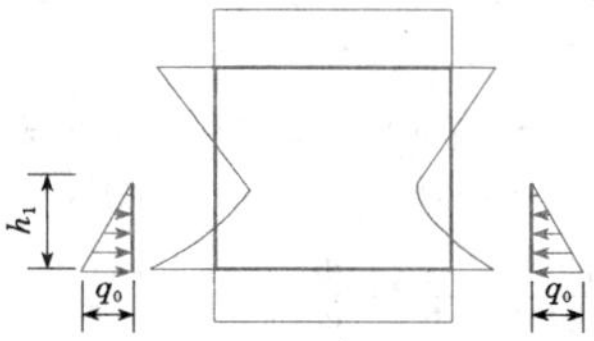 $\alpha=\frac{h_1}{h}$	$M_A=M_B=-\frac{q_0h^2}{60}\left\{\frac{1}{\mu}[K^2(5\alpha^3-3\alpha^4)+K(10\alpha^2-3\alpha^4)]\right\}$ $M_C=M_D=-\frac{q_0h^2}{60}\left\{\frac{1}{\mu}[K^2(10\alpha^2-10\alpha^3+3\alpha^4)+K(20\alpha^2-15\alpha^3+3\alpha^4)]\right\}$
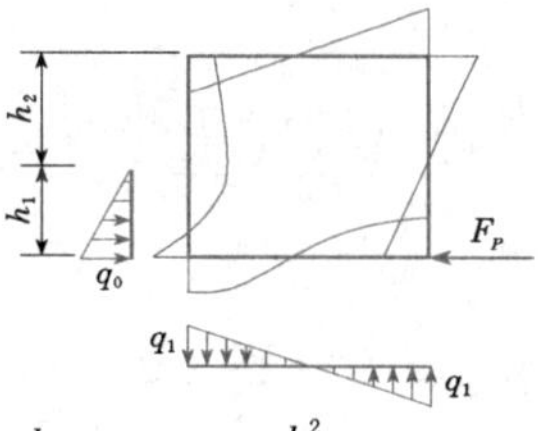 $\alpha=\frac{h_1}{h}$，　$q_1=\frac{q_0h_1^2}{l^2}$，　$F_P=\frac{q_0h_1}{2}$	$\Phi=\frac{15K\alpha^3+12\alpha^2}{2(1+3K)}$ $\left.\begin{matrix}M_A\\M_B\end{matrix}\right\}=-\frac{q_0h^2}{120}\left\{\frac{1}{\mu}[K^2(5\alpha^3-3\alpha^4)+K(10\alpha^2-3\alpha^4)]\mp\Phi\right\}$ $\left.\begin{matrix}M_C\\M_D\end{matrix}\right\}=-\frac{q_0h^2}{120}\left\{\frac{1}{\mu}[K^2(10\alpha^2-10\alpha^3+3\alpha^4)+K(20\alpha^2-15\alpha^3+3\alpha^4)]\right.$ $\left.\mp(10\alpha^2-\Phi)\right\}$

6. ▭▭形刚架

表 2.3-35　　**▭▭形刚架计算公式**

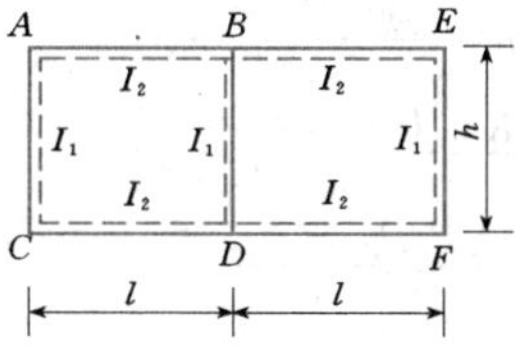

$$K=\frac{h}{l}\frac{I_2}{I_1}$$
$$\mu=2K+1$$

简　　图	计　算　公　式
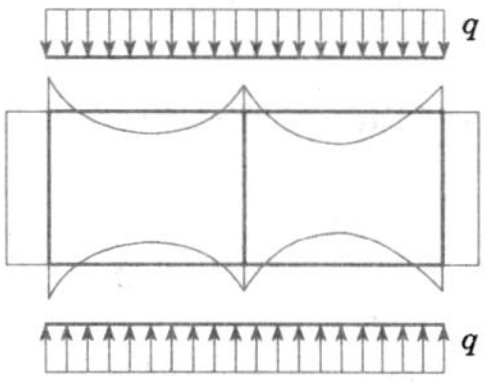	$M_A=M_C=M_E=M_F=-\frac{ql^2}{12\mu}$ $M_{BA}=M_{BE}=M_{DC}=M_{DF}=-\frac{ql^2(3K+1)}{12\mu}$ $M_{BD}=M_{DB}=0$
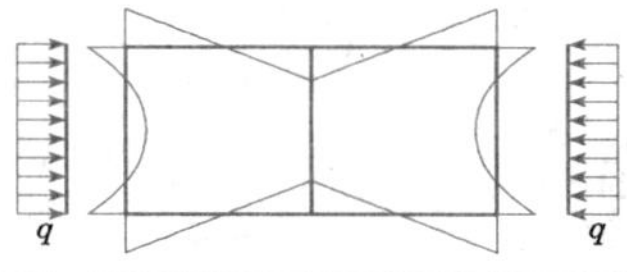	$M_A=M_C=M_E=M_F=-\frac{qh^2K}{6\mu}$ $M_{BA}=M_{BE}=M_{DC}=M_{DF}=\frac{qh^2K}{12\mu}$ $M_{BD}=M_{DB}=0$

续表

简 图	计 算 公 式
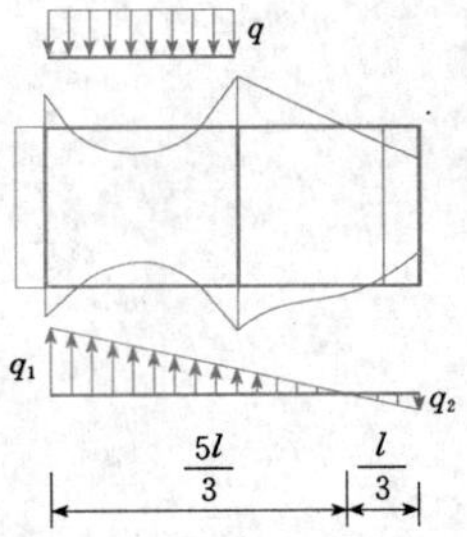 $q_1=\dfrac{5q}{4}$，$q_2=\dfrac{q}{4}$	$\Phi_1=20(K+2)(6K^2+6K+1)$，$\Phi_2=138K^2+265K+43$ $\Phi_3=81K^2+148K+37$，$\Phi_4=78K^2+205K+33$ $\Phi_5=21K^2+88K+27$ $\left.\begin{matrix}M_A\\M_E\end{matrix}\right\}=-\dfrac{ql^2}{24}\left(\dfrac{1}{\mu}\pm\dfrac{\Phi_2}{\Phi_1}\right)$，$\left.\begin{matrix}M_{BA}\\M_{BE}\end{matrix}\right\}=-\dfrac{ql^2}{24}\left(\dfrac{3K+1}{\mu}\pm\dfrac{\Phi_3}{\Phi_1}\right)$ $M_{BD}=-\dfrac{ql^2\Phi_3}{12\Phi_1}$，$\left.\begin{matrix}M_C\\M_F\end{matrix}\right\}=-\dfrac{ql^2}{24}\left(\dfrac{1}{\mu}\pm\dfrac{\Phi_4}{\Phi_1}\right)$ $M_{DB}=-\dfrac{ql^2\Phi_5}{12\Phi_1}$，$\left.\begin{matrix}M_{DC}\\M_{DF}\end{matrix}\right\}=-\dfrac{ql^2}{24}\left(\dfrac{3K+1}{\mu}\pm\dfrac{\Phi_5}{\Phi_1}\right)$
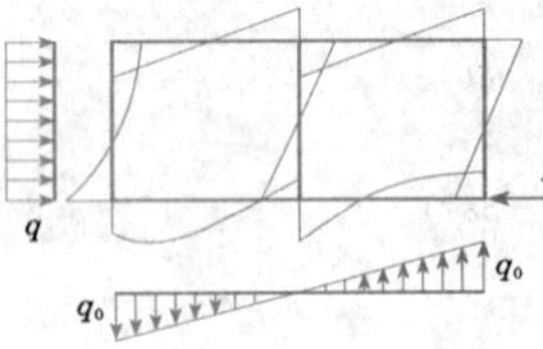 $q_0=\dfrac{3qh^2}{4l^2}$，$F_P=qh$	$\Phi_1=20(K+2)(6K^2+6K+1)$，$\Phi_2=\dfrac{\mu}{K}$ $\Phi_3=120K^3+278K^2+335K+63$，$\Phi_4=120K^3+529K^2+382K+63$ $\Phi_5=360K^3+742K^2+285K+27$，$\Phi_6=120K^3+611K^2+558K+87$ $\left.\begin{matrix}M_A\\M_E\end{matrix}\right\}=\dfrac{qh^2}{24}\left(-\dfrac{2}{\Phi_2}\pm\dfrac{\Phi_3}{\Phi_1}\right)$，$\left.\begin{matrix}M_{BA}\\M_{BE}\end{matrix}\right\}=-\dfrac{qh^2}{24}\left(-\dfrac{1}{\Phi_2}\pm\dfrac{\Phi_4}{\Phi_1}\right)$ $M_{BD}=-\dfrac{qh^2\Phi_4}{12\Phi_1}$，$\left.\begin{matrix}M_C\\M_F\end{matrix}\right\}=-\dfrac{qh^2}{24}\left(\dfrac{2}{\Phi_2}\pm\dfrac{\Phi_5}{\Phi_1}\right)$ $M_{DB}=\dfrac{qh^2\Phi_6}{12\Phi_1}$，$\left.\begin{matrix}M_{DC}\\M_{DF}\end{matrix}\right\}=\dfrac{qh^2}{24}\left(\dfrac{1}{\Phi_2}\pm\dfrac{\Phi_6}{\Phi_1}\right)$
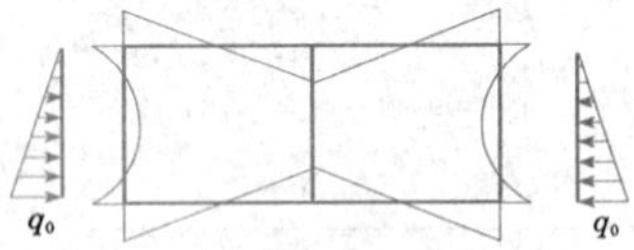	$\Phi=\dfrac{20\mu(K+6)}{K}$ $M_A=M_E=-\dfrac{q_0h^2(8K+59)}{6\Phi}$，$M_{BA}=M_{BE}=\dfrac{q_0h^2(7K+31)}{6\Phi}$ $M_{BD}=M_{DB}=0$，$M_C=M_F=-\dfrac{q_0h^2(12K+61)}{6\Phi}$ $M_{DC}=M_{DF}=\dfrac{q_0h^2(3K+29)}{6\Phi}$
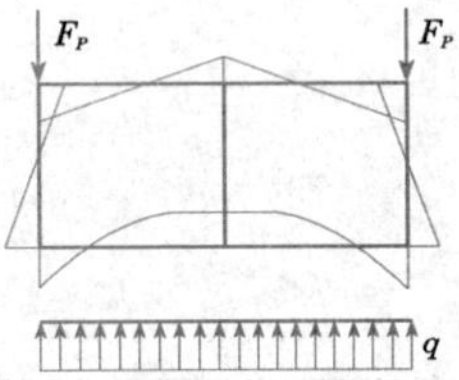 $F_P=ql$	$\Phi=24\mu(K+6)$，$M_A=M_E=\dfrac{F_Pl(47K+18)}{\Phi}$ $M_{BA}=M_{BE}=-\dfrac{F_Pl(15K^2+49K+18)}{\Phi}$ $M_{BD}=M_{DB}=0$，$M_C=M_F=-\dfrac{F_Pl(49K+30)}{\Phi}$ $M_{DC}=M_{DF}=\dfrac{F_Pl(9K^2+11K+6)}{\Phi}$
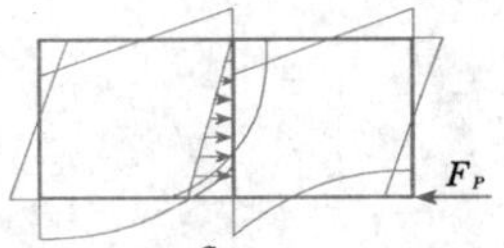 $q_2=\dfrac{q_1h^2}{4l^2}$，$F_P=\dfrac{q_1h}{2}$	$\Phi_1=20(K+2)(6K^2+6K+1)$，$\Phi_2=72K^3+158K^2+97K+21$ $\Phi_3=-12K^3+31K^2+62K+21$，$\Phi_4=72K^3+166K^2+107K+9$ $\Phi_5=108K^3+365K^2+254K+29$ $M_A=-M_E=\dfrac{q_1h^2\Phi_2}{24\Phi_1}$，$M_{BA}=-M_{BE}=-\dfrac{q_1h^2\Phi_3}{24\Phi_1}$ $M_{BD}=-\dfrac{q_1h^2\Phi_3}{12\Phi_1}$，$M_C=-M_F=-\dfrac{q_1h^2\Phi_4}{24\Phi_1}$ $M_{DB}=\dfrac{q_1h^2\Phi_5}{12\Phi_1}$，$M_{DC}=-M_{DF}=\dfrac{q_1h^2\Phi_5}{24\Phi_1}$

续表

简　　图	计　算　公　式
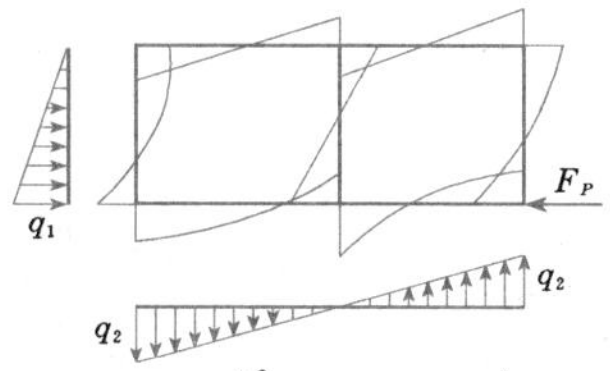 $q_2=\dfrac{q_1h^2}{4l^2}$，　$F_P=\dfrac{q_1h}{2}$	$\Phi_1=20(K+2)(6K^2+6K+1)$，　$\Phi_2=\dfrac{10\mu(K+6)}{K}$ $\Phi_3=24K^3+50K^2+99K+21$，　$\Phi_4=36K^3+169K^2+120K+21$ $\Phi_5=144K^3+298K^2+109K+9$，　$\Phi_6=36K^3+203K^2+192K+29$ $\left.\begin{matrix}M_A\\M_E\end{matrix}\right\}=\dfrac{q_1h^2}{24}\left(-\dfrac{8K+59}{\Phi_2}\pm\dfrac{\Phi_3}{\Phi_1}\right)$，　$\left.\begin{matrix}M_{BA}\\M_{BE}\end{matrix}\right\}=-\dfrac{q_1h^2}{24}\left(-\dfrac{7K+31}{\Phi_2}\pm\dfrac{\Phi_4}{\Phi_1}\right)$ $M_{BD}=-\dfrac{q_1h^2\Phi_4}{12\Phi_1}$，　$\left.\begin{matrix}M_C\\M_F\end{matrix}\right\}=-\dfrac{q_1h^2}{24}\left(\dfrac{12K+61}{\Phi_2}\pm\dfrac{\Phi_5}{\Phi_1}\right)$ $M_{DB}=\dfrac{q_1h^2\Phi_6}{12\Phi_1}$，　$\left.\begin{matrix}M_{DC}\\M_{DF}\end{matrix}\right\}=\dfrac{q_1h^2}{24}\left(\dfrac{3K+29}{\Phi_2}\pm\dfrac{\Phi_6}{\Phi_1}\right)$
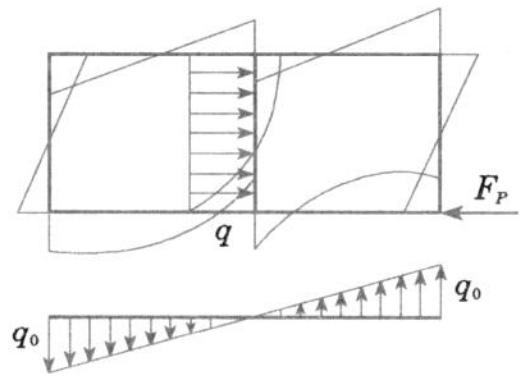 $q_0=\dfrac{3qh^2}{4l^2}$，　$F_P=qh$	$\Phi_1=20(K+2)(6K^2+6K+1)$，　$\Phi_2=240K^3+518K^2+335K+63$ $\Phi_3=229K^2+262K+63$，　$\Phi_4=240K^3+502K^2+285K+27$ $\Phi_5=240K^3+911K^2+678K+87$ $M_A=-M_E=\dfrac{qh^2\Phi_2}{24\Phi_1}$，　$M_{BA}=-M_{BE}=-\dfrac{qh^2\Phi_3}{24\Phi_1}$ $M_{BD}=-\dfrac{qh^2\Phi_3}{12\Phi_1}$，　$M_C=-M_F=-\dfrac{qh^2\Phi_4}{24\Phi_1}$ $M_{DB}=\dfrac{qh^2\Phi_5}{12\Phi_1}$，　$M_{DC}=-M_{DF}=\dfrac{qh^2\Phi_5}{24\Phi_1}$
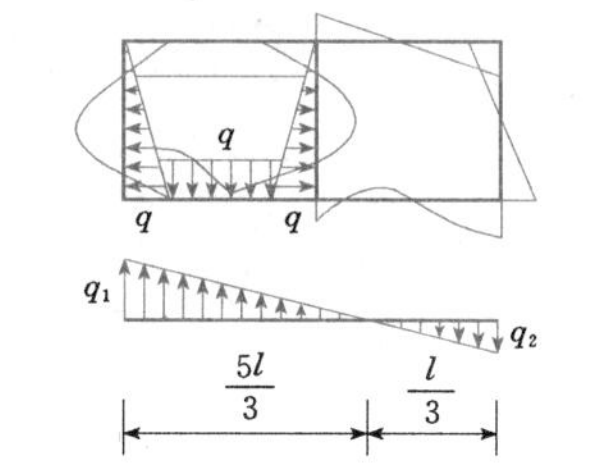 $\lambda=\dfrac{l}{h}$，　$q_1=\dfrac{5q}{4}$，　$q_2=\dfrac{q}{4}$	$\Phi_1=20(K+2)(6K^2+6K+1)$，　$\Phi_2=\dfrac{10\mu(K+6)}{K}$ $\Phi_3=2K(24K^2+54K-1)-\lambda^2(18K^2+5K+3)$ $\Phi_4=2K(36K^2+66K+1)+\lambda^2(42K^2+55K+7)$ $\Phi_5=2K(24K^2+69K+29)-\lambda^2(21K^2+8K-3)$ $\Phi_6=2K(36K^2+81K+31)+\lambda^2(39K^2+52K+13)$ $\left.\begin{matrix}M_A\\M_E\end{matrix}\right\}=\dfrac{qh^2}{24}\left(\dfrac{8K+59}{\Phi_2}\pm\dfrac{\Phi_3}{\Phi_1}\right)$，　$\left.\begin{matrix}M_{BA}\\M_{BE}\end{matrix}\right\}=\dfrac{qh^2}{24}\left(-\dfrac{7K+31}{\Phi_2}\pm\dfrac{\Phi_5}{\Phi_1}\right)$ $M_{BD}=\dfrac{qh^2\Phi_5}{12\Phi_1}$，　$\left.\begin{matrix}M_C\\M_F\end{matrix}\right\}=\dfrac{qh^2}{24}\left(\dfrac{12K+61}{\Phi_2}\pm\dfrac{\Phi_4}{\Phi_1}\right)$ $M_{DB}=\dfrac{qh^2\Phi_6}{12\Phi_1}$，　$\left.\begin{matrix}M_{DC}\\M_{DF}\end{matrix}\right\}=\dfrac{qh^2}{24}\left(-\dfrac{3K+29}{\Phi_2}\pm\dfrac{\Phi_6}{\Phi_1}\right)$

7. 〇形刚架

表 2.3-36　　**〇形刚架计算公式**

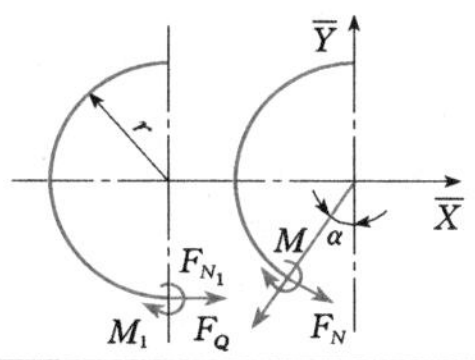

$z=\sin\alpha$，　$u=\cos\alpha$，　$s=\sin\theta$，　$e=\cos\theta$，　$b=\sin\beta$，　$a=\cos\beta$

δ_X、δ_Y 分别为圆变形后，在 $\overline{X}$、$\overline{Y}$ 方向直径的增减值

简　　图	计　算　公　式
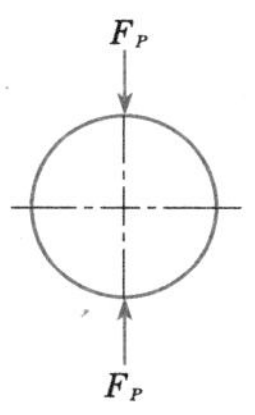	$M=F_Pr\left(\dfrac{1}{\pi}-0.5z\right)$ $F_N=-0.5F_Pz$，　$F_Q=-0.5F_Pu$ 当 $\alpha=0$ 时：　$M_{max}=0.3183F_Pr$ 当 $\alpha=\dfrac{\pi}{2}$ 时：　$M_{min}=-0.1817F_Pr$ $\delta_X=\dfrac{0.137F_Pr^3}{EI}$，　$\delta_Y=-\dfrac{0.149F_Pr^3}{EI}$

续表

简　图	计算公式
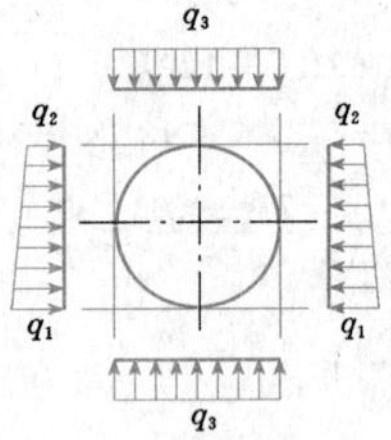 	$M_1=\frac{q_3r^2}{4}-\frac{r^2(7q_1+5q_2)}{48}$ $F_{N_1}=\frac{-r(11q_1+5q_2)}{16}$ 当 $\alpha=\frac{\pi}{2}$ 时：$M=-\frac{q_3r^2}{4}+\frac{r^2(q_1+q_2)}{8}$ 当 $q_1=q_2=q$ 时：$M_1=\frac{r^2(q_3-q)}{4}$，$F_{N_1}=-qr$ 当 $\alpha=\frac{\pi}{2}$ 时：$M=-\frac{r^2(q_3-q)}{4}$
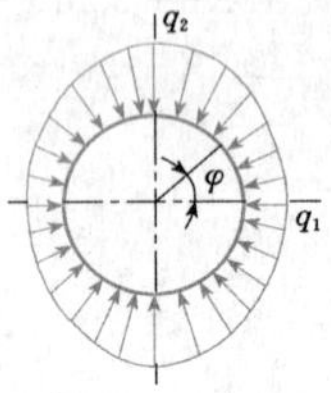 $m=\frac{q_2}{q_1}$，$0\leqslant\varphi\leqslant\frac{\pi}{2}$ 荷载变化规律： $q=q_1[1+(m-1)\sin\varphi]$	当 $\alpha=0$ 时： $M=0.1366q_1r^2(m-1)$ $F_N=-q_1r[1+0.5(m-1)]$ 当 $\alpha=\frac{\pi}{2}$ 时： $M=-0.1488q_1r^2(m-1)$ $F_N=-q_1r\left[1+\frac{\pi}{4}(m-1)\right]$
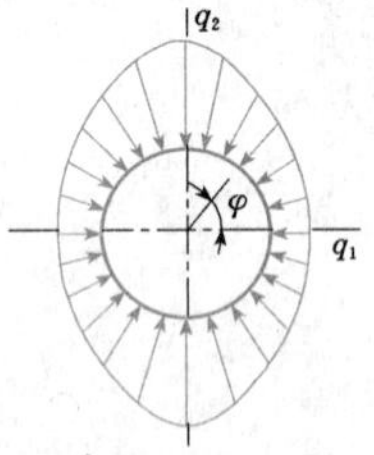 $n=\frac{q_1}{q_2}$，$0\leqslant\varphi\leqslant\frac{\pi}{2}$ 荷载变化规律： $q=q_1+(q_2-q_1)\frac{2\varphi}{\pi}$	当 $\alpha=0$ 时：$M=0.1366q_2r^2(1-n)$ $F_N=-q_2r\left[1-\frac{2(1-n)}{\pi}\right]$ 当 $\alpha=\frac{\pi}{2}$ 时： $M=-0.1366q_2r^2(1-n)$ $F_N=-q_2r\left[n+\frac{2(1-n)}{\pi}\right]$ $\delta_X=-\delta_Y=\frac{0.09\,q_2r^4}{EI}(1-n)$
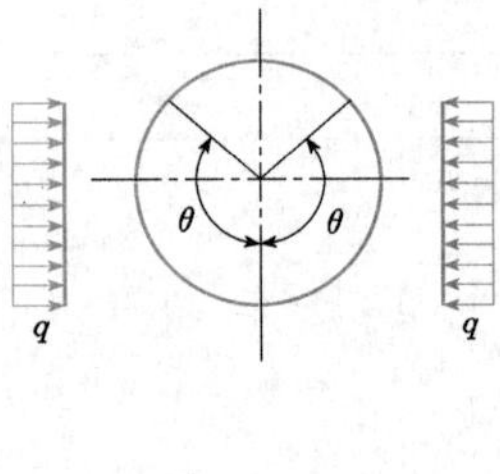 	$M_1=qr^2\left[\frac{1}{\pi}\left(\frac{2s}{3}-\theta e+\frac{se^2}{3}+\frac{\theta e^2}{2}-\frac{3se}{4}+\frac{\theta}{4}\right)-\frac{1}{2}+e-\frac{e^2}{2}\right]$ $F_{N_1}=-qr\left[\frac{1}{\pi}\left(\frac{2s}{3}+\frac{se^2}{3}-\theta e\right)+e-1\right]$ 当 $0\leqslant\alpha\leqslant\theta$ 时： $M=M_1-F_{N_1}r(1-u)-\frac{qr^2}{2}(1-u)^2$ $F_N=F_{N_1}u+qru(1-u)$，$F_Q=-F_{N_1}z-qrz(1-u)$ 当 $\theta\leqslant\alpha\leqslant\pi$ 时： $M=M_1-F_{N_1}r(1-u)-\frac{qr^2}{2}(1-e)(1+e-2u)$ $F_N=F_{N_1}u+qru(1-e)$，$F_Q=-F_{N_1}z-qrz(1-e)$

续表

简　图	计 算 公 式
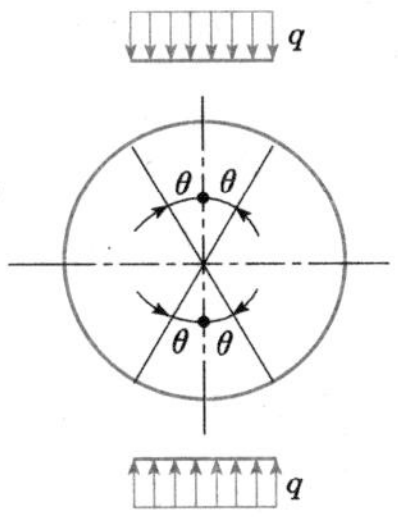	$M_1 = qr^2\left[\frac{1}{\pi}\left(\frac{\theta}{2}+\theta s^2+\frac{3se}{2}\right)-\frac{s^2}{2}\right]$，$F_{N_1}=0$ 当 $0\leqslant\alpha\leqslant\theta$ 时：$M = M_1 - qr^2\frac{z^2}{2}$ $F_N = -qrz^2$，$F_Q = -qrzu$ 当 $\theta\leqslant\alpha\leqslant\pi-\theta$ 时：$M = M_1 - qr^2\left(sz-\frac{s^2}{2}\right)$ $F_N = -qrsz$，$F_Q = -qrsu$ 当 $\theta = \frac{\pi}{2}$ 时：$M_{max} = \frac{qr^2}{4}$，$M_{min} = -\frac{qr^2}{4}$ $\delta_X = \frac{qr^4}{EI}\left[\frac{1}{\pi}(\theta+3se+2\theta s^2)-s-\frac{s^3}{3}\right]$ $\delta_Y = -\frac{qr^4}{EI}\left[s^2-\frac{s^2e}{3}-\theta s-\frac{2e}{3}+\frac{2}{3}+\frac{\pi s}{2}-\frac{1}{\pi}(2\theta s^2+3se+\theta)\right]$
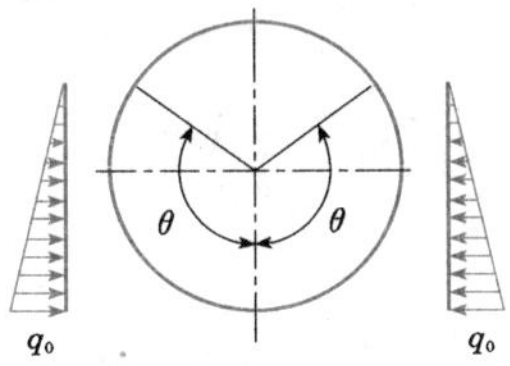 $q_0 = qr(1-\cos\theta)$	$M_1 = qr^3\left[\frac{1}{\pi}\left(\frac{\theta}{8}+\frac{s}{9}-\frac{\theta e}{4}-\frac{13se}{24}+\frac{11se^2}{36}+\frac{\theta e^2}{2}-\frac{se^3}{12}-\frac{\theta e_3}{6}\right)-\frac{(1-e)^2}{6}\right]$ $F_{N_1} = qr^2\left[\frac{1}{\pi}\left(\frac{\theta}{8}+\frac{\theta e^2}{2}-\frac{13se}{24}-\frac{se^3}{12}\right)-\frac{(1-e)^2}{2}\right]$ 当 $0\leqslant\alpha\leqslant\theta$ 时：$M = M_1 - F_{N_1}r(1-u)+qr^3\left[\frac{(1-u)^3}{6}-\frac{(1-e)(1-u)^2}{2}\right]$ $F_N = F_{N_1}u+qr^2\left[\frac{u}{2}(1-2e+u)(1-u)\right]$ $F_Q = -F_{N_1}z-qr^2\left[\frac{z}{2}(1-2e+u)(1-u)\right]$ 当 $\theta\leqslant\alpha\leqslant\pi$ 时：$M = M_1 - F_{N_1}r(1-u)-qr^3\left[\frac{(1-e)^2}{2}\left(\frac{2}{3}+\frac{e}{3}-u\right)\right]$ $F_N = F_{N_1}u+qr^2\left[\frac{u(1-e)^2}{2}\right]$，$F_Q = -F_{N_1}z-qr^2\left[\frac{z(1-e)^2}{2}\right]$
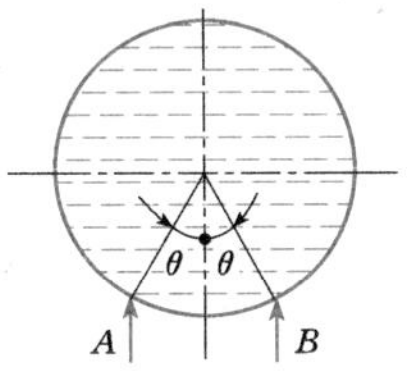 $F_{R_A} = F_{R_B} = \frac{\gamma\pi r^2}{2}$	$M_1 = \gamma r^3\left(\frac{1}{4}-\frac{\pi s}{2}+\frac{\theta s}{2}+\frac{e}{2}+\frac{s^2}{2}\right)$，$F_{N_1} = \gamma r^2\left(\frac{s^2}{2}+\frac{5}{4}\right)$ 当 $0\leqslant\alpha\leqslant\theta$ 时：$M = \frac{\gamma r^3}{2}\left(\frac{u}{2}+\alpha z-\pi s+\theta s+e+us^2\right)$ $F_N = \frac{\gamma r^2}{2}\left(2+\frac{u}{2}+\alpha z+us^2\right)$，$F_Q = \frac{\gamma r^2}{2}\left(\alpha u+\frac{z}{2}-zs^2\right)$ 当 $\theta\leqslant\alpha\leqslant\pi$ 时：$M = \frac{\gamma r^3}{2}\left(\frac{u}{2}+\alpha z-\pi z+\theta s+e+us^2\right)$ $F_N = \gamma r^2\left(1+\frac{u}{4}-\frac{\pi z}{2}+\frac{\alpha z}{2}+\frac{us^2}{2}\right)$，$F_Q = \frac{\gamma r^2}{2}\left(\alpha u+\frac{z}{2}-\pi u-zs^2\right)$ $\delta_X = \frac{\gamma r^5}{EI}\left[\theta s+e-\frac{\pi}{4}(1+s^2)\right]$，$\delta_Y = -\frac{\gamma r^5}{EI}\left[\frac{\pi}{4}(2s-se-\theta)-e-\theta s+\frac{\pi^2}{8}\right]$

续表

简　图	计 算 公 式
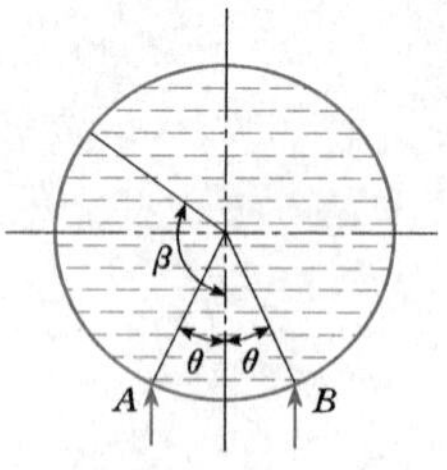 $F_{R_A}=F_{R_B}=\frac{\gamma r^2}{4}(2\beta-\sin 2\beta)$	$M_1=\gamma r^3\left[\frac{1}{\pi}\left(a\beta-\frac{3\beta}{4}-b+\frac{5ab}{4}-\frac{a^2\beta}{2}\right)+a^2-a+\frac{b^2}{2}\right]+\frac{F_{R_A}r}{\pi}(1+e+\theta s-\pi s+s^2)$ $F_{N_1}=\gamma r^2\left[\frac{b^2}{2}-a+a^2+0.3183\left(\frac{3ab}{4}-\frac{a^2\beta}{2}-\frac{\beta}{4}\right)\right]+\frac{F_{R_A}s^2}{\pi}$ 当 $0\leqslant\alpha\leqslant\theta$ 时： $M=M_1-F_{N_1}r(1-u)+\gamma r^3\left(\frac{\alpha z}{2}-a+au\right)$ $F_N=F_{N_1}u+\gamma r^2\left(\frac{\alpha z}{2}-a+au\right)$ $F_Q=-F_{N_1}z+\gamma r^2\left(\frac{\alpha u}{2}+\frac{z}{2}-az\right)$ 当 $\theta\leqslant\alpha\leqslant\beta$ 时： $M=M_1-F_{N_1}r(1-u)+\gamma r^3\left(\frac{\alpha z}{2}-a+au\right)-F_{R_A}r(z-s)$ $F_N=F_{N_1}u-F_{R_A}z+\gamma r^2\left(\frac{\alpha z}{2}-a+au\right)$ $F_Q=-F_{N_1}z-F_{R_A}u+\gamma r^2\left(\frac{\alpha u}{2}+\frac{z}{2}-az\right)$ 当 $\beta\leqslant\alpha\leqslant\pi$ 时： $M=M_1-F_{N_1}r(1-u)+\gamma r^3\left[z\left(\frac{\beta}{2}-\frac{ab}{2}\right)+u\left(a-a^2-\frac{b^2}{2}\right)\right]-F_{R_A}r(z-s)$ $F_N=F_{N_1}u-F_{R_A}z+\gamma r^2\left(\frac{z\beta}{2}-\frac{abz}{2}-\frac{b^2u}{2}-a^2u+au\right)$ $F_Q=-F_{N_1}z-F_{R_A}u+\gamma r^2\left(\frac{u\beta}{2}-\frac{abu}{2}+\frac{b^2z}{2}+a^2z+az\right)$ 当 $\beta\leqslant\frac{\pi}{2}$ 时： $\delta_X=\frac{\gamma r^5}{EI}\left\{\frac{1}{\pi}\left[2\beta a-2b+(\beta-ab)\left(\theta s+e-\frac{\pi s^2}{4}\right)\right]+\frac{3\beta}{8}-\frac{b}{4}\left(\beta b+\frac{3\alpha}{2}\right)\right\}$ 当 $\beta>\frac{\pi}{2}$ 时： $\delta_X=\frac{\gamma r^5}{EI}\left\{\frac{1}{\pi}\left[2\beta a-2b+(\beta-ab)\left(\theta s+e-\frac{7\pi}{8}-\frac{\pi s^2}{4}\right)\right]-2a+\frac{\beta b^2}{4}+\frac{\pi a^2}{4}+\frac{3\pi}{8}\right\}$ $\delta_Y=\frac{\gamma r^5}{EI}\left\{\frac{1}{\pi}[2\beta a-2b+(\beta-ab)(\theta s+e)]+1-\frac{5b^2}{8}-\alpha+\frac{ab\beta}{4}-\frac{\beta^2}{8}\right.$ $\left.+\frac{1}{4}(\beta-ab)(\theta+se-2s)\right\}$
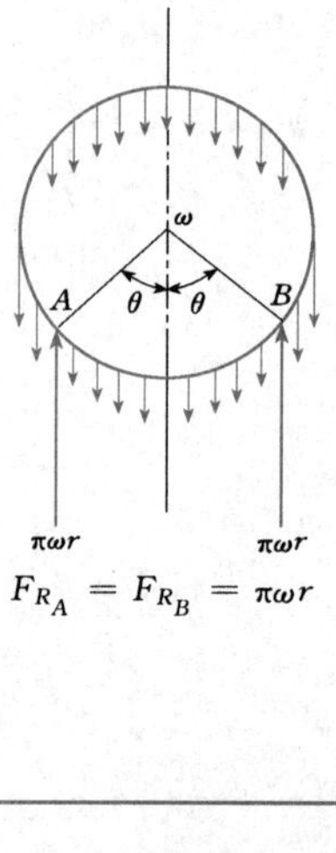 $F_{R_A}=F_{R_B}=\pi\omega r$	$M_1=\omega r^2\left(\frac{1}{2}+e-\pi s+\theta s+s^2\right)$ $F_{N_1}=\omega r\left(s^2-\frac{1}{2}\right)$ 当 $0\leqslant\alpha\leqslant\theta$ 时： $M=M_1-F_{N_1}r(1-u)+\omega r^2(\alpha z+u-1)$ $F_Q=-F_{N_1}z+\omega r\alpha u$ $M=M_1-F_{N_1}r(1-u)+\omega r^2(\alpha z+u-1-\pi z+\pi s)$ $F_Q=-F_{N_1}z+\omega ru(\alpha-\pi)$ $\delta_Y=\frac{\omega r^4}{EI}\left[-\frac{\pi^2}{4}+\frac{\pi}{2}(se+\theta-2s)+2(\theta s+e)\right]$ $F_N=F_{N_1}u+\omega r\alpha z$ 当 $\theta\leqslant\alpha\leqslant\pi$ 时： $F_N=F_{N_1}u+\omega rz(\alpha-\pi)$ $\delta_X=\frac{2\omega r^4}{EI}\left[e+\theta s-\frac{\pi}{4}(1+s^2)\right]$ 式中，ω 为沿圆周分布的自重

2.3.6.2　下端固定的变截面柱门形刚架弯矩及反力计算

表 2.3-37 列出此类刚架的计算公式。

表 2.3-37　　　　弯矩和反力公式

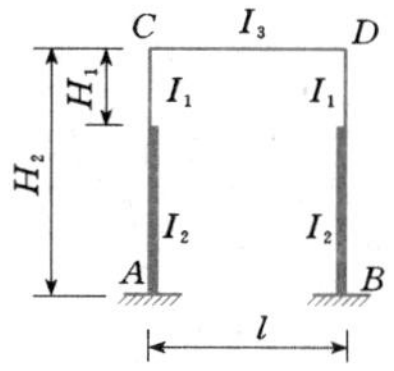

$$\lambda=\frac{H_1}{H_2},\quad n=\frac{I_1}{I_2},\quad \tau=\frac{2EI_3}{l}$$

$$\delta_{11}=\left(1-\lambda+\frac{\lambda}{n}\right)\frac{H_2}{EI_2},\quad \delta_{12}=\left(1-\lambda^2+\frac{\lambda^2}{n}\right)\frac{H_2^2}{2EI_2},\quad \delta_{22}=\left(1-\lambda^3+\frac{\lambda^3}{n}\right)\frac{H_2^3}{3EI_2}$$

$$D=\delta_{11}\delta_{22}-\delta_{12}^2,\quad A=\delta_{12}H_2-\delta_{22},\quad B=\delta_{11}H_2-\delta_{12},\quad F=BH_2-A$$

$$C=\delta_{22}+\tau D,\quad L=\delta_{12}\delta_{2P}-\delta_{22}\delta_{1P},\quad N=\delta_{11}\delta_{2P}-\delta_{12}\delta_{1P},\quad \Delta_{22}=\frac{\delta_{11}}{2}L^2+\frac{L^2}{6\tau}$$

简　　图	计　算　公　式
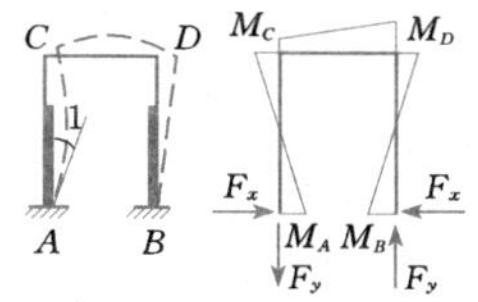	$M_C=\frac{\tau A}{2C}-\frac{l^2}{4\Delta_{22}}$, $M_D=\frac{\tau A}{2C}+\frac{l^2}{4\Delta_{22}}$ $M_A=\frac{\tau F+H_2^2}{2C}+\frac{l^2}{4\Delta_{22}}$, $M_B=\frac{\tau F+H_2^2}{2C}-\frac{l^2}{4\Delta_{22}}$ $F_x=\frac{\tau B+H_2}{2C}$, $F_y=\frac{l}{2\Delta_{22}}$
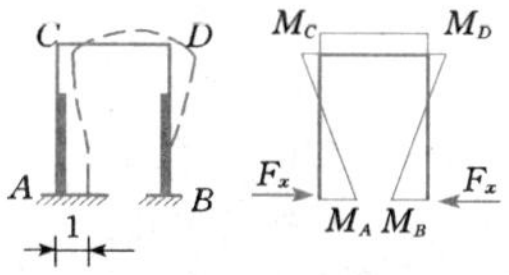	$M_C=M_D=\frac{\tau\delta_{12}}{2C}$, $M_A=M_B=\frac{\tau B+H_2}{2C}$ $F_x=\frac{\tau\delta_{11}+1}{2C}$
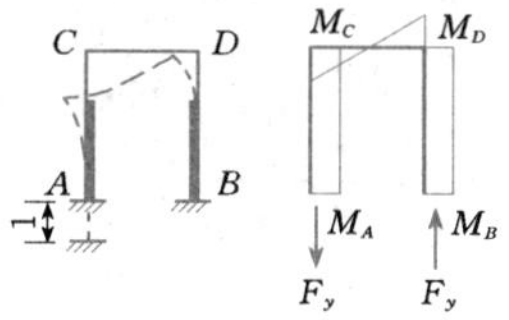	$M_C=M_D=M_B=M_A=\frac{l}{2\Delta_{22}}$ $F_y=\frac{1}{\Delta_{22}}$
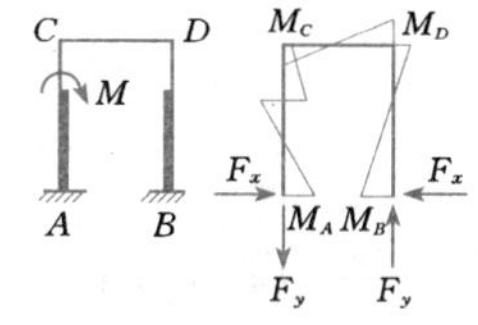	$M_C=\frac{l\Delta_{2P}}{2\Delta_{22}}-\frac{\tau l}{2C}$, $M_D=\frac{l\Delta_{2P}}{2\Delta_{22}}+\frac{\tau l}{2C}$ $M_A=F_xH_2+M_C-M$, $M_B=F_xH_2-M_D$ $F_x=\frac{\delta_{2P}+\tau N}{2C}$, $F_y=\frac{\Delta_{2P}}{\Delta_{22}}$ 其中　$\delta_{1P}=(1-\lambda)\frac{MH_2}{EI_2}$, $\delta_{2P}=(1-\lambda^2)\frac{MH_2^2}{2EI_2}$, $\Delta_{2P}=\frac{\delta_{1P}}{2}l$
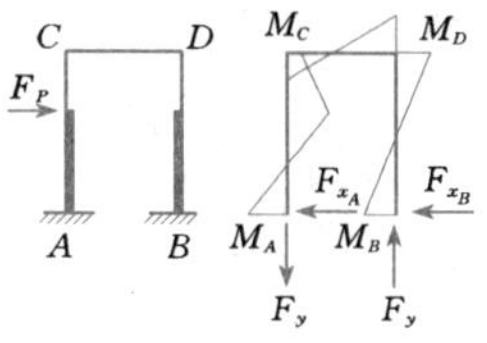	$M_C=\frac{l\Delta_{2P}}{2\Delta_{22}}-\frac{\tau l}{2C}$, $M_D=\frac{l\Delta_{2P}}{2\Delta_{22}}+\frac{\tau l}{2C}$ $M_A=F_{x_A}H_2-M_C-F_P\lambda H_2$, $M_B=F_{x_B}H_2-M_D$ $F_{x_A}=F_P-F_{x_B}$, $F_{x_B}=\frac{\delta_{2P}+\tau N}{2C}$, $F_y=\frac{\Delta_{2P}}{\Delta_{22}}$ 其中　$\delta_{1P}=(1-\lambda)^2\frac{F_PH_2^2}{2EI_2}$, $\delta_{2P}=(1-\lambda)^2(2+\lambda)\frac{F_PH_2^3}{6EI_2}$, $\Delta_{2P}=\frac{\delta_{1P}}{2}l$
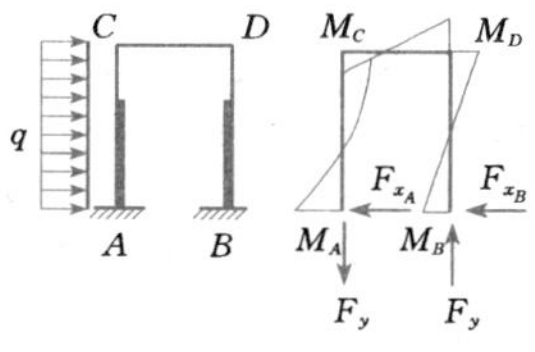	$M_C=\frac{l\Delta_{2P}}{2\Delta_{22}}-\frac{\tau l}{2C}$, $M_D=\frac{l\Delta_{2P}}{2\Delta_{22}}+\frac{\tau l}{2C}$ $M_A=F_{x_A}H_2-M_C-\frac{qH_2^2}{2}$, $M_B=F_{x_B}H_2-M_D$ $F_{x_A}=qH_2-F_{x_B}$, $F_{x_B}=\frac{\delta_{2P}+\tau N}{2C}$, $F_y=\frac{\Delta_{2P}}{\Delta_{22}}$ 其中　$\delta_{1P}=\frac{\delta_{22}}{2}q$, $\delta_{2P}=\left(1-\lambda^4+\frac{\lambda^4}{\eta}\right)\frac{qH_2^4}{8EI_2}$, $\Delta_{2P}=\frac{\delta_{22}}{4}ql$

续表

简 图	计 算 公 式
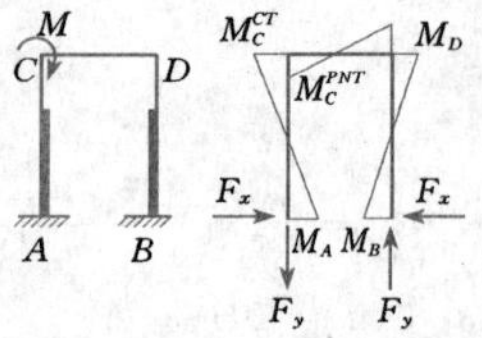	$M_C^{CT}=M-\frac{l\Delta_{2P}}{2\Delta_{22}}-\frac{\tau D}{2C}M$，$M_C^{PNT}=\frac{l\Delta_{2P}}{2\Delta_{22}}+\frac{\tau D}{2C}M$ $M_D=\frac{l\Delta_{2P}}{2\Delta_{22}}-\frac{\tau D}{2C}M$，$M_A=F_xH_2-M_C^{CT}$ $M_B=F_xH_2-M_D$ $F_x=\frac{\delta_{12}}{2C}M$，$F_y=\frac{\Delta_{2P}}{\Delta_{22}}$ 其中 $\Delta_{2P}=\frac{\delta_{11}}{2}Ml$
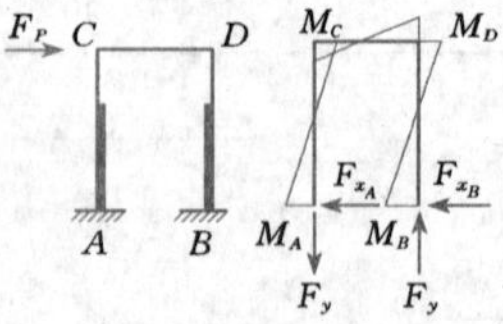	$M_C=M_D=\frac{l\Delta_{2P}}{2\Delta_{22}}$，$M_A=M_B=\frac{F_P}{2}H_2-\frac{l\Delta_{2P}}{2\Delta_{22}}$ $F_{x_A}=F_{x_B}=\frac{F_P}{2}$，$F_y=\frac{\Delta_{2P}}{\Delta_{22}}$ 其中 $\Delta_{2P}=\frac{\delta_{12}}{2}F_Pl$
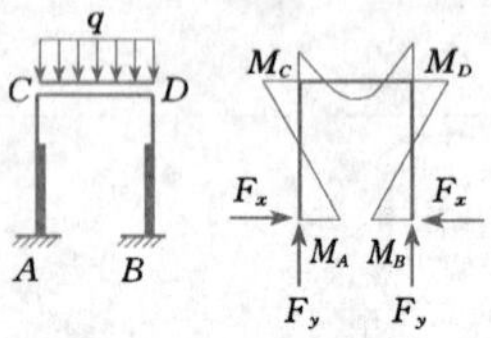	$M_C=M_D=\frac{\delta_{22}}{C}\frac{ql^2}{12}$，$M_A=M_B=H_2R-M_C$ $F_x=\frac{\delta_{12}}{C}\frac{ql^2}{12}$，$F_y=\frac{ql}{2}$
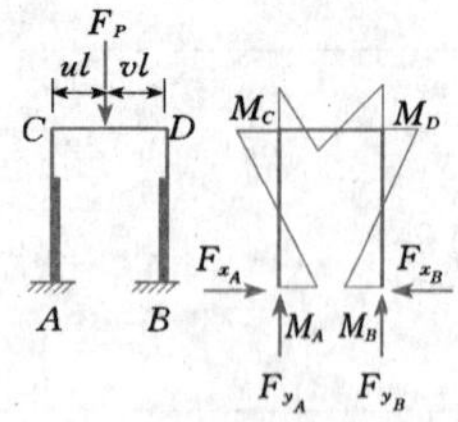	$M_C=\frac{\delta_{22}v+C}{2C}F_Pul-\frac{l\Delta_{2P}}{2\Delta_{22}}$，$M_D=\frac{\delta_{22}v-C}{2C}F_Pul+\frac{l\Delta_{2P}}{2\Delta_{22}}$ $M_A=F_{x_A}H_2-M_C$，$M_B=F_{x_B}H_2-M_D$ $F_{x_A}=\frac{\delta_{12}v}{2C}F_Pul=F_{x_B}$，$F_{y_A}=F_P-\frac{\Delta_{2P}}{\Delta_{22}}$，$F_{y_B}=\frac{\Delta_{2P}}{\Delta_{22}}$ 其中 $\Delta_{2P}=\frac{\delta_{11}}{2}F_Pul^2+\frac{F_Pu^2(3-2u)l^2}{6\tau}$
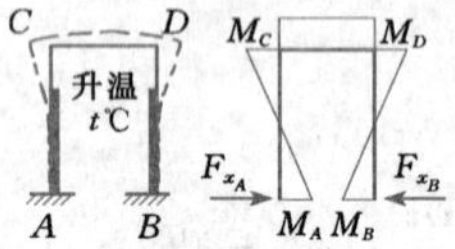	$M_C=M_D=\frac{\tau\delta_{12}}{2C}\alpha_t tl$，$M_A=M_B=F_xH_2-M_C$ $F_x=F_{x_A}=F_{x_B}=(\tau\delta_{11}+1)\frac{\alpha_t tl}{2C}$ 式中，α_t 为线膨胀系数，对于钢筋混凝土为 0.00001，对于钢结构为 0.000012
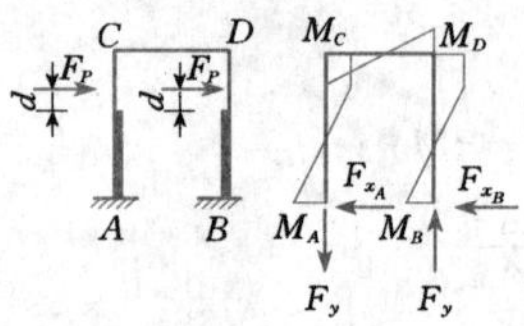	$M_C=M_D=\frac{l\Delta_{2P}}{2\Delta_{22}}$，$M_A=M_B=F_P[(1-\lambda)H_2+d]-\frac{l\Delta_{2P}}{2\Delta_{22}}$ $F_{x_A}=F_{x_B}=F_P$，$F_y=\frac{\Delta_{2P}}{\Delta_{22}}$ 其中 $\Delta_{2P}=\left\{[(1-\lambda)H_2+2d](1-\lambda)H_2+\frac{d^2}{n}\right\}\frac{F_Pl}{2EI_2}$

2.3.7 拱

拱按设置铰的个数分为三铰拱、两铰拱和无铰拱等；按截面变化分为等截面拱与变截面拱两种；按轴线形状分为圆形拱、抛物线形拱、悬链线形拱等。

2.3.7.1 拱轴线方程及几何数据

1. 抛物线拱

拱轴线方程为

$$y=\frac{4f}{l^2}x(l-x)$$

$$\tan\alpha=\frac{dy}{dx}=\frac{4f}{l^2}(l-2x)$$

式中 f——拱高；

l——拱跨；

x——截面位置。

抛物线拱几何数据见表 2.3-38。

2. 圆形拱

拱轴线方程为

$$R=\frac{l^2+4f^2}{8f},\quad e=R-f$$

$$x=\frac{1}{2}-R\sin\alpha,\quad y=R\cos\alpha-e$$

$$S=2R\alpha_0$$

圆拱几何数据见表 2.3-39。

表 2.3-38　　　　抛物线拱几何数据

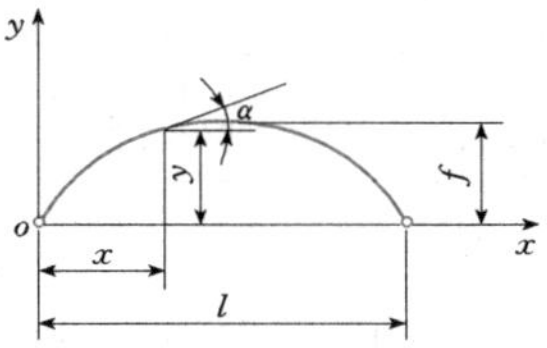

截　面	$\frac{x}{l}$	$\frac{y}{f}$	$\tan\alpha$	截　面	$\frac{x}{l}$	$\frac{y}{f}$	$\tan\alpha$
0	0.000	0.000	4.000	10	0.375	0.938	1.000
1	0.050	0.190	3.600	11	0.400	0.960	0.800
2	0.100	0.360	3.200	12	0.450	0.990	0.400
3	0.125	0.438	3.000	13	0.500	1.000	0.000
4	0.150	0.510	2.800	14	0.625	0.938	−1.000
5	0.167	0.556	2.644	15	0.750	0.750	−2.000
6	0.200	0.640	2.400	16	0.833	0.556	−2.664
7	0.250	0.750	2.000	17	0.875	0.438	−3.000
8	0.300	0.840	1.600	18	1.000	0.000	−4.000
9	0.350	0.910	1.200				
乘数	l	f	$\frac{f}{l}$	乘数	l	f	$\frac{f}{l}$

表 2.3-39　　　　圆拱几何数据

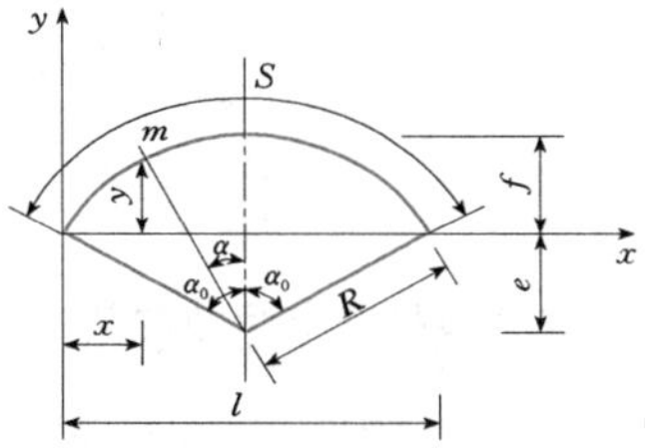

$\frac{f}{l}$	项目	$\frac{x}{l}$										$2\alpha_0$	$\frac{S}{l}$	$\frac{R}{l}$	$\frac{e}{l}$
		0.05	0.10	0.15	0.20	0.25	0.30	0.35	0.40	0.45	0.50				
$\frac{1}{2}$	$\frac{y}{f}$	0.436	0.600	0.714	0.800	0.866	0.916	0.954	0.980	0.995	1.000				
	$\sin\alpha$	0.900	0.800	0.700	0.600	0.500	0.400	0.300	0.200	0.100	0.000	180°00′00″	1.57080	$0.5=\frac{1}{2}$	0
	$\cos\alpha$	0.436	0.600	0.714	0.800	0.866	0.916	0.954	0.980	0.995	1.000				
$\frac{1}{3}$	$\frac{y}{f}$	0.280	0.471	0.615	0.728	0.816	0.885	0.936	0.972	0.993	1.000				
	$\sin\alpha$	0.831	0.738	0.646	0.554	0.462	0.367	0.277	0.185	0.092	0.000	134°45′36″	1.27398	$0.5417=\frac{39}{72}$	$\frac{5}{24}$
	$\cos\alpha$	0.556	0.674	0.763	0.832	0.887	0.929	0.961	0.983	0.996	1.000				
$\frac{1}{4}$	$\frac{y}{f}$	0.235	0.421	0.571	0.693	0.791	0.868	0.927	0.968	0.992	1.000				
	$\sin\alpha$	0.720	0.640	0.560	0.480	0.400	0.320	0.240	0.160	0.077	0.000	106°15′36″	1.15908	$0.6250=\frac{5}{8}$	$\frac{3}{8}$
	$\cos\alpha$	0.694	0.768	0.826	0.877	0.916	0.947	0.971	0.987	0.997	1.000				

续表

$\frac{f}{l}$	项目	$\frac{x}{l}$										$2\alpha_0$	$\frac{S}{l}$	$\frac{R}{l}$	$\frac{e}{l}$
		0.05	0.10	0.15	0.20	0.25	0.30	0.35	0.40	0.45	0.50				
$\frac{1}{5}$	$\frac{y}{f}$	0.217	0.398	0.550	0.675	0.778	0.853	0.922	0.965	0.992	1.000	87°12′20″	1.10334	$0.7250=\frac{29}{40}$	$\frac{21}{40}$
	sinα	0.621	0.552	0.483	0.414	0.345	0.276	0.207	0.138	0.069	0.000				
	cosα	0.784	0.834	0.876	0.910	0.939	0.961	0.978	0.990	0.998	1.000				
$\frac{1}{6}$	$\frac{y}{f}$	0.209	0.386	0.538	0.665	0.770	0.854	0.918	0.964	0.991	1.000	73°44′20″	1.07313	$0.8333=\frac{5}{6}$	$\frac{2}{3}$
	sinα	0.540	0.430	0.420	0.360	0.300	0.240	0.180	0.120	0.060	0.000				
	cosα	0.840	0.877	0.907	0.933	0.954	0.971	0.984	0.993	0.998	1.000				
$\frac{1}{7}$	$\frac{y}{f}$	0.202	0.379	0.530	0.658	0.765	0.850	0.917	0.963	0.991	1.000	63°46′54″	1.05362	$0.9464=\frac{53}{56}$	$\frac{45}{56}$
	sinα	0.475	0.423	0.370	0.317	0.264	0.211	0.158	0.106	0.053	0.000				
	cosα	0.880	0.906	0.929	0.948	0.964	0.977	0.987	0.994	0.999	1.000				
$\frac{1}{8}$	$\frac{y}{f}$	0.200	0.375	0.526	0.654	0.761	0.848	0.914	0.962	0.990	1.000	56°08′40″	1.04112	$1.0625=\frac{17}{16}$	$\frac{15}{16}$
	sinα	0.424	0.378	0.329	0.282	0.235	0.188	0.141	0.094	0.047	0.000				
	cosα	0.906	0.926	0.944	0.959	0.972	0.982	0.990	0.996	0.999	1.000				

3. 悬链线形拱

拱轴线方程为

$$y_1=\frac{f}{m_c-1}(\mathrm{ch}K\xi-1)$$

$$K=\frac{l}{2}\sqrt{\frac{g_d(m_c-1)}{Hf}}$$

$$S=\frac{g_j}{g_d}$$

式中 m_c——拱轴系数；

g_j、g_d——拱脚、拱顶荷载强度。

悬链线拱轴坐标$\frac{y_1}{f}$的值见表 2.3-40，悬链线拱轴斜度 1000 $\frac{l}{f}\tan\varphi$ 的值见表 2.3-41。

表 2.3-40　　悬链线拱轴坐标$\frac{y_1}{f}$的值

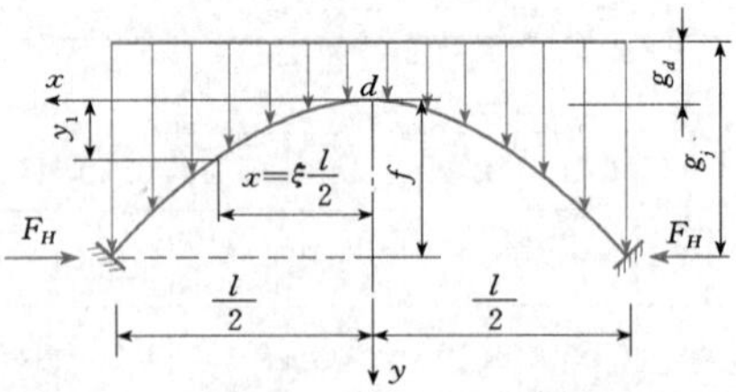

截面编号 / m_c 曲线系数	0（拱脚）	1	2	3	4	5	6 $\left(\frac{1}{4}跨径\right)$	7	8	9	10	11	12（拱顶）
1.347	1.0000	0.8831	0.6830	0.5493	0.4312	0.3284	0.2400	0.1660	0.1059	0.0594	0.0264	0.0064	0
1.756	1.0000	0.8256	0.6714	0.5359	0.4179	0.3163	0.2300	0.1584	0.1007	0.0563	0.0249	0.0062	0
2.240	1.000	0.8180	0.6595	0.5223	0.4044	0.3042	0.2200	0.1508	0.0955	0.0532	0.0235	0.0059	0
2.814	1.0000	0.8101	0.6473	0.5085	0.3908	0.2920	0.2100	0.1432	0.0903	0.0502	0.0221	0.0055	0
3.500	1.0000	0.8019	0.6348	0.4944	0.3771	0.2798	0.2000	0.1357	0.0852	0.0472	0.0208	0.0052	0

续表

截面编号 / m_c 曲线系数	0（拱脚）	1	2	3	4	5	6 $\left(\frac{1}{4}\text{跨径}\right)$	7	8	9	10	11	12（拱顶）
4.324	1.0000	0.7935	0.6221	0.4801	0.3632	0.2675	0.1900	0.1282	0.0802	0.0443	0.0194	0.0048	0
5.321	1.0000	0.7849	0.6090	0.4656	0.3491	0.2552	0.1800	0.1208	0.0751	0.0413	0.0181	0.0045	0
6.536	1.0000	0.7758	0.5955	0.4507	0.3349	0.2428	0.1700	0.1133	0.0701	0.0384	0.0168	0.0041	0
8.031	1.0000	0.7667	0.5816	0.4356	0.3205	0.2303	0.1600	0.1060	0.0652	0.0356	0.0155	0.0038	0

表 2.3-41　　悬链线拱轴斜度 $1000\,\frac{l}{f}\tan\varphi$ 的值

截面编号	曲线系数 m_c								
	1.347	1.756	2.240	2.814	3.500	4.324	5.321	6.536	8.031
0（拱脚）	4217	4442	4675	4915	5165	5427	5700	5985	6284
1	3802	3938	4077	4219	4364	4511	4663	4818	4976
2	3402	3475	3537	3607	3675	3740	3807	3872	3935
3	3020	3037	3053	3067	3079	3090	3098	3103	3104
4	2650	2637	2611	2588	2567	2538	2508	2476	2442
5	2292	2251	2207	2163	2116	2066	2017	1964	1908
6 $\left(\frac{1}{4}\text{跨径}\right)$	1946	1892	1836	1780	1720	1662	1603	1542	1478
7	1609	1549	1490	1432	1371	1311	1249	1189	1129
8	1276	1224	1166	1112	1058	1000	947	894	837
9	954	907	860	815	770	724	680	635	595
10	632	600	567	535	503	471	439	408	378
11	316	298	281	264	249	232	214	200	184
12（拱顶）	0	0	0	0	0	0	0	0	0

2.3.7.2　截面变化假设

两铰拱与无铰拱在变截面情况下，其截面变化规律一般采用立特公式（见图 2.3-24），即

$$I=\frac{I_C}{\cos\alpha\left[1-\left(1-\frac{I_C}{I_A\cos\alpha_0}\right)\frac{2x'}{l}\right]} \qquad (2.3-41)$$

其中
$$x'=\left|\frac{l}{2}-x\right|$$

式中　I——拱轴任一截面的惯性矩；

I_A——拱脚截面的惯性矩；

I_C——拱顶截面的惯性矩；

α_0——拱脚处拱轴线的倾角；

x'——拱圈任一截面距拱顶对称轴的距离。

若令 $m=\frac{I_C}{I_A\cos\alpha_0}$，称为拱截面变化系数，则式（2.3-41）为

$$I=\frac{I_C}{\cos\alpha\left[1-(1-m)\,\frac{2x'}{l}\right]} \qquad (2.3-42)$$

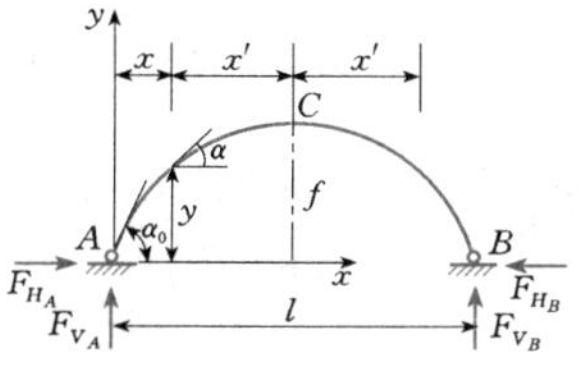

图 2.3-24　拱截面变化

拱截面变化系数与拱截面的厚度有关：当 m 相当大时，截面厚度自拱顶向拱脚逐渐缩小，且 m 越大，变化越剧。当 $m<1$ 时，截面厚度自拱顶向拱脚逐渐增大，且 m 越小，变化越剧。在 $m=1\sim2$ 之间有一个折中点（不同的高跨比有不同的折中点），其截面厚度沿轴线变化最小，而接近于等截面拱。

一般常用的是当 $m=1$ 时，立特公式简化为 $I=\frac{I_C}{\cos\alpha}$，此时拱截面沿轴线变化不大，但也不是等截面。对于 $f<\frac{l}{8}$ 的扁平拱，$\cos\alpha\approx1$，可取 $I=I_C$ 而成

为等截面拱。

2.3.7.3 三铰拱

三铰拱是静定结构，其支座反力和截面内力由静力平衡条件确定。对仅受竖向荷载、两脚等高的三铰拱（见图 2.3-25），按下列公式计算。

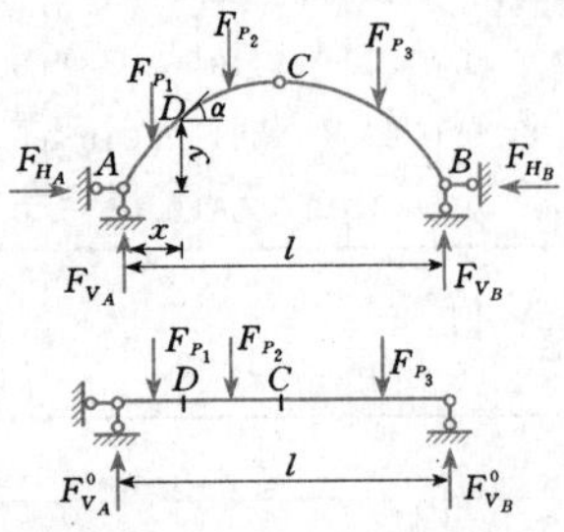

图 2.3-25 三铰拱及代梁

1. 支座反力

$$\left.\begin{aligned} F_{V_A} &= F_{V_A}^0 \\ F_{V_B} &= F_{V_B}^0 \\ F_H &= F_{H_A} = F_{H_B} = \frac{M_C^0}{f} \end{aligned}\right\} \qquad (2.3-43)$$

2. 任意截面内力

$$\left.\begin{aligned} M_D &= M_D^0 - F_H y \\ F_{Q_D} &= F_{Q_D}^0 \cos\alpha - F_H \sin\alpha \\ F_{N_D} &= -(F_{Q_D}^0 \sin\alpha + F_H \cos\alpha) \end{aligned}\right\} \qquad (2.3-44)$$

式中 F_{V_A}、F_{V_B}——拱支座 A、B 的竖向反力；
$F_{V_A}^0$、$F_{V_B}^0$——代梁的竖向支座反力；
F_H——拱支座的水平推力；
M_C^0——代梁上与拱顶铰 C 对应的截面处的弯矩；
M_D^0、$F_{Q_D}^0$——代梁上与拱截面 D 相应截面处的弯矩、剪力。

正负号规定：弯矩以内侧受拉为正；剪力以使杆件顺时针转动为正；轴力以受压为正；倾角 α，左半拱为正，右半拱为负。

复杂拱的计算，如拱的两脚不等高、拱轴线为任意或受任意荷载等，可考虑用计算机软件求解。

2.3.7.4 两铰拱

两铰拱通常是以支座的水平推力 F_H（或水平拉杆的内力）作为多余约束力，用力法进行计算（见图 2.3-26），计算式为

$$F_H = \frac{\int_l \frac{y M_p^0}{EI} \mathrm{d}s}{\int_l \frac{y^2}{EI} \mathrm{d}s + \int_l \frac{\cos^2\alpha}{EA} \mathrm{d}s} \qquad (2.3-45)$$

式中 F_H——拱支座的水平推力（或拉杆的拉力）；
M_p^0——代梁在荷载作用下任意截面的弯矩；
EI——拱的抗弯刚度；
EA——拱的抗压刚度（或拉杆的抗拉刚度）。

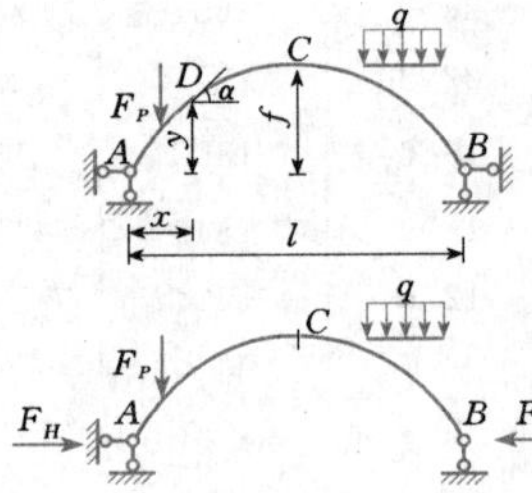

图 2.3-26 两铰拱及其一种基本系

F_H 求出后，其他支座反力可由平衡条件求出。若拱的两脚等高，在竖向荷载作用下两铰拱任意截面的内力仍可以用三铰拱的内力计算公式计算。

1. 两铰等截面圆拱计算

两铰等截面圆拱计算见表 2.3-42。

表 2.3-42 两铰等截面圆拱的支座反力、拱顶内力

简 图	项目	f/l					乘数
		0.1	0.2	0.3	0.4	0.5	
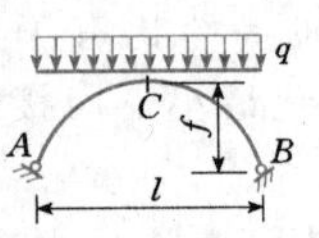	F_{V_A}	0.50000	0.50000	0.50000	0.50000	0.50000	ql
$F_{V_A} = F_{V_B}$，$F_{Q_C} = 0$	F_{H_A}	1.24298	0.61053	0.39464	0.28269	0.21221	ql
$F_{H_A} = F_{H_B} = F_{N_C}$	M_C	0.00070	0.00289	0.00661	0.01192	0.01890	ql^2

续表

简图	项目	$\frac{f}{l}$ 0.1	0.2	0.3	0.4	0.5	乘数
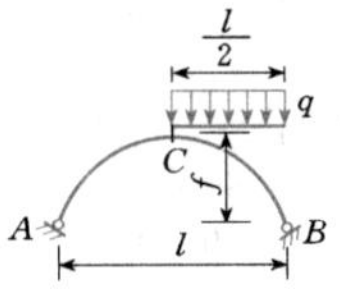	F_{V_A}	0.25000	0.25000	0.25000	0.25000	0.25000	$\frac{ql}{2}$
	F_{V_B}	0.75000	0.75000	0.75000	0.75000	0.75000	$\frac{ql}{2}$
$F_{V_A}=F_{Q_C}$	F_{H_A}	0.62149	0.30527	0.19732	0.14135	0.10611	ql
$F_{H_A}=F_{H_B}=F_{N_C}$	M_C	0.00035	0.00145	0.00330	0.00596	0.00945	ql^2
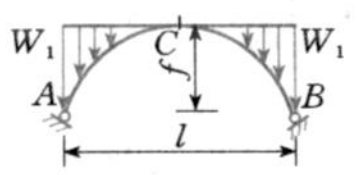	F_{V_A}	1.00000	1.00000	1.00000	1.00000	1.00000	W_1
	F_{H_A}	1.40393	0.68587	0.43601	0.30750	0.23026	W_1
$F_{V_A}=F_{V_B}$，$F_{Q_C}=0$	M_C	−0.01637	−0.01588	−0.01335	−0.00940	−0.00344	$W_1 l$
$F_{H_A}=F_{H_B}=F_{N_C}$	W_1	0.01640	0.03125	0.04313	0.05090	0.05365	$\gamma_1 l^2$
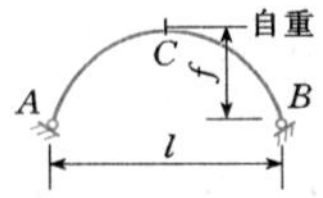	F_{V_A}	1.00000	1.00000	1.00000	1.00000	1.00000	W
	F_{H_A}	2.45835	1.16714	0.71335	0.47213	0.31831	W
$F_{V_A}=F_{V_B}$，$F_{Q_C}=0$	M_C	0.00087	0.00376	0.00843	0.01474	0.02404	Wl
$F_{H_A}=F_{H_B}=F_{N_C}$	W	0.51323	0.55173	0.61248	0.69161	0.78540	γhl
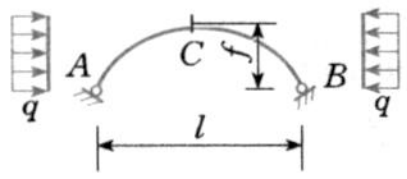	F_{V_A}	0	0	0	0	0	qf
$F_{V_A}=F_{V_B}$，$F_{H_A}=F_{H_B}$	F_{H_A}	−0.42978	−0.42767	−0.42659	−0.42540	−0.42441	qf
$F_{N_C}=F_{H_A}+qf$	M_C	−0.00702	−0.01447	−0.02202	−0.02981	−0.03779	qfl
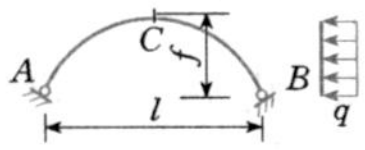	F_{V_A}	0.05000	0.10000	0.15000	0.20000	−0.25000	qf
	F_{H_A}	0.28510	0.28616	0.28671	0.28726	0.28779	qf
$F_{V_B}=-F_{V_A}$	F_{H_B}	−0.71490	−0.71384	−0.71329	−0.71274	−0.71221	qf
$F_{Q_C}=F_{V_A}$，$F_{N_C}=F_{H_A}$	M_C	−0.00351	−0.00723	−0.01101	−0.01490	−0.01890	qfl
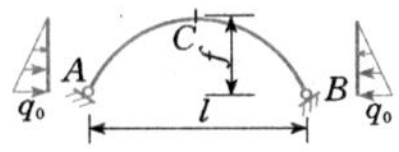	F_{V_A}	0	0	0	0	0	$\frac{q_0 f}{2}$
	F_{H_A}	−0.62597	−0.60259	−0.60112	−0.59996	−0.59883	$\frac{q_0 f}{2}$
$F_{V_A}=F_{V_B}$，$F_{H_A}=F_{H_B}$	M_C	−0.00407	−0.01282	−0.01966	−0.02668	−0.03392	$\frac{q_0 fl}{2}$
$F_{N_C}=F_{H_A}+\frac{qf}{2}$	F_{Q_C}	0	0	0	0	0	$\frac{q_0 f}{2}$

续表

简 图	项目	$\frac{f}{l}$ 0.1	0.2	0.3	0.4	0.5	乘数
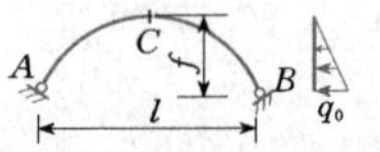 $F_{V_B}=-F_{V_A}$ $F_{Q_C}=F_{V_A}$，$F_{N_C}=F_{H_A}$	F_{V_A}	0.03333	0.06667	0.10000	0.13333	0.16667	$\frac{q_0 f}{2}$
	F_{H_A}	0.18789	0.19871	0.19944	0.20002	0.20059	$\frac{q_0 f}{2}$
	F_{H_B}	−0.81211	−0.80129	−0.80056	−0.79998	−0.79941	$\frac{q_0 f}{2}$
	M_C	−0.00212	−0.00641	−0.00983	−0.01334	−0.01696	$\frac{q_0 fl}{2}$
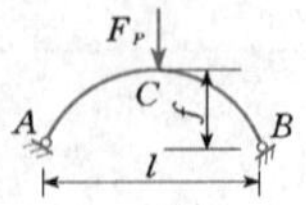 $F_{V_A}=F_{V_B}=F_{Q_C^左}$ $F_{H_A}=F_{H_B}=F_{N_C}$	F_{V_A}	0.50000	0.50000	0.50000	0.50000	0.50000	F_P
	F_{H_A}	1.93700	0.94439	0.60412	0.42796	0.31831	F_P
	M_C	0.05630	0.06112	0.06876	0.07882	0.09085	$F_P l$
	F_{Q_C}	0	0	0	0	0	F_P

注 M_C、F_{Q_C}、F_{N_C}分别为拱顶C截面的弯矩、剪力、轴力；W为半跨拱的自重；γ为拱体材料的容重；γ_1为拱背充填材料的容重；h为拱截面的高度；拱的截面取单位宽，内力符号规定同前。

2. 对称两铰变截面抛物线拱计算

对称两铰变截面抛物线拱计算见表2.3-43。

表2.3-43　　两铰变截面抛物线拱的反力、弯矩

荷载形式	反力和弯矩	荷载形式	反力和弯矩
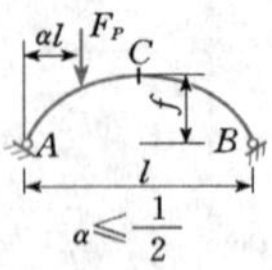 $\alpha\leqslant\frac{1}{2}$	$F_{H_A}=F_{H_B}=0.625\frac{F_P l}{f}K(\alpha-2\alpha^3+\alpha^4)$ $F_{V_A}=F_P(1-\alpha)$，$F_{V_B}=F_P\alpha$ $M_C=\frac{F_P l}{8}[4\alpha-5K(\alpha-2\alpha^3+\alpha^4)]$	(有拉杆) 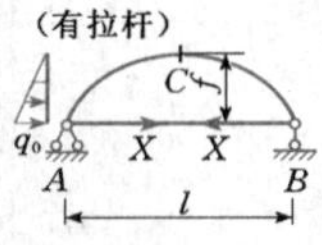	$F_{V_A}=-F_{V_B}=-\frac{q_0 f^2}{6l}$，$F_H=-\frac{1}{2}q_0 f$ $X=\frac{0.792q_0 f^3}{8f^2+15\beta}$ $M_C=\frac{1}{12}q_0 f^2-Xf$
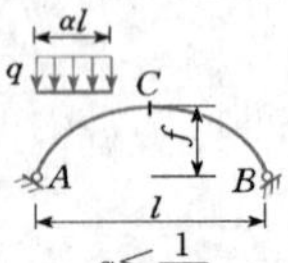 $\alpha\leqslant\frac{1}{2}$	$F_{H_A}=F_{H_B}=\frac{ql^2}{16f}K(5\alpha^2-5\alpha^4+2\alpha^5)$ $F_{V_A}=q\alpha l\left(1-\frac{\alpha}{2}\right)$，$F_{V_B}=\frac{ql}{2}\alpha^2$ $M_C=\frac{ql^2}{4}\left[\alpha^2-\frac{K}{4}(5\alpha^2-5\alpha^4+2\alpha^5)\right]$	(有拉杆) 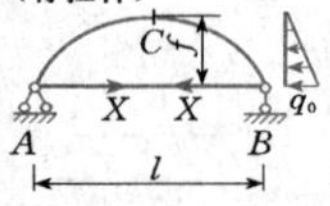	$F_{V_A}=-F_{V_B}=\frac{q_0 f^2}{6l}$，$F_H=\frac{1}{2}q_0 f$ $X=\frac{3.208q_0 f^3}{8f^2+15\beta}$ $M_C=-\frac{5}{12}q_0 f^2-Xf$
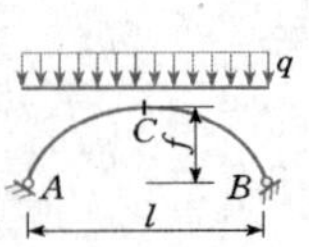	$F_{H_A}=F_{H_B}=\frac{ql^2}{8f}K$ $F_{V_A}=F_{V_B}=\frac{1}{2}ql$ $M_C=\frac{ql^2}{8}(1-K)$ 当$K=1$时：$M_C=0$	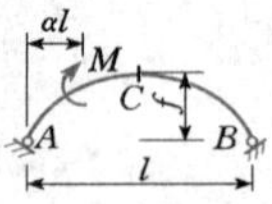	$F_{H_A}=F_{H_B}=\frac{5M}{8f}K(1-6\alpha^2+4\alpha^3)$ $F_{V_A}=-F_{V_B}=-\frac{M}{l}$
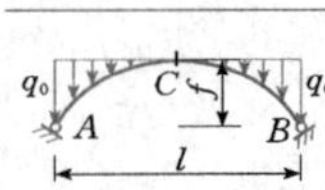	$F_{H_A}=F_{H_B}=0.024\frac{q_0 l^2}{f}K$ $F_{V_A}=F_{V_B}=\frac{q_0 l}{6}$	均匀加热t℃ 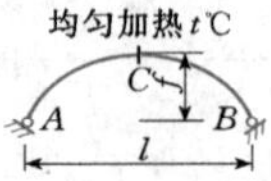	$F_{H_A}=\frac{15}{8}\frac{EI\alpha_t t}{f^2}K=H_B$ $F_{V_A}=F_{V_B}=0$ $M_C=-F_H f$ 式中，α_t为材料的线膨胀系数
(无拉杆) 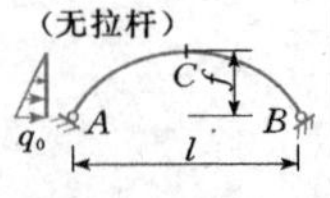	$F_{H_A}=-0.0401q_0 f$，$F_{H_B}=0.099q_0 f$ $F_{V_A}=-F_{V_B}=-\frac{q_0 f^2}{6l}$ $M_C=-0.0159q_0 f^2$	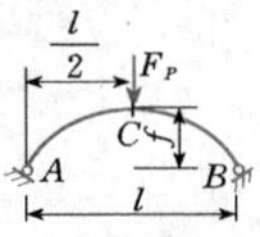	$F_{H_A}=F_{H_B}=\frac{25}{128}\frac{F_P l}{f}K$ $F_{V_A}=F_{V_B}=\frac{1}{2}F_P$ $M_C=\left(0.25-\frac{25}{128}K\right)F_P l$

续表

荷载形式	反力和弯矩
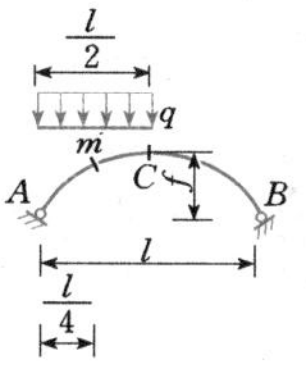	$F_{H_A}=F_{H_B}=\frac{ql^2}{16f}K$ $F_{V_A}=\frac{3}{8}ql$，$F_{V_B}=\frac{1}{8}ql$ $M_C=\frac{ql^2}{16}(1-K)$ $K=1$，$M_C=0$ $M_m=\left(\frac{1}{16}-\frac{3}{64}K\right)ql^2$
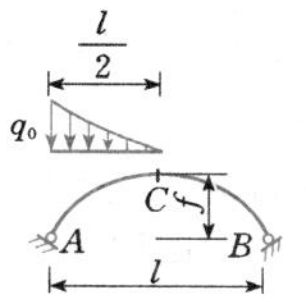	$F_{H_A}=F_{H_B}=0.0228\frac{q_0l^2}{f}K$ $F_{V_A}=\frac{5}{24}q_0l$，$F_{V_B}=\frac{1}{24}q_0l$ $M_C=\frac{q_0l^2}{48}-0.0228q_0l^2K$
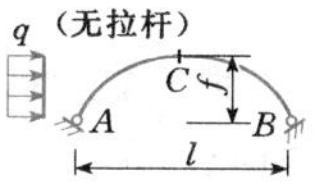	$F_{H_A}=-0.714qf$，$F_{H_B}=0.286qf$ $F_{V_A}=-F_{V_B}=-\frac{qf^2}{2l}$ $M_C=-0.0357qf^2$
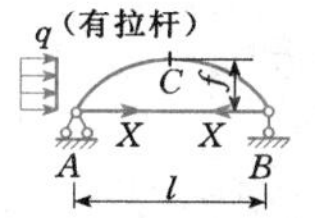	$F_{V_A}=-F_{V_B}=-\frac{qf^2}{2l}$，$F_H=-qf$ $X=\frac{16qf^3}{7(8f^2+15\beta)}$ $M_C=\frac{qf^2}{4}-Xf$
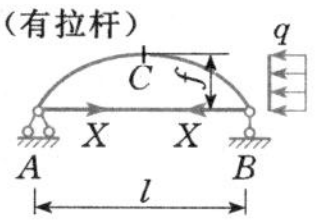	$F_{V_A}=-F_{V_B}=\frac{qf^2}{2l}$ $F_H=qf$ $X=\frac{40qf^3}{7(8f^2+15\beta)}$ $M_C=-\frac{3}{4}qf^2-Xf$
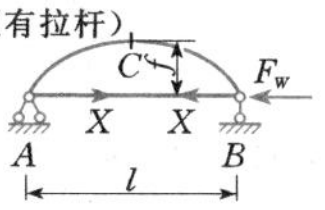	$F_{V_A}=F_{V_B}=0$ $F_H=F_W$ $X=\frac{8F_Wf^2}{8f^2+15\beta}$ $M_C=-(F_W+X)f$
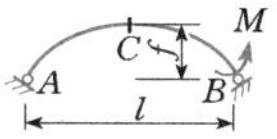	$F_{H_A}=F_{H_B}=0.625\frac{M}{f}K$ $F_{V_A}=-F_{V_B}=\frac{M}{l}$ $M_C=(0.5-0.625K)M$
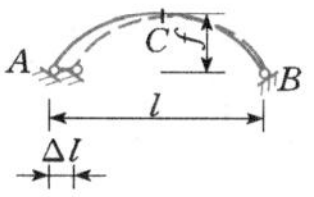	$F_{H_A}=F_{H_B}=\frac{5}{8}\frac{EI\Delta l}{f^2l}$ $F_{V_A}=F_{V_B}=0$ $M_C=-F_Hf$

注　1. 两铰拱有带拉杆和不带拉杆两种，有拉杆的两铰拱除拱圈的压缩外，还要考虑拉杆伸长的影响。
2. 表中未加注明者，公式对有无拉杆均适用。
3. 均匀温升 t℃及支座相对水平位移时的 K 值与竖向荷载时相同，K 的计算式见表 2.3-32。

影响轴力的主要因素是拱的高跨比$\frac{f}{l}$，但与所受荷载的形式（竖向还是水平向）也有关系。轴向力的影响在计算中用系数 K（称为轴向力影响系数）表示。K 的计算公式见表 2.3-44。

表 2.3-44　轴向力影响系数 K 的计算式

荷　载	K 值	
	无　拉　杆	带　拉　杆
竖向荷载作用	$\frac{1}{1+\frac{15I_C\eta}{8f^2A_C}}$	$\frac{1}{1+\frac{15}{8f^2}\left(\frac{I_C\eta}{A_C}+\beta\right)}$
水平荷载作用	1 （不考虑轴向力影响）	$\frac{1}{1+\frac{15\beta}{8f^2}}$

注　表中，$I=\frac{I_C}{\cos\alpha}$；$\beta=\frac{EI_C}{E_1A_1}$；$E$ 为拱体材料的弹性模量；E_1 为拉杆材料的弹性模量；A_1 为拉杆的截面积；η 由表 2.3-45 决定。

表 2.3-45　η　值

$\frac{f}{l}$	$\frac{1}{4}$	$\frac{1}{5}$	$\frac{1}{6}$	$\frac{1}{7}$	$\frac{1}{8}$
η	0.7852	0.8434	0.8812	0.9110	0.9306
$\frac{f}{l}$	$\frac{1}{9}$	$\frac{1}{10}$	$\frac{1}{15}$	$\frac{1}{20}$	
η	0.9424	0.9521	0.9706	0.9888	

无拉杆的两铰拱，当$\frac{f}{l}>0.2$时可略去轴向力的影响（即 $K=1$），而且对于水平荷载可一律不考虑轴向力的影响。带拉杆的两铰拱，对拉杆变形的影响无论在竖向荷载或水平荷载作用下，均不宜忽略。

2.3.7.5　无铰拱

1. 计算方法

无铰拱一般用弹性中心法求解，如图 2.3-27 所示。弹性中心的位置由式（2.3-46）确定。

$$y_s=\frac{\int\frac{y}{EI}\mathrm{d}s}{\int\frac{1}{EI}\mathrm{d}s} \qquad (2.3-46)$$

式中　y——拱轴线方程；

EI——拱的抗弯刚度。

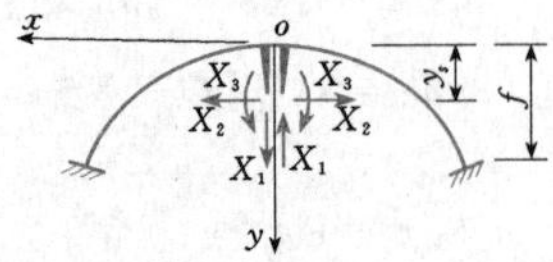

图 2.3-27　弹性中心的位置

把三个未知力作用于弹性中心，可列出三个互相独立的方程：

$$\begin{cases}\delta_{11}X_1+\Delta_{1P}=0\\ \delta_{22}X_2+\Delta_{2P}=0\\ \delta_{33}X_3+\Delta_{3P}=0\end{cases} \qquad (2.3-47)$$

系数与自由项的计算公式如下：

$$\delta_{11}=\int\frac{x^2}{EI}\mathrm{d}s+\int\frac{\sin^2\alpha}{EA}\mathrm{d}s+\int\lambda\frac{\cos^2\alpha}{GA}\mathrm{d}s$$

$$\delta_{22}=\int\frac{y^2}{EI}\mathrm{d}s+\int\frac{\cos^2\alpha}{EA}\mathrm{d}s+\int\lambda\frac{\sin^2\alpha}{GA}\mathrm{d}s$$

$$\delta_{33}=\int\frac{1}{EI}\mathrm{d}s$$

$$\Delta_{1P}=\int\frac{xM_P}{EI}\mathrm{d}s-\int\frac{F_{N_P}\sin\alpha}{EA}\mathrm{d}s+\int\lambda\frac{F_{Q_P}\cos\alpha}{GA}\mathrm{d}s$$

$$\Delta_{2P}=-\int\frac{yM_P}{EI}\mathrm{d}s-\int\frac{F_{N_P}\cos\alpha}{EA}\mathrm{d}s+\int\lambda\frac{F_{Q_P}\sin\alpha}{GA}\mathrm{d}s$$

$$\Delta_{3P}=\int\frac{M_P}{EI}\mathrm{d}s$$

将系数与自由项代入式（2.3-47）便可算得 X_1、X_2 和 X_3。拱的最后内力按下式计算：

$$\begin{cases}M=\overline{M}_1X_1+\overline{M}_2X_2+\overline{M}_3X_3+M_P\\ \quad=X_1x-X_2y+X_3+M_P\\ F_Q=\overline{F}_{Q_1}X_1+\overline{F}_{Q_2}X_2+\overline{F}_{Q_3}X_3+F_{Q_P}\\ \quad=X_1\cos\alpha-X_2\sin\alpha+F_{Q_P}\\ F_N=\overline{F}_{N_1}X_1+\overline{F}_{N_2}X_2+\overline{F}_{N_3}X_3+F_{N_P}\\ \quad=-X_1\sin\alpha-X_2\cos\alpha+F_{N_P}\end{cases} \qquad (2.3-48)$$

系数与自由项积分运算有困难时可采用总和法，即把积分号改为总和号，把微段换为有限长度，分段计算，然后叠加。

常用几种荷载作用下无铰拱的反力和内力计算公式以及系数列于表 2.3-46～表 2.3-50 中。不属于表中情况者，可用弹性中心法先求出多余约束力，然后按平衡关系求解内力及反力。

在计算系数和自由项时，对于扁平拱须考虑轴力影响，对于高拱则可以忽略；在水平荷载作用下，轴力影响可不考虑。

考虑轴向力影响是在有关公式中乘以影响系数 K。自由项中轴向力的影响较小，可忽略。

2. 等截面无铰圆拱计算

等截面无铰圆拱计算见表 2.3-46。

3. 变截面无铰圆拱计算

变截面无铰圆拱计算见表 2.3-47 和表 2.3-48。

4. 等截面无铰抛物线拱计算

等截面无铰抛物线拱计算见表 2.3-49。

5. 变截面无铰抛物线拱计算

变截面无铰抛物线拱计算见表 2.3-50。

表 2.3-46　　**等截面无铰圆拱计算**

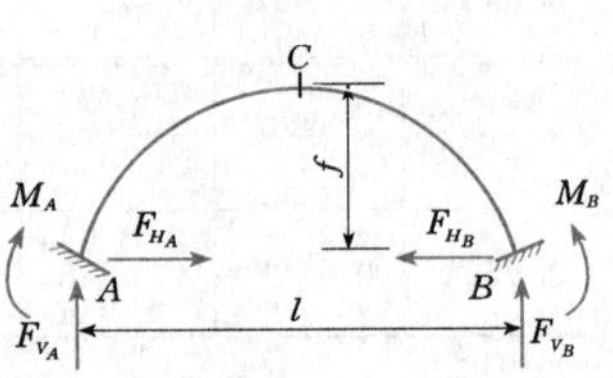

说明：除左图所示者外，其他符号意义如下：

F_{Q_C}、F_{N_C}、M_C 分别为拱顶 C 截面的剪力、轴向力、弯矩；W_1 为拱背充填材料自重（拱的截面宽度为单位值）；h 为等截面拱的截面高度；γ 为拱体材料的容重；γ_1 为拱背充填材料的容重

简　图	项目	f/l					乘数
		0.1	0.2	0.3	0.4	0.5	
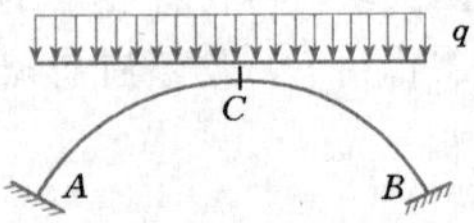 $F_{V_A}=F_{V_B}$，　$F_{Q_C}=0$　$M_A=M_B$，　$F_{N_C}=F_{H_A}=F_{H_B}$	F_{V_A}	0.50000	0.50000	0.50000	0.50000	0.50000	ql
	F_{H_A}	1.26093	0.63782	0.43421	0.33558	0.27583	ql
	M_A	0.00131	0.00414	0.00925	0.01619	0.02467	ql^2
	M_C	0.00022	0.00158	0.00399	0.00726	0.01175	ql^2

续表

简　图	项目	$\frac{f}{l}$					乘数
		0.1	0.2	0.3	0.4	0.5	
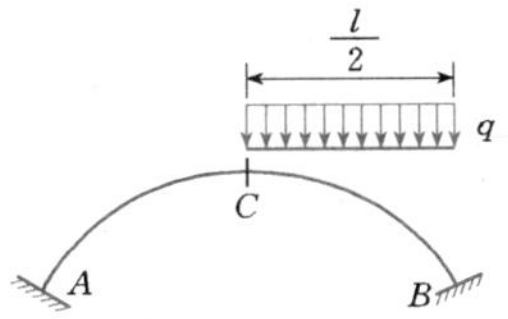	F_{V_A}	0.18853	0.19162	0.19680	0.20355	0.21101	$\frac{ql}{2}$
$F_{Q_C}=F_{V_A}$，　$F_{N_C}=F_{H_A}=F_{H_B}$	F_{V_B}	0.81147	0.80838	0.80320	0.79645	0.78899	$\frac{ql}{2}$
	F_{H_A}	1.26093	0.63782	0.43421	0.33558	0.27583	$\frac{ql}{2}$
	M_A	0.03204	0.03333	0.03585	0.03971	0.04416	$\frac{ql^2}{2}$
	M_B	−0.02943	−0.02505	−0.01735	−0.00674	0.00517	$\frac{ql^2}{2}$
	M_C	0.00021	0.00158	0.00399	0.00726	0.01175	$\frac{ql^2}{2}$
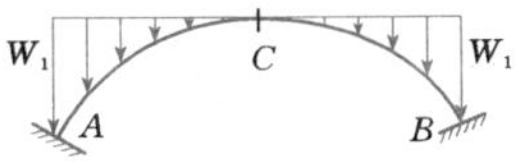	F_{V_A}	1.00000	1.00000	1.00000	1.00000	1.00000	W_1
$F_{V_A}=F_{V_B}$，　$F_{Q_C}=0$	F_{H_B}	1.09958	0.55637	0.38117	0.29819	0.25308	W_1
$F_{N_C}=F_{H_A}=F_{H_B}$，　$M_A=M_B$	M_A	−0.02641	−0.02206	−0.01419	−0.00397	0.00852	$W_1 l$
	M_C	−0.01070	−0.01030	−0.00972	−0.00833	−0.00599	$W_1 l$
	W_1	0.01640	0.03124	0.04313	0.05090	0.05365	$\gamma_1 l^2$
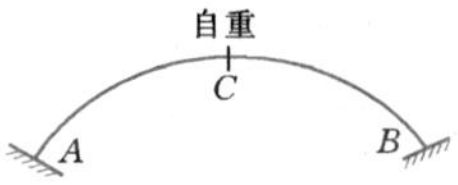	F_{V_A}	1.00000	1.00000	1.00000	1.00000	1.00000	W
$F_{V_A}=F_{V_B}$，　$F_{Q_C}=0$	F_{H_A}	2.48476	1.20645	0.77364	0.54391	0.40147	W
$F_{N_C}=F_{H_A}=F_{H_B}$，　$M_A=M_B$	M_A	0.00186	0.00582	0.01378	0.02200	0.03100	Wl
	M_C	−0.00005	0.00198	0.00435	0.00836	0.01330	Wl
	W	0.51323	0.55173	0.61248	0.69161	0.78540	γhl
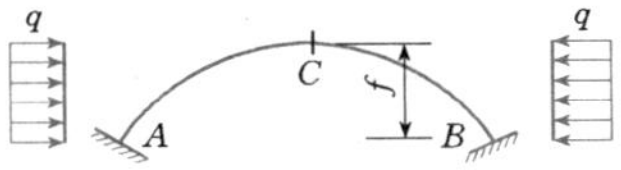	F_{V_A}	0	0	0	0	0	qf
$F_{V_A}=F_{V_B}$，　$F_{H_A}=F_{H_B}$	F_{H_A}	−0.57184	−0.56746	−0.56888	−0.56350	−0.55300	qf
$F_{N_C}=F_{H_A}+qf$，　$M_A=M_B$	M_A	−0.01151	−0.02237	−0.03383	−0.04364	−0.05044	qfl
	M_C	−0.00433	−0.00888	−0.01317	−0.01824	−0.02394	qfl
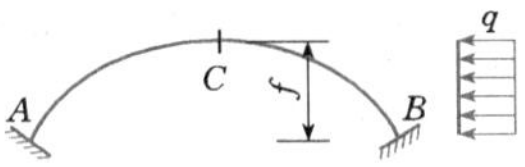	F_{V_A}	0.02486	0.04855	0.07063	0.08992	0.10532	qf
$F_{V_B}=-F_{V_A}$，　$F_{Q_C}=F_{V_A}$，	F_{H_A}	0.21408	0.21455	0.21556	0.21825	0.22350	qf
$F_{N_C}=F_{H_A}$	F_{H_B}	−0.78592	−0.78545	−0.78444	−0.78175	−0.77650	qf
	M_A	0.00682	0.01454	0.02277	0.03322	0.04630	qfl
	M_B	−0.01832	−0.03691	−0.05660	−0.07686	−0.09838	qfl
	M_C	−0.00216	−0.00410	−0.00658	−0.09120	−0.01279	qfl
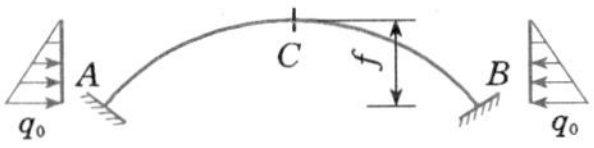	F_{V_A}	0	0	0	0	0	$\frac{q_0 f}{2}$
$F_{V_A}=F_{V_B}$，　$F_{H_A}=F_{H_B}$	F_{H_A}	−0.75989	−0.75960	−0.75857	−0.75246	−0.73600	$\frac{q_0 f}{2}$
$F_{N_C}=F_{H_A}+\frac{q_0 f}{2}$，　$M_A=M_B$	M_A	−0.01273	−0.02502	−0.03795	−0.04919	−0.05660	$\frac{q_0 fl}{2}$
	M_C	−0.00372	−0.00699	−0.01038	−0.01488	−0.02193	$\frac{q_0 fl}{2}$

续表

简　图	项目	$\frac{f}{l}$					乘数
		0.1	0.2	0.3	0.4	0.5	
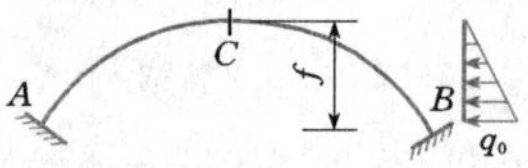	F_{V_A}	0.01311	0.02561	0.03736	0.04795	0.05821	$\frac{q_0fl}{2}$
$F_{V_B}=-F_{V_A}$，　$F_{Q_C}=F_{V_A}$，	F_{H_A}	0.12006	0.12020	0.12072	0.12377	0.13200	$\frac{q_0fl}{2}$
$F_{N_C}=F_{H_A}$	F_{H_B}	−0.87994	−0.87980	−0.87928	−0.87623	−0.86800	$\frac{q_0fl}{2}$
	M_A	0.00375	0.00802	0.01234	0.01810	0.02593	$\frac{q_0f}{2}$
	M_B	−0.01647	−0.03304	−0.05030	−0.06728	−0.08253	$\frac{q_0fl}{2}$
	M_C	−0.00170	−0.00322	−0.00520	−0.00743	−0.01097	$\frac{q_0fl}{2}$
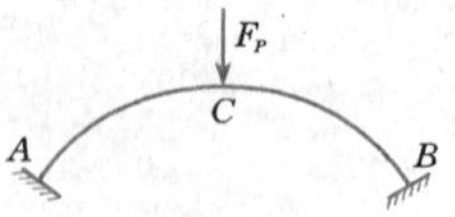	F_{V_A}	0.50000	0.50000	0.50000	0.50000	0.50000	F_P
$F_{V_A}=F_{V_B}=F_{Q_C^{左}}$	F_{H_A}	2.34606	1.16774	0.77402	0.57689	0.45512	F_P
$F_{H_A}=F_{H_B}=F_{N_C}$，　$M_A=M_B$	M_A	0.03249	0.03526	0.04014	0.04663	0.05326	F_Pl
	M_C	0.04789	0.05171	0.05793	0.06587	0.07570	F_Pl
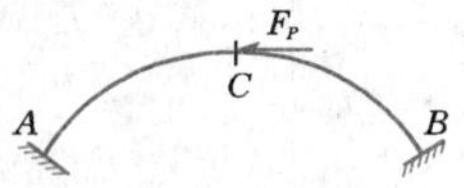	F_{V_A}	0.07444	0.14570	0.21105	0.26919	0.31975	F_P
$F_{V_B}=-F_{V_A}$	F_{H_A}	0.50000	0.50000	0.50000	0.50000	0.50000	F_P
$F_{H_B}=-F_{H_A}$，　$M_B=-M_A$	M_A	0.01278	0.02715	0.04452	0.06540	0.09013	F_Pl

表 2.3-47　　变截面无铰圆拱计算的修正系数 K 值

荷载形式	应修正之反力内力	拱脚与拱顶厚度比 h_a/h_c			
		2/1	1.5/1	1/1	1/1.5
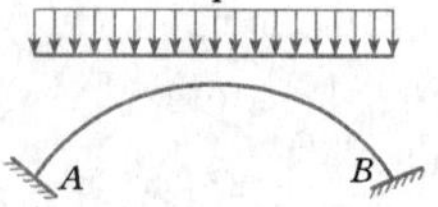	M_A	1.38	1.24	1	0.88
	F_{H_A}	1.04	1.03	1	0.99
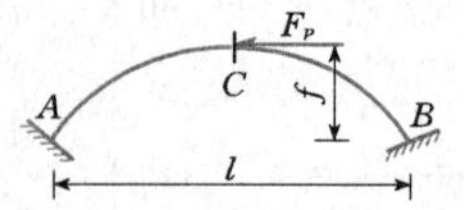	M_A	1.30	1.17	1	0.83
	F_{H_A}	1	1	1	1
	F_{V_A}	0.88	0.93	1	1.06
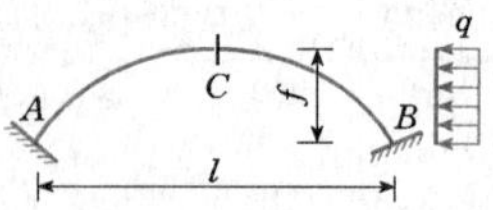	M_A	1.05	1.02	1	1
	F_{H_A}	0.86	0.91	1	1.15
	F_{V_A}	0.76	0.85	1	1.19
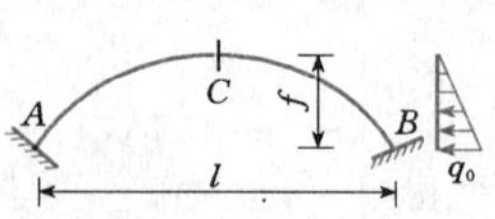	M_A	0.95	0.96	1	1.07
	F_{H_A}	0.80	0.87	1	1.21
	F_{V_A}	0.71	0.81	1	1.24

续表

荷载形式	应修正之反力内力	拱脚与拱顶厚度比 h_a/h_c			
		2/1	1.5/1	1/1	1/1.5
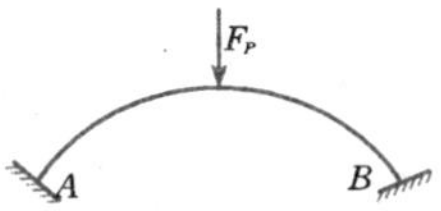	M_A	1.55	1.30	1	0.73
	F_{H_A}	1.15	1.09	1	0.925
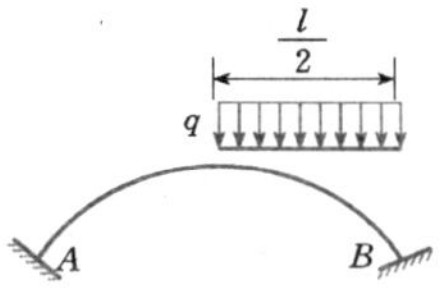	M_A	1.37	1.22	1	0.82
	F_{H_A}	1.03	1.02	1	0.98
	R_A	0.89	0.94	1	1.05

注 当圆拱的厚度由拱脚至拱顶按直线规律变化时，M_A、F_{H_A}（对非对称荷载，还有 F_{V_A}）应按等截面无铰圆拱的计算表求出的数值乘上本表的修正系数。

表 2.3-48　　自重作用时 M_A、F_{H_A} 修正系数

反力或弯矩	$\frac{f}{l}$ \ $\frac{h_a}{h_c}$	2/1	1.5/1	1/1	1/1.5
M_A（表中系数×Wl）	0.4	0.01797	0.02195	0.02200	0.02477
	0.3	0.00659	0.00952	0.01378	0.01399
	0.2	−0.00196	0.00182	0.00582	0.00818
	0.1	−0.00710	−0.00288	0.00186	0.00487
F_{H_A}（表中系数×W）	0.4	0.47932	0.51389	0.54391	0.58243
	0.3	0.67036	0.71284	0.77364	0.81207
	0.2	1.04562	1.11566	1.20645	1.28370
	0.1	2.14025	2.28704	2.48476	2.64879

注 $M_A=KWl$；$F_{H_A}=KW$；K 为本表中所列修正系数；W 为半跨拱的重量；h_a 为拱脚的厚度；h_c 为拱顶的厚度。

表 2.3-49　　等截面无铰抛物线拱计算

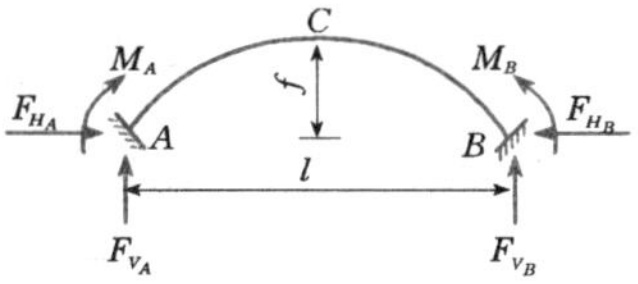

说明：拱轴为二次抛物线，等截面或沿跨度变化很小，$\frac{f}{l}\leqslant\frac{1}{4}$，图示反力、推力、弯矩为正方向

荷载形式	反力和推力	弯矩
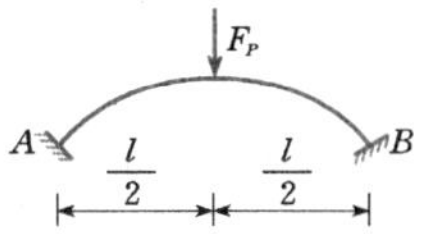	$F_{V_A}=F_{V_B}=\frac{F_P}{2}$，$F_H=\frac{15}{64}\frac{F_Pl}{f}$	$M_A=M_B=\frac{F_Pl}{32}$，$M_C=\frac{3}{64}F_Pl$
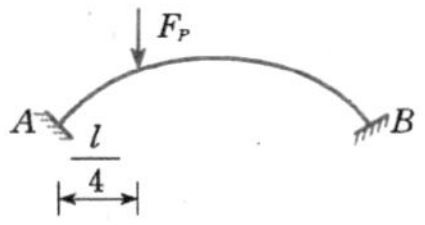	$F_{V_A}=\frac{27}{32}F_P$，$F_{V_B}=\frac{5}{32}F_P$ $F_H=\frac{135}{1024}\frac{F_Pl}{f}$	$M_A=-\frac{27}{512}F_Pl$，$M_B=\frac{21}{512}F_Pl$ $M_C=-\frac{13}{1024}F_Pl$

续表

荷 载 形 式	反 力 和 推 力	弯 矩
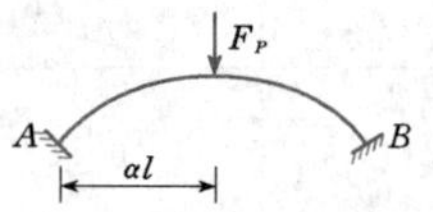	$F_{V_A}=(1-\alpha)^2(1+2\alpha)F_P$ $F_{V_B}=\alpha^2(3-2\alpha)F_P$ $F_H=\frac{15}{4}\frac{F_P l}{f}\alpha^2(1-\alpha)^2$	$M_A=-\frac{F_P l}{2}\alpha(1-\alpha)^2(2-5\alpha)$ $M_B=\frac{F_P l}{2}\alpha^2(1-\alpha)(3-5\alpha)$ $M_C=-\frac{F_P l}{4}\alpha^2(3-10\alpha+5\alpha^2)$ 此处 $\alpha\leqslant 0.5$
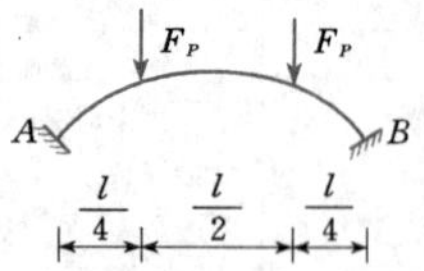	$F_{V_A}=F_{V_B}=F_P$，$F_H=\frac{135}{512}\frac{F_P l}{f}$	$M_A=M_B=-\frac{3}{256}F_P l$，$M_C=-\frac{13}{512}F_P l$
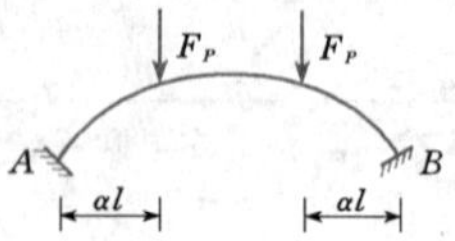	$F_{V_A}=F_{V_B}=F_P$ $F_H=\frac{15}{2}\frac{F_P l}{f}\alpha^2(1-\alpha)^2$	$M_A=M_B=-F_P l\alpha(1-\alpha)(1-5\alpha+5\alpha^2)$ $M_C=-\frac{F_P l}{2}\alpha^2(3-10\alpha+5\alpha^2)$
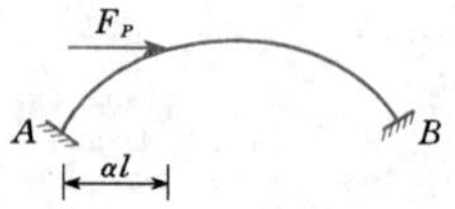	$F_{V_A}=-F_{V_B}=-\frac{12F_P f}{L}\alpha^2(1-\alpha)^2$ $F_{H_A}=-F_P(1-15\alpha^2+50\alpha^3-60\alpha^4+24\alpha^5)$ $F_{H_B}=F_P\alpha^2(15-50\alpha+60\alpha^2+24\alpha^3)$	$M_A=-2F_P f\alpha(1-\alpha)^2(2-7\alpha+8\alpha^2)$ $M_B=F_P f\alpha^2(1-\alpha)(3-9\alpha+8\alpha^2)$ $M_C=-F_P f\alpha^2(3-14\alpha+20\alpha^2-8\alpha^3)$ 此处 $\alpha\leqslant 0.5$
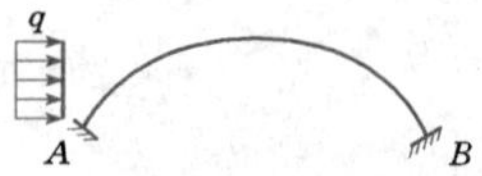	$F_{V_A}=-F_{V_B}=-\frac{qf^2}{4l}$，$F_{H_A}=-\frac{11}{14}qf$ $F_{H_B}=\frac{3}{14}qf$	$M_A=-\frac{51}{280}qf^2$，$M_B=\frac{19}{280}qf^2$ $M_C=-\frac{3}{140}qf^2$
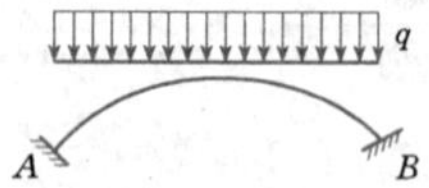	$F_{V_A}=F_{V_B}=\frac{ql}{2}$，$F_H=\frac{ql^2}{8f}$	$M_A=M_B=M_C=0$
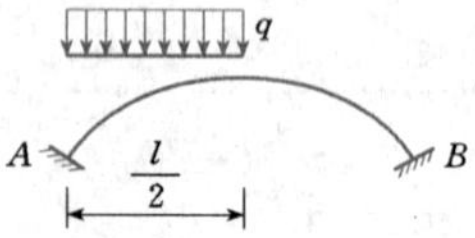	$F_{V_A}=\frac{13}{32}ql$，$F_{V_B}=\frac{3}{32}ql$ $F_H=\frac{ql^2}{16f}$	$M_A=-M_B=-\frac{ql^2}{64}$ $M_C=0$
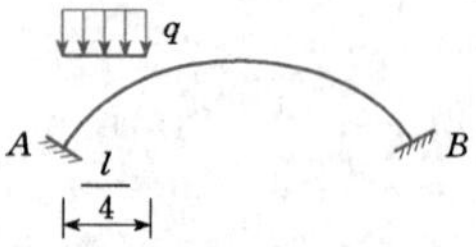	$F_{V_A}=\frac{121}{512}ql$，$F_{V_B}=\frac{7}{512}ql$ $F_H=\frac{53}{4096}\frac{ql^2}{f}$	$M_A=-\frac{27}{2048}ql^2$，$M_B=\frac{9}{2048}ql^2$ $M_C=-\frac{7}{4096}ql^2$
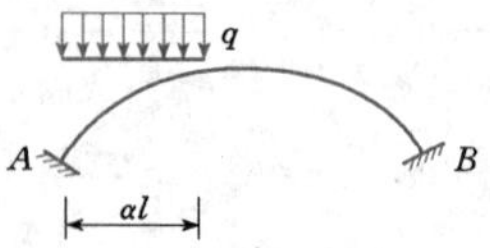	$F_{V_A}=\frac{ql}{2}\alpha(2-2\alpha^2+\alpha^3)$ $F_{V_B}=\frac{ql}{2}\alpha^3(2-\alpha)$ $F_H=\frac{ql^2}{8f}\alpha^3(10-15\alpha+6\alpha^2)$	$M_A=-\frac{ql^2}{2}\alpha^2(1-3\alpha+3\alpha^2-\alpha^3)$ $M_B=\frac{ql^2}{2}\alpha^3(1-2\alpha+\alpha^2)$ $M_C=-\frac{ql^2}{8}\alpha^3(2-5\alpha+2\alpha^2)$ 此处 $\alpha\leqslant 0.5$
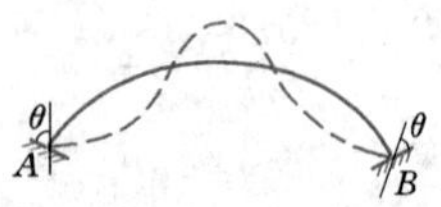	$F_{V_A}=F_{V_B}=0$ $F_{H_A}=F_{H_B}=\frac{15EI}{fl}\theta$	$M_A=M_B=\frac{12EI}{l}\theta$ $M_C=-\frac{3EI}{l}\theta$

续表

荷载形式	反力和推力	弯矩
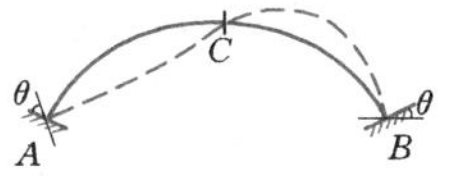	$F_{V_A}=-\frac{12EI}{l^2}\theta$，$F_{V_B}=\frac{12EI}{l^2}\theta$ $F_{H_A}=F_{H_B}=0$	$M_A=\frac{6EI}{l}\theta$，$M_B=-\frac{6EI}{l}\theta$ $M_C=0$
	$F_{V_A}=F_{V_B}=0$ $F_{H_A}=F_{H_B}=\frac{45}{4}\frac{EI}{f^2 l}\Delta l$	$M_A=M_B=\frac{15}{2}\frac{EI}{fl}\Delta l$ $M_C=-\frac{15}{4}\frac{EI}{fl}\Delta l$
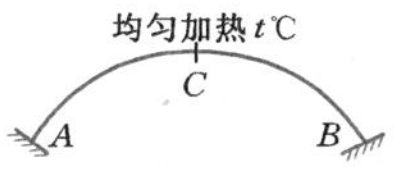	$F_{V_A}=F_{V_B}=0$ $F_{H_A}=F_{H_B}=\frac{45}{4}\frac{EI\alpha_t t}{f^2}K$ 式中，α_t 为线膨胀系数	$M_A=M_B=\frac{15}{2}\frac{EI\alpha_t t}{f}K$ $M_C=-\frac{15}{4}\frac{EI\alpha_t t}{f}K$

表 2.3-50　　变截面无铰抛物线拱计算

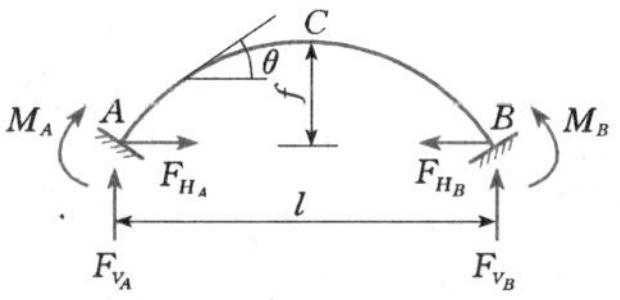

说明：拱轴为二次抛物线，拱截面的变化规律按 $I=\frac{I_C}{\cos\theta}$（θ 为拱轴切线的倾角，I_C 为拱顶截面的惯性矩）。

表中 K 为考虑轴向力的影响系数，$K=\frac{1}{1+V}$，$V=\frac{45}{4}\frac{I_C}{A_C f^2}$（$A_C$ 为拱顶截面的面积，f 为拱的矢高）。当不考虑拱的轴向力对变位影响时：$K=1$，$V=0$

荷载形式	反力和推力	弯矩
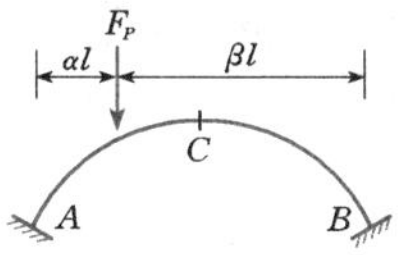	$F_{V_A}=\beta^2(1+2\alpha)F_P$ $F_{V_B}=\alpha^2(1+2\beta)F_P$ $F_{H_A}=F_{H_B}=\frac{15}{4}\frac{F_P l}{f}\alpha^2\beta^2 K$	$M_A=F_P l\alpha\beta^2\left(\frac{5\alpha}{2}K-1\right)$，$M_B=F_P l\alpha^2\beta\left(\frac{5\beta}{2}K-1\right)$ 当 $0\leqslant\alpha\leqslant\frac{1}{2}$ 时： $M_C=\frac{F_P l^2}{2}\alpha^2\left(1-\frac{5\beta^2}{2}K\right)$
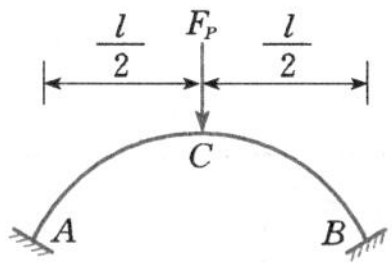	$F_{V_A}=F_{V_B}=\frac{F_P}{2}$ $F_{H_A}=F_{H_B}=\frac{15}{64}\frac{F_P l}{f}K$	$M_A=M_B=\frac{F_P l}{8}\left(\frac{5}{4}K-1\right)$，$M_C=\frac{F_P l}{8}\left(1-\frac{5}{8}K\right)$ 当 $K=1$ 时： $M_A=M_B=\frac{F_P l}{32}$，$M_C=\frac{3}{64}F_P l$
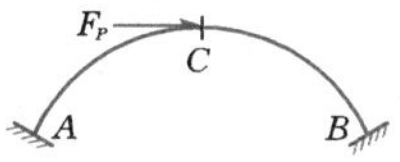	$F_{V_A}=-F_{V_B}=-\frac{3}{4}\frac{F_P f}{l}$ $F_{H_A}=-F_{H_B}=-\frac{F_P}{2}$	$M_A=-M_B=-\frac{F_P f}{8}$ $M_C=0$
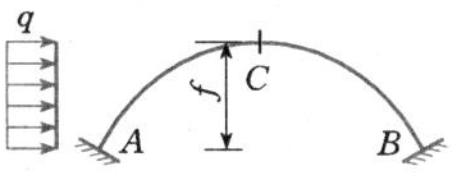	$F_{V_A}=-F_{V_B}=-\frac{qf^2}{4l}$ $F_{H_A}=-\frac{11}{14}qf$，$F_{H_B}=\frac{3}{14}qf$	$M_A=-\frac{51}{280}qf^2$，$M_B=\frac{19}{280}qf^2$ $M_C=\frac{3}{140}qf^2$
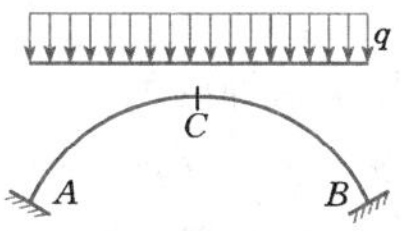	$F_{V_A}=F_{V_B}=\frac{1}{2}ql$ $F_{H_A}=F_{H_B}=\frac{ql^2}{8f}K$ 当 $K=1$ 时： $F_{H_A}=F_{H_B}=\frac{ql^2}{8f}$	$M_A=M_B=-\frac{ql^2}{12}(1-K)$，$M_C=\frac{ql^2}{24}(1-K)$ 当 $K=1$ 时： $M_A=M_B=M_C=0$

续表

荷载形式	反力和推力	弯　矩
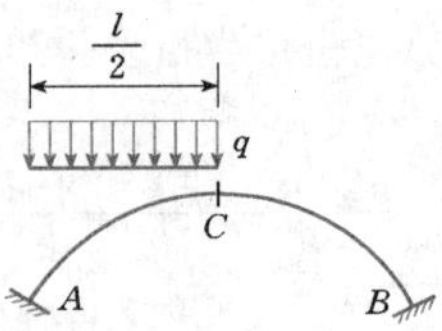	$F_{V_A}=\frac{13}{32}ql$，$F_{V_B}=\frac{3}{32}ql$ $F_{H_A}=F_{H_B}=\frac{ql^2}{16f}K$ 当 $K=1$ 时： $F_{H_A}=F_{H_B}=\frac{ql^2}{16f}$	$M_A=-\frac{ql^2}{192}(3+11V)K$，$M_B=\frac{ql^2}{192}(3-5V)K$ $M_C=\frac{ql^2}{48}VK$ 当 $K=1$ 时： $M_A=-M_B=-\frac{ql^2}{64}$，$M_C=0$
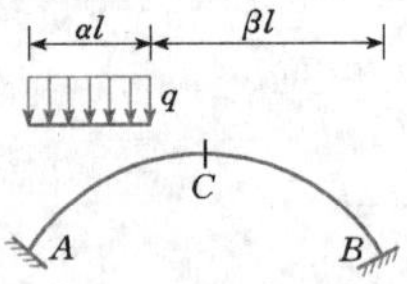	$F_{V_A}=\frac{ql}{2}\alpha[1+\beta(1+\alpha\beta)]$ $F_{V_B}=\frac{ql}{2}\alpha^2(1-\beta^2)$ $F_{H_A}=F_{H_B}$ $=\frac{ql^2}{8f}\alpha^3[1+3\beta(1+2\beta)]K$	$M_A=-\frac{ql^2}{12}\alpha^2[6\beta^3+V(1+2\beta+3\beta^2)]K$ $M_B=\frac{ql^2}{12}\alpha^3[6\beta^2+V(1+3\beta)]K$ 当 $\alpha\leqslant 0.5$ 及 $K=1$ 时： $M_C=-\frac{ql^2}{8}\alpha^3(2-5\alpha+2\alpha^2)$
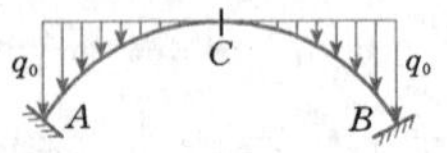	$F_{V_A}=F_{V_B}=\frac{q_0l}{6}$ $F_{H_A}=F_{H_B}=\frac{q_0l^2}{56f}K$ 当 $K=1$ 时： $F_{H_A}=F_{H_B}=\frac{q_0l^2}{56f}$	$M_A=M_B=-\frac{q_0l^2}{420}(7V+2)K$ $M_C=-\frac{q_0l^2}{1680}(3-7V)K$ 当 $K=1$ 时（$x=0.233l$）： $M_{\max}=\frac{q_0l^2}{509}$
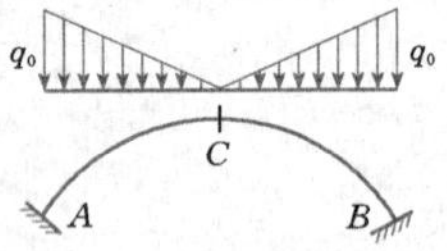	$F_{V_A}=F_{V_B}=\frac{q_0l}{4}$ 当 $K=1$ 时： $F_{H_A}=F_{H_B}=\frac{5}{128}\frac{q_0l^2}{f}$	当 $K=1$ 时： $M_A=M_B=-\frac{q_0l^2}{192}$ $M_C=-\frac{q_0l^2}{384}$
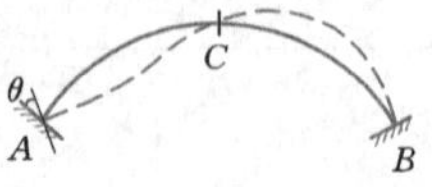	$F_{V_A}=-\frac{6EI}{l^2}\theta$，$F_{V_B}=\frac{6EI}{l^2}\theta$ $F_{H_A}=F_{H_B}=\frac{15}{2}\frac{EI}{fl}\theta$	$M_A=\frac{9EI}{l}\theta$，$M_B=\frac{3EI}{l}\theta$ $M_C=-\frac{3}{2}\frac{EI}{l}\theta$

2.4　影　响　线

2.4.1　静定结构的影响线

当单位定向移动荷载在结构上移动时，表示某一指定位置的指定量值（支座反力、内力、位移）随之而变化的规律的图形，称为该量值的影响线。绘制影响线常用静力法或机动法。

2.4.1.1　静力法

静力法的依据是结构的静力平衡条件和位移条件。对于静定结构，只需要应用静力平衡条件。其要点是：①选择坐标系，确定单位定向移动荷载的位置；②利用静力平衡条件列影响线方程；③将影响线方程绘制成影响线。

如图 2.4-1 所示简支梁，应用平衡条件可将支座反力、内力表示为单位定向移动荷载 $F_P=1$ 位置坐标 x 的函数方程，画出影响线如图 2.4-1（a）～（d）所示。

2.4.1.2　机动法

机动法作影响线的依据是虚功原理。作图步骤如下：①解除与指定处所指定量值相对应的约束，代之以约束力；②沿约束力方向使结构发生一正向单位虚位移；③由此得出的荷载运行线沿单位定向集中力方向的位移图，就是该量值的影响线。图 2.4-2 为静定悬臂刚架截面 C 的轴力、剪力和弯矩影响线。

机动法多用于草绘影响线的大致形状，或校核静力法绘出的结果。绘制一些较复杂结构的影响线，有时也将机动法和静力法配合使用，用机动法定形状，用静力法定坐标。图 2.4-3 的桁架影响线就是基于这两种方法配合绘制的。

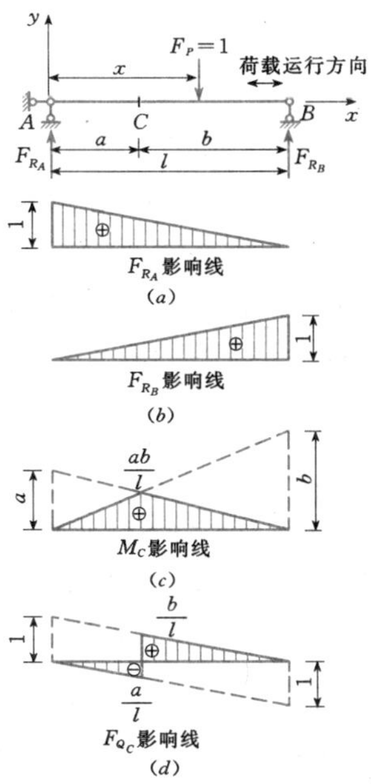

图 2.4-1 简支梁的影响线

2.4.2 连续梁的影响线

2.4.2.1 刚性支座连续梁

刚性支座连续梁可用三弯矩方程或力矩分配法等绘制影响线。用三弯矩方程时，可对各中间支座弯矩列出三弯矩方程，解得各支座弯矩。然后将连续梁看成多跨静定梁，各截面内力和支座反力均可由平衡条件求得。绘影响线时，单位集中力的位置是用坐标 x 表示的，因而上述连续梁的各量值均为 x 的函数，用图形表示即为各量值的影响线。

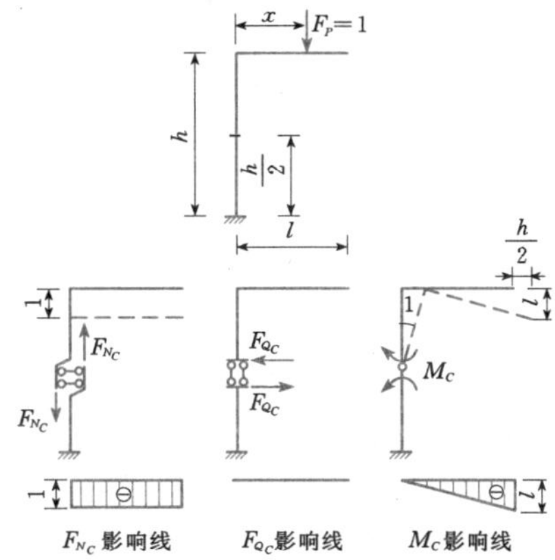

图 2.4-2 静定悬臂杆件内力影响线

1. 等跨等截面连续梁影响线

等跨等截面连续梁影响线纵标值见表 2.4-1～表 2.4-4。

2. 不等跨等截面连续梁影响线

不等跨等截面连续梁影响线纵标值见表 2.4-5～表 2.4-7。

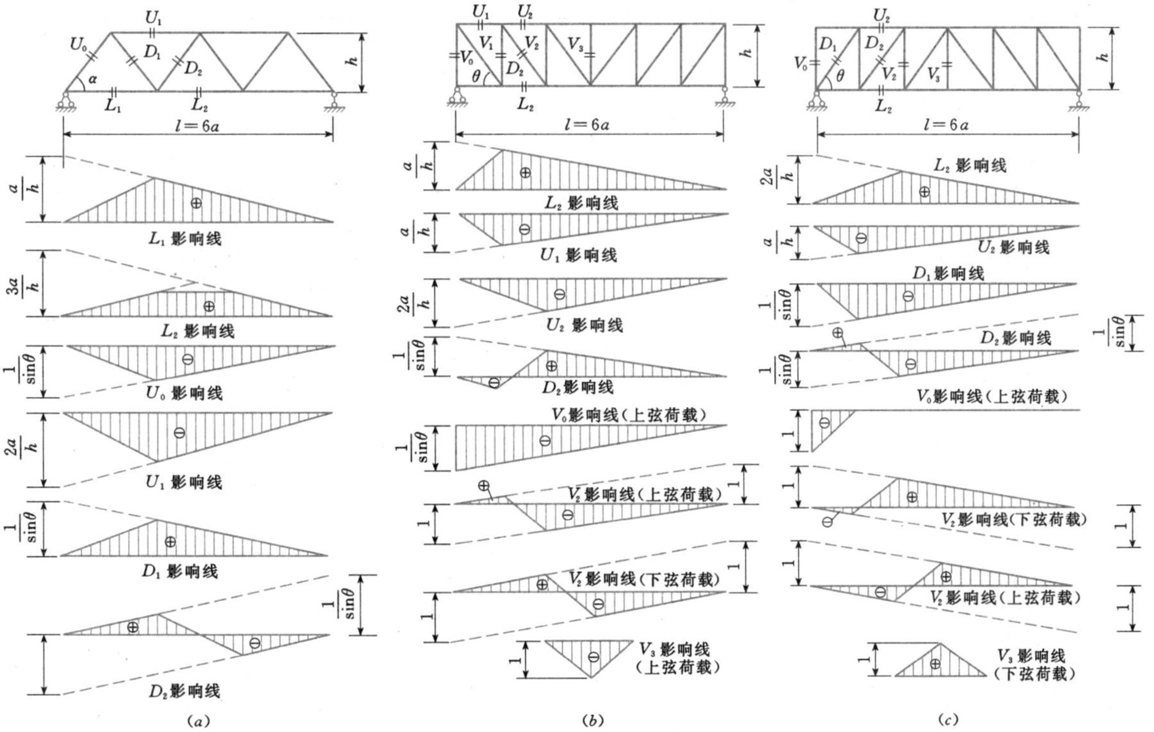

图 2.4-3 桁架影响线

表 2.4-1　　二等跨等截面连续梁弯矩及剪力影响线的纵标值

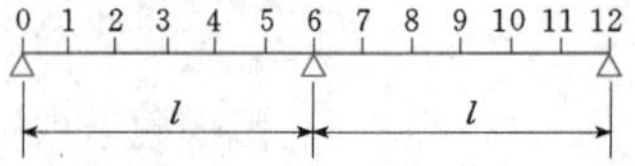

荷载点	弯矩影响线在下列截面的纵标值（表中系数×l）						F_{Q_0} 剪力影响线的纵标值
	1	2	3	4	5	6	
0	0	0	0	0	0	0	1.0000
1	0.1323	0.0976	0.0632	0.0285	−0.0060	−0.0405	0.7928
2	0.0988	0.1976	0.1298	0.0619	−0.0061	−0.0740	0.5927
3	0.0677	0.1354	0.2031	0.1041	0.0051	−0.0938	0.4062
4	0.0402	0.0803	0.1205	0.1606	0.0340	−0.0926	0.2407
5	0.0172	0.0343	0.0516	0.0687	0.0860	−0.0636	0.1031
6	0	0	0	0	0	0	0
7	−0.0106	−0.0212	−0.0318	−0.0424	−0.0530	−0.0636	−0.0636
8	−0.0154	−0.0309	−0.0463	−0.0617	−0.0772	−0.0926	−0.0926
9	−0.0156	−0.0313	−0.0469	−0.0626	−0.0782	−0.0938	−0.0938
10	−0.0123	−0.0247	−0.0370	−0.0494	−0.0617	−0.0740	−0.0740
11	−0.0068	−0.0135	−0.0203	−0.0270	−0.0338	−0.0405	−0.0405
12	0	0	0	0	0	0	0

表 2.4-2　　三等跨等截面连续梁弯矩及剪力影响线的纵标值

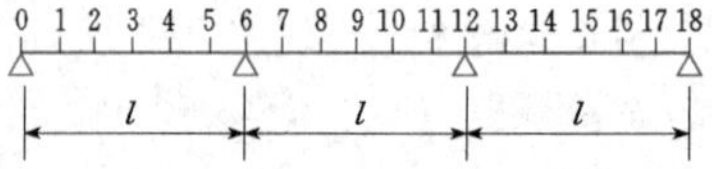

荷载点	弯矩影响线在下列截面的纵标值（表中系数×l）									剪力影响线的纵标值	
	1	2	3	4	5	6	7	8	9	F_{Q_0}	$F_{Q_6}^{右}$
0	0	0	0	0	0	0	0	0	0	1.0000	0
1	0.1318	0.0967	0.0618	0.0267	−0.0083	−0.0432	−0.0342	−0.0252	−0.0162	0.7901	0.0540
2	0.0980	0.1960	0.1273	0.0585	−0.0102	−0.0790	−0.0625	−0.0461	−0.0296	0.5877	0.0987
3	0.0667	0.1333	0.2000	0.1000	0	−0.1000	−0.0792	−0.0583	−0.0375	0.4000	0.1250
4	0.0391	0.0782	0.1174	0.1565	0.0289	−0.0987	−0.0782	−0.0576	−0.0370	0.2346	0.1234
5	0.0165	0.0329	0.0495	0.0659	0.0826	−0.0677	−0.0536	−0.0395	−0.0254	0.0990	0.0846
6	0	0	0	0	0	0	0	0	0	0	0/1.0000
7	−0.0095	−0.0190	−0.0285	−0.0379	−0.0474	−0.0569	0.0872	0.0644	0.0418	−0.0569	0.8639
8	−0.0132	−0.0263	−0.0395	−0.0526	−0.0658	−0.0789	0.0364	0.1516	0.1002	−0.0789	0.6913
9	−0.0125	−0.0250	−0.0375	−0.0500	−0.0625	−0.0750	0.0083	0.0917	0.1750	−0.0750	0.5000
10	−0.0090	−0.0181	−0.0271	−0.0362	−0.0452	−0.0543	−0.0028	0.0487	0.1002	−0.0543	0.3087
11	−0.0044	−0.0088	−0.0131	−0.0175	−0.0219	−0.0263	−0.0036	0.0191	0.0418	−0.0263	0.1361
12	0	0	0	0	0	0	0	0	0	0	0
13	0.0028	0.0057	0.0085	0.0113	0.0141	0.0169	0.0028	−0.0113	−0.0254	0.0169	−0.0846
14	0.0041	0.0082	0.0123	0.0165	0.0206	0.0247	0.0041	−0.0165	−0.0370	0.0247	−0.1234
15	0.0042	0.0083	0.0125	0.0167	0.0208	0.0250	0.0042	−0.0167	−0.0375	0.0250	−0.1250
16	0.0033	0.0066	0.0099	0.0132	0.0165	0.0197	0.0033	−0.0132	−0.0296	0.0197	−0.0987
17	0.0018	0.0036	0.0054	0.0072	0.0090	0.0108	0.0018	−0.0072	−0.0162	0.0108	−0.0540
18	0	0	0	0	0	0	0	0	0	0	0

表 2.4-3　　四等跨等截面连续梁弯矩及剪力影响线的纵标值

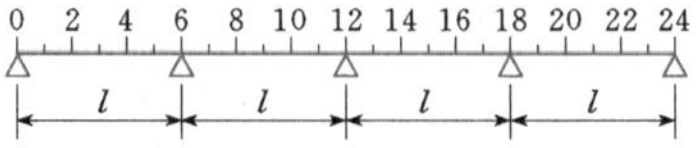

荷载点	四跨梁 弯矩影响线在下列截面的纵标值（表中系数×l）												剪力影响线的纵标值	
	1	2	3	4	5	6	7	8	9	10	11	12	F_{Q_0}	$F_{Q_6}^{右}$
0	0	0	0	0	0	0	0	0	0	0	0	0	1.0000	0
1	0.1318	0.0966	0.0617	0.0266	−0.0084	−0.0434	−0.0343	−0.0251	−0.0159	−0.0068	0.0024	0.0116	0.7899	0.0550
2	0.0979	0.1958	0.1271	0.0582	−0.0106	−0.0793	−0.0626	−0.0459	−0.0291	−0.0124	0.0044	0.0212	0.5874	0.1005
3	0.0666	0.1332	0.1998	0.0997	−0.0004	−0.1004	−0.0792	−0.0580	−0.0368	−0.0156	0.0056	0.0268	0.3996	0.1272
4	0.0391	0.0781	0.1172	0.1562	0.0285	−0.0992	−0.0782	−0.0573	−0.0364	−0.0154	0.0055	0.0265	0.2341	0.1257
5	0.0164	0.0328	0.0494	0.0657	0.0823	−0.0681	−0.0537	−0.0393	−0.0249	−0.0106	0.0038	0.0182	0.0986	0.0863
6	0	0	0	0	0	0	0	0	0	0	0	0	0	$\dfrac{0}{1.0000}$
7	−0.0094	−0.0188	−0.0283	−0.0377	−0.0471	−0.0565	0.0872	0.0640	0.0411	0.0179	−0.0051	−0.0281	−0.0565	0.8617
8	−0.0130	−0.0260	−0.0390	−0.0520	−0.0650	−0.0780	0.0365	0.1509	0.0987	0.0464	−0.0059	−0.0582	−0.0780	0.6865
9	−0.0123	−0.0246	−0.0369	−0.0491	−0.0614	−0.0737	0.0085	0.0907	0.1730	0.0885	0.0041	−0.0804	−0.0737	0.4933
10	−0.0088	−0.0176	−0.0265	−0.0353	−0.0441	−0.0529	−0.0026	0.0477	0.0981	0.1483	0.0318	−0.0846	−0.0529	0.3016
11	−0.0042	−0.0084	−0.0127	−0.0169	−0.0211	−0.0253	−0.0035	0.0183	0.0403	0.0620	0.0840	−0.0610	−0.0253	0.1310
12	0	0	0	0	0	0	0	0	0	0	0	0	0	0
13	0.0026	0.0051	0.0077	0.0102	0.0128	0.0153	0.0026	−0.0101	−0.0229	−0.0356	−0.0483	−0.0610	0.0153	−0.0763
14	0.0035	0.0071	0.0106	0.0141	0.0177	0.0212	0.0036	−0.0141	−0.0317	−0.0493	−0.0670	−0.0846	0.0212	−0.1058
15	0.0034	0.0067	0.0101	0.0134	0.0168	0.0201	0.0034	−0.0134	−0.0302	−0.0469	−0.0637	−0.0804	0.0201	−0.1005
16	0.0024	0.0049	0.0073	0.0097	0.0121	0.0145	0.0024	−0.0097	−0.0218	−0.0339	−0.0461	−0.0582	0.0145	−0.0727
17	0.0012	0.0024	0.0035	0.0047	0.0059	0.0070	0.0012	−0.0047	−0.0106	−0.0164	−0.0223	−0.0281	0.0070	−0.0351
18	0	0	0	0	0	0	0	0	0	0	0	0	0	0
19	−0.0008	−0.0015	−0.0023	−0.0030	−0.0038	−0.0045	−0.0008	0.0030	0.0068	0.0106	0.0144	0.0182	−0.0045	0.0227
20	−0.0011	−0.0022	−0.0033	−0.0044	−0.0055	−0.0066	−0.0011	0.0044	0.0099	0.0154	0.0209	0.0265	−0.0066	0.0331
21	−0.0011	−0.0022	−0.0034	−0.0045	−0.0056	−0.0067	−0.0011	0.0045	0.0101	0.0156	0.0212	0.0268	−0.0067	0.0335
22	−0.0009	−0.0018	−0.0026	−0.0035	−0.0044	−0.0053	−0.0009	0.0035	0.0079	0.0123	0.0168	0.0212	−0.0053	0.0265
23	−0.0005	−0.0010	−0.0015	−0.0019	−0.0024	−0.0029	−0.0005	0.0019	0.0043	0.0068	0.0092	0.0116	−0.0029	0.0145
24	0	0	0	0	0	0	0	0	0	0	0	0	0	0

表 2.4-4　　无限等跨等截面连续梁弯矩及剪力影响线的纵标值

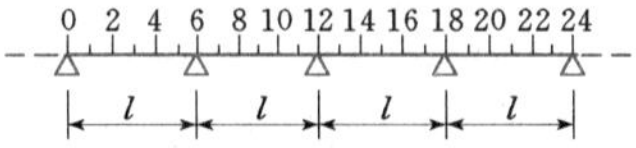

荷载点	无限等跨等截面连续梁的中间跨[1] 弯矩影响线在下列截面的纵标值（表中系数×l）				$F_{Q_6}^{右}$剪力影响线的纵标值
	6	7	8	9	
0	0	0	0	0	0
1	−0.0271	−0.0214	−0.0157	−0.0100	0.0343
2	−0.0568	−0.0448	−0.0328	−0.0208	0.0720
3	−0.0793	−0.0626	−0.0458	−0.0291	0.1005
4	−0.0840	−0.0663	−0.0485	−0.0308	0.1065
5	−0.0609	−0.0480	−0.0352	−0.0223	0.0772
6	0	0	0	0	$\dfrac{0}{1.0000}$

续表

荷载点	无限等跨等截面连续梁的中间跨①				
	弯矩影响线在下列截面的纵标值（表中系数×l）				$F_{Q_6}^{右}$ 剪力影响线的纵标值
	6	7	8	9	
7	−0.0609	0.0837	0.0615	0.0393	0.8671
8	−0.0840	0.0317	0.1474	0.0963	0.6939
9	−0.0793	0.0040	0.0874	0.1707	0.5000
10	−0.0568	−0.0057	0.0453	0.0964	0.3061
11	−0.0271	−0.0050	0.0172	0.0394	0.1329
12	0	0	0	0	0
13	0.0163	0.0034	−0.0094	−0.0223	−0.0772
14	0.0225	0.0047	−0.0130	−0.0308	−0.1065
15	0.0212	0.0044	−0.0123	−0.0291	−0.1005
16	0.0152	0.0032	−0.0088	−0.0208	−0.0720
17	0.0072	0.0015	−0.0042	−0.0100	−0.0343
18	0	0	0	0	0
19	−0.0044	−0.0010	0.0025	0.0060	0.0207
20	−0.0060	−0.0013	0.0035	0.0083	0.0285
21	−0.0057	−0.0012	0.0033	0.0078	0.0269
22	−0.0041	−0.0009	0.0023	0.0056	0.0193
23	−0.0019	−0.0004	0.0011	0.0027	0.0091
24	0	0	0	0	0

① 在半无限跨梁中，边跨和第二支座处的影响线纵标，可用四跨梁中截面1～6的数值；第二跨和第三支座同样可用截面7～12的数值（误差约为1.5%）。

表2.4-5　　二不等跨等截面连续梁弯矩影响线的纵标值

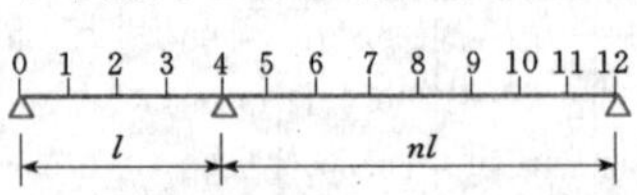

荷载点	弯矩影响线在下列截面的纵标值（表中系数×l）								
	短跨跨中点"2"			中间支座处"4"			长跨跨中点"8"		
	$n=1$	$n=1.5$	$n=2$	$n=1$	$n=1.5$	$n=2$	$n=1$	$n=1.5$	$n=2$
1	0.063	0.067	0.070	−0.041	−0.032	−0.027	−0.020	−0.016	−0.014
2	0.130	0.137	0.142	−0.074	−0.059	−0.049	−0.037	−0.030	−0.025
3	0.203	0.213	0.219	−0.094	−0.075	−0.063	−0.047	−0.038	−0.031
4	0.121	0.130	0.136	−0.093	−0.074	−0.062	−0.046	−0.037	−0.031
5	0.052	0.058	0.062	−0.064	−0.051	−0.042	−0.032	−0.025	−0.021
7	−0.032	−0.058	−0.085	−0.064	−0.115	−0.170	0.052	0.067	0.082
8	−0.046	−0.083	−0.124	−0.093	−0.167	−0.247	0.121	0.167	0.210
9	−0.047	−0.084	−0.125	−0.094	−0.169	−0.250	0.203	0.291	0.375
10	−0.037	−0.067	−0.099	−0.074	−0.133	−0.198	0.130	0.183	0.235
11	−0.020	−0.037	−0.054	−0.041	−0.073	−0.108	0.063	0.088	0.113

表 2.4-6 **对称三不等跨等截面连续梁弯矩影响线的纵标值**

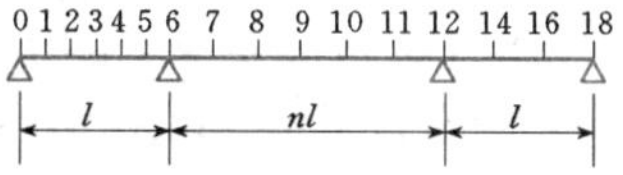

荷载点	弯矩影响线在下列截面的纵标值（表中系数×l）								
	端跨跨中点“3”			中间支座处“6”			中跨跨中点“9”		
	n=1	n=1.5	n=2	n=1	n=1.5	n=2	n=1	n=1.5	n=2
1	0.062	0.066	0.068	−0.043	−0.036	−0.030	−0.016	−0.013	−0.010
2	0.127	0.134	0.139	−0.079	−0.065	−0.056	−0.030	−0.023	−0.019
3	0.200	0.209	0.215	−0.100	−0.082	−0.070	−0.038	−0.029	−0.023
4	0.117	0.126	0.132	−0.099	−0.081	−0.069	−0.037	−0.028	−0.023
5	0.050	0.056	0.060	−0.068	−0.056	−0.048	−0.025	−0.020	−0.016
7	−0.029	−0.051	−0.075	−0.057	−0.102	−0.151	0.042	0.053	0.063
8	−0.040	−0.070	−0.102	−0.079	−0.139	−0.204	0.100	0.135	0.167
9	−0.038	−0.065	−0.094	−0.075	−0.130	−0.188	0.175	0.245	0.313
10	−0.027	−0.046	−0.065	−0.054	−0.092	−0.129	0.100	0.135	0.167
11	−0.013	−0.021	−0.029	−0.026	−0.042	−0.058	0.042	0.053	0.063
14	0.012	0.012	0.012	0.025	0.024	0.023	−0.037	−0.028	−0.023
15	0.013	0.012	0.012	0.025	0.025	0.023	−0.038	−0.029	−0.023
16	0.010	0.010	0.009	0.020	0.020	0.019	−0.030	−0.023	−0.019

表 2.4-7 **对称四不等跨等截面连续梁弯矩影响线的纵标值**

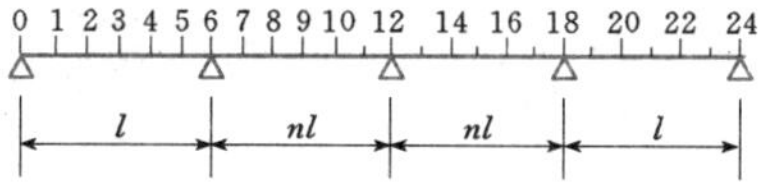

荷载点	弯矩影响线在下列截面的纵标值（表中系数×l）											
	端跨跨中点“3”			第二支座处“6”			中跨跨中点“9”			中间支座处“12”		
	n=1	n=1.5	n=2	n=1	n=1.5	n=2	n=1	n=1.5	n=2	n=1	n=1.5	n=2
1	0.062	0.066	0.069	−0.043	−0.035	−0.030	−0.016	−0.013	−0.011	0.012	0.010	0.008
2	0.127	0.135	0.140	−0.079	−0.065	−0.054	−0.029	−0.024	−0.020	0.021	0.017	0.015
3	0.200	0.209	0.216	−0.100	−0.082	−0.069	−0.037	−0.030	−0.025	0.027	0.022	0.019
4	0.117	0.126	0.133	−0.099	−0.081	−0.068	−0.036	−0.029	−0.025	0.027	0.022	0.019
5	0.049	0.056	0.060	−0.068	−0.055	−0.047	−0.025	−0.020	−0.017	0.018	0.015	0.013
7	−0.028	−0.052	−0.077	−0.057	−0.103	−0.155	0.041	0.054	0.066	−0.028	−0.038	−0.046
8	−0.039	−0.071	−0.106	−0.078	−0.142	−0.213	0.099	0.138	0.175	−0.058	−0.082	−0.104
9	−0.037	−0.067	−0.100	−0.074	−0.134	−0.200	0.173	0.250	0.325	−0.080	−0.116	−0.150
10	−0.027	−0.048	−0.072	−0.053	−0.096	−0.143	0.098	0.140	0.180	−0.085	−0.124	−0.163
11	−0.013	−0.023	−0.034	−0.025	−0.046	−0.068	0.040	0.057	0.073	−0.061	−0.091	−0.120
14	0.011	0.019	0.027	0.021	0.037	0.055	−0.032	−0.043	−0.054	−0.085	−0.124	−0.163
15	0.010	0.017	0.025	0.020	0.035	0.050	−0.030	−0.041	−0.050	−0.080	−0.116	−0.150
16	0.007	0.012	0.017	0.015	0.025	0.035	−0.022	−0.029	−0.035	−0.058	−0.082	−0.104
21	−0.003	−0.003	−0.003	−0.007	−0.007	−0.006	0.010	0.008	0.006	0.026	0.022	0.019

注 n 为中间值时，可用插入法确定其影响线纵标。

2.4.2.2　弹性支座连续梁

假设弹性支座的受力与位移成正比（$y=\alpha F$），α 为弹簧常数，$\frac{1}{\alpha}$ 为支座的刚度系数。图 2.4-4 为 $n+1$ 跨弹性支座上的连续梁，其弹簧常数分别为 α_0、α_1、…、α_{k-1}、α_k、α_{k+1}、…、α_n、α_{n+1}。

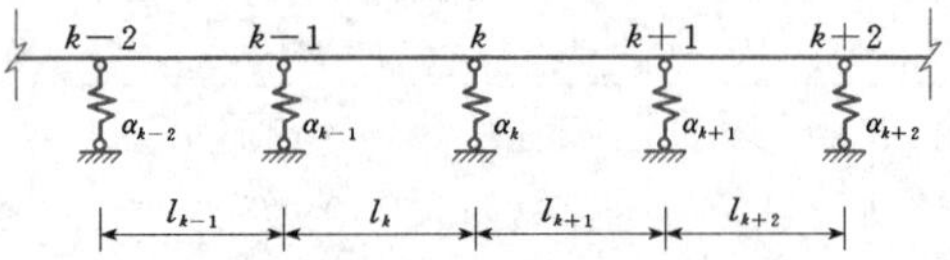

图 2.4-4　弹性支座连续梁

弹性支座上的连续梁可用五弯矩方程或初参数法等绘制影响线。其做法是列出中间支座的五弯矩方程，联立求解，然后按平衡条件将各截面的内力和支座反力（注意考虑支座弹性的影响）表为单位集中力位置的函数，绘出影响线。

2.4.3　影响量的计算及最不利荷载位置

2.4.3.1　影响量的计算

实际荷载在指定位置作用时，对某指定截面指定量值的影响数值称为该量值的影响量。以荷载系中的荷载向下为正，影响线的纵标为 y，影响量的计算公式为

$$Z=\sum F_{P_i}y_i+\sum q_i\Omega_i \qquad (2.4-1)$$

式中　F_{P_i}——作用在结构上的集中力；

q_i——作用在结构上的均布荷载；

y_i——对应于 F_{P_i} 的影响线纵标值；

Ω_i——q_i 作用范围内所对应的影响线与基线间的面积。

2.4.3.2　最不利荷载位置

最不利荷载位置是指使结构上指定处所的某指定量值发生最大或最小（即最大负值）影响量的荷载位置。

1. 集中荷载系的最不利位置

考虑三角形影响线（见图 2.4-5），集中荷载系

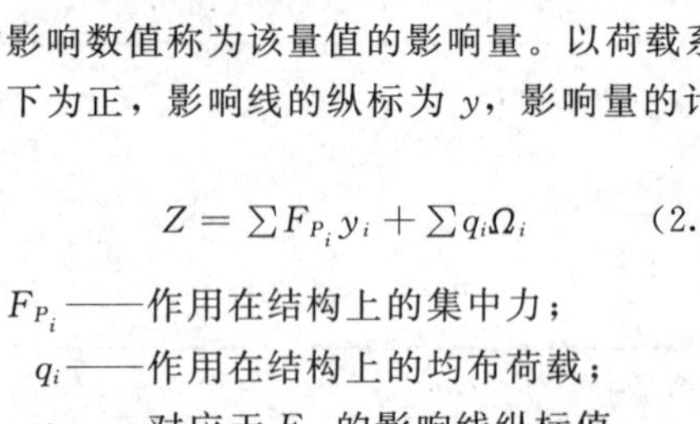

图 2.4-5　集中荷载系最不利荷载位置的判定

中的某个集中力作用在三角形顶点时可能产生最大（最小）影响量。首先找出满足式（2.4-2）的临界荷载，然后将这些临界荷载力作用在三角形影响线顶点位置，分别计算出相应的影响量，最后比较这些影响量的大小，对应于最大和最小影响量的荷载位置即为最不利荷载位置。

当某个集中力 F_{P_K} 作用在三角形顶点附近时，其判别条件如下：

$$\left.\begin{array}{l} F_{P_K}\text{ 作用在顶点以左} \\ \qquad \dfrac{F_{R_{左}}+F_{P_K}}{a}\geqslant\dfrac{F_{R_{右}}}{b} \\ F_{P_K}\text{ 作用在顶点以右} \\ \qquad \dfrac{F_{R_{左}}}{a}\leqslant\dfrac{F_{P_K}+F_{R_{右}}}{b} \end{array}\right\} \qquad (2.4-2)$$

式中　$F_{R_{左}}$、$F_{R_{右}}$——三角形影响线顶点左、右两边影响线范围内所有集中力的合力大小；

a、b——三角形影响线顶点所对应的影响线基线上的点到三角形左、右两角点的距离。

2. 一段均布移动荷载的最不利位置

设有一段均匀连续分布移动荷载 q，其分布长度 s 小于三角形影响线底线长度，则当分布荷载两个端点 m、n 下影响线纵标值相等时是荷载的最不利位置（见图 2.4-6）。

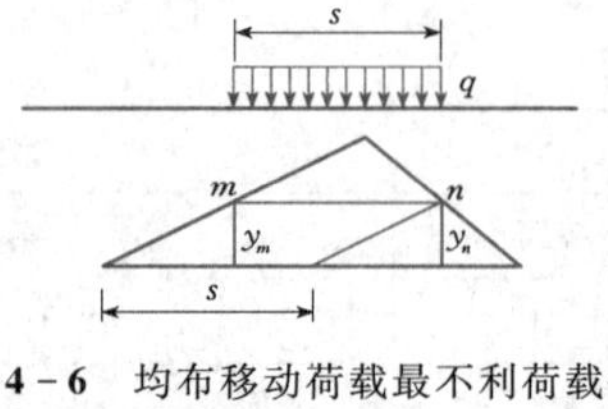

图 2.4-6　均布移动荷载最不利荷载位置

当影响线为多边形（或曲线形）而纵标有正有负时，则必须按上述方法找出所有出现 $y_m=y_n$ 的荷载位置，计算相应的影响量，再比较最大及最小影响量以及相应的最不利荷载位置。

3. 可任意布置的荷载的最不利位置

图 2.4-7 为某一五跨连续梁，当梁上受有可任意布置的均布荷载时，要得到某指定截面某量值的最大影响量，就必须在影响线的所有正面积范围内布满荷载，则 $z_{\max}=q\sum\Omega^+$；要得到最小影响量，就必须在影响线的所有负面积范围内布满荷载，则 $z_{\min}=q\sum\Omega^-$。图中给出了几个量值的最不利荷载位置。

2.4.3.3　换算荷载

换算荷载是一种均布荷载，由它引起的指定处所的某量值，等于由所有移动集中荷载系引起的该量值

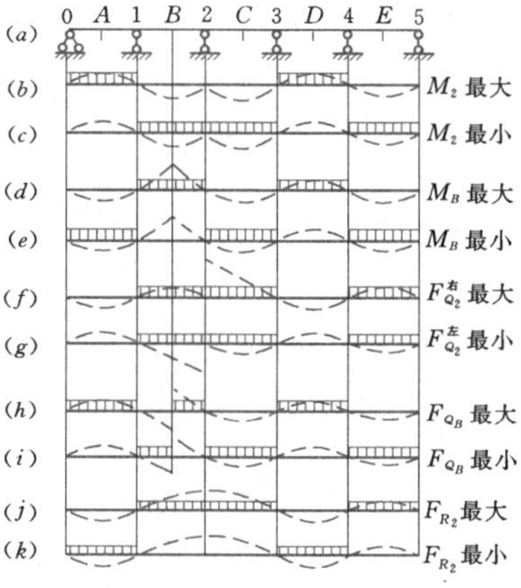

图 2.4-7　五跨连续梁受任意布置的均布荷载的最不利位置

的最大值。

设某量值在移动荷载作用下的最大值为 z_{max}，换算均布荷载的集度为 K，该量值影响线的面积为 ω，则

$$z_{max} = K\omega, \quad K = \frac{z_{max}}{\omega} \tag{2.4-3}$$

换算荷载的数值与移动荷载及影响线的形状有关，而与纵标的绝对值无关；故对于底长相同、而最大纵标不同的三角形影响线，可用同一换算荷载。

常用荷载的换算荷载请查阅相关规范。

2.5　杆件结构的弹性稳定

2.5.1　临界荷载及临界参变数

临界荷载是指结构能够维持其原有的变形、平衡状态稳定性的荷载极限值。图 2.5-1 中，$F_{P_{cr}}$ 和 q_{cr} 表示临界荷载，虚线表示结构原来的平衡状态，实线表示失稳后在新的变形状态下保持平衡。

图 2.5-1（f）所示刚架，当 F_{P_1} 与 F_{P_2} 不等时，只能确定同时增加的临界荷载的倍数 β_k（此时刚架失去原来中心受压变形状态的稳定性），β_k 即为临界参变数或稳定安全系数。

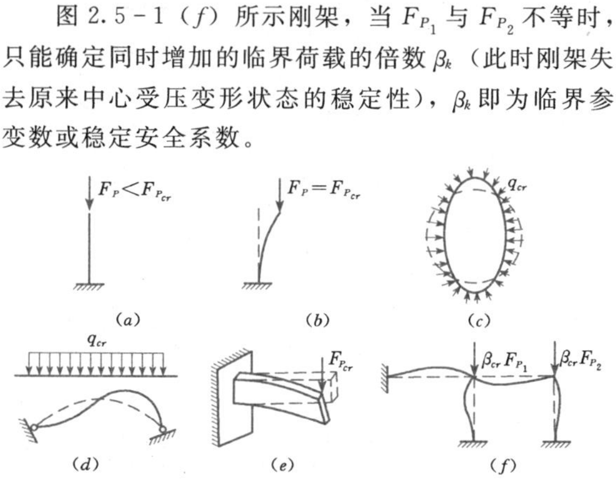

图 2.5-1　结构失稳的一些实例

2.5.2　确定临界荷载的基本方法

2.5.2.1　静力法

静力法是指结构在临界荷载作用下，从原来的变形状态转到新的变形状态下维持平衡，根据结构在新的变形状态下的静力平衡条件和微小位移不为零的条件，建立稳定方程（特征方程），结合边界条件求解临界荷载。

1. 两端铰支直压杆

在临界荷载作用下（见图 2.5-2）处于微弯平衡状态的两端铰支直压杆，略去剪力对变形的影响，其挠曲线微分方程为

$$\frac{d^2y}{dx^2} = \pm\frac{M}{EI} \tag{2.5-1}$$

式中　EI——压杆的最小弯曲刚度；

M——最小弯曲刚度平面内的弯矩。

式（2.5-1）的通解为

$$y = A\sin Kx + B\cos Kx \tag{2.5-2}$$

其中　$K = \sqrt{\dfrac{F_{P_{cr}}}{EI}}$

式中　A、B——积分常数，由边界条件确定。

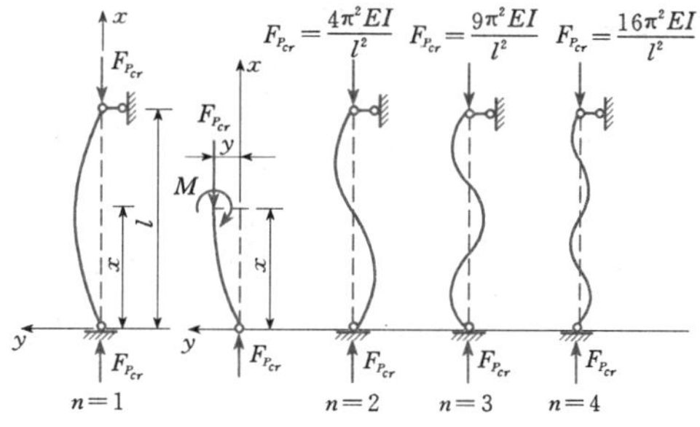

图 2.5-2　静力法解临界荷载

根据失稳时微小位移不为零的条件并将边界条件代入，得稳定方程为

$$D(\alpha) = \begin{vmatrix} 0 & 1 \\ \sin Kl & \cos Kl \end{vmatrix} = 0 \tag{2.5-3}$$

即　$\sin Kl = 0$

或　$Kl = n\pi$，　$K = \dfrac{n\pi}{l}$　（$n=1,2,3,\cdots$）

由此得临界荷载为

$$F_{P_{cr}} = \frac{n^2\pi^2 EI}{l^2} \tag{2.5-4}$$

取 $n=1$ 时的临界荷载最小值。

2. 其他支承直压杆

临界荷载的通式为

$$F_{P_{cr}} = \frac{\pi^2 EI}{(\mu l)^2} = \frac{\pi^2 EI}{l_0^2} \tag{2.5-5}$$

式中 l_0——折减长度（或计算长度）；

μ——长度系数。

表 2.5-1 为等截面压杆在不同约束条件和荷载下的失稳情况及其相应的 μ 值与 $F_{P_{cr}}$ 值。

3. 阶梯形状变截面杆件

承受两个集中力作用的阶梯形状变截面杆（见图 2.5-3），其稳定方程为

$$\tan n_1 l_1 \tan n_2 l_2 = \frac{n_1}{n_2} \frac{F_{P_1} + F_{P_2}}{F_{P_1}} \qquad (2.5-6)$$

其中 $n_1 = \sqrt{\dfrac{F_{P_1}}{EI_1}}$， $n_2 = \sqrt{\dfrac{F_{P_1} + F_{P_2}}{EI_2}}$

当给定比值 $\dfrac{EI_1}{EI_2}$、$\dfrac{l_2}{l_1}$、$\dfrac{F_{P_2}}{F_{P_1}}$ 后，可由式（2.5-6）确定临界荷载。表 2.5-2 为变截面杆的失稳情况及临界荷载。

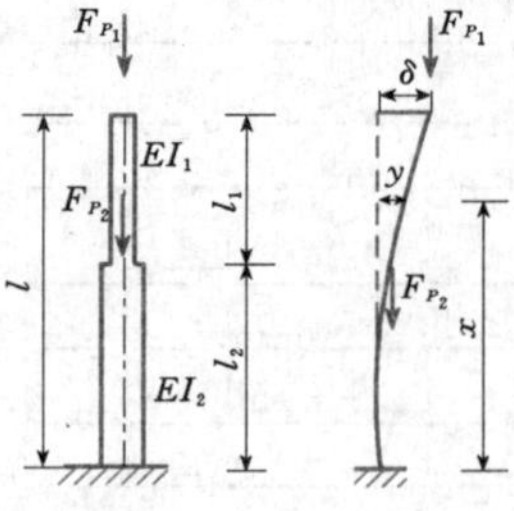

图 2.5-3 阶梯形变截面杆失稳

表 2.5-1 等截面压杆的失稳情况及其相应的 μ 值与 $F_{P_{cr}}$ 值

支承情况荷载型式	上端自由下端嵌固	两端均铰接	上端铰接下端嵌固	上端滑移下端嵌固	上端自由下端嵌固沿轩长度上平均分布（自重）q	上端自由下端嵌固沿杆长度上三角形分布荷载	两端铰接沿杆长度上平均分布（自重）q
简图	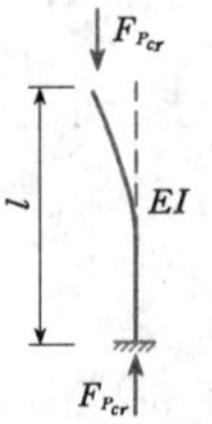				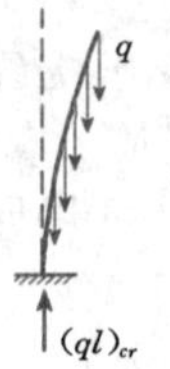		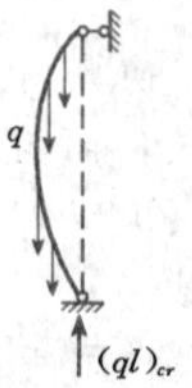
临界荷载 $F_{P_{cr}}$	$\dfrac{\pi^2 EI}{4l^2}$	$\dfrac{\pi^2 EI}{l^2}$	$\dfrac{2.04\pi^2 EI}{l^2}$	$\dfrac{4\pi^2 EI}{l^2}$	$(ql)_{cr} = \dfrac{\pi^2 EI}{(\mu l)^2}$	$\left(\dfrac{ql}{2}\right)_{cr} = \dfrac{\pi^2 EI}{(\mu l)^2}$	$(ql)_{cr} = \dfrac{\pi^2 EI}{(\mu l)^2}$
计算长度 μl 长度系数 μ	$2l$	l	$\approx 0.7l$	$0.5l$	$\mu = 1.12$	$\mu = 1.39$	$\mu = 0.725$

表 2.5-2 变截面压杆的失稳情况及临界荷载

受 力	简 图	临界荷载	μ						
			n \ m	1.00	1.25	1.50	1.75	2.00	3.00
两个力 F_{P_1} 及 F_{P_2} $\dfrac{F_{P_1}+F_{P_2}}{F_{P_1}} = m$ $I_2 : I_1 = n$	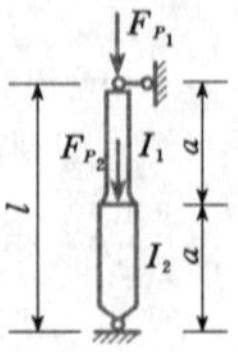	$(F_{P_1} + F_{P_2})_{cr} = \dfrac{\pi^2 EI}{(\mu l)^2}$	1.00	1.00	0.95	0.91	0.89	0.87	0.82
			1.50	1.12	1.06	1.02	0.99	0.96	—
			2.00	1.24	1.16	1.12	1.08	1.05	—
在自由端受集中力 $I_1 : I_2 = n$ 面积为常量（A = 常数）（4个角钢等）	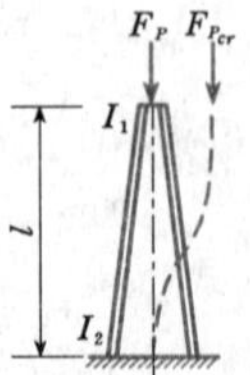	$F_{P_{cr}} = \dfrac{\pi EI}{(\mu l)^2}$	n	0.0	0.1	0.2	0.4	0.8	1.0
			μ	6.25	2.71	2.42	2.28	2.07	2.00

2.5.2.2 能量法

能量法以拉格朗日原理为基础，即当体系（结构）从一种平衡形式变化到另一种平衡形式时，若体系的位能保持不变，则原来的平衡形式属于临界状态。

压杆（见图2.5-4）的临界荷载为

$$F_{P_{cr}}=\frac{EI\int_0^l(y'')^2\mathrm{d}x}{\int_0^l(y')\mathrm{d}x}\qquad(2.5-7)$$

式中 y'、y''——压杆挠曲线方程的一阶、二阶导数。

用能量法计算临界荷载时，必须先假设结构丧失稳定时的可能位移形式，故应用受到一定的限制，其结果一般是近似的。例如对图2.5-4中的压杆，可假设丧失稳定时的挠曲线方程为

$$y=f\sin\frac{\pi x}{l}$$

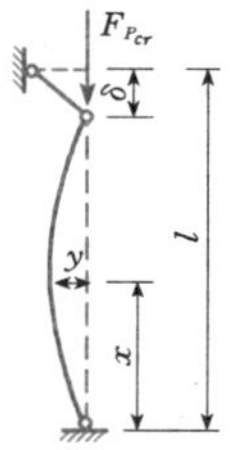

图2.5-4 用能量法求压杆的 $F_{P_{cr}}$

则其临界荷载为

$$F_{P_{cr}}=EI\frac{\dfrac{f^2\pi^4}{2l^3}}{\dfrac{f^2\pi^2}{2l}}=\frac{\pi^2EI}{l^2}$$

2.5.3 圆环与圆拱的临界荷载

圆环与圆拱在静水压力作用下，其临界荷载 q_{cr} 和相应的环向压力 F_N 的计算公式如下。

2.5.3.1 圆环

$$\left.\begin{aligned}q_{cr}&=3\frac{EI}{r_0^3}\\F_N&=3\frac{EI}{r_0^2}\end{aligned}\right\}\text{（失稳形式为椭圆）}\qquad(2.5-8)$$

式中 r_0——原来的曲率半径。

2.5.3.2 圆拱

$$\left.\begin{aligned}q_{cr}&=K\frac{EI}{r_0^3}\\F_N&=K\frac{EI}{r_0^2}\end{aligned}\right\}\qquad(2.5-9)$$

式中，稳定系数 K 的数值与圆心角之半 α 的关系见表2.5-3。

若拱的矢跨比 $\frac{f}{l}\leqslant\frac{1}{5}$，临界荷载可用近似公式计算：

$$q_{cr}=K_1\frac{EI}{l^3}\qquad(2.5-10)$$

表2.5-3 圆拱受静水压力失稳的 *K* 值表

2α	K		
	无铰拱	两铰拱	三铰拱
30°	294.00	143.00	108.00
60°	73.30	32.00	27.60
90°	32.40	15.00	12.00
120°	18.10	8.00	6.75
150°	—	4.76	4.32
180°	8.00	3.00	3.00

注 1. 无铰拱与两铰拱所对应的，是反对称失稳形式。
2. 三铰拱所对应的是对称失稳的形式。

式中，稳定系数 K_1 与矢跨比 $\frac{f}{l}$ 有关，见表2.5-4。

表2.5-4 圆拱受静水压力失稳的 K_1 值表

$\frac{f}{l}$	K_1		
	无铰拱	两铰拱	三铰拱
0.1	58.9	28.4	22.2
0.2	90.4	39.3	33.5
0.3	93.4	40.9	34.9
0.4	80.7	32.8	30.2
0.5	64.0	24.0	24.0

注 1. 无铰拱，两铰拱所对应的是反对称失稳形式。
2. 三铰拱所对应的是对称失稳形式。

2.5.3.3 抛物线拱

抛物线拱，其临界荷载可用一般公式计算，即

$$q_{cr}=K_2\frac{EI}{l^3}\qquad(2.5-11)$$

式中，稳定系数 K_2 与矢跨比 $\frac{f}{l}$ 有关，见表2.5-5。

表2.5-5 抛物线拱受沿跨长均布荷载失稳的 K_2 值表

$\frac{f}{l}$	K_2			
	无铰拱	两铰拱	对称挠曲三铰拱	反对称挠曲三铰拱
0.1	60.7	28.5	22.5	28.5
0.2	101.0	45.4	39.6	45.4
0.3	115.0	46.5	47.3	46.5
0.4	111.0	43.9	49.2	43.9
0.5	97.4	38.4	—	38.4
0.6	83.8	30.5	38.0	30.5
0.8	59.1	20.0	28.8	20.0
1.0	43.7	14.1	22.1	14.1

2.5.4 梁的临界荷载

梁在达到临界状态之前变形为平面弯曲，当外力

达到临界值时，梁将发生侧向屈曲，如图 2.5－5 所示。

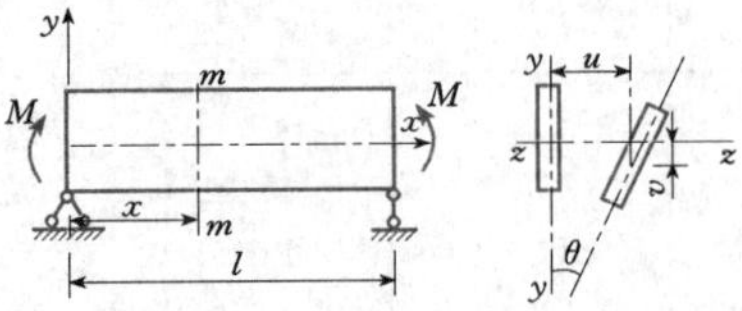

图 2.5－5　梁的侧向屈曲

2.5.4.1　纯弯梁的临界荷载

对于在 xoy 平面内的弯曲为两端简支、对扭曲为两端固接的梁，其临界荷载（力矩）为

$$M_{cr}=\frac{\pi EI_y}{l}\sqrt{\frac{GC}{EI_y}} \tag{2.5-12}$$

$$C=\frac{b^3h}{3}\left(1-0.63\frac{b}{h}\right)\quad（矩形截面）$$

式中　C——截面扭转刚度；

h、b——矩形截面的高和宽；

EI_y——截面对 y 轴的弯曲刚度。

对于两端都是固接的梁，其临界荷载（力矩）为

$$M_{cr}=\frac{2\pi EI_y}{l}\sqrt{\frac{GC}{EI_y}} \tag{2.5-13}$$

2.5.4.2　偏心受压构件的临界荷载

压缩与弯曲同时作用（见图 2.5－6），其临界荷载为

$$M_{cr}^2+F_{P_{cr}}GC=\frac{\pi^2EI_yGC}{l^2} \tag{2.5-14}$$

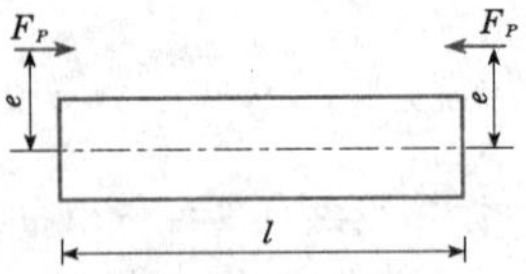

图 2.5－6　偏心受压构件

式（2.5－14）可用于压缩与弯曲同时作用的三种情况：①按已知力 F_P 的数值，求临界力矩 M_{cr}；②按已知力 M 的数值，求临界力 $F_{P_{cr}}$；③按力矩与力的比例已知时，求临界参变数 β_{cr}。

2.5.4.3　矩形截面梁的横向临界荷载

1. 在跨度中点受集中力的简支梁

$$F_{P_{cr}}=\frac{16.98EI_y}{l^2}\sqrt{\frac{GC}{EI_y}} \tag{2.5-15}$$

2. 沿梁跨受均布荷载的简支梁

$$(ql)_{cr}=\frac{28.3EI_y}{l^2}\sqrt{\frac{GC}{EI_y}} \tag{2.5-16}$$

3. 在自由端受集中力的悬臂梁

$$F_{P_{cr}}=\frac{4.01EI_y}{l^2}\sqrt{\frac{GC}{EI_y}} \tag{2.5-17}$$

2.5.4.4　I形梁的临界荷载

1. 纯弯曲的简支梁

$$M_{cr}=\frac{\pi EI_y}{l}\sqrt{\frac{GC_1}{EI_y}\left(1+\frac{\pi^2}{\gamma}\right)} \tag{2.5-18}$$

$$C_1=\frac{2}{3}bt^3+\frac{1}{3}ht_1^3 \tag{2.5-19}$$

$$\gamma=\frac{2GC_1l^2}{EDh^2} \tag{2.5-20}$$

式中　b、t——翼缘的宽度、厚度；

t_1、h——腹板的厚度、高度；

D——可近似地取 $D=\frac{tb^3}{12}$。

式（2.5－18）的一般形式为

$$M_{cr}=K\frac{1}{l}\sqrt{EI_yGC_1} \tag{2.5-21}$$

式中，稳定系数 K 与 γ 的关系见表 2.5－6。

表 2.5－6　简支 I 形梁纯弯曲失稳的 K 值表

γ	0.1	1	2	4	8	16	32	100	∞
K	31.40	10.36	7.66	5.85	4.70	4.00	3.59	3.29	π

2. 在跨度中点受集中力的简支梁

$$M_{cr}=K_1\frac{1}{l^2}\sqrt{EI_yGC_1} \tag{2.5-22}$$

式中，稳定系数 K_1 与 γ 的关系见表 2.5－7。

表 2.5－7　简支 I 形梁中点集中力失稳的 K_1 值表

γ	0.4	4	8	16	32	64	160	400	∞
K_1	86.4	31.9	25.6	21.8	19.6	18.3	17.5	17.2	16.9

3. 沿梁跨受均布荷载的简支梁

$$(ql)_{cr}=K_2\frac{EI_y}{l^2}\sqrt{\frac{GC_1}{EI_y}} \tag{2.5-23}$$

式中，稳定系数 K_2 与 γ 的关系见表 2.5－8。

表 2.5－8　简支 I 形梁均布荷载失稳的 K_2 值表

γ	0.4	4	8	16	32	64	128	400	∞
K_2	143.0	53.0	42.6	36.3	32.6	30.5	29.4	28.6	28.3

2.5.5　平面刚架的稳定性

刚架的稳定计算可采用力法、位移法和矩阵位移

法。复杂刚架的稳定分析可借助计算机完成，参见相关文献。这里只介绍位移法。

2.5.5.1 稳定方程

承受节点荷载的平面刚架在丧失稳定之前，只有个别杆件产生轴向力。求解节点位移的平衡方程是根据失稳时节点位移不全为零的条件得出的一组齐次方程。计算临界荷载的稳定方程为

$$D=\begin{vmatrix}\gamma_{11} & \gamma_{12} & \cdots & \gamma_{1n}\\ \gamma_{21} & \gamma_{22} & \cdots & \gamma_{2n}\\ \vdots & \vdots & \vdots & \vdots\\ \gamma_{n1} & \gamma_{n2} & \cdots & \gamma_{nn}\end{vmatrix}=0 \qquad (2.5-24)$$

式中 γ_{ij}——计算系数（形函数），可查表 2.5-9。

2.5.5.2 形函数图表

各种杆件单元的形函数列于表 2.5-9 中。

表 2.5-9　　形　函　数

计算图式	杆端弯矩		杆端剪力		修正系数
	M_{AB}	M_{BA}	$F_{Q_{AB}}$	$F_{Q_{BA}}$	
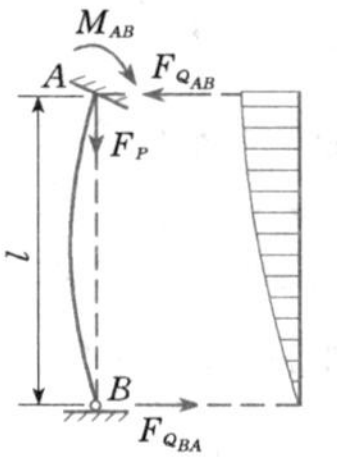	$3i_{AB}\varphi_1(v)$	0	$-\frac{3i_{AB}}{l}\varphi_1(v)$	$-\frac{3i_{AB}}{l}\varphi_1(v)$	$\varphi_1(v)=\frac{v^2}{3\left(1-\frac{v}{\tan v}\right)}$ $v=l\sqrt{\frac{F_P}{EI}}$
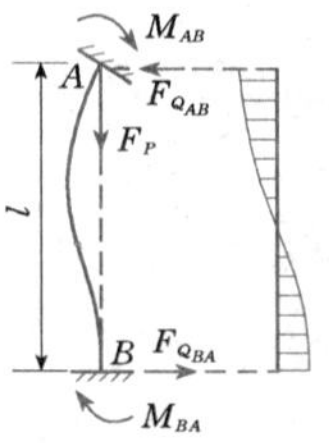	$4i_{AB}\varphi_2(v)$	$2i_{AB}\varphi_3(v)$	$-\frac{6i_{AB}}{l}\eta_3(v)$	$-\frac{6i_{AB}}{l}\eta_3(v)$	$\varphi_2(v)=\frac{1-\frac{v}{\tan v}}{4\left(\frac{\tan\frac{v}{2}}{\frac{v}{2}}-1\right)}$ $\varphi_3(v)=\frac{\frac{v}{\sin v}-1}{4\left(\frac{\tan\frac{v}{2}}{\frac{v}{2}}-1\right)}$ $\eta_3(v)=\varphi_1\left(\frac{v}{2}\right)=\varphi_4(v)$
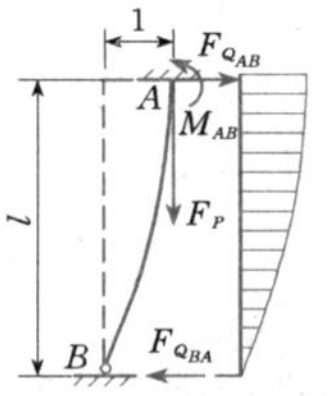	$-\frac{3i_{AB}}{l}\varphi_1(v)$	0	$\frac{3i_{AB}}{l^2}\eta_1(v)$	$\frac{3i_{AB}}{l^2}\eta_1(v)$	$\eta_1(v)=\varphi_1(v)-\frac{v^2}{3}$
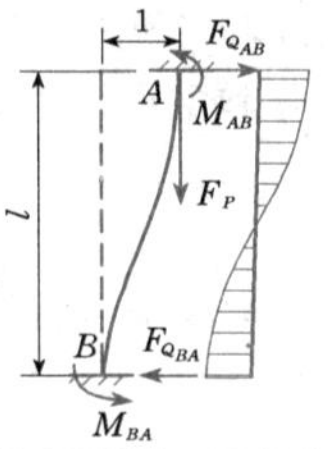	$-\frac{6i_{AB}}{l}\varphi_4(v)$	$-\frac{6i_{AB}}{l}\varphi_4(v)$	$\frac{12i_{AB}}{l^2}\eta_2(v)$	$\frac{12i_{AB}}{l^2}\eta_2(v)$	$\varphi_4(v)=v_1\left(\frac{v}{2}\right)$ $\eta_2(v)=\eta_1\left(\frac{v}{2}\right)$ $=\varphi_4(v)-\frac{v^2}{12}$
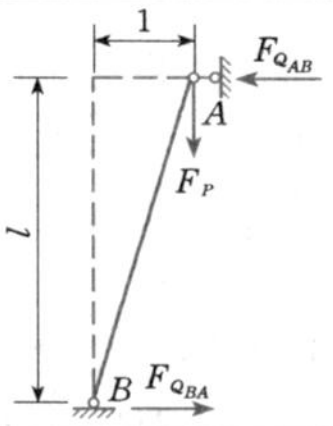	0	0	$-\frac{i_{AB}}{l^2}v^2$	$-\frac{6i_{AB}}{l^2}v^2$	$v=l\sqrt{\frac{F_P}{EI}}$

【例】　求图 2.5－7 所示刚架的临界荷载。

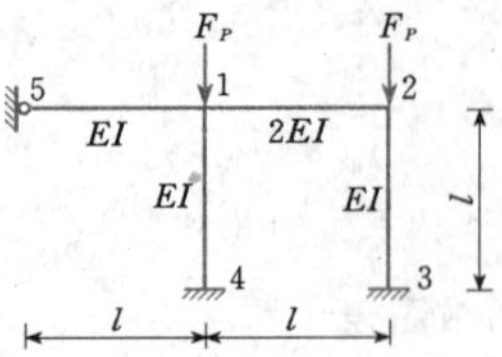

图 2.5－7　刚架的临界荷载

解：刚架各杆件的线刚度取为 $i_{12}=0.5$，$i_{14}=i_{23}=i_{15}=0.25$，在节点荷载作用下，当 $F_P<F_{P_{cr}}$ 时，只有 14 杆和 23 杆有轴力，而该两杆杆长相等，故

$$v=v_{14}=v_{23}=l\sqrt{\frac{F_P}{EI}}$$

当 $F_P=F_{P_{cr}}$ 时，各杆发生挠曲，节点 1、2 的角位移不全为零，故稳定方程为

$$D(v)=\begin{vmatrix}\gamma_{11} & \gamma_{12}\\ \gamma_{21} & \gamma_{22}\end{vmatrix}=0$$

根据表 2.5－9 计算系数 γ_{ij}，有

$$\gamma_{11}=2.75+\varphi_2(v),\quad \gamma_{12}=\gamma_{21}=1$$

$$\gamma_{22}=2.0+\varphi_2(v)$$

代入稳定方程，即

$$D(v)=\begin{vmatrix}2.75+\varphi_2(v) & 1\\ 1 & 2+\varphi_2(v)\end{vmatrix}=0$$

展开得

$$\varphi_2^2(v)+4.75\varphi_2(v)+4.5=0$$

解得　$\varphi_2^{(1)}(v)=-1.307$，$\varphi_2^{(2)}(v)=-3.443$

取 $\varphi_2^{(1)}(v)=-1.307$，再由表 2.5－9 所给 $\varphi_2(v)$ 的计算公式，求得 $v=5.46$，则相应的临界荷载为

$$F_{P_{cr}}=\frac{v^2EI}{l^2}=29.81\frac{EI}{l^2}$$

2.6　结构动力计算与结构振动控制

2.6.1　动力荷载和弹性体系的动力自由度

结构动力计算的特点主要是：①结构受到动力荷载作用（荷载随时间变化）时，结构产生振动；②结构的动力响应（结构在动力荷载作用下的内力、位移等）不仅是位置的函数，而且还是时间的函数。

工程中常见的动力荷载主要有：①周期荷载，包括简谐周期荷载和非简谐周期荷载等；②一般荷载，包括冲击、爆炸、突加荷载和持续时间较长的非周期性荷载等；③随机荷载，地震荷载和风荷载是随机荷载的典型例子。

在动力计算中，因为要考虑惯性力的影响，所以必须明确结构质量的分布及运动。在运动的任一时刻确定弹性体系上全部质量的位置所需的独立参数的个数称为体系的动力自由度。由于实际结构的质量大都是连续分布的，因此具有无限自由度。为了简化计算，常将无限自由度体系转化为有限自由度体系。

2.6.1.1　集中质量模型和有限元模型

1. 集中质量模型

集中质量模型将连续分布的质量按某种方法集中为有限个质点，将质点间的构件看成无质量，确定这些质点的位置作为体系的动力自由度，在动力自由度方向上建立运动方程。

图 2.6－1 中，图 (*a*) 为悬臂杆，若不计轴向变形，则质点只有水平方向一个自由度，若考虑杆件的轴向变形，则有水平和竖直两个方向的自由度；图 (*b*)、(*c*)、(*d*) 均不考虑轴向变形的影响，分别有 2、3、5 个自由度。以上各例都是作为平面问题考虑的，且认为质点微小，不计其转动的影响。

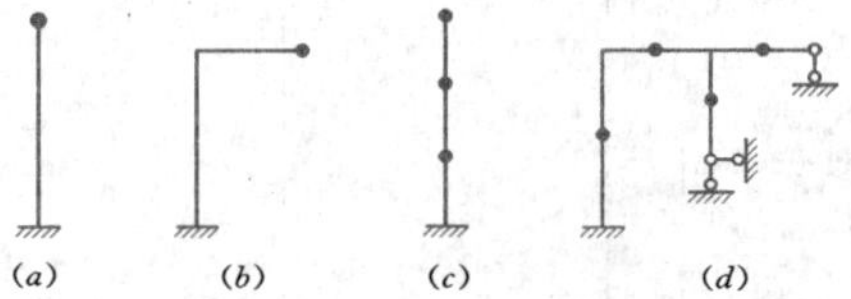

图 2.6－1　杆件动力自由度

2. 有限元模型

有限单元法将连续体离散为仅在节点处相连单元的集合体，然后按照假设的位移模式建立单元内部位移与节点位移的关系，再根据能量等价的原则将单元上的力（包括干扰力、惯性力、弹性力、阻尼力等）转化为节点上的力，利用节点的动平衡条件建立运动方程。

2.6.1.2　质量矩阵和阻尼矩阵

建立结构运动方程，首先要计算质量矩阵、阻尼矩阵、刚度矩阵和荷载列阵，刚度矩阵和荷载列阵的计算与静力问题相同，常用的质量矩阵和阻尼矩阵的计算方法介绍如下。

1. 质量矩阵

(1) 集中质量矩阵。集中质量矩阵将单元的质量按某种方法集中到节点上，这样得到的质量矩阵是对角矩阵。采用集中质量矩阵，计算简单，占用计算机存储容量少。特别是在集中质量模型中，可以直接计算出结构的质量矩阵。但在有限元模型中，当采用高次单元时，如何将单元质量分配到节点上，可能有多种选择，需要注意。

(2) 一致质量矩阵。一致质量矩阵又称为协调质量矩阵，可用有限元位移模式中的形函数来计算一致

质量矩阵。对第 i 个单元，其单元质量矩阵为

$$\boldsymbol{M}_i = \int_{V_e} \boldsymbol{N}^{\mathrm{T}} \rho \boldsymbol{N} \mathrm{d}v$$

式中　ρ——质量密度。

将单元质量矩阵拼装得到结构的质量矩阵。

在实际分析中采用一致质量矩阵，如果形函数能反映振动时的真实变形，则动力计算结果较好，频率与振型比较可靠，接近于上限。与集中质量矩阵比较，一致质量矩阵是满阵，计算较为复杂，计算时间较多，且要求更多的计算机存储容量。

2. 阻尼矩阵

结构阻尼特性反映了体系在振动过程中能量的耗散性能。按照产生阻尼的原因可分为内阻尼和外阻尼，材料内部或结构连接之间的摩擦作用等产生内阻尼，结构体系和外部环境介质相互作用产生外阻尼。阻尼的机制很复杂，建立起工程上可用的较为合理的阻尼模型，一直是研究的难题。

近百年来的研究形成了几种阻尼理论，最常见的是黏滞阻尼理论。此外还有复阻尼理论，又称滞变阻尼理论。

按照黏滞阻尼理论，其基本假设是质点受到的黏滞阻尼力与质点速度成正比，且方向相反。由此形成的动力方程中的阻尼矩阵 $\boldsymbol{C}$ 的一般形式是满阵，即

$$\boldsymbol{C} = \begin{bmatrix} c_{11} & c_{12} & \cdots & c_{1n} \\ c_{21} & c_{22} & \cdots & c_{2n} \\ \vdots & \vdots & \vdots & \vdots \\ c_{n1} & c_{n2} & \cdots & c_{nn} \end{bmatrix}$$

实际工程分析中常用瑞利阻尼假设，即

$$\boldsymbol{C} = \alpha_0 \boldsymbol{M} + \alpha_1 \boldsymbol{K}$$

式中　α_0、α_1——不依赖于频率的比例常数，可以通过试验确定阻尼比进而求出比例常数。

采用瑞利阻尼假设使主振型关于阻尼矩阵也具有正交性，便于求解动力方程。

2.6.2　单自由度体系

2.6.2.1　运动微分方程

根据达朗贝尔原理，引入惯性力 $-m\ddot{y}$、阻尼力 $-c\dot{y}$，体系恢复力为 $-ky$，考虑动力自由度方向的平衡条件，得到单自由度体系的运动微分方程为

$$m\ddot{y} + c\dot{y} + ky = F(t) \qquad (2.6-1)$$

式中　y、$\dot{y}$、$\ddot{y}$——质点在动力自由度方向的位移、速度、加速度；

m、c、k——质量、阻尼系数、刚度系数；

$F(t)$——作用在质点动力自由度方向的动力荷载。

2.6.2.2　自由振动（固有振动）

自由振动指体系在振动过程中不受外部动力荷载的作用，它是由于初始条件（初始位移和初始速度）引起的振动。自由振动揭示了结构自身的动力特性，故自由振动又称为固有振动。

1. 无阻尼自由振动

无阻尼自由振动微分方程为

$$m\ddot{y} + ky = 0 \qquad (2.6-2a)$$

或

$$\ddot{y} + \omega^2 y = 0 \qquad (2.6-2b)$$

其解为

$$y = y_0 \cos\omega t + \frac{v_0}{\omega}\sin\omega t = A\sin(\omega t + \alpha) \qquad (2.6-3)$$

其中

$$\omega = \sqrt{\frac{k}{m}},\quad A = \sqrt{y_0^2 + \frac{v_0^2}{\omega^2}},\quad \alpha = \arctan\left(\frac{y_0\omega}{v_0}\right)$$

式中　y_0、v_0——初始位移、初始速度；

ω——圆频率；

A、α——振幅、初相角。

式（2.6-3）是一个周期函数，其周期为 $T=\frac{2\pi}{\omega}$，称为结构的自振周期。自振周期的倒数称为频率，表示单位时间内振动的次数，计作 f，$f=\frac{1}{T}=\frac{\omega}{2\pi}$。圆频率表示 2π 个单位时间内的振动次数，其计算公式有以下几种形式：

$$\omega = \sqrt{\frac{k}{m}} = \sqrt{\frac{1}{m\delta}} = \sqrt{\frac{g}{W\delta}} = \sqrt{\frac{g}{y_{st}}} \qquad (2.6-4)$$

式中　W——质点的重量；

δ——结构沿动力自由度方向的柔度系数；

y_{st}——将质点重量作用在动力自由度方向时在该方向产生的静力位移。

2. 有阻尼自由振动

有阻尼自由振动微分方程为

$$m\ddot{y} + c\dot{y} + ky = 0 \qquad (2.6-5a)$$

或

$$\ddot{y} + 2\xi\omega\dot{y} + \omega^2 y = 0 \qquad (2.6-5b)$$

当阻尼比 $\xi=\frac{c}{2m\omega}<1$ 时（即小阻尼情况，一般在 0.03～0.20 之间），其解为

$$y = \mathrm{e}^{-\xi\omega t}\left(y_0\cos\omega_d t + \frac{v_0 + \xi\omega y_0}{\omega_d}\sin\omega_d t\right) = \mathrm{e}^{-\xi\omega t} a\sin(\omega_d t + \alpha) \qquad (2.6-6)$$

其中

$$a=\sqrt{y_0^2+\frac{(v_0+\xi\omega y_0)^2}{\omega_d^2}},\quad A=ae^{-\xi\omega t}$$

$$\alpha=\arctan\left(\frac{y_0\omega_d}{v_0+\xi\omega y_0}\right),\quad \omega_d=\omega\sqrt{1-\xi^2}$$

式中　A、α——振幅、初相角；

ω_d——有阻尼自振圆频率，在小阻尼情况下，阻尼对自振频率影响不大，可以忽略，即 $\omega_d\approx\omega$。

阻尼比可以用试验来确定，测出振动经过一个周期后的振幅值 y_i 和 y_{i+1}，则

$$\xi=\frac{1}{2\pi}\frac{\omega_d}{\omega}\ln\frac{y_i}{y_{i+1}}\approx\frac{1}{2\pi}\ln\frac{y_i}{y_{i+1}}\tag{2.6-7a}$$

或经过 n 个周期后的振幅值 y_i 和 y_{i+n}，则

$$\xi=\frac{1}{2\pi n}\frac{\omega_d}{\omega}\ln\frac{y_i}{y_{i+n}}\approx\frac{1}{2\pi n}\ln\frac{y_i}{y_{i+n}}\tag{2.6-7b}$$

当 $\xi=1$ 时，体系从初始位置逐渐回到静力平衡位置而无振动发生，这种情况称为临界阻尼。$\xi>1$ 时为大阻尼情况，无振动发生。

2.6.2.3　受迫振动

结构在动荷载作用下的振动称为受迫振动或强迫振动。

1. 无阻尼受迫振动

无阻尼受迫振动时的微分方程为

$$m\ddot{y}+ky=F(t)\tag{2.6-8a}$$

或

$$\ddot{y}+\omega^2y=\frac{F(t)}{m}\tag{2.6-8b}$$

（1）简谐荷载作用。若动力荷载为简谐荷载，即

$$F(t)=F\sin\theta t\tag{2.6-9}$$

则平稳阶段受迫振动的解为

$$y(t)=\mu y_{st}\sin\theta t\tag{2.6-10}$$

其中

$$\mu=\frac{1}{1-\frac{\theta^2}{\omega^2}}\tag{2.6-11}$$

式中　y_{st}——简谐荷载的幅值 F 作用在质点上引起的沿动力自由度方向的静力位移；

μ——动力系数，为最大动位移 $[y(t)]_{max}$ 与最大静位移 y_{st} 的比值。

从式（2.6-10）可以看出，受迫振动的最大振幅 $[y(t)]_{max}$ 不仅与动力荷载的幅值 F 有关，而且还与动力荷载的频率与体系自由振动频率的比值 $\frac{\theta}{\omega}$ 有关。μ 反映了这种关系。当 $\theta<\omega$ 时，μ 为正，质点的振动与动力荷载同向；当 $\frac{\theta}{\omega}\to0$ 时，$\mu\to1$，可将简谐荷载看成静力荷载；当 $\theta>\omega$ 时，μ 为负，质点的振动与动力荷载反向；μ 的绝对值随着 $\frac{\theta}{\omega}$ 的增大而减小，最后趋于零，说明体系在高频率荷载作用下，振幅较小，基本处于静止；当 $\theta=\omega$ 时，发生共振，结构的位移和内力都趋于无穷大，这种情况对结构是很危险的。

（2）一般动荷载作用。在一般动力荷载 $F(t)$ 作用下，初始位移与初始速度为零的单自由度体系的位移计算公式为

$$y(t)=\frac{1}{m\omega}\int_0^t F(\tau)\sin\omega(t-\tau)\mathrm{d}\tau\tag{2.6-12a}$$

式（2.6-12a）称为杜哈梅积分。应用杜哈梅积分可计算任意动力荷载（如突加荷载、爆炸荷载等）作用下结构的响应。若初始位移 y_0 和初始速度 v_0 不为零，则单自由度体系的位移为

$$y(t)=y_0\cos\omega t+\frac{v_0}{\omega}\sin\omega t+\frac{1}{m\omega}\int_0^t F(\tau)\sin\omega(t-\tau)\mathrm{d}\tau\tag{2.6-12b}$$

2. 有阻尼受迫振动

有阻尼受迫振动时的微分方程为

$$m\ddot{y}+c\dot{y}+ky=F(t)\tag{2.6-13a}$$

或

$$\ddot{y}+2\xi\omega\dot{y}+\omega^2y=\frac{F(t)}{m}\tag{2.6-13b}$$

（1）简谐荷载作用。平稳阶段受迫振动的解为

$$y(t)=\mu y_{st}\sin(\theta t-\alpha)\tag{2.6-14}$$

其中

$$\mu=\left[\left(1-\frac{\theta^2}{\omega^2}\right)^2+4\xi^2\frac{\theta^2}{\omega^2}\right]^{-\frac{1}{2}}$$

$$\alpha=\arctan\left|\frac{2\xi\left(\frac{\theta}{\omega}\right)}{1-\left(\frac{\theta}{\omega}\right)^2}\right|$$

式中　μ——动力系数；

α——相位差。

需要注意的是，动力系数 μ 不仅与频率比值 $\frac{\theta}{\omega}$ 有关，而且与阻尼比 ξ 有关。当 $\frac{\theta}{\omega}=1$ 时，动力系数 $\mu=\frac{1}{2\xi}$。但动力系数的最大值发生在 $\frac{\theta}{\omega}=\sqrt{1-2\xi^2}$ 处，其最大值为 $\mu_{max}=\frac{1}{2\xi\sqrt{1-\xi^2}}$，与 $\frac{\theta}{\omega}=1$ 时的动力系数并不相等，但比较接近。通常将 $0.75<\frac{\theta}{\omega}<1.25$ 称为共振区。在共振区内，阻尼对动力系数的影响较大，阻尼力大大减小了受迫振动的位移，共振时位移不会出现无穷大。

(2) 一般荷载作用。有阻尼时的杜哈梅积分为

$$y(t)=\frac{1}{m\omega_d}\int_0^t F(\tau)\mathrm{e}^{-\xi\omega(t-\tau)}\sin\omega_d(t-\tau)\mathrm{d}\tau \tag{2.6-15a}$$

初始位移 y_0 和初始速度 v_0 不为零时的动力位移为

$$y(t)=\mathrm{e}^{-\xi\omega t}\left(y_0\cos\omega_d t+\frac{v_0+\xi\omega y_0}{\omega_d}\sin\omega_d t\right)+\frac{1}{m\omega_d}\int_0^t F(\tau)\mathrm{e}^{-\xi\omega(t-\tau)}\sin\omega_d(t-\tau)\mathrm{d}\tau \tag{2.6-15b}$$

2.6.3 多自由度体系

在实际工程中，很多问题可以简化为单自由度体系计算，单自由度体系的解也是多自由度体系求解的基础。但是，有很多问题不能简单地作为单自由度体系，例如多层房屋的侧向振动、不等高排架的振动等问题，必须作为多自由度体系进行分析。

2.6.3.1 运动微分方程

1. 达朗贝尔原理和运动微分方程

根据达朗贝尔原理，引入惯性力，将动力问题转化为相应的静力问题，应用平衡条件可得到体系的运动微分方程。

考虑第 i 个动力自由度方向的平衡条件有

$$F_{Ii}+F_{Di}+F_{Ri}+F_i(t)=0 \quad (i=1,2,\cdots,n)$$

$$F_{Ii}=-m_i\ddot{y}_i,\quad F_{Di}=-\sum_{j=1}^{n}c_{ij}\dot{y}_j(t)$$

$$F_{Ri}=-\sum_{j=1}^{n}k_{ij}y_j(t)$$

式中 F_{Ii}——惯性力；

F_{Di}——黏滞阻尼力；

F_{Ri}——弹性恢复力；

$F_i(t)$——结构在第 i 个动力自由度方向受到的荷载。

这样，具有 n 个动力自由度的体系的运动微分方程可以写为

$$m_i\ddot{y}_i(t)+\sum_{j=1}^{n}c_{ij}\dot{y}_j(t)+\sum_{j=1}^{n}k_{ij}y_j(t)=F_i(t) \quad (i=1,2,\cdots,n) \tag{2.6-16}$$

写成矩阵形式为

$$\boldsymbol{M}\ddot{\boldsymbol{y}}+\boldsymbol{C}\dot{\boldsymbol{y}}+\boldsymbol{K}\boldsymbol{y}=\boldsymbol{F} \tag{2.6-17}$$

式中 $\boldsymbol{M}$、$\boldsymbol{C}$、$\boldsymbol{K}$——质量矩阵、阻尼矩阵、刚度矩阵；

$\ddot{\boldsymbol{y}}$、$\dot{\boldsymbol{y}}$、$\boldsymbol{y}$——加速度列阵、速度列阵、位移列阵；

$\boldsymbol{F}$——动力荷载列阵。

2. 哈密顿原理和运动微分方程

弹性体系的势能 Π 包括两部分，一部分为弹性体的应变能 U，另一部分是外荷载的势能 W，将由质量引起的惯性力 $-\rho\ddot{u}_i$ 以及系统的阻尼力 $-\mu\dot{u}_i$ 加入到势能中，则

$$\begin{aligned}\Pi=U-W&=\frac{1}{2}\int_V\sigma_{ij}\varepsilon_{ij}\mathrm{d}V-\int_V f_iu_i\mathrm{d}V-\int_{S_\sigma}t_iu_i\mathrm{d}S+\int_V\rho\ddot{u}_i\mathrm{d}V+\int_V\mu\dot{u}_i\mathrm{d}V\\&=\frac{1}{2}\int_V D_{ijkl}\varepsilon_{ij}\varepsilon_{kl}\mathrm{d}V-\int_V f_iu_idV-\int_{S_\sigma}t_iu_i\mathrm{d}S+\int_V\rho\ddot{u}_i\mathrm{d}V+\int_V\mu\dot{u}_i\mathrm{d}V\end{aligned}$$

式中 D_{ijkl}——弹性张量；

f_i——体力；

t_i——已知的边界面力；

ρ——质量密度；

μ——材料的阻尼系数；

$\ddot{u}_i$、$\dot{u}_i$——位移对时间的二阶、一阶导数，即加速度、速度。

结构的动能 T 为

$$T=\frac{1}{2}\int_V\rho\dot{u}_i\dot{u}_i\mathrm{d}V$$

定义拉格朗日函数 $L=T-\Pi$，由哈密顿原理导出的拉格朗日方程为

$$\frac{\partial}{\partial t}\left(\frac{\partial L}{\partial\dot{u}_i}\right)-\frac{\partial L}{\partial u_i}+\frac{\partial R}{\partial\dot{u}_i}=0$$

式中 R——耗散函数。

设耗散力与速度成正比，则耗散函数为

$$R=\frac{1}{2}\int_V c\dot{u}_i\dot{u}_i\mathrm{d}V$$

采用有限元离散，即

$$\boldsymbol{u}=\boldsymbol{N}\boldsymbol{u}^e,\quad \boldsymbol{\varepsilon}=\boldsymbol{B}\boldsymbol{u}^e$$

综合上述各式可得到运动微分方程式 (2.6-17)。

2.6.3.2 自由振动

自由振动微分方程为

$$\boldsymbol{M}\ddot{\boldsymbol{y}}+\boldsymbol{K}\boldsymbol{y}=\boldsymbol{0} \tag{2.6-18}$$

1. 振幅方程

多自由度体系的质点微幅简谐振动方程为

$$\boldsymbol{y}=\boldsymbol{Y}\sin(\omega t+\alpha) \tag{2.6-19}$$

式中 $\boldsymbol{Y}$——振幅列矩阵。

体系自由振动时位移幅值满足体系的振幅方程：

$$(\boldsymbol{K}-\omega^2\boldsymbol{M})\boldsymbol{Y}=\boldsymbol{0} \tag{2.6-20}$$

2. 频率方程

体系自由振动时频率所满足的方程为

$$\det(\boldsymbol{K}-\omega^2\boldsymbol{M})=0 \tag{2.6-21}$$

即振幅方程式（2.6-20）的系数行列式等于零。

3. 频率与振型

由频率方程式（2.6-21）求出体系的自振频率，代入振幅方程式（2.6-20）求振幅。

频率方程的 n 个根即为体系的 n 个自振频率，将所有频率按由小到大的顺序排列成频率向量 $\boldsymbol{\omega}$，其中，最小的频率称为基本频率或第一频率。

将求出的 ω_i 代入振幅方程可以确定体系各动力自由度方向的相对振幅，称为与 ω_i 相应的振型。振型反映了体系按第 i 阶频率振动时的形状，要具体确定体系各自由度方向的振幅，还需要初始条件。

振型具有正交性，即振型关于质量矩阵和刚度矩阵是正交的。可以利用振型的正交性简化结构的动力反应计算。

4. 结构自振频率和振型的实用解法

实际结构动力分析中，往往系统的动力自由度很多，前述自振频率和振型的计算方法作为说明物理概念是必须的，但不适合求解大规模的结构系统的自振频率和振型。同时，研究结构动力响应时，往往只需要求解少数较低阶频率和振型。因此，在结构动力分析中，发展了一些效率较高的自振频率和振型的实用解法，如逆迭代法、子空间迭代法、瑞兹（Ritz）向量法和兰克兹（Lanczos）法等。这里介绍逆迭代法和子空间迭代法，瑞兹向量法和兰克兹法请读者参阅有关文献。

（1）逆迭代法。逆迭代法是向量迭代法的一种，直接应用可求出基本频率和相应的振型。在求高阶频率和振型时，利用振型的正交关系，“清除”掉迭代振型中低阶振型的分量，依次求出第 2、3、…前若干阶频率和振型。该方法也称为逐步滤频法。

将振幅方程改写为迭代格式：

$$\boldsymbol{Y}^{(k+1)} = \boldsymbol{K}^{-1}\boldsymbol{M}\boldsymbol{Y}^{(k)} = \boldsymbol{D}\boldsymbol{Y}^{(k)} \qquad (2.6-22)$$

式中 $\boldsymbol{D}$——动力矩阵。

选取适当的初始向量 $\boldsymbol{Y}^{(1)}$，按式（2.6-22）进行迭代，则向量 $\boldsymbol{Y}^{(2)}$、$\boldsymbol{Y}^{(3)}$、…，收敛于第一阶振型。

计算格式如下：

1）选取适当的初始向量 $\boldsymbol{Y}^{(1)}$。

2）应用迭代格式计算：

$$\boldsymbol{X}^{(k+1)} = \boldsymbol{K}^{-1}\boldsymbol{M}\boldsymbol{Y}^{(k)} = \boldsymbol{D}\boldsymbol{Y}^{(k)} \quad (k = 1,2,\cdots)$$

3）计算近似频率和振型：

$$(\omega_1^2)^{(k+1)} = \frac{(\boldsymbol{X}^{(k+1)})^{\mathrm{T}}\boldsymbol{K}\boldsymbol{X}^{(k+1)}}{(\boldsymbol{X}^{(k+1)})^{\mathrm{T}}\boldsymbol{M}\boldsymbol{X}^{(k+1)}} \qquad (2.6-23a)$$

$$\boldsymbol{Y}^{(k+1)} = \frac{\boldsymbol{X}^{(k+1)}}{[(\boldsymbol{X}^{(k+1)})^{\mathrm{T}}\boldsymbol{M}\boldsymbol{X}^{(k+1)}]^{\frac{1}{2}}} \qquad (2.6-23b)$$

4）检查近似频率是否满足精度要求，可利用下式进行判断：

$$\left|\frac{(\omega_1^2)^{(k+1)} - (\omega_1^2)^{(k)}}{(\omega_1^2)^{(k+1)}}\right| < \varepsilon$$

式中 ε——给定的允许误差。

如 $(\omega_1^2)^{(k+1)}$ 满足上式要求，则频率 $\omega_1^2 = (\omega_1^2)^{(k+1)}$，振型 $\boldsymbol{Y} = \boldsymbol{Y}^{(k+1)}$；否则，转入 2）进行新的迭代。

在求第二阶频率和振型时，引入清型矩阵（或称滤频矩阵）对动力矩阵进行修正，清除迭代振型中第一阶振型的分量，迭代解出第二阶频率和振型。以此类推，可求出前若干阶频率和振型。

一般地，求第 $r+1$ 阶频率和振型时，引入清型矩阵 $\boldsymbol{S}_r$，即

$$\boldsymbol{S}_r = \boldsymbol{I} - \sum_{j=1}^{r}\frac{\boldsymbol{Y}_j\boldsymbol{Y}_j^{\mathrm{T}}\boldsymbol{M}}{\boldsymbol{Y}_j^{\mathrm{T}}\boldsymbol{M}\boldsymbol{Y}_j}$$

在实际计算中，即使从清型后的初始向量 $\boldsymbol{S}_r\boldsymbol{Y}_{r+1}^{(0)}$ 开始迭代，得到的迭代向量 $\boldsymbol{Y}_{r+1}^{(k)}$ 中仍可能含有前 r 阶振型分量，故每次迭代后都要重新清型。求第 $r+1$ 阶振型时，每次迭代前都要对动力矩阵进行修正 $\boldsymbol{D}_r = \boldsymbol{D}\boldsymbol{S}_r$。经过清型后的矩阵 $\boldsymbol{D}_r$ 称为收缩矩阵。为方便迭代计算，收缩矩阵可表示为如下递推形式：

$$\boldsymbol{D}_r = \boldsymbol{D}_{r-1} - \lambda r\frac{\boldsymbol{Y}_r\boldsymbol{Y}_r^{\mathrm{T}}\boldsymbol{M}}{\boldsymbol{Y}_r^{\mathrm{T}}\boldsymbol{M}\boldsymbol{Y}_r} \qquad (2.6-24)$$

其中

$$\lambda_r = \frac{1}{\omega_r^2}$$

逐步滤频法对大型结构求解多阶频率和振型时，所求阶数越高，计算工作量越大。且高阶频率和振型的计算都要用到低阶频率和振型，误差积累可能导致迭代难以收敛。一般来说，用该方法计算少数几个低阶频率和振型是合适的（例如 5～8 阶）。

（2）子空间迭代法。子空间迭代法是在瑞利—瑞兹分析和向量迭代法基础上发展起来的，用于求解大型结构系统前若干个自振频率和振型的有效方法。该方法用瑞利—瑞兹分析来缩减自由度，在子空间上同时逆迭代求出低阶频率和振型。

子空间迭代法的基本步骤如下：

1）若要计算前 r 阶自振频率和振型，选择 $q(q>r)$ 个迭代向量，记为 $\boldsymbol{Y}^{(k)}$（$n\times q$ 阶矩阵）。迭代格式为

$$\boldsymbol{X}^{(k+1)} = \boldsymbol{K}^{-1}\boldsymbol{M}\boldsymbol{Y}^{(k)} = \boldsymbol{D}\boldsymbol{Y}^{(k)}$$

这是同时逆迭代的过程。

2）形成子空间投影矩阵：

$$\boldsymbol{K}^{(k+1)} = (\boldsymbol{X}^{(k+1)})^{\mathrm{T}}\boldsymbol{K}\boldsymbol{X}^{(k+1)} \qquad (2.6-25a)$$

$$\boldsymbol{M}^{(k+1)} = (\boldsymbol{X}^{(k+1)})^{\mathrm{T}}\boldsymbol{M}\boldsymbol{X}^{(k+1)} \qquad (2.6-25b)$$

于是形成子空间上的特征值问题：

$$\boldsymbol{K}^{(k+1)}\boldsymbol{A}^{(k+1)} = \boldsymbol{M}^{(k+1)}\boldsymbol{A}^{(k+1)}\boldsymbol{\Lambda}^{(k+1)} \qquad (2.6-26)$$

这是瑞利—瑞兹分析的过程。

3）形成改进的迭代向量：

$$\boldsymbol{Y}^{(k+1)} = \boldsymbol{X}^{(k+1)} \boldsymbol{A}^{(k+1)}$$

由于$\boldsymbol{A}^{(k+1)}$是子空间上的特征值问题的解，是关于$\boldsymbol{M}^{(k+1)}$正交归一的，则$\boldsymbol{Y}^{(k+1)}$也是关于$\boldsymbol{M}^{(k+1)}$正交归一的，这样$\boldsymbol{Y}^{(k+1)}$可以作为新的迭代矩阵。只要$\boldsymbol{Y}^{(1)}$的各列不正交于所求的特征向量，则当$k\rightarrow\infty$时，有

$$\boldsymbol{\Lambda}^{(k+1)} \rightarrow \boldsymbol{\Lambda}, \boldsymbol{Y}^{(k+1)} \rightarrow \boldsymbol{\Phi}$$

式中 $\boldsymbol{\Lambda}$——前 q 阶频率组成的列阵；

$\boldsymbol{\Phi}$——前 q 振型组成的振型矩阵。

几点说明：

a. 子空间阶数一般取 $q=\min(2r, r+8)$，比实际要求多选取几阶振型来计算，可以加快前 r 阶自振频率和振型的收敛，提高频率和振型的计算精度。

b. 初始迭代矩阵的选择。初始迭代矩阵$\boldsymbol{Y}^{(0)}$的选择直接影响迭代的收敛速度和结果的精度。实际计算中，通常选取$\boldsymbol{X}^{(1)}=\boldsymbol{M}\boldsymbol{Y}^{(1)}$。首先令$\boldsymbol{X}^{(1)}$中的第一列元素为 $\boldsymbol{M}$ 中的全部对角元 m_{ii}；然后将 $\boldsymbol{M}$ 中的全部对角元与 $\boldsymbol{K}$ 中的全部对角元作比值$\frac{m_{ii}}{k_{ii}}$，并按从大到小的顺序取出前（$q-1$）个，即$\frac{m_{i2,i2}}{k_{i2,i2}}$，$\frac{m_{i3,i3}}{k_{i3,i3}}$，…，$\frac{m_{iq,iq}}{k_{iq,iq}}$，其中，$i2$，$i3$，…，$iq$ 表示比值中对角元所在的行号和列号。令$\boldsymbol{X}^{(1)}$中第 j 列（$j=2,3,\cdots,q$）的第 ij 行元素为 1，其余元素为零。这样得到的初始向量一定是线性无关的，且能较好地反映低阶特征对的影响。

c. 用斯图姆（Sturm）序列检查是否丢根。设第 l 次迭代后已收敛到所要求的精度，根据 $\lambda_i^{(l)}$ 确定所有特征值的上界 μ，然后对 $\boldsymbol{K}-\mu\boldsymbol{M}$ 作三角分解，其对角阵中负元素的个数 N 即是比 μ 小的特征值的个数。由 N 是否等于 q 可以判断出是否发生丢根的情况。若发现丢根，则需加大 q 或减小收敛的精度要求。

2.6.3.3 无阻尼受迫振动

结构体系无阻尼受迫振动微分方程为

$$\boldsymbol{M}\ddot{\boldsymbol{y}} + \boldsymbol{K}\boldsymbol{y} = \boldsymbol{F} \quad (2.6-27)$$

1. 简谐荷载作用

设动力荷载为简谐荷载，即

$$\boldsymbol{F} = \boldsymbol{F}_P \sin\theta t \quad (2.6-28)$$

则在平稳振动阶段，各质点也作简谐振动，即

$$\boldsymbol{y} = \boldsymbol{Y}\sin\theta t \quad (2.6-29)$$

将式（2.6－29）代入振动微分方程，消去公因子后得

$$(\boldsymbol{K} - \theta^2\boldsymbol{M})\boldsymbol{Y} = \boldsymbol{F}_P \quad (2.6-30)$$

在一般情况下，$\det(\boldsymbol{K}-\theta^2\boldsymbol{M})\neq 0$，则由式（2.6－30）可求得振幅$\boldsymbol{Y}$，再代入式（2.6－29）求得各质点任意时刻的位移 $\boldsymbol{y}$，进而可求出任意截面的位移和内力。将式（2.6－30）和自由振动方程式（2.6－20）相比较可以看出，当激振频率 θ 与任意一个不考虑阻尼的自振频率 ω_j 相等时，$(\boldsymbol{K}-\theta^2\boldsymbol{M})$ 成为奇异矩阵，即 $\det(\boldsymbol{K}-\theta^2\boldsymbol{M})=0$。这时，只要式（2.6－30）中$\boldsymbol{F}_P$ 的某些元素有微小的非零分量，$\boldsymbol{Y}$ 将产生无穷大的分量。这就说明，当荷载频率和体系的自振频率相同时，体系发生共振。一般来说，当荷载频率 θ 变动时，n 个自由度体系将出现 n 个共振点。这正是无阻尼体系共振的特点。即使考虑了结构体系的阻尼，在共振点仍将产生很大的振幅。

2. 一般荷载作用

若荷载为一般动力荷载，由于 $\boldsymbol{K}$ 和 $\boldsymbol{M}$ 一般不都是对角矩阵，所以式（2.6－17）是耦联的，可采用坐标变换的方法解耦。

首先，进行正则坐标变换：

$$\boldsymbol{y} = \boldsymbol{Y}\boldsymbol{\eta} \quad (2.6-31)$$

其中

$$\boldsymbol{Y} = [\boldsymbol{Y}_1 \quad \boldsymbol{Y}_2 \quad \cdots \quad \boldsymbol{Y}_n]$$

式中 $\boldsymbol{\eta}$——正则坐标；

$\boldsymbol{Y}$——主振型矩阵；

$\boldsymbol{Y}_i$——第 i 阶振型。

将式（2.6－31）代入振动方程式（2.6－17），再前乘 $\boldsymbol{Y}^{\mathrm{T}}$ 并利用振型的正交性可得

$$\boldsymbol{M}^*\ddot{\boldsymbol{\eta}} + \boldsymbol{K}^*\boldsymbol{\eta} = \boldsymbol{F}^* \quad (2.6-32)$$

其中

$$\boldsymbol{M}^* = \boldsymbol{Y}^{\mathrm{T}}\boldsymbol{M}\boldsymbol{Y} = \begin{bmatrix} M_1 & 0 & \cdots & 0 \\ 0 & M_2 & \cdots & 0 \\ \vdots & \vdots & \vdots & \vdots \\ 0 & 0 & \cdots & M_n \end{bmatrix}$$

$$\boldsymbol{K}^* = \boldsymbol{Y}^{\mathrm{T}}\boldsymbol{K}\boldsymbol{Y} = \begin{bmatrix} K_1 & 0 & \cdots & 0 \\ 0 & K_2 & \cdots & 0 \\ \vdots & \vdots & \vdots & \vdots \\ 0 & 0 & \cdots & K_n \end{bmatrix}$$

$$M_i = \boldsymbol{Y}_i^{\mathrm{T}}\boldsymbol{M}\boldsymbol{Y}_i, \quad K_i = \boldsymbol{Y}_i^{\mathrm{T}}\boldsymbol{K}\boldsymbol{Y}_i$$

式中 $\boldsymbol{M}^*$——广义质量矩阵；

$\boldsymbol{K}^*$——广义刚度矩阵；

$\boldsymbol{F}^*$——广义荷载。

由于$\boldsymbol{M}^*$和$\boldsymbol{K}^*$都是对角矩阵，体系振动微分方程已经解耦了，它包含了下列 n 个独立方程，即

$$M_i\ddot{\eta}_i + K_i\eta_i = F_i(t) \quad (i=1,2,\cdots,n) \quad (2.6-33a)$$

或

$$\ddot{\eta}_i + \omega_i^2\eta_i = \frac{F_i(t)}{M_i} \quad (i=1,2,\cdots,n) \quad (2.6-33b)$$

其中 $$\omega_i^2=\frac{K_i}{M_i}$$

式（2.6-33）是关于正则坐标的运动方程，可应用单自由度体系的杜哈梅积分求解，即

$$\eta_i = \eta_i(0)\cos\omega_i t + \frac{\dot{\eta}_i(0)}{\omega_i}\sin\omega_i t + \frac{1}{M_i\omega_i}\int_0^t F_i(\tau)\sin\omega_i(t-\tau)\mathrm{d}\tau \qquad (2.6-34)$$

其中正则坐标中对应的初始条件为

$$\eta_i(0) = \frac{\boldsymbol{Y}_i^{\mathrm{T}}\boldsymbol{M}\boldsymbol{y}_0}{M_i},\quad \dot{\eta}_i(0) = \frac{\boldsymbol{Y}_i^{\mathrm{T}}\boldsymbol{M}\boldsymbol{v}_0}{M_i}$$

式中 $\boldsymbol{y}_0$、$\boldsymbol{v}_0$——初始位移列阵、初始速度列阵。

求出正则坐标 η_i 后代回正则变换式（2.6-31）便可求出位移 $\boldsymbol{y}$。

上述方法称为振型叠加法、振型分解法或正则坐标分析法。

2.6.3.4 有阻尼受迫振动

采用振型叠加法求解，应用式（2.6-31）将解用无阻尼振型的叠加表示，并代入结构运动微分方程式（2.6-17）。由于无阻尼振型关于阻尼矩阵不具有正交性，故式（2.6-17）不能解耦。为使振型关于阻尼矩阵具有正交性，从而使运动微分方程解耦，实际工程分析中常用瑞利阻尼假设，即

$$\boldsymbol{C} = \alpha_0\boldsymbol{M} + \alpha_1\boldsymbol{K}$$

系数 α_0 和 α_1 可根据试验资料由下式确定：

$$\alpha_0 = \frac{2\omega_1\omega_2(\xi_1\omega_2 - \xi_2\omega_1)}{\omega_2^2 - \omega_1^2}$$

$$\alpha_1 = \frac{2(\xi_2\omega_2 - \xi_1\omega_1)}{\omega_2^2 - \omega_1^2}$$

将式（2.6-31）代入振动方程式（2.6-17），再前乘 $\boldsymbol{Y}^{\mathrm{T}}$ 并利用振型的正交性可得

$$\boldsymbol{M}^*\ddot{\boldsymbol{\eta}} + \boldsymbol{C}^*\dot{\boldsymbol{\eta}} + \boldsymbol{K}^*\boldsymbol{\eta} = \boldsymbol{F}^* \qquad (2.6-35)$$

其中

$$\boldsymbol{C}^* = \boldsymbol{Y}^{\mathrm{T}}\boldsymbol{C}\boldsymbol{Y} = \begin{bmatrix} C_1 & 0 & \cdots & 0 \\ 0 & C_2 & \cdots & 0 \\ \vdots & \vdots & \vdots & \vdots \\ 0 & 0 & \cdots & C_n \end{bmatrix}$$

$$C_i = \boldsymbol{Y}_i^{\mathrm{T}}\boldsymbol{C}\boldsymbol{Y}_i = 2\xi_i\omega_i M_i$$

式中 $\boldsymbol{M}^*$、$\boldsymbol{K}^*$——与无阻尼情况相同，为广义质量矩阵、广义刚度矩阵，它们都是对角矩阵；

$\boldsymbol{C}^*$——广义阻尼矩阵，由于采用瑞利阻尼假设，$\boldsymbol{C}^*$ 是对角矩阵。

解耦后的方程为

$$M_i\ddot{\eta}_i + C_i\dot{\eta}_i + K_i\eta_i = F_i(t) \quad (i=1,2,\cdots,n) \qquad (2.6-36a)$$

或 $$\ddot{\eta}_i + 2\xi_i\omega_i\dot{\eta}_i + \omega_i^2\eta_i = \frac{F_i(t)}{M_i} \quad (i=1,2,\cdots,n) \qquad (2.6-36b)$$

由单自由度体系的杜哈梅积分可得式（2.6-36）的解为

$$\eta_i(t) = \mathrm{e}^{-\xi_i\omega_i t}\left[\eta_i(0)\cos\omega_{di}t + \frac{\dot{\eta}_i(0)+\xi_i\omega_i\eta_i(0)}{\omega_{di}}\sin\omega_{di}t\right] + \frac{1}{m\omega_{di}}\int_0^t F(\tau)\mathrm{e}^{-\xi_i\omega_i(t-\tau)}\sin\omega_{di}(t-\tau)\mathrm{d}\tau \qquad (2.6-37)$$

式中，初始条件 $\eta_i(0)$ 和 $\dot{\eta}_i(0)$ 可采用无阻尼时同样的方法计算。有阻尼自振频率 ω_{di} 也可用无阻尼自振频率 ω_i 近似代替。

求出正则坐标 η_i 后代回正则变换式（2.6-31）便可求出位移 $\boldsymbol{y}$。

2.6.4 非线性系统的动力分析

结构运动微分方程式（2.6-17）也可采用数值积分法直接求解。将振动过程划分为若干微小时段，根据特定的假定，将微分方程在每一时段上按线性问题分析，由已知的时段初始条件和某一时刻的荷载求出该时段终点的响应，然后依次递推计算，直到求出所需各时刻结构的响应为止。这种求解方法称为直接积分法或逐步积分法。

对于非线性系统的动力问题，由于非线性项的存在，基于线性问题的叠加原理推出的振型叠加法不再适用，可采用直接积分法求解；直接积分法不仅可以求解经典阻尼结构的动力响应，也可以求解非经典阻尼结构的动力响应；对于无法用显式表示而只能用离散数值形式给出动力荷载或其他激励（如地面运动等），直接积分法是求解结构时程响应的最有效方法。

逐步积分时常用增量法。将结构运动微分方程式（2.6-17）写成增量形式为

$$\boldsymbol{M}\Delta\ddot{\boldsymbol{y}}(t) + \boldsymbol{C}\Delta\dot{\boldsymbol{y}}(t) + \boldsymbol{K}\Delta\boldsymbol{y}(t) = \Delta\boldsymbol{F}(t) \qquad (2.6-38)$$

在任一微小时段 Δt 内可采取一些假设，从而能对增量直接积分，得到结构响应。

2.6.4.1 线性加速度法

1. 线性加速度法的基本假设

在每一个时间步长内，假设加速度按线性变化，且结构的刚度、阻尼等不发生变化，即

$$\ddot{\boldsymbol{y}}(t+\tau) = \ddot{\boldsymbol{y}}(t) + \frac{\ddot{\boldsymbol{y}}(t+\Delta t) - \ddot{\boldsymbol{y}}(t)}{\Delta t}\tau$$

2. 拟静力方程

由基本假设可得速度增量和位移增量：

$$\Delta\dot{\boldsymbol{y}}(t)=\ddot{\boldsymbol{y}}(t)\Delta t+\frac{1}{2}\Delta\ddot{\boldsymbol{y}}(t)\Delta t$$

$$\Delta\boldsymbol{y}(t)=\dot{\boldsymbol{y}}(t)\Delta t+\frac{1}{2}\ddot{\boldsymbol{y}}(t)\Delta t^2+\frac{1}{6}\Delta\ddot{\boldsymbol{y}}(t)\Delta t^2$$

计算中的基本量是位移增量，为此从上式中的第二式解出 $\Delta\ddot{\boldsymbol{y}}(t)$，并将之代入第一式，得

$$\Delta\ddot{\boldsymbol{y}}(t)=\frac{6}{\Delta t^2}\Delta\boldsymbol{y}(t)-\frac{6}{\Delta t}\dot{\boldsymbol{y}}(t)-3\ddot{\boldsymbol{y}}(t)\quad(2.6-39a)$$

$$\Delta\dot{\boldsymbol{y}}(t)=\frac{3}{\Delta t}\Delta\boldsymbol{y}(t)-3\dot{\boldsymbol{y}}(t)-\frac{1}{2}\ddot{\boldsymbol{y}}\Delta t\quad(2.6-39b)$$

将 $\Delta\ddot{\boldsymbol{y}}(t)$ 和 $\Delta\dot{\boldsymbol{y}}(t)$ 代入增量方程，得到拟静力方程：

$$\tilde{\boldsymbol{K}}(t)\Delta\boldsymbol{y}(t)=\Delta\tilde{\boldsymbol{F}}(t)\quad(2.6-40)$$

其中

$$\tilde{\boldsymbol{K}}(t)=\boldsymbol{K}(t)+\frac{6}{\Delta t^2}\boldsymbol{M}+\frac{3}{\Delta t}\boldsymbol{C}\quad(2.6-41a)$$

$$\Delta\tilde{\boldsymbol{F}}(t)=\Delta\boldsymbol{F}(t)+\boldsymbol{M}\left[\frac{6}{\Delta t}\dot{\boldsymbol{y}}(t)+3\ddot{\boldsymbol{y}}(t)\right]+\boldsymbol{C}\left[3\dot{\boldsymbol{y}}(t)+\frac{\Delta t}{2}\ddot{\boldsymbol{y}}(t)\right]\quad(2.6-41b)$$

式中 $\tilde{\boldsymbol{K}}(t)$——等效刚度矩阵；

$\Delta\tilde{\boldsymbol{F}}(t)$——等效增量荷载。

由拟静力方程式（2.6-40）可求出位移增量 $\Delta\boldsymbol{y}(t)$，进而可由式（2.6-39）求出速度增量 $\Delta\dot{\boldsymbol{y}}(t)$ 和加速度增量 $\Delta\ddot{\boldsymbol{y}}(t)$，时段末的位移、速度和加速度便可得到，即

$$\left.\begin{aligned}\boldsymbol{y}(t+\Delta t)&=\boldsymbol{y}(t)+\Delta\boldsymbol{y}(t)\\\dot{\boldsymbol{y}}(t+\Delta t)&=\dot{\boldsymbol{y}}(t)+\Delta\dot{\boldsymbol{y}}(t)\\\ddot{\boldsymbol{y}}(t+\Delta t)&=\ddot{\boldsymbol{y}}(t)+\Delta\ddot{\boldsymbol{y}}(t)\end{aligned}\right\}\quad(2.6-42)$$

3. 加速度修正算法

式（2.6-39*a*）给出了加速度增量的计算公式，为减少误差积累，在每一个时段计算开始时考虑动力平衡条件。即不使用式（2.6-39*a*）而通过如下增量方程计算加速度增量：

$$\Delta\ddot{\boldsymbol{y}}(t)=\boldsymbol{M}^{-1}[\Delta\boldsymbol{F}(t)-\boldsymbol{C}\Delta\dot{\boldsymbol{y}}(t)-\boldsymbol{K}\Delta\boldsymbol{y}(t)]\quad(2.6-43)$$

4. 计算步骤

根据上面导出的公式按时段逐个计算，步骤如下：

（1）确定初始条件 $\boldsymbol{y}(t)$ 和 $\dot{\boldsymbol{y}}(t)$，由式（2.6-43）计算 $\ddot{\boldsymbol{y}}(t)$。对于第一个时段，则为结构初位移 $\boldsymbol{y}(0)$ 和初速度 $\dot{\boldsymbol{y}}(0)$，并根据 $\boldsymbol{y}(0)$ 和 $\dot{\boldsymbol{y}}(0)$ 计算 $\ddot{\boldsymbol{y}}(0)$。

（2）计算时段开始时刻的刚度矩阵 $\boldsymbol{K}(t)$，列出质量矩阵和阻尼矩阵。

（3）由式（2.6-41）计算等效刚度矩阵 $\tilde{\boldsymbol{K}}(t)$ 和等效增量荷载 $\Delta\tilde{\boldsymbol{F}}(t)$。

（4）求解拟静力方程式（2.6-40）得到位移增量 $\Delta\boldsymbol{y}(t)$。

（5）计算速度增量 $\Delta\dot{\boldsymbol{y}}(t)$，应用式（2.6-42）求出时段末的位移和速度。

反复应用上述步骤，可以求出各时段的位移、速度和加速度响应。

5. 算法稳定性分析

线性加速度算法为有条件稳定，其解的稳定性主要取决于时段 Δt 的大小。影响 Δt 取值的主要因素包括结构自振周期、非线性刚度和阻尼的复杂性以及动力荷载的特性等。文献指出，当 $\Delta t>\frac{1}{1.8}T_{\min}$（$T_{\min}$ 为结构最短周期）时，线性加速度法失效。因此，Δt 需取得足够小，才能使线性加速度法有稳定的解。Δt 取值越小，则使计算工作量大大增加。

2.6.4.2 Wilson-θ 法

Wilson-θ 法是在线性加速度法基础上提出的一种修正方法，该方法为无条件稳定的方法。

Wilson-θ 法假设在一个延伸的计算时段 $\tau=\theta\Delta t$ 内加速度按线性变化，增量分析也在 $\theta\Delta t$ 时段上进行，而对应于时段 Δt 上的结构响应则用内插法得到。当 $\theta=1$ 时，该方法就是线性加速度法，当 $\theta>1.37$ 时，该方法无条件稳定。

用 $\tau=\theta\Delta t$ 代替式（2.6-39）中的 Δt，则

$$\overline{\Delta}\ddot{\boldsymbol{y}}(t)=\frac{6}{\tau^2}\overline{\Delta}\boldsymbol{y}(t)-\frac{6}{\tau}\dot{\boldsymbol{y}}(t)-3\ddot{\boldsymbol{y}}(t)\quad(2.6-44a)$$

$$\overline{\Delta}\dot{\boldsymbol{y}}(t)=\frac{3}{\tau}\overline{\Delta}\boldsymbol{y}(t)-3\dot{\boldsymbol{y}}(t)-\frac{1}{2}\ddot{\boldsymbol{y}}\tau\quad(2.6-44b)$$

式中 $\overline{\Delta}$——在时段 $\tau=\theta\Delta t$ 上的增量。

将 $\overline{\Delta}\ddot{\boldsymbol{y}}(t)$ 和 $\overline{\Delta}\dot{\boldsymbol{y}}(t)$ 代入增量方程，得到拟静力方程为

$$\tilde{\boldsymbol{K}}(t)\overline{\Delta}\boldsymbol{y}(t)=\overline{\Delta}\tilde{\boldsymbol{F}}(t)$$

其中

$$\tilde{\boldsymbol{K}}(t)=\boldsymbol{K}(t)+\frac{6}{\tau^2}\boldsymbol{M}+\frac{3}{\tau}\boldsymbol{C}\quad(2.6-45a)$$

$$\overline{\Delta}\tilde{\boldsymbol{F}}(t)=\overline{\Delta}\boldsymbol{F}(t)+\boldsymbol{M}\left[\frac{6}{\tau}\dot{\boldsymbol{y}}(t)+3\ddot{\boldsymbol{y}}(t)\right]+\boldsymbol{C}\left[3\dot{\boldsymbol{y}}(t)+\frac{\tau}{2}\ddot{\boldsymbol{y}}(t)\right]\quad(2.6-45b)$$

式中 $\tilde{\boldsymbol{K}}(t)$——等效刚度矩阵；

$\overline{\Delta}\tilde{\boldsymbol{F}}(t)$——等效增量荷载。

求解拟静力方程可得到 $\tau=\theta\Delta t$ 时段的位移增量 $\overline{\Delta}\boldsymbol{y}(t)$，进而可求出速度增量 $\overline{\Delta}\dot{\boldsymbol{y}}(t)$ 和加速度增量 $\overline{\Delta}\ddot{\boldsymbol{y}}(t)$，完成 $\tau=\theta\Delta t$ 时段上响应增量的计算。再由内插计算 Δt 时段上的响应增量，进而计算 Δt 时段末的响应。为此，由假设

$$\Delta\ddot{\boldsymbol{y}}(t)=\frac{1}{\theta}\overline{\Delta}\ddot{\boldsymbol{y}}(t)$$

则 $\Delta\ddot{\boldsymbol{y}}(t)=\frac{6}{\theta\tau^2}\left[\overline{\Delta}\boldsymbol{y}(t)-\dot{\boldsymbol{y}}(t)\tau-\ddot{\boldsymbol{y}}(t)\frac{\tau^2}{2}\right]$

有了 $\Delta\ddot{\boldsymbol{y}}(t)$，便可计算位移增量 $\Delta\boldsymbol{y}(t)$ 和速度增量 $\Delta\dot{\boldsymbol{y}}(t)$。

Wilson－θ法的计算步骤与线性加速度法类似，这里不再赘述。

2.6.4.3 Newmark 方法

Newmark 方法是一种广义的线性加速度法，在 $t+\Delta t$ 时刻的速度和位移表达式中引入两个参数 α 和 β，即

$$\dot{\boldsymbol{y}}(t+\Delta t)=\dot{\boldsymbol{y}}(t)+[(1-\alpha)\ddot{\boldsymbol{y}}(t)+\alpha\ddot{\boldsymbol{y}}(t+\Delta t)]\Delta t \tag{2.6-46a}$$

$$\boldsymbol{y}(t+\Delta t)=\boldsymbol{y}(t)+\dot{\boldsymbol{y}}(t)\Delta t+\left[\left(\frac{1}{2}-\beta\right)\ddot{\boldsymbol{y}}(t)+\beta\ddot{\boldsymbol{y}}(t+\Delta t)\right]\Delta t^2 \tag{2.6-46b}$$

若在式（2.6－46）中令 $\alpha=\frac{1}{2}$，保留参数 β，即为 Newmark－β法，β常取 $0\sim\frac{1}{4}$。若令 $\alpha=\frac{1}{2}$、$\beta=\frac{1}{6}$，即为线性加速度法。若令 $\alpha=\frac{1}{2}$、$\beta=\frac{1}{4}$，相当于加速度在 Δt 时段内为常量，其值为 Δt 时段两段加速度的平均值。

由式（2.6－46）可得

$$\ddot{\boldsymbol{y}}(t+\Delta t)=\frac{1}{\beta\Delta t^2}[\boldsymbol{y}(t+\Delta t)-\boldsymbol{y}(t)]-\frac{1}{\beta\Delta t}\dot{\boldsymbol{y}}(t)-\left(\frac{1}{2\beta}-1\right)\ddot{\boldsymbol{y}}(t) \tag{2.6-47a}$$

$$\dot{\boldsymbol{y}}(t+\Delta t)=\frac{\alpha}{\beta\Delta t}[\boldsymbol{y}(t+\Delta t)-\boldsymbol{y}(t)]-\left(\frac{\alpha}{\beta}-1\right)\dot{\boldsymbol{y}}(t)-\left(\frac{\alpha}{2\beta}-1\right)\ddot{\boldsymbol{y}}(t)\Delta t \tag{2.6-47b}$$

将式（2.6－46）代入 $t+\Delta t$ 时刻的动力方程，整理得到拟静力方程：

$$\widetilde{\boldsymbol{K}}(t+\Delta t)\boldsymbol{y}(t+\Delta t)=\widetilde{\boldsymbol{F}}(t+\Delta t)$$

其中

$$\widetilde{\boldsymbol{K}}(t+\Delta t)=\boldsymbol{K}(t+\Delta t)+\frac{1}{\beta\Delta t^2}\boldsymbol{M}+\frac{\alpha}{\beta\Delta t}\boldsymbol{C} \tag{2.6-48a}$$

$$\widetilde{\boldsymbol{F}}(t+\Delta t)=\boldsymbol{F}(t+\Delta t)+\boldsymbol{M}\left[\frac{1}{\beta\Delta t^2}\boldsymbol{y}(t)+\frac{1}{\beta\Delta t}\dot{\boldsymbol{y}}(t)+\left(\frac{1}{2\beta}-1\right)\ddot{\boldsymbol{y}}(t)\right]+\boldsymbol{C}\left[\frac{1}{\beta\Delta t}\boldsymbol{y}(t)+\left(\frac{\alpha}{\beta}-1\right)\dot{\boldsymbol{y}}(t)+\left(\frac{\alpha}{2\beta}-1\right)\ddot{\boldsymbol{y}}(t)\Delta t\right] \tag{2.6-48b}$$

式中 $\widetilde{\boldsymbol{K}}(t+\Delta t)$——等效刚度矩阵；

$\widetilde{\boldsymbol{F}}(t+\Delta t)$——等效增量荷载。

如果已知 $\boldsymbol{y}(t)$、$\dot{\boldsymbol{y}}(t)$ 和 $\ddot{\boldsymbol{y}}(t)$ 就可以由拟静力方程求出 $\boldsymbol{y}(t+\Delta t)$。但等效刚度矩阵 $\widetilde{\boldsymbol{K}}(t+\Delta t)$ 的计算需要求出 $\boldsymbol{K}(t+\Delta t)$，而 $\boldsymbol{K}(t+\Delta t)$ 通常与 $\boldsymbol{y}(t+\Delta t)$ 有关。因此，在形成并求解拟静力方程时，要用迭代运算。计算时也可用 Δt 时段起点的值代替终点的值，这样可简化计算，但这种近似引起的误差会逐步积累。为消除误差，可采用与线性加速度法和 Wilson－θ法类似的处理方法，每一步开始时刻的加速度由动力平衡方程确定。

稳定性研究表明，当 $\beta\geqslant\frac{1}{4}$ 时，Newmark－β法是无条件稳定的；当 $\beta<\frac{1}{4}$ 时，Newmark－β法条件稳定。Newmark－β法的计算精度取决于时间步长 Δt 的大小，通常要求 Δt 小于对响应有重要影响的最小结构自振周期的 $\frac{1}{7}$。

Newmark－β法的计算步骤与线性加速度法和 Wilson－θ法类似，不再赘述。

2.6.5 结构抗震分析

结构地震响应分析经历了静力法、反应谱法和时程法三个阶段。静力法把结构当成刚性，不考虑结构动力特性，将地震引起的惯性力看成静力荷载作用在结构上；反应谱法考虑了结构动力特性和地震特性之间的关系，同时保持了静力法的形式；时程法在大量地震观测记录的基础上，利用计算机进行结构动力响应的数值分析。时程分析法对结构振动微分方程直接进行逐步积分，求解结构上各点随时间变化的位移、速度和加速度动力响应，进而可计算出构件内力的时程变化关系。目前国内外有较为成熟的时程分析计算机软件，广泛应用于高层建筑、水坝等重要结构物的地震响应分析中。反应谱法较静力法更真实地反映了结构振动特性，对于大部分建筑物抗震分析结果均可满足工程设计所要求的精确度，且实用简便，故仍是计算结构地震响应的有效方法，且各国规范对地震荷载及结构响应的计算还是以反应谱为基础的。但由于反应谱法是基于弹性假设，采用了叠加原理，使用范围有局限性。由于计算机应用科学的发展，使得将地震波输入地震反应方程并直接进行逐步积分求解成为可能，促使结构抗震分析进入到动力分析阶段。

由于在前面已详细介绍了直接积分法的计算格式，故这里仅介绍反应谱法。

2.6.5.1 单自由度体系的地震响应

如图 2.6－2 所示，结构基础支承处地面水平运动

的位移为 y_g，结构由于变形引起的位移为 y，则质点的绝对位移、绝对速度和绝对加速度分别为 y_g+y、$\dot{y}_g+\dot{y}$ 和 $\ddot{y}_g+\ddot{y}$。

考虑任意瞬时的平衡有

$$m(\ddot{y}_g+\ddot{y})+c\dot{y}+ky=0$$

整理得

$$m\ddot{y}+c\dot{y}+ky=-m\ddot{y}_g \tag{2.6-49a}$$

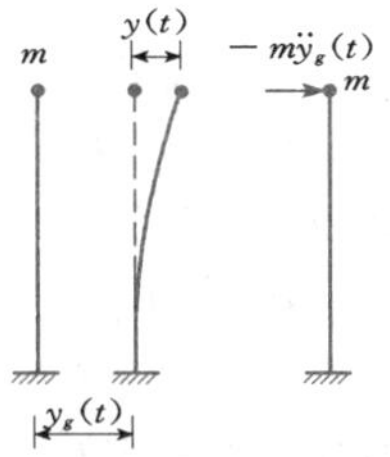

图 2.6-2 地震荷载作用下质点的运动

或写为

$$\ddot{y}+2\xi\omega\dot{y}+\omega^2 y=-\ddot{y}_g \tag{2.6-49b}$$

地震时结构变形引起的响应可以看成体系在动力荷载 $-m\ddot{y}_g$ 作用下引起的响应。在初始条件为零的情况下，其解可用杜哈梅积分表示为

$$y=-\frac{1}{m\omega_d}\int_0^t m\ddot{y}_g e^{-\xi\omega(t-\tau)}\sin\omega_d(t-\tau)d\tau$$

地震引起的质体绝对加速度为

$$A_a=\ddot{y}_g+\ddot{y}=-2\xi\omega\dot{y}+\omega^2 y$$

以 $|A_a|_{max}$ 表示加速度的最大绝对值，以 I_{max} 表示惯性力的最大绝对值，则

$$I_{max}=m|A_a|_{max} \tag{2.6-50}$$

式中 I_{max}——地震荷载。

只要作出 $|A_a|_{max}-T$ 的关系曲线，即地震加速度反应谱，就可以计算出地震荷载。

不同的地震加速度反应谱是不一样的，为方便利用以往的地震记录推算地震荷载，将式（2.6-50）改写为

$$I_{max}=m|A_a|_{max}=(mg)\frac{|\ddot{y}_g|}{g}\frac{|A_a|_{max}}{|\ddot{y}_g|}=WK\beta \tag{2.6-51}$$

其中

$$W=mg,\quad K=\frac{|\ddot{y}_g|}{g},\quad \beta=\frac{|A_a|_{max}}{|\ddot{y}_g|}$$

式中 W——自重；

K——地震系数，与地震烈度有关，《水工建筑物抗震设计规范》（SL 203—97）规定，地震烈度 7 度地区，K 取 0.1，地震烈度 8 度地区，K 取 0.2，地震烈度 9 度地区，K 取 0.4；

β——动力系数，表示结构最大加速度是地面最大加速度的倍数。

$\beta-T$ 关系曲线称为动力系数反应谱。不同的地震，动力系数反应谱比较一致，因此，将多次地震得出的动力系数反应谱曲线取其平均曲线，作为抗震设计的平均动力系数反应谱，也称为设计反应谱。图 2.6-3 为《水工建筑物抗震设计规范》（SL 203—97）中的设计反应谱曲线。

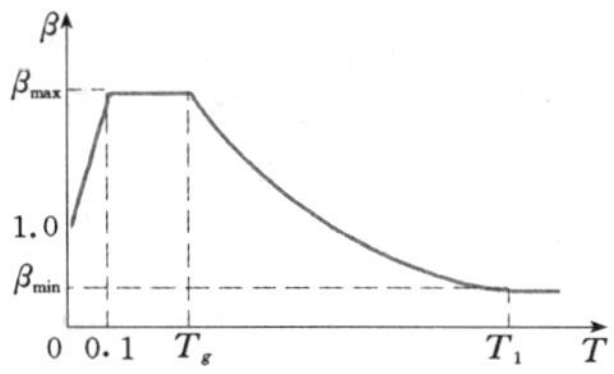

图 2.6-3 设计反应谱曲线（$\xi=0.05$）

不同的地基对结构抗震性能影响较大，因此对不同地基上的结构给出不同的反应谱曲线以供设计者选择。不同阻尼时也要对设计反应谱作修正。

此外，为考虑结构弹塑性、施工质量、运行环境等因素的影响，地震荷载计算公式常写为

$$I_{max}=CWK\beta \tag{2.6-52}$$

式中 C——综合影响系数，一般结构取 $\frac{1}{4}\sim\frac{1}{3}$，重要结构取 $\frac{1}{2}\sim\frac{2}{3}$。

结构抗震计算时，首先计算结构的自振特性，根据结构自振周期查设计反应谱曲线得到动力系数，再由式（2.6-52）计算地震荷载，最后根据地震荷载计算出地震内力的最大值。

2.6.5.2 多自由度体系的地震响应

多自由度体系时，由于地面运动，体系的运动微分方程为

$$\boldsymbol{M}(\ddot{\boldsymbol{y}}_g+\ddot{\boldsymbol{y}})+\boldsymbol{C}\dot{\boldsymbol{y}}+\boldsymbol{K}\boldsymbol{y}=\boldsymbol{0}$$

或

$$\boldsymbol{M}\ddot{\boldsymbol{y}}+\boldsymbol{C}\dot{\boldsymbol{y}}+\boldsymbol{K}\boldsymbol{y}=-\boldsymbol{M}\ddot{\boldsymbol{y}}_g$$

应用振型叠加法解耦得

$$\ddot{\eta}_i+2\xi_i\omega_i\dot{\eta}_i+\eta_i=-\gamma_i\ddot{y}_g\quad(i=1,2,\cdots,n)$$

其中

$$\gamma_i=\frac{\sum_k m_k\delta_{ki}}{\sum_k m_k\delta_{ki}^2}$$

式中 γ_i——第 i 阶的振型参与系数。

采用与单自由度体系类似的做法，质体 m_j 在第 i 阶振型中的地震荷载为

$$|I_{ji}|_{max}=CW_j\gamma_i\delta_{ji}\beta_i K \tag{2.6-53}$$

式中 δ_{ji}——第 j 个质体在第 i 阶的振型位移；

β_i——第 i 阶振型的动力系数。

有了地震荷载就可以计算地震内力了。地震荷载产生的地震内力应该考虑各阶振型地震荷载产生的地震内力叠加。需要注意的是，各个振型的地震内力并不是同时达到最大值，因此，我国规范规定，以各振型地震内力的平方和开平方所得数值作为计算依据。通常，前几阶振型的影响比较大，因此设计时取前几

阶振型的内力作组合即可。

2.6.6 结构振动主动控制

振动主动控制是主动控制技术在振动领域的一项重要应用，按控制器的工作方式可分为开环控制、闭环控制及开闭环控制三类控制。开环控制又称为程序控制，其控制器中的控制律是预先设计好的，只需借助于传感器测出输入结构的外部激励，据此来调整作动器施加给结构的控制力，而不反映系统输出的结构反应信息，也就是说，开环控制与受控对象的振动状态无关。闭环控制中的控制器是按受控对象的振动状态为反馈信息而工作的，需要通过传感器测得结构特定部位的反应，据此来调整作动器施加给结构的控制力，而不反映输入结构的外部激励的信息。开闭环控制，控制系统通过传感器同时测得输入结构的外部激励和系统输出的结构反应，据此综合信息来调整作动器施加给结构的控制力。闭环控制系统可以实时跟踪结构的动力反应，主要由作动器、控制器及传感器三部分组成，其运动方程可表示为

$$\boldsymbol{M}\ddot{\boldsymbol{Y}}+\hat{\boldsymbol{C}}\dot{\boldsymbol{Y}}+\boldsymbol{K}\boldsymbol{Y}=\boldsymbol{B}_s\boldsymbol{U}+\boldsymbol{E}_s\boldsymbol{F} \tag{2.6-54}$$

式中 $\boldsymbol{B}_s$——作动器定位矩阵；

$\boldsymbol{U}$——作动器控制力向量；

$\boldsymbol{E}_s$——外部激励定位矩阵；

$\boldsymbol{F}$——外部激励向量。

式（2.6-54）可采用状态方程表示为

$$\dot{\boldsymbol{Z}}=\boldsymbol{A}\boldsymbol{Z}+\boldsymbol{B}\boldsymbol{U}+\boldsymbol{E}\boldsymbol{F} \tag{2.6-55a}$$

$$\boldsymbol{Y}=\boldsymbol{C}\boldsymbol{Z} \tag{2.6-55b}$$

其中

$$\boldsymbol{Z}(t)=\begin{bmatrix}Y\\ \dot{Y}\end{bmatrix},\quad \boldsymbol{A}=\begin{bmatrix}\boldsymbol{0} & \boldsymbol{I}\\ -\boldsymbol{M}^{-1}\boldsymbol{K} & -\boldsymbol{M}^{-1}\hat{\boldsymbol{C}}\end{bmatrix}$$

$$\boldsymbol{B}=\begin{bmatrix}\boldsymbol{0}\\ \boldsymbol{M}^{-1}\boldsymbol{B}_s\end{bmatrix},\quad \boldsymbol{E}=\begin{bmatrix}\boldsymbol{0}\\ \boldsymbol{M}^{-1}\boldsymbol{E}_s\end{bmatrix}$$

式中 $\boldsymbol{I}$——单位矩阵；

$\boldsymbol{C}$——观测输出系数矩阵；

$\boldsymbol{Y}$——观测输出向量。

2.6.6.1 极点配置法

设系统初始极点为 $\boldsymbol{\Lambda}=\mathrm{diag}[\lambda_1,\lambda_2,\cdots,\lambda_{2n}]$，则其满足

$$(\lambda^2\boldsymbol{M}+\lambda\hat{\boldsymbol{C}}+\boldsymbol{K})\boldsymbol{\varphi}=\boldsymbol{0} \tag{2.6-56}$$

式中 $\boldsymbol{\varphi}$——特征向量，与其对应的特征值为 λ。

令 $\boldsymbol{U}=\boldsymbol{f}_s\dot{\boldsymbol{Y}}+\boldsymbol{g}_s\boldsymbol{Y}$，此时，系统的极点为 $\boldsymbol{\Gamma}=\mathrm{diag}[\gamma_1,\gamma_2,\cdots,\gamma_{2n}]$，其满足

$$(\gamma^2\boldsymbol{M}+\gamma\tilde{\boldsymbol{C}}+\tilde{\boldsymbol{K}})\boldsymbol{\chi}=\boldsymbol{0} \tag{2.6-57}$$

其中 $\tilde{\boldsymbol{C}}=\hat{\boldsymbol{C}}-\boldsymbol{B}_s\boldsymbol{f}_s$，$\tilde{\boldsymbol{K}}=\boldsymbol{K}-\boldsymbol{B}_s\boldsymbol{g}_s$

式中 $\boldsymbol{\chi}$——特征向量，与其对应的特征值为 γ。

若欲对原运动系统的前 r 对特征值进行极点配置，使其极点为期望的极点 $\{\alpha_i\}_{i=1}^{2r}$，所谓极点配置法就是通过确定 $\boldsymbol{f}_s$ 和 $\boldsymbol{g}_s$，使得 $\gamma_i=\alpha_i$（$i=1,2,\cdots,2r$）。

2.6.6.2 线性二次型最优控制法

性能指标为二次型最优控制可以兼顾系统反应与控制两方面相互矛盾的要求使系统性能指标达到最优。最优控制的解可以写为统一的解析表达式，易于实现闭环反馈控制，在实际土木工程结构中具有较大的实用价值。对于基于状态反馈的控制策略，其性能指标具有如下二次型，即

$$J=\frac{1}{2}\boldsymbol{Z}^{\mathrm{T}}(t_f)\boldsymbol{S}\boldsymbol{Z}(t_f)+\frac{1}{2}\int_{t_0}^{t_f}[\boldsymbol{Z}^{\mathrm{T}}\boldsymbol{Q}\boldsymbol{Z}+\boldsymbol{U}^{\mathrm{T}}\boldsymbol{R}\boldsymbol{U}]\mathrm{d}t \tag{2.6-58}$$

式中 t_0、t_f——控制开始时间、控制终端时间，t_f 为有限值；

$\boldsymbol{S}$、$\boldsymbol{Q}$——半正定加权矩阵；

$\boldsymbol{R}$——正定加权矩阵。

而基于输出反馈的控制策略，其性能指标为

$$J=\frac{1}{2}\boldsymbol{Y}^{\mathrm{T}}(t_f)\boldsymbol{S}\boldsymbol{Y}(t_f)+\frac{1}{2}\int_{t_0}^{t_f}[\boldsymbol{Y}^{\mathrm{T}}\boldsymbol{Q}\boldsymbol{Y}+\boldsymbol{U}^{\mathrm{T}}\boldsymbol{R}\boldsymbol{U}]\mathrm{d}t \tag{2.6-59}$$

寻求最优控制律是通过极小化目标函数 J 来获得的。最优控制力为 $\boldsymbol{U}=-\boldsymbol{G}\boldsymbol{Z}$，控制增益矩阵 $\boldsymbol{G}=\boldsymbol{R}^{-1}\boldsymbol{B}^{\mathrm{T}}\boldsymbol{P}$。

对于基于状态反馈控制策略，$\boldsymbol{P}$ 为下列 Riccati 方程的解：

$$\dot{\boldsymbol{P}}=-\boldsymbol{P}\boldsymbol{A}-\boldsymbol{A}^{\mathrm{T}}\boldsymbol{P}+\boldsymbol{P}\boldsymbol{B}\boldsymbol{R}^{-1}\boldsymbol{B}^{\mathrm{T}}\boldsymbol{P}-\boldsymbol{Q} \tag{2.6-60}$$

边界条件为 $\boldsymbol{P}(t_f)=\boldsymbol{S}$。

对于基于输出反馈控制策略，$\boldsymbol{P}$ 为下列 Riccati 方程的解：

$$\dot{\boldsymbol{P}}=-\boldsymbol{P}\boldsymbol{A}-\boldsymbol{A}^{\mathrm{T}}\boldsymbol{P}+\boldsymbol{P}\boldsymbol{B}\boldsymbol{R}^{-1}\boldsymbol{B}^{\mathrm{T}}\boldsymbol{P}-\boldsymbol{C}^{\mathrm{T}}\boldsymbol{Q}\boldsymbol{C} \tag{2.6-61}$$

边界条件为 $\boldsymbol{P}(t_f)=\boldsymbol{C}^{\mathrm{T}}(t_f)\boldsymbol{S}\boldsymbol{C}(t_f)$。

2.6.6.3 能量控制法

土木工程结构在外激励作用下会产生反应，可以通过动力分析结果绘制出动力反应的时程曲线。对于某一时刻的反应，对应着一个能量，如果对所有时刻的振动能量进行统计分析，必然存在平均能量、最大能量和最小能量，并且能量分布近似服从瑞利概率分布。

设作动器所能提供的临界能量为 E_c，则控制力为

$$\rho=\begin{cases}\displaystyle\int_{E_c}^{\infty}p(E)\mathrm{d}E=\exp\left[-\frac{\pi(E_c-E_{\min})}{4(\bar{E}-E_{\min})}\right] & (E_c\geqslant E_{\min})\\ 1 & (E_c<E_{\min})\end{cases} \tag{2.6-62}$$

$$|\boldsymbol{U}(t)| = \rho \boldsymbol{U}_{\max} \quad (2.6-63)$$

式中 $|\cdot|$——表示绝对值；

$E_{\min}$——动力反应的最小能量；

$\overline{E}$——平均能量；

$\boldsymbol{U}_{\max}$——作动器所能提供的最大输出力。

为了减小外部激励产生的能量达到振动控制目的，控制力方向可定义为

$$\mathrm{sgn}(\boldsymbol{U}^{\mathrm{T}}) = -\mathrm{sgn}(\dot{\boldsymbol{Y}}^{\mathrm{T}}\boldsymbol{B}_s) \quad (2.6-64)$$

式中 sgn(·)——符号函数。

2.6.6.4 预测控制法

首先对式（2.6-55）按离散周期 T 进行离散化，离散化方程为

$$\tilde{\boldsymbol{Z}}(k+j\mid k) = \boldsymbol{A}_d\tilde{\boldsymbol{Z}}(k+j-1\mid k) + \boldsymbol{B}_d\tilde{\boldsymbol{U}}(k+j-1\mid k) \quad (2.6-65a)$$

$$\tilde{\boldsymbol{Y}}(k+j\mid k) = \boldsymbol{C}\tilde{\boldsymbol{Z}}(k+j\mid k) \quad (2.6-65b)$$

式中 $\tilde{\boldsymbol{Z}}(k+j\mid k)$——在 kT 时刻预测 $(k+j)T$ 时刻的状态向量；

$\tilde{\boldsymbol{Y}}(k+j\mid k)$——在 kT 时刻预测 $(k+j)T$ 时刻的输出向量；

$\tilde{\boldsymbol{U}}(k+j-1\mid k)$——控制序列。

选取预测步长为 λ 时，控制力为

$$\boldsymbol{U}(k) = -\beta^{-1}\alpha\boldsymbol{Z}(k) \quad (2.6-66)$$

其中
$$\beta = \sum_{j=1}^{\lambda}\tilde{\boldsymbol{T}}^{\mathrm{T}}(j)\boldsymbol{C}^{\mathrm{T}}\boldsymbol{Q}(j)\boldsymbol{C}\tilde{\boldsymbol{T}}(j) + \boldsymbol{R}$$

$$\alpha = \sum_{j=1}^{\lambda}\tilde{\boldsymbol{T}}^{\mathrm{T}}(j)\boldsymbol{C}^{\mathrm{T}}\boldsymbol{Q}(j)\boldsymbol{C}\tilde{\boldsymbol{S}}(j)$$

$$\tilde{\boldsymbol{S}}(j) = \boldsymbol{A}_d^j,\quad \tilde{\boldsymbol{T}}(j) = (\boldsymbol{I} + \boldsymbol{A}_d + \boldsymbol{A}_d^2 + \cdots + \boldsymbol{A}_d^{j-1})\boldsymbol{B}_d$$

2.6.6.5 含分数阶的 PID 控制法

PID 控制器的传递函数可表示为

$$G_c(s) = K_p\left(1 + \frac{1}{T_i s^{\lambda}} + T_d s^{\mu}\right) \quad (2.6-67)$$

式中 λ、μ——分数阶的阶次；

K_p、T_i、T_d——可按最优 ITAE 准则来确定。

2.6.6.6 鲁棒控制法

首先构造传递函数 $\boldsymbol{T}_{z_{\inf}d}(s)$，鲁棒控制问题分为下面三种形式：

(1) H_2 最优控制问题：需求解 $\min\|\boldsymbol{T}_{z_{\inf}d}(s)\|_2$。

(2) H_∞ 最优控制问题：需求解 $\min\|\boldsymbol{T}_{z_{\inf}d}(s)\|_\infty$。

(3) 标准 H_∞ 控制问题：需求解一个控制器满足 $\|\boldsymbol{T}_{z_{\inf}d}(s)\|_\infty<1$。

控制器可采用状态方程表示为

$$\dot{\boldsymbol{Z}}_K(t) = \boldsymbol{A}_K\boldsymbol{Z}_K(t) + \boldsymbol{B}_K\boldsymbol{e}(t) \quad (2.6-68a)$$

$$\boldsymbol{u}(t) = \boldsymbol{C}_K\boldsymbol{Z}_K(t) \quad (2.6-68b)$$

式中 $\boldsymbol{e}$——含测量噪声的观测输出；

$\boldsymbol{A}_K$、$\boldsymbol{B}_K$、$\boldsymbol{C}_K$——通过极小化 $\boldsymbol{T}_{z_{\inf}d}(s)$ 的范数来确定的系统矩阵。

2.7 平 面 问 题

在弹性力学中，应力、应变、位移的记号和正负号都按如下规定：用 σ_x、σ_y、σ_z 和 $\tau_{yz}=\tau_{zy}$、$\tau_{zx}=\tau_{xz}$、$\tau_{xy}=\tau_{yx}$ 代表正应力和切应力分量，在外法线沿正（或负）标向的截面上，以沿正（或负）标向为正，沿负（或正）标向为负；用 ε_x、ε_y、ε_z 代表正应变分量，以伸长时为正，缩短时为负；用 γ_{yz}、γ_{zx}、γ_{xy} 代表切应变分量，以直角减小时为正，直角增大时为负；用 u、v、w 代表位移分量，用 f_x、f_y、f_z 代表体力分量，用 $\overline{f}_x$、$\overline{f}_y$、$\overline{f}_z$ 代表面力分量，均以沿正标向为正，沿负标向为负。

2.7.1 基本理论

2.7.1.1 两类平面问题

1. 平面应力问题

如图 2.7-1 所示，凡满足下列三个条件的问题，可作为平面应力问题：①等厚度薄板；②面力和约束只作用于板边，方向平行于板面，且沿厚度不变；③体力方向平行于板面，且沿厚度不变。

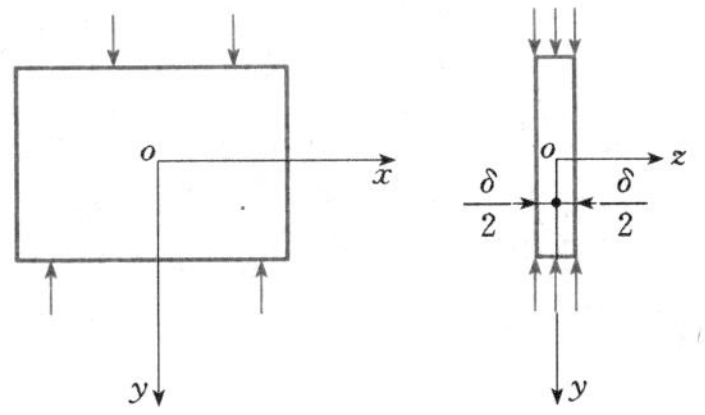

图 2.7-1 平面应力问题

在平面应力问题中，以薄板的中面为 xy 面，则有

$$\left.\begin{aligned}\sigma_z &= 0\\ \tau_{yz} &= \tau_{zy} = 0\\ \tau_{zx} &= \tau_{xz} = 0\\ \varepsilon_z &= -\frac{\mu}{E}(\sigma_x + \sigma_y)\\ \gamma_{yz} &= 0,\quad \gamma_{zx} = 0\end{aligned}\right\} \quad (2.7-1)$$

2. 平面应变问题

如图 2.7-2 所示，凡满足下列三个条件的问题，可作为平面应变问题：①等截面长柱体；②面力和约

束作用于柱面，方向平行于横截面，且沿长度不变；③体力方向平行于横截面，且沿长度不变。

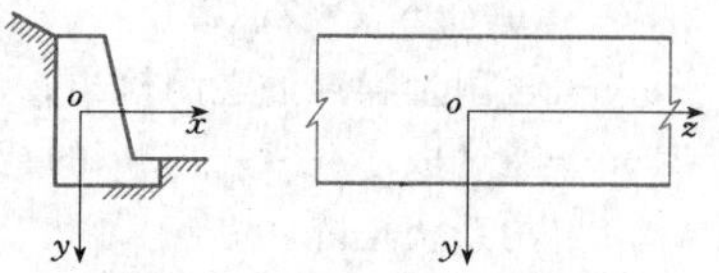

图 2.7-2 平面应变问题

在平面应变问题中，以长柱体的任一横截面为 xy 面，则有

$$\left.\begin{aligned}\varepsilon_z &= 0\\ \gamma_{yz} &= 0\\ \gamma_{zx} &= 0\\ w &= 0\\ \sigma_z &= \mu(\sigma_x+\sigma_y)\\ \tau_{yz} &= \tau_{zy} = 0\\ \tau_{zx} &= \tau_{xz} = 0\end{aligned}\right\}\tag{2.7-2}$$

在分析平面问题时，需求解的未知函数是应力分量 σ_x、σ_y、τ_{xy}，应变分量 ε_x、ε_y、γ_{xy}，位移分量 u、v，它们都只是 x 和 y 的函数。

2.7.1.2 基本方程及边界条件

弹性力学的研究方法是，在区域内考虑静力学、几何学和物理学三方面条件，分别建立三套基本方程；在边界上考虑面力和约束条件，建立两类边界条件。然后根据这些方程和边界条件，来求解应力分量、应变分量和位移分量等未知函数。

（1）平衡微分方程：

$$\left.\begin{aligned}\frac{\partial\sigma_x}{\partial x}+\frac{\partial\tau_{xy}}{\partial y}+f_x &= 0\\ \frac{\partial\sigma_y}{\partial y}+\frac{\partial\tau_{xy}}{\partial x}+f_y &= 0\end{aligned}\right\}\tag{2.7-3}$$

（2）几何方程：

$$\left.\begin{aligned}\varepsilon_x &= \frac{\partial u}{\partial x}\\ \varepsilon_y &= \frac{\partial v}{\partial y}\\ \gamma_{xy} &= \frac{\partial u}{\partial y}+\frac{\partial v}{\partial x}\end{aligned}\right\}\tag{2.7-4}$$

（3）物理方程：

$$\left.\begin{aligned}\varepsilon_x &= \frac{1}{E}(\sigma_x-\mu\sigma_y)\\ \varepsilon_y &= \frac{1}{E}(\sigma_y-\mu\sigma_x)\\ \gamma_{xy} &= \frac{2(1+\mu)}{E}\tau_{xy} = \frac{1}{G}\tau_{xy}\end{aligned}\right\}\tag{2.7-5}$$

式中 E——弹性模量；

μ——泊松比；

G——切变模量。

这里的物理方程以及后面所有一切含有 E 和 μ 的方程和公式，都是针对平面应力问题的。对于平面应变问题，须将其中的 E 变换为 $\frac{E}{1-\mu^2}$，将 μ 变换为 $\frac{\mu}{1-\mu}$。

（4）位移边界条件：

$$\left.\begin{aligned}u &= \overline{u}\\ v &= \overline{v}\end{aligned}\right\}\tag{2.7-6}$$

式中 $\overline{u}$、$\overline{v}$——边界上的已知位移分量。

（5）应力边界条件：

$$\left.\begin{aligned}l\sigma_x+m\tau_{xy} &= \overline{f}_x\\ m\sigma_y+l\tau_{xy} &= \overline{f}_y\end{aligned}\right\}\tag{2.7-7}$$

式中 l、m——边界的外法线在 xy 坐标系中的方向余弦；

$\overline{f}_x$、$\overline{f}_y$——边界上的已知面力分量。

2.7.1.3 按位移求解

以位移分量 u 和 v 为基本未知函数，从上述方程和边界条件中消去应力分量和应变分量，从而得出求解 u 和 v 基本微分方程为

$$\left.\begin{aligned}\frac{E}{1-\mu^2}\left(\frac{\partial^2 u}{\partial x^2}+\frac{1-\mu}{2}\frac{\partial^2 u}{\partial y^2}+\frac{1+\mu}{2}\frac{\partial^2 v}{\partial x\partial y}\right)+f_x &= 0\\ \frac{E}{1-\mu^2}\left(\frac{\partial^2 v}{\partial y^2}+\frac{1-\mu}{2}\frac{\partial^2 v}{\partial x^2}+\frac{1+\mu}{2}\frac{\partial^2 u}{\partial x\partial y}\right)+f_y &= 0\end{aligned}\right\}\tag{2.7-8}$$

位移边界条件仍为式（2.7-6），应力边界条件为

$$\left.\begin{aligned}\frac{E}{1-\mu^2}\left[l\left(\frac{\partial u}{\partial x}+\mu\frac{\partial v}{\partial y}\right)+m\frac{1-\mu}{2}\left(\frac{\partial u}{\partial y}+\frac{\partial v}{\partial x}\right)\right] &= \overline{f}_x\\ \frac{E}{1-\mu^2}\left[m\left(\frac{\partial v}{\partial y}+\mu\frac{\partial u}{\partial x}\right)+l\frac{1-\mu}{2}\left(\frac{\partial v}{\partial x}+\frac{\partial u}{\partial y}\right)\right] &= \overline{f}_y\end{aligned}\right\}\tag{2.7-9}$$

由 u、v 求应力分量时，可用下列方程：

$$\left.\begin{aligned}\sigma_x &= \frac{E}{1-\mu^2}\left(\frac{\partial u}{\partial x}+\mu\frac{\partial v}{\partial y}\right)\\ \sigma_y &= \frac{E}{1-\mu^2}\left(\frac{\partial v}{\partial y}+\mu\frac{\partial u}{\partial x}\right)\\ \tau_{xy} &= \frac{E}{2(1+\mu)}\left(\frac{\partial u}{\partial y}+\frac{\partial v}{\partial x}\right)\end{aligned}\right\}\tag{2.7-10}$$

2.7.1.4 按应力求解

以应力分量 σ_x、σ_y、τ_{xy} 为基本未知函数，求解应力分量的基本方程是平衡微分方程式（2.7-3）及相容方程，即

$$\left(\frac{\partial^2}{\partial x^2}+\frac{\partial^2}{\partial y^2}\right)(\sigma_x+\sigma_y) = -(1+\mu)\left(\frac{\partial f_x}{\partial x}+\frac{\partial f_y}{\partial y}\right)\tag{2.7-11}$$

按应力求解时，通常只能解全部边界条件均为应力边界条件的问题。应力边界条件仍为式（2.7-7）。

当体力为常量时，从平衡微分方程求解得出，应力分量可用应力函数 $\Phi(x, y)$ 表示为

$$\left.\begin{aligned}\sigma_x &= \frac{\partial^2\Phi}{\partial y^2} - f_x x\\ \sigma_y &= \frac{\partial^2\Phi}{\partial x^2} - f_y y\\ \tau_{xy} &= -\frac{\partial^2\Phi}{\partial x\partial y}\end{aligned}\right\} \tag{2.7-12}$$

应力函数 Φ 须满足相容方程 $\nabla^4\Phi=0$，即

$$\frac{\partial^4\Phi}{\partial x^4} + 2\frac{\partial^4\Phi}{\partial x^2\partial y^2} + \frac{\partial^4\Phi}{\partial y^4} = 0 \tag{2.7-13}$$

以及应力边界条件。

2.7.1.5 在极坐标中的方程形式

（1）平衡微分方程：

$$\left.\begin{aligned}\frac{\partial\sigma_\rho}{\partial\rho} + \frac{1}{\rho}\frac{\partial\tau_{\rho\varphi}}{\partial\varphi} + \frac{\sigma_\rho-\sigma_\varphi}{\rho} + f_\rho = 0\\ \frac{1}{\rho}\frac{\partial\sigma_\varphi}{\partial\varphi} + \frac{\partial\tau_{\rho\varphi}}{\partial\rho} + \frac{2\tau_{\rho\varphi}}{\rho} + f_\varphi = 0\end{aligned}\right\} \tag{2.7-14}$$

式中　σ_ρ、σ_φ、$\tau_{\rho\varphi}$——极坐标中的应力分量，$\tau_{\rho\varphi}=\tau_{\varphi\rho}$；

f_ρ、f_φ——极坐标中的体力分量。

（2）几何方程：

$$\left.\begin{aligned}\varepsilon_\rho &= \frac{\partial u_\rho}{\partial\rho}\\ \varepsilon_\varphi &= \frac{u_\rho}{\rho} + \frac{1}{\rho}\frac{\partial u_\varphi}{\partial\varphi}\\ \gamma_{\rho\varphi} &= \frac{1}{\rho}\frac{\partial u_\rho}{\partial\varphi} + \frac{\partial u_\varphi}{\partial\rho} - \frac{u_\varphi}{\rho}\end{aligned}\right\} \tag{2.7-15}$$

式中　u_ρ、u_φ——ρ、φ 方向的位移分量；

ε_ρ、ε_φ、$\gamma_{\rho\varphi}$——ρ、φ 方向的正应变、切应变。

（3）物理方程（平面应力问题）：

$$\left.\begin{aligned}\varepsilon_\rho &= \frac{1}{E}(\sigma_\rho - \mu\sigma_\varphi)\\ \varepsilon_\varphi &= \frac{1}{E}(\sigma_\varphi - \mu\sigma_\rho)\\ \gamma_{\rho\varphi} &= \frac{2(1+\mu)}{E}\tau_{\rho\varphi}\end{aligned}\right\} \tag{2.7-16}$$

（4）按应力求解。当不考虑体力时，应力分量可用应力函数 $\Phi(\rho, \varphi)$ 表示为

$$\left.\begin{aligned}\sigma_\rho &= \frac{1}{\rho}\frac{\partial\Phi}{\partial\rho} + \frac{1}{\rho^2}\frac{\partial^2\Phi}{\partial\varphi^2}\\ \sigma_\varphi &= \frac{\partial^2\Phi}{\partial\rho^2}\\ \tau_{\rho\varphi} &= -\frac{\partial}{\partial\rho}\left(\frac{1}{\rho}\frac{\partial\Phi}{\partial\varphi}\right) = \frac{1}{\rho^2}\frac{\partial\Phi}{\partial\varphi} - \frac{1}{\rho}\frac{\partial^2\Phi}{\partial\rho\partial\varphi}\end{aligned}\right\} \tag{2.7-17}$$

应力函数 Φ 须满足相容方程，即

$$\nabla^4\Phi = 0 \quad 或 \quad \nabla^2\nabla^2\Phi = 0 \tag{2.7-18}$$

其中

$$\nabla^2 = \frac{\partial^2}{\partial\rho^2} + \frac{1}{\rho}\frac{\partial}{\partial\rho} + \frac{1}{\rho^2}\frac{\partial^2}{\partial\varphi^2} \tag{2.7-19}$$

以及应力边界条件。

（5）位移分量的坐标变换式。由极坐标向直角坐标变换时，采用下列公式：

$$\left.\begin{aligned}u &= u_\rho\cos\varphi - u_\varphi\sin\varphi\\ v &= u_\rho\sin\varphi + u_\varphi\cos\varphi\end{aligned}\right\} \tag{2.7-20}$$

由直角坐标向极坐标变换时，采用下列公式：

$$\left.\begin{aligned}u_\rho &= u\cos\varphi + v\sin\varphi\\ u_\varphi &= -u\sin\varphi + v\cos\varphi\end{aligned}\right\} \tag{2.7-21}$$

（6）应力分量的坐标变换式。由极坐标向直角坐标变换时，采用下列公式：

$$\left.\begin{aligned}\sigma_x &= \frac{\sigma_\rho+\sigma_\varphi}{2} + \frac{\sigma_\rho-\sigma_\varphi}{2}\cos2\varphi - \tau_{\rho\varphi}\sin2\varphi\\ \sigma_y &= \frac{\sigma_\rho+\sigma_\varphi}{2} - \frac{\sigma_\rho-\sigma_\varphi}{2}\cos2\varphi + \tau_{\rho\varphi}\sin2\varphi\\ \tau_{xy} &= \frac{\sigma_\rho-\sigma_\varphi}{2}\sin2\varphi + \tau_{\rho\varphi}\cos2\varphi\end{aligned}\right\} \tag{2.7-22}$$

由直角坐标向极坐标变换时，采用下列公式：

$$\left.\begin{aligned}\sigma_\rho &= \frac{\sigma_x+\sigma_y}{2} + \frac{\sigma_x-\sigma_y}{2}\cos2\varphi + \tau_{xy}\sin2\varphi\\ \sigma_\varphi &= \frac{\sigma_x+\sigma_y}{2} - \frac{\sigma_x-\sigma_y}{2}\cos2\varphi - \tau_{xy}\sin2\varphi\\ \tau_{\rho\varphi} &= -\frac{\sigma_x-\sigma_y}{2}\sin2\varphi + \tau_{xy}\cos2\varphi\end{aligned}\right\} \tag{2.7-23}$$

2.7.2 实用解答

2.7.2.1 简支梁受匀布荷载

矩形截面简支梁，高度为 h，长度为 $2l$，体力可不计，受匀布荷载 q，由两端的反力 ql 维持平衡（见图 2.7-3），其应力解答为

$$\left.\begin{aligned}\sigma_x &= \frac{6q}{h^3}(l^2-x^2)y + q\frac{y}{h}\left(4\frac{y^2}{h^2} - \frac{3}{5}\right)\\ \sigma_y &= -\frac{q}{2}\left(1+\frac{y}{h}\right)\left(1-\frac{2y}{h}\right)^2\\ \tau_{xy} &= -\frac{6q}{h^3}x\left(\frac{h^2}{4} - y^2\right)\end{aligned}\right\} \tag{2.7-24}$$

各应力分量沿铅直方向的变化大致如图 2.7-4 所示。

2.7.2.2 圆环或厚壁圆筒受内外均匀压力

圆环或厚壁圆筒，内半径为 a，外半径为 b，受均匀内、外压力 q_a、q_b，如图 2.7-5 所示。这是一

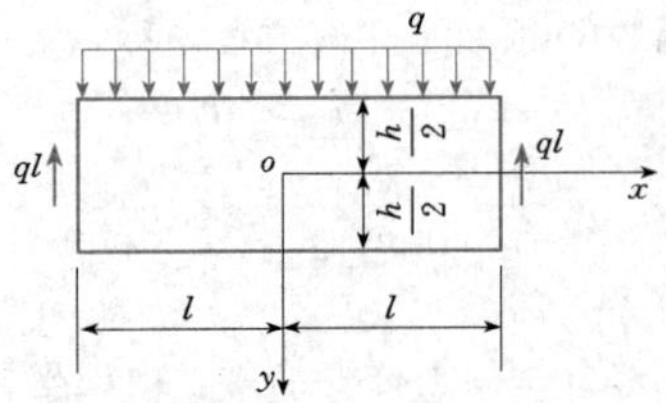

图 2.7-3　矩形截面简支梁计算简图

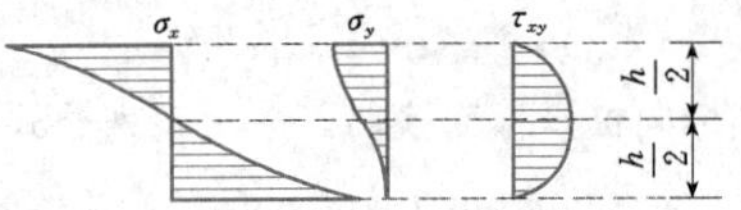

图 2.7-4　应力分量变化图示

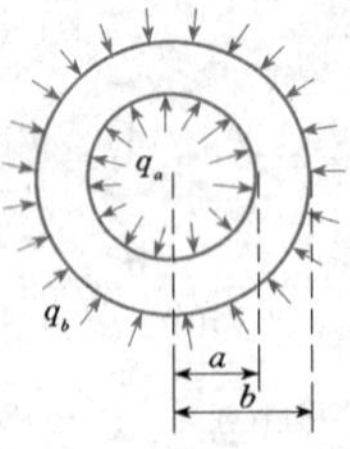

图 2.7-5　圆环或厚壁圆筒计算简图

个轴对称应力问题，其应力解答为

$$\left.\begin{aligned}\sigma_\rho &= -\frac{\dfrac{b^2}{\rho^2}-1}{\dfrac{b^2}{a^2}-1}q_a - \frac{1-\dfrac{a^2}{\rho^2}}{1-\dfrac{a^2}{b^2}}q_b\\ \sigma_\varphi &= \frac{\dfrac{b^2}{\rho^2}+1}{\dfrac{b^2}{a^2}-1}q_a - \frac{1+\dfrac{a^2}{\rho^2}}{1-\dfrac{a^2}{b^2}}q_b\\ \tau_{\rho\varphi} &= 0\end{aligned}\right\} \tag{2.7-25}$$

若圆筒系埋在无限大弹性体中，受有均布压力 q，如图 2.7-6 所示，其应力分布也将是轴对称的。设圆筒的弹性模量为 E，泊松比为 μ；无限大弹性体的弹性模量为 E'，泊松比为 μ'，令 $\dfrac{E'(1+\mu)}{E(1+\mu')}=n$，则其应力分量的解答为

$$\left.\begin{aligned}\sigma_\rho &= -q\frac{[1+(1-2\mu)n]\dfrac{b^2}{\rho^2}-(1-n)}{[1+(1-2\mu)n]\dfrac{b^2}{a^2}-(1-n)}\\ \sigma_\varphi &= q\frac{[1+(1-2\mu)n]\dfrac{b^2}{\rho^2}+(1-n)}{[1+(1-2\mu)n]\dfrac{b^2}{a^2}-(1-n)}\\ \sigma'_\rho &= -\sigma'_\varphi = -q\frac{2(1-\mu)n\dfrac{b^2}{\rho^2}}{[1+(1-2\mu)n]\dfrac{b^2}{a^2}-(1-n)}\end{aligned}\right\} \tag{2.7-26}$$

式中　σ_ρ、σ_φ——圆筒的应力；

σ'_ρ、σ'_φ——无限大弹性体的应力。

对于坝内的水管及圆形压力隧道的衬砌，可用式（2.7-26）估算应力的大小。

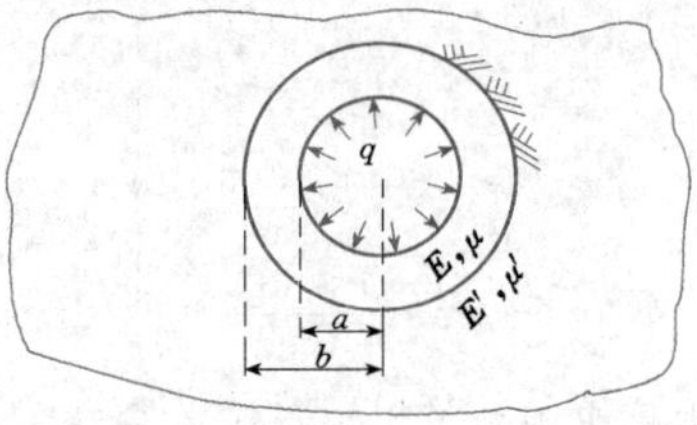

图 2.7-6　无限大弹性体中圆筒的计算简图

2.7.2.3　圆孔口附近的应力

薄板或长柱，具有圆形孔口，在距孔口较远处受有均匀拉力 q 时，如图 2.7-7 所示，其孔口附近的应力分量为

$$\left.\begin{aligned}\sigma_\rho &= \frac{q}{2}\left(1-\frac{a^2}{\rho^2}\right)+\frac{q}{2}\left(1-\frac{a^2}{\rho^2}\right)\left(1-3\frac{a^2}{\rho^2}\right)\cos2\varphi\\ \sigma_\varphi &= \frac{q}{2}\left(1+\frac{a^2}{\rho^2}\right)-\frac{q}{2}\left(1+3\frac{a^4}{\rho^4}\right)\cos2\varphi\\ \tau_{\rho\varphi} &= -\frac{q}{2}\left(1-\frac{a^2}{\rho^2}\right)\left(1+3\frac{a^2}{\rho^2}\right)\sin2\varphi\end{aligned}\right\} \tag{2.7-27}$$

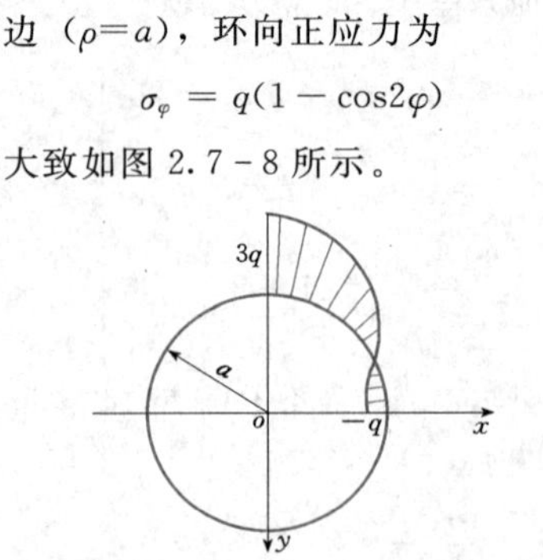

图 2.7-7　圆孔口附近的应力分布

在孔边（$\rho=a$），环向正应力为

$$\sigma_\varphi = q(1-\cos2\varphi)$$

应力分布大致如图 2.7-8 所示。

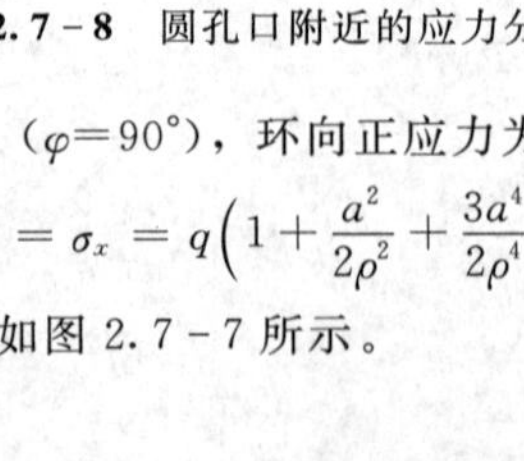

图 2.7-8　圆孔口附近的应力分布

沿着 y 轴（$\varphi=90°$），环向正应力为

$$\sigma_\varphi = \sigma_x = q\left(1+\frac{a^2}{2\rho^2}+\frac{3a^4}{2\rho^4}\right)$$

应力分布大致如图 2.7-7 所示。

沿着 x 轴（$\varphi=0$），环向正应力为

$$\sigma_\varphi=\sigma_y=-\frac{qa^2}{2\rho^2}\left(\frac{3a^2}{\rho^2}-1\right)$$

应力分布大致如图 2.7－7 所示。在 $\rho=a$ 处，$\sigma_\varphi=-q$；在 $\rho=\sqrt{3}a$ 处，$\sigma_\varphi=0$。在 $\rho=a$ 与 $\rho=\sqrt{3}a$ 之间，应力的合力为－0.1924 qa（压力）。

2.7.2.4 楔形体解答

（1）楔形体受重力及齐顶液体压力。楔形体，一面为铅直，一面与铅直面成角 α，容重为 p，液体的容重为 γ（图 2.7－9），其应力分量为

$$\left.\begin{aligned}\sigma_x&=-\gamma y\\ \sigma_y&=(p\cot\alpha-2\gamma\cot^3\alpha)x+(\gamma\cot^2\alpha-p)y\\ \tau_{xy}&=-\gamma x\cot^2\alpha\end{aligned}\right\}\tag{2.7-28}$$

（2）楔形体在一面受均布压力（图 2.7－10），其应力分量为

$$\left.\begin{aligned}\sigma_\rho&=-q+\frac{\tan\alpha-2\varphi-\sin2\varphi+\tan\alpha\cos2\varphi}{2(\tan\alpha-\alpha)}q\\ \sigma_\varphi&=-q+\frac{\tan\alpha-2\varphi+\sin2\varphi-\tan\alpha\cos2\varphi}{2(\tan\alpha-\alpha)}q\\ \tau_{\rho\varphi}&=\frac{1-\tan\alpha\sin2\varphi-\cos2\varphi}{2(\tan\alpha-\alpha)}q\end{aligned}\right\}\tag{2.7-29}$$

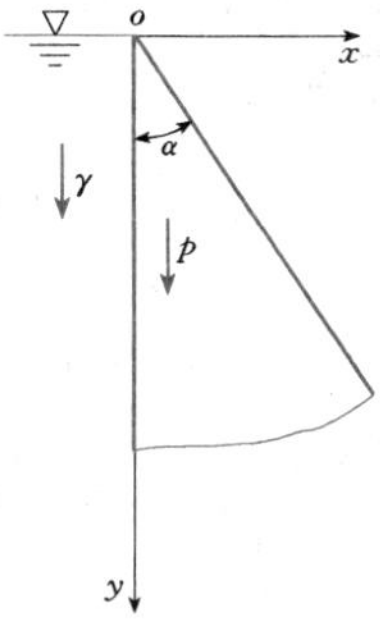

图 2.7－9 楔形体受荷简图

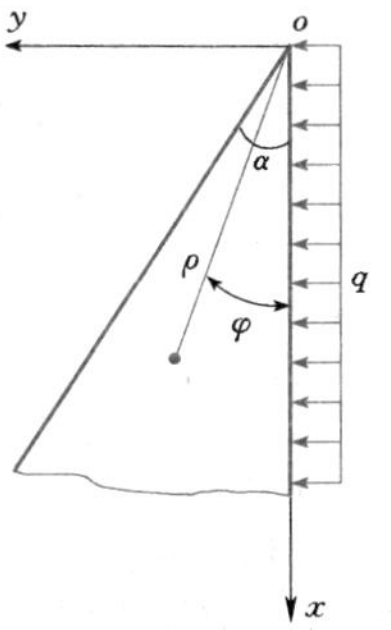

图 2.7－10 楔形体在一面受均布压力

（3）楔形体在楔顶受集中力 F_P（图 2.7－11）。其应力分量为

$$\left.\begin{aligned}\sigma_\rho&=-\frac{2F_P\cos\beta\cos\varphi}{(\alpha+\sin\alpha)\rho}-\frac{2F_P\sin\beta\sin\varphi}{(\alpha-\sin\alpha)\rho}\\ \sigma_\varphi&=0\\ \tau_{\rho\varphi}&=0\end{aligned}\right\}\tag{2.7-30}$$

（4）楔形体在楔顶受集中力偶（力矩为 M，图 2.7－11），其应力分量为

$$\left.\begin{aligned}\sigma_\rho&=\frac{2M\sin2\varphi}{(\sin\alpha-\alpha\cos\alpha)\rho^2}\\ \sigma_\varphi&=0\\ \tau_{\rho\varphi}&=\frac{M(\cos2\varphi-\cos\alpha)}{(\sin\alpha-\alpha\cos\alpha)\rho^2}\end{aligned}\right\}\tag{2.7-31}$$

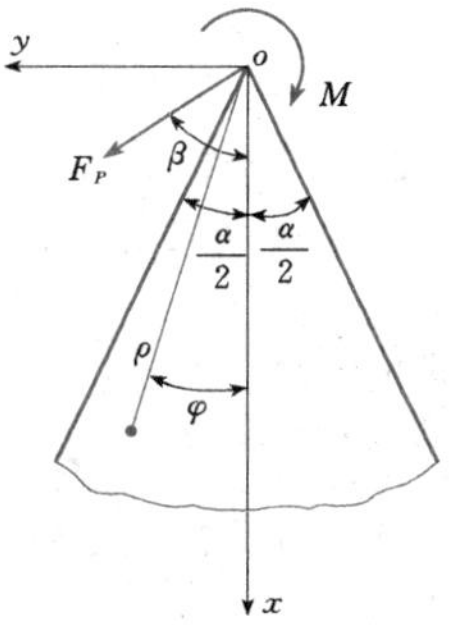

图 2.7－11 楔形体在楔顶受集中力和集中力偶

2.7.2.5 半平面体解答

1. 半平面体受集中力

半平面体在边界上受法向集中力 F_P（见图 2.7－12），极坐标中的应力分量为

$$\left.\begin{aligned}\sigma_\rho&=-\frac{2F_P\cos\varphi}{\pi\rho}\\ \sigma_\varphi&=0\\ \tau_{\rho\varphi}&=0\end{aligned}\right\}\tag{2.7-32}$$

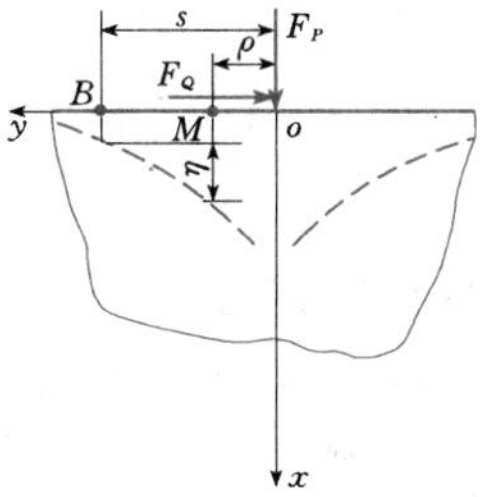

图 2.7－12 半平面体受集中力

直角坐标中的应力分量为

$$
\left.\begin{aligned}
\sigma_x &= -\frac{2F_P}{\pi}\frac{x^3}{(x^2+y^2)^2}\\
\sigma_y &= -\frac{2F_P}{\pi}\frac{xy^2}{(x^2+y^2)^2}\\
\tau_{xy} &= -\frac{2F_P}{\pi}\frac{x^2y}{(x^2+y^2)^2}
\end{aligned}\right\} \tag{2.7-33}
$$

边界上任意一点 M 相对于基点 B 的沉陷为

$$
\eta = \frac{2F_P}{\pi E}\ln\frac{s}{\rho} \tag{2.7-34}
$$

式中 s、ρ——基点 B、点 M 距力 F_P 作用点的距离。

当半平面体在边界上受切向集中力 F_Q 时（见图 2.7-12），极坐标中的应力分量为

$$
\left.\begin{aligned}
\sigma_\rho &= \frac{2F_Q\sin\varphi}{\pi\rho}\\
\sigma_\varphi &= 0\\
\tau_{\rho\varphi} &= 0
\end{aligned}\right\} \tag{2.7-35}
$$

2. 半平面体受法向分布力

半平面体在边界的一段长度上受有法向分布力（见图 2.7-13），其半平面体内任意一点 M 处的应力分量为

$$
\left.\begin{aligned}
\sigma_x &= -\frac{2}{\pi}\int_{-b}^{a}\frac{qx^3\mathrm{d}\xi}{[x^2+(y-\xi)^2]^2}\\
\sigma_y &= -\frac{2}{\pi}\int_{-b}^{a}\frac{qx(y-\xi)^2\mathrm{d}\xi}{[x^2+(y-\xi)^2]^2}\\
\tau_{xy} &= -\frac{2}{\pi}\int_{-b}^{a}\frac{qx^2(y-\xi)\mathrm{d}\xi}{[x^2+(y-\xi)^2]^2}
\end{aligned}\right\} \tag{2.7-36}
$$

式中的 q 须表示成为 ξ 的函数。积分以后，应力分量将表示为 x 和 y 的函数。例如，当 q 为常量时，积分以后将得到

$$
\left.\begin{aligned}
\sigma_x &= -\frac{q}{\pi}\left[\arctan\frac{y+b}{x}-\arctan\frac{y-a}{x}+\frac{x(y+b)}{x^2+(y+b)^2}-\frac{x(y-a)}{x^2+(y-a)^2}\right]\\
\sigma_y &= -\frac{q}{\pi}\left[\arctan\frac{y+b}{x}-\arctan\frac{y-a}{x}-\frac{x(y+b)}{x^2+(y+b)^2}+\frac{x(y-a)}{x^2+(y-a)^2}\right]\\
\tau_{xy} &= \frac{q}{\pi}\left[\frac{x^2}{x^2+(y+b)^2}-\frac{x^2}{x^2+(y-a)^2}\right]
\end{aligned}\right\} \tag{2.7-37}
$$

2.7.3 温度应力的平面问题

温度应力是由于温度改变（变温）而产生的应力。当物体中发生变温时，它的每一部分都将引起膨胀或收缩的变形，这种变形受到外部边界上的约束，以及内部各部分之间的相互约束，不能自由地发生，因此产生应力，即所谓变温应力，工程界习惯地称为

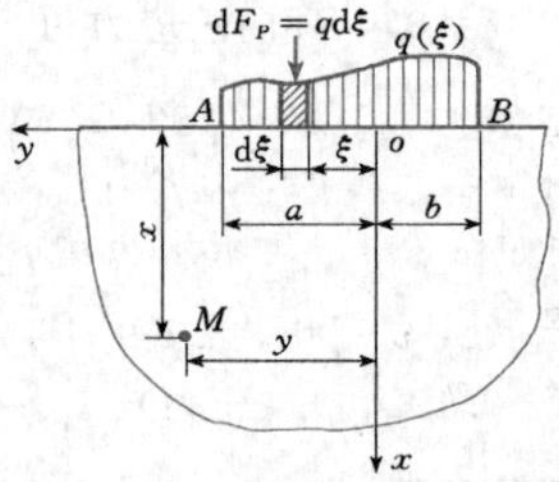

图 2.7-13 半平面体受法向分布力

温度应力。

为了求解温度应力，首先，要根据热传导理论，求出若干时刻的温度场；其次，由两个时刻温度场之差，求出变温场；然后，根据热弹性理论和求出的变温场，求解应力场。

2.7.3.1 热传导理论

温度场 $T(x, y, z, t)$ 表示温度在空间域和时间域的分布。根据热传导微分方程和相应的边值条件（初始条件和边界条件），来求解温度场。

热传导微分方程为

$$
\frac{\partial T}{\partial t} = \alpha\nabla^2T + \frac{W}{c\rho} \tag{2.7-38}
$$

其中 $$\alpha = \frac{\lambda}{c\rho}$$

式中 α——导温系数；

c——比热容；

ρ——物体的密度；

λ——导热系数；

W——内热源强度。

初始条件表示初瞬时物体中的温度分布，即

$$
(T)_{t=0} = f(x,y,z) \tag{2.7-39}
$$

边界条件表示各瞬时边界面上的温度分布情况，可以分为以下三类：

第一类边界条件，已知物体表面上各瞬时的温度分布，即

$$
(T)_s = f_1(s,t) \tag{2.7-40}
$$

第二类边界条件，已知物体表面上各瞬时的热流密度，即

$$
(q_n)_s = -\lambda\left(\frac{\partial T}{\partial n}\right)_s = f_2(s,t) \tag{2.7-41}
$$

第三类边界条件，已知物体表面上各瞬时的对流放热情况，即

$$
(q_n)_s = -\lambda\left(\frac{\partial T}{\partial n}\right)_s = \beta(T_s - T_e) \tag{2.7-42}
$$

式中 β——运流放热系数；

T_e——周围介质的温度；

T_s——相应边界点的温度。

对于平面温度场问题，$T=T(x, y, t)$，相应的

方程和边值条件中，只包含 x、y 及 t 的变量。

求出两个时刻的温度场后，就可以得出相应的变温场 $T=T_2-T_1$。

2.7.3.2 热弹性理论

当弹性体内有变温场 T 作用时，则物体内不仅应力产生变形，而且变温也产生变形。因此，平面应力问题的物理方程成为

$$\left.\begin{aligned}\varepsilon_x &= \frac{1}{E}(\sigma_x-\mu\sigma_y)+\alpha_t T\\ \varepsilon_y &= \frac{1}{E}(\sigma_y-\mu\sigma_x)+\alpha_t T\\ \gamma_{xy} &= \frac{2(1+\mu)}{E}\tau_{xy}\end{aligned}\right\}\quad(2.7-43)$$

式中 α_t——线膨胀系数。

对于平面应变问题，须将其中的 E 变换为 $\frac{E}{1-\mu^2}$，μ 变换为 $\frac{\mu}{1-\mu}$，α_t 变换为 $(1+\mu)\alpha_t$。

从式（2.7-43）求解应力，有

$$\left.\begin{aligned}\sigma_x &= \frac{E}{1-\mu^2}(\varepsilon_x+\mu\varepsilon_y)-\frac{E\alpha_t T}{1-\mu}\\ \sigma_y &= \frac{E}{1-\mu^2}(\varepsilon_y+\mu\varepsilon_x)-\frac{E\alpha_t T}{1-\mu}\\ \tau_{xy} &= \frac{E}{2(1+\mu)}\gamma_{xy}\end{aligned}\right\}\quad(2.7-44)$$

将几何方程式（2.7-4）代入式（2.7-44）得

$$\left.\begin{aligned}\sigma_x &= \frac{E}{1-\mu^2}\left(\frac{\partial u}{\partial x}+\mu\frac{\partial v}{\partial y}\right)-\frac{E\alpha_t T}{1-\mu}\\ \sigma_y &= \frac{E}{1-\mu^2}\left(\frac{\partial v}{\partial y}+\mu\frac{\partial u}{\partial x}\right)-\frac{E\alpha_t T}{1-\mu}\\ \tau_{xy} &= \frac{E}{2(1+\mu)}\left(\frac{\partial v}{\partial x}+\frac{\partial u}{\partial y}\right)\end{aligned}\right\}\quad(2.7-45)$$

将式（2.7-45）代入平衡微分方程，并假定仍有体力和面力、约束等作用，便得出用位移法求解的基本方程：

$$\left.\begin{aligned}&\frac{E}{1-\mu^2}\left(\frac{\partial^2 u}{\partial x^2}+\frac{1-\mu}{2}\frac{\partial^2 u}{\partial y^2}+\frac{1+\mu}{2}\frac{\partial^2 v}{\partial x\partial y}\right)\\ &+f_x-\frac{E\alpha_t}{1-\mu}\frac{\partial T}{\partial x}=0\\ &\frac{E}{1-\mu^2}\left(\frac{\partial^2 v}{\partial y^2}+\frac{1-\mu}{2}\frac{\partial^2 v}{\partial x^2}+\frac{1+\mu}{2}\frac{\partial^2 u}{\partial x\partial y}\right)\\ &+f_y-\frac{E\alpha_t}{1-\mu}\frac{\partial T}{\partial y}=0\end{aligned}\right\}\quad(2.7-46)$$

相应的边界条件仍为式（2.7-6）和式（2.7-9）。当求出位移分量 u 和 v 后，须由式（2.7-45）求出应力分量。

2.7.3.3 圆环和圆筒的轴对称温度应力

设有圆环，其内半径为 a，外半径为 b，发生轴对称变温 $T=T(\rho)$，且边界上不受面力作用，边界条件为

$$(\sigma_\rho)_{\rho=a}=0,\quad (\sigma_\rho)_{\rho=b}=0$$

则求解得出的轴对称温度应力为

$$\left.\begin{aligned}\sigma_\rho &= \frac{E\alpha_t}{\rho^2}\left(\frac{\rho^2-a^2}{b^2-a^2}\int_a^b T\rho\,\mathrm{d}\rho-\int_a^\rho T\rho\,\mathrm{d}\rho\right)\\ \sigma_\varphi &= \frac{E\alpha_t}{\rho^2}\left(\frac{\rho^2+a^2}{b^2-a^2}\int_a^b T\rho\,\mathrm{d}\rho+\int_a^\rho T\rho\,\mathrm{d}\rho-T\rho^2\right)\\ \tau_{\rho\varphi} &= 0\end{aligned}\right\}\quad(2.7-47)$$

设圆环的内面（$\rho=a$）增温 T_a，外面（$\rho=b$）增温 T_b，没有内热源作用，则当热流稳定以后 $\left(\frac{\partial T}{\partial t}=0\right)$，从热传导微分方程式（2.7-38）求解出稳定变温场为

$$T=T_a\frac{\ln\frac{b}{\rho}}{\ln\frac{b}{a}}+T_b\frac{\ln\frac{a}{\rho}}{\ln\frac{a}{b}}\quad(2.7-48)$$

将 T 代入式（2.7-47），得出温度应力为

$$\left.\begin{aligned}\sigma_\rho &= \frac{E\alpha_t(T_a-T_b)}{2}\left(\frac{\ln\frac{b}{\rho}}{\ln\frac{b}{a}}-\frac{\frac{b^2}{\rho^2}-1}{\frac{b^2}{a^2}-1}\right)\\ \sigma_\varphi &= -\frac{E\alpha_t(T_a-T_b)}{2}\left(\frac{\ln\frac{b}{\rho}-1}{\ln\frac{b}{a}}+\frac{\frac{b^2}{\rho^2}+1}{\frac{b^2}{a^2}-1}\right)\end{aligned}\right\}\quad(2.7-49)$$

当 $T_a=T_b$ 时，应力分布大致如图 2.7-14 所示。

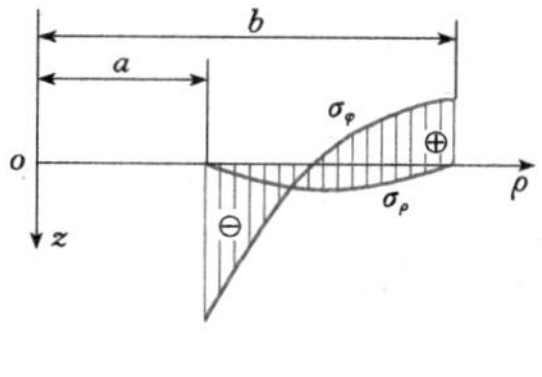

图 2.7-14 圆环或圆筒截面上的应力分布

对于圆筒的情形（平面应变问题），须将其中的 E 变换为 $\frac{E}{1-\mu^2}$，α_t 变换为 $(1+\mu)\alpha_t$。

水利工程中的大体积混凝土结构，如混凝土大坝等，由于其早龄期的徐变变形较大，因此，在分析温度应力时，除了考虑上述的弹性状态的应力外，还须考虑由于混凝土徐变性质引起的应力。具体内容可参见《大体积混凝土的温度应力与温度控制》(朱伯芳，中国水利水电出版社，1999）和《温度场和温度应

力》（王润富、陈国荣，科学出版社，2005）。

2.8 空间问题

2.8.1 基本方程及边界条件

2.8.1.1 平衡微分方程

$$\left.\begin{aligned}&\frac{\partial\sigma_x}{\partial x}+\frac{\partial\tau_{yx}}{\partial y}+\frac{\partial\tau_{zx}}{\partial z}+f_x=0\\&\frac{\partial\sigma_y}{\partial y}+\frac{\partial\tau_{zy}}{\partial z}+\frac{\partial\tau_{xy}}{\partial x}+f_y=0\\&\frac{\partial\sigma_z}{\partial z}+\frac{\partial\tau_{xz}}{\partial x}+\frac{\partial\tau_{yz}}{\partial y}+f_z=0\end{aligned}\right\}\quad(2.8-1)$$

2.8.1.2 几何方程

$$\left.\begin{aligned}\varepsilon_x&=\frac{\partial u}{\partial x}\\\varepsilon_y&=\frac{\partial v}{\partial y}\\\varepsilon_x&=\frac{\partial w}{\partial z}\\\gamma_{yz}&=\frac{\partial w}{\partial y}+\frac{\partial v}{\partial z}\\\gamma_{zx}&=\frac{\partial u}{\partial z}+\frac{\partial w}{\partial x}\\\gamma_{xy}&=\frac{\partial v}{\partial x}+\frac{\partial u}{\partial y}\end{aligned}\right\}\quad(2.8-2)$$

2.8.1.3 物理方程

（1）应变用应力表示，弹性常数用 E、μ 表示，有

$$\left.\begin{aligned}\varepsilon_x&=\frac{1}{E}[\sigma_x-\mu(\sigma_y+\sigma_z)]\\\varepsilon_y&=\frac{1}{E}[\sigma_y-\mu(\sigma_z+\sigma_x)]\\\varepsilon_z&=\frac{1}{E}[\sigma_z-\mu(\sigma_x+\sigma_y)]\\\gamma_{yz}&=\frac{2(1+\mu)}{E}\tau_{yz}\\\gamma_{zx}&=\frac{2(1+\mu)}{E}\tau_{zx}\\\gamma_{xy}&=\frac{2(1+\mu)}{E}\tau_{xy}\end{aligned}\right\}\quad(2.8-3)$$

（2）应力用应变表示，弹性常数用 λ、G 表示，则有

$$\left.\begin{aligned}\sigma_x&=\lambda e+2G\varepsilon_x\\\sigma_y&=\lambda e+2G\varepsilon_y\\\sigma_z&=\lambda e+2G\varepsilon_z\\\tau_{yz}&=G\gamma_{yz}\\\tau_{zx}&=G\gamma_{zx}\\\tau_{xy}&=G\gamma_{xy}\end{aligned}\right\}\quad(2.8-4)$$

其中
$$e=\varepsilon_x+\varepsilon_y+\varepsilon_z$$
$$\lambda=\frac{E\mu}{(1+\mu)(1-2\mu)},\quad G=\frac{E}{2(1+\mu)}$$

式中　e——体应变；

λ、G——拉梅常数。

（3）应力用应变表示，弹性常数用 G、μ 表示，则有

$$\left.\begin{aligned}\sigma_x&=2G\left(\frac{\mu}{1-2\mu}e+\varepsilon_x\right)\\\sigma_y&=2G\left(\frac{\mu}{1-2\mu}e+\varepsilon_y\right)\\\sigma_z&=2G\left(\frac{\mu}{1-2\mu}e+\varepsilon_z\right)\\\tau_{yz}&=G\gamma_{yz}\\\tau_{zx}&=G\gamma_{zx}\\\tau_{xy}&=G\gamma_{xy}\end{aligned}\right\}\quad(2.8-5)$$

2.8.1.4 边界条件

（1）位移边界条件：

$$\left.\begin{aligned}u&=\overline{u}\\v&=\overline{v}\\w&=\overline{w}\end{aligned}\right\}\quad(2.8-6)$$

（2）应力边界条件：

$$\left.\begin{aligned}l\sigma_x+m\tau_{yx}+n\tau_{zx}&=\overline{f}_x\\m\sigma_y+n\tau_{zy}+l\tau_{xy}&=\overline{f}_y\\n\sigma_z+l\tau_{xz}+m\tau_{yz}&=\overline{f}_z\end{aligned}\right\}\quad(2.8-7)$$

2.8.1.5 空间轴对称问题

采用圆柱坐标，不等于零的应力分量只有 σ_ρ、σ_φ、σ_z、$\tau_{z\rho}=\tau_{\rho z}$，不等于零的应变分量只有 ε_ρ、ε_φ、ε_z、$\gamma_{z\rho}$，不等于零的位移分量只有 u_ρ、w，它们都只是 ρ 和 z 的函数。

（1）平衡微分方程：

$$\left.\begin{aligned}&\frac{\partial\sigma_\rho}{\partial\rho}+\frac{\partial\tau_{z\rho}}{\partial z}+\frac{\sigma_\rho-\sigma_\varphi}{\rho}+f_\rho=0\\&\frac{\partial\sigma_z}{\partial z}+\frac{\partial\tau_{\rho z}}{\partial\rho}+\frac{\tau_{\rho z}}{\rho}+f_z=0\end{aligned}\right\}\quad(2.8-8)$$

式中　f_z——z 方向的体力分量。

（2）几何方程：

$$\left.\begin{aligned}\varepsilon_\rho&=\frac{\partial u_\rho}{\partial\rho}\\\varepsilon_\varphi&=\frac{u_\rho}{\rho}\\\varepsilon_z&=\frac{\partial w}{\partial z}\\\gamma_{z\rho}&=\frac{\partial u_\rho}{\partial z}+\frac{\partial w}{\partial\rho}\end{aligned}\right\}\quad(2.8-9)$$

（3）物理方程：

$$\left.\begin{aligned}\sigma_\rho &= 2G\left(\frac{\mu}{1-2\mu}e+\varepsilon_\rho\right)\\ \sigma_\varphi &= 2G\left(\frac{\mu}{1-2\mu}e+\varepsilon_\varphi\right)\\ \sigma_z &= 2G\left(\frac{\mu}{1-2\mu}e+\varepsilon_z\right)\\ \tau_{z\rho} &= G\gamma_{z\rho}\end{aligned}\right\}\quad(2.8-10)$$

其中 $e=\varepsilon_\rho+\varepsilon_\varphi+\varepsilon_z$

2.8.2 按位移求解

2.8.2.1 一般空间问题

以位移分量 u、v、w 为基本未知函数，求解 u、v、w 的基本微分方程为

$$\left.\begin{aligned}\frac{E}{2(1+\mu)}\left(\frac{1}{1-2\mu}\frac{\partial e}{\partial x}+\nabla^2 u\right)+f_x=0\\ \frac{E}{2(1+\mu)}\left(\frac{1}{1-2\mu}\frac{\partial e}{\partial y}+\nabla^2 v\right)+f_y=0\\ \frac{E}{2(1+\mu)}\left(\frac{1}{1-2\mu}\frac{\partial e}{\partial z}+\nabla^2 w\right)+f_z=0\end{aligned}\right\}$$

(2.8-11)

其中 $\nabla^2=\frac{\partial^2}{\partial x^2}+\frac{\partial^2}{\partial y^2}+\frac{\partial^2}{\partial z^2}$

式中，相应的位移边界条件是式（2.8-6）；应力边界条件是式（2.8-7），其中的应力须用位移来表示。

求出位移分量以后，可用下列公式求得应力分量：

$$\left.\begin{aligned}\sigma_x &= \frac{E}{1+\mu}\left(\frac{\mu}{1-2\mu}e+\frac{\partial u}{\partial x}\right)\\ \sigma_y &= \frac{E}{1+\mu}\left(\frac{\mu}{1-2\mu}e+\frac{\partial v}{\partial y}\right)\\ \sigma_z &= \frac{E}{1+\mu}\left(\frac{\mu}{1-2\mu}e+\frac{\partial w}{\partial z}\right)\\ \tau_{yz} &= \frac{E}{2(1+\mu)}\left(\frac{\partial w}{\partial y}+\frac{\partial v}{\partial z}\right)\\ \tau_{zx} &= \frac{E}{2(1+\mu)}\left(\frac{\partial u}{\partial z}+\frac{\partial w}{\partial x}\right)\\ \tau_{xy} &= \frac{E}{2(1+\mu)}\left(\frac{\partial v}{\partial x}+\frac{\partial u}{\partial y}\right)\end{aligned}\right\}\quad(2.8-12)$$

2.8.2.2 空间轴对称问题

以位移分量 u_ρ 及 w 为基本未知函数，求解 u_ρ、w 的基本微分方程为

$$\left.\begin{aligned}\frac{E}{2(1+\mu)}\left(\frac{1}{1-2\mu}\frac{\partial e}{\partial \rho}+\nabla^2 u_\rho-\frac{u_\rho}{\rho^2}\right)+f_\rho=0\\ \frac{E}{2(1+\mu)}\left(\frac{1}{1-2\mu}\frac{\partial e}{\partial z}+\nabla^2 w\right)+f_z=0\end{aligned}\right\}$$

(2.8-13)

此外，还须满足相应的边界条件。

求出位移分量以后，可用下列公式求得应力分量

$$\left.\begin{aligned}\sigma_\rho &= \frac{E}{1+\mu}\left(\frac{\mu}{1-2\mu}e+\frac{\partial u_\rho}{\partial \rho}\right)\\ \sigma_\varphi &= \frac{E}{1+\mu}\left(\frac{\mu}{1-2\mu}e+\frac{u_\rho}{\rho}\right)\\ \sigma_z &= \frac{E}{1+\mu}\left(\frac{\mu}{1-2\mu}e+\frac{\partial w}{\partial z}\right)\\ \tau_{z\rho} &= \frac{E}{2(1+\mu)}\left(\frac{\partial \mu_\rho}{\partial z}+\frac{\partial w}{\partial \rho}\right)\end{aligned}\right\}\quad(2.8-14)$$

2.8.3 实用解答

2.8.3.1 半空间体受重力及均布压力

半空间体的容重为 p，在边界上受均布压力 q（见图 2.8-1），其应力解答为

$$\left.\begin{aligned}\sigma_x &= \sigma_y = -\frac{\mu}{1-\mu}(q+pz)\\ \sigma_z &= -(q+pz)\\ \tau_{yz} &= \tau_{zx}=\tau_{xy}=0\end{aligned}\right\}\quad(2.8-15)$$

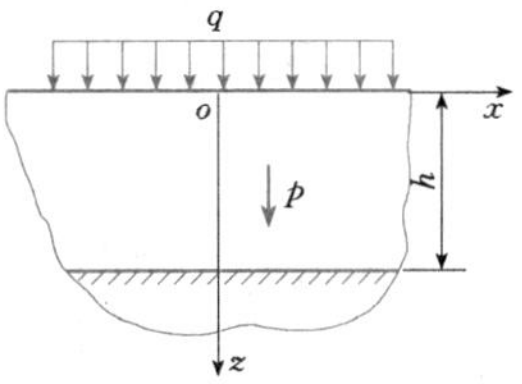

图 2.8-1 半空间体受重力及均布压力

水平方向正应力与铅直方向正应力之比为侧压力系数，其表达式为

$$\frac{\sigma_x}{\sigma_z}=\frac{\sigma_y}{\sigma_z}=\frac{\mu}{1-\mu}$$

当半空间体在距边界为 h 处受完全约束，没有铅直位移，其位移解答为

$$\left.\begin{aligned}& u=v=0\\ & w=\frac{(1+\mu)(1-2\mu)}{E(1-\mu)}\left[q(h-z)+\frac{p}{2}(h^2-z^2)\right]\end{aligned}\right\}$$

(2.8-16)

边界上各点的沉陷为

$$\eta=(w)_{z=0}=\frac{(1+\mu)(1-2\mu)}{E(1-\mu)}\left(qh+\frac{1}{2}ph^2\right)$$

(2.8-17)

2.8.3.2 半空间体在边界上受法向集中力 F_P（见图 2.8-2）

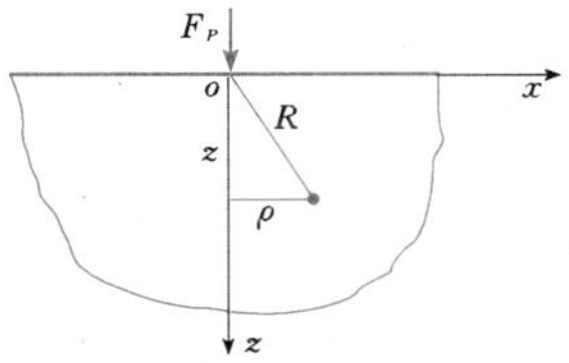

图 2.8-2 半空间体在边界上受法向集中力 F_P

应力解答为

$$\left.\begin{aligned}\sigma_\rho &= \frac{F_P}{2\pi R^2}\left[\frac{(1-2\mu)R}{R+z}-\frac{3\rho^2 z}{R^3}\right]\\ \sigma_\varphi &= \frac{(1-2\mu)F_P}{2\pi R^2}\left(\frac{z}{R}-\frac{R}{R+z}\right)\\ \sigma_z &= -\frac{3F_P z^3}{2\pi R^5}\\ \tau_{z\rho} &= \tau_{\rho z} = -\frac{3F_P\rho z^2}{2\pi R^5}\end{aligned}\right\}\quad(2.8-18)$$

其中 $R=(\rho^2+z^2)^{\frac{1}{2}}$

位移分量为

$$\left.\begin{aligned}u_\rho &= \frac{(1+\mu)F_P}{2\pi ER}\left[\frac{\rho z}{R^2}-\frac{(1-2\mu)\rho}{R+z}\right]\\ w &= \frac{(1+\mu)F_P}{2\pi ER}\left[2(1-\mu)+\frac{z^2}{R^2}\right]\end{aligned}\right\}\quad(2.8-19)$$

边界上任意一点的沉陷为

$$\eta=(w)_{z=0}=\frac{(1-\mu^2)F_P}{\pi E\rho}\quad(2.8-20)$$

2.8.3.3 半空间体在边界上受切向集中力 F_P（见图 2.8-3）

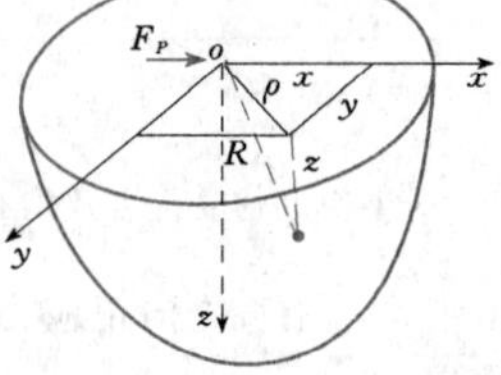

图 2.8-3 半空间体在边界上受切向集中力 F_P

应力解答为

$$\left.\begin{aligned}\sigma_x &= \frac{F_P x}{2\pi R^3}\left[\frac{1-2\mu}{(R+z)^2}\left(R^2-y^2-\frac{2Ry^2}{R+z}\right)-\frac{3x^2}{R^2}\right]\\ \sigma_y &= \frac{F_P x}{2\pi R^3}\left[\frac{1-2\mu}{(R+z)^2}\left(3R^2-x^2-\frac{2Rx^2}{R+z}\right)-\frac{3y^2}{R^2}\right]\\ \sigma_z &= -\frac{3F_P xz^2}{2\pi R^5}\\ \tau_{yz} &= -\frac{3F_P xyz}{2\pi R^5}\\ \tau_{zx} &= -\frac{3F_P x^2 z}{2\pi R^5}\\ \tau_{xy} &= \frac{F_P y}{2\pi R^3}\left[\frac{1-2\mu}{(R+z)^2}\left(-R^2+x^2+\frac{2Rx^2}{R+z}\right)-\frac{3x^2}{R^2}\right]\end{aligned}\right\}\quad(2.8-21)$$

位移解答为

$$\left.\begin{aligned}u &= \frac{(1+\mu)F_P}{2\pi ER}\left[1+\frac{x^2}{R^2}+(1-2\mu)\times\left(\frac{R}{R+z}-\frac{x^2}{R+z}\right)\right]\\ v &= \frac{(1+\mu)F_P}{2\pi ER}\left[\frac{xy}{R^2}-\frac{(1-2\mu)xy}{(R+z)^2}\right]\\ w &= \frac{(1+\mu)F_P}{2\pi ER}\left[\frac{xz}{R^2}+\frac{(1-2\mu)x}{R+z}\right]\end{aligned}\right\}\quad(2.8-22)$$

边界上任意一点的沉陷为

$$\eta=(w)_{z=0}=\frac{F_P(1-2\mu)(1+\mu)x}{2\pi ER^2}\quad(2.8-23)$$

2.8.3.4 空心圆球受均布压力

空心圆球，内半径及外半径分别为 a 及 b，在内面及外面分别受均布压力 q_a 及 q_b，其径向正应力 σ_r 及切向正应力 σ_T 为

$$\left.\begin{aligned}\sigma_r &= -\frac{\dfrac{b^3}{r^3}-1}{\dfrac{b^3}{a^3}-1}q_a-\frac{1-\dfrac{a^3}{r^3}}{1-\dfrac{a^3}{b^3}}q_b\\ \sigma_T &= -\frac{\dfrac{b^3}{2r^3}+1}{\dfrac{b^3}{a^3}-1}q_a-\frac{1+\dfrac{a^3}{2r^3}}{1-\dfrac{a^3}{b^3}}q_b\end{aligned}\right\}\quad(2.8-24)$$

径向位移为

$$u_r=\frac{(1+\mu)r}{E}\left(\frac{\dfrac{b^3}{2r^3}+\dfrac{1-2\mu}{1+\mu}}{\dfrac{b^3}{a^3}-1}q_a-\frac{\dfrac{a^3}{2r^3}+\dfrac{1-2\mu}{1+\mu}}{1-\dfrac{a^3}{b^3}}q_b\right)\quad(2.8-25)$$

2.8.4 一点的应力状态

某一点 P 的应力分量为 σ_x、σ_y、σ_z、τ_{yz}、τ_{zx}、τ_{xy}（见图 2.8-4），该点邻近的任一斜面 ABC 的外法线 N 的方向余弦为 l、m、n，该斜面上的应力沿坐标方向的分量为

$$\left.\begin{aligned}p_x &= l\sigma_x+m\tau_{xy}+n\tau_{zx}\\ p_y &= m\sigma_y+n\tau_{yz}+l\tau_{xy}\\ p_z &= n\sigma_z+l\tau_{zx}+m\tau_{yz}\end{aligned}\right\}\quad(2.8-26)$$

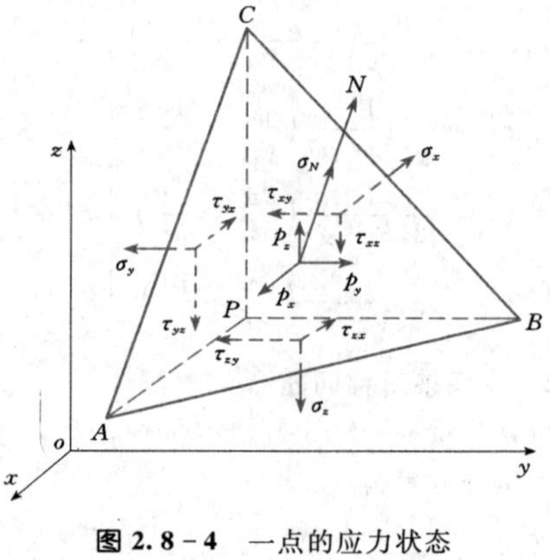

图 2.8-4 一点的应力状态

该斜面上的正应力 σ_N 及切应力 τ_N 为

$$\left.\begin{aligned}\sigma_N &= lp_x+mp_y+np_z\\ \tau_N &= (p_x^2+p_y^2+p_z^2-\sigma_N^2)^{\frac{1}{2}}\end{aligned}\right\}\quad(2.8-27)$$

为了求得 P 点的主应力，须求解下列三次方程：

$$\sigma^3-(\sigma_x+\sigma_y+\sigma_z)\sigma^2+(\sigma_y\sigma_z+\sigma_z\sigma_x+\sigma_x\sigma_y-\tau_{yz}^2-\tau_{zx}^2-\tau_{xy}^2)\sigma-(\sigma_x\sigma_y\sigma_z-\sigma_x\tau_{yz}^2-\sigma_y\tau_{zx}^2-\sigma_z\tau_{xy}^2+2\tau_{yz}\tau_{zx}\tau_{xy})=0 \tag{2.8-28}$$

这一方程将具有三个实根 σ_1、σ_2、σ_3，这三个实根就是 P 点的三个主应力。

与主应力 σ 相应的方向余弦 l、m、n，满足下列方程：

$$\left.\begin{aligned}(\sigma_x-\sigma)l+\tau_{xy}m+\tau_{zx}n&=0\\ \tau_{xy}l+(\sigma_y-\sigma)m+\tau_{yz}n&=0\\ \tau_{zx}l+\tau_{yz}m+(\sigma_z-\sigma)n&=0\end{aligned}\right\} \tag{2.8-29}$$

为了求得与主应力 σ_1 相应的方向余弦 l_1、m_1、n_1，可利用式（2.8-29）中任意二式，例如其中的前二式，并令 $\sigma=\sigma_1$，$l=l_1$，$m=m_1$，$n=n_1$，由此得

$$(\sigma_x-\sigma_1)l_1+\tau_{xy}m_1+\tau_{zx}n_1=0$$
$$\tau_{xy}l_1+(\sigma_y-\sigma_1)m_1+\tau_{yz}n_1=0$$

将以上二式除以 l_1，得

$$\left.\begin{aligned}\tau_{xy}\frac{m_1}{l_1}+\tau_{zx}\frac{n_1}{l_1}+(\sigma_x-\sigma_1)&=0\\ (\sigma_y-\sigma_1)\frac{m_1}{l_1}+\tau_{yz}\frac{n_1}{l_1}+\tau_{xy}&=0\end{aligned}\right\} \tag{2.8-30}$$

由此可求得比值 m_1/l_1 及 n_1/l_1，然后按照关系式 $l_1^2+m_1^2+n_1^2=1$，即得

$$l_1=\frac{1}{\left[1+\left(\frac{m_1}{l_1}\right)^2+\left(\frac{n_1}{l_1}\right)^2\right]^{\frac{1}{2}}} \tag{2.8-31}$$

求出 l_1 后，再由已知的比值 m_1/l_1 及 n_1/l_1 求得 m_1 及 n_1。同样，可求得与 σ_2 相应的方向余弦 l_2、m_2、n_2，以及与 σ_3 相应的方向余弦 l_3、m_3、n_3。

下列三个表达式，是不随坐标的改变而改变的，称为应力状态的不变量，即

$$\left.\begin{aligned}\Theta&=\sigma_x+\sigma_y+\sigma_z=\sigma_1+\sigma_2+\sigma_3\\ \Theta_2&=\sigma_y\sigma_z+\sigma_z\sigma_x+\sigma_x\sigma_y-\tau_{yz}^2-\tau_{zx}^2-\tau_{xy}^2\\ &=\sigma_2\sigma_3+\sigma_3\sigma_1+\sigma_1\sigma_2\\ \Theta_3&=\sigma_x\sigma_y\sigma_z-\sigma_x\tau_{yz}^2-\sigma_y\tau_{zx}^2-\sigma_z\tau_{xy}^2\\ &\quad+2\tau_{yz}\tau_{zx}\tau_{xy}=\sigma_1\sigma_2\sigma_3\end{aligned}\right\} \tag{2.8-32}$$

式中　Θ——体积应力。

2.9 薄板的计算

2.9.1 薄板的小挠度弯曲理论

薄板是指板的厚度 h 远小于其中面尺寸的一类板。薄板的小挠度弯曲理论中研究的薄板，虽然很薄，但仍然具有相当的弯曲刚度，因而它的挠度 w 远小于其厚度 h，如图 2.9-1 所示。

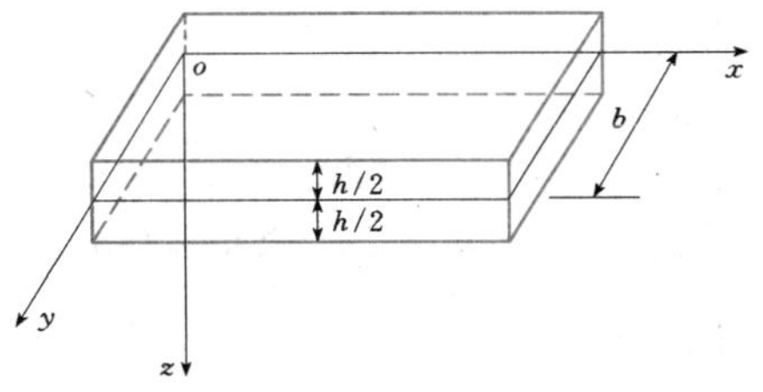

图 2.9-1　薄板

在薄板的小挠度弯曲理论中，根据薄板的内力和变形的特征，补充提出了以下三个计算假定：

（1）垂直于中面方向的线应变 ε_z 可以不计。

（2）次要应力分量 τ_{xz}、τ_{yz} 和 σ_z 远小于其他应力分量，它们引起的形变可以不计。

（3）薄板中面内的各点，其平行于中面方向的位移可以不计。

应用上述三个计算假定，简化弹性力学空间问题的基本方程和边界条件，得出按位移求解薄板弯曲问题的方法：取薄板的挠度 w 为基本未知函数，w 应满足挠曲微分方程

$$D\nabla^4 w=q \tag{2.9-1}$$

及相应的边界条件，其中

$$D=\frac{Eh^3}{12(1-\mu^2)} \tag{2.9-2}$$

式中　D——薄板的弯曲刚度。

以图 2.9-2 为例，薄板弯曲问题的基本边界条件有下列三类：

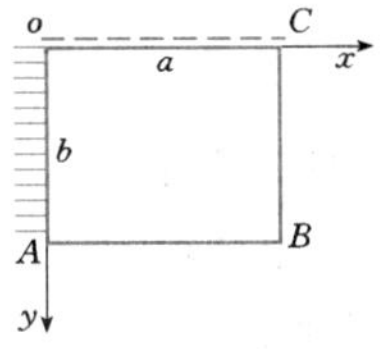

图 2.9-2　薄板的边界条件

固定边 oA（$x=0$）：

$$(w)_{x=0}=0,\quad \left(\frac{\partial w}{\partial x}\right)_{x=0}=0 \tag{2.9-3}$$

简支边 oC（$y=0$）：

$$w_{y=0}=0,\quad (M_y)_{y=0}=0$$

简支边的条件可以全部用 w 表示为

$$(w)_{y=0}=0,\quad \left(\frac{\partial^2 w}{\partial y^2}\right)_{y=0}=0 \tag{2.9-4}$$

自由边 AB（$y=b$）：

$$(M_y)_{y=b}=0,\quad (M_{yx})_{y=b}=0,\quad (F_{sy})_{y=b}=0$$

自由边的后两个条件可以合并为总剪力的条件。自由边的条件可以全部用 w 表示为

$$\left.\begin{aligned}&\left(\frac{\partial^2 w}{\partial y^2}+\mu\frac{\partial^2 w}{\partial x^2}\right)_{y=b}=0\\&\left[\frac{\partial^3 w}{\partial y^3}+(2-\mu)\frac{\partial^3 w}{\partial x^2\partial y}\right]_{y=b}=0\end{aligned}\right\}\quad(2.9-5)$$

自由边 $BC(x=a)$，可以类似地列出条件：

$$\left.\begin{aligned}&\left(\frac{\partial^2 w}{\partial x^2}+\mu\frac{\partial^2 w}{\partial y^2}\right)_{x=a}=0\\&\left[\frac{\partial^3 w}{\partial x^3}+(2-\mu)\frac{\partial^3 w}{\partial x\partial y^2}\right]_{x=a}=0\end{aligned}\right\}\quad(2.9-6)$$

两自由边的交点 $B(x=a,y=b)$，如果有支柱阻止挠度发生，则角点条件为

$$(w)_{x=a,y=b}=0\quad(2.9-7)$$

若无支柱支撑，则角点集中反力应为零，即

$$\left(\frac{\partial^2 w}{\partial x\partial y}\right)_{x=a,y=b}=0\quad(2.9-8)$$

从挠曲微分方程式（2.9-1）和边界条件求出挠度 w，便可按下列公式求得薄板内力：

弯矩

$$\left.\begin{aligned}M_x&=-D\left(\frac{\partial^2 w}{\partial x^2}+\mu\frac{\partial^2 w}{\partial y^2}\right)\\M_y&=-D\left(\frac{\partial^2 w}{\partial y^2}+\mu\frac{\partial^2 w}{\partial x^2}\right)\end{aligned}\right\}\quad(2.9-9)$$

扭矩

$$M_{xy}=M_{yx}=-D(1-\mu)\frac{\partial^2 w}{\partial x\partial y}\quad(2.9-10)$$

横向剪力

$$\left.\begin{aligned}F_{sx}&=-D\frac{\partial}{\partial x}\nabla^2 w\\F_{sy}&=-D\frac{\partial}{\partial y}\nabla^2 w\end{aligned}\right\}\quad(2.9-11)$$

2.9.2 矩形薄板的基本解答

2.9.2.1 四边简支矩形薄板

四边简支矩形薄板（见图 2.9-3），受有分布荷载 q，纳维得出重三角级数解答为

$$w=\sum_{m=1}^{\infty}\sum_{n=1}^{\infty}A_{mn}\sin\frac{m\pi x}{a}\sin\frac{n\pi y}{b}\quad(2.9-12)$$

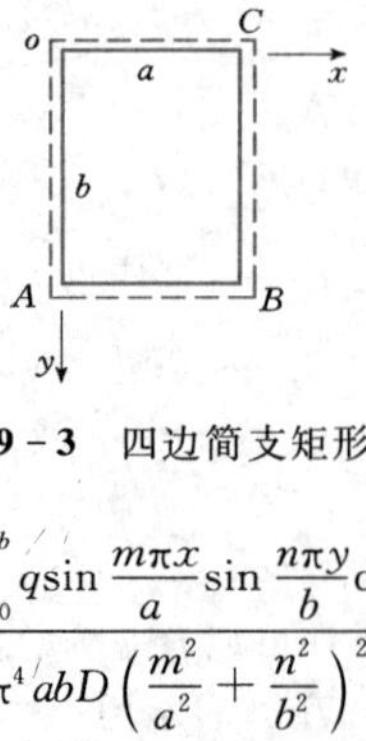

图 2.9-3 四边简支矩形薄板

其中 $$A_{mn}=\frac{4\int_0^a\int_0^b q\sin\frac{m\pi x}{a}\sin\frac{n\pi y}{b}\mathrm{d}x\mathrm{d}y}{\pi^4 abD\left(\frac{m^2}{a^2}+\frac{n^2}{b^2}\right)^2}\quad(2.9-13)$$

2.9.2.2 两对边简支矩形薄板

两对边简支矩形薄板（见图 2.9-4），$x=0$ 及 $x=a$ 为简支边，其余两边 $y=\pm\frac{b}{2}$ 为任意的其他边界，受有分布荷载 q，纳维得出单三角级的解答为

$$w=\sum_{m=1}^{\infty}Y_m\sin\frac{m\pi x}{a}\quad(2.9-14)$$

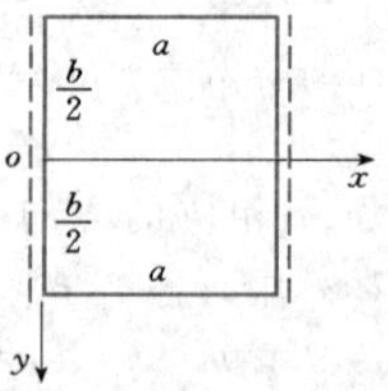

图 2.9-4 两对边简支矩形薄板

其中，Y_m 为 y 的函数，即

$$Y_m=A_m\cosh\frac{m\pi y}{a}+B_m\frac{m\pi y}{a}\sinh\frac{m\pi y}{a}+C_m\sinh\frac{m\pi y}{a}+D_m\frac{m\pi y}{a}\cosh\frac{m\pi y}{a}+f_m(y)\quad(2.9-15)$$

其中 $f_m(y)$ 为下列非齐次常微分方程：

$$\frac{\mathrm{d}^4 Y_m}{\mathrm{d}y^4}-2\left(\frac{m\pi}{a}\right)^2\frac{\mathrm{d}^2 Y_m}{\mathrm{d}y^2}+\left(\frac{m\pi}{a}\right)^4 Y_m=\frac{2}{aD}\int_0^a q\sin\frac{m\pi x}{a}\mathrm{d}x\quad(2.9-16)$$

的任意一个特解，系数 A_m、B_m、C_m、D_m 是待定的常数，由 $y=\pm\frac{b}{2}$ 的两边的边界条件来决定。

应用纳维解法，并采用类似结构力学中的力法、位移法或者混合法，可以得出任意边界条件的矩形薄板受任意横向荷载下的解答，具体内容可见 2.9.4 中矩形薄板计算用表。

2.9.3 圆形薄板的弯曲

2.9.3.1 圆形薄板的弯曲

对于由环向线或径向线为边界的薄板，宜采用极坐标求解，这时挠度 $w(\rho,\varphi)$ 和横向荷载 $q(\rho,\varphi)$ 都是 ρ 和 φ 的函数。求解挠度 w 的挠曲微分方程仍为

$$D\nabla^4 w=q\quad(2.9-17)$$

其中 $$\nabla^2=\frac{\partial^2}{\partial\rho^2}+\frac{1}{\rho}\frac{\partial}{\partial\rho}+\frac{1}{\rho^2}\frac{\partial^2}{\partial\varphi^2}\quad(2.9-18)$$

圆板的边界条件如下：

设 $\rho=a$ 为固定边，则

$$\left.\begin{aligned}&(w)_{\rho=a}=0\\&\left(\frac{\partial w}{\partial\rho}\right)_{\rho=a}=0\end{aligned}\right\}\quad(2.9-19)$$

设 $\rho=a$ 为简支边，则

$$(w)_{\rho=a}=0,\quad(M_\rho)_{\rho=a}=0$$

简支边的条件可以全部用 w 表示为

$$\left.\begin{aligned}&(w)_{\rho=a}=0\\&\left(\frac{\partial^2 w}{\partial\rho^2}+\frac{1}{\rho}\frac{\partial w}{\partial\rho}\right)_{\rho=a}=0\end{aligned}\right\}\quad(2.9-20)$$

设 $\rho=a$ 为自由边，则

$$\left.\begin{aligned}&(M_\rho)_{\rho=a}=0\\&(F^t_{s\rho})_{\rho=a}=\left(F_{s\rho}+\frac{1}{\rho}\frac{\partial M_{\rho\varphi}}{\partial\varphi}\right)_{\rho=a}=0\end{aligned}\right\}\quad(2.9-21)$$

圆板的内力用 w 表示为

弯矩

$$\left.\begin{aligned}M_\rho&=-D\left[\frac{\partial^2 w}{\partial\rho^2}+\mu\left(\frac{1}{\rho}\frac{\partial w}{\partial\rho}+\frac{1}{\rho^2}\frac{\partial^2 w}{\partial\varphi^2}\right)\right]\\M_\varphi&=-D\left[\left(\frac{1}{\rho}\frac{\partial w}{\partial\rho}+\frac{1}{\rho^2}\frac{\partial^2 w}{\partial\varphi^2}\right)+\mu\frac{\partial^2 w}{\partial\rho^2}\right]\end{aligned}\right\}\quad(2.9-22)$$

扭矩

$$M_{\rho\varphi}=M_{\varphi\rho}=-D(1-\mu)\left[\frac{\partial}{\partial\rho}\left(\frac{1}{\rho}\frac{\partial w}{\partial\varphi}\right)\right]\quad(2.9-23)$$

横向剪力

$$\left.\begin{aligned}F_{s\rho}&=-D\frac{\partial}{\partial\rho}\nabla^2 w\\F_{s\varphi}&=-D\frac{1}{\rho}\frac{\partial}{\partial\varphi}\nabla^2 w\end{aligned}\right\}\quad(2.9-24)$$

2.9.3.2 圆板的轴对称弯曲

如果圆板所受的横向荷载和边界条件都是绕 z 轴对称的，则该薄板的挠度和内力也将是绕 z 轴对称的，即属于轴对称弯曲问题。当 $q=q(\rho)$，$w=w(\rho)$，轴对称弯曲问题的挠曲微分方程简化为

$$\frac{1}{\rho}\frac{\mathrm{d}}{\mathrm{d}\rho}\left\{\rho\frac{\mathrm{d}}{\mathrm{d}\rho}\left[\frac{1}{\rho}\frac{\mathrm{d}}{\mathrm{d}\rho}\left(\rho\frac{\mathrm{d}w}{\mathrm{d}\rho}\right)\right]\right\}=\frac{q}{D}\quad(2.9-25)$$

式（2.9-25）的一般解答为

$$w=C_1\ln\rho+C_2\rho^2\ln\rho+C_3\rho^2+C_4+w_1\quad(2.9-26)$$

其特解 w_1 为

$$w_1=\frac{1}{D}\int\frac{1}{\rho}\int\rho\int\frac{1}{\rho}\int q\rho\,\mathrm{d}\rho^4\quad(2.9-27)$$

系数 C_1、C_2、C_3、C_4 由边界条件确定。

轴对称弯曲问题的内力公式也简化为

弯矩

$$\left.\begin{aligned}M_\rho&=-D\left(\frac{\partial^2 w}{\partial\rho^2}+\mu\frac{1}{\rho}\frac{\partial w}{\partial\rho}\right)\\M_\varphi&=-D\left(\frac{1}{\rho}\frac{\partial w}{\partial\rho}+\mu\frac{\partial^2 w}{\partial\rho^2}\right)\end{aligned}\right\}\quad(2.9-28)$$

扭矩

$$M_{\rho\varphi}=M_{\varphi\rho}=0\quad(2.9-29)$$

横向剪力

$$\left.\begin{aligned}F_{s\rho}&=-D\frac{\partial}{\partial\rho}\nabla^2 w\\F_{s\varphi}&=0\end{aligned}\right\}\quad(2.9-30)$$

2.9.4 矩形薄板计算用表

表 2.9-1～表 2.9-6 以及表 2.9-14～表 2.9-22，列出了泊松比 $\mu=0$ 的弯矩系数❶。当 μ 值不等于零时，边界中点弯矩仍可按这些表求得，但跨内弯矩要用下列公式计算❷：

$$M_x^{(\mu)}=M_x+\mu M_y$$

$$M_y^{(\mu)}=M_y+\mu M_x$$

式中　M_x、M_y——$\mu=0$ 时的跨内弯矩，可查上述的表求得。

注意：上两式只适用于无自由边的板。

表 2.9-7～表 2.9-13 以及表 2.9-23～表 2.9-26 分别列出了 μ 为 0、1/6、0.3 时的弯矩系数。$\mu=0$ 代表一种实际上并不存在的假想材料；$\mu=1/6$ 的各项系数可用于钢筋混凝土板；$\mu=0.3$ 的各项系数可用于钢板。

符号说明：

μ——泊松比；

M_x、$M_{x\max}$——平行于 l_x 方向板中心点的弯矩、板跨内最大弯矩；

M_y、$M_{y\max}$——平行于 l_y 方向板中心点的弯矩、板跨内最大弯矩；

M_{0x}、M_{0y}——平行于 l_x、l_y 方向自由边的中点弯矩；

M_x^0——固定边中点平行于 l_x 方向的弯矩；

M_y^0——固定边中点平行于 l_y 方向的弯矩；

M_{xz}^0——平行于 l_x 方向自由边上固定端的支座弯矩。

弯矩均以使板的受荷面受压者为正。

图例说明：

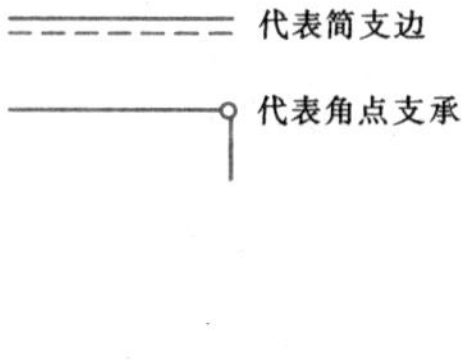

❶ 本节表内的弯矩系数均为单位板宽的弯矩系数。

❷ 当求跨内最大弯矩时，按此公式计算会得出偏大的结果，这是因为板内两个方向的跨内最大弯矩一般并不在同一点出现。

2.9.4.1 均布荷载作用下的弯矩计算表

表 2.9-1 四边简支矩形薄板在均布荷载作用下的弯矩计算表

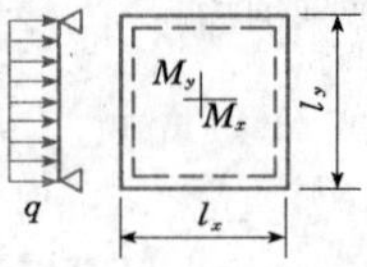

$\mu=0$
弯矩 = 表中系数 $\times ql^2$
式中，l 取用 l_x 和 l_y 中之较小者

$\frac{l_x}{l_y}$	M_x	M_y	$\frac{l_x}{l_y}$	M_x	M_y
0.50	0.0965	0.0174	0.80	0.0561	0.0334
0.55	0.0892	0.0210	0.85	0.0506	0.0348
0.60	0.0820	0.0242	0.90	0.0456	0.0358
0.65	0.0750	0.0271	0.95	0.0410	0.0364
0.70	0.0683	0.0296	1.00	0.0368	0.0368
0.75	0.0620	0.0317			

表 2.9-2 三边简支一边固定矩形薄板在均布荷载作用下的弯矩计算表

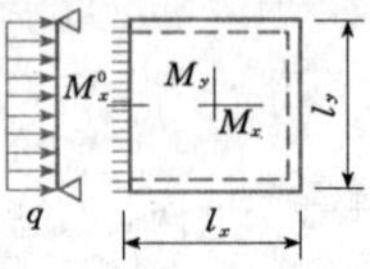

$\mu=0$
弯矩 = 表中系数 $\times ql^2$
式中，l 取用 l_x 和 l_y 中之较小者

$\frac{l_x}{l_y}$	$\frac{l_y}{l_x}$	M_x	$M_{x\max}$	M_y	$M_{y\max}$	M_x^0
0.50		0.0583	0.0646	0.0060	0.0063	−0.1212
0.55		0.0563	0.0618	0.0081	0.0087	−0.1187
0.60		0.0539	0.0589	0.0104	0.0111	−0.1158
0.65		0.0513	0.0559	0.0126	0.0133	−0.1124
0.70		0.0485	0.0529	0.0148	0.0154	−0.1087
0.75		0.0457	0.0496	0.0168	0.0174	−0.1048
0.80		0.0428	0.0463	0.0187	0.0193	−0.1007
0.85		0.0400	0.0431	0.0204	0.0211	−0.0965
0.90		0.0372	0.0400	0.0219	0.0226	−0.0922
0.95		0.0345	0.0369	0.0232	0.0239	−0.0880
1.00	1.00	0.0319	0.0340	0.0243	0.0249	−0.0839
	0.95	0.0324	0.0345	0.0280	0.0287	−0.0882
	0.90	0.0328	0.0347	0.0322	0.0330	−0.0926
	0.85	0.0329	0.0347	0.0370	0.0378	−0.0970
	0.80	0.0326	0.0343	0.0424	0.0433	−0.1014
	0.75	0.0319	0.0335	0.0485	0.0494	−0.1056
	0.70	0.0308	0.0323	0.0553	0.0562	−0.1096
	0.65	0.0291	0.0306	0.0627	0.0637	−0.1133
	0.60	0.0268	0.0289	0.0707	0.0717	−0.1166
	0.55	0.0239	0.0271	0.0792	0.0801	−0.1193
	0.50	0.0205	0.0249	0.0880	0.0888	−0.1215

表 2.9-3 两对边简支两对边固定矩形薄板在均布荷载作用下的弯矩计算表

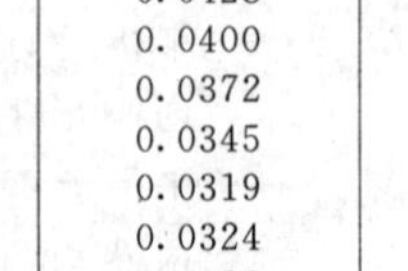

$\mu=0$
弯矩 = 表中系数 $\times ql^2$
式中，l 取用 l_x 和 l_y 中之较小者

$\frac{l_x}{l_y}$	$\frac{l_y}{l_x}$	M_x	M_y	M_x^0
0.50		0.0416	0.0017	−0.0843
0.55		0.0410	0.0028	−0.0840
0.60		0.0402	0.0042	−0.0834
0.65		0.0392	0.0057	−0.0826

续表

$\frac{l_x}{l_y}$	$\frac{l_y}{l_x}$	M_x	M_y	M_x^0
0.70		0.0379	0.0072	−0.0814
0.75		0.0366	0.0088	−0.0799
0.80		0.0351	0.0103	−0.0782
0.85		0.0335	0.0118	−0.0763
0.90		0.0319	0.0133	−0.0743
0.95		0.0302	0.0146	−0.0721
1.00	1.00	0.0285	0.0158	−0.0698
	0.95	0.0296	0.0189	−0.0746
	0.90	0.0306	0.0224	−0.0797
	0.85	0.0314	0.0266	−0.0850
	0.80	0.0319	0.0316	−0.0904
	0.75	0.0321	0.0374	−0.0959
	0.70	0.0318	0.0441	−0.1013
	0.65	0.0308	0.0518	−0.1066
	0.60	0.0292	0.0604	−0.1114
	0.55	0.0267	0.0698	−0.1156
	0.50	0.0234	0.0798	−0.1191

表 2.9-4　　四边固定矩形薄板在均布荷载作用下的弯矩计算表

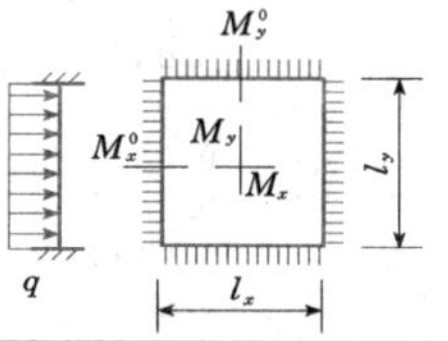

$\mu=0$
弯矩 = 表中系数 $\times ql^2$
式中，l 取用 l_x 和 l_y 中之较小者

$\frac{l_x}{l_y}$	M_x	M_y	M_x^0	M_y^0
0.50	0.0400	0.0038	−0.0829	−0.0570
0.55	0.0385	0.0056	−0.0814	−0.0571
0.60	0.0367	0.0076	−0.0793	−0.0571
0.65	0.0345	0.0095	−0.0766	−0.0571
0.70	0.0321	0.0113	−0.0735	−0.0569
0.75	0.0296	0.0130	−0.0701	−0.0565
0.80	0.0271	0.0144	−0.0664	−0.0559
0.85	0.0246	0.0156	−0.0626	−0.0551
0.90	0.0221	0.0165	−0.0588	−0.0541
0.95	0.0198	0.0172	−0.0550	−0.0528
1.00	0.0176	0.0176	−0.0513	−0.0513

表 2.9-5　　两邻边简支两邻边固定矩形薄板在均布荷载作用下的弯矩计算表

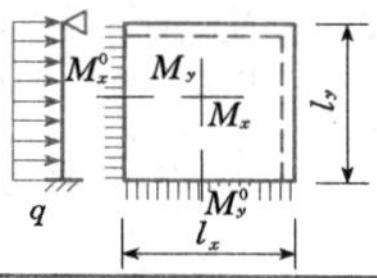

$\mu=0$
弯矩 = 表中系数 $\times ql^2$
式中，l 取用 l_x 和 l_y 中之较小者

$\frac{l_x}{l_y}$	M_x	$M_{x\max}$	M_y	$M_{y\max}$	M_x^0	M_y^0
0.50	0.0559	0.0562	0.0079	0.0135	−0.1179	−0.0786
0.55	0.0529	0.0530	0.0104	0.0153	−0.1140	−0.0785
0.60	0.0496	0.0498	0.0129	0.0169	−0.1095	−0.0782
0.65	0.0461	0.0465	0.0151	0.0183	−0.1045	−0.0777
0.70	0.0426	0.0432	0.0172	0.0195	−0.0992	−0.0770
0.75	0.0390	0.0396	0.0189	0.0206	−0.0938	−0.0760
0.80	0.0356	0.0361	0.0204	0.0218	−0.0883	−0.0748
0.85	0.0322	0.0328	0.0215	0.0229	−0.0829	−0.0733
0.90	0.0291	0.0297	0.0224	0.0238	−0.0776	−0.0716
0.95	0.0261	0.0267	0.0230	0.0244	−0.0726	−0.0698
1.00	0.0234	0.0240	0.0234	0.0249	−0.0677	−0.0677

表 2.9-6　　　　　三边固定一边简支矩形薄板在均布荷载作用下的弯矩计算表

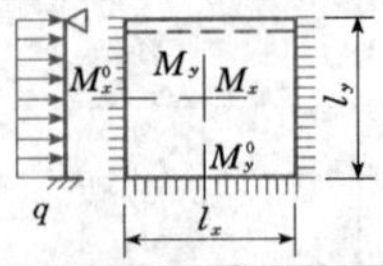

$\mu=0$

弯矩 = 表中系数 $\times ql^2$

式中，l 取用 l_x 和 l_y 中之较小者

$\frac{l_x}{l_y}$	$\frac{l_y}{l_x}$	M_x	$M_{x\max}$	M_y	$M_{y\max}$	M_x^0	M_y^0
0.50		0.0408	0.0409	0.0028	0.0089	−0.0836	−0.0569
0.55		0.0398	0.0399	0.0042	0.0093	−0.0827	−0.0570
0.60		0.0384	0.0386	0.0059	0.0105	−0.0814	−0.0571
0.65		0.0368	0.0371	0.0076	0.0116	−0.0796	−0.0572
0.70		0.0350	0.0354	0.0093	0.0127	−0.0774	−0.0572
0.75		0.0331	0.0335	0.0109	0.0137	−0.0750	−0.0572
0.80		0.0310	0.0314	0.0124	0.0147	−0.0722	−0.0570
0.85		0.0289	0.0293	0.0138	0.0155	−0.0693	−0.0567
0.90		0.0268	0.0273	0.0159	0.0163	−0.0663	−0.0563
0.95		0.0247	0.0252	0.0160	0.0172	−0.0631	−0.0558
1.00	1.00	0.0227	0.0231	0.0168	0.0180	−0.0600	−0.0550
	0.95	0.0229	0.0234	0.0194	0.0207	−0.0629	−0.0599
	0.90	0.0228	0.0234	0.0223	0.0238	−0.0656	−0.0653
	0.85	0.0225	0.0231	0.0255	0.0273	−0.0683	−0.0711
	0.80	0.0219	0.0224	0.0290	0.0311	−0.0707	−0.0772
	0.75	0.0208	0.0214	0.0329	0.0354	−0.0729	−0.0837
	0.70	0.0194	0.0200	0.0370	0.0400	−0.0748	−0.0903
	0.65	0.0175	0.0182	0.0412	0.0446	−0.0762	−0.0970
	0.60	0.0153	0.0160	0.0454	0.0493	−0.0773	−0.1033
	0.55	0.0127	0.0133	0.0496	0.0541	−0.0780	−0.1093
	0.50	0.0099	0.0103	0.0534	0.0588	−0.0784	−0.1146

表 2.9-7　　　　　三边简支一边自由矩形薄板在均布荷载作用下的弯矩计算表

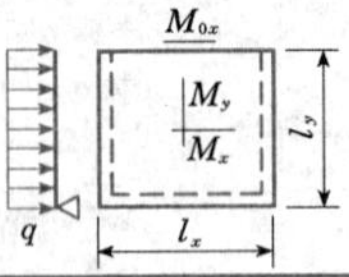

弯矩 = 表中系数 $\times ql_x^2$

$\frac{l_y}{l_x}$	M_x			M_y			M_{0x}		
	$\mu=0$	$\mu=\frac{1}{6}$	$\mu=0.3$	$\mu=0$	$\mu=\frac{1}{6}$	$\mu=0.3$	$\mu=0$	$\mu=\frac{1}{6}$	$\mu=0.3$
0.30	0.0114	0.0145	0.0170	0.0101	0.0103	0.0104	0.0219	0.0250	0.0273
0.35	0.0155	0.0192	0.0222	0.0127	0.0131	0.0134	0.0289	0.0327	0.0355
0.40	0.0199	0.0242	0.0276	0.0152	0.0159	0.0165	0.0363	0.0407	0.0439
0.45	0.0247	0.0294	0.0331	0.0174	0.0186	0.0195	0.0438	0.0487	0.0522
0.50	0.0296	0.0346	0.0385	0.0192	0.0210	0.0223	0.0512	0.0564	0.0602
0.55	0.0346	0.0397	0.0437	0.0207	0.0231	0.0250	0.0583	0.0639	0.0677
0.60	0.0395	0.0447	0.0488	0.0218	0.0250	0.0274	0.0651	0.0709	0.0747
0.65	0.0444	0.0495	0.0536	0.0226	0.0266	0.0296	0.0714	0.0773	0.0812
0.70	0.0491	0.0542	0.0581	0.0230	0.0279	0.0315	0.0773	0.0833	0.0871
0.75	0.0537	0.0585	0.0624	0.0232	0.0289	0.0332	0.0826	0.0886	0.0924
0.80	0.0580	0.0626	0.0663	0.0232	0.0298	0.0347	0.0875	0.0935	0.0972
0.85	0.0622	0.0665	0.0701	0.0230	0.0304	0.0360	0.0918	0.0979	0.1015
0.90	0.0660	0.0702	0.0736	0.0227	0.0309	0.0372	0.0957	0.1018	0.1053
0.95	0.0697	0.0736	0.0768	0.0222	0.0313	0.0382	0.0992	0.1052	0.1087
1.00	0.0732	0.0768	0.0799	0.0217	0.0315	0.0390	0.1024	0.1083	0.1117
1.10	0.0794	0.0826	0.0853	0.0204	0.0317	0.0403	0.1076	0.1135	0.1167
1.20	0.0849	0.0877	0.0901	0.0190	0.0315	0.0411	0.1116	0.1175	0.1205
1.30	0.0897	0.0922	0.0943	0.0175	0.0312	0.0417	0.1148	0.1205	0.1235
1.40	0.0940	0.0961	0.0980	0.0161	0.0307	0.0420	0.1172	0.1229	0.1258
1.50	0.0977	0.0995	0.1012	0.0147	0.0301	0.0421	0.1190	0.1247	0.1275
1.75	0.1051	0.1065	0.1077	0.0115	0.0286	0.0420	0.1220	0.1276	0.1302
2.00	0.1106	0.1115	0.1125	0.0088	0.0271	0.0414	0.1235	0.1291	0.1316

表 2.9-8　两对边简支一边固定一边自由矩形薄板在均布荷载作用下的弯矩计算表

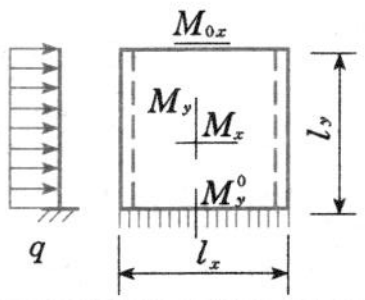

弯矩＝表中系数×ql_x^2

$\frac{l_y}{l_x}$	M_y^0			M_x			M_y			M_{0x}		
	$\mu=0$	$\mu=\frac{1}{6}$	$\mu=0.3$	$\mu=0$	$\mu=\frac{1}{6}$	$\mu=0.3$	$\mu=0$	$\mu=\frac{1}{6}$	$\mu=0.3$	$\mu=0$	$\mu=\frac{1}{6}$	$\mu=0.3$
0.30	−0.0371	−0.0388	−0.0403	0.0016	0.0007	−0.0004	−0.0052	−0.0060	−0.0068	0.0050	0.0052	0.0051
0.35	−0.0468	−0.0489	−0.0511	0.0030	0.0022	0.0012	−0.0048	−0.0058	−0.0069	0.0088	0.0093	0.0094
0.40	−0.0562	−0.0588	−0.0615	0.0050	0.0045	0.0035	−0.0037	−0.0048	−0.0060	0.0136	0.0147	0.0151
0.45	−0.0651	−0.0680	−0.0711	0.0075	0.0073	0.0067	−0.0020	−0.0031	−0.0043	0.0193	0.0210	0.0218
0.50	−0.0735	−0.0764	−0.0797	0.0104	0.0108	0.0105	−0.0001	−0.0008	−0.0019	0.0257	0.0280	0.0293
0.55	−0.0811	−0.0839	−0.0873	0.0138	0.0146	0.0147	0.0021	0.0018	0.0010	0.0326	0.0355	0.0372
0.60	−0.0879	−0.0905	−0.0938	0.0175	0.0188	0.0193	0.0044	0.0045	0.0042	0.0396	0.0431	0.0453
0.65	−0.0939	−0.0962	−0.0992	0.0214	0.0232	0.0241	0.0066	0.0074	0.0076	0.0467	0.0508	0.0532
0.70	−0.0992	−0.1011	−0.1038	0.0256	0.0277	0.0290	0.0087	0.0102	0.0110	0.0536	0.0582	0.0610
0.75	−0.1037	−0.1052	−0.1076	0.0299	0.0323	0.0339	0.0107	0.0129	0.0143	0.0603	0.0652	0.0683
0.80	−0.1076	−0.1087	−0.1107	0.0342	0.0368	0.0387	0.0124	0.0154	0.0175	0.0667	0.0719	0.0751
0.85	−0.1108	−0.1116	−0.1133	0.0384	0.0413	0.0433	0.0138	0.0177	0.0204	0.0727	0.0781	0.0815
0.90	−0.1135	−0.1140	−0.1153	0.0427	0.0456	0.0478	0.0151	0.0198	0.0232	0.0782	0.0838	0.0872
0.95	−0.1158	−0.1160	−0.1170	0.0468	0.0499	0.0522	0.0161	0.0217	0.0257	0.0833	0.0890	0.0925
1.00	−0.1176	−0.1176	−0.1184	0.0509	0.0539	0.0563	0.0169	0.0233	0.0280	0.0879	0.0938	0.0972
1.10	−0.1203	−0.1200	−0.1204	0.0585	0.0615	0.0640	0.0179	0.0259	0.0318	0.0959	0.1018	0.1052
1.20	−0.1221	−0.1216	−0.1218	0.0655	0.0684	0.0708	0.0183	0.0277	0.0349	0.1024	0.1083	0.1115
1.30	−0.1232	−0.1227	−0.1227	0.0719	0.0746	0.0770	0.0182	0.0289	0.0372	0.1075	0.1134	0.1165
1.40	−0.1239	−0.1234	−0.1233	0.0777	0.0802	0.0824	0.0177	0.0297	0.0389	0.1115	0.1173	0.1204
1.50	−0.1243	−0.1239	−0.1237	0.0828	0.0852	0.0873	0.0170	0.0300	0.0401	0.1147	0.1204	0.1233
1.75	−0.1248	−0.1245	−0.1244	0.0936	0.0955	0.0972	0.0146	0.0298	0.0417	0.1197	0.1254	0.1281
2.00	−0.1250	−0.1248	−0.1247	0.1017	0.1033	0.1047	0.0120	0.0288	0.0420	0.1223	0.1279	0.1305

表 2.9-9　　两对边固定一边简支一边自由矩形薄板在均布荷载作用下的弯矩计算表

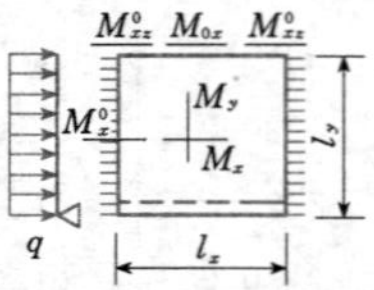

弯矩＝表中系数×ql_x^2

$\frac{l_y}{l_x}$	M_{xz}^0			M_x			M_y			M_{0x}			M_x^0		
	$\mu=0$	$\mu=\frac{1}{6}$	$\mu=0.3$	$\mu=0$	$\mu=\frac{1}{6}$	$\mu=0.3$	$\mu=0$	$\mu=\frac{1}{6}$	$\mu=0.3$	$\mu=0$	$\mu=\frac{1}{6}$	$\mu=0.3$	$\mu=0$	$\mu=\frac{1}{6}$	$\mu=0.3$
0.30	−0.0821	−0.0643	−0.0477	0.0106	0.0127	0.0143	0.0080	0.0084	0.0087	0.0193	0.0211	0.0223	−0.0349	−0.0372	−0.0396
0.35	−0.0879	−0.0673	−0.0450	0.0135	0.0157	0.0174	0.0093	0.0100	0.0106	0.0237	0.0256	0.0267	−0.0402	−0.0421	−0.0443
0.40	−0.0917	−0.0688	−0.0446	0.0162	0.0185	0.0201	0.0103	0.0114	0.0122	0.0276	0.0295	0.0306	−0.0451	−0.0467	−0.0485
0.45	−0.0938	−0.0694	−0.0437	0.0188	0.0210	0.0226	0.0109	0.0125	0.0136	0.0309	0.0328	0.0338	−0.0496	−0.0508	−0.0522
0.50	−0.0948	−0.0692	−0.0426	0.0211	0.0232	0.0248	0.0113	0.0133	0.0148	0.0337	0.0355	0.0363	−0.0537	−0.0546	−0.0556
0.55	−0.0949	−0.0686	−0.0413	0.0232	0.0252	0.0267	0.0115	0.0139	0.0157	0.0359	0.0376	0.0383	−0.0575	−0.0579	−0.0587
0.60	−0.0944	−0.0677	−0.0401	0.0251	0.0270	0.0284	0.0114	0.0143	0.0165	0.0376	0.0393	0.0399	−0.0608	−0.0610	−0.0615
0.65	−0.0936	−0.0667	−0.0389	0.0268	0.0286	0.0299	0.0112	0.0146	0.0170	0.0389	0.0406	0.0411	−0.0637	−0.0637	−0.0640
0.70	−0.0926	−0.0656	−0.0379	0.0284	0.0301	0.0313	0.0109	0.0146	0.0174	0.0399	0.0415	0.0420	−0.0663	−0.0662	−0.0663
0.75	−0.0915	−0.0646	−0.0370	0.0298	0.0314	0.0325	0.0105	0.0146	0.0177	0.0407	0.0422	0.0426	−0.0687	−0.0684	−0.0684
0.80	−0.0904	−0.0637	−0.0363	0.0311	0.0326	0.0336	0.0100	0.0145	0.0178	0.0412	0.0427	0.0431	−0.0707	−0.0704	−0.0703
0.85	−0.0893	−0.0629	−0.0358	0.0323	0.0336	0.0346	0.0095	0.0142	0.0178	0.0416	0.0431	0.0434	−0.0725	−0.0721	−0.0720
0.90	−0.0883	−0.0622	−0.0354	0.0333	0.0346	0.0355	0.0089	0.0140	0.0178	0.0418	0.0433	0.0436	−0.0741	−0.0737	−0.0735
0.95	−0.0875	−0.0616	−0.0351	0.0343	0.0354	0.0363	0.0084	0.0136	0.0177	0.0420	0.0434	0.0437	−0.0755	−0.0751	−0.0748
1.00	−0.0867	−0.0612	−0.0350	0.0352	0.0362	0.0370	0.0078	0.0133	0.0175	0.0421	0.0435	0.0437	−0.0767	−0.0763	−0.0760
1.10	−0.0855	−0.0607	−0.0351	0.0367	0.0375	0.0382	0.0067	0.0125	0.0171	0.0421	0.0435	0.0437	−0.0787	−0.0783	−0.0781
1.20	−0.0846	−0.0605	−0.0356	0.0379	0.0386	0.0392	0.0056	0.0118	0.0166	0.0421	0.0434	0.0436	−0.0802	−0.0799	−0.0797
1.30	−0.0841	−0.0606	−0.0363	0.0389	0.0394	0.0399	0.0047	0.0110	0.0160	0.0420	0.0433	0.0436	−0.0813	−0.0811	−0.0809
1.40	−0.0837	−0.0608	−0.0371	0.0396	0.0401	0.0405	0.0038	0.0104	0.0155	0.0419	0.0433	0.0435	−0.0822	−0.0820	−0.0819
1.50	−0.0835	−0.0612	−0.0380	0.0402	0.0406	0.0409	0.0031	0.0098	0.0150	0.0418	0.0432	0.0434	−0.0828	−0.0826	−0.0825
1.75	−0.0833	−0.0624	−0.0405	0.0412	0.0414	0.0415	0.0017	0.0086	0.0141	0.0417	0.0431	0.0433	−0.0836	−0.0836	−0.0835
2.00	−0.0833	−0.0637	−0.0430	0.0416	0.0417	0.0418	0.0009	0.0078	0.0134	0.0417	0.0431	0.0433	−0.0838	−0.0839	−0.0839

表 2.9-10　　三边固定一边自由矩形薄板在均布荷载作用下的弯矩计算表

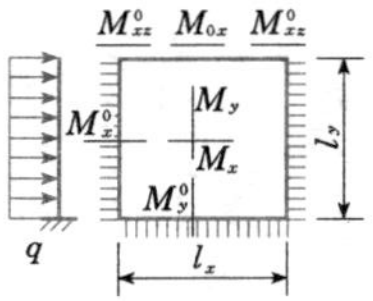

弯矩＝表中系数×ql_x^2

$\frac{l_y}{l_x}$	M_{xz}^0			M_{0x}			M_x			M_y			M_x^0			M_y^0		
	$\mu=0$	$\mu=\frac{1}{6}$	$\mu=0.3$	$\mu=0$	$\mu=\frac{1}{6}$	$\mu=0.3$	$\mu=0$	$\mu=\frac{1}{6}$	$\mu=0.3$	$\mu=0$	$\mu=\frac{1}{6}$	$\mu=0.3$	$\mu=0$	$\mu=\frac{1}{6}$	$\mu=0.3$	$\mu=0$	$\mu=\frac{1}{6}$	$\mu=0.3$
0.30	−0.0436	−0.0345	−0.0250	0.0065	0.0068	0.0069	0.0024	0.0018	0.0012	−0.0034	−0.0039	−0.0045	−0.0131	−0.0135	−0.0139	−0.0332	−0.0344	−0.0356
0.35	−0.0552	−0.0432	−0.0304	0.0106	0.0112	0.0115	0.0042	0.0039	0.0034	−0.0022	−0.0026	−0.0031	−0.0174	−0.0179	−0.0185	−0.0394	−0.0406	−0.0420
0.40	−0.0655	−0.0506	−0.0347	0.0150	0.0160	0.0164	0.0063	0.0063	0.0061	−0.0006	−0.0008	−0.0012	−0.0220	−0.0227	−0.0233	−0.0443	−0.0454	−0.0468
0.45	−0.0739	−0.0564	−0.0378	0.0194	0.0207	0.0213	0.0086	0.0090	0.0090	0.0011	0.0014	0.0012	−0.0269	−0.0275	−0.0282	−0.0480	−0.0489	−0.0500
0.50	−0.0804	−0.0607	−0.0398	0.0236	0.0250	0.0257	0.0110	0.0116	0.0119	0.0028	0.0034	0.0037	−0.0317	−0.0322	−0.0329	−0.0507	−0.0513	−0.0522
0.55	−0.0851	−0.0635	−0.0408	0.0272	0.0288	0.0295	0.0133	0.0142	0.0147	0.0044	0.0054	0.0060	−0.0364	−0.0368	−0.0374	−0.0526	−0.0530	−0.0535
0.60	−0.0883	−0.0652	−0.0411	0.0304	0.0320	0.0327	0.0155	0.0166	0.0172	0.0057	0.0072	0.0082	−0.0409	−0.0412	−0.0416	−0.0540	−0.0541	−0.0544
0.65	−0.0902	−0.0661	−0.0409	0.0330	0.0347	0.0353	0.0177	0.0188	0.0196	0.0068	0.0087	0.0101	−0.0451	−0.0453	−0.0456	−0.0549	−0.0548	−0.0549
0.70	−0.0911	−0.0663	−0.0404	0.0352	0.0368	0.0374	0.0197	0.0209	0.0218	0.0077	0.0100	0.0117	−0.0490	−0.0490	−0.0493	−0.0556	−0.0553	−0.0553
0.75	−0.0914	−0.0661	−0.0398	0.0369	0.0385	0.0391	0.0215	0.0228	0.0238	0.0083	0.0111	0.0131	−0.0526	−0.0526	−0.0527	−0.0560	−0.0557	−0.0556
0.80	−0.0912	−0.0656	−0.0391	0.0383	0.0399	0.0404	0.0233	0.0246	0.0256	0.0087	0.0119	0.0142	−0.0560	−0.0558	−0.0558	−0.0563	−0.0560	−0.0558
0.85	−0.0907	−0.0651	−0.0385	0.0394	0.0409	0.0414	0.0249	0.0262	0.0272	0.0090	0.0125	0.0151	−0.0590	−0.0588	−0.0587	−0.0565	−0.0562	−0.0559
0.90	−0.0901	−0.0644	−0.0379	0.0402	0.0417	0.0421	0.0264	0.0277	0.0287	0.0090	0.0129	0.0158	−0.0617	−0.0615	−0.0613	−0.0566	−0.0563	−0.0561
0.95	−0.0893	−0.0638	−0.0374	0.0408	0.0422	0.0426	0.0278	0.0291	0.0301	0.0090	0.0132	0.0164	−0.0642	−0.0639	−0.0638	−0.0567	−0.0564	−0.0562
1.00	−0.0886	−0.0632	−0.0371	0.0412	0.0427	0.0430	0.0292	0.0304	0.0314	0.0089	0.0133	0.0167	−0.0665	−0.0662	−0.0660	−0.0568	−0.0565	−0.0563
1.10	−0.0871	−0.0623	−0.0366	0.0417	0.0431	0.0434	0.0315	0.0327	0.0336	0.0083	0.0133	0.0172	−0.0704	−0.0701	−0.0699	−0.0568	−0.0566	−0.0565
1.20	−0.0859	−0.0617	−0.0366	0.0419	0.0433	0.0436	0.0335	0.0345	0.0354	0.0076	0.0130	0.0172	−0.0735	−0.0732	−0.0730	−0.0569	−0.0567	−0.0566
1.30	−0.0850	−0.0614	−0.0370	0.0420	0.0434	0.0436	0.0352	0.0361	0.0368	0.0067	0.0125	0.0170	−0.0760	−0.0758	−0.0756	−0.0569	−0.0568	−0.0567
1.40	−0.0844	−0.0614	−0.0376	0.0420	0.0433	0.0436	0.0366	0.0374	0.0380	0.0059	0.0119	0.0167	−0.0780	−0.0778	−0.0777	−0.0569	−0.0568	−0.0568
1.50	−0.0839	−0.0616	−0.0383	0.0419	0.0433	0.0435	0.0377	0.0384	0.0390	0.0051	0.0113	0.0163	−0.0795	−0.0794	−0.0793	−0.0569	−0.0569	−0.0568
1.75	−0.0834	−0.0625	−0.0406	0.0418	0.0431	0.0434	0.0397	0.0402	0.0405	0.0032	0.0099	0.0152	−0.0820	−0.0819	−0.0819	−0.0569	−0.0569	−0.0569
2.00	−0.0833	−0.0637	−0.0430	0.0417	0.0431	0.0433	0.0408	0.0411	0.0413	0.0019	0.0087	0.0142	−0.0931	−0.0832	−0.0832	−0.0569	−0.0569	−0.0569

表 2.9-11　　四角点支承矩形薄板在均布荷载作用下的弯矩计算表

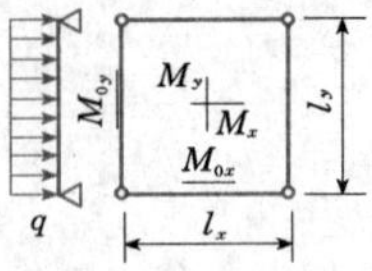

弯矩=表中系数$\times ql_y^2$

$\frac{l_x}{l_y}$	μ	M_x	M_y	M_{0x}	M_{0y}
0.50	0	0.0153	0.1221	0.0654	0.1302
	$\frac{1}{6}$	0.0189	0.1221	0.0592	0.1304
	0.3	0.0214	0.1223	0.0544	0.1301
0.55	0	0.0209	0.1210	0.0728	0.1321
	$\frac{1}{6}$	0.0245	0.1212	0.0666	0.1319
	0.3	0.0271	0.1216	0.0618	0.1314
0.60	0	0.0272	0.1198	0.0805	0.1342
	$\frac{1}{6}$	0.0310	0.1203	0.0744	0.1337
	0.3	0.0337	0.1208	0.0695	0.1330
0.65	0	0.0344	0.1184	0.0887	0.1366
	$\frac{1}{6}$	0.0382	0.1191	0.0826	0.1358
	0.3	0.0410	0.1199	0.0778	0.1347
0.70	0	0.0424	0.1169	0.0973	0.1393
	$\frac{1}{6}$	0.0462	0.1179	0.0913	0.1380
	0.3	0.0490	0.1189	0.0865	0.1365
0.75	0	0.0512	0.1153	0.1063	0.1421
	$\frac{1}{6}$	0.0549	0.1166	0.1006	0.1403
	0.3	0.0577	0.1178	0.0958	0.1385
0.80	0	0.0607	0.1136	0.1159	0.1452
	$\frac{1}{6}$	0.0643	0.1153	0.1103	0.1429
	0.3	0.0671	0.1167	0.1056	0.1407
0.85	0	0.0709	0.1118	0.1260	0.1485
	$\frac{1}{6}$	0.0745	0.1138	0.1206	0.1456
	0.3	0.0772	0.1155	0.1160	0.1429
0.90	0	0.0818	0.1099	0.1366	0.1520
	$\frac{1}{6}$	0.0854	0.1123	0.1314	0.1485
	0.3	0.0881	0.1143	0.1269	0.1453
0.95	0	0.0935	0.1079	0.1478	0.1557
	$\frac{1}{6}$	0.0969	0.1107	0.1427	0.1515
	0.3	0.0996	0.1130	0.1384	0.1479
1.00	0	0.1058	0.1058	0.1595	0.1595
	$\frac{1}{6}$	0.1091	0.1091	0.1547	0.1547
	0.3	0.1117	0.1117	0.1505	0.1505

表 2.9-12　两邻边简支一角点支承矩形薄板在均布荷载作用下的弯矩计算表

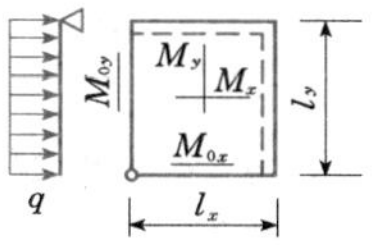

弯矩=表中系数×ql_y^2

$\frac{l_x}{l_y}$	μ	M_x	M_y	M_{0x}	M_{0y}
0.50	0	0.0237	0.0271	0.0379	0.0511
	$\frac{1}{6}$	0.0247	0.0328	0.0383	0.0564
	0.3	0.0255	0.0372	0.0380	0.0602
0.55	0	0.0273	0.0312	0.0450	0.0586
	$\frac{1}{6}$	0.0287	0.0373	0.0455	0.0641
	0.3	0.0298	0.0420	0.0452	0.0679
0.60	0	0.0310	0.0351	0.0524	0.0658
	$\frac{1}{6}$	0.0327	0.0416	0.0530	0.0715
	0.3	0.0342	0.0465	0.0528	0.0753
0.65	0	0.0347	0.0389	0.0599	0.0728
	$\frac{1}{6}$	0.0369	0.0456	0.0608	0.0784
	0.3	0.0387	0.0507	0.0606	0.0821
0.70	0	0.0384	0.0425	0.0675	0.0794
	$\frac{1}{6}$	0.0412	0.0494	0.0686	0.0850
	0.3	0.0434	0.0546	0.0687	0.0885
0.75	0	0.0421	0.0460	0.0751	0.0857
	$\frac{1}{6}$	0.0455	0.0530	0.0766	0.0912
	0.3	0.0482	0.0582	0.0768	0.0945
0.80	0	0.0459	0.0492	0.0826	0.0916
	$\frac{1}{6}$	0.0499	0.0563	0.0846	0.0969
	0.3	0.0530	0.0615	0.0850	0.1000
0.85	0	0.0496	0.0523	0.0901	0.0971
	$\frac{1}{6}$	0.0543	0.0593	0.0925	0.1022
	0.3	0.0579	0.0646	0.0933	0.1050
0.90	0	0.0533	0.0552	0.0974	0.1023
	$\frac{1}{6}$	0.0587	0.0622	0.1004	0.1071
	0.3	0.0628	0.0675	0.1015	0.1097
0.95	0	0.0570	0.0579	0.1046	0.1071
	$\frac{1}{6}$	0.0631	0.0649	0.1082	0.1116
	0.3	0.0677	0.0701	0.1097	0.1139
1.00	0	0.0605	0.0605	0.1115	0.1115
	$\frac{1}{6}$	0.0674	0.0674	0.1158	0.1158
	0.3	0.0726	0.0726	0.1178	0.1178

表 2.9-13 一边简支两角点支承矩形薄板在均布荷载作用下的弯矩计算表

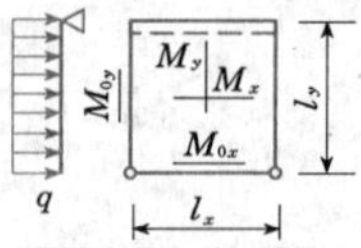

弯矩=表中系数×ql^2
式中，l 取用 l_x 和 l_y 中之较大者

$\frac{l_x}{l_y}$	μ	M_x	M_y	M_{0x}	M_{0y}
0.50	0	0.0075	0.1236	0.0639	0.1276
	$\frac{1}{6}$	0.0130	0.1231	0.0583	0.1287
	0.3	0.0167	0.1230	0.0537	0.1289
0.55	0	0.0101	0.1231	0.0703	0.1284
	$\frac{1}{6}$	0.0163	0.1226	0.0649	0.1296
	0.3	0.0204	0.1225	0.0605	0.1298
0.60	0	0.0130	0.1225	0.0766	0.1294
	$\frac{1}{6}$	0.0198	0.1221	0.0717	0.1306
	0.3	0.0245	0.1221	0.0675	0.1307
0.65	0	0.0162	0.1219	0.0829	0.1305
	$\frac{1}{6}$	0.0237	0.1215	0.0785	0.1316
	0.3	0.0288	0.1216	0.0746	0.1317
0.70	0	0.0196	0.1213	0.0892	0.1316
	$\frac{1}{6}$	0.0277	0.1209	0.0854	0.1327
	0.3	0.0333	0.1210	0.0818	0.1328
0.75	0	0.0231	0.1206	0.0954	0.1327
	$\frac{1}{6}$	0.0319	0.1203	0.0923	0.1339
	0.3	0.0380	0.1205	0.0891	0.1338
0.80	0	0.0268	0.1200	0.1016	0.1339
	$\frac{1}{6}$	0.0363	0.1197	0.0992	0.1351
	0.3	0.0428	0.1200	0.0965	0.1349
0.85	0	0.0305	0.1193	0.1076	0.1351
	$\frac{1}{6}$	0.0407	0.1192	0.1060	0.1362
	0.3	0.0478	0.1195	0.1040	0.1360
0.90	0	0.0343	0.1187	0.1135	0.1363
	$\frac{1}{6}$	0.0452	0.1186	0.1129	0.1374
	0.3	0.0528	0.1190	0.1114	0.1371
0.95	0	0.0382	0.1181	0.1193	0.1375
	$\frac{1}{6}$	0.0497	0.1180	0.1196	0.1386
	0.3	0.0578	0.1185	0.1188	0.1382
1.00	0	0.0420	0.1174	0.1250	0.1387
	$\frac{1}{6}$	0.0542	0.1175	0.1263	0.1398
	0.3	0.0628	0.1180	0.1261	0.1393

续表

$\frac{l_y}{l_x}$	μ	M_x	M_y	M_{0x}	M_{0y}
1.00	0	0.0420	0.1174	0.1250	0.1387
	$\frac{1}{6}$	0.0542	0.1175	0.1263	0.1398
	0.3	0.0628	0.1180	0.1261	0.1393
0.95	0	0.0415	0.1055	0.1181	0.1263
	$\frac{1}{6}$	0.0532	0.1055	0.1202	0.1272
	0.3	0.0615	0.1061	0.1207	0.1267
0.90	0	0.0407	0.0941	0.1110	0.1144
	$\frac{1}{6}$	0.0520	0.0943	0.1139	0.1152
	0.3	0.0599	0.0948	0.1151	0.1147
0.85	0	0.0397	0.0835	0.1039	0.1030
	$\frac{1}{6}$	0.0505	0.0837	0.1075	0.1038
	0.3	0.0581	0.0842	0.1092	0.1032
0.80	0	0.0385	0.0736	0.0967	0.0922
	$\frac{1}{6}$	0.0487	0.0738	0.1009	0.0929
	0.3	0.0559	0.0743	0.1031	0.0923
0.75	0	0.0369	0.0643	0.0893	0.0819
	$\frac{1}{6}$	0.0466	0.0646	0.0940	0.0825
	0.3	0.0535	0.0650	0.0968	0.0820
0.70	0	0.0351	0.0558	0.0918	0.0722
	$\frac{1}{6}$	0.0442	0.0560	0.0870	0.0727
	0.3	0.0507	0.0565	0.0901	0.0721
0.65	0	0.0329	0.0479	0.0743	0.0629
	$\frac{1}{6}$	0.0414	0.0481	0.0797	0.0633
	0.3	0.0476	0.0486	0.0831	0.0629
0.60	0	0.0304	0.0407	0.0666	0.0542
	$\frac{1}{6}$	0.0383	0.0409	0.0721	0.0546
	0.3	0.0440	0.0413	0.0758	0.0541
0.55	0	0.0276	0.0342	0.0589	0.0460
	$\frac{1}{6}$	0.0348	0.0344	0.0644	0.0464
	0.3	0.0401	0.0347	0.0681	0.0460
0.50	0	0.0245	0.0284	0.0511	0.0384
	$\frac{1}{6}$	0.0311	0.0285	0.0564	0.0387
	0.3	0.0359	0.0288	0.0602	0.0384

2.9.4.2 局部均布荷载作用下的弯矩计算表

表 2.9-14 **四边简支矩形薄板在局部均布荷载作用下的弯矩计算表**

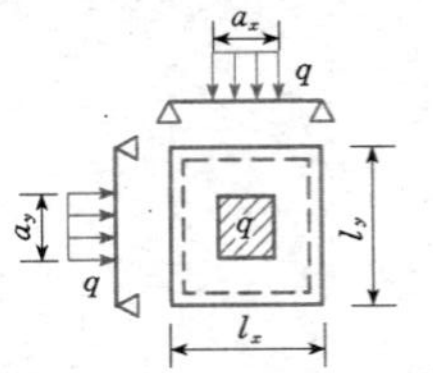

$\mu=0$

当 q 为面作用时：弯矩＝表中系数×qa_xa_y

当 q 为线作用时：弯矩＝表中系数×qa_x（或 qa_y）

$\frac{l_y}{l_x}$	$\frac{a_y}{l_x}$ \ $\frac{a_x}{l_x}$	M_x 0.0	M_x 0.2	M_x 0.4	M_x 0.6	M_x 0.8	M_x 1.0	M_y 0.0	M_y 0.2	M_y 0.4	M_y 0.6	M_y 0.8	M_y 1.0
1.0	0.0	∞	0.1746	0.1213	0.0920	0.0728	0.0592	∞	0.2528	0.1957	0.1602	0.1329	0.1097
	0.2	0.2528	0.1634	0.1176	0.0900	0.0714	0.0581	0.1746	0.1634	0.1434	0.1236	0.1049	0.0872
	0.4	0.1957	0.1434	0.1083	0.0843	0.0674	0.0549	0.1213	0.1176	0.1083	0.0962	0.0831	0.0693
	0.6	0.1602	0.1236	0.0962	0.0762	0.0613	0.0500	0.0920	0.0900	0.0843	0.0762	0.0664	0.0556
	0.8	0.1329	0.1049	0.0831	0.0664	0.0537	0.0439	0.0728	0.0714	0.0674	0.0613	0.0537	0.0451
	1.0	0.1097	0.0872	0.0693	0.0556	0.0451	0.0368	0.0592	0.0581	0.0549	0.0500	0.0439	0.0368
1.2	0.0	∞	0.1936	0.1394	0.1086	0.0874	0.0714	∞	0.2456	0.1889	0.1540	0.1274	0.1051
	0.2	0.2723	0.1826	0.1358	0.1066	0.0861	0.0704	0.1673	0.1563	0.1367	0.1174	0.0995	0.0826
	0.4	0.2156	0.1630	0.1268	0.1013	0.0824	0.0675	0.1143	0.1107	0.1017	0.0903	0.0778	0.0650
	0.6	0.1807	0.1438	0.1154	0.0936	0.0767	0.0629	0.0854	0.0835	0.0782	0.0706	0.0615	0.0515
	0.8	0.1543	0.1259	0.1029	0.0845	0.0696	0.0572	0.0670	0.0657	0.0620	0.0565	0.0495	0.0415
	1.0	0.1322	0.1093	0.0902	0.0745	0.0616	0.0507	0.0544	0.0534	0.0506	0.0463	0.0406	0.0341
	1.2	0.1126	0.0934	0.0773	0.0640	0.0530	0.0436	0.0455	0.0447	0.0424	0.0388	0.0341	0.0286
1.4	0.0	∞	0.2063	0.1515	0.1197	0.0972	0.0796	∞	0.2394	0.1829	0.1485	0.1226	0.1010
	0.2	0.2854	0.1954	0.1480	0.1178	0.0960	0.0787	0.1610	0.1500	0.1308	0.1120	0.0947	0.0786
	0.4	0.2289	0.1761	0.1393	0.1128	0.0925	0.0760	0.1080	0.1045	0.0958	0.0849	0.0731	0.0609
	0.6	0.1946	0.1574	0.1283	0.1055	0.0872	0.0718	0.0792	0.0774	0.0724	0.0653	0.0568	0.0476
	0.8	0.1690	0.1403	0.1166	0.0970	0.0806	0.0665	0.0608	0.0597	0.0563	0.0512	0.0449	0.0377
	1.0	0.1478	0.1246	0.1047	0.0878	0.0733	0.0606	0.0485	0.0476	0.0452	0.0413	0.0362	0.0305
	1.2	0.1294	0.1099	0.0929	0.0783	0.0655	0.0542	0.0400	0.0394	0.0374	0.0342	0.0301	0.0253
	1.4	0.1126	0.0959	0.0813	0.0685	0.0574	0.0475	0.0342	0.0336	0.0319	0.0292	0.0257	0.0216

续表

$\frac{l_y}{l_x}$	$\frac{a_x}{l_x}$ / $\frac{a_y}{l_x}$	M_x						M_y					
		0.0	0.2	0.4	0.6	0.8	1.0	0.0	0.2	0.4	0.6	0.8	1.0
1.6	0.0	∞	0.2144	0.1592	0.1267	0.1034	0.0849	∞	0.2348	0.1786	0.1445	0.1191	0.0981
	0.2	0.2937	0.2036	0.1558	0.1250	0.1023	0.0840	0.1563	0.1455	0.1264	0.1080	0.0912	0.0756
	0.4	0.2375	0.1845	0.1473	0.1201	0.0989	0.0814	0.1033	0.0998	0.0914	0.0808	0.0695	0.0579
	0.6	0.2035	0.1662	0.1367	0.1132	0.0939	0.0774	0.0744	0.0726	0.0679	0.0612	0.0532	0.0445
	0.8	0.1784	0.1497	0.1255	0.1052	0.0878	0.0725	0.0560	0.0549	0.0518	0.0470	0.0415	0.0346
	1.0	0.1580	0.1346	0.1143	0.0966	0.0810	0.0670	0.0436	0.0428	0.0405	0.0370	0.0325	0.0273
	1.2	0.1405	0.1208	0.1033	0.0878	0.0739	0.0612	0.0351	0.0345	0.0327	0.0299	0.0264	0.0222
	1.4	0.1248	0.1079	0.0926	0.0790	0.0666	0.0552	0.0292	0.0288	0.0273	0.0250	0.0221	0.0185
	1.6	0.1105	0.0956	0.0822	0.0702	0.0592	0.0491	0.0253	0.0249	0.0237	0.0217	0.0191	0.0161
1.8	0.0	∞	0.2194	0.1639	0.1311	0.1073	0.0881	∞	0.2317	0.1756	0.1418	0.1168	0.0961
	0.2	0.2988	0.2086	0.1605	0.1294	0.1061	0.0872	0.1531	0.1423	0.1234	0.1053	0.0888	0.0736
	0.4	0.2427	0.1897	0.1522	0.1246	0.1029	0.0847	0.1000	0.0967	0.0884	0.0781	0.0671	0.0559
	0.6	0.2091	0.1717	0.1419	0.1180	0.0981	0.0810	0.0711	0.0694	0.0648	0.0583	0.0507	0.0424
	0.8	0.1844	0.1555	0.1310	0.1103	0.0923	0.0763	0.0525	0.0515	0.0485	0.0441	0.0386	0.0324
	1.0	0.1645	0.1410	0.1203	0.1021	0.0859	0.0711	0.0400	0.0392	0.0372	0.0339	0.0298	0.0250
	1.2	0.1475	0.1277	0.1099	0.0938	0.0792	0.0657	0.0313	0.0308	0.0292	0.0267	0.0235	0.0198
	1.4	0.1327	0.1156	0.1000	0.0857	0.0725	0.0601	0.0253	0.0249	0.0237	0.0217	0.0191	0.0161
	1.6	0.1193	0.1043	0.0904	0.0777	0.0658	0.0546	0.0213	0.0209	0.0199	0.0183	0.0161	0.0135
	1.8	0.1070	0.0936	0.0812	0.0698	0.0592	0.0491	0.0187	0.0183	0.0174	0.0160	0.0141	0.0119
2.0	0.0	∞	0.2224	0.1668	0.1337	0.1096	0.0901	∞	0.2297	0.1738	0.1401	0.1152	0.0948
	0.2	0.3019	0.2116	0.1634	0.1320	0.1085	0.0892	0.1511	0.1403	0.1215	0.1035	0.0873	0.0723
	0.4	0.2459	0.1928	0.1552	0.1274	0.1053	0.0868	0.0980	0.0946	0.0865	0.0763	0.0655	0.0546
	0.6	0.2124	0.1750	0.1450	0.1209	0.1007	0.0931	0.0689	0.0673	0.0628	0.0565	0.0490	0.0410
	0.8	0.1880	0.1590	0.1344	0.1134	0.0950	0.0786	0.0502	0.0492	0.0464	0.0421	0.0369	0.0309
	1.0	0.1684	0.1448	0.1240	0.1055	0.0889	0.0736	0.0375	0.0369	0.0349	0.0319	0.0280	0.0235
	1.2	0.1519	0.1320	0.1140	0.0976	0.0825	0.0685	0.0287	0.0282	0.0268	0.0245	0.0216	0.0181
	1.4	0.1375	0.1204	0.1045	0.0899	0.0762	0.0632	0.0226	0.0222	0.0211	0.0193	0.0170	0.0143
	1.6	0.1248	0.1097	0.0956	0.0824	0.0700	0.0581	0.0183	0.0180	0.0171	0.0157	0.0138	0.0116
	1.8	0.1132	0.0997	0.0871	0.0752	0.0639	0.0531	0.0155	0.0152	0.0145	0.0133	0.0117	0.0098
	2.0	0.1026	0.0904	0.0790	0.0683	0.0580	0.0482	0.0127	0.0135	0.0128	0.0117	0.0104	0.0087

2.9.4.3 三角形荷载作用下的弯矩计算表

表 2.9-15　　四边简支矩形薄板在三角形荷载作用下的弯矩计算表

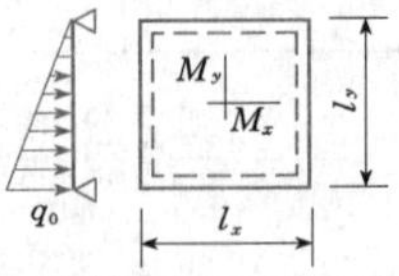

$\mu=0$
弯矩＝表中系数×q_0l^2
式中，l 取用 l_x 和 l_y 中之较小者

$\frac{l_x}{l_y}$	$\frac{l_y}{l_x}$	M_x	$M_{x\max}$	M_y	$M_{y\max}$
	0.50	0.0087	0.0117	0.0482	0.0504
	0.55	0.0105	0.0126	0.0446	0.0467
	0.60	0.0121	0.0135	0.0410	0.0432
	0.65	0.0136	0.0142	0.0375	0.0399
	0.70	0.0148	0.0149	0.0342	0.0368
	0.75	0.0159	0.0159	0.0310	0.0338
	0.80	0.0167	0.0167	0.0280	0.0310
	0.85	0.0174	0.0174	0.0253	0.0284
	0.90	0.0179	0.0179	0.0228	0.0260
	0.95	0.0182	0.0183	0.0205	0.0239
1.00	1.00	0.0184	0.0185	0.0184	0.0220
0.95		0.0205	0.0207	0.0182	0.0223
0.90		0.0228	0.0230	0.0179	0.0225
0.85		0.0253	0.0256	0.0174	0.0228
0.80		0.0280	0.0285	0.0167	0.0230
0.75		0.0310	0.0316	0.0159	0.0231
0.70		0.0342	0.0349	0.0148	0.0231
0.65		0.0375	0.0386	0.0136	0.0230
0.60		0.0410	0.0427	0.0121	0.0226
0.55		0.0446	0.0470	0.0105	0.0219
0.50		0.0482	0.0515	0.0087	0.0210

表 2.9-16　　三边简支一边固定矩形薄板在三角形荷载作用下的弯矩计算表之一

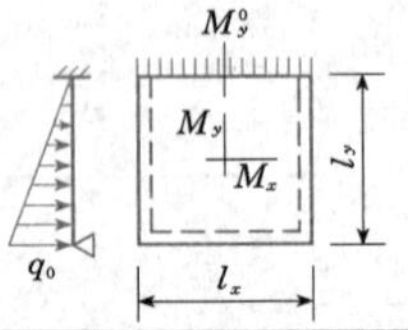

$\mu=0$
弯矩＝表中系数×q_0l^2
式中，l 取用 l_x 和 l_y 中之较小者

$\frac{l_x}{l_y}$	$\frac{l_y}{l_x}$	M_x	$M_{x\max}$	M_y	$M_{y\max}$	M_y^0
	0.50	0.0034	0.0070	0.0309	0.0389	−0.0561
	0.55	0.0046	0.0076	0.0298	0.0373	−0.0547
	0.60	0.0058	0.0082	0.0284	0.0357	−0.0530
	0.65	0.0070	0.0090	0.0270	0.0340	−0.0511
	0.70	0.0082	0.0098	0.0255	0.0323	−0.0490
	0.75	0.0093	0.0106	0.0239	0.0305	−0.0469
	0.80	0.0103	0.0113	0.0223	0.0286	−0.0446
	0.85	0.0112	0.0120	0.0208	0.0268	−0.0423
	0.90	0.0120	0.0126	0.0192	0.0251	−0.0400
	0.95	0.0126	0.0133	0.0178	0.0234	−0.0378
1.00	1.00	0.0132	0.0139	0.0164	0.0218	−0.0356
0.95		0.0152	0.0160	0.0166	0.0223	−0.0369
0.90		0.0174	0.0184	0.0167	0.0228	−0.0381
0.85		0.0199	0.0210	0.0166	0.0232	−0.0392
0.80		0.0227	0.0241	0.0164	0.0236	−0.0401

续表

$\frac{l_x}{l_y}$	$\frac{l_y}{l_x}$	M_x	$M_{x\max}$	M_y	$M_{y\max}$	M_y^0
0.75		0.0259	0.0275	0.0159	0.0238	−0.0407
0.70		0.0294	0.0313	0.0152	0.0238	−0.0410
0.65		0.0332	0.0355	0.0143	0.0237	−0.0409
0.60		0.0372	0.0400	0.0130	0.0232	−0.0402
0.55		0.0414	0.0448	0.0114	0.0225	−0.0390
0.50		0.0457	0.0500	0.0096	0.0214	−0.0371

表 2.9-17　三边简支一边固定矩形薄板在三角形荷载作用下的弯矩计算表之二

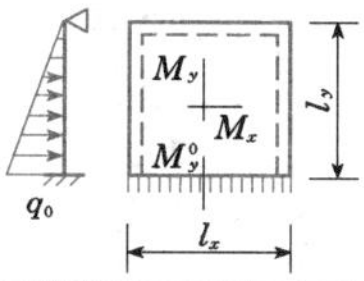

$\mu=0$

弯矩＝表中系数×$q_0 l^2$

式中，l 取用 l_x 和 l_y 中之较小者

$\frac{l_x}{l_y}$	$\frac{l_y}{l_x}$	M_x	$M_{x\max}$	M_y	$M_{y\max}$	M_y^0
	0.50	0.0026	0.0051	0.0274	0.0277	−0.0651
	0.55	0.0036	0.0059	0.0265	0.0265	−0.0641
	0.60	0.0046	0.0067	0.0254	0.0254	−0.0628
	0.65	0.0056	0.0076	0.0243	0.0243	−0.0613
	0.70	0.0066	0.0084	0.0231	0.0231	−0.0597
	0.75	0.0076	0.0089	0.0218	0.0218	−0.0579
	0.80	0.0084	0.0093	0.0205	0.0205	−0.0561
	0.85	0.0092	0.0097	0.0192	0.0192	−0.0542
	0.90	0.0100	0.0102	0.0179	0.0179	−0.0522
	0.95	0.0106	0.0107	0.0167	0.0167	−0.0503
1.00	1.00	0.0111	0.0112	0.0155	0.0156	−0.0483
0.95		0.0128	0.0129	0.0158	0.0161	−0.0513
0.90		0.0148	0.0148	0.0161	0.0165	−0.0545
0.85		0.0171	0.0171	0.0162	0.0168	−0.0578
0.80		0.0197	0.0197	0.0162	0.0171	−0.0613
0.75		0.0226	0.0226	0.0160	0.0174	−0.0649
0.70		0.0259	0.0259	0.0155	0.0175	−0.0686
0.65		0.0295	0.0295	0.0148	0.0173	−0.0725
0.60		0.0335	0.0335	0.0138	0.0169	−0.0764
0.55		0.0378	0.0381	0.0125	0.0161	−0.0804
0.50		0.0423	0.0430	0.0108	0.0149	−0.0844

表 2.9-18　两对边简支两对边固定矩形薄板在三角形荷载作用下的弯矩计算表之一

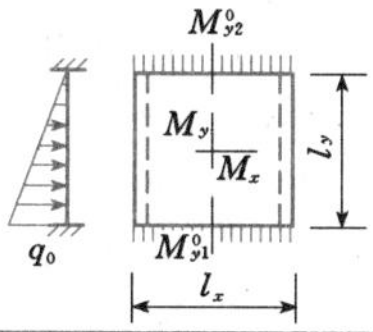

$\mu=0$

弯矩＝表中系数×$q_0 l^2$

式中，l 取用 l_x 和 l_y 中之较小者

$\frac{l_x}{l_y}$	$\frac{l_y}{l_x}$	M_x	$M_{x\max}$	M_y	$M_{y\max}$	M_{y1}^0	M_{y2}^0
	0.50	0.0009	0.0037	0.0208	0.0214	−0.0505	−0.0338
	0.55	0.0014	0.0042	0.0205	0.0209	−0.0503	−0.0337
	0.60	0.0021	0.0048	0.0201	0.0205	−0.0501	−0.0334
	0.65	0.0028	0.0054	0.0196	0.0201	−0.0496	−0.0329
	0.70	0.0036	0.0060	0.0190	0.0197	−0.0490	−0.0324

续表

$\frac{l_x}{l_y}$	$\frac{l_y}{l_x}$	M_x	$M_{x\max}$	M_y	$M_{y\max}$	M_{y1}^0	M_{y2}^0
	0.75	0.0044	0.0065	0.0183	0.0189	−0.0483	−0.0316
	0.80	0.0052	0.0069	0.0175	0.0182	−0.0474	−0.0308
	0.85	0.0059	0.0072	0.0168	0.0175	−0.0464	−0.0299
	0.90	0.0066	0.0075	0.0159	0.0167	−0.0454	−0.0289
	0.95	0.0073	0.0077	0.0151	0.0159	−0.0443	−0.0279
1.00	1.00	0.0079	0.0079	0.0142	0.0150	−0.0431	−0.0268
0.95		0.0094	0.0094	0.0148	0.0157	−0.0463	−0.0284
0.90		0.0112	0.0112	0.0153	0.0164	−0.0497	−0.0300
0.85		0.0133	0.0133	0.0157	0.0171	−0.0534	−0.0316
0.80		0.0158	0.0159	0.0160	0.0176	−0.0573	−0.0331
0.75		0.0187	0.0188	0.0160	0.0180	−0.0615	−0.0344
0.70		0.0221	0.0223	0.0159	0.0182	−0.0658	−0.0356
0.65		0.0259	0.0263	0.0154	0.0184	−0.0702	−0.0364
0.60		0.0302	0.0308	0.0146	0.0184	−0.0747	−0.0367
0.55		0.0349	0.0358	0.0134	0.0182	−0.0792	−0.0364
0.50		0.0339	0.0412	0.0117	0.0181	−0.0837	−0.0354

表 2.9-19　两对边简支两对边固定矩形薄板在三角形荷载作用下的弯矩计算表之二

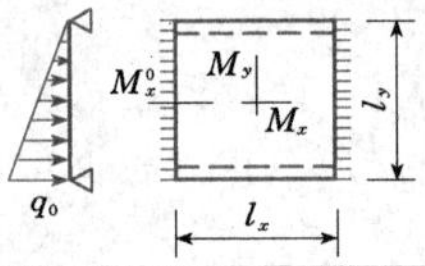

$\mu=0$

弯矩＝表中系数×$q_0 l^2$

式中，l 取用 l_x 和 l_y 中之较小者

$\frac{l_x}{l_y}$	$\frac{l_y}{l_x}$	M_x	$M_{x\max}$	M_y	$M_{y\max}$	M_x^0
	0.50	0.0117	0.0117	0.0399	0.0424	−0.0595
	0.55	0.0134	0.0134	0.0349	0.0376	−0.0578
	0.60	0.0146	0.0146	0.0302	0.0332	−0.0557
	0.65	0.0154	0.0154	0.0259	0.0292	−0.0533
	0.70	0.0159	0.0159	0.0221	0.0258	−0.0507
	0.75	0.0160	0.0161	0.0187	0.0228	−0.0480
	0.80	0.0160	0.0161	0.0158	0.0201	−0.0452
	0.85	0.0157	0.0158	0.0133	0.0179	−0.0425
	0.90	0.0153	0.0155	0.0112	0.0160	−0.0399
	0.95	0.0148	0.0150	0.0094	0.0144	−0.0373
1.00	1.00	0.0142	0.0145	0.0079	0.0129	−0.0349
0.95		0.0151	0.0154	0.0073	0.0128	−0.0361
0.90		0.0159	0.0164	0.0066	0.0127	−0.0371
0.85		0.0168	0.0174	0.0059	0.0125	−0.0382
0.80		0.0175	0.0185	0.0052	0.0122	−0.0391
0.75		0.0183	0.0195	0.0044	0.0118	−0.0400
0.70		0.0190	0.0206	0.0036	0.0113	−0.0407
0.65		0.0196	0.0217	0.0028	0.0107	−0.0413
0.60		0.0201	0.0229	0.0021	0.0100	−0.0417
0.55		0.0205	0.0240	0.0014	0.0090	−0.0420
0.50		0.0208	0.0254	0.0009	0.0079	−0.0421

表 2.9-20　三边固定一边简支矩形薄板在三角形荷载作用下的弯矩计算表之一

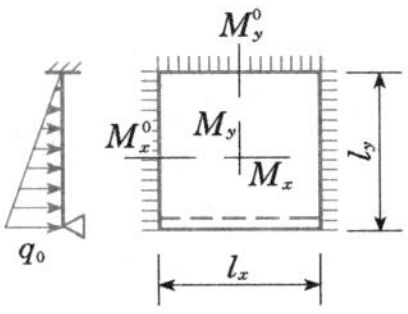

$\mu=0$
弯矩=表中系数$\times q_0 l^2$
式中，l 取用 l_x 和 l_y 中之较小者

$\frac{l_x}{l_y}$	$\frac{l_y}{l_x}$	M_x	$M_{x\max}$	M_y	$M_{y\max}$	M_x^0	M_y^0
	0.50	0.0055	0.0058	0.0282	0.0357	−0.0418	−0.0524
	0.55	0.0071	0.0075	0.0261	0.0332	−0.0415	−0.0494
	0.60	0.0085	0.0089	0.0238	0.0306	−0.0411	−0.0461
	0.65	0.0097	0.0102	0.0214	0.0280	−0.0405	−0.0426
	0.70	0.0107	0.0111	0.0191	0.0255	−0.0397	−0.0390
	0.75	0.0114	0.0119	0.0169	0.0229	−0.0386	−0.0354
	0.80	0.0119	0.0125	0.0148	0.0206	−0.0374	−0.0319
	0.85	0.0122	0.0129	0.0129	0.0185	−0.0360	−0.0286
	0.90	0.0124	0.0130	0.0112	0.0167	−0.0346	−0.0256
	0.95	0.0123	0.0130	0.0096	0.0150	−0.0330	−0.0229
1.00	1.00	0.0122	0.0129	0.0083	0.0135	−0.0314	−0.0204
0.95		0.0132	0.0141	0.0078	0.0134	−0.0330	−0.0199
0.90		0.0143	0.0153	0.0072	0.0132	−0.0345	−0.0194
0.85		0.0153	0.0165	0.0065	0.0129	−0.0360	−0.0187
0.80		0.0163	0.0177	0.0058	0.0126	−0.0373	−0.0178
0.75		0.0173	0.0190	0.0050	0.0121	−0.0386	−0.0169
0.70		0.0182	0.0203	0.0041	0.0115	−0.0397	−0.0158
0.65		0.0190	0.0215	0.0033	0.0109	−0.0406	−0.0147
0.60		0.0197	0.0228	0.0025	0.0100	−0.0413	−0.0135
0.55		0.0202	0.0240	0.0017	0.0091	−0.0417	−0.0123
0.50		0.0206	0.0254	0.0010	0.0079	−0.0420	−0.0111

表 2.9-21　三边固定一边简支矩形薄板在三角形荷载作用下的弯矩计算表之二

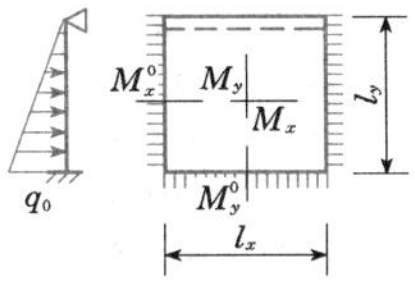

$\mu=0$
弯矩=表中系数$\times q_0 l^2$
式中，l 取用 l_x 和 l_y 中之较小者

$\frac{l_x}{l_y}$	$\frac{l_y}{l_x}$	M_x	$M_{x\max}$	M_y	$M_{y\max}$	M_x^0	M_y^0
	0.50	0.0044	0.0045	0.0252	0.0253	−0.0367	−0.0622
	0.55	0.0056	0.0059	0.0235	0.0235	−0.0365	−0.0599
	0.60	0.0068	0.0071	0.0217	0.0217	−0.0362	−0.0572
	0.65	0.0079	0.0081	0.0198	0.0198	−0.0357	−0.0543
	0.70	0.0087	0.0089	0.0178	0.0178	−0.0351	−0.0513
	0.75	0.0094	0.0096	0.0160	0.0160	−0.0343	−0.0483
	0.80	0.0099	0.0100	0.0142	0.0144	−0.0333	−0.0453
	0.85	0.0103	0.0103	0.0126	0.0129	−0.0322	−0.0424
	0.90	0.0105	0.0105	0.0111	0.0116	−0.0311	−0.0397
	0.95	0.0106	0.0106	0.0097	0.0105	−0.0298	−0.0371
1.00	1.00	0.0105	0.0105	0.0085	0.0095	−0.0286	−0.0347
0.95		0.0115	0.0115	0.0082	0.0094	−0.0301	−0.0358
0.90		0.0125	0.0125	0.0078	0.0094	−0.0318	−0.0369
0.85		0.0136	0.0136	0.0072	0.0094	−0.0333	−0.0381
0.80		0.0147	0.0147	0.0066	0.0093	−0.0349	−0.0392
0.75		0.0158	0.0159	0.0059	0.0094	−0.0364	−0.0403

续表

$\frac{l_x}{l_y}$	$\frac{l_y}{l_x}$	M_x	$M_{x\max}$	M_y	$M_{y\max}$	M_x^0	M_y^0
0.70		0.0168	0.0171	0.0051	0.0093	−0.0378	−0.0414
0.65		0.0178	0.0183	0.0043	0.0092	−0.0390	−0.0425
0.60		0.0187	0.0197	0.0034	0.0093	−0.0401	−0.0436
0.55		0.0195	0.0211	0.0025	0.0092	−0.0410	−0.0447
0.50		0.0202	0.0225	0.0017	0.0088	−0.0416	−0.0458

表 2.9-22　　四边固定矩形薄板在三角形荷载作用下的弯矩计算表

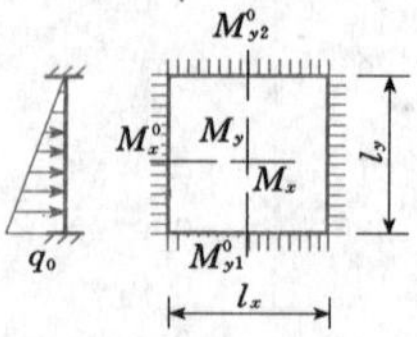

$\mu=0$

弯矩＝表中系数$\times q_0 l^2$

式中，l 取用 l_x 和 l_y 中之较小者

$\frac{l_x}{l_y}$	$\frac{l_y}{l_x}$	M_x	$M_{x\max}$	M_y	$M_{y\max}$	M_x^0	M_{y1}^0	M_{y2}^0
	0.50	0.0019	0.0050	0.0200	0.0207	−0.0285	−0.0498	−0.0331
	0.55	0.0028	0.0051	0.0193	0.0198	−0.0285	−0.0490	−0.0324
	0.60	0.0038	0.0052	0.0183	0.0188	−0.0286	−0.0480	−0.0313
	0.65	0.0048	0.0055	0.0172	0.0179	−0.0285	−0.0466	−0.0300
	0.70	0.0057	0.0058	0.0161	0.0168	−0.0284	−0.0451	−0.0285
	0.75	0.0065	0.0066	0.0148	0.0156	−0.0283	−0.0433	−0.0268
	0.80	0.0072	0.0072	0.0135	0.0144	−0.0280	−0.0414	−0.0250
	0.85	0.0078	0.0078	0.0123	0.0133	−0.0276	−0.0394	−0.0232
	0.90	0.0082	0.0082	0.0111	0.0122	−0.0270	−0.0374	−0.0214
	0.95	0.0086	0.0086	0.0099	0.0111	−0.0264	−0.0354	−0.0196
1.00	1.00	0.0088	0.0088	0.0088	0.0100	−0.0257	−0.0334	−0.0179
0.95		0.0099	0.0100	0.0086	0.0100	−0.0275	−0.0348	−0.0179
0.90		0.0111	0.0112	0.0082	0.0100	−0.0294	−0.0362	−0.0178
0.85		0.0123	0.0125	0.0078	0.0100	−0.0313	−0.0376	−0.0175
0.80		0.0135	0.0138	0.0072	0.0098	−0.0332	−0.0389	−0.0171
0.75		0.0148	0.0152	0.0065	0.0097	−0.0350	−0.0401	−0.0164
0.70		0.0161	0.0166	0.0057	0.0096	−0.0368	−0.0413	−0.0156
0.65		0.0172	0.0181	0.0048	0.0094	−0.0383	−0.0425	−0.0146
0.60		0.0183	0.0195	0.0038	0.0094	−0.0396	−0.0436	−0.0135
0.55		0.0193	0.0210	0.0028	0.0092	−0.0407	−0.0447	−0.0123
0.50		0.0200	0.0225	0.0019	0.0088	−0.0414	−0.0458	−0.0112

表 2.9-23　　三边简支一边自由矩形薄板在三角形荷载作用下的弯矩计算表

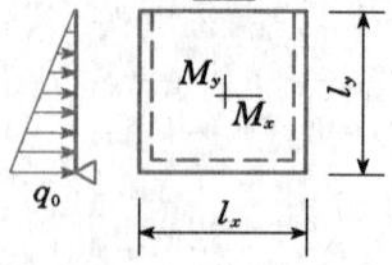

弯矩＝表中系数$\times q_0 l_x^2$

$\frac{l_y}{l_x}$	M_x			M_y			M_{0x}		
	$\mu=0$	$\mu=\frac{1}{6}$	$\mu=0.3$	$\mu=0$	$\mu=\frac{1}{6}$	$\mu=0.3$	$\mu=0$	$\mu=\frac{1}{6}$	$\mu=0.3$
0.30	0.0039	0.0052	0.0062	0.0052	0.0052	0.0053	0.0073	0.0083	0.0091
0.35	0.0053	0.0069	0.0082	0.0066	0.0067	0.0069	0.0097	0.0109	0.0118
0.40	0.0069	0.0088	0.0103	0.0080	0.0083	0.0085	0.0121	0.0135	0.0145
0.45	0.0087	0.0108	0.0124	0.0093	0.0098	0.0101	0.0146	0.0161	0.0172

续表

$\frac{l_y}{l_x}$	M_x			M_y			M_{0x}		
	$\mu=0$	$\mu=\frac{1}{6}$	$\mu=0.3$	$\mu=0$	$\mu=\frac{1}{6}$	$\mu=0.3$	$\mu=0$	$\mu=\frac{1}{6}$	$\mu=0.3$
0.50	0.0105	0.0128	0.0145	0.0104	0.0111	0.0117	0.0170	0.0186	0.0197
0.55	0.0124	0.0148	0.0167	0.0114	0.0124	0.0132	0.0193	0.0210	0.0220
0.60	0.0144	0.0168	0.0187	0.0122	0.0135	0.0145	0.0214	0.0231	0.0241
0.65	0.0164	0.0188	0.0208	0.0129	0.0145	0.0158	0.0234	0.0250	0.0260
0.70	0.0183	0.0208	0.0227	0.0134	0.0154	0.0169	0.0251	0.0266	0.0275
0.75	0.0203	0.0227	0.0246	0.0137	0.0161	0.0179	0.0265	0.0281	0.0289
0.80	0.0222	0.0246	0.0265	0.0140	0.0167	0.0188	0.0278	0.0293	0.0300
0.85	0.0240	0.0264	0.0282	0.0141	0.0172	0.0196	0.0288	0.0302	0.0309
0.90	0.0258	0.0281	0.0299	0.0141	0.0176	0.0203	0.0297	0.0310	0.0316
0.95	0.0275	0.0297	0.0315	0.0140	0.0179	0.0209	0.0304	0.0316	0.0321
1.00	0.0292	0.0313	0.0331	0.0139	0.0181	0.0214	0.0309	0.0321	0.0325
1.10	0.0323	0.0343	0.0360	0.0135	0.0184	0.0222	0.0315	0.0325	0.0328
1.20	0.0352	0.0371	0.0387	0.0129	0.0184	0.0227	0.0316	0.0325	0.0327
1.30	0.0379	0.0396	0.0411	0.0122	0.0183	0.0229	0.0313	0.0322	0.0323
1.40	0.0403	0.0419	0.0433	0.0115	0.0180	0.0231	0.0308	0.0316	0.0316
1.50	0.0426	0.0441	0.0453	0.0107	0.0177	0.0231	0.0301	0.0308	0.0308
1.75	0.0473	0.0486	0.0496	0.0087	0.0166	0.0228	0.0279	0.0285	0.0284
2.00	0.0511	0.0521	0.0529	0.0070	0.0155	0.0222	0.0256	0.0260	0.0258

表 2.9-24　两对边简支一边固定一边自由矩形薄板在三角形荷载作用下的弯矩计算表

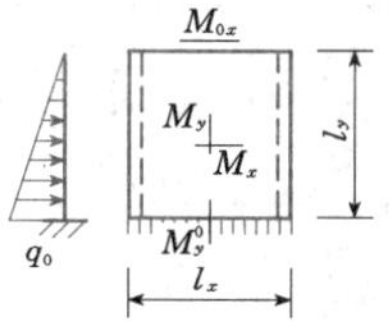

弯矩＝表中系数×$q_0 l_x^2$

$\frac{l_y}{l_x}$	M_x			M_y			M_{0x}			M_y^0		
	$\mu=0$	$\mu=\frac{1}{6}$	$\mu=0.3$	$\mu=0$	$\mu=\frac{1}{6}$	$\mu=0.3$	$\mu=0$	$\mu=\frac{1}{6}$	$\mu=0.3$	$\mu=0$	$\mu=\frac{1}{6}$	$\mu=0.3$
0.30	0.0004	0.0004	0.0002	−0.0003	−0.0005	−0.0007	0.0013	0.0014	0.0014	−0.0130	−0.0134	−0.0138
0.35	0.0008	0.0009	0.0008	0.0002	−0.0001	−0.0003	0.0024	0.0025	0.0025	−0.0167	−0.0172	−0.0178
0.40	0.0014	0.0016	0.0016	0.0009	0.0007	0.0004	0.0037	0.0040	0.0041	−0.0205	−0.0211	−0.0218
0.45	0.0022	0.0025	0.0027	0.0018	0.0016	0.0013	0.0053	0.0057	0.0059	−0.0243	−0.0250	−0.0258
0.50	0.0031	0.0037	0.0040	0.0028	0.0027	0.0025	0.0071	0.0077	0.0080	−0.0281	−0.0288	−0.0296
0.55	0.0042	0.0050	0.0054	0.0039	0.0039	0.0038	0.0090	0.0098	0.0101	−0.0317	−0.0324	−0.0332
0.60	0.0054	0.0064	0.0070	0.0050	0.0052	0.0053	0.0110	0.0119	0.0123	−0.0352	−0.0358	−0.0366
0.65	0.0068	0.0080	0.0088	0.0061	0.0066	0.0068	0.0130	0.0139	0.0145	−0.0386	−0.0390	−0.0397
0.70	0.0083	0.0096	0.0105	0.0072	0.0079	0.0083	0.0149	0.0159	0.0165	−0.0418	−0.0421	−0.0427
0.75	0.0098	0.0113	0.0124	0.0081	0.0091	0.0097	0.0167	0.0178	0.0185	−0.0448	−0.0450	−0.0455
0.80	0.0114	0.0130	0.0142	0.0090	0.0103	0.0112	0.0184	0.0196	0.0202	−0.0476	−0.0477	−0.0481
0.85	0.0131	0.0148	0.0161	0.0098	0.0114	0.0125	0.0200	0.0212	0.0218	−0.0502	−0.0503	−0.0506
0.90	0.0148	0.0165	0.0179	0.0105	0.0124	0.0138	0.0214	0.0226	0.0232	−0.0527	−0.0527	−0.0529
0.95	0.0165	0.0183	0.0197	0.0111	0.0133	0.0149	0.0226	0.0238	0.0243	−0.0550	−0.0549	−0.0551
1.00	0.0182	0.0200	0.0215	0.0115	0.0141	0.0160	0.0237	0.0248	0.0254	−0.0572	−0.0571	−0.0572
1.10	0.0215	0.0234	0.0250	0.0122	0.0154	0.0178	0.0254	0.0265	0.0269	−0.0613	−0.0611	−0.0611
1.20	0.0247	0.0267	0.0282	0.0125	0.0163	0.0193	0.0266	0.0275	0.0279	−0.0649	−0.0647	−0.0646
1.30	0.0279	0.0298	0.0313	0.0126	0.0170	0.0204	0.0272	0.0281	0.0283	−0.0682	−0.0680	−0.0679
1.40	0.0308	0.0327	0.0342	0.0124	0.0174	0.0212	0.0275	0.0283	0.0284	−0.0713	−0.0711	−0.0710
1.50	0.0336	0.0354	0.0369	0.0121	0.0176	0.0219	0.0275	0.0282	0.0283	−0.0740	−0.0739	−0.0738
1.75	0.0399	0.0415	0.0428	0.0108	0.0174	0.0226	0.0265	0.0270	0.0270	−0.0801	−0.0800	−0.0799
2.00	0.0450	0.0464	0.0475	0.0092	0.0167	0.0226	0.0248	0.0252	0.0251	−0.0851	−0.0850	−0.0850

表 2.9-25 两对边固定一边简支一边自由矩形薄板在三角形荷载作用下的弯矩计算表

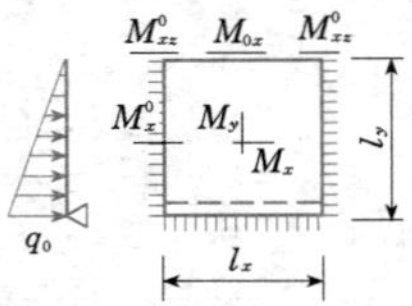

弯矩=表中系数$\times q_0 l_x^2$

$\frac{l_y}{l_x}$	M_{xz}^0			M_x			M_y			M_{0x}			M_x^0		
	$\mu=0$	$\mu=\frac{1}{6}$	$\mu=0.3$	$\mu=0$	$\mu=\frac{1}{6}$	$\mu=0.3$	$\mu=0$	$\mu=\frac{1}{6}$	$\mu=0.3$	$\mu=0$	$\mu=\frac{1}{6}$	$\mu=0.3$	$\mu=0$	$\mu=\frac{1}{6}$	$\mu=0.3$
0.30	−0.0247	−0.0189	−0.0126	0.0036	0.0046	0.0053	0.0044	0.0046	0.0047	0.0064	0.0070	0.0074	−0.0133	−0.0140	−0.0147
0.35	−0.0255	−0.0190	−0.0120	0.0047	0.0058	0.0066	0.0054	0.0056	0.0058	0.0079	0.0085	0.0088	−0.0156	−0.0162	−0.0168
0.40	−0.0256	−0.0185	−0.0110	0.0057	0.0069	0.0078	0.0061	0.0066	0.0069	0.0091	0.0097	0.0100	−0.0179	−0.0183	−0.0188
0.45	−0.0250	−0.0175	−0.0098	0.0067	0.0079	0.0089	0.0068	0.0074	0.0079	0.0101	0.0107	0.0109	−0.0201	−0.0204	−0.0208
0.50	−0.0239	−0.0163	−0.0086	0.0077	0.0090	0.0099	0.0073	0.0081	0.0088	0.0109	0.0114	0.0115	−0.0222	−0.0224	−0.0226
0.55	−0.0224	−0.0148	−0.0073	0.0087	0.0099	0.0109	0.0076	0.0087	0.0095	0.0114	0.0118	0.0119	−0.0242	−0.0242	−0.0244
0.60	−0.0208	−0.0133	−0.0060	0.0096	0.0108	0.0118	0.0079	0.0091	0.0101	0.0117	0.0120	0.0121	−0.0260	−0.0260	−0.0261
0.65	−0.0190	−0.0118	−0.0047	0.0105	0.0117	0.0127	0.0079	0.0094	0.0105	0.0118	0.0121	0.0121	−0.0278	−0.0277	−0.0277
0.70	−0.0173	−0.0104	−0.0036	0.0113	0.0126	0.0135	0.0079	0.0096	0.0108	0.0117	0.0120	0.0120	−0.0294	−0.0292	−0.0292
0.75	−0.0156	−0.0090	−0.0026	0.0122	0.0133	0.0143	0.0078	0.0096	0.0110	0.0115	0.0118	0.0117	−0.0308	−0.0307	−0.0306
0.80	−0.0140	−0.0078	−0.0017	0.0129	0.0141	0.0150	0.0076	0.0096	0.0112	0.0113	0.0115	0.0114	−0.0322	−0.0320	−0.0319
0.85	−0.0125	−0.0066	−0.0010	0.0137	0.0148	0.0157	0.0073	0.0095	0.0112	0.0109	0.0111	0.0110	−0.0334	−0.0332	−0.0331
0.90	−0.0112	−0.0056	−0.0004	0.0144	0.0155	0.0163	0.0070	0.0093	0.0111	0.0106	0.0107	0.0106	−0.0345	−0.0344	−0.0343
0.95	−0.0100	−0.0048	−0.0001	0.0150	0.0161	0.0169	0.0066	0.0091	0.0110	0.0102	0.0103	0.0101	−0.0335	−0.0354	−0.0353
1.00	−0.0090	−0.0041	0.0006	0.0157	0.0166	0.0174	0.0063	0.0088	0.0109	0.0098	0.0098	0.0097	−0.0364	−0.0363	−0.0362
1.10	−0.0073	−0.0029	0.0011	0.0168	0.0176	0.0183	0.0055	0.0083	0.0105	0.0090	0.0090	0.0088	−0.0379	−0.0378	−0.0377
1.20	−0.0060	−0.0022	0.0014	0.0177	0.0184	0.0190	0.0047	0.0077	0.0100	0.0082	0.0082	0.0081	−0.0391	−0.0390	−0.0390
1.30	−0.0051	−0.0017	0.0015	0.0185	0.0191	0.0196	0.0040	0.0070	0.0095	0.0075	0.0075	0.0074	−0.0400	−0.0400	−0.0399
1.40	−0.0045	−0.0014	0.0015	0.0191	0.0196	0.0200	0.0033	0.0065	0.0090	0.0069	0.0069	0.0068	−0.0407	−0.0407	−0.0406
1.50	−0.0040	−0.0012	0.0014	0.0196	0.0200	0.0204	0.0027	0.0060	0.0086	0.0064	0.0064	0.0062	−0.0412	−0.0412	−0.0412
1.75	−0.0033	−0.0011	0.0010	0.0204	0.0206	0.0208	0.0015	0.0049	0.0076	0.0054	0.0054	0.0053	−0.0419	−0.0419	−0.0419
2.00	−0.0029	−0.0011	0.0007	0.0208	0.0209	0.0210	0.0008	0.0042	0.0070	0.0047	0.0047	0.0046	−0.0421	−0.0421	−0.0421

表 2.9-26　　三边固定一边自由矩形薄板在三角形荷载作用下的弯矩计算表

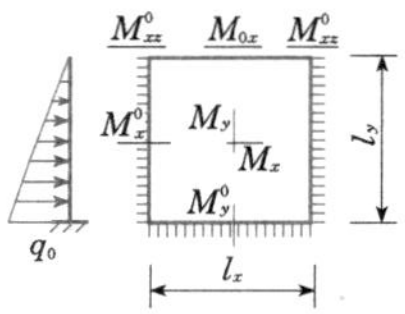

弯矩＝表中系数×$q_0 l_x^2$

$\frac{l_y}{l_x}$	M^0_{xz}			M_{0x}			M_x			M_y			M^0_x			M^0_y		
	$\mu=0$	$\mu=\frac{1}{6}$	$\mu=0.3$	$\mu=0$	$\mu=\frac{1}{6}$	$\mu=0.3$	$\mu=0$	$\mu=\frac{1}{6}$	$\mu=0.3$	$\mu=0$	$\mu=\frac{1}{6}$	$\mu=0.3$	$\mu=0$	$\mu=\frac{1}{6}$	$\mu=0.3$	$\mu=0$	$\mu=\frac{1}{6}$	$\mu=0.3$
0.30	−0.0103	−0.0079	−0.0055	0.0018	0.0019	0.0019	0.0007	0.0007	0.0007	0.0002	0.0001	0.0001	−0.0049	−0.0050	−0.0051	−0.0119	−0.0122	−0.0125
0.35	−0.0129	−0.0098	−0.0065	0.0029	0.0031	0.0031	0.0012	0.0014	0.0014	0.0009	0.0008	0.0007	−0.0065	−0.0067	−0.0068	−0.0146	−0.0149	−0.0152
0.40	−0.0151	−0.0112	−0.0072	0.0041	0.0044	0.0045	0.0018	0.0022	0.0023	0.0018	0.0017	0.0017	−0.0083	−0.0085	−0.0086	−0.0171	−0.0173	−0.0177
0.45	−0.0166	−0.0121	−0.0075	0.0053	0.0056	0.0058	0.0026	0.0031	0.0034	0.0026	0.0028	0.0028	−0.0103	−0.0104	−0.0106	−0.0193	−0.0195	−0.0198
0.50	−0.0176	−0.0126	−0.0074	0.0064	0.0068	0.0069	0.0034	0.0040	0.0044	0.0035	0.0038	0.0039	−0.0123	−0.0124	−0.0125	−0.0214	−0.0215	−0.0216
0.55	−0.0179	−0.0126	−0.0070	0.0074	0.0078	0.0079	0.0042	0.0050	0.0055	0.0044	0.0048	0.0050	−0.0143	−0.0144	−0.0145	−0.0232	−0.0232	−0.0233
0.60	−0.0178	−0.0122	−0.0064	0.0082	0.0085	0.0087	0.0051	0.0059	0.0066	0.0051	0.0057	0.0061	−0.0163	−0.0164	−0.0164	−0.0249	−0.0249	−0.0249
0.65	−0.0173	−0.0116	−0.0057	0.0088	0.0091	0.0092	0.0059	0.0069	0.0076	0.0057	0.0065	0.0070	−0.0183	−0.0183	−0.0183	−0.0265	−0.0264	−0.0264
0.70	−0.0166	−0.0107	−0.0049	0.0092	0.0095	0.0096	0.0068	0.0078	0.0086	0.0062	0.0071	0.0078	−0.0202	−0.0202	−0.0202	−0.0280	−0.0279	−0.0278
0.75	−0.0156	−0.0098	−0.0041	0.0095	0.0098	0.0098	0.0077	0.0087	0.0096	0.0066	0.0077	0.0085	−0.0221	−0.0220	−0.0220	−0.0293	−0.0292	−0.0292
0.80	−0.0145	−0.0089	−0.0033	0.0096	0.0099	0.0099	0.0086	0.00096	0.0105	0.0068	0.0081	0.0091	−0.0238	−0.0237	−0.0237	−0.0306	−0.0305	−0.0305
0.85	−0.0134	−0.0079	−0.0026	0.0096	0.0099	0.0098	0.0094	0.0105	0.0114	0.0070	0.0085	0.0096	−0.0255	−0.0254	−0.0253	−0.0318	−0.0317	−0.0317
0.90	−0.0123	−0.0070	−0.0019	0.0096	0.0097	0.0097	0.0103	0.0114	0.0122	0.0071	0.0087	0.0099	−0.0271	−0.0270	−0.0269	−0.0330	−0.0329	−0.0328
0.95	−0.0112	−0.0061	−0.0013	0.0094	0.0096	0.0095	0.0111	0.0122	0.0130	0.0070	0.0088	0.0102	−0.0285	−0.0284	−0.0284	−0.0341	−0.0340	−0.0339
1.00	−0.0102	−0.0053	−0.0007	0.0092	0.0093	0.0092	0.0118	0.0129	0.0138	0.0069	0.0089	0.0104	−0.0299	−0.0298	−0.0297	−0.0351	−0.0350	−0.0349
1.10	−0.0083	−0.0040	0.0001	0.0087	0.0088	0.0086	0.0133	0.0144	0.0152	0.0066	0.0088	0.0105	−0.0324	−0.0323	−0.0322	−0.0369	−0.0368	−0.0368
1.20	−0.0069	−0.0030	0.0006	0.0081	0.0082	0.0080	0.0147	0.0156	0.0164	0.0061	0.0085	0.0104	−0.0345	−0.0344	−0.0343	−0.0384	−0.0384	−0.0384
1.30	−0.0058	−0.0023	0.0010	0.0075	0.0075	0.0074	0.0158	0.0167	0.0174	0.0055	0.0081	0.0102	−0.0362	−0.0361	−0.0361	−0.0398	−0.0398	−0.0398
1.40	−0.0049	−0.0018	0.0011	0.0070	0.0070	0.0068	0.0168	0.0176	0.0182	0.0048	0.0076	0.0099	−0.0376	−0.0376	−0.0375	−0.0410	−0.0410	−0.0410
1.50	−0.0043	−0.0015	0.0011	0.0065	0.0065	0.0063	0.0177	0.0184	0.0189	0.0042	0.0071	0.0095	−0.0387	−0.0387	−0.0387	−0.0421	−0.0421	−0.0421
1.75	−0.0034	−0.0011	0.0010	0.0054	0.0054	0.0053	0.0193	0.0197	0.0201	0.0027	0.0059	0.0085	−0.0406	−0.0406	−0.0406	−0.0442	−0.0442	−0.0442
2.00	−0.0029	−0.0011	0.0007	0.0047	0.0047	0.0046	0.0202	0.0204	0.0206	0.0016	0.0050	0.0077	−0.0415	−0.0415	−0.0415	−0.0458	−0.0458	−0.0458

2.9.5 圆形薄板和环形薄板的解答

当泊松比 $\mu \neq \frac{1}{6}$ 时，圆形薄板及环形薄板可用 2.9.5.1 中的公式进行计算（见图 2.9-7～图 2.9-25）。在 2.9.5.2 中，表 2.9-27～表 2.9-37 列出了泊松比 $\mu=\frac{1}{6}$ 的弯矩系数❶，可用于钢筋混凝土板。

对于周边固定的板，上述表中仅给出了固定边的径向和切向弯矩系数（M_r^0、M_θ^0），其他各点的弯矩可用叠加法求得。例如，图 2.9-5（*a*）环形薄板中各点的弯矩，可用图 2.9-5（*b*）和图 2.9-5（*c*）叠加而得。对于图 2.9-5（*b*），可查表 2.9-32 得弯矩系数并算出弯矩。对于图 2.9-5（*c*），可查表 2.9-33 得弯矩系数并算出弯矩，其中 M_0 即为据表 2.9-32 周边固定板的支座弯矩系数 M_r^0 算出的弯矩❷。

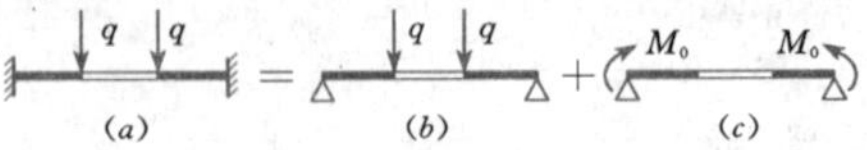

图 2.9-5 环形薄板

符号说明：

q——轴对称均布荷载或轴对称环形均布荷载；

M_0——轴对称环形均布力矩；

M_r——径向弯矩；

M_θ——切向弯矩；

M_r^0——当周边支座固定时的支座径向弯矩；

M_θ^0——当周边支座固定时的支座切向弯矩；

F_{Q_r}——剪力；

f、$f_{\max}$——挠度、最大挠度；

D——弯曲刚度，$D=\frac{Eh^3}{12(1-\mu^2)}$；

E——弹性模量；

h——板厚；

μ——泊松比；

$\rho=\frac{x}{R}$；

$\beta=\frac{r}{R}$；

x、r、R 如图 2.9-7 和图 2.9-8 所示。

正负号规定：

弯矩，使截面上部受压，下部受拉为正；

挠度，向下变位者为正；

剪力，如图 2.9-6 所示者为正。

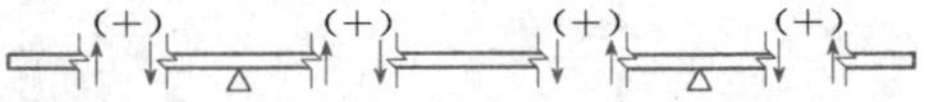

图 2.9-6 剪力符号规定

2.9.5.1 计算公式

（1）图 2.9-7 中：

$$f=\frac{qR^4}{64D}(1-\rho^2)\left(\frac{5+\mu}{1+\mu}-\rho^2\right)$$

$$M_r=\frac{qR^2}{16}(3+\mu)(1-\rho^2)$$

$$M_\theta=\frac{qR^2}{16}[3+\mu-(1+3\mu)\rho^2]$$

$$F_{Q_r}=-\frac{qR}{2}\rho$$

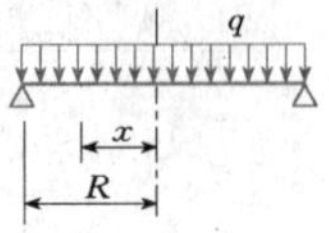

图 2.9-7

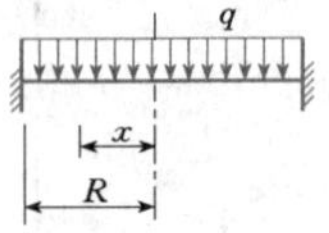

图 2.9-8

（2）图 2.9-8 中：

$$f=\frac{qR^4}{64D}(\rho-1^2)^2$$

$$M_r=\frac{qR^2}{16}[1+\mu-(3+\mu)\rho^2]$$

$$M_\theta=\frac{qR^2}{16}[1+\mu-(1+3\mu)\rho^2]$$

$$F_{Q_r}=-\frac{qR}{2}\rho$$

（3）图 2.9-9 中：

$\rho \leqslant \beta$：

$$f=\frac{qr^2R^2}{64(1+\mu)D}\Big\{4(3+\mu)-(7+3\mu)\beta^2+4(1+\mu)\beta^2\ln\beta-2[4-(1-\mu)\beta^2-4(1+\mu)\ln\beta]\rho^2+\frac{1+\mu}{\beta^2}\rho^4\Big\}$$

$$M_r=\frac{qr^2}{16}\left[4-(1-\mu)\beta^2-4(1+\mu)\ln\beta-\frac{3+\mu}{\beta^2}\rho^2\right]$$

$$M_\theta=\frac{qr^2}{16}\left[4-(1-\mu)\beta^2-4(1+\mu)\ln\beta-\frac{1+3\mu}{\beta^2}\rho^2\right]$$

$$F_{Q_r}=-\frac{qR}{2}\rho$$

$\rho \geqslant \beta$：

$$f=\frac{qr^2R^2}{32(1+\mu)D}\{2[(3+\mu)-(1-\mu)\beta^2](1-\rho^2)+2(1+\mu)\beta^2\ln\rho+4(1+\mu)\rho^2\ln\rho\}$$

---

❶ 本节表内的弯矩系数均为单位板宽的弯矩系数。

❷ 表 2.9-32 中 M_r^0 为负值，应以负值代入表 2.9-33 中。

$$M_r=\frac{qr^2}{16}\left[(1-\mu)\beta^2\left(\frac{1}{\rho^2}-1\right)-4(1+\mu)\ln\rho\right]$$

$$M_\theta=\frac{qr^2}{16}\left\{(1-\mu)\left[4-\beta^2\left(\frac{1}{\rho^2}+1\right)\right]-4(1+\mu)\ln\rho\right\}$$

$$F_{Q_r}=-\frac{qr}{2}\frac{\beta}{\rho}$$

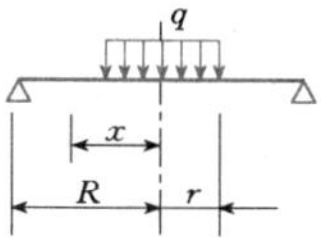

图 2.9-9

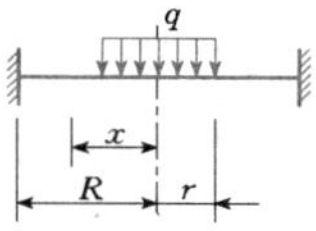

图 2.9-10

(4) 图 2.9-10 中：

$\rho\leqslant\beta$：

$$f=\frac{qr^2R^2}{64D}\left[4-3\beta^2-2\beta^2\rho^2+\frac{\rho^4}{\beta^2}+4(\beta^2+2\rho^2)\ln\beta\right]$$

$$M_r=\frac{qr^2}{16}\left[(1+\mu)\beta^2-(3+\mu)\frac{\rho^2}{\beta^2}-4(1+\mu)\ln\beta\right]$$

$$M_\theta=\frac{qr^2}{16}\left[(1+\mu)\beta^2-(1+3\mu)\frac{\rho^2}{\beta^2}-4(1+\mu)\ln\beta\right]$$

$$F_{Q_r}=-\frac{qR}{2}\rho$$

$\rho\geqslant\beta$：

$$f=\frac{qr^2R^2}{32D}[(2+\beta^2)(1-\rho^2)+2(\beta^2+2\rho^2)\ln\rho]$$

$$M_r=\frac{qr^2}{16}\left[(1+\mu)\beta^2-4+(1-\mu)\frac{\beta^2}{\rho^2}\right.$$
$$\left.-4(1+\mu)\ln\rho\right]$$

$$M_\theta=\frac{qr^2}{16}\left[(1+\mu)\beta^2-4\mu-(1-\mu)\frac{\beta^2}{\rho^2}\right.$$
$$\left.-4(1+\mu)\ln\rho\right]$$

$$F_{Q_r}=-\frac{qr}{2}\frac{\beta}{\rho}$$

(5) 图 2.9-11 中：

$\rho\leqslant\beta$：

$$f=\frac{qrR^2}{8(1+\mu)D}\{(1-\beta^2)[(3+\mu)-(1-\mu)\rho^2]$$
$$+2(1+\mu)(\beta^2+\rho^2)\ln\beta\}$$

$$M_r=M_\theta=\frac{qr}{4}[(1-\mu)(1-\beta^2)-2(1+\mu)\ln\beta]$$

$$F_{Q_r}=0$$

$\rho\geqslant\beta$：

$$f=\frac{qrR^2}{8(1+\mu)D}\{[(3+\mu)-(1-\mu)\beta^2](1-\rho^2)$$
$$+2(1+\mu)(\beta^2+\rho^2)\ln\rho\}$$

$$M_r=\frac{qr}{4}\left[(1-\mu)\beta^2\left(\frac{1}{\rho^2}-1\right)-2(1+\mu)\ln\rho\right]$$

$$M_\theta=\frac{qr}{4}\left\{(1-\mu)\left[2-\beta^2\left(\frac{1}{\rho^2}+1\right)\right]-2(1+\mu)\ln\rho\right\}$$

$$F_{Q_r}=-q\frac{\beta}{\rho}$$

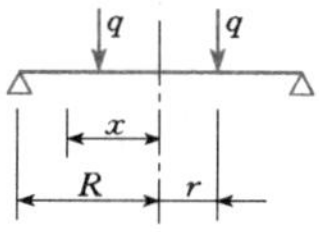

图 2.9-11

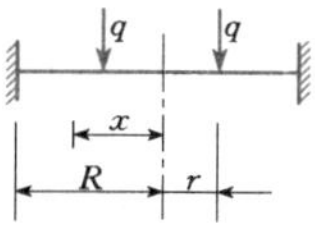

图 2.9-12

(6) 图 2.9-12 中：

$\rho\leqslant\beta$：

$$f=\frac{qrR^2}{8D}[(1-\beta^2)(1+\rho^2)+2(\beta^2+\rho^2)\ln\beta]$$

$$M_r=M_\theta=\frac{qr}{4}(1+\mu)(\beta^2-1-2\ln\beta)$$

$$F_{Q_r}=0$$

$\rho\geqslant\beta$：

$$f=\frac{qrR^2}{8D}[(1+\beta^2)(1-\rho^2)+2(\beta^2+\rho^2)\ln\rho]$$

$$M_r=\frac{qr}{4}\left[(1+\mu)\beta^2+(1-\mu)\frac{\beta^2}{\rho^2}\right.$$
$$\left.-2(1+\mu)\ln\rho-2\right]$$

$$M_\theta=\frac{qr}{4}\left[(1+\mu)\beta^2-(1-\mu)\frac{\beta^2}{\rho^2}\right.$$
$$\left.-2(1+\mu)\ln\rho-2\mu\right]$$

$$F_{Q_r}=-q\frac{\beta}{\rho}$$

(7) 图 2.9-13 中：

$\rho\leqslant1$：

$$f=\frac{qR^4}{64(1+\mu)D}\{(1+\mu)\rho^4-2[(1+3\mu)\beta^2$$
$$+2(1-\mu)-4(1+\mu)\beta^2\ln\beta]\rho^2+2(1+3\mu)\beta^2$$
$$-8(1+\mu)\beta^2\ln\beta+(3-5\mu)\}$$

$$M_r=\frac{qR^2}{16}[(1+3\mu)\beta^2+2(1-\mu)-(3+\mu)\rho^2$$
$$-4(1+\mu)\beta^2\ln\beta]$$

$$M_\theta=\frac{qR^2}{16}[(1+3\mu)(\beta^2-\rho^2)+2(1-\mu)$$
$$-4(1+\mu)\beta^2\ln\beta]$$

$$F_{Q_r}=-\frac{qR}{2}\rho$$

$\rho\geqslant1$：

$$f=\frac{qR^4}{64(1+\mu)D}\{(3-5\mu)-2(3+\mu)\beta^2$$
$$-8(1+\mu)\beta^2\ln\beta+2[(3+\mu)\beta^2$$
$$-2(1-\mu)+4(1+\mu)\beta^2\ln\beta]\rho^2$$

$$+(1+\mu)\rho^4-8(1+\mu)(1+\rho^2)\beta^2\ln\rho\}$$

$$M_r=\frac{qR^2}{16}\Big[(3+\mu)\beta^2+2(1-\mu)-4(1+\mu)\beta^2\ln\beta-(3+\mu)\rho^2-2(1-\mu)\frac{\beta^2}{\rho^2}+4(1+\mu)\beta^2\ln\rho\Big]$$

$$M_\theta=\frac{qR^2}{16}\Big[2(1-\mu)-(1-5\mu)\beta^2-4(1+\mu)\beta^2\ln\beta-(1+3\mu)\rho^2+2(1-\mu)\frac{\beta^2}{\rho^2}+4(1+\mu)\beta^2\ln\rho\Big]$$

$$F_{Q_r}=\frac{qR}{2}\left(\frac{\beta^2}{\rho}-\rho\right)$$

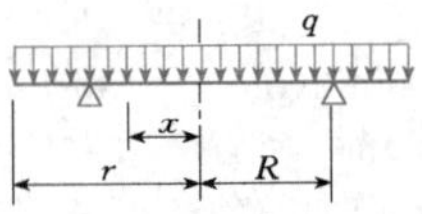

图 2.9-13

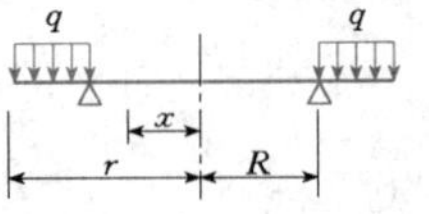

图 2.9-14

(8) 图 2.9-14 中：

$\rho\leqslant1$：

$$f=-\frac{qR^4}{32(1+\mu)\beta^2D}[(1-\mu)+4\mu\beta^2-(1+3\mu)\beta^4+4(1+\mu)\beta^4\ln\beta](1-\rho^2)$$

$$M_r=M_\theta=-\frac{qR^2}{16\beta^2}[(1-\mu)+4\mu\beta^2-(1+3\mu)\beta^4+4(1+\mu)\beta^4\ln\beta]$$

$$F_{Q_r}=0$$

$\rho\geqslant1$：

$$f=\frac{qR^4}{64(1+\mu)\beta^2D}\{(1+\mu)\beta^2\rho^4+2[(3+\mu)\beta^4+(1-\mu)(1-2\beta^2)+4(1+\mu)\beta^4\ln\beta]\rho^2-2(3+\mu)\beta^4+(3-5\mu)\beta^2-2(1-\mu)-8(1+\mu)\beta^4\ln\beta-8(1+\mu)\beta^4\rho^2\ln\rho+4(1+\mu)(1-2\beta^2)\beta^2\ln\rho\}$$

$$M_r=-\frac{qR^2}{16\beta^2}\Big[(1-\mu)(1-2\beta^2)-(3+\mu)\beta^4+4(1+\mu)\beta^4\ln\beta+(3+\mu)\rho^2\beta^2-(1-\mu)(1-2\beta^2)\frac{\beta^2}{\rho^2}-4(1+\mu)\beta^4\ln\rho\Big]$$

$$M_\theta=-\frac{qR^2}{16\beta^2}\Big[(1-\mu)(1-2\beta^2)+(1-5\mu)\beta^4+4(1+\mu)\beta^4\ln\beta+(1+3\mu)\rho^2\beta^2+(1-\mu)(1-2\beta^2)\frac{\beta^2}{\rho^2}-4(1+\mu)\beta^4\ln\rho\Big]$$

$$F_{Q_r}=\frac{qr}{2}\left(\frac{\beta^2}{\rho}-\rho\right)$$

(9) 图 2.9-15 中：

$\rho\leqslant1$：

$$f=\frac{qR^4}{64(1+\mu)\beta^2D}\{2(1-\mu)+3(1+\mu)\beta^2-2[(1-\mu)+2(1+\mu)\beta^2]\rho^2+(1+\mu)\beta^2\rho^4\}$$

$$M_r=\frac{qR^2}{16\beta^2}[(1-\mu)+2(1+\mu)\beta^2-(3+\mu)\beta^2\rho^2]$$

$$M_\theta=\frac{qR^2}{16\beta^2}[(1-\mu)+2(1+\mu)\beta^2-(1+3\mu)\beta^2\rho^2]$$

$$F_{Q_r}=-\frac{qR}{2}\rho$$

$\rho\geqslant1$：

$$f=\frac{qR^4}{32(1+\mu)\beta^2D}[(1-\mu)(1-\rho^2)-2(1+\mu)\beta^2\ln\rho]$$

$$M_r=\frac{qR^2}{16\beta^2}(1-\mu)\left(1-\frac{\beta^2}{\rho^2}\right)$$

$$M_r=\frac{qR^2}{16\beta^2}(1-\mu)\left(1+\frac{\beta^2}{\rho^2}\right)$$

$$F_{Q_r}=0$$

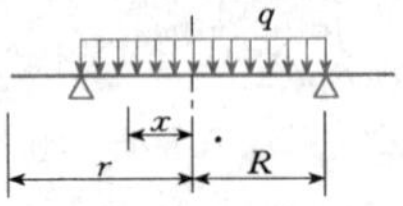

图 2.9-15

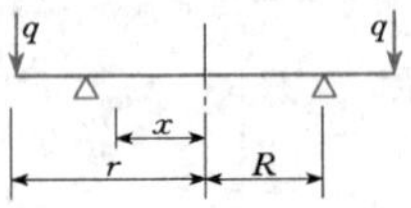

图 2.9-16

(10) 图 2.9-16 中：

$\rho\leqslant1$：

$$f=-\frac{qR^3}{8(1+\mu)\beta D}[(1-\mu)(\beta^2-1)+2(1+\mu)\beta^2\ln\beta](1-\rho^2)$$

$$M_r=M_\theta=-\frac{qR}{4\beta}[(1-\mu)(\beta^2-1)+2(1+\mu)\beta^2\ln\beta]$$

$$F_{Q_r}=0$$

$\rho\geqslant1$：

$$f=\frac{qR^3}{8(1+\mu)\beta D}\{[(3+\mu)\beta^2-(1-\mu)+2(1+\mu)\beta^2\ln\beta](\rho^2-1)-2(1+\mu)(1+\rho^2)\beta^2\ln\rho\}$$

$$M_r=\frac{qR}{4\beta}\Big[(1-\mu)-2(1+\mu)\beta^2\ln\beta-(1-\mu)\frac{\beta^2}{\rho^2}+2(1+\mu)\beta^2\ln\rho\Big]$$

$$M_\theta=\frac{qR}{4\beta}\Big[(1-\mu)-2(1-\mu)\beta^2-2(1+\mu)\beta^2\ln\beta+(1-\mu)\frac{\beta^2}{\rho^2}+2(1+\mu)\beta^2\ln\rho\Big]$$

$$F_{Q_r}=q\frac{\beta}{\rho}$$

(11) 图 2.9-17 中：

$$f=\frac{M_0R^2(1-\rho^2)}{2(1+\mu)D}$$

$$M_r=M_\theta=M_0$$

$$F_{Q_r}=0$$

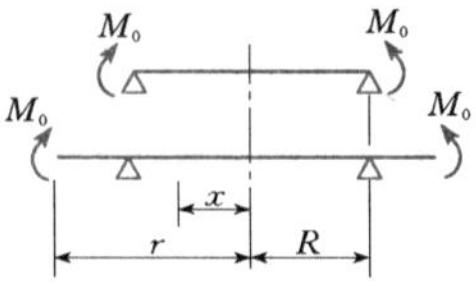

图 2.9-17

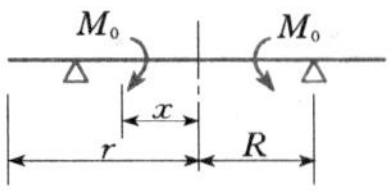

图 2.9-18

(12) 图 2.9-18 中：

$\rho\leqslant 1$：

$$f=\frac{M_0R^2}{4(1+\mu)\beta^2 D}[(1+\mu)\beta^2+1-\mu](1-\rho^2)$$

$$M_r=M_\theta=\frac{M_0}{2}\left(1+\mu+\frac{1-\mu}{\beta^2}\right)$$

$$F_{Q_r}=0$$

$\rho\geqslant 1$：

$$f=\frac{M_0R^2}{4(1+\mu)\beta^2 D}[(1-\mu)(1-\rho^2)-2(1+\mu)\beta^2\ln\rho]$$

$$M_r=\frac{M_0}{2}(1-\mu)\left(\frac{1}{\beta^2}-\frac{1}{\rho^2}\right)$$

$$M_\theta=\frac{M_0}{2}(1-\mu)\left(\frac{1}{\beta^2}+\frac{1}{\rho^2}\right)$$

$$F_{Q_r}=0$$

(13) 图 2.9-19 中：

$$\begin{aligned}f=\frac{qR^4}{64D}\Big\{&\frac{2}{1+\mu}\Big[(3+\mu)-\beta^2(3+\mu)\\&+4(1+\mu)\frac{\beta^4}{1-\beta^2}\ln\beta\Big](1-\rho^2)\\&-(1-\rho^4)-\frac{4\beta^2}{1-\mu}\Big[(3+\mu)\\&+4(1+\mu)\frac{\beta^2}{1-\beta^2}\ln\beta\Big]\ln\rho-8\beta^2\rho^2\ln\rho\Big\}\end{aligned}$$

$$\begin{aligned}M_r=\frac{qR^2}{16}\Big\{&(3+\mu)(1-\rho^2)\\&+\beta^2\Big[3+\mu+4(1+\mu)\frac{\beta^2}{1-\beta^2}\ln\beta\Big]\left(1-\frac{1}{\rho^2}\right)\\&+4(1+\mu)\beta^2\ln\rho\Big\}\end{aligned}$$

$$\begin{aligned}M_\theta=\frac{qR^2}{16}\Big\{&2(1-\mu)(1-2\beta^2)+(1+3\mu)(1-\rho^2)\\&+\beta^2\Big[3+\mu+4(1+\mu)\frac{\beta^2}{1-\beta^2}\ln\beta\Big]\\&\times\left(1+\frac{1}{\rho^2}\right)+4(1+\mu)\beta^2\ln\rho\Big\}\end{aligned}$$

$$F_{Q_r}=-\frac{qR}{2}\left(\rho-\frac{\beta^2}{\rho}\right)$$

(14) 图 2.9-20 中：

$$\begin{aligned}f=\frac{qR^4}{64D}\Big\{&-1+2\Big[1-2\beta^2\\&-\frac{(1-\mu)\beta^2+(1+\mu)(1+4\beta^2\ln\beta)}{1-\mu+(1+\mu)\beta^2}\beta^2\Big](1-\rho^2)\\&+\rho^4-4\,\frac{(1-\mu)\beta^2+(1+\mu)(1+4\beta^2\ln\beta)}{1-\mu+(1+\mu)\beta^2}\beta^2\ln\rho\\&-8\beta^2\rho^2\ln\rho\Big\}\end{aligned}$$

$$\begin{aligned}M_r=\frac{qR^2}{16}\Big\{&4\beta^2+(1+\mu)\\&\times\Big[1-\frac{(1-\mu)\beta^2+(1+\mu)(1+4\beta^2\ln\beta)}{1-\mu+(1+\mu)\beta^2}\beta^2\Big]\\&-(3+\mu)\rho^2-\frac{1-\mu}{\rho^2}\\&\times\frac{(1-\mu)\beta^2+(1+\mu)(1+4\beta^2\ln\beta)}{1-\mu+(1+\mu)\beta^2}\beta^2\\&+4(1+\mu)\beta^2\ln\rho\Big\}\end{aligned}$$

$$\begin{aligned}M_\theta=\frac{qR^2}{16}\Big\{&4\mu\beta^2+(1+\mu)\\&\times\Big[1-\frac{(1-\mu)\beta^2+(1+\mu)(1+4\beta^2\ln\beta)}{1-\mu+(1+\mu)\beta^2}\beta^2\Big]\\&-(1+3\mu)\rho^2+\frac{1-\mu}{\rho^2}\\&\times\frac{(1-\mu)\beta^2+(1+\mu)(1+4\beta^2\ln\beta)}{1-\mu+(1+\mu)\beta^2}\beta^2\\&+4(1+\mu)\beta^2\ln\rho\Big\}\end{aligned}$$

$$F_{Q_r}=-\frac{qR}{2}\left(\rho-\frac{\beta^2}{\rho}\right)$$

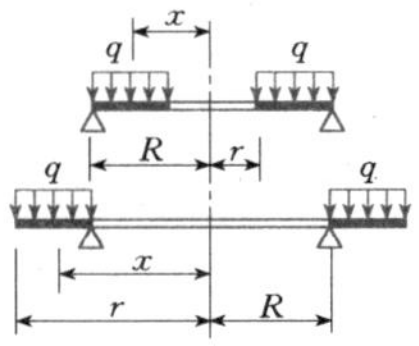

图 2.9-19

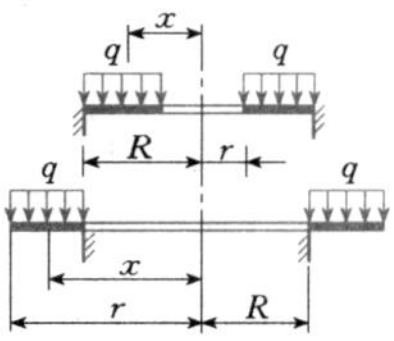

图 2.9-20

(15) 图 2.9-21 中：

$$\begin{aligned}f=\frac{qrR^2}{8D}\Big[&\left(\frac{3+\mu}{1+\mu}-\frac{2\beta^2}{1-\beta^2}\ln\beta\right)(1-\rho^2)\\&+2\rho^2\ln\rho+\frac{4(1+\mu)\beta^2}{(1-\mu)(1-\beta^2)}\ln\beta\ln\rho\Big]\end{aligned}$$

$$M_r=\frac{qr}{2}(1+\mu)\left[\frac{(1-\rho^2)\beta^2}{(1-\beta^2)\rho^2}\ln\beta-\ln\rho\right]$$

$$M_\theta=\frac{qr}{2}(1+\mu)\left[\frac{1-\mu}{1+\mu}-\frac{(1+\rho^2)\beta^2}{(1-\beta^2)\rho^2}\ln\beta-\ln\rho\right]$$

$$F_{Q_r}=-q\,\frac{\beta}{\rho}$$

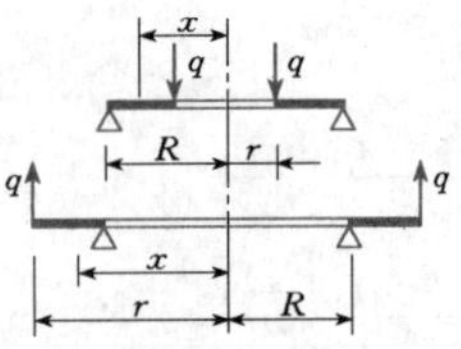

图 2.9－21

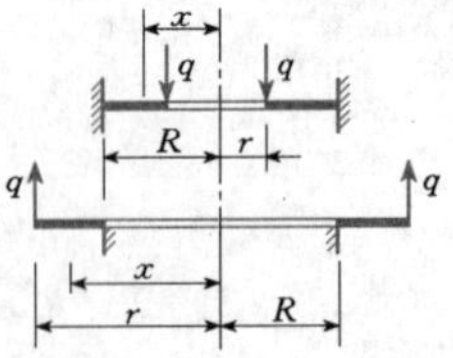

图 2.9－22

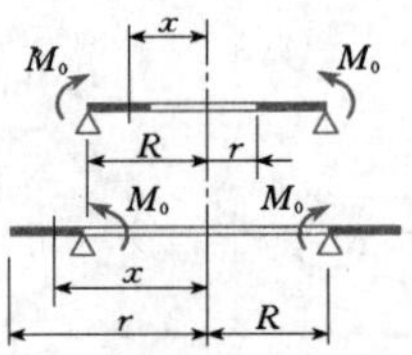

图 2.9－23

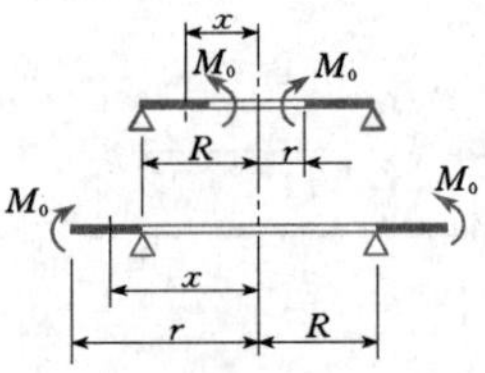

图 2.9－24

（16）图 2.9－22 中：

$$f=\frac{qR^2}{8[1-\mu+(1+\mu)\beta^2]D}\{[1-\mu+(3+\mu)\beta^2+2(1+\mu)\beta^2\ln\beta](1-\rho^2)+4\beta^2[1+(1+\mu)\ln\beta]\ln\rho+2[1-\mu+(1+\mu)\beta^2]\rho^2\ln\rho\}$$

$$M_r=-\frac{qr}{2[1-\mu+(1+\mu)\beta^2]}\{1-\mu-(1+\mu)^2\beta^2\ln\beta-(1-\mu)[1+(1+\mu)\ln\beta]\frac{\beta^2}{\rho^2}+(1+\mu)[1-\mu+(1+\mu)\beta^2]\ln\rho\}$$

$$M_\theta=-\frac{qr}{2[1-\mu+(1+\mu)\beta^2]}\{\mu(1-\mu)-(1-\mu^2)\beta^2-(1+\mu)^2\beta^2\ln\beta+(1-\mu)[1+(1+\mu)\ln\beta]\frac{\beta^2}{\rho^2}+(1+\mu)[1-\mu+(1+\mu)\beta^2]\ln\rho\}$$

$$F_{Q_r}=-q\frac{\beta}{\rho}$$

（17）图 2.9－23 中：

$$f=\frac{M_0R^2}{2(1+\mu)(1-\beta^2)D}\left[1-\rho^2-\frac{2(1+\mu)}{1-\mu}\beta^2\ln\rho\right]$$

$$M_r=\frac{M_0}{1-\beta^2}\left(-\frac{\beta^2}{\rho^2}\right)$$

$$M_\theta=\frac{M_0}{1-\beta^2}\left(1+\frac{\beta^2}{\rho^2}\right)$$

$$F_{Q_r}=0$$

（18）图 2.9－24 中：

$$f=-\frac{M_0R^2\beta^2}{2(1+\mu)(1-\beta^2)D}\left[1-\rho^2-\frac{2(1+\mu)}{1-\mu}\ln\rho\right]$$

$$M_r=\frac{M_0\beta^2}{1-\beta^2}\left(\frac{1}{\rho^2}-1\right)$$

$$M_\theta=-\frac{M_0\beta^2}{1-\beta^2}\left(\frac{1}{\rho^2}+1\right)$$

$$F_{Q_r}=0$$

（19）图 2.9－25 中：

$$f=\frac{M_0R^2\beta^2}{2[1-\mu+(1+\mu)\beta^2]D}(1-\rho^2+2\ln\rho)$$

$$M_r=\frac{M_0\beta^2}{1-\mu+(1+\mu)\beta^2}\left(1+\mu+\frac{1-\mu}{\rho^2}\right)$$

$$M_\theta=\frac{M_0\beta^2}{1-\mu+(1+\mu)\beta^2}\left(1+\mu-\frac{1-\mu}{\rho^2}\right)$$

$$F_{Q_r}=0$$

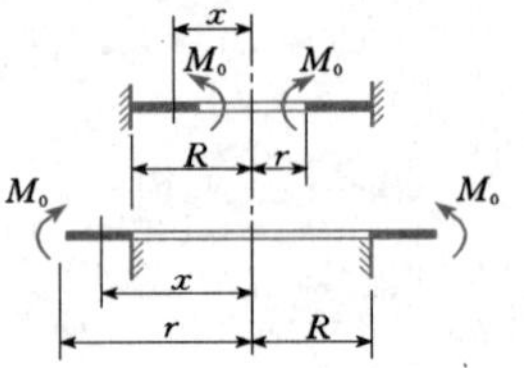

图 2.9－25

2.9.5.2　计算用表

1. 圆形薄板

表 2.9－27　　周边固定圆形薄板在均布荷载作用下的弯矩计算表

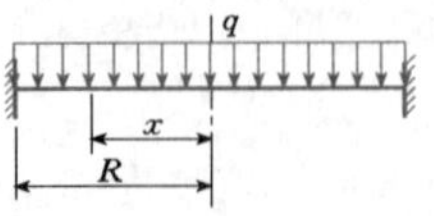

$\rho=\frac{x}{R}$，　$\mu=\frac{1}{6}$

弯矩＝表中系数×qR^2

ρ	0.0	0.1	0.2	0.3	0.4	0.5	0.6	0.7	0.8	0.9	1.0
M_r	0.0729	0.0709	0.0650	0.0551	0.0412	0.0234	0.0017	－0.0241	－0.0538	－0.0874	－0.1250
M_θ	0.0729	0.0720	0.0692	0.0645	0.0579	0.0495	0.0392	0.0270	0.0129	－0.0030	－0.0208

表 2.9-28　　周边简支圆形薄板在边界力矩荷载作用下的弯矩计算表

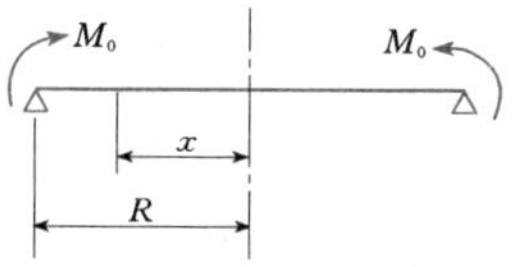

$\rho=\dfrac{x}{R}$，　$\mu=\dfrac{1}{6}$

弯矩　$M_r=M_\theta=M_0$

挠度＝表中系数×$\dfrac{M_0R^2}{D}$

ρ	0.0	0.1	0.2	0.3	0.4	0.5	0.6	0.7	0.8	0.9	1.0
f	0.4286	0.4243	0.4114	0.3900	0.3600	0.3214	0.2743	0.2186	0.1543	0.0814	0

表 2.9-29　　周边简支圆形薄板在局部均布荷载作用下的弯矩计算表

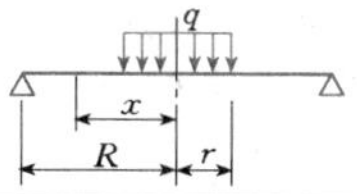

$\rho=\dfrac{x}{R}$，　$\beta=\dfrac{r}{R}$，　$\mu=\dfrac{1}{6}$

弯矩＝表中系数×qr^2

弯矩	ρ	β										
		0.0	0.1	0.2	0.3	0.4	0.5	0.6	0.7	0.8	0.9	1.0
M_r	0.0	∞	0.9211	0.7173	0.5965	0.5089	0.4391	0.3802	0.3285	0.2818	0.2385	0.1979
	0.1	0.6716	0.7231	0.6679	0.5745	0.4965	0.4312	0.3747	0.3245	0.2787	0.2361	0.1959
	0.2	0.4694	0.4819	0.5194	0.5086	0.4594	0.4075	0.3582	0.3124	0.2694	0.2288	0.1900
	0.3	0.3512	0.3564	0.3722	0.3986	0.3976	0.3979	0.3308	0.2922	0.2539	0.2166	0.1801
	0.4	0.2673	0.2700	0.2782	0.2919	0.3110	0.3125	0.2923	0.2639	0.2323	0.1994	0.1663
	0.5	0.2022	0.2037	0.2084	0.2162	0.2272	0.2412	0.2428	0.2275	0.2044	0.1775	0.1484
	0.6	0.1490	0.1499	0.1527	0.1573	0.1638	0.1721	0.1823	0.1831	0.1704	0.1506	0.1267
	0.7	0.1040	0.1046	0.1062	0.1089	0.1127	0.1176	0.1235	0.1306	0.1302	0.1188	0.1009
	0.8	0.0651	0.0654	0.0663	0.0677	0.0698	0.0724	0.0756	0.0794	0.0838	0.0822	0.0712
	0.9	0.0307	0.0309	0.0312	0.0318	0.0327	0.0338	0.0351	0.0367	0.0385	0.0406	0.0376
	1.0	0	0	0	0	0	0	0	0	0	0	0
M_θ	0.0	∞	0.9211	0.7173	0.5965	0.5089	0.4391	0.3802	0.3285	0.2818	0.2385	0.1979
	0.1	0.8799	0.8273	0.6939	0.5861	0.5031	0.4354	0.3776	0.3266	0.2803	0.2374	0.1970
	0.2	0.6778	0.6642	0.6236	0.5548	0.4855	0.4241	0.3698	0.3209	0.2759	0.2339	0.1942
	0.3	0.5595	0.5532	0.5343	0.5027	0.4562	0.4054	0.3568	0.3113	0.2686	0.2281	0.1895
	0.4	0.4756	0.4718	0.4605	0.4416	0.4152	0.3791	0.3386	0.2979	0.2583	0.2200	0.1829
	0.5	0.4105	0.4079	0.4001	0.3871	0.3688	0.3454	0.3151	0.2807	0.2451	0.2096	0.1745
	0.6	0.3573	0.3554	0.3495	0.3396	0.3258	0.3081	0.2865	0.2596	0.2290	0.1969	0.1642
	0.7	0.3124	0.3108	0.3060	0.2981	0.2870	0.2728	0.2553	0.2348	0.2100	0.1818	0.1520
	0.8	0.2734	0.2721	0.2681	0.2614	0.2521	0.2401	0.2254	0.2080	0.1880	0.1645	0.1379
	0.9	0.2391	0.2379	0.2344	0.2286	0.2204	0.2100	0.1972	0.1820	0.1646	0.1448	0.1220
	1.0	0.2083	0.2073	0.2042	0.1990	0.1917	0.1823	0.1708	0.1573	0.1417	0.1240	0.1042
M_r^0	1.0	−0.2500	−0.2488	−0.2450	−0.2387	−0.2300	−0.2188	−0.2050	−0.1887	−0.1700	−0.1488	−0.1250
M_θ^0	1.0	−0.0417	−0.0415	−0.0408	−0.0398	−0.0383	−0.0365	−0.0342	−0.0315	−0.0283	−0.0248	−0.0208

表 2.9-30　　周边简支圆形薄板在环形均布荷载作用下的弯矩计算表

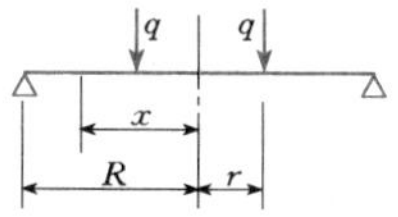

$\rho=\dfrac{x}{R}$，　$\beta=\dfrac{r}{R}$，　$\mu=\dfrac{1}{6}$

q 为环形均布荷载

弯矩＝表中系数×qr

弯矩	ρ	β										
		0.0	0.1	0.2	0.3	0.4	0.5	0.6	0.7	0.8	0.9	1.0
M_r	0.0	∞	1.5494	1.1388	0.8919	0.7095	0.5606	0.4313	0.3143	0.2052	0.1010	0
	0.1	1.3432	1.5494	1.1388	0.8919	0.7095	0.5606	0.4313	0.3143	0.2052	0.1010	0
	0.2	0.9388	0.9888	0.1388	0.8919	0.7095	0.5606	0.4313	0.3143	0.2052	0.1010	0
	0.3	0.7023	0.7234	0.7866	0.8919	0.7095	0.5606	0.4313	0.3143	0.2052	0.1010	0

续表

弯矩	ρ	β										
		0.0	0.1	0.2	0.3	0.4	0.5	0.6	0.7	0.8	0.9	1.0
M_r	0.4	0.5345	0.5454	0.5783	0.6329	0.7095	0.5606	0.4313	0.3143	0.2052	0.1010	0
	0.5	0.4043	0.4106	0.4293	0.4606	0.5043	0.5606	0.4313	0.3143	0.2052	0.1010	0
	0.6	0.2980	0.3017	0.3128	0.3313	0.3572	0.3906	0.4313	0.3143	0.2052	0.1010	0
	0.7	0.2081	0.2102	0.2167	0.2276	0.2428	0.2623	0.2861	0.3143	0.2052	0.1010	0
	0.8	0.1302	0.1313	0.1349	0.1407	0.1489	0.1595	0.1724	0.1876	0.2052	0.1010	0
	0.9	0.0615	0.0619	0.0634	0.0659	0.0693	0.0737	0.0791	0.0854	0.0927	0.1010	0
	1.0	0	0	0	0	0	0	0	0	0	0	0
M_θ	0.0	∞	1.5494	1.1388	0.8919	0.7095	0.5606	0.4313	0.3143	0.2052	0.1010	0
	0.1	1.7598	1.5494	1.1388	0.8919	0.7095	0.5606	0.4313	0.3143	0.2052	0.1010	0
	0.2	1.3555	1.3013	1.1388	0.8919	0.7095	0.5606	0.4313	0.3143	0.2052	0.1010	0
	0.3	0.1190	1.0938	1.0181	0.8919	0.7095	0.5606	0.4313	0.3143	0.2052	0.1010	0
	0.4	0.9512	0.9361	0.8908	0.8152	0.7095	0.5606	0.4313	0.3143	0.2052	0.1010	0
	0.5	0.8210	0.8106	0.7783	0.7273	0.6543	0.5606	0.4313	0.3143	0.2052	0.1010	0
	0.6	0.7146	0.7068	0.6832	0.6438	0.5887	0.5179	0.4313	0.3143	0.2052	0.1010	0
	0.7	0.6247	0.6184	0.5984	0.5677	0.5234	0.4664	0.3967	0.3143	0.2052	0.1010	0
	0.8	0.5468	0.5415	0.5255	0.4988	0.4614	0.4134	0.3546	0.2852	0.2052	0.1010	0
	0.9	0.4781	0.4735	0.4585	0.4362	0.4036	0.3617	0.3105	0.2500	0.1802	0.1010	0
	1.0	0.4167	0.4125	0.4000	0.3792	0.3500	0.3125	0.2667	0.2125	0.1500	0.0792	0
M_r^0	1.0	−0.5000	−0.4950	−0.4800	−0.4550	−0.4200	−0.3750	−0.3200	−0.2550	−0.1800	−0.0950	0
M_θ^0	1.0	−0.0833	−0.0825	−0.0800	−0.0758	−0.0700	−0.0625	−0.0533	−0.0425	−0.0300	−0.0158	0

2. 环形薄板

表 2.9-31　　周边简支环形薄板在均布荷载作用下的弯矩计算表

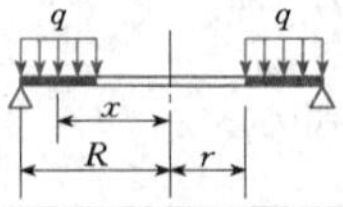

$\rho=\frac{x}{R}$，　$\beta=\frac{r}{R}$，　$\mu=\frac{1}{6}$

弯矩＝表中系数×qR^2

弯矩	ρ	β										
		0.0	0.1	0.2	0.3	0.4	0.5	0.6	0.7	0.8	0.9	1.0
M_r	0.0	—										
	0.1	0.1959	0									
	0.2	0.1900	0.1394	0								
	0.3	0.1801	0.1573	0.0939	0							
	0.4	0.1662	0.1535	0.1181	0.0651	0						
	0.5	0.1484	0.1407	0.1189	0.0862	0.0455	0					
	0.6	0.1267	0.1218	0.1080	0.0871	0.0610	0.0314	0				
	0.7	0.1009	0.0979	0.0894	0.0763	0.0598	0.0410	0.0207	0			
	0.8	0.0712	0.0695	0.0646	0.0571	0.0476	0.0366	0.0247	0.0124	0		
	0.9	0.0376	0.0368	0.0347	0.0314	0.0272	0.0223	0.0169	0.0113	0.0056	0	
	1.0	0	0	0	0	0	0	0	0	0	0	0
M_θ	0.0	—										
	0.1	0.1970	0.3812									
	0.2	0.1942	0.2371	0.3525								
	0.3	0.1895	0.2070	0.2535	0.3170							
	0.4	0.1829	0.1920	0.2156	0.2466	0.2774						
	0.5	0.1745	0.1799	0.1937	0.2110	0.2264	0.2350					
	0.6	0.1642	0.1678	0.1768	0.1875	0.1959	0.1981	0.1907				
	0.7	0.1520	0.1547	0.1612	0.1685	0.1735	0.1731	0.1644	0.1449			
	0.8	0.1379	0.1401	0.1453	0.1509	0.1544	0.1532	0.1448	0.1270	0.0978		
	0.9	0.1220	0.1239	0.1284	0.1333	0.1363	0.1351	0.1277	0.1121	0.0866	0.0494	
	1.0	0.1042	0.1059	0.1101	0.1148	0.1179	0.1173	0.1113	0.0981	0.0761	0.0438	0
M_r^0	1.0	−0.1250	−0.1241	−0.1201	−0.1113	−0.0971	−0.0782	−0.0568	−0.0356	−0.0173	−0.0047	0
M_θ^0	1.0	−0.0208	−0.0207	−0.0200	−0.0186	−0.0162	−0.0130	−0.0095	−0.0059	−0.0029	−0.0008	0

表 2.9-32　　周边简支环形薄板在环形均布荷载作用下的弯矩计算表

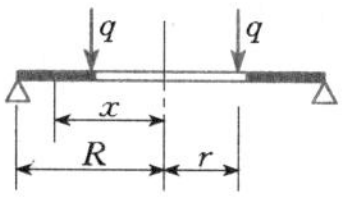

$\rho=\dfrac{x}{R}$，　$\beta=\dfrac{r}{R}$，　$\mu=\dfrac{1}{6}$

q 为环形均布荷载

弯矩＝表中系数×qr^2

弯矩	ρ	β										
		0.0	0.1	0.2	0.3	0.4	0.5	0.6	0.7	0.8	0.9	1.0
M_r	0.0	—										
	0.1	1.3432	0									
	0.2	0.9388	0.6132	0								
	0.3	0.7023	0.5651	0.3068	0							
	0.4	0.5345	0.4633	0.3291	0.1698	0						
	0.5	0.4043	0.3636	0.2870	0.1960	0.0989	0					
	0.6	0.2980	0.2739	0.2284	0.1745	0.1170	0.0584	0				
	0.7	0.2081	0.1939	0.1673	0.1358	0.1021	0.0678	0.0336	0			
	0.8	0.1302	0.1225	0.1082	0.0911	0.0729	0.0544	0.0359	0.0177	0		
	0.9	0.0615	0.0583	0.0523	0.0452	0.0376	0.0298	0.0221	0.0146	0.0072	0	
	1.0	0	0	0	0	0	0	0	0	0	0	0
M_θ	0.0	∞										
	0.1	1.7598	3.3102									
	0.2	1.3555	1.7083	2.3726								
	0.3	1.1190	1.2833	1.5928	1.9602							
	0.4	0.9512	1.0495	1.2348	1.4548	1.6893						
	0.5	0.8210	0.8888	1.0166	1.1683	1.3301	1.4949					
	0.6	0.7146	0.7659	0.8624	0.9771	1.0993	1.2238	1.3479				
	0.7	0.6247	0.6660	0.7437	0.8359	0.9343	1.0346	1.1344	1.2326			
	0.8	0.5468	0.5816	0.6471	0.7248	0.8077	0.8922	0.9763	1.0591	1.1398		
	0.9	0.4781	0.5084	0.5655	0.6333	0.7056	0.7793	0.8527	0.9248	0.9952	1.0636	
	1.0	0.4187	0.4438	0.4949	0.5556	0.6203	0.6862	0.7519	0.8165	0.8795	0.9407	1.0000
M_r^0	1.0	−0.5000	−0.5200	−0.5399	−0.5388	−0.5108	−0.4575	−0.3839	−0.2964	−0.2004	−0.1005	0
M_θ^0	1.0	−0.0833	−0.0867	−0.0900	−0.0898	−0.0851	−0.0762	−0.0640	−0.0494	−0.0334	−0.0168	0

表 2.9-33　　周边简支环形薄板在外边界力矩荷载作用下的弯矩计算表

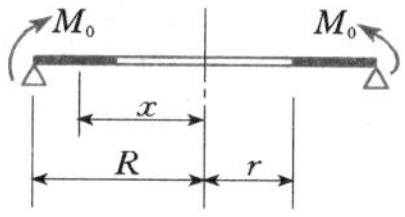

$\rho=\dfrac{x}{R}$，　$\beta=\dfrac{r}{R}$，　$\mu=\dfrac{1}{6}$

M_0 为环形均布弯矩

弯矩＝表中系数×M_0

弯矩	ρ	β										
		0.0	0.1	0.2	0.3	0.4	0.5	0.6	0.7	0.8	0.9	1.0
M_r	0.0	—										
	0.1	1.0000	0									
	0.2	1.0000	0.7576	0								
	0.3	1.0000	0.8979	0.5787	0							
	0.4	1.0000	0.9470	0.7812	0.4808	0						
	0.5	1.0000	0.9697	0.8750	0.7033	0.4286	0					
	0.6	1.0000	0.9820	0.9259	0.8242	0.6614	0.4074	0				
	0.7	1.0000	0.9895	0.9566	0.8971	0.8017	0.6531	0.4145	0			
	0.8	1.0000	0.9943	0.9766	0.9444	0.8929	0.8125	0.6836	0.4596	0		
	0.9	1.0000	0.9976	0.9902	0.9768	0.9553	0.9218	0.8681	0.7746	0.5830	0	
	1.0	1.0000	1.0000	1.0000	1.0000	1.0000	1.0000	1.0000	1.0000	1.0000	1.0000	1.0000

续表

弯矩	ρ	β										
		0.0	0.1	0.2	0.3	0.4	0.5	0.6	0.7	0.8	0.9	1.0
M_θ	0.0	∞										
	0.1	1.0000	2.0202									
	0.2	1.0000	1.2626	2.0833								
	0.3	1.0000	1.1223	1.5046	2.1978							
	0.4	1.0000	1.0732	1.3021	1.7170	2.3810						
	0.5	1.0000	1.0505	1.2083	1.4945	1.9524	2.6667					
	0.6	1.0000	1.0382	1.1574	1.3736	1.7196	2.2593	3.1250				
	0.7	1.0000	1.0307	1.1267	1.3007	1.5792	2.0136	2.7105	3.9216			
	0.8	1.0000	1.0259	1.1068	1.2534	1.4881	1.8542	2.4414	3.4620	5.5556		
	0.9	1.0000	1.0226	1.0931	1.2210	1.4256	1.7449	2.2569	3.1469	4.9726	10.5263	
	1.0	1.0000	1.0202	1.0833	1.1978	1.3810	1.6667	2.1250	2.9216	4.5556	9.5263	∞

表 2.9-34　　周边简支环形薄板在内边界力矩荷载作用下的弯矩计算表

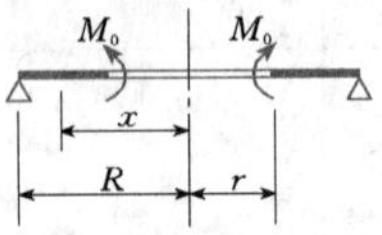

$\rho=\frac{x}{R}$，　$\beta=\frac{r}{R}$，　$\mu=\frac{1}{6}$

M_0 为环形均布弯矩

弯矩＝表中系数×M_0

弯矩	ρ	β										
		0.0	0.1	0.2	0.3	0.4	0.5	0.6	0.7	0.8	0.9	1.0
M_r	0.0	—										
	0.1	0	1.0000									
	0.2	0	0.2424	1.0000								
	0.3	0	0.1021	0.4213	1.0000							
	0.4	0	0.0530	0.2188	0.5192	1.0000						
	0.5	0	0.0303	0.1250	0.2967	0.5714	1.0000					
	0.6	0	0.0180	0.0741	0.1758	0.3386	0.5926	1.0000				
	0.7	0	0.0105	0.0434	0.1029	0.1983	0.3469	0.5855	1.0000			
	0.8	0	0.0057	0.0234	0.0556	0.1071	0.1875	0.3164	0.5404	1.0000		
	0.9	0	0.0024	0.0098	0.0232	0.0447	0.0782	0.1319	0.2254	0.4170	1.0000	
	1.0	0	0	0	0	0	0	0	0	0	0	—
M_θ	0.0	—										
	0.1	0	−1.0202									
	0.2	0	−0.2626	−1.0833								
	0.3	0	−0.1223	−0.5046	−1.1978							
	0.4	0	−0.0732	−0.3021	−0.7170	−1.3810						
	0.5	0	−0.0505	−0.2083	−0.4945	−0.9524	−1.6667					
	0.6	0	−0.0382	−0.1574	−0.3736	−0.7196	−1.2593	−2.1250				
	0.7	0	−0.0307	−0.1267	−0.3007	−0.5792	−1.0136	−1.7105	−2.9216			
	0.8	0	−0.0259	−0.1068	−0.2534	−0.4881	−0.8542	−1.4414	−2.4620	−4.5556		
	0.9	0	−0.0226	−0.0931	−0.2210	−0.4256	−0.7449	−1.2569	−2.1469	−3.9726	−9.5263	
	1.0	0	−0.0202	−0.0833	−0.1978	−0.3810	−0.6667	−1.1250	−1.9216	−3.5556	−8.5263	∞
M_r^0	1.0	0	0.0237	0.0909	0.1918	0.3137	0.4444	0.5745	0.6975	0.8101	0.9110	1.0000
M_θ^0	1.0	0	0.0039	0.0152	0.0320	0.0523	0.0741	0.0957	0.1163	0.1350	0.1518	0.1667

3. 悬挑圆形薄板

表 2.9-35　　简支悬挑圆形薄板在局部均布荷载作用下的弯矩计算表之一

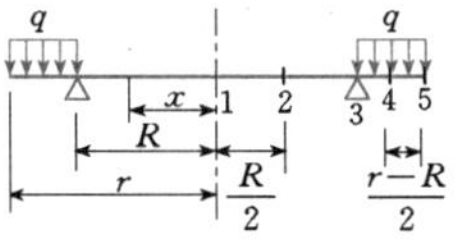

$\rho=\frac{x}{R}$，　$\beta=\frac{r}{R}$，　$\mu=\frac{1}{6}$

弯矩＝表中系数×qR^2

β	截面位置				
	1点～3点（$\rho<1$）	4点 $\left(\rho=\frac{\beta+1}{2}\right)$		5点（$\rho=\beta$）	
	$M_r=M_\theta$	M_r	M_θ	M_r	M_θ
1.0	0	0	0	0	0
1.1	−0.0049	−0.0011	−0.0042	0	−0.0038
1.2	−0.0194	−0.0039	−0.0161	0	−0.0140
1.3	−0.0434	−0.0081	−0.0349	0	−0.0293
1.4	−0.0768	−0.0132	−0.0603	0	−0.0490
1.5	−0.1200	−0.0192	−0.0919	0	−0.0723
1.6	−0.1729	−0.0260	−0.1293	0	−0.0990
1.7	−0.2360	−0.0335	−0.1725	0	−0.1288
1.8	−0.3095	−0.0417	−0.2213	0	−0.1613
1.9	−0.3935	−0.0506	−0.2755	0	−0.1966
2.0	−0.4884	−0.0602	−0.3351	0	−0.2344
2.1	−0.5944	−0.0705	−0.3999	0	−0.2747
2.2	−0.7117	−0.0815	−0.4700	0	−0.3174

表 2.9-36　　简支悬挑圆形薄板在局部均布荷载作用下的弯矩计算表之二

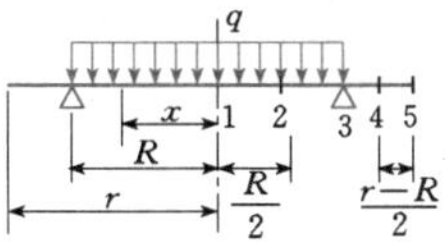

$\rho=\frac{x}{R}$，　$\beta=\frac{r}{R}$，　$\mu=\frac{1}{6}$

弯矩＝表中系数×qR^2

β	截面位置									
	1点（$\rho=0$）		2点（$\rho=0.5$）		3点（$\rho=1$）		4点 $\left(\rho=\frac{\beta+1}{2}\right)$		5点（$\rho=\beta$）	
	M_r	M_θ	M_r	M_θ	M_r	M_θ	M_r	M_θ	M_r	M_θ
1.0	0.1979	0.1979	0.1484	0.1745	0	0.1042	0	0.1042	0	0.1042
1.1	0.1889	0.1889	0.1394	0.1654	−0.0090	0.0951	−0.0042	0.0903	0	0.0861
1.2	0.1820	0.1820	0.1325	0.1586	−0.0159	0.0883	−0.0069	0.0792	0	0.0723
1.3	0.1767	0.1767	0.1272	0.1532	−0.0213	0.0829	−0.0086	0.0702	0	0.0616
1.4	0.1724	0.1724	0.1229	0.1490	−0.0255	0.0787	−0.0096	0.0627	0	0.0631
1.5	0.1690	0.1690	0.1195	0.1455	−0.0289	0.0752	−0.0102	0.0565	0	0.0463
1.6	0.1662	0.1662	0.1167	0.1427	−0.0317	0.0724	−0.0105	0.0512	0	0.0407
1.7	0.1639	0.1639	0.1144	0.1404	−0.0341	0.0701	−0.0106	0.0466	0	0.0360
1.8	0.1619	0.1619	0.1124	0.1385	−0.0360	0.0682	−0.0105	0.0426	0	0.0322
1.9	0.1603	0.1603	0.1108	0.1368	−0.0377	0.0665	−0.0103	0.0392	0	0.0289
2.0	0.1589	0.1589	0.1094	0.1354	−0.0391	0.0651	−0.0101	0.0362	0	0.0260
2.1	0.1576	0.1576	0.1082	0.1342	−0.0403	0.0639	−0.0099	0.0335	0	0.0236
2.2	0.1566	0.1566	0.1071	0.1332	−0.0413	0.0628	−0.0096	0.0311	0	0.0215

表 2.9-37　　简支悬挑圆形薄板在环形均布荷载作用下的弯矩计算表

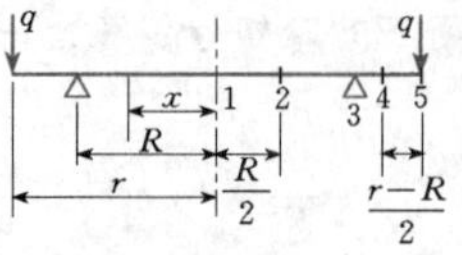

$\rho=\frac{x}{R}$，　$\beta=\frac{r}{R}$，　$\mu=\frac{1}{6}$

弯矩＝表中系数×qR

q 为环形均布荷载

β	截 面 位 置				
	1 点～3 点（$\rho<1$）	4 点 $\left(\rho=\frac{\beta+1}{2}\right)$		5 点（$\rho=\beta$）	
	$M_r=M_\theta$	M_r	M_θ	M_r	M_θ
1.0	0	0	0	0	0
1.1	−0.1009	−0.0483	−0.0909	0	−0.0795
1.2	−0.2040	−0.0939	−0.1807	0	−0.1528
1.3	−0.3095	−0.1375	−0.2696	0	−0.2212
1.4	−0.4176	−0.1796	−0.3579	0	−0.2857
1.5	−0.5284	−0.2206	−0.4456	0	−0.3472
1.6	−0.6418	−0.2608	−0.5330	0	−0.4063
1.7	−0.7578	−0.3004	−0.6201	0	−0.4632
1.8	−0.8764	−0.3395	−0.7068	0	−0.5185
1.9	−0.9976	−0.3782	−0.7933	0	−0.5724
2.0	−1.1212	−0.4166	−0.8796	0	−0.6250
2.1	−1.2472	−0.4549	−0.9657	0	−0.6766
2.2	−1.3755	−0.4930	−1.0516	0	−0.7273

2.10　基础梁的计算

2.10.1　链杆法

2.10.1.1　计算原理

设基础梁受有任意铅直荷载及力偶荷载，又设梁外地基还受有任意边荷载，如图 2.10-1（a）所示。将全梁分成 n 个区段，每区段的长度为 c，在每一区段的中点安置一根铅直刚性链杆与地基相连。为了满足几何不变的条件，另加一根水平链杆，这样就得出计算简图，如图 2.10-1（b）所示。

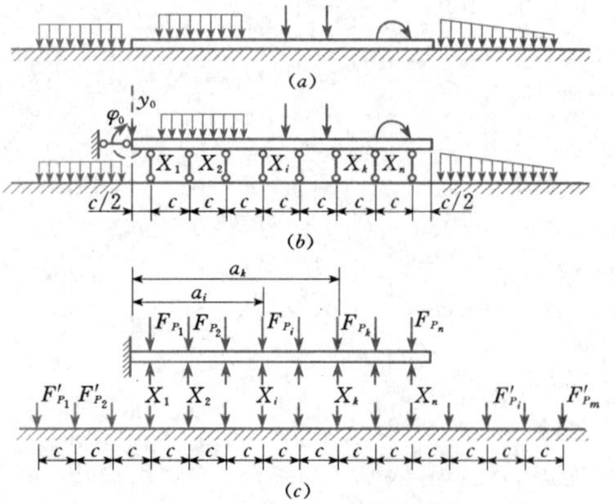

图 2.10-1　链杆法原理

采用结构力学中的混合法，取为基本未知值的是各个铅直链杆内的压力 X_1，X_2，…，X_i，…，X_k，…，X_n，以及梁的某一截面（如左端截面）的铅直位移 y_0 和转角 φ_0，共有 $n+2$ 个未知值。基本系为如图 2.10-1（c）所示的悬臂梁。在这里，为了便于查表计算，将梁上的荷载变换成为静力等效的、作用在铅直链杆上方的集中荷载 F_{P_1}，F_{P_2}，…，F_{P_i}，…，F_{P_k}，…，F_{P_n}，并将边荷载也变换成静力等效的、相距为 c 的集中荷载 F'_{P_1}，F'_{P_2}，…，F'_{P_i}，…，F'_{P_m}。

用来计算各个未知值的方程为

$$\sum_{i=1}^{n}\delta_{ki}X_i-y_0-a_k\varphi_0+\Delta_{kP}=0\quad(k=1,2,\cdots,n)\tag{2.10-1}$$

$$\sum_{k=1}^{n}(X_k-F_{P_k})=0,\quad\sum_{k=1}^{n}a_k(X_k-F_{P_k})=0\tag{2.10-2}$$

其中，系数 δ_{ki} 及自由项 Δ_{kP} 的计算，见本卷 2.10.1.2～2.10.1.4。

求得各个铅直链杆内的压力以后，即可求得基础梁的内力。

2.10.1.2　半无限大弹性体假定下的平面问题

在半无限大弹性体假定之下，对于平面问题，式（2.10-1）中的系数 δ_{ki} 为

$$\delta_{ki}=F_{ki}+\alpha w_{ki}\tag{2.10-3}$$

式中　F_{ki}——半平面体的沉陷系数，可按 $\frac{x}{c}$ 的数值由表 2.10-1 查得，其中的 x 应为 X_k

至 X_i 的距离；

w_{ki}——悬臂梁的挠度系数，可按 $\frac{a_i}{c}$ 及 $\frac{a_k}{c}$ 的数值由表 2.10-2 查得。

表 2.10-1　半平面体的沉陷系数 F_{ki}

$\frac{x}{c}$	F_{ki}	$\frac{x}{c}$	F_{ki}
0	0	11	−8.181
1	−3.296	12	−8.356
2	−4.751	13	−8.516
3	−5.574	14	−8.664
4	−6.154	15	−8.802
5	−6.602	16	−8.931
6	−6.967	17	−9.052
7	−7.726	18	−9.167
8	−7.544	19	−9.275
9	−7.780	20	−9.378
10	−7.991		

对于平面应力问题，取

$$\alpha = \frac{\pi E_0 c^3}{6EI} \quad (2.10-4)$$

式中　E——梁的弹性模量；

E_0——地基的压缩模量；

I——单位宽度的梁截面惯性矩。

对于平面应变问题，取

$$\alpha = \frac{\pi E_0(1-\mu^2)c^3}{6E(1-\mu_0^2)I} \quad (2.10-5)$$

式中　μ、μ_0——梁、地基的泊松比。

式（2.10-1）中的自由项 Δ_{kP} 用下列公式计算

$$\Delta_{kP} = \sum_{i=1}^{n} F'_{P_i} F_{ki} - \alpha \sum_{i=1}^{n} F_{P_i} w_{ki} \quad (2.10-6)$$

式中　F_{ki}——按照 $\frac{x}{c}$ 的数值由表 2.10-1 查得，但这里的 x 应为 X_k 至 F'_{P_i} 的距离。

2.10.1.3　半无限大弹性体假定下的空间问题

在半无限大弹性体假定之下，对于空间问题，式（2.10-1）中的系数 δ_{ki}、自由项 Δ_{kP} 计算如下：

$$\delta_{ki} = F_{ki} + \beta w_{ki} \quad (2.10-7)$$

$$\Delta_{kP} = \sum_{i=1}^{n} F'_{P_i} F_{ki} - \beta \sum_{i=1}^{n} F_{P_i} w_{ki} \quad (2.10-8)$$

其中

$$\beta = \frac{\pi E_0 c^4}{6EI(1-\mu^2)} \quad (2.10-9)$$

式中　F_{ki}——半空间体的沉陷系数，可按 $\frac{b}{c}$ 及 $\frac{x}{c}$ 的数值由表 2.10-3 查得，其中 b 为梁的全宽度；

I——梁截面的惯性矩。

2.10.1.4　文克勒假定下的基础梁

用连杆法计算薄垫层上的基础梁时，应当根据文克勒假定来计算沉陷。按照文克勒假定，地基的沉陷只发生在受压的部分。因此，边荷载和邻近梁对基础梁的内力或变形都没有影响。

在文克勒假定之下，不必区分平面问题与空间问题，式（2.10-1）中的系数 δ_{ki} 为

$$\left.\begin{aligned} \delta_{ki} &= w_{ki} (i \neq k) \\ \delta_{kk} &= \gamma + w_{kk} \end{aligned}\right\} \quad (2.10-10)$$

其中

$$\gamma = \frac{6EI}{Kbc^4} \quad (2.10-11)$$

式中　I——梁截面的惯性矩；

K——地基的垫层系数，即基床系数。

式（2.10-1）中的自由项 Δ_{kP}，只与梁上的荷载有关（边荷载并不引起梁的内力），计算如下：

$$\Delta_{kP} = -\sum_{i=1}^{n} P_i w_{ki} \quad (2.10-12)$$

2.10.2　查表计算法

2.10.2.1　半无限大弹性体假定下查表用的参数

在半无限大弹性体的假定之下，基础梁的平面问题可利用现成的表格进行计算。使用表格时，需首先算出基础梁的柔度指标 t。在平面应力的情况下，柔度指标为

$$t = 3\pi \frac{E_0}{E}\left(\frac{l}{h}\right)^3 \quad (2.10-13)$$

在平面应变的情况下，柔度指标为

$$t = 3\pi \frac{E_0(1-\mu^2)}{E(1-\mu_0^2)}\left(\frac{l}{h}\right)^3 \quad (2.10-14)$$

在两种平面问题中都可采用近似的公式为

$$t = 10 \frac{E_0}{E}\left(\frac{l}{h}\right)^3 \quad (2.10-15)$$

式中　l——$\frac{1}{2}$梁的长度；

h——梁的高度。

2.10.2.2　文克勒假定下查表用的参数

计算薄垫层上的基础梁时，在文克勒假定下，当全梁受均布荷载 q 时，地基反力也均布分布，它的集度 p 就等于荷载集度 q。因此，基础梁并不弯曲，梁截面上并不发生弯矩。

当梁上受有集中荷载 F_P 时，反力 p、剪力 F_Q 及弯矩 M 的变化仍然大致如图 2.10-3 所示。为了查表计算，要首先算出梁的柔度指标 λ：

$$\lambda = \left(\frac{4Kbl^4}{EI}\right)^{\frac{1}{4}} \quad (2.10-16)$$

式中符号意义同前。

在通常的情况下，只需计算梁的弯矩。下面给出计算弯矩用的公式和表号。

表 2.10-2 悬臂梁的挠度系数 w_{ki}

$\frac{a_k}{c}$ \ $\frac{a_i}{c}$	0.5	1	1.5	2	2.5	3	3.5	4	4.5	5	5.5	6	6.5	7	7.5	8	8.5	9	9.5	10
0.5	0.25	0.625	1	1.375	1.75	2.125	2.5	2.875	3.25	3.625	4	4.375	4.75	5.125	5.5	5.875	6.25	6.625	7	7.375
1	—	2	3.5	5	6.5	8	9.5	11	12.5	14	15.5	17	18.5	20	21.5	23	24.5	26	27.5	29
1.5	—	—	6.75	10.125	13.5	16.875	20.25	23.625	27	30.375	33.75	37.125	40.5	43.875	47.25	50.625	54	57.375	60.75	64.125
2	—	—	—	16	22	28	34	40	46	52	58	64	70	76	82	88	94	100	106	112
2.5	—	—	—	—	31.25	40.625	50	59.375	68.75	78.125	87.5	96.875	106.25	115.625	125	134.375	143.75	153.125	162.5	171.875
3	—	—	—	—	—	54	67.5	81	94.5	108	121.5	135	148.5	162	175.5	189	202.5	215	229.5	243
3.5	—	—	—	—	—	—	85.75	104.125	122.5	140.875	159.25	177.625	196	214.375	232.75	251.125	269.5	287.875	306.25	324.625
4	—	—	—	—	—	—	—	128	152	176	200	224	248	272	296	320	344	368	392	416
4.5	—	—	—	—	—	—	—	—	182.25	212.625	243	273.375	303.75	334.125	364.5	394.875	425.25	455.625	486	516.375
5	—	—	—	—	—	—	—	—	—	250	287.5	325	362.5	400	437.5	475	512.5	550	587.5	625
5.5	—	—	—	—	—	—	—	—	—	—	332.75	378.125	423.5	468.875	514.25	559.625	605	650.375	695.75	741.125
6	—	—	—	—	—	—	—	—	—	—	—	432	486	540	594	648	702	756	810	864
6.5	—	—	—	—	—	—	—	—	—	—	—	—	549.25	612.625	676	739.375	802.75	886.125	929.5	992.875
7	—	—	—	—	—	—	—	—	—	—	—	—	—	686	759.5	833	906.5	980	1053.5	1127
7.5	—	—	—	—	—	—	—	—	—	—	—	—	—	—	843.75	928.125	1012.5	1086.875	1181.25	1265.625
8	—	—	—	—	—	—	—	—	—	—	—	—	—	—	—	1024	1120	1216	1312	1408
8.5	—	—	—	—	—	—	—	—	—	—	—	—	—	—	—	—	1228.25	1336.625	1445	1553.375
9	—	—	—	—	—	—	—	—	—	—	—	—	—	—	—	—	—	1458	1579.5	1701
9.5	—	—	—	—	—	—	—	—	—	—	—	—	—	—	—	—	—	—	1714.75	1850.125
10	—	—	—	—	—	—	—	—	—	—	—	—	—	—	—	—	—	—	—	2000

表 2.10-3　　半空间体的沉陷系数 F_{ki}

$\frac{x}{c}$ \ $\frac{b}{c}$	$\frac{2}{3}$	1	2	3	4	5
0	4.265	3.525	2.406	1.867	1.543	1.322
1	1.069	1.038	0.929	0.829	0.746	0.678
2	0.508	0.505	0.490	0.469	0.446	0.426
3	0.336	0.335	0.330	0.323	0.315	0.305
4	0.251	0.251	0.249	0.246	0.242	0.237
5	0.200	0.200	0.199	0.197	0.196	0.193
6	0.167	0.167	0.166	0.165	0.164	0.163
7	0.143	0.143	0.143	0.142	0.141	0.140
8	0.125	0.125	0.125	0.124	0.124	0.123
9	0.111	0.111	0.111	0.111	0.111	0.110
10	0.100	0.100	0.100	0.100	0.100	0.099

2.10.2.3 查表方法说明

查表方法说明见表 2.10-4。

表 2.10-4　　基础梁查表计算方法

计算假定	荷载情况	图号	表　号	参数	弯矩转换公式
半无限大弹性体假定	全梁受均布荷载 q	2.10-2	2.10-5①	t	$M=0.01\overline{M}ql^2$
	梁上受集中荷载 F_P	2.10-3	2.10-6～2.10-12②	t、α	$M=0.01\overline{M}F_Pl$
	梁上受力偶荷载，其力矩为 m	2.10-4	$t\neq0$ 时查 2.10-13～2.10-18②③	t、α	$M=\pm0.01\overline{M}m$④
			$t=0$ 时查 2.10-19⑤	t、α	$M=0.01\overline{M}m$
	单个集中边荷载 F_P'	2.10-5	2.10-20～2.10-26②	t、α⑥	$M=0.01\overline{M}F_P'l$
	一段均布边荷载 q	2.10-6	2.10-27⑦	t、β	$M=0.01\overline{M}ql^2$
文克勒假定	梁上受集中荷载 F_P	2.10-3	2.10-28～2.10-32②	λ、α	$M=0.01\overline{M}F_Pl$

注　表中的 α、β 值，表示于图 2.10-2～图 2.10-6 中。
① 表中仅列出右半梁的 $\overline{M}$ 值，用对称条件可得左半梁的弯矩。
② 表中左边竖行的 α 值和上边横行的 ξ 值对应于对称轴右边的荷载；右边竖行的 α 值和下边横行的 ξ 值对应于对称轴左边的荷载。
③ 当右（左）半梁受荷载时，各表中带有 * 号的 $\overline{M}$ 值对应于荷载左（右）边的邻近截面；对于荷载右（左）边的邻近截面，须将 $\overline{M}$ 值加上 100。
④ m 以顺时针转向为正，正（负）号对应于右（左）半梁上的荷载。
⑤ 对于荷载左边的各截面，$\overline{M}$ 值列于此表；对于荷载右边的各截面，须将 $\overline{M}$ 值加上 100。
⑥ 当 $|\alpha|>3$ 时，边荷载的影响很小，可以不计。
⑦ 上（下）边横行中的 ξ 值对应于梁右（左）方的边荷载。

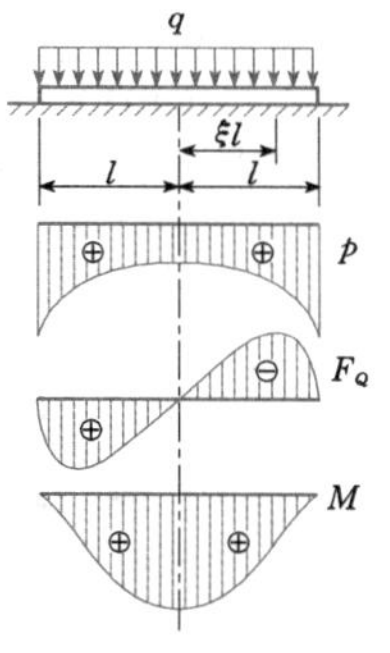

图 2.10-2　全梁在均布荷载 q 作用下的内力图

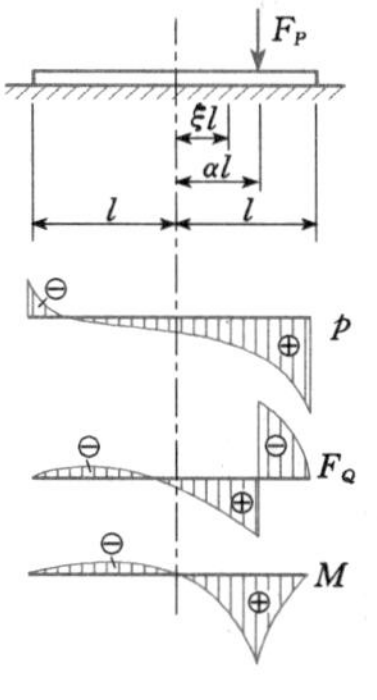

图 2.10-3　梁在集中荷载 F_P 作用下的内力图

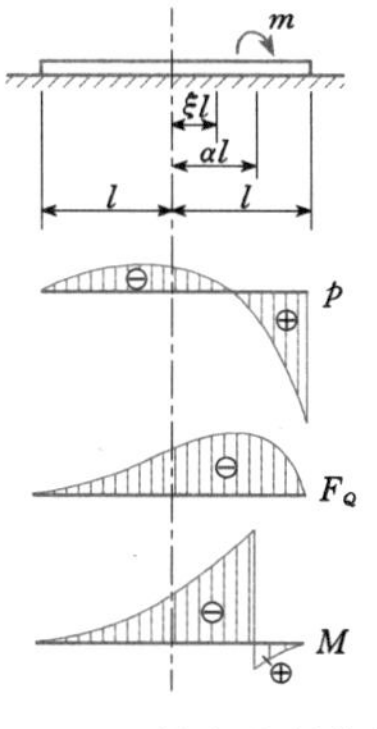

图 2.10-4　梁在力偶荷载 m 作用下的内力图

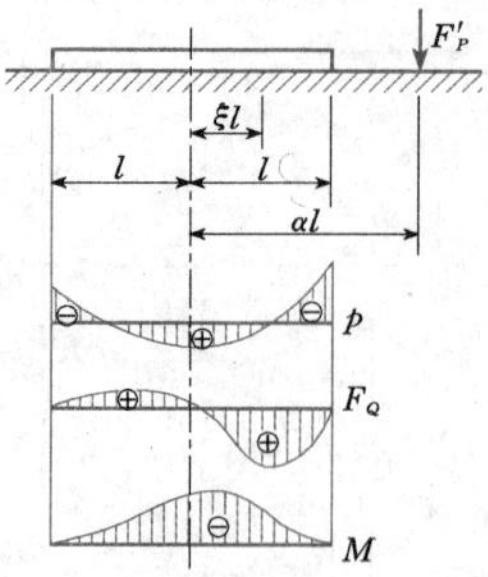

图 2.10-5 梁在单个集中边荷载 F'_P 作用下的内力图

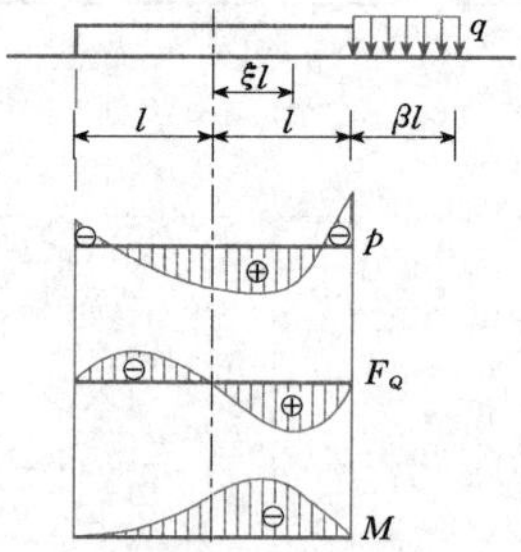

图 2.10-6 梁在一段均布边荷载 q 作用下的内力图

表 2.10-5 **全梁在均布荷载 q 作用下的 $\overline{M}$ 值**

t \ ξ	0.0	0.1	0.2	0.3	0.4	0.5	0.6	0.7	0.8	0.9	1.0
0	13.7	13.5	12.9	12.0	10.8	9.3	7.5	5.5	3.4	1.4	0
1	10.3	10.1	9.7	8.9	7.9	6.6	5.2	3.6	2.0	0.6	0
2	9.6	9.5	9.1	8.4	7.4	6.3	4.9	3.4	1.9	0.6	0
3	9.0	8.9	8.5	7.9	7.0	5.9	4.6	3.2	1.8	0.6	0
5	8.0	7.9	7.6	7.0	6.3	5.3	4.2	2.9	1.6	0.5	0
7	7.2	7.1	6.8	6.3	5.7	4.8	3.8	2.7	1.5	0.5	0
10	6.3	6.2	5.9	5.5	5.0	4.2	3.4	2.4	1.3	0.4	0

表 2.10-6 **梁在集中荷载 F_P 作用下的 $\overline{M}$ 值（$t=0$）**

α \ ξ	−1.0	−0.9	−0.8	−0.7	−0.6	−0.5	−0.4	−0.3	−0.2	−0.1	0.0	0.1	0.2	0.3	0.4	0.5	0.6	0.7	0.8	0.9	1.0	
0.0	0	1	3	5	8	11	14	18	22	27	32	27	22	18	14	11	8	5	3	1	0	0.0
0.1	0	1	2	4	6	9	12	15	19	23	27	31	26	21	17	13	9	6	3	1	0	−0.1
0.2	0	1	2	3	5	7	9	12	15	18	22	26	30	24	19	15	11	7	4	1	0	−0.2
0.3	0	0	1	2	3	5	7	9	11	14	17	20	24	28	22	17	12	8	4	1	0	−0.3
0.4	0	0	1	1	2	3	4	6	7	9	12	14	17	21	24	19	13	9	5	2	0	−0.4
0.5	0	0	0	0	1	1	2	3	4	5	7	9	11	14	17	21	15	10	5	2	0	−0.5
0.6	0	0	0	−1	−1	−1	−1	−1	0	1	2	3	5	7	9	13	16	11	6	2	0	−0.6
0.7	0	0	−1	−2	−2	−3	−3	−4	−4	−4	−3	−2	−1	0	2	5	8	12	6	2	0	−0.7
0.8	0	−1	−1	−2	−4	−5	−6	−7	−7	−8	−8	−8	−8	−7	−5	−3	−1	−2	7	2	0	−0.8
0.9	0	−1	−2	−3	−5	−7	−8	−10	−11	−12	−13	−14	−14	−14	−13	−11	−9	−6	−3	3	0	−0.9
1.0	0	−1	−2	−4	−6	−9	−11	−13	−15	−17	−18	−19	−20	−20	−20	−20	−18	−16	−12	−7	0	−1.0
	1.0	0.9	0.8	0.7	0.6	0.5	0.4	0.3	0.2	0.1	0.0	−0.1	−0.2	−0.3	−0.4	−0.5	−0.6	−0.7	−0.8	−0.9	−1.0	ξ \ α

表 2.10-7 **梁在集中荷载 F_P 作用下的 $\overline{M}$ 值（$t=1$）**

α \ ξ	−1.0	−0.9	−0.8	−0.7	−0.6	−0.5	−0.4	−0.3	−0.2	−0.1	0.0	0.1	0.2	0.3	0.4	0.5	0.6	0.7	0.8	0.9	1.0	
0.0	0	1	2	4	6	9	12	16	20	24	29	24	20	16	12	9	6	4	2	1	0	0.0
0.1	0	0	1	3	5	7	10	13	16	20	24	29	23	19	15	11	7	4	2	1	0	−0.1
0.2	0	0	1	2	4	5	8	10	13	16	19	23	27	22	17	12	9	5	3	1	0	−0.2
0.3	0	0	1	1	2	4	5	7	9	11	14	17	21	25	19	14	10	6	3	1	0	−0.3
0.4	0	0	0	1	1	2	3	4	6	7	10	12	15	18	22	16	11	7	3	1	0	−0.4
0.5	0	0	0	0	0	0	1	1	2	3	5	7	9	12	15	18	13	8	4	1	0	−0.5
0.6	0	0	−1	−1	−2	−1	−1	−1	−1	0	0	1	3	5	7	11	14	9	4	1	0	−0.6
0.7	0	0	−1	−1	−2	−3	−3	−4	−4	−4	−4	−4	−3	−2	0	3	6	10	5	1	0	−0.7
0.8	0	0	−1	−2	−3	−4	−6	−7	−8	−8	−9	−9	−9	−8	−7	−5	−3	1	5	2	0	−0.8
0.9	0	0	−1	−3	−4	−6	−8	−9	−11	−12	−13	−14	−15	−15	−14	−13	−11	−8	−4	2	0	−0.9
1.0	0	0	−2	−3	−5	−8	−10	−12	−14	−16	−18	−20	−21	−21	−21	−21	−20	−17	−14	−8	0	−1.0
	1.0	0.9	0.8	0.7	0.6	0.5	0.4	0.3	0.2	0.1	0.0	−0.1	−0.2	−0.3	−0.4	−0.5	−0.6	−0.7	−0.8	−0.9	−1.0	ξ \ α

表 2.10-8　　梁在集中荷载 F_P 作用下的 $\overline{M}$ 值 ($t=2$)

α \ ξ	−1.0	−0.9	−0.8	−0.7	−0.6	−0.5	−0.4	−0.3	−0.2	0.1	0.0	0.1	0.2	0.3	0.4	0.5	0.6	0.7	0.8	0.9	1.0	
0.0	0	0	2	3	6	8	11	15	18	23	28	23	18	15	11	8	6	3	2	0	0	0.0
0.1	0	0	1	3	4	6	9	12	15	19	23	27	22	18	14	10	7	4	2	0	0	−0.1
0.2	0	0	1	2	3	5	7	9	11	14	18	22	26	21	16	12	8	5	2	1	0	−0.2
0.3	0	0	0	1	2	3	4	6	8	10	13	16	20	24	19	14	9	6	3	1	0	−0.3
0.4	0	0	0	0	1	2	2	4	5	7	9	11	14	18	21	16	11	7	3	1	0	−0.4
0.5	0	0	0	1	0	0	0	1	2	3	4	6	8	11	14	18	12	8	4	1	0	−0.5
0.6	0	0	0	−1	−1	−1	−1	−1	−1	−1	0	1	3	5	7	10	14	9	4	1	0	−0.6
0.7	0	0	−1	−1	−2	−3	−3	−4	−4	−4	−4	−4	−3	−1	0	3	6	10	5	1	0	−0.7
0.8	0	0	−1	−2	−3	−4	−5	−6	−7	−8	−8	−8	−8	−8	−7	−5	−2	−2	6	2	0	−0.8
0.9	0	0	−1	−3	−4	−6	−7	−9	−10	−11	−12	−13	−14	−14	−13	−12	−11	−8	−4	2	0	−0.9
1.0	0	0	−2	−3	−5	−7	−9	−11	−13	−15	−17	−18	−19	−20	−20	−20	−19	−17	−13	−8	0	−1.0
	1.0	0.9	0.8	0.7	0.6	0.5	0.4	0.3	0.2	0.1	0.0	−0.1	−0.2	−0.3	−0.4	−0.5	−0.6	−0.7	−0.8	−0.9	−1.0	ξ \ α

表 2.10-9　　梁在集中荷载 F_P 作用下的 $\overline{M}$ 值 ($t=3$)

α \ ξ	−1.0	−0.9	−0.8	−0.7	−0.6	−0.5	−0.4	−0.3	−0.2	−0.1	0.0	0.1	0.2	0.3	0.4	0.5	0.6	0.7	0.8	0.9	1.0	
0.0	0	1	2	3	5	8	11	14	18	22	27	22	18	14	11	8	5	3	2	0	0	0.0
0.1	0	0	1	2	4	6	8	11	14	18	22	26	21	17	13	9	6	4	2	0	0	−0.1
0.2	0	0	1	1	2	4	6	8	10	13	17	20	25	20	15	11	7	4	2	1	0	−0.2
0.3	0	0	0	1	2	3	4	5	7	10	12	15	19	23	18	13	9	5	3	1	0	−0.3
0.4	0	0	0	0	1	1	2	3	4	6	8	11	14	17	21	15	11	7	3	1	0	−0.4
0.5	0	0	0	0	0	0	0	1	2	3	4	6	8	11	14	18	12	8	4	1	0	−0.5
0.6	0	0	0	−1	−1	−1	−1	−1	−1	−1	0	1	3	5	7	10	14	9	4	1	0	−0.6
0.7	0	0	−1	−1	−2	−3	−3	−4	−4	−4	−4	−3	−3	−1	0	3	6	10	5	1	0	−0.7
0.8	0	0	−1	−2	−3	−4	−5	−6	−7	−7	−8	−8	−8	−7	−6	−5	−2	1	5	2	0	−0.8
0.9	0	0	−1	−2	−4	−5	−7	−8	−9	−11	−12	−12	−13	−13	−13	−12	−10	−8	−4	2	0	−0.9
1.0	0	0	−1	−3	−5	−6	−8	−10	−12	−14	−16	−17	−18	−19	−19	−19	−18	−16	−13	−8	0	−1.0
	1.0	0.9	0.8	0.7	0.6	0.5	0.4	0.3	0.2	0.1	0.0	−0.1	−0.2	−0.3	−0.4	−0.5	−0.6	−0.7	−0.8	−0.9	−1.0	ξ \ α

表 2.10-10　　梁在集中荷载 F_P 作用下的 $\overline{M}$ 值 ($t=5$)

α \ ξ	−1.0	−0.9	−0.8	−0.7	−0.6	−0.5	−0.4	−0.3	−0.2	−0.1	0.0	0.1	0.2	0.3	0.4	0.5	0.6	0.7	0.8	0.9	1.0	
0.0	0	0	1	3	5	7	9	12	16	20	25	20	16	12	9	7	5	3	1	0	0	0.0
0.1	0	0	1	2	3	5	7	9	12	16	20	24	19	15	11	8	5	3	2	0	0	−0.1
0.2	0	0	0	1	2	3	5	6	9	12	15	19	23	18	13	10	6	4	2	0	0	−0.2
0.3	0	0	0	0	1	2	3	4	6	8	11	14	17	22	16	12	8	5	2	1	0	−0.3
0.4	0	0	0	0	0	1	1	2	4	5	7	10	12	16	20	15	10	6	3	1	0	−0.4
0.5	0	0	0	0	0	0	0	0	1	2	3	5	7	10	13	17	12	7	4	1	0	−0.5
0.6	0	0	0	−1	−1	−1	−2	−2	−1	−1	0	1	2	4	7	10	14	8	4	1	0	−0.6
0.7	0	0	−1	−1	−2	−2	−3	−3	−4	−4	−4	−3	−2	−1	0	3	6	10	5	1	0	−0.7
0.8	0	0	−1	−2	−2	−3	−4	−5	−6	−7	−7	−7	−7	−7	−6	−4	−2	1	6	2	0	−0.8
0.9	0	0	−1	−2	−3	−4	−6	−7	−8	−9	−10	−11	−12	−12	−12	−11	−10	−7	−4	−2	0	−0.9
1.0	0	0	−1	−2	−4	−5	−7	−8	−10	−12	−14	−15	−16	−17	−18	−18	−17	−16	−13	−8	0	−1.0
	1.0	0.9	0.8	0.7	0.6	0.5	0.4	0.3	0.2	0.1	0.0	−0.1	−0.2	−0.3	−0.4	−0.5	−0.6	−0.7	−0.8	−0.9	−1.0	ξ \ α

表 2.10-11 梁在集中荷载 F_P 作用下的 $\overline{M}$ 值（$t=7$）

α \ ξ	−1.0	−0.9	−0.8	−0.7	−0.6	−0.5	−0.4	−0.3	−0.2	−0.1	0.0	0.1	0.2	0.3	0.4	0.5	0.6	0.7	0.8	0.9	1.0	
0.0	0	0	1	3	4	6	8	11	15	19	23	19	15	11	8	6	4	3	1	0	0	0.0
0.1	0	0	1	2	3	4	6	8	11	14	18	23	18	14	10	7	5	3	1	0	0	−0.1
0.2	0	0	0	1	1	2	4	5	7	10	13	17	21	17	12	9	6	3	1	0	0	−0.2
0.3	0	0	0	0	0	1	2	3	5	7	9	13	16	20	15	11	7	4	2	0	0	−0.3
0.4	0	0	0	0	0	0	1	2	3	4	6	9	12	15	19	14	10	6	3	1	0	−0.4
0.5	0	0	0	0	0	0	0	0	1	2	3	5	7	9	13	17	11	7	3	1	0	−0.5
0.6	0	0	0	−1	−1	−1	−2	−2	−1	−1	0	1	2	4	6	10	13	8	4	1	0	−0.6
0.7	0	0	−1	−1	−2	−2	−3	−3	−3	−4	−3	−3	−2	−1	0	3	6	10	5	1	0	−0.7
0.8	0	0	−1	−1	−2	−3	−4	−5	−5	−6	−6	−7	−6	−6	−5	−4	−2	−1	6	2	0	−0.8
0.9	0	0	−1	−2	−3	−4	−5	−6	−7	−8	−9	−10	−11	−11	−11	−10	−9	−7	−3	2	0	−0.9
1.0	0	0	−1	−2	−3	−5	−6	−7	−9	−11	−12	−13	−15	−16	−17	−17	−16	−15	−12	−8	0	−1.0
	1.0	0.9	0.8	0.7	0.6	0.5	0.4	0.3	0.2	0.1	0.0	−0.1	−0.2	−0.3	−0.4	−0.5	−0.6	−0.7	−0.8	−0.9	−1.0	ξ / α

表 2.10-12 梁在集中荷载 F_P 作用下的 $\overline{M}$ 值（$t=10$）

α \ ξ	−1.0	−0.9	−0.8	−0.7	−0.6	−0.5	−0.4	−0.3	−0.2	−0.1	0.0	0.1	0.2	0.3	0.4	0.5	0.6	0.7	0.8	0.9	1.0	
0.0	0	0	1	2	3	5	7	10	13	17	22	17	13	10	7	5	3	2	1	0	0	0.0
0.1	0	0	1	1	2	3	5	7	9	13	16	21	16	12	9	6	4	2	1	0	0	−0.1
0.2	0	0	0	0	0	1	2	4	6	8	11	15	20	15	11	7	4	2	1	0	0	−0.2
0.3	0	0	0	0	0	0	1	2	4	6	8	11	15	19	14	10	6	4	2	0	0	−0.3
0.4	0	0	0	0	0	0	0	1	2	3	5	8	10	14	18	13	9	5	3	0	0	−0.4
0.5	0	0	0	−1	0	0	0	0	0	1	2	4	6	9	12	16	11	7	3	1	0	−0.5
0.6	0	0	0	−1	−1	−1	−1	−2	−1	−1	−1	0	2	4	7	9	13	8	4	1	0	−0.6
0.7	0	0	−1	−1	−2	−2	−3	−3	−3	−3	−3	−3	−2	−1	0	3	6	10	5	1	0	−0.7
0.8	0	0	−1	−1	−2	−3	−3	−4	−5	−5	−6	−6	−6	−5	−5	−3	−1	2	6	2	0	−0.8
0.9	0	0	−1	−1	−2	−3	−4	−5	−6	−7	−8	−9	−9	−10	−10	−9	−8	−6	−3	2	0	−0.9
1.0	0	0	−1	−2	−3	−4	−5	−6	−7	−9	−10	−12	−13	−14	−15	−15	−15	−14	−12	−8	0	−1.0
	1.0	0.9	0.8	0.7	0.6	0.5	0.4	0.3	0.2	0.1	0.0	−0.1	−0.2	−0.3	−0.4	−0.5	−0.6	−0.7	−0.8	−0.9	−1.0	ξ / α

表 2.10-13 梁在力偶荷载 m 作用下的 $\overline{M}$ 值（$t=1$）

α \ ξ	−1.0	−0.9	−0.8	−0.7	−0.6	−0.5	−0.4	−0.3	−0.2	−0.1	0.0	0.1	0.2	0.3	0.4	0.5	0.6	0.7	0.8	0.9	1.0	
0.0	0	−1	−4	−8	−14	−18	−24	−30	−36	−43	−50*	43	36	30	24	18	14	8	4	1	0	0.0
0.1	0	−1	−4	−8	−13	−19	−25	−31	−37	−44	−51	−57*	36	29	23	17	12	7	3	1	0	−0.1
0.2	0	−1	−4	−8	−12	−18	−23	−29	−36	−42	−49	−58	−62*	31	25	19	13	8	4	1	0	−0.2
0.3	0	−1	−3	−7	−11	−16	−22	−28	−33	−40	−48	−53	−61	−67*	27	20	16	9	5	1	0	−0.3
0.4	0	−1	−3	−7	−11	−16	−22	−27	−34	−40	−46	−53	−60	−67	−73*	20	16	9	5	1	0	−0.4
0.5	0	−1	−3	−7	−11	−16	−21	−27	−33	−40	−46	−53	−60	−66	−73	−80*	14	9	5	1	0	−0.5
0.6	0	−1	−3	−7	−11	−16	−22	−27	−34	−40	−46	−53	−60	−66	−73	−79	−86*	9	4	1	0	−0.6
0.7	0	−1	−3	−7	−11	−16	−21	−27	−33	−39	−46	−52	−59	−66	−72	−79	−85	−90*	5	1	0	−0.7
0.8	0	−1	−3	−7	−11	−16	−21	−27	−33	−39	−46	−52	−59	−66	−72	−79	−85	−90	−95*	1	0	−0.8
0.9	0	−1	−3	−7	−11	−16	−21	−27	−33	−39	−46	−52	−59	−66	−72	−79	−85	−90	−95	−99*	0	−0.9
1.0	0	−1	−3	−7	−11	−16	−21	−27	−33	−39	−46	−52	−59	−66	−72	−79	−85	−90	−95	−99	−100*	−1.0
	1.0	0.9	0.8	0.7	0.6	0.5	0.4	0.3	0.2	0.1	0.0	−0.1	−0.2	−0.3	−0.4	−0.5	−0.6	−0.7	−0.8	−0.9	−1.0	ξ / α

表 2.10－14 梁在力偶荷载 *m* 作用下的 $\overline{M}$ 值 ($t=2$)

α \ ξ	−1.0	−0.9	−0.8	−0.7	−0.6	−0.5	−0.4	−0.3	−0.2	−0.1	0.0	0.1	0.2	0.3	0.4	0.5	0.6	0.7	0.8	0.9	1.0	
0.0	0	−1	−4	−7	−12	−17	−23	−29	−36	−43	−50*	43	36	29	23	17	12	7	4	1	0	0.0
0.1	0	−1	−5	−9	−14	−19	−25	−31	−38	−44	−51	−58*	35	28	22	16	11	6	2	0	0	−0.1
0.2	0	−1	−4	−8	−12	−17	−23	−28	−35	−41	−48	−55	−62*	32	25	19	13	8	4	1	0	−0.2
0.3	0	−1	−3	−6	−10	−14	−20	−25	−31	−37	−44	−51	−57	−64*	29	22	16	11	6	1	0	−0.3
0.4	0	−1	−2	−6	−10	−14	−19	−25	−31	−37	−43	−50	−57	−64	−71*	22	16	10	5	1	0	−0.4
0.5	0	−1	−3	−6	−10	−14	−19	−25	−30	−37	−43	−50	−57	−64	−71	−78*	16	10	5	1	0	−0.5
0.6	0	−1	−3	−6	−10	−14	−20	−25	−31	−37	−43	−50	−57	−64	−71	−78	−84*	10	5	1	0	−0.6
0.7	0	−1	−3	−6	−10	−14	−19	−24	−30	−36	−42	−49	−55	−62	−69	−76	−83	−89*	6	2	0	−0.7
0.8	0	−1	−3	−6	−10	−14	−19	−24	−30	−36	−42	−48	−55	−62	−69	−76	−82	−89	6*	2	0	−0.8
0.9	0	−1	−3	−6	−10	−14	−19	−24	−30	−36	−42	−48	−55	−62	−69	−76	−82	−89	−94	−98*	0	−0.9
1.0	0	−1	−3	−6	−10	−14	−19	−24	−30	−36	−42	−48	−55	−62	−69	−76	−82	−89	−94	−98	−100*	−1.0
	1.0	0.9	0.8	0.7	0.6	0.5	0.4	0.3	0.2	0.1	0.0	−0.1	−0.2	−0.3	−0.4	−0.5	−0.6	−0.7	−0.8	−0.9	−1.0	ξ / α

表 2.10－15 梁在力偶荷载 *m* 作用下的 $\overline{M}$ 值 ($t=3$)

α \ ξ	−1.0	−0.9	−0.8	−0.7	−0.6	−0.5	−0.4	−0.3	−0.2	−0.1	0.0	0.1	0.2	0.3	0.4	0.5	0.6	0.7	0.8	0.9	1.0	
0.0	0	−1	−3	−7	−12	−17	−23	−29	−36	−43	−50*	43	36	29	23	17	12	7	3	1	0	0.0
0.1	0	−1	−5	−10	−14	−20	−25	−31	−38	−45	−52	−59*	34	27	21	15	9	5	2	1	0	−0.1
0.2	0	−1	−4	−8	−12	−17	−22	−28	−34	−40	−52	−54	−61*	32	25	19	13	8	4	1	0	−0.2
0.3	0	−1	−2	−5	−9	−13	−18	−23	−29	−35	−41	−48	−55	−62*	31	24	18	12	6	2	0	−0.3
0.4	0	−1	−2	−5	−9	−13	−17	−23	−28	−34	−41	−47	−54	−62	−69*	24	17	11	6	2	0	−0.4
0.5	0	−1	−2	−5	−9	−13	−17	−23	−28	−34	−40	−47	−54	−61	−69	−76*	17	11	6	2	0	−0.5
0.6	0	−1	−3	−6	−9	−13	−17	−22	−28	−34	−41	−47	−54	−61	−68	−76	−83*	11	5	1	0	−0.6
0.7	0	−1	−3	−5	−9	−13	−17	−22	−27	−33	−39	−45	−52	−59	−66	−74	−81	−88*	6	2	0	−0.7
0.8	0	−1	−3	−5	−9	−12	−17	−22	−27	−32	−39	−45	−52	−59	−66	−73	−80	−87	−93*	2	0	−0.8
0.9	0	−1	−3	−5	−9	−12	−17	−22	−27	−32	−39	−45	−52	−59	−66	−73	−80	−87	−93	−98*	0	−0.9
1.0	0	−1	−3	−5	−9	−12	−17	−22	−27	−32	−39	−45	−52	−59	−66	−73	−80	−87	−93	−98	−100*	−1.0
	1.0	0.9	0.8	0.7	0.6	0.5	0.4	0.3	0.2	0.1	0.0	−0.1	−0.2	−0.3	−0.4	−0.5	−0.6	−0.7	−0.8	−0.9	−1.0	ξ / α

表 2.10－16 梁在力偶荷载 *m* 作用下的 $\overline{M}$ 值 ($t=5$)

α \ ξ	−1.0	−0.9	−0.8	−0.7	−0.6	−0.5	−0.4	−0.3	−0.2	−0.1	0.0	0.1	0.2	0.3	0.4	0.5	0.6	0.7	0.8	0.9	1.0	
0.0	0	−1	−3	−6	−11	−16	−22	−28	−35	−42	−50*	42	35	28	22	16	11	6	3	1	0	0.0
0.1	0	−2	−6	−11	−15	−20	−26	−32	−38	−45	−52	−60*	33	26	19	13	7	3	0	−1	0	−0.1
0.2	0	−1	−4	−8	−11	−16	−21	−26	−32	−38	−45	−52	−60*	33	26	19	13	8	4	1	0	−0.2
0.3	0	0	−1	−4	−6	−10	−15	−19	−25	−31	−37	−44	−51	−59*	34	27	20	13	8	3	0	−0.3
0.4	0	0	−1	−3	−6	−10	−14	−19	−24	−30	−36	−43	−50	−58	−66*	27	19	13	7	2	0	−0.4
0.5	0	0	−1	−3	−8	−10	−14	−18	−23	−29	−35	−42	−49	−57	−65	−73*	19	12	6	2	0	−0.5
0.6	0	−1	−2	−5	−7	−11	−15	−19	−24	−30	−36	−42	−49	−57	−65	−73	−81*	12	7	1	0	−0.6
0.7	0	0	−2	−4	−7	−10	−14	−18	−23	−28	−34	−40	−47	−54	−62	−70	−78	−86*	7	2	0	−0.7
0.8	0	0	−2	−4	−7	−10	−13	−17	−22	−27	−33	−39	−46	−53	−61	−69	−77	−85	−92*	2	0	−0.8
0.9	0	0	−2	−4	−7	−10	−13	−17	−22	−27	−33	−39	−46	−53	−61	−69	−77	−85	−92	−98*	0	−0.9
1.0	0	0	−2	−4	−7	−10	−13	−17	−22	−27	−33	−39	−46	−53	−61	−69	−77	−85	−92	−98	−100*	−1.0
	1.0	0.9	0.8	0.7	0.6	0.5	0.4	0.3	0.2	0.1	0.0	−0.1	−0.2	−0.3	−0.4	−0.5	−0.6	−0.7	−0.8	−0.9	−1.0	ξ / α

表 2.10－17　　梁在力偶荷载 m 作用下的 $\overline{M}$ 值（$t=7$）

α \ ξ	−1.0	−0.9	−0.8	−0.7	−0.6	−0.5	−0.4	−0.3	−0.2	−0.1	0.0	0.1	0.2	0.3	0.4	0.5	0.6	0.7	0.8	0.9	1.0	
0.0	0	−1	−2	−6	−10	−15	−21	−27	−35	−42	−50*	42	35	27	21	15	10	6	2	1	0	0.0
0.1	0	−3	−7	−12	−16	−21	−26	−32	−39	−46	−53	−61*	31	24	17	11	5	1	−1	−1	0	−0.1
0.2	0	−1	−6	−8	−11	−15	−20	−25	−31	−37	−44	−51	−59*	33	26	19	13	8	2	1	0	−0.2
0.3	0	0	0	−2	−5	−8	−12	−16	−22	−27	−34	−40	−48	−56*	37	29	22	15	9	3	0	−0.3
0.4	0	0	0	−2	−5	−8	−12	−16	−21	−26	−32	−39	−47	−55	−63*	29	21	14	8	3	0	−0.4
0.5	0	0	0	−1	−4	−7	−10	−15	−20	−25	−31	−38	−46	−54	−62	−71*	20	13	6	2	0	−0.5
0.6	0	−1	−2	−4	−4	−9	−13	−17	−21	−26	−32	−39	−46	−54	−62	−70	−81*	13	6	2	0	−0.6
0.7	0	0	−1	−3	−5	−8	−11	−15	−19	−24	−29	−36	−42	−50	−59	−66	−75	−84*	8	2	0	−0.7
0.8	0	0	−1	−3	−5	−8	−11	−14	−18	−23	−29	−35	−41	−49	−57	−65	−74	−83	−91*	3	0	−0.8
0.9	0	0	−1	−3	−5	−8	−11	−14	−18	−23	−29	−35	−41	−49	−57	−65	−74	−83	−91	−97*	0	−0.9
1.0	0	0	−1	−3	−5	−8	−11	−14	−18	−23	−29	−35	−41	−49	−57	−65	−74	−83	−91	−97	−100*	−1.0
	1.0	0.9	0.8	0.7	0.6	0.5	0.4	0.3	0.2	0.1	0.0	−0.1	−0.2	−0.3	−0.4	−0.5	−0.6	−0.7	−0.8	−0.9	−1.0	ξ \ α

表 2.10－18　　梁在力偶荷载 m 作用下的 $\overline{M}$ 值（$t=10$）

α \ ξ	−1.0	−0.9	−0.8	−0.7	−0.6	−0.5	−0.4	−0.3	−0.2	−0.1	0.0	0.1	0.2	0.3	0.4	0.5	0.6	0.7	0.8	0.9	1.0	
0.0	0	0	−2	−5	−9	−14	−20	−26	−34	−42	−50*	42	34	26	20	14	9	5	2	0	0	0.0
0.1	0	−4	−9	−13	−17	−22	−27	−32	−39	−46	−54	−62*	29	22	14	8	3	−2	−3	−2	0	−0.1
0.2	0	−2	−5	−8	−11	−15	−19	−24	−29	−35	−42	−50	−58*	34	26	19	13	7	3	0	0	−0.2
0.3	0	−1	1	0	−2	−5	−9	−13	−18	−23	−29	−36	−44	−52*	40	32	25	18	11	4	0	−0.3
0.4	0	1	1	0	−2	−5	−8	−12	−17	−22	−28	−35	−42	−51	−59*	32	24	16	9	3	0	−0.4
0.5	0	1	1	0	−2	−4	−7	−11	−16	−21	−27	−34	−41	−50	−59	−68*	23	14	7	2	0	−0.5
0.6	0	−1	−2	−3	−5	−7	−10	−13	−18	−22	−28	−34	−41	−49	−58	−68	−77*	14	6	2	0	−0.6
0.7	0	0	−1	−2	−4	−6	−8	−11	−15	−19	−24	−30	−37	−45	−53	−62	−72	−81*	9	3	0	−0.7
0.8	0	0	−1	−2	−3	−5	−7	−10	−14	−18	−23	−29	−36	−43	−52	−61	−70	−80	−89*	3	0	−0.8
0.9	0	0	−1	−2	−3	−5	−7	−11	−14	−18	−23	−29	−36	−43	−52	−61	−70	−80	−89	−97*	0	−0.9
1.0	0	0	−1	−2	−3	−5	−8	−11	−14	−19	−24	−29	−36	−44	−52	−61	−70	−80	−89	−97	−100*	−1.0
	1.0	0.9	0.8	0.7	0.6	0.5	0.4	0.3	0.2	0.1	0.0	−0.1	−0.2	−0.3	−0.4	−0.5	−0.6	−0.7	−0.8	−0.9	−1.0	ξ \ α

表 2.10－19　　梁在力偶荷载 m 作用下的 $\overline{M}$ 值（$t=0$）

ξ	−1.0	−0.9	−0.8	−0.7	−0.6	−0.5	−0.4	−0.3	−0.2	−0.1	0.0	0.1	0.2	0.3	0.4	0.5	0.6	0.7	0.8	0.9	1.0
$\overline{M}$	0	−2	−5	−9	−14	−20	−25	−31	−37	−44	−50	−56	−63	−69	−75	−80	−86	−91	−95	−98	−100

表 2.10－20　　梁在单个集中边荷载 F_P' 作用下的 $\overline{M}$ 值（$t=0$）

α \ ξ	−1.0	−0.9	−0.8	−0.7	−0.6	−0.5	−0.4	−0.3	−0.2	−0.1	0.0	0.1	0.2	0.3	0.4	0.5	0.6	0.7	0.8	0.9	1.0	
1.05	0	−0.3	−1.4	−1.8	−2.6	−3.1	−4.4	−5.2	−6.0	−6.5	−7.0	−7.2	−7.3	−7.1	−6.6	−5.9	−4.9	−3.6	−2.1	−0.7	0	−1.05
1.15	0	−0.2	−0.7	−1.3	−2.0	−2.7	−3.3	−3.9	−4.5	−4.9	−5.2	−5.4	−5.4	−5.2	−4.8	−4.2	−3.5	−2.5	−1.4	−0.5	0	−1.15
1.25	0	−0.2	−0.6	−1.0	−1.6	−2.1	−2.6	−3.1	−3.5	−3.8	−4.1	−4.2	−4.2	−4.0	−3.7	−3.2	−2.6	−1.9	−1.1	−0.4	0	−1.25
1.35	0	−0.1	−0.5	−0.9	−1.3	−1.8	−2.2	−2.6	−2.9	−3.1	−3.3	−3.4	−3.4	−3.2	−3.0	−2.6	−2.1	−1.5	−0.8	−0.3	0	−1.35
1.45	0	−0.1	−0.4	−0.7	−1.1	−1.5	−1.8	−2.2	−2.2	−2.6	−2.8	−2.8	−2.8	−2.7	−2.4	−2.1	−1.7	−1.2	−0.7	−0.2	0	−1.45
1.55	0	−0.1	−0.3	−0.6	−0.9	−1.3	−1.6	−1.8	−2.1	−2.2	−2.3	−2.4	−2.3	−2.2	−2.0	−1.7	−1.4	−1.0	−0.5	−0.2	0	−1.55
1.65	0	−0.1	−0.3	−0.5	−0.8	−1.1	−1.3	−1.6	−1.8	−1.9	−2.0	−2.0	−2.0	−1.9	−1.7	−1.5	−1.2	−0.8	−0.5	−0.2	0	−1.65
1.75	0	−0.1	−0.2	−0.5	−0.7	−1.0	−1.2	−1.4	−1.6	−1.7	−1.8	−1.8	−1.7	−1.7	−1.5	−1.3	−1.0	−0.7	−0.4	−0.1	0	−1.75
1.85	0	−0.1	−0.2	−0.4	−0.6	−0.8	−1.1	−1.2	−1.4	−1.5	−1.5	−1.6	−1.5	−1.4	−1.3	−1.1	−0.9	−0.6	−0.3	−0.1	0	−1.85

续表

α \ ξ	−1.0	−0.9	−0.8	−0.7	−0.6	−0.5	−0.4	−0.3	−0.2	−0.1	0.0	0.1	0.2	0.3	0.4	0.5	0.6	0.7	0.8	0.9	1.0	
1.95	0	−0.1	−0.2	−0.4	−0.6	−0.8	−0.9	−1.1	−1.2	−1.3	−1.4	−1.4	−1.4	−1.3	−1.1	−1.0	−0.8	−0.5	−0.3	−0.1	0	−1.95
2.10	0	−0.1	−0.2	−0.3	−0.5	−0.6	−0.8	−0.9	−1.0	−1.1	−1.2	−1.2	−1.1	−1.1	−1.0	−0.8	−0.6	−0.5	−0.3	−0.1	0	−2.10
2.30	0	−0.1	−0.2	−0.3	−0.4	−0.5	−0.7	−0.8	−0.9	−0.9	−1.0	−1.0	−0.9	−0.9	−0.8	−0.7	−0.5	−0.4	−0.2	−0.1	0	−2.30
2.50	0	0.0	−0.1	−0.2	−0.3	−0.5	−0.6	−0.6	−0.7	−0.8	−0.8	−0.8	−0.8	−0.7	−0.6	−0.6	−0.4	−0.3	−0.2	−0.1	0	−2.50
2.70	0	0.0	−0.1	−0.2	−0.3	−0.4	−0.5	−0.6	−0.6	−0.7	−0.7	−0.7	−0.7	−0.6	−0.6	−0.5	−0.4	−0.3	−0.1	0.0	0	−2.70
2.90	0	0.0	−0.1	−0.2	−0.3	−0.3	−0.4	−0.5	−0.5	−0.6	−0.6	−0.6	−0.6	−0.5	−0.5	−0.4	−0.3	−0.2	−0.1	0.0	0	−2.90
	1.0	0.9	0.8	0.7	0.6	0.5	0.4	0.3	0.2	0.1	0.0	−0.1	−0.2	−0.3	−0.4	−0.5	−0.6	−0.7	−0.8	−0.9	−1.0	ξ \ α

表 2.10－21　　梁在单个集中边荷载 F_P' 作用下的 $\overline{M}$ 值 ($t=1$)

α \ ξ	−1.0	−0.9	−0.8	−0.7	−0.6	−0.5	−0.4	−0.3	−0.2	−0.1	0.0	0.1	0.2	0.3	0.4	0.5	0.6	0.7	0.8	0.9	1.0	
1.05	0	−0.3	−0.8	−1.6	−2.4	−3.2	−4.0	−4.8	−5.5	−6.0	−6.4	−6.7	−6.8	−6.6	−6.2	−5.5	−4.6	−3.4	−2.0	−0.7	0	−1.05
1.15	0	−0.2	−0.6	−1.2	−1.8	−2.5	−3.1	−3.6	−4.1	−4.6	−4.8	−5.0	−5.0	−4.9	−4.6	−4.0	−3.3	−2.4	−1.4	−0.5	0	−1.15
1.25	0	−0.2	−0.5	−1.0	−1.5	−2.0	−2.4	−2.9	−3.3	−3.6	−3.8	−3.9	−3.9	−3.8	−3.5	−3.1	−2.5	−1.8	−1.0	−0.4	0	−1.25
1.35	0	−0.1	−0.4	−0.8	−1.2	−1.6	−2.0	−2.4	−2.7	−2.9	−3.1	−3.2	−3.1	−3.0	−2.8	−2.4	−2.0	−1.4	−0.8	−0.3	0	−1.35
1.45	0	−0.1	−0.4	−0.7	−1.0	−1.4	−1.7	−2.0	−2.2	−2.4	−2.6	−2.6	−2.6	−2.5	−2.3	−2.0	−1.6	−1.2	−0.7	−0.2	0	−1.45
1.55	0	−0.1	−0.3	−0.6	−0.9	−1.2	−1.4	−1.7	−1.9	−2.1	−2.2	−2.2	−2.2	−2.1	−1.9	−1.7	−1.3	−1.0	−0.5	−0.2	0	−1.55
1.65	0	−0.1	−0.3	−0.5	−0.8	−1.0	−1.3	−1.5	−1.7	−1.8	−1.9	−1.9	−1.9	−1.8	−1.6	−1.4	−1.1	−0.8	−0.5	−0.1	0	−1.65
1.75	0	−0.1	−0.2	−0.4	−0.7	−0.9	−1.1	−1.3	−1.4	−1.6	−1.6	−1.7	−1.6	−1.6	−1.4	−1.2	−1.0	−0.7	−0.4	−0.1	0	−1.75
1.85	0	−0.1	−0.2	−0.4	−0.6	−0.8	−1.0	−1.1	−1.3	−1.4	−1.4	−1.5	−1.4	−1.4	−1.2	−1.1	−0.8	−0.6	−0.3	−0.1	0	−1.85
1.95	0	−0.1	−0.2	−0.4	−0.5	−0.7	−0.9	−1.0	−1.1	−1.2	−1.3	−1.3	−1.2	−1.2	−1.1	−0.9	−0.7	−0.5	−0.3	−0.1	0	−1.95
2.10	0	−0.1	−0.2	−0.3	−0.5	−0.6	−0.7	−0.9	−1.0	−1.0	−1.1	−1.1	−1.1	−1.0	−0.9	−0.8	−0.6	−0.4	−0.2	−0.1	0	−2.10
2.30	0	−0.1	−0.1	−0.3	−0.4	−0.5	−0.6	−0.7	−0.8	−0.9	−0.9	−0.9	−0.9	−0.8	−0.7	−0.6	−0.5	−0.3	−0.2	−0.1	0	−2.30
2.50	0	0.0	−0.1	−0.2	−0.3	−0.4	−0.5	−0.6	−0.7	−0.7	−0.7	−0.7	−0.7	−0.7	−0.6	−0.5	−0.4	−0.3	−0.2	0.0	0	−2.50
2.70	0	0.0	−0.1	−0.2	−0.3	−0.4	−0.4	−0.5	−0.6	−0.6	−0.6	−0.6	−0.6	−0.6	−0.5	−0.4	−0.4	−0.2	−0.1	0.0	0	−2.70
2.90	0	0.0	−0.1	−0.2	−0.2	−0.3	−0.3	−0.4	−0.5	−0.5	−0.5	−0.5	−0.5	−0.5	−0.4	−0.4	−0.3	−0.2	−0.1	0.0	0	−2.90
	1.0	0.9	0.8	0.7	0.6	0.5	0.4	0.3	0.2	0.1	0.0	−0.1	−0.2	−0.3	−0.4	−0.5	−0.6	−0.7	−0.8	−0.9	−1.0	ξ \ α

表 2.10－22　　梁在单个集中边荷载 F_P' 作用下的 $\overline{M}$ 值 ($t=2$)

α \ ξ	−1.0	−0.9	−0.8	−0.7	−0.6	−0.5	−0.4	−0.3	−0.2	−0.1	0.0	0.1	0.2	0.3	0.4	0.5	0.6	0.7	0.8	0.9	1.0	
1.05	0	−0.2	−0.8	−1.5	−2.2	−3.0	−3.7	−4.4	−5.1	−5.6	−6.0	−6.3	−6.3	−6.2	−5.9	−5.2	−4.4	−3.3	−2.0	−0.7	0	−1.05
1.15	0	−0.2	−0.6	−1.1	−1.7	−2.3	−2.9	−3.4	−3.8	−4.2	−4.5	−4.7	−4.7	−4.6	−4.3	−3.8	−3.1	−2.3	−1.4	−0.5	0	−1.15
1.25	0	−0.1	−0.5	−0.9	−1.4	−1.8	−2.3	−2.7	−3.0	−3.3	−3.5	−3.7	−3.7	−3.5	−3.3	−2.9	−2.4	−1.7	−1.0	−0.3	0	−1.25
1.35	0	−0.1	−0.4	−0.7	−1.1	−1.5	−1.8	−2.2	−2.5	−2.7	−2.8	−3.0	−3.0	−2.8	−2.6	−2.3	−1.9	−1.3	−0.8	−0.3	0	−1.35
1.45	0	−0.1	−0.3	−0.6	−1.0	−1.3	−1.6	−1.8	−2.1	−2.3	−2.4	−2.5	−2.4	−2.3	−2.1	−1.8	−1.5	−1.1	−0.6	−0.2	0	−1.45
1.55	0	−0.1	−0.3	−0.5	−0.8	−1.1	−1.3	−1.6	−1.8	−1.9	−2.0	−2.1	−2.0	−1.9	−1.8	−1.6	−1.2	−0.9	−0.5	−0.2	0	−1.55
1.65	0	−0.1	−0.3	−0.4	−0.7	−1.0	−1.2	−1.4	−1.5	−1.7	−1.8	−1.8	−1.7	−1.7	−1.5	−1.3	−1.1	−0.8	−0.4	−0.2	0	−1.65
1.75	0	−0.1	−0.2	−0.4	−0.6	−0.8	−1.0	−1.2	−1.3	−1.5	−1.5	−1.6	−1.5	−1.5	−1.3	−1.1	−0.9	−0.6	−0.4	−0.1	0	−1.75
1.85	0	−0.1	−0.2	−0.4	−0.6	−0.7	−0.9	−1.1	−1.2	−1.3	−1.4	−1.4	−1.4	−1.3	−1.2	−1.0	−0.8	−0.5	−0.3	−0.1	0	−1.85
1.95	0	0	−0.1	−0.3	−0.5	−0.6	−0.8	−0.9	−1.0	−1.1	−1.2	−1.2	−1.2	−1.1	−1.0	−0.8	−0.7	−0.5	−0.2	−0.1	0	−1.95
2.10	0	0	−0.1	−0.3	−0.4	−0.6	−0.7	−0.8	−0.9	−1.0	−1.0	−1.0	−1.0	−0.9	−0.8	−0.7	−0.6	−0.4	−0.2	−0.1	0	−2.10
2.30	0	0	−0.1	−0.2	−0.4	−0.5	−0.6	−0.6	−0.7	−0.8	−0.8	−0.8	−0.8	−0.8	−0.7	−0.6	−0.5	−0.3	−0.2	−0.1	0	−2.30
2.50	0	0	−0.1	−0.2	−0.3	−0.4	−0.5	−0.6	−0.6	−0.7	−0.7	−0.7	−0.7	−0.6	−0.6	−0.5	−0.4	−0.3	−0.1	−0.1	0	−2.50
2.70	0	0	−0.1	−0.2	−0.3	−0.3	−0.4	−0.5	−0.5	−0.6	−0.6	−0.6	−0.6	−0.5	−0.5	−0.4	−0.3	−0.2	−0.1	0	0	−2.70
2.90	0	0.1	−0.1	−0.1	−0.2	−0.3	−0.4	−0.4	−0.5	−0.5	−0.5	−0.5	−0.5	−0.5	−0.4	−0.3	−0.3	−0.2	−0.1	0	0	−2.90
	1.0	0.9	0.8	0.7	0.6	0.5	0.4	0.3	0.2	0.1	0.0	−0.1	−0.2	−0.3	−0.4	−0.5	−0.6	−0.7	−0.8	−0.9	−1.0	ξ \ α

表 2.10－23　　梁在单个集中边荷载 F'_P 作用下的 $\overline{M}$ 值（$t=3$）

ξ / α	−1.0	−0.9	−0.8	−0.7	−0.6	−0.5	−0.4	−0.3	−0.2	−0.1	0.0	0.1	0.2	0.3	0.4	0.5	0.6	0.7	0.8	0.9	1.0	
1.05	0	−0.2	−0.7	−1.5	−2.0	−2.8	−3.5	−4.1	−4.9	−5.2	−5.6	−5.9	−6.0	−5.9	−5.6	−5.0	−4.2	−3.1	−1.9	−0.7	0	−1.05
1.15	0	−0.2	−0.5	−1.0	−1.6	−2.1	−2.7	−3.1	−3.6	−4.0	−4.2	−4.4	−4.4	−4.3	−4.1	−3.6	−3.0	−2.2	−1.3	−0.5	0	−1.15
1.25	0	−0.1	−0.4	−0.8	−1.3	−1.7	−2.1	−2.5	−2.9	−3.1	−3.3	−3.4	−3.5	−3.4	−3.1	−2.8	−2.3	−1.7	−1.0	−0.3	0	−1.25
1.35	0	−0.1	−0.4	−0.7	−1.0	−1.4	−1.7	−2.0	−2.3	−2.5	−2.7	−2.8	−2.8	−2.7	−2.5	−2.2	−1.8	−1.3	−0.7	−0.2	0	−1.35
1.45	0	−0.1	−0.3	−0.6	−0.9	−1.2	−1.5	−1.7	−1.9	−2.1	−2.2	−2.3	−2.6	−2.2	−2.0	−1.8	−1.4	−1.0	−0.6	−0.2	0	−1.45
1.55	0	−0.1	−0.3	−0.5	−0.6	−0.9	−1.3	−1.5	−1.7	−1.8	−1.9	−2.0	−1.9	−1.9	−1.7	−1.4	−1.2	−0.8	−0.5	−0.2	0	−1.55
1.65	0	−0.1	−0.2	−0.4	−0.7	−0.9	−1.1	−1.3	−1.4	−1.6	−1.7	−1.7	−1.7	−1.6	−1.5	−1.3	−1.0	−0.7	−0.4	−0.1	0	−1.65
1.75	0	−0.1	−0.2	−0.4	−0.6	−0.8	−1.0	−1.1	−1.3	−1.4	−1.6	−1.5	−1.4	−1.4	−1.3	−1.1	−0.9	−0.6	−0.4	−0.1	0	−1.75
1.85	0	−0.1	−0.2	−0.4	−0.5	−0.7	−0.8	−1.0	−1.1	−1.2	−1.4	−1.3	−1.3	−1.2	−1.1	−0.9	−0.8	−0.5	−0.3	−0.1	0	−1.85
1.95	0	−0.1	−0.2	−0.3	−0.5	−0.6	−0.8	−0.9	−1.0	−1.1	−1.3	−1.1	−1.1	−1.1	−1.0	−0.8	−0.7	−0.5	−0.3	−0.1	0	−1.95
2.10	0	−0.1	−0.2	−0.3	−0.4	−0.5	−0.6	−0.8	−0.9	−0.9	−1.1	−1.0	−0.9	−0.9	−0.8	−0.7	−0.5	−0.4	−0.2	−0.1	0	−2.10
2.30	0	0.0	−0.1	−0.2	−0.3	−0.4	−0.5	−0.6	−0.7	−0.8	−1.0	−0.8	−0.8	−0.7	−0.7	−0.6	−0.4	−0.3	−0.2	−0.1	0	−2.30
2.50	0	0.0	−0.1	−0.2	−0.3	−0.4	−0.5	−0.5	−0.6	−0.6	−0.7	−0.7	−0.6	−0.6	−0.5	−0.5	−0.4	−0.3	−0.1	−0.1	0	−2.50
2.70	0	0.0	−0.1	−0.2	−0.2	−0.3	−0.4	−0.5	−0.5	−0.5	−0.6	−0.6	−0.5	−0.5	−0.4	−0.4	−0.3	−0.2	−0.1	0.0	0	−2.70
2.90	0	0.0	−0.1	−0.1	−0.2	−0.3	−0.3	−0.4	−0.4	−0.5	−0.5	−0.5	−0.5	−0.4	−0.4	−0.3	−0.3	−0.2	−0.1	0.0	0	−2.90
	1.0	0.9	0.8	0.7	0.6	0.5	0.4	0.3	0.2	0.1	0.0	−0.1	−0.2	−0.3	−0.4	−0.5	−0.6	−0.7	−0.8	−0.9	−1.0	α / ξ

表 2.10－24　　梁在单个集中边荷载 F'_P 作用下的 $\overline{M}$ 值（$t=5$）

ξ / α	−1.0	−0.9	−0.8	−0.7	−0.6	−0.5	−0.4	−0.3	−0.2	−0.1	0.0	0.1	0.2	0.3	0.4	0.5	0.6	0.7	0.8	0.9	1.0	
1.05	0	−0.2	−0.6	−1.2	−1.8	−2.4	−3.0	−3.6	−4.1	−4.6	−5.0	−5.2	−5.4	−5.3	−5.1	−4.6	−3.9	−2.9	−1.8	−0.6	0	−1.05
1.15	0	−0.1	−0.5	−0.9	−1.4	−1.9	−2.3	−2.8	−3.2	−3.5	−3.8	−3.9	−4.0	−3.9	−3.7	−3.3	−2.7	−2.1	−1.2	−0.4	0	−1.15
1.25	0	−0.1	−0.8	−0.7	−1.1	−1.5	−1.8	−2.2	−2.5	−2.7	−2.9	−3.1	−3.1	−3.0	−2.8	−2.5	−2.1	−1.5	−0.9	−0.3	0	−1.25
1.35	0	−0.1	−0.3	−0.6	−0.9	−1.2	−1.5	−1.8	−2.1	−2.3	−2.4	−2.5	−2.5	−2.4	−2.3	−2.0	−1.6	−1.2	−0.7	−0.2	0	−1.35
1.45	0	−0.1	−0.3	−0.5	−0.8	−1.0	−1.3	−1.5	−1.7	−1.9	−2.0	−2.1	−2.1	−2.0	−1.8	−1.6	−1.3	−1.0	−0.5	−0.2	0	−1.45
1.55	0	−0.1	−0.2	−0.4	−0.7	−0.9	−1.1	−1.3	−1.5	−1.6	−1.7	−1.7	−1.7	−1.7	−1.5	−1.4	−1.1	−0.8	−0.4	−0.1	0	−1.55
1.65	0	−0.1	−0.2	−0.4	−0.6	−0.8	−1.0	−1.1	−1.3	−1.4	−1.5	−1.5	−1.5	−1.4	−1.3	−1.2	−0.9	−0.7	−0.4	−0.1	0	−1.65
1.75	0	−0.1	−0.2	−0.3	−0.5	−0.7	−0.9	−1.0	−1.1	−1.2	−1.3	−1.3	−1.3	−1.2	−1.1	−1.0	−0.8	−0.6	−0.3	−0.1	0	−1.75
1.85	0	−0.1	−0.2	−0.3	−0.4	−0.6	−0.8	−0.9	−1.0	−1.1	−1.1	−1.2	−1.1	−1.1	−1.0	−0.9	−0.7	−0.5	−0.3	−0.1	0	−1.85
1.95	0	0.0	−0.1	−0.3	−0.4	−0.5	−0.7	−0.8	−0.9	−0.9	−1.0	−1.0	−1.0	−0.9	−0.8	−0.7	−0.6	−0.4	−0.2	−0.1	0	−1.95
2.10	0	0.0	−0.1	−0.2	−0.3	−0.5	−0.6	−0.7	−0.8	−0.8	−0.8	−0.9	−0.8	−0.8	−0.7	−0.6	−0.5	−0.4	−0.2	−0.1	0	−2.10
2.30	0	0.0	−0.1	−0.2	−0.3	−0.4	−0.5	−0.6	−0.6	−0.7	−0.7	−0.7	−0.7	−0.7	−0.6	−0.5	−0.4	−0.3	−0.2	−0.1	0	−2.30
2.50	0	0.0	−0.1	−0.2	−0.3	−0.3	−0.4	−0.5	−0.5	−0.6	−0.6	−0.6	−0.6	−0.5	−0.5	−0.4	−0.3	−0.2	−0.2	0.0	0	−2.50
2.70	0	0.0	−0.1	−0.1	−0.2	−0.3	−0.3	−0.4	−0.4	−0.5	−0.5	−0.5	−0.5	−0.5	−0.4	−0.4	−0.3	−0.2	−0.1	0.0	0	−2.70
2.90	0	0.0	−0.1	−0.1	−0.2	−0.2	−0.3	−0.3	−0.4	−0.4	−0.4	−0.4	−0.4	−0.4	−0.3	−0.3	−0.3	−0.2	−0.1	0.0	0	−2.90
	1.0	0.9	0.8	0.7	0.6	0.5	0.4	0.3	0.2	0.1	0.0	−0.1	−0.2	−0.3	−0.4	−0.5	−0.6	−0.7	−0.8	−0.9	−1.0	α / ξ

表 2.10－25　　梁在单个集中边荷载 F'_P 作用下的 $\overline{M}$ 值（$t=7$）

ξ / α	−1.0	−0.9	−0.8	−0.7	−0.6	−0.5	−0.4	−0.3	−0.2	−0.1	0.0	0.1	0.2	0.3	0.4	0.5	0.6	0.7	0.8	0.9	1.0	
1.05	0	−0.2	−0.6	−1.0	−1.6	−2.1	−2.7	−3.2	−3.7	−4.1	−4.5	−4.7	−4.9	−4.9	−4.7	−4.3	−3.6	−2.8	−1.7	−0.6	0	−1.05
1.15	0	−0.1	−0.4	−0.8	−1.2	−1.6	−2.1	−2.5	−2.8	−3.1	−3.4	−3.5	−3.6	−3.6	−3.4	−3.1	−2.6	−1.9	−1.2	−0.4	0	−1.15
1.25	0	−0.1	−0.3	−0.7	−1.0	−1.3	−1.6	−2.0	−2.2	−2.5	−2.7	−2.8	−2.8	−2.6	−2.7	−2.3	−1.9	−1.4	−0.8	−0.3	0	−1.25
1.35	0	−0.1	−0.3	−0.6	−0.8	−1.1	−1.4	−1.6	−1.8	−2.0	−2.2	−2.3	−2.3	−2.2	−2.1	−1.8	−1.5	−1.1	−0.6	−0.2	0	−1.35
1.45	0	−0.1	−0.2	−0.5	−0.7	−0.9	−1.2	−1.4	−1.6	−1.7	−1.8	−1.9	−1.9	−1.8	−1.7	−1.5	−1.2	−0.9	−0.5	−0.2	0	−1.45
1.55	0	−0.1	−0.2	−0.4	−0.6	−0.8	−1.0	−1.2	−1.3	−1.4	−1.5	−1.6	−1.6	−1.5	−1.4	−1.3	−1.0	−0.7	−0.4	−0.2	0	−1.55

续表

α \ ξ	−1.0	−0.9	−0.8	−0.7	−0.6	−0.5	−0.4	−0.3	−0.2	−0.1	0.0	0.1	0.2	0.3	0.4	0.5	0.6	0.7	0.8	0.9	1.0	
1.65	0	−0.1	−0.2	−0.4	−0.5	−0.7	−0.9	−1.0	−1.1	−1.2	−1.3	−1.4	−1.4	−1.3	−1.2	−1.0	−0.9	−0.6	−0.4	−0.1	0	−1.65
1.75	0	−0.1	−0.2	−0.3	−0.5	−0.6	−0.8	−0.9	−1.0	−1.1	−1.1	−1.2	−1.2	−1.1	−1.0	−0.9	−0.7	−0.5	−0.3	−0.1	0	−1.75
1.85	0	−0.1	−0.1	−0.3	−0.4	−0.5	−0.7	−0.8	−0.9	−0.9	−1.0	−1.0	−1.0	−1.0	−0.9	−0.8	−0.6	−0.5	−0.3	−0.1	0	−1.85
1.95	0	0	−0.1	−0.2	−0.4	−0.5	−0.6	−0.7	−0.8	−0.9	−0.9	−0.9	−0.9	−0.9	−0.8	−0.7	−0.6	−0.4	−0.2	−0.1	0	−1.95
2.10	0	0	−0.1	−0.2	−0.3	−0.4	−0.5	−0.6	−0.7	−0.7	−0.8	−0.8	−0.8	−0.7	−0.7	−0.6	−0.5	−0.3	−0.2	−0.1	0	−2.10
2.30	0	0	−0.1	−0.2	−0.3	−0.3	−0.4	−0.5	−0.6	−0.6	−0.6	−0.6	−0.6	−0.6	−0.5	−0.5	−0.4	−0.3	−0.1	−0.1	0	−2.30
2.50	0	0	−0.1	−0.2	−0.2	−0.3	−0.4	−0.4	−0.5	−0.5	−0.5	−0.5	−0.5	−0.5	−0.4	−0.4	−0.3	−0.2	−0.1	0	0	−2.50
2.70	0	0	−0.1	−0.1	−0.2	−0.3	−0.3	−0.4	−0.4	−0.4	−0.4	−0.5	−0.4	−0.4	−0.4	−0.3	−0.3	−0.2	−0.1	0	0	−2.70
2.90	0	0	−0.1	−0.1	−0.2	−0.2	−0.3	−0.3	−0.4	−0.4	−0.4	−0.4	−0.4	−0.4	−0.3	−0.3	−0.2	−0.2	−0.1	0	0	−2.90
	1.0	0.9	0.8	0.7	0.6	0.5	0.4	0.3	0.2	0.1	0.0	−0.1	−0.2	−0.3	−0.4	−0.5	−0.6	−0.7	−0.8	−0.9	−1.0	ξ \ α

表 2.10－26　　梁在单个集中边荷载 F_P' 作用下的 $\overline{M}$ 值（$t=10$）

α \ ξ	−1.0	−0.9	−0.8	−0.7	−0.6	−0.5	−0.4	−0.3	−0.2	−0.1	0.0	0.1	0.2	0.3	0.4	0.5	0.6	0.7	0.8	0.9	1.0	
1.05	0	−0.2	−0.5	−0.9	−1.3	−1.8	−2.3	−2.7	−3.1	−3.5	−3.9	−4.1	−4.3	−4.3	−4.2	−3.9	−3.3	−2.6	−1.6	−0.6	0	−1.05
1.15	0	−0.1	−0.4	−0.7	−1.0	−1.4	−1.7	−2.1	−2.4	−2.7	−2.9	−3.1	−3.2	−3.2	−3.1	−2.8	−2.4	−1.8	−1.1	−0.4	0	−1.15
1.25	0	−0.1	−0.3	−0.5	−0.8	−1.1	−1.4	−1.7	−1.9	−2.1	−2.3	−2.4	−2.5	−2.4	−2.3	−2.1	−1.8	−1.3	−0.8	−0.3	0	−1.25
1.35	0	−0.1	−0.2	−0.5	−0.6	−0.9	−1.2	−1.4	−1.6	−1.7	−1.9	−2.0	−2.0	−2.0	−1.9	−1.7	−1.4	−1.0	−0.6	−0.2	0	−1.35
1.45	0	−0.1	−0.2	−0.4	−0.6	−0.8	−1.0	−1.1	−1.3	−1.4	−1.5	−1.6	−1.6	−1.6	−1.5	−1.3	−1.1	−0.8	−0.5	−0.2	0	−1.45
1.55	0	−0.1	−0.2	−0.3	−0.5	−0.7	−0.8	−1.0	−1.1	−1.2	−1.3	−1.4	−1.4	−1.3	−1.3	−1.1	−0.9	−0.7	−0.4	−0.1	0	−1.55
1.65	0	−0.1	−0.2	−0.3	−0.4	−0.6	−0.7	−0.9	−1.0	−1.1	−1.1	−1.2	−1.2	−1.2	−1.1	−0.9	−0.8	−0.6	−0.3	−0.1	0	−1.65
1.75	0	0	−0.2	−0.3	−0.4	−0.5	−0.6	−0.8	−0.9	−0.9	−1.0	−1.0	−1.0	−1.0	−0.9	−0.8	−0.7	−0.5	−0.3	−0.1	0	−1.75
1.85	0	0	−0.1	−0.2	−0.4	−0.5	−0.6	−0.7	−0.8	−0.8	−0.9	−0.9	−0.9	−0.9	−0.8	−0.7	−0.6	−0.4	−0.2	−0.1	0	−1.85
1.95	0	0	−0.1	−0.2	−0.3	−0.4	−0.5	−0.6	−0.7	−0.7	−0.8	−0.8	−0.8	−0.8	−0.7	−0.6	−0.5	−0.4	−0.2	−0.1	0	−1.95
2.10	0	0	−0.1	−0.2	−0.3	−0.4	−0.4	−0.5	−0.6	−0.6	−0.7	−0.7	−0.7	−0.6	−0.6	−0.5	−0.4	−0.3	−0.2	−0.1	0	−2.10
2.30	0	0	−0.1	−0.2	−0.2	−0.3	−0.4	−0.4	−0.5	−0.5	−0.5	−0.6	−0.6	−0.5	−0.5	−0.4	−0.3	−0.2	−0.1	−0.1	0	−2.30
2.50	0	0	−0.1	−0.1	−0.2	−0.3	−0.3	−0.4	−0.4	−0.4	−0.5	−0.5	−0.5	−0.4	−0.4	−0.3	−0.3	−0.2	−0.1	0	0	−2.50
2.70	0	0	−0.1	−0.1	−0.2	−0.2	−0.3	−0.3	−0.3	−0.4	−0.4	−0.4	−0.4	−0.4	−0.3	−0.3	−0.2	−0.2	−0.1	0	0	−2.70
2.90	0	0	−0.1	−0.1	−0.1	−0.2	−0.2	−0.3	−0.3	−0.3	−0.3	−0.3	−0.3	−0.3	−0.3	−0.3	−0.2	−0.1	−0.1	0	0	−2.90
	1.0	0.9	0.8	0.7	0.6	0.5	0.4	0.3	0.2	0.1	0.0	−0.1	−0.2	−0.3	−0.4	−0.5	−0.6	−0.7	−0.8	−0.9	−1.0	ξ \ α

表 2.10－27　　梁在一段均布边荷载 q 作用下的 $\overline{M}$ 值

t	β \ ξ	−1.0	−0.9	−0.8	−0.7	−0.6	−0.5	−0.4	−0.3	−0.2	−0.1	0.0	0.1	0.2	0.3	0.4	0.5	0.6	0.7	0.8	0.9	1.0
0	0.5	0	−0.1	−0.4	−0.6	−0.9	−1.1	−1.4	−1.7	−1.9	−2.1	−2.2	−2.3	−2.3	−2.2	−2.1	−1.8	−1.5	−1.1	−0.6	−0.2	0
	1.0	0	−0.1	−0.5	−0.8	−1.2	−1.6	−2.0	−2.4	−2.7	−3.0	−3.1	−3.2	−3.2	−3.1	−2.8	−2.5	−2.0	−1.4	−0.8	−0.3	0
	2.0	0	−0.2	−0.6	−1.0	−1.6	−2.1	−2.6	−3.1	−3.5	−3.8	−4.0	−4.1	−4.0	−3.8	−3.5	−3.1	−2.5	−1.8	−1.0	−0.3	0
1	0.5	0	−0.1	−0.3	−0.5	−0.8	−1.1	−1.3	−1.6	−1.8	−2.0	−2.1	−2.1	−2.1	−2.1	−1.9	−1.7	−1.4	−1.0	−0.6	−0.2	0
	1.0	0	−0.1	−0.4	−0.8	−1.1	−1.5	−1.9	−2.2	−2.5	−2.8	−2.9	−3.0	−3.0	−2.9	−2.7	−2.3	−1.9	−1.4	−0.8	−0.3	0
	2.0	0	−0.2	−0.5	−1.0	−1.5	−2.0	−2.4	−2.9	−3.2	−3.5	−3.7	−3.8	−3.7	−3.6	−3.3	−2.7	−2.3	−1.7	−1.0	−0.3	0
2	0.5	0	−0.1	−0.3	−0.5	−0.7	−1.0	−1.2	−1.5	−1.7	−1.8	−1.9	−2.0	−2.0	−1.9	−1.8	−1.6	−1.3	−1.1	−0.6	−0.2	0
	1.0	0	−0.1	−0.4	−0.7	−1.1	−1.4	−1.8	−2.1	−2.3	−2.6	−2.7	−2.8	−2.8	−2.7	−2.5	−2.2	−1.8	−1.3	−0.8	−0.3	0
	2.0	0	−0.1	−0.5	−0.9	−1.4	−1.8	−2.3	−2.7	−3.0	−3.3	−3.4	−3.6	−3.5	−3.4	−3.1	−2.7	−2.2	−1.6	−0.9	−0.3	0
3	0.5	0	−0.1	−0.2	−0.5	−0.7	−0.9	−1.2	−1.3	−1.6	−1.7	−1.8	−1.9	−1.9	−1.9	−1.7	−1.5	−1.3	−0.9	−0.6	−0.2	0
	1.0	0	−0.1	−0.3	−0.7	−1.0	−1.3	−1.7	−1.9	−2.2	−2.4	−2.6	−2.6	−2.7	−2.6	−2.4	−2.1	−1.7	−1.2	−0.7	−0.3	0
	2.0	0	−0.1	−0.5	−0.9	−1.3	−1.7	−2.1	−2.5	−2.8	−3.1	−3.3	−3.4	−3.3	−3.2	−3.0	−2.6	−2.1	−1.5	−0.9	−0.3	0

续表

t	β \ ξ	−1.0	−0.9	−0.8	−0.7	−0.6	−0.5	−0.4	−0.3	−0.2	−0.1	0.0	0.1	0.2	0.3	0.4	0.5	0.6	0.7	0.8	0.9	1.0
5	0.5	0	−0.1	−0.2	−0.4	−0.6	−0.8	−1.0	−1.2	−1.4	−1.5	−1.6	−1.7	−1.7	−1.7	−1.6	−1.4	−1.2	−0.9	−0.5	−0.2	0
	1.0	0	−0.1	−0.3	−0.6	−0.9	−1.2	−1.4	−1.7	−1.9	−2.1	−2.3	−2.4	−2.4	−2.3	−2.1	−1.9	−1.6	−1.2	−0.7	−0.2	0
	2.0	0	−0.1	−0.4	−0.7	−1.1	−1.5	−1.9	−2.2	−2.6	−2.7	−2.9	−3.0	−3.0	−2.9	−2.6	−2.4	−1.9	−1.4	−0.8	−0.3	0
7	0.5	0	−0.1	−0.2	−0.4	−0.5	−0.7	−0.9	−1.1	−1.2	−1.3	−1.5	−1.5	−1.6	−1.5	−1.5	−1.3	−1.1	−0.8	−0.5	−0.2	0
	1.0	0	−0.1	−0.3	−0.5	−0.8	−1.0	−1.3	−1.5	−1.7	−1.9	−2.0	−2.1	−2.2	−2.1	−2.0	−1.8	−1.5	−1.1	−0.6	−0.2	0
	2.0	0	−0.1	−0.4	−0.7	−1.0	−1.3	−1.7	−2.0	−2.2	−2.4	−2.6	−2.7	−2.8	−2.7	−2.5	−2.2	−1.8	−1.3	−0.8	−0.3	0
10	0.5	0	−0.1	−0.2	−0.3	−0.4	−0.6	−0.8	−0.9	−1.0	−1.1	−1.3	−1.3	−1.4	−1.4	−1.3	−1.2	−1.0	−0.8	−0.5	−0.2	0
	1.0	0	−0.1	−0.3	−0.5	−0.6	−0.9	−1.1	−1.3	−1.5	−1.6	−1.8	−1.9	−1.9	−1.9	−1.8	−1.6	−1.4	−1.0	−0.6	−0.2	0
	2.0	0	−0.1	−0.4	−0.6	−0.8	−1.2	−1.4	−1.7	−1.9	−2.1	−2.3	−2.4	−2.4	−2.3	−2.2	−1.8	−1.6	−1.2	−0.7	−0.3	0
	β / ξ	1.0	0.9	0.8	0.7	0.6	0.5	0.4	0.3	0.2	0.1	0.0	−0.1	−0.2	−0.3	−0.4	−0.5	−0.6	−0.7	−0.8	−0.9	−1.0

表 2.10－28　　梁在集中荷载 F_P 作用下的 $\overline{M}$ 值（文克勒假定地基，$\lambda=0$）

α \ ξ	−1.0	−0.9	−0.8	−0.7	−0.6	−0.5	−0.4	−0.3	−0.2	−0.1	0.0	0.1	0.2	0.3	0.4	0.5	0.6	0.7	0.8	0.9	1.0	
0.0	0	0	1	2	4	6	9	12	16	20	25	20	16	12	9	6	4	2	1	0	0	0.0
0.1	0	0	1	2	3	5	7	10	13	16	20	26	20	15	11	8	5	3	1	0	0	−0.1
0.2	0	0	0	1	2	3	5	7	9	12	15	19	23	18	13	9	6	4	2	1	0	−0.2
0.3	0	0	0	1	1	2	3	4	6	8	10	13	17	21	15	11	7	4	2	1	0	−0.3
0.4	0	0	0	0	0	0	0	1	2	3	5	7	10	14	17	12	8	5	2	1	0	−0.4
0.5	0	0	0	−1	−1	−2	−2	−2	−2	−1	0	2	4	7	10	14	9	5	3	1	0	−0.5
0.6	0	0	−1	−1	−2	−3	−4	−5	−5	−5	−5	−4	−3	−1	0	5	10	6	3	1	0	−0.6
0.7	0	0	−1	−2	−3	−5	−6	−8	−9	−10	−10	−10	−9	−8	−6	−3	1	7	3	1	0	−0.7
0.8	0	0	−1	−2	−4	−6	−8	−10	−12	−14	−15	−16	−16	−15	−14	−12	−8	−3	3	1	0	−0.8
0.9	0	0	−2	−3	−5	−8	−10	−13	−16	−18	−20	−21	−22	−22	−21	−20	−17	−12	−6	1	0	−0.9
1.0	0	−1	−2	−4	−6	−9	−13	−16	−19	−23	−25	−28	−29	−30	−30	−29	−26	−22	−16	−9	0	−1.0
	1.0	0.9	0.8	0.7	0.6	0.5	0.4	0.3	0.2	0.1	0.0	−0.1	−0.2	−0.3	−0.4	−0.5	−0.6	−0.7	−0.8	−0.9	−1.0	ξ / α

表 2.10－29　　梁在集中荷载 F_P 作用下的 $\overline{M}$ 值（文克勒假定地基，$\lambda=1$）

α \ ξ	−1.0	−0.9	−0.8	−0.7	−0.6	−0.5	−0.4	−0.3	−0.2	−0.1	0.0	0.1	0.2	0.3	0.4	0.5	0.6	0.7	0.8	0.9	1.0	
0.0	0	0	1	2	4	6	9	12	16	20	25	20	16	12	9	6	4	2	1	0	0	0.0
0.1	0	0	1	2	3	5	7	9	12	16	20	24	20	15	11	7	5	2	1	0	0	−0.1
0.2	0	0	0	1	2	3	5	7	9	12	15	19	23	18	13	10	6	4	2	1	0	−0.2
0.3	0	0	0	0	1	2	3	4	6	8	10	13	17	21	16	11	7	4	2	0	0	−0.3
0.4	0	0	0	0	0	0	0	1	2	3	5	7	10	13	17	12	8	4	2	0	0	−0.4
0.5	0	0	0	−1	−1	−2	−2	−2	−2	−1	0	2	4	6	10	14	9	5	2	1	0	−0.5
0.6	0	0	−1	−1	−2	−3	−4	−5	−5	−5	−5	−4	−3	−1	2	6	2	6	3	1	0	−0.6
0.7	0	0	−1	−2	−3	−5	−6	−7	−8	−10	−10	−10	−9	−8	−6	−3	1	6	3	1	0	−0.7
0.8	0	0	−1	−3	−4	−6	−8	−10	−12	−14	−15	−16	−16	−15	−14	−12	−8	−3	3	0	0	−0.8
0.9	0	0	−1	−3	−5	−8	−10	−13	−15	−18	−20	−21	−22	−22	−21	−20	−16	−12	−6	1	0	−0.9
1.0	0	−1	−2	−4	−6	−9	−13	−16	−17	−22	−25	−27	−28	−29	−29	−28	−26	−22	−16	−9	0	−1.0
	1.0	0.9	0.8	0.7	0.6	0.5	0.4	0.3	0.2	0.1	0.0	−0.1	−0.2	−0.3	−0.4	−0.5	−0.6	−0.7	−0.8	−0.9	−1.0	ξ / α

表 2.10-30　梁在集中荷载 F_P 作用下的 $\overline{M}$ 值（文克勒假定地基，$\lambda=2$）

α \ ξ	-1.0	-0.9	-0.8	-0.7	-0.6	-0.5	-0.4	-0.3	-0.2	-0.1	0.0	0.1	0.2	0.3	0.4	0.5	0.6	0.7	0.8	0.9	1.0	
0.0	0	0	1	2	3	5	8	11	14	18	23	18	14	11	8	5	3	2	1	0	0	0.0
0.1	0	0	0	1	2	4	5	8	11	14	18	23	18	13	10	7	4	2	1	0	0	-0.1
0.2	0	0	0	1	1	2	4	5	8	10	13	17	22	16	12	8	5	3	2	0	0	-0.2
0.3	0	0	0	0	0	1	2	3	4	6	9	12	15	20	14	10	7	4	2	0	0	-0.3
0.4	0	0	0	0	0	0	0	0	1	2	4	6	9	12	16	12	8	4	2	0	0	-0.4
0.5	0	0	0	-1	-1	-2	-2	-2	-2	-2	-1	1	3	5	9	13	8	5	2	0	0	-0.5
0.6	0	0	-1	-1	-2	-3	-4	-4	-5	-5	-5	-4	-3	-1	2	6	11	6	3	1	0	-0.6
0.7	0	0	-1	-2	-3	-4	-5	-7	-8	-9	-9	-9	-8	-8	-5	-3	2	8	3	1	0	-0.7
0.8	0	0	-1	-2	-4	-5	-7	-9	-10	-12	-13	-14	-14	-14	-12	-10	-7	-2	5	1	0	-0.8
0.9	0	0	-1	-3	-5	-7	-9	-12	-13	-16	-18	-19	-20	-20	-20	-18	-15	-12	-6	1	0	-0.9
1.0	0	0	-2	-3	-5	-8	-11	-14	-16	-20	-22	-24	-26	-27	-27	-26	-24	-21	-16	-9	0	-1.0
	1.0	0.9	0.8	0.7	0.6	0.5	0.4	0.3	0.2	0.1	0.0	-0.1	-0.2	-0.3	-0.4	-0.5	-0.6	-0.7	-0.8	-0.9	-1.0	ξ / α

表 2.10-31　梁在集中荷载 F_P 作用下的 $\overline{M}$ 值（文克勒假定地基，$\lambda=3$）

α \ ξ	-1.0	-0.9	-0.8	-0.7	-0.6	-0.5	-0.4	-0.3	-0.2	-0.1	0.0	0.1	0.2	0.3	0.4	0.5	0.6	0.7	0.8	0.9	1.0	
0.0	0	0	0	1	2	3	4	7	10	14	18	14	10	7	4	3	2	1	0	0	0	0.0
0.1	0	0	0	0	1	2	3	4	7	10	13	18	13	10	6	4	2	1	0	0	0	-0.1
0.2	0	0	0	0	0	0	1	2	4	6	9	13	17	13	9	6	4	2	1	0	0	-0.2
0.3	0	0	0	0	-1	-1	0	0	1	3	5	8	12	16	12	7	4	2	1	0	0	-0.3
0.4	0	0	0	-1	-1	-1	-1	-1	-1	0	2	4	7	11	15	11	6	3	1	0	0	-0.4
0.5	0	0	-1	-1	-1	-2	-2	-2	-2	-2	-2	0	2	5	8	13	8	5	2	0	0	-0.5
0.6	0	0	-1	-1	-2	-2	-3	-4	-4	-4	-4	-3	-2	0	2	6	10	6	3	1	0	-0.6
0.7	0	0	-1	-1	-2	-3	-4	-5	-5	-6	-6	-7	-6	-5	-4	-1	2	7	3	1	0	-0.7
0.8	0	0	-1	-1	-2	-3	-4	-6	-7	-8	-9	-9	-10	-10	-9	-8	-6	-1	4	1	0	-0.8
0.9	0	0	-1	-1	-2	-4	-5	-7	-8	-10	-12	-13	-14	-15	-15	-14	-13	-10	-5	1	0	-0.9
1.0	0	0	-1	-2	-3	-4	-6	-7	-9	-12	-14	-16	-18	-20	-21	-21	-21	-18	-15	-9	0	-1.0
	1.0	0.9	0.8	0.7	0.6	0.5	0.4	0.3	0.2	0.1	0.0	-0.1	-0.2	-0.3	-0.4	-0.5	-0.6	-0.7	-0.8	-0.9	-1.0	ξ / α

表 2.10-32　梁在集中荷载 F_P 作用下的 $\overline{M}$ 值（文克勒假定地基，$\lambda=4$）

α \ ξ	-1.0	-0.9	-0.8	-0.7	-0.6	-0.5	-0.4	-0.3	-0.2	-0.1	0.0	0.1	0.2	0.3	0.4	0.5	0.6	0.7	0.8	0.9	1.0	
0.0	0	0	0	0	0	0	1	3	5	9	13	9	5	3	1	0	0	0	0	0	0	0.0
0.1	0	0	0	-1	-1	-1	0	1	3	5	9	13	9	6	3	2	1	0	0	0	0	-0.1
0.2	0	0	0	-1	-1	-1	-1	-1	0	0	1	9	13	9	6	3	2	1	0	0	0	-0.2
0.3	0	0	0	-1	-1	-1	-2	-1	-1	0	1	5	8	13	9	5	3	1	0	0	0	-0.3
0.4	0	0	0	-1	-1	-2	-2	-2	-2	-1	0	2	5	8	13	8	5	3	1	0	0	-0.4
0.5	0	0	0	-1	-1	-2	-2	-2	-2	-2	-2	0	1	2	7	12	7	4	2	1	0	-0.5
0.6	0	0	0	-1	-1	-2	-2	-2	-3	-3	-3	-2	-2	0	2	6	7	6	2	1	0	-0.6
0.7	0	0	0	-1	-1	-1	-2	-2	-3	-3	-4	-4	-4	-3	-2	0	3	8	4	2	0	-0.7
0.8	0	0	0	0	-1	-1	-2	-2	-3	-4	-5	-5	-6	-6	-6	-5	-3	0	4	1	0	-0.8
0.9	0	0	0	0	-1	-1	-2	-2	-3	-5	-6	-7	-8	-9	-10	-11	-10	-8	-4	2	0	-0.9
1.0	0	0	0	0	0	-1	-1	-2	-3	-5	-6	-8	-10	-12	-14	-16	-16	-16	-13	-8	0	-1.0
	1.0	0.9	0.8	0.7	0.6	0.5	0.4	0.3	0.2	0.1	0.0	-0.1	-0.2	-0.3	-0.4	-0.5	-0.6	-0.7	-0.8	-0.9	-1.0	ξ / α

2.11 有限单元法

2.11.1 有限单元法的概念

2.11.1.1 有限单元法的分析过程

有限单元法是20世纪60年代发展起来的一种非常有效的数值计算方法，是解决工程实际问题的一种强有力的计算手段。有限单元法的分析过程一般包括三个步骤，即结构离散化、单元分析和整体分析。

1. 结构离散化

把一个连续的弹性体划分成由有限多个有限大小的区域组成的离散结构，这种离散结构称为有限元网格，如图2.11-1 (b) 所示。这些有限大小的区域称为有限单元，简称为单元。单元之间相交的点称为节点。平面问题常用的单元有三角形单元、矩形单元、任意四边形单元等。空间问题常用的单元有四面体单元、长方体单元、任意六面体单元等。

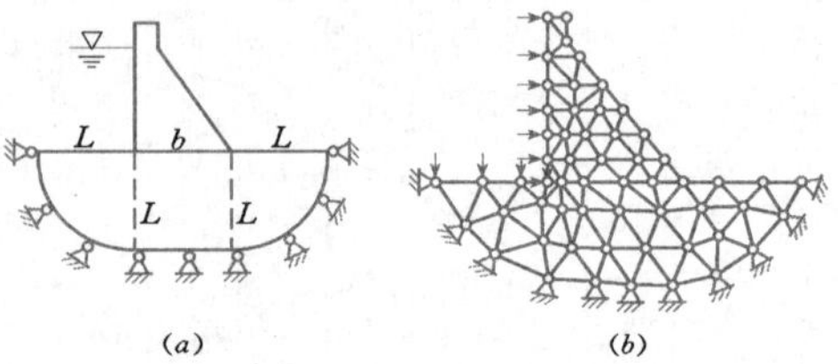

图2.11-1 有限单元法图例

取各个节点的位移为基本未知量，任一节点 i 的节点位移可记为

$$\boldsymbol{a}_i = \begin{Bmatrix} u_i \\ v_i \end{Bmatrix}$$

式中 u_i、v_i——i 节点 x、y 方向的位移分量。

以三角形单元为例（见图2.11-2），3个节点的位移组成的单元节点位移列阵为

$$\boldsymbol{a}^e = [\boldsymbol{a}_i \quad \boldsymbol{a}_j \quad \boldsymbol{a}_m] = [u_i \quad v_i \quad u_j \quad v_j \quad u_m \quad v_m]^{\mathrm{T}}$$

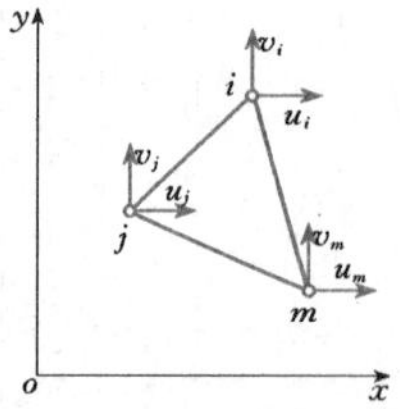

图2.11-2 三角形单元

整个结构的节点位移组成结构的整体节点位移列阵为

$$\boldsymbol{a} = [u_1 \quad v_1 \quad u_2 \quad v_2 \quad \cdots \quad u_n \quad v_n]^{\mathrm{T}}$$

下角标 n 为节点总数。

2. 单元分析

(1) 单元的位移模式。将单元内任一点 (x, y) 的位移 $u(x, y)$、$v(x, y)$ 用简单的函数来近似地表示，并在节点处使其函数值等于该节点位移值 u_i、v_i (i, j, m)，从而可根据单元的节点位移值来确定单元内的位移场。

3节点三角形单元的位移模式假定为按线性规律分布，即

$$\begin{aligned} u &= N_i u_i + N_j u_j + N_m u_m \\ v &= N_i v_i + N_j v_j + N_m v_m \end{aligned} \qquad (2.11-1)$$

其中

$$N_i = \frac{a_i + b_i x + c_i y}{2A}$$

$$\begin{aligned} a_i &= x_j y_m - x_m y_j \\ b_i &= y_j - y_m \qquad (i,j,m) \\ c_i &= -(x_j - x_m) \end{aligned}$$

$$A = \frac{1}{2}\begin{vmatrix} 1 & x_i & y_i \\ 1 & x_j & y_j \\ 1 & x_m & y_m \end{vmatrix}$$

为了使面积 A 不致成为负值，规定节点 i、j、m 的次序在图示坐标系中按逆时针向编码。

把位移模式的表达式 (2.11-1) 改写为矩阵形式：

$$\boldsymbol{u} = \begin{Bmatrix} u \\ v \end{Bmatrix} = \begin{bmatrix} N_i & 0 & N_j & 0 & N_m & 0 \\ 0 & N_i & 0 & N_j & 0 & N_m \end{bmatrix} \begin{Bmatrix} u_i \\ v_i \\ u_j \\ v_j \\ u_m \\ v_m \end{Bmatrix}$$

$$= [\boldsymbol{I}N_i \quad \boldsymbol{I}N_j \quad \boldsymbol{I}N_m] \begin{Bmatrix} \boldsymbol{a}_i \\ \boldsymbol{a}_j \\ \boldsymbol{a}_m \end{Bmatrix}$$

$$= [\boldsymbol{N}_i \quad \boldsymbol{N}_j \quad \boldsymbol{N}_m]\boldsymbol{a}^e = \boldsymbol{N}\boldsymbol{a}^e \qquad (2.11-2)$$

式中 $\boldsymbol{I}$——二阶的单位阵；

N_i、N_j、N_m——插值函数，一般是坐标的函数，称其为位移的形态函数，或简称为形函数；

$\boldsymbol{N}$——形函数矩阵。

(2) 单元中的应变。应用平面问题的几何方程，可由单元中的位移分布函数 u、v 求出单元中任一点的应变：

$$\boldsymbol{\varepsilon} = \begin{Bmatrix} \varepsilon_x \\ \varepsilon_y \\ \gamma_{xy} \end{Bmatrix} = \frac{1}{2A}\begin{bmatrix} b_i & 0 & b_j & 0 & b_m & 0 \\ 0 & c_i & 0 & c_j & 0 & c_m \\ c_i & b_i & c_j & b_j & c_m & b_m \end{bmatrix} \begin{Bmatrix} u_i \\ v_i \\ u_j \\ v_j \\ u_m \\ v_m \end{Bmatrix}$$

即 $$\boldsymbol{\varepsilon}=[\boldsymbol{B}_i \quad \boldsymbol{B}_j \quad \boldsymbol{B}_m]\boldsymbol{a}^e=\boldsymbol{B}\boldsymbol{a}^e \qquad (2.11-3)$$

式中 $\boldsymbol{B}$——应变转换矩阵，又称为应变矩阵。

$\boldsymbol{B}$ 中的分块子矩阵为

$$\boldsymbol{B}_i=\frac{1}{2A}\begin{bmatrix} b_i & 0 \\ 0 & c_i \\ c_i & b_i \end{bmatrix} \qquad (i,j,m)$$

(3) 单元中的应力。按照物理方程，可由 $\boldsymbol{\varepsilon}$ 得到单元中的应力为

$$\boldsymbol{\sigma}=\boldsymbol{D}\boldsymbol{\varepsilon}=\boldsymbol{D}\boldsymbol{B}\boldsymbol{a}^e=\boldsymbol{S}\boldsymbol{a}^e \qquad (2.11-4)$$

式中 $\boldsymbol{S}$——应力转换矩阵，又称为应力矩阵；

$\boldsymbol{D}$——弹性矩阵。

则 $\boldsymbol{S}=\boldsymbol{D}\boldsymbol{B}=\boldsymbol{D}[\boldsymbol{B}_i \quad \boldsymbol{B}_j \quad \boldsymbol{B}_m]=[\boldsymbol{S}_i \quad \boldsymbol{S}_j \quad \boldsymbol{S}_m]$

对于平面应力问题，弹性矩阵为

$$\boldsymbol{D}=\frac{E}{1-\mu^2}\begin{bmatrix} 1 & \mu & 0 \\ \mu & 1 & 0 \\ 0 & 0 & \frac{1-\mu}{2} \end{bmatrix}$$

$$\boldsymbol{S}_i=\frac{E}{2(1-\mu^2)A}\begin{bmatrix} b_i & \mu c_i \\ \mu b_i & c_i \\ \frac{1-\mu}{2}c_i & \frac{1-\mu}{2}b_i \end{bmatrix} \qquad (i,j,m)$$

(4) 单元的节点力。假想切开单元和节点之间的联系，用它们之间相互作用力——节点力来代替，例如 $\boldsymbol{F}_i=\begin{Bmatrix} U_i \\ V_i \end{Bmatrix}$，如图 2.11-3 所示。作用在单元上的节点力为

$$\begin{aligned}\boldsymbol{F}^e&=[\boldsymbol{F}_i \quad \boldsymbol{F}_j \quad \boldsymbol{F}_m]^{\mathrm{T}}\\&=[U_i \quad V_i \quad U_j \quad V_j \quad U_m \quad V_m]^{\mathrm{T}}\end{aligned}$$

式中，U_i、V_i（i，j，m）以沿正标向为正。

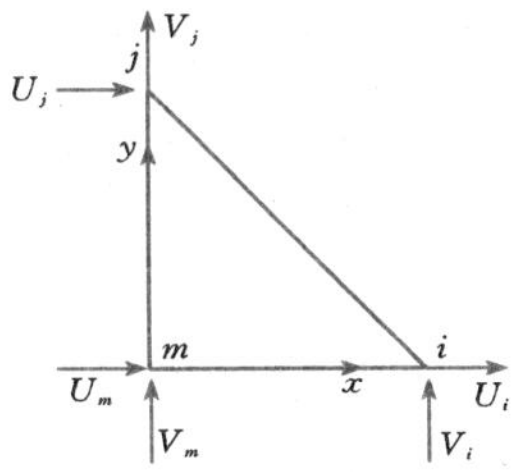

图 2.11-3 单元上的节点力

假想在单元上发生了虚位移 $\delta\boldsymbol{u}$，相应的节点虚位移为 $\delta\boldsymbol{a}^e$，引起相应的单元虚应变为 $\delta\boldsymbol{\varepsilon}$。由于每一个单元所受的荷载都要移置到节点上，所以该单元所受的外力只有节点力 $\boldsymbol{F}^e$。因此，虚功方程为

$$(\delta\boldsymbol{a}^e)^{\mathrm{T}}\boldsymbol{F}^e=\iint_A \delta\boldsymbol{\varepsilon}^{\mathrm{T}}\boldsymbol{\sigma}t\,\mathrm{d}x\mathrm{d}y$$

式中 t——单元的厚度。

将式（2.11-4）以及由式（2.11-3）得来的 $\delta\boldsymbol{\varepsilon}=\boldsymbol{B}\delta\boldsymbol{a}^e$ 代入，得

$$(\delta\boldsymbol{a}^e)^{\mathrm{T}}\boldsymbol{F}^e=\iint_A (\delta\boldsymbol{a}^e)^{\mathrm{T}}\boldsymbol{B}^{\mathrm{T}}\boldsymbol{D}\boldsymbol{B}t\boldsymbol{a}^e\,\mathrm{d}x\mathrm{d}y$$

由于节点位移与坐标无关，上式右边的 $(\delta\boldsymbol{a}^e)^{\mathrm{T}}$ 和 $\boldsymbol{a}^e$ 可以提到积分号的外面。又由于虚位移是任意的，所以等式两边与它相乘的矩阵应当相等，于是得单元上的节点力与节点位移之间的关系为

$$\boldsymbol{F}^e=\iint_A \boldsymbol{B}^{\mathrm{T}}\boldsymbol{D}\boldsymbol{B}t\,\mathrm{d}x\mathrm{d}y\boldsymbol{a}^e=\boldsymbol{k}\boldsymbol{a}^e \qquad (2.11-5)$$

式中 $\boldsymbol{k}$——单元刚度矩阵。

$$\boldsymbol{k}=\iint_A \boldsymbol{B}^{\mathrm{T}}\boldsymbol{D}\boldsymbol{B}t\,\mathrm{d}x\mathrm{d}y \qquad (2.11-6)$$

$\boldsymbol{k}$ 中任一子块 $\boldsymbol{k}_{rs}$ 的表达式为

$$\boldsymbol{k}_{rs}=\frac{Et}{4(1-\mu^2)A}\begin{bmatrix} b_rb_s+\frac{1-\mu}{2}c_rc_s & \mu b_rc_s+\frac{1-\mu}{2}c_rb_s \\ \mu c_rb_s+\frac{1-\mu}{2}b_rc_s & c_rc_s+\frac{1-\mu}{2}b_rb_s \end{bmatrix}$$

$$(r=i,j,m;\ s=i,j,m) \qquad (2.11-7)$$

(5) 单元等效节点荷载。设作用在单元上的实际荷载为：集中力 $\boldsymbol{P}=[P_x \quad P_y]^{\mathrm{T}}$，作用于 (x,y) 点，分布体力 $\boldsymbol{f}=[f_x \quad f_y]^{\mathrm{T}}$，作用于三角形体积中，分布面力 $\overline{\boldsymbol{f}}=[\overline{f}_x \quad \overline{f}_y]^{\mathrm{T}}$，作用于三角形某一边界 S 上，单元的等效节点荷载记为

$$\boldsymbol{R}^e=[R_{ix} \quad R_{iy} \quad R_{jx} \quad R_{jy} \quad R_{mx} \quad R_{my}]^{\mathrm{T}}$$

上述各种荷载的等效节点荷载表达式如下：

集中力引起的等效节点荷载

$$\boldsymbol{R}^e=\boldsymbol{N}^{\mathrm{T}}\boldsymbol{P}$$

分布体力引起的等效节点荷载

$$\boldsymbol{R}^e=\iint_A \boldsymbol{N}^{\mathrm{T}}\boldsymbol{f}t\,\mathrm{d}x\mathrm{d}y$$

作用在 ij 边分布面力引起的等效节点荷载

$$\boldsymbol{R}^e=\int_{ij} \boldsymbol{N}^{\mathrm{T}}\overline{\boldsymbol{f}}t\,\mathrm{d}s$$

(2.11-8)

式中 $\boldsymbol{N}$——形函数矩阵。

3. 整体分析

考虑每个节点的受力情况（见图 2.11-4），围绕 i 节点的周围有若干个单元，每一个三角形单元上的实际荷载移置到 i 点的节点荷载为 $\boldsymbol{R}_i=[R_{ix} \quad R_{iy}]^{\mathrm{T}}$，每一三角形单元对节点 i 的作用力的大小与节点力（$\boldsymbol{F}_i=[U_i \quad V_i]^{\mathrm{T}}$）的数值相同，其作用方向和图 2.11-3 所示的作用于单元的节点力相反，如图 2.11-4 所示。

i 节点的平衡条件为

$$\sum_e U_i=\sum_e R_{ix},\quad \sum_e V_i=\sum_e R_{iy}$$

其矩阵形式为

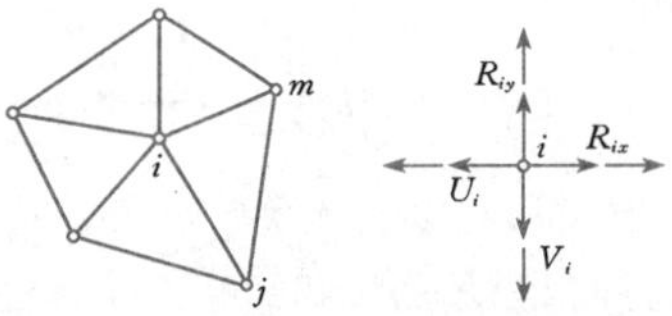

图 2.11-4 节点受力情况

$$\sum_e \boldsymbol{F}_i = \sum_e \boldsymbol{R}_i \qquad (2.11-9)$$

式中 $\sum_e$—— 表示对围绕节点 i 的所有单元求和。

式（2.11-9）表示节点 i 的平衡条件。

将所有节点平衡条件按照节点编号次序排列起来，就得到有限单元法的求解方程，这是一个线性代数方程组，称为有限单元法的支配方程，用矩阵形式表示为

$$\boldsymbol{Ka} = \boldsymbol{R} \qquad (2.11-10)$$

式中 $\boldsymbol{a}$——整体节点位移列阵；

$\boldsymbol{R}$——整体节点荷载列阵；

$\boldsymbol{K}$——整体刚度矩阵，对于平面问题为 $2n\times2n$ 阶矩阵，它由各单元刚度矩阵 $\boldsymbol{k}$ 集合而成。

考虑位移约束条件后，求解式（2.11-10）就可得到各节点的位移值，再将每个单元的节点位移 $\boldsymbol{a}^e$ 代入式（2.11-4）便可得到每个单元的应力分量。对于 3 节点三角形单元，每个单元的应力是常量。

对于各种类型的单元模式，都可列出有限单元法的一般公式：

位移模式 $\boldsymbol{u} = \boldsymbol{Na}^e$

应变公式 $\boldsymbol{\varepsilon} = \boldsymbol{Ba}^e$

应力公式 $\boldsymbol{\sigma} = \boldsymbol{Sa}^e$

节点力公式 $\boldsymbol{F}^e = \boldsymbol{ka}^e$

单元等效节点荷载公式

$$\boldsymbol{R}^e = \boldsymbol{N}^{\mathrm{T}}\boldsymbol{p} + \int_{\Omega^e}\boldsymbol{N}^{\mathrm{T}}\boldsymbol{f}t\,\mathrm{d}x\mathrm{d}y + \int_{S^e}\boldsymbol{N}^{\mathrm{T}}\overline{\boldsymbol{f}}\,\mathrm{d}s$$

式中 Ω^e——单元的面积；

S^e——单元受荷载作用的边界面。

2.11.1.2 按变分原理建立有限元支配方程

有限单元法的支配方程也可以通过变分原理建立。在平面问题中，总势能 $\boldsymbol{\pi}$ 的表达式为

$$\boldsymbol{\pi} = \frac{1}{2}\int_{\Omega}\boldsymbol{\varepsilon}^{\mathrm{T}}\boldsymbol{D\varepsilon}t\,\mathrm{d}x\mathrm{d}y - \int_{\Omega}\boldsymbol{u}^{\mathrm{T}}\boldsymbol{f}t\,\mathrm{d}x\mathrm{d}y - \int_{S_\sigma}\boldsymbol{u}^{\mathrm{T}}\overline{\boldsymbol{f}}t\,\mathrm{d}s \qquad (2.11-11)$$

弹性体离散以后，总势能可以写成各单元势能之和，由式（2.11-2）和式（2.11-3）得

$$\boldsymbol{\pi} = \sum_e \boldsymbol{\pi}^e = \frac{1}{2}\sum_e(\boldsymbol{a}^e)^{\mathrm{T}}\int_{\Omega^e}\boldsymbol{B}^{\mathrm{T}}\boldsymbol{DBa}^e t\,\mathrm{d}x\mathrm{d}y - \sum_e(\boldsymbol{a}^e)^{\mathrm{T}}\int_{\Omega^e}\boldsymbol{N}^{\mathrm{T}}\boldsymbol{f}t\,\mathrm{d}x\mathrm{d}y - \sum_e(\boldsymbol{a}^e)^{\mathrm{T}}\int_{S^e}\boldsymbol{N}^{\mathrm{T}}\overline{\boldsymbol{f}}t\,\mathrm{d}s \qquad (2.11-12)$$

离散后，泛函 $\boldsymbol{\pi}$ 的宗量由位移场 $\boldsymbol{u}$ 变成了整体节点位移 $\boldsymbol{a}$，因此需要将式（2.11-12）中各单元的节点位移 $\boldsymbol{a}^e$ 统一用整体节点位移 $\boldsymbol{a}$ 表示。引入单元选择矩阵 $\boldsymbol{C}_e$，将单元节点位移用整体位移表示为

$$\boldsymbol{a}^e = \boldsymbol{C}_e\boldsymbol{a} \qquad (2.11-13)$$

选择矩阵从整体节点位移列阵中选择出单元的节点位移，并放到单元节点位移列阵相应的位置，将式（2.11-13）代入到式（2.11-12），得

$$\begin{aligned}\boldsymbol{\pi} &= \frac{1}{2}\boldsymbol{a}^{\mathrm{T}}\sum_e\boldsymbol{C}_e^{\mathrm{T}}\int_{\Omega^e}\boldsymbol{B}^{\mathrm{T}}\boldsymbol{DB}t\,\mathrm{d}x\mathrm{d}y\boldsymbol{C}_e\boldsymbol{a} - \boldsymbol{a}^{\mathrm{T}}\sum_e\boldsymbol{C}_e^{\mathrm{T}}\int_{\Omega^e}\boldsymbol{N}^{\mathrm{T}}\boldsymbol{f}t\,\mathrm{d}x\mathrm{d}y - \boldsymbol{a}^{\mathrm{T}}\sum_e\boldsymbol{C}_e^{\mathrm{T}}\int_{S^e}\boldsymbol{N}^{\mathrm{T}}\overline{\boldsymbol{f}}t\,\mathrm{d}s \\ &= \frac{1}{2}\boldsymbol{a}^{\mathrm{T}}\boldsymbol{Ka} - \boldsymbol{a}^{\mathrm{T}}\boldsymbol{R}\end{aligned} \qquad (2.11-14)$$

其中

$$\boldsymbol{K} = \sum_e\boldsymbol{C}_e^{\mathrm{T}}\boldsymbol{kC}_e$$

$$\boldsymbol{R} = \sum_e\boldsymbol{C}_e^{\mathrm{T}}\boldsymbol{R}^e$$

$$\boldsymbol{k} = \int_{\Omega^e}\boldsymbol{B}^{\mathrm{T}}\boldsymbol{DB}t\,\mathrm{d}x\mathrm{d}y$$

$$\boldsymbol{R}^e = \int_{\Omega^e}\boldsymbol{N}^{\mathrm{T}}\boldsymbol{f}t\,\mathrm{d}x\mathrm{d}y + \int_{S^e}\boldsymbol{N}^{\mathrm{T}}\overline{\boldsymbol{f}}t\,\mathrm{d}s \qquad (2.11-15)$$

根据最小势能原理，$\delta\boldsymbol{\pi}=0$，即 $\frac{\partial\boldsymbol{\pi}}{\partial\boldsymbol{a}}=0$，这样就得到有限元的求解方程：

$$\boldsymbol{Ka} = \boldsymbol{R} \qquad (2.11-16)$$

整体刚度矩阵 $\boldsymbol{K}$ 由单元刚度矩阵 $\boldsymbol{k}$ 集合而成，整体等效节点荷载由各单元节点荷载集合而成，单元刚度矩阵和等效节点荷载的表达式和前面的一致。

2.11.2 平面三角形单元和空间四面体单元

2.11.2.1 自然坐标系

对于高阶的三角形单元及四面体单元宜采用自然坐标系比较方便。

1. 面积坐标

三角形单元内任意一点 R 的位置可用下列面积坐标确定（见图 2.11-5）：

$$L_i = \frac{A_i}{A},\quad L_j = \frac{A_j}{A},\quad L_m = \frac{A_m}{A}$$

式中 A、A_i、A_j、A_m——三角形 ijm、Rjm、iRm、ijR 的面积。

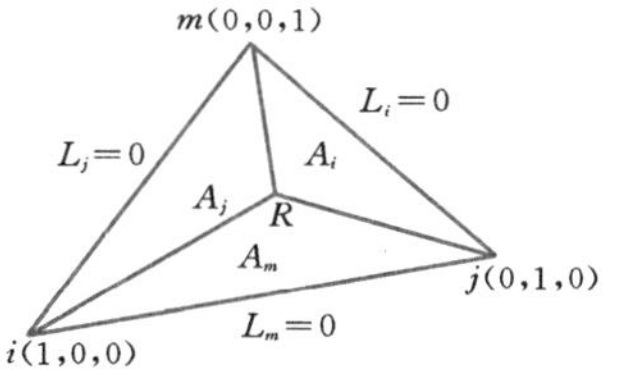

图 2.11-5 三角形单元的面积坐标

显然，有如下关系式：

$$L_i + L_j + L_m = 1$$

三角形的 3 个顶点、3 个边的面积坐标如图 2.11-5 所示。

面积坐标和整体直角坐标的关系如下：

(1) 面积坐标用直角坐标表示，有

$$\begin{Bmatrix} L_i \\ L_j \\ L_m \end{Bmatrix} = \frac{1}{2A}\begin{bmatrix} a_i & b_i & c_i \\ a_j & b_j & c_j \\ a_m & b_m & c_m \end{bmatrix}\begin{Bmatrix} 1 \\ x \\ y \end{Bmatrix}$$

其中

$$\left.\begin{aligned} a_i &= x_j y_m - x_m y_j \\ b_i &= y_j - y_m \\ c_i &= -x_j + x_m \end{aligned}\right\} \quad (i,j,m)$$

式中 x_i、x_j、x_m、y_i、y_j、y_m——i、j、m 3 个点的坐标值。

(2) 直角坐标用面积坐标表示，有

$$\begin{Bmatrix} 1 \\ x \\ y \end{Bmatrix} = \begin{bmatrix} 1 & 1 & 1 \\ x_i & x_j & x_m \\ y_i & y_j & y_m \end{bmatrix}\begin{Bmatrix} L_i \\ L_j \\ L_m \end{Bmatrix}$$

将面积坐标的函数对直角坐标求导时，可应用下列公式：

$$\frac{\partial}{\partial x} = \frac{b_i}{2A}\frac{\partial}{\partial L_i} + \frac{b_j}{2A}\frac{\partial}{\partial L_j} + \frac{b_m}{2A}\frac{\partial}{\partial L_m}$$

$$\frac{\partial}{\partial y} = \frac{c_i}{2A}\frac{\partial}{\partial L_i} + \frac{c_j}{2A}\frac{\partial}{\partial L_j} + \frac{c_m}{2A}\frac{\partial}{\partial L_m}$$

求面积坐标的幂函数在三角形单元上积分值时，可采用下列公式：

$$\iint_A L_i^a L_j^b L_m^c \, dx dy = \frac{a!b!c!}{(a+b+c+2)!} 2A$$

2. 体积坐标

四面体单元内任意一点 R 的位置可用下列体积坐标确定（见图 2.11-6）：

$$L_i = \frac{V_i}{V}, \quad L_j = \frac{V_j}{V}, \quad L_m = \frac{V_m}{V}, \quad L_p = \frac{V_p}{V}$$

式中 V、V_i、V_j、V_m、V_p——四面体 $ijmp$、$Rjmp$、$iRmp$、$ijRp$、$ijmR$ 的体积。

四面体 4 个顶点的体积坐标如图 2.11-6 所示，三角形 jmp、mpi、pij、ijm 上的体积坐标分别为 $L_i=0$、$L_j=0$、$L_m=0$、$L_p=0$。

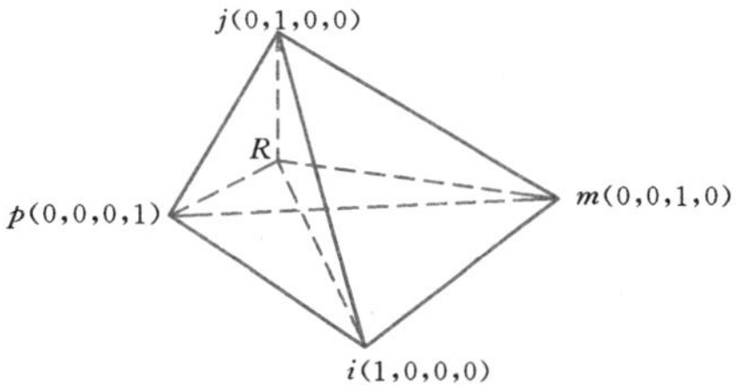

图 2.11-6 四面体单元的体积坐标

类似于面积坐标，有下列关系式：

$$\begin{Bmatrix} L_i \\ L_j \\ L_m \\ L_p \end{Bmatrix} = \frac{1}{6V}\begin{bmatrix} a_i & b_i & c_i & d_i \\ -a_j & -b_j & -c_j & -d_j \\ a_m & b_m & c_m & d_m \\ -a_p & -b_p & -c_p & -d_p \end{bmatrix}\begin{Bmatrix} 1 \\ x \\ y \\ z \end{Bmatrix}$$

$$\begin{Bmatrix} 1 \\ x \\ y \\ z \end{Bmatrix} = \begin{bmatrix} 1 & 1 & 1 & 1 \\ x_i & x_j & x_m & x_p \\ y_i & y_j & y_m & y_p \\ z_i & z_j & z_m & z_p \end{bmatrix}\begin{Bmatrix} L_i \\ L_j \\ L_m \\ L_p \end{Bmatrix}$$

其中 $a_i = \begin{vmatrix} x_j & y_j & z_j \\ x_m & y_m & z_m \\ x_p & y_p & z_p \end{vmatrix}$，$b_i = \begin{vmatrix} 1 & y_j & z_j \\ 1 & y_m & z_m \\ 1 & y_p & z_p \end{vmatrix}$

$c_i = -\begin{vmatrix} x_j & 1 & z_j \\ x_m & 1 & z_m \\ x_p & 1 & z_p \end{vmatrix}$，$d_i = -\begin{vmatrix} x_j & y_j & 1 \\ x_m & y_m & 1 \\ x_p & y_p & 1 \end{vmatrix}$

(i,j,m,p)

此外，还有下列公式：

$$\frac{\partial}{\partial x} = \frac{b_i}{6V}\frac{\partial}{\partial L_i} - \frac{b_j}{6V}\frac{\partial}{\partial L_j} + \frac{b_m}{6V}\frac{\partial}{\partial L_m} - \frac{b_p}{6V}\frac{\partial}{\partial L_p}$$

$$\frac{\partial}{\partial y} = \frac{c_i}{6V}\frac{\partial}{\partial L_i} - \frac{c_j}{6V}\frac{\partial}{\partial L_j} + \frac{c_m}{6V}\frac{\partial}{\partial L_m} - \frac{c_p}{6V}\frac{\partial}{\partial L_p}$$

$$\frac{\partial}{\partial z} = \frac{d_i}{6V}\frac{\partial}{\partial L_i} - \frac{d_j}{6V}\frac{\partial}{\partial L_j} + \frac{d_m}{6V}\frac{\partial}{\partial L_m} - \frac{d_p}{6V}\frac{\partial}{\partial L_p}$$

$$\iiint_V L_i^a L_j^b L_m^c L_p^d \, dx dy dz = \frac{a!b!c!d!}{(a+b+c+d+3)!} 6V$$

2.11.2.2 三角形单元

下面列出平面应力问题 3 节点和 6 节点三角形单元（见图 2.11-7）的有关公式。其中 L_i 等是面积坐标，对于平面应变问题，式中的 E 应转换为 $\frac{E}{1-\mu^2}$，

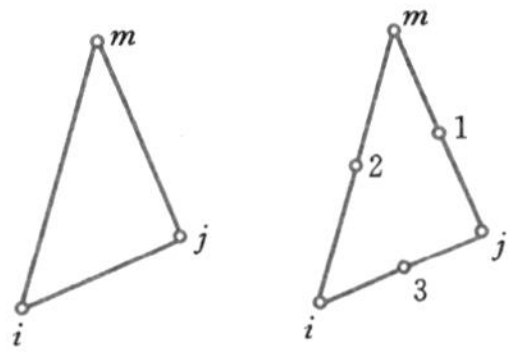

图 2.11-7 三角形单元

μ应转换为$\frac{\mu}{1-\mu}$。

1. 3节点三角形单元

$$\boldsymbol{a}^e=[u_i \quad v_i \quad u_j \quad v_j \quad u_m \quad v_m]^{\mathrm{T}}$$

$$\boldsymbol{F}^e=[\boldsymbol{F}_i \quad \boldsymbol{F}_j \quad \boldsymbol{F}_m]^{\mathrm{T}}=[U_i \quad V_i \quad U_j \quad V_j \quad U_m \quad V_m]^{\mathrm{T}}$$

$$\boldsymbol{R}^e=[R_{ix} \quad R_{iy} \quad R_{jx} \quad R_{jy} \quad R_{mx} \quad R_{my}]^{\mathrm{T}}$$

$$\mathbf{N}=[\boldsymbol{I}N_i \quad \boldsymbol{I}N_j \quad \boldsymbol{I}N_m],\quad \boldsymbol{I}=\begin{bmatrix}1 & 0\\0 & 1\end{bmatrix}$$

$$N_i=L_i \quad (i,j,m)$$

$$\boldsymbol{B}=[\boldsymbol{B}_i \quad \boldsymbol{B}_j \quad \boldsymbol{B}_m]$$

$$\boldsymbol{B}_i=\frac{1}{2A}\begin{bmatrix}b_i & 0\\0 & c_i\\c_i & b_i\end{bmatrix} \quad (i,j,m)$$

$$\boldsymbol{S}=[\boldsymbol{S}_i \quad \boldsymbol{S}_j \quad \boldsymbol{S}_m]$$

$$\boldsymbol{S}_i=\frac{E}{2(1-\mu^2)A}\begin{bmatrix}b_i & \mu c_i\\ \mu b_i & c_i\\ \frac{1-\mu}{2}c_i & \frac{1-\mu}{2}b_i\end{bmatrix} \quad (i,j,m)$$

$$\boldsymbol{k}=\begin{bmatrix}\boldsymbol{k}_{ii} & \boldsymbol{k}_{ij} & \boldsymbol{k}_{im}\\ \boldsymbol{k}_{ji} & \boldsymbol{k}_{jj} & \boldsymbol{k}_{jm}\\ \boldsymbol{k}_{mi} & \boldsymbol{k}_{mj} & \boldsymbol{k}_{mm}\end{bmatrix}$$

$$\boldsymbol{k}_{rs}=\frac{Et}{4(1-\mu^2)A}\times\begin{bmatrix}b_rb_s+\frac{1-\mu}{2}c_rc_s & \mu b_rc_s+\frac{1-\mu}{2}c_rb_s\\ \mu c_rb_s+\frac{1-\mu}{2}b_rc_s & c_rc_s+\frac{1-\mu}{2}b_rb_s\end{bmatrix}$$

$$(r=i,j,m;\ s=i,j,m)$$

(1) 自重引起的等效荷载。取y轴铅直向上，则

$$\boldsymbol{R}^e=[R_{ix} \quad R_{iy} \quad R_{jx} \quad R_{jy} \quad R_{mx} \quad R_{my}]^{\mathrm{T}}$$

$$R_{ix}=R_{jx}=R_{mx}=0$$

$$R_{iy}=R_{jy}=R_{my}=-\frac{1}{3}\gamma At$$

式中 γ——容重。

(2) 法向线性分布压力引起的等效荷载（见图2.11-8），有

$$R_{ix}=-\frac{tl}{6}(2p_i+p_j)\cos\alpha$$

$$R_{iy}=-\frac{tl}{6}(2p_i+p_j)\sin\alpha$$

$$R_{jx}=-\frac{tl}{6}(p_i+2p_j)\cos\alpha$$

$$R_{jy}=-\frac{tl}{6}(p_i+2p_j)\sin\alpha$$

$$R_{mx}=R_{my}=0$$

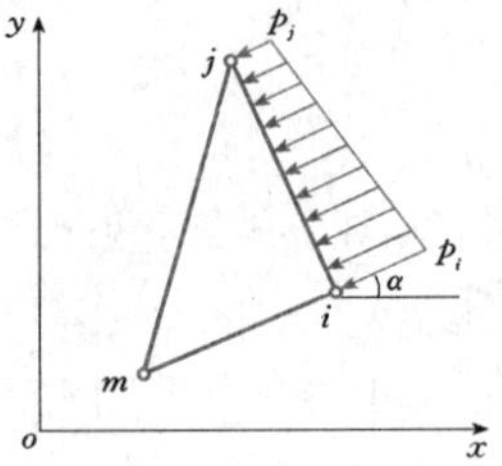

图2.11-8 三角形单元受法向分布压力

2. 6节点三角形单元

$$\boldsymbol{a}^e=[u_i \quad v_i \quad u_j \quad v_j \quad u_m \quad v_m \quad u_1 \quad v_1 \quad u_2 \quad v_2 \quad u_3 \quad v_3]^{\mathrm{T}}$$

$$\boldsymbol{F}^e=[U_i \quad V_i \quad U_j \quad V_j \quad U_m \quad V_m \quad U_1 \quad V_1 \quad U_2 \quad V_2 \quad U_3 \quad V_3]^{\mathrm{T}}$$

$$\boldsymbol{R}^e=[R_{ix} \quad R_{iy} \quad R_{jx} \quad R_{jy} \quad R_{mx} \quad R_{my} \quad R_{1x} \quad R_{1y} \quad R_{2x} \quad R_{2y} \quad R_{3x} \quad R_{3y}]^{\mathrm{T}}$$

$$\mathbf{N}=[\boldsymbol{I}N_i \quad \boldsymbol{I}N_j \quad \boldsymbol{I}N_m \quad \boldsymbol{I}N_1 \quad \boldsymbol{I}N_2 \quad \boldsymbol{I}N_3]$$

其中

$$\boldsymbol{I}=\begin{bmatrix}1 & 0\\0 & 1\end{bmatrix}$$

$$N_i=L_i(2L_i-1) \quad (i,j,m)$$

$$N_1=4L_jL_m \quad (1,2,3,i,j,m)$$

$$\boldsymbol{B}=[(4L_i-1)\boldsymbol{B}_i \quad (4L_j-1)\boldsymbol{B}_j \quad 4(L_m-1)\boldsymbol{B}_m \quad 4(L_m\boldsymbol{B}_j+L_j\boldsymbol{B}_m) \quad 4(L_i\boldsymbol{B}_m+L_m\boldsymbol{B}_i) \quad 4(L_j\boldsymbol{B}_i+L_i\boldsymbol{B}_j)]$$

$$\boldsymbol{B}_i=\frac{1}{2A}\begin{bmatrix}b_i & 0\\0 & c_i\\c_i & b_i\end{bmatrix} \quad (i,j,m)$$

$$\boldsymbol{S}=[(4L_i-1)\boldsymbol{S}_i \quad (4L_j-1)\boldsymbol{S}_j \quad (4L_m-1)\boldsymbol{S}_m \quad 4(L_j\boldsymbol{S}_m+L_m\boldsymbol{S}_j) \quad 4(L_m\boldsymbol{S}_i+L_i\boldsymbol{S}_m) \quad 4(L_i\boldsymbol{S}_j+L_j\boldsymbol{S}_i)]$$

$$\boldsymbol{S}_i=\frac{E}{2(1-\mu^2)A}\begin{bmatrix}b_i & \mu c_i\\ \mu b_i & c_i\\ \frac{1-\mu}{2}c_i & \frac{1-\mu}{2}b_i\end{bmatrix} \quad (i,j,m)$$

$$
\boldsymbol{k}=\begin{bmatrix}
\boldsymbol{k}_{ii} & -\frac{1}{3}\boldsymbol{k}_{ij} & -\frac{1}{3}\boldsymbol{k}_{im} & 0 & \frac{4}{3}\boldsymbol{k}_{im} & \frac{4}{3}\boldsymbol{k}_{ij}\\
-\frac{1}{3}\boldsymbol{k}_{ji} & \boldsymbol{k}_{jj} & -\frac{1}{3}\boldsymbol{k}_{jm} & \frac{4}{3}\boldsymbol{k}_{jm} & 0 & \boldsymbol{k}_{ji}\\
-\frac{1}{3}\boldsymbol{k}_{mi} & -\frac{1}{3}\boldsymbol{k}_{mj} & \boldsymbol{k}_{mm} & \frac{4}{3}\boldsymbol{k}_{mj} & \frac{4}{3}\boldsymbol{k}_{mi} & 0\\
0 & \frac{4}{3}\boldsymbol{k}_{mj} & \frac{4}{3}\boldsymbol{k}_{jm} & \frac{4}{3}(2\boldsymbol{k}_{ii}-\boldsymbol{k}_{mj}-\boldsymbol{k}_{im}) & \frac{4}{3}(\boldsymbol{k}_{ij}+\boldsymbol{k}_{ji}) & \frac{4}{3}(\boldsymbol{k}_{im}+\boldsymbol{k}_{mi})\\
\frac{4}{3}\boldsymbol{k}_{mi} & 0 & \frac{4}{3}\boldsymbol{k}_{im} & \frac{4}{3}(\boldsymbol{k}_{ij}+\boldsymbol{k}_{ji}) & \frac{4}{3}(2\boldsymbol{k}_{jj}-\boldsymbol{k}_{mi}-\boldsymbol{k}_{im}) & \frac{4}{3}(\boldsymbol{k}_{jm}+\boldsymbol{k}_{mj})\\
\frac{4}{3}\boldsymbol{k}_{ji} & \frac{4}{3}\boldsymbol{k}_{ij} & 0 & \frac{4}{3}(\boldsymbol{k}_{mi}+\boldsymbol{k}_{im}) & \frac{4}{3}(\boldsymbol{k}_{mj}+\boldsymbol{k}_{jm}) & \frac{4}{3}(2\boldsymbol{k}_{mm}-\boldsymbol{k}_{ji}-\boldsymbol{k}_{ij})
\end{bmatrix}
$$

$$
\boldsymbol{k}_{rs}=\frac{Et}{4(1-\mu^2)A}\begin{bmatrix}
b_rb_s+\frac{1-\mu}{2}c_rc_s & \mu b_rc_s+\frac{1-\mu}{2}c_rb_s\\
\mu c_rb_s+\frac{1-\mu}{2}b_rc_s & c_rc_s+\frac{1-\mu}{2}b_rb_s
\end{bmatrix}\quad (r=i,j,m;\quad s=i,j,m)
$$

(1) 自重引起的等效荷载。取 y 轴铅直向上，则

$$\boldsymbol{R}^e=[R_{ix}\ R_{iy}\ R_{jx}\ R_{jy}\ R_{mx}\ R_{my}\ R_{1x}\ R_{1y}\ R_{2x}\ R_{2y}\ R_{3x}\ R_{3y}]^{\mathrm{T}}$$

$$R_{ix}=R_{iy}=R_{jx}=R_{jy}=R_{mx}=R_{my}=R_{1x}=R_{2x}=R_{3x}=0$$

$$R_{1y}=R_{2y}=R_{3y}=-\frac{1}{3}\gamma At$$

式中 γ——容重。

(2) 法向线性分布压力引起的等效荷载（见图 2.11-9），有

$$R_{ix}=-\frac{tl}{6}p_i\cos\alpha,\quad R_{iy}=-\frac{tl}{6}p_i\sin\alpha$$

$$R_{jx}=-\frac{tl}{6}p_j\cos\alpha,\quad R_{jy}=-\frac{tl}{6}p_j\sin\alpha$$

$$R_{3x}=-\frac{tl}{3}(p_i+p_j)\cos\alpha,\quad R_{3y}=-\frac{tl}{3}(p_i+p_j)\sin\alpha$$

$$R_{mx}=R_{my}=R_{1x}=R_{1y}=R_{2x}=R_{2y}=0$$

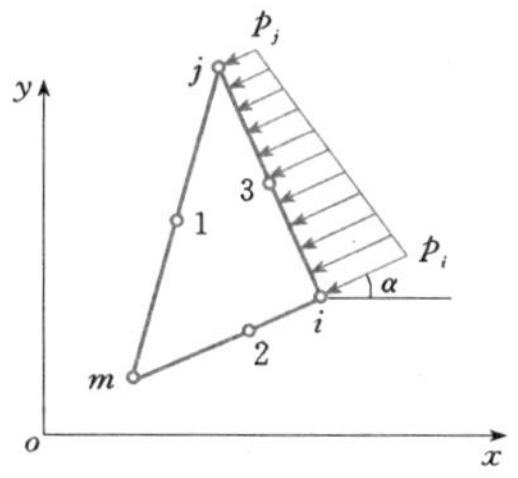

图 2.11-9 六节点三角形单元受法向分布压力

2.11.2.3 矩形单元

矩形单元如图 2.11-10 所示，取 4 个角点作为节点，分别用 i、j、m、p 表示，以平行于两邻边的两个中心轴为 x 轴及 y 轴，该矩形沿 x 及 y 方向的边长分为 $2a$ 和 $2b$，位移模式为

$$\boldsymbol{u}=\begin{Bmatrix}u\\v\end{Bmatrix}=[\boldsymbol{I}N_i\quad \boldsymbol{I}N_j\quad \boldsymbol{I}N_m\quad \boldsymbol{I}N_p]\boldsymbol{a}^e=\boldsymbol{N}\boldsymbol{a}^e$$

其中

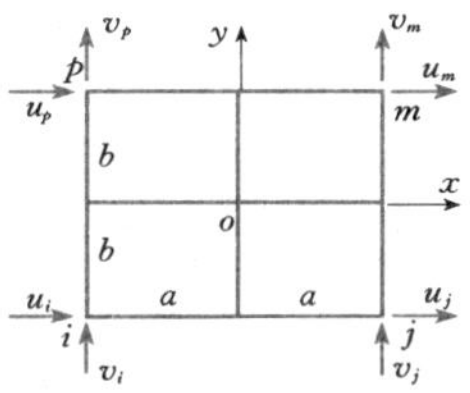

图 2.11-10 矩形单元

$$\boldsymbol{I}=\begin{bmatrix}1&0\\0&1\end{bmatrix}$$

$$N_i=\frac{1}{4}\left(1+\xi_i\frac{x}{a}\right)\left(1+\eta_i\frac{y}{b}\right)$$

$$\xi_i=\frac{x_i}{|x_i|},\quad \eta_i=\frac{y_i}{|y_i|}\quad (i,j,m,p)$$

$$\boldsymbol{a}^e=[u_i\quad v_i\quad u_j\quad v_j\quad u_m\quad v_m\quad u_p\quad v_p]^{\mathrm{T}}$$

$$\boldsymbol{N}=[\boldsymbol{I}N_i\quad \boldsymbol{I}N_j\quad \boldsymbol{I}N_m\quad \boldsymbol{I}N_p]=\begin{bmatrix}N_i&0&N_j&0&N_m&0&N_p&0\\0&N_i&0&N_j&0&N_m&0&N_p\end{bmatrix}$$

$$\boldsymbol{R}^e=[R_{ix}\quad R_{iy}\quad R_{jx}\quad R_{jy}\quad R_{mx}\quad R_{my}\quad R_{px}\quad R_{py}]^{\mathrm{T}}$$

$$\boldsymbol{F}^e=[\boldsymbol{F}_i\quad \boldsymbol{F}_j\quad \boldsymbol{F}_m\quad \boldsymbol{F}_p]^{\mathrm{T}}=[U_i\quad V_i\quad U_j\quad V_j\quad U_m\quad V_m\quad U_p\quad V_p]^{\mathrm{T}}$$

$$\boldsymbol{B}=[\boldsymbol{B}_i\quad \boldsymbol{B}_j\quad \boldsymbol{B}_m\quad \boldsymbol{B}_p]$$

$$\boldsymbol{B}_i=\begin{bmatrix}\frac{\partial N_i}{\partial x}&0\\0&\frac{\partial N_i}{\partial y}\\\frac{\partial N_i}{\partial y}&\frac{\partial N_i}{\partial x}\end{bmatrix}=\frac{1}{4ab}\begin{bmatrix}\xi_i(b+\eta_iy)&0\\0&\eta_i(a+\xi_ix)\\\eta_i(a+\xi_ix)&\xi_i(b+\eta_iy)\end{bmatrix}\quad (i,j,m,p)$$

$$\boldsymbol{S}=[\boldsymbol{S}_i\quad \boldsymbol{S}_j\quad \boldsymbol{S}_m\quad \boldsymbol{S}_p]$$

$$\boldsymbol{S}=\frac{E}{4ab(1-\mu^2)}\begin{bmatrix}-(b-y) & -\mu(a-x) & b-y & -\mu(a+x) & b+y & \mu(a+x) & -(b+y) & \mu(a-x)\\ -\mu(b-y) & -(a-x) & \mu(b-y) & -(a+x) & \mu(b+y) & a+x & -\mu(b+y) & a-x\\ -\frac{1-\mu}{2}(a-x) & -\frac{1-\mu}{2}(b-y) & -\frac{1-\mu}{2}(a+x) & \frac{1-\mu}{2}(b-y) & \frac{1-\mu}{2}(a+x) & \frac{1-\mu}{2}(b+y) & \frac{1-\mu}{2}(a-x) & -\frac{1-\mu}{2}(b+y)\end{bmatrix}$$

$$\boldsymbol{k}=\begin{bmatrix}\boldsymbol{k}_{ii} & \boldsymbol{k}_{ij} & \boldsymbol{k}_{im} & \boldsymbol{k}_{ip}\\ \boldsymbol{k}_{ji} & \boldsymbol{k}_{jj} & \boldsymbol{k}_{jm} & \boldsymbol{k}_{jp}\\ \boldsymbol{k}_{mi} & \boldsymbol{k}_{mj} & \boldsymbol{k}_{mm} & \boldsymbol{k}_{mp}\\ \boldsymbol{k}_{pi} & \boldsymbol{k}_{pj} & \boldsymbol{k}_{pm} & \boldsymbol{k}_{pp}\end{bmatrix}$$

$$\boldsymbol{k}=\frac{Et}{1-\mu^2}\begin{bmatrix}\frac{1}{3}\frac{b}{a}+\frac{1-\mu}{6}\frac{a}{b} & & & & \text{对称} & & & \\ \frac{1+\mu}{8} & \frac{1}{3}\frac{a}{b}+\frac{1-\mu}{6}\frac{b}{a} & & & & & & \\ -\frac{1}{3}\frac{b}{a}+\frac{1-\mu}{12}\frac{a}{b} & \frac{1-3\mu}{8} & \frac{1}{3}\frac{b}{a}+\frac{1-\mu}{6}\frac{a}{b} & & & & & \\ -\frac{1-3\mu}{8} & \frac{1}{6}\frac{a}{b}-\frac{1-\mu}{6}\frac{b}{a} & -\frac{1+\mu}{8} & \frac{1}{3}\frac{a}{b}+\frac{1-\mu}{6}\frac{b}{a} & & & & \\ -\frac{1}{6}\frac{b}{a}-\frac{1-\mu}{12}\frac{a}{b} & -\frac{1+\mu}{8} & \frac{1}{6}\frac{b}{a}-\frac{1-\mu}{6}\frac{a}{b} & \frac{1-3\mu}{8} & \frac{1}{3}\frac{b}{a}+\frac{1-\mu}{6}\frac{a}{b} & & & \\ -\frac{1+\mu}{8} & -\frac{1}{6}\frac{a}{b}-\frac{1-\mu}{12}\frac{b}{a} & -\frac{1-3\mu}{8} & -\frac{1}{3}\frac{a}{b}+\frac{1-\mu}{12}\frac{b}{a} & \frac{1+\mu}{8} & \frac{1}{3}\frac{a}{b}+\frac{1-\mu}{6}\frac{b}{a} & & \\ \frac{1}{6}\frac{b}{a}-\frac{1-\mu}{6}\frac{a}{b} & -\frac{1-3\mu}{8} & -\frac{1}{6}\frac{b}{a}-\frac{1-\mu}{12}\frac{a}{b} & \frac{1+\mu}{8} & -\frac{1}{3}\frac{b}{a}+\frac{1-\mu}{12}\frac{a}{b} & \frac{1-3\mu}{8} & \frac{1}{3}\frac{b}{a}+\frac{1-\mu}{6}\frac{a}{b} & \\ \frac{1-3\mu}{8} & -\frac{1}{3}\frac{a}{b}+\frac{1-\mu}{12}\frac{b}{a} & \frac{1+\mu}{8} & -\frac{1}{6}\frac{a}{b}-\frac{1-\mu}{12}\frac{b}{a} & -\frac{1-3\mu}{8} & \frac{1}{6}\frac{a}{b}-\frac{1-\mu}{6}\frac{b}{a} & -\frac{1+\mu}{8} & \frac{1}{3}\frac{a}{b}+\frac{1-\mu}{6}\frac{b}{a}\end{bmatrix}$$

对于平面应变问题，上列各式中的 E 应转换为 $\frac{E}{1-\mu^2}$，μ 应转换为 $\frac{\mu}{1-\mu}$。

在自重作用下，取 y 轴铅直向上，单元等效节点荷载为

$$\boldsymbol{R}^e = -W\begin{bmatrix}0 & \frac{1}{4} & 0 & \frac{1}{4} & 0 & \frac{1}{4} & 0 & \frac{1}{4}\end{bmatrix}^{\mathrm{T}}$$

其中 $$W = 4abt\rho g$$

式中 W——单元重量，即将 1/4 自重移置到每一节点。

2.11.2.4 四面体单元

图 2.11-11 所示四面体单元的有关公式如下：

$$\boldsymbol{a}^e = [u_i \quad v_i \quad u_j \quad v_j \quad u_m \quad v_m \quad u_p \quad v_p]^{\mathrm{T}}$$

$$\boldsymbol{F}^e = [U_i \quad V_i \quad U_j \quad V_j \quad U_m \quad V_m \quad U_p \quad V_p]^{\mathrm{T}}$$

$$R^e = [R_{ix} \quad R_{iy} \quad R_{jx} \quad R_{jy} \quad R_{mx} \quad R_{my} \quad R_{px} \quad R_{py}]^{\mathrm{T}}$$

$$\boldsymbol{N} = [\boldsymbol{I}N_i, \boldsymbol{I}N_j, \boldsymbol{I}N_m, \boldsymbol{I}N_p]$$

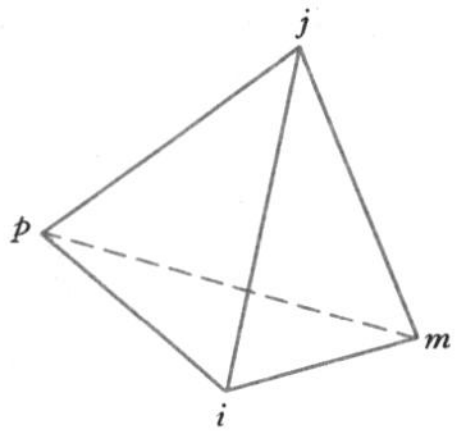

图 2.11-11 四面体单元

其中 $$N_i = L_i \quad (i,j,m,p)$$

$$\boldsymbol{I} = \begin{bmatrix}1 & 0 & 0\\0 & 1 & 0\\0 & 0 & 1\end{bmatrix}$$

应变转换矩阵为

$$\boldsymbol{B} = [\boldsymbol{B}_i \quad -\boldsymbol{B}_j \quad \boldsymbol{B}_m \quad -\boldsymbol{B}_p]$$

其中 $$\boldsymbol{B}_i = \frac{1}{6V}\begin{bmatrix}b_i & 0 & 0\\0 & c_i & 0\\0 & 0 & d_i\\c_i & b_i & 0\\0 & d_i & c_i\\d_i & 0 & b_i\end{bmatrix} \quad (i,j,m,p)$$

应力转换矩阵为

$$\boldsymbol{S} = [\boldsymbol{S}_i \quad -\boldsymbol{S}_j \quad \boldsymbol{S}_m \quad -\boldsymbol{S}_p]$$

其中

$$\boldsymbol{S}_i = \frac{1}{6V}\begin{bmatrix}(\lambda+2G)b_i & \lambda c_i & \lambda d_i\\ \lambda b_i & (\lambda+2G)c_i & \lambda d_i\\ \lambda b_i & \lambda c_i & (\lambda+2G)d_i\\ Gc_i & Gb_i & 0\\ 0 & Gd_i & Gc_i\\ Gd_i & 0 & Gb_i\end{bmatrix}$$

(i,j,m,p)

单元刚度矩阵为

$$\boldsymbol{k} = \begin{bmatrix}\boldsymbol{k}_{ii} & -\boldsymbol{k}_{ij} & \boldsymbol{k}_{im} & -\boldsymbol{k}_{ip}\\ -\boldsymbol{k}_{ji} & \boldsymbol{k}_{jj} & -\boldsymbol{k}_{jm} & \boldsymbol{k}_{jp}\\ \boldsymbol{k}_{mi} & -\boldsymbol{k}_{mj} & \boldsymbol{k}_{mm} & -\boldsymbol{k}_{mp}\\ -\boldsymbol{k}_{pi} & \boldsymbol{k}_{pj} & -\boldsymbol{k}_{pm} & \boldsymbol{k}_{pp}\end{bmatrix}$$

$$\boldsymbol{k}_{rs} = \frac{1}{36V}\begin{bmatrix}(\lambda+2G)b_rb_s+G(c_rc_s+d_rd_s) & \lambda b_rc_s+Gc_rb_s & \lambda b_rd_s+Gd_rb_s\\ \lambda c_rb_s+Gb_rc_s & (\lambda+2G)c_rc_s+G(b_rb_s+d_rd_s) & \lambda c_rd_s+Gd_rc_s\\ \lambda d_rb_s+Gb_rd_s & \lambda d_rc_s+Gc_rd_s & (\lambda+2G)d_rd_s+G(c_rc_s+b_rb_s)\end{bmatrix}$$

$$(r=i,j,m,p;\ s=i,j,m,p)$$

$$\lambda = \frac{E\mu}{(1+\mu)(1-2\mu)}, \quad G = \frac{E}{2(1+\mu)}$$

式中 λ、G——材料的拉梅常数。

等效节点荷载如下：

(1) 在自重作用下，取 Z 轴铅直向上，则

$$\begin{Bmatrix}R_{ix}\\R_{iy}\\R_{iz}\end{Bmatrix} = \begin{Bmatrix}0\\0\\-\frac{V\gamma}{4}\end{Bmatrix} \quad (i,j,m,p)$$

式中 γ——容重。

(2) 在 Δ_{ijm} 面上受法向线性分布压力，3 节点处压力集度分别为 p_i、p_j、p_m，则

$$\begin{Bmatrix}R_{ix}\\R_{iy}\\R_{iz}\end{Bmatrix} = -\frac{1}{12}\left(p_i+\frac{p_j}{2}+\frac{p_m}{2}\right)\begin{Bmatrix}b_p\\c_p\\d_p\end{Bmatrix}$$

$$R_{px} = R_{py} = R_{pz} = 0$$

2.11.3 等参数单元

2.11.3.1 等参单元的概念

对于图 2.11-12 所示的四边为直线的 4 节点任意四边形平面单元，在单元上建立局部坐标，并用等分四边的两组直线分割该四边形，以每组直线的中间一根直线作为该单元的局部坐标 ξ 和 η 轴，每组直线的其他各根直线的 ξ 或 η 为常值。并令四边的 ξ 值或

η 值为±1。

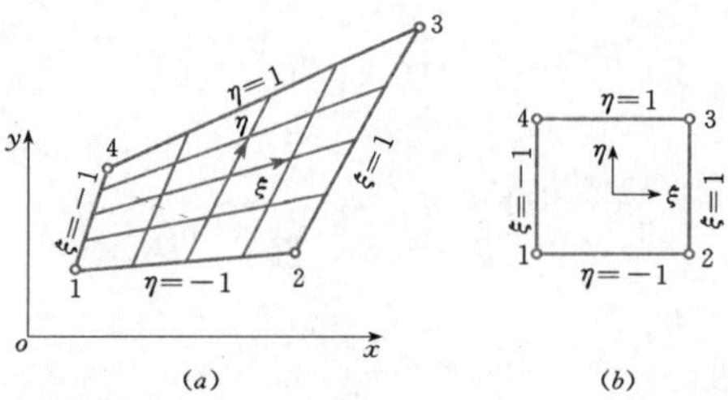

图 2.11-12 平面四边形单元

取单元的位移模式为

$$\left.\begin{aligned} u &= \sum_{i=1}^{4} N_i u_i \\ v &= \sum_{i=1}^{4} N_i v_i \end{aligned}\right\} \tag{2.11-17}$$

在 ξ—η 坐标系中，单元位移模式中的形函数为

$$N_1 = \frac{1}{4}(1-\xi)(1-\eta)$$

$$N_2 = \frac{1}{4}(1+\xi)(1-\eta)$$

$$N_3 = \frac{1}{4}(1-\xi)(1+\eta)$$

$$N_4 = \frac{1}{4}(1+\xi)(1+\eta)$$

将上述公式统一表示为

$$N_i = \frac{1}{4}(1+\xi_i\xi)(1+\eta_i\eta) \quad (i=1,2,3,4) \tag{2.11-18}$$

式中 ξ_i、η_i——节点 i 的局部坐标值。

通过如下坐标变换：

$$\left.\begin{aligned} x &= \sum_{i=1}^{4} N_i x_i \\ y &= \sum_{i=1}^{4} N_i y_i \end{aligned}\right\} \tag{2.11-19}$$

式中 x_i、y_i——节点 i 的整体坐标值；

N_i——坐标变换式的形函数，取其与位移模式中的形函数相同，即式(2.11-18)。

由于在位移模式与坐标变换式中采用了相同的形函数，故称为等参数单元，又称为等参单元。

将实际单元［见图 2.11-12 (*a*)］变换为标准单元［见图 2.11-12 (*b*)］，即将实际单元内任意一点的整体坐标 (x, y) 变换为标准单元内的局部坐标 (ξ,η)，将实际单元的 4 个边变换为标准单元内的 4 个边。实际单元称为子单元，标准单元称为母单元。

一般对于具有 d 个节点的空间等参数单元，位移模式为

$$\left.\begin{aligned} u &= \sum_{i=1}^{d} N_i u_i \\ v &= \sum_{i=1}^{d} N_i v_i \\ w &= \sum_{i=1}^{d} N_i w_i \end{aligned}\right\} \tag{2.11-20}$$

坐标变换式为

$$\left.\begin{aligned} x &= \sum_{i=1}^{d} N_i x_i \\ y &= \sum_{i=1}^{d} N_i y_i \\ z &= \sum_{i=1}^{d} N_i z_i \end{aligned}\right\} \tag{2.11-21}$$

2.11.3.2 等参单元的形函数

下面列出几种常用单元的形函数。

1. 4 节点四边形单元（见图 2.11-13）

$$N_i = \frac{1}{4}(1+\xi_i\xi)(1+\eta_i\eta)$$

$$(i=1,2,3,4)$$

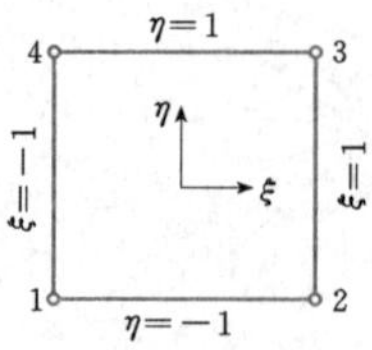

图 2.11-13 4 节点四边形单元

2. 8 节点四边形单元（见图 2.11-14）

$$N_i = \frac{1}{4}(1+\xi_i\xi)(1+\eta_i\eta)(\xi_i\xi+\eta_i\eta-1)$$

$$(i=1,2,3,4)$$

$$N_i = \frac{1}{2}(1-\xi^2)(1+\eta_i\eta) \quad (i=5,7)$$

$$N_i = \frac{1}{2}(1-\eta^2)(1+\xi_i\xi) \quad (i=6,8)$$

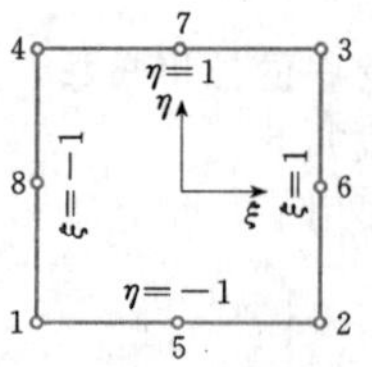

图 2.11-14 8 节点四边形单元

3. 8 节点六面体单元（见图 2.11-15）

$$N_i = \frac{1}{8}(1+\xi_i\xi)(1+\eta_i\eta)(1+\zeta_i\zeta)$$

$$(i=1,2,\cdots,8)$$

4. 20节点六面体单元（见图2.11－16）

$$N_i = \frac{1}{8}(1+\xi_i\xi)(1+\eta_i\eta)(1+\zeta_i\zeta)$$

$$\times(\xi_i\xi+\eta_i\eta+\zeta_i\zeta-2) \quad (i=1,2,\cdots,8)$$

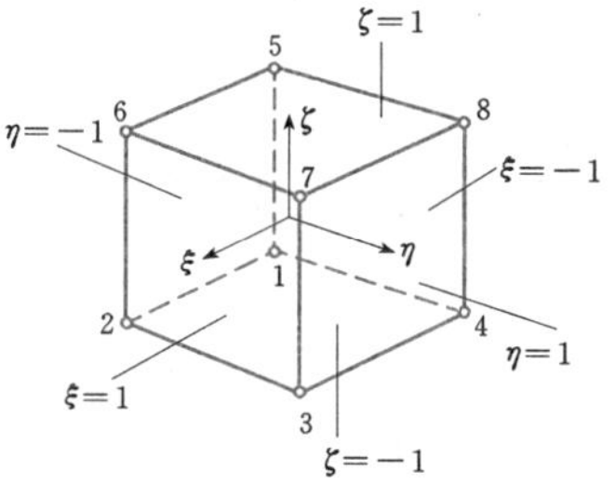

图2.11－15 8节点六面体单元

$$N_i = \frac{1}{4}(1-\xi^2)(1+\eta_i\eta)(1+\zeta_i\zeta)$$

$$(i=9,11,13,15)$$

$$N_i = \frac{1}{4}(1-\eta^2)(1+\xi_i\xi)(1+\zeta_i\zeta)$$

$$(i=10,12,14,16)$$

$$N_i = \frac{1}{4}(1-\zeta^2)(1+\xi_i\xi)(1+\eta_i\eta)$$

$$(i=17,18,19,20)$$

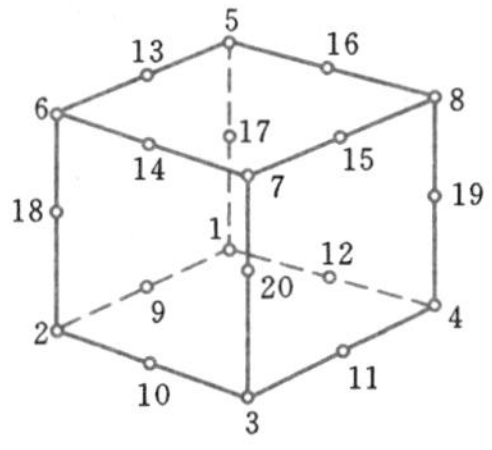

图2.11－16 20节点六面体单元

5. 6节点五面体单元（见图2.11－17）

$$N_i = \frac{1}{2}(1-\xi)L_i \quad (i=1,2,3)$$

$$N_i = \frac{1}{2}(1+\xi)L_{i-3} \quad (i=4,5,6)$$

式中　L_1、L_2、L_3——面积坐标 L_i、L_j、L_m。

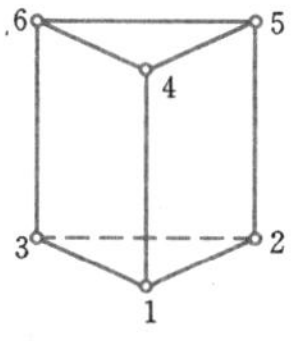

图2.11－17 6节点五面体单元

2.11.4 等参单元的有关计算公式

1. 形函数对整体坐标的导数

$$\begin{bmatrix} \frac{\partial N_i}{\partial x} & \frac{\partial N_i}{\partial y} & \frac{\partial N_i}{\partial z} \end{bmatrix}^T = \boldsymbol{J}^{-1}\begin{bmatrix} \frac{\partial N_i}{\partial \xi} & \frac{\partial N_i}{\partial \eta} & \frac{\partial N_i}{\partial \zeta} \end{bmatrix}^T \tag{2.11-22}$$

其中

$$\boldsymbol{J} = \begin{bmatrix} \frac{\partial x}{\partial \xi} & \frac{\partial y}{\partial \xi} & \frac{\partial z}{\partial \xi} \\ \frac{\partial x}{\partial \eta} & \frac{\partial y}{\partial \eta} & \frac{\partial z}{\partial \eta} \\ \frac{\partial x}{\partial \zeta} & \frac{\partial y}{\partial \zeta} & \frac{\partial z}{\partial \zeta} \end{bmatrix} = \begin{bmatrix} \sum_{i=1}^{d}\frac{\partial N_i}{\partial \xi}x_i & \sum_{i=1}^{d}\frac{\partial N_i}{\partial \xi}y_i & \sum_{i=1}^{d}\frac{\partial N_i}{\partial \xi}z_i \\ \sum_{i=1}^{d}\frac{\partial N_i}{\partial \eta}x_i & \sum_{i=1}^{d}\frac{\partial N_i}{\partial \eta}y_i & \sum_{i=1}^{d}\frac{\partial N_i}{\partial \eta}z_i \\ \sum_{i=1}^{d}\frac{\partial N_i}{\partial \zeta}x_i & \sum_{i=1}^{d}\frac{\partial N_i}{\partial \zeta}y_i & \sum_{i=1}^{d}\frac{\partial N_i}{\partial \zeta}z_i \end{bmatrix} \tag{2.11-23}$$

2. 微分体积的变换

$$\mathrm{d}V = |\boldsymbol{J}|\,\mathrm{d}\xi\mathrm{d}\eta\mathrm{d}\zeta$$

式中　$|\boldsymbol{J}|$——$\boldsymbol{J}$的行列式。

3. 微分面积的变换

$$\mathrm{d}A_{\xi\eta} = \sqrt{E_\xi E_\eta - E_{\xi\eta}^2}\,\mathrm{d}\xi\mathrm{d}\eta$$

$$\left.\begin{aligned} E_\xi &= \left(\frac{\partial x}{\partial \xi}\right)^2 + \left(\frac{\partial y}{\partial \xi}\right)^2 + \left(\frac{\partial z}{\partial \xi}\right)^2 \\ E_{\xi\eta} &= \frac{\partial x}{\partial \xi}\frac{\partial x}{\partial \eta} + \frac{\partial y}{\partial \xi}\frac{\partial y}{\partial \eta} + \frac{\partial z}{\partial \xi}\frac{\partial z}{\partial \eta} \end{aligned}\right\} \quad (\xi,\eta,\zeta)$$

式中　$\mathrm{d}A_{\xi\eta}$——$\xi\eta$面的微分面积。

4. 单元边界面的外法线方向余弦

$\xi\eta$面的法线方向余弦为

$$\left.\begin{aligned} l_{\xi\eta} &= \frac{\frac{\partial y}{\partial \xi}\frac{\partial z}{\partial \eta} - \frac{\partial z}{\partial \xi}\frac{\partial y}{\partial \eta}}{\sqrt{E_\xi E_\eta - E_{\xi\eta}^2}} \\ m_{\xi\eta} &= \frac{\frac{\partial z}{\partial \xi}\frac{\partial x}{\partial \eta} - \frac{\partial x}{\partial \xi}\frac{\partial z}{\partial \eta}}{\sqrt{E_\xi E_\eta - E_{\xi\eta}^2}} \\ n_{\xi\eta} &= \frac{\frac{\partial x}{\partial \xi}\frac{\partial y}{\partial \eta} - \frac{\partial y}{\partial \xi}\frac{\partial x}{\partial \eta}}{\sqrt{E_\xi E_\eta - E_{\xi\eta}^2}} \end{aligned}\right\} \quad (\xi,\eta,\zeta)$$

5. 单元等效节点荷载

(1) 分布体力 $\boldsymbol{f} = [f_x \quad f_y \quad f_z]^T$，则有

$$\boldsymbol{R}^e = \int_{-1}^{1}\int_{-1}^{1}\int_{-1}^{1}\mathbf{N}^T\boldsymbol{f}\,|\boldsymbol{J}|\,\mathrm{d}\xi\mathrm{d}\eta\mathrm{d}\zeta$$

自重情况，$\boldsymbol{f} = [0 \quad 0 \quad -\gamma]^T$，其中$\gamma$为容重，则

$$\left.\begin{aligned}R_{ix} &= R_{iy} = 0\\ R_{iz} &= -\gamma\int_{-1}^{1}\int_{-1}^{1}\int_{-1}^{1} N_i \mid \boldsymbol{J} \mid \mathrm{d}\xi\mathrm{d}\eta\mathrm{d}\zeta \quad (i=1,2,\cdots,d)\end{aligned}\right\} \tag{2.11-24}$$

（2）分布面力 $\overline{\boldsymbol{f}}=[\overline{f}_x \quad \overline{f}_y \quad \overline{f}_z]^{\mathrm{T}}$，假设作用在 $\zeta=\pm 1$ 的面上，则有

$$\boldsymbol{R}^e = \int_{-1}^{1}\int_{-1}^{1}\left(\boldsymbol{N}^{\mathrm{T}}\,\overline{\boldsymbol{f}}\,\sqrt{E_\xi E_\eta - E_{\xi\eta}^2}\right)_{\zeta=\pm 1}\mathrm{d}\xi\mathrm{d}\eta$$

静水压力情况，$\overline{\boldsymbol{f}}=\mp q[l_{\xi\eta} \quad m_{\xi\eta} \quad n_{\xi\eta}]_{\zeta=\pm1}$，其中 $q=\gamma\ (z_0-z)$，z_0 为水面的 z 坐标值（见图 2.11-18），z 为静水压力作用点的 z 坐标值，γ 为水的容重，则

$$\boldsymbol{R}^e = \mp\int_{-1}^{1}\int_{-1}^{1}\left(\boldsymbol{N}^{\mathrm{T}} q\left[\frac{\partial y}{\partial\eta}\frac{\partial z}{\partial\xi}-\frac{\partial z}{\partial\eta}\frac{\partial y}{\partial\xi} \quad \frac{\partial z}{\partial\eta}\frac{\partial x}{\partial\xi}-\frac{\partial x}{\partial\eta}\frac{\partial z}{\partial\xi} \quad \frac{\partial x}{\partial\eta}\frac{\partial y}{\partial\xi}-\frac{\partial y}{\partial\eta}\frac{\partial x}{\partial\xi}\right]^{\mathrm{T}}\right)_{\zeta=\pm1}\mathrm{d}\xi\mathrm{d}\eta \tag{2.11-25}$$

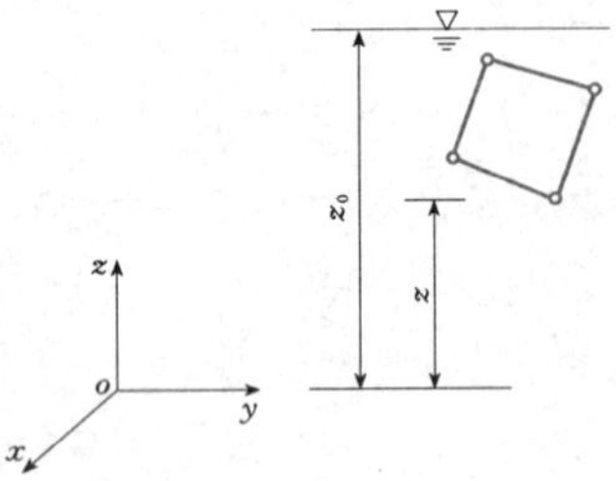

图 2.11-18 单元受水压力作用

6. 单元应力

$$\boldsymbol{\sigma} = \boldsymbol{S}\boldsymbol{a}^e$$

$$\boldsymbol{S} = [\boldsymbol{S}_1 \quad \boldsymbol{S}_2 \quad \cdots \quad \boldsymbol{S}_n]$$

其中 $\boldsymbol{S}_i = \boldsymbol{D}\boldsymbol{B}_i \quad (i=1,2,3,\cdots,d)$

$$\boldsymbol{D} = \begin{bmatrix}\lambda+2G & \lambda & \lambda & 0 & 0 & 0\\ \lambda & \lambda+2G & \lambda & 0 & 0 & 0\\ \lambda & \lambda & \lambda+2G & 0 & 0 & 0\\ 0 & 0 & 0 & G & 0 & 0\\ 0 & 0 & 0 & 0 & G & 0\\ 0 & 0 & 0 & 0 & 0 & G\end{bmatrix}$$

$$\boldsymbol{B}_i = \begin{bmatrix}\dfrac{\partial N_i}{\partial x} & 0 & 0\\ 0 & \dfrac{\partial N_i}{\partial y} & 0\\ 0 & 0 & \dfrac{\partial N_i}{\partial z}\\ \dfrac{\partial N_i}{\partial y} & \dfrac{\partial N_i}{\partial x} & 0\\ 0 & \dfrac{\partial N_i}{\partial z} & \dfrac{\partial N_i}{\partial y}\\ \dfrac{\partial N_i}{\partial z} & 0 & \dfrac{\partial N_i}{\partial x}\end{bmatrix} \quad (i=1,2,3,\cdots,d)$$

7. 单元刚度矩阵

$$\boldsymbol{k} = \int_{-1}^{1}\int_{-1}^{1}\int_{-1}^{1}\boldsymbol{B}^{\mathrm{T}}\boldsymbol{D}\boldsymbol{B} \mid \boldsymbol{J} \mid \mathrm{d}\xi\mathrm{d}\eta\mathrm{d}\zeta \tag{2.11-26}$$

8. 数值积分法的应用

等参单元的刚度矩阵和节点荷载列阵的计算，最后都归结为以下标准积分：

$$\int_{-1}^{1} f(\xi)\mathrm{d}\xi, \quad \int_{-1}^{1}\int_{-1}^{1} f(\xi,\eta)\mathrm{d}\xi\mathrm{d}\eta$$

$$\int_{-1}^{1}\int_{-1}^{1}\int_{-1}^{1} f(\xi,\eta,\zeta)\mathrm{d}\xi\mathrm{d}\eta\mathrm{d}\zeta$$

这些积分的被积函数一般都很复杂，不可能解析地求出。因此采用数值积分方法求出积分值。

上述三种标准积分式的高斯数值积分公式为

$$\int_{-1}^{1} f(\xi)\mathrm{d}\xi = \sum_{i=1}^{p} H_i f(\xi_i) \tag{2.11-27}$$

$$\int_{-1}^{1}\int_{-1}^{1} f(\xi,\eta)\mathrm{d}\xi\mathrm{d}\eta = \sum_{j=1}^{p}\sum_{i=1}^{p} H_i H_j f(\xi_i,\eta_j) \tag{2.11-28}$$

$$\int_{-1}^{1}\int_{-1}^{1}\int_{-1}^{1} f(\xi,\eta,\zeta)\mathrm{d}\xi\mathrm{d}\eta\mathrm{d}\zeta = \sum_{m=1}^{p}\sum_{j=1}^{p}\sum_{i=1}^{p} H_i H_j H_m f(\xi_i,\eta_j,\zeta_m) \tag{2.11-29}$$

式中 p——每个方向积分点数目；

H_i、H_j、H_m——加权系数；

ξ_i、η_j、ζ_m——积分点坐标，由表 2.11-1 确定。

一般来讲，积分点数目越多，积分的精度越高。当被积函数 $f(\xi)$ 为 m 次多项式时，取积分点数目 $p\geqslant\dfrac{m+1}{2}$，则可以得到精确的积分值。

2.11.5 杆件单元

杆系结构中，桁架是由两端铰接的杆件单元组成，刚架是由两端刚接的杆件单元组成，混合结构可能在同一个节点上连接有杆件单元、平面单元、空间单元等。在分析时，只需分别计算各种单元的刚度矩阵和单元节点荷载列阵，分别累加到整体刚度矩阵和整体荷载列阵中去，便可建立结构整体平衡方程。

2.11.5.1 局部坐标系中的公式

取杆件方向 $\overline{ij}$ 为 x 轴，在垂直杆轴的平面取 y、z 轴（见图 2.11-19），设 ij 杆横截面面积为 A，绕 y、z 轴的惯性矩分别为 I_y、I_z，绕 x 轴的极惯性矩为 I_x。

1. 两端铰接的空间杆件单元

在局部坐标系中的节点位移、节点力、节点荷载

表 2.11－1 　　高斯积分点坐标和权系数

ξ_i	p	H_i
0.577，350，269，189，626	2	1.000，000，000，000，000
0.774，596，669，241，483 0.000，000，000，000，000	3	0.555，555，555，555，556 0.888，888，888，888，889
0.861，136，311，594，053 0.339，981，043，584，856	4	0.347，854，845，137，454 0.652，145，154，862，546

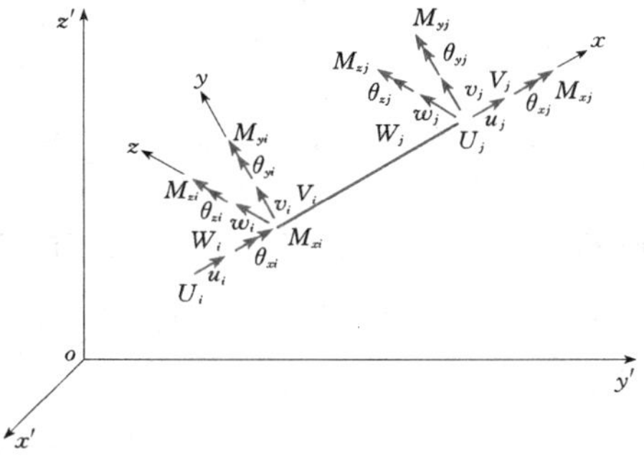

图 2.11－19　杆件单元

分别记为

$$\boldsymbol{a}^e=\begin{Bmatrix}\boldsymbol{a}_i\\ \boldsymbol{a}_j\end{Bmatrix},\quad \boldsymbol{a}_i=[u_i\quad v_i\quad w_i]^{\mathrm{T}}\quad (i,j)$$

$$\boldsymbol{F}^e=\begin{Bmatrix}\boldsymbol{F}_i\\ \boldsymbol{F}_j\end{Bmatrix},\quad \boldsymbol{F}_i=[U_i\quad V_i\quad W_i]^{\mathrm{T}}\quad (i,j)$$

$$\boldsymbol{F}^e=\boldsymbol{k}\boldsymbol{a}^e=\begin{bmatrix}\boldsymbol{k}_{ii} & \boldsymbol{k}_{ij}\\ \boldsymbol{k}_{ji} & \boldsymbol{k}_{jj}\end{bmatrix}\begin{Bmatrix}\boldsymbol{a}_i\\ \boldsymbol{a}_j\end{Bmatrix}$$

其中

$$\left.\begin{aligned}\boldsymbol{k}_{ii}=\boldsymbol{k}_{jj}=\frac{EA}{l}\begin{bmatrix}1&0&0\\0&0&0\\0&0&0\end{bmatrix}\\ \boldsymbol{k}_{ij}=\boldsymbol{k}_{ji}=\frac{EA}{l}\begin{bmatrix}-1&0&0\\0&0&0\\0&0&0\end{bmatrix}\end{aligned}\right\}\quad(2.11-30)$$

$$\boldsymbol{R}^e=\begin{Bmatrix}\boldsymbol{R}_i\\ \boldsymbol{R}_j\end{Bmatrix}$$

$$\boldsymbol{R}_i=[R_{ix}\quad R_{iy}\quad R_{iz}]^{\mathrm{T}}\quad (i,j)$$

2. 两端刚接的空间杆件单元

$$\boldsymbol{a}^e=\begin{Bmatrix}\boldsymbol{a}_i\\ \boldsymbol{a}_j\end{Bmatrix},\quad \boldsymbol{a}_i=[u_i\quad v_i\quad w_i\quad \theta_{xi}\quad \theta_{yi}\quad \theta_{zi}]^{\mathrm{T}}\quad (i,j)$$

$$\boldsymbol{F}^e=\begin{Bmatrix}\boldsymbol{F}_i\\ \boldsymbol{F}_j\end{Bmatrix}$$

$$\boldsymbol{F}_i=[U_i\quad V_i\quad W_i\quad M_{xi}\quad M_{yi}\quad M_{zi}]^{\mathrm{T}}\quad (i,j)$$

式中，转角 θ_{xi}、θ_{yi}、θ_{zi}，力矩 M_{xi}、M_{yi}、M_{zi}，均用双箭头矢量表示，以沿坐标（x，y，z）正向为正。

$$\boldsymbol{F}^e=\boldsymbol{k}\boldsymbol{a}^e=\begin{bmatrix}\boldsymbol{k}_{ii} & \boldsymbol{k}_{ij}\\ \boldsymbol{k}_{ji} & \boldsymbol{k}_{jj}\end{bmatrix}\begin{Bmatrix}\boldsymbol{a}_i\\ \boldsymbol{a}_j\end{Bmatrix}$$

其中

$$\boldsymbol{k}_{ii}=\begin{bmatrix}\frac{EA}{l}&0&0&0&0&0\\ 0&\frac{12EI_z}{l^3}&0&0&0&\frac{6EI_z}{l^2}\\ 0&0&\frac{12EI_y}{l^3}&0&-\frac{6EI_y}{l^2}&0\\ 0&0&0&\frac{GI_x}{l}&0&0\\ 0&0&-\frac{6EI_y}{l^2}&0&\frac{4EI_y}{l}&0\\ 0&\frac{6EI_z}{l^2}&0&0&0&\frac{4EI_z}{l}\end{bmatrix}$$

$$\boldsymbol{k}_{jj}=\begin{bmatrix}\frac{EA}{l}&0&0&0&0&0\\ 0&\frac{12EI_z}{l^3}&0&0&0&-\frac{6EI_z}{l^2}\\ 0&0&\frac{12EI_y}{l^3}&0&\frac{6EI_y}{l^2}&0\\ 0&0&0&\frac{GI_x}{l}&0&0\\ 0&0&\frac{6EI_y}{l^2}&0&\frac{4EI_y}{l}&0\\ 0&-\frac{6EI_z}{l^2}&0&0&0&\frac{4EI_z}{l}\end{bmatrix}$$

(2.11－31)

$$\boldsymbol{k}_{ij}=\boldsymbol{k}_{ji}^{\mathrm{T}}=\begin{bmatrix}-\frac{EA}{l}&0&0&0&0&0\\ 0&-\frac{12EI_z}{l^3}&0&0&0&\frac{6EI_z}{l^2}\\ 0&0&-\frac{12EI_y}{l^3}&0&-\frac{6EI_y}{l^2}&0\\ 0&0&0&-\frac{GI_x}{l}&0&0\\ 0&0&\frac{6EI_y}{l^2}&0&\frac{2EI_y}{l}&0\\ 0&-\frac{6EI_z}{l^2}&0&0&0&\frac{2EI_z}{l}\end{bmatrix}$$

$$\boldsymbol{R}^e=\begin{Bmatrix}\boldsymbol{R}_i\\ \boldsymbol{R}_j\end{Bmatrix}$$

$$\boldsymbol{R}_i=[R_{ix}\quad R_{iy}\quad R_{iz}\quad T_{xi}\quad T_{yi}\quad T_{zi}]^{\mathrm{T}}\quad (i,j)$$

式中，外力矩 T_{xi}、T_{yi}、T_{zi} 用双箭头表示，以沿坐标（x，y，z）正向为正。

2.11.5.2　整体坐标系中的公式

对整体结构进行分析的时候，必须采用统一的整体坐标系。令整体坐标系为（x'，y'，z'），节点 i、j 的整体坐标为（x'_i，y'_i、z'_i）、（x'_j，y'_j，z'_j），并令整体坐标系中的矢量变换到局部坐标系中的矢量的变换矩阵为

$$\boldsymbol{\lambda}=\begin{bmatrix}\lambda_{xx'} & \lambda_{xy'} & \lambda_{xz'}\\ \lambda_{yx'} & \lambda_{yy'} & \lambda_{yz'}\\ \lambda_{zx'} & \lambda_{zy'} & \lambda_{zz'}\end{bmatrix}\qquad(2.11-32)$$

$\boldsymbol{\lambda}$ 各元素表示两轴之间的夹角余弦，其中

$$\lambda_{xx'}=\cos(x,x')=\frac{1}{l}(x_j-x'_i)$$

$$\lambda_{xy'}=\cos(x,y')=\frac{1}{l}(y_j-y'_i)$$

$$\lambda_{xz'}=\cos(x,z')=\frac{1}{l}(z_j-z'_i)$$

$$l=[(x_j-x'_i)^2+(y_j-y'_i)^2+(z_j-z'_i)^2]^{\frac{1}{2}}$$

式中　l——杆件的长度。

此外有

$$\lambda_{yx'}=\cos(y,x'),\quad \lambda_{yy'}=\cos(y,y')$$

$$\lambda_{yz'}=\cos(y,z'),\quad \lambda_{zx'}=\cos(z,x')$$

$$\lambda_{zy'}=\cos(z,y'),\quad \lambda_{zz'}=\cos(z,z')$$

可根据 y、z 的方向选择而定。注意，$\boldsymbol{\lambda}$ 一般为非对称矩阵。

整体坐标系和局部坐标系中的节点位移、节点力、节点荷载的转换关系如下。

1. 两端铰接杆件单元

取整体坐标系中的节点位移、节点力、节点荷载分别为

$$\boldsymbol{a}'_i=[u'_i\quad v'_i\quad w'_i]^{\mathrm{T}}$$

$$\boldsymbol{F}'_i=[U'_i\quad V'_i\quad W'_i]^{\mathrm{T}}$$

$$\boldsymbol{R}'_i=[R'_{ix}\quad R'_{iy}\quad R'_{iz}]^{\mathrm{T}}$$

则有　$\boldsymbol{a}_i=\boldsymbol{\lambda a}'_i$，$\boldsymbol{F}_i=\boldsymbol{\lambda F}'_i$，$\boldsymbol{R}_i=\boldsymbol{\lambda R}'_i$

令
$$\boldsymbol{L}_1=\begin{bmatrix}\boldsymbol{\lambda} & 0\\ 0 & \boldsymbol{\lambda}\end{bmatrix}\qquad(2.11-33)$$

并有关系式　$\boldsymbol{L}_1^{-1}=\boldsymbol{L}_1^{\mathrm{T}}$

则　$\boldsymbol{a}^e=\boldsymbol{L}_1\boldsymbol{a}'^e$，$\boldsymbol{F}^e=\boldsymbol{L}_1\boldsymbol{F}'^e$，$\boldsymbol{R}^e=\boldsymbol{L}_1\boldsymbol{R}'^e$

$$\boldsymbol{k}'=\boldsymbol{L}_1^{\mathrm{T}}\boldsymbol{kL}_1$$

若 z' 向有重力作用，杆件容重为 γ，则可直接计算得

$$\boldsymbol{R}'^e=\frac{\gamma}{2}lA[0\quad 0\quad 1\quad 0\quad 0\quad 1]^{\mathrm{T}}$$

2. 两端刚接杆件单元

取整体坐标系中的节点位移，节点力和节点荷载分别为

$$\boldsymbol{a}'_i=[u'_i\quad v'_i\quad w'_i\quad \theta'_{xi}\quad \theta'_{yi}\quad \theta'_{zi}]^{\mathrm{T}}$$

$$\boldsymbol{F}'_i=[U'_i\quad V'_i\quad W'_i\quad M'_{xi}\quad M'_{yi}\quad M'_{zi}]^{\mathrm{T}}$$

$$\boldsymbol{R}'_i=[R'_{ix}\quad R'_{iy}\quad R'_{iz}\quad T'_{xi}\quad T'_{yi}\quad T'_{zi}]^{\mathrm{T}}$$

则有　$\boldsymbol{a}^e=\boldsymbol{L}_1\boldsymbol{a}'^e$，　$\boldsymbol{F}^e=\boldsymbol{L}_1\boldsymbol{F}'^e$，　$\boldsymbol{R}^e=\boldsymbol{L}_1\boldsymbol{R}'^e$

令
$$\boldsymbol{L}_2=\begin{bmatrix}\boldsymbol{\lambda} & \boldsymbol{0} & \boldsymbol{0} & \boldsymbol{0}\\ \boldsymbol{0} & \boldsymbol{\lambda} & \boldsymbol{0} & \boldsymbol{0}\\ \boldsymbol{0} & \boldsymbol{0} & \boldsymbol{\lambda} & \boldsymbol{0}\\ \boldsymbol{0} & \boldsymbol{0} & \boldsymbol{0} & \boldsymbol{\lambda}\end{bmatrix}$$

并有　$\boldsymbol{L}_2^{-1}=\boldsymbol{L}_2^{\mathrm{T}}$

则　$\boldsymbol{a}^e=\boldsymbol{L}_2\boldsymbol{a}'^e$，$\boldsymbol{F}^e=\boldsymbol{L}_2\boldsymbol{F}'^e$，$\boldsymbol{R}^e=\boldsymbol{L}_2\boldsymbol{R}'^e$

$$\boldsymbol{k}'=\boldsymbol{L}_2^{\mathrm{T}}\boldsymbol{kL}_2$$

若 z' 向有重力作用，杆件容重为 γ，则可直接计算得

$$\boldsymbol{R}'^e=\frac{\gamma}{2}lA[0\quad 0\quad 1\quad 0\quad 0\quad 0\quad 0\quad 0\quad 1\quad 0\quad 0\quad 0]^{\mathrm{T}}$$

若 z' 平行于 z，令 x' 轴与 x 轴的夹角为 β（见图 2.11-20），则

$$\boldsymbol{\lambda}=\begin{bmatrix}\cos\beta & \sin\beta & 0\\ -\sin\beta & \cos\beta & 0\\ 0 & 0 & 1\end{bmatrix}$$

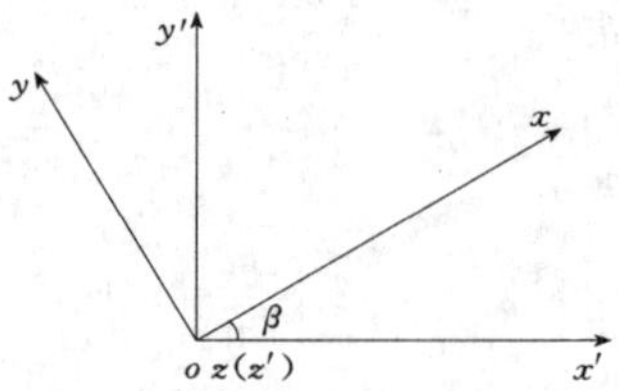

图 2.11-20　整体坐标和局部坐标

如果 x' 平行于 x，令 y' 轴与 y 轴的夹角为 β，则

$$\boldsymbol{\lambda}=\begin{bmatrix}1 & 0 & 0\\ 0 & \cos\beta & \sin\beta\\ 0 & -\sin\beta & \cos\beta\end{bmatrix}$$

如果 y' 平行于 y，令 z' 轴与 z 轴的夹角为 β，则

$$\boldsymbol{\lambda}=\begin{bmatrix}\cos\beta & 0 & \sin\beta\\ 0 & 1 & 0\\ -\sin\beta & 0 & \cos\beta\end{bmatrix}$$

2.11.5.3　计算步骤

（1）对杆件单元，先求出局部坐标系中的 $\boldsymbol{k}$、$\boldsymbol{R}^e$。

（2）转换到整体坐标系，求出 $\boldsymbol{k}'$、$\boldsymbol{R}'^e$，列出节点平衡方程，求出 $\boldsymbol{a}'^e$。

（3）由 $\boldsymbol{a}'^e$ 求 $\boldsymbol{a}^e$，由局部坐标系中的 $\boldsymbol{a}^e$ 求出杆件单元的节点力，即得内力。

2.11.6　薄板单元

薄板的广义应变，即薄板的曲率及扭率为

$$\boldsymbol{\chi}=\begin{Bmatrix} -\dfrac{\partial^2 w}{\partial x^2} \\ -\dfrac{\partial^2 w}{\partial y^2} \\ -2\dfrac{\partial^2 w}{\partial x\partial y} \end{Bmatrix}=\boldsymbol{L}w \qquad (2.11-34)$$

其中
$$\boldsymbol{L}=\begin{Bmatrix} -\dfrac{\partial^2}{\partial x^2} \\ -\dfrac{\partial^2}{\partial y^2} \\ -2\dfrac{\partial^2}{\partial x\partial y} \end{Bmatrix}$$

薄板的广义应力，即薄板的弯矩和扭矩为

$$\boldsymbol{m}=\begin{Bmatrix} M_x \\ M_y \\ M_{xy} \end{Bmatrix}=\boldsymbol{D\chi} \qquad (2.11-35)$$

其中
$$\boldsymbol{D}=D_0\begin{bmatrix} 1 & \mu & 0 \\ \mu & 1 & 0 \\ 0 & 0 & \dfrac{1-\mu}{2} \end{bmatrix}$$

$$D_0=\frac{Et^3}{12(1-\mu^2)}$$

式中 w——薄板挠度；
$\boldsymbol{D}$——薄板弹性矩阵；
D_0——薄板的弯曲刚度；
t——薄板厚度。

2.11.6.1 板的总势能

板的总势能为

$$\Pi=\int_\Omega\left(\frac{1}{2}\boldsymbol{\chi}^{\mathrm{T}}\boldsymbol{D\chi}-wq\right)\mathrm{d}x\mathrm{d}y-\int_{S_3}w\overline{V}\mathrm{d}s$$
$$-\int_{S_2+S_3}\frac{\partial w}{\partial n}\overline{M}_n\mathrm{d}s \qquad (2.11-36)$$

当第二类边界为简支边界和第三类边界为自由边界时，有

$$\Pi=\int_\Omega\frac{1}{2}\boldsymbol{\chi}^{\mathrm{T}}\boldsymbol{D\chi}\mathrm{d}x\mathrm{d}y-\int_\Omega wq\mathrm{d}x\mathrm{d}y \qquad (2.11-37)$$

式中 $\int_\Omega\frac{1}{2}\boldsymbol{\chi}^{\mathrm{T}}\boldsymbol{D\chi}\mathrm{d}x\mathrm{d}y$——板的应变能；
$\int_\Omega wq\mathrm{d}x\mathrm{d}y$——板的外力势能。
q——作用在板面的横向分布力；
$\overline{M}_n$、$\overline{V}$——边界上给定力矩和横向剪力。

2.11.6.2 矩形薄板单元的位移模式

图 2.11-21 (*a*) 所示的薄板，用矩形薄板单元将其离散化。如图 2.11-21 (*b*) 所示，板的边长分别为 $2a$ 和 $2b$，四个角节点分别记为 i、j、m、p，由于相邻单元之间有法向力和力矩的传递，所以必须把节点当做刚接的，线位移（挠度）w 以沿 z 轴正向的为正，角位移 θ_x、θ_y 则以按右手螺旋定则标出的矢量沿坐标轴正向的为正，得

$$\boldsymbol{a}_i=\begin{Bmatrix} w_i \\ \theta_{xi} \\ \theta_{yi} \end{Bmatrix}=\begin{Bmatrix} w_i \\ \left(\dfrac{\partial w}{\partial y}\right)_i \\ -\left(\dfrac{\partial w}{\partial x}\right)_i \end{Bmatrix} \quad (i,j,m,p) \qquad (2.11-38)$$

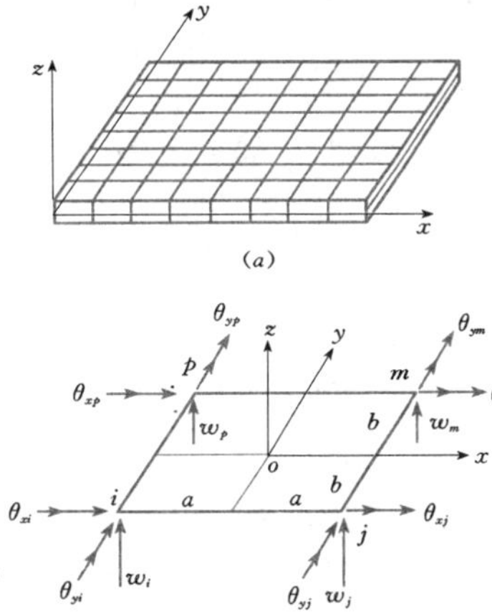

(*a*)

(*b*)

图 2.11-21 矩形薄板单元

单元的节点位移（广义节点位移）列阵为

$$\boldsymbol{a}^e=\begin{Bmatrix} \boldsymbol{a}_i \\ \boldsymbol{a}_j \\ \boldsymbol{a}_m \\ \boldsymbol{a}_p \end{Bmatrix}$$
$$=[w_i\ \theta_{xi}\ \theta_{yi}\ w_j\ \theta_{xj}\ \theta_{yj}\ w_m\ \theta_{xm}\ \theta_{ym}\ w_p\ \theta_{xp}\ \theta_{yp}]^{\mathrm{T}}$$
$$(2.11-39)$$

位移模式为

$$w=N_iw_i+N_{xi}\theta_{xi}+N_{yi}\theta_{yi}+N_jw_j+N_{xj}\theta_{xj}$$
$$+N_{yj}\theta_{yj}+N_mw_m+N_{xm}\theta_{xm}+N_{ym}\theta_{ym}$$
$$+N_pw_p+N_{xp}\theta_{xp}+N_{yp}\theta_{yp} \qquad (2.11-40)$$

其中

$$\left.\begin{aligned} N_i&=\frac{1}{8}(1+\xi_i\xi)(1+\eta_i\eta) \\ &\quad\times(2+\xi_i\xi+\eta_i\eta-\xi^2-\eta^2) \\ N_{xi}&=-\frac{1}{8}b\eta_i(1+\xi_i\xi)(1+\eta_i\eta)^2(1-\eta_i\eta) \\ N_{yi}&=\frac{1}{8}a\xi_i(1+\xi_i\xi)^2(1+\eta_i\eta)(1-\xi_i\xi) \end{aligned}\right\}(i,j,m,p)$$
$$(2.11-41)$$

$$\xi=\frac{x}{a}\quad \eta=\frac{y}{b}$$

式中 N_i、N_{xi}、…、N_{yp}——x 和 y 的非完整四次多项式。

将式（2.11-40）写成矩阵形式为

$$w = \boldsymbol{N}\boldsymbol{a}^e \tag{2.11-42}$$

其中

$$\begin{aligned}\boldsymbol{N} &= [\boldsymbol{N}_i \quad \boldsymbol{N}_j \quad \boldsymbol{N}_m \quad \boldsymbol{N}_p] \\ &= [N_i\, N_{xi}\, N_{yi}\, N_j\, N_{xj}\, N_{yj}\, N_m\, N_{xm}\, N_{ym}\, N_p\, N_{xp}\, N_{yp}]\end{aligned} \tag{2.11-43}$$

2.11.6.3 矩形薄板单元的刚度矩阵与荷载列阵

将位移模式（2.11-40）代入薄板弯曲问题中的几何方程式（2.11-34），得

$$\boldsymbol{\chi} = \boldsymbol{L}w = \boldsymbol{L}\boldsymbol{N}\boldsymbol{a}^e = \boldsymbol{B}\boldsymbol{a}^e \tag{2.11-44}$$

$$\boldsymbol{B} = -\begin{bmatrix} \dfrac{\partial^2 N_i}{\partial x^2} & \dfrac{\partial^2 N_{xi}}{\partial x^2} & \cdots & \dfrac{\partial^2 N_{yp}}{\partial x^2} \\ \dfrac{\partial^2 N_i}{\partial y^2} & \dfrac{\partial^2 N_{xi}}{\partial y^2} & \cdots & \dfrac{\partial^2 N_{yp}}{\partial y^2} \\ 2\dfrac{\partial^2 N_i}{\partial x \partial y} & 2\dfrac{\partial^2 N_{xi}}{\partial x \partial y} & \cdots & 2\dfrac{\partial^2 N_{yp}}{\partial x \partial y} \end{bmatrix} \tag{2.11-45}$$

式中 $\boldsymbol{B}$——薄板单元的应变矩阵。

再将式（2.11-44）代入式（2.11-35），得

$$\boldsymbol{m} = \begin{Bmatrix} M_x \\ M_y \\ M_{xy} \end{Bmatrix} = \boldsymbol{D}\boldsymbol{\chi} = \boldsymbol{D}\boldsymbol{B}\boldsymbol{a}^e = \boldsymbol{S}\boldsymbol{a}^e \tag{2.11-46}$$

其中

$$\boldsymbol{S} = [\boldsymbol{S}_i \quad \boldsymbol{S}_j \quad \boldsymbol{S}_m \quad \boldsymbol{S}_p] = \boldsymbol{D}\boldsymbol{B} = -\frac{Et^3}{12(1-\mu^2)}\begin{bmatrix} 1 & \mu & 0 \\ \mu & 1 & 0 \\ 0 & 0 & \dfrac{1-\mu}{2} \end{bmatrix}\begin{bmatrix} \dfrac{\partial^2 N_i}{\partial x^2} & \dfrac{\partial^2 N_{xi}}{\partial x^2} & \cdots & \dfrac{\partial^2 N_{yp}}{\partial x^2} \\ \dfrac{\partial^2 N_i}{\partial y^2} & \dfrac{\partial^2 N_{xi}}{\partial y^2} & \cdots & \dfrac{\partial^2 N_{yp}}{\partial y^2} \\ 2\dfrac{\partial^2 N_i}{\partial x \partial y} & 2\dfrac{\partial^2 N_{xi}}{\partial x \partial y} & \cdots & 2\dfrac{\partial^2 N_{yp}}{\partial x \partial y} \end{bmatrix}$$

$$\boldsymbol{S}_i = \frac{Et^3}{48ab(1-\mu^2)} \times \begin{bmatrix} 6\left(\dfrac{b}{a}+\mu\dfrac{a}{b}\right) & 8\mu a & -8b & -6\dfrac{b}{a} & 0 & -4b & 0 & 0 & 0 & -6\mu\dfrac{a}{b} & 4\mu a & 0 \\ 6\left(\dfrac{a}{b}+\mu\dfrac{b}{a}\right) & 8a & -8\mu b & -6\mu\dfrac{b}{a} & 0 & -4\mu b & 0 & 0 & 0 & -6\dfrac{a}{b} & 4a & 0 \\ 1-\mu & 2(1-\mu)b & -2(1-\mu)a & -(1-\mu) & -2(1-\mu)b & 0 & 1-\mu & 0 & 0 & -(1-\mu) & 0 & 2(1-\mu)a \end{bmatrix} \tag{2.11-47}$$

$$\boldsymbol{S}_j = \frac{Et^3}{48ab(1-\mu^2)} \times \begin{bmatrix} -6\dfrac{b}{a} & 0 & 4b & 6\left(\dfrac{b}{a}+\mu\dfrac{a}{b}\right) & 8\mu a & 8b & -6\mu\dfrac{a}{b} & 4\mu a & 0 & 0 & 0 & 0 \\ -6\mu\dfrac{b}{a} & 0 & 4\mu b & 6\left(\dfrac{a}{b}+\mu\dfrac{b}{a}\right) & 8a & 8\mu b & -6\dfrac{a}{b} & 4a & 0 & 0 & 0 & 0 \\ 1-\mu & 2(1-\mu)b & 0 & -(1-\mu) & -2(1-\mu)b & -2(1-\mu)a & 1-\mu & 0 & 2(1-\mu)a & -(1-\mu) & 0 & 0 \end{bmatrix} \tag{2.11-48}$$

$$\boldsymbol{S}_m = \frac{Et^3}{48ab(1-\mu^2)} \times \begin{bmatrix} 0 & 0 & 0 & -6\mu\dfrac{a}{b} & -4\mu a & 0 & 6\left(\dfrac{b}{a}+\mu\dfrac{a}{b}\right) & -8\mu a & 8b & -6\dfrac{b}{a} & 0 & 4b \\ 0 & 0 & 0 & -6\dfrac{a}{b} & -4a & 0 & 6\left(\dfrac{a}{b}+\mu\dfrac{b}{a}\right) & -8a & 8\mu b & -6\mu\dfrac{b}{a} & 0 & 4\mu b \\ 1-\mu & 0 & 0 & -(1-\mu) & 0 & -2(1-\mu)a & 1-\mu & -2(1-\mu)b & 2(1-\mu)a & -(1-\mu) & 2(1-\mu)b & 0 \end{bmatrix} \tag{2.11-49}$$

$$\boldsymbol{S}_p = \frac{Et^3}{48ab(1-\mu^2)} \times \begin{bmatrix} -6\mu\dfrac{a}{b} & -4\mu a & 0 & 0 & 0 & 0 & -6\dfrac{b}{a} & 0 & -4b & 6\left(\dfrac{b}{a}+\mu\dfrac{a}{b}\right) & -8\mu a & -8b \\ -6\dfrac{a}{b} & -4a & 0 & 0 & 0 & 0 & -6\mu\dfrac{b}{a} & 0 & -4\mu b & 6\left(\dfrac{a}{b}+\mu\dfrac{b}{a}\right) & -8a & 8\mu b \\ 1-\mu & 0 & -2(1-\mu)a & -(1-\mu) & 0 & 0 & 1-\mu & -2(1-\mu)b & 0 & -(1-\mu) & 2(1-\mu)b & 2(1-\mu)a \end{bmatrix} \tag{2.11-50}$$

式中 $\boldsymbol{S}$——薄板单元的内力矩阵。

将式（2.11-44）代入式（2.11-37），得离散化以后板的总势能为

$$\Pi=\sum_e\int_{\Omega^e}\frac{1}{2}\boldsymbol{\chi}^{\mathrm T}\boldsymbol{D}\boldsymbol{\chi}\mathrm{d}x\mathrm{d}y-\sum_e\int_{\Omega^e}wq\mathrm{d}x\mathrm{d}y$$

$$=\sum_e\frac{1}{2}(\boldsymbol{a}^e)^{\mathrm T}\left(\int_{\Omega^e}\boldsymbol{B}^{\mathrm T}\boldsymbol{D}\boldsymbol{B}\mathrm{d}x\mathrm{d}y\right)\boldsymbol{a}^e$$

$$-\sum_e(\boldsymbol{a}^e)^{\mathrm T}\int_{\Omega^e}\boldsymbol{N}^{\mathrm T}q\mathrm{d}x\mathrm{d}y \tag{2.11-51}$$

单元的刚度矩阵和等效节点荷载分别为

$$\boldsymbol{k}=\int_{\Omega^e}\boldsymbol{B}^{\mathrm T}\boldsymbol{D}\boldsymbol{B}\mathrm{d}x\mathrm{d}y \tag{2.11-52}$$

$$\boldsymbol{R}^e=\int_{\Omega^e}\boldsymbol{N}^{\mathrm T}q\mathrm{d}x\mathrm{d}y \tag{2.11-53}$$

2.11.6.4 单元等效节点荷载

设矩形薄板单元上的、与各个节点位移相应的等效节点荷载用列阵表示为

$\boldsymbol{R}^e=[Z_i\ T_{xi}\ T_{yi}\ Z_j\ T_{xj}\ T_{yj}\ Z_m\ T_{xm}\ T_{ym}\ Z_p\ T_{xp}\ T_{yp}]^{\mathrm T}$

有了单元刚度矩阵和单元等效节点荷载的计算公式（2.11-52）和式（2.11-53），就可以按标准化集成板的整体刚度矩阵和整体节点荷载列阵，从而建立有限单元法的求解方程：

$$\boldsymbol{Ka}=\boldsymbol{R} \tag{2.11-54}$$

考虑位移约束条件以后，求解该方程，得到广义节点位移 $\boldsymbol{a}$，再由式（2.11-44）和式（2.11-46）求出广义应变和内力。

1. 集中荷载下的等效节点荷载

在单元 $ijmp$ 上的任意一点(x,y)受法向集中荷载 F_P 作用（见图 2.11-22），相应的等效节点荷载为

$$\boldsymbol{R}^e=\boldsymbol{N}^{\mathrm T}F_P \tag{2.11-55}$$

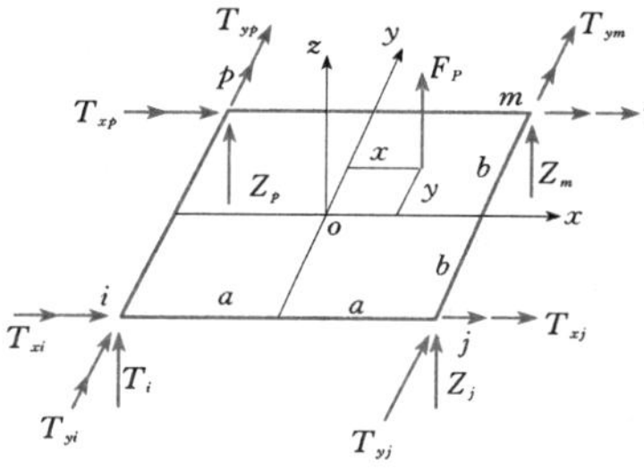

图 2.11-22 单元任意一点受集中荷载

集中荷载的大小为 F_P，集中力作用点处的函数值为 $\boldsymbol{N}$。

当荷载 F_P 作用在单元的中心时（见图 2.11-23），$x=y=0$，由式（2.11-55）计算得荷载列阵为

$$\boldsymbol{R}^e=F_P\left[\frac{1}{4}\quad\frac{b}{8}\quad-\frac{a}{8}\quad\frac{1}{4}\quad\frac{b}{8}\quad\frac{a}{8}\quad\frac{1}{4}\quad-\frac{b}{8}\quad\frac{a}{8}\quad\frac{1}{4}\quad-\frac{b}{8}\quad-\frac{a}{8}\right]^{\mathrm T} \tag{a}$$

即

$$Z_i=Z_j=Z_m=Z_p=\frac{F_P}{4}$$

$$T_{xi}=T_{xj}=-T_{xm}=-T_{xp}=\frac{F_Pb}{8}$$

$$-T_{yi}=T_{yj}=T_{ym}=-T_{yp}=\frac{F_Pa}{8}$$

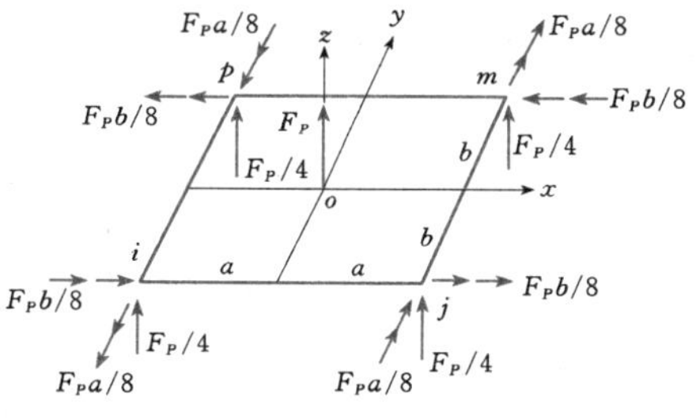

图 2.11-23 单元中心点受集中荷载

在实际计算时，可以将力矩荷载略去不计。于是荷载列阵式（a）简化为

$$\boldsymbol{R}^e=F_P\left[\frac{1}{4}\quad 0\quad 0\quad\frac{1}{4}\quad 0\quad 0\quad\frac{1}{4}\quad 0\quad 0\quad\frac{1}{4}\quad 0\quad 0\right]^{\mathrm T} \tag{b}$$

表示将荷载的$\frac{1}{4}$移置到每个节点。

2. 均匀分布荷载下的等效节点荷载

当单元上受均匀分布荷载时，荷载集度 q 为常量 q_0，由式（2.11-57）得

$$\boldsymbol{R}^e=q_0\int_{-a}^{a}\int_{-b}^{b}\boldsymbol{N}^{\mathrm T}\mathrm{d}x\mathrm{d}y$$

$$=q_0\int_{-a}^{a}\int_{-b}^{b}[N_i^{\mathrm T}\quad N_{xi}^{\mathrm T}\quad\cdots\quad N_{yp}^{\mathrm T}]\mathrm{d}x\mathrm{d}y$$

对每个元素进行积分，得

$$\boldsymbol{R}^e=4q_0ab\left[\frac{1}{4}\quad\frac{b}{12}\quad-\frac{a}{12}\quad\frac{1}{4}\quad\frac{b}{12}\quad\frac{a}{12}\quad\frac{1}{4}\quad-\frac{b}{12}\quad\frac{a}{12}\quad\frac{1}{4}\quad-\frac{b}{12}\quad-\frac{a}{12}\right]^{\mathrm T}$$

在实际计算时，可以将力矩荷载略去不计，将上式简化为

$$R^e = 4q_0ab\left[\frac{1}{4}\quad 0\quad 0\quad \frac{1}{4}\quad 0\quad 0\quad \frac{1}{4}\quad 0\quad 0\quad \frac{1}{4}\quad 0\quad 0\right]^{\mathrm{T}} \tag{2.11-56}$$

表示将总荷载 $4q_0ab$ 的 $\frac{1}{4}$ 移置到每个节点。

3. 线性变化的法向荷载下的等效节点荷载

如果单元受有在 x 方向按线性变化的法向荷载，在 i 及 p 处为零，而在 j 及 m 处为 q_1，则

$$q_0 = \frac{q_1}{2}\left(1+\frac{x}{a}\right)$$

于是由式（2.11-53）得

$$R^e = \frac{q_1}{2}\iint \boldsymbol{N}^{\mathrm{T}}\left(1+\frac{x}{a}\right)\mathrm{d}x\mathrm{d}y$$

经积分，并略去力矩荷载，即得

$$R^e = 2q_1ab\left[\frac{3}{20}\quad 0\quad 0\quad \frac{7}{20}\quad 0\quad 0\quad \frac{7}{20}\quad 0\quad 0\quad \frac{3}{20}\quad 0\quad 0\right]^{\mathrm{T}} \tag{2.11-57}$$

表示将总荷载的 $\frac{3}{20}$ 移置到节点 i 及 p，$\frac{7}{20}$ 移置到节点 j 及 m。对于在 y 方向按线性变化的法向荷载，也可得到相似的结果。

2.11.7　温度场与温度应力

2.11.7.1　稳定温度场

温度场问题需要采用变分原理建立有限元的支配方程。与稳定温度场微分方程和边界条件等价的极值问题的泛函为

$$\Pi = \int_V \frac{\alpha}{2}\left[\left(\frac{\partial T}{\partial x}\right)^2+\left(\frac{\partial T}{\partial y}\right)^2+\left(\frac{\partial T}{\partial z}\right)^2\right]\mathrm{d}v + \int_{S_3}\bar{\beta}\left(\frac{1}{2}T^2 - T_a T\right)\mathrm{d}s \tag{2.11-58}$$

其中

$$\bar{\beta} = \frac{\beta}{c\rho} \tag{2.11-59}$$

式中　α——导温系数；

β——边界放热系数；

c——比热容；

ρ——物体的密度。

设单元的节点数为 m，单元的温度可以用节点温度表示为

$$T(x,y,z) = T(\xi,\eta,\zeta) = \sum_{i=1}^{m} N_i T_i = \boldsymbol{N}\boldsymbol{T}^e \tag{2.11-60}$$

其中

$$\boldsymbol{N} = [N_1\quad N_2\quad \cdots\quad N_m] \tag{2.11-61}$$

$$\boldsymbol{T}^e = [T_1\quad T_2\quad \cdots\quad T_m]^{\mathrm{T}} \tag{2.11-62}$$

式中　$N_i(i=1,2,\cdots,m)$——形函数；

$\boldsymbol{N}$——形函数矩阵；

$\boldsymbol{T}^e$——单元节点温度列阵。

结构离散后，泛函式（2.11-58）成为

$$\Pi = \frac{1}{2}\boldsymbol{T}^{\mathrm{T}}(\boldsymbol{H}+\boldsymbol{G})\boldsymbol{T} - \boldsymbol{T}^{\mathrm{T}}\boldsymbol{F} \tag{2.11-63}$$

其中

$$\boldsymbol{H} = \sum_e \boldsymbol{C}_e^{\mathrm{T}}\boldsymbol{h}\boldsymbol{C}_e \tag{2.11-64}$$

$$\boldsymbol{G} = \sum_e \boldsymbol{C}_e^{\mathrm{T}}\boldsymbol{g}\boldsymbol{C}_e \tag{2.11-65}$$

$$\boldsymbol{F} = \sum_e \boldsymbol{C}_e^{\mathrm{T}}\boldsymbol{f} \tag{2.11-66}$$

$$\left.\begin{aligned}
\boldsymbol{h} &= \int_{V^e}\alpha\left[\left(\frac{\partial \boldsymbol{N}^{\mathrm{T}}}{\partial x}\frac{\partial \boldsymbol{N}}{\partial x}\right)+\left(\frac{\partial \boldsymbol{N}^{\mathrm{T}}}{\partial y}\frac{\partial \boldsymbol{N}}{\partial y}\right)+\left(\frac{\partial \boldsymbol{N}^{\mathrm{T}}}{\partial z}\frac{\partial \boldsymbol{N}}{\partial z}\right)\right]\mathrm{d}v\\
\boldsymbol{g} &= \int_{S_3^e}\bar{\beta}\boldsymbol{N}^{\mathrm{T}}\boldsymbol{N}\mathrm{d}s\\
\boldsymbol{f} &= \int_{S_3^e}\bar{\beta}T_a\boldsymbol{N}^{\mathrm{T}}\mathrm{d}s
\end{aligned}\right\} \tag{2.11-67}$$

式中　$\boldsymbol{C}_e$——单元选择矩阵；

$\boldsymbol{h}$——单元热传导矩阵；

$\boldsymbol{g}$——放热边界对热传导矩阵的贡献矩阵；

$\boldsymbol{f}$——单元温度荷载列阵；

V^e——单元体积；

S_3^e——单元放热边界的面积。

根据变分原理，令泛函式（2.11-63）的变分 $\delta\Pi=0$，即 $\frac{\partial \Pi}{\partial \boldsymbol{T}}=0$，得到稳定温度场的有限元支配方程为

$$(\boldsymbol{H}+\boldsymbol{G})\boldsymbol{T} = \boldsymbol{F} \tag{2.11-68}$$

求解该方程组便得到整体节点温度值 $\boldsymbol{T}$。需要指出的是，如同弹性力学问题，在集成整体刚度矩阵以后，还需引入至少限制“刚体运动”的给定位移条件。对于温度场问题，在集成整体刚度矩阵以后，至少还需引入一个点的已知温度条件。

对于等参单元，式（2.11-67）中的各系数矩阵可以通过高斯数值积分计算。

2.11.7.2　瞬态温度场

瞬态温度是空间坐标和时间坐标 t 的函数。各单元的温度函数同样可由该单元节点温度值插值得到，设单元的节点数为 m，则单元的温度可以表示为

$$T(x,y,z,t) = T(\xi,\eta,\zeta,t) = \sum_{i=1}^{m} N_i T_i = \boldsymbol{N}\boldsymbol{T}^e \tag{2.11-69}$$

式中　$N_i(i=1,2,\cdots,m)$——形函数；

$\boldsymbol{N}$——形函数矩阵，仍与式（2.11-61）相同；

$\boldsymbol{T}^e$——单元节点温度列阵，

如式（2.11－62）所示，但是，各节点温度是随时间变化的。

$$\dot{T}(x,y,z,t)=\dot{T}(\xi,\eta,\zeta,t)=\sum_{i=1}^{m}N_i\dot{T}_i=\boldsymbol{N}^{\mathrm{T}}\dot{\boldsymbol{T}}^e \tag{2.11-70}$$

式中 $\dot{T}$——温度对时间的导数。

经过与稳定温度场相似的推导可以得到瞬态温度场的有限元支配方程为

$$\boldsymbol{R}\dot{\boldsymbol{T}}+\boldsymbol{K}\boldsymbol{T}=\boldsymbol{F} \tag{2.11-71}$$

其中

$$\boldsymbol{K}=\boldsymbol{H}+\boldsymbol{G} \tag{2.11-72}$$

$$\boldsymbol{H}=\sum_e\boldsymbol{C}_e^{\mathrm{T}}\boldsymbol{h}\boldsymbol{C}_e \tag{2.11-73}$$

$$\boldsymbol{G}=\sum_e\boldsymbol{C}_e^{\mathrm{T}}\boldsymbol{g}\boldsymbol{C}_e \tag{2.11-74}$$

$$\boldsymbol{R}=\sum_e\boldsymbol{C}_e^{\mathrm{T}}\boldsymbol{r}\boldsymbol{C}_e \tag{2.11-75}$$

$$\boldsymbol{F}=\sum_e\boldsymbol{C}_e^{\mathrm{T}}\boldsymbol{f} \tag{2.11-76}$$

$$\left.\begin{aligned}
\boldsymbol{h}&=\int_{V^e}\alpha\left[\left(\frac{\partial\boldsymbol{N}^{\mathrm{T}}}{\partial x}\frac{\partial\boldsymbol{N}}{\partial x}\right)+\left(\frac{\partial\boldsymbol{N}^{\mathrm{T}}}{\partial y}\frac{\partial\boldsymbol{N}}{\partial y}\right)+\left(\frac{\partial\boldsymbol{N}^{\mathrm{T}}}{\partial z}\frac{\partial\boldsymbol{N}}{\partial z}\right)\right]\mathrm{d}V\\
\boldsymbol{g}&=\int_{S_3^e}\bar{\beta}\boldsymbol{N}^{\mathrm{T}}\boldsymbol{N}\mathrm{d}S\\
\boldsymbol{r}&=\int_{V^e}\boldsymbol{N}^{\mathrm{T}}\boldsymbol{N}\mathrm{d}V\\
\boldsymbol{f}&=\int_{S_3^e}\bar{\beta}T_a\boldsymbol{N}^{\mathrm{T}}\mathrm{d}S+\int_{V^e}\frac{\partial\theta}{\partial t}\boldsymbol{N}^{\mathrm{T}}\mathrm{d}V
\end{aligned}\right\} \tag{2.11-77}$$

式中 $\boldsymbol{h}$——单元热传导矩阵；

$\boldsymbol{g}$——放热边界对热传导矩阵的贡献矩阵；

$\boldsymbol{r}$——单元热容矩阵；

$\boldsymbol{f}$——单元温度荷载列阵，其中第一项是放热边界引起的，第二项是绝热温升引起的。

这是一个以时间 t 为变量的常微分线性代数方程组。按差分法，首先将求解的时间域划分为若干各时间步：t_0、t_1、t_2、…、t_n、…，每一时间步的步长为 Δt（$\Delta t=t_{i+1}-t_i$），时间步长可以是等步长，也可以是不等步长。因为初始节点温度是已知的，当计算 t_1 时刻的节点温度 $\boldsymbol{T}_1$ 时，$\boldsymbol{T}_0$ 是已知的。所以可以假设当计算 t_{n+1} 时刻的节点温度 $\boldsymbol{T}_{n+1}$ 时，$\boldsymbol{T}_n$ 以及之前所有时刻的节点温度均为已知。设 t_{n+1} 与 t_n 时刻之间的时间步长为 Δt，假设在 Δt 内温度是线性变化的，即

$$\left.\begin{aligned}
\boldsymbol{T}(t+s\Delta t)&=(1-s)\boldsymbol{T}_n+s\boldsymbol{T}_{n+1}\\
\dot{\boldsymbol{T}}(t+s\Delta t)&=\frac{\boldsymbol{T}_{n+1}-\boldsymbol{T}_n}{\Delta t}
\end{aligned}\right\}\quad(0\leqslant s\leqslant 1) \tag{2.11-78}$$

将式（2.11－78）代入式（2.11－71），并将其中的 $\boldsymbol{F}$ 表示成与 $\boldsymbol{T}$ 相同的差分形式，则得到建立在 $(t_n+s\Delta t)$ 时刻的差分方程：

$$\begin{aligned}\left(s\boldsymbol{K}+\frac{1}{\Delta t}\boldsymbol{R}\right)\boldsymbol{T}_{n+1}&=\frac{1}{\Delta t}\boldsymbol{R}\boldsymbol{T}_n-(1-s)\boldsymbol{K}\boldsymbol{T}_n\\&\quad+(1-s)\boldsymbol{F}_n+s\boldsymbol{F}_{n+1}\end{aligned} \tag{2.11-79}$$

从初始时刻 $t_0=0$ 开始，依次求解方程组（2.11－79）可以得到各时刻 t_1、t_2、…、t_n、…的节点温度列阵。

当取 $s=0$、0.5、1 时，分别得到向前差分、中点差分和向后差分。如果取 $s=\frac{2}{3}$，称为伽辽金差分。

2.11.7.3 温度应力

两不同时刻温度的改变量（差值）称为变温。为了简便，仍用 T 代表变温，即 $T=T^{(2)}-T^{(1)}$。$T^{(1)}$ 和 $T^{(2)}$ 代表两个不同时刻的温度，它们是空间坐标（x、y、z）的函数。

弹性体内由于变温而产生的初始应变为

$$\begin{aligned}\boldsymbol{\varepsilon}_0&=[\alpha T\quad\alpha T\quad\alpha T\quad 0\quad 0\quad 0]^{\mathrm{T}}\\&=\alpha T[1\quad 1\quad 1\quad 0\quad 0\quad 0]^{\mathrm{T}}\end{aligned} \tag{2.11-80}$$

式中 $\boldsymbol{\varepsilon}_0$——变温引起的初始应变，或称变温应变。

弹性体内总应变 $\boldsymbol{\varepsilon}$ 包括两部分。一部分是由应力产生的应变，称为弹性应变，记为 $\boldsymbol{\varepsilon}^e$；另一部分是由于变温引起的初始应变 $\boldsymbol{\varepsilon}_0$，即

$$\boldsymbol{\varepsilon}=\boldsymbol{\varepsilon}^e+\boldsymbol{\varepsilon}_0 \tag{2.11-81}$$

弹性应变与应力满足胡克定律，即

$$\boldsymbol{\sigma}=\boldsymbol{D}\boldsymbol{\varepsilon}^e=\boldsymbol{D}(\boldsymbol{\varepsilon}-\boldsymbol{\varepsilon}_0)=\boldsymbol{D}\boldsymbol{\varepsilon}-\boldsymbol{D}\boldsymbol{\varepsilon}_0 \tag{2.11-82}$$

在计算温度应力时不考虑体力和面力等外荷载，如果有外荷载，可以根据叠加原理将外荷载引起的应力等结果进行叠加即可。当没有体力和面力时，离散以后弹性体的总势能有应变能，即

$$\begin{aligned}\Pi&=\frac{1}{2}\int_V(\boldsymbol{\varepsilon}^e)^{\mathrm{T}}\boldsymbol{\sigma}\mathrm{d}v=\frac{1}{2}\int_V(\boldsymbol{\varepsilon}-\boldsymbol{\varepsilon}_0)^{\mathrm{T}}\boldsymbol{D}(\boldsymbol{\varepsilon}-\boldsymbol{\varepsilon}_0)\mathrm{d}v\\&=\frac{1}{2}\int_V\boldsymbol{\varepsilon}^{\mathrm{T}}\boldsymbol{D}\boldsymbol{\varepsilon}\mathrm{d}v-\int_V\boldsymbol{\varepsilon}^{\mathrm{T}}\boldsymbol{D}\boldsymbol{\varepsilon}_0\mathrm{d}v+\frac{1}{2}\int_V\boldsymbol{\varepsilon}_0^{\mathrm{T}}\boldsymbol{D}\boldsymbol{\varepsilon}_0\mathrm{d}v\end{aligned} \tag{2.11-83}$$

离散化以后，并考虑第三项对变分不起作用，式（2.11－83）泛函成为

$$\begin{aligned}\Pi&=\frac{1}{2}\sum_e(\boldsymbol{a}^e)^{\mathrm{T}}\left(\int_{V^e}\boldsymbol{B}^{\mathrm{T}}\boldsymbol{D}\boldsymbol{B}\mathrm{d}v\right)\boldsymbol{a}^e-\sum_e(\boldsymbol{a}^e)^{\mathrm{T}}\int_{V^e}\boldsymbol{B}^{\mathrm{T}}\boldsymbol{D}\boldsymbol{\varepsilon}_0\mathrm{d}v\\&=\frac{1}{2}\boldsymbol{a}^{\mathrm{T}}\boldsymbol{K}\boldsymbol{a}-\boldsymbol{a}^{\mathrm{T}}\boldsymbol{R}\end{aligned} \tag{2.11-84}$$

其中

$$\left.\begin{aligned}\boldsymbol{K}&=\sum_e \boldsymbol{C}_e^{\mathrm{T}}\boldsymbol{k}\boldsymbol{C}_e\\ \boldsymbol{R}&=\sum_e \boldsymbol{C}_e^{\mathrm{T}}\boldsymbol{R}^e\\ \boldsymbol{k}&=\int_{V^e}\boldsymbol{B}^{\mathrm{T}}\boldsymbol{D}\boldsymbol{B}\,\mathrm{d}v\\ \boldsymbol{R}^e&=\int_{V^e}\boldsymbol{B}^{\mathrm{T}}\boldsymbol{D}\boldsymbol{\varepsilon}_0\,\mathrm{d}v\end{aligned}\right\}\qquad(2.11-85)$$

对泛函式（2.11-84）变分并令其等于零，可得到温度应力有限元求解方程，即

$$\boldsymbol{K}\boldsymbol{a}=\boldsymbol{R}\qquad(2.11-86)$$

与前面建立的有限元求解方程相比，式（2.11-85）中只是等效节点荷载 $\boldsymbol{R}^e$ 的计算公式不一样。该节点荷载就是变温引起的等效节点荷载。

求出节点位移以后，由下列公式计算单元的变温应力：

$$\begin{aligned}\boldsymbol{\sigma}&=\boldsymbol{D}\boldsymbol{B}\boldsymbol{a}^e-\boldsymbol{D}\boldsymbol{\varepsilon}_0=\boldsymbol{S}\boldsymbol{a}^e-\alpha T\boldsymbol{D}[1\quad 1\quad 0]^{\mathrm{T}}\\ &=\boldsymbol{S}\boldsymbol{a}^e-\frac{E\alpha T}{1-\mu}[1\quad 1\quad 0]^{\mathrm{T}}\end{aligned}\qquad(2.11-87)$$

对于平面应变问题，上述公式中的 E 应转换为 $\frac{E}{1-\mu^2}$，μ 应转换为 $\frac{\mu}{1-\mu}$，α 应转换为 $(1+\mu)\alpha$。

2.11.8 有限单元法在水工结构分析中的应用

2.11.8.1 结构离散化的注意事项

1. 单元的选择和布置

在划分单元时，就整体来说，单元的大小（即网格的疏密）要根据精度的要求和计算机的速度及容量来确定。根据误差分析，应力的误差与单元的尺寸成正比，位移的误差与单元的尺寸的平方成正比，可见单元分得越小，计算结果越精确。但另一方面，单元越多，计算时间越长，要求的计算机容量也越大。因此，必须在计算机容量的范围以内，根据合理的计算时间，考虑工程上对精度的要求，来决定单元的大小。

在单元划分图上，对于不同部位的单元，可以采用不同的大小，也应当采用不同的大小。例如，在边界比较曲折的部位，单元必须小一些；在边界比较平滑的部位，单元可以大一些。又例如，对于应力和位移情况需要了解得比较详细的重要部位，以及应力和位移变化得比较剧烈的部位，单元必须小一些；对于次要的部位，以及应力和位移变化得比较平缓的部位，单元可以大一些。

在厚度或材料弹性有突变的部分，单元应取得小些，并且应把突变线（面）作为单元的边界线（面），使得每个单元具有同样的厚度和材料性质。

在荷载集度突变处或集中荷载作用点处，均宜布置节点。

单元的布置还要与成果整理办法相适应，应预先照顾到成果整理的需要和方便。

2. 分析范围和边界条件的确定

这里的分析范围主要是指分析地基上的结构物时，地基范围应取多大。影响这个问题的因素大致有：结构物的尺寸，上部结构和地基的相对刚度，地基的均匀程度，有无软弱夹层，地基所受的荷载种类和大小等。当准备与上部结构一起分析的地基范围确定后，还需确定地基边界处各点的边界条件，即位移是自由的，或是部分受约束的，或是全部受约束的。

当上部结构和地基的弹性模量相差不大，地基比较均匀而且无软弱夹层，主要荷载是由上部结构承受并且主要是了解上部结构内的应力的情况下，在上部结构的两边和下方的地基尺寸，均取上部结构底宽的两倍左右已有足够的精度，地基边界处的节点均可取为受完全约束，如图 2.11-24 所示。

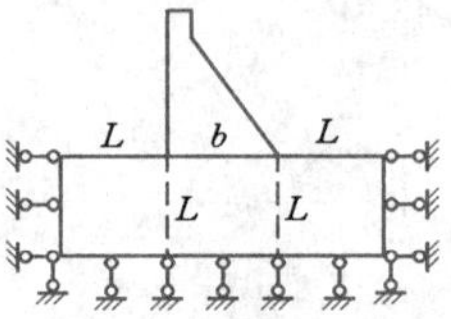

图 2.11-24 分析范围和边界条件确定

在其他条件下，地基范围可根据具体情况适当放大或缩小。

3. 单元的形态

单元形态的好坏对成果精度影响较大，一般来说，在应力集中的部位或需要成果的部位应尽可能使单元的形态好些，即单元的各个棱边的长度相差不大，各个棱边的夹角比较接近。对于等参数单元还要求各棱边上的节点的间距相差不大（尽可能的接近等间距排列），并且要求等参数单元所能反映的边界曲折程度和所贴合的实际边界曲折程度相适应。

4. 局部加密网格的计算

当由于受到计算机的容量和速度的限制，在应力集中的部位或需要成果的部位，单元无法达到足够的密度时，可先用较稀疏的网格进行第一次计算。包括上述部位从整个结构中截取一部分，然后加密网格进行第二次计算，计算时把截面上节点位移值作为已知数，即直接采用第一次计算的成果。第一次网格的划分要照顾到第二次加密网格计算的需要，以便提供精度较好的节点位移值。

2.11.8.2 应力成果的整理和表示

有限单元法的应力计算成果比位移的精度要低，并且不具有连续性，因而需要采用某种适当的方法将应力成果整理，使其更接近于精确解，具有更好的表

征性。

以平面问题的3节点三角形单元为例，每个单元的应力为常量，常可采用下列两种平均整理的办法：

(1) 两单元平均——以相邻两单元应力分量的平均值作为该单元公共边中点的应力。

(2) 绕节点平均——以绕某节点的所有单元应力分量的平均值作为该节点的应力。

当采用上述办法整理成果的时候，应注意以下各点：

(1) 相邻两单元的大小和形状，或绕节点各单元的大小和形状应该比较接近，而且单元形态要好。

(2) 弹性模量或厚度不相同的单元不能平均。

(3) 要用应力分量 σ_x、σ_y、τ_{xy} 之和平均，再求平均应力的主应力和应力主向。只有当相邻单元的应力主向比较接近时，才能用主应力及主应力主向平均。

(4) 为了求得边界节点的应力分量，宜于用内节点的平均应力外推，不宜采用绕边界节点平均。

(5) 对于位移模式比较复杂的单元，例如平面6节点三角形单元、8节点等参数单元、空间10节点四面体单元、20节点等参数单元，宜于采用绕节点平均的办法计算节点处的应力值。对于等参数单元，通常要计算应力最佳点的应力值，然后外推，可以提高应力计算精度。例如，对于空间六面体20节点等参数单元，就是要采用二阶积分方案的8个高斯积分点处的应力值。

(6) 当相邻两单元或绕节点各单元的应力分量相差较大，或应力分量中主要应力分量相差较大，则说明网格过于稀疏，应加密网格重新计算，使得它们相差不大，再行平均整理。

2.11.8.3 计算精度的估计

通常可采用"数值试验"的方法。即对于一些有精确解（函数解、级数解或较正确的模型试验解）的问题，将有限单元法的解和精确解进行比较，从而可分析在有限单元法中对于某一类问题采用不同单元、不同网格的计算精度。进而可以指导我们对于没有精确解的同一类实际问题，应该采用什么样的单元和适当密度的网格才能达到要求的精度。另外，对于某一实际问题也可以进行不同单元、不同网格密度的几次计算，从而估计采用某种单元、某种网格密度所对应的计算精度。

2.12 结构优化设计

2.12.1 概述

结构优化设计是指利用数学手段，按照设计者预定的目标，形成满足设计要求且最优的设计方案。

2.12.1.1 设计变量

一个结构的设计方案是由若干个参数来描述的。这些参数可以是构件的截面尺寸，如面积、惯性矩等，也可以是描述结构形状的几何参数，如高度、跨度等，还可以是结构材料的力学或物理特性参数等。优化设计中某些参数是按照要求预先给定，在优化过程中不变的量，称为预定参数。而另外一部分设计参数是可以变化的，不同的设计参数形成了不同的设计方案。这些供选择以期形成最优设计方案的设计参数称为设计变量，用 $\boldsymbol{X}$ 表示。

2.12.1.2 目标函数

评价设计方案优劣的数学表达式称为目标函数，一般是结构最重要的特征或指标，如结构的造价、重量、承载能力、自振特性等。目标函数是设计变量的函数，记为 $F(\boldsymbol{X})$。优化设计的过程往往是寻求目标函数极值的过程。

2.12.1.3 约束条件

反映设计要求的某些限制条件称为约束条件。它反映了有关设计规范、计算规程、施工、构造、运输等各方面的要求，还体现了设计者的设计意图。一般表达几何关系的约束称为几何约束，而表示结构性能要求的约束称为性态约束。约束条件是以等式或不等式的形式表达的，因此约束可以分为等式约束和不等式约束。约束条件能否得到满足是与设计变量的选择有关的，因此反映设计要求的关系式是设计变量的函数。有些关系式与设计变量的关系简单而明确，可以用显函数表达，称为显式约束；有些则比较复杂，须用隐函数表达，称为隐式约束。反映设计要求的关系式常用 $g_j(\boldsymbol{X})$ 和 $h_j(\boldsymbol{X})$ 表示。

2.12.1.4 优化设计的数学模型

优化设计一般可表示为下述数学规划问题：

求设计变量：

$$\boldsymbol{X} = [x_1 \quad x_2 \quad \cdots \quad x_n]^{\mathrm{T}}$$

使目标函数 $\quad F(\boldsymbol{X}) \rightarrow \min$

满足约束以下条件：

$$h_j(\boldsymbol{X}) = 0 \quad (j = 1,2,\cdots,k)$$

$$g_j(\boldsymbol{X}) \leqslant 0 \quad (j = 1,2,\cdots,m)$$

2.12.1.5 其他基本概念

(1) 设计空间、设计点。以设计变量为坐标轴所张成的空间称为设计空间。在 n 个设计变量的情况下设计空间是 n 维超空间。设计空间的点称为设计点。一个设计点对应了一个设计。

(2) 目标函数等值面（线）。在设计空间中使目标函数取得相同值的所有设计点所组成的面（线）。等值面（线）互相平行。

（3）约束曲面（线）、约束界面（线）。约束分为等式约束和不等式约束。对于等式约束，所有满足约束条件的设计点在约束空间组成的面（线）称为约束曲面（线）。对于不等式约束，由最严约束曲面（线）去掉重叠部分所形成的曲面（线）。约束界面将设计空间分为两部分，一部分是由所有满足约束条件的设计点所组成的空间，称为可行空间，可行空间内的点称为可行设计点；另一部分由不满足约束条件的点组成，称为非可行空间，非可行空间内的点称为非可行设计点。

（4）最优设计。约束界面上的任一点代表一个好的可行设计，最优设计点只能是约束界面上与目标函数等值面（线）相切或相触的一点，因为该点不仅可行，而且目标函数最小。

2.12.1.6 最优化方法

最优化问题的解法，简称最优化方法，是针对较复杂的极值问题提出的一种数值解法，一般具有如下迭代格式：

$$\boldsymbol{X}=\boldsymbol{X}^k+\alpha\boldsymbol{S}^k$$

式中 $\boldsymbol{S}^k$——搜索方向；

α——步长因子。

该式表示新的迭代点 $\boldsymbol{X}$ 是从当前点$\boldsymbol{X}^k$ 出发，沿$\boldsymbol{S}^k$ 方向前进 α 步长得到的。

为了让每一次迭代都能使目标函数获得最大的下降值，新的迭代点通常取$\boldsymbol{S}^k$ 方向的极小点，又称一维极小点，记作$\boldsymbol{X}^{k+1}$，即

$$\boldsymbol{X}^{k+1}=\boldsymbol{X}^k+\alpha_k\boldsymbol{S}^k \qquad (2.12-1)$$

式中 α_k——最优步长因子。

求最优步长因子 α_k 和一维极小点$\boldsymbol{X}^{k+1}$的过程称为一维极值问题，其算法称为一维极小（搜索）算法。

优化算法的迭代框图如图 2.12-1 所示。

常用的终止准则有三种：

（1）点距准则。当相邻迭代点间的距离充分小时，认为$\boldsymbol{X}^{k+1}$是满足给定精度要求的最优解。终止条件表示为

$$\left\|\boldsymbol{X}^{k+1}-\boldsymbol{X}^k\right\|\leqslant\varepsilon$$

（2）值差准则。当相邻迭代点的函数值之差充分小时，认为$\boldsymbol{X}^{k+1}$是满足给定精度要求的最优解。终止条件表示为

$$\left|F(\boldsymbol{X}^{k+1})-F(\boldsymbol{X}^k)\right|\leqslant\varepsilon$$

或

$$\left|\frac{F(\boldsymbol{X}^{k+1})-F(\boldsymbol{X}^k)}{F(\boldsymbol{X}^k)}\right|\leqslant\varepsilon$$

（3）梯度准则。一般情况下，梯度为零的点是函数的极值点，因此，当点$\boldsymbol{X}^{k+1}$处的梯度充分小时，认为$\boldsymbol{X}^{k+1}$是满足给定精度要求的最优解。终止条件表示为

$$\|\nabla F(\boldsymbol{X}^{k+1})\|\leqslant\varepsilon$$

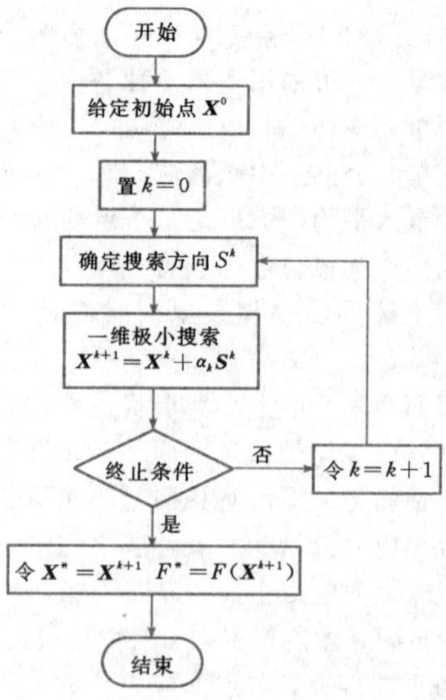

图 2.12-1 优化算法迭代框图

通常上述三个准则可单独使用，即只要其中一个得到满足即可。但在某些特殊情况下需要将两种准则联合使用。

2.12.1.7 最优算法分类

由于最优化问题的多样性以及迭代算法的不同构造方式，产生了多种多样的最优算法。根据目标函数和约束函数的性质把最优化问题分为线性问题和非线性问题，相应的优化算法称为线性规划算法和非线性规划算法；根据是否具有约束，将最优化问题分为无约束优化和约束优化，对应的优化算法为无约束算法和约束算法；根据设计变量的多少将最优化问题分为单变量问题和多变量问题，单变量的数值解法即一维搜索法。

还有一类优化解法，称为最优准则法。虽然准则法也具有迭代格式，但它不寻找搜索方向和最优步长，而是预先规定一些优化设计必须满足的准则，如强度准则、刚度准则和能量准则等，根据这些准则建立迭代格式。一旦设计变量使得最优准则得到满足便认为是最优解。常用的准则法有满应力设计、满位移设计和能量准则法等。

表 2.12-1 给出了最优化问题的迭代算法分类。

2.12.1.8 智能最优化方法

随着仿生学、遗传学和人工智能科学的发展，自

20世纪70年代以来，遗传学和神经网络科学的原理和方法被相继应用到最优化领域，形成了一系列新的最优化方法，如遗传算法、神经网络算法、蚁群算法等。这些算法不需要构造精确的数学搜索方向，不需要进行繁杂的一维搜索，而是通过大量简单的信息传播和演变方法来得到问题的最优解。这些算法具有全局性、自适应、离散化等特点，统称为智能最优化算法。

2.12.2 结构优化设计工程应用

结构优化设计在水利工程中已经得到较为广泛的应用，如渡槽结构优化设计、地下埋管结构优化设计、重力坝断面优化设计、土石坝断面优化设计、拱坝体形优化设计等。这里以重力坝断面优化设计为例说明如何建立工程结构的结构优化设计模型，包括如何考虑设计变量、目标函数和约束条件。更详细和全面的内容请参阅有关专著。

重力坝断面优化设计问题属于实体结构断面形状的布局问题，描述重力坝断面的几何参数，对于非溢流坝段一般取4个，对溢流坝段则相对较多。重力坝断面设计变量如图2.12-2和图2.12-3所示。

表2.12-1　　最优化问题的迭代算法分类

问题性质	问题特征		算法特征	算法名称
	特征1	特征2		
线性	目标函数和约束函数均为线性函数		顶点转换	单纯形法
非线性	单变量	无约束或有约束	一维搜索	黄金分割法 二次插值法
	多变量	无约束	利用导数	梯度法 牛顿法 变尺度法 共轭梯度法
			不利用导数	鲍威尔法
		有约束	直接求解	可行方向法
			间接求解	序列二次规划法 惩罚函数法 乘子法 遗传算法 神经网络算法

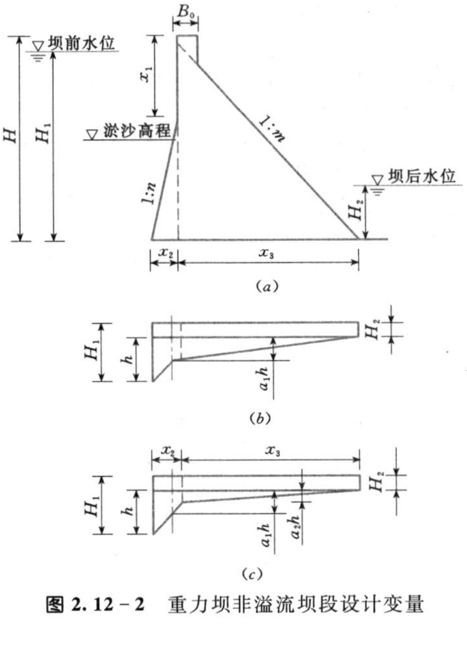

图2.12-2　重力坝非溢流坝段设计变量

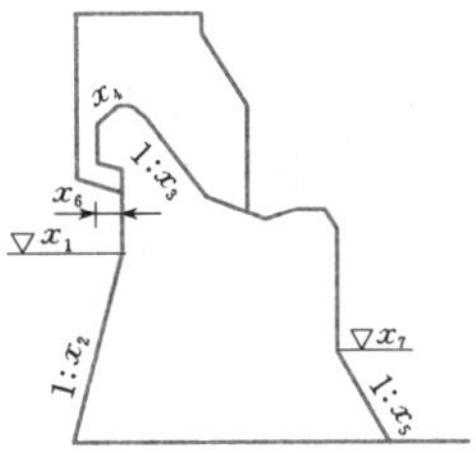

图2.12-3　重力坝溢流坝段设计变量

取单位坝段，以其断面面积为目标函数。

考虑以下约束条件：

(1) 几何约束条件，包括上下游面坡度比以及上下界限和非负约束等。

(2) 性态约束，包括应力约束和抗滑稳定约束等。

结构分析采用有限单元法，坝基面的抗滑稳定分析按规范采用抗剪强度计算公式和抗剪断抗剪强度计算公式。考虑深层滑动面（见图2.12-4）的抗滑稳定采用被动抗力法，其抗滑稳定安全系数计算公式如下：

$$K=\frac{f_1[(\sum F_W+G_1)\cos\alpha-F_Q\sin(\psi-\alpha)-\sum F_P\sin\alpha-F_{U_1}]+F_Q\cos(\psi-\alpha)}{(\sum F_W+G_1)\sin\alpha+\sum F_P\cos\alpha}$$

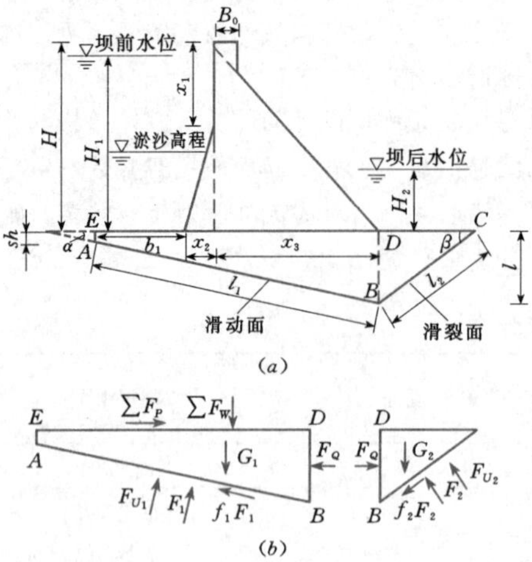

图 2.12-4 重力坝深层滑动示意图

其中 $$F_Q=\frac{f_2(G_2\cos\beta-F_{U_2})+G_2\sin\beta}{\cos(\psi+\beta)-f_2\sin(\psi+\beta)}$$

$$\beta=\arctan\left(-f_2+\sqrt{\frac{1+f_2^2}{f_2+\tan\psi}f_2}\right)$$

式中 F_Q——坡段垂面的抗力；

$\sum F_W$——作用于坝体上的垂直荷载（不包括扬压力）；

$\sum F_P$——作用于软弱夹层以上的坝体和坝基的水平荷载；

G_1——滑动面以上的岩体重量；

G_2——坝后滑裂面以上的岩体和水的重量；

F_{U_1}——滑动面上扬压力；

F_{U_2}——滑裂面上扬压力；

f_1——滑动面上抗剪摩擦系数；

f_2——滑裂面上抗剪摩擦系数；

α——软弱夹层与水平面的夹角；

ψ——抗力 F_Q 的作用方向与水平面的夹角；

β——产生最小抗力时，尾岩抗力体的破裂角。

参 考 文 献

[1] 建筑结构静力计算手册编写组．建筑结构静力计算手册［M］．2版．北京：中国建筑工业出版社，1998.

[2] 孙训方，等．材料力学［M］．北京：人民教育出版社，1979.

[3] 建筑结构设计手册编辑组．建筑结构设计手册（排架计算）［M］．北京：中国工业出版社，1971.

[4] 交通部公路设计院．拱桥设计手册［M］．北京：人民交通出版社，1964.

[5] 华东水利学院，大连工学院，西北农学院，清华大学．水工钢筋混凝土结构学［M］．北京：水利出版社，1979.

[6] 建筑结构设计手册编辑组．建筑结构设计手册［M］．北京：中国工业出版社，1963.

[7] 蔡方荫．变截面刚构分析［M］．中国科学图书仪器公司，1954.

[8] Д. В. 贝契科夫．刚架计算公式及图表［M］．北京：建筑工业出版社，1959.

[9] 龙驭球，包世华．结构力学（Ⅰ、Ⅱ）［M］．北京：高等教育出版社，2006.

[10] Г. Н. 萨文．孔附近应力集中［M］．北京：科学出版社，1965.

[11] 潘家铮．重力坝的设计和计算［M］．北京：水利电力出版社，1965.

[12] 汪景琦．拱坝的设计和计算［M］．北京：中国工业出版社，1965.

[13] 徐芝纶．弹性力学（上、下册）［M］．北京：高等教育出版社，2006.

[14] 陈国荣．有限单元法的原理及应用［M］．北京：科学出版社，2009.

[15] Д В Вайнберг. Справочник по нрочности ［M］. устойчивости и колебаниям ластин. Киев，1973.

[16] И И Улицкий. Железобетонные конструкции（расчет и конструирование）［M］. Киев，1959.

[17] 杨仲侯，胡维俊，吕泰仁．结构力学［M］．北京：高等教育出版社，1992.

[18] 赵光恒．结构动力学［M］．北京：中国水利水电出版社，1995.

[19] 杜庆华．工程力学手册［M］．北京：高等教育出版社，1994.

[20] Clough R W，Penzien J. Dynamics of Structures ［M］. 2nd ed. McGraw-Hill，1993.

[21] Chopra A K. Dynamics of Structures ［M］. 3rd ed. Prentice Hall，2007.

第3章

水　力　学

本章的修编在第1版《水工设计手册》的基础上，对内容和结构做了修改、补充和调整，修编后的内容依然保留了16节的设置：

（1）加强了基本概念、基本理论的介绍，新增了“3.3 水动力学”，并将“流动阻力与水头损失”这部分内容单列为3.4节。

（2）适当介绍了“高速水流脉动压强”、“水流诱发建筑物振动”等国内外的最新科研成果。

（3）新增了“3.7 有压管道中的非恒定流”、“3.13 渗流”、“3.14 高速水流”、“3.15 计算水力学基础”和“3.16 水力模型试验基本原理”。

（4）对明槽部分内容做了适当归并，将原第5～第10节和第13～第16节中的相关内容调整合并为4节，即“3.8 明槽恒定均匀流”、“3.9 明槽恒定非均匀渐变流”、“3.10 明槽恒定急变流”和“3.11 明槽非恒定流”。

章主编　李玉柱　余锡平

章主审　刘鹤年　崔　莉

本章各节编写及审稿人员

节次	编　写　人	审稿人
3.1	李玉柱	刘鹤年 崔　莉
3.2	余锡平	
3.3		
3.4	李玉柱	
3.5	王晓松	
3.6	张永良	
3.7		
3.8	赵振兴	
3.9		
3.10	陈文学	
3.11		
3.12	王晓松	
3.13	赵振兴	
3.14	严根华	
3.15	张永良	
3.16	李　云	

第3章 水力学

3.1 水的基本物理性质

3.1.1 惯性

惯性是物体具有保持原有运动状态的性质，凡改变物体的运动状态，都必须克服惯性的作用。水与任何物体一样，具有惯性，其惯性力 F(单位：N) 表达式为

$$F = -ma \qquad (3.1-1)$$

式中 m——物体质量，kg；

a——加速度，m/s^2。

此外，式（3.1-1）右端的负号（-）表示惯性力的方向与物体的加速度方向相反。

质量是对惯性大小的度量，单位体积的质量称为密度。对于均质水体，其密度 ρ（单位：kg/m^3）表达式为

$$\rho = \frac{m}{V} \qquad (3.1-2)$$

式中 V——均质水体的体积，m^3；

m——水体的质量，kg。

水的密度随压强和温度的变化很小，在常温常压情况下一般可视为常数，通常采用 $1000kg/m^3$。在一个标准大气压下，不同温度水的密度见表3.1-1。

3.1.2 重力特性

物体之间存在相互作用的引力称为万有引力。在水流运动中，一般只需要考虑地球对水体的引力，这个引力就是重力，其重力 G（单位：N）表达式为

$$G = mg \qquad (3.1-3)$$

式中 m——水体的质量，kg；

g——重力加速度，m/s^2。

3.1.3 黏滞性

在运动状态下，水体内部质点之间因相对运动而产生内摩擦力以抵抗剪切变形，这种性质称为黏滞性。内摩擦力又称为黏滞力。水的黏滞性是水流运动发生机械能损失的根源。

表 3.1-1 水的主要物理特性（在一个标准大气压下）[14]

温度（℃）	密度 ρ（kg/m^3）	动力黏度 μ（$10^{-3}Pa\cdot s$）	运动黏度 ν（$10^{-6}m^2/s$）	表面张力 σ（N/m）	汽化压强（绝对压强）p_V（kPa）	体积弹性模量 E（GPa）
0	999.8	1.781	1.785	0.0756	0.61	2.02
5	1000.0	1.518	1.519	0.0749	0.87	2.06
10	999.7	1.307	1.306	0.0742	1.23	2.10
15	999.1	1.139	1.139	0.0735	1.70	2.15
20	998.2	1.002	1.003	0.0728	2.34	2.18
25	997.0	0.890	0.893	0.0720	3.17	2.22
30	995.7	0.798	0.800	0.0712	4.24	2.25
40	992.2	0.653	0.658	0.0696	7.38	2.28
50	988.0	0.547	0.553	0.0679	12.33	2.29
60	983.2	0.466	0.474	0.0662	19.92	2.28
70	977.8	0.404	0.413	0.0644	31.16	2.25
80	971.8	0.354	0.364	0.0626	47.34	2.20
90	965.3	0.315	0.326	0.0608	70.10	2.14
100	958.4	0.282	0.294	0.0589	101.33	2.07

水的黏滞性符合牛顿内摩擦定律，即

$$\tau=\mu\frac{\mathrm{d}u}{\mathrm{d}y} \tag{3.1-4}$$

式中 τ——单位面积上的内摩擦力，Pa；

$\frac{\mathrm{d}u}{\mathrm{d}y}$——速度在流层法线方向上的变化率，称为速度梯度；

μ——动力黏度(又称为动力黏滞系数)，Pa·s，是对水的黏滞性大小的度量。

水的黏滞性还可以用运动黏度（又称为运动黏滞系数）ν(单位：m^2/s) 来表示：

$$\nu=\frac{\mu}{\rho} \tag{3.1-5}$$

式中 μ——动力黏度，Pa·s；

ρ——水的密度，kg/m^3。

水的黏滞性随温度的升高而降低，不同温度下，水的动力黏度 μ 值及运动黏度 ν 值见表 3.1-1。

3.1.4 压缩性

水的压缩性可分别用体积压缩系数 β_p 和体积弹性模量 E 表示：

$$\beta_p=-\frac{\frac{\mathrm{d}V}{V}}{\mathrm{d}p}=\frac{1}{\rho}\frac{\mathrm{d}\rho}{\mathrm{d}p} \tag{3.1-6}$$

$$E=\frac{1}{\beta_p} \tag{3.1-7}$$

式中 β_p——水的体积压缩系数，表示在一定温度下，压强增加1Pa，体积的相对缩小率，Pa^{-1}；

V——在压强为 p 的情况下水的体积，m^3；

$\mathrm{d}V$——压强增加 $\mathrm{d}p$ 后的体积的减小值，m^3；

ρ——在压强为 p 的情况下水的密度，kg/m^3；

$\mathrm{d}\rho$——压强增加 $\mathrm{d}p$ 后的密度的增加值，kg/m^3；

E——水的体积弹性模量，Pa。

水的体积压缩系数 β_p 随温度和压强的变化而变化，见表 3.1-2。在不同大气压下，体积弹性模量 E 随温度的变化见表 3.1-1。

3.1.5 热胀性

水的热胀性用热膨胀系数表示：

$$\beta_T=\frac{\frac{\mathrm{d}V}{V}}{\mathrm{d}T}=-\frac{1}{\rho}\frac{\mathrm{d}\rho}{\mathrm{d}T} \tag{3.1-8}$$

式中 β_T——水的热膨胀系数，它表示在一定的压强下，温度增加 1K 或 1℃，密度的相对减小率，K^{-1}或$℃^{-1}$；

V——在温度 T 情况下水的体积，m^3；

$\mathrm{d}V$——温度增加 $\mathrm{d}T$ 后的体积增加值，m^3；

ρ——在温度 T 情况下水的密度，kg/m^3；

$\mathrm{d}\rho$——温度增加 $\mathrm{d}T$ 后密度的减小值，kg/m^3。

水的热膨胀系数 β_T 随温度和压强的变化而变化，见表 3.1-3。

表 3.1-2　水的体积压缩系数 β_p（$\times10^{-9}$/Pa）[9]

温度（℃） \ 压强（at）	5	10	20	40	80
0	0.540	0.537	0.531	0.523	0.515
10	0.523	0.518	0.507	0.497	0.492
20	0.515	0.505	0.495	0.480	0.460

注 表中压强单位为工程大气压（记为 at），1at=98.07kPa。

表 3.1-3　水的热膨胀系数 β_T（$\times10^{-4}$/℃）[9]

压强（at） \ 温度（℃）	1～10	10～20	40～50	60～70	90～100
1	0.14	1.50	4.22	5.56	7.19
100	0.43	1.65	4.24	5.48	7.04
200	0.72	1.83	4.26	5.39	

3.1.6 表面张力特性

表面张力是指在液体的自由表面上，由于分子引力不均衡而产生的沿表面作用的拉力。表面张力是液体的特有性质。表面张力只发生在液体与气体、固体或另一种不相混合的液体的界面上。

表面张力的大小用液体表面上单位长度所受的张力即表面张力系数 σ（单位：N/m）表示。σ 值随液体的种类、温度和表面接触情况而改变。当水与空气接触时，水的表面张力系数很小，在 20℃ 时，σ=0.0728N/m。表面张力在一般情况下可以忽略不计，只有当表面为曲面，并且曲率半径很小，表面张力的合力所引起的液体附加压强达到相当大的数值时，才需要考虑。表面张力系数 σ 随温度的增加而减小，不同温度时水的表面张力系数见表 3.1-1。

液面因表面张力作用在毛细管中上升（或下降）的高度（见图 3.1-1），按下式计算：

$$h=\frac{4\sigma\cos\theta}{(\rho-\rho')gd} \tag{3.1-9}$$

式中 h——毛细管中液面上升（或下降）的高度，m；

σ——表面张力系数，N/m；

ρ——管中液体密度，kg/m^3；

ρ'——与液面接触的流体密度，kg/m^3；

g——重力加速度，m/s^2；

d——毛细管直径，m；

θ——接触角，其值见表 3.1-4。

表 3.1-4　接触角 θ 值（室温）

固　　体	液体	与液面接触的流体	θ
玻璃（石英、钠、铅）	水	空气	8°～9°
普通玻璃	水银	空气	139°
普通玻璃	水银	水	41°
普通玻璃	橄榄油	空气	35°48′
玻璃（石英、钠、铅）	四氯化碳	空 气	°0

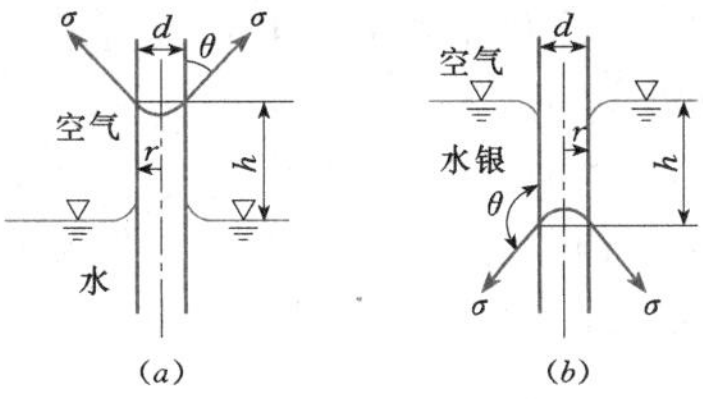

图 3.1-1　毛细管现象

3.1.7　冰的温度膨胀特性

冰在不同温度时，其温度膨胀系数 β_{it} 见表 3.1-5。

表 3.1-5　冰的温度膨胀系数 β_{it}

t（℃）	β_{it}（$℃^{-1}$）
0	0.000276
−5	0.000213
−10	0.000171
−15	0.000128
−20	0.000123

3.1.8　汽化压强

液体分子逸出液面向空间扩散的过程称为汽化，液体汽化为蒸气。汽化的逆过程称为凝结，蒸气凝结为液体。在封闭容器中的液体，汽化和凝结同时存在，当这两个过程达到动平衡时，宏观的汽化现象停止。此时容器中的蒸汽称为饱和蒸汽，相应的液面压强称为饱和蒸汽压强或汽化压强。液体的汽化压强与温度有关，水的汽化压强见表 3.1-1。

3.2　水 静 力 学

3.2.1　压强的表示方法

压强可以有不同的度量基准。以完全真空状态作为基准点起算的压强值称为绝对压强，以符号 $\hat{p}$ 表示。以当地大气压强作为基准点起算的压强值称为相对压强（又称为表压强），以符号 p 表示。相对压强 p 与绝对压强 $\hat{p}$ 之间的关系如下：

$$p=\hat{p}-\hat{p}_a \tag{3.2-1}$$

式中 $\hat{p}_a$——以绝对压强表示的当地大气压强。

当绝对压强低于当地大气压强，即相对压强为负值时，工程上习惯上称之为负压状态或真空状态，用真空度 p_v 表示。真空度 p_v 定义为

$$p_v=\hat{p}_a-\hat{p} \tag{3.2-2}$$

式中 $\hat{p}$——绝对压强；

$\hat{p}_a$——以绝对压强表示的当地大气压强。

绝对压强、相对压强、真空度与当地大气压强之间的关系如图 3.2-1 所示。

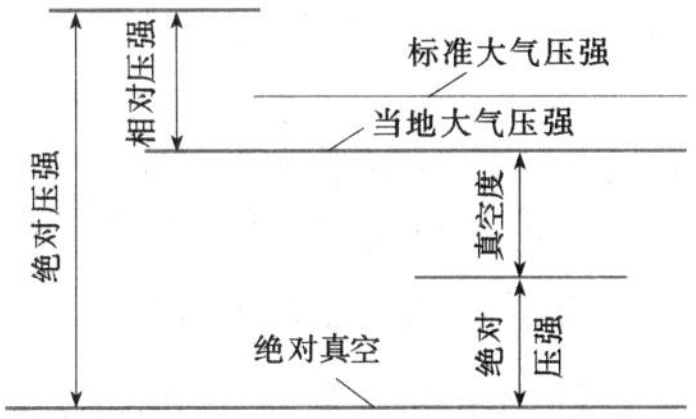

图 3.2-1　绝对压强、相对压强、真空度与当地大气压强之间的关系

工程上常用的压强度量单位有以下三类：

（1）用应力表示，即单位面积上力的大小表示。国际单位为 $Pa(N/m^2)$，工程单位为 kgf/cm^2 或 kgf/m^2。

（2）用液柱高度表示。实际问题中用水银柱高度或水柱高度来表示的情况比较常见，相应的单位分别为毫米水银柱（记为 mmHg）和米水柱（记为 mH_2O）。用液柱高度表示的压强值等于用应力表示的压强值与液体容重（ρg）之比。

（3）用大气压的倍数表示。国际上规定一个标准

大气压相当于 760mmHg 或 101325Pa，用 atm 表示；工程单位中用 kgf/cm^2 作为大气压的计量单位，称为工程大气压（记为 at）。

压强的各种度量单位之间的换算关系见表 3.2－1。

表 3.2－1 压强度量单位之间的换算关系

1Pa	1mmHg	$1mH_2O$	1atm	1at	压强单位
1	133.32	9807	101325	98067	Pa
0.0075	1	73.56	760	735.6	mmHg
1.02×10^{-4}	0.0136	1	10.332	10	mH_2O
9.87×10^{-6}	0.00132	0.09678	1	0.9678	atm
1.02×10^{-5}	0.00136	0.1	1.033	1	at

3.2.2 重力作用下静水压强的分布规律

静止流体中任意一点的压强均满足下列静力学平衡微分方程：

$$\left.\begin{aligned}\frac{\partial p}{\partial x}&=\rho f_x\\ \frac{\partial p}{\partial y}&=\rho f_y\\ \frac{\partial p}{\partial z}&=\rho f_z\end{aligned}\right\}\qquad(3.2-3)$$

式中 p——压强；

ρ——流体的密度；

x、y、z——笛卡儿坐标；

f_x、f_y、f_z——单位质量力在 x、y、z 方向上的分量。

当只有重力作用时，如果取垂直向上方向为 z 坐标的正方向，则单位质量力可表示为

$$\left.\begin{aligned}f_x&=0\\ f_y&=0\\ f_z&=-g\end{aligned}\right\}\qquad(3.2-4)$$

式中 f_x、f_y、f_z——单位质量力在 x、y、z 方向上的分量；

g——重力加速度。

重力作用下连通水体内任一点的压强与水体内或边界上任一参考点的压强之间存在以下关系：

$$p=p_0-\rho g(z-z_0)\qquad(3.2-5)$$

式中 p——对象点的压强；

z——对象点的垂直坐标；

p_0——参考点的压强；

z_0——参考点的垂直坐标；

ρ——流体的密度；

g——重力加速度。

式（3.2－5）也可写为

$$z+\frac{p}{\rho g}=z_0+\frac{p_0}{\rho g}\qquad(3.2-6)$$

式中 z——位置水头；

$\frac{p}{\rho g}$——压强水头；

ρ——流体的密度；

g——重力加速度；

p_0——参考点的压强；

z_0——参考点的垂直坐标。

位置水头与压强水头之和称为测压管水头。式（3.2－6）表明，静止流体中测压管水头为一常数。如果对象点位于参考点的下方，则式（3.2－5）又写为

$$p=p_0+\rho gh\qquad(3.2-7)$$

式中 p——对象点的压强；

p_0——参考点的压强；

h——对象点位于参考点下的深度；

ρ——流体的密度；

g——重力加速度。

如果参考点选在自由水面上，且对象点位于自由水面的下方，则式（3.2－7）成为

$$p=\rho gh\qquad(3.2-8)$$

式中 p——对象点的相对压强；

h——对象点位于自由水面下的深度；

ρ——流体的密度；

g——重力加速度。

也就是说，对象点的压强等于从该点到自由水面的单位面积上水柱的重量。

重力作用下连通水体内任一水平面均为等压面，也就是说，该平面内任一点处的压强值都相等。

互不混掺的多种流体或不同状态的同种流体处于静止状态时，流体内任意一点的压强可以利用界面处的压强作为参考压强求得。

3.2.3 重力和惯性力同时作用下静水压强的分布规律

流体相对于某一运动坐标系处于静止状态时，称为相对静止或相对平衡。利用达朗贝尔（d'Alembert）定理，只要在质量力中计入惯性力，相对静止问题即可视为静止问题处理。运动坐标系中重力和惯性力同

时作用下处于相对平衡状态的流体内任意一点的压强满足下列平衡微分方程：

$$\left.\begin{aligned}\frac{\partial p}{\partial x}&=-\rho a_x\\ \frac{\partial p}{\partial y}&=-\rho a_y\\ \frac{\partial p}{\partial z}&=-\rho g-\rho a_z\end{aligned}\right\}\qquad(3.2-9)$$

式中 p——压强；

ρ——流体的密度；

x、y、z——笛卡儿坐标；

g——重力加速度；

a_x、a_y、a_z——加速度在 x、y、z 方向上的分量。

对式（3.2-9）积分即得相对平衡的水体内压强分布。

沿 x 正方向（水平方向）做匀加速运动的水体中，任一点的压强可表示为

$$p=p_0-\rho a(x-x_0)-\rho g(z-z_0)\qquad(3.2-10)$$

式中 p——对象点的压强；

x——对象点的水平坐标；

z——对象点的垂直坐标；

p_0——参考点的压强；

x_0——参考点的水平坐标；

z_0——参考点的垂直坐标；

ρ——流体的密度；

g——重力加速度；

a——水体在 x 方向上的加速度。

水体中的等压面方程为

$$ax+gz=\text{常数}\qquad(3.2-11)$$

式中 x——水平坐标；

z——垂直坐标；

g——重力加速度；

a——水体在 x 方向上的加速度。

因此，自由水面为一等压面，如图 3.2-2 所示。

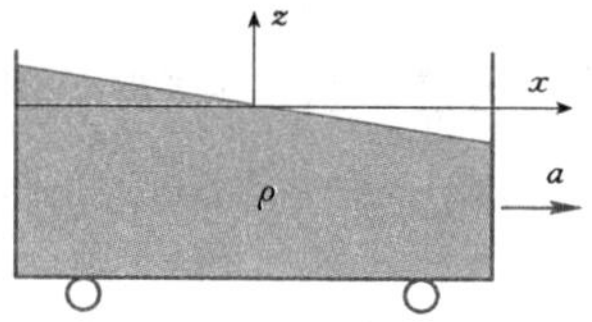

图 3.2-2 做水平匀加速运动水体的相对平衡

在水平面内做匀速旋转运动的水体中，任一点的压强可表示为

$$p=p_0+\frac{\rho\omega^2}{2}(r^2-r_0^2)-\rho g(z-z_0)\qquad(3.2-12)$$

式中 p——对象点的压强；

r——对象点的径向坐标；

z——对象点的垂直坐标；

p_0——参考点的压强；

r_0——参考点的径向坐标；

z_0——参考点的垂直坐标；

ρ——流体的密度；

g——重力加速度；

ω——水体旋转的角速度。

水体中的等压面方程为

$$z-\frac{\omega^2}{2g}r^2=\text{常数}\qquad(3.2-13)$$

式中 z——垂直坐标；

r——径向坐标；

g——重力加速度；

ω——水体旋转的角速度。

因此，自由水面为一等压面，如图 3.2-3 所示。

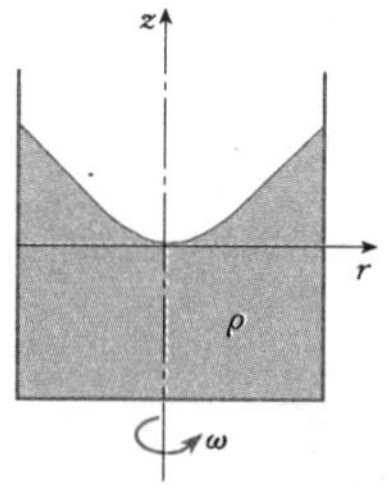

图 3.2-3 做匀速旋转运动水体的相对平衡

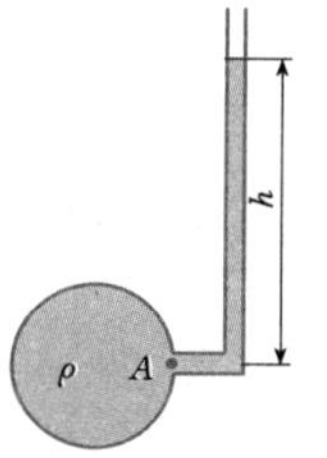

图 3.2-4 测压计

3.2.4 压强的水力量测

利用水静力学原理量测压强通称为压强的水力量测。压强的水力量测简单直观、方便可靠，使用非常广泛。

压强水力量测的基本方法如图 3.2-4 所示，从测点 A 处引出测压管，测压管上方与大气相通，则测点 A 的压强为

$$p_A=\rho gh\qquad(3.2-14)$$

式中 p_A——测点 A 的压强；

h——水柱高度；

ρ——流体的密度；

g——重力加速度。

如果量测对象压强值较大，采用如图 3.2-5 所示的水银测压计要方便得多。此时，测点 A 的压强为

$$p_A=\rho_m g h_m-\rho g a\qquad(3.2-15)$$

式中 p_A——测点 A 的压强；

ρ——被量测流体的密度；

ρ_m——水银的密度；

g——重力加速度；

h_m、a——液柱高度（见图 3.2-5）。

量测两点的压差可用如图 3.2-6 所示的空气比

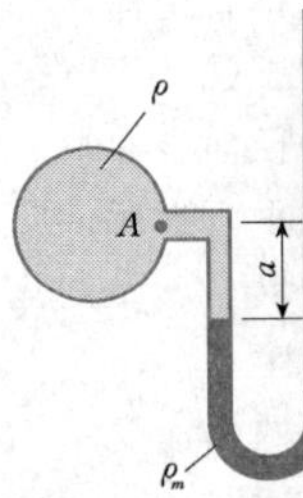

图 3.2-5　水银测压计

压计。此时，A、B 两点间的测压管水头差为 h，两点间的压差为

$$p_A - p_B = \rho gh - \rho g(z_A - z_B) \qquad (3.2-16)$$

式中　p_A——测点 A 的压强；

p_B——测点 B 的压强；

z_A——测点 A 的高程；

z_B——测点 B 的高程；

ρ——流体的密度；

g——重力加速度；

h——液柱高度（见图 3.2-6）。

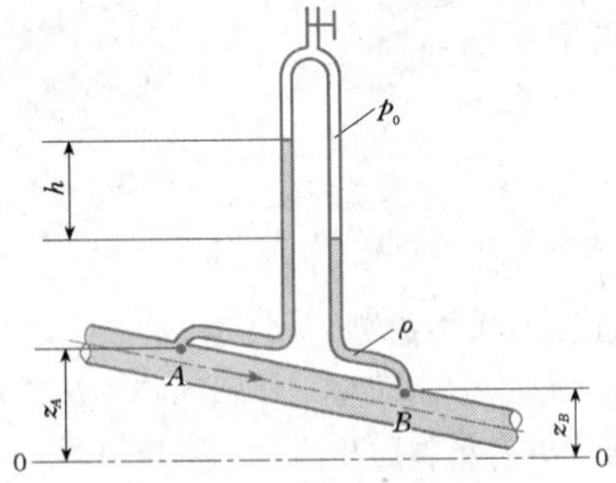

图 3.2-6　空气比压计

如果两点间的压差较大，则可用如图 3.2-7 所示的水银比压计。此时，A 和 B 两点间的压差为

$$p_A - p_B = \rho g(z_B - z_A) + (\rho_m - \rho)gh_m \qquad (3.2-17)$$

式中　p_A——测点 A 的压强；

p_B——测点 B 的压强；

z_A——测点 A 的高程；

z_B——测点 B 的高程；

ρ——被量测流体的密度；

ρ_m——水银的密度；

g——重力加速度；

h_m——液柱高度（见图 3.2-7）。

斜置管测压计或比压计可放大测压管标尺读数，提高量测精度，适用于量测微小的压强或压差。

3.2.5　平面上的静水总压力

静止水体作用于任意形状平面上的总压力的大

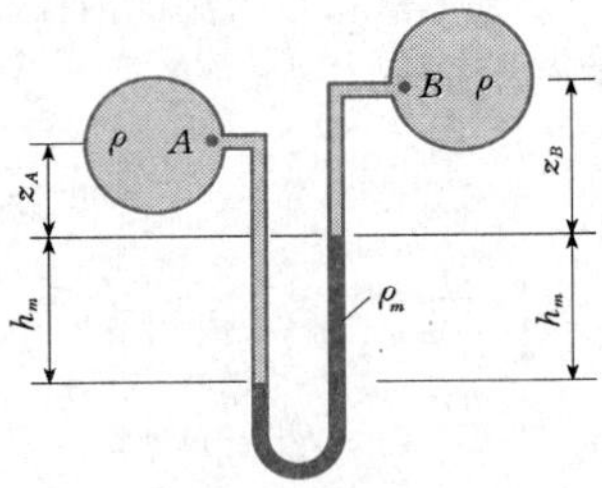

图 3.2-7　水银比压计

小，等于该平面的面积与其形心点静水压强的乘积，即

$$P = p_C A \qquad (3.2-18)$$

式中　P——总压力；

A——受压平面的面积；

p_C——受压平面的形心处的静水压强。

总压力的方向与受力平面的内法线方向一致。以受压平面与水面的交线为 x 轴，平行受压平面向下为 y 轴，如图 3.2-8 所示。总压力的作用点 D（压力中心）可通过下式确定：

$$y_D - y_C = \frac{I_{xC}}{y_C A} \qquad (3.2-19)$$

$$x_D - x_C = \frac{\int_A (x - x_C) y \mathrm{d}A}{y_C A} \qquad (3.2-20)$$

式中　A——受压平面的面积；

I_{xC}——受压平面绕通过形心且平行于 x 轴的二阶矩；

其他参数如图 3.2-8 所示。

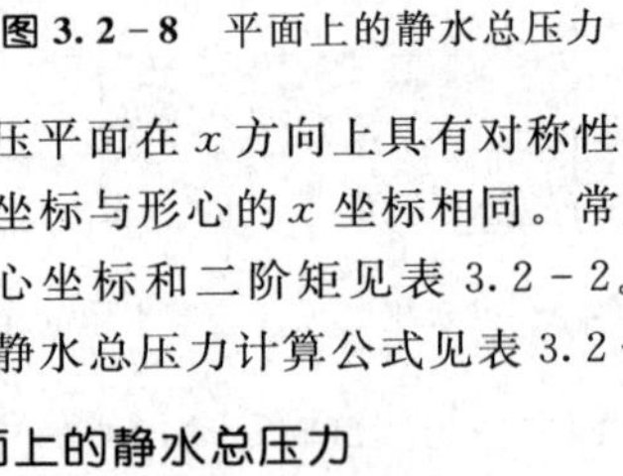

图 3.2-8　平面上的静水总压力

如果受压平面在 x 方向上具有对称性，则总压力作用点的 x 坐标与形心的 x 坐标相同。常见平面形状的面积、形心坐标和二阶矩见表 3.2-2。工程上常见的平面上静水总压力计算公式见表 3.2-3。

3.2.6　曲面上的静水总压力

静止流体作用于任意形状曲面上的压力在 x、y、z 三个方向上的分量可按下式求得：

$$P_x = \rho g h_{xC} A_x \qquad (3.2-21)$$

$$P_y = \rho g h_{yC} A_y \qquad (3.2-22)$$

表 3.2-2　　常见图形的几何特征量

图形名称	示意图	面积 A	形心坐标 l_C	对通过形心轴的二阶矩 I_C
矩形	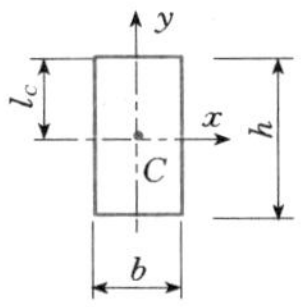	bh	$\frac{1}{2}h$	$\frac{1}{12}bh^3$
三角形	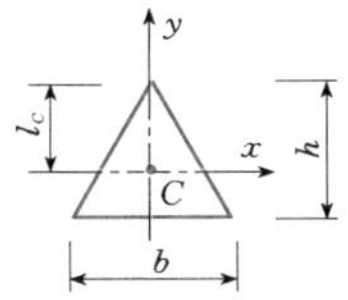	$\frac{1}{2}bh$	$\frac{2}{3}h$	$\frac{1}{36}bh^3$
半圆	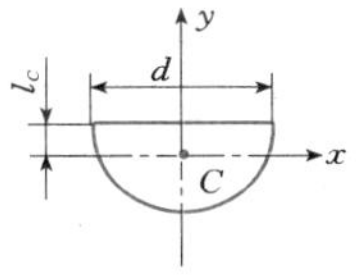	$\frac{\pi}{8}d^2$	$\frac{4r}{3\pi}$	$\frac{(9\pi^2-64)}{72\pi}r^4$
梯形	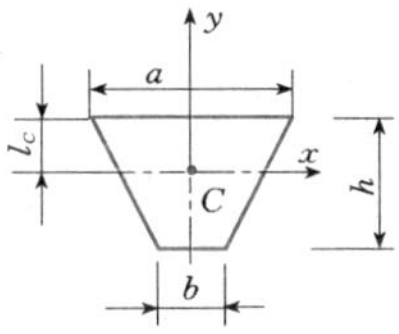	$\frac{h}{2}(a+b)$	$\frac{h}{3}\frac{a+2b}{a+b}$	$\frac{h^3}{36}\frac{a^2+4ab+b^2}{a+b}$
圆	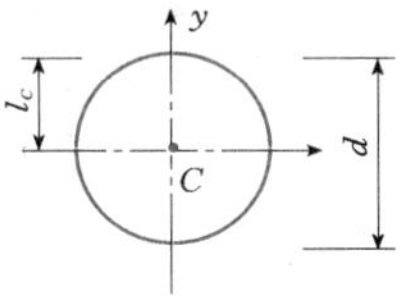	$\frac{\pi}{4}d^2$	$\frac{d}{2}$	$\frac{\pi}{64}d^4$
椭圆	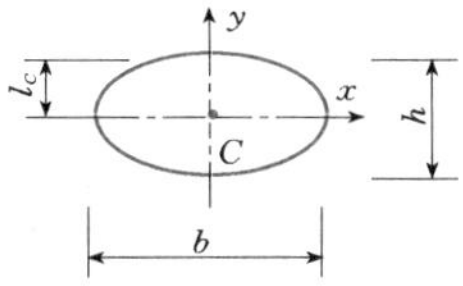	$\frac{\pi}{4}bh$	$\frac{h}{2}$	$\frac{\pi}{64}bh^3$

$$P_z=\rho g V_p \qquad (3.2-23)$$

式中　P_x、P_y、P_z——曲面上静水压力在 x、y、z 方向上的分量；

A_x——受压曲面在 yz 平面上投影的面积；

h_{xC}——投影的形心位于自由液面下的垂直深度；

A_y——受压曲面在 xz 平面上投影的面积；

h_{yC}——投影的形心位于自由液面下的垂直深度；

V_p——压力体的体积，即受压曲面与其在自由液面上的垂直投影面之间的液柱体积；

ρ——流体的密度；

g——重力加速度。

工程上常见的弧形闸门上的静水总压力计算公式见表 3.2-4。

静止流体作用于封闭曲面上的总压力，又称为该封闭曲面所受到的浮力，其大小等于封闭曲面形成的体积所排开的水体所受的重力，方向垂直向上。这一结论称为浮力定理，又称为阿基米德（Archimedes）原理。

3.2.7　浮体的平衡与稳定

如图 3.2-9 所示，浮体的重心 C 与浮心 D（物体被浸没部分的重心）的连线称为浮轴。物体在流体中

表 3.2-3 平面上静水总压力一览表

编号	受压平面的形状	示意图	受压平面的面积 A	形心的淹没深度 h_C	静水总压力 P 大小	静水总压力 P 方向	静水总压力 P 作用点（压力中心）的淹没深度 h_D
1	矩形	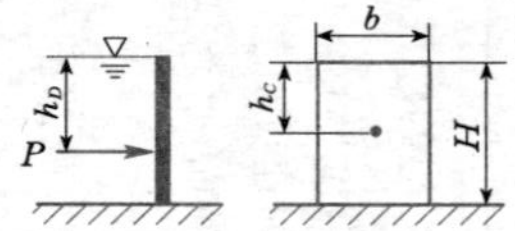	Hb	$\frac{H}{2}$	$\frac{1}{2}\rho g H^2 b$	水平	$\frac{2}{3}H$
2	矩形	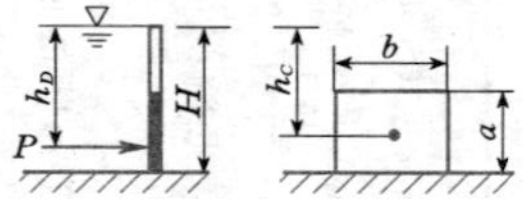	ab	$H-\frac{a}{2}$	$\rho g a b\left(H-\frac{a}{2}\right)$	水平	$H-a+\frac{a(3H-a)}{3(2H-a)}$
3	矩形	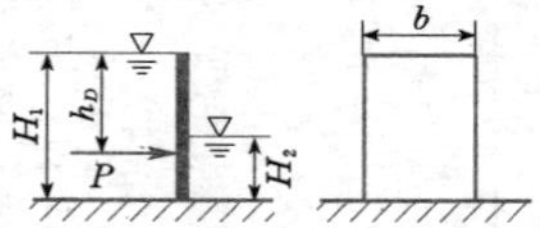			$\frac{1}{2}\rho g b(H_1^2-H_2^2)$	水平	$\frac{2H_1^2+2H_1H_2-H_2^2}{3(H_1+H_2)}$
4	矩形	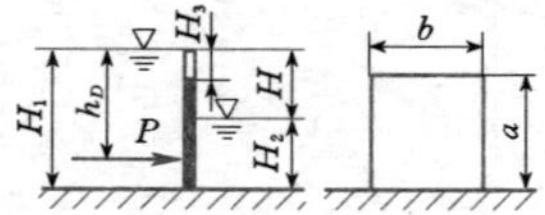			$\frac{1}{2}\rho g b(H_1^2-H_2^2)-\frac{1}{2}\rho g b H_3^2$	水平	$\frac{\frac{1}{3}(H^3-H_3^3)+HH_2\left(H+\frac{1}{2}H_2\right)}{\frac{1}{2}(H^2-H_3^2)+HH_2}$
5	倾斜矩形	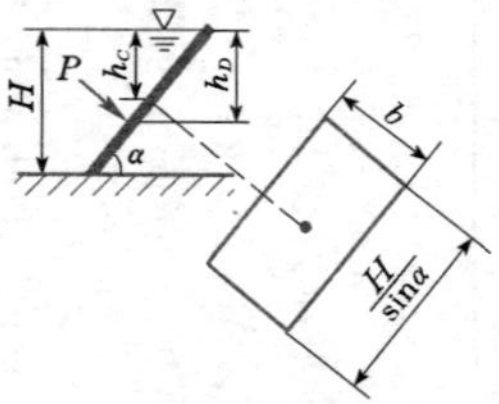	$\frac{bH}{\sin\alpha}$	$\frac{H}{2}$	$\frac{\rho g H^2 b}{2\sin\alpha}$	与铅垂方向成 α 角	$\frac{2H}{3}$
6	圆	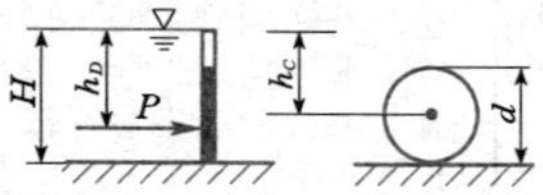	$\frac{1}{4}\pi d^2$	$H-\frac{d}{2}$	$\frac{\rho g}{4}\pi d^2\left(H-\frac{d}{2}\right)$	水平	$H-\frac{d}{2}+\frac{d^2}{8(2H-d)}$
7	椭圆	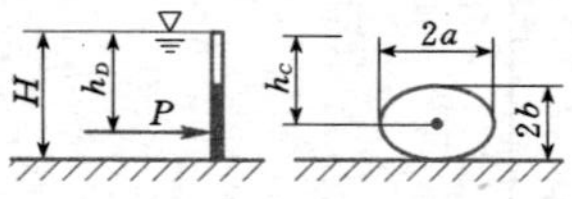	πab	$H-b$	$\rho g \pi ab(H-b)$	水平	$H-b+\frac{b^2}{4(H-b)}$
8	半圆	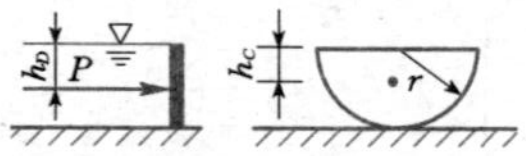	$\frac{1}{2}\pi r^2$	$\frac{4r}{3\pi}$	$\frac{2}{3}\rho g r^3$	水平	$\frac{3}{16}\pi r$

表 3.2-4　　弧形闸门上的静水总压力计算一览表

情况	示意图	计算公式
Ⅰ	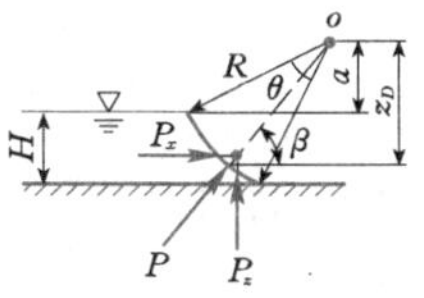	$P=\sqrt{P_x^2+P_z^2}$ $P_x=\frac{1}{2}\rho gH^2B$ $P_z=\frac{1}{2}\rho gB\left[\frac{\theta^\circ}{180^\circ}\pi R^2-a\sqrt{R^2-a^2}-(H-a)\sqrt{R^2-(H+a)^2}\right]$ $\beta=\tan^{-1}\frac{P_z}{P_x}$，　$z_D=R\sin\beta$
Ⅱ	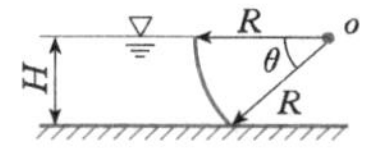	在以上各式中，取 $a=0$ 进行计算
Ⅲ	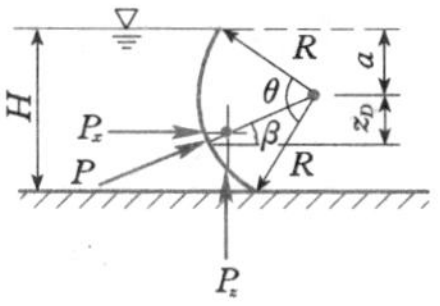	$P=\sqrt{P_x^2+P_z^2}$ $P_x=\frac{1}{2}\rho gH^2B$ $P_z=\frac{1}{2}\rho gB\left[\frac{\theta^\circ}{180^\circ}\pi R^2+a\sqrt{R^2-a^2}-(H+a)\sqrt{R^2-(H-a)^2}\right]$ $\beta=\tan^{-1}\frac{P_z}{P_x}$，　$z_D=R\sin\beta$
Ⅳ	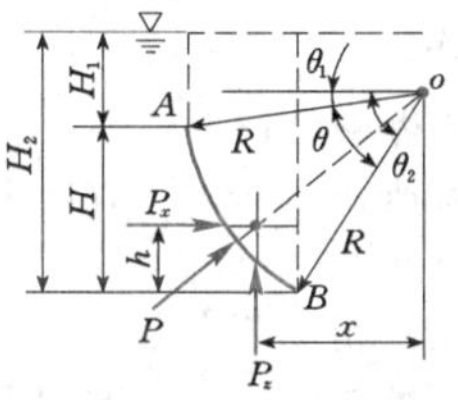	$P_x=\frac{1}{2}\rho gB(H_2^2-H_1^2)$ $h=\frac{H(2H_1+H_2)}{3(H_1+H_2)}$ $P_z=\frac{\rho g}{2}BR[(H_1+H_2)(\cos\theta_1-\cos\theta_2)+R(\theta-\sin\theta)]$（方向向上） $x=\frac{P_x}{P_z}(R\sin\theta_2-h)$

注　P 为弧形闸门上的静水总压力；P_x、P_z 分别为 P 的水平分力和铅垂分力；β 为 P 与水平方向所夹之角；R 为弧门半径；B 为弧门宽度；h 为 P_x 距 B 点的铅垂距离；x 为 P_z 距门轴 o 的水平距离；a、z_D、H_1、H_2、H、θ、θ_1、θ_2 的意义如示意图所示。

同时受到重力和浮力的作用。当重力大于浮力时，物体下沉；当浮力大于重力时，物体上浮；当重力和浮力相等且浮轴和重力作用线重合时，物体处于平衡状态；如果重力和浮力相等，但浮轴和重力作用线不重合，则物体发生倾斜。

浮体倾斜后，浮心一般会发生偏移，能否恢复其原来的平衡位置取决于倾斜后浮力和重力产生的转动力矩的方向，如图 3.2-9 所示。浮体的稳定性可以通过确定重心 C 和定倾中心 M 的相对位置判断。定倾中心即浮体倾斜时，浮轴与倾斜时浮力作用线的交点。定倾中心 M 高于重心 C，即定倾半径 R_M 大于偏心距 e 时，浮体能恢复到原平衡位置而处于稳定平衡状态；定倾中心与重心重合，即 $R_M=e$，则浮体处于随遇平衡状态；当定倾中心 M 低于重心 C，即 $R_M<e$，则浮体处于不稳定平衡状态。

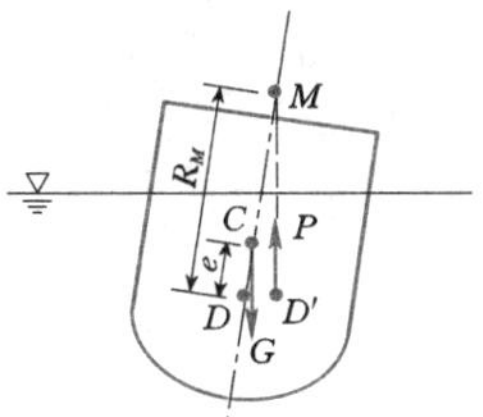

图 3.2-9　浮体的稳定问题

3.3 水 动 力 学

3.3.1 流体运动的描述

流体运动的描述方法有两种，即拉格朗日（Lagrange）法和欧拉（Euler）法。拉格朗日法是通过分析流体质点的运动来把握流体整体运动规律的方法；欧拉法则是通过分析物理量的空间变化规律及其随时间的变化规律来把握流体整体运动规律的方法。

用几何的方法描述流体运动，便于直观和从整体上把握流体运动的规律。对应于拉格朗日法的几何描述是流体质点的迹线；对应于欧拉法的几何描述是流场的流线。迹线是指流体质点的运动轨迹线（见图 3.3-1）。迹线满足下列方程：

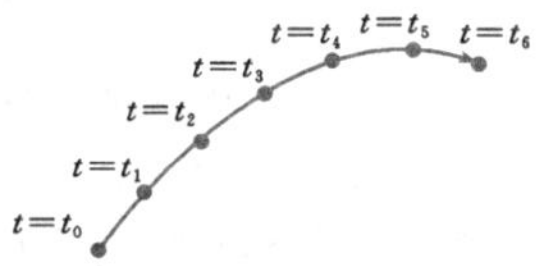

图 3.3-1　迹线

$$\frac{dx}{u_x(t,x_0,y_0,z_0)}=\frac{dy}{u_y(t,x_0,y_0,z_0)}=\frac{dz}{u_z(t,x_0,y_0,z_0)}=dt \tag{3.3-1}$$

式中 x、y、z——流体质点位置坐标；

u_x、u_y、u_z——流体质点运动速度在 x、y、z 方向上的分量；

t——时间；

x_0、y_0、z_0——流体质点的初始位置坐标。

流线是指这样的空间曲线，其上任一点处切线方向与流速的方向一致，如图 3.3-2 所示。流线满足下列方程：

$$\frac{dx}{u_x(x,y,z,t)}=\frac{dy}{u_y(x,y,z,t)}=\frac{dz}{u_z(x,y,z,t)} \tag{3.3-2}$$

式中 x、y、z——流线上任一点的坐标；

u_x、u_y、u_z——流速在 x、y、z 方向上的分量；

t——时间。

图 3.3-2 流线

恒定流场中，流线与迹线是重合的。

3.3.2 质点导数

质点导数指的是跟随流体质点运动时观察到的物理量的变化率。质点导数本质上是用拉格朗日法描述流体运动时物理量的时间导数。在用欧拉法描述的流场中，质点导数可表示为

$$\frac{D}{Dt}=\frac{\partial}{\partial t}+u_x\frac{\partial}{\partial x}+u_y\frac{\partial}{\partial y}+u_z\frac{\partial}{\partial z} \tag{3.3-3}$$

式中 u_x、u_y、u_z——流速在 x、y、z 方向上的分量；

t——时间；

$\frac{D}{Dt}$——质点导数，或称为随体导数，有时又称为全导数；

$\frac{\partial}{\partial t}$——时变导数，或当地导数，或局部导数；

$u_x\frac{\partial}{\partial x}+u_y\frac{\partial}{\partial y}+u_z\frac{\partial}{\partial z}$——位变导数，或迁移导数，或对流导数。

时变导数是由流场的非恒定性引起的，位变导数是由流场的不均匀性引起的。

根据质点导数的定义可得出流体质点加速度的表达式，即

$$a_x=\frac{\partial u_x}{\partial t}+u_x\frac{\partial u_x}{\partial x}+u_y\frac{\partial u_x}{\partial y}+u_z\frac{\partial u_x}{\partial z} \tag{3.3-4}$$

$$a_y=\frac{\partial u_y}{\partial t}+u_x\frac{\partial u_y}{\partial x}+u_y\frac{\partial u_y}{\partial y}+u_z\frac{\partial u_y}{\partial z} \tag{3.3-5}$$

$$a_z=\frac{\partial u_z}{\partial t}+u_x\frac{\partial u_z}{\partial x}+u_y\frac{\partial u_z}{\partial y}+u_z\frac{\partial u_z}{\partial z} \tag{3.3-6}$$

式中 x、y、z——空间坐标；

t——时间；

a_x、a_y、a_z——加速度在 x、y、z 方向上的分量；

u_x、u_y、u_z——流体质点的速度在 x、y、z 方向上的分量。

3.3.3 流体的连续方程

根据质量守恒原理，流体满足下面的连续方程：

$$\frac{\partial\rho}{\partial t}+\frac{\partial\rho u_x}{\partial x}+\frac{\partial\rho u_y}{\partial y}+\frac{\partial\rho u_z}{\partial z}=0 \tag{3.3-7}$$

或

$$\frac{D\rho}{Dt}+\rho\left(\frac{\partial u_x}{\partial x}+\frac{\partial u_y}{\partial y}+\frac{\partial u_z}{\partial z}\right)=0 \tag{3.3-8}$$

式中 ρ——流体密度；

u_x、u_y、u_z——流速在 x、y、z 方向上的分量；

t——时间。

运动过程中质点密度不发生变化的流体称为不可压缩流体。不可压缩流体的连续方程可写为

$$\frac{\partial u_x}{\partial x}+\frac{\partial u_y}{\partial y}+\frac{\partial u_z}{\partial z}=0 \tag{3.3-9}$$

式中 u_x、u_y、u_z——流速在 x、y、z 方向上的分量。

不可压缩流体的连续方程等价于流体体积膨胀率为零。

3.3.4 不可压缩流体的运动方程

根据动量守恒原理（牛顿运动定律），不可压缩牛顿流体满足下面的运动方程：

$$\frac{\partial u_x}{\partial t}+u_x\frac{\partial u_x}{\partial x}+u_y\frac{\partial u_x}{\partial y}+u_z\frac{\partial u_x}{\partial z}=f_x-\frac{1}{\rho}\frac{\partial p}{\partial x}+\frac{\mu}{\rho}\left(\frac{\partial^2 u_x}{\partial x^2}+\frac{\partial^2 u_x}{\partial y^2}+\frac{\partial^2 u_x}{\partial z^2}\right) \tag{3.3-10}$$

$$\frac{\partial u_y}{\partial t}+u_x\frac{\partial u_y}{\partial x}+u_y\frac{\partial u_y}{\partial y}+u_z\frac{\partial u_y}{\partial z}=f_y-\frac{1}{\rho}\frac{\partial p}{\partial y}+\frac{\mu}{\rho}\left(\frac{\partial^2 u_y}{\partial x^2}+\frac{\partial^2 u_y}{\partial y^2}+\frac{\partial^2 u_y}{\partial z^2}\right) \tag{3.3-11}$$

$$\frac{\partial u_z}{\partial t}+u_x\frac{\partial u_z}{\partial x}+u_y\frac{\partial u_z}{\partial y}+u_z\frac{\partial u_z}{\partial z}=f_z-\frac{1}{\rho}\frac{\partial p}{\partial z}+\frac{\mu}{\rho}\left(\frac{\partial^2 u_z}{\partial x^2}+\frac{\partial^2 u_z}{\partial y^2}+\frac{\partial^2 u_z}{\partial z^2}\right) \tag{3.3-12}$$

式中　u_x、u_y、u_z——流速在 x、y、z 方向上的分量；

f_x、f_y、f_z——单位质量力在 x、y、z 方向上的分量；

p——压强；

ρ——流体密度；

μ——流体的黏滞系数；

t——时间。

式（3.3－10）～式（3.3－12）又称为纳维—斯托克斯（Navier－Stokes）方程，简称为 N－S 方程。

假设流体为理想流体，即忽略黏性作用，流体的运动方程简化为

$$\frac{\partial u_x}{\partial t}+u_x\frac{\partial u_x}{\partial x}+u_y\frac{\partial u_x}{\partial y}+u_z\frac{\partial u_x}{\partial z}=f_x-\frac{1}{\rho}\frac{\partial p}{\partial x} \tag{3.3-13}$$

$$\frac{\partial u_y}{\partial t}+u_x\frac{\partial u_y}{\partial x}+u_y\frac{\partial u_y}{\partial y}+u_z\frac{\partial u_y}{\partial z}=f_y-\frac{1}{\rho}\frac{\partial p}{\partial y} \tag{3.3-14}$$

$$\frac{\partial u_z}{\partial t}+u_x\frac{\partial u_z}{\partial x}+u_y\frac{\partial u_z}{\partial y}+u_z\frac{\partial u_z}{\partial z}=f_z-\frac{1}{\rho}\frac{\partial p}{\partial z} \tag{3.3-15}$$

式中　u_x、u_y、u_z——流速在 x、y、z 方向上的分量；

f_x、f_y、f_z——单位质量力在 x、y、z 方向上的分量；

p——压强；

ρ——流体密度；

t——时间。

理想流体的运动方程式（3.3－13）～式（3.3－15）又称为欧拉方程。

3.3.5　恒定总流

3.3.5.1　基本概念

通过流场内任意封闭曲线上各点的流线所形成的管状体称为流管。与流管内所有流线垂直的截面称为该流管的过流断面。当过流断面为无穷小面积时，流管内的流动称为元流；当过流断面趋于一点时，元流逼近一条流线；当过流断面扩展到整个流动时，流管内的流动称为总流。

如果总流的某一断面处，流线的曲率很小且互相之间接近平行，则该断面称为一个渐变流断面。恒定流中，渐变流断面内各点处的测压管水头近似为常数，即

$$z+\frac{p}{\rho g}\approx \text{const} \tag{3.3-16}$$

式中　z——对象点的高程，又称为位置水头；

p——压强；

ρ——流体密度；

g——重力加速度；

$\frac{p}{\rho g}$——压强水头。

单位时间内通过某一过流断面的流体的体积称为断面流量，用 Q 表示。断面流量和流速之间的关系为

$$Q=\int_A u_n \mathrm{d}A \tag{3.3-17}$$

式中　A——过流断面；

u_n——过流断面法线方向上的流速分量。

过流断面上的平均流速 v 定义为

$$v=\frac{Q}{A} \tag{3.3-18}$$

式中　Q——通过过流断面的流量；

A——过流断面的面积。

3.3.5.2　连续方程

如图 3.3－3 所示的不可压缩恒定总流的连续方程为

$$Q_1=Q_2 \tag{3.3-19}$$

式中　下标 1、2——表示在断面 1、断面 2 处取值；

Q——通过过流断面的流量。

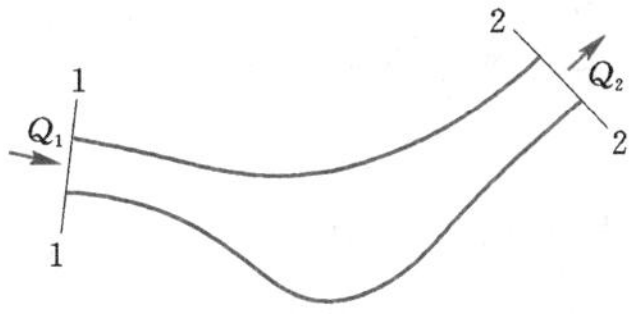

图 3.3－3　恒定总流示意图

式（3.3－19）意味着通过任意两个过流断面的流量总是相等的。不可压缩恒定总流的连续方程也可以表示为

$$v_1A_1=v_2A_2 \tag{3.3-20}$$

式中　下标 1、2——表示在断面 1、断面 2 处取值；

v——断面平均流速；

A——过流断面的面积。

对于如图 3.3－4 所示的分流问题，恒定总流的连续方程可写为

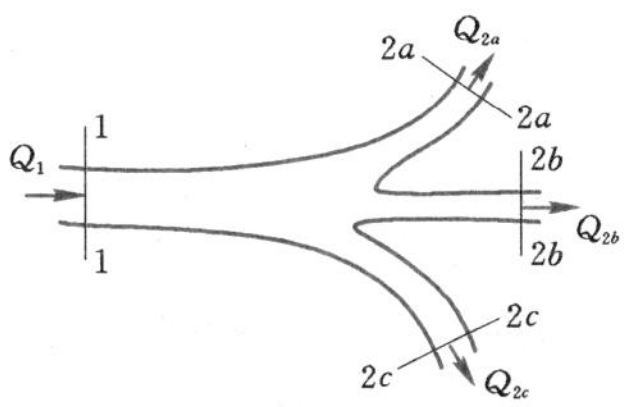

图 3.3－4　分流问题示意图

$$Q_1=Q_{2a}+Q_{2b}+Q_{2c} \tag{3.3-21}$$

式中 下标 1 及下标 $2a$、$2b$、$2c$——表示在进流断面 1 及出流断面 $2a$、$2b$、$2c$ 处取值；

Q——流量。

对于如图 3.3-5 所示的汇流问题，恒定总流的连续方程可写为

$$Q_{1a}+Q_{1b}+Q_{1c}=Q_2 \quad (3.3-22)$$

式中 下标 $1a$、$1b$、$1c$ 及下标 2——表示在进流断面 $1a$、$1b$、$1c$ 及出流断面 2 处取值；

Q——流量。

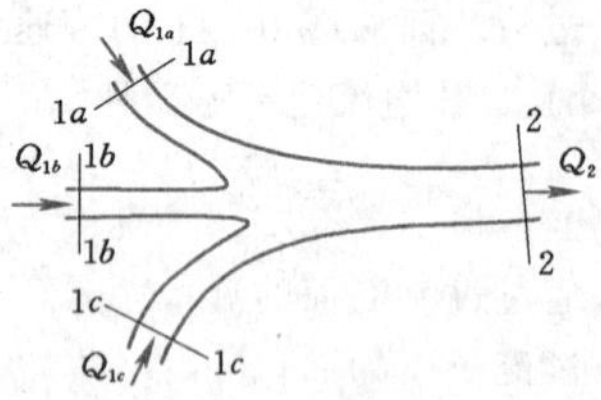

图 3.3-5 汇流问题示意图

如果给流量赋予符号，规定从节点（分流点或汇流点）流出为正、流向节点为负，则有分汇流情况的恒定总流连续方程也可写作如下节点方程：

$$\sum_i Q_i = 0 \quad (3.3-23)$$

式中 Q——流量；

下标 i——表示第 i 个支流。

求和针对全部支流。

3.3.5.3 能量方程

恒定总流中，不计能量损失，任意两个具有上下游关系的渐变流断面上应满足下面的能量方程：

$$z_1+\frac{p_1}{\rho g}+\frac{\alpha_1 v_1^2}{2g}=z_2+\frac{p_2}{\rho g}+\frac{\alpha_2 v_2^2}{2g} \quad (3.3-24)$$

其中

$$\alpha=\frac{\int_A u^3\,\mathrm{d}A}{v^3 A} \quad (3.3-25)$$

式中 下标 1、2——表示在上游断面 1、下游断面 2 处取值；

z——位置水头；

p——压强；

v——断面平均流速；

ρ——流体的密度；

g——重力加速度；

α——动能修正系数；

u——断面上各点处的流速；

A——断面面积。

动能修正系数是一个大于 1 的数，其值取决于断面上的流速分布情况。流速分布越均匀，α 值越接近于 1，流速分布越不均匀，α 值越大。在一般的渐变流中，α 值为 1.05～1.10。式（3.3-24）称为恒定总流的伯努利（Bernoulli）方程，或恒定总流的能量方程，表示在没有能量损失的情况下，单位重量流体所具有重力势能、压强势能和平均动能保持一个常数。

考虑到实际流动中总是存在能量损失，恒定总流的能量方程一般也写为

$$z_1+\frac{p_1}{\rho g}+\frac{\alpha_1 v_1^2}{2g}=z_2+\frac{p_2}{\rho g}+\frac{\alpha_2 v_2^2}{2g}+h_{w1-2} \quad (3.3-26)$$

式中 下标 1、2——表示在上游断面 1、下游断面 2 处取值；

z——位置水头；

p——压强；

v——断面平均流速；

ρ——流体的密度；

g——重力加速度；

α——动能修正系数；

h_{w1-2}——断面 1 与断面 2 之间的水头损失。

对于图 3.3-4 所示的分流问题，恒定总流的能量方程可近似写为

$$z_1+\frac{p_1}{\rho g}+\frac{\alpha_1 v_1^2}{2g}=z_{2a}+\frac{p_{2a}}{\rho g}+\frac{\alpha_{2a} v_{2a}^2}{2g}+h_{w1-2a} \quad (3.3-27)$$

$$z_1+\frac{p_1}{\rho g}+\frac{\alpha_1 v_1^2}{2g}=z_{2b}+\frac{p_{2b}}{\rho g}+\frac{\alpha_{2b} v_{2b}^2}{2g}+h_{w1-2b} \quad (3.3-28)$$

$$z_1+\frac{p_1}{\rho g}+\frac{\alpha_1 v_1^2}{2g}=z_{2c}+\frac{p_{2c}}{\rho g}+\frac{\alpha_{2c} v_{2c}^2}{2g}+h_{w1-2c} \quad (3.3-29)$$

式中 下标 1 及下标 $2a$、$2b$、$2c$——表示在进流断面 1 及出流断面 $2a$、$2b$、$2c$ 处取值；

z——位置水头；

p——压强；

v——断面平均流速；

ρ——流体的密度；

g——重力加速度；

α——动能修正系数；

h_{w1-2a}、h_{w1-2b}、h_{w1-2c}——断面 1 与断面 $2a$ 之间、断面 1 与断面 $2b$ 之间、断面 1 与断面 $2c$ 之间的水头损失，均为正值。

对于图 3.3-5 所示的汇流问题，恒定总流的能量方程可近似写为

$$z_{1a}+\frac{p_{1a}}{\rho g}+\frac{\alpha_{1a} v_{1a}^2}{2g}=z_2+\frac{p_2}{\rho g}+\frac{\alpha_2 v_2^2}{2g}+h_{w1a-2} \quad (3.3-30)$$

$$z_{1b}+\frac{p_{1b}}{\rho g}+\frac{\alpha_{1b}v_{1b}^2}{2g}=z_2+\frac{p_2}{\rho g}+\frac{\alpha_2 v_2^2}{2g}+h_{w1b-2} \tag{3.3-31}$$

$$z_{1c}+\frac{p_{1c}}{\rho g}+\frac{\alpha_{1c}v_{1c}^2}{2g}=z_2+\frac{p_2}{\rho g}+\frac{\alpha_2 v_2^2}{2g}+h_{w1c-2} \tag{3.3-32}$$

式中 下标 $1a$、$1b$、$1c$ 及下标 2——表示在进流断面 $1a$、$1b$、$1c$ 及出流断面 2 处取值；

z——位置水头；

p——压强；

v——断面平均流速；

ρ——流体的密度；

g——重力加速度；

α——动能修正系数；

h_{w1a-2}、h_{w1b-2}、h_{w1c-2}——断面 $1a$ 至断面 2 之间、断面 $1b$ 至断面 2 之间、断面 $1c$ 至断面 2 之间的水头损失。

3.3.5.4 动量方程

恒定总流中，任意两个渐变流断面之间的流体满足下列动量方程：

$$\rho Q(\beta_2 v_{2x}-\beta_1 v_{1x})=F_x \tag{3.3-33}$$

$$\rho Q(\beta_2 v_{2y}-\beta_1 v_{1y})=F_y \tag{3.3-34}$$

$$\rho Q(\beta_2 v_{2z}-\beta_1 v_{1z})=F_z \tag{3.3-35}$$

其中

$$\beta=\frac{\int_A u^2\,\mathrm{d}A}{v^2 A} \tag{3.3-36}$$

式中 下标 1、2——表示在进流断面 1、出流断面 2 处取值；

下标 x、y、z——表示在 x、y、z 方向上的分量；

Q——流量；

ρ——流体的密度；

v——断面平均流速；

F——流体所受外力的合力，包括边界作用于流体的力以及两个过流断面上的流体压力；

β——动量修正系数；

u——断面上各点处的流速；

A——断面面积。

动量修正系数是一个大于 1 的数，其值取决于断面上的流速分布，在一般的渐变流中，β 为 1.02～1.05。

对于图 3.3-4 所示的分流问题，恒定总流的动量方程可写为

$$\rho(\beta_{2a}Q_{2a}v_{2ax}+\beta_{2b}Q_{2b}v_{2bx}+\beta_{2c}Q_{2c}v_{2cx}-\beta_1 Q_1 v_{1x})=F_x \tag{3.3-37}$$

$$\rho(\beta_{2a}Q_{2a}v_{2ay}+\beta_{2b}Q_{2b}v_{2by}+\beta_{2c}Q_{2c}v_{2cy}-\beta_1 Q_1 v_{1y})=F_y \tag{3.3-38}$$

$$\rho(\beta_{2a}Q_{2a}v_{2az}+\beta_{2b}Q_{2b}v_{2bz}+\beta_{2c}Q_{2c}v_{2cz}-\beta_1 Q_1 v_{1z})=F_z \tag{3.3-39}$$

式中 下标 1 及下标 $2a$、$2b$、$2c$——表示在进流断面 1 及出流断面 $2a$、$2b$、$2c$ 处取值；

下标 x、y、z——表示在 x、y、z 方向上的分量；

Q——流量；

v——断面平均流速；

ρ——流体的密度；

F——流体所受的合力，包括边界作用于流体的力以及各过流断面上的流体压力；

β——动量修正系数。

对于图 3.3-5 所示的汇流问题，恒定总流的动量方程可写为

$$\rho(\beta_2 Q_2 v_{2x}-\beta_{1a}Q_{1a}v_{1ax}-\beta_{1b}Q_{1b}v_{1bx}-\beta_{1c}Q_{1c}v_{1cx})=F_x \tag{3.3-40}$$

$$\rho(\beta_2 Q_2 v_{2y}-\beta_{1a}Q_{1a}v_{1ay}-\beta_{1b}Q_{1b}v_{1by}-\beta_{1c}Q_{1c}v_{1cy})=F_y \tag{3.3-41}$$

$$\rho(\beta_2 Q_2 v_{2z}-\beta_{1a}Q_{1a}v_{1az}-\beta_{1b}Q_{1b}v_{1bz}-\beta_{1c}Q_{1c}v_{1cz})=F_z \tag{3.3-42}$$

式中 下标 $1a$、$1b$、$1c$ 及下标 2——表示在进流断面 $1a$、$1b$、$1c$ 及出流断面 2 处取值；

下标 x、y、z——表示在 x、y、z 方向上的分量；

Q——流量；

v——断面平均流速；

ρ——流体的密度；

F——流体所受的合力，包括边界作用于流体的力以及各过流断面上的流体压力；

β——动量修正系数。

3.4 流动阻力与水头损失

3.4.1 水头损失及其分类

在总流中，单位重量水体平均机械能的损失称为水头损失。为便于分析和计算，按流动边界情况的不同，流动阻力和水头损失可分为以下两种类型。

3.4.1.1 沿程阻力与沿程水头损失

在边界沿程不变（包括边壁形状、尺寸和流动方向均不变）的均匀流段上，流动阻力只有沿程不变的摩擦阻力，称为沿程阻力。沿程阻力做功而产生的水头损失称为沿程水头损失，以 h_f 表示。沿程水头损失均匀分布在整个流段上，均匀流沿程水头损失计算公式为

$$h_f=\lambda\frac{l}{d}\frac{v^2}{2g} \tag{3.4-1}$$

式中 l——管长，m；

d——管径，m；

v——断面平均流速，m/s；

g——重力加速度，m/s^2；

λ——沿程阻力系数或沿程水头损失系数（后面分层流和紊流分别介绍）。

式（3.4-1）称为达西—魏兹巴赫（Darcy-Weisbach）公式，简称为达西公式。

3.4.1.2 局部阻力与局部水头损失

在边壁形状沿程急剧变化，流速分布急剧调整的局部区段上，集中产生的流动阻力称为局部阻力。由局部阻力引起的水头损失称为局部水头损失，以 h_j 表示。边壁几何形状的急剧变化包括流动方向和过流断面的突然改变。局部水头损失计算公式为

$$h_j = \zeta \frac{v^2}{2g} \tag{3.4-2}$$

式中 v——断面平均流速，m/s；

g——重力加速度，m/s^2；

ζ——局部阻力系数或局部水头损失系数，一般由试验确定（详见本卷3.4.7节内容）。

3.4.2 水流运动的两种流动型态

3.4.2.1 层流与紊流

英国物理学家雷诺（O. Reynolds）经过试验研究发现，黏性流体存在着两种不同的流动型态，即层流与紊流。同一种流体在同一管道中流动，当流速较小时，各流层质点作有条不紊的线状运动，彼此互不掺混，这种流动型态称为层流。当流速较大，超过某一临界值时，流体质点的运动轨迹极不规则，各流层质点相互掺混，这种流动型态称为紊流或湍流。

3.4.2.2 不同流动型态的阻力规律

层流沿程水头损失与流速的1次方成比例，即 $h_f \propto v^{1.0}$。

紊流沿程水头损失与流速的1.75～2.0次方成比例，即 $h_f \propto v^{1.75\sim2.0}$。

3.4.2.3 流动型态的判别

1. 圆管流动

先计算管流雷诺数：

$$Re = \frac{vd}{\nu} \tag{3.4-3}$$

式中 v——断面平均流速，m/s；

d——管径，m；

ν——运动黏度，m^2/s。

对于管流，其临界雷诺数为

$$Re_c = \frac{v_c d}{\nu} = 2000$$

式中 v_c——临界流速。

将 Re 与 Re_c 进行比较，根据比较结果判别圆管水流的流动型态：

$Re < Re_c$，流动为层流；

$Re = Re_c$，流动为临界流；

$Re > Re_c$，流动为紊流。

2. 非圆断面管流和明槽水流

对于非圆断面管流和明槽水流，同样可以用雷诺数判别流动型态，但需采用水力半径 R 作为特征长度，此时雷诺数为

$$Re_R = \frac{Rv}{\nu} \tag{3.4-4}$$

其中

$$R = \frac{A}{\chi}$$

式中 R——水力半径，m；

A——过流断面面积，m^2；

χ——过流断面湿周，m；

v——断面平均流速，m/s；

ν——运动黏度，m^2/s。

若以水力半径 R 为特征长度，其相应的临界雷诺数为

$$Re_{c,R} = \frac{Rv_c}{\nu} = 500$$

式中 v_c——临界流速。

将 Re_R 与 $Re_{c,R}$ 进行比较，根据比较结果判别非圆断面管流和明槽水流的流动型态：

$Re_R < Re_{c,R}$，流动为层流；

$Re_R = Re_{c,R}$，流动为临界流；

$Re_R > Re_{c,R}$，流动为紊流。

3.4.3 圆管层流沿程水头损失计算

3.4.3.1 断面流速分布

断面流速分布公式为

$$u = \frac{\rho g J}{4\mu}(r_0^2 - r^2) \tag{3.4-5}$$

式中 ρ——流体密度，kg/m^3；

g——重力加速度，m/s^2；

J——水力坡度；

μ——流体动力黏度，Pa·s；

r_0——圆管半径，m；

r——断面上任一点到管轴的距离，m。

式（3.4-5）表明，圆管层流运动过流断面上流速分布为一个旋转抛物面。

3.4.3.2 管轴处最大流速

管轴处最大流速公式为

$$u_{max} = \frac{\rho g J}{4\mu} r_0^2 \tag{3.4-6}$$

式中各符号意义同式（3.4－5）。

3.4.3.3 断面平均流速

断面平均流速公式为

$$v=\frac{\rho gJ}{8\mu}r_0^2=\frac{1}{2}u_{\max} \tag{3.4-7}$$

式中各符号意义同式（3.4－5）。

3.4.3.4 沿程水头损失

沿程水头损失公式为

$$h_f=\frac{32\mu lv}{\rho gd^2} \tag{3.4-8}$$

式中 μ——流体动力黏度，Pa·s；

l——圆管长度，m；

v——断面平均流速，m/s；

ρ——流体的密度，kg/m^3；

g——重力加速度，m/s^2；

d——圆管直径，m。

式（3.4－8）表明层流沿程水头损失与断面平均流速1次方成正比。将式（3.4－8）改写为通用的达西公式形式，可得圆管层流的沿程阻力系数为

$$\lambda=\frac{64}{Re} \tag{3.4-9}$$

式中 Re——雷诺数。

式（3.4－9）表明，层流的沿程阻力系数只是雷诺数的函数，与管壁粗糙度无关。

3.4.4 圆管紊流沿程水头损失计算

圆管紊流沿程水头损失一般采用式（3.4－1）进行计算。紊流分为光滑区、过渡区和粗糙区三个阻力区，紊流在不同阻力区有不同的阻力变化规律，所以在计算紊流沿程水头损失时，一般要先确定阻力区。

3.4.4.1 紊流阻力区的判别

由于一般工业管道和人工粗糙管的管壁粗糙情况有很大的差异，因此，工业管道与人工粗糙管的阻力区有不同的判别标准（见表3.4－1）。

表3.4－1　紊流阻力区的判别

阻力区	人工粗糙管	工业管道
紊流光滑区	$Re_* \leqslant 5$	$Re_* \leqslant 0.3$ 或 $2000 < Re \leqslant 0.32\left(\frac{d}{k_s}\right)^{1.28}$
紊流过渡区	$5 < Re_* \leqslant 70$	$0.3 < Re_* \leqslant 70$ 或 $0.32\left(\frac{d}{k_s}\right)^{1.28} < Re \leqslant 1000\left(\frac{d}{k_s}\right)$
紊流粗糙区	$Re_* > 70$	$Re_* > 70$ 或 $Re > 1000\left(\frac{d}{k_s}\right)$

注 Re_* 为粗糙雷诺数，$Re_*=\frac{v_* k_s}{\nu}$；k_s 为绝对粗糙度或当量粗糙度；ν 为运动黏度；v_* 为阻力速度，$v_*=v\sqrt{\frac{\lambda}{8}}$；$v$ 为断面平均流速；λ 为沿程阻力系数；Re 为雷诺数；d 为管径。

常用工业管道的当量粗糙度见表3.4－2。

表3.4－2　常用工业管道当量粗糙度 k_s 值

管道材料种类及状况	k_s（mm）	
	变化范围	平均值
Ⅰ. 无缝金属管及玻璃管		
1. 整体拉制的，光滑的，新的玻璃管、黄铜管、铅管	0.001～0.01	0.005
2. 状况同1的铝管	0.0015～0.06	0.03
3. 无缝钢管		
（1）新的，清洁的，敷设良好的	0.02～0.05	0.03
（2）用过几年后加以清洗的；涂沥青的；轻微锈蚀的；沉垢不多的	0.15～0.3	0.2
Ⅱ. 焊接钢管和铆接钢管		
1. 小口径焊接钢管（只有纵向焊缝的钢管）		
（1）新的，清洁的	0.03～0.1	0.05
（2）经清洗后锈蚀不显著的旧管	0.1～0.2	0.15

续表

管道材料种类及状况	k_s (mm)	
	变化范围	平均值
(3) 轻度锈蚀的旧管	0.3～0.7	0.50
(4) 中等锈蚀的旧管	0.8～1.5	1.0
(5) 严重锈蚀的或沉垢厚积的旧管	2.0～4.0	3.0
2. 大口径钢管		
(1) 纵缝和横缝都是焊接的，但都不束狭过水断面	0.3～1.0	0.7
(2) 纵缝焊接，横缝铆接（搭接），一排铆钉	≤1.8	1.2
(3) 纵缝焊接，横缝铆接（搭接），二排或二排以上铆钉	1.2～2.8	1.8
(4) 纵横缝都是铆接（搭接），一排铆钉，且板厚小于或等于 11mm	0.9～2.8	1.4
(5) 纵横缝都是铆接（有垫板），二排或二排以上铆钉，或者板厚大于 12mm	1.8～5.8	2.8
Ⅲ. 镀锌钢管		
1. 镀锌面光滑洁净的新管	0.07～0.1	
2. 镀锌面一般的新管	0.1～0.2	0.15
3. 用过几年之后的旧管	0.4～0.7	0.5
Ⅳ. 铸铁管		
1. 新管	0.20～0.50	0.3
2. 涂沥青的新管	0.10～0.15	
3. 涂沥青的旧管	0.12～0.30	0.18
4. 已运行的自来水管	1.4	
5. 已运行且有锈蚀或沉垢的管子	1～1.5	
6. 已运行且沉积显著的管子	2～4	
7. 多年运行后又清洗的管子	0.3～1.5	
8. 清洗，但蚀损严重的管子	≤3	
Ⅴ. 混凝土管及钢筋混凝土管		
1. 没有抹灰面层的		
(1) 钢模板，施工质量良好，接缝平滑	0.3～0.9	0.7
(2) 木模板，施工质量一般	1.0～1.8	1.2
(3) 木模板，施工质量不佳，模板错缝跑浆	3～9	4.0
2. 有抹灰面层，且抹灰面经过抹光	0.25～1.8	0.7
3. 有喷浆面层的		
(1) 用钢丝刷仔细刷过表面，并经仔细抹光	0.7～2.8	1.2
(2) 用钢丝刷刷过，且不允许喷浆脱落体凝结于衬砌面上	≥4	8
(3) 喷浆层是仔细喷的，但既未用钢丝刷刷饰，也未经抹光	≤36	11
4. 预制的混凝土管和钢筋混凝土管（离心法预制）	0.15～0.45	0.3
Ⅵ. 石棉水泥管		
1. 新的	0.05～0.1	0.09
2. 用过的	0.60	
Ⅶ. 塑料管		
1. 硬聚氯乙烯（UPVC）管	0.01～0.03	

续表

管道材料种类及状况	k_s（mm）	
	变化范围	平均值
2. 聚乙烯（PE）管	0.01～0.03	
3. 高密度聚乙烯（HDPE）管	0.01～0.03	
Ⅷ. 水龙带及橡胶软管		0.03
Ⅸ. 岩石泄水管道		
1. 未衬砌的岩石		
（1）条件中等的，即已把突出的岩块除去，且使壁面有所修整	60～320	180
（2）条件不利的，即壁面很不平整，断面稍有超挖	1000	
2. 部分衬砌的岩石（部分湿周上有喷浆面层、抹灰面层或衬砌面层）	≥30	180

3.4.4.2　沿程阻力系数 λ 的半经验公式

由混合长度理论结合人工粗糙管试验，得到如下两个 λ 值半经验公式：

紊流光滑区
$$\frac{1}{\sqrt{\lambda}} = 2\lg\left(\frac{Re\sqrt{\lambda}}{2.51}\right) \quad (3.4-10)$$

紊流粗糙区
$$\frac{1}{\sqrt{\lambda}} = 2\lg\frac{3.7d}{k_s} \quad (3.4-11)$$

式中　Re——雷诺数；

k_s——绝对粗糙度；

d——管径。

当 k_s 采用当量粗糙度时，式（3.4－10）和式（3.4－11）也同样适用于工业管道。

式（3.4－10）与式（3.4－11）结合成为柯列勃洛克（Colebrook）公式

$$\frac{1}{\sqrt{\lambda}} = -2\lg\left(\frac{k_s}{3.7d} + \frac{2.51}{Re\sqrt{\lambda}}\right) \quad (3.4-12)$$

式中各符号意义同式（3.4－10）和式（3.4－11）。

柯列勃洛克公式可用于工业管道的三个阻力区，又称为紊流 λ 的综合公式。由于式（3.4－12）适用范围广，与工业管道试验结果符合较好，在国内外得到了广泛应用。

3.4.4.3　沿程阻力系数 λ 的经验公式

1. 布拉休斯（Blasius）公式

$$\lambda = \frac{0.3164}{Re^{0.25}} \quad (3.4-13)$$

式（3.4－13）适用于紊流光滑区，在 $Re < 10^5$ 范围内，有较高的精度，得到广泛应用。

2. 希弗林松（Щифринсон）公式

$$\lambda = 0.11\left(\frac{k_s}{d}\right)^{0.25} \quad (3.4-14)$$

式中　k_s——当量粗糙度；

d——管径。

式（3.4－14）适用于紊流粗糙区。

3. 阿里特苏里（Альтщуль）公式

$$\lambda = 0.11\left(\frac{k_s}{d} + \frac{68}{Re}\right)^{0.25} \quad (3.4-15)$$

式中　k_s——当量粗糙度；

d——管径；

Re——雷诺数。

式（3.4－15）适用于紊流三个阻力区。

4. 巴尔（Barr）公式

$$\frac{1}{\sqrt{\lambda}} = -2\lg\left(\frac{k_s}{3.7d} + \frac{5.1286}{Re^{0.89}}\right) \quad (3.4-16)$$

式中各符号意义同式（3.4－12）。

式（3.4－16）也适用于紊流三个阻力区。与柯列勃洛克公式相比，巴尔公式最大误差仅为1%左右，有较高的精度，而且由于是 λ 的显式，计算简便。

5. 穆迪（Moody）图

为简化计算，穆迪以柯列勃洛克公式为基础，以相对粗糙度 $\frac{k_s}{d}$ 为参数，将 λ 作为 Re 的函数，绘制出工业管道沿程阻力系数曲线图，称为穆迪图（见图3.4－1）。在图上可根据 $\frac{k_s}{d}$ 和 Re，直接查出 λ 值，并可确定在该条件下所在的阻力区。

3.4.5　非圆断面管流沿程水头损失计算

对于非圆断面（如矩形、方形）管流，圆管流动的沿程水头损失计算公式、沿程阻力系数公式和雷诺数的计算公式仍然适用，但要用当量直径 d_e 代替直径 d。通常把与非圆形管道的水力半径相等的圆管直径，称为该非圆形管道的当量直径。与圆形管道相比，非圆形管道当量直径是水力半径的4倍，即

$$d_e = 4R \quad (3.4-17)$$

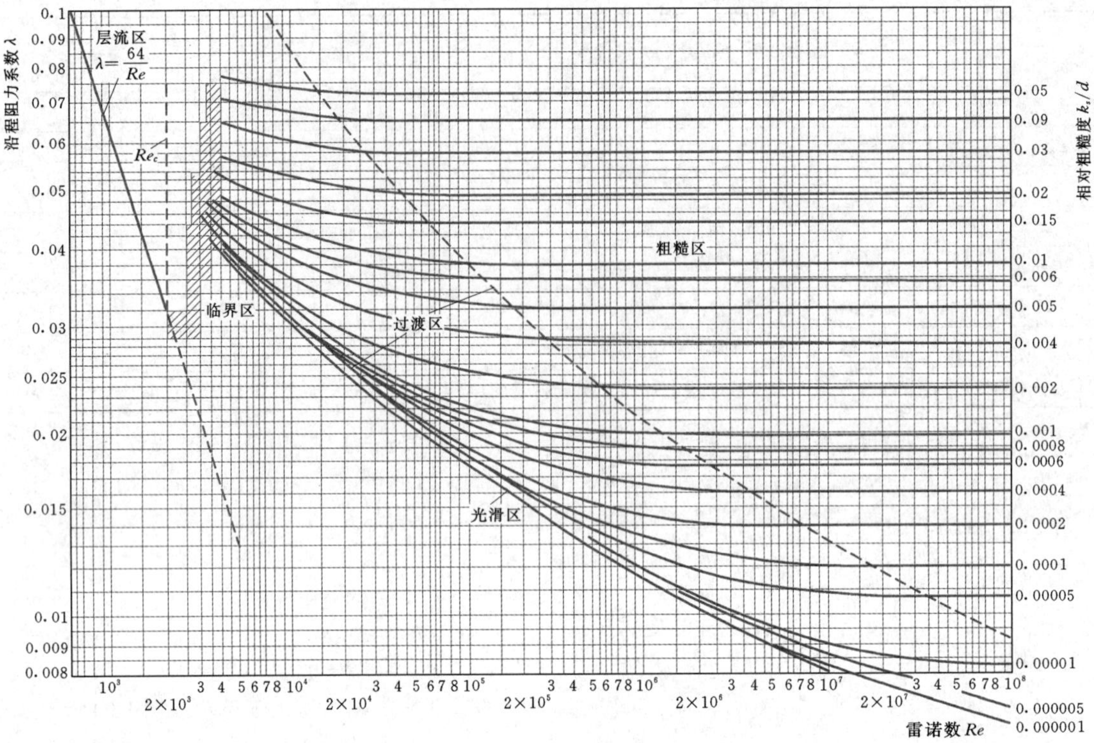

图 3.4-1 穆迪图

有了当量直径，只要用 d_e 代替 d，同样可以用达西公式来计算非圆形管道的沿程水头损失，即

$$h_f = \lambda \frac{l}{d_e} \frac{v^2}{2g} \tag{3.4-18}$$

其中 $$v = \frac{Q}{A}$$

式中 v——非圆形管道的断面平均流速；

A——非圆形管道的实际过流面积。

以当量直径为特征长度，非圆形管道的雷诺数为

$$Re = \frac{vd_e}{\nu} = \frac{v(4R)}{\nu} \tag{3.4-19}$$

用当量直径计算的雷诺数，也可近似用于判别非圆形管道的流动型态，其临界值仍然是 2000。

同样，可以用当量相对粗糙度 $\frac{k_s}{d_e}$ 代入沿程阻力系数公式计算非圆管流的 λ 值。

应用当量直径计算非圆形管道的沿程损失并不适用于所有情况，要注意以下两点：

(1) 形状与圆管差异很大的非圆管，如长缝形$\left(\text{矩形断面边长比}\frac{b}{a}>8\right)$、狭环形$\left(\text{外、内环直径比}\frac{d_2}{d_1}<3\right)$应用当量直径 d_e 计算存在较大误差。

(2) 层流应用当量直径 d_e 计算，误差较大。

3.4.6 明槽均匀流沿程水头损失计算

3.4.6.1 谢才公式

在实际工程中，对于渠道和天然河道等明槽流动，其沿程水头损失计算，通常采用下列谢才（Chezy）公式：

$$v = C\sqrt{RJ} \tag{3.4-20}$$

式中 v——均匀流断面平均流速，m/s；

R——水力半径，m；

J——水力坡度，对于明槽均匀流，$J=i$（渠底坡度）；

C——谢才系数，$m^{\frac{1}{2}}/s$，由 3.4.6.2 节中的经验公式确定。

谢才公式虽然是由渠道和河道实测资料归纳出来的经验公式，主要用于明槽恒定均匀流，但也可以用于管道恒定均匀流。谢才系数 C 与沿程阻力系数 λ 的关系为

$$C = \sqrt{\frac{8g}{\lambda}} \tag{3.4-21}$$

3.4.6.2 谢才系数

1. 曼宁（Manning）公式

$$C = \frac{1}{n} R^{\frac{1}{6}} \tag{3.4-22}$$

式中　n——粗糙系数（又称为糙率），是综合反映壁面对水流阻滞作用的一个系数，各种壁面的粗糙系数 n 值见表 3.4-3 和表 3.8-2；

R——水力半径，m。

表 3.4-3　　管道粗糙系数 n 值

管道种类		粗糙系数 n
钢管、铸铁管	水泥砂浆内衬	0.011～0.012
	涂料内衬	0.0105～0.0115
	旧钢管、旧铸铁管（未做内衬）	0.014～0.018
混凝土管	预应力混凝土管（PCP）	0.012～0.013
	预应力钢筒混凝土管（PCCP）	0.011～0.0125
塑料管	UPVC 管、PE 管、玻璃钢管	0.009～0.011

注　表中 n 值引自 GB 50013—2006、GB 50014—2006。

曼宁公式由于形式简单，粗糙系数可依据长期积累的丰富资料选定。对于 $n<0.02$、$R<0.5\text{m}$ 的小型渠道和输水管道，适用性较好，至今仍被国内外工程界广泛应用。

2. 巴甫洛夫斯基（Павловский）公式

$$C=\frac{1}{n}R^{y}\tag{3.4-23}$$

式中 n、R 符号意义同式（3.4-22）。

式（3.4-23）中指数 y 由下式确定：

$$y=2.5\sqrt{n}-0.13-0.75\sqrt{R}(\sqrt{n}-0.10)\tag{3.4-24}$$

其简化公式为

$$y=1.5\sqrt{n}(R<1.0\text{m})\tag{3.4-25a}$$

$$y=1.3\sqrt{n}(R>1.0\text{m})\tag{3.4-25b}$$

巴甫洛夫斯基公式的适用范围较广，为 $0.1\text{m}\leqslant R\leqslant 3.0\text{m}$、$0.011\leqslant n\leqslant 0.04$。

3.4.7　局部水头损失计算

无论是管流还是明流，局部水头损失计算均采用式（3.4-2），即

$$h_j=\zeta\frac{v^2}{2g}$$

式中　ζ——局部阻力系数或局部水头损失系数，其数值主要取决于水流的局部变化、边界的几何形状和尺寸，见表 3.4-4；

v——与 ζ 相应的断面平均流速，见表 3.4-4。

表 3.4-4　　管道及明渠的各种局部阻力系数

<table>
<tr><th>名称</th><th>简图</th><th colspan="12">局部阻力系数 ζ</th></tr>
<tr><td colspan="14">第一部分：管道</td></tr>
<tr><td>一、突然扩大</td><td>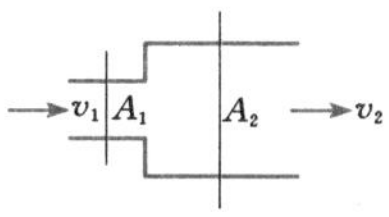</td><td colspan="12">$\zeta_1=\left(1-\frac{A_1}{A_2}\right)^2$　应用公式 $h_j=\zeta_1\frac{v_1^2}{2g}$
$\zeta_2=\left(\frac{A_2}{A_1}-1\right)^2$　应用公式 $h_j=\zeta_2\frac{v_2^2}{2g}$</td></tr>
<tr><td rowspan="8">二、逐渐扩大</td><td rowspan="8">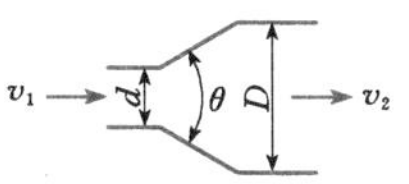$h_j=\zeta\frac{v_1^2}{2g}$（$\zeta$ 值见右表）</td><td>θ / $\frac{D}{d}$</td><td><4°</td><td>6°</td><td>8°</td><td>10°</td><td>15°</td><td>20°</td><td>25°</td><td>30°</td><td>40°</td><td>50°</td><td>60°</td></tr>
<tr><td>1.1</td><td>0.01</td><td>0.01</td><td>0.02</td><td>0.03</td><td>0.05</td><td>0.10</td><td>0.13</td><td>0.16</td><td>0.19</td><td>0.21</td><td>0.23</td></tr>
<tr><td>1.2</td><td>0.02</td><td>0.02</td><td>0.03</td><td>0.04</td><td>0.06</td><td>0.16</td><td>0.21</td><td>0.25</td><td>0.31</td><td>0.35</td><td>0.37</td></tr>
<tr><td>1.4</td><td>0.03</td><td>0.03</td><td>0.04</td><td>0.06</td><td>0.12</td><td>0.23</td><td>0.30</td><td>0.36</td><td>0.44</td><td>0.50</td><td>0.53</td></tr>
<tr><td>1.6</td><td>0.03</td><td>0.04</td><td>0.05</td><td>0.07</td><td>0.14</td><td>0.26</td><td>0.35</td><td>0.42</td><td>0.51</td><td>0.57</td><td>0.61</td></tr>
<tr><td>1.8</td><td>0.04</td><td>0.04</td><td>0.05</td><td>0.07</td><td>0.15</td><td>0.28</td><td>0.37</td><td>0.44</td><td>0.54</td><td>0.61</td><td>0.65</td></tr>
<tr><td>2.0</td><td>0.04</td><td>0.04</td><td>0.05</td><td>0.07</td><td>0.16</td><td>0.29</td><td>0.38</td><td>0.45</td><td>0.56</td><td>0.63</td><td>0.68</td></tr>
<tr><td>3.0</td><td>0.04</td><td>0.04</td><td>0.05</td><td>0.08</td><td>0.16</td><td>0.31</td><td>0.40</td><td>0.48</td><td>0.59</td><td>0.66</td><td>0.71</td></tr>
</table>

续表

<table>
<tr><th>名称</th><th>简 图</th><th>局部阻力系数 ζ</th></tr>
<tr><td>三、突然缩小</td><td>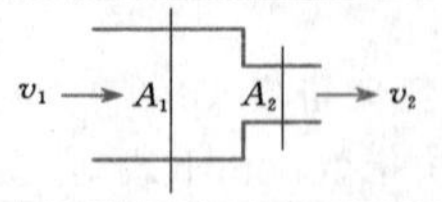</td><td>$h_j=\zeta\frac{v_2^2}{2g}$, $\zeta=0.5\left(1-\frac{A_2}{A_1}\right)$</td></tr>
<tr><td>四、逐渐缩小</td><td>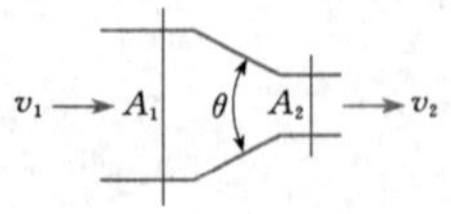$h_j=\zeta\frac{v_2^2}{2g}$（ζ值见右图）</td><td>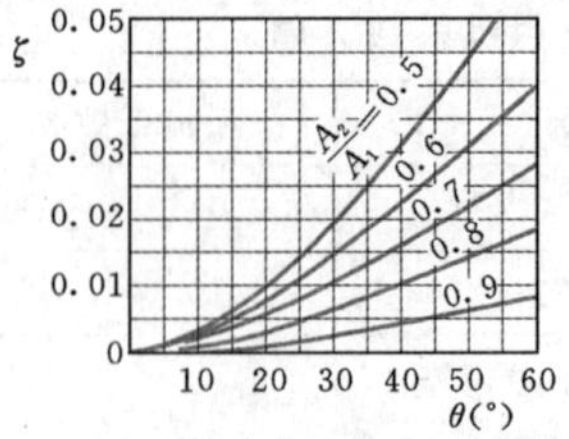</td></tr>
<tr><td rowspan="6">五、进口</td><td>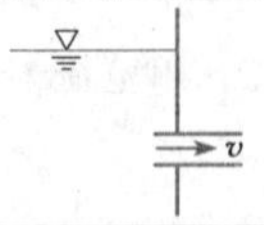</td><td>内插进口
$\zeta=1.0$</td></tr>
<tr><td>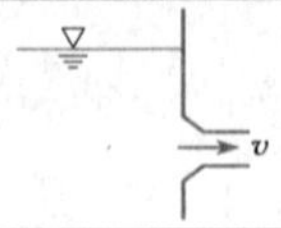</td><td>切角进口
$\zeta=0.25$</td></tr>
<tr><td>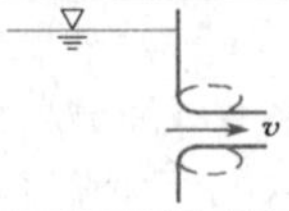</td><td>喇叭口
$\zeta=0.01\sim0.05$</td></tr>
<tr><td>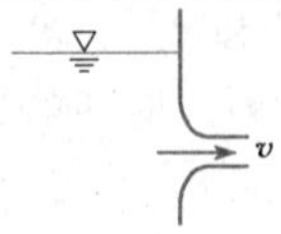</td><td>圆角进口
圆管 $\zeta=0.1$
方管 $\zeta=0.2$</td></tr>
<tr><td>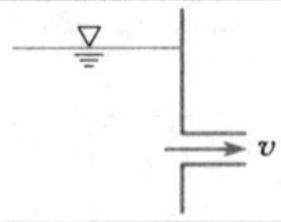</td><td>直角进口
$\zeta=0.5$</td></tr>
<tr><td>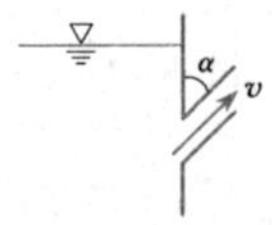</td><td>斜角进口
$\zeta=0.5+0.3\cos\alpha+0.2\cos^2\alpha$</td></tr>
<tr><td rowspan="2">六、出口</td><td>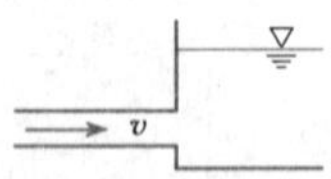</td><td>流入水池或水库 $\zeta=1.0$</td></tr>
<tr><td>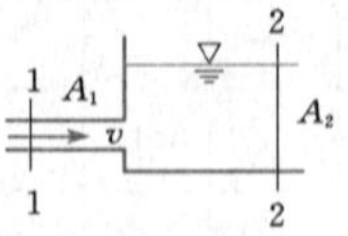</td><td>流 入 明 渠
<table>
<tr><td>$\frac{A_1}{A_2}$</td><td>0.1</td><td>0.2</td><td>0.3</td><td>0.4</td><td>0.5</td><td>0.6</td><td>0.7</td><td>0.8</td><td>0.9</td></tr>
<tr><td>ζ</td><td>0.81</td><td>0.64</td><td>0.49</td><td>0.36</td><td>0.25</td><td>0.16</td><td>0.09</td><td>0.04</td><td>0.01</td></tr>
</table></td></tr>
<tr><td>七、弯管</td><td>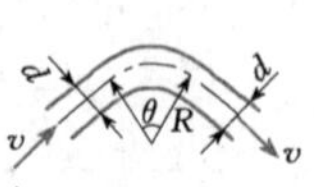</td><td>$\theta=90°$
<table>
<tr><td>$\frac{R}{d}$</td><td>0.5</td><td>1.0</td><td>1.5</td><td>2.0</td><td>3.0</td><td>4.0</td><td>5.0</td></tr>
<tr><td>$\zeta_{90°}$</td><td>1.2</td><td>0.80</td><td>0.60</td><td>0.48</td><td>0.36</td><td>0.30</td><td>0.29</td></tr>
</table>
任意角度， $\zeta_\theta=\beta\zeta_{90°}$
<table>
<tr><td>θ</td><td>20°</td><td>30°</td><td>40°</td><td>50°</td><td>60°</td><td>70°</td></tr>
<tr><td>β</td><td>0.40</td><td>0.55</td><td>0.65</td><td>0.75</td><td>0.83</td><td>0.88</td></tr>
<tr><td>θ</td><td>80°</td><td>90°</td><td>100°</td><td>120°</td><td>140°</td><td>160°</td><td>180°</td></tr>
<tr><td>β</td><td>0.95</td><td>1.00</td><td>1.05</td><td>1.13</td><td>1.20</td><td>1.27</td><td>1.33</td></tr>
</table></td></tr>
</table>

续表

名称	简　图	局部阻力系数 ζ

八、折管

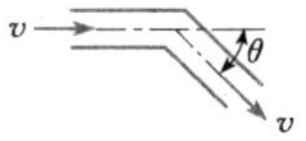

圆　管

θ	30°	40°	50°	60°	70°	80°	90°
ζ	0.20	0.30	0.40	0.55	0.70	0.90	1.10

矩　形　管

θ	15°	30°	45°	60°	90°
ζ	0.025	0.11	0.26	0.49	1.20

九、岔管

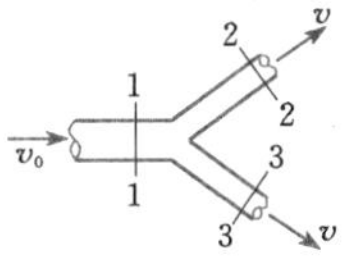

普通 Y 形对称分岔管

$$h_j=\zeta\frac{v_0^2}{2g},\quad \zeta=0.75$$

式中，v_0 为分岔前管内平均流速

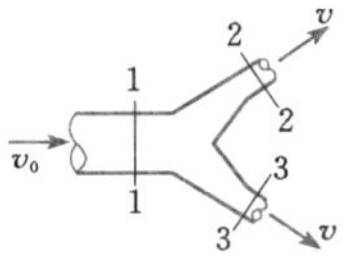

圆锥状 Y 形对称分岔管

（分岔开始后形成逐渐收缩的圆锥形）

$$h_j=\zeta\frac{v_0^2}{2g},\quad \zeta=0.50$$

式中，v_0 为分岔前管内平均流速

十、闸板式闸门

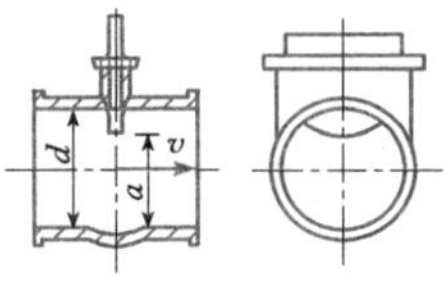

$\frac{a}{d}$	0	0.125	0.2	0.3	0.4	0.5	0.6	0.7	0.8	0.9	1.0
ζ	∞	97.3	35.0	10.0	4.60	2.06	0.98	0.44	0.17	0.06	0

十一、蝶形阀

部　分　开　启

α	5°	10°	15°	20°	25°	30°	35°
ζ	0.24	0.52	0.90	1.54	2.51	3.91	6.22

α	40°	45°	50°	55°	60°	65°	70°	90°
ζ	10.8	18.7	32.6	58.8	118.0	256.0	751.0	∞

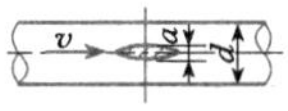

全　开

$\frac{a}{d}$	0.10	0.15	0.20	0.25
ζ	0.05～0.10	0.10～0.16	0.17～0.24	0.25～0.35

十二、截止阀

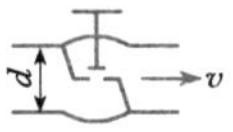

d（cm）	15	20	25	30	35	40	50	⩾60
ζ	6.5	5.5	4.5	3.5	3.0	2.5	1.8	1.7

十三、平板闸门

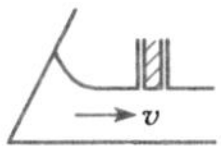

闸门全开 ζ=0.2～0.4

十四、弧形闸门

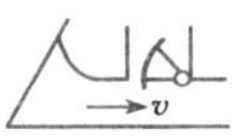

闸门全开 ζ = 0.2

十五、滤水阀（莲蓬头）

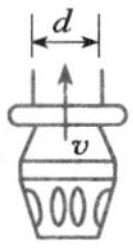

无底阀 ζ = 2 ～ 3

有底阀

d（mm）	40	50	75	100	150	200	250	300	350	400	500	750
ζ	12.0	10.0	8.5	7.0	6.0	5.2	4.4	3.7	3.4	3.1	2.5	1.6

续表

名称	简图	局部阻力系数 ζ
第二部分：明渠		
十六、拦污栅	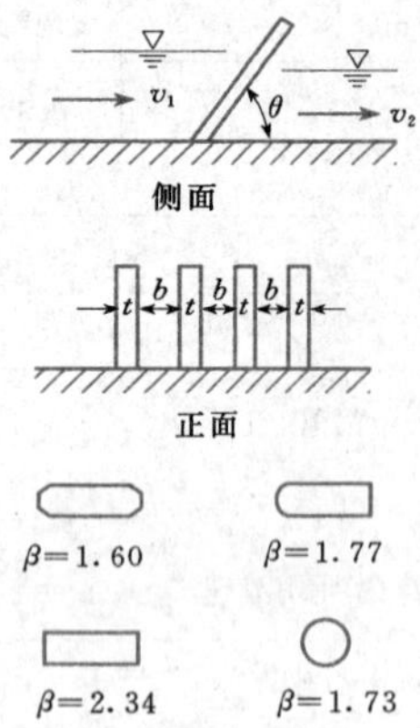	$h_j=\zeta\frac{v_1^2}{2g}$，　$\zeta=\beta\sin\theta\left(\frac{t}{b}\right)^{\frac{4}{3}}$ 式中，t 为栅格厚度；b 为栅格净间距；θ 为栅格倾角；β 为栅格的断面形状系数，其值见左图
十七、渠道收缩	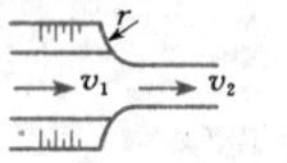	$h_j=\zeta\left(\frac{v_2^2}{2g}-\frac{v_1^2}{2g}\right)$ 圆弧 $\zeta=0.20$
	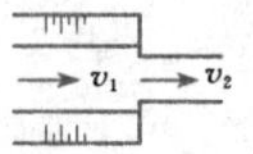	$h_j=\zeta\left(\frac{v_2^2}{2g}-\frac{v_1^2}{2g}\right)$ 直角 $\zeta=0.4$
	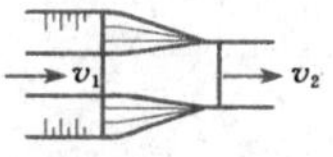	$h_j=\zeta\left(\frac{v_2^2}{2g}-\frac{v_1^2}{2g}\right)$ 扭曲面 $\zeta=0.10$
	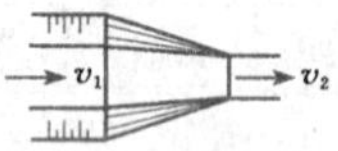	$h_j=\zeta\left(\frac{v_2^2}{2g}-\frac{v_1^2}{2g}\right)$ 楔形 $\zeta=0.20$
十八、渠道扩大	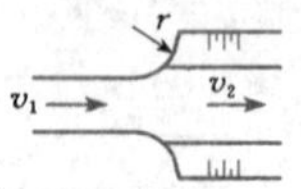	$h_j=\zeta\left(\frac{v_1^2}{2g}-\frac{v_2^2}{2g}\right)$ 圆弧 $\zeta=0.50$
	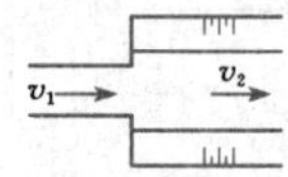	$h_j=\zeta\left(\frac{v_1^2}{2g}-\frac{v_2^2}{2g}\right)$ 直角 $\zeta=0.75$
	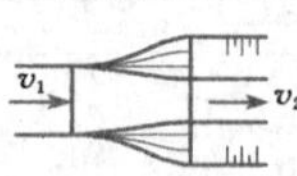	$h_j=\zeta\left(\frac{v_1^2}{2g}-\frac{v_2^2}{2g}\right)$ 扭曲面 $\zeta=0.30$
	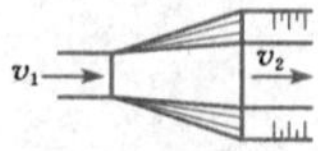	$h_j=\zeta\left(\frac{v_1^2}{2g}-\frac{v_2^2}{2g}\right)$ 楔形 $\zeta=0.50$
十九、渠弯	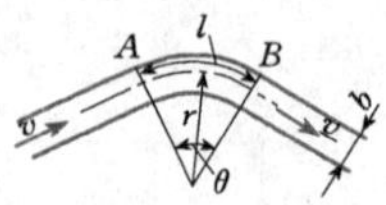	$h_j=\zeta\frac{v^2}{2g}$ $\zeta=\frac{19.62l}{C^2R}\left(1+\frac{3}{4}\sqrt{\frac{b}{r}}\right)$ 式中，R 为水力半径；b 为渠宽，对梯形断面应为水面宽；r 为渠弯轴线的弯曲半径；l 为渠弯长度；C 为谢才系数

3.4.8 绕流阻力

流体作用于绕流物体上的力可以分解为绕流阻力和升力（见图 3.4-2）。平行于来流方向的作用力称为绕流阻力，垂直于来流方向的作用力称为升力。

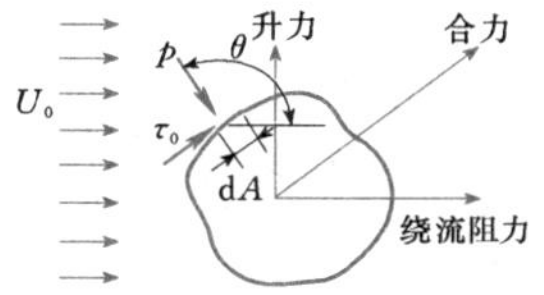

图 3.4-2 作用在绕流物体上的力

绕流阻力 F_D 包括摩擦阻力 F_f 和压差阻力 F_p 两部分，即

$$F_D = F_f + F_p \tag{3.4-26}$$

$$F_f = \int_s \tau_0 \sin\theta \mathrm{d}A \tag{3.4-27}$$

$$F_p = -\int_s p\cos\theta \mathrm{d}A \tag{3.4-28}$$

式中　A——绕流物体壁面的总表面积；

θ——物体壁面上微元面积的法线与速度方向的夹角。

绕流阻力计算公式为

$$F_D = C_D \frac{\rho U_0^2}{2} A \tag{3.4-29}$$

式中　ρ——流体的密度；

U_0——受绕流物体扰动前来流的速度；

$\frac{\rho U_0^2}{2}$——单位体积流体的动能；

A——绕流物体与来流速度方向垂直的迎流投影面积；

C_D——绕流阻力系数，主要取决于绕流物体形状和来流雷诺数 $Re=\frac{U_0 d}{\nu}$（d 为迎流面积的特征长度，如圆柱或圆球的直径），物面粗糙度和来流紊动程度也有一定影响。

C_D 值一般由试验方法确定，图 3.4-3 及图 3.4-4 为圆球、圆盘、椭球体及圆柱体二维绕流阻力系数曲线，表 3.4-5 列出了几种典型物体的绕流阻力系数值供参考。

当圆球绕流为 $Re<1$ 的层流时，通过 N—S 方程的简化，斯托克斯得出 C_D 的理论值为

$$C_D = \frac{24}{Re} \tag{3.4-30}$$

代入式（3.4-29），得

$$F_D = 3\pi\mu d U_0 \tag{3.4-31}$$

式中　μ——动力黏度，Pa·s；

d——圆球直径，m；

U_0——受绕流物体扰动前来流的速度，m/s。

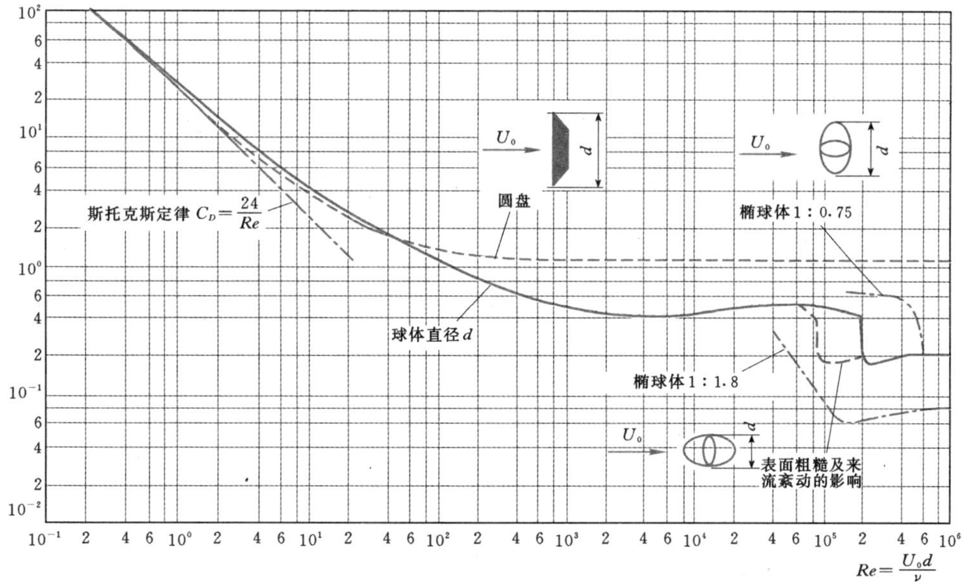

图 3.4-3 圆球、圆盘、椭球体的绕流阻力系数曲线

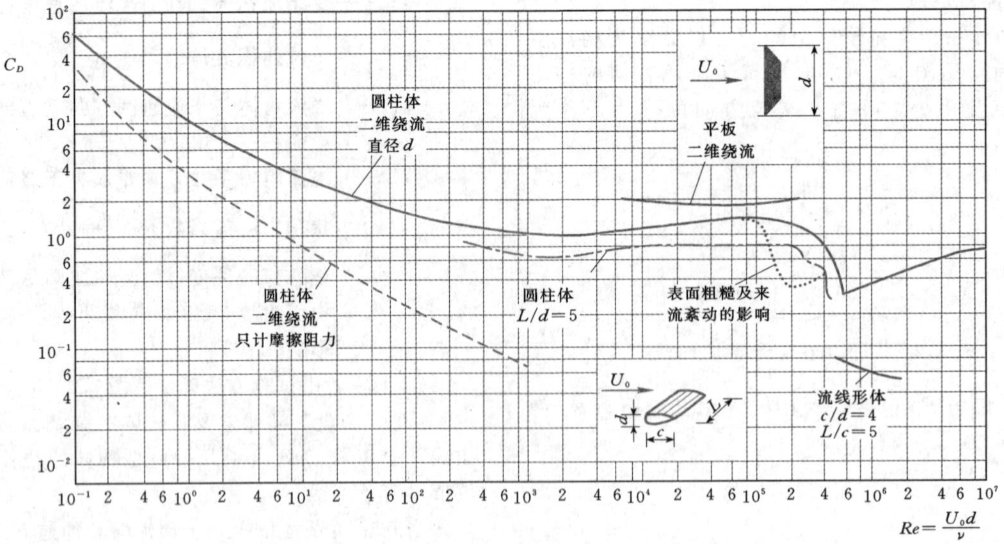

图 3.4-4 圆柱体二维绕流阻力系数曲线

表 3.4-5 几种典型物体的绕流阻力系数[9]

物体形状	示意图	特征长度	雷诺数范围	C_D	特征面积 A
平板	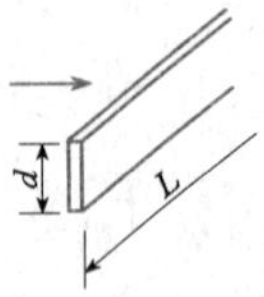	d	$>10^3$	$\frac{L}{d}=5$， $C_D=1.2$ $\frac{L}{d}=10$， $C_D=1.3$ $\frac{L}{d}=20$， $C_D=1.5$ $\frac{L}{d}=30$， $C_D=1.6$ $\frac{L}{d}=\infty$， $C_D=1.95$	dL
圆盘	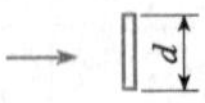	d	$>10^3$	1.17	$\frac{1}{4}\pi d^2$
圆球	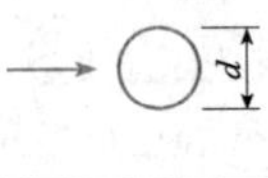	d	<1 $10^3\sim3\times10^5$ $>3\times10^5$	$\frac{24}{Re}$ 0.47 0.2	$\frac{1}{4}\pi d^2$
翼形	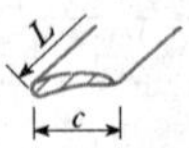	c	$>10^6$	0.007	CL
实心半球	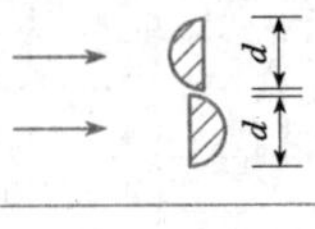	d	$10^4\sim10^6$ $10^4\sim10^6$	0.42 1.17	$\frac{1}{4}\pi d^2$
空心半球	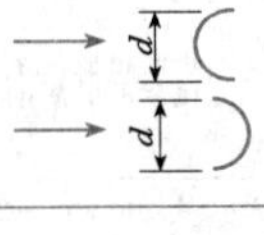	d	$10^4\sim10^6$ $10^4\sim10^6$	0.38 1.42	$\frac{1}{4}\pi d^2$
半圆管	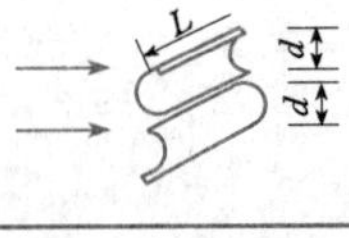	d	$10^4\sim10^6$ $10^4\sim10^6$	2 2.3	dL

续表

物体形状	示意图	特征长度	雷诺数范围	C_D	特征面积 A
圆柱	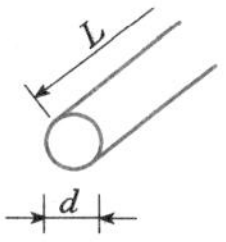	d	$10^3 \sim 10^5$	$\frac{L}{d}=5$，$C_D=0.8$ $\frac{L}{d}=10$，$C_D=0.83$ $\frac{L}{d}=20$，$C_D=0.93$ $\frac{L}{d}=30$，$C_D=1.0$ $\frac{L}{d}=\infty$，$C_D=1.2$	dL

3.5　孔口出流与管嘴出流

流体经孔口流出的现象称为孔口出流。当孔口具有锐缘，流体与孔壁只有在周线上接触，孔壁厚度不影响出流形态，称为薄壁孔口；否则，称为厚壁孔口。当壁厚达到 3～4 倍孔口高度，或在孔口上连接长为 3～4 倍孔径的短管，流体经短管流出并在出口断面满管出流的现象称为管嘴出流。

按孔口直径 d 与孔口形心点以上水头 H 的相对大小，可将孔口分为大孔口出流与小孔口出流两类。若 $d \leqslant 0.1H$，称为小孔口出流，可近似认为孔口断面上各点水头相等，忽略孔口上部和下部的出流差异；反之，称为大孔口出流。

根据孔口出流后周围介质的条件可分为自由出流和淹没出流。液体经孔口直接流入大气的出流，称为自由出流；反之，如果是在液面下由液体流入液体的出流，则称为淹没出流。孔口在出流过程中，作用水头不随时间变化的称为恒定出流；反之，称为非恒定出流。

3.5.1　恒定薄壁孔口出流

3.5.1.1　薄壁小孔口出流

1. 薄壁小孔口自由出流

孔口自由出流如图 3.5－1 所示，孔口自由出流流量的基本公式为

$$Q = v_c A_c = \varepsilon A\varphi\sqrt{2gH_0} = \mu A\sqrt{2gH_0} \tag{3.5-1}$$

其中
$$H_0 = H + \frac{\alpha_0 v_0^2}{2g}$$
$$v_c = \varphi\sqrt{2gH_0}$$
$$\varphi = \frac{1}{\sqrt{\alpha_c + \zeta_c}} \approx \frac{1}{\sqrt{1+\zeta_c}}$$
$$\varepsilon = \frac{A_c}{A}$$
$$\mu = \varepsilon\varphi$$

式中　H_0——作用水头；
v_c——收缩断面平均流速；
φ——流速系数；
ζ_c——孔口局部阻力系数；
ε——孔口收缩系数；
A——孔口面积；
A_c——收缩断面面积；
α_0——来流动能修正系数；
α_c——收缩断面动能修正系数；
μ——孔口流量系数。

在大雷诺数情况下，充分收缩的圆形锐缘小孔口收缩系数 $\varepsilon=0.64$、阻力系数 $\zeta_c=0.06$、流速系数 $\varphi=0.97$、流量系数 $\mu=0.62$。

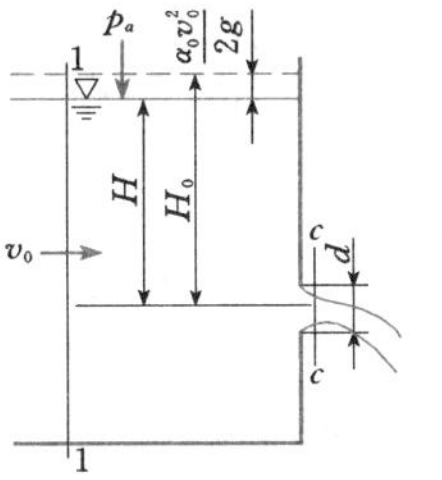

图 3.5－1　薄壁小孔口自由出流

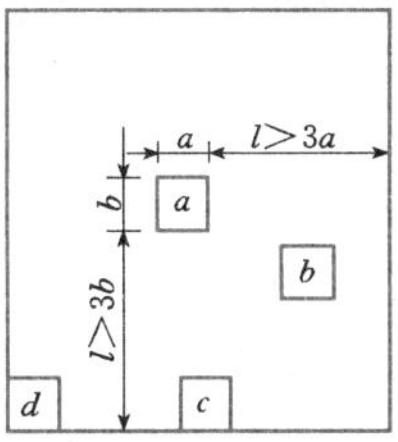

图 3.5－2　孔口在壁面上的位置

流速系数和流量系数取决于局部阻力系数和收缩系数。局部阻力系数及收缩系数与雷诺数 Re 及边界条件有关。水流在流出孔口后的水股收缩条件对孔口的流量系数具有重要的影响，影响因素主要是孔口在壁面上的位置、孔口边缘情况及孔口形状，其中孔口位置的影响较大。工程中经常遇到的孔口出流问题雷诺数 Re 较大，流动处在阻力平方区，可认为局部阻力系数及收缩系数不随 Re 变化。

孔口在壁面上的位置，对收缩系数有直接影响。当孔口的全部边界都不与相邻的容器底边和侧边重合时（见图 3.5－2 中 a、b 处），孔口四周各方向流束都发生收缩，这种孔口称为全部收缩孔口；否则称为非全部收缩孔口（见图 3.5－2 中 c、d 处）。全部收

缩孔口又有完善收缩和不完善收缩之分：凡孔口与相邻壁面的距离大于同方向孔口尺寸的3倍（$l>3a$ 和 $l>3b$），孔口出流的收缩不受距壁面远近的影响，为完善收缩（见图3.5－2中 a 处），否则称为不完善收缩（见图3.5－2中 b 处）。

对于非全部收缩孔口，可按下式计算：

$$\mu' = \mu\left(1 + c\,\frac{S}{\chi}\right) \tag{3.5-2}$$

式中 μ——全部收缩时孔口流量系数；

c——与形状有关的系数，对圆孔取0.13，对方孔取0.15；

S——未收缩部分的周长；

χ——孔口的全部周长。

全部收缩中，对于不完善收缩的孔口，可按下式计算：

$$\mu'' = \mu\left[1 + 0.64\left(\frac{A}{A_0}\right)^2\right] \tag{3.5-3}$$

式中 μ——全部收缩时孔口流量系数；

A——孔口面积；

A_0——孔口所在壁面的有水部分面积。

2．薄壁小孔口淹没出流

淹没出流如图3.5－3所示，出孔水流淹没在下游水面之下，这种情况下流量的基本公式与自由出流情况的完全相同，流速系数亦相同。但在淹没出流情况下，孔口的水头 H 则取孔口上、下游的水面高差。因此，孔口淹没出流的流速和流量均与孔口的淹没深度无关，也无“大”、“小”孔口的区别。

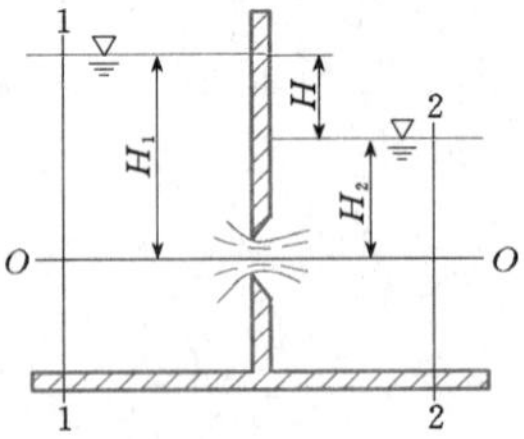

图3.5－3 薄壁小孔口淹没出流

3.5.1.2 薄壁大孔口

1．薄壁大孔口自由出流

如图3.5－4所示，当水流通过大孔口出流时，大孔口可看做由许多小孔口组成，积分求其流量总和，在整个大孔口上积分得如下大孔口流量公式：

$$Q = \frac{2}{3}\mu b\sqrt{2g}\left(H_2^{\frac{3}{2}} - H_1^{\frac{3}{2}}\right) \tag{3.5-4}$$

式中 H_1——孔口上缘处水深，m；

H_2——孔口下缘处水深，m；

b——孔口断面宽度，m；

μ——大孔口自由出流的流量系数，由表3.5－1查取。

实际计算表明，小孔口的流量计算公式（3.5－1）也适用于任意形状的大孔口自由出流，式中 H_0 应为大孔口形心的水头，其流量系数 μ 值因收缩系数较小孔口要大，因而流量系数亦较大。

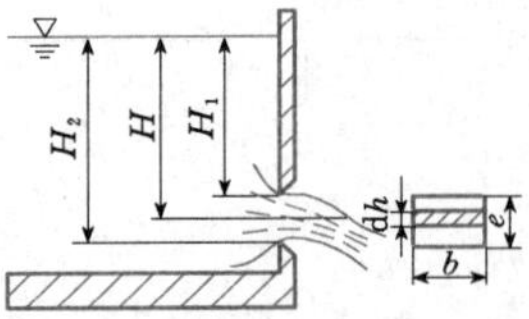

图3.5－4 薄壁大孔口自由出流

表3.5－1 大孔口自由出流的流量系数 μ

孔口形状和水流收缩情况	流量系数 μ
中型孔口，射流在各方面均有收缩，无导流壁	0.65
大型孔口，收缩不完善，但各方面均有收缩，来流条件较难确定	0.70
底部孔口，侧收缩影响较大	0.65～0.70
底部孔口，侧收缩影响适度	0.70～0.75
底部孔口，各侧来流均匀缓慢	0.80～0.85
孔口各侧来流都极为均匀缓慢	0.90

2．倾斜壁面薄壁大孔口自由出流

倾斜壁面上矩形大孔口出流的流量公式为

$$Q = \frac{2}{3}\mu\frac{b\sqrt{2g}}{\sin\theta}\left(H_2^{\frac{3}{2}} - H_1^{\frac{3}{2}}\right) \tag{3.5-5}$$

式中 θ——倾斜壁面与水平方向夹角；

μ——大孔口自由出流的流量系数，可取为0.60～0.62；

其他符号意义同式（3.5－4）。

3．矩形大孔口淹没出流

矩形大孔口淹没出流的流量公式为

$$Q = \mu A\sqrt{2gz_0} \tag{3.5-6}$$

其中

$$z_0 = z + \frac{v_0^2}{2g}$$

式中 A——孔口面积，m^2；

z_0——计入行近流速水头的作用水头，m；

z——上、下游的水位差，m；

v_0——来流流速；

μ——大孔口自由出流的流量系数，由表3.5－1查取。

4．矩形大孔口半淹没出流

如图3.5－5所示，矩形大孔口半淹没出流的流量公式为

$$Q = \sigma\mu A\sqrt{2gH} \tag{3.5-7}$$

其中　　　　$H=\frac{1}{2}(H_1+H_2)$

式中　A——孔口面积，m^2；

H——孔口中心处的水头，m；

μ——大孔口自由出流的流量系数，由表 3.5-1 查取；

σ——淹没修正系数，取决于淹没高度及孔口上下缘的淹没水深，见表 3.5-2。

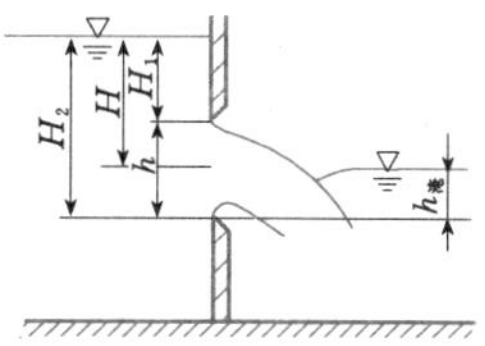

图 3.5-5　矩形大孔口半淹没出流

表 3.5-2　　**矩形大孔口半淹没出流的淹没系数**

$\eta=\frac{h_淹}{H_2}$	$\varphi=\frac{H_1}{H_2}$										
	0	0.1	0.2	0.3	0.4	0.5	0.6	0.7	0.8	0.9	1.0
0.1	0.991	0.989	0.987	0.985	0.983	0.981	0.979	0.977	0.975	0.973	—
0.2	0.981	0.977	0.973	0.968	0.963	0.958	0.953	0.948	0.945	—	—
0.3	0.970	0.963	0.956	0.945	0.934	0.922	0.914	0.907	—	—	—
0.4	0.956	0.947	0.932	0.917	0.898	0.879	0.866	—	—	—	—
0.5	0.937	0.923	0.901	0.874	0.840	0.816	—	—	—	—	—
0.6	0.907	0.885	0.845	0.803	0.756	—	—	—	—	—	—
0.7	0.856	0.817	0.762	0.679	—	—	—	—	—	—	—
0.8	0.776	0.712	0.577	—	—	—	—	—	—	—	—
0.9	0.621	0.426	—	—	—	—	—	—	—	—	—
1.0	—	—	—	—	—	—	—	—	—	—	—

5. 直立壁面上圆形大孔口自由出流

$$Q=\mu'\left[1-\frac{1}{32}\left(\frac{r}{H}\right)^2-\frac{5}{1024}\left(\frac{r}{H}\right)^4-\cdots\right]\pi r^2\sqrt{2gH} \tag{3.5-8}$$

式中　r——圆孔的半径，m；

H——孔口中心处的水头，m；

μ'——圆形大孔口自由出流的流量系数，由图 3.5-6 查取。

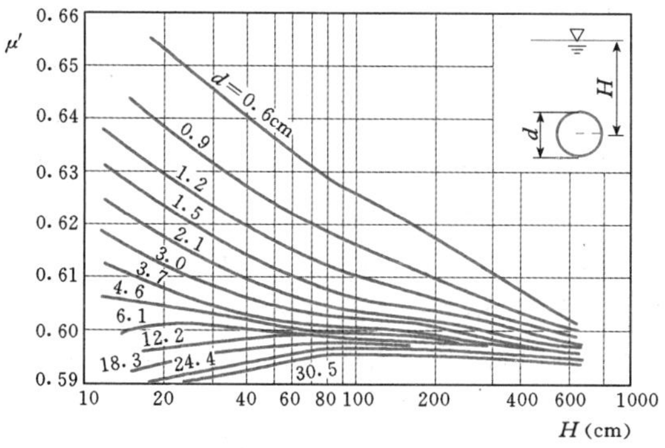

图 3.5-6　圆形大孔口自由出流的流量系数

3.5.2　管嘴出流

3.5.2.1　圆柱形外管嘴恒定出流

如图 3.5-7 所示，在孔口断面处接一直径与孔口完全相同的圆柱形长为 3～4 倍孔径的短管，这样的短管称为圆柱形外管嘴。水流进入管嘴后形成收缩，在收缩断面 $c-c$ 处主流与管壁分离，形成漩涡区；然后又逐渐扩大，在管嘴出口断面上，水流充满整个断面流出。管嘴出口速度及流量分别为

$$v=\varphi\sqrt{2gH_0} \tag{3.5-9}$$

$$Q=\mu A\sqrt{2gH_0} \tag{3.5-10}$$

其中　　　　$H_0=H+\frac{\alpha_0 v_0^2}{2g}$

式中　H_0——孔口中心处的作用水头，m；

φ——管嘴流速系数，一般情况下，$\varphi\approx0.82$；

μ——管嘴流量系数，因出口无收缩，$\mu=\varphi\approx0.82$。

对于圆柱形外管嘴恒定淹没出流情况，采用相同形式的公式，式中的作用水头 H_0 取管嘴上、下游的水头差。

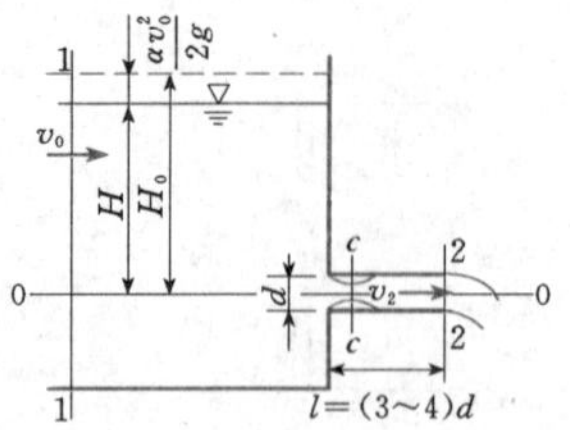

图 3.5-7 圆柱形外管嘴恒定出流

3.5.2.2 圆柱形外管嘴的真空

式（3.5-10）与式（3.5-1）虽然形式相同，但流速系数的不同使得相同条件下管嘴的过流能力为孔口的1.32倍。孔口外面加设管嘴后，增加了阻力，但是由于收缩断面处真空的作用，流量反而增加。作用水头 H_0 愈大，收缩断面处的真空度愈大。圆柱形外管嘴收缩断面处真空度可达作用水头的0.75倍，相当于把管嘴的作用水头增大了75%，这就是相同直径、相同作用水头下圆柱形外管嘴的流量比孔口大的原因。

圆柱形外管嘴的正常工作条件是：作用水头 $H_0\leqslant 9$m、管嘴长度 $l=(3\sim4)d$。

3.5.2.3 其他常用管嘴

除圆柱形外管嘴之外，为了提高管嘴的泄水能力或为了提高（降低）出口的流速，工程上常采用如图3.5-8所示的管嘴形式，其出流的基本公式都与圆柱形外管嘴的公式相同，但各自具有不同的水力特点。

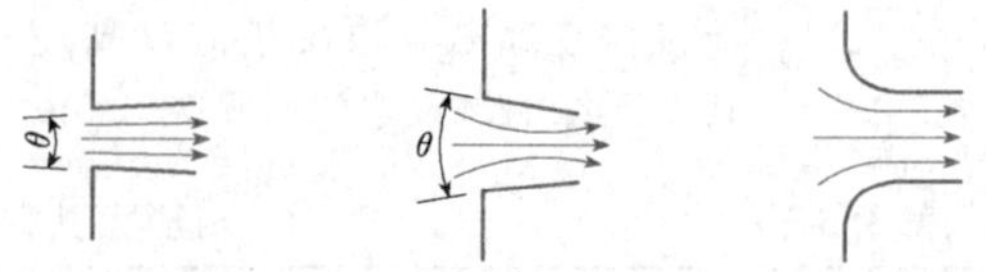

(*a*) 圆锥形扩张管嘴 (*b*) 圆锥形收缩管嘴 (*c*) 流线形管嘴

图 3.5-8 不同的管嘴形式示意图

圆锥形扩张管嘴［见图3.5-8(*a*)］在收缩断面处形成真空，其真空值随圆锥角增大而加大，具有较大的过流能力和较低的出口流速，适用于要求形成较大真空或者出口流速较小情况，其扩张角 $\theta=5°\sim7°$，太大则形成孔口出流。圆锥形收缩管嘴［见图3.5-8(*b*)］，具有较大的出口流速。流线形管嘴［见图3.5-8(*c*)］，水流在管嘴内无收缩及扩大，阻力系数最小。各种孔口、管嘴出流的水力特性如表3.5-3所示。

表 3.5-3 孔口、管嘴的水力特性

类型	薄壁锐边小孔口	修圆小孔口	圆柱形外管嘴	圆锥形扩张管嘴（$\theta=5°\sim7°$）	圆锥形收缩管嘴	流线形管嘴
示意图	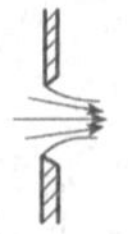	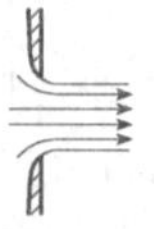	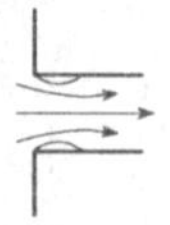	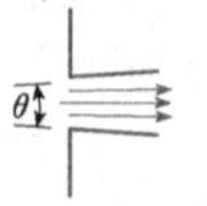	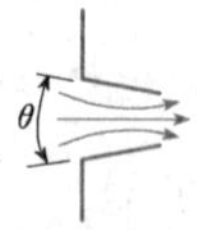	
阻力系数 ζ	0.06		0.5	3.0～4.0	0.09	0.04
收缩系数 ε	0.64	1.00	1.00	1.00	0.98	1.00
流速系数 φ	0.97	0.98	0.82	0.45～0.50	0.96	0.98
流量系数 μ	0.62	0.98	0.82	0.45～0.50	0.94	0.98
出口单位动能 $\frac{v^2}{2g}=\varphi^2 H_0$	$0.95H_0$	$0.96H_0$	$0.67H_0$	$(0.20\sim0.25)H_0$	$0.90H_0$	$0.96H_0$

3.5.3 变水头下孔口与管嘴出流

变水头出流属非恒定流。如容器中水位变化缓慢，可以忽略惯性水头，则可以把整个出流过程划分为许多微小时段 dt，并认为在每一时段 dt 内水位是恒定不变的，仍可采用孔口恒定出流的公式，这样就把非恒定流问题转化为恒定流问题处理。容器及蓄水池的泄空问题皆可按孔口（或管嘴）的变水头出流问题计算。

如图3.5-9所示，设某时刻 t，孔口的水头 h，容器内水的表面积为 Ω，孔口面积为 A，在微小时段 dt 内，经孔口流出的液体体积为 $Q\mathrm{d}t=\mu A\sqrt{2gh}\mathrm{d}t$，在同一时段内，容器内水面降落 d$h$，于是液体所减少的体积为 $\mathrm{d}V=-\Omega\mathrm{d}h$。由于从孔口流出的液体体积应该和容器中液体体积减少量相等 $Q\mathrm{d}t=-\Omega\mathrm{d}h$，因此，$\mu A\sqrt{2gh}\mathrm{d}t=-\Omega\mathrm{d}h$，得

$$\mathrm{d}t=-\frac{\Omega}{\mu A\sqrt{2g}}\frac{\mathrm{d}h}{\sqrt{h}} \qquad (3.5-11)$$

对式（3.5-11）积分，得到水头由 H_1 降至 H_2

所需的时间为

$$t=\int_{H_1}^{H_2}-\frac{\Omega}{\mu A\sqrt{2g}}\frac{dh}{\sqrt{h}} \quad (3.5-12)$$

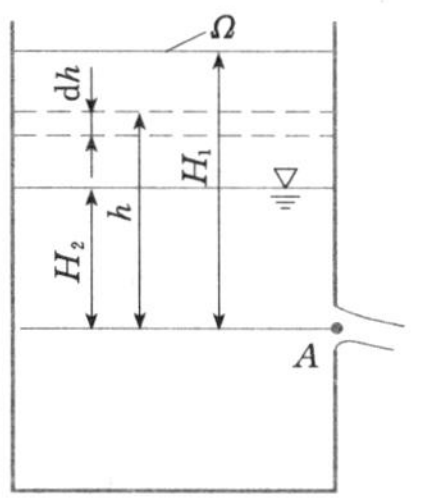

图 3.5-9 变水头下孔口出流

若容器水体表面面积 $\Omega=\Omega(h)$ 为已知函数，则式（3.5-12）可积分求解。

当容器为柱体，$\Omega=$常数，则有

$$t=\frac{2\Omega}{\mu A\sqrt{2g}}(\sqrt{H_1}-\sqrt{H_2}) \quad (3.5-13)$$

当 $H_1=H$，$H_2=0$，即可得容器水面降至孔口处所需的时间为

$$t=\frac{2\Omega\sqrt{H}}{\mu A\sqrt{2g}}=\frac{2\Omega H}{\mu A\sqrt{2gH}}=\frac{2V}{Q_{\max}} \quad (3.5-14)$$

式中 V——容器泄空体积；

$Q_{\max}$——变水头情况下，开始出流的最大流量。

式（3.5-14）表明，变水头出流时容器“泄空”所需要的时间，等于在起始水头 H 恒定作用下出流流出相同体积所需时间的 2 倍。

3.5.4 孔口出流时漏斗的估算

大孔口出流时，表面漩涡发展到一定阶段将产生掺气漏斗，使空气腔体贯穿整个泄水孔上部的水体进入泄水孔内，减少泄水孔的工作面积，从而降低其泄流能力。

3.5.4.1 底面孔口泄流

如图 3.5-10 所示，若水深小于临界水深，即 $H<H_{cr}$，则空气开始钻入泄水孔内，形成不稳定的掺气漏斗，这时的临界水深为

$$H_{cr}=0.5D\left(\frac{v_0}{\sqrt{gD}}\right)^{0.55} \quad (3.5-15)$$

式中 D——泄水孔直径，m；

v_0——孔口下方 $0.5D$ 处收缩断面的平均流速，m/s。

若实际水深小于临界水深 $H<H_{cr,st}$，则空气持

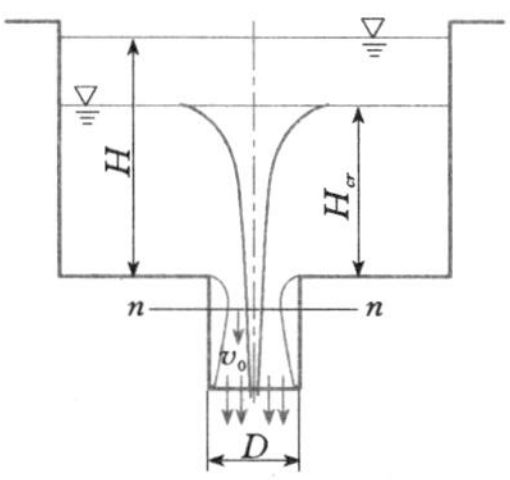

图 3.5-10 底面孔口泄流

续钻入泄水孔内，形成稳定的掺气漏斗，这时的临界水深为

$$H_{cr,st}\leqslant 0.36D\left(\frac{v_0}{\sqrt{gD}}\right)^{\frac{2}{3}} \quad (3.5-16)$$

式中各符号意义同式（3.5-15）。

3.5.4.2 侧面孔口泄流

如图 3.5-11 所示，若 $H<H_{cr}$，则发生掺气漏斗。如果孔口位置远离底面，则临界水深的计算仍然按式（3.5-15）、式（3.5-16）计算。如果孔口位置是紧靠底面的，临界水深的值则应按图 3.5-11（b）上曲线查取。

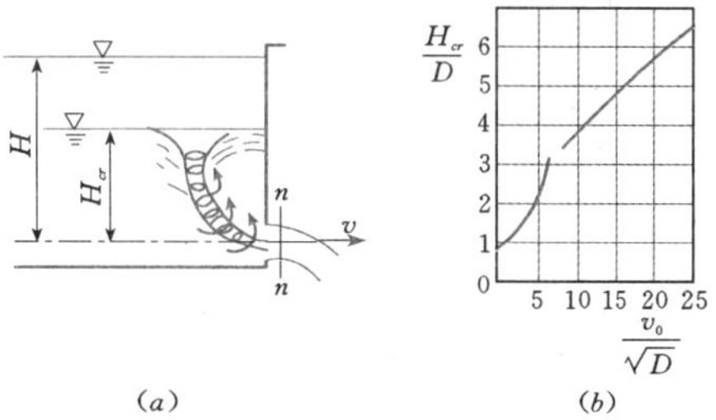

图 3.5-11 直立孔口临界水深求解图

3.5.4.3 闸孔泄流

如图 3.5-12 所示，闸孔泄流时，掺气漏斗发生在闸门和闸墩之间的角隅处。当闸墩长度与闸孔净宽的比值 $\frac{L}{b}\leqslant 0.5\sim 0.8$ 时，出现强大的吸气漏斗。在长闸墩情况下，掺气漏斗只出现在闸门前。当闸门下缘的淹没深度为 h 时，掺气漏斗初始位置发生在距闸门上游 $l=0.2h$ 处，并不断向上游移动，稳定的掺气漏斗，其轴心线距闸门的距离为 $l=(0.8\sim 0.85)h$。

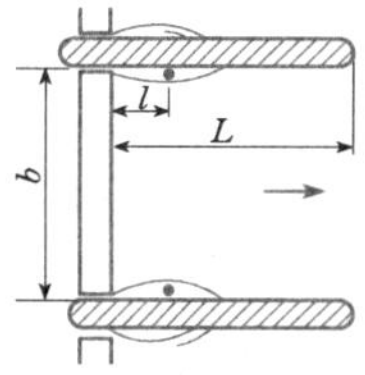

图 3.5-12 闸孔泄流掺气漏斗示意图

3.6 有压管道中的恒定流

有压管道是指这类管道被液体完全充满，并且在其周界各点受到液体的压强作用。一般来说，有压管道断面各点压强不等于大气压强。有压管道中的恒定流是指有压管道中流体运动要素时均值不随时间而改变的流体流动。

管道按布置方式的不同可分为简单管道和复杂管道。简单管道是指单线管道的内径和沿程阻力系数不变的管道，并可根据沿程水头损失和局部水头损失在总水头损失中所占比重的不同分为长管和短管。所谓

长管是指管道中的水头损失以沿程水头损失为主，局部损失和流速水头所占的比重很小，在计算中可以忽略的管道；所谓短管是指局部损失和流速水头具有相当的数值，在计算时不可以忽略的管道。复杂管道是由不同直径、不同长度的管道组合而成的管道系统，并根据多根管道连接方式的不同可分为串联管道、并联管道、枝状管网和环状管网。

3.6.1　简单管道中的恒定有压流

3.6.1.1　流量的计算

一般有压管道，进口都是淹没的，而出口断面则分自由出流和淹没出流两种情况。

1. 自由出流

管道出口水流流入大气的出流，称为自由出流，如图 3.6-1 所示。

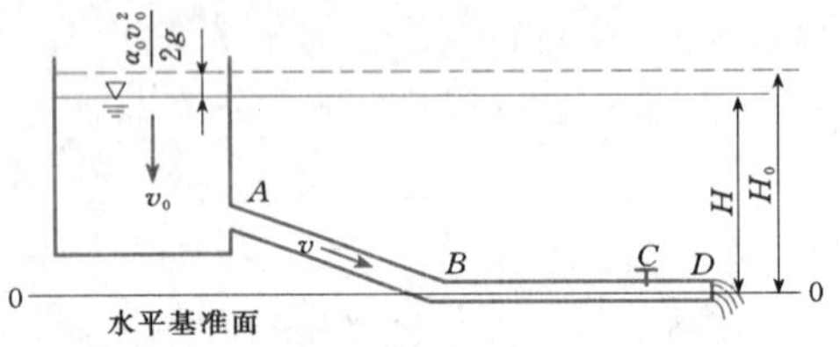

图 3.6-1　自由出流

管道自由出流的流量计算公式为

$$Q=\frac{1}{\sqrt{\alpha+\lambda\frac{l}{d}+\sum\zeta}}A\sqrt{2gH_0}=\mu_c A\sqrt{2gH_0} \tag{3.6-1}$$

其中
$$\mu_c=\frac{1}{\sqrt{\alpha+\lambda\frac{l}{d}+\sum\zeta}}$$
$$H_0=H+\frac{\alpha v_0^2}{2g}$$

式中　μ_c——管道系统流量系数；

α——动能修正系数；

A——管道断面面积；

d——管道内径；

l——管道计算段长度；

H_0、H——包括、不包括行近流速水头的作用水头；

v_0——行近流速；

λ——沿程水头损失系数；

$\sum\zeta$——管道计算段中各局部水头损失系数之和。

2. 淹没出流

管道出口淹没于水面之下的出流，称为淹没出流，如图 3.6-2 所示。

淹没出流的管流流量计算式为

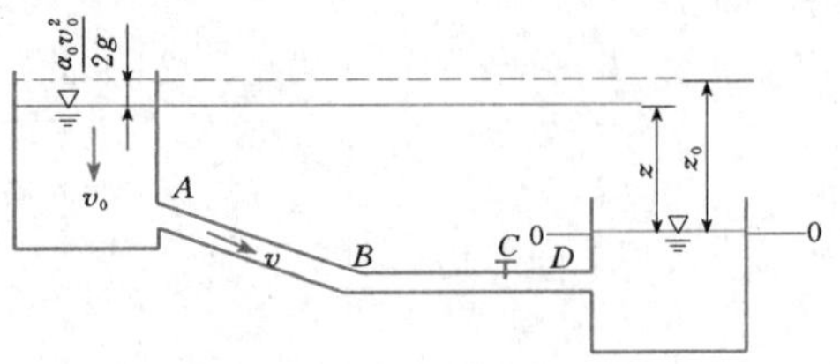

图 3.6-2　淹没出流

$$Q=\frac{1}{\sqrt{\lambda\frac{l}{d}+\sum\zeta}}A\sqrt{2gz_0}=\mu_c A\sqrt{2gz_0} \tag{3.6-2}$$

其中
$$\mu_c=\frac{1}{\sqrt{\lambda\frac{l}{d}+\sum\zeta}}$$

式中　μ_c——管道系统流量系数；

$\sum\zeta$——包括管道出口水头损失系数在内的计算段中各局部水头损失系数之和；

z_0——包括行近流速水头的上下游水面高程差。

3.6.1.2　测压管水头线

通过绘制测压管水头线，可获得管道系统各断面上的压强和压强沿程分布规律。测压管水头线的绘制步骤如下：

(1) 选定基准线 0—0（见图 3.6-3）。

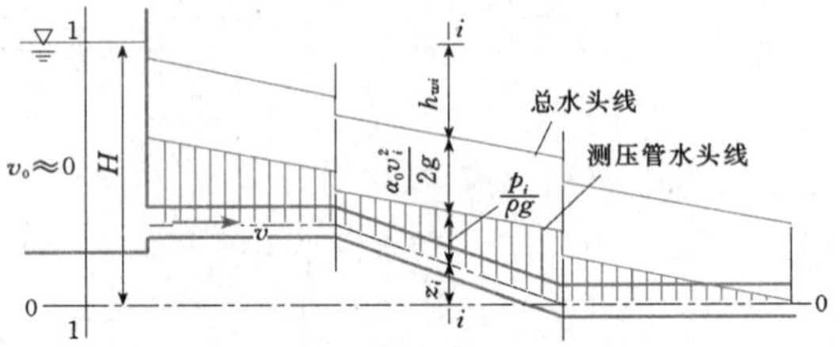

图 3.6-3　测压管水头线

(2) 由计算获得的管道流量 Q，求出第 i 管段的流速 v_i 和流速水头 $\frac{v_i^2}{2g}$。

(3) 计算从起始断面到第 i 管段的沿程水头损失 $\sum h_{fi}$ 和局部水头损失 $\sum h_{ji}$。

(4) 计算第 i 过水断面的总水头值：

$$H_i=H_0-\sum h_{fi}-\sum h_{ji}$$

其中
$$H_0=H+\frac{\alpha_0 v_0^2}{2g}$$

由基准线向上按一定比尺可画出各断面的总水头，其连线称为总水头线，如图 3.6-3 所示。

(5) 由相应的总水头减去流速水头，即为测压管水头 $z_i+\frac{p_i}{\rho g}=H_i-\frac{\alpha_0 v_i^2}{2g}$，其连线即为测压管水头线，如图 3.6-3 所示。

图 3.6-4 为管道系统进口和淹没出口的总水头线和测压管水头线。

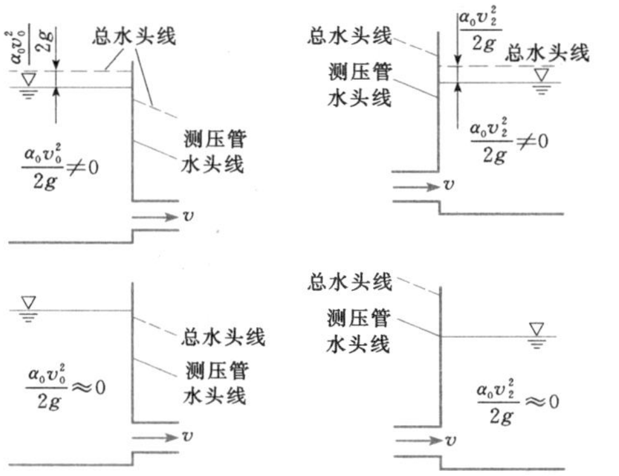

(a) 管道系统进口处水头线　　(b) 淹没出口处水头线

图 3.6-4　管道系统进口和淹没出口总水头线和测压管水头线

3.6.1.3　管道直径 *d* 的选定

在确定了管线布置和输送流量 Q 后，确定管道断面尺寸（或管径 d）和计算作用水头 H。

管径的确定需要进行技术经济的综合比较，一般经济管径可由下式计算：

$$d=\sqrt{\frac{4Q}{\pi v_e}} \tag{3.6-3}$$

式中　v_e——管道经济流速，见表 3.6-1。

表 3.6-1　各种类型管道的经济流速 v_e[5]

管道类型	经济流速 (m/s)
水泵吸水管	0.8～1.25
水泵压水管	1.5～2.5
露天钢管	4～6
地下钢管	3～4.5
钢筋混凝土管	2～4
水电站引水管	5～6
自来水管 d=100～200mm	0.6～1.0
自来水管 d=200～400mm	1.0～1.4

由管道产品规格选用接近经济管径又满足输送流量要求的管道，然后由此管径计算管道系统的作用水头。

3.6.2　复杂管道中的恒定有压流

复杂管道系统有两种基本类型管道，即串联管道和并联管道，一般都以沿程水头损失为主，按长管计算。

3.6.2.1　串联管道

串联管道如图 3.6-5 所示。当串联管道中各管段的流量相等时，即 $Q_1=Q_2=Q_3=Q$，串联管道的流量计算式为

$$Q=\frac{1}{\sqrt{\sum\frac{l_i}{K_i^2}}}\sqrt{H} \tag{3.6-4}$$

其中
$$K_i=\frac{\pi C_i d_i^{2.5}}{8}$$

式中　l_i——各串联管段的长度；

H——计算作用水头；

K_i——各串联管段的流量模数；

d_i——第 i 串联管段的内径；

C_i——第 i 串联管段的谢才系数；

Q——串联管段的流量；

下标 i——管段的号数。

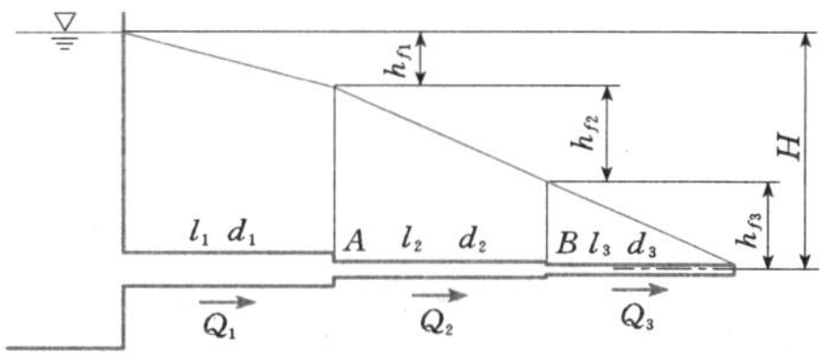

图 3.6-5　串联管道

3.6.2.2　并联管道

并联管道是由两根或以上的管道并联所构成的管道。如图 3.6-6 所示的三根管道构成一组并联管道，其总流量计算式为

$$Q=\left(\frac{K_1}{\sqrt{l_1}}+\frac{K_2}{\sqrt{l_2}}+\frac{K_3}{\sqrt{l_3}}\right)\sqrt{h_f} \tag{3.6-5}$$

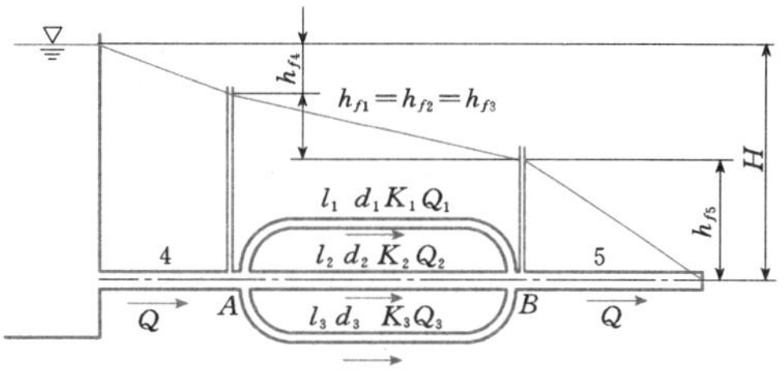

图 3.6-6　并联管道

两节点 A、B 间的水头损失为

$$h_f=\frac{Q_1^2}{K_1^2}l_1=\frac{Q_2^2}{K_2^2}l_2=\frac{Q_3^2}{K_3^2}l_3 \tag{3.6-6}$$

式中　Q_i、K_i、l_i——第 i 号管段的流量、流量模数、长度。

由式（3.6-5）和式（3.6-6）联立求解，可得出任意两节点间的水头损失和通过相应管段的流量。

3.6.3 沿程均匀泄流管道中的恒定有压流

3.6.3.1 沿程均匀泄流管道

设单位管道长度上均匀泄出的流量为 q，全管长 l 的泄流量 $Q_n=ql$，管道末端泄出的流量为 Q_t（称为过境流量，见图 3.6－7），忽略管道局部水头损失，可推得全管的作用水头为

$$H=\frac{l}{K^2}\left(Q_t^2+Q_tQ_n+\frac{1}{3}Q_n^2\right) \quad (3.6-7)$$

上式可近似地写为

$$H=\frac{l}{K^2}(Q_t+0.55Q_n)^2 \quad (3.6-8)$$

其中

$$K=\frac{\pi Cd^{\frac{5}{2}}}{8}$$

式中 K——流量模数；

C——管道谢才系数。

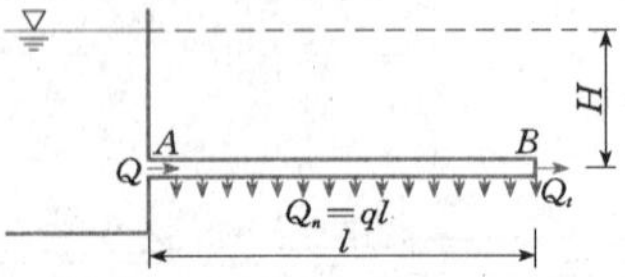

图 3.6－7 均匀泄流管道

3.6.3.2 沿程多孔口等间距等流量出流管道

在输水干管的支管上，从离进口 l 处起，以等间距 l 布设 N 个出水孔，各个孔口的出流量 q 相等；若支管进口总流量为 Q，则 $q=\dfrac{Q}{N}$，至支管末端出水孔口流量 Q 全部泄出，如图 3.6－8 所示。

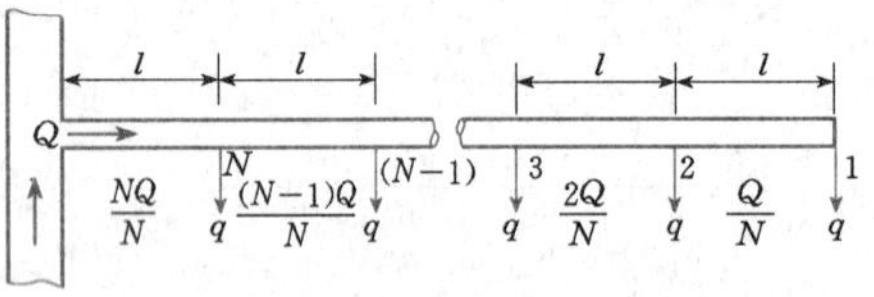

图 3.6－8 多孔口出流

支管进口的总水头 H 可由下式计算：

$$H=F_1\frac{Q^2}{K^2}L \quad (3.6-9)$$

其中

$$F_1=\frac{1}{6N^2}(N+1)(2N+1)$$

$$K=\frac{\pi Cd^{\frac{5}{2}}}{8}$$

式中 F_1——多孔口系数；

L——支管总长度；

K——支管流量模数；

d——支管内径。

3.6.4 管网中恒定有压流计算

在供水及排水的管网系统中，因管网节点间的管路一般较长，进行有关水力计算时，可不计局部水头损失及流速水头，按长管计算。管网布置类型有枝状管网和环状管网两种。

3.6.4.1 枝状管网

枝状管网由多条管段串联而成的干管和与干管相连的多条支管组成，支管末端互不相连，呈树枝状，如图 3.6－9 所示。

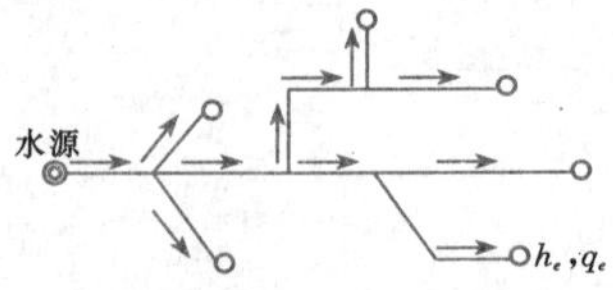

图 3.6－9 枝状管网

进行水力计算时，应根据已布置的枝状管网系统，选定一设计管线。一般是选择从水源到最远的、最高的、通过流量最大的管线为设计管线。也就是以最不利的管线为设计管线。从水源至末梢设计管线各管段的序号记为 i，则水源的供水所需水头为 H 为

$$H=\sum_{i=1}^{n}\frac{Q_i^2}{K_i^2}l_i+h_e \quad (3.6-10)$$

式中 Q_i、K_i、l_i——通过管段的流量、流量模数、管段长度；

h_e——末梢管段末端水头。

各管段的经济管径可由式（3.6－3），根据各管段的流量和经济流速选定。

3.6.4.2 环状管网

环状管网由若干闭合的管环组成，如图 3.6－10 所示。环状管网的水流必须满足下列两个条件：

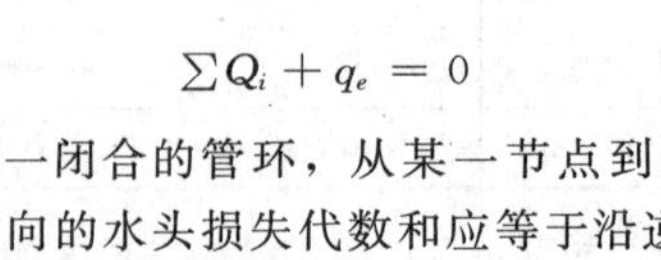

图 3.6－10 环状管网

（1）任一节点处的流入流量应等于流出流量（包括节点供水流量 q_e）。记流入流量为负，流出流量为正，则有

$$\sum Q_i+q_e=0 \quad (3.6-11)$$

（2）任一闭合的管环，从某一节点到另一节点，沿顺时针方向的水头损失代数和应等于沿逆时针方向的水头损失代数和。设流动方向与计算方向一致的管段水头损失为正，反之为负。记顺时针方向为 c^+，逆时针方向为 c^-，则有

$$\sum_{c^+}\frac{Q_i^2}{K_i^2}l_i=\sum_{c^-}\frac{Q_i^2}{K_i^2}l_i \quad (3.6-12)$$

计算步骤如下：

（1）计算时根据各节点供水流量，假设各管段的水流方向，并对各管的流量进行初步分配，使其满足

式（3.6－11）。

（2）按初步分配的流量，选定各管段的直径，并按假设的水流方向计算水头损失。若满足式（3.6－12），则所假设的水流方向、分配的流量和所选管径，即为管网所求的结果；若不满足式（3.6－12），则需进行流量校正。

（3）若有

$$\sum_{c^+}\frac{Q_i^2}{K_i^2}l_i > \sum_{c^-}\frac{Q_i^2}{K_i^2}l_i \qquad (3.6-13)$$

则沿顺时针方向分配的流量应减少 ΔQ，而逆时针方向分配的流量应增加 ΔQ，反之亦然。校正流量 ΔQ 可按下式计算：

$$\Delta Q = \frac{\sum_{c^+}\frac{Q_i^2}{K_i^2}l_i - \sum_{c^-}\frac{Q_i^2}{K_i^2}l_i}{2\left(\sum_{c^+}\frac{Q_i}{K_i^2}l_i + \sum_{c^-}\frac{Q_i}{K_i^2}l_i\right)} \qquad (3.6-14)$$

（4）水头损失计算。当水头损失 $\sum_{c^+}\frac{l_i}{K_i^2}(Q_i - \Delta Q)^2 = \sum_{c^-}\frac{l_i}{K_i^2}(Q_i + \Delta Q)^2$，或等式两端的差为 0.2～0.5m 时，即为所求结果。

3.7　有压管道中的非恒定流

在有压管道系统中，由于某一管路元件工作状态的突然改变（如阀门、导叶的启闭等），使管内流体的流速发生急速变化，同时引起管内流体压强大幅度波动，并在管道内传播，这种水流现象称为水击（或水锤）。在水电站引水系统中，为了削弱水击作用的强度和范围而设置调压井，在改变机组流量的同时，从水库到调压井的系统中出现水体及调压井水面来回振荡并逐渐衰减的现象。这两类问题中，液体质点的运动要素不仅随空间位置变化，而且随时间过程变化，这就是有压管道中的非恒定流。

3.7.1　非恒定流基本方程

有压管道的一维非恒定流的连续方程、运动方程和能量方程分别为

$$\frac{\partial(\rho v A)}{\partial x} + \frac{\partial(\rho A)}{\partial t} = 0 \qquad (3.7-1)$$

$$\frac{\partial z}{\partial x} + \frac{1}{\rho g}\frac{\partial p}{\partial x} + \frac{1}{g}\left(\frac{\partial v}{\partial t} + v\frac{\partial v}{\partial x}\right) + \frac{4\tau_0}{\rho g D} = 0 \qquad (3.7-2)$$

$$z_1 + \frac{p_1}{\rho g} + \frac{\alpha_1 v_1^2}{2g} = z_2 + \frac{p_2}{\rho g} + \frac{\alpha_2 v_2^2}{2g} + h_i + h_w \qquad (3.7-3)$$

式中　ρ——流体的密度；

A——过水断面面积；

x——水流方向的坐标；

t——时间；

z、p、v——总流断面的平均高程、平均压强、平均流速；

D——总流断面直径；

τ_0——总流 ds 流段四周的平均切应力；

g——重力加速度；

$z_1 + \frac{p_1}{\rho g} + \frac{\alpha_1 v_1^2}{2g}$——断面 1—1 的总水头；

$z_2 + \frac{p_2}{\rho g} + \frac{\alpha_2 v_2^2}{2g}$——断面 2—2 的总水头；

h_w——断面 1—1 至断面 2—2 的水头损失；

h_i——惯性水头。

3.7.2　水击压强及其分布

3.7.2.1　水击弹性波压强增值

阀门关闭时阀门处产生一个弹性波，其压强增值 Δp 与流速增值 Δv 之间关系为

$$\Delta p = -\rho c \Delta v \qquad (3.7-4)$$

式中　c——水击弹性波的波速。

3.7.2.2　水击波的传播速度

水击波传播速度 c（简称为波速）由下式计算：

$$c = \frac{\sqrt{\frac{E}{\rho}}}{\sqrt{1+\frac{2E}{K_P r}}} \qquad (3.7-5)$$

式中　E——水的体积弹性模量，一般为 2.1GPa；

ρ——水的密度；

r——管道内半径；

K_P——管道的抗力系数；

$\sqrt{\frac{E}{\rho}}$——不受管壁影响的弹性波传播速度，即水中声音传播速度，一般可取为 1435m/s。

管道的抗力系数可按下列不同情况加以确定。

1. *均质薄壁钢管*

管道的抗力系数为

$$K_P = \frac{E_s\delta_s}{r^2} \qquad (3.7-6)$$

对有加劲环的情况，可近似取为

$$\delta_s = \delta_0 + \frac{F}{l}$$

式中　E_s——钢管的弹性模量，一般可取 E_s=196GPa；

δ_s——换算管壁厚度；

δ_0——管壁厚度；

F、l——加劲环的截面积、间距。

2. *坚固岩石中无衬砌隧洞*

管道的抗力系数为

$$K_P = 100\frac{K_0}{r} \qquad (3.7-7)$$

式中 K_0——岩石的单位抗力系数，即在岩体中开挖半径为100cm的圆孔，孔周发生1cm径向位移时的内水压强值。

3. 埋藏式钢管或钢筋混凝土衬砌管道

管道的抗力系数为

$$K_P = K_s + K_c + K_f + K_r \qquad (3.7-8)$$

其中

$$K_c = \frac{E_c}{r_1(1-\mu_c^2)}\ln\frac{r_2}{r_1} \qquad (3.7-9)$$

$$K_f = \frac{E_s f}{r_1 r_f} \qquad (3.7-10)$$

式中 K_s——钢管的抗力系数，可由式（3.7-6）计算，其中 r 取为钢管内半径 r_1（见图3.7-1）；

K_r——围岩的抗力系数，可由式（3.7-7）计算，其中 r 取为钢管内半径 r_1；

K_c——回填混凝土的抗力系数，若混凝土已开裂取 $K_c=0$，若未开裂则可按式（3.7-9）计算；

E_c——混凝土的弹性模量；

μ_c——混凝土的泊松比；

r_2——衬砌外半径（见图3.7-1）；

K_f——环向钢筋的抗力系数，可按式（3.7-10）计算；

E_s——钢管的弹性模量（见表3.7-1）；

f——每厘米长管道中钢筋面积；

r_f——钢筋圈的半径（见图3.7-1）。

表3.7-1 常用管壁材料的弹性模量 E_s

管壁材料	E_s（GPa）
钢管	196
铸铁管	98
混凝土管	19.6
硬聚氯乙烯管	3.2～4

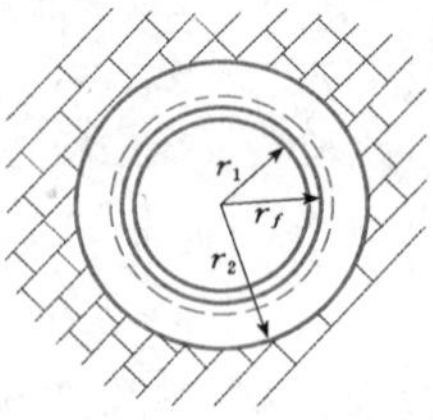

图3.7-1 钢管

3.7.2.3 水击波的物理特点

阀门关闭过程中水击过程的物理特点见表3.7-2。

表3.7-2 水击过程的物理特点

阶段	时段	速度变化	流速方向	压强变化	水击波方向	运动状态	液体状态
1	$0<t<\frac{L}{c}$	$v_0\rightarrow 0$	水库→阀门	增高 Δp	阀门→水库	减速增压	压缩
2	$\frac{L}{c}<t<\frac{2L}{c}$	$0\rightarrow -v_0$	阀门→水库	恢复原状	水库→阀门	减速减压	恢复原状
3	$\frac{2L}{c}<t<\frac{3L}{c}$	$-v_0\rightarrow 0$	阀门→水库	降低 Δp	阀门→水库	增速减压	膨胀
4	$\frac{3L}{c}<t<\frac{4L}{c}$	$0\rightarrow v_0$	水库→阀门	恢复原状	水库→阀门	增速增压	恢复原状

3.7.2.4 直接水击与间接水击

若水击在管道内传播的速度以 c 表示（称为水击波传播速度）、管道长度（从进口到水力控制装置的距离）以 L 表示，则 $t_r=\frac{2L}{c}$，称为水击相。若水力控制装置关闭时间 $T_s<t_r$，则称管道内发生直接水击；而在 $T_s>t_r$ 时发生的水击，称为间接水击。

3.7.3 水击的基本微分方程

由水流连续方程和动量方程可得出如下的水击基本方程：

$$\frac{\partial H}{\partial t} + v\frac{\partial H}{\partial x} + v\sin\theta + \frac{c^2}{g}\frac{\partial v}{\partial x} = 0 \qquad (3.7-11)$$

$$\frac{1}{g}\frac{\partial v}{\partial t} + \frac{\partial H}{\partial x} + \frac{v}{g}\frac{\partial v}{\partial x} + \frac{\lambda}{D}\frac{|v|v}{2g} = 0 \qquad (3.7-12)$$

其中

$$H = \frac{p}{\rho g} + z$$

式中 c——水击波传播速度；

θ——管道轴线与水平线的夹角；

D——管道内径；

H——水头，是坐标 x 和时间 t 的函数；

v——流速；

λ——管道沿程水头损失系数。

3.7.4 水击计算的解析法

如管道布置接近水平（$\theta\approx 0$），坐标 z 从管轴线起算，则 $H=\frac{p}{\rho g}$（即压强水头），且 $\frac{\partial H}{\partial x}\ll\frac{\partial H}{\partial t}$；取从阀门逆流向上游的距离 x 为正；不计管道阻力，则可由式（3.7－11）和式（3.7－12）得到下列的简化方程：

$$\frac{\partial^2 H}{\partial x^2}=\frac{1}{c^2}\frac{\partial^2 H}{\partial t^2} \quad (3.7-13)$$

$$\frac{\partial^2 v}{\partial x^2}=\frac{1}{c^2}\frac{\partial^2 v}{\partial t^2} \quad (3.7-14)$$

上述波动方程的一般解为

$$H-H_0=F\left(t-\frac{x}{c}\right)+f\left(t+\frac{x}{c}\right) \quad (3.7-15)$$

$$v-v_0=-\frac{g}{c}\left[F\left(t-\frac{x}{c}\right)-f\left(t+\frac{x}{c}\right)\right] \quad (3.7-16)$$

式中 H_0、v_0——水击发生前管中的压强水头、流速；

$F\left(t-\frac{x}{c}\right)$——逆向波函数；

$f\left(t+\frac{x}{c}\right)$——顺行波函数。

若水击逆行波于 t_1 瞬时传到 x_1 处的 A 断面，其水头为 $H_{t_1}^A$、流速为 $v_{t_1}^A$，于 t_2 瞬时传到 x_2 处的 B 断面，其水头为 $H_{t_2}^B$、流速为 $v_{t_2}^B$，则可由式（3.7－15）和式（3.7－16）得出两断面上水头与流速的关系式为

$$H_{t_1}^A-H_{t_2}^B=\frac{c}{g}(v_{t_1}^A-v_{t_2}^B) \quad (3.7-17)$$

同理，可得顺行波于 t'_2 瞬时传至 B 断面，t'_1 瞬时传至 A 断面，两断面上水头与流速的关系式为

$$H_{t'_1}^A-H_{t'_2}^B=-\frac{c}{g}(v_{t'_1}^A-v_{t'_2}^B) \quad (3.7-18)$$

若取

$$\xi=\frac{H-H_0}{H_0},\quad \eta=\frac{v}{v_{\max}},\quad \mu=\frac{cv_{\max}}{2gH_0}$$

则式（3.7－17）和式（3.7－18）可写为

$$\xi_{t_1}^A-\xi_{t_2}^B=2\mu(\eta_{t_1}^A-\eta_{t_2}^B) \quad (3.7-19)$$

$$\xi_{t'_1}^A-\xi_{t'_2}^B=-2\mu(\eta_{t'_1}^A-\eta_{t'_2}^B) \quad (3.7-20)$$

式中 $v_{\max}$——阀门全开时管中处于恒定流时的最大流速；

ξ——水头的相对增量；

η——相对流速；

μ——管道特征系数。

式（3.7－19）和式（3.7－20）称为水击的连锁方程，适用于不计阻力时简单管道的水击计算。为了求解连锁方程，必须先确定问题的起始条件和边界条件。

如果阀门处产生的直接水击，则阀门断面在第一相末的水击增压即为最大水击增压，可按下式计算：

$$\Delta h=-\frac{c}{g}\Delta v \quad (3.7-21)$$

式中 Δv——流速增量；

c——波速。

如果是间接水击，应用边界条件和连锁方程可求得阀门处断面 A 第 1，2，…，n 相末的水击增压。

第 1 相末的水击压强 ξ_1^A 计算式为

$$\tau_1\sqrt{1+\xi_1^A}=\tau_0-\frac{\xi_1^A}{2\mu} \quad (3.7-22)$$

式中 τ_0——起始时刻的阀门相对开度；

τ_1——第 1 相末时刻时阀门的相对开度。

第 2 相末的水击压强 ξ_2^A 计算式为

$$\tau_2\sqrt{1+\xi_2^A}=\tau_0-\frac{\xi_2^A}{2\mu}-\frac{\xi_1^A}{\mu} \quad (3.7-23)$$

式中 τ_2——第 2 相末时刻时阀门的相对开度。

第 n 相末的水击压强 ξ_n^A 计算式为

$$\tau_n\sqrt{1+\xi_n^A}=\tau_0-\frac{\xi_n^A}{2\mu}-\frac{1}{\mu}\sum_{i=1}^{n-1}\xi_i^A \quad (3.7-24)$$

式中 τ_n——第 n 相末时刻阀门的相对开度。

3.7.5 水击计算的特征线法

水击基本方程式（3.7－11）、式（3.7－12）是具有两条特征线及沿特征线的特征方程：

沿顺向特征线 c^+ 有

$$\left.\begin{aligned}&\frac{\mathrm{d}x}{\mathrm{d}t}=v+c\\&\frac{c}{g}\mathrm{d}v+\mathrm{d}H+\left(\frac{\lambda|v|v}{2gD}+\sin\theta\frac{v}{c}\right)c\,\mathrm{d}t=0\end{aligned}\right\} \quad (3.7-25)$$

沿逆向特征线 c^- 有

$$\left.\begin{aligned}&\frac{\mathrm{d}x}{\mathrm{d}t}=v-c\\&\frac{c}{g}\mathrm{d}v-\mathrm{d}H+\left(\frac{\lambda|v|v}{2gD}-\sin\theta\frac{v}{c}\right)c\,\mathrm{d}t=0\end{aligned}\right\} \quad (3.7-26)$$

将 x 轴置于管道轴线上，纵坐标为时间 t，如图 3.7－2 所示为两簇特征线组成的网格。若已知两点 a、b 的位置（x_a，t_a）、（x_b，t_b）和相应的流速及水头（v_a，H_a）、（v_b，t_b），则可用下列差分方法得出两条特征线相交点 p（x_p，t_p）和相应的流速及水头（v_p，H_p）：

沿顺向特征线 c^+ 有

$$\left.\begin{aligned}&x_p-x_a=(v_a+c)(t_p-t_a)\\&\frac{c}{g}(v_p-v_a)+(H_p-H_a)+\frac{\lambda|v_a|v_a}{2gD}c(t_p-t_a)\\&\quad+v_a\sin\theta(t_p-t_a)=0\end{aligned}\right\} \quad (3.7-27)$$

沿逆向特征线 c^- 有

$$\left.\begin{aligned}&x_p - x_b = (v_b - c)(t_p - t_b)\\&\frac{c}{g}(v_p - v_b) + (H_p - H_b) + \frac{\lambda|v_b|v_b}{2gD}c(t_p - t_b)\\&\quad + v_b\sin\theta(t_p - t_b) = 0\end{aligned}\right\}$$

(3.7-28)

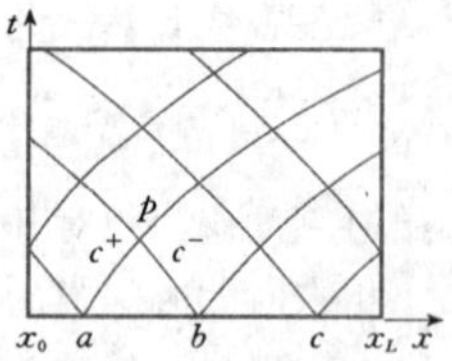

图3.7-2　特征线网格图

一般管道中流速远小于水击波波速，则上述特征线方程可近似写成为

沿顺向特征线 c^+ 有

$$\Delta x = c\Delta t$$

沿逆向特征线 c^- 有

$$\Delta x = -c\Delta t$$

若将管道分为 N 等份，则空间步长 $\Delta x = \frac{L}{N}$，并取时间步长 $\Delta t = \frac{\Delta x}{c}$，则可构成图3.7-3所示的矩形网格。

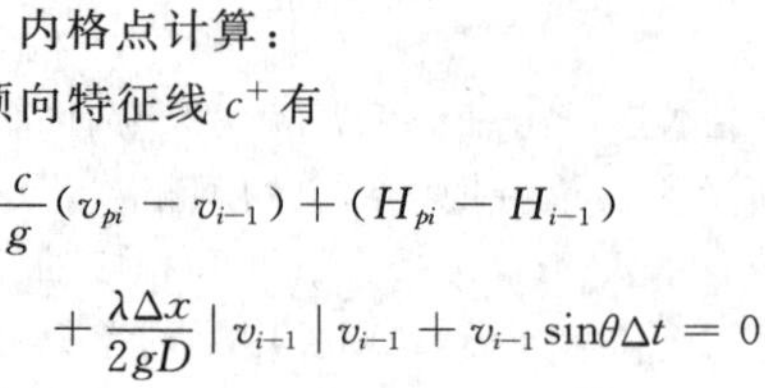

图3.7-3　矩形网格图

(1) 内格点计算：

沿顺向特征线 c^+ 有

$$\frac{c}{g}(v_{pi} - v_{i-1}) + (H_{pi} - H_{i-1}) + \frac{\lambda\Delta x}{2gD}|v_{i-1}|v_{i-1} + v_{i-1}\sin\theta\Delta t = 0$$

(3.7-29)

沿逆向特征线 c^- 有

$$\frac{c}{g}(v_{pi} - v_{i+1}) - (H_{pi} - H_{i+1}) - \frac{\lambda\Delta x}{2gD}|v_{i+1}|v_{i+1} + v_{i+1}\sin\theta\Delta t = 0$$

(3.7-30)

(2) 边界格点计算：

上游边界断面 $(i=1)$　　$H_{p1} = H_0$

$$\frac{c}{g}(v_{p1} - v_2) - (H_{p1} - H_2) + \frac{\lambda\Delta x}{2gD}|v_2|v_2 + v_2\sin\theta\Delta t = 0$$

下游边界 ($i=N+1$，阀门按直线规律关闭)

$$\frac{c}{g}(v_{PN+1} - v_N) - (H_{PN+1} - H_N) - \frac{\lambda\Delta x}{2gD}|v_N|v_N - v_N\sin\theta\Delta t = 0$$

$$v_{PN+1} = \left(1 - \frac{t}{T_s}\right)\phi_1\sqrt{2gH_{PN+1}}$$

式中　ϕ_1——阀门流速系数。

3.7.6　减小水击压强的措施

在水电站的实际运行中常常会遇到因机组负荷在较大范围内的突然变化而引起水击和转速的剧变，这种水击和转速的剧变限制在一定范围内还是允许的。对于压力引水系统末端（蜗壳末端）的允许相对最大压力升高值 h_{max}，主要根据技术、经济要求来确定，一般采用下列数值：当水电站工作水头 $H_0>100$m 时，$h_{max}=0.15\sim0.30$；当 $H_0=40\sim100$m 时，$h_{max}=0.30\sim0.50$；当 $H_0<40$m 时，$h_{max}=0.50\sim0.70$；当设置调压阀时，$h_{max}\leqslant0.20$。对于压力引水系统内任何位置上的压力下降不允许产生负压，并应有2～3m的余压作为防止水柱脱离的安全度。

当水击上升值超过允许的最大值后，就要采取以下措施：

(1) 增大管径减小流速，以部分减小水击压力。该措施一般只用于当计算值略大于规定值时，因为此时适当加大管径又不增设调压室还是比较经济的。

(2) 缩短管道长度，这主要通过布置管道线路来实现。

(3) 设置调压室，即缩短高压管道的长度，使水击波尽早反射回去从而减小水击压力。这是减小水击压力的最有效措施，但造价较高。

(4) 加长阀门或导叶关闭时间，即减慢了水击压力上升率，在水击压力上升不高时就与从水库传回来的负反射波相叠加，可以大大减小管道的水击值，如阀门关闭时间 $T_s>\frac{2L}{c}$（L、c 分别为管道长度、水击波速）就可避免直接水击的发生。

(5) 改变导叶关闭规律，以达到降低水击压力和机组转速升高的目的。

(6) 设置减压阀（放空阀），通常只用于高水头（水头50m以上）小流量的水轮机上，它与蜗壳或压力管道相连。

(7) 设置水阻器等，即采用一种用水阻消耗电能的设备，与发电机母线相连。

(8) 增大机组的 GD^2（G、D 分别为机组转动部分的重量、惯性直径），以减少机组转速的升高。

3.8 明槽恒定均匀流

在长直的明槽流动中，当过水断面形状尺寸、粗糙系数沿程不变，无任何阻水建筑物时，槽内各种水力运动要素，如水深、流速、流量等都将沿程保持不变，称为明槽均匀流。这样，水力坡度、水面坡度和槽底坡度三者在数值上相等。明槽水流中的各种水力运动要素不随时间而变化的流动，称为明槽恒定流。

3.8.1 明槽水流的基本概念

3.8.1.1 明槽的底坡

底坡公式 $i = \sin\theta = \dfrac{z_{01} - z_{02}}{\Delta l} = \dfrac{\Delta z}{\Delta l}$ （3.8-1）

式中各符号意义如图 3.8-1 所示。

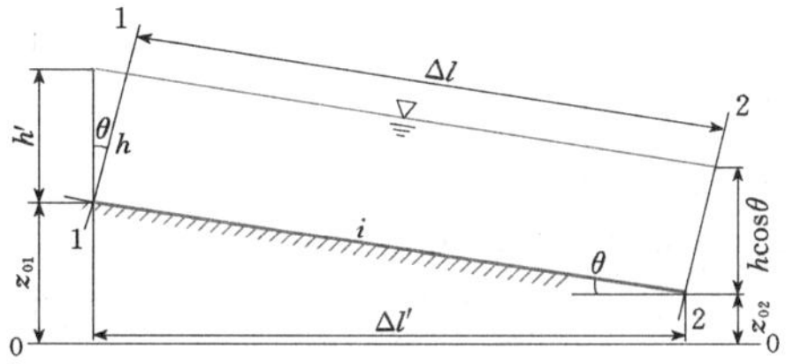

图 3.8-1 明槽的底坡

明槽水流的过水断面垂直于水流流动方向，因而水深 h 垂直于流向。为了量测和计算方便，也常取铅垂断面水深 h' 代替实际水深 h。由图 3.8-1 可知 $h' = h\cos\theta$。在底坡 $i \leqslant 0.1$（$\theta \approx 6°$）的情况下，以水平距离 $\Delta l'$ 代替 Δl。

明槽的槽底沿流程降低时（$z_{01} > z_{02}$），$i>0$，为正坡；槽底高程沿程不变时（$z_{01} = z_{02}$），$i=0$，为平坡；槽底沿流程升高时（$z_{01} < z_{02}$），$i<0$，为反坡。

3.8.1.2 明槽的横断面

人工渠槽的断面形状既要考虑水力学条件，又要考虑结构合理、施工方便，一般开挖成矩形、梯形、圆形、马蹄形、拱形等。各类断面形式与几何要素见表 3.8-1。

3.8.2 明槽恒定均匀流的基本公式

3.8.2.1 基本公式

流速公式为

$$v = C\sqrt{Ri} \tag{3.8-2}$$

流量公式为

$$Q = Av = AC\sqrt{Ri} \tag{3.8-3}$$

流量模数公式为

$$K_0 = \frac{Q}{\sqrt{i}} = AC\sqrt{R} \tag{3.8-4}$$

式中 i——明槽的底坡；

C——谢才系数，$m^{\frac{1}{2}}/s$；

K_0——流量模数，m^3/s。

3.8.2.2 谢才系数 C

1. 水力光滑区

$$C = 18\lg\left(\frac{2.87Re}{C}\right) \tag{3.8-5}$$

其中

$$Re = \frac{4Rv}{\nu}$$

式中 R——水力半径；

ν——运动黏滞系数。

2. 过渡区

$$C = 18\lg\left(\frac{C}{2.87Re} + \frac{k_s}{12.2R}\right) \tag{3.8-6}$$

3. 水力粗糙区

（1）曼宁公式［见式（3.4-22）］：

$$C = \frac{1}{n}R^{\frac{1}{6}}$$

式中 n——粗糙系数，其值见表 3.8-2。

（2）巴甫洛夫斯基公式［见式（3.4-23）］：

$$C = \frac{1}{n}R^y$$

$$y = 2.5\sqrt{n} - 0.13 - 0.75\sqrt{R}(\sqrt{n} - 0.10)$$

其简化公式为

$$y = 1.5\sqrt{n} \quad (R < 1.0\text{m})$$

$$y = 1.3\sqrt{n} \quad (R > 1.0\text{m})$$

上述公式的适用范围见本卷 3.4.6 节内容。

谢才系数 C 和沿程阻力系数 λ 随雷诺数 Re 和 $\dfrac{R}{k_s}$ 变化的曲线如图 3.8-2 所示。C、n 和 λ 三者之间的关系如下：

$$C = \frac{1}{n}R^{\frac{1}{6}} = \sqrt{\frac{8g}{\lambda}} \tag{3.8-7}$$

图中给出过渡区与粗糙区的分界为

$$\frac{Re/C}{R/k_s} = 90.55 \tag{3.8-8}$$

当 $\dfrac{\sqrt{gRi}}{\nu}k_s < 5$ 时，明槽水流处于水力光滑区。欲呈水力光滑区，粗糙高度应小于式（3.8-9）所计算出的临界粗糙高度。

$$k_{sc} = \frac{5C}{\sqrt{g}}\frac{\nu}{v} \tag{3.8-9}$$

一般明槽中的水流，大多属于紊流水力粗糙区的水流，但有时也属于紊流过渡区的水流，设计中应加以注意。

表 3.8-1　　明槽断面的几何要素

断面形状	过水面积 A	湿周 χ	水力半径 $R=\frac{A}{\chi}$	水面宽 B	断面平均水深 $\bar{h}=\frac{A}{B}$	断面因素 $Z=A\sqrt{\frac{A}{B}}$
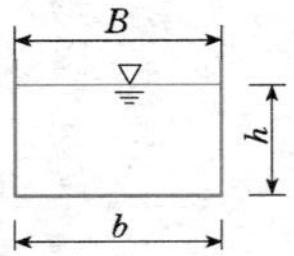	bh	$b+2h$	$\frac{bh}{b+2h}$	b	h	$bh^{\frac{3}{2}}$
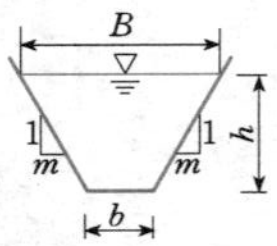	$(b+mh)h$	$b+2h\sqrt{1+m^2}$	$\frac{(b+mh)h}{b+2h\sqrt{1+m^2}}$	$b+2mh$	$\frac{(b+mh)h}{b+2mh}$	$\frac{[(b+mh)h]^{\frac{3}{2}}}{\sqrt{b+2mh}}$
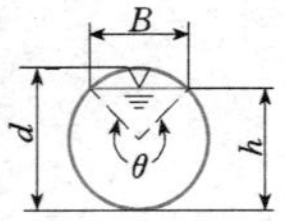	$\frac{1}{8}(\theta-\sin\theta)d^2$	$\frac{1}{2}\theta d$	$\frac{1}{4}\left(1-\frac{\sin\theta}{\theta}\right)d$	$\left(\sin\frac{\theta}{2}\right)d$ 或 $2\sqrt{h(d-h)}$	$\frac{1}{8}\left(\frac{\theta-\sin\theta}{\sin\frac{\theta}{2}}\right)d$	$\frac{\sqrt{2}}{32}\frac{(\theta-\sin\theta)^{\frac{3}{2}}}{\left(\sin\frac{\theta}{2}\right)^{\frac{1}{2}}}d^{\frac{5}{2}}$
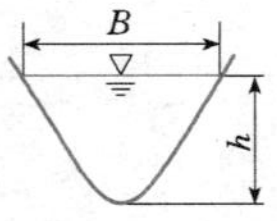	$\frac{2}{3}Bh$	$B+\frac{8}{3}\frac{h^2}{B}$ ①	$\frac{2B^2h}{3B^2+8h^2}$ ①	$\frac{3}{2}\frac{A}{h}$	$\frac{2}{3}h$	$\frac{2\sqrt{6}}{9}Bh^{\frac{3}{2}}$
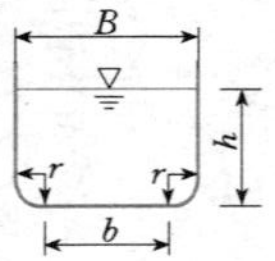	$\left(\frac{\pi}{2}-2\right)r^2+(b+2r)h$	$(\pi-2)r+b+2h$	$\frac{\left(\frac{\pi}{2}-2\right)r^2+(b+2r)h}{(\pi-2)r+b+2h}$	$b+2r$	$\frac{\left(\frac{\pi}{2}-2\right)r^2}{b+2r}+h$	$\frac{\left[\left(\frac{\pi}{2}-2\right)r^2+(b+2r)h\right]^{\frac{3}{2}}}{\sqrt{b+2r}}$
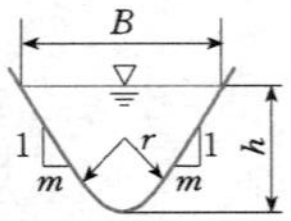	$\frac{B^2}{4m}-\frac{r^2}{m}(1-m\text{arccot}m)$	$\frac{B}{m}\sqrt{1+m^2}-\frac{2r}{m}\times(1-m\text{arccot}m)$	$\frac{A}{\chi}$	$2m(h-r)+2r\times\sqrt{1+m^2}$	$\frac{A}{B}$	$A\sqrt{\frac{A}{B}}$

① 当 $0<\chi\leqslant 1$ 时（这里，$\chi=4\frac{h}{B}$），本式近似程度令人满意。当 $\chi>1$ 时，须采用精确公式 $\chi=\frac{B}{2}\left[\sqrt{1+x^2}+\frac{1}{x}\ln(x+\sqrt{1+x^2})\right]$。

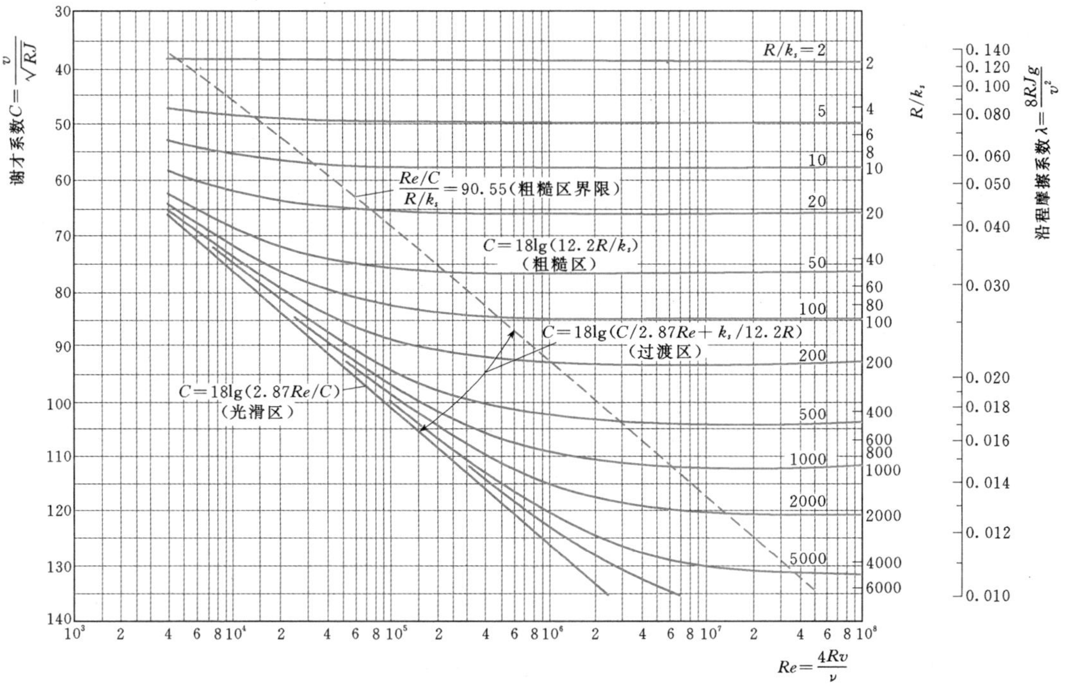

图 3.8-2　明槽谢才系数 C 和沿程阻力系数 λ 随 Re 和 $\frac{R}{k_s}$ 变化的关系曲线

3.8.3　粗糙系数

3.8.3.1　粗糙系数 *n*

粗糙系数 n 值是衡量渠道壁面粗糙情况的综合系数。对不同材料的明槽（如土槽、岩石槽），有不同的粗糙系数 n 值，即使是同一材料的明槽，由于运用管理情况不同，n 值也不同。

表 3.8-2　明槽粗糙系数 n 值

明槽类型及其说明	最小值	正常值	最大值
（一）水流半满的闭合水道（采用表 3.4-3 的数值）			
（二）衬砌的或建造的明槽			
Ⅰ. 金属			
1. 光滑的钢质表面			
（1）未涂油漆	0.011	0.012	0.014
（2）涂了油漆	0.012	0.013	0.017
2. 波形表面金属	0.021	0.025	0.030
Ⅱ. 非金属			
1. 水泥			
（1）净浆抹面	0.010	0.011	0.013
（2）水泥砂浆抹面	0.011	0.013	0.015
2. 木材			
（1）刨光，但未处理	0.010	0.012	0.014
（2）刨光，防腐油处理	0.011	0.012	0.015
（3）未经刨光	0.011	0.013	0.015
（4）有夹条的木板	0.012	0.015	0.018
（5）用屋面油纸护面	0.010	0.014	0.017
3. 混凝土			
（1）压平抹光面	0.011	0.013	0.015
（2）浮抹面	0.013	0.015	0.016
（3）抹面，但底面上有砾石	0.015	0.017	0.020
（4）表面未加工	0.014	0.017	0.020
（5）喷浆，良好的断面	0.016	0.019	0.023
（6）喷浆，带波状的断面	0.018	0.022	0.025
（7）浇筑于开挖良好的岩面上	0.017	0.020	—
（8）浇筑于开挖得不规则的岩面上	0.022	0.027	—
4. 混凝土槽底，浮抹过的，但两侧的边坡为			

续表

明槽类型及其说明	最小值	正常值	最大值
(1)浆砌琢石	0.015	0.017	0.020
(2)浆砌乱石	0.017	0.020	0.024
(3)水泥砌块石,抹面	0.016	0.020	0.024
(4)水泥砌块石	0.020	0.025	0.030
(5)干砌块石或乱石护坡	0.020	0.030	0.035
5. 砾石槽底,但两侧之边坡为			
(1)支模浇筑的混凝土	0.017	0.020	0.025
(2)浆砌乱石	0.020	0.023	0.026
(3)干砌块石或乱石护坡	0.023	0.033	0.036
6. 砖			
(1)上釉的	0.011	0.013	0.015
(2)水泥浆砌砖	0.012	0.015	0.018
7. 圬工			
(1)水泥浆砌块石	0.017	0.025	0.030
(2)干砌块石	0.023	0.032	0.035
8. 琢条石	0.013	0.015	0.017
9. 沥青			
(1)光滑面	0.013	0.013	—
(2)粗糙面	0.016	0.016	—
10. 植物护面	0.030	—	0.500
(三)开挖的或疏浚的			
1. 土槽,水流顺直一致			
(1)整洁,新完工	0.016	0.018	0.020
(2)整洁,泄过水	0.018	0.022	0.025
(3)有砾石,断面一致,整洁	0.022	0.025	0.030
(4)有小草,杂草不多	0.022	0.027	0.033
2. 土槽,水流弯曲,断面不一致			
(1)无植物被覆	0.023	0.025	0.030
(2)有长草、一些杂草	0.025	0.030	0.033
(3)有茂密的杂草或深槽中有水生植物	0.030	0.035	0.040
(4)土底,块石护坡	0.028	0.030	0.035
(5)石底,两岸杂草丛生	0.025	0.035	0.040
(6)卵石底面,边坡整洁	0.030	0.040	0.050
3. 拉铲挖土机开挖出来的土槽			
(1)无植物被覆	0.025	0.035	0.040
(2)两岸有少量的灌木	0.035	0.050	0.060
4. 岩石明槽			
(1)光滑且均匀一致	0.025	0.035	0.040
(2)凹凸不平的、不规则的	0.035	0.040	0.050
5. 未加养护的明槽,杂草与灌木未经刈除			
(1)杂草密茂,同水流深度一般高	0.050	0.080	0.120
(2)槽底整洁,两侧边坡上有灌木	0.040	0.050	0.080
(3)槽底整洁,两侧边坡上有灌木,但为最高水位	0.045	0.070	0.110
(4)灌木丛生密茂,高水位	0.080	0.100	0.140
(四)天然河道			
Ⅰ. 小河(洪水时水面宽度小于50m)			
1. 平原河流			
(1)整洁,顺直,满槽水位,无裂隙或深潭	0.025	0.030	0.033
(2)整洁,顺直,满槽水位,无裂隙或深潭,但有较多的石块与杂草	0.030	0.035	0.040
(3)整洁,河槽蜿蜒,有一些深潭和浅滩	0.033	0.040	0.045
(4)整洁,河槽蜿蜒,有一些深潭和浅滩,但有一些杂草和石块	0.035	0.045	0.050
(5)整洁,河槽蜿蜒,有一些深潭和浅滩,但水位较低,不过水的无效边坡和断面较大	0.040	0.048	0.055
(6)整洁,河槽蜿蜒,有一些深潭和浅滩,但石块更多	0.045	0.050	0.060
(7)水流迟缓的河段,多杂草,有深潭	0.050	0.070	0.080
(8)杂草很多的河段,有深潭或树木及水下灌木严重阻水的洪水流路	0.075	0.100	0.150
2. 山区河流(槽中无植物,两岸通常是陡峻的,两岸上的树木和灌木在高水位时受淹)			
(1)河底:砾石、乱石和少量漂石	0.030	0.040	0.050
(2)河底:夹杂大漂石和卵石	0.040	0.050	0.070
Ⅱ. 泛滥平原:采用表3.8-3及表3.8-4的数值			
Ⅲ. 大河:采用表3.8-3及表3.8-4的数值			

各种明槽的 n 值见表 3.8-2。针对每一种明槽，都列举了 n 的最小值、正常值和最大值。其中，正常值仅供养护良好的明槽之用。

天然河道的粗糙系数 n，情况较复杂，不易估准。我国不少省份都依据本省水文站实测资料，编制了本省河道的粗糙系数表。例如，原东北勘测设计院总结整理100多个水文站的实测资料后，编制了单式断面（或主槽）粗糙系数表（见表 3.8-3）。又如，依据国内外已有的滩地粗糙系数表和各单位刊行的粗糙系数资料，编制了滩地粗糙系数表（见表 3.8-4）。

表 3.8-3　　天然河道单式断面或主槽的较高水位部分之粗糙系数 n 值

类型		河段特征			粗糙系数 n
		河床组成及床面特性	平面形态及水流流态	岸壁特性	
Ⅰ		河床为砂质组成，床面较平整	河段顺直，断面规整，水流通畅	两岸侧壁上为土质或砂质，形状较整齐	0.020～0.024
Ⅱ		河床为岩板、砂砾石或卵石组成，床面较平整	河段顺直，断面规整，水流通畅	两岸侧壁为土、砂或石质，形状较整齐	0.022～0.026
Ⅲ	1	砂质河床，河底不太平整	上游顺直，下游接缓弯，水流不够通畅，有局部回流	两岸侧壁为黄土，长有杂草	0.025～0.029
Ⅲ	2	河底为砂砾或卵石组成，底坡较均匀，床面尚平整	河段顺直段较长，断面较规整，水流较通畅，基本上无死水、斜流或回流	两岸侧壁为土、砂、岩石，略有杂草、小树，形状较整齐	0.025～0.029
Ⅳ	1	细砂，河底中有稀疏水草或水生植物	河段不够顺直，上、下游附近弯曲，有挑水坝，水流不通畅	土质岸壁，一岸坍塌严重，为锯齿状，长有稀疏杂草及灌木；一岸坍塌，长有稠密的杂草或芦苇	0.030～0.034
Ⅳ	2	河床为砾石或卵石组成，底坡尚均匀，床面不平整	顺直段距上弯道不远，断面尚规整，水流尚通畅，斜流或回流不甚明显	一岸侧壁为石质，陡坡，形状尚整齐；另一侧岸壁为砂土，略有杂草、小树，形状尚整齐	0.030～0.034
Ⅴ		河底为卵石、块石组成，间有大漂石，底坡尚均匀，床面不平整	顺直段夹于两弯道之间，距离不远，断面尚规整，水流显出斜流、回流或死水现象	两侧岸壁均为石质，陡坡，长有杂草、树木，形状尚整齐	0.035～0.040
Ⅵ		河床为卵石、块石、乱石，或大块石、大乱石及大孤石组成；床面不平整，底坡有凹凸状	河段不顺直，上下游有急弯，或下游有急滩、深坑等。河段处于S形顺直段，不整齐，有阻塞或岩溶较发育，水流不通畅，有斜流、回流、漩涡、死水现象。河段上游为弯道或为两河汇口，落差大，水流急，河中有严重阻塞，或两侧有深入河中的岩石，伴有深潭或回流等。上游为弯道，河段不顺直，水行于深槽峡谷间，多阻塞，水流湍急，水声较大	两岸侧壁为岩石及砂土，长有杂草、树木，形状尚整齐。两侧岸壁为石质砂夹乱石、风化页岩，崎岖不平整，上面生长杂草、树木	0.040～0.100

注　1. 天然河道粗糙系数表内列有三个方面的影响因素，河道粗糙系数是这三方面因素的综合反映。如实际情况与表列组合有变化时，n 值应适当变化。

2. 本表只适用于稳定河道。对于含沙量大的、冲淤变化严重的沙质河床，不宜采用本表。

3. 表中第Ⅵ类所列粗糙系数 n 值实际上已把局部损失包括在内，故 n 值很大。其所依据的资料数量很少，使用时应加以注意。

表 3.8-4 **滩地粗糙系数 n 值**

类型	滩地特征			粗糙系数 n	
	平面和纵断面、横断面的形态	床质	植被	变化幅度	平均值
Ⅰ	平面顺直，纵断面平顺，横断面整齐	土、砂质、淤泥	基本上无植被或为已收割的麦地	0.026～0.038	0.030
Ⅱ	平面、纵断面、横断面尚顺直整齐	土、砂质	稀疏杂草、杂树或矮小农作物	0.030～0.050	0.040
Ⅲ	平面、纵断面、横断面尚顺直整齐	砂砾、卵石堆或土砂质	稀疏杂草、小杂树或种有高秆作物	0.040～0.060	0.050
Ⅳ	上下游有缓弯，纵断面、横断面尚平坦，但有束水作用，水流不通畅	土砂质	种有农作物或有稀疏树林	0.050～0.070	0.060
Ⅴ	平面不通畅，纵断面、横断面起伏不平	土砂质	有杂草、杂树或为水稻田	0.060～0.090	0.075
Ⅵ	平面尚顺直，纵断面、横断面起伏不平，有洼地、土埂等	土砂质	长满中密的杂草及农作物	0.080～0.120	0.100
Ⅶ	平面不通畅，纵断面、横断面起伏不平，有洼地、土埂等	土砂质	$\frac{3}{4}$的地带长满茂密的杂草、灌木	0.011～0.160	0.130
Ⅷ	平面不通畅，纵断面、横断面起伏不平，有洼地、土埂阻塞物	土砂质	全断面有稠密的植被、芦柴或其他植物	0.016～0.200	0.180

注 植物对水流的影响，跟水深对植物高度的比值有密切关系，本表没有反映这一关系，使用时应加注意。

3.8.3.2 组合粗糙系数

有时明槽底部与边壁的材料或土质不同，因而断面周界上各部分的粗糙系数 n 值不同，如图 3.8-3 所示。

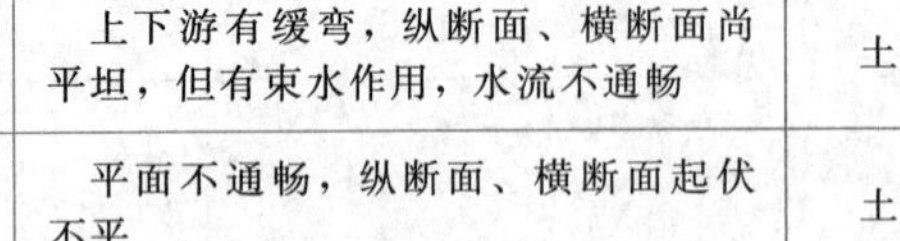

图 3.8-3 由不同材料和土质构成的明槽

在这种情况下，谢才公式和谢才系数中的粗糙系数可用综合粗糙系数来代替。综合粗糙系数 n_c 可有不同的计算方法。

1. 第一种方法

设断面各部分湿周为 χ_1，χ_2，…，χ_N，对应的粗糙系数分别为 n_1，n_2，…，n_N，其中最大的粗糙系数为 $n_{\max}$，最小的粗糙系数为 $n_{\min}$，其综合粗糙系数的计算式如下：

（1）当 $\frac{n_{\max}}{n_{\min}} < (1.5 \sim 2.0)$ 时有

$$n_c = \frac{\chi_1 n_1 + \chi_2 n_2 + \cdots + \chi_N n_N}{\chi_1 + \chi_2 + \cdots + \chi_N} = \frac{\sum_{i=1}^{N} \chi_i n_i}{\sum_{i=1}^{N} \chi_i} \tag{3.8-10}$$

（2）当 $\frac{n_{\max}}{n_{\min}} > (1.5 \sim 2.0)$ 时有

$$n_c = \left(\frac{\chi_1 n_1^{\frac{3}{2}} + \chi_2 n_2^{\frac{3}{2}} + \cdots + \chi_N n_N^{\frac{3}{2}}}{\chi_1 + \chi_2 + \cdots + \chi_N}\right)^{\frac{2}{3}} = \left(\sum_{i=1}^{N} \frac{\chi_i n_i^{\frac{3}{2}}}{\chi_i}\right)^{\frac{2}{3}} \tag{3.8-11}$$

2. 第二种方法

无论$\frac{n_{\max}}{n_{\min}}$的值如何，均可将式（3.8-10）及式（3.8-11）中的 χ 换为面积 A，从而计算出 n_c 值。

对于矩形明槽和梯形明槽有

$$n_c = \left(\frac{n_1^{\frac{3}{2}}\chi_1 + 2n_2^{\frac{3}{2}}\chi_2}{\chi_1 + 2\chi_2}\right)^{\frac{2}{3}} \tag{3.8-12}$$

在有冰盖存在时，组合粗糙系数用下式计算（冰盖底面的粗糙系数 $n_冰$ 见表 3.8-5）：

$$n_c = \frac{[\chi_1 n_1^2 + \chi_2 n_2^2 + \cdots + n_N^2 \chi_N]^{\frac{1}{2}}}{\chi^{\frac{1}{2}}} = \left[\frac{\sum_{i=1}^{N}(n_i^2 \chi_i)}{\chi}\right]^{\frac{1}{2}} \tag{3.8-13}$$

3.8.3.3 当量粗糙高度 k_s

各种材料的当量粗糙高度 k_s 值，见表 3.4-2。对于混凝土衬砌的明槽，k_s 值见表 3.8-6。

表 3.8-5　　冰盖底面粗糙系数 $n_{冰}$

冰的情况		水流速度（m/s）	粗糙系数 $n_{冰}$
光滑的冰	无漂流的冰块	0.4～0.6 >0.6	0.010～0.012 0.014～0.017
	有漂流的冰块	0.4～0.6 >0.6	0.016～0.018 0.017～0.020
粗糙的冰	有漂流的冰块	—	0.023～0.025

表 3.8-6　　混凝土衬砌明槽的当量粗糙高度 k_s 值　　单位：mm

设计问题		建议采用 k_s 值
过水能力		2.0
最大流速		0.6
水深接近临界水深的流态①	缓流	0.6
	急流	2.0

① 为了避免产生水面波动，只要经济合理，应使水深不位于 0.9～1.1 倍临界水深范围内。

干砌块石明槽及抛石护坡明槽，可取其当量球体的中值粒径 D_{50} 作为 k_s 值。

天然河槽的 k_s 值，通常在 30～900mm 之间。

3.8.4 允许不冲流速与允许不淤流速

当明槽流速大于槽床土壤所能承受的最大不冲流速 $v_{不冲}$ 时，明槽将遭受水流的冲刷而破坏；反之，当明槽流速太小时，会使明槽淤积和滋生水草，增大明槽的粗糙系数，减小明槽的过水能力。不同土壤和砌护条件下明槽的最大允许不冲流速见表 3.8-7～表 3.8-11。

表 3.8-7　　均质黏性土壤明槽（水力半径 R=1.0m）最大允许不冲流速

土壤种类	干容重（N/m³）	$v_{不冲}$（m/s）
轻壤土	12740～16660	0.60～0.80
中壤土	12740～16660	0.65～0.85
重壤土	12740～16660	0.70～1.00
黏土	12740～16660	0.75～0.95

表 3.8-8　　均质砂石明槽（水力半径 R=1.0m）最大允许不冲流速

土壤种类	粒径（mm）	$v_{不冲}$（m/s）
极细砂	0.05～0.10	0.35～0.45
细砂和中砂	0.25～0.50	0.45～0.60
粗砂	0.50～2.00	0.60～0.75
细砾石	2.00～5.00	0.75～0.90
中砾石	5.00～10.00	0.90～1.10
粗砾石	10.00～20.00	1.10～1.30
小卵石	20.00～40.00	1.30～1.80
中卵石	40.00～60.00	1.80～2.20

表 3.8-9　　岩石的允许不冲流速

序号	岩石名称	允许不冲流速（m/s）							
		岩石表面粗糙				岩石表面光滑			
		水流平均深度（m）							
		0.4	1.0	2.0	≥3.0	0.4	1.0	2.0	≥3.0
Ⅰ	沉积岩								
1	砾岩、泥灰岩、泥板岩和页岩	2.1	2.5	3.0	3.5	—	—	—	—
2	多孔性石灰岩、紧密砾岩、片状石灰岩、石灰质砂岩、白云石灰岩	3.0	3.5	4.0	4.5	4.2	5.0	5.7	6.2
3	白云砂岩、紧密的非成层石灰岩、硅质石灰岩	4.0	5.0	6.0	6.5	5.8	7.0	8.0	8.7
Ⅱ	结晶岩								
4	大理石、花岗岩、正长岩、辉长岩	16	20	23	25	25	25	25	25
5	斑岩、响岩、安山岩、辉绿岩、玄武岩、石英岩	21	25	25	25	25	25	25	25

表 3.8-10　明槽铺砌与加固物的允许不冲流速

序号	加固类型	允许不冲流速（m/s） 水流平均深度（m） 0.4	1.0	2.0	≥3.0
1	抛石，依石块粒径而异	按无黏性土壤允许不冲流速查取			
2	编篱抛石，依石块粒径而异	按无黏性土壤允许不冲流速查取，但加大 10%			
3	单层圆石铺面				
	圆石直径为 15cm	2.0	2.5	3.0	3.5
	圆石直径为 20cm	2.5	3.0	3.5	4.0
	圆石直径为 25cm	3.0	3.5	4.0	4.5
4	碎石层（层厚不少于 10cm）上的单层乱石铺面				
	石块尺寸为 15cm	2.5	3.0	3.5	4.0
	石块尺寸为 20cm	3.0	3.5	4.0	4.5
	石块尺寸为 25cm	3.5	4.0	4.5	5.0
5	碎石层（层厚不少于 10cm）上的单层乱石铺面，但石块正面经过选择并粗略地嵌入碎石层				
	石块尺寸为 20cm	3.5	4.5	5.0	5.5
	石块尺寸为 25cm	4.0	4.5	5.5	5.5
	石块尺寸为 30cm	4.0	5.0	6.0	6.0
6	200 号水泥砂浆层上的单层乱石铺砌				
	石块尺寸为 15cm	3.1	3.7	4.4	5.0
	石块尺寸为 20cm	3.7	4.4	5.0	5.5
	石块尺寸为 30cm	4.4	5.0	5.6	6.2
7	碎石层（层厚不少于 10cm）上的双层乱石铺面，下层石块为 15cm，上层石块为 20cm	3.5	4.5	5.0	5.5
8	梢捆褥垫（临时护面）				
	梢捆厚度 $\delta \approx 20 \sim 25$cm	—	2.0	2.5	—
	梢捆厚度 $\delta \neq 20 \sim 25$cm	—	$2.0 \times 0.2\sqrt{\delta}$	$2.5 \times 0.2\sqrt{\delta}$	—
9	柴排				
	柴排厚度 $\delta = 50$cm	2.5	3.0	3.5	—
	柴排厚度 $\delta \neq 50$cm	$2.5 \times 0.15\sqrt{\delta}$	$3.0 \times 0.15\sqrt{\delta}$	$3.5 \times 0.15\sqrt{\delta}$	—
10	石笼（尺寸不小于 0.5m×0.5m×1m）	达 4.2	达 5.0	达 5.7	达 6.2
11	草皮护面				
	槽底上的	0.9	1.2	1.3	1.4
	槽壁上的	1.5	1.8	2.0	2.2

表 3.8-11　　砖石砌体、混凝土、钢筋混凝土和木材的允许不冲流速

序号	砌体和材料的种类	允许不冲流速（m/s）											
		护面和加固				建筑物和结构							
						普通情况				难以进行修理的情况			
		水流平均深度（m）											
		0.4	1.0	2.0	≥3.0	0.4	1.0	2.0	≥3.0	0.4	1.0	2.0	≥3.0
Ⅰ	水泥砂浆砌体												
1	砖砌体，水中极限抗压强度为1.57～2.94MPa	1.6	2.0	2.3	2.5	2.9	3.5	4.0	4.4	1.4	1.7	2.0	2.2
2	弱岩块石砌体和用密实的砖砌成的砌体	2.9	3.5	4.0	4.4	5.0	6.0	6.9	7.5	2.5	3.0	3.4	3.7
3	耐火砖砌体，极限抗压强度为11.77MPa	4.6	5.5	6.3	6.9	7.9	9.5	11	12	3.9	4.7	5.4	5.9
4	中等岩石的块石砌体	5.8	7.0	8.1	8.7	10	12	14	15	5.0	6.0	6.9	7.5
5	缸砖砌体，极限抗压强度为24.52～29.42MPa	7.1	8.5	9.8	11	12	14	16	18	6.0	7.2	8.3	9.0
Ⅱ	混凝土和钢筋混凝土（有水泥砂浆抹面或表面喷浆）仔细施工者												
6	210号混凝土（相当于现行规范强度等级C19）	7.5	9.0	10	11	25	25	25	25	15	18	21	23
7	170号混凝土（相当于现行规范强度等级C15）	6.6	6.8	9.2	10	25	25	25	25	13	16	19	20
8	140号混凝土（相当于现行规范强度等级C12）	5.8	7.0	8.1	8.7	24	25	25	25	12	14	16	18
9	110号混凝土（相当于现行规范强度等级C9）	5.0	6.0	6.9	7.5	20	25	25	25	10	12	13	15
10	90号混凝土（相当于现行规范强度等级C7）	4.2	5.0	5.7	6.2	16	23	23	25	8	10	11	12
Ⅲ	木材												
11	木材	—	—	—	—	25	25	25	25	12	15	17	18

关于明槽的最小不淤流速 $v_{不淤}$ 的确定：如果明槽水流不含泥沙或含的泥沙量极少，一般 $v_{不淤}$ 在0.5～0.3m/s之间选取；如果明槽水流含有一定的泥沙，应使明槽设计流速不小于能挟带来水含沙量的流速。因此，明槽的最小不淤流速与水流中泥沙的性质有关，$v_{不淤}$ 可采用以下经验公式计算：

$$v_{不淤}=C'\sqrt{R} \tag{3.8-14}$$

式中 $v_{不淤}$——最小不淤流速，m/s；

C'——根据明槽水流中泥沙性质而定的系数，见表3.8-12；

R——水力半径，m。

表 3.8-12　　系数 C' 值

泥沙性质	C'
粗颗粒泥沙	0.65～0.77
中颗粒泥沙	0.58～0.64
细颗粒泥沙	0.41～0.45
很细颗粒泥沙	0.37～0.41

3.8.5 水力最优断面

水力最优断面分为两类：①当明槽的底坡 i 和粗糙系数 n 及过水断面面积 A 给定时，要求过水能力达到最大，即通过的流量 $Q=Q_{max}$；②当底坡 i 和粗

糙系数 n 及流量 Q 给定时，要求过水断面面积 $A=A_{\min}$。满足上述任一条件的明槽断面则称为水力最优断面。五种水力最优断面的水力要素见表 3.8-13。

梯形断面，当边坡系数 m 为某一值时，使明槽断面成为水力最优断面，其底宽 b 与水深 h 之间的关系为

$$\beta_g=\frac{b}{h}=2(\sqrt{1+m^2}-m) \quad (3.8-15)$$

各种边坡系数的梯形水力最优断面的 β_g 值见表 3.8-14。

3.8.6 梯形断面明槽均匀流计算

下面各类的梯形明槽均匀流计算方法，同样适用于矩形明槽和三角形明槽。对于矩形明槽，取边坡系数 $m=0$；对于三角形明槽，取底宽 $b=0$。

所采用的各种符号意义如下：

B——水面宽度，m；

b——梯形底宽，m；

m——边坡系数；

i——明槽底坡；

n——明槽粗糙系数；

h_0——正常水深，m；

K_0——均匀流流量模数，m^3/s；

β_g——最优宽深比，$\beta_g=\frac{b}{h_0}$；

β'_g——最优深宽比，$\beta'_g=\frac{h_0}{b}$；

k_s——当量粗糙高度；

其他符号意义同前。

表 3.8-13　　水力最优断面的水力要素

横断面	面积 A	湿周 χ	水力半径 R	水面宽度 B	平均水深 D
梯形，呈正六边形之半	$\sqrt{3}h^2$	$2\sqrt{3}h$	$\frac{1}{2}h$	$\frac{4}{3}\sqrt{3}h$	$\frac{3}{4}h$
矩形，呈正方形之半	$2h^2$	$4h$	$\frac{1}{2}h$	$2h$	h
半圆形	$\frac{\pi}{2}h^2$	πh	$\frac{1}{2}h$	$2h$	$\frac{\pi}{4}h$
抛物线形（$B=2\sqrt{2}h$）	$\frac{4}{3}\sqrt{2}h^2$	$\frac{8}{3}\sqrt{2}h$	$\frac{1}{2}h$	$2\sqrt{2}h$	$\frac{2}{3}h$
静水垂曲线形	$1.39586h^2$	$2.9836h$	$0.46784h$	$1.917532h$	$0.72795h$

表 3.8-14　梯形水力最优断面的 β_g 值

m	β_g	m	β_g	m	β_g
0.00	2.000	0.50	1.236	1.50	0.606
0.10	1.810	0.75	1.000	2.00	0.472
0.20	1.640	1.00	0.828	2.50	0.365
0.25	1.562	1.25	0.702	3.00	0.325

明槽水力计算问题的基本类型如下：

（1）已知 b、h_0、m、n（或 k_s）、i，求 Q 和 v。

（2）已知 b、h_0、m、n（或 k_s）、Q，求 i。

（3）已知 Q、i、m、n（或 k_s），求 h_0 和 b。其中又分为两种情况：①给定 b（或 h_0），求 h_0（或 b）；②给定 β'_g，求 h_0 和 b。

（4）已知 Q、v、i，m、n（或 k_s），求 h_0 和 b。

3.8.6.1 第一类问题解法

已知 b、h_0、m、n（或 k_s）、i，求 Q 和 v。

1. 第一种解法（认为水流处于水力粗糙区）

（1）按表 3.8-1 所列公式，计算 A、R。

（2）若采用曼宁公式，按式（3.8-2）及式（3.8-3）计算 v 和 Q。

（3）若采用巴甫洛夫斯基公式计算出 C 值，仍按式 $v=C\sqrt{Ri}$ 和式 $Q=AC\sqrt{Ri}$ 计算 v 和 Q。

2. 第二种解法（事先无法肯定水流处于水力粗糙区）

（1）暂假设水流处于水力粗糙区。

（2）按第一种解法，求出 Q 和 v。

（3）计算比值 $\frac{R}{k_s}$ 和雷诺数 $Re=\frac{4Rv}{\nu}$。

（4）由图 3.8-2，按 $\frac{R}{k_s}$ 和 Re 值，判别水流是否处于水力粗糙区；若是粗糙区，则第（2）步计算出的 Q 和 v 即为所求；若不是粗糙区，则应选用相应的阻力区公式计算 C 值，重新计算 v 和 Q。

3.8.6.2 第二类问题解法

已知 b、h_0、m、n（或 k_s）、Q，求 i。

1. 第一种解法（认为水流处于水力粗糙区）

（1）按表 3.8-1 所列公式，计算 A、R，再求得 v。

（2）若采用曼宁公式，则

$$i=\left(\frac{nv}{R^{\frac{2}{3}}}\right)^2=\frac{n^2v^2}{R^{\frac{4}{3}}}$$

(3) 若采用巴甫洛夫斯基公式计算 C 值，则

$$i=\frac{v^2}{C^2R}$$

2. 第二种解法（事先无法肯定水流处于水力粗糙区）

(1) 按表 3.8-1 所列公式，计算 A、R，再求得 v。

(2) 计算比值$\frac{R}{k_s}$和雷诺数 $Re=\frac{4Rv}{\nu}$。

(3) 由图 3.8-2，按$\frac{R}{k_s}$和 Re 值，查取相应的 C 值。

(4) 计算出 $i=\frac{v^2}{C^2R}$。

3.8.6.3 第三类问题解法

1. 第一种解法（认为水流处于水力粗糙区）

(1) 第一种情况：已知 Q、i、m、n、b 或 (h_0)，求 h_0（或 b）。

1）试算法：

a. 任设一个 h_0（或 b）值。

b. 按“第一类问题的第一种解法”计算出 $Q_试$，若此 $Q_试$ 等于题给的 Q，则所设的 h_0（或 b）即为所求；否则，另设 h_0（或 b）值，重新计算，直至所设的 h_0（或 b）值能满足 $Q_试$ 等于题给的 Q 这一条件为止。整个试算过程可由计算机来完成。

2）查图法：

a. 计算 $K_0=\frac{Q}{\sqrt{i}}$。

b. 计算$\frac{h_0^{2.67}}{nK_0}$值。

c. 由图 3.8-4 或图 3.8-5，按给定的 m 值和计算出的$\frac{h_0^{2.67}}{nK_0}$值$\left(或\frac{b^{2.67}}{nK_0}值\right)$查取比值$\frac{h_0}{b}=\beta'_g$。

d. 计算 $h_0=b\beta'_g$$\left(或 b=\frac{h_0}{\beta'_g}\right)$。

(2) 第二种情况：已知 Q、i、m、n、β'_g，求 h_0 和 b。

1）试算法：

a. 任设一个 b 值，并计算 $h_0=b\beta'_g$。

b. 按“第一类问题的第一种解法”计算出一个 $Q_试$，若此 $Q_试$ 等于题给的 Q，则所设的 b 即为所求；否则，另设 b 值，重新计算，直至所设的 b 值能满足 $Q_试$ 等于题给的 Q 这一条件为止。上述试算过程可由计算机完成。

2）查图法：

a. 由图 3.8-5，按给定的 m 值和 $\beta'_g=\frac{h_0}{b}$，查取$\frac{b^{2.67}}{nK_0}$值，设此值为 A。

b. 计算 $K_0=\frac{Q}{\sqrt{i}}$。

c. 计算 $b=\sqrt[2.67]{nK_0A}$。

d. 计算 $h_0=b\beta'_g$。

2. 第二种解法（事先不能肯定水流处于水力粗糙区）

(1) 第一种情况：已知 Q、i、m、k_s（或 n）、h_0（或 b），求 b（或 h_0）。

1）任设一个 b（或 h_0）值。

2）按表 3.8-1 所列公式，计算 A 和 R 值。

3）计算 $v=\frac{Q}{A}$、$Re=4\frac{Rv}{\nu}$和比值$\frac{R}{k_s}$。

4）由图 3.8-2，按 Re 和$\frac{R}{k_s}$值，查取 C 值，并计算出 $Q_试=AC\sqrt{Ri}$。

5）若计算出的 $Q_试$ 等于题给的 Q，则所设的 b（或 h_0）即为所求；否则，另设 b（或 h_0）值，重新计算，直至计算出的 $Q_试$ 等于题给出的 Q 为止。

6）在试算三次以上仍未成功，即可将各次试算结果，绘成 $Q=f(b)$ 或 $Q=f(h_0)$ 曲线；由此曲线按题给的 Q，查出所求的 b（或 h_0）。

(2) 第二种情况：

已知 Q、i、m、k_s（或 n）、β'_g，求 h_0 和 b。

1）任设一个 b 值，算出 $h_0=b\beta'_g$。

2）按表 3.8-1 所列公式，计算 A 和 R 值。

3）计算 v，Re 和比值$\frac{R}{k_s}$。

4）由图 3.8-2，按 Re 和 $\frac{R}{k_s}$ 值，查取 C 值，并算出 $Q_试$。

5）若 $Q_试$ 等于题给的 Q，则所设的 b 即为所求；否则，另设 b 值，重新计算，直至计算出的值 $Q_试$ 等于题给的 Q 为止。

6）在求得 b 之后，计算 $h_0=b\beta'_g$。

3.8.6.4 第四类问题解法

已知 Q、v、i、m、k_s（或 n），求 h_0 和 b。

1. 第一种解法（认为水流处于水力粗糙区）

(1) 计算 $A=\frac{Q}{v}$。

(2) 若采用曼宁公式，则 $R=\left(\frac{nv}{\sqrt{i}}\right)^{\frac{3}{2}}$；若采用巴甫洛夫斯基公式计算 C 值，则 $R=\frac{v^2}{C^2i}$。

(3) 按下式计算水力最优断面的 R_g：

$$R_g=\frac{1}{2}\sqrt{\frac{A}{2\sqrt{1+m^2}-m}} \tag{3.8-16}$$

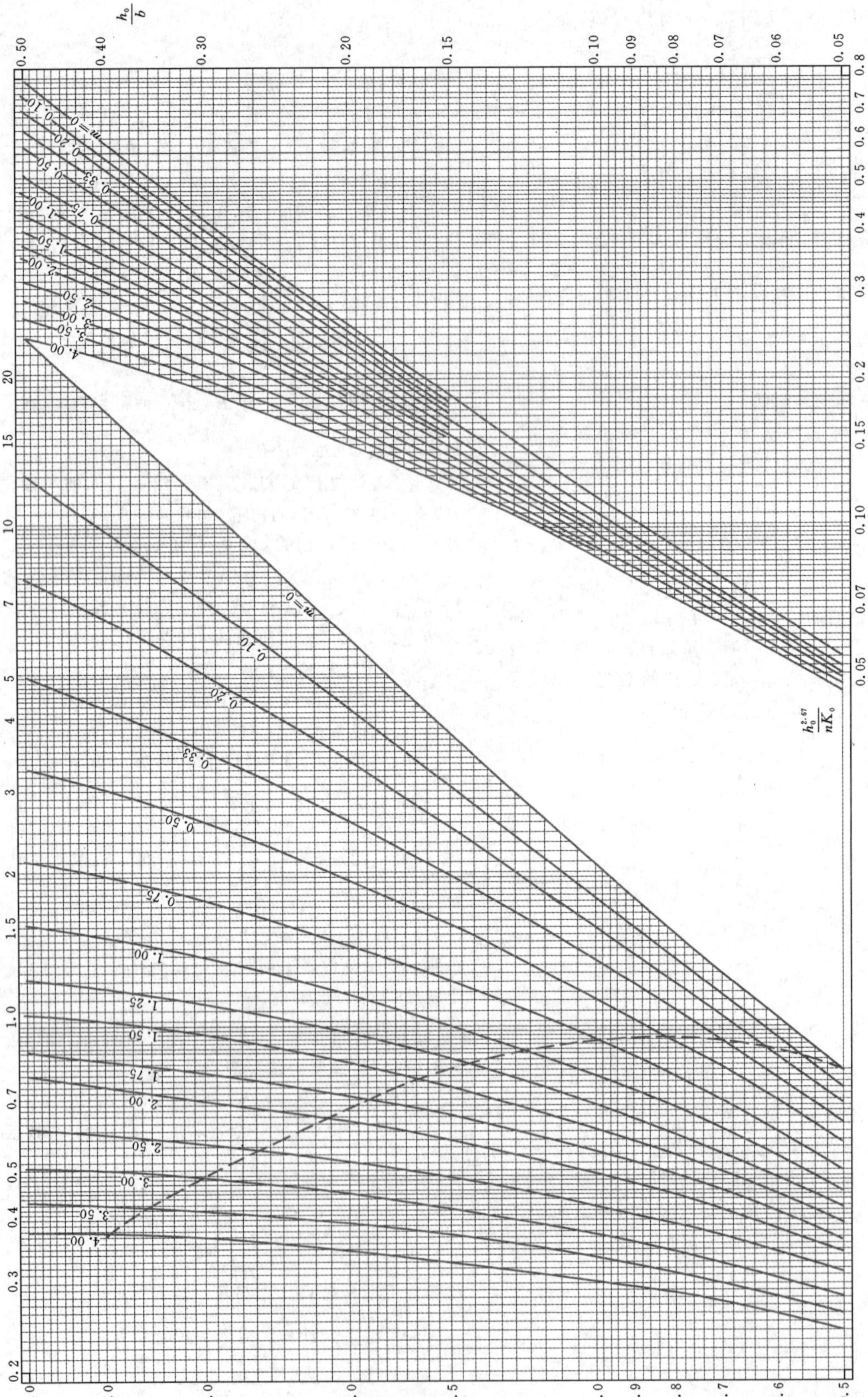

图 3.8-4 梯形断面明槽底宽求解曲线

[图中与基本曲线相交的那条曲线是水力最优断面的 $\left(\frac{h_0}{b}\right)_{最优值}$]

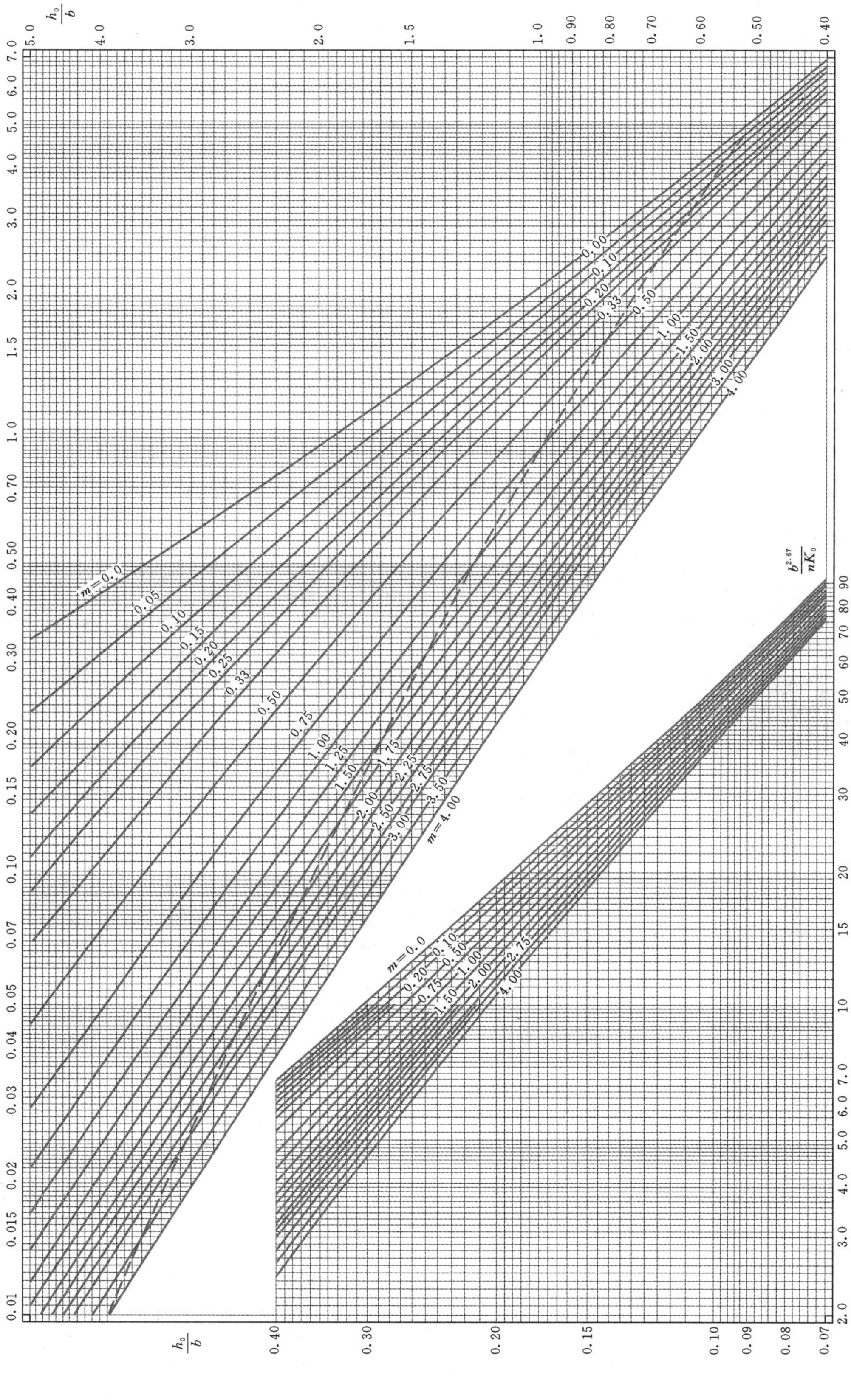

图 3.8-5 梯形断面明槽正常水深求解曲线图

[图中与基本曲线相交的那条曲线是水力最优断面的 $\left(\frac{h_0}{b}\right)_{最优值}$]

(4) 若第 (2) 步计算所得的 $R>R_g$，本题无解；若第 (2) 步计算所得的 $R<R_g$，本题有解（解法如下）。

(5) 由下列二次方程解 h_0：

$$h_0^2-\frac{A}{R(2\sqrt{1+m^2}-m)}h_0+\frac{A}{2\sqrt{1+m^2}-m}=0 \tag{3.8-17}$$

按技术经济考虑，从所得两个 h_0 中选取一个合用的 h_0 值即可（一般取较小的 h_0 值）。

(6) 按下式计算 b 值：

$$b=\frac{A}{h_0}-mh_0$$

2. 第二种解法（事先无法肯定水流处于水力粗糙区）

解法步骤同"第一种解法"，只是将第 (2) 步的算法变化如下：

先设一个 R 值；计算比值 $\frac{R}{k_s}$ 和 $Re=\frac{4Rv}{\nu}$；由图 3.8-2 查取 C 值；按式 $R=\frac{v^2}{C^2 i}$ 计算出 R 值，若此 R 值等于所设 R 值，则取所设 R 值作为第 (2) 步计算成果；否则，另设 R 值，重新计算，直至所设的 R 值与计算出的 R 值相等为止。

3.8.7 闭合断面均匀流计算

3.8.7.1 无压圆管均匀流

当圆管未充满水时，仍属于明槽水流。圆形断面的 $\frac{Q}{Q_m}=f_1\left(\frac{h}{d}\right)$ 曲线及 $\frac{v}{v_m}=f_2\left(\frac{h}{d}\right)$ 曲线如图 3.8-6 所示。这里，各符号意义如下：

Q、v——充水深度为 h 时的流量、流速；

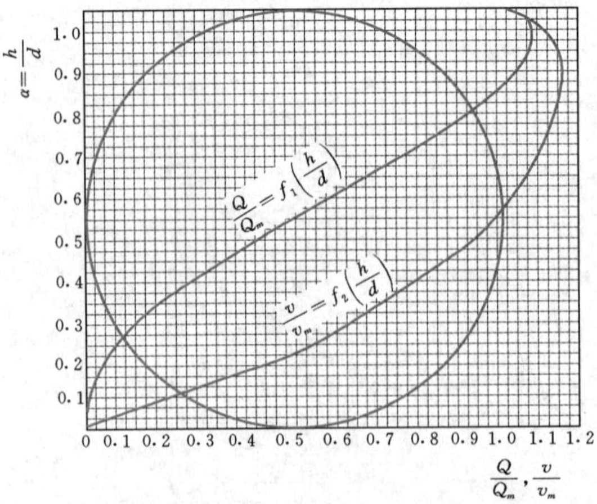

图 3.8-6　圆形断面的 $\frac{Q}{Q_m}=f_1\left(\frac{h}{d}\right)$ 曲线及 $\frac{v}{v_m}=f_2\left(\frac{h}{d}\right)$ 曲线

Q_m、v_m——充满水时断面的流量、流速；

$\frac{h}{d}$——充满度。

在充满水时 ($h=d$) 的面积 A_m、湿周 χ_m、水力半径 R_m 的计算公式分别为

$$\left.\begin{aligned}A_m&=0.785d^2\\ \chi_m&=3.142d\\ R_m&=0.25d\end{aligned}\right\} \tag{3.8-18}$$

3.8.7.2 水工隧洞专用断面

五种型号的无压引水隧洞专用断面如图 3.8-7

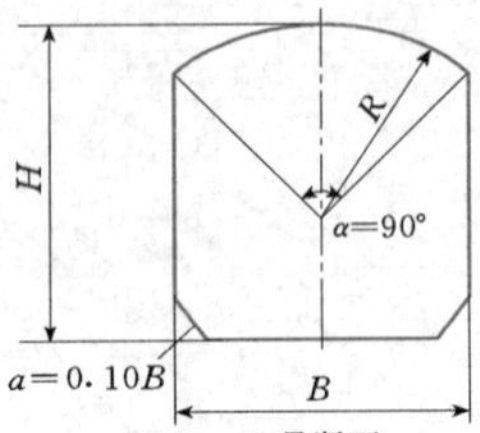

Ⅰ号断面

参数 \ H	B	1.25B	1.50B
R	$\frac{1}{\sqrt{2}}B$	$\frac{1}{\sqrt{2}}B$	$\frac{1}{\sqrt{2}}B$

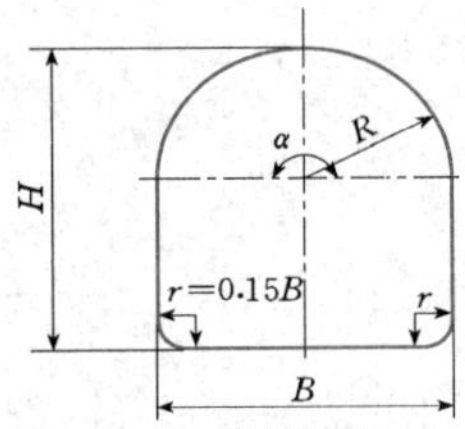

Ⅱ号断面

参数 \ H	B	1.25B	1.50B
R	0.5B	0.5B	0.5B

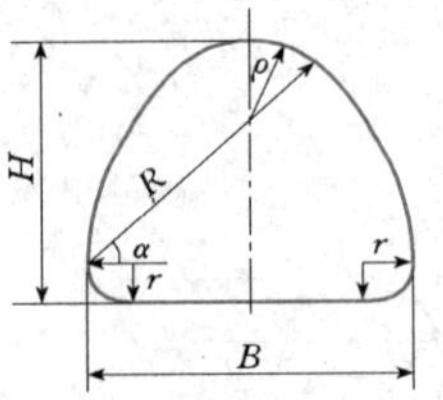

Ⅲ号断面

参数 \ H	B	1.2B	1.4B
R	B	1.5B	2.0B
ρ	0.293B	0.25B	0.25B
r	0.207B	0.20B	0.25B
α	$\frac{\pi}{4}$	$\arctan\frac{3}{4}$	$\arctan\frac{3}{5}$

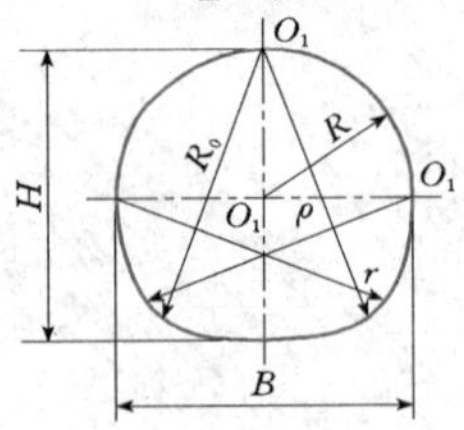

Ⅳ号断面

参数 \ H	B	1.5B	1.3B
R	0.5B	0.5B	0.5B
R_0	B	B	B
ρ	B	1.5B	2.0B
r	0.15B	0.15B	0.15B

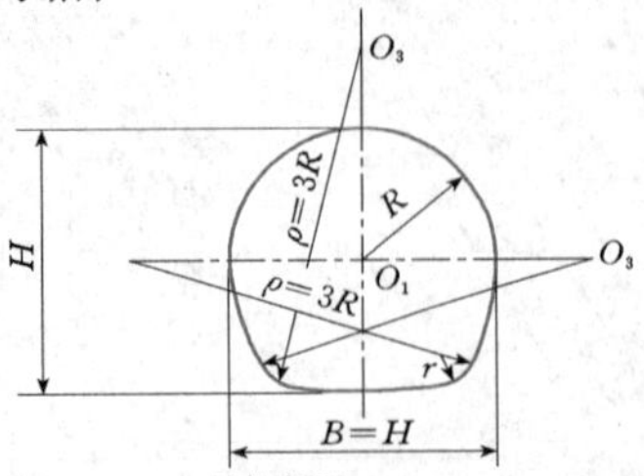

Ⅴ号断面

图 3.8-7　无压引水隧洞专用断面

所示。Ⅰ～Ⅳ号断面的流量模数的比值$\frac{K_s}{K_y}$，见表3.8-15。这里，各符号意义如下：

K_s——隧洞在某一充满度时的流量模数；

K_y——圆管在同一断面面积充满度时的流量模数，见式（3.8-19）。

$$K_y = \frac{MQ_{m,y}}{\sqrt{i}} \qquad (3.8-19)$$

式中 i——水道（隧道及圆管）底坡；

M——由图3.8-6按充满度$\left(\frac{h}{d}\right)$查得的$\frac{Q}{Q_m}$值。

圆管充满水时的流量公式为

$$Q_{m,y} = \left(\frac{\pi}{4}d^2\right)C\sqrt{\frac{d}{4}i} \qquad (3.8-20)$$

推求隧洞在某一充满度下的流量，其计算步骤如下：按式（3.8-20）计算$Q_{m,y}$；按图3.8-6查出$\left(\frac{Q}{Q_m}\right)_y=M$的值；按式（3.8-19）计算$K_y$；按表3.8-15查出$\frac{K_s}{K_y}=\kappa$的值；计算出$K_s=\kappa K_y$；最后，计算$Q_s=K_s\sqrt{i}$。

图3.8-7中的Ⅱ号及Ⅴ号断面比较常用，对于粗糙系数$n=1.0$时的流量模数K'_m和断面积A_m，分别按下式计算：

Ⅱ号断面 $K'_m=2.2164\left(\frac{H}{2}\right)^{2.7}$，$A_m=3.544\left(\frac{H}{2}\right)^2$

Ⅴ号断面 $K'_m=2.097\left(\frac{H}{2}\right)^{2.7}$，$A_m=3.382\left(\frac{H}{2}\right)^2$

上述隧洞Ⅱ号及Ⅴ号断面在各种充满度$\frac{h}{H}$时的$\frac{K'}{K'_m}$和$\frac{A}{A_m}$见表3.8-16。

表3.8-15　隧洞Ⅰ～Ⅳ号断面的$\frac{K_s}{K_y}$

充满度 $\frac{h}{H}$	Ⅰ号断面			Ⅱ号断面			Ⅲ号断面			Ⅳ号断面		
	$H=B$	$H=1.25B$	$H=1.5B$	$H=B$	$H=1.25B$	$H=1.5B$	$H=B$	$H=1.2B$	$H=1.4B$	$H=B$	$H=1.15B$	$H=1.3B$
100%	0.97	0.96	0.945	0.98	0.97	0.96	0.985	0.965	0.95	0.99	0.98	0.97
80%	0.97	0.945	0.925	0.97	0.945	0.925	0.98	0.96	0.945	0.98	0.97	0.95

表3.8-16　图3.8-7所示隧洞Ⅱ号及Ⅴ号断面的$\frac{K'}{K'_m}$和$\frac{A}{A_m}$（粗糙系数$n=1.0$）

断面号	$\frac{h}{H}$	$\frac{K'}{K'_m}$	$\frac{A}{A_m}$	断面号	$\frac{h}{H}$	$\frac{K'}{K'_m}$	$\frac{A}{A_m}$
Ⅱ号	0.10	0.490	0.105	Ⅴ号	0.10	0.043	0.084
	0.20	0.150	0.218		0.20	0.124	0.188
	0.30	0.278	0.330		0.30	0.246	0.300
	0.40	0.415	0.443		0.40	0.390	0.417
	0.50	0.565	0.557		0.50	0.546	0.535
	0.60	0.720	0.670		0.60	0.707	0.675
	0.70	0.866	0.775		0.70	0.865	0.765
	0.80	0.990	0.870		0.80	0.995	0.870
	0.90	1.065	0.955		0.90	1.075	0.945
	0.95	1.075	0.985		0.95	1.085	0.980
	1.00	1.000	1.000		1.00	1.000	1.000

欲求所给粗糙系数n时的真正流量模数K，须将表中查得的K'值，乘以$\frac{1}{n}$。

表中的K'值，是按公式$K'=AR^{\frac{1}{5}}\sqrt{R}$计算得出的，即取巴甫洛夫斯基公式$C=\frac{1}{n}R^y$中的$y=\frac{1}{5}$。

3.8.8 复式断面明槽均匀流计算

复式断面明槽均匀流计算，其计算原理同梯形断面均匀流计算，但对于非对称的复式断面面积A、湿周χ的计算公式不同，而复式断面须将断面分割计算。

图 3.8-8（a）、（b）、（d）所示的复式断面，A 和 χ 的计算公式为

$$A = A_1 + A_2 + A_3$$

$$\chi = \chi_1 + \chi_2 + \chi_3$$

（**注意**：湿周不计水面线和图中分割断面用的虚线）

图 3.8-8（a）、（b），分别表示断面的两种不同分割方法。

图 3.8-8（c）中，$A_1=0$，$\chi_1=0$。

按上述分割方法分割几部分后，每部分仍按单式断面计算流量，然后将各部分流量加起来即为复式断面通过的总流量。

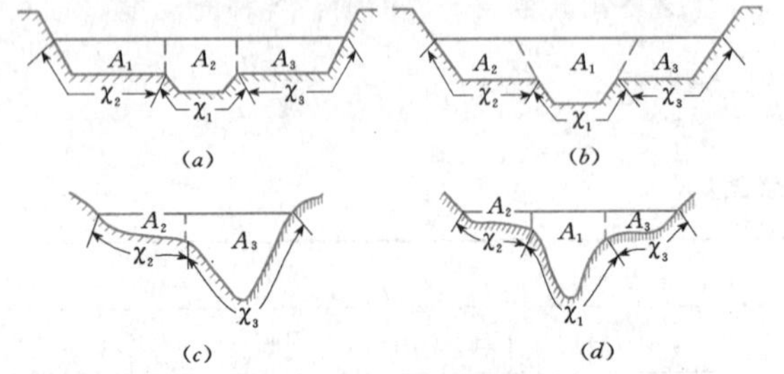

图 3.8-8 复式断面明槽

3.9 明槽恒定非均匀渐变流

人工明槽或天然河槽中的水流绝大多数是非均匀流。在明槽非均匀流中，若流线接近于相互平行的直线，即流线间夹角极小，流线的曲率半径很大，这种水流称为明槽非均匀渐变流。

3.9.1 明槽水流的流态与判别

当给明槽水流施以局部干扰后，这种干扰对水流产生的影响，既能影响到上游又能影响到下游，这种水流流态为缓流。若只影响到下游水流，不影响上游水流，这种水流流态为急流。

明槽水流流态的判别有以下两种方法。

1. 波速判别法

用明槽水流的临界流速 v_c 与实际的断面平均流速 v 相比较，可以判别明槽水流的流态：

$$\left.\begin{array}{ll} v < v_c & \text{（缓流）} \\ v > v_c & \text{（急流）} \\ v = v_c & \text{（临界流）} \end{array}\right\} \qquad (3.9-1)$$

其中 $v_c = \sqrt{g\overline{h}}$，$\overline{h} = \dfrac{A}{B}$

式中 g——重力加速度；

$\overline{h}$——平均水深；

A——明槽过水断面面积；

B——明槽水面宽度。

2. 弗劳德（Froude）数判别法

弗劳德数 Fr 表征流动中惯性力与重力的比值：

$$Fr = \frac{v}{\sqrt{g\overline{h}}} \qquad (3.9-2)$$

也可用于判别明槽水流的流态：

$$\left.\begin{array}{ll} Fr < 1 & \text{（缓流）} \\ Fr > 1 & \text{（急流）} \\ Fr = 1 & \text{（临界流）} \end{array}\right\} \qquad (3.9-3)$$

3.9.2 断面比能与临界水深

3.9.2.1 断面比能

明槽中的水流流动状态还可以从能量的角度进行分析判断。明槽中，以某一断面的最低点为基准，写出其单位重量液体的总能量，称为比能或断面单位能量，以符号 E_s 表示，即

$$E_s = h\cos\theta + \frac{\alpha v^2}{2g} \qquad (3.9-4)$$

当明槽底坡较小，$\theta \leqslant 6°$，$\cos\theta \approx 1$，式（3.9-4）亦可写为

$$E_s = h + \frac{\alpha v^2}{2g} \qquad (3.9-5)$$

式中 α——动能修正系数，常取 $\alpha=1.0$ 或 $\alpha=1.1$；

h——正交于槽底方向的水深；

θ——明槽底坡与水平方向的夹角。

当明槽的断面形状、尺寸和流量均已给定时，可按式（3.9-5）绘出 E_s 与 h 的关系曲线——断面比能曲线（见图 3.9-1）。相应于 $E_s = E_{smin}$ 的水深 h_c 为临界水深；当 $h=h_c$、$v=v_c$（临界流速）时，水流为临界流；当 $h>h_c$、$v<v_c$ 时，水流为缓流；当 $h<h_c$、$v>v_c$ 时，水流为急流。

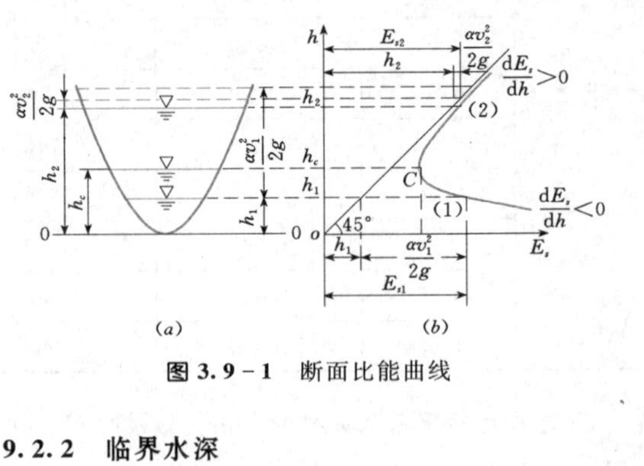

图 3.9-1 断面比能曲线

3.9.2.2 临界水深

1. 基本公式

对于大底坡明槽有

$$\frac{A^3}{B} = \frac{\alpha Q^2}{g\cos\theta} \qquad (3.9-6)$$

对于小底坡明槽，可取 $\cos\theta=1$。

2. 临界水深的求法

已知明槽的流量及断面形状、尺寸，可按下述方法之一，求出临界水深 h_c。

（1）查图法。在小底坡明槽，且 $\alpha=1.0$ 的情况下，可以查图求 h_c。

1）梯形、矩形、圆形断面的 h_c，可查图 3.9-2。

2）图 3.9-3 所示的Ⅰ、Ⅱ、Ⅲ型断面的 h_c，可查图 3.9-4。

3）椭圆形断面的 h_c，可查图 3.9-5。

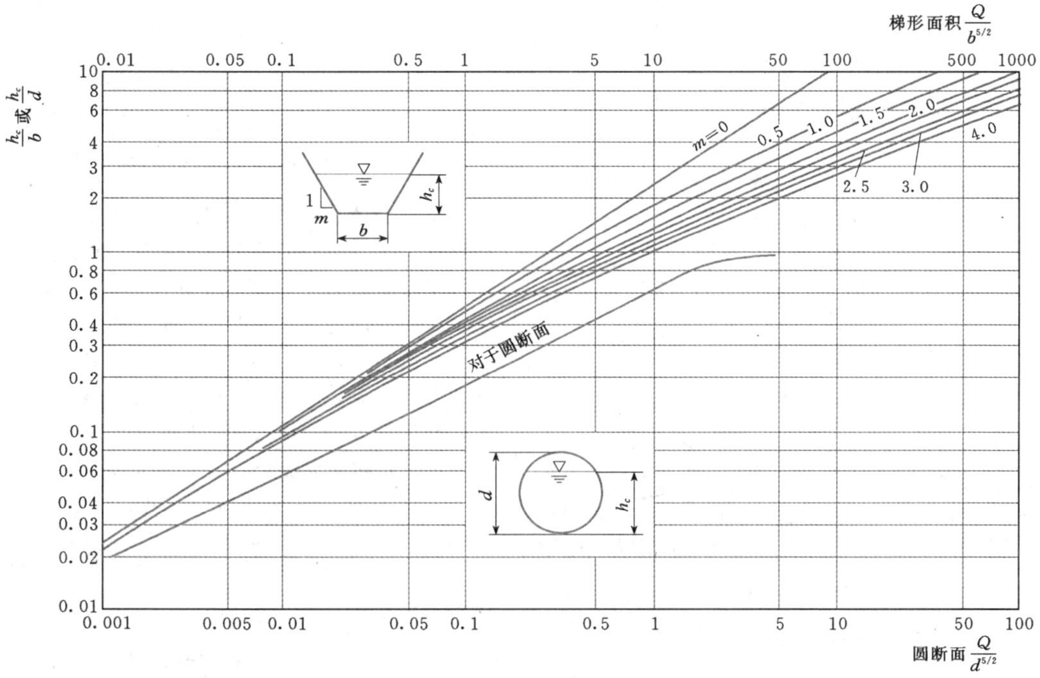

图 3.9-2　梯形、矩形、圆形断面的临界水深 h_c

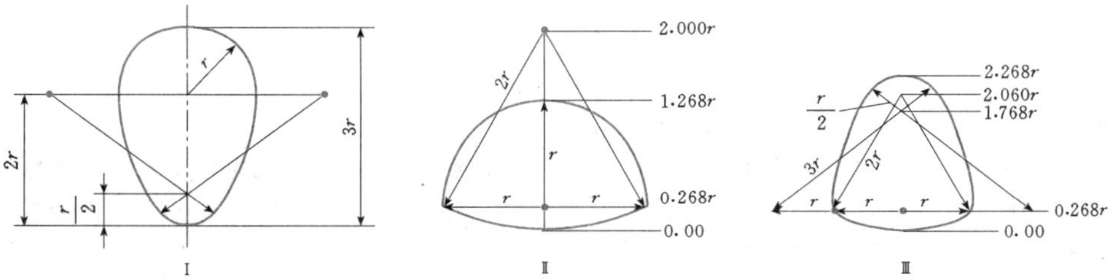

图 3.9-3　三种断面类型

图 3.9-2～图 3.9-5 中，长度均以 m 计，流量以 m^3/s 计。

（2）公式法。下列公式均就大底坡明槽而言。对于小底坡明槽，可取 $\cos\theta=1$。

1）矩形断面。临界水深计算式为

$$h_c=\sqrt[3]{\frac{\alpha Q^2}{b^2 g\cos\theta}}=\sqrt[3]{\frac{\alpha q^2}{g\cos\theta}} \qquad (3.9-7)$$

式中　b——底宽；

q——单宽流量；

其他符号意义同前。

2）三角形断面。临界水深计算式为

$$h_c=\sqrt[5]{\frac{2\alpha Q^2}{gm^2\cos\theta}} \qquad (3.9-8)$$

式中　m——边坡系数。

3）抛物线形断面（设抛物线方程为 $x^2=2py$）。临界水深计算式为

$$h_c=\sqrt[4]{\frac{27}{64}\times\frac{\alpha Q^2}{gp\cos\theta}} \qquad (3.9-9)$$

4）圆形断面。临界水深可按下列经验公式计算：

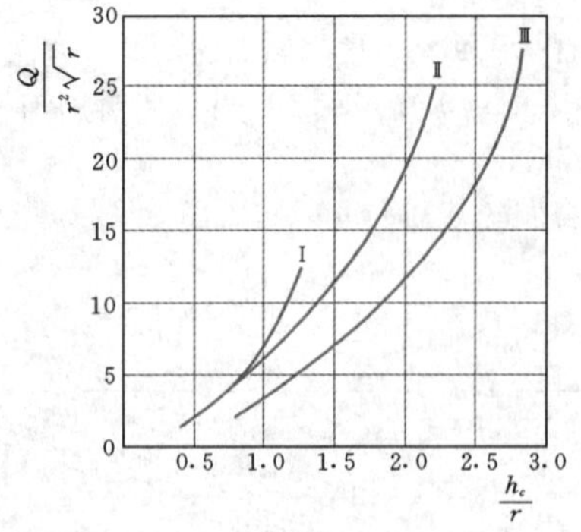

图 3.9-4 图 3.9-3 所示Ⅰ、Ⅱ、Ⅲ型断面的临界水深 h_c

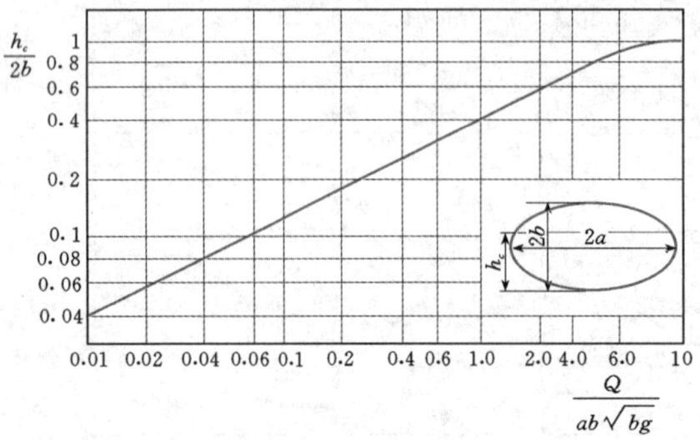

图 3.9-5 椭圆形明槽的临界水深 h_c

$$h_c = 0.573Q^{0.52}d^{-0.3} \quad \left(0.05 < \frac{h_c}{d} < 0.85\right) \tag{3.9-10}$$

式中 d——圆管直径，m；

Q——流量，m^3/s。

5）梯形断面及其他任意断面。临界水深可采用试算法以及由计算机进行计算求解，步骤如下：

a. 设水深 h 值。

b. 计算相应的 A 和 B 值（有关公式见表 3.8-1）。

c. 计算 $\frac{A^3}{B}$ 值。

d. 按给定的 Q 和 θ，选定 α 值，计算相应的 $\frac{\alpha Q^2}{g\cos\theta}$ 值。

e. 若第 c、d 两步所得之值相等，则所设的 h 值恰好为所求的临界水深 h_c；否则，另设 h 值，重新计算，直到 c、d 两步所得之值相等为止。以上过程可编制程序，由计算机进行试算（可参阅《微机计算水力学》，杨景芳编著，大连理工大学出版社出版）。

3.9.3 临界底坡、缓坡与陡坡

临界底坡 i_c，是指在明槽过水断面形状、尺寸及粗糙系数均给定的情况下，能使某一流量 Q 的正常水深 h_0 恰好等于临界水深 h_c 时的底坡。流量不同时，i_c 不同。h_0 与 i 的关系如图 3.9-6 所示，当 $h_c = h_0$ 时，相应的底坡为临界底坡 i_c。

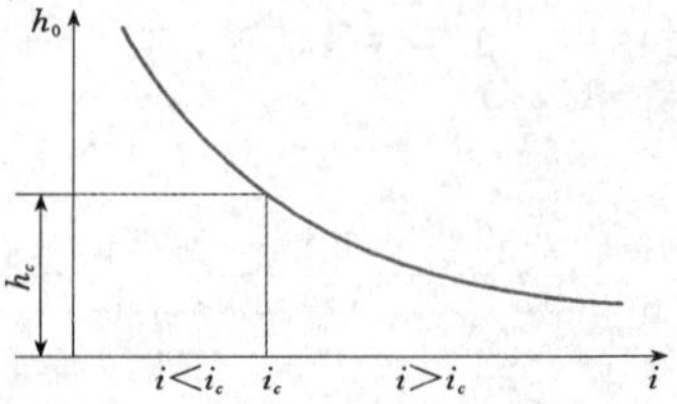

图 3.9-6 正常水深与底坡关系图

临界底坡 i_c 是为便于分析非均匀流而引入的一个概念。在一定的流量下，如果槽中形成均匀流，当实际槽底底坡 $i > i_c$ 时，槽中水深 $h_0 < h_c$，则将发生急流状态的均匀流，此时的明槽底坡为陡坡；当实际槽底底坡 $i < i_c$ 时，槽中水深 $h_0 > h_c$，则将发生缓流状态的均匀流，此时的明槽底坡为缓坡。

临界底坡的计算公式需联立求解下列均匀流公式（3.9-11）和临界流公式（3.9-12）：

$$Q = A_c C_c \sqrt{R_c i_c} \tag{3.9-11}$$

$$\frac{A_c^3}{B_c} = \frac{\alpha Q^2}{g} \tag{3.9-12}$$

可得

$$i_c = \frac{g\chi_c}{\alpha C_c^2 B_c} \tag{3.9-13}$$

式中 χ_c——与临界水深 h_c 相应的湿周。

对于宽浅河槽，$\chi_c = B_c$，则式（3.9-13）可简化为

$$i_c = \frac{g}{\alpha C_c^2} \tag{3.9-14}$$

3.9.4 明槽恒定非均匀渐变流的微分方程

1. 棱柱形明槽水深沿程变化的微分方程

$$\frac{dh}{ds} = \frac{i - J_f}{1 - Fr^2} \tag{3.9-15}$$

式中 J_f——沿程水头损失坡降，又称为摩阻坡度；

Fr——弗劳德数。

2. 非棱柱形明槽水深沿程变化的微分方程

$$\frac{dh}{ds} = \frac{i - J_f + \frac{\alpha Q^2}{gA^3}\frac{\partial A}{\partial s}}{1 - \frac{\alpha Q^2}{gA^3}B - h\sin\theta\frac{d\theta}{dh}} \tag{3.9-16}$$

式中 Q——明槽的流量；

A——过水断面面积，对非棱柱形明槽，它是水深 h 和沿程距离 s 的函数；

B——水面宽度；

θ——明槽的坡角。

用式（3.9-16）可数值计算非棱柱形明槽水面曲线。

3.9.5　棱柱形明槽中恒定非均匀渐变流水面曲线分析

3.9.5.1　水面曲线形状分析

水面曲线的定性分析，目的在于进行定量计算之前，预先判定水面曲线的一般形状及其特性，以便预先知道可能出现何种类型的水面曲线。棱柱形明槽中可能出现的12种水面曲线见表3.9-1，并附有工程实例，可供查阅。

由表3.9-1可见：对于平坡（$i=0$）及反坡（$i<0$）的情况，只需根据非均匀流水深 $h>h_c$ 或 $h<h_c$，便可判定水面曲线发生在2区或3区及水面曲线的型号。对于正坡（$i>0$）的情况，首先，需判别是 $i>i_c$（陡坡），还是 $i<i_c$（缓坡），或是 $i=i_c$（临界坡）。然后，再根据非均匀流水深 h、正常水深 h_0、临界水深 h_c 三者之关系，确定非均匀流发生在1、2、3区中的哪一区，从而判定水面曲线的型号。

表3.9-1所列分析成果，是假定棱柱形明槽充分长，以致在条件合适时，正常水深 h_0 能出现于明槽中。因为临界水深及槽底附近的纵剖面并不能用渐变流理论予以准确地确定，因此在各图中均用虚线表示。

3.9.5.2　底坡变化情况下水面曲线分析

由于明槽渐变流水面曲线比较复杂，在进行定量计算之前，有必要先对它的形状和特点作一些定性分析。

棱柱形明槽恒定渐变流微分方程表明，水深 h 沿流程 s 的变化与明槽底坡 i 及实际水流的流态（反映在弗劳德数 Fr 中）有关。因此，对于水面曲线的形式应根据不同的底坡情况、不同流态进行具体分析。

图3.9-7给出了槽底底坡骤变一次的各种水面曲线。

表3.9-1　棱柱形明槽水面曲线类型及工程实例

情　况	水面曲线简图	工程实例
$i<i_c$	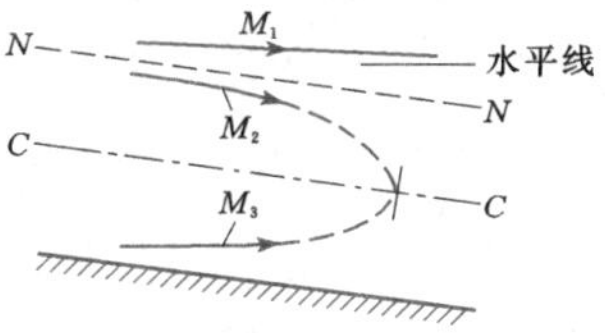	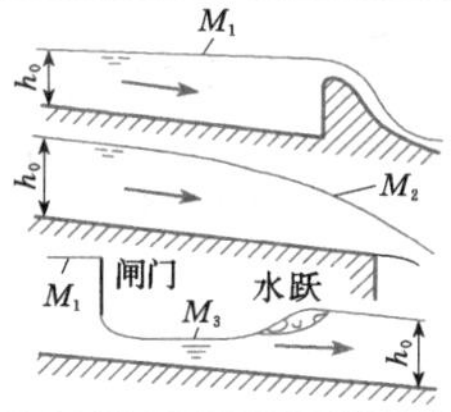
$i>i_c$	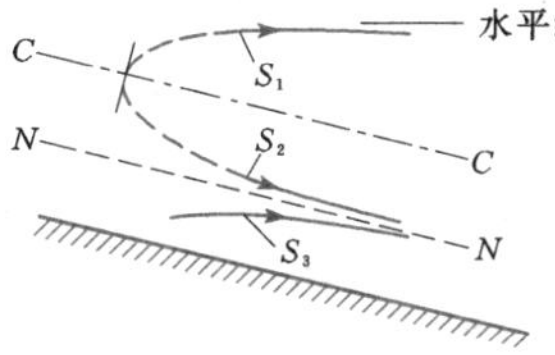	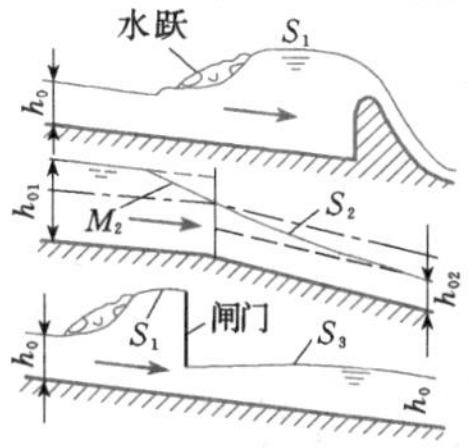
$i=i_c$	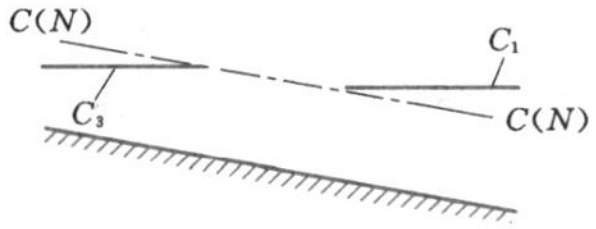	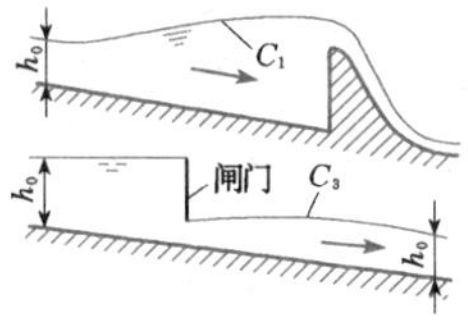
$i=0$	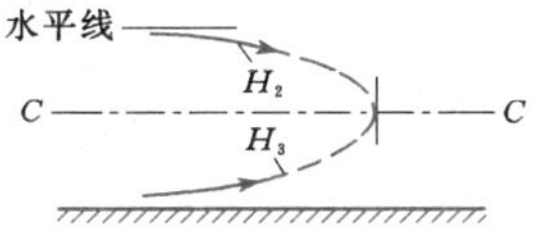	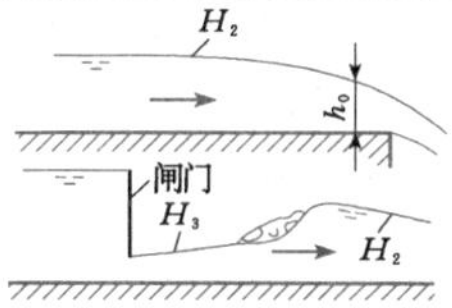
$i<0$	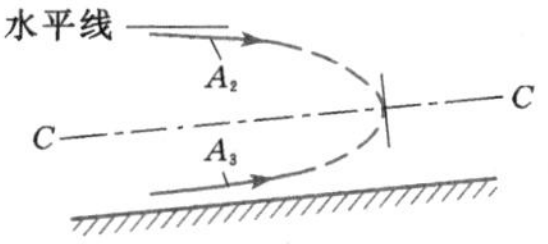	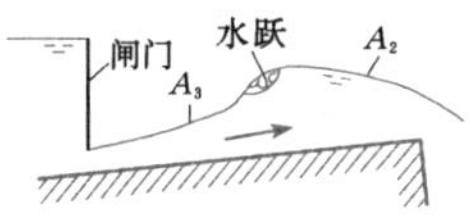

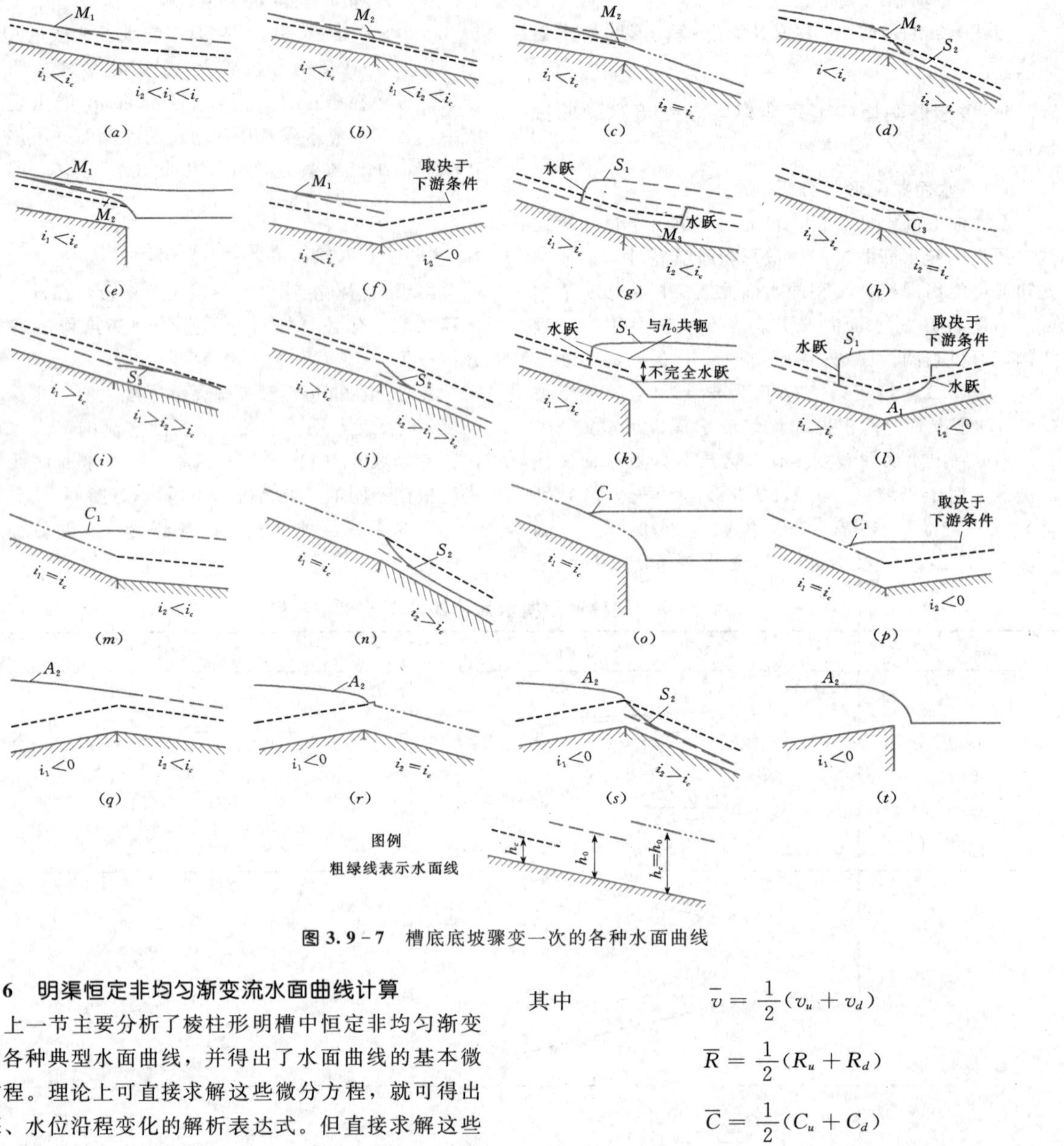

图 3.9-7 槽底底坡骤变一次的各种水面曲线

3.9.6 明渠恒定非均匀渐变流水面曲线计算

上一节主要分析了棱柱形明槽中恒定非均匀渐变流的各种典型水面曲线，并得出了水面曲线的基本微分方程。理论上可直接求解这些微分方程，就可得出水深、水位沿程变化的解析表达式。但直接求解这些微分方程仍存在很多困难。目前采用比较多的数值解的方法是逐段试算法，亦称为分段法（或称为有限差分法）。该方法是将整个流动分段考虑，在每个有限长的流段内认为断面单位能量或水位高程呈线性变化，并将微分方程改写成差分方程。对于流段上的沿程水头损失，认为非均匀流与均匀流规律相同，分段采用均匀流沿程水头损失计算公式 $J_f=\dfrac{Q^2}{K^2}=\dfrac{v^2}{C^2R}$进行计算，式中 J_f 或 K 采用流段上下游断面的平均值。如以下标 u 代表上游断面，下标 d 代表下游断面，则

$$J_f=\frac{\overline{v}^2}{\overline{C}^2\,\overline{R}} \tag{3.9-17}$$

其中

$$\overline{v}=\frac{1}{2}(v_u+v_d)$$

$$\overline{R}=\frac{1}{2}(R_u+R_d)$$

$$\overline{C}=\frac{1}{2}(C_u+C_d)$$

人工渠槽（包括棱柱形槽或非棱柱形槽）中的非均匀渐变流，忽略局部水头损失后，其基本方程为

$$\frac{\mathrm{d}E_s}{\mathrm{d}s}=i-J_f \tag{3.9-18}$$

式中 E_s——断面单位能量。

将微分方程改写为如下差分形式：

$$\frac{\Delta E_s}{\Delta s}=i-J_f \tag{3.9-19}$$

$$\Delta s=\frac{\Delta E_s}{i-J_f}=\frac{\left(h_d+\dfrac{v_d^2}{2g}\right)-\left(h_u+\dfrac{v_u^2}{2g}\right)}{i-J_f} \tag{3.9-20}$$

计算时，首先需要选择控制断面（水深已知位置确定的断面）。渠槽中水流是急流时，在上游找控制断面，由上游向下游推算；渠槽中水流是缓流时，在下游找控制断面，由下游向上游推算。

计算时一般有以下两种情况：

(1) 已知流段两端的水深 h_u 和 h_d，求流段长度 Δs，可直接用式（3.9-20）计算。

(2) 已知一端断面的水深（h_u 或 h_d）以及流段长度 Δs，求另一端的水深（h_u 或 h_d），需通过试算求解。该方法主要用在非棱柱形渠槽的计算。

整个计算过程可编制程序，由计算机来完成（可参阅《微机计算水力学》，杨景芳编著，大连理工大学出版社出版）。

3.9.7 天然河道水面线的计算

天然河道不同于人工渠槽，其特点是河床起伏不平，河道曲直相间，断面宽窄不齐，粗糙系数沿程变化。因此，天然河道水面线用水位高程的沿程变化来表示。

计算过程中，对每一个流段，沿程水头损失 Δh_f 按均匀流考虑，算法同人工渠槽，$\Delta h_f=\dfrac{Q^2}{K^2}\Delta s$；局部水头损失 Δh_j 对于收缩段可以忽略不计，对于扩散段表示如下：

$$\Delta h_j=\zeta\frac{v_d^2-v_u^2}{2g} \tag{3.9-21}$$

式中 ζ——对于逐渐扩散的流段采用$-0.33\sim-0.5$，对于急剧扩展的流段用$-0.5\sim-1.0$。由于扩散段 $v_d<v_u$，为了使 Δh_j 为正值，故 ζ 取负号。

计算天然河道水面线的微分方程为

$$-\frac{\mathrm{d}z}{\mathrm{d}s}=(\alpha+\zeta)\frac{\mathrm{d}}{\mathrm{d}s}\left(\frac{v^2}{2g}\right)+J_f \tag{3.9-22}$$

将其改写成差分方程为

$$-\frac{\Delta z}{\Delta s}=(\alpha+\zeta)\frac{\Delta\left(\dfrac{v^2}{2g}\right)}{\Delta s}+\frac{Q^2}{K^2} \tag{3.9-23}$$

进一步改写为

$$z_u-z_d=(\alpha+\zeta)\frac{(v_d^2-v_u^2)}{2g}+\frac{Q^2}{K^2}\Delta s$$

如河道断面变化不大，流量模数 K 的平均值用 $\dfrac{1}{K^2}=\dfrac{1}{2}\left(\dfrac{1}{K_u^2}+\dfrac{1}{K_d^2}\right)$ 计算，则方程两边可以分别写为上、下游两个断面的函数：

$$z_u+(\alpha+\zeta)\frac{v_u^2}{2g}-\frac{\Delta s}{2}\frac{Q^2}{K_u^2}$$
$$=z_d+(\alpha+\zeta)\frac{v_d^2}{2g}+\frac{\Delta s}{2}\frac{Q^2}{K_d^2} \tag{3.9-24}$$

天然河道的水面线计算也是从控制断面的水位开始，假设另一端的水位值，用逐段试算法求解。基本方程式（3.9-24）的两端分别为该段上下游水位的函数，若算得等号两端的值相等，说明假设的水位正确；若不等，则重新假设，直到相近为止。整个计算过程可编制程序，由计算机来完成（可参阅《微机计算水力学》，杨景芳编著，大连理工大学出版社出版）。

3.10 明槽恒定急变流

明槽急变流是指在较短的槽段中水流的水面和流速分布都有急剧变化的一种流动。在明槽急变流中，由于水流的急剧变化和大量生成的漩涡而产生集中的局部水头损失。流态偏离均匀流，流速分布规律远比渐变流复杂，过水断面上的压强分布不再满足静水压强分布规律。若以槽底为基准面，则断面上的平均测压管水头应为 $\beta h\cos\theta$，总水头为

$$E=\beta h\cos\theta+\frac{\alpha v^2}{2g} \tag{3.10-1}$$

式中 h——断面水深；

θ——槽底线与水平线的夹角；

E——总水头；

β——修正系数，与流动状况有关，对于向上凸的水流，离心惯性力使断面上压强小于均匀流压强，$\beta<1$，反之，对于向下凹的水流，$\beta>1$；

v——断面平均流速；

g——重力加速度。

水跌、水跃、弯道水流、扩散段和收缩段的急流等都是明槽急变流中的典型例子。

3.10.1 水跌

当明槽水流由缓流过渡到急流的时候，水面会在短距离内急剧降落，这种水流现象称为水跌。水跌发生于明槽底坡突变或有跌坎处，其上、下游流态分别为缓流和急流，如图 3.10-1 和图 3.10-2 所示。

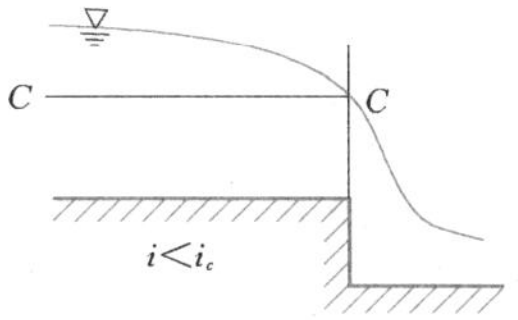

图 3.10-1 缓坡明槽末端跌坎上的水跌现象

水跌上游的水面下降不会低于临界水深，水跌下游的水深小于临界水深，因此转折断面上的水深 h_D 应等于临界水深 h_c，因此，在进行明槽恒定渐变流的水面曲线分析时，通常近似取 $h_D=h_c$ 作为控制水深。

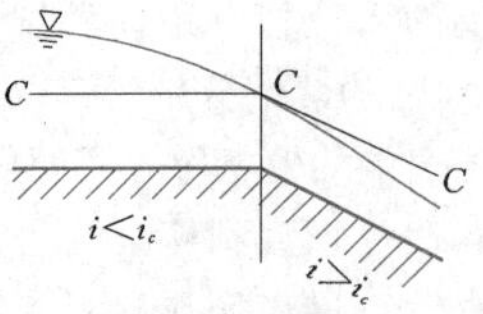

图 3.10－2　底坡突然改变引起的水跌现象

对于自由水跌而言，受流线弯曲的影响，临界水深断面位于跌坎断面上游，根据试验测量其断面约在跌坎断面上游（3～4）h_c 处，跌坎断面的水深 h_D 约为 $0.7h_c$，如图 3.10－3 所示。

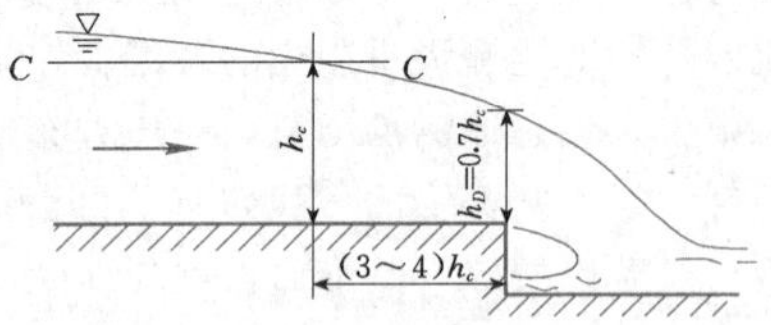

图 3.10－3　自由水跌临界水深位置

3.10.2　水跃

明槽水流从急流过渡到缓流时水面突然跃起的局部水流现象称为水跃。例如，闸、坝下泄的急流与下游的缓流相衔接时均会出现水跃现象（见图 3.10－4）。

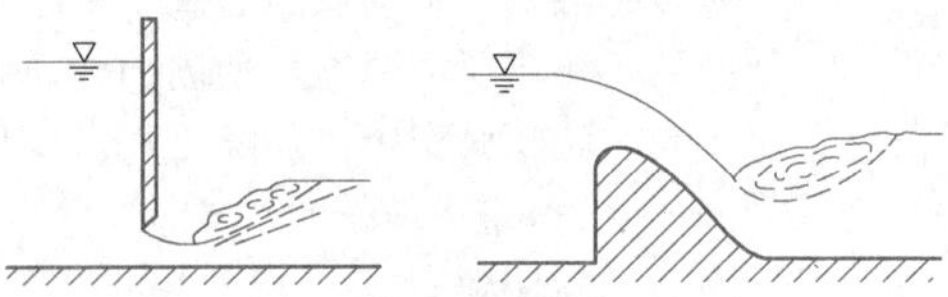

图 3.10－4　闸下和堰下水跃示意图

3.10.2.1　水跃现象及其分类

1. 水跃现象

典型的水跃流动可以分为表面漩滚区和底部主流区（见图 3.10－5）。在表面漩滚区中充满着剧烈翻滚的漩涡，并掺入大量气泡；在底部主流区中流速很大，主流接近槽底，受下游缓流的阻遏，在短距离内水深迅速增加，水流扩散，流态从急流转变为缓流。两个区域之间有大量的质量、动量交换，不能截然分开，界面上形成横向速度梯度很大的剪切层。

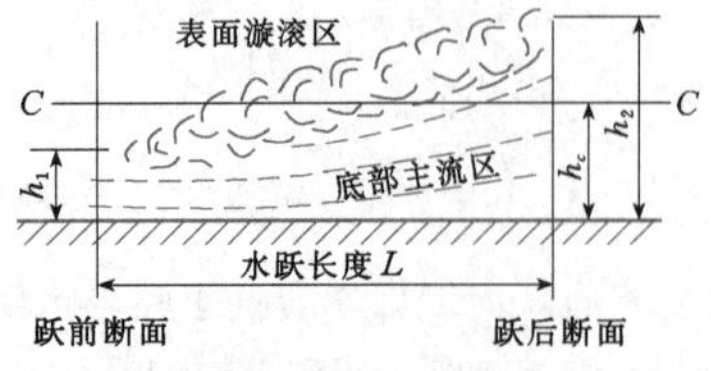

图 3.10－5　典型水跃

表面漩滚的前端和末端处的断面分别称为跃前断面和跃后断面，水深分别为跃前水深 h_1 和跃后水深 h_2，跃前断面和跃后断面之间的距离为水跃长度 L。

2. 水跃的分类

（1）按下游水深的影响水跃可分为完整水跃、波状水跃和淹没水跃。完整水跃：跃首、跃尾断面的急缓流状态明确，水跃中表面水滚区与主流区分区清楚；波状水跃：当下游水深较浅，跃前急流的弗劳德数 $Fr_1<1.7$ 时，水面不会发生水滚，水面的升高是通过波状的连接，如图 3.10－6 所示；淹没水跃：若下游水深很大，将建筑物出流的急流最小断面（收缩断面）淹没了，主流上面形成一个大的漩滚，一直壅到建筑物前，没有明确的跃前断面，如图 3.10－7 所示。

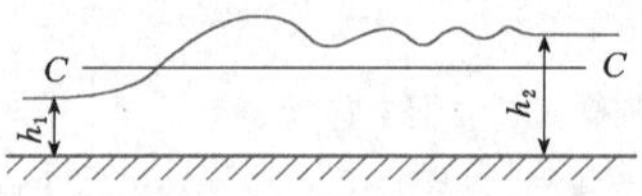

图 3.10－6　波状水跃

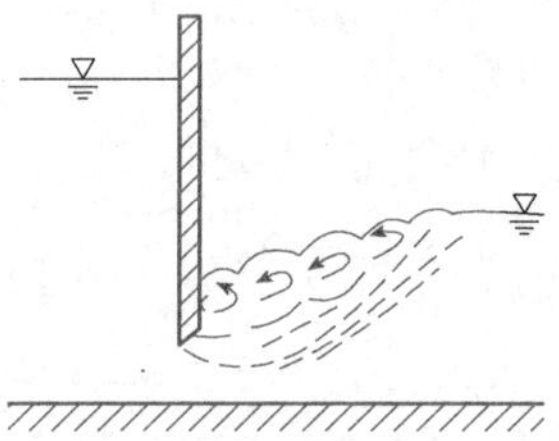

图 3.10－7　淹没水跃

（2）按跃前断面急流的弗劳德数 Fr_1，可将具有表面漩滚的水跃分为以下四种：

当 $1.7<Fr_1\leqslant2.5$ 时，为弱水跃。这种水跃表面发生许多小漩滚，其消能效果不大，消能效率一般小于 20%，但跃后水面较平稳。

当 $2.5<Fr_1\leqslant4.5$ 时，为摆动水跃。其消能率为 20%～45%，底板射流间歇地向上窜升，漩滚较不稳定，跃后水面波动较大，宜采取辅助消能措施。

当 $4.5<Fr_1\leqslant9.0$ 时，为良好的稳定水跃。其消能效率较高，一般为 45%～70%，跃后水面也较稳定。

当 $Fr_1>9.0$ 时，为强水跃。其消能效率可高达 85%，但高速射流挟带间歇发生的水团不断滚向下游，产生较大的水面波动，常需采取辅助措施帮助稳流。

（3）按明槽边界性质影响可分为下列各种形式的水跃：

按水槽纵剖面的变化可分为平底槽水跃（包括纵坡较小可以忽略的情况）、大纵坡的斜坡水跃以及槽底有升坎等消能工的受迫水跃。

按水槽横断面的变化可分为宽矩形槽水跃、棱柱形槽水跃、侧边扩展水跃以及突扩断面槽水跃等。

（4）按水流的密度变化还有些特殊种类的水跃，如掺气水流水跃、分层流中的内部水跃等。

3.10.2.2 水跃基本方程和共轭水深关系

平底棱柱形明槽的水跃基本方程为

$$\frac{\beta Q^2}{gA_1}+y_{c1}A_1=\frac{\beta Q^2}{gA_2}+y_{c2}A_2 \tag{3.10-2}$$

式中 Q——流量；

β——动量修正系数；

y_c——过水断面的形心在水面下的深度；

A——过水断面面积；

下标 1、2——跃前、跃后断面。

称 $J(h)=\frac{\beta Q^2}{gA}+y_cA$ 为水跃函数，在一定的流量和断面形状尺寸时，是水深的函数。同一 J 值对应于跃前、跃后两个水深，分别小于和大于临界水深 h_c，因此，h_1 和 h_2 被形象地称为共轭水深。

由式（3.10－2）可以得出平底矩形断面明槽水跃共轭水深关系如下：

$$h_2=\frac{1}{2}h_1(\sqrt{1+8Fr_1^2}-1) \tag{3.10-3}$$

$$h_1=\frac{1}{2}h_2(\sqrt{1+8Fr_2^2}-1) \tag{3.10-4}$$

其中 $Fr_1=\sqrt{\frac{\alpha q^2}{gh_1^3}}$，$Fr_2=\sqrt{\frac{\alpha q^2}{gh_2^3}}$

式中 q——单宽流量。

根据试验验证，上述水跃共轭关系式在 $1.7<Fr_1<9$ 范围内基本正确。对于波状水跃 $1<Fr_1<1.7$，有如下经验公式：

$$h_2=\frac{1}{2}h_1(1+Fr_1^2) \tag{3.10-5}$$

对于其他断面形状的平坡明槽，已知 h_1 或 h_2，可以求解式（3.10－2）计算出另一个共轭水深。

3.10.2.3 水跃长度

根据明槽流的形状和试验的结果，水跃长度的经验公式多以 h_1、h_2 及来流的弗劳德数 Fr_1 为自变量。常用的几个经验公式如下。

（1）以跃后水深表示的：

美国内政部垦务局公式

$$L=6.1h_2 \tag{3.10-6}$$

该式的适用范围是 $4.5<Fr_1<10$。

（2）以水跃高度表示的：

Elevatorski 公式

$$L=6.9(h_2-h_1) \tag{3.10-7}$$

式中，长江科学院根据资料将其系数取为4.4～6.7。

（3）以 Fr_1 表示的：

成都科技大学公式

$$L=10.8h_1(Fr_1-1)^{0.93} \tag{3.10-8}$$

陈椿庭公式

$$L=9.4h_1(Fr_1-1) \tag{3.10-9}$$

切尔托乌索夫（Чертоусов）公式

$$L=10.3h_1(Fr_1-1)^{0.81} \tag{3.10-10}$$

在上述公式的适用范围内，式（3.10－6）～式（3.10－9）的计算结果比较接近。式（3.10－10）仅适用于 Fr_1 值较小的范围，如 $Fr_1<4.5$；在 Fr_1 值较大的情况下，其计算结果与其他公式相比偏小。

3.10.2.4 水跃能量损失

由于水跃内部流速分布极度不均，同时存在强烈的紊动（紊动动能可达水流平均动能的30%），水跃会产生巨大的水流能量损失。水跃的相对消能率可按下式计算：

$$\frac{\Delta E}{E_1}=\frac{(\sqrt{1+8Fr_1^2}-3)^3}{8(\sqrt{1+8Fr_1^2}-1)(2+Fr_1^2)} \tag{3.10-11}$$

式中 ΔE——水跃消刹的能量。

水跃的消能效果与来流的弗劳德数有关，来流越急，消能效果越高。$Fr_1=9$ 时消能率可达 70%，$Fr_1>9$ 时消能率更大，但下游波浪较大。比较理想的范围是 $Fr_1=4.5\sim9$。

水跃的消能将机械能转化为热量，但由于水的热容量很大，$C_P=4184$（J/kg·℃），所以 100m 水头损失最多才能使水温增加 0.234℃。

3.10.3 缓流中的弯道水流

弯道水流水体质点除受重力作用外，同时还受到离心惯性力的作用，在这两种力的共同作用下，在横断面内产生一种次生的水流，称为副流。弯道水流的纵向流动与副流叠加在一起就构成了螺旋流。做螺旋运动的水流质点是沿着一条螺旋状的路线前进，流速分布极不规则，动能修正系数与动量修正系数远远大于 1。

弯道表层水流的方向指向凹岸，后潜入河底朝凸岸流去，而水底水流方向则指向凸岸，后上升至水面流向凹岸，由于这个原因在河流弯道上形成明显的凹岸冲刷凸岸淤积的现象，人们常常利用弯道水流这些特性，在稳定弯道的凹岸布设取水口。有些工程上还专门设置人工弯道以达到防沙排沙的目的。

3.10.3.1 横向水面超高

弯道横向水面方程为

$$dz=\alpha\frac{\overline{u}^2}{gr}dr \tag{3.10-12}$$

式中 α——流速分布系数；

$\overline{u}$——铅垂线上平均流速；

r——弯道半径；

z——表面坐标。

积分式（3.10-12）可得到横向水面超高

$$\Delta h=\int_{r_1}^{r_2}\frac{\alpha\overline{u}^2}{gr}\mathrm{d}r \qquad (3.10-13)$$

式中 r_1——凸岸的曲率半径；

r_2——凹岸的曲率半径。

流速分布系数有下列计算式：

$$\alpha=1+5.75\frac{g}{C^2} \qquad (3.10-14)$$

$$\alpha=1+\frac{g}{\kappa^2C^2} \qquad (3.10-15)$$

式中 κ——卡门常数；

C——谢才系数。

给定纵向流速沿河宽的分布和曲率半径，即可求得超高。针对实际的河道，列举两种近似的计算方法：

（1）在一般情况下，弯道水流轴线的曲率半径多为河宽的2～4倍，纵向流速沿河宽的分布变化对超高的影响并不明显，因此，可以用断面平均流速 v 代替纵向流速，则有

$$\Delta h=\alpha\frac{v^2}{g}\ln\frac{r_2}{r_1} \qquad (3.10-16)$$

（2）以断面平均流速代替纵向流速，以弯道水流轴线的曲率半径 r_0 代替被积函数中的 r，则有

$$\Delta h=\alpha\frac{v^2}{g}\frac{B}{r_0} \qquad (3.10-17)$$

式中 B——河道水面宽度。

3.10.3.2 弯道设计的考虑

弯道外墙须比直线式明槽的外墙高出相应的横向超高量，而内墙仍可保持与直线式明槽时一样的高度。弯道半径须大于3倍槽宽，以削弱螺旋流的冲淤影响。

3.10.4 急流中的弯道水流

3.10.4.1 水流现象

急流通过弯道时将产生横向冲击波（见图3.10-8），波横过槽身，左右反射，使得外墙与内墙上的水面形成一系列的最高水位点（标以max）和最低水位点（标以min）。严格地讲，第一个最高水位点与第一个最低水位点并非准确地位于同一条射线 OC 上，前者稍偏上游，而后者稍偏下游。但就实用目的而言，可假设每一相角 θ、2θ、3θ、…的射线上，均同时发生最高水位点和最低水位点。外墙上的最高点依次发生于角度 θ、3θ、5θ、…处。

3.10.4.2 计算公式

$$\beta=\arcsin\frac{\sqrt{gh}}{v}=\arcsin\frac{1}{Fr} \qquad (3.10-18)$$

$$\theta_{\max,1}=\arctan\frac{2b}{(2r_{中}+b)\tan\beta} \qquad (3.10-19)$$

$$\theta+\theta_1=\sqrt{3}\arctan\sqrt{\frac{\frac{3h}{E}}{2-\frac{3h}{E}}}-\arctan\sqrt{\frac{\frac{h}{E}}{2-\frac{3h}{E}}} \qquad (3.10-20)$$

或

$$\theta+\theta_1=\sqrt{3}\arctan\sqrt{\frac{3}{Fr^2-1}}-\arctan\frac{1}{\sqrt{Fr^2-1}} \qquad (3.10-21)$$

其中 $E=h+\dfrac{v^2}{2g}$

式中 β——波角；

$\theta_{\max,1}$——第一个水位最高点所对应的圆心角；

θ——水深为 h、弗劳德数为 Fr 处所对应的圆心角；

θ_1——积分常数，由初始条件确定；

E——断面比能，设为常数。

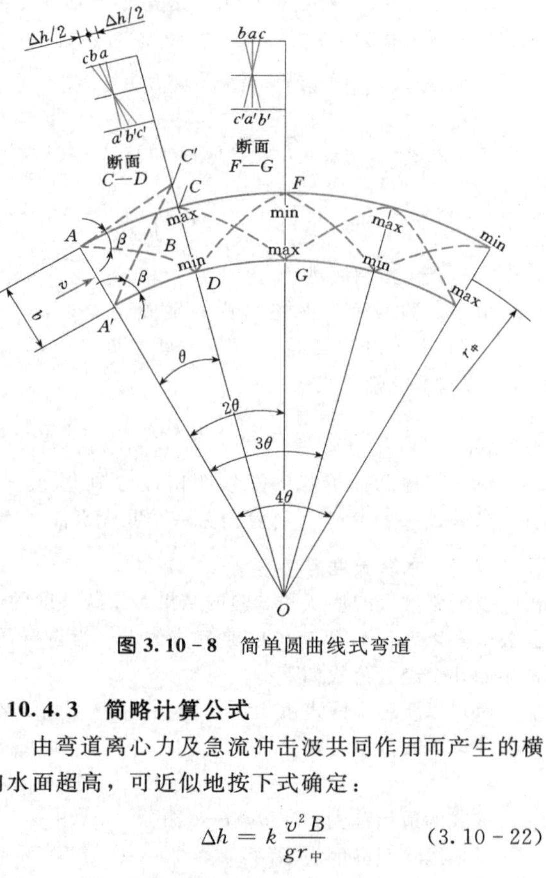

图3.10-8 简单圆曲线式弯道

3.10.4.3 简略计算公式

由弯道离心力及急流冲击波共同作用而产生的横向水面超高，可近似地按下式确定：

$$\Delta h=k\frac{v^2B}{gr_{中}} \qquad (3.10-22)$$

式中 Δh——横向水面超高，即外墙水面超过中心线水面的高度；

v——平均流速；

B——按直线式明槽算得的水面宽度；

$r_{中}$——弯道中心线的曲率半径；

k——超高系数，其值可按表 3.10-1 查取。

表 3.10-1 急流弯道横向水面超高系数 k 值

明槽断面形状	弯道曲线的几何形状	k 值
矩形	简单圆曲线	1.0
梯形	简单圆曲线	1.0
矩形	带有缓和曲线过渡段的复曲线	0.5
梯形	带有缓和曲线过渡段的复曲线	1.0
矩形	既有缓和曲线过渡段，槽底又横向倾斜的弯道	0.5

3.10.4.4 急流弯道设计的考虑

急流弯道设计中，主要考虑采取相应的工程措施，以消减冲击波的影响。具体措施包括合适的弯道半径、合理的弯道体型等。

1. 最小弯道半径与最大许可超高

简单圆曲线的弯道最小半径应不小于下式：

$$r_{\min} = \frac{4v^2 B}{gh} \qquad (3.10-23)$$

式中 h——按所考虑明槽可能的最小摩擦系数计算出的水流深度；

其余符号同式（3.10-22）。

不论弯道底面是否具有横向倾斜，该准则均适用。

矩形断面弯道最大许可超高准则为

$$\Delta h_{\max} = 0.09B \qquad (3.10-24)$$

2. 渠底超高法

通过增加渠道横向坡度或横向最大抬高满足渠底超高 Δh，使横向底坡引起的重力分量平衡弯道水流的离心力，以改变水流的方向。渠底超高法是从弯道起点开始沿外边墙逐渐抬高至最大高度处又逐渐降低至与下游渠道底平顺相接，以避免其不连续性，影响流态的剧烈变化。

由于最大抬高是一个固定值，因此，该方法只能适应一种流量和水深的要求，小流量时水流集中在内壁的底部，而且渠道坡降不够陡峻时，在下游过渡段内沿内壁还可能发生反坡降。同时，在曲率半径较小的急流弯道内，只采取横向底坡的措施，尚不能完全消除波的干扰。

3. 复曲线法

采用复曲线的边壁产生反扰动，干扰消减弯道冲击波，既适用于设计流量，也适用于其他流量，这是一种较为理想的消减冲击波的方法。通常在简单圆曲线式弯道的前、后各设一段缓和曲线，呈复曲线形式。

作为缓和曲线的简单圆曲线，其半径常采用 $2r_{中}$，长度为扰动波图形的半个波长，即 $L=\frac{b}{\tan\beta}$，相应的辅曲线中心角为

$$\theta = \arctan\frac{b}{\left(r_i + \frac{b}{2}\right)\tan\beta} \qquad (3.10-25)$$

式中 r_i——辅曲线的半径；

b——弯道底宽；

β——波角，波角与来流弗劳德数 Fr 的关系为 $\sin\beta=\frac{1}{Fr}$。

4. 弯曲导流板法

对于一个给定水深、流速和弯道曲率半径的弯曲渠道，其最大的水面超高与渠宽成正比。因此，将一个给定的弯曲渠道用许多同圆心的铅垂弯曲导流板分成一系列较狭窄的通道，则渠道内的水面超高将相应地减低。此外，在导流板下游的渠道内的扰动也将很快地消失。

5. 渠底横向扇形抬高法

在弯道的上、下游两端用对称的三角形锥体连接上下游陡槽，三角形锥体的高度即为最大横向抬高。上游设置三角形锥体的目的在于保证从弯道进口就促使急流沿程具有在弯道中所需要的平衡条件。

上游三角形的长度与来流及边界条件有关，西北水利科学研究所通过试验分析提出的经验公式为

$$L = 0.028\frac{br_{中}}{h_0} \qquad (3.10-26)$$

式中 h_0——弯道起始断面平均水深；

$r_{中}$——弯道中心线半径。

扇形抬高的最大高度对于曲率半径小的弯道 $\left(\frac{r_{中}}{b}<10\right)$ 的估算式为

$$\Delta h = 0.137\frac{L}{bFr_0} \qquad (3.10-27)$$

式中 Fr_0——弯道起始断面的弗劳德数。

6. 斜槛法

斜槛法利用干扰处理法的原理来消减冲击波所造成的水流扰动。该方法常作为现有工程的一种补救措施。即在弯道两端附近的槽底上设置若干条斜槛，具体布置方案由试验确定。该方法的缺点是维护费用高，小流量时的干扰显著，在高流速情况下可能发生空蚀。

3.10.5 急流冲击波

对于溢洪道、陡槽等泄水建筑物中设置的扩散段和收缩段，当槽中水流为急流时，由于渠槽边壁偏转变化将使水流产生扰动，使下游形成一系列呈菱形的扰动波，这种波称为冲击波。冲击波对水利水电工程

有两方面不利影响：①冲击波使水流局部壅高，故边壁必须加高，从而加大了工程造价；②冲击波传播到下游出口处，使水流部分集中，增加了消能的困难。

3.10.5.1 小波高急流冲击波的计算

图3.10-9和图3.10-10分别为扰动波和明渠边墙微小偏折急流形成的冲击波示意图。

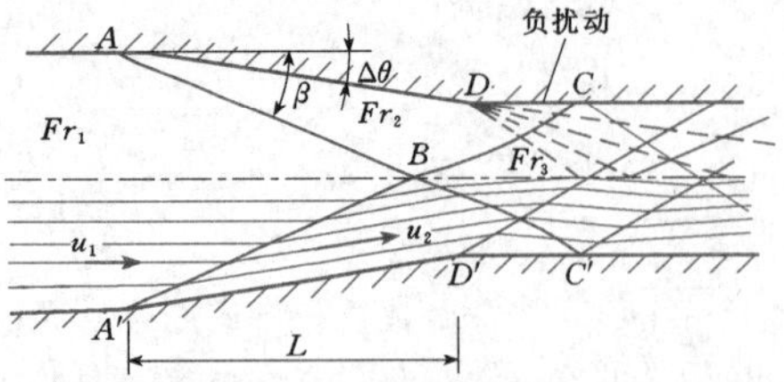

图3.10-9 明渠扰动波示意图

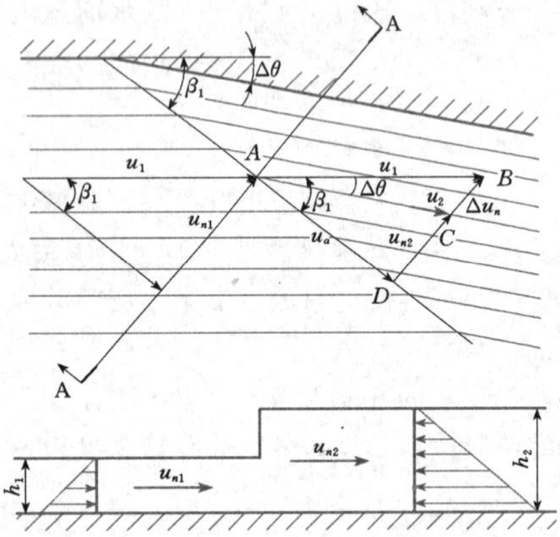

图3.10-10 明渠边墙微小偏折急流形成的冲击波

当冲击波在边墙微小偏折点后形成后，水流的水深、流速及波角出现变化，这些水力参数与扰动前的弗劳德数 Fr_1 密切相关。偏折角 θ 与水头、扰动前（或后）的水深之间的关系由下式计算：

$$\theta=\sqrt{3}\arctan\sqrt{\frac{3}{Fr^2-1}}-\arctan\frac{1}{\sqrt{Fr^2-1}}-\theta_1 \tag{3.10-28}$$

式中 Fr——计算断面的弗劳德数；

θ_1——积分常数，由起始条件 $\theta=0$、$h=h_1$、$Fr=Fr_1$ 来确定。

3.10.5.2 大转角、高波峰冲击波的计算

当渠道侧墙转折角较大时，水流自由表面发生强间断，水深发生突然变化，冲击波线与水流方向斜交，这种波称为斜击波。其波角 β_1 与边墙偏转角 θ 存在如下关系：

$$\tan\theta=\frac{\tan\beta_1(\sqrt{1+8Fr_1^2\sin^2\beta_1}-3)}{2\tan^2\beta_1-1+\sqrt{1+8Fr_1^2\sin^2\beta_1}} \tag{3.10-29}$$

冲击波上、下游水深关系如下：

$$\frac{h_2}{h_1}=\frac{\tan\beta_1}{\tan(\beta_1-\theta)} \tag{3.10-30}$$

当 $\frac{h_1}{h_2}=\frac{1}{3}\sim\frac{2}{3}$ 和 $\beta_1=10°\sim35°$ 时，式（3.10-30）可用下式代替：

$$\tan\theta=\left(1-\frac{h_1}{h_2}\right)\sin\beta_1 \tag{3.10-31}$$

3.11 明槽非恒定流

3.11.1 明槽非恒定渐变流的基本方程

对任意断面棱柱形明槽，一维非恒定流控制方程（通常称为圣维南方程组）为

$$\frac{\partial A}{\partial t}+\frac{\partial(vA)}{\partial x}=q_l \tag{3.11-1}$$

$$\frac{\partial v}{\partial t}+v\frac{\partial v}{\partial x}+g\frac{\partial h}{\partial x}=g(S_0-S_f)+\frac{q_l}{A}(v_q-v) \tag{3.11-2}$$

式中 A——过水断面面积；

q_l——单位明槽长度旁侧入流流量；

S_f——摩阻坡度；

S_0——槽底坡度；

h——水深；

v——断面平均流速；

v_q——侧向入流流速沿主流方向的分量；

g——重力加速度；

t——时间；

x——沿槽底度量的距离，向下游为正。

对非棱柱体明槽沿程逐渐加宽或缩窄，其控制方程为

$$B\frac{\partial h}{\partial t}+vB\frac{\partial h}{\partial x}+v\left(\frac{\partial A}{\partial x}\right)_h+A\frac{\partial v}{\partial x}=q_l \tag{3.11-3}$$

$$\frac{\partial v}{\partial t}+v\frac{\partial v}{\partial x}+g\frac{\partial h}{\partial x}=g(S_0-S_f)+\frac{q_l}{A}(v_q-v) \tag{3.11-4}$$

式中 B——水面宽；

$\left(\frac{\partial A}{\partial x}\right)_h$——水深保持不变时，过水断面面积沿流程变化率；

其他符号意义同前。

3.11.2 特征线法

圣维南方程组具有两簇不同的实数特征线，沿特征线可将偏微分方程组化为常微分方程组——特征方程组，再对常微分方程组进行求解。这种方法称为特征线法。记波速为

$$c=\sqrt{\frac{gA}{B}},\ f=-\left(\frac{Q}{A}\right)^2\frac{\partial A}{\partial x}\bigg|_h-gA\left(i-\frac{Q^2}{K^2}\right)$$

式中 i——明槽底坡；

K——流量模数。

当不考虑侧向入流时，圣维南方程组可以化为下列两个常微分方程组：

沿顺向特征线 c^+ 有

$$\left.\begin{aligned}&\frac{\mathrm{d}x}{\mathrm{d}t}=v+c\\&Bc^-\frac{\mathrm{d}h}{\mathrm{d}t}-\frac{\mathrm{d}Q}{\mathrm{d}t}=f\end{aligned}\right\}\tag{3.11-5}$$

沿逆向特征线 c^- 有

$$\left.\begin{aligned}&\frac{\mathrm{d}x}{\mathrm{d}t}=v-c\\&Bc^+\frac{\mathrm{d}h}{\mathrm{d}t}-\frac{\mathrm{d}Q}{\mathrm{d}t}=f\end{aligned}\right\}\tag{3.11-6}$$

其中 $c^+=v+c,\quad c^-=v-c$

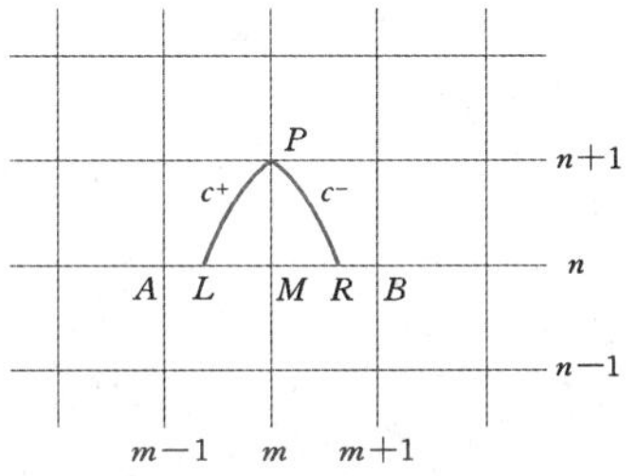

图 3.11-1 特征网格示意图

建立时一空离散网格（见图 3.11-1），将式（3.11-5）沿正特征线积分，即从 L 点积分到 P 点，将式（3.11-6）沿负特征线积分，即从 R 点积分到 P 点。为将积分方程差分离散化，引入积分中值定理 $\int_a^b f(x)\mathrm{d}x=f(\xi)(b-a)$，其中 $a<\xi<b$，选择不同的 ξ，将构成不同的计算格式。

3.11.2.1 库朗（Courrant）格式

如果积分中值定理中的 ξ 取某一定值，如图 3.11-1 中的 M 点值，则有一阶积分近似式

$$\int_a^b f(x)\mathrm{d}x\approx f(x)_M(b-a)\tag{3.11-7}$$

于是有

$$x_P-x_L=(c^+)_M\Delta t\tag{3.11-8}$$

$$(Bc^-)_M(h_P-h_L)-(Q_P-Q_L)=f_M\Delta t\tag{3.11-9}$$

$$x_P-x_R=(c^-)_M\Delta t\tag{3.11-10}$$

$$(Bc^+)_M(h_P-h_R)-(Q_P-Q_R)=f_M\Delta t\tag{3.11-11}$$

整理得

$$\begin{aligned}Q_P&=Q_L-(Bc^-)_Mh_L-f_M\Delta t+(Bc^-)_Mh_P\\&=D_L+E_Lh_P\end{aligned}\tag{3.11-12}$$

$$\begin{aligned}Q_P&=Q_R-(Bc^+)_Mh_R-f_M\Delta t+(Bc^+)_Mh_P\\&=D_R+E_Rh_P\end{aligned}\tag{3.11-13}$$

其中

$$D_L=Q_L-(Bc^-)_Lh_L-f_L\Delta t$$
$$E_L=(Bc^-)_L$$
$$D_R=Q_R-(Bc^+)_Rh_R-f_R\Delta t$$
$$E_R=(Bc^+)_R$$

解方程式（3.11-12）和式（3.11-13）可以得到 P 点的流量和水深。

对于 L 点的位置需要进行线性内插得到，其线性插值公式为

$$\left.\begin{aligned}&\frac{h_M-h_L}{h_M-h_A}=\frac{x_M-x_L}{\Delta x}=\frac{x_P-x_L}{\Delta x}\\&\frac{Q_M-Q_L}{Q_M-Q_A}=\frac{x_M-x_L}{\Delta x}=\frac{x_P-x_L}{\Delta x}\end{aligned}\right\}\tag{3.11-14}$$

利用特征线方程可得

$$\left.\begin{aligned}&h_L=h_M-\frac{\Delta t}{\Delta x}(c^+)_M(h_M-h_A)\\&Q_L=Q_M-\frac{\Delta t}{\Delta x}(c^+)_M(Q_M-Q_A)\end{aligned}\right\}\tag{3.11-15}$$

同样对 R 点有

$$\left.\begin{aligned}&h_R=h_M-\frac{\Delta t}{\Delta x}(c^-)_M(h_B-h_M)\\&Q_R=Q_M-\frac{\Delta t}{\Delta x}(c^-)_M(Q_B-Q_M)\end{aligned}\right\}\tag{3.11-16}$$

3.11.2.2 一阶精度格式

如果积分中值定理中的 ξ 取积分下限或上限，则有一阶积分近似式

$$\left.\begin{aligned}&\int_a^b f(x)\mathrm{d}x\approx f(a)(b-a)\\&\int_a^b f(x)\mathrm{d}x\approx f(b)(b-a)\end{aligned}\right\}\tag{3.11-17}$$

代入特征方程组有

$$x_P-x_L=(c^+)_L\Delta t\tag{3.11-18}$$

$$(Bc^-)_L(h_P-h_L)-(Q_P-Q_L)=f_L\Delta t\tag{3.11-19}$$

$$x_P-x_R=(c^-)_R\Delta t\tag{3.11-20}$$

$$(Bc^+)_R(h_P-h_R)-(Q_P-Q_R)=f_R\Delta t\tag{3.11-21}$$

对于 L 点和 R 点的物理量采用插值公式计算：

$$\left.\begin{aligned}&h_L=h_M-\frac{\Delta t}{\Delta x}(c^+)_L(h_M-h_A)\\&Q_L=Q_M-\frac{\Delta t}{\Delta x}(c^+)_L(Q_M-Q_A)\end{aligned}\right\}\tag{3.11-22}$$

$$\left.\begin{aligned}&h_R=h_M-\frac{\Delta t}{\Delta x}(c^-)_R(h_B-h_M)\\&Q_R=Q_M-\frac{\Delta t}{\Delta x}(c^-)_R(Q_B-Q_M)\end{aligned}\right\}\tag{3.11-23}$$

式中，$(c^+)_L$ 和 $(c^-)_R$ 未知，可假定 $(c^+)_L\approx(c^+)_M$，

$(c^-)_R \approx (c^-)_M$，然后利用牛顿迭代法求解。

3.11.2.3 二阶精度格式

对积分中值定理采用下列二阶积分公式：

$$\int_a^b f(x)\mathrm{d}x \approx \frac{f(a)+f(b)}{2}(b-a) \qquad (3.11-24)$$

将式（3.11-24）代入特征线常微分方程组，可得如下特征差分方程组：

$$x_P - x_L = \frac{1}{2}[(c^+)_L + (c^+)_P]\Delta t = \overline{(c^+)_{L,P}}\Delta t \qquad (3.11-25)$$

$$\overline{(Bc^-)_{L,P}}(h_P - h_L) - (Q_P - Q_L) = \overline{f_{L,P}}\Delta t \qquad (3.11-26)$$

$$x_P - x_R = \frac{1}{2}[(c^-)_P + (c^-)_R]\Delta t = \overline{(c^-)_{P,R}}\Delta t \qquad (3.11-27)$$

$$\overline{(Bc^+)_{P,R}}(h_P - h_R) - (Q_P - Q_R) = \overline{f_{P,R}}\Delta t \qquad (3.11-28)$$

特征差分方程式中上端有横杠的项表示两点的平均值。对于 L 和 R 点的物理量，有下列二次插值公式：

$$h_L = h_A + \frac{h_M - h_A}{x_M - x_A}(x_L - x_A) + \left[\frac{(x_L - x_A)(x_L - x_M)}{x_B - x_M}\right] \times \left(\frac{h_B - h_A}{x_B - x_A} - \frac{h_M - h_A}{x_M - x_A}\right) \qquad (3.11-29)$$

$$Q_L = Q_A + \frac{Q_M - Q_A}{x_M - x_A}(x_L - x_A) + \left[\frac{(x_L - x_A)(x_L - x_M)}{x_B - x_M}\right] \times \left(\frac{Q_B - Q_A}{x_B - x_A} - \frac{Q_M - Q_A}{x_M - x_A}\right) \qquad (3.11-30)$$

$$h_R = h_A + \frac{h_M - h_A}{x_M - x_A}(x_R - x_A) + \left[\frac{(x_R - x_A)(x_R - x_M)}{x_B - x_M}\right] \times \left(\frac{h_B - h_A}{x_B - x_A} - \frac{h_M - h_A}{x_M - x_A}\right) \qquad (3.11-31)$$

$$Q_R = Q_A + \frac{Q_M - Q_A}{x_M - x_A}(x_R - x_A) + \left[\frac{(x_R - x_A)(x_R - x_M)}{x_B - x_M}\right] \times \left(\frac{Q_B - Q_A}{x_B - x_A} - \frac{Q_M - Q_A}{x_M - x_A}\right) \qquad (3.11-32)$$

具体的迭代步骤如下：

（1）以由库朗格式求解所得的值作为初值。

（2）由特征线差分方程式求第一次迭代所需值 x_L^1 和 x_R^1（特征线方程）。

（3）由二次插值公式计算 L 和 R 点的水深和流量。

（4）由特征差分方程求水深和流量。

（5）重复步骤（2）～（4），直到满足所需精度要求时为止。

3.11.2.4 关于稳定性和边界点的计算

上述介绍的库朗格式、一阶精度格式、二阶精度格式都属于显格式。用显格式计算时，需满足下述库朗稳定性条件：

$$\frac{\Delta t}{\Delta x} \leqslant \frac{1}{|v \pm c|} \qquad (3.11-33)$$

对于边界点，如图 3.11-2 所示。设沿流程节点总数为 N，左边界相当于内点计算的右半边 MB，右边界相当于内点计算的左半边 AM。对于左边界来说，未知数为 x_R、h_P 和 Q_P，可由负特征线差分方程和负特征差分方程，以及上游一个边界条件定解得到。右边界的计算过程类似。

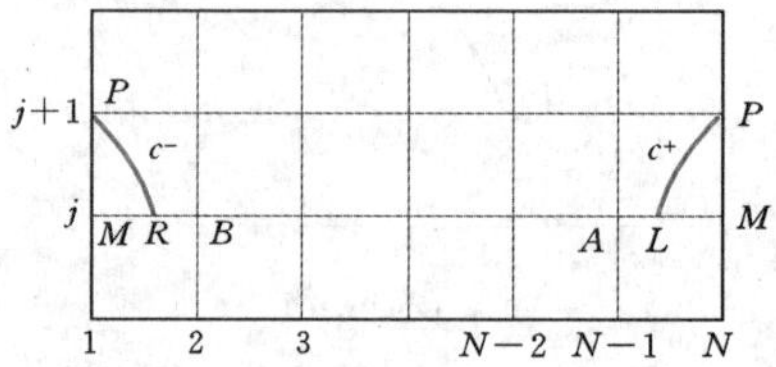

图 3.11-2 边界点计算示意图

需要指出的是，特征线解法既适用于缓流流态，也适用于急流。由于急流波动特性仅与上游干扰波有关，同时仅影响下游网格点，因此，具体计算时应充分考虑急流的波动特性。

3.11.3 直接差分法

直接差分法将方程中的偏微商用差商代替，把原方程离散成差分方程，并在自变量域流程—时间平面网格上对各节点求数值解。

直接差分法可分为显式差分格式和隐式差分格式，工程中应用比较广泛的是普莱士曼（Preissmann）隐格式。

图 3.11-3 所示为一矩形网格，网格中的 M 点处于距离步长 Δx 正中，在时间步长 Δt 上偏向未知时

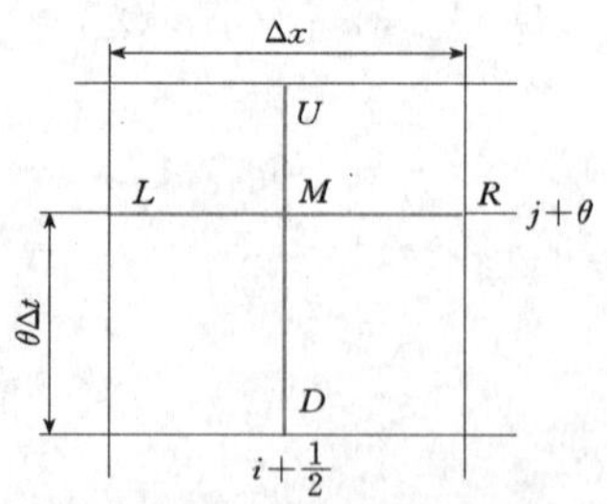

图 3.11-3 普莱士曼格式示意图

刻 $j+1$，M 点距已知时刻 j 为 $\theta\Delta t$，其中 θ 为权重系数，一般取 $\theta\in(0.5,1]$，通常取 0.6。

控制单元内的物理量用 M 点的物理量代替，因此，利用线性插值技术可以得到变量 f 的时间偏导数和空间偏导数：

$$f(x,t)\approx\bar{f}=\frac{\theta}{2}(f_{i+1}^{j+1}+f_i^{j+1})+\frac{1-\theta}{2}(f_{i+1}^j+f_i^j) \tag{3.11-34}$$

$$\frac{\partial f}{\partial x}\approx\frac{f_x}{\Delta x}=\theta\frac{f_{i+1}^{j+1}-f_i^{j+1}}{\Delta x}+(1-\theta)\frac{f_{i+1}^j-f_i^j}{\Delta x} \tag{3.11-35}$$

$$\frac{\partial f}{\partial t}\approx\frac{f_t}{\Delta t}=\frac{f_{i+1}^{j+1}+f_i^{j+1}-f_{i+1}^j-f_i^j}{2\Delta t} \tag{3.11-36}$$

将上述表达式代入连续方程有

$$B_M\frac{h_{i+1}^{j+1}-h_{i+1}^j+h_i^{j+1}-h_i^j}{2\Delta t}+\theta\frac{Q_{i+1}^{j+1}-Q_i^{j+1}}{\Delta x}+(1-\theta)\frac{Q_{i+1}^j-Q_i^j}{\Delta x}=0 \tag{3.11-37}$$

整理得

$$aa_ih_i^{j+1}+ba_iQ_i^{j+1}+ca_ih_{i+1}^{j+1}+da_iQ_{i+1}^{j+1}=ea_i \tag{3.11-38}$$

其中

$$aa_i=1.0$$

$$ba_i=-2\theta\frac{\Delta t}{\Delta x}\frac{1}{B_M}$$

$$ca_i=1.0$$

$$da_i=2\theta\frac{\Delta t}{\Delta x}\frac{1}{B_M}$$

$$ea_i=h_{i+1}^j+h_i^j+\frac{1-\theta}{\theta}ca_i(Q_i^j-Q_{i+1}^j)$$

将式（3.11-34）～式（3.11-36）代入动量方程有

$$\frac{Q_{i+1}^{j+1}-Q_{i+1}^j+Q_i^{j+1}-Q_i^j}{2\Delta t}+2\left(\frac{Q}{A}\right)_M\theta\frac{Q_{i+1}^{j+1}-Q_i^{j+1}}{\Delta x}+2\left(\frac{Q}{A}\right)_M(1-\theta)\frac{Q_{i+1}^j-Q_i^j}{\Delta x}+\left[gA-B\left(\frac{Q}{A}\right)^2\right]_M\theta\frac{h_{i+1}^{j+1}-h_i^{j+1}}{\Delta x}+\left[gA-B\left(\frac{Q}{A}\right)^2\right]_M\times(1-\theta)\frac{h_{i+1}^j-h_i^j}{\Delta x}=gA_Mi-g\frac{n^2Q|Q|}{AR^{\frac{4}{3}}} \tag{3.11-39}$$

整理得

$$ab_ih_i^{j+1}+bb_iQ_i^{j+1}+cb_ih_{i+1}^{j+1}+db_iQ_{i+1}^{j+1}=eb_i \tag{3.11-40}$$

其中

$$ab_i=2\theta\frac{\Delta t}{\Delta x}\left[\left(\frac{Q}{A}\right)^2B-gA\right]_M$$

$$bb_i=1-4\frac{\Delta t}{\Delta s}\theta\left(\frac{Q}{A}\right)_M$$

$$cb_i=-ab_i$$

$$db_i=1+4\frac{\Delta t}{\Delta s}\theta\left(\frac{Q}{A}\right)_M$$

$$eb_i=\frac{1-\theta}{\theta}ab_i(h_{i+1}^j-h_i^j)+(Q_{i+1}^j+Q_i^j)+4\frac{\Delta t}{\Delta s}(1-\theta)\left(\frac{Q}{A}\right)_M(Q_i^j-Q_{i+1}^j)+2gA_Mi\Delta t-2\Delta t\cdot g\left(\frac{n^2Q|Q|}{AR^{\frac{4}{3}}}\right)_M$$

对于划分为 N 个断面的河槽，有 $N-1$ 个河段，一共可写出 2（$N-1$）个代数方程，若给定上、下游边界条件，则问题可解。通常可利用追赶法迭代求解，简述如下。

设上游边界条件为

$$h_1=P_1+R_1Q_1 \tag{3.11-41}$$

代入第 1 渠段的连续方程（3.11-38）和动量方程（3.11-40）中，并假定 Q_2 已知，则可求出 Q_1 和 h_2：

$$Q_1=L_2+M_2Q_2 \tag{3.11-42}$$

$$h_2=P_2+R_2Q_2 \tag{3.11-43}$$

对于第 2 段渠道，假定 Q_3 已知，有

$$Q_2=L_3+M_3Q_3 \tag{3.11-44}$$

$$h_3=P_3+R_3Q_3 \tag{3.11-45}$$

类似地，对于第 i 段渠道有

$$Q_i=L_{i+1}+M_{i+1}Q_{i+1} \tag{3.11-46}$$

$$h_{i+1}=P_{i+1}+R_{i+1}Q_{i+1} \tag{3.11-47}$$

式中各系数为

$$L_{i+1}=\frac{cb_iY_3-ca_iY_4}{Y_5}$$

$$M_{i+1}=\frac{ca_idb_i-cb_ida_i}{Y_5}$$

$$P_{i+1}=\frac{Y_1Y_4-Y_2Y_3}{Y_5}$$

$$R_{i+1}=\frac{da_iY_2-db_iY_1}{Y_5}$$

其中

$$Y_1=aa_iR_i+ba_i$$

$$Y_2=ab_iR_i+bb_i$$

$$Y_3=ea_i-aa_iP_i$$

$$Y_4=eb_i-ab_iP_i$$

$$Y_5=cb_iY_1-ca_iY_2$$

对于 $N-1$ 渠段有

$$Q_{N-1}=L_N+M_NQ_N \tag{3.11-48}$$

$$h_N=P_N+R_NQ_N \tag{3.11-49}$$

设下游边界条件为

$$a_N h_N + d_N Q_N = e_N \qquad (3.11-50)$$

将式（3.11－50）代入式（3.11－49）可求出 Q_N：

$$Q_N = \frac{e_N - a_N P_N}{a_N R_N + d_N} \qquad (3.11-51)$$

已知 Q_N，根据式（3.11－48）和式（3.11－49）可求得 h_N 和 Q_{N-1}。将求得的水深和流量依次递减代入迭代表达式（3.11－46）和式（3.11－47）可求得 h_i 和 Q_i（$i=N-1$，$N-2$，…，3，2）。

隐式差分格式从理论上可证明是无条件稳定的，但由于原始资料等各种条件的限制，时间步长不能太长，流程距离步长也要适当。对于急变流，建议采用捕捉间断能力较强的格式，如 TVD 格式、Godunov 型格式等。

库朗格式和直接差分格式的计算程序可参考李炜主编的《水力计算手册》（第二版）编制。

3.11.4 明槽中的非恒定急变流——断波

3.11.4.1 明槽非恒定急变流的基本类型

明槽中的流量在较短的时间内发生较大的变化时，将引起槽中发生急变的非恒定流，其特征是在短距离内水面具有台阶式的涌高（或降落）前沿，其水力要素不再是时间和流程的连续函数。根据这个特征，这种波称为不连续波，又称为断波。当水面升高时称为涨水断波或正断波；当水面降落时称为落水断波或负断波。两种断波都能顺流或逆流运动，因此分为如图 3.11－4 所示的四种情况。

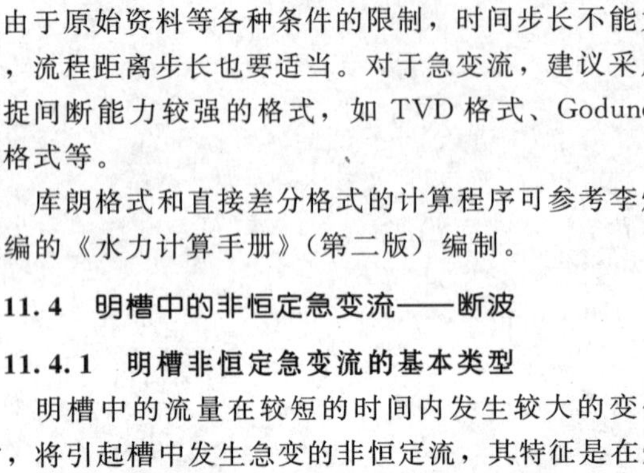

(a) 顺形正波（$v_w=c+v_1$）　(b) 逆形正波（$v_w=c-v_1$）

(c) 顺形负波（$v_w=c+v_1$）　(d) 逆形负波（$v_w=c-v_1$）

图 3.11－4　断波分类

3.11.4.2 波速与波流量

断波的形成可以理解为无限短时段内由起始断面发生的系列元波叠加的结果。元波的波速为

$$c = v + \sqrt{g\frac{A}{B}} \qquad (3.11-52)$$

断波波锋的运动速度称为断波波速，为避免与元波波速 c 混淆，以 v_w 表示。当波锋到达某一断面时就使该断面的流速和流量发生变化，把断波达到时引起的流量变化称为波流量。

任意断面棱柱形明槽中的断波波速的计算式为

$$v_w = v_0 \pm \sqrt{g\left(\frac{A_0\zeta}{\Delta A} + \zeta + \xi + \frac{\Delta A}{A_0}\xi\right)} \qquad (3.11-53)$$

式中　v_0、A_0——断波到达前断面的平均流速、过水断面面积；

ζ——波高；

ΔA——断波达到后过水断面面积的增量；

ξ——ΔA 的面积形心在波面下的深度。

对于梯形断面，$\Delta A = \zeta B'$，$B' = \frac{1}{2}(B + B_0)$，$\xi \approx \frac{1}{2}\zeta$，则断波波速计算式可简化为

$$v_w = v_0 \pm \sqrt{g\left(\frac{A_0}{B'} + \frac{3}{2}\zeta + \frac{B'\zeta^2}{2A_0}\right)} \qquad (3.11-54)$$

对于波高较小的断波（$\zeta \ll h$），式（3.11－54）中的 $\frac{B'\zeta^2}{2A_0}$ 可忽略不计，有

$$v_w = v_0 \pm \sqrt{g\left(\frac{A_0}{B'} + \frac{3}{2}\zeta\right)} \qquad (3.11-55)$$

对于矩形渠道，断波波高较小时，式（3.11－55）还可简化为

$$v_w = v_0 \pm \sqrt{gh} \qquad (3.11-56)$$

计算波速时，“＋”号用于顺流断波，“－”号用于逆流断波。对于涨水断波（正断波），波高 ζ 取正值；对落水断波（负断波），ζ 取负值。

波流量的计算公式为

$$\Delta Q = v_w \Delta A = v_w \zeta B' \qquad (3.11-57)$$

式中　B'——水面平均宽度。

3.11.4.3 溃坝波

溃坝所造成的洪水波称为溃坝波。溃坝波是一种断波，影响因素相当复杂，如溃决过程、缺口形状、口门宽度与水库宽度比、下游河道是否干涸等。溃决过程又与坝体的结构类型、材料、地质条件等因素相关。溃坝波的水力计算包括三方面内容：①溃坝最大流量的估算；②坝址流量过程线；③溃坝洪水的演进。

1. 溃坝最大流量的估算

对于平底、无阻力及断面为矩形的棱柱形河槽，坝址下游在溃坝前干涸无水、坝体突然全部溃决时的最大流量可用里特尔（Ritter）公式计算，即

$$Q = \frac{8}{27}\sqrt{g}\,bH_0^{\frac{3}{2}} \qquad (3.11-58)$$

式中 b——溃口宽度；

H_0——坝上游水深（静水头）。

对于矩形、抛物线形和三角形等棱柱形渠槽，决口坝体瞬时全溃的坝址流量计算公式为

$$Q = KA_0\sqrt{\frac{gA_0}{B_0}} \quad (3.11-59)$$

式中 A_0——初始水库断面积；

B_0——水面宽；

K——与断面形状相关的系数，对于矩形、抛物线形和三角形断面，其系数分别是0.296、0.316和0.328，估算溃坝坝址流量时可近似取$K\approx0.3$。

式（3.11-58）、式（3.11-59）均是由理论分析得出的，下面给出几个经验公式。

（1）肖可里奇（A. Schoklitsch）公式：

坝体全溃时

$$Q_{max} = 0.9BH^{\frac{3}{2}} \quad (3.11-60)$$

坝体横向局部溃决时

$$Q_{max} = 0.9\left(\frac{B}{b}\right)^{\frac{1}{4}} bH^{\frac{3}{2}} \quad (3.11-61)$$

坝体竖向局部溃决时

$$Q_{max} = 0.9\left(\frac{H-P}{H-0.827}\right)B(H-P)\sqrt{H} \quad (3.11-62)$$

式中 B、H——库宽、水深；

b——缺口宽度；

P——坝体残留高度。

（2）我国铁道科学研究院溃坝流量专题组，经过系统的矩形断面水槽试验于1981年提出的溃坝最大流量计算公式为

$$Q_{max} = 0.27\sqrt{g}\left(\frac{L}{B}\right)^{\frac{1}{10}}\left(\frac{B}{b}\right)^{\frac{1}{3}} b(H-k_1P)^{\frac{3}{2}} \quad (3.11-63)$$

其中

$$\left.\begin{aligned} k_1 &= 1.4\left(\frac{bP}{BH}\right)^{\frac{1}{3}} \quad \left(\frac{bP}{BH}<0.3\right) \\ k_1 &= 0.92 \quad \left(\frac{bP}{BH}\geqslant 0.3\right) \end{aligned}\right\} \quad (3.11-64)$$

式中 L——水库长度；

k_1——系数，用式（3.11-64）计算。

式（3.11-63）适用于全溃（$b=B$，$P=0$）、横向局部溃（$b<B$，$P=0$）、竖向局部溃（$b=B$，$P>0$）以及同时存在横向竖向局部溃（$b<B$，$P>0$）等各种情况。

2. 坝址流量过程线

坝址流量过程线的计算一般有两种方法：一种方法是从较完善的方程出发，根据坝址处的溃坝流动状况，依据偏微分方程和常微分方程的数学理论，求得坝址流量过程的理论解或半理论解，然后根据这些解直接计算或数值计算得到坝址流量过程线。该方法考虑的因素比较全面，求解过程比较复杂。另一种方法是采用概化典型流量过程线法来计算。

模型试验成果分析表明，瞬时溃坝流量过程线与最大流量Q_{max}、溃坝前下泄流量Q_0及溃坝前可泄库容W有关。流量过程线可概化为四次抛物线，也可概化为2.5次抛物线，即溃坝初瞬时流量急增到Q_{max}，然后很快下降形成下凹的曲线，最后趋近于原下泄流量Q_0。工程上多用四次抛物线来概化流量过程线（见表3.11-1）。

表 3.11-1　坝址流量过程线（四次抛物线）[5]

$\frac{t}{T}$	0	0.05	0.1	0.2	0.3	0.4
$\frac{Q}{Q_{max}}$	1.0	0.62	0.48	0.34	0.26	0.207
$\frac{t}{T}$	0.5	0.6	0.7	0.8	0.9	1.0
$\frac{Q}{Q_{max}}$	0.168	0.130	0.094	0.061	0.030	$\frac{Q_0}{Q_{max}}$

注　表中t为时刻；T为溃坝库容泄空时间。

当Q_{max}、Q_0及W已知时，可用试算法确定过程线，其步骤如下：

（1）根据Q_{max}和W用下式初步确定泄空时间：

$$T = K\frac{W}{Q_{max}} \quad (3.11-65)$$

式中 K——系数，一般取为4～5。

（2）根据T、Q_{max}、Q_0由表3.11-1初步算出流量过程线。

（3）验算流量过程线与$Q=Q_0$直线之间的水量是否等于溃坝库容，如不相等，则需调整T值，直到两者相等为止。

该方法计算简便，但由于把溃坝流量的全部过程

简化为一个单一曲线形式，没有考虑各水库的库容特性及坝址泄流过水能力等因素，很难得出较为理想的结果。该方法可用于估算溃坝流量过程线。

3. 溃坝洪水的演进

溃坝洪水大，往往超出常年河槽的容纳能力而发生漫滩。除在峡谷区外，一般按二维问题处理，采用数值模拟方法计算溃坝洪水的演进。计算方法包括有限体积法、有限差分法及有限元法等，计算格式应能捕捉间断解，具体内容请参见本卷3.15节内容及有关文献。

3.12 堰流与闸孔出流

3.12.1 堰流的分类与计算公式

3.12.1.1 堰流的分类

流过堰顶的水流形态随堰坎厚度与堰顶水头之比$\frac{\delta}{H}$而变，可按$\frac{\delta}{H}$的大小将堰划分为薄壁堰、实用堰和宽顶堰三种基本类型。

(1) 薄壁堰，$\frac{\delta}{H}<0.67$。水流越过堰顶时，过堰的水舌形状不受堰顶厚度δ的影响，水舌下缘与堰顶呈线接触，水面呈降落曲线，这种堰称为薄壁堰，如图3.12-1 (*a*) 所示。薄壁堰流具有稳定的水位流量关系，常被用作量水工具。

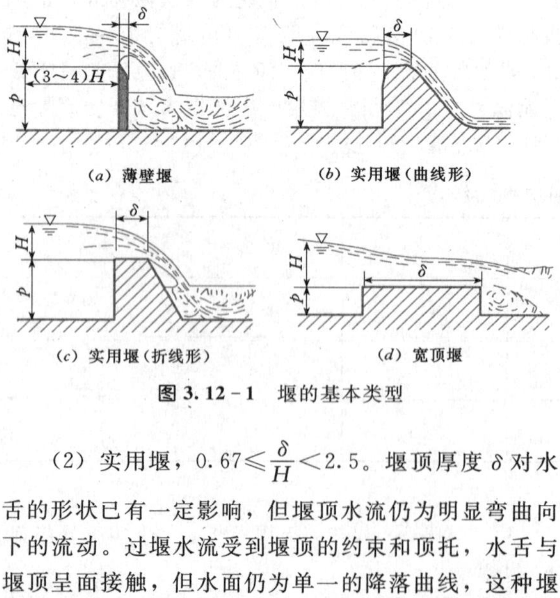

图3.12-1 堰的基本类型

(2) 实用堰，$0.67\leqslant\frac{\delta}{H}<2.5$。堰顶厚度$\delta$对水舌的形状已有一定影响，但堰顶水流仍为明显弯曲向下的流动。过堰水流受到堰顶的约束和顶托，水舌与堰顶呈面接触，但水面仍为单一的降落曲线，这种堰称为实用堰，如图3.12-1 (*b*)、(*c*) 所示。实用堰分为曲线形实用堰和折线形实用堰两种。

(3) 宽顶堰，$2.5\leqslant\frac{\delta}{H}<10$。堰顶厚度$\delta$对水流的顶托作用更为明显，使得水流在进口处出现第一次明显跌落后，在堰顶形成一个水面与堰顶几乎平行的渐变流段，然后出现第二次水面跌落（下游水位较低时），这种堰称为宽顶堰，如图3.12-1 (*d*) 所示。宽顶堰流的水头损失还主要是局部水头损失，沿程水头损失仍可忽略。

当堰厚增至$\frac{\delta}{H}>10$，此时过堰水流的沿程水头损失已不能忽略，流动不再属于堰流，需要按明渠流计算。

影响堰流性质的因素除了$\frac{\delta}{H}$以外，堰流与下游水面的连接方式也是一个重要因素。根据下游水深是否影响堰的过流能力，堰流进一步分为自由出流和淹没出流。

当堰顶过流宽度与上游河渠宽度相等时，称为无侧收缩堰。当堰顶过流宽度小于上游河渠宽度时，称为有侧收缩堰。

当闸门部分开启，水流受到闸门（或胸墙）的控制，水流由闸门下缘的闸孔流出，其自由水面不连续，这种水流现象称为闸孔出流。

实际工程中的闸门型式主要有平板闸门和弧形闸门两种。闸底坎一般为宽顶堰（包括有坎和无坎宽顶堰）或曲线形实用堰。

堰流与闸孔出流是密切相关的，当闸门开度e大于某一定值，闸门底缘对水流没有约束时，闸孔出流转化为堰流，其临界条件决定于闸门开度e和堰前工作水头$H_0=H+\frac{\alpha_0 v_0^2}{2g}$。

闸底坎为宽顶堰时：$\frac{e}{H_0}\leqslant0.65$为闸孔出流，$\frac{e}{H_0}>0.65$为堰流。

闸底坎为曲线形实用堰时：$\frac{e}{H_0}\leqslant0.75$为闸孔出流，$\frac{e}{H_0}>0.75$为堰流。

3.12.1.2 堰流水力计算的基本公式

堰流计算基本公式为

$$Q=m\varepsilon\sigma_s b\sqrt{2g}H_0^{\frac{3}{2}} \qquad (3.12-1)$$

式中 H_0——堰上总水头，当堰较高时，忽略行近流速水头有$H_0\approx H$，m；

b——堰宽，m；

m——流量系数，与堰型、进口形式、堰高及堰上水头H有关；

ε——侧收缩系数，与堰型、边壁的形式、淹没程度、堰上水头、孔宽及孔数有关；

σ_s——淹没系数，与堰顶水头及下游水深有关。

由于式（3.12-1）中堰上总水头 H_0 包括行近流速水头，为便于应用，可将堰流的基本公式改用堰上水头 H 表示，即

$$Q = m_0 \varepsilon \sigma_s b\sqrt{2g}H^{\frac{3}{2}} \quad (3.12-2)$$

其中

$$m_0 = m\left(1+\frac{\alpha_0 v_0^2}{2gH}\right)^{\frac{3}{2}}$$

式中　m_0——计及行近流速的堰流流量系数。

3.12.2　薄壁堰流的水力计算

根据堰口形状，薄壁堰又可分为矩形薄壁堰、三角形薄壁堰和梯形薄壁堰等。

3.12.2.1　矩形薄壁堰流

无侧收缩矩形薄壁堰自由出流时（$\varepsilon=1$、$\sigma_s=1$）的流量公式为

$$Q = m_0 b\sqrt{2g}H^{\frac{3}{2}} \quad (3.12-3)$$

计及行近流速水头影响的流量系数 m_0 可按巴赞（Bazin）公式计算：

$$m_0 = \left(0.405+\frac{0.0027}{H}\right)\left[1+0.55\left(\frac{H}{H+P_1}\right)^2\right] \quad (3.12-4)$$

式中　H——堰上水头，m；

P_1——上游堰高，m；

b——堰宽，m。

式（3.12-4）的适用条件为：$H=0.1\sim0.6$m，$P_1\leqslant 0.75$m，$b=0.2\sim2.0$m，$\frac{H}{P_1}\leqslant 2$。后来纳格勒（F. A. Nagler）的试验证实，式（3.12-4）的适用范围可扩大为：$0.025\leqslant H\leqslant 1.24$，$P_1\leqslant 1.13$m，$b\leqslant 2$m。

对于引渠宽度 $B>b$ 有侧向收缩影响的情况，黑格利（Hegly）提出了修正的巴赞公式为

$$m_0 = \left(0.405+\frac{0.0027}{H}-0.03\frac{B-b}{B}\right)\times\left[1+0.55\left(\frac{b}{B}\right)^2\left(\frac{H}{H+P_1}\right)^2\right] \quad (3.12-5)$$

式中　B——引渠宽度，m；

其他符号意义同式（3.12-4）。

另一广泛使用的雷伯克（T. Rehbock）公式为

$$m_0 = 0.403+0.053\frac{H}{P_1}+\frac{0.0007}{H} \quad (3.12-6)$$

式（3.12-6）适用范围为：$H=0.025\sim0.6$m，$P_1=0.1\sim1.0$m，$\frac{H}{P_1}\leqslant 2$。

设 z_c 为发生临界水跃的堰上、下游水位差。如图 3.12-2 所示，当堰上下游水位差 $z<z_c$ 时，发生淹没水跃，因此薄壁堰的淹没标准为

$$z \leqslant z_c \quad (3.12-7)$$

$$\frac{z}{P_2} = \left(\frac{z}{P_2}\right)_c \quad (3.12-8)$$

$\left(\frac{z}{P_2}\right)_c$ 与 $\frac{H}{P_2}$ 和计及行近流速的流量系数 m_0 有关，可由表 3.12-1 查取。

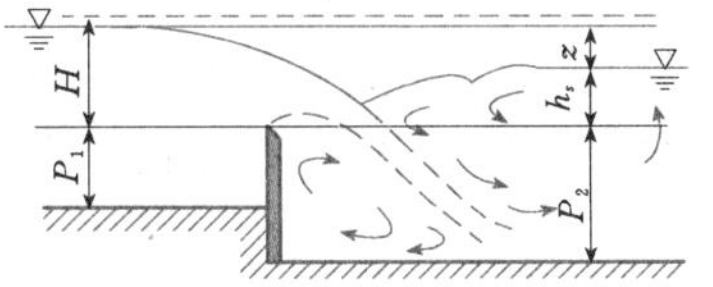

图 3.12-2　矩形薄壁堰流

表 3.12-1　薄壁堰相对落差临界值 $\left(\frac{z}{P_2}\right)_c$

m_0	$\frac{H}{P_2}$							
	0.10	0.20	0.30	0.40	0.50	0.75	1.00	1.50
0.42	0.89	0.84	0.80	0.78	0.76	0.73	0.73	0.76
0.46	0.88	0.82	0.78	0.76	0.74	0.71	0.70	0.73
0.48	0.86	0.80	0.76	0.74	0.71	0.68	0.67	0.70

淹没系数 σ 可用巴赞公式计算：

$$\sigma = 1.05\left(1+0.2\frac{h_s}{P_2}\right)\sqrt[3]{\frac{z}{H}} \quad (3.12-9)$$

其中

$$h_s = h - P_2$$

式中　h_s——下游水位高出堰顶的高度，m。

试验证明，当矩形薄壁堰流为无侧收缩、自由出流时，水流稳定，测量的流量精度也较高。当下游水位影响过堰流量形成淹没出流时，下游水位波动影响过堰流量，因此，用于测量流量的薄壁堰不宜在淹没情况下工作。此外，矩形薄壁堰其宽度一般都与上游水槽相同，水流通过堰口时，不会产生侧向收缩。

堰顶应做成锐角薄壁或直角薄壁，以便水流过堰

后不再与堰壁接触，使溢流水舌具有稳定的外形。同时，应在紧靠堰板下游侧设通气孔，保证水舌内缘具有稳定的流速分布与压强分布，从而保证堰流具有稳定的水头流量关系。

3.12.2.2　三角形薄壁堰流

矩形薄壁堰在堰上水头 H 较小时，溢流水舌在表面张力和动水压力的作用下很不稳定，甚至出现贴壁溢流，不能保证稳定的水头流量关系，因此，在流量小于 $0.1\text{m}^3/\text{s}$ 时，宜采用三角形薄壁堰（见图 3.12-3），增大堰上水头，提高小流量的测量精度。

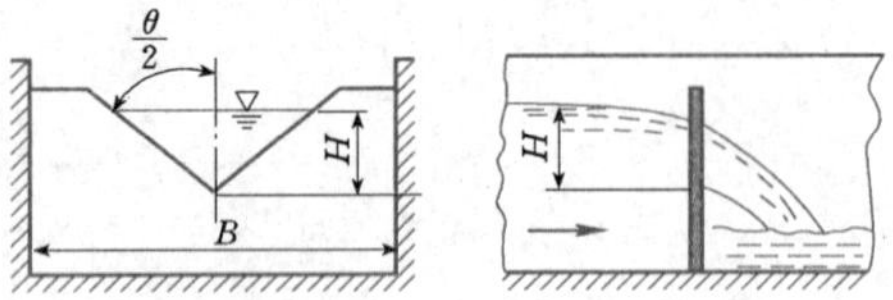

图 3.12-3　三角形薄壁堰流

三角形薄壁堰流量公式为

$$Q = \frac{4}{5} m_0 \sqrt{2g} \tan\frac{\theta}{2} H^{\frac{5}{2}} \qquad (3.12-10)$$

式中　H——堰上水头，m；

m_0——计及行近流速的流量系数；

θ——薄壁堰等腰三角形顶角，常取直角。

对于直角三角形薄壁堰流，式（3.12-10）可以简化为

$$Q = C_0 H^{\frac{5}{2}} \qquad (3.12-11)$$

$$C_0 = 1.354 + \frac{0.004}{H} + \left(0.14 + \frac{0.2}{\sqrt{P}}\right)\left(\frac{H}{B} - 0.09\right)^2 \qquad (3.12-12)$$

式中　P——三角堰顶角的高度，m；

B——泄槽宽度，m。

式（3.12-12）适用范围为：$0.07\text{m} \leqslant H \leqslant 0.26\text{m}$，$0.1\text{m} \leqslant P \leqslant 0.75\text{m}$，$0.5\text{m} \leqslant B \leqslant 1.2\text{m}$，$B \geqslant 3H$。

三角形薄壁堰流各种类似的公式，差异主要体现在系数 C_0 和堰上水头 H 的幂指数上，汤姆逊（P. W. Thomson）给出直角三角形薄壁堰流量系数 $m_0 = 0.395$，则流量公式为

$$Q = 1.4 H^{\frac{5}{2}} \qquad (3.12-13)$$

金（H. W. King）提出另一个较为精确的经验公式，即在 $0.06\text{m} \leqslant H \leqslant 0.55\text{m}$ 条件下的流量公式为

$$Q = 1.343 H^{2.47} \qquad (3.12-14)$$

3.12.3　实用堰流的水力计算

3.12.3.1　曲线形实用堰的剖面形状

根据其剖面形状，实用堰可分为曲线形和折线形两种，分别如图 3.12-4（a）、（b）所示。曲线形实用堰常用于中、高水头溢流坝，堰顶的曲线形状适合水流情况，可提高过流能力。折线形实用堰常用于中小型溢流坝。

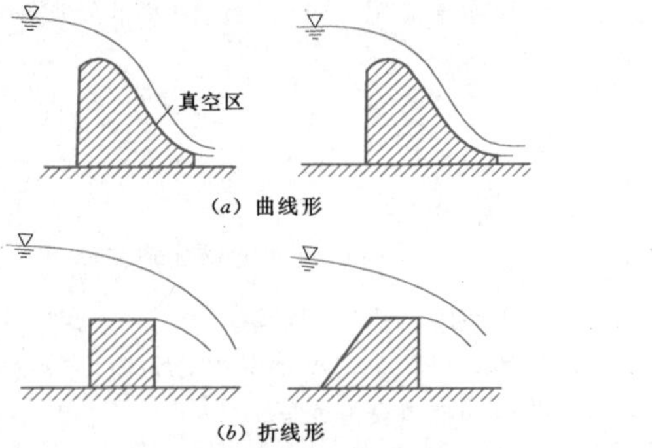

图 3.12-4　实用堰的剖面形状

曲线形实用堰剖面如图 3.12-5 所示，由四部分组成：上游段 AB、曲线段 BC、下游直线段 CD 和反弧段 DE。其中，AB 段常做成垂直线，也可做成倾斜或倒悬直线。AB 段与 CD 段的坡度主要取决于坝体的稳定与强度方面的要求。DE 为下游反弧段，使直线 CD 与下游河底平滑连接。堰顶 BC 曲线段是实用堰最为重要的部分，对过流特性影响较大，曲线形实用堰剖面的设计主要就是确定 BC 曲线段，使其更适合水流情况。

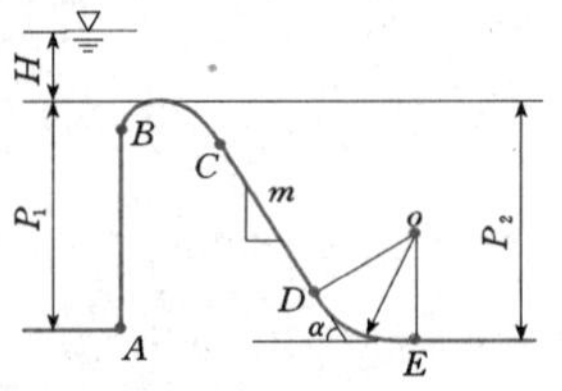

图 3.12-5　曲线形实用堰的剖面组成

曲线形实用堰又分为非真空堰和真空堰两大类。若实用堰剖面的外形轮廓与薄壁堰自由溢流水舌的下缘基本吻合或切入水舌一部分，堰面溢流将无真空产生，该剖面堰称为非真空剖面堰。若实用堰的堰面与过堰溢流水舌的下缘之间存在空间，此空间在溢流影响下将产生真空，该剖面堰称为真空堰。无真空剖面堰和真空剖面堰，都是针对剖面定型设计水头而言的。如果实际水头大于剖面定型设计水头，过堰流速加大，溢流水舌将脱离堰面，水舌与堰面之间将形成真空，无真空剖面堰实际成了真空剖面堰；反之，如果实际水头小于剖面定型设计水头，过堰流速减小，溢流水舌将贴近堰面，真空剖面堰实际成了无真空剖面堰。

堰面溢流产生真空对增加堰的过流能力有利，但会导致堰体振动，并使堰面受到空蚀破坏的威胁，故真空剖面堰在实际工程上应用不多。因此，本手册不

再单独介绍。若需要，可参考第 1 版《水工设计手册》第一卷 1-486～1-488 页相关内容。

对于曲线形无真空剖面堰而言，首先，要求堰的溢流面有较好的压强分布，不产生过大的负压；其次，要求流量系数较大，利于泄洪；最后，要求堰的剖面较瘦，以节省工程量。国内外提出的各种剖面型式都是按矩形薄壁堰流自由水舌的下缘曲线加以修正而成的。

克里格—奥菲采洛夫（Creager－Офицеров）剖面是我国以前常用的堰面型式，但该剖面略嫌肥大，曲线坐标以表格给出，坐标点少，不便于施工控制。渥奇（Ogee）剖面为 USBR 推荐的剖面，该剖面参数均与行近流速水头、设计全水头有关，并考虑坝高对堰顶剖面曲线的影响，适应不同坝高的实用堰剖面设计。

WES 型剖面是美国陆军工程兵团水道实验站（Waterways Experiment Station）提出的标准剖面。该剖面使用曲线方程表示，便于施工控制；堰面压强较理想，负压不大；剖面较瘦，节省工程量。我国近期采用 WES 型剖面较多，该剖面为设计规范要求优先采用的一种剖面型式。

剖面堰顶下游采用幂曲线，曲线方程为

$$x^n = kH_d^{n-1}y \qquad (3.12-15)$$

式中 H_d——堰面曲线定型设计水头；

x、y——原点下游堰面曲线横、纵坐标；

n——与上游堰坡有关的指数，见表 3.12-2；

k——系数，当 $\frac{P_1}{H_d}>1.0$ 时，k 值见表 3.12-2，当 $\frac{P_1}{H_d}\leqslant 1.0$ 时，取 $k=2.0\sim2.2$。

表 3.12-2　堰面曲线参数

上游面坡度 $\frac{\Delta y}{\Delta x}$	k	n	R_1	a	R_2	b
3∶0	2.000	1.850	$0.5H_d$	$0.175H_d$	$0.2H_d$	$0.282H_d$
3∶1	1.936	1.836	$0.68H_d$	$0.139H_d$	$0.21H_d$	$0.237H_d$
3∶2	1.939	1.810	$0.48H_d$	$0.115H_d$	$0.22H_d$	$0.214H_d$
3∶3	1.873	1.776	$0.45H_d$	$0.119H_d$	—	—

开敞式堰面堰顶上游堰头曲线可采用下列三种曲线：

（1）双圆弧曲线，如图 3.12-6 所示，图中 R_1、R_2、k、n、a、b 等参数取值见表 3.12-2。

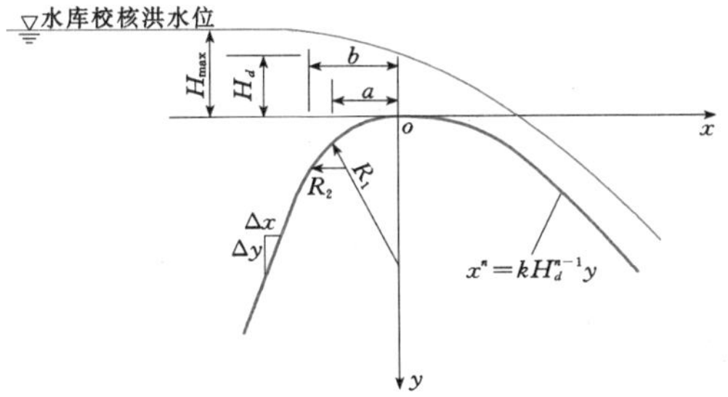

图 3.12-6　堰顶上游堰头为双圆弧曲线、下游为幂曲线

（2）三圆弧曲线，上游堰面铅直，如图 3.12-7 所示。

（3）椭圆曲线，可按照下列方程计算：

$$\frac{x^2}{aH_d}+\frac{(bH_d-y)^2}{(bH_d)^2}=1.0 \qquad (3.12-16)$$

式中 aH_d、bH_d——椭圆曲线长半轴、短半轴（当 $\frac{P_1}{H_d}\geqslant 2$ 时，$a=0.28\sim0.30$，$\frac{a}{b}=0.87+3a$；当 $\frac{P_1}{H_d}<2$ 时，$a=0.215\sim0.28$，$b=0.127\sim0.163$；当 $\frac{P_1}{H_d}$ 小时，a 与 b 取小值）。

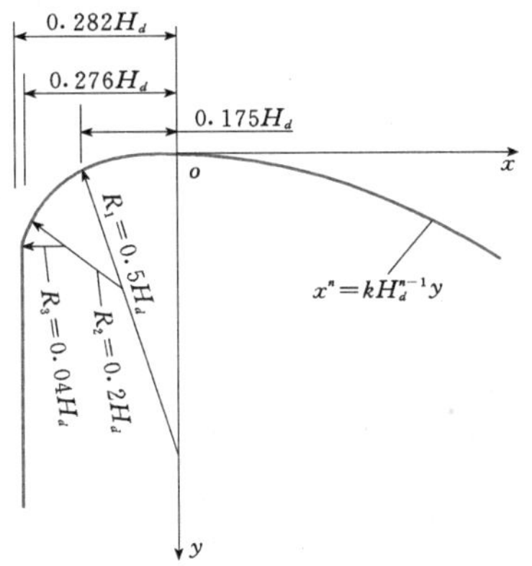

图 3.12-7　堰顶上游堰头为三圆弧曲线、下游为幂曲线

WES型堰剖面曲线形式主要取决于定型设计水头 H_d，因此在水头变化范围内合理选择十分重要，既要保证低水头泄流时有较大的流量系数，又要求高水头泄流时堰面不产生过大的负压。一般情况下，对于上游堰高 $P_1 \geqslant 1.33H_d$ 的高堰，取 $H_d=(0.75\sim0.95)H_{max}$，$H_{max}$为校核流量下的堰上水头。

3.12.3.2 实用堰流的计算公式

在实际工程中，实用堰由闸墩和边墩分隔成数个等宽堰孔，实用堰的计算公式采用下式：

$$Q = c\varepsilon\sigma_s mB\sqrt{2g}H_0^{\frac{3}{2}} \tag{3.12-17}$$

其中

$$H_0 = H + \frac{\alpha_0 v_0^2}{2g}$$

$$B = nb$$

式中 H_0——总水头，对于上游面铅直的高堰，行近流速水头可忽略不计，m；

m——流量系数；

n——孔数；

b——单孔净宽，m；

ε——侧收缩系数，$\varepsilon \leqslant 1$；

σ_s——淹没系数，$\sigma_s \leqslant 1$；

c——上游堰面坡度影响修正系数值，当上游堰面为铅直时，$c=1.0$，当上游堰面倾斜时，c 值可由表 3.12-3 查得。

表 3.12-3 WES型上游堰面坡度影响修正系数 c

上游堰面坡度 $\frac{\Delta y}{\Delta x}$ \ $\frac{P_1}{H_d}$	0.3	0.4	0.6	0.8	1.0	1.2	1.3
3∶1	1.009	1.007	1.004	1.002	1.000	0.998	0.997
3∶2	1.015	1.011	1.005	1.002	0.999	0.996	0.993
3∶3	1.021	1.014	1.007	1.002	0.998	0.993	0.988

3.12.3.3 实用堰的流量系数

对于上游堰高 $P_1 \geqslant 1.33H_d$ 的高堰，由于实用堰堰面形状及其尺寸对水舌有一定影响，流量系数 m 主要取决于上游堰高与剖面定型设计水头之比 $\frac{P_1}{H_d}$（相对堰高）、堰上全水头与堰剖面定型设计水头之比 $\frac{H_0}{H_d}$（相对水头）和上游堰面坡度。

不同堰型，流量系数不同，重要工程流量系数需要通过模型试验确定。在初步估算中，真空堰 $m\approx0.50$，非真空堰 $m\approx0.45$，折线型实用堰 m 介于 0.35～0.42 之间。

当 $H_0=H_d$ 时，WES型剖面堰的设计流量系数 $m_d=0.502$。当 $H_0<H_d$ 时，堰上压强增大，过流能力下降，$m<m_d$；当 $H_0>H_d$ 时，堰面上将产生负压，过流能力增大，$m>m_d$。针对不同相对水头 $\frac{H_0}{H_d}$的流量系数 m 值可以由图 3.12-8 或表 3.12-4 查得。

克一奥堰的流量系数为

$$m = 0.49\left[0.805 + 0.245\frac{H}{H_d} - 0.05\left(\frac{H}{H_d}\right)^2\right] \tag{3.12-18}$$

当 $H_0=H_d$ 时，$m_d=0.49$。

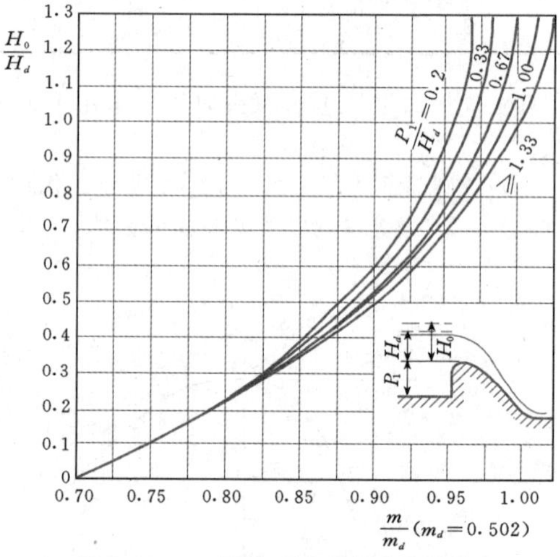

图 3.12-8 WES型实用堰流量系数

$Q=mB\sqrt{2g}H_0^{\frac{3}{2}}$；$H_0$—总水头；$H_d$—堰剖面的设计水头

3.12.3.4 侧收缩系数

侧收缩系数 ε 与闸墩及边墩的平面形状、孔数、堰上水头、单孔宽度等因素有关。WES型实用堰的侧收缩系数可按下列经验公式确定：

$$\varepsilon = 1 - 0.2[\zeta_K + (n-1)\zeta_0]\left(\frac{H_0}{nb}\right) \tag{3.12-19}$$

式中 n——溢流孔数；

b——每孔净宽；

ζ_0——中墩形状（见图 3.12-9）系数，与闸墩头伸出上游堰面距离 L_u 及淹没度 $\frac{h_s}{H_0}$ 有关，可查表 3.12-5；

ζ_K——边墩形状系数（见图 3.12-10），对于直角形 $\zeta_K=1.0$，对于折线形或圆角形 $\zeta_K=0.7$，对于流线形 $\zeta_K=0.4$。

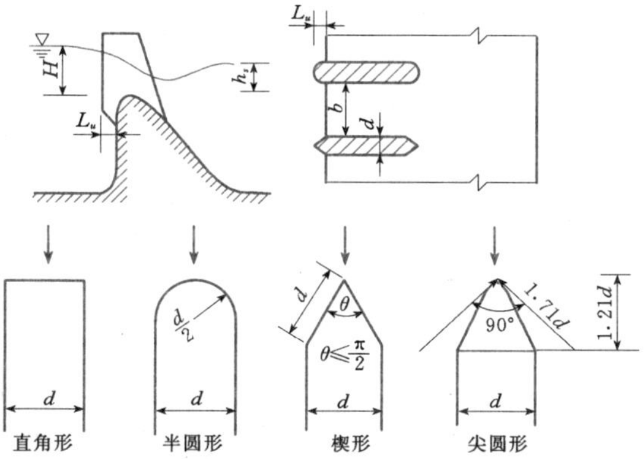

图 3.12-9　中墩形状示意图

式（3.12-19）适用于 $\frac{H_0}{b}\leqslant 1.0$ 情况，当 $\frac{H_0}{b}>1.0$ 时，取 $\frac{H_0}{b}=1.0$。

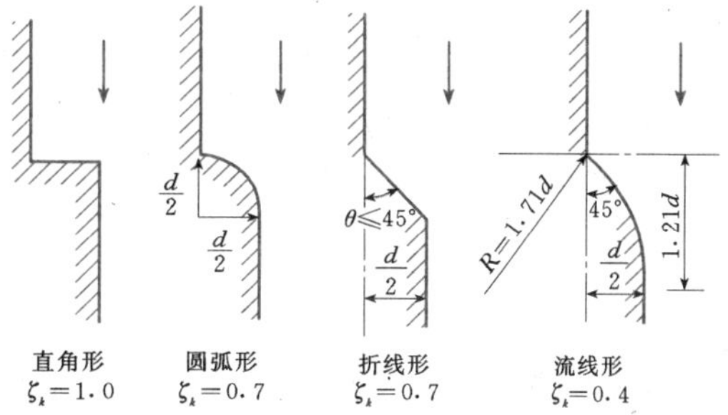

图 3.12-10　边墩形状系数

侧收缩系数 ε 也可用下式计算：

$$\varepsilon = 1 - a\frac{H_0}{b+H_0} \qquad (3.12-20)$$

式中　a——考虑坝墩形状影响的系数，矩形坝墩 $a=0.20$，半圆形坝墩或尖形坝墩 $a=0.11$，曲线形尖墩 $a=0.06$。

表 3.12-4　WES 型剖面堰的设计流量系数 m（适用于双圆弧、三圆弧及椭圆堰头曲线）

$\frac{H_0}{H_d}$ \ $\frac{P_1}{H_d}$	0.2	0.4	0.6	1.0	≥1.33
0.4	0.425	0.430	0.431	0.433	0.436
0.5	0.438	0.442	0.445	0.448	0.451
0.6	0.450	0.455	0.458	0.460	0.464
0.7	0.458	0.463	0.468	0.472	0.476
0.8	0.467	0.474	0.477	0.482	0.486
0.9	0.473	0.480	0.485	0.491	0.494
1.0	0.479	0.486	0.491	0.496	0.501
1.1	0.482	0.491	0.496	0.502	0.507
1.2	0.485	0.495	0.499	0.506	0.510
1.3	0.496	0.498	0.500	0.508	0.513

表 3.12-5　中墩形状系数 ζ_0

墩头形状	$L_u=H_0$	$L_u=0.5H_0$	$L_u=0$				备注
			$\frac{h_s}{H_0}\leqslant 0.75$	$\frac{h_s}{H_0}=0.80$	$\frac{h_s}{H_0}=0.85$	$\frac{h_s}{H_0}=0.9$	
矩形	0.20	0.40	0.80	0.86	0.92	0.98	墩尾形状与头部相同，h_s 为超过堰顶的下游水深
楔形或半圆形	0.15	0.30	0.45	0.51	0.57	0.63	
尖圆形	0.15	0.15	0.25	0.32	0.39	0.46	

3.12.3.5 淹没系数

淹没系数 σ_s 与 $\frac{h_s}{H_0}$ 及 $\frac{P_2}{H_0}$ 有关，其中 P_2 为下游堰高，$h_s=h_t-P_2$ 为下游水深超过堰顶的高度。只有当 $\frac{h_s}{H_0}\leqslant 0.15$、$\frac{P_2}{H_0}\geqslant 2$ 时，过堰水流才不受下游水深 h_s 及下游堰高 P_2 的影响，为自由出流。

对于 WES 型实用堰，其淹没系数 σ_s 可以由图 3.12－11，通过 $\frac{h_s}{H_0}$ 及 $\frac{P_2}{H_0}$ 查得。

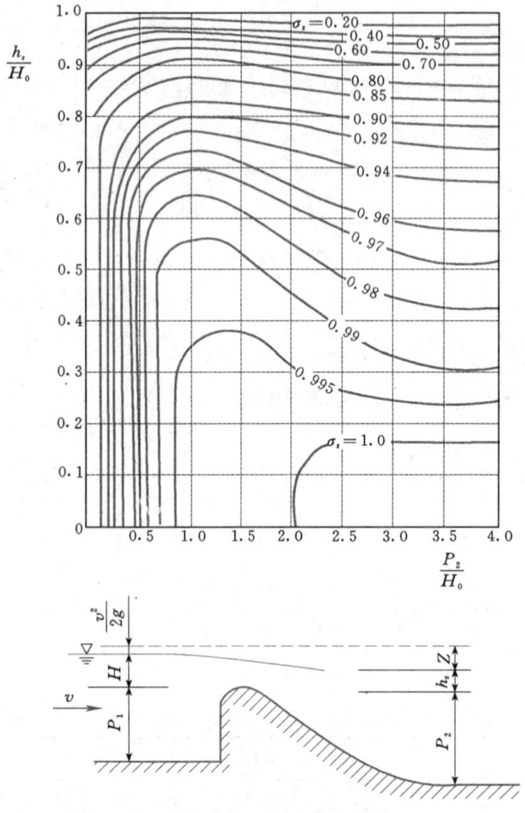

图 3.12－11 WES 型剖面堰淹没系数 σ_s

3.12.3.6 WES 型实用低堰

对于 $P_1<1.33H_d$ 的低堰，流量计算仍采用式 (3.12－17)。对于 WES 型实用低堰，取 $H_d=(0.65\sim0.85)H_{max}$。对于上游垂直的 WES 型低堰，其设计流量系数 m_d 随相对堰高 $\frac{P_1}{H_d}$ 的变化可以用下列经验公式计算：

$$m_d=0.4987\left(\frac{P_1}{H_d}\right)^{0.0241} \quad (3.12-21)$$

对于低堰，当下游水位超过某一高度后，下游水位的顶托作用将影响过堰流量。当下游护坦高程较高、下游堰高较小时，即使下游水位低于堰顶，过堰水流也会受到下游护坦影响，产生类似的淹没效果，降低过流能力。这两种情况均称为淹没出流，并通过淹没系数 σ_s 反映淹没出流对过堰能力的影响。

3.12.3.7 驼峰堰及折线形实用堰

由于地形、地质等因素的影响，常将过流底坎作成高度较小的驼峰堰或折线形实用堰，其剖面形式简单，整体稳定性较好，便于施工。流量仍用式 (3.12－17) 进行计算，流量系数大于宽顶堰，但其水力特性及流量系数均与高堰有一定区别。

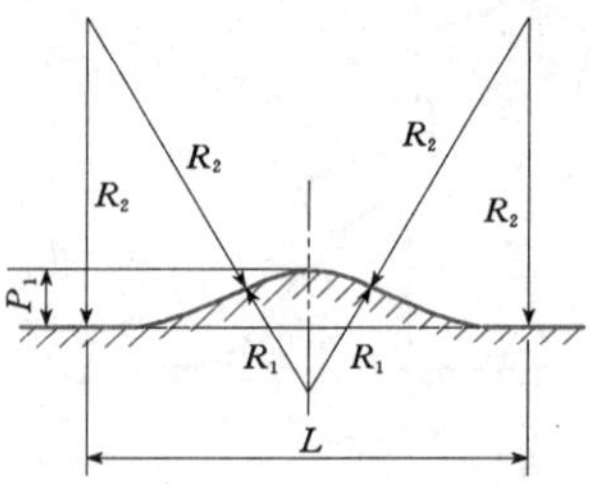

图 3.12－12 驼峰堰剖面示意图

驼峰堰剖面见图 3.12－12。驼峰堰常采用 a、b 两种形式，其体型参数见表 3.12－6，适用于堰高 $P_1<3$m、驼峰底长 $L>4P_1$ 的情况。驼峰堰的流量系数随具体情况而变，可按表 3.12－7 中相应公式计算。

表 3.12－6 驼峰堰剖面体型参数 单位：m

类型	上游堰高 P_1	中圆弧半径 R_1	上、下圆弧半径 R_2	总长度 L
a	$0.24H_d$	$2.5P_1$	$6P_1$	$8P_1$
b	$0.34H_d$	$1.05P_1$	$4P_1$	$6P_1$

表 3.12－7 驼峰堰的流量系数

类型	$\frac{P_1}{H_0}$	流量系数计算公式
a	$\leqslant 0.24$	$m=0.385+0.171\left(\frac{P_1}{H_0}\right)^{0.657}$
	>0.24	$m=0.414\left(\frac{P_1}{H_0}\right)^{-0.0652}$
b	$\leqslant 0.34$	$m=0.385+0.224\left(\frac{P_1}{H_0}\right)^{0.934}$
	>0.34	$m=0.452\left(\frac{P_1}{H_0}\right)^{-0.032}$

折线形实用堰常用于中小型工程的当地材料坝，剖面形状多为梯形，如图 3.12－13 所示。其流量系数 m 与相对堰高 $\frac{P_1}{H}$、堰顶相对厚度 $\frac{\delta}{H}$ 以及上下游坡度有关，可按表 3.12－8 选用。

3.12.4 宽顶堰流的水力计算

宽顶堰可以分为有坎宽顶堰（见图 3.12－14）和

表 3.12-8　折线形实用堰的流量系数

$\frac{P_1}{H}$	堰上游坡 $\cot\theta_1$	堰下游坡 $\cot\theta_2$	流量系数 m	
			$\frac{\delta}{H}=0.5\sim1.0$	$\frac{\delta}{H}=1.0\sim2.0$
3～5	0.5	0.5	0.40～0.38	0.36～0.35
	1.0	0	0.42	0.40
	2.0	0	0.41	0.39
2～3	0	1	0.40	0.38
	0	2	0.38	0.36
	3	0	0.40	0.38
	4	0	0.39	0.37
	5	0	0.38	0.36
1～2	10	0	0.36	0.35
	0	3	0.37	0.35
	0	5	0.35	0.34
	0	10	0.34	0.33

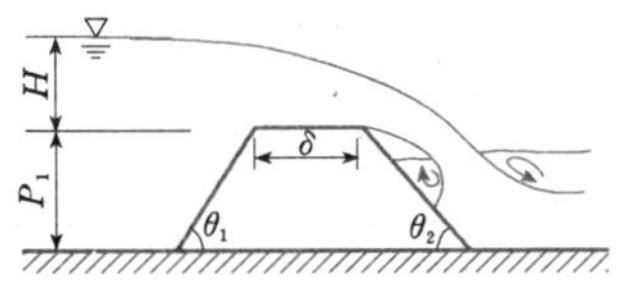

图 3.12-13　折线形实用堰剖面示意图

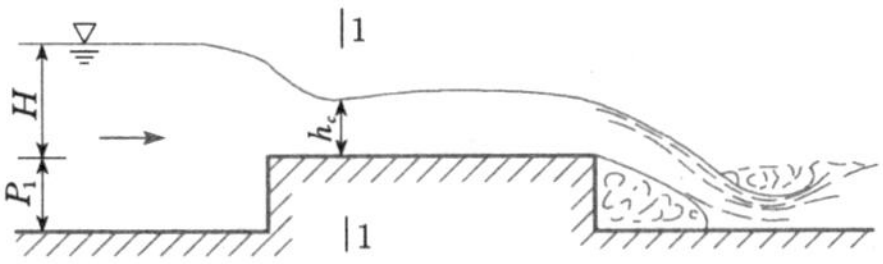

图 3.12-14　宽顶堰流

无坎宽顶堰（见图 3.12-15）。有坎宽顶堰底坎引起水流在垂直方向收缩，无坎宽顶堰则由于横向约束引起侧向收缩。

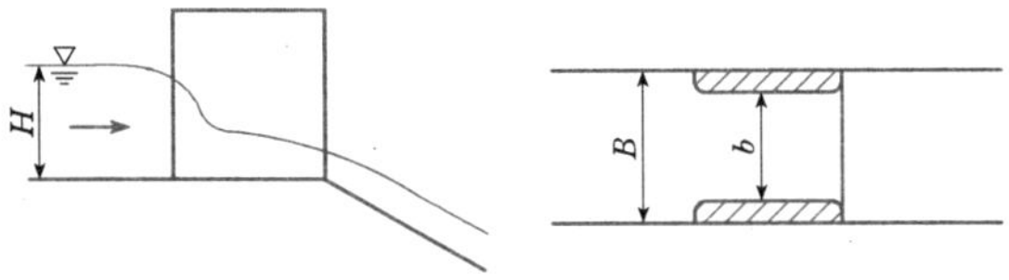

图 3.12-15　无坎宽顶堰流

宽顶堰水力计算的基本公式也采用式（3.12-1），并应根据不同形式的宽顶堰选用相应的流量系数、侧收缩系数和淹没系数。

如图 3.12-15 所示，无坎宽顶堰流是由于堰孔宽度小于上游引渠宽度，水流受侧向收缩，引起水面跌落，水流现象与有坎宽顶堰流类似，仍可使用有坎宽顶堰流的流量计算公式。

3.12.4.1　流量系数

流量系数 m 取决于堰顶进口形式、堰的相对高度$\frac{P_1}{H}$，如图 3.12-14 所示。

别列津斯基（Березинский）根据试验结果，提出如下经验公式。

（1）堰顶入口为直角的宽顶堰：

$$\left.\begin{aligned} m &= 0.32+0.01\frac{3-\frac{P_1}{H}}{0.46+0.75\frac{P_1}{H}} \quad \left(0\leqslant\frac{P_1}{H}\leqslant3\right) \\ m &= 0.32 \quad \left(\frac{P_1}{H}>3\right) \end{aligned}\right\} \tag{3.12-22}$$

（2）堰顶入口为圆弧的宽顶堰：

$$\left.\begin{aligned} m &= 0.36+0.01\frac{3-\frac{P_1}{H}}{1.2+1.5\frac{P_1}{H}} \quad \left(0\leqslant\frac{P_1}{H}\leqslant3\right) \\ m &= 0.36 \quad \left(\frac{P_1}{H}>3\right) \end{aligned}\right\} \tag{3.12-23}$$

3.12.4.2　淹没系数

试验表明，当堰顶下游水位超过堰顶的高度 $h_s\geqslant(0.75\sim0.85)H_0$ 时，收缩断面的水深增大到 $h>h_c$，堰下游水位会影响到宽顶堰的泄流能力，形成淹没出流。宽顶堰流的淹没系数 σ_s 取决于相对高度$\frac{h_s}{H_0}$，淹没系数随$\frac{h_s}{H_0}$的增大而减小，可由表 3.12-9查出。

表 3.12-9　宽顶堰的淹没系数

$\frac{h_s}{H_0}$	0.80	0.81	0.82	0.83	0.84
σ_s	1.00	0.995	0.99	0.98	0.97
$\frac{h_s}{H_0}$	0.85	0.86	0.87	0.88	0.89
σ_s	0.96	0.95	0.93	0.90	0.87
$\frac{h_s}{H_0}$	0.90	0.91	0.92	0.93	0.94
σ_s	0.84	0.82	0.78	0.74	0.70
$\frac{h_s}{H_0}$	0.95	0.96	0.97	0.98	
σ_s	0.65	0.59	0.50	0.40	

3.12.4.3　侧收缩系数

自由式有侧收缩宽顶堰的流量公式为

$$Q = m\sigma_s \varepsilon b\sqrt{2g}H_0^{\frac{3}{2}} = m\sigma_s b_c\sqrt{2g}H_0^{\frac{3}{2}} \quad (3.12-24)$$

其中 $$b_c = \varepsilon b$$

式中 b_c——收缩堰宽，m；

ε——侧收缩系数，影响 ε 的主要因素有闸墩与边墩的头部形状、相对堰高 $\frac{P_1}{H}$、相对堰宽 $\frac{b}{B}$、闸墩数目等。

对于单体宽顶堰，有

$$\varepsilon = 1 - \frac{a}{\sqrt[3]{0.2+\frac{P_1}{H}}}\sqrt[4]{\frac{b}{B}}\left(1-\frac{b}{B}\right) \quad (3.12-25)$$

式中 b——堰孔净宽，m；

B——上游引渠的宽度，m；

a——考虑墩头及堰顶入口形状的系数，当闸墩（或边墩）头部为矩形，堰顶入口边缘为直角时 $a=0.19$，当闸墩（或边墩）头部为圆弧形，堰顶入口边缘为直角或圆弧形时 $a=0.1$。

式（3.12-25）的适用范围为：$\frac{b}{B}\geqslant 0.2$ 及 $\frac{P_1}{H}\leqslant 3$。当 $\frac{b}{B}<0.2$ 时，取 $\frac{b}{B}=0.2$；当 $\frac{P_1}{H}>3$ 时，取 $\frac{P_1}{H}=3$。

对无闸墩单孔宽顶堰，侧收缩系数 ε 计算式中 b 采用两边墩间的宽度，B 采用堰上游的水面宽度。对有边墩及闸墩的多孔宽顶堰，侧收缩系数应取边孔及中孔的加权平均值

$$\bar{\varepsilon}_1 = \frac{(n-1)\varepsilon'_1 + 2\varepsilon''_1}{n} \quad (3.12-26)$$

式中 n——孔数；

ε'_1——中孔侧收缩系数，按式（3.12-25）计算时取 $b=b'$（b'为中孔净宽）、$B=b'+d$（d 为闸墩厚）；

ε''_1——边孔侧收缩系数，按式（3.12-25）计算时取 $b=b''$（b''为边孔净宽）、$B=b''+2\Delta$（Δ 为边墩计算厚度，是边墩边缘与堰上游同侧水边线间的距离）。

3.12.5 窄深堰流的水力计算

当渠道末端设置跌水一类的连接建筑物时，其进口段常做成若干横断面为梯形的堰孔，以控制跌水上游渠道中的水位。这种梯形断面堰孔通常做成窄而深的形状，故称为窄深堰，如图 3.12-16 所示。

设堰孔数为 n，每孔底宽为 b'，侧边与水平方向的夹角为 θ，则通过窄深堰的流量由下式计算：

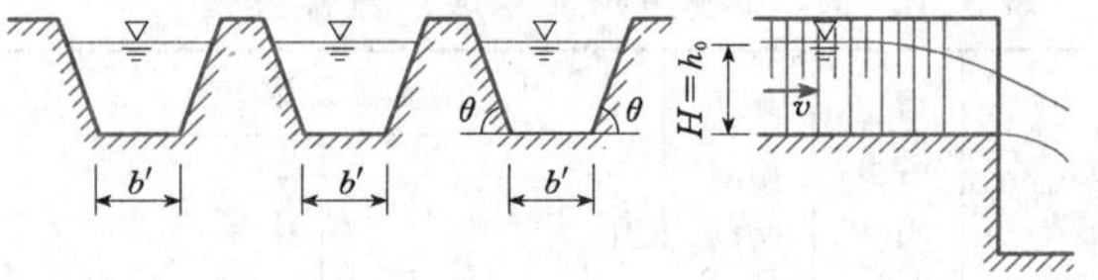

图 3.12-16 窄深堰流

$$Q = \varepsilon mn(b' + 0.8H\cot\theta)\sqrt{2g}H_0^{\frac{3}{2}} \quad (3.12-27)$$

其中 $$H_0 = H + \frac{\alpha_0 v_0^2}{2g}$$

式中 H_0——总水头，m；

H——堰顶水头，当堰高为零时 $H=h_0$，m；

v_0——渠道中的流速，m/s；

h_0——通过流量 Q 时渠道中的正常水深，m；

ε——侧收缩系数；

m——流量系数。

如果梯形的侧面做成匀称的流线形，取侧收缩系数 $\varepsilon=1$。当梯形堰属宽顶堰时，流量系数 $m=0.35\sim0.37$；属实用堰时，$m=0.44\sim0.50$。萨马林认为，窄深堰的流量系数与水头 H 有关，具体数值见表 3.12-10。

表 3.12-10 窄深堰的流量系数

H（m）	<1.0	1.5	2.0	2.5
m	0.474	0.485	0.496	0.508

3.12.6 闸孔出流的水力计算

3.12.6.1 底坎为宽顶堰的闸孔出流

图 3.12-17 为水平底坎上平板闸门的闸孔出流示意图。设收缩水深 h_c 的跃后水深为 h''_c。若 $h_t\leqslant h''_c$，则水跃发生在收缩断面处或其下游，下游水深 h_t 不影响闸孔出流，闸孔为自由出流。若 $h_t>h''_c$，则水跃发生在收缩断面上游，闸孔为淹没出流，过流能力随下游水深的增大而减小。

1. 平板闸门的闸孔

宽顶堰型闸孔自由出流的计算公式为

$$Q = \varphi bh_c\sqrt{2g(H_0 - h_c)} \quad (3.12-28)$$

垂直收缩系数 ε_1 反映过闸水流的收缩程度，取决于闸门类型、闸门相对开度以及闸底坎形式。收缩断面水深 h_c 可表示为闸孔开度 e 与垂直收缩系数 ε_1 的乘积，即 $h_c=\varepsilon_1 e$，流速系数 $\varphi=\frac{1}{\sqrt{a_c+\zeta}}$主要决定于闸底坎的形式、闸门的类型等。对坎高为零的宽顶堰型闸孔，可取 $\varphi=0.95\sim1.0$；对有底坎的宽顶堰型闸孔，可取 $\varphi=0.85\sim0.95$。设 $\mu_0=\varepsilon_1\varphi$($\mu_0$ 为基本

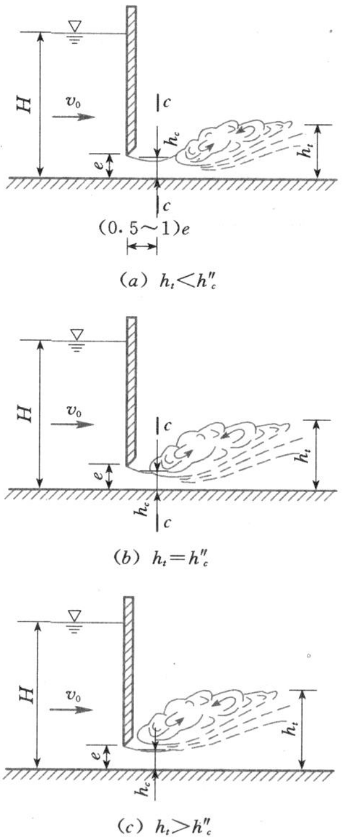

(a) $h_t<h''_c$

(b) $h_t=h''_c$

(c) $h_t>h''_c$

图 3.12-17 闸孔出流流态

流量系数），则有

$$Q=\mu_0 be\sqrt{2g(H_0-\varepsilon_1 e)} \qquad (3.12-29)$$

将式（3.12-29）化为更简单的形式，即

$$Q=\mu be\sqrt{2gH_0} \qquad (3.12-30)$$

其中 $\mu=\mu_0\sqrt{1-\varepsilon_1\dfrac{e}{H_0}}=\varepsilon_1\varphi\sqrt{1-\varepsilon_1\dfrac{e}{H_0}}$

式中 μ——宽顶堰型闸孔自由出流的流量系数，反映局部水头损失和收缩断面流速分布不均匀的影响，取决于闸底坎形式、闸门类型和闸孔相对开度$\dfrac{e}{H}$值。

μ可按南京水利科学研究院的经验公式计算：

$$\mu=0.60-0.176\frac{e}{H} \qquad (3.12-31)$$

试验证明，在闸孔出流的条件下，边墩及闸墩，对流量影响很小，一般不再单独考虑侧收缩影响。

儒可夫斯基（Жукóвский）应用理论分析方法，求得在无侧收缩的条件下，平底坎平板闸门的垂直收缩系数 ε_1 与闸孔相对开度$\dfrac{e}{H}$的关系，并经试验验证，见表 3.12-11。表中的最大$\dfrac{e}{H}$为 0.75，当$\dfrac{e}{H}>0.75$，闸下出流转变成堰流。

表 3.12-11　　平板闸门的垂直收缩系数 ε_1

$\dfrac{e}{H}$	0.10	0.15	0.20	0.25	0.30	0.35	0.40
ε_1	0.615	0.618	0.620	0.622	0.625	0.628	0.630
$\dfrac{e}{H}$	0.45	0.50	0.55	0.60	0.65	0.70	0.75
ε_1	0.638	0.645	0.650	0.660	0.675	0.690	0.705

2. 弧形闸门的闸孔

如图 3.12-18 所示，由于弧形闸门过闸水流较平板闸门平顺，因此弧形闸门的垂向收缩系数、流速系数和流量系数与平板闸门有所不同。弧形闸门闸孔出流公式与平板闸门公式（3.12-30）完全一样。

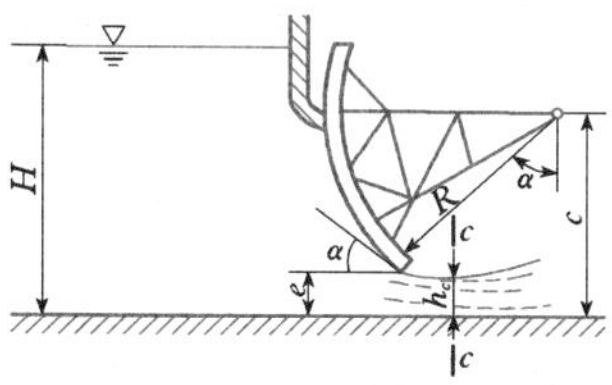

图 3.12-18 弧形闸门闸孔出流

平底弧形闸门的垂直收缩系数 ε_1 主要取决于闸门下缘切线与水平方向夹角 α，可根据表 3.12-12 查得，其中 α 值由 $\cos\alpha=\dfrac{c-e}{R}$确定。

流量系数 μ 可由下列经验公式计算：

$$\mu=\left(0.97-0.81\frac{\alpha}{180^\circ}\right)-\left(0.56-0.81\frac{\alpha}{180^\circ}\right)\frac{e}{H} \qquad (3.12-32)$$

式（3.12-32）的适用范围是：$25^\circ<\alpha\leqslant 90^\circ$；$0<\dfrac{e}{H}\leqslant 0.65$。

考虑淹没出流情况，闸孔淹没出流如图 3.12-19 所示，流量公式为

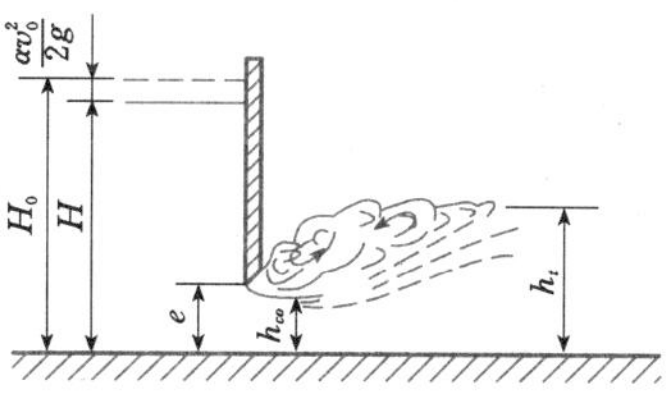

图 3.12-19 闸孔淹没出流

表 3.12-12 弧形闸门的垂直收缩系数 ε_1

α	35°	40°	45°	50°	55°	60°
ε_1	0.789	0.766	0.742	0.720	0.698	0.678
α	65°	70°	75°	80°	85°	90°
ε_1	0.662	0.646	0.635	0.627	0.622	0.620

$$Q=\sigma_s \mu be\sqrt{2gH_0} \qquad (3.12-33)$$

式中 σ_s——淹没系数，据南京水利科学研究院的研究，σ_s 与潜流比 $\dfrac{h_t-h''_{co}}{H-h''_{co}}$ 有关，可由图 3.12-20 查得。

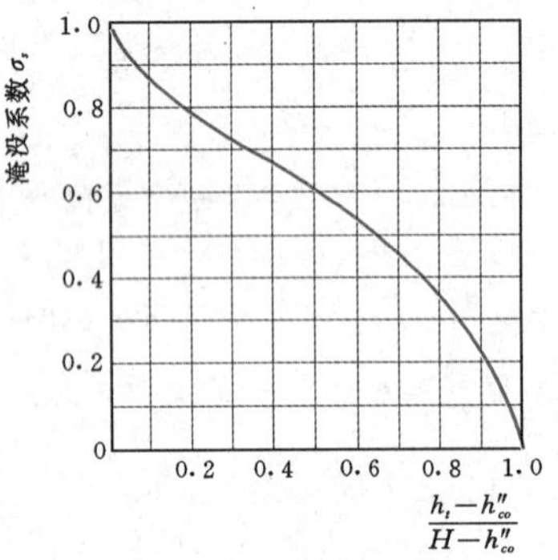

图 3.12-20 淹没系数与潜流比关系

3.12.6.2 底坎为曲线形实用堰的闸孔出流

如图 3.12-21 所示，曲线形实用堰上的闸孔出流也分为自由出流和淹没出流两种。只有一些低堰，当下游水位超过堰顶一定高度后，闸孔才能出现淹没出流。

底坎为曲线形实用堰的闸孔自由出流与平底闸孔自由出流具有相同的计算公式，即 $Q=\mu be\sqrt{2gH_0}$。但是，由于边界条件不同，流量系数也不相同。

1. 平板闸门的闸孔

对于平板闸门的闸孔出流，流量系数可按下列经

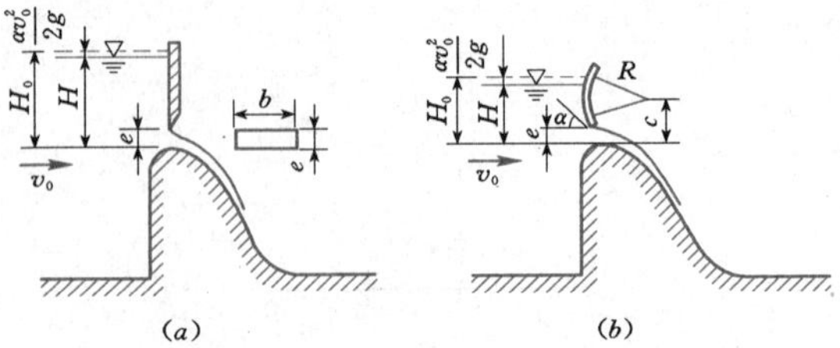

图 3.12-21 曲线形实用堰上的闸孔出流

验公式计算：

$$\mu=0.65-0.186\frac{e}{H}+\left(0.25-0.357\frac{e}{H}\right)\cos\theta \qquad (3.12-34)$$

式中 θ——平板闸门底缘迎水面与水平面的夹角，如图 3.12-22 所示。

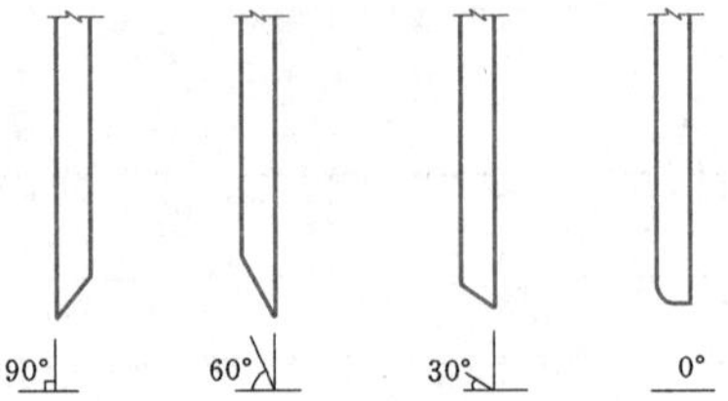

图 3.12-22 平板闸门底缘迎水面与水平面夹角

2. 弧形闸门的闸孔

对于弧形闸门，初步计算时，流量系数 μ 可按表 3.12-13 参考选用。对于重大工程，该值还应通过试验确定。

表 3.12-13 曲线形实用堰弧形闸门的流量系数 μ 值

$\frac{e}{H}$	0.05	0.10	0.15	0.20	0.25	0.30	0.35	0.40	0.50	0.60	0.70
μ	0.721	0.700	0.683	0.667	0.652	0.638	0.625	0.610	0.584	0.559	0.535

3.13 渗　　流

流体在孔隙介质中的运动称为渗流。孔隙介质包括土壤、岩层等各种多孔介质和裂隙介质；流体包括水、石油及天然气等。

3.13.1 渗流的达西定律

3.13.1.1 达西（Darcy）定律

$$\left.\begin{aligned}Q&=kAJ\\ v&=\frac{Q}{A}=kJ\\ u&=kJ\end{aligned}\right\} \qquad (3.13-1)$$

式中　Q——渗流流量；

k——渗透系数；

A——渗流的过流面积；

J——渗流的水力坡度（又称为水力坡降）；

v——渗流的断面平均流速；

u——任一点的渗流流速。

式（3.13-1）称为达西定律，该定律表明，渗流流速与水力坡度的一次方成正比，因此达西定律又称为渗流线性定律。

3.13.1.2　达西定律的适用范围

由于渗流水头损失与渗流流速的一次方成正比，故达西定律的适用范围是层流。对于非线性定律，渗流水头损失规律的一般表达式可以概括为下列形式：

$$J = \alpha u + \beta u^2 \qquad (3.13-2)$$

式中　α、β——两个待定系数。

当$\beta=0$，式（3.13-2）即为达西线性定律。当渗流已进入紊流阻力平方区时，则$\alpha=0$，这时水头损失与流速平方成正比。在这两种流动情况之间为一般的非线性定律，α和β都不等于零。目前α和β只能通过试验来确定。

渗流的流态，也可用雷诺数判别。常用的渗流雷诺数为

$$Re = \frac{vd_{10}}{\nu} \qquad (3.13-3)$$

式中　d_{10}——直径比它小的颗粒占全部土重10%时的土壤颗粒直径，称为有效粒径；

ν——水的运动黏度；

v——渗流流速。

线性渗流（层流）雷诺数的变化范围为

$$Re = \frac{vd_{10}}{\nu} < (1 \sim 10)$$

为安全起见，一般将$Re=1$作为线性定律的上限值。绝大多数细颗粒土壤中的渗流都属于层流。但是卵石、砾石等大颗粒土壤中的渗流有可能出现紊流，属于非线性渗流。

渗流流速的一般表达式可写为

$$v = kJ^{\frac{1}{m}} \qquad (3.13-4)$$

当$m=1$时为层流渗流；当$m=2$时，为粗糙区渗流；当$m=1\sim2$时，则为层流到紊流的过渡区渗流。

3.13.1.3　渗透系数

渗透系数k是综合反映土壤透水能力大小的系数，与土壤及液体的性质有关，例如与土壤颗粒的级配、形状、分布以及液体的黏度、密度有关。一般可通过在实验室测定和现场测定。现给出各种土壤的渗透系数值供参考，见表3.13-1。

表3.13-1　各种土壤的渗透系数值

土壤名称	k	
	m/d	cm/s
黏土	<0.005	$<6\times10^{-6}$
亚黏土	0.005～0.1	$6\times10^{-6}\sim1\times10^{-4}$
轻亚黏土	0.1～0.5	$1\times10^{-4}\sim6\times10^{-4}$
黄土	0.25～0.5	$3\times10^{-4}\sim6\times10^{-4}$
粉砂	0.5～1.0	$6\times10^{-4}\sim1\times10^{-3}$
细砂	1.0～5.0	$1\times10^{-3}\sim6\times10^{-3}$
中砂	5.0～20.0	$6\times10^{-3}\sim2\times10^{-2}$
均质中砂	35～50	$4\times10^{-2}\sim6\times10^{-2}$
粗砂	20～50	$2\times10^{-2}\sim6\times10^{-2}$
均质粗砂	60～75	$7\times10^{-2}\sim8\times10^{-2}$
圆砾	50～100	$6\times10^{-2}\sim1\times10^{-1}$
卵石	100～500	$1\times10^{-1}\sim6\times10^{-1}$
无填充物卵石	500～1000	$6\times10^{-1}\sim1\times10$
稍有缝隙岩石	20～60	$2\times10^{-2}\sim7\times10^{-2}$
缝隙多的岩石	>60	$>7\times10^{-2}$

3.13.2　渗流的基本微分方程

工程中许多实际渗流不能视为一维渐变渗流，这种渗流的运动要素往往是两个或三个坐标的函数，称为二维或三维渗流。为此，需建立适用于三维运动的基本微分方程。

3.13.2.1　渗流的连续方程

根据渗流模型的假设，同地表水一样可直接推导出不可压缩流体渗流的连续方程为

$$\frac{\partial u_x}{\partial x} + \frac{\partial u_y}{\partial y} + \frac{\partial u_z}{\partial z} = 0$$

该式对于恒定渗流和非恒定渗流都适用。

3.13.2.2　渗流的运动方程

将一维达西定律推广到三维运动中可得

$$\left.\begin{aligned} u_x &= -k\frac{\partial H}{\partial x} \\ u_y &= -k\frac{\partial H}{\partial y} \\ u_z &= -k\frac{\partial H}{\partial z} \end{aligned}\right\} \qquad (3.13-5)$$

对于均质各向同性土壤，各点的渗透系数k是常数，式（3.13-5）又可写为

$$\left.\begin{aligned} u_x &= \frac{\partial(-kH)}{\partial x} \\ u_y &= \frac{\partial(-kH)}{\partial y} \\ u_z &= \frac{\partial(-kH)}{\partial z} \end{aligned}\right\} \qquad (3.13-6)$$

渗流的连续方程和渗流的运动方程构成渗流的基本微分方程组，共有四个微分方程，理论上可以求解 u_x、u_y、u_z 和 H 四个未知数。可用解析法、数值法和流网法求解。

3.13.3 地下明槽中恒定均匀渗流和非均匀渐变渗流

与明槽水流相似，地下明槽中的水流可以是均匀渗流，也可以是非均匀渗流。非均匀渗流又可以分为渐变渗流和急变渗流。

3.13.3.1 无压均匀渗流

均匀渗流见图3.13-1，其水深 h_0 沿程不变，断面平均流速 v 也沿程不变，同时，水力坡度 J 与底坡 i 相等，即 $J=i$。由达西定律，断面平均流速为

$$v = kJ = ki \tag{3.13-7}$$

当宽阔渗流的宽度为 b 时，均匀渗流的流量为

$$Q = kA_0 i = kbh_0 i \tag{3.13-8}$$

相应的单宽流量为

$$q = kh_0 i \tag{3.13-9}$$

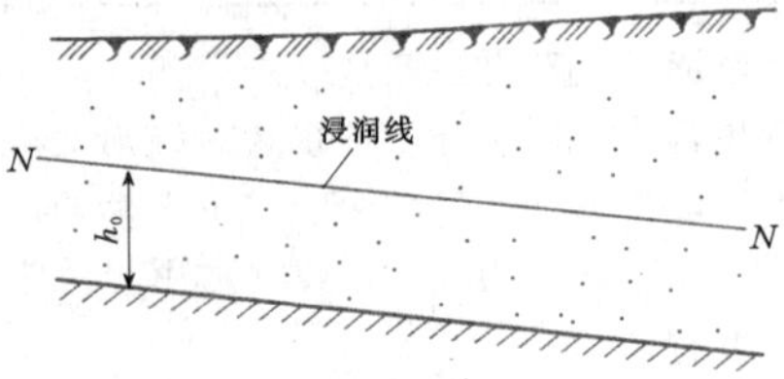

图3.13-1 无压均匀渗流

3.13.3.2 无压非均匀渐变渗流

图3.13-2所示为一渐变渗流，以0—0为基准面，取相距为ds的两个断面1—1和2—2。对于渐变渗流，流线近似于平行，过水断面近似为平面，两断面间所有流线的长度ds近似相等，水力坡度 $J=\dfrac{H_1-H_2}{\mathrm{d}s}=-\dfrac{\mathrm{d}H}{\mathrm{d}s}$ 也近似相等，因此，过水断面上各点的流速 u 近似相等，并等于断面平均流速 v，即

$$u = v = -k\frac{\mathrm{d}H}{\mathrm{d}s} = kJ \tag{3.13-10}$$

式（3.13-10）为渐变渗流的一般公式，又称为裘布衣（Dupuit）公式。虽然与达西定律式（3.13-1）在形式上相同，但裘布衣公式应用于渐变渗流，流速分布虽然为矩形，但不同过水断面的流速大小不同，如图3.13-2所示。

3.13.3.3 无压渐变渗流的微分方程

渐变渗流的微分方程可用裘布衣公式来推出。不透水层坡度为 i，对于任一过水断面 A，渗流水深为 h，则

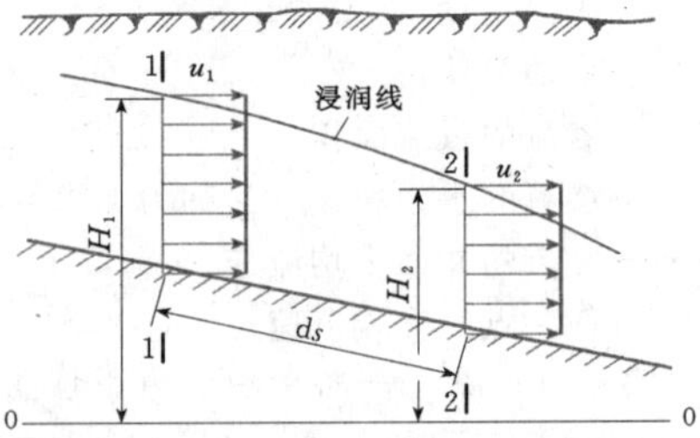

图3.13-2 无压渐变渗流的流速分布

$$Q = kA\left(i-\frac{\mathrm{d}h}{\mathrm{d}s}\right) \tag{3.13-11}$$

3.13.4 棱柱体地下河槽中恒定渐变渗流浸润曲线的分析与计算

分析渗流浸润线形状的方法与分析明渠水面曲线形状的方法相似，因为渗流不存在临界水深和临界底坡。这样，在不透水层坡度上仅有正底坡、平底坡和反底坡这三种底坡。

在正底坡地下河槽中可以发生均匀渗流，其正常水深为 h_0，渗流水深 h 的变化范围有两种情况：$h>h_0$ 和 $h<h_0$。对于平底坡和反底坡，不能发生均匀渗流，不存在 h_0，渗流水深的变化范围只有 $0<h<\infty$ 一种情况。由此可知，渗流的浸润线共有四种形状。下面分别讨论。

3.13.4.1 正底坡（$i>0$）

将渐变渗流的微分方程改写成如下形式：

$$\frac{\mathrm{d}h}{\mathrm{d}s} = i\left(1-\frac{1}{\eta}\right) \tag{3.13-12}$$

其中 $$\eta = \frac{h}{h_0}$$

式（3.13-12）可用于分析正底坡上浸润线的形状。

在正底坡上，正常水深的 N—N 线将渗流区分为两个区。N—N 线以上，水深 $h>h_0$，称为 P_1 区；N—N 线以下，水深 $h<h_0$，称为 P_2 区。P_1 和 P_2 型浸润线形状如图3.13-3所示。

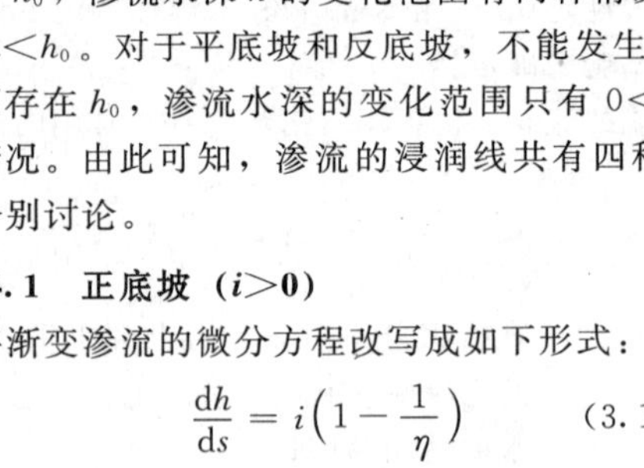

图3.13-3 正底坡上的浸润线

分析了浸润线形状后，若对式（3.13-12）积分可得

$$l = s_2 - s_1 = \frac{h_0}{i}\left(\eta_2 - \eta_1 + \ln\frac{\eta_2 - 1}{\eta_1 - 1}\right) \tag{3.13-13}$$

式中　l——断面1—1到断面2—2的距离。

式（3.13-13）为正底坡上无压渐变渗流浸润线方程，可用于浸润线计算。

3.13.4.2　平底坡（$i=0$）

在平底坡上不可能出现均匀渗流，无正常水深 N—N 线，因此浸润线只有一种形式，称为H型曲线。将 $i=0$ 代入式（3.13-11）得

$$\frac{dh}{ds} = -\frac{Q}{kA} \tag{3.13-14}$$

用式（3.13-14）分析H型浸润线可知，H型浸润线为上凸型降水曲线，如图3.13-4所示。

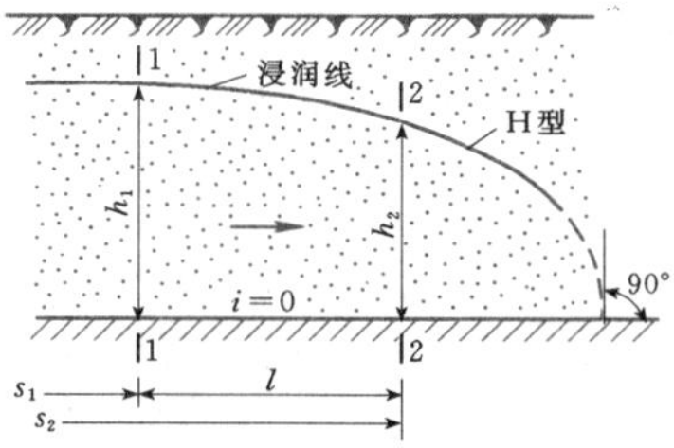

图3.13-4　平底坡不透水层上的浸润线

积分式（3.13-14）可得平底坡上的浸润线方程为

$$l = \frac{k}{2q}(h_1^2 - h_2^2) \tag{3.13-15}$$

其中
$$q = \frac{Q}{b}$$

式中　q——渗流的单宽流量。

式（3.13-15）为平底坡上无压渐变渗流浸润线方程，可用于计算平底坡渗流的浸润线及有关渗流量。

3.13.4.3　反底坡（$i<0$）

在反坡上不可能发生均匀渗流，无正常水深 N—N 线，浸润线只有一种形式，称为A型曲线。为了便于分析和计算，假想一个正底坡 i'，并令 $i'=-i$，代入式（3.13-11）得

$$Q = -kA\left(i' + \frac{dh}{ds}\right) \tag{3.13-16}$$

式中流量 Q 可用发生在 i' 上的均匀流的流量来表示，其正常水深为 h'_0，则有

$$\frac{dh}{ds} = -i'\left(1 + \frac{1}{\zeta}\right) \tag{3.13-17}$$

其中
$$\zeta = \frac{h}{h'_0}$$

式（3.13-17）可用于分析反底坡上的A型浸润线，如图3.13-5所示。

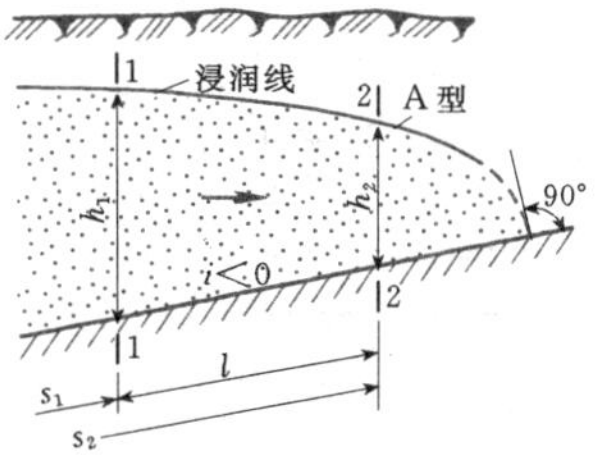

图3.13-5　反坡不透水层上的浸润线

积分式（3.13-17）可得反底坡上的浸润线方程为

$$l = \frac{h'_0}{i'}\left(\zeta_1 - \zeta_2 + 2.3\lg\frac{1+\zeta_2}{1+\zeta_1}\right) \tag{3.13-18}$$

其中
$$\zeta_1 = \frac{h_1}{h'_0},\quad \zeta_2 = \frac{h_2}{h'_0}$$

3.13.5　普通井及井群的计算

井是常见的用以抽取地下水的建筑物。按抽取的是无压地下水还是有压水，井可以分为普通井（又称为潜水井）或承压井（又称为自流井）；按井底是否达到不透水层，井又可以分为完整井（又称为完全井）或不完整井（又称为不完全井）。这两种分类又可组合，将井分为普通完整井［见图3.13-6（a）］、普通非完整井［见图3.13-6（b）］、承压完整井［见图3.13-7（a）］、承压非完整井［见图3.13-7（b）］。

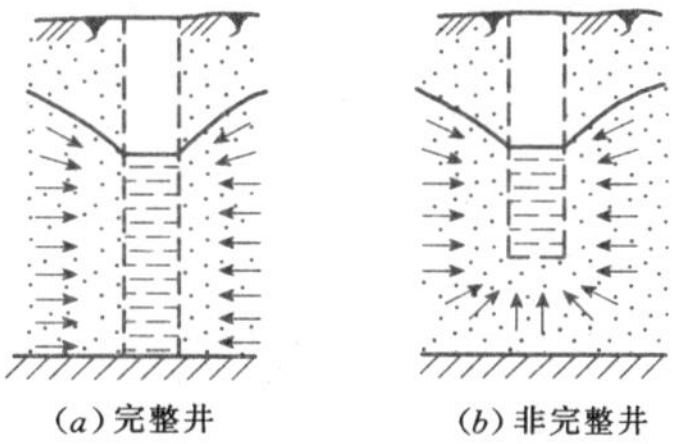

（a）完整井　（b）非完整井

图3.13-6　普通井

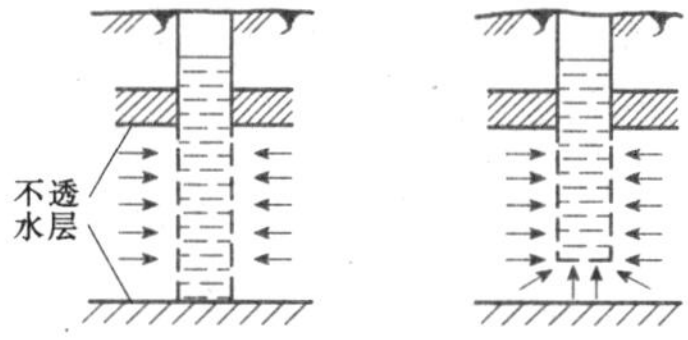

（a）完整井　（b）非完整井

图3.13-7　承压井

3.13.5.1　普通完整井

图3.13-8所示为一水平不透水层上的普通完整井，井的半径为 r_0，井中水深为 h_0，含水层厚度为 H。

井的浸润线方程为

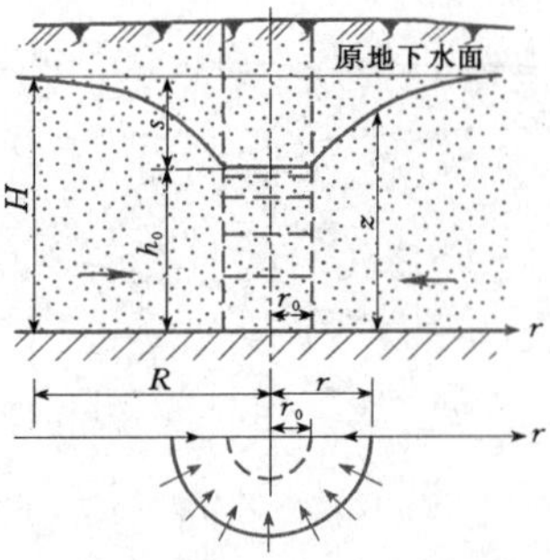

图 3.13-8 普通完整井

$$z^2 - h_0^2 = \frac{Q}{\pi k}\ln\frac{r}{r_0} = \frac{0.732}{k}Q\lg\frac{r}{r_0} \qquad (3.13-19)$$

式中 k、r_0、Q 为已知，可假设一系列 r 值算出一系列对应的 z 值，即可绘出井的浸润线。

当 $r=R$ 时，$z=H$，代入式（3.13-19）可求得井的渗流量公式为

$$Q = 1.36\frac{k(H^2 - h_0^2)}{\lg\dfrac{R}{r_0}} \qquad (3.13-20)$$

式中 R——井的影响半径，m，R 值主要取决于土壤的性质，根据经验，细粒土取 $R=100\sim200$m，中粒土取 $R=250\sim500$m，粗粒土取 $R=700\sim1000$m。

此外，R 也可以用下列经验公式进行估算：

$$R = 3000s\sqrt{k} \qquad (3.13-21)$$

其中 $$s = H - h_0$$

式中 s——井的水面降深，即原地下水位与井中水位之差，m；

k——土壤的渗透系数，m/s。

3.13.5.2 承压完整井

承压完整井如图 3.13-9 所示，含水层位于两个不透水层之间。这里仅考虑最简单的情况，即两个不透水层层面均为水平，$i=0$，且含水层厚度 t 为定值。由于是承压井，因此当井穿过上面一层不透水层时，则承压水会从井中上升，达到高度 H。H 为地下水总水头，其水面可以高于地面，也可以低于地面，但 H 大于含水层厚度 t 才是承压井。

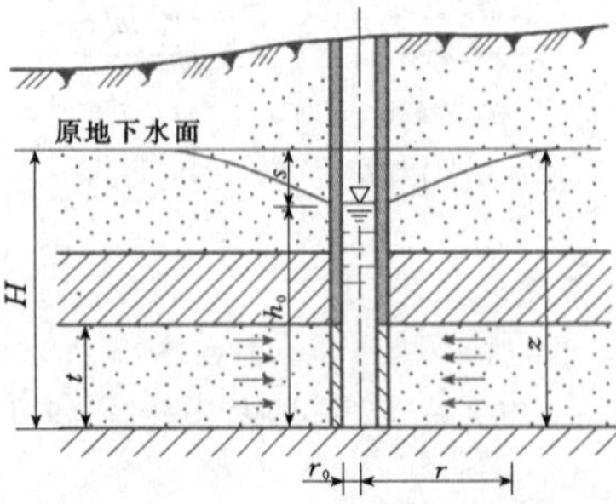

图 3.13-9 承压完整井

由裘布衣公式可得承压完整井的测压管水头线方程为

$$z - h_0 = \frac{Q}{2\pi kt}\ln\frac{r}{r_0} = 0.366\frac{Q}{kt}\lg\frac{r}{r_0} \qquad (3.13-22)$$

井的渗流量公式为

$$Q = 2.73\frac{kt(H-h_0)}{\lg\dfrac{R}{r_0}} = 2.73\frac{kts}{\lg\dfrac{R}{r_0}} \qquad (3.13-23)$$

式中 R——井的影响半径；

s——井的水面降深。

3.13.5.3 井群

抽取地下水时，常采用几口井同时抽水，这些井统称为井群，各井间的相互位置往往根据具体情况而定，各井的出水量也不一定相等，如图 3.13-10 所示。

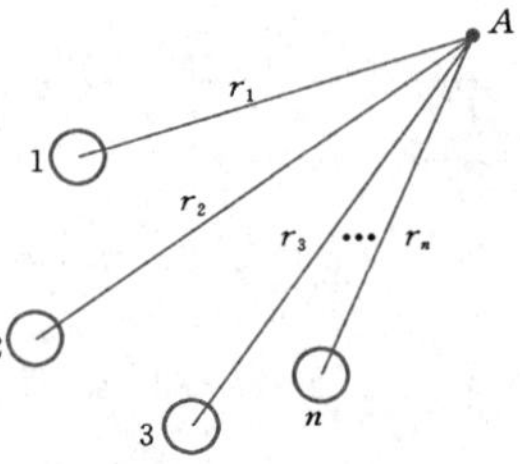

图 3.13-10 井群

普通完全井井群的浸润线方程为

$$z^2 = H^2 - \frac{0.732}{k}Q_0\left[\lg R - \frac{1}{n}\lg(r_1r_2\cdots r_n)\right] \qquad (3.13-24)$$

式中井群的影响半径 R 可由抽水试验测定或由下列经验公式估算：

$$R = 5.75s\sqrt{Hk} \qquad (3.13-25)$$

式中 s——对称布置的井群在其对称中心抽水稳定后的水位降落深度，m；

H——含水层厚度，m；

k——渗透系数，m/s。

当 n、r_1、r_2、…、r_n 以及 R、k 为已知时，若测得 H 和总抽水流量 Q_0 值，则 A 点的水位 z 可直接由式（3.13-24）求得；若测得 H 值和 z 值，也可由该式得到井群的总抽水流量 Q_0。

若各井的出水量不相等，则井群的浸润线方程为

$$z^2 = H^2 - \frac{0.732}{k}\left(Q_1\lg\frac{R}{r_1} + Q_2\lg\frac{R}{r_2} + \cdots + Q_n\lg\frac{R}{r_n}\right) \qquad (3.13-26)$$

式中 Q_1、Q_2、…、Q_n——各井的出水量；

其他符号意义同前。

3.13.6 大口井的渗流计算

大口井是集取浅层地下水的一种井，井径较大，大致为 2～10m，井深不宜大于 15m。大口井一般是不完全井，井底产水量是总产水量的一个组成部分。

设有一大口井，井壁四周为不透水层，井底为半球形，与下层深度为无穷大的含水层紧密相接，渗流仅能通过井底渗入（见图 3.13-11），其产水量为

$$Q = 2\pi k r_0 s \qquad (3.13-27)$$

式中 r_0——大口井半径；

k——渗透系数；

s——水面降深。

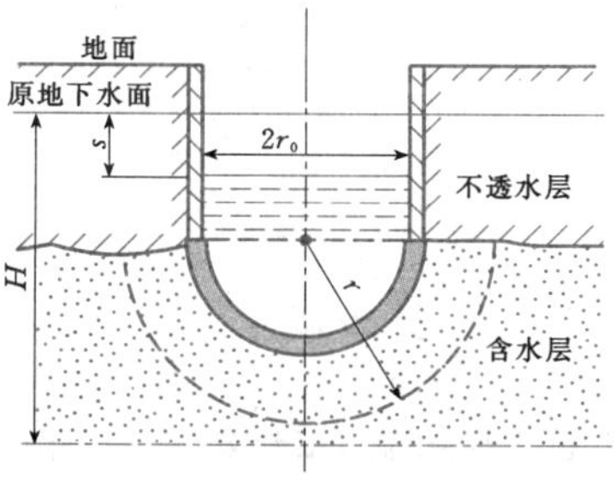

图 3.13-11 井底为半圆形的大口井

对于平底的大口井（见图 3.13-12），其渗流过水断面为椭球面，其产水量为

$$Q = 4 k r_0 s \qquad (3.13-28)$$

在实际使用中，由于对含水层厚度缺乏了解时，公式的选择就比较困难，计算结果可能有很大的出入，故工程上多利用实测的 Q—s 关系曲线推求产水量。

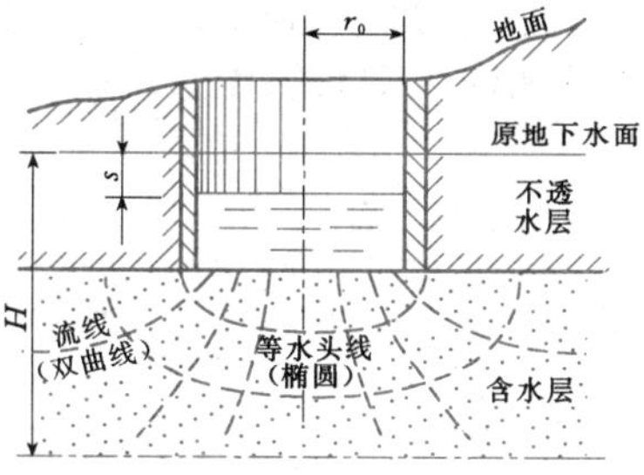

图 3.13-12 平底大口井

3.14 高 速 水 流

随着高水头大坝的不断兴建，泄水建筑物的高速水流问题日益突出，其中空化与空蚀及流激振动等问题已经成为影响工程安全的重要因素。因此，在工程设计过程中需要认真关注和处理好由于高速水流引发的各种安全问题。

3.14.1 高速掺气水流

水流掺气是自然界中的一个普遍现象。掺气水流分强迫掺气水流和自然掺气水流两大类。空气通过水面紊动进入水流称为自然掺气水流，而水流在流动过程中受到某种干扰形成的掺气水流称为强迫掺气水流。

3.14.1.1 高速水流掺气机理

自然掺气水流与强迫掺气水流具有不同的掺气机理。自然掺气水流是水气交界面上的水面波失去稳定，水面波破碎过程中将空气卷入水流中，其掺气机理见图 3.14-1。强迫掺气是通过专门设置的掺气设施和突变边界等将空气掺入水中，其典型强迫掺气设施见图 3.14-2。

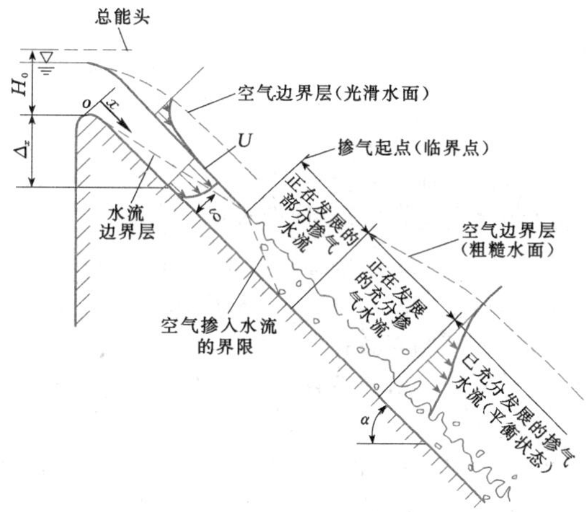

图 3.14-1 明渠掺气水流结构图

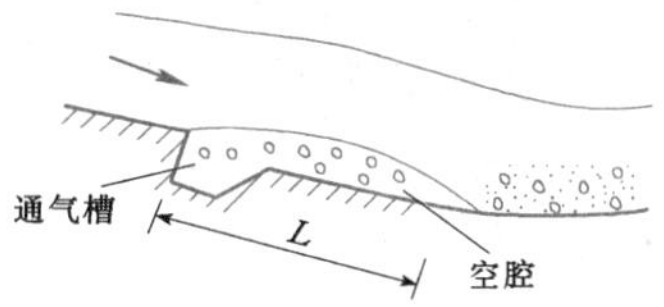

图 3.14-2 典型强迫掺气设施结构图

3.14.1.2 边界层计算

水工建筑物中溢流坝、泄洪洞、明渠陡槽水流等自由水面水流掺气是因为底部紊流边界层发展到水面，水流强烈紊动而挟带空气产生的。紊流边界层发展到水面是掺气的必要条件，而大于一定值的水流流速和紊动强度是水面掺气的充分条件。

边界层厚度可用下式计算：

$$\frac{\delta}{x} = 0.0212\left(\frac{x}{H_s}\right)^{0.11}\left(\frac{x}{k_s}\right)^{-0.1} \qquad (3.14-1)$$

式中 δ——边界层厚度；

x——沿溢流坝顶距离；

H_s——库水位与所论点的高程差；

k_s——边壁绝对粗糙度。

3.14.1.3　明渠陡槽自由水面掺气量计算

掺气量计算一般采用以下公式。

（1）Haindk 公式：

$$\beta = KFr^2 \tag{3.14-2}$$

其中

$$\beta = \frac{Q_a}{Q_w} \tag{3.14-3}$$

$$Fr = \frac{v}{\sqrt{gh}} \tag{3.14-4}$$

式中　β——掺气比；

K——系数；

Fr——弗劳德数；

Q_a——掺气流量；

Q_w——含水流量；

v——水流平均速度；

g——重力加速度；

h——水深。

（2）Yevjevich 和 Levin 公式：

$$\beta = 0.175Fr^2 n\sqrt{\frac{gC_v}{R^{\frac{1}{6}}}} \tag{3.14-5}$$

式中　n——粗糙系数；

C_v——流速分布系数，通常取 1.0；

R——水力半径，在 0.03104～0.035 之间。

此外，尚有其他计算公式，但适应范围不同。目前一般需要通过试验获得，但应注意缩尺影响。

3.14.1.4　掺气点位置估计

掺气点位置的估算方法有以下几种。

（1）Michels 根据原型观测资料及模型试验资料整理得到下式：

$$\frac{L}{h} = \frac{129.6}{q^{\frac{1}{12}}} \tag{3.14-6}$$

式中　L——距坝面起始点至掺气发生点的距离，m；

h——水深，m；

q——单宽流量。

（2）掺气点估算的另一类公式为

$$L = aq^b \tag{3.14-7}$$

王俊勇、肖兴斌等根据现场资料分别得到 a=12.2，b=0.718 与 a=14，b=0.715。此外，根据柘溪和新丰江溢洪道原型观测试验取得 a=12～17，b=0.667。

（3）R. Maitre 和 S. Vbolersky 公式：

$$L = \frac{30q}{\sqrt{gH}} \tag{3.14-8}$$

式中　g——重力加速度；

H——水头；

q——单宽流量。

上述公式计算得到的掺气点位置出入较大，仅作分析估计使用。

3.14.1.5　自掺气水流水深计算

水流掺气后水体体积因掺入气体后膨胀，使沿程水深增加，掺气水深一般用下式表示：

$$h_a = \frac{h}{1-c} = \frac{h}{\beta} \tag{3.14-9}$$

式中　h_a——掺气水深；

h——不掺气水深；

c——掺气浓度；

β——含水度。

掺气水深主要影响因素是掺气浓度或含水度。表 3.14-1 列出了若干自掺气水深估计公式，可对水流掺气后的净空余幅进行预估。工程设计时可结合实际情况选取。

表 3.14-1　　自掺气水深估计表

公式名称	Hall 公式	斯里斯基公式	王俊勇公式	王世夏公式
公式	$\bar{\beta} = \dfrac{1}{1+k\dfrac{\bar{u}_k^2}{gR}}$	$\dfrac{1}{\bar{\beta}} = 0.12\sqrt{Fr^2-25}+1$	$\bar{\beta} = 0.937\left(Fr^2\Psi\dfrac{b}{h}\right)^{-0.088}$	$\bar{c} = 0.538\left(\dfrac{n\bar{u}_x}{R^{\frac{2}{3}}}-0.02\right)$

注　k 为系数，与壁面性质有关，普通混凝土壁面取 0.005；n 为渠道粗糙系数；R 为不掺气水深水力半径；Fr 为来流弗劳德数；b 为渠道宽度；$\bar{u}_x$、$\bar{u}_k$ 为来流平均流速；$\Psi = \dfrac{n\sqrt{g}}{R^{\frac{1}{2}}}$；其他符号意义同前。

3.14.1.6　掺气现象的工程利用及负面影响

掺气水流对泄水建筑物的影响有利有弊：

（1）高速水流掺气后，可以减免泄水建筑物过流边界的空蚀破坏：当近壁水流掺气浓度达到 1%时，空化对壁面的空蚀破坏即可大大减轻；当掺气浓度达到 3%～6%时，即可避免空蚀破坏。

（2）挑流消能时高速射流在空中扩散掺气消耗部分能量，入池水流作用面增大，减少了冲击射流对下游河床的冲刷作用。

（3）水跃掺气后因水流卷入空气，增强了水气二相流之间的摩擦和紊动，也可消耗一定的水流动能。

（4）掺气水流使水体膨胀，水深加大，对溢洪道等明渠而言，需要加高导墙高度；而对明流泄洪隧洞，则需考虑加大洞顶余幅等问题。

3.14.1.7 掺气浓度分布

水流中某点的掺气程度可用掺气浓度 c 来表示，其定义为

$$c=\frac{W_a}{W+W_a} \tag{3.14-10}$$

若用水体含水量表示，则有

$$\beta=\frac{W}{W+W_a} \tag{3.14-11}$$

显然，有

$$c=1-\beta$$

式中 W——掺气水流中水的体积；

W_a——掺气水流中气体的体积。

掺气浓度的分布目前还没有成熟的计算表达式，主要还依赖于模型试验进行测量研究。

3.14.1.8 掺气试验的缩尺影响

高速水流引发的水工建筑物空化与空蚀问题一般通过增设掺气减蚀设施来解决。在工程设计阶段，掺气减蚀设施的效果通常通过模型试验论证。但因模型较小，水流表面张力不相似，存在掺气的缩尺影响问题。研究表明，若按弗劳德准则换算模型与原型的通气量，则模型坎上的平均流速需要满足 $u\geqslant 6\text{m/s}$，这样，模型通气量经过修正后向工程原型转换可基本达到相似，即 $\frac{\beta_p}{\beta_m}=1.0$。否则，模型得到的通气量偏小，不能直接按弗劳德准则换算。图 3.14-3 绘出了模型流速与原型通气量 β_p 和模型转换通气量 β_m 之比的变化关系。

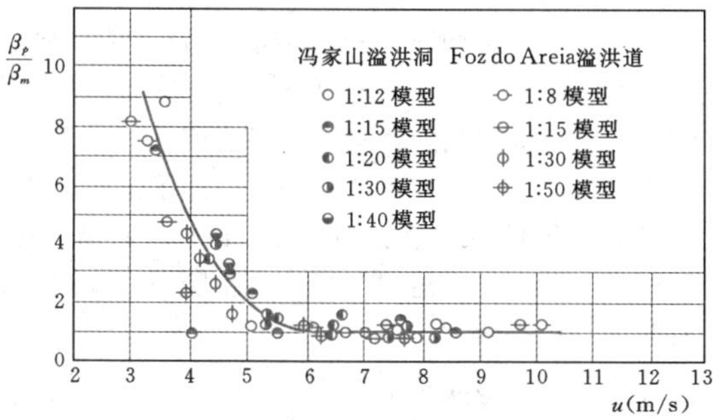

图 3.14-3 原型、模型掺气比随模型坎上流速的变化关系

3.14.2 水流的空化与空蚀

3.14.2.1 空化与空蚀的基本概念

空化现象是水流在常温下，由于压强降低到水的汽化压强以下时，水流内部形成空泡、空洞或空腔的现象。在运动的水流中，空化现象包含空泡的发生、发展和溃灭，是一个非恒定的随机过程。在一定温度下，水流发生汽化的压强称为水的汽化压强。

空蚀是水流空化发展的结果。当位于低压区的挟带着大量空泡的空化水流，流经下游压强较高区域时，空泡出现溃灭现象。研究表明，空泡溃灭时将产生极大的压强，其值可高达数千个大气压。当空泡的溃灭出现在紧靠边壁某一距离范围内，固体边壁将受到持续不断地冲击作用，从而造成材料的断裂或疲劳破坏而发生剥蚀，这种现象称为空蚀。这种空蚀现象具有积累和加剧的特征。一旦过流固体边壁（如混凝土或岩石构成的固体边壁、钢板衬砌等）表面形成空蚀凹坑，若不及时修复和处理，空化强度将会进一步增强，空蚀坑深度和范围不断扩大，从而影响水工建筑物的使用寿命，甚至造成建筑物的破坏。

3.14.2.2 空化数

在水流空化与空蚀的研究中，除了常规水力学试验中的雷诺数、弗劳德数等无量纲数以外，还经常用到水流空化数。水流空化数 σ 也是一个无量纲数，是衡量过流边界或水流会否发生空化的基本判别参数。

1. 水流空化数

水流空化数涉及所论建筑物过流边界的水流流速、动水压强、位置高程等，其表达式为

$$\sigma=\frac{h_0+h_a-h_v}{\frac{u_0^2}{2g}} \tag{3.14-12}$$

其中

$$h_a=10.33-\frac{\Delta}{900}$$

式中 h_0——水流边界压强水头；

h_a——所论点处的大气压强水头，与工程位置高程有关；

Δ——所论点的高程；

h_v——相应水温下的水的汽化压强水头（见表 3.14-2）；

g——重力加速度；

u_0——来流速度。

2. 水流初生空化数

初生空化数 σ_k 是指一定流速、压力和边界条件下水流出现空化的初始值，是水流是否发生初生空化的判据，其表达式为

表 3.14-2 水的汽化压强水头与水温关系

水温（℃）	0	5	10	15	20	25	30	40
h_v（m）	0.06	0.09	0.13	0.17	0.24	0.32	0.43	0.75

$$\sigma_k = \frac{h_{0k} + h_a - h_v}{\frac{u_{0k}^2}{2g}} \tag{3.14-13}$$

式中 h_{0k}、u_{0k}——水流发生初生空化时的临界压强水头、流速。

对于某种特定的边界条件，初生空化数是一定的。当实际水流空化数 $\sigma<\sigma_k$ 时，建筑物边界有可能出现空化甚至出现空蚀破坏；当 $\sigma>\sigma_k$ 时，则不会发生空化。

3.14.2.3 空化的类型

空化的发生、发展和溃灭涉及水流条件和固体边界体型两方面的因素。水流条件本身包括流场的压力和水流流速两个主要水力参数。根据水流空化的边界条件与物理特性，一般将空化分为游移型空化、固定型空化、漩涡型空化和振动型空化四种类型。其中前三种空化形态一般出现在高速运动的水流之中；而振动型空化一般出现在不流动的静水之中。由于固体边界发生振动时，在压力脉动过程中形成真空所致。不同形态的空化具有各自的特点。

1. 游移型空化

游移型空化是一种由单个瞬态空泡形成的空化现象。这种空泡在位于低压区的水流中初生后，随水流运动开始发展到最后溃灭消失，具有游移性质，故称为游移型空化。该类空泡初生于靠近边壁的最低压强处，到高压区后压缩、溃灭。这种气泡常发生在壁面曲率很小，且未发生分离的边壁附近的低压区，也可出现在移动的漩涡核心和紊动剪切层中的高紊动区域。其生灭次数和过程随水流游移，并取决于气泡特征包括尺寸大小、含气量以及周围压强状况等因素。

2. 固定型空化

固定型空化是水流从绕流体或边壁脱流后，形成附着在边壁上的空腔或空泡。肉眼可见其空腔或空泡相对于边壁位置而言是相对固定的，因此称之为固定型空化。又由于该类空化产生于水流分离区，因此又称为分离型空化。若空腔长度增长至主流尾端完全脱离边壁时，空泡则在远离边壁的水中溃灭，此时只造成能量损失，而不产生边壁的空蚀破坏，这类空化又称之为超空化。

3. 漩涡型空化

由于漩涡中心压强最低，漩涡型空化一般发生在漩涡中心。当涡心压强低于其临界压强时就会形成漩涡型空化。漩涡型空化可能是固定的，也可能是游移的，尾流中的漩涡型空化是不稳定的和多变的。在水工建筑物中，漩涡空化一般发生平面闸门门槽、消力池中的趾坝以及消力墩下游等部位。螺旋桨叶稍附近也会出现漩涡型空化。

4. 振动型空化

振动型空化一般发生在不流动的液体中，是由于置于液体中的固体产生振动，引起液体连续的高频、大振幅的压力脉动而出现的空化现象。因此这种空化称为振动型空化。其特点是产生液体振荡的压强频率高、幅值大，以至于局部液体中压强低于临界压强，从而产生空化。这种振动型空化可以“变害为利”，经常用于动力、机电及其他工业领域。

3.14.2.4 空化的影响

水流空化现象的特点和所产生的影响一般有以下几个方面：

(1) 造成建筑物表面的空蚀破坏。

(2) 改变流体的动力学特性。当水流出现空化后，其流体动力学特性发生一定程度的变化，局部水流的连续性被破坏，表现为两相流动，空化也会导致运动阻力的变化。

(3) 引起结构物振动。由于水流空化及其溃灭过程具有随机特征，所产生强烈的脉动作用力或随机冲击性作用力有时会导致结构物的强烈振动，这也是水流空化的力学效应。图 3.14-4 为某工程船闸输水阀门空化溃灭引起坝体振动的响应曲线，由图可见，水流空化溃灭引起的结构振动具有明显的冲击响应特性，符合空化溃灭冲击力特征。

(4) 产生噪声。当水流出现空化特别是出现空泡溃灭时，将产生不同于一般水流噪声的“噼噼啪啪”的空泡爆裂声，这是空化的声学效应。通过声学测量和分析仪器可以测到空化噪声的强度变化过程和能量谱密度。图 3.14-5 和图 3.14-6 绘出了某工程平面闸门门槽空化噪声强度过程线和噪声功率谱。很显然，水流产生空化时出现很强的空化噪声，噪声能量比无空化时显著增加。

3.14.2.5 空蚀破坏机理

水流空化导致结构物固体边壁空蚀破坏的机理十分复杂，涉及流体动力学、材料强度和物理化学性能，

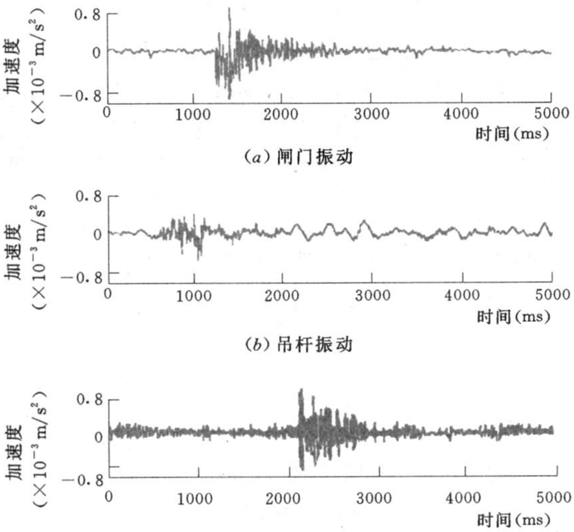

图 3.14-4 阀门空化引起的坝体振动的冲击型响应波形曲线

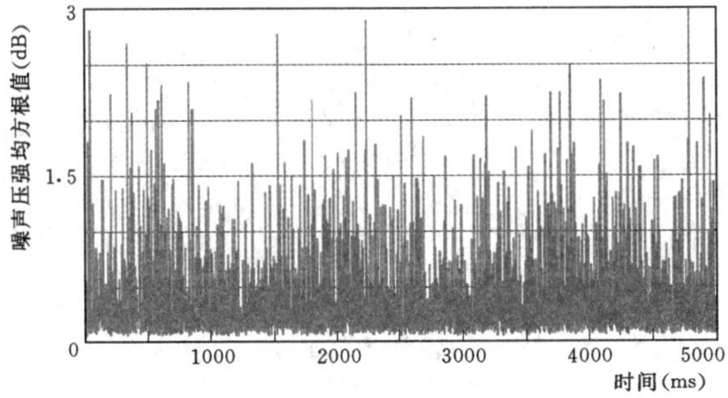

图 3.14-5 门槽空化噪声强度过程线

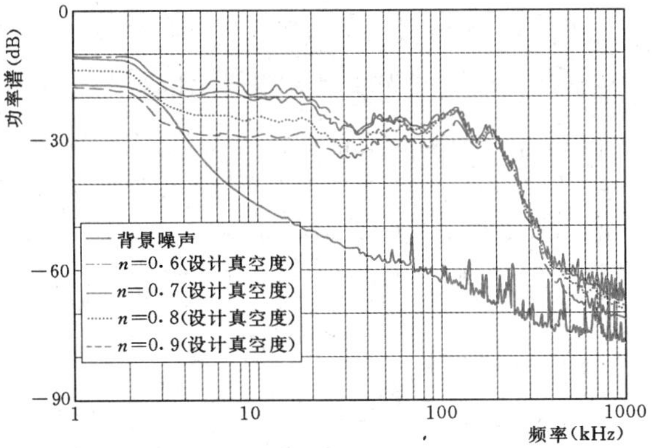

图 3.14-6 工作门门槽空化噪声谱
（设计修改方案工作门局部开启）

可归结为空化破坏强度和边壁材料的抗空蚀能力的综合结果。对于空蚀机理，迄今为止尚无统一解释。

通过多年研究，目前关于空蚀机理形成以下两种学说：一是空泡溃灭时发出的冲击波作用力；二是空

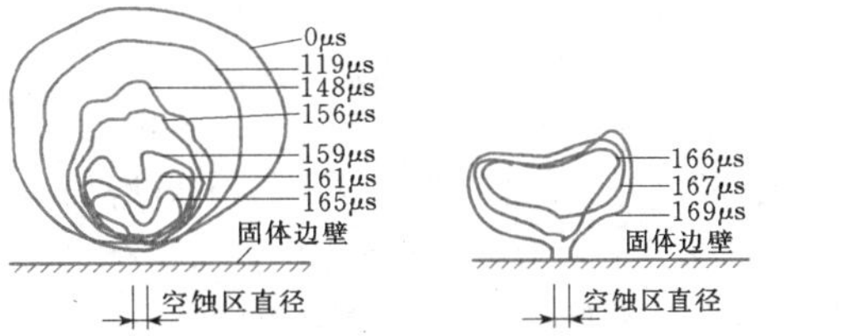

图 3.14-7 空泡溃灭产生的冲击波对固体边壁冲击作用示意图

泡溃灭时形成的微射流作用。冲击波学说认为，固体边壁的空蚀破坏是由于水流空泡溃灭时形成的冲击波所产生的巨大冲击压力作用到边壁，在这种空泡溃灭冲击力的反复作用下，固体边壁材料出现疲劳损伤而导致材料剥落破坏。图 3.14-7 绘出了空泡溃灭产生的冲击波对固体边壁冲击作用示意图。微射流学说认为，空泡在压强梯度作用下在边壁附近溃灭时，空泡由原来的球形变为扁平形，最后分裂成两个小气泡，在两个小气泡中间则形成微小孔隙，周围的水流通过其孔隙射出，其特点是射流直径小、时间短、流速高，这种微射流产生的冲击力具有强烈的破坏能力，反复作用可致边壁材料的疲劳破坏。图 3.14-8 为空泡溃灭微射流过程示意图。

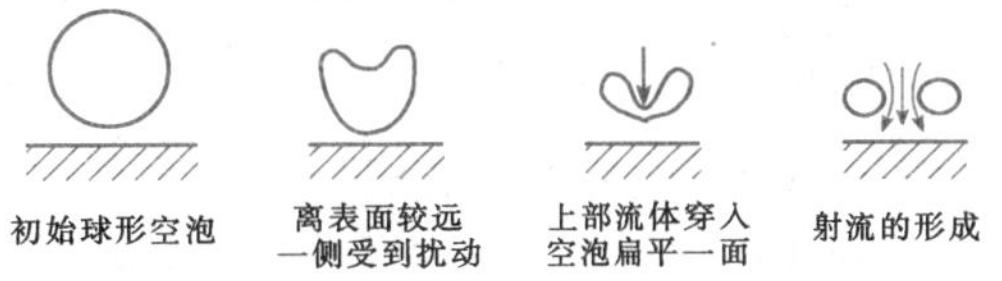

图 3.14-8 空泡溃灭微射流过程示意图

有关研究表明，冲击波和微射流两种破坏机理均存在，是造成空蚀破坏的主要作用力，但其影响程度主要取决于空泡溃灭过程与固体边壁的相对位置。除空泡溃灭动力作用外，水流中含沙量对固体边壁的空蚀破坏也将产生一定影响。

除以上两种主要学说外，金属固体边壁的空蚀破坏还有以下几种理论解释：①化学腐蚀理论；②电化学理论；③热作用理论等。

3.14.3 高速水流脉动压强

在设计泄水建筑物时，需要确定作用于建筑物边界上的水动力荷载，以便进行结构体型和强度设计，预测水流发生空化的可能性，并为结构的抗振设计提供依据。水流压力脉动是研究结构流激振动振源，也是研究空化、空蚀、消能防冲及掺气等问题的重要参数。例如，水流压力脉动诱发水工结构的振动；由于压力脉动，促使水流空化提早发生，使空蚀破坏加剧；水流压力脉动也促进了水流掺气，减弱了冲刷强

度等。

3.14.3.1 水流脉动压强的形成机理

水流脉动压强的形成机理在数学上可用雷诺方程表示。将水流视为不可压缩流体，则运动控制方程仍为纳维-斯托克斯方程。引入雷诺假设和连续性方程，则时均运动和脉动运动的控制方程为

$$\left.\begin{aligned} u(t) &= \overline{u}(t) + u' \\ p(t) &= \overline{p}(t) + p' \end{aligned}\right\} \tag{3.14-14}$$

$$\frac{\partial \overline{u_i}}{\partial x_i} = 0 \tag{3.14-15}$$

$$\frac{\partial^2 p}{\partial x_i x_j} = -\rho\left[2\frac{\partial \overline{u_i}}{\partial x_j}\frac{\partial u_j}{\partial x_i} + \frac{\partial^2}{\partial x_i x_j}(u_i u_j - \overline{u_i u_j})\right] \tag{3.14-16}$$

工程上所关心的是作用于边界的脉动压强，近壁层的水流运动状态对固体边壁脉动压强产生重大影响。壁面上的脉动压强为

$$p = -\frac{\rho}{2\pi}\int_V\left[2\frac{\partial \overline{u_i}}{\partial x_j}\frac{\partial u_j}{\partial x_i} + \frac{\partial^2}{\partial x_i x_j}(u_i u_j - \overline{u_i u_j})\right]\frac{\mathrm{d}V}{r} - \frac{\rho}{2\pi}\int_S\frac{\partial \tau_{i2}}{\partial x_i}\frac{\mathrm{d}S}{r} \quad (i \neq 2) \tag{3.14-17}$$

$$\tau_{i2} = \mu\left(\frac{\partial u_i}{\partial x_2} + \frac{\partial u_2}{\partial x_i}\right)_{x_2=0} = \mu\left(\frac{\partial u_i}{\partial x_2}\right)_{x_2=0} \quad (i \neq 2) \tag{3.14-18}$$

式中 τ_{i2}——壁面上的切应力。

脉动压强是由于水流紊动产生的。一般认为脉动压强符合各态历经随机过程特征（见图3.14-9）。也有研究指出，壁面脉动压强还存在拟序结构，即间歇性地出现活动期和平静期交替状态。

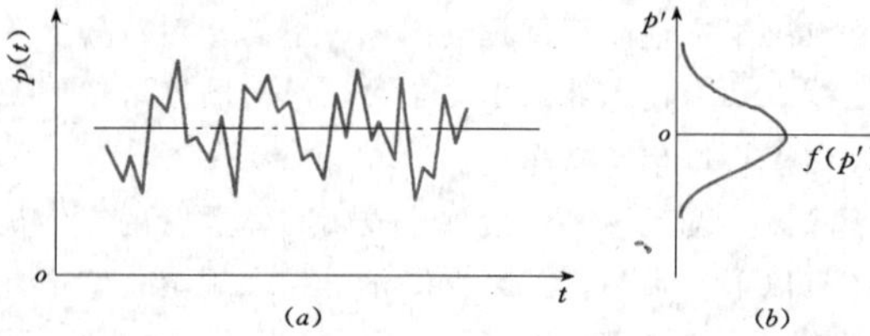

图3.14-9 脉动压强时域过程及概率密度示意图

3.14.3.2 水流脉动压强的随机分析方法

水流脉动压强作为时间的随机函数，其特征量一般用数字特征和谱特征来表述，常用的时域统计参数有概率分布函数、均值、均方根值等。随机信号的频域特性的主要统计参数是功率谱密度以及与由功率谱函数派生出来的频响函数和相干函数。这种分析方法比较适合于对具有各态历经的平稳随机过程的统计特征分析，但对于具有突变性质的冲击性信号分析需要采用非平稳信号处理方法进行分析。

3.14.3.3 脉动压强的统计特征及其应用

若将脉动压强视为各态历经平稳随机过程，则其概率密度服从正态分布，随机脉动压强最大值出现几率99.7%的幅值可用3倍脉动压强均方根值估计，即

$$P_{\max 99.7\%} = 3\sqrt{\overline{p'^2}} \tag{3.14-19}$$

若定义 C_1 为脉动压强系数为

$$C_1 = \frac{\sqrt{\overline{p'^2}}}{\frac{1}{2}\rho u^2} \tag{3.14-20}$$

则

$$\sqrt{\overline{p'^2}} \approx C_1\left(\frac{1}{2}\rho u^2\right) \tag{3.14-21}$$

式中 $\sqrt{\overline{p'^2}}$——水流脉动压强均方根值；

u——来流平均流速。

因此，工程应用上可以用3倍脉动压强均方根值计算脉动压强最大值作为边界脉动荷载的设计值。在没有模型试验资料的情况下，可以按如下公式进行估算。

1. 紊流边界层的脉动压强

$$C_p = \frac{\sqrt{\overline{p'^2}}}{\frac{1}{2}\rho u^2} \tag{3.14-22}$$

式中 C_p——脉动压强系数，一般在0.01～0.02范围内变化；

$\sqrt{\overline{p'^2}}$——脉动压强均方根值；

ρ——水流密度；

u——来流流速。

2. 水跃区的脉动压强

（1）自由水跃：C_p 值可在0.01～0.05范围内取值。当 $\frac{x}{h_1}=12\sim16$ 范围时（h_1 为水跃第一共轭水深，x 为从跃首起算的下游距离），C_p 达到最大值0.05（见图3.14-10）。

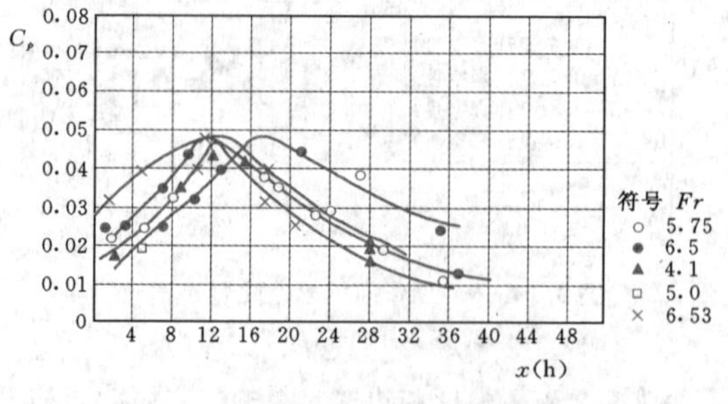

图3.14-10 自由水跃脉动壁压强度系数随距离的变化关系

（2）淹没水跃：当 $Fr_1=4.0\sim6.0$ 时，其最大

C_p 值 $C_{p\max}$ 比自由水跃小；但当 Fr_1 <4.0 时，C_p 值随 Fr_1 的减小而增大，当 Fr_1 =2.0 时，$C_{p\max}$ =0.082（见图 3.14-11）。

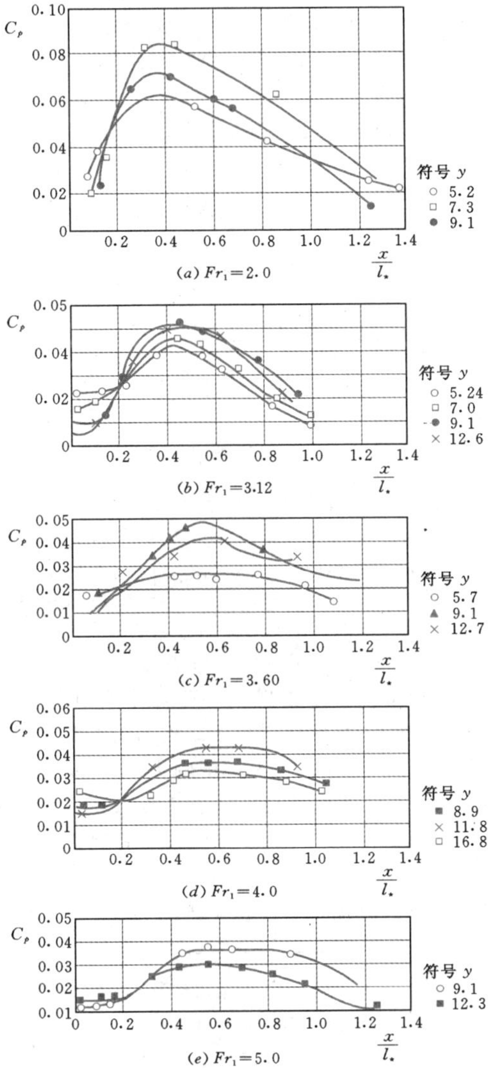

图 3.14-11 淹没水跃脉动壁压强度系数随距离与 Fr_1 的变化关系

（l_* 为水跃长度）

（3）冲击射流产生的脉动壁压：对于挑流水舌冲击水垫等情况，有关试验结果显示，边界脉动压强与时均压强的之比约为 0.30～0.37，但随着水垫深度的增加，脉动强度将减小。

3.14.3.4 点、面脉动荷载系数

定义点、面脉动荷载系数 $k=\dfrac{\text{直接测量的面脉动荷载}}{\text{按点脉动推算的脉动荷载}}$，目前该系数只有依靠试验确定。已知系数 k，则可方便地进行点、面脉动荷载的换算。

国内外学者对系数 k 进行过大量工作，取得了一定成果。严根华、胡去劣等在研究溢流坝消力池底板动水压力时采用面脉动荷载仪直接测得面脉动荷载，再按多点脉动压力换算为面脉动荷载，进行点、面脉动荷载系数 k 值计算，获得的不同底板尺寸的点、面脉动荷载系数 k 值在 0.34～0.59 范围内变化[25]。崔广涛等给出的 k=0.4～1.0[26]，斯波里亚克等给出的 k=0.4，黄涛等给出的 k=0.33～0.5。因此，对于消力池等结构的水动力荷载设计，点、面脉动荷载系数可取 k=0.3～0.6。有关试验结果显示，随着板块面积的减少，k 值增大（见图 3.14-12）[31]；反之就变小。这是符合实际情况的。

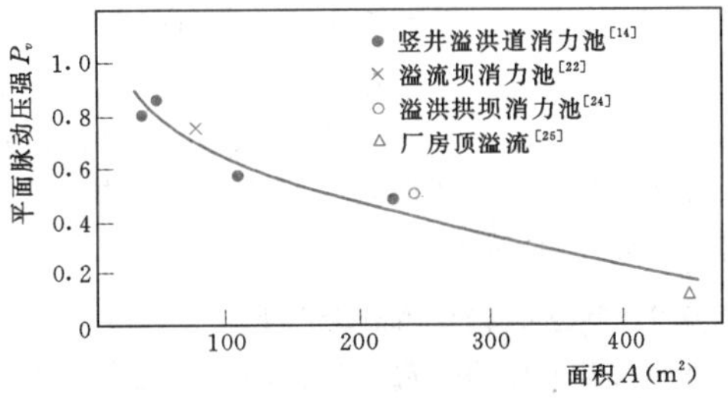

图 3.14-12 面脉动压强与面积关系

3.14.3.5 关于脉动压强的模型律

迄今为止，关于脉动压强模型向原型换算的相似率问题尚存在不同的观点：一种观点认为，可按重力相似定律引申，水流脉动压强幅值可按弗劳德准则换算，$(Fr)_r=\left(\dfrac{v}{\sqrt{gh}}\right)_r=1$；脉动频率也可按斯特劳哈尔（Strouhal）准则引申，$(St)_r=\left(\dfrac{fh}{v}\right)_r=1$，即 $f_r=L_r^{\frac{1}{2}}$。另一种观点认为，水流脉动压强幅值符合弗劳德准则，脉动频率不能按斯特劳哈尔准则引申或者两者均不符合重力相似准则。目前，水流脉动压强的比尺换算可用以下方式进行：

脉动压力比尺 $$p_r=L_r^m \tag{3.14-23}$$

频率比尺 $$f_r=L_r^n \tag{3.14-24}$$

式中，$m\approx1$；$n=0\sim-\dfrac{1}{2}$，理论分析一般取 $n=-\dfrac{1}{2}$。

3.14.4 水流诱发的建筑物振动

水利水电工程中因水动力荷载作用引起结构共振或疲劳破坏的实例屡见不鲜，例如，溢洪道导墙结构的振动、消力池底板的振动、泄洪激起的大坝振动、水电站输水钢管振动、闸门结构振动和溢流厂房的振动等。因此，进行泄水建筑物结构设计时应考虑结构的动力稳定和抗振问题。

3.14.4.1 水动力荷载与结构振动特性关系

水动力荷载是诱发结构振动的外因，而影响其振动强度的内因则是结构自身的动力特性，研究两方面的“个性”及其相互关系并采取相关措施是解决工程问题的关键。

结构在水动力荷载作用下的动力响应谱密度为

$$S_x(\omega)=\sum_{r=1}^{N}\sum_{s=1}^{N}H_{xP_r}(\omega)H_{xP_s}^{*}(\omega)S_{P_rP_s}(\omega) \tag{3.14-25}$$

式中 $S_x(\omega)$——水动力荷载作用下结构的响应谱；

$H_{xP_r}^{*}(\omega)$、$H_{xP_s}(\omega)$——结构中所讨论点与激励点 P_r、P_s 之间的传递函数，反映了结构特性；

$S_{P_rP_s}(\omega)$——输入力 P_r 和 P_s 之间的互谱密度，表征作用力的性质。

可见，调整结构特性或改变外荷载的作用均能改变结构的动力响应。

3.14.4.2 泄水结构动力安全设计

结构动力设计的前提是避免结构产生共振，应在此基础上考虑结构的动力稳定、抗振安全及疲劳损伤等问题。

1. 结构动力稳定设计

结构的动力稳定问题是水工泄水建筑物设计时需要考虑的内容之一，如弧形闸门支臂、受压的启闭杆等长柔结构需要考虑其动力稳定性。该部分结构在静、动力荷载作用下的运动可用以下参数方程表示：

$$EI\frac{\partial^4 v}{\partial x^4}+(p_0+p_t\cos\theta t)\frac{\partial^2 v}{\partial x^2}+m\frac{\partial^2 v}{\partial t^2}=0 \tag{3.14-26}$$

式中 EI——压杆抗弯刚度；

v——挠度函数；

p_0——轴向静荷载；

p_t——轴向随机荷载；

θ——外荷载激励频率；

m——杆件单位长质量。

经推导可得如下 Mathiem 方程：

$$\frac{d^2 f}{dt^2}+\Omega_k^2[1-2\mu_k\cos\theta t]f=0 \tag{3.14-27}$$

$$\Omega_k=\omega_k\sqrt{1-\frac{p_0}{p_{E(k)}}}\quad(k=1,2,3,\cdots) \tag{3.14-28}$$

其中 $p_{E(k)}=\dfrac{k^2\pi^2EJ}{l^2}$，$\mu_k=\dfrac{p_t}{2(p_{E(k)}-p_0)}$

式中 Ω_k——压杆在上游静水压力 p_0 作用下的固有振动频率；

l——杆长；

μ_k——动力激发系数。

因式（3.14-27）和式（3.14-28）对任意阶振型均适用，式（3.14-27）包含了外荷载激励频率 θ、结构自振特性及径向作用力大小（包括轴向静压和动荷）。求解式（3.14-27）可得如下三个动力不稳定区的数学表达式。

第一不稳定区的数学表达式为

$$\left.\begin{aligned}\theta_1&=2\Omega_k\sqrt{1-\mu+\frac{\mu^2}{8+9\mu}}\\ \theta_1&=2\Omega_k\sqrt{1-\mu-\frac{\mu^2}{8-9\mu}}\end{aligned}\right\} \tag{3.14-29}$$

第二不稳定区的数学表达式为

$$\left.\begin{aligned}\theta_2&=\Omega_k\sqrt{1+\frac{1}{3}\mu^2}\\ \theta_2&=\Omega_k\sqrt{1-2\mu^2}\end{aligned}\right\} \tag{3.14-30}$$

第三不稳定区的数学表达式为

$$\left.\begin{aligned}\theta_3&=\frac{2}{3}\Omega_k\sqrt{1-\frac{9\mu^2}{6+9\mu}}\\ \theta_3&=\frac{2}{3}\Omega_k\sqrt{1-\frac{9\mu^2}{8-9\mu}}\end{aligned}\right\} \tag{3.14-31}$$

由 Mathiem 方程解的图示不稳定区（见图 3.14-13）可见，动力不稳定区受控于结构的固有振动频率 ω_k，上游水压力作用产生的压杆轴力 p_0，水流脉动压力荷载 $p(t)$，随机荷载频率 θ 及考虑轴力作用引起的压杆刚度变化的固有振动频率 Ω_k 等因素。水工弧形闸门支臂等受压杆件的动力稳定设计就是要使结构的动力参数避开动力不稳定区域。

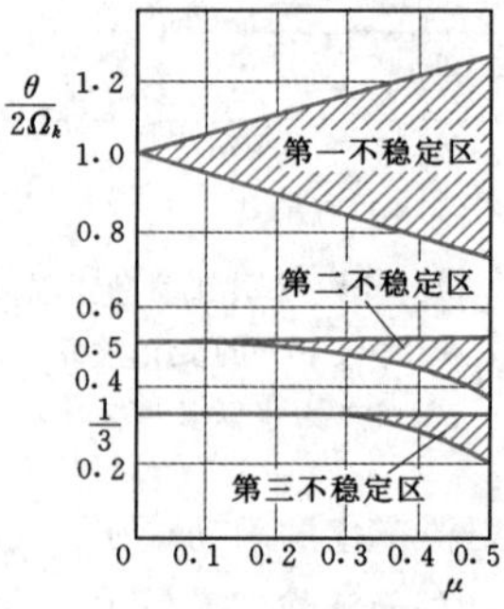

图 3.14-13 动力稳定与不稳定区

2. 闸门结构抗振设计

到目前为止，我国对于水工结构的振动量控制尚无相关规定，欧美等国对闸门振动量提出了一些参考图谱，供设计参考。图 3.14-14 绘出了闸门结构振动量与严重程度的划分标准。

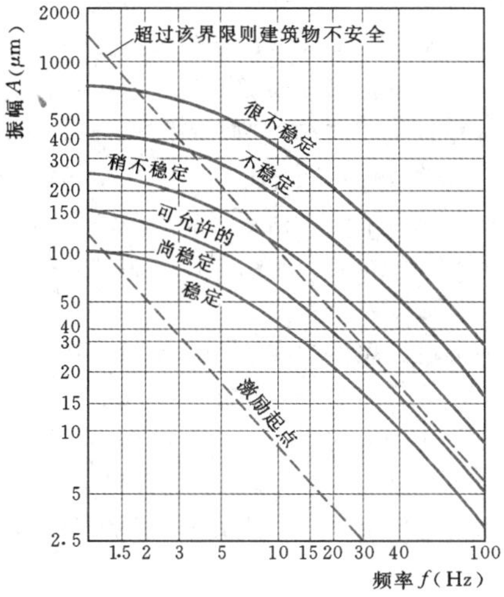

图 3.14-14 振动危害程度判别图谱

3. 导墙的抗振安全设计

溢洪道、消力池等导墙结构的抗振设计主要考虑两个方面：一方面是结构在泄洪时不出现共振；另一方面是结构不出现疲劳破坏。根据已有工程的运行经验，目前尚未见到泄洪时导墙发生共振的实例，因此，结构的设计主要考虑动水作用下的疲劳破坏问题。根据现有国内外有关成果资料，将混凝土的疲劳极限强度取为 0.45～0.5 倍的混凝土静力极限强度，若导墙混凝土允许拉应力为 $[\sigma]=1.2$MPa，则泄洪振动引起的动应力可取 0.56MPa，则当满足下式时导墙结构是安全的：

$$C_s = \frac{Hh_t^2}{100b^2} < 10 \qquad (3.14-32)$$

式中 C_s——评价指标；

H——上下游水头差；

h_t——导墙有效高度（有脉动压力作用部分）；

b——导墙厚度。

若按振动位移或振幅作为评价指标，则

$$C_d = \frac{Hh_t^3}{100b^3} < 7 \qquad (3.14-33)$$

3.14.4.3 结构抗振优化设计

鉴于结构振动响应与荷载的统计特征与结构本身的固有特性关系密切，减小动荷载作用应是减振的首选方案，但在水动力荷载无法改变时，优化闸门结构的动力特性，将对减免振动起到重要作用。结构的动力特性灵敏度分析技术可以优化结构的动力特性成为抑制结构最大动位移的一种有效手段。

结构的动力特性反映了结构固有特征，包括固有振动频率、振型、阻尼、刚度质量等参数。这些参数是振动分析的基础，并由此构成三维动态数学模型。

对于特定的泄水建筑物结构体型，在动荷载作用下其动力响应由式（3.14-25）确定。在一定外力作用下系统响应的量级取决于传递函数，并由下式计算：

$$H(s) = \sum_{K=1}^{N}\left(\frac{u_k}{j\omega - S_k} + \frac{u_k^*}{j\omega - S_k^*}\right) \qquad (3.14-34)$$

其中 $S_k^* = \sigma_k \pm j\omega_k \quad (k=1,2,\cdots)$

式中 u_k、u_k^*——k 阶模态特征向量；

S_k——k 阶模态特征值；

σ_k、ω_k——k 阶模态阻尼系数、频率。

显然，系统传递函数包含结构的全部模态信息。因此，一旦取得系统的传递函数并经参数识别后，即可完整取得表征结构动力特性的模态参数。

结构动态优化设计的原则，应力求避免结构在水动力荷载作用下发生共振及动力失稳。灵敏度分析技术则能正确有效地指出结构的动态薄弱部位及修改方向。模态参数灵敏度给出了结构物理参数改变对模态参数的影响程度，并由以下公式计算：

$$\frac{\delta h'_{rq}}{\delta p_m} = -C_k - I_k + \sum_{m=1}^{n}(E_{k,m} + G_{k,m}) \qquad (3.14-35)$$

$$\frac{\delta\lambda_k}{\delta p_m} I = -h_{k,r'q}^{-1} A_k \qquad (3.14-36)$$

其中 $h'_{rq} = \sum_{k=1}^{n}\frac{h_{krq}}{j\omega - \lambda_k} + \sum_{k=1}^{n}\frac{h'_{krq}}{j\omega - \lambda_k^*}$

式中 h'_{rq}——柔度矩阵的子矩阵；

p_m——结构参数；

C_k、I、I_k、$E_{k,m}$、$G_{k,m}$、A_k、λ_k——与柔度矩阵及其导数有关的子矩阵。

根据结构的灵敏度信息，对原结构进行动态修改，则新系统的运动方程为

$$(M+\Delta M)\ddot{\delta} + (C+\Delta C)\dot{\delta} + (K+\Delta K)\delta = F(t) \qquad (3.14-37)$$

式中 M、C、K——原结构质量、阻尼、刚度矩阵；

ΔM、ΔC、ΔK——节点质量、阻尼、刚度的修改量。

通过对式（3.14-37）作坐标变换和傅里叶变换及系列运算后可得

$$(\omega^2 I + 2\omega\Phi'\Omega'^2 + \Omega'^2_n)q = V'F \qquad (3.14-38)$$

其中
$$\left.\begin{aligned} I &= W^TAW \\ \Omega'^2_n &= W^TDW \\ \Omega'^2 &= W^TBW \\ q &= Wq' \\ V' &= VW \end{aligned}\right\} \qquad (3.14-39)$$

式中 W——系统的特征向量；

A、B、D——与结构物理参数修改量有关的矩阵；

V——坐标变换矩阵。

由式（3.14－38）和式（3.14－39）可求得修改结构的振动模态参数。

3.15　计算水力学基础

任何水力学问题，如管道流、渗流、江河海洋中的水流，这些水流运动都可用数学的微分方程来描述，然后通过数值计算的方法来进行求解，从而获得水流运动的规律。

3.15.1　微分方程的类型

水力学问题的数学模型一般都是以椭圆、抛物线或双曲线型偏微分方程来描述。二维二阶线性偏微分方程的一般形式可写为

$$a\frac{\partial^2 u}{\partial x^2}+b\frac{\partial^2 u}{\partial x\partial y}+c\frac{\partial^2 u}{\partial y^2}+d\frac{\partial u}{\partial x}+e\frac{\partial u}{\partial y}+fu+g=0 \tag{3.15-1}$$

式中　　u——待求未知量；

a、b、…、g——系数，均为 x、y 的函数。

若 $b^2-4ac<0$，则方程为椭圆型；若 $b^2-4ac=0$，则方程为抛物型；若 $b^2-4ac>0$，则方程为双曲型。

例如，式（3.15－2）～式（3.15－4）分别为椭圆型、抛物型和双曲型偏微分方程：

拉普拉斯方程　$\nabla^2 u=0$　（3.15－2）

扩散方程　$\nabla^2 u=\frac{1}{\alpha}\frac{\partial u}{\partial t}$（$\alpha$ 是常数）（3.15－3）

波动方程　$\nabla^2 u=\frac{1}{\beta^2}\frac{\partial^2 u}{\partial t^2}$（$\beta$ 是常数）（3.15－4）

微分方程通过数值方法离散后，可得到线性方程组，求解线性代数方程组可以用高斯消元法、矩阵的三角分解法等各种方法求解；对非线性方程组，则需通过迭代法（例如 Newton－Raphson 法）求解；对非定常问题，可采用各种显式和隐式的计算格式求解。下面将以这三类方程作为模型方程讨论其定解条件。

3.15.2　方程的定解条件

3.15.2.1　椭圆型方程

椭圆型方程的标准形式为

$$\left.\begin{aligned}&\nabla^2\phi=0\\ \text{或}\quad&\nabla^2\psi=f\end{aligned}\right\} \tag{3.15-5}$$

式中　ϕ、ψ——恒定势流中的势函数、流函数。

式（3.15－5）中第二个方程为泊松（Poisson）方程。

椭圆型方程不仅用来描述恒定不可压势流问题，在恒定渗流问题、浅水环流问题、波浪问题及其 N—S方程的求解（根据连续方程和运动方程导出的压力泊松方程）中也常遇到这类方程。由于只存在空间坐标的二阶导数项，属椭圆型问题，又称为边值问题。域上任一点的解仅取决于边界上每一点的边界条件，方程在封闭域上求解。其定解条件是在封闭边界上给定边界条件，而无需初始条件。椭圆型方程边界条件有以下三种形式：

第一类边界条件为在边界 Γ 上给定函数 ϕ 值，即

$$\phi|_{\Gamma}=f_1(x,y,z) \tag{3.15-6}$$

式（3.15－6）称之为本质边界条件或狄立克里（Dirichlet）条件，$f_1(x,y,z)$ 为已知函数。

第二类边界条件为在边界 Γ 上给定函数 ϕ 的法向导数值，即

$$\left.\frac{\partial\phi}{\partial n}\right|_{\Gamma}=f_2(x,y,z) \tag{3.15-7}$$

式（3.15－7）称之为自然边界条件或诺曼（Neumann）条件，$f_2(x,y,z)$ 为已知函数。

第三类边界条件，在边界上用第一类和第二类边界条件的组合式表示为

$$\left(a\frac{\partial\phi}{\partial n}+b\phi\right)=f_3(x,y,z) \tag{3.15-8}$$

其中，$a\geqslant 0$，$b\geqslant 0$，$f_3(x,y,z)$ 为已知函数。

给定边界条件时，可在封闭域上全部给定第一类边界条件，也可全部给定第三类边界条件，但不能在封闭域上全部给定第二类边界条件即全部给定函数导数值，否则它将使最终求解的代数方程组无法得到唯一解。

3.15.2.2　抛物型方程

描述标志物质在静止液体中的扩散过程的方程大多为抛物型方程，其最简单的形式为一维扩散方程式，它在时间坐标中是抛物型，在空间坐标中是椭圆型，通常又称为抛物型问题。这类问题在实际计算中常称为初值问题（又称混合问题），其定解条件是必须同时给定边界条件和初始条件。初始条件即在全域上给定初始时刻的函数值，边界条件因含有椭圆算子故与椭圆型方程一样，在封闭域上给定。抛物型方程边界条件有三种形式，其给定方法也与椭圆型方程相同。

3.15.2.3　双曲型方程

双曲型方程的一阶形式如一维纯对流方程式 $\frac{\partial u}{\partial t}+\alpha\frac{\partial u}{\partial x}=0$，二阶形式如波动方程 $\frac{\partial^2 u}{\partial t^2}=\alpha^2\frac{\partial^2 u}{\partial x^2}$。双曲型方程常在管道非恒定流即水击问题、明渠非恒定流（如一维圣维南方程组）及洪水演进、河口潮流等计算中遇到，实际计算中常称为初边值问题。其定解

条件分别叙述如下。

对一阶线性的纯对流方程，其初值问题定解的表达式为

$$\left.\begin{array}{l}\dfrac{\partial u}{\partial t}+\alpha\dfrac{\partial u}{\partial x}=0 \quad (-\infty<x<\infty,t>0) \\ \text{初始条件：}\quad u(x,0)=F(x)\end{array}\right\} \tag{3.15-9}$$

设 $\alpha>0$ 的情况，当 $\alpha=\dfrac{dx}{dt}$ 时，$\dfrac{du}{dt}=0$，说明存在一簇特征线（当 α 为常数时，为一条直线）即

$$\frac{dx}{dt}=\alpha \quad 或 \quad x-\alpha t=\xi \quad (\xi 为常数) \tag{3.15-10}$$

在这样的特征线上满足下列特征关系：

$$\frac{du}{dt}=0 \quad 或 \quad u(x,t)=\text{const} \tag{3.15-11}$$

若需确定以初始条件代入，可得其解析解为

$$u(x,t)=u(\xi,0)=F(\xi)=F(x-\alpha t) \tag{3.15-12}$$

对二阶波动方程，其初值问题定解的表达式为

$$\left.\begin{array}{l}\dfrac{\partial^2 u}{\partial t^2}=\alpha^2\dfrac{\partial^2 u}{\partial x^2}(-\infty<x<\infty,t>0,a>0) \\ \text{初始条件：}\quad u(x,0)=F(x) \\ \qquad\qquad \left.\dfrac{\partial u}{\partial t}\right|_{(x,0)}=G(x)\end{array}\right\} \tag{3.15-13}$$

式（3.15-13）初始条件不仅要给定初始扰动 $F(x)$，还要给定初始扰动速度，即待求函数的导数值。该问题的解析解可表示为

$$u(x,t)=\frac{1}{2}[F(x+\alpha t)+F(x-\alpha t)]+\frac{1}{2\alpha}\int_{x-\alpha t}^{x+\alpha t}G(\xi)d\xi \tag{3.15-14}$$

3.15.3 离散方法

流体运动的控制方程多为偏微分方程，在复杂的情况下不存在解析解，通常通过数值方法求解。目前，流体流动有多种数值解法，主要包括有限差分法、有限元法和有限体积法。

3.15.3.1 有限差分法

有限差分法是数值计算中比较经典的方法，由于其计算格式直观且计算简便，因此被广泛地应用在计算流体力学中。有限差分法首先将求解区域划分为差分网格，变量信息存储在网格节点上，然后将偏微分方程的导数用差商代替，代入微分方程的边界条件，推导出关于网格节点变量的代数方程组。通过求解代数方程组，获得偏微分方程的近似解。

3.15.3.2 有限元法

有限元法是计算流体力学中经常采用的另一种主要方法，它是以变分原理或加权余量法为基础的一种数值方法。有限元法是从与微分方程等效的积分形式出发，构成等效积分可采用变分原理或加权余量法，在计算流体力学中多采用加权余量法，而加权余量法中又有配点法、最小二乘法、伽辽金法和力矩法等。

有限元法先将整体区域分解成很多个小区域，这些小区域称为单元，并在单元上选取试探函数，近似解的基函数的系数为单元节点上未知量的数值，使得试探函数的选取变得简单，并且容易满足边界条件。计算单元系数矩阵，再合成全区域上的整体方程，使流体流动问题得到解决。

3.15.3.3 有限体积法

有限体积法首先将计算区域划分为互不重复的控制体积，每个控制体中包含一个节点，待求变量储存在节点上；然后将微分方程对每一个控制体积分，得出一组离散方程，其中的未知数是节点上的因变量。为了定义变量在控制体界面上的信息，需要假定变量值在节点之间的变化规律。从积分区域的选取方法来看，有限体积法属于加权余量法中的子域法；从未知解的近似方法看来，有限体积法属于采用局部近似的离散方法。有限体积法的基本思想易于理解，并能得出直接的物理解释，离散方程的物理意义就是因变量在有限大小的控制体积中的守恒原理。

有限体积法要求因变量的积分守恒对任意一个控制体积都得到满足，对整个计算区域，自然也得到满足。就离散方法而言，有限体积法可视为有限元法和有限差分法的过渡。有限元法必须假定因变量在节点间的变化规律，用插值函数将节点间离散变量转化为连续函数，并将其作为微分方程近似解。有限差分法将变量在相邻节点之间的变化按泰勒展开，用差分运算逼近微分运算，求出节点上因变量的数值。有限体积法只求因变量的节点值，这与有限差分法相类似；但有限体积法在寻求控制体积分时，必须假定因变量在节点之间的分布，以便计算通过相邻控制体之间的对流和扩散通量，这又与有限单元法的插值函数相类似。有限体积法又称为控制体积法，有限体积法的特点是计算效率高，数值格式具有明显的守恒特性，在计算流体力学领域得到了广泛应用，是一种发展迅速的数值计算方法。

3.15.4 紊流数学模型简介

在黏性流体力学中，层流和紊流是两种不同的流动型态，其流动规律有很多不同。紊流是一种非定常的三维流动，紊流流场内充满着尺度大小不同的漩涡，大的漩涡，尺度可以与整个流场区域相当，而小的漩涡，尺度往往只有流场尺度的千分之一的数量

级。在自然界中的流动和工程实践中，所处理各种流体运动问题更多的是紊流流动。

如果按照紊流模型所需要求解的场变量和所补充偏微分方程数目来分，可分为零方程、一方程、二方程模式。这三种模式都以涡黏系数的概念为基础。涡黏系数的概念是 Boussinesq 于 1877 年提出的，模拟层流的黏性应力，他假设紊动应力与平均速度的梯度成比例：

$$-\rho\overline{u'_iu'_j}=\mu_t\left(\frac{\partial\overline{u}_i}{\partial x_j}+\frac{\partial\overline{u}_j}{\partial x_i}\right)-\frac{2}{3}\rho k\delta_{ij}\tag{3.15-15}$$

式中　μ_t——涡黏系数。

3.15.4.1　零方程模型

零方程模型是指无需求解任何微分方程，只需用代数运算将紊流流场中的涡黏系数 μ_t 与流场中某局部时均速度或速度梯度联系起来的模型。按照这个关系的不同，有下列几种模型：

1. 动量混合长度理论

普朗特（Prandtl）于 1925 年提出了混合长度理论（mixing length theory），该理论把分子运动的自由程概念引入微团脉动的研究中，仍属经典的梯度传递理论。虽然混合长度理论基于的一些假设不够严谨，但由于这些半经验公式比较简单，一定范围内该理论的计算结果与实测数据能较好符合，因此至今仍然在工程上得到广泛应用。

2. 涡量传递模型（涡量混合长度理论）

泰勒（Taylor）认为流体微团在横向脉动碰撞之前，因压力的脉动会产生局部作用力的变化，微团的动量很难保持不变，因此保持时均流速不变的假设显得欠妥。于是，泰勒于 1932 年提出涡量传递理论，认为微团碰撞之前涡量保持不变。实际上，动量混合长度理论给出结果相对简单而经常被采用。

3. 卡门相似性假设

卡门（Karman）于 1930 年提出了紊动局部相似理论。该理论认为紊流结构与黏性无直接关系，并且紊流的横向脉动速度分布相似，用时均流速表示混合长度。

紊流的半经验理论公式都是依靠假设导出雷诺应力与时均流速之间的关系，从而使得雷诺方程组得以封闭。所有零方程模型，无论是常涡黏系数模型还是基于混合长度理论的模型，都将紊流流动的所有信息包含在涡黏系数 μ_t 或混合长度 l 之中。而确定 μ_t 和 l 时，最多与时均流场的特征相联系，没有真正考虑紊流脉动特征的影响。它们隐含的一个事实就是紊流的脉动特性对时均速度场没有影响，这是目前所有零方程模型最大的局限性。

3.15.4.2　一方程模型

为了克服零方程模型没有考虑到紊流脉动对流场影响的局限性，有必要在确定涡黏系数的过程中，充分考虑紊流脉动造成了雷诺应力这个事实，提出了一个紊流动能输运方程，用以确定涡黏系数，这个紊流动能输运方程是一个微分方程而不是代数方程，故称为一方程模型（k-equation），即

$$\rho\left(\frac{\partial k}{\partial t}+u_j\frac{\partial k}{\partial x_j}\right)=\frac{\partial}{\partial x_j}\left[\left(\mu+\frac{\mu_t}{\sigma_k}\right)\frac{\partial k}{\partial x_j}\right]+G_k-\rho\varepsilon\tag{3.15-16}$$

其中

$$k=\frac{1}{2}\overline{u'_iu'_i}=\frac{1}{2}(\overline{u'^2_1}+\overline{u'^2_2}+\overline{u'^2_3})$$

$$\varepsilon=\nu\overline{\frac{\partial u'_i}{\partial x_l}\frac{\partial u'_i}{\partial x_l}}$$

$$G_k=-\rho\overline{u'_iu'_j}\frac{\partial u_i}{\partial x_j}=\mu_t\left(\frac{\partial u_i}{\partial x_j}+\frac{\partial u_j}{\partial x_i}\right)\frac{\partial u_i}{\partial x_j}$$

式中　k——紊流脉动动能；

ε——单位体积内紊流脉动动能的耗散率，它与紊流脉动动能 k 和紊流涡团尺度 L 有关；

μ_t——涡黏系数；

G_k——紊动动能的产生项，是由涡黏应力做功的贡献。

基于涡黏系数假设的一方程模型，由于考虑了紊流脉动特性的影响，在理论的合理性方面比零方程模型进了一步。它在计算涡黏系数 μ_t 时，速度尺度 v_t 的取值增加了严密性，但长度尺度 L 的取值仍然停留在纯经验水平上，并没有根本性的改进。从一种流动类型得出的涡团尺度分布不能用于另一种流动类型，对于复杂流动，仍然无法找到涡团尺度 L 的分布。在实际应用中也发现，尽管采用了一方程模型，计算结果比起零方程模型来提高并不多，计算代价却是多解了一个微分方程，因此一方程模型目前在工程上的直接应用反而不如零方程模型普遍。但它却为被广泛应用的二方程模型提供了重要基础。

3.15.4.3　二方程模型

一方程模型虽然能通过求解微分方程获得紊流脉动动能 k，从而比较合理地找到了涡黏系数计算式 $\mu_t=\rho k^{\frac{1}{2}}L$，但它并没有给出确定紊流特征长度 L 的合适途径，因此，紊流运动方程仍然没有封闭。实验表明：不仅流动类型不同，相应的长度尺度不同，流场中不同位置的长度尺度也不同，这意味着长度尺度也是流场的函数，也应该由求解输运微分方程来确定。因此除了求解紊动动能 k 的微分方程外，还需要建立并求解有关紊流特征长度 L 的微分方程，故又引入了

耗散能的输运方程。因此，这类紊流脉动动能和耗散能输运方程模型称为二方程模型（k-ε 方程模型）。

$$\left.\begin{aligned}\rho\left(\frac{\partial k}{\partial t}+u_j\frac{\partial k}{\partial x_j}\right)&=\frac{\partial}{\partial x_j}\left[\left(\mu+\frac{\mu_t}{\sigma_k}\right)\frac{\partial k}{\partial x_j}\right]\\&\quad+G_k-\rho\varepsilon\\\rho\left(\frac{\partial \varepsilon}{\partial t}+u_j\frac{\partial \varepsilon}{\partial x_j}\right)&=\frac{\partial}{\partial x_j}\left[\left(\mu+\frac{\mu_t}{\sigma_\varepsilon}\right)\frac{\partial \varepsilon}{\partial x_j}\right]\\&\quad+C_{\varepsilon1}\frac{\varepsilon}{k}G_k-C_{\varepsilon2}\rho\frac{\varepsilon^2}{k}\end{aligned}\right\}\tag{3.15-17}$$

式中 ε——紊流脉动动能耗散率；

σ_ε——涡黏常数；

$C_{\varepsilon1}$、$C_{\varepsilon2}$——系数。

在上述方程组和 $\mu_t=\dfrac{C_\mu\rho k^2}{\varepsilon}$ 中，共有三个系数（C_μ、$C_{\varepsilon1}$ 和 $C_{\varepsilon2}$）和两个常数（σ_k 和 σ_ε）。LAUNDER、SPALDING（1974）和 RODI（1984）建议使用表 3.15-1 给出的数值。这组系数和常数经过了很多自由紊流计算的检验，已被广泛地应用于壁面剪切流动。

表 3.15-1 k—ε 模型中的系数和常数

C_μ	$C_{\varepsilon1}$	$C_{\varepsilon2}$	σ_k	σ_ε
0.09	1.44	1.92	1.0	1.3

k—ε 方程模型已解决了许多工程紊流问题（如二维边界层流和平板射流，二维射流、尾迹流和混合层流动，二维管道内的流动，大多数无旋流动、无密度变化及无化学反应的三维流动，某些由浮力引起的流动），结果令人满意。而对于其他几种类型的流动问题（如曲面上的边界层流动，带有强烈的漩涡和回流的流动，在滞止点附近的轴对称射流，三维壁面射流，包含有化学反应的流动，两相流动），也已用 k—ε 方程模型做过不少预测计算，但计算结果与试验结果还相差较远。尽管 k—ε 方程模型在计算某些类型的流动问题时还存在不少缺陷，但仍然是目前应用最广泛的一种求解紊流问题的模型。正如前面已经提到，k—ε 方程模型中除了采用 ε 方程外，还可以采用长度尺度 L 与紊流脉动动能 k 的其他组合，从而导出其他类型的二方程模型，如 k—ω 模型和 k—τ 模型等。

3.16 水力模型试验基本原理

为了实现模型与原型的流动相似，需要根据模型试验的基本原理进行模型设计并开展相关研究。本节内容是模型试验应当遵循的基本相似准则和原理。

3.16.1 水力相似原理

在水力学的研究中，从水流的内部机理直至与水流接触的各种复杂边界，包括水力机械、水工建筑物等方面的设计、施工、运行管理等有关的水流问题，都可应用水力学模型试验来进行研究。

3.16.1.1 相似理论基础

1. 比尺、基本比尺、导出比尺

比尺是指原型与模型对应的物理量之比，比尺的数目与物理量的个数相同。所有的物理量都可用基本物理量的指数乘积来表示。基本比尺是相互独立的基本物理量的原型与模型之比，基本物理量通常取长度、时间和质量（或力）；导出比尺是指由基本比尺以指数形式的乘积组成的比尺。

2. 几何相似、运动相似和动力相似

如果原型与模型两个流场的相应点上，所有表征流动状况的相应物理量存在一定的比例关系，则这两种流动是力学相似的。要满足力学相似，必须满足几何相似、运动相似和动力相似。

凡涉及原型中的物理量，以下标“p”表示；模型中的物理量，以下标“m”表示。物理量的比尺以“λ”表示，并以下标表示该物理量之类别。

（1）几何相似。几何相似是指两个流动流场的几何形状相似，即模型与原型中的对应长度成比例，即长度比尺为

$$\lambda_l=\frac{l_p}{l_m}\tag{3.16-1}$$

几何相似的必然结果是原型、模型相应部位的面积 A、体积 V 也满足一定的比例关系：

面积比尺 $$\lambda_A=\frac{A_p}{A_m}=\lambda_l^2\tag{3.16-2}$$

体积比尺 $$\lambda_V=\frac{V_p}{V_m}=\lambda_l^3\tag{3.16-3}$$

此外，几何相似时，对应的夹角也相等；严格地说，原型与模型表面的粗糙度也应该与其他长度一样成相同的比例，而实际上往往只能近似做到这一点。

（2）运动相似。运动相似是指两个流动的流场相似，即两个流动的对应时刻对应点的速度方向相同，大小成比例：

速度比尺 $$\lambda_v=\frac{v_p}{v_m}=\frac{\dfrac{l_p}{t_p}}{\dfrac{l_m}{t_m}}=\frac{\lambda_l}{\lambda_t}\tag{3.16-4}$$

加速度比尺 $$\lambda_a=\frac{a_p}{a_m}=\frac{\dfrac{v_p}{t_p}}{\dfrac{v_m}{t_m}}=\frac{\lambda_v}{\lambda_t}=\frac{\lambda_l}{\lambda_t^2}\tag{3.16-5}$$

其中 $$\lambda_t=\frac{t_p}{t_m}$$

式中 λ_t——时间比尺。

λ_t 与 λ_l 为基本比尺，λ_v 与 λ_a 为导出比尺。

(3) 动力相似。动力相似是指作用于两个几何相似的液流系统中对应点上的各种对应的动力学的量均满足一定的比例关系，例如：

$$\left.\begin{aligned}\lambda_\rho &= \frac{\rho_p}{\rho_m}\\ \lambda_\mu &= \frac{\mu_p}{\mu_m}\\ \lambda_F &= \frac{F_p}{F_m}\end{aligned}\right\} \quad (3.16-6)$$

按照牛顿第二定律：$F=ma$，如果做到两个液流系统对应点之间的作用力保持一定的比例，则要求质量与加速度之间也满足一定的比例关系：

$$\lambda_F = \frac{F_p}{F_m} = \frac{m_p a_p}{m_m a_m} = \lambda_m \lambda_a = \lambda_m \frac{\lambda_v}{\lambda_t} = \lambda_\rho \lambda_l^3 \frac{\frac{\lambda_1}{\lambda_t}}{\lambda_t} = \lambda_\rho \lambda_l^4 \lambda_t^{-2} \quad (3.16-7)$$

以上几何相似、运动相似和动力相似三个相似条件是原型与模型保持完全相似的主要条件，它们互相联系，互为条件。

3.16.1.2 牛顿相似定律

任何液体运动，无论是原型还是模型，都必须遵循牛顿第二定律，即

$$F = ma = \rho l^3 \frac{l}{t^2} = \rho l^2 u^2 \quad (3.16-8)$$

式中 u——点速度，如研究的是某一过水断面，可用断面平均速度 v 代替 u。

作用于水流的外力与惯性力之比称为牛顿数，以 Ne 表示，即

$$Ne = \frac{F}{\rho l^2 v^2} \quad (3.16-9)$$

式中 ρ——密度；

l——特征长度，如水深、管径、水力半径等；

v——流速。

两个动力相似的水流，它们的牛顿数必相等，即 $(Ne)_p=(Ne)_m$，称为牛顿相似定律。这是两个液流系统相似的基本判别标志，其他各个单项力相似准则都是从牛顿相似定律演变而来的。

3.16.1.3 模型相似准则

根据牛顿相似定律，要求两个相似流动的牛顿数相等，即各作用力与惯性力之间的比例相等。由于在进行模型设计和模型试验时，通常难以满足所有的作用力均相似（即全都保持同样的比例），因此往往要求抓住水流运动中的主要矛盾，使得主要作用力的相似准数在原型与模型中需保持相等。这种由主要作用力相似而得到的相似判据（相似准则）通常称为模型相似准则或模型相似律。针对某一具体的水流现象进行模型试验时，可将其起主要作用的某项单项力代入牛顿相似准数 Ne 中的 F 项，进而求得表示该单项力相似的相似准则。因此，随着主要作用力的不同可得到不同的模型相似准则。

1. 重力（弗劳德）相似准则

重力是液流现象中常遇到的一种作用力，如明渠水流、堰流及闸孔出流等都是重力起主要作用的流动。当两个相似水流系统起主要作用的力为重力时，模型设计应遵重力相似准则，或称为弗劳德相似准则，即要求原型与模型中的弗劳德数相等，$(Fr)_p=(Fr)_m$，各个比尺之间应满足以下关系：

流速比尺 $$\lambda_v = \lambda_l^{\frac{1}{2}} \quad (3.16-10)$$

流量比尺 $$\lambda_Q = \lambda_v \lambda_l^2 = \lambda_l^{\frac{5}{2}} \quad (3.16-11)$$

时间比尺 $$\lambda_t = \frac{\lambda_l}{\lambda_v} = \frac{\lambda_l}{\lambda_l^{\frac{1}{2}}} = \lambda_l^{\frac{1}{2}} \quad (3.16-12)$$

加速度比尺 $$\lambda_a = \frac{\lambda_v}{\lambda_t} = \frac{\lambda_l^{\frac{1}{2}}}{\lambda_l^{\frac{1}{2}}} = \lambda_l^0 \quad (3.16-13)$$

力的比尺

$$\lambda_F = \lambda_m \lambda_a = \lambda_\rho \lambda_l^3 \lambda_l^0 = \lambda_\rho \lambda_l^3 \quad (\text{当 } \lambda_\rho = 1 \text{ 时，} \lambda_F = \lambda_l^3) \quad (3.16-14)$$

2. 黏滞力（雷诺）相似准则

隧洞、管道等一类有压流动主要受水流阻力的作用，而阻力又主要与黏滞力的作用有关。当两个相似水流系统起主要作用的力为水流阻力时，模型设计应遵循黏滞力相似准则，或称为雷诺相似准则，即黏滞力相似要求原型与模型中的雷诺数 Re 相等，$(Re)_p=(Re)_m$，各个比尺之间应满足以下关系：

流速比尺 $$\lambda_v = \frac{1}{\lambda_l} \quad (3.16-15)$$

流量比尺 $$\lambda_Q = \lambda_v \lambda_A = \frac{1}{\lambda_l}\lambda_l^2 = \lambda_l \quad (3.16-16)$$

时间比尺 $$\lambda_t = \frac{\lambda_l}{\lambda_v} = \lambda_l^2 \quad (3.16-17)$$

根据重力相似准则与黏滞力相似准则可导出相应的各物理量比尺，见表 3.16-1。

对于像河渠一样具有自由表面的流动，由于同时受重力和黏滞力的共同作用，因而从理论上讲，这类相似模型必须同时满足弗劳德准则和雷诺准则才能保证原型与模型中的流动相似。但是按照弗劳德准则要求 $\lambda_v=\lambda_l^{\frac{1}{2}}$，而按照雷诺准则要求 $\lambda_v=\frac{1}{\lambda_l}$。显然，若在模型中使用与天然情况下一样的流体来做试验，是不可能同时满足重力相似准则和黏滞力相似准则的；

若要同时满足弗劳德准则和雷诺准则，唯一的出路是，在模型中采用不同于原型的其他种类的流体来做试验。

表 3.16-1 重力相似准则与黏滞力相似准则比尺对照表

比尺＼相似准则	重力相似准则	黏滞力相似准则	
		$\lambda_\nu = 1$ ($\lambda_\mu = 1$, $\lambda_\rho = 1$)	$\lambda_\nu \neq 1$ ($\lambda_\mu \neq 1$, $\lambda_\rho \neq 1$)
长度比尺 λ_l	λ_l	λ_l	λ_l
面积比尺 λ_A	λ_l^2	λ_l^2	λ_l^2
体积比尺 λ_V	λ_l^3	λ_l^3	λ_l^3
流速比尺 λ_v	$\lambda_l^{\frac{1}{2}}$	λ_l^{-1}	$\lambda_\nu\lambda_l^{-1}$
加速度比尺 λ_a	λ_l^0	λ_l^{-3}	$\lambda_\nu^2\lambda_l^{-3}$
流量比尺 λ_Q	$\lambda_l^{\frac{5}{2}}$	λ_l	$\lambda_\nu\lambda_l$
时间比尺 λ_t	$\lambda_l^{\frac{1}{2}}$	λ_l^2	$\lambda_\nu^{-1}\lambda_l^2$
力的比尺 λ_F	λ_l^3	λ_l^0	$\lambda_\nu^2\lambda_\rho$
压强比尺 λ_p	λ_l	λ_l^{-2}	$\lambda_\nu^2\lambda_l^{-2}\lambda_\rho$
功能比尺 λ_W	λ_l^4	λ_l	$\lambda_\nu^2\lambda_l\lambda_\rho$
功率比尺 λ_N	$\lambda_l^{\frac{7}{2}}$	λ_l^{-1}	$\lambda_\nu^3\lambda_l^{-1}\lambda_\rho$

从同时满足弗劳德准则和雷诺准则出发，可得

$$\frac{\lambda_v}{\sqrt{\lambda_g\lambda_l}} = \frac{\lambda_v\lambda_l}{\lambda_\nu} = 1 \qquad (3.16-18)$$

由于在地球上 $\lambda_g=1$，则由式（3.16-18）有

$$\lambda_\nu = \lambda_l\sqrt{\lambda_l} = \lambda_l^{\frac{3}{2}} \qquad (3.16-19)$$

这就要求在模型试验时必须找到一种流体，其运动黏度 ν_m 应是原型流体运动黏度 ν_p 的 $\frac{1}{\lambda_l^{\frac{3}{2}}}$ 倍，才能做到同时满足弗劳德准则和雷诺准则。实用中这个要求很难得到满足。但由于在不同的流态下，黏滞力对流动阻力的影响是不同的。当雷诺数小于临界雷诺数时，流动为层流，此时两种液流系统中，雷诺数相等是黏滞力作用相似所要求的；当雷诺数超过临界雷诺数并大到一定程度且成为紊流型态的充分发展阶段后，阻力的大小已与雷诺数无关，此时阻力相似已不要求雷诺数相等，两种液流系统的相似，只需考虑弗劳德准则即可。

因此，对于具有自由表面的河渠流动，尽管同时受重力和黏滞力的作用，但只要所设计的模型中流动的雷诺数超过临界雷诺数一定的范围，就可以认为重力作用是主要的作用力，并可按主要作用力重力相似准则来设计模型。实践证明，这样处理可以满足工程实际的要求。

3. 表面张力（韦伯）相似准则

水流中惯性力与表面张力之比称为韦伯（Weber）数，以 We 表示：

$$We = \frac{\rho l v^2}{\sigma} \qquad (3.16-20)$$

两个液流系统的表面张力相似要求韦伯数相等，即

$$(We)_p = (We)_m \qquad (3.16-21)$$

即比尺关系为

$$\frac{\lambda_\rho\lambda_l\lambda_v^2}{\lambda_\sigma} = 1 \qquad (3.16-22)$$

式（3.16-22）为表面张力相似准则，或称为韦伯相似准则。它表明：两个液流在表面张力作用下的力学相似条件是它们的韦伯数相等。在水工水力学模型试验中，该准则只有在流动规模小、表面张力的作用相对显著时才需应用。当水流的表面流速大于0.23m/s，且水深大于1.5cm时，表面张力的影响可忽略不计。

4. 弹性力（柯西）相似准则

弹性力与惯性力之比 $\frac{v^2}{\frac{E}{\rho}}$ 称为柯西数，以 Ca 表示。

弹性力相似要求原型与模型的柯西数相等，即

$$(Ca)_p = (Ca)_m \qquad (3.16-23)$$

即比尺关系为

$$\frac{\lambda_v^2\lambda_\rho}{\lambda_E} = 1 \qquad (3.16-24)$$

式（3.16-24）为弹力相似准则，或称柯西相似准则。它表明：两个液流在弹性力作用下的力学相似条件是它们的柯西数相等。该准则用于管路中发生水击时的流动。如要模拟像水击现象这类压缩性起主要作用的流动就必须考虑弹性力相似的柯西相似准则。

5. 非恒定流惯性相似准则

在非恒定流中，当地加速度产生的惯性力与迁移加速度所产生的惯性力之比称为斯特劳哈尔数，又称为谐时数，以 St 表示，即

$$St = \frac{l}{vt} \qquad (3.16-25)$$

非恒定流的相似要求原型与模型中的斯特劳哈尔数相等，即

$$(St)_p = (St)_m \qquad (3.16-26)$$

由于这是流动的非恒定性相似准则，因此，对于与时间 t 无关的流动，该准则不起作用。

此外，如果非恒定流动是一种波动或振动，那么

以频率 f（波动周期的倒数或者每秒钟振动的次数）表示的斯特劳哈尔数的形式为

$$St=\frac{lf}{v} \tag{3.16-27}$$

两种波动或者振动现象的相似应包括上述频率在内的两种流动的斯特劳哈尔数相等。

6. 压力相似准则

在管流中，维持其流动的主要作用力是两端的压强差 Δp，而不是压强的绝对值，如用 ΔpA 代入牛顿数 Ne 的 F 项中，则可得$\frac{\Delta pA}{\rho l^2 v^2}$。其中$\frac{\Delta p}{\rho v^2}$称为欧拉数，以 Eu 表示，它也是一个无量纲数，表示水中压力与惯性力的对比关系，因此，当要求原型与模型中压差相似时，则必须使得原型与模型流动的欧拉数相等，即

$$(Eu)_p=(Eu)_m \tag{3.16-28}$$

写成比尺关系式为

$$\frac{\lambda_{\Delta p}}{\lambda_\rho \lambda_v^2}=1 \tag{3.16-29}$$

式（3.16-29）称为压力相似准则。在相似流动中，压强场的相似并不是两个流场相似的原因，而是两个流场相似的结果，即在某些物理量起主要作用的场合，欧拉压力相似准则不是决定性准则（它是不独立的）。只要主要的相似准则满足，则相似流动的欧拉数一定相等。

因此可认为，欧拉相似（压强场的相似）取决于流动边界几何形状和性质的相似以及各主要相似准数的相等，即

$$Eu=f(Fr,Re,Ca,We,St,\cdots) \tag{3.16-30}$$

前已述及，当水流的表面流速大于 0.23m/s，且水深大于 1.5cm 时，表面张力的影响可忽略不计。除水击现象外，其他的水力学问题在模型试验研究中常把水作为不可压缩液体，因而弹性力的影响不考虑。在恒定流情况下，流动非恒定性相似准则不起作用，因此有

$$Eu=f(Fr,Re) \tag{3.16-31}$$

7. 紊流阻力相似准则

水流阻力主要由切应力所引起，而切应力包括黏滞切应力与紊流附加切应力两部分。由于两者的性质不同，所引起的阻力性质即相似准则也不同。当水流的雷诺数较小时，黏滞阻力占主要地位，此时，雷诺相似准则起主导作用；当水流的雷诺数较大时，紊流阻力的作用随之增大，黏滞阻力的作用相对减少；当雷诺数很大时，水流紊动充分发展，水流阻力达到阻力平方区，此时，紊流附加阻力占主导地位，黏滞阻力的作用可忽略不计，雷诺相似准则在这种情况已不适用。如要保证两个液流系统的紊流阻力作用相似，则必须要求原型与模型中的阻力系数 $\lambda=f\left(\frac{k_s}{R}\right)$ 相等，亦即两个液流系统的流动都处于阻力平方区。或者说，在两个相似的液流中，只要流动的 Re 数足够大，保证水流进入阻力平方区，原型与模型保持了相对粗糙度相等，则无需再考虑 Re 数是否相等，阻力作用将自动相似。这种流区称为自动模型区，简称为自模区。

紊流阻力相似要求原型与模型的谢才系数相等，即

$$C_p=C_m \tag{3.16-32}$$

根据曼宁公式 $C=\frac{1}{n}R^{\frac{1}{6}}$，可知 $\lambda_c=\frac{\lambda_R^{\frac{1}{6}}}{\lambda_n}=1$，则明渠或河道粗糙系数 n 的比尺为

$$\left.\begin{aligned}\lambda_n&=\lambda_R^{\frac{1}{6}}=\lambda_l^{\frac{1}{6}}\\ \text{或}\quad n_m&=\frac{n_p}{\lambda_l^{\frac{1}{6}}}\end{aligned}\right\} \tag{3.16-33}$$

因此，在紊流充分发展的情况下，若要保证原型与模型的紊流阻力相似，就要保证两个流动系统的阻力系数 $\lambda\left(\text{即相对粗糙程度}\frac{k_s}{R}\right)$或谢才系数 C 相等，或是保证两者的粗糙系数 n 有式（3.16-33）的关系。

8. 水弹性振动的相似准则

水弹性模型试验要求同时满足荷载（包括动荷载）输入相似及结构动力响应相似，并要求同时满足水力学条件及结构动力学条件相似。

（1）水力学条件相似。水流脉动壁压与脉动流速各特征量的相似比尺与模型的几何长度比尺 λ_l 之间满足以下关系：

脉动压强幅值比尺 $\lambda_p=\lambda_l$ （3.16-34）

脉动压强频率比尺 $\lambda_f=\lambda_l^{-0.5}$ （3.16-35）

脉动流速比尺 $\lambda_v=\lambda_l^{0.5}$ （3.16-36）

时间比尺 $\lambda_t=\lambda_l^{0.5}$ （3.16-37）

（2）结构动力学条件相似。结构动力学条件相似与结构的固有频率、振型及阻尼等有关，其要求结构的运动状态和产生运动的条件相似，包括几何条件相似、物理条件相似、运动条件相似和边界条件相似。

几何条件相似指原型与模型不仅在尺寸、长度、体积上相似，而且其线应变、角应变与线位移满足以下比尺要求：

线应变比尺 $\lambda_\varepsilon=1$ （3.16-38）

角应变比尺 $\lambda_\theta=1$ （3.16-39）

线位移比尺 $\lambda_u = \lambda_l$ (3.16-40)

物理条件相似要求原型与模型在结构材料的力学特性及受力后所引起的变化方面必须相似。在线弹性范围内，根据弹性力学的物理方程，原型与模型在泊松比、正应力与切应力上必须满足以下比尺要求：

泊松比比尺 $\lambda_\mu = 1$ (3.16-41)

正应力比尺 $\lambda_\sigma = \lambda_E \lambda_\xi$ (3.16-42)

切应力比尺 $\lambda_\tau = \lambda_G \lambda_\theta$ (3.16-43)

式中 λ_E——弹性模量比尺；

λ_G——剪切模量比尺。

运动条件相似要求结构的运动状态和产生运动的条件相似。根据结构在外加时均荷载 $\overline{p}$ 及脉动荷载 p 的共同作用下的运动方程，得到原型与模型在刚度、阻尼、结构质量、附加水体质量和脉动荷载上应满足的比尺要求：

刚度比尺 $$\frac{\lambda_E \lambda_l \lambda_u}{\lambda_p \lambda_l^2} = 1 \quad (3.16-44)$$

阻尼比尺 $$\frac{\lambda_c \lambda_u}{\lambda_p \lambda_l^2 \lambda_t} = 1 \quad (3.16-45)$$

结构质量比尺 $$\frac{\lambda_{\gamma s} \lambda_l^3 \lambda_u}{\lambda_p \lambda_l^2 \lambda_t^2} = 1 \quad (3.16-46)$$

附加水体质量比尺 $$\frac{\lambda_{\gamma w} \lambda_l^3 \lambda_u}{\lambda_p \lambda_l^2 \lambda_t^2} = 1 \quad (3.16-47)$$

脉动荷载比尺 $$\frac{\lambda_{\overline{p}} \lambda_l^2}{\lambda_p \lambda_l^2} = 1 \quad (3.16-48)$$

一般常规试验采用的流体是与原型相同的水，其水容重比 $\lambda_{\gamma w} = 1$，此时有

$$\lambda_{\gamma s} = 1 \quad (3.16-49)$$

$$\left.\begin{aligned} \lambda_c &= \lambda_l^{2.5} \\ \lambda_\xi &= 1 \end{aligned}\right\} \quad (3.16-50)$$

或

$$\lambda_E = \lambda_l \quad (3.16-51)$$

式中 $\lambda_{\gamma s}$——结构容重比尺。

边界条件相似包括边界约束条件及边界受力条件等的相似。边界受力条件相似要求作用于边界上的脉动荷载必须相似，只要水力学条件相似，这一条件即能满足。至于边界约束条件相似，对于水利工程中的结构振动问题而言，涉及的是原型与模型中的基础模拟范围、试验结构与相邻结构的处理相似。

综上所述，水弹性相似可按重力相似来模拟脉动荷载，同时要使待研究结构的模型材料满足高密度（$\lambda_{\gamma s}=1$）、低弹模（$\lambda_E=\lambda_l$）、等阻尼比（$\lambda_\xi=1$）和等泊松比（$\lambda_\mu=1$）等要求，并合理选取水域与基础模拟范围，妥善处理试验结构与相邻结构之间的关系，以保证原型与模型在结构动力响应方面的相似。

3.16.2 水力模型设计

3.16.2.1 水力模型的分类

按试验内容和要求的不同，或受试验场地条件的限制，试验中可采取不同类型的模型，通常有以下几种模型。

1. 按模型模拟的范围分类

(1) 整体模型。包括整个水工建筑物或整个被研究对象的模型称为整体模型。如包括上下游河道的闸、坝枢纽模型。

(2) 半整体模型。当建筑物较宽、且结构对称，由于试验场地或供水流量等条件限制而不能制作整体模型时，有时也可取其一半来制作模型，称为半整体模型。如进行孔数较多的溢流坝、水闸试验时往往采用这类模型。

(3) 局部模型。为了更详细地研究建筑物的某个局部水流现象，取出建筑物中某个局部做成的模型，称为局部模型。如研究引水式水电站中动力渠道的涌波问题时，不需要研究坝区枢纽水流，往往只需选取动力渠道段制作模型。

(4) 断面模型。当建筑物较宽，沿其宽度方向水流情况相近，这时可按平面问题进行处理，即在其宽度方向取出一小段制成模型，这类模型称为断面模型。如多孔水闸或溢流坝，可取其中一孔制成模型，并将其放在玻璃水槽内进行试验，研究坝面形状、过流能力、水流流态及消能措施。

2. 按床面的性质分类

(1) 定床模型。在试验过程中河床固定不变的模型称为定床模型。研究一般水流运动状态时常采用这类模型。

(2) 动床模型。为研究河床的冲淤演变，消能段的冲刷深度、范围，需要采用河床边界随水流运动不断改变的模型，这种模型称为动床模型。动床模型试验中需要同时研究水、沙运动，即要求水流运动相似及河床泥沙运动相似。

3. 按模型的几何相似分类

(1) 正态模型。在空间三个方向采用相同的长度比尺，模型与原型完全几何相似的模型称为正态模型。如实验室条件允许，应尽可能采用正态模型。当研究水利枢纽上下游水流、溢洪道泄流和显著弯曲的河渠问题时，一般均采用正态模型。

(2) 变态模型。在空间三个方向采用不同长度比尺的模型称为变态模型。例如，在较长的河渠或渠道试验中，受场地限制，要求缩短模型纵向长度；或在模型试验时，由于难以找到粗糙系数较小的模型材

料，但使用现有材料又会增大模型粗糙系数，为使该模型水头损失保持相似，这时必须相应地缩短模型长度，因而采用的长度比尺与宽度、深度比尺不同，这就是纵向与横向、垂向比尺不同的变态模型。又如，天然河道中的水流都处于紊流阻力平方区，而模型水流却往往无法达到，为保证阻力相似，常在模型设计时，采用长度、宽度比尺大于深度比尺的变态模型，这样可增加模型水流雷诺数，从而使模型水流有可能达到阻力平方区，这是纵向、横向与垂直方向比尺不同的变态模型。

不同方向长度比尺之比称为变态模型的变率，一般要求变率不超过5。由于变态模型与原型在几何上不完全相似，因此选择变态模型时必须谨慎。水工建筑物和河道整治建筑物一般不采用变态模型。

3.16.2.2 水力模型设计

1. 模型相似主要依据

水力常规模型试验主要作用力为重力，应按重力相似准则进行设计，且在满足重力相似的基础上，尚需满足下列限制条件：

(1) 模型水流流区应与原型流区相同，如同为阻力平方区。若有困难，模型至少也应在紊流（过渡）区。

(2) 模型粗糙系数不满足相似要求时，需选择合理方法进行粗糙系数校正。

(3) 模型表面流速宜大于0.23m/s，水深应大于1.5cm。

(4) 水工建筑物最好不采用变态模型。

2. 模型类型、比尺及范围选定

模型需根据试验任务、工程条件、试验设备（场地、供水量等）、测试仪器（种类和精度）等确定其类型、比尺及范围，并严格遵守前述限制条件。

(1) 各类模型的比尺限制。研究枢纽布置与各建筑物相互关系的整体范围比尺不宜小于1∶120；研究局部冲刷的整体动床模型不小于1∶100；研究单体泄水建筑物模型比尺不宜小于1∶80；研究建筑物某一部位水流现象的局部和二元水流断面模型比尺不小于1∶50。上述比尺为模型规划下限，为确保试验精度，模型比尺应尽可能加大些。

此外，根据任务需要，一项工程试验可同时选择一项以上的模型类型，其中最常见的有整体与断面模型同时采用，动床模型与定床模型的分阶段采用。经验表明，按需要采用一项以上类型模型，往往可以紧密配合、取长补短，是最经济合理的研究方法。

(2) 模型截取范围和高度。纵向截取长度需满足试验任务要求，并保证试验段的水流相似。横向需包括最高水位等高线，并有适当的安全超高。模型上游边墙高度按“上游最高水位＋安全超高”确定，下游边墙按“下游水位＋波浪爬高＋最大冲坑深度”确定。此外，模型高度需与设置的量水堰位置高程匹配。

(3) 模型场地布置。完成模型设计绘出模型平面布置图后，即可进行模型场地布置。模型进水设备、消能格栅、前池、下游回水设备及流量设备等应在模型场地中留有适当的位置。拟用的电动集中控制亦应规划好控制台及其附属设备安装位置。模型周边需留有架设测量仪器及行走通道的位置。

参考文献

[1] 华东水利学院. 水工设计手册. 第1卷：基础理论[M]. 北京：水利电力出版社，1983.

[2] 夏震寰. 现代水力学（一、二）[M]. 北京：高等教育出版社，1990.

[3] 吴持恭主编. 水力学（上册、下册）[M]. 4版. 北京：高等教育出版社，2008.

[4] 左东启. 中国水利百科全书：水力学、河流及海岸动力学分册 [M]. 北京：中国水利水电出版社，2004.

[5] 李炜. 水力计算手册 [M]. 2版. 北京：中国水利水电出版社，2006.

[6] 余常昭. 明槽急变流 [M]. 北京：清华大学出版社，1999.

[7] 董曾南. 水力学（上册）[M]. 北京：高等教育出版社，1995.

[8] 杨永全，汝树勋，张道成，等. 工程水力学 [M]. 北京：中国环境科学出版社，2003.

[9] 刘鹤年. 流体力学 [M]. 2版. 北京：中国建筑工业出版社，2004.

[10] 赵振兴，何建京. 水力学 [M]. 北京：清华大学出版社，2005.

[11] 李玉柱，贺五洲. 工程流体力学（上册）[M]. 北京：清华大学出版社，2006.

[12] 李玉柱，江春波. 工程流体力学（下册）[M]. 北京：清华大学出版社，2007.

[13] Streeter U L，Wglie E B，Bedford K W. Fluid mechanics（Ninth Edition）[M]. 北京：清华大学出版社，2003.

[14] 闻德荪. 工程流体力学（水力学）（上册、下册）[M]. 北京：高等教育出版社，2004.

[15] 江春波，张永良，丁则平. 计算流体力学 [M]. 北京：中国电力出版社，2007.

[16] 李炜，徐孝平. 水力学 [M]. 武汉：武汉水利电力大学出版社，2000.

[17] 徐正凡. 水力学（上册）[M]. 北京：高等教育出版

版社，1986.

[18] 武汉水利电力学院．水力学 [M]．北京：水利电力出版社，1960.

[19] 许承宣．工程流体力学 [M]．北京：中国电力出版社，1998.

[20] 武汉水利电力学院，华东水利学院．水力学 [M]．北京：人民教育出版社，1980.

[21] 武汉水利电力学院水力学教研室．水力计算手册 [M]．北京：水利出版社，1980.

[22] 刘士和．高速水流 [M]．北京：科学出版社，2005.

[23] 李建中，宁利中．高速水力学 [M]．西安：西北工业大学出版社，1994.

[24] 夏毓常，张黎明．水工水力学原型观测与模型试验 [R]．北京：中国电力出版社，1999.

[25] 崔广涛，等．水流动力荷载与流固相互作用 [M]．北京：中国水利水电出版社，1999.

[26] 严根华，陈发展，胡去劣．宽尾墩射流作用下底流式消力池动水荷载及其稳定性研究 [J]．泄水工程与高速水流，2006 (8).

[27] DL/T 5195—2004 水工隧洞设计规范 [S]．北京：中国电力出版社，2004.

[28] DL/T 5039—95 水利水电工程钢闸门设计规范 [S]．北京：中国电力出版社，1995.

[29] 严根华．水工闸门流激振动研究进展 [J]．水利水运工程学报，2006．1 (107).

[30] C. M. 斯里斯基．高水头水工建筑物的水力计算 [M]．毛世民，等，译．北京：水利电力出版社，1984.

[31] 丁灼仪，周赤．随机分析方法基础及其在水工水力学中应用 [M]．武汉：长江出版社，2005.

[32] 严根华．大型推拉式挡潮闸门的振动与动力稳定性分析 [J]．振动工程学报：工程应用专辑，2003，16 (S)：127－132.

[33] Finnenaore E J，Franzini J B. Fluid mechanics with engineering applications (Tenth Edition) [M]. 北京：清华大学出版社，2003.

[34] 李炜．急流力学 [M]．北京：中国水利水电出版社，1997.

[35] 谭维炎．计算浅水动力学——有限体积法的应用 [M]．北京：清华大学出版社，1998.

[36] SL 253—2000 溢洪道设计规范 [S]．北京：中国水利水电出版社，2000.

[37] GB 50014—2006 室外排水设计规范 [S]．北京：中国建筑工业出版社，2006.

[38] 黄继汤．空化与空蚀的原理及应用 [M]．北京：清华大学出版社，1991.

[39] Vennard J K，Street R L. Elementary fluid mechanics [M]. 6th ed. New York：Wiley，1982.

[40] Victor L Streeter，E Benjamin Wylie，Keith W Bedford. Fluid Mechanics（影印本）[M]. 9th ed. 北京：清华大学出版社，2003.

[41] Featherstone R E，Nalluri C. Civil Engineering Hydraulics [M]. 3rd ed. Oxford：Blackwell Science. 1995.

第 4 章

土　力　学

本章的修编根据近年来土力学与土石坝筑坝技术的发展，在第 1 版《水工设计手册》有关章节的基础上，对相关内容进行了适当调整、修订和补充。修编时尽量保持第 1 版的框架与风格，修编后的内容由原来的 6 节调整为 14 节：

（1）“4.1 土的基本性质”、“4.5 土中应力”、“4.6 土的压缩性”、“4.7 土的强度”、“4.11 地基承载力”和“4.12 桩基础的承载力”6 节内容基于原第 1 卷“基础理论”第 4 章“土力学”中的相关内容编写。

（2）“4.3 土的渗流及渗透稳定性”、“4.4 土的渗流计算”和“4.10 地基沉降计算”3 节内容基于原第 3 卷“结构计算”第 14 章“沉降计算”和第 15 章“渗流计算”中的相关内容编写。

（3）“4.2 土的压实性”、“4.8 土的本构模型”、“4.9 土体应力变形有限元分析”、“4.13 特殊土”和“4.14 土的动力特性”5 节为新增内容。

本章主要介绍土力学的基本概念、基本理论和基本计算方法。为适应土石坝设计新方法发展的需要，还适当介绍了国内外的一些最新成果。对于涉及具体建筑物——如碾压式土石坝、面板堆石坝、挡土墙、土质边坡以及土工合成材料加固结构等——的土工计算理论与设计方法等内容，请参见本手册其他卷有关章节。

章主编　刘小生

章主审　王正宏　殷宗泽

本章各节编写及审稿人员

节次	编　写　人	审稿人
4.1	刘小生　杨玉生　王年香	王正宏 殷宗泽
4.2	刘小生　杨玉生	
4.3	谢定松　崔亦昊	刘　杰 王正宏
4.4		
4.5	刘小生　杨玉生	王正宏 殷宗泽
4.6		
4.7		
4.8	朱俊高　赵剑明	殷宗泽
4.9		
4.10	刘小生　杨玉生	王正宏 殷宗泽
4.11	刘小生　杨正权	
4.12	王年香　刘小生	
4.13	谢定松　王年香　刘小生	
4.14	刘小生　赵剑明　杨正权　杨玉生	常亚屏

第4章 土 力 学

4.1 土的基本性质

4.1.1 基本物理性指标

一般地，土由矿物颗粒（土粒）、水与气三相组成。按各相所占的质量和体积，土的组成如图 4.1-1 所示，其各项指标计算见表 4.1-1。

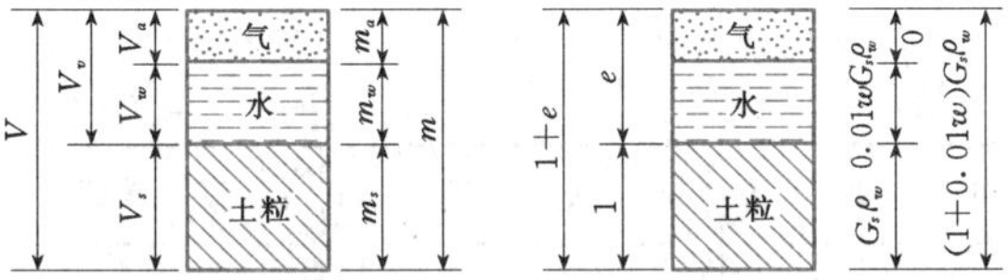

(a) 土的三相组成图　(b) 土的三相计算图

图 4.1-1　土的组成

表 4.1-1 中各项指标可分为两类：①可通过试验直接测定的指标，称为基本指标，包括密度 ρ（或容重 γ）、土粒比重 G_s 与含水率 w；②可通过基本指标换算得到的指标。

4.1.2 黏性土的塑性指标及状态划分

4.1.2.1 黏性土的塑性指标

黏性土的塑性指标及计算见表 4.1-2。

4.1.2.2 黏性土状态的划分

黏性土的状态可按液性指数 I_L 进行划分，见表 4.1-3。

4.1.2.3 黏性土活动性的划分

黏性土的活动性可按 A 值进行划分，见表 4.1-4。

表 4.1-1　土的物理性指标及其换算关系

指标名称	符号	定义	单位	用基本指标换算的公式	备　注
密　度	ρ	$\rho=m/V$	g/cm³		试验测定，m 为土的质量；V 为土的体积
含水率	w	$w=\frac{m_w}{m_s}\times100\%$			试验测定，m_w为土中水的质量；m_s为土粒质量
土粒比重	G_s	$G_s=\frac{m_s}{V_s\rho_w}$			试验测定，V_s为土粒体积；ρ_w为水的密度
干密度	ρ_d	$\rho_d=\frac{m_s}{V}$	g/cm³	$\rho_d=\frac{\rho}{1+w}$	$\rho_d=\frac{G_s\rho_w}{1+e}$，$\rho_d=(1-n)G_s\rho_w$
孔隙比	e	$e=\frac{V_v}{V_s}$		$e=\frac{G_s\rho_w(1+w)}{\rho}-1$（对于饱和土 $e=wG_s$）	$e=\frac{G_s\rho_w}{\rho_d}-1$，$e=\frac{wG_s}{S_r}-1$，$e=\frac{n}{1-n}$
孔隙率	n	$n=\frac{V_v}{V}\times100\%$		$n=1-\frac{\rho_d}{G_s\rho_w(1+w)}$	$n=\frac{e}{1+e}\times100\%$，$n=\left(1-\frac{\rho_d}{G_s\rho_w}\right)\times100\%$
饱和度	S_r	$S_r=\frac{V_w}{V_v}\times100\%$		$S_r=\frac{wG_s\rho}{G_s\rho_w(1+w)-\rho}$	$S_r=\frac{wG_s}{e}$
饱和密度	ρ_{sat}	$\rho_{sat}=\frac{m_s+V_v\rho_w}{V}$	g/cm³	$\rho_{sat}=\frac{(G_s-1)\rho}{G_s(1+w)}+\rho_w$	$\rho_{sat}=\frac{(G_s+e)\rho_w}{1+e}$，$\rho_{sat}=\rho'+\rho_w$
浮密度	ρ'	$\rho'=\frac{m_s-V_s\rho_w}{V}$	g/cm³	$\rho'=\frac{(G_s-1)\rho}{G_s(1+w)}$	$\rho'=\frac{(G_s-1)\rho_w}{1+e}$，$\rho'=\rho_{sat}-\rho_w$
土的容重	γ	$\gamma=\frac{W}{V}$	kN/m³	$\gamma=\rho g$	g 为重力加速度

表 4.1-2 黏性土的塑性指标

指标名称	符号	物理意义	单位	计算	备注
液限	w_L	土从可塑状态过渡到流动状态的分界含水率	%		试验测定
塑限	w_P	土从可塑状态过渡到半固态的分界含水率	%		
塑性指数	I_P	土处于可塑状态的含水率变化范围		$I_P = w_L - w_P$	以不带百分号的整数值表示
液性指数（或稠度）	I_L	反映天然土含水率在可塑范围内接近塑限的程度		$I_L = \frac{w - w_P}{I_P}$	
含水比	α_w	天然含水率与液限之比		$\alpha_w = \frac{w}{w_L}$	以小数表示
活动性	A	塑性指数与土中胶粒（<0.002mm）含量百分数 $P_{0.002}$ 之比①		$A = \frac{I_P}{P_{0.002}}$	

① 胶粒含量可查颗粒分配曲线（见图 4.1-2）。

表 4.1-3 黏性土状态的划分

状态	坚硬	硬塑	可塑	软塑	流塑
液性指数 I_L	$I_L \leqslant 0$	$0 < I_L \leqslant 0.25$	$0.25 < I_L \leqslant 0.75$	$0.75 < I_L \leqslant 1$	$I_L > 1$

表 4.1-4 黏性土活动性的划分

活动性	不活动	中等活动性	活动
A	<0.75	0.75～1.25	>1.25

4.1.3 无黏性土的密度指标及状态划分

4.1.3.1 无黏性土的密度指标

无黏性土的密度指标及计算见表 4.1-5。

4.1.3.2 按相对密度划分无黏性土状态

按相对密度 D_r 划分无黏性土状态，见表 4.1-6。

4.1.3.3 按孔隙比划分无黏性土状态

按孔隙比 e 划分无黏性土状态，见表 4.1-7。

4.1.3.4 按标准贯入击数划分砂土状态

按标准贯入击数 $N_{63.5}$ 划分砂土状态，见表 4.1-8。

4.1.4 土的颗粒分布曲线

4.1.4.1 土颗粒组

土颗粒组划分见表 4.1-9。

表 4.1-5 无黏性土的密度指标

指标名称	符号	物理意义	计算公式	备注
最大孔隙比	e_{max}	土处于最松状态的孔隙比	$e_{max} = \frac{G_s \rho_w}{\rho_{dmin}} - 1$	ρ_{dmin} 为最小干密度，由试验测定
最小孔隙比	e_{min}	土处于最紧状态的孔隙比	$e_{min} = \frac{G_s \rho_w}{\rho_{dmax}} - 1$	ρ_{dmax} 为最大干密度，由试验测定
相对密度	D_r	土的天然状态在其最松与最紧状态范围内的相对位置	$D_r = \frac{e_{max} - e}{e_{max} - e_{min}} = \frac{\rho_{dmax}(\rho_d - \rho_{min})}{\rho_d(\rho_{dmax} - \rho_{dmin})}$	e 为天然孔隙比，ρ_d 为天然干密度

表 4.1-6 无黏性土状态的划分（按相对密度）

相对密度 D_r	$D_r \leqslant 0.20$	$0.20 < D_r \leqslant 0.33$	$0.33 < D_r \leqslant 0.67$	$0.67 < D_r \leqslant 1$
状态	松散	稍密	中密	密实

表 4.1-7　　**无黏性土状态的划分（按孔隙比）**

密实度 土类	密　实	中　密	稍　密	疏　松
砾砂、粗砂、中砂	$e<0.6$	$0.6\leqslant e<0.75$	$0.75\leqslant e\leqslant 0.85$	$e>0.85$
细砂、粉砂	$e<0.7$	$0.7\leqslant e<0.85$	$0.85\leqslant e\leqslant 0.95$	$e>0.95$
粉土	$e<0.75$	$0.75\leqslant e\leqslant 0.90$	$e>0.90$	

表 4.1-8　　**砂土状态的划分**

密实状态	密　实	中　密	稍　密	疏　松
标准贯入击数 N	$N\geqslant 30$	$15\leqslant N<30$	$9\leqslant N<15$	$5\leqslant N<9$

表 4.1-9　　**土颗粒粒组及其主要性质**

粒　组	颗粒名称		粒径 d 范围 (mm)	主　要　性　质
巨　粒	漂石（块石）		$d>200$	无黏性，透水性大，毛细水上升高度极小，不能保持水分
	卵石（碎石）		$60<d\leqslant 200$	
粗　粒	砾　粒	粗砾	$20<d\leqslant 60$	
		中砾	$5<d\leqslant 20$	
		细砾	$2<d\leqslant 5$	
	砂　粒	粗砂	$0.5<d\leqslant 2$	无黏性，易透水，毛细水上升高度不大，遇水不胀，干燥不缩，无塑性，压缩性低
		中砂	$0.25<d\leqslant 0.5$	
		细砂	$0.075<d\leqslant 0.25$	
细　粒	粉　粒		$0.005<d\leqslant 0.075$	透水性小，毛细水上升高度较大，湿润时有黏性，遇水膨胀与干燥收缩均不显著
	黏　粒		$d\leqslant 0.005$	不透水，有塑性，黏性大，胀缩显著，压缩性大

4.1.4.2 颗粒分配曲线

1. 颗粒分析

颗粒分析的试验结果可绘成图 4.1-2 所示的分布曲线。根据分布曲线，可计算各特征指标，特征指标意义见表 4.1-10。

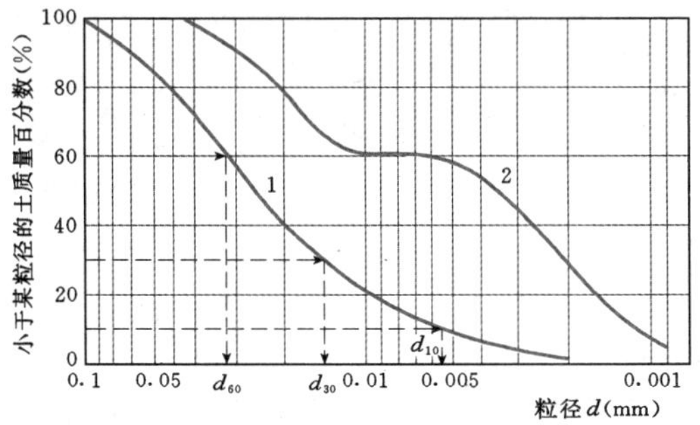

图 4.1-2　土的颗粒分布曲线

2. 土的级配

土中各粒径组的相对含量反映土的级配情况。

(1) 良好级配。同时满足 $C_u\geqslant 5$、$C_c=1\sim 3$ 两个条件，如图 4.1-2 中曲线 1 所示。

(2) 不良级配。不能同时满足以上两个条件，如均匀级配，或曲线呈阶梯形（缺少中间粒径）等，如图 4.1-2 中曲线 2 所示。

4.1.5 土的工程分类

土的工程分类是将工程性质相近的扰动土归为一类，以便对土作出合理的评价和选择恰当的方法对土的特性进行研究。分类体系应当简洁明了，并尽可能直接与土的工程性质相联系。一般对粗粒土主要按颗粒组成进行分类，黏性土则按塑性指标分类。

土的工程分类方法我国至今尚未统一，不同的部门根据各自行业特点建立了各自的分类标准，如：①国家标准《土的工程分类标准》(GB/T 50145—2007)；②水利行业标准《土工试验规程》(SL 237—1999)；③交通行业标准《公路土工试验规程》(JTGE 40—2007)。

《土的工程分类标准》(GB/T 50145—2007) 根据下列指标确定土的工程分类：①土颗粒组成及其特征；②土的液限(w_L)、塑限(w_P)和塑性指数(I_P)等塑性指标；③土中有机质存在情况。

根据表 4.1-9 规定的土颗粒粒径范围划分土的粒组。

试样中巨粒组含量（重量百分比）大于50%的土称为巨粒类土，按表4.1-11进行分类。

试样中粗粒组含量大于50%的土称为粗粒类土，按下列规定进行分类：①砾粒组含量大于砂粒组含量的土称为砾类土，按表4.1-12进行分类；②砾粒组含量不大于砂粒组含量的土称为砂类土，按表4.1-13进行分类。

当试样中巨粒组含量不大于15%时，可扣除巨粒，按粗粒类土或细粒类土相应规定分类；当巨粒对土的总体性状有影响时，可将巨粒计入砾粒组进行分类。

试样中细粒组含量不小于50%的土称为细粒类土，按下列规定进行分类：

(1) 粗粒组含量不大于25%的土称为细粒土，按表4.1-14进行分类。

(2) 粗粒组含量大于25%且不大于50%的土称为含粗粒的细粒土，在表4.1-14分类的基础上再进行细分：①粗粒中砾粒含量大于砂粒含量，称为含砾细粒土，应在细粒土代号后加代号G；②粗粒中砾粒含量不大于砂粒质量，称为含砂细粒土，应在细粒土代号后加代号S；③有机质含量小于10%且不小于5%的土称为有机质土，按表4.1-14进行分类，且在各相应土类代号之后应加代号O。

《土的工程分类标准》(GB/T 50145—2007)中土的工程分类体系框图如图4.1-4所示。

表4.1-10　有关颗粒分布的几个特征指标

特征指标	符　号	物　理　意　义	计　算
有效粒径	d_{10} (mm)	小于该粒径的土重占总土重的10%	由颗粒分布曲线直接查得
控制粒径	d_{30} (mm)	小于该粒径的土重占总土重的30%	
	d_{60} (mm)	小于该粒径的土重占总土重的60%	
不均匀系数	C_u	土中颗粒粗细分布愈广，C_u 愈大	$C_u=\dfrac{d_{60}}{d_{10}}$
曲率系数	C_c	反映粒径分布曲线上 $d_{10}\sim d_{60}$ 之间的曲线是否有台阶等形态	$C_c=\dfrac{d_{30}^2}{d_{10}\times d_{60}}$

表4.1-11　巨粒类土的分类

土　类	粒　组　含　量		土类代号	土类名称
巨粒土	巨粒含量>75%	漂石含（重）量大于卵石含量	B	漂石（块石）
		漂石含（重）量不大于卵石含量	Cb	卵石（碎石）
混合巨粒土	50%<巨粒含量≤75%	漂石含（重）量大于卵石含量	BSl	混合土漂石（块石）
		漂石含（重）量不大于卵石含量	CbSl	混合土卵石（碎石）
巨粒混合土	15%<巨粒含量≤50%	漂石含（重）量大于卵石含量	SlB	漂石（块石）混合土
		漂石含（重）量不大于卵石含量	SlCb	卵石（碎石）混合土

注　巨粒混合土可根据所含粗粒或细粒的含量进行细分。

表4.1-12　砾类土的分类

土　类	粒　组　含　量		土类代号	土类名称
砾	细粒含量<5%	级配：$C_u\geqslant 5$，$1\leqslant C_c\leqslant 3$	GW	级配良好砾
		级配：不同时满足上述要求	GP	级配不良砾
含细粒土砾	5%≤细粒含量<15%		GF	含细粒土砾
细粒土质砾	15%≤细粒含量<50%	细粒组中粉粒含量不大于50%	GC	黏土质砾
		细粒组中粉粒含量大于50%	GM	粉土质砾

表4.1-13　砂类土的分类

土　类	粒　组　含　量		土类代号	土类名称
砂	细粒含量<5%	级配：$C_u\geqslant 5$，$1\leqslant C_c\leqslant 3$	SW	级配良好砂
		级配：不同时满足上述要求	SP	级配不良砂
含细粒土砂	5%≤细粒含量<15%		SF	含细粒土砂
细粒土质砂	15%≤细粒含量<50%	细粒组中粉粒含量不大于50%	SC	黏土质砂
		细粒组中粉粒含量大于50%	SM	粉土质砂

表 4.1-14　细粒土的分类

土的塑性指标在塑性图（图 4.1-3）中的位置		土类代号	土类名称
$I_P \geqslant 0.73(w_L-20)$ 和 $I_P \geqslant 7$	$w_L \geqslant 50\%$	CH	高液限黏土
	$w_L < 50\%$	CL	低液限黏土
$I_P < 0.73(w_L-20)$ 或 $I_P < 4$	$w_L \geqslant 50\%$	MH	高液限粉土
	$w_L < 50\%$	ML	低液限粉土

注　黏土～粉土过渡区（CL—ML）的土可按相邻土层的类别细分。

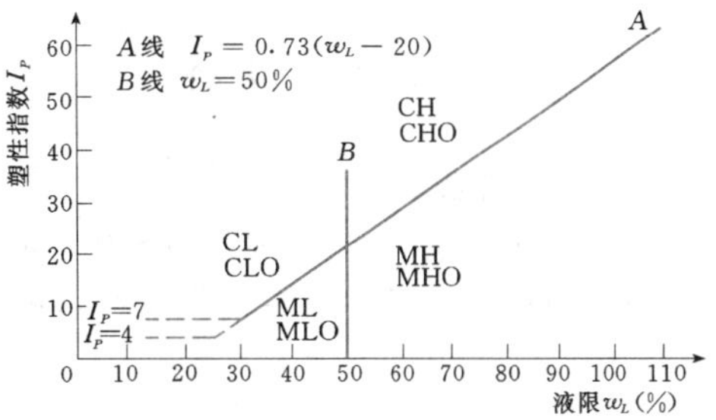

图 4.1-3　塑性图

（图中的液限 w_L 为用质量 76g、锥角为 30°的液限仪锥尖入土深度 17mm 对应的含水率或用碟式仪测定的液限含水率；图中虚线之间区域为黏土～粉土过渡区）

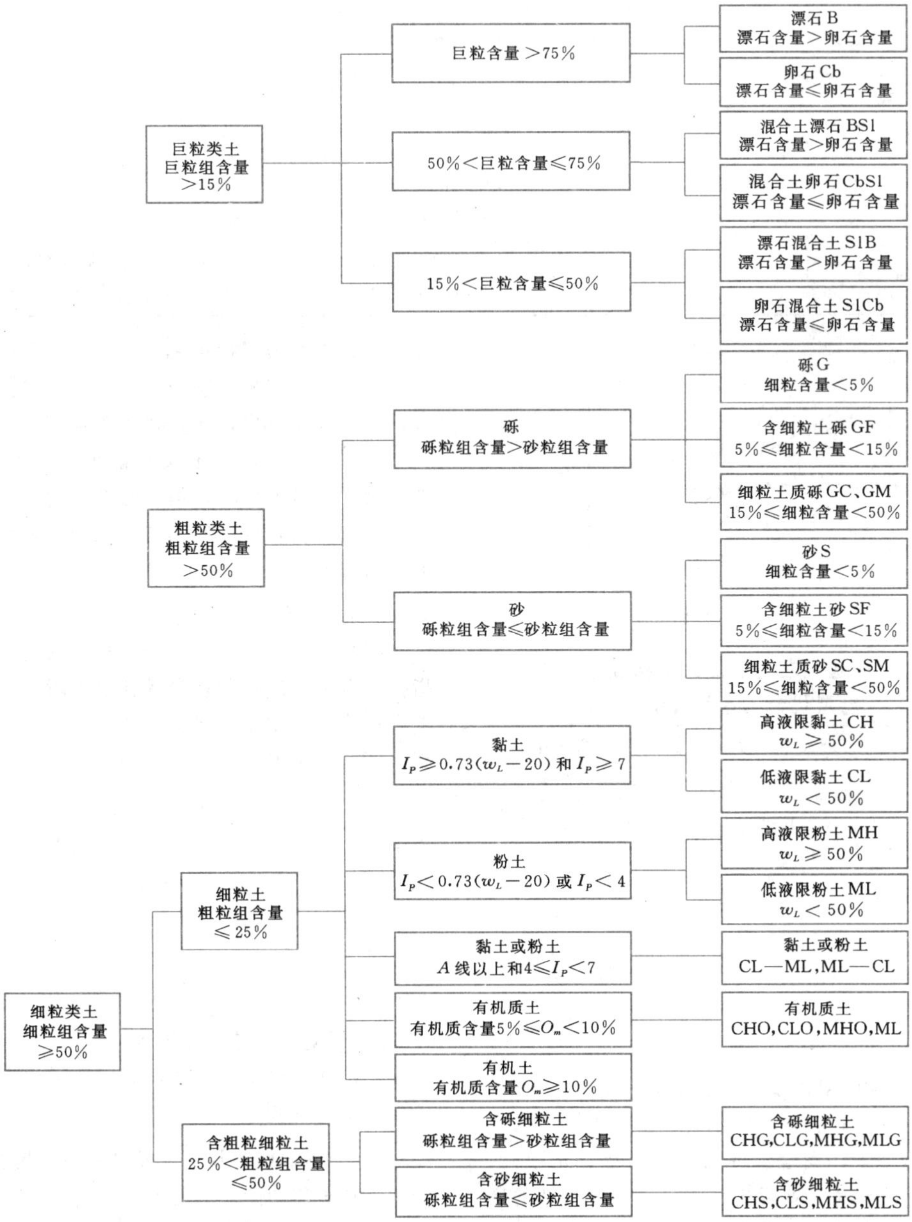

图 4.1-4　《土的工程分类标准》（GB/T 50145—2007）中土的工程分类体系框图

4.2 土的压实性

4.2.1 土的压实性表示

土的压实性指标通过室内击实试验和相对密度试验测得。表 4.2-1 给出了宜采用相对密度试验的土类。

表 4.2-1　　宜采用相对密度试验的土类[3]

土　类	细粒（<0.075mm）含量（%）	土　名	相对密度试验
GW，GP SW，SP	<5	各种级配的纯砂、纯砾	宜
GW—GM，GW—GC GP—GM，GP—GC	<8	砾石含粉土 砾石含黏土	宜
SW—SM，SP—SM SP—QC	<12	砂中含粉土 砂中含黏土	宜
SM，SC		砂与粉土混合料 砂与黏土混合料	是否适宜，需视级配及塑性而定，有些 SM 中细粒含量达 16%为宜

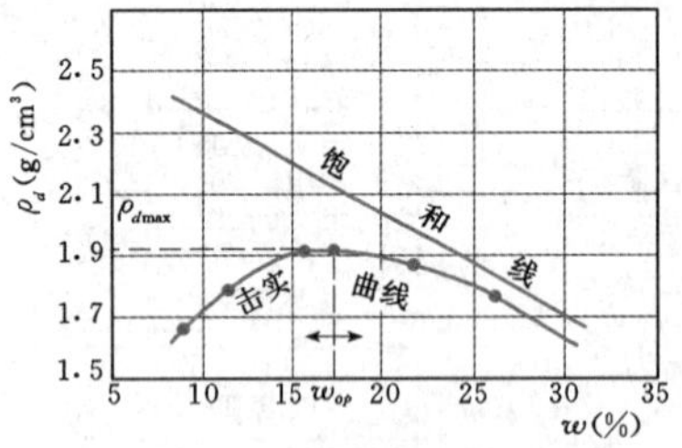

图 4.2-1　土的击实曲线示例[4]

表 4.2-2　一般细粒土的最大干密度与最优含水率经验值[4]

塑性指数 I_P	最大干密度 $\rho_{d\max}$(g/cm^3)	最优含水率 w_{op}（%）
<10	>1.85	<13
10～14	1.75～1.85	13～15
14～17	1.70～1.75	15～17
17～20	1.65～1.70	17～19
20～22	1.60～1.65	19～20

4.2.2.2 影响细粒料压实特性的主要因素

（1）含水率。在含水率较小时，击实干密度随着含水率增大而增大。当含水率增大至最优含水率时，击实干密度达到最大，此后击实干密度随含水率的增大而减小。在最优含水率下击实时，土能击实至最密实状态，即最容易被击实。

（2）土的级配。粗粒含量增加，或土料的级配良好，其最大干密度增大，最优含水率减小。

（3）击实功能。击实功能增大，最大干密度增加，最优含水率变小。但干密度的增加并不与击实功能增大成正比，当击实功能增大到一定程度，击实功能增大的影响将变小。

4.2.2 细粒土的压实性

4.2.2.1 细粒土压实性试验

细粒土的压实性通过室内击实试验测定，成果一般以一定击实功能下的击实干密度和含水率关系曲线、最大干密度和最优含水率等表示。图 4.2-1 为土的击实曲线示例。表 4.2-2 为一般细粒土的最大干密度与最优含水率经验值。

4.2.2.3 压实标准

细粒料填筑的压实标准包括干密度和含水率两个指标。含水率应控制在最优含水率附近，其上、下限偏离最优含水率不宜超过±2%。干密度由压实度控制。填筑干密度的计算公式为

$$\rho'_d = P\rho'_{d\max} \tag{4.2-1}$$

式中　P、ρ'_d、$\rho'_{d\max}$——压实度、填筑干密度、最大干密度。

《碾压式土石坝设计规范》（SL 274—2001）规定，对 1、2 级坝和高坝 P 应为 0.98～1.00，对于 3 级中低坝及 3 级以下中坝 P 应为 0.96～0.98。

4.2.3 无黏性粗粒土的压实性

无黏性粗粒土的压实性研究可采用大型击实试验或相对密度试验。

4.2.3.1 影响粗粒料压实特性的主要因素

（1）压实功能。当压实功能较小时，随压实功能的增大，干密度迅速增大。当压实功能增至某值以

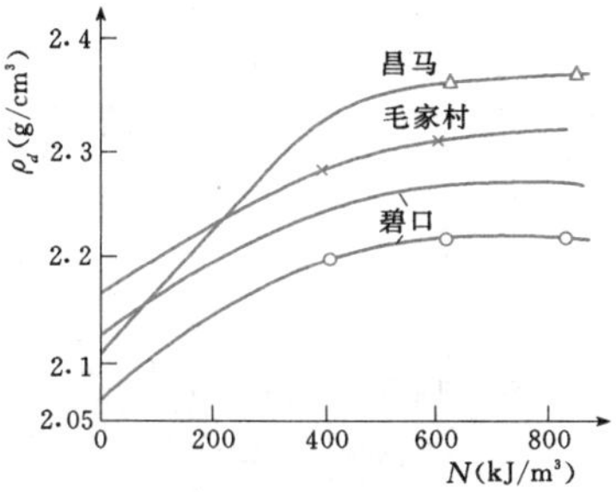

图 4.2-2 ρ_d—N 关系曲线示例[5]

后，干密度增长率减小，压实功能增大的效果降低。图 4.2-2 给出了几项工程的无黏性粗粒土的干密度 ρ_d 与压实功能 N 关系曲线示例。

(2) 压实方法。对于无黏性粗粒土，振动法的压实效果最好，而且工效高。在土石坝施工中，重型振动碾被广泛应用。表 4.2-3 给出了对一些土采用不同压实方法得到的干密度。

(3) 含水率。含水率对无黏性粗粒土压实效果的影响不如对细粒料的影响明显。而且，含水率对人工爆破堆石料与天然砂和砂砾石料的压实性的影响也有所不同。

对于人工爆破堆石料，加水能明显改善强度较高的堆石的压实效果，对软弱的人工爆破堆石料也存在着最优含水率，在此含水率下压实，堆石料压实干密度可达到最大。表 4.2-4 给出了一些堆石料的最大干密度与最优含水率的变化范围。

表 4.2-3　不同压实方法的干密度[5]　单位：g/cm³

土料	压实方法	$P_5=40\%$	$P_5=50\%$	$P_5=60\%$	$P_5=70\%$	$P_5=80\%$
砂卵石（石头河）	振动法	2.200	2.275	2.350	2.345	2.260
	锤击法	2.130	2.196	2.262	2.258	2.253
砂砾石（碧口）	振动碾压 8 遍		2.160	2.235	2.296	2.280
	机械夯压 2 遍			2.139	2.320	2.190
砂砾石（大伙房）	拖拉机串、6t 平碾各 4 遍	1.950	2.020	2.070	2.130	
	机械夯压 2 遍	1.950	2.030	2.100	2.150	

注　P_5 为粗粒（d>5mm）含量，采用固定粒径 5mm 作为粗料与细料的分界粒径。

表 4.2-4　堆石料的最大干密度与最优含水率数值[6]

母岩性质			最大干密度 ρ_{dmax} (g/cm³)	最优含水率 w_{op} (%)
低强度	砂岩	低比重	1.85～1.90	10～15
		高比重	2.04～2.24	7.0
高强度	闪长岩、片岩		2.05～2.25	9.5～11.0
	凝灰岩、千枚岩		2.28	>3.0

砂砾石料的干密度与含水率关系曲线呈现双峰值。含水率为零时击实干密度值较大。然后，含水率增大，击实干密度反而减小，直至曲线上出现击实干密度值最小的谷点。谷点之后，击实干密度值随含水率增大而增大。作为示例，图 4.2-3 给出了碧口砂砾石和大伙房砂砾石的击实干密度 ρ_d 与含水率 w 的关系曲线。

(4) 粗料含量。当粗料含量 P_5 较小时，干密度随粗料含量增大而增大，当粗料含量增至某值以后，干密度达最大值，对应的粗料含量为最优粗料含量。最优粗料含量后，干密度随粗料含量的增大而减小。最优粗料含量一般为 65%～75%。图 4.2-4 给出了一些工程砂砾料的最大干密度 ρ_d 与粗料含量 P_5 关系曲线示例。

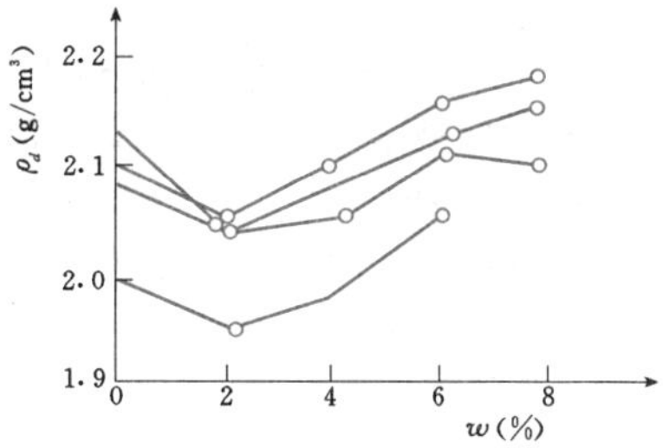

(a) 碧口砂砾石资料

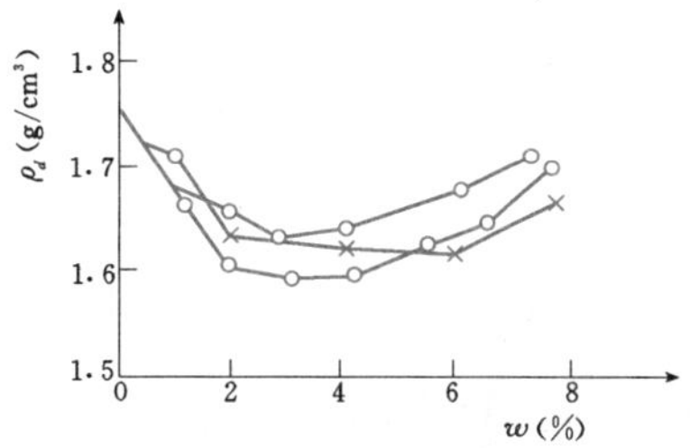

(b) 大伙房砂砾石资料

图 4.2-3　ρ_d—w 关系曲线示例[5]

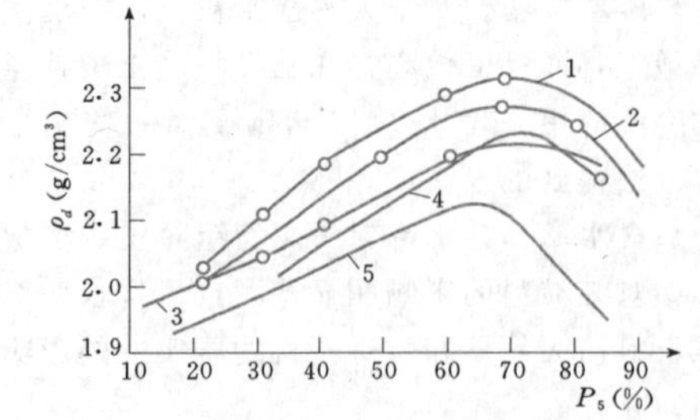

图 4.2-4　ρ_d—P_5 关系曲线示例[5]

1—碧口砂砾石；2—石头河砂卵石；3—碧口风化石渣；4—昌马砂砾石；5—毛家村砂砾石

(5) 母岩性质、级配与细粒含量。母岩比重愈高，能达到的密实度就愈大。母岩性质一定，级配成为影响堆石压实的主要因素。但对于人工爆破堆石料而言，在压实过程中级配可能会发生显著变化，表 4.2-5 给出了几种不同岩类的人工爆破堆石料碾压前后的级配比较。

4.2.3.2　压实标准

1. *砂砾石的压实标准*

砂砾石的密实程度以相对密度指标来表示。

2. *人工爆破堆石料的压实标准*

(1) 碾压施工参数控制。一般土石坝碾压堆石的压实标准（以孔隙率表示）主要根据前人的经验采用碾压施工参数控制，对重要工程或高坝还要适当通过一些现场碾压试验进行修正，以满足高土石坝的变形和稳定要求。

表 4.2-5　**不同岩类的人工爆破堆石料碾压前后的级配比较**[6]

岩石名称	碾压遍数	颗粒组成(%) >200 mm	200～150 mm	150～100 mm	100～80 mm	80～60 mm	60～40 mm	40～20 mm	20～5 mm	<5 mm	<2 mm	d_{60} (mm)	d_{10} (mm)	C_v	碾压设备	水库名称
砂岩	0	22.9	26.2	27.0	12.7	3.9	1.9	1.7	1.47	2.23	1.9	165.0	70	24	1.34t 平碾	简阳石盘水库
	10	7.2	11.5	18.0	10.3	10.6	6.4	9.2	12.5	14.3	10.8	9.30	1.3	71.5		
	14	2.6	11.6	16.6	8.4	11.3	8.0	10.3	13.3	17.9	14.8	78.0	0.4	195.0		
黏土岩	0	32.4	16.2	29.5	14.0	4.5	1.2	0.9	0.9	4.7	3.0	175	83	2.1	15t 平碾	剑阁五一水库
	10	3.6	10.3	13.6	12.7	10.0	10.2	10.9	16.9	12	9.2	82	3.85	21.3		
	14	4.0	8.5	11.0	10.6	9.3	10.3	11.49	20.4	14	8.0	67	3.0	22.4		
灰岩黏土岩(30%)	0	12.5	10.3	28.1	7.4	8.2	9.2	7.1	9.7	7.5	3.9	125	9	14	1.35t 平碾	荣县红旗水库
	6	11.5	9.5	24.9	5.5	8.0	10.4	10.6	12.6	7.0	26	710	7	17		
千枚岩	0			24	7.5	13.5	12.0	19.0	19.6	4.4		70	8	8.75	2.0～2.2t 夯板	碧口土石坝
	2			15.0	4.0	8.5	7.0	25.3	30.6	10.7		35	4.0	8.75		
	3			10.0	7.0	11.0	8.0	14.0	26.0	24.0		30	2.5	12.0		

(2) 根据大型击实试验确定。一般工程设计通常采用大型击实仪在功能（864.0kN·m/m^3）下测得的最大干密度与最优含水率，以与我国目前现有的碾压机械条件相适应。石料石渣的压实标准可按式(4.2-2)确定：

$$\left.\begin{aligned}\rho_{ds} &= P\overline{\rho}_{d\max}\\ w_{op} &= \overline{w}_{op}\end{aligned}\right\}\qquad(4.2-2)$$

式中　ρ_{ds}——设计干密度，g/cm^3；

w_{op}——设计最优含水率，%；

$\overline{\rho}_{d\max}$——标准击实功能下的最大干密度，g/m^3；

$\overline{w}_{op}$——标准击实功能下的最优含水率，%；

P——压实度。

4.2.4　含细粒粗粒土的压实性

4.2.4.1　含细粒粗粒土压实性试验

含细粒粗粒土包括冰碛土、天然砾石土和人工掺砾（或碎石）土等。含细粒粗粒土的压实性试验一般采用大型击实试验。当不具备大型击实试验条件时，也可采用小型击实试验获得细料的最大干密度与最优含水率，然后结合经验公式确定全料的最大干密度与最优含水率。含细粒粗粒土像细粒土一样具有最大干密度与最优含水率，如图 4.2-5 所示。

4.2.4.2　影响含细粒粗粒土压实特性的主要因素

(1) 击实功能。最大干密度随击实功能的增大而增大，最优含水率随击实功能增大而减小。但需要指出的是，击实密度也不能随击实功能增大而无限增大。

(2) 压实方法。不同的压实方法有不同的压实效果，这是由土料性质和作用力的特点所决定的。对含细粒粗粒土，振动法不如击实法效果好。

(3) 粗料含量。含细粒粗粒土存在一个最优粗料

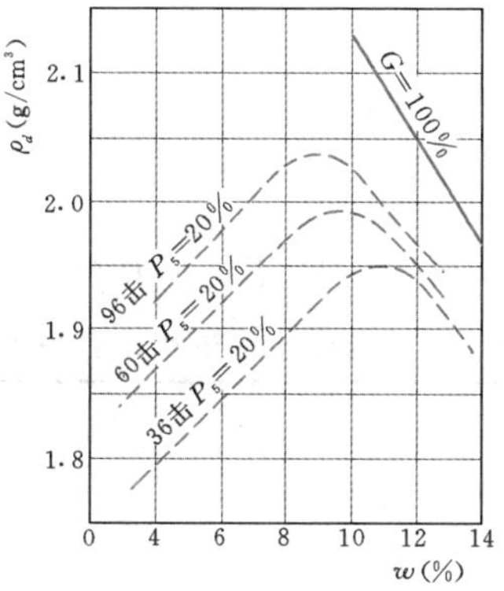

图 4.2-5　砾质土的大型击实仪试验结果示例[6]

含量 P_5^o，当粗料含量 $P_5 < P_5^o$ 时，最大干密度随粗料含量的增大而增大；当 $P_5 > P_5^o$ 时，最大干密度又随粗料含量的增大而减小。

4.2.4.3　压实标准

含细粒粗粒土的压实标准采用压实度控制。

（1）粗粒含量小于30%。粗粒含量小于30%时，含细粒粗粒土的全料最大干密度和最优含水率可通过两种途径获得：①采用大型击实试验直接获得全料的最大干密度和最优含水率；②采用全料中小于5mm的细料按小型击实试验进行击实，获得细料的最大干密度和最优含水率，再按式（4.2-3）求得全土料不同粗粒的最大干密度和最优含水率：

$$\left.\begin{aligned} \rho'_{d\max} &= \frac{1}{\dfrac{P_5}{\rho_w G_{s2}} + \dfrac{1-P_5}{\rho_{d\max}}} \\ w'_{op} &= w_{op}(1-P) \end{aligned}\right\} \qquad (4.2-3)$$

式中　$\rho'_{d\max}$、w'_{op}——校正后全料的最大干密度、最优含水率；

$\rho_{d\max}$、w_{op}——细料击实的最大干密度、最优含水率；

ρ_w——水的密度；

P_5、G_{s2}——粗颗粒含量、粗颗粒的土粒比重。

应当指出，对于含风化粗粒土不宜用式（4.2-3）换算，应当用大型击实仪通过击实试验来确定。

（2）粗粒含量大于30%～40%。必须用大型击实仪对不同粗粒含量的粗粒土进行击实试验，测定含水率与击实干密度的关系，从而确定其最大干密度和最优含水率，绘制最大干密度和最优含水率随砾石含量变化的关系曲线，然后再按压实度的要求和规定，确定填筑干密度和控制含水率。

4.3　土的渗流及渗透稳定性

4.3.1　概述

流体在土中的流动称为渗流。达西定律揭示了渗流速度与水力坡降（又称水力坡度）、渗透系数的关系，是描述饱和土体渗流的基本定律。

渗透系数是表示土渗流性的参数，其大小取决于土和流体的性质。土的性质主要包括矿物成分、结构、级配及孔隙大小等，其中级配和孔隙比是主要影响因素。

土的渗透系数主要通过试验测定，也可通过半经验公式估计。

渗流可以引起土体渗透变形或破坏。水工建筑物的坝基及坝体的渗透变形最常见区域是渗流出口和不同土层之间的接触部位。

土的渗透变形或破坏包括以下四种类型。

（1）管涌。渗流带走土中的细小颗粒，使孔隙扩大，并形成管状渗流通道的现象。

（2）流土。在渗流作用下，土体表面局部隆起、浮动或某一部分颗粒呈群体同时起动而流失。

（3）接触流失。在层次分明、渗透系数相差很大的两土层之间发生方向垂直层面的渗流，使细粒层中的细颗粒流入粗粒层的现象称为接触流失。表现形式可能是较细层中的单个颗粒进入粗粒层，也可能是细颗粒群体同时进入粗粒层。

（4）接触冲刷。渗流沿着不同级配土层的接触面带走细颗粒的现象。

实际建筑物及地基渗透破坏型式可能是上述四种型式之一，也可能是其中几种型式的综合反映。

土抵抗渗透变形的能力称为土体的抗渗强度，通常以临界水力坡降来表示，土的抗渗强度通过试验确定，也可以通过半经验公式估计。

4.3.2　达西定律

达西定律假定单位时间内通过截面积 A 的渗水量 Q 与上下游水头差 (h_1-h_2) 成正比，与试样长度 L 成反比，即

$$Q = kA\frac{h_1-h_2}{L} = kAJ \qquad (4.3-1)$$

其中

$$J = \frac{h_1-h_2}{L}$$

式中　J——水力坡降。

渗流流速 v 为

$$v = \frac{Q}{A} = kJ \qquad (4.3-2)$$

式中　k——渗透系数。

试验表明，达西定律只适用于层流运动。达西定律的适用范围通常采用临界雷诺数进行判别。雷诺数为流体惯性力与黏滞力之比，流速增大，雷诺数增大，最终黏滞力失去主控作用，渗流将由层流转向紊流。如资料表明，在粗砾和一些堆石中，当渗流速度大于 0.5～0.7cm/s 时，渗流将不符合达西定律。

4.3.3 渗透系数的测定

渗透系数 k 的试验测定分野外和室内两种方法，本节仅介绍室内试验测定方法和原理。

室内渗透试验如图 4.3-1 所示。其中，图 4.3-1 (a) 为常水头试验，装置依靠调节下游水位而变化水头，适用于强透水性的土；图 4.3-1 (b) 为变水头试验，装置适用于弱透水性的土。

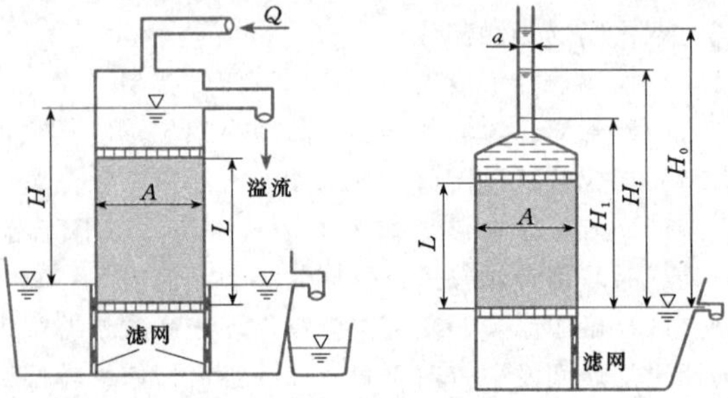

(a) 常水头试验　　(b) 变水头试验

图 4.3-1 圆筒渗透仪试验装置

试验前土样充分饱和，以排除土孔隙中气泡的影响，使渗流通道完全畅通。通常使用无空气水，同时使试验水温略高于室温，保证水中空气不因升温而析出。

对于常水头试验，渗透系数为

$$k = \frac{QL}{AH} \tag{4.3-3}$$

式中 H——水头；

Q——稳定时的渗流量；

A——过水断面面积；

L——试样长度。

对于变水头试验，渗透系数为

$$k = 2.3\frac{aL}{At}\lg\frac{H_0}{H_1} \tag{4.3-4}$$

式中 a——供水管的断面面积；

A——试样断面面积；

H_0——试验初始水头；

H_1——经过时间 t 后的水头。

k 值还与试验用水的温度有关。通常以 20℃时的水温所测定的渗透系数作为标准的 k 值。若试验时为 t℃水温，由式（4.3-5）换算成 20℃时的渗透系数：

$$k_{20℃} = k_t \frac{\eta_{t℃}}{\eta_{20℃}} \frac{\gamma_{w20℃}}{\gamma_{wt℃}} \tag{4.3-5}$$

式中 η——水的黏滞性。

各种土的渗透系数 k 值，见表 4.3-1。

表 4.3-1　各种土的渗透系数值[11]

土　类	k (cm/s)
粗砾	$1\times10^{0}\sim5\times10^{-1}$
砂质砾	$1\times10^{-1}\sim1\times10^{-2}$
粗砂	$5\times10^{-2}\sim1\times10^{-2}$
细砂	$5\times10^{-3}\sim1\times10^{-3}$
粉质砂	$2\times10^{-3}\sim1\times10^{-4}$
砂壤土	$1\times10^{-3}\sim1\times10^{-4}$
黄土（砂质）	$1\times10^{-3}\sim1\times10^{-4}$
黄土（泥质）	$1\times10^{-5}\sim1\times10^{-6}$
黏壤土	$1\times10^{-4}\sim1\times10^{-6}$
淤泥土	$1\times10^{-6}\sim1\times10^{-7}$
黏土	$1\times10^{-6}\sim1\times10^{-8}$

4.3.4 渗透力

渗流作用下的单元土粒，首尾两侧出现水头差，处于两个力的作用下：一个是垂直作用于颗粒表面的单元渗透水压力 P_i；另一个是沿土粒表面切线方向的单元渗流摩擦力 τ_i，摩擦力的总方向和渗流方向相一致。由于层流中的流速很小，流速水头可忽略不计。用矢量表示这两种单元力，可以得到渗流作用在单元颗粒上的合成单元力 r［见图 4.3-2 (a)］。假如研究的是某一单位体积的土体，同样可找到渗流作用于单位土体上的合力 $\boldsymbol{R}$［见图 4.3-2 (b)］。这个力 $\boldsymbol{R}$ 称为渗流作用下的单位渗透阻力，是一种体积力。一般将矢量 $\boldsymbol{R}$ 分解为两个分力：一个铅直向的矢量 $\boldsymbol{W}_1$，它就是渗流作用下单位体积的浮托力，$\boldsymbol{W}_1 = (1-n)\gamma_w$；另一个是沿流线切线方向的矢量 $\boldsymbol{W}_\phi$，

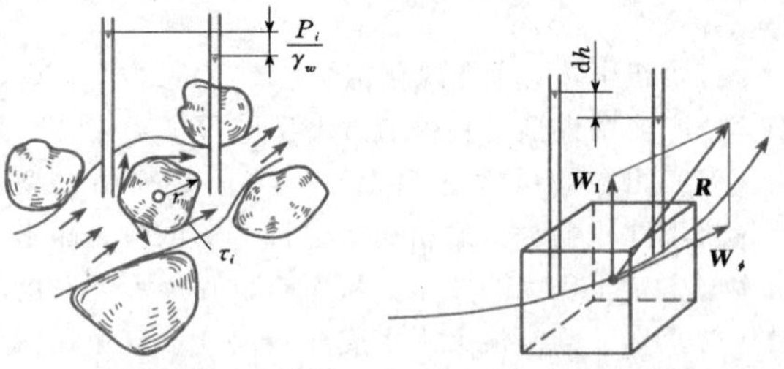

(a) 土颗粒　　(b) 土体

图 4.3-2 土体中渗透阻力示意图

该矢量称为单位体积的渗透力，简称为渗透力，其计算公式为

$$W_\phi = -\gamma_w \frac{dh}{ds} = -\gamma_w J \qquad (4.3-6)$$

式中 γ_w——水的容重；

dh——在长度 ds 的路径上损失的测压管水头。

有渗流的建筑物及地基均承受上述渗透力，作用于土体中的渗透力会引起土体的渗透变形。

4.3.5 土的渗透变形

4.3.5.1 渗透变形的类型

无黏性土和黏性土的渗透变形特性显著不同。

无黏性土是指粗粒土，包括细砂、粗砂及砂砾石混合料。黏性土是指小于 0.075mm 的颗粒含量占75%以上的细粒土，又分为正常黏性土和分散性黏性土两大类。

无黏性土的渗透变形型式有流土、管涌、接触流失及接触冲刷四种类型，流土和管涌主要出现在均质的土层中；接触流失和接触冲刷主要出现在多层地基或水工建筑物的反滤层中。

黏性土的渗透变形主要是流土，对于分散性土，也会出现管涌破坏的问题。当渗流方向向下时，黏性土的渗透变形型式主要是接触流土，常表现为土体表面向下剥蚀的形式，故又称为剥蚀。对于土石坝的防渗体，往往产生上下游贯通的呈水平向的坝体裂隙，当水库蓄水后易产生裂隙冲蚀问题。

4.3.5.2 无黏性土流土和管涌的判别方法

无黏性土渗透变形型式的判别可采用以下方法：

(1) $C_u \leqslant 5$ 的土只有流土一种型式。

(2) 对于 $C_u > 5$ 的土可采用下列判别方法。

1) 流土型：

$$P \geqslant 35\% \qquad (4.3-7)$$

2) 管涌型：

$$P < 25\% \qquad (4.3-8)$$

3) 过渡型：

$$25\% \leqslant P < 35\% \qquad (4.3-9)$$

式中 P——土体中的细料含量。

(3) 接触冲刷宜采用下列方法判别：对双层结构的地基，当两层土的不均匀系数 $C_u \leqslant 10$，且符合式 (4.3-10) 规定的条件时不会发生接触冲刷，即

$$\frac{D_{10}}{d_{10}} \leqslant 10 \qquad (4.3-10)$$

式中 D_{10}、d_{10}——较粗、较细土层颗粒粒径，小于该粒径的土重占总土重的10%，mm。

(4) 接触流失宜采用下列方法判别：对于渗流方向向上的情况，符合下列条件时不会发生接触流失。

1) 不均匀系数 $C_u \leqslant 5$ 的土层：

$$\frac{D_{15}}{d_{85}} \leqslant 5 \qquad (4.3-11)$$

式中 D_{15}——较粗一层土的颗粒粒径，小于该粒径的土重占总土重的 15%，mm；

d_{85}——较细一层土的颗粒粒径，小于该粒径的土重占总土重的 85%，mm。

2) 不均匀系数 $5 < C_u \leqslant 10$ 的土层：

$$\frac{D_{20}}{d_{70}} \leqslant 7 \qquad (4.3-12)$$

式中 D_{20}——较粗一层土的颗粒粒径，小于该粒径的土重占总土重的 20%，mm；

d_{70}——较细一层土的颗粒粒径，小于该粒径的土重占总土重的 70%，mm。

(5) 确定细料含量的方法。

1) 级配不连续的土。当颗粒级配曲线中至少有一个粒组颗粒含量不大于 3%的土，称为级配不连续的土。如工程中常见的砂砾石，粒径 1～2mm 和 2～5mm 的两种粒径组的总含量一般不大于 6%，此种土称为级配不连续的土。将不连续部分分为粗料和细料，并以此确定细料含量 P。对于天然无黏性土，不连续部分的平均粒径多为 2mm，小于 2mm 的粒径含量为细料含量。

2) 级配连续的土。粗细料的区分粒径为

$$d = \sqrt{d_{70} d_{10}} \qquad (4.3-13)$$

式中 d_{70}——占总土质量 70%的颗粒粒径，mm；

d_{10}——占总土质量 10%的颗粒粒径，mm。

4.3.5.3 无黏性土流土和管涌的临界水力坡降

(1) 流土与管涌的临界水力坡降宜采用下列方法确定。

1) 流土型可采用式 (4.3-14) 计算：

$$J_{cr} = (G_s - 1)(1 - n) \qquad (4.3-14)$$

式中 J_{cr}——土的临界水力坡降；

G_s——土粒比重；

n——土的孔隙率，%。

2) 管涌型或过渡型可采用式 (4.3-15) 计算：

$$J_{cr} = 2.2(G_s - 1)(1 - n)^2 \frac{d_5}{d_{20}} \qquad (4.3-15)$$

式中 d_5、d_{20}——占总土质量的 5%、20%的土粒粒径，mm。

3) 管涌型也可采用式 (4.3-16) 计算：

$$J_{cr} = \frac{42 d_3}{\sqrt{\frac{k}{n^3}}} \qquad (4.3-16)$$

式中 k——土的渗透系数，cm/s；

d_3——占总土质量 3%的土粒粒径，mm。

4）当 $C_u > 5$ 时可采用式（4.3-17）计算：

$$J_{cr} = \frac{0.1}{\sqrt[3]{k}} \tag{4.3-17}$$

（2）无黏性土的允许水力坡降可采用下列方法确定。

1）土的临界水力坡降除以一定的安全系数（1.5～2.0），流土型安全系数取2.0；对于特别重要的工程安全系数也可取2.5，管涌型安全系数取1.5。

2）当无试验资料时，可根据表4.3-2选用经验值。

表4.3-2　无黏性土允许水力坡降

允许水力坡降	渗透变形型式					
	流土型			过渡型	管涌型	
	$C_u \leqslant 3$	$3 < C_u \leqslant 5$	$C_u > 5$		级配连续	级配不连续
$J_{允许}$	0.25～0.35	0.35～0.50	0.50～0.80	0.25～0.40	0.15～0.25	0.10～0.20

注　本表不适用于渗流出口有反滤层情况。若有反滤层作保护，流土型及过渡型可提高3倍，管涌型为2倍。

4.3.5.4　无黏性土接触冲刷的临界水力坡降

1. 接触冲刷的临界水力坡降

接触冲刷多发生在土石坝的排水体及有粗颗粒组成的多层地基中，B.C依斯托美娜的研究表明，无黏性土开始接触冲刷的临界水力坡降取决于两相邻土层的有效粒径 d_{10} 及 D_{10} 与细粒土层摩擦系数 $\tan\varphi$ 之间的关系，如图4.3-3所示。其中允许水力坡降可取1.5的安全系数，即

$$J_{允许} = \frac{J_{cr}}{1.5} \tag{4.3-18}$$

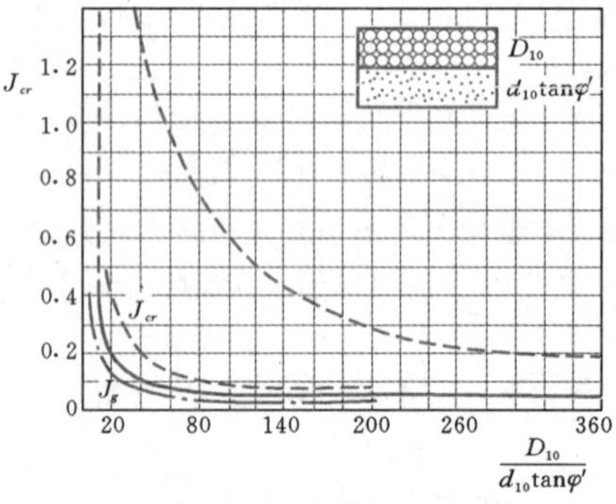

图4.3-3　$J_{cr}-\frac{D_{10}}{d_{10}\tan\varphi}$ 关系曲线

由图4.3-3可见，为使相邻土层在纵向渗流作用下，不产生接触冲刷的条件为 $\frac{D_{10}}{d_{10}} \leqslant 10$，此时 $J_{cr} > 1.3$。当 $\frac{D_{10}}{d_{10}} > 10$ 时 J_{cr} 急骤减小，易产生接触冲刷。

根据苏联水工科学院的研究结果，当两相邻土层中从细粒层带出的土颗粒 $d_i > d_3$ 时，接触冲刷的临界水力坡降的计算公式为

$$J_{cr} = \left(3 + 15\frac{d_3}{D_0}\right)\frac{d_3}{D_0}\sin\left(30° + \frac{\theta}{8}\right) \tag{4.3-19}$$

其中

$$D_0 = 0.46\sqrt[6]{C_u}\frac{n}{1-n}D_{17} \tag{4.3-20}$$

式中　d_3——细粒层中小于该粒径的土的质量占总质量的3%（若不易求得 d_3 可用 d_5 代替）；

θ——水流方向与重力的夹角；

D_0——粗粒土的孔隙平均直径；

D_{17}——粗粒土的等效粒径，小于该粒径土的质量占总质量的17%。

如果水流方向呈水平向，则

$$J_{cr} = \left(1.51 + \frac{d_3}{D_0}\right)\frac{d_3}{D_0} \tag{4.3-21}$$

对于黏性土，研究初步表明，当砾石层与饱和度为 $S_r \geqslant 0.95$ 的壤土接触时，$J_{cr}=0.4$～0.5。当砾石层的孔隙平均直径为3mm、$J_{cr}=0.6$～0.8 时，不会发生接触冲刷。

2. 接触流失的水力坡降

当粗细两相邻层层间关系满足反滤层的要求时，细粒层不会产生接触流失。

4.3.5.5　黏性土临界水力坡降

1. 流土时的临界水力坡降

流土时的水力坡降为

$$J_{cr} = \frac{4c}{\gamma_w D_0} + 1.25(G_s - 1)(1 - n) \tag{4.3-22}$$

$$D_0 = 1.0\text{m}$$

式中　J_{cr}——临界水力坡降。

2. 接触流土时的临界水力坡降

接触流土时的临界水力坡降分两种情况。

（1）渗流向上时：

$$J_{cr} = \frac{4c}{\gamma_w D_0} + 1.25(G_s - 1)(1 - n) \tag{4.3-23}$$

$$D_0 = 0.63nD_{20} \tag{4.3-24}$$

式中　c——土的黏聚力，按表4.3-3确定；

D_{20}——相邻粗层的等效粒径，小于该粒径的质量占总质量的20%，cm；

γ_w——水的容重。

表 4.3-3　　黏性土的抗渗黏聚力 c

w_L (%)	50	40	30	≤26
c (kPa)	5～7	3.5～4.5	2.0～3.4	1.5～2.5

(2) 渗流向下时：

1) 填土密实度为中等以上时，其临界水力坡降为

$$J_{cr}=\frac{24(1-n)}{(0.21-n_L+0.79n)(1+0.0057D_{20}^2)} \tag{4.3-25}$$

式中　n_L——土体的含水率处于液限状态时的孔隙率。

2) 填土质量较低时，其临界水力坡降为

$$J_{cr}=\frac{114}{1+0.0057D_{20}^2} \tag{4.3-26}$$

3. 出现裂缝时的临界水力坡降

黏性土裂缝渗流冲蚀临界水力坡降分为两种情况。

(1) 裂缝出口有反滤保护：

$$J_{cr}=\frac{50e_L^2}{\sqrt{D_{20}}-0.4} \tag{4.3-27}$$

式中　e_L——土体的含水率处于液限状态且全饱和时的孔隙比，即液限孔隙比；

D_{20}——出口反滤的等效粒径，mm。

(2) 裂缝出口无反滤层：

$$J_{cr}=2.3e_L^2 \tag{4.3-28}$$

其中

$$e_L=w_LG_s \tag{4.3-29}$$

式中　w_L——液限含水率。

若安全系数取 2.5，则裂缝土的临界及允许水力坡降列于表 4.3-4。

表 4.3-4　　裂缝土的临界及允许水力坡降

w_L (%)	≤26	30	40	50	>50
J_{cr}	1.13	1.54	2.78	4.32	5.0
$J_{允许}$	0.45	0.62	1.10	1.7	2.0

分散性土若无裂缝，则临界水力坡降可按无裂缝情况确定；若出现裂缝，且渗透水流是纯净的，不含金属阳离子，则临界水力坡降显著减小，裂缝冲蚀水力坡降可按表 4.3-5 确定。

表 4.3-5　分散性裂缝土的临界及允许水力比降

黏粒含量 (%)	<25	30	40	50
J_{cr}	0.05	0.06	0.08	0.15
$J_{允许}$	0.05	0.05	0.06	0.11

4.3.6　反滤层的选择

4.3.6.1　一般概念

反滤层的功能是滤土减压，防止渗流出口的渗透破坏。

滤土的基本原理：反滤层的孔隙平均直径不大于被保护土中对渗透破坏起控制作用的最大颗粒，即

$$D_0\leqslant Ad_k \tag{4.3-30}$$

式中　D_0——反滤层的孔隙平均直径；

d_k——被保护土中对渗透破坏起控制作用的最大颗粒粒径；

A——成拱系数，为 1～3，与反滤层的类型有关。

减压的基本原理：反滤层的渗透系数至少大于被保护土的渗透系数的 4 倍，使渗透水流进入反滤层后渗透压力基本消失。通常要求

$$\frac{k_f}{k_b}>(4\sim16) \tag{4.3-31}$$

式中　k_f、k_b——反滤层、被保护土的渗透系数。

按照上述原则设计的反滤层，可使被保护土的允许水力坡降得到显著提高，流土破坏的土体至少提高到 3 倍，管涌破坏的土体可提高到 2 倍。

不同的反滤层设计方法，采用的反滤层等效粒径也不同，如 D_{15}、D_{17}、D_{20} 等。

土的渗透破坏型式除与土性有关外，还与渗流方向有关。不同的渗流方向，对反滤层要求的严格程度及反滤层的层数也不同，因此，将反滤层分为以下两种类型，如图 4.3-4 和图 4.3-5 所示。

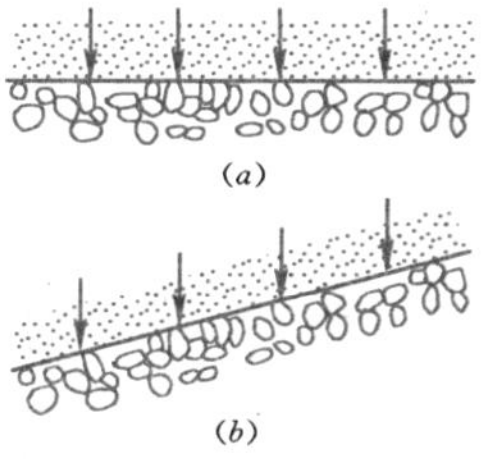

图 4.3-4　Ⅰ型反滤层

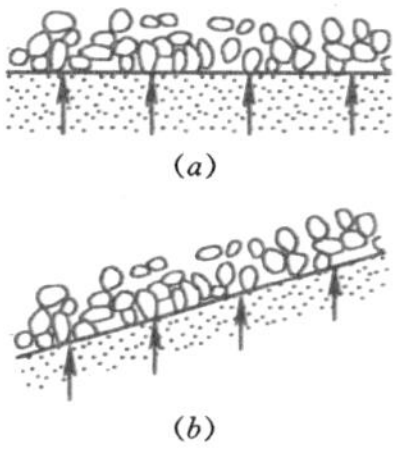

图 4.3-5　Ⅱ型反滤层

(1) Ⅰ型反滤层。反滤层位于被保护土的下部，渗流方向由上向下（见图 4.3-4）。如均质坝的水平排水体和斜墙后的反滤层及混凝土面板坝的垫层料等。

(2) Ⅱ型反滤层。反滤层位于被保护土上部，渗流方向由下向上（见图 4.3-5）。如位于坝基渗流出逸处和排水沟下边的反滤层等。

若反滤层呈垂直形式，渗流方向水平，属过渡型，可归为Ⅰ型。如减压井、竖式排水体等的反滤层。

在反滤层设计中，Ⅰ型要严于Ⅱ型。

4.3.6.2　无黏性土的反滤层设计准则

被保护土为无黏性土，且不均匀系数 $C_u \leqslant 5 \sim 8$ 时，其反滤层级配的计算公式如下：

滤土准则为

$$\frac{D_{15}}{d_{85}} \leqslant 4 \sim 5 \qquad (4.3-32)$$

减压准则为

$$\frac{D_{15}}{d_{15}} \geqslant 5 \qquad (4.3-33)$$

对于如下情况，按下述方法处理后，仍可按式（4.3-32）和式（4.3-33）初步确定反滤层，然后通过试验确定级配。

（1）对于不均匀系数 $C_u > 8$ 的被保护土，宜取 $C_u \leqslant 5 \sim 8$ 的细料部分的 d_{85}、d_{15} 作为计算粒径；对于级配不连续的被保护土，应取级配曲线平段以下（一般 1～5mm 粒径）细粒部分的 d_{85}、d_{15} 作为计算粒径。

（2）当反滤层的不均匀系数 $C_u > 5 \sim 8$ 时，应控制大于 5mm 颗粒的含量小于 60%，选用 5mm 以下的细粒部分的 D_{15} 作为计算粒径。

4.3.6.3　黏性土的反滤层设计准则

当被保护土为黏性土时，其反滤层的级配应按下列方法确定：

（1）滤土要求。根据被保护土小于 0.075mm 颗粒含量（%）不同，而采用不同的方法。

当被保护土含有大于 5mm 颗粒料时，应按小于 5mm 颗粒级配确定小于 0.075mm 颗粒含量，并以小于 5mm 颗粒级配的 d_{85} 作为计算粒径。当被保护土不含大于 5mm 颗粒时，应按全料确定小于 0.075mm 颗粒含量，并以全料的 d_{85} 作为计算粒径。

1）对于小于 0.075mm 颗粒含量大于 85%的土，其反滤层要求

$$D_{15} \leqslant 9d_{85} \qquad (4.3-34)$$

当 $9d_{85} < 0.2$mm 时，D_{15} 取 0.2mm。

2）对于小于 0.075mm 的颗粒含量为 40%～85%的土，其反滤层要求

$$D_{15} \leqslant 0.7\text{mm} \qquad (4.3-35)$$

3）对于小于 0.075mm 的颗粒含量为 15%～39%的土，其反滤层要求

$$D_{15} \leqslant 0.7 + \frac{1}{25}(40 - P)(4d_{85} - 0.7) \qquad (4.3-36)$$

式中　P——小于 0.075mm 的颗粒含量，%。

若式（4.3-36）在计算过程中出现 $4d_{85} < 0.7$mm 的情况，应取 $4d_{85} = 0.7$mm，即 $D_{15} = 0.7$mm。

4）对于小于 0.075mm 的颗粒含量小于 15%的砂和砂砾石，其反滤层要求

$$D_{15} \leqslant 4d_{85} \qquad (4.3-37)$$

（2）减压准则。反滤层除满足滤土要求外，还应同时满足式（4.3-38）的减压要求，即

$$D_{15} \geqslant 4d_{15} \qquad (4.3-38)$$

式中，d_{15} 应为全料的 d_{15}。当 $4d_{15} < 0.1$mm 时，应加粗反滤层，要求所选反滤料的 D_{15} 不小于 0.1mm。

（3）采用土工织物作为反滤层时，应按《土工合成材料应用技术规范》（GB 50290—98）的规定进行设计。

4.3.6.4　反滤层的层数

对于Ⅰ型反滤，反滤层的层数与下层的颗粒级配有直接关系：若下层粗粒层的颗粒级配与第一层反滤不满足反滤层的关系，则需设第二层反滤；若第二层还无法过渡到粗粒层，需设第三层反滤，直至满足反滤层的要求为止。

对于Ⅱ型反滤，是否需设第二层反滤，主要决定于反滤层的减压效果。如果第一层反滤能满足减压准则，且厚度大于 50cm，则不设第二层反滤。

4.3.6.5　反滤层的厚度

若反滤层无应力过渡问题，厚度 T 的理论计算公式为

$$T \geqslant 5d_{85} \qquad (4.3-39)$$

工程实际情况中，人工铺设的反滤层一般要求 $T > 30$cm，机械铺设反滤层一般要求 $T > 2.0$m，对高土石坝要求 $T \geqslant 3.0$m。

4.4　土的渗流计算

4.4.1　渗流计算的水力学方法

渗流计算方法可分为水力学法、流体力学法、水力学—流体力学法、有限元法、流网法及电拟模型试验法等。

水力学方法的理论基础是裘布衣公式，这个公式可以用来求解一维缓变流情况下的各类工程实用渗流问题。假定基本流线的曲率非常小，发散角也非常小，如图 4.4-1 所示。因此可以认为，断面 1—1 和断面 2—2 间沿各条流线方向的距离是相等的，表明缓变流的情况下，在所给的两个断面中，各条流线的水力坡降都相同，即

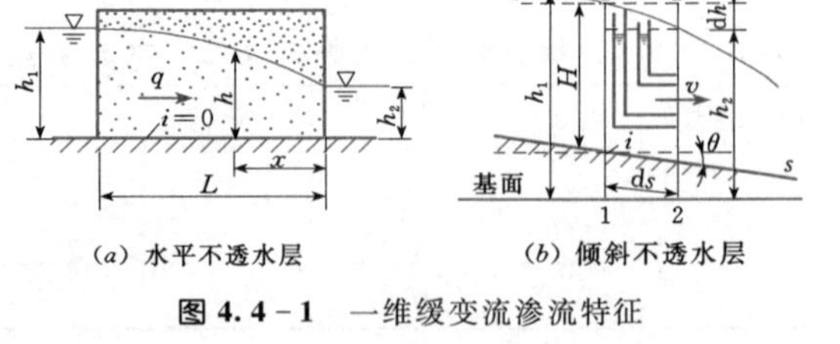

（a）水平不透水层　　（b）倾斜不透水层

图 4.4-1　一维缓变流渗流特征

$$J = -\frac{dh}{dS} = 常数 \quad (4.4-1)$$

其渗流量为

$$q = \frac{k(h_1^2 - h_2^2)}{2L} \quad (4.4-2)$$

对于任一距离 x 处有

$$q = \frac{k(h^2 - h_2^2)}{2x} \quad (4.4-3)$$

由式（4.4-2）和式（4.4-3）可解得任意距离 x 处的水深或水面为

$$h = \left[h_2^2 + (h_1^2 - h_2^2)\left(\frac{x}{L}\right)\right]^{\frac{1}{2}} \quad (4.4-4)$$

由式（4.4-4）可绘出近似的自由水面线，即浸润线。

如果基本流线不是缓变的，而是非常弯曲时，则不适合使用裘布衣公式。

4.4.2 渗流的基本方程式

连续性方程是质量守恒定律在渗流问题中的具体应用，它表明，流体在渗透介质中的流动过程中，其质量既不增加，也不减少。

在充满液体的渗流区域中取一无限小的平行六面体（见图 4.4-2），设六面体的各边长度分别为 Δx、Δy、Δz，且与相应的坐标轴平行，研究其水流的平衡关系。沿坐标轴 x、y、z 方向的渗透速度分量及液体的密度分别以 v_x、v_y、v_z 及 ρ 来表示。

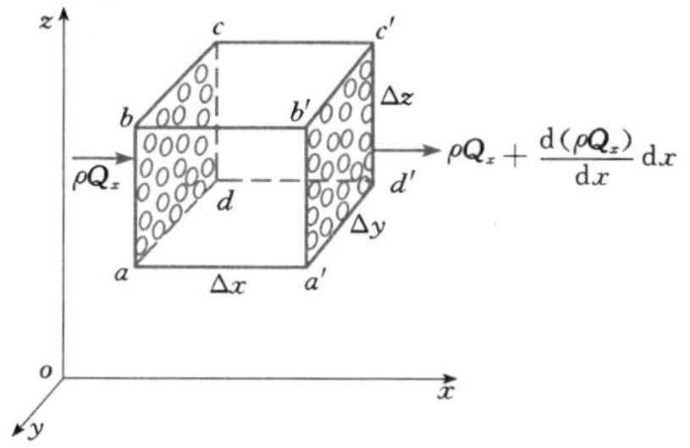

图 4.4-2 渗流区域中的单元体

根据流体不可压缩的假设和水流连续条件，在体积不变条件下，对于饱和土流入微单元的水量必须等于流出的水量，则有

$$\frac{\partial v_x}{\partial x} + \frac{\partial v_y}{\partial y} + \frac{\partial v_z}{\partial z} = 0 \quad (4.4-5)$$

根据达西定律

$$\left.\begin{aligned} v_x &= -k_x \frac{\partial h}{\partial x} \\ v_y &= -k_y \frac{\partial h}{\partial y} \\ v_z &= -k_z \frac{\partial h}{\partial z} \end{aligned}\right\} \quad (4.4-6)$$

其中

$$h = \frac{P}{\gamma_w} + Z$$

式中 k_x、k_y、k_z——x、y、z 方向土的渗透系数；
h——某一点的测管水头，等于压力水头与位置高度之和；
$\frac{P}{\gamma_w}$——压力高度，即该点的测压管水柱高度；
P——该点的渗透水压力；
Z——该点的位置高度。

将式（4.4-6）代入式（4.4-5），则得

$$k_x \frac{\partial^2 h}{\partial x^2} + k_y \frac{\partial^2 h}{\partial y^2} + k_z \frac{\partial^2 h}{\partial z^2} = 0 \quad (4.4-7)$$

对于各向同性的土，$k_x = k_y = k_z$，则

$$\frac{\partial^2 h}{\partial x^2} + \frac{\partial^2 h}{\partial y^2} + \frac{\partial^2 h}{\partial z^2} = 0$$

这就是饱和各向同性土中三维渗流的基本微分方程，即拉普拉斯方程，渗流的计算分析也即求解拉普拉斯方程，其解可用等势线（等水头线）族和流线族来表示。

4.4.3 渗流计算的有限单元法

4.4.3.1 支配方程与定解条件

1. 不可压缩流体

从水流的连续性条件和达西定律可得到式（4.4-5）与式（4.4-6），从而建立如下的二维微分方程：

$$\frac{\partial}{\partial x}\left(k_x \frac{\partial h}{\partial x}\right) + \frac{\partial}{\partial z}\left(k_z \frac{\partial h}{\partial z}\right) = 0 \quad (4.4-8)$$

当 k_x、k_z 为常数时，可得到以下方程：

$$k_x \frac{\partial^2 h}{\partial x^2} + k_z \frac{\partial^2 h}{\partial z^2} = 0 \quad (4.4-9)$$

当 $k_x = k_z = k$ 时即可得到拉普拉斯方程：

$$\frac{\partial^2 h}{\partial x^2} + \frac{\partial^2 h}{\partial z^2} = 0 \quad (4.4-10)$$

2. 可压缩流体

在高饱和度非饱和土中，气体以封闭的气泡形式存在于孔隙水中，可认为是一种可压缩的流体，则

$$\frac{\partial}{\partial x}\left(k_x \frac{\partial h}{\partial x}\right) + \frac{\partial}{\partial z}\left(k_z \frac{\partial h}{\partial z}\right) = S_s \frac{\partial h}{\partial t} \quad (4.4-11)$$

其中

$$S_s = \gamma_w(\alpha + n\beta) \quad (4.4-12)$$

式中 S_s——单位储水量，它表示下降单位水头时，由于骨架压缩和水的膨胀所释放出的储存水量；
α、β——土、孔隙流体的压缩系数。

在有蒸发、降雨的情况下，式（4.4-12）中还应加入单位水平面积上蒸发（入渗）量 ε；在有自由水面的不稳定流中，自由水面升降引起水量变化，用给水度 μ 表示［μ 为在自由水面改变单位高度时，从含水层单位截面积上吸收（排出）的水量］。

渗流问题的数值计算定解条件中最重要的一条是

要满足其边界条件，即外部条件，包括入渗和出渗段，不透水的地下轮廓、不透水层和渗流的自由表面等，可以概括为以下两类边界条件：

（1）第一类边界条件。在这类边界上，所有水头 h 是已知的，可直接在边界上赋值，如混凝土坝的上游入渗和下游出渗段。此外还有土石坝中的自由水面，水头等于垂直坐标值，即 $h=z$，均质坝也属于第一类边界条件。

（2）第二类边界条件。在这类边界上，渗流量是已知的。例如在不透水边界上，这时，$v_n=0$ 或者有

$$k\frac{\partial h}{\partial n}\mid \tau_2 = 0 \qquad (4.4-13)$$

其中，n 代表外法线方向。在自由水面线上，对于稳定渗流，由于它也是一条流线，$k\frac{\partial h}{\partial n}\mid \tau_2=0$，因此，自由水面线（浸润线）同时满足两类边界条件。对于非稳定渗流情况（见图 4.4-3），有

$$k\frac{\partial h}{\partial n}\mid \tau_2 = -\mu\frac{\partial h}{\partial t}\cos\theta \qquad (4.4-14)$$

如上所述，μ 为给水度，其中 $\mathrm{d}h=\frac{\partial h}{\partial t}\mathrm{d}t$。

对于非稳定流，还应满足初始条件：

$$h(x,z,t)\mid_{t=0} = h_0(x,z) \qquad (4.4-15)$$

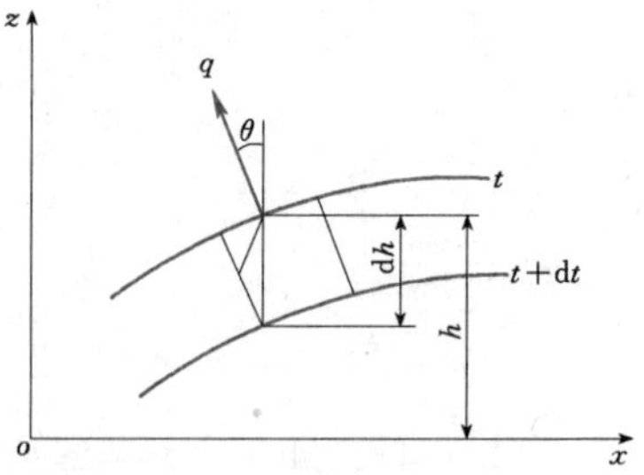

图 4.4-3　非稳定渗流时的自由水面边界条件变化

4.4.3.2　有限单元分析与计算公式

1. 渗流场的离散与插值函数

首先对渗流场作网格划分，将渗流场划分为有限个小区域（单元）。一般来说，单元形状的选择取决于结构或总体求解域的几何特征及分析期望的精度等因素。对于平面问题最常用的是三角形单元，因为三角形单元划分灵活，能较好地适应渗流场复杂的边界形状和非均质土层。以下分析均以三角形单元为例。

单元的划分基本上是任意的，但可以根据需要，在渗流坡降较大或要求详细研究的部分，将单元划分得密些。图 4.4-4（a）所示为将渗流场离散化为若干三角形单元的情况。

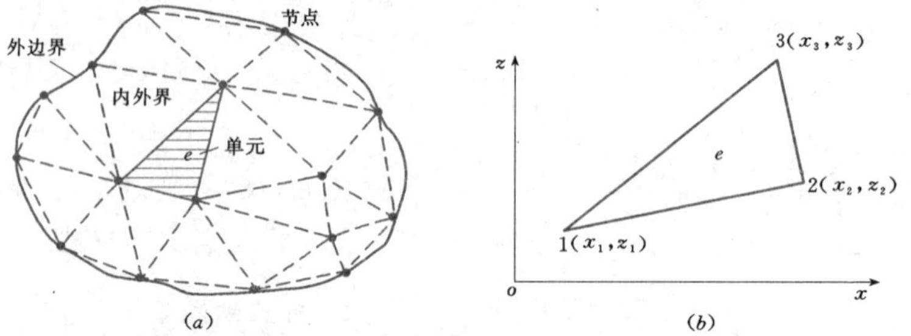

图 4.4-4　有限单元网格划分

单元划分完成后，对单元和单元节点编号，对每个划分的单元（见图 4.4-4），其节点按逆时针编号为 1、2、3，相应的坐标为 $(x_1,z_1)(x_2,z_2)(x_3,z_3)$。有限元法不是直接求解整个区域的水头函数，而是采用离散化方法，把所求水头函数 h（整个区域连续可导）近似为单元内连续可导、整个区域连续的分区水头函数，从而求出整个区域水头函数的近似分布。对各单元的近似水头函数一般用多项式插值函数构成，最常用的是线性多项式。

假设单元 e 的水头函数值在 1、2、3 节点上的值分别为 h_1、h_2、h_3，在单元内部的值可用线性插值求得

$$h(x,z) = a_1 + a_2 x + a_3 z$$

式中　a_1、a_2、a_3——系数。

显然，在 e 单元上的三个节点上有

$$\left.\begin{aligned} h_1 &= a_1 + a_2 x_1 + a_3 z_1 \\ h_2 &= a_1 + a_2 x_2 + a_3 z_2 \\ h_3 &= a_1 + a_2 x_3 + a_3 z_3 \end{aligned}\right\} \qquad (4.4-16)$$

为方便起见引入下列符号：

$$\left\{\begin{array}{lll} c_{11}=\dfrac{x_2z_3-x_3z_2}{2A^e}, & c_{12}=\dfrac{x_3z_1-x_1z_3}{2A^e}, & c_{13}=\dfrac{x_1z_2-x_2z_1}{2A^e} \\ c_{21}=\dfrac{z_2-z_3}{2A^e}, & c_{22}=\dfrac{z_3-z_1}{2A^e}, & c_{23}=\dfrac{z_1-z_2}{2A^e} \\ c_{31}=\dfrac{x_3-x_2}{2A^e}, & c_{32}=\dfrac{x_1-x_3}{2A^e}, & c_{33}=\dfrac{x_2-x_1}{2A^e} \end{array}\right.$$

其中

$$A^e = \frac{1}{2}\begin{vmatrix} 1 & x_1 & z_1 \\ 1 & x_2 & z_2 \\ 1 & x_3 & z_3 \end{vmatrix}$$

式中 A^e ——三角形单元面积。

解方程组（4.4-16）得各系数为

$$\begin{cases} a_1 = c_{11}h_1 + c_{12}h_2 + c_{13}h_3 = \dfrac{1}{2A^e}\begin{vmatrix} h_1 & x_1 & z_1 \\ h_2 & x_2 & z_2 \\ h_3 & x_3 & z_3 \end{vmatrix} \\ a_2 = c_{21}h_1 + c_{22}h_2 + c_{23}h_3 = \dfrac{1}{2A^e}\begin{vmatrix} 1 & h_1 & z_1 \\ 1 & h_2 & z_2 \\ 1 & h_3 & z_3 \end{vmatrix} \\ a_3 = c_{31}h_1 + c_{32}h_2 + c_{33}h_3 = \dfrac{1}{2A^e}\begin{vmatrix} 1 & x_1 & h_1 \\ 1 & x_2 & h_2 \\ 1 & x_3 & h_3 \end{vmatrix} \end{cases}$$

即 $a_i = c_{ij}H_j(i,j=1,2,3)$。

若令单元形函数为

$$\begin{cases} N_1(x,z) = c_{11} + c_{21}x + c_{31}z \\ N_2(x,z) = c_{12} + c_{22}x + c_{32}z \\ N_3(x,z) = c_{13} + c_{23}x + c_{33}z \end{cases}$$

则得到以三角形单元节点上水头函数值 h_1、h_2、h_3 为基础的线性插值函数矩阵表达式为

$$h = [N_1, N_2, N_3]\begin{Bmatrix} h_1 \\ h_2 \\ h_3 \end{Bmatrix} \tag{4.4-17}$$

进而由式（4.4-17）可得

$$i_x = \frac{\partial h}{\partial x} = h_1\frac{\partial N_1}{\partial x} + h_2\frac{\partial N_2}{\partial x} + h_3\frac{\partial N_3}{\partial x} = c_{21}h_1 + c_{22}h_2 + c_{23}h_3$$

同理

$$i_z = \frac{\partial h}{\partial z} = c_{31}h_1 + c_{32}h_2 + c_{33}h_3$$

若用矩阵表示为

$$\begin{Bmatrix} i_x \\ i_z \end{Bmatrix} = \begin{Bmatrix} \dfrac{\partial h}{\partial x} \\ \dfrac{\partial h}{\partial z} \end{Bmatrix} = \begin{bmatrix} c_{21} & c_{22} & c_{23} \\ c_{31} & c_{32} & c_{33} \end{bmatrix}\begin{Bmatrix} h_1 \\ h_2 \\ h_3 \end{Bmatrix} \tag{4.4-18}$$

由流速 $v_x = i_x k_x$、$v_z = i_z k_z$ 可得

$$\begin{pmatrix} v_x \\ v_z \end{pmatrix} = \begin{bmatrix} k_x & 0 \\ 0 & k_z \end{bmatrix}\begin{Bmatrix} i_x \\ i_z \end{Bmatrix} \tag{4.4-19}$$

由式（4.4-17）也可得

$$\frac{\partial h}{\partial t} = [N]\left\{\frac{\partial h}{\partial t}\right\}^e \tag{4.4-20}$$

2. 单元渗流矩阵

对泛函 $I(h)$ 变分求最小值

$$\left\{\frac{\partial I(h)}{\partial h}\right\}^e = [K]^e\{h\}^e + [p]^e\left\{\frac{\partial \bar{h}}{\partial t}\right\} = 0 \tag{4.4-21}$$

其中
$$[K]^e = \frac{k_x}{4A^e}\begin{bmatrix} c_{21}c_{21} & c_{21}c_{22} & c_{21}c_{23} \\ c_{22}c_{21} & c_{22}c_{22} & c_{22}c_{23} \\ c_{23}c_{21} & c_{23}c_{22} & c_{23}c_{23} \end{bmatrix} + \frac{k_z}{4A^e}\begin{bmatrix} c_{31}c_{31} & c_{31}c_{32} & c_{31}c_{33} \\ c_{32}c_{31} & c_{32}c_{32} & c_{32}c_{33} \\ c_{33}c_{31} & c_{33}c_{32} & c_{33}c_{33} \end{bmatrix} \tag{4.4-22}$$

式中 $\bar{h}$——在自由水面边界上的水头。

式（4.4-22）右侧的后一项反映第二类边界条件中自由水面的变化。对于可压缩流体，式（4.4-22）中加入一项

$$\left\{\frac{\partial I(h)}{\partial h}\right\}^e = [K]^e\{h\}^e + [p]^e\left\{\frac{\partial \bar{h}}{\partial t}\right\}^e + [S]^e\left\{\frac{\partial h}{\partial t}\right\}^e = 0 \tag{4.4-23}$$

其中
$$[S]^e = \frac{S_S A^e}{12}\begin{bmatrix} 2 & 1 & 1 \\ 1 & 2 & 1 \\ 1 & 1 & 2 \end{bmatrix} \tag{4.4-24}$$

式（4.4-24）中的 S_S 反映了水头变化对于流体和土骨架（孔隙）的体积的影响。

3. 整体平衡方程

式（4.4-23）是单元 e 的泛函数的微分方程确定极小值，将所有单元泛函的微分叠加，并令其等于零，即可得到由节点水头组成的方程组，即整体平衡方程为

$$[K]\{h\} + [p]\left\{\frac{\partial \bar{h}}{\partial t}\right\} + [S]\left\{\frac{\partial h}{\partial t}\right\} + \{F\} = 0 \tag{4.4-25}$$

$\{F\}$ 为从已知节点得到的常数项，相当于结构有限元中的荷载项。对于不稳定渗流，用差分表示与时间有关的项。

对式（4.4-25）多元联立方程组用不同的数学方法求解，得到各单元节点水头 h_i，然后可用式（4.4-17）求单元域内任一点水头值，从而得到有限元数值分析的解。对于三维渗流，计算方法是相同的。

计算中也可取四边形单元，等参元及多节点单元等。

4.4.4 流网图的绘法及其应用

4.4.4.1 流网的势函数与流函数

1. 稳定渗流场的拉普拉斯方程

引入速度势的定义，设势函数 $\phi = kh$，又根据达西定律有 $v_x = ki_x = k\dfrac{\partial h}{\partial x} = -\dfrac{\partial \Phi}{\partial x}$、$v_z = -\dfrac{\partial \Phi}{\partial z}$，即势函数的一阶导数为流速，负号代表流速指向 Φ 减小的方向。根据势流理论中的柯西—黎曼方程

$$\left.\begin{aligned} \frac{\partial \Psi}{\partial z} &= \frac{\partial \Phi}{\partial x} \\ \frac{\partial \Psi}{\partial x} &= \frac{\partial \Phi}{\partial z} \end{aligned}\right\} \tag{4.4-26}$$

必存在一个流函数 Ψ 和 Ψ 的一阶偏导数 $\dfrac{\partial \Psi}{\partial z} = v_x$、$\dfrac{\partial \Psi}{\partial x} = v_z$。

将式（4.4－26）中的第一式两边对 x 偏微分减去第二式两边对 z 偏微分得

$$\frac{\partial^2 \Phi}{\partial x^2}+\frac{\partial^2 \Phi}{\partial z^2}=0 \qquad (4.4-27)$$

将式（4.4－26）中的第一式两边对 z 偏微分加上第二式两边对 x 偏微分得

$$\frac{\partial^2 \Psi}{\partial x^2}+\frac{\partial^2 \Psi}{\partial z^2}=0 \qquad (4.4-28)$$

可见，势函数和流函数为共轭调和函数，其解为两曲线族——流线族和等势线族，两族曲线交织成网，称为流网。

2. 流网的性质

（1）等势线与流线相正交。将式（4.4－26）中第一式除以第二式得

$$\frac{\frac{\partial \Phi}{\partial x}}{\frac{\partial \Phi}{\partial z}}=-\frac{\frac{\partial \Psi}{\partial z}}{\frac{\partial \Psi}{\partial x}} \qquad (4.4-29)$$

在等势线 Φ 上，由于 $\frac{\partial \Phi}{\partial x}=\frac{\partial \Phi}{\partial z}\left(\frac{\mathrm{d}z}{\mathrm{d}x}\right)_{\Phi}$，故斜率为

$$\left(\frac{\mathrm{d}z}{\mathrm{d}x}\right)_{\Phi}=\frac{\frac{\partial \Phi}{\partial x}}{\frac{\partial \Phi}{\partial z}}$$

在流线 Ψ 上，由于 $\frac{\partial \Psi}{\partial x}=\frac{\partial \Psi}{\partial z}\left(\frac{\mathrm{d}z}{\mathrm{d}x}\right)_{\Psi}$，故斜率为

$$\left(\frac{\mathrm{d}z}{\mathrm{d}x}\right)_{\Psi}=\frac{\frac{\partial \Psi}{\partial x}}{\frac{\partial \Psi}{\partial z}}$$

在等势线与流线交点处有

$$\left(\frac{\mathrm{d}z}{\mathrm{d}x}\right)_{\Phi}\left(\frac{\mathrm{d}z}{\mathrm{d}x}\right)_{\Psi}=\frac{\frac{\partial \Phi}{\partial x}\frac{\partial \Psi}{\partial x}}{\frac{\partial \Phi}{\partial z}\frac{\partial \Psi}{\partial z}}$$

据式（4.4－29）可知，$\left(\frac{\mathrm{d}z}{\mathrm{d}x}\right)_{\Phi}\left(\frac{\mathrm{d}z}{\mathrm{d}x}\right)_{\Psi}=-1$，因此流线与等势线正交，如图 4.4－5 所示。

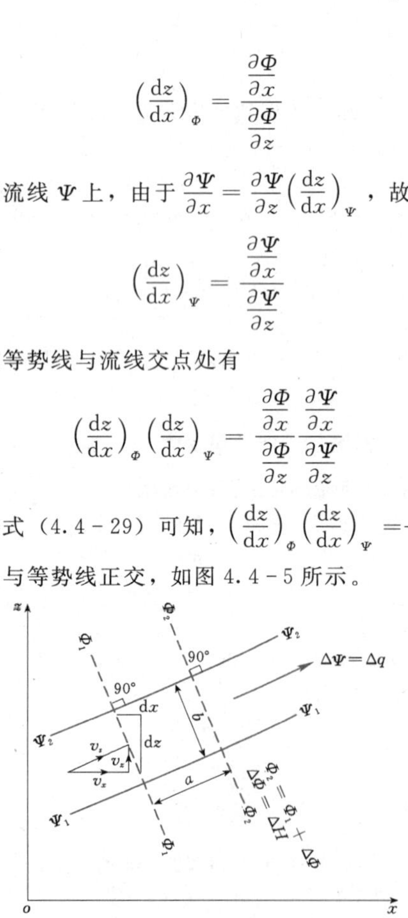

图 4.4－5　流网的网格

（2）网格形状及渗流量。如流网中各等势线间差值相等，且各流线间隔也相等，则各网格的长宽比为常数。若采用长宽比等于 1，则网格是曲线正方形。

设流网中有 m 条等势线和 n 条流带，网格沿流线方向长度为 a，沿等势线方向长度为 b，若等势线之间的差值相等，则两等势线间差值为 $\Delta h=\frac{H}{m}$（其中 H 为总水头）。若流线间隔相等，各流带的流量为 $\Delta q=\frac{q}{n}$（q 为总单宽渗流量）。

网格中水力坡降 $i=\frac{\Delta h}{a}=\frac{H}{am}$，则

$$\Delta q = kib = k\frac{b}{a}\frac{H}{m} \qquad (4.4-30)$$

由于各网格中 $\frac{H}{m}$、Δq 均一致，故从式（4.4－30）可知，长宽比 $\frac{a}{b}$ 为常数。应用流网的正交性和 $\frac{a}{b}$ 为常数的特征，可绘制流网并根据流网图计算单宽渗流量 q，即

$$q = n\Delta q = kH\frac{b}{a}\frac{n}{m} \qquad (4.4-31)$$

若网格为正方形，即 $a=b$，则

$$q = kH\frac{n}{m} \qquad (4.4-32)$$

3. 边界条件

与渗流计算一样，在绘制流网中，必须考虑边界条件，其边界条件如下：

（1）地下水的不透水边界为流线。

（2）上下游水位以下的透水边界上总水头相等，因此为一条等势线。

（3）水平的地下水位为一等势线。

（4）浸润线上压力水头为 0，只有位置水头，同时它也是一条流线。

（5）土坝坝坡出逸段既不是流线也不是等势线。

4.4.4.2　流网的绘制

为了便于流网绘制，常采用正方形的网格，一般首先根据边界条件确定第一条和末条流线及第一条和末条等水头线，再确定等势线的条数。然后根据边界条件绘出等势线，并根据正方形的原则，绘出流线，经反复修正，最终确定相应的流线数。注意流线之间、等势线之间不能交叉。两流线之间称为流带，流带数可能是整数，也可能不是整数。经反复试绘流网，最后一条流带中若流网始终无法形成正方形，则只能以矩形形式存在，但各矩形的长宽比一定要成常数，这一流带可能只有一半甚至不到一半，此时渗流场的流带不是整数。

在绘制流网时，首先分析边界条件，明确第一条和末条流线及第一条和末条等水头线，如图 4.4－6 所示。例如，混凝土坝底板及板桩轮廓为第一条流线，下部不透水层为最末一条流线。先将第一条流线分为若干等分，然后依从上下游等水头线的形式，分别初步绘出各条等水头线。接着，按网格中等水头线的中线与流线中线之比为 1 时，则绘第二条流线，在绘制第二条流线时，同时修正各条等水头线的走向，如图 4.4－7 所示。同样，绘制第三条流线时，按上述步骤修正下部等水头线的走向，直到最末一条流线。流网图初步绘成后再作最后修正，直到每个网格都是曲线正方形为止，如图 4.4－8 所示。

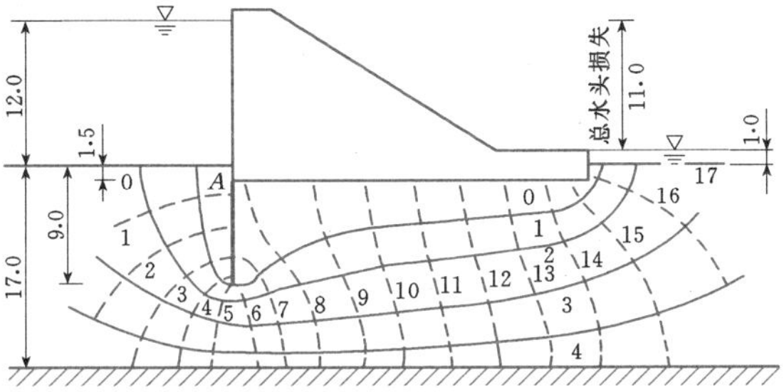

图 4.4－6　混凝土坝基断面上流网（单位：m）

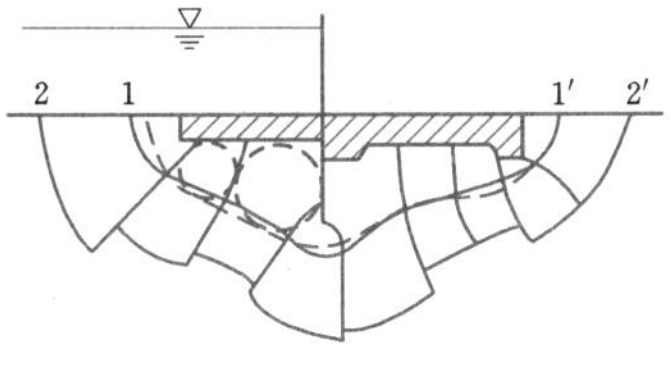

图 4.4－7　试绘流网法

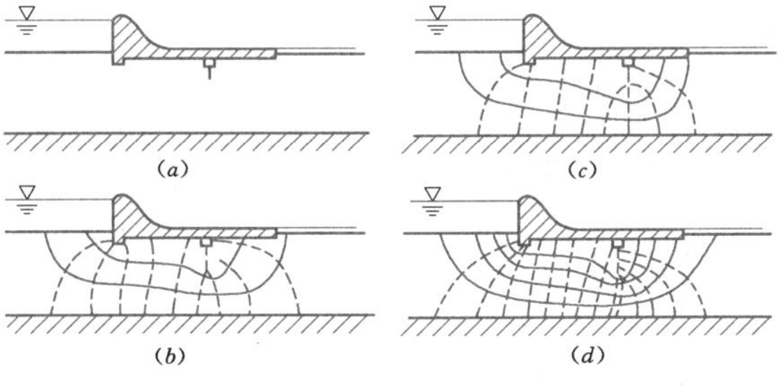

图 4.4－8　绘制流网步骤示意图

绘制无压的土坝渗流的流网时，必须首先试绘出一条浸润线，再沿浸润线将其分为若干个等水头差的间隔，然后通过各间隔的区分点，顺着上游边界形状依次绘出各条等势线，接着按正方形原理，绘出平行于试绘浸润线的各条流线。不断修正各条流线和等势线的走向，使各网格最后都是正方形。在修正网格的同时要修正浸润线的位置，而且检查浸润线上各等分点是否满足等水头差的条件，要注意下游坡的自由逸出坡面，既不是流线也不是等势线，相邻的网格是不完整的，土坝的流网如图 4.4－9 所示。在绘制有自由面的无压渗流的流网时，应该注意自由面在进、出口处的正确交切方式，图 4.4－10 给出了自由面在进、出口处的交切方式。

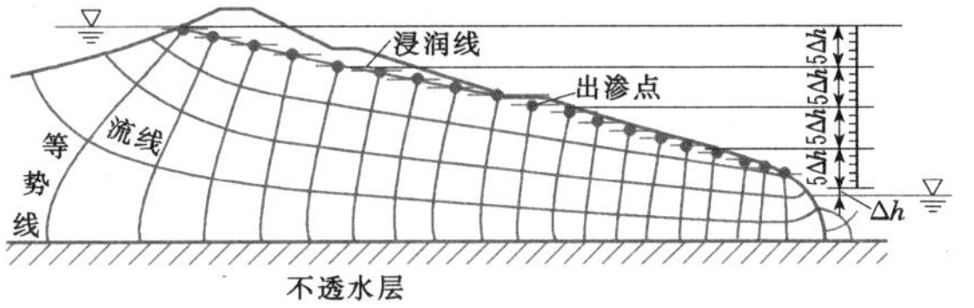

图 4.4－9　土坝流网的绘制

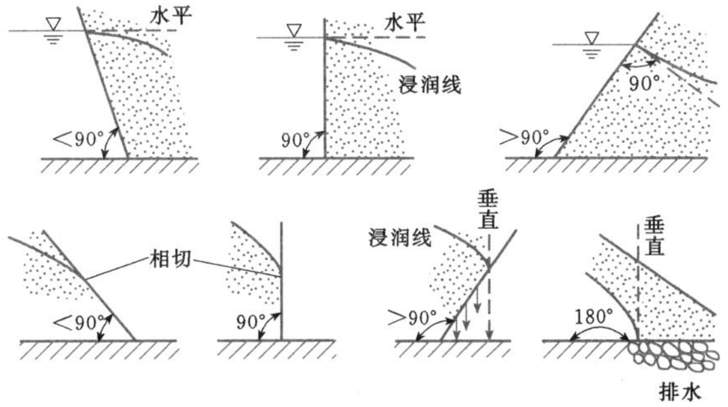

图 4.4－10　渗流自由面的进、出口处的交切方式

4.4.4.3　用流网解决基本渗流问题

如能绘出渗流场的流网图，同样可以通过流网图解决一些渗流问题。

1. 渗透水压力

对于等水头线，即等势线有

$$h_i = \frac{p_i}{\gamma_w} + z_i \tag{4.4-33}$$

已知等势线后，在渗流场内任意的第 i 点上的水压力 p_i，等于测压管水头 h_i 与该点的垂直坐标 z_i 之差，即

$$\frac{p_i}{\gamma_w} = h_i - z_i \tag{4.4-34}$$

图 4.4－9 中的等势线是每隔 $\Delta h = 0.05H$ 做出的。

2. 渗透流速及出逸水力坡降

对于某一根流线上两相邻等势线间的平均流速，如图 4.4－11 中的点 3 可用下列公式确定：

$$v_{cp.3} = kJ_{cp.3} = \frac{k\Delta h}{\Delta l_3} \tag{4.4-35}$$

出逸水力坡降为

$$J_{出逸} = \frac{0.05H}{\Delta l_x}$$

式中　x——出逸点；

Δl_x——出逸点 x 所在网格平均流线的 1/2 长度。

对出逸点 4′，则出逸水力坡降为

$$J_{出逸} = \frac{0.05H}{\Delta l_{4'}}$$

在此选取 ΔH 为 $0.05H$ 等势线，表明出逸水力坡降的确定常以5%之间的水头损失为标准，图4.4-11中同时绘出了出逸水力坡降的分布图。

3. 渗流量

对于二维（平面）渗流，渗流量一般可根据关系式 $q=vs$ 来确定，其中 s 为断面面积，它可以是通过任何一条等势线的断面面积，因为通过每条等势线的渗流量都是相等的。例如，在相邻两等势线之间取一平均线 $A—B$，即可得到通过 n 条相邻流带向的流量的总和。

当流网为正方形网格时（见图4.4-12），$\dfrac{\Delta S_i}{\Delta l_i}=1$，则

$$q=k\Delta h=k\frac{H}{m}n \tag{4.4-36}$$

式中 n——流网图中流带数目；

m——等水头线的间隔数目或等压带数目。

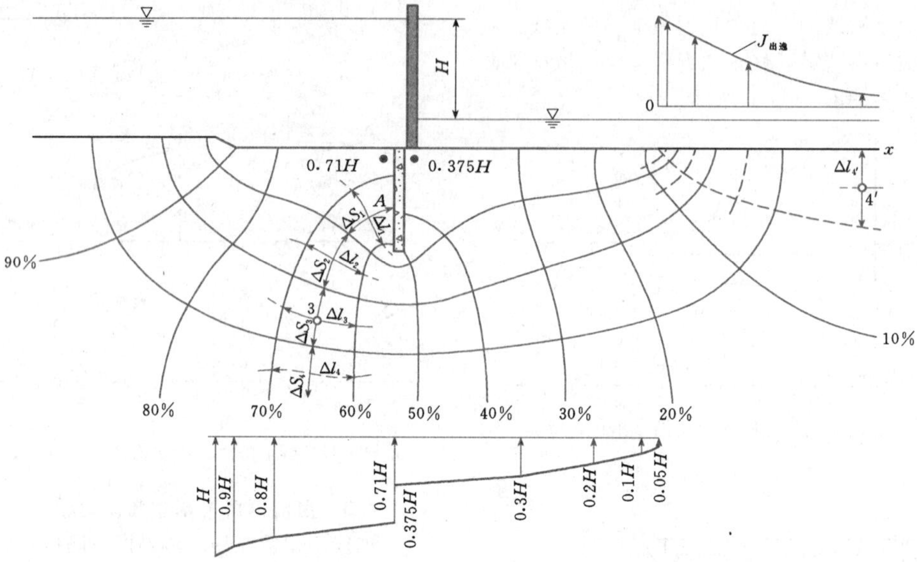

图4.4-11 有一道板桩的地下轮廓的渗网

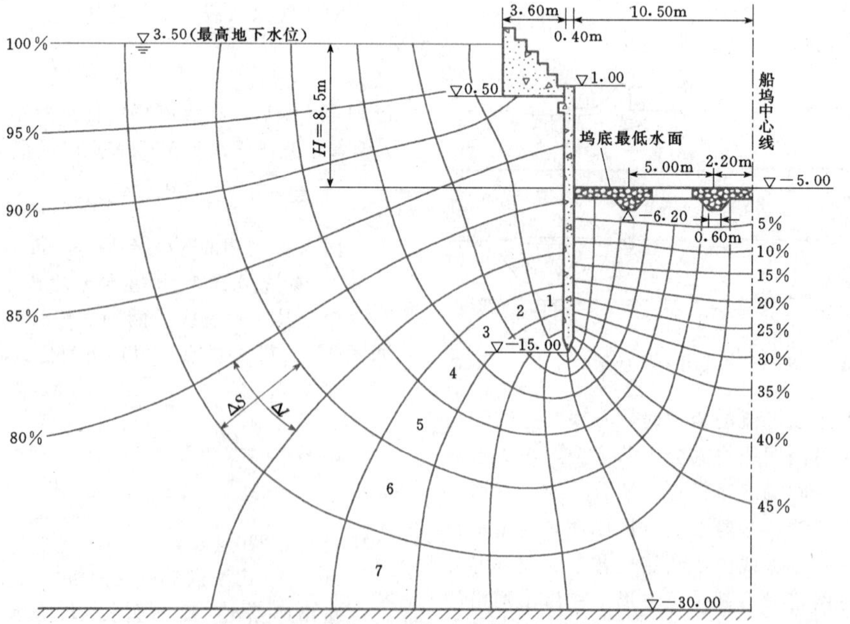

图4.4-12 根据流网确定渗流量（高程单位：m）

按流网计算的渗流场中各要素的精度取决于流线和等势线的数量，网格愈密，计算精度愈高。若无特殊要求，一般情况下，若流场中有 9 条等势线即可满足要求，即将流场按等势线分为 10 等份。

4.4.4.4 应用流网确定绕坝端的无压渗流

1. 绕流计算的一般原理

绕过闸坝岸边的渗流计算，一般假定其下部地基为不透水层，只考虑水平不透水层以上的绕岸水平面渗流情况。水平面渗流与通常研究的垂直剖面上的渗流一样，都属于二维渗流问题，因此，可将绕岸渗流同样视为顶面有弱透水层的压力流。弱透水层是指水闸在岸边的不透水轮廓，如图 4.4-13 所示。计算公式与有压的地基渗流完全相同，是渗流场向岸区水平方向伸展的深度，就相当于垂直剖面渗流计算中的地基深度。在计算绕岸渗流量时，须在单位厚度渗流量公式中乘以岸边含水层的厚度。

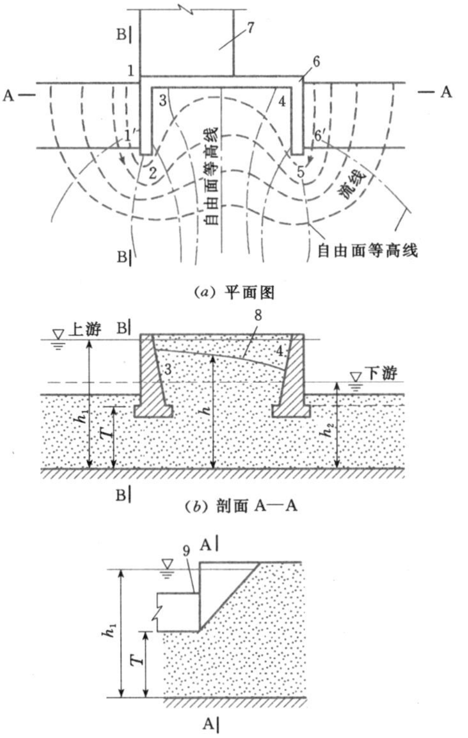

图 4.4-13 侧岸的一般绕渗

1～6—沿边墩各关键点；7—拦河坝；

8—自由面；9—溢流坝顶

对于绕岸的无压渗流，等水头线就是地下水等高线，仍然可以借用地基有压渗流的理论。

上述可以借用地基有压渗流公式结构形式的理论，其依据是水平不透水层上绕岸的渗流是缓变流，所不同的是拉普拉斯方程中的函数是 h^2，有压地基渗流中的是 h，两者是相当的，即在有压地基渗流中的拉普拉斯方程为

$$\frac{\partial^2 h}{\partial x^2}+\frac{\partial^2 h}{\partial y^2}=0$$

而在平面不透水地基的缓变流中，拉普拉斯方程为

$$\frac{\partial^2 (h^2)}{\partial x^2}+\frac{\partial^2 (h^2)}{\partial y^2}=0$$

2. 应用流网确定绕过坝端的无压渗流

根据以上原理，可用上述绘制在垂直断面上有压渗流流网的方法绘制闸坝岸边绕岸渗流的流网图。在裘布衣理论的假定下，认为绕岸渗流在垂直线上流速的分布由表面到下层都相等时，就符合下面的拉普拉斯方程，即

$$\frac{\partial^2 (h-z)^2}{\partial x^2}+\frac{\partial^2 (h-z)^2}{\partial y^2}=0$$

为此，只要将按有压渗流绘制的等水头线的 h 值换算为 $(h-z)^2$ 即可，其中，h 为某点在假定的基准面以上的水位，z 为下部水平不透水层的高程。以图 4.4-14 为例阐明流网的绘制方法，图中为插入岸边的一齿墙，上、下游水边线处的水位 $h_1=29\text{m}$、$h_2=15\text{m}$，不透水层高程 $z=12\text{m}$，相应的 $(h_1-z)^2=289$，$(h_2-z)^2=9$。若将图分为 8 个等势线间隔，则每条等势线向下游递减一个常数 $\Delta(h-z)^2=\frac{289-9}{8}=35$，则可解出图示各条线上的 $(h-z)^2$ 值（见图 4.4-14 中实线）。图 4.4-14 中虚线所示为 h 值，从地下水面等高线可解出绕渗在任意断面上的浸润线。

知道流网图后可计算出绕渗流量。通过每个流带的渗流量为

$$\Delta q=\frac{1}{2}k\Delta(h-z)^2 \qquad (4.4-37)$$

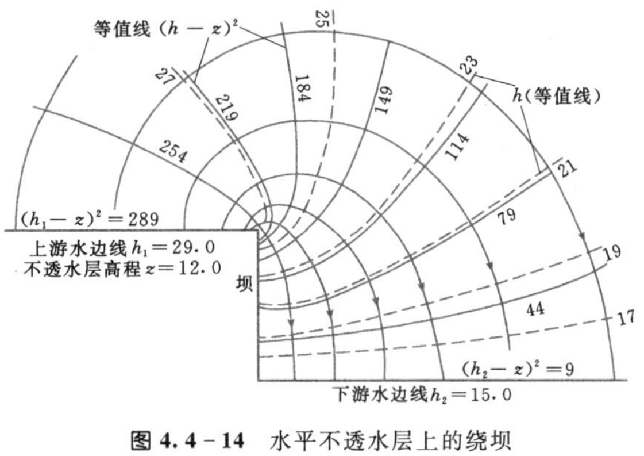

图 4.4-14 水平不透水层上的绕坝端流网（单位：m）

平面流总渗流量为

$$q = m\Delta q$$

式中 m——流带数目。

绕过岸边的总渗流量为

$$Q = \frac{1}{2}(h_1 + h_2)q \qquad (4.4-38)$$

4.4.4.5 典型流网示例

绘制流网和分析流网时，如果能预先熟悉一些典型结构的流网实例，对解决问题往往很有帮助。图4.4-15～图4.4-17所示的一些结构的流网图可供描绘流网时参考。

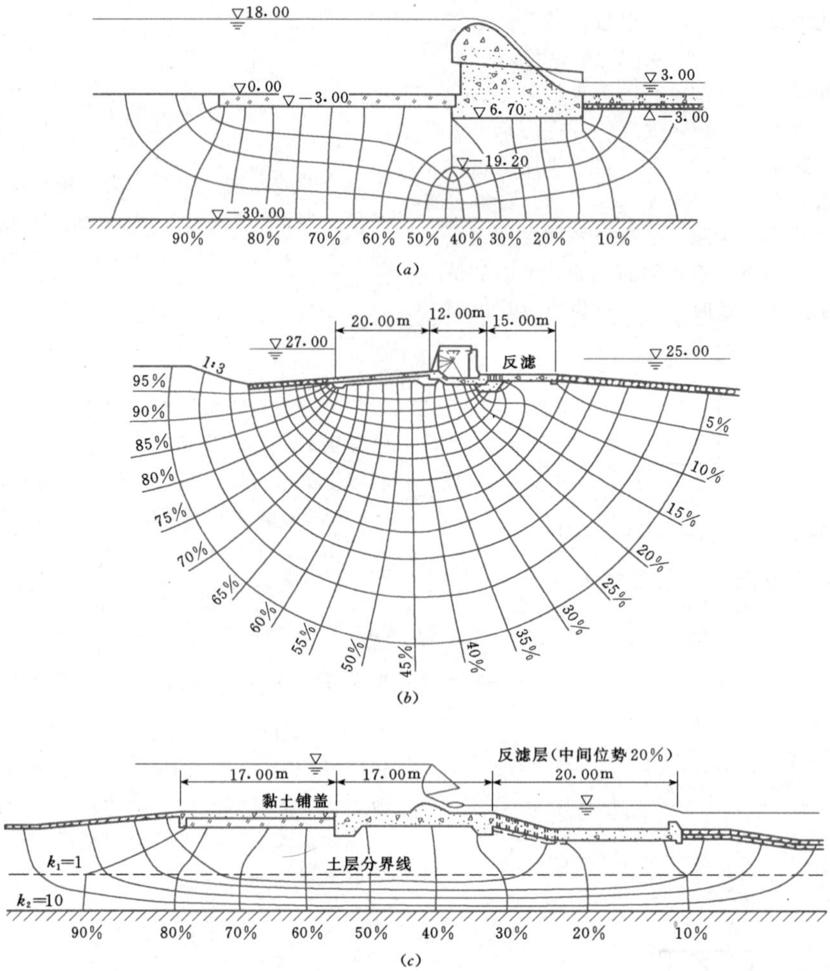

图4.4-15 闸坝地基流网

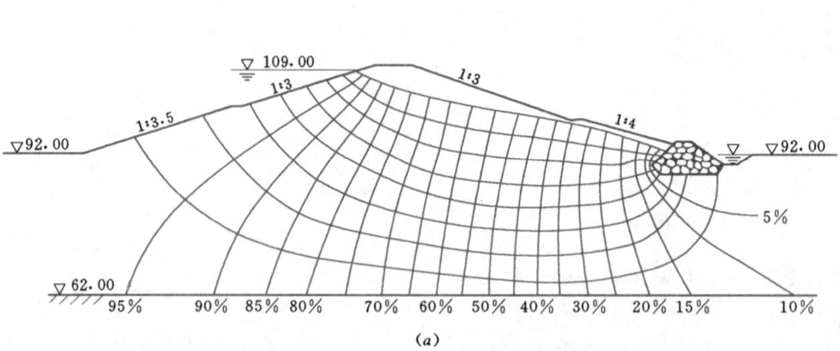

(a)

图4.4-16（一） 土坝流网

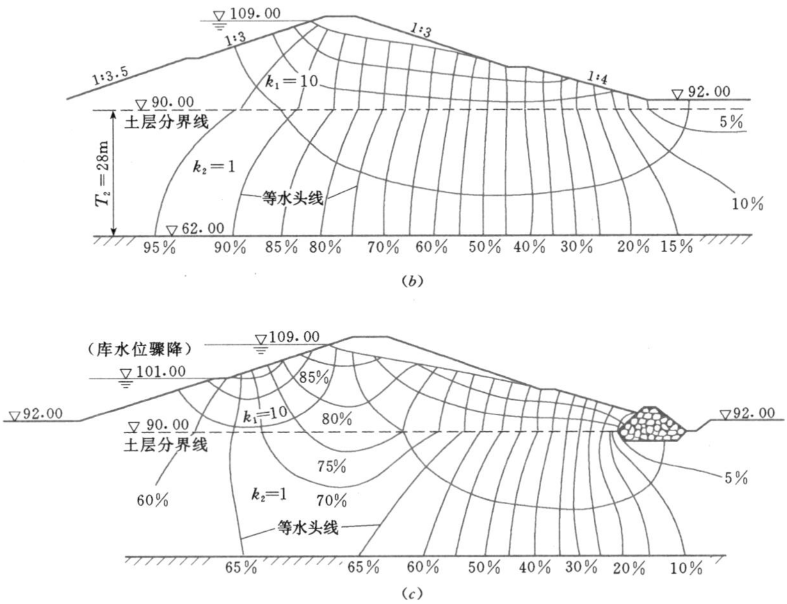

图 4.4-16（二） 土坝流网

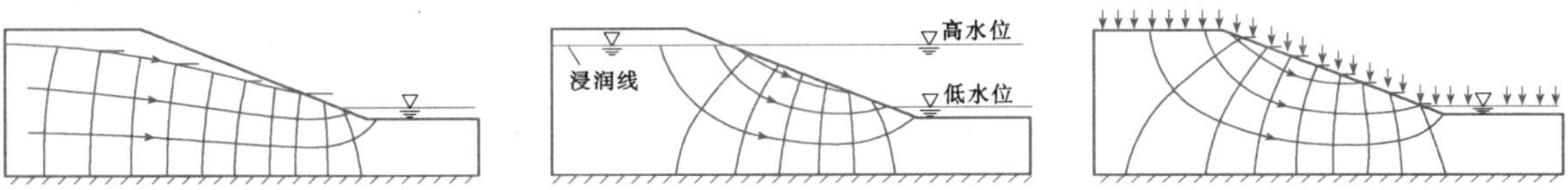

(a) 河岸地下水补给　　(b) 库水位骤降　　(c) 降雨

图 4.4-17 岸堤流网

4.5 土 中 应 力

土体中应力一般分为两种：①由土本身重量引起的，称为自重应力；②由上部建筑物重量和荷载引起的，称为附加应力。为了计算附加应力，要先求出基础底面传给地层表面的压力，即接触压力。

4.5.1 自重应力

地基任一深度处的自重应力，通常等于该高程单位面积以上的土柱重量，其计算公式为

$$\sigma_0 = \gamma_1 z_1 + \gamma_2 (z_2 - z_1) + \gamma_3 (z_3 - z_2) + \cdots \tag{4.5-1}$$

式中 σ_0——自重应力（见图 4.5-1），kPa；

γ_1、γ_2、γ_3、…——各分层土的容重（在地下水位以下的土，在计算有效应力时，应采用浮容重），kN/m³；

z_1、z_2、z_3、…——从地面到各分层面的深度，m。

4.5.2 接触压力

绝对柔性基础的接触压力分布，与基础上的荷载分布图形相同。绝对刚性基础的接触压力的计算，见表 4.5-1。

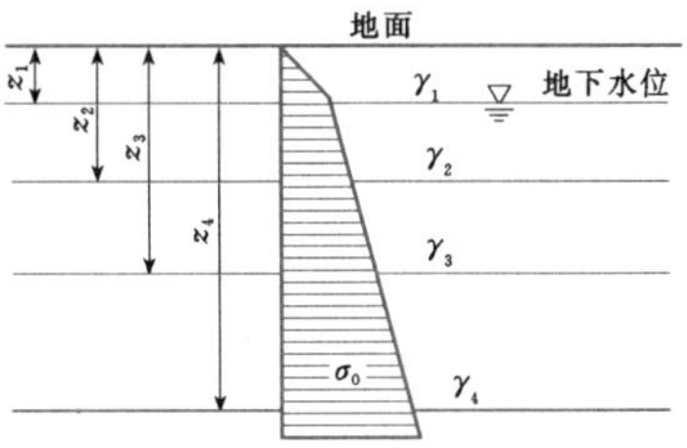

图 4.5-1 自重应力分布图

4.5.3 附加应力

4.5.3.1 附加应力的基本计算公式

求解地基中的附加应力时，一般假定地基土是连续、均匀、各向同性的完全弹性体，然后根据弹性理论的基本公式进行计算。

表 4.5-1　地基面接触压力计算

基础型式	荷载方式	图 示	计算公式	说 明
矩形	垂直，轴心	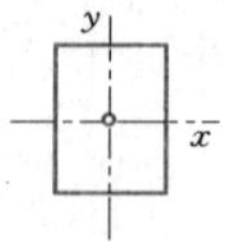	$p=\dfrac{P}{A}$	P 为总荷载；A 为基础面积
	垂直，偏心	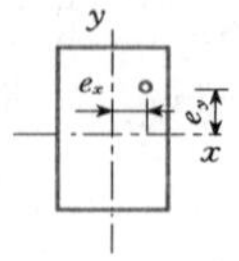	$p(x,y)=\dfrac{P}{A}\pm\dfrac{M_x}{I_x}y\pm\dfrac{M_y}{I_y}x$ $M_x=Pe_y,M_y=Pe_x$	M_x、M_y 为荷载对 x、y 轴的力矩；I_x、I_y 为基底面积对 x、y 轴的惯性矩；x、y 为计算点的坐标
条形（长宽比大于10）	垂直，在轴上	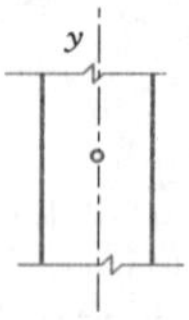	$p=\dfrac{P}{B}$	P 为基础单位长度上的荷载；B 为基础宽度
	垂直，偏心	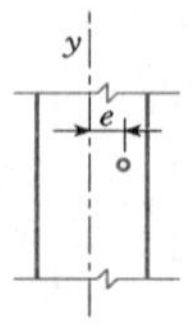	$p=\dfrac{P}{B}\left(1\pm\dfrac{6e}{B}\right)$	e 为偏心矩；B 为基础宽度
	垂直、水平荷载联合作用	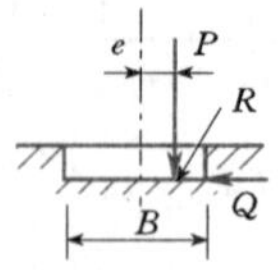	$p=\dfrac{P}{B}\left(1\pm\dfrac{6e}{B}\right)$ $q=\dfrac{Q}{B}$ （q 亦有按其他分布规律计算的）	求荷载 P、Q 合力 R 与基底的交点；在交点处，又将 R 分为 P 与 Q；计算垂直与水平接触压力 p 与 q

1. 有限尺寸基础

（1）垂直集中力。半无限弹性体表面上作用有垂直集中力 P 时（见图 4.5-2），弹性体内部任意点 M 的各向应力分量（以压为正、以拉为负）的计算公式为

$$\left.\begin{aligned}
\sigma_z&=\frac{3P}{2\pi R^2}\cos^3\theta=K\frac{P}{z^2}\\
\sigma_x&=\frac{3P}{2\pi}\left\{\frac{x^2z}{R^5}+\frac{1-2\mu}{3}\left[\frac{1}{R(R+z)}-\frac{(2R+z)x^2}{(R+z)^2R^3}-\frac{z}{R^3}\right]\right\}\\
\sigma_y&=\frac{3P}{2\pi}\left\{\frac{y^2z}{R^5}+\frac{1-2\mu}{3}\left[\frac{1}{R(R+z)}-\frac{(2R+z)y^2}{(R+z)^2R^3}-\frac{z}{R^3}\right]\right\}\\
\Theta&=\frac{(1+\mu)P}{\pi R^2}\cos\theta\\
\tau_{xy}&=\frac{3P}{2\pi}\frac{yz^2}{R^5}\\
\tau_{xz}&=\frac{3P}{2\pi}\frac{xz^2}{R^5}\\
\tau_{zy}&=\frac{3P}{2\pi}\left[\frac{xyz}{R^5}-\frac{1-2\mu}{3}\frac{(2R+z)xy}{(R+z)^2R^3}\right]
\end{aligned}\right\}\qquad(4.5-2)$$

式中　μ——土的泊松比；

Θ——土体中任一点的三个法向应力之和；

K——垂直集中力作用下任意点垂直应力的应力系数，见表 4.5-2。

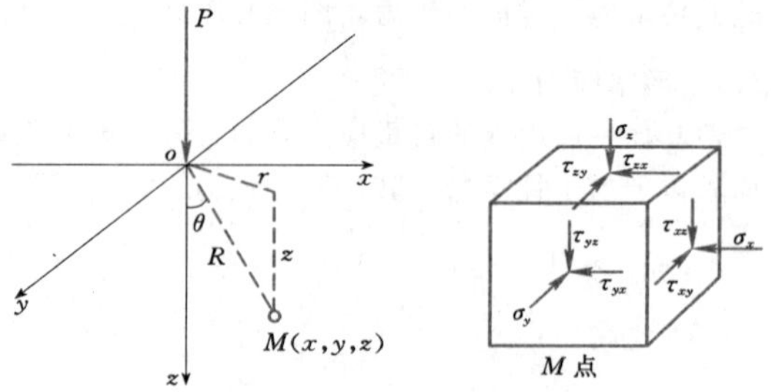

图 4.5-2　垂直集中力

（2）水平集中力。半无限弹性体表面上作用有水平集中力 P（见图 4.5-3）时，弹性体内部任意点 M 的竖向应力分量的计算公式为

$$\sigma_z = \frac{3P}{2\pi}\frac{xz^2}{R^5} \tag{4.5-3}$$

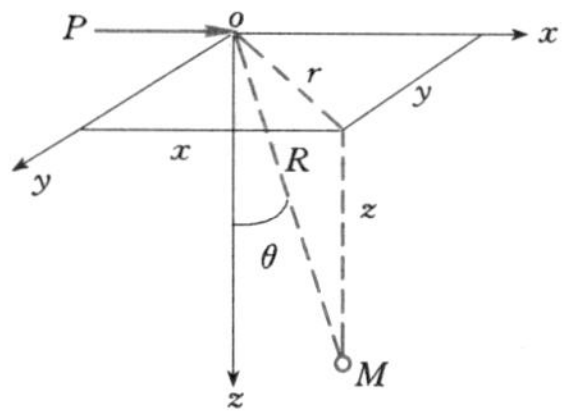

图 4.5-3 半无限弹性体上作用有水平集中力

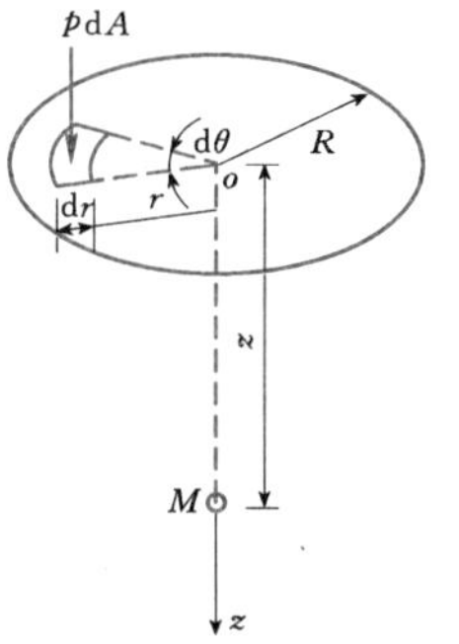

图 4.5-4 圆形基底受垂直均布荷载

(3) 圆形基底垂直均布荷载。半径为 R 的圆形基础底面受到垂直均布荷载 p 作用（见图 4.5-4）时，圆形荷载作用面中心点以下地基中竖向应力分量的计算公式为

$$\sigma_z = p\left[1-\left(\frac{1}{1+\frac{R^2}{z}}\right)^{\frac{3}{2}}\right] \tag{4.5-4}$$

(4) 矩形基底垂直均布荷载。长边为 L、短边为 B 的矩形基础底面受到垂直均布荷载 p 作用时，如图 4.5-5 所示，基础四个角点下任意深度处的竖向附加应力为

$$\sigma_z = \frac{p}{2\pi}\left[\frac{mn}{\sqrt{1+m^2+n^2}}\left(\frac{1}{m^2+n^2}+\frac{1}{1+n^2}\right) + \arctan\left(\frac{m}{n\sqrt{1+m^2+n^2}}\right)\right] \tag{4.5-5}$$

其中 $m=\frac{L}{B}$，$n=\frac{z}{B}$

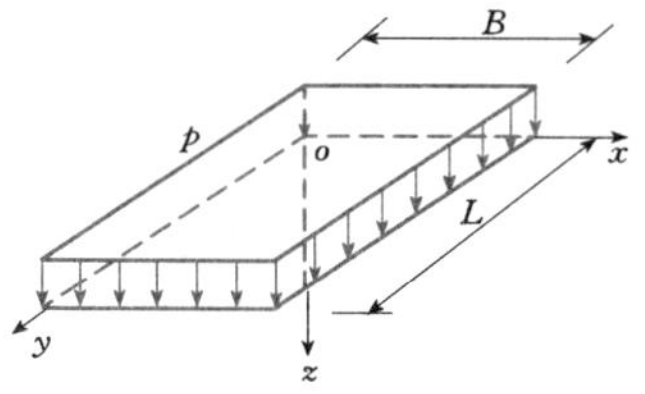

图 4.5-5 矩形基底垂直均布荷载

对于在基底范围内、外任意点下的竖向附加应力，可利用式（4.5-5）并按叠加原理进行计算，如图 4.5-6 所示。基底内、外 M 点以下任意深度 z 处的附加应力为四个新矩形基底对 M 点所产生的附加应力之和：

基底内 $\sigma_{zM} = (\sigma_z)_{\mathrm{I}} + (\sigma_z)_{\mathrm{II}} + (\sigma_z)_{\mathrm{III}} + (\sigma_z)_{\mathrm{IV}}$

基底外 $\sigma_{zM} = (\sigma_z)_{\mathrm{I}} - (\sigma_z)_{\mathrm{II}} - (\sigma_z)_{\mathrm{III}} + (\sigma_z)_{\mathrm{IV}}$

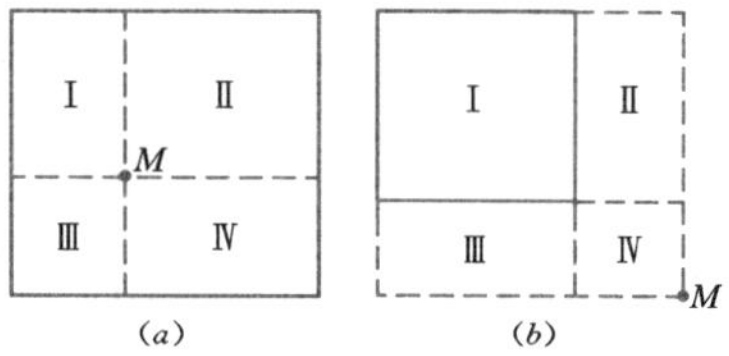

图 4.5-6 计算点在基底内、外的情况

注意：对于矩形基底垂直均布荷载，在应用“角点法”时，L 始终为基底长边的长度，B 为短边的长度。

(5) 矩形基底垂直三角形分布荷载。矩形基础底面受三角形分布荷载作用时，如图 4.5-7 所示，在荷载强度为零的角点下任意深度处 z 的竖向附加应力为

$$\sigma_z = \frac{p_T mn}{2\pi}\left[\frac{1}{\sqrt{m^2+n^2}} - \frac{n^2}{(1+n^2)\sqrt{1+m^2+n^2}}\right] \tag{4.5-6}$$

其中 $m=\frac{L}{B}$，$n=\frac{z}{B}$

式中 B——沿荷载变化方向矩形基底的长度；

L——矩形基底另一边的长度。

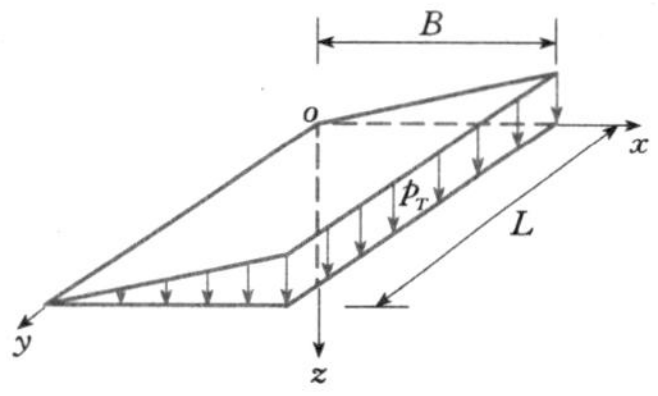

图 4.5-7 矩形基底垂直三角形分布荷载

对于基底内、外任意点下的竖向附加应力，仍然可以利用“角点法”和叠加原理来进行计算。但是必须注意两点：①计算点应落在三角形分布荷载强度为零的一点垂线上；②B 始终指沿荷载变化方向矩形基底的长度。

(6) 矩形基底水平均布荷载。如图 4.5-8 所示，当矩形基底受到水平均布荷载 p_h 作用时，角点下任意深度 z 处的竖向附加应力为

$$\sigma_z = \pm\frac{p_h m}{2\pi}\left[\frac{1}{\sqrt{m^2+n^2}} - \frac{n^2}{(1+n^2)\sqrt{1+m^2+n^2}}\right] \tag{4.5-7}$$

其中 $m=\frac{L}{B}$，$n=\frac{z}{B}$

式中 B——平行于水平荷载作用方向的矩形基底的长度；

L——矩形基底另一边的长度。

表 4.5-2　　　　　　　　垂直集中力作用下任意点垂直应力的应力系数 K

$\frac{r}{z}$	K	$\frac{r}{z}$	K	$\frac{r}{z}$	K	$\frac{r}{z}$	K	$\frac{r}{z}$	K	$\frac{r}{z}$	K
0.00	0.4775	0.50	0.2733	1.00	0.0844	1.50	0.0251	2.00	0.0085	2.50	0.0034
0.01	0.4773	0.51	0.2679	1.01	0.0823	1.51	0.0245	2.01	0.0084	2.51	0.0033
0.02	0.4770	0.52	0.2625	1.02	0.0803	1.52	0.0240	2.02	0.0082	2.52	0.0033
0.03	0.4764	0.53	0.2571	1.03	0.0783	1.53	0.0234	2.03	0.0081	2.53	0.0032
0.04	0.4756	0.54	0.2518	1.04	0.0764	1.54	0.0229	2.04	0.0079	2.54	0.0032
0.05	0.4745	0.55	0.2466	1.05	0.0744	1.55	0.0224	2.05	0.0078	2.55	0.0031
0.06	0.4732	0.56	0.2414	1.06	0.0727	1.56	0.0219	2.06	0.0076	2.56	0.0031
0.07	0.4717	0.57	0.2363	1.07	0.0709	1.57	0.0214	2.07	0.0075	2.57	0.0030
0.08	0.4699	0.58	0.2313	1.08	0.0691	1.58	0.0209	2.08	0.0073	2.58	0.0030
0.09	0.4679	0.59	0.2263	1.09	0.0674	1.59	0.0204	2.09	0.0072	2.59	0.0029
0.10	0.4657	0.60	0.2214	1.10	0.0658	1.60	0.0200	2.10	0.0070	2.60	0.0029
0.11	0.4633	0.61	0.2165	1.11	0.0641	1.61	0.0195	2.11	0.0069	2.61	0.0028
0.12	0.4607	0.62	0.2117	1.12	0.0626	1.62	0.0191	2.12	0.0068	2.62	0.0028
0.13	0.4579	0.63	0.2070	1.13	0.0610	1.63	0.0187	2.13	0.0066	2.63	0.0027
0.14	0.4548	0.64	0.2024	1.14	0.0595	1.64	0.0183	2.14	0.0065	2.64	0.0027
0.15	0.4516	0.65	0.1978	1.15	0.0581	1.65	0.0179	2.15	0.0064	2.65	0.0026
0.16	0.4482	0.66	0.1934	1.16	0.0567	1.66	0.0175	2.16	0.0063	2.66	0.0026
0.17	0.4446	0.67	0.1889	1.17	0.0553	1.67	0.0171	2.17	0.0062	2.67	0.0025
0.18	0.4409	0.68	0.1846	1.18	0.0539	1.68	0.0167	2.18	0.0060	2.68	0.0025
0.19	0.4370	0.69	0.1804	1.19	0.0526	1.69	0.0163	2.19	0.0059	2.69	0.0025
0.20	0.4329	0.70	0.1762	1.20	0.0513	1.70	0.0160	2.20	0.0058	2.70	0.0024
0.21	0.4286	0.71	0.1721	1.21	0.0501	1.71	0.0157	2.21	0.0057	2.72	0.0023
0.22	0.4242	0.72	0.1681	1.22	0.0489	1.72	0.0153	2.22	0.0056	2.74	0.0023
0.23	0.4197	0.73	0.1641	1.23	0.0477	1.73	0.0150	2.23	0.0055	2.76	0.0022
0.24	0.4151	0.74	0.1603	1.24	0.0466	1.74	0.0147	2.24	0.0054	2.78	0.0021
0.25	0.4103	0.75	0.1565	1.25	0.0454	1.75	0.0144	2.25	0.0053	2.80	0.0021
0.26	0.4054	0.76	0.1527	1.26	0.0443	1.76	0.0141	2.26	0.0052	2.90	0.0017
0.27	0.4004	0.77	0.1491	1.27	0.0433	1.77	0.0138	2.27	0.0051	3.00	0.0015
0.28	0.3954	0.78	0.1455	1.28	0.0422	1.78	0.0135	2.28	0.0050	3.50	0.0007
0.29	0.3902	0.79	0.1420	1.29	0.0412	1.79	0.0132	2.29	0.0049	4.00	0.0004
0.30	0.3849	0.80	0.1386	1.30	0.0402	1.80	0.0129	2.30	0.0048	4.50	0.0002
0.31	0.3796	0.81	0.1353	1.31	0.0393	1.81	0.0126	2.31	0.0047	5.00	0.0001
0.32	0.3742	0.82	0.1320	1.32	0.0384	1.82	0.0124	2.32	0.0047		
0.33	0.3687	0.83	0.1288	1.33	0.0374	1.83	0.0121	2.33	0.0046		
0.34	0.3632	0.84	0.1257	1.34	0.0365	1.84	0.0119	2.34	0.0045		
0.35	0.3577	0.85	0.1226	1.35	0.0357	1.85	0.0116	2.35	0.0044		
0.36	0.3521	0.86	0.1196	1.36	0.0348	1.86	0.0114	2.36	0.0043		
0.37	0.3465	0.87	0.1166	1.37	0.0340	1.87	0.0112	2.37	0.0043		
0.38	0.3408	0.88	0.1138	1.38	0.0332	1.88	0.0109	2.38	0.0042		
0.39	0.3351	0.89	0.1110	1.39	0.0324	1.89	0.0107	2.39	0.0041		
0.40	0.3294	0.90	0.1083	1.40	0.0317	1.90	0.0105	2.40	0.0040		
0.41	0.3238	0.91	0.1057	1.41	0.0309	1.91	0.0103	2.41	0.0040		
0.42	0.3181	0.92	0.1031	1.42	0.0302	1.92	0.0101	2.42	0.0039		
0.43	0.3124	0.93	0.1005	1.43	0.0295	1.93	0.0099	2.43	0.0038		
0.44	0.3068	0.94	0.0981	1.44	0.0288	1.94	0.0097	2.44	0.0038		
0.45	0.3011	0.95	0.0956	1.45	0.0282	1.95	0.0095	2.45	0.0037		
0.46	0.2955	0.96	0.0933	1.46	0.0275	1.96	0.0093	2.46	0.0036		
0.47	0.2899	0.97	0.0910	1.47	0.0269	1.97	0.0091	2.47	0.0036		
0.48	0.2843	0.98	0.0887	1.48	0.0263	1.98	0.0089	2.48	0.0035		
0.49	0.2788	0.99	0.0865	1.49	0.0257	1.99	0.0087	2.49	0.0034		

当计算点在水平均布荷载作用方向的终端以下时取"+"号；当计算点在水平均布荷载作用方向的始端以下时取"−"号。当计算点在基底内、外任意位置时，同样可以利用"角点法"和叠加原理来进行计算。

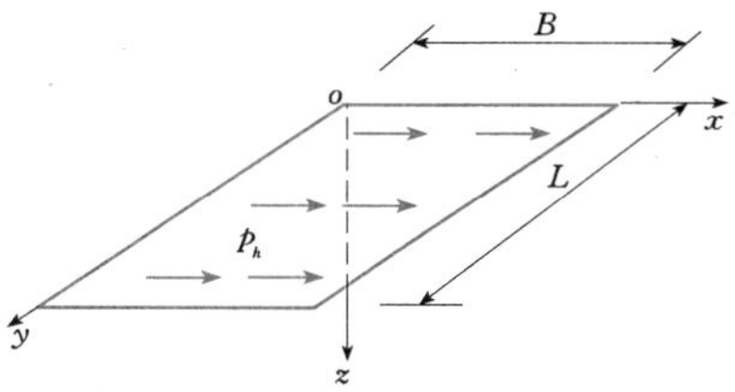

图 4.5-8 矩形基底水平均布荷载

2. 条形基础

当基础长度 L 与宽度 B 之比接近无穷大时，地基内部的应力状态才属于平面问题。但在工程实践中，实际上并不存在着无限长的基础。然而，根据研究，当 $\frac{L}{B}\geqslant 10$ 时，其结果与 $\frac{L}{B}$ 接近无穷大时的情况相差不大，这种误差在工程上是允许的。有时当 $\frac{L}{B}>5$ 时也可按平面问题计算。

（1）竖直线荷载。沿无限长直线上作用的垂直均布荷载称为竖直线荷载，如图 4.5-9 所示。当地面上作用竖直线荷载时，地基内部任一深度 z 处 M 点的竖向附加应力为

$$\sigma_z=\frac{2\overline{P}}{\pi R_1^2}\cos^3\theta_1=\frac{2\overline{P}z^3}{\pi(x^2+z^2)^2} \qquad (4.5-8)$$

（2）条形基底垂直均布荷载。如图 4.5-10 所示，当基底上作用着强度为 p 的竖直均布荷载时，任意点的竖向附加应力为

$$\sigma_z=\frac{p}{\pi}\left[\arctan\frac{m}{n}-\arctan\frac{m-1}{n}+\frac{mn}{n^2+m^2}-\frac{n(m-1)}{n^2+(m-1)^2}\right] \qquad (4.5-9)$$

其中 $m=\frac{x}{B},\quad n=\frac{z}{B}$

式中 B——基底宽度；

x、z——计算点的坐标。

（3）条形基底垂直三角形分布荷载。如图 4.5-11 所示，当条形基底上受到最大强度为 p_T 的三角形分布荷载作用时，任意点的竖向附加应力为

$$\sigma_z=\frac{p_T}{\pi}\left\{m\left[\arctan\frac{m}{n}-\arctan\frac{m-1}{n}\right]-\frac{n(m-1)}{n^2+(m-1)^2}\right\} \qquad (4.5-10)$$

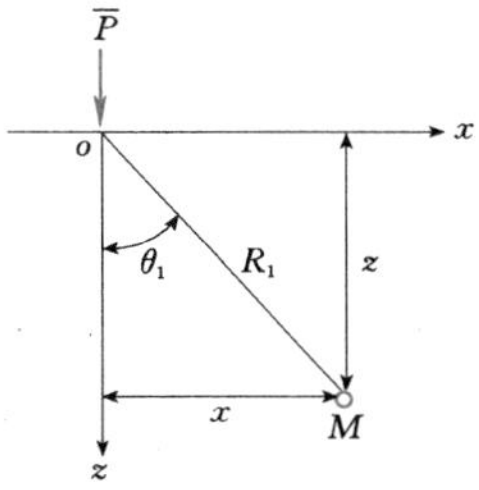

图 4.5-9 竖直线荷载

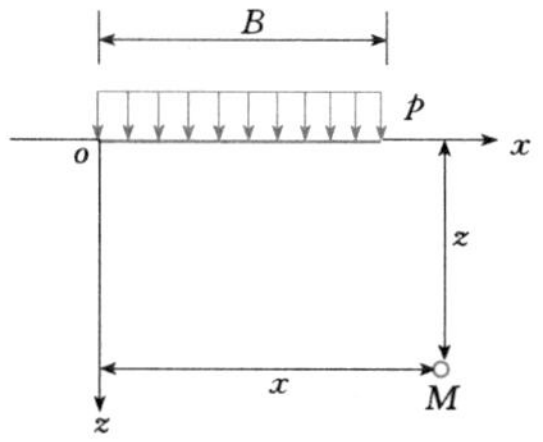

图 4.5-10 条形基底垂直均布荷载

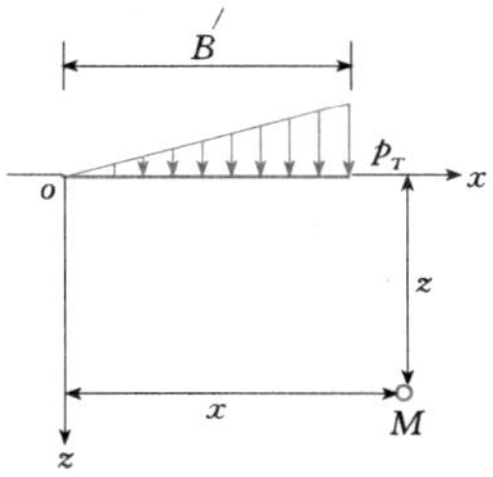

图 4.5-11 条形基底垂直三角形分布荷载

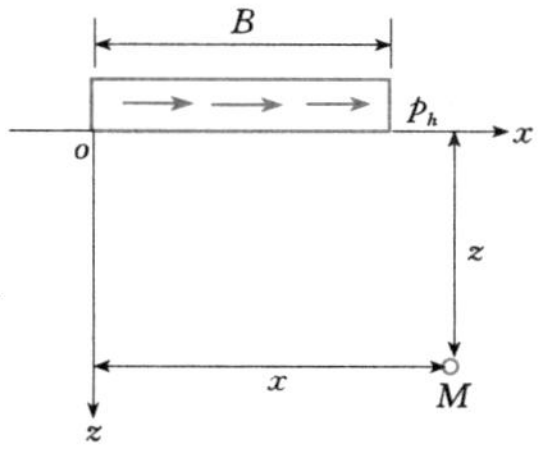

图 4.5-12 条形基底水平均布荷载

（4）条形基底水平均布荷载。如图 4.5-12 所示，当基础底面上作用着强度为 p_h 的水平均布荷载时，任意点的竖向附加应力为

$$\sigma_z=\frac{p_h}{\pi}\left[\frac{n^2}{n^2+(m-1)^2}-\frac{n^2}{n^2+m^2}\right] \qquad (4.5-11)$$

4.5.3.2 应力计算表

各种形状的基础，在各种分布荷载作用下，地基中的应力也可按表 4.5-3～表 4.5-11 进行计算。

表 4.5-3 应力计算总表

基础形状	荷载分布	计算应力分量	表号
矩形	垂直，均布	角点下应力 σ_z	表 4.5-4
	垂直，三角形	角点下应力 σ_z	表 4.5-5
	水平，均布	角点下应力 σ_z	表 4.5-6
圆形	垂直，均布	任意点的应力 σ_z	表 4.5-7
条形	垂直，均布	任意点的应力 σ_z、σ_x、τ	表 4.5-8
	垂直，三角形	任意点的应力 σ_z、σ_x、τ	表 4.5-9
	水平，均布	任意点的应力 σ_z、σ_x、τ	表 4.5-10
	水平，三角形	任意点的应力 σ_z	表 4.5-11

表 4.5-4 矩形基础面受垂直均布荷载时角点下的应力系数 K_1

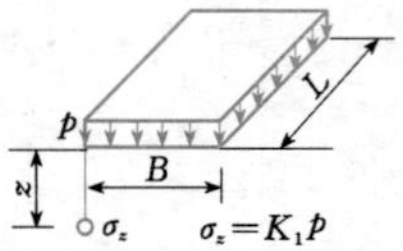

$n=\frac{z}{B}$ \ $m=\frac{L}{B}$	1.0	1.1	1.2	1.3	1.4	1.5	1.6	1.7	1.8	1.9	2.0	2.1	2.2
0.0	0.2500	0.2500	0.2500	0.2500	0.2500	0.2500	0.2500	0.2500	0.2500	0.2500	0.2500	0.2500	0.2500
0.2	0.2488	0.2488	0.2489	0.2490	0.2490	0.2491	0.2491	0.2491	0.2491	0.2491	0.2491	0.2491	0.2491
0.4	0.2401	0.2411	0.2420	0.2425	0.2429	0.2432	0.2434	0.2436	0.2437	0.2438	0.2439	0.2440	0.2440
0.6	0.2229	0.2252	0.2275	0.2288	0.2300	0.2308	0.2315	0.2320	0.2324	0.2327	0.2329	0.2331	0.2333
0.8	0.1999	0.2037	0.2075	0.2098	0.2120	0.2134	0.2147	0.2156	0.2165	0.2171	0.2176	0.2180	0.2183
1.0	0.1752	0.1802	0.1851	0.1881	0.1911	0.1933	0.1955	0.1968	0.1981	0.1990	0.1999	0.2006	0.2012
1.2	0.1516	0.1571	0.1626	0.1666	0.1705	0.1732	0.1758	0.1776	0.1793	0.1806	0.1818	0.1827	0.1836
1.4	0.1308	0.1366	0.1423	0.1466	0.1508	0.1539	0.1569	0.1591	0.1613	0.1629	0.1644	0.1656	0.1667
1.6	0.1123	0.1182	0.1241	0.1285	0.1329	0.1363	0.1396	0.1421	0.1445	0.1464	0.1482	0.1496	0.1509
1.8	0.0969	0.1026	0.1083	0.1128	0.1172	0.1207	0.1241	0.1268	0.1294	0.1314	0.1334	0.1350	0.1365
2.0	0.0840	0.0884	0.0947	0.0991	0.1034	0.1069	0.1103	0.1131	0.1158	0.1180	0.1202	0.1219	0.1236
2.2	0.0732	0.0782	0.0832	0.0875	0.0917	0.0951	0.0984	0.1012	0.1039	0.1062	0.1084	0.1102	0.1120
2.4	0.0642	0.0688	0.0734	0.0774	0.0813	0.0846	0.0879	0.0907	0.0934	0.0957	0.0979	0.0998	0.1016
2.6	0.0566	0.0609	0.0651	0.0688	0.0725	0.0757	0.0788	0.0815	0.0842	0.0865	0.0887	0.0906	0.0924
2.8	0.0502	0.0541	0.0580	0.0615	0.0649	0.0679	0.0709	0.0735	0.0761	0.0783	0.0805	0.0824	0.0842
3.0	0.0447	0.0483	0.0519	0.0551	0.0583	0.0612	0.0640	0.0665	0.0690	0.0711	0.0732	0.0751	0.0769
3.2	0.0401	0.0434	0.0467	0.0497	0.0526	0.0553	0.0580	0.0604	0.0627	0.0648	0.0668	0.0686	0.0704
3.4	0.0361	0.0391	0.0421	0.0449	0.0477	0.0502	0.0527	0.0549	0.0571	0.0591	0.0611	0.0629	0.0646
3.6	0.0326	0.0354	0.0382	0.0403	0.0433	0.0457	0.0480	0.0502	0.0523	0.0542	0.0561	0.0578	0.0594
3.8	0.0296	0.0322	0.0348	0.0372	0.0395	0.0417	0.0439	0.0459	0.0479	0.0498	0.0516	0.0532	0.0548
4.0	0.0270	0.0294	0.0318	0.0340	0.0362	0.0383	0.0403	0.0422	0.0441	0.0458	0.0474	0.0491	0.0507
4.2	0.0247	0.0269	0.0291	0.0312	0.0333	0.0352	0.0371	0.0389	0.0407	0.0423	0.0439	0.0454	0.0469
4.4	0.0227	0.0248	0.0268	0.0287	0.0306	0.0325	0.0343	0.0360	0.0376	0.0392	0.0407	0.0422	0.0436
4.6	0.0209	0.0228	0.0247	0.0265	0.0283	0.0300	0.0317	0.0333	0.0348	0.0363	0.0378	0.0392	0.0405
4.8	0.0193	0.0211	0.0229	0.0246	0.0262	0.0278	0.0294	0.0309	0.0324	0.0338	0.0352	0.0365	0.0378
5.0	0.0179	0.0196	0.0212	0.0228	0.0243	0.0259	0.0274	0.0288	0.0302	0.0315	0.0328	0.0343	0.0358
6.0	0.0127	0.0139	0.0151	0.0163	0.0174	0.0185	0.0196	0.0207	0.0218	0.0228	0.0238	0.0248	0.0257
7.0	0.0094	0.0103	0.0112	0.0121	0.0130	0.0139	0.0147	0.0156	0.0164	0.0172	0.0180	0.0188	0.0195
8.0	0.0073	0.0080	0.0087	0.0940	0.0101	0.0108	0.0114	0.0121	0.0127	0.0134	0.0140	0.0147	0.0153
9.0	0.0058	0.0064	0.0069	0.0075	0.0080	0.0086	0.0091	0.0097	0.0102	0.0107	0.0112	0.0117	0.0122
10.0	0.0047	0.0052	0.0056	0.0061	0.0065	0.0070	0.0074	0.0079	0.0083	0.0088	0.0092	0.0096	0.0100
12.0	0.0037	0.0041	0.0044	0.0048	0.0051	0.0055	0.0058	0.0062	0.0065	0.0069	0.0072	0.0075	0.0078
14.0	0.0026	0.0029	0.0031	0.0034	0.0036	0.0039	0.0042	0.0045	0.0047	0.0050	0.0052	0.0054	0.0057
15.0	0.0021	0.0023	0.0025	0.0027	0.0029	0.0032	0.0034	0.0036	0.0038	0.0040	0.0042	0.0044	0.0046
16.0	0.0019	0.0021	0.0023	0.0025	0.0027	0.0029	0.0031	0.0033	0.0035	0.0037	0.0038	0.0040	0.0042
18.0	0.0016	0.0017	0.0018	0.0020	0.0022	0.0024	0.0025	0.0027	0.0028	0.0030	0.0031	0.0032	0.0034
20.0	0.0012	0.0013	0.0014	0.0016	0.0017	0.0018	0.0019	0.0020	0.0021	0.0023	0.0024	0.0025	0.0026

续表

$m=\frac{L}{B}$ / $n=\frac{z}{B}$	2.3	2.4	2.5	2.6	2.7	2.8	2.9	3.0	3.1	3.2	3.3	3.4
0.0	0.2500	0.2500	0.2500	0.2500	0.2500	0.2500	0.2500	0.2500	0.2500	0.2500	0.2500	0.2500
0.2	0.2491	0.2492	0.2492	0.2492	0.2492	0.2492	0.2492	0.2492	0.2492	0.2492	0.2492	0.2492
0.4	0.2440	0.2441	0.2442	0.2442	0.2442	0.2442	0.2442	0.2442	0.2443	0.2443	0.2443	0.2443
0.6	0.2334	0.2335	0.2336	0.2337	0.2338	0.2338	0.2339	0.2339	0.2340	0.2340	0.2340	0.2340
0.8	0.2186	0.2188	0.2190	0.2192	0.2193	0.2194	0.2195	0.2196	0.2197	0.2198	0.2199	0.2199
1.0	0.2016	0.2020	0.2023	0.2026	0.2029	0.2031	0.2033	0.2034	0.2036	0.2037	0.2038	0.2039
1.2	0.1843	0.1849	0.1854	0.1858	0.1862	0.1865	0.1868	0.1870	0.1872	0.1873	0.1875	0.1876
1.4	0.1676	0.1685	0.1691	0.1696	0.1701	0.1705	0.1709	0.1712	0.1715	0.1718	0.1720	0.1722
1.6	0.1520	0.1530	0.1538	0.1545	0.1551	0.1557	0.1562	0.1567	0.1571	0.1574	0.1577	0.1580
1.8	0.1377	0.1389	0.1399	0.1408	0.1416	0.1423	0.1429	0.1434	0.1439	0.1443	0.1447	0.1450
2.0	0.1250	0.1263	0.1274	0.1284	0.1292	0.1300	0.1307	0.1314	0.1319	0.1324	0.1328	0.1332
2.2	0.1135	0.1149	0.1161	0.1172	0.1182	0.1191	0.1198	0.1205	0.1212	0.1218	0.1223	0.1227
2.4	0.1032	0.1047	0.1059	0.1071	0.1082	0.1092	0.1100	0.1108	0.1115	0.1122	0.1128	0.1133
2.6	0.0940	0.0955	0.0968	0.0981	0.0992	0.1003	0.1012	0.1020	0.1028	0.1035	0.1041	0.1047
2.8	0.0859	0.0875	0.0888	0.0900	0.0912	0.0923	0.0933	0.0942	0.0950	0.0957	0.0964	0.0970
3.0	0.0785	0.0801	0.0815	0.0828	0.0840	0.0851	0.0861	0.0870	0.0878	0.0887	0.0894	0.0901
3.2	0.0720	0.0735	0.0749	0.0762	0.0774	0.0786	0.0796	0.0806	0.0815	0.0823	0.0831	0.0838
3.4	0.0662	0.0677	0.0691	0.0704	0.0716	0.0727	0.0737	0.0747	0.0756	0.0765	0.0773	0.0780
3.6	0.0609	0.0624	0.0638	0.0651	0.0663	0.0674	0.0684	0.0694	0.0703	0.0712	0.0720	0.0728
3.8	0.0563	0.0577	0.0590	0.0608	0.0615	0.0626	0.0636	0.0646	0.0655	0.0664	0.0672	0.0680
4.0	0.0521	0.0535	0.0548	0.0560	0.0574	0.0588	0.0596	0.0603	0.0612	0.0620	0.0628	0.0636
4.2	0.0483	0.0496	0.0509	0.0521	0.0532	0.0543	0.0553	0.0563	0.0572	0.0581	0.0589	0.0596
4.4	0.0449	0.0462	0.0474	0.0485	0.0496	0.0507	0.0517	0.0527	0.0536	0.0554	0.0552	0.0566
4.6	0.0418	0.0430	0.0442	0.0453	0.0464	0.0474	0.0484	0.0493	0.0502	0.0510	0.0518	0.0526
4.8	0.0390	0.0402	0.0413	0.0424	0.0434	0.0444	0.0454	0.0463	0.0472	0.0480	0.0488	0.0495
5.0	0.0367	0.0376	0.0387	0.0397	0.0407	0.0417	0.0426	0.0435	0.0443	0.0451	0.0459	0.0466
6.0	0.0267	0.0276	0.0285	0.0293	0.0302	0.0310	0.0318	0.0325	0.0333	0.0340	0.0347	0.0353
7.0	0.0203	0.0210	0.0217	0.0224	0.0231	0.0238	0.0245	0.0251	0.0257	0.0263	0.0269	0.0275
8.0	0.0159	0.0165	0.0171	0.0176	0.0182	0.0187	0.0103	0.0198	0.0204	0.0209	0.0214	0.0219
9.0	0.0127	0.0132	0.0137	0.0142	0.0147	0.0152	0.0157	0.0161	0.0165	0.0169	0.0174	0.0178
10.0	0.0104	0.0108	0.0112	0.0116	0.0120	0.0124	0.0128	0.0132	0.0136	0.0140	0.0143	0.0147
12.0	0.0082	0.0085	0.0088	0.0091	0.0094	0.0098	0.0101	0.0104	0.0107	0.0110	0.0112	0.0115
14.0	0.0059	0.0610	0.0064	0.0066	0.0068	0.0070	0.0073	0.0075	0.0077	0.0079	0.0082	0.0084
15.0	0.0048	0.0500	0.0052	0.0053	0.0055	0.0057	0.0059	0.0061	0.0063	0.0065	0.0067	0.0069
16.0	0.0043	0.0045	0.0047	0.0049	0.0051	0.0052	0.0054	0.0056	0.0058	0.0060	0.0061	0.0063
18.0	0.0035	0.0037	0.0038	0.0039	0.0041	0.0042	0.0044	0.0045	0.0047	0.0048	0.0050	0.0051
20.0	0.0027	0.0028	0.0030	0.0031	0.0032	0.0033	0.0034	0.0035	0.0036	0.0037	0.0038	0.0039

续表

$n=\frac{z}{B}$ \ $m=\frac{L}{B}$	3.5	3.6	3.7	3.8	3.9	4.0	4.2	4.4	4.6	4.8	5.0	5.2
0.0	0.2500	0.2500	0.2500	0.2500	0.2500	0.2500	0.2500	0.2500	0.2500	0.2500	0.2500	0.2500
0.2	0.2492	0.2492	0.2492	0.2492	0.2492	0.2492	0.2492	0.2492	0.2492	0.2492	0.2492	0.2492
0.4	0.2443	0.2443	0.2443	0.2443	0.2443	0.2443	0.2443	0.2443	0.2443	0.2443	0.2443	0.2443
0.6	0.2341	0.2341	0.2341	0.2341	0.2341	0.2341	0.2341	0.2341	0.2342	0.2342	0.2342	0.2342
0.8	0.2199	0.2199	0.2200	0.2200	0.2200	0.2200	0.2200	0.2201	0.2201	0.2202	0.2202	0.2202
1.0	0.2040	0.2040	0.2041	0.2041	0.2041	0.2042	0.2042	0.2043	0.2043	0.2044	0.2044	0.2044
1.2	0.1877	0.1878	0.1879	0.1880	0.1881	0.1882	0.1883	0.1883	0.1884	0.1884	0.1885	0.1885
1.4	0.1724	0.1725	0.1727	0.1728	0.1729	0.1730	0.1731	0.1732	0.1733	0.1734	0.1735	0.1736
1.6	0.1582	0.1584	0.1586	0.1587	0.1589	0.1590	0.1592	0.1593	0.1595	0.1596	0.1598	0.1599
1.8	0.1453	0.1455	0.1458	0.1460	0.1462	0.1463	0.1465	0.1467	0.1470	0.1472	0.1474	0.1475
2.0	0.1336	0.1339	0.1342	0.1345	0.1348	0.1350	0.1353	0.1355	0.1358	0.1360	0.1363	0.1364
2.2	0.1231	0.1235	0.1230	0.1242	0.1245	0.1248	0.1251	0.1254	0.1258	0.1261	0.1264	0.1265
2.4	0.1138	0.1142	0.1146	0.1150	0.1153	0.1156	0.1160	0.1164	0.1167	0.1171	0.1175	0.1177
2.6	0.1053	0.1058	0.1062	0.1066	0.1070	0.1073	0.1077	0.1082	0.1086	0.1091	0.1095	0.1097
2.8	0.0976	0.0982	0.0987	0.0991	0.0995	0.0999	0.1004	0.1009	0.1014	0.1019	0.1024	0.1026
3.0	0.0907	0.0913	0.0918	0.0923	0.0927	0.0931	0.0937	0.0942	0.0948	0.0953	0.0959	0.0962
3.2	0.0844	0.0850	0.0856	0.0861	0.0866	0.0870	0.0876	0.0882	0.0888	0.0894	0.0900	0.0906
3.4	0.0787	0.0793	0.0799	0.0804	0.0809	0.0814	0.0821	0.0827	0.0834	0.0840	0.0847	0.0850
3.6	0.0735	0.0741	0.0747	0.0753	0.0758	0.0763	0.0770	0.0777	0.0785	0.0792	0.0799	0.0802
3.8	0.0687	0.0694	0.0700	0.0706	0.0712	0.0717	0.0724	0.0731	0.0739	0.0746	0.0753	0.0757
4.0	0.0643	0.0650	0.0657	0.0663	0.0669	0.0674	0.0682	0.0689	0.0697	0.0764	0.0712	0.0716
4.2	0.0603	0.0610	0.0617	0.0623	0.0629	0.0634	0.0642	0.0650	0.0658	0.0666	0.0674	0.0678
4.4	0.0567	0.0574	0.0580	0.0586	0.0592	0.0597	0.0605	0.0614	0.0622	0.0634	0.0639	0.0644
4.6	0.0533	0.0540	0.0547	0.0553	0.0559	0.0564	0.0572	0.0581	0.0589	0.0593	0.0606	0.0611
4.8	0.0502	0.0509	0.0516	0.0522	0.0528	0.0533	0.0542	0.0550	0.0559	0.0567	0.0576	0.0581
5.0	0.0473	0.0480	0.0487	0.0493	0.0499	0.0504	0.0513	0.0521	0.0530	0.0538	0.0547	0.0552
6.0	0.0360	0.0366	0.0372	0.0377	0.0383	0.0388	0.0397	0.0405	0.0414	0.0422	0.0431	0.0437
7.0	0.0281	0.0286	0.0291	0.0296	0.0301	0.0306	0.0314	0.0322	0.0330	0.0338	0.0346	0.0352
8.0	0.0224	0.0228	0.0233	0.0237	0.0242	0.0246	0.0253	0.0261	0.0268	0.0276	0.0283	0.0289
9.0	0.0182	0.0186	0.0190	0.0194	0.0198	0.0202	0.0209	0.0215	0.0222	0.0228	0.0235	0.0240
10.0	0.0151	0.0154	0.0158	0.0162	0.0165	0.0167	0.0173	0.0179	0.0186	0.0192	0.0108	0.0203
12.0	0.0118	0.0121	0.0124	0.0126	0.0129	0.0132	0.0137	0.0141	0.0146			
14.0	0.0086	0.0088	0.0090	0.0093	0.0095	0.0097	0.0101	0.0104	0.0108			
15.0	0.0071	0.0072	0.0074	0.0076	0.0078	0.0080	0.0083	0.0086	0.0090			
16.0	0.0065	0.0067	0.0068	0.0070	0.0071	0.0073	0.0076	0.0079	0.0082			
18.0	0.0053	0.0054	0.0056	0.0057	0.0059	0.0060	0.0063	0.0065	0.0068			
20.0	0.0041	0.0042	0.0043	0.0044	0.0045	0.0046	0.0048	0.0050	0.0052			

续表

$n=\frac{z}{B}$ \ $m=\frac{L}{B}$	5.4	5.6	5.8	6.0	6.5	7.0	7.5	8.0	8.5	9.0	9.5	10.0	>10.0
0.0	0.2500	0.2500	0.2500	0.2500	0.2500	0.2500	0.2500	0.2500	0.2500	0.2500	0.2500	0.2500	0.2500
0.2	0.2492	0.2492	0.2492	0.2492	0.2492	0.2492	0.2492	0.2492	0.2492	0.2492	0.2492	0.2492	0.2492
0.4	0.2443	0.2443	0.2443	0.2443	0.2443	0.2443	0.2443	0.2443	0.2443	0.2443	0.2443	0.2443	0.2443
0.6	0.2342	0.2342	0.2342	0.2342	0.2342	0.2342	0.2342	0.2342	0.2342	0.2342	0.2342	0.2342	0.2342
0.8	0.2202	0.2202	0.2202	0.2202	0.2202	0.2202	0.2202	0.2202	0.2202	0.2202	0.2202	0.2202	0.2203
1.0	0.2044	0.2045	0.2045	0.2045	0.2045	0.2045	0.2046	0.2046	0.2046	0.2046	0.2046	0.2046	0.2046
1.2	0.1886	0.1886	0.1887	0.1887	0.1888	0.1888	0.1888	0.1888	0.1888	0.1888	0.1888	0.1838	0.1889
1.4	0.1736	0.1737	0.1737	0.1738	0.1739	0.1739	0.1739	0.1739	0.1739	0.1739	0.1740	0.1740	0.1740
1.6	0.1599	0.1600	0.1600	0.1601	0.1602	0.1602	0.1603	0.1603	0.1604	0.1604	0.1604	0.1604	0.1605
1.8	0.1476	0.1476	0.1477	0.1478	0.1479	0.1480	0.1481	0.1481	0.1482	0.1482	0.1482	0.1482	0.1483
2.0	0.1365	0.1366	0.1367	0.1368	0.1370	0.1371	0.1372	0.1372	0.1373	0.1373	0.1374	0.1374	0.1375
2.2	0.1267	0.1268	0.1270	0.1271	0.1273	0.1274	0.1275	0.1276	0.1277	0.1277	0.1277	0.1277	0.1279
2.4	0.1179	0.1180	0.1182	0.1184	0.1186	0.1188	0.1189	0.1190	0.1191	0.1191	0.1192	0.1192	0.1194
2.6	0.1099	0.1102	0.1104	0.1106	0.1109	0.1111	0.1112	0.1113	0.1114	0.1115	0.1116	0.1116	0.1118
2.8	0.1029	0.1031	0.1034	0.1036	0.1039	0.1040	0.1043	0.1045	0.1046	0.1047	0.1048	0.1048	0.1050
3.0	0.0965	0.0967	0.0970	0.0973	0.0977	0.0980	0.0982	0.0983	0.0985	0.0986	0.0987	0.0987	0.0990
3.2	0.0906	0.0910	0.0913	0.0916	0.0920	0.0923	0.0926	0.0928	0.0929	0.0930	0.0932	0.0933	0.0935
3.4	0.0854	0.0857	0.0861	0.0864	0.0869	0.0873	0.0875	0.0877	0.0879	0.0880	0.0881	0.0882	0.0886
3.6	0.0806	0.0809	0.0813	0.0816	0.0821	0.0826	0.0829	0.0832	0.0834	0.0835	0.0836	0.0837	0.0842
3.8	0.0761	0.0765	0.0769	0.0773	0.0779	0.0784	0.0787	0.0790	0.0792	0.0794	0.0795	0.0796	0.0802
4.0	0.0720	0.0725	0.0729	0.0733	0.0739	0.0745	0.0749	0.0752	0.0754	0.0756	0.0757	0.0758	0.0765
4.2	0.0683	0.0687	0.0692	0.0696	0.0703	0.0709	0.0713	0.0716	0.0719	0.0721	0.0723	0.0724	0.0731
4.4	0.0648	0.0653	0.0657	0.0662	0.0669	0.0676	0.0680	0.0684	0.0687	0.0689	0.0691	0.0692	0.0700
4.6	0.0616	0.0620	0.0625	0.0630	0.0637	0.0644	0.0649	0.0654	0.0657	0.0659	0.0661	0.0663	0.0671
4.8	0.0586	0.0591	0.0596	0.0601	0.0609	0.0616	0.0621	0.0626	0.0629	0.0631	0.0633	0.0635	0.0645
5.0	0.0557	0.0563	0.0568	0.0573	0.0581	0.0589	0.0594	0.0599	0.0603	0.0606	0.0608	0.0610	0.0620
6.0	0.0443	0.0448	0.0454	0.0460	0.0470	0.0479	0.0485	0.0491	0.0496	0.0500	0.0503	0.0506	0.0521
7.0	0.0358	0.0364	0.0370	0.0376	0.0386	0.0396	0.0404	0.0411	0.0416	0.0421	0.0425	0.0428	0.0449
8.0	0.0294	0.0300	0.0305	0.0311	0.0322	0.0332	0.0340	0.0348	0.0354	0.0359	0.0363	0.0367	0.0394
9.0	0.0246	0.0251	0.0257	0.0262	0.0272	0.0282	0.0290	0.0298	0.0304	0.0310	0.0315	0.0319	0.0351
10.0	0.0208	0.0212	0.0217	0.0222	0.0232	0.0242	0.0250	0.0258	0.0264	0.0270	0.0275	0.0280	0.0316

表 4.5-5 矩形基础面受垂直三角形分布荷载时角点下的应力系数 K_2

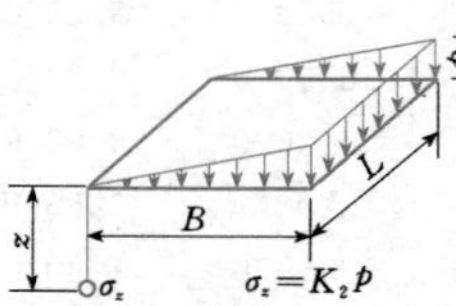

$m=\frac{L}{B}$ / $n=\frac{z}{B}$	0.2	0.4	0.6	0.8	1.0	1.2	1.4	1.6	1.8	2.0	3.0	4.0	6.0	8.0	10.0
0.0	0.0000	0.0000	0.0000	0.0000	0.0000	0.0000	0.0000	0.0000	0.0000	0.0000	0.0000	0.0000	0.0000	0.0000	0.0000
0.2	0.0223	0.0280	0.0296	0.0301	0.0304	0.0305	0.0305	0.0306	0.0306	0.0306	0.0306	0.0306	0.0306	0.0306	0.0306
0.4	0.0269	0.0420	0.0487	0.0517	0.0531	0.0539	0.0543	0.0545	0.0546	0.0547	0.0548	0.0549	0.0549	0.0549	0.0549
0.6	0.0259	0.0448	0.0560	0.0621	0.0654	0.0673	0.0684	0.0690	0.0694	0.0696	0.0701	0.0702	0.0702	0.0702	0.0702
0.8	0.0232	0.0421	0.0553	0.0637	0.0688	0.0720	0.0739	0.0751	0.0759	0.0764	0.0773	0.0776	0.0776	0.0776	0.0776
1.0	0.0201	0.0375	0.0508	0.0602	0.0666	0.0708	0.0735	0.0753	0.0766	0.0774	0.0790	0.0794	0.0795	0.0796	0.0796
1.2	0.0171	0.0324	0.0450	0.0546	0.0615	0.0664	0.0698	0.0721	0.0738	0.0749	0.0774	0.0779	0.0782	0.0783	0.0783
1.4	0.0145	0.0278	0.0392	0.0483	0.0554	0.0606	0.0644	0.0672	0.0692	0.0707	0.0739	0.0748	0.0752	0.0752	0.0753
1.6	0.0123	0.0238	0.0339	0.0424	0.0492	0.0545	0.0586	0.0616	0.0639	0.0656	0.0697	0.0708	0.0714	0.0715	0.0715
1.8	0.0105	0.0204	0.0294	0.0371	0.0435	0.0487	0.0528	0.0560	0.0585	0.0604	0.0652	0.0666	0.0673	0.0675	0.0675
2.0	0.0090	0.0176	0.0255	0.0324	0.0384	0.0434	0.0474	0.0507	0.0533	0.0553	0.0607	0.0624	0.0634	0.0636	0.0636
2.5	0.0063	0.0125	0.0183	0.0236	0.0284	0.0326	0.0362	0.0393	0.0419	0.0440	0.0504	0.0529	0.0543	0.0547	0.0548
3.0	0.0046	0.0092	0.0135	0.0176	0.0214	0.0249	0.0280	0.0307	0.0331	0.0352	0.0419	0.0449	0.0469	0.0474	0.0476
5.0	0.0018	0.0036	0.0054	0.0071	0.0088	0.0104	0.0120	0.0135	0.0148	0.0161	0.0214	0.0248	0.0283	0.0296	0.0301
7.0	0.0009	0.0019	0.0028	0.0038	0.0047	0.0056	0.0064	0.0073	0.0081	0.0089	0.0124	0.0152	0.0186	0.0204	0.0212
10.0	0.0005	0.0009	0.0014	0.0019	0.0023	0.0028	0.0033	0.0037	0.0041	0.0046	0.0066	0.0084	0.0111	0.0128	0.0139

表 4.5-6　**矩形基础面受水平均布荷载时角点下的应力系数 K_3**

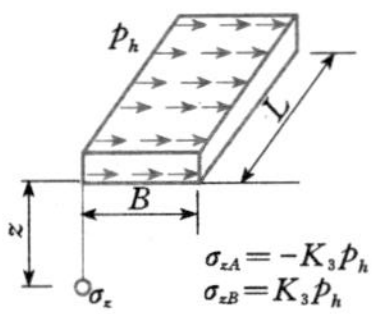

$n=\frac{z}{B}$ \ $m=\frac{L}{B}$	0.2	0.4	0.6	0.8	1.0	1.2	1.4	1.6	1.8	2.0	3.0	4.0	6.0	8.0	10.0
0.0	0.1592	0.1592	0.1592	0.1592	0.1592	0.1592	0.1592	0.1592	0.1592	0.1592	0.1592	0.1592	0.1592	0.1592	0.1592
0.2	0.1114	0.1401	0.1479	0.1506	0.1518	0.1523	0.1526	0.1528	0.1529	0.1529	0.1530	0.1530	0.1530	0.1530	0.1530
0.4	0.0672	0.1049	0.1217	0.1293	0.1328	0.1347	0.1356	0.1362	0.1365	0.1367	0.1371	0.1372	0.1372	0.1372	0.1372
0.6	0.0432	0.0746	0.0933	0.1035	0.1091	0.1121	0.1139	0.1150	0.1156	0.1160	0.1168	0.1169	0.1170	0.1170	0.1170
0.8	0.0290	0.0527	0.0691	0.0796	0.0861	0.0900	0.0924	0.0939	0.0948	0.0955	0.0967	0.0969	0.0970	0.0970	0.0970
1.0	0.0201	0.0375	0.0508	0.0602	0.0666	0.0708	0.0735	0.0753	0.0766	0.0774	0.0790	0.0794	0.0795	0.0796	0.0796
1.2	0.0142	0.0270	0.0375	0.0455	0.0512	0.0553	0.0582	0.0601	0.0615	0.0624	0.0645	0.0650	0.0652	0.0652	0.0652
1.4	0.0103	0.0199	0.0280	0.0345	0.0395	0.0433	0.0460	0.0480	0.0494	0.0505	0.0528	0.0534	0.0537	0.0537	0.0538
1.6	0.0077	0.0149	0.0212	0.0265	0.0308	0.0341	0.0366	0.0385	0.0400	0.0410	0.0436	0.0443	0.0446	0.0447	0.0447
1.8	0.0058	0.0113	0.0163	0.0206	0.0242	0.0270	0.0293	0.0311	0.0325	0.0336	0.0362	0.0370	0.0374	0.0375	0.0375
2.0	0.0045	0.0088	0.0127	0.0162	0.0192	0.0217	0.0237	0.0253	0.0266	0.0277	0.0303	0.0312	0.0317	0.0318	0.0318
2.5	0.0025	0.0050	0.0073	0.0094	0.0113	0.0130	0.0145	0.0157	0.0167	0.0176	0.0202	0.0211	0.0217	0.0219	0.0219
3.0	0.0015	0.0031	0.0045	0.0059	0.0071	0.0083	0.0093	0.0102	0.0110	0.0117	0.0140	0.0150	0.0156	0.0158	0.0159
5.0	0.0004	0.0007	0.0011	0.0014	0.0018	0.0021	0.0024	0.0027	0.0030	0.0032	0.0043	0.0050	0.0057	0.0059	0.0060
7.0	0.0001	0.0003	0.0004	0.0005	0.0007	0.0008	0.0009	0.0010	0.0012	0.0013	0.0018	0.0022	0.0027	0.0029	0.0030
10.0	0.0005	0.0001	0.0001	0.0002	0.0002	0.0003	0.0003	0.0004	0.0004	0.0005	0.0007	0.0008	0.0011	0.0013	0.0014

表 4.5-7 圆形基础面受垂直均布荷载时任意点应力系数 K_4

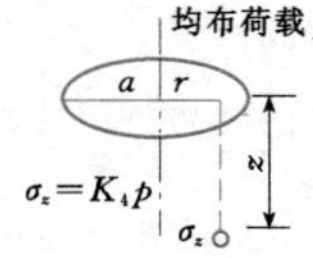

$\frac{r}{a}$ / $\frac{z}{a}$	0.0	0.2	0.4	0.6	0.8	1.0	1.2	1.4	1.6	1.8	2.0
0.0	1.000	1.000	1.000	1.000	1.000	0.500	0.000	0.000	0.000	0.000	0.000
0.2	0.993	0.991	0.987	0.970	0.890	0.468	0.077	0.015	0.005	0.002	0.001
0.4	0.949	0.943	0.922	0.860	0.712	0.435	0.181	0.065	0.026	0.012	0.006
0.6	0.864	0.852	0.813	0.733	0.591	0.400	0.224	0.113	0.056	0.029	0.016
0.8	0.756	0.742	0.699	0.619	0.504	0.366	0.237	0.142	0.083	0.048	0.029
1.0	0.646	0.633	0.593	0.525	0.434	0.332	0.235	0.157	0.102	0.065	0.042
1.2	0.547	0.535	0.502	0.447	0.337	0.300	0.226	0.162	0.113	0.078	0.053
1.4	0.461	0.452	0.425	0.383	0.329	0.270	0.212	0.161	0.118	0.086	0.062
1.6	0.390	0.383	0.362	0.330	0.288	0.243	0.197	0.156	0.120	0.090	0.068
1.8	0.332	0.327	0.311	0.285	0.254	0.218	0.182	0.148	0.118	0.092	0.072
2.0	0.285	0.280	0.268	0.248	0.224	0.196	0.167	0.140	0.114	0.092	0.074
2.2	0.246	0.242	0.233	0.218	0.198	0.176	0.153	0.131	0.109	0.090	0.074
2.4	0.214	0.211	0.203	0.192	0.176	0.159	0.140	0.122	0.104	0.087	0.073
2.6	0.187	0.185	0.179	0.170	0.158	0.144	0.129	0.113	0.098	0.084	0.071
2.8	0.165	0.163	0.159	0.150	0.141	0.130	0.118	0.105	0.092	0.080	0.069
3.0	0.146	0.145	0.141	0.135	0.127	0.118	0.108	0.097	0.087	0.077	0.067
3.4	0.117	0.116	0.114	0.110	0.105	0.098	0.091	0.084	0.076	0.068	0.061
3.8	0.096	0.095	0.093	0.091	0.087	0.083	0.078	0.073	0.067	0.061	0.055
4.2	0.079	0.079	0.078	0.076	0.073	0.070	0.067	0.063	0.059	0.054	0.050
4.6	0.067	0.067	0.066	0.064	0.063	0.060	0.058	0.055	0.052	0.048	0.045
5.0	0.057	0.057	0.056	0.055	0.054	0.052	0.050	0.048	0.046	0.043	0.041

表 4.5-8　　条形基础受垂直均布荷载时任意点的应力系数 K_5、K_5'、K_{5T}

$n=\frac{x}{B}$ \ $m=\frac{z}{B}$		0.01	0.05	0.10	0.15	0.20	0.25	0.33	0.40	0.50	0.60	0.80	1.00	1.20	1.40	2.00
−1.00	K_5	0.000	0.000	0.000	0.001	0.001	0.003	0.005	0.010	0.018	0.026	0.048	0.070	0.091	0.108	0.134
	K_5'	0.004	0.015	0.032	0.045	0.060	0.074	0.092	0.017	0.123	0.132	0.132	0.134	0.124	0.109	0.070
	K_{5T}	0.000	−0.001	−0.003	−0.004	−0.009	−0.014	−0.023	−0.032	−0.045	−0.058	−0.080	−0.095	−0.103	−0.100	−0.095
−0.50	K_5	0.000	0.000	0.002	0.005	0.011	0.019	0.037	0.056	0.084	0.111	0.155	0.186	0.202	0.210	0.205
	K_5'	0.008	0.042	0.082	0.117	0.147	0.171	0.196	0.208	0.211	0.204	0.177	0.146	0.117	0.094	0.049
	K_{5T}	0.000	−0.003	−0.011	−0.023	−0.038	−0.055	−0.082	−0.103	−0.127	−0.144	−0.158	−0.157	−0.147	−0.133	−0.096
−0.25	K_5	0.000	0.002	0.011	0.031	0.058	0.089	0.137	0.174	0.213	0.243	0.276	0.288	0.287	0.279	0.242
	K_5'	0.021	0.099	0.180	0.236	0.270	0.286	0.285	0.274	0.248	0.221	0.169	0.127	0.096	0.073	0.035
	K_{5T}	−0.001	−0.012	−0.042	−0.080	−0.116	−0.147	−0.182	−0.199	−0.211	−0.212	−0.197	−0.175	−0.153	−0.132	−0.085
−0.10	K_5	0.000	0.019	0.090	0.165	0.223	0.266	0.316	0.338	0.359	0.371	0.372				
	K_5'	0.058	0.245	0.352	0.374	0.365	0.349	0.315	0.283	0.241	0.205	0.148				
	K_{5T}	−0.003	−0.063	−0.157	−0.215	−0.245	−0.259	−0.265	−0.262	−0.251	−0.237	−0.203				
0.00	K_5	0.500	0.499	0.499	0.499	0.498	0.496	0.493	0.489	0.479	0.468	0.440	0.409	0.375	0.348	0.275
	K_5'	0.494	0.467	0.437	0.406	0.376	0.347	0.303	0.269	0.224	0.188	0.130	0.091	0.067	0.011	0.020
	K_{5T}	−0.318	−0.317	−0.315	−0.311	−0.306	−0.299	−0.289	−0.274	−0.255	−0.234	−0.194	−0.159	−0.131	−0.108	−0.064
0.10	K_5	0.997	0.978	0.908	0.832	0.773	0.726	0.684	0.638	0.597	0.564	0.505				
	K_5'	0.928	0.689	0.520	0.435	0.383	0.343	0.280	0.253	0.205	0.167	0.111				
	K_{5T}	−0.003	−0.063	−0.156	−0.212	−0.240	−0.251	−0.253	−0.247	−0.231	−0.212	−0.173				
0.25	K_5	0.999	0.998	0.988	0.967	0.936	0.901	0.844	0.797	0.734	0.679	0.586	0.511	0.450	0.401	0.298
	K_5'	0.935	0.834	0.685	0.564	0.466	0.393	0.303	0.215	0.185	0.143	0.087	0.055	0.037	0.026	0.010
	K_{5T}	−0.001	−0.011	−0.039	−0.072	−0.103	−0.127	−0.151	−0.159	−0.157	−0.147	−0.121	−0.096	−0.078	−0.061	−0.034
0.50	K_5	0.999	0.999	0.997	0.990	0.978	0.958	0.921	0.881	0.818	0.756	0.642	0.549	0.478	0.420	0.306
	K_5'	0.848	0.874	0.752	0.638	0.538	0.449	0.335	0.260	0.182	0.129	0.070	0.040	0.026	0.017	0.006
	K_{5T}	0.000	0.000	0.000	0.000	0.000	0.000	0.000	0.000	0.000	0.000	0.000	0.000	0.000	0.000	0.000
0.75	K_5	0.999	0.998	0.988	0.967	0.936	0.901	0.844	0.797	0.734	0.679	0.586	0.511	0.450	0.401	0.298
	K_5'	0.935	0.834	0.685	0.564	0.469	0.393	0.303	0.215	0.185	0.143	0.087	0.055	0.037	0.026	0.010
	K_{5T}	0.001	0.011	0.039	0.072	0.103	0.127	0.151	0.159	0.157	0.147	0.121	0.096	0.078	0.061	0.034
1.00	K_5	0.500	0.499	0.499	0.499	0.498	0.496	0.493	0.489	0.479	0.468	0.440	0.409	0.375	0.348	0.275
	K_5'	0.494	0.467	0.437	0.406	0.376	0.347	0.303	0.269	0.224	0.188	0.130	0.091	0.067	0.047	0.020
	K_{5T}	0.318	0.317	0.315	0.311	0.306	0.299	0.287	0.274	0.255	0.234	0.194	0.159	0.131	0.108	0.064
1.25	K_5	0.000	0.002	0.011	0.031	0.058	0.089	0.137	0.174	0.213	0.243	0.276	0.288	0.287	0.279	0.242
	K_5'	0.021	0.099	0.180	0.236	0.270	0.286	0.285	0.274	0.248	0.221	0.169	0.127	0.096	0.073	0.035
	K_{5T}	0.001	0.012	0.042	0.080	0.116	0.147	0.182	0.199	0.211	0.212	0.197	0.175	0.153	0.132	0.085
1.50	K_5	0.000	0.000	0.002	0.005	0.011	0.019	0.037	0.056	0.084	0.111	0.155	0.186	0.202	0.210	0.205
	K_5'	0.008	0.042	0.082	0.117	0.147	0.171	0.196	0.208	0.211	0.204	0.177	0.146	0.117	0.094	0.049
	K_{5T}	0.000	0.003	0.011	0.023	0.038	0.055	0.082	0.103	0.127	0.144	0.158	0.157	0.147	0.133	0.096

附　注

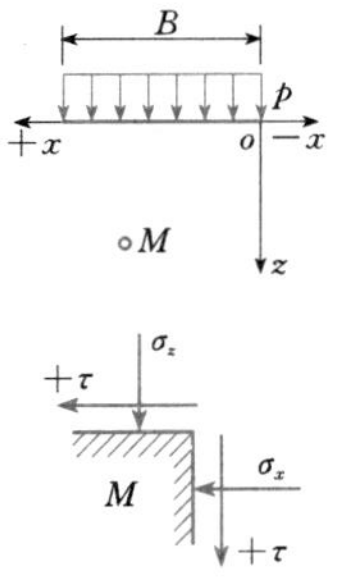

$\sigma_z = K_5 p$

$\sigma_x = K_5' p'$

$\tau = K_{5T} p$

表 4.5-9　　条形基础受垂直三角形分布荷载时任意点的应力系数 K_6、K'_6、K_{6T}

$n=\frac{x}{B}$ \ $m=\frac{z}{B}$		0.01	0.05	0.10	0.15	0.20	0.25	0.33	0.40	0.50	0.60	0.80	1.00	1.20	1.40	2.00	附注
−3.00	K_6	0.000		0.000		0.000	0.000	0.000	0.000		0.000	0.001	0.002	0.004	0.007	0.013	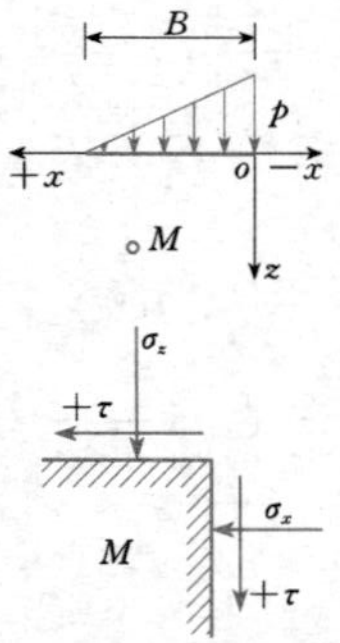 $\sigma_z=K_6p$ $\sigma_x=K'_6p$ $\tau=K_{6T}p$
	K'_6	0.000		0.003		0.005	0.008	0.009	0.011		0.014	0.018	0.025	0.027	0.031	0.031	
	K_{6T}	0.000		0.000		0.000	0.000	−0.001	−0.001		−0.003	−0.005	−0.007	−0.010	−0.012	−0.019	
−2.50	K_6	0.000		0.000		0.000	0.000	0.000	0.000		0.003	0.003	0.005	0.006	0.008	0.018	
	K'_6	0.000		0.004		0.009	0.010	0.013	0.015		0.023	0.028	0.032	0.034	0.035	0.035	
	K_{6T}	0.000		0.000		−0.001	−0.001	−0.002	−0.002		−0.005	−0.008	−0.011	−0.015	−0.018	−0.025	
−2.00	K_6	0.000		0.000		0.000	0.000	0.000	0.000		0.003	0.005	0.009	0.012	0.016	0.027	
	K'_6	0.001		0.007		0.012	0.015	0.020	0.021		0.033	0.039	0.043	0.045	0.044	0.037	
	K_{6T}	0.000		0.000		−0.001	−0.002	−0.003	−0.004		−0.009	−0.013	−0.019	−0.023	−0.027	−0.034	
−1.50	K_6	0.000		0.000		0.000	0.000	0.001	0.002		0.006	0.012	0.021	0.025	0.034	0.048	
	K'_6	0.001		0.010		0.019	0.024	0.031	0.036		0.048	0.056	0.060	0.056	0.050	0.040	
	K_{6T}	0.000		0.000		−0.002	−0.003	−0.006	−0.008		−0.016	−0.025	−0.032	−0.037	−0.041	−0.043	
−1.00	K_6	0.000		0.000		0.000	0.001	0.003	0.007		0.017	0.031	0.045	0.058	0.066	0.077	
	K'_6	0.003		0.019		0.030	0.044	0.054	0.064		0.076	0.077	0.071	0.064	0.055	0.033	
	K_{6T}	0.000		−0.002		−0.006	−0.009	−0.015	−0.021		−0.037	−0.049	−0.057	−0.060	−0.059	−0.050	
−0.50	K_6	0.000	0.000	0.002	0.003	0.009	0.016	0.029	0.043	0.061	0.080	0.106	0.121	0.126	0.127	0.115	
	K'_6	0.006	0.029	0.054	0.009	0.097	0.111	0.124	0.128	0.124	0.116	0.093	0.072	0.048	0.042	0.019	
	K_{6T}	0.000	−0.002	−0.008	−0.017	−0.028	−0.040	−0.006	−0.071	−0.085	−0.093	−0.096	−0.089	−0.080	−0.070	−0.046	
−0.25	K_6	0.000	0.002	0.010	0.026	0.050	0.073	0.111	0.137	0.161	0.177	0.188	0.184	0.176	0.165	0.134	
	K'_6	0.015	0.070	0.132	0.167	0.186	0.191	0.178	0.160	0.137	0.112	0.077	0.053	0.038	0.027	0.012	
	K_{6T}	−0.001	−0.010	−0.034	−0.064	−0.091	−0.113	−0.132	−0.139	0.144	−0.132	−0.112	−0.092	−0.076	−0.062	−0.037	
−0.10	K_6	0.000	0.018	0.083	0.150	0.197	0.228	0.256	0.266	0.269							
	K'_6	0.047	0.200	0.271	0.271	0.243	0.220	0.181	0.151	0.116							
	K_{6T}	−0.003	−0.057	−0.137	−0.180	−0.195	−0.197	−0.188	−0.175	−0.156							
0.00	K_6	0.407	0.484	0.468	0.453	0.437	0.422	0.398	0.379	0.353	0.328	0.285	0.250	0.221	0.198	0.147	
	K'_6	0.467	0.390	0.321	0.275	0.230	0.196	0.155	0.127	0.097	0.074	0.046	0.029	0.020	0.014	0.005	
	K_{6T}	−0.313	−0.294	−0.272	−0.251	−0.231	−0.213	−0.187	−0.167	−0.142	−0.122	−0.090	−0.068	−0.053	−0.042	−0.028	
0.10	K_6	0.899	0.877	0.802	0.719	0.647	0.591	0.522	0.475	0.422							
	K'_6	0.822	0.563	0.365	0.268	0.212	0.171	0.133	0.097	0.076							
	K_{6T}	0.007	−0.022	−0.088	−0.125	−0.137	−0.140	−0.131	−0.122	−0.107							

续表

$n=\frac{x}{B}$ \ $m=\frac{z}{B}$		0.01	0.05	0.10	0.15	0.20	0.25	0.33	0.40	0.50	0.60	0.80	1.00	1.20	1.40	2.00	附注
0.25	K_6	0.750	0.748	0.737	0.714	0.682	0.645	0.584	0.534	0.472	0.421	0.343	0.286	0.246	0.215	0.155	
	K_6'	0.718	0.588	0.452	0.342	0.259	0.198	0.134	0.099	0.065	0.046	0.025	0.018	0.009	0.007	0.002	
	K_{6T}	0.009	0.034	0.040	0.030	0.016	0.003	−0.012	−0.020	−0.024	−0.025	−0.021	−0.017	−0.014	−0.010	−0.006	
0.50	K_6	0.500	0.499	0.498	0.495	0.489	0.479	0.460	0.441	0.409	0.378	0.321	0.275	0.239	0.210	0.153	
	K_6'	0.487	0.437	0.376	0.320	0.269	0.225	0.167	0.130	0.091	0.065	0.035	0.020	0.013	0.008	0.003	
	K_{6T}	0.010	0.044	0.075	0.096	0.108	0.113	0.106	0.104	0.091	0.077	0.056	0.040	0.030	0.023	0.012	
0.75	K_6	0.249	0.250	0.251	0.252	0.255	0.257	0.260	0.263	0.262	0.258	0.243	0.224	0.204	0.186	0.143	
	K_6'	0.249	0.245	0.233	0.226	0.219	0.194	0.169	0.148	0.120	0.098	0.062	0.041	0.028	0.019	0.008	
	K_{6T}	0.010	0.044	0.078	0.102	0.129	0.130	0.138	0.138	0.132	0.123	0.100	0.079	0.065	0.051	0.028	
1.00	K_6	0.003	0.016	0.032	0.047	0.061	0.075	0.095	0.110	0.127	0.140	0.155	0.159	0.154	0.151	0.127	
	K_6'	0.026	0.079	0.116	0.132	0.146	0.151	0.148	0.142	0.128	0.114	0.085	0.061	0.047	0.033	0.015	
	K_{6T}	0.005	0.023	0.044	0.061	0.075	0.087	0.100	0.108	0.113	0.112	0.104	0.091	0.081	0.066	0.041	
1.25	K_6	0.000	0.000	0.002	0.005	0.009	0.014	0.027	0.036	0.052	0.066	0.089	0.104	0.111	0.114	0.108	
	K_6'	0.005	0.029	0.049	0.069	0.084	0.094	0.107	0.114	0.112	0.108	0.091	0.074	0.058	0.045	0.022	
	K_{6T}	0.000	0.002	0.008	0.016	0.025	0.034	0.049	0.060	0.067	0.080	0.085	0.083	0.077	0.069	0.048	
1.50	K_6	0.000		0.000		0.002	0.004	0.008	0.014		0.031	0.049	0.065	0.076	0.083	0.089	
	K_6'	0.003		0.027		0.051	0.060	0.073	0.081		0.093	0.090	0.074	0.063	0.056	0.029	
	K_{6T}	0.000		0.003		0.011	0.015	0.024	0.032		0.051	0.063	0.068	0.067	0.064	0.050	
2.00	K_6	0.000		0.000		0.001	0.001	0.002	0.003		0.008	0.017	0.025	0.033	0.041	0.057	
	K_6'	0.001		0.012		0.024	0.029	0.038	0.043		0.056	0.061	0.062	0.059	0.053	0.038	
	K_{6T}	0.000		0.001		0.003	0.005	0.008	0.011		0.021	0.031	0.039	0.044	0.047	0.046	
2.50	K_6	0.000		0.000		0.000	0.001	0.001	0.002		0.003	0.005	0.010	0.016	0.021	0.034	
	K_6'	0.001		0.007		0.014	0.018	0.022	0.027		0.036	0.042	0.045	0.047	0.046	0.039	
	K_{6T}	0.000		0.000		0.001	0.002	0.004	0.005		0.010	0.016	0.022	0.027	0.031	0.037	
3.00	K_6	0.000		0.000		0.000	0.000	0.000	0.001		0.002	0.003	0.004	0.009	0.011	0.022	
	K_6'	0.001		0.004		0.009	0.011	0.012	0.018		0.024	0.031	0.033	0.036	0.038	0.038	
	K_{6T}	0.000		0.000		0.000	0.001	0.002	0.003		0.005	0.010	0.013	0.017	0.020	0.027	
3.50	K_6	0.000		0.000		0.000	0.000	0.000	0.000		0.000	0.001	0.003	0.003	0.008	0.014	
	K_6'	0.000		0.003		0.006	0.008	0.011	0.012		0.017	0.023	0.027	0.030	0.032	0.033	
	K_{6T}	0.000		0.000		0.000	0.001	0.001	0.002		0.004	0.006	0.009	0.012	0.014	0.021	
4.00	K_6	0.000		0.000		0.000	0.000	0.000	0.000		0.000	0.001	0.002	0.003	0.003	0.011	
	K_6'	0.000		0.003		0.005	0.006	0.008	0.009		0.014	0.018	0.020	0.024	0.025	0.029	
	K_{6T}	0.000		0.000		0.000	0.001	0.001	0.001		0.003	0.004	0.006	0.008	0.010	0.016	

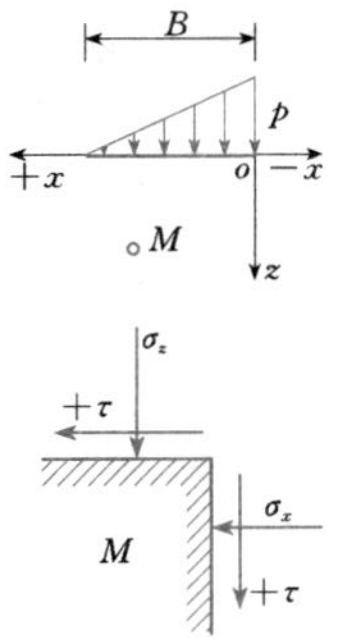

$\sigma_z = K_6 p$

$\sigma_x = K_6' p$

$\tau = K_{6T} p$

表 4.5-10　条形基础受水平均布荷载时任意点的应力系数 K_7、K_7'、K_{7T}

$n=\frac{x}{B}$ \ $m=\frac{z}{B}$		0.01	0.05	0.10	0.15	0.20	0.25	0.33	0.40	0.50	0.60	0.80	1.00	1.20	1.40	2.00
−0.5	K_7	0	0.003	0.011	0.023	0.038	0.055	0.082	0.103	0.127	0.144	0.158	0.157	0.147	0.133	0.096
	K_7'	0.699	0.693	0.677	0.652	0.619	0.581	0.516	0.461	0.384	0.319	0.217	0.147	0.102	0.072	0.027
	K_{7T}	−0.008	−0.042	−0.082	−0.117	−0.147	−0.171	−0.196	−0.208	−0.211	−0.204	−0.177	−0.146	−0.117	−0.094	−0.049
−0.25	K_7	0.001	0.012	0.042	0.08	0.116	0.147	0.182	0.199	0.211	0.212	0.197	0.175	0.153	0.132	0.085
	K_7'	1.024	1.01	0.935	0.845	0.756	0.666	0.542	0.453	0.353	0.27	0.167	0.105	0.068	0.045	0.017
	K_{7T}	−0.021	−0.099	−0.18	−0.236	−0.27	−0.286	−0.285	−0.274	−0.248	−0.221	−0.169	−0.127	−0.096	−0.073	−0.035
−0.10	K_7	0.003	0.063	0.157	0.215	0.245	0.259	0.265	0.262	0.251	0.237	0.203				
	K_7'	1.519	1.392	1.15	0.942	0.778	0.653	0.5	0.402	0.297	0.223	0.129				
	K_{7T}	−0.058	−0.245	−0.352	−0.374	−0.365	−0.349	−0.315	−0.283	−0.241	−0.205	−0.148				
0.00	K_7	0.318	0.317	0.315	0.311	0.306	0.299	0.289	0.274	0.255	0.234	0.194	0.159	0.131	0.108	0.064
	K_7'	2.645	1.442	1.154	0.902	0.731	0.601	0.449	0.356	0.259	0.189	0.102	0.061	0.037	0.024	0.009
	K_{7T}	−0.494	−0.467	−0.437	−0.406	−0.376	−0.347	−0.303	−0.269	−0.224	−0.188	−0.13	−0.091	−0.067	−0.047	−0.02
0.10	K_7	0.003	0.063	0.156	0.212	0.24	0.251	0.253	0.274	0.231	0.212	0.173				
	K_7'	1.39	1.263	1.086	0.819	0.661	0.54	0.397	0.307	0.216	0.156	0.083				
	K_{7T}	−0.928	−0.689	−0.52	−0.435	−0.383	−0.343	−0.28	−0.253	−0.205	−0.167	−0.11				
0.25	K_7	0.001	0.011	0.039	0.072	0.103	0.127	0.151	0.159	0.157	0.147	0.212	0.096	0.078	0.061	0.034
	K_7'	0.695	0.672	0.618	0.536	0.459	0.383	0.23	0.216	0.147	0.099	0.053	0.027	0.016	0.009	0.003
	K_{7T}	−0.935	−0.834	−0.685	−0.564	−0.466	−0.393	−0.303	−0.215	−0.185	−0.143	−0.087	−0.055	−0.037	−0.026	−0.01
0.50	K_7	0	0	0	0	0	0	0	0	0	0	0	0	0	0	0
	K_7'	0	0	0	0	0	0	0	0	0	0	0	0	0	0	0
	K_{7T}	−0.848	−0.874	−0.752	−0.638	−0.538	−0.449	−0.335	−0.26	−0.182	−0.129	−0.07	−0.04	−0.026	−0.017	−0.006
0.75	K_7	−0.001	−0.011	−0.039	−0.072	−0.103	−0.127	−0.151	−0.159	−0.157	−0.147	−0.212	−0.096	−0.078	−0.061	−0.034
	K_7'	−0.695	−0.672	−0.618	−0.536	−0.459	−0.383	−0.28	−0.216	−0.147	−0.099	−0.053	−0.027	−0.016	−0.009	−0.003
	K_{7T}	−0.935	−0.834	−0.685	−0.564	−0.469	−0.393	−0.303	−0.215	−0.185	−0.143	−0.087	−0.055	−0.037	−0.026	−0.01
1.00	K_7	−0.318	−0.317	−0.315	−0.311	0.306	−0.299	−0.289	−0.274	−0.255	−0.234	−0.194	−0.159	−0.131	−0.108	−0.064
	K_7'	−2.645	−1.442	−1.154	−0.902	0.731	−0.601	−0.449	−0.356	−0.259	−0.189	−0.102	−0.061	−0.037	−0.024	−0.009
	K_{7T}	−0.494	−0.467	−0.437	−0.406	−0.376	−0.347	−0.303	−0.269	−0.224	−0.188	−0.13	−0.091	−0.067	−0.047	−0.02
1.25	K_7	−0.001	−0.012	−0.042	−0.08	0.116	−0.147	−0.182	−0.199	−0.211	−0.212	−0.197	−0.175	−0.153	−0.132	−0.085
	K_7'	−1.024	−1.01	−0.935	−0.845	0.756	−0.666	−0.542	−0.453	−0.353	−0.27	−0.167	−0.105	−0.068	−0.045	−0.017
	K_{7T}	−0.021	−0.099	−0.18	−0.236	−0.27	−0.286	−0.285	−0.274	−0.248	−0.221	−0.169	−0.127	−0.096	−0.073	−0.035
1.50	K_7	0	−0.003	−0.011	−0.023	−0.038	−0.055	−0.082	−0.103	−0.127	−0.144	−0.158	−0.157	−0.147	−0.133	−0.096
	K_7'	−0.669	−0.693	−0.677	−0.652	−0.619	−0.581	−0.516	−0.461	−0.384	−0.319	−0.217	−0.147	−0.102	−0.072	−0.027
	K_{7T}	−0.008	−0.042	−0.082	−0.117	−0.147	−0.171	−0.196	−0.208	−0.211	−0.204	−0.177	−0.146	−0.117	−0.094	−0.049

附注：

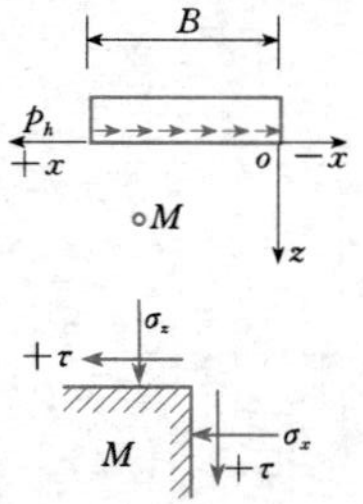

$\sigma_z = K_7 p_h$

$\sigma_x = K_7' p_h$

$\tau = K_{7T} p_h$

表 4.5-11　　条形基础受水平三角形分布荷载时任意点的应力系数 K_8

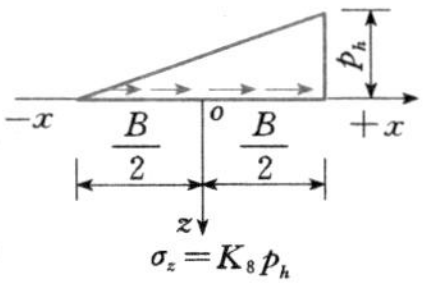

$n=\frac{x}{B}$ \ $m=\frac{z}{B}$	−1.5	−1.0	−0.75	−0.50	−0.25	0.00	0.25	0.50	0.75	1.00	1.50	2.00	3.00
0.00	0	0	0	0	0	0	0	0	0	0	0	0	0
0.25	−0.01	−0.02	−0.04	−0.09	−0.13	−0.11	−0.03	0.21	0.11	0.04	0.01	0.00	0.00
0.50	−0.02	−0.04	−0.07	−0.11	−0.13	−0.09	0.02	0.14	0.14	0.09	0.03	0.01	0.00
0.75	−0.03	−0.06	−0.09	−0.11	−0.11	−0.06	0.02	0.10	0.12	0.10	0.05	0.02	0.01
1.00	−0.04	−0.07	−0.08	−0.09	−0.08	−0.04	0.02	0.07	0.09	0.09	0.06	0.03	0.01
1.50	−0.05	−0.06	−0.07	−0.08	−0.05	−0.02	0.01	0.04	0.06	0.07	0.06	0.04	0.02
2.00	−0.05	−0.05	−0.05	−0.04	−0.03	−0.01	0.01	0.02	0.04	0.05	0.05	0.04	0.03
2.50	−0.04	−0.04	−0.04	−0.03	−0.02	−0.01	0.00	0.02	0.03	0.03	0.04	0.04	0.03
3.00	−0.03	−0.03	−0.03	−0.02	−0.01	−0.01	0.00	0.01	0.02	0.03	0.03	0.03	0.03

4.5.3.3 条形基础附加应力计算图

假设地面垂直荷载分布如图 4.5-13 所示，则地基中任一点的垂直应力 σ_z 的计算公式为

$$\sigma_z = Ip \tag{4.5-12}$$

其中 $$I = f\left(\frac{a}{z},\ \frac{b}{z}\right)$$

式中 p——地面最大荷载；

I——应力系数，可根据 $\frac{a}{z}$、$\frac{b}{z}$ 的值查图 4.5-14 得到；

a、b——按直线变化、均布的地面荷载段的宽度；

z——待求应力点的深度。

按应力叠加原理求地基中任一点的应力，几种常见的计算情况如下。

（1）垂直均布荷载条形基础，如图 4.5-13（a）所示，求 M_1 点的应力：

由于 $a=0$，故

$$I = f\left(0,\frac{b}{z}\right)$$

$$\sigma_z = 2Ip$$

（2）梯形分布荷载的条形基础，如图 4.5-13（b）所示，求 M_2 点的应力：

在左部 $$I_x = f\left(\frac{a_x}{z},\ \frac{b_x}{z}\right)$$

在右部 $$I_y = f\left(\frac{a_y}{z},\ \frac{b_y}{z}\right)$$

$$\sigma_z = (I_x + I_y)p$$

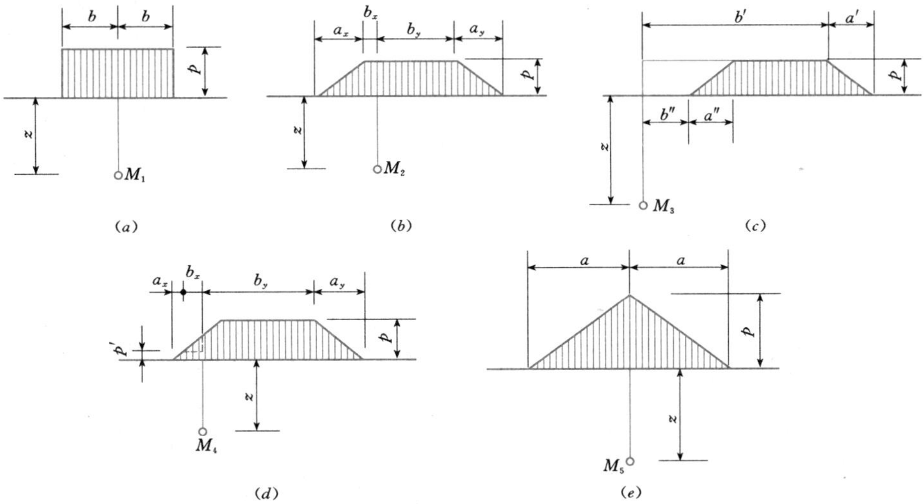

图 4.5-13　几种垂直荷载分布型式

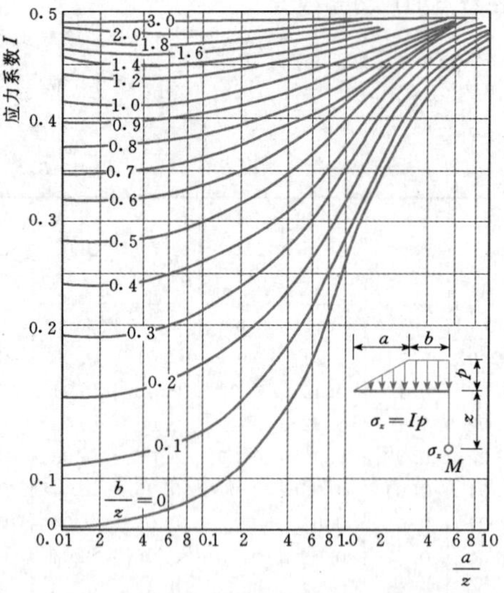

图 4.5-14 条形基础附加应力计算图

(3) 如图 4.5-13 (*c*) 所示梯形分布荷载的条形基础，求 M_3 点的应力：

$$I' = f\left(\frac{a'}{z},\ \frac{b'}{z}\right)$$

$$I'' = f\left(\frac{a''}{z},\ \frac{b''}{z}\right)$$

$$\sigma_z = (I' - I'')p$$

(4) 如图 4.5-13 (*d*) 所示梯形分布荷载的条形基础，求 M_4 点的应力：

在左部　$I_x = f\left(\frac{a_x}{z},\ \frac{b_x}{z}\right)$，　$\sigma_{z1} = I_x p'$

在右部　$I_y = f\left(\frac{a_y}{z},\ \frac{b_y}{z}\right)$，　$\sigma_{z2} = I_y p$

$$\sigma_z = \sigma_{z1} + \sigma_{z2}$$

(5) 如图 4.5-13 (*e*) 所示梯形分布荷载的条形基础，求 M_5 点的应力：

$$b = 0,\quad I = f\left(\frac{a}{z}, 0\right)$$

$$\sigma_z = 2Ip$$

4.5.4 非均质地基中的附加应力

4.5.4.1 可压缩土层下有刚性下卧层（如岩层）

条形、矩形、圆形基础，垂直均布荷载，基础轴线上不同深度 z 处的垂直附加应力的计算公式为

$$\sigma_z = K_z p \tag{4.5-13}$$

式中　p——基础底面垂直均布荷载；

K_z——应力系数，对条形基础查表 4.5-12，对矩形与圆形基础查表 4.5-13。

表 4.5-12 条形基础轴线上各深度 z 处的应力系数 K_z

$\frac{z}{h}$	刚性层顶面深度		
	$h = b$	$h = 2b$	$h = 5b$
0.0（基底）	1.000	1.00	1.00
0.2	1.009	0.99	0.82
0.4	1.020	0.92	0.57
0.6	1.024	0.84	0.44
0.8	1.023	0.78	0.37
1.0（刚性层顶）	1.022	0.76	0.36

注　b 为基础底宽之半。

表 4.5-13 矩形与圆形基础轴线与下卧硬层交接处的应力系数 K_z

$\frac{H}{B}$	圆形基础	矩形基础				条形基础
		$\frac{L}{B} = 1$	$\frac{L}{B} = 2$	$\frac{L}{B} = 3$	$\frac{L}{B} = 10$	$\frac{L}{B} \to \infty$
0	1.000	1.000	1.000	1.000	1.000	1.000
0.125	1.009	1.009	1.009	1.009	1.009	1.009
0.25	1.064	1.053	1.033	1.033	1.033	1.033
0.375	1.072	1.032	1.059	1.059	1.059	1.059
0.50	0.965	1.027	1.039	1.026	1.025	1.025
0.75	0.694	0.762	0.912	0.911	0.902	0.902
1.00	0.473	0.541	0.717	0.769	0.761	0.761
1.25	0.335	0.395	0.593	0.651	0.636	0.636
1.50	0.249	0.298	0.474	0.549	0.560	0.560
2.00	0.148	0.186	0.314	0.392	0.439	0.439
2.50	0.098	0.125	0.222	0.287	0.359	0.359

续表

$\frac{H}{B}$	圆形基础	矩形基础				条形基础
		$\frac{L}{B}=1$	$\frac{L}{B}=2$	$\frac{L}{B}=3$	$\frac{L}{B}=10$	$\frac{L}{B}\to\infty$
3.50	0.051	0.065	0.118	0.170	0.262	0.262
5.00	0.025	0.032	0.064	0.093	0.181	0.185
10	0.006	0.008	0.016	0.024	0.068	0.086
25	0.001	0.001	0.003	0.005	0.014	0.037
∞	0	0	0	0	0	0

注 H 为压缩层厚度。对圆心形基础，B 为直径；对矩形基础，L 为长度，B 为宽度。

4.5.4.2 双层地基

上层土与下层土的变形模量不同。条形基础受垂直荷载时，基础轴线与两层土分界面交点（M）处的最大附加应力的计算公式为

$$\sigma_z = K_z p \tag{4.5-14}$$

式中 p——基础底面垂直均布荷载；

K_z——应力系数，对条形基础查表 4.5-14。

表 4.5-14 双层地基应力系数 K_z
（求图 4.5-15 中 M 点的应力）

$\frac{h}{b}$	$\gamma=1$	$\gamma=5$	$\gamma=10$	$\gamma=15$
0.0	1.00	1.00	1.00	1.00
0.5	1.02	0.95	0.87	0.82
1.0	0.90	0.69	0.58	0.52
2.0	0.60	0.41	0.33	0.29
3.33	0.39	0.26	0.20	0.18
5.0	0.27	0.17	0.16	0.12

表 4.5-14 中双层地基物理参数 γ 定义如下（见图 4.5-15）：

$$\gamma = \frac{E_1}{E_2}\frac{1-\mu_2^2}{1-\mu_1^2}$$

式中 E_1、E_2——上、下层土的变形模量；

μ_1、μ_2——上、下层土的泊松比。

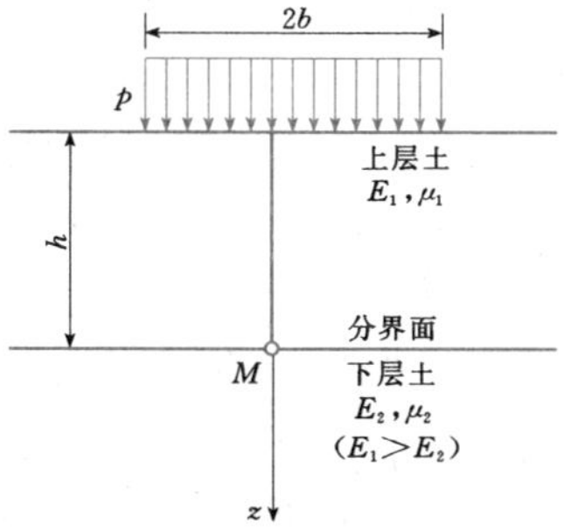

图 4.5-15 双层地基应力计算图

4.6 土的压缩性

土的压缩性及指标通过室内压缩试验（或固结试验）测定。

4.6.1 压缩试验成果

4.6.1.1 压缩曲线

压缩曲线可以用 e—p 关系曲线［见图 4.6-1（a）］或 e—$\lg p$ 关系曲线［见图 4.6-1（b）］两种坐标表示。

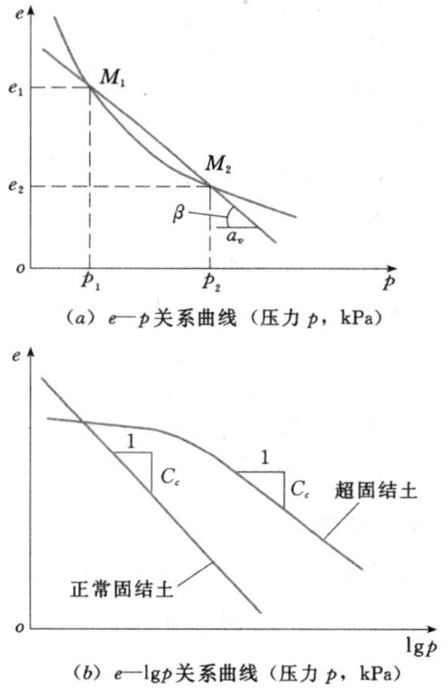

图 4.6-1 压缩试验曲线

4.6.1.2 压缩量与时间关系曲线

每一级荷载增量可得一条曲线（见图 4.6-10 或图 4.6-11）。

4.6.2 压缩性指标

4.6.2.1 压缩系数

压力 $p_1 \sim p_2$ 范围内的压缩系数 a_v 由压缩曲线求

得［见图4.6-1（a）］，该系数取正值，即

$$a_v = \frac{e_1 - e_2}{p_2 - p_1} \quad (4.6-1)$$

式中　a_v——压缩系数，kPa^{-1}或MPa^{-1}；

p_1——增压前土样压缩稳定的压力；

p_2——增压后土样压缩稳定的压力；

e_1、e_2——p_1、p_2作用下压缩稳定时的孔隙比。

常用相应于$p_1=100kPa$和$p_2=200kPa$压力之间的压缩系数a_{v1-2}评价地基土：当$a_{v1-2}<0.1MPa^{-1}$时，为低压缩性土；当$0.1MPa^{-1}\leqslant a_{v1-2}\leqslant 0.5MPa^{-1}$时，为中压缩性土；当$a_{v1-2}>0.5MPa^{-1}$时，为高压缩性土。

4.6.2.2　体积压缩系数

体积压缩系数m_v可由压缩系数a_v换算得到

$$m_v = \frac{a_v}{1+e_1} \quad (4.6-2)$$

式中　e_1——土的起始孔隙比。

4.6.2.3　压缩指数

在图4.6-1（b）中，e—lg$p$关系曲线直线段斜率的绝对值为压缩指数C_c，即

$$C_c = \frac{\Delta e}{\Delta(\lg p)} = \frac{e_1 - e_2}{\lg \dfrac{p_2}{p_1}} \quad (4.6-3)$$

按压缩指数C_c评价地基土：$C_c<0.2$，低压缩性土；$0.2\leqslant C_c\leqslant 0.35$，中压缩性土；$C_c>0.35$，高压缩性土。

太沙基提出，原状土的压缩指数C_c与土的液限w_L（用碟式仪测定）的经验关系为

$$C_c = 0.009(w_L - 10\%) \quad (4.6-4)$$

对于正常固结土，C_c与a_v的关系为

$$a_v = \frac{C_c}{\Delta p}\lg\frac{p_1+\Delta p}{p_1} \quad (4.6-5)$$

式中　p_1——起始压力；

Δp——压力增量。

4.6.2.4　压缩模量

土在侧限条件下压缩，受压方向的应力σ_z与同一方向的应变ε_z的比值为压缩模量E_s，即

$$E_s = \frac{\sigma_z}{\varepsilon_z} = \frac{1+e_1}{a_v} = \frac{1}{m_v} \quad (4.6-6)$$

式中符号意义同前。

用相应于$p_1=100kPa$至$p_2=200kPa$范围内的E_s评价地基：$E_s<4MPa$，高压缩性土；$4MPa\leqslant E_s\leqslant 15MPa$，中压缩性土；$E_s>15MPa$，低压缩性土。

4.6.2.5　静止侧压力系数和泊松比

1. 静止侧压力系数

土在侧限条件下压缩，对应于垂直方向的有效应力增量$\Delta\sigma_z$，伴随有水平方向的有效应力增量$\Delta\sigma_x$，后者与前者之比为静止侧压力系数K_0，其计算公式为

$$K_0 = \frac{\Delta\sigma_x}{\Delta\sigma_z} \quad (4.6-7)$$

土的静止侧压力系数可由专门仪器或三轴仪测定。对于正常固结黏土，静止侧压力系数的经验关系式为

$$K_0 = 1 - \sin\varphi' \quad (4.6-8)$$

式中　φ'——土的有效内摩擦角。

2. 泊松比

土在无侧限条件下压缩，受压方向的应变为ε_z，与其垂直方向上的应变为ε_x，后者与前者之比为泊松比μ，其计算公式为

$$\mu = \frac{\varepsilon_x}{\varepsilon_z} \quad (4.6-9)$$

几种土的静止侧压力系数与泊松比参考值见表4.6-1。

表4.6-1　土的静止侧压力系数与泊松比参考值

土类与状态	静止侧压力系数K_0	泊松比μ
碎石土	0.18～0.25	0.15～0.20
砂土	0.25～0.33	0.20～0.25
轻亚黏土	0.33	0.25
亚黏土：		
坚硬状态	0.33	0.25
可塑状态	0.43	0.30
软塑或流动状态	0.53	0.35
黏土：		
坚硬状态	0.33	0.25
可塑状态	0.53	0.35
软塑或流动状态	0.72	0.42

4.6.2.6　变形模量

土在无侧限条件下压缩，受力方向的应力σ_z与同一方向的应变ε_z的比值，为变形模量E。由于其中包括弹性变形与塑性变形，故又称为总变形模量，以区别于纯弹性体的弹性模量。变形模量E与压缩模量E_s间的理论关系为

$$E = \left(1 - \frac{2\mu^2}{1-\mu}\right)E_s \quad (4.6-10)$$

4.6.3　先期固结压力

先期固结压力（又称为前期固结压力）p_c，系指天然地基土在历史上曾受到过的最大有效压力（常指垂直压力）。如果某土块在地基中现有的土层有效覆盖压力为p_0，则称比值$\frac{p_c}{p_0}$为超固结比，以C_r或OCR表示。按固结程度划分地基土的类型：$C_r=1$，为正常固结土；$C_r>1$，为超固结土或超压密土。

先期固结压力由e—lg$p$压缩曲线借经验方法确

定，常用的方法有以下两种。

4.6.3.1 卡萨格兰地（Casagrande）法

（1）图4.6-2为地基土原状试样的压缩曲线。

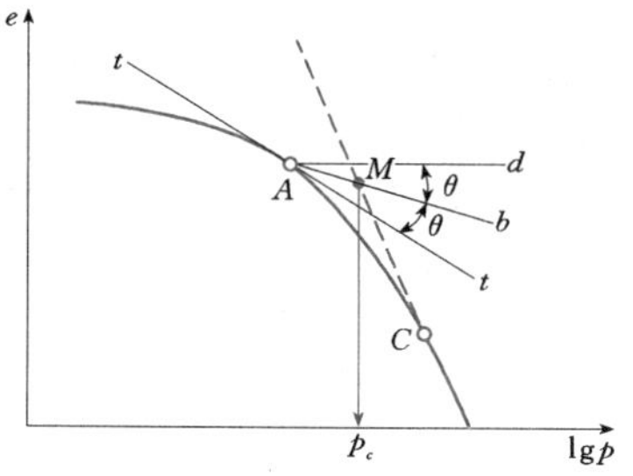

图4.6-2 按卡萨格兰地法求先期固结压力

（2）在开始的曲线段上，凭目估确定曲率半径最小的一点A，从A作曲线的切线At与水平线Ad。

（3）绘以上两直线交角的平分线Ab。

（4）延长e—$\lg p$线后面部分的直线段，与Ab线交于M点。M点对应的压力即为先期固结压力p_c。

4.6.3.2 希默特曼（Schmertmann J. M.）法

（1）进行压缩试验，当e—$\lg p$曲线将转入直线段时退荷至约为试样的原位压力，再加荷压缩，直至出现直线段，得到图4.6-3所示的带回环的压缩曲线。

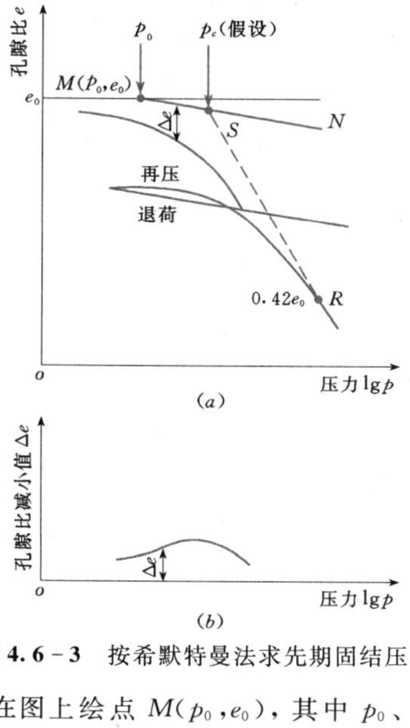

图4.6-3 按希默特曼法求先期固结压力

（2）在图上绘点$M(p_0, e_0)$，其中p_0、e_0各为试样在地基中的有效覆盖压力与孔隙比。

（3）由M点作直线MN，平行于回环割线。

（4）在直线MN上任选一点S，假设它对应的压力为先期固结压力p_c。又在压缩曲线的直线段上找出$e=0.42e_0$的一点R。连接SR，以光滑曲线修正直线MS，使平缓过渡到直线SR上，如图4.6-3（a）中虚线，认为该虚线为原始压缩曲线。

（5）比较原始压缩曲线与室内试验曲线的孔隙比，得到各级荷载下的孔隙比差值Δe绘出Δe—$\lg p$曲线，如图4.6-3（b）所示。

（6）在MN线上，再选择S'、S''、…诸点，按以上同样方法，各得相应的Δe—$\lg p$曲线。绘出最有对称性Δe—$\lg p$曲线的点S所对应的压力，即为先期固结压力p_c。

4.6.4 有效应力原理

1925年太沙基（Terzaghi）提出了饱和土体的有效应力原理：①土体中任一点的总应力等于有效应力和孔隙水压力之和；②只有有效应力才引起土骨架体积改变和产生土的抗剪强度的摩擦分量。

饱和土体的有效应力为

$$\sigma' = \sigma - u$$

式中 σ'——有效应力；
σ——总应力；
u——孔隙水压力。

非饱和土中的有效应力，工程中通常采用毕肖普提出的公式，即

$$\sigma' = \sigma - [u_a - \chi(u_a - u)]$$

其中
$$\chi = \frac{A_w}{A}$$

式中 u_a——单位气体面积上的压力；
A——土体断面平均面积；
A_w——土体断面孔隙水面积。

4.6.4.1 饱和地基中有效应力与孔隙水压力

均质地基（见图4.6-4），地下水位在a—a。当地面荷载$p=0$时，水面下某一点A的总应力σ为

$$\sigma = \gamma H_1 + \gamma_{sat} H_2 \quad (4.6-11)$$

式中 γ——土的湿容重；
γ_{sat}——地基土的饱和容重。

A点测压管内的水位与a—a齐平，管内水位高h_s为静水头，相应的水压力$u_1 = h_s\gamma_w$为静水压力。A点的总应力σ由土粒和水共同承担：由孔隙水承担的为孔隙水压力u_1，由土粒承担的为粒间应力或有效应力σ'，故有

$$\sigma = \sigma' + u_1 \quad (4.6-12)$$

$$\sigma' = \gamma H_1 + \gamma' H_2 \quad (4.6-13)$$

式中 γ'——土的浮容重。

饱和地基土承受建筑物荷载也引起孔隙水压力，如图4.6-4所示。在施加荷载瞬间，测压管内水位将上升h_c，该水头为超过静水压力的水头，称为超静水头，相应的水压力$u_2 = h_c\gamma_w$为超静水压力。A

点的孔隙水压力 u 为

$$u = u_1 + u_2 = (h_s + h_c)\gamma_w \qquad (4.6-14)$$

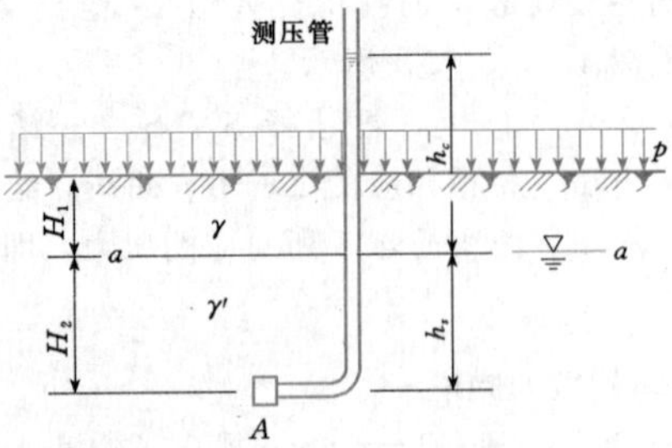

图 4.6-4 孔隙水压力说明

γ—土的湿容重；γ'—土的浮容重

一般情况下，饱和土体中某一点的孔隙水压力系指静水压力与超静水压力之和。

随着土体排水，超静水压力逐渐消散，土体积发生压缩。当测压管内水位回复到静水位时，固结便告终止。

4.6.4.2 渗流对有效应力的影响

土层中有向下或向上的渗流时，有效应力随深度的变化如图 4.6-5 所示。

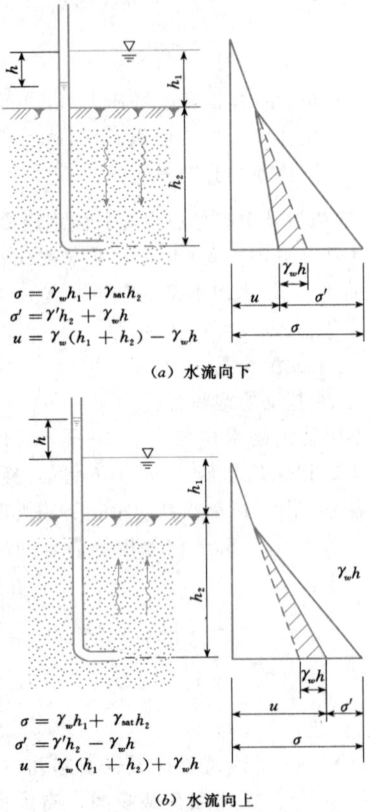

图 4.6-5 渗流对土中有效应力的影响

γ_w—水的容重；γ_{sat}—饱和容重；γ'—土的浮容重

(1) 向下渗流时，渗流力与重力方向一致，它使不同深度处的有效应力按直线增加。

(2) 向上渗流时，渗流力与重力方向相反，它使不同深度处的有效应力按直线减小。

4.6.4.3 不排水条件下土体受压的孔隙水压力

一般不排水情况下，饱和土体微元体的三个主应力方向应力增量分别为 $\Delta\sigma_1$、$\Delta\sigma_2$、$\Delta\sigma_3$，土体中的孔隙水压力增量 Δu 的计算公式为

$$\Delta u = \frac{1}{1 + \dfrac{e}{1+e}\dfrac{C_w}{C_c}}\Delta\sigma_m = B\Delta\sigma_m$$

其中
$$\Delta\sigma_m = \frac{\Delta\sigma_1 + \Delta\sigma_2 + \Delta\sigma_3}{3} = \Delta\sigma_3 + \frac{1}{3}(\Delta\sigma_1 - \Delta\sigma_3) + \frac{1}{3}(\Delta\sigma_2 - \Delta\sigma_3)$$

式中 e——孔隙比；

C_w——孔隙水体积压缩系数；

C_c——土骨架体积压缩系数；

B——孔隙水压力系数；

$\Delta\sigma_m$——平均正应力。

对饱和土，一般压力下可以认为 $C_w = 0$，因此 $B = 1.0$。

对于饱和土轴对称问题，有 $\Delta\sigma_2 = \Delta\sigma_3$，将应力增量分解为等周应力 $\Delta\sigma_3$ 与偏应力 $(\Delta\sigma_1 - \Delta\sigma_3)$（见图 4.6-6），则有

$$\Delta u = \Delta\sigma_3 + \frac{1}{3}(\Delta\sigma_1 - \Delta\sigma_3)$$

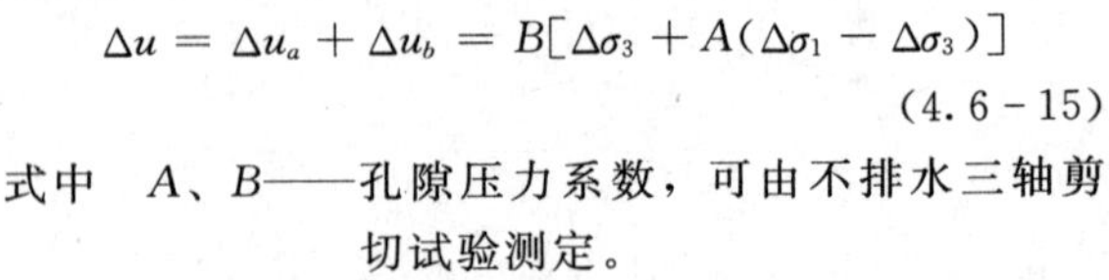

图 4.6-6 应力分解说明

对于不排水条件下的一般轴对称问题，采用毕肖普孔隙水压力公式

$$\Delta u = \Delta u_a + \Delta u_b = B[\Delta\sigma_3 + A(\Delta\sigma_1 - \Delta\sigma_3)] \qquad (4.6-15)$$

式中 A、B——孔隙压力系数，可由不排水三轴剪切试验测定。

施加周压力 $\Delta\sigma_3$ 后引起的孔隙水压力 Δu_a 与 $\Delta\sigma_3$ 之比为

$$B = \frac{\Delta u_a}{\Delta\sigma_3} \qquad (4.6-16)$$

对于饱和土，$B \approx 1$；干土，$B = 0$；非饱和土，$B < 1$。

孔隙压力系数 A 的计算公式为

$$A = \frac{\Delta u_b}{B(\Delta\sigma_1 - \Delta\sigma_3)} \qquad (4.6-17)$$

式中 Δu_b——施加偏应力（$\Delta\sigma_1-\Delta\sigma_3$）引起的孔隙水压力。

将 B 值代入式（4.6-17），即可求得 A。

孔隙压力系数 A 随土的剪胀性不同而变化很大。对于剪缩土（常为正常固结土），A 具正值；对于剪胀土（常为超固结土），A 具负值。某些土破坏时的孔隙压力系数 A_f 参考值见表 4.6-2。

表 4.6-2　某些土破坏时的孔隙压力系数

土类与状态	破坏时孔隙压力系数 A_f
极松细砂	2～3
灵敏黏土	1.5～2.5
正常固结黏土	0.7～1.3
弱超固结黏土	0.3～0.7
强超固结黏土	−0.5～0

4.6.5 地基的单向固结

在外荷载作用下，饱和土孔隙水排出，超静水压力消散，有效应力随之增加，直至变形达到稳定的过程称为固结。侧限条件下的固结为单向固结，固结是地基土沉降的主要原因。

4.6.5.1 固结度

受压缩土层中的某一点 z 在 t 时刻的固结度 U（%），表示该点超静水压力的消散度，即

$$U_z=\left(1-\frac{u_t}{u_0}\right)\times 100 \qquad (4.6-18)$$

式中 u_0、u_t——时间为 0、t 时某一点的超静水压力。

厚度为 H 的整个压缩土层的平均固结度的计算公式为

$$U=1-\frac{\int_0^H u_t d_z}{\int_0^H u_0 d_z} \qquad (4.6-19)$$

在单向固结中，以超静水压力定义的固结度同时也表示地基沉降量完成的百分数，故式（4.6-19）又可表示为

$$U=\frac{S_t}{S} \qquad (4.6-20)$$

式中 S_t、S——压缩土层在 t 时刻、最终时刻的沉降量。

S 的计算方法见本卷 4.10 节内容。

在已知 U 与 S 后，沉降过程的计算公式为

$$S_t=SU \qquad (4.6-21)$$

假定在不同时刻 t，计算出的相应沉降量为 S_t，由此绘制的沉降过程线如图 4.6-7 所示。

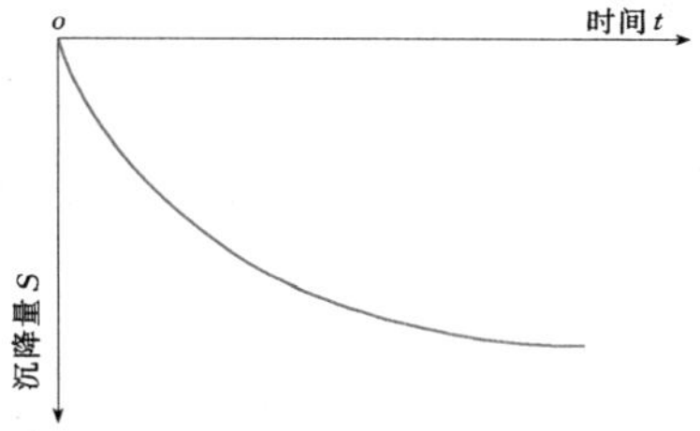

图 4.6-7　沉降过程线

4.6.5.2 固结度计算

当地基压缩层（厚度 H）顶面为自由排水面，底面不透水，在地表面瞬时施加大面积均匀荷载 p（见图 4.6-8），则任一深度 z 处在加荷后 t 时刻的超静水压力 u 由下列微分方程求解得到：

$$\frac{\partial u}{\partial t}=C_v\frac{\partial^2 u}{\partial z^2} \qquad (4.6-22)$$

其中

$$C_v=\frac{k(1+e)}{a_v\gamma_w} \qquad (4.6-23)$$

式中 C_v——固结系数，可据压缩试验成果计算，cm^2/s（或 m^2/d）；

k、a_v、e——某级荷载下土的平均渗透系数、压缩系数、起始孔隙比；

γ_w——水的容重。

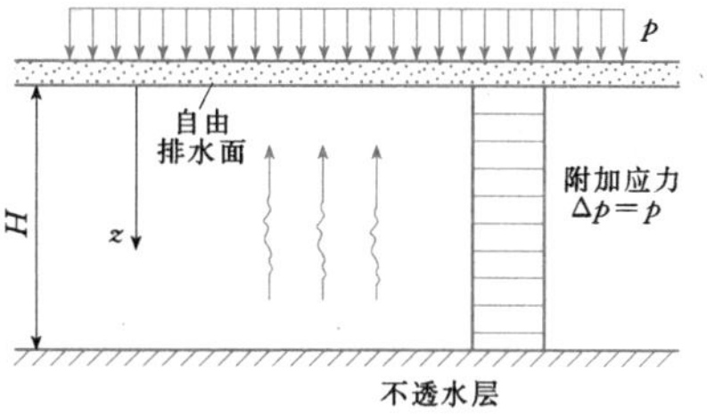

图 4.6-8　单向固结土层

固结系数 C_v 的参考值见表 4.6-3。

表 4.6-3　单向固结系数 C_v 的参考值

土　类	C_v 的一般变化范围	
	m^2/d	cm^2/s
低塑性黏土	$6\times10^4\sim1\times10^5$	$1.9\times10^{-3}\sim3.2\times10^{-3}$
中塑性黏土	$3\times10^4\sim6\times10^4$	$9.5\times10^{-4}\sim1.9\times10^{-3}$
高塑性黏土	$6\times10^3\sim3\times10^4$	$1.9\times10^{-4}\sim9.5\times10^{-4}$

当地基中的起始超静水压力沿土层深度均匀分布时，即 $u_0=p$，方程（4.6-22）的解为

$$u(z,t)=\frac{4}{\pi}p\sum_{n=1}^{n=\infty}\frac{1}{n}\sin\frac{n\pi z}{2H}e^{-\frac{\pi^2}{4}n^2T_v} \qquad (4.6-24)$$

其中 $$T_v = \frac{C_v}{H^2}t \qquad (4.6-25)$$

式中 n——正整奇数1，3，5，…；

H——最大排水距离，本情况为土层厚度，如压缩层的顶面与底面均为自由排水面，则 H 为土层厚度之半；

T_v——时间因数（无因次）；

t——瞬时加荷后经历的时间。

土层平均固结度为

$$U = 1 - \frac{8}{\pi^2}\left[e^{-\frac{\pi^2}{4}T_v} + \frac{1}{9}e^{-9\left(\frac{\pi^2}{4}T_v\right)} + \cdots \right] \qquad (4.6-26)$$

式（4.6-26）的 $U=f(T_v)$ 的关系如图4.6-9（图中 $V=1$ 的曲线）所示。当地基中的起始超静水压力不均匀但呈直线分布，可根据相应的 V 值，从图4.6-9查取平均固结度。

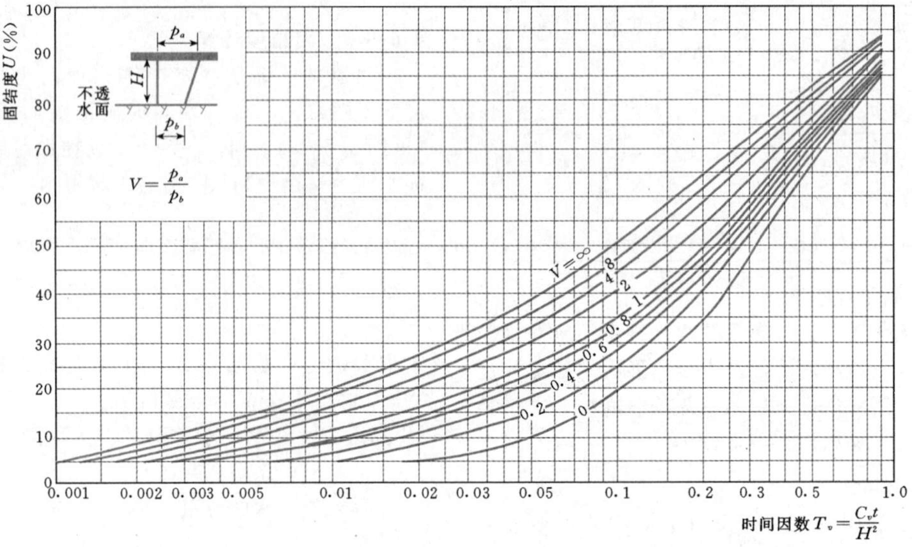

图4.6-9 不同固结压力分布时的 $U—T_v$ 关系

图中曲线也可近似写为

$$T_v = 0.25\pi U^2 \quad (U \leqslant 0.53) \qquad (4.6-27a)$$

$$T_v = -0.085 - 0.9332\lg(1-U) \quad (U > 0.53) \qquad (4.6-27b)$$

或以下式表示：

$$T_v = \frac{\pi U^2}{4(1-U^{0.56})^{0.357}} \qquad (4.6-28)$$

以式（4.6-28）代替式（4.6-27）一般误差很小，只有当 $U=90\%\sim100\%$ 时，才有不超过3%的误差。

4.6.5.3 固结系数 C_v 的确定

固结系数是反映土的固结速率的指标，固结速率愈快，C_v 愈大。C_v 可按图解法或计算法确定。

1. 时间平方根法

（1）将一级荷载下的压缩试验成果绘成压缩量 R 与相应时间的平方根 $\sqrt{t}$ 的关系曲线，如图4.6-10所示。在一般情况下，曲线的开始段为直线。

（2）将直线段向上延长，交纵坐标轴于 d_s 点，称为理论零点。

（3）从 d_s 作斜直线 d_sg，使其横坐标为试验所得直线的1.15倍。d_sg 与试验曲线交于 f 点。f 点对应的横轴读数为试样固结度达90%时所需时间的平方根 $\sqrt{t_{90}}$。

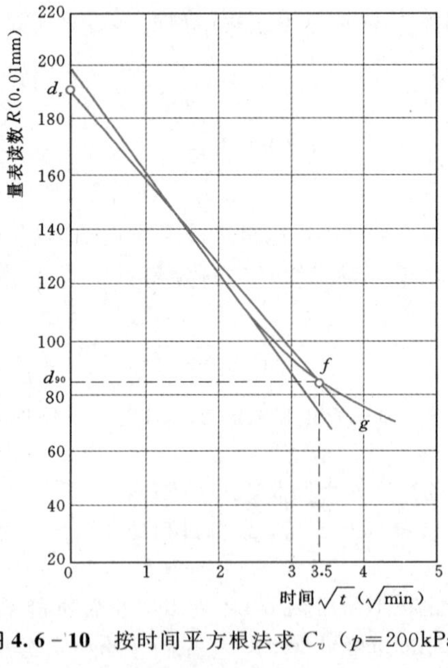

图4.6-10 按时间平方根法求 C_v（$p=200$kPa）

(4) 计算 C_v：

$$C_v = \frac{T_v}{t} H^2$$

式中 H——试样在一级荷载下的平均厚度之半（双面排水）。

当固结度 $U=90\%$时，T_v 的理论值为 0.848（见图 4.6-9 中 $V=1$ 的曲线），故有

$$C_v = \frac{0.848}{t_{90}} H^2$$

2. 时间对数法

(1) 将一级荷载下的压缩量 R 与相应时间 t 的关系绘成曲线，如图 4.6-11 所示。

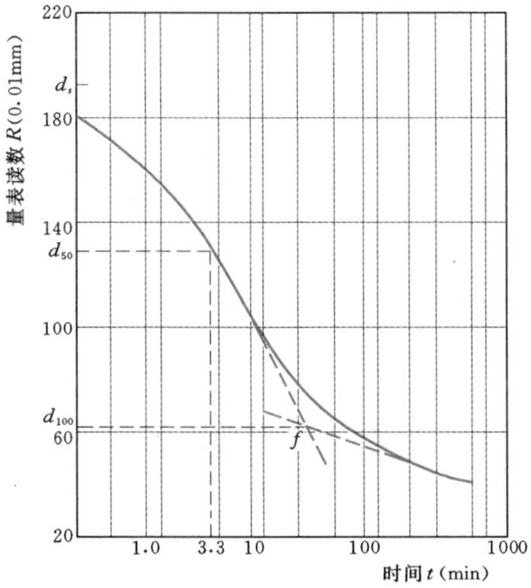

图 4.6-11 按时间对数法求 C_v

(2) 试验曲线的中段与尾段均为直线。分别延长两直线，相交于 f 点。该点为固结 100%的理论终点 d_{100}。

(3) 按如下方法确定理论零点 d_s。在试验曲线开始段上选择两点：一点的时间为 t_1，另一点为 $4t_1$。将两点的压缩量的差值加到第一点上，得到点 d_s'。同样，另取两点，又得 d_s''。如此可得 d_s'''，…。平行于横坐标轴，作诸 d_s 的平均直线，交纵坐标轴于 d_s，即为理论零点。

(4) d_s 与 d_{100} 中间点 d_{50} 所对应的时间，即为试样固结度达 50%时所需的时间 t_{50}，例如在本情况中，$t_{50}=3.3\text{min}$。

(5) 当 $U=50\%$，理论上的 $T_{50}=0.197$，故有

$$C_v = \frac{0.197}{t_{50}} H^2$$

3. 三点法

利用某级荷载下试验所得的压缩量 R 与相应时间 t 的关系曲线，选取其上三点，建立三个方程，联立求解，可得理论零点 R_i、理论终点 R_f 与固结系数 C_v。

在试验曲线开始段（$U\leqslant 0.53$），选取两时刻 t_1、t_2，相应的压缩量为 R_1、R_2，可得到以下两个方程：

$$\frac{C_v t_1}{H^2} = \frac{\pi}{4}\left(\frac{R_1 - R_i}{R_f - R_i}\right)^2 \quad (4.6-29)$$

$$\frac{C_v t_2}{H^2} = \frac{\pi}{4}\left(\frac{R_2 - R_i}{R_f - R_i}\right)^2 \quad (4.6-30)$$

解得

$$R_i = \left(\frac{R_1 - R_2\sqrt{\dfrac{t_1}{t_2}}}{1-\sqrt{\dfrac{t_1}{t_2}}}\right) \quad (4.6-31)$$

在试验曲线后段（$0.53<U<0.9$），选取第三个时刻 t_3，相应压缩量为 R_3，可写出

$$\frac{C_v t_3}{H^2} = \frac{\pi}{4} \frac{\left(\dfrac{R_3 - R_i}{R_f - R_i}\right)^2}{\left[1-\left(\dfrac{R_3 - R_i}{R_f - R_i}\right)^{5.6}\right]^{0.357}} \quad (4.6-32)$$

解得

$$R_f = R_i - \left\{\frac{R_i - R_3}{\left\{1-\left[\dfrac{(R_i - R_3)\times(\sqrt{t_2}-\sqrt{t_1})}{(R_1 - R_2)\times\sqrt{t_3}}\right]^{5.6}\right\}^{0.179}}\right\} \quad (4.6-33)$$

$$C_v = \frac{\pi}{4}\left(\frac{R_1 - R_2}{R_i - R_f}\frac{H}{\sqrt{t_2}-\sqrt{t_1}}\right)^2 \quad (4.6-34)$$

4.6.5.4 单向固结模型试验条件

单向固结的模型试验条件可表示为

$$\frac{t}{T} = \left(\frac{h}{H}\right)^2 \quad (4.6-35)$$

式中 h、H——模型、原位土层的最大排水距离；

t、T——模型、原位土层达到某一相同固结度所需的时间。

4.7 土 的 强 度

4.7.1 强度定律

强度理论研究不同应力状态下材料的破坏条件。

任意剪切面上土的抗剪强度 τ_f 均符合库仑公式，即

$$\tau_f = c + \sigma\tan\varphi \quad (4.7-1)$$

直剪条件下，可以采用如图 4.7-1 所示的方法确定土的抗剪强度指标。

图 4.7-1 中各符号意义如下：

c——强度包线在纵坐标轴上的截距，称为黏聚力；

φ——强度包线对横坐标轴的倾斜角，称为内摩擦角；

c、φ——土的抗剪强度指标，它们随土类、所处状态和试验条件等的不同而变。

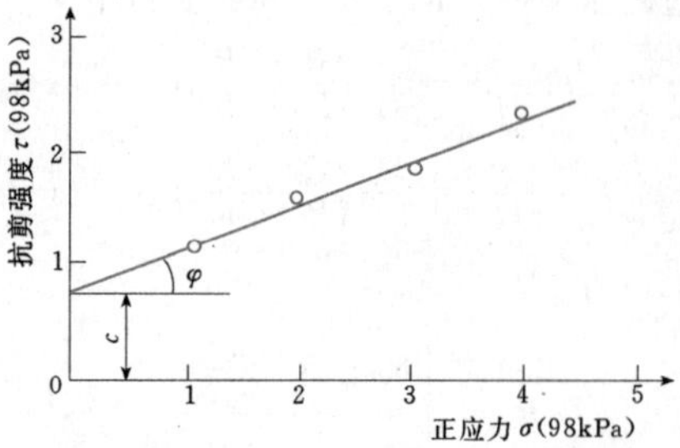

图 4.7-1 直剪条件下土的强度线的确定

根据有效应力原理，土的抗剪强度只取决于破坏面上的有效正应力 σ'，故库仑公式又可写成下式：

$$\tau = c' + \sigma' \tan\varphi' = c' + (\sigma - u)\tan\varphi' \tag{4.7-2}$$

式中 c'、φ'——土的有效黏聚力、有效内摩擦角；

u——破坏面上破坏时刻的孔隙压力。

对于处于三轴应力状态的土体，其剪切破坏条件符合莫尔—库仑强度理论，即

$$\frac{\sigma_1 - \sigma_3}{2} = \frac{\sigma_1 + \sigma_3}{2}\sin\varphi + c\cos\varphi \tag{4.7-3}$$

为便于应用，该破坏条件可以用图 4.7-2 表示。

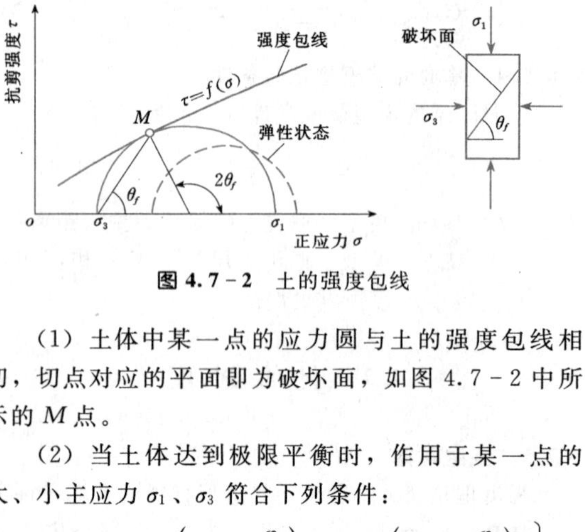

图 4.7-2 土的强度包线

(1) 土体中某一点的应力圆与土的强度包线相切，切点对应的平面即为破坏面，如图 4.7-2 中所示的 M 点。

(2) 当土体达到极限平衡时，作用于某一点的大、小主应力 σ_1、σ_3 符合下列条件：

$$\left.\begin{aligned} \sigma_1 &= \sigma_3 \tan^2\left(45° + \frac{\varphi}{2}\right) + 2c\tan\left(45° + \frac{\varphi}{2}\right) \\ \text{或}\quad \sigma_3 &= \sigma_1 \tan^2\left(45° - \frac{\varphi}{2}\right) - 2c\tan\left(45° - \frac{\varphi}{2}\right) \end{aligned}\right\} \tag{4.7-4}$$

对于无黏性土，式 (4.7-4) 中的 $c=0$。

4.7.2 应力状态和应力路径

4.7.2.1 应力状态

土体中某一点的应力状态可用一应力圆来表示（见图 4.7-2）。已知某一点的大、小主应力分别为 σ_1、σ_3，或已知该点处任意一个单位立方体的两个相互垂直面上的正应力、剪应力，即可绘出反映该点应力状态的应力圆。图 4.7-2 中的虚线圆不与强度包线接触，表明该点处于弹性平衡状态。相反，实线圆与强度包线相切，则该点处于塑性平衡状态。切点 M 对应的剪切破坏面的方位角 θ_f 为

$$\theta_f = 45° + \frac{\varphi}{2} \tag{4.7-5}$$

即破坏面与大主应力平面的交角为 $45° + \frac{\varphi}{2}$。

某一点的应力状态还可用一个应力点表示（指最大剪应力面上的应力），如图 4.7-3 所示。在平面问题中，应力点的坐标为

$$\left.\begin{aligned} p &= \frac{1}{2}(\sigma_1 + \sigma_3) \\ q &= \frac{1}{2}(\sigma_1 - \sigma_3) \end{aligned}\right\} \tag{4.7-6}$$

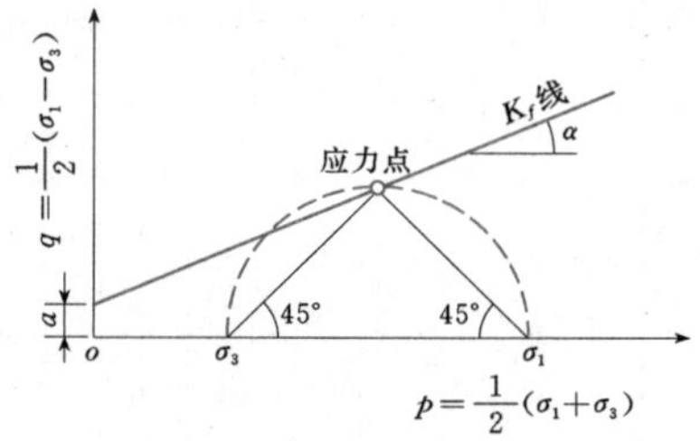

图 4.7-3 应力点与 K_f 线

若以有效应力表示，则为

$$\left.\begin{aligned} p' &= \frac{1}{2}(\sigma'_1 + \sigma'_3) \\ q &= \frac{1}{2}(\sigma_1 - \sigma_3) \end{aligned}\right\} \tag{4.7-7}$$

把许多相应于破坏应力圆的应力点相连，得到一类似于强度包线的直线，称 K_f 线。其截距为 a（若为有效应力即 a'），倾角为 α（α'）。它们与强度指标 c、φ 的关系如下：

$$\left.\begin{aligned} \varphi &= \sin^{-1}(\tan\alpha) \\ c &= \frac{a}{\cos\varphi} \end{aligned}\right\} \tag{4.7-8}$$

4.7.2.2 应力路径

土体承受荷载时，通过某一点的特定平面上的应力状态可用一个应力点来表示。在变荷载条件下，应力点反映某瞬时的应力状态。将土体承受变荷载过程中的这些应力点连成光滑曲线，并标注变化方向的箭头，即为应力路径。这个轨迹说明某特定平面上应力变化的全过程。

应力路径概念已广泛用于解决土工实际问题，例如，模拟土体的原位应力变化过程，研究土坡在不同剪切条件下的稳定性，选定土的破坏强度等。通过应力路径试验，可为设计提供土体在不排水或排水条件下的变形模量 E、泊松比 μ 以及土的体积应变或线应变等。

应力路径可以用总应力表示，也可以用有效应力表示。

(1) 常规三轴剪切试验的典型应力路径如图 4.7-4 所示。这时小主应力 σ_3 保持常量，大主应力 σ_1 不断增加，直至破坏。

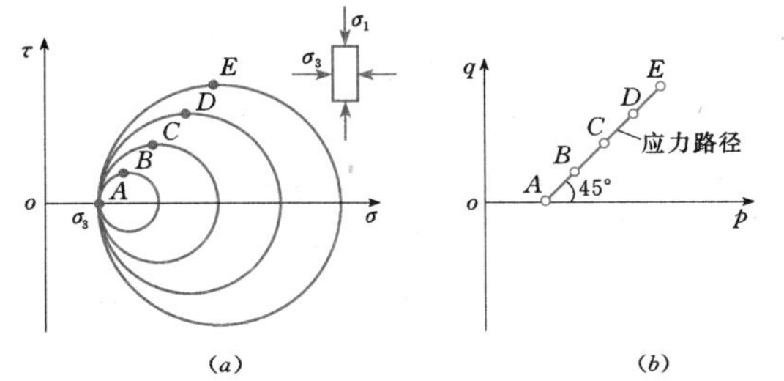

图 4.7-4 常规三轴剪切试验中的应力路径

(2) 几种不同加荷情况下的应力路径如图 4.7-5 (*a*)、(*b*) 所示。其中图 4.7-5 (*a*) 中起始点 A 是处于各向等压固结状态 ($q=0$)，图 4.7-5 (*b*) 中的 A 点是处于各向不等压状态 ($q\neq0$)。

(3) 几种常见的典型应力路径如图 4.7-5 (*c*) 所示。

1) K_0 线。侧限受压，即固结试验应力状态下的应力路径，有

$$K_0 = \frac{\Delta\sigma'_3}{\Delta\sigma'_1}$$

式中 $\Delta\sigma'_3$、$\Delta\sigma'_1$——有效侧向、垂直向应力。

K_0 可表示为

$$K_0 = \frac{1-\tan\beta}{1+\tan\beta} \tag{4.7-9}$$

式中 β——K_0 线的斜角。

2) K_1 线。四周等压固结时有

$$K = \frac{\Delta\sigma'_3}{\Delta\sigma'_1} = 1$$

3) $K<1$ 的路径在横轴以上，$K>1$ 的路径在横轴以下。

(4) 有效应力路径如图 4.7-6 所示。总应力路径与有效应力路径之间的水平距离表示相应的孔隙压力。

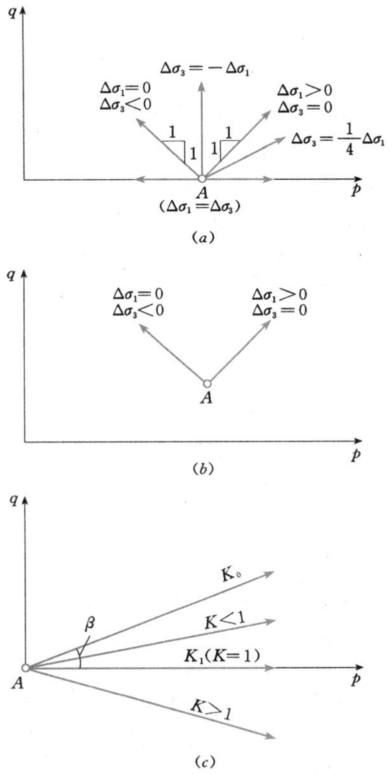

图 4.7-5 不同加荷方式时的应力路径

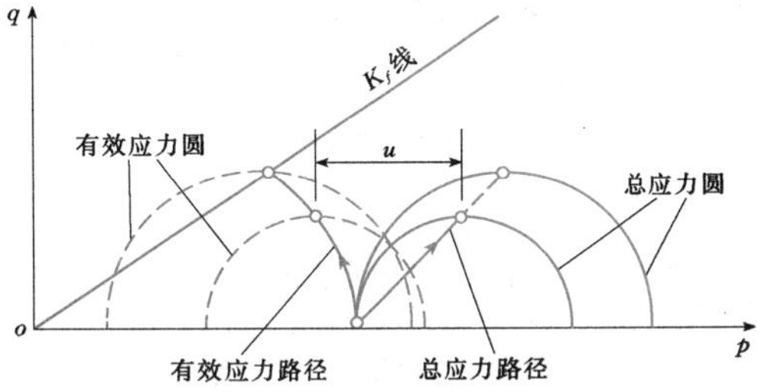

图 4.7-6 总应力与有效应力路径

(5) 室内几种常规试验的应力路径如图 4.7-7 所示。

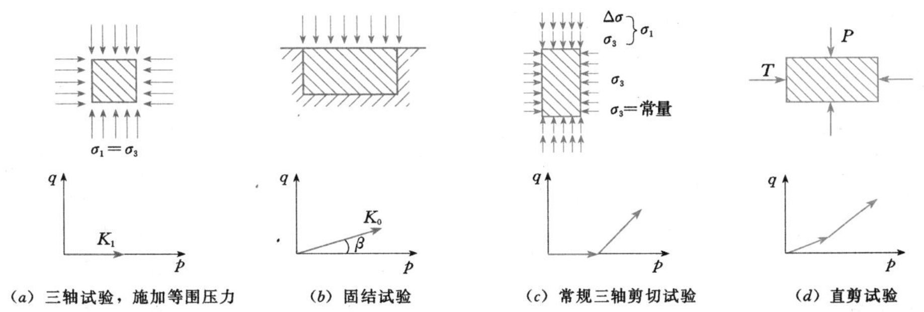

图 4.7-7 几种常规试验的应力路径

4.7.3　抗剪强度的测定

4.7.3.1　试验仪器与方法

1. 直接剪切试验

试验仪器如图 4.7-8 所示。从一块土中切取不少于 4 个土试样，分别在不同垂直压力 σ_i 下进行剪切试验，得到破坏时的剪应力 τ_i。将 4 组（σ_i，τ_i）点绘在纵横比例尺相同的坐标中，通过这 4 点作一直线（见图 4.7-1），得强度指标 c、φ。若 4 点不在一直线上，可近似地绘平均直线，或对多次试验采用统计方法确定。

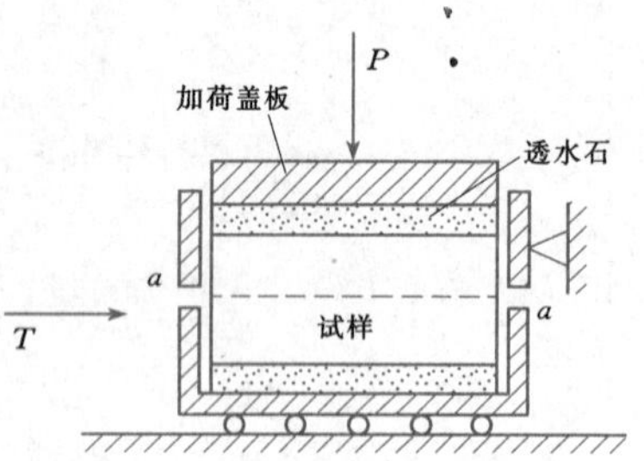

图 4.7-8　直接剪切仪示意图

根据排水条件不同，直接剪切试验有快剪、固结快剪和慢剪三种方法，分别对应于三轴剪切试验的不排水剪、固结不排水剪和固结排水剪。其试验要求见表 4.7-1。

表 4.7-1　　剪切试验方法与要求

试验方法	试验要求	
	直接剪切试验	三轴剪切试验
快剪（Q）或不排水剪（UU）	垂直荷重加到试样上后，立即进行快速剪切。剪切过程中尽量使试样少排水	施加围压力与轴向压力时，均关闭排水阀门，不允许试样排水
固结快剪（R 或 CQ）或固结不排水剪（CU）	垂直荷重加到试样上后，让试样充分排水固结后，立即进行快速剪切。剪切过程中尽量使试样少排水	施加围压力时，排水阀门敞开，让试样充分排水固结，再关闭阀门，施加轴向压力
慢剪（S）或固结排水剪(CD)	垂直荷重加到试样上后。让试样排水固结。再缓慢剪切，剪切过程中让其充分排水	排水阀门始终敞开，先让试样在围压力下排水固结，再缓慢施加轴向压力，也让其充分排水

2. 三轴剪切试验

三轴剪切仪如图 4.7-9 所示。从一块土中切取不少于 4 个土试样，放在压力室中进行试验。试样的围压力为 σ_3，逐渐施加的轴向压力为 $\Delta\sigma(=\sigma_1-\sigma_3)$，破坏时总轴向压力为 $\sigma_1=\sigma_3+\Delta\sigma$。每个试样按其 σ_1、σ_3 绘一破坏应力圆。4 个破坏应力圆的公切线即为强度包线（见图 4.7-10），由此得强度指标 c、φ。

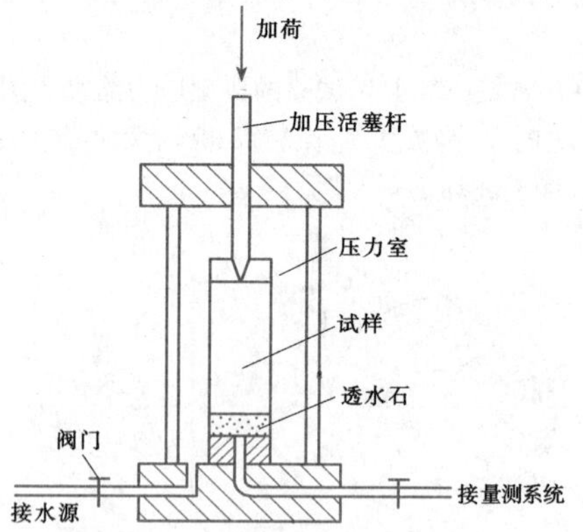

图 4.7-9　三轴剪切仪示意图

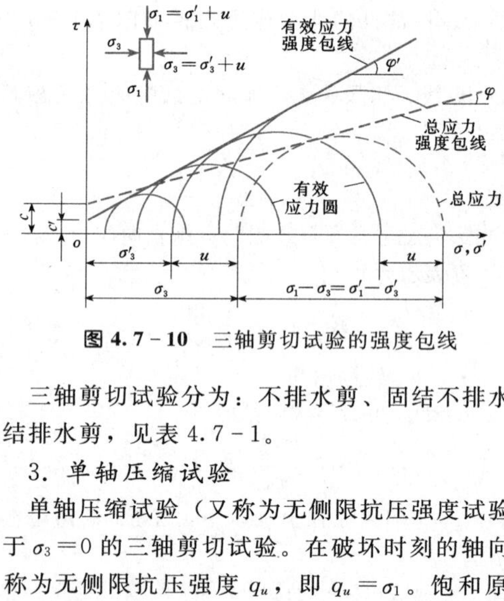

图 4.7-10　三轴剪切试验的强度包线

三轴剪切试验分为：不排水剪、固结不排水剪和固结排水剪，见表 4.7-1。

3. 单轴压缩试验

单轴压缩试验（又称为无侧限抗压强度试验）相当于 $\sigma_3=0$ 的三轴剪切试验。在破坏时刻的轴向应力 σ_1 称为无侧限抗压强度 q_u，即 $q_u=\sigma_1$。饱和原状黏土的抗剪强度 S_u 可由 q_u 求得

$$S_u=c_u=\frac{1}{2}q_u \qquad (4.7-10)$$

式中　c_u——不排水剪的黏聚力。

若将上述原状土经过充分重塑后再做试验，测得无侧限抗压强度为 q'_u，则该土的灵敏度 S_t 为

$$S_t=\frac{q_u}{q'_u} \qquad (4.7-11)$$

灵敏度愈大，土受扰动后的强度降低愈多。大多数黏土的 $S_t=2\sim4$；泥炭土的 $S_t=1.5\sim10$；海洋沉积土的 $S_t=1.6\sim26$。黏土灵敏度类别按 S_t 划分，见表 4.7-2。土的软硬状态按 q_u 划分，见表 4.7-3。

表 4.7-2　黏土灵敏度类别的划分

S_t	黏土灵敏度类别
<2	不灵敏
2～4	中等灵敏
4～8	灵敏
>8	高灵敏

表 4.7-3　按 q_u 划分土的软硬状态

软硬状态	q_u（MPa）
很　软	<0.025
软	0.025～0.05
中　等	0.05～0.1
硬	0.1～0.2
很　硬	0.2～0.4
坚　硬	>0.4

4. 十字板剪切试验

十字板剪切试验是原位测定土的抗剪强度的一种不排水剪试验。对饱和软黏土与泥炭土等最适用。

土的抗剪强度 S_u 根据十字板在地基土中转动时需要克服的扭矩 M 进行计算，其公式为

$$S_u = c_u = \frac{2M}{\pi D^2 H\left(1+\frac{D}{3H}\right)} \qquad (4.7-12)$$

式中　D、H——十字板的直径与高度。

实测十字板强度用于设计时，建议按式（4.7-13）修正，以计及剪切速率对强度的影响：

$$S_d = \mu_R S_u \qquad (4.7-13)$$

式中　μ_R——修正系数，与塑性指数 I_P（按碟式液限仪测得 w_L 计算）的关系如图 4.7-11 所示。

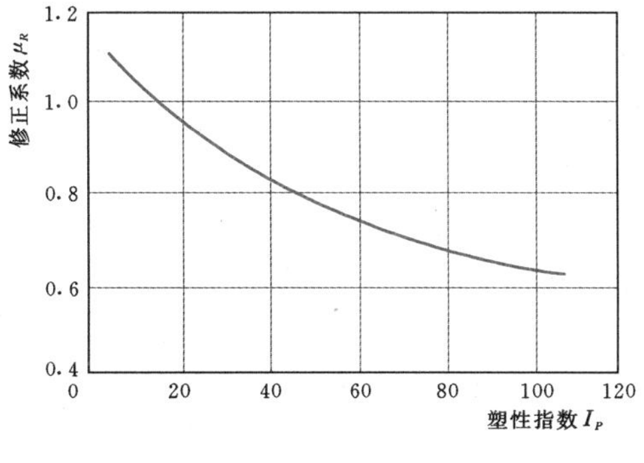

图 4.7-11　修正系数 μ_R 与塑性指数 I_P 的关系

4.7.3.2　总应力强度指标与有效应力强度指标

由抗剪强度试验成果绘制强度包线，若横坐标轴（σ）采用的是总应力，所得强度指标 c、φ 为总应力指标。单轴压缩试验与十字板试验测得的都是总应力强度指标。

若横轴采用的是有效应力 σ'，则相应的指标 c'、φ' 均为有效应力强度指标。三轴固结不排水剪试验同时测量试样破坏时刻的孔隙压力 u，按式（4.7-14）计算有效应力

$$\sigma' = \sigma - u \qquad (4.7-14)$$

然后绘制有效应力圆，求得 c'、φ'（见图 4.7-10）。

两种强度指标在应用时需考虑以下问题：

（1）总应力指标常被认为试验条件已模拟了土体的原位情况，在应用该指标时，不需要再考虑孔隙压力对强度的影响。

（2）应用有效应力指标计算时，需先估算出土体破坏面上在破坏时刻的孔隙压力，求出相应的有效应力，再按此强度指标分析。

4.7.4　砂土的抗剪强度

4.7.4.1　强度指标及其测定

砂土的抗剪强度用直接剪切仪或三轴剪切仪测定。对于疏松砂，可近似地以其休止角 ρ 代替内摩擦角 φ。

一般干砂的黏聚力 $c=0$。强度包线近似为一通过坐标原点的直线，如图 4.7-12（c）所示，其强度规律可表示为

$$\tau = \sigma\tan\varphi \qquad (4.7-15)$$

湿砂因毛细压力而具有微弱黏聚力，但浸水后即消失。

当压力增大时，紧砂的强度包线明显地向下弯曲（见图 4.7-13），故按直线考虑偏于不安全。应根据试验成果，确定压力 σ 与内摩擦角 φ 的关系，即 $\varphi=\varphi(\sigma)$，供设计采用。

砂土的抗剪强度由两部分组成：①摩擦强度，沿剪切面土粒之间的摩擦阻力，松砂的强度基本上为这一分量；②咬合力或连锁力引起的阻力，此系紧砂在剪切时，因体积膨胀需反抗外力作功所增加的强度。

4.7.4.2　影响抗剪强度的主要因素

（1）起始密度。密度愈大，强度愈高。

（2）颗粒形状与组成。带棱角的、级配良好的砂的强度较高。

（3）剪切时的体积变化。砂土剪切时会引起体积变化，如图 4.7-12（b）所示。这种因剪切引起体积变化的性质称为剪胀性。当体积增大时（紧砂），土体中的孔隙水压力为负值，使有效应力增大而提高土的强度，如图 4.7-12（a）所示；当体积减小时（松砂），孔隙水压力为正值，使有效应力减小而降低

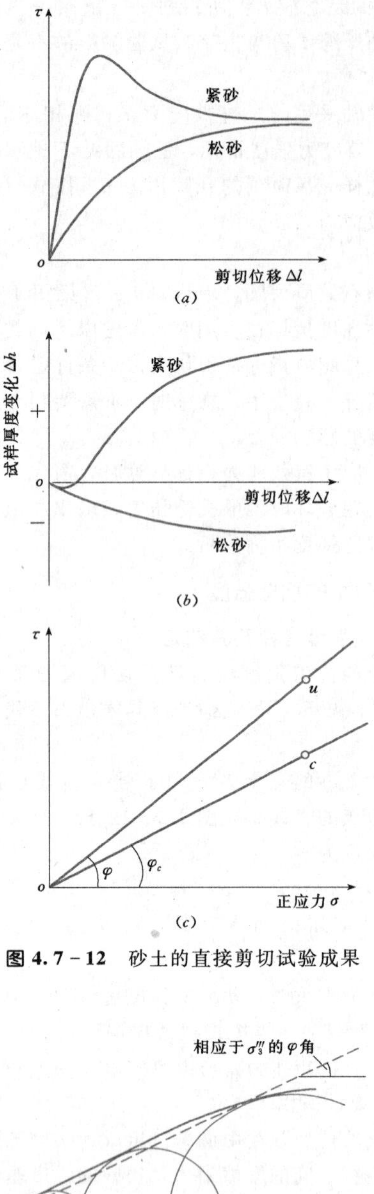

图 4.7-12 砂土的直接剪切试验成果

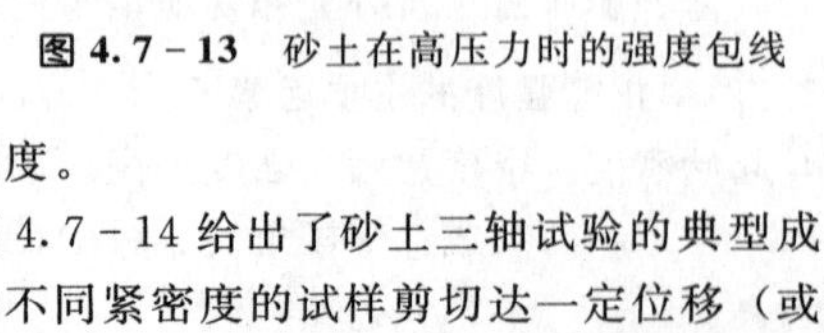

图 4.7-13 砂土在高压力时的强度包线

土的强度。

图 4.7-14 给出了砂土三轴试验的典型成果。同一种砂不同紧密度的试样剪切达一定位移（或轴向应变）后，体积趋于常量，两者的孔隙比逐渐接近于同一数值，该值称为临界孔隙比 e_{cr}。试验采用的围压力（三轴）或法向压力σ（直接剪切）不同，e_{cr} 也随之而异。

工程地基土一般不允许出现大变形。紧砂在小应变时即达到峰值强度［见图 4.7-14 (b)］，故紧砂可

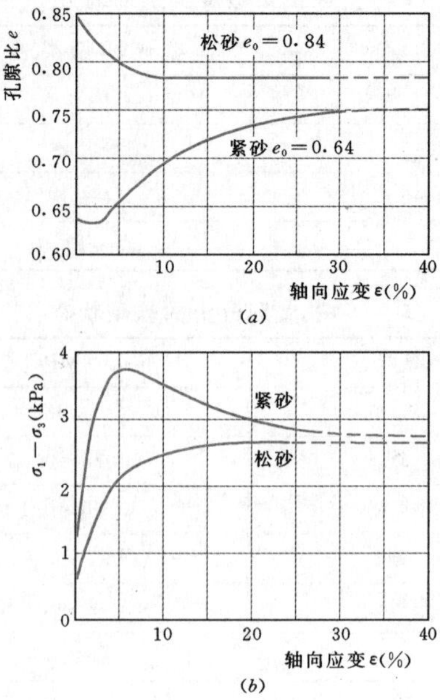

图 4.7-14 砂土三轴剪切试验成果（$σ_3$＝200kPa）

采用峰值强度。相反，松砂在较大应变时才能达到强度的最后值。

4.7.4.3 强度指标的选用

砂土抗剪强度指标的参考值见表 4.7-4。选用强度指标时，可参考以下建议：

（1）对于一般工程，可以采用峰值强度指标 φ。

（2）若允许地基土有较大变形，可以采用 $φ_c$ 值。

（3）休止角相应砂土处于疏松状态时的强度指标。

当不易取得砂土的原状试样测定强度时，可参考表 4.7-5 根据标准贯入试验估计 φ 值。

表 4.7-4 砂土强度参考值 单位：(°)

土 类	休止角 ρ	$φ_c$①	φ②	
			中密	紧密
粉土（无塑性）	26～30	26～30	28～32	30～34
均匀细砂、中砂	26～30	26～30	30～34	32～36
级配良好砂	30～34	30～34	34～40	38～46
砂砾石	32～36	32～36	36～42	40～48

注 在本表的每一栏中，低值相应于圆粒、云母质含量高的砂，高值相应于坚硬带棱角的砂；法向压力高时应取低值。

① 按最后强度求得的内摩擦角［见图 4.7-12 (c) 中的 c 点］。

② 按峰值强度求得的内摩擦角［见图 4.7-12 (c) 中的 u 点］。

表 4.7-5 按标准贯入击数估计砂土的 φ 值

标准贯入击数 N	相对密度 D_r（%）	内摩擦角 φ（°）	
		派克建议	梅叶霍夫建议
<4	<20	<29	<30
4～10	20～40	27～30	30～35
10～30	40～60	30～36	35～40
30～50	60～80	36～41	40～45
>50	>80	>41	>45

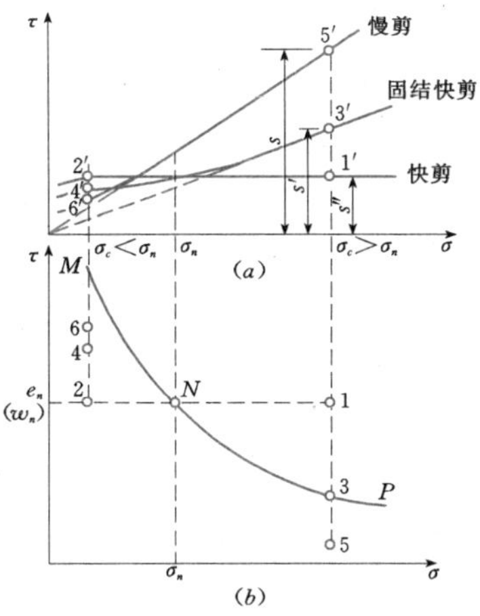

图 4.7-15 饱和黏性土强度的一般关系

σ_n—试样在地基中的原位固结压力；σ_c—试验时的固结压力；e_n—天然孔隙比；w_n—天然含水量

4.7.5 饱和黏性土的抗剪强度

4.7.5.1 总应力强度间的一般关系

饱和正常固结黏性土的总应力强度主要取决于试验时的排水条件与固结压力。

以直接剪切试验说明饱和黏土在不同试验条件下总应力强度的基本概念。设地基土是正常固结的，且为均匀、各向同性的土料，地基内某土块的原位压缩曲线如图 4.7-15 中所示的曲线 MNP，该土块的原位状态可以 $N(\sigma_n, e_n)$ 点表示。用该原状土块进行三种总应力抗剪强度测定，其性状与试验成果见图 4.7-15、表 4.7-6。

4.7.5.2 典型三轴试验成果

正常固结土与超固结土的典型三轴试验成果如图 4.7-16 所示。

表 4.7-6 总应力强度的基本概念

试验固结压力 σ_c 与原位压力 σ_n 比较	试验方法	剪切时的状态用以下点表示	强度用以下点表示	试验时的状态
$\sigma_c > \sigma_n$（正常固结）	快剪（Q）	1	1′	全过程尽量不排水，试样含水率（或孔隙比 e）不变
	固结快剪（R）	3	3′	由于固结，试样含水率减小，强度大于 1′
	慢剪（S）	5	5′	固结与剪切均允许充分排水，含水率更小，强度高于 1′与 3′
$\sigma_c < \sigma_n$（超固结）	快剪（Q）	2	2′	全过程含水率不变，强度与 1′相同
	固结快剪（R）	4	4′	剪切试样膨胀，含水率（或孔隙比 e）增大，强度小于 2′
	慢剪（S）	6	6′	固结与剪切均允许充分膨胀，含水率最大，强度最低

1. 不排水剪强度

如图 4.7-16（a）、（b）所示。

（1）正常固结土与超固结土的强度包线均为水平线，$\varphi_u = 0$，$S_u = c_u$（脚标 u 表示不排水）。

（2）在同一地基深度处，超固结土的固结压力较大，它的不排水剪强度比正常固结土的要大。

（3）裂缝黏土在三轴试验中围压力 σ_3 较小时，裂缝会张开，强度要降低，使强度包线的起始段向下弯曲（见图 4.7-17）。

（4）饱和黏土的不排水抗剪强度亦可由单轴压缩试验测定，强度按式（4.7-10）计算。但裂缝黏土不允许作单轴压缩试验。

2. 固结不排水剪强度

如图 4.7-16（c）、（d）所示。

（1）正常固结黏土的强度与其固结压力呈正比，强度包线为通过坐标原点的直线，强度指标为 φ_{cu}、$c_{cu} = 0$（脚标 cu 表示固结不排水）。超固结土的先期固结压力大于试验时的固结压力（即采用的围压力 σ_3），故其不排水剪强度高于正常固结土的相应强度，如图 4.7-16（d）中的强度高于图 4.7-16（c）中的强度。

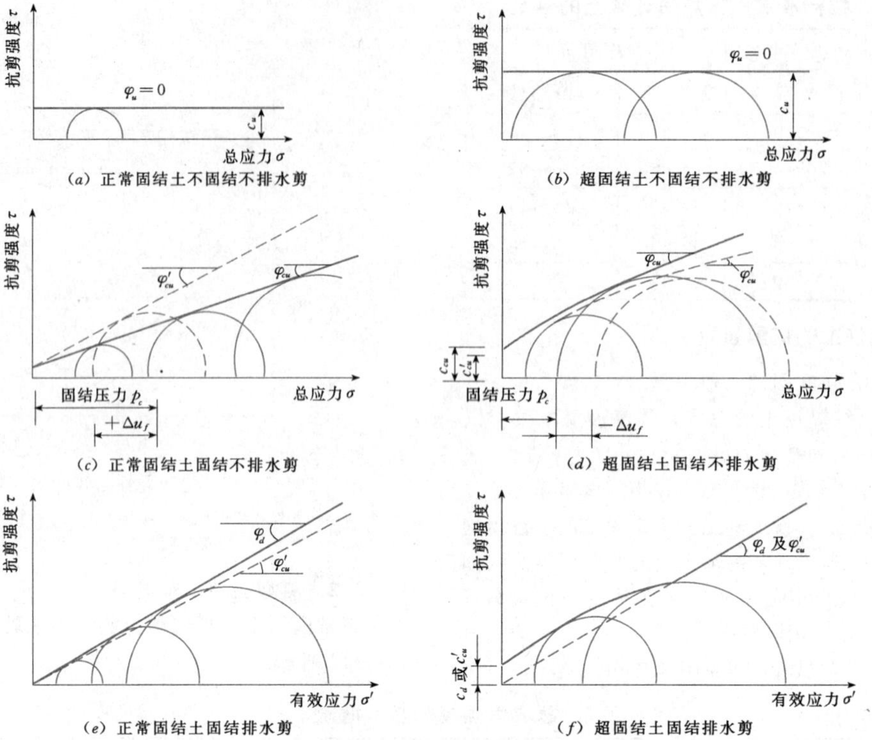

(a) 正常固结土不固结不排水剪　(b) 超固结土不固结不排水剪

(c) 正常固结土固结不排水剪　(d) 超固结土固结不排水剪

(e) 正常固结土固结排水剪　(f) 超固结土固结排水剪

图 4.7-16　典型三轴强度试验成果

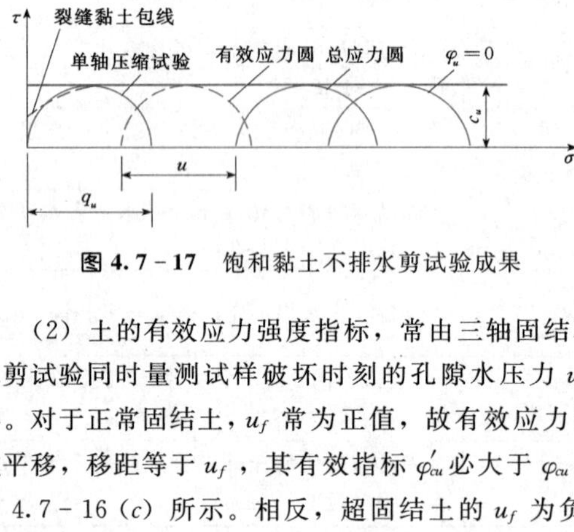

图 4.7-17　饱和黏土不排水剪试验成果

(2) 土的有效应力强度指标，常由三轴固结不排水剪试验同时量测试样破坏时刻的孔隙水压力 u_f 求得。对于正常固结土，u_f 常为正值，故有效应力圆向左平移，移距等于 u_f，其有效指标 φ'_{cu} 必大于 φ_{cu}，如图 4.7-16 (c) 所示。相反，超固结土的 u_f 为负值，有效应力圆向右平移，其 φ'_{cu} 可能稍小或稍大于 φ_{cu}，而 c'_{cu} 总是小于相应的 c_{cu}，如图 4.7-16 (d) 所示。

3. 固结排水剪强度

如图 4.7-16 (e)、(f) 所示。

一般情况下，由于在试验全过程中允许试样发生体积变化，故排水剪强度可能大于相应的有效应力强度，但两者区别不致太大，图中的实线、虚线分别为排水剪、有效应力的强度包线。

4.7.5.3　十字板试验强度

对于高灵敏度 ($S_t>8$) 的饱和软黏土，可用十字板进行原位试验测定强度（不必取样），所得结果比较可靠。

地基正常固结黏土的十字板试验强度 $S_u(=c_u)$ 随深度正比增大，即与覆盖土层的有效压力 p_0 呈正比，$\dfrac{c_u}{p_0}=$常量。该比值与土的塑性指数 I_P 有关。但是，在地表面处，由于长期曝晒和受毛细压力作用，形成地面硬壳，其 S_u 往往较大。

上述比值与有效强度指标 φ' 之间存在以下理论关系（侧限固结，即 K_0 固结情况）

$$\frac{c_u}{p_0}=\frac{\sin\varphi'[K_0+A_f(1-K_0)]}{1-(1-2A_f)\sin\varphi'} \tag{4.7-16}$$

式中　K_0——静止侧压力系数；

A_f——破坏时刻的孔隙压力系数。

在正常情况下，十字板试验强度与单轴压缩试验强度相接近或稍高，原因是后者在切削试样时有扰动。

4.7.5.4　残余强度

在黏性土排水剪试验中，过峰值以后，剪应力逐渐减小，最终趋于常量。相应于最终剪应力的强度称为残余强度 τ_r。

残余强度的计算公式为

$$\tau_r=c'_r+\sigma\tan\varphi'_r \tag{4.7-17}$$

式中　c'_r、φ'_r——残余强度的黏聚力、内摩擦角。

一般情况下 $c'_r=0$，如图 4.7-18 所示。

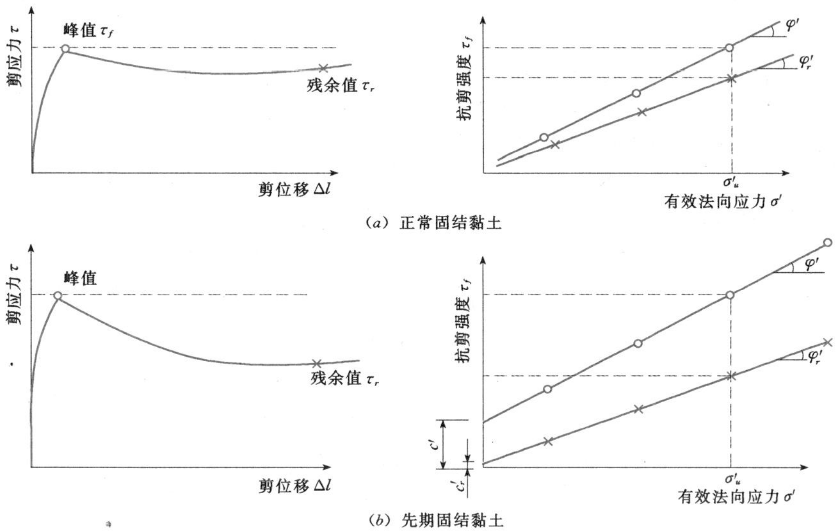

(a) 正常固结黏土

(b) 先期固结黏土

图 4.7-18　土的残余强度

峰值过后强度减小。土中黏粒含量越高，超固结比 OCR 越大，峰值强度 τ_f 与残余强度 τ_r 的差值也越大。该差值与峰值之比称为脆性指数，即

$$I_B = \frac{\tau_f - \tau_r}{\tau_f} \qquad (4.7-18)$$

土的残余强度发生在大剪切位移时，可利用直接剪切试验的往复剪切或用环剪仪测定。

4.7.6　部分饱和黏性土的抗剪强度

地下水位以上的土和击实土都是部分饱和土。

4.7.6.1　不排水剪强度

不排水剪的强度包线是一条向下弯的曲线。在小荷载时，曲线的斜率最大。荷载增大到一定数值后，试样接近饱和，再增加的荷载将由孔隙水承受，有效应力增加很少，强度增量相应地很小，强度包线趋于水平线（见图 4.7-19）。其强度指标应按实际荷载范围确定。

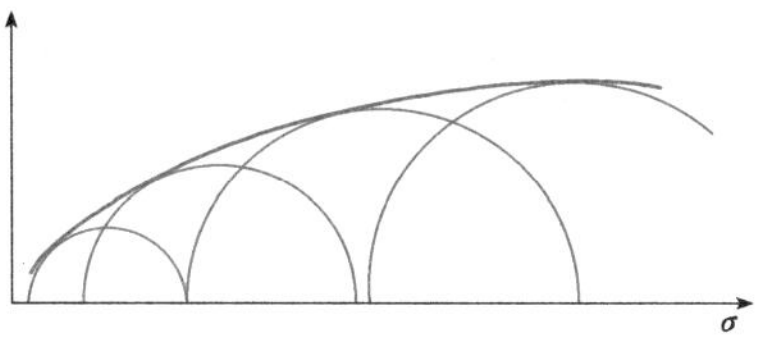

图 4.7-19　部分饱和土不排水强度包线

部分饱和土的抗剪强度对于含水率的变化很敏感（见图 4.7-20）。因此，试验时要尽量使试样的含水率接近实际情况。

4.7.6.2　固结不排水剪强度

应按设计标准制备试样，让试样饱和后再进行试验，这样既偏于安全，又便于测量孔隙压力，以求得有效应力强度指标。

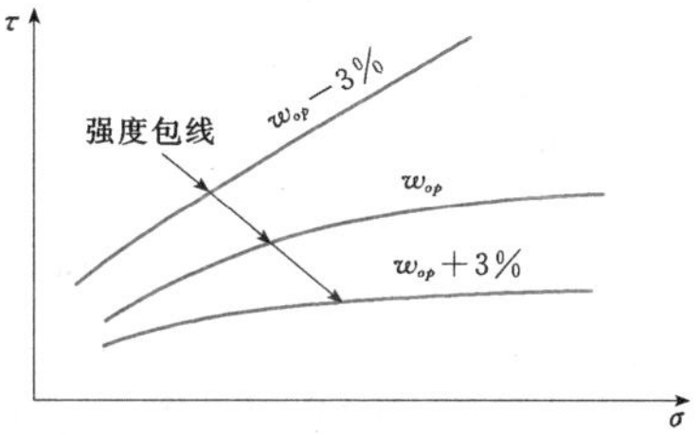

图 4.7-20　击实土含水率对不排水强度的影响
w_{op}—击实最优含水率

4.7.6.3　排水剪强度

试验应在水下进行，以消除毛细压力影响。

4.7.7　黏性土强度指标的选用

表 4.7-7 为一些强度指标应用情况的例子。

表 4.7-7　　强度指标应用举例

抗剪强度指标		应用情况举例
总应力指标	快剪或不排水剪	1. 透水性差、施工速度快的黏土地基的稳定分析； 2. 施工期短的软黏土地基上堤坝的稳定分析
	固结快剪或固结不排水剪	1. 一般黏土地基的稳定性核算； 2. 天然土坡上建筑物地基的稳定性核算
	慢剪或固结排水剪	1. 透水性好、施工极慢的黏土地基的稳定分析； 2. 地基的长期稳定性核算； 3. 软基上施工极慢的堤坝的稳定分析
有效应力指标		1. 土坝在稳定渗流期下游坡的稳定分析； 2. 土坝在水位骤降时上游坡的稳定分析

4.7.8 粗粒土的抗剪强度

随着高土石坝建设的发展和重型振动碾的应用，大量采用土石料，特别是大粒径的天然砂卵石料、人工爆破堆石料和开挖料等粗粒土作为筑坝材料。与黏土、粉土和砂土等细粒土相比，粗粒土的力学性质有明显的特点。近年人们研制了高压大型三轴仪，对粗粒土剪切特性进行了试验研究。

4.7.8.1 粗粒土的剪切变形特性

粗粒土的剪切变形特性决定于试样的颗粒矿物成分、颗粒形状、粒径、级配、密度及有效围压力等因素，如图 4.7-21～图 4.7-26 示例。图 4.7-21 中 q、p 分别为偏应力和有效平均应力：$q=\sigma_1-\sigma_3$，$p=\dfrac{\sigma_1+2\sigma_3}{3}$。

对于一定围压下的粗粒土，在受剪初期，应力—应变关系曲线初始段近似直线，粗粒土表现准弹性特征，此时仅仅颗粒位置移动，某些颗粒移向相邻空隙，体积表现出剪缩。随着剪切变形的增加，相互咬合的颗粒很快出现转动、抬起和超越另一颗粒的剪胀现象，随后出现较大的颗粒破碎和重新排列。

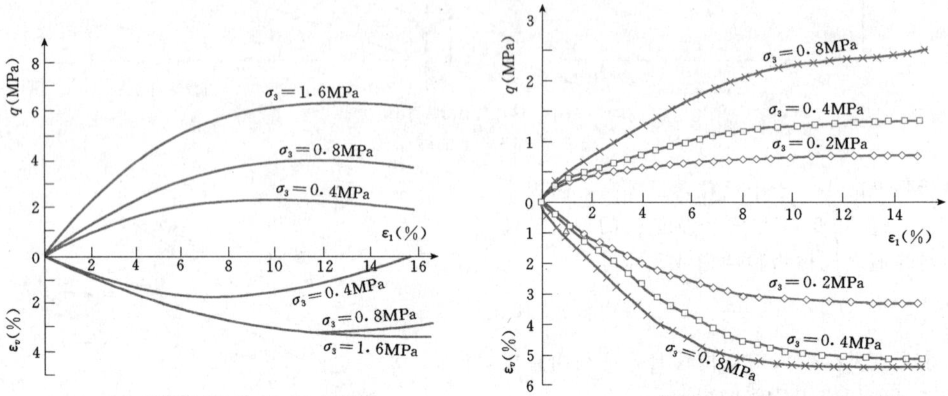

(*a*) 砂岩堆石料(ρ_d=2.17g/cm³)[19]　(*b*) 软岩堆石料(ρ_d=2.11g/cm³)[20]

图 4.7-21 不同矿物成分粗粒料的剪切变形特性示例

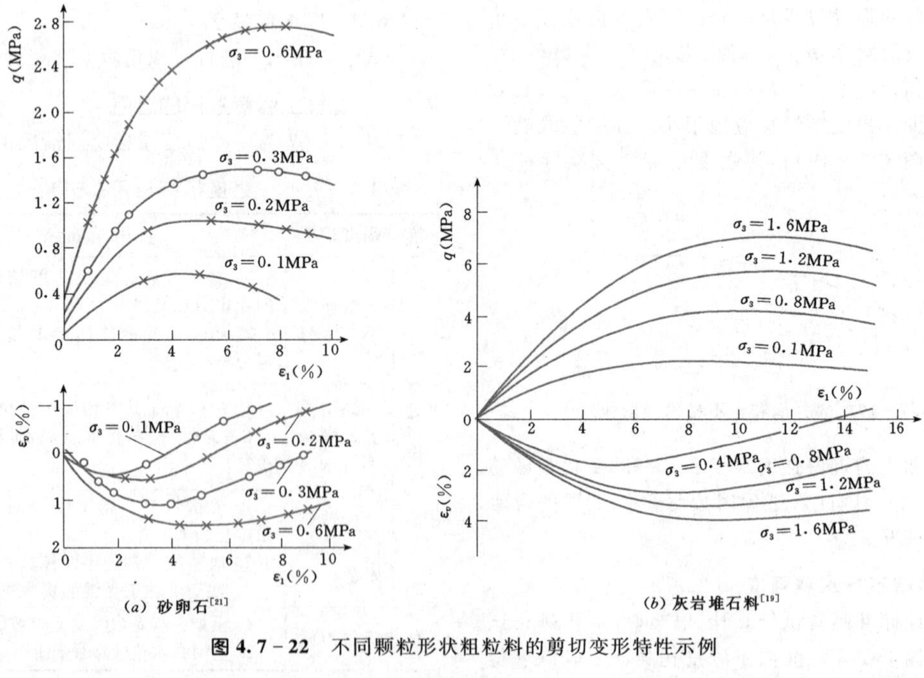

(*a*) 砂卵石[21]　(*b*) 灰岩堆石料[19]

图 4.7-22 不同颗粒形状粗粒料的剪切变形特性示例

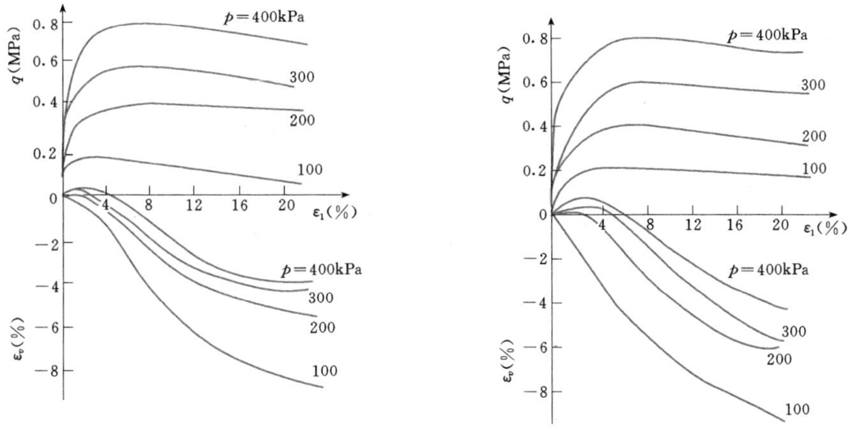

(a)人工砂(饱和)　　(b)人工砂(非饱和)

(ρ_d=1.85g/cm³, d_{max}=5mm, d_{50}=1mm)

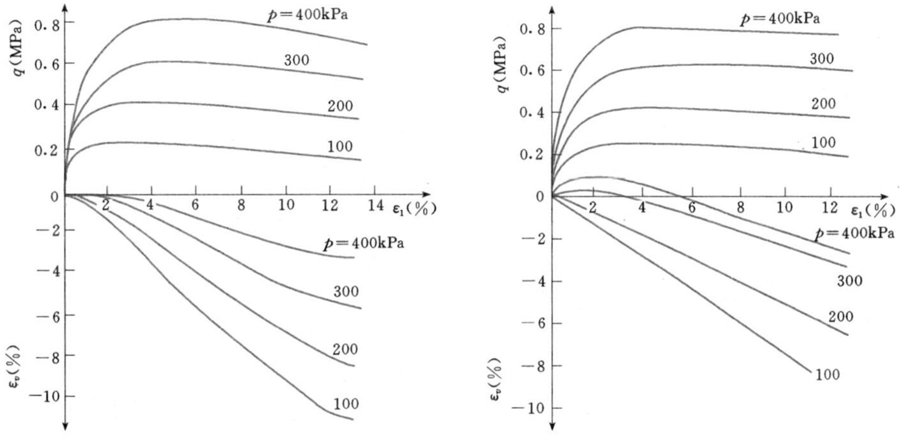

(c)碎石料(饱和)　　(d)碎石料(非饱和)

(ρ_d=1.88g/cm³, d_{max}=20mm, d_{50}=9mm)

图 4.7-23　不同粒径粗粒料的剪切变形特性示例[22]

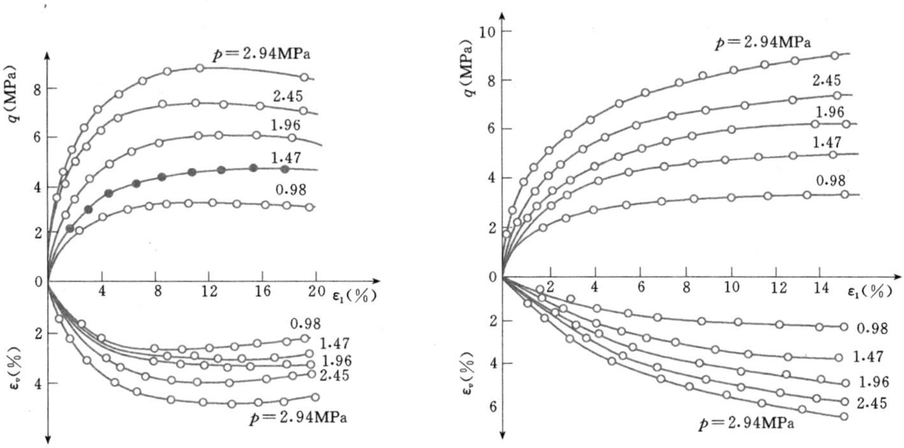

(a)A 级配(细粒为主)　　(b)B 级配(粗粒为主)

图 4.7-24　不同级配粗粒料的剪切变形特性示例[6]

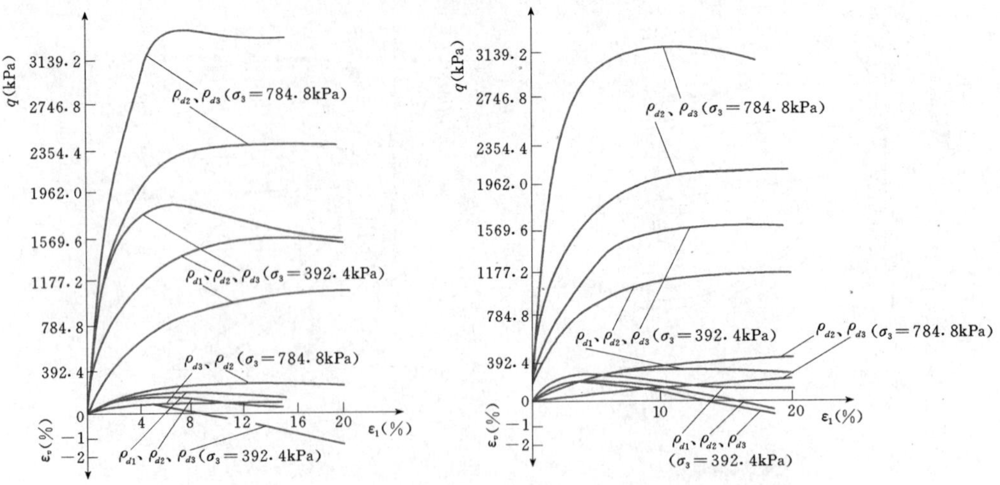

(a) 饱和固结排水剪　　(b) 非饱和不固结不排水剪

图 4.7-25 不同密度粗粒料的剪切变形特性示例[6]

(ρ_{d1}=2.15g/cm³, ρ_{d2}=2.25g/cm³, ρ_{d3}=2.40g/cm³)

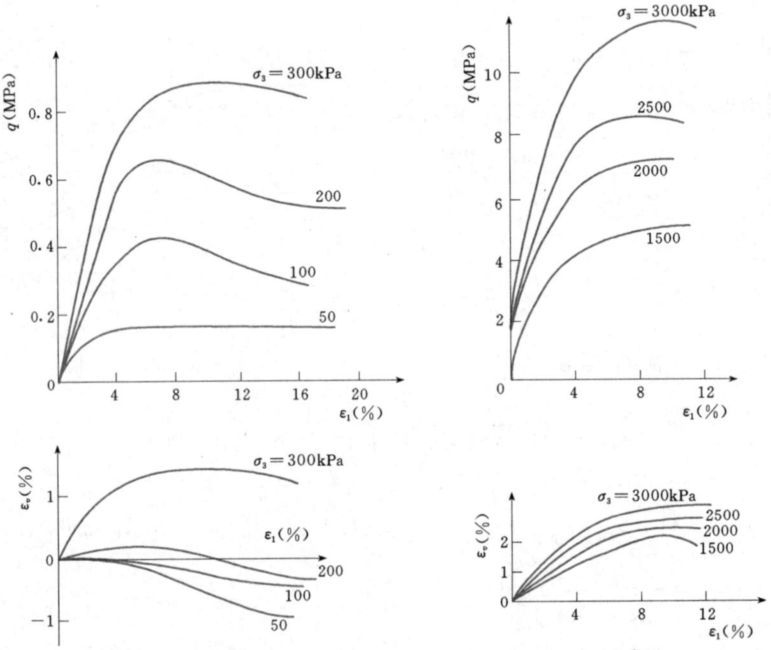

(a) 低压　　(b) 高压

图 4.7-26 不同围压下粗粒料剪切变形特性示例[6]

从图 4.7-25 中可以看出，随着试样干密度的增大，其应力—应变关系曲线的初始切线坡度愈陡，峰值强度也逐渐提高，相应的破坏应变也趋于减少。应力应变关系曲线的形状也从低密度下塑性破坏的完全硬化型（爬剪型）转为弱软化型，并进而变为软化型（驼峰型），表现出半脆性或脆性破坏的特征。对应的剪切体变也从较低密度下不发生颗粒破碎的完全剪缩状态转为高密度下呈现剪胀变形的规律。从图 4.7-25 中还可看出，当干密度一定时，应力—应变关系曲线的起始坡度和峰值强度都随围压的增加而变陡和提高。同时，低围压范围的曲线呈现弱软化型和软化型，但当围压升高后，颗粒不能向上超越使应力集中形成颗粒破碎现象，颗粒愈粗破碎愈厉害。此时，应力—应变关系具有硬化型，脆性性质减弱。与其相应的体积变化由剪胀为主变化到剪缩为主。研究表明，高围压下主要是颗粒破碎和重新排列，在微观上表现为孔隙半径减小，而在宏观上则表现为体缩现象。

4.7.8.2 粗粒土抗剪强度机理

粗粒土抗剪强度仍然可以采用莫尔—库仑破坏理论来描述。

粗粒土抗剪强度由三部分组成：①土颗粒滑动的摩擦阻力；②与咬合程度有关的剪胀阻力；③颗粒破碎、重排列和定向所需能量而发展的强度。

粗粒土抗剪强度各分量的大小、比例及变化取决于颗粒矿物成分、颗粒形状、粒径、级配、密度及有效围压力等。矿物颗粒间的摩擦阻力分量是由于颗粒接触面粗糙不平而产生的，对某种矿物通常是不变的。低应力粗粒土剪切时的剪胀阻力是由于发生剪胀而克服颗粒咬合力需要消耗能量而发展的强度；而高应力时，剪胀效应消失，颗粒破碎效应增强。

4.7.8.3 强度包线的变化规律

粗粒土的主要特征是颗粒粒径大，透水性强，剪切过程中，在低应力下剪胀效应突出，有咬合力作用，在高应力下颗粒破碎性影响抗剪强度特性的变化，强度包线呈非直线型，如图 4.7-27 所示。

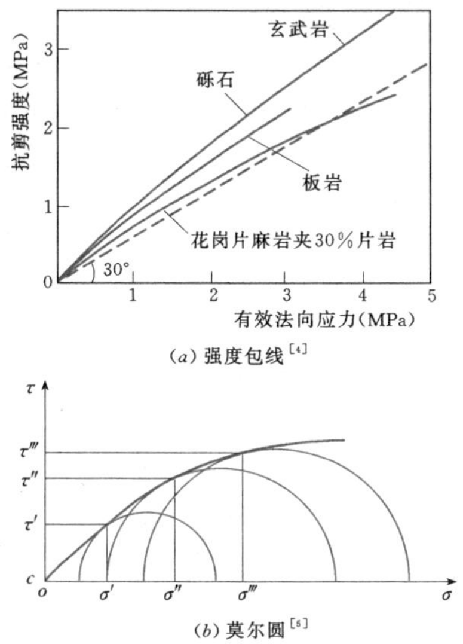

图 4.7-27 高、低应力条件下粗粒土的强度包线的变化规律

粗粒土的强度包线的变化规律在高、低应力条件下是不同的，如图 4.7-27 所示。图 4.7-27 (*a*) 中给出了国内外对四种堆石料的试验结果。在低应力下，粗粒土的剪胀性使内摩擦角明显增大，强度包线为通过坐标原点或具有一定截距的曲线，而且坡度较陡。在中等应力范围内（1～2.5MPa），剪胀作用减弱，此时颗粒间以滑动摩擦为主，强度包线能近似地保持线性关系。在高应力下，由于剪胀作用消失，或由于颗粒破坏和重排列，包线的坡度趋向减缓。

在低应力范围内，粗粒土的强度直线的截距可达44～100kPa；截距 c 与细粒土的黏聚力有着本质的不同，而与粗粒土的咬合力等因素有关，因此一般不计截距 c 的作用是不合理的。在工程实际中为了计算方便，在所考虑应力范围内常用一条最佳配合直线来代替上述强度弯曲的包线。这样简化的结果，在低坝设计中，不计粗粒土包线的非线性，则坝坡一般偏于安全。反之，在高坝设计中，不考虑高压力下内摩擦角的降低，一般偏于危险。若忽略咬合力 c 的存在，在应力—应变分析计算中得出的破坏区域显然偏大，是不符合实际的。

4.7.8.4 抗剪强度表达式

1. 线性表达式

在工程实际中，粗粒土破坏面上的抗剪强度仍可按库仑公式表示

$$\tau_f = c + \sigma\tan\varphi \tag{4.7-19}$$

式中 τ_f——抗剪强度；

c——黏聚力（黏性土）或咬合力（无黏性土），kPa；

φ——粗粒土的内摩擦角（它包括颗粒间摩擦阻力、颗粒破碎和重排列的综合效应），(°)；

σ——作用于破坏面上的法向应力，kPa。

对于轴对称应力条件，莫尔—库仑破坏准则的表达式为

$$(\sigma_1 - \sigma_3)_f = 2c\cos\varphi + (\sigma_1 + \sigma_3)_f\sin\varphi \tag{4.7-20}$$

式中 σ_1、σ_3——大、小主应力，kPa；

$(\sigma_1 - \sigma_3)_f$——破坏强度，kPa；

其他符号意义同前。

2. 非线性关系式

(1) 分段线性表示法。按实际压力大小，将包线分段，在该段平均法向应力与强度线交点作切线，该切线与 τ 轴截距即 c 值，切线与横坐标轴（σ 轴）夹角为 φ，即求得该段平均法向应力范围的抗剪强度参数。对不同法向应力的包线段，可得到不同的 c、φ 强度参数，而抗剪强度仍按库仑线性方程 $\tau = c + \sigma\tan\varphi$ 表示，只是参数 c、φ 不是常数，而是随 σ 的不同而不同的变数（见图 4.7-28）。

(2) 幂函数表达式。破坏面上正应力与抗剪强度的关系以幂函数表达为

$$\tau_f = AP_a\left(\frac{\sigma}{P_a}\right)^B \tag{4.7-21}$$

式中 A、B——强度参数［见图 4.7-29 (a)］;

P_a——大气压力，kPa;

其他符号意义同前。

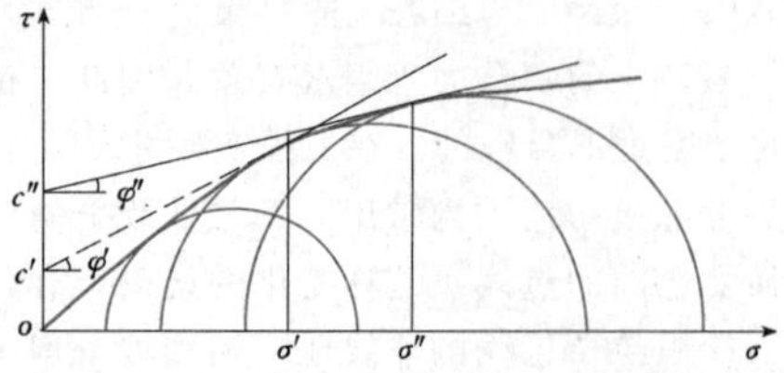

图 4.7-28 不同 σ 下不同切线和强度参数[5]

在含有黏粒的情况下，粗颗粒土 c 值不为零，有以下修正的关系式：

$$\tau_f = c + aP_a\left(\frac{\sigma}{P_a}\right)^b \qquad (4.7-22)^{[5]}$$

式中 c——强度参数［见图 4.7-27 (b)］;

a、b——强度参数［见图 4.7-29 (b)］;

其他符号意义同前。

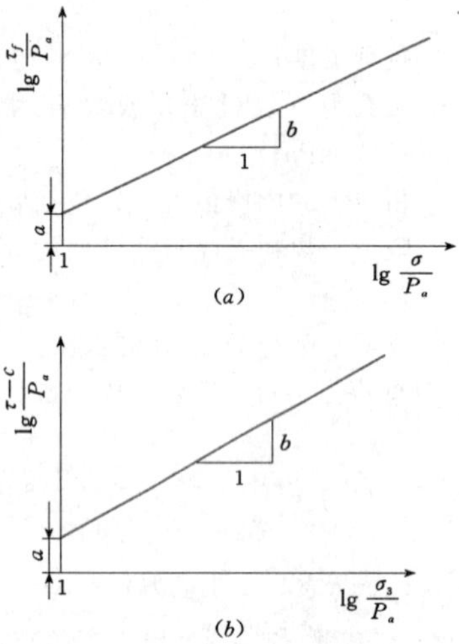

图 4.7-29 τ—σ 关系[5]

(3) 对数表达式。邓肯 (Duncan) 等人 (1980 年) 提出非线性强度参数关系式，在实际工程中得到了广泛应用，即

$$\tau_f = \sigma\tan\varphi \qquad (4.7-23)$$

$$\varphi = \varphi_0 - \Delta\varphi\lg\frac{\sigma_3}{P_a} \qquad (4.7-24)$$

式中 φ——过原点作某一破坏应力圆的切线与横坐标轴 (σ) 的夹角［见图 4.7-30、式 (4.7-25)］;

φ_0、$\Delta\varphi$——强度参数 (见图 4.7-31);

其他符号意义同前。

对于无黏性粗粒土，黏聚力 c 值为零，只有 φ 值，采用过原点作各应力圆的切线，获得 φ 值即内摩擦角。

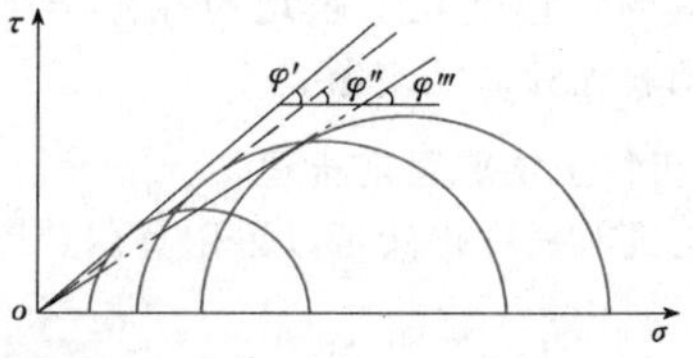

图 4.7-30 邓肯强度参数 φ[5]

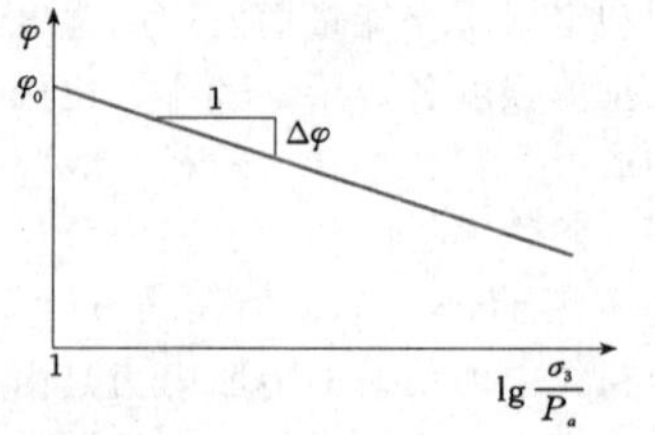

图 4.7-31 φ_0、$\Delta\varphi$ 定义示意图[5]

对每个 σ_3，对应一个应力圆，得到一个 φ 值，即

$$\varphi = \sin^{-1}\left(\frac{\sigma_1 - \sigma_3}{\sigma_1 + \sigma_3}\right) \qquad (4.7-25)$$

式中符号意义同前。

4.7.8.5 影响强度参数的主要因素

粗粒土的抗剪强度受很多因素的影响。

1. 母岩性质和颗粒形状

粗粒土的母岩性质影响其抗剪强度。例如，较坚硬的花岗岩、石灰岩料就比较软的板岩、页岩料的抗剪强度大。又如，某种黏土岩石渣的 $\varphi = 25°18' \sim 27°20'$，砂岩料的 $\varphi = 32°28' \sim 34°58'$，而石灰岩料的 $\varphi = 42°38' \sim 47°27'$。根据一些坝的不同岩质的粗粒土试验成果，绘成内摩擦角与孔隙比的关系，如图 4.7-32 所示。从图 4.7-32 中也可明显看出，坚硬岩石的堆石抗剪强度要比软弱岩石的堆石抗剪强度大。

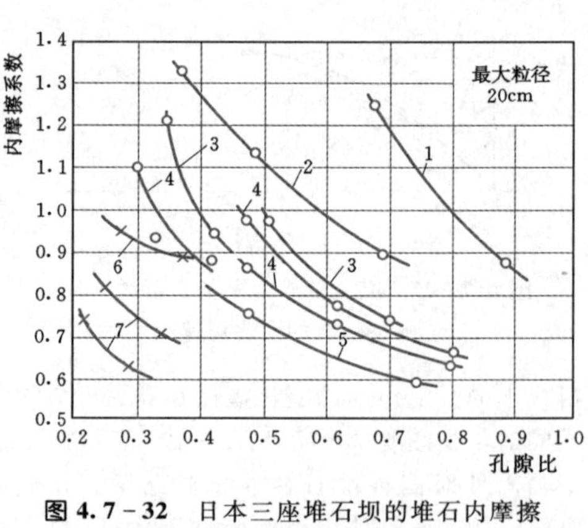

图 4.7-32 日本三座堆石坝的堆石内摩擦系数与孔隙比的关系[6]

1—花岗岩；2—石灰岩；3—砂岩；4—硅化黏板岩；5—页岩；6—角砾岩质凝灰岩；7—千枚岩质黏板岩

粗粒土的颗粒形状不同也影响其强度。如开采的堆石，多棱角，表面粗糙，易被压碎，其抗剪强度就较低；卵石漂石颗粒光滑圆润，不易被压碎，故抗剪强度也高。

2. 颗粒组成

研究表明，粗料含量和细料性质是决定粗粒土抗剪强度的主要因素。无论是砂砾石、砂卵石还是砾石土及风化石渣，其共同特点是它们的抗剪强度都是由细料强度、粗料强度、粗细料之间的强度3部分组成。当粗料含量小于30%时，抗剪强度基本上仍决定于细料，随着粗料含量的增大抗剪强度增大甚微；当粗料含量为30%～70%时，抗剪强度决定于粗、细料的共同作用，并随着粗料含量的增大而显著增大；当粗料含量大于70%时，抗剪强度主要决定于粗料，并随着粗料含量的增大，抗剪强度有所减小，如图4.7-33所示。

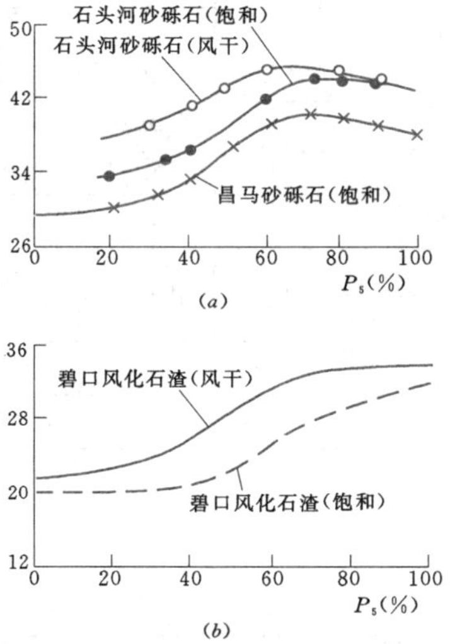

图4.7-33 粗料含量（P_5）与抗剪强度关系曲线[5]

3. 密度

孔隙比（又称为相对密度）对粗粒土的抗剪强度较之其他因素具有更为重要的影响。粗粒土的密度愈大，其抗剪强度也愈大。例如，不同孔隙比的堆石的内摩擦角试验（见图4.7-34），松散堆石比紧密堆石的内摩擦角小得多。又如，砂砾石的抗剪强度随相对密度的增加有很大的增长。此外，石渣料和冰渍土的试验结果也得出了同样的规律。总之，这些试验及其他研究都说明，为了达到较大的抗剪强度，粗粒土必须有良好的级配，并且压实到较高的密度或临界密度（在剪切作用下不发生体积变化的密度称为临界密度）以上。

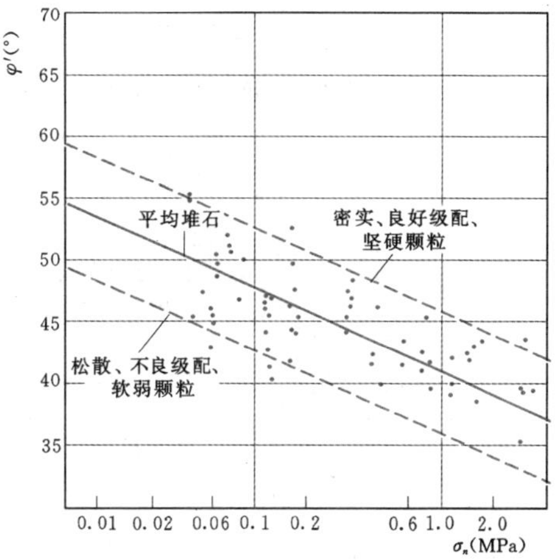

图4.7-34 堆石的三轴试验成果

（T. M. Leps）[4]

4. 有效围压力

国内外粗粒土的大量试验成果表明，随着有效围压力的增大，粗粒土的内摩擦角降低。对于密度高、级配好、颗粒坚硬的堆石料，围压力由0.01MPa增加到4MPa，其内摩擦角可由60°降低到42°；而对于密度低、级配差、软弱颗粒的石渣料，围压力由0.01MPa增加到4MPa，其内摩擦角可由50°降低到32°，如图4.7-34所示。河流冲积的砂卵砾石和冰渍土的试验结果也表明，其内摩擦角随围压力增大而降低。

粗粒土在高围压力作用下，其抗剪强度之所以会降低，主要是由于颗粒被压碎后细粒含量增大所致。但是一些试验表明，当法向应力超过2～2.5MPa时，颗粒不再被压碎或压碎甚少，内摩擦角不再降低，并保持一个常数。

4.7.8.6 强度指标的确定

粗粒土的抗剪强度指标，应根据岩性、级配、密度和围压力等条件综合决定。对于高坝和重要工程，一般需进行大型直剪仪或大型三轴仪试验，并尽量模拟现场的实际条件。

表4.7-8给出了国内外一些堆石坝的粗粒土坝料试验与设计的内摩擦角。

4.7.9 黏性土的抗拉强度

4.7.9.1 抗拉强度的概念

土的抗拉强度指土体抵抗拉伸破坏的极限能力，其数值等于拉伸破坏时破坏面上的拉应力。

大多数情况下黏性土抗拉强度值 σ_t 的变化范围为10～50kPa。表4.7-9、表4.7-10分别给出了某些黄土、糯扎渡心墙掺合料的单轴抗拉试验强度值。

表 4.7-8　　一些堆石坝坝壳材料的内摩擦角[6]

坝名	坝高(m)	防渗体类型	材料性质	颗粒直径(mm)				干密度(kN/m³)	内摩擦角(°)		试样尺寸(cm)
				d_{max}	d_{80}	d_{60}	d_{10}		试验值	设计值	
石头河	114	土心墙	石英闪长岩砂卵石	800	600	214	0.9	2.17	40.8～44.4	水上 38.5 水下 36.0	直剪 200×200×90
碧口	100		绢云母石英千枚岩堆石	120	85	45	0.35	2.14	41～43	38	三轴 ϕ30×60 直剪 50×50×40
党河	58	沥青混凝土心墙	戈壁砂砾	15	7	2.6	0.19	2.04	43		三轴 ϕ6.18×15
白莲河	69	土心墙	碎、块石混合料		210	110	2		37～42	36	安息角
察尔瓦克	174		石灰岩	320	300	250	28		41～49	45	
库嘎	158	土斜心墙	玄武岩	600	150	75	10	1.93			
卡特	138.4		花岗岩	500				1.85		39.5	三轴 ϕ38
郭兴能	155	土心墙	花岗片麻岩	1000	950	500	10	2.24		40～45	
喜撰山	91		黏板岩 砂岩	600	300	150	16	1.83 1.94	33～41 43～45	36 40	
下小鸟	119		片麻岩	1000	800	500	120	1.94	41～43	上游 40 下游 41	
盖伯奇	153		片麻岩	1000	500	230	5	2.14		45	
新冠	102.8		辉绿凝灰岩角岩	1000	300	150	25	1.89	38.2～52	40～42	直剪
马特马克	120			1000	300	90	1			41	
岩洞	40	土斜心墙							43～50	45	三轴
木泽	73	土心墙	黏板岩砂岩							35	直剪 240×240×60
水洼	105		黏板岩砂岩	200	50	20	15	1.78	36.8～43.5	35～36.9	
阿斯旺	111									35	
菲尔泽	160		石灰岩	1000			10	1.99	41～51	38	三轴
买加	244					154	16			28～32	
涅采华柯约托	137.5		砂岩	100	45	17	0.25	1.94～2.04	36～40	36	三轴 ϕ15、ϕ113
丹江口	56		闪长岩	150	85	50	1.0	2.09	33	28.5	饱和固结快剪

表 4.7-9　　某些黄土的极限抗拉强度（单轴抗拉试验）[23]

黄土分类	含水率 w (%)	干密度 ρ_d (g/cm³)	极限抗拉强度 σ_t (kPa)	受裂隙影响的极限抗拉强度 σ_t (kPa)
Q_2	16.4～17.5	1.60～1.67	37.0～46.5	23.0～25.7
	10.2～16.4	1.50～1.57	11.5～56.0	7.3
	10.2～14.4	1.30～1.36	10.5～21.0	—
Q_3	8.1～9.7	1.57～1.63	14.7～29.0	9.3

表 4.7-10 糯扎渡心墙掺合料的抗拉强度（单轴抗拉试验）[24]

含水率 w (%)	干密度 ρ_d (g/cm³)	抗拉强度 σ_t (kPa)	备注
16.3	1.60～1.76	27.7～78.7	最大干密度为 1.72g/cm³，最优含水率为 17.3%
17.3		26.1～72.2	
18.4		24.3～65.1	
19.3		22.9～59.3	

4.7.9.2 影响抗拉强度的因素

目前对土的抗拉强度的研究还较少，但国内外已有的研究结果表明，影响黏性土受拉时的强度和变形特性的主要因素包括以下几方面：土的矿物成分、干密度、含水率和拉伸时的应力状态。

1. *土的矿物成分*

单轴拉伸试验结果表明，对不同矿物成分组成的压实黏土，伊利土抗拉强度最高，高岭土抗拉强度最低。

2. *干密度与含水率*

干密度与含水率对黏性土的抗拉强度有显著影响，例如，单轴抗拉试验的结果表明，抗拉强度随着土料的干密度增大而增大，随着含水率的降低而增加[见图 4.7-35 (*a*)]。图 4.7-35 (*b*) 所示为一种击实黏土的抗拉强度曲线，该土的最优含水率为 28.5%，最大干密度为 1.49g/cm³。从图 4.7-35 (*b*) 中可看出，偏干击实黏土的抗拉强度较之偏湿的大；如使试样含水率从偏干增大至稍高于最优含水率，则土的拉应变会明显增大，也就是说偏湿击实黏土虽然其抗拉强度较偏干的低，但由于具有较大的塑性，且其拉应变较大，不容易开裂。所以有人主张土坝心墙最好使用偏湿的土料。

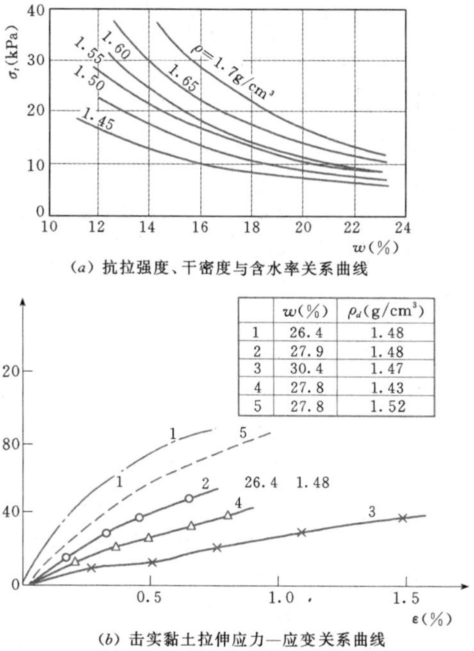

(*b*) 击实黏土拉伸应力—应变关系曲线

图 4.7-35 单轴抗拉强度试验结果示例[5]

3. *拉伸时的应力状态*

黏性土的抗拉强度和土的抗剪强度一样，随着土体所受的应力状态的不同而变化，应力状态不同，土的抗拉强度也不同。坝的表面包括坝顶、坝坡面、马道等，其应力状态比较简单，为双向受力状态，坝体内部处于三向受力状态。因此，检验表面裂缝问题应采用单轴拉伸试验或土梁弯曲试验得到的极限（即破坏）拉应变和抗拉强度资料，研究坝体内部是否有开裂的可能性时，需要进行三向受力状态下的抗拉强度试验。

图 4.7-36 给出了糯扎渡和双江口土料三轴拉伸试验的应力—应变关系。由图 4.7-36 可知，黏性土的抗拉强度随着围压的增大而增大，两种土料在各围压下的应力—应变曲线都存在着不同程度的软化现象。围压较小时，试样达到峰值应力时对应的轴向应变较小，达到峰值强度后偏差应力下降较快；围压较

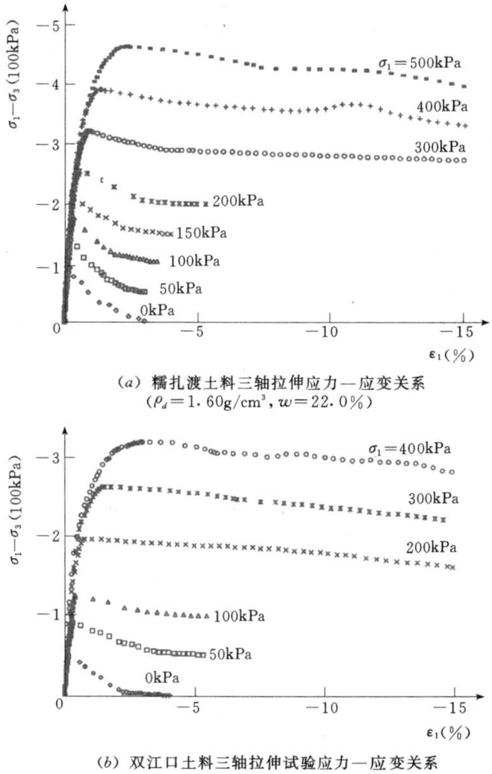

(*b*) 双江口土料三轴拉伸试验应力—应变关系 (ρ_d=1.62g/cm³, w=15.8%)

图 4.7-36 三向受力状态下黏性土的应力—应变关系[25]

大时，试样达到峰值应力时对应的轴向应变相对较大，达到峰值强度后偏差应力下降较缓慢。

4.8 土的本构模型

土体本构模型主要分为弹性模型和弹塑性模型两类。对弹性模型，又有线弹性模型和非线弹性模型之分。对弹塑性模型，本节主要介绍国内应用较多的南水模型、清华模型以及河海大学椭圆—抛物双屈服面模型和修正剑桥模型等。比较著名的剑桥模型、Lade-Duncan 模型、Desai 模型等在国内土石坝计算中应用较少，在此不作介绍。

此外，还对流变模型和湿化变形模型进行了简要介绍。

4.8.1 线弹性模型

线弹性模型假设土体各向同性，应力与应变成正比，强度无限大，满足广义胡克定律，即

$$\{\sigma\} = [D]\{\varepsilon\} \tag{4.8-1}$$

其中

$$[D]=\frac{E}{(1+\mu)(1-2\mu)}\times\begin{bmatrix}1-\mu & \mu & \mu & 0 & 0 & 0\\ \mu & 1-\mu & \mu & 0 & 0 & 0\\ \mu & \mu & 1-\mu & 0 & 0 & 0\\ 0 & 0 & 0 & \frac{1-2\mu}{2} & 0 & 0\\ 0 & 0 & 0 & 0 & \frac{1-2\mu}{2} & 0\\ 0 & 0 & 0 & 0 & 0 & \frac{1-2\mu}{2}\end{bmatrix} \tag{4.8-2}$$

式中 $\{\sigma\}$——应力向量；

$\{\varepsilon\}$——应变向量；

$[D]$——弹性模量矩阵或弹性矩阵；

E——弹性模量；

μ——泊松比，可通过试验确定。

弹性模量、泊松比可分别转换成剪切模量 G、体积模量 K，即

$$G=\frac{E}{2(1+\mu)} \tag{4.8-3}$$

$$K=\frac{E}{3(1-2\mu)} \tag{4.8-4}$$

因此，线弹性模型中四个参数 E、μ、G、K 中只有两个是独立的。

4.8.2 非线性弹性模型

4.8.2.1 邓肯模型

常规三轴固结排水剪切试验中，在围压 σ_3 不变条件下不断增加偏应力 $(\sigma_1-\sigma_3)$，并测出轴向应变 ε_a 和体积应变 ε_v，从而得到径向应变 $\varepsilon_r=\frac{\varepsilon_v-\varepsilon_a}{2}$。邓肯—张（Duncan - Chang）假定 $(\sigma_1-\sigma_3)$—ε_a 和 ε_a—$(-\varepsilon_r)$ 关系都为双曲线，利用这两个关系曲线确定切线弹性模量 E_t、切线泊松比 μ_t，即邓肯—张 E-μ非线性弹性模型[26]。后来，邓肯等人又基于三轴试验提出了体积模量的确定方法，从而，得到了人们所熟知的邓肯 E-B模型。

1. 邓肯—张 E-μ 模型及参数确定

切线弹性模量 E_t 的计算公式为

$$E_t=[1-R_fS]^2E_i \tag{4.8-5}$$

$$E_i=KP_a\left(\frac{\sigma_3}{P_a}\right)^n \tag{4.8-6}$$

$$S=\frac{\sigma_1-\sigma_3}{(\sigma_1-\sigma_3)_f} \tag{4.8-7}$$

$$(\sigma_1-\sigma_3)_f=\frac{2c\cos\varphi+2\sigma_3\sin\varphi}{1-\sin\varphi} \tag{4.8-8}$$

式中 R_f、K、n——试验参数；

P_a——大气压力；

S——应力水平，反映了强度发挥程度；

$(\sigma_1-\sigma_3)_f$——在小主应力 σ_3 条件下破坏时的应力差，可由莫尔—库仑破坏准则得到；

c、φ——黏聚力、内摩擦角。

切线泊松比 μ_t 的计算公式为

$$\mu_t=\frac{\mu_i}{(1-A)^2} \tag{4.8-9}$$

$$A=\frac{D(\sigma_1-\sigma_3)}{KP_a\left(\frac{\sigma_3}{P_a}\right)^n\left[1-\frac{R_f(1-\sin\varphi)(\sigma_1-\sigma_3)}{2c\cos\varphi+2\sigma_3\sin\varphi}\right]} \tag{4.8-10}$$

$$\mu_i=G-F\lg\frac{\sigma_3}{P_a} \tag{4.8-11}$$

式中 G、F、D——试验参数。

式（4.8-9）计算的 μ_t 有可能大于 0.5，在试验中测得的泊松比 μ 值也确有可能超过 0.5，这是由于土体存在剪胀性所致。然而，有限元计算中，μ 若不小于 0.5，劲度矩阵会出现异常。因此，在实际计算中，当 $\mu_t>0.49$ 时，可令 $\mu_t=0.49$。

邓肯—张 E-μ 模型共有 8 个试验参数，即 R_f、K、n、G、F、D、c、φ，可采用如下方法确定。

c、φ 一般可根据土体三轴固结排水剪切试验由

莫尔—库仑破坏准则确定。需要注意的是，这里的强度指标应为有效应力强度指标，为表示方便，没有采用 c'、φ'。同样，应力也应该是有效应力。因此，固结排水剪切试验确定的 c、φ 可直接应用，也可采用测孔隙水压力的固结不排水剪切试验确定的有效强度指标。在缺乏三轴试验资料时，也可借用直剪试验的慢剪指标。在进行有效应力分析时，不固结不排水剪指标、固结不排水总应力强度指标或直剪的快剪、固结快剪指标理论上是不适合使用的。若采用有限元总应力分析法，对渗透性较低且荷载施加较快的情况，可针对实际情况近似取用这些总应力强度指标，但这时其他参数是很难确定的。

对堆石料等粗粒土，考虑到由于颗粒破碎等原因引起的强度非线性，其内摩擦角常用的计算公式为

$$\varphi = \varphi_0 - \Delta\varphi \lg \frac{\sigma_3}{P_a} \qquad (4.8-12)$$

式中　φ_0、$\Delta\varphi$ ——试验参数。

使用式（4.8-12）计算摩擦角，则黏聚力 c 应取 0；如果 $c>0$，则意味着采用线性强度指标，此时的内摩擦角取常数。

K、n 可利用多个围压下的三轴排水剪切试验 $(\sigma_1-\sigma_3)$—ε_a 曲线确定［见图 4.8-1（a）］。假定 $(\sigma_1-\sigma_3)$—ε_a 为双曲线，则 $\frac{\varepsilon_a}{\sigma_1-\sigma_3}$—$\varepsilon_a$ 关系应为直线［见图 4.8-1（b）］，其斜率为 b，截距为 a。a 即是初始切线模量 E_i 的倒数，即 $a=\frac{1}{E_i}$。对 $\lg\frac{E_i}{P_a}$—$\lg\frac{\sigma_3}{P_a}$ 关系用直线拟合［见图 4.8-1（c）］，其截距为 $\lg K$，斜率为 n。

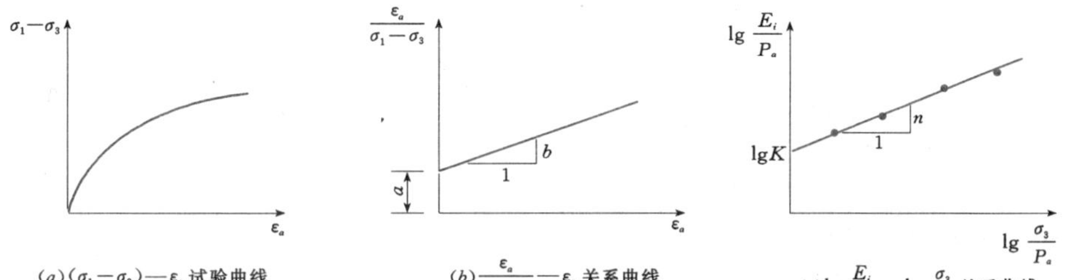

（a）$(\sigma_1-\sigma_3)$—ε_a 试验曲线　（b）$\frac{\varepsilon_a}{\sigma_1-\sigma_3}$—$\varepsilon_a$ 关系曲线　（c）$\lg\frac{E_i}{P_a}$—$\lg\frac{\sigma_3}{P_a}$ 关系曲线

图 4.8-1　参数 K 和 n 的确定

$(\sigma_1-\sigma_3)$—ε_a 双曲线关系中，当 $\varepsilon_a\to\infty$ 时，$(\sigma_1-\sigma_3)$ 的渐近值即为 $(\sigma_1-\sigma_3)_u$。图 4.8-1（b）中直线的斜率为 $b=\frac{1}{(\sigma_1-\sigma_3)_u}$，由 b 值可确定 $(\sigma_1-\sigma_3)_u$，从而求得破坏比 R_f 为

$$R_f = \frac{(\sigma_1-\sigma_3)_f}{(\sigma_1-\sigma_3)_u} \qquad (4.8-13)$$

试验表明，对不同的 σ_3，R_f 值不同，一般取平均值。

G、F、D 用于确定泊松比，是根据多个围压下的三轴排水剪切试验 ε_a—$(-\varepsilon_r)$ 关系曲线确定。点绘 $-\frac{\varepsilon_r}{\varepsilon_a}$—$(-\varepsilon_r)$ 关系曲线［见图 4.8-2（a）］，并拟合直线，其斜率为 D，截距为 μ_i。不同 σ_3 下 D 的数值变化不大，故可取平均值；而 μ_i 的大小随 σ_3 变化明显。点绘不同 σ_3 下 μ_i 与 $\lg\frac{\sigma_3}{P_a}$ 试验点［见图 4.8-2（b）］，并用直线拟合，其斜率、截距分别为 F、G。

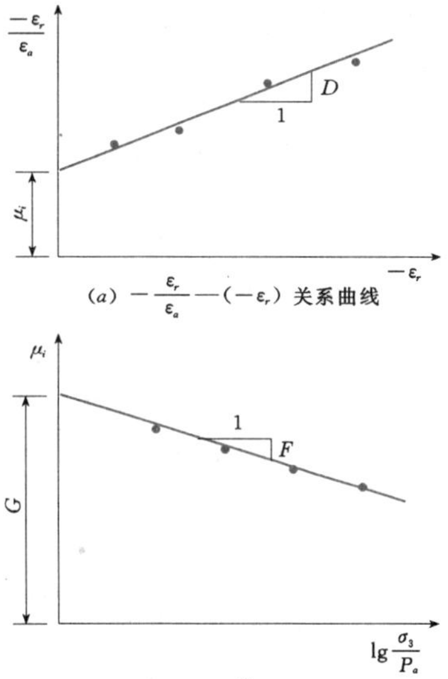

（a）$-\frac{\varepsilon_r}{\varepsilon_a}$—$(-\varepsilon_r)$ 关系曲线

（b）v_i—$\lg\frac{\sigma_3}{P_a}$ 关系曲线

图 4.8-2　参数 D、F、G 的确定

土体具有显著的弹塑性性质，即加载、卸荷时表现出的变形模量不同，式（4.8-5）适用于加载情况。对卸荷、再加荷的情况，可由回弹试验测定弹性模量。如图 4.8-3 所示，OB 为加荷状态的应力—应变关系曲线，其斜率为 E_t；而卸荷与再加荷的曲线有差异，存在一个滞回环，可近似假定它们一致，且为一直线（见图 4.8-3 中 AB），其斜率为 E_{ur}。它具有卸荷再加荷情况下弹性模量的物理意义，称为回弹模量。一般假定 E_{ur} 不随 $(\sigma_1-\sigma_3)$ 变化，但对于不同的围压 σ_3，E_{ur} 不同。点绘 $\lg\frac{E_{ur}}{P_a}$—$\lg\frac{\sigma_3}{P_a}$ 关系曲线，

可用一直线拟合，其截距为 $\lg K_{ur}$，斜率为 n。因此，回弹模量的计算公式为

$$E_{ur}=K_{ur}P_a\left(\frac{\sigma_3}{P_a}\right)^n \qquad (4.8-14)$$

一般地，式（4.8－14）中 n 与加荷时式（4.8－6）中的 n 大小相近，故可取同一值，而 $K_{ur}=(1.2\sim3.0)K$。对密砂和硬黏土，$K_{ur}=1.2K$；松砂和软土，$K_{ur}=3.0K$；一般土，介于其间。

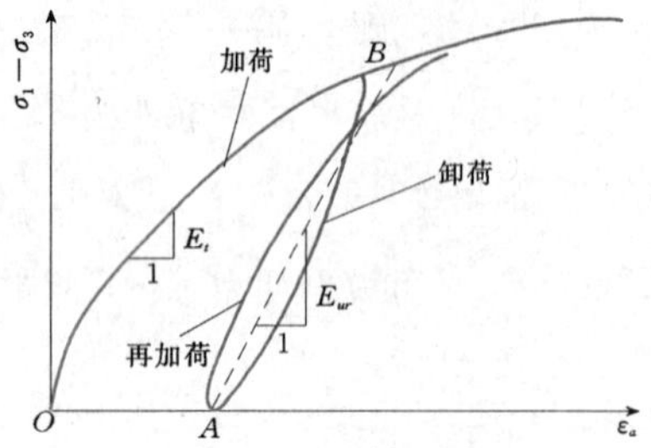

图 4.8－3 加荷与卸荷

2. 邓肯 E－B 模型及参数确定

邓肯 E－B 模型切线弹性模量 E_t 仍采用式（4.8－5）计算。

切线体积变形模量 B_t 的计算公式为

$$B_t=K_bP_a\left(\frac{\sigma_3}{P_a}\right)^m \qquad (4.8-15)$$

式中 K_b、m——试验参数。

E－B 模型参数有 R_f、K、n、K_b、m 和强度指标 c、φ。其中，R_f、K、n 和 c、φ 与邓肯 E－μ 模型中一样，需要确定 K_b、m。

在三轴固结排水剪试验中，施加偏应力 $(\sigma_1-\sigma_3)$ 时平均正应力的变化为 $\Delta p=\dfrac{\sigma_1-\sigma_3}{3}$。因此有

$$B_t=\frac{1}{3}\frac{\partial(\sigma_1-\sigma_3)}{\partial\varepsilon_v} \qquad (4.8-16)$$

E－B 模型假定 B_t 与应力水平 S 无关，即不考虑偏应力 $(\sigma_1-\sigma_3)$ 的影响，并取与应力水平 $S=0.7$ 相应的点与原点连线的斜率作为平均斜率 B_t［见图 4.8－4（a）］，即

$$B_t=\frac{(\sigma_1-\sigma_3)_{S=0.7}}{3(\varepsilon_v)_{S=0.7}} \qquad (4.8-17)$$

对于不同的 σ_3，B_t 不同。点绘 $\lg\dfrac{B_t}{P_a}$—$\lg\dfrac{\sigma_3}{P_a}$ 关系曲线，可用直线拟合［见图 4.8－4（b）］，其截距为 $\lg K_b$，斜率为 m。

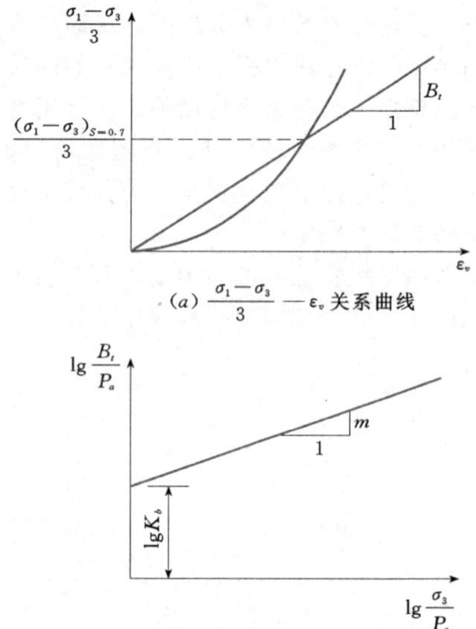

(a) $\dfrac{\sigma_1-\sigma_3}{3}$—$\varepsilon_v$ 关系曲线

(b) $\lg\dfrac{B_t}{P_a}$—$\lg\dfrac{\sigma_3}{P_a}$ 关系曲线

图 4.8－4 参数 K_b 和 m 的确定

由于 μ 一般应限制在 0～0.49 之间变化，因此，B_t 须限制在（0.33～17）E_t 之间。

3. 讨论

邓肯模型因其结构简单，参数易于确定，在国内应用较多，故对于各参数的取值大小积累了丰富的经验。表 4.8－1 列出了主要土类的参数的大致变化范围。

在使用 E－μ 模型与 E－B 模型时，应注意以下几点：

（1）模型不能反映剪胀性，因此，对密实的砂土等剪胀性土，使用时应谨慎。

表 4.8－1 **邓肯模型参数一般变化范围**[30]

参数	软黏土	硬黏土	砂	砂卵石	堆石料
c（kPa）	0～10	10～50	0	0	0
φ（°）	20～30	20～30	30～40	30～40	40～55
$\Delta\varphi$（°）	0	0	3～6	3～6	6～13
R_f	0.7～0.9	0.7～0.9	0.6～0.85	0.65～0.85	0.6～1.0
K	50～200	200～500	300～1000	500～2000	500～1300
n	0.5～0.8	0.3～0.6	0.3～0.6	0.4～0.7	0.1～0.5

续表

参数	软黏土	硬黏土	砂	砂卵石	堆石料
G	0.2～0.5				
F	0.01～0.2				
D	1～15				
K_b	20～100	100～500	50～1000	100～2000	200～1000
m	0.4～0.7	0.2～0.5	0～0.5	0～0.5	0～0.4
K_{ur}	(1.2～3.0) K				

(2) 模型不能反映应变软化特性，不能反映各向异性。

(3) 模型不能反映中主应力的影响。

(4) 利用三轴 CD 试验结果确定邓肯模型参数时，可能需要对数据进行处理：①如果试样在剪切前没有完全接触（这里称为欠接触），$(\sigma_1-\sigma_3)$—ε_a 关系曲线初始段水平，则这部分应删除，即 ε_a 的 0 点右移；②如果 $(\sigma_1-\sigma_3)$—ε_a 关系曲线初始段很陡，且与后面的曲线过渡不很连续，有可能在剪切之前，试样已经受竖直方向的偏应力了（这里称为过接触），这种情况应避免，因为无法修正；③一般试验中，试样轴向应变 ε_a 达 15%。如果试样出现软化，且应力峰值所对应的应变 ε_{af} 较小（即 $\varepsilon_{af}\ll 15\%$），则宜删除峰值后的试验点，再进行参数整理；如果 $(\sigma_1-\sigma_3)$—ε_a 关系曲线达到破坏后有较长的水平段，则也宜删除部分试验点，以保证水平段不太长。否则，对较低应力水平的部分拟合可能较差，而在实际应用时，土工结构的应力水平大部分较低，即应尽量保证低应力水平段的拟合精度。上述几点处理得好坏可能导致整理得到的参数差异较大。

4.8.2.2 Naylor K-G 模型及成科大 K-G 模型

用切线体积模量 K_t 和切线剪切模量 G_t 结合广义胡克定律描述应力—应变关系并用于增量计算，这类模型通称为 K-G 模型。这里，沿用习惯以 K 表示体积模量，而没有用邓肯 E-B 模型中的 B 来表示。实际上，这两个符号含义完全相同。

K-G 模型有多种形式，其中 Naylor[31] 提出的模型国内应用较多，成都科技大学屈智炯[32] 等对 Naylor K-G 模型提出了新的参数确定方法（即简化 K-G 模型）。

Naylor K-G 模型中，切线体积模量 K_t、切线剪切模量 G_t 的计算公式分别为

$$K_t = K_i + \alpha_K p \tag{4.8-18}$$

$$G_t = G_i + \alpha_G p + \beta_G q \tag{4.8-19}$$

式中 α_K、K_i、G_i、α_G、β_G——非线性 K-G 模型的 5 个试验参数。

一般地，$\alpha_K>0$，$\alpha_G>0$，$\beta_G<0$。K_i、α_K 可由各向等压固结试验的 ε_v—p 关系曲线确定，G_i、α_G、β_G 由等 p 的三轴固结排水剪切试验确定。

屈智炯[32] 等也采用式 (4.8-18)、式 (4.8-19) 表示切线体积模量 K_t、切线剪切模量 G_t，但对参数的确定提出了自己的方法，建立了简化 K-G 模型。

1. 参数 K_i、α_K

根据体积模量的定义有

$$d\varepsilon_v = \frac{dp}{K_t} \tag{4.8-20}$$

积分式 (4.8-20)，得到体积应变 ε_v 与平均主应力 p 的关系为

$$\varepsilon_v = \frac{1}{\alpha_K}\ln\left(\frac{K_i+\alpha_K p}{K_i}\right) \tag{4.8-21}$$

利用逐级加荷的各向等压固结试验，点绘 ε_v—p 关系曲线，可应用图解法求得 α_K、K_i。其方法是：在 ε_v—p 关系曲线上取 4～5 个点，作切线 [见图 4.8-5 (a)]，其斜率即 $K_t=\dfrac{dp}{d\varepsilon_v}$ 值；点绘 K_t—p 关系曲

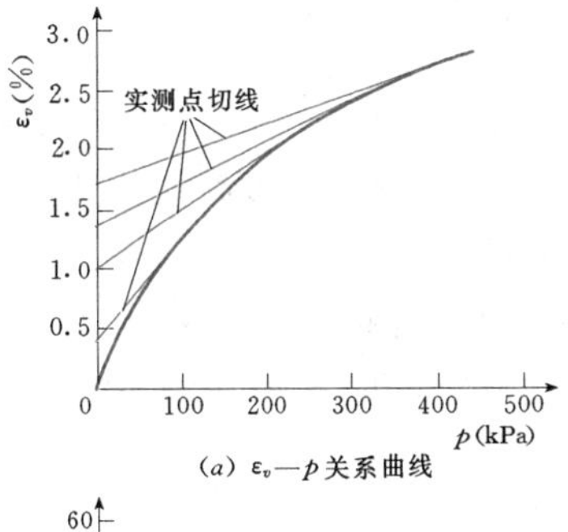

(a) ε_v—p 关系曲线

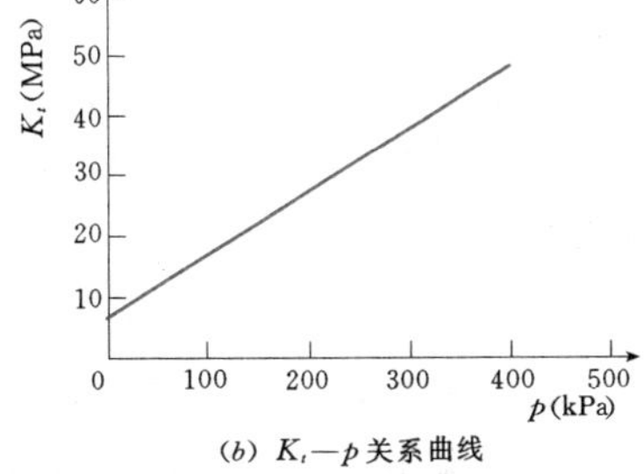

(b) K_t—p 关系曲线

图 4.8-5 参数 α_K 和 K_t 的确定

线，用直线拟合［见图4.8-5（b）］，其斜率、截距即分别为α_K、K_i，其中K_i称为初始体积模量。

此外，也可应用式（4.8-21）拟合ε_v—p关系曲线，通过统计分析求得参数α_K、K_i。

2. 参数G_i、α_G、β_G

由等p（即p保持不变）三轴固结排水剪切试验，得到不同等p条件下的q—ε_s关系曲线。根据$d\varepsilon_s=\dfrac{1}{3G_t}dq$的定义，考虑式（4.8-19）积分可得以下关系式：

$$\varepsilon_s=\frac{1}{3\beta_G}\ln\left(\frac{G_i+\alpha_G p+\beta_G q}{G_i+\alpha_G p}\right) \quad (4.8-22)$$

式中，G_i、α_G、β_G可用图解法或数解法求得，其中数解法比较方便。

假定土体破坏时应力p、q满足线性关系，且表示为

$$q=a+bp \quad (4.8-23)$$

破坏时剪切应变无限发展，即$G_t=0$，由式（4.8-19）可得

$$q=-\frac{G_i}{\beta_G}-\frac{\alpha_G}{\beta_G}p \quad (4.8-24)$$

假定在p—q平面内G_t的等值线平行，则比较式（4.8-23）与式（4.8-24）可得

$$\left.\begin{aligned}G_i&=-a\beta_G\\ \alpha_G&=-b\beta_G\end{aligned}\right\} \quad (4.8-25)$$

因此，式（4.8-22）可改写为

$$\varepsilon_s=\frac{1}{3\beta_G}\ln\left(\frac{a+bp-q}{a+bp}\right) \quad (4.8-26)$$

可采用下面数值解方法确定参数G_i、α_G、β_G：根据实测的q、ε_s、p以及破坏线求得a、b值，代入式（4.8-26），求出应力水平$S=0.65\sim0.95$下的各β_G的平均值，并作为所确定的参数β_G，再由式（4.8-25）求得G_i、α_G。

4.8.2.3 清华非线性解耦K-G模型

在堆石料三轴剪切试验中，在接近剪切破坏之前往往先出现剪胀，同时应力比出现最大值，此时的应力比称为临胀应力比η_d（即临胀强度）[33]。由于材料在到达临胀强度前后的应力—应变规律完全不同，因此应以材料在三轴剪切试验中的临胀强度作为临界点，建立土体在到达临胀强度前的应力—应变关系。

土体临胀强度η_d与平均主应力p在双对数坐标中具有直线关系，即

$$\eta_d=\eta_0\left(\frac{p}{P_a}\right)^{-\alpha} \quad (4.8-27)$$

式中　η_0、α——试验参数，可由常规三轴剪切试验确定。

解耦K-G模型建立了比例加荷条件下的全量应力—应变关系，即

$$\varepsilon_v=\frac{1}{K_v}(1+\eta^2)^m\left(\frac{p}{P_a}\right)^H \quad (\eta<\eta_d) \quad (4.8-28)$$

$$\varepsilon_s=\frac{1}{G_s}\left(\frac{p}{P_a}\right)^{-d}F_s\left(\frac{q}{P_a}\right)^B \quad (\eta<\eta_d) \quad (4.8-29)$$

$$F_s=\left(\frac{1}{1-\dfrac{\eta}{\eta_u}}\right)^s \quad (4.8-30)$$

其中

$$\eta=\frac{q}{p}$$

式中　η——应力比；

P_a——大气压力；

F_s——强度发挥因子；

K_v——体积模量数；

H——体积应变指数；

m——剪缩指数，其大小反映了剪应力通过应力比η对体积应变的影响；

G_s——剪切模量数；

B——剪应变指数；

d——压硬指数，反映了在材料加载过程中，平均应力p对土料压硬性的影响；

η_u——双曲函数的极限应力比；

s——试验参数。

K_v、H、m、G_s、B、d、s、η_u均为无因次的试验参数，可由一组单调加载的等应力比或常规三轴剪切试验确定。

假定在常规三轴剪切试验中应力比η与剪应变ε_s之间为双曲线函数关系，即

$$\eta=\frac{\varepsilon_s}{a+b\varepsilon_s} \quad (4.8-31)$$

则，从$\dfrac{\varepsilon_s}{\eta}$—$\varepsilon_s$的坐标图中，可以很方便地确定出$b$值，$\dfrac{1}{b}$即为$\eta_u$。在常规三轴剪切试验中，$\eta_u$随$p$的增大而减小，其拟合公式为

$$\eta_u=\eta_{u0}\left(\frac{p}{P_a}\right)^{-\beta} \quad (4.8-32)$$

式中　η_{u0}、β——试验参数。

以p、η为自变量，对式（4.8-28）微分，可得加荷时体积应变增量表达式为

$$\begin{aligned}d\varepsilon_v=&\frac{1}{K_v}(1+\eta^2)^m\left(\frac{H}{P_a}\right)\left(\frac{p}{P_a}\right)^{H-1}dp\\&+\frac{1}{K_v}\left(\frac{p}{P_a}\right)^H m(1+\eta^2)^{m-1}2\eta d\eta \quad (\eta<\eta_d)\end{aligned} \quad (4.8-33)$$

同样，以q、η为自变量，对式（4.8-29）微分，可得加荷时剪应变增量表达式为

$$d\varepsilon_s = \frac{1}{G_s}\left(\frac{p}{P_a}\right)^{-d} F_s\left(\frac{B}{P_a}\right)\left(\frac{q}{P_a}\right)^{B-1} dq + \frac{1}{G_s}\left(\frac{p}{P_a}\right)^{-d}\left(\frac{q}{P_a}\right)^{B} F_s \frac{s}{\eta_u - \eta} d\eta \quad (\eta < \eta_d) \tag{4.8-34}$$

加载时的切线体积模量 K_t、切线剪切模量 G_t 的计算公式分别为

$$K_t = \frac{dp}{d\varepsilon_v} \tag{4.8-35}$$

$$G_t = \frac{dq}{3d\varepsilon_s} \tag{4.8-36}$$

卸荷、再加荷时，切线体积模量 K_{ur}、切线剪切模量 G_{ur} 的计算公式分别为

$$K_{ur} = K_{u0} P_a \left(\frac{\sigma_3}{P_a}\right)^n \tag{4.8-37}$$

$$G_{ur} = G_{u0} P_a \left(\frac{\sigma_3}{P_a}\right)^n \tag{4.8-38}$$

式中 K_{u0}、G_{u0}——卸荷、再加荷时的体积模量数、剪切模量数；

n——模量指数，可由卸荷试验求得。

该模型采用以下双重加荷条件：

(1) 对体积应变 ε_v 的加荷条件为

$$p > p_{max}, 或\ q > q_{max}, 或\ q = q_{max} \quad 且\ p < p_{max} \tag{4.8-39}$$

(2) 对广义剪应变的加荷条件为

$$q > q_{max}, 或\ q = q_{max} \quad 且\ p < p_{max} \tag{4.8-40}$$

模型参数可以根据不同应力路径的单调加荷试验（如 σ_3 恒定或 η 恒定等）的结果回归得到。

作为示例，表 4.8-2 为根据常规三轴剪切试验所求得的天生桥面板坝灰岩堆石料（ρ_d=2.04g/cm³）的清华非线性解耦 K-G 模型参数。

表 4.8-2　天生桥面板坝灰岩堆石料（ρ_d=2.04g/cm³）的清华非线性解耦 K-G 模型参数

ρ_d (g/cm³)	K_v	m	H	G_s	d	s	B	η_{u0}	β	η_0	α
2.04	900	0.8	0.90	2080	0.6	0.55	1.51	2.04	0.02	1.93	0.03

4.8.3 弹塑性模型

4.8.3.1 弹塑性本构方程的一般表达式

建立弹塑性本构方程，需要给出 3 个条件：①破坏准则和屈服准则；②硬化规律；③流动法则。对这 3 个假定采用的具体形式不同就形成了不同的弹塑性模型[11]。

弹塑性本构方程用来描述弹塑性应力—应变关系，其增量形式可用矩阵写成

$$\{d\sigma\} = [D_{ep}]\{d\varepsilon\} \tag{4.8-41}$$

其中

$$\{d\varepsilon\} = \{d\varepsilon^e\} + \{d\varepsilon^p\} \tag{4.8-42}$$

式中 $[D_{ep}]$——弹塑性刚度矩阵（简称为弹塑性矩阵）；

$\{d\varepsilon\}$——应变增量，分为弹性应变和塑性应变两部分。

弹性应力与应变之间关系为

$$\{d\sigma\} = [D]\{d\varepsilon^e\} \tag{4.8-43}$$

式中 $[D]$——弹性矩阵，可由弹性模量 E、泊松比 μ、体积模量 K、剪切模量 G 中的任意两个确定。

一般应用时，可假定 μ=0.3，E 由试验确定。也有的弹塑性模型将 E、K 或 G 表示为应力的函数。

塑性应力与应变之间的关系要采用屈服准则、硬化规律和流动法则推导。屈服准则一般表示形式为

$$f(\sigma_{ij}) = k \tag{4.8-44}$$

式（4.8-44）意味着各应力分量的某种函数组合达到一个临界值 k 时，材料才会屈服，f 称屈服函数。当材料达到屈服后，屈服的标准要改变，即式（4.8-44）中的 k 值将变化。k 受何种因素影响、如何变化，即为硬化规律。k 的变化有 3 种情况：①屈服后 k 增加，这意味着材料变硬了，称为硬化；②k 减小，称为软化；③k 不变，称为理想塑性变形。硬化与应力历史有关，只有应力状态达到了屈服标准后才会发生进一步硬化。达到了屈服即发生塑性变形，或者说做了塑性功。因此，可以用塑性变形或者塑性功作为衡量硬化发展的程度，称为硬化参数，用 H 来表示。这时，把硬化称为应变硬化（strain hardening）或功硬化（work hardening）。k 为硬化参数 H 的函数，表示为

$$k = F(H) \tag{4.8-45}$$

将式（4.8-45）与式（4.8-44）结合起来，即为完整的屈服准则

$$f(\sigma_{ij}) = F(H) \tag{4.8-46}$$

它更一般的形式为

$$f(\sigma_{ij}, H) = 0 \tag{4.8-47}$$

对一个确定的 H 值，式（4.8-47）给出一个确定的函数值，在应力空间对应于一个确定的曲面，称为屈服面。

流动法则是用于确定塑性应变增量方向的假定。塑性变形，或者说塑性流动，与其他性质的流动一样，可以看成是由于某种势的不平衡所引起的，这种

势称塑性势。塑性理论假定存在某种塑性势函数，它是应力状态的函数，以 $g(\sigma_{ij})$ 表示。它对应力分量的微分决定了塑性应变增量的比例，其矩阵形式表示为

$$\{d\varepsilon^p\} = d\lambda\left\{\frac{\partial g}{\partial\sigma}\right\} \tag{4.8-48}$$

式中 $d\lambda$——比例常数。

如果把应力空间与应变空间重叠在一起，则表示塑性应变增量的方向与塑性势面的法线方向一致，即与塑性势面正交，因此流动法则又称为正交法则。

流动法则有两个假定，即相关联的流动法则和不相关联的流动法则。前者假定 $g(\sigma_{ij}) = f(\sigma_{ij})$，后者假定 $g(\sigma_{ij}) \neq f(\sigma_{ij})$。

对于给定的上述屈服准则、硬化规律及流动法则，可推导出

$$d\lambda = \frac{\left\{\frac{\partial f}{\partial\sigma}\right\}^{T}[D]\{d\varepsilon\}}{\left(F'\left\{\frac{\partial H}{\partial\varepsilon}\right\}^{T} + \left\{\frac{\partial f}{\partial\sigma}\right\}^{T}[D]\right)\left\{\frac{\partial g}{\partial\sigma}\right\}} \tag{4.8-49}$$

弹塑性矩阵为

$$[D_{ep}] = [D] - \frac{[D]\left\{\frac{\partial g}{\partial\sigma}\right\}\left\{\frac{\partial f}{\partial\sigma}\right\}^{T}[D]}{A + \left\{\frac{\partial f}{\partial\sigma}\right\}^{T}[D]\left\{\frac{\partial g}{\partial\sigma}\right\}} \tag{4.8-50}$$

$$A = F'\left\{\frac{\partial H}{\partial\varepsilon^p}\right\}^{T}\left\{\frac{\partial g}{\partial\sigma}\right\} \tag{4.8-51}$$

其中 $$F' = \frac{dF}{dH}$$

式（4.8-51）中，A 是反映硬化特性的一个变量，与硬化参数 H 的选择有关，而 H 又决定于塑性应变。如果在矩阵 $[D_{ep}]$ 中用应变作为变量，就难以在计算中应用，必须将 A 用应力分量作为变量，使 $[D_{ep}]$ 只取决于应力。下面给出几种常用硬化参数情况下的 A 值：

（1）$H = W^P$ 时，有

$$A = F'\{\sigma\}^{T}\left\{\frac{\partial g}{\partial\sigma}\right\} \tag{4.8-52a}$$

（2）$H = \varepsilon_v^p$ 时，有

$$A = F'\frac{\partial g}{\partial p} \tag{4.8-52b}$$

（3）$H = \varepsilon_s^p$ 时，有

$$A = F'\frac{\partial g}{\partial q} \tag{4.8-52c}$$

式（4.8-48）所表示的流动法则中，$\left\{\frac{\partial g}{\partial\sigma}\right\}$ 规定了塑性应变增量的方向，或者说规定了塑性应变增量各分量之间的比例关系；而塑性应变增量的大小主要决定于 $d\lambda$。式（4.8-49）表明 $d\lambda$ 与屈服函数、塑性势函数及硬化规律都有关。$d\lambda$ 也可表示为

$$d\lambda = \frac{\left\{\frac{\partial f}{\partial\sigma}\right\}^{T}\{d\sigma\}}{F'\left\{\frac{\partial H}{\partial\varepsilon^p}\right\}^{T}\left\{\frac{\partial g}{\partial\sigma}\right\}} = \frac{\left\{\frac{\partial f}{\partial\sigma}\right\}^{T}\{d\sigma\}}{A} \tag{4.8-53}$$

得

$$\{d\varepsilon^p\} = \frac{\left\{\frac{\partial g}{\partial\sigma}\right\}\left\{\frac{\partial f}{\partial\sigma}\right\}^{T}}{A}\{d\sigma\} \tag{4.8-54}$$

令 $$[C_p] = \frac{\left\{\frac{\partial g}{\partial\sigma}\right\}\left\{\frac{\partial f}{\partial\sigma}\right\}^{T}}{A} \tag{4.8-55}$$

式中 $[C_p]$——塑性柔度矩阵。

因此，弹塑性柔度矩阵为

$$[C_{ep}] = [C_e] + [C_p] = [D]^{-1} + \frac{\left\{\frac{\partial g}{\partial\sigma}\right\}\left\{\frac{\partial f}{\partial\sigma}\right\}^{T}}{A} \tag{4.8-56}$$

不难验证 $[C_{ep}] = [D_{ep}]^{-1}$。$[C_{ep}]$ 在形式上比 $[D_{ep}]$ 更简单，推导过程也简单。在有限元计算中可以用 $[C_{ep}]$ 求逆的方法来形成 $[D_{ep}]$。

由 $[D_{ep}]$、$[C_{ep}]$ 的计算公式可见，若 $g(\sigma_{ij}) = f(\sigma_{ij})$，即采用相关联的流动法则，则两个矩阵都是对称的；若 $g(\sigma_{ij}) \neq f(\sigma_{ij})$，即采用不相关联的流动法则，则两个矩阵都是非对称的。

从理论上讲，弹塑性理论可以反映土体的各种变形特性，但是对于具体的模型来讲，往往存在一定的局限性，并不能全面反映这些特性，因此，在具体运用中只能根据土体变形的主要特点选用模型。

前面介绍了单屈服面模型的弹塑性矩阵，对双屈服面或多屈服面模型，其弹塑性刚度矩阵或柔度矩阵的推导过程与单屈服面模型的相似，但对应的弹塑性刚度矩阵形式比较复杂，而弹塑性柔度矩阵则相对简单。

4.8.3.2 修正剑桥模型

1963年，Roscoe 等人提出了第一个土体弹塑性模型——剑桥模型（Cam-clay model），Burland 对此模型进行了修正，即所谓修正剑桥模型[34]，该模型比原剑桥模型能更好地反映正常固结黏土的应力—应变关系，应用较广泛。

修正剑桥模型的屈服方程为

$$\left(1 + \frac{q^2}{M^2p^2}\right)p = p_0 \tag{4.8-57}$$

式中 M——参数；

p_0——p—q 平面内屈服轨迹与 p 坐标轴交点的坐标值（见图 4.8-6）。

考虑到土体硬化规律后，p_0 可表示为[27]

$$p_0 = P_a e^{\frac{1+e_a}{\lambda-\kappa}\varepsilon_v^p} \tag{4.8-58}$$

式中 λ——e—$\lg p$ 平面内的初始压缩曲线的斜率；

κ——回弹或再压缩曲线的斜率；

P_a——大气压力；

e_a——$p=P_a$ 时的土体孔隙比。

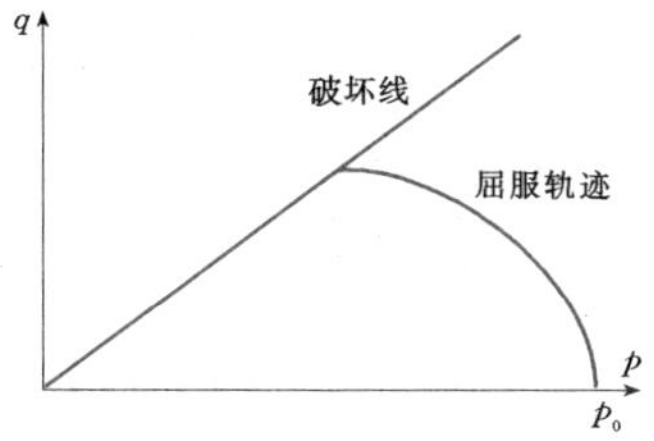

图 4.8-6 修正剑桥模型的屈服面

因而，修正剑桥模型有 λ、κ 和 M 3 个参数。实际应用时，还需要用到反映弹性变形的参数，如弹性模量 E、泊松比 μ 或体积变形模量 K 之中的两个。

模型参数可采用下面的方法确定。

利用各向等压固结试验结果，点绘 e—$\lg p$ 关系曲线，对初始压缩曲线的直线段部分，用直线拟合，其斜率即 λ。对回弹或再压缩曲线，可近似认为重合，用直线拟合，其斜率为 κ。实际应用时，也可近似采用单向压缩的试验结果来整理 λ、κ。

M 可由三轴剪切试验确定有效内摩擦角 φ，其计算公式为

$$M=\frac{6\sin\varphi}{3-\sin\varphi} \tag{4.8-59}$$

修正剑桥模型是一种"帽子"型模型，在许多情况下能较好地反映正常固结或弱超固结黏土的变形特性。它能反映剪缩，但不能反映剪胀，因而不宜应用于有剪胀性的土。

为了使修正剑桥模型能更好适用于黏性土，邓肯等建议用式（4.8-60）做屈服方程，即

$$p+\frac{q^2}{M^2(p+p_r)}=p_0 \tag{4.8-60}$$

其中 $$p_r=c\cot\varphi$$

4.8.3.3 南水模型

南水模型是一种双屈服面，由沈珠江提出，后来又作了改进。这里介绍改进后的南水模型[35-36]。该模型只把屈服面看作弹性区域的边界，不再把它与硬化参数联系起来。两个屈服面表示为

$$f_1=p^2+r^2q^2 \tag{4.8-61}$$

$$f_2=\frac{q^s}{p} \tag{4.8-62}$$

其中 $$p=\frac{\sigma_1+\sigma_2+\sigma_3}{3}$$

$$q=\frac{1}{3}\sqrt{[(\sigma_1-\sigma_2)^2+(\sigma_2-\sigma_3)^2+(\sigma_3-\sigma_1)^2]}$$

式中 r、s——土性参数，r 可令其等于 2，s 对于黏土取 3，堆石料取 2。

根据正交流动法则，弹塑性应力—应变关系为

$$\{\Delta\varepsilon\}=[D]^{-1}\{\Delta\sigma\}+A_1\left\{\frac{\partial f_1}{\partial\sigma}\right\}\Delta f_1+A_2\left\{\frac{\partial f_2}{\partial\sigma}\right\}\Delta f_2 \tag{4.8-63}$$

式中 A_1、A_2——对应于屈服面 f_1、f_2 的塑性系数，为非负数，只在卸载和中性变载时等于零。

双屈服面模型的弹塑性矩阵可由式（4.8-63）求逆得出

$$\{\Delta\sigma\}=[D]_{ep}\{\Delta\varepsilon\} \tag{4.8-64}$$

但 $[D]_{ep}$ 的表达式相当复杂。为简单起见，在 π 平面上采用了 Prandtl-Reuss 流动法则，可推得三维应力条件下弹塑性矩阵元素 d_{ij}（$i=1,2,3,\cdots,6$；$j=1,2,3,\cdots,6$）为

$$d_{11}=M_1-P\frac{s_x+s_x}{q}-Q\frac{s_xs_x}{q^2}$$

$$d_{22}=M_1-P\frac{s_y+s_y}{q}-Q\frac{s_ys_y}{q^2}$$

$$d_{33}=M_1-P\frac{s_z+s_z}{q}-Q\frac{s_zs_z}{q^2}$$

$$d_{44}=G_e-Q\frac{s_{xy}^2}{q^2}$$

$$d_{55}=G_e-Q\frac{s_{yz}^2}{q^2}$$

$$d_{66}=G_e-Q\frac{s_{zx}^2}{q^2}$$

$$d_{12}=d_{21}=M_2-P\frac{s_x+s_y}{q}-Q\frac{s_xs_y}{q^2}$$

$$d_{13}=d_{31}=M_2-P\frac{s_x+s_z}{q}-Q\frac{s_xs_z}{q^2}$$

$$d_{23}=d_{32}=M_2-P\frac{s_y+s_z}{q}-Q\frac{s_ys_z}{q^2}$$

$$d_{14}=d_{41}=-P\frac{s_{xy}}{q}-Q\frac{s_xs_{xy}}{q^2}$$

$$d_{15}=d_{51}=-P\frac{s_{yz}}{q}-Q\frac{s_xs_{yz}}{q^2}$$

$$d_{16}=d_{61}=-P\frac{s_{zx}}{q}-Q\frac{s_xs_{zx}}{q^2}$$

$$d_{24}=d_{42}=-P\frac{s_{xy}}{q}-Q\frac{s_ys_{xy}}{q^2}$$

$$d_{25}=d_{52}=-P\frac{s_{yz}}{q}-Q\frac{s_ys_{yz}}{q^2}$$

$$d_{26}=d_{62}=-P\frac{s_{zx}}{q}-Q\frac{s_ys_{zx}}{q^2}$$

$$d_{34}=d_{43}=-P\frac{s_{xy}}{q}-Q\frac{s_zs_{xy}}{q^2}$$

$$d_{35}=d_{53}=-P\frac{s_{yz}}{q}-Q\frac{s_zs_{yz}}{q^2}$$

$$d_{36}=d_{63}=-P\frac{s_{zx}}{q}-Q\frac{s_z s_{zx}}{q^2}$$

$$d_{45}=d_{54}=-P\frac{s_{yz}}{q}-Q\frac{s_{xy}s_{yz}}{q^2}$$

$$d_{46}=d_{64}=-P\frac{s_{zx}}{q}-Q\frac{s_{xy}s_{zx}}{q^2}$$

$$d_{56}=d_{65}=-P\frac{s_{zx}}{q}-Q\frac{s_{yz}s_{zx}}{q^2}$$

其中 $s_x=\sigma_x-p$， $s_y=\sigma_y-p$， $s_z=\sigma_z-p$

$s_{xy}=\tau_{xy}$， $s_{yz}=\tau_{yz}$， $s_{zx}=\tau_{zx}$

$$P=\frac{2}{3}\frac{B_eG_e\chi}{1+B_e\alpha+G_e\delta}$$

$$Q=\frac{2}{3}\frac{G_e^2\delta}{1+B_e\alpha+G_e\delta}$$

$$M_1=B_p+\frac{4G_e}{3}$$

$$M_2=B_p-\frac{2G_e}{3}$$

$$B_p=\frac{B_e}{1+B_e\alpha}\left(1+\frac{2}{3}\frac{B_eG_e\chi^2}{1+B_e\alpha+G_e\delta}\right)$$

$$\alpha=4A_1p^2+\frac{q^{2s}}{q^4}A_2,\ \beta=4r^2q^2A_1+\frac{s^2q^{2s-2}}{p^2}A_2$$

$$\chi=4r^2pqA_1-\frac{sq^{2s-1}}{p^3}A_2$$

$$\delta=\frac{2}{3}(\beta+B_e\alpha\beta-B_e\chi^2),\eta=\frac{q}{p}$$

弹性剪切模量 G_e、弹性体积模量 B_e 可分别表示为

$$\left.\begin{aligned}G_e&=\frac{E_{ur}}{2(1+\mu_{ur})}\\B_e&=\frac{E_{ur}}{3(1-2\mu_{ur})}\end{aligned}\right\}\tag{4.8-65}$$

式中 μ_{ur}——弹性泊松比，可假定 $\mu=0.3$；

A_1、A_2——塑性系数，假定 A_1、A_2 为应力状态的函数，与应力路径无关。

在常规三轴压缩试验下令切线弹性模量 $E_t=\frac{\Delta\sigma_1}{\Delta\varepsilon_a}$，切线体积比 $\mu_t=\frac{\Delta\varepsilon_v}{\Delta\varepsilon_a}$，则可以推得

$$A_1=\frac{1}{4p^2}\frac{\eta\left(\frac{9}{E_t}-\frac{3\mu_t}{E_t}-\frac{3}{G_e}\right)+\sqrt{2}s\left(\frac{3\mu_t}{E_t}-\frac{1}{B_e}\right)}{\sqrt{2}(1+\sqrt{2}r^2\eta)(s+r^2\eta^2)}\tag{4.8-66}$$

$$A_2=\frac{p^2}{q^{2s-2}}\frac{\left(\frac{9}{E_t}-\frac{3\mu_t}{E_t}-\frac{3}{G_e}\right)-\sqrt{2}r^2\eta\left(\frac{3\mu_t}{E_t}-\frac{1}{B_e}\right)}{\sqrt{2}(\sqrt{2}s-\eta)(s+r^2\eta^2)}\tag{4.8-67}$$

其中 $$\eta=\frac{q}{p}$$

主应力差 $(\sigma_1-\sigma_3)$ 与轴向应变 ε_a 的关系仍然采用邓肯—张模型的双曲线关系，切线模量 E_t 的表达式同式（4.8-5）。体应变 ε_v 与轴向应变 ε_a 关系采用抛物线描述，如图 4.8-7 所示。切线体积比 μ_t 为

$$\mu_t=2c_d\left(\frac{\sigma_3}{P_a}\right)^{n_d}\frac{E_iR_f}{(\sigma_1-\sigma_3)_f}\frac{1-R_d}{R_d}\left(1-\frac{R_s}{1-R_s}\frac{1-R_d}{R_d}\right)\tag{4.8-68}$$

其中 $$R_s=R_f\frac{\sigma_1-\sigma_3}{(\sigma_1-\sigma_3)_f}$$

式中 R_f——破坏比；

E_i——初始切线模量，可由式（4.8-6）计算。

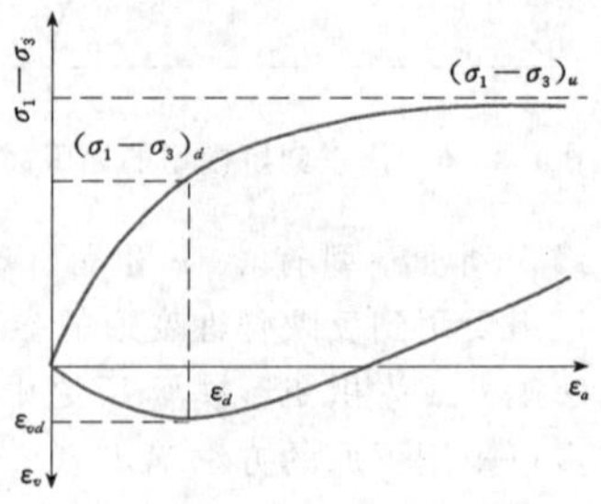

图 4.8-7 南水模型的应力—应变曲线

模型中有 K、n、R_f、c、φ 和 c_d、n_d、R_d 共 8 个计算参数。前 5 个参数的含义与邓肯模型相同，后 3 个参数的含义是：c_d 为 $\sigma_3=P_a$ 时的最大体积应变；n_d 为剪缩体积随应力 σ_3 增加而增加的幂次；R_d 为发生最大剪缩体积时的偏应力 $(\sigma_1-\sigma_3)_d$ 与偏应力的渐进值 $(\sigma_1-\sigma_3)_u$ 的比值，其计算公式为

$$\left.\begin{aligned}\varepsilon_{vd}&=c_d\left(\frac{\sigma_3}{P_a}\right)^{n_d}\\R_d&=\frac{(\sigma_1-\sigma_3)_d}{(\sigma_1-\sigma_3)_u}\end{aligned}\right\}\tag{4.8-69}$$

其中，参数 c_d、n_d 的确定方法是将不同围压下的最大剪缩体应变 ε_{vd}（见图 4.8-7）和 $\frac{\sigma_3}{P_a}$ 的值在双对数纸上点出，用直线拟合，截距、斜率即分别为 c_d、n_d。

该模型采用如下加荷、卸荷准则：

$$f_1>(f_1)_{\max}$$

$$f_2>(f_2)_{\max}$$

当两式同时成立时则表示全加荷，两式都不成立时表示卸荷，其中之一成立时则表示部分加荷。

4.8.3.4 清华模型

清华弹塑性模型由黄文熙等提出[37]，后来李广信等发展了该模型[38]。该模型中，除了 Drucker 公设以外，未作任何补充假设。它直接从土的试验资料确定塑性势函数 g，按相适应流动法则（即 $g=f$），确定合适的硬化参数。

弹性应变采用 K、G 参数计算。体变模量 K 从

各向等压试验的卸载—再加载试验确定，剪切模量 G 由常规三轴压缩的卸载—再加载试验确定，即

$$K = K_0 p \tag{4.8-70}$$

$$G = G_0 P_a \left(\frac{\sigma_3}{P_a}\right)^n \tag{4.8-71}$$

式中　P_a——大气压力；

K_0、G_0、n——试验常数。

利用三轴固结排水剪试验结果，可整理出各应力状态下的塑性应变 ε_v^p 与 ε_s^p，绘制不同围压下的 ε_v^p—ε_s^p 关系曲线；然后在 p—q 平面上对应的应力点处绘制其塑性应变增量方向，用图 4.8-8 所示的小箭头表示（指 ε_v^p—ε_s^p 曲线对应于该应力点的切线方向）。图 4.8-8 是承德中密砂的试验结果，将该图中的小箭头方向连线（如同“流线”），与其正交的“等势线”即为塑性势轨迹。用适当的函数表示塑性势轨迹，即为塑性势函数 g。按照 Drucker 假说，$f=g$，则得屈服函数 f。

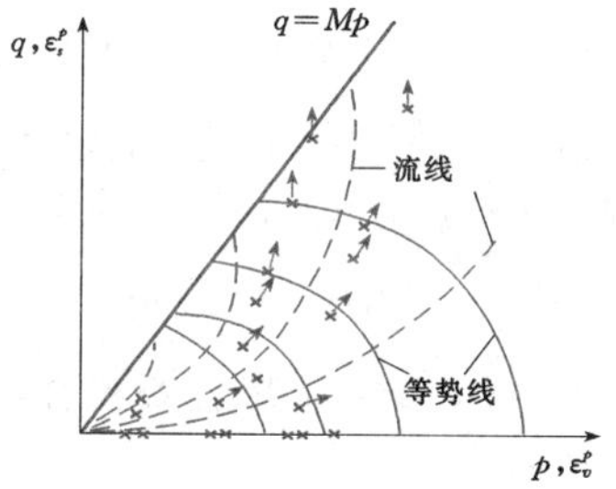

图 4.8-8　承德中密砂 p—q 平面上的屈服轨迹

研究表明，屈服轨迹大体上是一组比例椭圆，可以表示为

$$f = g = \left(\frac{p-h}{kh}\right)^2 + \left(\frac{q}{krh}\right)^2 - 1 = 0 \tag{4.8-72}$$

式中　h——硬化参数；

r、k——试验常数。

设 $\eta = \dfrac{q}{p}$，$z = \arctan\left(-\dfrac{d\varepsilon_v^p}{d\varepsilon_s^p}\right)$，从而，用试验数据绘制图 4.8-9 所示的曲线[38]，根据正交法则和式（4.8-72）确定试验常数 r、k。

各向等压的应力状态有 $p=p_0$、$q=0$，则式（4.8-72）可表示为

$$h = \frac{p_0}{1+k} \tag{4.8-73}$$

各向等压试验中，p_0 与塑性体积应变 ε_{v0}^p 之间的关系可表示为

$$p_0 = P_a \frac{1}{m_4}(\varepsilon_{v0}^p + m_6)^{\frac{1}{m_5}} \tag{4.8-74}$$

式中　m_4、m_5、m_6——试验常数。

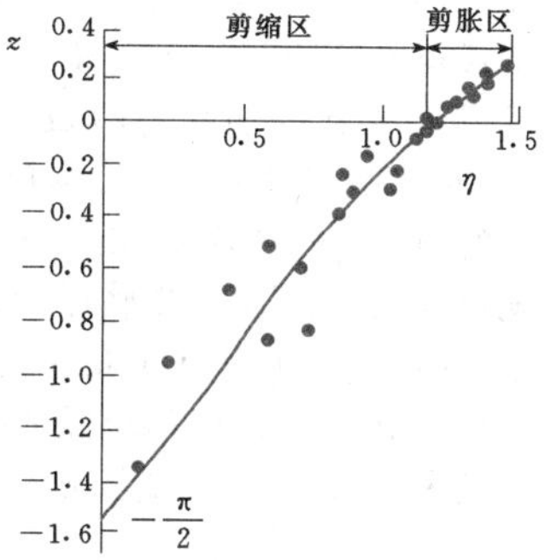

图 4.8-9　屈服函数中试验常数 r、k 的确定

由式（4.8-73）和式（4.8-74）得到

$$h = \frac{P_a}{1+k}\frac{1}{m_4}(\varepsilon_{v0}^p + m_6)^{\frac{1}{m_5}} \tag{4.8-75}$$

在同一屈服面上，硬化参数相等，则从式（4.8-72）和式（4.8-73）可得

$$p_0 = \frac{\sqrt{k^2 p^2 + \dfrac{k^2-1}{r^2}q^2} - p}{k-1} \tag{4.8-76}$$

将同一屈服面上的 ε_{v0}^p、ε_v^p、ε_s^p 的试验点绘制在 ε_v^p—ε_s^p 坐标系中，如图 4.8-10（a）所示。用 ε_{v0}^p 归一化后得图 4.8-10（b）所示的直线，可表示为

$$\varepsilon_1 = 1 - m_3 \varepsilon_2 \tag{4.8-77}$$

其中　$\varepsilon_1 = \dfrac{\varepsilon_v^p}{\varepsilon_{v0}^p}$，$\varepsilon_2 = \dfrac{\varepsilon_s^p}{\varepsilon_{v0}^p}$

式中　m_3——图 4.8-10（b）中直线斜率。

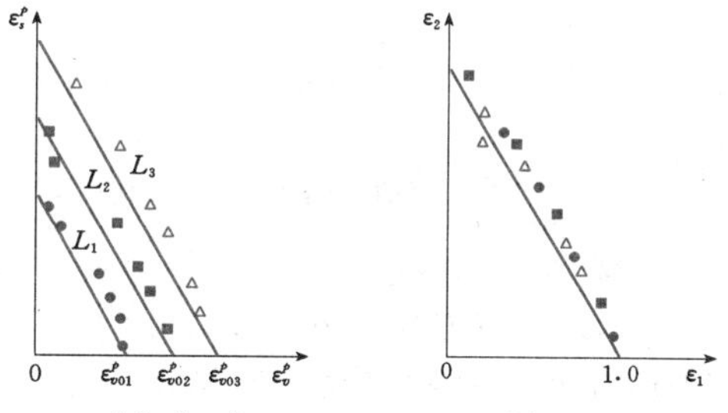

（a）ε_v^p—ε_s^p　　（b）ε_1—ε_2

图 4.8-10　同一屈服面上 ε_v^p—ε_s^p 关系

将式（4.8-76）代入式（4.8-74）得硬化参数为

$$h = \frac{P_a}{1+k}\frac{1}{m_4}(m_6 + \varepsilon_v^p + m_3\varepsilon_s^p)^{\frac{1}{m_5}} \tag{4.8-78}$$

模型共有 9 个常数，弹性常数为 K_0、G_0、n，屈服函数中常数为 k、r，硬化参数中的常数为 m_3、m_4、m_5、m_6，可由各向等压试验和常规三轴压缩试验及其卸载再加载试验确定。

4.8.3.5　河海大学椭圆—抛物双屈服面模型

河海大学椭圆—抛物双屈服面模型由殷宗泽提出[27]。该模型假定土体的塑性变形 $d\varepsilon^p$ 由两部分组成：$d\varepsilon^{p_1}$ 与土体的压缩相联系，主要表现那些滑移后引起体积压缩的颗粒的位移特性；$d\varepsilon^{p_2}$ 与土体的膨胀相联系，体现滑移后引起体积膨胀的颗粒的位移特性。因而，用不同形式的屈服准则和硬化规律来反映这两种不同的塑性应变。椭圆—抛物双屈服面模型假定两屈服面（见图 4.8－11）对应的塑性变形均满足相关联的流动法则。

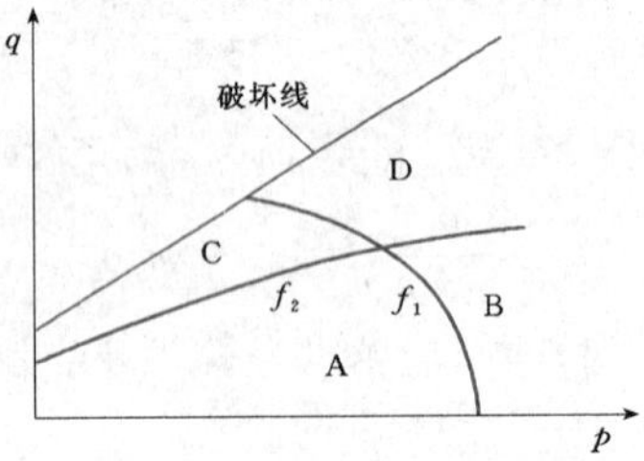

图 4.8－11　椭圆—抛物双屈服面模型的屈服面

与压缩相应的屈服方程 f_1 为

$$p+\frac{q^2}{M_1^2(p+p_r)}=p_0=\frac{h\varepsilon_v^{p_1}}{1-m\varepsilon_v^{p_1}}P_a \tag{4.8-79}$$

式中　h、m、p_r、M_1——参数；

P_a——大气压力。

与剪切膨胀相应的屈服面是抛物线型的，方程 f_2 为

$$\frac{\alpha q}{G}\sqrt{\frac{q}{M_2(p+p_r)-q}}=\varepsilon_s^{p_2} \tag{4.8-80}$$

其中

$$G=k_G P_a\left(\frac{p}{P_a}\right)^n \tag{4.8-81}$$

式中　α、M_2——参数；

G——弹性剪切模量，随 p 而变。

因此，椭圆—抛物双屈服面模型有 p_r、M_1、M_2、h、m、α、k_G 及 n 共 8 个参数。在实际应用时，确定弹性应变除了需要弹性剪切模量 G 外，还需要有另外一个弹性参数，一般可假定泊松比 $\mu=0.3$。

椭圆—抛物双屈服面模型参数确定方法如下。

1. 参数 k_G 和 n

进行常规三轴固结排水剪试验，施加偏应力 $(\sigma_1-\sigma_3)$ 时，广义剪应力 $q=\sigma_1-\sigma_3$，广义剪应变由测得的 ε_a、ε_v 求得，即 $\varepsilon_s=\varepsilon_a-\frac{\varepsilon_v}{3}$。点绘 q—ε_s 关系，其切线斜率为 $3G_t$，如图 4.8－12（a）所示。求得其初始切线斜率为 $3G_i$，G_i 为初始切线剪切模量，

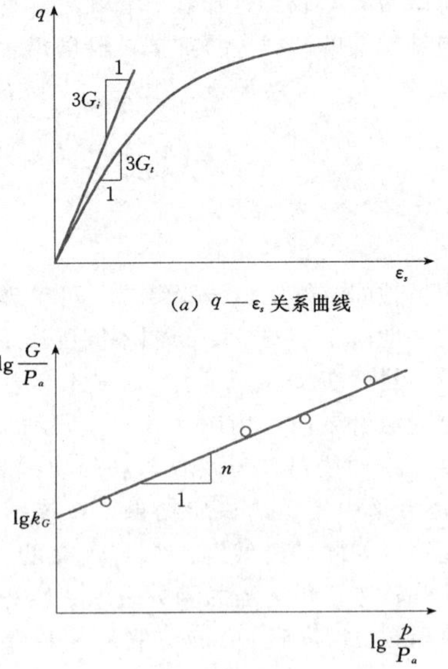

（a）q—ε_s 关系曲线

（b）$\lg\frac{G}{P_a}$—$\lg\frac{p}{P_a}$ 关系曲线

图 4.8－12　确定参数 k_G 和 n

并与剪切之前的 $p(p=\sigma_3)$ 相关。假定弹性剪切模量为初始切线剪切模量的 2.0 倍，即 $G=2G_i$。对于不同的围压 p，G 或 G_i 不同。点绘 $\lg\frac{G}{P_a}$—$\lg\frac{p}{P_a}$ 关系，如图 4.8－12（b）所示。用直线拟合，其截距为 $\lg k_G$，斜率为 n。

2. 参数 p_r、M_1、M_2

由三轴排水剪试验所得抗剪强度可点绘 q_f—p 关系曲线，为一直线。这里，q_f 为破坏时的广义剪应力。q_f—p 关系线在横轴上的截距为 p_r，斜率为 M。p_r 可用 $p_r=c\cot\varphi$ 确定，M 可由式（4.8－59）计算。

根据经验，M_1 变化于（1.0～1.5）M 之间，近似计算公式为

$$M_1=(1+0.25\beta^2)M \tag{4.8-82}$$

其中

$$\beta=\frac{\varepsilon_{v75}}{\varepsilon_{a75}}$$

式中　ε_{v75}、ε_{a75}——应力水平 $S=75\%$时的体积应变、轴向应变。

对于不同的围压，β 值可能不等，取平均值。

根据经验，M_2 变化于（1.03～1.15）M 之间，近似计算公式为

$$M_2=\frac{M}{R_f^{0.25}} \tag{4.8-83}$$

其中

$$R_f=\frac{q_f}{q_u} \tag{4.8-84}$$

式中　R_f——邓肯模型中的破坏比；

q_u——q—ε_s 双曲线的渐近值。

3. 参数 h、m

利用各向等压固结试验，点绘 $\frac{p_0}{P_a\varepsilon_v}$—$\frac{p_0}{P_a}$ 关系曲线［见图 4.8-13 (a)，其中 p_0 为围压］，以直线拟合，其斜率为 m，截距为 h。

如没有各向等压固结试验，也可利用三轴固结排水剪试验结果确定。对某一围压 σ_3，利用加偏应力时的体积应变，找出应力水平为 0.5 时的应力分量 $\widetilde{p}$ 和 $\widetilde{q}$ 所对应的体积应变 $\widetilde{\varepsilon}_v$，并用式 (4.8-79) 左边计算相应的 $\widetilde{p}_0$。令 $\Delta p_0=\widetilde{p}_0-\sigma_3$，$\overline{p}_0=\frac{\widetilde{p}_0+\sigma_3}{2}$，$B_p=\frac{\Delta p_0}{\widetilde{\varepsilon}_v}$，计算 $\sqrt{\frac{B_p}{P_a}}$、$\frac{\overline{p}_0}{P_a}$。对不同的围压都作这样的计算，可点绘关系曲线如图 4.8-13 (b) 所示。其截距为 $\sqrt{h}$，斜率为 $\frac{m}{\sqrt{h}}$，可进而求得 m、h。

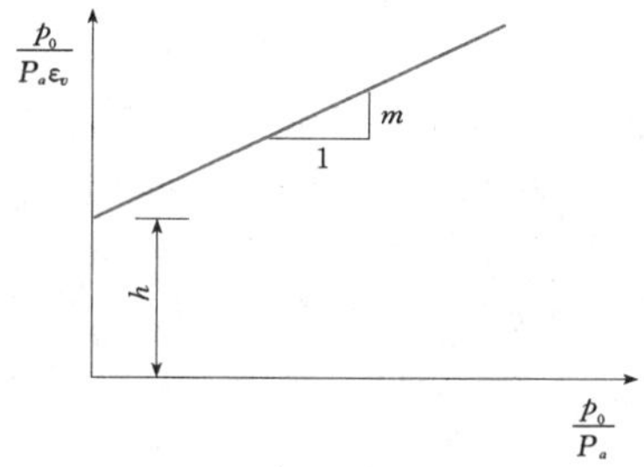

(a) $\frac{p_0}{P_a\varepsilon_v}$—$\frac{p_0}{P_a}$ 关系曲线

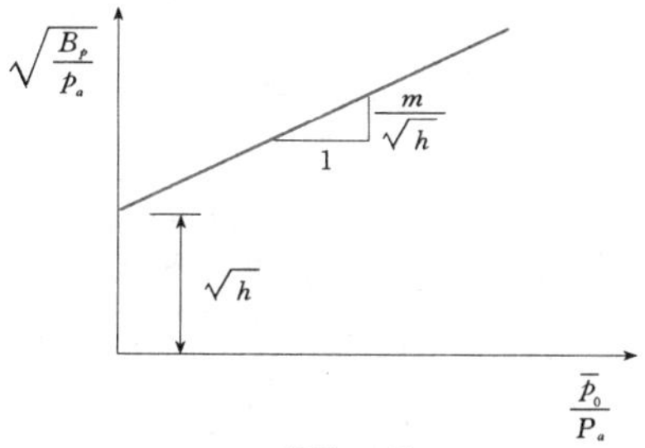

(b) $\sqrt{\frac{B_p}{P_a}}$—$\frac{\overline{p}_0}{P_a}$ 关系曲线

图 4.8-13　确定 h、m

4. 参数 a

参数 a 的近似计算公式为

$$a=0.25-0.15d \qquad (4.8-85)$$

式中　d——应力水平 0.75 至 0.95 区间中 ε_v—ε_a 曲线的斜率，并对不同的围压取平均值。

4.8.4　土体流变模型

土体应力变形与时间相关的性质称为流变，主要包括以下 4 种现象：

(1) 蠕变。恒定应力作用下，变形随时间而发展的现象。

(2) 应力松弛。维持不变形的条件下，应力随时间减小的现象。

(3) 长期强度。土体抗剪强度随时间而变化，即长期的强度不等于瞬时的强度。这里，土体在瞬时或短时荷载作用下，抵抗破坏的强度称为土的瞬时或短时强度；在给定的（相对较长）时间内，土体阻抗破坏的能力称为长期强度。

(4) 应变率（或荷载率）效应。不同的应变或加荷速率下，土体表现出不同的应力—应变关系和强度特性。

用于描述土体流变的本构模型主要有三类，即元件流变模型、经验流变模型和弹黏塑性流变模型。建立时间相关的本构模型时，可以假定总应变中瞬时应变与流变应变（与时间相关的应变，又称为黏性应变）组成不同，主要有两种假定形式。

假定 A：认为土体应变大部分（可以包括弹性部分和塑性部分）瞬时发生，而黏性应变只在主固结完成之后发生，即

$$\varepsilon=\varepsilon^e+\varepsilon^p+\varepsilon_t \qquad (4.8-86a)$$

式中　ε、ε^e、ε^p、ε_t——总应变、瞬时弹性应变、瞬时塑性应变、黏性应变。

假定 B：认为蠕变在整个土体固结过程中发生，其弹性应变是荷载施加后瞬时产生，而塑性应变随时间增长逐渐增大，即

$$\varepsilon=\varepsilon^e+\varepsilon^{vp} \qquad (4.8-86b)$$

也有模型假定部分弹性应变随时间变化，因而，应变表示为

$$\varepsilon=\varepsilon^e+\varepsilon^{ve}+\varepsilon^{vp} \qquad (4.8-86c)$$

式中　ε^{ve}、ε^{vp}——黏弹性应变、黏塑性应变。

由于太沙基理论被广泛接受，假定 A 得到了不少应用。然而，不少研究表明，土体的流变变形采用假定 B 描述更合适。

4.8.4.1　元件流变模型

元件流变模型是基于胡克弹性体、牛顿黏滞体以及圣维南刚塑体等基本流变元件而建立的模型。

4.8.4.2　经验流变模型

经验流变模型是基于流变试验，测定特定应力状态或应力路径下土体应变—应力—时间关系，推广到一般应力状态后得到，沈珠江三参数流变模型[39]即属于此类。

沈珠江三参数流变模型假定总应变可以分为瞬时产生的弹塑性应变和滞后产生的黏滞应变两部分，即

$$\varepsilon=\varepsilon^{ep}+\varepsilon_t \qquad (4.8-87)$$

其中，瞬时产生的弹塑性应变 ε^{ep} 的计算可以采

用任何一种现成的弹塑性模型，滞后变形 ε_t 通过拟合蠕变试验曲线得到。

沈珠江在总结前人研究成果的基础上，提出蠕变方程

$$\varepsilon_t = \varepsilon_f(1 - e^{-ct}) \tag{4.8-88}$$

对时间导数，应变速率为

$$\dot{\varepsilon}_t = c\varepsilon_f e^{-ct} \tag{4.8-89}$$

其中，ε_f 相当于 $t\to\infty$ 时的最终流变变形量；c 相当于 $t=0$ 时第一天流变变形量占 ε_f 的比值。

最终流变量 ε_f 应当与应力状态有关，而且对体积流变与剪切流变显然有不同的规律。根据试验，前者与围压 σ_3 成正比例，后者与应力水平有关。为此，对体积、剪切流变分别建议了下列关系式：

$$\varepsilon_{vf} = b\frac{\sigma_3}{P_a} \tag{4.8-90}$$

$$\varepsilon_{sf} = d\frac{S}{1-S} \tag{4.8-91}$$

式中　b——参数，相当于 $\sigma_3 = P_a$（大气压力）时的最终体积流变量；

d——参数，应力水平 $S=0.5$ 时的最终剪切流变量。

破坏时，$S=1.0$，$\varepsilon_{sf}\to\infty$。因此，流变体积变形和剪切变形速率分别为

$$\dot{\varepsilon}_{vt} = c\varepsilon_{vf} e^{-ct} \tag{4.8-92}$$

$$\dot{\varepsilon}_{st} = c\varepsilon_{sf} e^{-ct} \tag{4.8-93}$$

采用 Prandtl - Reuss 流动法则，应变张量各分量的流变速率可以写为

$$\{\dot{\varepsilon}_t\} = \frac{1}{3}\dot{\varepsilon}_{vt}\{I\} + \dot{\varepsilon}_{st}\frac{\{s\}}{q} \tag{4.8-94}$$

其中　$\{I\} = \{1,1,1,0,0,0\}^T$

式中　$\{s\}$——偏应力；

q——广义剪应力。

以上即为建议的 b、c、d 三参数流变模型。

4.8.4.3 弹黏塑性流变模型

弹黏塑性流变模型是参照经典的弹塑性理论建立。这类模型主要有超应力模型（overstress model）[40-41] 和流动面模型（flow surface model）[42]。

无论是超应力模型，还是流动面模型，一般都假定总应变率由与时间无关的弹性应变率和与时间相关的黏塑性应变率组成，即

$$\dot{\varepsilon}_{ij} = \dot{\varepsilon}_{ij}^{e} + \dot{\varepsilon}_{ij}^{vp} \tag{4.8-95}$$

其中　$\dot{\varepsilon}_{ij} = \dfrac{d\varepsilon_{ij}}{dt}$

式中　$\dot{\varepsilon}_{ij}$——总应变率张量；

上标 e、vp——分别表示弹性、黏塑性分量。

弹性应变率可由广义胡克定律得到，即

$$\dot{\varepsilon}_{ij}^{e} = C_{ijkl}^{e}\dot{\sigma}_{kl} \tag{4.8-96}$$

式中　C_{ijkl}^{e}——四阶柔度张量；

$\dot{\sigma}_{kl}$——有效应力率。

与时间相关的黏塑性应变率可由正交流动法则得到

$$\dot{\varepsilon}_{ij}^{vp} = \Lambda\frac{\partial Q}{\partial\sigma_{ij}} \tag{4.8-97}$$

其中　$\Lambda = \gamma\{\Phi(F)\}$

式中　Q——黏塑性势函数；

γ——土骨架的正的黏度系数，具有时间倒数的量纲，可依赖于某些状态变量（如时间）；

$\Phi(F)$——黏塑性流动函数，可由试验或参考有关文献[27]确定；

F——速率相关加荷函数（称为动态屈服面）与静态屈服面之差，它是超应力大小的一个尺度；

Λ——正的比例系数，对流动面模型，Λ 则采用一致性准则确定。

这里，对流动面模型作简单介绍。

流动面模型首先是由 Olszak 和 Perzyna（1966年）提出的，其理论基础是弹塑性理论中的屈服面的概念。流动面的位置与当前应力 σ_{ij}、黏塑性应变 ε_{ij}^{vp} 表示的应变历史和时间等有关。流动面模型通常为帽子型模型。

流动面模型假定总应变率包括弹性应变率和黏塑性应变率两部分，即式（4.8-95）所示。流动面可表示为

$$F = F(\sigma_{ij}, K_s, \beta) \tag{4.8-98}$$

式中　β——考虑材料性质与时间有关的一个参数；

K_s——与黏塑性应变 ε_{ij}^{vp} 有关的应变硬化参数。

弹性应变可由式（4.8-96）确定。与经典塑性理论相似，采用相关联的流动法则，则黏塑性应变的计算公式为

$$\dot{\varepsilon}_{ij}^{vp} = \Lambda\frac{\partial F}{\partial\sigma_{ij}} \tag{4.8-99}$$

注意到材料经历黏塑性流变时总满足 $F=0$，如 $F<0$，表示处于弹性范围，因此，对黏塑性流变有

$$\dot{F} = \frac{\partial F}{\partial\sigma_{ij}}\dot{\sigma}_{ij} + \frac{\partial F}{\partial\varepsilon_{kl}^{vp}}\dot{\varepsilon}_{kl}^{vp} + \frac{\partial F}{\partial\beta}\dot{\beta} = 0 \tag{4.8-100}$$

将式（4.8-99）代入式（4.8-100），则

$$\Lambda = -\frac{\dfrac{\partial F}{\partial\sigma_{ij}}\dot{\sigma}_{ij} + \dfrac{\partial F}{\partial\beta}\dot{\beta}}{\dfrac{\partial F}{\partial\varepsilon_{kl}^{vp}}\dfrac{\partial F}{\partial\sigma_{kl}}} \tag{4.8-101}$$

Sekiguchi 建立了一个结构简单的流动面模型[43]。基于试验结果及理论分析，Sekiguchi 导出了恒定荷

载下的体积应变公式，即

$$\varepsilon_v = \frac{\lambda}{1+e_0}\ln\frac{p}{p_0} + D\left(\frac{q}{p} - \eta_0\right) - \alpha\lg\frac{\dot{\varepsilon}_v}{\dot{\varepsilon}_{v0}} \tag{4.8-102}$$

式中 ε_v——体积应变；

λ——压缩指数；

e_0——初始孔隙比；

p——平均正应力；

q——广义剪应力；

D——膨胀系数；

α——次固结系数；

$\dot{\varepsilon}_v$——体积应变率；

p_0、η_0、$\dot{\varepsilon}_{v0}$——荷载变化前的 p、$\frac{q}{p}$、$\dot{\varepsilon}_v$。

式（4.8-102）右端各项的物理意义为：第一项为各向等压固结体变，第二项为剪胀体变，第三项为蠕变。

假定瞬时体积应变

$$\dot{\varepsilon}_v^i = \frac{\kappa}{1+e_0}\ln\frac{p}{p_0} \tag{4.8-103}$$

其中，κ 为回弹指数，并假定黏塑性体积应变 ε_v^{vp} 为

$$\varepsilon_v^{vp} = \varepsilon_v - \varepsilon_v^i \tag{4.8-104}$$

可得

$$\alpha\ln\left[1 + \frac{\dot{\varepsilon}_{v0}t}{\alpha}\exp\left(\frac{f}{\alpha}\right)\right] = \varepsilon_v^{vp} \tag{4.8-105}$$

其中

$$f = \frac{\lambda-\kappa}{1+e_0}\ln\frac{p}{p_0} + D\left(\frac{q}{p} - \eta_0\right) \tag{4.8-106}$$

取黏塑性势函数

$$F = \alpha\ln\left[1 + \frac{\dot{\varepsilon}_{v0}t}{\alpha}\exp\left(\frac{f}{\alpha}\right)\right] \tag{4.8-107}$$

则黏塑性应变率可表示为

$$\dot{\varepsilon}_{ij}^{vp} = \Lambda\frac{\partial F}{\partial \sigma_{ij}} \tag{4.8-108}$$

则

$$\dot{\varepsilon}_v^{vp} = \Lambda\frac{\partial F}{\partial p} \tag{4.8-109}$$

将式（4.8-109）结合式（4.8-105）可得

$$\dot{\varepsilon}_{ij}^{vp} = \left(\frac{\partial F}{\partial \sigma_{kl}}\dot{\sigma}_{kl} + \dot{\varepsilon}_{v0}\exp\frac{f-\varepsilon_v^{vp}}{\alpha}\right)\frac{\frac{\partial F}{\partial \sigma_{ij}}}{\frac{\partial F}{\partial p}} \tag{4.8-110}$$

此外，式（4.8-95）中，弹性应变率的计算公式为

$$\dot{\varepsilon}_{ij}^e = \frac{\kappa\dot{p}}{3(1+e_0)}\delta_{ij} + \frac{1}{2G}\dot{s}_{ij} \tag{4.8-111}$$

式中 G——剪切模量；

$\dot{s}_{ij}$——偏应力率张量。

其中，$i=j$ 时，$\delta_{ij}=1$；$i\neq j$ 时，$\delta_{ij}=0$；模型参数有 λ、κ、D、α、G。

4.8.5 土体湿化变形模型

土体由干态浸水后变成湿态时会产生变形，称为湿化变形。由于湿化变形会引起应力重新分布，可能对土工结构产生不利影响，尤其对高土石坝。

湿化变形的计算有两种方法，即所谓的“双线法”和“单线法”。两种方法所要求的试验方法不同，下面分别作介绍。

双线法分别用风干土样和饱和土样作两种状态下的应力—应变关系试验。假定某种应力状态下的湿化应变就是该应力状态在干、湿两种应力—应变关系上所对应的应变之差。应力—应变关系通常用三轴固结排水试验测定，可得出 $(\sigma_1-\sigma_3)$—ε_a、ε_v—ε_a 关系曲线。根据有限元计算中选用的本构模型，由两种状态下的试验曲线整理出两套模型参数。

双线法计算时，将土体本构模型的干态和湿态用同一种模型描述，可以是一般的非线性弹性模型或弹塑性模型，只是干态和湿态的模型参数不同。

单线法试验一般在三轴仪上进行。把干态试样加荷到某种应力状态（σ_1、σ_3），浸水饱和测得试样因湿化产生的体积变形、轴向变形。对不同的试样改变 σ_1、σ_3，测得各应力状态下的湿化变形量。

依据这种试验结果，可建立湿化变形与应力之间的关系式。根据砂土、砂砾料和黄土的浸水变形试验，沈珠江[44]提出的浸水变形模型为

$$\begin{cases}\Delta\varepsilon_v^w = C_w \\ \Delta\varepsilon_s^w = d_w\dfrac{S}{1-S}\end{cases} \tag{4.8-112}$$

式中 $\Delta\varepsilon_v^w$——浸水产生的湿化体积应变；

$\Delta\varepsilon_s^w$——浸水产生的广义剪应变；

C_w——浸水体变系数；

S——应力水平。

小型三轴试验结果显示，C_w 随应力水平的增加而减小，近似线性变化；大型三轴试验测得的浸水体变亦随应力水平 S 的增加而减小，但呈非线性关系。当应力水平不很高时，C_w 近似为常量。

有不少研究对式（4.8-112）进行了改进，但普遍性如何还有待进一步研究验证。

4.9 土体应力变形有限元分析

在水利水电、土木、港口等工程中，对地基及土工结构，受力条件和边界条件复杂，要准确分析其应

力变形，目前最方便有效的方法是有限元法。如水利水电工程中，随着筑坝技术的不断提高，土石坝已经向300m级高坝发展。高土石坝一般是非均质坝，例如还可能有心墙、混凝土防渗墙、混凝土面板等，它们的受力变形与土体变形是相互影响的。同时，边界条件十分复杂，材料的应力—应变关系表现为非线性，无法得到解析解，只有依靠数值解。

有限元法可用于计算土体应力变形、渗流、固结、流变、湿化变形以及动力和温度等问题。用于土体的有限元应力变形分析方法可分为总应力分析法和有效应力分析法。总应力分析法中不区分土单元中由土颗粒骨架和孔隙水分别传递和承受的应力（即有效应力和孔隙水应力），而将土体作为一相介质考虑，其应力为总应力。因此，土体总应力有限元分析的方法原理与一般固体力学有限元法相同。

有效应力分析法则区分土体中的有效应力和孔隙水应力，将土骨架变形与孔隙水渗流同时考虑，因而较总应力分析能更真实地反映土体的自身特性。由于这时土体是作为二相介质考虑的，存在变形与渗流的耦合作用，因此，其有限元控制方程与一般固体力学有限元法的方程不同。

对透水性强的地基或土工建筑物，可用总应力法进行计算；但由于该方法较简单，也常用于分析饱和黏土的应力变形。对于饱和黏土等透水性较弱的地基或土工建筑物，较严密的方法为有效应力法。目前，比较成熟的方法是基于比奥（Biot）固结理论的有限元法。

由于土体变形的复杂性，对土体或土工建筑物进行有限元应力变形分析时，应特别注意本构模型的选用，尤其模型参数的取值。此外，对土工建筑物的应力变形分析，一般应考虑土体非线性，同时，还有些特殊问题，如单元破坏、湿化、分期施工、接触等问题需要做特殊处理。

4.9.1 岩土工程有限元分析中几个问题的处理

4.9.1.1 非线性有限元的求解方法

有限元法最终归结为求解线性方程组。对线弹性问题，一次求解即可。对非线性问题，可通过求解一系列的线性方程组，用线性问题的解答来逼近真实的非线性问题。

非线性问题包括物理非线性（材料非线性）和几何非线性（大应变）。物理非线性是指土体的本构关系是非线性的，而应变与位移的关系是线性的。这时，土体在荷载作用下的位移与其几何尺度相比很小，因而在求出位移场后，可以用单元原来的尺寸计算应力场。土力学中大多数问题属于物理非线性范畴。几何非线性表示单元体几何性状的有限变化将引起位移很大的变化，以致平衡方程必须按照变形后的几何位置来建立。这时，应变与位移的关系常为非线性。除非像泥炭或吹填土等的应变量达到30%以上，否则一般不需要进行几何非线性分析。

在有限元计算中，实现材料非线性问题求解的方法有迭代法、增量法和增量迭代法。由于迭代法或增量迭代法要预先知道土体应力—应变关系，这只能通过试验近似确定，同时，土工建筑物一般体积庞大，施工分期，因此，采用增量法计算较好。目前，一般也都采用这种方法。

增量法实质上是用分段的线性解去逼近非线性解。将全荷载分为若干级增量，将每级增量逐级施加到结构上用有限元法进行计算。对于每一级增量，假定材料性质不变，作线性有限元计算，解得位移、应变和应力的增量。而各级荷载之间，材料性质随应力或应变而变化，劲度矩阵也随之变化，从而反映非线性的应力—应变关系。增量法主要有基本增量法和中点增量法。

4.9.1.2 地基或新填土的初始应力状态

土体非线性有限元计算通常采用增量法，而劲度矩阵［D］与应力状态密切相关。初始应力状态除影响初次加荷的计算结果外，对以后各级荷载的应力变形也有一定影响，如果某级荷载下的单元土体厚度较大，则可能有较大影响。因此，必须合理确定初始应力状态。第一次建立有限元方程时，如何确定劲度矩阵［D］，需要合理考虑。

1. 假定初始应力状态

对既有地基，一般已经固结完成，即自重作用下不再发生变形。因此，该地基可以作为第一级荷载，直接假定其（初始）应力状态及变形（等于0），而不进行有限元求解。以后各级荷载增量下的应力增量直接叠加到初始应力，获得当前应力从而确定当前荷载级的劲度矩阵［D］。

土体实际的初始应力状态难以精确计算。一般假定其处于K_0状态，近似估算公式为

$$\left.\begin{aligned}\sigma_z &= \gamma z\\ \sigma_x &= \sigma_y = K_0\gamma z\end{aligned}\right\}\qquad(4.9-1)$$

式中　σ_z、σ_x、σ_y——竖向、两水平向x、y向正应力；

γ——土体容重；

z——单元形心到土体表面的距离；

K_0——静止侧压力系数。

同时，假定剪应力$\tau_{xy}=\tau_{yz}=\tau_{xz}=0$。

对新填土层较薄或水平分布均匀时，这些土层的单元可直接取用式（4.9-1）的计算值作为其初始应力。

2. 初始应力取用有限元计算结果

对地面倾斜的地基或其他复杂边界情况，土体内剪应力可能较大，则宜将地基在自重荷载作用下作一级或多级有限元计算，第一次计算用到的初始应力由式（4.9－1）确定劲度矩阵［D］。但以后该应力被抛弃，而用有限元计算新得到的应力作为后一级荷载计算的初始应力，且也累加到后来计算的应力中。

实际上，如果初始应力取用有限元计算结果，则第一次计算时用到的［D］矩阵也可以通过直接假定弹性常数（如弹性模量和泊松比）的方法来确定。

对新填土层，如果分布厚度不均或倾斜，单元剪应力预计较大时，宜将这些单元的当前荷载级计算的应力增量作为其初始应力。

4.9.1.3　填土施工过程的模拟

土石坝、公路等填方工程中，土体一般是分层填筑。土坝填筑时，逐级加荷与一次加荷的变形机理是不同的。对逐级加荷，如果不考虑固结等时间因素对变形的影响，即假定变形在施工中瞬时完成，则下部土体的自重不影响上部土体的变形。施工进行到某一高度，该高度以下土重引起的位移已经发生，这个高度以下各点如果发生位移，仅仅是其上土重的作用引起。坝顶以上不再有荷载，也就不再有位移。故坝顶位移为零。对一次加荷，任一点的位移都是坝体全部自重荷载作用的结果，坝顶处土层最厚，沉降（垂直位移）最大。

图4.9－1（a）中 S_z 和 S'_z 曲线分别为逐级加荷与一次加荷的坝体垂直位移沿高度的分布状况。两种情况下变形差异很大，下面从变形机理上对此作出解释。

假定土体为均质弹性体，体积压缩系数 m_v 为常量。如图4.9－1（b）所示，对坝顶下 z 处 A 点，其沉降是 A 点以下厚度为 $h-z$ 的土层的压缩量。图4.9－1（b）中，z 坐标原点在坝顶。

对一次加荷，$z=\xi$ 处应力为 $\gamma\xi$，在压缩层 $h-z$ 内应力随深度增加呈梯形分布，如图4.9－1（b）中 $ABCD$ 所示。$d\xi$ 厚度的土层压缩量 $dS_z=m_v\gamma\xi d\xi$，则 A 点的沉降应为

$$S_z=\int_z^h m_v\gamma\xi d\xi=\frac{m_v\gamma}{2}(h^2-z^2)\qquad(4.9-2)$$

对逐级加荷，当填土到 A 点的高度时，A 点以下土体自重所引起的沉降已在填土过程中完成，A 点的沉降为零，当填土超过 A 点的高度时，A 点才有沉降。A 点的沉降是 A 点以上土重所引起的 A 点以下土层的压缩，当填土到坝顶时，引起 A 点沉降的应力在压缩层 $h-z$ 内呈矩形分布，如图4.9－1（b）中 $ABED$ 所示。此时，$d\xi$ 土层应力为 γz，因此，A 点的沉降为

$$S'_z=\int_z^h m_v\gamma z d\xi=m_v\gamma z(h-z)\qquad(4.9-3)$$

式（4.9－3）表明，S'_z 沿 z 深度从零增大到最大值再减小到零，在坝顶和坝底处均为零，最大 S'_z 在 $h/2$ 处。实际土坝问题不是一维问题，应力不呈三角形分布，且材料的应力—应变关系是非线性的，故最大 S'_z 常在 $h/3\sim h/2$ 之间。

采用有限元增量法可以模拟填土施工的荷载逐级施加过程，把施工各阶段的应力变形都计算出来。计算中，可只对已填筑的土体划分单元形成劲度矩阵求解有限元方程，便能体现这一点。在很多商业程序中，通过所谓"生死单元"来控制，即网格是一次性全部生产，但填筑到某高程时，只有此时已经填筑的单元是"生单元"，参与劲度矩阵的形成。未填筑的单元设为"死单元"，这样就不参与当前级的劲度矩阵的形成和有限元方程的建立。

实际上，土石坝施工逐级加荷时，由于每级荷载的填土厚度一般较大，计算时该级荷载增量是一次施加的，对于该级荷载的新填土层，仍相当于一个小的坝体作一次加荷计算。其顶面位移不为零，则各级荷载下的位移累加起来就出现阶梯状，如图4.9－2中实线所示。台阶的大小与计算分层的厚度有关，若对新填土层又分若干层次逐级施加，当分层无穷多时，顶面位移就是零。

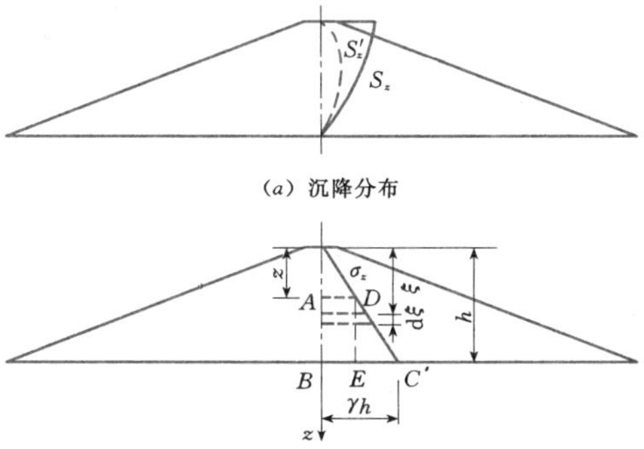

（a）沉降分布

（b）应力分布

图4.9－1　逐级加荷与一次加荷沉降比较

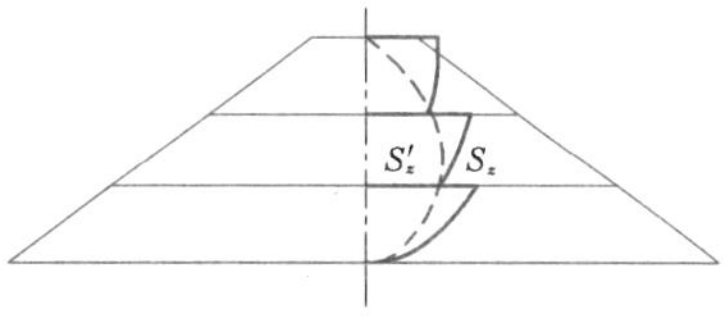

图4.9－2　逐级加荷沉降分布

为了避免累计位移的台阶状，应对每一新填土层一次加荷算出的位移 w 进行修正，修正到分级无穷多时的位移 w'。利用式（4.9－2）、式（4.9－3），近

似的修正关系为

$$w' = \frac{S'_z}{S_z} w = \frac{2z}{h+z} w \qquad (4.9-4)$$

当 $z=0$ 时，$w'=0$；当 $z=h$ 时，$w'=w$。修正后的曲线如图 4.9-2 中的虚线所示。式（4.9-4）可用于垂直位移的修正，对水平位移也可近似采用。

上述修正是以各级荷载下的位移在施工过程中瞬时完成为前提的，即宜用于砂性土或总应力的分析方法。对于黏性土，考虑孔隙水应力增长与消散即考虑固结的有限元计算时，土体变形并非瞬时发生，而是随孔压消散逐渐增大。因此，施工完成后坝顶仍有位移，甚至主要位移发生在完工后，这时，位移不必修正。

4.9.1.4　破坏单元的应力修正

在有限元增量法计算中，随着荷载级的增加，某些单元的计算应力会超过极限应力状态。在应力空间中表现为该应力状态超出了破坏面。实际上，这种状态是不可能存在的，但计算结果却不能保证单元应力状态位于破坏面以内。因此，对超出破坏面的应力状态，必须进行人为修正，以保证计算正常进行。

单元破坏有两种：一是拉应力超过土的抗拉强度，则拉裂破坏；二是尽管没有拉裂破坏，但单元应力状态超出了破坏面，若采用莫尔—库仑准则，莫尔应力圆超出了库仑破坏线，则剪切破坏。实际上，前者也是因为应力状态超出了破坏面，但应力修正时应区别对待。

以下以莫尔—库仑破坏准则为例，介绍破坏单元应力状态修正方法。假定修正前后的应力为 $\{\sigma\}=\{\sigma_x,\sigma_y,\sigma_z,\tau_{xy},\tau_{yz},\tau_{xz}\}^T$、$\{\tilde\sigma\}=\{\tilde\sigma_x,\tilde\sigma_y,\tilde\sigma_z,\tilde\tau_{xy},\tilde\tau_{yz},\tilde\tau_{xz}\}^T$。

修正时，需作如下假定：

（1）选定破坏准则，如可认为土体单元破坏时满足莫尔—库仑破坏准则。

（2）应力修正前后主应力方向不变。

（3）假定参数 $b=\dfrac{\sigma_2-\sigma_3}{\sigma_1-\sigma_3}$ 或应力罗德参数 $\mu=\dfrac{2\sigma_2-\sigma_1-\sigma_3}{\sigma_1-\sigma_3}$ 不变。

当计算应力的莫尔圆超过莫尔—库仑破坏线时，应将莫尔圆修正到与破坏线相切，具体有两种方法：

（1）假定修正前后大主应力大小不变，即 $\tilde\sigma_1=\sigma_1$。

利用莫尔—库仑准则，由 $\tilde\sigma_1$ 可求得 $\tilde\sigma_3$。再由修正前后的参数 b 或罗德参数 μ 不变，如由 b 不变可求修正后的中主应力 $\tilde\sigma_2$ 为

$$\tilde\sigma_2=b(\tilde\sigma_1-\tilde\sigma_3)+\tilde\sigma_3 \qquad (4.9-5)$$

（2）假定修正前后莫尔圆圆心不变，即 $\dfrac{\sigma_1+\sigma_3}{2}$ 不变。

依据莫尔—库仑准则以及莫尔圆圆心不变，即 $\dfrac{\sigma_1+\sigma_3}{2}=\dfrac{\tilde\sigma_1+\tilde\sigma_3}{2}$，可确定 $\tilde\sigma_1$ 和 $\tilde\sigma_3$；同时，据修正前后的参数 b 或罗德参数 μ 不变确定 $\tilde\sigma_2$。

修正后的大、中、小主应力确定后，还需根据修正前的应力分量 $\{\sigma\}$ 求得大、中、小主应力对 x、y、z 轴的方向余弦，即 l_x、l_y、l_z、m_x、m_y、m_z、n_x、n_y、n_z，从而依据修正前后主应力方向不变的假定确定修正后各应力分量 $\{\tilde\sigma\}$，即

$$\begin{Bmatrix}\tilde\sigma_x\\ \tilde\sigma_y\\ \tilde\sigma_z\\ \tilde\tau_{xy}\\ \tilde\tau_{yz}\\ \tilde\tau_{zx}\end{Bmatrix}=\begin{bmatrix} l_x^2 & m_x^2 & n_x^2\\ l_y^2 & m_y^2 & n_y^2\\ l_z^2 & m_z^2 & n_z^2\\ 2l_xl_y & 2m_xm_y & 2n_xn_y\\ 2l_yl_z & 2m_ym_z & 2n_yn_z\\ 2l_zl_x & 2m_zm_x & 2n_zn_x\end{bmatrix}\begin{Bmatrix}\tilde\sigma_1\\ \tilde\sigma_2\\ \tilde\sigma_3\end{Bmatrix} \qquad (4.9-6)$$

$$\left.\begin{aligned} l_x&=\frac{1}{D}[(\sigma_1-\sigma_y)\tau_{zx}+\tau_{xy}\tau_{yz}]\\ l_y&=\frac{1}{D}[(\sigma_1-\sigma_x)\tau_{yz}+\tau_{xy}\tau_{zx}]\\ l_z&=\frac{1}{D}[(\sigma_1-\sigma_x)(\sigma_1-\sigma_y)-\tau_{xy}^2]\end{aligned}\right\} \qquad (4.9-7)$$

其中　$D=\sqrt{[(\sigma_1-\sigma_x)\tau_{yz}+\tau_{xy}\tau_{zx}]^2+[(\sigma_1-\sigma_y)\tau_{zx}+\tau_{xy}\tau_{yz}]^2+[(\sigma_1-\sigma_x)(\sigma_1-\sigma_y)-\tau_{xy}^2]^2}$

式中　l_x、l_y、l_z——σ_1 对 x、y、z 轴的方向余弦；

m_x、m_y、m_z 和 n_x、n_y、n_z——σ_2 和 σ_3 对 x、y、z 轴的方向余弦，其值只需分别将式（4.9-7）中的 σ_1 换成 σ_2、σ_3 即可求得。

设土的抗拉强度为 $\sigma_p(\sigma_p<0)$，如果土体单元出现拉应力，且 $\sigma_3<\sigma_p$，则应首先进行拉裂修正，把 σ_3 修正到零，即拉裂后不再承受拉应力。然后，利用破坏准则进行应力状态的判定，如超出破坏面则按照上述方法进行调整。

修正前的应力状态 $\{\sigma\}$ 是与外荷载相平衡的，修正后 $\{\tilde\sigma\}$ 便与外荷载不平衡。修正前后应力差为

$$\{\Delta\sigma\}=\{\sigma\}-\{\tilde\sigma\} \qquad (4.9-8)$$

相应的节点荷载为

$$\{\Delta F\}^e = \sum_e \iint [B]^{\mathrm{T}}\{\Delta\sigma\}\mathrm{d}\Omega \qquad (4.9-9)$$

$\{\Delta F\}^e$ 等于没有被平衡的那部分荷载，理论上，应将此不平衡荷载施加于结构重新作有限元计算，即把破坏单元没能承担的多余荷载在结构上再分配一次。那么周围单元的应力就会增加，这种把破坏单元多余应力转移到其他单元的计算方法，称为应力迁移法。在作了一次迁移计算后，也许还有破坏单元，也许周围又增加了新的破坏单元，那就再作迁移计算，直到超出破坏标准的那部分应力可以忽略不计为止。

在实际计算中，由于土体非线性的复杂性，应力迁移未必都能收敛。而且，这种应力迁移计算对计算精度的改善并不明显，常常远抵不上土体非线性参数确定中所产生的误差。同时，由于达到破坏的单元是局部的，这种局部的不平衡可忽略不计。因此，对土体破坏单元可以只作应力调整，不作应力迁移计算。

4.9.2 比奥固结有限元法

比奥在较严格固结机理基础上推导了反映孔隙水压力消散与土骨架变形之间相互关系的三维固结方程，是比较完善的多维固结理论。有限元法不仅可解结构的应力变形问题，还可以用来解固结问题。这里先介绍比奥固结理论的基本公式，包括平衡微分方程和连续性微分方程两部分，然后介绍有限元求解比奥固结方程的方法[45-46]。

4.9.2.1 比奥固结方程

1. 平衡方程

土体中任一点的平衡微分方程可表示为

$$[\partial]^{\mathrm{T}}\{\sigma\} = \{f\} \qquad (4.9-10)$$

其中
$$[\partial]^{\mathrm{T}} = \begin{bmatrix} \dfrac{\partial}{\partial x} & 0 & 0 & \dfrac{\partial}{\partial y} & 0 & \dfrac{\partial}{\partial z} \\ 0 & \dfrac{\partial}{\partial y} & 0 & \dfrac{\partial}{\partial x} & \dfrac{\partial}{\partial z} & 0 \\ 0 & 0 & \dfrac{\partial}{\partial z} & 0 & \dfrac{\partial}{\partial y} & \dfrac{\partial}{\partial x} \end{bmatrix}$$

$$\{\sigma\}^{\mathrm{T}} = \{\sigma_x, \sigma_y, \sigma_z, \tau_{xy}, , \tau_{yz}, \tau_{zx}\}$$

$$\{f\}^{\mathrm{T}} = \{f_x, f_y, f_z\}$$

式中 $\{\sigma\}$——应力；

$\{f\}$——体积力。

根据有效应力原理，总应力等于有效应力与孔隙压力之和，且孔隙水不承受剪应力。即

$$\{\sigma\} = \{\sigma'\} + \{u\} = \{\sigma'\} + \{M\}u \qquad (4.9-11)$$

其中 $\{M\} = \{1 \quad 1 \quad 1 \quad 0 \quad 0 \quad 0\}^{\mathrm{T}}$

式中 u——孔隙水压力；

$\{\sigma'\}$——有效应力。

将本构方程 $\{\sigma'\} = [D]\{\varepsilon\}$ 和几何方程 $\{\varepsilon\} = -[\partial]\{w\}$，代入式（4.9-11）和式（4.9-10）后得

$$-[\partial]^{\mathrm{T}}[D][\partial]\{w\} + [\partial]^{\mathrm{T}}\{M\}u = \{f\} \qquad (4.9-12)$$

其中 $\{w\} = \{w_x \quad w_y \quad w_z\}$

式中 $[D]$——弹性矩阵或弹塑性矩阵；

$\{\varepsilon\}$——应变；

$\{w\}$——节点位移。

2. 连续性方程

孔隙水在土体中流动时应满足渗流的连续性方程

$$\frac{\partial\varepsilon_v}{\partial t} + \{M\}^{\mathrm{T}}[\partial][k_s][\partial]^{\mathrm{T}}\{M\}u = 0 \qquad (4.9-13)$$

其中
$$k_s = \frac{1}{\gamma_w}\begin{bmatrix} k_x & 0 & 0 \\ 0 & k_y & 0 \\ 0 & 0 & k_z \end{bmatrix}$$

式中 k_x、k_y、k_z——x、y、z 方向的渗透系数；

γ_w——水的容重；

t——时间；

ε_v——体积应变。

利用 $\varepsilon_v = \{M\}^{\mathrm{T}}\{\varepsilon\} = -\{M\}^{\mathrm{T}}[\partial]\{w\}$，则

$$-\{M\}^{\mathrm{T}}\frac{\partial}{\partial t}[\partial]\{w\} + \{M\}^{\mathrm{T}}[\partial][k_s][\partial]^{\mathrm{T}}\{M\}u = 0 \qquad (4.9-14)$$

该式即为以位移、孔隙水压力表示的连续性方程。式（4.9-12）与式（4.9-14）联合即为比奥固结方程。该微分方程组可以用有限元法求解。

4.9.2.2 有限元法求解比奥固结方程

根据加权余量法，利用平衡方程式，结合几何方程，可推导得

$$[\bar{k}]\{\delta\}^e + [k']\{\beta\}^e = \{R\}^e \qquad (4.9-15)$$

$$[\bar{k}] = \iiint [B]^{\mathrm{T}}[D][B]\mathrm{d}x\mathrm{d}y\mathrm{d}z \qquad (4.9-16a)$$

$$[k'] = \iiint [B]^{\mathrm{T}}\{M\}[N']\mathrm{d}x\mathrm{d}y\mathrm{d}z \qquad (4.9-16b)$$

$$\{R\}^e = \iint_{D^e} [N]^{\mathrm{T}}\{F\}\mathrm{d}s \qquad (4.9-16c)$$

$$[\delta]^e = [\delta_1 \quad \delta_2 \quad \cdots \quad \delta_8]^{\mathrm{T}} \qquad (4.9-16d)$$

$$\delta_i = [w_{xi} \quad w_{yi} \quad w_{zi}]^{\mathrm{T}} \quad (i = 1,2,\cdots,8) \qquad (4.9-16e)$$

$$\{\beta\}^e = \{u_1 \quad u_2 \quad \cdots \quad u_8\}^{\mathrm{T}} \qquad (4.9-16f)$$

$$[N] = [N_1 I \quad N_2 I \quad \cdots \quad N_8 I] \qquad (4.9-16g)$$

$$[N'] = [N_1 \quad N_2 \quad \cdots \quad N_8] \qquad (4.9-16h)$$

$$N_i = \frac{1}{8}(1+\xi\xi_i)(1+\eta\eta_i)(1+\zeta\zeta_i) \quad (i = 1, 2, \cdots, 8) \qquad (4.9-16i)$$

式中 $\{R\}^e$ ——单元等效节点荷载列阵；
$[\delta]^e$ ——单元节点位移列阵；
$\{\beta\}^e$ ——单元节点孔隙水压力；
$[N]$ ——形函数矩阵，I 为 3×3 单位矩阵。

在自身节点处，即当 $\xi=\xi_i$、$\eta=\eta_i$、$\zeta=\zeta_i$，$N_i=1$；而其他节点处，即当 $\xi=\xi_j$、$\eta=\eta_j$、$\zeta=\zeta_j(j\neq i)$，$N_i=0$。$[B]=-[\partial][N]=[B_1\quad B_2\cdots B_8]$，为 6×24 阶矩阵，其中矩阵 $[B_i]$ 为 6×3 阶，即

$$[B_i]=-[\partial]N_i$$

$$=-\begin{bmatrix}\frac{\partial N_i}{\partial x} & 0 & 0\\ 0 & \frac{\partial N_i}{\partial y} & 0\\ 0 & 0 & \frac{\partial N_i}{\partial z}\\ \frac{\partial N_i}{\partial y} & \frac{\partial N_i}{\partial x} & 0\\ 0 & \frac{\partial N_i}{\partial z} & \frac{\partial N_i}{\partial y}\\ \frac{\partial N_i}{\partial z} & 0 & \frac{\partial N_i}{\partial x}\end{bmatrix}\quad (i=1,2,\cdots,8) \tag{4.9-17}$$

$\{F\}=[F_x\quad F_y\quad F_z]$ 为已知的作用于边界的力。

设 t 时刻单元节点的位移、孔隙水压力分别为 $\{\delta\}_t^e$、$\{\beta\}_t^e$，在 Δt 时间内的位移、孔隙水压力增量分别为 $\{\Delta\delta\}_t^e$、$\{\Delta\beta\}_t^e$，则式（4.9-15）写成增量形式为

$$[\bar{k}]\{\Delta\delta\}^e+[k']\{\Delta\beta\}^e=\{\Delta R\}^e \tag{4.9-18}$$

式中 $\{\Delta R\}^e$ ——Δt 时间内单元等效节点荷载增量列阵。

单元的有限元连续性方程为

$$[\dot{k}]\{\dot{\delta}\}^e-[\tilde{k}]\{\beta\}^e=\{Q\}^e \tag{4.9-19}$$

其中

$$[\dot{k}]=\iiint_e [N']^{\mathrm{T}}\{M\}^{\mathrm{T}}[B]\mathrm{d}x\mathrm{d}y\mathrm{d}z$$

$$[\tilde{k}]=\iiint_e [B_s]^{\mathrm{T}}\{k_s\}[B_s]\mathrm{d}x\mathrm{d}y\mathrm{d}z$$

$$[B_s]=\{\partial'\}[N']$$

$$\{Q\}^e=\int_s [N']^{\mathrm{T}}v_n\mathrm{d}s$$

式中 $[\dot{k}]$ ——单元耦合矩阵；
$[\tilde{k}]$ ——单元渗流矩阵；
$\{Q\}^e$ ——单元等效节点流量列阵。

将式（4.9-19）两边对时间从 t 到 $t+\Delta t$ 积分得

$$\int_t^{t+\Delta t}[\dot{k}]\{\dot{\delta}\}^e\mathrm{d}t-\int_t^{t+\Delta t}[\tilde{k}]\{\beta\}^e\mathrm{d}t=\int_t^{t+\Delta t}\{Q\}^e\mathrm{d}t$$

并利用差分式 $\int_t^{t+\Delta t}\{\beta\}^e\mathrm{d}t\approx\Delta t(\{\beta\}_t^e+\theta\{\Delta\beta\}^e)$ 得

$$[\dot{k}]\{\Delta\delta\}^e-\theta\Delta t[\tilde{k}]\{\Delta\beta\}^e=\{\Delta Q\}^e \tag{4.9-20}$$

其中 $\{\Delta Q\}^e=\Delta t(\{Q\}^e+[\tilde{k}]\{\beta\}_t^e)$

式中，θ 取值范围为 0.5～1；对不排水条件，$v_n=0$，故 $\{Q\}^e=0$。

将平衡方程式（4.9-18）与连续性方程式（4.9-20）结合起来，即为用有限元法求解的比奥固结方程，即

$$\begin{bmatrix}\bar{k} & k'\\ \dot{k} & -\theta\Delta t\tilde{k}\end{bmatrix}\begin{Bmatrix}\Delta\delta\\ \Delta\beta\end{Bmatrix}^e=\begin{Bmatrix}\Delta R\\ \Delta Q\end{Bmatrix}^e \tag{4.9-21}$$

对所有单元节点建立上述方程，并叠加，即形成比奥固结方程的总体有限元公式。

4.9.2.3 方程的应用

1. *初始条件*

将计算的时间域划分为若干时段（步长）Δt。计算从 $t=0$ 开始，每增加一个 Δt，求解一次有限元方程组。$t=0$ 时刻的荷载、位移、孔隙水压力等必须知道，才能推求下一时段的位移、孔隙水压力的变化。

2. *边界条件*

边界条件有位移和孔隙水压力两种。对位移边界，与普通有限元法处理方法相同，孔隙水压力边界主要有透水边界、不透水边界。

透水边界的孔隙水压力是已知的，对这些节点不必建立连续性方程。

不透水边界需建立连续性方程，但边界流量为0。这些点与内部节点没有差异。

对地基固结问题，由于地基无限大，而实际计算区域有限，这时，对截断边界，可以通过外插法确定边界孔隙水压力；在边界截取范围较大时，也可取为不透水边界或透水边界。

3. *Δt 选取*

在有限元固结计算中，要注意时间步长（简称为时步）Δt 的选取。若 Δt 取得太小，有时会引起计算不稳定，计算结果失真。但在固结开始时段，若 Δt 取得太大，会引起较大计算误差。Verruijt 建议了一个估计时间的公式，可以参照取用，即

$$\Delta t=\frac{L^2}{\frac{k}{\gamma_w}\left(K+\frac{4}{3}G\right)} \tag{4.9-22}$$

式中 L——单元排水方向的尺寸；
k——渗透系数；
K——土体体积模量；
G——土体剪切模量。

固结后期，Δt 可以逐步增大。

固结计算中，一般荷载增量与时间增量是结合在一起的，且通常是每级荷载增量下有1个或1个以上的时步。在每个时步中，根据实际外荷载的情况施加各时步

内的荷载。实际上，当前荷载级的外荷载一般是在其第一个时步内施加，而该荷载级内的其他时步仅有孔隙水压力对应的荷载，而没有其他外荷载。

4.9.3 土体流变有限元分析

土体流变有限元分析通常采用“初应变法”，即将流变产生的应变作为初应变，形成虚拟的附加节点荷载（简称为虚拟荷载）施加到结构。与固结计算中处理相似，每级荷载增量下有 1 个或 1 个以上的时步。在每个时步中，根据实际外荷载的情况施加各时步内的荷载（包括实际荷载和虚拟荷载）。

有限元流变分析的具体实施方法与黏性变形的假定有关。若假定总应变分为弹塑性应变和黏性应变，可以采用如下步骤实现：

(1) 无论是哪种流变模型，任意时刻任意应力状态下的黏（塑）性应变率是可以确定的。因此，忽略更高阶的项，第 $n+1$ 时步的黏塑性应变速率用一个泰勒级数表示为

$$\{\dot{\varepsilon}^{vp,n+1}\}=\{\dot{\varepsilon}^{vp,n}\}+\left[\frac{\partial\dot{\varepsilon}^{vp}}{\partial\sigma}\right]^n\{\Delta\sigma^n\} \tag{4.9-23}$$

式中 $\{\Delta\sigma^n\}$——从 n 到 $n+1$ 时步在时间增量 $\Delta t^n=t^{n+1}-t^n$ 内的应力增量。

Δt^n 时步的黏塑性应变的计算公式为

$$\{\Delta\varepsilon^{vp,n}\}=\Delta t^n[(1-\theta)\{\dot{\varepsilon}^{vp,n}\}+\theta\{\dot{\varepsilon}^{vp,n+1}\}] \tag{4.9-24}$$

其中，$0\leqslant\theta\leqslant1$，$\theta$ 取不同的值将会导致不同的有限差分方案，一般取 $\theta=0.5$。

将式 (4.9-23) 代入式 (4.9-24)，则式 (4.9-24) 变为

$$\{\Delta\varepsilon^{vp,n}\}=\Delta t^n\left(\{\dot{\varepsilon}^{vp,n}\}+\theta\left[\frac{\partial\dot{\varepsilon}^{vp}}{\partial\sigma}\right]^n\{\Delta\sigma^n\}\right) \tag{4.9-25}$$

(2) 依据当前应力状态，求弹塑性矩阵以及第 n 个时步的荷载，包括实际作用在结构上的荷载以及虚拟荷载，即

$$\begin{aligned}\{\Delta F^n\}&=\{\Delta F^{0,n}\}+\{\Delta F^{v,n}\}\\&=\{\Delta F^{0,n}\}+\sum_e\int[B]^{\mathrm T}[D_{ep}]\{\Delta\varepsilon^{vp,n}\}_t\,\mathrm d\Omega\end{aligned} \tag{4.9-26}$$

由于满足假定 A 的流变模型中（见本卷 4.8.4 节内容）总应变分为弹塑性应变和黏性应变，一般黏性应变占总应变比重较小，可以在 Δt^n 时步内认为应力、$[D_{ep}]$ 不变。

(3) 求解有限元方程

$$[K]\{\Delta\delta^n\}=\{\Delta F^n\} \tag{4.9-27}$$

(4) 由 $\{\Delta\delta^n\}$ 可求得 $\{\Delta\varepsilon^n\}$ 和 $\{\Delta\sigma^n\}$，则 t^{n+1} 时刻的位移、应力、应变分别为

$$\{\delta^{n+1}\}=\{\delta^n\}+\{\Delta\delta^n\} \tag{4.9-28}$$

$$\{\sigma^{n+1}\}=\{\sigma^n\}+\{\Delta\sigma^n\} \tag{4.9-29}$$

$$\{\varepsilon^{n+1}\}=\{\varepsilon^n\}+\{\Delta\varepsilon^n\} \tag{4.9-30}$$

由于 $\{\Delta\sigma^n\}$ 包含了虚拟荷载 $\{\Delta F^{v,n}\}$ 的作用结果，因此，这时结构的荷载实际上是不平衡的。可以计算不平衡荷载，再施加到结构上，建立仅包含不平衡荷载的有限元方程，求得应力增量 $\{\Delta\sigma^{*n}\}$，并将此增量在式 (4.9-29) 中减去。$\{\Delta\sigma^{*n}\}$ 也可近似用式 (4.9-25) 中的 $\{\Delta\varepsilon^{vp,n}\}$，由 $\{\Delta\sigma^{*n}\}=[D_{ep}]\{\Delta\varepsilon^{vp,n}\}$ 求得。值得注意的是：不平衡荷载计算的位移及应变增量不应该叠加到总位移和总应变中。

此外，还有一种近似方法是将第 n 个时步的实际荷载、虚拟荷载分别建立如式 (4.9-27) 所示的有限元方程，并求解得实际荷载引起的位移、应变、应力增量 $\{\Delta\delta^n\}$、$\{\Delta\varepsilon^n\}$、$\{\Delta\sigma^n\}$ 以及虚拟荷载引起的 $\{\Delta\delta^{*n}\}$、$\{\Delta\varepsilon^{*n}\}$、$\{\Delta\sigma^{*n}\}$。将 $\{\Delta\delta^{*n}\}$、$\{\Delta\delta^n\}$、$\{\Delta\varepsilon^n\}$、$\{\Delta\sigma^n\}$ 叠加到总位移、总应变、总应力上，得到 t^{n+1} 时刻的总位移、应变、应力，而 $\{\Delta\varepsilon^{*n}\}$、$\{\Delta\sigma^{*n}\}$ 由于是虚拟的，不予叠加。

对符合式 (4.8-86b) 或式 (4.8-86c) 的假定 B 的有关流变模型，由于每个时步内的流变变形增量大，时步内应力、$[D_{ep}]$ 可能变化较大。因此，对每个时步内，可采用以下方法进行计算。

根据广义胡克定律，第 n 时步的应力增量可表示为

$$\{\Delta\sigma^n\}=[D](\{\Delta\varepsilon^n\}-\{\Delta\varepsilon^{vp,n}\}) \tag{4.9-31}$$

式中 $[D]$——弹性矩阵；

$\{\Delta\varepsilon^n\}$——总应变增量。

把式 (4.9-25) 代入式 (4.9-31) 并整理得

$$\{\Delta\sigma^n\}=[D_{ep}^n](\{\Delta\varepsilon^n\}-\{\dot{\varepsilon}^{vp,n}\}\Delta t^n) \tag{4.9-32}$$

其中 $[D_{ep}^n]=\left[[I]+[D]\Delta t^n\theta\left[\dfrac{\partial\dot{\varepsilon}^{vp}}{\partial\sigma}\right]^n\right]^{-1}[D]$

式中 $[I]$——单位矩阵。

黏塑性应变速率 $\{\dot{\varepsilon}^{vp,n}\}$ 由相应流变模型确定，从而 $[D_{ep}^n]$ 中的 $\left[\dfrac{\partial\dot{\varepsilon}^{vp}}{\partial\sigma}\right]^n$ 也可求得。注意：这里的 $\{\dot{\varepsilon}^{vp,n}\}$ 也可以包含式 (4.8-86c) 中右端的后两项之和。

同样，有限元方程中右端荷载项应为

$$\{\Delta F^{v,n}\}=\int[B]^{\mathrm T}[D_{ep}^n]\{\Delta\varepsilon^{vp,n}\}\mathrm dV+\{\Delta F^{0,n}\} \tag{4.9-33}$$

增量形式的有限元方程仍同式（4.9-27）。实际应用时，采用牛顿—拉斐逊迭代法求解式（4.9-27）非线性方程组，在每一个时步内，进行若干次迭代，直到节点位移满足下列收敛判据

$$\frac{\| \Delta\delta^{n,i+1} - \Delta\delta^{n,i} \|}{\| \Delta\delta^{n,i} \|} \leqslant \omega \qquad (4.9-34)$$

其中 $\| \Delta\delta^{n,i} \| = \sqrt{\sum_{j=1}^{m} (\Delta\delta_j^{n,i})^2}$

式中 $\Delta\delta^{n,i}$——在第 n 时步中，第 i 步迭代的位移；

m——节点编号；

ω——容许误差。

4.9.4 土体湿化变形有限元分析

目前，国内外对有限元法模拟湿化变形多采用初应变法。即设法求得对应单元某应力状态下由湿化产生的湿化应变，依据产生此应变需要的应力增量，转化为节点荷载施加于结构。

4.9.4.1 双线法湿化变形计算

殷宗泽对 Nobari 提出的双线法的湿化变形计算方法进行了改进，提出了如下近似方法[27]。

在水库蓄水时，浸水部分的土体先假想受到约束，不产生变形，则浸水湿化引起应力松弛。根据应力—应变关系也可推估这种应力改变量。浸水前的应力状态已计算出，为 $\{\sigma_d\}$，设想该应力是由若干应力增量（n 个）按比例增加而达到的，则每级增量为

$$\{\delta\sigma\} = \frac{\{\sigma_d\}}{n} \qquad (4.9-35)$$

对每级增量，用干态的劲度矩阵 $[D]_d$ 求应变增量，即

$$\{\delta\varepsilon\} = [D]_d^{-1}\{\delta\sigma\} \qquad (4.9-36)$$

其中，$[D]_d$ 所含的模型参数由风干土试样测定。在 $\{\delta\sigma\}$ 逐级累加过程中，应力 $\{\sigma\}$ 逐渐增大，$[D]_d$ 也跟着变化。将各级增量所对应的应变 $\{\delta\varepsilon\}$ 累加，得浸水前与 $\{\sigma_d\}$ 对应的总应变 $\{\varepsilon_d\}$。由于假定湿化变形受到约束，浸水后的应变保持不变，可由饱和状态的应力—应变关系反过来求浸水后应力 $\{\sigma_w\}$。仍将 $\{\varepsilon_d\}$ 分为 n 个增量，每级增量即式（4.9-36）算得的值。再用浸水饱和状态的劲度矩阵 $[D]_w$ 求浸水后的应力增量，即

$$\{\delta\sigma_w\} = [D]_w\{\delta\varepsilon\} \qquad (4.9-37)$$

其中，$[D]_w$ 所含的模型参数由饱和土试样测定。累加 $\{\delta\sigma_w\}$ 得假想应变不变条件下浸水后的应力 $\{\sigma_w\}$。这样，湿化引起的应力改变量（这里称为湿化应力）为

$$\{\Delta\sigma_w\} = \{\sigma_w\} - \{\sigma_d\} \qquad (4.9-38)$$

也可以反过来假定应力保持 $\{\sigma_d\}$ 不变，根据每级的 $\{\delta\sigma\}$ 由 $\{\delta\varepsilon\} = [D]_w^{-1}\{\delta\sigma\}$ 找出相应的湿态应变增量，从而累加得 $\{\varepsilon_w\}$。因此，湿化引起的总应变增量为

$$\{\Delta\varepsilon_w\} = \{\varepsilon_w\} - \{\varepsilon_d\} \qquad (4.9-39)$$

如果应变受约束，不允许产生此应变改变，则产生反向的应力改变量（见图 4.9-3）为

$$\{\Delta\sigma_w\} = -[D]_w\{\Delta\varepsilon_w\} \qquad (4.9-40)$$

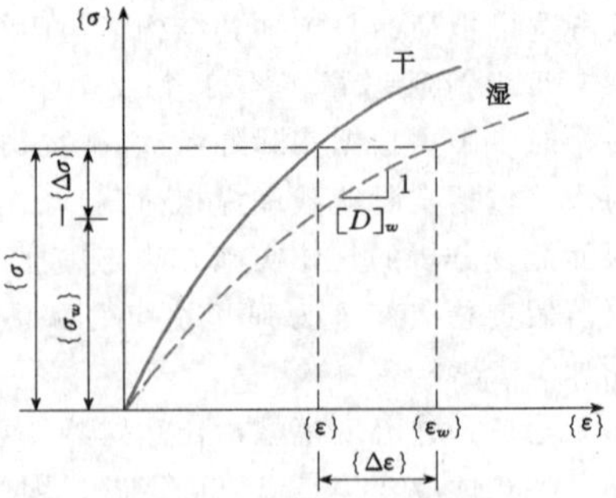

图 4.9-3 双线法计算湿化变形

上述应力改变量 $\{\Delta\sigma_w\}$ 是在节点位移受限制的条件下产生的，要限制位移，就必须在各节点作用相应的约束力。该节点约束力与产生的应力改变量平衡。事实上节点位移没有限制，约束力是不存在的，为此在节点施加与约束力大小相等、方向相反的节点荷载（称为湿化荷载），将该节点荷载与水压力（或渗透力）、浮托力等荷载一起施加于网格，作有限元计算，则结果就是水库蓄水后考虑前面所述三因素而得到的应力和应变增量。

4.9.4.2 单线法湿化变形计算

有限元计算时，根据各单元的应力状态，用式（4.8-112）求出湿化体积应变 $\Delta\varepsilon_v^w$ 和剪应变 $\Delta\varepsilon_s^w$。由 $\Delta\varepsilon_v^w$、$\Delta\varepsilon_s^w$ 可求出各湿化应变分量 $\{\Delta\varepsilon_w\}$。沈珠江等假定湿化变形各分量的关系满足 Prandtl-Reuss 流动法则，则有

$$\{\Delta\varepsilon_w\} = \Delta\varepsilon_v^w\frac{\{I\}}{3} + \Delta\varepsilon_s^w\frac{\{s\}}{q} \qquad (4.9-41)$$

其中 $\{I\} = \{1,1,1,0,0,0\}^{\mathrm{T}}$

式中 $\{s\}$——偏应力；

q——广义剪应力；

I——单位矩阵。

从而利用式（4.9-40）求得湿化应力，进而确定湿化荷载。

应该指出，湿化变形采用哪种计算模式更好尚未取得完全一致的意见。

4.9.5 接触面模型及模拟

土体或堆石体中如有混凝土等结构时，由于两种材料变形模量相差很大，在一定的受力条件下有可能

在两者的接触面上产生错动滑移或张开，如挡土墙与墙后填土之间的接触面、土石坝中混凝土防渗墙与土体之间的接触面等。这时，在这两种材料之间宜设置接触面单元，以更好地反映土工结构（包括土体和混凝土）的应力变形性质。

到目前为止，已经提出了几种接触面的模拟方法，主要有无厚度接触面单元、有厚度接触面单元和摩擦单元等。面板坝的缝单元常采用无厚度接触面单元或有厚度薄单元，这里主要介绍这两种单元。

4.9.5.1 无厚度接触面单元

无厚度接触面单元由古德曼（Goodman）等人提出，因此又常称为古德曼单元，如图 4.9-4 所示。单元的两片接触面之间距离为 0，但一片位于土体，另一片位于混凝土。因此，单元没有厚度，只有长度 l 和宽度 b。

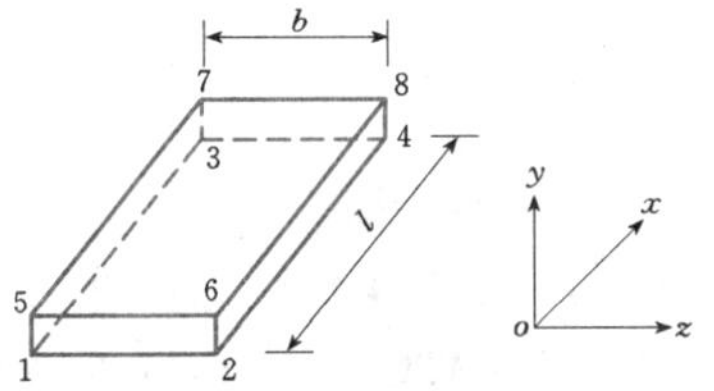

图 4.9-4 古德曼单元

对单元建立如图 4.9-4 所示的局部坐标系，接触面的法向与 y 方向一致，则接触面单元应力 $\{\sigma\}$ 与相对位移 $\{w\}$ 之间的关系可表示为

$$\{\sigma\}=[k_0]\{w\} \tag{4.9-42}$$

其中，对三维问题，接触面应力可表示为 $\{\sigma\}=\{\tau_{yx}\quad\sigma_y\quad\tau_{yz}\}$，三个方向的相对位移可表示为 $\{w\}=\{w_x\quad w_y\quad w_z\}$，而反映接触面抵抗相对位移变形能力的系数矩阵 $[k_0]$ 可表示为

$$[k_0]=\begin{bmatrix}k_{yx}&0&0\\0&k_{yy}&0\\0&0&k_{yz}\end{bmatrix} \tag{4.9-43}$$

式中 k_{yx}、k_{yz} 及 k_{yy}——x 向、z 向的切向剪切劲度系数及法向劲度系数，$\mathrm{kN/m^3}$，由试验确定。

对弹性材料它们是常量，若材料具有非线性特性，则它们为变量，可表示为应力状态的函数。

由虚位移原理可推得接触面单元的劲度矩阵为

$$[k]^e=\frac{bl}{36}\begin{bmatrix}4[k_0]&&\text{对}&\\2[k_0]&4[k_0]&&\text{称}\\2[k_0]&[k_0]&4[k_0]&\\ [k_0]&2[k_0]&2[k_0]&4[k_0]\end{bmatrix} \tag{4.9-44}$$

与实体单元一样，各接触面单元的劲度矩阵可按节点平衡条件叠加到总的劲度矩阵上，建立有限元方程，求解位移。求得结点位移后，可由式（4.9-42）求得接触面上的应力。

以上劲度矩阵是按照图 4.9-4 所示坐标系（单元的局部坐标系）建立的。实际接触面的法向可能是任意方向的，与整体坐标不一致，因此，需要进行坐标变换。

用接触面局部坐标系三个坐标轴 x、y、z 与整体坐标系三个坐标轴 X、Y、Z 的夹角对应的方向余弦表示的局部坐标与整体坐标间转换关系如下：

$$\begin{Bmatrix}x\\y\\z\end{Bmatrix}=\begin{bmatrix}\cos(x,X)&\cos(x,Y)&\cos(x,Z)\\\cos(y,X)&\cos(y,Y)&\cos(y,Z)\\\cos(z,Y)&\cos(z,Y)&\cos(z,Z)\end{bmatrix}\begin{Bmatrix}X\\Y\\Z\end{Bmatrix}=[\alpha]\begin{Bmatrix}X\\Y\\Z\end{Bmatrix} \tag{4.9-45}$$

式中 $\cos(x,X)$——局部坐标轴 x 与整体坐标轴 X 之间夹角的余弦。

其他类推。

令

$$[Q]=\begin{bmatrix}[\alpha]&&&&&&&\\&[\alpha]&&&&&0&\\&&[\alpha]&&&&&\\&&&[\alpha]&&&&\\&&&&[\alpha]&&&\\&&&&&[\alpha]&&\\&0&&&&&[\alpha]&\\&&&&&&&[\alpha]\end{bmatrix} \tag{4.9-46}$$

则转换后的单元劲度矩阵为

$$[\overline{k}]^e=[Q]^{\mathrm{T}}[k]^e[Q] \tag{4.9-47}$$

在求解有限元方程得到 $\{\overline{\delta}\}^e$ 后，应将 $\{\overline{\delta}\}^e$ 变换为局部坐标下 $\{\delta\}^e$ 来求应力分量。

从前面的式（4.9-43）～式（4.9-47）可以看出，表示接触面变形特性的参数 k_{yx}、k_{yz}、k_{yy} 一旦确定，就可进行有限元方程的求解。下面介绍这 3 个参数的确定。

直观上，接触面法向变位有两种情况：压紧和张拉分开。因此，对法向劲度系数 k_{yy}，当接触面受压时，为了模拟两边单元不会在接触面处重叠，应取一很大值，如 $k_{yy}=10^7\mathrm{kN/m^3}$ 或 $10^8\mathrm{kN/m^3}$，以使相互嵌入的相对位移小到可忽略不计。但接触面受拉时，即认为接触面两片分开不能承受拉应力，则应令 k_{yy} 为很小值，如 $10\mathrm{kN/m^3}$，以使算出的拉应力小到可忽略不计。

由式（4.9-42）、式（4.9-43）可以看出，切向劲度系数 k_{yx} 即为接触面上的剪应力增量 $\Delta\tau_{yx}$ 与相对剪切位移增量 Δw_x 之比；k_{yz} 为接触面上的剪应力增量 $\Delta\tau_{yz}$ 与相对剪切位移增量 Δw_z 之比。一般情况下，认为接触面（剪切方向）是各向同性的，且是非线性的，随应力状态变化。因此，k_{yx}、k_{yz} 与应力的关系式可取相同的函数式。

克拉夫和邓肯[47]进行了土与其他（相对较硬）材料接触面的剪切变形特性试验研究。结果表明，剪应力 τ 与相对剪切位移 w_s 呈非线性关系，可用双曲线表示为

$$\tau=\frac{w_s}{a+a_1 w_s} \tag{4.9-48}$$

据此可推导出接触面切向剪切劲度系数 k_{st} 为

$$k_{st}=\frac{\partial\tau}{\partial w_s}=\left(1-\frac{R_f\tau}{\sigma_n\tan\delta}\right)^2 K_1\gamma_w\left(\frac{\sigma_n}{P_a}\right)^n \tag{4.9-49}$$

式中　σ_n——接触面法向压力；

K_1、n、R_f——接触面材料参数；

δ——接触面上材料的外摩擦角；

γ_w——水的容重；

P_a——大气压力。

所包含的常数可由直剪试验或单剪试验确定。

在有限元中，实际的接触面的剪切方向有 x 向、z 向，基于各向同性的假定以及式（4.9-49）所表示的切线剪切劲度系数，并推广到黏性土接触面的情况，x 向、z 向的切线剪切劲度系数可表示为

$$k_{yx}=\left(1-\frac{R_f\tau_{yx}}{c_0+\sigma_{yy}\tan\delta}\right)^2 K_1\gamma_w\left(\frac{\sigma_{yy}}{P_a}\right)^n \tag{4.9-50}$$

$$k_{yz}=\left(1-\frac{R_f\tau_{yz}}{c_0+\sigma_{yy}\tan\delta}\right)^2 K_1\gamma_w\left(\frac{\sigma_{yy}}{P_a}\right)^n \tag{4.9-51}$$

式中　c_0——接触面黏聚力。

4.9.5.2　有厚度接触面单元

Desai 最早提出了用薄层单元（有厚度）来模拟接触面，此后不少模型相继提出。这里仅介绍殷宗泽[48]提出的另一种形式的薄层单元。

薄层单元与普通的实体单元一样，在三维问题中有 6 个应力分量和 6 个应变分量。对于薄层单元，变形可分为两部分：①土体的基本变形，以 $\{\varepsilon\}'$ 表示，不管滑动与否，它与其他单元的变形一样；②破坏变形，包括滑动变形和拉裂变形，以 $\{\varepsilon\}''$ 表示。只有当剪应力达到抗剪强度时，才产生沿接触面的错动破坏；当接触面上法向应力为拉时，产生拉裂破坏。因此，总应变是两者之和，即

$$\{\Delta\varepsilon\}=\{\Delta\varepsilon\}'+\{\Delta\varepsilon\}'' \tag{4.9-52}$$

基本变形采用与实体单元相同的本构模型。对于三维问题，应力应变关系可写成

$$\{\Delta\varepsilon'\}=[C']\{\Delta\sigma\} \tag{4.9-53}$$

式中　$[C']$——柔度矩阵。

破坏变形有错动和拉裂两种型式。对于接触面上的一点来说，变形是刚塑性的，即破坏前无相对位移，一旦破坏就错动或张开，相对位移不断发展。破坏变形可表示为

$$\begin{Bmatrix}\Delta\varepsilon''_x\\ \Delta\varepsilon''_y\\ \Delta\varepsilon''_z\\ \Delta\gamma''_{yx}\\ \Delta\gamma''_{yz}\\ \Delta\gamma''_{xz}\end{Bmatrix}=\begin{bmatrix}0&0&0&0&0&0\\ 0&\frac{1}{E''}&0&0&0&0\\ 0&0&0&0&0&0\\ 0&0&0&\frac{1}{G''}&0&0\\ 0&0&0&0&\frac{1}{G''}&0\\ 0&0&0&0&0&0\end{bmatrix}\begin{Bmatrix}\Delta\sigma_x\\ \Delta\sigma_y\\ \Delta\sigma_z\\ \Delta\tau_{yx}\\ \Delta\tau_{yz}\\ \Delta\tau_{xz}\end{Bmatrix}=[C'']\{\Delta\sigma\} \tag{4.9-54}$$

式中　E''——反映法向拉压的参数；

G''——反映切向是否错动的参数。

将式（4.9-53）、式（4.9-54）代入式（4.9-52）得接触面上总的应变为

$$\{\Delta\varepsilon\}=[C]\{\Delta\sigma\} \tag{4.9-55}$$

其中

$$[C']=[C']+[C'']$$

参数 E'' 的取值方法为：接触面法向受压时，取一个很大值，或令 $\frac{1}{E''}=0$，表示没有法向破坏变形；当接触面法向应力为拉时，取一个很小值，如 $E''=5\sim10\text{kPa}$，表示法向拉开。

参数 G'' 的取值方法为：当应力水平 S 很高时，如 $S>0.98$，可令其为很小的值，如 $G''=5\sim10\text{kPa}$；若应力水平较低时，如 $S<0.98$，取一很大值，或取 $\frac{1}{G''}=0$。

对薄层单元，应力水平可以有两种定义。作为实体单元，应力水平可表示为

$$S=\frac{\sigma_1-\sigma_3}{(\sigma_1-\sigma_3)_f}=\frac{(1-\sin\varphi)(\sigma_1-\sigma_3)}{2c\cos\varphi+2\sigma_3\sin\varphi} \tag{4.9-56}$$

对接触面，应力水平决定于土与混凝土之间的摩擦角 δ 和附着力 c_0。应力水平应表示为

$$S=\frac{\tau}{\tau_f} \tag{4.9-57}$$

其中

$$\tau_f=\sigma_n\tan\delta+c_0 \tag{4.9-58}$$

式中　τ——沿接触面的剪应力；

τ_f——沿接触面的抗剪强度。

由式（4.9-56）、式（4.9-57）计算的应力水平可能不同，取大值。

土体一般可视为各向同性，柔度矩阵［C］没有方向性。但对于薄层接触面单元来说，［C″］是顺着接触面方向的，因此总的柔度矩阵［C］也就具有方向性，需顺着接触面方向，建立类似于图4.9-4所示的局部坐标系。先用局部坐标系，形成柔度矩阵［C］，然后进行坐标转换，转换成整体坐标系下的柔度矩阵$[\overline{C}]$；再求逆矩阵，即劲度矩阵$[\overline{D}]=[\overline{C}]^{-1}$，即可用于求单元劲度矩阵。

薄层接触面单元的厚度选取是比较难定的。Desai曾提出，取单元长度B的$\frac{1}{100}\sim\frac{1}{10}$。

4.10 地基沉降计算

4.10.1 概述

地基沉降量计算的主要目的有3个：

（1）预估建筑物各部位的沉降量、沉降差和倾斜度等，并控制在许可范围内，防止建筑物发生裂缝、倾斜或破坏。

（2）为建筑物基础预留合理超高。

（3）预估地基沉降发展过程，合理安排各部分的施工顺序及进程，以及确定地基加固所需的时间。

4.10.2 天然地基沉降量计算

4.10.2.1 计算方法

常用固结沉降计算方法及其特点见表4.10-1。这些方法只适用于黏性土地基，无黏性土地基的沉降量常根据原位试验成果或经验方法估算。

表4.10-1 常用固结沉降计算方法

计算方法	特点
单向压缩分层总和法 1. 按e—p曲线计算 2. 按e—$\lg p$曲线计算	最基本的方法： 1. 不考虑瞬时沉降量。 2. 修正试验室曲线，以计及试样扰动影响。 3. 考虑地基土的应力历史
《建筑地基基础设计规范》（GB 50007—2002）建议的方法	实际上为单向压缩分层总和法，并乘以经验系数进行修正
计及三向变形效应的计算法：斯肯普敦—贝伦计算法	1. 考虑瞬时沉降量。 2. 间接考虑三向变形与应力历史
三向变形分层总和法：黄文熙方法	1. 考虑三向变形。 2. 计及应力水平与应力路径

一般黏性土地基的沉降量区分为3个部分，即瞬时沉降量S_i、固结沉降量S_c、次压缩沉降量S_s。按单向压缩（侧限条件）方法计算沉降量时，不考虑分量S_i。除高塑性与有机质黏土外，一般地基不考虑S_s分量。

4.10.2.2 瞬时沉降量计算

1. 无限厚均质地基

当地基表面或接近表面处有圆形或矩形基础的均布荷载作用时，地基面的瞬时沉降量根据弹性理论计算，即

$$S_i = C_d pB\left(\frac{1-\mu^2}{E}\right) \qquad (4.10-1)$$

式中 p——均布荷载强度；

B——圆形基础的直径或矩形基础的宽度；

E、μ——地基土的不排水弹性模量、泊松比；

C_d——考虑荷载面形状和计算点位置的系数，见表4.10-2。

表4.10-2 系数C_d

基础形状		中心点	角点	短边中点	长边中点	平均
圆形		1.00	0.64	0.64	0.64	0.85
圆形（刚性）		0.79	0.79	0.79	0.79	0.79
方形		1.12	0.56	0.76	0.76	0.95
方形（刚性）		0.89	0.89	0.89	0.89	0.89
矩形	$\frac{L}{B}=1.5$	1.36	0.67	0.89	0.97	1.15
	$\frac{L}{B}=2$	1.52	0.76	0.98	1.12	1.30
	$\frac{L}{B}=3$	1.78	0.88	1.11	1.35	1.52
	$\frac{L}{B}=5$	2.10	1.05	1.27	1.68	1.83
	$\frac{L}{B}=10$	2.53	1.26	1.49	2.12	2.25
	$\frac{L}{B}=100$	4.00	2.00	2.20	3.60	3.70
	$\frac{L}{B}=1000$	5.47	2.75	2.94	5.03	5.15
	$\frac{L}{B}=10000$	6.90	3.50	3.70	6.50	6.60

注 L、B分别为基础矩形的长度、宽度。

2. 有下卧硬层的地基

如果在地面下H深度处遇下卧硬层，仍可按式（4.10-1）计算沉降量，但式中的C_d值应按表4.10-3、表4.10-4取值，这些系数是根据软硬层交界面处没有剪应力、水平位移两种极限情况的平均值给出的。

E、μ采用H深度范围内可压缩土层土的相应指标。

表 4.10-3 系数 C_d（均布荷载，基础中心点，有下卧硬层）

$\frac{H}{B}$	圆形基础	矩形基础 $\frac{L}{B}=1$	$\frac{L}{B}=1.5$	$\frac{L}{B}=2$	$\frac{L}{B}=3$	$\frac{L}{B}=5$	$\frac{L}{B}=10$	条形基础 $\left(\frac{L}{B}\to\infty\right)$
0.0	0.00	0.00	0.00	0.00	0.00	0.00	0.00	0.00
0.1	0.09	0.09	0.09	0.09	0.09	0.09	0.09	0.09
0.25	0.24	0.24	0.23	0.23	0.23	0.23	0.23	0.23
0.5	0.48	0.48	0.47	0.47	0.47	0.47	0.47	0.47
1.0	0.70	0.75	0.81	0.83	0.83	0.83	0.83	0.83
1.5	0.80	0.86	0.97	1.03	1.07	1.08	1.08	1.08
2.5	0.88	0.97	1.12	1.22	1.33	1.39	1.40	1.40
3.5	0.91	1.01	1.19	1.31	1.45	1.56	1.59	1.60
5.0	0.94	1.05	1.24	1.38	1.55	1.72	1.82	1.83
∞	1.00	1.12	1.36	1.52	1.78	2.10	2.53	∞

注 H 为软土层厚度。对圆形基础，B 为直径；对矩形基础，L 为长度，B 为宽度。

表 4.10-4 系数 C_d（均布荷载，基础长边中点，有下卧硬层）

$\frac{H}{B}$	圆形基础	矩形基础 $\frac{L}{B}=1$	$\frac{L}{B}=1.5$	$\frac{L}{B}=2$	$\frac{L}{B}=3$	$\frac{L}{B}=5$	$\frac{L}{B}=10$	条形基础 $\left(\frac{L}{B}\to\infty\right)$
0.0	0.00	0.00	0.00	0.00	0.00	0.00	0.00	0.00
0.1	0.05	0.05	0.05	0.05	0.05	0.05	0.05	0.05
0.25	0.11	0.11	0.11	0.11	0.11	0.11	0.11	0.11
0.5	0.22	0.23	0.23	0.23	0.23	0.23	0.23	0.23
1.0	0.36	0.46	0.46	0.47	0.47	0.47	0.47	0.47
1.5	0.44	0.52	0.60	0.64	0.68	0.68	0.68	0.68
2.5	0.51	0.61	0.74	0.82	0.91	0.97	0.97	0.97
3.5	0.55	0.65	0.80	0.90	1.03	1.13	1.17	1.17
5.0	0.58	0.69	0.85	0.96	1.12	1.28	1.39	1.39
∞	0.64	0.76	0.97	1.12	1.35	1.68	2.12	∞

注 表中各符号意义见表 4.10-3 的表下注。

3. 弹性常数的测定

土的泊松比 μ，对于饱和土取为 0.5。实际上，瞬时沉降量对 μ 的变化不敏感。

土的弹性模量 E 的测定方法如下：

(1) 以地基原状土试样进行三轴压缩试验。先施加各向相等的围压力，使试样达完全固结。σ_3 等于试样在地基中的原位垂直覆盖压力。

(2) 在不排水条件下逐渐增大轴向压力，直至总轴向压力 σ_1 达到该点在地基中预计的最大垂直压力。然后将轴向压力增量减小到零。

(3) 按上述两步骤重复加荷、卸荷若干次循环，如图 4.10-1 所示。经过五六次循环，在相当于轴向压力增量的一半处作加荷曲线的切线，由它确定的斜率称为重复加荷模量 E_r。计算瞬时沉降量时建议采用 E_r。

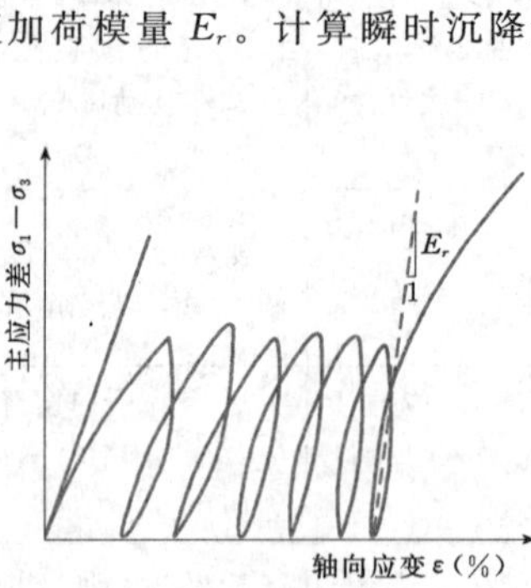

图 4.10-1 弹性模量 E 的确定

4.10.2.3 单向压缩分层总和法（按 e—p 曲线计算）

1. 基本计算公式

均质地基土的压缩层厚度为 H，土层半厚处的自重压力为 p_1，相应的孔隙比为 e_1，如图 4.10-2 所示。建筑物建成后，该点的附加压力为 Δp，故总垂直压力为 $p_2=p_1+\Delta p$，孔隙比相应变化至 e_2，则地面沉降量的计算公式为

$$S=\frac{e_1-e_2}{1+e_1}H=\frac{a_v}{1+e_1}\Delta pH=m_v\Delta pH \tag{4.10-2}$$

其中 $$m_v=\frac{a_v}{1+e_1}$$

式中 e_1、e_2——按压力 p_1、p_2 从地基土的压缩曲线查取（见图 4.10-3）；

Δp——附加压力；

a_v、m_v——地基土在压力 p_1、p_2 范围内的压缩系数、体积压缩系数。

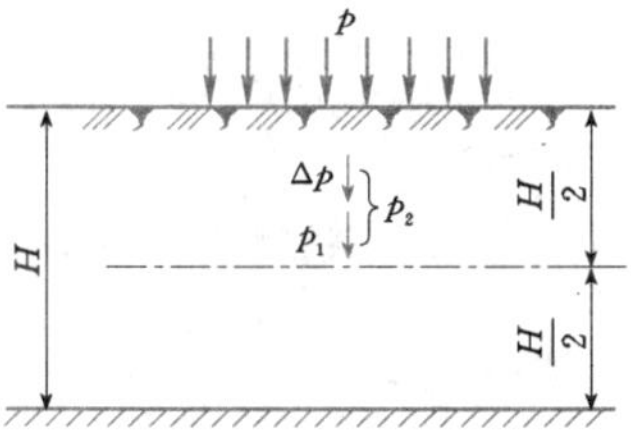

图 4.10-2 沉降计算图

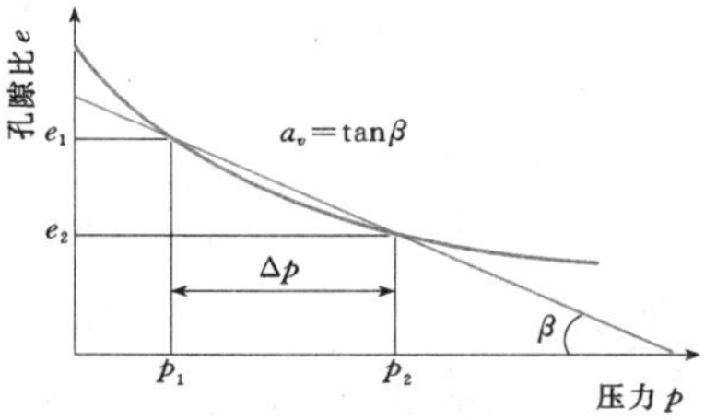

图 4.10-3 压缩曲线

2. 压缩层厚度的确定与土分层

当可压缩土层较厚时，需要规定一个计算深度。从基础底面到该计算深度处的垂直距离，称为压缩层厚度 H_c，该压缩层厚度按土层中的应力分布确定。假定地基中的附加应力（Δp）等于土层自重应力（p_1）的 20%（对于软土地基，有时采用 10%）的点为该厚度的下界。

计算自重应力时，对于地下水位以下的土体采用浮容重。可用图解法确定该压缩层厚度，如图 4.10-4 所示。

为考虑地基土的实际不均质和土中附加应力随深度的曲线变化，常需要将压缩层厚度内的土进行分层，

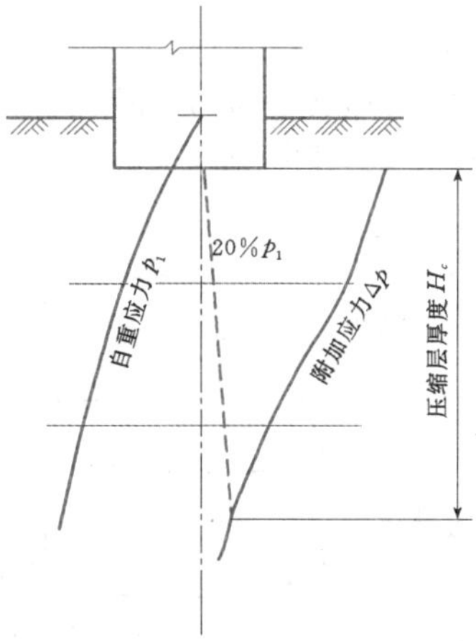

图 4.10-4 压缩层厚度的确定

分别计算各分层的沉降量，然后叠加。分层原则如下：

（1）每个分层厚度一般不大于基础宽度的 0.4 倍。

（2）性质不同土层的分界面应取为分层面。

（3）地下水位面取为分层面。

（4）基础底面以下 1 倍基础宽度的深度范围内分层应较薄，随深度加大，分层可加厚。

3. 地基的总沉降量

压缩层厚度范围内各分层的沉降量 S_i，均按式（4.10-2）计算，其总和即为地基的总沉降量 S，即

$$S=\sum_{i=1}^{n}S_i=\sum_{i=1}^{n}\frac{e_{1i}-e_{2i}}{1+e_{1i}}H_i \tag{4.10-3}$$

式中 i——第 i 分层，共有 n 个分层。

4. 基础沉降量的刚度校正

上述沉降量系假设基础为柔性结构求得，对于刚性基础，平面的基础底面沉降后应仍为平面，故应按下述经验方法修正计算值。对于条形基础，修正方法如下（见图 4.10-5）：①基础原底面为 ab；②底面的计算沉降线如图 4.10-5 中 cgd；③连接 cd，凭目测绘 $ef/\!/cd$，使面积 $cdfe$=面积 $cgdc$。假设沉降后的底面位置为 ef。

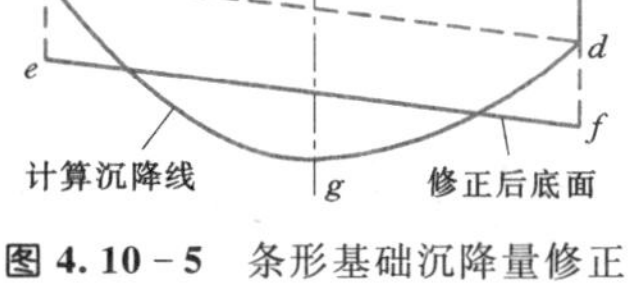

图 4.10-5 条形基础沉降量修正

若为矩形基础，沉降后的基底面应平行于以下三点决定的平面（见图 4.10-6）：①沉降量最大的一点 S_3；②沉降量最小的一点 S_1；③其他两角点中的

任意一点，其沉降量为该二角点沉降量的平均值。绘一平面平行于上述三点决定的面，使其所包围的沉降图体积等于计算沉降所包围的体积，假设所绘平面的位置即为沉降后的底面位置。

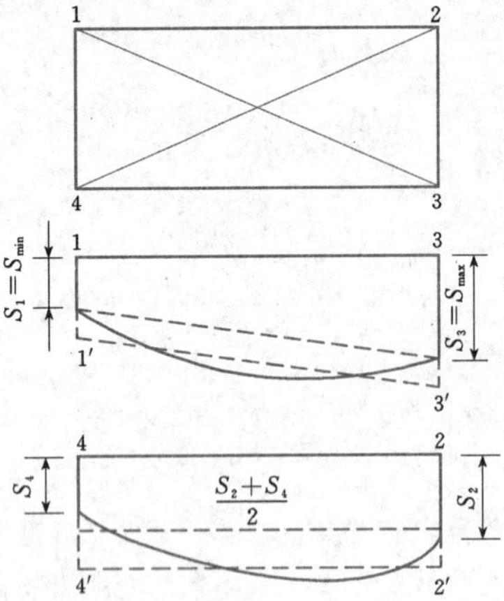

图 4.10－6　矩形基础沉降量校正
1′、2′、3′、4′—修正后基础角点的位置

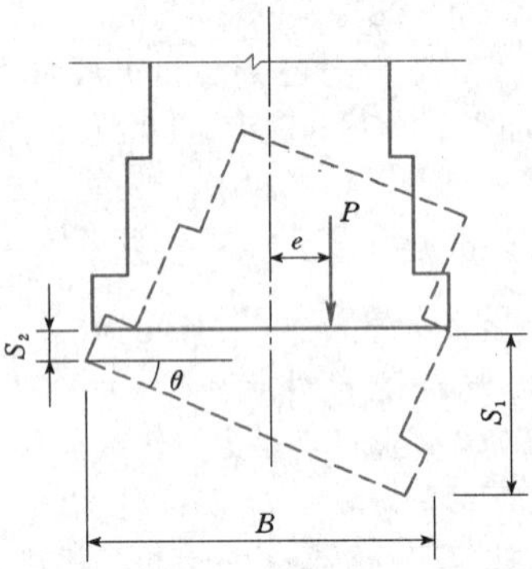

图 4.10－7　基础的倾斜

5. 基础的倾斜度

倾斜度以转动角 θ 表示（见图 4.10－7），其计算公式为

$$\tan\theta=\frac{S_1-S_2}{B} \qquad (4.10-4)$$

式中　S_1、S_2——基础两边缘的沉降；

B——基础倾斜方向的边长。

基础的局部倾斜度，系指长条形砖墙或挡土墙等沿纵方向 6～10m 长度内，基础两点的沉降量差与其纵距的比值。

4.10.2.4　单向压缩分层总和法（按 e—lgp 曲线计算）

单向压缩分层总和法的特点是：①采用土的压缩指数 C_c 作为压缩性指标；②压缩曲线事先要作修正，以消除试样扰动的影响。现根据地基土的不同应力历史，分别说明其计算方法。

1. 基本计算公式

地面的沉降量的计算公式为

$$S=\frac{C_cH}{1+e_1}\lg\frac{p_2}{p_1} \qquad (4.10-5)$$

式中　C_c——压缩指数；

其他符号意义同式（4.10－2）。

2. 正常固结土地基的沉降量计算

（1）考虑计算分层，其计算公式为

$$S=\sum_{i=1}^{n}S_i=\sum_{i=1}^{n}\frac{C_{ci}H_i}{1+e_{1i}}\lg\left(\frac{p_{2i}}{p_{1i}}\right) \qquad (4.10-6)$$

式中　i——第 i 分层的各相应指标。

（2）压缩指数 C_c 的采用。式（4.10－5）中的 C_c 应采用试验室压缩曲线经修正后所对应的指标值，如图 4.10－8 所示。

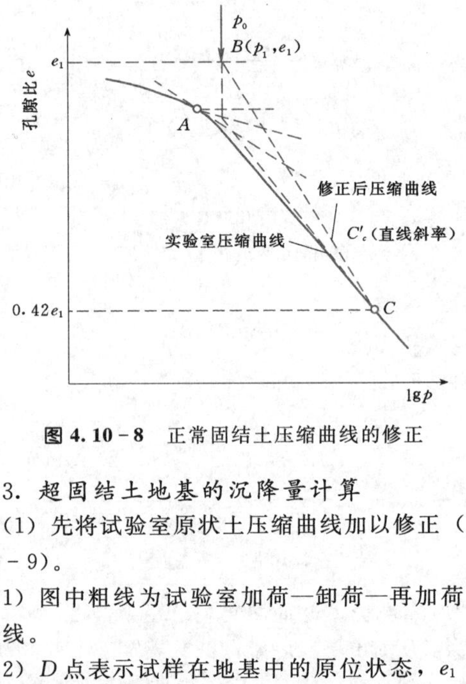

图 4.10－8　正常固结土压缩曲线的修正

3. 超固结土地基的沉降量计算

（1）先将试验室原状土压缩曲线加以修正（见图 4.10－9）。

1）图中粗线为试验室加荷—卸荷—再加荷的压缩曲线。

2）D 点表示试样在地基中的原位状态，e_1 为孔隙比，压力为取样处的有效土层覆盖压力 p_1，p_c 为该试样的先期固结压力。

3）从 D 点绘平行于回环割线 FG 的直线，交 p_c 作用线于 E 点。

4）在试验室曲线上定出 $e=0.42e_1$ 的点 C，连接 EC，则折线 DEC 为修正后的压缩曲线。两直线相应的斜率分别为压缩指数 C'_c、C''_c。

（2）将地基压缩层范围内的土体，按应力历史分为两种情况：

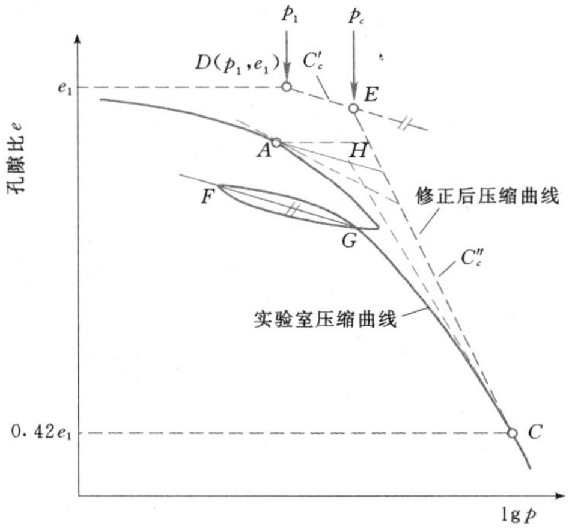

图 4.10-9 超固结土压缩曲线修正

1）$\Delta p > p_c - p_1$ 的土层（Δp 为土层中的附加应力）。在该层中的各分层的沉降量计算中，同时应用指标 C_c'、C_c''。

2）$\Delta p < p_c - p_1$ 的土层。各分层的沉降量计算只采用 C_c'。

（3）对于 $\Delta p > p_c - p_1$ 的每一分层，其计算沉降量的公式为

$$S_{1i} = \frac{1}{1+e_1}\left[C_c' \lg\left(\frac{p_c}{p_1}\right) + C_c'' \lg\left(\frac{p_1+\Delta p}{p_c}\right)\right] \tag{4.10-7}$$

式（4.10-7）右端各项，均指第 i 分层的相应指标。

（4）对于 $\Delta p < p_c - p_1$ 的每一分层，其计算沉降量的公式为

$$S_{2j} = \frac{HC_c'}{1+e_1}\lg\left(\frac{p_1+\Delta p}{p_1}\right) \tag{4.10-8}$$

式（4.10-8）右端各项，均指第 j 分层的相应指标。

（5）地基的沉降量为上述各分层沉降量之和，即

$$S = \sum_{i=1}^{n} S_{1i} + \sum_{j=1}^{m} S_{2j} \tag{4.10-9}$$

式中 m、n——两种情况中的分层数。

4. 欠固结土地基的沉降量计算

（1）压缩曲线的修正方法，如图 4.10-10 所示。

（2）沉降量的计算公式为

$$S = \sum_{i=1}^{n} \frac{C_{ci}H_i}{1+e_{1i}}\lg\left(\frac{p_{1i}+\Delta p_i}{p_{ci}}\right) \tag{4.10-10}$$

式中，各符号意义同前。

4.10.2.5 我国规范建议的方法

《建筑地基基础设计规范》（GB 50007—2002）建议的方法，其计算原理与单向压缩分层总和法完全相同。但为简化计算，利用应力计算的角点法，求得不同计算分层的平均附加应力系数，并制成相应表格备查。此外，还规定了修正沉降量的经验系数 Ψ_s。

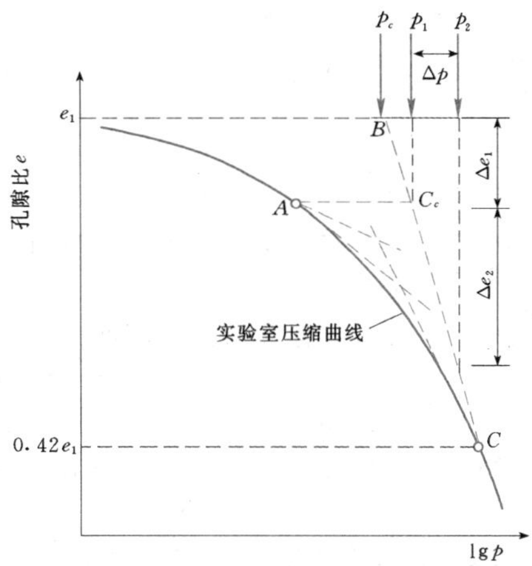

图 4.10-10 欠固结土压缩曲线修正

1. 基本计算公式

$$S = \Psi_s S' = \Psi_s \sum_{i=1}^{n} \frac{p_0}{E_{si}}(z_i \bar{\alpha}_i - z_{i-1}\bar{\alpha}_{i-1}) \tag{4.10-11}$$

式中 S——地基最终变形量，mm；

S'——按分层总和法计算出的地基变形量；

Ψ_s——沉降计算经验系数，根据地区沉降观测资料及经验确定，无地区经验时可采用表 4.10-5 所列数据；

n——地基变形计算深度范围内所划分的土层数（见图 4.10-11）；

p_0——对应于荷载效应准永久组合时的基础底面处的附加压力，kPa；

E_{si}——基础底面下第 i 层土的压缩模量，应取土的自重压力至土的自重压力与附加压力之和的压力段计算，kPa；

z_i、z_{i-1}——基础底面分别至第 i、第 $i-1$ 层土底面的距离，m；

$\bar{\alpha}_i$、$\bar{\alpha}_{i-1}$——基础底面计算点分别至第 i、第 $i-1$ 层土底面范围内平均附加应力系数，可从表 4.10-7～表 4.10-10 查用。

表 4.10-5 沉降计算经验系数 Ψ_s

$\bar{E}_s$（MPa）／基底附加压力	2.5	4.0	7.0	15.0	20.0
$p_0 \geqslant f_k$	1.4	1.3	1.0	0.4	0.2
$p_0 \leqslant 0.75f_k$	1.1	1.0	0.7	0.4	0.2

注 $\bar{E}_s$ 为变形计算深度范围内压缩模量的当量值，应按 $\bar{E}_s = \dfrac{\sum A_i}{\sum \dfrac{A_i}{E_{si}}}$ 计算，其中，A_i 为第 i 层土附加应力系数沿土层厚度的积分值；f_k 为地基承载力标准值，表列数值可内插。

2. 地基变形计算深度

地基变形计算深度 z_n（见图 4.10－11）应符合下式：

$$\Delta S'_n \leqslant 0.025\sum_{i=1}^{n}\Delta S'_i \qquad (4.10-12)$$

式中 $\Delta S'_i$——在计算深度范围内，第 i 层土的计算变形值；

$\Delta S'_n$——由计算深度向上取厚度为 Δz（见图 4.10－11）的土层计算的变形值，并按表 4.10－6 确定。

如确定的计算深度下仍有较软土层时，应继续计算。

《建筑地基基础设计规范》(GB 50007—2002) 还给出了当无相邻荷载影响，且基础宽度在 1～30m 范围内时，基础中点地基变形计算深度的简化计算方法。

当建筑物地下室基础埋置较深时，需要考虑开挖地基土的回弹，该部分回弹变形可按规范公式进行计算。

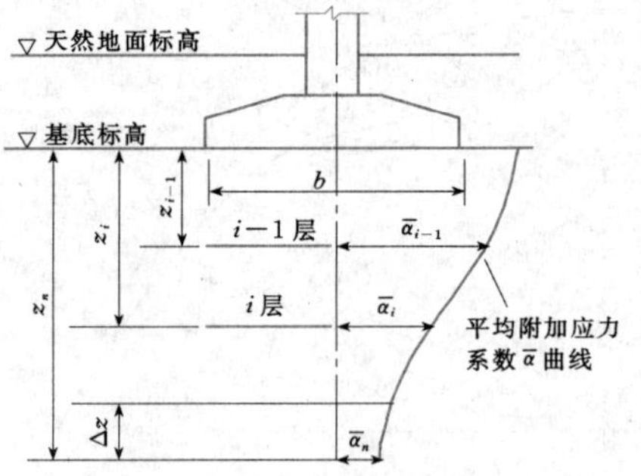

图 4.10－11 沉降计算分层

表 4.10－6 **Δz 值** 单位：m

b	$b\leqslant 2$	$2<b\leqslant 4$	$4<b\leqslant 8$	$b>8$
Δz	0.3	0.6	0.8	1.0

表 4.10－7 **矩形面积上均布荷载作用下角点的平均附加应力系数 $\bar{\alpha}$**

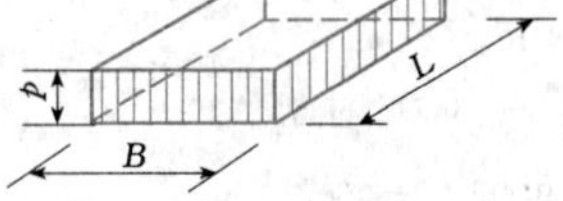

$\frac{z}{B}$ \ $\frac{L}{B}$	1.0	1.2	1.4	1.6	1.8	2.0	2.4	2.8	3.2	3.6	4.0	5.0	10.0
0.0	0.2500	0.2500	0.2500	0.2500	0.2500	0.2500	0.2500	0.2500	0.2500	0.2500	0.2500	0.2500	0.2500
0.2	0.2496	0.2497	0.2497	0.2498	0.2498	0.2498	0.2498	0.2498	0.2498	0.2498	0.2498	0.2498	0.2498
0.4	0.2474	0.2479	0.2481	0.2483	0.2483	0.2484	0.2485	0.2485	0.2485	0.2485	0.2485	0.2485	0.2485
0.6	0.2423	0.2437	0.2444	0.2448	0.2451	0.2452	0.2454	0.2455	0.2455	0.2455	0.2455	0.2455	0.2456
0.8	0.2346	0.2372	0.2387	0.2395	0.2400	0.2403	0.2407	0.2408	0.2409	0.2409	0.2410	0.2410	0.2410
1.0	0.2252	0.2291	0.2313	0.2326	0.2335	0.2340	0.2346	0.2349	0.2351	0.2352	0.2352	0.2353	0.2353
1.2	0.2149	0.2199	0.2229	0.2248	0.2260	0.2268	0.2278	0.2282	0.2285	0.2286	0.2287	0.2288	0.2289
1.4	0.2043	0.2102	0.2140	0.2164	0.2180	0.2191	0.2204	0.2211	0.2215	0.2217	0.2218	0.2220	0.2221
1.6	0.1939	0.2006	0.2049	0.2079	0.2099	0.2113	0.2130	0.2138	0.2143	0.2146	0.2148	0.2150	0.2152
1.8	0.1840	0.1912	0.1960	0.1994	0.2018	0.2034	0.2055	0.2066	0.2073	0.2077	0.2079	0.2082	0.2084
2.0	0.1716	0.1822	0.1875	0.1912	0.1938	0.1958	0.1982	0.1996	0.2004	0.2009	0.2012	0.2015	0.2018
2.2	0.1659	0.1737	0.1793	0.1833	0.1862	0.1883	0.1911	0.1927	0.1937	0.1943	0.1947	0.1952	0.1955
2.4	0.1578	0.1657	0.1715	0.1757	0.1789	0.1812	0.1843	0.1862	0.1873	0.1880	0.1885	0.1890	0.1895
2.6	0.1503	0.1583	0.1642	0.1686	0.1719	0.1745	0.1779	0.1799	0.1812	0.1820	0.1825	0.1832	0.1838
2.8	0.1433	0.1514	0.1574	0.1619	0.1651	0.1680	0.1717	0.1739	0.1753	0.1763	0.1769	0.1777	0.1784
3.0	0.1369	0.1449	0.1510	0.1556	0.1592	0.1619	0.1658	0.1682	0.1698	0.1708	0.1715	0.1725	0.1733
3.2	0.1310	0.1390	0.1450	0.1497	0.1533	0.1562	0.1602	0.1628	0.1645	0.1657	0.1664	0.1675	0.1685
3.4	0.1256	0.1334	0.1394	0.1441	0.1478	0.1508	0.1550	0.1577	0.1595	0.1607	0.1616	0.1628	0.1639
3.6	0.1205	0.1282	0.1342	0.1389	0.1427	0.1456	0.1500	0.1528	0.1548	0.1561	0.1570	0.1583	0.1595
3.8	0.1158	0.1234	0.1293	0.1340	0.1378	0.1408	0.1452	0.1482	0.1502	0.1516	0.1526	0.1541	0.1554

续表

$\frac{z}{B}$ \ $\frac{L}{B}$	1.0	1.2	1.4	1.6	1.8	2.0	2.4	2.8	3.2	3.6	4.0	5.0	10.0
4.0	0.1114	0.1189	0.1248	0.1294	0.1332	0.1362	0.1408	0.1438	0.1459	0.1474	0.1485	0.1500	0.1516
4.2	0.1073	0.1147	0.1205	0.1251	0.1289	0.1319	0.1365	0.1396	0.1418	0.1434	0.1445	0.1462	0.1479
4.4	0.1035	0.1107	0.1164	0.1210	0.1248	0.1279	0.1325	0.1357	0.1379	0.1396	0.1407	0.1425	0.1444
4.6	0.1000	0.1070	0.1127	0.1172	0.1209	0.1240	0.1287	0.1319	0.1342	0.1359	0.1371	0.1390	0.1410
4.8	0.0967	0.1036	0.1091	0.1136	0.1173	0.1204	0.1250	0.1283	0.1307	0.1324	0.1337	0.1357	0.1379
5.0	0.0935	0.1003	0.1057	0.1102	0.1139	0.1169	0.1216	0.1249	0.1273	0.1291	0.1304	0.1325	0.1348
5.2	0.0906	0.0972	0.1026	0.1070	0.1106	0.1136	0.1183	0.1217	0.1241	0.1259	0.1273	0.1295	0.1320
5.4	0.0878	0.0943	0.0996	0.1039	0.1075	0.1105	0.1152	0.1186	0.1211	0.1229	0.1243	0.1265	0.1292
5.6	0.0852	0.0916	0.0968	0.1010	0.1046	0.1076	0.1122	0.1156	0.1181	0.1200	0.1215	0.1238	0.1266
5.8	0.0828	0.0890	0.0941	0.0983	0.1018	0.1047	0.1094	0.1128	0.1153	0.1172	0.1187	0.1211	0.1240
6.0	0.0805	0.0866	0.0916	0.0957	0.0991	0.1021	0.1067	0.1101	0.1126	0.1146	0.1161	0.1185	0.1216
6.2	0.0783	0.0842	0.0891	0.0932	0.0966	0.0995	0.1041	0.1075	0.1101	0.1120	0.1136	0.1161	0.1193
6.4	0.0762	0.0820	0.0869	0.0909	0.0942	0.0971	0.1016	0.1050	0.1076	0.1096	0.1111	0.1137	0.1171
6.6	0.0742	0.0799	0.0847	0.0886	0.0919	0.0948	0.0993	0.1027	0.1053	0.1073	0.1088	0.1114	0.1149
6.8	0.0723	0.0779	0.0826	0.0865	0.0898	0.0926	0.0970	0.1004	0.1030	0.1050	0.1066	0.1092	0.1129
7.0	0.0705	0.0761	0.0805	0.0844	0.0877	0.0904	0.0949	0.0982	0.1008	0.1028	0.1044	0.1071	0.1109
7.2	0.0688	0.0742	0.0787	0.0825	0.0857	0.0884	0.0928	0.0962	0.0987	0.1008	0.1023	0.1051	0.1090
7.4	0.0672	0.0725	0.0769	0.0806	0.0838	0.0865	0.0908	0.0942	0.0967	0.0988	0.1004	0.1031	0.1071
7.6	0.0656	0.0709	0.0752	0.0789	0.0820	0.0846	0.0889	0.0922	0.0948	0.0968	0.0984	0.1012	0.1054
7.8	0.0642	0.0693	0.0736	0.0771	0.0802	0.0828	0.0871	0.0904	0.0929	0.0950	0.0966	0.0994	0.1036
8.0	0.0627	0.0678	0.0720	0.0755	0.0785	0.0811	0.0853	0.0886	0.0912	0.0932	0.0948	0.0976	0.1020
8.2	0.0614	0.0663	0.0705	0.0739	0.0769	0.0795	0.0837	0.0869	0.0894	0.0914	0.0931	0.0959	0.1004
8.4	0.0601	0.0649	0.0690	0.0724	0.0754	0.0779	0.0820	0.0852	0.0878	0.0898	0.0914	0.0943	0.0988
8.6	0.0588	0.0636	0.0676	0.0710	0.0739	0.0764	0.0805	0.0836	0.0862	0.0882	0.0898	0.0927	0.0973
8.8	0.0576	0.0623	0.0663	0.0696	0.0724	0.0749	0.0790	0.0821	0.0846	0.0866	0.0882	0.0912	0.0959
9.2	0.0554	0.0599	0.0637	0.0670	0.0697	0.0721	0.0761	0.0792	0.0817	0.0837	0.0853	0.0882	0.0931
9.6	0.0533	0.0577	0.0614	0.0645	0.0672	0.0696	0.0734	0.0765	0.0789	0.0809	0.0825	0.0853	0.0905
10.0	0.0514	0.0556	0.0592	0.0622	0.0649	0.0672	0.0710	0.0739	0.0763	0.0783	0.0799	0.0829	0.0880
10.4	0.0496	0.0537	0.0572	0.0601	0.0627	0.0649	0.0686	0.0716	0.0739	0.0759	0.0775	0.0804	0.0857
10.8	0.0479	0.0519	0.0553	0.0581	0.0606	0.0628	0.0664	0.0693	0.0717	0.0736	0.0751	0.0781	0.0834
11.2	0.0463	0.0502	0.0535	0.0563	0.0587	0.0609	0.0644	0.0672	0.0695	0.0714	0.0730	0.0759	0.0813
11.6	0.0448	0.0486	0.0518	0.0545	0.0569	0.0590	0.0625	0.0652	0.0675	0.0694	0.0709	0.0738	0.0793
12.0	0.0435	0.0471	0.0502	0.0529	0.0552	0.0573	0.0606	0.0634	0.0656	0.0674	0.0690	0.0719	0.0774
12.8	0.0409	0.0444	0.0471	0.0499	0.0521	0.0541	0.0573	0.0599	0.0621	0.0639	0.0654	0.0682	0.0739
13.6	0.0387	0.0420	0.0448	0.0472	0.0493	0.0512	0.0543	0.0568	0.0589	0.0607	0.0621	0.0649	0.0707
14.4	0.0367	0.0398	0.0425	0.0448	0.0469	0.0486	0.0516	0.0540	0.0561	0.0577	0.0592	0.0619	0.0677
15.2	0.0340	0.0379	0.0404	0.0426	0.0446	0.0463	0.0492	0.0515	0.0535	0.0551	0.0565	0.0592	0.0650
16.0	0.0332	0.0361	0.0385	0.0407	0.0425	0.0442	0.0469	0.0492	0.0511	0.0527	0.0540	0.0567	0.0625
18.0	0.0297	0.0323	0.0345	0.0361	0.0381	0.0396	0.0422	0.0442	0.0460	0.0475	0.0487	0.0512	0.0570
20.0	0.0269	0.0292	0.0312	0.0330	0.0345	0.0359	0.0383	0.0402	0.0418	0.0432	0.0444	0.0468	0.0524

表 4.10－8　　　　矩形面积上三角形分布荷载作用下角点的平均附加应力系数$\overline{\alpha}$

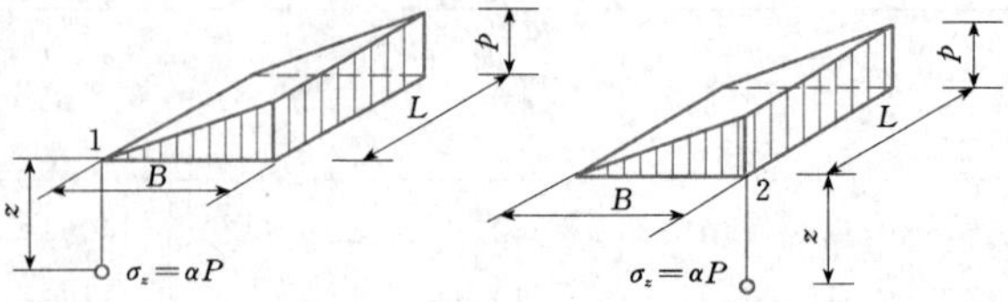

L/B	0.2		0.4		0.6		0.8		1		1.2		1.4	
z/B　　点	1	2	1	2	1	2	1	2	1	2	1	2	1	2
0.0	0.0000	0.2500	0.0000	0.2500	0.0000	0.2500	0.0000	0.2500	0.0000	0.2500	0.0000	0.2500	0.0000	0.2500
0.2	0.0112	0.2161	0.0140	0.2308	0.0148	0.2333	0.0151	0.2339	0.0152	0.2341	0.0153	0.2342	0.0153	0.2343
0.4	0.0179	0.1810	0.0245	0.2084	0.0270	0.2153	0.0280	0.2175	0.0285	0.2184	0.0288	0.2187	0.0289	0.2189
0.6	0.0207	0.1505	0.0308	0.1851	0.0355	0.1966	0.0376	0.2011	0.0388	0.2030	0.0394	0.2039	0.0397	0.2043
0.8	0.0217	0.1277	0.0340	0.1640	0.0405	0.1787	0.0440	0.1852	0.0459	0.1883	0.0470	0.1899	0.0476	0.1907
1.0	0.0217	0.1104	0.0351	0.1461	0.0430	0.1624	0.0476	0.1704	0.0502	0.1746	0.0518	0.1769	0.0528	0.1781
1.2	0.0212	0.0970	0.0351	0.1312	0.0439	0.1480	0.0492	0.1571	0.0525	0.1621	0.0546	0.1649	0.0560	0.1666
1.4	0.0204	0.0865	0.0344	0.1187	0.0436	0.1356	0.0495	0.1451	0.0534	0.1507	0.0559	0.1541	0.0575	0.1562
1.6	0.0195	0.0779	0.0333	0.1082	0.0427	0.1247	0.0490	0.1345	0.0533	0.1405	0.0561	0.1443	0.0580	0.1467
1.8	0.0186	0.0709	0.0321	0.0993	0.0415	0.1153	0.0480	0.1252	0.0525	0.1313	0.0556	0.1354	0.0578	0.1381
2.0	0.0178	0.0650	0.0308	0.0917	0.0401	0.1071	0.0467	0.1169	0.0513	0.1232	0.0547	0.1274	0.0570	0.1303
2.5	0.0157	0.0538	0.0276	0.0769	0.0365	0.0908	0.0429	0.1000	0.0478	0.1063	0.0513	0.1107	0.0540	0.1139
3.0	0.0140	0.0458	0.0248	0.0661	0.0330	0.0786	0.0392	0.0871	0.0439	0.0931	0.0476	0.0976	0.0503	0.1008
5.0	0.0097	0.0289	0.0175	0.0424	0.0236	0.0476	0.0285	0.0576	0.0324	0.0624	0.0356	0.0661	0.0382	0.0690
7.0	0.0073	0.0211	0.0133	0.0311	0.0180	0.0352	0.0219	0.0427	0.0251	0.0465	0.0277	0.0496	0.0299	0.0520
10.0	0.0053	0.0150	0.0097	0.0222	0.0133	0.0253	0.0162	0.0308	0.0186	0.0336	0.0207	0.0359	0.0224	0.0379

L/B	1.6		1.8		2		3		4		6		10	
z/B　　点	1	2	1	2	1	2	1	2	1	2	1	2	1	2
0.0	0.0000	0.2500	0.0000	0.2500	0.0000	0.2500	0.0000	0.2500	0.0000	0.2500	0.0000	0.2500	0.0000	0.2500
0.2	0.0153	0.2343	0.0153	0.2343	0.0153	0.2343	0.0153	0.2343	0.0153	0.2343	0.0153	0.2343	0.0153	0.2343
0.4	0.0290	0.2190	0.0290	0.2190	0.0290	0.2191	0.0290	0.2192	0.0291	0.2192	0.0291	0.2192	0.0291	0.2192
0.6	0.0399	0.2046	0.0400	0.2047	0.0401	0.2048	0.0402	0.2050	0.0402	0.2050	0.0402	0.2050	0.0402	0.2050
0.8	0.0480	0.1912	0.0482	0.1915	0.0483	0.1917	0.0486	0.1920	0.0487	0.1920	0.0487	0.1921	0.0487	0.1921
1.0	0.0534	0.1789	0.0538	0.1794	0.0540	0.1797	0.0545	0.1803	0.0546	0.1803	0.0546	0.1804	0.0546	0.1804
1.2	0.0568	0.1678	0.0574	0.1684	0.0577	0.1689	0.0584	0.1697	0.0586	0.1699	0.0587	0.1700	0.0587	0.1700
1.4	0.0586	0.1576	0.0594	0.1585	0.0599	0.1591	0.0609	0.1603	0.0612	0.1605	0.0613	0.1606	0.0613	0.1606
1.6	0.0594	0.1484	0.0603	0.1494	0.0609	0.1502	0.0623	0.1517	0.0626	0.1521	0.0628	0.1523	0.0628	0.1523
1.8	0.0593	0.1400	0.0604	0.1413	0.0611	0.1422	0.0628	0.1441	0.0633	0.1445	0.0635	0.1447	0.0635	0.1448
2.0	0.0587	0.1324	0.0599	0.1338	0.0608	0.1348	0.0629	0.1371	0.0634	0.1377	0.0637	0.1380	0.0638	0.1380
2.5	0.0560	0.1163	0.0575	0.1180	0.0586	0.1193	0.0614	0.1223	0.0623	0.1233	0.0627	0.1237	0.0628	0.1239
3.0	0.0525	0.1033	0.0541	0.1052	0.0554	0.1067	0.0589	0.1104	0.0600	0.1116	0.0607	0.1123	0.0609	0.1125
5.0	0.0403	0.0714	0.0421	0.0734	0.0435	0.0749	0.0480	0.0797	0.0500	0.0817	0.0515	0.0833	0.0521	0.0839
7.0	0.0318	0.0541	0.0333	0.0558	0.0347	0.0572	0.0391	0.0619	0.0414	0.0642	0.0435	0.0663	0.0445	0.0674
10.0	0.0239	0.0395	0.0252	0.0409	0.0263	0.0403	0.0302	0.0462	0.0325	0.0485	0.0349	0.0509	0.0364	0.0526

表 4.10-9　圆形面积上均布荷载作用下中点的平均附加应力系数 $\overline{\alpha}$

点 / $\frac{z}{r}$	中点	点 / $\frac{z}{r}$	中点
0.0	1.000	2.6	0.560
0.1	1.000	2.7	0.546
0.2	0.998	2.8	0.532
0.3	0.993	2.9	0.519
0.4	0.986	3.0	0.507
0.5	0.974	3.1	0.495
0.6	0.960	3.2	0.484
0.7	0.942	3.3	0.473
0.8	0.923	3.4	0.463
0.9	0.901	3.5	0.453
1.0	0.878	3.6	0.443
1.1	0.855	3.7	0.434
1.2	0.831	3.8	0.425
1.3	0.808	3.9	0.417
1.4	0.784	4.0	0.409
1.5	0.762	4.1	0.401
1.6	0.739	4.2	0.393
1.7	0.718	4.3	0.386
1.8	0.697	4.4	0.379
1.9	0.677	4.5	0.372
2.0	0.658	4.6	0.365
2.1	0.640	4.7	0.359
2.2	0.623	4.8	0.353
2.3	0.606	4.9	0.347
2.4	0.590	5.0	0.341
2.5	0.574		

注　r 为半径。

表 4.10-10　圆形面积上三角形分布荷载作用下边点的平均附加应力系数 $\overline{\alpha}$

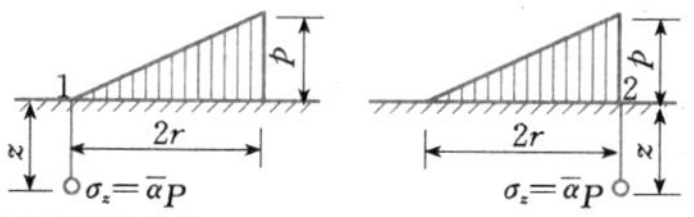

点 / $\frac{z}{r}$	1	2	点 / $\frac{z}{r}$	1	2
0.0	0.000	0.500	2.3	0.073	0.242
0.1	0.008	0.483	2.4	0.073	0.236
0.2	0.016	0.466	2.5	0.072	0.230
0.3	0.023	0.450	2.6	0.072	0.225
0.4	0.030	0.435	2.7	0.071	0.219
0.5	0.035	0.420	2.8	0.071	0.214
0.6	0.041	0.406	2.9	0.070	0.209
0.7	0.045	0.393	3.0	0.070	0.204
0.8	0.050	0.380	3.1	0.069	0.200
0.9	0.054	0.368	3.2	0.069	0.196
1.0	0.057	0.356	3.3	0.068	0.192
1.1	0.061	0.344	3.4	0.067	0.188
1.2	0.063	0.333	3.5	0.067	0.184
1.3	0.065	0.323	3.6	0.066	0.180
1.4	0.067	0.313	3.7	0.065	0.177
1.5	0.069	0.303	3.8	0.065	0.173
1.6	0.070	0.294	3.9	0.064	0.170
1.7	0.071	0.286	4.0	0.063	0.167
1.8	0.072	0.278	4.2	0.062	0.161
1.9	0.072	0.270	4.4	0.061	0.155
2.0	0.073	0.263	4.6	0.059	0.150
2.1	0.073	0.255	4.8	0.058	0.145
2.2	0.073	0.249	5.0	0.057	0.140

注　r 为圆形面积的半径。

4.10.2.6　斯肯普顿—贝伦计算法

斯肯普顿—贝伦计算法考虑了三向变形效应。当压缩层厚度相对于基础宽度较大时，地基土变形有明显的三向效应。则地基沉降量的计算公式为

$$S_3 = \lambda S \tag{4.10-13}$$

式中　S_3——考虑三向效应的沉降量；

S——单向压缩计算沉降量，如按式（4.10-3）算得的沉降量；

λ——沉降修正系数，与基础形状、土层厚度、计算点位置和土的应力历史（反映于孔隙压力系数 A）等有关，可由图 4.10-12 查用（该图系经斯科特修改过的图幅）。

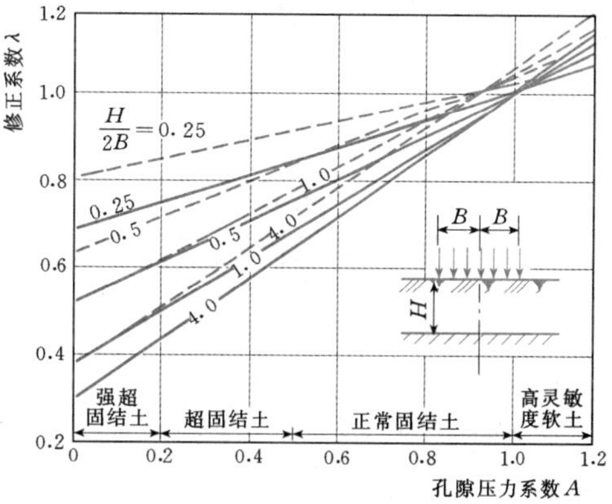

图 4.10-12　沉降修正系数

——— 圆形基础；－－－ 条形基础

4.10.2.7　黄文熙方法

黄文熙法考虑了三向压缩变形。

1. 计算基本公式

$$S = \sum_{i=1}^{n} \varepsilon_{zi} h_i \tag{4.10-14}$$

对于空间问题有

$$\varepsilon_z = \frac{1}{1-2\mu}\left[(1+\mu)\frac{\sigma_z}{\Theta} - \mu\right]\frac{e_1 - e_2}{1+e_1} \tag{4.10-15}$$

对于平面问题有

$$\varepsilon_z = \frac{1}{1-2\mu}\left(\frac{\sigma_z}{\Theta'} - \mu\right)\frac{e_1 - e_2}{1+e_1} \tag{4.10-16}$$

式中　ε_z——z 方向（垂直）的应变；

h_i——分层厚度；

i——分层序号；

μ——土的泊松比；

e_1、e_2——受基础荷载前、后土的孔隙比；

Θ——地基中一点的三个法向应力（附加应力）之和，$\Theta = \sigma_x + \sigma_y + \sigma_z$；

Θ'——平面问题中一点的两个法向应力之和，$\Theta' = \sigma_x + \sigma_z$。

2. 计算指标的测定

(1) 泊松比 μ 并非常量，而是 Θ_t 与 $\frac{p_z}{\Theta_t}$ 的函数。$\Theta_t = p_x + p_y + p_z$，其中 p 为一点的自重应力与附加应力之和。可以通过三轴压缩试验，求得与地基中实际应力相对应的 μ 值。

(2) 通过上述同样试验，求出一定 $\frac{p_z}{\Theta_t}$ 下的 Θ_t—e 关系。再按试验与地基中 $\frac{p_z}{\Theta_t}$ 相等或相近的原则，确定孔隙比 e。

4.10.3 天然地基的沉降过程计算

计算沉降过程旨在确定地基在某时刻 t 的固结度 U_t。而与固结度 U_t 相应的沉降量 S_t 的计算公式为

$$S_t = U_t S \qquad (4.10-17)$$

式中 S——地基的主固结沉降量。

地基的沉降过程系针对主固结阶段而言，并按固结理论求解。固结理论涉及两类课题：①单向固结理论，地基土单向排水，单向压缩；②三向（包括双向）固结理论，地基土三向（双向）排水，三向（双向）压缩。

因为计算机数值计算技术的发展，二维、三维固结很少采用手工计算，本节仅介绍单向固结沉降过程的计算方法。

砂土地基透水性大，沉降达到稳定的历时很短，故沉降过程计算一般系针对黏性土体而言。为简化求解，工程中采用近似的扩散方程。

4.10.3.1 瞬时加荷（情况Ⅰ）

情况Ⅰ为超静水压力沿深度均匀或呈直线分布，双面排水，地基平均固结度 U 与时间因数 T_v 的关系见表 4.10-11，亦可表示为 $U = f(T_v)$ 关系（见表 4.10-12）。时间因数 T_v 为

$$T_v = \frac{C_v t}{H^2} \qquad (4.10-18)$$

式中 C_v——固结系数，cm^2/s 或 m^2/a；

t——时间；

H——压缩土层（上、下排水）厚度之半，如果土层只有一面排水，则即为土层厚度。

4.10.3.2 瞬时加荷（情况Ⅱ、Ⅲ、Ⅳ）

情况Ⅱ、Ⅲ、Ⅳ为超静水压力沿深度呈 1/4 正弦曲线、半正弦曲线、三角形分布，双面排水。地基平均固结度 U 与时间因数 T_v 的关系见表 4.10-11、表 4.10-12。

表 4.10-11 双面排水单向固结条件下的 $T_v = f(U)$

超静水压力分布图形 / 固结度 U (%)	情况Ⅰ 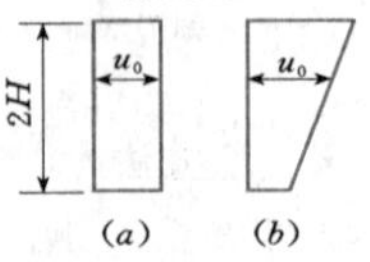 (a) (b)	情况Ⅱ 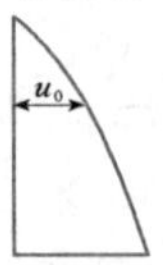	情况Ⅲ 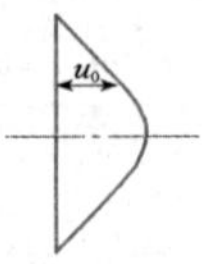	情况Ⅳ 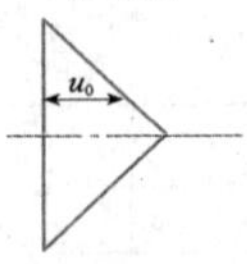
0	0	0	0	0
5	0.0017	0.0021	0.0208	0.0247
10	0.0077	0.0114	0.0427	0.0500
15	0.0177	0.0238	0.0659	0.0750
20	0.0314	0.0403	0.0904	0.1020
25	0.0491	0.0608	0.1170	0.1280
30	0.0707	0.0845	0.1450	0.1570
35	0.0962	0.1120	0.1750	0.1880
40	0.1260	0.1430	0.2070	0.2210
45	0.1590	0.1770	0.2420	0.2570
50	0.1960	0.2150	0.2810	0.2940
55	0.2380	0.2570	0.3240	0.3360
60	0.2860	0.3040	0.3710	0.3840
65	0.3420	0.3580	0.4250	0.4380
70	0.4030	0.4210	0.4880	0.5010
75	0.4770	0.4950	0.5620	0.5750
80	0.5670	0.5860	0.6520	0.6650
85	0.6840	0.7000	0.7690	0.7820
90	0.8480	0.8620	0.9330	0.9460
95	1.1290	1.1630	1.2140	1.2270
100	∞	∞	∞	∞

表 4.10-12　双面排水单向固结条件下的 $U=f(T_v)$

时间因数 T_v	固结度 U (%)			
	情况Ⅰ	情况Ⅱ	情况Ⅲ	情况Ⅳ
0.004	7.35	6.49	0.98	0.85
0.008	10.38	8.62	1.95	1.62
0.012	12.48	10.49	2.92	2.41
0.020	15.98	13.67	4.81	4.00
0.028	18.89	16.38	6.67	5.60
0.036	21.41	18.76	8.50	7.20
0.048	24.64	21.96	11.17	9.50
0.060	27.64	24.81	13.76	11.99
0.072	30.28	27.43	16.28	14.36
0.083	32.33	29.67	18.52	16.46
0.100	35.62	32.88	21.87	19.76
0.125	39.89	36.54	26.54	24.42
0.150	43.70	41.12	30.93	28.86
0.175	47.18	44.73	35.07	33.06
0.200	50.41	48.09	38.95	37.04
0.250	56.22	54.17	46.03	44.32
0.300	61.32	59.50	52.30	50.78
0.350	65.82	64.21	57.83	56.49
0.400	69.73	68.36	62.73	61.54
0.500	76.40	76.28	70.88	69.94
0.600	81.56	80.69	77.25	76.52
0.700	85.59	84.91	82.22	81.65
0.800	88.74	88.21	86.11	85.66
0.900	91.19	90.79	89.15	88.80
1.000	93.13	92.80	91.52	91.25
2.000	99.42	—	—	—

4.10.3.3 瞬时加荷（组合情况）

组合情况为超静水压力分布呈组合图形，可以利用表 4.10-11 或表 4.10-12，求得该图形情况下任何时刻相应的固结度。例如，假设地基中的超静水压力分布图形如图 4.10-13 中的 A，则该图形可视为该图中 B 与 C 的相减值。图形 A 在某时刻（以时间因数 T_v 表示）的固结度 $U_A(T_v)$ 可从图形 B 与 C 在相应时刻的固结度 $U_B(T_v)$ 和 $U_C(T_v)$ 计算求得

$$U_A(T_v)=\frac{U_B(T_v)\times \text{面积}\,B-U_C(T_v)\,\text{面积}\,C}{\text{面积}\,B-\text{面积}\,C} \tag{4.10-19}$$

4.10.3.4 荷载随时间呈直线增大

1. 解析法

双面排水地基压缩层厚度为 $2H$。地面荷载由开始的零随时间直线增大至 t_c 时的 p_c，然后荷载保持常量，如图 4.10-14 所示。本情况与实际施工过程相近。地基沉降量可区分为以下两种情况计算：

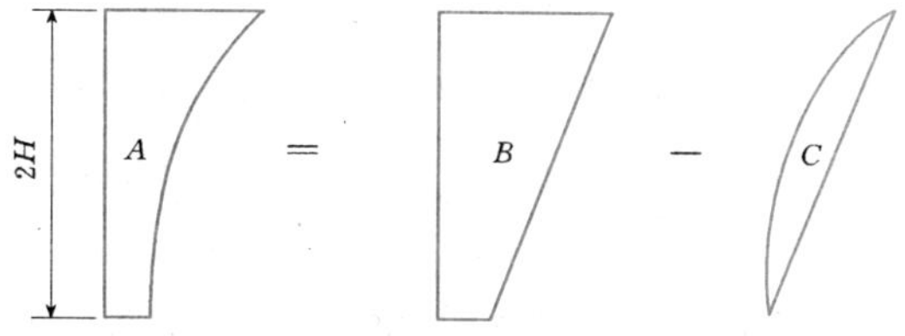

(a) 实际起始超静水压力分布　(b) 直线超静水压力分布　(c) 曲线超静水压力分布

图 4.10-13　用叠加法求平均固结度

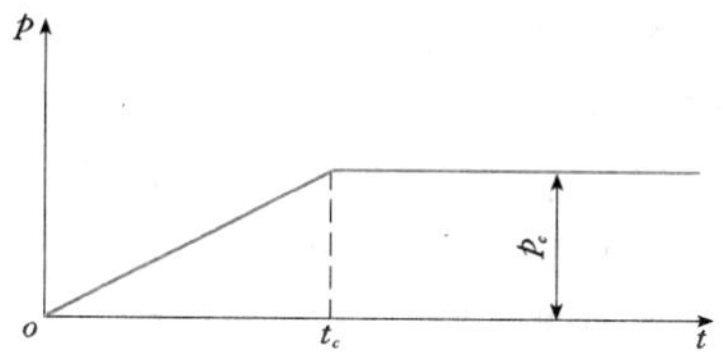

图 4.10-14　荷载按直线增大

(1) $t\leqslant t_c$（施工期），沉降量计算公式为

$$S_t=\frac{2\alpha m_v H^3}{C_v}\left[\frac{C_v}{H^2}t-\frac{1}{3}+\frac{1}{3}e^{-Mt}\right] \tag{4.10-20}$$

(2) $t>t_c$（竣工后），沉降量计算公式为

$$S_t=\frac{2\alpha m_v H^3}{C_v}\left\{\frac{C_v}{H^2}(t-t_c)+\frac{1}{3}\left[e^{-Mt}-e^{-M(t-t_c)}\right]\right\} \tag{4.10-21}$$

$$\alpha=\frac{p_c}{t_c}$$

其中
$$M=\frac{\pi^2 C_v}{4H^2}$$

式中　α——加荷速率；

m_v、C_v——土的体积压缩系数、固结系数。

2. 近似图解法

地基荷载按直线增大，如图 4.10-15 所示。任意时刻 t 的沉降量可按以下作图法求得：

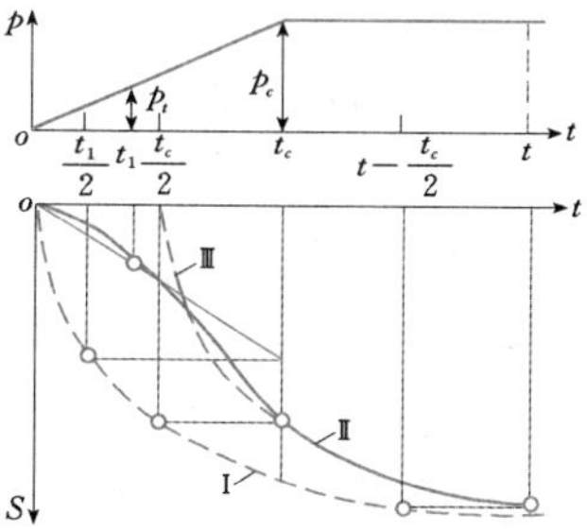

图 4.10-15　荷载按直线增大时沉降量的图解计算法

(1) $t \leqslant t_c$（施工期），沉降量计算公式为

$$S_t = \left(荷载瞬时施加后经过\frac{t_c}{2}时的沉降量\right)\frac{p_t}{p_c} \quad (4.10-22)$$

(2) $t > t_c$（竣工后），沉降量计算公式为

$$S_t = 荷载瞬时施加后经过\left(t-\frac{t_c}{2}\right)时的沉降量 \quad (4.10-23)$$

在图 4.10-15 中，曲线Ⅰ为瞬时施加荷后的沉降量过程线，可按前述单向固结理论求得；曲线Ⅱ为根据曲线Ⅰ按上述两公式求得的考虑荷载按直线变化的沉降量过程线。

如果不需要考虑施工期的沉降量，则可取施工期的一半时间作为时间起点，再按瞬时加荷条件绘制沉降量过程线（见图 4.10-15 中的Ⅲ线）。

4.10.3.5　荷载随时间呈复杂图形增大

如果荷载实际增长情况如图 4.10-16 中的实线，可用最接近的虚直线代替。再按式（4.10-22）、式（4.10-23）分别计算各个加荷段的沉降量过程线，并相应予以叠加。

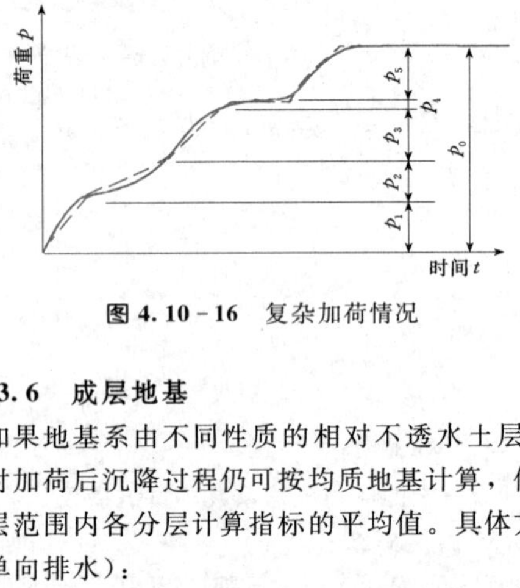

图 4.10-16　复杂加荷情况

4.10.3.6　成层地基

如果地基系由不同性质的相对不透水土层组成，则瞬时加荷后沉降过程仍可按均质地基计算，但需用压缩层范围内各分层计算指标的平均值。具体方法如下（单向排水）：

(1) 地基压缩层达到某平均固结度 U_t 所需的时间 t 的计算公式为

$$t = T_v \sum_{i=1}^{n} m_{vi} h_i \sum_{i=1}^{n} \frac{h_i}{m_{vi} C_{vi}} \quad (4.10-24)$$

式中　m_{vi}、C_{vi}、h_i——第 i 分层土的体积压缩系数、固结系数及分层厚度；

n——压缩层内的分层数；

T_v——时间因数。

(2) 假设不同的 U_t，从表 4.10-11 中情况Ⅰ查取相应的各个 T_v 值，代入式（4.10-24），算得各个 t 值。

(3) 按 $S_t = U_t \times S$ 计算出各时间 t 的沉降量 S_t，绘制 $S_t \sim t$ 曲线。

4.10.3.7　有透水间层的地基

如果在地基压缩层范围内夹杂若干透水间层，可分别计算每两个相邻透水层间相对不透水分层的沉降过程，再叠加各相应时刻的沉降量，得整个土层的沉降过程。

整个土层的平均固结度 U_t 的计算公式为

$$U_t = \frac{1}{S}(U_1 S_1 + U_2 S_2 + \cdots) \quad (4.10-25)$$

式中　S——压缩层的总主固结沉降量（最终稳定沉降量）；

$S_1, S_2, \cdots$——各分层的主固结沉降量；

$U_1, U_2, \cdots$——各分层在时刻 t 的固结度。

4.11　地基承载力

确定地基承载力的常用方法有理论计算法、原位试验法和规范法。

4.11.1　理论计算法

确定地基承载力的理论计算法，可以分为控制塑性区深度的弹塑性分析法（计算结果为容许承载力）和极限平衡分析法（计算结果为极限承载力）。

4.11.1.1　按塑性区深度确定地基承载力

1. 临塑荷载公式

设条形基础宽度为 B，埋置深度为 D，地基土的容重为 γ，黏聚力为 c，内摩擦角为 φ。地基边缘刚出现塑性剪切区时的相应荷载（临塑荷载）的计算公式为

$$P_{cr} = \frac{\pi(\gamma D + c\cot\varphi)}{\cot\varphi - \frac{\pi}{2} + \varphi} + \gamma D \quad (4.11-1)$$

2. 容许塑性区发展至一定深度的公式

若基础与地基的情况与上述式（4.11-1）中的相同，容许地基内塑性区发展的最大深度为基础底宽 B 的 $\frac{1}{3}$ 或 $\frac{1}{4}$，相应的容许荷载 $p_{\frac{1}{3}}$ 与 $p_{\frac{1}{4}}$ 的计算公式分别为

$$p_{\frac{1}{3}} = \frac{\pi\left(\gamma D + \frac{1}{3}\gamma B + c\cot\varphi\right)}{\cot\varphi - \frac{\pi}{2} + \varphi} + \gamma D \quad (4.11-2)$$

$$p_{\frac{1}{4}} = \frac{\pi\left(\gamma D + \frac{1}{4}\gamma B + c\cot\varphi\right)}{\cot\varphi - \frac{\pi}{2} + \varphi} + \gamma D \quad (4.11-3)$$

式（4.11-1）～式（4.11-3）也可用于矩形、

圆形等基础，且偏于安全。γ 为基础底面以下土的容重［地基土处于地下水位以下采用浮容重 γ'；如果最高地下水位在基底以下深度大于 B，采用天然容重 γ；如果最高地下水位在基底以下的深度为 z，且 z 小于 B，容重采用 $\gamma' + \frac{z}{B}(\gamma - \gamma')$］。

4.11.1.2 极限平衡分析法

1. 太沙基极限承载力公式

当地基土比较密实，受基础荷载作用，土的应力—应变关系曲线出现明显的转折（即整体剪切破坏情况），此时地基破坏形成连续的滑动面，导致地基的整体剪切破坏。相应的地基极限承载力的计算公式为

$$q_d = cN_c + qN_q + \frac{1}{2}\gamma B N_\gamma \qquad (4.11-4)$$

其中 $q = \gamma D$

式中 q_d——基础底单位面积上的极限荷载；

c——土的黏聚力；

B——条形基础宽度；

q——埋置深度内的土层压力；

γ——基础底面以下土的容重，取值同式（4.11-3）；

N_c、N_q、N_γ——承载力因数，与土的内摩擦角 φ 及基底光滑程度等有关。

对于基底完全光滑的情况，地基承载力因数分别为

$$N_c = (N_q - 1)\frac{1}{\tan\varphi}$$

$$N_q = \tan^2\left(45° + \frac{\varphi}{2}\right)e^{\pi\tan\varphi}$$

$$N_\gamma = 1.8(N_q - 1)\tan\varphi$$

2. 迈耶霍夫极限承载力公式

迈耶霍夫认为，普朗特尔和太沙基等人将滑动面的终点限制在与基底同一水平面上，并且不考虑基础两侧土的抗剪强度的影响是不符合实际的。因此，提出应该考虑到地基土的塑性平衡区随着基础的埋置深度的不同而扩展到最大可能的程度，并且应计及基础两侧土的抗剪强度对承载力的影响。以一定假定为基础，导出了条形基础受中心荷载作用时均质地基的极限承载力公式。

迈耶霍夫分别求出由于黏聚力 c、超载土和基底下土体自重引起的承载力，然后进行叠加，得出的地基极限承载力的计算公式为

$$q_u = cN_c + qN_q + \frac{1}{2}\gamma B N_\gamma \qquad (4.11-5)$$

承载力因数 N_c、N_q 由式（4.11-6）计算：

$$\left.\begin{aligned} N_c &= (N_q - 1)\cot\varphi \\ N_q &= \frac{(1+\sin\varphi)e^{2\theta\tan\varphi}}{1-\sin\varphi\sin(2\eta+\varphi)} \end{aligned}\right\} \qquad (4.11-6)$$

N_γ 无解析解，迈耶霍夫给出了图 4.11-1 供查阅。

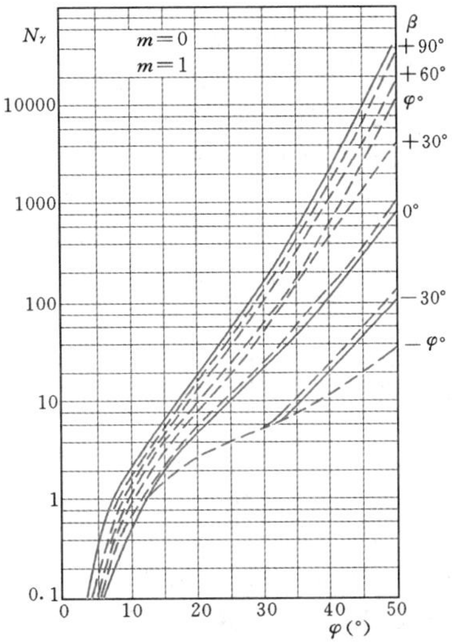

图 4.11-1 承载力因数 N_γ 与 φ、β 及 m 的关系

迈耶霍夫地基极限承载力公式的计算步骤如下：

（1）假定 β，由式（4.11-7）计算 σ_0、τ_0。β 为公式推导时所作“等代自由面”与水平面的夹角，以作用于该面上的法向应力 σ_0、剪应力 τ_0 代替基础两侧土的抗剪强度的影响，即

$$\left.\begin{aligned} \sigma_0 &= \frac{1}{2}\gamma D\left(K_0\sin^2\beta + \frac{1}{2}K_0\tan\delta\sin2\beta + \cos^2\beta\right) \\ \tau_0 &= \frac{1}{2}\gamma D\left[\frac{1}{2}(1-K_0)\sin2\beta + K_0\tan\delta\sin^2\beta\right] \end{aligned}\right\} \qquad (4.11-7)$$

式中 K_0——土的静止土压力系数；

γ——基础底面以上土的容重。

（2）根据 σ_0、τ_0 值作极限应力圆（见图 4.11-2），并量得 η 和计算 $\theta = \frac{3\pi}{4} + \beta - \eta - \frac{\varphi}{2}$，由式（4.11-8）重新计算 β，得

$$\sin\beta = \frac{2D\sin\left(\frac{\pi}{4} - \frac{\varphi}{2}\right)\cos(\eta+\varphi)}{B\cos\varphi e^{\theta\tan\varphi}} \qquad (4.11-8)$$

（3）如 β 的计算值与假定值不符，再假定 β 为计算值，重复（1）、（2）步，直到 β 的计算值与假定值相符为止。

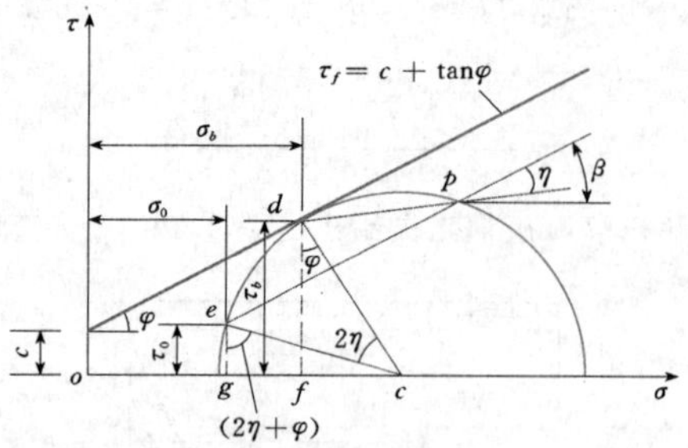

图 4.11-2　迈耶霍夫承载力公式 η、θ 的确定

(4) m 的计算公式为

$$\left.\begin{aligned} m &= \frac{(c+\sigma_b\tan\varphi)\cos(2\eta+\varphi)}{(c+\sigma_0\tan\varphi)\cos\varphi} \\ \sigma_b &= \frac{\sigma_0+\dfrac{c}{\cos\varphi}[\sin(2\eta+\varphi)-\sin\varphi]}{1-\dfrac{\sin\varphi}{\cos^2\varphi}[\sin(2\eta+\varphi)-\sin\varphi]} \end{aligned}\right\} \tag{4.11-9}$$

(5) 由计算的 m、β 值，根据式（4.11-6）计算 N_c、N_q，并查得 N_γ，由式（4.11-5）计算出极限承载力。

如 $m=0$ 和 $\beta=0$，则式（4.11-5）简化为

$$f_u = cN_c + qN_q + \frac{1}{2}\gamma BN_\gamma \tag{4.11-10}$$

迈耶霍夫建议了 N_c、N_q、N_γ 的半经验公式为

$$\left.\begin{aligned} N_c &= (N_q-1)\frac{1}{\tan\varphi} \\ N_q &= e^{\pi\tan\varphi}\tan^2\left(\frac{\pi}{4}+\frac{\varphi}{2}\right) \\ N_\gamma &= (N_q-1)\tan(1.4\varphi) \end{aligned}\right\} \tag{4.11-11}$$

3. 汉森极限承载力公式

汉森公式的特点是，在一般的垂直极限荷载的公式中补充考虑了基础形状、荷载倾斜的影响。有倾斜荷载作用时，垂直极限荷载 q_{dv} 的计算公式为

$$\left.\begin{aligned} \varphi>0,\ q_{dv} &= \frac{Q_{dv}}{A_e} \\ &= cN_c s_c d_c i_c + qN_q s_q d_q i_q \\ &\quad + \frac{1}{2}\gamma B_e N_\gamma s_\gamma i_\gamma \\ \varphi=0,\ q_{dv} &= \frac{Q_{dv}}{A_e} = 5.14cs_c d_c i_c + q \end{aligned}\right\} \tag{4.11-12}$$

式中　Q_{dv}——总极限荷载的垂直分量；

A_e、B_e——基础的有效面积、有效宽度；

γ——基础底面以下的土容重（水下的用浮容重）；

c——地基土的黏聚力；

q——基础底面以上的有效垂直向荷载，一般为基础埋置深度内的土层压力；

N_c、N_q、N_γ——承载力因数，见表 4.11-1；

s_c、s_q、s_γ——与基础形状有关的形状系数。

式（4.11-12）适用于 $\frac{D}{B}<1$ 的情况。

表 4.11-1　汉森公式承载力因数

φ（°）	N_c	N_q	N_γ
0	5.14	1.00	0
2	5.69	1.20	0.01
4	6.17	1.43	0.05
6	6.82	1.72	0.14
8	7.52	2.06	0.27
10	8.35	2.47	0.47
12	9.29	2.97	0.76
14	10.37	3.58	1.16
16	11.62	4.33	1.72
18	13.09	5.25	2.49
20	14.83	6.40	3.54
22	16.89	7.82	4.96
24	19.33	9.61	6.90
26	22.25	11.85	9.53
28	25.80	14.71	13.13
30	30.15	18.40	18.09
32	35.50	23.18	24.95
34	42.18	29.45	34.54
36	50.61	37.77	48.08
38	61.36	48.92	67.43
40	75.36	64.23	95.51
42	93.69	85.36	136.72
44	118.41	115.35	198.77
45	133.86	134.86	240.95

与基础形状有关的形状系数 s_c、s_q、s_γ 的计算公式分别为

$$s_c = s_q = 1 + 0.2\frac{B_e}{L_e} \tag{4.11-13}$$

$$s_\gamma = 1 - 0.4\frac{B_e}{L_e} \tag{4.11-14}$$

式中　L_e——基础有效长度。

对于条形基础，$s_c = s_q = s_\gamma = 1$。

与基础埋置深度有关的深度系数 d_c、d_q 的计算公式为

$$d_c = d_q = 1 + 0.35\frac{D}{B_e} \qquad (4.11-15)$$

与作用荷载倾斜率 $\tan\delta$ 有关的倾斜系数 i_c、i_q、i_γ，按土的内摩擦角 φ 与 $\tan\delta$ 查表 4.11-2。若 $\tan\delta=0$，则

$$i_c = i_q = i_\gamma = 1$$

利用汉森公式计算极限承载力，对于设计荷载组合，可采用固结快剪强度指标；饱和软黏土，可用快剪强度指标。若成层地基中的各层强度相差不大，可采用受力层深度以内的加权平均强度指标。受力层最大深度 $Z_{\max}$ 的计算公式为

$$Z_{\max} = \lambda B_e \qquad (4.11-16)$$

式中 λ——系数，与假定的平均内摩擦角 φ_{av} 及 $\tan\delta$ 有关，见表 4.11-3。

地基承载力的安全系数 K 的计算公式为

$$K = \frac{q_{av}}{\overline{p}} \qquad (4.11-17)$$

式中 $\overline{p}$——作用在基础底面上的平均垂直压力。

安全系数应满足以下要求：

（1）计算中采用固结快剪强度指标时，安全系数 K 应不小于 2～3。对Ⅰ级、Ⅱ级建筑物取高值，对Ⅲ级建筑物取低值。以黏性土为主的地基取高值，以砂土为主的地基取低值。

（2）采用快剪强度指标时，安全系数 K 可酌情降低。

4.11.2 原位试验法

经常用来确定地基承载力的原位试验法包括平板载荷试验法、静力触探试验法、标准贯入试验法、旁压仪试验法等。

表 4.11-2　倾斜系数 i_c、i_q、i_γ

$\tan\delta$	0.1			0.2			0.3			0.4		
φ (°) \ i	i_c	i_q	i_γ	i_c	i_q	i_γ	i_c	i_q	i_γ	i_c	i_q	i_γ
6	0.53	0.80	0.64									
7	0.64	0.83	0.69									
8	0.69	0.84	0.71									
9	0.73	0.85	0.72									
10	0.75	0.85	0.72									
11	0.77	0.85	0.73									
12	0.78	0.85	0.73	0.44	0.63	0.40						
13	0.79	0.85	0.73	0.50	0.65	0.43						
14	0.80	0.86	0.73	0.54	0.67	0.44						
15	0.81	0.86	0.73	0.57	0.68	0.46						
16	0.81	0.85	0.73	0.58	0.68	0.46						
17	0.81	0.85	0.73	0.60	0.68	0.47	0.30	0.45	0.20			
18	0.82	0.85	0.73	0.61	0.69	0.47	0.36	0.48	0.23			
19	0.82	0.85	0.72	0.62	0.69	0.47	0.40	0.50	0.25			
20	0.82	0.85	0.72	0.63	0.69	0.47	0.42	0.51	0.26			
21	0.82	0.85	0.72	0.64	0.69	0.47	0.44	0.52	0.27			
22	0.82	0.85	0.72	0.64	0.69	0.47	0.45	0.52	0.27	0.22	0.32	0.10
23	0.82	0.84	0.71	0.64	0.68	0.47	0.46	0.52	0.28	0.27	0.35	0.12
24	0.82	0.84	0.71	0.65	0.68	0.47	0.47	0.53	0.28	0.29	0.37	0.13
25	0.82	0.84	0.71	0.65	0.68	0.46	0.48	0.53	0.28	0.31	0.37	0.14
26	0.82	0.84	0.70	0.65	0.68	0.46	0.48	0.53	0.28	0.32	0.38	0.15
27	0.82	0.84	0.70	0.65	0.68	0.46	0.49	0.52	0.28	0.33	0.38	0.15
28	0.82	0.83	0.69	0.65	0.67	0.45	0.49	0.52	0.27	0.34	0.39	0.15
29	0.82	0.83	0.69	0.65	0.67	0.45	0.49	0.52	0.27	0.35	0.39	0.15
30	0.82	0.83	0.69	0.65	0.67	0.44	0.49	0.52	0.27	0.35	0.39	0.15
31	0.82	0.83	0.68	0.65	0.66	0.44	0.49	0.52	0.27	0.36	0.39	0.15
32	0.81	0.82	0.68	0.64	0.66	0.43	0.49	0.51	0.26	0.36	0.39	0.15
33	0.81	0.82	0.67	0.64	0.65	0.43	0.49	0.51	0.26	0.36	0.38	0.15
34	0.81	0.82	0.67	0.64	0.65	0.42	0.49	0.50	0.25	0.36	0.38	0.14
35	0.81	0.81	0.66	0.64	0.65	0.42	0.49	0.50	0.25	0.36	0.38	0.14
36	0.81	0.81	0.66	0.63	0.64	0.41	0.48	0.50	0.25	0.36	0.37	0.14
37	0.80	0.81	0.65	0.63	0.64	0.40	0.48	0.49	0.24	0.36	0.37	0.14
38	0.80	0.80	0.65	0.62	0.63	0.40	0.47	0.49	0.24	0.35	0.37	0.13
39	0.80	0.80	0.64	0.62	0.63	0.39	0.47	0.48	0.23	0.35	0.36	0.13
40	0.79	0.80	0.64	0.62	0.62	0.39	0.47	0.48	0.23	0.35	0.36	0.13
41	0.79	0.79	0.63	0.61	0.61	0.38	0.46	0.47	0.22	0.34	0.35	0.13
42	0.79	0.79	0.62	0.61	0.61	0.37	0.46	0.46	0.21	0.34	0.35	0.12
43	0.78	0.79	0.62	0.60	0.60	0.37	0.45	0.46	0.21	0.33	0.34	0.12
44	0.78	0.78	0.61	0.59	0.60	0.36	0.44	0.45	0.20	0.33	0.33	0.11
45	0.78	0.78	0.60	0.59	0.59	0.35	0.44	0.44	0.20	0.32	0.33	0.11

表 4.11-3　系　数 λ

$\tan\delta$ \ φ_{av}	≤20°	21°～35°	36°～45°
≤0.2	0.6	1.2	2
0.21～0.30	0.4	0.9	1.6
0.31～0.40	0.2	0.6	1.2

4.11.2.1　平板载荷试验法

平板载荷试验法是确定地基承载力的经典方法，由于已经积累了丰富的使用经验，不少地基设计规范都将载荷试验结果作为确定和校核地基承载力的依据，特别是在重要建筑物的设计中，经常通过现场载荷试验来确定地基承载力。地基平板载荷试验分为浅层平板载荷试验和深层平板载荷试验两种。

平板载荷试验法是在基础原址开挖试坑，在坑底放一块刚性载荷板，逐级加荷，每次加荷使沉降达到稳定后，再施加下一级荷载，重复这样的过程直至所施加的荷载接近或达到极限荷载，即地基的极限承载力。

平板载荷试验的主要成果包括每级荷载下的时间对数与沉降量关系曲线（$\lg t$—S 关系）和荷载与每级荷载沉降量关系曲线（P—S 关系）如图 4.11-3 所示。

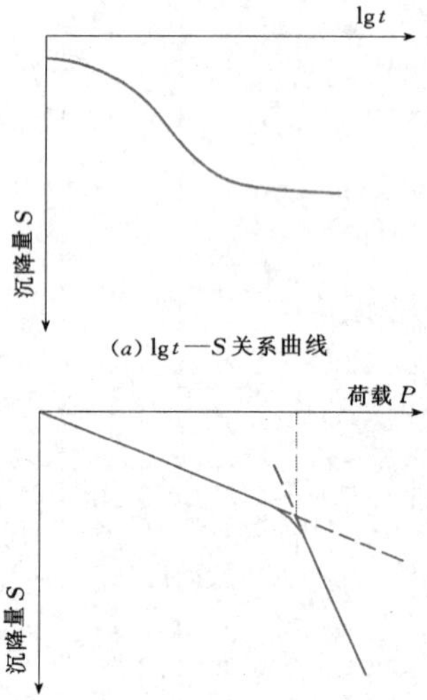

(a) $\lg t$—S 关系曲线

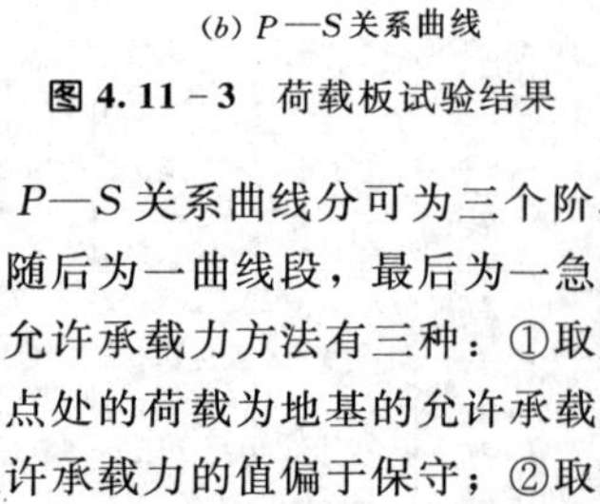

(b) P—S 关系曲线

图 4.11-3　荷载板试验结果

典型的 P—S 关系曲线分可为三个阶段，即起始为直线段，随后为一曲线段，最后为一急剧下降的直线段。确定允许承载力方法有三种：①取起始直线与曲线的交界点处的荷载为地基的允许承载力，一般由此获得的允许承载力的值偏于保守；②取第二拐点处所对应的前一级荷载；③取两直线段延长线的交点处所对应的荷载，如图 4.11-3（b）所示。

若 P—S 关系为光滑曲线，没有明显的拐点和直线，则可采用下列方法确定地基承载力：①规定某一相对沉降量（即沉降量 S 与基础宽度 B 之比）所对应的荷载为地基允许承载力，例如一般规范规定，黏性土可取 $\frac{S}{B}>0.02$ 处的荷载，砂土可取 $\frac{S}{B}=0.010\sim0.015$ 处的荷载；②作通过原点、平行于荷载回弹曲线的直线，取直线与 P—S 关系曲线的交点处的荷载作为比例界限承载力；③作 $\lg P$—$\lg S$ 关系曲线，则在 P—S 关系曲线中具有不同曲率的曲线在 $\lg P$—$\lg S$ 关系曲线中将表现为不同斜率的直线，在 $\lg P$—$\lg S$ 图中近似直线的转折点就是应变速率变化的点，一般有两个明显的转折点，第一个转折点处对应的荷载为允许承载力，第二个转折点处对应的为极限承载力；④根据 $\lg t$—S 关系曲线斜率变化的特征来确定地基承载力，一般取 $\lg t$—S 关系曲线尾部出现明显折线处的前一级荷载为极限承载力。

影响地基平板荷载试验结果的因素很多，例如加荷平板的形状和面积、试坑的埋深、持力层厚度、加荷方式等，因此试验结果往往需要修正。

4.11.2.2　静力触探试验法

静力触探是将一定规格的金属探头用静力贯入土层中的一种原位测试方法。它所使用的仪器称为静力触探仪。静力触探仪有很多种，探头是它的主要组成部分，根据探头形式的不同，可分为单桥探头、双桥探头和孔压静力触探头。孔压静力触探头在单桥探头或双桥探头的基础上增加了能测量孔隙水压力的功能。

利用单桥探头可以测得总贯入力阻力 P。由于土层的物理力学性质不同，因此，不同深度处探头的阻力也不同。比贯入阻力 p_s 为

$$p_s=\frac{P}{A} \tag{4.11-18}$$

式中　P——总贯入阻力，kN；

A——探头锥底面积，m^2。

单桥探头所测得的阻力是锥尖阻力与侧壁摩擦力之和，为了区分这两种阻力，可以采用双桥探头。双桥探头在锥头之上接有一段可独立上下移动的摩擦筒，这样就可以测得探锥受到的阻力 q_c（kPa），即

$$q_c=\frac{Q_c}{A} \tag{4.11-19}$$

式中　Q_c——探锥受到的贯入阻力，kN；

A——锥底面积，m^2。

侧壁摩阻力 f_s（单位：kPa）为

$$f_s=\frac{P_f}{F} \tag{4.11-20}$$

式中 P_f——作用于套筒侧壁的总摩擦力，kN；

F——摩擦筒的表面积，m^2。

就静力触探的机理而言，地基容许承载力的理论公式尚难以与静力触探之间建立起严格的关系，当前各国在实际应用研究中趋于在实践的基础上建立近似的经验公式。

4.11.2.3 标准贯入试验法

标准贯入试验是将质量为63.5kg的重锤，从落距为76cm的高度通过钻杆把标准贯入器打入土中，贯入器每打入土中30cm时需要的击数，称为标准贯入击数，用$N_{63.5}$表示。

利用标准贯入试验评定地基容许承载力，各国都做了大量的工作，提出了不少经验公式。

作为示例，图4.11-4表示了一些研究者提出的砂土地基的$N_{63.5}$与容许承载力[R]之间的经验关系曲线。

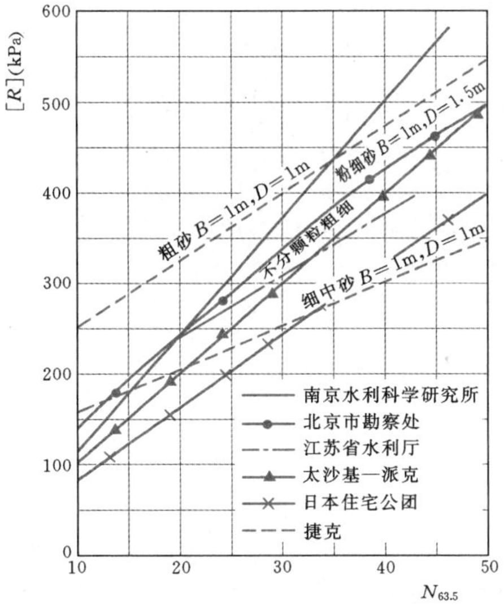

图4.11-4 砂土的$N_{63.5}$—[R]经验关系曲线

4.11.2.4 旁压仪试验法

旁压仪测试是工程地质勘测中一种常用的原位测试技术，实质上它是一种利用钻孔进行的原位横向载荷试验。其原理是通过旁压器在竖直的孔内加压，使旁压膜膨胀，并由旁压膜（或护套）将压力传给周围土体，使土体产生变形直至破坏，并通过量测装置测出施加的压力与土体变形之间的关系，然后绘制应力—应变（或钻孔体积增量、或径向位移）关系曲线。根据这种关系对所测土体（或软岩）的承载力、变形性质等进行评价。图4.11-5为旁压仪试验原理示意图。

旁压试验可在不同深度上进行测试，所得地基承载力值与平板载荷测试结果有良好的相关关系。旁压测试与载荷测试在加压方式、变形观测、曲线形状及成果整理等方面都有类似之处，甚至有相同之处，其用途也基本相同。但旁压测试设备轻，测试时间短，并可在地基土的不同深度上（特别是地下水位以下的土层）进行测试，因而其适应性比载荷板测试更广。

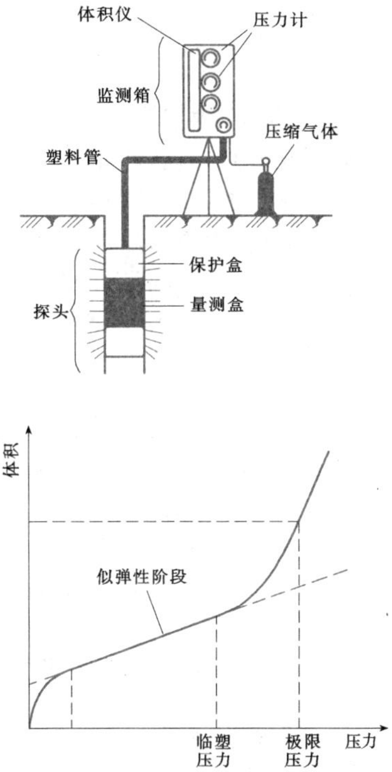

图4.11-5 旁压仪试验原理示意图

采用旁压试验结果确定地基容许承载力的方法主要有两种。

（1）临塑压力法。大量的测试资料表明，用旁压测试的临塑压力P_f减去土层的静止侧压力P_0，所确定的承载力与平板载荷试验得到的容许承载力基本一致。国内在应用旁压测试确定地基承载力时，一般计算公式为

$$f_k = P_f - P_0 \tag{4.11-21}$$

（2）极限压力法。对于红黏土、淤泥等，其旁压曲线经过临塑压力后急剧拐弯，破坏时的极限压力与临塑压力之比$\left(\frac{P_L}{P_f}\right)<1.7$。为安全起见，一般采用极限压力法，即

$$f_k = \frac{(P_L - P_0)}{F} \tag{4.11-22}$$

式中 F——安全系数，一般取2～3。

以上P_0、P_f、P_L及f_k的单位均为kPa。

4.11.3 规范法

这里仅列出现行的《建筑地基基础设计规范》(GB 50007—2002)、《港口工程地基规范》(JTJ 250—98) 中确定地基承载力的有关规定。

4.11.3.1 建筑地基基础设计规范

《建筑地基基础设计规范》(GB 50007—2002) 规定，地基承载力特征值可由载荷试验或其他原位测试公式计算、并结合工程实践经验等方法综合确定。

当偏心距 e 不大于 0.033 倍基础底面宽度时，根据土的抗剪强度指标确定地基承载力特征值，其计算公式为

$$f_a = M_b \gamma b + M_d \gamma_m d + M_c c_k \tag{4.11-23}$$

式中 f_a——由土的抗剪强度指标确定的地基承载力特征值；

M_b、M_d、M_c——承载力系数，按表 4.11-4 确定；

γ——基础下土的容重，地下水位以下取浮容重；

γ_m——基础下各土层的加权平均容重，地下水位以下取浮容重；

b——基础底面宽度，大于 6m 时按 6m 取值，对于砂土，小于 3m 时按 3m 取值；

c_k——基底下一倍短边宽深度内土的黏聚力标准值。

当基础有效宽度大于 3m 或基础埋深大于 0.5m 时，从荷载试验或其他原位测试、经验值等方法确定的地基承载力特征值，尚应按式 (4.11-24) 进行修正：

$$f_a = f_{ak} + \eta_b \gamma (b-3) + \eta_d \gamma_m (d-0.5) \tag{4.11-24}$$

式中 f_a——修正后的地基承载力特征值；

f_{ak}——按各种方法确定的地基承载力特征值；

η_b、η_d——基础宽度、埋深的地基承载力修正系数，按基底下土的类别查表 4.11-5 取值；

γ——基础底面下土的容重，地下水位以下取浮容重；

b——基础底面宽度，当基础宽度小于 3m 时按 3m 取值，大于 6m 按 6m 取值；

γ_m——基础底面以上土的加权平均容重，地下水位以下取浮容重；

d——基础埋置深度，m，一般自室外地面标高算起。

在填方整平地区，可自填土地面标高算起，但填土在上部结构施工后完成时，应从天然地面标高算起。对于地下室，如采用箱型基础或筏基时，基础埋置深度自室外地面标高算起；当采用独立基础或条形基础时，应从室内地面标高算起。

表 4.11-4 承载力系数 M_b、M_d、M_c

φ_k (°)	M_b	M_d	M_c
0	0	1.00	3.14
2	0.03	1.12	3.32
4	0.06	1.25	3.51
6	0.10	1.39	3.71
8	0.14	1.55	3.93
10	0.18	1.73	4.17
12	0.23	1.94	4.42
14	0.29	2.17	4.69
16	0.36	2.43	5.00
18	0.43	2.72	5.31
20	0.51	3.06	5.66
22	0.61	3.44	6.04
24	0.80	3.87	6.45
26	1.10	4.37	6.90
28	1.40	4.93	7.40
30	1.90	5.59	7.95
32	2.60	6.35	8.55
34	3.40	7.21	9.22
36	4.20	8.25	9.97
38	5.00	9.44	10.80
40	5.80	10.84	11.73

注 φ_k 为地基下面一倍短边宽深度内土的内摩擦角标准值。

表 4.11-5 承载力修正系数

土类		η_b	η_d
淤泥和淤泥质土		0	1.0
人工填土；e 或 $I_L \geqslant 0.85$ 的黏性土		0	1.0
红黏土	含水比 $\alpha_w > 0.8$	0	1.2
	含水比 $\alpha_w \leqslant 0.8$	0.15	1.4
大面积压实填土	压实系数大于 0.95，黏粒含量 $\rho_c \geqslant 10\%$ 的粉土	0	1.5
	最大干密度大于 2.1t/m³ 的级配砂石	0	2.0

续表

土类		η_b	η_d
粉土	黏粒含量 $P_c \geqslant 10\%$ 的粉土	0.3	1.5
	黏粒含量 $P_c < 10\%$ 的粉土	0.5	2.0
e 及 $I_L < 0.85$ 的黏性土		0.3	1.6
密砂、细砂（不包括很湿及饱和时的稍密状态）		2.0	3.0
中砂、粗砂、砾砂和碎石土		3.0	4.4

注 强风化和全风化的岩石，可参照所风化成的相应土类取值，其他状态下的岩石不修正。

4.11.3.2 港口工程地基规范

按《港口工程地基规范》（JTJ 250—98）规定，地基承载力应由原位测试并结合工程实践经验等综合确定。对非黏性土地基的小型建筑物及安全等级为三级的建筑物可按以下规定确定地基承载力。

当基础有效宽度小于或等于 3m，基础埋深为 0.5～1.5m 时，地基承载力设计值根据岩石和土的野外特征、密实度或标准贯入击数可分别按以下原则和表格确定，表中数值允许内插。

1. 岩石地基的承载力设计值

岩石地基的承载力设计值可按表 4.11-6 确定。

2. 碎石土地基承载力设计值

碎石土地基承载力设计值可按表 4.11-7 确定。

3. 砂土地基的承载力设计值

砂土地基的承载力设计值可按表 4.11-8 确定。

表 4.11-6 岩石承载力设计值 $[f'_d]$ 单位：kPa

岩石类别 \ 风化程度	微风化	中等风化	强风化	全风化
硬质岩石	2500～4000	1000～2500	500～1000	200～500
软质岩石	1000～1500	500～1000	200～500	—

注 1. 强风化岩石改变埋藏条件后如强度降低，宜按降低程度选用较低值，当受倾斜荷载时，其承载力设计值应进行专门研究。

2. 微风化硬质岩石的承载力设计值如选用大于 4000kPa 时应进行专门研究。

3. 全风化软质岩石的承载力设计值应按土考虑。

表 4.11-7 碎石土承载力设计值 $[f'_d]$ 单位：kPa

密实度	密实			中密			稍密		
土的名称 \ $\tan\delta$	0	0.2	0.4	0	0.2	0.4	0	0.2	0.4
卵石	800～1000	640～840	288～360	500～800	400～640	180～288	300～500	240～400	108～180
碎石	700～900	560～720	252～324	400～700	320～560	144～252	250～400	200～320	90～144
圆砾	500～700	400～560	180～252	300～500	240～400	108～180	200～300	160～240	72～108
角砾	400～600	320～480	144～216	250～400	200～320	90～144	200～250	160～200	72～90

注 1. 表中数值适用于骨架颗粒空隙全部由中砂粗砂或液性指数 $I_L \leqslant 0.25$ 的黏性土所填充。

2. 当粗颗粒为中等风化或强风化时，可按风化程度适当降低承载力设计值，当颗粒间呈半胶结状时可适当提高承载力设计值。

3. $\tan\delta = \dfrac{H}{\overline{V}}$，$H$ 为作用在基础底面以上的水平方向合力，$\overline{V}$ 为相应的垂直方向合力。

表 4.11-8 砂土承载力设计值 $[f'_d]$ 单位：kPa

N	50～30			30～15			15～10		
土类 \ $\tan\delta$	0	0.2	0.4	0	0.2	0.4	0	0.2	0.4
中粗砂	500～340	400～272	180～122	340～250	272～200	122～90	250～180	200～144	90～65
粉细砂	340～250	272～200	122～90	250～180	200～144	90～65	180～140	144～112	65～50

注 N 为标准贯入击数。

当基础有效宽度大于 3m 或基础埋深大于 1.5m 时，可按表 4.11-6 确定。

表 4.11-6～表 4.11-8 查得的承载力设计值，应修正为

$$f'_d=[f'_d]+m_B\gamma_1(B'_e-3)+m_D\gamma_2(D-1.5) \quad (4.11-25)$$

式中　f'_d——修正后地基承载力设计值，kPa；

$[f'_d]$——按各表查得的地基承载力设计值，kPa；

γ_1——基础底面以下土的容重，水下用浮容重，kN/cm^3；

γ_2——基础底面以上土的加权平均容重，水下用浮容重，kN/cm^3；

m_B、m_D——基础宽度、基础埋深的承载力修正系数；

B'_e——基础有效宽度，m，当宽度小于 3m 时取 3m，大于 8m 时取 8m；

D——基础埋深，m，当埋深小于 1.5m 时取 1.5m。

基础宽度、基础埋深的承载力修正系数，可查用表 4.11-9 中的数值。

表 4.11-9　基础宽度、基础埋深的承载力修正系数

土类 \ 修正系数 \ tanδ		0		0.2		0.4	
		m_B	m_D	m_B	m_D	m_B	m_D
砂土	细砂、粉砂	2.0	3.0	1.6	2.5	0.6	1.2
	砾砂、粗砂、中砂	4.0	5.0	3.5	4.5	1.8	2.4
碎石土		5.0	6.0	4.0	5.0	1.8	2.4

注　微风化、中等风化岩石不修正；强风化岩石的修正系数按相近的土类采用。

4.12　桩基础的承载力

4.12.1　单桩的竖向承载力

单桩的竖向承载力是指桩周土不出现整体剪切破坏和桩身结构破坏时的最大承载力。

单桩的竖向承载力的确定方法通常有以下几种：按桩身的材料强度确定法、静载荷试验法、规法经验公式法、静力触探成果估算法等。

4.12.1.1　按桩身的材料强度确定单桩的竖向承载力

按桩身的材料强度计算单桩的承载力时，可把桩视为埋入土中的轴心受压杆件，不计桩周土的摩擦阻力。对于均质材料的桩，根据桩身的结构强度确定单桩的竖向承载力设计值为

$$P_u=\varphi(\varphi_c R_a A+0.9R_s A_s) \quad (4.12-1)$$

式中　P_u——按单桩的结构强度确定的钢筋混凝土桩单桩的竖向承载力设计值，kN；

R_a——混凝土轴心抗压强度设计值，kPa；

A——桩身的截面面积，m^2，当纵向钢筋配筋率大于 3%时，桩的截面积应采用桩身截面混凝土面积，即扣除纵向钢筋面积；

R_s——纵向主筋的抗压强度设计值，kPa；

A_s——桩身内纵向主筋截面面积，m^2；

φ——桩身纵向弯曲系数，对全埋入土中的桩（除极软土层中的长桩外）取 $\varphi=1$，高承台桩可由表 4.12-1 查取；

φ_c——成桩工艺系数。

φ_c 按下列规定取值：混凝土预制桩、预应力混凝土空心桩，$\varphi_c=0.85$；干作业非挤土灌注桩，$\varphi_c=0.90$；泥浆护壁和套管护壁非挤土灌注桩、部分挤土灌注桩、挤土灌注桩，$\varphi_c=0.7\sim0.8$；软土地区挤土灌注桩，$\varphi_c=0.6$。

4.12.1.2　按载荷试验法确定单桩的竖向承载力

1. 试验荷载

在建筑物施工现场打入试桩，间歇一定时间后，直接在桩顶逐级施加荷载，直至桩上荷载达到地基土的最大抗力，即达到破坏为止。

表 4.12-1　桩身纵向弯曲系数 φ

$\frac{l_0}{b}$	≤8	10	12	14	16	18	20	22	24	26	28	30	32	34	36	38	40	42	44	46	48	50
$\frac{l_0}{d}$	≤7	8.5	10.5	12	14	15.5	17	19	21	22.5	24	26	28	29.5	31	33	34.5	36.5	38	40	41.5	43
$\frac{l_0}{r}$	≤28	35	42	48	55	62	69	76	83	90	97	104	111	118	125	132	139	146	153	160	167	174
φ	1.00	0.98	0.95	0.92	0.87	0.81	0.75	0.70	0.65	0.60	0.56	0.52	0.48	0.44	0.40	0.36	0.32	0.29	0.26	0.23	0.21	0.19

注　l_0 为考虑纵向挠曲时桩的稳定计算长度，应结合桩在土中支承情况，根据桩两端支承条件确定；r 为截面的回转半径，$r=\sqrt{\frac{J}{A}}$；J 为截面的惯性矩；d 为桩的直径；b 为矩形截面桩的短边长。

在试桩时，出现下列情况之一，即认为达到了破坏状态：①桩剧烈下沉或沉降不止；②在某级荷载下，经过 24h，桩的沉降仍未稳定；③在某级荷载下，桩的沉降量超过前一级荷重下沉降量的 5 倍；④桩的总沉降量超过 10cm。

2. 容许承载力

将试验荷载结果绘成图 4.12-1，取以下方法中的低值作为容许承载力。

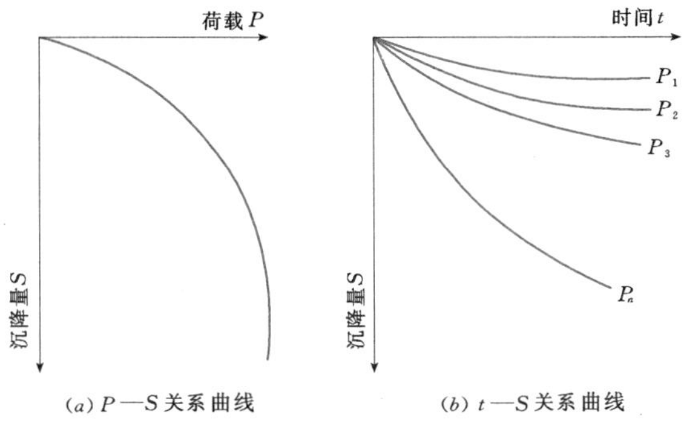

图 4.12-1 试验荷载结果

（1）取荷载与沉降量关系曲线上明显的第二拐点处对应的前一级荷载为极限荷载 P_u。容许荷载 P_c 为

$$P_c = \frac{P_u}{K} \quad (4.12-2)$$

式中 K——安全系数，取 $K=2$。

（2）在上述曲线上，取 $S=3\%d$（d 为桩直径，指 $d<50$cm 的摩擦桩）或 $S=1.5\%D$（D 为爆扩桩扩大桩头的直径）处所对应的荷载作为容许承载力。

4.12.1.3 按规范经验公式法确定单桩的竖向承载力

单桩极限承载力 P_u 是由桩侧总极限摩阻力 P_{su} 和桩端总极限端阻力 P_{pu} 两部分组成，即

$$P_u = P_{su} + P_{pu} \quad (4.12-3)$$

假定同一土层中桩侧摩阻力是均匀分布的。

1.《建筑桩基技术规范》（JGJ 94—2008）公式

（1）当根据土的物理指标与承载力参数之间的经验关系确定单桩竖向极限承载力标准值时，其计算公式为

$$P_u = u_p \sum q_{ski} l_i + q_{pk} A_p \quad (4.12-4)$$

式中 P_u——单桩竖向极限承载力标准值，kN；

q_{ski}——桩侧第 i 层土的极限侧摩阻力标准值，kPa，如无当地经验时，可按表 4.12-2 取值；

q_{pk}——极限桩端阻力标准值，kPa，如无当地经验时，可按表 4.12-3 取值；

u_p——桩身周长，m；

l_i——第 i 层土厚度，m；

A_p——桩端横截面积，m^2。

表 4.12-2　桩的极限侧摩阻力标准值 q_{sk}　单位：kPa

土的名称	土的状态		混凝土预制桩	泥浆护壁钻（冲）孔桩	干作业钻孔桩
填土			22～30	20～28	20～28
淤泥			14～20	12～18	12～18
淤泥质土			22～30	20～28	20～28
黏性土	流塑	$1<I_L$	24～40	21～38	21～38
	软塑	$0.75<I_L\leqslant1$	40～55	38～53	38～53
	可塑	$0.50<I_L\leqslant0.75$	55～70	53～68	53～66
	硬可塑	$0.25<I_L\leqslant0.50$	70～86	68～84	66～82
	硬塑	$0<I_L\leqslant0.25$	86～98	84～96	82～94
	坚硬	$I_L\leqslant0$	98～105	96～102	94～104
红黏土	$0.7<\alpha_w<1$		13～32	12～30	12～30
	$0.5<\alpha_w\leqslant0.7$		32～74	30～70	30～70
粉土	稍密	$e>0.9$	26～46	24～42	24～42
	中密	$0.75\leqslant e\leqslant0.9$	46～66	42～62	42～62
	密实	$e<0.75$	66～88	62～82	62～82
粉细砂	稍密	$10<N\leqslant15$	24～48	22～46	20～46
	中密	$15<N\leqslant30$	48～66	46～64	46～64
	密实	$N>30$	66～88	64～86	64～86

续表

土的名称	土的状态		混凝土预制桩	泥浆护壁钻（冲）孔桩	干作业钻孔桩
中砂	中密	$15<N\leqslant 30$	54～74	53～72	53～72
	密实	$N>30$	74～95	72～94	72～94
粗砂	中密	$15<N\leqslant 30$	74～95	74～95	76～98
	密实	$N>30$	95～116	95～116	98～120
砾砂	稍密	$5<N_{63.5}\leqslant 15$	70～110	50～90	60～100
	中密、密实	$N_{63.5}>15$	116～138	116～130	112～130
圆砾、角砾	中密、密实	$N_{63.5}>10$	160～200	135～150	135～150
碎石、卵石	中密、密实	$N_{63.5}>10$	200～300	140～170	150～170
全风化软质岩		$30<N\leqslant 50$	100～120	80～100	80～100
全风化硬质岩		$30<N\leqslant 50$	140～160	120～140	120～150
强风化软质岩		$N_{63.5}>10$	160～240	140～200	140～220
强风化硬质岩		$N_{63.5}>10$	220～300	160～240	160～260

注 1. 对于尚未完成自重固结的填土和以生活垃圾为主的杂填土，不计其侧摩阻力。

2. I_L 为液性指数；α_w 为含水比，$\alpha_w=\dfrac{w}{w_L}$，其中 w 为土的天然含水率，w_L 为土的液限；e 为孔隙比；N 为标准贯入击数；$N_{63.5}$ 为重型圆锥动力触探击数。

3. 全风化、强风化软质岩和全风化、强风化硬质岩系指其母岩分别为 $f_{rk}\leqslant 15\text{MPa}$、$f_{rk}>30\text{MPa}$ 的岩石。

（2）对于大直径桩（$d\geqslant 0.8\text{m}$），单桩竖向极限承载力标准值的计算公式为

$$P_u=u_p\sum\Psi_{si}q_{ski}l_i+\Psi_p q_{pk}A_p \quad (4.12-5)$$

式中 q_{pk}——桩径 d 为 800mm 的极限桩端阻力标准值，kPa，对于干作业挖孔（清底干净）可采用深层载荷板试验确定，无试验资料时可按表 4.12-4 取值，对于其他成桩工艺可按表 4.12-3 取值；

Ψ_{si}、Ψ_p——大直径桩侧阻力、端阻力尺寸效应系数，按表 4.12-5 取值；

其他符号意义同前。

q_{ski} 可按表 4.12-2 取值，对于扩底桩变截面以上 $2d$ 长度范围内不计侧摩阻力。当人工挖孔桩桩周护壁为振捣密实的混凝土时，u_p 可按护壁外直径计算。

（3）钢管桩单桩竖向极限承载力标准值的计算公式为

$$P_u=u_p\sum q_{ski}l_i+\lambda_p q_{pk}A_p \quad (4.12-6)$$

式中 λ_p——桩端闭塞效应系数，对闭口钢管桩 $\lambda_p=1$，对敞口钢管桩，当 $\dfrac{h_b}{d}<5$ 时 $\lambda_p=0.16\dfrac{h_b}{d}$，当 $\dfrac{h_b}{d}\geqslant 5$ 时 $\lambda_p=0.8$；

h_b——桩端进入持力层深度，m；

d——钢管桩外直径，m；

其他符号意义同前。

q_{sk}、q_{pk} 分别按表 4.12-2、表 4.12-3 取与混凝土预制桩相同值。

对于带隔板的半敞口钢管桩，以等效直径 d_e 代替 d 确定 λ_p，$d_e=d\sqrt{n}$，其中，n 为桩端隔板分割数，如图 4.12-2 所示。

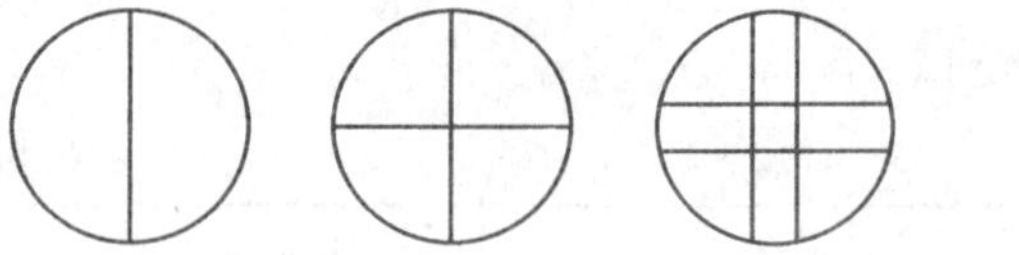

$n=2$　　　$n=4$　　　$n=9$

图 4.12-2 桩端隔板分割

（4）敞口预应力混凝土空心桩单桩竖向极限承载力标准值的计算公式为

$$P_u=u_p\sum q_{ski}l_i+q_{pk}(A_j+\lambda_p A_{p1}) \quad (4.12-7)$$

其中 管桩 $A_j=\dfrac{\pi}{4}(d^2-d_1^2)$

空心方桩 $A_j=b^2-\dfrac{\pi}{4}d_1^2$

$$A_{p1}=\frac{\pi}{4}d_1^2$$

式中 A_j——空心桩桩端净面积，m^2；

A_{p1}——空心桩敞口面积，m^2；

λ_p——桩端闭塞效应系数；

d、b——空心桩外径、边长，m；

d_1——空心桩内径，m；

其他符号意义同前。

q_{sk}、q_{pk} 分别按表 4.12-2、表 4.12-3 取与混凝土预制桩相同值。

表 4.12-3 桩的极限端阻力标准值 q_{pk} 单位：kPa

土的名称	土的状态（桩型和桩长 l）		混凝土预制桩				泥浆护壁钻（冲）孔桩				干作业钻孔桩		
			$l\leqslant 9$m	9m$<l\leqslant$16m	16m$<l\leqslant$30m	$l>$30m	5m$\leqslant l<$10m	10m$\leqslant l<$15m	15m$\leqslant l<$30m	$l\geqslant$30m	5m$\leqslant l<$10m	10m$\leqslant l<$15m	$l\geqslant$15m
黏性土	软塑	$0.75<I_L\leqslant 1$	210～850	650～1400	1200～1800	1300～1900	150～250	250～300	300～450	300～450	200～400	400～700	700～950
	可塑	$0.50<I_L\leqslant 0.75$	850～1700	1400～2200	1900～2800	2300～3600	350～450	450～600	600～750	750～800	500～700	800～1100	1000～1600
	硬可塑	$0.25<I_L\leqslant 0.50$	1500～2300	2300～3300	2700～3600	3600～4400	800～900	900～1000	1000～1200	1200～1400	850～1100	1500～1700	1700～1900
	硬塑	$0<I_L\leqslant 0.25$	2500～3800	3800～5500	5500～6000	6000～6800	1100～1200	1200～1400	1400～1600	1600～1800	1600～1800	2200～2400	2600～2800
粉土	中密	$0.75\leqslant e\leqslant 0.9$	950～1700	1400～2100	1900～2700	2500～3400	300～500	500～650	650～750	750～850	800～1200	1200～1400	1400～1600
	密实	$e<0.75$	1500～2600	2100～3000	2700～3600	3600～4400	650～900	750～950	900～1100	1100～1200	1200～1700	1400～1900	1600～2100
粉砂	稍密	$10<N\leqslant 15$	1000～1600	1500～2300	1900～2700	2100～3000	350～500	450～600	600～700	650～750	500～950	1300～1600	1500～1700
	中密、密实	$N>15$	1400～2200	2100～3000	3000～4500	3800～5500	600～750	750～900	900～1100	1100～1200	900～1000	1700～1900	1700～1900
细砂	中密、密实	$N>15$	2500～4000	3600～5000	4400～6000	5300～7000	650～850	900～1200	1200～1500	1500～1800	1200～1600	2000～2400	2400～2700
中砂			4000～6000	5500～7000	6500～8000	7500～9000	850～1050	1100～1500	1500～1900	1900～2100	1800～2400	2800～3800	3600～4400
粗砂			5700～7500	7500～8500	8500～10000	9500～11000	1500～1800	2100～2400	2400～2600	2600～2800	2900～3600	4000～4600	4600～5200
砾砂	中密、密实	$N>15$	6000～9500		9000～10500		1400～2000		2000～3200		3500～5000		
角砾、圆砾		$N_{63.5}>10$	7000～10000		9500～11500		1800～2200		2200～3600		4000～5500		
碎石、卵石		$N_{63.5}>10$	8000～11000		10500～13000		2000～3000		3000～4000		4500～6500		
全风化软质岩		$30<N\leqslant 50$	4000～6000				1000～1600				1200～2000		
全风化硬质岩		$30<N\leqslant 50$	5000～8000				1200～2000				1400～2400		
强风化软质岩		$N_{63.5}>10$	6000～9000				1400～2200				1600～2600		
强风化硬质岩		$N_{63.5}>10$	7000～11000				1800～2800				2000～3000		

注 1. 砂土和碎石类土中桩的极限端阻力取值，要综合考虑土的密实度、桩端进入持力层的深度比 $\frac{h_b}{d}$（其中，h_b 为桩端进入持力层的深度；d 为桩径），土越密实，$\frac{h_b}{d}$ 越大，取值越高。

2. 预制桩的岩石极限端阻力指桩端支承于中、微风化基岩表面或进入强风化岩、软质岩一定深度条件下极限端阻力。

3. 全风化、强风化软质岩、强风化硬质岩指其母岩分别为 $f_{rk}\leqslant$15MPa、$f_{rk}>$30MPa 的岩石。

表 4.12-4　干作业挖孔桩（清底干净，d=800mm）极限端阻力标准值 q_{pk}　单位：kPa

土类		土的状态		
黏性土		$0.25 < I_L \leqslant 0.75$	$0 < I_L \leqslant 0.25$	$I_L \leqslant 0$
		800～1800	1800～2400	2400～3000
粉土			$0.75 \leqslant e \leqslant 0.9$	$e < 0.75$
			1000～1500	1500～2000
粗粒土	类别＼密实状态	稍密	中密	密实
	粉砂	500～700	800～1100	1200～2000
	细砂	700～1100	1200～1800	2000～2500
	中砂	1000～2000	2200～3200	3500～5000
	粗砂	1200～2200	2500～3500	4000～5500
	砾砂	1400～2400	2600～4000	5000～7000
	圆砾、角砾	1600～3000	3200～5000	6000～9000
	卵石、碎石	2000～3000	3300～5000	7000～11000

注　1. 当进入持力层深度 h_b 分别为 $h_b \leqslant d$、$d < h_b < 4d$、$h_b \geqslant 4d$ 时，q_{pk} 可相应取低、中、高值。
2. 砂土密实度可根据标贯击数 N 判定，$N \leqslant 10$ 为松散，$10 < N \leqslant 15$ 为稍密，$15 < N \leqslant 30$ 为中密，$N > 30$ 为密实。
3. 当桩的长径比 $l/d \leqslant 8$ 时，q_{pk} 宜取较低值。
4. 当对沉降要求不严时，q_{pk} 可取高值。

表 4.12-5　大直径灌注桩侧阻力尺寸效应系数 Ψ_s、端阻力尺寸效应系数 Ψ_p

土　类	黏性土、粉土	砂土、碎石类土
Ψ_s	$\left(\frac{0.8}{d}\right)^{\frac{1}{5}}$	$\left(\frac{0.8}{d}\right)^{\frac{1}{3}}$
Ψ_p	$\left(\frac{0.8}{d}\right)^{\frac{1}{4}}$	$\left(\frac{0.8}{d}\right)^{\frac{1}{3}}$

（5）嵌岩桩单桩竖向极限承载力标准值的计算公式为

$$P_u = u_p \sum q_{ski} l_i + \zeta_r f_{rk} A_p \qquad (4.12-8)$$

式中　f_{rk}——岩石饱和单轴抗压强度标准值，kPa，黏土岩取天然湿度单轴抗压强度标准值；

ζ_r——嵌岩段侧阻和端阻综合系数，与嵌岩深径比 $\frac{h_r}{d}$、岩石软硬程度和成桩有关，可按表 4.12-6 采用，表中数值适用于泥浆护壁成桩，对于干作业成桩（清底干净）和泥浆护壁成桩后注浆，ζ_r 应取表列数值的 1.2 倍；

其他符号意义同前。

q_{ski} 可根据成桩工艺按表 4.12-2 取值。

（6）后注浆灌注桩单桩极限承载力标准值的计算公式为

$$P_u = u_p \sum q_{skj} l_j + u_p \sum \beta_{si} q_{ski} l_{gi} + \beta_p q_{pk} A_p \qquad (4.12-9)$$

式中　l_j——后注浆非竖向增强段第 j 层土厚度，m；

l_{gi}——后注浆竖向增强段内第 i 层土厚度，m，对于泥浆护壁成孔灌注桩，当为单一桩端后注浆时，竖向增强段为桩端以上 12m，当为桩端、桩侧复式注浆时，竖向增强段为桩端以上 12m 及各桩侧注浆断面以上 12m，重叠部分应扣除，对于干作业灌注桩，竖向增强段为桩端以上、桩侧注浆断面上下各 6m；

β_{si}、β_p——后注浆第 i 层侧阻力、端阻力增强系数，无当地经验时，可按表 4.12-7 取值，对于桩径大于 800mm 的桩，应按表 4.12-5 进行侧阻和端阻尺寸效应修正；

其他符号意义同前。

q_{ski}、q_{pk} 可按表 4.12-2、表 4.12-3 取值。

（7）有液化土层时单桩极限承载力的确定。可液化土层在地震作用下呈液化状态，土的抗剪强度下降，甚至降低为零。

对于桩身周围有液化土层的低承台桩基，当承台底面上、下分别有厚度不小于1.5m、1.0m的非液化土或非软弱土时，可将液化土层极限侧阻力标准值乘以土层液化折减系数计算单桩极限承载力标准值。土层液化折减系数 Ψ_l 按表4.12-8确定。

表4.12-6　嵌岩段侧阻和端阻综合系数 ζ_r

嵌岩深径比 $\frac{h_r}{d}$	0	0.5	1.0	2.0	3.0	4.0	5.0	6.0	7.0	8.0
极软岩、软岩	0.60	0.80	0.95	1.18	1.35	1.48	1.57	1.63	1.66	1.70
较硬岩、坚硬岩	0.45	0.65	0.81	0.90	1.00	1.04				

注　1. 极软岩、软岩指 $f_{rk}\leqslant$15MPa，较硬岩、坚硬岩指 $f_{rk}>$30MPa，介于两者之间可内插取值。

2. h_r 为桩身嵌岩深度，当岩面倾斜时，以坡下方嵌岩深度为准，当 $\frac{h_r}{d}$ 为非表列值时，ζ_r 可内插取值。

表4.12-7　后注浆侧阻力增强系数 β_s、端阻力增强系数 β_p

土的名称	淤泥、淤泥质土	黏性土、粉土	粉砂、细砂	中砂	粗砂、砾砂	砾石、卵石	全风化岩、强风化岩
β_s	1.2～1.3	1.4～1.8	1.6～2.0	1.7～2.1	2.0～2.5	2.4～3.0	1.4～1.8
β_p		2.2～2.5	2.4～2.8	2.6～3.0	3.0～3.5	3.2～4.0	2.0～2.4

注　干作业钻、挖孔桩，β_p 按表列值乘以小于1.0的折减系数。当桩端持力层为黏性土或粉土时，折减系数取0.6；为砂土或碎石土时，取0.8。

表4.12-8　土层液化折减系数 Ψ_l

$\lambda_N=\frac{N}{N_{cr}}$		$\lambda_N\leqslant0.6$	$0.6<\lambda_N\leqslant0.8$	$0.8<\lambda_N\leqslant1.0$
自地面起液化土层深度 d_l（m）	$d_l\leqslant10$	0	$\frac{1}{3}$	$\frac{2}{3}$
	$10<d_l\leqslant20$	$\frac{1}{3}$	$\frac{2}{3}$	1.0

注　1. N 为饱和土标准贯入击数实测值，N_{cr} 为液化判别标准贯入击数临界值，λ_N 为土层液化指数。

2. 对于挤土桩，当桩距小于4d，且桩的排数不少于5排、总桩数不少于25根时，土层液化折减系数可取 $\frac{2}{3}$～1；桩间土标贯击数达到 N_{cr} 时，取 $\Psi_l=1$。

3. 当承台底非液化土层厚度小于1m时，土层液化折减系数按表中 λ_N 降低一档取值。

2.《建筑地基基础设计规范》（GB 50007—2002）公式

摩擦桩可按式（4.12-4）计算单桩竖向极限承载力特征值，其中桩侧摩阻力特征值 q_{sk} 和桩端端阻力特征值 q_{pk} 由当地静载试验结果统计分析算得。

端承桩

$$P_u=q_{pk}A_p \tag{4.12-10}$$

式中　q_{pk}——桩端岩石承载力特征值，kPa；

其他符号意义同前。

3.《港口工程桩基规范》（JTJ 254—98）公式

采用式（4.12-4）计算单桩竖向极限承载力标准值，其中，无当地经验值时，对预制混凝土挤土桩，桩侧极限摩阻力标准值 q_{sk} 可按表4.12-9采用，极限桩端阻力标准值 q_{pk} 可按表4.12-10采用。

4.《铁路桥涵地基和基础设计规范》（TB 10002.5—2005）公式

（1）摩擦桩轴向受压的容许承载力。

1）打入、震动下沉和桩尖爆扩桩的容许承载力为

$$P_c=\frac{1}{2}(u_p\sum\alpha_i q_{ski}l_i+\lambda q_{pk}A_p\alpha) \tag{4.12-11}$$

式中　P_c——单桩竖向容许承载力，kN；

α_i、α——震动沉桩对各土层桩侧摩阻力、桩端阻力的影响系数，对于震动沉桩按表4.12-11取值，对于打入桩其值为1；

λ——系数，按表4.12-12取值；

q_{ski}——第 i 层土的桩侧极限摩阻力标准值，kPa，按表4.12-13取值；

q_{pk}——桩端土的极限承载力标准值，kPa，按表4.12-14取值；

其他符号意义同前。

表 4.12-9　　**预制混凝土挤土桩桩侧极限摩阻力标准值 q_{sk}**　　单位：kPa

土类	土的状态	土层深度												
		0～2m	2～4m	4～6m	6～8m	8～10m	10～13m	13～16m	16～19m	19～22m	22～26m	26～30m	30～35m	35～40m
淤泥	$I_L>1.0$ $1.5<e\leqslant 2.4$	2～4	4～6	6～8	8～10	10～12	12～14							
黏土 $I_P>17$	$I_L>1.0$	4～7	7～9	9～11	11～13	13～15	15～17	17～19						
	$0.75<I_L\leqslant 1.0$	11～14	14～17	17～20	20～23	23～26	26～29	29～32	32～34	34～36	36～38	38～40	40～42	42～44
	$0.50<I_L\leqslant 0.75$	20～23	23～26	26～29	29～32	32～35	35～38	38～41	41～44	44～47	47～50	50～53	53～56	56～59
	$0.25<I_L\leqslant 0.50$	27～31	31～35	35～39	39～43	43～47	47～51	51～55	55～59	59～63	63～67	67～71	71～75	75～79
	$0<I_L\leqslant 0.25$	34～38	38～42	42～46	46～50	50～54	54～58	58～62	62～66	66～70	70～74	74～78	78～82	82～86
粉质黏土 $10<I_P\leqslant 17$	$I_L>1.0$	9～11	11～13	13～15	15～17	17～19	19～21	21～23						
	$0.75<I_L\leqslant 1.0$	20～22	22～24	24～26	26～28	28～30	30～32	32～34	34～36	36～38	38～40	40～42	42～44	44～46
	$0.50<I_L\leqslant 0.75$	27～30	30～33	33～36	36～39	39～42	42～45	45～48	48～51	51～54	54～57	57～60	60～63	63～66
	$0.25<I_L\leqslant 0.50$	35～39	39～43	43～47	47～51	51～55	55～59	59～63	63～67	67～71	71～75	75～79	79～83	83～87
	$0<I_L\leqslant 0.25$	44～49	49～54	54～59	59～64	64～69	69～74	74～79	79～84	84～89	89～94	94～99	99～104	104～109
粉土 $0<I_P\leqslant 10$	$0.75<I_L\leqslant 1.0$	27～30	30～33	33～36	36～39	39～42	42～45	45～48	48～51	51～54	54～57	57～60	60～63	63～66
	$0.50<I_L\leqslant 0.75$	35～39	39～43	43～47	47～51	51～55	55～59	59～63	63～67	67～71	71～75	75～79	79～83	83～87
	$0.25<I_L\leqslant 0.50$	44～49	49～54	54～59	59～64	64～69	69～74	74～79	79～84	84～89	89～94	94～99	99～104	104～109
	$0<I_L\leqslant 0.25$	54～60	60～66	66～72	72～78	78～84	84～90	90～96	96～102	102～108	108～114	114～120	120～126	126～132
粉砂、细砂	稍密	35～39	39～43	43～47	47～51	51～55	55～59	59～63	63～67	67～71	71～75	75～79	79～83	83～87
	中密	44～49	49～54	54～59	59～64	64～69	69～74	74～79	79～84	84～89	89～94	94～99	99～104	104～109
	密实	54～60	60～66	66～72	72～78	78～84	84～90	90～96	96～102	102～108	108～114	114～120	120～126	126～132
中粗砂	$N>30$	65～70	70～75	75～81	81～90	90～99	99～107	107～115	115～123	123～130	130～137	137～144	144～150	150～156

注　I_P 为土的塑性指数；I_L 为土的液性指数；N 为标准贯入击数；e 为土的天然孔隙比。

表 4.12-10　　预制混凝土挤土桩桩端极限阻力标准值 q_{pk}　　单位：kPa

土类	土的状态	土层深度						
		5～10m	10～15m	15～20m	20～25m	25～30m	30～35m	35～40m
黏土 $I_P>17$	$0.75<I_L\leqslant1.0$	100～300	300～500	500～700	700～900	900～1100	1100～1200	1200～1300
	$0.50<I_L\leqslant0.75$	300～500	500～700	700～950	950～1200	1200～1400	1400～1500	1500～1600
	$0.25<I_L\leqslant0.50$	500～700	700～950	950～1200	1200～1430	1430～1650	1650～1800	1800～1950
	$0<I_L\leqslant0.25$	700～970	970～1250	1200～1500	1500～1750	1750～2000	2000～2200	2200～2300
粉质黏土 $10<I_P\leqslant17$	$0.75<I_L\leqslant1.0$	200～500	500～790	790～1000	1000～1200	1200～1450	1450～1600	1600～1750
	$0.50<I_L\leqslant0.75$	400～700	700～1050	1050～1400	1400～1750	1750～2050	2050～2200	2250～2400
	$0.25<I_L\leqslant0.50$	600～1000	1000～1400	1400～1800	1800～2150	2150～2400	2400～2650	2650～2750
	$0<I_L\leqslant0.25$	800～1300	1300～1800	1800～2300	2300～2650	2650～3000	3000～3200	3200～3350
粉土 $0<I_P\leqslant10$	$0.75<I_L\leqslant1.0$	600～1000	1000～1400	1400～1800	1800～2150	2150～2400	2400～2650	2650～2750
	$0.50<I_L\leqslant0.75$	800～1300	1300～1800	1800～2300	2300～2650	2650～3000	3000～3200	3200～3500
	$0.25<I_L\leqslant0.50$	1000～1700	1700～2300	2300～2900	2900～3350	3350～3750	3750～4000	4000～4200
	$0<I_L\leqslant0.25$	1500～2300	2300～3000	3000～3600	3600～4100	4100～4500	4500～4800	4800～5000
粉砂、细砂	稍密	1000～1700	1700～2300	2300～2900	2900～3350	3350～3750	3750～4000	4000～4200
	中密	1500～2300	2300～3000	3000～3600	3600～4100	4100～4500	4500～4800	4800～5000
	密实	2000～3000	3000～3900	3900～4750	4750～5500	5500～6100	6100～6600	6600～7000
中粗砂	$N>30$	2400～3800	3800～5200	5200～6250	6250～7200	7200～8000	8000～8650	8650～9100

表 4.12-11　　震动下沉桩系数 α_i、α

桩径或边长	砂类土	粉土	粉质黏土	黏土
$d\leqslant0.8$m	1.1	0.9	0.7	0.6
$0.8\text{m}<d\leqslant2.0$m	1.0	0.9	0.7	0.6
$d>2.0$m	0.9	0.7	0.6	0.5

表 4.12-12　　系　数　λ

$\frac{D_p}{d}$ ＼ 桩尖爆扩体处土类	砂类土	粉土	粉质黏土 $I_L=0.5$	黏土 $I_L=0.5$
1.0	1.0	1.0	1.0	1.0
1.5	0.95	0.85	0.75	0.70
2.0	0.90	0.80	0.65	0.50
2.5	0.85	0.75	0.50	0.40
3.0	0.80	0.60	0.40	0.30

注　d 为桩身直径，D_p 为爆扩桩的爆扩体直径。

表 4.12-13　　桩侧土的极限摩阻力 q_{sk}

单位：kPa

土类	土的状态	极限摩阻力 q_{sk}
黏性土	$1\leqslant I_L<1.5$	15～30
	$0.75\leqslant I_L<1$	30～45
	$0.5\leqslant I_L<0.75$	45～60
	$0.25\leqslant I_L<0.5$	60～75
	$0\leqslant I_L<0.25$	75～85
	$I_L<0$	85～95
粉土	稍密	20～35
	中密	35～65
	密实	65～80
粉砂、砂	稍松	20～35
	稍密、中密	35～65
	密实	65～80
中砂	稍密、中密	55～75
	密实	75～90
粗砂	稍密、中密	70～90
	密实	90～105

注　表中土的液性指数 I_L，系按 76g 平衡锥测定的数值。

表 4.12-14　桩尖土的极限承载力 q_{pk}

单位：kPa

土类		土的状态	极限端阻力 q_{pk}		
黏性土		$1\leqslant I_L$	1000		
		$0.65\leqslant I_L<1$	1600		
		$0.35\leqslant I_L<0.65$	2200		
		$I_L<0.35$	3000		
无黏性土	分类 ＼ 桩尖进入持力层的相对深度 / 密实状态		$\frac{h'}{d}<1$	$1\leqslant\frac{h'}{d}<4$	$4\leqslant\frac{h'}{d}$
	粉土	中密	1700	2000	2300
		密实	2500	3000	3500
	粉砂	中密	2500	3000	3500
		密实	5000	6000	7000
	细砂	中密	3000	3500	4000
		密实	5500	6500	7500
	中、粗砂	中密	3500	4000	4500
		密实	6000	7000	8000
	圆砾石	中密	4000	4500	5000
		密实	7000	8000	9000

注　表中 h' 为桩尖进入持力层的深度（不包括桩靴），d 为桩的直径或边长。

2）钻（挖）孔灌注桩的容许承载力为

$$P_c=\frac{1}{2}u_p\sum q_{ski}l_i+m_0[\sigma]A_p \qquad (4.12-12)$$

式中　u_p——桩身截面周长，m，按成孔桩径计算，通常钻孔桩的成孔桩径按钻头类型分别比设计桩径（即钻头直径）增大下列数值：旋转锥为 30～50mm，冲击锥为 50～100mm，冲抓锥为 100～150mm；

q_{ski}——第 i 层土的桩侧极限摩阻力，kPa，按表 4.12-15 采用；

A_p——桩底支承面积，m^2，按设计桩径计算；

m_0——桩底支承力折减系数，对钻孔灌注桩可按表 4.12-16 采用，对挖孔灌注桩可取 1；

$[\sigma]$——桩底地基土的容许承载力，kPa，当 $h\leqslant 4d$ 时 $[\sigma]=\sigma_0+k_2\gamma_2(h-3)$，当 $4d<h\leqslant 10d$ 时 $[\sigma]=\sigma_0+k_2\gamma_2(4d-3)+k'_2\gamma_2(h-4d)$，当 $h>10d$ 时 $[\sigma]=\sigma_0+k_2\gamma_2(4d-3)+k'_2\gamma_2(6d)$；

d——桩径或桩宽，m；

h——地面线或局部冲刷线以下桩长，m；

σ_0——地基承载力基本值，kPa；

γ_2——基底以上土的天然容重的平均值，kN/m^3，如持力层在水面以下，且为透水者，水中部分应采用浮重，如为不透水者，不论基底以上水中部分土的透水性质如何，应采用饱和容重；

k_2、k'_2——深度修正系数，k_2 可按表 4.12-17 采用，k'_2 对黏性土、黄土为 1.0，对砂土、碎石土为表 4.12-17 的 k_2 值之半；

其他符号意义同前。

表 4.12-15　钻孔灌注桩桩侧极限摩阻力 q_{sk}

单位：kPa

土类	土的状态	极限摩阻力 q_{sk}
软土		12～22
黏性土	流塑	20～35
	软塑	35～55
	硬塑	55～75
粉土	中密	30～55
	密实	55～70
粉砂、细砂	中密	30～55
	密实	55～70
中砂	中密	45～70
	密实	70～90
粗砂、砾砂	中密	70～90
	密实	90～150
圆砾、角砾	中密	90～150
	密实	150～220
碎石、卵石	中密	150～220
	密实	220～420

注　1. 漂石土、块石土极限摩阻力可采用 400～600kPa。
　　2. 挖孔灌注桩的极限摩阻力可参照本表采用。

表 4.12-16　钻孔灌注桩桩底支承力折减系数 m_0

土质及清底情况	$5d<h\leqslant 10d$	$10d<h\leqslant 25d$	$25d<h\leqslant 50d$
土质较好，不易坍塌，清底良好	0.9～0.7	0.7～0.5	0.5～0.4
土质较差，易坍塌，清底稍差	0.7～0.5	0.5～0.4	0.4～0.3
土质差，难以清底	0.5～0.4	0.4～0.3	0.3～0.1

注　h 为地面线或局部冲刷线以下桩长，d 为桩径。

表 4.12-17　　深度修正系数 k_2

黏性土				粉土	黄土		砂类土										碎石类土	
Q_4 的冲、洪积土		Q_3 及其以前的冲、洪积土	残积土		新黄土	老黄土	粉砂		细砂		中砂		砾砂、粗砂		碎石、圆砾、角砾		卵石	
$I_L<0.5$	$I_L\geqslant 0.5$						稍密、中密	密实	稍密、中密	密实	稍密、中密	密实	稍密、中密	密实	稍密、中密	密实	稍密、中密	密实
2.5	1.5	2.5	1.5	1.5	1.5	1.5	2	2.5	3	4	4	5.5	5	6	5	6	6	10

注　1. 节理不发育或较发育的岩石不作修正，节理发育或很发育的岩石，可按碎石类土的系数，但对已风化成砂、土状者，则按砂类土、黏性土的系数。

2. 稍松状态的砂类土和松散状态的碎石类土，可采用表列稍、中密值的50%。

3. 冻土的系数取0。

（2）柱桩竖向容许承载力。

1）支承于岩石层上的打入桩、震动下沉桩（包括管柱）的容许承载力为

$$P_c = cf_{rk}A_p \tag{4.12-13}$$

式中　f_{rk}——岩石单轴抗压强度，kPa；

c——系数，均质无裂缝的岩石层取0.45，有严重裂缝的、风化的或易软化的岩石层取0.30；

其他符号意义同前。

2）支承于岩石层上与嵌入岩石层内的钻（挖）灌注桩及管桩的容许承载力为

$$P_c = f_{rk}(c_1A_p + c_2u_ph) \tag{4.12-14}$$

式中　u_p——嵌入岩石层内的桩孔周长，m；

h——自新鲜岩石面（平均高程）算起的嵌入深度，m；

c_1、c_2——系数，根据岩石层破碎程度及清底情况决定，按表4.12-18采用；

其他符号意义同前。

表 4.12-18　　系数 c_1、c_2

岩石层破碎程度及清底情况	良好	一般	较差
c_1	0.5	0.4	0.3
c_2	0.04	0.03	0.02

注　当 $h\leqslant 0.5$m 时，c_1 应乘以0.7，$c_2=0$。

5.《公路桥涵地基与基础设计规范》（JTG D63—2007）公式

（1）摩擦桩轴向受压的容许承载力。

1）沉桩的容许承载力计算与铁路规范建议的式（4.12-11）一致，其中取 $\lambda=1$。

2）钻（挖）孔灌注桩的承载力容许值为

$$P_c = \frac{1}{2}u_p\sum q_{ski}l_i + q_rA_p \tag{4.12-15}$$

$$q_r = m_0\lambda\{[\sigma_0] + k_2\gamma_2(h-3)\} \tag{4.12-16}$$

式中　A_p——桩端截面面积，m^2，对于扩底桩，取扩底截面面积；

l_i——承台底面或局部冲刷线以下各土层的厚度，m，扩孔部分不计；

q_{ski}——与 l_i 对应的各土层与桩侧的摩阻力标准值，kPa，宜采用单桩摩阻力试验确定，无试验资料时按表4.12-19采用；

q_r——桩端处土的承载力容许值，kPa，当持力层为砂土、碎石土时，若计算值超过下列值，宜按下列值采用，粉砂为1000kPa，细砂为1150kPa，中砂、粗砂、砾砂均为1450kPa，碎石土为2750kPa；

$[\sigma_0]$——桩端处土的承载力基本值，kPa，按规范相关规定确定；

h——桩端的埋置深度，m，对于有冲刷的桩基，埋深由一般冲刷线起算，对无冲刷的桩基，埋深由天然地面线或实际开挖后的地面线起算，计算值大于40m时，按40m采用；

λ——修正系数，按表4.12-20选用；

m_0——清底系数，按表4.12-21选用；

其他符号意义同前。

（2）支承在基岩上或嵌入基岩内的钻（挖）孔桩、沉桩的单桩轴向受压承载力容许值为

$$P_c = c_1f_{rk}A_p + u_p\sum c_{2i}f_{rki}h_i + \frac{1}{2}\zeta_su_p\sum q_{ski}l_i \tag{4.12-17}$$

式中　c_1、c_{2i}——根据清孔情况、岩石破碎程度等因素决定的端阻、第 i 层侧阻发挥系数，按表4.12-22采用；

f_{rk}——桩端岩石饱和单轴抗压强度标准值，kPa，黏土质岩取天然湿度单轴抗压强度标准值，当 f_{rk} 小于2MPa时，按摩擦桩计算（f_{rki} 为第

i 层的 f_{rk} 值）；

h_i——桩嵌入各岩层部分的厚度，m，不包括强风化层和全风化层；

ζ_s——覆盖层土的侧阻力发挥系数，根据桩端 f_{rk} 确定，当 $2\text{MPa} \leqslant f_{rk} < 15\text{MPa}$ 时 $\zeta_s = 0.8$，当 $15\text{MPa} \leqslant f_{rk} < 30\text{MPa}$ 时 $\zeta_s = 0.5$，当 $f_{rk} > 30\text{MPa}$ 时 $\zeta_s = 0.2$；

其他符号意义同前。

q_{sk} 对于钻（挖）孔桩按表 4.12-19 选用，对于沉桩按表 4.12-15 选用。

表 4.12-19　钻孔桩桩侧土的摩阻力标准值 q_{sk}　　单位：kPa

土　类	土的状态	摩阻力标准值
中密炉渣、粉煤灰		40～60
黏性土	流塑 $I_L > 1$	20～30
	软塑	30～50
	可塑、硬塑	50～80
	坚硬 $I_L \leqslant 0$	80～120
粉土	中密	30～55
	密实	55～80
粉砂、细砂	中密	35～55
	密实	55～70
中砂	中密	45～60
	密实	60～90
粗砂、砾砂	中密	60～90
	密实	90～140
圆砾、角砾	中密	120～150
	密实	150～180
碎石、卵石	中密	160～220
	密实	220～400
漂石、块石		400～600

注　挖孔桩的摩阻力标准值可参照本表采用。

表 4.12-20　修正系数 λ 值

桩端土情况 \ $\frac{l}{d}$	4～20	20～25	>25
透水性土	0.7	0.70～0.85	0.85
不透水性土	0.65	0.65～0.72	0.72

表 4.12-21　清底系数 m_0 值

$\frac{t}{d}$	0.3～0.1
m_0	0.7～1.0

注　1. t、d 为桩端沉渣厚度和桩的直径。
2. $d \leqslant 1.5\text{m}$ 时，$t \leqslant 300\text{mm}$；$d > 1.5\text{m}$ 时，$t \leqslant 500\text{mm}$，且 $0.1 < \frac{t}{d} < 0.3$。

表 4.12-22　系数 c_1、c_2 值

岩石层情况	完整、较完整	较破碎	破碎、极破碎
c_1	0.6	0.5	0.4
c_2	0.05	0.04	0.03

注　1. 当入岩深度 $h \leqslant 0.5\text{m}$ 时，c_1 应乘以 0.75 的折减系数，$c_2 = 0$。
2. 对于钻孔桩，c_1、c_2 应降低 20% 采用，桩端沉渣厚度应满足以下要求：桩径 $d \leqslant 1.5\text{m}$ 时，$t \leqslant 50\text{mm}$，$d > 1.5\text{m}$ 时，$t \leqslant 100\text{mm}$。
3. 对于中风化层作为持力的情况，c_1、c_2 应分别乘以 0.75 的折减系数。

4.12.1.4　用静力触探成果估算法确定单桩的竖向承载力

用静力触探成果估算法确定桩侧摩阻力和桩端阻力，方便迅速，精度也较高，国内外已提出许多推算混凝土预制桩单桩承载力的公式。测试时，可采用单桥或双桥探头。

1. 单桥探头静力触探法

根据单桥探头静力触探资料确定混凝土预制桩单桩竖向极限承载力标准值，其计算公式为

$$P_u = u_p \sum q_{ski} l_i + \alpha p_{sk} A_p \quad (4.12-18)$$

式中　q_{ski}——用静力触探比贯入阻力估算的桩周第 i 层土的极限侧阻力标准值，kPa，结合土工试验资料，依据土的类别、埋藏深度、排列次序，按图 4.12-3 折线取值；

α——桩端阻力修正系数，由表 4.12-23 确定；

p_{sk}——桩端附近的静力触探比贯入阻力标准值（平均），kPa，当 $p_{sk1} \leqslant p_{sk2}$ 时 $p_{sk} = \frac{p_{sk1} + \beta p_{sk2}}{2}$，当 $p_{sk1} > p_{sk2}$ 时 $p_{sk} = p_{sk2}$；

p_{sk1}——桩端全截面以上 8 倍桩径范围内的比贯入阻力平均值，kPa；

p_{sk2}——桩端全截面以下 4 倍桩径范围内的比贯入阻力平均值，kPa，如桩端持力层为密实砂土层，其比贯入阻力平均值 p_s 超过 20MPa 时，则需乘以表 4.12-24 中的系数 C 予以折减后，再计算 p_{sk1}、p_{sk2} 值；

β——折减系数，按表 4.12-25 选用；

其他符号意义同前。

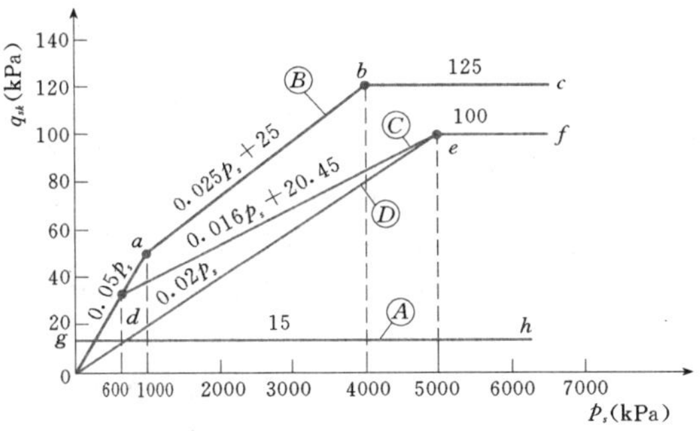

图 4.12-3 q_{sk}—p_s 曲线

1. 直线Ⓐ（线段 gh）适用于地表下 6m 范围内的土层；折线Ⓑ（线段 $0abc$）适用于粉土及砂土土层以上（或无粉土及砂土土层地区）的黏性土；折线Ⓒ（线段 $0def$）适用于粉土及砂土土层以下的黏性土；折线Ⓓ（线段 $0ef$）适用于粉土、粉砂、细砂及中砂。

2. 当桩端穿过粉土、粉砂、细砂及中砂层底面时，折线Ⓓ估算的值需乘以表 4.12-26 中系数 ξ_s 值。

3. 采用的单桥探头，圆锥底面积为 15cm²，底部带 7cm 高滑套，锥角 60°。

表 4.12-23 桩端阻力修正系数 α 值

桩入土深度（m）	$l<15$	$15\leqslant l\leqslant 30$	$30<l\leqslant 60$
α	0.75	0.75～0.90	0.90

注 桩长 $15\leqslant l\leqslant 30$m，$\alpha$ 值按 l 值直线内插，桩长不包括桩尖高度。

表 4.12-24 系 数 C

p_s（MPa）	20～30	35	>40
系数 C	$\frac{5}{6}$	$\frac{2}{3}$	$\frac{1}{2}$

注 可内插取值。

表 4.12-25 折 减 系 数 β

$\frac{p_{sk2}}{p_{sk1}}$	$\leqslant 5$	7.5	12.5	$\geqslant 15$
β	1	$\frac{5}{6}$	$\frac{2}{3}$	$\frac{1}{2}$

注 可内插取值。

表 4.12-26 系 数 ξ_s

$\frac{p_{sk}}{p_{sl}}$	$\leqslant 5$	7.5	$\geqslant 10$
ξ_s	1.00	0.5	0.33

注 p_{sk} 为桩端穿过的中密～密实砂土、粉土的比贯入阻力平均值；p_{sl} 为砂土、粉土的下卧软土层的比贯入阻力平均值。

2. 双桥探头静力触探法

根据双桥探头（圆锥底面积 15cm²，锥角 60°，摩擦套筒高 21.85cm，侧面积 300cm²）静力触探资料确定混凝土预制桩单桩竖向极限承载力标准值 P_u，对于黏性土、粉土和砂土的计算公式为

$$P_u = u_p \sum \beta_i f_{si} l_i + \alpha q_c A_p \qquad (4.12-19)$$

式中 f_{si}——第 i 层土的探头平均阻力，kPa；

q_c——桩端平面上、下探头阻力，kPa，取桩端平面以上 $4d$（d 为桩的直径或边长）范围内按土层厚度的探头阻力加权平均值，然后再与桩端平面以下 $1d$ 范围内的探头阻力进行平均；

α——桩端阻力修正系数，对于黏性土、粉土取 $\frac{2}{3}$，饱和砂土取 $\frac{1}{2}$；

β_i——第 i 层土桩侧阻力综合修正系数，对于黏性土、粉土取 $\beta_i = 10.04 f_{si}^{-0.55}$，对于砂土取 $\beta_i = 5.05 f_{si}^{-0.45}$；

其他符号意义同前。

4.12.2 群桩的竖向承载力

在一般情况下，群桩的竖向承载力为群桩中各单桩承载力之和乘以折减系数。摩擦桩在黏土层中的折减系数通常小于 1，在砂土中的折减系数大于 1。端承桩的折减系数一般小于 1。

验算群桩承载力多不按单桩承载力考虑折减系数的办法，而是将群桩最外围所包围的桩与土看成是一个整体深基础，进行强度与变形校核。

4.12.2.1 校核群桩桩尖平面处的承载力

将群桩包围的地基视为一整体，荷载从最外围桩顶处沿 $\frac{\varphi_{c0}}{4}$ 的角度扩散到桩尖平面（见图 4.12-4），这里 φ_{c0} 是桩长范围内各土层内摩擦角的加权平均值。该桩基应满足下列条件：

受轴心荷载时

$$\frac{N+G}{A} \leqslant R \qquad (4.12-20)$$

受偏心荷载时

$$\frac{N+G}{A} + \frac{M_x}{W_x} + \frac{M_y}{W_y} \leqslant 1.2R \qquad (4.12-21)$$

其中 $A = \left(L_0 + 2l\tan\frac{\varphi_{c0}}{4}\right)\left(B_0 + 2l\tan\frac{\varphi_{c0}}{4}\right)$

式中 N——桩基上部结构的垂直荷载，kN；

G——实体基础自重，kN，包括承台和图中 1、2、3、4 范围内土与桩的总重量；

A——桩尖平面处的受力面积，m²；

B_0——与图面垂直方向的最外围桩间的距离，m；

M_x、M_y——桩基整体总荷载对桩基主轴的力矩，kN·m；

W_x、W_y——桩尖平面处底面积 A 对主轴的截面矩，m^3；

R——桩尖平面处土的容许承载力，kPa。

L_0、l 如图 4.12-4 所示。

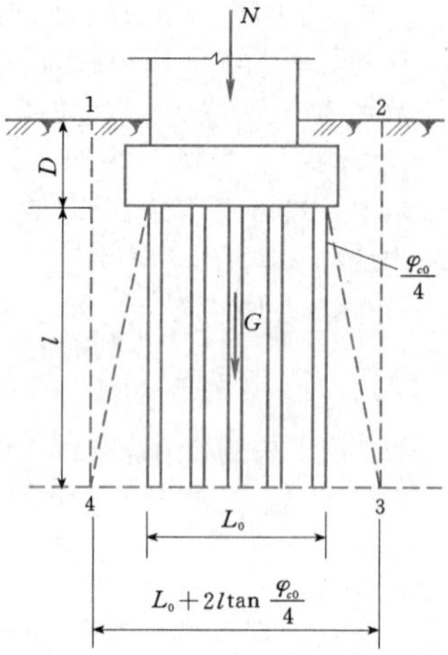

图 4.12-4 群桩地基核算图

（考虑荷载扩散作用）

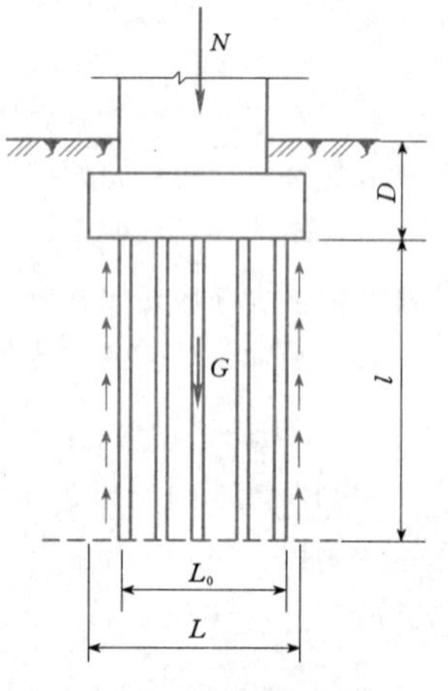

图 4.12-5 群桩地基核算图

（考虑桩周摩擦力作用）

4.12.2.2 考虑群桩桩周土的摩擦力

将群桩包围的地基视为一整体，考虑该整体四侧面摩擦力的支承作用（见图 4.12-5）。该桩基应满足下列条件：

受轴心荷载时

$$\frac{N+G-\frac{\sum Uf_m}{K}}{A}\leqslant R \qquad (4.12-22)$$

受偏心荷载时

$$\frac{N+G-\frac{\sum Uf_m}{K}}{A}+\frac{M_x}{W_x}+\frac{M_y}{W_y}\leqslant 1.2R \qquad (4.12-23)$$

其中 $$A=L_0\times B_0$$

式中 G——实体基础自重，kN，包括承台和桩基范围内土与桩的总重量；

A——桩尖平面处的受力面积，m^2；

U——不同土分层中桩基础的侧面积，m^2；

K——安全系数；

f_m——不同分层中土与桩的极限摩擦力，kPa；

其他符号意义同前。

极限摩擦力，对于黏性土为

$$f_m=\frac{1}{2}q_u \qquad (4.12-24)$$

对于砂土为

$$f_m=E_0\tan\varphi \qquad (4.12-25)$$

式中 q_u——土的无侧限抗压强度，kPa；

E_0——作用在基础整体侧面上的静止土压力，kPa；

φ——土的内摩擦角，(°)。

4.12.3 群桩中各单桩的受力计算

4.12.3.1 垂直桩

1. 轴心垂直荷载

桩基上的荷载为垂直轴心荷载（见图 4.12-4）时，各单桩承受的荷载 Q_i 的计算公式为

$$Q_i=\frac{N+G}{n} \qquad (4.12-26)$$

式中 n——桩数；

其他符号意义同前。

稳定条件为

$$Q_i\leqslant P_c \qquad (4.12-27)$$

式中 P_c——单桩的垂直容许承载力，kN。

2. 偏心垂直荷载

(1) 桩按等距排列（见图 4.12-6），各桩上的荷载不等。单桩上所受荷载 Q_i 的计算公式为

$$Q_i=\frac{N+G}{n}\pm\frac{M_xy_i}{\sum y_i^2}\pm\frac{M_yx_i}{\sum x_i^2} \qquad (4.12-28)$$

$$M_x=(N+G)y_0$$

$$M_y=(N+G)x_0$$

式中 x_0、y_0——群桩荷载合力对桩基主轴的坐标，m；

x_i、y_i——第 i 根桩对桩基主轴的坐标，m；

其他符号意义同前。

稳定条件为

$$\left.\begin{aligned} Q_i &\geqslant 0 \\ (Q_i)_{\max} &\leqslant 1.2P_c \end{aligned}\right\} \qquad (4.12-29)$$

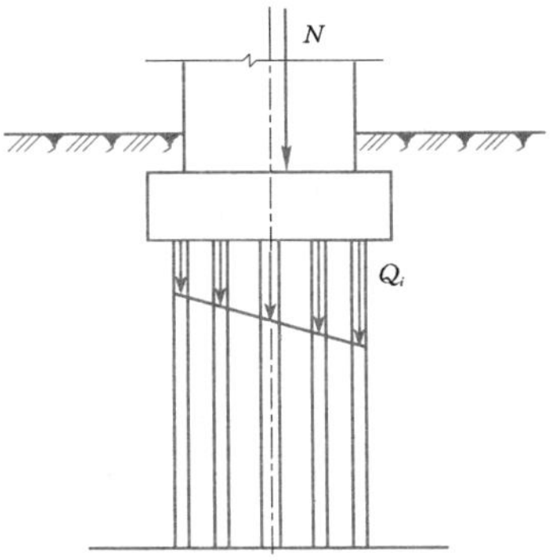

图 4.12-6 受偏心荷载的桩基础

(2) 桩按等荷载排列（见图 4.12-7），各桩的间距不等。单桩上的荷载按式（4.12-26）计算，桩距按以下图解法确定。群桩所受总荷重为 $R_v(=N+G)$，每排采用的桩数为 n，图解步骤如下：

1) 由 R_v 与偏心距 e，计算桩台底面的接触压力，其分布如图 4.12-7 中的梯形 $ABED$ 所示。

2) 延长 AB 与 DE，交于 C 点，以 AC 为直径作半圆。

3) 以 C 为圆心，CB 为半径，作弧交半圆于 F，由 F 作 AC 的垂线交 AC 于 G。

4) 将 AG 分成 n 等分，由各分点作垂线交半圆于 H，I，…等点。

5) 以 C 为圆心，CH，CI，…为半径，作圆弧交 AC 于 5，4，…等点。

6) 从 5，4，…等点作垂线，即将梯形 $ABED$ 等分为 n 个小梯形。

7) 通过每个小梯形的形心的垂线即为桩的轴线。

桩的稳定条件仍按式（4.12-27）计算。

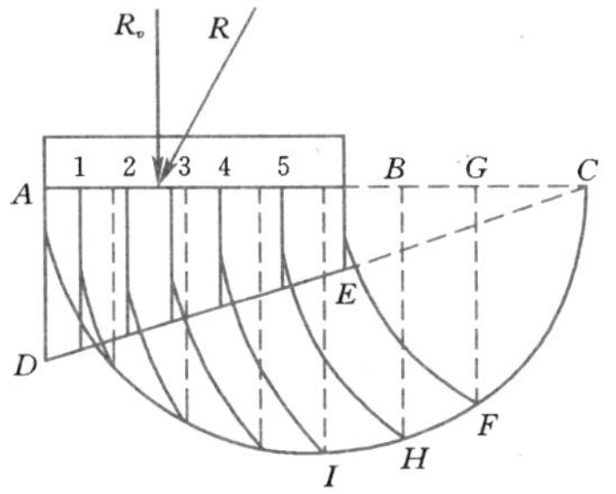

图 4.12-7 按等荷重排列的桩基础

3. 水平荷载

桩所受水平荷载 H 不大时，桩台中各桩的水平位移与桩台的水平位移相同，各桩所受的水平荷载按它们的刚度 EJ 来分配，即

$$H_i = \frac{EJ_i}{\sum EJ_i}H \qquad (4.12-30)$$

式中 E——桩材的弹性模量，kPa；

J_i——第 i 根桩的横截面惯性矩，m^4；

H——桩所受的水平荷载，kN。

若各桩的材料与截面均相同，式（4.12-30）变为

$$H_i = \frac{H}{n} \qquad (4.12-31)$$

式中 n——桩数。

抵抗水平荷载的稳定条件是

$$H_i \leqslant H_c \qquad (4.12-32)$$

式中 H_c——单桩的容许水平荷载，kN，见表 4.12-27。

表 4.12-27 垂直桩的容许水平荷载

单位：kN

桩的情况	中砂	细砂	一般黏土
木桩、自由端、直径 30cm	7	7	7
木桩、固定端、直径 30cm	23	20	18
混凝土桩、自由端、直径 40cm	32	25	23
混凝土桩、固定端、直径 40cm	32	25	23

注 表列数值系针对桩顶水平位移为 6mm 及安全系数为 3 给出的。

4.12.3.2 垂直桩与斜桩

垂直桩承受水平荷载的能力有限，拜雷桑柴夫建议按桩基上总荷载的斜角 α 分别采用不同形式的桩，如图 4.12-8 所示。$\alpha \leqslant 5°$，用垂直桩；$5° < \alpha \leqslant 15°$，用斜桩；$\alpha > 15°$，用叉桩。

同时有垂直桩与斜桩时，桩上荷载用下面的图解

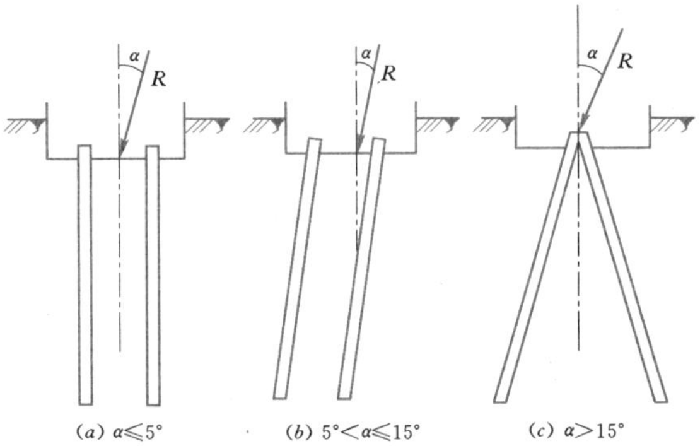

图 4.12-8 按荷载倾斜度建议采用的桩型

法确定。

1. 库尔曼图解法

将桩基中类型相同的桩各合并成一个假设的单桩组，如图 4.12-9 所示。在图 4.12-9 (*b*) 中，合并成了 *a*、*b*、*c* 三组。桩基上的荷载为 R，与桩组 *a* 交于点Ⅰ。桩组 *b* 与 *c* 交于点Ⅱ。反力的合力 R_r 必通过Ⅰ、Ⅱ两点。由已知荷载 R 与各桩组方向线绘制力多边形［见图 4.12-9 (*c*)］，从而求得各桩组方向上的荷载。

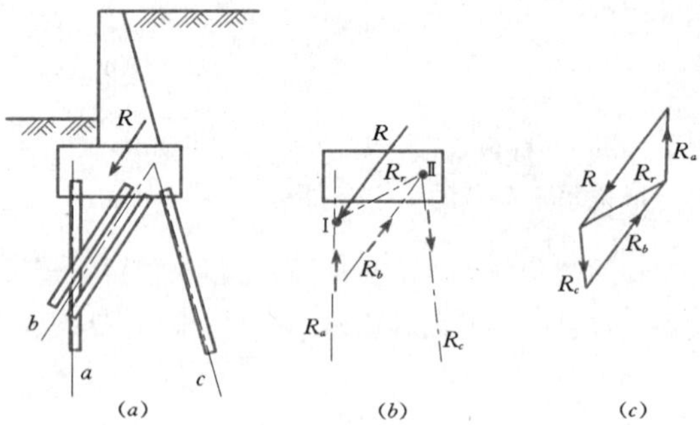

图 4.12-9 用库尔曼法求桩的轴向力

2. 力矩法

荷载为 R，桩组为 1、2、3，如图 4.12-10 所示。荷载 R 与桩的轴向力对点Ⅱ的力矩之和为零，即 $R \cdot r + R_1 \cdot r_1 = 0$，由此求得 R_1。同理，对点Ⅲ的力矩之和为零，求得 R_2。对点Ⅳ的力矩之和为零，求得 R_3。

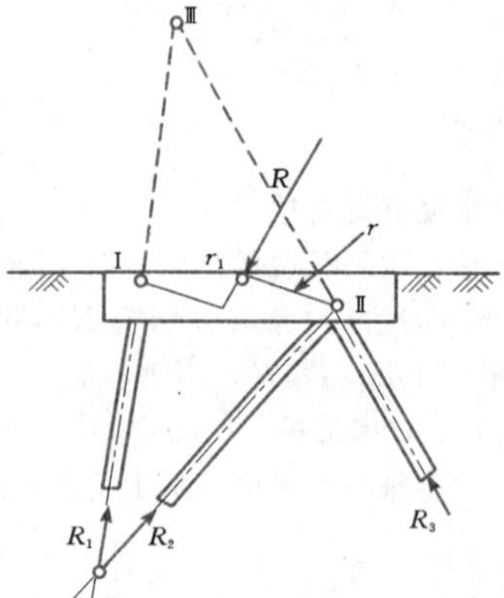

图 4.12-10 用力矩法求桩的轴向力

4.12.4 考虑负摩擦力的桩基计算

4.12.4.1 负摩擦力的产生条件

单桩或群桩周围的土相对于桩有向下位移时，土对桩表面的摩擦将引起向下的力，称为负摩擦力，该力是作用在桩上的额外荷载。

负摩擦力与桩、土间的相对位移量有关，而后者是难以准确计算的，故负摩擦力多按原型与模型试验成果，经验地予以确定。

在下列情况下，桩基础有可能出现负摩擦力：①软黏土、淤土和湿陷性黄土地基；②地面有大面积堆荷的地基；③大量抽汲地下水的地基；④其他一切压缩性高的地基，且采用了端承桩的等。

4.12.4.2 单桩上的负摩擦力

1. 单位摩擦力 f_u

桩表面的正、负单位摩擦力 f_u 的计算公式为

$$f_u = \beta \sigma_v' \qquad (4.12-33)$$

式中 f_u——桩的负摩擦力强度，kPa；

σ_v'——所在深度处土的有效应力，kPa；

β——负摩擦力系数，主要由土质条件决定，可按表 4.12-28 选用。

表 4.12-28 负摩擦力系数 β

土类	饱和软土	黏性土、粉土	砂土	自重湿陷性黄土
β	0.15～0.25	0.25～0.40	0.35～0.50	0.20～0.35

注 1. 在同一类土中，对于打入桩或沉管灌注桩，取表中较大值；对于挖孔灌注桩，取表中较小值。
2. 填土按其组成取表中同类土的较大值。
3. 当 f_u 计算值大于正摩阻力时，取正摩阻力值。

2. 桩上正摩擦力 P_F^+ 和负摩擦力 P_F^- 的计算

桩上正摩擦力 P_F^+、负摩擦力 P_F^- 的计算公式分别为

$$P_F^- = \lambda u \int_0^{L_n} f_u \mathrm{d}z \qquad (4.12-34)$$

$$P_F^+ = \lambda u \int_{L_n}^{L_c} f_u \mathrm{d}z = R_F \qquad (4.12-35)$$

式中 λ——桩的形状系数，见表 4.12-29；

u——桩的周长，m；

f_u——单位摩擦力，kPa；

L_n——桩顶至中性点（指桩、土相对位移为零的点，见图 4.12-11）的距离，m；

L_c——桩顶至压缩土层底的距离，m；

R_F——桩周正摩擦力产生的支承力，kN。

表 4.12-29 形状系数 λ

桩型		λ值
打入钢管桩	闭口	1.0
	开口	0.6
打入式钢筋混凝土桩（开口，ϕ>600mm）		0.8
钻孔桩、埋入桩		0.6～1.0

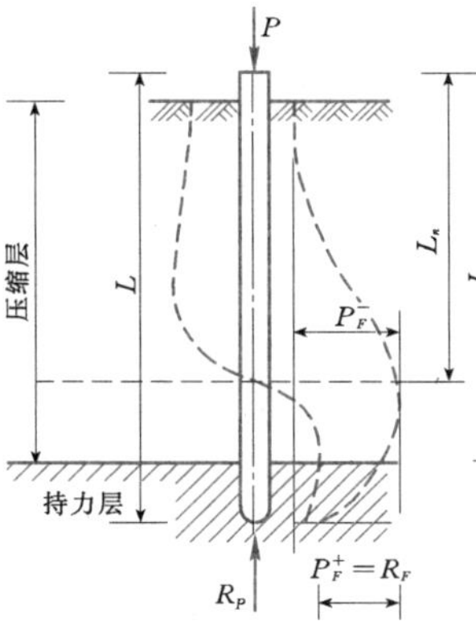

图 4.12-11 桩上的作用力

3. L_n 的确定

产生负摩擦力的桩段长度 L_n 由表 4.12-30 查取或按式(4.12-36)计算：

$$L_n=\frac{K_v\delta_0+f_uuL_c-P}{\frac{1}{L}K_v\delta_0+2f_uu} \quad (4.12-36)$$

式中 K_v——桩尖处垂直向弹簧系数，kN/m；

δ_0——地面沉降量，m；

P——桩顶荷重，kN；

L——桩全长，m；

其他符号意义同前。

表 4.12-30 $\frac{L_n}{L_c}$ **值**

桩型	桩端持力层		
	较密实砂层 $N\leqslant20$	一般砂或砂砾层	岩层或硬土层
打入桩	0.8	0.9	1.0
灌注桩	0.8	0.8	0.9

注 对于摩擦桩，L_c 为桩全长 L，建议 $\frac{L_n}{L_c}$ 取 0.7～0.8。

4.12.4.3 考虑负摩擦力的单桩的承载力

单桩的容许承载力应同时满足下列两条件：

考虑桩材强度

$$\frac{P+P_F^-}{A}\leqslant[\sigma_s] \quad (4.12-37)$$

考虑地基强度

$$\frac{R_P+R_F}{P+P_F^-}\geqslant1.2 \quad (4.12-38)$$

式中 P——桩顶处所受的垂直荷载，kN；

A——桩的截面积，m^2；

$[\sigma_s]$——桩材的容许短期强度，kPa；

R_P——桩尖处的地基极限承载力，kN；

其他符号意义同前。

4.12.4.4 考虑负摩擦力时群桩中单桩的承载力

若群桩中的桩距不大（如小于桩径 d 的 2.5 倍），桩群中单桩上的负摩擦力常小于独立单桩上的负摩擦力，称为桩群效应。砂土地基不考虑该效应。

群桩中单桩上的负摩擦力，按下列方法之一计算。

1. 作图法

(1) 负摩擦力 P_{Fi}^- 的计算公式为

$$P_{Fi}^-=\beta_iP_F^- \quad (4.12-39)$$

式中 β_i——第 i 根桩的折减系数，按式(4.12-41)确定；

P_F^-——独立单桩时的负摩擦力，按式(4.12-34)计算。

(2) 当量土柱的负载半径 r_e 的计算公式为

$$r_e=\sqrt{\frac{dP_F^-}{\bar{\gamma}uL_n}+\frac{d^2}{4}} \quad (4.12-40)$$

式中 d——桩的直径，m；

$\bar{\gamma}$——中性点以上地基土的平均容重，kN/m^3；

其他符号意义同前。

(3) 以 r_e 为半径、各桩的轴心为圆心作圆（见图 4.12-12），得第 i 根桩的负载面积 A_{pi}（图中阴影部分），据此计算第 i 根桩的折减系数 β_i 为

$$\beta_i=\frac{A_{pi}}{A_p} \quad (4.12-41)$$

式中 A_p——以 r_e 为半径所作圆的圆面积，m^2。

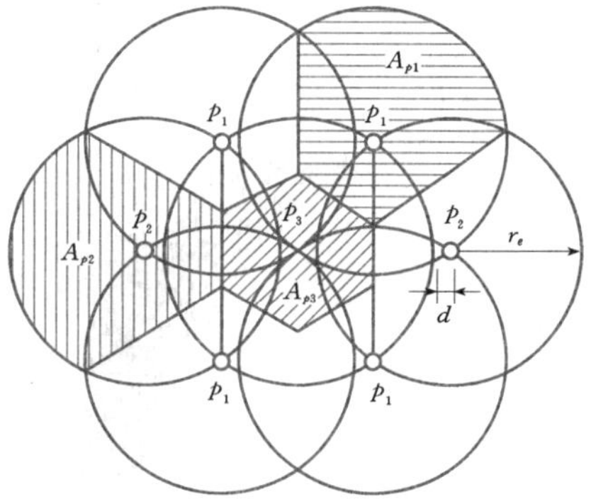

图 4.12-12 相同直径桩的负载面积

2. 近似法

桩群中单桩的平均负摩擦力的计算公式为（见图 4.12-13）

$$P_F^-=\frac{A\gamma L_c+Hcf_u}{n} \quad (4.12-42)$$

式中 γ——桩群范围内土的容重，kN/m^3；

n——桩数；

其他符号意义同前。

A、c、H 意义如图 4.12-13 所示。

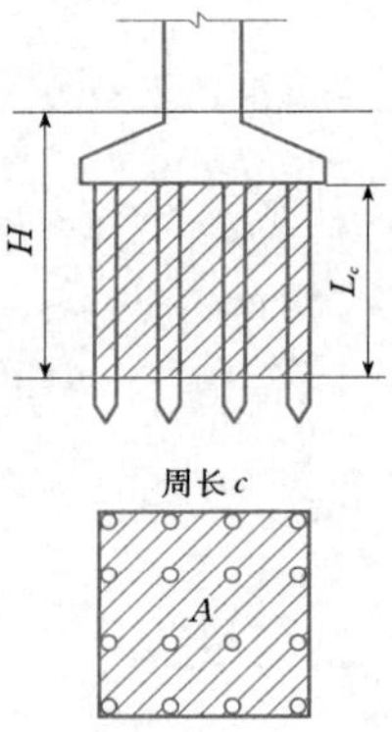

图 4.12-13　平均负摩擦力计算图

若桩距比较大，不计桩群效应，其计算公式为

$$P_{\bar{F}} = uL_c f_u \tag{4.12-43}$$

式中　u——单桩周长，m；

其他符号意义同前。

选用式（4.12-42）、式（4.12-43）中的较小值。

按上述方法求得 $P_{\bar{F}}$ 后，桩群中各单桩的承载力即可按式（4.12-37）、式（4.12-38）核算。

4.12.5　单桩的水平承载力

4.12.5.1　按荷载试验确定单桩的水平承载力

对于重要工程，至少应进行不少于3根不同长度桩的水平荷载试验；对一般工程，可在桩基中选出一对桩进行试验。

试验方法与桩的垂直荷载试验相仿，采用逐渐加荷或循环加荷法，直至达极限荷载。根据试验记录绘出桩顶水平荷载—时间—位移（H_0—T—u_0）关系曲线（见图 4.12-14）、水平荷载—位移梯度$\left(H_0-\dfrac{\Delta u_0}{\Delta H_0}\right)$关系曲线（见图 4.12-15）等。根据曲线的特征点，确定单桩的水平临界荷载和极限荷载。

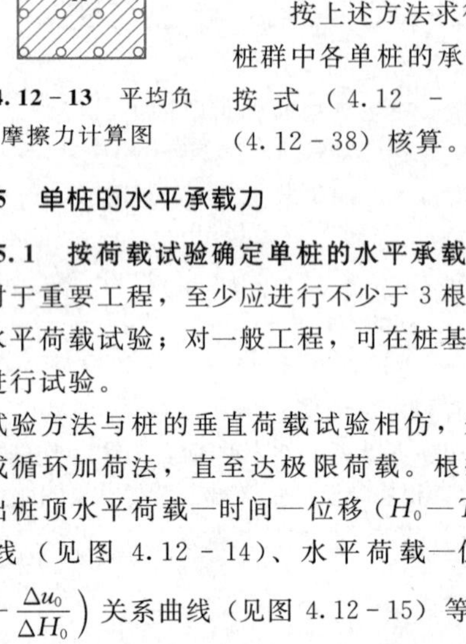

图 4.12-14　水平荷载—时间—位移曲线

1．单桩的水平临界荷载 H_{cr} 的确定

单桩的水平临界荷载（桩身受拉区混凝土明显退出工作前的最大荷载）H_{cr} 按下列方法综合确定：

（1）取 H_0—T—u_0 关系曲线出现突变（在相同荷载增量的条件下，出现比前一级明显增大的位移增量）

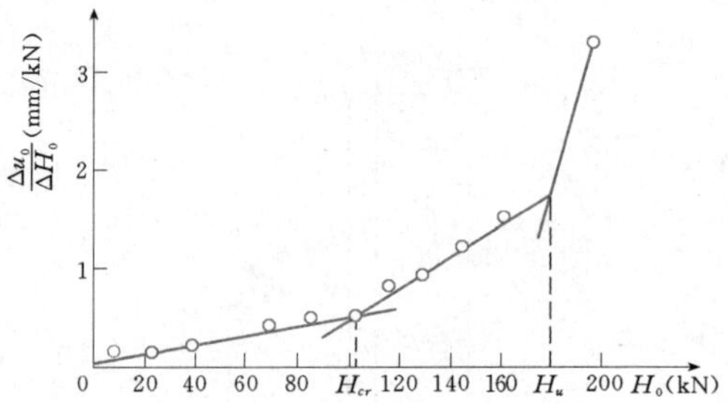

图 4.12-15　H_0—$\dfrac{\Delta u_0}{\Delta H_0}$关系曲线

点的前一级荷载为水平临界荷载 H_{cr}（见图 4.12-14）。

（2）取 H_0—$\dfrac{\Delta u_0}{\Delta H_0}$ 关系曲线第一直线段的终点（见图 4.12-15）所对应的荷载为水平临界荷载 H_{cr}。

单桩的水平极限荷载 H_u 可根据下列方法综合确定：

（1）将各级荷载下反复加荷的位移点连成包线。在未达极限荷载前，各包线均向下凹。若在某级荷载时，位移包线向上凸，取前一级荷载为水平极限荷载 H_u（见图 4.12-14）。

（2）取 H_0—$\dfrac{\Delta u_0}{\Delta H_0}$ 关系曲线第二直线段的终点所对应的荷载为极限荷载 H_u（见图 4.12-15）。

2．单桩的水平容许承载力 H_c 的确定

（1）根据单桩的水平容许位移值确定。对于抗弯性能好的钢筋混凝土预制桩、钢桩、高配筋率的灌注桩（桩身全截面配筋率不小于0.65%），可根据静载试验结果单桩的水平荷载—水平位移的关系曲线，取地面水平位移为10mm（对于水平位移敏感的建筑物取水平位移为6mm）所对应的荷载为单桩的水平容许承载力。

（2）根据单桩的水平临界荷载确定。对于低配筋率的灌注桩，即桩身配筋率小于0.65%的灌注桩，可取单桩的水平静载试验的临界荷载为单桩的水平容许承载力，即 $H_c = H_{cr}$。

（3）根据单桩的水平极限荷载确定。将极限荷载 H_u 除以适当的安全系数作为单桩的水平容许承载力。

4.12.5.2　按理论计算确定单桩的水平承载力

1．按桩的刚度因数确定为短桩或长桩

刚性短桩与柔性长桩的破坏机理不同，前者因受极限水平荷载时绕某点转动而破坏，后者则因过度挠曲在某点发生断裂，如图 4.12-16 所示。

根据刚度因数 R 与 T 区分短桩或长桩。对于坚硬超固结黏土，桩的水平向地基反力系数沿深度近似为常量，即

$$k = \frac{k_1}{1.5}$$

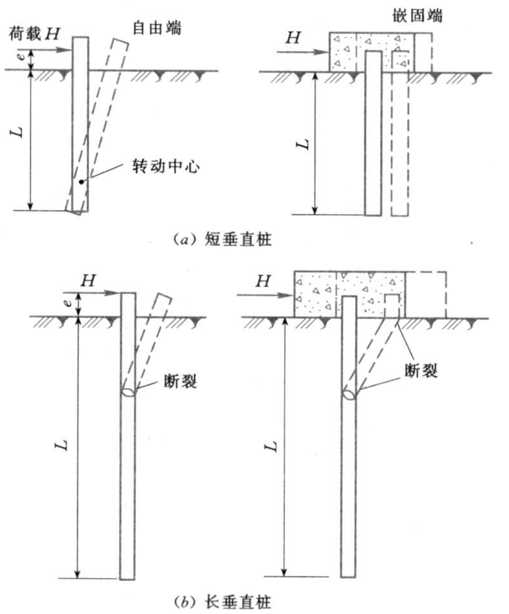

图 4.12-16 短桩与长桩的破坏

刚度因数 R 的计算公式为

$$R=\sqrt[4]{\frac{EJ}{kb_0}} \qquad (4.12-44)$$

其中 $$k=mz$$

式中 E——桩的弹性模量，kPa；

J——桩的截面惯性矩，m^4；

z——深度，m；

k——地基反力系数，MN/m^3，k 与黏土的不排水剪强度有关（见表 4.12-31）；

m——桩侧土水平抗力系数的比例系数，MN/m^4，m 宜通过单桩水平静载试验确定，无资料时，可按表 4.12-32 取值。

对于正常固结黏土和无黏性土，桩的水平向地基反力系数随深度近似呈线性增大，刚度因数 T 的计算公式为

$$T=\sqrt[5]{\frac{EJ}{mb_0}} \qquad (4.12-45)$$

式中 b_0——桩的计算宽度，m。

表 4.12-31 太沙基推荐用于荷载板试验的地基反力系数

土的性状	硬	很硬	坚硬
不排水抗剪强度 c_u (kPa)	100～200	200～400	>400
k_1 变化范围（MN/m^3）	18～36	36～72	>72
k_1 推荐值（MN/m^3）	27	54	>108

表 4.12-32 地基土水平抗力系数的比例系数 m 值

序号	地基土的类别	预制桩、钢桩		灌注桩	
		m （MN/m^4）	相应单桩在地面处水平位移（mm）	m （MN/m^4）	相应单桩在地面处水平位移（mm）
1	淤泥，淤泥质土，饱和湿陷性黄土	2～4.5	10	2.5～6	6～12
2	流塑（$I_L>1$）、软塑（$0.75<I_L\leqslant1$）状黏性土，$e>0.9$ 粉土，松散粉细砂，松散、稍密填土	4.5～6	10	6～14	4～8
3	可塑（$0.25<I_L\leqslant0.75$）状黏性土，$e=0.75$～0.9 粉土，稍密细砂，中密填土，湿陷性黄土	6～10	10	14～35	3～6
4	硬塑（$0<I_L\leqslant0.25$）、坚硬（$I_L\leqslant0$）状黏性土，$e<0.75$ 粉土，中密中粗砂，密实老填土，湿陷性黄土	10～22	10	35～100	2～5
5	中密、密实砾砂、碎石类土			100～300	1.5～3

注 1. 当桩顶水平位移大于表列数值或灌注桩配筋率较高（≥0.65%）时，m 值应适当降低；当预制桩的水平向位移小于 10mm 时，m 值可适当提高。
2. 当水平荷载为长期或经常出现的荷载时，应将表列数值乘以 0.4 降低采用。
3. 当地基为可液化土层时，应将表列数值乘以表 4.12-8 系数 Ψ_l。

根据计算得到的 R 或 T 以及桩的入土深度 L，按表 4.12-33 所列准则，判定其为刚性短桩或柔性长桩。

表 4.12-33 弹性长桩、弹性桩（中长桩）和刚性桩的划分标准

桩类 / 计算方法	弹性长桩	弹性桩（中长桩）	刚性桩
m 法	$L \geqslant 4T$	$4T > L \geqslant 2T$	$L < 2T$
常数法	$L \geqslant 3.5R$	$3.5R > L \geqslant 2R$	$L < 2R$

2. 刚性短桩的水平极限承载力

对于黏性土与无黏性土地基，分别利用图 4.12-17、图 4.12-18 确定刚性短桩的极限水平承载力 H_u。

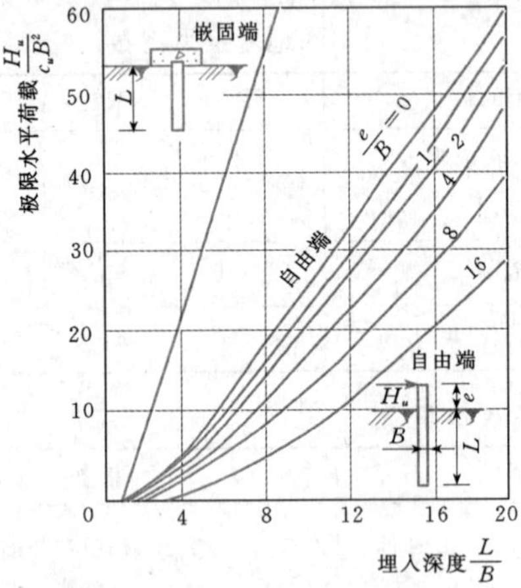

图 4.12-17 黏性土地基中短桩的极限水平承载力（c_u 为土的不排水剪黏聚力）

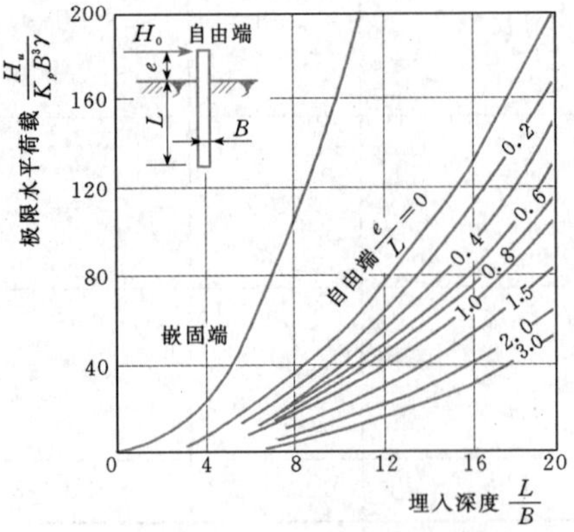

图 4.12-18 无黏性土地基中短桩的极限水平承载力

γ—土容重；K_p—被动土压力系数，$K_p = \tan^2\left(45° + \frac{\varphi}{2}\right)$

4.12.6 同时有垂直与水平荷载作用时桩基础的核算

如果在桩群中，垂直于水平荷载方向上的桩距不大于 3 倍桩径，平行于水平荷载方向上的桩距不大于 6～8 倍桩径，则桩群可以视为一个整体，如图 4.12-19 所示。

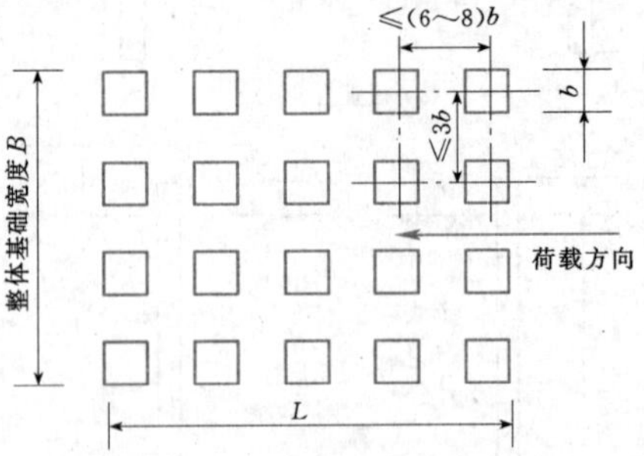

图 4.12-19 按整体计算的桩基

计算时，将桩基视为底面在桩尖处的深基础。

对于黏性土地基，垂直极限承载力（总极限荷载）的计算公式为

$$Q = 2D(B+L)c_{av} + 1.3 i_c c_b s N_c BL \tag{4.12-46}$$

其中
$$i_c = \left(1 - \frac{\alpha}{90}\right)^2$$

式中 B、L、D——深基础底面的宽度、长度、埋置深度（见图 4.12-20），m；

c_{av}、c_b——深基础深度范围内土的平均黏聚力、基底面附近的黏聚力，kPa；

α——荷载与垂线的交角（见图 4.12-20）；

N_c——承载力因数，查图 4.12-21；

s——形状系数，查图 4.12-22；

i_c——荷载倾斜系数。

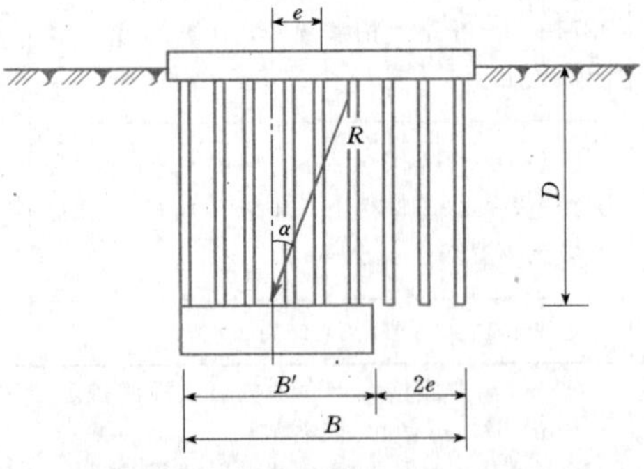

图 4.12-20 整体桩基核算图

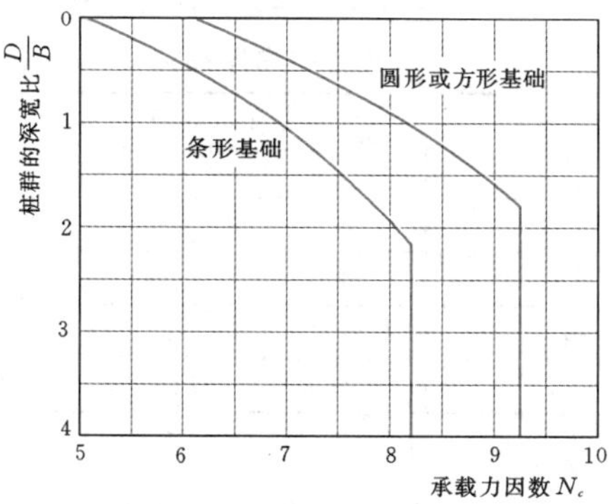

图 4.12-21 承载力因数图

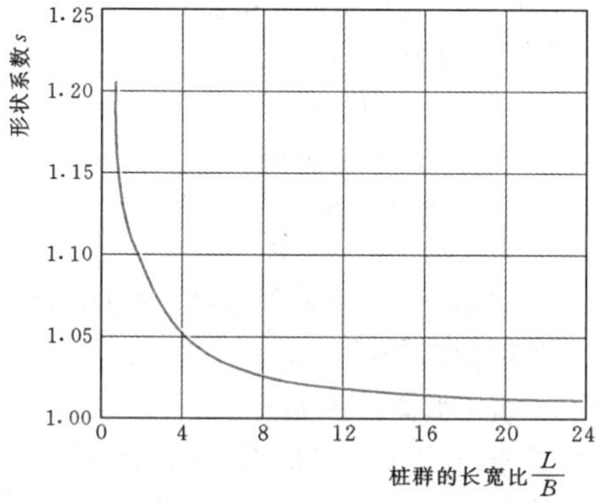

图 4.12-22 形状系数图

偏心荷载的计算仍按以上方法，但需将实际基础宽度 B 改为以下宽度 B'，即

$$B' = B - 2e \qquad (4.12-47)$$

式中 e——深基础底面上的荷载合力偏心距。

然后按轴心荷重计算，如图 4.12-20 所示。

对于无黏性土地基，只需核算桩基础受压一侧受最大荷载时单桩的承载力即可。

群桩中各单桩的水平承载力可按式（4.12-32）进行核算。

4.13 特 殊 土

特殊土是指有别于一般细粒土、具有特殊性质的土。它们的类别很多，本节仅简要介绍湿陷性黄土、膨胀土、红黏土及分散性黏土。

4.13.1 湿陷性黄土

4.13.1.1 物理力学性质

按沉积年代，湿陷性黄土可分为两大类：Q_3、Q_4^1 时期堆积的称为一般湿陷性黄土；Q_4^2 以后堆积的称为新近堆积黄土。

1. 颗粒组成

湿陷性黄土的颗粒以粉粒（0.005～0.05mm）为主，其含量可达 50%～70%；砂粒（>0.05mm）含量约占 10%～30%；黏粒（<0.005mm）含量约占 8%～26%。陇西和陕北的砂粒含量大于黏粒含量，而豫西的砂粒含量少于黏粒含量，即由西北到东南砂粒减少而黏粒增多，这与我国黄土的湿陷性由西北到东南递减的趋势大体相似，说明黄土的湿陷性与黏粒含量有一定关系。我国部分地区湿陷性黄土的颗粒组成见表 4.13-1。

表 4.13-1 我国部分地区湿陷性黄土的颗粒组成 %

粒组 / 地区	砂粒 (>0.05mm)	粉粒 (0.005～0.05mm)	黏粒 (<0.005mm)
陇西	20～29	58～72	8～14
陕北	16～27	59～74	12～22
关中	11～25	52～64	19～24
山西	17～25	55～65	18～20
豫西	11～18	53～66	19～26
总体	11～29	52～74	8～26

2. 土粒比重

湿陷性黄土的土粒比重一般为 2.55～2.85。在我国由西北到东南，湿陷性黄土随着黏粒含量的增多，比重有增大的趋势。陇西、陕北则绝大多数在 2.65 以下，而河南一般在 2.7 以上。

3. 密度

湿陷性黄土的天然密度一般为 1.38～1.94g/cm^3。干密度一般为 1.12～1.63g/cm^3。当干密度超过 1.53g/cm^3 时，其湿陷性就很微弱了。

4. 孔隙比

孔隙比是衡量湿陷性黄土密实度的主要指标，一般为 0.8～1.24，多数则在 0.9～1.1 之间。

5. 含水率

湿陷性黄土的天然含水率为 5%～23%，含水率的大小与地区年降雨量、地下水位、农田灌溉、渠道渗漏等环境影响有关。含水率还常随季节而变化。一般地，含水率在 23% 以上，土的湿陷性基本消失，但其压缩性增高。

6. 饱和度

湿陷性黄土的饱和度一般为 17%～77%，多数则在 40%～50% 之间。当饱和度超过 80% 时，称为饱和黄土，其湿陷性基本消失，成为压缩性很大的软土。

7. 可塑性

湿陷性黄土的液限一般为22%～35%，其塑限为14%～20%，液性指数通常接近零甚至小于零。

湿陷性黄土的塑性指数与土粒比重具有某种关系，我国西北地区两者之间的关系见表4.13-2。

表4.13-2　我国西北地区湿陷性黄土的塑性指数与比重的关系

塑性指数 I_P	土粒比重 G
<7	2.67
7～10	2.69
10～13	2.71
13～17	2.72
>17	2.73～2.74

4.13.1.2　力学性质

1. 压缩性

由于湿陷性黄土中含有可溶性盐类，且存在负孔隙水压力，因此在天然状态下压缩性较低，但一旦遇水，上述条件随即消失，压缩性增高。

我国湿陷性黄土的压缩系数一般为0.1～1.0MPa^{-1}。压缩性除受含水率影响外，与土的地质年代也有一定的关系。一般在Q_2晚期形成的湿陷性黄土多属于低压缩性或中等偏低压缩性，而Q_3晚期及Q_4形成的多属于中等偏高甚至高压缩性，而Q_4^2时期形成的新近堆积黄土则多属于高压缩性。

2. 抗剪强度

湿陷性黄土的黏聚力由两部分组成。一部分称为原始黏聚力，它由土粒间的电分子引力所产生，主要取决于土的粒度成分、矿物成分、扩散层中的离子成分和土的密实度。当黏土矿物多、黏粒含量高时，土越密实，则原始黏聚力越大。另一部分是由于湿陷性黄土含有可溶盐和负孔隙压力存在，从而形成较高的结构强度，使土的黏聚力增大。土的形成年代越久，黏聚力越大，但如果土体受水浸湿而产生胶溶作用，则土的结构力就逐渐减弱，减少到一定程度时就产生湿陷。

内摩擦角主要与土的颗粒成分和矿物成分有关，颗粒越粗，则内摩擦角越大，反之，则越小。试验证明，土的含水率与内摩擦角也存在一定关系，若土的密度固定时，内摩擦角与含水率有如表4.13-3所示的关系。

天然状态下，湿陷性黄土的黏聚力一般为10～60kPa，而内摩擦角则在17°～30°之间。

表4.13-3　含水率低于塑限时湿陷性黄土的内摩擦角

含水率 w (%)	塑限含水率 w_P (%)	内摩擦角 φ (°)
7.8	19.3	23
9.3	18.2	23
16.3	20.7	18
18.2	19.3	17

3. 渗透性

湿陷性黄土的结构较为复杂，且含有较多的不同成分的易溶盐，并有垂直节理等特征，因此不同方向的渗透性是不一样的，尤其在垂直和水平方向上差异较大，一般垂直渗透系数为（0.16～0.3）×10^{-5}cm/s，而水平方向渗透系数则为（0.1～0.8）×10^{-6}cm/s。

像其他黏性土一样，湿陷性黄土的渗透系数随渗透溶液的性质、水头梯度和渗透时间的变化而变化。一般说来，水头梯度越大，渗透系数越大；此外，不同的试验方法也会得出不同的结果，室内的渗透系数常小于野外的渗透系数。

4.13.1.3　黄土湿陷性评价

湿陷性黄土在天然湿度下一般强度高、压缩性低。但浸水后，土中易溶盐溶解，结构破坏，会发生剧烈变形，这种因浸水引起附加沉降的性质，称为湿陷性。

黄土的湿陷性可用湿陷变形系数δ_0进行评价，可参考表4.13-4所列的标准。

表4.13-4　黄土湿陷性评价[74]

湿陷程度		等级	划分标准
非湿陷性黄土		Ⅰ	$\delta_0<0.015$
湿陷性黄土	弱湿陷性黄土	Ⅱ	$0.015\leqslant\delta_0\leqslant0.03$
	中湿陷性黄土	Ⅲ	$0.03<\delta_0\leqslant0.07$
	强湿陷性黄土	Ⅳ	$\delta_0>0.07$

4.13.2　膨胀土

膨胀土是一种吸水膨胀、失水收缩开裂的特殊高液限黏土，其矿物成分以强亲水性矿物蒙脱石和伊利石为主。在自然条件下，多呈硬塑或坚硬状态，裂隙较发育，常见光滑面和擦痕，裂缝随气候变化张开和闭合，并具有反复胀缩的特性。其主要特征有胀缩性、裂隙性和超固结性。

4.13.2.1　膨胀土的分布

我国是世界膨胀土分布最广、面积最大的国家之一。自20世纪50年代以来，我国各地先后发现受膨胀土危害的地区，已达20余个省份（自治区、直辖市），遍及西南、中南、华东地区，以及华北、西北和东北的一部分地区，广泛分布于从黄海之滨到川西平原，从雷州半岛到华北平原之间的狭长地带。根据各地资料和国内历次有关膨胀土会议的文件记载，我国已陆续发现有膨胀土的省份（自治区、直辖市）主要有云南、贵州、四川、陕西、广西、广东、湖北、河南、安徽、江苏、山东、山西、河北、吉林、黑龙江、新疆、湖南、江西、北京、辽宁、甘肃、宁夏及海南等。

4.13.2.2 野外地质特征

(1) 地貌特征。多分布于Ⅱ级及Ⅱ级以上的阶地与山前丘陵地区，个别分布于Ⅰ级阶地上，呈龙岗—丘陵与浅而宽的沟谷，地形坡度平缓，无明显的自然陡坎。在流水冲刷作用下的水沟、水渠，常易崩塌、滑动而淤塞。

(2) 结构特征。膨胀土多呈坚硬—硬塑状态，结构致密，成棱状土块者常具有胀缩性，棱形土块越小，胀缩性越强，且膨胀时产生膨胀压力，收缩时形成收缩裂隙。膨胀土对气候和水文条件具有很强的敏感性。

膨胀土多为细腻的胶体颗粒所组成，断口光滑，土内常包含钙质结核和铁锰结核，呈零星分布，有时也富集成层。

(3) 分布特征。膨胀土的分布，几乎都是在各种岩浆岩、变质岩和沉积岩中的黏土质岩、泥灰岩及碳酸岩等基岩广泛发育的基础上演化而成。这些岩石在后期的风化作用过程中，经氧化作用、水合作用、淋滤作用和水解作用等地球化学的演变，在适合蒙脱石矿物生成的气候条件下，经过成土作用，最后形成富含蒙脱石黏土矿物的膨胀土。

(4) 地表特征。在路堑边坡、沟谷的头部或者库岸的膨胀土经常出现浅层滑坡。新开挖的路堑边坡，在旱季由于强烈的蒸发使土体失水收缩，边坡表土迅速开裂，土块间的黏聚力降低，出现剥落；若在雨季开挖边坡后，大量地表水进入堑体，土体吸水强烈膨胀、软化，出现表面滑塌。在有的地方旱季常出现地裂，长达数十米，深数米，而在雨季则出现闭合的现象。

(5) 颜色特征。膨胀土的颜色多以灰白、棕红、黄褐及黑色为主。

(6) 地下水特征。膨胀土地区多为上层滞水或裂隙水，随着季节水位变化，常引起地基的不均匀胀缩变形。

4.13.2.3 物理性质

膨胀土主要以强亲水性黏土矿物成分为主，常常表现出高含水率、高塑性的特征。我国膨胀土的塑性指数一般较高，几乎都高于19，其中大多在20以上，见表4.13-5。

表4.13-5 我国部分地区膨胀土的物理性质[70]

地区		天然含水率 w (%)	密度 ρ (g/cm^3)	孔隙比 e	液限 w_L (%)	塑性指数 I_P	黏粒（<2μm）含量 (%)
云南	鸡街	24.0	2.02	0.68	50.0	25.0	48.0
	蒙自	39.4	1.78	1.15	73.0	34.0	42.0
广西	宁明	27.4	1.93	0.79	55.0	28.9	53.0
	田阳	21.5	2.02	0.64	47.5	23.9	45.0
河北邯郸		23.0	2.00	0.67	50.8	26.7	31.0
河南平顶山		20.8	2.03	0.61	50.0	26.4	30.0
湖北	襄樊	22.4	2.02	0.65	55.2	30.9	32.0
	枝江	22.0	2.01	0.66	44.8	24.3	31.0
陕西	安康	20.4	2.02	0.62	50.8	30.5	25.8
	汉中	22.2	2.01	0.68	42.8	21.3	24.3
山东	临沂	34.8	1.82	1.05	55.2	29.2	
	泰山	22.3	1.96	0.71	40.2	20.2	
安徽合肥		23.4	2.01	0.68	46.5	23.2	30.0
江苏	六合	22.1	2.06	0.62	41.3	19.8	
	南京	21.7	2.04	0.63	42.4	21.2	24.5
四川成都	川师	21.8	2.02	0.64	43.8	22.2	40.0
	龙潭寺	23.3	1.99	0.61	42.8	20.9	38.0

(1) 天然含水率。天然状态下，膨胀土含水率变化范围很大，一般为13%～50%。含水率对膨胀土的工程性质具有重要影响。

干燥状态的膨胀土，具有较高的膨胀潜势。接近饱和状态的膨胀土，则具有较高的收缩潜势。一般地，含水率小于15%有危险，大于30%则进一步膨胀不大。因此，根据初始含水率在某种程度上也可以预估土的胀缩性，但由于天然状态下的含水率不稳定，故不适于作为判别指标。

膨胀土的抗剪强度随含水率变化而变化，含水率越高，强度越小。

(2) 天然密度。天然状态下的膨胀土，当孔隙全部被水充满时，含水率达到极大值，土的密度也最大，此时土的膨胀势甚微或根本不膨胀；相反，当含水率较小，土的密度也较低时，膨胀势则较大。

干密度的大小，反映出黏粒含量的高低。决定胀缩潜势的物质基础是固体颗粒的成分及其含量，干密度越大，胀缩性越强。

(3) 液限与塑限。膨胀土中的矿物成分、粒度成分和交换阳离子成分对膨胀土胀缩潜势有很大影响，而土的塑性反映了土粒与水相互作用的程度。因此，液限、塑性指数这两个塑性指标与胀缩性有很好的相关性，土的塑性指标可作为膨胀土判别和分类的指标，液限、塑性指数越大，胀缩性也越大。

4.13.2.4 化学特征

膨胀土的主要化学成分以SiO_2、Al_2O_3和Fe_2O_3为主，其次是MgO、CaO和K_2O、Na_2O，其他成分的含量则甚微。表4.13-6汇总了我国部分地区膨胀土的化学成分，其总的特点是：SiO_2的平均含量占全部化学成分的一半左右，甚至更高；Al_2O_3含量一般占15%～30%；Fe_2O_3含量大多占4%～10%。这三种成分的总量大多占73%～86%，占有绝对优势。这与大部分膨胀土矿物成分以伊利石（水云母）为主，部分地区以蒙脱石（微晶高岭土）为主的特点相吻合。少数地区膨胀土中SiO_2含量略低，而Al_2O_3含量又特别高，表明是高岭石含量较多的关系。黏土粒的硅铝分子比率$\left(\frac{SiO_2}{Al_2O_3}\right)$大多为3.05～3.80，少数大于4。根据各类黏土矿物的标准硅铝分子比率（蒙脱石类为4，伊利石类为3，高岭石类为2）可以看出，上述硅铝分子比率与膨胀土中黏土矿物成分多数以伊利石为主、少数以蒙脱石为主的情况是相符的。硅铝分子比率越小，膨胀率就越小；反之，则越大。

表4.13-6 我国部分地区膨胀土化学成分[71] %

地区		SiO_2	Al_2O_3	Fe_2O_3	MgO	CaO	Na_2O	K_2O
云南	曲靖	44.67	24.15	8.82	1.48	2.58	2.65	1.20
	茨营	53.67	24.67	3.48	1.51	1.40	4.85	0.99
贵州	贵阳	39.03	30.17	12.40	1.05	0.45	1.94	1.94
	遵义	46.76	40.09	10.63	2.60	0.40	0.19	4.69
四川	广汉	44.80	24.19	10.76	1.34	0.20	0.29	2.39
	西昌	47.50	25.75	8.55	1.51	1.40		
广西	宁明	52.02	29.61	3.35	1.37	0.28	0.19	3.11
	三塘	45.20	25.13	7.05	1.51	4.21	3.20	5.85
陕西安康		50.23	23.70	6.02	2.97	4.14	2.00	4.90
湖北	郧县	64.21	17.27	6.31	1.51	1.47	0.87	2.16
	荆门	45.93	24.44	9.60	6.96	0.74	0.33	2.70
河南南阳		44.57	20.49	9.06	1.96	0.70	0.27	2.13
安徽淮南		49.11	19.79	9.57	2.85	1.87	2.72	2.03
河北邯郸		52.33	22.92	8.76	2.66	0.95	0.42	1.90
浙江平山		64.78	15.31	2.61	2.12	2.38	2.21	2.41

4.13.2.5 反复胀缩特性

膨胀土与水相互作用过程中，随着含水率的增加，其体积显著增大，即表现出强烈的膨胀性。倘若在土体增大过程中膨胀受到限制，则土中随即产生一定的内应力，以试图突破阻抗的约束，这种应力称为膨胀力。很显然，如果土中含水率减少，土的体积也必然随之缩小，即出现收缩现象，并伴随产生裂隙。我国部分地区膨胀土的膨胀与收缩试验结果列于表4.13-7。

表 4.13-7 我国部分地区膨胀土的膨胀与收缩试验结果[70]

地区		自由膨胀率(%)	膨胀率(%)	膨胀力(kPa)	线缩率(%)
云南	鸡街	79.0	5.01	103	2.97
	蒙自	81.0	9.55	50	8.20
广西	宁明	68.0		175	6.44
	南宁	56.0	2.60	34	3.80
河北邯郸		80.0	3.01	56	4.48
河南平顶山		62.0		137	
湖北	襄樊	112.0		30	
	枝江	51.0		94	
陕西	安康	57.0	2.07	37	3.47
	汉中	58.0	1.66	27	5.80
山东	临沂	61.0		7	
	泰安	65.0	0.09	14	
安徽合肥		64.0		59	
贵州贵阳		33.3	0.76	14	9.38
江苏六合		56.0		85	
四川成都	川师	61.0	2.19	33	3.50
	龙潭寺	90.0		39	5.90

随含水率变化而往复周期变化，形成了膨胀土最重要的特性——反复胀缩性（见图4.13-1）。反复胀缩性规律表现在以下几个方面：①膨胀土随着胀缩循环次数的增加，膨胀达到稳定所需的时间缩短，膨胀量减少，膨胀速率加快；②膨胀土的胀缩变形不是完全可逆的，存在一种类似于塑性变形的膨胀量，即残余膨胀量；③相对膨胀率随循环胀缩次数增加而逐渐减少；④膨胀土的最大收缩率随循环胀缩次数的变化总趋势是下降的。

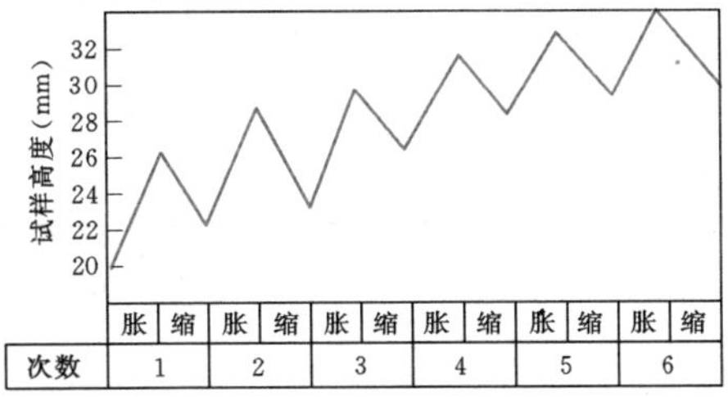

图 4.13-1 膨胀土反复胀缩变化示意图

4.13.2.6 多裂隙性

膨胀土中各种特定形态的裂隙，是在一定的成土过程、胀缩效应和风化作用等自然地质作用下的产物，它有着自身的形成过程和发育历史，随裂隙形成和发育的过程，膨胀土产生了一系列独特的物理力学特性。气候对膨胀土裂隙发育程度的影响是很大的。在晴天天气，气温和土温升高，使土中水分蒸发散失，土体收缩，裂隙张开加宽，若连日晴天，蒸发加剧，裂隙张开速度则更快；但在阴天或微雨天气，土中水分蒸发减少或停止，裂隙发展受阻，张开速度缓慢，甚至还使得土体吸水，裂隙两壁产生部分微膨胀，造成裂隙暂时缩小的现象。

4.13.2.7 风化特性

膨胀土因富含强亲水性黏土矿物，具有多裂隙性、强胀缩性，受大气风化引力作用的影响显著。所有膨胀土的风化，都是在一定风化作用下的结果。气候要素则是风化引力中分布最广、最重要的活泼因素，水可以加强甚至决定其他风化引力的作用。温度的变化主要是对土体产生机械破坏和破碎的重要因素。

表4.13-8列出了我国部分地区典型膨胀土大气影响深度，大气风化引力对膨胀土的风化作用影响的深度，各地相差不大，在3m左右。

表 4.13-8 我国部分地区典型膨胀土大气影响深度[68] 单位：m

地区		大气影响深度(m)	成因类型
云南	鸡街	3.0	残积、湖积
	江水池	3.0～5.0	残积、湖积
四川成都		1.5	冰水沉积
广西	南宁	2.5～3.0	冲积、洪积
	宁明	3.0	残积、坡积
陕西安康		3.0	冲积、洪积
湖北	荆门	1.5～3.0	残积、坡积
	郧县	2.0	冲积、洪积、湖积
	宜昌	2.1	
河南	南阳	3.2	冲积、洪积
	平顶山	2.5	湖积
安徽合肥		1.5～2.0	冲积
河北邯郸		2.0	湖积

《膨胀土地区建筑技术规范》（GBJ 112—87）规定的确定大气影响深度的方法，见表 4.13－9。表 4.13－9 中的膨胀土湿度系数，应根据当地 10 年以上土的含水率变化及有关气象资料统计求出。无此资料时，其计算公式为

$$\Psi_w = 1.152 - 0.726a - 0.00107c \tag{4.13-1}$$

式中　Ψ_w——膨胀土的湿度系数，在自然气候影响下，地表下 1m 处土层含水率可能达到的最小值与其塑限值之比；

a——当年 9 月至次年 2 月的蒸发量之和与全年蒸发量之比值；

c——全年中干燥度大于 1.0 的月份的蒸发量与降水量差值的总和，mm。

表 4.13－9　　大气影响深度[66]

土的湿度系数 Ψ_w	0.6	0.7	0.8	0.9
大气影响深度（m）	5.0	4.0	3.5	3.0

4.13.2.8　渗透性

原状土和重塑土试样的室内渗透试验和野外注水试验均表明，膨胀土的渗透性是很弱的。对于同类膨胀土，室内渗透试验土块的渗透系数一般比现场土条的渗透系数要小。野外观测表明，膨胀土在天然状态下的透水性虽然很微弱，但一旦土体暴露于大气下，在风化营力作用下失水收缩开裂后，其透水性则显著增强。

对于胀缩程度不同的膨胀土，透水性不同。一般膨胀性越强，渗透系数越小，透水性越差；反之，透水性越好。此外，膨胀土击实条件下的透水性较之原状土的透水性更小。击实条件不同，其透水性也不同：当击实含水率一定时，渗透系数随击实干容重的增大而减少；当击实干容重一定时，渗透系数随击实含水率的减少而增大。

4.13.2.9　压缩性

天然状态的膨胀土孔隙比大多小于 1.0，大多属于低压缩性至中等压缩性。

填筑膨胀土的压缩性能，与填筑条件有密切关系：当击实含水率一定时，压缩系数随击实干容重的增大而减小；当击实干容重一定时，压缩系数则随击实含水率的减小而增大。

4.13.2.10　崩解性

崩解性是膨胀土块浸入水中所发生的一种吸水湿化现象。由于土块表面颗粒首先吸附水分子形成水化膜，使颗粒间连接削弱。同时，一部分胶结物被水溶解，破坏了土的结构联结。而且膨胀土多裂隙性，雨水渗入土体中很快沿裂隙浸湿两侧土壁并使之膨胀，使土体内产生不均匀内力。于是在水膜楔入效应的作用下，使土块周围首先出现各种形状不一的土粒或小块掉落与崩解等解体现象。对于裂隙不发育的土块，崩解作用一般是从外部向土块中心逐渐发展的；对于裂隙发育的土块，则崩解作用主要受裂隙分布控制。

4.13.2.11　膨胀土的判别标准和分类方法

膨胀土的判别标准和分类方法，目前国内各行业尚未统一。在实际工程中，大多在工程地质调查的基础上，采用自由膨胀率与其他指标相配合的判别和分类方法。这里给出根据自由膨胀率 δ_{ef} 和最大体积收缩率 δ'_v 综合判别和分类的方法。

1. 膨胀土的判别标准

（1）黏土的判别。

1）当 $\delta_{ef} \geqslant 40\%$，并具有膨胀土工程地质特征或环境地质特征之一的黏土，应判定为膨胀土。

2）当 $35\% < \delta_{ef} < 40\%$，并具有膨胀土工程地质特征或环境地质特征之一，同时 $\delta'_v \geqslant 8\%$ 的黏土，应判定为膨胀土。

（2）红黏土、粉质黏土膨胀性的判别。

1）当 $\delta_{ef} \geqslant 35\%$，并具有膨胀土工程地质特征或环境地质特征之一的红黏土、粉质黏土，应判定为膨胀土。

2）当 $30\% < \delta_{ef} < 35\%$，并具有膨胀土工程地质特征或环境地质特征之一，同时 $\delta'_v \geqslant 8\%$ 的红黏土、粉质黏土，应判定为膨胀土。

2. 分类方法

表 4.13－10 给出了一种膨胀土的分类方法，供参考。

4.13.3　红黏土

红黏土是碳酸盐岩系出露区的岩石，经过更新世以来在湿热的环境中，由岩变土一系列的红土化作用，形成并覆盖于基岩上，呈棕红、褐黄等色的高塑性黏土。红黏土多为残积或坡积，也有洪积。

表 4.13－10　　膨胀土的分类方法[68]

级别 / 土类	强膨胀土	中膨胀土	弱膨胀土
黏土	$\delta_{ef} \geqslant 90$	$65 \leqslant \delta_{ef} < 90$	$40 \leqslant \delta_{ef} < 65$ 或 $35 \leqslant \delta_{ef} < 65$，且 $\delta'_v \geqslant 8$
亚黏土、红黏土		$\delta_{ef} \geqslant 55$	$35 \leqslant \delta_{ef} < 55$ 或 $30 \leqslant \delta_{ef} < 55$，且 $\delta'_v \geqslant 8$

红黏土黏粒含量很高，一般都大于50%，常呈团粒结构，在颗粒分析试验中必须加分散剂才能确定原始级别的黏粒含量。液限、塑限含水率高，塑性指数小，天然含水率一般高达38%～68%，压实性差。在一般压实功能下，最大干密度小于1.55g/cm^3，有些红黏土甚至仅为0.94g/cm^3，多数在1.30g/cm^3左右。但压缩性却属中等，抗剪强度也比具有相同密度的一般黏性土要高。红黏土抗水能力强，没有或很少湿化崩解，膨胀量也小。

4.13.3.1 红黏土的分布

红黏土在我国南方分布广泛，主要集中分布于我国长江以南，即北纬33°以南的地区，这一地区的红黏土大多属第四系。在江北以至我国东北一带，也分布有红黏土，地质年代主要是第三纪。早期形成的红黏土大多受到后期营力的侵蚀或其他沉积物所覆盖，除沿海及一些较温湿的岩溶盆地，如陕南、鲁南、辽东等地区有零星分布外，已经很难见到，且这类红黏土的特性也不明显。

应该指出，即使在我国南方，各地区红黏土不论在外观颜色、土性上，还是在分布厚度等特征上都有一定的变化。例如，土的塑性、黏性含量自西向东有逐渐降低之势；土中粉粒、砂粒含量自西向东则有增长之趋势，这些都是由成土过程、成土物质等差异所致。

4.13.3.2 红黏土的成因与组成

红黏土主要是以胶体形式存在，以致红黏土的粒组构成是以细粒为主，其中胶粒含量冠于中国第四纪黏土，小于2μm粒组含量多在50%以上，已发现有的土中小于1μm粒组含量最高可达93%。红黏土的黏土矿物是以高岭石、伊利石、绿片石为主，它与成土的介质环境特征、化学组分与交换容量相符。作为示例，表4.13-11～表4.13-13给出了一个典型红黏土组分的分析结果。

表4.13-11　红黏土的粒度组成[68]

粒级（mm）	>0.1	0.1～0.05	0.05～0.005	<0.005	<0.002	有机质	pH值
含量	5%	6%	13%	76%	58%	0.35%	6.9

表4.13-12　红黏土的化学成分[70]　%

项目	SiO_2	Fe_2O_3	Al_2O_3	CaO	MgO	K_2O	Na_2O
全土	46.1	13.0	24.1	0.5	1.5	2.3	0.2
<2μm	39.2	13.2	28.8	0.4	1.5	2.4	0.2

表4.13-13　红黏土的矿物成分[70]

粒组	方法	成分（以常见顺序列）
<2μm	X衍射、电子显微镜、差热	高岭石、伊利石、绿泥石。部分土中还有蒙脱石、云母、多水高岭石、三水铝矿
碎屑	目测、偏光显微镜	石英等

红黏土形成之后，还可近距离坡积，其间多无明显界面，由于所处地形地貌条件的不同，可被后期的各种外力一次或多次搬运到适合沉积的部位上。因此，还可见到洪积、冲积与岩溶洞穴沉积等成因的次生红黏土。由于在迁移中外来物质的掺入，粉粒和砂粒含量相对增加，黏粒含量相对减少，塑性降低，色相变浅。力学性能相对较差，但仍然保留着红黏土的基本特征，其土性指标仍有别于一般黏性土与老黏土，见表4.13-14。

表4.13-14　次生红黏土主要土性指标与其他土类的比较[67]

土类	统计值	w_L (%)	w_P (%)	w (%)	e	E_s (MPa)	E_0 (MPa)	P_0 (kPa)
红黏土	界限值	45～120	20～60	20～75	0.7～2.1	7.5～20	7.5～30	100～400
	中值	63	37	37	1.09	10	17	230
次生红黏土	界限值	30～100	20～60	20～60	0.6～1.8	5～15	5～20	100～300
	中值	52	28	33	0.99	7.5	12.0	180
老黏性土	界限值	30～48	17～28	17～27	0.59～0.84	15～50	20～80	400～950
	中值	37	19	23	0.68	30	50	550
一般黏性土	界限值	32～54	17～31	19～35	0.65～1.05	4～10	3～20	75～400
	中值	41	21	30	0.87	5	—	150

4.13.3.3 红黏土的工程性质

红黏土的物理力学性质指标，在其分布的不同地区有差异，一般数值见表4.13-15、表4.13-16，并且从表中可以看出，红黏土具有下述工程性质。

1. 物理特性

(1) 天然含水率较高，一般情况下高于塑限，范围一般为30%～60%。

(2) 液限、塑限和塑性指数均较高，液限一般在50%～80%之间，塑限一般在30%～50%之间，塑性指数一般在16%～30%之间。

(3) 天然饱和度较大，一般在85%以上。

(4) 天然孔隙比大，密度小，一般孔隙比都大于1。

(5) 颗粒细而均匀，胶粒含量（粒径小于0.002mm的颗粒含量）较高，一般在40%～70%之间。

(6) 液性指数一般较小，多数小于0.25，属坚硬状态或半坚硬状态。

(7) 有机质含量非常小，一般小于1%。

2. 力学特性

(1) 最大干密度与最优含水率。红黏土的压实性差，在一定击实功能下，最大干容重低而最优含水率高。即使增大击实功能，干容重的增量也很有限，造成干容重低的原因是这种土料具有稳固的团粒结构。这种土料的天然含水率一般都很高，填筑时常需降低土料的含水率，在做击实试验时应尽量模拟实际的施工状态，正确调配土样的含水率。

(2) 压缩性。红黏土的压缩性一般不高，按照分类标准，属中等或中等偏低压缩性土。

(3) 渗透性。由于红黏土中的游离氧化铁胶结作用水稳性较好，胶结体在水中不易分散，故其抗渗性比较好。又由于该类土中存在着大小集合体，集合体间存在较大孔隙，故其渗透系数比分散性黏土的渗透系数相对要大。

(4) 抗剪强度。红黏土虽然天然含水率较高，干容重较低，孔隙比较大，但其抗剪强度较高。

3. 胀缩特性

红黏土在胀缩性能上是以收缩为主，在天然状态下膨胀量很小，收缩率很高，见表4.13-17、表4.13-18。红黏土的自由膨胀率为25%～69%，且多小于40%。

表4.13-15　　红黏土物理力学性质指标[70]

粒组含量（%）		天然含水率 w（%）	最优含水率 w_{op}（%）	天然容重 γ(kN/m³)	最大干容重 $\gamma_{d\max}$(kN/m³)	比重 G_s
0.005～0.002mm	$<$0.002mm					
10～20	40～70	30～60	27～40	16.5～18.5	13.8～14.9	2.76～2.90

天然饱和度 S_r（%）	天然孔隙比 e	液限 w_L（%）	塑限 w_P（%）	液性指数 I_L	塑性指数 I_P	含水比 α_w
88～96	1.1～1.7	50～100	25～55	−0.1～0.6	25～50	0.5～0.8

孔隙渗透系数 k（cm/s）	裂隙渗透系数 k（cm/s）	三轴剪切		无侧限抗压强度 q_u（kPa）	先期固结压力 P_0（kPa）	压缩系数 a_{1-2}（MPa^{-1}）
		内摩擦角 φ（°）	黏聚力 C（kPa）			
$i\times10^{-8}$	$i\times10^{-5}\sim i\times10^{-3}$	0～3	50～160	200～400	160～300	0.1～0.4

压缩模量 E_s（MPa）	变形模量 E_0（MPa）	自由膨胀率 δ_{ef}（%）	膨胀率 δ_{P0}（%）	膨胀压力 P_P（kPa）	收缩率 δ_s（%）	线缩率 δ_{SL}（%）
6～16	10～30	25～69	0.1～2.1	14～31	7～22	2.5～8.0

注　含水比 $\alpha_w=\dfrac{w}{w_L}$。

表4.13-16　　我国部分省份红黏土的物理力学性质指标统计表[67]

指标	统计值	云南	贵州	广西	四川	湖北	湖南	广东	安徽
液限（%）	范围值	50～80	40～110	39～92	35～85	39～81	40～80	25～90	40～65
	中值	63	73	68	58	63	65	55	54
塑限（%）	范围值	29～50	20～50	20～43	20～40	20～45	20～50	17～50	18～30
	中值	37	35	35	30	28	29	24	29
含水率（%）	范围值	20～55	28～75	30～45	25～60	20～45	27～46	20～50	24～45
	中值	38	47	38	40	41	35	32	33

续表

指标	统计值	云南	贵州	广西	四川	湖北	湖南	广东	安徽
孔隙比	范围值	0.8～1.8	0.8～2.0	0.8～1.7	0.7～1.8	0.7～1.8	0.8～1.3	0.6～1.4	0.7～1.2
	中值	1.38	1.36	1.10	1.10	1.20	1.05	0.97	0.88
饱和度（%）	范围值	50～100	85～100	80～100	80～100	80～100	60～100	94～100	94～100
	中值	85	95	92	96	94	92	92	98
压缩系数（MPa^{-1}）	范围值	0.05～1.1	0.1～0.6	0.08～0.6	0.1～0.55	0.1～0.3	0.05～0.45	0.05～0.5	0.1～0.4
	中值	0.24	0.23	0.23	0.22	0.15	0.15	0.22	0.20

表 4.13-17　　广西红黏土某些特性及胀缩性指标统计[67]

土层 / 指标	红色黏土层		黄色黏土层	
	范围值	平均值	范围值	平均值
含水率（%）	27～42	34	33～50	41
孔隙比	0.81～1.24	1.03	0.97～1.4	1.18
塑性指数	29～45	37	29～48	37.4
自由膨胀率（%）	23～50	34	39～82	58
膨胀压力（kPa）	7～66	33	11～86	44
50kPa压力下的膨胀率（%）	<0.4	0.12	<0.5	0.19
线缩率（%）	0.6～2.8	1.47	2.7～9.7	6.25
阳离子交换量	—	14.28	—	27.24
黏土矿物含量	伊利石与高岭石接近		伊利石高于高岭石	

表 4.13-18　　我国部分省份典型膨胀土与红黏土某些指标的比较[67]

土类 / 指标	典型膨胀土	红黏土			
		整体	广西	贵州	云南
<2μm含量（%）	25～49	45～60	50	52	60
天然含水率（%）	18～36	32～48	32	48	43
天然孔隙比	0.46～1.09	0.98～1.49	0.99	1.45	1.45
液限（%）	44～72	59～81	66	81	72
塑性指数	22～35	26～37	33	37	26
液性指数	<0	<0.55	<0	0.14	<0
自由膨胀率（%）	53～85	25～69	32	36	25
膨胀压力（kPa）	40～100	14～31	31	14	20
无荷载膨胀率（%）	2.5～6.5	0.1～0.9	0.9	0.5	0.7
线缩率（%）	2.1～7.5	1.8～8.0	2.5	8.0	6.0

红黏土液限时的扰动体缩率较大，可达20%～40%，说明具有中到强的收缩势，原状土的线缩率为1%～10%，其中以3%～7%最多，体缩率为5%～28%，其中以7%～15%最多，收缩系数为0.1～0.8，其中以0.2～0.5最多，可见，红黏土具有弱到中收缩性，部分可能具强收缩性。

4.13.4　分散性黏土

分散性黏土是一种在纯净的水中团粒能够大部分或全部自行分散成原级颗粒的土，其物理力学性质与一般黏性土无显著差异，只是其中含较多的可交换钠离子。用这种土作均质土坝很容易遭到雨水破坏。黑龙江省的引嫩工程所在地区及青岛市棘洪滩土坝坝址靠海边一带以及海南岛三亚市岭落水库等地区均发现过分散性黏土。

4.13.4.1 分散性黏土的塑性及矿物成分

1. 塑性

分散性黏土的塑性不高，国内的部分分散性黏土在塑性图中的范围均在中塑性黏土及粉质黏土区。至于高塑性黏土，是否存在分散性黏土，目前国内外看法尚不一致。对于低塑性黏土，因本身黏粒含量较少，遇水后团粒的分散程度对工程性质影响不大，故不在讨论范围之内。

2. 矿物化学成分

分散性黏土的黏土矿物成分一般以蒙脱石为主，然而有些以蒙脱石为主的黏性土，在纯净的水中并不都呈现出分散的特征。有研究表明，土能否分散还与存在于蒙脱石晶格间的阳离子成分有直接关系，晶格间含二价钙离子的钙蒙脱石不易分散，含一价钠离子的钠蒙脱石遇水后易强力水化，使颗粒间的黏聚力减弱甚至消失，因而产生分散。但是，应特别注意如果介质水溶液中含有一定的钙离子，则钠蒙脱石也不易分散，因为介质中的钙离子很容易替换蒙脱石晶格中被吸附于表面的钠离子，使分散性黏土变为非分散性黏土。

在此应当指出，另一些非膨胀性黏土矿物，当羟基取代氢基时，颗粒之间的引力即转变为斥力，同样会引起土的分散，不过这只可能出现在介质溶液呈高pH值的环境中。有学者进行了高岭土的分散性试验，发现高岭土在低钠盐浓度与高pH值的条件下也会形成分散。这里所关注的土的分散性是指在纯净的水溶液中黏土团粒分散成原级颗粒的特征，一般情况下，对工程问题具有实际意义的还是存在这种特性的分散性黏土。

4.13.4.2 分散性土的工程性质

1. 渗透性质

按塑性图分类，分散性黏土多属中塑性，按颗粒粒径分类，有些至少属轻粉质壤土。照理，这类土属于低渗透性或极低渗透性的土，但是由于黏土矿物成分主要为钠蒙脱石，遇水后易分散成原级颗粒，土体结构较均匀，孔隙通道细，渗透系数一般为$k<1\times10^{-7}$cm/s，具有良好的防渗性能。

2. 抗冲蚀能力

分散性黏土最明显的工程特点是抗雨水冲蚀的能力很低。我国黑龙江省南部引嫩工程，大多数堤坝的土料属典型的分散性土，坝型又是均质土坝，建成不久，水库未曾蓄水，坝身就出现了一些管涌洞穴，这都是坝顶雨水通过裂缝渗入坝体引起渗透破坏造成的。

室内试验结果表明，我国北方的非分散性黏土，抗冲蚀流速在100cm/s左右，冲蚀水力比降大于1.0，而分散性黏土抗纯净水冲蚀的流速很小，小于15cm/s，冲蚀水力比降甚至小于0.1，有些文献甚至认为分散性黏土的抗冲蚀流速为零。

4.13.4.3 分散性黏土的鉴别方法

土的分散性常用鉴别方法有以下5种。

1. 针孔试验

针孔试验是通过土的抗冲蚀能力鉴别分散性土的一种方法。为使渗流很快通过土体，在圆柱试样中预先制出$\phi1.0$mm的轴向针孔，然后用蒸馏水进行渗透试验，观察各级水力比降下针孔冲蚀的情况。

试验仪器为长10cm、内径3.5～4cm的圆筒，其中试样长3.8cm，为减小进口水头损失，还在土样进口预埋1.3cm长的一个锥体，土样的有效长度为2.5cm，进口均放置粒径5～10mm的砾石。施加的第一级水头为5cm，相应水力比降为2，在此水力比降下，5～10min之内如果渗出的水带有颜色，而且渗流量不断增大，表明针孔被冲蚀，冲蚀后的孔径大于3mm，则为高分散性土。当水力比降为2时，如果渗水很清或者开始有点浑浊，但几秒钟内变清，而且5min内渗流量没有变化，表明针孔未产生冲蚀，即可将水头逐级升高继续试验，每级水头下针孔若无扩大，直至水力比降达40时渗水仍然呈清水，则停止试验。

针孔试验评价土的分散性标准见表4.13-19。

表4.13-19 针孔试验评价土分散性的标准

分散性类别	试验水头（mm）	试验持续时间（min）	最终孔径d_z（mm）	出水浑浊情况
高分散性土	50	10	$d_z\geqslant3.0$	很浑浊
分散性土	50	10	$2.0\leqslant d_z<3.0$	很浑浊
过渡型土	180	10	$1.5\leqslant d_z<2.0$	浑浊
非分散性土	1020	≥5	$d_z<1.5$	微浑浊

针孔试验时应注意两个问题：①试样的制备含水率应大致为塑限含水率（±2%），干密度应大于饱和含水率为液限时的干密度；②要注意针孔的扩大情况，分散性黏土针孔是由下游向上游呈均匀的扩大，如果发现仅仅是出口扩大，或出口远大于进口，表明是由于出口的渗透破坏引起的针孔扩大，此时应放小出口砾石的粒径，进一步观察针孔的冲蚀情况。

2. 双比重计试验

双比重计试验法又称为 SCS（即美国土壤保持局）法，其主要步骤是对土的颗粒组成进行两次比重计测定。第一次是按常规的土工试验方法测定其黏粒含量，第二次是不加任何分散剂，不作机械扰动，求土的分散度 D：

$$D=\frac{\text{不加分散剂时}<0.005\text{mm 颗粒含量}}{\text{加分散剂}<0.005\text{mm 颗粒含量}}$$

其中，$D<30\%$的土为非分散性土，$D=30\%\sim50\%$的土为过渡型土，$D>50\%$的土为分散性土。

试验应注意的问题是：①试验土样要用天然含水率或半风干状态的土，不能用烘干土；②不加分散剂的试样不能浸泡时间过长，以免部分团粒自行分散，使非分散性土误判为分散性土。

3. 交换性钠离子百分含量（*ESP*）试验

ESP 的含义为存在于黏土矿物结构层的交换性钠离子含量$\overline{Na}$与交换性阳离子总量的百分比，其计算公式为

$$ESP=\frac{\overline{Na}}{CEC}\times100\% \qquad (4.13-2)$$

式中 $\overline{Na}$——交换性钠离子含量，meq/100g 土；

CEC——交换性阳离子总量，meq/100g 土。

交换性离子总量（*CEC*）是用常规醋酸铵法测定，交换性纳离子含量$\overline{Na}$的测定是先用 50℃的 50%酒精淋洗样品。然后用 pH=9 的醋酸铵—氢氧化铵溶液淋洗，在原子吸收光谱上测交换性钠离子的含量 $\overline{Na}$ 。

根据美国与澳大利亚经验，当 $ESP=7\sim10$，土属中等分散性；$ESP\geqslant15$，即有被严重冲刷的可能性。

4. 孔隙水易溶盐试验

土的分散性还可以孔隙水溶液中 Na^+ 离子含量与 Na^+、K^+、Ca^{2+}、Mg^{2+} 离子含量比值大小来判定，其计算公式为

$$PS=\frac{Na^+}{TDS}$$

其中 $$TDS=Na^++K^++Ca^{2+}+Mg^{2+} \qquad (4.13-3)$$

其中，Na^+、K^+、Ca^{2+}、Mg^{2+} 离子含量都以 meq/L 计。

（1）试验方法。测出土的液限含水率，首先将土料加去离子水搅拌成近似液限含水率，放置 24h 以上，用真空泵吸取孔隙水溶液，其后将吸出的溶液用原子吸收光谱测定 Na^+、K^+、Ca^{2+}、Mg^{2+} 离子含量。

（2）判别标准。将土料的 Na^+ 含量百分比和可溶盐含量 *TDS* 值与图 4.13-2 进行对照。

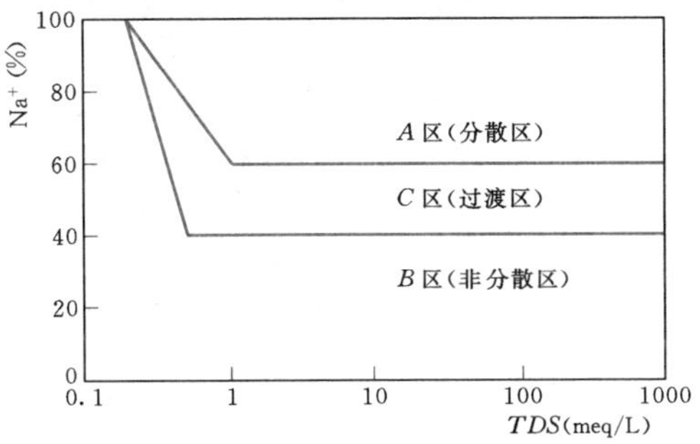

图 4.13-2 根据 Na^+（%）及 *TDS* 判别分散性土的标准

5. 土块试验

将保持自然含水率的土块，或室内针孔试验后的土样制成 $1cm^3$ 左右的土块投入盛有蒸馏水的量杯中，浸放 5～10min 后观察杯中土块胶粒的分散状，分成下列 4 个等级：

等级 1——没有反应，土块在杯底塌散，为非分散性土；

等级 2——微有反应，土块表面附近水有浑浊，为过渡型土；

等级 3——中等反应，容易辨别悬液中的胶体，为分散性土；

等级 4——强烈反应，杯底有一薄层胶体沉淀，整杯水浑浊，为分散性土。

4.14 土的动力特性

4.14.1 概述

土的动力特性主要是指土的动应力—应变关系和强度特性。其主要受土性因素、环境因素及动荷载性质等三方面影响。土性因素包括土粒矿物成分、颗粒大小、颗粒形状、颗粒级配、密度、饱和度、成因、地质历史、颗粒胶结及排列结构等。环境因素包括有效固结应力、应力水平、应力历史（路径）和排水条件等。动荷载可分为冲击性荷载和振动性荷载两种类型，主要表现为幅值、频率和持续时间等特性的不同。

在循环荷载作用下，土的动应力—应变关系主要表现出压硬性、非线性、动应变滞后性和残余变形累

积等特性，动强度则表现为由于动孔隙水压力累积上升而下降，甚至发生液化的现象。压硬性是指土的变形模量和抗剪强度随固结应力的增大而增大的特性。非线性是指土的变形模量随应变的增大而减小的特性。滞后性是指由于阻尼的影响，应变对应力的滞后性，循环应力下土体应力—应变关系表现为滞回圈。变形累积性是指在循环应力作用下，随着荷载作用周数的增加，滞回圈中心不断朝一个方向移动，累积变形越来越大。

一般将综合反映上述不同因素对动应力—应变关系和强度特性影响的数学关系式称为土的动力本构关系。

土在循环荷载作用下的动力本构关系模型可分为3类：①黏弹性模型，包括线性黏弹性模型、等效线性黏弹性模型等；②真非线性模型，如以 Masing 准则为基础发展的非线性模型等；③弹塑性模型，又可分为经典弹塑性模型、套叠屈服面模型、边界模型、广义弹塑性模型和多机构塑性模型等。

当采用黏弹性模型、真非线性模型或经典弹塑性模型进行动力有效应力分析时，还需建立动孔隙水压力发展模型。动孔隙水压力模型一般可分应力模型、应变模型、内时模型、能量模型、有效应力路径模型以及瞬态模型等。为了计算动力残余变形，有时还需要建立包括残余剪应变和残余体积变形在内的动力残余变形模型。

地震引起的土体振动和破坏，主要是由基岩向上传播的水平振动剪切地震波产生的惯性力和动剪应力所引起的，主要考虑土的动力剪切变形特性。等效线性黏弹性模型在国内外得到了广泛应用，对于重要工程还采用真非线性模型进行比较，而弹塑性模型目前则还应用较少。

等效线性黏弹性模型的表达方式有许多，代表性的有 Hardin - Drnevich 模型和 Ramberg - Osgood 模型及沈珠江模型等。由于这些公式有时不能很好模拟试验结果，工程实践中经常采用以试验曲线为基础的插值法。

4.14.2　动荷载分类及其特征

土体可能经受的动荷载有多种，一般分为自然形成的和人类活动形成的两类，具体分类见表 4.14-1。

4.14.3　地震动荷载的等效循环次数

实际地震荷载为随机变化的不规则波，经常将其等效转化为等幅循环荷载。等效是指破坏意义上的等效，即分别把地震不规则波荷载和转化的等幅循环荷载施加于相同试件，将产生相同的破坏效果，或达到相同的破坏应变或破坏标准。

假定等幅循环荷载所具有的能量对材料有累积破坏作用，这种破坏作用正比于该循环应力幅值大小和循环次数。为了达到相同的破坏标准，可以采用低的动剪应力 $\overline{\tau}_e$ 和高的循环次数 $\overline{N}$，也可以取高的 $\overline{\tau}_e$ 和低的 $\overline{N}$。

表 4.14-1　动荷载分类及其特征

动荷载形成条件	动荷载名称	动荷载特征
自然形成的动荷载	地震荷载	作用时间短，往复循环，随机性强，幅值大，频率低，破坏性大
	风、波浪及水流荷载	作用时间长，往复循环，随机性
人类活动形成的动荷载	机器振动荷载	有规律，幅值小，频率高，历时长
	施工振动荷载	历时长，幅值小，无规律
	爆破冲击荷载	冲击荷载，幅值极大，历时极短
	火车、汽车在路面及土层上造成的重复及振动荷载	历时长，幅值小，随机性大，具重复性和循环性

为了将实际的随机、不规则变化的地震荷载转化为等幅循环荷载，可取 $\overline{\tau}_e = R\tau_{max}$，则等效的应力循环次数 $\overline{N}$ 为

$$\overline{N} = \sum N_i \frac{N_e}{N_{if}} = N_e \sum \frac{N_i}{N_{if}} \qquad (4.14-1)$$

式中　N_i——不规则剪应力时程中动剪应力幅值为 τ_i 的循环次数；

N_{if}——在动剪应力幅值 τ_i 作用下，使试样达到破坏标准所需要的循环次数；

N_e——在动剪应力幅值 $\overline{\tau}_e$ 作用下，使试样达到破坏标准所需要的循环次数。

Seed 取 $\overline{\tau}_e = 0.65\tau_{max}$，对一系列强震记录进行计算，并参照大型振动台上的液化试验结果，提出了如表 4.14-2 所示的地震震级与等效循环次数的关系，在我国工程上得到了普遍采用。

表 4.14-2　地震震级与等效循环次数的关系

地震震级	等效循环次数 $\overline{N}$	持续时间（s）
5.5～6.0	5	8
6.5	8	14
7.0	12	20
7.5	20	40
8.0	30	60

4.14.4　土中弹性波传播速度

4.14.4.1　土柱中的弹性波

土柱中的平面弹性波为一维问题。压缩波（纵

波）的质点振动方向平行于波的传播方向。剪切波（横波）的质点振动方向垂直于传播方向。

1. 压缩波（纵波）

波动方程为

$$\frac{\partial^2 u}{\partial t^2} = v_p^2 \frac{\partial^2 u}{\partial x^2} \tag{4.14-2}$$

压缩波波速 v_p 为

$$v_p = \sqrt{\frac{E}{\rho}} \tag{4.14-3}$$

式中 x——沿土柱轴向的坐标；

t——时间；

u——土体质点平行轴向的振动位移；

E——土体弹性模量；

ρ——土体密度。

2. 剪切波（横波）

波动方程为

$$\frac{\partial^2 u}{\partial t^2} = v_s^2 \frac{\partial^2 u}{\partial x^2} \tag{4.14-4}$$

剪切波波速 v_s 为

$$v_s = \sqrt{\frac{G}{\rho}} \tag{4.14-5}$$

式中 x——沿土柱轴向的坐标；

t——时间；

u——土体质点垂直轴向的振动位移；

G——土体弹性剪切模量；

ρ——土体密度。

4.14.4.2 无限土体中的弹性波

1. 一般弹性波的运动方程

$$\left.\begin{aligned} \rho\frac{\partial^2 u}{\partial t^2} &= (\lambda+G)\frac{\partial \varepsilon_v}{\partial x} + G\nabla^2 u \\ \frac{\partial^2 v}{\partial t^2} &= (\lambda+G)\frac{\partial \varepsilon_v}{\partial y} + G\nabla^2 v \\ \frac{\partial^2 w}{\partial t^2} &= (\lambda+G)\frac{\partial \varepsilon_v}{\partial z} + G\nabla^2 w \end{aligned}\right\} \tag{4.14-6}$$

其中
$$\varepsilon_v = \varepsilon_x + \varepsilon_y + \varepsilon_z = \frac{\partial u}{\partial x} + \frac{\partial v}{\partial y} + \frac{\partial w}{\partial z}$$

$$\nabla^2 = \frac{\partial^2}{\partial x^2} + \frac{\partial^2}{\partial y^2} + \frac{\partial^2}{\partial z^2}$$

式中 t——时间；

ε_v——体积应变；

ε_x、ε_y、ε_z 和 u、v、w——质点运动在三个坐标轴 x、y、z 方向上的应变和位移；

∇——拉普拉斯算子；

λ——拉梅常数。

2. 纵波（无旋波、压缩波）

三维波动方程为

$$\frac{\partial^2 \varepsilon_v}{\partial t^2} = v_p^2 \nabla^2 \varepsilon_v \tag{4.14-7}$$

压缩波波速 v_p 为

$$v_p = \sqrt{\frac{\lambda+2G}{\rho}} \tag{4.14-8}$$

其他符号意义同前。

3. 横波（等体积波、剪切波）

三维波动方程为

$$\left.\begin{aligned} \frac{\partial^2 \omega_x}{\partial t^2} &= v_s^2 \nabla^2 \omega_x \\ \frac{\partial^2 \omega_y}{\partial t^2} &= v_s^2 \nabla^2 \omega_y \\ \frac{\partial^2 \omega_z}{\partial t^2} &= v_s^2 \nabla^2 \omega_z \end{aligned}\right\} \tag{4.14-9}$$

其中
$$\omega_x = \frac{1}{2}\left(\frac{\partial w}{\partial y} - \frac{\partial v}{\partial z}\right)$$

$$\omega_y = \frac{1}{2}\left(\frac{\partial u}{\partial y} - \frac{\partial w}{\partial x}\right)$$

$$\omega_z = \frac{1}{2}\left(\frac{\partial v}{\partial x} - \frac{\partial u}{\partial y}\right)$$

压缩波波速 v_s 为

$$v_s = \sqrt{\frac{G}{\rho}} \tag{4.14-10}$$

其他符号意义同前。

以上各式中的土的剪切模量 G、拉梅常数 λ、体积模量 K 与弹性模量 E、泊松比 μ 之间的关系为

$$G = \frac{E}{2(1+\mu)} \tag{4.14-11}$$

$$\lambda = \frac{\mu E}{(1+\mu)(1-2\mu)} \tag{4.14-12}$$

$$K = \frac{E}{3(1-2\mu)} \tag{4.14-13}$$

4.14.4.3 半空间土体弹性表面波（瑞利面波）

对于瑞利平面波，设 u 和 w 分别为质点运动在水平传播方向 x 和垂直指向半空间内部方向 z 上的位移，其值大小与水平方向 y 坐标无关。u、w 可以用两个势函数 φ、ψ 表示为

$$\left.\begin{aligned} u &= \frac{\partial \varphi}{\partial x} + \frac{\partial \psi}{\partial z} \\ w &= \frac{\partial \varphi}{\partial z} - \frac{\partial \psi}{\partial x} \end{aligned}\right\} \tag{4.14-14}$$

有波动方程

$$\left.\begin{aligned} \frac{\partial^2 \varphi}{\partial t^2} &= v_p^2 \nabla^2 \varphi \\ \frac{\partial^2 \psi}{\partial t^2} &= v_s^2 \nabla^2 \psi \end{aligned}\right\} \tag{4.14-15}$$

有解

$$\left.\begin{aligned} \varphi &= A_1 e^{-qz+i(pt-nx)} \\ \psi &= A_2 e^{-sz+i(pt-nx)} \end{aligned}\right\} \tag{4.14-16}$$

其中
$$n = \frac{p}{v_r}, \quad q^2 = n^2 - h^2, \quad s^2 = n^2 - k^2$$

$$h = \frac{p^2}{v_p^2}, \quad k = \frac{p^2}{v_s^2}$$

式中 v_p、v_s、v_r——压缩波波速、剪切波波速、瑞利波波速；

p——正弦波圆频率。

在表面 $z=0$ 处，$\sigma_z=0$ 和 $\tau_{xy}=0$，可得

$$\theta^6-8\theta^4+(24-16\alpha^2)\theta^2+16(\alpha^2-1)=0 \tag{4.14-17}$$

其中

$$\theta=\frac{v_r}{v_s}$$

$$\alpha=\frac{v_s}{v_p}=\sqrt{\frac{1-2\mu}{2-2\mu}}$$

式中 μ——土的泊松比。

求解式（4.14-17）即可得到瑞利波的波速 v_r。瑞利波波速和剪切波波速的关系可近似表达为

$$v_r=\frac{0.87+1.12\mu}{1+\mu}v_s \tag{4.14-18}$$

图 4.14-1 给出了 $\frac{v_r}{v_s}$—μ、$\frac{v_p}{v_s}$—μ 关系曲线。

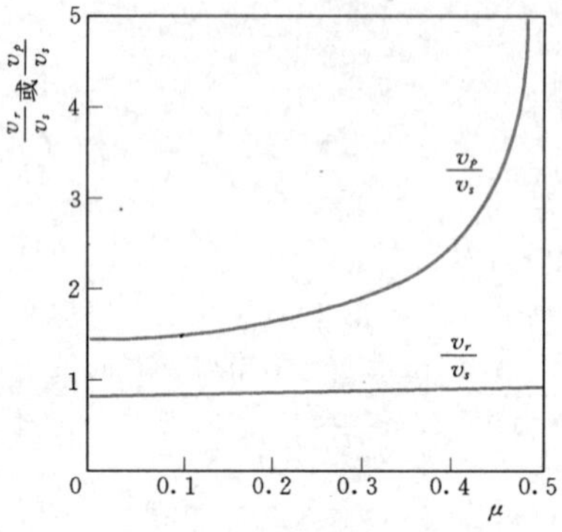

图 4.14-1 $\frac{v_r}{v_s}$—μ、$\frac{v_p}{v_s}$—μ 关系曲线

4.14.5 土的动应力—应变关系

4.14.5.1 线性黏弹性模型

线性黏弹性模型由并联的弹簧和阻尼器力学元件来模拟。土体的应力—应变关系表示为

$$\sigma=E\varepsilon+c\dot{\varepsilon} \tag{4.14-19}$$

式中 σ——应力；

ε——应变；

$\dot{\varepsilon}$——应变速率；

E——弹性模量；

c——黏滞阻尼。

线性黏弹性模型难以反映真实的土体动力特性，实际工程中应用较少。

4.14.5.2 等效线性黏弹性模型

等效线性黏弹性模型把土看作黏弹性体，采用等效剪切模量（又称为动剪切模量）G 和等效阻尼比（又称为动阻尼比）λ 两个参数来反映土的动应力—应变关系的非线性和滞后性两个基本特征。该模型的关键是要通过试验确定最大动剪切模量 $G_{\max}$ 与平均有效固结应力 σ'_0 的关系、动剪切模量比 $G/G_{\max}$ 和动阻尼比 λ 随动剪应变 γ_d 的变化关系等。

土在微小动应变幅作用下的动剪切模量称为土的最大动剪切模量 $G_{\max}$。最大动剪切模量 $G_{\max}$ 受多种因素的影响，包括平均有效主应力、孔隙比、超固结比、颗粒特征、饱和度、加荷历史等。对于一定试验条件下的最大动剪切模量 $G_{\max}$ 扭剪共振柱试验结果，可表示为

$$G_{\max}=CP_a\left(\frac{\sigma'_0}{P_a}\right)^n \tag{4.14-20}$$

其中

$$\sigma'_0=\frac{1}{2}(\sigma'_{10}+\sigma'_{30})$$

式中 σ'_0——平均有效固结应力；

σ'_{10}——轴向有效固结应力；

σ'_{30}——侧向有效固结应力；

C、n——模量系数、模量指数，由试验确定，它们包含了土颗粒矿物成分、颗粒大小、颗粒形状、颗粒级配、密度、饱和度及结构性等各种因素的影响。

Hardin 和 Black 根据共振柱试验，提出确定最大剪切模量 $G_{d\max}$ 的经验公式：

对圆粒砂土（$e<0.80$）

$$G_{\max}=6934\times\frac{(2.17-e)^2}{1+e}(\sigma'_m)^{\frac{1}{2}} \tag{4.14-21a}$$

对角粒砂土

$$G_{\max}=3229\times\frac{(2.973-e)^2}{1+e}(\sigma'_m)^{\frac{1}{2}} \tag{4.14-21b}$$

对黏性土，除考虑 σ'_m、e 以外，还应考虑超固结比 OCR 的影响，即

$$G_{\max}=3229\times\frac{(2.973-e)^2}{1+e}(OCR)^k(\sigma'_m)^{\frac{1}{2}} \tag{4.14-21c}$$

式中 $G_{\max}$——最大剪切模量，kPa；

σ'_m——有效球应力，kPa；

e——孔隙比；

OCR——超固结比；

k——与塑性指数 I_P 有关的参数，k 与 I_P 关系见表 4.14-3。

表 4.14-3 k 与塑性指数 I_P 的关系

塑性指数 I_P	0	20	40	60	80	≥100
k	0	0.18	0.30	0.41	0.48	0.50

除 Hardin 和 Black 提出的经验公式以外，另有不少研究者也依据室内试验针对不同土类提出了估算 $G_{\max}$ 的经验公式。此外，也可依据现场试验（如标贯）估算 $G_{\max}$。

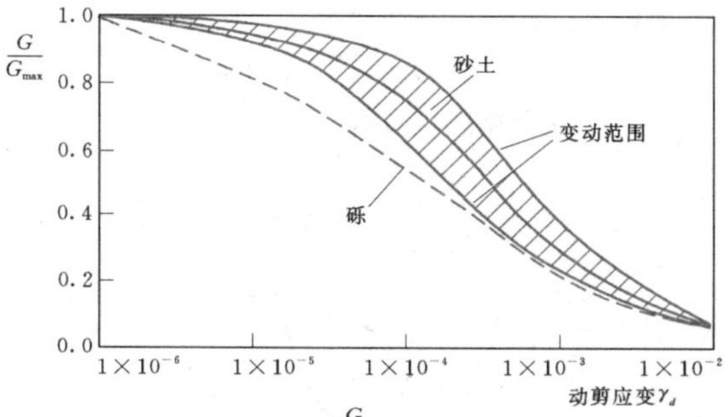

(a) $\frac{G}{G_{max}}$—γ_d 关系曲线

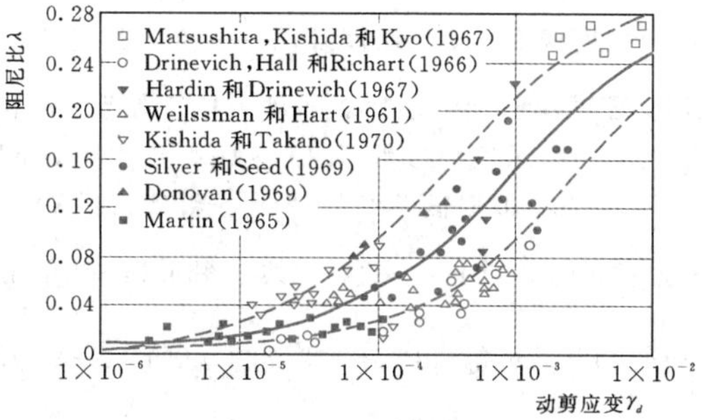

(b) λ—γ_d 关系曲线

图 4.14-2 Seed 和 Idriss（1970 年）建议的砂土$\frac{G}{G_{max}}$—γ_d、λ—γ_d 关系曲线

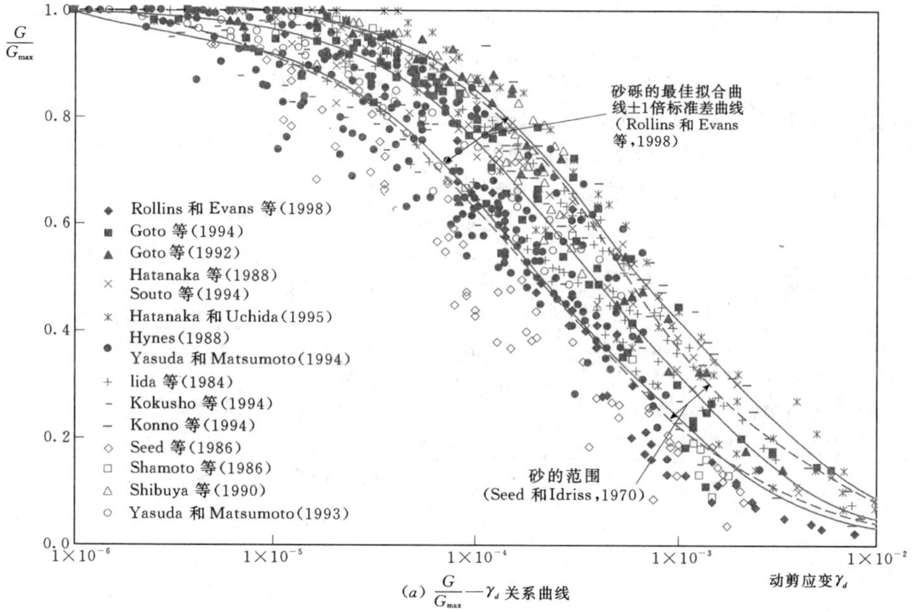

(a) $\frac{G}{G_{max}}$—γ_d 关系曲线

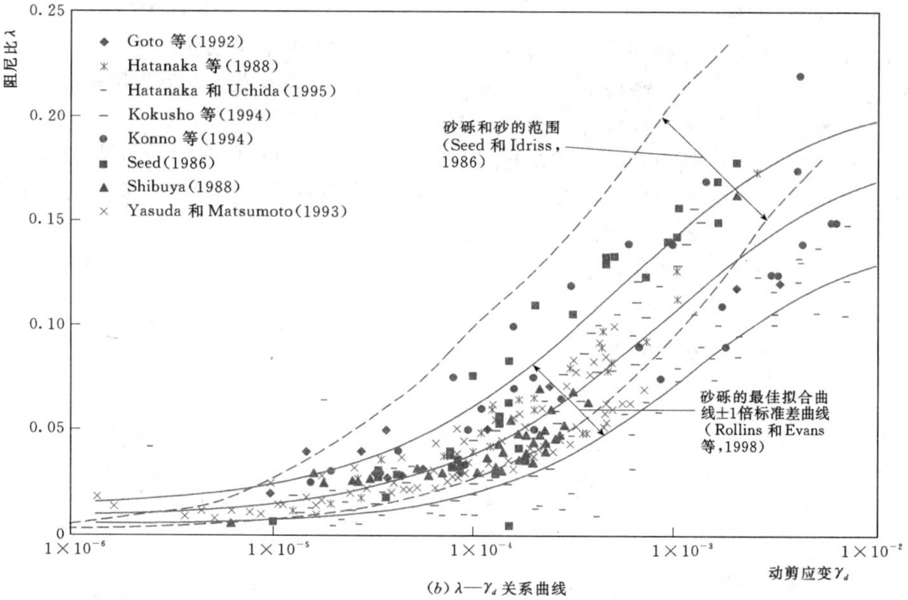

(b) λ—γ_d 关系曲线

图 4.14-3 Rollins 和 Evans 等（1998）建议的砂砾料$\frac{G}{G_{max}}$—γ_d、λ—γ_d 关系曲线

动剪切模量 G、动剪切模量比 $\frac{G}{G_{max}}$ 随动剪应变幅 γ_d 的增大而减小。动阻尼比 λ 随动剪应变幅 γ_d 的增大而增大。作为示例和参考，图 4.14-2 给出了 Seed 和 Idriss（1970）根据试验结果统计资料建议的砂土 $\frac{G}{G_{max}}$—γ_a 关系曲线和 λ—γ_a 关系曲线，图 4.14-3 给出了 Rollins 和 Evans 等（1998）建议的砂砾料 $\frac{G}{G_{max}}$—γ_d 关系曲线和 λ—γ_d 关系曲线。

对动剪切模量 G、动剪切模量比 $\frac{G}{G_{max}}$ 及动阻尼比 λ 与动剪应变幅 γ_d 的关系而言，不同假定和表示形式，有不同的模型。

Hardin-Drnevich 模型是最具代表性的等效线性模型，模型假定土的动剪应力 τ_d 与动剪应变 γ_d 顶点轨迹（骨干曲线）为双曲线，不同剪应变下滞回圈如图 4.14-4 所示。动剪切模量 G 和动阻尼比 λ 采用下列公式进行计算：

$$G=\frac{G_{max}}{1+\gamma_h} \tag{4.14-22}$$

$$\lambda=\lambda_{max}\frac{\gamma_h}{1+\gamma_h} \tag{4.14-23}$$

$$G_{max}=k_2P_a\left(\frac{\sigma_m'}{P_a}\right)^{\frac{1}{2}}(OCR)^{k_1} \tag{4.14-24}$$

$$\lambda_{max}=c-d\lg N \tag{4.14-25}$$

$$\gamma_h=\frac{\gamma_d}{\gamma_r}\left[1+a\mathrm{e}^{-b\frac{\gamma_d}{\gamma_r}}\right] \tag{4.14-26}$$

$$\gamma_r=\frac{\tau_{max}}{G_{max}} \tag{4.14-27}$$

$$\sigma_m'=\frac{1}{3}(\sigma_{10}'+2\sigma_{30}')$$

式中　a、b、c、d、k_1、k_2——经验常数，可通过动力试验确定；

σ_m'——有效球应力；

σ_{10}'——轴向有效固结应力；

σ_{30}'——侧向固结应力；

γ_d——动应变幅；

γ_r——参考剪应变；

OCR——超固结比；

N——振动次数；

P_a——大气压。

最大剪应力 τ_{max} 的计算公式为

$$\tau_{max}=\left[\left(\frac{1+K_0}{2}\sigma_{10}'\sin\varphi+c\cos\varphi\right)^2-\left(\frac{1-K_0}{2}\sigma_{10}'\right)^2\right]^{\frac{1}{2}} \tag{4.14-28}$$

$$K_0=\frac{\sigma_{30}'}{\sigma_{10}'}$$

式中　K_0——侧压力系数；

c、φ——黏聚力、内摩擦角；

其他符号意义同前。

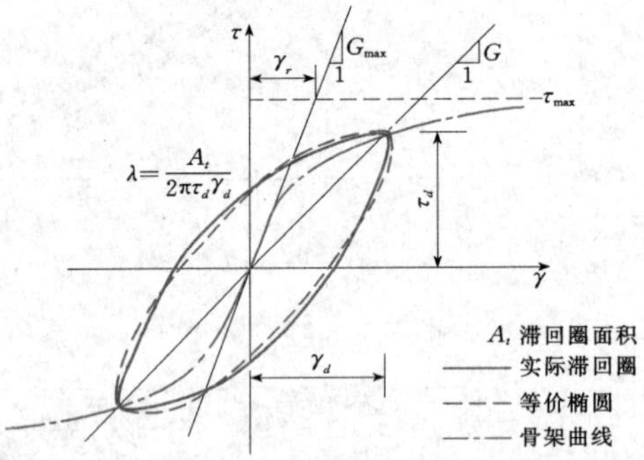

图 4.14-4　Hardin-Drnevich 模型

当缺乏试验资料时，也可以按以下近似公式计算最大阻尼比 λ_{max}：

清洁的非饱和砂

$$\lambda_{max}=33-1.5\lg N \tag{4.14-29}$$

清洁的饱和砂

$$\lambda_{max}=28-1.5\lg N \tag{4.14-30}$$

饱和粉质土

$$\lambda_{max}=26-4\sigma_m^{\frac{1}{2}}+0.7f^{\frac{1}{2}}-1.5\lg N \tag{4.14-31}$$

饱和黏性土

$$\lambda_{max}=31-(3+0.03f)4\sigma_m^{\frac{1}{2}}+1.5f^{\frac{1}{2}}-1.5\lg N \tag{4.14-32}$$

式中　N——荷载往返作用次数；

f——试验选用的频率；

其他符号意义同前。

对于地震荷载，往返作用次数和试验选用的频率的影响可以忽略不计。

为了拟合振动三轴试验结果，沈珠江将等效剪切模量 G_d 和等效阻尼比 λ 与参考剪应变 γ_c 的关系假设如下：

$$G_{d\,max}=k_2P_a\left(\frac{\sigma_m'}{P_a}\right)^n \tag{4.14-33}$$

$$G_d=\frac{G_{d\,max}}{1+k_1\gamma_c} \tag{4.14-34}$$

$$\lambda=\frac{\lambda_{max}}{1+k_1\gamma_c} \tag{4.14-35}$$

$$\gamma_c=\frac{(\gamma_d)_{eff}^{0.75}}{\left(\frac{\sigma_m'}{P_a}\right)^{\frac{1}{2}}} \tag{4.14-36}$$

$$\sigma_m'=\frac{1}{3}(\sigma_{10}'+2\sigma_{30}') \tag{4.14-37}$$

$$(\gamma_d)_{eff}=0.65(\gamma_d)_{max} \tag{4.14-38}$$

式中 P_a——大气压；

σ'_m——有效球应力；

σ'_{10}、σ'_{30}——轴向、侧向有效固结应力；

k_1、k_2、n、λ_{max}——试验参数；

$(\gamma_d)_{eff}$——有效剪应变；

$(\gamma_d)_{max}$——某时段的最大剪应变。

共有 k_1、k_2、n、λ_{max}、μ_d 共 5 个参数需要确定，这里 μ_d 为动泊松比。

除了采用上述公式化的模型外，在实际应用中还可以直接采用相应关系曲线来表征这种等价黏弹性特性。

根据试验测得动剪切模量比 $\frac{G}{G_{max}}$ 和动阻尼比 λ 与动剪应变 γ 的关系曲线，用参考剪应变 $\gamma_r=\frac{\tau_{max}}{G_{max}}$ 归一后，得到如图 4.14-5 所示的较为单一的 $\frac{G}{G_{max}}$—$\frac{\gamma}{\gamma_r}$ 关系曲线和 λ—$\frac{\gamma}{\gamma_r}$ 关系曲线。动力计算时输入相应关系曲线的控制数据，根据应力应变值进行内插和外延取值。

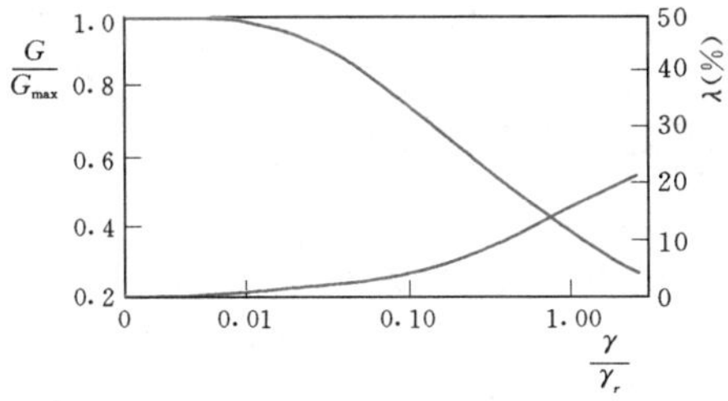

图 4.14-5 $\frac{G}{G_{max}}$—$\frac{\gamma}{\gamma_r}$ 关系曲线和 λ—$\frac{\gamma}{\gamma_r}$ 关系曲线

等价黏弹性模型概念明确，应用方便，在参数的确定和应用方面积累了较丰富的试验资料和工程经验，能为工程界所接受，实用性强，应用较为广泛。

4.14.5.3 真非线性模型

1. 基于 Masing 准则的真非线性模型

Masing 准则假定：①滞回曲线与骨干曲线的形状相似；②滞回曲线的坐标比例为骨干曲线的 2 倍；③在荷载反向时的剪切模量等于初次加荷曲线的初始剪切模量。

Finn 等人最先采用这种理论发展了真非线性模型如下：

土体受剪时的骨干曲线呈双曲线型，如图 4.14-6 (*a*) 所示，其方程为

$$\tau=f(\gamma)=\frac{G_{max}\gamma}{1+\frac{G_{max}}{\tau_{max}}\gamma} \quad (4.14-39)$$

式中 G_{max}——土体最大剪切模量；

τ_{max}——土体极限强度。

卸荷、再加荷时土体服从改进的 Masing 准则，即土体在剪应变 $\gamma=\gamma_r$ 时卸荷再加荷的运动轨迹遵循式 (4.14-40)，其中 γ_r 为应力反转点的剪应变；若应力—应变点超出骨干曲线则服从骨干曲线。卸荷、再加荷的应力—应变曲线如图 4.14-6 (*b*) 所示。

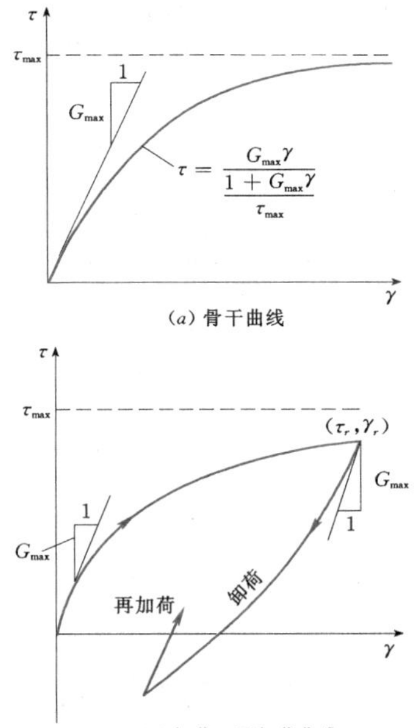

图 4.14-6 真非线性方法采用的应力—应变关系曲线

$$\frac{\tau-\tau_r}{2}=\frac{\frac{G_{max}|\gamma-\gamma_r|}{2}}{1+\frac{G_{max}}{2\tau_{max}}|\gamma-\gamma_r|} \quad (4.14-40)$$

土体切线剪切模量 $G_t=\frac{d\tau}{d\gamma}$ 由式 (4.14-39)、式 (4.14-40) 得出。

在初始加荷曲线（骨干曲线）上

$$G_t=\frac{G_{max}}{\left(1+\frac{G_{max}|\gamma|}{\tau_{max}}\right)^2} \quad (4.14-41)$$

卸荷或再加荷时

$$G_t=\frac{G_{max}}{\left(1+\frac{G_{max}}{2\tau_{max}}|\gamma-\gamma_r|\right)^2} \quad (4.14-42)$$

按照黏弹性理论，一次荷载循环中损失能量由环套面积表达，并可由此计算阻尼比。根据式 (4.14-40) 和图 4.14-6 可以计算所包围的面积以及相应的应变能，从而算得阻尼比。

2. 改进的真非线性模型

除了基于 Masing 准则的真非线性模型，还发展了其他的真非线性模型，中国水利水电科学研究院发展的真非线性模型就是其中的一种。

该模型将土视为黏弹塑性变形材料，模型由初始加荷曲线、移动的骨干曲线和开放的滞回圈组成。这种模型的特点是：①与等效线性黏弹性模型相比，能够较好地模拟残余应变，用于动力分析可以直接计算残余变形，在动力分析中可以随时计算切线模量并进行非线性计算，这样得到的动力响应过程能够更好地接近实际情况；②与基于 Masing 准则的非线性模型相比，增加了初始加荷曲线，对剪应力比超过屈服剪应力比时的剪应力—应变关系的描述较为合理；③滞回圈是开放的；④考虑了振动次数和初始剪应力比等对变形的影响。

初始加荷曲线为

$$\tau = \frac{\gamma}{\frac{1}{G_{\max}} + \frac{\gamma}{\tau_{\max}}} \tag{4.14-43}$$

其中 $$\tau_{\max} = \frac{\tau_f}{R_f}$$

骨干曲线为

$$\gamma_h = \pm A\tan\varphi'\left(\frac{\sigma'}{P_a}\right)^{\frac{2}{3}}\left[1-\left(1-\frac{DRS_d}{\tan\varphi'}\right)^{\frac{2}{3}}\right] \tag{4.14-44}$$

滞回圈为

$$\gamma_h = \pm A\tan\varphi'\left(\frac{\sigma'}{P_a}\right)^{\frac{2}{3}}\left\{2\left[1+(DRS_d-|DRS|)\frac{B}{DRS_d}\right]\times\left[1-\frac{DRS_d \pm DRS}{2\tan\varphi'}\right]^{\frac{2}{3}}-\left(1-\frac{DRS_d}{\tan\varphi'}\right)^{\frac{2}{3}}-1\right\} \tag{4.14-45}$$

其中 $$DRS = RS - RS_0, \quad RS = \frac{\tau}{\sigma'}$$

式中 τ、γ——剪应力、剪应变；

$\tau_{\max}$——极限剪应力；

R_f——破坏比；

τ_f——破坏剪应力；

φ'——有效内摩擦角；

σ'——有效正应力；

γ_h——以 γ_0 为零点的剪应变；

A、B——模型参数；

DRS_d——动剪应力比幅值；

DRS——动剪应力比；

RS_0——初始剪应力比。

式（4.14-44）、式（4.14-45）中，在加荷时分别取（−）、（+），在卸荷时分别取（+）、（−）。

在该非线性动力模型中，骨干曲线和滞回圈的原点不断移动产生残余变形，即有

$$\gamma = \gamma_0 + \gamma_h \tag{4.14-46}$$

式中 γ_0——与骨干曲线和滞回圈原点相应的剪应变，又称为塑性剪应变。

加荷和卸荷准则为：在不规则循环荷载作用下，自振动开始到当前为止，土体承受的剪应力比随时间变化，其绝对值的时程最大值定义为屈服剪应力比，其增量符号最后一次反向时的动剪应力比定义为动剪应力比幅值。如果当前动剪应力比绝对值小于动剪应力比幅值，且剪应力比绝对值小于屈服剪应力比，则使用滞回圈曲线计算切线剪切模量；如果当前动剪应力比绝对值不小于动剪应力比幅值，且剪应力比绝对值小于屈服剪应力比，则使用骨干曲线计算切线剪切模量；如果当前剪应力比绝对值不小于屈服剪应力比，则使用初始加荷曲线计算剪切模量。

模型参数 A、B 可以用剪应力比控制的循环三轴试验来测定；γ_0 可根据试验结果，按不同的应力应变条件采用不同的拟合公式分段表示。这些参数主要受振动次数、动剪应力比幅值和初始剪应力比的影响比较大。模型参数 A、B 也可由等效线性黏弹性模型参数换算近似得到，换算原则是使两变形模型的骨干曲线重合和滞回圈包围的面积相等。

4.14.5.4 弹塑性模型

弹塑性本构关系源于 R. Hill（1950）提出的塑性理论的概念。塑性理论包括三方面的内容：破坏准则或屈服准则、硬化准则和流动法则。

广义 Mises 模型（Drucker - Prager 模型）的屈服准则为

$$f(p,\sqrt{J_2}) = 3\sqrt{J_2}\alpha p - k = 0 \tag{4.14-47}$$

广义 Mises 模型于 1952 年提出，它采用最简单的方法处理了静水压力 p 对屈服及强度的影响，同时考虑了岩土材料的膨胀性。该模型所需参数少、计算简便，但没有反映出岩土材料的拉压强度的不同、应力 Lode 角对塑性流动的影响等因素。

剑桥模型由 Roscoe 教授于 1958～1963 年提出，我国学者魏汝龙教授根据能量原理和正交法则，得出魏汝龙模型。剑桥模型相当于是魏汝龙模型的特殊情况。魏汝龙模型的屈服面方程为

$$f(p,q) = \left(\frac{p-\gamma p_c}{\alpha}\right) + \left(\frac{q}{\beta}\right) - p_c^2 \tag{4.14-48}$$

式中 p_c——固结压力；

α、β、γ——确定屈服面形状的参数。

该模型为等向硬化的弹塑性模型，模型考虑了岩土材料的静水压力屈服性、压硬性及剪切引起的体积变形（膨胀性和剪缩性），所需参数少，应用简便。但它们应用了 Mohr - Coulomb 破坏准则，没有考虑土的中主应力的影响；没有反映平均球应力增加引起强度的增长；破坏面有尖角，尖角处塑性应变增量的方向难以确定。

Lade - Duncan 模型包括一个特殊的破坏准则（屈服）、一个非关联流动法则以及无黏性土的经验硬化准则。该模型可模拟普通三轴试验与真三轴试验的实测性态，所需参数可以通过普通三轴试验获得。模型考虑了中主应力、岩土材料的膨胀性和压硬性以及拉压异性等的影响。但该模型是单一屈服面模型，且仅适用于正常固结土和砂土，对超固结土和岩石不适用。

Lade 于 1977～1979 年提出了 Lade 双屈服面模型，该模型为了反映比例加载时产生的屈服现象及克服 Lade - Duncan 模型直线锥形屈服面产生过大的膨胀，将屈服面改为曲面锥形屈服面，并在锥面开口端增加了一个球形的帽子屈服面。已考虑岩土材料在静水压力作用下的屈服特性以及材料的剪缩性。

此外，在土力学中应用得比较多的弹塑性模型和黏弹塑性模型还有：经典弹塑性模型、基于运动硬化准则的套叠屈服面模型、边界面模型、广义塑性理论模型、多机构塑性模型以及各种改进的黏弹塑性模型等。

4.14.6 动力残余变形模型

采用等效黏弹性模型时，为了计算地震动力残余变形，还需要建立考虑包括残余剪应变和残余体积应变等影响的动力残余变形模型，需要通过一定的固结排水振动试验测定土的动力残余变形特性参数。

影响土的动力残余变形特性的重要因素有土的矿物成分、颗粒形状、级配曲线、孔隙比、平均有效固结应力、固结应力比、动剪应力幅值和循环加荷次数等，此外还有饱和度、超固结比、加荷频率、土的结构等因素。

在循环荷载作用下，土颗粒矿物越软，风化越强，越容易破碎，孔隙比越大，残余剪应变和残余体积应变越大。棱角状的人工开采料比光滑的砂卵石容易发生残余变形。

一定平均有效固结应力和固结应力比下，土的残余剪应变和残余体积应变随动剪应力幅值（或动剪应力比）和循环加荷次数的增大而增大。

一定动剪应力幅值和循环加荷次数下，平均有效固结应力和固结应力比越大，残余剪应变和残余体积应变越大。

为了使用上的方便，目前国内外所采用的残余变形模型，大都为根据不同试验条件下的试验结果分别对残余剪应变和残余体积应变建立的经验拟合公式。

Taniguchi 建议的公式曾经得到较多的应用。其采用的应力—残余应变关系为

$$\frac{q}{p'_0}=\frac{\gamma}{a+b\gamma}+\frac{q_0}{p'_0} \qquad (4.14-49)$$

其中 $q=q_0+q_d$

式中 q——总剪应力；

q_0——初始静剪应力；

q_d——动剪应力；

p'_0——初始静有效平均应力；

γ——残余剪应变；

a、b——参数，与循环加荷次数、应力状态和土性有关，可根据试验结果采用回归法求出。

Taniguchi 模式中只考虑了土料的残余剪应变，没有计入土料的残余体积应变。而土体残余变形中，既包括残余剪切变形，也包括残余体积应变，残余体积应变是不宜忽略的。因此，采用了包括残余体积应变和剪应变的残余变形计算方法更为合理。

沈珠江建议了如下的残余体积应变和残余剪切应变公式：

$$\Delta\varepsilon_v=c_1(\gamma_d)^{c_2}\exp(-c_3S_l^2)\frac{\Delta N}{1+N_e} \qquad (4.14-50)$$

$$\Delta\gamma_s=c_4(\gamma_d)^{c_5}S_l^2\frac{\Delta N}{1+N_e} \qquad (4.14-51)$$

式中 γ_d——动剪应变幅值；

S_l——静力应力水平；

N_e——有效振动次数；

ΔN——振动次数的增量；

c_1、c_2、c_3、c_4、c_5——5 个计算参数，由不同固结应力比的动三轴试验测定。

中国水利水电科学研究院根据土石料大型动三轴残余变形试验结果，提出了残余体积应变 ε_{dv} 和残余剪应变 γ_p 与动剪应力比 $\frac{\Delta\tau}{\sigma_0}$ 的关系可用幂函数形式表示为

$$\varepsilon_{dv}=K_v\left(\frac{\Delta\tau}{\sigma_0}\right)^{n_v} \qquad (4.14-52)$$

$$\gamma_p=K_a\left(\frac{\Delta\tau}{\sigma_0}\right)^{n_a} \qquad (4.14-53)$$

式中 $\Delta\tau$——动剪应力；

σ'_0——平均有效主应力；

K_v、K_a——系数；

n_v、n_a——指数。

K_v、K_a、n_v、n_a 受围压力 σ'_3、固结比 K_c 和振动次数 N 的影响，可采用动三轴仪通过残余变形特性试验确定。

4.14.7 动孔隙水压力模型

当采用黏弹性模型、真非线性模型或经典弹塑性模型进行动力有效应力分析时，还需建立动孔隙水压力发展模型。动孔隙水压力发展模型可主要分为应力模型、应变模型、内时模型、能量模型、有效应力路径模型以及瞬态模型等。

在实际应用中，还有直接采用利用动三轴试验得到的动孔隙水压力比与动剪应力比关系曲线确定动孔隙水压力的方法。

4.14.7.1 孔隙水压力的应力模型

孔隙水压力的应力模型是将孔隙水压力与施加的应力联系起来。

由于动应力的大小应该从应力幅值和持续时间两个方面来反映，因此这类模型中常出现动应力和振次，或者将动应力的大小用引起液化的振动次数 N_l 来体现，寻求孔隙水压力比 $\frac{u}{\sigma'_0}$ 和振次比 $\frac{N}{N_l}$ 的关系（见图 4.14-7）。这类模型中最典型的为 Seed 在等压固结不排水动三轴试验基础上提出的关系，即

$$\frac{u}{\sigma'_0}=\frac{2}{\pi}\arcsin\left(\frac{N}{N_l}\right)^{\frac{1}{2\theta}} \quad (4.14-54)$$

或

$$\frac{\Delta u}{\sigma'_0}=\frac{1}{\pi\theta N_e\sqrt{\left(1-\frac{N}{N_l}\right)^{\frac{1}{\theta}}}}\left(\frac{N}{N_l}\right)^{\frac{1}{2\theta}-1}\Delta N \quad (4.14-55)$$

式中 θ——试验常数，取决于土类和试验条件，在大多数情况下，可取 $\theta=0.7$；

N_e——液化破坏时的振动次数。

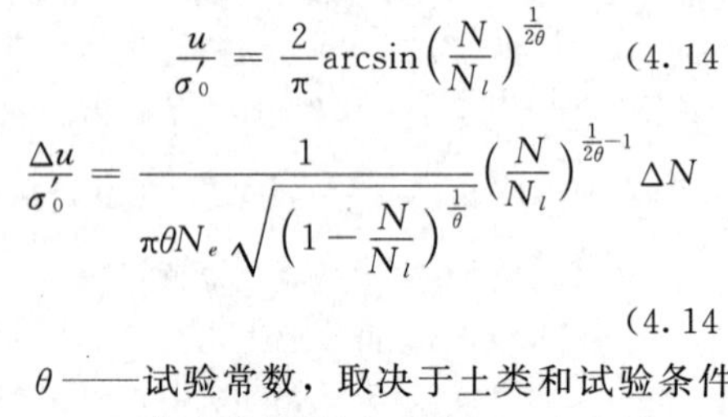

图 4.14-7 孔隙水压力比随加荷振动次数比增长的关系曲线（图中虚线为代表性曲线）

对于非等向固结情况，Finn、徐志英及魏汝龙等都提出了修正公式。Finn 将 Seed 公式改写为

$$\frac{u}{\sigma'_0}=\frac{1}{2}+\frac{1}{\pi}\arcsin\left[2\left(\frac{N}{N_l}\right)^{\frac{1}{2\theta}}-1\right] \quad (4.14-56)$$

以后又修正为

$$\frac{u}{\sigma'_0}=\frac{1}{2}+\frac{1}{\pi}\arcsin\left[\beta\left(\frac{N}{N_r}\right)^{\frac{1}{2\theta}}-1\right] \quad (4.14-57)$$

为了使用方便，Finn 取 $\beta=1$，$N_r=N_{50}$，即孔隙水压力比等于 50%时的振动次数。此时

$$\frac{u}{\sigma'_0}=\frac{1}{2}+\frac{1}{\pi}\arcsin\left[\beta\left(\frac{N}{N_r}\right)^{\frac{1}{\alpha}}-1\right] \quad (4.14-58)$$

其中
$$\alpha=\alpha_1K_c+\alpha_2 \quad (4.14-59)$$

当 $D_r=50\%$时，取 $\alpha_1=3$、$\alpha_2=-2$，故得

$$\alpha=3K_c-2 \quad (4.14-60)$$

其中
$$K_c=\frac{\sigma'_{1c}}{\sigma'_{3c}}$$

式中 K_c——固结有效主应力比。

计算表明，随着 K_c 的增大，在孔隙水压力比超过 50%时，$\frac{u}{\sigma'_0}$ 的增长速率随 $\frac{N}{N_r}$ 的增大而减小。这种趋势与非等向固结试验的结果大体接近。但 K_c 增大时，所能引起孔隙水压力的极限值应降低。对于这一点，Finn 的公式仍无法反映，因此，C. S. Chang 又提出如下修正公式：

$$\frac{u}{u_f}=\frac{1}{2}+\frac{1}{\pi}\arcsin\left[\left(\frac{N}{N_f}\right)^{\frac{1}{\alpha}}-1\right] \quad (4.14-61)$$

其中
$$\left.\begin{aligned}u_f&=\sigma_{3c}\left(\frac{1+\sin\varphi'}{2\sin\varphi'}-\frac{1-\sin\varphi'}{2\sin\varphi'}K_c\right)\\\alpha&=2.25-2.53\left[\frac{50}{(1+K_c)D_r}\right]\end{aligned}\right\} \quad (4.14-62)$$

式中 u_f——非等向固结的孔隙水压力极限值。

徐志英考虑了初始剪应力比 $\alpha=\frac{\tau_0}{\sigma}$ 的影响，提出了下列公式：

$$\frac{u}{\sigma'_0}=\frac{\alpha}{\pi}\arcsin\left[\beta\left(\frac{N}{N_r}\right)^{\frac{1}{2\theta}}(1-m\alpha)\right] \quad (4.14-63)$$

式中 m——反映孔隙水压力比随 α 递减的一个常数，在单剪仪上对于天然砂测得为 1.1～1.3，对于尾矿砂测得为 1.1～1.2。

式（4.14-63）亦可写成增量形式如下：

$$\frac{\Delta u}{\sigma'_0}=\frac{1-m\alpha}{\pi N_r\sqrt{\left(1-\frac{N}{N_r}\right)^{\frac{1}{\theta}}}}\left(\frac{N}{N_r}\right)^{\frac{1}{2\theta}-1}\Delta N \quad (4.14-64)$$

属于这一类孔隙水压力应力模型的公式还有许

多。孔隙水压力应力模型的一个明显缺陷是无法解释偏应力发生卸荷时引起孔隙水压力增长的重要现象，即反向剪缩特性，而这时孔隙水压力的变化往往起着明显的作用。

4.14.7.2 孔隙水压力的应变模型

孔隙水压力的应变模型的共同特点是将孔隙水压力与某种应变联系起来，主要有汪闻韶孔隙水压力模型和 Martin 孔隙水压力模型（见图 4.14-8）。

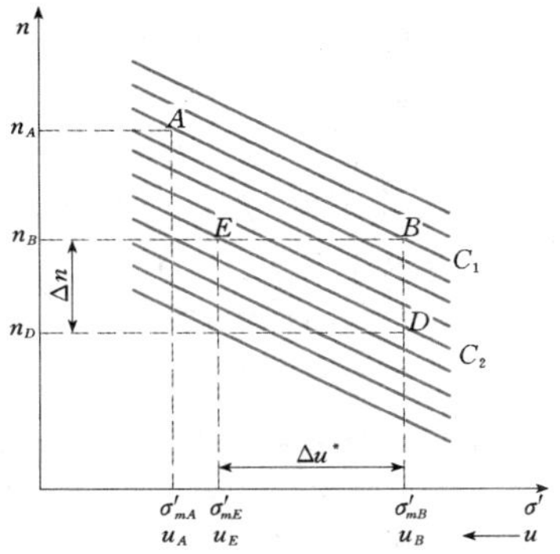

(a) 汪闻韶孔压模型

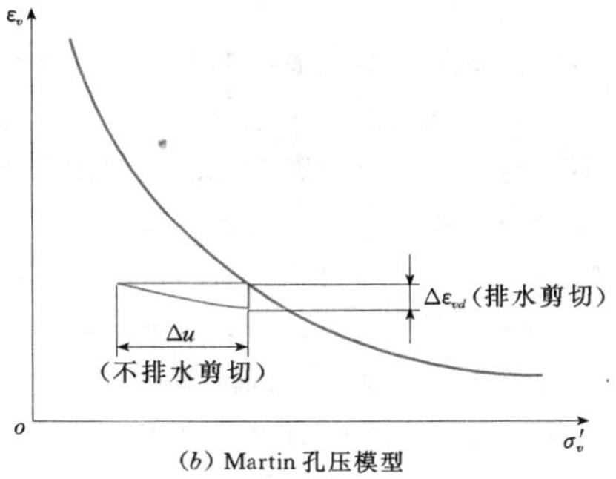

(b) Martin 孔压模型

图 4.14-8 孔隙水压力的应变模型示意图

将不排水条件下孔隙水压力的发展与排水条件下体积变化联系起来的思路，汪闻韶早在 1964 年已有论及。通过不同起始密度的砂土的排水压缩试验，发现这些压缩曲线（n—σ' 关系曲线）是一相互平行的曲线族，除应力很低的范围外，可以看作是一组平行的直线。因此，他设想在不排水条件下土的体积不变，在完全排水条件下土的有效压力不变，对于 A 点固结到 B 点（密度—压力状态为 $n_B\sigma'_{mB}$）的土，如其在不排水条件孔压的上升 Δu^* 使有效应力减小到 E 点的 σ'_{mE}（即 $\sigma'_{mB}-\Delta u^*$），则其在完全排水条件下压缩时所产生的孔隙率变化 Δn 可由过 E 点压缩曲线上的 D 点对 B 点的孔隙率之差来确定，即

$$\Delta n=\alpha\Delta u^* \text{ 或 } \frac{\partial n}{\partial t}=\alpha\frac{\partial u^*}{\partial t} \quad (4.14-65)$$

式中　α——土的体积压缩系数。

在部分排水的条件下，实际发展的孔压小于 Δu^*，表示为 Δu，此时，式（4.14-65）应改写为

$$\frac{\partial n}{\partial t}=\alpha\left(\frac{\partial u^*}{\partial t}-\frac{\partial u}{\partial t}\right) \quad (4.14-66)$$

如在部分排水的条件下，尚有孔压扩散时，因渗水吸入引起的回弹出现，而这种回弹并没有超过骨架正常卸荷回弹可能发展的最大回弹增量 dn_c（$dn_c=\beta_a u_c$，其中 β 为土的体积回弹系数）时，或 $du<du_c$ 时，则称为无剩余回弹情况，此时有

$$\frac{\partial n}{\partial t}=-\alpha\left(\frac{\partial u^*}{\partial t}-\frac{\partial u}{\partial t}\right) \quad (4.14-67)$$

如果引起回弹的扩散孔隙水压力增量 $du>du_c$ 时，孔压所引起的回弹增量超过了正常卸荷回弹，则称为有剩余回弹情况，此时可得

$$\frac{\partial n}{\partial t}=\beta\frac{\partial u}{\partial t} \quad (4.14-68)$$

判定有无剩余回弹的条件为 A 值大于零或小于零，此时

$$A=\frac{\partial u}{\partial t}-\frac{1}{1-\dfrac{\beta}{\alpha}}\frac{\partial u^*}{\partial t} \quad (4.14-69)$$

如果将式（4.14-65）写为

$$\Delta u=E_c\Delta n \quad (4.14-70)$$

式中　E_c——体积压缩模量。

Martin、Finn 和 Seed（1974 和 1975）将饱和砂土在不排水条件下的孔隙水压力的增量与其在排水条件下体积应变的增量之间建立了联系。他们认为水的体积模量远大于土骨架的体积模量，水在不排水周期荷载作用下引起的体积应变可以忽略不计，即不排水试验为常体积试验。这样，当土骨架受到动荷载作用引起结构一定的破坏时，在不排水条件下表现为孔压增高，此时有效应力降低，土骨架将产生一定的弹性体积应变。既然不排水试验为常体积试验，那么这种弹性体积应变必然为结构破坏所引起的塑性体积应变所抵消，即这种塑性体积应变与弹性应变的大小相等，方向相反。如果能够求得每一个应力循环所引起的这种塑性体积应变 $\Delta\varepsilon_{vd}$，则可以将它视为与弹性体积应变相等，而求得孔压的增量 Δu 为

$$\Delta u=\overline{E}_r\Delta\varepsilon_{vd} \quad (4.14-71)$$

式中　$\overline{E}_r$——相应于一周应力循环开始时有效应力状态下的回弹模量。

$\Delta\varepsilon_{vd}$ 和 $\overline{E}_r$ 在不排水条件下都是无法测定的。可以认为这种体积应变增量是由粒间的滑移所引起的。它应该与不排水条件下同样剪应变幅时由粒间滑移引起的体积应变增量相等，从而建议用排水条件下的 $\Delta\varepsilon_{vd}$ 来估计不排水条件下的 $\Delta\varepsilon_{vd}$，进而由式（4.14-71）估算孔隙水压力的增量 Δu。认为在体积应变为

$\Delta\varepsilon_{vd}$ 时一周的 $\Delta\varepsilon_{vd}$ 只与剪应变幅 γ 有关，可以建立 $\Delta\varepsilon_{vd}$ 与 γ 之间的关系为

$$\Delta\varepsilon_{vd}=C_1(\gamma-C_2\varepsilon_{vd})+\frac{C_3\varepsilon_{vd}^3}{\gamma+C_4\varepsilon_{vd}} \tag{4.14-72}$$

式中 C_1、C_2、C_3、C_4——试验测定的常数。

同样，也可由静态回弹试验测定，它与有效应力 σ'_v 的关系可写为

$$\overline{E}_r=\frac{\sigma'_v}{mk_2(\sigma'_{v0})^{n-m}} \tag{4.14-73}$$

式中 σ'_{v0}——初始的有效竖向应力值；

σ'_v——当前的有效竖向应力值；

m、n、k_2——给定砂土的实验常数。

式（4.14-71）、式（4.14-70）从形式上十分相似，但两个模量分别采用了体积回弹模量、体积压缩模量，在概念上完全不同。这是因为它们分别建立在不同的假定基础上，且对应于不同的试验测定方法。Martin 的模型假定在不排水条件下，孔压上升引起的体胀正好抵消了在排水条件下受荷需要产生的体积缩小量 $\Delta\varepsilon_v$；汪闻韶假定不排水条件孔压上升引起有效应力降低相当于使压缩曲线在孔隙率不变的条件下平行移动到一个新的位置，这个位置可以通过排水路径上的体积变量来寻找。事实上，上述两种假定只说明了各自对不排水条件和排水条件这两种截然不同的情况建立联系的途径，并未反映真正的变化机理。无论 $\overline{E}_r$ 还是 E_c 都只能视为两种条件下的一个转换系数。它们在概念上的矛盾为不同试验方法下实测的试验常数所调和。

此外，Dobry 等发现循环荷载下饱和砂土的孔隙水压力增长与循环剪应变 γ_c 有很好的相关性，并存在一个极限剪应变 γ_t，当 $\gamma<\gamma_t$，试样内不产生残余孔压。

由于孔隙水压力的应变模型可以解决应力模型中出现的矛盾，又可以直接与动剪应变幅联系起来，因此，是孔隙水压力研究的一个重要方向，应变控制式动力试验设备也得到了相当的发展，提出了许多新的模型。

4.14.7.3 其他孔隙水压力模型

（1）孔隙水压力有效应力路径模型。模型认为孔压增长规律是由试样经受的有效应力路径决定，并假设残余孔隙水压力只是由屈服应变引起，且卸荷时不产生孔隙水压力。

（2）孔隙水压力能量模型。该模型将孔隙水压力与动荷载作用过程中消耗的能量结合起来。从能量角度提出了动荷载作用下均匀松砂振密和孔压增长机理的理论，从热力学观点建立了孔压增长与土体耗损能量之间的关系，认为孔压增量直接与场地振动耗损的能量成正比。由于能量是一个标量，因此还可用这种方法通过叠加原理来解决复杂荷载下的动力问题。

（3）孔压的内时模型。用内时理论表征饱和砂土在周期加载条件下的孔压，将孔压与某一个单调增长的内时参数联系起来。由于该方法只要根据试验确定出相应函数即可预估出孔压的大小，因此它可简化动力分析的有效应力法。

（4）孔压的瞬态极限平衡模型。该模型认为土体在动荷载作用下，表征其应力状态的有效应力点，将从它的静应力状态点开始，以一定的应力路径在由破坏边界面所限定的范围内连续移动，在每一瞬间它的移动趋向取决于当时的应力应变发展水平和动荷载的变化特性。因应力经过不同特性域时孔压具有显著不同的发展特性，因此当有效应力点以特选的顺序和持续时间通过相应的特性域时，就规定了孔压发展的具体规律。为便于计算孔压的具体数值，谢定义等又将孔压按其产生原因分为应力孔压、结构孔压和传递孔压，任意瞬态的孔压等于这三者之和。

4.14.7.4 直接利用试验曲线的孔压计算方法

实际上，振动孔压的产生是一个非常复杂的问题，它不仅与土体本身的颗粒级配、组织结构、密实程度、排水条件及初始应力状态有关，而且还与地震加速度强弱、振动持续时间长短、离地震震中距离远近等外部条件有关。对于这样复杂的问题，想要用少量几个参数综合考虑各方面的因素，肯定是比较困难的，势必增加参数选取的难度，且难以保证计算结果的准确性。因此，在实际计算中，也可采用直接利用根据动三轴试验得到的如图 4.14-9 所示的动孔隙水压力比—动剪应力比关系曲线的计算方法。

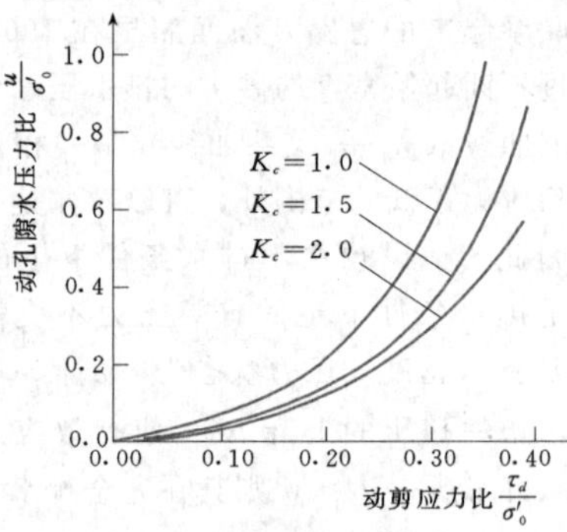

图 4.14-9 动孔隙水压力比—动剪应力比关系曲线（$N=8$）

该方法的原理和主要步骤如下：

（1）先确定等效振动次数。根据坝址的地震特

性，利用Seed等人的地震震级与等效振动次数和强震历时的关系研究成果，来确定等效振动次数。非线性动力计算中，将地震历时分成若干时段进行，各时段内的等效振动次数可根据各时段输入的地震加速度幅值的强弱进行加权平均来合理分配。

（2）然后以动力计算中某时段及以前所有时段内出现的单元最大动剪应力的0.65倍作为平均动剪应力 τ_d，得出动剪应力比 $\frac{\tau_d}{\sigma'_0}$，再根据该时段的等效振动次数，从图4.14-9的曲线中查得动孔压比 $\frac{u}{\sigma'_0}$，从而可以得到该时段孔压增量 Δu，求出各单元孔压，重复上述步骤直至地震历时结束。图4.14-8给出的是其中 $N=8$ 时的一曲线族。计算中查取曲线过程是根据输入的代表性曲线族由计算机内插或外延自动完成的。

该方法算得的孔压是直接利用试验曲线得到的，而曲线是综合考虑了土体振动过程中的各种因素通过试验得到的，因此，该方法考虑全面、合理，概念清楚，计算直观明确。

4.14.8 土的动强度特性

在一定动荷载作用下，使土体达到某种破坏标准所需的动应力幅值称为土的动强度。动强度受荷载的频率和作用时间的影响，具有明显的速率效应和循环效应。动强度随加荷速率增大而增大，随振动次数的增大而减小。此外，合理地规定破坏标准是讨论动强度问题的基础。

周期荷载作用时，动强度指的是砂土试样在某循环振动次数 N_f 下，使试样达到某破坏标准的等幅动剪应力值。在固结不排水振动三轴试验中，常用3种破坏标准：①初始液化，即动孔隙水压力最大值达有效侧向固结压力；②极限平衡标准，即动孔隙水压力增量达到使土样处于极限平衡的临界孔隙水压力值 Δu_{cr}；③轴向应变（对于等压固结，其应变值取为双幅轴向应变；对于不等压固结，其应变值为弹性应变与塑性应变之和）达到某规定值，如2.5%、5%或10%。实际上，对于具有不同应力状态和密度状态的试样，这些破坏标准表示了不同的状态条件。在土石坝的抗震稳定分析中，通常以5%轴向应变规定为破坏标准。

动强度基本试验结果以动剪应力比 $\frac{\Delta\tau_d}{\sigma'_0}$ 与破坏振动次数 N_f 的关系曲线 $\left(\frac{\Delta\tau_d}{\sigma'_0}—\lg N_f\right)$ 表示，所涉及的物理量公式如下：

$$\Delta\tau_d = \frac{\sigma_d}{2}$$

$$\sigma'_0 = \frac{\sigma'_{10}+\sigma'_{30}}{2}$$

式中 $\Delta\tau_d$——45°面上的剪应力；

σ_d——轴向动应力；

σ'_0——试样45°面上的有效法向应力；

σ'_{10}——有效固结轴向应力；

σ'_{30}——有效固结围压力。

影响土的动强度的主要因素有土性条件、静应力状态和动应力特性三个方面，故土的动强度曲线除需标明破坏标准外，尚需标明试样土性条件（如颗粒级配特征、结构、密度与饱和度等）和试验前固结应力状态（以固结围压力 σ_{30} 和轴向应力 σ_{10} 或固结应力比 $K_c=\frac{\sigma_{10}}{\sigma_{30}}$ 表示）。密度愈大，动强度愈高，粒度愈粗，动强度愈大，动强度随相对密度 D_r 大致呈线性变化，动强度随平均粒径的变化具有如图4.14-10所示的趋势。

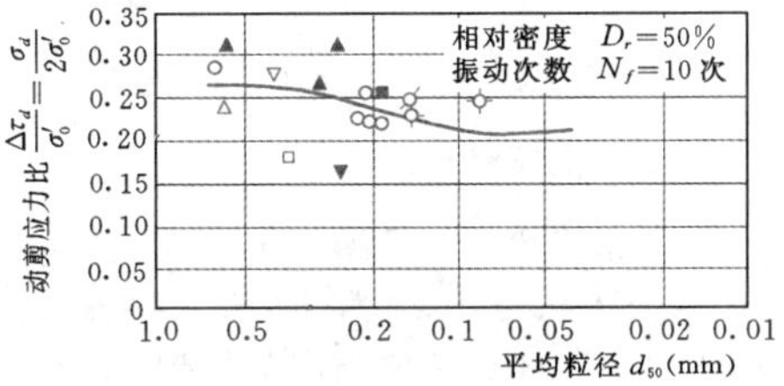

图4.14-10 动强度随平均粒径变化的情况

为了在抗震稳定分析中使用方便，可根据不同初始应力状态下的 $\frac{\Delta\tau_d}{\sigma'_0}—N_f$ 关系曲线，以破坏周次 N_f 和初始剪应力比 $\alpha=\frac{\tau_{f0}}{\sigma'_{f0}}$ 为参数，整理出不同初始法向应力 σ'_{f0} 下的潜在破坏面上的动剪强度 $\Delta\tau_f$ 与地震总应力抗剪强度 τ_{fs} 的关系。

当 $\Delta\tau_d>\frac{\tau_0}{\sin\varphi'_c}$ 时，试样为拉伸破坏，即

$$\sigma'_{f0}=\sigma'_0+\frac{\tau_0}{\sin\varphi'_c} \tag{4.14-74}$$

$$\tau_{f0}=\tau_0\cos\varphi'_c \tag{4.14-75}$$

$$\Delta\tau_f=\left(\frac{\Delta\tau_d}{\sigma'_0}\right)_{Nf}\sigma'_0\cos\varphi'_c \tag{4.14-76}$$

$$\tau_{fs}=\Delta\tau_f-\tau_{f0} \tag{4.14-77}$$

当 $\Delta\tau_d<\frac{\tau_0}{\sin\varphi'_c}$ 时，试样为压缩破坏，即

$$\sigma'_{f0}=\sigma'_0-\frac{\tau_0}{\sin\varphi'_c} \tag{4.14-78}$$

$$\tau_{f0}=\tau_0\cos\varphi'_c \tag{4.14-79}$$

$$\Delta\tau_f=\left(\frac{\Delta\tau_d}{\sigma'_0}\right)_{Nf}\sigma'_0\cos\varphi'_c \tag{4.14-80}$$

$$\tau_{fs}=\Delta\tau_f+\tau_{f0} \tag{4.14-81}$$

其中

$$\tau_0=\frac{\sigma'_{10}-\sigma'_{30}}{2}$$

$$\sigma'_0=\frac{\sigma'_{10}+\sigma'_{30}}{2}$$

式中 τ_0——试样 45°面上的初始剪应力；

σ'_0——试样 45°面上的有效法向应力；

τ_{f0}、$\Delta\tau_f$、τ_{fs}——试样潜在破坏面上初始剪应力、动剪应力、地震总应力抗剪强度；

$\left(\frac{\Delta\tau_d}{\sigma'_0}\right)_{Nf}$——相应于破坏周次 N_f 时的破坏动剪应力比。

根据不同初始剪应力比 $\alpha=\frac{\tau_{f0}}{\sigma_{f0}}$ 下的动剪应力 $\Delta\tau_f$ 和地震总应力抗剪强度 τ_{fs}，进而求出地震总应力抗剪强度指标 c_d 和 $\tan\varphi_d$。地震总应力抗剪强度 τ_{fs} 的计算公式为

$$\tau_{fs}=c_d+\sigma'_{f0}\tan\varphi_d \qquad (4.14-82)$$

式中 c_d——地震总应力抗剪强度的黏聚力，kPa；

φ_d——地震总应力抗剪强度的内摩擦角，(°)。

4.14.9 砂土液化特性

4.14.9.1 液化的概念与机理

物质从固体状态转化为液体状态的现象称为液化。对土体而言，土的抗剪强度降低到 0，不能承受剪应力，从而达到能够像液体一样流动的状态称为土的液化。就无黏性土而言，这种由固体状态到液体状态的转化是孔隙水压力增大、有效应力减小所致。少黏性土的液化还与其结构破坏有关。

对无黏性土（包括仅有微弱黏聚力的少黏性土）的液化机理，汪闻韶将其概括为砂沸、流滑和循环活动性三种典型的液化机理。

1. *砂沸*

砂沸是由于水的渗透而引起的液化。当饱和无黏性土发生由下向上的渗透，随着渗透比降增加，渗透力增大，当渗透比降等于或超过上覆土的浮密度时，土体就会发生上浮或“沸腾”现象，并丧失承载能力。这个过程与无黏性土的密实程度和体积应变无关，而常被考虑为“渗透不稳定”现象，但从物态转变行为来看，“砂沸”也属于土的液化的范畴。

2. *流滑*

流滑是饱和松砂的颗粒骨架在单程或剪切作用下，呈现出不可逆的体积压缩，在不排水条件下，引起孔隙水压力增大和有效应力减小，最后导致“无限度”的流动变形。Casagrande 将其称之为“实际液化”，曾先后提出过“临界孔隙比”和“流动结构”及“稳态线”等概念，以界定发生流滑的土体。

3. *循环活动性*

循环活动性是指在循环荷载作用下，试件的剪缩和剪胀交替变化，从而形成了瞬态液化和有限度断续变形。循环活动性主要发现于相对密度较大（中密以上到紧密）的饱和无黏性土的固结不排水循环三轴、循环单剪和循环扭剪试验中。较密的砂土在偏应力较大时将发生剪胀，偏应力减小时发生剪缩。因此就一个荷载循环来说，孔隙水压力是波动的，当一个荷载循环结束时，将产生孔隙水压力积累增长。当孔隙水压力积累到一定程度时，在一个荷载循环的某一瞬间，孔隙水压力等于围压，即达到瞬时液化。瞬时液化一般发生在偏应力等于 0 的瞬间，但以后随着偏应力的增长，砂土又发生剪胀，孔隙水压力减小，从而又获得一定的强度。循环活动性只能产生有限的变形，而不会产生无限制的流动。

4.14.9.2 砂土地震液化

图 4.14－11 为砂土液化过程示意图。地震前，全部上覆压力由土颗粒组成的土骨架所承担，饱和砂层中的颗粒处于相对稳定的位置［见图 4.14－11 (*a*)］。地震时，足够大的地震惯性力使砂土颗粒离开原来的稳定位置运动到新的位置以保持稳定，并使砂土趋于密实。砂土这种从分离到密实的过程，也就是颗粒挤压孔隙水的过程。

地震时主震过程一般只持续几十秒钟，在这短暂的时间里，受挤压的孔隙水来不及排出，因而导致孔隙水压力上升。当上升的孔隙水压力达到原来的土体所承受的全部压力时，土中的有效应力变为零［见图 4.14－11 (*b*)］。此时，砂土颗粒不再传递应力，说明砂土颗粒已互不接触而处于悬浮状态，砂土的抗剪强度也就变为零，具备液体特性，即发生液化。

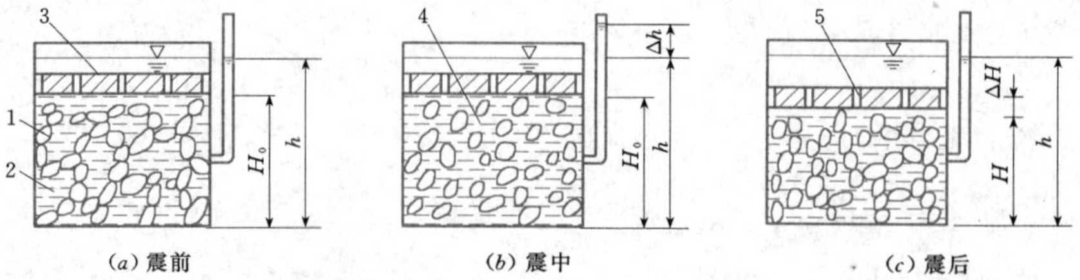

(*a*) 震前　　(*b*) 震中　　(*c*) 震后

图 4.14－11 砂土液化过程示意图

1—砂土颗粒；2—孔隙水；3—覆盖压力；4—液化状态；5—排水孔

随着地震强度减弱或主震结束孔隙水不断排出，孔隙水压力逐渐消散，砂土颗粒又重新接触，组成新的骨架，并传递压力，砂土层达到新的稳定状态[见图 4.14-7 (*c*)]。

因此，饱和、排水条件差及地震动是产生地震液化的必要条件。

4.14.9.3 土体地震液化的影响因素

土体因震动而液化，取决于以下几方面的主要因素：土的类型、土的密度、固结压力、地震动强度和地震动持续时间等。

1. 土的类型

实际震害调查资料表明，液化大多数发生在无黏性土中。某些条件下少黏性土和砂卵石也有可能发生液化。

对于无黏性土来说，颗粒级配是影响液化特性的重要因素，级配均匀的土比级配良好的土更容易发生液化，不均匀系数越小，砂土越容易发生液化。不均匀系数大于 10 的砂土，一般不容易发生液化。对于级配均匀的土，如细砂、粉砂比粗砂、砾质土及少黏性土等更易液化（见图 4.14-12）。

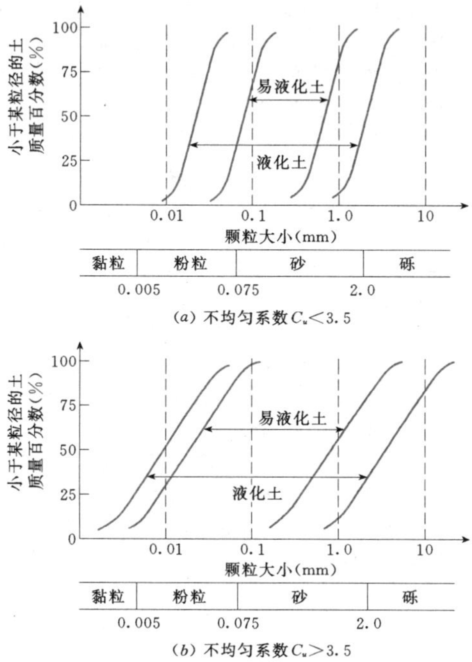

图 4.14-12 液化土的颗粒级配范围

对于级配均匀的土，土的颗粒组成特征也可用平均粒径 d_{50} 来表示。图 4.14-13 给出了三轴振动液化试验得出的包括从粉质黏土到砾石土的抗液化强度与平均粒径 d_{50} 的关系曲线。从图 4.14-13 中还可看出，黏土和砾石不易液化。而细砂和粉土（即 d_{50} = 0.1mm 附近者），最容易液化。

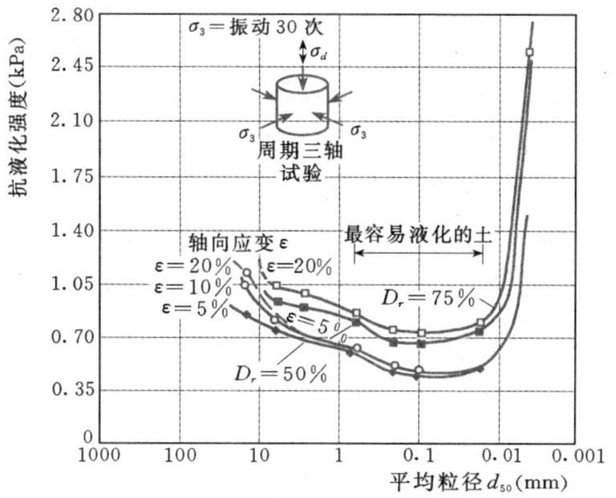

图 4.14-13 平均粒径 d_{50} 与抗液强度的关系曲线示例

2. 土的密度

相对密度越高，就越不容易液化，例如，1964 年日本新潟地震时，砂土 D_r=50% 的区域广泛地发生了液化，但在 D_r>70% 的区域则没有发生液化。海城地震的宏观调查发现，砂土的 D_r>55%，在Ⅶ度烈度地震区不发生液化；D_r>70%，在Ⅷ度烈度地震区不发生液化。

由于砂土的相对密度与标准贯入击数 $N_{63.5}$ 之间有着良好的相关关系，因此在现场经常通过标准贯入试验得到标贯击数 $N_{63.5}$ 来估计相对密度，从而判断液化的可能性。

3. 固结压力

在地震作用下，砂土层的液化可能性与固结压力的大小有关。在野外，固结压力是指土层的上覆压力 σ_v。在试验室条件下，即为土样的固结围压力 σ_3。固结压力越大，砂土越难液化。

我国海城地震调查表明，上覆压力小于 50kPa 的地区，砂土液化普遍发生，而上覆压力大于 100kPa 的地区，未发生液化。1964 年日本新潟地震时，观察到在一个厚 3m 的填土下面的砂土层保持了稳定，但在该填土范围以外无填土的同样的砂土层却广泛液化。1975 年我国海城地震时，也观察到类似情况。因此，在密度较低的松砂上施加一定的附加荷载可以提高砂土的抗液化能力，附加荷载已成为良好的抗液化措施之一。海城地震调查总结出的经验是：在 0.5～1km² 的面积内，一定厚度的填土能起到“防液化安全岛”的作用。

4. 地震动强度

地震动强度越大，砂土越易液化。日本新潟砂土层在历次地震中的现象可作为典型的例子。在过去

370多年中新潟曾遭受过25次地震，但是历史的记录只有3次发生了液化。这3次地震的地面加速度均超过$0.13g$，1964年新潟地震时发生了大范围液化，这次地震地面的最大加速度为$0.16g$，其他22次未发生液化现象的地震地面加速度为$0.005g\sim0.12g$。由此可见，地震动强度应当视为影响砂土液化可能性的一个重要因素。

在试验研究中，地震动强度一般采用循环动应力幅值来表示。循环应力幅值越大，引起液化所需动应力循环次数越少。

5. 地震动持续时间

地震动持续时间也是影响液化的重要因素之一，这可用1964年美国阿拉斯加州地震时土层发生液化引起大范围滑坡来说明。在该地区，地震开始后，相当一段时间内未发生滑坡。但是，到90s左右时开始有滑坡发生。这说明如果地震历时较短，也可能不发生液化。这是因为土层在振动作用下，孔隙水压力的增长需要一定的时间才能达到最大值。此外，土体内的液化范围也是随时间而增大的。

在实验室试验研究中，振动持续时间一般采用动应力循环次数来表示。动应力循环次数越多，引起液化所需的循环应力幅值越小。

6. 其他因素

除了上述各种因素以外，地下水位的高低和土层的排水条件，也影响砂土层液化的形成和发展。地下水位越高，土层就越容易液化；反之，越不易液化。土层排水条件良好时，由震动引起的孔隙水压力能够不断地消散，孔隙水压力的增长就不会像在无排水条件下那样快，将使液化可能性相对减小；反之，若饱水砂层在不透水黏土层的包围之中，呈透镜体埋藏，则受震后容易液化。

此外，在土的性质方面除了颗粒级配和相对密度以外，砂土结构性对于液化可能性也有影响。土粒的排列和均匀性不同以及有无胶结物，其抵抗液化的能力也不同。原状砂比试验室内制备的砂样难以液化，其抗液化的能力可达1.5～2.0倍。从土粒的排列状况看，土粒间架空的大孔隙越少，砂土就越不易液化；反之，就容易液化。

4.14.9.4 地震液化可能性判别方法

判别砂土液化可能性的基本思路是：对促使液化和阻抗液化方面的某种代表性物理量的大小进行对比，进而做出判断。

Casagrande（1936）提出了临界孔隙比法，认为存在一个剪切破坏时体积不发生改变（即不压实又不膨胀）的密度，其相应的孔隙比为临界孔隙比。后来又提出“流动结构”及“稳态线”等概念，以考虑固结应力状态的影响。

Seed（1971）提出了抗液化剪应力法，是目前国内外广泛应用的方法。汪闻韶（1978）提出的地震总应力抗剪强度方法在我国土石坝工程中得到了广泛应用。它们的关键在于正确确定出地震剪应力和抗液化剪应力或地震总应力抗剪强度。

以《建筑抗震设计规范》（GB 50011—2010）为代表的各类规范采用临界标准贯入击数法，该方法基本上反映了影响饱和砂土振动液化的各个主要因素，且比较简单，可以与场地勘察同时进行。此外还有波速法、静力触探法等。

此外，汪闻韶提出的少黏性土液化判别方法在国内外得到了广泛的应用。

参 考 文 献

[1] 华东水利学院. 水工设计手册［M］. 北京：水利电力出版社，1983.

[2] GB/T 50145—2007 土的工程分类标准［S］. 北京：中国计划出版社，2008.

[3] SL 237—1999 土工试验规程［S］. 北京：中国水利水电出版社，1999.

[4] 杨进良. 土力学［M］. 北京：中国水利水电出版社，2000.

[5] 郭庆国. 粗粒土的工程特性及应用［M］. 郑州：黄河水利出版社，1999.

[6] 屈智炯，何昌荣，刘双光，胡德金. 新型石渣坝—粗粒土筑坝的理论与实践［M］. 北京：中国水利水电出版社，2002.

[7] SL 274—2001 碾压土石坝设计规范［S］. 北京：中国水利水电出版社，2002.

[8] 刘杰. 土的渗透稳定性与渗流控制［M］. 北京：水利电力出版社，1992.

[9] 刘杰. 土石坝渗流控制理论基础及工程经验教训［M］. 北京：中国水利水电出版社，2006.

[10] 钱家欢. 土力学［M］. 南京：河海大学出版社，1995.

[11] 钱家欢，殷宗泽. 土工原理与计算［M］. 北京：中国水利水电出版社，2000.

[12] 李广信. 高等土力学［M］. 北京：清华大学出版社，2004.

[13] 毛昶熙. 渗流计算分析与控制［M］. 北京：中国水利水电出版社，2003.

[14] Sherard J L, Dunnigan L P, Talbot J R. Filters for silts and Clays［J］. Journal of Geotechnical Enineering, 1984, 110 (6): 701-718.

[15] M M格里申. 水工建筑物（上卷）［M］. 北京：水利电力出版社，1984.

[16] 陈仲颐，周景星，王洪瑾．土力学［M］．北京：清华大学出版社，1994.
[17] 顾晓鲁，钱鸿缙，刘惠珊，旺时敏．地基与基础（第三版）［M］．北京：中国建筑工业出版社，2003.
[18] 张克恭，刘松玉．土力学［M］．北京：中国建筑工业出版社，2001.
[19] 柏树田，周晓光．压实硬岩堆石的力学特性［J］．水利水电技术，1993（6）：39－45.
[20] 中国水利水电科学研究院．鱼跳面板堆石坝软岩筑坝力学特性研究［R］//中国水利水电工程总公司．利用软岩筑面板堆石坝技术的应用研究成果汇编（下册），2001：429－450.
[21] 郭庆国．关于粗粒土抗剪强度特性的试验研究［J］．水利学报，1987，（5）：59－65.
[22] 屈智炯，刘开明，刘双光．土石坝筑坝变形参数的试验研究［R］．成都科技大学水利系，1985.
[23] 刘祖典．黄土力学与工程［M］．西安：陕西科学技术出版社，1997.
[24] 张辉．堆石坝心墙水力劈裂试验与数值模拟研究［D］．南京：河海大学，2005.
[25] 张琰．高土石坝张拉裂缝开展机理研究与数值模拟［D］．北京：清华大学，2009.
[26] Duncan J M，Chang C Y．Nonlinear analysis of stress and strain in soils［J］．Journal of the Soil Mechanics and Foundations Division，ASCE，1970，96（SM5）：1629－1653.
[27] 殷宗泽．土工原理［M］．北京：中国水利水电出版社，2007.
[28] Duncan J M，et al．FEADAM－84，A computer program for finite element analysis of dams［R］．Report No．UCB/GT/University of California，Berkeley，1984.
[29] Duncan J M，et al．Strength，stress－strain and bulk modulus parameters for finite element analysis of stress and movement in soil masses［R］．Report No．UCB/GT/80－01，University of California，Berkeley，1980.
[30] 朱百里，沈珠江．计算土力学［M］．上海：上海科学技术出版社，1990.
[31] Naylor D J．Stress－strain law for soils［C］//SCOTT，C．R．Developments in soil Mechanics．Applied Science Publishers Ltd，1978：39－68.
[32] 屈智炯．土的塑性力学［M］．成都：成都科技大学出版社，1987.
[33] 高莲士，汪召华，宋文晶．非线性解耦K—G模型在高面板堆石坝应力变形分析中的应用［J］．水利学报，2001（10）：1－7.
[34] RSOCOE K H，BUTLAND J B On the generalized stress－strain behaviour of wet clay：Engineering Plasticity．Cambridge University Press，1968：535－609.
[35] 沈珠江．土体应力应变分析的一种新模型［C］//第5届土力学及基础工程学术讨论会论文选集．北京：中国建筑工业出版社，1990：101－105.
[36] 沈珠江．新弹塑性模型在软土地基固结分析中的应用［J］．水利水运科学研究，1993（1）.
[37] Huang Wen－xi，Pu Jia－liu，Chen Yu－jiong．Hardening rule and yield function for soils［C］//Proceedings of the 10th International Conferenceon Soil Mechanics and Foundation Engineering，1981，（1）：631.
[38] 李广信．土的清华弹塑性模型及其发展［J］．岩土工程学报，2006，28（1）：1－10.
[39] 沈珠江．土石料的流变模型及其应用［J］．水利水运科学研究，1994（4）：335－342.
[40] Perzyna，P．The constitutive equations for work hardening and rate sensitive plastic material［J］．Proc．Of Vibrational Problems，Warsaw，1963，4（3）：281－291.
[41] Perzyna，P．Thermodynamic theory of viscoplastisity［J］．Advances in Applied Mechanics，Academic Press，1971，2：313－354.
[42] Olszak W．，Perzyna P．The constitutive equations of the flow theory for a non－stationary yield condition［J］．Proc．Of the 11th Int．Congress of Applied Mechanics，1966：545－553.
[43] Sekiguchi H．Rheological characteristics of clays［C］// S Murayama，A N Schofield．Soil Mechanics and Foundation Engineering：Constitutive equations of soils－specialty session，Proceedings of the 9th International Conference on Soil Mechanics and Foundation Engineering，Tokyo，1977，289－292.
[44] 沈珠江，王建平．土质心墙坝填筑及蓄水变形的数值模拟［J］．水利水运科学研究，1988（4）：48－63.
[45] 谢康和，周健．岩土工程有限元分析理论与应用［M］．北京：科学出版社，2002.
[46] 卢廷浩．岩土数值分析［M］．北京：中国水利水电出版社，2008.
[47] Clough G W，Duncan J M．Finite element analyses of retaining wall behavior［J］．Journal of the Soil Mechanics and Foundations Division，ASCE，97（SM12），1971：1657－1673.
[48] 钱家欢，殷宗泽．土工数值分析［M］．北京：中国铁道出版社，1991.
[49] Winterkorn H F，Fang H Y．Foundation Engineering Handbook［M］．New York：Van Nostrand Reinhold 1975.
[50] Poulos H G．Settlement of Isolated Foundations［C］// S．Valliappan，S．Hain，l．K．Lee，William．H Sellen Pty．Ltd．，Soil Mechanics－Recent Development．Australia，1975：181－212.
[51] GB 50007—2002 建筑地基基础设计规范［S］．北京：中国建筑工业出版社，2002.

[52] Schmertmann J H. Static Cone to Compute Static Settlement Over Sand [J]. Journal of Soil Mechanics and Foundation Div, ASCE, 1970, 96 (SM3): 1011-1043.
[53] D'Appolonia D J, D'Appolonia E, Brisette R F. Discussion on Settlement of Spread Footings on Sand [J]. Journal of Soil Mechanics and Foundation Div., ASCE., Vol. 96, No. SM2, 1970.
[54] Poaa C A. 水电站水工建筑物的沉降计算 [M]. 蒋国澄，译. 北京：中国工业出版社，1964.
[55] Scott R F. Principles of Soil Mechanics, Reading, Mass [M]. Addison - Wesley Publishing Co. Inc, 1963.
[56] 黄文熙. 水工建筑物土壤地基的沉降量与地基中的应力分布 [R]. 水利科学研究院研究报告 (3)，北京：水利出版社，1958.
[57] 杨位洸. 地基及基础（第三版）[M]. 北京：中国建筑工业出版社，1988.
[58] JTG D40—2007 公路桥涵地基与基础设计规范 [S]. 北京：人民交通出版社，2007.
[59] JGJ 94—2008 建筑桩基技术规范 [S]. 北京：中国建筑工业出版社，2008.
[60] JTJ 254—98 港口工程桩基规范 [S]. 北京：人民交通出版社，1998.
[61] TB 10002.5—2005 铁路桥涵地基和基础设计规范 [S]. 北京：中国铁道出版社，2005.
[62] 《桩基工程手册》编写委员会. 桩基工程手册 [M]. 北京：中国建筑工业出版社，1995.
[63] 唐业清. 桩基负摩擦力的计算 [J]. 工业建筑，1980，(11)：44-50.
[64] 唐业清. 群桩负摩擦力计算 [J]. 工业建筑，1981，(6)：28-32.
[65] 《岩土工程手册》编写委员会. 岩土工程手册 [M]. 北京：中国建筑工业出版社，1994.
[66] GBJ 112—87 膨胀土地区建筑技术规范 [S]. 北京：中国建筑工业出版社，1987.
[67] 林宗元. 岩土工程勘察设计手册 [M]. 沈阳：辽宁科学技术出版社，1996.
[68] 王年香. 高液限土路基设计与施工技术 [M]. 北京：中国水利水电出版社，2005.
[69] 卞富宗. 红土作为筑坝土料的特性研究 [J]. 水利学报，1980.(4)：26-36.
[70] 常士骠. 工程地质手册 [M]. 北京：中国建筑工业出版社，1992.
[71] 廖世文. 膨胀土与铁路工程 [M]. 北京：中国建筑工业出版社，1984.
[72] 刘特洪. 工程建设中的膨胀土问题 [M]. 北京：中国建筑工业出版社，1997.
[73] 铁道部. 铁路工程设计技术手册 [M]. 北京：中国铁道出版社，1993.
[74] GB 50487—2008 水利水电工程地质勘察规范 [S]. 北京：中国计划出版社，2009.
[75] 谢定义. 土动力学 [M]. 西安：西安交通大学出版社，1988.
[76] 刘颖，谢君斐. 砂土震动液化 [M]. 北京：地震出版社，1984.
[77] 顾淦臣，沈长松，岑威钧. 土石坝地震工程学 [M]. 北京：中国水利水电出版社，2009.
[78] 汪闻韶. 土的动力强度和液化特性 [M]. 北京：中国电力出版社，1997.
[79] 《汪闻韶院士土工问题论文选集》编委会. 汪闻韶院士土工问题论文选集 [M]. 北京：中国建筑工业出版社，1999.
[80] 沈珠江. 理论土力学 [M]. 北京：中国水利水电出版社，2000.
[81] 吴世明，等. 土动力学 [M]. 北京：中国建筑工业出版社，2000.
[82] 周健，白冰，徐建平. 土动力学理论与计算 [M]. 北京：中国建筑工业出版社，2001.
[83] 陈国兴. 岩土地震工程学 [M]. 北京：科学出版社，2007.
[84] 汪闻韶. 饱和砂土孔隙水压力的产生、扩散和消散 [C] // 中国土木工程学会第一届土力学及基础工程学术会议论文集. 北京：建筑工业出版社，1964：130-138.
[85] 汪闻韶. 往返荷载下饱和砂土的强度、液化和破坏问题 [J]. 水利学报，1980 (1).
[86] 李万红，汪闻韶. 无粘性土动力剪应变模型 [J]. 水利学报，1993 (9).
[87] 赵剑明，汪闻韶，常亚屏，陈宁. 高面板坝三维真非线性地震反应分析方法及模型试验验证 [J]. 水利学报，2003 (9)：12-18.
[88] 刘小生，王钟宁，汪小刚，赵剑明，刘启旺. 面板坝大型振动台模型试验和动力分析 [M]. 北京：中国水利水电出版社，2005.
[89] 王志良，王余庆，韩清宇. 不规则循环剪切荷载作用下土的粘弹塑性模型 [J]. 岩土工程学报，1980，2 (3).
[90] Newmark N M. Effects of Earthquake on Dams and Embankments [J]. Geotechnique, 1965, 15 (2).
[91] Franklin A G, Chang F K. Earthquake resistance of earth and rock-fill dams: Permanent displacement of earth embankments by Newmark sliding block analysis. Misc. Paper S-71-17, Rep. 5 [R]. U. S. Army Eng., WES, 1977.
[92] Makdisi F I, Seed H B. Simplified Procedure for Evaluating Dam and Embankment Earthquake - Induced Deformations [J]. J. Geotech. Eng. Div. ASCE, 1978, 104 (7): 849-867.
[93] Serff N, Seed H B, Makdisi F I, Chang C K. Earthquake Induced Deformations of Earth Dams [R]. Report No. EERC/76-4, Earthquake Engineering

Research Center, University of California, Berkeley, 1976.

[94] Taniguchi E, whiteman R V, Marr W A. Prediction of Earthquake - Induced Deformation of Earth Dams [J]. Soils and Foundations, 1983, 23 (4).

[95] Idriss I M, Boulanger R W. Semi - empirical Procedures for Evaluating Liquefaction Potential during Earthquakes [R]. Presented at The Joint ICSDEE and ICEGE, Berkely, California, 2004: 32 - 56.

[96] Seed R B, Cetin K O, Moss R E S, et al. Recent Advances in Soil Liquefaction Engineering: A Unified and Consistent Framework [C] // 26th Annual ASCE Los Angeles Geotechnical Spring Seminar, Keynote Presentation, H. M. S. Queen Mary, Long Beach, California, 2003: 1 - 71.

[97] Seed H B, Idriss I M. Soil moduli and damping factors for dynamic response analysis [R]. Report No. EERC70-10, Earthquake Engineering Research Center, University of California. California. Berkely, 1970.

[98] Seed H B, Wong R T, Idriss I M, et al. Moduli and damping factors for dynamic response analyses cohesionless soils [J]. Journal of Geotechnical Engineering, ASCE, 1986 (11): 1016 - 1032.

[99] Rollins K, Evans M D, Diehl N B, et al. Shear modulus and damping relationships for gravels [J]. Journal of Geotechnical and Geoenvironmental Engineering, ASCE, 1998 (5): 396 - 405.

[100] Japan Port and Harbour Association. Design standard for port and harbour facilities and commentaries [S]. Japan, 1999.

第5章

岩 石 力 学

本章的修编根据近年来岩石力学学科在水利水电工程建设过程中的应用与发展，结合第1版《水工设计手册》出版以来新建水利水电工程的实践成果，对第1版的相关内容进行了补充与完善，修编后的内容由原来的6节扩充为15节：

（1）针对岩石力学室内及现场试验特点，将原“第4节 岩石的变形特性”和“第5节 岩石的强度特性”2节内容，在“5.3 岩石的力学性质”、“5.4 岩体变形特性”和“5.5 岩体强度特性”3节中分别叙述，并补充介绍了试验方法以及近年来一些典型工程有关岩石力学试验的研究成果及参数取值。

（2）针对水利水电工程中有关软弱夹层研究实践，“5.7 岩体软弱夹层的基本特性”，补充了“软弱夹层的分类”、“软弱夹层的物理性质”、“软弱夹层的抗剪强度特性”和“软弱夹层的渗透变形特性”等内容。

（3）新增了“5.1 水利水电工程岩石力学研究的特点与任务”、“5.10 岩体的渗流特性”、“5.13 岩体结构面统计理论与方法”、“5.14 地质力学物理模型试验”和“5.15 岩体稳定性分析方法”。

（4）对第1版的部分内容进行了相应的删减、调整与补充：①将原第1节中的“九、岩体的纵波速度”和“十、岩石的工程分级”分别提升为“5.8 岩体声学特性”和“5.11 工程岩体分级”；②将原第4节中的“三、岩石的流变性”提升为“5.6 岩石流变特性”；③将原第5节中的“二、岩石的强度理论”提升为“5.12 岩石的本构关系与强度理论”；④删除了原第1节中的“五、地温梯度”和“八、岩石的电阻率”；⑤删除了原“第6节 洞室围岩问题”中的大部分内容，关于围岩应力的重分布等内容未进行单独叙述，而是涵盖于其他节中。

章主编　邬爱清　周火明

章主审　董学晟　陈德基　刘志明

本章各节编写及审稿人员

<table>
<tr><th>节次</th><th>编　写　人</th><th>审稿人</th></tr>
<tr><td>5.1</td><td>邬爱清</td><td rowspan="15">董学晟
陈德基
刘志明</td></tr>
<tr><td>5.2</td><td rowspan="2">朱杰兵</td></tr>
<tr><td>5.3</td></tr>
<tr><td>5.4</td><td rowspan="2">周火明</td></tr>
<tr><td>5.5</td></tr>
<tr><td>5.6</td><td>邬爱清　丁秀丽　汪　斌</td></tr>
<tr><td>5.7</td><td>汪小刚　周火明　贾志欣　张家发</td></tr>
<tr><td>5.8</td><td>肖国强　周黎明</td></tr>
<tr><td>5.9</td><td>尹健民　刘元坤</td></tr>
<tr><td>5.10</td><td>王　媛</td></tr>
<tr><td>5.11</td><td>邬爱清　张宜虎</td></tr>
<tr><td>5.12</td><td>阮怀宁</td></tr>
<tr><td>5.13</td><td>邬爱清　卢　波</td></tr>
<tr><td>5.14</td><td>姜小兰</td></tr>
<tr><td>5.15</td><td>邬爱清（5.15.1）
卢　波　丁秀丽（5.15.2）
丁秀丽　卢　波（5.15.3）
陈胜宏　汪卫明　徐　青（5.15.4）
邬爱清　卢　波（5.15.5）
邬爱清（5.15.6）</td></tr>
</table>

第5章 岩石力学

5.1 水利水电工程岩石力学研究的特点与任务

本节就水利水电工程岩石力学研究的特点，坝基、边坡及地下洞室三类主要工程中的岩石力学问题，工程建设各阶段主要研究内容及岩石力学研究任务等方面作简要阐述[1-6]。

5.1.1 岩石力学研究的特点

水利水电工程中的岩石力学研究具有以下几大特点：

（1）在选定坝址的特定地质条件下，既要满足建筑物的安全可靠，又要考虑尽可能减小工程量。因此，对岩石力学研究的要求就是，查明工程岩体的力学特性和自稳能力，必要时进行适当的加固，以达到既节省投资，又保证工程具有足够安全度的目的。

（2）水利水电工程（特别是大中型工程）的岩石力学研究，要求对较大范围岩体的每一部分都有详尽的了解。某一薄弱环节的破坏可能会导致整个建筑物的失稳，因此，岩石力学研究要覆盖建筑物涉及的每一部分（地段）岩体，而不能满足于平均的概念。地下电站各洞室围岩、边坡的不同部位、大坝各坝段坝基岩体的力学性质可能不尽相同，需要分区、分段进行研究。

（3）工程岩体具有不均匀性与不连续性，小块的岩石试件很难代表大尺度的工程岩体，同一类岩体在不同部位（有时相距很近）性质可能相差很大，需要采用有针对性的方法与途径来进行研究。

（4）研究水对岩体的影响很重要。水除了对岩体施加动、静荷载外，还影响岩体及其结构面的力学性质。要弄清岩体在未扰动条件下的地下水渗流场，研究施工开挖后渗流场的变化，在此基础上确定渗流施加于岩体和建筑物上的荷载，采取相应的结构和防渗、排水措施。

（5）水利水电工程的服务年限都很长，在长期工作状态下，岩体特别是结构面的力学性质及其存在的状态，都将经历各种虽然缓慢但具积累性的变化。研究这些变化（如岩体的时效变形）对工程岩体稳定性和建筑物正常运行的影响，也是岩石力学研究的重要课题。

5.1.2 三类工程岩体及其主要问题

水利水电工程岩石力学研究主要涉及三类工程岩体，即坝基、边坡（包括与工程有关的滑坡）和地下洞室三类工程所涉及的岩体。岩石力学研究途径和方法取决于这些工程岩体的变形破坏类型和由此产生的不同性质的岩石力学课题。

5.1.2.1 坝基工程

不论是重力坝还是拱坝，都要将基岩与坝体作为一个结构整体来深入分析坝基整体变形破坏机制。重力坝坝基岩石工程问题主要包括沿坝基接触面、软弱夹层及具缓倾角结构面的坝基深层抗滑稳定性问题，以及坝基岩体的不均匀变形问题。拱坝岩石工程问题主要包括拱座岩体沿结构面的抗滑稳定性问题，以及具软弱层带的拱座抗力岩体的变形问题。

5.1.2.2 边坡工程

边坡分为工程边坡和天然边坡两类。工程边坡包括削坡和深切边坡，天然边坡包括库岸边坡和危岩体。其主要问题是滑坡和危岩体的稳定性，特别是蓄水后库水位抬升及水位变动导致的稳定性等问题。天然边坡及削坡的失稳型式主要是崩塌和滑移，有时还有倾倒。对于深切边坡，由于边坡高度大、岩体结构复杂、初始应力剧烈释放和开挖爆破的影响，将引起边坡岩体松动、开裂、倾倒破坏及坍落等多种形式的变形与破坏。

5.1.2.3 地下洞室工程

根据洞室开挖引起的围岩应力状态变化，结合围岩岩性和岩体结构，有几种常见的围岩失稳现象：岩石块体滑移与崩塌，岩体脆性开裂，顶拱塌落，大变形和岩爆。工程实践中有四类综合性的洞室稳定性问题：①大跨度、高边墙地下洞室群围岩稳定性；②软岩、断层、岩溶等复杂地质条件下的围岩稳定性；③高应力条件下地下洞室围岩稳定性；④超长和深埋水工隧洞工程中的岩石力学问题等。

5.1.3 工程建设各阶段主要研究内容

在工程建设的各阶段需要通过岩石力学研究解决的问题各不相同，因此，岩石力学研究内容是有阶段性的。《水利水电工程地质勘察规范》（GB 50487—2008）将勘察设计阶段划分为规划、项目建议书、可行性研究、初步设计、招标设计、施工详图设计等阶段；《水力发电工程地质勘察规范》（GB 50287—2006）将勘察设计阶段划分为规划、预可行性研究、可行性研究、招标设计和施工详图设计等阶段。对各阶段岩石力学试验项目、试验数量等做了相应的规定，岩石力学试验研究工作应遵照有关规定分阶段有序进行。

在岩石力学基本特性的阶段性研究成果基础上，配合设计的计算分析与岩石力学工程问题论证也相应具有不同的要求。

5.1.4 岩石力学研究的任务

岩石力学主要研究任务包括：根据水工建筑物布置的需要，通过室内和现场试验研究，查明岩石（体）的物理力学性质，提出岩石（体）物理力学参数、应力—应变关系曲线、本构关系、变形和强度属性等。通过现场测试与分析研究，确定工程区地应力场和岩体渗流场，弄清岩体赋存的环境条件。按照工程设计方案（水工建筑物位置和尺寸、加固处理措施、施工开挖程序），通过计算分析、模型试验及原型监测，阐明有关工程岩体的力学性状（应力和应变分布、塑性区或破裂损伤区），对其稳定性或失稳破坏形态作出评价，提出优化设计方案和岩体加固处理的建议。工程完工后，通过原位观测及反馈分析等手段，为工程设计效果提供验证依据。

水利水电工程岩石力学研究的总体目标是深入认识岩体，充分利用岩体，有针对性加固岩体。

5.2 岩石的物理性质

岩石的物理性质是指岩石固有的物质组成和结构特征所决定的基本物理属性，包括颗粒密度（原比重）、块体密度（原容重）、吸水率、饱和吸水率、孔隙率、膨胀率、冻融系数、耐崩解指数等。对于膨胀类岩石，需做膨胀性试验；对于处于干湿交替状态的黏土岩类及风化岩石，一般需做耐崩解试验；对于经常处于冻结及融解条件下的工程岩体，需进行冻融试验。

5.2.1 岩石颗粒密度与块体密度

5.2.1.1 岩石颗粒密度

岩石颗粒密度是其固相物质的质量与体积的比值，有比重瓶法和水中称量法两种试验方法，前者适用于各类岩石，后者适用于除遇水崩解、溶解和干缩湿胀以及密度小于 1g/cm³ 以外的其他各类岩石。

1. 比重瓶法

采用比重瓶法试验时，岩石的颗粒密度按下式计算：

$$\rho_p = \frac{m_d}{m_1 + m_d - m_2}\rho_w \qquad (5.2-1)$$

式中 m_d——试件烘干后的质量，g；

m_1——比重瓶和试液总质量，g；

m_2——比重瓶、试液和岩粉总质量，g；

ρ_p——颗粒密度，g/cm³；

ρ_w——试验温度条件下试液密度，g/cm³。

2. 水中称量法

采用水中称量法试验时，岩石的颗粒密度按下式计算：

$$\rho_p = \frac{m_d}{m_d - m_w}\rho_w \qquad (5.2-2)$$

式中 m_w——强制饱和试件在水中的称量质量，g。

5.2.1.2 岩石块体密度

岩石块体密度是指单位体积的岩石质量，是岩石试件的质量与其体积之比，分为天然密度、干密度和饱和密度三种，有量积法、水中称量法和密封法三种试验方法。量积法适用于能制备成规则试件的岩石；水中称量法适用于除遇水崩解、溶解和干缩湿胀以外的其他各类岩石；密封法适用于不能用量积法或直接在水中称量进行试验的岩石。采用水中称量法试验时，岩石块体密度按下列公式计算：

$$\rho_0 = \frac{m_0}{m_s - m_w}\rho_w \qquad (5.2-3)$$

$$\rho_d = \frac{m_d}{m_s - m_w}\rho_w \qquad (5.2-4)$$

$$\rho_s = \frac{m_s}{m_s - m_w}\rho_w \qquad (5.2-5)$$

式中 ρ_0——岩石天然密度，g/cm³；

ρ_d——岩石干密度，g/cm³；

ρ_s——岩石饱和密度，g/cm³；

m_0——试件烘干前的质量，g；

m_d——试件烘干后的质量，g；

m_s——试件强制饱和后的质量，g。

部分岩石的颗粒密度及块体密度见表 5.2-1[1,9-11]。

5.2.2 岩石吸水率与孔隙率

岩石吸水率分为自然吸水率（简称为吸水率）与饱和吸水率。前者是指岩石试件在常温、常压条件下，自然吸水状态下最大吸水量与试件固体质量的比值；后者是指在强制饱和状态下最大吸水量与试件固

表 5.2-1　　部分岩石的颗粒密度及块体密度

岩石名称		岩石性状	颗粒密度 (g/cm³)	块体密度 (g/cm³)
岩浆岩	安山玢岩	凝灰质	2.72～2.88	2.70～2.83
	安山岩		2.40～2.90	2.34～2.90
	斑岩		2.60～2.90	2.60～2.89
	玢岩		2.60～2.90	2.40～2.86
	黑云母花岗岩	新鲜～弱风化	2.61～2.65	2.58～2.59
	花岗斑岩	新鲜	2.64～2.70	2.59～2.63
	花岗闪长岩	微风化	2.68～2.77	2.68～2.75
	花岗岩	新鲜～微风化	2.63～2.65	2.58～2.60
	辉长岩		2.70～3.20	2.55～3.09
	辉绿岩		2.60～3.10	2.53～2.97
	角闪长岩	微风化～弱风化	2.98～3.08	2.93～2.95
	流纹斑岩		2.62～2.65	2.49～2.63
	流纹岩	微风化～弱风化	2.69～2.70	2.28～2.70
	闪长岩		2.81～2.95	2.72～2.99
	闪云斜长花岗岩	微风化	2.70～2.76	2.65～2.75
	蛇纹岩		2.50～2.80	2.40～2.80
	碎裂闪长岩		2.75～2.92	2.57～2.84
	细晶闪长岩		3.04	3.02
	细粒角闪斜长岩		3.08	
	玄武玢岩	新鲜～微风化		2.70～2.75
	玄武岩		2.60～3.30	2.50～3.10
变质岩	板岩		2.70～2.90	2.50～2.90
	变粒岩		2.71	2.67
	大理岩		2.70～2.87	2.60～2.87
	黑云母石英片岩	弱风化		2.69
	花岗片麻岩		2.72	2.67
	角闪石片岩		3.07	2.76～3.05
	角闪斜长片麻岩	微风化	2.72～2.74	2.69～2.73
	绿泥石片岩		2.60～2.90	2.10～2.85
	糜棱岩	中、细粒变质	2.72～2.73	2.51
	泥质板岩		2.70～2.85	2.30～2.80
	片麻岩		2.63～3.01	2.30～2.98
	片岩	微风化～弱风化		2.77～3.01
	千枚岩		2.81～2.96	2.71～2.86
	石英变粒岩	微风化～弱风化	2.71～2.72	2.61～2.67
	石英片岩		2.60～2.80	2.10～2.70
	石英岩		2.53～2.84	2.40～2.80
	云母片岩		2.55～3.11	2.54～2.97

续表

岩石名称		岩石性状	颗粒密度 (g/cm³)	块体密度 (g/cm³)
沉积岩	白云岩		2.20～2.90	2.10～2.90
	粉砂岩	钙、泥质	2.74～2.80	2.34～2.71
	粉细砂岩		2.66～2.77	2.36～2.64
	灰岩	微风化	2.75～2.78	2.69～2.71
	角砾岩	糜棱岩泥	2.69	2.43
	砾岩	钙泥质、泥钙质	2.78～2.81	2.68～2.76
	泥灰岩	微风化	2.73～2.77	2.49～2.60
	泥岩		2.74～2.80	
	黏土岩		2.74～2.75	2.21～2.40
	砂岩		2.60～2.75	2.20～2.71
	石英砂岩		2.64～2.65	2.58～2.59
	细砂岩	新鲜	2.64～2.79	2.14～2.75
	页岩		2.57～2.77	2.30～2.62
	黏土岩		2.70～2.75	2.24～2.60

体质量的比值。岩石自然吸水率采用自由吸水法测定，饱和吸水率采用煮沸法或真空抽气法测定。其试验适用于遇水不崩解、不溶解和不干缩湿胀的岩石。

岩石自然吸水率、饱和吸水率按下列公式计算：

$$\omega_a = \frac{m_a - m_d}{m_d} \times 100\% \tag{5.2-6}$$

$$\omega_s = \frac{m_s - m_d}{m_d} \times 100\% \tag{5.2-7}$$

式中 ω_a——岩石自然吸水率；

ω_s——岩石饱和吸水率；

m_a——试件浸水48h后的质量，g。

测定岩石的吸水性时，可以计算岩石的孔隙率，即孔隙体积与岩石总体积之比。其计算公式如下：

$$n = \left(1 - \frac{\rho_d}{\rho_p}\right) \times 100\% \tag{5.2-8}$$

式中 n——岩石孔隙率。

部分岩石的吸水率及孔隙率见表5.2-2[1,9-11]。

5.2.3 岩石膨胀压力与膨胀率

测定岩石膨胀性的试验有自由膨胀率试验、侧向约束膨胀率试验和体积不变条件下膨胀压力试验等几种。岩石自由膨胀率是指岩石试件的轴向、径向膨胀变形与其原试件高度、直径之比。岩石侧向约束膨胀率是指岩石试件在有侧向约束、不产生侧向变形条件下的轴向膨胀变形与其原高度之比。岩石膨胀压力是岩石试件浸水后所产生的膨胀力。各相应的计算公式如下：

$$V_h = \frac{U_h}{H} \times 100\% \tag{5.2-9}$$

$$V_d = \frac{U_d}{D} \times 100\% \tag{5.2-10}$$

$$V_{hp} = \frac{U_{hp}}{H} \times 100\% \tag{5.2-11}$$

$$P_s = \frac{P}{A} \tag{5.2-12}$$

式中 V_h——轴向自由膨胀率；

V_d——径向自由膨胀率；

V_{hp}——有侧向约束的轴向膨胀率；

P_s——膨胀压力，MPa；

U_h——试件轴向变形量，mm；

H——试件高度，mm；

U_d——试件径向平均变形量，mm；

D——试件直径或边长，mm；

U_{hp}——有侧向约束的轴向变形量，mm；

P——轴向荷载，N；

A——试件截面积，mm²。

部分岩石的膨胀性指标见表5.2-3。

5.2.4 岩石耐崩解性指数

岩石耐崩解性指数是指岩石试块经过干燥和浸水两个标准循环后试件残留的质量与原质量之比，表征岩石在干湿交替作用下抵抗崩解的能力。岩石的崩解性指数可通过耐崩解性试验获得，其计算公式如下：

表 5.2-2　　部分岩石的吸水率及孔隙率

岩石名称		吸水率（%）	饱和吸水率（%）	孔隙率（%）
岩浆岩	安山岩	0.10～0.22	0.13～0.28	0.29～1.13
	斑状花岗岩	0.18～0.44		
	玢岩	0.40～1.70		2.10～5.00
	黑云母花岗岩	0.29～0.45		
	花岗闪长岩	0.25	0.27	
	花岗岩	0.10～1.70		0.14～2.80
	辉绿岩	0.36～0.69	0.44～0.78	
	辉长岩	0.50～4.00		
	火山角砾岩	0.34～2.12		0.90～7.54
	流纹斑岩	0.14～1.65		1.10～3.40
	闪长岩	0.18～1.00		0.25～3.00
	玄武玢岩	1.92～3.91	1.96～4.21	
	玄武岩	0.30～2.80		0.50～7.20
变质岩	板岩	0.70		0.79～3.76
	变质闪长岩	0.13～0.52		
	大理岩	0.10～1.00		0.10～6.00
	花岗片麻岩	0.29	0.32	
	绿泥石片岩	0.10～0.60		0.80～2.10
	片麻岩	0.14～0.30		0.30～2.40
	千枚岩	0.50～1.80		0.60～3.60
	石英变粒岩	0.07～0.27		
	石英片岩	0.10～0.30		0.70～3.00
	石英岩	0.02～0.28		0.10～8.70
沉积岩	白云岩	0.10～3.00		0.30～25.00
	粉砂岩	0.13～2.01	0.16～2.07	
	砾岩	0.40～1.00		2.00～5.10
	泥灰岩	0.50～3.00		1.00～10.00
	黏土岩	3.06～7.50		
	砂岩	0.20～9.00		1.60～21.00
	砂质页岩			0.80～4.15
	石灰岩	0.20～6.40		0.53～27.00
	石英砂岩	0.12～0.31	0.13～0.62	
	细砂岩	0.05～1.70	0.07～1.74	
	页岩	0.50～3.20		0.40～10.00

表 5.2-3　　部分岩石的膨胀性指标实测值

岩石名称		风化状态	膨胀性指标			
			径向自由膨胀率（%）	轴向自由膨胀率（%）	有侧向约束的轴向膨胀率（%）	膨胀压力（kPa）
岩浆岩	白云母花岗岩	弱风化	0.026	0.0211	0.064	45.3
	二长花岗岩	弱风化	0.011	0.0136	0.088	17.5
		弱风化～强风化	0.345	0.331	0.545	77.5
	黑云母花岗岩	弱风化	0.044	0.086	0.081	30.4
	花岗斑岩	弱风化	0.003	0.02	0.096	50.1
	花岗岩	微风化	0.067	0.037	0.051	11.7
沉积岩	变质砂岩	弱风化	0.048	0.016	0.179	33.1
	粉砂钙质泥岩	弱风化	0.102	0.052～0.209	0.018～0.211	101～165
	粉砂质页岩		0.123	0.168	0.195	
	泥岩	弱风化	0.188	0.138	0.248	70.9
		强风化	0.211～0.381	0.130～0.254	0.321～0.460	66.0～145.0
	泥页岩		0.782～0.303	0.203～0.442	0.676～1.380	125.0～269.0
	泥质粉砂岩	弱风化	0.570～1.320	0.250～0.390	0.280～0.556	72.0～89.0
	砂砾岩		0.262	0.138	0.549	38.9
	黏土岩		0.496	0.463	0.977	215.0

注　本表数据主要引自长江科学院工程质量检测中心检测报告。

$$I_d = \frac{m_r}{m_d} \times 100\% \qquad (5.2-13)$$

式中　I_d——岩石耐崩解性指数；

m_d——原试件烘干质量，g；

m_r——残留试件烘干质量，g。

部分岩石的耐崩解性指数见表5.2-4。

5.2.5　岩石冻融系数与冻融质量损失率

岩石抗冻性指标包括岩石冻融系数（岩石试件经过反复冻融后饱和单轴抗压强度的变化）和岩石冻融质量损失率，由岩石冻融试验取得。冻融系数大于75%、质量损失率小于2%的岩石为抗冻性高的岩石。岩石吸水率小于0.05%时，可不进行冻融试验。

岩石的冻融系数与冻融质量损失率可由直接冻融法试验获得，并按下列公式计算：

$$K_f = \frac{\overline{R}_f}{\overline{R}_s} \qquad (5.2-14)$$

$$L_f = \frac{m_s - m_f}{m_s} \times 100\% \qquad (5.2-15)$$

式中　K_f——冻融系数；

$\overline{R}_f$——冻融试验后的饱和单轴抗压强度平均值，MPa；

$\overline{R}_s$——冻融试验前的饱和单轴抗压强度平均值，MPa；

L_f——冻融质量损失率；

m_s——冻融试验前试件饱和质量，g；

m_f——冻融试验后试件饱和质量，g。

部分岩石的冻融系数与冻融质量损失率见表5.2-5。

5.2.6　岩石的比热与导热系数

岩石常用的热学性质有比热及导热系数。岩石的比热是指在不存在相转变的条件下，使单位质量的岩石温度升高单位温度时所需要的热量。常见矿物的比热为500～1000J/(kg·K)，以700～950J/(kg·K)更为常见。

岩石的导热系数是指温度梯度为1时，单位时间内通过单位面积岩石的热量。常温下岩石的导热系数一般为1.6～6.1W/(m·K)。多数沉积岩和变质岩的热传导具有各向异性特征，沿层理方向的导热系数比垂直层理方向的导热系数平均高10%～30%。

表 5.2-4　　部分岩石的耐崩解性指数实测值

岩石名称		风化状态	耐崩解性指数（%）	
			2 循环	5 循环
岩浆岩	二长花岗岩	弱风化～强风化	85.2	84.1
岩浆岩	黑云母花岗岩	弱风化～强风化	41.5～70.0	
变质岩	板岩	弱风化	95.6～96.7	
变质岩	绿泥石片岩	弱风化	97.5	
变质岩	白云质灰岩	弱风化	93.8～97.5	
变质岩	变质砂岩	弱风化	65.1～93.2	
变质岩	粉砂钙质泥岩	微风化	82.8～91.4	
变质岩	粉砂钙质泥岩	弱风化	54.8～70.8	
变质岩	硅质页岩	弱风化	99.0～98.4	
沉积岩	含砂砾岩	弱风化	78.3～93.1	
沉积岩	泥岩	弱风化	26.3～77.3	
沉积岩	泥岩	强风化	11.0～27.0	
沉积岩	泥页岩		82.7～87.6	
沉积岩	泥质粉砂岩	弱风化	87.7	
沉积岩	砂砾岩	细沙	92.2	85.7
沉积岩	细粒长石石英砂岩	弱风化	89.8～98.1	
沉积岩	黏土岩		95.4	83.3

注　本表数据主要引自长江科学院工程质量检测中心检测报告。

表 5.2-5　　部分岩石的抗冻性实测值

岩石名称		冻融系数	冻融质量损失率（%）
岩浆岩	灰绿斜橄榄岩	0.65～0.90	0.14
岩浆岩	辉长岩	0.96	0.06
岩浆岩	花岗闪长岩	0.95	0.03
变质岩	大理岩	0.63～0.92	
变质岩	白云岩	0.95	
变质岩	灰色白云岩	0.32～0.64	
变质岩	片麻岩	0.70～0.82	0.03～0.06
沉积岩	白云质灰岩	0.85	1.83
沉积岩	硅质页岩	0.76	0.97
沉积岩	钙质页岩	0.37	3.49
沉积岩	浅色石英砂岩	0.85	0.49
沉积岩	黏土岩	0.65	1.26
沉积岩	含砾粉细砂岩	0.56	3.15
沉积岩	碳质灰岩	0.56～0.81	0.79

注　本表数据主要引自长江科学院工程质量检测中心检测报告。

部分岩石的比热和导热系数见表5.2-6[1,8,12-13]。

表5.2-6 部分岩石的热学性质指标

岩石名称		测定时温度(℃)	比热[J/(kg·K)]	导热系数[W/(m·K)]
岩浆岩	花岗闪长岩	20	837.4～1256.0	1.64～2.33
	花岗岩	50	787.1～975.5	2.17～3.08
	辉长岩	0～300	720.1	2.01
	辉绿岩	0～300	699.2	3.35
	蛇纹岩	0～300	870.9	2.18
	玄武岩	0～300	908.5	2.18
变质岩	白云岩	50	921.1～1000.6	2.52～3.79
	板岩	0～300	711.8	2.18
	大理岩	0～300	795.5～879.2	2.11
	石英岩	0～300	699.2～942.0	5.53
沉积岩	钙质泥灰岩	50	837.4～950.4	1.84～2.4
	高岭岩	20～100	981.0	
	灰岩	50	824.8～950.4	1.70～2.68
	砂岩	50	762.0～1071.8	2.18～5.1
	盐岩	0～300	854.1	5.36
	页岩	0～300	774.6	1.72
	黏土质页岩	0～300	770.4	1.87
	致密灰岩	50	824.8～921.1	2.34～3.51

5.2.7 部分水利水电工程的岩石物理性质试验值

部分水利水电工程岩石物理性质试验值见表5.2-7。

表5.2-7 部分水利水电工程岩石物理性质试验值

工程名称	岩性	风化状态	颗粒密度(g/cm³)	块体密度(g/cm³)	孔隙率(%)	吸水率(%)	饱和吸水率(%)
二滩水电站	正长岩		2.75	2.69		0.68	0.70
	蚀变玄武岩		3.16	3.09		0.19	0.23
	微粒隐晶玄武岩		3.16	3.08		0.06	0.13
	细粒杏仁状玄武岩		3.01	2.97		0.22	0.26
	辉长岩		3.20	3.13		0.17	0.22
溪洛渡水电站	致密玄武岩		2.94	2.93		0.08	0.14
	含斑玄武岩		2.94	2.92		0.10	0.13
	斑状玄武岩		2.96	2.92		0.12	0.14
	角砾熔岩		2.88	2.83		0.75	0.81
	含凝灰质角砾熔岩		2.87	2.78		1.54	1.63
	含凝灰质集块熔岩		2.88	2.74		3.19	3.39
	灰岩		2.70	2.69		0.12	0.14

续表

工程名称	岩性	风化状态	颗粒密度 (g/cm³)	块体密度 (g/cm³)	孔隙率 (%)	吸水率 (%)	饱和吸水率 (%)
锦屏一级水电站	普通大理岩		2.74	2.72		0.15	0.22
	杂色角砾状大理岩		2.76	2.74		0.17	0.21
	绿泥石石英片岩		2.85	2.83		0.32	0.37
			2.77	2.75		0.22	0.30
	方解石绿泥石片岩		2.90	2.86		0.40	0.56
			2.91	2.86		0.31	0.42
	粉砂质板岩		2.77	2.75		0.20	0.25
			2.78	2.75		0.22	0.28
	变质砂岩		2.74	2.72		0.18	0.22
	煌斑岩脉		2.77	2.62		1.75	1.95
大岗山水电站	灰白色、微红色中粒花岗岩	新鲜～微风化	2.66	2.63	1.13	0.33	0.36
	花岗细晶岩脉	新鲜～微风化	2.63	2.61	0.76	0.17	0.18
	辉绿岩脉	新鲜～微风化	2.98	2.96	0.67	0.06	0.08
	灰白色、微红色中粒花岗岩	弱风化下段	2.67	2.62	1.87	0.53	0.65
	钠黝帘石化花岗岩	新鲜～微风化	2.66	2.63	1.13	0.28	0.32
	辉绿岩脉	新鲜～微风化	2.97	2.95	0.67	0.08	0.10
	弱卸荷，灰白色、微红色中粒花岗岩	弱风化下段	2.66	2.61	1.88	0.55	0.69
	辉绿岩脉	弱风化下段	2.95	2.93	0.68	0.15	0.17
	弱卸荷，灰白色、微红色中粒花岗岩	弱风化上段	2.66	2.60	2.26	0.65	0.80
	弱卸荷，辉绿岩脉	弱风化下段	2.94	2.91	1.02	0.18	0.20
	强卸荷，灰白色中粒花岗岩	全风化～强风化	2.64	2.51		1.70	2.00
	弱卸荷，碎裂岩，F1断层带	弱风化上段	2.64	2.51		2.30	2.77
三峡水利枢纽	闪云斜长花岗岩	新鲜	2.76	2.64	0.45		0.16
		微风化	2.76	2.66	0.69		0.25
		弱风化	2.77	2.64	1.46		0.44
		弱风化下段	2.76	2.68	0.97		0.32
		弱风化上段	2.76	2.68	1.05		0.40
		强风化	2.73	2.52	4.88		1.61
		全风化	2.73	2.61			1.13
	花岗岩		2.70	2.62	0.54		0.17
	细粒花岗岩		2.71	2.58	0.99		0.28
	闪长岩	新鲜	2.90	2.86	0.48		0.16
		微风化	2.90	2.78	0.11		0.07
		弱风化	2.83	2.72	0.24		0.15

续表

工程名称	岩性	风化状态	颗粒密度 (g/cm³)	块体密度 (g/cm³)	孔隙率 (%)	吸水率 (%)	饱和吸水率 (%)
三峡水利枢纽	闪长岩	新鲜包裹体	3.02	2.70			0.10
		强风化包裹体	2.85	1.70			3.39
	细粒闪长岩	新鲜	2.77	2.73	0.41		0.18
		微风化	2.86	2.76	0.16		
		弱风化	2.81	2.72	1.18		1.03
		强风化	2.72	2.59	4.99		1.93
	闪长岩脉	微风化	2.91	2.82	0.70		0.21
		弱风化	2.95	2.87	0.88		0.27
	辉绿岩脉		2.84	2.76	0.97		0.26
	花岗岩脉		2.65	2.60	1.21		0.36
	细粒花岗岩脉		2.74	2.58			0.20
	伟晶岩脉		2.66	2.60	0.91		0.36
	构造块状岩（影响带）	新鲜	2.71	2.66	2.02		0.77
		微风化	2.74	2.59	1.28		0.40
	碎裂闪云斜长花岗岩	微风化	2.74	2.65	1.62		0.58
		弱风化下段	2.73	2.61	2.19		0.69
	碎裂花岗岩	微风化	2.68	2.59	1.43		0.45
	碎裂闪长岩		2.93	2.84	0.56		0.18
	碎裂细粒花岗岩脉		2.77	2.70	0.85		0.23
	碎裂岩	新鲜	2.73	2.71	1.10		0.41
		微风化	2.72	2.61	2.27		0.75
		弱风化	2.74	2.57	5.86		2.30
	碎裂岩夹糜棱岩条带		2.72	2.53	4.89		1.65
	碎斑岩	微风化	2.73	2.53	4.26		1.21
	糜棱岩	新鲜	2.73	2.51	6.68		2.36
		微风化	2.74	2.51	6.70		2.37
		弱风化		2.56			0.37
	角砾岩	微风化		2.38			2.55
	闪斜煌斑岩		2.88		1.80		0.65
	混合岩		2.83	2.81	0.69		0.13
龙滩水电站（板纳组）	砂岩	强风化	2.72	2.67	2.11		0.73
		弱风化	2.72	2.68	1.38		0.50
		新鲜～微风化	2.74	2.73	0.35		0.17

续表

工程名称	岩性	风化状态	颗粒密度 (g/cm^3)	块体密度 (g/cm^3)	孔隙率 (%)	吸水率 (%)	饱和吸水率 (%)
龙滩水电站（板纳组）	层凝灰岩	新鲜～微风化	2.7	2.69	0.37		0.11
	泥板岩	强风化	2.77	2.68	3.69		1.24
		弱风化	2.77	2.73	1.47		0.51
		新鲜～微风化	2.77	2.75	0.73		0.26
	砂岩与泥板岩互层	新鲜～微风化	2.76	2.74	0.73		0.25
小湾水电站	黑云花岗片麻岩	新鲜～微风化	2.69	2.63	2.23		
	角闪斜长片麻岩	新鲜～微风化	2.98	2.89	3.12		
	角闪片岩	新鲜～微风化	2.91	2.88	1.02		
拉西瓦水电站	花岗岩	新鲜～微风化	2.70	2.68	0.46	0.15	0.17
小浪底水利枢纽	硅质细砂岩		2.61～2.75	2.52～2.68			
	钙硅质、钙硅、钙质细砂岩		2.65～2.79	2.34～2.68	0.37～3.33		
	钙硅、钙质粉砂岩		2.66～2.78	2.53～2.68			
	钙质、钙泥质砾岩		2.69～2.76	2.63～2.70			
	钙泥质粉砂岩		2.66～2.81	2.34～2.71			
	钙泥质细砂岩		2.67～2.81	2.62～2.68			
	泥质粉砂岩			2.57～2.72			
	粉砂质黏土岩、页岩		2.65～2.86	2.48～2.85			

注 本表数据主要由中国水电顾问集团成都勘测设计研究院、昆明勘测设计研究院、中南勘测设计研究院、西北勘测设计研究院，黄河勘测规划设计有限公司岩土工程与材料科学研究院，长江勘测规划设计研究院及长江科学院等单位提供。

5.3 岩石的力学性质

5.3.1 岩石单轴抗压强度

岩石单轴抗压强度是试件在无侧限条件下受轴向力作用破坏时单位面积所承受的荷载，分为天然状态、饱和状态和烘干状态三种抗压强度。其定义为

$$R = \frac{P}{A} \tag{5.3-1}$$

式中 R——岩石单轴抗压强度，MPa；

P——破坏荷载，N；

A——试件的截面面积，mm^2。

部分岩石的单轴抗压强度见表 5.3-1[1,9-11,14]。

5.3.2 岩石点荷载强度指数

将岩石试件（可用钻孔岩芯、方块体和不规则岩块）置于点荷载仪上下两个球端圆锥之间，对试件施加集中荷载，直至试件破坏，由此所确定的强度参数为点荷载强度指数。岩芯直径为 50mm 时所测得的点荷载强度指数为标准值 $I_{s(50)}$，其他直径或形状所测得的点荷载强度指数 I_s 均应修正为 $I_{s(50)}$。

未经修正的岩石点荷载强度指数按下式计算：

$$I_s = \frac{P}{D_e^2} \tag{5.3-2}$$

式中 I_s——未经修正的岩石点荷载强度指数，MPa；

P——破坏荷载，N；

D_e——等价岩芯直径，mm。

每组岩芯试件的点荷载试验不得少于 10～15 块，不规则试件每组不得少于 20 块[15]。

岩石点荷载强度与单轴抗压强度之间有一定的经验关系[19]，可用以间接获得岩石单轴抗压强度，即

$$R_c = 22.82 I_{s(50)}^{0.75} \tag{5.3-3}$$

式中 R_c——岩石单轴抗压强度，MPa；

$I_{s(50)}$——等价岩芯直径为 50mm 时所测得的点荷载强度指数，MPa。

表 5.3-1　部分岩石的单轴抗压强度及软化系数

岩石名称		岩石性状	抗压强度（MPa）		软化系数
			干	湿	
岩浆岩	安山玢岩	凝灰质	127～141	92～117	0.70～0.85
	黑云母花岗岩	新鲜～微风化	160～216	100～161	
		弱风化	60～160	26～100	
	花岗斑岩	微风化～弱风化	110～294	91～215	0.70～0.92
	花岗闪长岩	微风化	78～180	76～144	0.76～0.95
		弱风化	35～111	23～80	
	花岗岩	新鲜～微风化	150～230	110～210	
		弱风化	90～150	60～130	
		强风化	25～90	10～60	
	辉长辉绿岩	新鲜～微风化	150～210	140～180	
		弱风化	100～180	90～140	
	辉绿岩	微新	118～210	68.0～155	
		弱风化～强风化	30～100	26～85	
	流纹岩	新鲜～微风化（斑岩）	180～260	160～220	0.75～0.95
		弱风化～强风化（斑岩）	20～180	15～160	
	闪长玢岩	中、细斑晶，变质，新鲜～微风化	130～280	100～200	0.78～0.85
		弱风化	80～130	60～100	
	闪长岩	新鲜～微风化	180～270	140～250	
		弱风化	100～180	80～140	
	闪云斜长花岗岩	新鲜	118～225	98～114	0.6～0.74
		微风化	86～211	70～150	
		弱风化～强风化	15～80	10～70	
	细粒闪长岩	新鲜	156～233	118～203	0.75～0.98
	玄武岩	含斑、斜斑，新鲜～微风化	132～180	114～155	
		杏仁状、含杏仁状，微风化	98～185	79～155	0.55～0.90
		隐晶、微晶，微风化	134～202	73～150	
		柱状节理，微风化	129～181	148	
	安山岩	新鲜～微风化	85～234	53～179	0.41～0.80
		弱风化～强风化	22.6～59	11.0～46.4	
变质岩	板岩	砂质，泥质	60～142	20～140	
		硅质	80～200	60～150	
	千枚岩	绢云母，微风化	73～111	68～111	
		弱风化	30～49	28.1～33.3	0.69～0.96
	片岩	云母、石英质	90～152	63～140	0.49～0.8
	石英岩	新鲜～微风化	115～220	100～184	
	大理岩	微风化～弱风化	70～140	50～118	

续表

岩石名称		岩石性状	抗压强度（MPa）		软化系数
			干	湿	
沉积岩	砾岩	微风化～弱风化	27～174	34～139	
	砂岩	硅质	65～243	30～203	
		泥质、钙质	18～80	8～68	
	细砂岩	硅质	138～230	100～200	0.45～0.85
	粉砂岩	钙质	66～179	41～141	
		泥质	8～92	5～88	
	灰岩	新鲜	80～235	32～174	
		新鲜～微风化，角砾状	101	23～61	
		新鲜～微风化，白云质	127	63～120	
	白云岩	新鲜，灰质	56～169	50～130	
		微风化，硅质	138～252	128～240	
	页岩	泥质	9～77	5～68	
		砂质	50～130	20～110	
	黏土岩		20～59	2～32	0.08～0.57

5.3.3 岩石抗剪强度

岩石的抗剪强度是表征岩石抵抗剪切破坏的能力，可以通过直剪试验或三轴压缩试验获得。

岩石直剪试验在中型剪力仪上进行。通过对岩石试件在不同法向应力作用下进行直接剪切，根据莫尔一库仑强度准则确定岩石的抗剪强度参数。

岩石三轴试验在室内三轴压力机上进行。通过对岩样施加不同的围压 σ_3，获得相应的轴向抗压强度 σ_1，建立 σ_1—σ_3 的关系曲线，通过下列公式计算获得内摩擦角 φ、黏聚力 c 值：

$$\varphi=\arctan\frac{F-1}{2\sqrt{F}} \qquad (5.3-4)$$

$$c=\frac{R}{2\sqrt{F}} \qquad (5.3-5)$$

式中　F、R——σ_1—σ_3 关系曲线的斜率、截距。

岩石三轴试验在一定程度上消除了直剪试验时剪切面上应力分布不均匀的缺点。直剪试验沿预定好的剪切面破坏，三轴试验则受应力控制，沿弱面或应力屈服面破坏。

部分岩石的抗剪强度试验值见表 5.3-2[1,9-10]。

表 5.3-2　部分岩石的抗剪强度参数

岩石名称		风化状态	黏聚力（MPa）	内摩擦角（°）
岩浆岩	安山岩		10.0～40.0	45～50
	花岗岩		10.0～35.0	45～65
	花岗岩脉		14.5～36.1	58～62
	辉长岩		10.0～50.0	50～55
	辉绿岩脉		43.7	47.5
	流纹岩		10.0～50.0	45～60
	闪云斜长花岗岩	强风化	5.7	40
		弱风化	16.4～20.9	53～60
		新鲜～微风化	12.4～16.7	54～61
	伟晶岩脉		12.3	66
	细粒闪长岩	微风化	15.6	62
		新鲜	16.3	60
	玄武岩		20.0～60.0	48～55

续表

岩石名称		风化状态	黏聚力（MPa）	内摩擦角（°）
变质岩	板岩		2.0～20.0	45～60
	大理岩		15.0～30.0	35～50
	混合岩		19.2	62
	片麻岩		3.0～5.0	30～50
	千枚岩、片岩		1.0～20.0	26～65
	闪长岩		10.0～50.0	53～55
沉积岩	白云岩		19.6～49.0	30～55
	砾岩		8.0～50.0	35～50
	砂岩		8.0～40.0	35～50
	砂质页岩		6.9	46
	石灰岩		10.0～50.0	35～50
	页岩		3.6～9.8	16～40

5.3.4 岩石抗拉强度

岩石抗拉强度是指岩石在受拉伸荷载作用破坏时单位面积上承受的荷载，分为天然含水状态、饱和状态和烘干状态三种抗拉强度。岩石抗拉强度一般为抗压强度的1/5～1/30。

测定岩石抗拉强度的试验方法有轴向拉伸法、劈裂法、弯曲试验法、圆柱体或球体的径向压裂法等。实际工作中劈裂法采用最多，轴向拉伸法次之，其他方法很少采用。

劈裂法试验是沿圆柱体试件直径轴面方向施加一对线荷载，使试件沿直径轴面方向劈裂破坏，由此测定岩石的抗拉强度。劈裂法又称为巴西法，为间接拉伸法。其计算公式如下：

$$\sigma_t = \frac{2P}{\pi DH} \qquad (5.3-6)$$

式中 σ_t——岩石抗拉强度，MPa；

P——破坏荷载，N；

D——试件直径，mm；

H——试件高度，mm。

部分岩石的抗拉强度试验值见表5.3-3[1,9-10]。

表5.3-3 部分岩石的抗拉强度（劈裂法）

岩石名称		岩石性状	抗拉强度（MPa）
岩浆岩	安山玢岩	凝灰质	4.5～12.0
	变质闪长岩	弱风化，块状	4.2～12.3
	黑云母花岗岩	新鲜～弱风化	6.0～14.0
	花岗斑岩	新鲜	9.8～15.6
	花岗闪长岩	微风化	6.0～17.0
	花岗岩	新鲜～弱风化	7.5～16.5
	辉长辉绿岩	新鲜～弱风化	10.0～18.5
	流纹岩		10.0～14.5
	闪长岩		7.5～17.5
	闪云斜长花岗岩	新鲜	8.7～12.0
	细粒闪长岩	新鲜～弱风化	9.0～18.0
	玄武岩		8.5～20.0
变质岩	大理岩	中晶	5.0～14.5
	斜长角闪片麻岩		4.5～10.0
	花岗片麻岩		6.0～13.5
	板岩	砂质，泥质	3.5～6.50
	片岩		5.5～16.7
	千枚岩		3.5～5.5
	石英岩		8.8～18.5
	石英变粒岩	微风化～弱风化	6.5～15.6
沉积岩	泥岩	微风化	3.5～5.5
	页岩	泥质	1.5～4.5
	粉砂岩	钙质	3.5～13.5
		泥质	3.0～12.5
	粉细砂岩		2.5～12.5
	砂岩		2.0～5.5
	砾岩	弱风化	8.6～14.0
	灰岩	微风化	6.0～14.1
	白云岩	新鲜，灰质	4.0～20.5

5.3.5 岩石的变形模量与泊松比

岩石的变形参数有变形模量、弹性模量及泊松比等。岩石的变形模量是单轴压缩变形试验中应力—应变关系曲线原点与某级应力水平下应变点连线的斜率。根据试验规程，岩石变形模量一般取抗压强度50%时的应变点连线的斜率，又称为割线模量 E_{50}。岩石的弹性模量是应力—应变关系曲线直线段的斜率。岩石的泊松比是岩石试件在轴向应力作用下，横向应变与对应的轴向应变的比值。相关公式如下：

$$E_e = \frac{\sigma_b - \sigma_a}{\varepsilon_{hb} - \varepsilon_{ha}} \qquad (5.3-7)$$

$$\mu_e = \frac{\varepsilon_{db} - \varepsilon_{da}}{\varepsilon_{hb} - \varepsilon_{ha}} \qquad (5.3-8)$$

$$E_{50} = \frac{\sigma_{50}}{\varepsilon_{h50}} \qquad (5.3-9)$$

式中 E_e——岩石弹性模量，MPa；

μ_e——岩石弹性泊松比；

σ_a——应力与纵向应变关系曲线上直线段起始点的应力值，MPa；

σ_b——应力与纵向应变关系曲线上直线段终点的应力值，MPa；

ε_{ha}——应力取 σ_a 时的纵向应变值；

ε_{hb}——应力取 σ_b 时的纵向应变值；

ε_{da}——应力取 σ_a 时的横向应变值；

ε_{db}——应力取 σ_b 时的横向应变值；

E_{50}——岩石变形模量，即割线模量，MPa；

σ_{50}——抗压强度50%时的应力值，MPa；

ε_{h50}——应力取 σ_{50} 时的纵向应变值。

某些岩石的变形模量及泊松比试验值见表5.3-4[1,9-11]。

5.3.6 部分水利水电工程的岩石力学性质试验值

部分水利水电工程的岩石力学性质试验值见表5.3-5。

表5.3-4 某些岩石的变形模量及泊松比

岩石名称		岩石性状	变形模量 (GPa)	泊松比
岩浆岩	黑云母花岗岩	新鲜～弱风化	35.0～60.0	0.19～0.21
	花岗斑岩	新鲜	53.0～69.0	0.17～0.18
	花岗闪长岩	微风化	35.0～60.0	0.22～0.30
	花岗岩	新鲜～弱风化	50.0～71.0	0.17～0.25
		弱风化，粗粒	31.0～60.0	0.17～0.26
		中轻度蚀变，强风化	4.0～14.0	0.30～0.35
		碎裂	30.0～45.0	0.20
	流纹斑岩		18.0～24.0	0.25～0.30
	流纹岩	微风化～弱风化	18.0～75.0	0.17～0.22
	闪长岩	新鲜	55.0～74.5	0.20～0.28
		弱风化	40.0～65.5	0.25～0.30
	闪斜煌斑岩		45.5	0.26
	闪云斜长花岗岩	新鲜～微风化	50.5～60.1	0.25
		弱风化	30.0～60.0	0.23
		强风化	5.8	0.33
	伟晶岩	弱风化	14.0～45.0	0.23～0.29
	细粒花岗岩		60.1	0.27
	细粒闪长岩	新鲜	65.2	0.24
		弱风化	12.9	0.33
	玄武玢岩	新鲜～微风化	25.0～80.0	0.15～0.22
变质岩	板岩	微风化	10.0	0.26～0.32
	花岗片麻岩	新鲜	40.0～60.0	0.20
	混合岩	新鲜～弱风化	45.0～60.0	0.18～0.28
	绢云母千枚岩	微风化	10.0～15.0	0.28～0.33
	糜棱岩	微风化	54.6	0.21
		弱风化	31.1	0.25
沉积岩	白云岩	新鲜，灰质	39.0～58.0	0.24
	粉砂岩	弱风化	0.8～5.4	0.29～0.31
		钙质	10.0～12.0	
	灰岩	新鲜，中厚层	20.0～55.0	0.25～0.30
	砾岩	钙泥质、泥钙质	5.5～28.0	0.28～0.35
	石英细砂岩	新鲜	48.0～73.0	0.28～0.31
	细砂岩	硅质	38.0～68.0	0.20～0.30
	页岩	泥质	3.0～10.0	0.28～0.33

表 5.3-5　　部分水利水电工程的岩石力学性质试验值

工程名称	岩性	风化状态	加载方向与层理关系	干抗压强度（MPa）	湿抗压强度（MPa）	软化系数	干抗拉强度（MPa）	湿抗拉强度（MPa）	弹性模量（GPa）	变形模量（GPa）	泊松比
二滩水电站	正长岩			212.0	176.0	0.83		8.7	45.0		0.21
	蚀变玄武岩			201.0	177.0	0.88		11.5	105.0		0.16
	微粒隐晶玄武岩			216.0	197.0	0.96			115.0		0.15
	细粒杏仁状玄武岩			264.0	190.0	0.76		11.2	85.0		0.17
	辉长岩			166.0	107.0	0.65		9.8	75.0		0.20
溪洛渡水电站	致密玄武岩			282.0	283.0	0.90	12.0	10.9	68.5		0.17
	含斑玄武岩			245.0	206.0	0.84	12.2	9.9	65.8		0.17
	斑状玄武岩			187.0	158.0	0.85	9.8	8.2	60.1		0.17
	角砾熔岩			171.0	118.0	0.81	9.3	7.3	48.5		0.20
	含凝灰质角砾熔岩			125.0	96.0	0.73	7.4	5.1	44.5		0.20
	含凝灰质集块熔岩			70.2	54.4	0.63	3.0	1.6	22.2		0.25
	灰岩			110.0	93.0	0.84	3.6	3.1	39.1		0.22
锦屏一级水电站	普通大理岩			97.0	75.0	0.77	5.1	4.1	29.0		0.24
	杂色角砾状大理岩			87.4	66.0	0.74	5.0	3.7	31.0		0.24
	绿泥石石英片岩		//	75.8	47.0	0.63	4.8	3.9	30.0		0.23
			⊥	89.0	64.0	0.72	6.6	4.8	22.0		0.25
	方解石绿泥石片岩		//	52.3	33.1	0.66	4.7	3.5	15.0		0.24
			⊥	63.5	42.9	0.55	6.2	4.7	18.0		0.22
	粉砂质板岩		//	68.6	47.6	0.72	5.8	4.5	35.0		0.23
			⊥	87.6	62.0	0.72	6.5	4.9	23.0		0.26
	变质砂岩			176.0	143.0	0.78	10.5	8.1	50.0		0.20
	煌斑岩脉			84.6	61.7	0.57	5.6	3.4	25.2		0.25

续表

工程名称	岩性	风化状态	加载方向与层理关系	干抗压强度（MPa）	湿抗压强度（MPa）	软化系数	干抗拉强度（MPa）	湿抗拉强度（MPa）	弹性模量（GPa）	变形模量（GPa）	泊松比
大岗山水电站	灰白色、微红色中粒花岗岩	新鲜～微风化		103.0	81.6	0.80	9.3	7.5	38.8		0.23
	花岗细晶岩脉	新鲜～微风化		173.0	153.0	0.88	12.8	10.4	49.5		0.20
	辉绿岩脉	新鲜～微风化		248.0	211.0	0.86	20.8	17.9	59.8		0.18
	灰白色、微红色中粒花岗岩	弱风化下段		70.4	52.0	0.73	6.3	4.9	26.5		0.24
	钠黝帘石化花岗岩	新鲜～微风化		85.8	69.6	0.81	8.2	6.9	35.3		0.25
	辉绿岩脉	新鲜～微风化		162.0	134.0	0.83	15.5	12.7	48.9		0.20
	弱卸荷，灰白色、微红色中粒花岗岩	弱风化下段		60.6	43.8	0.72	5.6	4.2	23.9		0.25
	辉绿岩脉	弱风化下段		120.0	93.8	0.79	11.8	9.1	40.9		0.22
	弱卸荷，灰白色、微红色中粒花岗岩	弱风化上段		55.8	38.1	0.70	4.9	3.6	21.7		0.26
	弱卸荷，辉绿岩脉	弱风化下段		103.0	83.2	0.80	10.1	8.1	36.0		0.23
	强卸荷，灰白色中粒花岗岩	全风化～强风化		17.5	10.8	0.63	1.7	1.1	5.7		0.31
	弱卸荷，碎裂岩，F1断层带	弱风化上段		12.5	7.0	0.56	1.0	0.7	3.4		0.29
三峡水利枢纽	闪云斜长花岗岩	新鲜		115.4	99.8					60.1	0.25
		微风化		115.2	102.9					65.5	0.24
		弱风化		104.3	78.0					60.0	0.23
		弱风化下段		112.4	100.6					65.4	0.24
		弱风化上段		71.2	83.1					43.9	0.22
		强风化		11.9	13.2					5.8	0.33
		全风化		0.1							
	花岗岩			143.0	134.0					52.9	0.16
	细粒花岗岩			101.4	93.5					60.1	0.27
	闪长岩	新鲜		133.9	130.8					74.9	0.26
		微风化		140.0	126.0					99.0	0.27

续表

工程名称	岩性	风化状态	加载方向与层理关系	干抗压强度(MPa)	湿抗压强度(MPa)	软化系数	干抗拉强度(MPa)	湿抗拉强度(MPa)	弹性模量(GPa)	变形模量(GPa)	泊松比
三峡水利枢纽	闪长岩	弱风化		98.6	110.0					75.8	0.24
		新鲜包裹体		39.9	62.2					82.7	
		强风化包裹体		2.3	0.5						
	细粒闪长岩	新鲜		184.2	169.4					65.2	0.24
		微风化		233.0	203.0						
		弱风化		113.0	90.9					12.9	0.33
		强风化		27.0	18.4					10.3	0.33
	闪长岩脉	微风化			121.0					71.7	0.23
		弱风化			120.0					65.3	0.28
	辉绿岩脉			181.7	128.9					68.6	0.27
	花岗岩脉			191.0	192.4					66.8	0.22
	细粒花岗岩脉			149.0	133.0						
	细晶岩脉			148.0	140.0					45.2	0.24
	伟晶岩脉			116.4	121.0					54.3	0.22
	构造块状岩(影响带)	新鲜		147.2	104.0					52.8	0.28
		微风化		92.1	75.1					55.2	0.29
		弱风化		74.5	50.0						
	碎裂闪云斜长花岗岩	微风化		128.0	83.2					54.7	0.21
		弱风化下段		107.0	60.6					35.8	0.18
	碎裂花岗岩	微风化			94.8					49.2	0.16
	碎裂闪长岩				67.1					62.8	0.22
	碎裂细粒花岗岩脉				7.0					36.1	0.19
	碎裂岩	新鲜		110.1	81.4					55.3	0.26
		微风化		72.6	54.0					36.9	0.19

续表

工程名称	岩　性	风化状态	加载方向与层理关系	干抗压强度（MPa）	湿抗压强度（MPa）	软化系数	干抗拉强度（MPa）	湿抗拉强度（MPa）	弹性模量（GPa）	变形模量（GPa）	泊松比
三峡水利枢纽	碎裂岩	弱风化		62.6	50.0						
	碎裂岩夹糜棱岩条带				39.2					25.7	0.18
	碎斑岩	微风化		84.0	62.7					48.6	0.21
	糜棱岩	新鲜		116.8	68.8						
		微风化		62.1	40.7					54.6	0.21
		弱风化		18.5	14.0					31.1	
	角砾岩	微风化		114.2	58.0						
		弱风化		57.5	14.8						
	闪斜煌斑岩			99.3	84.4					45.5	
	混合岩			167.0	153.0					54.6	
龙滩水电站（板纳组）	砂岩	强风化		128.0	78.0	0.61			55.9		
		弱风化		168.0	119.0	0.71			67.4		
		新鲜～微风化		183.0	155.0	0.85	3.6		77.8		0.25
	层凝灰岩	新鲜～微风化		178.7	135.1	0.76	5.4		83.9		0.24
	泥板岩	强风化		43.0	18.0	0.45			41.7		
		弱风化		43.5～45.8	23.4～40.5	0.54～0.88			55.3		
		新鲜～微风化		83.8～142.0	50.2～85.4	0.54～0.72	2.6		81.6		0.27
	砂岩与泥板岩互层	新鲜～微风化		138.1	102.6	0.74	2.4～3.8		82.2		0.25
小湾水电站	黑云花岗片麻岩	新鲜～微风化	//	171.6	169.8	0.99	8.0±3.1			38.0	0.27
			⊥				8.9±2.1				

续表

工程名称	岩性	风化状态	加载方向与层理关系	干抗压强度(MPa)	湿抗压强度(MPa)	软化系数	干抗拉强度(MPa)	湿抗拉强度(MPa)	弹性模量(GPa)	变形模量(GPa)	泊松比
小湾水电站	角闪斜长片麻岩	新鲜～微风化	//	127.2	95.7	0.75	6.8±2.3			33.9	0.29
			⊥				8.4±2.5				
	角闪片岩	新鲜～微风化	⊥	133.2	122.9	0.92	7.7±2.1			42.2	0.25
拉西瓦水电站	花岗岩	微新		157.0	110.0	0.86	7.8	6.7		50	0.20
小浪底水利枢纽	硅质细砂岩				140.3～330.8						
	钙硅质、钙硅、钙质细砂岩			22.9～303.3	21.8～228.0						
	钙硅、钙质粉砂岩			28.8～213.8	8.6～208.0						
	钙质、钙泥质砾岩			25.7～123.3	13.0～115.0			1.7～7.6			
	泥钙质细砂岩			101.5～210.2	81.0～166.0						
	钙泥质粉砂岩			7.5～157.1	2.0～166.2			0.8～10.1			
	钙泥质细砂岩			52.9～246.7	52.7～195.3						
	泥质粉砂岩				14.0～26.0						
	粉砂质黏土岩、页岩			9.1～106.8	3.7～84.2			1.3～3.3			

注 本表数据主要由中国水电顾问集团成都勘测设计研究院、昆明勘测设计研究院、中南勘测设计研究院、西北勘测设计研究院，黄河勘测规划设计有限公司岩土工程与材料科学研究院，长江勘测规划设计研究院及长江科学院等单位提供。

5.4 岩体变形特性

5.4.1 岩体变形性质

岩体是由岩块和结构面组成的结构体，赋存于特定的地应力环境中，具有不连续性、不均匀性和各向异性的特点。岩体不是理想的弹性体，兼有弹性、塑性和黏性性质。

岩体中结构面发育的方向性造成岩体变形性质具有各向异性特征，不同加压方向变形性质可能具有较大的差异。岩体在加载或在开挖完成之后，变形并非瞬时完成，而是要持续一段时间才趋于稳定。岩体变形性质具有尺寸效应。同类岩体由于研究对象的尺寸不同，岩体变形模量具有较大的差异。

岩体卸载后具有一部分不可逆变形，为残余变形，可恢复的变形部分为弹性变形。以全变形计算岩体变形模量，以弹性变形计算岩体弹性模量（又称为回弹模量）。不同类型的岩体变形特性不同，其压力—变形的加退压循环曲线外包线分为五种基本类型（见图 5.4－1），不同的曲线类型反映岩体不同的变形属性[3]。

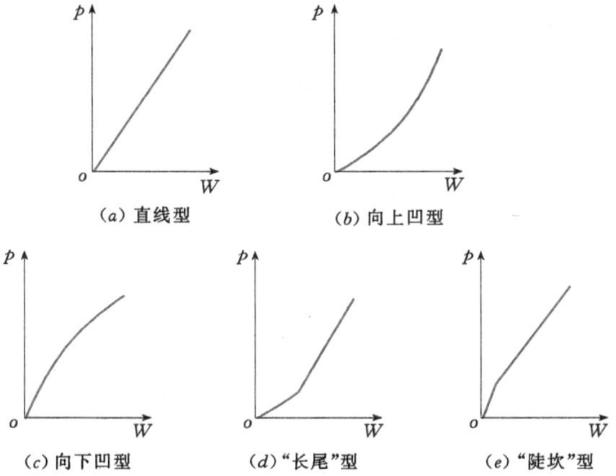

图 5.4－1 岩体压力—变形关系曲线基本类型

（1）直线型。均质岩体或完整致密的岩体，或被多组不定向裂隙呈较均匀切割破碎的岩体，加压时多呈直线型曲线。

（2）向上凹型。软硬相间岩体或含夹层的岩体，或靠近表层处为一较软的夹层，或表层裂隙较发育、岩体较疏松但下卧岩层较坚硬完整，加压时多呈上凹型曲线。

（3）向下凹型。当岩体具有层理、裂隙，且随深度增加岩体的刚度减弱，加压时多呈下凹型曲线。

（4）“长尾”型。受爆破或开挖卸荷，表层松动的岩体在低压力下被压密，随着压力增加表现直线型的特点。

（5）“陡坎”型。这类曲线除解释为承压板或测量系统的刚度不足外，一般解释为压力影响深度范围内，下部岩体刚度降低。

5.4.2 岩体变形试验

岩体变形参数（变形模量、弹性模量）通过现场岩体变形试验取得，有承压板法、隧洞径向加压法、钻孔径向加压法等不同的加载试验方法。

5.4.2.1 承压板法岩体变形试验

承压板法岩体变形试验假定加载平面为半无限体的边界面，试验荷载影响范围内的岩体为均匀、各向同性的弹性介质，根据半无限地基承压板加载公式，计算岩体变形模量和弹性模量。承压板法岩体变形试验是现行有关标准和规程推荐的主要方法，有刚性承压板法试验、柔性承压板法试验以及柔性中心孔法试验等方法[15-16,20]。

1. 刚性承压板法试验

刚性承压板法试验是采用刚性承压板对半无限岩体表面局部加压的岩体变形试验，其试验安装如图 5.4－2 所示。岩体变形模量（或弹性模量）计算公式如下：

$$E = \frac{\pi}{4}\frac{(1-\mu^2)pD}{W} \tag{5.4-1}$$

式中 E——岩体变形模量（或弹性模量），MPa；

W——岩体变形，cm；

p——承压板下单位面积上的压力，MPa；

D——承压板直径，cm；

μ——岩体泊松比。

在应用此公式时，当 W 取全变形时，计算得到岩体变形模量 E_0，当 W 取弹性变形时，计算得到岩体弹性模量 E_e。

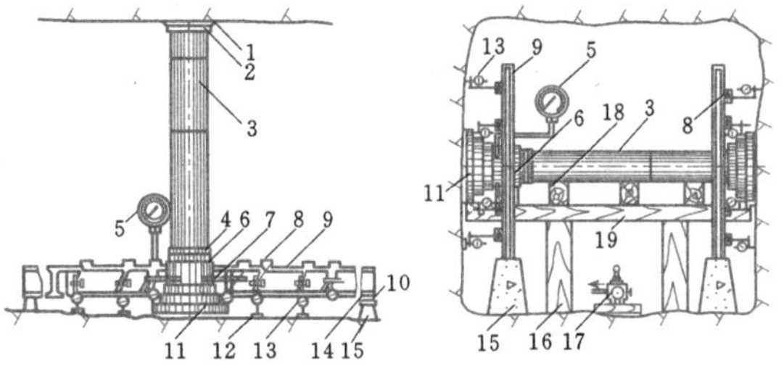

图 5.4－2 刚性承压板法试验安装示意图

1—砂浆顶板；2—垫板；3—传力柱；4—圆垫板；5—标准压力表；6—液压千斤顶；7—高压管（接油泵）；8—磁性表架；9—工字钢梁；10—钢板；11—刚性承压板；12—标点；13—千分表；14—滚轴；15—混凝土支墩；16—木柱；17—油泵（接千斤顶）；18—木垫；19—木梁

2. 柔性承压板法试验

柔性承压板法试验是采用柔性承压板（液压枕）对半无限岩体表面局部加压的岩体变形试验。

采用柔性环形枕加压测量中心点表面岩体变形时，岩体变形模量计算如下：

$$E=\frac{2(1-\mu^2)p}{W}(r_1-r_2) \qquad (5.4-2)$$

式中 W——环形枕中心点表面岩体变形，cm；

r_1——环形承压面外半径，cm；

r_2——环形承压面内半径，cm。

采用柔性四枕法（方形枕）加压测量中心点表面岩体变形时，岩体变形模量计算如下：

$$E=\frac{8(1-\mu^2)p}{\pi W}\left[0.88(a+L)-\left(a\,\mathrm{arsinh}\frac{L}{a}+L\mathrm{arsinh}\frac{a}{L}\right)\right] \qquad (5.4-3)$$

式中 W——中心点表面岩体变形，cm；

a——承压面外缘至间隙内中心线距离，cm；

L——承压面内缘至间隙内中心线距离，cm。

3. 柔性中心孔法试验

当需要了解承压板下不同深度岩体变形性质的差异时，可在柔性承压板法试验中，在承压面中心打孔，对承压板下不同深度的岩体位移进行测量，用以计算深部岩体的变形模量，称为柔性中心孔法岩体变形试验，其试验安装如图 5.4－3 所示。

进行柔性环形枕法试验，测量中心孔深部岩体变形时，深部岩体变形模量计算如下：

$$E=\frac{2(1-\mu^2)p}{W_z}\left(\sqrt{r_1^2+Z^2}-\sqrt{r_2^2+Z^2}\right)+\frac{(1+\mu)p}{W_z}\left(\frac{Z^2}{\sqrt{r_2^2+Z^2}}-\frac{Z^2}{\sqrt{r_1^2+Z^2}}\right) \qquad (5.4-4)$$

式中 W_z——深度为 Z 处的岩体变形，cm；

Z——测点深度，cm。

采用柔性四枕法（方形枕）试验测量中心孔深部岩体变形时，深部岩体变形模量计算如下：

$$E=\frac{2(1+\mu)p}{\pi W_z}\left[(2\mu-1)Z\arctan\frac{a^2}{Z\sqrt{2a^2+Z^2}}+4(1-\mu)a\mathrm{arsinh}\frac{a}{\sqrt{a^2+Z^2}}-2(2\mu-1)\times Z\arctan\frac{aL}{Z\sqrt{L^2+a^2+Z^2}}-4(1-\mu)L\mathrm{arsinh}\frac{a}{\sqrt{L^2+Z^2}}-4(1-\mu)\times a\mathrm{arsinh}\frac{L}{\sqrt{a^2+Z^2}}+(2\mu-1)Z\arctan\frac{L^2}{Z\sqrt{2L^2+Z^2}}+4(1-\mu)\times L\mathrm{arsinh}\frac{L}{\sqrt{L^2+Z^2}}\right] \qquad (5.4-5)$$

式中 W_z——中心孔深部深度为 Z 处的岩体变形，cm。

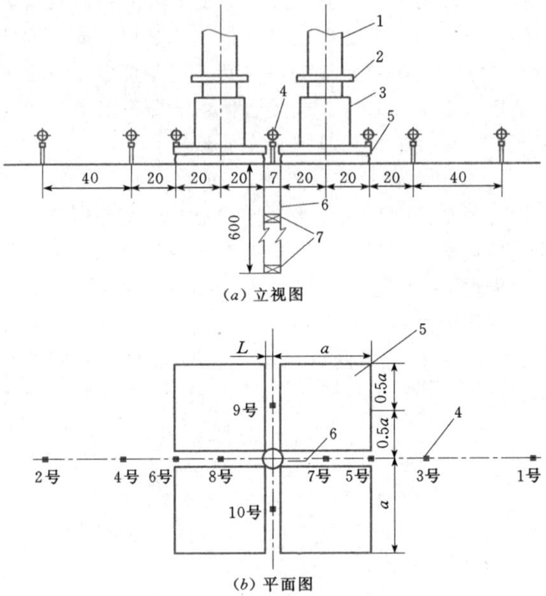

图 5.4－3 柔性中心孔法岩体变形试验四枕加压安装示意图（单位：cm）

1—传力柱；2—垫板；3—液压千斤顶；4—千分表；5—柔性承压板；6—中心孔；7—多点位移计

5.4.2.2 隧洞径向加压法岩体变形试验

隧洞径向加压法岩体变形试验是对一个圆形断面试验洞施加均匀径向压力，测量岩体径向位移，据此计算岩体的弹性抗力系数和岩体变形模量。试验中承受荷载的岩体尺寸较大，包含了更多结构面，且能研究岩体的各向异性特征。岩体弹性抗力系数 K 为作用于围岩表面的压力与变形之比，它随隧洞的直径增大而减小。半径为 1m 的圆形隧洞的 K 值称为岩体单位抗力系数 K_0。隧洞径向加压法有径向液压枕加压法和水压法两种加压方法。

径向液压枕法岩体变形试验，是将充油的液压钢枕沿隧洞围岩周边布置，在反力框架支撑下向围岩施加压力并观测岩体径向变形，其试验安装如图 5.4－4 所示。

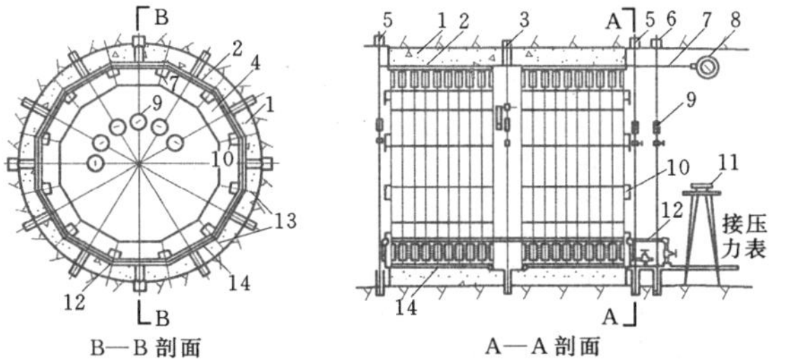

图 5.4-4 隧洞径向液压枕法岩体变形试验安装示意图

1—传力混凝土条块；2—液压枕；3—主测量断面；4—反力支撑；5—辅助测量断面；6—参考测量断面；7—接压力表管路；8—压力表；9—变形测表；10—油管；11—读数仪器；12—进液管路；13—传力混凝土分缝；14—砂浆垫层

水压法岩体变形试验是在隧洞中充满压力水对围岩施加压力。水压法受力面积大、更接近水工隧洞运行实际条件，还可以同时进行衬砌结构试验。

当隧洞径向加压法的试验洞加压段长度不小于3倍隧洞直径 D 时，可按简化平面问题计算。此时，岩体抗力系数、单位抗力系数、岩体变形模量分别计算如下：

$$K=\frac{p}{\Delta R} \tag{5.4-6}$$

$$K_0=\frac{p}{\Delta R}\times\frac{R}{100} \tag{5.4-7}$$

$$E=p(1+\mu)\frac{R}{\Delta R} \tag{5.4-8}$$

式中 K——岩体抗力系数，MPa/cm；
K_0——岩体单位抗力系数，MPa/cm；
E——岩体变形模量，MPa；
p——作用于岩体表面上的压力，MPa；
ΔR——主断面岩体表面径向变形，cm；
R——试验洞半径，cm；
μ——岩体泊松比。

当试验洞加压段长度小于3倍隧洞直径条件时，需要按空间问题对结果进行修正[15]。

5.4.2.3 钻孔径向加压法岩体变形试验

钻孔径向加压法岩体变形试验，是利用在钻孔中的加压装置对钻孔孔壁施加径向压力，同时测量钻孔径向变形。钻孔径向加压法有柔性加压法和刚性加压法两种加压方法。柔性加压直接测量岩体变形的仪器称为钻孔压力计；柔性加压通过体积变化换算钻孔径向变形的称为钻孔膨胀计；刚性加压的称为钻孔千斤顶法。柔性加压条件下，岩体变形模量或弹性模量按下式计算：

$$E=\frac{p(1+\mu)d}{\delta} \tag{5.4-9}$$

式中 E——岩体变形模量或弹性模量，MPa；
δ——钻孔径向变形，cm；
μ——岩体泊松比；
p——试验压力与初始压力差，MPa；
d——实测点钻孔直径，cm。

5.4.2.4 岩体变形特性模型洞试验

通过在现场开挖模型洞，采用多点位移计和收敛计等观测仪器，量测洞周岩体由于开挖引起的位移，建立反映围岩主要结构特征的三维地质概化模型，利用解析法或数值分析法反演试验洞周围大范围岩体的变形参数。

5.4.3 岩体变形参数取值方法

根据室内和现场试验成果，采取工程类比、经验强度准则、参数反演等方法，确定岩体变形模量值。一般步骤如下：

(1) 对岩体进行工程地质单元划分和岩体分类，针对不同类别岩体和具体工程问题进行试验设计，确定试验方法、试验数量以及试验布置。

(2) 根据有关试验标准与规程规定的试验方法，进行现场岩体变形试验[15-16,20]。

(3) 根据试验成果，分析统计得到试验成果标准值。对现场岩体变形试验，采用试验成果的算术平均值作为标准值；当试验数量足够进行概率统计分析时，采用概率分布的0.5分位值作为标准值。考虑岩体变形试验的时间效应和尺寸效应，对试验成果标准值进行适当调整，提出试验建议值。

(4) 考虑试验地质代表性、工程地质条件、试验条件的差别等多方面因素，对岩体变形参数试验建议值进行调整，提出地质建议值。

(5) 在地质建议值的基础上，结合建筑物工作条件、设计条件和计算方法及其他已建工程的经验，确定水工设计计算中的设计采用值。当地质条件复杂时，设计采用值需要进行专门论证。

在规划设计初期阶段，当试验资料不足时，可根据地质条件，参考表5.4-1及表5.4-2的经验参数，类比岩体条件相似的已建工程以及相关的规程规范，选用试验值和建议采用值。

5.4.4 部分水利水电工程岩体变形参数

部分水利水电工程岩体变形参数试验值列于表5.4-3，典型工程代表性岩体的力学参数建议值或采用值见表5.4-4～表5.4-10。

表 5.4-1　　坝基岩体力学经验参数[17]

岩体分类	混凝土与基岩接触面			岩体			岩体变形模量 E_0 (GPa)
	抗剪断		抗剪	抗剪断		抗剪	
	f'	c' (MPa)	f	f'	c' (MPa)	f	
Ⅰ	1.50～1.30	1.50～1.30	0.85～0.75	1.60～1.40	2.50～2.00	0.90～0.80	＞20
Ⅱ	1.30～1.10	1.30～1.10	0.75～0.65	1.40～1.20	2.00～1.50	0.80～0.70	20～10
Ⅲ	1.10～0.90	1.10～0.70	0.65～0.55	1.20～0.80	1.50～0.70	0.70～0.60	10～5
Ⅳ	0.90～0.70	0.70～0.30	0.55～0.40	0.80～0.55	0.70～0.30	0.60～0.45	5～2
Ⅴ	0.70～0.40	0.30～0.05	0.40～0.30	0.55～0.40	0.30～0.05	0.45～0.35	2～0.2

注　表中参数限于硬质岩，软质岩应根据软化系数进行折减。

表 5.4-2　　岩体力学参数[19]

岩体基本质量级别	变形模量 E_0 (GPa)	抗剪断强度参数	
		摩擦系数 f'	黏聚力 c' (MPa)
Ⅰ	＞33	＞1.73	＞2.1
Ⅱ	33～20	1.73～1.19	2.1～1.5
Ⅲ	20～6	1.19～0.81	1.5～0.7
Ⅳ	6～1.3	0.81～0.51	0.7～0.2
Ⅴ	＜1.3	＜0.51	＜0.2

表 5.4-3　　部分水利水电工程岩体变形参数试验值

工程名称	岩性	风化程度	结构类型	变形模量 (GPa)	弹性模量 (GPa)	岩体波速 V_p (km/s)
三峡水利枢纽	闪云斜长花岗岩	新鲜～微风化	整体、块状	37.9～85.85	43.9～94.02	5.90～5.99
		弱风化	块状	36.79～58.2		5.62～5.91
			镶嵌	5.8～15.4（隧洞水压法）		
			碎裂	1.2～2.7	1.7～3.2	3.19～3.26
		强风化	散体、碎裂	0.2～0.7		
		全风化	散体	0.03～0.05	0.06～0.10	0.46～0.51
	闪长岩	微风化	整体、块状	40.5～46.0	51.9～53.9	
		弱风化		20.6～51.9	28.3～65.7	
银盘水电站	页岩	微风化	完整	7.42～10.49	9.52～14.24	3.58～3.80
			破碎	1.93～5.14	3.28～8.26	3.21～3.67
		弱风化		0.54～2.23	1.53～3.82	1.98～3.34
	含泥质灰岩	微风化	完整	14.0～32.18	22.50～40.51	4.98～5.70
	长石石英砂岩	新鲜～微风化	完整	12.54～18.68	18.10～31.64	4.63～5.00
构皮滩水电站	生物碎屑灰岩	新鲜～微风化	厚层	39.7～72.19	45.23～86.91	5.12～5.91
			中厚层	19.64～35.48	26.53～43.31	4.59～5.70
		风化	薄层	9.07～14.81	11.3～25.01	4.13～5.31
			极薄层	3.24～10.23	5.57～16.09	2.17～5.22
	紫红色粉砂质黏土岩	新鲜～微风化	层状	7.31～15.19	10.42～17.53	4.10～4.18
	紫红色黏土岩			0.83～1.32	1.6～2.73	2.55～3.21

续表

工程名称	岩性	风化程度	结构类型	变形模量（GPa）	弹性模量（GPa）	岩体波速 V_p（km/s）
葛洲坝水利枢纽	坚硬砂岩	新鲜～微风化	层状	19.6		
	一般砂岩			2.65～3.05	4.8～5.84	
	较疏松砂岩			1.0	1.60	
	黏土质粉砂岩	新鲜～微风化	层状	1.02～2.59	1.6～3.76	
	钙质砾岩	新鲜～微风化	层状	47.7～51.5	55.6～67.1	
	泥钙质砾岩			8.7～14.3	11.4～19.7	
水布垭水电站	微细晶灰岩	新鲜～微风化	中厚层	26.20～40.54	29.94～50.68	5.58～5.76
	生物碎屑灰岩	新鲜～微风化	中厚层	14.35～17.71	20.00～27.34	
	炭泥质生物碎屑灰岩		薄层	1.13～2.57	2.14～2.65	4.76～5.02
	031号剪切带		极薄层	0.05～0.12	0.25～0.56	
	含生物碎屑隐晶质灰岩	新鲜～微风化	中厚层	20.35～24.66	23.82～29.52	5.33～5.45
	含泥质灰岩	新鲜～微风化	薄至中厚层	8.54～9.70	13.66～14.43	
	001号剪切带炭质页岩	新鲜～微风化	薄层	0.28～0.55	1.00～2.56	
	粉砂岩			2.04	3.40	
	细晶灰岩	新鲜～微风化		34.93～37.43	39.55～44.13	
	F_{205}剪切带页岩夹砂岩		薄层、极薄层	0.10～0.23	0.49～1.35	
	细砂岩			9.22～10.40	14.71～19.45	
	灰绿色页岩夹粉砂岩	新鲜～微风化	薄层	0.20～0.28	0.62～0.66	
小浪底水利枢纽	粉砂质黏土岩	新鲜～微风化		平行层面 2.99～6.39	9.51～12.23	
				垂直层面 0.50～2.67	0.53～3.82	
	泥质钙质砂岩	新鲜～微风化		垂直层面 5.37～18.14	7.93～26.47	
	钙质硅质砂岩			平行层面 8.47～33.83	12.84～60.51	
				垂直层面 4.46～16.49	6.35～45.35	
隔河岩水电站	灰岩	新鲜～微风化		17.4～35.28	27.4～36.9	
	薄层条带灰岩			14.6	28.4	
	页岩			平行层面 7.2	15	
				垂直层面 1.04	1.52	
二滩水电站	正长岩	新鲜	块状	52.0	97.0	5.0～5.5
		微风化	裂隙较发育	17.0	33.0	4.1～5.3
		微风化～弱风化		5.2	8.2	3.7～5.0
		强风化	裂隙密集	2.0	3.7	2.0～4.0

续表

工程名称	岩 性	风化程度	结构类型	变形模量（GPa）	弹性模量（GPa）	岩体波速 V_p（km/s）
二滩水电站	蚀变玄武岩	新鲜	较完整	66.0		5.5～6.6
		弱风化	裂隙发育	16.0	31.0	4.7～5.0
		弱风化～强风化	裂隙发育	6.0	11.0	3.7～4.8
		强风化		1.34	2.2	＜3.7
	微粒隐晶玄武岩	新鲜	完整	38		5.5～6.5
		微风化	完整性差	15	27	5.3～6.5
		微风化～弱风化	裂隙发育	6.5	13	5.0～6.3
		强风化	破碎带	1.4	3.3	＜3.4
拉西瓦水电站	花岗岩	微风化	完整	16～44	25～110	
			有裂隙	14～24	24～37	
		弱风化	裂隙发育	6.9～11.0	11～17	
龙滩水电站	泥板岩夹砂岩	新鲜		18.8		4.56～6.17
		微风化		11.1		4.10～5.87
		弱风化		3.5		3.47～5.79
	泥板岩、砂岩互层	新鲜		27.7		4.80～5.86
		微风化		14.8		4.42～5.79
	层凝灰岩	新鲜		38.6		4.98～5.64
		微风化		15.7		4.68～5.55
		弱风化		5.2～8.2		3.87～5.50
丹江口水利枢纽	绿泥石云母片岩			0.8～1.5	3.9～28	
	变质砾状绿泥石片岩			11～16	34～35	

注 1. 表中变形模量数据除标识的采用隧洞水压法外，其他均采用现场承压板变形试验方法取得。

2. 表中三峡水利枢纽、银盘水电站、构皮滩水电站、葛洲坝水利枢纽、水布垭水电站等工程的数据引自长江科学院相应工程现场岩体试验报告。

3. 小浪底水利枢纽、隔河岩水电站、二滩水电站、拉西瓦水电站、龙滩水电站、丹江口水利枢纽等工程的数据引自《岩体力学参数手册》（叶金汉，1991）。

表 5.4-4　三峡水利枢纽岩体变形参数试验值及建议值

岩石名称	风化分带	岩体结构类型	岩石饱和抗压强度（MPa）	岩体变形模量（GPa）		泊松比建议值
				试验值	建议值	
闪云斜长花岗岩	新鲜	整体、块状	90～110	46～86	35～45	0.20
	微风化	块状	85～100	38～44	30～40	0.22
		次块状			20～30	
		镶嵌		15～16		
	弱风化下段	块状	75～85	37～66	20～30	0.22
		次块状	75～85	41	15～20	0.23
		镶嵌		10～34		

续表

岩石名称	风化分带		岩体结构类型	岩石饱和抗压强度（MPa）	岩体变形模量（GPa）		泊松比建议值
					试验值	建议值	
闪云斜长花岗岩	弱风化上段		块状	40～70		5～20	0.25
			碎裂镶嵌	15～20	0.7～3.4	1～5	
	强风化		碎裂	15～20	0.2～0.7	0.5～1	0.30
	全风化		散体	0.5～1	0.03～0.05	0.02～0.05	0.40
细粒闪长岩	新鲜		块状	90～110	43～59	34～45	0.20
	微风化		块状	90～110	36～46	30～40	0.20
			次块状		22～37		
	弱风化下段		块状	75～90	15～46	20～30	0.23
	弱风化上段		块状	40～70		5～20	0.25
			碎裂	15～20		1～5	0.25
	强风化		碎裂	15～20		0.5～1	0.30
	全风化		散体			0.02～0.05	
断层构造岩	影响带	新鲜	镶嵌	30～90	21～29	10～20	0.22
		微风化	镶嵌	60～80		10～20	0.23
		弱风化	镶嵌	30～60		5～10	0.25
	碎裂岩	微风化	镶嵌	50～70	8.5～17	10～20	0.23
		弱风化	镶嵌	40～50		5～10	0.25
	碎斑岩	微风化	镶嵌	50～70	6.9	10～15	0.23
	糜棱岩	微风化	镶嵌	40～60		5～10	0.25
			碎裂			0.5～1	0.30
	F215软弱构造岩	微风化	碎裂		0.01～1.2	0.2～0.5	0.30
			散体				

注 本表数据由长江勘测规划设计研究院、长江科学院提供。

表5.4-5　　二滩水电站坝基岩体力学参数建议值

序号	岩体质量分级		岩石名称	岩体结构				动力参数平均波速（m/s）		力学参数建议值		
	级	亚级		结构类型	裂隙间距（m）	质量指标RQD（%）	小型破碎带间距（m）	声波	地震波	变形模量（GPa）	岩体抗剪强度（剪摩） f'	c'（MPa）
1	A		正长岩辉绿岩	整体结构	>1	>80	>30	5800	5240	35	1.73	5.0
2	B	B－1	玄武岩	整体块状结构	0.8	75	>25	5700	5280	25		4.0
3		B－2	变质玄武岩	整体或块状结构	0.6	75	17			35	1.73	5.0
										10	1.2	2.0

续表

<table>
<tr><th rowspan="3">序号</th><th colspan="2">岩体质量分级</th><th rowspan="3">岩石名称</th><th colspan="4">岩 体 结 构</th><th colspan="2">动力参数平均波速（m/s）</th><th colspan="3">力学参数建议值</th></tr>
<tr><th rowspan="2">级</th><th rowspan="2">亚级</th><th rowspan="2">结构类型</th><th rowspan="2">裂隙间距（m）</th><th rowspan="2">质量指标RQD（%）</th><th rowspan="2">小型破碎带间距（m）</th><th rowspan="2">声波</th><th rowspan="2">地震波</th><th rowspan="2">变形模量（GPa）</th><th colspan="2">岩体抗剪强度（剪摩）</th></tr>
<tr><th>f'</th><th>c'（MPa）</th></tr>
<tr><td>4</td><td rowspan="2">C</td><td>C－1</td><td>正长岩</td><td>块状结构</td><td>0.5</td><td>70</td><td>50</td><td>5300</td><td>4860</td><td>15</td><td>1.43</td><td>3.2</td></tr>
<tr><td>5</td><td>C－2</td><td>各类玄武岩</td><td>块状镶嵌结构</td><td>0.4</td><td>60</td><td>10～15</td><td>5100</td><td>4970</td><td>10</td><td>1.2</td><td>2.0</td></tr>
<tr><td>6</td><td rowspan="2">D</td><td>D－1</td><td>正长岩</td><td>镶嵌或块状结构</td><td>0.3</td><td>50</td><td>30</td><td>4400</td><td>3800</td><td rowspan="2">5～8</td><td rowspan="2">0.84</td><td>1.2</td></tr>
<tr><td>7</td><td>D－2</td><td>各类玄武岩</td><td>镶嵌碎裂结构</td><td>0.3</td><td>40</td><td>10</td><td>4300</td><td>4080</td><td>1.0</td></tr>
</table>

注 本表数据由中国水电顾问集团成都勘测设计研究院提供。

表 5.4-6　　小湾水电站岩体变形参数试验值及采用值

<table>
<tr><th rowspan="2">岩石名称</th><th rowspan="2">岩体类别</th><th rowspan="2">结构类型</th><th colspan="2">岩体变形模量（GPa）</th><th rowspan="2">泊松比采用值</th></tr>
<tr><th>试验值</th><th>采用值</th></tr>
<tr><td rowspan="4">黑云花岗片麻岩</td><td>Ⅰ＋Ⅱ</td><td>整体</td><td>18.97～55.47</td><td>22～28</td><td>0.20～0.23</td></tr>
<tr><td>Ⅱ</td><td>块状</td><td>14.58～44.56</td><td>16～22</td><td>0.23～0.28</td></tr>
<tr><td>$Ⅲ_a$</td><td>次块状</td><td>12.04～25.69</td><td>12～16</td><td>0.25</td></tr>
<tr><td>$Ⅲ_b$</td><td>次块状</td><td>11.30</td><td>7～12</td><td>0.25～0.28</td></tr>
<tr><td rowspan="4">角闪斜长片麻岩</td><td>Ⅰ＋Ⅱ</td><td>整体</td><td>13.47～41.50</td><td>22～28</td><td>0.20～0.23</td></tr>
<tr><td>Ⅱ</td><td>块状</td><td>13.70～45.92</td><td>16～22</td><td>0.23～0.28</td></tr>
<tr><td>$Ⅲ_a$</td><td>次块状</td><td>6.63～20.35</td><td>12～16</td><td>0.25</td></tr>
<tr><td>$Ⅲ_b$</td><td>次块状</td><td>6.66～12.22</td><td>7～12</td><td>0.25～0.28</td></tr>
<tr><td rowspan="2">角闪片岩</td><td>Ⅰ＋Ⅱ</td><td>整体</td><td>52.45</td><td></td><td></td></tr>
<tr><td>$Ⅲ_a$</td><td>次块状</td><td>18.82</td><td></td><td></td></tr>
<tr><td>蚀变岩</td><td>$Ⅳ_b$</td><td>镶嵌结构</td><td>2.03～4.65</td><td>2～4</td><td>0.25～0.30</td></tr>
<tr><td>节理密集带</td><td>$Ⅳ_b$</td><td>镶嵌结构</td><td>5.23～6.70</td><td>2～4</td><td>0.25～0.30</td></tr>
<tr><td>构造带</td><td>$Ⅳ_b$，$Ⅳ_c$</td><td>碎裂、镶嵌结构</td><td>0.62～5.72</td><td>1～2</td><td>0.25～0.30</td></tr>
</table>

注 本表数据由中国水电顾问集团昆明勘测设计研究院提供。

表 5.4-7　　龙滩水电站坝基岩体变形参数建议值

<table>
<tr><th colspan="2" rowspan="2">岩 体 类 别</th><th rowspan="2">正交差异性系数</th><th rowspan="2">岩体完整性系数</th><th rowspan="2">泊松比</th><th colspan="3">变形模量（GPa）</th></tr>
<tr><th>垂直层面</th><th>平行层面</th><th>斜交层面</th></tr>
<tr><td rowspan="3">微风化～新鲜完整岩体</td><td>砂岩</td><td>0.8</td><td rowspan="3">＞0.6</td><td>0.25</td><td>20</td><td>25</td><td>22</td></tr>
<tr><td>泥板岩</td><td>0.7</td><td>0.27</td><td>15</td><td>20</td><td>16</td></tr>
<tr><td>互层（砂岩70%，泥板岩30%）</td><td>0.75</td><td>0.26</td><td>18</td><td>24</td><td>21</td></tr>
</table>

续表

岩体类别		正交差异性系数	岩体完整性系数	泊松比	变形模量（GPa）		
					垂直层面	平行层面	斜交层面
微风化完整性中等岩体	砂岩	0.75	0.45～0.6	0.27	15	20	16
	泥板岩	0.65			10	15	11
	互层（砂岩70%，泥板岩30%）	0.7			13	18	15
弱风化完整性中等岩体	砂岩	0.75	0.35～0.5	0.28	6	8	7
	泥板岩	0.65			4	6	5
	互层（砂岩70%，泥板岩30%）	0.7			5	7	6
强风化岩体	砂岩			0.34	1.5～2.0		
	泥板岩				0.4～1.0		
全风化岩体	砂岩			0.34	0.03～0.16		
	泥板岩				0.03～0.16		
断层带	断层影响带			0.3	3.0		
	断层破碎带				0.5		
	层间错动带				1.0		
	F_{60}、F_{63}、F_{30}、F_{89}断层破碎带			0.34	0.05～0.5		

注 本表数据由中国水电顾问集团中南勘测设计研究院提供。

表5.4-8　构皮滩水电站岩体变形参数试验值及建议值

岩石名称	结构类型	湿抗压强度（MPa）	变形模量（GPa）		单位弹性抗力系数（MPa/cm）		泊松比
			试验值	建议值	试验值	建议值	
微晶生物碎屑灰岩	厚层	80～90	40～72	30～35	539	250～300	0.20
	中厚层	70～80	20～31	25～30		200～250	0.25
含炭泥质生物碎屑灰岩	层状	50	25～32	15～20		100～150	0.30
钙质砂岩	薄层	60	13	15		100	0.30
紫红色黏土岩	层状		0.83～15	0.8～1.0		6～8	
钙质黏土岩	层状		4～14	1.5～2.0		10～15	

注 1. 岩体弹性抗力试验采用长条荷载板法。
2. 本表数据由长江勘测规划设计研究院、长江科学院提供。

表5.4-9　小浪底水利枢纽洞室围岩参数建议值

岩组	平均干密度（g/cm³）	弹性模量（GPa）			变形模量（GPa）	岩石饱和抗压强度（MPa）	岩石抗拉强度（MPa）	弹性抗力系数（MPa/cm）	岩体质量指标 Q	泊松比
		铅直	水平	混合取值						
紫红色钙质粉砂岩夹钙质细砂岩与粉砂质黏土岩（T_1^{5-3}）	2.61	9.0	12.0	11.5	7.5	60	1.33	60	11.8	0.22

续表

岩组	平均干密度 (g/cm³)	弹性模量 (GPa)			变形模量 (GPa)	岩石饱和抗压强度 (MPa)	岩石抗拉强度 (MPa)	弹性抗力系数 (MPa/cm)	岩体质量指标 Q	泊松比
		铅直	水平	混合取值						
紫红色钙硅质细砂岩为主夹少量粉砂质黏土岩 (T_1^{5-2})	2.62	11.5	14.0	12.5	8.5	120	2.67	65	13.5	0.21
紫红色粉砂质黏土岩夹紫红色钙质细砂岩 (T_1^{5-1})	2.60	8.0	11.0	9.0	7.0	50	1.11	45	8.3	0.24
暗紫红色巨厚层、厚层钙硅质细砂岩，上部和下部各有约10m厚粉砂质黏土岩 (T_1^4)	2.63	12.0	15.0	13.0	9.0	150	3.33	70	12.7	0.24
紫红色泥质粉砂岩为主夹钙质细砂岩，上部含有砾岩层和泥岩层 (T_1^{3-2})	2.62	11.0	13.0	12.0	8.0	60	1.33	60	14.3	0.22
紫红色钙硅质细砂岩及粉细砂岩 (T_1^{3-1})	2.62	11.5	14.0	12.5	8.5	100	2.22	65	11.8	0.21
钙质、钙泥质砾岩 (T_1^2)	2.60	10.0	13.0	11.5	7.5	60	1.33	60	12.5	0.22

注 本表数据由黄河勘测规划设计有限公司岩土工程与材料科学研究院提供。

表5.4-10　龙开口水电站坝基岩体力学参数建议值

坝基岩体工程地质分类	定性指标	岩体结构类型	纵波速度 (km/s)	岩体完整性系数	饱和抗压强度 (MPa)	变形模量 (GPa)		岩体抗剪断强度		岩体抗剪强度	
						铅直	水平	f'	c' (MPa)	f	c (MPa)
$Ⅱ_A$	微新玄武岩，岩体较完整～完整，无卸荷，结构面不发育，岩体微弱透水	次块～块状	5.06～5.46	0.64～0.75	85～175	18～25	12～19	1.3～1.4	1.2～1.4	0.80～0.85	0
$Ⅲ_{1A}$	弱风化下段～微风化玄武岩为主，无卸荷。岩体完整性较差～较完整，结构面一般发育，面闭合	次块状	4.0～5.02	0.35～0.64	80～130	12～14	8～10	1.05～1.25	1.0～1.1	0.68～0.73	0
$Ⅲ_{2A}$	弱风化上段玄武岩、正长斑岩，岩体完整性差～较破碎，裂隙发育3～4组，岩块嵌合紧密。无卸荷～弱卸荷	镶嵌结构	3.1～4.0	0.25～0.43	60～80	4～8	4～5	0.9～1.05	0.8～0.9	0.65～0.68	0

续表

坝基岩体工程地质分类	定性指标	岩体结构类型	纵波速度（km/s）	岩体完整性系数	饱和抗压强度（MPa）	变形模量（GPa）		岩体抗剪断强度		岩体抗剪强度	
						铅直	水平	f'	c'（MPa）	f	c（MPa）
Ⅳ$_A$	弱风化上段玄武岩、正长斑岩，岩体破碎，结构面很发育，裂隙面张开松弛，为泥模及铁锰质充填，透水性强。弱卸荷	碎裂、碎块结构	2.14～2.97	0.12～0.23	50～60	2～4		0.7～0.8	0.6～0.7	0.54～0.59	0
Ⅴ	强风化强卸荷玄武岩，弱风化凝灰岩。错动带、断层带等构造岩。弱～强卸荷	散体结构	＜2.15	＜0.12	＜25	0.5～1		0.4～0.5	0.2～0.3	0.35～0.40	0

注 本表数据由中国水电顾问集团华东勘测设计研究院提供。

5.5 岩体强度特性

5.5.1 岩体强度性质

岩体强度是岩体在不破坏、不超过限定变形条件下单位面积所能承受的最大荷载。水利水电工程通常用到的是岩体的抗剪强度、结构面抗剪强度、岩体三轴压缩强度和岩体极限承载力等。

5.5.1.1 岩体抗剪强度

岩体抗剪强度是岩体在破坏前单位剪切面积所能够承受的最大剪切荷载（极限剪应力）。正应力不同时，极限剪应力也不同。极限剪应力和正应力呈直线关系时，采用库仑强度准则，用直线的斜率（f 值）和截距（c 值）表述其抗剪强度。习惯上称抗剪强度参数 f 为摩擦系数，称抗剪强度参数 c 为黏聚力。描述岩体抗剪强度性质的剪应力—剪位移（剪切变形）曲线通常有脆性破坏和塑性破坏两种基本类型。图 5.5-1 中，曲线 A 为脆性破坏典型曲线，曲线 B 为塑性破坏典型曲线。一般都有线性阶段、屈服阶段和破坏阶段三个阶段，相应地有比例极限强度、屈服强度、峰值强度和残余强度等特征点，其分别对应图中曲线特征点 1、2、3、4。

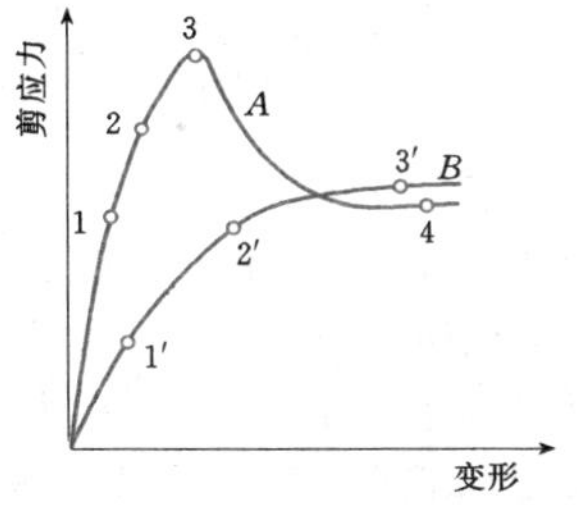

图 5.5-1 岩体抗剪试验剪应力—剪位移典型曲线

5.5.1.2 结构面抗剪强度

结构面抗剪强度是结构面在破坏前单位面积所能够承受的最大剪切荷载。结构面分为硬性结构面和软弱结构面，硬性结构面又可分为平直光滑面、稍粗面、粗糙面等类型。影响硬性结构面力学性质的因素主要有结构面面壁岩体的强度与糙度。糙度与结构面摩擦系数 f 值有明显的对应关系。

5.5.1.3 岩体三轴压缩强度

岩体三轴压缩强度是岩体在三向压应力状态下临近破坏时的应力状态。岩体三轴压缩加载—变形过程有压密、屈服、破坏三个阶段。

（1）压密阶段：岩体原生裂隙随最大轴向压力 σ_1 增加而逐渐闭合。

（2）屈服阶段：压力超过比例极限后，轴向变形速率增大。这一阶段中，裂隙小有扩展和张开，岩体从压缩转为膨胀。

（3）破坏阶段：压力超过屈服极限后，新的裂隙不断产生并迅速扩展、逐渐相互贯通而破坏。这时的轴向压力就是岩体的极限强度。

一般比例极限约为极限强度的 1/3，屈服极限约为极限强度的 2/3。

5.5.1.4 岩体极限承载力

岩体承载力是半无限岩体的边界平面能够承受的荷载，由岩体载荷试验获得。图 5.5-2 为砂质黏土岩载荷试验压力—变形关系曲线。图中，曲线 s 为载荷试验承压板下沉降曲线，5 号曲线和 6 号曲线为承压板外侧岩体变形曲线。岩体载荷试验过程中，岩体受压破坏前相继经历：压密阶段（0～Ⅰ），岩体中原有裂隙在压力下逐渐闭合；线性变形阶段（Ⅰ～Ⅱ），岩体的下沉与压力呈线性关系；屈服阶段（Ⅱ～Ⅲ），岩体开始局部发生破裂，范围逐渐扩大；塑性流动阶段（Ⅲ～Ⅳ），岩体破裂逐渐贯通，不断延伸扩展，直到岩体失稳破坏，此时的压力即为岩体极限承载力。

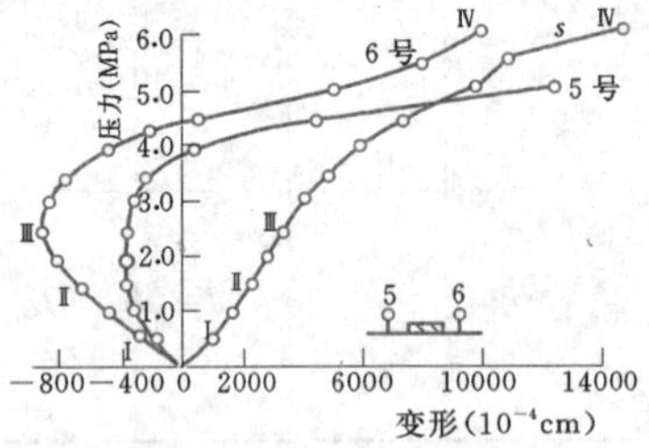

图 5.5-2 砂质黏土岩载荷试验压力—变形关系曲线[7]

5.5.2 岩体强度试验方法

岩体强度通过现场原位试验获得，原位试验有岩体直剪试验、混凝土与岩体接触面直剪试验、结构面直剪试验、岩体三轴压缩试验及岩体载荷试验等。

5.5.2.1 岩体直剪试验

为获取岩体本身的抗剪强度，需要在现场进行原位直剪试验，试验安装示意图见图 5.5-3。

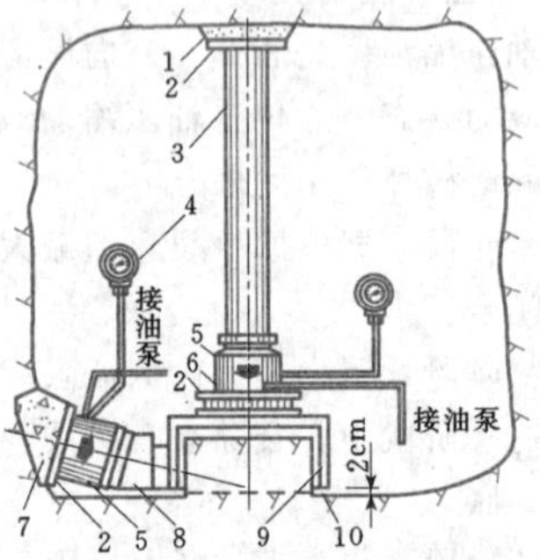

图 5.5-3 岩体直剪强度试验（斜推法）安装示意图

1—砂浆；2—垫板；3—传力柱；4—压力表；5—千斤顶；6—滚轴排；7—混凝土后座；8—传力块；9—钢筋混凝土保护罩；10—剪切缝

岩体直剪试验中，假定岩体剪切破坏面强度遵循库仑方程式：

$$\tau = f\sigma + c \tag{5.5-1}$$

式中 τ——剪切面上的极限剪应力，MPa；

σ——剪切面上的正应力，MPa；

f——剪切面摩擦系数；

c——剪切面黏聚力，MPa。

根据直剪试验获得的正应力 σ 和峰值剪应力 τ，采用最小二乘法进行直线拟合，即可确定岩体抗剪强度参数 f 和 c。

5.5.2.2 混凝土与岩体接触面直剪试验

为取得混凝土与岩体接触面的抗剪强度，需要进行混凝土与岩体接触面直剪试验（斜推法或平推法）。图 5.5-4 为采用平推法混凝土与岩体接触面直剪试验安装示意图。试验中，沿接触面剪断，称为抗剪断试验；剪断以后，继续沿剪断面进行直剪试验，称为抗剪试验（又称为摩擦试验）；对试体不施加法向荷载的直剪试验，称为抗切试验。

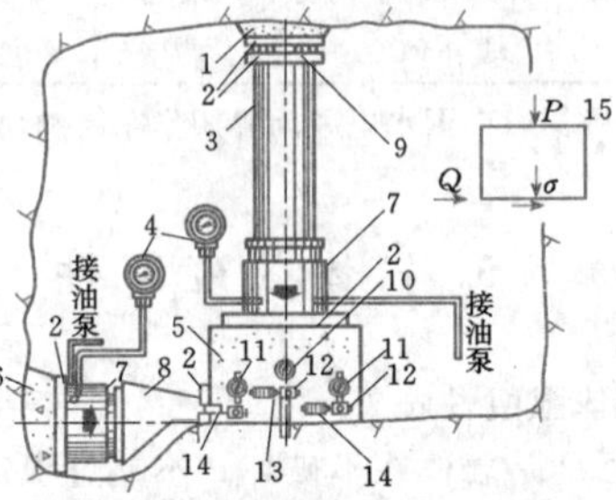

图 5.5-4 混凝土与岩体接触面直剪试验安装示意图

1—砂浆；2—垫板；3—传力柱；4—压力表；5—混凝土试体；6—混凝土后座；7—千斤顶；8—传力块；9—滚轴排；10、11—垂直测表；12—测量标点；13、14—水平测表；15—试体受力简图

计算公式以及成果整理与岩体直剪试验相同，根据一组试验取得的正应力和峰值剪应力，按库仑直线方程确定摩擦系数 f 和黏聚力 c。影响混凝土与岩体接触面抗剪强度的主要因素有岩体坚硬程度、完整性、基岩面粗糙度、混凝土抗压强度等。

5.5.2.3 结构面直剪试验

测定结构面抗剪强度最常用的方法是结构面现场直剪试验，有平推法和斜推法两种，推力方向宜与工程的推力方向相一致。

结构面直剪试验安装、试验方法以及资料整理方法均与混凝土与岩体接触面直剪试验相同。

5.5.2.4 岩体三轴压缩试验

为确定岩体三轴强度参数，需要进行现场岩体三轴压缩试验。其试体中包含裂隙和层面等不连续面，能更全面地反映岩体的力学属性，提供较大尺寸岩体的三轴抗压强度、摩擦系数（或摩擦角）、黏聚力以及岩体变形参数。试验一般采用等侧压（$\sigma_2=\sigma_3$）进行。试验安装如图 5.5－5 所示，根据需要，也可进行不等侧压（$\sigma_2>\sigma_3$）的现场岩体三轴试验。

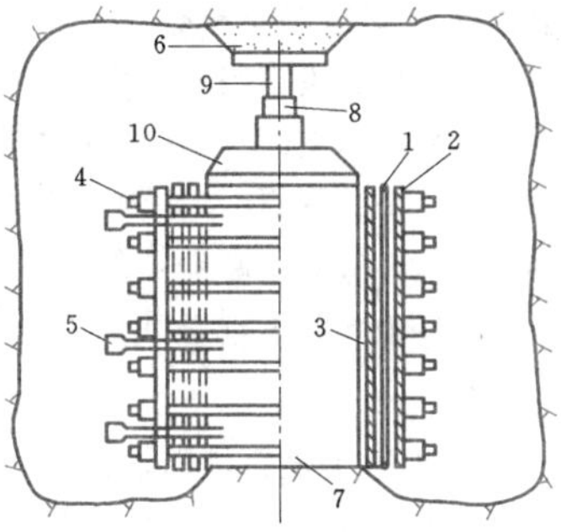

图 5.5－5　岩体三轴压缩试验安装示意图

1—液压枕；2—垫板；3—柔性垫层；4—传力框架；5—测量标点；6—砂浆；7—试体；8—千斤顶；9—传力柱；10—传力架

根据岩石试件在不同侧向压力 σ_3 下取得的极限轴向压应力 σ_1，在剪应力 τ 与正应力 σ 的坐标系中，绘制莫尔应力圆簇和莫尔强度包络线，按莫尔—库仑准则确定岩体摩擦系数（或内摩擦角）和黏聚力。也可以根据各试体破坏时侧向压应力 σ_3 和对应的极限轴向压应力 σ_1，绘制 σ_1—σ_3 关系曲线，如为直线，则可按下列公式计算三向应力状态下岩体抗剪强度参数：

$$f=\frac{F-1}{2\sqrt{F}} \qquad (5.5-2)$$

$$c=\frac{R}{2\sqrt{F}} \qquad (5.5-3)$$

式中　F——σ_1—σ_3 关系直线的斜率，MPa；

R——σ_1—σ_3 关系直线在纵坐标轴 σ_1 上的截距，MPa；

f——摩擦系数；

c——黏聚力，MPa。

5.5.2.5　岩体载荷试验

为取得岩体极限承载力，需要进行岩体载荷试验。一般只对软弱岩体或较破碎的岩体进行载荷试验。

岩体载荷试验安装与刚性承压板法岩体变形试验相同（见图 5.4－2）。通过岩体载荷试验可获得比例极限、屈服极限、极限荷载点等特征点。与极限荷载点对应的压力为极限承载力，按下式计算：

$$q=\frac{P}{A} \qquad (5.5-4)$$

式中　q——岩体极限承载力，MPa；

P——作用于试压面上的极限荷载，N；

A——试压面积，mm^2。

5.5.2.6　岩体长期强度试验

为研究岩体长期稳定性，需要进行岩体流变试验，以获得岩体流变模型和流变参数，取得岩体长期强度。

软弱结构面的长期剪切强度一般采用直剪蠕变试验方法获取。试验安装与结构面直剪试验基本相同，但需要配备稳压装置，保持法向荷载和剪切荷载长时间恒定，延长位移观测时间。当剪切应力小于长期强度 τ_∞ 时，结构面处于稳定蠕变状态，当剪切应力等于或大于 τ_∞ 时，发生等速蠕变和加速蠕变。《水利水电工程岩石试验规程》（SL 264—2001）推荐了两种确定长期强度的方法[15]。

5.5.3　岩体强度参数取值

岩体强度参数取值主要以现场试验成果为基本依据，在缺乏现场试验资料时，采用经验判据和综合评估的方法确定，同时采用工程类比等方法进行补充论证。

5.5.3.1　基于现场试验的抗剪强度参数取值

对岩体抗剪强度试验成果采用最小二乘法、优定斜率法、小值平均法或概率统计方法，分别按峰值强度、屈服强度、比例极限强度、残余强度或者长期强度等进行整理。经过统计分析或考虑一定的保证概率，按规定概率分布的某个分位值确定标准值[18]。

进行坝基抗滑稳定性分析的抗剪强度参数取值应按有关工程设计标准和规范，根据坝基稳定性分析方法以及与之匹配的安全系数合理选择[17-18]。

采用纯摩计算公式进行坝基抗滑稳定分析时，抗剪强度参数是以材料之间的光面摩擦试验所得摩擦系数为基础所选用的指标。对于岩体本身以及坝基混凝土与基岩接触面抗剪强度，采用残余强度与比例极限强度参数两者的小值作为标准值；对于呈塑性破坏的岩体，采用屈服强度或长期强度参数作为标准值。

采用剪摩计算公式进行坝基抗滑稳定分析时，可采用试验峰值强度平均值作为标准值。

采用结构可靠度分项系数进行坝基抗滑稳定分析时，对于岩体本身或坝基混凝土与基岩接触面抗剪断强度参数，采用概率分布的 0.2 分位值作为标准值，或采用峰值强度的小值平均值作为标准值，或采用优定斜率法的下限作为标准值。

5.5.3.2　坝基岩体允许承载力取值

坝基岩体承载力反映基础岩体整体强度性质，取决于岩石强度和岩体完整程度以及所赋存的三维应力状态。对于岩体允许承载力取值，目前通用的方法是根据岩体完整程度，按岩石单轴饱和抗压强度的 1/20～1/5 折减。对于软岩、风化岩体或者破碎岩体，必要时应通过岩体载荷试验或岩体三轴试验确定允许承载力，取岩体载荷试验极限承载力的1/3与比例极限两者的小值作为标准值。

5.5.3.3 基于经验强度准则的岩体强度参数取值

霍克—布朗经验强度准则[22-23]：

$$\sigma_1 = \sigma_3 + \sqrt{m\sigma_c\sigma_3 + s\sigma_c^2} \qquad (5.5-5)$$

式中 σ_1、σ_3——岩体破坏时的最大、最小主应力；

σ_c——岩石的单轴抗压强度；

m、s——表征岩体坚硬程度和完整性的参数，可通过RMR分类或岩体性状列表方法确定，见本卷5.11节、5.12节内容。

由岩石单轴抗压强度 σ_c 以及系数 m、s 可得岩体单轴抗压强度 σ_{mc} 和单轴抗拉强度 σ_{mt} 如下：

$$\sigma_{mc} = \sqrt{s}\sigma_c \qquad (5.5-6)$$

$$\sigma_{mt} = \frac{\sigma_c(m - \sqrt{m^2 + 4s})}{2} \qquad (5.5-7)$$

5.5.3.4 岩体抗剪强度经验参数

在规划设计初期阶段，当试验资料不足时，可根据地质条件，参照表5.4-1、表5.4-2的经验参数，类比岩体条件相似的已建工程以及相关的规程规范，选用试验值和建议采用值。此外，参考文献［24］还收集了国内多个水利水电工程岩基抗剪强度参数试验结果，可供参考。

5.5.4 部分水利水电工程岩体抗剪断强度参数

部分水利水电工程岩体抗剪断强度试验值列于表5.5-1。典型水利水电工程代表性岩体抗剪断强度参数建议值或采用值分别见表5.5-2～表5.5-7。二滩水电站和龙开口水电站坝基岩体抗剪强度参数建议值分别见表5.4-5、表5.4-10。

表5.5-1 部分水利水电工程岩体抗剪断强度试验值

工程名称	岩石名称	风化程度	岩体直剪试验峰值强度参数		混凝土/基岩接触面直剪试验峰值强度参数		备注
			f'	c' (MPa)	f'	c' (MPa)	混凝土强度 (MPa)
三峡水利枢纽	闪云斜长花岗岩	微风化	1.7～1.9	1.08～2.06	1.33～1.77	1.37～2.49	21.6～38.2
		弱风化下段	1.51～1.9	2.0～3.4	0.83～1.43	0.67～2.12	20.1～31.4
		强风化	1.2～1.54	0.3～1.96			
		全风化	0.80～1.14	0.13～0.47			
	细粒闪长岩	新鲜	2.26～2.5	4.6～5.2	1.13～1.47	1.42～1.96	15.0～26.1
构皮滩水电站	生物碎屑灰岩	新鲜～微风化	1.20～1.82	2.80～6.86	1.19～1.57	1.10～2.45	20～30
			1.38～1.88	1.12～3.40			
	砂岩、页岩互层	新鲜～微风化	1.1～1.26	1.1～1.55			
水布垭水电站	中厚层微细晶灰岩	新鲜～微风化	2.40	1.50			
	炭泥质生物碎屑灰岩	新鲜～微风化	1.19	0.98			
	含泥质团块状灰岩	新鲜～微风化	1.20	1.01			
	细砂岩	新鲜～微风化	1.91	1.02			
银盘水电站	含泥质灰岩	新鲜～微风化			1.36	1.38	20.2～25.1
	砂岩	新鲜～微风化			1.21	1.07	19.1～24.1
	页岩	新鲜～微风化	1.31	1.12	1.40	0.87	21.8～23.2
		弱风化	1.28	1.51	1.33	1.03	14.1～25.1
		新鲜～微风化	1.49	1.87			
		弱风化			1.17	0.64	

续表

工程名称	岩石名称	风化程度	岩体直剪试验峰值强度参数		混凝土/基岩接触面直剪试验峰值强度参数		备注
			f'	c'（MPa）	f'	c'（MPa）	混凝土强度（MPa）
隔河岩水电站	灰岩	新鲜～微风化			1.60	1.18	20
	页岩	新鲜～微风化			0.92	0.29	20
二滩水电站	正长岩	新鲜	2.05	3.5	1.22～1.42	>0.5	
	蚀变玄武岩	新鲜	1.73	2.2	0.96～1.56	0.2～0.7	17.5～18.9
	微粒隐晶玄武岩	微风化～弱风化	1.23	1.1	1.50～1.55	0.45～0.80	15.0～27.3
拉西瓦水电站	花岗岩	弱风化			1.2～1.4	0.95	
龙滩水电站	泥板岩夹砂岩	弱风化			0.85	1.5	
	泥板岩、砂岩互层	新鲜	1.21	1.05			
	砂岩	微风化	1.70	2.74	1.30	1.99	
		弱风化			0.9	2.4	
	泥板岩	微风化	1.16～1.29	1.93～3.58	1.1	1.99	
		弱风化			1.0	1.7	
丹江口水利枢纽	变质辉绿岩	新鲜～微风化			1.1～1.2	1.15～1.6	
	变质闪长玢岩					1.12～1.37	
	绿泥石云母片岩					1.44～1.84	

注 1. 表中三峡水利枢纽、构皮滩水电站、水布垭水电站、银盘水电站等工程的数据引自相应工程现场岩体试验报告。
2. 隔河岩水电站、二滩水电站、拉西瓦水电站、龙滩水电站、丹江口水利枢纽等工程的数据引自《岩体力学参数手册》（叶金汉，1991）。

表 5.5-2　三峡水利枢纽岩体抗剪断强度参数建议值

岩石名称	风化分带	岩体结构类型	岩体抗剪强度		混凝土/基岩抗剪强度	
			f'	c'（MPa）	f'	c'（MPa）
闪云斜长花岗岩	新鲜	块状	1.7	2.0～2.2	1.2～1.3	1.4～1.5
	微风化	块状				
		次块状	1.5	1.6～1.8	1.0～1.2	1.2～1.4
	弱风化下段	块状				
		次块状	1.3	1.4～1.6	0.9～1.1	1.1～1.2
	弱风化上段	块状	1.2	1.0		
		碎裂	1.0	0.5		
	强风化	碎裂	1.0	0.3～0.5		
	全风化	散体	0.8	0.1～0.3		

注 本表数据由长江勘测规划设计研究院、长江科学院提供。

表 5.5-3　　小湾水电站岩体抗剪断强度参数试验值及采用值

岩石名称	风化分带	岩体类别	岩体抗剪强度				混凝土/基岩抗剪强度			
			试验值		采用值		试验值		采用值	
			f'	c'（MPa）	f'	c'（MPa）	f'	c'（MPa）	f'	c'（MPa）
黑云花岗片麻岩	微风化	Ⅱ	1.38～2.31	1.00～9.40	1.50	2.00			1.25～1.40	1.20～1.40
	微风化～弱风化	Ⅱ	1.38～1.73	0.50～3.10	1.50	2.00			1.25～1.40	1.20～1.40
		Ⅲb	1.88	6.00	1.30	0.90			1.10～1.25	0.90～1.20
	弱风化	Ⅲb					1.60～1.66	1.40～3.00	1.10～1.25	0.90～1.20
角闪斜长片麻岩	微风化	Ⅱ	1.48	4.90	1.50	2.00			1.25～1.40	1.20～1.40
	微风化～弱风化	Ⅱ	1.41～1.73	1.80～4.90	1.50	2.00			1.25～1.40	1.20～1.40
		Ⅲa	1.92	2.20	1.30	0.90			1.10～1.25	0.90～1.20
		Ⅳa	1.00～1.33	0.20～1.50	1.10	0.60			0.70～1.00	0.30～0.60
	弱风化	Ⅲa					1.89	1.74		
		Ⅲb					1.60	1.20		
片岩	弱风化	Ⅱ	1.60	2.00	1.50	2.00				
黑云花岗片麻岩夹薄层片岩	微风化～弱风化	Ⅲa	1.70	3.28	1.30	0.90				
蚀变岩	微风化	Ⅳb	1.19	1.00	1.00	0.45				
	微风化～弱风化	Ⅳb	1.32～1.60	1.20～3.70	1.00	0.45				
断层带					0.35～0.45	0.04～0.06				
节理密集带		Ⅰ、Ⅱ			0.65	0.12				
		Ⅲ			0.58	0.08				
		Ⅳa			0.50	0.05				

注　本表数据由中国水电顾问集团昆明勘测设计研究院提供。

表 5.5-4　　龙滩水电站坝基岩体抗剪断强度参数建议值

岩体类别		风化程度	抗剪断强度（MPa）	
			f'	c'
完整岩体	砂岩	强风化	0.75	0.49
		弱风化	1.2	1.48
		新鲜～微风化	1.5	2.45
	板纳组泥板岩	强风化	0.55	0.29
		弱风化	0.8	0.69
		新鲜～微风化	1.1	1.48
	砂岩（70%）＋泥板岩（30%）互层	强风化	0.65	0.39
		弱风化	1.0	1.18
		新鲜～微风化	1.35	1.96

续表

岩体类别			风化程度	抗剪断强度（MPa）	
				f'	c'
软弱结构面	节理	方解石、石英充填		0.75	0.49
		闭合无充填		0.65	0.2
		夹泥			
	层面	光滑	新鲜～微风化	0.45	0.1
		平整面		0.65	0.2
		波痕面		0.8	0.59
	一般断层、层间错动		微风化岩体内	0.4	0.08
	主要断层：F_{60}、F_{63}、F_{30}、F_{89}等			0.35	0.05
	断层、层间错动		弱风化及以上岩体内		
	节理复合结构面	陡倾角节理面	强风化	0.4	0.12
			弱风化	0.55	0.34
			新鲜～微风化	0.8	0.85
		缓倾角节理面	强风化	0.45	0.2
			弱风化	0.7	0.69
			新鲜～微风化	1.0	1.3
	泥板岩内层面与劈理面组合		微风化	1.0	1.0

注 本表数据由中国水电顾问集团中南勘测设计研究院提供。

表 5.5-5　　拉西瓦水电站坝基岩体抗剪断强度参数

岩体风化分带或质量分级		不同取值方法的强度参数						综合强度参数值	
		现场大剪试验		基于连通率的强度模拟		参照水电规范[18]			
		f'	c'（MPa）	f'	c'（MPa）	f'	c'（MPa）	f'	c'（MPa）
岩体风化分带	强风化花岗岩					0.72～0.80	0.63～0.80	0.72～0.80	0.63～0.80
	弱风化花岗岩					1.14～1.41	1.52～2.18	1.15～1.24	1.53～1.75
	新鲜～微风化花岗岩			1.48	3.41	1.31～1.52	1.93～2.61	1.41～1.45	2.16～2.29
岩体质量级别	Ⅰ	1.40～1.73	2.70～3.70	1.48	3.41	1.53～1.55	2.60～2.83	1.40～1.55	2.7～2.8
	Ⅱ	1.27～1.40	1.30～2.70	1.35～1.39	2.74～3.1	1.25～1.47	1.77～2.36	1.25～1.38	1.77～2.10
	$Ⅲ_1$	1.10～1.27	1.0～1.30	1.13～1.21	1.59～1.77	0.91～1.32	1.03～1.93	0.92～1.10	1.03～1.43
	$Ⅲ_2$					0.74～1.05	0.55～1.32	0.72～0.74	0.64～0.68
	Ⅳ	0.9～1.10	0.6～1.0			0.60～0.95	0.41～0.95	0.60～0.70	0.40～0.60

注 本表数据由中国水电顾问集团西北勘测设计研究院提供。

表 5.5-6　构皮滩水电站岩体抗剪断强度参数试验值及采用值

岩石名称	结构类型	岩体抗剪断强度				混凝土/基岩抗剪断强度			
		试验值		采用值		试验值		采用值	
		f'	c' (MPa)	f'	c' (MPa)	f'	c' (MPa)	f'	c' (MPa)
微晶生物碎屑灰岩	厚层	1.81～1.88	1.64～6.86	1.4～1.5	1.5～1.8	1.19～1.57	1.10～2.45	1.1～1.2	1.0～1.3
	中厚层			1.2～1.3	1.4～1.6			1.0～1.1	1.0～1.2
含炭泥质生物碎屑灰岩	层状	1.20～1.46	1.12～3.80	0.9～1.0	1.0～1.2			0.8～0.9	0.7～0.8
钙质砂岩	薄层	1.26	1.55	1.0～1.1	1.0～1.2			0.8～0.9	0.7～0.9
紫红色黏土岩	层状	0.89	1.34	0.5～0.6	0.3～0.5				
粉砂质黏土岩	层状	1.27～1.7	1.33～1.92	0.5～0.6	0.3～0.5				

注　本表数据由长江勘测规划设计研究院、长江科学院提供。

表 5.5-7　小浪底水利枢纽工程岩体抗剪断强度参数试验值及采用值

岩体类别	试验值		建议值		采用值	
	f'	c' (MPa)	f'	c' (MPa)	f'	c' (MPa)
紫红色钙质粉砂岩夹钙质细砂岩与粉砂质黏土岩（T_1^{5-3}）	1.14	9.97	0.91	1.99	0.91	0.5
紫红色钙硅质细砂岩为主夹少量粉砂质黏土岩（T_1^{5-2}）	1.20	12.24	0.96	2.45	0.96	0.6
紫红色粉砂质黏土岩夹紫红色钙质细砂岩（T_1^{5-1}）	0.87	4.38	0.67	0.88	0.67	0.2
T_1^{5-1} 下部 6m	0.76	3.02	0.61	0.60		
暗紫红色巨厚层、厚层钙硅质细砂岩，上部和下部各有约 10m 厚粉砂质黏土岩（T_1^4）	1.23	12.73	1.02	2.55	1.02	0.6
紫红色泥质粉砂岩为主夹钙质细砂岩，上部含有砾岩层和泥岩层（T_1^{3-2}）	1.09	9.52	0.87	1.90		
T_1^{3-2} 顶部 6m	0.83	3.45	0.67	0.69	0.87	0.4
紫红色钙硅质细砂岩及粉细砂岩（T_1^{3-1}）	1.15	9.86	0.92	1.97	0.92	0.5

注　本表数据由黄河勘测规划设计有限公司岩土工程与材料科学研究院提供。

5.6 岩石流变特性

5.6.1 岩石流变性质

流变性质是指材料的应力—应变关系随时间变化的性质，材料变形与强度特性随时间变化的现象称为流变。岩石的变形不仅表现出弹性与塑性，而且也具有流变性质。在流变机理上，岩石流变是指岩石矿物组构（骨架）随时间延长而不断调整重组，导致其应力应变状态亦随时间延长而持续变化。

岩石流变的特殊形式为蠕变、松弛和弹性后效。蠕变是指当应力不变时，变形随时间延长而增大的现象；松弛是指当应变不变时，应力随时间延长而减小的现象；弹性后效是指加载或卸载时，弹性应变滞后于应力变化的现象。

大量的工程现场量测与试验结果表明，软弱岩石以及含有泥质充填物和夹层破碎带的岩体，其流变特性通常比较显著；即使是坚硬岩体，若受多组节理或裂隙切割，或在高应力作用下，也需要考虑岩体流变的影响。因此，岩石流变特性的研究是岩石力学特性研究的重要内容。

相对于岩石变形与强度特性研究而言，岩体流变性质的研究更为复杂。一方面，岩石的流变效应及规律，不仅与岩石材料的强度相关，同时取决于岩体所承受的荷载大小；另一方面，除了试样的代表性及加载路径的问题外，试验持续时间以及依据试验建立的流变模型在时间外延上的有效性等问题，对试验设备及研究投入方面提出了更高要求。因此，水利水电工程中有关岩体的流变特性，应针对面临的工程问题作专项研究。

5.6.2 岩石流变试验

5.6.2.1 室内岩石流变试验

室内岩石流变试验是了解岩石流变力学特性的主要手段。与现场实测相比，其具有便于长期观测、严格控制试验条件、排除次要因素、重复次数多且又耗资相对较低等优点。试验研究结果可以揭示岩石在不同应力水平与路径下的流变力学特性，对建立合适的流变本构模型以及确定用于工程岩体流变数值分析的流变参数等，也具有重要意义。

目前，室内岩石流变试验主要有恒压条件下的蠕变试验和恒变形条件下的应力松弛试验、双轴流变试验、三轴流变试验、三点弯曲蠕变试验以及岩体结构面剪切蠕变试验等。流变试验的加载方式通常有单级加载、分级增量加载和分级增量循环加卸载方式。其中，分级增量循环加卸载试验可观测到岩石的滞后弹性恢复，测得其残余变形，能全面反映岩石蠕变曲线的加卸载过程，为岩石流变力学模型的建立与模型参数的确定提供完整的试验数据。

由于室内岩石流变试验的试件小，应变小，测试时间长，在室内岩石流变试验中，流变试验设备所加荷载的长期稳定性及稳定的试验环境是流变试验的关键。试件、试验设备和试验环境必须满足下列条件：①试件加工精度高；②试件环境（温度与湿度）能够准确控制；③荷载稳定性好；④测试应力与变形要求精度高，并且稳定。

室内岩石流变试验加载和稳压方法一般采用重物—杠杆加载系统、气—液—储能器加载与稳压系统等技术。自20世纪80年代以来，国内已相继开发出各类岩石试验流变仪，并用于室内岩石流变试验。这些设备包括岩石三轴流变仪、岩石直剪流变仪、软岩剪切流变仪、岩石扭转流变仪、双轴岩石流变试验仪等。近年来，随着高应力条件下岩石流变特性研究的需要，已成功研制出基于高围压条件下的岩石三轴流变试验专用设备。2004年，长江科学院采用伺服控制、滚轴丝杠和液压等技术相结合，研制完成了TLW—2000型高应力岩石三轴流变仪，该设备最大围压50MPa，轴压2000kN。目前，国内已有多家单位拥有高应力条件下岩石三轴流变试验仪，为高应力复杂应力路径下的岩石流变特性试验研究创造了条件。

5.6.2.2 现场岩体流变试验

现场岩体流变试验多采用承压板法、三轴压缩以及直剪试验方法。通过岩体流变试验获得现场岩体流变特性和流变参数。

为保持试验过程中施加荷载的稳定，现场岩体流变试验除常规的现场试验所需设备外，还应配置专门的稳压装置以保证试验过程中压力的稳定。可借用气—液—储能器加载与稳压技术，并辅助人工及自动控制增加补偿压力。为解决现场岩体流变试验所需要满足的温度及湿度恒定要求，可利用现场无施工干扰的勘探平洞进行。

5.6.3 岩体流变模型与参数辨识

5.6.3.1 流变变形特征

大量试验结果表明，在长时间恒荷载的作用下，岩石的蠕变曲线表现为如图5.6-1所示的典型蠕变变形特征。其中，岩石总变形为承受荷载后立即产生的瞬时弹性变形 γ_0 与随时间发展的变形 $\gamma(t)$ 之和。

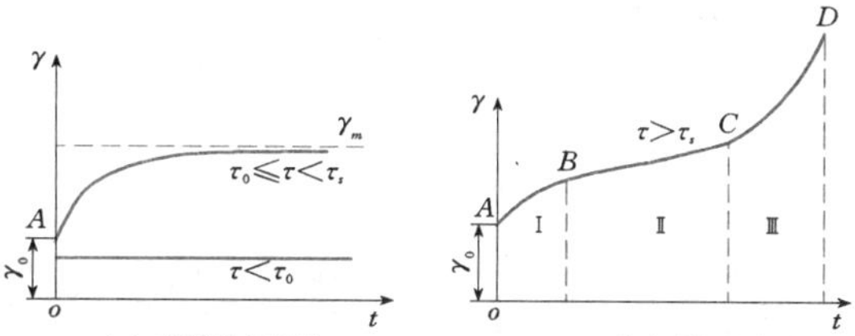

(a) 衰减蠕变曲线　　(b) 非衰减蠕变曲线

图5.6-1　典型岩石蠕变曲线

岩石的流变效应，不仅与岩石压、剪强度密切相关，同时也取决于受荷载后岩体内的应力水平。在受力状态下，岩石的剪切（压）应力都存在一个能以最小限度地产生蠕变时效的应力下限值 τ_0，称为流变下限。当岩体中剪切（压）应力 $\tau<\tau_0$ 时，可认为基本不产生蠕变；当 $\tau_0<\tau\leqslant\tau_s$ 时，发生衰减蠕变，变形 $\gamma(t)$ 减速发展，蠕变速率最后趋近于零，即 $d\gamma/dt\to 0$，此时，其变形值 $\gamma(t)$ 趋向于与荷载大小、岩石性质、围压等因素有关的稳定值，且不导致发生蠕变破坏；当 $\tau>\tau_s$ 时，产生非衰减蠕变，该过程中岩体中的应变随时间延长而增大，达到某一阶段时应变速率急剧增加，最后导致破坏。对应于产生等速蠕变的临

界应力水平 τ_s 称为第二阶段蠕变阈值。岩体蠕变一般包括衰减阶段、稳定蠕变阶段和加速蠕变阶段三个阶段，分别对应于图 5.6-1 (*b*) 的 *AB* 段、*BC* 段和 *CD* 段。

5.6.3.2 岩石典型流变模型

岩石流变学的重要内容之一是研究岩石的流变性态及其力学性质，建立描述其应力—应变—时间关系的本构模型。岩石流变本构模型主要有元件组合模型、经验模型和损伤流变模型等类型。其中，元件组合模型在工程流变分析中较为常用。

元件组合模型是采用模型基本元件，包括胡克弹性体（H）、牛顿黏性体（N）和圣维南塑性体（S）进行组合来模拟岩石的流变力学行为。一般通过现场或室内岩石蠕变、松弛试验得到的应力—应变—时间关系曲线，分析岩石变形过程中的弹性、塑性和黏性性质，建立由上述三种元件串联或并联而成的岩石流变本构模型。所构建的模型是微分或积分形式的本构模型，具有概念直观、形象简单、物理意义明确等优点，同时也可以较全面地反映岩石的各种流变性状，如蠕变、应力松弛、弹性后效等。

几种典型的岩石流变模型及其本构方程列于表 5.6-1。

表 5.6-1　常用流变模型及其本构方程

名　称	模　型	一维本构方程
麦克斯韦模型 (Maxwell)	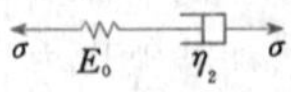	$\varepsilon=\frac{\sigma}{\eta_2}t+\frac{\sigma}{E_0}$
开尔文模型 (Kelvin)	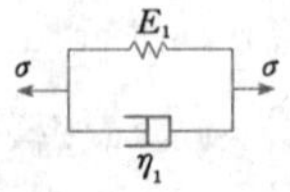	$\varepsilon=\frac{\sigma}{E_1}\left(1-e^{-\frac{E_1}{\eta_1}t}\right)$
广义开尔文模型 (H—K)	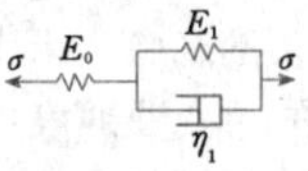	$\varepsilon=\frac{\sigma(E_0+E_1)}{E_0E_1}-\frac{\sigma}{E_1}e^{-\frac{E_1}{\eta_1}t}$
鲍埃丁—汤姆逊模型 (H | M)	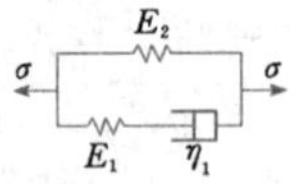	$\varepsilon=\frac{\sigma}{E_2}-\frac{\sigma E_1}{E_2(E_2+E_1)}e^{-\frac{E_1E_2}{(E_2+E_1)\eta_1}t}$
伯格斯模型 (M—K)	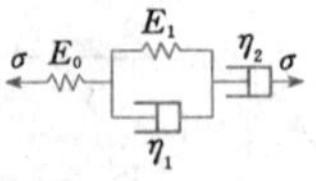	$\varepsilon=\frac{\sigma}{E_0}+\frac{\sigma}{\eta_2}t+\frac{\sigma}{E_1}\left(1-e^{-\frac{E_1}{\eta_1}t}\right)$
黏塑性模型	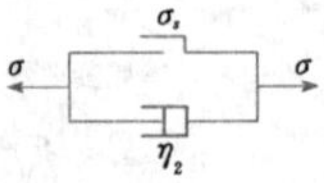	当 $\sigma<\sigma_s$ 时，$\varepsilon=0$ 当 $\sigma\geqslant\sigma_s$ 时，$\varepsilon=\frac{\sigma-\sigma_s}{\eta_2}t$
宾汉姆模型 (Bingham)	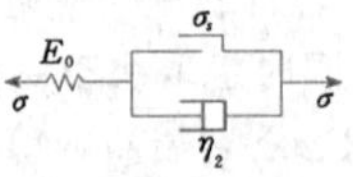	当 $\sigma<\sigma_s$ 时，$\varepsilon=\frac{\sigma}{E_0}$ 当 $\sigma\geqslant\sigma_s$ 时，$\varepsilon=\frac{\sigma}{E_0}+\frac{\sigma-\sigma_s}{\eta_2}t$
西原模型	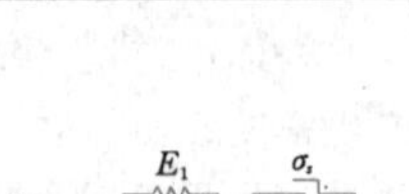	当 $\sigma<\sigma_s$ 时 $\varepsilon=\sigma\left(\frac{E_0+E_1}{E_0E_1}-\frac{1}{E_1}e^{-\frac{E_1}{\eta_1}t}\right)$ 当 $\sigma\geqslant\sigma_s$ 时 $\varepsilon=\frac{\sigma}{E_0}+\frac{\sigma}{E_1}\left(1-e^{-\frac{E_1}{\eta_1}t}\right)+\frac{\sigma-\sigma_s}{\eta_2}t$

注　表中 σ、ε 分别为应力、应变；E_0、E_1、E_2 为相应胡克弹性体弹性模量；η_1、η_2 为相应牛顿黏性体黏性系数；σ_s 为塑性元件屈服极限。

5.6.3.3 流变模型及参数辨识

根据岩石流变试验所获得的蠕变（或松弛）曲线特征，在已有的流变模型中，选用其中合适的某一种或两种模型，进而确定其模型参数，称为岩石流变模型及其参数辨识。该项内容是将流变试验成果应用于工程的重要环节。模型辨识的通常做法是，列举几个有限模型的流变曲线，逐个与该特定岩样的流变试验曲线作比较，以辨识该类岩石所合适的流变力学模型。在流变模型确定后，利用室内或现场流变试验数据，对流变模型参数进行辨识。依据最小二乘法或非线性优化方法等方法对流变参数进行回归分析，确定岩石相应模型下的流变参数。

5.6.4 典型工程试验结果

5.6.4.1 室内岩石蠕变试验成果

针对三峡工程永久船闸边坡弱风化及微风化闪云斜长花岗岩、水布垭水电站地下厂房灰岩与炭泥质灰岩软硬相间岩石以及构皮滩水电站地下厂房尾水洞黏土岩，开展了室内单轴压缩蠕变试验。部分工程岩石单轴压缩蠕变试验与瞬时抗压强度试验成果见表 5.6-2。部分岩石单轴压缩蠕变试验曲线如图 5.6-2 所示。

表 5.6-2　部分工程岩石单轴压缩蠕变试验与瞬时抗压强度试验成果[3,27]

工程名称	地层岩性	瞬时抗压强度 $\bar{\sigma}_0$（MPa）	蠕变破坏强度 $\bar{\sigma}_c$（MPa）	$\frac{\bar{\sigma}_c}{\bar{\sigma}_0}$
三峡水利枢纽	闪云斜长花岗岩弱风化	63.60	51.90	0.82
	闪云斜长花岗岩微风化	72.50	65.71	0.95
水布垭水电站	P_1q^3 段炭泥质灰岩	22.85	12.59	0.55
	C_2h 层炭泥质灰岩	26.76	18.23	0.68
	031 号夹层	1.14	0.62	0.54
	D_3x 层页岩	18.39	11.33	0.62
	P_1q^4 段灰岩	70.31	52.73	0.75
构皮滩水电站	S_2h^{1-1}紫红色黏土岩	18.05	13.01	0.72
	S_2h^{1-2}灰绿色黏土岩	7.60	4.94	0.65

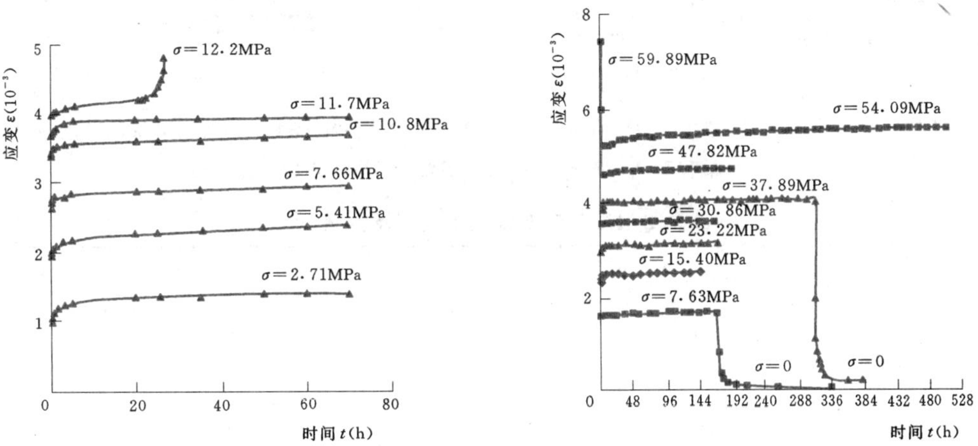

(a) S_2h^{1-1}地层黏土岩单轴压缩蠕变曲线（软岩）　(b) P_1q^4 灰岩单轴压缩蠕变曲线（硬岩）

图 5.6-2　部分工程岩石单轴压缩蠕变试验曲线[27]

不同坚硬程度的岩石，其蠕变曲线表现出不同的蠕变特征。在蠕变试验过程中，软岩蠕变没有呈现出明显的起始蠕变强度，即在较低的应力水平下，岩石的变形亦随时间延长而增大；而硬岩岩石蠕变明显地存在着一应力阈值，当岩石的应力水平超过该值时（一般 $\sigma>5$MPa）才可观测到岩石的时效变形。

5.6.4.2 现场岩体蠕变试验成果

葛洲坝水利枢纽二江泄水闸闸基 202 号缓倾角泥

化夹层倾向下游、规模大、连通性好、贯穿整个坝基，对大坝抗滑稳定起控制作用。沿坝基软弱夹层破坏的抗滑稳定成为坝基浅层或深层抗滑稳定分析需要研究的首要问题，考虑到大坝承受长期荷载，为了研究泥化夹层的长期强度，针对202号泥化夹层开展了剪切蠕变试验。

针对三峡工程永久船闸区闪云斜长花岗岩流变特性，采用现场岩体流变试验技术，开展了现场岩体单轴压缩蠕变试验、三轴压缩蠕变试验、结构面剪切蠕变试验以及岩体剪切蠕变试验等现场流变试验。岩体压缩蠕变试验试件尺寸30cm×30cm×60cm。岩体及岩体结构面剪切蠕变试验尺寸50cm×50cm，其中，岩体为微风化块状结构岩体，结构面选取平直稍粗面。

经现场蠕变试验获取的部分岩体、结构面及软弱夹层长期强度试验成果见表5.6-3。部分岩体现场蠕变试验曲线如图5.6-3所示。

5.6.4.3 流变模型与参数研究结果

根据岩石室内及现场流变试验结果，进行流变模型及参数辨识研究，并确定表征岩石流变特性的模型及参数。依据试验获得的部分工程岩石流变模型及参数值见表5.6-4。

表5.6-3　岩体、结构面及软弱夹层现场剪切流变试验成果[3,45]

工程名称	试验对象	长期强度参数		快剪强度参数		比值	
		f_∞	c_∞ (MPa)	f'	c' (MPa)	$\frac{f_\infty}{f'}$	$\frac{c_\infty}{c'}$
三峡水利枢纽	花岗岩岩体	2.0	2.2	2.2	2.7	0.91	0.81
	平直稍粗面	0.72	0.0	0.78	0.07	0.92	—
葛洲坝水利枢纽	202号泥化夹层	0.204	0.03	0.225	0.06	0.91	0.50

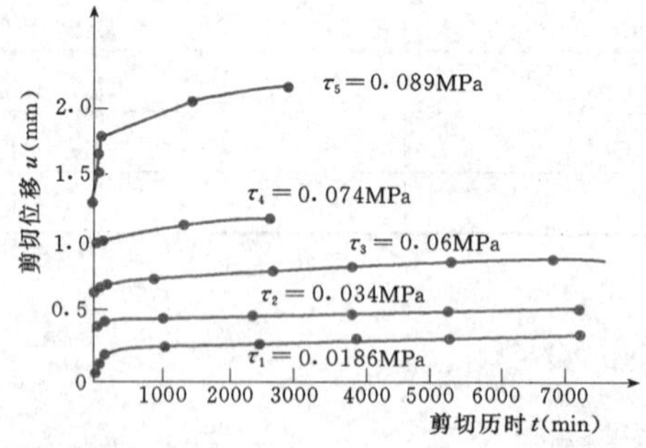

(a) 葛洲坝水利枢纽202号泥化夹层剪切位移—剪切历时关系曲线（σ=0.3MPa）

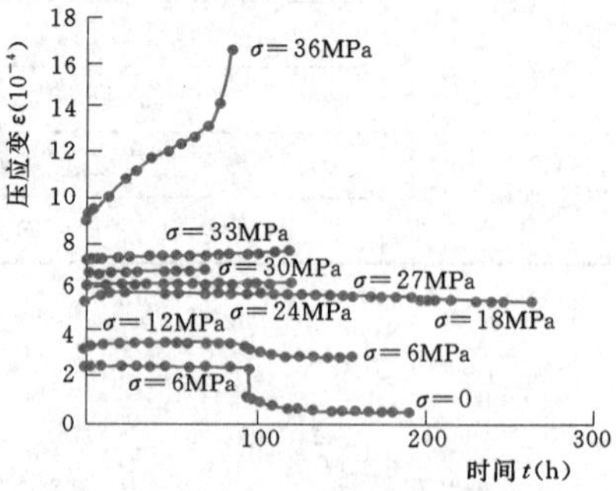

(b) 三峡水利枢纽花岗岩岩体压缩应变—时间关系曲线

图5.6-3　部分工程岩体现场蠕变试验曲线[3,45]

表5.6-4　部分工程岩石流变试验的模型及参数[3,27]

工程名称	岩石类别	试验方法	应力(MPa)	模型	蠕变参数			
					E_1 (GPa)	E_0 (GPa)	η_1 (GPa·h)	η_2 (GPa·h)
水布垭水电站	C_2h 炭泥质灰岩	室内单轴	0.04～0.33	伯格斯	0.550	0.024	2.7	55.4
	P_1q^3 炭泥质灰岩	室内单轴	3.37～11.62	伯格斯	37.6	2.31	26.2	4698
	P_1q^4 灰岩	室内单轴	12.81～18.78	广义开尔文	49.9	16.89	724	
构皮滩水电站	S_2h^{1-1} 黏土岩	室内单轴	2.7～7.66	伯格斯	27.6	5.26	67	4892
三峡水利枢纽	花岗岩，较完整	现场单轴	6～33	广义开尔文	1515	40.68	20745	
	花岗岩，裂隙发育	现场单轴	5.4～23.4	广义开尔文	307	26.4	7760	

5.7 岩体软弱夹层的基本特性

5.7.1 软弱夹层的分类

软弱夹层是指岩体中由软弱物质构成的层状或带状薄层。

按成因分类，软弱夹层可分为原生型、构造型、次生型以及复合型[29-30]。原生型软弱夹层是指在成岩过程中，坚硬岩层间所夹的黏粒含量高、胶结程度差、力学强度低的软弱岩层；构造型软弱夹层多为层间挤压错动形成的层间剪切带；次生型软弱夹层又可分为次生风化型、次生充填型；复合型软弱夹层则由原生软弱夹层叠加构造挤压错动而成，有的还曾经受过地下水物理化学的作用。

按充填物的性状分类，软弱夹层可分为全泥型、含泥屑型、碎屑型、碎石碎屑型（见表 5.7-1），或分为泥型、泥夹岩屑型、岩屑夹泥型、岩块岩屑型（见表 5.7-8）。

还可以结合多方面因素进行综合分类。表 5.7-2 是根据葛洲坝、小浪底等我国 20 余个大型水利水电工程中软弱夹层的资料，结合成因与充填物两方面因素，将软弱夹层综合分为三大类六个亚类，并据此对软弱夹层的特性进行综合评价。

水利水电工程中重点关注的是由松散（软）物质构成的且以含水量高、密度低、强度弱等为主要特征的各类软弱夹层，尤其是受构造作用形成的层间剪切带和破碎泥化夹层。

软弱夹层对岩体抗滑稳定、压缩变形和渗透稳定等有重要影响，需要研究其工程特性及长期运行期可能发生的变化。

表 5.7-1　　软弱夹层分类表[31]

夹层类型	代号	夹层特征		
		构造特征	夹泥连续性	颗粒组成
全泥型	A_1	夹层构造带发育完全，由夹泥带、劈理带和节理密集带组成	连续	主要为黏粒，含量大于 30%
含泥屑型	A_2	夹层构造带发育完全，由夹泥带、劈理带和节理密集带组成	大部分连续	黏粒含量约 10%～30%，以砂粒含量为主
碎屑型	B	夹层构造带明显，由局部夹泥带，劈理带和节理密集带组成	无连续夹泥层	黏粒含量 5%～10%，砾粒含量 20%
碎石碎屑型	C	夹层构造带发育不完全，由软弱构造岩，硬岩岩屑，局部夹泥透镜体组成	无连续夹泥	黏粒含量小于 5%，砾粒含量大于 50%

5.7.2 软弱夹层的物质组成

软弱夹层的物质组成是指矿物成分、化学成分和颗粒组成等。

软弱夹层的矿物成分：黏土矿物主要为伊利石、高岭石、绿泥石和蒙脱石等，碎屑矿物主要为石英、长石、云母和方解石等。

软弱夹层的化学成分一般为 SiO_2、Fe_2O_3、Al_2O_3、CaO、MgO、Na_2O 和 K_2O，其中 SiO_2、Fe_2O_3 和 Al_2O_3 含量较高。

部分软弱夹层黏土矿物成分、化学成分和颗粒的组成情况见表 5.7-3～表 5.7-5。各类型软弱夹层颗粒物质成分的统计结果见表 5.7-2。

5.7.3 软弱夹层的物理性质

软弱夹层的物理性质主要有天然含水量、天然密度、塑限、液限、塑性指数、孔隙比和饱和度等。这些物理性质与软弱夹层的颗粒组成有关。例如，软弱夹层中小于 2μm 的颗粒（又称为胶粒）含量大，则其亲水性强、活动性好，具体可用活动性指数来表示，即

$$活动性指数 = \frac{塑性指数\ I_P}{小于\ 2\mu m\ 的颗粒含量(\%)}$$

软弱夹层的黏粒（粒径小于 5μm）含量远高于其上下岩层，且含量与原岩的坚硬程度有关，原岩越坚硬，黏粒含量越低。由黏土岩类形成的泥化夹层，黏粒含量在 40%左右。

软弱夹层的天然含水量一般受控于黏粒含量及黏土矿物成分。软弱夹层的干密度比原岩低得多，且明显受到黏土矿物成分的影响。以蒙脱石为主的泥化夹层，其干密度多在 0.85～1.5g/cm^3，以伊利石为主的泥化夹层，其干密度多在 1.5～2.09g/cm^3 之间。

部分软弱夹层的物理性质见表 5.7-6。一些工程中各类型软弱夹层的主要物理性质指标列于表 5.7-2 中。

表 5.7-2　软弱层（带）工程地质分类及岩土特性综合评价表[32]

软弱夹层类型 代号	软弱夹层类型 名称	亚类 代号	亚类 名称	成因类型及特征	物质成分 黏土矿物	物质成分 黏粒含量（%）	物质成分 砾粒含量（%）	物理状态特征 天然含水量 W（%）	物理状态特征 塑性指数 I_P	化学特性 硅铝比 R_s	化学特性 比表面积 S（m^2/g）	化学特性 阳离子交换量（me/100g）	抗剪强度参数（峰值）现场大剪试验 f	抗剪强度参数（峰值）现场大剪试验 c（kPa）	抗剪强度参数（峰值）室内试验 f	抗剪强度参数（峰值）室内试验 c（kPa）	典型工程
A	含泥化带、劈理带的松软型（全泥型）软弱层	A_1	全泥型	构造型：层间剪切带、断裂带（压剪性）为主，构造分带完全，夹泥连续分布。 充填型：裂隙、溶隙地下水携带充填。 风化型：出现少，以泥化板岩为代表	（1）蒙脱石组； （2）蒙脱石＋水云母混合组	44.97（42.93～48.01，N=78）		29.02（23.82～34.22，N=32）	14.76（12.80～16.49，N=48）	蒙脱石 3.6～7.0 水云母 2.6～3.8	蒙脱石 402～754 水云母 63～358	蒙脱石 50～120 水云母 11～19	0.214（0.198～0.23，N=27）	2～63	0.229（0.214～0.245，N=34）	4～36	葛洲坝、桓仁、五强溪、大化、青山、彭水、小浪底、葫芦口、隔河岩
		A_2	泥含粉粒碎屑型	构造型：层间剪切带、断裂带为主，构造分带完全，夹泥连续分布。 充填型：断裂带、溶隙、卸荷裂隙地下水携带充填	（1）蒙脱石组； （2）水云母组	20.59（18.76～22.02，N=58）	18.34（14.02～22.67，N=23）	18.78（16.42～21.15，N=45）	13.85（11.86～16.03，N=26）	蒙脱石 3～5 水云母 2.23～3.50	蒙脱石 426～661 水云母 73～130	蒙脱石 50～116 水云母 11～16	0.243（0.228～0.269，N=28）	5～84	0.271（0.251～0.283，N=27）	6～73	铜街子、凤滩、青山、潘家口、小浪底、上犹江、五强溪、岩滩、朱庄、大黑汀、大藤峡、李家峡
B	含破碎岩屑夹泥的松散型软弱层（带）	B_1	碎屑夹泥型	构造型：层间剪切带、断裂带（压剪、张剪性），岩脉与围岩破碎接触带、层间挤压破碎带，构造分带不完全，夹泥不连续。 风化型：风化溶滤夹层，局部夹泥	（1）蒙脱石＋水云母混合组	9.51（4.11～14.43，N=45）	20.83（16.13～22.67，N=27）	22.23（19.32～25.14，N=41）	12.12（10.75～13.49，N=31）	蒙脱石 3～4.3 水云母 2.33～3.85	蒙脱石 203 水云母 66～195	蒙脱石 38 水云母 73～93	0.349（0.341～0.358，N=66）	6～90（最大350）	0.36（0.337～0.38，N=31）	8～45	安康、红石、凤滩、宝珠寺、万安、李家峡、大藤峡、青山、小浪底、龙羊峡、双牌、大化、沙田、朱庄、五强溪
		B_2	碎屑型	构造型：层间剪切带、断裂带（压剪、张剪性），岩脉与围岩破碎接触带、层间挤压破碎带，构造分带不完全，夹泥不连续。 风化型：风化溶滤夹层，无夹泥	（2）水云母组												
C	含破碎岩块夹泥的碎裂型软弱层（带）	C_1	碎块碎屑夹泥型	构造型：层间剪切带、断裂带（压剪、张剪性）为主，构造分带不完全，由软弱构造岩、碎屑、碎块组成，局部夹泥。 风化型：岩脉蚀变风化夹层，钙质砂岩风化溶滤夹层	（1）蒙脱石＋水云母混合组	3.94（0.35～4，N=24）	52.50（47.96～57.04，N=44）	10.92（7.33～14.30，N=27）	11.13（8.86～13.39，N=22）	蒙脱石 2.90～4.21 水云母 2.30～3.51	水云母 33～73	水云母 16～40	0.488（0.47～0.506，N=71）	16～100（最大400～500）	0.501（0.481～0.535，N=31）	10～73	铜街子、岩滩、大藤峡、万安、上犹江、杨五庙、刘家峡、双牌、沙田、龙羊峡、涔天河、彭水、安康、桓仁
		C_2	碎块碎片型	构造型：层间剪切带、断裂带（压剪、张剪性）为主，构造分带不完全，由软弱构造岩、碎屑、碎块组成，局部夹泥。 风化型：岩脉蚀变风化夹层，钙质砂岩风化溶滤夹层	（2）水云母＋高岭石混合组												

注　1. 表中物质成分中的黏粒，指粒径小于 0.005mm 的颗粒；砾粒指粒径大于 2mm 的颗粒。
2. 表中统计数据中，括号外数据为统计均值；括号内第一项为正态分布置信度 95%范围值，第二项为统计样本数。

表 5.7-3　　部分软弱夹层黏土矿物成分[1]

类型	软弱夹层名称	分析方法	主要黏土矿物	次要黏土矿物	备注
构造型或次生型	黏土岩（泥化的）	X射线、差热及电子显微镜	伊利石、蒙脱石	高岭石、绿泥石	
	黏土岩（局部泥化的）		伊利石	蒙脱石、绿泥石	
	页岩层间错动泥化带		伊利石	蒙脱石	
	裂隙夹泥		蒙脱石	伊利石、高岭石	
	破碎带夹泥		伊利石	蒙脱石、高岭石	
	层面夹泥	X射线、差热及电子显微镜	伊利石	蒙脱石、高岭石	
	断层夹泥		伊利石、蒙脱石	高岭石	
	断层泥（青灰色页岩）		蒙脱石（占70%）	高岭石（占10%强）	
	裂隙夹泥（<0.001mm）	X射线、差热及电子显微镜	伊利石	蒙脱石	
	构造岩（断层泥化夹层）	X射线、电子显微镜	皂石	微量高岭石、蛭石	
	蚀变挤压破碎带		皂石	高岭石及微量蛭石	
	破碎带夹层		伊利石	蒙脱石、铅石	
	裂隙次生充填物	X射线、差热及电子显微镜	伊利石	蒙脱石	
原生型	泥化板岩	X射线、差热	伊利石	高岭石	
	粉砂质黏土岩夹层		伊利石	高岭石	黏土矿物占4.84%
	黏土质粉砂岩夹层		伊利石	蒙脱石、绿泥石	黏土矿物占0.48%
	黏土岩		高岭石	伊利石	
	砂页岩互层		伊利石	高岭石	

表 5.7-4　　部分软弱夹层的化学成分及其含量[1]　　%

类型	软弱夹层名称	SiO_2	Fe_2O_3	Al_2O_3	CaO	MgO	R_2O_3
构造型或次生型	泥化夹层	52.25～58.90	0.67～0.78	6.69～22.34	1.94～4.97	16.87～30.40	
	页岩层间错动泥化带	45.10～52.89	1.02～15.62	22.80～33.69	0.11～0.57	0.65～2.37	
	破碎带夹泥	57.0～70.0	4.07～9.15	14.7～21.53	0.4～1.4	0.9～2.77	
	裂隙中泥质充填物	65.54	5.96		2.25	0.71	23.51
	裂隙夹泥	43.0～47.0	6.0～11.0	24.0～27.0	0.44～2.0	1.74～3.15	34.0～37.0
	黏土质泥灰岩及风化灰岩中裂隙夹泥	23.54～47.40	2.01～6.02	0.71～0.72	2.96～23.41	2.03～13.18	
	裂隙次生夹泥	51.78～74.32	1.4～9.42	10.59～17.18	0.06～0.67	0.56～4.11	
	蚀变挤压破碎带	49.70～52.01	1.92～2.94	6.84～9.04	2.5～3.5	31.93～35.03	
	裂隙次生充填物	46.80～51.35	2.56～10.38	22.46～29.83	0.29～1.71	1.72～2.58	
	构造角砾岩	38.82	1.72	1.78	17.41	7.94	
	构造黏土岩	48.70～58.21	2.37～6.91	2.72～22.18	0.62～15.96	1.05～3.83	15.65～32.71
	局部泥化黏土岩	52.7～53.5	7.4～9.5	21.6～22.8	0.64～1.08	3.98～4.32	2.49～2.91
原生型	砂页岩互层	47.0～50.0	7.0～11.0	23.4～25.3	0.7～1.3	1.6～2.8	32.0～35.0
	黏土质页岩	46.71～57.12	8.23～11.66	17.06～24.96	1.20～6.08	2.45～3.76	15.60～16.30
	泥质粉砂岩	63.28	6.56		1.77	2.04	23.68
	黏土岩	20.12～60.24	1.90～9.52	21.61～22.87	0.74～3.28	1.16～4.33	9.16～31.63
	石膏	5.50～5.88	0.46～0.78		30.84～31.50	1.15～3.05	2.93～3.90

表 5.7-5　　部分软弱夹层的粒度成分　　%

分类	工程及软弱夹层	砾粒组		砂粒组（0.05～2mm）	粉粒组（0.005～0.05mm）	黏粒组（<0.005mm）	胶粒组（<0.002mm）	原夹层土定名
		粗砾（>20mm）	细中粒（2～20mm）					
全泥型	葛洲坝 308 号泥化夹层			8～13	4.3～38	49～70	32～61	黏土
	葛洲坝 202 号泥化夹层			12	36	46～59	32～40	黏土
	五强溪 BN511 泥化板岩			5.26	31.32	63.48	36.76	黏土
	彭水 601 号泥化夹层			16	32	52		黏土
	小浪底全泥型		5	28	38	29		黏土
泥夹碎屑型	青山 f_A^s 泥化夹层			34～42	32～45	22～26	9～12	粉质黏土
	大藤峡全泥型（304）		32	28	12	28		砾质砂质黏土
	小浪底泥夹碎屑型		13～19	40～70	27～30	11～12		砾质轻亚黏土
	铜街子 C_5 泥化带		24.8	43.8	3.7	27.7	23.7	砾质砂质黏土
碎屑夹泥型	小浪底碎屑夹泥型		29～36	39～41	19～21	6～9		砾质轻亚黏土
	宝珠寺泥化带（D_1、D_2、D_3、D_6）		15～30	32～39	25～34	3～13		砂质轻～中壤土
碎块碎屑型	安康 F_{18} 断层泥	1.1	28	46.7	16.7	7.5	4.3	砾质重砂壤土
	刘家峡破碎夹层		63～76.2	24.2～34.1	1.1～2.5	0.2～0.7		细砾～中砾
	大藤峡碎屑型	18～25	52～67	15～36	5～24	0～5		细砾为主，含少量粗砾
	双牌破碎夹层		60.5	33	4.5	2		细砾
	五强溪破碎夹层		71	17	6	6		细砾

注　本表数据由任自民提供。

表 5.7-6　　部分软弱夹层的物理性质指标

工程及夹层	天然含水量（%）	重度（kN/m³）		比重	孔隙比	饱和度（%）	液限（%）	塑限（%）	塑性指数（%）	活动性指数
		干	湿							
葛洲坝 308 号泥化夹层	34～48.7	13.2～13.7	17.5～18.5	2.67～2.74	0.95～1.03	95～100	67～69.8	33～41	23～34.7	0.48～1.08
葛洲坝 202 号泥化夹层	21.2～24.9	17.5	21.2	2.71～2.74	0.57	100	31～33	16～19	14～15	0.47
小浪底 Di308 黏土岩泥化夹层	19.3	18		2.76		99.8	35.8	18	17.8	0.48
彭水 801 号泥化夹层	15.6	23～24.3		2.83			25	17.2	7.8	0.48
隔河岩 201 号泥化夹层				2.80～2.82	0.95～1.03		24～29.3	15～18.3	8.6～10	0.31
桓仁 Ia—3 泥化带	13.7	21.2	18.7	2.74	0.47	80	40	19	21	0.61

续表

工程及夹层	天然含水量（%）	重度（kN/m³）		比重	孔隙比	饱和度（%）	液限（%）	塑限（%）	塑性指数（%）	活动性指数
		干	湿							
铜街子 C_5 层间错动带（泥化带）	18.8～20	19.2	20.9	2.82			27.1	17.3～18.9	9.8～10.9	0.29～0.39
上犹江破碎泥化夹层	11.0～15.9	20.6	22.8	2.80	0.40	65.7	26.2	13.5	12.8	0.88
五强溪 f_{115} 破碎夹泥层	18.4	18.7	22.2	2.90	0.55	97.50	23	12.3	10.70	0.37
大藤峡 304—7 泥夹碎屑	12.6～14	19.5～20.5	22.2～23.1	2.81	0.37～0.44	89～95	31	18	13	0.46
青山 f_A^6 泥化夹层	30～38.2	12.7～15.1	26.6～26.9				30～50	22～60	8～14	2～3.5

注 本表数据由任自民提供。

5.7.4 软弱夹层的抗剪强度特性

5.7.4.1 软弱夹层抗剪强度试验方法

软弱夹层抗剪强度试验方法，按试件状态可分为现场原位大剪试验、室内（外）中剪试验及针对夹层充填物进行的室内剪切试验；按控制方式可分为应力控制式和变形控制式；按剪切速率可分为饱和固结快剪试验、饱和固结慢剪试验；以及为获取软弱夹层长期强度的剪切流变试验。

对于厚层全泥型软弱夹层，室内重塑样试验获得的抗剪强度参数与原位大剪试验相比相对较高，剪切流变试验获得的抗剪强度参数最低。

现场软弱夹层抗剪试验一般采用常规的饱和固结快剪方法。现场制备试件时，需要采取措施，控制试件卸荷回弹膨胀，以免软弱夹层受扰动密度变小，抗剪强度降低。当需要考虑施工期孔隙水压力消散的影响时，可进行控制膨胀的饱和固结慢剪试验。有关经验表明：慢剪试验比控制夹泥膨胀的快剪试验，峰值强度 f 值提高 8.7%；比固结快剪试验，峰值强度 f 值提高 31.6%[33]。

5.7.4.2 软弱夹层剪切破坏强度

软弱夹层剪切破坏强度有极限强度、屈服强度、残余强度和长期强度几种，可根据工程和软弱夹层的具体情况以及设计需要选用[34]。

（1）极限强度。与试件剪断时所施加的最大剪切荷载相对应的剪应力称为极限强度。

（2）屈服强度。与剪切试验中剪应力—位移曲线上位移速度急剧增加的特征点——屈服点相对应的剪应力称为屈服强度。

（3）残余强度。在慢剪试验中，当剪应力超过峰值后，剪应力会随着位移的增加而逐渐减少并最终趋于某一稳定值，与此相对应的剪应力称为残余强度。残余强度大多通过反复剪切试验获得。

（4）长期强度。长期强度也即软弱夹层的流变强度，通过流变试验取得。

5.7.4.3 软弱夹层抗剪强度的影响因素

软弱夹层中软弱物质性状和赋存环境条件是影响其抗剪强度的主要因素，包括夹层的颗粒组成、矿物成分、密度、含水量乃至颗粒形状等，其中颗粒组成是一个至关重要的因素，而黏粒与粗粒的含量更是起主导作用。

（1）矿物成分。一般而言，在夹层所含黏土矿物中，蒙脱石抗剪强度最小，伊利石次之，高岭石最高。

（2）黏粒含量。软弱夹层抗剪强度随黏粒含量增大而减小。

（3）塑性指数。塑性指数是反映软弱夹层亲水性的重要指标之一，软弱夹层抗剪强度一般随塑性指数增大而减小。

（4）比表面。胶结较差的黏土岩类软弱夹层，土粒间的黏结强度主要受其表面溶剂化层发育程度控制，而表面溶剂化层发育程度，与比表面的大小直接相关。如图 5.7-1 所示，黏土岩类夹层泥化带的残余强度与比表面之间呈近似双曲线关系。

5.7.4.4 软弱夹层抗剪强度参数

根据不同的分类方法，有关规程和相关研究成果分别给出了软弱夹层抗剪强度试验参数的统计结果及经验建议值，可供参考（见表 5.7-2[32]、表 5.7-

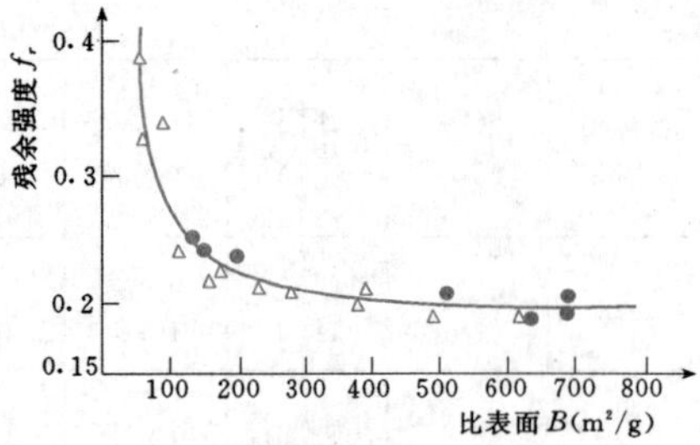

图 5.7-1 黏土岩夹层泥化带残余强度（f_r）与比表面（B）的关系曲线[34]

7[31]和表 5.7-8[17]）。

典型工程厚层全泥型软弱夹层的抗剪强度试验结果见表 5.7-9[34]。

5.7.5 软弱夹层的渗透变形特性

5.7.5.1 渗透变形与渗透破坏

软弱夹层的渗透变形类型有管涌、流土、接触冲刷以及以上几种形式的复合形式，如局部流土，或者先发生管涌、冲刷、局部流土，而后发生流土破坏。变形过程中还可能有灌淤现象。

在渗流试验中，当渗透变形发生时，一般都会有浑水流出，相应的JV曲线——试验比降和渗透流速的关系曲线会发生转折。渗透破坏时，试样在渗流作用下内部结构完全破坏并失去渗流阻力。临界比降和破坏比降可以分别取渗透变形和渗透破坏发生时的试验比降与各自前一级试验比降的平均值。

典型的整体流土变形与破坏几乎同时发生，无法得出临界比降，故以破坏比降作为确定允许比降的依据；而发生局部流土、管涌和接触冲刷变形时，临界比降是确定允许比降的主要依据。

实际工程中，渗透变形和渗透破坏的判断依据是土体结构被破坏或级配发生调整，以及与上游水位涨落相联系的冒浑水现象。

表 5.7-7　软弱夹层抗剪强度试验参数统计

分类	强度参数类型（样本数）	参数	均值	标准差	分布概型
A_1	抗剪断（52）	c'（MPa）	0.03	0.036	极值Ⅰ型
		f'	0.21	0.039	正态
	抗剪（19）	c（MPa）	0.03	0.026	极值Ⅰ型
		f	0.18	0.030	正态
A_2	抗剪断（69）	c'（MPa）	0.04	0.035	极值Ⅰ型
		f'	0.30	0.045	对数正态
	抗剪（27）	c（MPa）	0.05	0.073	对数正态
		f	0.25	0.038	正态
B	抗剪断（135）	c'（MPa）	0.10	0.090	极值Ⅰ型
		f'	0.45	0.080	对数正态
	抗剪（49）	c（MPa）	0.05	0.049	极值Ⅰ型
		f	0.37	0.075	对数正态
C	抗剪断（27）	c'（MPa）	0.10	0.160	极值Ⅰ型
		f'	0.76	0.164	极值Ⅰ型
	抗剪（10）	c（MPa）	0.07	0.049	极值Ⅰ型
		f	0.62	0.107	正态

表 5.7-8　软弱夹层抗剪强度参数经验取值表[17]

结构面类型		f'	c'（MPa）	f
软弱结构面	岩块岩屑型	0.55～0.45	0.10～0.08	0.45～0.35
	岩屑夹泥型	0.45～0.35	0.08～0.05	0.35～0.28
	泥夹岩屑型	0.35～0.25	0.05～0.02	0.28～0.22
	泥型	0.25～0.18	0.01～0.005	0.22～0.18

表 5.7-9　　典型工程厚层全泥型软弱夹层抗剪强度试验结果

编号	结构面情况	原位试验		取样中剪试验		流变试验		土工试验	
		f	c (MPa)	f	c (MPa)	f	c (MPa)	f	c (MPa)
1	葛洲坝 218 号剪切带灰色黏土	0.21	0.004	0.23	0.010	0.204	0.032		
2	葛洲坝 202 号剪切带红色黏土	0.225	0.063	0.228	0.007	0.192	0.032	0.248	0.021
3	小浪底Ⅱ29－1 构造泥	0.23	0.013			0.21①	0①	0.295	0.074
4	青山水库 F_4 断层泥	0.17	0.06					0.19	0.010
5	小浪底Ⅱ20－2 构造泥	0.23	0.004			0.20①	0①	0.295	0.058
6	恒仁水电站安山凝灰岩中的泥化层	0.20	0	0.20	0.005				
7	上犹江水电站软弱夹泥层	0.27	0.05	0.28	0.042				
8	四川某坝址软弱夹泥层	0.51	0.045	0.52	0				
9	辽宁浑河县某坝软弱夹泥层	0.19	0.125	0.23	0.03				
10	朱庄水库泥质砂岩中的软弱夹层	0.339	0.029	0.352	0.019				
11	朱庄水库页岩全部泥化	0.38	0.014	0.354	0.011				

①　残余强度。

5.7.5.2　渗透变形试验

软弱夹层渗透变形特性受其物质组成、力学性质、水理性质和风化程度等诸多因素影响，需要通过试验研究确定。

临界比降或破坏比降应采用原状样进行室内渗透变形试验，或者在现场通过原位渗透变形试验确定。扰动样试验的成果只能供初步研究时参考使用。

原状样室内试验可参考有关规程进行，在取样、试样的包装与运输以及试验过程控制和观测等方面都有特殊要求。在工程现场建立临时实验室开展原状样渗透变形试验，可以避免长途运输对试样的扰动和试样水分的过度损失。

现场原位试验可以最大限度地避免对试样的扰动和防止试样卸载，且可以开展大尺寸试样的试验，以提高试样的代表性。该试验属于非常规试验，还没有相应规范，但已有的有关工程的现场原位试验经验可供借鉴、参考[39-42]。葛洲坝水利枢纽坝基 202 号夹层现场试验的渗径为 2.88m，彭水水电站坝基 303 号夹层和 601 号夹层现场试验的最大渗径接近 2m[38]。由于现场原状样渗透变形试验难度大，控制环节多，且有失败的风险，因此一般只对重要工程关键部位性状很差的夹层进行，并需要安排足够的工作周期。

5.7.5.3　渗透变形特性实例

部分工程已有的试验成果见表 5.7-10，以供参考。

表 5.7-10　　部分工程软弱夹层渗透变形试验成果表[39-42]

工程名称	夹层名称	试验方法	变形或破坏类型	临界比降	破坏比降	备　注
葛洲坝水利枢纽	202 号黏土泥化夹层	现场原位、排水供水	冲刷	3.8～6.0		
溪洛渡水电站	玄武岩层内错动带	原状样现场室内试验	管涌	1.5～1.6	2.6～3.8	强风化
				3.6～7.1	10.2～20.0	弱风化
彭水水电站	303 号破碎泥化夹层	现场原位排孔、槽孔供水；原状样室内试验	管涌、冲刷	2.4～16.8		原岩为灰岩
	601 号剪切泥化夹层		流土、冲刷	32.5～35.1	37.9	原岩为页岩
宝珠寺水电站	D_5 泥化夹层带	现场原位、槽孔供水	接触冲刷	1.5～5.6	2.0～8.0	原岩为钙泥质粉砂岩夹粉砂质页岩
		原状样室内试验		2.5～3.0	4.1～4.3	

5.7.6 典型工程软弱夹层研究成果

5.7.6.1 小浪底水利枢纽软弱夹层

小浪底水利枢纽坝址区出露的基岩为二叠系上统（P_2）和三叠系下统（T_1）砂页岩地层，属陆相浅流水沉积。在坚硬砂岩之间普遍存在页岩、黏土岩和粉细砂岩等薄层，即软弱夹层，具有结构松散、岩性软弱、水理性不良和力学强度低等特征，在构造作用下，受层间错动破坏，部分已演化成泥化夹层。

软弱夹层特别是泥化夹层的存在，对布置在左岸的地下建筑物、进出口边坡以及其他水工建筑物的安全构成明显威胁，是小浪底水利枢纽建设中的重要工程地质问题之一。勘察设计中对软弱夹层和泥化夹层的物理力学性质进行了大量试验，对泥化夹层的抗剪强度特性进行了广泛深入的研究。

1. *软弱夹层主要地质特征*

小浪底水利枢纽坝址区的软弱夹层一般厚1～3cm，薄的为几毫米，延伸长度30～40m，长的400m以上。软弱夹层分为四种基本类型：①全泥型；②泥夹碎屑型，岩屑含量小于10%；③碎屑夹泥型，岩屑含量10%～30%；④碎屑型，碎屑为主，泥很少。平均爬坡角4.79°，平均峰高1.25cm，平均波长32.47cm。

软弱夹层的黏土矿物成分见表5.7-11。软弱夹层的主要化学成分为SiO_2、Al_2O_3，其他还有铁和某些碱金属的氧化物。软弱夹层演化成泥化夹层后，胶粒含量增加0～8.5%，黏粒含量增加1%～9.5%，粉粒含量有增有减，而砂粒含量则普遍减少1.7%～19.3%。胶粒、黏粒含量的增多，对其物理力学性质有明显影响。

2. *软弱夹层物理性指标*

软弱夹层物理性试验成果见表5.7-12。

3. *软弱夹层抗剪强度参数*

不同试验方法取得的抗剪强度参数列于表5.7-13[43]。

表5.7-11　小浪底水利枢纽软弱夹层黏土矿物成分　%

岩组代号	伊利石	伊利石与蒙脱石混合	蒙脱石	高岭土	绿泥石
T_{14}	73	19	2	2	4
P_{23}	65	24		11	

表5.7-12　小浪底水利枢纽软弱夹层物理性指标

软弱夹层类型	天然含水量(%)	天然密度(g/cm³)	干密度(g/cm³)	孔隙比	饱和度(%)	稠度	土粒比重	塑性指数
软弱夹层			2.42 (20)	0.18 (20)			2.84 (24)	
泥化夹层	14.16 (22)	2.23 (22)	1.97 (46)	0.355 (34)	81.5 (22)	−0.28 (21)	2.83 (53)	11.9 (22)

注　括号内数值为试验次数。

5.7.6.2 葛洲坝水利枢纽软弱夹层

葛洲坝水利枢纽坝基为白垩系下统河流相红层，岩性主要为砾岩、砂岩、粉砂岩及黏土质粉砂岩互层。坝基岩体中夹有各类软弱夹层72层，性状复杂。由于倾角平缓，倾向下游，抗剪强度低，是控制该工程坝基抗滑稳定的主要问题。

1. *软弱夹层主要地质特征*

按夹层的性状分为五类（见表5.7-14）[45]，以Ⅰ类普遍泥化的软弱夹层性状最差，具有明显的分带性，分为泥化带、劈理带和节理带。Ⅰ类夹层分布范围广，性状最坏，对坝基稳定性影响最大，是该工程软弱夹层研究的重点。

2. *软弱夹层物理性指标*

软弱夹层物理性试验成果见表5.7-15[45]。

3. *软弱夹层抗剪强度参数*

采用室内土工试验以及现场原位剪切试验等试验方法，取得的软弱夹层抗剪强度参数见表5.7-16[44]。

4. *长期渗水作用下软弱夹层性质的变化*[39]

用河水、地下水、库水、蒸馏水和含各种特殊成分的水溶液对试样进行了长期渗水试验，测定不同时刻渗出水中的颗粒成分及承受水头压力的情况，测定渗出水的离子成分、化学成分及pH值，同时测定软

表 5.7-13 小浪底水利枢纽软弱夹层抗剪试验参数

地层	上下岩性	夹层性状	试点数量（点/组）	试验尺寸（cm×cm）	制件与试验方法	饱和时间（d）	峰值强度		摩擦强度		夹泥室内试验		刚度系数（MPa/m）	
							f	c（MPa）	f	c（MPa）	f	c（MPa）	K_n	K_s
T_1^2	钙质粉细砂岩	泥质粉砂岩，部分为不连续泥膜，0.5～10mm	5/1	50×50	未限制夹泥膨胀，固结快剪	15	0.28	0.003					0.93	0.49
T_1^2	钙质粉细砂岩	泥质粉砂岩，片状不连续	4/1	50×50	未限制夹泥膨胀，固结快剪	15	0.38	0.0032					0.98	0.49
T_1^4	钙硅质细砂岩	粉砂质页岩，1～45mm，部分泥膜，含水量6.8%～12.3%	8/2	50×50	未限制夹泥膨胀，固结快剪	15	0.37	0.005					2.06	1.47
T_1^4	钙硅质细砂岩	泥化夹层，可塑，厚10～45mm，上下粉砂质黏土岩，含水量7.4%～15.9%	10/2	70×70	混凝土块砌筑限制夹泥膨胀，固结快剪	7～14	0.23	0.004			0.295	0.056	0.98	0.54
T_1^4	钙硅质细砂岩	泥化夹层，可塑，厚10～45mm，上下粉砂质黏土岩，含水量7.4%～15.9%	3/1	70×70	未限制夹泥膨胀，固结快剪，比较试验	7～14	0.19	0						
T_1^4	钙硅质细砂岩	泥化夹层，可塑，厚10～45mm，上下粉砂质黏土岩，含水量7.4%～15.9%	7/2	100×100	外锚筋法限制夹泥膨胀，测定孔隙水压力消散的固结慢剪	150～180	0.25	0.005						
T_1^4	钙硅质细砂岩	碎屑泥和泥，厚度2～10mm	10/2	70×70	外锚筋法限制夹泥膨胀，固结快剪	30～45	0.28	0.02					1.22	1.47
T_1^5	钙质粉细砂岩	泥化夹层，可塑，厚度10～26mm，上下黏土质页岩，含水量10.7%～16.5%	10/2	70×70	外锚筋法限制夹泥膨胀，固结快剪	30～45	0.23	0.013	0.21	0	0.295	0.073	0.22	0.39
T_1^5	钙质粉细砂岩	泥化夹层，可塑，厚度10～26mm，上下黏土质页岩，含水量10.7%～16.5%	3/1	70×70	未限制夹泥膨胀，固结快剪，比较试验	30～45	0.19	0.013						
T_1^5	钙质粉细砂岩	泥化夹层，可塑，含少量粉砂和岩屑，厚度5～40mm，	11/2	70×70	外锚筋法限制夹泥膨胀，固结快剪	30～45	0.23	0.005	0.22	0			0.49	0.59
T_1^5	粉砂岩细砂岩	泥化夹层，厚度40mm，部分5～30mm	27/7	20×20	室内中剪，固结慢剪	真空抽气	0.24～0.258	0.022～0.04						
T_1^3	粉砂岩黏土岩	泥化夹层，可塑，厚度20～60mm，下部含粉砂岩碎屑	8/2	50×50	未限制夹泥膨胀，固结快剪	15	0.18	0.003						
T_1^3	粉砂岩黏土岩	薄层泥化夹层，厚度1～5mm，中间页岩，上下泥膜1mm	8/2	50×50	未限制夹泥膨胀，固结快剪	15	0.49	0.017						

表 5.7-14　　葛洲坝水利枢纽软弱夹层主要地质特征

软弱夹层类型 代号		软弱夹层类型 名称	代表性软弱夹层	主要特征	抗剪强度参数采用值 f	抗剪强度参数采用值 c (kPa)
Ⅰ		普遍泥化的黏土岩夹层	129、130、202、227、230、308	原岩为黏土岩，受层间剪切破坏严重，构造分带较明显，普遍存在一个较稳定且分布广的泥化带，泥化面较平直光滑，矿物成分以伊利石、蒙脱石、高岭石和绿泥石为主，小于2μm颗粒含量占30%～61%	0.17～0.20	5
Ⅱ	Ⅱ₁	局部具泥化的黏土岩夹层	114～120、123～128、131、132、201、203、208～210、212～214、218、219、222、225、228、229、302、312、319	为黏土岩及粉砂质黏土岩，夹层厚度薄，分布范围有限，后期剪切破坏发育不完善，一般无构造分带性，泥厚仅数毫米至泥膜	泥化 0.22～0.28 未泥化 0.30	泥化 5 未泥化 25
Ⅱ	Ⅱ₂	零星泥化的黏土岩夹层	121、126、204、205、211、221、223、224、303	为黏土质粉砂岩及黏土岩，大多呈透镜状或条带状，分布面积小，受构造破坏轻微，一般无构造分带性，仅具零星泥化点，大多为原岩夹层性状	0.28～0.30	25
Ⅲ		砾状黏土岩或碎屑状黏土岩夹层	206、207、216、217、220、306、313、318	由黏土岩类砾石密集重叠排列，粒径一般1～2cm，个别达10～15cm，砾石间充填砂粒。这类夹层岩性变化可由砾状黏土岩变为炭质条带或黏土岩，甚至尖灭。另一种表现形式为黏土岩碎屑密集分布于粉砂岩中，又称之为碎屑状黏土岩夹层，此类夹层除产生零星泥化外，不具备大面积的泥化条件	0.35	25
Ⅳ		含炭质条带的页状云母粉砂岩夹层	231、321	为含炭质条带的页状云母粉砂岩夹层，页理发育，层面结合不牢，失水脱开，遇水变软	0.35	25
Ⅴ	Ⅴ₁	局部泥化的含零星黏土岩条带的粉砂岩夹层	112、113	为夹于砂岩或砂砾岩中的粉砂岩，中有黏土岩条带或透镜体，层位稳定，厚度一般1～3m，夹层受剪切破坏明显，往往形成延伸范围较大的剪切面并具泥化	泥化 0.25～0.28 未泥化 0.30～0.45	30
Ⅴ	Ⅴ₂	粉砂岩夹黏土岩透镜体的夹层	215、226、301、304、305、307、309、310、311	为夹于砂岩层中的粉砂岩，粉砂岩中夹黏土岩条带或透镜体，层位稳定，厚度一般1～5m，沿黏土岩条带有剪切破坏，并具零星泥化	泥化 0.25～0.28 未泥化 0.30～0.45	30

表 5.7-15　　葛洲坝水利枢纽软弱夹层物理性指标

夹层编号	部位	含水量 (%)	干密度 (g/cm³)	液限 (%)	塑限 (%)	塑性指数 (%)	黏粒含量(%) <5μm	黏粒含量(%) <2μm	碳酸盐含量(%)	主要矿物成分
202	节理带	9.1	2.2	29	16	13	35	16	13.1	伊利石为主，次为蒙脱石、绿泥石、高岭石
	劈理带	12.9	2.02	30	16	14	54	36	11.3	
	泥化带	25	1.63	33	17	16	56	38	10.9	
	劈理带	11.9	2.07	30	17	13	54	36		
	节理带	9	2.19	27	14	13	35	16		

续表

夹层编号	部位	含水量（%）	干密度（g/cm³）	液限（%）	塑限（%）	塑性指数（%）	黏粒含量（%）		碳酸盐含量（%）	主要矿物成分
							<5μm	<2μm		
227	节理带	34	1.36	70	39	31	36	18	10.1	蒙脱石为主，次为伊利石
	泥化带	43.7	1.25	63	34	29	50	35	7.9	
	节理带	9.5	2.2	31	20	29	35	20	14.9	
308	节理带	33.5	1.43	33	17	16	51	31	5.9	蒙脱石为主，次为伊利石
	泥化带（红）	37	1.3	65	36	29	49	32	3.3	
	泥化带（白）	36.4	1.34	66	37	29	69	53	4.3	
	节理带	12	2.13	32	20	12	45	25	11.7	
218	节理带	12.5	2.05	42	21	21	63		5.9	伊利石为主，次为蒙脱石、高岭石

表 5.7-16　葛洲坝水利枢纽软弱夹层抗剪强度参数

夹层类别	夹层编号	夹层性状	峰值强度		屈服强度	
			f	*c*（kPa）	*f*	*c*（kPa）
黏土岩泥化夹层	202	1～5mm 塑性泥，上下两侧 2～5cm 黏土岩软化带，光滑擦痕，黏团高度定向排列，厚几十微米至 300μm 剪切带定向区。含水量 24.8%，液限 32%、塑限 16.4%，黏粒（<0.005mm）含量 54%，矿物成分为伊利石、蒙脱石、高岭石	0.204	31.36	0.19	9.80
	219	含水量 22.1%，液限 35%、塑限 15%，黏粒（<0.005mm）含量 38%，矿物成分为伊利石、蒙脱石、高岭石	0.44	31.36	0.30	4.90
	218	含水量 46.8%，液限 38.55%、塑限 20.2%，黏粒（<0.005mm）含量 60%，矿物成分为伊利石、蒙脱石、高岭石	0.23	9.8	0.16	4.90
	213	含水量 31%，液限 28.8%、塑限 15.5%，黏粒（<0.005mm）含量 34.8%，矿物成分为伊利石、蒙脱石、高岭石	0.30	24.5	0.24	11.76
	212	黏粒（<0.005mm）含量 31%	0.35	34.3	0.30	29.4
	212		0.54	58.8	0.32	19.6
	131	含水量 34%，液限 37%、塑限 20%，黏粒（<0.005mm）含量 60%，矿物成分为伊利石、蒙脱石、高岭石	0.22	19.6	0.20	12.74
	132	含水量 36%，黏粒（<0.005mm）含量 74%，矿物成分为伊利石、蒙脱石、高岭石	0.22	14.7	0.20	9.80
	132		0.28	29.4	0.25	22.54
黏土岩软弱夹层	313	含水量 11.3%，液限 35%、塑限 17%，黏粒（<0.005mm）含量 49%，矿物成分为伊利石、蒙脱石、高岭石	0.48	166.6	0.42	104.86
	313		0.32	117.6	0.26	66.64
砾状黏土岩夹层	113	含水量 14%，液限 33%、塑限 20%，黏粒（<0.005mm）含量 43%，矿物成分为伊利石、蒙脱石、高岭石	0.40	39.2	0.36	14.7
	307	含水量 81.3%，液限 18.6%、塑限 17%，黏粒（<0.005mm）含量 43%，矿物成分为伊利石、蒙脱石、高岭石	0.39	68.6	0.39	68.6
	307		0.43	58.8	0.37	19.6

弱夹层经渗水后的密度、含水量及抗剪强度。根据试验结果，分析软弱夹层的物理化学性质和抗剪强度的变化，推断其工程性质的演变趋势。主要研究成果如下：

(1) 软弱夹层具有明显渗流层状分带现象和渗流集中的特点，各带的渗透性差别很大。泥化带渗透系数很小，约为 $10^{-9} \sim 10^{-5}$cm/s，是不透水的；劈理带的渗透系数约为 $10^{-5} \sim 10^{-3}$cm/s；节理带（或影响带）渗透系数大于 10^{-3}cm/s，透水性良好。

(2) 节理带结构稳定，在 5m 水头作用下渗水 900d 后，渗出水的阴阳离子含量及可溶盐含量与渗入水无明显差异，性状未因渗水而恶化。劈理带呈糜棱粉状或鳞片状，裂隙发育，有利于水的活动交替，其抗剪强度受渗水作用影响较大，如 308 号、218 号劈理带泥化物，抗剪强度随渗水时间增长有降低趋势（见表 5.7-17）。

(3) 202 号泥化夹层试验最大比降 5～10，临界破坏比降 3.5～5（见表 5.7-18）。

5. 试验方法对软弱夹层抗剪强度的影响研究

进行了不同试验尺寸和不同试验方法的比较研究（见表 5.7-19），成果表明：常规尺寸原位快剪与室内中型快剪比较，$\frac{f_{大}}{f_{中}}=0.65 \sim 0.99$，$\frac{c_{大}}{c_{中}}=0.40 \sim 0.86$；常规尺寸原位流变剪与快剪比较，$\frac{f_{流变}}{f_{快}}=0.91$，$\frac{c_{流变}}{c_{快}}=0.50$；大尺度原位快剪与常规尺寸原位快剪比较，$\frac{f_{大尺度}}{f_{常规尺寸}}=0.85$，$\frac{c_{大尺度}}{c_{常规尺寸}}=0.08$。

6. 软弱夹层剪切流变（长期强度）研究[45]

对 202 号泥化夹层进行了现场剪切流变试验。研究成果表明：202 号泥化夹层具有明显的流变特征，位移随时间的增长可达到瞬时位移的 30%～200%；长期剪切强度明显降低，与峰值强度的比值为 0.3～0.6，长期强度参数 $f_{\infty}=0.204$，$c_{\infty}=30$kPa。

7. 软弱夹层抗剪强度参数取值研究[45]

对 202 号泥化夹层进行了快剪试验、流变试验以及大尺度原位抗剪强度试验。现场 18m² 大尺度原位剪切试验的剪切位移达 10cm，经受位移错动后泥化面的粒团已完全定向排列，因而试验结果可作为残余强度，与长期强度基本相同。流变试验结果表明，泥化夹层抗剪强度会随时间变化，黏聚力 c 随时间显著降低，极限值趋于 0，摩擦系数降低 14%。202 号泥化夹层设计实际采用参数为 $f=0.20$，$c=0$。

各类软弱夹层抗剪强度参数及变形模量采用值列于表 5.7-20 中。

表 5.7-17 葛洲坝水利枢纽软弱夹层渗压下抗剪强度变化

夹层编号	夹层性状	渗透状态	渗水方式	渗水时间	比降	峰值强度		残余强度	
						f	c (kPa)	f	c (kPa)
308	劈理带泥状软化物	原状	未渗水			0.36	57	0.33	0
		渗透原状样	平行层面渗水	90d	14	0.32	53	0.30	0
				180d	14	0.30	50	0.27	0
218	劈理带泥状软化物厚 0.1～1cm	原状	未渗水			0.28		0.25	
		渗透原状样	平行层面渗水	200d	2	0.23		0.21	

表 5.7-18 葛洲坝水利枢纽 202 号全泥型泥化夹层渗透变形试验成果

试验方法	夹层编号	试验历时 (d)	试验用水	第一级		临界破坏比降		试验最大比降
				比降	渗透系数 (cm/s)	比降	渗透系数 (cm/s)	
室内水平渗透试验	葛 202－1	308	长江水	0.65	不连续出水	4	8.6×10^{-6}	5
	葛 202－3	329	地下水	0.44	不连续出水	5	3.16×10^{-7}	7
	葛 202－4	618	长江水	0.94	不连续出水			10
	葛 202－2	657	长江水	0.56	7.4×10^{-7}			9
现场试验	葛 202	40	长江水	1.72		3.5～5		6.4

表 5.7-19　　葛洲坝水利枢纽202号泥化夹层抗剪试验方法和尺寸影响

试验方法	剪切面尺寸	抗剪参数	
		f	c (kPa)
大尺度原位快剪	1060cm×170cm	0.192	5
常规尺寸原位流变剪	50cm×60cm	0.204	30
常规尺寸原位快剪	50cm×60cm	0.225	60
室内中型快剪	25cm×25cm	0.228	70
室内土工试验	32cm^2	0.24	21

表 5.7-20　　葛洲坝软弱夹层抗剪强度参数及变形模量采用值

夹层类型	抗剪强度		变形模量 (MPa)
	f	c (kPa)	
Ⅰ类：普遍泥化的黏土岩夹层 (202、208、227、308)	0.18～0.20	0～5	10
Ⅱ$_1$类：黏土岩夹层泥化区 (201、210、210－1、203、211、212、208)	0.25～0.28	20	10
Ⅱ$_2$类：零星泥化点	0.25～0.28	20	
Ⅱ$_2$类：黏土岩夹层	0.30	25	40～80
Ⅲ类：砾状黏土岩或黏土岩团块夹层	0.35	50	150
Ⅳ类：含炭质条带页状粉细砂岩夹层	0.35	30	

5.8 岩体声学特性

5.8.1 岩体弹性波测试方法

获取岩体声学特性的手段是岩体弹性波测试，其理论依据是弹性波在固体介质中传播的波动理论。岩体的声学性质与岩体的物理力学性质和结构特征密切相关，激发同一类型的波，在不同类型岩体中传播，接收的波形特征不同。一般完整、致密的坚硬岩体，波在其中传播速度快，能量衰减慢，高频成分相对丰富；而破碎、疏松和软弱岩体，波的传播速度慢，能量衰减相对较快。

根据岩体弹性波测试频率范围，将弹性波分为地震波（频率小于5kHz）、声波（频率5～20kHz）和超声波（频率大于20kHz）三类。这种将地震波、声波和超声波用于岩石力学研究的测试方法又称为广义声波法。

岩体（块）声波测试是通过向岩体（块）中激发不同频率范围的声波信号，在岩体（块）中传播后并被安装在岩体表面或内部的声波换能器或传感器所接收，以获得声波信号中所包含的声学信息，如波速、振幅和频率等参数。

5.8.1.1 岩块声波测试

岩块声波测试主要采用穿透法。试件尺寸D和采用的声波频率（相应的波长λ）一般应满足以下要求：

$$D \geqslant 2\lambda \tag{5.8-1}$$

$$\lambda = \frac{V}{f} \tag{5.8-2}$$

式中　D——试件直径或最小横向尺寸，m；

λ——波长，m；

V——弹性波速度（纵波V_p或横波V_s），m/s；

f——频率，Hz。

岩石纵波、横波速度计算公式如下：

$$V_p = \frac{L}{T_p - T_0} \tag{5.8-3}$$

$$V_s = \frac{L}{T_s - T_0} \tag{5.8-4}$$

式中　V_p——纵波速度，m/s；

V_s——横波速度，m/s；

L——发射与接收换能器中心点间的距离，m；

T_p——纵波在试件中的传播时间，s；

T_s——横波在试件中的传播时间，s；

T_0——仪器系统的延迟时间，s。

岩石吸收衰减系数计算公式为

$$\alpha=\frac{1}{L}\ln\frac{A_0}{A_1} \quad (5.8-5)$$

式中 A_0——开门信号的初始振幅，dB；

A_1——仪器接收到的首波信号的振幅，dB。

5.8.1.2 岩体声波测试

岩体声波测试包括岩体波速测量法和衰减测量法，岩体波速测量法又包括纵波速度测量法和横波速度测量法。岩体声波测试的主要方法如图 5.8-1 所示。

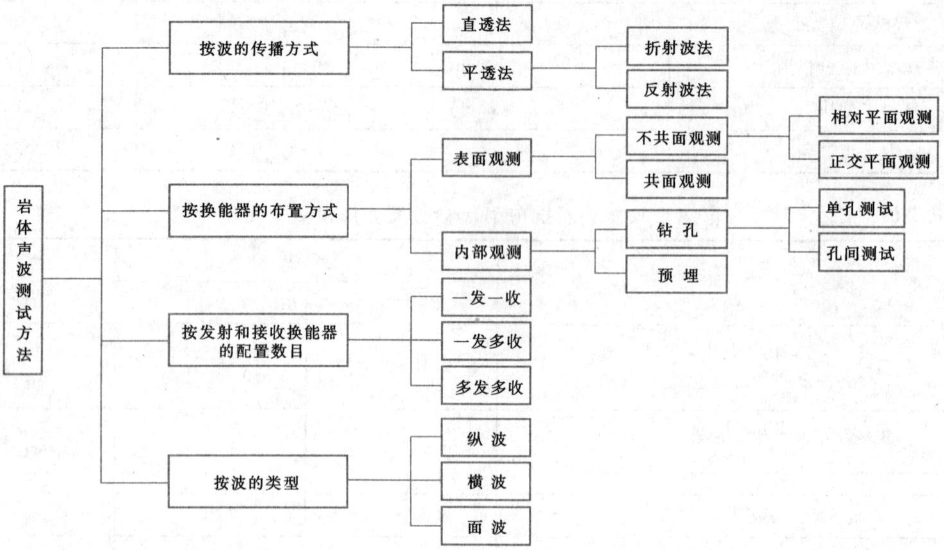

图 5.8-1 岩体声波测试的主要方法

5.8.2 岩体动弹性参数

岩体动弹性参数包括动弹性模量、动泊松比、动剪切模量、动拉梅系数和动体积模量。基于弹性波动理论，可以根据纵波、横波速度按下述公式计算。

5.8.2.1 动弹性模量 E_d 和动泊松比 μ_d[3,48]

(1) 对于符合各向同性或近似各向同性岩体，被测介质最小尺寸大于或等于纵波波长 5～10 倍，即 $D\geqslant(5\sim10)\lambda$，可按下列无限介质传播公式计算：

$$E_d=\rho V_p^2\frac{(1+\mu)(1-2\mu)}{1-\mu}\times10^{-3} \quad (5.8-6)$$

式中 V_p——岩体纵波速度，m/s；

ρ——岩体密度，g/cm³；

μ——岩体泊松比；

E_d——岩体动弹性模量，MPa。

(2) 对于层状岩体，垂直层面测量单一岩层时，当纵波波长大于或等于层厚 2～3 倍，即 $\lambda\geqslant(2\sim3)D$ 时，可按下列无限大的薄板公式计算：

$$E_d=\rho V_p^2(1-\mu)(1+\mu)\times10^{-3} \quad (5.8-7)$$

(3) 对于现场岩芯，当岩芯的纵波波长大于或等于岩芯直径的 2～3 倍，即 $\lambda\geqslant(2\sim3)D$ 时，可按细的无限长的杆件公式计算：

$$E_d=\rho V_p^2\times10^{-3} \quad (5.8-8)$$

(4) 动泊松比 μ_d 按下列公式计算：

$$\mu_d=\frac{\left(\frac{V_p}{V_s}\right)^2-2}{2\left[\left(\frac{V_p}{V_s}\right)^2-1\right]} \quad (5.8-9)$$

式中 V_s——岩体横波速度，m/s。

5.8.2.2 其他动弹性参数

岩体其他动弹性参数计算公式如下：

$$G_d=\rho V_s^2\times10^{-3} \quad (5.8-10)$$

$$\lambda_d=\rho(V_p^2-2V_s^2)\times10^{-3} \quad (5.8-11)$$

$$K_d=\frac{\rho(3V_p^2-4V_s^2)}{3}\times10^{-3} \quad (5.8-12)$$

式中 G_d——岩体动剪切模量，MPa；

λ_d——岩体动拉梅系数，MPa；

K_d——岩体动体积模量，MPa。

5.8.3 岩体声波参数

岩体声学性质一般包括岩体（含岩块）的纵波、横波速度（V_p、V_s）、吸收衰减系数（α_p、α_s）以及各自的基本频率特征（f_p、f_s）。

岩体为赋存于一定地质环境中的结构体。一般情况下，同一类岩体中岩体波速小于岩块波速。常见岩体（石）波速值见表 5.8-1[49]，某些典型工程的岩体波速值见表 5.8-2[50]。

表 5.8-1 岩体（石）弹性波速度 单位：m/s

类别	岩石名称	纵波速度	横波速度
松散层	砂质黏土	300～900	200～500
	干砂、砾石	200～800	100～500
	饱水砂砾石	1500～2500	
沉积岩	砾岩	1500～4200	900～2500
	泥质灰岩	2000～4000	1200～2300
	硅质石灰岩	4400～4800	2600～3000
	致密石灰岩	2500～6100	1400～3500
	页岩	1300～4000	800～2300
	砂岩	1500～5500	900～3200
	致密白云岩	2500～6000	1500～3600
	石膏	2100～4500	1300～2800
变质岩	片麻岩	6000～6700	3500～4000
	大理岩	5800～7300	3500～4700
	石英岩	3000～5600	2800～3200
	片岩	5800～6400	3500～3800
	板岩	3600～4500	2100～2800
	千枚岩	2800～5200	1800～3200
岩浆岩	花岗岩	4500～6500	2400～3800
	闪长岩	5700～6400	2800～3800
	玄武岩	4500～7500	3000～4500
	安山岩	4200～5600	2500～3300
	辉长岩	5300～6500	3200～4000
	辉绿岩	5200～5800	3100～3500
	橄榄岩	6500～8000	4000～4800
	凝灰岩	2600～4300	1600～2600

表 5.8-2 典型工程现场实测岩体纵波速度

工程名称	岩体描述		纵波速度 V_p (m/s)
龚嘴水电站	花岗岩	新鲜	>5000
		微风化	4000～5000
		弱风化	3000～4000
		强风化	2000～3000
龙羊峡水电站	花岗闪长岩	新鲜	>6000
		微风化	4000～6000
		弱风化	3000～4000
		强风化	2000～3000

续表

工程名称	岩体描述		纵波速度 V_p (m/s)
三峡水利枢纽（太平溪坝址）	石英闪长岩	新鲜	>5500
		微风化	5000～5500
		弱风化	4000～5000
		强风化	3000～4000
三峡水利枢纽（三斗坪坝址）	闪云斜长花岗岩	新鲜～微风化	4000～6250
		弱风化下段	3300～6100
		弱风化上段	2000～5400
		强风化	1700～3400
		全风化	300～427
铜街子水电站	玄武岩	完整	4000～5000
		中等完整	3000～4000
		破碎	2000～3000
		断层带	1000～2000
鲁布革水电站	白云岩、石灰岩	完整	>5500
		中等裂隙	4500～5500
	泥灰岩	质硬，较完整	>4500
		质软，节理发育	3500～4500
隔河岩水电站	寒武下统薄层条带灰岩	完整	≥4000
		溶蚀或裂隙	1800～3500
		断层	1700～4000
	中厚层白云质斑状灰岩	完整	5600
		溶蚀或裂隙	<3900
		断层	1800～3000
水布垭水电站	灰岩	新鲜	3200～4700
		微风化～弱风化	1800～3200
		强风化	1200～1800

5.8.4 工程应用

5.8.4.1 岩体变形模量与动弹性模量（波速）经验关系

动力法测试快速、简便、费用低，而静力法测试周期长、费用高。但由于动力法与静力法测试机理不同，导致了两种方法获得的动、静力学参数值存在着一定差别。因此，国内外岩石力学和工程地质工作者试图采用岩体声波测试获得的波速，通过理论公式计算岩体的动参数值，再与静力法试验获得的静力学参数值进行对比，建立动、静力学参数的相关关系，以期通过动力法测试获得相应的静力学参数，达到缩短试验周期和节省工程费用的目的。经验拟合公式与岩体的岩性、测试场址地质条件等有关。对于同一工程岩体的相同地质单元，可利用获取的拟合公式，经声波测试了解更多的岩体力学特性信息。

对于有条件的工程，特别是大型水利水电工程，建议在现场针对相关岩类布置一定数量的试点进行对比测试，从而找出该工程代表性岩体的动、静对比相关关系。

三峡水利枢纽闪云斜长花岗岩的动、静弹模相关关系式为

$$E_s = 0.0038V_p^{5.14} \quad (R = 0.952)$$

$$E_s = 0.0808E_d^{1.55} \quad (R = 0.956)$$

式中　E_s——静弹性模量。

对岩体动、静弹性模量的相关关系研究表明，动、静弹性模量之间的差异与岩性有关。坚硬完整岩体，$\frac{E_d}{E_s}$较小，比值一般为1～7，随E_s增大，比值接近1；软弱破碎岩体，$\frac{E_d}{E_s}$较大，比值一般为5～20。表5.8-3为部分水利工程现场动、静岩体弹性模量成果汇集表[50]。

5.8.4.2　岩体风化与结构分类

1. 岩体风化分类

《水利水电工程地质勘察规范》(GB 50487—2008)和《水力发电工程地质勘察规范》(GB 50287—2006)中，将风化岩石与新鲜岩石纵波速度之比K_f作为岩体风化带划分的定量测试依据，并与主要地质特征定性描述配套使用，作为岩体风化带划分的依据，见表5.8-4。K_f的表达式为

$$K_f = \frac{V_{p(风化)}}{V_{p(新鲜)}} \tag{5.8-13}$$

式中　K_f——岩石风化系数；

$V_{p(风化)}$——风化岩体的纵波速度，m/s；

$V_{p(新鲜)}$——新鲜岩体的纵波速度，m/s。

表5.8-3　　部分工程动、静弹性模量现场测试结果

工程名称	岩　性	静弹性模量(GPa)	动弹性模量(GPa)	$\frac{E_d}{E_s}$
隔河岩水电站	灰岩（1组）	23.4	50.1	2.14
	灰岩（2组）	14.5	32.8	2.36
丹江口水利枢纽	变质绿灰岩	36.0	52.3	1.45
	砾状绿泥石片岩	13.0	23.4	1.80
	绿泥石云母片岩	9.8	20.4	2.08
	石英片岩夹绿泥石片岩	5.05	23.5	4.65
偏窗子水电站	长石砂岩（1组）	8.32	16.7	2.01
	长石砂岩（2组）	12.7	24.8	1.95
	长石砂岩（3组）	7.25	15.3	2.11
	砂岩夹云母片岩	5.37	14.0	2.61
	砂砾岩	2.11	12.8	6.1
	砂质黏土岩	1.93	13.1	6.8
宝珠寺水电站	砾钙质粉砂岩	23.8	48.0	2.02
乌江渡水电站	新鲜完整玉龙山灰岩	34	52.0	1.53
	九级滩页岩	23.5	39.0	1.61
	玉龙山薄层灰岩（垂直层面）	3.1	34.7	11.4
	玉龙山薄层灰岩（垂直层面）	2.8	29.7	10.6
	玉龙山层灰岩（顺层面）	10.8	46.6	4.32
	玉龙山层灰岩（顺层面）	13.4	55.8	4.16
万安水电站	微风化中细粒砂岩	16.4	32.0	1.95
	弱风化中细粒砂岩	17.4	56.8	3.26
	弱风化中细粒砂岩	2.4	11.0	4.58
	弱风化中细粒砂岩	2.1	17.6	8.4
	断层破碎带	0.4	5.78	11.0

表 5.8-4　　K_f 与岩体风化带的对应关系

K_f	＜0.4	0.4～0.6	0.6～0.8	0.8～0.9	0.9～1.0
	＜0.4	0.4～0.6	0.6～0.8	0.8～1.0	
风化带	全风化	强风化	弱风化（中等风化）	微风化	新鲜

表 5.8-5　　K_v 与岩体完整程度对应关系

K_v	＞0.75	0.75～0.55	0.55～0.35	0.35～0.15	＜0.15
完整程度	完整	较完整	较破碎	破碎	极破碎

2. 岩体结构分类

《工程岩体分级标准》（GB 50218—94）针对同一岩体区域岩体弹性纵波与取样测定的岩石弹性纵波的差异，定义岩体完整性系数 K_v，并作为划分岩体结构类型的主要定量指标，见表 5.8-5。

5.8.4.3 洞室围岩与边坡卸荷松动范围测试

1. 围岩松动圈测试

围岩松动圈厚度及其围岩性状是隧洞设计与评价围岩稳定性的重要参数。声波速度变化是反映岩体性状变化的综合定量指标。因此，可以利用岩体波速变化评估围岩松动圈（层）的厚度和围岩性状。

洞室开挖引起应力重分布。隧洞壁由近及远，依次出现应力松弛带、应力集中带和未扰动带（原岩区）[见图 5.8-2（a）]；在波速分布曲线上，相应地依次出现波速下降带、波速上升带和波速恒定区［见图 5.8-2（b）］。受围岩应力状态、岩性、岩体结构、洞径大小以及施工方法等多种因素的影响，实测的波速曲线形态规律不同，松动圈厚度也不同。表 5.8-6 为部分洞室围岩的松动圈厚度测试结果[50]。

2. 边坡卸荷松弛带测试

岩体边坡的开挖，一方面，改变了原岩边界条件

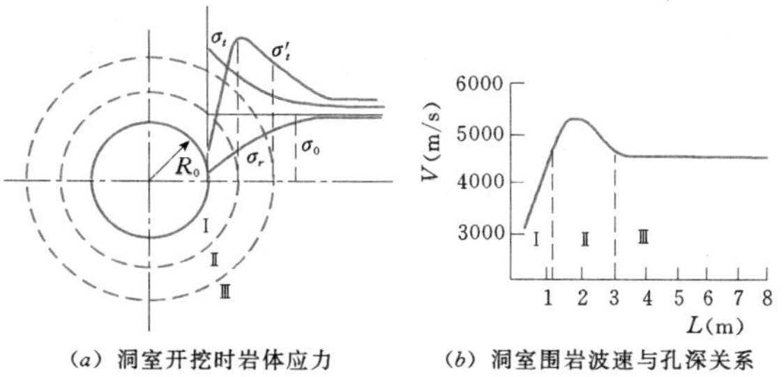

（a）洞室开挖时岩体应力　　（b）洞室围岩波速与孔深关系

图 5.8-2　洞室围岩应力分布图

Ⅰ—应力松弛带；Ⅱ—应力集中带；Ⅲ—未扰动带（原岩区）；σ_0—岩石初始应力；R_0—洞室半径；σ_t—开挖后切向应力（不考虑松弛）；σ_r—开挖后径向应力；σ'_t—开挖后切向应力（考虑卸荷松弛）；L—孔深

与荷载条件，造成临空面附近岩体应力重分布；另一方面，爆破开挖对保留区岩体造成松动甚至破坏，形成松弛区。在三峡水利枢纽永久船闸施工期安全监测中，采用声波检测及时提供爆破开挖后坡面岩体松弛带厚度，为系统锚杆设计提供合理依据。

三峡水利枢纽永久船闸高边坡一期开挖完成后（开挖到高程 170.00m）松弛带厚度的测试结果见表 5.8-7[51]。

5.8.4.4 工程岩体质量检测与评价

工程岩体质量与岩体动静力学参数之间存在一定的相关关系。一般情况下，岩体越完整，其波速越高，质量越好；反之，岩体越破碎，其波速越低，质量越差。因此，利用对工程岩体测试所获得的动、静参数的分析，可以进行工程岩体质量分级，并对岩体质量进行定量评价。

1. 岩体质量分级指标

《工程岩体分级标准》（GB 50218—94）将岩体完整性系数 K_v 值作为岩体基本质量分级指标 BQ 计算公式中的两个主要指标之一，BQ 计算结果作为定量评价工程岩体质量的基本依据。

2. 三峡水利枢纽坝基建基面岩体质量评价

基于岩体质量与岩体弹性波速之间的相关关系，在三峡水利枢纽混凝土大坝施工过程中，进行了系统的建基面弹性波测试。从岩体完整性、岩体强度、岩体渗透性、岩体变形特性、岩体结构面特性五个方面，按定性与定量相结合的方法，将三峡坝基岩体分为五级：

A 级（优质岩体），新鲜～微风化闪云斜长花岗岩、闪长岩；

B 级（较优质岩体），弱风化下段岩体和断裂带两侧的次块状岩体；

C 级（中等岩体），断裂影响带及胶结坚硬的构造岩；

D级（差岩体）、E级（极差岩体），为较弱构造岩，呈碎裂结构。

由建基面检测的大量数据统计分析各级岩体弹性波特征值见表5.8-8[9]。

3. 水布垭水电站面板堆石坝岩体质量评价[52]

水布垭水电站面板堆石坝最大坝高233m，为目前世界第一高面板堆石坝。采用岩体弹性波测试、岩石抗压强度试验等手段，对趾板建基面1.5万m^2岩体进行了弹性波测试，对趾板岩体质量进行了评价。趾板建基面岩体质量弹性波测试、岩体完整性系数K_v值统计与岩体基本质量指标BQ值统计结果分别见表5.8-9～表5.8-11。

表5.8-6　　部分洞室围岩的松动圈厚度测试结果

序号	洞室尺寸(m)	岩石名称	实测厚度		试验方法	未松动岩体波速 V_p(m/s)
			应力松弛带	应力集中带		
1	直径5.5	石灰岩	0.7～1.0m	0.7～2.0m	声波法	
2	直径8.8	黑云母花岗岩	0.9m	2.0～2.2m	地震法	
3	直径12.0	花岗闪长岩	0.7～1.5m	1.8～3.8m	地震法	
4	直径2.8	微风化花岗闪长岩	0.6m		声波法	5000
5	高10～24 宽20～50	前震旦纪花岗岩	0.5～1.6m，个别部位达到3.4m		声波法	4800
6	高5.0 宽14～16	白垩纪花岗岩	0.6m，个别部位达到1.6m		声波法	5100
7	直径6.0	花岗岩	0.75～1.2m		声波法	5000
8	直径3.4	寒武纪白云岩	0.5m边墙 0.4～0.6m，预裂爆破 0.8m，光面爆破 1.0～1.2m，普通爆破		声波法	6000
9	高6.4 宽5.3	奥陶纪石灰岩	1.0～1.5m		声波法	4500
10	高4.0 宽2.0	前泥盆纪变质砂岩	0.3m，完整性好的岩体 1.0～1.4m，完整性差、软弱结构面发育的岩体		声波法	5000～5400 5000～5400

表5.8-7　　三峡水利枢纽永久船闸监测断面松弛带厚度测试结果

部位	南坡			北坡		
高程（m）	215.00～200.00	200.00～185.00	185.00～170.00	215.00～200.00	200.00～185.00	185.00～170.00
松弛带厚度范围（m）	0.2～5.0	0.2～4.0	0.6～5.0	0.2～4.0	0.4～4.4	0.8～5.0
松弛带厚度均值（m）	2.26	1.74	2.28	2.09	2.14	2.41

表 5.8-8　三峡水利枢纽坝区各级岩体弹性波速　单位：m/s

岩体类别	地震波速度				声波速度			
	最大值	最小值	平均值	集中分布范围	最大值	最小值	平均值	集中分布范围
A级	5405	3704	4809	5200～4700	6060	3434	5465	5850～5300
B级	5333	3636	4481	5200～4200	5882	3019	5234	5600～5100
C级	5263	3470	4072	4700～3200	5882	2730	5069	5500～4600
D、E级			<2500	3200～2500			<2750	

表 5.8-9　水布垭水电站岩体弹性波速测试结果

测线方向	V_p 分布区间（m/s）	平均值（m/s）	V_p 在区间所占比例（%）				
			<2500m/s	2500～3000m/s	3000～3500m/s	3500～4000m/s	>4000m/s
顺岩层	1000～5660	3991	5.1	7.9	13.0	22.2	51.8
垂直岩层	1079～6000	3890	6.5	7.4	16.2	25.4	44.5

表 5.8-10　水布垭水电站岩体完整性系数 K_v 值统计结果

完整程度	完整	较完整	较破碎	破碎	极破碎
K_v	>0.75	0.75～0.55	0.55～0.35	0.35～0.15	<0.15
所占比例（%）	24.6	31.6	22.3	14.3	0.9

表 5.8-11　水布垭水电站岩体基本质量指标 *BQ* 值统计结果

质量级别	Ⅰ	Ⅱ	Ⅲ	Ⅳ	Ⅴ
BQ	>550	550～451	450～351	350～251	<250
所占比例（%）	17.1	47.0	22.5	12.6	0.8

5.9 岩体初始应力

岩体初始应力又称为地应力，是蓄存在岩体内部未受扰动的天然应力状态。岩体初始应力和地应力称谓分别源于工程领域和地学领域，虽然混用，但地应力的范畴更广，可以包含地球动力学中的地壳应力场或区域构造应力场。与岩体初始应力相对应，岩体受到开挖扰动影响或施加建筑荷载后发生重新分布的应力称为岩体二次应力。

岩石工程中的地应力研究受到普遍重视，主要得益于近30年来地应力测试技术特别是深钻孔测试技术的发展。目前，地应力测量已成为大型岩石工程地质勘察的一项基本工作，施工期的应力监测也成为工程安全监测的重要内容。

5.9.1 岩体初始应力测量的主要方法

岩体初始应力测量方法依据其测量原理不同，主要分为直接测量法和间接测量法两类。

直接测量法是由测量仪器直接测量和记录各种应力量，如补偿应力、恢复应力和平衡应力等，并通过计算获得测点的应力值。在计算过程中，不涉及各种物理量的换算，不需要知道岩石的物理力学性状和应力应变关系。表面应力恢复法、水压致裂法属直接测量法。间接测量法不是直接测量应力量，而是测量岩体中某些与应力有关的间接物理量的变化，如岩体中的变形或应变等，通过弹性理论公式计算岩体应力。在应力计算过程中，要求输入岩体的某些物理力学性质以及所测物理量与应力的相互关系等。各种应力解除法属间接测量法。

依据国际岩石力学学会试验方法委员会建议方法及《水利水电工程岩石试验规程》（SL 264—2001）等标准，以下介绍五种岩体初始应力测量方法[15,53-54]。

5.9.1.1 孔壁应变法

1. 测量方法与测试技术

孔壁应变法是利用电阻应变片作为传感元件，测量套钻解除后钻孔孔壁应变，根据弹性理论求解岩体内的三维应力状态。该方法适用于各向同性的完整、较完整岩体。在一个钻孔内一次成功的测试，即可确定测量点部位岩体的三维应力状态。

钻孔孔壁应变测量法所采用的应变计，主要有两种型式：一种是一般的钻孔三向应变计，主要以南非科学和工业委员会CSIR三向应变计及瑞典国家电力局水下深孔测量应变测试系统SSPB为代表，是把测量元件电阻丝应变片直接粘贴在钻孔的岩壁上。这种形式的应变计包括适合在地下洞室测量的浅钻孔三向应变计和适合在地面测量的深钻孔水下三向应变计。这两种应变计测量精度高，但操作复杂，对被测岩体完整性要求高，测量成功率低。另一种是空心包体式钻孔三向应变计，以澳大利亚联邦科学与工业研究组织CSIRO应变计为代表，是把测量元件电阻丝应变片粘贴在预制的环氧树脂薄筒上后，再浇注一层薄的环氧树脂层制成应变计，在进行应力测量时，再用环氧树脂黏结剂充填应变计与钻孔孔壁之间的空隙。这种空心包体式三向应变计操作方便，能适应完整性相对较差的岩体，而且测量成功率大大提高。不足之处是，在根据测试结果计算岩体应力时，涉及包裹体周围多种介质引起的计算修正问题。

在消化吸收国外技术的基础上，国内已发展了相应测量技术，如长江科学院开发的CJS—1型钻孔三向应变计、CKX—97型空心包体式钻孔三向应变计等。

2. 计算原理

孔壁应变法作为套钻孔应力解除法中的一种，是利用大口径钻头将岩芯与围岩分离出来，从而使得岩芯内原来承受的应力全部解除。根据在此过程中产生的应变和岩石的弹性常数，反演原来的应力状态。依据钻孔解除过程中布置于钻孔三向应变计内的3个应变丛的应变观测值，由弹性理论建立观测值方程组进行求解，即可获得钻孔给定坐标系下的三维应力值。

对钻孔三向应变计内布置3个应变丛，序号用i表示，对应的极角为θ_i，每个应变丛由3个（或4个）应变片组成，序号用j表示，对应的角度为φ_{ij}，各应变片的观测值为ε_k，观测值方程组为

$$E\varepsilon_k = A_{k1}\sigma_x + A_{k2}\sigma_y + A_{k3}\sigma_z + A_{k4}\tau_{xy} + A_{k5}\tau_{yz} + A_{k6}\tau_{zx} \tag{5.9-1}$$

其中

$$k = m_0(i-1)+j \quad (i=1\sim 3,\ j=1\sim m_0)$$

$$\left.\begin{aligned}
A_{k1} &= [K_1+\mu-2(1-\mu^2)K_2\cos 2\theta_i]\sin^2\varphi_{ij}-\mu \\
A_{k2} &= [K_1+\mu+2(1-\mu^2)K_2\cos 2\theta_i]\sin^2\varphi_{ij}-\mu \\
A_{k3} &= 1-(1+\mu K_4)\sin^2\varphi_{ij} \\
A_{k4} &= -4(1-\mu^2)K_2\sin 2\theta_i\sin^2\varphi_{ij} \\
A_{k5} &= 2(1+\mu)K_3\cos\theta_i\sin 2\varphi_{ij} \\
A_{k6} &= -2(1+\mu)K_3\sin\theta_i\sin 2\varphi_{ij}
\end{aligned}\right\} \tag{5.9-2}$$

式中　m_0——应变计内应变丛中应变片的个数；

$A_{k1}\sim A_{k6}$——观测值方程的应力系数，由式（5.9-2）计算；

K_1、K_2、K_3、K_4——应变片是否直接粘贴在钻孔岩壁上的修正系数。

对于一般的钻孔三向应变计，应变片直接粘贴在钻孔岩壁上，则$K_1=K_2=K_3=K_4=1$；对于空心包体式钻孔三向应变计，应变片嵌固在钻孔内圈的环氧树脂层中，$K_i(i=1\sim4)$由钻孔半径R、应变计内半径R_1、应变片嵌固部位半径ρ、围岩的弹性模量E、泊松比μ和环氧树脂层的弹性模量E_1、泊松比μ_1按相应公式确定[15]。修正公式见《水利水电工程岩石试验规程》（SL 264—2001）。

5.9.1.2 孔径变形法

1. 测量方法与测试技术

孔径变形法是在钻孔预定位置埋设钻孔变形计，通过套钻解除，测量解除前后钻孔径向的变形或应变差值，按弹性理论建立的孔径变化与应力间的关系式，计算出岩体中钻孔横截面上的平面应力状态。当需要测求岩体的空间应力状态时，应采用三孔交汇的方法。孔径变形法主要适用于各向同性的完整、较完整岩体。

孔径变形法测试钻孔变形计主要有美国矿山局USBM型变形计、中国国家地震局地壳应力研究所的压磁应力计等。

2. 计算原理

按弹性理论建立孔径变化与应力间的关系式。设在第i钻孔岩壁上，由变形计的第j对触头测得的孔径相对变形为$\dfrac{U_{ij}}{d}$，则孔径相对变形与钻孔坐标系表达的应力分量的关系式如下：

$$\begin{aligned}
E\left(\frac{U_{ij}}{d}\right) &= [1+2(1-\mu^2)\cos 2\theta_j]\sigma_{xi} \\
&\quad + [1-2(1-\mu^2)\cos 2\theta_j]\sigma_{yi} \\
&\quad - \mu\sigma_{zi} + 4(1-\mu^2)(\sin 2\theta_j)\tau_{xiyi} \\
&\quad (i=1\sim s,\ j=1\sim t)
\end{aligned} \tag{5.9-3}$$

式中　σ_{xi}、σ_{yi}、σ_{zi}、τ_{xiyi}——由钻孔坐标系表达的应力分量；

s——钻孔数量；

t——钻孔变形计的触头数量。

在实测数据整理计算时，应利用应力分量坐标变换，转换到大地坐标系表达。

5.9.1.3 孔底应变法

1. 测量方法与测试技术

孔底应变法测试是采用电阻应变计（或其他感应

元件）作为传感元件，测量套钻解除后钻孔孔底岩面应变变化，根据经验公式，求出孔底周围的岩体应力状态。该方法适用于各向同性岩体的应力测试。其主要优点是所需的完整岩芯的长度较短，在较软弱或完整性较差的岩体内较易成功。

孔底应变法测试采用的孔底电阻应变计有南非科学和工业研究委员会 CSIR 门塞式孔底应变计等。

2. 计算原理

在第 i 钻孔孔底中心部位的二次应力状态与钻孔坐标系表达的初始应力的关系如下：

$$\left.\begin{aligned}\bar{\sigma}_{xi} &= a\sigma_{xi} + b\sigma_{yi} + c\sigma_{zi}\\ \bar{\sigma}_{yi} &= b\sigma_{xi} + a\sigma_{yi} + c\sigma_{zi}\\ \bar{\tau}_{xiyi} &= d\tau_{xiyi}\end{aligned}\right\} \qquad (5.9-4)$$

式中 a、b、c、d——钻孔孔底平面中心部位的应力集中系数，可由试验或数值计算获得；

$\bar{\boldsymbol{\sigma}}$、$\boldsymbol{\sigma}$——用钻孔坐标系表达的钻孔孔底中心部位、钻孔孔周应力张量。

第 i 钻孔孔底第 j 应变片实测的应变值与该部位轴向应变、切向剪应变的关系为

$$\bar{\varepsilon}_{ij} = \bar{\varepsilon}_{xi}\cos^2\varphi_{ij} + \bar{\varepsilon}_{yi}\sin^2\varphi_{ij} + \bar{\gamma}_{xiyi}\sin2\varphi_{ij} \qquad (5.9-5)$$

利用应力应变关系的胡克定律，由孔底中心应变值可求得孔底中心部位应力张量 $\bar{\boldsymbol{\sigma}}$，并将钻孔坐标系下的孔周应力张量 $\boldsymbol{\sigma}$ 根据钻孔方向余弦转化为大地坐标系下的应力张量表示，由此可建立与式（5.9－1）形式相同的观测方程组，进而可确定钻孔部位岩体应力值。观测方程组中应力系数 A_{k1}、A_{k2}、…、A_{k6} 可由相应公式计算，参见《水利水电工程岩石试验规程》（SL 264—2001）。

5.9.1.4 表面应变法

1. 测量方法与测试技术

表面应变法包括表面应力解除法和表面应力恢复法两种方法。表面应力解除法是在平整了的岩面上布置一组变形测量元件，然后凿槽切割测点周围岩体，使装有测量元件的测点部分岩体应力得到卸载，根据测点岩体卸载时的解除应变值推求岩体表面的应力状态。表面应力恢复法是在凿槽中埋设压力钢枕，通过压力钢枕加压，使凿槽引起的局部解除应变值恢复为零。采用表面应力恢复法需已知岩体某一主应力的方向，然后根据主应力方向来确定液压枕和应变计或位移计埋设方向。

岩体表面应力测试是通过测量岩体表面应变或位移来计算应力，用于测量岩体表面或地下洞室围岩表面受扰动后重新分布的岩体应力状态。当需要测量岩体三维应力时，应采用在现场平洞（最好是圆洞）表面沿洞周不同方位布置三个试点来测试。为避免开挖爆破对测点的影响，需认真对试验面进行处理。

岩体表面应变法变形测量可采用电阻应变片或钢弦应变计等测量元件测试。应力恢复法加压可采用在刻槽中埋设压力钢枕的手段实现。

2. 计算原理

（1）表面应力解除法。根据测点部位不同方位解除应变值，由弹性理论可建立测点部位岩体应变和弹性模量与表层应力间的观测方程组：

$$E\varepsilon_{\varphi i} = A_{i1}\sigma_x + A_{i2}\sigma_y + A_{i3}\tau_{xy} \quad (i = 1 \sim n) \qquad (5.9-6)$$

其中

$$\left.\begin{aligned}A_{i1} &= \cos^2\varphi_i - \mu\sin^2\varphi_i\\ A_{i2} &= \sin^2\varphi_i - \mu\cos^2\varphi_i\\ A_{i3} &= (1+\mu)\sin2\varphi_i\end{aligned}\right\} \qquad (5.9-7)$$

式中 A_{i1}、A_{i2}、A_{i3}——系数，根据弹性平面应力问题的应力应变关系推导，见式（5.9－7）；

n——应变丛中应变片的个数。

（2）表面应力恢复法。对已知主应力方向布置测量元件情况，在垂直主应力方向上凿槽，记录岩体局部解除应变值，再在槽中埋设压力钢枕加压，当压力达到恢复凿槽时记录的局部解除应变值，并超过它的残余变形时，这时施加在压力钢枕上的压力就是所测岩壁表层的一个主应力。

5.9.1.5 水压致裂法

1. 测量方法与测试技术

水压致裂法是利用一对可膨胀的橡胶封隔器，在预定的测试深度封隔一段钻孔，形成一封闭的压裂段（长约 1m），然后泵入液体对该段钻孔施压，直至孔壁岩体产生张拉破裂。根据压裂过程曲线的相关特征压力值，计算钻孔横截面上的最大和最小主应力。

水压致裂法具有以下特点：①测量深度可达数千米；②应力计算时不需岩石弹性常数，因而避免了因弹性常数的取值不准确而引起的误差；③压裂段受力范围广，可达 1.0～1.2m；④操作简便，测量周期短，可利用勘探钻孔进行测试。

传统水压致裂法岩体应力测量是对钻孔横截面上的二维应力状态的测量，若需了解被测岩体的三维应力状态，则需像钻孔孔径变形法一样，布置不同方向的 3 个（或 3 个以上）钻孔，并在各个钻孔中进行一次（或多次）测量，以获得岩体的三维应力状态。

2. 计算原理

水压致裂法岩体应力测量原理是建立在弹性力学的平面问题理论基础上。经典理论有以下 3 个假设：

①围岩是均匀、各向同性的线弹性体；②围岩为多孔介质，注入的流体按达西定律在岩石孔隙中流动；③岩体应力的一个主应力方向与钻孔孔轴方向平行。

水压致裂法岩体初始应力测量的经典理论采用最大拉应力的破坏准则。对岩壁破裂起控制作用的是切向应力 σ_θ，当钻孔压裂段注液受压后，切向应力 σ_θ 以液压同等量值降低，最后转为拉应力状态。对试验段继续施压时，钻孔岩壁切向拉应力值不断增大，当拉应力达到或大于围岩抗拉强度 σ_t 时，钻孔岩壁出现裂缝，其破裂缝产生在钻孔岩壁拉应力最大部位，也是最大水平主应力 σ_H（针对铅直向钻孔，下同）的作用位置。

图 5.9-1 为水压致裂法典型试验曲线，根据试验曲线和记录，可获取破裂压力 P_b、重张压力 P_r 和关闭压力 P_s。由钻孔孔周最大拉应力破坏准则，可推导出钻孔横截面上最大和最小水平主应力以及岩体抗拉强度如下：

$$\begin{aligned}\sigma_H &= 3\sigma_h - P_b - P_0 + \sigma_t \\ \sigma_h &= P_s \\ \sigma_t &= P_b - P_r\end{aligned} \tag{5.9-8}$$

式中 σ_H、σ_h——最大、最小水平主应力；

σ_t——岩体抗拉强度。

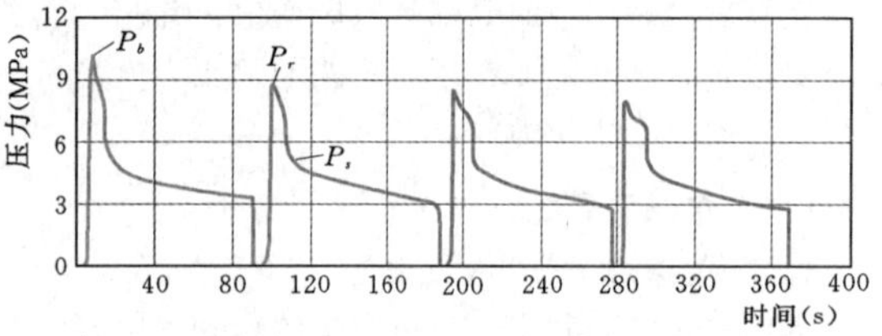

图 5.9-1 水压致裂法典型曲线

5.9.2 岩体初始应力的分布规律

5.9.2.1 岩体初始应力分布特征

大量实测资料表明，岩体初始应力的空间分布很不均匀，但从总的趋势来看，仍有一定的规律性，大致归纳如下：

(1) 岩体中某点的应力状态，可用主应力 σ_1、σ_2、σ_3 表示，$\sigma_1 \geqslant \sigma_2 \geqslant \sigma_3$。工程实际中也常采用水平向主应力（$\sigma_H$、$\sigma_h$）和铅直应力（$\sigma_v$）。实测资料发现，除浅部地形变化特别大的地方之外，总有一个主应力与铅直方向的夹角为 0～25°（即接近铅直），另外两个主应力则接近水平方向。

(2) 实测铅直应力 σ_v 基本上等于上覆岩体重量 γH（γ 为岩石平均重度），但在某些地区的测量结果有一定的偏差。资料统计表明，我国 $\frac{\sigma_v}{\gamma H}=0.8\sim1.2$ 的约占 5%，$\frac{\sigma_v}{\gamma H}<0.8$ 的占 16%，$\frac{\sigma_v}{\gamma H}>1.2$ 的占 79%。苏联测量资料的分布趋势也基本一致。这些资料大多数取自 200m 深度以内，最浅的只有十几米，最深的为 500m。大量处于山区的水利水电工程实测应力资料表明，上述偏差可能归结为地形起伏的影响。而在深部（如 1000m 以下），上述偏差逐渐消失。

(3) 浅部岩体初始应力实测资料表明，水平应力普遍大于铅直应力。若将平均水平应力表示为 σ_{hav}，我国的 $\frac{\sigma_{hav}}{\sigma_v}$ 在小于 0.8、0.8～1.2 和大于 1.2 三个范围内所占比重分别为 32%、40% 和 28%，总体上 $\frac{\sigma_{hav}}{\sigma_v}=0.5\sim5.5$（平均 2.09），国外的实测资料也相似。一般解释为，水平方向构造应力在浅部岩体应力中占主要成分。

(4) 平均水平应力与铅直应力的比值随深度增加而减小，但在不同地区变化的速率大不相同。布朗和霍克对世界范围的部分早期资料进行了回归，获得 $\frac{\sigma_{hav}}{\sigma_v}$ 随深度 H（单位：m）变化范围[55]：

$$\frac{100}{H}+0.3 \leqslant \frac{\sigma_{hav}}{\sigma_v} \leqslant \frac{1500}{H}+0.5$$

后来的大量测试资料表明了与上式基本相似的变化规律，即在深度不大的情况下，$\frac{\sigma_{hav}}{\sigma_v}$ 比值很分散，并且数值很大；随着深度的增加，$\frac{\sigma_{hav}}{\sigma_v}$ 比值的分散度变小，并向 1 的附近集中，说明在地壳深部有可能出现静水压力状态（即海姆假说）。

图 5.9-2 为基于我国 400 多个钻孔 450 余组地应力实测数据统计分析获得的平均水平主应力与铅直应力比随深度的分布规律，其分布特征与霍克和布朗统计结果具有可比性。

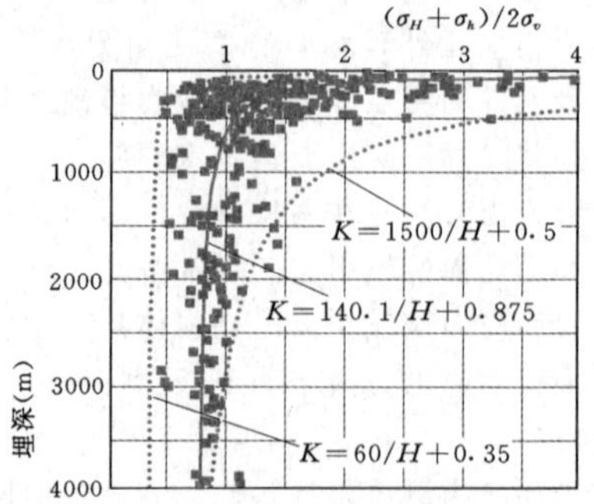

图 5.9-2 平均水平主应力与铅直应力比随深度变化曲线[56]

（5）最大水平主应力和最小水平主应力随深度呈线性增长关系。一方面，深部地球物理研究表明，这种线性关系在深达数十千米的整个硬地壳中成立；另一方面，最大水平主应力和最小水平主应力量值一般相差较大，显示水平主应力具有很强的方向性。

（6）实测资料表明，地形地貌条件对岩体应力分布具有重要的影响。地形不仅使应力量值发生变化，还会使其方向趋向于与岸坡平行或与等高线方向近乎一致。谷底是应力集中的部位，最大水平主应力在谷底或河床中心区近于水平。随着深度增加或远离河谷，应力分布逐渐趋于稳定，且显示出与区域应力场的一致性。

图 5.9-3 为某水电站坝址横剖面的初始应力分布特征示意图。概括而言，V 形河谷区岩体初始应力可以大致划分为四个区：河岸应力松弛区、河岸应力过渡区、河底应力集中区和远场（远离河岸与谷底）应力稳定区。

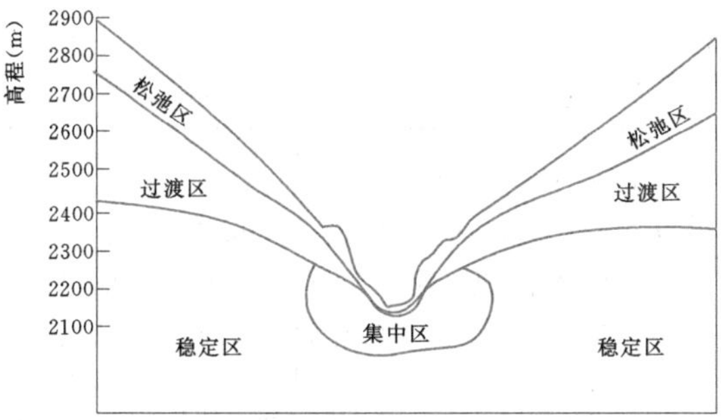

图 5.9-3 某水电站坝址横剖面初始应力分布特征示意图

（7）岩体初始应力与地质构造因素有关。特别是水平主应力量值和方向，主要取决于现今构造应力场，与历史上经历过的古应力场不存在必然的联系。即使是最大水平主应力方向，与区域地质构造的关系也十分复杂，需要通过断层力学机制分析，才能初步判断构造应力场的主压应力方向。此外，地震活动取决于所在区域的构造应力场。因此，通过地震的震源机制分析，是获得现今深部构造应力场的最直接资料。

5.9.2.2 岩体三维应力场确定

通过深钻孔岩体初始应力测量，可以取得岩体初始应力在钻孔附近随深度的分布规律。对于规模较大的岩石工程（特别是工程涉及的范围内地形变化较大或存在大的断层时），为了进行工程岩体稳定性分析，还需要确定工程岩体范围内的三维初始应力场。

岩体三维应力场研究是在若干实测应力成果的基础上进行的。在同一工程岩体范围内用各种方法测量到的岩体初始应力数据往往各不相同，即使用同一种深钻孔法测量，所反映的岩体初始应力随深度变化的规律也有差别。至于在浅埋的勘探平洞内用浅钻孔法或岩体表面应力测量法所测到的数据会更不相同。这反映了岩体初始应力场受到断层、地形地貌和剥蚀作用等多种因素影响，复杂多变，这其中也包含了测量方法的差异和不可避免的测量误差。根据有限个测量钻孔的实测资料，需要采用回归分析方法，获得工程岩体范围内岩体初始应力的分布规律。

具体可以采用目前应用较广的多元线性回归分析法。首先建立岩体初始应力场两个主要组成部分（自重应力场和地质构造应力场）的数学计算模型。根据实际的岩层、风化层和构造断裂分布情况以及有关的岩石物理力学参数，对所研究的工程岩体（计算域）建立有限元数值计算模型、划分计算网格。按不同情况确定回归元素，例如，在三维岩体初始应力场分析中，按模拟自重应力场和地质构造应力场的主压应力、次压应力情况，回归元素确定为 3 个，即自重引起的应力场、地质构造应力场的主压应力和次压应力引起的应力场；若模拟地质构造应力场的一般应力状况，需增加对剪应力的模拟，则回归元素为 4 个。

由此分析获得的岩体初始应力场，不再像岩体初始应力实测值那样仅适用于测量钻孔附近岩体，而是适用于包括所有测量钻孔在内的、较大范围的工程区域。通过计算可以获得工程岩体各纵横剖面及水平切面上的应力分量和主应力等值线图以及二维岩体初始应力场分布图。从这些应力等值线图上，可以直观地了解到剖面上岩体初始应力的量值及其变化情况，并且可以根据工程部位的几何位置，估算出岩体初始应力的量值和方向，以满足各种工程岩体稳定性分析的需要。比较常用的是重点剖面二维岩体初始应力场变化规律的概化和重点部位岩体初始应力场沿深度的变化规律的概化。

5.9.3 岩体初始应力在水工设计中的应用

近 20 年来，岩体初始应力实测成果在水工设计中得以大量应用，几个工程的应用实例如下。

5.9.3.1 边坡工程开挖与支护设计中的应用[9]

三峡水利枢纽永久船闸高边坡区岩体初始应力测量主要采用了两种深钻孔岩体初始应力测量方法，包括深钻孔套芯应力解除法和水压致裂法。两种方法相互补充、配合进行，测量成果相互印证。此外还采用了浅钻孔套芯应力解除法。浅钻孔套芯应力解除法测量在勘探平洞中进行，测量中进行了应力解除全过程测量，作为评判和取舍实测数据的依据，使测量成果精确可靠。

该区共进行了 8 个深钻孔和 5 个平洞浅钻孔的

岩体初始应力测量，在不同位置、不同高程上获得了64个测段的岩体初始应力实测资料，其中三维岩体初始应力测量25个测段42个测点，二维岩体初始应力测量39个测段。岩体初始应力测量成果见表5.9-1。

基于初始应力测试结果，通过三维岩体初始应力场回归分析，可得到永久船闸不同区域岩体初始应力场分布规律，作为永久船闸高边坡稳定性分析的依据。

表 5.9-1　三峡水利枢纽永久船闸高边坡岩体初始应力测量方法与数量

测孔号	孔口高程(m)	钻孔位置	测段高程(m)	测段数(测点数)	最深测深(m)	最深测段(测点)所处工程部位	测量方法
300	227.0	原船闸Ⅱ线北坡	187.00～−76.00	9 (16)	303.3	超过河床最低高程100m	深孔套芯
D_{8-1}	130.0	原船闸Ⅱ线北坡	130.00	2 (6)			浅孔套芯
D_{8-3}	130.0	原船闸Ⅱ线北坡	130.00	2 (3)			浅孔套芯
2347	261.0	三闸首北边墙	204.00～16.00	7 (12)	244.1	超过船闸底板76m	深孔套芯
2333	222.5	二闸室北边墙	175.10～84.90	7	137.0	超过船闸底板28m	水压致裂
2359	189.3	三闸室北边墙	144.80～58.60	7	130.7	超过船闸底板30m	水压致裂
2496	261.5	三闸首南边墙	204.30～84.70	5 (5)	176.86	超过三闸室底板18m	深孔套芯
2514	199.1	三闸室南边墙	154.10～94.20	8	104.9	达到三闸室底板	水压致裂
2508	166.4	三闸室南边墙	131.90～51.40	8	115.0	超过三闸室底板41m	水压致裂
2482	123.0	五闸室尾部南边墙	82.00～29.50	6	93.5	超过五闸室底板21m	水压致裂
D_{8-17}	137.0	二闸室南边墙	130.10～119.70	3	17.3		水压致裂

以下为三闸首部位岩体初始应力场的6个应力分量（单位：MPa）随深度H的变化拟合函数：

$$\sigma_x = 4.715 + 0.0121H$$

$$\sigma_y = 4.398 + 0.0117H$$

$$\sigma_z = 1.663 + 0.0304H$$

$$\tau_{xy} = -0.405 - 0.00005H$$

$$\tau_{yz} = -0.0472 + 0.00001H$$

$$\tau_{zx} = -0.747 + 0.00046H$$

式中，坐标系为永久船闸坐标系，即x轴为NE111°，y轴为NE21°，z轴为铅垂向上。

5.9.3.2　地下洞室工程设计中的应用

1. 最佳洞室轴线方向的选择

岩体初始应力的主方向及相对大小是影响洞室稳定性的重要因素。当水平初始应力大于铅直应力时，一般在满足水工布置要求的同时，应使地下工程纵轴线尽量平行于最大水平初始应力，以利于围岩稳定。当然，地下建筑物的纵轴线选择，还应考虑洞室围岩主要节理组的方向、展布特点及其与洞室稳定性的关系等地质因素综合决定。

官地水电站，通过初始应力精细测试，将厂房轴线从NE67°调整至NE5°左右（见图5.9-4）后，与主应力及第①组优势结构面夹角分别为40°和80°，与NEE向裂隙夹角也大于65°，仅与不甚发育的错动带和NNE裂隙交角较小。调整后的地下厂房轴线与坝轴线（N12°E）接近平行，有利于厂房和引水发电系统的整体布置，减小了工程量，优化方案已被工程设计采纳[57]。

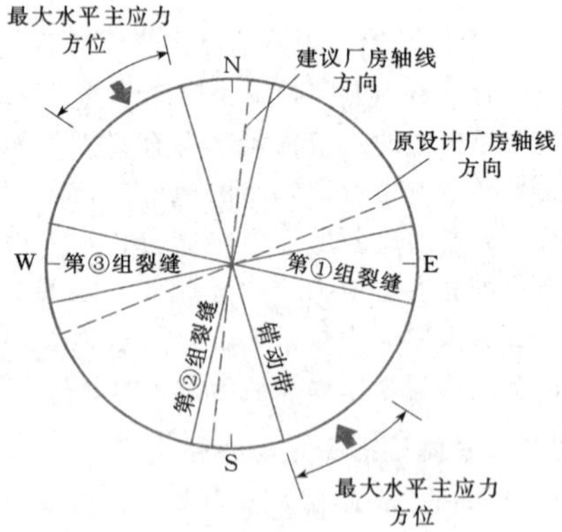

图 5.9-4　官地水电站地下厂房轴线优化方案

2. 最佳洞室几何形状选择

最佳洞室几何形状选择，需从洞室横截面上水平与垂直应力的比值来决定围岩最稳定的洞形。例如，水平初始应力较大时，高宽比宜小，宜采用高度小而宽度大的近似椭圆形的断面；而铅直初始应力大时，则高宽比宜大，宜采用高度大而宽度小的尖拱形断面。

3. 有压隧洞的最佳支护形式选择

有压隧洞的最佳支护形式选择，需从岩体初始应力状态求出围岩所能承受的极限内水压力后，决定是否需要支护或决定支护方案。清远抽水蓄能电站高压引水隧洞，初步设计按最小覆盖厚度考虑。详勘时进行了岩体初始应力测试及其应力场回归分析，获得了隧洞纵剖面上的最大/最小主应力分布图（见图 5.9-5），得以按最小主应力准则验证设计方案。结果表明，隧洞沿线的抗水力劈裂系数（最小主应力与内水压力的比值）范围为 1.42～2.65，满足不设置钢衬的条件[58-59]。

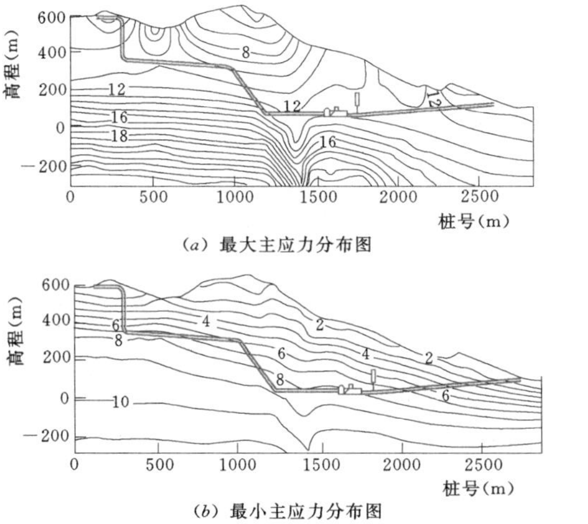

图 5.9-5 清远抽水蓄能电站高压引水隧洞纵剖面主应力分布（单位：MPa）

4. 洞室稳定性分析与安全度计算

洞室稳定性分析和安全度计算，需要具备工程区的初始地应力资料。洞室围岩塑性区或破坏形态，主要取决于侧压力系数 λ 值。对于圆形洞室，当 $\lambda=0.3\sim0.8$ 时，一般在洞室两侧出现楔形破坏体，并向洞内移动，致使喷层发生剪切破坏；而当 $\lambda=0.8\sim1.2$ 时，围岩塑性区将遍及洞室四周，大致受到均匀的压力，这种情况对洞室围岩的稳定性较为有利；当 $\lambda>1.2$ 时，破坏首先发生在洞室拱顶及底板中部，并随水平应力的增大而向两边侧墙发展。

5. 岩爆灾害预测评价

深埋引水隧洞开挖施工期的岩爆灾害预测评价，主要根据岩体初始地应力资料。岩爆发生是因岩石内部积聚了大量弹性应变能，开挖卸荷时会突然释放，形成岩爆现象。目前主要将岩石抗压强度 R_c 与最大主应力 σ_1 的比值，作为岩爆发生的判据。

5.10 岩体的渗流特性

在水头差的作用下，水透过岩体孔隙或裂隙的现象称为渗流。岩体具有被水透过的性能称为岩体的渗透性。岩体渗透性的大小，取决于岩体中空隙或裂隙空间的分布和通过的流体性质。

岩体渗流研究的目的是确定岩体中的渗流场分布，包括水头、渗流速度、水压力、渗流力等渗流要素，计算渗流量，分析渗流对岩体力学性质的破坏作用以及渗流场对岩体应力状态的影响，提出合理的防渗排水设计方案和工程防治措施。

本节主要介绍岩体渗流分析方法，岩体渗流特性试验方法，岩体渗流参数及主要影响因素，以及水工设计中岩体渗流要素的计算等内容。

5.10.1 岩体渗流分析方法

岩体与土体在结构上有重大差别，土体相对较均一，常视为多孔孔隙介质，而岩体则被结构面所切割。各类结构面不仅起到分割完整岩石的作用，而且是岩体中的主要透水通道。岩体与土体在渗流特性上差异极大，但 100 多年来，工程界在处理与岩体渗流有关的各类工程中还常沿用土体渗流的多孔介质渗流理论与经验。

1856 年，达西（Darcy）通过砂土渗流试验，提出了著名的达西渗流定律，即渗透流速与水力坡度成正比关系。而对于岩体来说，由于具有显著的非均质性和各向异性，需将达西定律进行推广，空间问题的广义达西定律可描述为

$$\begin{Bmatrix} v_x \\ v_y \\ v_z \end{Bmatrix} = -\begin{bmatrix} k_x & k_{xy} & k_{xz} \\ k_{yx} & k_y & k_{yz} \\ k_{zx} & k_{zy} & k_z \end{bmatrix} \begin{Bmatrix} \dfrac{\partial h}{\partial x} \\ \dfrac{\partial h}{\partial y} \\ \dfrac{\partial h}{\partial z} \end{Bmatrix} \tag{5.10-1}$$

其中

$$h = z + \frac{p}{\gamma_w} \tag{5.10-2}$$

式中 v_x、v_y、v_z——x、y、z 方向的渗透流速分量；

k_{ij}——渗透张量，具有对称性，即 $k_{ij}=k_{ji}$。当 x、y、z 为主渗透方向时，有 $k_{xy}=k_{yx}=0$，$k_{xz}=k_{zx}=0$，$k_{zy}=k_{yz}=0$；

h——总水头，通常包括位置水头和压力水头两项，忽略流速水头；

p——水压力；

γ_w——水的重度。

对于各向同性的岩块，$k_x=k_y=k_z$，式（5.10-1）简化为

$$v=-kJ \tag{5.10-3}$$

式中 v——渗透流速；

J——水力坡度；

k——岩块的渗透系数。

达西渗流定律是在层流假定条件下提出的。在渗透性很低的岩体或结构面较发育的破碎岩体或岩溶通道中往往会发生偏离现象，流速与水力坡度之间不再是简单的线性关系，具有这种非线性关系的情况常称为非达西渗流。非达西渗流表现为两类：一类为低渗透率下的非达西渗流，即存在某一起始水力坡度 J_0，当水力坡度 J 大于起始水力坡度 J_0 后，水才会发生流动，通常发生在岩块中；另一类为高流速下的非达西渗流，当流速增大达到某一数值后，渗透流速与水力坡度的关系呈现出非线性，通常发生在破碎岩体或岩溶通道中。在水利水电工程建设中，比较重视研究岩体的导水作用，往往需考虑的是高流速下的非达西渗流问题。通常采用二次型关系描述渗透流速与水力坡度之间的非线性关系，即

$$J=Av+Bv^2 \tag{5.10-4}$$

式中 v——渗透流速；

J——水力坡度；

A、B——系数。

在评价大型水利水电工程地下水渗流场时，首先通过水文地质调查和勘探工作，获得地层或岩体的组成、构造特征、可溶岩的岩溶发育特征、岩层的风化程度和风化带特征、地下水位分布以及含水层的补给、排泄和径流条件的资料，在此基础上结合室内和现场试验构建地下水渗流场评价的水文地质模型，包括岩体分区、岩体参数和边界条件，以及地下水运动的模式（包括多孔隙水流运动、裂隙网络水流运动、岩溶管道水流运动等），然后建立地下水运动的基本方程，再通过数值方法求解。

如果要单独考虑结构面的导水作用，需建立一套适合于裂隙岩体的专门渗流理论。人们已以单裂隙面的渗流特性为基础，提出多裂隙岩体的等效连续介质渗流分析方法、非连续介质的裂隙网络分析方法以及混合分析方法等。但在工程中最常采用的还是等效连续介质渗流分析方法。下面主要介绍该分析方法所涉及的水流基本方程。

水流连续性方程是渗流分析的最基本方程，根据质量守恒定律来建立，可描述为

$$-\left(\frac{\partial v_x}{\partial x}+\frac{\partial v_y}{\partial y}+\frac{\partial v_z}{\partial z}\right)=S_s\frac{\partial h}{\partial t} \tag{5.10-5}$$

式中 S_s——单位储水量。

岩体渗流场有恒定与非恒定之分。如果渗流场基本要素如水头势、渗透流速等与时间无关，则称为恒定渗流场，否则称为非恒定渗流场。

基于等效连续介质模型的达西定律，对于非均质、各向异性裂隙岩体，恒定渗流场基本方程进一步扩展为

$$\begin{aligned}&\frac{\partial}{\partial x}\left(k_{xx}\frac{\partial h}{\partial x}+k_{xy}\frac{\partial h}{\partial y}+k_{xz}\frac{\partial h}{\partial z}\right)\\&+\frac{\partial}{\partial y}\left(k_{yx}\frac{\partial h}{\partial x}+k_{yy}\frac{\partial h}{\partial y}+k_{yz}\frac{\partial h}{\partial z}\right)\\&+\frac{\partial}{\partial z}\left(k_{zx}\frac{\partial h}{\partial x}+k_{zy}\frac{\partial h}{\partial y}+k_{zz}\frac{\partial h}{\partial z}\right)=0\end{aligned} \tag{5.10-6}$$

若岩体为非均质、各向异性，但 x、y、z 方向为主渗透方向，则式（5.10-6）简化为

$$\frac{\partial}{\partial x}\left(k_x\frac{\partial h}{\partial x}\right)+\frac{\partial}{\partial y}\left(k_y\frac{\partial h}{\partial y}\right)+\frac{\partial}{\partial z}\left(k_z\frac{\partial h}{\partial z}\right)=0 \tag{5.10-7}$$

非均质、各向异性等效连续裂隙岩体非恒定渗流场满足以下关系：

$$\begin{aligned}&\frac{\partial}{\partial x}\left(k_{xx}\frac{\partial h}{\partial x}+k_{xy}\frac{\partial h}{\partial y}+k_{xz}\frac{\partial h}{\partial z}\right)\\&+\frac{\partial}{\partial y}\left(k_{yx}\frac{\partial h}{\partial x}+k_{yy}\frac{\partial h}{\partial y}+k_{yz}\frac{\partial h}{\partial z}\right)\\&+\frac{\partial}{\partial z}\left(k_{zx}\frac{\partial h}{\partial x}+k_{zy}\frac{\partial h}{\partial y}+k_{zz}\frac{\partial h}{\partial z}\right)\\&=S_s\frac{\partial h}{\partial t}\end{aligned} \tag{5.10-8}$$

若岩体为非均质、各向异性，但 x、y、z 方向为主渗透方向，则式（5.10-8）成为

$$\frac{\partial}{\partial x}\left(k_x\frac{\partial h}{\partial x}\right)+\frac{\partial}{\partial y}\left(k_y\frac{\partial h}{\partial y}\right)+\frac{\partial}{\partial z}\left(k_z\frac{\partial h}{\partial z}\right)=S_s\frac{\partial h}{\partial t} \tag{5.10-9}$$

在建立渗流场基本方程基础上，若求解具体工程的渗流问题，还需确定参数及定解条件。定解条件包括边界条件和初始条件。求解恒定渗流方程时，只需考虑边界条件；而求解非恒定渗流方程时，需要同时考虑边界条件和初始条件。

边界条件可以分为以下三类：

第一类边界条件为边界上给定水头分布，或称为水头边界条件，即

$$h\big|_{\Gamma_1}=H_1(x,y,z,t) \tag{5.10-10}$$

第二类边界条件为在边界上给定流量分布，或称为流量边界条件，即

$$\left.\begin{aligned}&\left(k_{xx}\frac{\partial h}{\partial x}+k_{xy}\frac{\partial h}{\partial y}+k_{xz}\frac{\partial h}{\partial z}\right)l_x\\&+\left(k_{yx}\frac{\partial h}{\partial x}+k_{yy}\frac{\partial h}{\partial y}+k_{yz}\frac{\partial h}{\partial z}\right)l_y\\&+\left(k_{zx}\frac{\partial h}{\partial x}+k_{zy}\frac{\partial h}{\partial y}+k_{zz}\frac{\partial h}{\partial z}\right)l_z\end{aligned}\right|_{\Gamma_2}=-q_n \tag{5.10-11}$$

式中 q_n——单位面积边界上穿过的已知流量；

l_x、l_y、l_z——边界外法线 n 与 x、y、z 坐标间的方向余弦。

第三类边界条件为混合边界条件，是指含水层边界的内、外水头差和交换的流量之间保持一定的线性关系。

初始条件描述的是初始时刻的渗流场，可以表示为

$$h(x,y,z,t)\big|_{t=0} = h_0(x,y,z) \quad (5.10-12)$$

大型水利水电工程中岩体渗流分析仍普遍采用等效连续介质的方法。岩体的参数和边界条件是影响渗流场评价结果正确性的重要因素。目前由于勘探手段的制约，除了根据有限的现场试验确定参数和边界条件外，还主要依靠现场量测数据，如钻孔水位、泉水位置和流量、地质探洞的排水流量和降雨量等，通过反分析的方法来确定。

5.10.2 岩体渗流特性试验方法

岩体裂隙越发育，隙宽越大，岩体渗透性越强。确定岩体渗流参数的试验方法主要有室内试验和现场量测。

5.10.2.1 室内岩块渗透系数试验

根据水流构造特点，通常有直线流（纵向流或轴向流）与径向流两类。

1. 直线流（纵向流或轴向流）渗透试验

图 5.10-1 为沿岩样纵向进行渗透试验的装置。纵向渗透试验不能用于渗水性微弱的岩石，其渗透系数的极限值为 10^{-8} cm/s。由流量 Q（进水量应与出水量相等）可以求得渗透系数 k 为

$$k = \frac{Ql\gamma_w}{pA} \quad (5.10-13)$$

式中 l——试样长度；

A——试样横截面积；

p——试验用水压力。

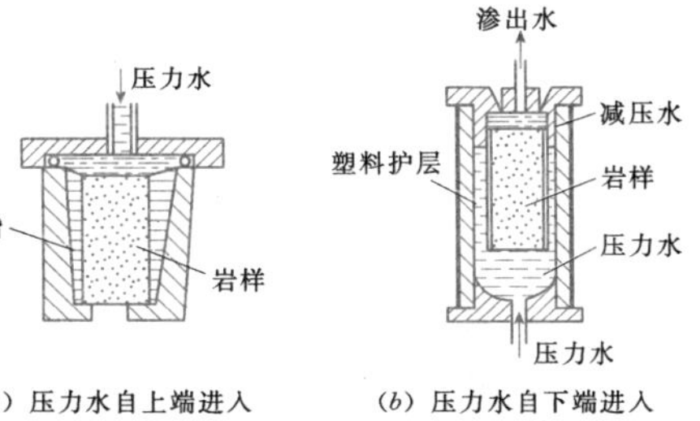

(a) 压力水自上端进入　(b) 压力水自下端进入

图 5.10-1 沿岩样纵向进行渗透试验的装置[62]

2. 径向流渗透试验

径向渗透试验可采用如图 5.10-2 所示的试验方法。试件为标准圆柱体，其高度为 150mm，直径为 60mm。在其中心钻深度为 125mm、直径为 12mm 的圆孔，将圆孔顶部 25mm 封死，但留有排水口。径向试验时，试件的壁厚只有 24mm，1MPa 水压力的水力坡度达 4167，因而可以忽略初始水力坡度的影响。渗透试验既可以从试件外侧加水压，称为辐合状态，也可由孔内侧加水压，称为辐散状态。由流量 Q（进水量应与出水量相等）可以求得渗透系数 k，即

$$k = \frac{Q\gamma_w}{2\pi lp}\ln\frac{r_2}{r_1} \quad (5.10-14)$$

式中 l——试验段长，$l=100$mm；

p——试验用水压力；

r_2——圆柱体试样半径，$r_2=30$mm；

r_1——圆柱体试样内圆孔半径，$r_1=6$mm。

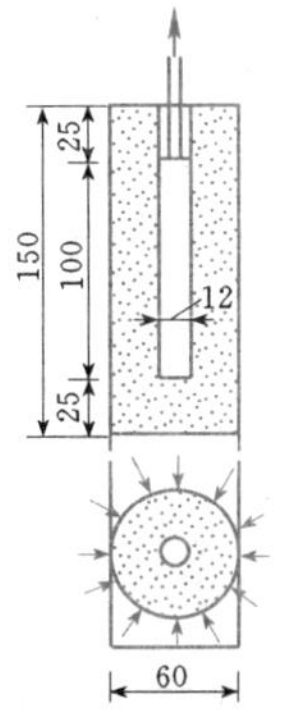

图 5.10-2 沿岩样径向进行的渗透试验装置[62]

5.10.2.2 裂隙岩体渗透张量现场测试方法

1. 传统单孔压水试验法

单孔压水试验是现场确定裂隙岩体透水性的一种传统方法，早期采用单位吸水率表示裂隙岩体的渗透性，即

$$\omega = \frac{Q}{h_0 l} \quad (5.10-15)$$

式中 ω——单位吸水率，L/(min·m·m)；

Q——实测流量，L/min；

h_0——压力水头，m；

l——钻孔内压水试验段长度，m。

20 世纪 90 年代后，为与大多数国家在标准上统一，我国将岩体透水率采用吕荣值［单位：Lu；1Lu=1L/(min·m·MPa)］表示，即

$$q = \frac{Q}{pl} \quad (5.10-16)$$

式中 p——试验段水压，MPa；

Q——最大压力时段的实测流量，L/min；

l——钻孔内压水试验段长度，m；

q——岩体透水率，Lu。

岩体吸水率与透水率单位的关系是 ω=0.01L/(min·m·m)，相当于1Lu的透水率。

《钻孔压水试验规程》（SL 25—92）规定：钻孔直径为59～150mm；压水前用压力水将孔壁冲洗干净后进行分段压水，每段分三级压力逐级加压。

当试验段在地下水位以下，且透水率小于10Lu时，可按下式估算岩体等效渗透系数：

$$k=\frac{Q}{2\pi l\Delta h}\ln\frac{l}{r_0} \tag{5.10-17}$$

式中 r_0——钻孔半径；

Δh——压力水头与地下水位水头之差。

对于裂隙接近水平的岩体求得 ω 后，可采用潘家铮公式求岩体等效渗透系数[65]，即

$$k=\frac{\omega}{2\pi}\times\frac{l}{nb}\ln\frac{R}{r_0} \tag{5.10-18}$$

式中 R——裂隙的水力影响半径；

n——l 试段内裂隙个数；

b——裂隙的隙宽。

或采用巴布什金公式，即

$$k=0.528\omega\lg\frac{\alpha l}{r_0} \tag{5.10-19}$$

式中 α——考虑压水段离相对隔水层的系数，远离隔水层取0.66，靠近隔水层取1.32。

单孔压水试验很难全面反映裂隙岩体复杂的渗透性质，但由于试验简便、直观，仍是工程上应用最为广泛的一种了解裂隙岩石渗透性的重要手段。

单孔压水试验不能考虑因裂隙分布而造成的渗透各向异性，美国AD报告（AD-AO21192）建议，对一组裂隙及两组、三组正交裂隙，在垂直裂隙面对不同方向钻孔进行压水试验，求得其沿不同方向的渗透系数。

2. 三段压水试验法

路易斯（Louis）于1972年设计了一套专门的量测多组正交裂隙（不超过3组）渗透系数的三段压水试验装置。将钻孔试验段分成三段进行，上、下两段与中段同时施加水压力，以保证中间孔段的水流为平面水流状态（上、下两段为三维状态），如图5.10-3所示。如此可通过压水试验结果求得该组裂隙的渗透系数。

假设有三组正交裂隙，设置钻孔方向与其中一组垂直而与另两组平行（见图5.10-4），这样可以避免另两组裂隙的干扰。

设所测的裂隙面倾角为 α（见图5.10-5），钻孔半径为 r_0，中间试验段长度为 l，压力水头为 h_0，流量为 Q。由径向流和重力作用下沿 xoy 面均匀流的合成，半径 r 处的水头增量为

$$\Delta h=h_0-h=\frac{\frac{Q}{l}}{2\pi k_f r_0}\ln\frac{r}{r_0}+x\sin\alpha \tag{5.10-20}$$

显然，测得 r 点的水头 h，即可由式（5.10-20）求得裂隙渗透系数 k_f。分别对各组裂隙面进行三段压水试验，即可测得各组裂隙渗透系数或隙宽。

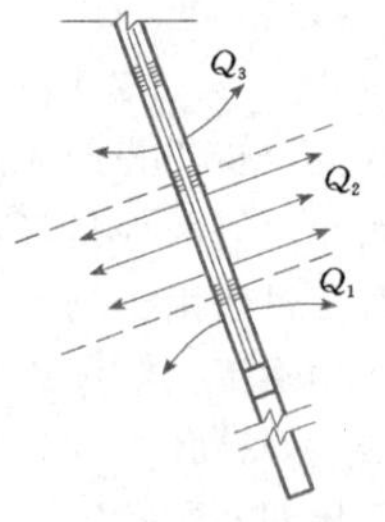

图5.10-3 三段压水试验水流状态示意图[63]

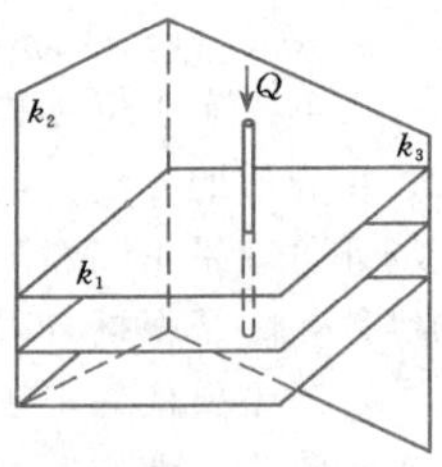

图5.10-4 三段压水试验法钻孔布置示意图[63]

现场量测岩体透水性的方法还有交叉孔压水试验法。该方法是由Heieh和Neuman等人提出的，不需像三段压水试验那样要求裂隙组互相正交，钻孔方向可任意，需钻多个孔，在某一孔内分段压水，而在相邻孔中分段实测水头，交叉孔轮换试验、监测，根据理论公式确定岩体的渗透张量。该方法的优点是技术设备简单，但理论计算比较复杂，这里不详细介绍。

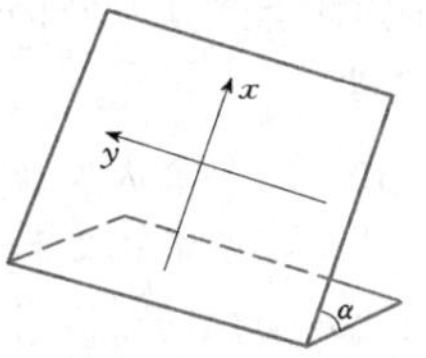

图5.10-5 倾斜裂隙面压水试验[63]

5.10.3 岩体渗流参数及主要影响因素

岩体渗透性的大小，与岩体中空隙或裂隙的空间分布和通过流体的性质有关。

5.10.3.1 岩块的渗透系数

岩块可以视为多孔孔隙介质，渗透系数可以表述为

$$k=CD^2\frac{\rho_w g}{\mu}=K\frac{\rho_w g}{\mu} \tag{5.10-21}$$

其中 $$K=CD^2$$

式中 C——孔隙形状影响系数；

D——孔隙的大小；

ρ_w——水的密度；

g——重力加速度；

μ——水的动力黏滞系数；

K——渗透率。

由此可见，影响岩块渗透系数的因素有两项，一项为渗透率 K，与岩块孔隙的形状、大小及其排列方

式有关；另一项为$\frac{\rho_w g}{\mu}$，与流体的密度和黏滞性有关。

渗透率 K 与渗透系数 k 是完全不同的概念，需加以区分。渗透率为岩块的固有渗透性，与流体的性质无关，而渗透系数的大小除与渗透率相关外，还与流体的性质有关。考虑到水的动力黏滞系数与运动黏滞系数之间关系为 $\mu=\rho\nu$，若以水的运动黏滞系数 ν 表征水的黏滞性，式（5.10-21）可改写为

$$k = CD^2\frac{g}{\nu} = K\frac{g}{\nu} \qquad (5.10-22)$$

式中　ν——水的运动黏滞系数，m^2/s。

水的黏滞性与温度有关，表5.10-1中给出了不同温度下水的黏滞系数值。

表5.10-1　不同水温下水的物理性质

水温（℃）	密度（g/cm^3）	动力黏滞系数（$10^{-3}Pa\cdot s$）	运动黏滞系数（$10^{-6}m^2/s$）
0	0.9998	1.781	1.785
5	1.0000	1.518	1.519
10	0.9997	1.307	1.306
15	0.9991	1.139	1.139
20	0.9982	1.002	1.003
25	0.9970	0.890	0.893
30	0.9957	0.798	0.800
40	0.9922	0.653	0.658
50	0.9880	0.547	0.553
60	0.9832	0.466	0.474
70	0.9778	0.404	0.413
80	0.9718	0.354	0.364
90	0.9653	0.315	0.326
100	0.9584	0.282	0.294

下面给出常见的几种孔隙理想模型下的渗透率计算公式。

若将孔隙假想成圆管状，有

$$K = \frac{n}{32}\delta^2 \qquad (5.10-23)$$

式中　K——渗透率；

n——孔隙率；

δ——圆管的直径。

若将孔隙假想成平板状，有

$$K = \frac{n}{12}b^2 \qquad (5.10-24)$$

式中　K——渗透率；

n——孔隙率；

b——平行板之间的隙宽。

若将颗粒假想成圆球状，孔隙则成为均匀圆球之间形成的空间，有

$$K = \frac{n^2}{18(1-n)}D^2 \qquad (5.10-25)$$

式中　K——渗透率；

n——孔隙率；

D——圆球颗粒的直径。

各种岩石渗透系数的取值见表5.10-2。

表5.10-2　各种岩石的渗透系数

岩石类别	k（cm/s）
砂岩（白垩系复理层）	$10^{-8}\sim10^{-10}$
粉砂岩（白垩系复理层）	$10^{-8}\sim10^{-9}$
花岗岩	$5\times10^{-11}\sim2\times10^{-10}$
板岩	$7\times10^{-11}\sim1.6\times10^{-10}$
角砾岩	4.6×10^{-10}
方解岩	$7\times10^{-10}\sim9.3\times10^{-8}$
灰岩	$7\times10^{-10}\sim1.2\times10^{-7}$
白云石	$4.6\times10^{-9}\sim1.2\times10^{-8}$
砂岩	$1.6\times10^{-7}\sim1.2\times10^{-5}$
硬泥岩	$6\times10^{-7}\sim2\times10^{-6}$
黑色片岩（有裂隙）	$10^{-4}\sim3\times10^{-4}$
细砂岩	2×10^{-7}
鲕状岩（Oolite rock）	1.3×10^{-6}
布雷德弗德（Bradfort）砂岩	$2.2\times10^{-5}\sim6\times10^{-7}$
格伦罗兹（Glenrose）砂岩	$1.5\times10^{-3}\sim1.3\times10^{-4}$
蚀变花岗岩	$0.6\times10^{-5}\sim1.5\times10^{-5}$

5.10.3.2　岩体的等效渗透张量

岩体中的节理常常成组出现，岩体的渗透特性呈现出明显的各向异性，通常采用等效的渗透张量来描述其渗透性。渗透张量除与流体的性质有关外，还与岩体的结构有关，主要有裂隙的组数、产状、隙宽、密度、迹长与连通程度等。

假设岩体中发育有 n 组贯通裂隙，等效渗透张量可描述为

$$[K]=\sum_{m=1}^{n}\frac{g\rho_m a_m^3}{12\nu}\begin{bmatrix}1-(n_x^m)^2 & -n_x^m n_y^m & -n_x^m n_z^m\\ -n_y^m n_x^m & 1-(n_y^m)^2 & -n_y^m n_z^m\\ -n_z^m n_x^m & -n_z^m n_y^m & 1-(n_z^m)^2\end{bmatrix} \qquad (5.10-26)$$

$$\left.\begin{aligned} n_x^m &= \sin\beta_m\sin\alpha_m\\ n_y^m &= \cos\beta_m\sin\alpha_m\\ n_z^m &= \cos\alpha_m\end{aligned}\right\} \qquad (5.10-27)$$

式中 n——裂隙组数；

ν——水的运动黏滞系数；

ρ_m、a_m——第 m 组裂隙的密度、隙宽；

n_x^m、n_y^m、n_z^m——第 m 组裂隙的法向余弦（x 指向东，y 指向北，符合右手法则）；

α_m、β_m——第 m 组裂隙的倾角、倾向。

对于只能通过测线法或测窗法测得统计参数的裂隙组，可采用蒙特卡洛（Monte Carlo）法随机生成裂隙网络，然后采用裂隙网络的渗流分析方法，根据流量等效，确定等效渗透张量。

采用等效渗透张量表征岩体的渗透特性，是将裂隙的透水性平均到岩体中去，等效原则采用的是流量等效，是将岩体看作连续的渗透介质，因此是需有一定的前提条件的，即要求岩体的代表单元体积（REV）存在，且 REV 远小于所研究的岩体单元体积。此外，渗透张量需满足渗透椭圆（二维）或渗透椭球（三维）。

5.10.4 水工设计中岩体渗流要素的计算

5.10.4.1 混凝土坝坝基扬压力计算

如果将混凝土坝视为不透水材料，坝基岩体渗流场将在坝基面对坝产生向上的扬压力，扬压力为分布面力，根据渗流场分析所得大坝基底处的水头值 h，可按下式计算扬压力的分布强度：

$$p=\gamma_w(h-z) \tag{5.10-28}$$

重力坝坝基的扬压力是大坝抗滑稳定的关键性荷载。为保证大坝安全性，设计扬压力图形目前主要按照规范方法选用。

5.10.4.2 围岩、岩基和边坡中渗流力计算

渗流力是地下洞室围岩、岩基和边坡中的重要荷载，只要岩体中有渗流，必将产生对岩体的渗流力，渗流力为体积力，可按下式计算：

$$j=\gamma_w J \tag{5.10-29}$$

其中
$$J=\frac{\Delta h}{\Delta l}$$

式中 J——水力坡度。

5.10.4.3 渗流量的计算

通过某一断面岩体的渗流量可按下式计算：

$$\begin{aligned}q=\Big[&\Big(k_{xx}\frac{\partial h}{\partial x}+k_{xy}\frac{\partial h}{\partial y}+k_{xz}\frac{\partial h}{\partial z}\Big)l_x\\&+\Big(k_{yx}\frac{\partial h}{\partial x}+k_{yy}\frac{\partial h}{\partial y}+k_{yz}\frac{\partial h}{\partial z}\Big)l_y\\&+\Big(k_{zx}\frac{\partial h}{\partial x}+k_{zy}\frac{\partial h}{\partial y}+k_{zz}\frac{\partial h}{\partial z}\Big)l_z\Big]A\end{aligned} \tag{5.10-30}$$

式中 A——过水断面面积。

岩体渗流分析中最困难的是正确计算渗流量，这是由于渗流量不仅与水头分布有关，岩体的渗透特性还起着决定性作用，而岩体中裂隙的存在使得其渗透性离散性很大，因此渗流量计算往往误差很大。

5.11 工程岩体分级

工程岩体分级是以地质调查、简易岩石力学测试为基本手段，对决定工程岩体质量的主要因素进行定性与定量的评价，依据评价的结果，参照相应的岩体分级标准，将工程岩体分为若干级别，以综合评价工程岩体质量及稳定性，并据此确定可采用的岩石力学参数。工程岩体分级既是对岩体复杂的性质与状况的分解，又是对性质与状况相近岩体的归并，由此区分出不同的岩体质量等级。按照不同的岩体质量等级，依据岩石力学试验参数统计分析，分别给出相应条件岩体的岩石力学参数值，使复杂岩体参数的取值更具针对性。

目前，国内关于水利水电工程岩体分类、分级方法，除《工程岩体分级标准》（GB 50218—94）以外，还有《水力发电工程地质勘察规范》（GB 50287—2006），《水利水电工程地质勘察规范》（GB 50487—2008）和《锚杆喷射混凝土支护技术规范》（GB 50086—2001）等规范中关于洞室围岩地质分类及坝基岩体工程地质分类等方法。国际上各种分级方法中，国内工程界应用较为广泛的有岩石质量指标 Q 的分级和岩体地质力学分级 RMR 等。本节主要介绍《工程岩体分级标准》（GB 50218—94）分级方法、岩石质量指标 Q 分级方法以及 RMR 分级方法，其他分级方法见本手册第 2 卷第 3 章工程地质与水文地质。

5.11.1 《工程岩体分级标准》分级方法

《工程岩体分级标准》（GB 50218—94）于 1994 年颁布，采用两步走的方法进行工程岩体分级：先对岩体的基本质量划分级别，据此为工程岩体进行初步定级；再根据各类工程岩体（基础岩体、洞室围岩和边坡岩体）的具体条件，对已经给出的岩体基本质量级别做出修正，对各类型工程岩体作详细定级。基本质量分级主要考虑岩石的坚硬程度和岩体的完整程度两个相互独立的分级因素，采用定性与定量相结合、经验判断与测试计算相结合的方法进行。在分级过程中，定性与定量同时进行并对比检验，最后综合评定级别。

5.11.1.1 岩石的坚硬程度

度量岩石坚硬程度的定量指标有岩石单轴抗压强度、弹性（变形）模量、回弹值等。在这些力学指标中，单轴抗压强度容易测得，代表性强，使用最广，与其他强度指标相关密切，同时又能反映出受水软化的性质。因此，分级标准采用岩石单轴饱和抗压强度

R_c 作为岩石的坚硬程度的定量指标。现场勘察时，直观地鉴别岩石的坚硬程度，可根据岩石的锤击难易程度、回弹程度、手触感觉和吸水反应来为岩石的坚硬程度做定性鉴定。岩石坚硬程度的划分标准见表 5.11-1。

5.11.1.2 岩体的完整程度

分级标准将影响岩体完整性的因素分为结构面的几何特征和结构面性状特征两类，又将几何特征综合为“结构面发育程度”，将结构面性状特征综合为“主要结构面的结合程度”分别进行定性划分，并参考主要结构面类型进行综合分析评价，进而对岩体完整程度进行定性划分，见表 5.11-2。

表中所谓“主要结构面”是指相对发育的结构面，即张开度较大、充填物较差、成组性好的结构面。

表 5.11-1　岩石坚硬程度的划分标准

名　称		定量鉴定 R_c（MPa）	定性鉴定	代表性岩石
硬质岩	坚硬岩	＞60	锤击声清脆，有回弹，震手，难击碎； 浸水后，大多无吸水反应	未风化～微风化的花岗岩、正长岩、闪长岩、辉绿岩、玄武岩、安山岩、片麻岩、石英片岩、硅质板岩、石英岩、硅质胶结的砾岩、石英砂岩、硅质石灰岩等
	较坚硬岩	60～30	锤击声较清脆，有轻微回弹，稍震手，较难击碎； 浸水后，有轻微吸水反应	（1）弱风化的坚硬岩； （2）未风化～微风化的熔结凝灰岩、大理岩、板岩、白云岩、石灰岩、钙质胶结的砂岩等
软质岩	较软岩	30～15	锤击声不清脆，无回弹，较易击碎； 浸水后，指甲可刻出印痕	（1）强风化的坚硬岩； （2）弱风化的较坚硬岩； （3）未风化～微风化的凝灰岩、千枚岩、砂质泥岩、泥灰岩、泥质砂岩、粉砂岩、页岩等
	软岩	15～5	锤击声哑，无回弹，有凹痕，易击碎； 浸水后，手可掰开	（1）强风化的坚硬岩； （2）弱风化～强风化的较坚硬岩； （3）弱风化的较软岩； （4）未风化的泥岩等
	极软岩	＜5	锤击声哑，无回弹，有较深凹痕，手可捏碎； 浸水后，可捏成团	（1）全风化的各种岩石； （2）各种半成岩

表 5.11-2　岩体完整程度的划分标准

完整程度	结构面发育程度		主要结构面的结合程度	主要结构面类型	相应结构类型	完整性系数 K_v
	组数	平均间距（m）				
完整	1～2	＞1.0	结合好或结合一般	节理、裂隙、层面	整体状或巨厚层状结构	＞0.75
较完整	1～2	＞1.0	结合差	节理、裂隙、层面	块状或厚层状结构	0.75～0.55
	2～3	1.0～0.4	结合好或结合一般		块状结构	
较破碎	2～3	1.0～0.4	结合差	节理、裂隙、层面、小断层	裂隙块状或中厚层状结构	0.55～0.35
	≥3	0.4～0.2	结合好		镶嵌碎裂结构	
			结合一般		中薄层状结构	
破碎	≥3	0.4～0.2	结合差	各种类型结构面	裂隙块状结构	0.35～0.15
		＜0.2	结合一般或结合差		碎裂状结构	
极破碎	无序	结合很差			散体状结构	＜0.15

结构面发育程度包括结构面组数和平均间距，它们是影响岩体完整性的重要方面。结合程度由结构面张开度、面壁粗糙度及充填物性质确定。

在岩性相同的条件下，岩体纵波速度（V_{pm}）与岩块纵波速度（V_{pr}）的差异反映了岩体不完整性对岩体物理力学性质的影响。根据岩体纵波速度和完整岩块纵波速度，可按下式计算岩体完整性系数 K_v 值：

$$K_v = \left(\frac{V_{pm}}{V_{pr}}\right)^2 \qquad (5.11-1)$$

式中 V_{pm}——岩体弹性纵波速度，m/s；

V_{pr}——岩块弹性纵波速度，m/s。

岩体完整性系数 K_v 是排除了岩性影响后，既反映岩体结构面的发育程度，又反映结构面的性状，较全面地从量上反映岩体完整程度的指标。

5.11.1.3 岩体基本质量分级

由岩石坚硬程度和岩体完整程度这两个因素所决定的工程岩体性质，定义为“岩体基本质量”。岩体基本质量的定性特征是两个分级因素定性划分的组合，根据这些组合可以进行岩体基本质量的定性分级。岩体基本质量指标 *BQ* 是用两个分级因素定量指标计算求得的，根据所确定的 *BQ* 值可以进行岩体基本质量的定量分级。

岩体基本质量指标 *BQ* 的计算公式采用多参数法，是以两个分级因素的定量指标 R_c 及 K_v 为基本参数，根据大量工程实测数据采用逐步回归、逐步判别等方法建立起来的带两个限制条件的线性方程式：

$$BQ = 90 + 3R_c + 250K_v \qquad (5.11-2)$$

当 $R_c > 90K_v + 30$ 时，应以 $R_c = 90K_v + 30$ 和 K_v 代入上式计算 *BQ* 值；当 $K_v > 0.04R_c + 0.4$ 时，以 $K_v = 0.04R_c + 0.4$ 和 R_c 代入上式计算 *BQ* 值。

根据得到的岩石坚硬程度和岩体完整程度以及 *BQ* 值，可按表 5.11-3 分别对岩体进行基本质量的定性分级和定量分级。定性分级与定量分级相互验证，可以获得较为准确的岩体基本质量级别。

表 5.11-3 岩体基本质量分级

基本质量级别	岩体基本质量的定性特征	岩体基本质量指标 *BQ*
Ⅰ	坚硬岩，岩体完整	>550
Ⅱ	坚硬岩，岩体较完整； 较坚硬岩，岩体完整	550～451
Ⅲ	坚硬岩，岩体较破碎； 较坚硬岩或软硬岩互层，岩体较完整； 较软岩，岩体完整	450～351
Ⅳ	坚硬岩，岩体破碎； 较坚硬岩，岩体较破碎～破碎； 较软岩或软硬岩互层，且以软岩为主，岩体较完整～较破碎； 软岩，岩体完整～较完整	350～251
Ⅴ	较软岩，岩体破碎； 软岩，岩体较破碎～破碎； 全部极软岩及全部极破碎岩	≤250

初步定级一般是在可行性和初步设计阶段进行，此时勘察资料不全，工作还不够深入，工作要求的精度不高，可用基本质量的级别在整体上评价工程岩体的质量，而不必考虑坝基岩体、洞室围岩和边坡岩体的区别，将那些只对某类工程岩体影响大的因素暂时忽略掉。

5.11.1.4 工程岩体级别的确定

对工程岩体进行详细定级时需要对岩体基本质量级别进行修正，即将对某种类型工程岩体特别有影响的因素考虑进去。不同类型的工程岩体需要考虑的因素不同，故进行的修正也不同。地下工程岩体需要考虑的修正因素包括地下水、起控制作用的软弱结构面和高初始应力，而边坡工程岩体还要考虑结构面的组合、结构面的产状与边坡坡面的关系等因素的影响。地下工程地下水、软弱结构面产状和地应力状态对岩体基本质量指标 *BQ* 值的影响系数 K_1、K_2、K_3，分别见表 5.11-4～表 5.11-6。根据这些修正因素按式（5.11-3）对岩体基本质量指标 *BQ* 值进行修正，得到工程岩体质量指标修正值［*BQ*］，按表 5.11-3 定出工程岩体级别。

表 5.11-4　　**地下水影响修正系数 K_1**

地下水出水状态 \ BQ	>450	450～351	350～251	≤250
潮湿或点滴状出水	0	0.1	0.2～0.3	0.4～0.6
淋雨状或涌流状出水，水压不大于 0.1MPa 或单位出水量不大于 10L/(min·m)	0.1	0.2～0.3	0.4～0.6	0.7～0.9
淋雨状或涌流状出水，水压大于 0.1MPa 或单位出水量大于 10L/(min·m)	0.2	0.4～0.6	0.7～0.9	1.0

表 5.11-5　　**主要软弱结构面产状影响修正系数 K_2**

结构面产状及其与洞轴线的组合关系	结构面走向与洞轴线夹角小于 30°，结构面倾角为 30°～75°	结构面走向与洞轴线夹角大于 60°，结构面倾角大于 75°	其他组合
K_2	0.4～0.6	0～0.2	0.2～0.4

表 5.11-6　　**初始应力状态影响修正系数 K_3**

初始应力状态 \ BQ	>550	550～451	450～351	350～251	≤250
极高应力区（岩石强度应力比小于 4）	1.0	1.0	1.0～1.5	1.0～1.5	1.0
高应力区（岩石强度应力比为 4～7）	0.5	0.5	0.5	0.5～1.0	0.5～1.0

$$[BQ] = BQ - 100(K_1 + K_2 + K_3) \quad (5.11-3)$$

5.11.2　Q 系统分级方法

挪威学者巴顿（N. Barton）等根据对 212 个 50 余类岩石隧道工程资料的调查研究，于 1974 年提出了一种由 6 个因素综合评定岩体质量 Q 值的定量分级法。该方法按式（5.11-4）计算出 Q 值，再根据表 5.11-7 可得出相应岩体的级别。

表 5.11-7　　**Q 系统分类岩体级别表**

Q 值	岩体性质评价	级别
1000～400	极好	1
400～100	非常好	2
100～40	很好	3
40～10	好	4
10～4	一般	5
4～1	差	6
1～0.1	很差	7
0.1～0.01	非常差	8
0.01～0.001	极差	9

$$Q = \frac{\mathrm{RQD}}{J_n}\frac{J_r}{J_a}\frac{J_w}{SRF} \quad (5.11-4)$$

式中　RQD——岩石质量指标；

J_n——节理组数；

J_r——节理面粗糙度值；

J_a——节理的蚀变指标；

J_w——裂隙水的折减系数；

SRF——地应力折减系数。

Q 系统中，相应 6 个因素取值的确定方法分别见表 5.11-8～表 5.11-13。

5.11.3　RMR 系统分级方法

岩体地质力学分类法（RMR）由宾尼威斯基（1973）提出。该方法采用岩石单轴抗压强度、岩石质量指标 RQD、裂隙间距、裂隙条件、地下水、裂隙产状与洞轴线的关系等六个因素的权值总数来综合确定岩体级别，评判标准见表 5.11-14。各指标评分条件与赋值见表 5.11-15。

5.11.4　在岩石工程中的应用

5.11.4.1　不同设计阶段综合应用

工程岩体分级的基础是地质调查、简易岩石力学测试。工程勘察初期，在地质调查和简易岩石力学测试的基础上，进行简单的工程岩体分级，即可提出岩

表 5.11-8 **RQD 的确定**

RQD值（%）	0～25	25～50	50～75	75～90	90～100
岩体质量评价	很差	差	一般	好	很好

注 1. RQD<10时，在计算时一般采用10。

2. RQD取值数值差值用5即可满足精度要求，如100、95、90等。

表 5.11-9 **J_n 的确定**

序号	取值条件	J_n取值
A	整体，无或少量节理	0.5～1
B	1组节理	2
C	1组节理，并有随机节理	3
D	2组节理	4
E	2组节理，并有随机节理	6
F	3组节理	9
G	3组节理，并有随机节理	12
H	4组或更多组节理，呈随机性分布的密集节理	15
J	破碎岩石，似土质	20

注 对于隧洞交叉部位，用$3.0\times J_n$；对于隧洞入口处，用$2.0\times J_n$。

表 5.11-10 **J_r 的确定**

序号	取值条件	J_r取值
(1)	岩壁呈接触，或剪切错动小于10cm，岩壁呈接触状态	
A	不连续节理	4
B	粗糙，不规则，起伏状	3
C	平滑，起伏状	2
D	光面，起伏状	1.5
E	粗糙，不规则，平直	1.5
F	平滑，平直	1
G	光面，平直	0.5
(2)	错动时岩壁不接触	
H	节理面间充填有黏土矿物，其厚度能阻隔节理面直接接触	1
J	节理面间充填有砂、砾质，或挤压破碎带，其厚度能阻隔节理面直接接触	1

注 1. 对裂隙特征描述，按小尺度到中等尺度顺序。

2. 如果相关节理平均间距大于3m，则J_r取值可在上述取值基础上加1。

3. 对具定向擦痕的平直光面节理，可取$J_r=0.5$，以表示在该方向上的低抗剪强度。

4. J_r和J_a的确定主要针对在产状和抗剪强度方面对稳定性不利的节理组或不连续面。

表 5.11-11 **J_a 的确定**

序号	取值条件	Φ_r（近似值）(°)	J_a取值
(1)	岩壁接触（无矿物充填，仅胶结状）		
A	裂隙紧密闭合，坚硬，无软化，不透水充填物充填，如石英、绿帘石等		0.75

续表

序号	取值条件	Φ_r（近似值）（°）	J_a 取值
B	节理面未产生蚀变，仅表面有锈膜浸染	25～35	1.0
C	节理壁轻微蚀变，无软化矿物粘附、砂粒、非黏性碎屑岩石等	25～30	2.0
D	粉粒或砂粒粘附，黏土含量少（非软化）	20～25	3.0
E	软化或低摩擦黏土矿物粘附，如高岭石、云母、绿泥石、滑石、石膏、石墨等矿物，以及少量膨胀性黏土	8～16	4.0
(2)	小于10cm剪切错动时，岩壁呈接触状（薄层矿物充填）		
F	砂粒，非黏土质碎屑岩等	25～30	4.0
G	高度超固结、非软化黏土矿物充填（连续充填，厚度小于5mm）	16～24	6.0
H	中度或低度超固结、软化黏土矿物充填（连续充填，厚度小于5mm）	12～16	8.0
J	膨胀性黏土充填，如蒙脱石矿物（连续，厚度小于5mm）。J_a 值取决于膨胀性黏土颗粒的百分比以及含水量	6～12	8.0～12.0
(3)	剪切错动时岩壁不接触（矿物充填厚）		
KLM	裂隙带内含碎裂岩、碎屑岩及黏土	6～24	6.0、8.0或8.0～12.0
N	裂隙内含粉粒或砂质黏土，黏土含量低（非软化）		5.0
OPR	裂隙内厚的连续充填，黏土带状充填	6～24	10.0、13.0或13.0～20.0

表 5.11-12　　J_w 的确定

序号	取值条件	水压近似值（MPa）	J_w 取值
A	干燥开挖，或小量渗水，如渗水量小于5L/min	<0.1	1.0
B	中等渗水，或有压渗水，偶尔有节理充填物流失	0.1～0.25	0.66
C	硬岩中无充填节理内大流量渗流或高压渗流	0.25～1.0	0.5
D	大流量渗流或高压渗流，节理充填物有显著流失	0.25～1.0	0.33
E	爆破后大流量涌水或有压流，渗流量随时间衰减	>1.0	0.2～0.1
F	超大流量涌水或有压流，渗流量随时间无明显衰减	>1.0	0.1～0.055

注　表中，序号C～F中各因素条件下的取值是粗略的估计，如果有排水措施，则 J_w 值可增大。

表 5.11-13　　SRF 的确定

序号	取值条件	$\frac{\sigma_c}{\sigma_1}$	$\frac{\sigma_\theta}{\sigma_c}$	SRF 取值
(1)	软弱夹层与开挖面相交。当隧洞开挖后，软弱层的存在可能引起围岩松动			
A	多个软弱带，含黏土或化学性碎裂构造岩石，围岩松动严重（埋深不限）			10
B	单个软弱带，含黏土或化学性碎裂构造岩石。开挖埋深不大于50m			5

续表

序号	取值条件	$\frac{\sigma_c}{\sigma_1}$	$\frac{\sigma_\theta}{\sigma_c}$	SRF 取值
C	单个软弱带，含黏土或化学性碎裂构造岩石。开挖埋深大于50m			2.5
D	硬岩中多个剪切带（无黏土），围岩松动（埋深不限）			7.5
E	硬岩中单个剪切带（无黏土）。开挖埋深不大于50m			5.0
F	硬岩中单个剪切带（无黏土）。开挖埋深大于50m			2.5
G	松动的张开节理，节理密集发育（埋深不限）			5.0
(2)	不同应力条件下的坚硬岩			
H	岩石应力低，近地表，节理张开	＞200	＜0.01	2.5
J	中等应力，应力条件有利	10～200	0.01～0.3	1
K	高应力条件，非常紧密结构，通常便于稳定，也可能对边墙稳定不利	5～10	0.3～0.4	0.5～2
L	岩体开挖1h后，有中等板裂破坏发生	3～5	0.5～0.65	5～50
M	岩体开挖数分钟后，有板裂破坏及岩爆发生	2～3	0.65～1	50～200
N	岩体中有严重岩爆（应变岩爆）及快速的动力变形	＜2	＞1	200～400
(3)	挤压变形岩石，在高应力作用下发生塑性流动的软岩			
O	中等挤压变形		1～5	5～10
P	严重挤压变形		＞5	10～20
(4)	膨胀岩，遇水发生化学膨胀行为			
R	中等膨胀			5～10
S	严重膨胀			10～15

注 对于强烈各向异性初始应力场，当 $5\leqslant\frac{\sigma_1}{\sigma_3}\leqslant10$，将 σ_c 减少至 $0.75\sigma_c$，当 $\frac{\sigma_1}{\sigma_3}>10$，将 σ_c 减少至 $0.5\sigma_c$。其中，σ_c 为单轴抗压强度；σ_1、σ_3 为最大、最小主应力；σ_θ 为由弹性理论计算出的最大洞室环向应力。

表 5.11-14 由 RMR 权值总数确定岩体级别

总得分	100～81	80～61	60～41	40～21	≤20
岩体级别	Ⅰ	Ⅱ	Ⅲ	Ⅳ	Ⅴ
评价	很好	好	一般	差	很差

表 5.11-15 RMR 分级因素及评分标准

参数			评分标准						
1	完整岩石强度（MPa）	点荷载强度	＞10	4～10	2～4	1～2	对强度较低的岩体宜用单轴抗压强度		
		单轴抗压强度	＞250	100～250	50～100	25～50	5～25	1～5	＜1
	评分		15	12	7	4	2	1	0
2	岩石质量指标 RQD（%）		90～100	75～90	50～75	25～50	＜25		
	评分		20	17	13	8	3		
3	裂隙间距（cm）		＞200	60～200	20～60	6～20	＜6		
	评分		20	15	10	8	5		

续表

<table>
<tr><th colspan="4">参　数</th><th colspan="5">评　分　标　准</th></tr>
<tr><td rowspan="2">4</td><td colspan="3">裂隙条件</td><td>裂隙面很粗糙，为闭合状，不连续，面壁未风化</td><td>裂隙面稍粗糙，张开度小于1mm，面壁微风化</td><td>裂隙面稍粗糙，张开度小于1mm，面壁强风化</td><td>连续延伸裂隙，且裂隙面光滑，或裂隙充填物小于5mm，或张开度1～5mm</td><td>连续延伸裂隙，且裂隙软弱充填物大于5mm，或张开度大于5mm</td></tr>
<tr><td colspan="3">评分</td><td>30</td><td>25</td><td>20</td><td>10</td><td>0</td></tr>
<tr><td rowspan="4">5</td><td rowspan="4">地下水</td><td colspan="2">每10m洞长流量（L/min）</td><td>0</td><td><10</td><td>10～25</td><td>25～125</td><td>>125</td></tr>
<tr><td colspan="2">裂隙水压力与最大主应力比</td><td>或　0</td><td>或　0～0.1</td><td>或　0.1～0.2</td><td>或　0.2～0.5</td><td>或　大于0.5</td></tr>
<tr><td colspan="2">状态</td><td>或　干燥</td><td>或　潮湿</td><td>或　点滴状</td><td>或　线状流水</td><td>或　涌流状</td></tr>
<tr><td colspan="2">评分</td><td>15</td><td>10</td><td>7</td><td>4</td><td>0</td></tr>
<tr><td rowspan="4">6</td><td rowspan="3">裂隙产状与洞轴线的关系</td><td colspan="4">走向垂直洞线</td><td colspan="2" rowspan="2">走向平行洞线</td><td rowspan="2">其他走向</td></tr>
<tr><td colspan="2">顺倾向开挖</td><td colspan="2">逆倾向开挖</td></tr>
<tr><td>倾角45°～90°</td><td>倾角20°～45°</td><td>倾角45°～90°</td><td>倾角20°～45°</td><td>倾角45°～90°</td><td>倾角20°～45°</td><td>倾角0°～20°</td></tr>
<tr><td>折减分</td><td>0</td><td>−2</td><td>−5</td><td>−10</td><td>−12</td><td>−5</td><td>−10</td></tr>
</table>

石力学参数初步取值，供勘察初期设计使用。工程岩体分级可作为选点、拟订开挖方案，以及工程投资估算、工期初估的基本依据。在可行性和初步设计阶段，应进行较为详尽的工程岩体分级，以求在宏观上把握岩体的力学特性及分区分带，在此基础上合理安排岩石力学试验。在施工阶段，可以根据开挖揭露出的地质问题，复核或重新评价岩体的稳定性，进一步优化设计。

5.11.4.2 地下洞室稳定性评价与支护

《工程岩体分级标准》（GB 50218—94）分级方法、Q系统及岩体地质力学分类法等，都在收集大量工程实例（特别是地下工程）基础上，建立了与工程岩体分级结果相关的地下洞室围岩稳定性评价体系。

《工程岩体分级标准》（GB 50218—94）根据大量工程实践，对跨度不大于20m的地下洞室依据分级结果提出了“地下工程岩体自稳能力”评价表，见表5.11-16，可供检验岩体级别和评价洞室自稳能力时使用。

宾尼威斯基（Bieniawski）于1989年和1993年相继提出了地下洞室顶板跨度、岩体最大自稳时间与*RMR*值关系图，如图5.11-1所示[68]。

巴顿依据地下洞室的用途与重要程度，于1974年提出了等效跨度概念，并以表列方式建立了围岩质量*Q*值、等效跨度及相应支护参数关系图。随后，基于钢纤维喷锚技术的发展，挪威NGI研究院Grimstad及巴顿等对Q系统支护图进行了完善，于1993年提出了经修改后的Q系统支护图，如图5.11-2所示。图中，洞室的等效跨度ES（Equivalent Span）为洞室跨度与洞室开挖支护率ESR（Excavation Support Ratio）的比值，列出了ESR建议值见表5.11-17。洞室的跨度包括顶拱跨度与洞室边墙高度。对于垂直边墙，在设计边墙支护时，巴顿建议对用于支护的*Q*值（即Q_w）进行调整，以减少支护量：①对$Q>10$，$Q_w=5Q$；②对$0.1<Q<10$，$Q_w=2.5Q$；③对$Q<0.1$，$Q_w=2.5Q$。

5.11.4.3 裂隙岩体力学参数评估

基于《工程岩体分级标准》（GB 50218—94）、RMR及Q系统分级结果，可以估算裂隙岩体的变形参数与强度参数，包括岩体变形模量、单轴抗拉强度σ_t、单轴抗压强度σ_c以及抗剪强度参数c_m和$\tan\varphi_m$。

1. 基于RMR法估算霍克—布朗经验强度准则中的控制参数*m*和*s*

霍克—布朗经验强度准则的表达式如下：

表 5.11-16　　地下工程岩体自稳能力[19]

岩体级别	自 稳 能 力
Ⅰ	跨度不大于 20m，可长期稳定，偶有掉块，无塌方
Ⅱ	跨度 10～20m，可基本稳定，局部可发生掉块或小塌方； 跨度小于 10m，可长期稳定，偶有掉块
Ⅲ	跨度 10～20m，可稳定数日至 1 个月，可发生小～中塌方； 跨度 5～10m，可稳定数月，可发生局部块体位移及小～中塌方； 跨度小于 5m，可基本稳定
Ⅳ	跨度大于 5m，一般无自稳能力，数日至数月内可发生松动变形、小塌方，进而发展为中～大塌方。埋深小时，以拱部松动破坏为主，埋深大时，有明显塑性流动变形和挤压破坏； 跨度不大于 5m，可稳定数日至 1 个月
Ⅴ	无自稳能力

注　1. 小塌方：塌方高度小于 3m，或塌方体积小于 $30m^3$。
　　2. 中塌方：塌方高度 3～6m，或塌方体积 30～$100m^3$。
　　3. 大塌方：塌方高度大于 6m，或塌方体积大于 $100m^3$。

表 5.11-17　　Q 系统洞室类别与开挖支护率 ESR 取值表

序号	开 掘 类 别		*ESR*
A	临时性采矿洞室		3～5
B	竖井	圆形断面	2.5
		矩形、方形断面	2.0
C	永久矿产开采；低水压过水隧洞；洞室先导洞；竖井及大型洞室掌子面		1.6
D	地下储存库；水处理厂；小断面公路及铁路隧道；调压室；地下厂房交通洞等		1.3
E	地下电站厂房；大断面公路及铁路隧洞；人防洞室；隧洞进口；洞室交叉部位		1.0
F	地下核电站；地铁站；地下体育与公共设施；地下工厂		0.8

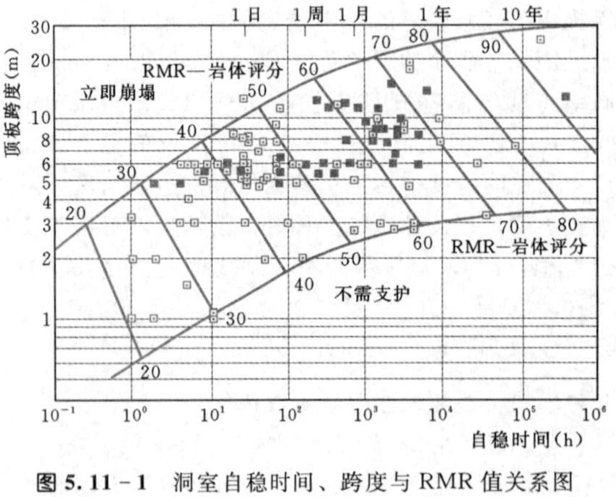

图 5.11-1　洞室自稳时间、跨度与 RMR 值关系图

$$\sigma_1 = \sigma_3 + \sigma_c \sqrt{m\frac{\sigma_3}{\sigma_c} + s} \qquad (5.11-5)$$

式中　σ_1、σ_3——破坏时的最大、最小主应力；

σ_c——岩块的单轴抗压强度，由单轴抗压试验确定；

m、s——表征岩石软硬程度、完整性的参数，其取值范围在 0.001～25 和 0～1 之间，可根据 RMR 分类结果由以下经验关系式确定[68]。

对扰动岩体：

$$\left.\begin{aligned} \frac{m}{m_i} &= e^{\frac{RMR-100}{14}} \\ s &= e^{\frac{RMR-100}{6}} \end{aligned}\right\} \qquad (5.11-6)$$

对未扰动岩体：

$$\left.\begin{aligned} \frac{m}{m_i} &= e^{\frac{RMR-100}{28}} \\ s &= e^{\frac{RMR-100}{9}} \end{aligned}\right\} \qquad (5.11-7)$$

式中　m_i——完整岩块的 m 值。

在参数 m、s 取值中，针对不同岩类，列有 m_i 建议值，见本卷 5.12 节。

确定岩体特性参数 m、s 后，根据给定岩体的霍克—布朗经验强度准则，进一步确定岩体的抗拉强度

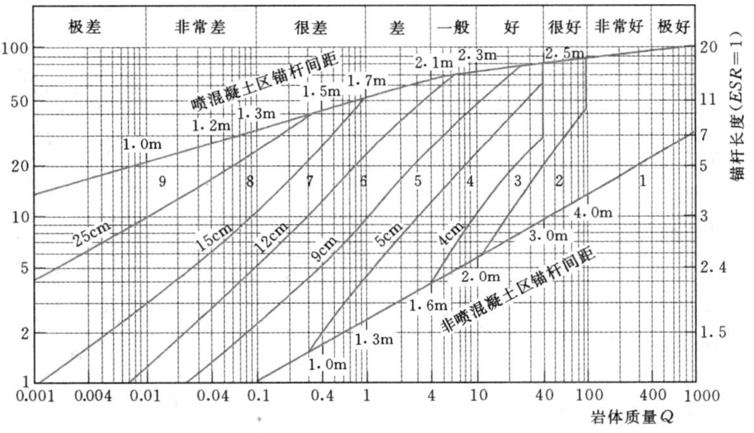

图 5.11-2　Q 系统支护图

1—无支护；2—随机锚杆；3—系统锚杆；4—系统锚杆（喷素混凝土 4～10cm）；5—锚杆＋喷钢纤维混凝土 5～9cm；6—锚杆＋喷钢纤维混凝土 9～12cm；7—锚杆＋喷钢纤维混凝土 12～15cm；8—锚杆＋喷钢纤维混凝土＞15cm，加强肋喷混凝土；9—浇筑混凝土衬砌

σ_t 和抗剪强度参数 c、φ。

2. 基于 *RMR* 的岩体变形模量估算

根据 Bieniawski 和 Serafim 基于现场变形试验的统计回归分析，岩体变形模量与 *RMR* 值具有以下经验关系[68]：

$$E = 10^{\frac{RMR-10}{40}} \qquad (5.11-8)$$

对于 1～10GPa 岩体，该经验关系式相关度高。

3. 基于《工程岩体分级标准》的变形模量经验关系[3]

为研究岩体变形参数与工程岩体质量指标［*BQ*］值之间的关系，统计分析了三峡、水布垭、皂市、周公宅等水利水电工程的工程岩体分级与现场岩石力学试验成果。数据点 54 个，岩体变形模量与［*BQ*］值关系曲线如图 5.11-3 所示，拟合得到岩体变形模量与工程岩体质量指标［*BQ*］的关系式为

$$E = 0.0986e^{0.0105[BQ]} \qquad (5.11-9)$$

根据上述公式可以由［*BQ*］估算岩体变形模量。

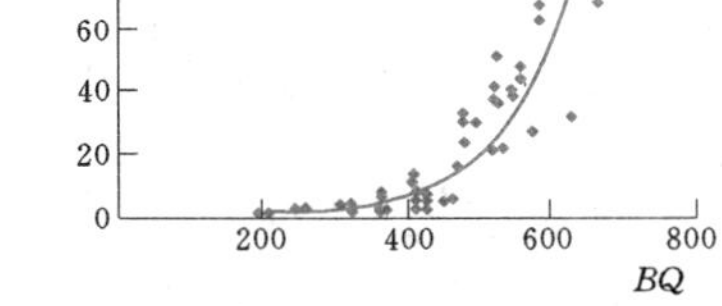

图 5.11-3　岩体变形模量与［*BQ*］值关系曲线

5.12　岩石的本构关系与强度理论

岩石的变形特性包括岩石的弹性和塑性特性，应力—应变关系和应力—时间、应变—时间关系等，简称为应力—应变关系。对于依赖于加载过程的应力—应变关系（包括其他影响应力—应变关系的因素），一般不称为应力—应变关系，而称为本构关系。

岩石在弹性阶段的本构关系称为岩石弹性本构关系，岩石在塑性阶段的本构关系称为岩石塑性本构关系，通称为弹塑性本构关系。如果外界条件不变，物体的应变或应力随时间而变化，则称物体具有流变性。岩石产生流变时的本构关系称为岩石流变本构关系。

5.12.1　岩石的弹塑性本构关系

荷载作用下岩石破坏前的应力—应变关系，大体可以分为三个阶段（见图 5.12-1）。

岩石的变形特性通常可从试验时所记录下来的应力—应变曲线中获得。岩石的应力—应变曲线反映了各种不同应力水平下所对应的应变（变形）规律。以下介绍具有代表性的典型的岩石应力—应变关系曲线。

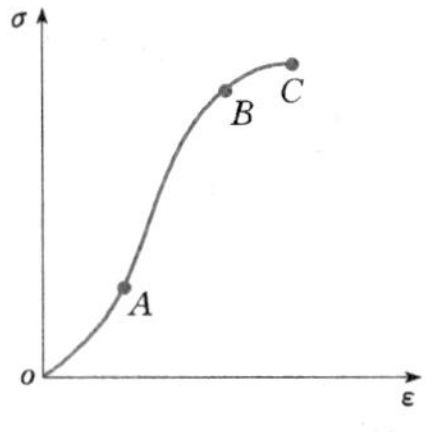

图 5.12-1　典型岩石的应力—应变关系曲线

5.12.1.1　典型岩石应力—应变曲线

图 5.12-1 给出了典型岩石的应力—应变关系曲

线。根据应力—应变关系曲线的形态变化，可将其分成 oA、AB、BC 三个阶段。三个阶段各自显示了不同的变形特性。

(1) oA 阶段，通常称为压密阶段。其特征是应力—应变关系曲线呈上凹型，即应变随应力的增加而减少，形成这一特性的主要原因是存在于岩石内的微裂隙在外力作用下发生闭合所致。

(2) AB 阶段，即弹性阶段。从图 5.12-1 可知，这一阶段的应力—应变关系曲线基本呈直线。若在这一阶段卸荷其应变可以恢复，这一阶段常用弹性模量 E 和泊松比 μ 来描述其变形特性。近年来，经过大量的试验发现，在 AB 阶段，由于受荷后不断地出现裂纹扩展，岩石将产生一些不可逆的变形。因此从某种意义上来说，它并不属于真正的弹性特性，只是一种近似的弹性介质。B 点是该岩石的屈服点，当应力超过 B 点，则将进入第三阶段。

(3) BC 阶段，又称为塑性阶段。当应力值超出屈服应力之后，随着应力的增大曲线呈下凹状，明显地表现出应变增大（软化）的现象。进入了塑性阶段，岩石将产生不可逆的塑性变形。此时，主应变 ε_1、ε_3 及主应变速率 $\dot{\varepsilon}_1$、$\dot{\varepsilon}_3$ 将同时增大，并且最小主应变的应变速率 $\dot{\varepsilon}_3$ 的增大表现得更明显。应该指出，对于坚硬的岩石来说，这一塑性阶段很短，有的几乎不存在，所表现的是脆性破坏特征。所谓脆性，是指应力超出了屈服应力却并不表现出明显的塑性变形的特性，这样的破坏过程称为脆性破坏。

5.12.1.2 岩石弹性本构关系

当材料处于线弹性状态时，材料的本构关系就是著名的广义胡克定律，其张量表达式为

$$\sigma_{ij} = D_{ijkl}\varepsilon_{kl} \tag{5.12-1}$$

式中的 D_{ijkl} 为四阶弹性张量，一般具有 81 个分量，但其具有对称性，即

$$D_{ijkl} = D_{ijlk} = D_{jikl} = D_{klij} \tag{5.12-2}$$

因此只有 21 个独立分量。若材料为各向同性，则其仅具有 2 个独立分量，此时有

$$D_{ijkl} = \lambda\delta_{ij}\delta_{kl} + \mu(\delta_{ik}\delta_{jl} + \delta_{il}\delta_{jk}) \tag{5.12-3}$$

其中

$$\left.\begin{aligned} \lambda &= \frac{\nu E}{(1+\nu)(1-2\nu)} \\ \mu &= \frac{E}{2(1+\nu)} \end{aligned}\right\} \tag{5.12-4}$$

式中 λ、μ——拉梅常数；

E——材料的杨氏模量；

ν——材料的泊松比。

若材料为各向同性弹性材料，将应力和应变张量的球形和偏量部分代入式（5.12-1），可得胡克定律的分解形式：

$$\left.\begin{aligned} \sigma_0 &= 3K\varepsilon_0 \\ S_{ij} &= 2Ge_{ij} \end{aligned}\right\} \tag{5.12-5}$$

其中

$$\left.\begin{aligned} K &= \frac{E}{3(1-2\nu)} \\ G = \mu &= \frac{E}{2(1+\nu)} \end{aligned}\right\} \tag{5.12-6}$$

式中 K、G——体积模量、剪切模量。

式（5.12-5）说明，在弹性情况下，体积应力只影响体积应变，应力偏量影响应变偏量。

5.12.1.3 岩石塑性本构关系

弹性状态的应力—应变为单值关系，这种关系仅取决于材料的性质；而塑性状态时，应力—应变关系是多值的，它不仅取决于材料性质，还取决于加—卸载历史。因此，除了在简单加载或塑性变形很小的情况下，可以像弹性状态那样建立应力—应变的全量关系外，一般只能建立应力增量和应变增量间的关系。描述塑性变形中全量关系的理论称为全量理论，又称形变理论或小变形理论。描述应力增量和应变增量间关系的理论称为增量理论，又称为流动理论。

1. 全量理论

在弹性理论中，根据广义胡克定律，有

$$\left.\begin{aligned} \sigma_{xx} - \sigma_m &= 2G(\varepsilon_{xx} - \varepsilon_m) \\ \sigma_{yy} - \sigma_m &= 2G(\varepsilon_{yy} - \varepsilon_m) \\ \sigma_{zz} - \sigma_m &= 2G(\varepsilon_{zz} - \varepsilon_m) \\ \tau_{xy} &= G\gamma_{xy} \\ \tau_{yz} &= G\gamma_{yz} \\ \tau_{zx} &= G\gamma_{zx} \end{aligned}\right\} \tag{5.12-7}$$

式中 G——剪切模量，是一个常量；

ε_m——体积应变；

σ_m——平均应力。

在塑性力学的全量理论中，类似弹性理论的广义胡克定律，提出如下公式：

$$\left.\begin{aligned} \sigma_{xx} - \sigma_m &= 2G'(\varepsilon_{xx} - \varepsilon_m) \\ \sigma_{yy} - \sigma_m &= 2G'(\varepsilon_{yy} - \varepsilon_m) \\ \sigma_{zz} - \sigma_m &= 2G'(\varepsilon_{zz} - \varepsilon_m) \\ \tau_{xy} &= G'\gamma_{xy} \\ \tau_{yz} &= G'\gamma_{yz} \\ \tau_{zx} &= G'\gamma_{zx} \end{aligned}\right\} \tag{5.12-8}$$

其中

$$G' = \frac{\sigma_i}{3\varepsilon_i} \tag{5.12-9}$$

$$\left.\begin{aligned}\sigma_i &= \frac{1}{\sqrt{2}}\sqrt{(\sigma_1-\sigma_2)^2+(\sigma_2-\sigma_3)^2+(\sigma_3-\sigma_1)^2} \\ \varepsilon_i &= \frac{\sqrt{2}}{3}\sqrt{(\varepsilon_1-\varepsilon_2)^2+(\varepsilon_2-\varepsilon_3)^2+(\varepsilon_3-\varepsilon_1)^2}\end{aligned}\right\}$$

(5.12-10)

式中　G'——一个与应力（或塑性应变）有关的参数；
σ_i——等效应力；
ε_i——等效应变；
σ_1、σ_2、σ_3——主应力；
ε_1、ε_2、ε_3——主应变。

忽略体积变形，$\varepsilon_m=0$，则全量理论为

$$\left.\begin{aligned}\sigma_{xx}-\sigma_m &= 2G'\varepsilon_{xx} \\ \sigma_{yy}-\sigma_m &= 2G'\varepsilon_{yy} \\ \sigma_{zz}-\sigma_m &= 2G'\varepsilon_{zz} \\ \tau_{xy} &= G'\gamma_{xy} \\ \tau_{yz} &= G'\gamma_{yz} \\ \tau_{zx} &= G'\gamma_{zx}\end{aligned}\right\} \quad (5.12-11)$$

写成张量的形式为

$$s_{ij} = 2G'\varepsilon_{ij} \quad (5.12-12)$$

其中　$s_{ij} = \sigma_{ij} - \sigma_m$

式中　s_{ij}——应力偏量。

若设 $G'=\dfrac{G}{\psi}$（ψ 称为塑性指标，在弹性变形时，$\psi=1$），则轴对称问题的圆柱坐标系全量理论方程为

$$\left.\begin{aligned}\varepsilon_r &= \frac{\psi}{2G}(\sigma_r-\sigma_m) \\ \varepsilon_\theta &= \frac{\psi}{2G}(\sigma_\theta-\sigma_m) \\ \varepsilon_z &= \frac{\psi}{2G}(\sigma_z-\sigma_m)\end{aligned}\right\} \quad (5.12-13)$$

在平面应变问题中，$\varepsilon_z=0$，塑性本构方程为

$$\left.\begin{aligned}\varepsilon_r &= \frac{\psi}{4G}(\sigma_r-\sigma_\theta) \\ \varepsilon_\theta &= \frac{\psi}{4G}(\sigma_\theta-\sigma_r)\end{aligned}\right\} \quad (5.12-14)$$

式中　ψ——塑性指标，可根据边界条件等确定。

2. 增量理论

在一般情况下，塑性状态的应力—应变不能像胡克定律建立全量关系，只能建立应力增量—应变增量间的关系。当应力产生一个无限小增量时，假设应变的变化可分成弹性的及塑性的两部分，即

$$\mathrm{d}\varepsilon_{ij} = \mathrm{d}\varepsilon_{ij}^e + \mathrm{d}\varepsilon_{ij}^p \quad (5.12-15)$$

弹性应力增量与弹性应变增量之间仍由常弹性矩阵联系，塑性应变增量由塑性势理论给出。类似于弹性介质应变能或余能的概念，塑性势理论认为，对弹塑性介质，存在塑性势函数 Q，并且有

$$\mathrm{d}\varepsilon_{ij}^p = \lambda\frac{\partial Q}{\partial\sigma_{ij}} \quad (5.12-16)$$

式中　λ——一正的待定有限量，其具体数值与材料硬化法则有关。

式（5.12-16）称为塑性流动法则。对于稳定的应变硬化材料，Q 通常取与后继屈服函数 F 相同的形式。当 $Q=F$ 时，这种特殊情况称为关联塑性，否则称为非关联塑性。对于关联塑性，塑性流动法则可表示为

$$\mathrm{d}\varepsilon_{ij}^p = \lambda\frac{\partial F}{\partial\sigma_{ij}} \quad (5.12-17)$$

如果将应力空间的坐标与应变空间的坐标重合，式（5.12-17）在几何上表示应变增量矢量与应力空间屈服面正交，因而式（5.12-17）又称为正交法则。

总应变增量表示为

$$\mathrm{d}\varepsilon_{ij} = D^{-1}\mathrm{d}\sigma_{ij} + \lambda\frac{\partial Q}{\partial\sigma_{ij}} \quad (5.12-18)$$

对于关联塑性，总应变增量表示为

$$\mathrm{d}\varepsilon_{ij} = D^{-1}\mathrm{d}\sigma_{ij} + \lambda\frac{\partial F}{\partial\sigma_{ij}} \quad (5.12-19)$$

由一致性条件可推出待定有限量为

$$\lambda = \frac{1}{A}\frac{\partial F}{\partial\sigma_{ij}}\mathrm{d}\sigma_{ij} \quad (5.12-20)$$

对于理想塑性材料，$A=0$；对于硬化材料，有

$$A = -\frac{\partial F}{\partial\sigma_{ij}^p}D\frac{\partial Q}{\partial\sigma_{kl}} - \frac{\partial F}{\partial u}\sigma_{ij}\frac{\partial Q}{\partial\sigma_{ij}} \quad (5.12-21)$$

式中　u——塑性功。

这样加载时的本构方程为

$$\mathrm{d}\varepsilon_{ij} = \left(D^{-1} + \frac{1}{A}\frac{\partial Q}{\partial\sigma_{ij}}\frac{\partial F}{\partial\sigma_{kl}}\right)\mathrm{d}\sigma_{kl} \quad (5.12-22)$$

这样，对任何一个状态（σ_{kl}，σ_{kl}^p，u），只要给出了应力增量，就可以按式（5.12-22）唯一地确定应变增量 $\mathrm{d}\varepsilon_{ij}$。

应用增量理论求解塑性问题，能够反映应变历史对塑性变形的影响，因而能比较准确地描述材料的塑性变形规律。

5.12.2　岩石流变本构关系

研究材料的流变，常采用“力学模型”方法。下面介绍利用几个物理模型来描述岩石所具有不同的变形特性的基本方法。

5.12.2.1　基本的力学介质模型

1. 弹性介质模型

弹性变形通常用一个具有一定刚度的弹簧来表示，如图 5.12-2 所示。该图表现出岩石的应力—应变在卸载时可恢复且呈线性关系的特性。其表达式

（本构方程）如下：

$$\sigma = E\varepsilon \qquad (5.12-23)$$

2. 塑性介质模型

利用一个滑块在一平面上滑动来表征岩石的塑性变形（通常称其为摩擦器）。当作用在滑块上的外力 σ 超出 σ_0（屈服应力）时，滑块将产生移动。该滑动量即为塑性变形量。塑性变形有理想的塑性变形与具有硬化特性的塑性变形两种类型。

（1）理想的塑性变形（见图 5.12-3 中的实线）：

$$\left.\begin{aligned} &\varepsilon = 0 \quad (\sigma < \sigma_0) \\ &\varepsilon \text{ 持续增长} \quad (\sigma = \sigma_0) \end{aligned}\right\} \qquad (5.12-24)$$

（2）具有硬化特性的塑性变形（见图 5.12-3 中的虚线）：

$$\left.\begin{aligned} &\varepsilon = 0 \quad (\sigma < \sigma_0) \\ &\varepsilon = \frac{\sigma - \sigma_0}{k} \quad (\sigma \geqslant \sigma_0) \end{aligned}\right\} \qquad (5.12-25)$$

式中　k——塑性硬化系数，表示只有在外力做功的条件下塑性变形才会继续发生。

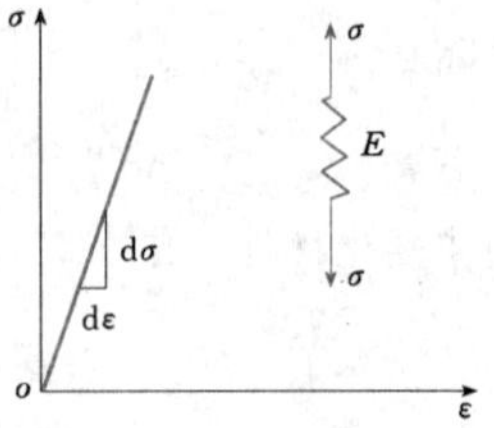

图 5.12-2　理想弹性材料的应力—应变关系曲线

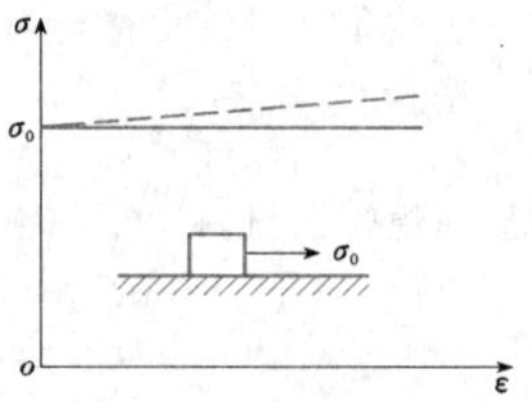

图 5.12-3　理想塑性材料的应力—应变关系曲线

3. 黏性介质模型

通常用一个阻尼器来表征岩石的黏性，即流变性。阻尼器是一个封闭的容器，容器内充满了具有黏滞系数 η 的液体，容器中有一带有圆孔的活塞。当外荷载作用在容器两端时，由于液体具有瞬时不变形的特性，使得活塞不会立即产生变形。随着时间的推移，液体将从活塞的圆孔中流出产生与时间有关的应变（见图 5.12-4）。一般常用牛顿黏性体定律来描述应变与时间的关系，其表达式如下：

$$\left.\begin{aligned} &\sigma = \eta \frac{\mathrm{d}\varepsilon}{\mathrm{d}t} \\ \text{或}\quad &\varepsilon = \frac{\sigma}{\eta} t \end{aligned}\right\} \qquad (5.12-26)$$

5.12.2.2　常用的岩石介质模型

根据岩石的变形特性，利用前面介绍的三种基本模型的不同组合，即可建立反映岩石各种变形特性的力学模型。下面仅介绍最常用的三种岩石介质模型。

1. 弹塑性介质模型

弹塑性介质模型是用弹簧与滑块串联在一起的一个介质模型，常用于表征具有弹塑性变形特性的岩石介质。图 5.12-5 表示了这一模型所表征的应力—应变曲线。当作用在模型两端的外力小于 σ_0 时，介质模型中仅有弹簧工作，此时表现出线性的应力—应变关系；当 σ 大于 σ_0 时，则滑块将产生移动，表现出持续的塑性变形。描述弹塑体的本构方程如下。

（1）无塑性硬化作用时（见图 5.12-5 中的实线）：

$$\left.\begin{aligned} &\varepsilon = \frac{\sigma}{E} \quad (\sigma < \sigma_0) \\ &\varepsilon = \text{发生持续变形} \quad (\sigma = \sigma_0) \end{aligned}\right\} \qquad (5.12-27)$$

（2）有塑性硬化作用时（见图 5.12-5 中的虚线）：

$$\left.\begin{aligned} &\varepsilon = \frac{\sigma}{E} \quad (\sigma < \sigma_0) \\ &\varepsilon = \frac{\sigma}{E} + \frac{\sigma - \sigma_0}{k_1} \quad (\sigma \geqslant \sigma_0) \end{aligned}\right\} \qquad (5.12-28)$$

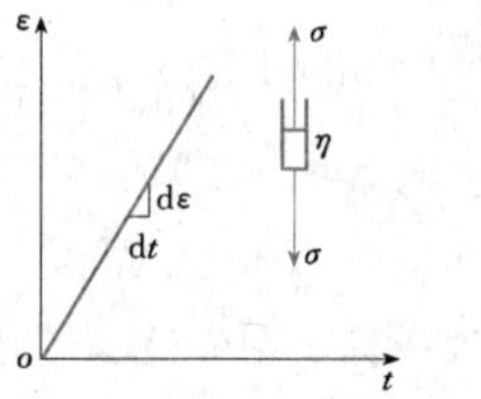

图 5.12-4　完全黏性材料的应变—时间关系曲线

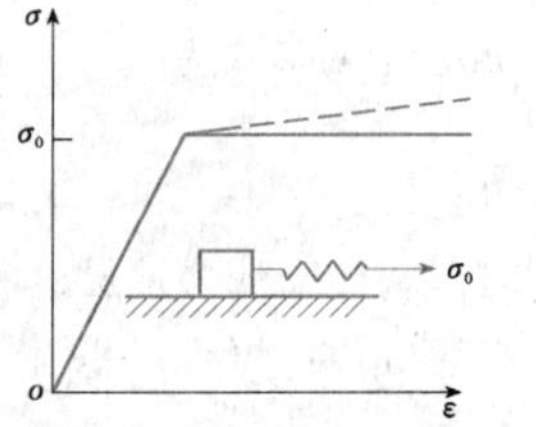

图 5.12-5　理想弹塑性材料的应力—应变关系曲线

2. 黏弹性介质模型

常用描述岩石黏弹性特性的力学介质模型主要有麦克斯韦（Maxwell）模型和开尔文（Kelvin）两种模型。

（1）麦克斯韦模型。麦克斯韦模型是由弹簧和阻尼器串联而成的，如图 5.12-6（a）所示。其所表现的应变与时间的关系如图 5.12-6（b）所示。

当外力作用于模型的两端，由于是两个基本模型的串联，因此，两个基本模型所受的力是相等的，而模型的总应变为弹簧的应变量 ε^e 和黏滑器的应变量 ε^v 之和，其表达式如下：

$$\varepsilon = \varepsilon^e + \varepsilon^v$$

当在 σ 的作用下，两个应变分量分别为

$$\varepsilon^e = \frac{\sigma}{E} \quad \text{（弹性应变）}$$

$$\varepsilon^v = \frac{\sigma}{\eta} t \quad \text{（黏性应变）}$$

则最终的应变为

$$\varepsilon = \frac{\sigma}{E} + \frac{\sigma}{\eta} t \qquad (5.12-29)$$

从上式可知，麦克斯韦模型反映了岩石的流变与时间呈直线关系的特征。其初始应变即为岩石的瞬时弹性应变。当卸去外力后，可恢复的也仅是这一弹性变形，随时间的增长而产生的应变将保持不变，不可恢复。

若改变一下式（5.12－29）的表现形式，则其式如下：

$$\sigma = \frac{\varepsilon}{\dfrac{1}{E} + \dfrac{t}{\eta}}$$

由上式可知，若保持应变 ε 不变，随着时间 t 的增大，σ 将随之降低。此时的曲线如图 5.12－6（c）所示。习惯上将这一特性称为应力松弛。这也是麦克斯韦模型所能描述的另一个重要的特性。

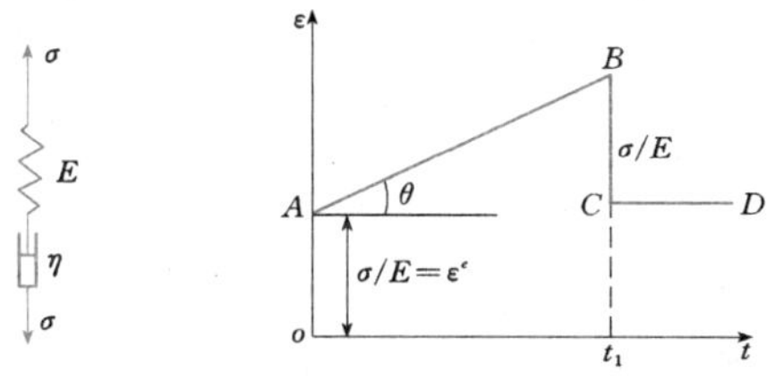

（a）麦克斯韦模型　　（b）应变—时间关系曲线

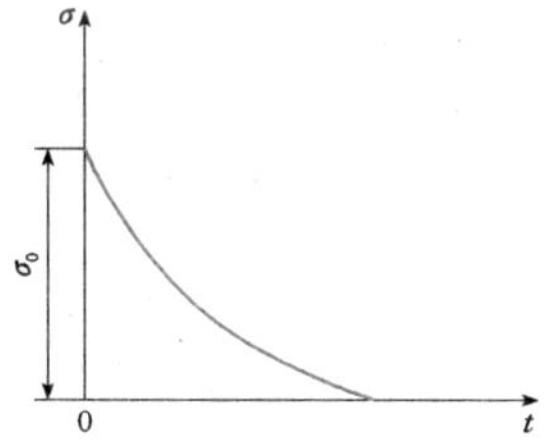

（c）应力—时间关系曲线

图 5.12－6　麦克斯韦模型及应变—时间、应力—时间关系曲线

（2）开尔文模型。开尔文模型虽然也利用了弹性和黏性两个基本模型，由于采用了两个模型并联的形式［见图 5.12－7（a）］，使其所表现的变形特性与麦克斯韦模型有所不同。

当外力作用于模型的两端时，两个模型所产生的应变相等，而其应力是弹簧所受的应力与阻尼器所受的应力之和，其总应力为

$$\sigma = \sigma^e + \sigma^v$$

根据基本模型的表达式，则得

$$\sigma = E\varepsilon + \eta \frac{d\varepsilon}{dt}$$

该式即为常系数微分方程，该微分方程的通解为

$$\varepsilon = \frac{\sigma}{E} + c e^{-\frac{E}{\eta}t}$$

根据模型的工作原理可知，其初始条件为 $t=0$ 时，$\varepsilon=0$，由此可确定上式中的积分常数。最终表达式为

$$\varepsilon = \frac{\sigma_0}{E}\left(1 - e^{-\frac{E}{\eta}t}\right) \qquad (5.12-30)$$

式（5.12－30）表示应力恒定条件下，开尔文模型的应变随时间变化的规律［见图 5.12－7（b）］。当在某一时刻 t_1 进行卸载时，由原微分方程得

$$0 = E\varepsilon + \eta \frac{d\varepsilon}{dt}$$

此时，微分方程的解为

$$\varepsilon = c e^{-\frac{E}{\eta}t}$$

其边界条件为：当 $t=t_1$ 时，$\varepsilon=\varepsilon_1$。据此可求得微分方程中的积分常数，其最终表达式为

$$\varepsilon = \varepsilon_1 e^{-\frac{E}{\eta}(t-t_1)} \qquad (5.12-31)$$

式（5.12－31）表现了卸载后的应变与时间之间的关系。很显然，其表征了岩石在卸载后，应变随时间的增长而恢复，即弹性后效的变形特性，如图 5.12－7（b）中虚线 BC 段所示。

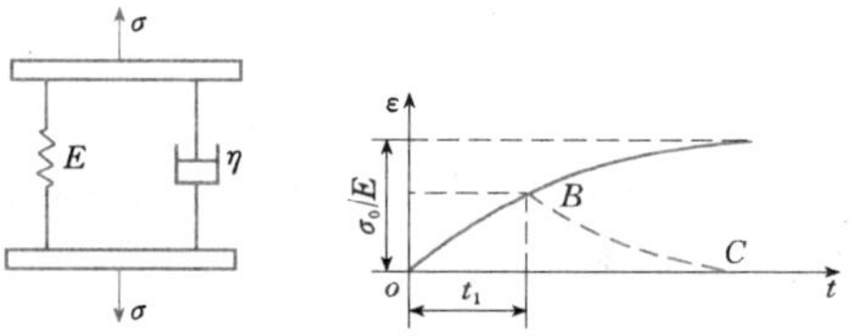

（a）开尔文模型　　（b）应变—时间关系曲线

图 5.12－7　开尔文模型及应变—时间关系曲线

除了上述常用的组合模型以外，还有许多种不同的组合形式。例如，用弹性模型与麦克斯韦模型的并联或串联等。由于这些模型的分析方法与上述的方法大致相同，因此不再作进一步的介绍。

5.12.3　岩石强度理论

目前一般假定岩石的破坏性状是由其初始各向同性的破坏准则（强度理论）控制的。在单轴压缩或拉伸时，初始弹性状态的界限就是压缩或拉伸屈服极限。在复杂应力状态下，初始弹性状态的界限成为屈服条件。由于假定岩石是初始各向同性的，故屈服条件与坐标轴的选择无关。在应力空间中，屈服条件将表示一个曲面，即屈服曲面，简称为屈服面。屈服面定义为：在发生弹性变形与塑性变形这两种变形时的应力状态和只发生弹性变形时的应力状态之间的界面。一般假定屈服面的形状与破坏面的形状一样。从屈服面发展到破坏面有一个过程，因此，破坏面是屈服面的最后位置。通常在屈服面以内的应力所产生变形是纯弹性的，应力超出屈服面后所产生的变形包括弹性变形和塑性变形两部分。对于理想塑性材料或纯弹性材料，屈服准则与破坏准则相同，故屈服面与破

坏面重合；但是，岩石屈服面的发生常不够明显，因为在很小的应力作用下，岩石在产生弹性变形的同时就伴随有塑性变形；但最后位置的屈服面，即破坏面，常常是明显的，故以这种屈服面作为破坏准则，常称为强度理论。

5.12.3.1 库仑准则

在岩石力学中，最常用也最简单的是库仑内摩擦准则，通称为库仑强度理论，其表达式为

$$|\tau| = f\sigma + c \tag{5.12-32}$$

式中 τ、σ——破坏面上的剪应力、正应力；

c——黏聚力；

f——内摩擦系数。

若将 τ 和 σ 用正应力 σ_1 和 $\sigma_2=\sigma_3$ 表示，这里 $\sigma_1>\sigma_2=\sigma_3$，且以压应力为正，则

$$\sigma = \frac{1}{2}(\sigma_1+\sigma_3)+\frac{1}{2}(\sigma_1-\sigma_3)\cos 2\theta \tag{5.12-33}$$

$$\tau = \frac{1}{2}(\sigma_1-\sigma_3)\sin 2\theta \tag{5.12-34}$$

式中 θ——剪破面与最小主应力 σ_3 之间的夹角，即剪破面的法线方向与最大主应力的夹角。

用主应力 σ_1 和 $\sigma_2=\sigma_3$ 来表示这个准则，即为

$$f(\sigma_1,\sigma_2=\sigma_3)=0 \tag{5.12-35}$$

或 $$2c=\sigma_1[(f^2+1)^{\frac{1}{2}}-f]-\sigma_3[(f^2+1)^{\frac{1}{2}}+f] \tag{5.12-36}$$

该式是 σ_1—σ_3 平面上的一条直线，并分别交 σ_1、σ_3 轴于

$$c_0=\frac{2c}{(f^2+1)^{\frac{1}{2}}-f} \tag{5.12-37}$$

$$s_0=-\frac{2c}{(f^2+1)^{\frac{1}{2}}+f} \tag{5.12-38}$$

其中，$c_0=R_c$（单轴抗压强度），但 s_0 不是单轴抗拉强度，只具有几何意义。

引入内摩擦角 φ，并定义为

$$f=\tan\varphi \tag{5.12-39}$$

代入式（5.12-36），便得到库仑准则常用的形式之一：

$$\sigma_1=c_0+k\sigma_3 \tag{5.12-40}$$

且 $$k=\frac{(f^2+1)^{\frac{1}{2}}+f}{(f^2+1)^{\frac{1}{2}}-f} \tag{5.12-41}$$

这个准则在 τ—σ 平面上，是一条与 σ 轴的斜率为 $f=\tan\varphi$、与 τ 轴的截距为 c 的直线。剪破面上的正应力、剪应力由应力圆给出，当此应力圆与式（5.12-32）所表示的直线相切时，便发生破坏，并有

$$2\theta=\frac{\pi}{2}+\varphi \tag{5.12-42}$$

且 $$\frac{1}{2}(\sigma_1-\sigma_3)=\left[c\cot\varphi+\frac{1}{2}(\sigma_1+\sigma_3)\right]\sin\varphi \tag{5.12-43}$$

试验结果表明，库仑准则不适用于 $\sigma_3<0$（即拉应力）的情况，也不适用于高围压的情况，对于一般工程来说，所处的岩体的围压都不高，因此在一般工程上经常使用库仑准则。此外，库仑准则没有考虑第二主应力（σ_2）的影响，而试验表明这个影响是存在的。

5.12.3.2 莫尔准则

莫尔考虑三维应力状态而将库仑准则一般化。他首先认识到材料的强度特性是应力的函数，因而假定：在极限时，滑动面上的剪应力达到最大值，其值取决于法向压力和材料的特性，表示为函数关系，则

$$\tau=f(\sigma) \tag{5.12-44}$$

式（5.12-44）在 τ—σ 平面上是一条曲线，可由试验确定。在不同应力状态下达到破坏时的应力圆的包络线，有直线、双曲线、抛物线和摆线等，其数学解析式因强度曲线形状不同而各异，但以直线型最为通用。

1. *直线型强度曲线*

由于直线强度曲线与库仑强度线是一致的，所以又称为莫尔—库仑强度线。假定一点应力状态的莫尔应力圆与莫尔—库仑强度线相切，则有

$$\sin\varphi=\frac{\sigma_1-\sigma_3}{\sigma_1+\sigma_3+2c\cot\varphi} \tag{5.12-45}$$

式（5.12-45）即为莫尔—库仑强度条件的数学解析式。据此来判断材料是否破坏时，其破坏判据为

$$\sin\varphi\leqslant\frac{\sigma_1-\sigma_3}{\sigma_1+\sigma_3+2c\cot\varphi} \tag{5.12-46}$$

或 $$\tau\geqslant\sigma\tan\varphi+c \tag{5.12-47}$$

2. *抛物线型强度曲线*

对于较为软弱的材料，其强度曲线近似于抛物线型。根据抛物线方程式，这种莫尔强度条件的数学解析式为

$$\tau^2=\sigma_t(\sigma+\sigma_t) \tag{5.12-48}$$

其破坏判据为

$$\tau^2\geqslant\sigma_t(\sigma+\sigma_t) \tag{5.12-49}$$

式中 σ_t——材料单轴抗拉强度。

抛物线型强度曲线如图 5.12-8 所示。这种强度条件或破坏判据适用于泥岩及页岩等岩性较为软弱的岩石。

3. *双曲线型强度曲线*

较坚硬材料的强度曲线近似于双曲线型，如图 5.12-9 所示。根据双曲线方程式，这种莫尔强度条件的数学解析式为

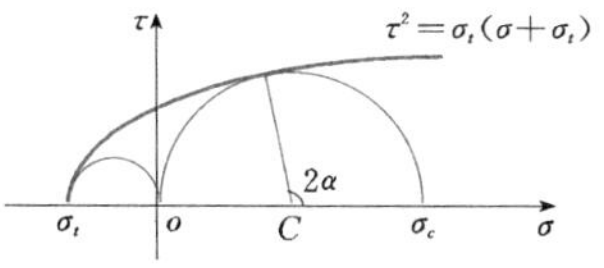

图 5.12-8 抛物线型强度曲线

$$\tau^2 = (\sigma+\sigma_t)^2\tan\eta + (\sigma+\sigma_t)\sigma_t \quad (5.12-50)$$

其破坏判据为

$$\tau^2 \geqslant (\sigma+\sigma_t)^2\tan\eta + (\sigma+\sigma_t)\sigma_t \quad (5.12-51)$$

其中 $\tan\eta = \frac{1}{2}\sqrt{\frac{\sigma_c}{\sigma_t}-3}$

式中 σ_c——单轴抗压强度。

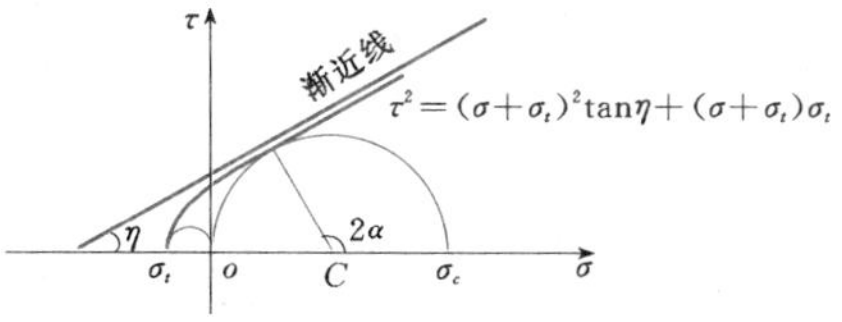

图 5.12-9 双曲线型强度曲线

这种强度条件或破坏判据适用于砂岩及石灰岩等岩性较为坚硬的岩石，不适用于$\frac{\sigma_c}{\sigma_t}<3$ 的材料。

如果莫尔包络线是直线，则莫尔准则与库仑准则等价，但要注意这两个准则的物理依据是不同的。正是由于这一点，在工程实用上，常有莫尔—库仑准则的提法。很显然，这也只适用于低围压的情况。

这个准则也没有考虑 σ_2 对破坏的影响，这是其存在的一个问题。但是莫尔准则与现有的岩石试验结果却颇为一致。

对于莫尔—库仑准则，需指出的是：

(1) 库仑准则是建立在试验的基础上的断裂判据，c、φ 为试验参数，其物理意义是不确定的。

(2) 库仑准则和莫尔准则都是以剪切破坏作为其物理机制的，但是，岩石试验表明，岩石破坏前存在着大量的微破裂，这些微破裂是张性破坏而不是剪切破坏。

5.12.3.3 德鲁克—普拉格 (Drucker-Prager) 准则

德鲁克—普拉格准则（即 D-P 准则）是在莫尔—库仑准则和塑性力学中著名的 Mises 准则基础上扩展和推广而得，这一判据的数学解析式为

$$\alpha I_1 + \sqrt{J_2} = k_f \quad (5.12-52)$$

其中

$$\left.\begin{aligned}\alpha &= \frac{\sqrt{3}\sin\varphi}{3\sqrt{3+\sin^2\varphi}}\\ k_f &= \frac{\sqrt{3}c\cos\varphi}{\sqrt{3+\sin^2\varphi}}\end{aligned}\right\} \quad (5.12-53)$$

$$I_1 = \sigma_1 + \sigma_2 + \sigma_3 \quad (5.12-54)$$

$$J_2 = \frac{1}{6}[(\sigma_1-\sigma_2)^2 + (\sigma_2-\sigma_3)^2 + (\sigma_3-\sigma_1)^2] \quad (5.12-55)$$

也可把该准则表示为

$$3\alpha p + \frac{1}{\sqrt{3}}q = k_f \quad (5.12-56)$$

$$p = \frac{1}{3}(\sigma_1+\sigma_2+\sigma_3) \quad (5.12-57)$$

$$q = \frac{1}{\sqrt{2}}[(\sigma_1-\sigma_2)^2 + (\sigma_2-\sigma_3)^2 + (\sigma_3-\sigma_1)^2]^{\frac{1}{2}} \quad (5.12-58)$$

这个准则在岩石力学的计算中常有应用，但问题在于试验的证明仍感不足。其优点是考虑了 σ_2 的作用。

通过适当的变化，德鲁克—普拉格系列屈服准则便可与能够很好地描述岩土材料强度特性的莫尔—库仑准则相匹配。

国内外通过大量的研究，发现德鲁克—普拉格系列修正屈服准则，主要包括以下几种（见图 5.12-10）：①莫尔—库仑外角点外接圆准则（DP1）；②莫尔—库仑内角点外接圆准则（DP2）；③莫尔—库仑内切圆准则（DP3）；④莫尔—库仑等面积圆准则（DP4）。

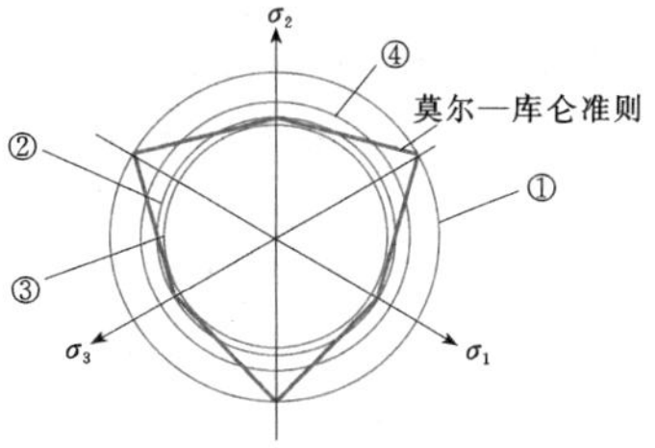

图 5.12-10 各屈服准则在 π 平面上曲线

德鲁克—普拉格系列准则的有关参数与莫尔—库仑准则之间的互换，见表 5.12-1。

5.12.3.4 格里菲斯 (Griffith) 准则

格里菲斯认为由于材料内存在着裂纹，当材料受到拉应力作用时，处于不利方位的裂纹尖端产生高度的应力集中，其值大大超过平均拉应力。当材料所受到的拉应力足够大时，便会导致裂纹不稳定扩展而使材料脆性断裂。因此，格里菲斯准则认为：脆性破坏是由于受拉破坏，而不是受剪破坏。对于平面问题，破坏准则如下：

(1) 如果 $3\sigma_3+\sigma_1<0$，且破裂面与 σ_3 的夹角 $\beta=0$ 时，破坏在下列条件下发生：

$$\sigma_3 = -R_t \quad (5.12-59)$$

表 5.12-1　　准则参数互换表

编　号	准则类别	参　数 α	参　数 k
DP1	莫尔—库仑外角点外接圆	$\dfrac{2\sin\varphi}{\sqrt{3}\ (3-\sin\varphi)}$	$\dfrac{6c\cos\varphi}{\sqrt{3}\ (3-\sin\varphi)}$
DP2	莫尔—库仑内角点外接圆	$\dfrac{2\sin\varphi}{\sqrt{3}\ (3+\sin\varphi)}$	$\dfrac{6c\cos\varphi}{\sqrt{3}\ (3+\sin\varphi)}$
DP3	莫尔—库仑内切圆	$\dfrac{\sin\varphi}{\sqrt{3}\sqrt{3+\sin^2\varphi}}$	$\dfrac{3c\cos\varphi}{\sqrt{3}\sqrt{3+\sin^2\varphi}}$
DP4	莫尔—库仑等面积圆	$\dfrac{2\sqrt{3}\sin\varphi}{\sqrt{2\sqrt{3}\pi\ (9-\sin^2\varphi)}}$	$\dfrac{6\sqrt{3}c\cos\varphi}{\sqrt{2\sqrt{3}\pi\ (9-\sin^2\varphi)}}$

这时，破裂面垂直于 σ_3 的方向；这里，R_t 为单轴抗拉强度（以拉为负）。

（2）如果 $3\sigma_3+\sigma_1>0$，且

$$\cos 2\beta=-\frac{1}{2}\frac{\sigma_1-\sigma_3}{\sigma_1+\sigma_3} \qquad (5.12-60)$$

则破坏发生在下列应力组合的场合，即

$$(\sigma_1-\sigma_3)^2+8R_t(\sigma_1+\sigma_3)=0 \qquad (5.12-61)$$

在单轴压缩下，$\beta=30°$，$\sigma_3=0$，$\sigma_1=R_c$，这里，R_c 为单轴抗压强度，则有

$$\sigma_1=R_c=-8R_t \qquad (5.12-62)$$

即单轴抗压强度是单轴抗拉强度的 8 倍，这个具体数值并没有为岩石试验所充分证实，但却证实了这个理论与脆性破坏的岩石是比较吻合的，近年来受到广泛的重视，为断裂力学引入岩石力学领域提供了物理基础。

麦克林托克（Meclintock）等考虑到在高压下由于裂隙压密而产生摩擦力。由于裂隙均匀闭合，因此正应力在裂隙端部将不引起应力集中，而只有剪应力才造成裂隙端部应力集中。因此，可以假定裂隙在二维应力条件下呈纯剪切破坏或扩展，其强度曲线及莫尔应力圆如图 5.12-11 所示，从而提出修正的格里菲斯理论，即

$$\sigma_1\left(\sqrt{\mu_f^2+1}-\mu_f\right)-\sigma_3\left(\sqrt{\mu_f^2+1}+\mu_f\right)=4R_t \qquad (5.12-63)$$

式中　μ_f——裂隙表面的摩擦系数。

如果把这个准则与莫尔应力圆包络线联系起来，可得格里菲斯准则：

$$\tau^2=4R_t(R_t-\sigma) \qquad (5.12-64)$$

修正的格里菲斯准则：

$$\tau=f\sigma-2R_t \qquad (5.12-65)$$

式中　f——岩石的内摩擦系数；

τ——剪应力；

σ——正应力。

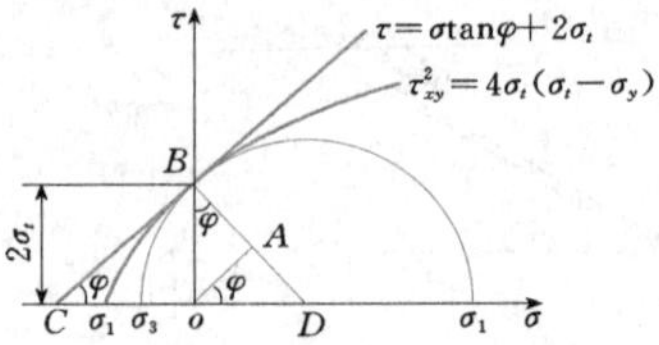

图 5.12-11　闭合裂隙强度条件示意图

格里菲斯准则的一个重要特点是能够正确地预测裂纹开始扩展的方向，并已为某些岩石试验所证实。但这个准则是一个启裂准则，而不是一个破坏准则。因为裂纹的进一步扩展却偏离了其初始扩展方向，而转向与最大主应力 σ_1 的方向平行，这时裂纹便稳定下来，要使其最后破坏，则要大大增大 σ_1 才行。

5.12.3.5　霍克—布朗岩石破坏经验判据

霍克和布朗认为，岩石破坏判据不仅要与试验结果（岩石强度实际值）相吻合，而且其数学解析式应尽可能简单，此外，岩石破坏判据除了能够适用于结构完整（连续介质）且各向同性的均质岩石材料之外，还应当可以适用于碎裂岩体（节理化岩体）及各向异性非均质岩体等。基于大量岩石（岩体）抛物线型破坏包络线（强度曲线）的系统研究结果，霍克和布朗提出了岩石破坏经验判据，即

$$\sigma_1'=\sigma_3'+\sqrt{m\sigma_{ci}\sigma_3'+s\sigma_{ci}^2} \qquad (5.12-66)$$

式中　σ_1'——破坏时最大有效主应力；

σ_3'——破坏时最小有效主应力；

σ_{ci}——结构完整的连续介质岩石材料单轴抗压强度；

m、s——经验系数，m 的变化范围为 0.001～25（强烈破坏岩体～坚硬而完整岩石），s 的变化范围为 0～1（节理化岩体～完整岩石）。

后来，布雷（J. Bray）又将式（5.12-66）改写

为剪切强度形式[23]，即

$$\tau=\frac{1}{8}m\sigma_{ci}(\cot\varphi_i'-\cos\varphi_i') \quad (5.12-67)$$

式（5.12-67）的强度包络线如图5.12-12所示。其中τ为抗剪强度，参数φ_i'与有效正应力σ_n'之间存在如下函数关系：

$$\varphi_i'=\arctan\left(\frac{1}{4h\cos^2\theta-1}\right)^{\frac{1}{2}} \quad (5.12-68)$$

$$\theta=\frac{1}{3}\left[90^\circ+\arctan\left(\frac{1}{\sqrt{h^3-1}}\right)\right] \quad (5.12-69)$$

$$h=1+\frac{16(m\sigma_n'+s\sigma_{ci})}{3m^2\sigma_{ci}} \quad (5.12-70)$$

通过对大量岩石（岩体）三轴试验及现场试验成果资料的统计分析，霍克获得了各种岩石（岩体）的经验系数m及s值（见表5.12-2）。由图5.12-12可知，霍克—布朗强度包络线较莫尔—库仑强度包络线更吻合于莫尔极限应力圆。图中，①$\tau=\sigma'\tan\varphi_i+c_i'$（莫尔—库仑强度准则）；②$\tau=\frac{1}{8}m\sigma_{ci}(\cot\varphi_i'-\cos\varphi_i')$（霍克—布朗强度准则）；③莫尔极限应力圆。

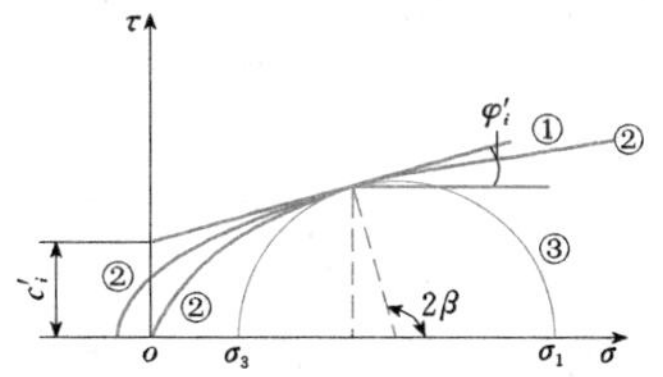

图5.12-12　霍克—布朗强度包络线（β为破裂发生角）

表5.12-2　霍克—布朗岩石（岩体）破坏的经验判据系数m及s值[22]

岩石（岩体）质量	碳酸岩石类	泥质岩类	石英岩类砂岩类	细粒火成岩类	粗粒火成岩类变质岩类
结构完整的岩石（无裂隙）	$m=7$ $s=1$	$m=10$ $s=1$	$m=15$ $s=1$	$m=17$ $s=1$	$m=25$ $s=1$
质量极好的结构体紧密相嵌的岩体，节理未风化，间距3m	$m=3.5$ $s=0.1$	$m=5$ $s=0.1$	$m=7.5$ $s=0.1$	$m=8.5$ $s=0.1$	$m=12.5$ $s=0.1$
质量好的岩体，具有间距为1～3m的轻微风化节理	$m=0.7$ $s=0.004$	$m=1$ $s=0.004$	$m=1.5$ $s=0.004$	$m=1.7$ $s=0.004$	$m=2.5$ $s=0.004$
质量中等的岩体，几组中等风化节理，间距0.3～1m	$m=0.14$ $s=0.0001$	$m=0.2$ $s=0.0001$	$m=0.3$ $s=0.0001$	$m=0.34$ $s=0.0001$	$m=0.5$ $s=0.0001$
质量较差的岩体，几组风化节理，间距30～500mm，节理有充填物	$m=0.04$ $s=0.00001$	$m=0.05$ $s=0.00001$	$m=0.08$ $s=0.00001$	$m=0.09$ $s=0.00001$	$m=0.13$ $s=0.00001$
质量极差的岩体，多组严重风化节理发育，间距小于50mm，且有泥化物充填	$m=0.007$ $s=0$	$m=0.01$ $s=0$	$m=0.015$ $s=0$	$m=0.017$ $s=0$	$m=0.025$ $s=0$

5.12.3.6　双剪强度准则

莫尔强度准则是典型的单剪强度准则，没有考虑到第二主应力的作用。俞茂宏从正交八面体的三个主应力出发，提出了双剪强度理论和适用于岩土介质的广义双剪强度理论：

$$\left.\begin{aligned}\sigma_1-\frac{\alpha}{1+b}(b\sigma_2+\sigma_3)=\sigma_t \quad \left(\sigma_2\leqslant\frac{\sigma_1+\alpha\sigma_3}{1+\alpha}\right)\\ \frac{1}{1+b}(b\sigma_2+\sigma_1)-\alpha\sigma_3=\sigma_t \quad \left(\sigma_2\geqslant\frac{\sigma_1+\alpha\sigma_3}{1+\alpha}\right)\end{aligned}\right\} \quad (5.12-71)$$

其中　$b=\frac{2\tau_s-\sigma_s}{\sigma_s-\tau_s}$，　$\alpha=\frac{\sigma_t}{\sigma_c}$

式中　b——反映中间主应力的权系数；

α——材料参数；

σ_t——岩石的单轴抗拉强度；

σ_c——岩石的单轴抗压强度；

τ_s——材料的剪切屈服极限；

σ_s——材料的拉伸屈服极限。

一般情况下，双剪统一强度理论的极限面是以静水应力轴为轴心的不等边十二边形锥体。当$0\leqslant b\leqslant1$时，极限面均为外凸的；当$b=0$和$b=1$时，十二边可简化为不等边六边形锥体；当$b<0$或$b>1$时，则为非凸的极限面。

5.12.3.7　联合强度理论

所谓联合强度理论，实际上是根据不同情况而应用不同的破坏准则的实用方案。

有人考虑到，岩石强度的上限是没有节理的岩石试件破坏的莫尔包络线，而其下限是沿单一光滑节理滑动的莫尔包络线，这两支包络线必定相交于点Ⅰ（见图5.12-13），而不同节理状态的岩石的破坏当在这两支包络线之间；又考虑到低围压作用下，将服从格里菲斯准则，即岩石一般说来是处在脆性破坏，开始是弹性变形（并伴随发生塑性变形），产生微破裂，并发展成不稳定扩展，最终导致破坏，形成破裂面。因此，修正的格里菲斯理论的曲线将与莫尔包络线相交于点Ⅱ，于是有三个不同的区：A、B 及 C。在 A 区内，将沿着穿过完整岩石和原生节理以脆性破坏的方式发生；在 C 区内，所有破坏都是由单一包络线来确定，而与原生节理无关，因为这时的围压是足够大的；在 A～C 区之间有一过渡型的 B 区存在，取决于节理的产状和应力情况，可以是沿节理滑动破坏，也可以是穿过完整岩块发生破坏，其特点是处在脆性破坏～塑性破坏之间的过渡形态。总的说来，岩石服从的不是单一的强度理论，而是一种联合强度理论。

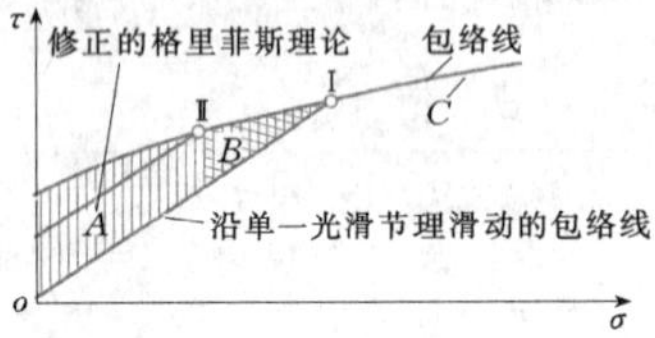

图 5.12－13　节理岩石的强度条件

5.13　岩体结构面统计理论与方法

岩体结构面统计理论与方法主要内容是研究岩体结构面产状、结构面规模及结构面密度的测量和统计及其分布规律。在岩体结构宏观控制的原则下，利用蒙特卡洛方法模拟生成岩体中随机结构面，形成反映岩体结构特征的裂隙网络系统，作为岩石力学中反映岩体结构影响的研究基础。

5.13.1　结构面产状及分组

对岩体结构面的产状进行研究，目的是查明结构面产状所服从的概率分布，并通过对结构面分组来判断结构面发育的优势方位。

5.13.1.1　结构面产状

结构面的产状一般用倾向和倾角两个变量表达，如图 5.13－1 所示。倾向 β 为结构面法线在水平面上的投影与正北方向的夹角，以顺时针为正；倾角 α 则为结构面法线矢量与竖轴 z 的夹角。

结构面的单位法线矢量可由倾向和倾角两个变量唯一确定，即

$$\left.\begin{aligned} l &= \sin\alpha\sin\beta \\ m &= \sin\alpha\cos\beta \\ n &= \cos\alpha \end{aligned}\right\} \qquad (5.13-1)$$

表示结构面产状的分布规律的方法有走向玫瑰花图、等角度或等面积投影图上的极点等密度图等。这里介绍施密特极点等密度图。图 5.13－2 为结构面法向矢量 oA 施密特等面积极点投影作图方法。

结构面的投影极点坐标计算公式如下：

$$\left.\begin{aligned} x &= \sqrt{2}R\sin\left(\frac{\alpha}{2}\right)\sin\beta \\ y &= \sqrt{2}R\sin\left(\frac{\alpha}{2}\right)\cos\beta \end{aligned}\right\} \qquad (5.13-2)$$

等面积投影网的主要优点是，对于给定面积的投影球面上不同位置上的区域，其在投影平面上的投影面积是相等的。据此，可在极点投影图上对单位面积上的极点密度进行统计。

研究表明，结构面的产状概率分布模型一般有 Fisher 分布、Bingham 分布、双变量正态分布以及半球正态分布等模型。

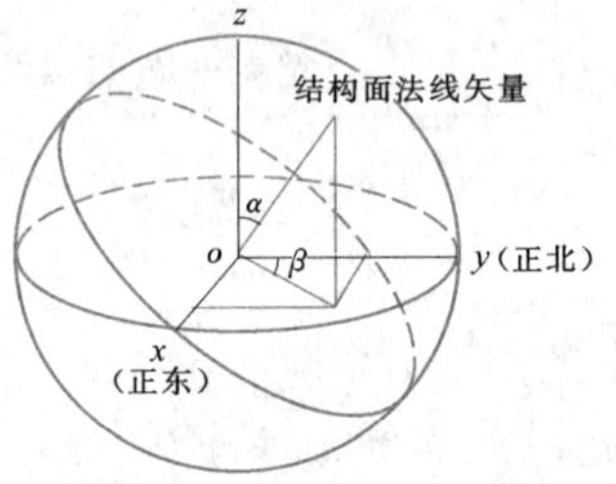

图 5.13－1　结构面产状表示方法

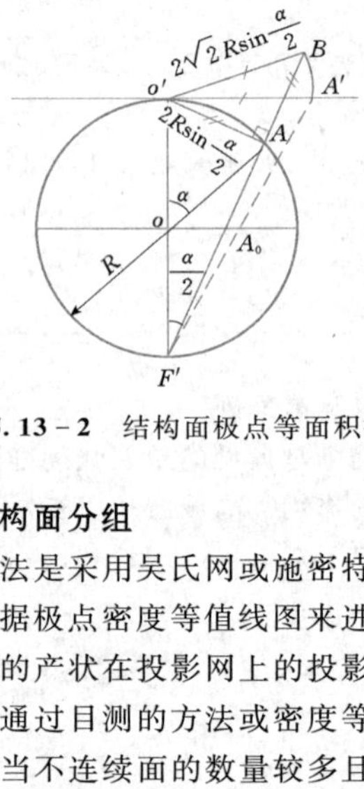

图 5.13－2　结构面极点等面积投影

5.13.1.2　结构面分组

传统的方法是采用吴氏网或施密特投影网进行目测分析，或根据极点密度等值线图来进行划分。事实上，不连续面的产状在投影网上的投影点多呈随机分布，一般很难通过目测的方法或密度等值线图完成优势组的划分。当不连续面的数量较多且各分类之间的界限较为模糊时更是如此。鉴于分类方法具有较强的主观性，划分结果往往因各人经验的差别而存在较大差异。因此，寻求借助合适的数学手段对不连续面的产状数据进行客观的划分是结构面分组方法研究的方向。

1976 年，R. J. Shanley 和 M. A. Mahtab 首次提出了结构面产状分组的聚类算法。这里介绍基于动态聚

类进行结构面分组的方法。

聚类即按照事物间的相似性进行区分和分类的过程。聚类分析是用数学方法研究和处理所给定对象的分类。采用动态聚类方法进行结构面分组的基本过程是，首先人为给定初始聚类中心，对结构面进行分组，并根据初次分组的结果重新计算各分组的聚类中心；然后根据新的聚类中心再次进行结构面分组，如此反复进行即可得到稳定的分组结果。动态聚类方法的本质就是不断调整聚类中心以获得待求解问题的收敛解。

应用聚类算法对不连续面的产状数据进行划分，首先需要确定不连续面产状数据样本之间的相似性度量——距离。这里选择不连续面单位法向量之间所夹的锐角正弦值的平方作为样本之间的距离度量。两单位矢量 $\boldsymbol{x}_1=(x_1,y_1,z_1)$、$\boldsymbol{x}_2=(x_2,y_2,z_2)$ 之间所夹锐角为

$$\delta=\arccos|\boldsymbol{x}_1^{\mathrm{T}}\cdot\boldsymbol{x}_2| \qquad (5.13-3)$$

基于上述单位矢量之间锐角正弦值的相似性度量定义，单位向量 $\boldsymbol{x}_1$ 和 $\boldsymbol{x}_2$ 之间的距离为

$$d(\boldsymbol{x}_1,\boldsymbol{x}_2)=1-(\boldsymbol{x}_1^{\mathrm{T}}\cdot\boldsymbol{x}_2)^2 \qquad (5.13-4)$$

假定待分组的不连续面其投影极点为 $\boldsymbol{x}_i=(x_i,y_i,z_i)$，$i=1,\cdots,N$；共划分为 M 组，每个分组 $\boldsymbol{W}_j$ 的中心矢量为 $\boldsymbol{w}_j$，$j=1,\cdots,M$。由式（5.13-4）可得不连续面 $\boldsymbol{x}_i$ 与分组中心矢量 $\boldsymbol{w}_j$ 之间的距离为 $d(\boldsymbol{x}_i,\boldsymbol{w}_j)$，定义变量 m_{ij} 用于描述不连续面与某分组之间的归属关系：

$$m_{ij}=\begin{cases}1 & (\boldsymbol{x}_i\in\boldsymbol{W}_j)\\0 & (\boldsymbol{x}_i\notin\boldsymbol{W}_j)\end{cases} \qquad (5.13-5)$$

则各组间离差平方和之总和

$$E=\sum_{j=1}^{M}\sum_{i=1}^{N}m_{ij}d(\boldsymbol{x}_i,\boldsymbol{w}_j) \qquad (5.13-6)$$

为聚类的目标函数，式（5.13-6）取最小值为聚类目标。

5.13.2 结构面规模

结构面的规模是指结构面在三维空间的延展程度。《水力发电工程地质勘察规范》（GB 50287—2006）中，根据岩体结构面规模，将岩体结构面分为五级，即Ⅰ～Ⅴ。对于节理裂隙（Ⅴ级结构面），可采用基于统计模型的方法进行研究。

通常假定结构面为平面，用结构面的迹线长度或半径表示其规模。一般认为，结晶岩体中结构面边界形状为圆形或椭圆形，而沉积岩体中为长方形。结构面迹线长度的统计方法有测线法和统计窗法。

5.13.2.1 测线法

测线法是在岩体露头表面或开挖面上布置一条测线，测量与测线相交切的结构面迹长。由于露头面的限制，能够测得全迹长的只有一部分短裂隙，而长裂隙迹长则只能通过统计推断获取，由此发展了通过在测线一侧布置一条删节线，利用截尾半迹长测量数据推断全迹长及其分布的方法。其理论基础是，若结构面形心在空间随机分布，则测线的位置不影响测量结果，测线两侧半迹长统计均值相等。可用半迹长分布推断全迹长分布，运用概率论方法将截尾半迹长分布恢复为半迹长分布，用截尾半迹长分布反推出全长分布。

图 5.13-3 为测线法中有关各种迹长定义的图形解释。结构面半迹长是指结构面迹线与测线的交点到迹线端点的距离；结构面迹线处于测线与删节线之间的长度称为删节半迹长。

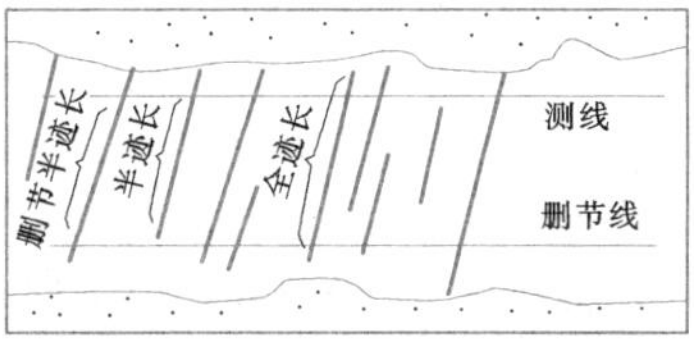

图 5.13-3 测线法迹长定义图

测线法方法存在的问题是：①较长的结构面迹线优先与测线相交，测线测量的迹长分布与结构面迹长分布存在偏差；②岩体露头面一般为有限区域，一些很长的迹线可能一直延伸到露头面以外，在某一长度以外的迹线部分测量时被删节去。实际应用时可由假定的迹长概率分布形式推导出测线测量迹长（半迹长或删节半迹长）的概率分布，并用测线测量的迹长（半迹长或删节半迹长）均值估算总体迹长的均值。

表 5.13-1 中列出了几类迹长分布的密度函数及迹长均值计算式[75]。

5.13.2.2 平均迹长的统计窗估算法

统计窗法由 Kulatilake 和 Wu 提出[76]。它是在岩石露头面上划出一定长度和宽度的矩形作为结构面统计窗，如图 5.13-4 所示。根据结构面与统计窗的相对位置将结构面划分为包容、切割和相交三类。由统计窗内各类结构面数量、统计窗尺寸大小以及迹长与统计窗交角之正弦值 $\sin\theta$ 分布特征，即可估算结构面的平均迹长。

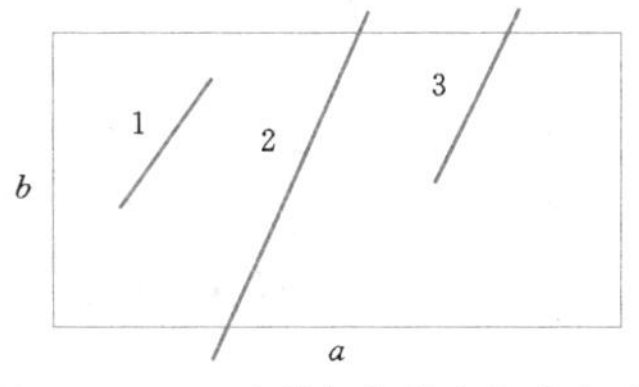

图 5.13-4 迹线与统计窗相交方式

表 5.13-1　　各类迹长分布的理论密度函数及其均值

分布类型	总体迹长分布		删节半迹长分布		半迹长分布	
	密度函数	均值	密度函数	均值	密度函数	均值
负指数	$\mu e^{-\mu l}$	$\frac{1}{\mu}$	$\mu^2 l e^{-\mu l}$	$\frac{2}{\mu}$	$\mu e^{-\mu l}$	$\frac{1}{\mu}$
均匀	$\frac{\mu}{2}$	$\frac{1}{\mu}$	$\frac{\mu^2 l}{2}$	$\frac{4}{3}\mu$	$\mu\left(1-\frac{\mu l}{2}\right)$	$\frac{2}{3}\mu$
正态	$\frac{1}{\sigma\sqrt{2\pi}}e^{-\frac{\left(l-\frac{1}{\mu}\right)^2}{2\sigma^2}}$	$\frac{1}{\mu}$	$\frac{1}{\sigma\sqrt{2\pi}}e^{-\frac{\left(l-\frac{1}{\mu}\right)^2}{2\sigma^2}}$	$\frac{1}{\mu}+\sigma^2\mu$	$\mu[1-F(l)]$	$\frac{\frac{1}{\mu}+\sigma^2\mu}{2}$

注　μ 为迹长密度，即迹长均值的倒数；σ 为迹长均方差；$F(l)$ 为迹长变量的概率分布函数。

在岩体露头面上确定一长为 a、宽为 b 的矩形范围即为统计窗（见图 5.13-4）。统计窗内迹线与统计窗有三种相交方式：①包容，迹线的两个端点都落在统计窗内；②切割，迹线的两个端点都在统计窗以外；③相交，迹线只有一个端点落在统计窗内。

设一组结构面迹线中点在统计窗平面内服从泊松分布，结构面迹线与统计窗 a 边界交角的概率密度分布函数为 $f_1(\theta)$，通过式（5.13-7）～式（5.13-9）可以计算出该组结构面迹线平均长度：

$$\bar{l}=\frac{ab(1+R_0-R_2)}{(1-R_0+R_2)(aB+bA)} \tag{5.13-7}$$

其中

$$\left.\begin{aligned}A&=\int_{\theta_l}^{\theta_u}\cos(\theta)f_1(\theta)\mathrm{d}\theta\\B&=\int_{\theta_l}^{\theta_u}\sin(\theta)f_1(\theta)\mathrm{d}\theta\end{aligned}\right\} \tag{5.13-8}$$

$$\left.\begin{aligned}R_0&=\frac{N_0}{N}\\R_2&=\frac{N_2}{N}\end{aligned}\right\} \tag{5.13-9}$$

式中　A、B——结构面迹线与统计窗 a 边界交角 θ 的余弦函数、正弦函数的期望值，可按式（5.13-8）计算；

θ_l、θ_u——同组结构面迹线交角 θ 的下、上限；

R_0、R_2——统计窗内与统计窗呈切割关系的迹线数目 N_0、包容关系的迹线数目 N_2 与统计窗迹线总数 N 之比，可按式（5.13-9）计算。

5.13.2.3　结构面半径与直径

假定结构面为圆形，其形心在三维空间里均匀分布，则一个露头面与该结构面交切的平均迹长为圆的平均弦长。由随机变量函数分布定理可以推导出结构面迹长均值 $\bar{l}$ 与半径 a 和直径 d 关系式，即

$$d=\frac{4}{\pi}\bar{l} \tag{5.13-10}$$

类似地若知道结构面迹长的分布，应用随机变量函数定理可以推出结构面半径与直径的分布。

5.13.3　结构面间距与密度

5.13.3.1　测线法统计结构面的间距与密度

结构面间距是指同一组结构面在法线方向上两相邻面的距离。结构面密度是指该组结构面法线方向上单位长度内结构面的条数。间距统计通常在岩体露头上通过测线方法统计。对岩体结构面间距的统计方法与分布规律研究表明，长大节理将优先与测线相交，并引起相关的统计偏差问题。可根据结构面间距的分布规律，采取一定措施对偏差进行消除。S. D. Priest 和 J. A. Hudson 研究了利用测线法估算结构面间距的方法，并建议：为使结构面间距统计值有一定的精度，测线长度应不宜小于 50 倍平均间距；对于服从负指数分布的结构面间距，统计数据不宜少于 200 个[77]。

大量研究成果表明，岩体中结构面间距的分布服从负指数分布，一般可设间距分布密度函数为

$$f(x)=\lambda e^{-\lambda x} \tag{5.13-11}$$

式中　λ——结构面组的平均法向密度，是结构面间距均值的倒数。

5.13.3.2　结构面间距统计的正交测线网法

关于结构面间距的统计方法，工程上最常用的是测线统计法，即在岩体露头面上针对迹线展布特点布置若干条测线，测量与测线相交的同组结构面视间距，并计算结构面真间距。对同一个岩体露头面测试范围，由于测试工作量的限制，通常在测线数量上只取代表性的几条。

由于以下方面的原因，用测线法对同一个岩体露头面上结构面间距进行测量统计时，将存在以下两个方面的误差。一方面，岩体露头面上同组结构面节理

迹线通常不是严格平行，测试位置不同，测试结果显然不同；另一方面，测线测量结构面间距时，长大裂隙将优先与测线相交，较短小的裂隙与测线相交的几率相对要小些。用布置几条测线所测得的节理间距势必会出现因较少地考虑了短小裂隙的相交而出现的误差。因此，对于一定的岩体露头面而言，用布置几条测线统计结构面间距，其统计值一般将是一个变量，取决于测线的数量、布置方向和位置。

对于给定的岩体露头面，为克服由于测线的数量、布置方向和布置位置所引起的统计结果的不确定性，并考虑充分利用计算机技术对结构面资料进行快速处理，这里介绍一种用正交测线网法统计结构面间距的新方法[78]。根据对实际工程岩体露头面裂隙实测资料，利用正交测线网法对岩体结构面间距进行了计算和验证。结果表明，在正交测线网中，当测线间距取0.2～1.0m（这里，岩体露头面尺寸为14m×30m和18m×18m），基于测线网所计算的各组结构面间距均值趋于稳定值。

用正交测线网方法对岩体结构面间距进行统计的基本思路是，在一个给定的岩体露头面裂隙展布图上覆盖一个数学意义上的相互正交的测线网，如图5.13-5所示。测线网中的测线间互不重复，各条测线间距均相同，且每条测线都完全穿过岩体露头面统计范围。

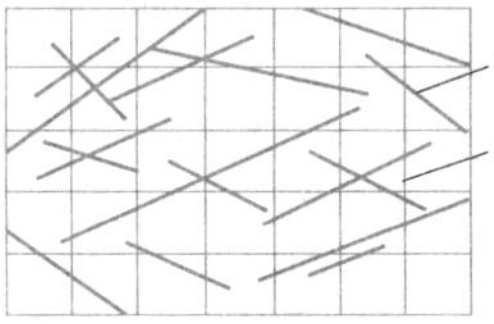

图 5.13-5 正交测线网统计结构面间距

通过分析计算测线网中每条测线与节理裂隙的相交切割情况，由此实现对统计范围内各组结构面间距的统计分析。

正交测线网法对结构面间距进行统计的基本过程如下：

(1) 在岩体露头面上，根据结构面迹线的分布情况对岩体结构进行宏观分区，确定进行统计分析的统计窗范围。

(2) 在选定的统计范围内，对结构面的出露位置及产状进行编录，并根据产状分布情况对结构面进行分组。

(3) 将统计窗边界尺寸、角点坐标以及窗内各节理迹线端点坐标及相应结构面产状输入计算机。

(4) 在统计窗内布置2组相互垂直的等间距测线，分别平行于x边界和y边界（见图5.13-5）。给定测线网间距后计算机自动计算出各测线端点坐标。

(5) 对统计窗内的各条测线，分别判断和计算与该测线相交的各节理迹线及其交点坐标。

(6) 对于同一组节理迹线，按照与测线交点位置进行排序。根据结构面产状及测线空间方位，计算相邻迹线所在结构面间的真间距d_{ijk}。

(7) 对各测线上同一组结构面的间距进行统计分析，求得该组结构面间距均值d_i和方差s_i：

$$d_i = \frac{1}{\sum_{j=1}^{n} m_j} \sum_{j=1}^{n} \sum_{k=1}^{m_j} d_{ijk} \tag{5.13-12}$$

$$s_i = \frac{1}{\sum_{j=1}^{n} m_j - 1} \sum_{j=1}^{n} \sum_{k=1}^{m_j} (d_i - d_{ijk})^2 \tag{5.13-13}$$

式中 i——迹线组号；

j——测线编号；

d_{ijk}——i组迹线在第j条测线上的第k条和第$k+1$条迹线间的真间距；

m_j——在第j条测线上i组迹线的间距数；

n——统计窗范围内测线总数。

(8) 当测线间距充分小时，对于一个给定的岩体露头面，正交测线网统计出的各组结构面间距将是一个基本收敛的值，它反映给定露头面上裂隙分布的基本特征。

5.13.3.3 结构面的面密度与体密度

结构面的面密度是单位面积内结构面迹线中点数，用λ_s表示（单位：条/m^2）；结构面的体密度是单位体积内结构面形心点数，用λ_v表示（单位：条/m^3）。

假定结构面迹长中点在平面内均匀分布，迹线长度服从负指数分布，则经推导，可以得出结构面面密度λ_s计算式：

$$\lambda_s = \mu\lambda \tag{5.13-14}$$

式中 λ_s——面密度；

μ、λ——迹长均值的倒数、间距均值的倒数。

若假定结构面形心在三维空间内均匀分布，结构面迹长服从负指数分布，类似地，可以推导出同组结构面体密度计算式：

$$\lambda_v = \frac{\pi}{8}\mu^2\lambda \tag{5.13-15}$$

5.13.4 结构面参数的计算机蒙特卡洛模拟

根据对岩体结构面的几何参数（产状、迹长及间距等）统计得出的概率分布形式及特征值，利用由计算机生成的均匀随机数，对结构面各几何参数进行模拟生成。结构面参数的蒙特卡洛模拟是进行岩体结构面二维及三维网络模拟研究的基础。

以下为几种典型概率分布形式的蒙特卡洛生成式子。根据给定的概率分布形式，通过下列公式计算获得的 x，仅为一次随机抽样，对多次抽样结果再统计，其期望值可逼近真值。

5.13.4.1 均匀分布

随机变量 x 的概率分布密度函数为

$$f(x)=\begin{cases}\dfrac{1}{b-a} & (a\leqslant x\leqslant b)\\ 0 & (x<a \text{ 或 } x>b)\end{cases} \tag{5.13-16}$$

变量 x 的均值 μ 和均方差 σ 分别为

$$\mu=\frac{a+b}{2} \tag{5.13-17}$$

$$\sigma=\frac{b-a}{\sqrt{12}} \tag{5.13-18}$$

则随机变量 x 可由下式生成：

$$x=\mu+\sqrt{3}(2r-1)\sigma \tag{5.13-19}$$

式中 r——0～1的均匀随机数，由计算机生成。

5.13.4.2 正态分布

变量 x 的概率密度函数为

$$f(x)=\frac{1}{\sqrt{2\pi}\sigma}e^{-\frac{(x-\mu)^2}{2\sigma^2}} \tag{5.13-20}$$

式中 μ、σ——均值、均方差。

根据随机变量中心极限定理，有

$$x=\mu+\left(\sqrt{\frac{12}{n}}\sum_{i=1}^{n}r_i-\frac{\sqrt{12n}}{2}\right)\sigma \tag{5.13-21}$$

式中 r_i——0～1的均匀随机数（$i=1$，…，n）；

n——整数，可取 $n=36$。

5.13.4.3 对数正态分布

变量 x 的概率密度函数为

$$f(x)=\frac{1}{\sqrt{2\pi}\sigma}e^{-\frac{(\ln x-\mu)^2}{2\sigma^2}} \tag{5.13-22}$$

令 $y=\ln x$，由中心极限定理可求得

$$x=e^{\left[\mu_y+\left(\sqrt{\frac{12}{n}}\sum_{i=1}^{n}r_i-\frac{\sqrt{12n}}{2}\right)\right]\sigma_y} \tag{5.13-23}$$

式中 μ_y、σ_y——变量 y 的均值、均方差。

5.13.4.4 负指数分布

负指数分布概率密度函数定义为

$$f(x)=\lambda e^{-\lambda x} \tag{5.13-24}$$

其中 $$\lambda=\frac{1}{\mu}$$

式中 μ——均值。

随机变量 x 可由下式生成：

$$x=-\mu\ln r \tag{5.13-25}$$

式中 r——0～1的均匀随机数。

5.14 地质力学物理模型试验

地质力学模型基础是一种物理模拟研究方法，主要用于研究工程建筑结构与岩体结构联合作用下的建筑物与基岩的变形和稳定状态，以及在超载作用下的破坏过程和破坏机制，以对建筑物的安全作出评价。国内地质力学模型试验始于20世纪70年代后期，最早应用于葛洲坝水利枢纽二江泄水闸的抗滑稳定研究。针对大坝基岩、拱坝整体及坝肩、地下洞室围岩以及岩石边坡等岩石工程稳定问题，采用二维（平面）和三维的地质力学模型试验，已先后应用于龙羊峡、三峡、小浪底、二滩、铜街子、构皮滩、小湾、隔河岩、溪洛渡及锦屏等工程。研究实践表明，地质力学模型试验作为一种物理模型试验手段，是岩体工程稳定性研究的重要研究方法之一，可与数值模拟等方法互为补充与验证。

5.14.1 相似原理与模型概化

5.14.1.1 相似原理

为使模型上产生的物理现象与原型相似，荷载、模型材料及几何形状等都必须遵循一定的规律，这个规律就是相似原理。

根据弹性理论和采用量纲分析方法可得出地质力学模型必须满足的主要相似关系。其相似关系包括：

$$\left.\begin{aligned}&\frac{C_\sigma}{C_\gamma C_l}=1\\&C_\mu=1\\&C_\varepsilon=1\\&\frac{C_E}{C_\sigma}=1\\&\frac{C_\delta}{C_l}=1\\&C_f=1\\&C_P=C_EC_l^2\end{aligned}\right\} \tag{5.14-1}$$

式中 C_σ、C_γ、C_l、C_μ、C_ε、C_E、C_δ、C_f、C_P——应力、重度、几何、泊松比、应变、弹性模量、位移、摩擦系数、集中力相似常数。

对于静力学问题，由于不受时间因素的影响，所以只需要任意两个彼此独立的物理量作为基本单位，一般选择长度为第一基本物理量，即原型与模型之间的几何比例系数 C_l；另选单位面力（应力）作为第二基本物理量，即原型与模型之间的应力比例系数

C_σ。几何相似系数 C_l 适用于所有的量纲相同的几何尺度，如相对位移、绝对位移等；应力相似系数 C_σ 适用于所有的量纲相同的单位面力物理量，如弹性模量、抗拉强度、抗压强度、抗剪强度等。

根据以上的基本量，可以得到以下的一些重要的导出物理量：

根据重度 γ 用基本物理量表达的量纲关系式，$\gamma=\frac{\sigma}{l}$，可得到

$$C_\sigma = C_\gamma C_l \qquad (5.14-2)$$

对于集中力，有 $P=\sigma l^2$，由此得到

$$C_P = C_\gamma C_l^3 \qquad (5.14-3)$$

按照方程式（5.14－2）制作模型时，原则上可分为以下两种基本类型：

（1）几何比尺缩小，而应力比尺 $C_\sigma=1$，这类模型是采用原型材料，或与原型材料性质相同的模型材料来制作模型，即仿真模型，这类模型也可作非线性阶段直至破坏的模型试验。它的要求就是模型要做得很大，一般几何比尺在1～30左右。

（2）几何比尺 C_l 与应力比尺 C_σ 都较原型缩小的模型，这类模型根据其研究的目的，又可分为只研究线弹性范围内工作的应力模型和超出线弹性范围直至破坏的地质力学模型（岩石力学模型）。

1）应力模型只适用于弹性范围内，因此不需要满足原型与模型应变相等的要求。变形随荷载成比例增加，可根据试验要求来选择荷载的大小，以便得到 $C_\sigma=\frac{E_p}{E_m}$（E_p、E_m 分别为原型弹模、模型弹模）。这类模型选用的材料，只要满足线性变形特性即可。

2）地质力学模型研究的是建筑物与基础从线性阶段一直到破坏阶段的演变过程。为了实现变形全相似，模型和原型的 μ、ε、f 等无因次量必须完全相等。如果按照式（5.14－2）进行模型设计时，当 $C_\gamma=1$ 时，根据 $C_\sigma=C_E C_\varepsilon=C_\gamma C_l$ 可得 $C_\sigma=C_E=C_l$。这样，模型在受力变形后的形状，可保证与原型相似。为满足对原型破坏过程的模拟研究，模型与原型材料的抗拉、抗压、抗剪强度应完全相似。此外，针对结构在受力以后，各点的应力和应变分布不近相同，要求 C_E 为常数，原型与模型材料的应力—应变曲线应相似。

5.14.1.2　模型概化

地质力学模型是用来研究以变形、基岩上的错位和滑移为主的破坏机制、演变过程及其对结构影响的非线性模拟技术。因此，首先应研究模拟区域的控制性地质条件，包括坝区的地质构造、岩层产状以及节理裂隙、软弱带分布情况和地下水活动情况，建筑物下伏岩层产状及力学性能等；在此基础上，进一步了解设计意图，荷载条件、建筑物和基础结构的几何形状及材料的物理力学性能。在熟悉和了解这些资料的条件后，在制定模拟方案以前，还应征求地质和设计人员意见，共同研究制定概化模型方案。

基于实验室的设备及目前掌握的技术能力，根据以下原则来进行模型概化：

（1）模型的模拟并不是复杂的自然现象的复制，更不是模拟得越复杂精度越高，而是对原型的一种抽象和简化。所建立的模型不再包括原型的复杂性，但必须体现原型岩体中带有本质性特征，即对工程稳定问题至关重要的一些因素。

（2）对于控制性结构面的处理，在建立模型时应采取极其谨慎的力学参数及不连续面连通率。根据这一原则得出的基岩稳定安全系数，可以认为是安全系数的下限。

（3）模型模拟的地质条件应该是清楚的，从实验技术和需要探讨的问题出发，以达到能够解决主要问题为目的。

5.14.2　模型材料与模型制作

5.14.2.1　模型材料

由相似原理可知，$C_\sigma=C_\gamma C_l$ 和 $C_P=C_\sigma C_l^2$，为了满足重力梯度相似，地质力学模型还要求 $C_\gamma\approx1$，即模型材料与原型材料重度要求相等，或十分接近。从以上的论述看出，地质力学模型材料，必须满足重度大、强度低和变形模量小等特殊要求。所以模型材料的精心研制，是关系到模型试验成败的关键问题，必须予以特别的重视。

为了研究模型材料从荷载开始作用，经过弹性、弹塑性或黏弹性阶段直至破坏的整个发展过程，从20世纪60年代以后，关于模型材料的研究在欧洲得到较大的发展。意大利ISMES研制了以石膏为黏结剂，以氧化铅（PbO）粉、膨润土为填充剂的材料，但由于此类材料价格昂贵，铅氧化物有毒性，对工作人员健康不利，容易造成环境污染，后来很少被使用。为此ISMES又发展了以环氧树脂及固化剂为黏结剂，以重晶石粉、浮石粉为填充剂再加上水和甘油的复合材料。20世纪80年代后以ISMES为首又研究出以石蜡油的表面张力为黏结力的新型压模材料，拓宽了地质力学模型材料研究领域。

国内自20世纪70年代末开始引进意大利ISMES地质力学模型材料。到20世纪80～90年代后，已发展了多种适应于国内试验条件的新型材料。

（1）以石膏和水为黏结剂，以重晶石粉为主填充料的Ⅰ类模型材料。这种材料主要采用浇铸成型，材

料变形模量较高。为了降低变形模量，有时可加入少量的甘油，变形模量可达 80～400MPa，重度 20～22 kN/m³，抗压强度 0.06～0.6MPa。

由于掺用了甘油，这种材料对实验室温度和湿度的控制要求比较严，但其成型简单，弹性模量调整范围大，对于缺乏压模设备的单位应用起来比较方便有效。

(2) 以石蜡油为黏结剂，重晶石粉、氧化锌、膨润土为填料，松香酒精为加强剂的Ⅱ类模型材料。以石蜡油作为黏结剂，材料性能比较稳定，用量一般在 6%～11%左右，太少了不易搅拌均匀，黏聚力不够，太多了石蜡油又会逸出，一般在 8%左右为佳。膨润土是一种较好的材料，性能稳定，价格便宜，对于降低变形模量有明显的效果。该类材料应力—应变关系曲线如图 5.14-1 所示。

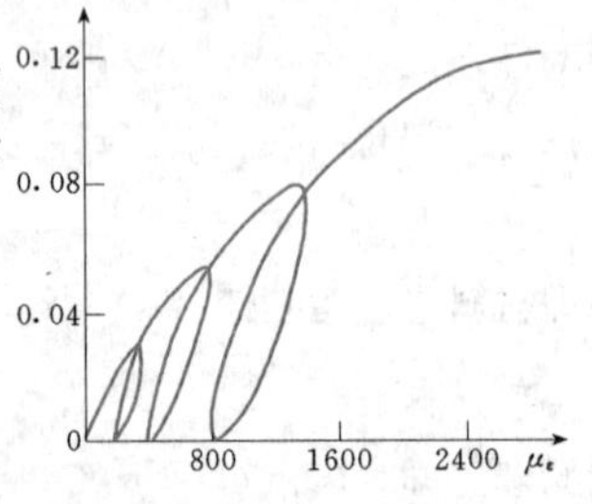

图 5.14-1 Ⅱ类模型材料加卸载应力—应变关系曲线

氧化锌可适当提高变形模量和抗压强度，可调整应力—应变曲线。但氧化锌材料价格较高，用量太多会增加模型造价。根据需要，为了模拟较低变形模量或小几何比尺模型，有时变形模量要求小于 40MPa，这时抗压强度难于满足相似要求，如果加入少量的松香酒精溶液，则可提高强度。这种材料性能十分稳定，不受环境温度、湿度的影响，块体压好后无需烘烤，可边压模边上模，大大缩短制模周期。其变形模量可降低到 30MPa，重度可达 28.5kN/m³，充分体现了地质力学模型的特点。

(3) 以膨润土和水为黏结材料，以重晶石为主要填料的Ⅲ类模型材料。这种材料主要用于模拟混凝土建筑物。膨润土的含量对变形模量和强度起着控制作用。该类材料应力—应变关系曲线如图 5.14-2 所示。

由于材料中含有水，压模成型后需要在室温中晾干 5～7d，然后再烘干。这种材料十分便宜，从其应力—应变曲线看，属脆性破坏型，用来模拟高强度混凝土或坚硬完整的花岗岩是比较合适的。但受天气影响较大，易回潮，性能不够稳定。

(4) 以机油为黏结剂，重晶石粉、石灰石粉、氧化锌、膨润土为填料的Ⅳ类模型材料。上述Ⅱ、Ⅲ类

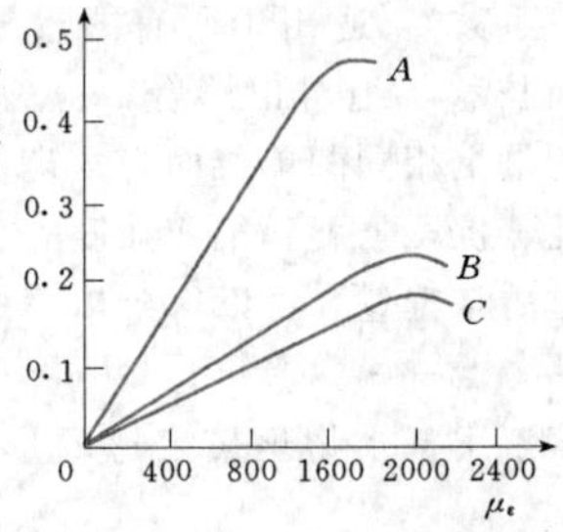

图 5.14-2 Ⅲ类模型材料应力—应变关系曲线

模型材料有许多优点，但由于石蜡油是化妆工业用品，价格较贵。加水的材料又受天气影响较大，易回潮，性能不够稳定。为了降低模型成本，并使模型材料性能稳定，可用机油取代石蜡油，同时可由重晶石粉、石灰石粉的掺量来调控重度大小。该类材料应力—应变关系曲线如图 5.14-3 所示。

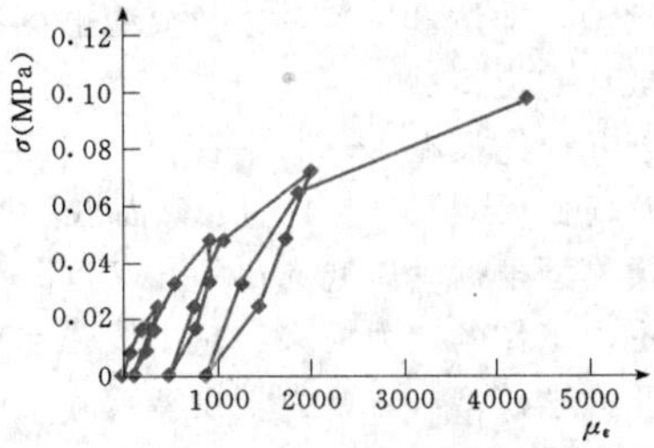

图 5.14-3 Ⅳ类模型材料应力—应变关系曲线

需要说明的是，较理想的材料都是依靠油类的表面张力作用而黏结起来的，所用油类的黏度会直接影响材料的力学参数，试验时要选用同一型号的油类，而且对每一批油应做校核试验。此外，诸如重晶石粉、石灰石粉、氧化锌、膨润土等矿物产品受矿石成分（纯度）影响较大，同样名称的物品，其性能也有较大差别，使用时应做校核试验。

(5) 其他材料。为了使模型试验研究在模型材料选择方面有更好的针对性，也可参考使用其他类型的模型材料，包括以无水石膏为胶凝剂的压模材料，以环氧树脂作胶凝剂的压模材料、以水泥为胶凝剂的压模材料以及以精铁粉、重晶石粉、石英砂、松香、酒精混合夯实成型的模型材料等。

(6) 各向异性材料的模拟。在某些特殊情况下，需要模拟材料的各向异性，这就对模型材料的研究提出了更高的要求。各向异性模拟的方法很多，但要做到准确地模拟却又十分困难。长江科学院结合工程做过一些研究，如广东长潭枢纽坝基中有一组倾角为 60°～75°的裂隙特别发育，使得垂直于裂隙方向的岩体综合弹性模量是平行方向的 5/9，因此在模拟时必须加以考虑。通过概化，确定了要模拟的裂隙间距，

并在裂隙面中夹进若干层聚乙稀薄膜，有效地降低了垂直于裂隙面方向的综合变形模量。

压模成型的材料往往本身带有一定的各向异性，若在砌模时纵横交错排列，在整体上可视为各向同性。若按相同的方向排列，则又可自然形成一定程度的各向异性。因此，压模块体材料本身的各向异性有时是可以利用的，必须在砌模时予以充分考虑。

（7）结构面模拟材料。在水利水电工程中经常遇到的困难是坝基不连续面的抗滑稳定问题。这些不连续层面，特别是软弱泥化夹层黏聚力 c 很小，摩擦系数很低，甚至达 0.2～0.3。当这些夹层离建基面较近，而且倾角又很平缓时，对大坝的稳定安全构成严重的威胁，必须进行细致的模拟试验和计算工作。在抗滑稳定模型试验中，如何正确地模拟这些软弱夹层，使之真实地反映原型的滑动破坏情况，这是试验研究中必须引起重视的关键问题。

根据相似原理，抗滑稳定模型试验应满足层面剪应力相似比 $C_\tau=C_\sigma$。

对于结构面模拟材料，国内有一些单位曾采用不同的纸型来模拟摩擦系数，也有用黄油等润滑剂及清漆作表面处理等。意大利结构模型试验所采用锡箔、二硫化钼（MoS_2）酒精基清漆及不同配比的润滑脂等材料作为模拟软弱夹层的材料。

长江科学院对模拟软弱泥化夹层的材料进行了大量的试验研究，研制、改装了新的试验设备，不仅研究了温度和湿度变化对模拟材料的影响，而且还研究了正应力变化、时间效应及试件表面糙度等影响，取得了较满意的成果。摩擦系数试验值范围为 0.16～0.52，可满足不同类型结构面模拟需要。

总之，地质力学模型材料必须遵循以下几个原则：

（1）相似材料应由散粒体组成，经胶结剂胶结并在模具内强压成一定尺寸的砌块或采用夯实方法制成型，以满足有致密的结构和内摩擦角的要求。

（2）散粒体应根据岩体密度的大小来选用不同的材料。

（3）成型后的材料性能稳定，且不受温度和湿度变化的影响。

（4）应采用价廉易得的原材料，以降低材料制作成本和模型试验经费。

（5）对人体无任何毒害作用，对环境无污染。

（6）材料制作工艺简单。

5.14.2.2 模型制作

模建制作拼装是地质力学模型试验中的一个非常重要环节，一个模型试验的成败与否，直接关系到模型制作拼装是否合理，模型制作拼装的质量也直接影响到试验成果的精度。一般来说，模型制作拼装的过程包括材料成型、块体刮制、模型放样、模型拼装、模块黏结及地质构造面模拟等环节。以上每个环节必须谨慎从事，严格控制。模型材料的成型方式包括压模成型、浇模成型及夯模成型三种方式。

5.14.3 模型加载与测量

5.14.3.1 模型加载

作用于结构物及其基础上的力通常有多种，试验中须根据实际情况进行模拟。对于水工结构模型来说，需要模拟的荷载主要有结构物及岩体自重、上下游水压力、渗透水压力、泥沙压力、围岩地应力、温度荷载、地震荷载及其他特定的荷载。

1. 自重加载

结构物及岩体的自重是地质力学模型中要模拟的重要的荷载之一。根据相似原理，$\frac{C_l C_x}{C_\sigma}=1$，这里，$C_x$ 为体积力常数。当 $C_x=1$ 时，$C_\gamma=1$，即原型的重度与模型重度相等，这时就不需另加模型的自重荷载而满足了整个自重场的要求。但对模型材料提出了很高的要求。

模型自重还可以通过离心机施加。离心机可以提供相当于几十倍到上百倍地球重力场的离心力。用离心力模拟建筑物及岩体自重是既方便又准确的，而且对离心机模型材料的限制大大低于对普通地质力学模型的限制，使离心机模型材料研究显得十分简单。然而由于受离心机斗尺寸、斗内测量方法及加载方法的限制，目前一般情况下离心机结构模型试验还存在局限性。

2. 浮托力的模拟

在地质力学模型中，浮托力是通过从自重中扣除的办法来模拟的，即将受浮托力影响的岩体和结构物的自重减去浮托力。一般是将下游水位以下的坝体和岩体的重度按浮重度考虑。这将要求研究出重度相差为 1，而其他力学性能完全相同的模拟坝体及岩体的模型材料。

3. 上、下游水压力加载

像水压力这样的面力在结构模型试验中通常用液压袋、气压袋和千斤顶施加。液压袋和气压袋是用橡皮、粘胶等材料制成加压袋，通过垫层，将压力施加到建筑物和岩体表面上。加压袋其余的面都要用刚性较大的钢板罩住，加荷架也要有足够的刚度。

4. 建基面或岩体不连续面渗透压力的模拟

层面渗透压力模拟可考虑采用充气沙袋或气压袋途径实现。意大利 ISMES 在伊泰普大坝模型试验中曾经用充气沙袋来模拟层面的渗透压力，用砂与砂之间的滑动来模拟层面的 f 值。这种方法在伊泰普模型试验中获得了成功。然而要找到合适的砂子或者调整 f 值有时是十分困难的。

长江科学院用一种气压袋来模拟渗透水压。如图 5.14-4 所示，设气压袋的面积为 A_2，施加的应力为 σ_2；两旁支承处的总面积为 A_1，施加的应力为 σ_1。根据施加气压前后，接触面法向合力相等及剪应力等效的原则（这里，不考虑黏聚力 c），则施加气压带后，接触面抗剪强度减小量为

$$\tau-\tau'=\frac{A_2}{A_1+A_2}\sigma_2(f_1-f_2) \tag{5.14-4}$$

式中 τ——施加气压前的抗剪强度；

τ'——施加气压后的抗剪强度。

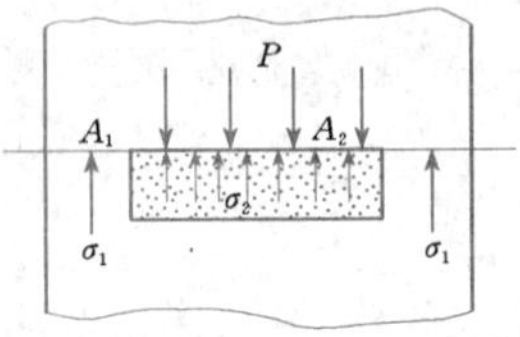

图 5.14-4 层面渗透压力模拟示意图

根据上述公式，若 $f_2=0$，则可通过调整气压袋内应力水平 σ_2，使得施加气压后抗剪强度减小量与相应水平渗透压力引起的抗剪强度减小量等效，由此实现渗透压力作用效果的模拟。

岩体用 30cm×30cm 的重晶石材料制成，层面用电化铝金箔模拟（$f=0.25$），用气压袋模拟渗透压力。试验时把气压袋上方周边的电化铝剪断，让气压袋中的空气产生自由滑动，即使气压袋部位摩擦系数 $f_2=0$，这时加压效果达到理论设计值的 94.6%。

该方法在铜街子水电站及三峡水利枢纽厂房坝段地质力学模型中得到应用。

5. 模型的超载

地质力学模型研究的目的不仅是研究在设计荷载或弹性范围内的变形规律，更主要的是研究大坝及基础在超载作用下的变化过程，以此来判断大坝的安全性。地质力学模型中常用的有梯形超载法、三角形超载法和强度储备超载法。

（1）梯形超载法。在超载过程中维持自重荷载不变，而逐渐增加上游水头，于是上游水压的荷载图由三角形而变成了梯形，因此而得名。这种方法要求不断改变每个加荷块的形心，在试验中很难办到。同时，这种夸大坝顶水压力的做法，往往会造成坝顶部先破坏的假象，因此现在极少有人使用。

（2）三角形超载法。三角形超载法是在超载过程中维持大坝自重不变而逐步增加上游水的重度的办法。由于在超载过程中，上游水压荷载图保持三角形不变，只是三角形底边逐渐延长，所以称为三角形法。这是地质力学模型中用得最多的办法，在液压袋加荷中可以通过增加液体重度来达到超载的目的。对于气压、千斤顶加荷载只需要逐渐加气体压力或加大千斤顶的油压就可以实现。

（3）强度储备超载法。强度储备超载法是维持所有荷载不变，而逐渐降低模型材料的强度。材料（结构面）强度特性的改变可通过温度的调节与控制来实现，也可在离心机上同时增加外荷和自重实现破坏机制来等价强度降低，即荷载比替代强度比来研究储备安全系数。

5.14.3.2 模型测量

测量是模型试验的又一重要环节，地质力学模型主要测量的物理量有应力、位移、裂缝、荷载等。

1. 应力测量

应力是石膏模型、光弹模型、混凝土仿真等结构模型研究的主要内容。地质力学模型由于其材料弹性模量太低对应力的测量有一定的困难，对于大部分破坏性模型研究，有关应力的测量只用于定性研究。对于弹性阶段的模型试验研究，应力测量要求十分精确。应力的测量有电测法、机测法和光测法等不同方法。

2. 位移测量

位移是地质力学模型研究的最主要的物理量，大坝及基础的稳定与否，主要是根据其位移场的变化来判断的。

（1）外部位移的测量。外部位移的测量以前多半使用百分表、千分表等机械式位移计。由于这类仪器体积大，不容易实现遥控测量和自动测量，因此目前已逐渐被位移传感器、扫描仪等仪器所取代。

（2）内部位移的测量。对于三维模型，仅测量表面位移和应力是远不能满足要求的，研究者往往最关心的是沿基础中某些结构层面运动的情况，这就需要有能测量内部相对位移的仪器。长江科学院在已有资料的基础上，研制了一种简单、易加工、精度高的应变式位移传感器。该类传感器在铜街子厂房坝段三维地质力学模型中布置 44 支，其中 85%效果良好。在三峡左厂房坝段整体地质力学模型中布置 51 支，完好率在 90%以上。有些单位也研制出了多点位移计用于测量内部位移。

3. 裂缝的测量

在大多数地质力学模型和其他结构模型中，大坝或基础的破坏失稳是从荷载、应力、位移的变化曲线分析得出的，真正产生裂纹的时间，裂纹的长度、宽度、深度是非常重要，却又很难观测到。目前对裂纹

最直观的观测是用肉眼、放大镜、读数显微镜观测。在弹性模量较高的模型中也有用声发射、微震测量、脆性裂纹漆等方法观测裂纹。当预先可以判断裂纹位置时还可以贴上跨缝片，根据跨缝片应变的突变判断裂纹的发生。

4. 荷载的测量

目前在模型试验中用得较多的是压力传感器，不同的加荷方法用不同的传感器，如气压表、测压管和压力传感器。这些传感器的灵敏度直接影响试验的精度。要实现全自动测量，荷载的自动测量、自动记录也是一个关键。

5.14.4 地质力学物理模型应用

这里，以构皮滩双曲拱坝整体稳定地质力学模型试验为例，介绍地质力学物理模型试验在工程上的实际应用。

5.14.4.1 工程概况

构皮滩水电站大坝为抛物线双曲拱坝，最大坝高232.5m，电站装机3000MW、水库总库容64.51亿m^3，为Ⅰ等工程。坝基内存在多条层间错动带，性状较差的有F_{b112}、F_{b113}、F_{b114}和F_{b86}。坝址区的软弱夹层$Ⅲ_{01}$位于大坝的上游面，较其他夹层组厚度大，分布均匀，在一定范围内风化、泥化严重。拱座岩体中，NW及NWW向陡倾角断裂较发育，且溶蚀严重，其走向与岸坡呈小锐角相交，起着侧向切割拱座岩体的作用，是影响大坝抗滑稳定的主要侧向结构面。针对构皮滩的地质问题，试验研究采用了三维地质力学模型试验技术，全面模拟大坝基础的不连续结构面控制、岩石力学性质和基础处理等条件，研究基础对大坝结构变形和稳定的影响；揭示拱坝和坝肩从加荷开始到破坏的整个进程和机理；监测大坝、坝肩及软弱构造面各部位的变形；评价基础处理效果及拱坝超载安全能力。

5.14.4.2 模型设计

根据模型需要的模拟范围和试验室场地以及加荷架等条件，取模型几何比尺为$C_l=280$。

坝基岩性条件为二叠系下统茅口组厚层P_1m^2、茅口组中厚层P_1m^1、栖霞组P_1q灰岩、志留系中统韩家店组S_2h和下统石牛栏组S_1sh黏土岩，其变形模量分别为35GPa、25GPa、15～20GPa、1.5GPa和15GPa。混凝土变形模量为26GPa。

层间错动带与夹层的力学参数、厚度和结构特征见表5.14-1。

模型中模拟两组裂隙，为NW和NWW向裂隙。这些裂隙均属陡倾角裂隙，倾角约85°。左岸裂隙走向与河床平行，连通率为30%；右岸裂隙走向与河床夹角为10°，连通率为40%。

根据地质力学模型相似关系的要求，得出相似系数见表5.14-2。模型材料力学性能参数表见表5.14-3。

模型模拟了自重、水压及浮托力，下游水位以下岩体重度按16～17kN/m^3模拟，高程438m以上的岩体重度按26～27kN/m^3模拟。水压力考虑最不利工况，只加上游水荷载，水位按正常蓄水位630m考虑，并考虑了上游泥沙压力（淤沙高程为499.08m）。

在模型上共布置有95个测点，其中坝体上有41个测点，大多数布置在下游坝面径向方向，选择了5

表5.14-1　层间错动带与夹层物理特性表

错动带与夹层编号	部位	抗剪参数		厚度（m）	变形模量（MPa）	结构面特征
		f	c（MPa）			
F_{b86}		0.5	0.4	1.0	2000	局部溶蚀或断续有钙质薄膜粘附
F_{b113}	坝基以下	0.3	0.05	1.35	100	全部溶蚀填泥
F_{b113}	接近坝基3m			1.35	24000	混凝土浇筑
F_{b113}	坝基以上	0.5	0.4	1.35	2000	局部溶蚀或断续有钙质薄膜粘附
$Ⅲ_{01}$	高程430m以下	0.4	0.4	4.5	7500	局部溶蚀或断续有钙质薄膜粘附
$Ⅲ_{01}$	高程430m以上	0.25	0.02	4.5	850	全部溶蚀填泥

表5.14-2　原型与模型相似系数

物理名称	变形模量	应力	应变	重度	摩擦角	泊松比	集中力
相似系数	C_E	C_σ	C_ε	C_γ	C_φ	C_μ	C_p
数值	280	280	1	1	1	1	2.195×10^7

表 5.14-3　　模型材料力学性能参数表

岩层类别	干重度（kN/m³）		浮重度（kN/m³）		变形模量（MPa）		抗压强度（MPa）	
	原型	模型	原型	模型	原型	模型	原型	模型
P_1m^{2-1}、P_1m^{2-2}、P_1m^{2-3}	26.6	26.7	16.6	17.3	35000	123.0	80	0.292
P_1m^{1-3}	26.5	26.0	16.5	17.4	20000	72.1	60	0.200
P_1m^{1-2}	26.5	26.0	16.5	17.4	30000	100.1	70	0.235
P_1m^{1-1}	26.5	26.0	16.5	17.4	35000	123.0	80	0.292
P_1q^4	26.3	26.0	16.3	17.0	15000	56.6	50	0.175
P_1q^3	26.3	26.0	16.3	17.0	20000	72.1	60	0.200
P_1q^1、P_1q^2	26.3	26.0	16.3	17.0	15000	56.6	50	0.175
P_2h^{1-2}、P_2h^{1-1}	26.0	26.0	16.0	17.0	1500	5.4	8	0.028
P_1sh^2、P_1sh^1	26.0	26.0	16.0	17.0	15000	56.6	50	0.175
混凝土	24.5	24.6	16.0	17.0	24000	87.9	30	0.140

个拱圈和9个梁断面，在坝体顶部还布置有切向测点和铅直方向测点。两岸山体共布置测点54个，其中左岸28个，右岸26个，主要测量山体和坝肩的变形，测点均布置在不同高程沿夹层和裂隙的两侧。在模型中，还在$Ⅲ_{01}$、F_{b86}和F_{b113}三条夹层上放置了6支自制的小型双向内部位移计，以了解夹层内部的相对位移规律。

5.14.4.3　主要试验成果

构皮滩拱坝在设计荷载作用下坝体变形规律为：①坝体位移在总体上基本对称；②最大位移发生在拱冠梁顶部，数值为62.1mm；③由于拱端下部附近存在F_b层间错动带，上部拱端又坐落在变形模量较低的P_1q^4层上，离志留系中统S_2h^1的距离，右岸较左岸近，因此坝体位移右岸比左岸稍大；④坝顶两端左、右岸切向位移均指向山里，分别为19.6mm和18.2mm，比较对称；⑤坝体在拱冠处上抬位移为20.2mm；⑥坝顶拱圈拱端的径向位移呈非对称分布，右岸指向下游，而左岸指向上游，最大值分别为4.4mm、－1.8mm。

在超载作用下坝体变形规律为：坝体在$2.4P_0$（P_0为设计荷载）以后出现第一拐点，说明坝体开始进入塑性阶段。在$4.4P_0$以后出现第二拐点，坝体开始进入破坏阶段，在$6.0P_0$以后，坝体下游面出现可见裂缝，到$8.6P_0$以后坝体最终破坏。

坝肩山体，在设计荷载作用下，两岸山体整体变形比较对称，位移值不大。坝肩山体中的夹层、层间错动带及裂隙在设计荷载作用下相对位移都较小，绝对位移也不大，一般在3mm以内。超载情况后，左右岸山体中的夹层和裂隙相对位移较小，没有明显滑动现象，说明层间错动带F_b和$Ⅲ_{01}$夹层的处理效果较明显。坝肩在经过处理后，整体稳定性较好，没有明显的滑动通道，坝体和坝肩的抗滑超载安全度较高。

5.15　岩体稳定性分析方法

5.15.1　岩体块体稳定性分析方法

裂隙岩体中，因结构面切割形成的块体问题常常构成岩体工程开挖稳定性评价及支护处理的主要问题，在岩体工程（包括边坡与洞室等）方案论证及支护设计中占据重要位置。

长期以来，关于块体稳定性分析，在分析方法上主要是针对确定块体的力学稳定性分析，对复杂形状块体则只能采用简化方式处理。石根华（1977）、R. E. Goodman和石根华（1985）提出的块体理论，解决了块体几何构形与判断问题，是对岩体块体稳定性分析方法的重大突破。经过20多年的发展，特别是结合三峡等工程岩体开挖过程中的应用，基于块体理论的岩体块体稳定性分析方法已趋于成熟，并逐步成为裂隙岩体稳定性分析中的重要方法。

5.15.1.1　块体类型

块体理论主要是研究由节理面与开挖临空面切割形成的空间块体。任意类型的块体可以认为是由节理面、开挖面所分成的半空间特定组合的交集。仅考虑N组节理，则N组非平行的节理面之间将存在2^N个独立半空间的交集，也就是存在2^N个类型的块体。

对岩体稳定性而言，只是少数类型的块体起控制作用。块体理论的最重要的贡献是建立了在众多类型的块体中找出这些少数块体类型（关键块体）的方法与理论。

根据块体的有界性、几何可移动性和力学稳定性，岩体中的块体可分为五种类型块体：无界块体、有界的不可移动块体、稳定的可移动块体、潜在不稳定可移动块体和不稳定的可移动块体。图 5.15-1 给出了上述五类块体的分类体系，图 5.15-2 给出了上述五类块体的基本形状。

图 5.15-2 中，除图 5.15-2（a）外，其他块体都是有界块体。如果有界块体向临空面方向移动不受围岩的阻碍，该块体为有界可移动块体，如图 5.15-2（c）、（d）、（e）所示。有界块体沿空间任意方向的移动都不可能，块体为有界不可移动块体，如图 5.15-2（b）所示。

在有界的可移动块体中，根据其力学稳定性可进一步分为稳定块体、潜在不稳定块体和不稳定块体。如果块体所受合力与块体滑动方向夹角大于或等于 90°，不利用滑动面强度参数，块体也能稳定，为稳定块体，如图 5.15-2（c）所示。块体的稳定性取决于滑动面强度大小，根据稳定状态不同，分为潜在不稳定和不稳定块体，如图 5.15-2（d）、（e）所示。潜在不稳定和不稳定块体称为关键块体。

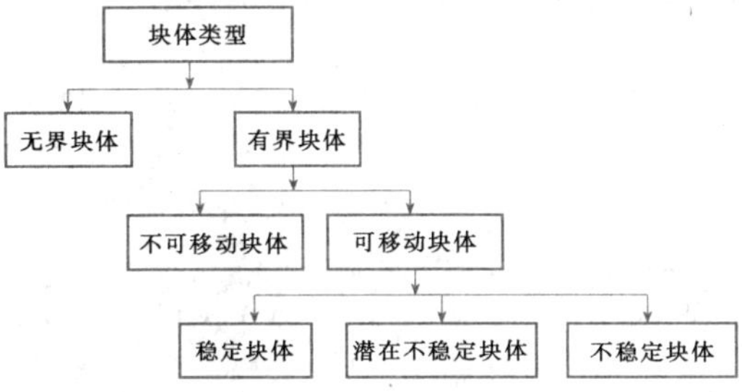

图 5.15-1　块体的分类

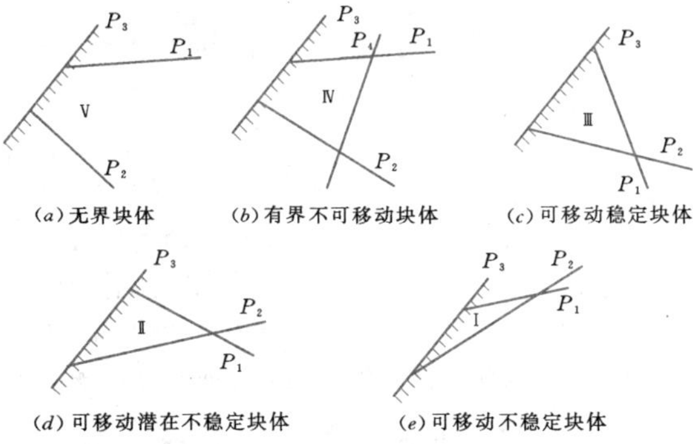

图 5.15-2　各类块体的形状

5.15.1.2　关键块体判断

1. 锥域概念

考虑岩体中有 m 个结构面和 k 个开挖临空面。每个平面 P_i 将空间划分为两个半空间：上半空间和下半空间。一个凸形块体可被认为是该 $m+k$ 个特定半空间的交集。

将各平面平移，使之均通过坐标原点。如果把形成块体的 m 个结构面和 k 个开挖面的指向块体的法向矢量用 $\mathbf{V}_i$ 表示，各平面的包含 $\mathbf{V}_i$ 矢量的半空间用 $U(\mathbf{V}_i)$ 表示，则块体理论中相应提出了块体锥域（BP）、节理（即结构面）锥域（JP）、开挖锥域（EP）和空间锥域（SP）的概念，分别由下列公式中相应的平面半空间的交集组成：

$$\left.\begin{aligned} BP &= \bigcap_{i=1}^{m+k} U(\mathbf{V}_i) \\ JP &= \bigcap_{i=1}^{m} U(\mathbf{V}_i) \\ EP &= \bigcap_{i=m+1}^{m+k} U(\mathbf{V}_i) \end{aligned}\right\} \qquad (5.15-1)$$

$$SP = \sim EP$$

其中，空间锥域 SP 为开挖锥域 EP 的补集。

2. 两个基本定理

（1）块体的有界性定理。一个凸形块体为有界的充要条件是其对应的块体锥域为空集或节理锥域完全属于空间锥域（集合为“零”时，用 ϕ 表示），即

$$BP = \phi \quad 或 \quad JP \subset SP \qquad (5.15-2)$$

（2）凸形块体几何可移动性定理。一个凸形块体，当其相应的块体锥域为空集，且节理锥域为非空集，则该块体为几何可移动块体；当其块体锥域为空集，节理锥域也是空集，则块体为有界的几何不可移动块体，反之亦然。可移动块体的充要条件用数学式表达为

$$\left.\begin{aligned} JP &\neq \phi \\ JP \cap EP &= \phi \end{aligned}\right\} \qquad (5.15-3)$$

5.15.1.3　全空间极射赤平投影及应用

1. 全空间极射赤平投影

块体理论中将一般工程地质上用于表达结构面产状的平面赤平投影作图法扩展成为全空间极射赤平投影法。平面赤平投影只作平面与投影参考球交线圆的上半圆（下极点投影）或下半圆（上极点）的投影，其投影在赤道平面参考圆内是一段圆弧。全空间赤平投影则将平面与投影参考球交线圆上的每个点都投影到参考圆所在平面上。块体理论中已证明，所有这些交线圆上的点在投影平面上的投影连线组成一个投影圆，称为该平面的全空间极射赤平投影。

平面的全空间极射赤平投影圆具有一个很重要的

性质（下极点投影）：平面的上半空间矢量投影在全空间极射赤平投影圆内，平面的上半空间与全空间极射赤平投影圆内区域相对应；平面的下半空间矢量投影在全空间极射赤平投影圆外，平面的下半空间与全空间极射赤平投影圆外区域相对应。对于上极点投影，则相反。

如图 5.15-3 (*a*) 所示，投影参考球与赤平面的交线为参考圆。*ABCD* 所在的圆为某结构面与投影参考球面的交线圆，通过下极点，并过交线圆上的点引射线，作该结构面在赤平面上的投影。如交线圆上点 *A* 投影得 A'，*C* 投影得 C' [见图 5.15-3 (*b*)]，*B*、*D* 为结构面与参考圆的交点，因此投影为其本身。*ABCD* 所在的交线圆上各点经投影后，得赤平面上的投影圆 $A'BC'D$，该圆即为结构面的全空间极射赤平投影图。

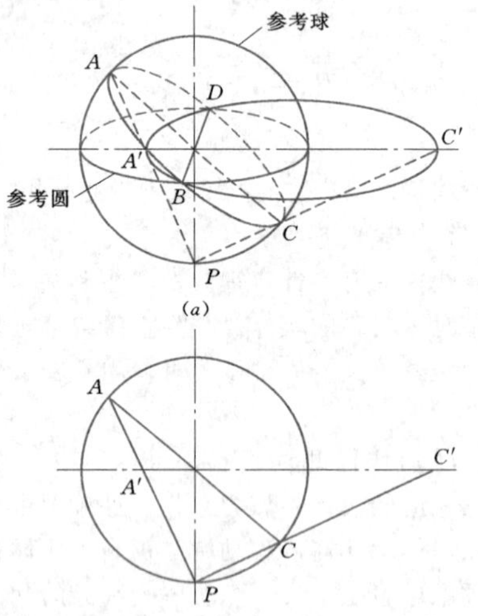

图 5.15-3　全空间下极点极射赤平投影示意图

2. 全空间赤平投影技术应用

平面的全空间极射赤平投影的上述重要性质，使得块体理论在三维空间里的一些概念及定理可以用相应的二维全空间极射赤平投影区域或二维投影区域间的关系来表示，使块体理论的应用具有可操作性。例如，块体理论中各种类型的锥域在全空间极射赤平投影平面上则对应相应的投影区域；块体的有界性和几何可移动性判断定理在全空间极射赤平投影平面上则是相应投影区域间的关系。

5.15.1.4　块体稳定性分析

1. 任意形状块体体积

在块体稳定性分析中，块体体积计算是计算其自重等荷载的最基本参数。关于块体体积的计算，对凸三维块体，可将任意形状的凸形体直接分割成有限个四面体，通过对四面体体积计算，并叠加求得块体体积。这一方法对凹形块体则不能直接使用。

工程岩体开挖面上出露的块体，根据其形状可分为凸形块体与凹形块体。凸形块体的定义是，块体内任意两点的连线都在该块体内，为凸形块体；不能完全满足凸形块体定义的块体，为凹形块体，如地下洞室的拐角处、边坡开挖台阶和坝基开挖的凹槽处都会遇到凹形块体。对一般形状（凸形及凹形）块体体积的计算，数学上可采用单纯形积分实现[93]，具体实现起来，因涉及积分问题，比较繁琐。这里介绍一种块体侧面有向投影柱体体积叠加法来计算任意形状块体的体积[84]。该方法无需三维积分，实际编程与应用比较方便。该方法对块体体积计算主要由两部分计算完成，块体侧面投影柱体体积计算和有向投影柱体体积叠加。

(1) 块体侧面投影柱体体积。在块体的 m 个角点中，找出其最小坐标 z，记为 $z_{\min}$。将各角点均投影到 $z=z_{\min}$ 平面上，每一侧面有一闭合投影区域，各侧面与其相应投影区域之间构成一铅直柱体，称为该侧面的投影柱体。设图 5.15-4 中的实线多边形 $A_{i1},A_{i2},\cdots,A_{iki}$ 为块体的一个侧面 P_i，则相应的投影柱体是一个以角点 $A_{i1},A_{i2},\cdots,A_{iki},A'_{i1},A'_{i2},\cdots,A'_{iki}$ 组成的铅直向柱体。根据 P_i 侧面的边界组成顺序，将 P_i 侧面投影柱体进一步分解成 k_i-2 个以角点 $(A_{i1},A_{ij},A_{ij+1},A'_{i1},A'_{ij},A'_{ij+1})$ 组成的竖直三棱柱体 $(j=2,\cdots,k_i-1)$。

记 $V(A_{i1},A_{ij},A_{ij+1},A'_{i1},A'_{ij},A'_{ij+1})$ 为以角点 $(A_{i1},A_{ij},A_{ij+1},A'_{i1},A'_{ij},A'_{ij+1})$ 组成的竖直三棱柱体的体积，该体积为三个四面体体积代数和，即

$$
\begin{aligned}
&V(A_{i1},A_{ij},A_{ij+1},A'_{i1},A'_{ij},A'_{ij+1})\\
&=V(A_{i1},A_{ij},A_{ij+1},A'_{ij+1})+V(A_{i1},A'_{i1},A'_{ij},A'_{ij+1})\\
&\quad+V(A_{i1},A_{ij},A'_{ij},A'_{ij+1})
\end{aligned}
\tag{5.15-4}
$$

其中

$$
\begin{aligned}
&V(A_{i1},A_{ij},A_{ij+1},A'_{ij+1})\\
&=\frac{1}{6}\left|\overrightarrow{A_{i1}A_{ij}}\times\overrightarrow{A_{i1}A_{ij+1}}\times\overrightarrow{A_{i1}A'_{ij+1}}\right|
\end{aligned}
\tag{5.15-5}
$$

式中　$V(A_{i1},A_{ij},A_{ij+1},A'_{ij+1})$——以角点 $(A_{i1},A_{ij},A_{ij+1},A'_{ij+1})$ 组成的四面体体积，可按式 (5.15-5) 计算（其他各项类似）；

$\overrightarrow{A_{i1}A_{ij}}$——从角点 A_{i1} 至角点 A_{ij} 的有向线段，"×"为矢量积。

用 ω_{ij} 表示此三棱柱体体积的有向性（正或负）：

$$
\omega_{ij}=\mathrm{sgn}(\overrightarrow{A_{i1}A_{ij}}\times\overrightarrow{A_{i1}A_{ij+1}}\cdot\boldsymbol{n}_i)
\tag{5.15-6}
$$

式中　$\boldsymbol{n}_i$——P_i 侧面的指向块体外侧的法向矢量。

则 P_i 侧面投影柱体体积为

$$V_i^a(A_{i1},\cdots,A_{iki},A'_{i1},\cdots,A'_{iki}) = \left|\sum_{j=2}^{ki-1}\omega_{ij}V(A_{i1},A_{ij},A_{ij+1},A'_{i1},A'_{ij},A'_{ij+1})\right| \quad (5.15-7)$$

（2）有向投影柱体体积叠加。定义 P_i 侧面的有向投影柱体体积：

$$V_i(A_{i1},\cdots,A_{iki},A'_{i1},\cdots,A'_{iki}) = \mathrm{sgn}(\boldsymbol{n}_i\cdot\boldsymbol{e}_z)V_i^a(A_{i1},\cdots,A_{iki},A'_{i1},\cdots,A'_{iki}) \quad (5.15-8)$$

式中　$\boldsymbol{e}_z$——z 坐标轴矢量。

任意形状块体体积为

$$V=\sum_{i=1}^{N}V_i(A_{i1},\cdots,A_{iki},A'_{i1},\cdots,A'_{iki}) \quad (5.15-9)$$

式中　N——块体的侧面数。

式（5.15-9）对凸形块体和凹形块体均适用。

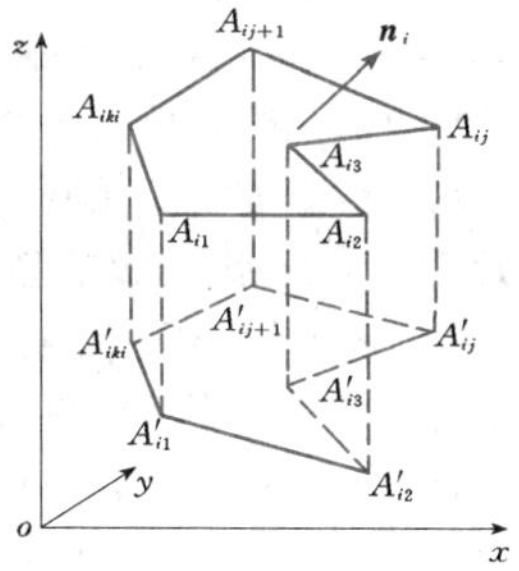

图 5.15-4　块体侧面投影柱体

2. 块体合力计算

作用在块体上的力一般包括块体自重、块体侧面上的裂隙水压力及锚索锚固力等。块体合力可按下式计算：

$$\boldsymbol{R}=\boldsymbol{W}_0+\sum_{i=1}^{m}\boldsymbol{P}(i)+\boldsymbol{W}_2 \quad (5.15-10)$$

式中　$\boldsymbol{R}$——块体所受合力；

$\boldsymbol{W}_0$——块体自重；

$\boldsymbol{P}(i)$——块体第 i 侧面上的水压；

m——有裂隙水作用的块体侧面数；

$\boldsymbol{W}_2$——作用在块体上的其他荷载，包括锚索作用荷载。

3. 块体滑动模式分析

根据块体所受合力 $\boldsymbol{R}$ 及与块体相对应的节理锥侧面方位，可以确定块体的滑动模式。

图 5.15-5 所示为某块体相应的节理锥。该节理锥由 i、j 和 k 三个侧面组成。其中，$\boldsymbol{n}_i$、$\boldsymbol{n}_j$ 和 $\boldsymbol{n}_k$ 分别是三个侧面的指向块体以外的单位法向矢量；$\boldsymbol{e}_{ij}$、$\boldsymbol{e}_{jk}$ 和 $\boldsymbol{e}_{ki}$ 分别为 i 和 j、j 和 k 及 k 和 i 侧面的交线矢量。矢量 $\boldsymbol{n}_i$、$\boldsymbol{n}_j$、$\boldsymbol{n}_k$、$\boldsymbol{e}_{ij}$、$\boldsymbol{e}_{jk}$ 和 $\boldsymbol{e}_{ki}$ 将 o 点的三维空间划分成 8 个锥形区域。每个锥形区域代表块体相应的一个滑动模式。当块体合力 $\boldsymbol{R}$ 落在某一个锥形域内时，则块体在该荷载作用下将发生该锥形域所代表的滑动模式。如 $\boldsymbol{R}$ 落在以 $\boldsymbol{n}_i$、$\boldsymbol{e}_{ki}$、$\boldsymbol{e}_{ij}$ 构成的区域 BS_i 内，则块体的滑动模式为沿 i 侧面单面滑动；$\boldsymbol{R}$ 落在以 $\boldsymbol{n}_i$、$\boldsymbol{n}_j$、$\boldsymbol{e}_{ij}$ 构成的区域 BS_{ij} 内，则块体的滑动模式为沿 i、j 侧面的交线双面滑动等。实际判断分析时，可根据节理锥各滑动模式锥形域的全空间赤平投影图及合力 $\boldsymbol{R}$ 的投影点位置，在投影平面上直接进行判断。

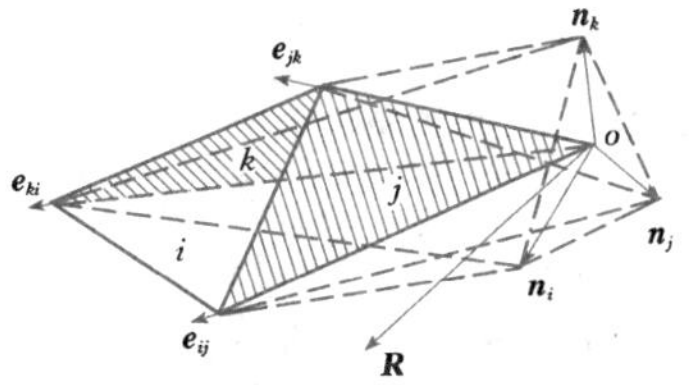

图 5.15-5　块体滑动模式锥形区域划分

4. 块体稳定性计算

块体稳定性计算可根据块体滑动模式判断结果，分别采用单面滑动或双面滑动计算公式进行计算。

（1）单面滑动。块体稳定安全系数为

$$K=\frac{N_if_i+c_iA_i}{T_i} \quad (5.15-11)$$

其中

$$N_i=-\boldsymbol{R}\cdot\boldsymbol{V}_i \quad (5.15-12)$$

$$T_i=|\boldsymbol{V}_i\times\boldsymbol{R}| \quad (5.15-13)$$

式中　f_i、c_i——滑动面的摩擦系数和黏聚力；

A_i——块体滑动面面积；

N_i、T_i——合力 $\boldsymbol{R}$ 在滑动面上沿法向和沿滑动方向上的分量，可分别由式（5.15-12）和式（5.15-13）计算；

$\boldsymbol{V}_i$——滑面指向块体的单位方向矢量。

块体单面滑动方向 $\boldsymbol{S}_i$，可按下式计算：

$$\boldsymbol{S}_i=\frac{(\boldsymbol{n}_i\times\boldsymbol{R})\times\boldsymbol{n}_i}{|\boldsymbol{n}_i\times\boldsymbol{R}|} \quad (5.15-14)$$

式中　$\boldsymbol{n}_i$——滑面向上的单位法向矢量。

（2）双面滑动。稳定安全系数可按下式计算：

$$K=\frac{N_if_i+N_jf_j+A_ic_i+A_jc_j}{T} \quad (5.15-15)$$

其中

$$N_i=\frac{|(\boldsymbol{R}\times\boldsymbol{n}_j)\cdot(\boldsymbol{n}_i\times\boldsymbol{n}_j)|}{|\boldsymbol{n}_i\times\boldsymbol{n}_j|^2} \quad (5.15-16)$$

$$N_j=\frac{|(\boldsymbol{R}\times\boldsymbol{n}_i)\cdot(\boldsymbol{n}_i\times\boldsymbol{n}_j)|}{|\boldsymbol{n}_i\times\boldsymbol{n}_j|^2} \quad (5.15-17)$$

$$T = \frac{|\boldsymbol{R} \cdot (\boldsymbol{n}_i \times \boldsymbol{n}_j)|}{|\boldsymbol{n}_i \times \boldsymbol{n}_j|} \tag{5.15-18}$$

式中 f_i、c_i——i 面上的摩擦系数及黏聚力；

f_j、c_j——j 面上的摩擦系数及黏聚力；

A_i、A_j——i、j 滑动面面积；

N_i、N_j——合力 $\boldsymbol{R}$ 在 i、j 面法向方向上的分量，可分别按式（5.15-16）和式（5.15-17）计算；

T——块体沿 i、j 交线方向上的滑动力，可按式（5.15-18）计算。

块体沿双面滑动的滑动方向 $\boldsymbol{S}_{ij}$ 可由下式计算：

$$\boldsymbol{S}_{ij} = \frac{\boldsymbol{n}_i \times \boldsymbol{n}_j}{|\boldsymbol{n}_i \times \boldsymbol{n}_j|}\text{sgn}[(\boldsymbol{n}_i \times \boldsymbol{n}_j) \cdot \boldsymbol{R}] \tag{5.15-19}$$

5.15.2 岩石力学有限单元法

有限单元法是岩石力学领域目前应用最广泛的数值分析方法。在许多重大工程设计和工程问题的研究中，有限单元法已经成为不可或缺的工具。在计算功能方面，岩石力学有限元法由线性、小变形发展到非线性、大变形问题；由二维发展到三维；可以考虑渗流场、温度场与应力场耦合；可以模拟流变、损伤、断裂以及波动和动力效应。此外，在结构破坏分析、开裂跟踪、损伤和应变局部化等方面也取得许多研究成果。

5.15.2.1 有限单元法基本理论

1. 弹性力学有限元的基本方程

对于弹性力学问题，可通过最小势能原理导出有限单元法的基本方程。以位移为基本未知量，位移在直角坐标系中沿 x、y、z 轴的分量分别表示为 u、v、w，则单元位移模式为

$$\boldsymbol{u}_e = [\boldsymbol{u} \quad \boldsymbol{v} \quad \boldsymbol{w}]_e^{\mathrm{T}} = N_1\boldsymbol{I} \quad N_2\boldsymbol{I} \quad \cdots \quad N_m\boldsymbol{I}]\boldsymbol{\delta}_e \tag{5.15-20}$$

式中 $\boldsymbol{I}$——单位矩阵；

N_i——单元的位移插值函数或形函数；

$\boldsymbol{\delta}_e$——单元各节点的位移分量形成的位移矢量。

利用弹性力学的几何方程及物理方程可以导出单元的应变和应力表达式如下：

$$\boldsymbol{\varepsilon}_e = \boldsymbol{B\delta}_e = [\boldsymbol{B}_1 \quad \boldsymbol{B}_2 \quad \cdots \quad \boldsymbol{B}_m]\boldsymbol{\delta}_e \tag{5.15-21}$$

$$\boldsymbol{\sigma}_e = \boldsymbol{D\varepsilon}_e = \boldsymbol{DB\delta}_e \tag{5.15-22}$$

式中 $\boldsymbol{D}$——弹性矩阵；

$\boldsymbol{B}$——应变矩阵。

应用最小势能原理可以推导出单元刚度矩阵表达式为

$$\boldsymbol{k}_e = \int_V \boldsymbol{B}^{\mathrm{T}}\boldsymbol{DB}\,\mathrm{d}V \tag{5.15-23}$$

面力和体力荷载的等效节点力则为

$$\boldsymbol{P}_e = \int_S \boldsymbol{N}^{\mathrm{T}}\boldsymbol{p}\,\mathrm{d}S \tag{5.15-24}$$

$$\boldsymbol{Q}_e = \int_V \boldsymbol{N}^{\mathrm{T}}\boldsymbol{q}\,\mathrm{d}V \tag{5.15-25}$$

式中 $\boldsymbol{p}$——分布面力；

$\boldsymbol{q}$——分布体力。

将单元刚度矩阵对号入座，并将面力和体力的等效节点力矢量进行组集，就可形成有限单元法的总体求解方程，即

$$\boldsymbol{KU} = \boldsymbol{F} \tag{5.15-26}$$

式中 $\boldsymbol{K}$——整体刚度矩阵；

$\boldsymbol{U}$——整体位移列阵；

$\boldsymbol{F}$——整体等效节点力列阵。

对给定的位移边界条件进行相应处理，消除刚体位移之后，便可进行求解。

2. 有限单元法的分析步骤

有限单元法的求解步骤如下：

(1) 连续体的离散化。即前处理，建立分析对象的实体模型并划分网格。

(2) 选择单元位移函数。假设的单元位移函数只能近似地表示真实的位移场，通常假定为多项式形式。最简单的单元位移函数可以选为线性多项式。

(3) 建立单元刚度矩阵。单元刚度矩阵通常用变分法建立。其元素实际上就是影响系数，与位移函数、单元形状、单元材料性质及本构关系有关。

(4) 建立总刚度矩阵。将各个单元刚度矩阵集合成结构的总刚度矩阵，常用的集合方法是对号入座或变分法。结构的节点平衡方程式可由总刚度矩阵表示，考虑节点支承条件，适当修改这些方程后，即得到可解代数方程组。

(5) 求解代数方程组，得到所有节点的位移分量。

(6) 由节点位移求单元应力，并根据需要进行相应的后处理。

5.15.2.2 施工过程的模拟

1. 岩体开挖模拟

地应力的存在是岩石力学有别于一般的固体力学问题的一个重要方面。由于初始应力场的存在，岩石的开挖将导致部分岩体卸载，从而使一定范围内的应力场发生调整。因此，在对实际工程问题进行计算分析时，正确模拟这种开挖效果是非常重要的。在有限元数值分析中，对开挖过程的分析可以从两种不同的角度进行：

(1) 开挖解除了被挖除部分对体系剩余部分的作用力，使开挖剩余部分失去平衡而发生变形，因此，对开挖作用的分析在于对开挖卸除部分与剩余部分之

间的作用力的分析，即为对开挖释放荷载的计算。

(2) 任意计算时步，体系保持平衡或失去平衡都是体系中真实存在的各种力相互作用的结果，体系中真实存在的力包括内力与外力两个方面，因此，开挖后剩余部分的变形为其自身不平衡力所致，开挖作用的分析将针对开挖剩余部分进行，可以放弃开挖释放荷载的概念。两种分析思路的具体计算方法和过程是不同的，但两种方法在实质与结果上是一致的。

以下介绍传统的开挖释放荷载的计算方法。

记 V_E 为被开挖部分的所有单元集合，S_E 是开挖界面，作用于 V_E 上的外荷载除了 S_E 上的面力荷载 $\boldsymbol{P}$ 之外，还有体积力 $\boldsymbol{\gamma}$（自重或渗流等），它们与 V_E 内的单元应力场 $\boldsymbol{\sigma}$ 相平衡，因此有

$$\sum_{S_E}\iint_{S_E^e}\boldsymbol{N}^{\mathrm{T}}\boldsymbol{P}\mathrm{d}S+\sum_{V_E}\iiint_{V_E^e}\boldsymbol{N}^{\mathrm{T}}\boldsymbol{\gamma}\mathrm{d}V=\sum_{V_E}\iiint_{V_E^e}\boldsymbol{B}^{\mathrm{T}}\boldsymbol{\sigma}\mathrm{d}V \tag{5.15-27}$$

式中第一项即为开挖力的等效节点力 $\boldsymbol{F}$，因此有

$$\boldsymbol{F}\triangleq\sum_{S_E}\iint_{S_E^e}\boldsymbol{N}^{\mathrm{T}}\boldsymbol{P}\mathrm{d}S=\sum_{V_E}\iiint_{V_E^e}\boldsymbol{B}^{\mathrm{T}}\boldsymbol{\sigma}\mathrm{d}V-\sum_{V_E}\iiint_{V_E^e}\boldsymbol{N}^{\mathrm{T}}\boldsymbol{\gamma}\mathrm{d}V \tag{5.15-28}$$

2. 开挖顺序与支护过程模拟

施工过程一般包括开挖与衬砌，为了正确地模拟施工或建造过程，在进行有限元建模和网格剖分时，必须考虑各个开挖施工步的情况和结构特征。如对于水利水电工程中常见的地下洞室开挖施工，每一步开挖，即将对应开挖部位的单元作为“空单元”；而衬砌的施工，则是把该部分衬砌对应的单元重新赋予衬砌材料的参数。应用这种施工模拟过程的分析方法，可以对不同的开挖施工顺利进行对比研究，以确定最优施工步序。

5.15.2.3　岩体不连续面的模拟

岩体中往往存在有节理、断层、层面等宏观不连续界面，这些不连续面对工程岩体的性状常常产生重要影响。将有限元方法应用于岩体分析，对岩体中控制性不连续面，一般应在其模型中得到反映。基于连续体力学的有限元法，通常是采用特殊的节理单元（或界面单元）来模拟岩体不连续面。Goodman 提出的二维四节点厚度为零的节理单元在实际工程中得到了广泛的应用。

图 5.15－6 所示为平面四节点线性节理单元。假设：①单元上缘和下缘的位移呈线性分布，节理单元上任一点的位移差由单元节点的位移差线性插值得到；②单元的切向应力 τ、法向应力 σ 与其相应的位移成正比。在考虑局部坐标系与整体坐标系之间的转换关系后，可以解析地给出节理单元的刚度矩阵：

$$\boldsymbol{K}_j=\frac{l}{6}\begin{bmatrix}2K_s & & & & & & & \\ 0 & 2K_n & & & & & \text{对} & \\ K_s & 0 & 2K_s & & & & \text{称} & \\ 0 & K_n & 0 & 2K_n & & & & \\ -K_s & 0 & -2K_s & 0 & 2K_s & & & \\ 0 & -K_n & 0 & -2K_n & 0 & 2K_n & & \\ -2K_s & 0 & -K_s & 0 & K_s & 0 & 2K_s & \\ 0 & -2K_n & 0 & -K_n & 0 & K_n & 0 & 2K_n\end{bmatrix} \tag{5.15-29}$$

式中　K_n、K_s——结构面的法向、切向刚度。

图 5.15－7 所示的一种六节点变厚度的节理单元，具有更广泛的适用性，可用于等厚度、变厚度、平面及曲面的节理。这种单元实际上是细长四边形的等参单元，其推导过程与上类同。上述二维节理单元可方便地推广至三维问题。

应用节理单元时，关于刚度系数 K_n、K_s 的确定，可通过结构面抗剪试验中的 σ_n—v、τ—u 关系曲线的斜率确定。

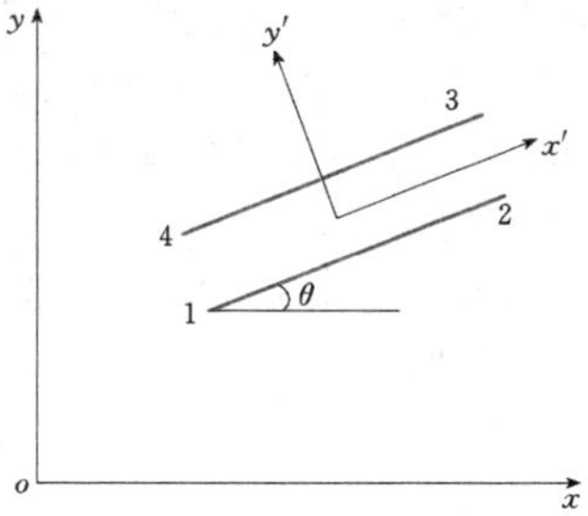

图 5.15－6　Goodman 节理单元

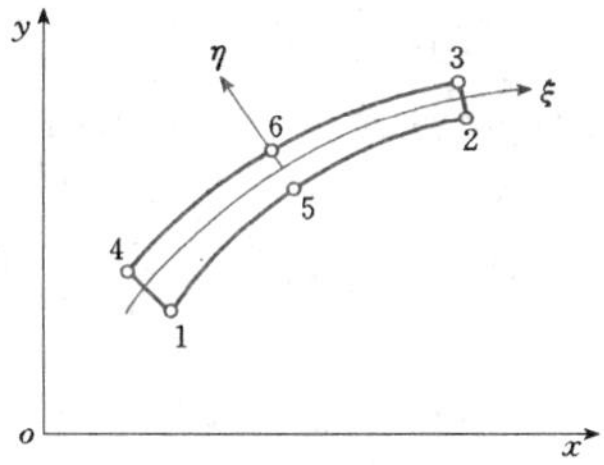

图 5.15－7　变厚度节理单元

5.15.2.4　材料非线性问题

非线性问题可分为材料非线性与几何非线性两类，由于岩土工程一般不允许结构出现大的变形或失稳，因此，长期以来，对于非线性问题的研究大多集中在材料非线性领域。

1. 非线性方程组的解法

无论是材料非线性问题还是几何非线性问题，最

终都归结为求解一组非线性方程，目前大都是借助于Newton－Raphson法或其变体（统称为N－R法家族）来求解的。从本质上来讲，N－R法家族是通过叠加一系列线性方程组的解来求得非线性方程组的解。N－R法家族可分为三类：

第一类是标准的N－R法，又称为切线刚度法。需在每次迭代中重新形成与分解切线刚度矩阵。当问题是稳定的时候，N－R法有二阶收敛速度。但N－R法对求解问题的要求也很高。当求解问题的非线性行为较强时，如加载过程中结构突然硬化等，都将导致N－R法不收敛。

第二类是修正的N－R法，又称为初应力法。在迭代过程中，保持刚度矩阵不变。因此，仅需对刚度矩阵作一次分解，此后的每一次迭代仅需做回代运算就可求得一系列线性方程组的解。初应力法具有稳定性和广泛的适用性，但其仅有一阶收敛速度。为了提高初应力法的求解效率，许多学者都进行了深入的研究，并提出了几种针对初应力法的加速算法，其收敛阶次大致为超线性。

第三类是拟N－R法。该方法在迭代过程中，既不是完全重新形成和分解刚度矩阵，也不是完全保持刚度矩阵不变，而是通过对上一次迭代的刚度矩阵K_{i-1}作少量调整使得调整后的刚度矩阵K_i尽量接近切线或割线刚度矩阵，同时使K_i^{-1}和K_{i-1}^{-1}具有某种简单的关系，从而避免对K_i进行分解运算。从理论上说，拟N－R法收敛阶次介于N－R法和修正的N－R法之间，具有超线性收敛性。

基于N－R法家族的算法都属于“试验—误差”类算法，是弹塑性有限元分析的主流算法。

2. 岩石力学弹塑性增量有限元分析

由于岩土介质的弹塑性行为与加载以及变形的历史有关，在进行弹塑性分析时，通常将荷载分成若干个增量，然后对于每一荷载增量，将弹塑性方程线性化，从而把非线性分析问题分解为一系列线性问题进行求解。

(1) 弹塑性问题的增量表述。假设对应于某时刻t的荷载、位移、应变和应力已经求得，在$t+\Delta t$时刻，荷载和位移条件有一增量，即

$$\left.\begin{aligned}\boldsymbol{f}_{t+\Delta t} &= \boldsymbol{f}_t + \Delta\boldsymbol{f}\\ \boldsymbol{T}_{t+\Delta t} &= \boldsymbol{T}_t + \Delta\boldsymbol{T}\\ \bar{\boldsymbol{u}}_{t+\Delta t} &= \bar{\boldsymbol{u}}_t + \Delta\bar{\boldsymbol{u}}\end{aligned}\right\} \tag{5.15-30}$$

现在要求解$t+\Delta t$时刻的位移、应变和应力，即

$$\left.\begin{aligned}\boldsymbol{u}_{t+\Delta t} &= \boldsymbol{u}_t + \Delta\boldsymbol{u}\\ \boldsymbol{\varepsilon}_{t+\Delta t} &= \boldsymbol{\varepsilon}_t + \Delta\boldsymbol{\varepsilon}\\ \boldsymbol{\sigma}_{t+\Delta t} &= \boldsymbol{\sigma}_t + \Delta\boldsymbol{\sigma}\end{aligned}\right\} \tag{5.15-31}$$

它们应满足平衡方程、应变—位移关系和边界条件，以及弹塑性情况下应力增量与应变增量之间的关系。

$$\Delta\boldsymbol{\sigma} = \boldsymbol{D}^{ep}\Delta\boldsymbol{\varepsilon} \tag{5.15-32}$$

式中 $\boldsymbol{D}^{ep}$——弹塑性刚度矩阵。

弹塑性理论中，将总应变$\Delta\boldsymbol{\varepsilon}$分为弹性应变$\Delta\boldsymbol{\varepsilon}^e$与塑性应变$\Delta\boldsymbol{\varepsilon}^p$两部分，即

$$\Delta\boldsymbol{\varepsilon} = \Delta\boldsymbol{\varepsilon}^e + \Delta\boldsymbol{\varepsilon}^p \tag{5.15-33}$$

$$\Delta\boldsymbol{\sigma} = \boldsymbol{D}\Delta\boldsymbol{\varepsilon} - \boldsymbol{D}\Delta\boldsymbol{\varepsilon}^p \tag{5.15-34}$$

(2) 增量有限元格式。在将加载过程划分为若干增量步以后，对于每一增量步包含下列三个算法步骤：

1) 按式(5.15－32)线性化弹塑性本构关系，并形成增量有限元方程。

选取每一增量步的位移增量$\Delta\boldsymbol{u}$作为基本未知量，在有限元离散后节点平衡方程为

$$\sum_V\int_{V^e}\boldsymbol{B}^{\mathrm{T}}\Delta\boldsymbol{\sigma}\mathrm{d}V = \sum_V\int_{V^e}\boldsymbol{N}^{\mathrm{T}}\Delta\boldsymbol{f}\mathrm{d}V + \sum_{\partial V_T}\int_{S^e}\boldsymbol{N}^{\mathrm{T}}\Delta\boldsymbol{T}\mathrm{d}S \tag{5.15-35}$$

式中 V^e——在整体单元上的体积分；

S^e——在单元面上的面积分。

将式(5.15－32)代入式(5.15－35)后，便可得到关于$\Delta\delta$的非线性方程组：

$$\boldsymbol{K}\Delta\boldsymbol{u} = \Delta\boldsymbol{R} \tag{5.15-36}$$

2) 求解增量有限元方程。

对式(5.15－36)采用N－R迭代法进行求解，迭代格式为

$$\boldsymbol{K}_n\Delta\boldsymbol{u} = \Delta\boldsymbol{R} \tag{5.15-37}$$

$$\boldsymbol{K} = \sum_V\int_{V_e}\boldsymbol{B}^{\mathrm{T}}\boldsymbol{D}^{ep}\boldsymbol{B}\mathrm{d}V \tag{5.15-38}$$

$$\boldsymbol{R}_n = \Delta\boldsymbol{R} - \sum_V\int_{V^e}\boldsymbol{B}^{\mathrm{T}}\boldsymbol{u}_n\mathrm{d}V \tag{5.15-39}$$

$$\boldsymbol{u}_{n+1} = \boldsymbol{u}_n + \Delta\boldsymbol{u} \tag{5.15-40}$$

$$\boldsymbol{\sigma}_{n+1} = \boldsymbol{\sigma}_n + \Delta\boldsymbol{\sigma} \tag{5.15-41}$$

3) 检查平衡条件，并决定是否进行新的迭代。

上述每一步骤的数值方案和算法设计（如本构积分算法），以及荷载增量步长的选择都关系到整个求解过程的稳定性、精度和效率。

(3) 岩石拉破坏特性及“无拉力”分析。相对而言，岩石具有较低的抗拉强度，且在受拉开裂后不能再承受拉应力。考虑岩体拉破坏后行为的非线性分析称为“无拉力”分析。岩石受拉破坏的应力—应变关系具有与塑性应变软化类似的特性，即初始受拉时具有线弹性特征，受拉破坏后其抗拉强度降为零。因此，可以按照上述弹塑性分析的类似格式，进行受拉破坏的非线性分析，为了建立相应的计算格式现作如

下规定：

1）受拉破坏前为线弹性，服从胡克定律。

2）当某一方向拉应力超过抗拉强度时则发生拉裂，拉裂使该方向应力变为零。

3）拉裂应变假定为弹性应变与开裂“应变”之和，即应变增量仍可表示为

$$d\boldsymbol{\varepsilon} = d\boldsymbol{\varepsilon}_e + d\boldsymbol{\varepsilon}_p \tag{5.15-42}$$

至此，可采用与弹塑性分析相同的计算格式求解岩石拉破坏问题。

（4）位移控制法。对于非线形问题的有限元分析，经典的荷载控制法是在一组给定的荷载增量下，求解与其相应的节点位移增量。如果要平稳到达或通过极值点，需要一些特殊的处理方法。否则，对于求解应变软化等问题，荷载控制法将无法描述整个荷载—位移的全过程曲线特征。

为了使计算过程能够平稳到达或通过极值点，有不少学者致力于这方面的研究，典型的有虚拟弹簧法、位移控制法（DCM）、弧长法（Arc Length）等。若追踪过程中，结构无“快速回跳”现象，DCM是最有效、最稳定的求解方法。

（5）自适应有限元分析。一般来说，有限单元法的解答只是对真实解的一种逼近，即存在着离散误差、模型误差和舍入误差等。如何定量评价离散误差的大小，以及如何经济、有效地降低离散误差，获得较精确的解答等，直到20世纪70年代才逐步受到人们的关注和重视。自适应有限单元法应运而生，自适应算法的思想最初由以色列学者A. Brandt于20世纪70年代提出，其发展与有限单元法的后验误差估计方法密切相关。

自适应分析的核心思想是利用中间计算结果，通过误差分析获得最优参数，自动计算所需要局部加密网格或提高单元插值函数阶次的部位，选取最优离散方式和迭代参数，通过逐步的探知当前解与精确解的偏离程度，使得求解误差达到所要求的精度，从而实现以较少的计算代价获得所需的求解精度，该方法具有较高的识别能力和选择最优参数的能力。

由有限元的收敛准则可知，当保证单元的完备性和协调性后，有限单元法解的精度随着完全多项式阶次的提高或单元尺寸的缩小而提高。与此相应，存在如下几种自适应策略：①h型或网格加密型自适应分析（h-adaptivity）；②p型自适应分析（p-adaptivity）；③hp型自适应分析（hp-adaptivity）；④r型自适应分析（r-adaptivity）。

5.15.2.5 损伤断裂有限元分析

针对实际的岩体含有内部缺陷和结构面的特点，断裂力学和损伤力学先后被引入到岩石力学中。断裂力学和损伤力学是对经典连续介质力学的重要发展，它将对介质强度和结构的破裂、扩展的研究建立在对介质内部缺陷和裂纹进行分析的基础上。目前，岩石断裂力学和岩石损伤力学还处于发展阶段。

1. 岩体断裂力学有限元分析

弹塑性理论将岩体看成是宏观的连续体，随着断裂力学引入岩石力学，可以从岩石裂隙构造出发建立力学分析模型。断裂力学将介质中存在的裂纹分为三种基本形式——张开型（Ⅰ型）、滑开型（Ⅱ型）和撕开型（Ⅲ型），如图5.15-8所示。

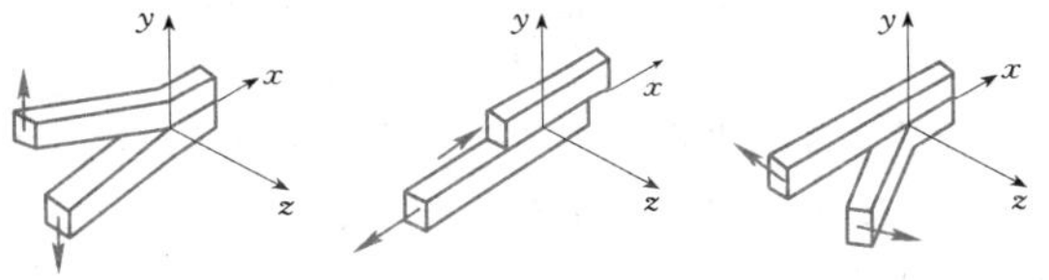

（a）张开型　　（b）滑开型　　（c）撕开型

图5.15-8　裂纹的三种形式

将Ⅰ型、Ⅱ型和Ⅲ型的应力状态相加，则可得到平面裂纹尖端附近应力状态的一般表达式，其中除应力点的坐标位置外，仅有三个参数 K_{I}、K_{II} 和 K_{III}，分别称为Ⅰ型、Ⅱ型和Ⅲ型的应力强度因子，它们可由构件和裂纹形式以及外荷载的大小来确定。

根据格里菲斯能量准则的观点，初始裂纹在荷载作用下扩展，需要增加自由表面能，当进入临界状态，裂纹扩展释放的应变能大于形成新表面所必须消耗的能量时，裂纹出现失稳扩展，引起材料脆断，应变能大量释放。可以证明，当材料沿裂纹延伸方向扩展时，单位面积的应变能释放率为

$$G = \frac{1}{E'}(K_{\mathrm{I}}^2 + K_{\mathrm{II}}^2) + \frac{1}{2\mu}K_{\mathrm{III}}^2 \tag{5.15-43}$$

其中　$E' = E$（平面应力）

$$E' = \frac{E}{1-\mu^2}\text{（平面应变）}$$

在实际的工程计算中，需要通过计算来确定裂纹尖端的应力强度因子，并与岩石的断裂韧度进行比较，以此来确定岩体的裂纹在荷载作用下是否扩展并导致断裂。应力强度因子的计算通过传统的有限元方法进行。由于裂纹尖端附近的应力场存在奇异性，在常规的有限元中，用多项式函数表示的单元内的位移和应力，在奇异点附近不能很好的反映应力的变化。为了有效的解决这个问题，先后提出了缝端奇异单元和奇异等参单元$\left(\frac{1}{4}\text{边中点法}\right)$等。此外，对于线弹性断裂力学，常用Rice提出的 J 积分方法计算裂尖强度因子。可以证明，在小变形情况下，J 积分与积

分路径无关，J 积分的数值等于裂纹尖端附近区域内的应变能释放率。因此，J 与应力强度因子 K_1 之间存在如下关系：

$$K_1 = \sqrt{\frac{JE}{1-\mu^2}} \quad (\text{平面应变}) \qquad (5.15-44)$$

$$K_1 = \sqrt{JE} \quad (\text{平面应力}) \qquad (5.15-45)$$

2. 节理岩体损伤力学有限元分析

损伤力学与断裂力学的不同之处在于：断裂力学认为材料是带有裂纹的，且裂纹被理想化，为一光滑的间断曲面；而损伤力学认为材料本身存在分布性缺陷，原始缺陷是连续分布的。也就是说，损伤力学研究的仍然是连续介质，而断裂力学研究的则是有间断的介质。

研究损伤有两种处理方式：第一种是细观的处理方法，即根据材料的微观成分——基体、颗粒和空洞等的单独力学行为与相互作用来建立宏观的本构关系。这种方法的主要困难是以非均质的微观材料出发，需要经过许多简化的假设，过渡到均质的宏观材料。第二种是宏观的处理方法，采用宏观变量来描述微观变化，把损伤参数作为内变量。

大量节理岩体试验的结果表明，节理岩体的强度和变形特性受节理方位、延伸长度、连通性以及空间分布特征的共同影响。一般而言，节理的尺度与岩体工程相比很小，但与微裂隙相比又很大；几何损伤理论为节理岩体各向异性力学模型的研究提供了新的思路和方法。几何损伤理论是日本学者 Murakami 等于20世纪80年代中期发展起来的，Kawamoto 等首先将其应用于岩体工程。几何损伤理论对节理组引起岩体的各向异性和应变软化等力学特性是十分有用的工具。

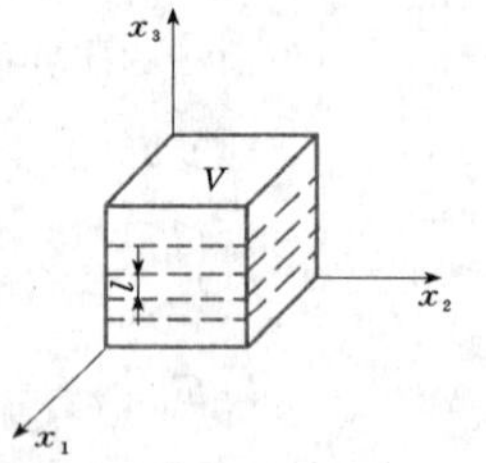

图 5.15-9 节理岩体有效表面积及其定义

为了定义节理岩体的损伤张量，先对节理的空间展布作如下假定：①节理面为一平面；②损伤沿节理面扩展。假定有一组垂直于某一坐标轴的节理，如图 5.15-9 所示，定义岩体的总表面积（有效面积）为 A，则有

$$A = V^{\frac{2}{3}} \frac{V^{\frac{1}{3}}}{L} = \frac{V}{L} \qquad (5.15-46)$$

式中 V——正方体的体积；

L——节理的间距。

如果岩体中存在 N 条节理，第 k 条节理的面积是 $a^{(k)}$，单位法向矢量为 $n^{(k)}$，则第 k 条节理的损伤张量为

$$\boldsymbol{\Omega}^{(k)} = \frac{1}{A} a^{(k)} (\boldsymbol{n}^{(k)} \otimes \boldsymbol{n}^{(k)}) = \frac{L}{V} a^{(k)} (\boldsymbol{n}^{(k)} \otimes \boldsymbol{n}^{(k)}) \qquad (5.15-47)$$

对 N 条节理求和，则可得到岩体的损伤张量：

$$\boldsymbol{\Omega} = \frac{1}{A} \sum_{k=1}^{N} a^{(k)} (\boldsymbol{n}^{(k)} \otimes \boldsymbol{n}^{(k)}) = \frac{L}{V} \sum_{k=1}^{N} a^{(k)} (\boldsymbol{n}^{(k)} \otimes \boldsymbol{n}^{(k)}) \qquad (5.15-48)$$

节理岩体的损伤张量 $\boldsymbol{\Omega}$、Cauchy 应力 $\boldsymbol{\sigma}$ 及有效应力 $\tilde{\boldsymbol{\sigma}}$ 之间的关系为

$$\tilde{\boldsymbol{\sigma}} = [(\boldsymbol{I} - \boldsymbol{\Omega}) \cdot \boldsymbol{\delta}]^{-1} \cdot \boldsymbol{\sigma} = \boldsymbol{M} \cdot \boldsymbol{\sigma} \qquad (5.15-49)$$

式中 $\boldsymbol{I}$——二阶单位张量。

与金属力学中的损伤不同，岩体中的损伤可以传递应力；节理面不仅可以传递压应力，还可以传递剪应力。因此，对有效应力需作相应的修正：

$$\begin{aligned}\tilde{\boldsymbol{\sigma}} = & [(\boldsymbol{I} - c_s \boldsymbol{\Omega}) \cdot \boldsymbol{\delta}]^{-1} \cdot \boldsymbol{S} + H(\sigma_m) \\ & \times \frac{1}{3} \sigma_m [(\boldsymbol{I} - \boldsymbol{\Omega}) \cdot \boldsymbol{\delta}]^{-1} \cdot \boldsymbol{\delta} + H(-\sigma_m) \\ & \times \frac{1}{3} \sigma_m [(\boldsymbol{I} - c_n \boldsymbol{\Omega}) \cdot \boldsymbol{\delta}]^{-1} \cdot \boldsymbol{\delta}\end{aligned} \qquad (5.15-50)$$

$$H(x) = \begin{cases} 1 & (x \geqslant 0) \\ 0 & (x < 0) \end{cases}$$

式中 $H(x)$ ——Heviside 函数；

c_n、c_s——传压、传剪系数，其值在 0～1 之间变化，取决于节理的闭合程度和粗糙程度。

由式（5.15-50）可知，有效应力张量 $\tilde{\boldsymbol{\sigma}}$ 是非对称张量。很多学者研究了有效应力的对称化问题，常用的方法有

$$\tilde{\boldsymbol{\sigma}}^* = \frac{1}{2}(\tilde{\boldsymbol{\sigma}} + \tilde{\boldsymbol{\sigma}}^{\mathrm{T}}) \qquad (5.15-51)$$

$$\tilde{\boldsymbol{\sigma}}^* = \boldsymbol{M}^{\frac{1}{2}} \tilde{\boldsymbol{\sigma}} \boldsymbol{M}^{\frac{1}{2}} \qquad (5.15-52)$$

从目前的研究成果来看，损伤变量的定义可以分为两类：第一类是按损伤面积定义损伤变量，假定有效面积的减少是造成材料损伤的主要因素。这类定义的优点是简单直观，但不能计入节理裂纹间的相互影响和裂纹尖端部位的应力奇异性，尤其是当节理密度较大时，可能会出现损伤变量大于1的情形。第二类是按变形模量的变化定义的损伤变量，假定损伤的宏观力学效果可以用损伤体的变形模量降低来表示。这类定义方法弥补了第一类定义的不足之处，并便于考虑节理的闭合摩擦特性等，但损伤体的变形模量推导比较复杂。

除了损伤变量的定义，运用损伤力学最重要的一点，也是目前最薄弱的一环是如何建立损伤变量的演

化方程。到目前为止，损伤演化方程大多是建立在经验或半经验的基础上。在确定了损伤变量及其演化方程之后，就可以将损伤有效应力代入虚功方程，采用类似弹塑性问题的有限元方法进行求解。

5.15.3 岩石力学有限差分法

有限差分法的基本思想是用差分网格离散求解域，用差分公式代替导数从而将控制微分方程转化为差分方程，然后，结合初边值条件，求解线性方程组。随着数值方法的进步，发展了任意网格的差分。P. Cundall 等基于有限差分的思想，发展了快速拉格朗日分析方法（FLAC），并推出了系列商业软件，在岩土工程领域得到了广泛的应用。

从力学角度看，FLAC 方法是 UDEC 的扩展，其实质是将逐块离散元动态松弛法引申到连续介质问题中，因此，FLAC 方法可称为连续介质的逐点动态松弛方法。该方法采用显式有限差分格式求解场的控制微分方程，不需要形成刚度矩阵，也不需要通过迭代满足本构关系，仅需通过本构关系，由应变直接计算应力。其主要特点如下：

（1）通过对三维介质的离散，使所有外力与内力集中于三维网格节点上，进而将连续介质运动定律转化为离散节点上的牛顿定律。

（2）时间与空间的导数采用沿有限空间与时间间隔线性变化的有限差分来近似。

（3）将静力问题当作动力问题来求解，运动方程中惯性项用来作为达到所求静力平衡的一种手段。

5.15.3.1 三维空间离散

$FLAC^{3D}$首先将求解物体离散为一系列如图 5.15-10 所示的四面体单元，并采用下列插值函数：

$$\Delta v_i = \sum_{l=1}^{4} \Delta v_i^l N^l \quad (i=1,2,3)$$

其中节点 l 线性插值函数 N^l 为

$$N^l = c_0^l + c_1^l x_1' + c_2^l x_2' + c_3^l x_3' \qquad (5.15-53)$$

式中 Δv_i^l——四面体中节点 l 在 i 方向的速度增量；

Δv_i——四面体内任一点的速度增量；

x_1'、x_2'、x_3'——四面体中节点的坐标；

c_0^l、c_1^l、c_2^l、c_3^l——常数，由公式 $N^l(x_1'^j, x_2'^j, x_3'^j) = \delta_l$ 求出［其中 δ_l 为克罗内克尔（Kronecker）张量，当 $l=j$ 时为 1，否则为 0］。

5.15.3.2 三维空间差分

由高斯定律，可将四面体的体积分转化为面积分。对于常应变率的四面体，由高斯定律得

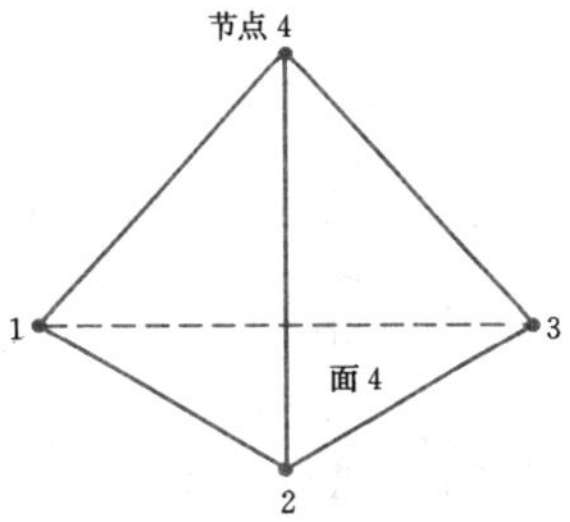

图 5.15-10 三维离散的四面体

$$\int_V v_{i,j} \mathrm{d}V = \int_S v_i n_j \mathrm{d}S \qquad (5.15-54)$$

$$v_{i,j} = -\frac{1}{3V}\sum_{i=1}^{4} v_i^l n_j^{(l)} S^{(l)} \qquad (5.15-55)$$

式中 n_j——四面体各面的单位外法向量；

S——四面体各面的面积；

V——四面体的体积；

v_i^l——节点 l 在 i 方向上的速率；

l——节点 l；

(l)——面 l。

于是应变率张量可表示为

$$\xi_{ij} = \frac{1}{2}(v_{i,j} + v_{j,i}) \qquad (5.15-56)$$

$$\xi_{ij} = -\frac{1}{6V}\sum_{l=1}^{4}(v_i^l n_j^{(l)} + v_j^l n_i^{(l)}) S^{(l)} \qquad (5.15-57)$$

应变增量张量为

$$\Delta\xi_{ij} = -\frac{\Delta t}{6V}\sum_{l=1}^{4}(v_i^l n_j^{(l)} + v_j^l n_i^{(l)}) S^{(l)} \qquad (5.15-58)$$

旋转率张量为

$$\omega_{ij} = -\frac{1}{6V}\sum_{l=1}^{4}(v_i^l n_j^{(l)} - v_j^l n_i^{(l)}) S^{(l)} \qquad (5.15-59)$$

而由本构方程和以上若干式可得应力增量为

$$\Delta\sigma_{ij} = \Delta\tilde{\sigma}_{ij} + \Delta\sigma_{ij}^C \qquad (5.15-60)$$

$$\Delta\tilde{\sigma}_{ij} = H_{ij}^*(\sigma_{ij}, \xi_{ij}\Delta t) \qquad (5.15-61)$$

$$\Delta\sigma_{ij}^C = (\omega_{ik}\sigma_{kj} - \sigma_{ik}\omega_{kj})\Delta t \qquad (5.15-62)$$

式中 H^*——给定的本构关系。

对于小应变，式（5.15-60）中的第二项可忽略不计。这样，就通过高斯定律将空间连续量转化为离散的节点量，可由节点的位移与速度计算空间单元的应变与应力。

5.15.3.3 节点的运动方程与时间差分

对于固定时刻 t，节点的运动方程可表示为

$$\sigma_{ij,j} + \rho B_i = 0 \qquad (5.15-63)$$

式中的体积力定义为

$$B_i = \rho\left(b_i - \frac{\mathrm{d}v_i}{\mathrm{d}t}\right) \qquad (5.15-64)$$

由功的互等定律，将式（5.15-53）转化为

$$F_i^{\langle l\rangle} = M^{\langle l\rangle}\left(\frac{\mathrm{d}v_i}{\mathrm{d}t}\right)^{\langle l\rangle} \quad (l = 1, n_n) \qquad (5.15-65)$$

式中 n_n——求解域内总的节点数；

$\langle l\rangle$——节点 l 的总体节点编号；

$M^{\langle l\rangle}$——节点所代表的质量；

$F_i^{\langle l\rangle}$——节点的不衡力。

它们的具体表达式为

$$M^{\langle l\rangle} = [[m]]^{\langle l\rangle} \qquad (5.15-66)$$

$$m^{\langle l\rangle} = \frac{\alpha_1}{9V}\max([n_i^{(l)}S^{(l)}]^2 \quad (i = 1,3) \qquad (5.15-67)$$

$$\alpha_1 = K + \frac{4G}{3} \qquad (5.15-68)$$

$$F_i^{\langle l\rangle} = \left[\left[\frac{T_i}{3} + \frac{\rho b_i V}{4}\right]\right]^{\langle l\rangle} + P_i^{\langle l\rangle} \qquad (5.15-69)$$

式中 $[[\cdot]]^{\langle l\rangle}$——各单元与 l 节点相关节点物理量的总和；

K——体积模量；

G——剪切模量。

由式（5.15-65）可得关于节点加速度的常微分方程：

$$\frac{\mathrm{d}v_i^{\langle l\rangle}}{\mathrm{d}t} = \frac{1}{M^{\langle l\rangle}}F_i^{\langle l\rangle}(t,\{v_i^{\langle 1\rangle},v_i^{\langle 2\rangle},v_i^{\langle 3\rangle},\cdots,v_i^{\langle p\rangle}\}^{\langle l\rangle},k)$$
$$(l = 1, n_n) \qquad (5.15-70)$$

对式（5.15-70）采用中心差分得节点速度：

$$v_i^{\langle l\rangle}\left(t + \frac{\Delta t}{2}\right) = v_i^{\langle l\rangle}\left(t - \frac{\Delta t}{2}\right) + \frac{\Delta t}{M^{\langle l\rangle}}F_i^{\langle l\rangle}(t,\{v_i^{\langle 1\rangle},v_i^{\langle 2\rangle},v_i^{\langle 3\rangle},\cdots,v_i^{\langle p\rangle}\}^{\langle l\rangle},k) \qquad (5.15-71)$$

同样，由中心差分可得位移与节点坐标：

$$u_i^{\langle l\rangle}(t + \Delta t) = u_i^{\langle l\rangle}(t) + \Delta t v_i^{\langle l\rangle}\left(t + \frac{\Delta t}{2}\right) \qquad (5.15-72)$$

$$x_i^{\langle l\rangle}(t + \Delta t) = x_i^{\langle l\rangle}(t) + \Delta t v_i^{\langle l\rangle}\left(t + \frac{\Delta t}{2}\right) \qquad (5.15-73)$$

至此，已完成了空间与时间的离散，将空间三维问题转化为各个节点的差分求解。具体计算时，可虚拟一足够长的时间区间，并划分为若干时间段，在每个时间段内，对每个节点求解，如此循环往复，直至每个节点的不平衡力为零。

5.15.4 块体单元法

岩体通常被许多大尺度断层或夹层等结构面切割成块体单元系统，其稳定和变形的主要控制因素为结构面。一般情况下，当结构面数量较少时，可采用一些特殊单元来模拟；当结构面密集、数量较多时，可采用等效连续介质方法来模拟，仅在本构关系里考虑结构面的影响；当结构面数量较多，不可能全部采用特殊单元来模拟，但其密集程度又不足以满足等效连续介质的要求时，可采用考虑变形的块体理论与方法来模拟，例如块体单元法（Block Element Method，BEM）。块体单元法既具有有限单元法的精度，又具有刚体极限平衡法的简便。

5.15.4.1 块体单元系统的识别

应用块体单元法对块体单元系统进行渗流、应力以及稳定分析时，需首先识别所有块体单元的形状、大小、位置及相关关系等信息。可以基于矢体概念，用一套矢量（点矢、边矢、面矢）来统一描述凹体和凸体，方便块体系统的识别。

块体系统的识别需在整体坐标系下建立，数据结构分为四级：

（1）矢点的数据结构。包括点的几何位置信息和相关结构面信息。

（2）矢边的数据结构。包括边的点相关信息和边的结构面相关信息。

（3）矢面的数据结构。包括面的点相关信息、边相关信息、结构面相关信息、面矢及其各边矢。

（4）矢体的数据结构。包括矢体的点相关信息、面相关信息、结构面相关信息、矢体相关信息及其各面矢。

5.15.4.2 应力应变分析

1. 坐标系和数学符号的约定

为了推导公式方便，首先对坐标系和数学符号作统一约定。

建立如图 5.15-11 所示的整体坐标系，并约定：X 轴水平向东，Y 轴水平向北，Z 轴铅直向上，整体坐标用（X，Y，Z）表示，记为 $\boldsymbol{X}=[X \quad Y \quad Z]^{\mathrm{T}}$。

设 b_i 为代表块体单元，j 为块体单元的边界面（结构面），b_j 为通过边界面 j 并与块体单元 b_i 接触的块体单元，如图 5.15-12 所示。

对块体单元的每个结构面 j 都建立一套局部坐标系（见图 5.15-11），并约定：x_j 轴、y_j 轴位于结构面 j 上，且 x_j 轴指向结构面的走向，y_j 轴是结构面的倾向在结构面上的投影，z_j 轴与结构面垂直且方向向上，局部坐标用（x_j，y_j，z_j）表示，记为 $\boldsymbol{x}_j=[x_j \quad y_j \quad z_j]^{\mathrm{T}}$。取结构面的形心为原点，结构面形心的整体坐标为

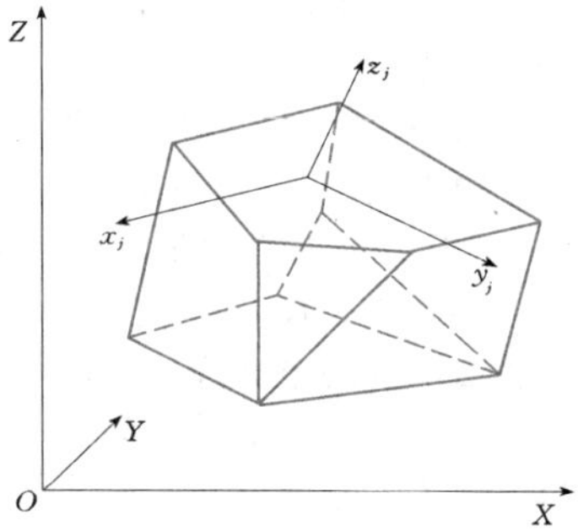

图 5.15-11 坐标系

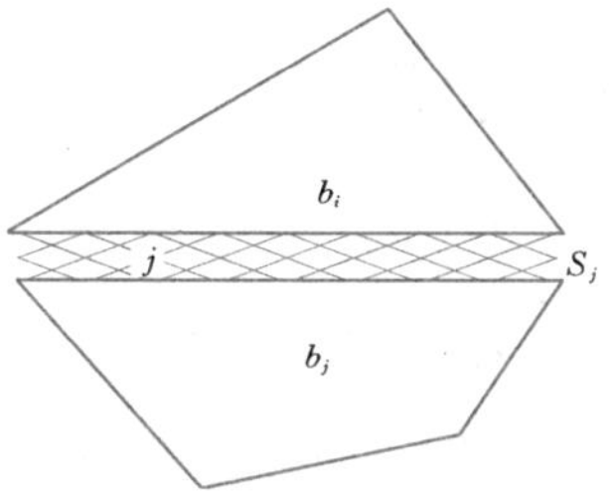

图 5.15-12 块体单元 b_i 和块体单元 b_j 的接触关系

(X_j^0, Y_j^0, Z_j^0)，记为 $\boldsymbol{X}_j^0 = [X_j^0 \quad Y_j^0 \quad Z_j^0]^{\mathrm{T}}$；块体单元 b_i 的形心的整体坐标为 $(X_{b_i}^0, Y_{b_i}^0, Z_{b_i}^0)$，记为 $\boldsymbol{X}_{b_i}^0 = [X_{b_i}^0 \quad Y_{b_i}^0 \quad Z_{b_i}^0]^{\mathrm{T}}$。

在整体坐标系下，结构面 j 的平面方程可写为

$$A_jX + B_jY + C_jZ = D_j \qquad (5.15-74)$$

式中 A_j、B_j、C_j、D_j——结构面 j 的倾向 ϕ_j、倾角 θ_j 和结构面上某确定点整体坐标的函数。

定义从整体坐标系到局部坐标系的变换为

$$\boldsymbol{x}_j = \boldsymbol{L}_j(\boldsymbol{X} - \boldsymbol{X}_j^0) \qquad (5.15-75)$$

其中

$$\boldsymbol{L}_j = \begin{bmatrix} \cos\phi_j & -\sin\phi_j & 0 \\ \sin\phi_j\cos\theta_j & \cos\phi_j\cos\theta_j & -\sin\theta_j \\ \sin\phi_j\sin\theta_j & \cos\phi_j\sin\theta_j & \cos\theta_j \end{bmatrix} \qquad (5.15-76)$$

式中 $\boldsymbol{L}_j$——结构面 j 的坐标变换矩阵，可由结构面的倾向和倾角给出。

结构面上任意点的应力增量及变形增量分别为

$$\Delta\boldsymbol{\sigma}_j = [\Delta\tau_{zxj} \quad \Delta\tau_{zyj} \quad \Delta\sigma_{zj}]^{\mathrm{T}} \qquad (5.15-77)$$

$$\Delta\boldsymbol{\delta}_j = [\Delta\delta_{zxj} \quad \Delta\delta_{zyj} \quad \Delta\delta_{zj}]^{\mathrm{T}} \qquad (5.15-78)$$

将作用于块体单元 b_i 上的荷载增量向其形心简化，在整体坐标系中记为

$$\Delta\boldsymbol{F}_{b_i} = [\Delta F_{Xb_i} \quad \Delta F_{Yb_i} \quad \Delta F_{Zb_i} \quad \Delta M_{Xb_i} \quad \Delta M_{Yb_i} \quad \Delta M_{Zb_i}]^{\mathrm{T}} \qquad (5.15-79)$$

式中 ΔF_{Xb_i}、ΔF_{Yb_i}、ΔF_{Zb_i}——三个力矢增量；
ΔM_{Xb_i}、ΔM_{Yb_i}、ΔM_{Zb_i}——三个力矩增量。

相应的块体单元位移增量为

$$\Delta\boldsymbol{U}_{b_i} = [\Delta U_{Xb_i} \quad \Delta U_{Yb_i} \quad \Delta U_{Zb_i} \quad \Delta W_{Xb_i} \quad \Delta W_{Yb_i} \quad \Delta W_{Zb_i}]^{\mathrm{T}} \qquad (5.15-80)$$

2. 块体单元的力与力矩平衡方程

块体所受外荷载与块体周边结构面的应力应平衡。块体单元 b_i 的受力平衡如图 5.15-13 所示。

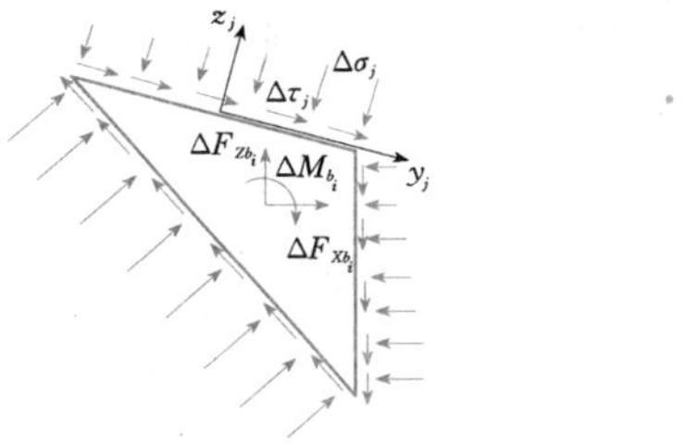

图 5.15-13 块体单元 b_i 的受力平衡

块体单元 b_i 在整体坐标系中的平衡方程为

$$\Delta\boldsymbol{F}_{b_i} - \sum_j J(j)\iint \boldsymbol{P}_j\Delta\boldsymbol{\sigma}_j\,\mathrm{d}x_j\,\mathrm{d}y_j = 0 \quad (b_i = 1,2,\cdots,b_n) \qquad (5.15-81)$$

其中

$$J(j) = \begin{cases} 1 & (\text{若块体单元 } b_i \text{ 在结构面 } j \text{ 之上}) \\ -1 & (\text{若块体单元 } b_i \text{ 在结构面 } j \text{ 之下}) \end{cases} \qquad (5.15-82)$$

$$\boldsymbol{P}_j = \begin{bmatrix} \boldsymbol{L}_j^{-1} \\ \boldsymbol{L}_j^{-1}\boldsymbol{P}_j^1 + \boldsymbol{P}_j^2\boldsymbol{L}_j^{-1} \end{bmatrix} \qquad (5.15-83)$$

其中

$$\boldsymbol{P}_j^1 = \begin{bmatrix} 0 & 0 & y_j \\ 0 & 0 & -x_j \\ -y_j & x_j & 0 \end{bmatrix} \qquad (5.15-84)$$

$$\boldsymbol{P}_j^2 = \begin{bmatrix} 0 & -(Z_j^0 - Z_{b_i}^0) & (Y_j^0 - Y_{b_i}^0) \\ (Z_j^0 - Z_{b_i}^0) & 0 & -(X_j^0 - X_{b_i}^0) \\ -(Y_j^0 - Y_{b_i}^0) & (X_j^0 - X_{b_i}^0) & 0 \end{bmatrix} \qquad (5.15-85)$$

式中 $\boldsymbol{P}_j$——积分点局部坐标、滑动面形心整体坐标和块体形心整体坐标的函数。

3. 块体单元形心位移与结构面变形的几何相容方程

有限单元法分析的结果，揭示了滑动面上应力状态的主要影响因素除强度参数外，还有滑动面的几何特性及变形特性。块体在外荷载作用下产生变位，从而引起结构面变形，如图 5.15-14 所示。

块体单元 b_i、b_j 的位移增量将在结构面 j 上引起相对变形增量 $\Delta\boldsymbol{\delta}_j$（见图 5.15-14），$\Delta\boldsymbol{\delta}_j$ 应满足几何相容条件，即

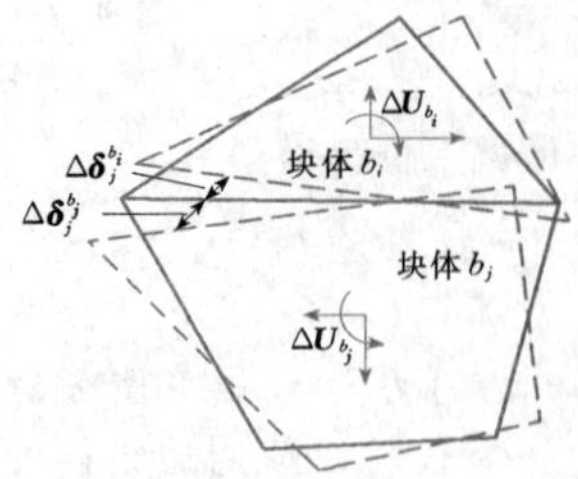

图 5.15-14 块体单元 b_i、b_j 与结构面 j 的变形协调关系

$$\Delta\boldsymbol{\delta}_j = J(j)\boldsymbol{L}_j(\boldsymbol{M}_{b_i}\Delta\boldsymbol{U}_{b_i} - \boldsymbol{M}_{b_j}\Delta\boldsymbol{U}_{b_j}) \tag{5.15-86}$$

其中

$$\boldsymbol{M}_{b_i} = \begin{bmatrix} 1\ 0\ 0 & 0 & (Z-Z_{b_i}^0) & -(Y-Y_{b_i}^0) \\ 0\ 1\ 0 & -(Z-Z_{b_i}^0) & 0 & (X-X_{b_i}^0) \\ 0\ 0\ 1 & (Y-Y_{b_i}^0) & -(X-X_{b_i}^0) & 0 \end{bmatrix} \tag{5.15-87}$$

$$\boldsymbol{M}_{b_j} = \begin{bmatrix} 1\ 0\ 0 & 0 & (Z-Z_{b_j}^0) & -(Y-Y_{b_j}^0) \\ 0\ 1\ 0 & -(Z-Z_{b_j}^0) & 0 & (X-X_{b_j}^0) \\ 0\ 0\ 1 & (Y-Y_{b_j}^0) & -(X-X_{b_j}^0) & 0 \end{bmatrix} \tag{5.15-88}$$

4. 结构面本构方程

根据弹黏塑性势理论，若采用显格式时步离散，则在结构面 j 上任意积分点（x_j，y_j）的应力增量与变形增量的关系为

$$\Delta\boldsymbol{\sigma}_j = \boldsymbol{D}_j\Delta\boldsymbol{\delta}_j + \Delta\boldsymbol{\sigma}_j^{vp} \tag{5.15-89}$$

其中

$$\boldsymbol{D}_j = \begin{bmatrix} k_s & 0 & 0 \\ 0 & k_s & 0 \\ 0 & 0 & k_n \end{bmatrix} \tag{5.15-90}$$

$$\Delta\boldsymbol{\sigma}_j^{vp} = -\gamma_j\langle F_j\rangle\boldsymbol{D}_j\left\{\frac{\partial F_j}{\partial\boldsymbol{\sigma}_j}\right\}\Delta t \tag{5.15-91}$$

$$\langle F_j\rangle = \begin{cases} 0 & (F_j \leqslant 0) \\ F_j & (F_j > 0) \end{cases} \tag{5.15-92}$$

$$\left.\begin{aligned} F_j &= \sqrt{\tau_{zxj}^2 + \tau_{zyj}^2} + \sigma_{zj}\tan\varphi_j - c_j \quad & (\sigma_{zj} - \sigma_T < 0) \\ F_j &= \sqrt{\tau_{zxj}^2 + \tau_{zyj}^2 + \sigma_{zj}^2} \quad & (\sigma_{zj} - \sigma_T \geqslant 0) \end{aligned}\right\} \tag{5.15-93}$$

式中 $\boldsymbol{D}_j$——结构面 j 的弹性矩阵；

k_n——结构面的法向刚度系数；

k_s——结构面的切向刚度系数；

$\Delta\boldsymbol{\sigma}_j^{vp}$——结构面 j 上任意积分点的黏塑性应力增量，根据关联流动法则，表达式见式（5.15-91）；

γ_j——结构面 j 的流动参数；

Δt——时间步长；

F_j——屈服函数，根据莫尔—库仑准则，表达式见式（5.15-93）；

φ_j、c_j——结构面 j 的内摩擦角、黏聚力；

σ_T——结构面的抗拉强度。

5. 块体单元系统的整体平衡方程

先将式（5.15-86）代入式（5.15-89），再将式（5.15-89）代入式（5.15-81），整理后可得块体单元 b_i 在整体坐标系中的平衡方程为

$$\boldsymbol{K}_{b_ib_i}\Delta\boldsymbol{U}_{b_i} + \sum_{b_j}\boldsymbol{K}_{b_ib_j}\Delta\boldsymbol{U}_{b_j} = \Delta\boldsymbol{F}_{b_i} + \Delta\boldsymbol{F}_{b_i}^{vp} \quad (b_i = 1,2,\cdots,b_n) \tag{5.15-94}$$

其中

$$\boldsymbol{K}_{b_ib_i} = \sum_j\iint\boldsymbol{P}_j\boldsymbol{D}_j\boldsymbol{L}_j\boldsymbol{M}_{b_i}\,\mathrm{d}x_j\,\mathrm{d}y_j \tag{5.15-95}$$

$$\boldsymbol{K}_{b_ib_j} = -\iint\boldsymbol{P}_j\boldsymbol{D}_j\boldsymbol{L}_j\boldsymbol{M}_{b_j}\,\mathrm{d}x_j\,\mathrm{d}y_j \tag{5.15-96}$$

$$\Delta\boldsymbol{F}_{b_i}^{vp} = -\sum_j J(j)\iint\boldsymbol{P}_j\Delta\boldsymbol{\sigma}_j^{vp}\,\mathrm{d}x_j\,\mathrm{d}y_j \tag{5.15-97}$$

式（5.15-94）中，b_j 对所有与块体单元 b_i 相关的块体单元循环。

对其他所有可动块体单元都可写出形如式（5.15-94）的方程，经组合后，即构成块体单元系统的整体平衡方程，即

$$\boldsymbol{K}\Delta\boldsymbol{U} = \Delta\boldsymbol{F} + \Delta\boldsymbol{F}^{vp} \tag{5.15-98}$$

其中

$$\Delta\boldsymbol{F} = [\Delta\boldsymbol{F}_{b_1}^{\mathrm{T}} \quad \Delta\boldsymbol{F}_{b_2}^{\mathrm{T}} \quad \cdots \quad \Delta\boldsymbol{F}_{b_n}^{\mathrm{T}}]^{\mathrm{T}} \tag{5.15-99}$$

$$\Delta\boldsymbol{F}^{vp} = [\Delta\boldsymbol{F}^{vp}{}_{b_1}^{\mathrm{T}} \quad \Delta\boldsymbol{F}^{vp}{}_{b_2}^{\mathrm{T}} \quad \cdots \quad \Delta\boldsymbol{F}^{vp}{}_{b_n}^{\mathrm{T}}]^{\mathrm{T}} \tag{5.15-100}$$

$$\Delta\boldsymbol{U} = [\Delta\boldsymbol{U}_{b_1}^{\mathrm{T}} \quad \Delta\boldsymbol{U}_{b_2}^{\mathrm{T}} \quad \cdots \quad \Delta\boldsymbol{U}_{b_n}^{\mathrm{T}}]^{\mathrm{T}} \tag{5.15-101}$$

式中 $\Delta\boldsymbol{F}$、$\Delta\boldsymbol{F}^{vp}$、$\Delta\boldsymbol{U}$——块体单元系统的外荷载增量、等效黏塑性荷载增量、位移增量。

在任何时间步，首先由式（5.15-98）计算出块体单元形心位移增量 $\Delta\boldsymbol{U}$，代入式（5.15-86）计算出结构面 j 上的变形增量 $\Delta\boldsymbol{\delta}_j$，再代入式（5.15-89）计算出结构面 j 上的应力增量 $\Delta\boldsymbol{\sigma}_j$，由式（5.15-91）计算出黏塑性应力增量 $\Delta\boldsymbol{\sigma}_j^{vp}$，代入式（5.15-97）即可求出等效黏塑性荷载增量 $\Delta\boldsymbol{F}_{b_i}^{vp}$，然后转入下一时步，重复计算。若结构面材料强度参数降到一定值时，计算过程发散，则说明某些块体或块体组合已不能维持平衡，据此即可得出该块体或块体组合的安全

系数。

6. 块体系统的数值积分方法

由式（5.15-95）～式（5.15-97）计算 $\boldsymbol{K}_{b_ib_i}$、$\boldsymbol{K}_{b_ib_j}$、$\Delta\boldsymbol{F}_{b_i}^{vp}$ 时，需在结构面上或块体内部进行积分。由于结构面及块体的形状各异，因此很难给出显式的积分结果，对此可以采用高斯积分法。

(1) 结构面上的积分。如图 5.15-15 所示结构面，首先将其离散为三角形；然后对每个三角形，连接该三角形形心与各边中点，从而将每个三角形分割为 3 个四边形。利用形函数变换和高斯积分公式，即可实现结构面上的数值积分。

式（5.15-95）～式（5.15-97）可转化为

$$\boldsymbol{K}_{b_ib_i}=\sum_j\sum_m\int_{-1}^{1}\int_{-1}^{1}\boldsymbol{P}_j\boldsymbol{D}_j\boldsymbol{L}_j\boldsymbol{M}_{b_i}\,|\boldsymbol{J}|\,\mathrm{d}\xi\mathrm{d}\eta \tag{5.15-102}$$

$$\boldsymbol{K}_{b_ib_j}=-\sum_m\int_{-1}^{1}\int_{-1}^{1}\boldsymbol{P}_j\boldsymbol{D}_j\boldsymbol{L}_j\boldsymbol{M}_{b_j}\,|\boldsymbol{J}|\,\mathrm{d}\xi\mathrm{d}\eta \tag{5.15-103}$$

$$\Delta\boldsymbol{F}_{b_i}^{vp}=-\sum_j\sum_m J(j)\int_{-1}^{1}\int_{-1}^{1}\boldsymbol{P}_j\Delta\boldsymbol{\sigma}_j^{vp}\,|\boldsymbol{J}|\,\mathrm{d}\xi\mathrm{d}\eta \tag{5.15-104}$$

式中　m——结构面 j 包含的四边形数目；
　$|\boldsymbol{J}|$——雅可比行列式。

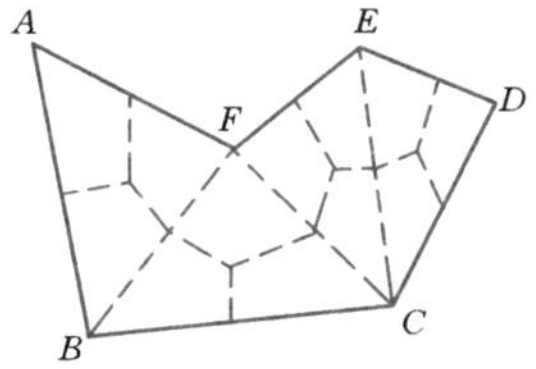

图 5.15-15　结构面上的积分单元划分

(2) 块体内部的积分。首先将块体离散为四面体，如图 5.15-16 所示。然后对每个四面体，连接该四面体形心与各面形心，并连接各面形心与各边中点，从而将每个四面体分割为若干个六面体。利用形函数变换和高斯积分公式，即可实现块体内部的数值积分。

任何定义于块体单元内部的函数 $F(X,Y,Z)$ 的积分可转化为

$$\iiint F(X,Y,Z)\mathrm{d}X\mathrm{d}Y\mathrm{d}Z=\sum_n\int_{-1}^{1}\int_{-1}^{1}\int_{-1}^{1}F(\xi,\eta,\zeta)\,|\boldsymbol{J}|\,\mathrm{d}\xi\mathrm{d}\eta\mathrm{d}\zeta \tag{5.15-105}$$

式中　n——块体单元包含的六面体数目。

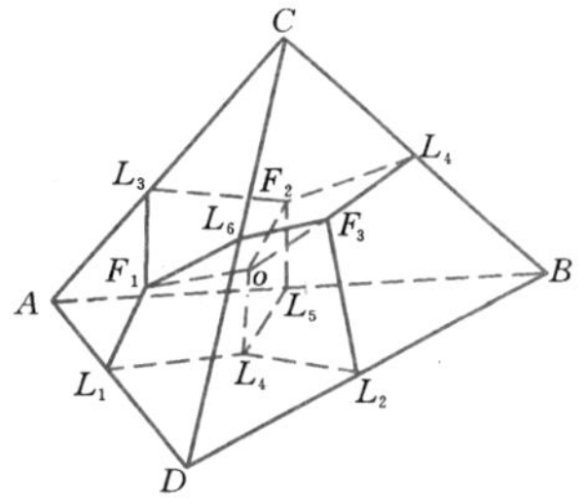

图 5.15-16　一个四面体的积分单元划分

5.15.4.3　稳定分析

1. 安全系数定义与计算

采用块体单元法对裂隙岩体进行稳定分析时，通常用安全系数（稳定系数）说明岩石工程的稳定性。对于岩石边坡工程，其安全系数大体有两种不同的定义。第一种是"超载安全系数"，其定义是：如果将荷载增大 K 倍，则体系即将失稳；如果体系在设计荷载下已经不稳定，则求出的 K 值小于 1.0。计算中，将荷载乘以 K，并将 K 逐渐增大，直到体系达到极限平衡，此时对应的 K 值即为所求安全系数。第二种是"强度储备安全系数"，其定义是：如果将岩土的抗剪强度降低 K 倍，则体系即将处于失稳状态；如果体系在设计强度下已经不稳定，则求出的 K 值小于 1.0。计算中，逐渐增大 K 值，使岩土抗剪强度不断降低，直到体系达到极限平衡，此时对应的 K 值即为所求安全系数。对于同一计算体系，两种不同概念的安全系数值是不同的，甚至相差很大。只有在个别简单的情况下，他们才取相同的值。此外，还有一种定义，称为"应力总和安全系数"，也称为"应力应变分析＋极限平衡法"，即在岩体中定义一个潜在的滑裂面，完成应力应变分析后，滑裂面的整体安全系数 K 定义为抗滑力和滑动力的比值，即

$$K=\frac{\sum_{i=1}^{n}(f_i\sigma_i+c_i)l_i}{\sum_{i=1}^{n}\tau_il_i} \tag{5.15-106}$$

式中　σ_i、τ_i、f_i、c_i——滑裂面上第 i 个单元的法向正应力、剪应力、摩擦系数、黏聚力；
　l_i——该单元沿滑裂面的长度。

应该注意相应建筑物设计规范或设计大纲中对 K 的要求和性质。

在推求强度储备安全系数或超载安全系数的过程中，需要一个判断标准，即什么时候岩体达到极限状态。岩体失稳的实质是强度破坏。当滑动面的应力达

到强度极限时，岩体处于极限平衡状态，此时只要有一个小的扰动，岩体就将偏离原平衡状态而不能恢复，即由静止状态向可动状态转变。这种失稳现象由于其应力—变形曲线具有极值点，属于极值点失稳类型，理论上可以采用以下的失稳判据。

(1) 收敛性判据。在求解迭代过程中，当系统的位移增量曲线或者荷载增量曲线达到极值点后，在计算上即反映出迭代过程不收敛。因此，若在弹黏塑性分析的过程中，当排除其他原因之后，发现迭代计算不收敛，可以作为系统失稳的判据。

(2) 能量判据。根据功能原理，系统的内能和外力对系统所做的外功应该相等。当强度折减到一定程度后，若外功大于内能，则可以认为系统已经破坏，并以此作为系统失稳的判据。

(3) 突变性判据（包括位移突变、屈服区域贯通等）。突变性判据认为任何能够反映系统状态突变的现象（如位移突然变大、高斯点大面积屈服和屈服区连通等）都可以作为失稳判据。

(4) 极限平衡判据。在强度折减过程中，搜索使式（5.15-106）表达的安全系数达到最小的滑裂面，即为可能最危险滑裂面。当最小的滑裂面对应的 $K=1$ 时，认为边坡即将失稳。这个方法还可同时得到与安全系数对应的可能最危险滑裂面。

以极限平衡判据为主，辅以收敛性判据和突变性判据，可以可靠和方便地捕获控制性的和最危险的破坏模式。

2. *最危险破坏模式（块体组合）搜索*

(1) 排除不可能滑动的块体单元。

(2) 在初始自由边界面计算有可能失稳的关键块体单元，并将安全系数按从小到大排序，从安全系数最小的块体单元开始进行组合。

(3) 把该块体单元脱离出来，与之相邻的块体单元由于出现新的临空面而可能滑动，将相邻块体单元的安全系数从小到大排序，选择该层安全系数最小的块体单元组合到脱离块体单元上，计算该块体单元组合的抗滑稳定安全系数，若比原来小，则把该块体单元组合记录下来。

(4) 重复步骤 (3)，并计算新的块体单元组合的安全系数，若比原来小，则把该块体单元组合记录下来。直到没有块体单元可供组合为止。

(5) 把该层选定的块体单元组合返回到原块体单元系统，用该层的下一个待组合块体单元进行组合，如果该层已组合完毕，则返回到上一层。

通过在组合块体单元上不断地增加或减少块体单元，实现对危险块体单元组合的有序搜索。

5.15.5 离散单元法

5.15.5.1 基本原理

离散单元法（Distinct Element Method，DEM）由 P. A. Cundall 于 1971 年首次提出。该方法将岩体介质视为由结构面切割形成的块体集合体，单元即为集合体中的块体。计算过程中，允许块体平移或转动，甚至相互分离。离散单元法从本质上讲是一种力法，通过虚拟力来调整块体间的滑动并阻止块体间的重叠。对于集合体中的任意块体单元，根据块体单元受力，包括周边块体间作用力，依据牛顿第二运动定律建立单元的运动方程，采用动态松弛中心差分法进行显式迭代求解。

5.15.5.2 基本方程

离散单元法中的基本方程主要有依据牛顿定律建立的运动方程以及根据块体单元接触状态确定接触力的力—位移方程等。

1. *运动方程*

对于单元体的平移与转动，依据牛顿第二运动定律，其运动方程可表示为

$$\left.\begin{aligned} m\ddot{u}_x+\alpha m\dot{u}_x&=F_x\\ m\ddot{u}_y+\alpha m\dot{u}_y&=F_y\\ I\ddot{\theta}+\alpha I\dot{\theta}&=M \end{aligned}\right\}\qquad(5.15-107)$$

式中 m、I——单元体的质量、转动惯量；

F_x、F_y——x、y 方向分力；

M——转矩；

$\ddot{u}_x$、$\ddot{u}_y$ 和 $\dot{u}_x$、$\dot{u}_y$——x、y 方向上的加速度和速度；

$\ddot{\theta}$、$\dot{\theta}$——相对于单元体形心的角加速度、速度；

α——质量阻尼比例系数。

对式（5.15-107）进行一阶中心差分，可得 $t+\frac{\Delta t}{2}$ 速度分量和角速度（Δt 为时间步长）：

$$\left.\begin{aligned} \dot{u}_x\left(t+\frac{\Delta t}{2}\right)&=\frac{\dot{u}_x\left(t-\frac{\Delta t}{2}\right)\left(1-\frac{\alpha\Delta t}{2}\right)+\frac{F_x}{m}\Delta t}{1+\frac{\alpha\Delta t}{2}}\\ \dot{u}_y\left(t+\frac{\Delta t}{2}\right)&=\frac{\dot{u}_y\left(t-\frac{\Delta t}{2}\right)\left(1-\frac{\alpha\Delta t}{2}\right)+\frac{F_y}{m}\Delta t}{1+\frac{\alpha\Delta t}{2}}\\ \dot{\theta}\left(t+\frac{\Delta t}{2}\right)&=\frac{\dot{\theta}\left(t-\frac{\Delta t}{2}\right)\left(1-\frac{\alpha\Delta t}{2}\right)+\frac{M}{I}\Delta t}{1+\frac{\alpha\Delta t}{2}} \end{aligned}\right\}\qquad(5.15-108)$$

则 $t+\Delta t$ 时刻的位移和角度为

$$\left.\begin{aligned}u_x(t+\Delta t)&=u_x(t)+\dot{u}_x\left(t+\frac{\Delta t}{2}\right)\Delta t\\u_y(t+\Delta t)&=u_y(t)+\dot{u}_y\left(t+\frac{\Delta t}{2}\right)\Delta t\\\theta(t+\Delta t)&=\theta(t)+\dot{\theta}\left(t+\frac{\Delta t}{2}\right)\Delta t\end{aligned}\right\}\tag{5.15-109}$$

2. 力—位移方程

规定块体单元间的法向力 F_n 与块体间的法向嵌入量成正比，切向力 F_s 与切向位移成正比，并与加载水平有关，即有

$$F_n=K_nU_n\tag{5.15-110}$$

$$F_s=\begin{cases}K_sU_s & \text{当 } K_sU_s\leqslant c+F_n\tan\varphi\\C+F_n\tan\varphi & \text{当 } K_sU_s\geqslant c+F_n\tan\varphi\end{cases}\tag{5.15-111}$$

式中 c、φ——接触面上的黏聚力、摩擦角；

K_n、K_s——法向、切向刚度系数；

U_n、U_s——块体界面法向嵌入量、切向位移。

3. 迭代求解过程

离散单元法采用动态松弛法和中心差分方法进行显式迭代求解，如图 5.15-17 所示。在迭代过程中，通过引入阻尼项，以耗散系统在振动过程中的动能，使系统达到稳定状态。

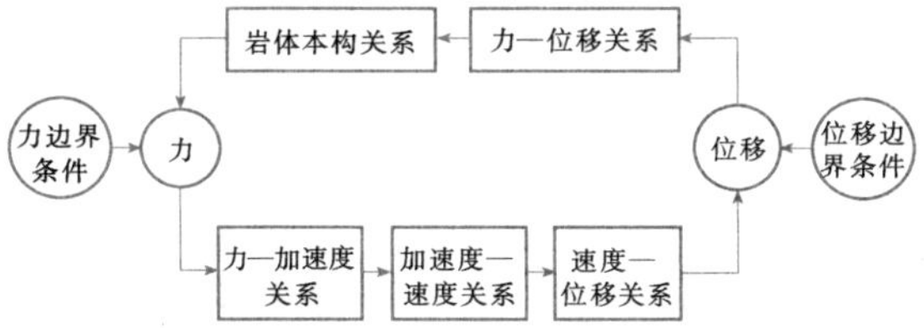

图 5.15-17 离散单元法计算迭代过程

离散单元法中，块体单元最早假定为刚体。随后，Cundall 又进一步发展了可变形体离散元及三维离散元，并开发出相应的商业化计算程序 UDEC 和 3DEC。

5.15.5.3 变形体离散单元法

离散单元法刚问世时，岩石块体单元为假定为刚体，即不考虑岩石块体本身的变形。在刚体离散单元法的基础上，Cundall 于 1980 年完成了二维变形体离散元的程序研发。变形体离散单元法既可以分析岩体不连续结构面的滑移和开裂，又可以计算岩块内部的然性变形和应力分布，并且可以很容易地引入各种非线性本构关系。

为了分析离散块体的应力和应变，块体本身被视为弹性体。将每个离散块体单元内部划分为三角形常应变差分单元，块体则看成这些三角形单元的组合体。块体弹性变形将引起节点的弹性力矢量。

1. 差分单元应力

在二维变形体离散单元法中，由差分单元节点速度求解单元应力，对于每个常应变三角形单元有

$$\begin{bmatrix}\dot{u}_x\\\dot{u}_y\end{bmatrix}=\begin{bmatrix}\dot{\varepsilon}_{xx} & \dot{\varepsilon}_{xy}+\dot{\omega}_{xy}\\\dot{\varepsilon}_{xy}-\dot{\omega}_{xy} & \dot{\varepsilon}_{yy}\end{bmatrix}\begin{bmatrix}x-x_0\\y-y_0\end{bmatrix}+\begin{bmatrix}\dot{u}_{x_0}\\\dot{u}_{y_0}\end{bmatrix}\tag{5.15-112}$$

式中 $\dot{u}_x$、$\dot{u}_y$——单元中任一点的速度在 x、y 方向的分量；

x、y——该点在整体坐标系下的坐标值；

$\dot{\varepsilon}_{xx}$、$\dot{\varepsilon}_{yy}$、$\dot{\varepsilon}_{xy}$——该点的法向和切向应变率；

$\dot{\omega}_{xy}$——旋转率；

x_0、y_0——单元形心坐标；

$\dot{u}_{x_0}$、$\dot{u}_{y_0}$——单元形心速度。

当差分计算的时步为 Δt 时，则应变增量如下：

$$\left.\begin{aligned}\Delta\varepsilon_{xx}&=\dot{\varepsilon}_{xx}\Delta t\\\Delta\varepsilon_{yy}&=\dot{\varepsilon}_{yy}\Delta t\\\Delta\varepsilon_{xy}&=\dot{\varepsilon}_{xy}\Delta t\end{aligned}\right\}\tag{5.15-113}$$

Δt 时步内的旋转角度为

$$\theta=\dot{\omega}_{xy}\Delta t\tag{5.15-114}$$

则由弹性体应力—应变关系可得

$$\Delta\sigma_{ij}=\lambda\Delta\varepsilon_v\delta_{ij}+2\mu\Delta\varepsilon_{ij}=\lambda(\Delta\varepsilon_{xx}+\Delta\varepsilon_{yy})\delta_{ij}+2\mu\Delta\varepsilon_{ij}\tag{5.15-115}$$

式中 λ、μ——拉梅常数。

设时步 Δt 内单元的旋转角度 $\theta\ll1$，即可认为 $\sin\theta\approx\theta$，$\cos\theta\approx1$，从而可得到三角形有限差分单元应力的最终表达式如下：

$$\left.\begin{aligned}\sigma'_x&=\sigma_x+2\theta\sigma_{xy}\\\sigma'_y&=\sigma_y-2\theta\sigma_{xy}\\\sigma'_{xy}&=\sigma_{xy}+(\sigma_x-\sigma_y)\theta\end{aligned}\right\}\tag{5.15-116}$$

2. 节点弹性力 $\boldsymbol{F}^e$ 的求解

在二维变形体有限单元法中，由块体弹性变形引起的节点力 N 的弹性力矢量由下式给出：

$$\boldsymbol{F}^e=\int_\Gamma\boldsymbol{\sigma}\cdot\boldsymbol{n}\mathrm{d}s\tag{5.15-117}$$

式中 $\boldsymbol{\sigma}$——积分边界所在差分单元的应力张量；

$\boldsymbol{n}$——积分边界的单位法向矢量；

Γ——积分路径，由围绕该节点的三角形单元对应边的中点依次连接而成。

由此，就获得了变形体离散单元的应变、应力和所有节点力矢量。除此之外，变形体离散单元法的求解过程与刚体离散元法完全相同。

5.15.5.4 颗粒体离散单元法

1979年，Cundall和Strack将离散元的概念拓展应用于散粒体材料的力学研究，形成了颗粒体离散元(Partical Flow Code，PFC)；后经Itasca公司进一步开发形成了著名的颗粒体离散元商业软件PFC2D和PFC3D。

在颗粒体离散元中，单元的形状最为常用的是圆形或球形。由于圆形或球形单元的形状简单，接触搜索简单易行；同时，其他形状的块体可以由多个球形通过黏结作用捆绑在一起。颗粒体离散元中的单元特性通常假定为刚体，其运动规律满足刚体的平动和转动平衡方程。与变形体离散元相同，颗粒体离散元也需要进行邻近颗粒的搜索，当确定了相邻颗粒后，需要根据接触模型进一步确定接触法向和接触力。在三维颗粒体离散元中，颗粒为刚性球体，在每个钢球之间通过有线刚度的弹簧连接，即为软接触，允许颗粒之间发生嵌入，系统的力学响应可以通过调整颗粒参数以及颗粒间接触力学参数获得，颗粒集合体的本构行为通过接触模型及接触特性获得。

1. 接触位移和接触力

颗粒之间的接触力与力矩通过颗粒之间的嵌入量来获得。如图5.15-18所示，当两个颗粒P和Q发生接触时，接触的法向矢量为

$$\boldsymbol{n}=\frac{\boldsymbol{o}_P-\boldsymbol{o}_Q}{d},\quad d=|\boldsymbol{o}_P-\boldsymbol{o}_Q| \tag{5.15-118}$$

式中 $\boldsymbol{o}_P$、$\boldsymbol{o}_Q$——颗粒形心位置矢量。

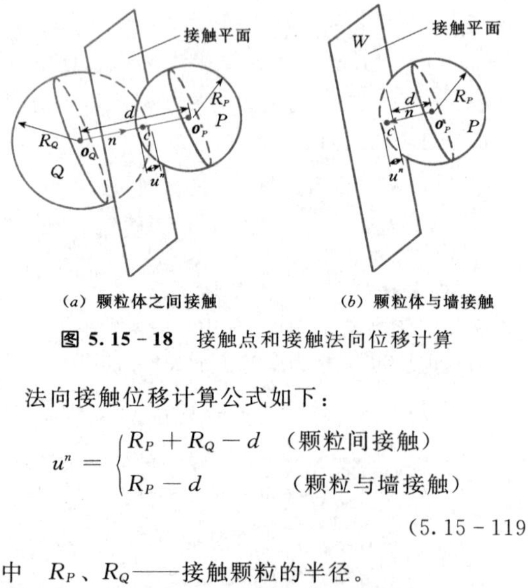

图5.15-18 接触点和接触法向位移计算

法向接触位移计算公式如下：

$$u^n=\begin{cases}R_P+R_Q-d & \text{（颗粒间接触）}\\ R_P-d & \text{（颗粒与墙接触）}\end{cases} \tag{5.15-119}$$

式中 R_P、R_Q——接触颗粒的半径。

可知，当$u^n>0$时，接触实体间发生嵌入，处于受压状态；当$u^n<0$时，则接触实体处于受拉或分离状态。接触点的位置矢量$\boldsymbol{c}$为

$$\boldsymbol{c}=\begin{cases}\boldsymbol{o}_Q+\left(R_Q-\frac{1}{2}u^n\right)\boldsymbol{n} & \text{（颗粒间接触）}\\ \boldsymbol{o}_P+\left(R_P-\frac{1}{2}u^n\right)\boldsymbol{n} & \text{（颗粒与墙接触）}\end{cases} \tag{5.15-120}$$

在求得接触的法向位移后，还需要求解接触的切向相对位移增量。接触点的相对速度$\boldsymbol{v}$为

$$\boldsymbol{v}=\boldsymbol{v}_{\phi_2}+\boldsymbol{\omega}_{\phi_2}\times(\boldsymbol{c}-\boldsymbol{o}_{\phi_2})-\boldsymbol{v}_{\phi_1}+\boldsymbol{\omega}_{\phi_1}\times(\boldsymbol{c}-\boldsymbol{o}_{\phi_1}) \tag{5.15-121}$$

式中 ϕ_1、ϕ_2——发生接触的实体对（颗粒与颗粒或颗粒与墙）；

$\boldsymbol{v}_{\phi_i}$——实体ϕ_i的平动速度；

$\boldsymbol{\omega}_{\phi_i}$——实体$\phi_i$的转动速度；

$\boldsymbol{o}_{\phi_i}$——实体ϕ_i的转动中心。

则接触速度的剪切分量$\boldsymbol{v}^S$和剪切位移增量$\Delta\boldsymbol{u}^S$分别为

$$\boldsymbol{v}^S=\boldsymbol{v}-(\boldsymbol{v}\cdot\boldsymbol{n})\boldsymbol{n} \tag{5.15-122}$$

$$\Delta\boldsymbol{u}^S=\boldsymbol{v}^S\Delta t \tag{5.15-123}$$

获得接触相对位移之后，则可根据接触模型计算接触力。在PFC中，接触的法向分量通过位移和力的全量关系表示，即采用割线刚度；接触切向分量则通过位移和力的增量关系表示，即采用切线刚度。其关系式为

$$\boldsymbol{F}^n(t)=K_n u^n\boldsymbol{n} \tag{5.15-124}$$

$$\Delta\boldsymbol{F}^s=-K_s\Delta\boldsymbol{u}^s \tag{5.15-125}$$

式中 $\boldsymbol{F}^n(t)$——t时刻的接触法向力矢量；

$\Delta\boldsymbol{F}^s$——接触的切向力增量矢量；

K_n、K_s——接触点的刚度。

在PFC的接触力计算过程中，只考虑滑动摩擦和静摩擦，获得了接触的法向力和切向力之后，则t时刻作用下接触的两个实体上的接触力为

$$\boldsymbol{F}_{\phi_1}(t)=-\boldsymbol{F}^n(t)-\boldsymbol{F}^s(t) \tag{5.15-126}$$

$$\boldsymbol{F}_{\phi_2}(t)=\boldsymbol{F}^n(t)+\boldsymbol{F}^s(t) \tag{5.15-127}$$

由接触力产生的力矩为

$$\boldsymbol{M}_{\phi_1}(t)=(\boldsymbol{c}-\boldsymbol{o}_{\phi_1})\times\boldsymbol{F}_{\phi_1}(t) \tag{5.15-128}$$

$$\boldsymbol{M}_{\phi_2}(t)=(\boldsymbol{c}-\boldsymbol{o}_{\phi_2})\times\boldsymbol{F}_{\phi_2}(t) \tag{5.15-129}$$

2. 接触本构模型

在颗粒离散元中，接触模型通常包括三部分：①接触刚度模型；②接触黏结模型和滑移模型；③平行黏结模型。当选择不同的接触模型时，颗粒体离散元既可以模拟散粒体的力学行为，也可以通过颗粒间的黏结断裂，模拟准脆性材料的开裂行为。

在颗粒离散元中，颗粒体被假定为刚体，其运动规律满足刚体的平动和转动平衡方程，与二维刚体离散元程序的求解过程相同。

3. 颗粒材料的应力—应变分析

在颗粒体离散元中，不存在用于连续介质分析的应力和应变概念，记录的是颗粒间的接触力和颗粒的位移，这些物理量不能直接转化为连续模型的物理量。在粒子材料力学中，已有相对成熟的理论建立宏观特性和微观量之间的联系，即平均场理论（Average Field Theory），在给定的标准测量体积内度量应力和应变率。

设在某测量域 V 内包含 N^q 个颗粒，并认为颗粒集合体在统计上是均匀的；因此，对于孔隙率为 n 的颗粒集合体，每个颗粒所占据的体积为 $\dfrac{V^q}{1-n}$，测量域 V 的平均应力张量为

$$\bar{\sigma}_{ij}=-\left[\frac{1-n}{\sum_{q=1}^{N^q}V^q}\right]\sum_{q=1}^{N^q}\sum_{c=1}^{N^c}\mid x_i^c-x_i^q\mid n_i^{(c,q)}F_j^c \tag{5.15-130}$$

式中 x_i^c、F_j^c——接触点 c 的位置和接触力；

x_i^q——颗粒 q 的形心位置；

N^c——颗粒 q 上的接触总数；

V^q——颗粒 q 的体积。

与应力分析中由离散的接触力确定测量域 V 内的平均应力方法不同，应变率的确定是基于测量域 V 内，通过颗粒形心的测量速度和预测速度的最小二乘拟合过程来实现，求解如下方程组：

$$\begin{bmatrix}\sum_{q=1}^{N_q}\tilde{x}_1^q\tilde{x}_1^q & \sum_{q=1}^{N_q}\tilde{x}_2^q\tilde{x}_1^q & \sum_{q=1}^{N_q}\tilde{x}_3^q\tilde{x}_1^q\\ \sum_{q=1}^{N_q}\tilde{x}_1^q\tilde{x}_2^q & \sum_{q=1}^{N_q}\tilde{x}_2^q\tilde{x}_2^q & \sum_{q=1}^{N_q}\tilde{x}_3^q\tilde{x}_2^q\\ \sum_{q=1}^{N_q}\tilde{x}_1^q\tilde{x}_3^q & \sum_{q=1}^{N_q}\tilde{x}_2^q\tilde{x}_3^q & \sum_{q=1}^{N_q}\tilde{x}_3^q\tilde{x}_3^q\end{bmatrix}\begin{bmatrix}\dot{\alpha}_{i1}\\ \dot{\alpha}_{i2}\\ \dot{\alpha}_{i3}\end{bmatrix}=\begin{bmatrix}\sum_{q=1}^{N_q}\tilde{\dot{u}}_1^q\tilde{x}_1^q\\ \sum_{q=1}^{N_q}\tilde{\dot{u}}_1^q\tilde{x}_2^q\\ \sum_{q=1}^{N_q}\tilde{\dot{u}}_1^q\tilde{x}_3^q\end{bmatrix} \tag{5.15-131}$$

在测量域内，$\dot{\alpha}_{ij}$ 代表对域 V 内 N^q 个颗粒的测量相对速度值 $\tilde{\dot{u}}_i^q$ 的最佳拟合。求解式（5.15-131）便可以获得9个速度梯度分量，进而获得应变率张量。

由上述介绍可见，由于颗粒体之间的接触检测简单，颗粒单元位移大小没有限制，并且黏结的颗粒之间可以发生断裂，从细观力学出发实现了岩石和混凝土的宏观开裂破坏模拟问题，PFC 方法逐步受到重视。但由于颗粒的细观特性的确定目前还存在一定的困难，这种方法在实际岩石力学与工程中的应用尚有一定的距离。

5.15.6 非连续变形分析方法

块体系统非连续变形分析（Discontinuous Deformation Analysis，DDA）是石根华于20世纪80年代提出的分析块体系统运动和变形的一种数值方法。自该方法提出以后，经过20余年发展，该方法已成为岩体非连续变形分析领域中的主要方法，并在坝基、地下工程、滑坡（边坡）等领域得到成功应用。

5.15.6.1 基本原理

DDA 模型是在假定的位移模式条件下，由弹性理论的位移变分法建立总体平衡方程式，通过施加或去掉块体界面刚硬弹簧，实现块体单元界面间不嵌入和无张拉接触准则。在解决大变形问题时，引进真实惯性力，并采用动力方法求解途径。研究表明，DDA 方法在块体系统求解过程中，能够严格满足三个收敛条件：系统的开—闭迭代收敛、力系的平衡条件以及动力求解收敛。

与 DEM 不同，一方面，DDA 是位移法，即将块体单元位移（包括块体单元变形）作为求解变量，经建立的总体平衡方程组求解；另一方面，DDA 采用隐式求解法。

结合 DDA 方法的理论，石根华已开发完成了相应的计算程序。结合国内外具体工程，已有部分应用成果。

5.15.6.2 基本方程

1. 块体的位移及变形

块体的位移及变形由六个变形变量确定：

$$\boldsymbol{D}_i=[u_0\quad v_0\quad r_0\quad \varepsilon_x\quad \varepsilon_y\quad \gamma_{xy}]^{\mathrm{T}} \tag{5.15-132}$$

式中 u_0、v_0——块体内指定点 (x_0,y_0) 的刚体位移；

r_0——以 (x_0,y_0) 为转动中心的块体的转角；

ε_x、ε_y、γ_{xy}——块体的正应变和剪应变。

块体中任意点 (x,y) 处的位移可由变形变量 $\boldsymbol{D}_i$ 表示：

$$\begin{Bmatrix}\boldsymbol{u}\\ \boldsymbol{v}\end{Bmatrix}=\boldsymbol{T}_i\boldsymbol{D}_i \tag{5.15-133}$$

其中

$$\boldsymbol{T}_i=\begin{bmatrix}1 & 0 & -(y-y_0) & x-x_0 & 0 & \dfrac{y-y_0}{2}\\ 0 & 1 & x-x_0 & 0 & -(y-y_0) & \dfrac{x-x_0}{2}\end{bmatrix} \tag{5.15-134}$$

式中 $\boldsymbol{T}_i$——位移转换矩阵。

2. 块体系统的接触与嵌入判别

系统中块体间的接触类型有三种，即凸形角点与棱边之间，凸形角点与凹形角点之间，凸形角点与凸

形角点之间，如图 5.15－19 所示。

块体系统运动变形时，相互间的嵌入判别，主要通过各接触部位参考线是否有其他块体角点穿入。

块体系统运动变形时必须满足两个条件：块体界面间不嵌入和无张拉。该条件的满足可以通过在接触位置加上或去掉刚硬弹簧实现。根据经验，弹簧刚度系数 $P=(1\sim1000)E$，其中，E 为块体弹性模量。

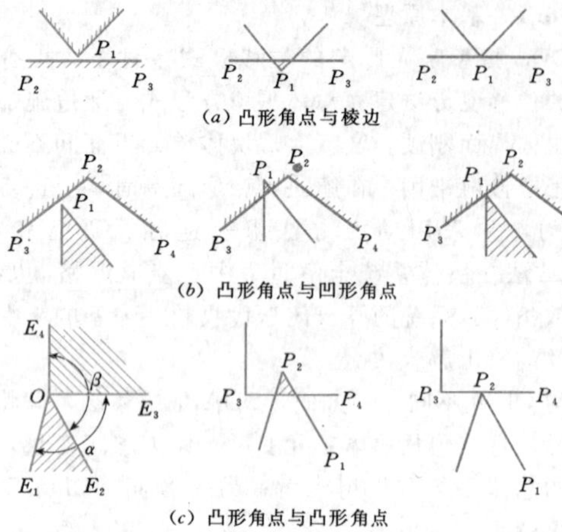

图 5.15－19　块体系统的接触类型

3. 总体平衡方程的建立

块体界面间的相互约束构成块体系统。假定系统中有 n 个块体，则总体方程具有下列形式：

$$\begin{bmatrix}\boldsymbol{K}_{11} & \boldsymbol{K}_{12} & \cdots & \boldsymbol{K}_{1n}\\ \boldsymbol{K}_{21} & \boldsymbol{K}_{22} & \cdots & \boldsymbol{K}_{2n}\\ \vdots & \vdots & \vdots & \vdots\\ \boldsymbol{K}_{n1} & \boldsymbol{K}_{n2} & \cdots & \boldsymbol{K}_{nn}\end{bmatrix}\begin{Bmatrix}\boldsymbol{D}_1\\ \boldsymbol{D}_2\\ \vdots\\ \boldsymbol{D}_n\end{Bmatrix}=\begin{Bmatrix}\boldsymbol{F}_1\\ \boldsymbol{F}_2\\ \vdots\\ \boldsymbol{F}_n\end{Bmatrix} \tag{5.15-135}$$

式中　$\boldsymbol{K}_{ij}$——6×6 子阵；

$\boldsymbol{D}_i$——块体 i 的变形变量，为 6×1 子阵；

$\boldsymbol{F}_i$——块体 i 的荷载矩阵，为 6×1 子阵。

由给定的位移模式式（5.15－101），根据变分原理，总体方程式（5.15－103）可以通过对应力及外力作用下总势能 Π 求导得出，即总势能最小。K_{ij} 的 r 行 s 列元素为

$$\frac{\partial^2 \Pi}{\partial d_{ri}\partial d_{sj}} \quad (r,s=1,2,3,\cdots,6) \tag{5.15-136}$$

F_i 的 r 行元素为

$$-\frac{\partial^2 \Pi(0)}{\partial d_{ri}} \quad (r=1,2,3,\cdots,6) \tag{5.15-137}$$

式中　Π——系统总势能，为各块体单元势能的代数和，由弹性力学公式计算。

4. 方程的求解与迭代

求解方程式（5.15－135）后，由式（5.15－133）可以计算出变形后块体位移及其界面位置，由无张拉和无嵌入条件，在相应接触位置加上或去掉刚硬弹簧，修正总体方程。对修改后的方程再求解，直到满足所有界面无嵌入和无张拉条件，迭代完成。

参 考 文 献

［1］　华东水利学院. 水工设计手册：第 1 卷基础理论. 北京：水利电力出版社，1983.

［2］　王思敬，杨志法，傅冰骏. 中国岩石力学与工程世纪成就［M］. 南京：河海大学出版社，2004.

［3］　董学晟，田野，邬爱清. 水工岩石力学［M］. 北京：中国水利水电出版社，2004.

［4］　陶振宇. 水工建设中的岩石力学问题［M］. 北京：水利电力出版社，1976.

［5］　陶振宇. 岩石力学的理论与实践［M］. 北京：水利出版社，1981.

［6］　董学晟，邬爱清. 水工岩石力学的基本思路［J］. 岩石力学与工程学报，2005，24（20）：3696－3703.

［7］　夏熙伦，任放，鲁先元，等. 工程岩石力学［M］. 武汉：武汉工业大学出版社，1998.

［8］　徐志英. 岩石力学［M］. 北京：水利电力出版社，1993.

［9］　邬爱清，任放，柳赋铮，等. 三峡工程中的岩石力学理论与实践［M］. 武汉：长江出版社，2009.

［10］　林宗元. 岩土工程试验监测手册［M］. 北京：中国建筑工业出版社，2005.

［11］　蔡美峰，何满潮，刘东燕. 岩石力学与工程［M］. 北京：科学出版社，2002.

［12］　孙建国. 岩石物理学基础［M］. 北京：地质出版社，2006.

［13］　林睦增. 岩石热物理学及其应用［M］. 重庆：重庆大学出版社，1991.

［14］　水利水电规划设计院. 水利水电工程地质手册［M］. 北京：水利电力出版社，1985.

［15］　SL 264—2001 水利水电工程岩石试验规程［S］. 北京：中国水利水电出版社，2001.

［16］　DL/T 5368—2007 水利水电工程岩石试验规程［S］. 北京：中国电力出版社，2007.

［17］　GB 50487—2008 水利水电工程地质勘察规范［S］. 北京：中国计划出版社，2009.

［18］　GB 50287—2006 水力发电工程地质勘察规范［S］. 北京：中国计划出版社，2009.

［19］　GB 50218—94 工程岩体分级标准［S］. 北京：中国计划出版社，1995.

［20］　GB/T 50266—99 工程岩体试验方法标准［S］. 北京：中国计划出版社，1999.

[21] 叶金汉，郗绮霞，夏万仁．岩石力学参数手册［M］．北京：水利电力出版社，1991.

[22] Hoek E, Brown E T. Underground Excavations in Rock［M］. London: Insititution of Mining and Metallury, 1980.

[23] Hoek E, Brown E T. Practical estimates of rock mass strength［J］. Int. J. of Rock Mech. Min. Sci. & Geomech. Abstr. 1997, 34 (8): 1165－1186.

[24] 汪小刚，董育坚．岩基抗剪强度参数［M］．北京：中国水利水电出版社，2010.

[25] 陈宗基．地下巷道长期稳定性的力学问题［J］．岩石力学与工程学报，1982，1（1）：1－19.

[26] 孙钧．岩土材料流变及其工程应用［M］．北京：中国建筑工业出版社，1999.

[27] 丁秀丽，邬爱清，杜俊慧，等．岩体流变特性的试验研究及模型参数辨识［M］．武汉：湖北科学技术出版社，2008.

[28] 孙钧．岩石流变力学及其工程应用研究的若干进展［J］．岩石力学与工程学报，2007，26（6）：1081－1106.

[29] DL/T 5414—2009 水利水电工程坝址工程地质勘查技术规程［S］．北京：中国电力出版社，2009.

[30] 陈德基，徐福兴，姚楚光．中国水利百科全书．水利工程勘测分册［M］．北京：中国水利水电出版社，2004：210－211.

[31] 周建平，钮新强，贾金生．重力坝设计二十年［M］．北京：中国水利水电出版社，2008.

[32] 任自民，范中原．我国复杂地基软弱层（带）工程地质分类及其基本特性的研究［C］//．工程地质及环境地质论文选集．北京：中国地质大学出版社，1993：70－76.

[33] 董遵德，王宝成，冯英．小浪底水利枢纽岩石力学试验研究回顾［J］．岩石力学与工程学报，2001，21（增）：1633－1637.

[34] 周思孟．复杂岩体若干岩石力学问题［M］．北京：中国水利水电出版社，1998.

[35] 曹乐安．基础设计与处理［M］．北京：中国水利水电出版社，1998.

[36] 曹敦履，范中原．软弱层（带）的渗流稳定性［J］．长江水利水电科学院院报，1986（2）：61－69.

[37] 李文斌，梁尧篪．岩体软弱夹层渗透变形的试验研究［J］．水利学报，1984（3）：47－53.

[38] 曹敦履，范中原，方宗明．坝基软弱层（带）渗透变形试验研究［J］．人民长江，1987（11）：10－18.

[39] 葛洲坝水利枢纽粘土岩泥化夹层（202#）现场渗透变形试验研究报告［R］．长江流域规划办公室，1977.

[40] 张世殊．溪洛渡水电站坝基层内错动带现场渗透变形试验成果及分析［J］．岩石力学与工程学报，2002（4）：537－539.

[41] 乌江彭水水利枢纽缓倾角软弱层带渗透稳定性试验研究报告［R］．长江流域规划办公室第四勘测队，1985.

[42] 郭庆国．宝珠寺水电工程基岩软弱（泥化）夹层 D5 渗透变形试验研究［J］．西北水资源与水工程，1992（2）：42－45.

[43] 赵长海，董遵德，等．小浪底水利枢纽地下工程技术专题研究［J］．岩石力学．1995，33－34：18－49.

[44] 田野，等．葛洲坝水利枢纽大江岩体力学性质报告［R］．长江科学院，1981.

[45] 林伟平．葛洲坝基岩 202 号泥化夹层强度选取的探讨［M］//工程岩石力学．武汉：武汉工业大学出版社，1998.

[46] 任放．葛洲坝工程二江泄水闸下游大型抗力试验［M］//工程岩石力学．武汉：武汉工业大学出版社，1998.

[47] 王幼麟．泥化夹层工程特性与试验研究，院庆三十五周年科技成果选辑（岩石力学专业葛洲坝部分）［R］．长江科学院，1986.

[48] DL 5006—92 水利水电工程岩石试验规程（补充部分）［S］．北京：水利电力出版社，1993.

[49] SL 326—2005 水利水电物探规程［S］．北京：中国水利水电出版社，2005.

[50] 聂运钧．水利水电工程岩石力学性质参考数据汇编［R］．长江科学院，1972.

[51] 鲁先元．岩土力学研究与工程实践［M］．郑州：黄河水利出版社，1998.

[52] 肖国强．清江水布垭水电站大坝趾板建基岩体弹性波检测及岩体工程质量评价报告［R］．长江科学院，2004.

[53] 刘允芳．岩体地应力与工程建设［M］．武汉：湖北科学技术出版社，2000.

[54] 蔡美峰．地应力测量原理和技术［M］．北京：科学出版社，1995.

[55] Brown E T, Hoek E. Trends in relationships between measured rock in situ stresses and depth［J］. Int. J. Rock Mech. Min. Sci. & Geomech. Abstr, 1978 (15): 211－215.

[56] 景锋，盛谦，张勇慧，等．中国大陆地壳实测地应力分布规律研究［J］．岩石力学与工程学报，2007，26（10）：2056－2062.

[57] 肖平西，尹健民，艾凯，等．官地水电站地下厂房区地应力测试与应用分析［J］．地下空间与工程学报，2006，2（6）：895－898.

[58] 尹健民，郭喜峰，艾凯，等．清远抽水蓄能电站地应力测试分析与高压隧洞设计验证［J］，长江科学院院报，2008，25（5）：23－25.

[59] SL 279—2002 水工隧洞设计规范［S］．北京：中国水利水电出版社，2003.

[60] 张有天．岩体水力学与工程［M］．北京：中国水利水电出版社，2005.

[61] Bear J. Dynamics of Fluids in Porous Media [M]. New York: Elsevier. 1972.
[62] Jaeger C. Rock Mechanics and Engineering [M]. 2nd ed. Cambridge University Press, 1979.
[63] Louis C. Rock Hydraulics Rock Mechanics [M]. Edited by L. Muller Udine. 1974.
[64] SL 25—92 水利水电工程钻孔压水试验规程 [S]. 北京：水利电力出版社，1992.
[65] 潘家铮. 工程地质计算和基础处理 [M]. 北京：水利电力出版社，1985.
[66] GB 50086—2001 锚杆喷射混凝土支护技术规范 [S]. 北京：中国计划出版社，2001.
[67] Barton N. Some new Q - value correlations to assist in site characterization and tunnel design [J]. Int. J. of Rock Mechanics & Mining Sciences, 2002 (39): 185 - 216.
[68] Bieniawski Z T. Engineering rock mass classifications - A complete manual for engineering and geologists in mining, civil and petroleum engineering [M]. New York: Wiley, 1989.
[69] 周维垣. 高等岩石力学 [M]. 北京：水利电力出版社，1990.
[70] 郑颖人，孔亮. 岩土塑性力学基础 [M]. 北京：中国建筑工业出版社，2010.
[71] 俞茂宏. 强度理论新体系 [M]. 西安：西安交通大学出版社，1992.
[72] 任放，盛谦. 弹脆塑性理论与三峡工程船闸开挖数值模拟 [J]. 长江科学院院报，1999，16 (4): 6 - 8，14.
[73] 孙广忠. 岩体结构力学 [M]. 北京：科学出版社，1988.
[74] 徐光黎，潘别桐，唐辉明，等. 岩体结构模型与应用 [M]. 武汉：中国地质大学出版社，1993.
[75] 伍法权. 统计岩石力学原理 [M]. 武汉：中国地质出版社，1993.
[76] Kulatilake P H S, Wu T H. Estimation of mean trace length of discontinuities [J] . Rock Mechanics and Rock Engineering, 1984 (17): 215 - 232.
[77] Priest S D, Hudson J A. Estimation of discontinuity spacing and trace length using scanline surveys [J]. Int. J. of Rock Mechanics & Mining Sciences, 1981 (18): 183 - 197.
[78] 邬爱清，周火明，曾亚武. 结构面间距统计的正交测线网法 [J]. 岩石力学与工程学报，1998 (17): 872 - 876.
[79] 龚召熊，陈进. 岩石力学模型试验及其在三峡工程中的应用与发展 [M]. 北京：中国水利水电出版社，1996.
[80] 石根华. 岩体稳定性分析的赤平投影方法 [J]. 中国科学，1977 (3): 260 - 271.
[81] Goodman R E, Shi G H. Block theory and its application to rock engineering [M]. Englewood Cloffs: Prentice - hall, Inc. , 1985.
[82] 刘锦华，吕祖珩. 块体理论在工程分析中的应用 [M]. 北京：水利电力出版社，1988.
[83] 陈祖煜，汪小刚，杨健，等. 岩质边坡稳定性分析——原理·方法·程序 [M]. 北京：中国水利水电出版社，2005.
[84] 邬爱清，任放，郭玉. 节理岩体开挖面上块体随机分布及锚固方式研究 [J]. 长江科学院院报，1991，8 (4): 27 - 34.
[85] 朱伯芳. 有限单元法原理与应用 [M]. 北京：中国水利水电出版社，1998.
[86] 殷有泉. 固体力学非线性有限元基础 [M]. 北京：北京大学出版社，2007.
[87] 周维垣，杨强. 岩石力学数值计算方法 [M]. 北京：中国电力出版社，2007.
[88] 陈胜宏. 计算岩体力学与工程 [M]. 北京：中国水利水电出版社，2007.
[89] Cundall P A. A computer model for simulating progressive, large scale movements in blocky rock system [C] // Proceedings of International Symposium on Rock Fracture: Vol. 1, PaperII - 8. Nancy: ISRM, 1971.
[90] 王泳嘉，邢纪波. 离散单元法及其在岩土力学中的应用 [M]. 沈阳：东北工学院出版社，1991.
[91] 张楚汉，金峰，等. 岩石和混凝土离散—接触—断裂分析 [M]. 北京：清华大学出版社，2008.
[92] Shi G H, Goodman R E. Two dimensional discontinuous deformation analysis [J]. International journal for numerical and analytical methods in geomechanics, 1985 (9): 541 - 556.
[93] 石根华. 块体系统不连续变形数值分析新方法 [M]. 任放，等，译. 北京：科学出版社，1993.
[94] 石根华. 数值流形方法与非连续变形分析 [M]. 裴觉民，译. 北京：清华大学出版社，1997.

第6章

计算机应用技术

本章为《水工设计手册》（第2版）新增章节，共分为8节，主要介绍水工设计中常用的计算机技术与计算分析软件。其中，计算机技术包括程序设计、软件工程、数据管理、计算机辅助设计、地理信息系统、决策支持系统、设计新技术；计算分析软件包括通用有限元分析、水文水资源分析、水工水力学分析、大坝结构和边坡稳定分析、隧洞结构分析、厂房建筑结构分析等。

章主编　许卓明　陈金水　陆忠民　徐立中

本章各节编写及审稿人员

节次	编　写　人	审稿人
6.1	毛莺池　许国艳	孙志挥
6.2	陈金水	章　敏
6.3	许卓明　毛莺池　陈慧萍	孙志挥
6.4	陈金水	孙正兴
6.5	葛　莹	张德文
6.6	陈慧萍　许卓明	章　敏
6.7	陈正鸣	孙正兴
6.8	陆忠民　吴晓梅	张德文

第6章 计算机应用技术

6.1 程序设计

6.1.1 基本概念

程序（program）是对计算任务中的处理对象和处理规则的描述[1]，通常用某一种程序设计语言编写。对象是数据（如数字、文字、图形、图像、声音等）或信息。规则指处理动作和步骤。

程序设计又称为编程（programming），是为特定计算任务编制程序的方法和过程。程序设计过程包括需求分析、设计、编码、测试、维护等阶段。

程序设计语言（programming language）是用于书写计算机程序的语言，其基础是记号和规则[1]。它包含语法、语义和语用三个方面。语法表示程序的结构或形式，描述构成语言的各个记号之间的组合规则。语义表示程序的含义，说明按照各种方法以各个记号所表示的特定含义。语用表示程序与使用者的关系，用来向计算机发出指令，完成计算任务。

程序设计语言包括数据、运算、控制和传输四种基本成分。数据成分描述程序中所用的数据；运算成分描述程序中所用的运算；控制成分描述程序中所用的控制结构；传输成分描述程序中数据的传输。

根据与计算机指令系统和人们完成计算任务所用描述语言的接近程度，程序设计语言分为低级语言和高级语言。低级语言是与特定计算机密切相关的程序设计语言，包括字位码、机器语言和汇编语言。高级语言是容易理解、容易对计算任务进行描述的程序设计语言。用高级语言编制的程序需要翻译成机器语言才能在特定的计算机上运行。

6.1.2 常用程序设计方法

按照不同的标准程序设计有多种分类方法。常用的程序设计方法有以下六种。

6.1.2.1 顺序程序设计

顺序程序设计（sequential programming）是为特定计算任务编制顺序结构程序的方法和过程，是最简单的程序设计方法。顺序结构是程序设计语言最基本的结构，其中的语句按照编写的顺序依次执行。顺序程序无分支、无转移、无循环，其基本成分包括顺序控制和数据控制。

就顺序控制而言，大多数程序设计语言都将程序中语句的自然排列顺序定义为语句的执行顺序。顺序控制结构大致可分为三类[1-2]：表达式内部（以及语句内部）的顺序控制、语句间的顺序控制和子程序（函数、过程）间的顺序控制。

就数据控制而言，通常包括变量及变量绑定。变量由变量名（变量标识）、变量属性（变量类型、作用域和生存期）、变量值和变量地址组成。变量绑定是指为变量指定值和属性。

实际应用最多的是子程序间的顺序控制。与子程序相关的数据控制包括利用变量作用域的数据控制和子程序返回结果的数据控制。

6.1.2.2 结构化程序设计

结构化程序设计（structured programming）[3]是自顶向下、逐步求精的程序设计方法和过程，其核心是模块化，通常采用顺序、选择和循环三种基本程序结构，每种结构只允许一个入口和一个出口。

（1）顺序结构是指按先后顺序执行语句序列的程序结构。编写顺序结构时，应将有明确顺序关系的语句组织在一起；对没有明确顺序关系的语句，可根据语句对数据的依赖关系进行组织，以提高程序的可读性。

（2）选择结构是指根据判定条件控制一组语句是否执行的程序结构。它常用 if-then、if-then-else、case（或 switch）等语句描述。

（3）循环结构是指可重复执行一组语句（称为循环体）的程序结构。根据重复方式的不同，它可分为 while 型、until 型和 for 型循环。

6.1.2.3 过程式程序设计

过程式程序设计（procedural programming）是使用过程语言进行程序设计的方法，通常采用顺序、选择和循环三种基本控制结构。过程是对与子计算任务相对应的处理对象和处理规则的描述。同一个过程可在程序中多次被调用。在高级程序设计语言中，过程与函数、子例程、子程序等术语可以通用。

过程式程序设计是一种自顶向下的程序设计方法，以过程为中心，用过程作为划分程序的基本单位，数据处于从属的地位。它用一个描述整个功能的过程开始，逐步细化出更小的过程，完成应用程序的设计。

6.1.2.4 面向对象程序设计

面向对象程序设计（Object-Oriented Programming，OOP）以对象为核心，是设计类及由类构造程序的方法与过程[1]。面向对象程序设计主要包括三部分：①创建类，即定义数据（又称为属性）和操作（又称为行为或方法）；②由类创建对象；③建立对象之间的通信，即对象之间收发消息。在面向对象程序设计中，主要有对象与类、继承、封装、多态、消息传递等概念。

1. 对象与类

对象（object）是程序运行时的基本成分。它是一个封装了数据与操作的实体。数据表示对象的当前属性状态，而操作决定对象的行为以及与其他对象进行通信的接口。

类（class）是对具有相同属性和行为的相似对象集合的抽象描述，刻画集合中每个对象的共同属性和行为。类作为程序的基本构造单位，支持模块化设计。

2. 继承

继承（inheritance）是面向对象程序设计的重要机制，它是基于层次结构的不同类之间共享数据与操作的方式。它有效地支持软件复用与扩充，在已有类（父类）的基础上可以定义新类（子类）。通过继承，子类可以直接使用或修改父类已有的数据与操作，也可以增加父类没有的数据与操作。子类比父类要更加具体化。

3. 封装

封装（encapsulation）是一种信息隐藏技术，目的在于将接口与内部实现细节进行隔离，只有对象接口对用户可见，而内部实现细节对用户是隐蔽的。

4. 多态

多态（polymorphism）是面向对象程序设计的基本特征之一，也是实现软件重用的一种手段。在面向对象程序设计中，多态是指不同对象对同一消息会做出不同的响应。多态性使得具有不同内部结构的对象可以共享相同的外部操作接口。从实现的角度来说，多态可分为编译时的多态（又称为静态多态）和运行时的多态（又称为动态多态）。前者是在编译过程中确定同名操作的具体操作对象，而后者则是在程序运行过程中才动态地确定操作的具体对象。确定操作的具体对象的过程称为绑定（binding）。

5. 消息传递

在面向对象程序执行过程中，对象之间通过消息传递完成相互通信。对一个特定对象而言，消息的作用是请求执行某个操作。消息的接收对象调用一个方法，完成处理功能。传递的消息内容包括接收消息的对象、应调用的方法及其参数。

6.1.2.5 函数式程序设计

函数式程序设计（functional programming）是基于函数调用（包括递归调用）来编写程序的方法与过程，其基本成分是函数。函数式程序是一种函数表达式，函数值由其参数值唯一确定；参数值相同，函数调用得到的结果也相同（称为引用透明性）。函数的参数可以是函数，即允许使用高阶函数。LISP 语言是一种函数式程序设计语言。

6.1.2.6 可视程序设计

可视程序设计（visual programming）是指用可视程序设计语言编写程序的方法与过程[1]。可视程序设计语言由基本图形符号、图形符号的处理操作以及图形符号的语法和语义所组成。基本图形符号包括流程图、数据流图、Petri 网图、有向图以及这些图的变换形式。传统程序设计语言以文本形式描述程序，而可视程序设计语言以多维图形符号描述程序。

6.1.3 高级程序设计语言

6.1.3.1 FORTRAN 语言

1. 概述

FORTRAN（FORmula TRANslation）语言[4]是一种面向过程的程序设计语言。它主要用于数值计算，广泛应用于并行计算和高性能计算领域。

2. 基本成分

(1) 数据类型：分为简单数据类型与自定义数据类型，包括整型（integer）、浮点型（单精度：real；双精度：real * 8）、字符型（character）、逻辑型（logical）、复数型（complex）、指针型（pointer）和自定义数据类型（type）。

(2) 运算符与表达式：运算符分为算术运算符（+、-、*、/、**）、关系运算符（.GT.、.GE.、.LT.、.LE.、.EQ.、.NE.）、逻辑运算符（.NOT.、.AND.、.OR.、.XOR.、.EQV.、.NEQV.）等。表达式包括算术表达式、关系表达式和逻辑表达式等。

(3) 流程控制：包括分支语句（if、select case）、循环语句（do、do while）和转移语句（EXIT、CYCLE）。流程控制的语句见表 6.1-1。

表 6.1-1　流程控制语句

语句	具体语句	一般格式				备注
		FORTRAN90	VB.NET	C/C++	Java	

分支语句	if 语句	if (boolean-expression) then
		语句块
		end if
			If (boolean-expression) Then
			语句块
			End If
				if (boolean-expression)
				{语句块}
					if (boolean-expression)
					{语句块}
						boolean-expression 是任意一个返回布尔型数据的表达式；
						else 子句是任选的

		if (boolean-expression) then
		语句块 1
		else
		语句块 2
		end if
			If (boolean-expression) Then
			语句块 1
			Else
			语句块 2
			End If
				if (boolean-expression)
				{语句块 1}
				else
				{语句块 2}
					if (boolean-expression)
					{语句块 1}
					else
					{语句块 2}	

		if (boolean-expression 1) then
		语句块 1
		else if (boolean-expression2)
		then
		语句块 2
		else
		语句块 3
		end if
		end if
			If (boolean-expression 1) Then
			语句块 1
			Else If (boolean-expression 2) Then
			语句块2
			Else
			语句块 3
			End If
			End If
				if (boolean-expression 1)
				{语句块 1}
				else if (boolean-expression 2)
				{语句块 2}
				else
				{语句块 3}
					if (boolean-expression 1)
					{语句块 1}
					else if (boolean-expression 2)
					{语句块 2}
					else
					{语句块 3}	

	case selection 语句	select case (expression)
		case (value 1)
		语句块 1
		case (value 2)
		语句块 2
		…
		case (value n)
		语句块 n
		case default
		语句块 n+1
		end select
			Select Case (expression)
			Case (value 1)
			语句块 1
			Case (value 2)
			语句块 2
			…
			Case (value n)
			语句块 n
			Case Else
			语句块 n+1
			End Select
				switch (expression) {
				case value 1：语句块 1；
				break；
				case value 2：语句块 2；
				break；
				…
				case value n：语句块 n；
				break；
				default：语句块 n+1；
				break；
				}
					switch (expression) {
					case value 1：语句块 1；
					break；
					case value 2：语句块 2；
					break；
					…
					case value n：语句块 n；
					break；
					default：语句块 n+1；
					break；
					}
						表达式 expression 的返回值类型必须是整型或字符型；
						case 子句中的值必须是常量，而且所有 case 子句中的值应是不同的；
						else 或 default 子句是可选的

循环语句	嵌入式循环语句	do index =初始化，条件，增量
		循环体
		end do
			For 初始化 To 终止值 Step 增量
			循环体
			Next
				for (初始化；条件；增量)
				{ 循环体
				}
					for (初始化；条件；增量)
					{ 循环体
					}	

续表

语句	具体语句	一般格式				备注
		FORTRAN90	VB. NET	C/C++	Java	

循环语句	先测试循环语句	do while (test-condition)
		循环体
		end do
			While (test-condition)
			循环体
			End While
			Do While (test-condition)
			循环体
			Loop
			Do Until (test-condition)
			循环体
			Loop
				while (test-condition) {
				循环体
				}
					while (test-condition) {
					循环体
					}
						在循环体内要有使循环趋向于结束的语句；
						循环的初值在 while 语句之前定义

	后测试循环语句	do
		循环体
		if (test-condition) exit
		end do
			Do
			循环体
			Loop While (test-condition)
			Do
			循环体
			Loop Until (test-condition)
				do {
				循环体
				} while (test-condition)
					do {
					循环体
					} while (test-condition)
						循环体至少执行一次

转移语句	EXIT 或 break 语句	do i=1, N
		if (exit condition) then
		EXIT ! this do
		else
		false group
		end if
		end do
			For i=1 to n-1
			If (exit condition) Then
			Exit For
			Else
			false group
			End If
			Next
				for (i=1; i<n; i++)
				{ if (exit condition)
				break; // 跳出循环
				else
				false group
				}
					for (i=1; i<n; i++)
					{ if (exit condition)
					break; // 跳出循环
					else
					false group
					}
						从封闭的语句 (for, while, do … while, switch) 跳出

	CYCLE 或 continue 语句	do i=1, N
		if (skip condition) then
		CYCLE ! to next i
		else
		false group
		end if
		end do
			For i=1 to n-1
			If (skip condition) Then
			Continue For
			Else
			false group
			End If
			Next
				for (i=1; i<n; i++)
				{ if (skip condition)
				continue; // to next i
				else
				false group
				}
					for (i=1; i<n; i++)
					{ if (skip condition)
					continue; // to next i
					else
					false group
					}
						跳过所在的循环结束前的语句，回到循环的条件部分继续执行

除上述基本成分外，FORTRAN 90 还包括以下功能：①数组运算机制；②数据类型参数化；③支持派生/抽象数据类型；④模块化数据；⑤指针机制；⑥增加自由格式的源代码形式；⑦提供过程的递归调用机制。FORTRAN 2003 进一步增加了以下功能：①支持面向对象编程，扩展类型和继承、多态、动态类型分配及类型绑定过程；②与 C 语言的交互性；③支持访问 ISO 10646 四字节字符；④与宿主操作系统增强的集成：访问命令行参数、环境变量和处理器错误信息。

3. FORTRAN 编译器

在 Windows 操作系统下，FORTRAN 编译器主要有：① Fortran Power Station 4.0（FPS 4.0）；②Digital Visual Fortran（DVF）；③ Compaq Visual Fortran（CVF）；④Intel Fortran。

在 Linux 操作系统下，FORTRAN 编译器主要有：①PGI Fortran；②GFORTRAN（GNU 的最新的 Fortran 编译器，集成在 GCC 4.0 中）；③ Intel Fortran（与 GFORTRAN 同为开放源代码的 FORTRAN 95 编译器）。

6.1.3.2 BASIC 语言

1. 概述

BASIC（Beginner's All-purpose Symbolic Instruction Code）语言[5]是一种简单易学、使用方便的交互式语言。

2. 基本成分

(1) 数据类型：分为简单数据类型与复合数据类型，包括整型（Byte、Short、Integer、Long）、浮点型（单精度：Single；双精度：Double）、字符型（Char）、布尔型（Boolean）、数组型（Array）、字符串型（String）等。

(2) 运算符与表达式：运算符分为算术运算符（+、－、*、/、MOD）、关系运算符（>、>=、<、<=、=、<>）、逻辑运算符（NOT、AND、OR）、分量运算符（.）、字符串合并（&）、强制类型转换（()）、下标运算符（[]）等。表达式包括算术表达式、关系表达式、逻辑表达式、位运算表达式、赋值表达式和条件表达式等。

(3) 流程控制：包括分支语句（If Then、Select Case）、循环语句（For、Do、Do While、Do Until）和转移语句（Continue、EXIT）。流程控制的语句见表 6.1-1。

BASIC 语言可分为非结构化、结构化和面向对象三种。结构化 BASIC 语言中增加了面向过程的特性，增加了标记符和过程，主要版本有 PowerBASIC、Qbasic、Turbo Basic 等。面向对象 BASIC 语言支持面向对象特性和事件驱动编程，主要版本有 StarOffice Basic、Visual Basic、Visual Basic .NET 等。

6.1.3.3 C/C++语言

1. 概述

C 语言[6]是一种应用广泛的程序设计语言，其主要特点是语言与运行支撑环境分离，语言规模小、简洁灵活、程序运行效率高、可移植性好；有不少操作直接对应于实际机器所执行的动作，在许多场合可代替汇编语言；大量使用指针，便于对内存进行控制。

C++语言[7]是一种以 C 语言为基础的面向对象的程序设计语言。它保持了 C 语言的优点，成为当前面向对象程序设计的主流语言。

2. 基本成分

C 程序从 main 函数开始执行，通过调用和控制其他函数完成程序功能。

(1) 数据类型：分为简单数据类型与复合数据类型。简单数据类型包括整型（byte、short、int、long）、浮点型（float、double）、字符型（char）、布尔型（bool）和指针型（*）。复合数据类型包括数组（[]）、结构体（struct）、联合体（union）和类（class）。

(2) 运算符与表达式：运算符分为算术运算符（++、－－、+、－、*、/、pow、%）、关系运算符（>、>=、<、<=、==、!=）、逻辑运算符（!、&&、‖）、位运算符（~、<<、>>、>>>、&、∧、|）、赋值运算符（=、+=、－=、*=、/=、%=等）、条件运算符（?:）、分量运算符（.）、字符串合并（+）、强制类型转换（()）、下标运算符（[]）等。表达式包括算术表达式、关系表达式、逻辑表达式、位运算表达式、赋值表达式和条件表达式等。

(3) 流程控制：包括分支语句（if、switch）、循环语句（while、do while、for）和转移语句（break、continue）。流程控制的语句见表 6.1-1。

与 C 语言相比，C++具有更多的特性，诸如陈述性声明、类似函数的强制类型转型、new/delete 操作符、布尔类型、默认参数、函数重载、命名空间、类（包括所有和类相关的特性，如继承、成员函数、虚函数、抽象类、构造函数与析构函数）、操作符重载、模板、“::”操作符、异常处理、执行时期识别等。

3. C/C++库

C++标准库包括 C 标准库和 C++标准模板库

(Standard Template Library，STL) 两部分。STL主要包括常用容器类模板、算法模板和迭代器类模板。容器存储数据，算法对容器进行操作，迭代器完成指针功能。

6.1.3.4 Java语言

1. 概述

Java语言[8]是Sun公司组织开发的一种面向对象的程序设计语言。目前常用的是Java v1.2 (即Java 2平台)。它的主要特点是：简单、平台无关、多线程、安全健壮、分布性和面向对象。

2. 基本成分

(1) 数据类型：分为简单数据类型与复合数据类型。简单数据类型包括整型 (byte、short、int、long)、浮点型 (float、double)、字符型 (char) 和布尔型 (boolean)。复合数据类型包括数组、类和接口。

(2) 运算符与表达式：运算符分为算术运算符 (++、--、+、-、*、/、%)、关系运算符 (>、>=、<、<=、==、!=)、逻辑运算符 (!、&、∧、|、&&、‖)、位运算符 (~、<<、>>、>>>、&、∧、|)、赋值运算符 (=、+=、-=、*=、/=、%=等)、条件运算符 (?:)、分量运算符 (.)、字符串合并 (+)、强制类型转换 (())、下标运算符 ([]) 等。表达式包括算术表达式、关系表达式、逻辑表达式、位运算表达式、赋值表达式和条件表达式等。

(3) 流程控制：包括分支语句 (if、switch)、循环语句 (while、do while、for) 和转移语句 (break、continue)。流程控制的语句见表6.1-1。

(4) 数组：数组是一种复合数据类型，分为一维数组和多维数组。

(5) 类：类是一种复合数据类型，也是Java程序的基本组成单位。类由类声明和类体组成，类体又由成员变量和成员方法组成。Java类支持单一继承，通过提供接口成分实现多继承功能。Java类库组织成包，主要包括核心包java、扩展包javax和扩展包org等。常用的类有：①字符串是一种类，分为不变字符串 (String) 和可变字符串 (StringBuffer) 两种；②异常是继承自类Throwable的子类，分为运行时异常 (RuntimeException) 和非运行时异常，其中非运行时异常需要使用try-catch-finally语句捕获异常，或使用throws子句声明异常；③输入输出通过流类实现，包括输入流类和输出流类，其中输入流类分为字节输入流类 (InputStream) 和字符输入流类 (Reader)，输出流类分为字节输出流类 (OutputStream) 和字符输出流类 (Writer)；④图形用户界面 (GUI) 通过组件类、容器类、布局管理器类、事件处理接口和类等实现。

3. Java程序开发与运行

Java 2平台主要包括三部分：①J2ME (Java 2 Micro Edition)：嵌入式Java消费电子平台；②J2SE (Java 2 Standard Edition)：Java标准平台；③J2EE (Java 2 Enterprise Edition)：可扩展的企业级应用Java 2平台。使用J2SE开发的程序分为Java应用程序和Java Applet两种[9]。Java应用程序可以在安装了Java标准平台的任何机器上运行，而Java Applet可以由支持Java的浏览器直接运行。

(1) Java应用程序的开发运行步骤：①使用文本编辑器 (如记事本) 编写源文件，保存为扩展名为.java的文件；②使用编译器 (javac.exe) 编译源文件，生成扩展名为.class的字节码文件；③使用Java解释器 (java.exe) 解释运行字节码文件。

(2) Java Applet的开发运行步骤：①使用文本编辑器 (如记事本) 编写源文件，保存为扩展名为.java的文件；②使用编译器 (javac.exe) 编译源文件，生成扩展名为.class的字节码文件；③编写html文件，通过applet标记将字节码文件嵌入html文件；④使用浏览器运行字节码文件。

常用的Java程序开发工具有JCreator、Eclipse、MyEclipse、JBuilder和NetBean。

6.2 软件工程

6.2.1 软件

6.2.1.1 软件分类

软件指计算机系统中的程序及其文档，一般分为系统软件、支撑软件和应用软件。

系统软件位于最接近计算机硬件的层面之上，与具体的应用领域无关，其他软件一般要通过系统软件发挥作用。操作系统、编译程序等均为系统软件。

支撑软件是指支持软件开发、运行和维护的软件。数据库管理系统、网络管理软件、开发环境 (接口软件、开发工具等)、中间件等都可以视为支撑软件。

应用软件是指在特定领域专用的软件，如适用于水工建筑物设计的CAD系统。

6.2.1.2 软件内容

语言、方法和系统是构成软件的三大内容。

软件语言是用来描述软件的语言，分为需求级、功能级、设计级、实现级和文档级五种。需求级语言用以描述软件需求定义，功能级语言用以描述软件功能规约，设计级语言用以描述软件设计规约，实现级语言用以描述算法实现，文档级语言用以书写文档。

软件方法是指软件开发全过程的指导原则与体系结构，分为自顶向下和自底向上开发两种方法。

软件系统是指计算机系统中由软件组成的子系统，包括系统软件、支撑软件和应用软件。

6.2.2 软件生命周期

软件生命周期是指软件产品或软件系统从产生、投入使用到被淘汰的全过程。软件生命周期可以概化成五个阶段，即需求分析、设计、实现（编码）、测试和维护。

需求分析首先要获取需求定义，即明确要解决什么问题。这个过程通过需求调查实现。调查结果不能直接作为软件设计与实现的目标，还需进行可行性分析。可行性分析的结果要生成功能规约，该规约是软件开发者与需求者对软件质量进行最后验收的准则。

设计包括概要设计和详细设计。前者建立整个软件体系结构，包括子系统和模块的分层划分及接口定义；后者产生可编程的模块过程及相应的数据结构说明和处理描述。

实现是指把设计结果转换为可执行的程序代码的过程。

测试包括单元测试、集成测试、确认测试和系统测试。测试的目的是使软件达到需求分析后确定的各项要求。

维护是对已运行软件的修改，以使软件能适应需求的变化。由于软件维护时间长、费用高，所以要重视软件的维护，特别是在软件开发时就要注重软件的可维护性及易维护性。

6.2.3 软件方法

6.2.3.1 需求分析阶段软件方法

需求分析阶段的任务是把软件功能的一般性描述精化为一个具体的规约，作为后续生命周期中全部活动的依据。

1. 结构化分析方法

结构化分析方法是以数据流图和控制流图为基础，用数据字典定义数据模型，将数据流转换成软件结构的过程。该方法比较著名的有 E. Yourdon 和 T. DeMarco 的结构化系统分析（Structure System Analysis，SSA），C. P. Gane 和 T. Sarson 的信息系统结构化分析与设计（Structured Analysis and Design of Information Systems，STRADIS），以及可用于实时系统开发的 P. T. Ward 和 S. J. Mello 的软件工程需求分析（Software Engineering Requirement Analysis，SERA）等方法。现有的许多软件工具都支持结构化分析。

2. 面向对象的分析方法

面向对象的分析方法以类、对象、属性、操作为基本构件来构造问题的模型。该方法将对象分类、属性继承、消息传递等都组合在模型中，以类的方式构成建模、设计、实现等不同级别的复用基础。

面向对象的分析步骤：①确定问题域；②划分类和对象；③建立类的关系及结构；④定义属性；⑤提供服务；⑥附加系统约束。

6.2.3.2 设计阶段软件方法

设计阶段的任务是通过数据设计、体系结构设计和过程设计将需求转换成软件的设计表达。

1. 结构化设计方法

结构化设计方法以数据流图为基础建立软件的结构，适用于变换型结构和事务型结构的目标系统。软件结构通常用软件结构图来表示，如图 6.2-1 所示。图中，模块间带箭头的连线表示模块间的调用关系，短箭头表示模块间的数据传递。

结构化设计的步骤：①细化来自结构化分析的数据流图；②确定数据流图的类型；③将数据流图映射成软件结构图；④自上而下分解并细化模块；⑤结构优化；⑥确定模块接口。

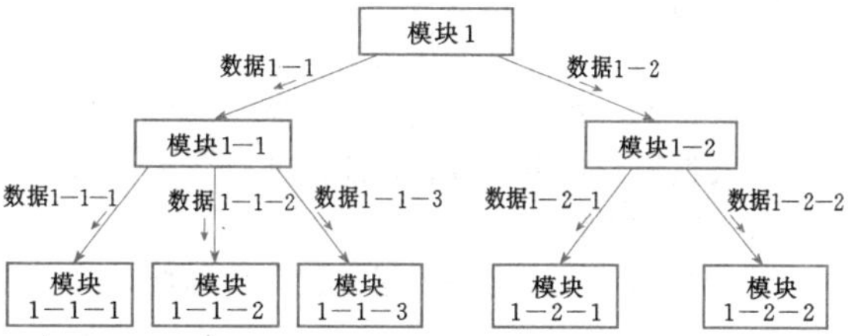

图 6.2-1 软件结构图

2. 快速原型化设计方法

快速原型化设计是一种快速建立预期系统（原型）的软件方法。原型是预期系统的一个可执行模型，用来明确地表达和确认需求，验证所用设计方案的可行性，支持软件的演化。原型一般分为抛弃式原型和演化式原型两种。

（1）抛弃式原型主要用于获取需求和确定设计方案。由于原型最终将被抛弃，所以其代码编制可以采用与目标软件不同的编程语言或工具，也可以运行在与目标软件不同的软硬件环境中。

（2）演化式原型是在初始原型的基础上，通过不断扩充和完善，直至得到最终的软件。因此，演化过程中逐步明确的需求规约和设计文档应成为软件配置的内容。图 6.2－2 是演化式软件原型的速成过程。

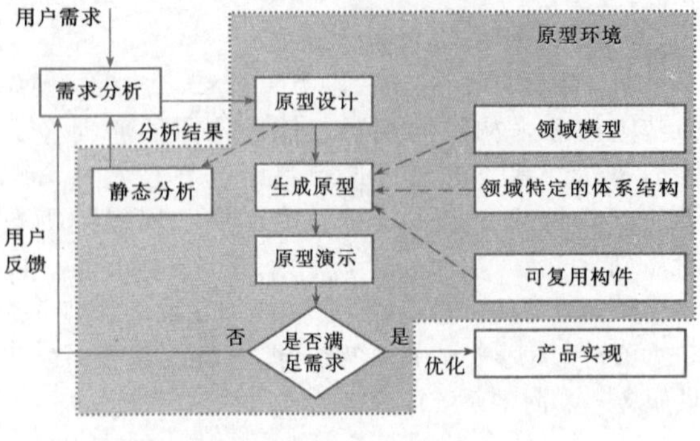

图 6.2－2 演化式原型的速成过程[1]

3. 面向对象设计方法

面向对象设计方法与传统设计方法的主要不同是，它不仅求解给定域的问题，而且通过对类（或对象）的封装，可实现对其他问题域求解时的复用。面向对象的设计步骤如下：①应用面向对象设计方法改进和完善其他系统的分析结果；②设计并封装“交互过程”类和用户接口；③设计任务管理，包括多重、并发、驱动等任务的管理；④确定资源分配策略与协调机制；⑤设计类的存储结构和数据格式以及操作的算法。

6.2.4 软件开发过程

软件开发包括设计、编码和测试三个过程。

6.2.4.1 软件开发模型

软件开发模型是软件开发中全部过程、活动和任务的结构框架。软件开发模型包括瀑布模型、演化模型、螺旋模型、喷泉模型和智能模型等。

1. 瀑布模型

瀑布模型按照固定的顺序推进生命周期的各项活动，仅当上一阶段评审通过后，才能过渡到下一阶段，如图 6.2－3 所示。实践表明，由于阶段评审可能导致向前阶段的反馈，因此在各阶段间会产生环路，从而导致“返工”。

瀑布模型广为流行的主要原因是它在支持开发结构化软件、控制软件开发的复杂度、促进软件开发过程化方面具有显著的效果。但是，瀑布模型最为突出的缺点是缺乏灵活性，它无法通过开发活动澄清本来不够确切的软件需求。这些问题可能导致开发的软件并不一定是用户最终需要的软件，而且在开发过程中难以察觉，因此可能会付出额外的代价，给软件开发带来损失。

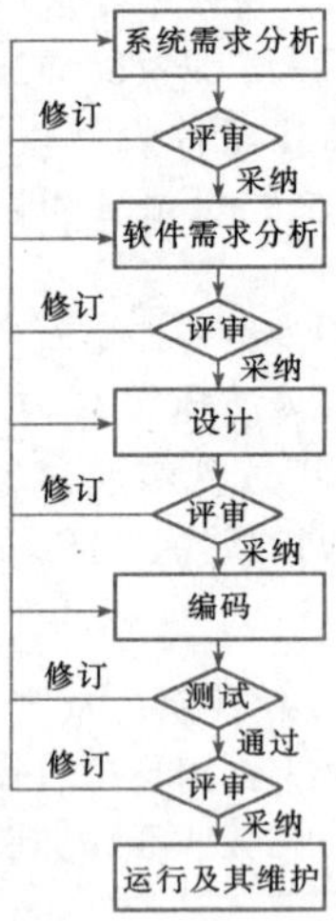

图 6.2－3 瀑布模型

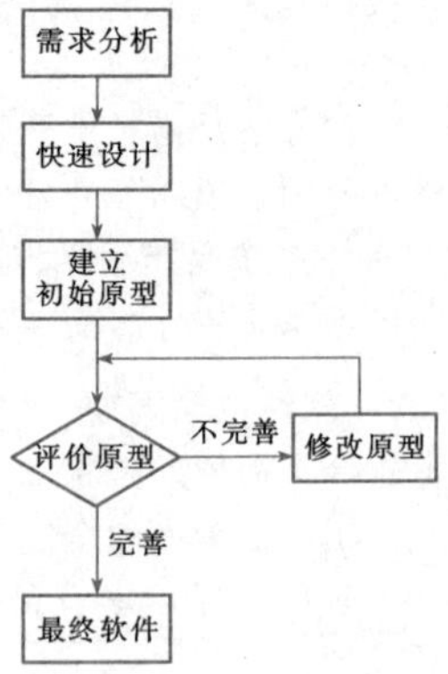

图 6.2－4 演化模型

2. 演化模型

演化模型作为最终软件的一部分，可满足用户的部分需求，在此基础上添加需求、逐步开发，直至最终交付使用。演化模型（见图 6.2－4）在减少因软件需求不明确所造成的开发风险方面，具有显著效果。

3. 螺旋模型

螺旋模型（见图 6.2－5）结合瀑布模型与演化模型的特点，在此基础上增加了风险分析。它通常用于指导大型软件项目的开发，即把软件项目过程划分为制订计划、风险分析、实施开发及客户评估四类活动。螺线旋转一圈，就表示开发出一个新的软件版本。如果开发风险过大，开发者和需求者均无法接受，项目有可能因此终止。多数情况下，螺旋模型会沿着螺线向前推进，自内向外逐步延伸，最终得到需要的软件产品或系统。

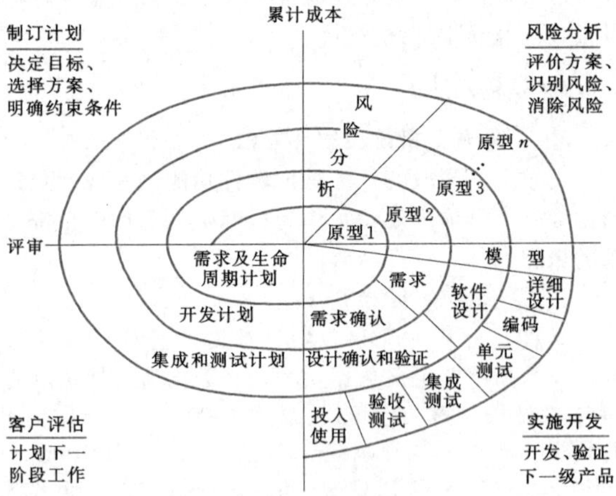

图 6.2－5 螺旋模型[1]

6.2.4.2 软件设计过程

软件工程中的设计主要包括软件体系结构设计、数据设计和模块（过程）设计。

1. 软件体系结构设计

软件体系结构是软件总体结构的抽象表示，它包含各种软件构件（component）、构件的外在特性（property）以及它们之间的关系（relationship）[10]。

体系结构设计的主要目标是开发一个模块化的程序结构，并给出各个模块之间的控制关系。体系结构设计融合了程序结构和数据结构，以及接口定义。

2. 数据设计

在需求分析阶段，数据设计的主要活动是确定数据对象所选择的逻辑表达以及所选结构的算法分析。在设计阶段，数据设计则要对各类数据给出明确、详细的规格说明（specification）。数据规格说明要遵循以下原则：

(1) 确定所有的数据结构及每个数据项的操作。

(2) 建立数据字典。数据字典须明确给出数据对象之间的相互关系和各个数据元素的限制。

(3) 数据设计也遵循自顶向下、逐步细化的过程。数据结构设计跨越需求分析、概要设计和详细设计三个过程，通过逐步细化完成对数据的最终定义。

(4) 数据结构的表达应采用抽象、通用的模型，仅当物理实现时才选择管理平台予以转换。

(5) 开发数据结构及其操作的实用程序。数据结构及其操作应该作为软件设计资源来看待，以提高复用价值。抽象的数据结构可以减少数据规格说明和数据设计的工作量。

(6) 软件设计和程序设计语言或工具应当支持抽象数据类型的规格说明和实现。

3. 软件模块设计

软件模块是执行一个特殊任务或实现一个特殊的抽象数据类型的一组例程和数据结构。它通常由接口和实现两部分组成。

在把系统分解成模块时，应该遵循以下规则：

(1) 最高的模块内聚，即在一个模块内部的元素要最大程度地关联。一般来说，只实现一种功能的模块具有最高内聚，实现三种以上功能的模块为低内聚。

(2) 最低的耦合，即不同模块之间的关系应尽可能弱化。

(3) 模块大小适度。

(4) 模块调用链的深度（嵌套层次）不可过多。

(5) 接口简捷明晰，信息隐蔽。

(6) 尽可能地复用已有的模块。

模块实现过程的最终表达通过程序设计语言来描述。在设计阶段，一般借助各种图形来表示，如流程图（flow chart）、盒图（box diagram）、问题分析图（problem analysis diagram）等。图 6.2-6 是一元二次方程 $ax^2+bx+c=0$ 的求解过程的流程示意图。

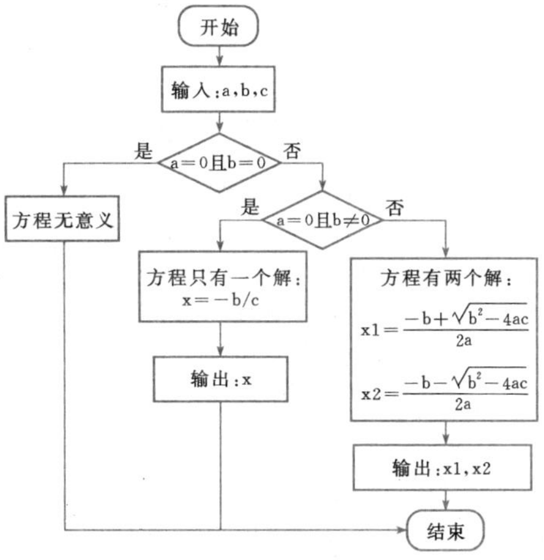

图 6.2-6 一元二次方程 $ax^2+bx+c=0$ 求解流程

6.2.4.3 软件测试

软件测试是指检测和评价软件以确定其质量的过程与方法。

1. 软件测试方式

(1) 静态分析。静态分析不必运行软件，只是对源代码进行分析，检测程序的控制流和数据流，查找执行不到的“死代码”、无限循环、未初始化的变量以及未使用或重复定义的数据等。静态分析虽然不能取代动态测试，但它是动态测试开始前的有效质量检测手段。

(2) 动态测试。动态测试借助输入用例来执行软件，一般分为黑盒测试（功能测试）和白盒测试（结构测试）两种。

黑盒测试是基于软件功能的测试，它试图发现以下类型的错误：①功能不符合需求；②界面错误；③数据结构或外部数据库访问错误；④性能缺陷；⑤初始化和终止错误。黑盒测试用例的设计依赖于软件的需求规约和设计规约。黑盒测试不涉及程序代码及其内部结构。

白盒测试涉及程序代码及其内部结构，它主要有五种方法：①基本路径测试；②语句覆盖测试；③分支或判定覆盖测试；④判定—条件覆盖测试；⑤条件组合覆盖测试。

2. 软件测试过程和步骤

(1) 过程。软件测试过程如图 6.2-7 所示。

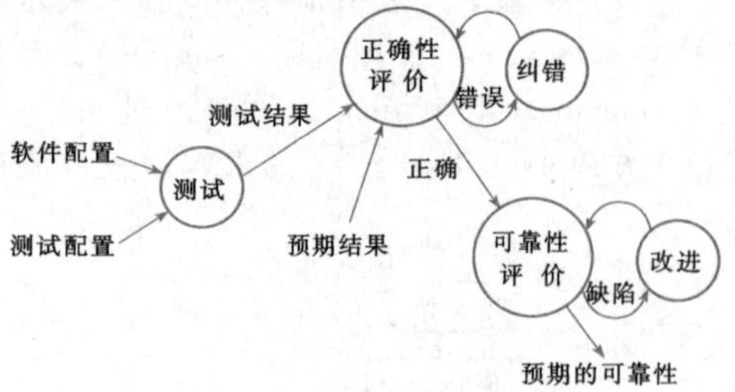

图 6.2-7 软件测试过程[11]

图 6.2-7 中每个圆圈代表一个测试、评价或处理的过程。输入有两种类型：①软件配置，即待测试的软件，包括软件需求规格说明、设计规格说明和源程序代码；②测试配置，包括测试计划、测试过程、测试用例以及预期结果。从软件的整个生命周期考虑，测试配置应视为软件的一个子集。

测试结果要与预期结果进行比较，若不符合则意味着软件有错误，需要修改纠正。

(2) 步骤。测试可分为按顺序进行的四个步骤，即单元测试、集成测试、确认（功能）测试和系统（实例）测试，如图 6.2-8 所示。

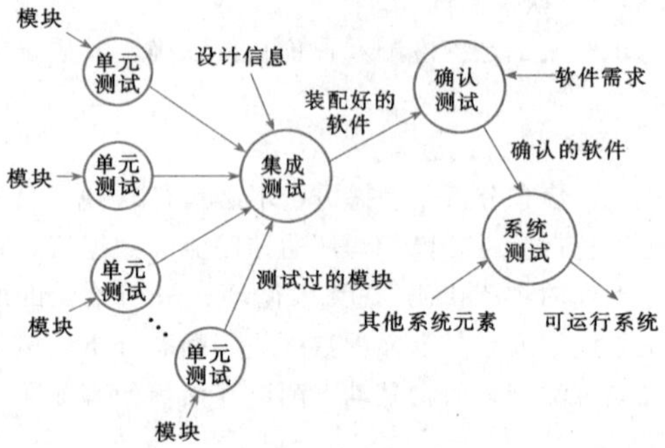

图 6.2-8 软件测试步骤[11]

单元测试集中检查软件的最小单元——模块，它以详细设计说明为指南，对重要的控制路径进行测试，以发现错误。

所有模块都通过单元测试之后，才能开始集成测试，它与软件装配同步进行。集成测试的目的是发现并消除接口问题，以便将通过单元测试的模块装配成符合设计要求的软件。

确认测试主要检查软件功能和性能与用户的需求是否一致，包括文档的正确性和完整性，以及其他诸如可移植性、可兼容性、可容错性、可维护性等要求。确认测试还包括对软件配置的评审，如图 6.2-9 所示。软件配置评审的目的是保证程序、文档等的正确、完整和一致。

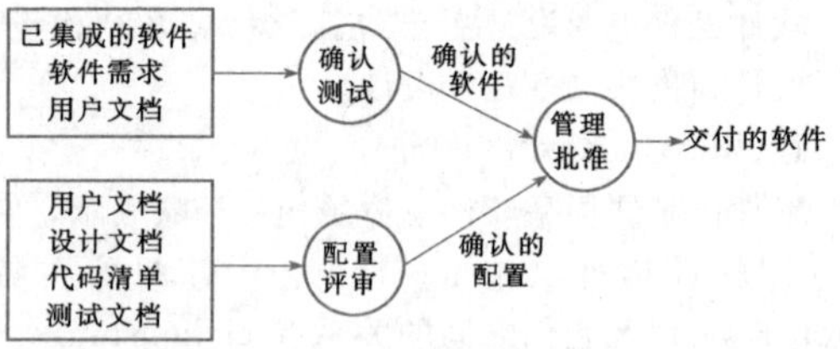

图 6.2-9 软件配置评审[11]

软件只是计算机系统的一部分，因此，经过单元测试、集成测试和确认测试后的软件，还必须与系统的其他元素（如计算机、外部设备、网络、通信设施等）一起测试，以保证软件在系统中的可行和有效。系统测试包括恢复测试、安全性测试、强度测试和性能测试等。

3. 软件纠错

软件测试的目的是发现错误，而纠错则是确定错误在程序中的确切位置和性质，并且改正它。纠错主要有三种方法，即蛮干法（brute force）、消除原因法（cause elimilation）和回溯法（backtracking）。

(1) 蛮干法有三种常见的做法：①将存储器的全部内容和地址打印出来，然后在其上寻找错误所在；②在程序的各个位置设置打印语句，检查每一步的结果；③使用自动纠错工具进行纠错。

(2) 消除原因法又分为归纳法和演绎法两种。归纳法就是从测试结果发现的错误入手，分析它们之间的关系，以查出错误的位置。归纳法通常分四个步骤实现，如图 6.2-10 所示。演绎的过程就是从一般到特殊，根据推测或前提，运用排除和推理过程得出结论。演绎法的推理过程如图 6.2-11 所示。

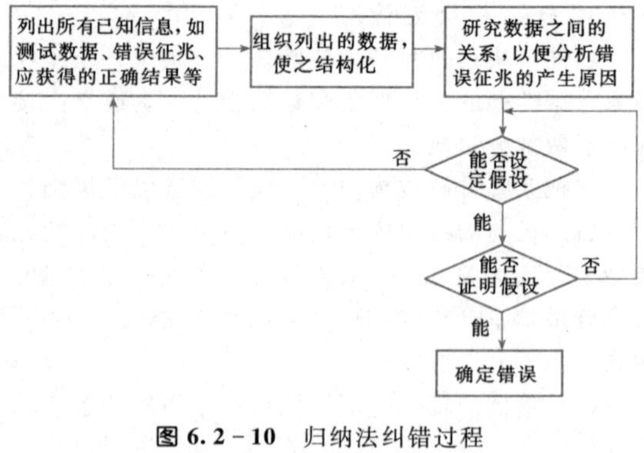

图 6.2-10 归纳法纠错过程

(3) 回溯法是一种在小程序中常用的纠错方法。它从发现错误征兆的位置开始，人工追溯源程序代码，直到找出错误原因为止。

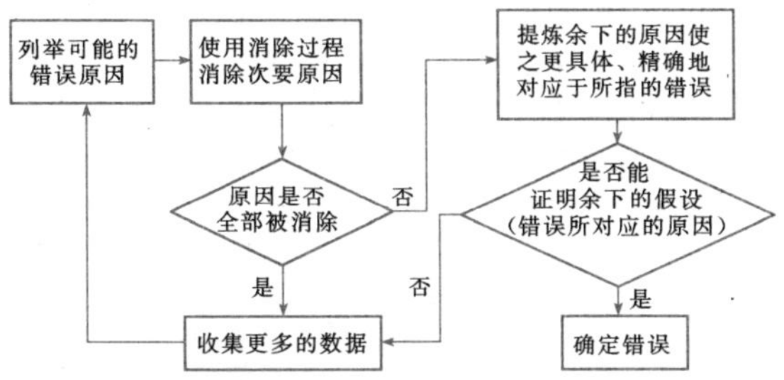

图 6.2-11 演绎法纠错过程

6.2.5 软件开发环境

6.2.5.1 软件开发环境构成

1. 工具集

软件开发工具按其功能可分为业务系统规划、项目管理、支持、分析与设计、编程、测试与分析、原型和维护工具等八大类型[11]。

（1）业务系统规划工具将机构的策略性需求模型化，从而导出对应的软件系统的“元模型”，使业务信息能借助该模型运行于机构的各个部门。

（2）项目管理工具用于评估软件项目所需的工作量、成本、开发周期和风险等。这类工具又可细分为项目计划、风险管理、需求跟踪和度量工具等。

（3）支持工具用于支持软件工程过程，包括文档编制、质量保证、数据库管理和软件配置管理工具等。

（4）分析与设计工具用于建立待开发系统的模型及其质量评价，通过对模型的一致性和有效性检查，保证分析与设计的完整性。

（5）编程工具包括支持大多数编程语言的编辑器、编译器和代码生成器、解释器及调整器等。

（6）测试与分析工具包括静态分析和动态分析工具。前者是在不执行任何测试用例的前提下分析源程序的内部结构；后者则通过执行测试用例对被测程序进行逻辑覆盖测试，包括顺序、分支和循环等覆盖，以发现程序结构的逻辑错误。

（7）原型工具用于支持原型开发，如用户界面设计的原型工具可利用图形包快速构造出应用系统界面，供用户评价，以确定最终软件的界面形式。

（8）维护工具用于支持软件维护。维护工具除了包括软件开发阶段用到的工具外，还可能包括理解、再工程和逆向工程工具等。

2. 集成机制

软件环境的形成与发展主要体现在工具的集成化程度上。目前，集成机制多建立在知识库系统之上，其特点表现为：顺序调用独立工具的概念完全被集成化的工具所替代，用户不再需要在任务之间切换不同的工具；由多个工具控制的多窗口技术被单个工具操纵的多窗口技术所替代；采用形式化方法和软件重用技术等。

20 世纪 80 年代提出的计算机辅助软件工程（Computer Aided Software Engineering，CASE）方法，使工具集成逐渐转向 CASE 的集成，进一步提高了软件开发和维护的效率和质量，降低了成本[11]。

6.2.5.2 CASE

1. CASE 工具

CASE 工具一般可以分为两类：①支持工程管理活动的工具，例如配置管理、成本估算、调度和文档工具等；②支持开发活动的工具，包括设计、辅助程序设计、测试和维护工具等。

在面向对象的开发中，UML（参见本卷 6.3.1.3 节）是常用的 CASE 工具。UML 提供的十种视图（类、对象、包、构件、实施、用例、顺序、协作、状态和活动）可以帮助开发人员快速建模。目前有些软件工具可将 UML 的视图直接转换成程序结构。

2. CASE 环境

CASE 环境是 CASE 工具的集成，并能在统一的硬件环境中协调工作，支持整个软件开发过程。通常，CASE 环境还包括配置管理工具，用以跟踪软件开发过程中的中间结果。

CASE 环境可划分为三个层次：

（1）由硬件平台、操作系统、数据库管理系统组成的体系结构是 CASE 环境的基础（底层）。

（2）集成化框架（integration framework）由一组专用程序组成，用于建立单个工具之间的通信，构成环境信息库，并向软件开发者提供一致的“外观与感觉”界面。集成化框架将所有的 CASE 工具集成在一起，构成环境的顶层。

（3）中间层是服务于“可移植性”的机构，它使集成后的工具无需作重大修改即可与环境中的软、硬件平台相适应。

6.2.6 软件维护

6.2.6.1 软件维护的类型

软件维护包括改正性（corrective）、适应性（adaptive）、完善性（perfective）和预防性（preventive）维护。

改正性维护是为了纠正软件在开发期间未能发现的遗留错误而进行的维护；适应性维护是为了使软件适应运行环境的改变而进行的维护；完善性维护是为了提升软件品质，延续软件的生命周期而进行的维护；预防性维护是在规划、设计和运行时就对软件功能、技术方案、经费估算和软件版本升级等方面可能出现的问题予以考虑，并准备好解决预案的软件维护。

6.2.6.2 软件维护过程

软件维护过程是指从维护申请到新软件投入运行的全过程。

1. 软件维护的工作流程

图 6.2-12 描述了软件维护工作流程中的各个步骤。图中的维护过程包含软件设计、设计复审、代码修改、测试等全部维护工作。

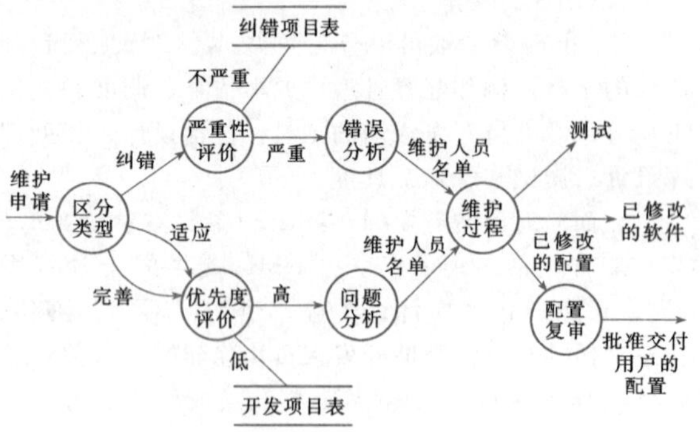

图 6.2-12 软件维护的步骤[12]

2. 软件维护的文档编制

软件维护阶段要编制两个文档，即维护申请单（Maintenance Request Form，MRF）和修改报告单（Software Change Report，SCR）。维护申请单通常由申请维护的用户填写，它应完整地说明导致错误发生的环境（包括输入数据、输出数据清单等资料）。对于适应性或完善性维护，则仅需提出一个简要的需求说明。软件修改报告单用于记录修改的过程，其内容包括问题来源、错误类型、修改内容、资源（成本）耗用以及批准修改的负责人等。修改报告由直接进行修改和负责文档管理的人员共同填写。

6.2.6.3 软件维护的副作用

软件维护中值得注意的一个问题是，要防止因代码、数据、文档等的修改而引起的副作用。对于大型软件，即使一个"小小的修改"，也可能导致一个"大大的错误"。同样，如果对修改的部分不作严格的审查和测试，新错误几乎是不可避免的。

6.2.6.4 软件复用

软件复用就是利用已有的软件成分来构造新的软件系统。可复用性是软件可维护、易维护性能的一项重要评价指标。

被复用的软件成分可以是方法、构件和过程等。方法复用是对同类问题的一般性解决方法的复用；构件复用是将软件开发过程进行形式化包装并创建可复用对象的集合；过程复用是代码级的算法复用。

1. 复用方法与技术

下面以基于面向对象技术的构件复用为例来说明复用方法和技术。可复用构件应具备易移植性、易修改性、易理解性和易扩展性，如图 6.2-13 所示。

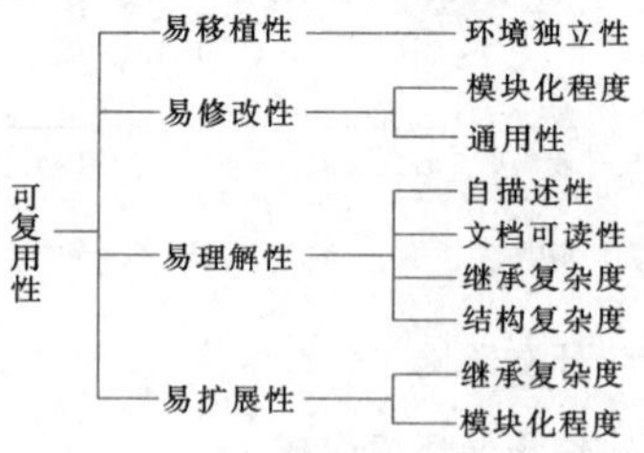

图 6.2-13 基于面向对象技术的可复用构件模型[12]

目前常用的构件技术主要有四种，即构件对象模型（Component Object Model，COM）、公共对象请求代理体系结构（Common Object Request Broker Architecture，CORBA）、Java 环境下的可复用构件模型（Enterprise Java Beans，EJB）和开放式文档接口（Open Document Interface，ODI）。

2. 可复用构件库

可复用构件存储在构件库中，为了选用和管理构件，必须提供有效的分类和集成方法。分类主要有枚举（enumeration）、呈面（faceted）和属性—值（attribute-value）三种方法[12]。枚举分类通过层次结构来组织构件，同一层中定义不同的构件类，层与层之间形成子类对应关系；呈面分类是用关键词对领域基本特征进行呈面标识的分类方法，它通过关键词查找所需的构件；属性—值分类为领域中的所有构件定义一组属性，然后赋予这组属性一组值，通过属性值匹配，就可以查询到所需的构件。

按以上方法对构件分类后，很容易借助相应的查询工具，在构件库中找到需要的构件，然后将其集成为一个特定的应用系统。集成过程可能要对某些构件作适应性修改，如图 6.2-14 所示。

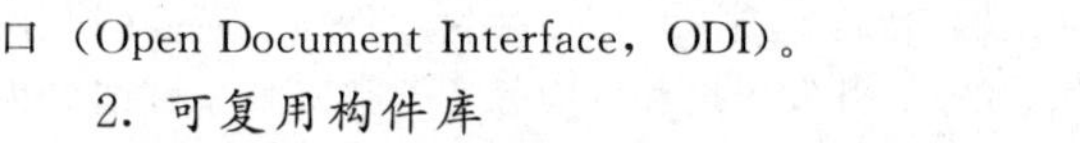

图 6.2-14 构件集成过程

6.3 数据管理

6.3.1 数据库基本概念

6.3.1.1 数据库方法

数据管理是数据密集型应用中的核心技术，包括数据的分类、组织、编码、存储、检索与维护以及数据安全等技术[13,19]。当代数据管理采用数据库（database）方法。

一个数据库是逻辑上相关的可共享数据集。数据库中不仅存储业务数据，而且还存储用于描述业务数据的元数据（metadata），后者称为数据字典（data dictionary）或系统目录（system catalog）。数据库方法的实现依赖于数据库管理系统（Database Management System，DBMS）。DBMS是一种支持用户定义、创建、访问、控制与维护数据库的专用软件系统，它提供了数据抽象、程序—数据独立性以及一系列数据管理辅助功能，使得数据库方法与传统的基于文件（file）的数据管理方法相比具有诸多优越性。

6.3.1.2 数据库系统

1. 数据库系统的组成

一个数据库系统由数据库、数据库管理系统（DBMS）、应用程序以及创建、使用与维护数据库的人员所组成，如图6.3-1所示。

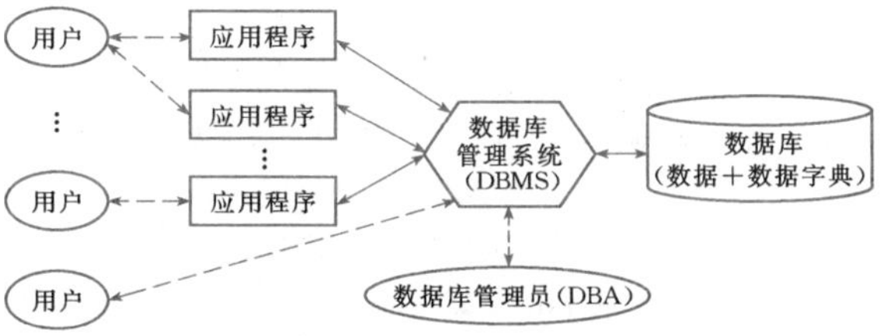

图6.3-1 数据库系统的组成

DBMS的运行需要一个特定的环境，通常包括五个部分[13]：

（1）硬件：指运行DBMS软件和应用程序所需的计算设备，可以是个人计算机、大型主机（mainframe）或计算机网络。

（2）软件：包括DBMS软件、应用程序、计算机操作系统甚至网络软件。

（3）数据：指数据库中的业务数据以及数据字典中的元数据。

（4）处理过程：指支配数据库设计与使用的指令与规则，包括如何启动与停止DBMS、如何登录到DBMS、如何使用特定的DBMS工具或应用程序、如何为数据库建立后备、如何处理硬件或软件失效、如何维护数据库等。

（5）人员：指参与到数据库系统中的人，主要是数据库管理员（database administrator，DBA）与最终用户，还包括数据管理员（data administrator，DA）、数据库设计员、应用开发员等人员。

2. ANSI-SPARC体系结构

美国国家标准协会（ANSI）下属的标准规划与需求委员会（SPARC）提出的ANSI-SPARC体系结构（见图6.3-2）是DBMS的抽象设计标准，商业DBMS产品大多依据这个体系结构来设计。正确理解该体系结构中的概念是有效使用商业DBMS产品的前提。

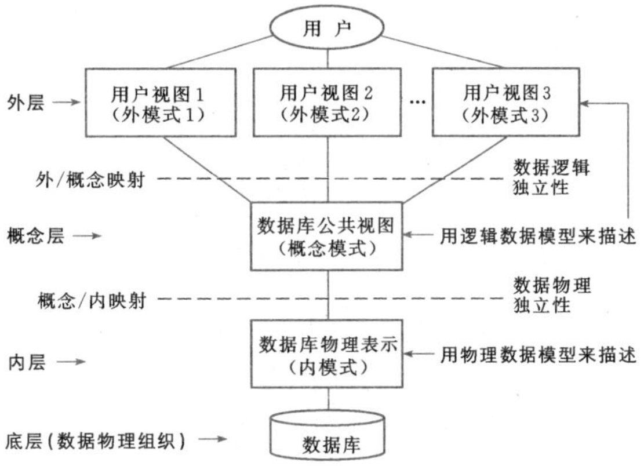

图6.3-2 ANSI-SPARC三层体系结构及数据独立性

（1）三层抽象。ANSI-SPARC体系结构的目标是将数据库物理表示和组织方式与数据库的用户视图进行分离，即提供数据独立性（data independence）。数据独立性大大降低了数据库系统的使用与维护代价。该体系结构中有三层抽象：

1）外层：即数据库的用户视图，描述数据库中与特定用户相关的部分。

2）概念层：即数据库公共视图，描述数据库中的数据以及数据间关系。

3）内层：即数据库物理表示，描述数据库中数据是如何存储的。

（2）三种模式。数据库的描述称为数据库模式（database schema），又称为数据库的内涵。数据库中特定时间点的数据称为数据库实例（database instance），又称为数据库的外延。数据库模式相对稳定，数据库实例经常变动。对应于三层抽象，有三种模式：

1）外模式：描述数据的不同视图。

2）概念模式：描述数据库中实体、属性与关系以及完整性约束。

3）内模式：描述数据库的内部模型，包括数据域与存储记录的定义、表示方法、索引与存储结构等。

（3）两种数据独立性。DBMS维护以上三种模式之间的映射（mapping），以便提供以下两种数据独立性：

1）逻辑独立性：指外模式（和其上运行的应用程序）对概念模式改变的抗扰性（immunity）。其通过外模式与概念模式之间的映射机制来实现。

2）物理独立性：指概念模式（和外模式）对内模式改变的抗扰性。其通过概念模式与内模式之间的映射机制来实现。

3. 数据库系统的生命周期

数据库系统作为信息系统中的基本和重要构件，其生命周期必然与信息系统的生命周期相关联。数据库系统生命周期的各阶段如图 6.3-3 所示，各阶段的主要活动见表 6.3-1。

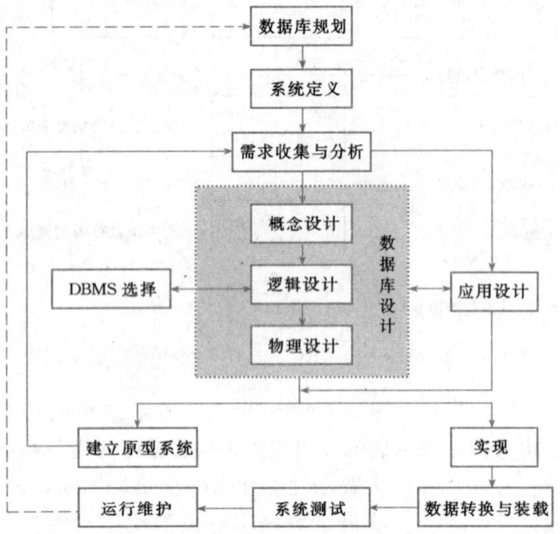

图 6.3-3 数据库系统生命周期的各阶段[13]

表 6.3-1 数据库系统生命周期各阶段的主要活动[13]

阶 段	主 要 活 动
数据库规划	规划如何最有效和高效地实现生命周期的各阶段
系统定义	规定数据库系统的范围与边界，包括用户、用户视图和应用领域
需求收集与分析	为新的数据库系统收集与分析用户需求
数据库设计	数据库的概念设计、逻辑设计与物理设计
DBMS 选择	为数据库系统选择一个合适的 DBMS
应用设计	设计访问与操纵数据库的用户接口与应用逻辑
建立原型系统	为将要实现的数据库系统构造一个原型，以便用户和设计人员共同评价
实现	建立物理数据库定义与应用程序
数据转换与装载	从旧系统装载数据到新系统，尽可能将现有应用转换到新数据库
系统测试	数据库系统错误测试，用户需求可满足性验证
运行维护	监控与维护运行中的数据库；可能的数据库重构以满足新的需求

6.3.1.3 数据模型

1. 数据模型的概念

一个数据模型（data model）是指用来描述某个组织或应用领域中相关数据元素、数据之间的联系、数据上约束（constraints）以及数据如何被操纵（manipulation）的一个完整概念集[13]。这样的描述过程称为数据建模（data modeling）。有两类数据建模：

（1）独立于数据库的数据建模：指用概念数据模型（conceptual data model）对一个组织或应用领域在概念层进行抽象描述，这个过程又称为概念建模（conceptual modeling）。

（2）针对特定 DBMS 的数据建模：在 DBMS 范畴内，ANSI-SPARC 体系结构中的各层数据库模式用特定的数据模型来描述，如图 6.3-2 所示。外模式和概念模式用逻辑数据模型（logical data model）来描述；内模式用物理数据模型（physical data model）来描述。

2. 概念数据模型

概念数据模型通常是一种抽象的基于对象（object）的数据模型，是对一个组织或应用领域进行概念建模的工具。概念建模又称为数据库概念设计，通常可借助相关 CASE 工具（如 PowerDesigner）来实现；建模的结果（即数据模式）通常用一种特定的图形符号体系来表示，以便设计人员与用户之间进行有效交流。

（1）实体联系（Entity-Relationship，ER）模型：用实体表示现实世界中一类对象，用联系表示实体之间的二元或多元关系，用属性（attribute）表示实体或联系的特性。在扩充的 ER 模型中，实体之间的"is-a"联系可表示概念的泛化（generalization）。ER 建模的结果表示成 ER 图（ER diagram）。

（2）统一建模语言（Unified Modeling Language，UML）模型。基于面向对象思想进一步对 ER 模型进行标准化而形成的模型；UML 建模的结果表示成 UML 类图（UML Class Diagram），其中主要元素见表 6.3-2。

3. 逻辑数据模型

逻辑数据模型通常是一种与 DBMS 有关的基于记录的数据模型（record-based data model），用于描述数据库中数据的结构、完整性约束（integrity constraints）及数据操纵，是设计数据库概念模式和外模式的工具，是数据库分型的依据。

（1）网状（network）数据模型、层次（hierarchical）数据模型：是为从"基于文件的系统"发展而来的早期数据库系统开发的数据模型。

表 6.3-2 UML 类图中的主要元素

元素	含义
类	表示具有共同特性的一组对象（即类的实例），其特性包括类拥有的属性以及类（的实例）参与的关联等
关联	表示类（的实例）之间的二元或多元关系
关联类	既是关联又是类，因此，关联类可以拥有属性
属性	表示对象所拥有的静态特性，取值于数据类型，并附加重数
角色	表示参与关联（包括关联类）的类（的实例）在关联关系中所起的作用，并附加重数
泛化	表示父类与子类之间的二元（继承）关系
泛化组	具有共同父类的一个或多个泛化可组成一个泛化组，它可有两种约束：不相交，即泛化组的子类之间没有公共实例；覆盖，即泛化组的子类集的外延完全覆盖了父类的外延

(2) 关系（relational）数据模型。关系数据模型以集合论为理论基础，以关系（relation）为数据的逻辑结构（二维表结构），以关系代数为数据查询的数学基础。关系数据库擅长于支持商业领域的事务处理，对于一些高级的数据库应用，如计算机辅助设计（CAD）、计算机辅助制造（CAM）、计算机辅助教育（CAI）、计算机辅助软件工程（CASE）、办公自动化（OA）系统、多媒体系统与地理信息系统（GIS）等，关系数据库显得能力不足。

(3) 面向对象（object-oriented）数据模型、对象—关系（object-relational）数据模型。以上数据模型着重于建模信息的静态方面，而以对象技术为核心思想的软件工程则着重于建模软件的动态方面。两者思想的结合产生了基于对象技术的新一代数据模型与数据库。面向对象数据模型直接支持面向对象的数据建模思想及编程语言（Smalltalk、C++、C#、Java、Python、Visual Basic、.NET）。对象—关系数据模型是对传统关系数据模型进行面向对象扩充，以便在数据库模式与数据操作中最大限度地支持对象技术。

(4) 半结构化（semi-structured）数据模型。以上数据模型均是结构化（structured）数据模型，其基本特征是先有数据模式，后有数据实例。在有的应用场合需要更灵活的半结构化数据模型，其基本特征是没有单独的、显式的数据模式（模式描述隐含在数据实例中），或虽有数据模式（如 XML 数据），但数据模式通常是易变的，且对实例数据的约束不如传统的结构化数据模型那么强。

4. 物理数据模型

物理数据模型用来描述基于某个特定 DBMS 的数据库的内模式（即数据物理表示方式及数据访问路径等），如数据分区策略、记录存储结构、数据索引结构等。不同于逻辑数据模型，物理数据模型没有具体的模型。

6.3.1.4 数据库语言

1. 数据库语言的概念

数据库语言（database language）不同于编程语言（programming language）。前者用于支持数据管理，后者用于支持数据处理。在 DBMS 的支持下，数据库语言可以交互方式直接使用，也可作为子语言（sublanguage）嵌入到称为主语言（host language）的编程语言中使用，以实现复杂的信息处理。数据库语言主要包括数据定义语言与数据操纵语言，近期又出现了功能更强大的第四代语言。

2. 数据定义语言

数据定义语言（Data Definition Language，DDL）用于按照某种逻辑数据模型的概念来定义与修改数据库的概念模式与外模式。就关系数据库而言，使用其 DDL 来定义关系数据库的模式元素，如基表、视图、索引、触发器与存储过程等。

DDL 语句的编译结果成为数据库的元数据（metadata），存储于 DBMS 的数据字典（data dictionary）中。

3. 数据操纵语言

数据操纵语言（Data Manipulation Language，DML）用于提供一组基本操作，支持对数据库中数据的操纵，如：数据查询（query）、插入（insertion）、删除（deletion）与修改（modification）。DML 中的数据查询部分又称为查询语言（Query Language，QL）。

数据库的 DML 有两类：过程性（procedural）语言与说明性（declarative）语言。前者需规定 DML 的输出结果如何获得；而后者仅需描述获得什么输出结果，因此便于用户使用。关系数据库的结构化查询语言（Structured Query Language，SQL）是一种集 DDL 与 DML 于一体的说明性语言。

4. 第四代语言

第四代语言（fourth-generation language，4GL）区别于被认为是第三代语言（3GL）的传统编程语言，实际上是一种简略（shorthand）语言。4GL 基本思想是只需用户描述该获得什么结果，而不需规定如何获得结果的步骤。关系数据库的 SQL 是 4GL 的典型例子。

4GL的实际使用依赖于更高层的软件构件——第四代工具，主要是各种产生器（generator），如表单产生器、报表产生器、图形产生器，甚至应用程序产生器。

6.3.1.5 数据库管理系统（DBMS）

1. DBMS功能

一个全功能的DBMS应提供八大功能或服务：①数据存储、检索与更新；②元数据管理；③数据库完整性约束；④事务（transaction）管理；⑤并发控制；⑥用户访问控制；⑦数据库恢复；⑧数据通信。小型DBMS仅支持部分核心功能。

2. DBMS体系结构

DBMS的体系结构不仅取决于数据库的种类，而且很大程度上受支撑数据库系统运行的计算机系统体系结构的影响。按数据存储与管理的基本特点，可将数据库分成两大类：

（1）集中式（centralized）数据库：数据在地理上集中存储，并由一个DBMS来管理。

（2）分布式（distributed）数据库：数据在地理上分散存储但相互关联。大致可进一步划分为物理上分布但逻辑上集中、物理上和逻辑上均分布两种情形。前者一般由一个分布式DBMS（distributed DBMS，DDBMS）来统一管理；后者一般将多个自治数据库透明地集成为一个联邦式数据库系统（Federated Database System，FDBS）。

这里主要介绍集中式数据库管理系统的体系结构。集中式数据库既可以为一个用户（即单用户数据库系统）提供服务，也可以为多个用户服务（即多用户数据库系统）。

单用户数据库系统通常运行于一台计算机上，如个人计算机或工作站。多用户数据库系统主要运行于个人计算机局域网（LAN）、计算机网络或万维网环境。多用户DBMS的体系结构主要有以下几类[13]：

（1）文件服务器（File-Server）体系结构。DBMS运行于由一个文件服务器及若干工作站构成的局域网。文件服务器用于存储数据库、DBMS及应用程序所对应的文件；DBMS及应用程序均运行于工作站。当数据库系统运行时，工作站不断从文件服务器请求所需的文件，网络通信瓶颈将极大影响数据库系统的性能。每个工作站需运行一个DBMS拷贝，数据库完整性约束、并发控制、恢复等机制难以实现。

（2）两层客户—服务器（Two-Tier Client-Server）体系结构。应用客户层的主要任务是管理用户接口，处理应用与业务逻辑，以及产生数据库请求；数据库服务器层的主要任务是接受与处理来自客户端的数据库请求，返回结果，以及提供DBMS的数据管理服务。网络上传输的是数据库请求与结果（而不是文件），因此系统性能得到改善。

（3）三层客户—服务器（Three-Tier Client-Server）体系结构。客户层的主要任务是管理用户接口；应用服务器层的主要任务是处理业务逻辑；数据库服务器层的主要任务是数据访问与管理。客户层进行了“瘦身”，系统的规模可伸缩性（scalability）得到了有效保障。

以上客户—服务器体系结构简称为C/S结构。在万维网环境，Web数据库驱动的应用系统通常由浏览器、Web服务器以及数据库服务器所构成的三层体系结构（简称B/S结构）。

3. 主流商业DBMS产品

随着数据库应用的不断扩展和深入，出现了大量的商业DBMS产品，从大型到小型，从商用到开源。主流DBMS有Oracle、IBM DB2 Universal Database、Microsoft SQL Server 和 Sun MySQL 等[13]。这些DBMS都是对象—关系数据库，且已包含XML数据管理、联机分析处理（OLAP）等新功能。

6.3.2 关系数据库

6.3.2.1 关系数据库的结构

1. 关系

（1）属性和域。属性（attribute）用于描述现实世界中事物的特征。每个属性对应一个取值范围，称为该属性的域（domain）。如果规定域中的值只能是原子数据（atomic data），即不可再分的数据项，这种限制称为第一范式（First Normal Form，1NF）条件。关系数据库允许某些属性的值未知或无值，此时用空值（NULL）来表示。

（2）关系和元组。关系（relation）用表（table）结构来表示现实世界实体及实体间的联系。一个关系可以表示为一张二维表（又称为基表），其中，每一行（row）称为一个元组（tuple），每一列（column）称为一个属性。关系的型称为关系的模式（schema），关系的值称为关系的实例（instance）。

关系的代数定义为：给定一组域 D_1，D_2，…，D_n（这些域中可以有相同的域），定义在这组域上的一个关系 R（A_1，A_2，…，A_n）是这组域的笛卡儿积（Cartesian Product）的一个子集，即 $R(A_1, A_2, \cdots, A_n) \subseteq D_1 \times D_2 \times, \cdots, \times D_n = \{(d_1, d_2, \cdots, d_n) \mid d_i \in D_i, i=1, 2, \cdots, n\}$。其中，$R$ 为关系名，A_1，A_2，…，A_n 为属性名，属性 A_i 的取值范围是域

D_i，$i=1$，2，…，n。

2. 关系的键

（1）键。在一个关系中，同时满足以下两个条件的一个属性（组），则称为此关系的候选键（candidate key），简称为键（key）：①决定性条件，即这个属性（组）的值可以唯一地决定整个元组；②最小性条件，即这个属性（组）的任何真子集均不满足决定性条件。

在 SQL 实现时，从一个关系的（多个）键中选定其中一个作为此关系的键，称被选定者为主键（primary key，PK）；其他键称为候补键（alternate key）。

（2）超键。关系中包含键的属性（组）称为超键（superkey），即超键仅满足键定义中的决定性条件。

（3）主属性与非主属性。在一个关系中，包含在任何一个键中的属性，称为主属性（prime attribute），否则称为非主属性（non-prime attribute）。

（4）外键。若一个关系中某个属性（组）不是本关系的键，但它的值引用了其他关系（或本关系）的键值，则称这个属性（组）为此关系的外键（foreign key，FK）。

3. 视图

视图（view）是由其他表（基表或视图）导出的虚拟表（virtual table）。视图如同基表一样，是由行、列所组成的二维表，可用于查询数据、有限制地更新数据。视图与基表的不同在于：视图中不直接包含数据（即不对应物理数据文件），其数据包含在导出它的基表中。

视图的用途：①视图可用于定义数据库的外模式，使不同用户以不同方式看待同一数据集，满足数据库共享的需要；②通过将基表上的常用、复杂查询定义成视图，再在视图上提交简单的查询，可简化用户的查询操作；③通过对不同用户定义不同的视图，提高数据库的机密性；④视图对重构数据库提供了一定程度的逻辑独立性。

4. 其他模式对象

（1）簇集（cluster）。一个簇集是一个（组）基表，这个（组）基表中具有同一公共列（组）值的所有行均存储在一起（即物理上同一或相邻的数据块中）。这些公共列（组）称为簇集键（cluster key）。簇集是存储基表数据的一种可选机制，其主要优点是可改进簇集中基表之间在簇集键列上连接查询的性能，但会增加系统维护开销，特别是基表数据需频繁更新时更是如此。

（2）索引（index）。索引是与基表或簇集相关的一种可选存储机制，其通过一棵有序树（如 B 树）将索引键（index key）值与数据块（的地址）建立联系，以提高数据检索性能。索引特别适合于指定行查询和范围查询，当基表的容量较大时（需占较多数据块时），它能明显提高数据查询性能，但会增加系统维护开销，特别是在数据频繁更新时更是如此。

（3）触发器（trigger）。触发器又称为事件—条件—动作（Event-Condition-Action，ECA）规则。当某个事件发生时，DBMS 检测条件是否满足，若满足，则 DBMS 执行相应的动作。触发器是实现主动（active）数据库系统的基本方法。SQL 标准从 SQL：1999[15] 开始增设了触发器。当前，大多数 DBMS 产品均支持触发器。

6.3.2.2 关系完整性约束

1. 完整性约束的概念

完整性约束（integrity constraints）是语义施加在数据上的限制，以确保数据库中数据的准确性、正确性与有效性。一个好的 DBMS 应尽可能具备以下功能：①完整性约束的申明和检查机制：在数据库模式定义时申明，在数据库初始装载及事后更新时进行检查；②当出现违反数据完整性的操作时，DBMS 采取恰当的措施保证数据完整性不会被破坏。

2. 完整性约束的类型

完整性约束分为静态约束和动态约束。静态约束是对数据库状态的约束，可进一步分为：①固有约束（inherent constraints）：指数据模型固有的约束；②隐含约束（implicit constraints）：隐含在数据模式中的约束，通常用 DDL 来申明；③显式约束（explicit constraints）：指更为广泛的语义约束，通常用检查（check）或断言（assertion）来申明。动态约束是数据库状态演变的约束，通常采用触发器机制来实现。关系数据的隐含约束主要包括：

（1）域（domain）完整性约束：规定属性的取值范围，以及属性值能否为空值（NULL）。

（2）实体（entity）完整性约束：要求每个关系必须有一个键，关系中每个元组的键值必须唯一且不能为空值（NULL）。

（3）引用（referential）完整性约束：要求一个关系中外键（FK）取值必须引用（另一个关系或本关系中）实际存在的键值，否则只能取空值（NULL）。

6.3.2.3 结构化查询语言（SQL）

1. SQL 概述

结构化查询语言（Structured Query Language，SQL）是一种面向集合的、联想式（associative）访问的说明性语言，用于定义、查询、操纵和控制关系数据库。

国际标准化组织（ISO）颁布的 SQL 标准版本主要有 SQL：1999[15]、SQL：2003[16]、SQL：2008[17]。各个 RDBMS 厂商可能支持不同的 SQL 标准版本，且在语言实现上也有不同。

SQL 按其功能可分为四大部分：①数据定义语言（DDL），用于创建、撤销和修改数据模式；②查询语言（QL），用于查询数据；③数据操纵语言（DML），用于在基表中插入、删除、更新数据；④数据控制语言（DCL），用于控制数据访问权限。

2. 数据定义

SQL 的数据定义语言（DDL）主要使用 CREATE、DROP、ALTER 语句，分别创建、撤销和修改关系数据库的模式对象，见表 6.3-3。同时，DDL 语句还提供了完整性约束的 SQL 实现，见表 6.3-4。

表 6.3-3　SQL 模式对象定义语句

语句关键字	模式对象	说明
CREATE	TABLE、VIEW、TRIGGER、INDEX、CLUSTER、STORED PROCEDURE	创建基表、视图、触发器、索引、簇集、存储过程
DROP	TABLE、VIEW、TRIGGER、INDEX、CLUSTER、STORED PROCEDURE	撤销基表、视图、触发器、索引、簇集、存储过程
ALTER	TABLE	修改基表，包括增加列、增加与删除主、外键等

表 6.3-4　完整性约束的 SQL 实现机制

<table>
<tr><th colspan="3">实现方法</th><th colspan="2">实现的完整性约束</th><th>说明</th></tr>
<tr><td rowspan="7">在基表定义中</td><td colspan="2">数据类型（+规则）</td><td colspan="2" rowspan="2">域完整性约束</td><td rowspan="8">SQL:1999 标准；除 ASSERTION 外，大型 RDBMS 产品已实现</td></tr>
<tr><td colspan="2">NOT NULL</td></tr>
<tr><td colspan="2">UNIQUE</td><td colspan="2" rowspan="2">实体完整性约束</td></tr>
<tr><td colspan="2">PRIMARY KEY</td></tr>
<tr><td colspan="2">FOREIGN KEY</td><td colspan="2">引用完整性约束</td></tr>
<tr><td rowspan="2">CHECK</td><td>基于属性</td><td>属性层</td><td rowspan="3">显式完整性约束</td></tr>
<tr><td>基于元组</td><td>元组层</td></tr>
<tr><td>用断言</td><td colspan="2">ASSERTION</td><td>关系层</td></tr>
<tr><td>用触发器</td><td colspan="2">TRIGGER</td><td colspan="2">动态完整性约束</td><td>SQL:1999 标准；已实现</td></tr>
</table>

3. 数据查询

SQL 查询语言（QL）使用 SELECT 语句（包括 SELECT、FROM、WHERE、GROUP BY 和 ORDER BY 子句）查询数据。其中，SELECT 子句指明需要查询的项目，FROM 子句指明被查询的基表或视图，WHERE 子句说明查询条件，GROUP BY 子句和 ORDER BY 子句分别说明对查询结果进行分组和排序。SELECT 子句和 FROM 子句是每个 SQL 查询语句所必需的，其他子句是可选的。SQL 数据查询语句的语法格式见表6.3-5。

4. 数据操纵

SQL 数据操纵语言（DML）使用插入（INSERT）、删除（DELETE）、更新（UPDATE）语句来更新关系数据库中的数据，语法格式见表 6.3-6。

通常，一组数据操纵语句组织成一个事务（transaction）提交给 RDBMS 来执行；事务中操作或者全部执行，或者全部不执行。SQL 中提供了提交事务的 COMMIT 语句和撤销事务的 ROLLBACK 语句，见表 6.3-7。

表 6.3-5　　SQL 查 询 语 句

语句关键字	语 法 格 式	说　明
SELECT	SELECT[ALL|DISTINCT] 〈列表达式〉[{,〈列表达式〉}] FROM〈表标识〉[〈别名〉] [{,〈表标识〉[〈别名〉]}] [WHERE〈查询条件〉] [GROUP BY〈列标识〉[{,〈列标识〉}] [HAVING〈分组条件〉]] [ORDER BY〈列标识〉|〈序号〉[ASC|DESC] [{,〈列标识〉|〈序号〉[ASC|DESC]}]];	SELECT 子句中〈列表达式〉是算术表达式，用于投影表中的列，或对列值进行计算。ALL（默认）表明返回查询结果的所有行，不去掉重复行。DISTINCT 对重复行只返回其中一行
		FROM 子句指明查询的数据来源（基表或视图）
		WHERE 中的〈查询条件〉是逻辑表达式。简单条件有比较、BETWEEN、LIKE、IN 和 EXISTS；复合条件是由简单条件、逻辑运算符及括号所组成的逻辑表达式。条件中允许嵌入子查询
		GROUP BY 子句对已选择的行进行分组；HAVING 子句进一步选择已分的组，对每个已选中的组在查询结果中只返回其单行总计信息
		ORDER BY 子句对查询结果的显示输出进行排序，ASC（默认）为升序，DESC 为降序，排序时遵循"NULL 值最大"原则

注　"[]"中内容可出现 0 或 1 次；"{}"中内容可出现 1～n 次；"\|"表示其左右内容任选其一；有下划线的关键字可省略。

表 6.3-6　　SQL 数 据 操 纵 语 句

语句关键字	语 法 格 式	说　明
INSERT	INSERT INTO〈表名〉[(〈属性名〉[{,〈属性名〉}])] {VALUES(〈常量〉[{,〈常量〉}])|〈查询语句〉};	向基表中插入数据。属性列的顺序可与基表定义中的顺序不一致；属性列表可以被省略
DELETE	DELETE[〈表创建者名〉.]〈表名〉 [WHERE〈删除条件〉];	从基表中删除数据。若 WHERE 子句缺省，则删除基表中所有元组，但基表仍作为一个空表存在于数据库中
UPDATE	UPDATE[〈表创建者名〉.]〈表名〉 SET〈属性名=表达式〉[{,〈属性名=表达式〉}] [WHERE〈更新条件〉];	根据更新条件，将基表中相应元祖的属性值更新为表达式的值

表 6.3-7　　SQL 事 务 控 制 语 句

语句关键字	说　明
COMMIT	提交一个事务，使得事务执行结果持久地影响数据库
ROLLBACK	回滚一个事务，使得事务执行结果被撤销，不影响数据库

5. 数据控制

RDBMS 根据用户的访问权限来控制用户对数据库系统及数据对象的访问方式。访问权限分为系统特权（system privilege）和对象特权（object privilege）。前者是指对数据库系统执行某种特定动作的权利，后者是指对某个具体数据对象执行某种特定操作的权利。角色（role）是一组特权的一个命名，可授予其他角色或用户。系统一般预定义了一些例行的特权和角色，供数据库管理员对用户或角色授权时使用。SQL 数据控制语言（DML）使用 GRANT 和 REVOKE 语句来授予和收回访问权限，见表 6.3-8。

6.3.3 新型数据库

6.3.3.1 面向对象数据库

1. 面向对象数据库概述

面向对象数据库（OODB）是以面向对象数据模型（OODM）作为逻辑数据模型的新一代数据库，其管理系统称为面向对象数据库管理系统（OODBMS）。面向对象思想来自于面向对象设计（OOD）和编程（OOP）。"对象"是指由一组数据域即描述现实世界状态的属性（attribute）和操纵这些数据域的若干过程即方法（method）所组成的数据结构。面向对象的概念[13]包括：数据抽象、封装与信息隐藏，对

表 6.3-8　SQL 数据控制语句

语句关键字	语法格式	说　明
GRANT	GRANT〈系统特权名〉[{,〈系统特权名〉}] TO〈被授权者〉[{,〈被授权者〉}] [WITH ADMIN OPTION];	给被授权者授予系统特权，若附有 WITH ADMIN OPTION 子句，则授权者可以将此特权或角色转授给其他用户或角色
	GRANT〈对象特权名〉[{,〈对象特权名〉}] ON〈表名〉 TO〈被授权者〉[{,〈被授权者〉}] [WITH ADMIN OPTION];	给被授权者授予对象特权
	GRANT〈角色名〉[{,〈角色名〉}] TO〈被授权者〉[{,〈被授权者〉}] [WITH ADMIN OPTION];	给被授权者授权角色
REVOKE	REVOKE〈系统特权名〉[{,〈系统特权名〉}] FROM〈被授权者〉[{,〈被授权者〉}];	从被授权者收回系统特权
	REVOKE〈对象特权名〉[{,〈对象特权名〉}] ON〈表名〉 FROM〈被授权者〉[{,〈被授权者〉}];	从被授权者收回对象特权
	REVOKE〈角色名〉[{,〈角色名〉}] FROM〈被授权者〉[{,〈被授权者〉}];	从被授权者收回角色

象、对象标识与属性，方法与消息，类、子类、超类与继承，覆盖与重载，多态性与动态绑定，复杂对象，等。

OODBMS 主要有三种实现方式[13]：

(1) 扩充现有的 OOP 语言。在 OOP 语言中增加持久化（persistence）机制，使其具有数据管理能力。这是早期采用的主要方法。

(2) 扩充现有的 RDBMS 及 SQL 语言。在 RDBMS 及 SQL 语言中增加面向对象的特性。这是目前的主流方法，面向对象特性从 1999 年开始就被逐步吸收到 SQL 语言标准的最新版本[15-17]中；主要 RDBMS 厂商已将其数据库系统扩充成对象—关系数据库管理系统（ORDBMS）。

(3) 从头开发支持 OODM 及对象查询语言（OQL）的专门 OODBMS。对象数据库管理组（ODMG）开发的对象数据标准 ODMG 3.0 已成为 OODBMS 事实上的工业标准。

目前已有 30 余个 OODBMS 商业产品，从早期的产品（如 Gemstone、Gbase），后期的产品（如 ObjectStore、Versant Object Database），到近期的开源产品（如 Caché、OpenLink Virtuoso）。维基百科全书在相关网页上（http://en.wikipedia.org/wiki/Object_database）列出了全部产品及其性能比较。

2. 对象数据标准

已解散的对象数据管理组（ODMG）制定的 ODMG 3.0[14] 是对象数据标准的最终版，是目前 OODBMS 事实上的工业标准。参考文献[13]介绍了 ODMG 3.0 的主要内容，简要摘录其主要内容如下。

(1) 对象模型（OM）。ODMG 对象模型基于对象管理组（OMG）的核心对象模型，其基本建模原语是可归为类型的对象与字面量（literal）；状态（state）通过对象所拥有的一组属性的值来定义；行为（behavior）由一组在对象上执行或被对象所执行的操作来定义。

(2) 对象定义语言（ODL）。ODL 等价于传统 DBMS 的 DDL 语言，用于定义对象数据管理系统的模式，即基于 ODMG 对象模型的对象类型，包括类型的属性与关系，并指定操作的签署（signature）。对象数据管理系统中还包含模式的实例。

(3) 对象交换格式（OIF）。OIF 是一种规约语言，用来支持在对象数据管理系统的当前状态与文件之间进行导入导出。

(4) 对象查询语言（OQL）。OQL 等价于关系数据库的 SQL 查询语言，是一种说明性语言，采用 SQL 风格的语法，支持对象数据库的联想式和导航式查询。OQL 通过与 OOPL 的语言绑定（binding）支持面向对象的编程。

(5) 语言绑定。定义 ODL/OQL 构造子如何映射为 OOPL 构造子。支持三种 OOPL 语言绑定：C++、Smalltalk、Java。

对象管理组（OMG）于 2006 年 2 月宣布成立对象数据库技术工作组（ODBT WG），着手进行“第四代对象数据库”标准的开发工作。ODBT WG 计划创建一组标准以反映技术的进步，如对象数据库中的复制（replication）技术、数据管理中的空间索引（spatial indexing）技术、新的数据格式（如 XML），且包含新的特性以支持诸如实时系统（real-time systems）中采用的域（domain）的概念。截至 2010 年 12 月，ODBT WG 尚未颁布“第四代对象数据库”标准。

6.3.3.2 对象—关系数据库

1. 对象—关系数据库概述

对象—关系数据库（ORDB）是以对象—关系数据模型（ORDM）作为逻辑数据模型的新一代数据库，其管理系统称为对象—关系数据库管理系统（ORDBMS）。

关系数据库具有优良的查询处理性能和完善的支撑工具与服务，但难以支持高级的数据库应用（如 CAD/CAM）；面向对象数据库虽能支持高级的数据库应用，但当前的性能与服务远不及关系数据库。数据库厂商在数据模型、管理系统和查询语言三个方面对关系数据库进行了不同程度的面向对象的扩充，形成 ORDBMS 产品，解决了以上矛盾。

2. SQL 的面向对象扩充

SQL 的面向对象扩充从 SQL：1999 标准[15]开始，到 SQL：2003 标准[16]完成，最新的 SQL：2008 标准[17]保留了面向对象特性。目前，商业数据库产品对这些 SQL 标准的支持程度不一，业界预期将来会逐步全面支持。参考文献[13]系统介绍了 SQL 标准及商业 ORDBMS 产品中的面向对象特性，简要摘录其主要内容如下。

（1）行（Row）类型。该类型以一个数据域的序列来表示表行的类型，这样，一个完整表行就可以存储在变量中或表列中，或者作为例程的变元或函数调用的返回值。

（2）用户自定义类型（UDT）及类型层次。UDT 包括简单的独特类型和更为一般的结构化类型。一个 UDT 定义由一个或多个属性定义、零个或多个方法申明以及算子（operator）申明所组成。在 CREATE TYPE 语句中使用 UNDER 子句可使一个 UDT 参与到由子类型和超类型所构成的类型层次中；子类型可继承超类型的所有属性或行为（即方法），也可以定义附加的属性和方法，也可以覆盖已继承的方法。

（3）用户自定义例程（UDR）。UDR 定义方法来操纵数据；方法为 UDT 提供所需的行为。UDR 可以作为 UDT 的一部分来定义，也可以作为模式的一部分单独定义。一个 SQL 调用例程可以是一个过程、函数或方法，它可以用编程语言（如 C 语言）来定义，也可以用 SQL 持久存储模块（PSM）来定义。

（4）引用（Reference）类型与对象标识。“REF”类型用来唯一标识一个表行，并定义行类型之间的关系。

（5）集（Collection）类型。该类型是一种类型构造子，用来定义其他类型的集。集可使得在一个表的单个列中存储多个值，从而形成嵌套的表。集类型包括：①数组（ARRAY）：有限元素的一维数组；②多集（MULTISET）：允许有重复值的无序元素集；③列表（LIST）：允许有重复值的有序元素集；④集合（SET）：不允许有重复值的无序元素集。

（6）类型化视图（Typed View）。通过在 CREATE VIEW 语句中使用 OF 子句和 UNDER 子句来实现：基于一个特定的结构化类型来创建一个类型化视图；基于已创建的类型化视图进一步创建子视图。

（7）大对象（Large Object）类型。大对象是一种用于保存大量文本或图形数据的数据类型，包括：二进制大对象（BLOB）表示二进制串；字符大对象（CLOB）表示大字符串。

（8）持久存储模块（Persistent Stored Modules，PSM）。PSM 将一组新的语句类型（见表 6.3-9）引入到 SQL，使 SQL 语言计算完备，并支持对象的行为（即方法）；语句可进一步被组合成复合语句（块），并可拥有自己的局部变量。

表 6.3-9　PSM 中的语句类型

语句类型	语 句 说 明
赋值语句	使用“=”运算将一个 SQL 值表达式的结果赋值到一个局部变量、表列或 UDT 属性
条件语句	使用 IF 语句根据条件选择动作的执行
选择语句	使用 CASE 语句进行多条件选择
循环语句	使用 FOR、WHILE、REPEAT 三种语句来定义可根据条件重复执行的一组 SQL 语句
调用语句	使用 CALL 语句进行过程调用；使用 RETURN 语句指定 SQL 函数或方法的返回值
条件处理	使用 DECLARE… HANDLER/CONDITION 和 SIGNAL/RESIGNAL 语句来定义例外或完成条件及其后处理动作

（9）递归查询。使用 WITH RECURSIVE 语句执行线性递归（linear recursion）查询，并可使用深度优先（depth-first）或广度优先（breadth-first）两种次序将数据插入结果表。

6.3.3.3 XML 数据库

1. XML 技术概述

可扩展置标语言（Extensible Markup Language，XML）[18]是国际万维网联盟（W3C）在对标准通用置标语言 SGML（ISO 8879）进行简化的基础上开发的一种可支持用户自定义定制标签的置标语言，其目的是辅助信息系统共享序列化格式的结构化数据和文档。

除了 XML 语言本身外，XML 技术实际上是一个语言大家族，见表 6.3-10。W3C 的 XML 活动主页（http://www.w3.org/XML/）上描述和报告了 W3C 的主要 XML 活动；W3C 的技术报告主页（http://www.w3.org/TR/）上发布了相关的语言规范。

表 6.3-10　　XML 语言家族

语言	语言英文名称	说明
可扩展置标语言	XML	支持用户自定义定制标签的置标语言
XML 名空间	XML Namespaces	用于为 XML 实例中的元素与属性定义唯一的名
XML 模式语言	XML Schema	文档类型定义（DTD）语言的后继，用于定义 XML 文档的结构、数据类型与语义
XML 指针语言	XPointer	用于定址（addressing）XML 文档中元素与属性
XML 查询语言	XQuery	用于查询 XML 数据集的检索和函数编程语言
XML 包含	Xinclude	用于合并 XML 文档的通用机制
XML 签名	XML Signature	用于定义对 XML 内容创建数字签名的语法与处理规则
XML 加密	XML Encryption	用于定义对 XML 内容进行加密的语法与处理规则
可扩展样式语言	XSLT	一种基于样式（stylesheet）将 XML 文档转换成 XML、HTML、平坦文本或 XSLT 处理器支持的其他格式文件的语言
	XSL-FO	一种用于指定 XML 文档可视化格式的语言
	XPath	一种 DOM 风格的结点树数据模型与路径表达式语言，用于在 XML 文档中选择数据。XQuery、XSLT、XSL-FO 均使用 XPath
XML 解析应用编程接口	Simple API for XML（SAX）	一种事件驱动的解析应用编程接口，适合于对大规模的 XML 文档进行解析，以及从 XML 元素中抽取内容
	Document Object Model（DOM）	一种基于树结构的、平台和语言独立的解析应用编程接口，适合于对 XML 文档进行结构修改、动态创建新元素，以及在内存与其他应用共享已解析的 XML 文档

2. XML 数据管理

与数据库中的传统数据不同，XML 数据是一种新的数据格式。以下三方面原因导致了 XML 与数据库的关系具有复杂性，以及对所谓的“XML 数据库”的定义与分类存在分歧：①XML 及相关语言表示与操纵数据的多样性；②XML 数据在实际应用中有不同的用途；③XML 数据管理实现的多样性，它可以通过对传统数据库的 DBMS 进行扩充来实现，也可以由专门为 XML 开发的 DBMS 来实现。

通常，看待或使用 XML 数据有两种相对极端的视图[13]：

（1）数据中心的（data-centric）视图。XML 用作结构化数据的交换格式；这种 XML 数据存储在传统的关系或对象—关系数据库中，由进行了必要扩充的传统 DBMS 进行管理；XML 格式作为传统数据库的输入/输出格式。

（2）文档中心的（document-centric）视图。XML 用作结构化文档的表示格式；这种 XML 文档通常由专门的支持 XML 模型及其操作的 DBMS 进行管理；XML 格式作为内容管理系统标准格式。

虽然关于 DBMS 对 XML 模型及其操作的应有支持程度还存在分歧，但是数据库界目前还是基本上接受 XML：DB Initiative 组织（http://xmldb-org.sourceforge.net/）对 XML 数据库的如下分类：

（1）XML 使能的数据库（XML-enabled Database）。该类 XML 数据库主要支持 XML 的“数据中心的”视图，为此，需要对传统 DBMS 进行必要扩充。

(2) 原生的XML数据库(Native XML Database)。主要支持XML的"文档中心的"视图,为此,需要开发专门的DBMS。

维基百科全书在相关网页上(http://en.wikipedia.org/wiki/XML_database)列出了原生的XML数据库的当前实现(原型)。

3. SQL的XML扩充

SQL语言早已成为关系数据库或对象—关系数据库(统称为SQL数据库)的标准语言。为了使SQL数据库能改造成XML使能的数据库,标准化组织ISO和ANSI对SQL语言进行了扩充,制定了XML相关规范(XML-Related Specifications,简称SQL/XML),以使SQL与XML能一起使用。在SQL:2003标准[16]中首先引入了SQL/XML规范(ISO/IEC 9075-14:2003),SQL:2008标准[17]中仍然保留了SQL/XML(ISO/IEC 9075-14:2008)。SQL/XML规范主要内容如下:

(1) XML的数据类型。SQL/XML规范中引入了一种称为"XML"的数据类型,可用来定义关系表中的列、用户自定义类型中的属性、函数中的变量或参数。

(2) XML相关例程、函数。SQL/XML规范中还引入了一些例程、函数以及XML向SQL的数据类型映射机制,用于支持将XML格式作为SQL数据库的对外交换格式,以及在SQL数据库中存储与操纵XML。例如,函数XMLELEMENT用于根据关系表中的数据来构造一个XML元素,元素的属性可用函数XMLATTRIBUTES来定义。规范中还引入了一些函数允许用户在SQL语句中嵌入XQuery查询表达式。函数XMLQUERY返回XML类型值;函数XMLTABLE能将XML数据作为输入,并产生一个关系表作为输出。谓词XMLEXISTS可作为搜索条件出现在SQL语句的WHERE子句中。

6.3.4 数据库设计

6.3.4.1 数据库设计方法

1. 数据库设计特点

数据库设计的基本任务是根据企业或组织的信息需求及数据库支撑环境(硬件、网络平台、操作系统平台、DBMS)的特点,设计出满足用户需求的数据库模式(概念模式、外模式、内模式)及典型应用程序。数据库设计通常采用面向数据的方法,注重全局的数据规划和对业务过程的理解。

数据库设计具有三个特点:

(1) 反复性(iterative)。数据库设计需要反复推敲和修改才能完成。前阶段的设计是后阶段设计的基础和起点,后阶段也可向前阶段反馈其要求。

(2) 试探性(tentative)。数据库设计结果一般不是唯一的,设计过程往往是一个试探过程。在设计过程中,受到各个要求和制约因素影响,需要设计者进行权衡。

(3) 分步性(multistage)。数据库设计常常由不同人员分阶段完成。①由于技术分工的需要;②分段把关、逐级审查能保证设计质量和进度。

2. 传统数据库设计方法

传统数据库设计从需求收集与分析开始,依次进行数据库的概念设计、逻辑设计与物理设计。每个设计阶段有具体的设计目标,采用不同的设计技术,形成不同的技术文档。

3. 计算机辅助数据库设计

小型数据库完全可以人工设计,人工设计的质量取决于设计人员的技术、经验及对应用业务的熟悉程度。但对大型数据库,人工设计效率低、周期长,且难以保证质量,因此普遍运用支持数据库设计全过程(甚至应用开发过程)的计算机辅助软件工程(CASE)工具。

目前,计算机辅助数据库设计CASE工具主要有:Rational公司的Rational Rose(后被IBM公司收购后形成IBM Rational Rose XDE),CA公司的ERwin,Sybase公司的PowerDesigner,以及Oracle公司的Oracle Designer等。

6.3.4.2 数据库设计过程

数据库设计的过程是指根据用户需求,设计数据库的结构和建立数据库的过程,一般分为五个步骤:需求分析、概念设计、逻辑设计、物理设计和验证设计,其中后四步是重点。

1. 概念设计

在需求分析的基础上,用概念数据模型描述现实世界中的数据及其相互联系。概念数据模型通常使用实体—联系(ER)模型或统一建模语言(UML)。首先,明确现实世界的各种对象/实体及其属性、相互间的联系以及约束;然后,使用ER图或UML类图对现实世界进行建模,形成全局数据模式或局部视图。

全局数据模式的产生可采用集中式模式设计法或视图集成法。前者将各个局部需求说明统一成一个全局需求说明,然后设计全局数据模式;后者根据各局部需求说明分别进行局部视图设计,然后将各个局部视图集成为一个全局数据模式。

2. 逻辑设计

逻辑设计是将刻画现实世界的全局数据模式转化

为数据库概念模式的过程。对关系数据库而言，主要步骤包括：将ER图或UML类图转化成一组等价的关系模式；对转化后的关系模式进行规范化；为适应RDBMS限制条件进行模式修改；为改善数据库性能、节省存储空间进行模式调整；用RDBMS所提供的SQL DDL语句定义基表模式与完整性约束。此外，逻辑设计阶段还要为各类用户或应用设计各自的外模式（SQL视图）。

3. 物理设计

数据库物理设计的任务是：根据数据库概念模式、外模式、DBMS特点及提供的存储结构和存取方法，对具体的应用任务设计具体的数据库内模式，即物理存储结构（包括索引、簇集、数据存放空间等）。目的是提高数据的性能及有效利用存储空间。

6.3.4.3　实体联系（ER）建模

1. ER建模方法

实体—联系（Entity-Relationship，ER）模型是一种能以较自然方式来模拟现实世界概念的数据模型。ER建模的结果是产生一个ER图（ER diagram），以便设计人员与用户进行有效交流，设计出符合用户需求的数据库。使用统一建模语言（Unified Modeling Language，UML）也可对现实世界进行概念建模，建模结果是产生UML类图（UML Class Diagram）。ER建模与UML建模在本质上是一致的，但在数据库界常用ER图，在软件工程界常用UML类图，它们可以相互转换。

2. 基本ER模型

在基本ER模型中，用实体（entity）表示现实世界中一类对象，用联系（relationship）表示实体之间的二元或多元关系，用属性（attribute）表示实体或联系的特性。

（1）实体。实体是对现实世界中事物的一种抽象。同类事物可定义为一个实体集（entity set）。实体是实体集的一个实例。一般场合不严格区分实体集与实体。

在现实世界中存在一类特殊的实体，它不能独立存在，必须依附于其他实体，这样的实体称为弱实体（weak entity），被依附实体称为所有者实体。

（2）属性。属性用于描述实体及实体间联系的特征。属性可以是原子属性（即属性值是不可再分的数据项），也可以是非原子属性，如组合属性、多值属性等。

能唯一标识实体的属性或属性组（而且此属性或属性组的任何真子集均无此性质）称为实体集的实体键（entity key）。若一个实体集有多个实体键存在，则从中选一个作为实体主键。对于弱实体而言，其实体键必须包括其所有者实体的键。

（3）联系。联系表示实体与实体之间的关系。同一类型的联系所组成的集合称为联系集（relationship set）。联系是联系集中的一个实例。一般场合不严格区分联系集与联系。

联系有两类语义约束：

1）基数比约束（cardinality ratio constraints）。联系R可用实体E_1，E_2，…，E_n所组成的元组来表示，如R（E_1，E_2，…，E_n）。当$n=2$时，称为二元联系（binary relationship），进一步分为一对一（1∶1）、一对多（1∶N）和多对多（M∶N）联系，且在模型中明确地给出这些语义。当$n>2$时，称为多元联系（multiway relationship）。如三元联系进一步分为1∶1∶N、1∶M∶N、M∶N∶P联系等。当$n=1$时，称为自联系或递归联系（recursive relationship）。

2）参与度约束（participation constraints）。在ER模型中，可以进一步约束实体参与联系的最小次数和最大次数，称为实体的参与度约束。对于联系R（E_1，E_2，…，E_n），若$\forall e_i \in E_i$均参与联系R，则称实体集E_i为全参与的（total participation）。若$\exists e_j \in E_j$不参与联系R，则称实体集E_j为部分参与的（partial participation）。

3. 扩充ER模型

在扩充ER模型中，提供了功能更强的建模构造子，主要包括以下三部分：

（1）泛化（generalization）。将几个具有共性的实体概括成一个概念上更普遍的实体，这个过程称为泛化。前者称为子实体，泛化后的实体称为父实体或超实体。子实体与超实体之间的关系称为“is-a”联系。如两个子实体“本科生”和“研究生”可泛化成超实体“大学生”。

（2）聚集（aggregation）。将一个联系看成由参与该联系的全部实体组合而成的新实体，新实体的属性为相关实体和联系的全部属性的并，这种新实体称为聚集。这样，聚集也可参与联系了。

（3）范畴（category）。不同类型的实体可组合成一个新实体，称为范畴。如个人账户（实体）与对公账户（实体）可组合成银行账户（范畴）。

4. ER图

ER建模的结果称为ER模式（ER schema），可用ER图来表示，如图6.3-4所示。ER图的符号在各种数据库设计CASE工具中略有不同，但本质相同。

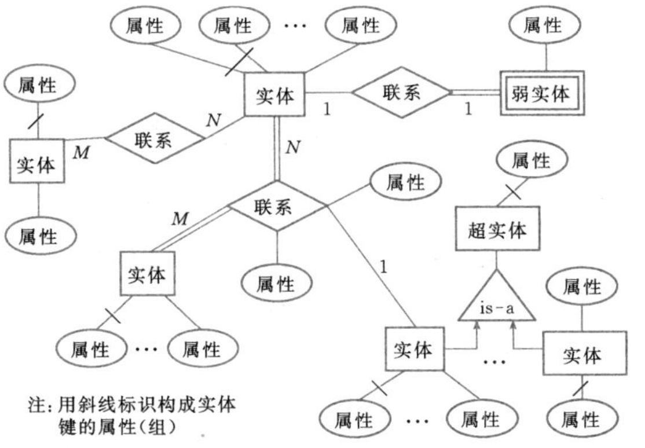

图 6.3-4 ER 图符号示例

5. ER 向关系转换的规则

(1) 实体及其属性的转换。ER 模式中一个实体集直接转换为关系数据库中的一个关系模式，其中，该实体集的每个属性成为该关系模式的一个属性。对于属性域的处理，应根据 DBMS 的支持程度，选择最合适的数据类型或自定义数据类型。对于非原子属性的处理，若是集合类型的属性，则采用“纵向展开”，集合的元素作为属性；若是元组类型的属性，则采用“横向展开”，元组的分量作为属性。对于键的处理，实体集的键成为转化后的关系模式的键，若实体集有多个键，可选定其中之一作为主键。

由于弱实体不能独立存在，必须依附于一个所有者实体，因此在转化成关系模式时，弱实体所对应的关系模式中必须包含所有者实体的主键。

(2) 联系的转换（以二元联系为例）。

1) 1∶1 联系。1∶1 联系的 ER 图如图 6.3-5 所示。如果有一个实体（假如 E_1）是全参与的，则可转换成如下两个关系模式：R_1 (k, a, h, s)，R_2 (h, b)，其中，R_1 的主键是 k，R_2 的主键是 h，R_1 的外键 h 引用 R_2 主键 h 的值。如果实体 E_1 和 E_2 均是部分参与的，则可转换成如下三个关系模式：R_1 (k, a)，R_2 (h, b)，R_3 (k, h, s)，其中，R_1 的主键是 k，R_2 的主键是 h，R_3 的主键是 k 或 h（另一个可作为候补键），R_3 的两个外键 k 和 h 分别引用 R_1 主键 k 的值和 R_2 主键 h 的值。

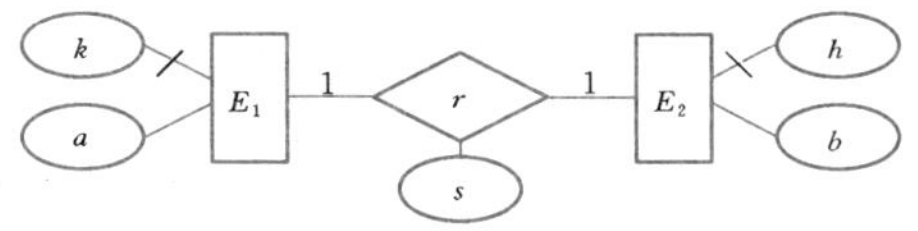

图 6.3-5 1∶1 联系 ER 图示例

2) 1∶N 联系。1∶N 联系的 ER 图如图 6.3-6 所示。如果实体 E_2 是全参与，则可转换成如下两个关系模式：R_1 (k, a)、R_2 (h, b, k, s)，其中，R_1 的主键是 k，R_2 的主键是 h，R_2 的外键 k 引用 R_1 主键 k 的值。如果实体 E_2 是部分参与的，则可转换成如下三个关系模式：R_1 (k, a)、R_2 (h, b) 和 R_3 (h, k, s)，其中，R_1 的主键是 k，R_2 的主键是 h，R_3 的主键是 h，R_3 的两个外键 k 和 h 分别引用 R_1 主键 k 的值和 R_2 主键 h 的值。

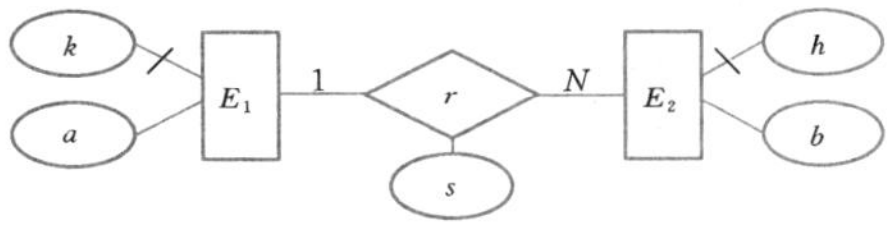

图 6.3-6 1∶N 联系 ER 图示例

3) M∶N 联系。M∶N 联系的 ER 图如图 6.3-7 所示。M∶N 联系可转换成如下三个关系模式：R_1 (k, a)，R_2 (h, b)，R_3 (h, k, s)，其中，R_1 的主键是 k，R_2 的主键是 h，R_3 的主键是属性组 (h, k)，R_3 的两个外键 k 和 h 分别引用 R_1 主键 k 的值和 R_2 主键 h 的值。

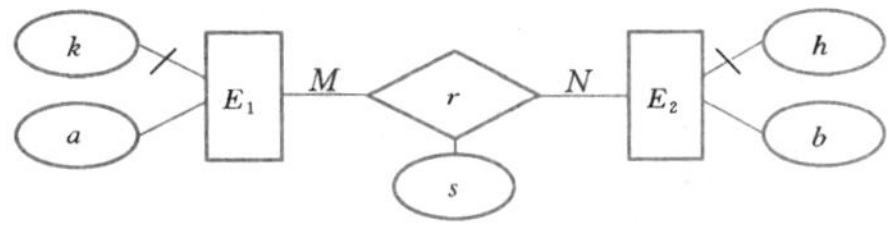

图 6.3-7 M∶N 联系 ER 图示例

6.3.4.4 关系模式规范化

1. 规范化概述

规范化（normalization）是指将一个关系模式按数据依赖关系“单纯化”的原则合理地分解成多个关系模式的过程。因此，规范化过程又称为模式分解（schema decomposition）。

如果关系模式的属性之间存在复杂的依赖关系，那么不仅数据库的更新会出现异常（anomalies），而且也存在数据冗余（redundancy），这不利于数据库的使用与运行。数据依赖关系主要表现为函数依赖（functional dependency）。

2. 函数依赖

函数依赖及其一系列性质是关系模式规范化（即数据库设计）的理论基础。

(1) 函数依赖（functional dependency）与决定子（determinant）。设有一个关系模式 R (U)，其中，U 是 R 的属性集，A 和 B 是 U 的两个子集。如果对 R 的任一实例关系中的任意两个元组 s 和 t，均满足以下性质：若它们在属性集 A 上取值相等（即 $s[A]=t[A]$），则它们在属性集 B 上取值也相等（即 $s[B]=t[B]$），那么称属性集 B 函数依赖于属性集

A，或属性集 A 函数决定属性集 B，记为 $A \to B$，称 A 为决定子。

（2）平凡（trivial）函数依赖、非平凡（nontrivial）函数依赖和完全非平凡（completely nontrivial）函数依赖。设 A、B 是某个关系模式的两个属性集，对于函数依赖 $A \to B$：若 $B \subseteq A$，则称此函数依赖为平凡函数依赖。若 $B - A \neq \varnothing$，则称此函数依赖为非平凡函数依赖。若 $B \cap A = \varnothing$，则称此函数依赖为完全非平凡函数依赖。

（3）传递（transitive）函数依赖。设 A、B、C 是某个关系模式的三个不同属性集，若存在函数依赖 $A \to B$，$B \to C$，但不存在函数依赖 $B \to A$，则称属性集 C 传递（函数）依赖于属性集 A。

（4）完全（full）函数依赖、部分（partial）函数依赖。设 A、B 是某个关系模式的两个不同属性集，若有 $A \to B$，且不存在 $C \subseteq A$ 使得 $C \to B$，则称 $A \to B$ 为完全函数依赖；否则称为部分函数依赖。

3. 范式

范式（normal form）是对关系模式规范化（即模式分解）程度的一种测度。在函数依赖范畴内，规范化程度从低到高分别有以下范式：

（1）第一范式（1NF）：设有一个关系模式 R，若 R 的任一关系实例中的属性值均是不可再分的原子数据，则称 R 属于 INF，记为 $R \in 1NF$。

（2）第二范式（2NF）：设有一个关系模式 $R \in 1NF$，若 R 的每个非主属性均完全函数依赖于关系模式的键，则称 R 属于 2NF，记为 $R \in 2NF$。

（3）第三范式（3NF）：设有一个关系模式 $R \in 1NF$，若 R 的任一非平凡函数依赖 $X \to A$ 满足下列两个条件之一：①X 是超键；②A 是主属性，则称 R 属于 3NF，记为 $R \in 3NF$。

（4）Boyce-Codd 范式（BCNF）：设有一个关系模式 $R \in 1NF$，若 R 的任一非平凡函数依赖 $X \to A$ 满足以下条件：决定子 X 必是超键，则称 R 属于 BCNF，记为 $R \in BCNF$。

关系模式达到BCNF后，在函数依赖范畴内已彻底规范化了，并消除了数据冗余和更新异常。

4. 模式分解

规范化的过程就是一个关系模式按以上范式的要求分解成多个关系模式的过程。模式分解有两种准则：①只满足无损分解（lossless decomposition）要求；②既满足无损分解要求，又满足保持依赖（preserving dependencies）要求。

无损分解就是要求分解前后的关系模式是等价的，即对任何相同的查询总是产生相同的查询结果。这实际上可通过“连接”分解后的诸关系来重构原关系。由于“连接”运算的代价很高，因此，模式分解会降低数据访问的性能。

保持依赖分解就是要求分解后的关系模式中的函数依赖仍然逻辑蕴涵原关系模式中的函数依赖。这是一种理想的模式分解。

理论研究证实，总有将一个关系模式分解成 3NF 的无损且保持依赖的分解；总有将一个关系模式分解成 BCNF 的无损分解。模式分解算法可参见数据库教科书。

5. 规范化与数据查询性能的关系

因为模式分解会降低数据访问的性能，因此关系模式规范化程度并非越高越好。规范化与数据库查询性能之间需要权衡。一般情况下，对于更新频繁、查询较少的关系模式（基表），应该提高规范化程度，以减少更新异常；对于查询频繁、更新较少的关系模式（基表），应该降低规范化程度，以提高数据访问性能。

6.3.4.5　关系数据库物理设计

1. 基表存储机制设计

基表数据有四种存储机制，即一般基表、索引的基表、散列簇集、索引簇集。

（1）索引（index）。一般地，主键（PK）及 UNIQUE属性列上的索引由 DBMS 自动建立，而其他属性列上的索引需由用户（通常是 DBA）手工建立。索引的使用由 DBMS 自动决定，对用户透明。

宜在有关属性列上建索引的情况：①常用来连接（Join）相关基表的列上宜建索引；②以读为主的基表，其常用查询涉及的列上宜建索引；③对只需访问索引块而不需访问数据块的查询是常用查询的基表，其相应列上宜建索引。

不宜在有关属性列上建索引的情况：①很少出现在查询条件中的列；②属性值很少的列；③太小的基表；④属性值分布严重不均匀的列；⑤经常频繁更新的基表或列；⑥过长的列。

（2）簇集（cluster）。簇集的建立需用户手工完成。簇集的使用由 DBMS 自动决定，对用户透明。

簇集有两种实现方法：①索引簇集，是对加入簇集的基表（称簇表）在簇集键上再建索引，每个簇集键值有一个索引项；②散列簇集，对簇表的行在簇集键列上运用 Hash 函数进行散列，以决定相应数据块的物理地址，这样，具有同一散列值的基表行将存储在一起。在实际应用中常用散列簇集，较少用索引簇集。

宜在有关属性列上建簇集的情况：①更新较少的基表，且对其只进行等值查询时，宜建散列簇集；②更新较少的表，且对其既进行等值查询又进行范围查询时，可建索引簇集。

不宜在有关属性列上建簇集的情况：①频繁更新的基表，则宁可用普通的表；②更新较少的基表，但对其只进行范围查询时，则宁可用索引的基表。

2. 数据库分区设计

数据库的存储介质一般由多个磁盘阵列所构成。数据在磁盘阵列上的分布也是数据库物理设计的内容之一，也就是所谓分区设计。其一般原则如下：

(1) 为了减少访盘冲突，提高 I/O 并行性，可以采用水平分割关系的方法。

(2) 为了均衡磁盘阵列的 I/O 负荷，尽可能地使热点数据分散在各个磁盘阵列中。

(3) 保证关键数据（如数据字典）的快速访问，缓解系统访问瓶颈。

例如，在 Oracle 系统中，通常将一个数据库划分为一个或多个称为表空间（table space）的逻辑存储单元，一个表空间所对应的一个或多个数据文件可物理存储于不同的磁盘上，通过这样的方式可简单地实现分区设计。

6.3.5 数据库应用开发

用户与数据库系统打交道有两种方式：①直接借助 DBMS 提供的用户接口，采用交互式 SQL 命令进行；②通过数据库应用程序与 DBMS 交互。

6.3.5.1 从应用程序中访问数据库

在应用程序中使用 SQL 访问数据库有两种方式：①使用嵌入式 SQL；②借助于数据库应用编程接口（如 ODBC 和 JDBC）。

1. 嵌入式 SQL

嵌入式 SQL（Embedded SQL）是将 SQL 语句嵌入到称为主语言的高级程序设计语言（如 C、C++和 Java）程序中。其中，SQL 语句负责数据库操作，主语言语句负责控制程序执行流程以及对数据进一步加工处理。程序工作单元与数据库工作单元之间通过 SQL 通信区（SQLCA）来实现通信（如传递 SQL 语句的执行状态等)。通过定义游标（cursor）机制来实现程序中逐行处理 SELECT 语句返回的多行查询结果。

为了区分混在一起的 SQL 和主语言成分，在 SQL 语句前、SQL 语句中的主语言变量前要加特殊标志。因此，对于一个嵌入式 SQL 与主语言混合编程的源程序，需先通过预编译器（precompiler）将嵌入式 SQL 语句翻译成主语言的函数调用语句，然后才能进行编译与连接，形成可执行代码。

2. 动态 SQL

动态 SQL 允许在程序运行时构造、提交 SQL 语句。程序能在运行时以字符串的形式生成 SQL 语句，立即执行该语句，或使其为后续使用做准备。

首先使用主变量定义好一个包含动态参数占位符（?）的 SQL 语句，然后用 SQL PREPARE 语句准备好这个 SQL 语句（如给动态参数赋值），最后用 SQL EXECUTE 语句执行已准备好的 SQL 语句。

6.3.5.2 SQL 过程化扩充

为弥补 SQL 在流程控制方面的不足，从 SQL：1999 标准版本[15] 开始，推出了持久存储模块（PSM），后续标准版本[16-17] 保持了对 SQL/PSM 模块的支持。数据库厂商实现 SQL/PSM 时会略有不同（如 IBM DB2 的 SQL PL、Microsoft SQL Server 和 Sybase 的 Transact-SQL、Oracle 的 PL/SQL)。

SQL/PSM 主要包括过程化结构（主要语句见表 6.3-9)、存储过程与函数。

存储过程是指使用 CREATE PROCEDURE 语句事先定义好的过程，经编译后存储在数据库服务器中，供数据库应用调用执行。类似地，定义函数使用 CREATE FUNCTION 语句。从 SQL:2003 标准版本开始，SQL 支持表函数（table function)，即函数返回结果是一个表。

6.3.5.3 数据库连接与应用编程接口

数据库应用程序与 DBMS 可以通过应用编程接口（API）实现通信。常用数据库连接与应用编程接口包括 ODBC、JDBC、ADO、ADO. NET 和 OLE DB 等。

1. ODBC

开放数据库连接（ODBC）标准定义了一种应用程序和数据库服务器之间进行通信的方法。通过驱动程序作为应用程序与数据库系统之间的“桥梁”，ODBC 提供了一组独立于具体编程语言、DBMS 及操作系统的数据库访问标准接口（API)。ODBC 应用系统的体系结构[13] 如图 6.3-8 所示。

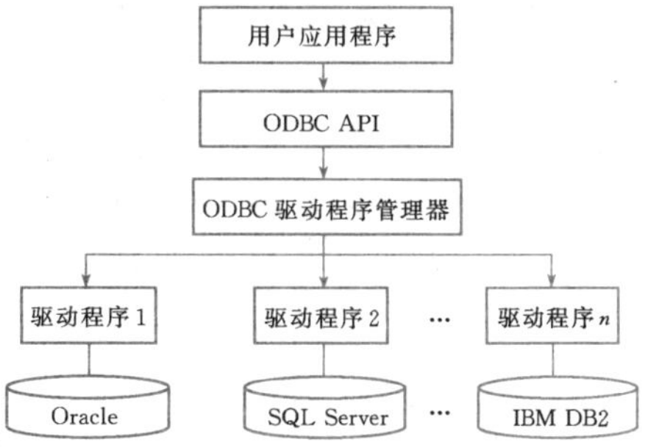

图 6.3-8 ODBC 应用系统体系结构

2. JDBC

Java 数据库连接（JDBC）定义了 Java 程序连接（关系）数据库服务器的 API 标准。JDBC 首先应用于

Java 2 Platform，Standard Edition（J2SE），version 1.1。通过 JDBC-ODBC 桥（JDBC-to-ODBC bridge），使 Java 应用可以访问任何 ODBC 可访问的数据源。

JDBC API 动态装载正确的 Java 包并将其登记到 JDBC 驱动程序管理器，该管理器创建 JDBC 连接。JDBC 连接支持 SQL 数据定义、查询与操作语句，包括 CREATE，SELECT，INSERT，UPDATE，DELETE，JDBC 连接也支持 SQL 存储过程调用。

6.3.5.4 数据库间的数据转换

数据以特定的组织形式、表示格式和信息含义存储于特定的数据库管理系统中，因此，要实现不同数据库之间的数据转换（data transformation）并非易事。主要障碍在于数据库之间存在各种异构性（heterogeneity）。自动工具只能在一定程度上简化数据转换的复杂过程。

1. 数据库间的异构性

数据源（数据库）之间存在以下几个（复杂性从低到高）层面的异构性：

（1）系统异构性：是指数据库使用不同的 DBMS，甚至不同的操作系统与硬件平台。

（2）语法异构性：是指数据使用不同的表示格式，包括不同的数据类型与语法格式。

（3）结构异构性：是指数据使用不同的数据模型，具有不同的模式结构。

（4）语义异构性：是指对数据的含义有不同的解释。

2. 异构数据转换方法

数据转换的过程就是将全部或部分数据从一个数据源（源数据库）迁移到另一个数据源（目标数据库）的过程。如果源数据库与目标数据库之间不存在任何异构性，或仅存在系统异构性与/或少量的语法异构性，那么数据转换过程相对比较简单；否则需要进行复杂的处理过程。通常，实现异构数据库之间的数据转换需包含以下步骤：

（1）建立源数据库与目标数据库之间的连接（connection）。此步骤主要针对系统异构性。一般有两种连接模式：①直接连接，即借助数据库连接标准（如 ODBC、JDBC 等）在源数据库与目标数据库之间建立直接“通路”；②间接连接，即借助数据库导出/导入工具，以特定格式的数据文件，在源数据库与目标数据库之间建立间接“通路”。

（2）建立源数据与目标数据之间的映射。这一步骤主要针对语法异构性、结构异构性和语义异构性。如果源数据与目标数据之间仅存在语法异构性，那么只要建立相对简单、直接的语法映射；否则，需要建立复杂的语义映射。通常，语法映射使用一定的格式转换语言来定义映射规则，而语义映射除了映射规则外，还需使用数据处理语言（如 Java、C）来编写处理程序。

（3）执行数据抽取、转换、装载（Extract-Transform-Load ETL）。对已建立了连接、定义了映射的两个数据源，通过执行特定的数据抽取、转换、装载程序或借助已有的 ETL 工具，完成从源数据库到目标数据库的数据转换处理。

专用 ETL 工具集有 IBM InfoSphere DataStage、Oracle Data Integrator（ODI）、Microsoft SQL Server Integration Services（SSIS）等；第三方开源 ETL 框架有 Apatar、CloverETL、Flat File Checker 等。

6.3.5.5 数据库应用开发工具

数据库系统的体系结构不同，数据库应用开发工具也有所不同。目前主流的 C/S 结构数据库应用开发工具有 Delphi、Visual Basic、.NET 框架（Visual Basic. NET、C ♯）、Visual C ++、Java 和 PowerBuilder 等。而 B/S 结构的应用开发工具有 ASP、ASP. NET、JSP 和 PHP 等。在开发工具中通常可以通过 API 接口（如：ODBC、JDBC、OLE DB 等）建立与后台数据库的连接。常用的数据库应用开发工具如表 6.3－11 所示。

表 6.3－11 常用数据库应用开发工具

开发工具	供应商	应用体系结构	特点
Delphi	Borland	C/S 结构为主	数据库引擎：BDE、ADO；数据库组件丰富
Visual Basic（VB）	Microsoft	C/S 结构	数据控件丰富；数据库管理窗口；数据库访问技术：JET 引擎、ODBC和 OLE DB；数据对象 ADO
VB. NET	Microsoft	B/S、C/S 结构	基于 .NET 的框架结构；使用 ADO. NET 访问数据库
Visual C++	Microsoft	C/S 结构	数据库访问技术：ODBC API、MFC ODBC、OLE DB、ADO
C♯	Microsoft	B/S、C/S 结构	基于 .NET 的框架结构；结合 VB、VC、Java 的优点

续表

开发工具	供应商	应用体系结构	特　点
Java	Sun	B/S、C/S结构	跨平台；通过JDBC或JDBC-ODBC桥访问各种不同的数据库；主流的Java集成开发平台：Eclipse、Myeclipse、Jbuilder2008、Jdeveloper和Netbeans等
JSP	Sun	B/S结构	以Java语言作为脚本语言的一种动态网页技术标准；平台无关性
ASP	Microsoft	B/S结构	使用VBScript、Jscript作为脚本语言的动态网页技术；局限于微软的操作系统平台之上
ASP. NET	Microsoft	B/S结构	基于.NET的框架结构；用C#作为编程语言
PHP	开源产品	B/S结构	免费、开源的超文本预处理语言；跨平台；PHP常与MySQL数据库搭配使用
PowerBuilder	Sybase	C/S结构	通过数据窗口对象可以方便地对数据库进行各种操作；提供了基础类库PFC，利用PFC可以快速开发出高质量复用性好的应用程序；两种访问后台数据库的方式：ODBC和专用接口

6.3.6 数据管理高级技术

传统的数据库技术主要用于支持业务管理过程中的联机事务处理（On-Line Transaction Processing，OLTP），如数据查询、数据更新、报表生成等。各种各样的数据在数据库中长期积累后形成了极具价值的数据资源，而数据仓库（Data Warehouse，DW）和数据挖掘（Data Mining，DM）技术就是为了充分利用已有的数据资源，将数据转换为信息和知识的数据管理新技术，以便支持更高层次的管理活动，如分析与决策。

建立数据仓库的主要目的是为了进行联机分析处理（On-Line Analytical Processing，OLAP）。数据挖掘的目的是为了从大量数据中进行知识发现（knowledge discovery）。

6.3.6.1 数据仓库

1. 数据仓库的定义

数据仓库一般采用数据仓库之父William Harvey Inmon提出的定义[20]：数据仓库是一个面向业务主题的（subject-oriented）、集成的（integrated）、反映变化历史的（time-variant）、相对稳定的（non-volatile）数据集，用于更好地支持企业（或组织）的决策分析。

从以上定义可看出，数据仓库可看作是一个决策支持数据库，它不仅不同于一个企业（或组织）的日常操作型数据库，而且通常与操作型数据库分开建立。分开建立的原因是因为两种数据库具有不同的目的、包含不同的数据、支持不同的处理。

2. 数据仓库的体系结构

从多个数据源中获取原始数据，经加工处理后，集中装载到数据仓库中。通过数据仓库访问工具，向数据仓库用户提供统一和集成的分析环境，以支持决策分析。数据仓库系统的体系结构如图6.3－9所示[20]。

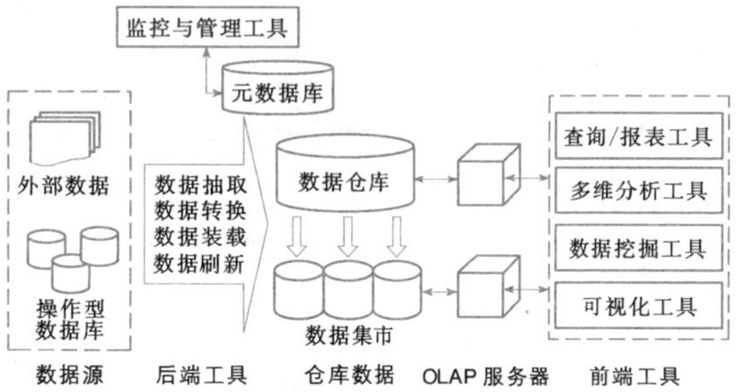

图6.3－9　数据仓库的体系结构

该体系结构中包含以下六个部分：

（1）数据源（包括许多操作型数据库和其他外部数据源），为数据仓库提供源数据。

（2）后端工具，包括数据的抽取、转换、装载（ETL）和刷新工具，负责从数据源中抽取数据、对数据进行检验和整理，并根据数据仓库的设计要求，对数据进行清洗（cleaning）后重新组织和加工，装载到数据仓库中，并周期性地刷新数据仓库以反映源数据的变化。

（3）监控与管理工具，负责对数据仓库系统、数据源及ETL过程的监控与管理。借助元数据（metadata）来描述数据仓库数据的结构、建立方法、统计参数。

（4）数据集市（data mart），是为特定的应用目的或应用范围，从一个企业或组织的数据仓库中独立出来的一部分数据，又称为部门级数据仓库。

(5) OLAP 服务器，负责管理仓库数据，并给前端工具提供存取接口和多维数据视图。

(6) 前端工具，包括查询/报表工具、多维分析工具、数据挖掘工具、可视化工具等。

3. 多维数据模型

(1) 多维立方体。为了支持分析处理，数据仓库的数据模型与传统数据库的数据模型（如关系模型）不同，采用多维数据模型（multidimensional data model）。

多维数据模型将分析数据从不同的观察角度进行组织。分析数据称为量（measure），观察角度称为维（dimension）。这样，就把数据组织成一个立方体（cube）。例如，图 6.3-10 是按时间、监测点和监测参数三个维，将长江江段的水位、流量、降水量和蒸发量四个监测值（均可包含最高值、最低值和平均值三个量）组织成一个三维立方体。

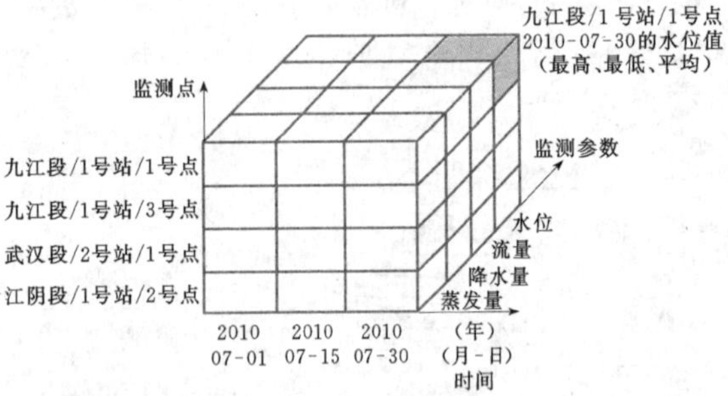

图 6.3-10　长江江段水文监测值多维数据立方体

在数据立方体中，由于每个量均与一组特定的维建立了联系，而每个维可具有层次结构，因此，对这样的数据可进行多维分析。例如，监测点维具有层次结构：江段→监测站→监测点，时间维也具有层次结构：年→月→日，因此，对水位值（假如包含最高值、最低值和平均值），可统计出某个江段（如九江段）在某个时间段（如 2010 年 7 月）的最高水位与平均水位。如果数据仓库中包含了 100 年的数据，我们可统计出长江 100 年的最高水位与平均水位。

(2) 数据模式。多维数据可利用关系数据库的表结构按特定的模式进行组织与存储。典型的数据模式是星型模式（star schema）。这种模式将一个包含量（measure）的事实表（fact table）通过外键（FK）与多个维表（dimension table）建立连接，形成一个星型。例如，图 6.3-11 就是图 6.3-10 多维数据立方体的一个星型模式。

由于维可具有层次结构，因此可将某些维表进行规范化，每个维表在规范化后形成一组连接的层次维

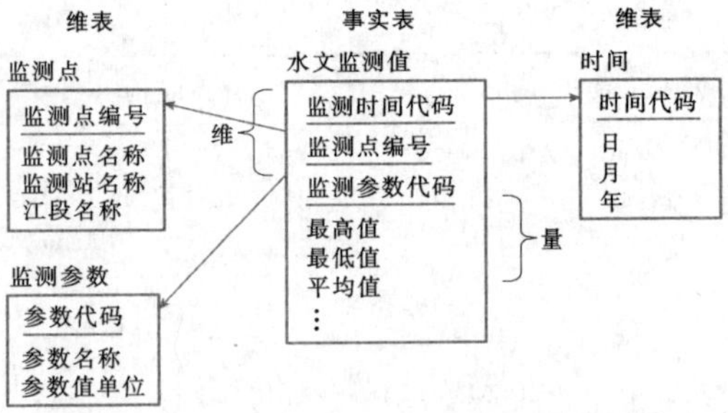

图 6.3-11　长江江段水文监测值星型模式

表，从而使得数据模式呈雪花状，形成所谓的雪花模式（snowflake schema）。进一步地，多个事实表可共享维表，形成所谓的星状雪花模式（starflake schema）。

4. 联机分析处理

在多维数据立方体上可进行联机分析处理（OLAP），主要包括以下几种操作：

(1) 切片（slice）与切块（dice）。在部分维上选定值后，分析量在剩余维上的分布。若剩余的维只有两个，则是切片；若剩余的维有三个或以上，则是切块。

(2) 下钻（drill-down）与上卷（roll-up）。通过改变维的层次，来变换分析的粒度。上卷是在某一维上将低层次的细节数据聚合（aggregate）到高层次的概括数据，即是降维操作；下钻则相反，它从汇总数据深入到细节数据进行观察。

(3) 旋转（pivot）。旋转是变换维的方向，即在表格中重新安排维的放置（如行列互换）。

数据立方体实际上为 OLAP 操作提供了多维、多粒度的数据视图。为了改善 OLAP 操作的性能，有时需将某些概括数据的视图提前计算出来并存储于数据仓库中，这个过程称为视图的物化（materialization）。数据仓库中究竟该存储哪些物化视图（materialized views），是一个很难的视图选择问题。

OLAP 有以下几种实现方式：

(1) 多维 OLAP（Multidimensional OLAP，MOLAP）。MOLAP 是 OLAP 的经典实现方式，又称为物理 OLAP，它使用基于多维数组的多维存储引擎来直接支持 OLAP 操作。这种方式的优势是对已预先计算好的概括数据能提供快速索引。

(2) 关系 OLAP（Relational OLAP，ROLAP）。ROLAP 又称为虚拟 OLAP，它使用 RDBMS 来存储和管理数据仓库数据（事实表、维表和物化视图），通过提供 OLAP 中间件或对 RDBMS 进行扩充，来支持 OLAP 操作。这种方式的优势是具有较大的规模可伸缩性。

(3) 混合型OLAP (Hybrid OLAP, HOLAP)。HOLAP是把MOLAP和ROLAP两种方式进行有机结合。

5. 数据仓库实现

实现数据仓库的关键有以下几点:

(1) 对数据仓库及联机分析处理 (OLAP) 进行需求分析和系统规划。

(2) 设计数据仓库的多维数据模式,设计方法有别于传统的数据库设计。

(3) 选择和配置合适的OLAP服务器。目前,数据库厂商广泛支持数据仓库构建,提供了大量的OLAP服务器产品 (http://en.wikipedia.org/wiki/Comparison_of_OLAP_Servers)。

(4) 选择与使用合适的ETL工具 (http://en.wikipedia.org/wiki/Extract,_transform,_load),从数据源抽取、转换、装载数据到已设计和配置好的仓库数据。这一步需投入大量资源。

6.3.6.2 数据挖掘

数据挖掘 (Data Mining, DM) 又称从数据库中发现知识 (Knowledge Discovery in Databases, KDD),是数据库技术与统计学、机器学习、模式识别、高性能计算和可视化等技术相互交叉的新学科分支。

1. 数据挖掘的定义

数据挖掘是从大量数据中抽取出非平凡的 (non-trivial)、隐含的 (implicit)、先前未知的 (previously unknown)、潜在有用的 (potentially useful) 模式或知识的过程[20]。

数据挖掘可以从各种数据源进行挖掘,但主要是关系数据库、数据仓库、Web数据等。完整的挖掘过程包括预处理、挖掘、后处理三个步骤。预处理的任务主要是数据的清洗、集成、选择与转换;后处理主要是指模式评价 (pattern evaluation)、知识表示与结果确认等。

2. 数据挖掘的基本任务

数据挖掘的任务有两大类:

(1) 描述性 (descriptive) 数据挖掘。以简明扼要的方式来描述数据集,并呈现非同寻常的、一般化的数据特性。

(2) 预测性 (predictive) 数据挖掘。通过构造模型,在已有数据集上进行推理,来预测新数据集的表现或趋向。

3. 常用数据挖掘功能

(1) 类描述 (class description)。类描述是对一个数据集的简明扼要的概括,使其区分于其他数据集。概括意味着特征刻画 (characterization);而区分意味着判别 (discrimination)。

(2) 关联分析 (association analysis)。关联分析就是从大量的数据中发现数据项之间有趣的共现性 (co-occurrence) 或相关性 (correlation),即隐藏的关联规则 (association rule)。支持度 (support) 和置信度 (confidence) 都超过一定阈值的关联规则才有价值。

(3) 分类 (classification)。分类就是通过分析一组训练数据 (即它们的类标签是已知的),根据数据特征构造出一个分类模型,以便识别未知数据的归属。从机器学习的角度来看,分类是一种监督学习 (supervised learning)。

(4) 聚类 (clustering)。聚类就是在未知类标签的情况下,将一组对象 (观测数据) 进行划分归类,使得在同一类 (cluster) 中的对象很相似,而不同类中的对象很不相似。"相似"即距离很"近",度量相似性的距离函数 (distance function) 有很多,包括欧几里得距离 (Euclidean distance)、曼哈坦距离 (Manhattan distance) 和马哈朗诺比斯距离 (Mahalanobis distance) 等。聚类是一种无监督机器学习 (unsupervised learning)。

(5) 离群分析 (outlier analysis)。离群 (outlier) 是指不遵从常规表现的数据对象。离群通常是聚类和回归分析的副产品。离群分析广泛应用于欺诈侦查 (fraud detection) 或稀罕事件分析 (rare events analysis)。

(6) 时间序列分析 (time-series analysis)。时间序列分析就是分析大量时间序列数据,从中发现某种规律或有趣特征,包括相似序列或子序列、周期律、演化趋势或偏差等。

6.4 计算机辅助设计

6.4.1 计算机图形

6.4.1.1 计算机图形标准

国际标准化组织 (ISO) 已经批准的与计算机图形有关的标准有图形核心系统 (GKS ANSI X3.124 和 ISO/IEC 7942) 及其语言联编、三维图形核心系统 (GKS-3D ISO 8805) 及其语言联编、程序员层次交互式图形系统 (PHIGS ISO/IEC 9592) 及其语言联编、计算机图形元文件 (CGM)、计算机图形接口 (CGI)、基本图形转换规范 (IGES) 和产品数据转换规范 (STEP) 等。

1. GKS

GKS是一种不依赖于计算机和图形设备的图形

生成和控制标准，是独立于语言的图形核心系统。利用 GKS 提供的应用程序与图形输入、输出设备之间的接口，可以将 GKS 的图形功能嵌入到具体应用程序中。

在 GKS 中，图形由一系列称为图元（折线、多点标记、填充区和正文）的基本结构块所构成。

2. GKS-3D

在 GKS（二维图形标准）的基础上，ISO/IEC 制定了三维图形标准 GKS-3D，增加了与三维有关的图形输入、输出和视图变换功能，以及观察参考和规格化投影两种三维坐标系。

3. PHIGS

PHIGS 是 ISO 在 1986 年公布的计算机图形标准。PHIGS 主要有三重含义：①向应用程序提供控制图形设备的接口；②图形数据按层次结构组织，使多层次的应用模型能方便地应用 PHIGS 进行描述；③提供动态修改图形数据并重新绘制的机制[21]。

在 PHIGS 的基础上，ISO 又公布了 PHIGS+图形标准。它不仅包含了 PHIGS 的全部功能，还增加了曲线、曲面、光源与光线、真实感图形显示等功能。

4. 图形标准的语言联编

图形标准的定义是与程序设计语言无关的，其运用必须通过用户接口来实现。面向应用的接口有三种，即子程序库、专用语言和交互命令，它们又具有以下六类功能：

(1) 基本图素生成，包括生成点、直线段、多边形、矩形、圆、圆弧、字符、自由曲线、自由曲面，以及读写像素等。

(2) 坐标变换。支持平移、旋转、缩放、对称、窗口视图变换、投影变换和裁剪等。

(3) 设置图形属性和显示方式。图形属性包括定义和选择线型、线宽、填充图案、字体和光标，设置红绿蓝三原色的色度、亮度、饱和度等颜色属性，以及绘图方式、明暗、位图等形式。

(4) 输入输出子程序。该功能用于启动不同的输入输出设备，并依照时间顺序进行处理。

(5) 真实感图形处理。这个功能包含了选择要消除的隐藏线、面和不同的光照模型，生成真实感图形的算法。

(6) 用户界面设计。包括菜单定义和选择、对话框定义和选择、命令行参数输入和执行，以及提示、出错信息的输出和处理等。

6.4.1.2 计算机图形软件包

1. Open GL

Open GL 是一个开放的三维图形软件包，独立于操作系统，以它为基础开发的应用程序可以方便地在各种平台间移植。

(1) 建模。Open GL 图形库除了提供基本的点、线、多边形绘制函数外，还提供了三维形体（球、锥、多面体等）以及曲线和曲面绘制函数。

(2) 变换。Open GL 图形库的变换包括基本变换和投影变换。基本变换有平移、旋转、变比、镜像四种变换。投影变换有平行投影（又称为正射投影）和透视投影两种变换。

(3) 颜色模式设置。Open GL 有 RGBA 和颜色索引（color index）两种颜色设置模式。

(4) 光照和材质设置。Open GL 提供辐射光（emitted light）、环境光（ambient light）、漫反射光（diffuse light）和镜面光（specular light）设置。

(5) 纹理映射（texture mapping）。利用 Open GL 纹理映射功能可以逼真地表达诸如材质、光洁度等物体表面细节。

(6) 位图显示和图像增强。这个功能除了基本的拷贝和像素读写外，还提供融合（blending）、反走样（antialiasing）和雾（fog）等特殊图像效果处理。这三个功能可使被仿真物体更具真实感，因此增强了图形显示的效果。

(7) 双缓存动画（double buffering）。双缓存即后台缓存和前台缓存。后台缓存计算场景、生成画面，前台缓存显示后台缓存生成的画面。

此外，利用 Open GL 还能实现深度暗示（depth cue）、运动模糊（motion blur）等特殊效果，从而达到消隐的目的。

2. Direct 3D

Direct 3D 是基于微软通用对象模式（Common Object Mode，COM）的 3D 图形 API。它是由微软建立的 3D API 规范，其语法定义包含在程序开发构件的源代码和帮助文件中。Direct 3D 是微软 Direct X SDK 集成开发包的重要部分，适合多媒体、娱乐、实时三维动画等三维图形设计。

6.4.1.3 计算机图形应用

1. 应用接口

应用接口包括用户接口（人机交互接口）和图形设备接口。

(1) 用户接口。用户接口是计算机图形系统接收用户任务，并将它转换成执行过程的控制机构。用户接口由任务表达、对话控制和应用接口三部分组成，如图 6.4-1 所示。

用户接口也可以视为用户与应用系统的核心功能模块之间的界面，如图 6.4-2 所示。它负责接收用

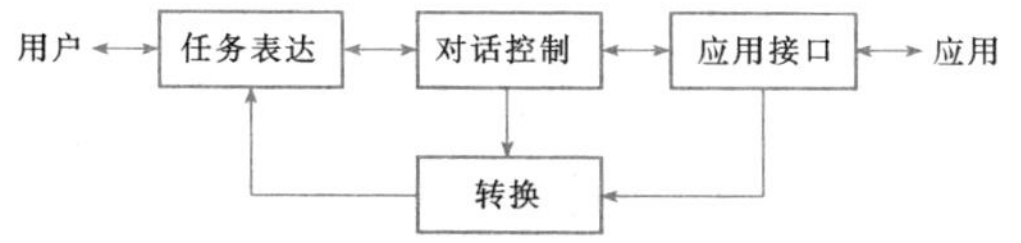

图 6.4-1 用户接口模型[22]

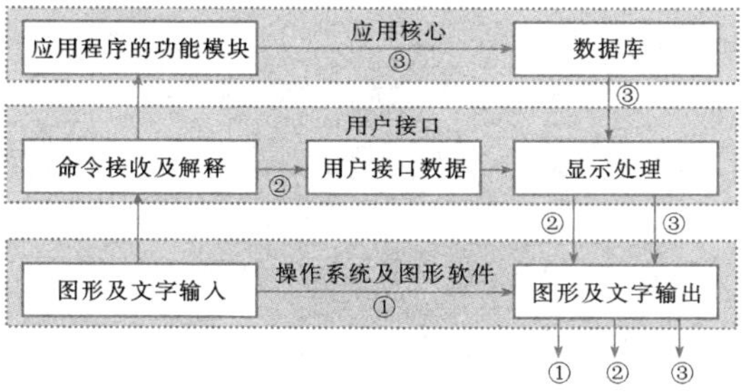

图 6.4-2 应用系统与用户接口界面

①—输入信息的回显；②—对话；③—命令执行结果

户向系统输入的操作命令及参数，经检验无误后调用相应的应用程序执行，执行的结果再以一定的形式反馈给用户。

(2) 图形设备接口。ISO/DP 9636 标准中制订的计算机图形设备接口标准（Computer Graphics Interface，CGI）是连接图形设备与应用的渠道。

CGI 包括的虚拟设备和出错处理功能用以实现对图形图像信息，以及接口的图形和非图形设备的内部关系的管理。这些功能分成控制、输出、图段操作、输入和应答，以及光栅图像处理五个部分。

2. 应用领域

随着图形标准的完善和图形系统的成熟，计算机图形已广泛应用于计算机辅助设计和制造、科学计算可视化、计算机仿真、计算机动画和地理信息系统等领域。

6.4.2 CAD 方法与技术

6.4.2.1 CAD 绘图方法

1. 非参数化绘图

非参数化绘图是相对于参数化绘图而言的，它可以代替人在绘图板上的手工绘图，但不能完成设计层面上的工作。

2. 参数化绘图

参数化绘图是基于特征、全尺寸约束、全数据相关的绘图乃至设计的方法和技术。参数化绘图通过指定一组尺寸作为参数使其与几何约束集相关联，并将所有的关联公式融入到应用程序中，因而能绘制或设计一族在形状和功能上具有相似性的结构或工程。

3. 装配图生成

装配图生成需要借助可视化装配工具、图形参数管理工具、结构物关系管理工具等装配环境。装配环境允许在结构物（或零部件）之间创建关联关系，在绘图或设计期间，能自动保持这些关联关系，以实现设计者的设计意图。装配环境还提供干涉分析来验证空间是否被多个结构物所占用。如果检测到干扰，则会发布干扰报告，指示干扰状态，乃至提供避免措施和解决方案。

除了上述功能外，装配环境还提供在工程项目生命周期中管理文档的功能。

6.4.2.2 造型方法

1. 曲面造型

曲面造型（surface modeling）主要研究曲面的表示、设计、显示和分析。它已经形成了以 Bezier 和 B 样条方法为代表的参数化特征设计和隐式代数曲面表示这两类方法为主体，以插值（interpolation）、拟合（fitting）和逼近（approximation）这三种手段为骨架的几何理论体系。曲面造型涉及曲面重建、曲面简化和曲面位差控制等技术。

依据曲面上的部分采样信息来恢复原始曲面的几何模型，称为曲面重建。采样工具包括激光测距扫描器、接触探测数字转换器、雷达或地震勘探仪器等。根据重建曲面的形式，可分为函数型曲面重建和离散型曲面重建两种类型。

与曲面重建一样，曲面简化的目的是在保证模型精度的前提下，从三维重建后的离散曲面的输出结果（主要是三角网格）中去除冗余信息，以保持图形显示的实时性、数据存储的经济性和数据传输的快速性。对于高分辨率曲面模型而言，这一技术还可用于建立曲面的层次逼近模型，进行曲面的分层显示、传输和编辑。曲面简化方法有：网格顶点剔除法、网格边界删除法、网格优化法、最大平面逼近多边形法以及参数化重新采样法等。

曲面位差又称为曲面等距性，它在计算机图形及加工业中有广泛应用。例如，数控机床的刀具路径设计就要研究曲线的等距性。曲面位差控制方法主要有有理 Bezier 曲线和曲面的降阶逼近算法及误差估计、非均匀有理 B 样条（Non-Uniform Rational B-Splines，NURBS）曲面在三角域上与矩形域上的快速转换等。

2. 实体造型

实体造型（solid modeling）研究适合计算机处理的立体物体建模技术。实体造型软件为实体设计和分析创造了一个虚拟的现实，其操作界面包括可编程的宏命令、键盘快捷键和动态模型操作等。

实体造型可以并行进行。例如，几个人同时设计一座复杂的水利工程建筑时，当新的结构物创建并加入到装配模型中时，每个设计者都可以对其进行处理，加工他们自己的结构物。整个设计的演变对所有参与者都是可见的。

一个实体模型通常由一组特征组成，然后逐个叠加，直到模型完成。工程实体模型通常由基于草图的特征组成，二维草图沿着路径扫掠形成三维特征，其过程可以是切割，也可以是拉伸等。

实体造型以立方体、圆柱体、球体、锥体和环状体等基本体素为单位元素，通过集合运算（拼合或布尔运算），生成所需要的几何形体。实体造型包括体素定义和描述，以及体素之间的布尔运算（并、交、差）。目前常用的实体表示方法有：边界表示法、构造实体几何法和扫描法等。

3. 特征造型

特征是几何信息、工程信息及其依赖关系（生成信息）的集成。特征有过渡特征、草图特征和定位特征等多种形式。依赖关系是特征造型与实体造型的最大区别，特征造型记录了建模的过程，实体造型仅记录最终的造型结果。

特征造型包括依赖关系、拓扑ID号、特征树和特征更新等技术。在特征造型系统中，几何形体之间的依赖关系是定义特征的关键。依赖关系分为显式和隐式两种类型。

在造型过程中，实体的点、边、面是自动生成的，与之相关联的拓扑ID号不仅仅是一个简单的编号，而是一个完整的指标体系。因为面相对稳定，在布尔运算过程中，若没有分裂、合并，或新的面生成，点、边基本上可用面来区分，因此，拓扑ID号以面为中心命名。

依赖关系用特征树来描述。一个特征发生变化后，与之有关的特征均要更新，即子特征的所有父特征更新之后，该子特征才能更新；任一父特征的更新失败，其子特征的更新均认为也是失败的。

目前，特征造型技术仍有不足。例如，难以完全重建；对于不同的CAD系统，几何信息可以交换，但特征信息不能交换等。

6.4.2.3　设计方法

1. 设计进程建模

设计进程模型分为粗略模型和精细模型两种。

（1）粗略模型。任何一个基于计算机的设计进程都包括三个层次（见图6.4-3）：①系统及支撑环境层；②针对某一应用的专业软件层；③使用专业软件进行设计层。

（2）精细模型。创建精细模型前，要先明确两个问题：

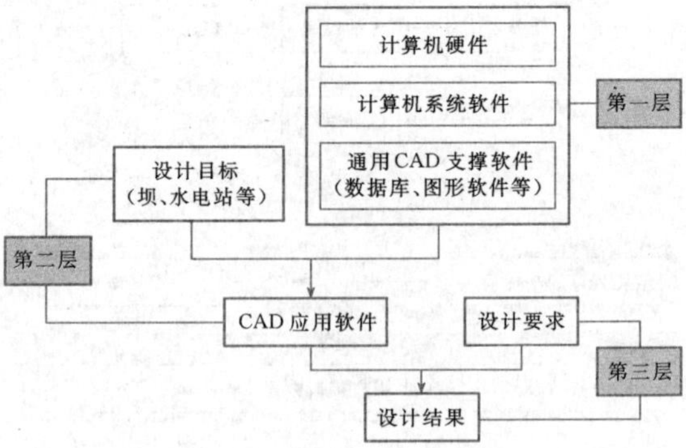

图6.4-3　设计进程的粗略模型

1）设计进程不是自含式的。设计进程通常嵌入在另一个进程（称为它的环境）之中，并由一个较高级的进程来引导和控制。

2）设计进程是可重复的。在设计初期，不可能完全清楚设计对象的全部需求，以及这些需求对设计目标的影响程度，通常采用试探法来导出精确的功能和性能需求。在设计进程中，如果设计目标没有达到，那么设计方案就必须修改，并用设计规范进行评价。

如果不考虑具体的设计对象，图6.4-4描述了一个设计进程的精细模型。显然，设计进程是一个控制环路，其过程主要包括“综合”、“分析”和“评价”三种操作。

2. 结构设计

结构设计的关键是结构计算。我国结构计算经历了容许应力法、极限状态法和概率极限状态设计法等阶段。虽然概率极限状态设计法更科学和合理，但在运算过程中带有一定程度的近似，只能视作近似概率法。事实上，工程建筑是一个空间结构，各种构件以复杂的关联方式共同工作，并非是脱离总的结构体系的单独构件。因此，结构工程师必须把概念设计应用到实际的结构设计中去。

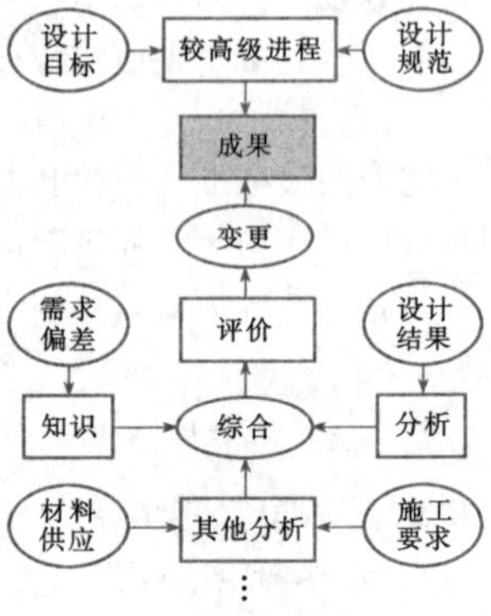

图6.4-4　设计进程的精细模型

概念设计针对一些难以作出精确理论分析或运用规范规定的问题，依据总体结构与分结构之间的力学关系、结构破坏机理、试验现象和工程经验所获得的基本设计原则和设计思想，从整体的角度来确定建筑结构的总体布置，并作为结构物设计的宏观控制。

3．装配设计

装配设计（Design For Assembly，DFA）是指经过对产品或结构物装配过程的分析之后，设计出能够实现产品或建筑物优化组合的装配流程，其目标是使装配成本最小化。

装配设计的步骤如下：

（1）评分。对理论最少装配时间和实际装配时间进行比较，确定装配效率。

（2）制定不同的组合装配方案。对属于某个产品系统的零部件或建筑物的构件进行组合装配，设计出不同的装配流程。

（3）选择最优装配方案，最大限度地简化装配过程。

（4）评估用户的自行装配能力。

DFA系统作为并行工程中的一个主要设计支持工具，将在并行环境中为设计者提供基于装配的设计支持。装配设计过程包括可装配性分析、装配工艺分析和装配结构分析以及装配工艺设计等，最后在一定的软、硬件环境中实施。

对于尚处在设计阶段的产品和建筑物，评价装配性能好坏的最直观方法是在计算机上仿真产品或建筑物的实际装配过程。装配仿真是指装配过程的计算机图形仿真，也就是用动画的方式在计算机上模拟产品或建筑物的装配过程。

6.4.2.4　分析方法

1．优化分析

从某种意义上说，设计过程就是优化的过程。

设计是指在确定的约束范围内寻求问题的最优解。但是，具体问题的求解通常没有唯一的优化准则和明确的约束，如最大允许应力值等，也就是说允许一定的偏差，通过评判决定。因此，最优解可能不是最优的方案，而是对变更适应性更好的“次优方案”。

优化分析常用的方法有直觉优化、试验优化、计划优化、数学优化和专家系统等。

2．有限元分析

在CAD中应用有限元分析的主要方法是将通用的有限元程序嵌入到设计过程中。图6.4-5是集成于CAD系统中的有限元程序组成及流程的示例。

有限元分析通常包括前处理、分析和后处理三个阶段。前处理建立有限元模型，完成单元网格划分。前处理的关键是运用CAD系统的前处理模块帮助设计者完成单元网格的划分。同样，后处理也是利用CAD系统提供的图形功能来表示分析结果，如等应力线、等应力面和等应力场等，并建立观察分析的机制和手段。

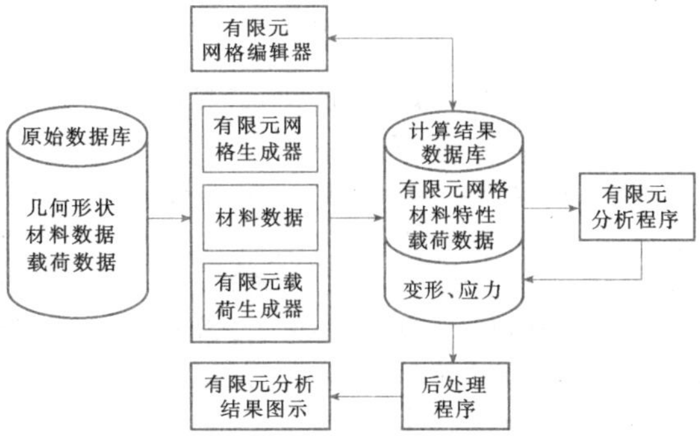

图6.4-5　应用于CAD的有限元程序组成及流程

6.4.3　CAD标准

6.4.3.1　CAD通用技术标准

《CAD通用技术规范》（GB/T 17304）的主要内容有三个方面，即CAD软件开发、企业产品设计的CAD技术应用和CAD一致性测试。

CAD软件开发和企业的CAD技术应用应遵守的标准主要包括计算机图形标准、CAD技术制图标准、产品数据技术标准、CAD文件管理和光盘存档标准和其他相关标准。

1．CAD制图标准

CAD系统的开发应确保系统提供的制图功能符合相关专业的制图标准和图形符号标准，而且还应该符合我国针对计算机环境下的工程制图所制定和发布的CAD技术制图标准。

我国的CAD制图标准主要参照国际标准化组织ISO/TC10和IEC/TC3的标准制定。

2．CAD数据技术标准

目前，在CAD数据交换领域，我国有两个标准可以选用：①IGES标准；②STEP标准（推荐选用STEP标准）。IGES标准是我国在20世纪90年代初参照美国标准制定的，标准号为GB/T 14213。STEP标准由ISO 10303系列标准构成，是由国际标准化组织ISO/TCT84/SC4工业数据分技术委员会制定的，我国正逐渐把它转化为国家标准，标准号为GB/T 16656。

CAD标准件库标准又称为零件库标准。目前，我国的标准件库标准GB 10091.1定义的原理和《CAD标准件图形文件几何图形和特性规范》（GB/T 15049）编制总则主要是参照德国标准制定的。这两项标准规定了标准件库的数据表达格式，其中GB/T 15049重点规定了建立CAD标准件库需要的标准语法和语义。

另一个CAD标准件库几何编程接口标准GB/T 17645.31是参照国际标准ISO 13584.31制定的。该标准是为了使CAD标准件库与CAD系统之间的接口标准化。

6.4.3.2 CAD文件管理和光盘存档标准

1. CAD文件管理

我国制定的《CAD文件管理标准》(GB/T 17825.3)共有10个分标准，对CAD文件管理作出了具体的规定。该标准共包括：总则、基本格式、编号原则、编制规则、基本程序、更改规则、签署规则、标准化审查、完整性、存储与维护。

2. CAD光盘存档

采用光盘存储CAD电子文件可以大量节约空间，档案查询和管理也更加方便快捷。我国CAD光盘存档标准有：《CAD电子文件光盘存储、归档与档案管理要求　第一部分：电子文件归档与档案管理》(GB/T 17678.1)；《CAD电子文件光盘存储、归档与档案管理要求　第二部分：光盘信息组织结构》(GB/T 17678.2)；《CAD电子文件光盘存储归档的一致性测试》(GB/T 17679)。

6.4.3.3 CAD软件标准

1. 开发与应用标准

CAD软件开发应该遵守：《软件生存期过程》(GB/T 8566)、《计算机软件产品开发文件编制指南》(GB 8567)、《计算机软件需求说明编制指南》(GB 9385)、《计算机软件测试文件编制规范》(GB 9386)、《计算机软件质量保证计划规范》(GB/T 12504)、《计算机软件配置管理计划规范》(GB/T 12505)，以及ISO 9001在软件开发、供应和维护中的使用指南等。

信息分类编码应遵守GB/T 7408和GB 7027的有关规定。

2. CAD软件一致性测试标准

一致性测试的目的是确认产品或软件是否符合标准。基于测试结果颁发有效证明，引导用户采购并使用符合标准的软件，也促使开发商按照标准生产软件。

CAD软件的一致性测试应遵循《工业自动化系统与集成　产品数据的表达与交换　第31部分：一致性测试方法论与框架：基本概念》(GB/T 16656.31)和《工业自动化系统与集成　产品数据的表达与交换　第32部分：一致性测试方法论与框架：对测试实验室和客户的要求》(GB/T 16656.32)(STEP标准)的有关规定。

3. CAD标准体系

CAD标准体系直观地表述了本领域标准化工作的整体结构和内容，以及不同标准之间的关系。CAD标准体系既包括计算机和信息技术的标准，也包括工程制图、产品定义和建模方面的标准。

CAD标准体系的编制要遵循《标准体系表编制原则和要求》(GB/T 13016)的规定。CAD标准体系由七个部分组成，图6.4-6列出了它们的分层关系，详细内容参见国家标准《CAD通用技术规范》(GB/T 17304)。

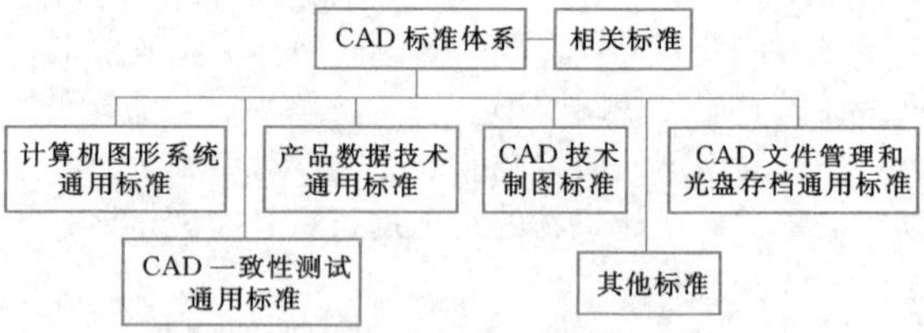

图6.4-6　CAD标准体系的组成

6.4.4 CAD软件包及二次开发

6.4.4.1 CAD软件包

1. AutoCAD

AutoCAD的主要特点有以下六个方面。

(1) 适用机种多。AutoCAD几乎适用于所有的微机。

(2) 版本不断升级，性能持续提高，并且始终向上兼容。

(3) 交互性能好，使用方便。使用者只要具备绘图基本知识，熟悉Windows界面，就可以运用AutoCAD进行图形设计。AutoCAD的人机界面包括：下拉式文字菜单、图形菜单、对话框、命令提示、联机帮助、实时错误报告等。借助这些对话工具，使用者就可以很容易地绘制二维和三维图形。表6.4-1～表6.4-4列出了AutoCAD的常用命令，无论是点击图标、按快捷键还是输入命令，都可以绘制、编辑和管理图形。

表6.4-1　AutoCAD常用命令表及快捷输入方法(绘图命令)

序号	图标	命令	快捷键	命令说明
1		LINE	L	绘制直线
2		XLINE	XL	绘制参照线
3		MLINE	ML	绘制多线
4		PLINE	PL	绘制多义线
5		POLYGON	POL	绘制多边形
6		RECTANG	REC	绘制矩形
7		ARC	A	绘制圆弧
8		CIRCLE	C	绘制圆

续表

序号	图标	命令	快捷键	命令说明
9		DONUT	DO	绘制圆环
10		SPLINE	SPL	绘制曲线
11		ELLIPSE	EL	绘制椭圆
12		POINT	PO	绘制点
13		SOLID	SO	绘制二维面
14		HATCH	H	填充实体
15		REVCLOUD		绘制云图
16		REGION	REG	定义面域
17		MTEXT	MT，—T	插入多行文本
18		BLOCK	B	定义图块
19		INSERT	I	插入图块

表 6.4-2 AutoCAD 常用命令表及快捷输入方法（图形编辑命令）

序号	图标	命令	快捷键	命令说明
1		ERASE	E	删除实体
2		COPY	CO，CP	复制实体
3		MIRROR	MI	镜像实体
4		OFFSET	O	偏移实体
5		ARRAY	AR	图形阵列
6		MOVE	M	移动实体
7		ROTATE	RO	旋转实体
8		SCALE	SC	比例缩放
9		STRETCH	S	拉伸实体
10		LENGTHEN	LEN	拉长线段
11		TRIM	TR	修剪
12		EXTEND	EX	延伸实体
13		BREAK	BR	打断线段
14		CHAMFER	CHA	倒直角
15		FILLET	F	倒圆角

续表

序号	图标	命令	快捷键	命令说明
16		EXPLODE	EX，XP	分解炸开
17		HATCHEDIT	HE	编辑填充
18		PEDIT	PE	编辑多义线
19		SPLINEEDIT	SPE	编辑曲线
20		MLEDIT	MLE	编辑双线
21		ATTEDIT	ATE	编辑参照
22		DDEDIT	ED	编辑文字
23		MATCHPROP	MA	属性复制
24		PROPERTIES	CH，MO	属性编辑
25		COPY	CO	图形拷贝

表 6.4-3 AutoCAD 常用命令表及快捷输入方法（图形操作与管理命令）

序号	图标	命令	快捷键	命令说明
1		UNDO	U	回退一步
2		ZOOM+return	Z+return	实时缩放
3		ZOOM+W	Z+W	窗口缩放
4		ZOOM+P	Z+P	恢复窗口
5		PAN	P	实时平移
6		LIMITS		图形界限
7		NEW	Ctrl+N	新建文件
8		OPEN	Ctrl+O	打开文件
9		SAVE	Ctrl+S	保存文件
10		PRINT/PLOT	Ctrl+P	打印图形
11		PREVIEW	PRE	打印预览
12		WBLOCK	W	创建外部图块
13		COPYCLIP	Ctrl+C	跨文件复制
14		PASTECLIP	Ctrl+V	跨文件粘贴

表 6.4-4 AutoCAD 常用命令表及快捷输入方法（尺寸标注命令）

序号	图标	命令	快捷键	命令说明
1		DIMLINEAR	DLI	水平、垂直标注
2		DIMCONTINUE	DCO	连续标注
3		DIMBASELINE	DBA	基线标注
4		DIMALIGNED	DAL	斜线标注
5		DIMRADIUS	DRA	半径标注
6		DIMDIAMETER	DDI	直径标注
7		DIMANGULAR	DAN	角度标注
8		TOLERANCE	TOL	公差标注
9		DIMCENTER	DCE	圆心标注
10		QLEADER	LE	引线标注
11		QDIM		快速标注
12		DIMEDIT		编辑尺寸标注
13		DIMTEDIT		编辑尺寸字位置
14		DIMSTYLE	DST	编辑尺寸标注格式

(4) 对外部设备的支持程度高。外部设备是指图形的输入和输出设备，如显示系统、数字化仪、绘图机、打印机等。AutoCAD 可以驱动市场上几乎所有的图形输入、输出设备。

(5) 多种程序设计方法。AutoCAD 为应用开发者提供了三种程序设计的方法：①用 AutoLISP 或 Visual AutoLISP 语言编写图形设计程序或 CAD 应用系统；②通过标准 C 语言或 Visual BASIC 语言调用 AutoCAD 的开发系统（ADS）提供的函数编写应用程序；③通过 DXF 文件或 SCR 文件构成第三方程序设计语言与 AutoCAD 的接口。

(6) 众多的开发工具为集成化应用系统的设计和实现提供了便捷的工具。AutoDesk 公司在 AutoCAD 的外壳（shell）开发了很多适合各种专业应用系统设计的软件包。这些软件包使用户的 CAD 应用系统能够进行三维造型（Advance Model Environment, AME）、动画模拟（Three Dimension Studio, 3DS）、数据库连接（AutoCAD SQL Extend, ASE），地理信息处理（AutoMAP）等。这些软件的一部分已经封装在 AutoCAD 软件包内，只要购买使用许可证即可解包使用（如 AME）；另一部分则要单独购买安装（如 3DS）。这些软件都可以与 AutoCAD 核心功能融为一体，紧密耦合，以便开发大型的集成 CAD 系统。

2. Microstation

Microstation 的主要特点包括以下八个方面。

(1) 全面、完善的图形式用户界面。Microstation 通过主工具板（main palettes）和子工具板以图形方式向用户展示几乎所有的绘图功能。

(2) 工业标准的数据格式。Microstation 可以在 DWG、DXF、IGES 和 CGM 等图形文件间实现图形数据格式转换。对于数据文件，Microstation 可以直接从类似于 Oracle 这样的商用数据库中读取数据作为参数供图形设计使用。Microstation 还可以利用剪贴板功能从 Windows 的某个应用程序中拷贝并粘贴数据。这一动态数据交换特性使得应用开发者不仅可以在图形设计文件中粘贴数据，而且还可以增加语音注释。

(3) 光栅文件处理能力。Microstation 除了能观察并绘制全部 Intergraph 支持的光栅文件（BUMP、COT、RGB 和 RLE）外，还可以接受其他格式的光栅文件，如 IMG、JPEG、JFIF、TIFF、PCG、GIF、Targa、Sun Raster 和 BMP 文件。利用 raster 文件转换实用程序还可以将上述文件转换成更为通用的光栅文件，如 PICT、PostScript 和 WordPerfect WPG 格式。

(4) 智能图形关联。利用 Microstation 定义的图形关联关系，某个图形元件修改更新之后，与之关联的图形亦自动更新，保证了图形的一致性。

(5) 可以引用更广泛的字体。Microstation 不仅支持 Intergraph IGDS 的各种字体，还可以引用 AutoCAD、Postscript 和 True Type 等格式的字体。

(6) 在线式实例文件使用户能更正确、更迅速地掌握和运用 Microstation。Microstation 的在线帮助不仅可以显示命令格式和功能，而且提供丰富而实用的实例。

(7) 为 AutoCAD 用户提供移植工具。可移植 AutoCAD 的图形文件、字体、线型、块及属性等。

(8) 程序设计语言 MDL（Microstation Development Language）。Microstation 不仅可以直接用于绘制图形，工程技术人员借助 MDL 还可以开发 CAD 应用软件。MDL 是类 C 语言，语法与标准 C 完全相同，包含的 500 多个函数中大部分与 ANSI C 的标准函数完全兼容，因此，用 MDL 开发的应用软件可以很容易地从 Microstation 移植到别的平台上。

3. 其他 CAD 软件

(1) CATIA。CATIA（Computer Aided Tri-Di-

mensional Interface Application）是由法国 Dassault 公司开发的集 CAD/CAE/CAM/PDM 于一体的三维设计软件。它可以运行在 UNIX 和 Windows 两种操作系统上，其产品包括概念设计、详细设计、工程分析、成品定义和制造。

CATIA 把隐式的经验知识变成了显式的专用知识，可在设计过程中交互地捕捉设计意图，定义产品的性能和变化，提高了设计的自动化程度，降低了设计错误的风险。CATIA 具有较强的曲面造型功能、先进的混合建模技术，可用于开发概念设计、风格设计、详细设计、工程分析、设备制造过程控制和管理等应用软件。

（2）Pro/E。Pro/E 是 Pro/Engineer 的简称，是美国参数技术公司（Parametric Technology Corporation，PTC）推出的三维设计软件。Pro/E 也可以提供产品的三维设计、加工、分析及绘图等完整的 CAD/CAM/CAE 解决方案，是一个单一数据库、参数化、基于特征的通用 CAD 系统。用户可以利用 Pro/E 及其相关软件（Pro/Designer、Pro/Mechanica 等）进行工业设计、有限元结构仿真分析和加工制造等软件的开发工作。Pro/E 将设计到生产的全过程整合在一起，实现各部门的协同工作。

（3）Unigraphics。Unigraphics（UG）是 EDS 子公司 UGS 开发的面向制造业的 CAD/CAM/CAE 软件。主要功能包括概念设计、工程仿真、性能分析和制造等。UG 具备复合建模、仿真照相、动画渲染和快速原型工具等特点，可应用于汽车、航天航空、机械、消费产品和医疗器械等制造行业。

（4）中望 CAD。中望 CAD 是中国中望龙腾科技发展有限公司开发的具有完全自主知识产权的 CAD 平台软件。中望 CAD 功能类似于 AutoCAD，它直接以 DWG 作为内部工作文件，界面、菜单排列、操作习惯乃至命令方式都与 AutoCAD 一致，并与之兼容。此外，它还支持 ADS 应用程序、AutoLISP（包括 DCL 对话框）以及 SDH（字体文件）和 SCR（脚本文件），因此可共享 AutoCAD 的资源。

（5）浩辰 ICAD。浩辰 ICAD 软件是中国浩辰公司开发的具有自主知识产权的绘图软件，在图形存储格式、操作命令和程序设计语言等方面都与 AutoCAD 兼容。

6.4.4.2 CAD 软件二次开发

本节以 AutoCAD 为例，说明 CAD 软件二次开发的方法和技术。

1. AutoLISP 与 Visual AutoLISP

（1）AutoLISP 语言的特性。AutoLISP 具有以下五个方面的特性：

1）AutoLISP 是一种解释型程序设计语言。

2）AutoLISP 程序由函数组成，一个函数就是一张表。表可以并列和嵌套，因此，整个程序就是一张表。

3）AutoLISP 函数采用“前缀表达式”描述。

4）在 AutoLISP 程序中可以通过 COMMAND 函数调用几乎所有的 AutoCAD 命令，因此具有较强的图形处理能力。

5）AutoLISP 不适于编写大型、复杂的计算分析程序，但可以采用 FORTRAN 一类的程序设计语言编写计算分析程序，然后通过数据传递实现计算功能与图形功能的协同。

（2）AutoLISP 语言的数据类型。AutoLISP 有整型数、实型数、字符串、符号、表、文件描述符、AutoCAD 选择集、AutoCAD 实体名、内部函数、外部函数十种数据类型。

（3）AutoLISP 程序结构。AutoLISP 语言采用前缀表示法。一个 AutoLISP 程序实际上就是一张用括号括起来的“表”。例如下面这张表就定义了一个完整的程序。

```
(defun fun(x)(cond((= x 1)(princ "1"))((= x 0)(princ "0"))))
```

这样的写法从语法上来说是完全正确的，但是，它难以阅读且不易于检查左右括号是否配对。一个好的 AutoLISP 程序的结构应该这样描述：

```
;An application example of "COND"(condition)function
(defun fun(x)
    (COND
          ((= x 1)(princ "1" ))
          ((= x 0)(princ "0" ))
    )
)
```

（4）AutoLISP 程序示例。在水电站设计中，经常要绘制油、气、水管道布置图，如图 6.4-7（*a*）所示。

图 6.4-7（*a*）是装有阀门的管道示意图，图 6.4-7（*b*）是在已绘管道上“插入”阀门的 AutoLISP 程序。这个例子给出的只是在水平管道上快速“插入”阀门，实际上，稍微改写这个程序，就可以在垂直，甚至具有任意倾斜角度的管道上“插入”阀门乃至任意设备。

（5）AutoLISP 程序的运行方式。AutoLISP 是一种解释型程序设计语言，其程序文件的扩展名为

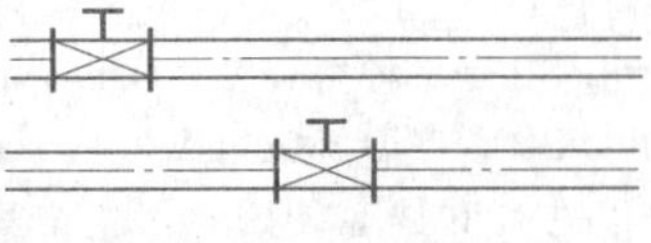

(*a*) 装有阀门的管道

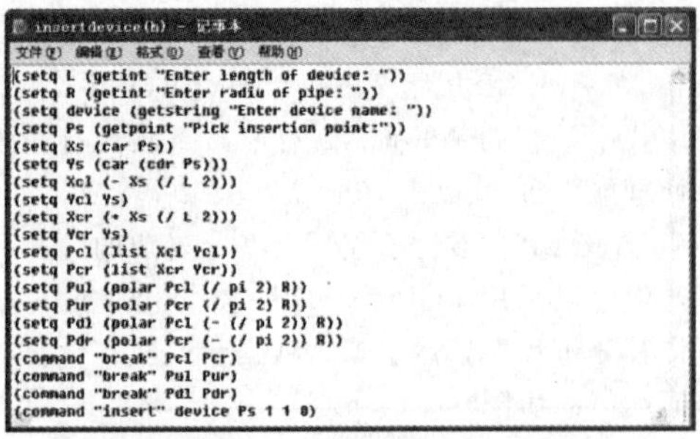


```
(setq L (getint "Enter length of device: "))
(setq R (getint "Enter radiu of pipe: "))
(setq device (getstring "Enter device name: "))
(setq Ps (getpoint "Pick insertion point:"))
(setq Xs (car Ps))
(setq Ys (car (cdr Ps)))
(setq Xcl (- Xs (/ L 2)))
(setq Ycl Ys)
(setq Xcr (+ Xs (/ L 2)))
(setq Ycr Ys)
(setq Pcl (list Xcl Ycl))
(setq Pcr (list Xcr Ycr))
(setq Pul (polar Pcl (/ pi 2) R))
(setq Pur (polar Pcr (/ pi 2) R))
(setq Pdl (polar Pcl (- (/ pi 2)) R))
(setq Pdr (polar Pcr (- (/ pi 2)) R))
(command "break" Pcl Pcr)
(command "break" Pul Pur)
(command "break" Pdl Pdr)
(command "insert" device Ps 1 1 0)
```

(*b*) 在管道中“插入”阀门的 AutoLISP 程序设计

图 6.4-7　管道布置图绘制的 CAD 程序

.lsp。假定程序 program1.lsp 存放于 e 盘的 CAD 文件夹下，则执行命令如下：

Command:(load “e:\\CAD\\program1”)〈回车〉

AutoLISP 还提供了以交互方式动态执行其函数的功能，即可以在 AutoCAD 的命令输入区输入 AutoLISP 函数，直接运行。

AutoLISP 的升级版本是 Visual AutoLISP，它适合于描述人机交互操作的过程，易于编写模拟设计师思路的专业设计程序。它提供了丰富的输入接收、错误识别与图形恢复等功能，尤其是能充分利用交互操作的技巧，提高设计效率。与 AutoLISP 相比，Visual AutoLISP 具有更多的程序运行模式，不同版本的程序，都可以直接运行。

2. Object ARX

Object ARX 是面向对象的基于 Microsoft Visual C++的二次开发工具，功能特点如下：

1）Object ARX 开发环境提供了一个超过 220 个类的 C++类系统。

2）Object ARX 应用程序的命令不再由 AutoLISP 调用，而与 AutoCAD 内部命令处于同一级别。

3）可构造用户自定义的对象/实体。处理这种对象/实体的方法完全与处理 AutoCAD 内部命令的对象/实体一样。

Object ARX 是以 C++为基础的面向对象开发环境及应用程序接口，并支持 MFC（Microsoft Foundation Class）基本类库，能简洁并高效地实现许多复杂功能。

Object ARX 程序是 Windows 动态链接库程序，可以与 AutoCAD 共享地址空间，直接调用 AutoCAD 的内部函数。在 Object ARX 应用程序中定义的命令与 AutoCAD 的内部命令运行方式相同，它创建的实体对象也与在 AutoCAD 中创建的实体对象没有区别。不过，Object ARX 程序也存在不足之处，虽然程序执行所需要的系统资源小、速度快，但是开发过程较为复杂。

运用 Object ARX 可以完成如下开发工作：

1）直接访问 AutoCAD 的图形数据库。

2）与 AutoCAD 编辑器进行交互。

3）使用 MFC 创建标准的 Windows 用户界面。

4）支持 AutoCAD 的多文档接口（MDI）。

5）在应用程序中自定义类。

6）与 Visual AutoLISP、Active X、COM 等实现程序级通信。

（1）Object ARX 目录结构。Object ARX 开发工具包含以下 9 个目录。

1）ARXLABS：该目录中包含 9 个子目录，分别从 9 个方面对 Object ARX 程序开发进行说明和示范。

2）CLASSMAP：该目录中只有一个名为“classmap.dwg”的图形文件，其内容说明 Object ARX 类的层次结构。

3）DOCS：该目录中包含 Object ARX 的联机帮助文件。

4）DOCSAMPS：该目录中包含 32 个子目录，分别保存着 Object ARX　Developer's Guide 中所用到的例程。

5）INC：该目录中包含 Object ARX 的头文件。

6）LIB：该目录中包含 Object ARX 的库文件。

7）REDISTRIB：该目录中包含 Object ARX 应用程序可能用到的 DLL 文件。

8）SAMPLES：该目录中包含 22 个子目录，保存着一系列完整的、具有代表性的 Object ARX 例程。

9）UTILS：该目录中包含 Object ARX 扩展应用程序使用的文件。

（2）Object ARX 的类库。Object ARX 开发工具中提供了五种类库。

1）AcRx 类库。提供系统级的类和 C++的宏指令集，用于约束一个应用程序以及实时类注册和识别。该类的基类为 AcRx Object，它提供如下功能：①对象实时类的标识与继承分析；②对现有类的扩充定义；③对象的比较及检验；④对象的复制。

2）AcEd 类库。用于注册本地命令和系统事件通知。

3）AcDb 类库。提供可直接访问 AutoCAD 数据库结构的类，用于对 AutoCAD 实体和对象的操作。

4）AcGi 类库。提供图形界面工具，用于绘制和渲染 AutoCAD 实体。

5）AcGe 类库。可被 AcDb 类所引用，可用于线性代数和几何实体的操作。

（3）Object ARX 的数据类型。为了提高程序的可读性，Object ARX 中定义了四种数据类型：

1）typedef double ads_real；//实数。

2）typedef ads_real ads_point；//点。

3）typedef ads_real ads_matrix；//转换矩阵。

4）typedef long ads_name；//实体和选择集名称。

七种常量值：

1）#define TRUE 1。

2）#define FALSE 0。

3）#define X 0。

4）#define Y 1。

5）#define Z 2。

6）#define EOS "\0" //字符串结束符。

7）#define PAUSE "\\" //暂停符。

结果缓冲区（result buffer）结构可以用来表示 AutoCAD 中所有数据类型。该结构中的数据定义为一个联合体，所以允许数据类型发生变化。结果缓冲区中的数据类型通过结构中的数据类型码（type codes）来定义。结果缓冲区结构的定义如下：

```
union ads_u_val{
        ads_real rreal;
        ads_real rpoint;
        short rint;
        char *rsting;
        long rlname;
        long rlong;
        struct ads_binary rbinary;
};
struct resbuf{
        struct resbuf *rbnext; //链表指针
        short restype; //数据类型码或 DXF 组码
        union ads_u_val resval; //数据
};
```

其中常用的数据类型码及其意义如表 6.4-5 所示。

通常使用链表作为结果缓冲区的数据结构，图 6.4-8 表示了一个具有三个节点的结果缓冲区链表。

Object ARX 全局函数的返回值可以是其结果值，也可以是结果类型码。通常全局函数返回结果类型码用以反映函数操作情况。结果类型码及其意义参见表 6.4-6。

表 6.4-5　结果缓冲区结构中的数据类型码

数据类型码	意义	数据类型码	意义
RTNONE	无数据	RTSTR	字符串
RTREAL	实数	RTENAME	实体名称
RTPOINT	二维点	RTPICKS	选择集名称
RTSHORT	短整型	RT3DPOINT	三维点
RTANG	角度	RTLONG	长整型

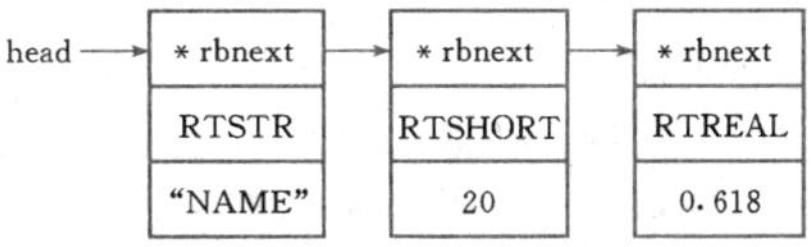

图 6.4-8　结果缓冲区链表

表 6.4-6　Object ARX 函数返回的结果类型码

结果类型码	意　义
RTNORM	函数操作成功
RTERROR	函数操作失败
RTCAN	用户按下"Esc"键取消操作
RTREJ	拒绝执行操作（操作不合法）
RTFAIL	与 AutoLISP 通信失败
RTKWORD	用户键入了关键字或其他文本

3. VBA

VBA 是根据微软 Windows 的规则嵌套在 AutoCAD 之中的程序设计方法。它可以使用 Windows 系统的资源，使 AutoCAD 能够与 Windows 平台中的应用软件交互。虽然 VBA 的规则与 VB 相近，但是，它必须通过 Active X 与 AutoCAD 实现交互。

VBA 的主要缺点是：VBA 程序不能像 Visual AutoLISP 那样随心所欲地使用 AutoCAD 命令，只能以脚本文件的模式，用字符串向 AutoCAD 命令行发送一串响应，这个字符串的内容也只能在程序中生成并进行数据转换。

4. AutoCAD 数据库

AutoCAD 使用外部数据库。它提供的数据库链接功能使用户能够在 AutoCAD 内与外部数据库进行通信。用户通过数据表的数据行与图形中对象的链接，实现图形与数据的一致性增、删、改。此外，还可以用数据库中的数据在图形中创建报表。

AutoCAD 数据库的功能包括：创建图形对象和外部数据之间的链接，浏览外部数据库中的数据，编辑外部数据库中的数据，在图形中显示外部数据库的数据等。

AutoCAD对大多数商用数据库都可以实现链接，例如 Microsoft Access、Microsoft Excel、Microsoft SQL Server 和 Oracle 等。

6.4.5　CAD过程

6.4.5.1　参数化设计

1. 参数化设计方法

目前有三种参数化设计方法：①基于几何约束的数学方法；②基于几何原理的人工智能方法；③基于特征模型的造型方法。

参数化设计的机制是通过参数实现驱动的。由于参数驱动是基于图形数据的操作，因此，绘图的过程就是建立参数模型的过程。绘图系统将图形映射到图形数据库中，建立图形实体的数据结构。参数驱动时，在这些结构中填入确定的值，生成满足需要的特定图形。

在参数驱动的设计过程中，设计者所要做的仅仅是对数据库的操作而已，因此具有良好的交互性能。用户可以利用绘图系统提供的交互功能修改图形及其属性，进而控制参数化设计过程。与其他参数化设计方法相比，参数驱动方法更简单、方便、易开发和易使用，能够在现有的绘图系统基础上进行二次开发，适用面广。

2. 参数化设计示例：水工隧洞的三维参数化设计过程

水工隧洞设计包括平（面）、纵（断面）、横（断面）三个方面的设计。

平面设计就是二维洞线设计，可利用 AutoCAD 工具在隧洞所在区域的地形图上直接定线，洞线转弯处通过圆角连接。在二维洞线关键点的 X、Y 坐标基础上，赋以对应的 Z 坐标即可实现纵断面设计。为满足施工和排水的要求，水工隧洞要有一定的坡度，可将其作为 Z 坐标确定的因素在设计中予以考虑。纵断面设计从指定的一端开始，依次计算两点间的水平距离，根据坡度值求出两点间的高差，以确定下一个洞线点的 Z 坐标。纵断面的坡度变化处通常用二次曲线连接。水工隧洞的横断面有多种形状，常见的有圆形、城门洞形、马蹄形和矩形等，要根据水力条件、围岩特性、地应力分布和施工因素来选定。不同的横断面有不同的几何参数（如圆形的半径，矩形的长、宽，城门洞形的长、宽和半径等），可以通过参数驱动来完成横断面设计。

根据二维洞线、纵断面和横断面数据，选定控制点坐标，利用路径扫描法可快速实现水工隧洞的三维几何建模。对三维几何模型与三维地质模型进行体与体的布尔运算，得到包含地质信息的水工隧洞模型。根据该模型的空间属性和地质信息（如地质结构面走向等）进一步计算开挖、锚固和衬砌等工程量，作为设计方案选优的依据。水工隧洞的三维参数化设计流程如图 6.4-9 所示。

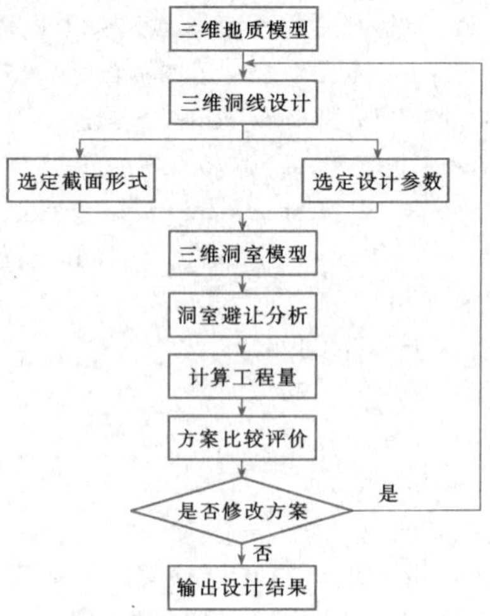

图 6.4-9　水工隧洞的三维参数化设计流程

水工隧洞的参数化设计，通常依据定性指标，由设计人员根据主观经验，在可行区域范围内拟订几个初步设计方案，构成可行方案集。针对可行方案集应用改进的层次分析法，并遵循有效性、可靠性和稳定性原则建立设计方案优选的多层次评价指标体系，依据指标分析结果从可行方案集中选定符合工程实际的“最优”方案。

6.4.5.2　基于特征的设计

1. 特征的定义

特征是描述产品或建筑物几何形状、物理属性和性能本质的信息集，包括形状、精度、装配、材料、性能以及附加的特征等。对于不同的建筑物，特征的形式和内涵也不同，但可通过识别、转换和组合来满足工程应用的要求。

2. 基于特征的建模

传统的特征建模主要是运用特征造型技术，以实体模型为基础，用可加工概念建立造型的基本单元。它的优点是模型直观，缺点是模型仅限于几何与拓扑信息，面向加工的信息较少。因此，传统的特征建模信息层次低、可集成性差。

现代基于特征的建模（又称为特征拼合法）是在特征造型基础上发展而来的。它运用一系列具有一定功能的特征，经过布尔运算形成结构件模型。

3. 基于特征的设计关键技术

（1）特征设计技术。基于特征的设计一开始就将特征作为零部件或结构物设计的基本单元，并融合于模型之中。产品或工程被视为特征信息的集合，结构的设计过程就是特征域间特征的映射过程。其中，功能特征反映用户需求，并由它产生结构特征。制造或施工特征是一组表达制造或施工意图的几何形状及相应的加工和建造操作。通过功能特征、结构特征、建造特征和评价特征之间的映射可以实现零部件或结构物的并行设计。各特征间的映射关系如图 6.4-10 所示。

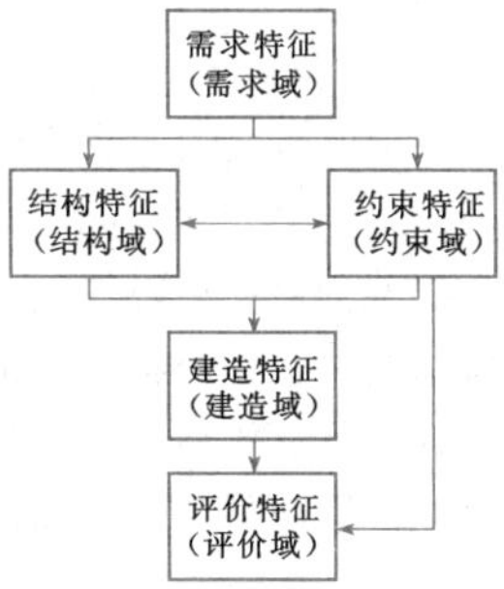

图 6.4-10 特征映射关系

（2）特征映射技术。基于特征的设计虽然可为计算机辅助工艺规划（Computer Aided Process Plan，CAPP）、计算机辅助制造（Computer Aided Manufacture，CAM）等后续工作提供足够的工艺信息，但由于它们在特征表达、组织、调用和参数处理等方面存在的差异，特征信息及其组织结构不经过转换，就不能直接为 CAPP 和 CAM 所用。为了实现 CAD/CAPP/CAM 之间的有效集成，就必须建立不同领域间的特征转换或映射机制。基于特征识别技术的特征提取方法可以解决单一特征的识别问题，但对于相交特征还需要通过特征映射技术来解决。

特征映射技术主要有以下四种：①启发式特征映射法：基于预定义规则的映射；②中性结构映射法：与特征识别类似，用几何推理识别与应用领域有关的特征；③体积单元分解法：是一种共轭映射方法，根据体积产生不同应用的特征；④基于图的映射法：将特征视为与典型子图同态，因此，通过与同态图的匹配实现映射。

4. 设计流程

针对水工结构设计的特点，以基于特征的设计技术、特征映射技术、计算机辅助施工规划技术和可建造性评价技术为依托，建立基于特征的水工结构并行设计流程，如图 6.4-11 所示。

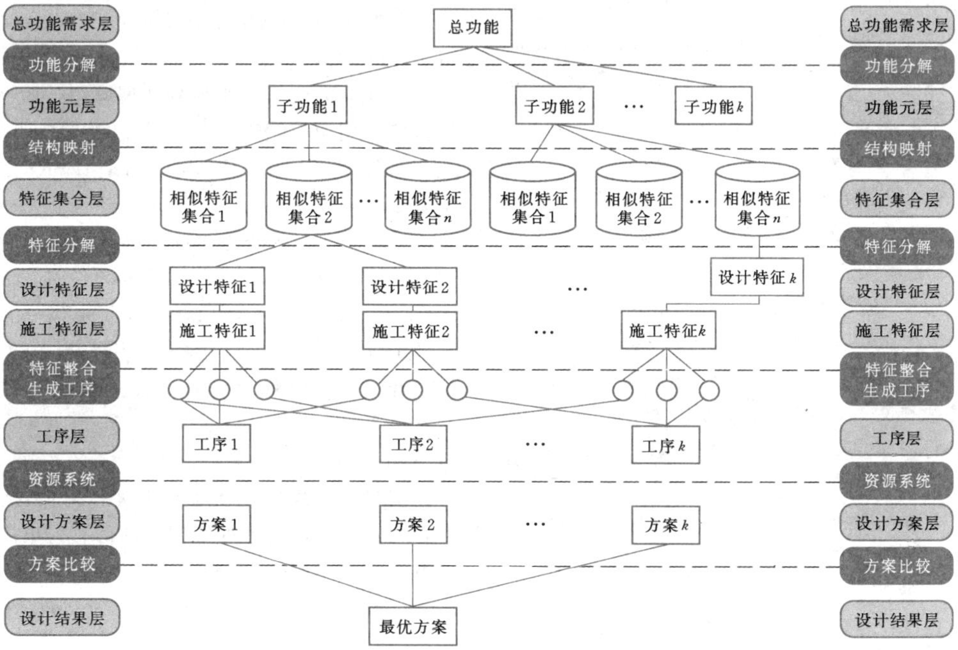

图 6.4-11 基于特征的设计流程

设计流程自上而下分为六个步骤：

（1）功能分解：将概念设计阶段的设计结果和用户需求作为总功能，对总功能分解得到具有结构解的子功能。

（2）功能结构映射：将分解后的子功能映射为设计特征。由于同一个子功能可能会与多个结构形状匹配，因此，可能有多个结构设计方案均能满足功能需求。

（3）设计特征映射：通过预定义映射规则，将设计特征映射为施工特征。

（4）施工规划：根据施工规划方法，将结构特征元整合为工序，并确定该结构施工所需的资源。

(5) 可施工性评价：依据可用的资源对水工结构方案的可施工性做多目标评价。

(6) 优选方案获取：在可施工性评价结果的基础上确定最优结构方案。

6.5 地理信息系统

6.5.1 概述

6.5.1.1 定义与组成

地理信息系统（Geographic Information System，GIS）是指用于输入、存储、查询、分析和输出地理数据的计算机信息系统[23]。它主要由四部分组成[24]，即计算机系统、GIS软件、地理数据和系统管理操作人员。其中，GIS软件包括地理数据库管理系统、计算机图形软件包、计算机图像处理系统、GIS空间分析模块和应用程序。

地理数据是GIS的操作对象。它含有复杂的空间信息（如空间位置、空间关系及被记录物体的空间特性等），可用于描述地理要素（如河流、水库和道路等）或地理现象（如洪水、滑坡和土壤侵蚀等）。地理数据包括空间数据和属性数据两部分。空间数据描述地理要素或现象的空间特性，而属性数据描述地理要素或现象的非空间特性。

6.5.1.2 GIS基本功能

GIS的基本功能包括数据获取与处理、数据组织与管理、数据查询与分析和数据显示与输出。

1. 数据获取与处理

数据获取有两个基本途径：①使用已有数据；②采集新的数据。已有数据包括野外测量数据、全球定位系统（Global Positioning System，GPS）数据、具有地理信息的文本数据、互联网上的GIS数据等。采集新数据的来源主要有航拍照片、遥感影像和纸质地图等。

通常，获取的数据要按GIS应用目标进行处理。例如，按设计规范转换数据坐标系统，按用户软件转换数据格式，按用户分析区域裁剪地理数据等。此外，数据处理还包括消除采集错误、按GIS数据格式处理CAD数据等。

2. 数据组织与管理

空间数据和属性数据分别采用不同的数据模型进行组织与管理。前者采用矢量数据模型、栅格数据模型和矢量/栅格混合数据模型表示，而后者采用关系数据模型描述。

矢量数据模型适合描述空间上离散的地理要素（如水质监测站、水涯线和湖泊等），栅格数据模型可用于描述空间上连续的地理现象（如洪水淹没区、土壤侵蚀范围等）。

3. 数据查询与分析

数据查询与分析是GIS应用核心，目的是从地理数据中发现操作对象的规律和趋势。数据查询包括矢量数据查询和栅格数据查询，数据分析分为矢量数据分析和栅格数据分析。矢量数据分析的基本功能包括缓冲区分析、叠加分析、距离量测、空间统计等。栅格数据分析的基本操作包括局部运算、聚合运算、区域运算和全局运算。

4. 数据显示与输出

数据显示与输出是指利用计算机软硬件技术，将数据查询与分析结果通过图形图像处理技术显示或输出到设备和媒介上，供GIS用户使用。

6.5.1.3 GIS分类

GIS分为专业GIS、桌面GIS、移动GIS、组件GIS和网络GIS等[25]。

专业GIS包括一整套数据采集、管理、分析和输出的工具，以及特定领域所需的功能模块。此类软件有ESRI ArcInfo、Intergraph GeoMedia Pro、SuperMap GIS和MapGIS等。

桌面GIS的目的是地理数据应用，而不是地理数据获取。利用它能制作出地图、报告、图形文件等。此类软件有MapInfo Professional、ESRI ArcView和Intergraph Geomedia等。

移动GIS的功能与桌面GIS相仿，但软件规模更小，配置与携带也更方便。此类软件有ESRI ArcPad、Intergraph IntelliWhere和MapInfo MapXtend等。

组件GIS提供了一系列GIS功能构件，可帮助用户开发出功能强大的GIS应用系统。此类软件有ESRI MapObjects、Intergraph Part of GeoMedia和MapInfo MapX等。

网络GIS能通过互联网直接查询包含空间位置、专题内容和地理元数据等在内的信息，也能直接对地理数据进行操作、分析和模拟。此类软件有ESRI IMS、Integraph Geomedia WebMap和MapInfo MapXtreme等。

6.5.2 地理数据建模

地理数据建模是指采用地理数据模型描述地理要素、要素之间的联系、要素上的约束，以及要素如何被操作的过程。它包括坐标系统定义、要素表达及其相关操作。

地理数据建模包括以下三种方式[26]：①矢量数据建模；②栅格数据建模；③地球表面建模。

6.5.2.1 矢量数据建模

矢量数据建模是指用矢量数据模型描述地理要素的空间特性，用关系数据模型描述地理要素的属性及必要行为。建模对象是指不连续、可辨识、具有空间位置的地理要素。

地理关系数据模型（如 ESRI Coverage 模型）是应用广泛的矢量数据模型。近年来，GIS 引入面向对象的概念，构建对象—关系地理数据模型（如 ESRI Geodatabase 模型）。该模型对地理关系数据模型进行面向对象扩充，弥补地理关系数据模型在地理要素表达上的不足，将一个地理对象与一系列属性和行为关联在一起。

矢量数据模型采用点、线、面等几何对象描述地理要素的精确形状、空间位置等，如图 6.5-1 所示。点对象用点坐标描述那些不关心长度或面积，仅需空间位置的地理要素（如水质监测站、雨量站和泵站等）；线对象用一组有序的点坐标表示无法用面描述的地理要素（如单线河、地下管网和调水工程线路等）；面对象用一组首尾相连的线段描述区域轮廓，表示地理要素的平面形状和空间位置（如水库、湖泊和灌区等）。

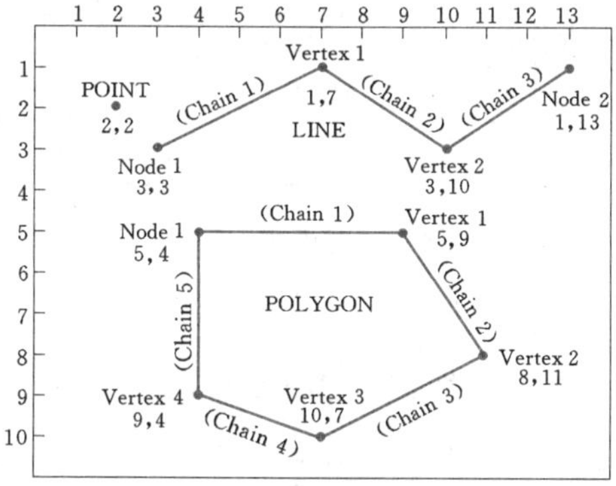

图 6.5-1 矢量数据模型的表示

POINT—点对象；Vertex—顶点；

LINE—线对象；Chain—线段；

POLYGON—面对象；Node—节点

在说明地理要素时，除描述要素自身的空间特性外，还需描述要素间的空间相互关系。GIS 采用拓扑关系来描述地理要素排列及相互间的关系。ArcInfo 有三类基本的拓扑关系：①连通性：线段通过节点彼此连接；②面定义：用一组封闭的线构成面；③邻接性：通过定义线段方向说明线段左右多边形。以流域分析为例，可用拓扑关系描述子流域、河段、汇流点、源和汇等水文要素之间的空间关系。连通性可确保整个水系网络交汇、贯通。面定义可保证湖泊、水库等水体闭合且彼此区分。邻接性可保证河流走向的正确表达，并将流域分析与河流走向联系起来。

矢量数据建模准确记录地理要素的空间位置、属性、及其相互间的关系，可实现距离量测、方位量测等非拓扑运算，以及相交、包含和叠加等拓扑运算。

6.5.2.2 栅格数据建模

栅格数据建模通过将区域划分为一组大小相同、均匀分布、紧密相邻的规则网格来描述具有连续变化性质的地理现象（如植被覆盖、土壤分布和光谱反射率等）。每个单元称为一个像元，由行、列位置进行索引。行、列由网格左上角起算。每个像元包含一个属性值，可表示该位置上地理现象的特性。图 6.5-2 所示是一幅洪水漫延图。图中属性值表示洪水漫延的天数，用不同色差加以区分，方便观察和分析洪水的漫延趋势。

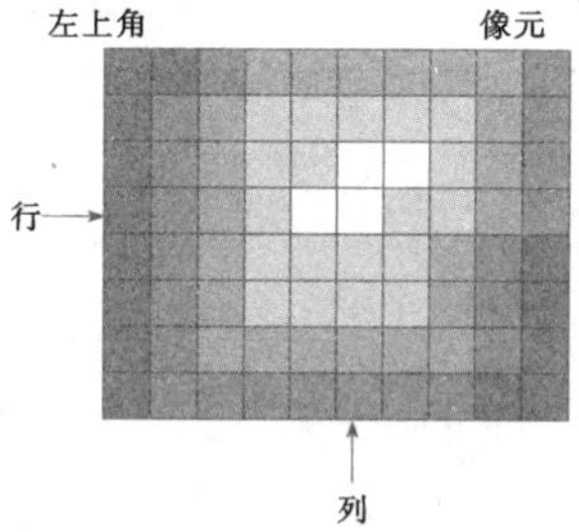

ID	洪水漫延
1	第一天
2	第二天
3	第三天
4	第四天
5	第五天

图 6.5-2 栅格数据模型的表示

栅格数据建模的特点是数据结构简单、定位隐含。像元值可存储为二维数组，因而栅格数据模型比矢量数据模型更容易进行数据操作。

6.5.2.3 地球表面建模

地球表面建模是指可借助数字高程模型（Digital Elevation Model，DEM）实现对复杂地形（如高山、丘陵和高原等）的建模。常见的 DEM 表达形式有规则格网（如 ESRI grid）和不规则三角网（Triangulated Irregular Network，TIN）两种。规则格网由一组有序数值阵列组成，可用二维数组存储和处理。但它也存在数据冗余、不能精确描述地形关键特征等不足。

TIN 由一组连续且相互连接的三角面构成，如图 6.5-3 所示，其三角面的形状和大小取决于数据样点的密度和位置。它们完全覆盖整个地表，既不重叠又没有缝隙。TIN 可用德劳内三角网（Delaunay Triangulation）构造。该方法在表面起伏变化剧烈的地方采用较多的三角面表示，而在变化平缓的地方采用较少的三角

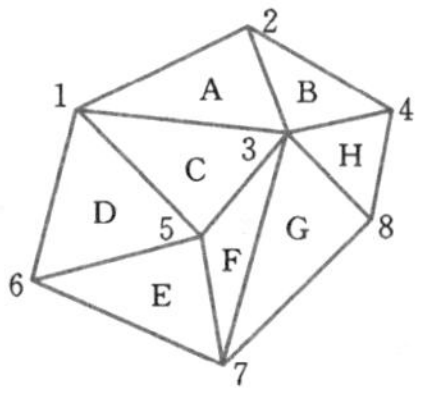

图 6.5-3 TIN 数据模型的表示

面表示。这既能减少数据冗余，又能保证 TIN 的精度。

由于 TIN 主要用于地表建模，所以它适合地形表面分析，如生成坡度和坡向、等值面，确定表面的数值范围、计算体积（如土方量计算）、生成剖面图和三维分析（如可视区域分析、洪水淹没分析）等。

6.5.3 坐标系统

GIS 坐标系统通常分为两类[27]：①地理坐标系；②投影坐标系。前者是球面坐标系统，而后者是平面直角坐标系统。

6.5.3.1 地理坐标系

目前，我国常用的地理坐标系有 1954 北京坐标系、1980 西安坐标系等。近年来，随着 GPS 技术的普及，WGS 84（World Geodetic System 1984）坐标系也为大家所熟悉。

我国常用的大地平均海平面是 1956 黄海高程系和 1985 国家高程基准。此外，我国也采用其他的高程基准，如长江流域地区采用吴淞高程基准，珠江地区采用珠江高程基准。

6.5.3.2 投影坐标系

将地球表面上的地理坐标点按照一定的数学关系投影到平面直角坐标系。该平面直角坐标系称为投影坐标系。投影坐标系的选择主要考虑制图区域的大小和形状、地理位置、地图用途等因素。按照国家基本测绘法规定，1∶50 万及其更大比例尺的地形图系列必须使用高斯—克吕格投影，1∶100 万分幅地形图必须使用双标准纬线的等角圆锥投影。我国常用的投影坐标系见表 6.5-1。

表 6.5-1　我国常用的投影坐标系

中/英文投影名称	用　途	制图区域
高斯—克吕格投影（Gauss-Krüger Projection）	1∶50 万及更大比例尺地形图	绝大多数省（自治区）
兰勃特投影（Lambert Projection）	分省（自治区）地图	绝大多数省（自治区）
墨卡托投影（Mercator Projection）	分省（自治区）地图	海南省包括南海诸岛及南中国海域
阿尔伯斯投影（Albers' Projection）	中国全图（南海诸岛作插图）、分省（自治区）地图	
WGS 84 坐标系（WGS 1984）	GPS 数据	世界上所有的国家

6.5.4 数据获取与处理

地理数据获取与处理包括空间数据获取与处理、属性数据获取与处理、地理元数据生成等步骤。

6.5.4.1 空间数据获取与处理

空间数据通过两种方式获取，即使用已有数据和采集新的数据。无论何种采集方式都会出现许多问题（如数据格式不一致、数据源比例尺或投影不统一、数据冗余等）[28]。必须通过数据处理，才能使入库数据符合 GIS 项目的设计要求。

在使用已有数据的过程中，为满足地理数据库要求，通常需要进行数据转换。而在采集新数据的过程中，为建立净化的地理数据库，数据编辑操作必不可少。

1. 地理数据转换

在数据入库过程中，由于数据格式不同，大部分原有数据无法直接使用，必须经过数据转换。地理数据转换分为直接转换和间接转换两种。

直接转换是指将地理数据从一种格式直接转为另一种格式，它能最大限度地保留原有数据信息。目前大多数 GIS 商用软件均提供数据转换功能，例如 ArcInfo 软件提供了 Microstation DGN 格式与 ArcInfo 格式间的数据转换（见图 6.5-4）、AutoCAD DXF 格式与 ArcInfo 格式间的数据转换等。

图 6.5-4　GIS 数据直接转换过程

间接转换是先将一种数据格式转换到中间格式，再将中间格式转换到另一种格式。SDTS 是一种 GIS 用户较熟悉的中间格式。大多数 GIS 软件都有可对 SDTS 格式操作的功能，如图 6.5-5 所示。间接转换节省了数据转换模块编写的工作量，但如果中间格式选取不当，会导致数据信息的丢失或缺损。

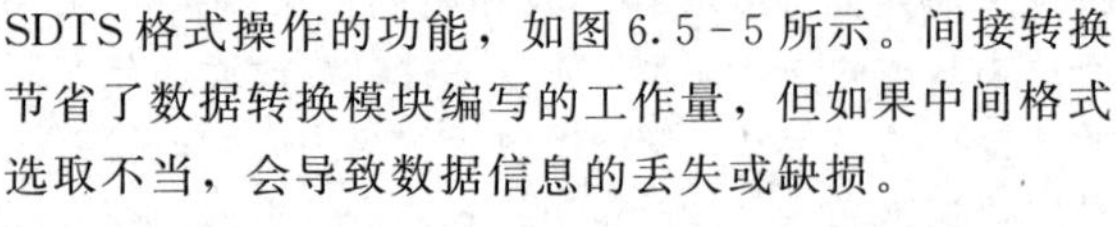

图 6.5-5　GIS 数据间接转换过程

无论是直接转换还是间接转换，一般都不能实现数据的完全转换。因此，在实际应用过程中，为实现数据的完全转换，用户需要自己开发数据转换程序。

2. 地理数据编辑

地理数据编辑包括定位编辑和拓扑编辑。定位编辑主要处理空间点位和线段的丢失或重复、线段过长或过短、线条扭曲等错误；拓扑编辑主要处理面状地物（如湖泊、建筑物等）不闭合、多边形重叠或有缝隙、悬挂线段等错误。此外，由于 CAD 与 GIS 数据表达上的不同（如线状地物遇地物或汉字注记断开等），所以数据转换后还需进行拓扑编辑，以满足 GIS 项目的要求。

定位编辑首先进行数据检查，主要方法有目视检查法、叠合比较法、逻辑检查法等。检查过程尽量采用自动或半自动方式。检查出的错误再利用图形编辑功能修改。

拓扑编辑需使用包含拓扑检查功能的 GIS 软件（如 ArcInfo、MGE、AutoCAD Map 等），只有它们才能发现、显示和消除拓扑错误。拓扑编辑目前正在从手工方式逐步过渡到半自动或自动方式。例如，ArcInfo 软件提供了 25 种常用的拓扑规则，用于拓扑错误的自动检查和编辑。

6.5.4.2 属性数据获取与处理

在地理关系数据模型中，属性数据通常用关系数据模型来组织和存储。每行表示一个地理要素，每列表示地理要素的一个特性，如图 6.5-6 所示。

OBJECTID	Shape	Area	Perimeter	LU-ID	LU-Code
1	Polygon	2050831.647	8259.420	0	
2	Polygon	241117.081	2014.935	1272	AGR
3	Polygon	243411.743	2022.871	1271	AGR
4	Polygon	75947.522	1620.944	1581	VAC
5	Polygon	1378987.367	6195.876	1285	AGR
6	Polygon	68441.327	1071.414	1835	RES
7	Polygon	24652.331	648.367	1838	RES
8	Polygon	18283.277	570.495	1837	RES

→ 行：一个地理要素

列：地理要素的一个特性

图 6.5-6 属性数据的结构

属性数据组织可以通过两种方式来实现：①空间属性表，用于存储地理要素的空间特性（如河流的形状、面积和周长等）；②非空间属性表，用于存储地理要素的非空间特性（如河流的水质、水量和水位等）。如果地理要素只有少量非空间特性，可直接将它们存储在空间属性表中。但在多数情况下地理要素具有大量非空间特性，为避免空间属性表过度冗余，采用非空间属性表存储地理要素的非空间特性。空间属性表和非空间属性表通过主/外键连接。

如果属性数据较少，可在空间数据获取的同时直接输入属性数据。但如果属性数据较多，属性数据与空间数据应分开输入和存储。属性数据可采用文字处理、电子表格等软件输入。该类软件一般都具有较强的文字编辑和纠错功能，可保证属性数据的正确输入。

6.5.4.3 地理元数据生成

地理元数据的基本内容包括标识信息、数据质量、空间数据组织、地理参考、要素和属性、发行、元数据参考等七类（http://www.fgdc.gov/metadata）。目的是通过对地理数据的内容、质量、特征的描述和说明，帮助 GIS 用户了解地理数据的覆盖范围、数据性质和时效，便于用户定位、评价、比较、获取和使用它们。目前已有许多协助元数据输入的软件，借助它们可以生成地理元数据。

6.5.5 数据查询与分析

数据查询与分析的方法主要分成两类[29]：①数据查询，即从地理数据库中检索出满足条件的信息，以回答用户提出的问题；②数据分析，即通过数据的深加工或分析，获取新的信息。它包括矢量数据分析和栅格数据分析。

6.5.5.1 数据查询

数据查询是从地理数据库中找出所有满足空间约束条件或属性约束条件的对象。空间约束条件用含空间谓词（包括包含、相交、邻接、叠加和距离等）的逻辑表达式说明，而属性约束条件可用结构化查询语言（SQL）说明。

1. 矢量数据查询

常用的矢量查询方式包括图形之间、属性之间、图形与属性之间的相互查询，它主要分为以下两类：

（1）由属性查图形。采用结构化查询语言，按属性数据的组合条件，从空间属性表或非空间属性表中检索出关联的地理要素。例如，在调水工程地理信息系统中，用户可按年、月、旬来查询工程进展，并用专题图形式输出查询结果。

(2) 由图形查属性。从地图上直接选取地理要素，再从空间属性表或非空间属性表中查看相应的属性数据。例如，用户从调水工程线路图上直接选取某段工程线路，查询工程特点、进展及投资等情况，并用图表形式输出查询结果。

2. 栅格数据查询

栅格数据查询与矢量数据查询方式类似，但操作对象不同。前者的操作对象是栅格像元的属性值；后者的操作对象是属性表中的字段。栅格数据查询将满足查询条件和不满足查询条件的像元分开，并用不同颜色标识。

6.5.5.2 矢量数据分析

矢量数据分析是基于点、线、面及其拓扑关系的运算。它可以针对单个地理要素层操作，也可以针对多个地理要素层操作。所有参与数据分析的地理要素层必须具有相同的坐标系统。ArcGIS 9.2 软件的矢量数据分析功能见表 6.5-2。

表 6.5-2　　常用的矢量数据分析功能

分类	矢量数据分析功能（命令）	说明
要素提取 (Extract)	Clip、Select、Split、Table Select	裁剪、由属性选图形、图层分割、由属性选属性
叠加分析 (Overlap)	Erase、Identity、Intersect、Spatial Join、Symmetrical Difference、Union、Update	要素删除、识别叠加、叠加求交、空间关联、对称差异、要素合并、要素更新
邻近分析 (Proximity)	Buffer、Create Thiessen Polygons、Multiple Ring Buffer、Near、Point Distance	缓冲区建立、泰森多边形生成、环状缓冲区建立、近邻距离计算、点间距离计算
属性统计 (Statistics)	Frequency、Summary Statistics	属性频率计算、属性统计量描述

1. 叠加分析

叠加分析将两个地理要素层的空间数据和属性数据按某种方式组合在一起，生成一个新的地理要素层。根据空间数据操作模式，ArcGIS 9.2 软件将矢量叠加分析分为要素删除、识别叠加、叠加求交、要素合并、要素更新、空间关联以及对称差异，其中前五种为常用叠加分析操作。

(1) 要素删除。将输入要素层与删除要素层叠加，输出要素层仅保留删除要素层区域范围外的地理要素。输入要素层可以是点、线和面，而删除要素层必须是面。

(2) 识别叠加。将输入要素层与识别要素层叠加，输出要素层除保留输入要素层的地理要素外，还保留识别要素层中属于两个要素层公共区域范围内的地理要素。输入要素层可以是点、线和面，而识别要素层必须是面。

(3) 叠加求交。将输入要素层与求交要素层叠加，输出要素层仅保留两个要素层公共区域范围内的地理要素。输入要素层和求交要素层可以是点、线和面。

(4) 要素合并。将输入要素层与合并要素层叠加，输出要素层保留两个要素层所有的地理要素。输入要素层和合并要素层均为面。

(5) 要素更新。将输入要素层与更新要素层叠加，输出要素层是被更新要素层替换后的输入要素层。输入要素层和更新要素层均为面。

2. 缓冲区分析

缓冲区 (Buffer) 表示一组（类）地理要素的影响范围或服务范围。公共设施（医院、学校和商店等）的服务半径、城市道路的规划范围均可通过建立缓冲区来分析。建立缓冲区的地理要素包括点、线或面。它的建立需要两个已知条件：输入的地理要素和缓冲距离。例如，点缓冲可用于分析污染源的污染范围，线缓冲可用于分析调水工程线路的拆迁范围，面缓冲可用于分析城市噪声的影响范围。

6.5.5.3 栅格数据分析

栅格数据分析是针对栅格像元值的运算。它可以是单个或多个栅格的运算。运算要求输入栅格范围及像元大小均相同。ArcGIS 9.2 软件的栅格数据分析功能见表 6.5-3。

1. 局部运算

局部运算是栅格数据分析的基本操作。它采用数学函数计算栅格像元值。局部运算分为单个或多个栅格运算。

2. 邻域运算

邻域运算是指利用邻域内的像元值（包括/不包

括中心像元）进行函数运算，再将运算值赋给中心像元。常见的邻域形状有矩形、圆形、扇形和环形等。

6.5.6 数据显示与输出

地理数据经查询与分析后，所得结果可用矢量图、栅格图、图表、文字和多媒体等形式显示与输出。地图是数据显示与输出的主要载体。

6.5.6.1 地图元素设计

一幅设计完整的地图包括图名、地图主体、图例、指北针、比例尺、文字说明、图廓等地图元素[30]。其中，地图主体是地图设计的重要组成部分，需说明的内容有地图符号、地图注记、图形和背景等。

表 6.5-3　常用的栅格数据分析功能

分 类	栅格数据分析功能（命令）	说　明
局部运算（Local）	Cell Statistics、Combine、Equal To Frequency、Greater Than Frequency、Highest Position、Less Than Frequency、Lowest Position、Popularity、Rank	描述统计量、组合属性、统计已知值的频率、统计大于已知值的频率、记录最大值位置、统计小于已知值的频率、记录最小值位置、众数、排序
邻域运算（Neighborhood）	Block Statistics、Filter、Focal Flow、Focal Statistics、Line Statistics、Point Statistics	分组统计、滤波运算、邻域分析、邻域统计、线统计、点统计
分区运算（Zonal）	Tabulate Area、Zonal Fill、Zonal Geometry、Zonal Geometry as Table、Zonal Statistics、Zonal Statistics as Table	计算数据的交集、区域填充、量测要素的几何特征、量测要素的几何特征且以表格形式输出、分区统计、分区统计且以表格形式输出
重分类（Reclass）	Lookup、Reclass by ASCII File、Reclass by Table、Reclassify、Slice	查找、按 ASCII 文件重分类、按属性表重分类、重分类、剪切
地形分析（Surface）	Aspect、Contour、Contour List、Curvature、Cut/Fill、Hillshade、Observer Points、Slope、Viewshed	生成坡向图、创建等高线图、等高线排列、导出表面曲率图、裁切/填充、生成地貌晕渲图、设置观测点、生成坡度图、视域分析
空间插值（Interpolation）	IDW、Kriging、Natural Neighbor、Spline、Topo to Raster、Topo to Raster by File、Trend	反距离权重法、克里金法、自然距离法、样条函数法、拓扑插值成栅格、按数据文件将拓扑插值成栅格、趋势面分析
距离量测（Distance）	Corridor、Cost Allocation、Cost Distance、Cost Path、Euclidean Allocation、Euclidean Direction、Euclidean Distance、Path Distance、Path Distance Allocation、Path Distance Back Link	计算累积成本、成本配置、成本距离、成本路径、自然距离量测配置、自然距离量测方向、自然距离量测、路径分析、成本距离配置、成本距离链路

1. 地图符号

地图符号分为点状、线状和面状符号，可通过大小、形状、纹理和色彩定性或定量描述空间数据和属性数据。大小和形状可用于描述数量上的差异；纹理也可用于描述定量数据；色彩分为色调、亮度和饱和度。其中，色调可用于表示数据类型，亮度可用于表示数值大小或突出地图主题，饱和度可用于突出地理要素的重要性。

2. 地图注记

注记是用文本形式说明地理信息，它的主要视觉要素是字体。一般用字体的样式和颜色表示类型差异，用字体大小和粗细表示数量差异。注记位置需体现地理要素的空间特性。点状注记应紧邻要素，线状注记应与要素走向平行，面状注记应置于要素区域范围内。注记的空间布局比较复杂，很难完全自动标注，通常需要人工交互调整。

6.5.6.2 地图制作

1. 地图种类

地图可分为普通地图和专题地图。普通地图主要提供基本的地理信息（如海岸线、水系、境界、交通、居民点及行政区划等），以满足用户的一般需求。专题地图主要提供专业的地理信息（如旅游信息、人口分布和经济状况分布等），以满足用户的特殊需求。

2. 地图设计

地图设计包括版面布局和视觉层次设计。版面布局设计主要是地图要素的空间布局。版面布局既要突出地图主体，又要方便读者查找图例和图名。视觉层次设计要体现视觉的层次感，例如，地图背景的视觉要比主题图形稍远，遮挡效果也能区分图面要素的层次。

地图可用模板加速其设计过程。常用的GIS软件都提供地图模板。

6.5.7 应用案例：Arc Hydro 1.3 水文信息模块

Arc Hydro 1.3（http://www.crwr.utexas.edu/giswr）是由美国德克萨斯州立大学奥斯汀分校水资源研究中心（CRWR）与美国环境系统研究所（ESRI）联合开发的一种水文信息模块。它由 Arc Hydro Data Model 和 Arc Hydro Tools 两部分组成，主要具有五项功能：①划分子流域，提取流域特征；②生成流向栅格图，分析流向和汇流；③定义河网结构，构建水系网络；④生成河道三维立体图；⑤保留水文要素的时间信息，对流域特征进行时空分析。

6.5.7.1 总体结构

1. 系统架构

Arc Hydro 1.3 水文信息模块采用 C/S 结构开发，系统架构如图 6.5-7 所示。它由数据层、访问层和表达层组成。数据层包括基础地理数据、水文监测数据和属性数据；访问层实现数据处理等功能；表达层实现数据查询与分析、系统预警、图形和表格生成、输出等功能。

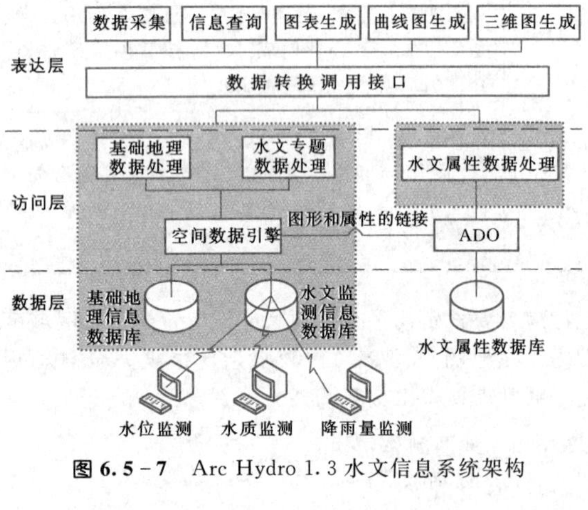

图 6.5-7 Arc Hydro 1.3 水文信息系统架构

2. 系统组成

Arc Hydro 1.3 水文信息模块包括 Terrain Preprocessing、Watershed Processing、Attribute Tools、Network Tools 和 ApUtilities 五个模块。Terrain Preprocessing 实现栅格 DEM 的预处理，为自动划分流域和生成水系做准备；Watershed Processing 划分子流域，提取流域特征；Attribute Tools 根据已有的水系网络，定量分析流域特征并赋值；Network Tools 生成水系网络，查询和分析水系网络属性；ApUtilities 包含一些处理地理要素层的辅助工具。此外，它还包括 Flow Path Tracing（流域跟踪）、Point Delineation（流域点描绘）等功能。

6.5.7.2 地理数据建模

1. 数据组织

为描述流域地貌地形，Arc Hydro 1.3 水文信息模块将相关的地理要素组织为以下七层：

(1) 水系（Streams）。河网由水文边线和节点组成，湖泊由面组成，表示河流总体信息和地表水流动的连通性。

(2) 流域（Drianage areas）。流域由面组成，流域出口由点组成，表示由地形地貌定义的流域、子流域等水文几何特性。

(3) 水文地形（Hydrography）。由点、线、面和注记组成，表示地表水系及附属构筑物信息。

(4) 河道（Channels）。表示河流三维形态，用于描述河流水力学特性，包括断面、剖面线等信息。

(5) 降雨区（Hydro response）。由面组成，用于描述洪水或排水量。

(6) 地形表面（Surface terrain）。由 TIN 模型或栅格数据模型组成，用于描述河网或流域的地形地貌。

(7) 数字正射影像图（Digital orthophotography）。由栅格数据模型组成，用于描述地理背景。

2. 矢量数据建模

水系、流域、水文地形、河道和降雨区等地理要素均可采用 UML 类图定义地理要素类及其关系，借助 CASE 工具实现矢量数据建模。

图 6.5-8 是 ESRI 公司提供的水文地形要素层（Hydrography）的 UML 类图。处于类图顶端的是三个抽象类：Feature 类、SimpleJunctionFeature 类和 ComplexEdgeFeature 类。其中，Feature 类又分为三个子类：HydroPoint 类（水文点要素）、WaterBody 类（水体面要素）和 WaterShed 类（流域面要素）。SimpleJunctionFeature 类和 ComplexEdgeFeature 类都属于几何网络类，它们各有一个子类，分别是 HydroJunction 类（水文结点类）和 HydroEdge 类（水文边线类）。

6.5.7.3 功能和实现

以 Terrain Preprocessing 为例，说明 Arc Hydro 1.3 水文信息模块的功能设计和操作流程。

1. 功能设计

Terrain Preprocessing 主要完成 DEM 预处理、水文信息提取等任务（见表 6.5-4），包括调整

DEM 表面高程、去除洼地与平地、生成流向和汇流栅格图、构建水文网络、生成集水区（Catchment）范围、形成流域点和线、计算最长流径、生成 DEM 等。

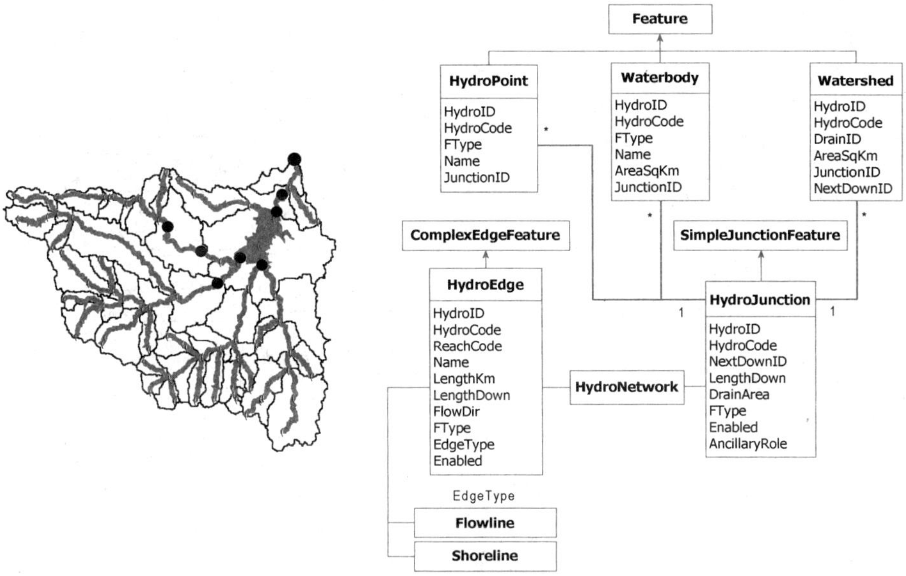

图 6.5-8 水文地形要素层的 UML 类图

表 6.5-4　　Terrain Preprocessing 功能

功能名称	说明
Data Management Terrain Processing	设置程序运行环境
DEM Manipuation	DEM 预处理
DEM Reconditoning	采用 AGREE 方法调整 DEM 表面高程
Fill Sinks	去除洼地和平地
Flow Direction	生成流向栅格图
Flow Accumulation	计算流量汇集
Stream Definition	生成水系栅格图
Stream Segmentation	生成河流分段
Catchment Grid Delineation	生成集水区
Catchment Polygons Processing	构建集水区多边形
Drainage Line Processing	生成水文网络
Adjoint Catchment Processing	构建集水区多边形拓扑关系
Drainage Point Processing	生成集水区的出水口
Longest Flow Path for Catchments	生成集水区最长的流径
Longest Flow Path for Adjoint Catchments	为邻接集水区生成最长的流径
Accumulate Shapes	按流域等级构多边形
Slope	生成坡度图
Slope greater than 30	生成坡度不小于 30%的栅格图
Slope greater than 30 and facing North	生成坡度不小于 30%且朝北的栅格图
Weighted Flow Accumulation	按权重生成流向汇集栅格图

2. 操作流程

流域信息的提取流程如图 6.5-9 所示。在流域信息提取之前，首先要对 DEM 精度进行判断。如果精度不够，则对 DEM 进行预处理，直至其精度达到提取要求；如果精度足够，则直接用它提取流域信息。

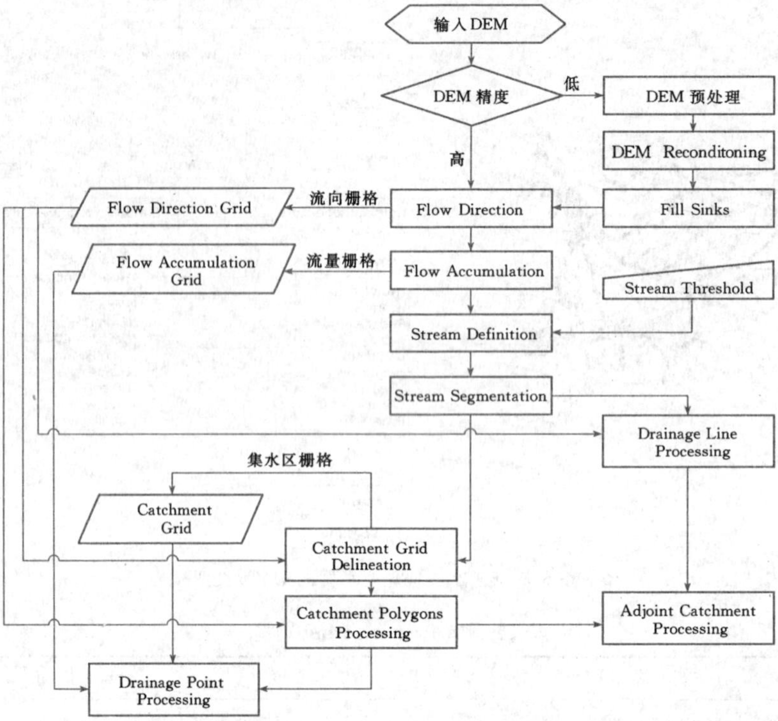

图 6.5-9　流域信息提取流程图

6.6　决策支持系统

6.6.1　决策支持系统的基本概念

6.6.1.1　决策与决策过程

决策是指为了实现某一特定目标，借助一定的科学方法与手段，从两个或两个以上的可行方案中选择一个最优方案，并组织实施的全部过程。决策过程分为信息收集、方案设计、方案评价和方案选择等四个相互联系的阶段。决策过程是一个迭代过程。

决策可以借助于计算机决策支持系统来完成，即用计算机来辅助确定目标、拟订方案、分析评价以及模拟验证等工作。在此过程中，可用人机交互方式，由决策人员提供各种不同方案的参数，在此基础上选择方案。

6.6.1.2　决策支持系统（DSS）

决策支持系统（Decision Support System，DSS）是管理信息系统（Management Information System，MIS）发展的更高阶段。

传统的 MIS 是利用人工过程、数学模型以及数据库等资源为一个组织的各种管理职能提供信息支持的一种计算机应用系统[1]。

DSS 是以人机交互方式通过数据、模型和知识辅助决策者进行半结构化或非结构化决策的计算机应用系统，其主要目的是为决策者提供分析问题、建立模型、模拟决策过程和方案的环境，调用各种信息资源和分析工具，帮助决策者提高决策水平和质量[1]。

DSS 与传统的 MIS 的主要区别是：传统的 MIS 重点在于日常信息管理和事务处理，而 DSS 注重基于信息的辅助决策，主要解决半结构化或非结构化决策问题；MIS 中的辅助决策功能主要针对较低管理层的决策，而 DSS 的主要目标在于提高高级管理层决策的有效性。

DSS 还有以下五个特点：①具有交互性，决策过程通过管理者与系统之间对话来完成；②把模型或分析技术与传统的数据存取技术及检索技术相结合；③只是起辅助决策作用，而不能取代管理者进行判断；④具有灵活性，能适应管理者决策过程的改变；⑤着重于决策支持的效果而不是效率。

6.6.1.3　DSS 的组成

典型的 DSS 采用四库结构，如图 6.6-1 所示。

四库结构的 DSS 由人机交互系统、数据库子系统（数据库及数据库管理系统）、模型库子系统（模型库及模型库管理系统）、方法库子系统（方法库及方法库管理系统）及知识库子系统（知识库及其管理系统）组成[31-32]。由于加入了知识库及其管理系统，四库结构的 DSS 提高了决策的智能效果，因此可以看成是一种初级的智能决策支持系统。

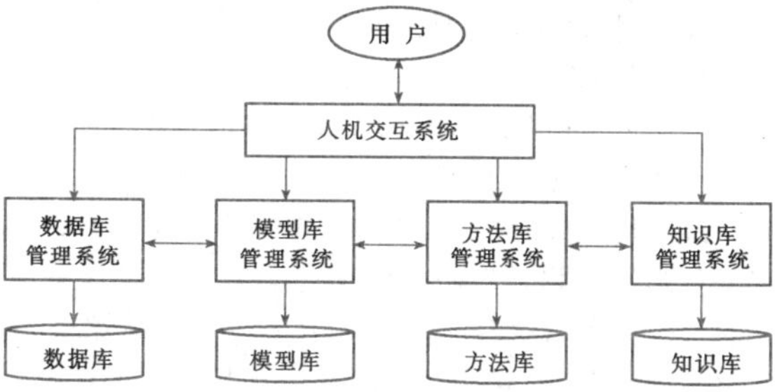

图 6.6-1 四库结构的决策支持系统

1. 人机交互系统

人机交互系统是 DSS 与用户之间的交互界面，用户通过它控制 DSS 的运行。人机交互系统便于用户向 DSS 输入必要的信息和数据，同时向用户展示系统运行过程与可选方案。

2. 数据库子系统

数据库子系统包括数据库和数据库管理系统（DBMS）。它们完成 DSS 中的数据管理任务。许多成熟的商业 DBMS 产品可以成功地用于 DSS 的数据库子系统中。

3. 模型库子系统

模型库子系统由模型库和模型库管理系统组成。在 DSS 中，模型体现了管理者解决问题的过程，因此，随着管理者对问题认识程度的深化，模型也会发生相应的变化。模型库子系统应能够灵活地完成模型的存储、管理和运行以及动态建模的功能。

4. 方法库子系统

方法库子系统由方法库和方法库管理系统所组成。它通常存储、管理、调用及维护 DSS 各模块要用到的通用算法、标准函数等方法的部件，一般用程序方式存储。方法库内存储的常用方法有：排序算法、分类算法、最小生成树算法、最短路径算法、线性规划、整数规划、动态规划、各种统计算法及各种组合算法等。

需要说明的是，在四库结构的 DSS 中，模型库与方法库是分离的，即用数据结构表示模型，用求解算法表示方法。但通常情况下，模型库和方法库也可以合并，统称为模型库，此时 DSS 呈现为三库结构。

5. 知识库子系统

知识库子系统由知识库和知识库管理系统组成。知识库以结构化形式存储与决策相关的经验和知识，通过推理机完成推理过程。知识库管理系统主要负责管理决策问题领域的知识，包括知识的获取、表达和管理等功能。在进行非结构化决策时，只有使用知识库和推理机才能够进行有效的辅助决策。

6.6.2 DSS 中的模型库子系统

模型库子系统是决策支持系统的核心子系统。本部分介绍的模型库子系统指的是合并了方法库后的模型库子系统。

6.6.2.1 模型及其表示

1. 模型

模型是对现实世界的事物、现象、过程或系统的抽象。模型反映了实际问题最本质的特征和量的规律，即描述了现实世界中有显著影响的因素和相互关系。管理者使用 DSS 不是简单地依赖数据库中的数据进行决策，而是主要依赖模型库中的模型进行决策。

DSS 中的模型主要分为数学模型、数据处理模型、图形图像模型、报表模型和智能模型等[31]。

（1）数学模型。数学模型是应用最广泛的模型，包括原理性模型、系统学模型、规划模型、预测模型、管理决策模型、计量经济模型等。建立数学模型的过程包括模型准备、模型假设、模型建立、模型求解、模型分析及模型检验等多个阶段。

（2）数据处理模型。数据处理模型主要对数据进行选择、投影、旋转、排序和统计等。这类模型一般采用关系 DBMS 实现，采用数据库语言来编写数据处理程序；它不需进行复杂计算，主要任务是对数据库中的数据进行日常处理，其最大特点是处理的数据量很大。

（3）图形图像模型。图形图像模型用于人机交互，使决策过程及结果更形象、更直观。

（4）报表模型。报表模型是对报表生成过程的一种抽象。报表是数据处理的主要输出手段，它既可以看成是人机交互的一种输出形式，也可以看成是数据处理的结果。

（5）智能模型。智能模型是以推理为基础的智能程序，处理的对象是知识库。知识库是由大量的产生式规则和事实所组成。

2. 模型的表示与存储

在 DSS 的模型库中，模型通常以程序文件和数据文件来表示和存储。数学模型有方程形式、算法形式和程序形式，在计算机中都是以数值计算语言的程序形式表示，其存储形式为程序文件；数据处理模型以数据库语言的程序形式表示，其存储形式依然为程序文件；图形模型一般以矢量图形式表示，而图像模型以点阵数据形式表示，它们的存储形式为数据文件；报表模型是由报表打印程序表示的，其存储形式为程序文件；智能模型通常用人工智能语言来表示，其存储形式依然为程序文件。

6.6.2.2　模型库和模型库管理系统

1. 模型库

模型库用于存储决策所需的模型，它将众多的模型按一定的结构形式组织起来。像数据库一样，模型库是一个共享、可复用的资源。通过模型库可以将多个模型组合起来构成更大的模型。

2. 模型库管理系统

模型库管理系统类似于数据库管理系统，其主要功能包括模型的存储管理和运行管理。模型的存储管理实现模型的表示、存储、查询和维护等功能；模型的运行管理包括模型程序的输入和编译、模型的运行控制及模型对数据的存取等。

6.6.3　DSS的知识库子系统

6.6.3.1　知识库系统的功能与结构

1. 知识库系统的功能

知识库系统的主要功能包括知识的获取和解释、知识的表示及存储、知识推理及知识库的管理和维护。首先通过人机交互系统和知识获取模块获取知识，并选择合适的知识表示形式将知识（规则）存储到知识库中。在辅助决策时，推理机根据一定的推理策略从知识库中选择知识，对用户提供的事实进行推理，直到推出新事实（结论）为止。而知识库的管理和维护则由知识库管理系统完成，以实现知识的动态添加、删除和更新。

2. 知识库系统的结构

为实现知识库系统的功能，知识库系统通常采用如图6.6-2所示的结构。

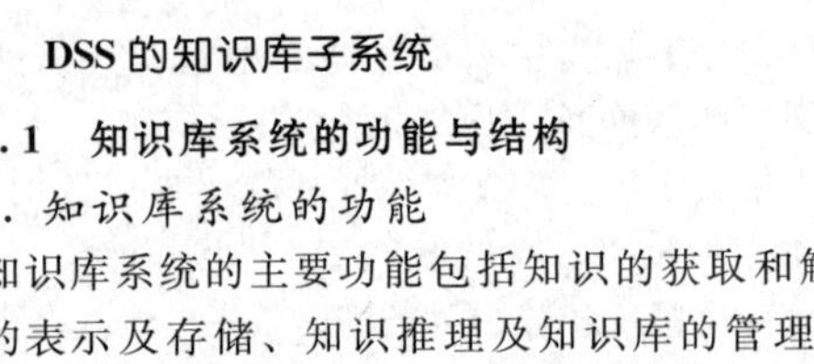

图6.6-2　知识库系统基本结构

知识库、推理机是知识库系统的核心模块。知识库主要用来存放决策专家和领域专家的经验和知识；推理机是推理过程的计算机实现；推理控制器按推理策略对推理过程进行控制。

从本质上讲，DSS中的知识库系统的结构及关键技术与人工智能领域中的专家系统类似，因此可以借鉴专家系统的方法与技术。但DSS中的知识库系统强调推理和计算的结合，以及推理对决策者思维的延拓；而专家系统很少使用数学模型进行计算，知识的结构和形式比较确定。

6.6.3.2　知识表示与推理

1. 知识表示

知识表示就是知识的形式化，即以计算机能够存储的形式来表达知识。

按知识的作用及表示来划分，可分为事实性知识、规则性知识、控制性知识和元知识[34]。事实性知识是指有关领域内的概念、事实、事物的属性、状态及其关系的描述，在知识库中属低层的知识；规则性知识是指有关问题中与事物的行动、动作相联系的因果关系知识（常以“如果……，则……”的形式出现），是DSS知识库中常用的知识，它是由决策专家和领域专家提供的；控制性知识是指有关问题的求解步骤及控制策略；元知识是指关于知识的知识，是知识库中的高层知识，包括怎样使用规则、解释规则、校验规则和解释程序结构等。

在人工智能中，常用的知识表示方法有状态空间表示法、谓词逻辑表示法、产生式规则表示法、框架表示法和语义网络表示法等，但在DSS中用得最多的表示方法是产生式规则、框架和语义网络。对同一知识，一般可以用多种方法进行表示，但其效果却不同。在选择知识表示方法时，应从以下四个方面进行综合考虑：① 充分表示领域知识；② 能充分、有效地进行推理；③ 便于对知识的组织、维护与管理；④ 便于理解与实现。

2. 推理

推理是按一定的控制策略（推理方向的选择、推理时所用的搜索策略及冲突解决策略），利用知识库中的知识求解问题的过程。

推理的基本任务是从一种判断推出另一种判断。按推理时所用的知识的确定性来分，推理可分为确定性推理与不精确推理；按推理中是否运用与问题有关的启发性知识，推理可分为启发式推理和非启发式推理；按推理方向分，推理可分为正向推理、反向推理和正反向混合推理。

6.6.4　专家系统

6.6.4.1　专家系统概述

1. 专家系统定义

专家系统的奠基人E. A. Feigenbaum认为：“专

家系统是一种智能的计算机程序，它运用知识和推理步骤来解决只有专家才能解决的复杂问题"[33]。

专家系统有助于保存和推广人类专家的知识，更有效地发挥专家的作用。专家系统还可以综合众多专家的知识和经验，从而博采众长。它作为一种计算机系统，继承了计算机快速、准确等特点，在某些方面比人类专家更可靠，更灵活，可以不受时空及人为因素的影响。

2. 专家系统分类

专家系统可用来解决许多不同类型的问题。典型的专家系统类型见表 6.6-1。

表 6.6-1 专家系统的类型[1]

专家系统种类	解决的问题
解释	根据获取的数据对现象或情况作出解释
诊断	从可观察的现象中推出系统的故障
预测	在给定条件下推出可能的结果
设计	在限定条件下给出目标的设计
规划	设计一系列动作
控制	控制整个系统的行为
监督	比较观察到的现象和期望的结果
修理	为故障确定补救的方法
教学	诊断与纠正学生的学习和行为

6.6.4.2 专家系统的组成

专家系统由人机接口、推理机、知识库及其管理系统、动态数据库及其管理系统、知识获取机构和解释机构六个部分组成，如图 6.6-3 所示。

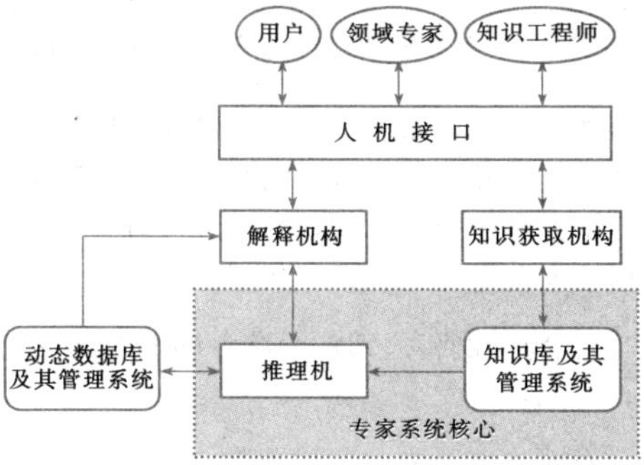

图 6.6-3 专家系统的一般结构

这里仅对专家系统核心作一介绍。

专家系统核心是知识库和推理机。专家系统的工作过程是根据知识库中的知识和用户提供的事实进行推理，不断地由已知的前提推出未知的结论（中间结果），并将中间结果存储于动态数据库，作为已知的新事实进行推理，从而把求解的问题由未知状态转换为已知状态。从这个意义上讲，它与DSS 知识库系统的结构和原理相类似。但在专家系统的运行过程中，会不断地通过人机接口与用户进行交互，向用户提问，并向用户作出解释。解释机构回答用户提出的问题，解释系统的推理过程。动态数据库又称为"黑板"或"综合数据库"，主要用于存放用户提供的初始事实、问题描述、中间结果和最终结果等。

专家系统是人工智能技术的一个应用领域，将专家系统与传统的 DSS 相结合，可以充分利用专家系统定性分析与 DSS 定量分析的优点，提高 DSS 支持非结构化决策问题的能力。这也是智能 DSS 的目标。

6.6.5 DSS 的开发

6.6.5.1 DSS 的开发方法

DSS 作为一种应用软件系统，其开发方法与过程遵循软件工程规范。常用的开发方法有生命周期法、快速原型法和面向对象方法等，其中最有代表性的是快速原型法。

DSS 的实现策略主要涉及开发工具及其层次的选择，常用的开发策略有以下五个方面[32]：①直接使用通用程序设计语言编写相应的 DSS 模块，但目前此方法仅适用于接口开发中；②采用第四代语言（4GL）开发相应的 DSS 模块；③采用 DSS 集成开发平台或 DSS 生成器开发 DSS；④应用计算机辅助软件工程（CASE）方法开发 DSS；⑤综合使用以上多种方法开发更为复杂的 DSS。

6.6.5.2 DSS 开发工具

典型的 DSS 开发工具有 DSS 集成开发平台及 DSS 生成器。

1. DSS 集成开发平台

DSS 集成开发平台是用来快速构建 DSS 或 DSS 生成器的软件工具。它是采用程序设计语言开发的、综合了多种语言（如数值计算语言和数据库语言）的、适合 DSS 开发特点的集成语言平台。

2. DSS 生成器

DSS 生成器是能够方便、快速地开发 DSS 的应用软件，它是一种将数据管理、模型管理、知识管理、对话管理等多种技术有机结合起来的工具。对于一个待决策的问题，根据决策环境及其需求，使用 DSS 生成器就可以迅速生成一个 DSS。

常见的 DSS 生成器有 GADS、IFPS、SIMPLAN

等[31-32]。GADS是美国IBM公司开发的地理数据分析与显示系统，可用于开发诸如城市规划、商业规划和资源分配等专用DSS。IFPS是美国Execucom System公司研制的交互式财务计划系统，主要用来建立财务模型。SIMPLAN是美国Simplan System公司研制的辅助战略规划DSS，用于公司的长远规划、财务预测、销售预测、策略模拟、资本投资预算与审核等。

6.6.6 新一代决策支持系统

6.6.6.1 智能决策支持系统（IDSS）

1. IDSS的定义

智能决策支持系统[31]（Intelligent Decision Support System，IDSS）是人工智能和DSS相结合的产物。人工智能技术融入DSS后，使DSS在模型技术与数据处理技术的基础上，增加了知识推理技术，使DSS的定量分析和人工智能的定性分析结合起来，以提高辅助决策的效果。

常用的人工智能技术有专家系统、人工神经网络、遗传算法、机器学习和自然语言理解等。IDSS综合使用以上技术，特别是自然语言处理功能，以解决非结构化决策问题，并更好地实现人机交互。

2. IDSS的组成

IDSS的结构与图6.6-1所示四库结构相似，不同的是增加了智能人机接口、自然语言处理系统，也明确强调了推理机在系统中的重要性，以便更好地实现人机交互与定性推理。此外，知识库子系统也能用专家系统来替代。人工神经网络、遗传算法和机器学习等技术可以在模型库中体现。

6.6.6.2 群体决策支持系统（GDSS）

1. GDSS的定义

群体决策支持系统[31]（Group Decision Support System，GDSS）是指把同一或相关领域的多个DSS集成在一起，相互通信、相互协作而形成的一个功能全面的决策支持系统。GDSS将一组决策人员作为一个决策群体同时参与决策会话，从而得到一个较为理想的决策结果。GDSS主要用于群体决策活动，其决策成员相互协作和制约，并由一组约定的规则来协调其行动。进行群体决策时，可以采取不同的决策准则和方法，以构造各种类型的决策模型。

2. GDSS的组成

GDSS是在计算机网络的基础上由私有决策支持系统、规程库子系统、通信库子系统，用于共享的公共模型库、数据库及方法库管理系统，以及公共显示设备等部件组成。GDSS的基本结构如图6.6-4所示。

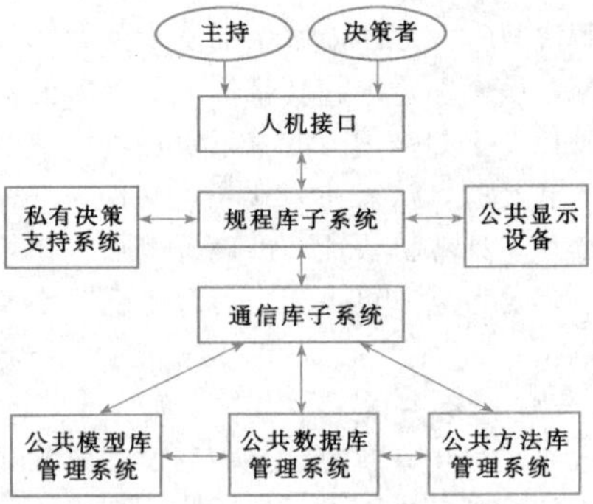

图6.6-4 GDSS的基本结构

6.6.6.3 基于数据仓库的DSS

1. 基于数据仓库的DSS定义

基于数据仓库的DSS是以数据仓库（DW）为基础、以联机分析处理（OLAP）及数据挖掘（DM）技术为主要分析手段的DSS，其目的是在历史数据的基础上，进行智能决策，如多维分析、潜在模式发现和预测等。

2. 基于数据仓库的DSS组成

基于数据仓库的DSS的基本结构如图6.6-5所示。

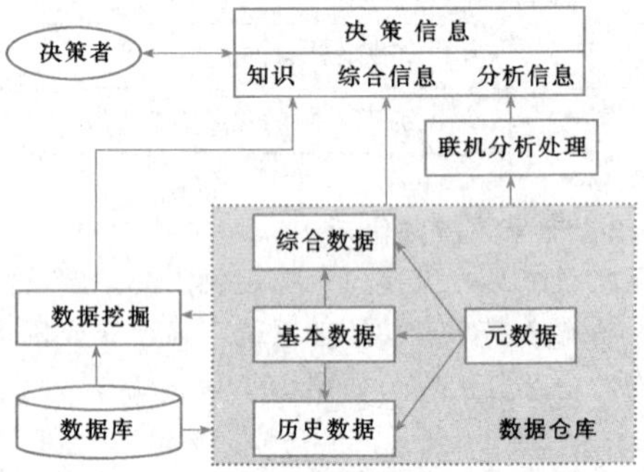

图6.6-5 基于数据仓库的DSS基本结构

在辅助决策的过程中，数据仓库、联机分析处理与数据挖掘相互协作。数据仓库存储大量辅助决策的数据；联机分析处理提供数据的多维分析；数据挖掘从数据中发现隐含的知识，用于辅助决策。

6.6.7 应用案例：大坝安全综合评价专家系统

6.6.7.1 概况

新中国成立以来，我国修建的大量大坝在防洪、发电及灌溉等方面发挥了巨大的社会经济效益。然而，由于水文、地质、设计、施工质量、运行管理以及老化等原因，相当一部分大坝存在安全问题或安全隐患[34]。国家安全生产监督管理局在《水电站大坝安全管理规定》（国家电监会令第3号）中要求“逐步实现大坝安全在线监测和大坝安全在线管理”。因此，对大坝及坝基安全进行监控与综合评价具有重大意义。

河海大学吴中如院士所带领的团队长期从事大坝与坝基安全监控理论、方法与技术的研究，开发了大坝安全综合评价专家系统，并将成果成功应用于工程实践[34-35]。

6.6.7.2 系统功能

大坝安全综合评价专家系统的主要功能[34-35]是：①科学有序地管理监测资料以及与大坝安全有关的设计、施工、运行管理信息以及专家知识的功能；②对监测资料进行分析和反分析，对大坝结构（强度和稳度）和渗流进行分析计算，进行大坝安全综合评价的计算，为大坝安全分析评价提供定量数据；③应用人工智能技术，整合专家的群体知识（如规范和法规）和个体知识以及分析与反分析的成果，对大坝安全状况和安全级别作综合分析与评价，对异常或险情以及病险坝作出物理成因解析，提供辅助决策的建议，从而实现全过程的大坝安全分析和评价；④应用可视化和多媒体等技术，实现优良的图形和图像界面。

6.6.7.3 系统总体结构

大坝安全综合评价专家系统是一种智能 DSS，它采用“一机四库”的总体结构[34-35]（见图 6.6－6）。可以看出，这种结构是四库结构的 DSS（见图 6.6－1）和专家系统一般结构（见图 6.6－3）的结合，可以充分利用专家系统定性分析与 DSS 定量分析的优点，实现智能决策。

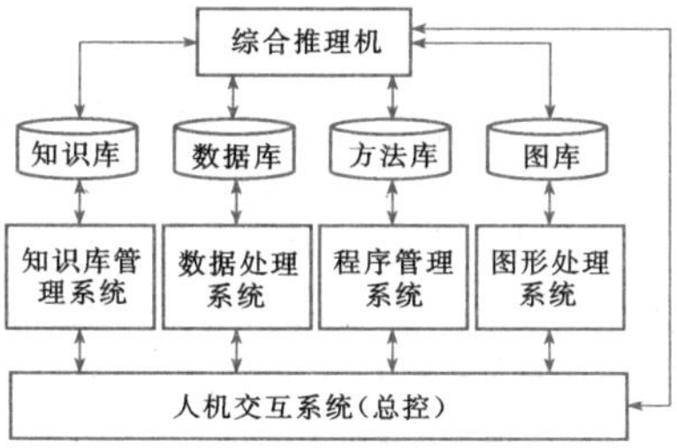

图 6.6－6 大坝安全综合评价专家系统的“一机四库”结构

综合推理机是系统顶层，主要对知识库识别的异常测值或病险坝，应用正向推理、反向推理和混合推理等人工智能技术，对异常测值或病险坝进行判别，对结构和渗流等引起的异常测值或病险坝进行物理成因分析，并提出辅助决策的建议。知识库子系统主要依据专家知识以及监测资料正反分析成果等构成各类评价准则，应用模式识别等理论，识别异常测值或病险程度；数据库子系统负责管理监测资料及其正反分析结果以及与安全有关的设计、施工和运行等工程数据；方法库子系统管理用于监测资料处理、正反分析、结构和渗流分析以及综合评判的各类分析程序；图库子系统对工程档案、监测资料处理和正反分析、结构和渗流分析、知识表达及推理分析等提供可视化图形界面。人机交互系统负责系统总控及输入输出。四库（即知识库、数据库、方法库及图库）的具体构成如图 6.6－7 所示。

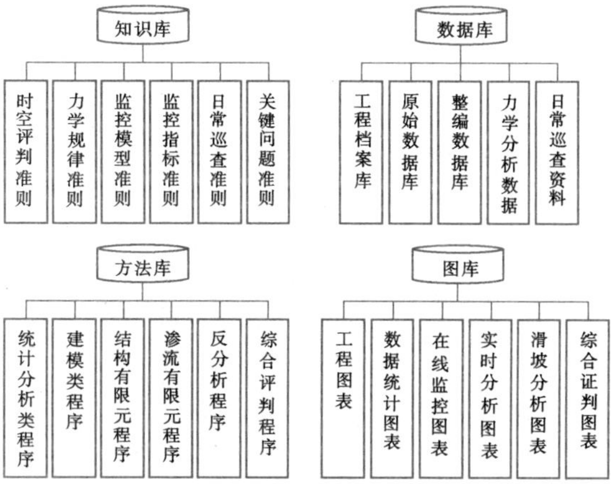

图 6.6－7 知识库、数据库、方法库及图库的构成

6.6.7.4 知识库和推理机

大坝安全综合评价专家系统的关键技术是知识库和推理机的设计与实现。

1. 知识库

知识库中存储了大量用于大坝安全分析评价的有关设计、施工和运行的资料以及专家知识等，专家知识包括有关设计规范、监测规范和法规等群体专家的知识及个体专家的经验，还包括知识工程师求解问题的策略与方法等。利用知识库进行大坝安全状态实时分析的流程如图 6.6－8 所示。图中，“分控”是对实

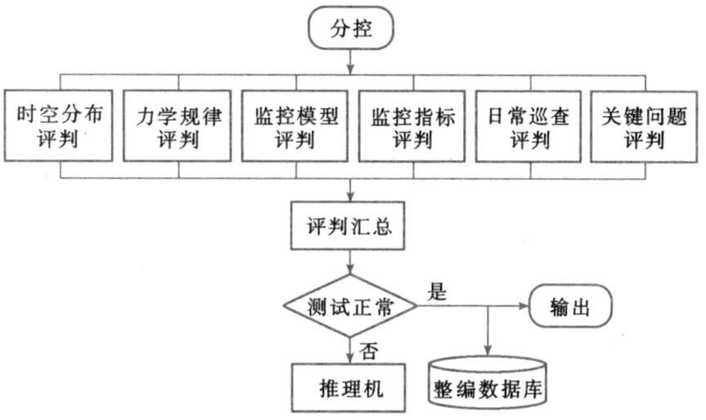

图 6.6－8 利用知识库进行大坝安全状态实时分析流程图[34-35]

时分析过程进行控制，依据知识库中各种评判准则进行评判，当发现大坝监测数据异常时启动“推理机”进行成因分析。

2. 推理机

推理机的主要功能是进行异常测值的成因分析。对结构和渗流引起的异常测值进行物理成因分析，对疑难杂症进行专家综合诊断，并提出辅助决策的建议。

大坝安全状态实时分析部分的推理机结构如图6.6－9所示。

6.6.7.5　推广应用

大坝安全综合评价专家系统的研究成果已成功应用于龙羊峡水电站大坝、水口水电站大坝等多个大坝的安全监控中，为大坝的安全提供了保障[34-35]。龙羊峡大坝安全分析专家系统于1994年完成并投入使用；水口水电站工程在线监控及反馈分析系统于2000年完成并投入使用。多年的实践证明，对大坝及坝基进行安全监测，并融汇多种理论和方法对监测资料进行正反分析，建立综合评价专家系统，对监控大坝和坝基的安全运行起着重要作用。

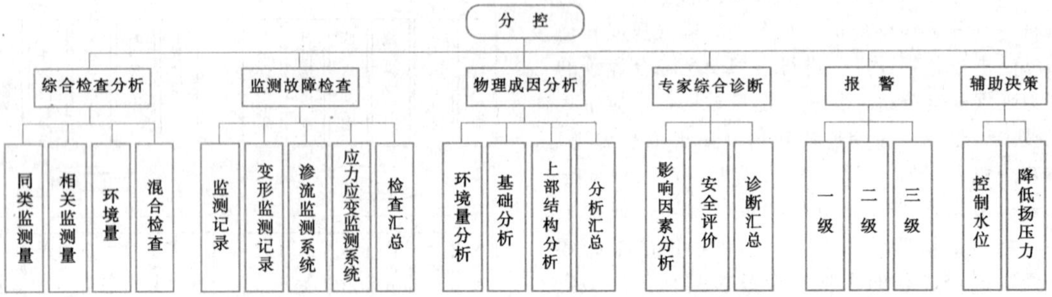

图6.6－9　大坝安全状态实时分析部分的推理机结构[34-35]

6.7　设计新技术

6.7.1　概述

设计新技术是相对于传统设计技术而言的。现代设计方法是在传统设计方法中注入新的内容和技术手段演变而来的，它推进了设计新技术的发展。

6.7.1.1　现代设计的主要特征

现代设计的主要特征包括数字化、并行化、智能化、集成化和虚拟化等[36]。

（1）数字化。包括对产品及工程设计全过程的数字化建模以及数据管理和控制。

（2）并行化。通常是指在数字化模型基础上的网络化协同设计。它是在信息共享基础上，采用团队工作模式，可在异地进行设计开发的一种现代化设计方式。

（3）智能化。借助人工智能和专家系统等技术，计算机智能地产生合乎要求的设计，完成一部分原来由设计人员进行的创造性工作。智能设计系统具有自动获取新知识和提高自身设计的能力。

（4）集成化。能将CAD、CAM等技术集成在一起，支持产品及工程设计生产的全过程，主要包括数据模型、设计过程以及设计功能的集成。

（5）虚拟化。利用三维造型、仿真和虚拟现实等技术，在产品及工程实施生产之前就能在虚拟环境下查看其形状、分析其性能，从而提高设计效率和改进设计效果。

6.7.1.2　现代设计方法分类

现代设计方法主要有标准化设计、模块化设计、相似设计、可靠性设计、优化设计、计算机辅助设计、有限元工程分析、反求设计、动态分析设计、智能设计、并行设计、虚拟设计、创新设计、生命周期设计和稳健设计等[37]。此外，现代设计领域不断有新方法出现，如绿色设计、绿色创新设计和现代最优化方法等。

工程分析在当今现代设计中非常重要，主要分析技术包括有限元分析、最优化方法、数值仿真以及动态设计等[37]。有限元分析是将连续的求解域离散成许多小单元，对每一单元假定一个合适的近似解，将这些单元组合以模拟和逼近求解域；最优化方法是根据目标要求和限定条件，建立数学模型，通过反复迭代，逐步达到最优解；数值仿真是将真实系统抽象成数学模型，模拟其外形、运动状态及工程特性等，进行各类操作和仿真试验，并加以分析评价，达到合理的设计；动态设计是对初步满足工作性能要求的对象进行运动学建模，并作动特性分析，直到满足设计要求。

计算机辅助设计、优化设计和并行设计等已在水工设计中得以应用[38]，虚拟设计、智能设计等在水工设计中具有潜在的应用价值。

6.7.2 并行设计

6.7.2.1 并行工程与并行设计

1. 并行工程

并行工程是集成并行产品（工程）设计及其相关过程的系统化方法。它要求在产品（工程）设计阶段同时考虑产品（工程）全生命周期中的各种因素，从而避免生产制造及工程实施过程中出现不必要的返工和重复性工作。

不同于串行、顺序的传统生产及工程建设模式，并行工程以并行的、交互的、协同的方式工作，其核心内容包括重组开发队伍、重构开发过程、定义数字化产品（工程）和协同工作环境四个方面。采用并行工程技术进行产品开发及工程建设具有以下特点[39]：

（1）在产品（工程）设计期间，并行地处理整个产品（工程）生命周期中的关系，体现协同合作。

（2）在产品（工程）开发过程中，开发人员分为多个小组，通过任务分解，将设计工作并行化。

（3）在产品（工程）设计阶段，应尽可能考虑后续过程的要求，最大限度地避免设计错误，减少设计变更。

（4）对设计开发过程中的重大决策，要征求全体人员的意见并取得一致，以避免冲突。

2. 并行设计

并行设计与并行工程密切相关，它要求从设计开始就考虑产品（工程）生命周期中的各种因素，通过组织多学科领域人员参与的设计队伍，利用各种计算机辅助工具，改进设计流程，使产品开发和工程设计的早期就能考虑下游环节的各种要求[37]。

并行设计的特点是并发和协同，它综合考虑产品（工程）信息、产品开发（工程建设）过程信息、组织信息和资源信息等方面，分析设计活动单元实施条件，将隐性冲突尽早地转化为显性冲突并加以处理，减少设计开发中的返工和重复劳动，以缩短产品开发周期。并行设计的关键技术主要有以下几方面。

（1）并行设计过程建模。并行的产品开发及工程建设过程需有一整套形式化的建模方法，建立一个集成化的过程模型。该模型能描述产品开发（工程建设）过程的各个活动、产品、资源、组织情况以及它们之间的联系。设计者利用模型确定并行化过程重组的工作内容和工作目标，对涉及的消息流、物料流、资金流以及组织、技术、资源等进行统一的定义和控制。

（2）协同工作技术。多功能团队协同工作是并行设计的首要问题。协同工作必须要有完善的领导和良好的组织，以团队工作方式开发产品，打破部门之间界限。其中一个重要问题是处理团队以及成员之间的冲突。它要求及时采集相关信息、发现问题，并通过智能化的决策评价机制和各种协调手段，提出有效的决策方案和冲突仲裁方案。

（3）集成化的产品（工程）模型。集成化产品（工程）模型是并行设计实施的基本保证。模型应信息完整，以支持产品的整个生命周期。

（4）产品数据管理。产品数据管理（Product Data Management，PDM）提供一种结构化方法，有效集成、存取、管理和控制产品数据及其使用流程。PDM系统主要功能包括大容量数据存储、项目管理、工作流管理、数据库管理、数据转换、分布式网络环境、统一的用户界面、保证数据的一致性和完整性等。

（5）面向下游环节设计。面向下游环节设计（Design For X，DFX）着眼于产品（工程）设计阶段，充分考虑下游环节（如制造、工程实施和环境保护等）的要求，是实施并行设计最直接的方法之一。属于该范畴的有面向制造设计、面向装配设计以及面向质量设计等。

6.7.2.2 人员协同集成

人员协同集成是实施并行设计最基本的要求之一，它强调设计人员的协同工作和有效集成，能用最少的资源和时间完成复杂的设计任务[40]。

1. 组织形式

人员协同集成的组织形式涉及设计项目的组织结构、设计团队的人员结构以及设计团队的建设等内容。

（1）设计项目的组织结构有功能型、矩阵型和项目团队型三类主要形式。功能型将设计任务分配给各功能部门，由各部门管理实施设计项目；矩阵型将设计项目分解成若干部分，由功能部门或项目经理负责设计进程；项目团队型将设计项目交由专业项目组承担，由项目负责人全权负责，与原有功能部门基本无关。

（2）设计团队的人员结构包括来自产品开发（工程建设）各个阶段的专业人员，具体包括产品及工程设计人员、企业管理人员、制造工程师、材料专家、装配工程师、质量控制专家、供应商代表以及各种其他辅助人员等。

（3）设计团队的建设并不是简单地将有关领域的专业人员集合在一起，而是要在管理方式上进行重大改变，开发和应用有效的管理工具，也要考虑人文方面的因素。

2. 进程的计划与管理

设计进程计划规定了设计过程必须完成的任务和时间，使设计团队能够按步骤实施设计进程和根据目标评估设计进展。进程模型是制定设计进程的基础，它是设计任务之间的时间依赖关系、数据依赖关系和控制依赖关系的定量化描述。在进程建模的基础上，设计进程管理实现产品开发（工程建设）过程的组织协调、跟踪控制等活动。

设计人员在设计过程中要处理大量的约束关系。由于各自的专业局限和设计环境复杂，设计过程中的约束冲突不可避免，及时发现和解决冲突是必须解决的问题。解决冲突的主要策略有消解、协商和仲裁等。

3. 计算机辅助工具

为了有效地管理设计团队，降低管理费用，采用计算机辅助工具必不可少。相关工具包括计算机分布协同、产品数据管理、面向下游环节设计(DFX)、CAD与相关软件的集成工具等。例如，在约束定义、冲突解决和意见协调等过程中，充分利用合适的计算机辅助工具，进行信息存储、处理和管理，可有效地协助领域专家和团队进行决策，提高设计效率。

6.7.2.3　计算机支持的协同设计

并行设计离不开计算机支持的协同工作（Computer Supported Cooperative Work，CSCW）环境。计算机支持的协同设计（Computer Supported Cooperative Design，CSCD）将CAD技术与CSCW技术结合起来，是CSCW概念和技术在产品及工程设计中的有效应用。

协同设计涉及设计过程、设计人员和计算机协同等设计实体，各设计实体之间有产品及工程过程的协同、设计人员之间的协同、设计人员与计算机系统的协同以及计算机系统之间的协同等。

CSCD系统总体结构见图6.7-1。其基本要求包括以下五个方面：①它应该是运行在网络环境下；②各CAD系统相对独立且功能明确；③各CAD系统之间交互和协同进行设计；④设计进程协调控制；⑤协同控制设计数据、版本和结果等。各子系统的数据库需要协同控制与管理，建立一个数据库协调管理系统。

<table>
<tr><td colspan="3">设计任务</td></tr>
<tr><td rowspan="3">设计进程
协调控制</td><td>交互和协同设计</td><td rowspan="3">数据库
协调管理</td></tr>
<tr><td>各种CAD系统</td></tr>
<tr><td>通信网络环境</td></tr>
</table>

图6.7-1　CSCD系统总体结构

6.7.3　虚拟设计

6.7.3.1　概述

1. 基本概念

虚拟设计是指设计者在虚拟环境中进行设计，是虚拟现实技术在产品及工程设计中的应用。虚拟设计以CAD和计算机图形技术为基础建立产品（工程）的数字模型。它综合了计算机仿真、可视化和多媒体等技术，更强调用户感知方式的多样性和“真实性”，使用户直观地感知数字模型的物理特性。在虚拟设计中，数字模型往往是动态变化的，用户看到的景象能随视角的变化而变化，可以与场景中的物体进行交互，使用户在设计过程中有“沉浸感”。

虚拟设计与虚拟制造、虚拟产品等概念密切相关。虚拟制造是利用计算机模型进行仿真，使人能在虚拟环境下感受和预测产品的形态、行为和性能；虚拟产品是虚拟环境中的产品模型，它不仅包含产品模型，还包含产品赖以生存的虚拟环境，具有产品物理原型的形状和表现，能以自然方式为人们所接受。

2. 特点

虚拟设计意味着用数字模型代替实物模型进行产品（工程）设计、分析与评价，为产品（工程）设计提供了新方法，使不同设计方案可以进行快速评价。虚拟设计围绕着虚拟原型展开，设计者可随时交互、实时、可视化地对原型在虚拟环境中进行反复修改，并能马上看到修改结果[41]。与实物模型相比，虚拟模型生成快，能直接操作和修改，且数据可以复用。虚拟设计可大大减少实物模型数量且缩短产品（工程）设计周期。

6.7.3.2　虚拟设计系统

1. 虚拟现实系统

虚拟现实（Virtual Rreality，VR）系统由头盔（或其他产生立体视觉的装置）、数据手套、话筒等输入设备为计算机提供输入信号，相关软件接受输入信号，由跟踪设备捕获数据，调整虚拟环境视图，对虚拟环境数据作必要更新，产生相应的视觉、听觉效果[37]。目前主要有桌面式、沉浸式和分布式虚拟现实系统。

VR系统的硬件主要包括实现动态显示三维场景的计算机和图形显示设备、实时跟踪（磁跟踪器、光学位置跟踪系统等）和交互装置（3D鼠标、数据手套等）、立体视觉装置（投影设备、立体眼镜和头盔显示器等）以及各类传感器件等。VR系统的软件包括输入处理器、仿真处理器、绘制处理器、虚拟场景处理器和虚拟环境数据库等。从功能组成上看，虚拟现实系统由输入模块、传感器模块、响应模块和反馈模块所组成。

2. 虚拟设计系统结构

一个理想的虚拟设计系统结构如图 6.7-2 所示。虚拟设计系统通常集成了 CAD、CAM、DFX、CAE、PDM 等工具，其虚拟环境包括数据源、数据接口、核心层和应用层等，通过网络平台开展协同设计工作。虚拟设计系统也可以不集成 CAD 系统，在虚拟环境中直接构建模型，不必数据传送。

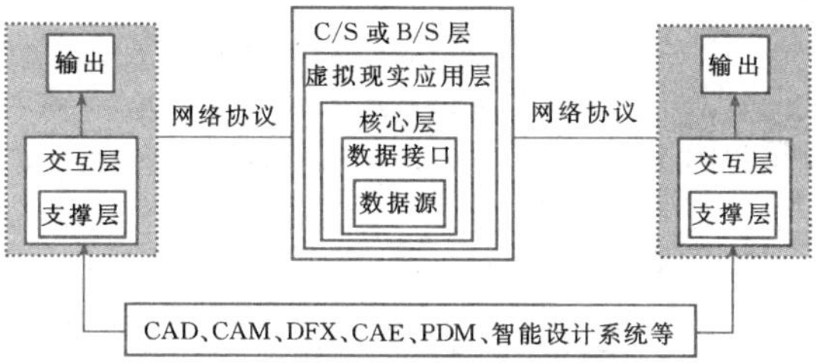

图 6.7-2 理想的虚拟设计系统结构[41]

虚拟设计系统具备三个方面的典型功能：①采用手势、语音和 3D 虚拟菜单等多种交互方式的三维用户界面；②使用多种交互方式建立和修改数字模型参数以更新虚拟模型；③虚拟环境与 CAD 等其他系统之间具有良好的数据传送机制。

6.7.3.3 基于虚拟现实的 CAD 系统

基于虚拟现实的 CAD（VR-CAD）系统利用三维输入设备输入数据，通过语音、手势和眼神等自然方式与虚拟环境交互，进行产品建模、详细设计、模型修改和分析测试。它为产品（工程）设计提供了多方位的分析、评价、修改和检验手段。

VR-CAD 系统通常包括几何建模系统、数据管理系统、仿真分析系统、输入输出及图形表达系统等，其核心技术主要有几何建模技术、多通道技术和可视化技术等[37]。几何建模是指利用自然交互方式在虚拟环境中进行三维建模；多通道技术是指以眼睛、手和头的位置变化以及语音作为交互输入，使人能同时得到视觉、听觉、触觉和力的反馈；可视化技术包括真实感图形实时绘制、模型的细节层次表示和大规模复杂场景漫游等技术。

6.7.4 智能设计

6.7.4.1 智能设计与 CAD

智能 CAD 系统是指具有知识表达、推理和知识库管理等能力的 CAD 系统[37]。智能 CAD 系统既具有传统 CAD 系统的数值计算和图形处理能力，又有知识处理能力，能对设计的全过程提供智能化的计算机支持。智能设计在知识处理自动化的基础上，帮助设计者决策。其特点是：以设计方法学为指导，以人工智能技术为实现手段，以传统 CAD 技术为工具，提供智能设计能力。

智能设计按设计能力可分为常规设计、联想设计和进化设计三个层次，根据设计活动中创造性大小可分为常规设计、革新设计和创新设计三类。

6.7.4.2 智能设计系统构建

开发一个智能设计系统基本过程如下：需求分析→设计问题建模→知识系统建立→原型系统形成→系统修正和扩展→系统使用→系统维护。

需求分析是要确定开发什么样的系统及其设计任务，进行可行性论证，并选择合适的开发工具和平台；设计问题建模是要整理设计对象信息，将设计问题形式化和规范化，并确定系统功能；知识系统建立是智能设计系统建立的核心过程，是要选择合适的知识表达方式，构建知识库并确定合适的推理策略；原型系统形成的主要是完成包括知识处理功能在内的各种基本功能；系统修正和扩展是要在修改初步使用过程中发现的问题，扩展原有的部分功能；系统维护的主要内容包括知识更新、设计功能增加、错误修改、分析评价手段改进以及相关辅助功能提高等。

6.7.5 优化设计

6.7.5.1 基本概念

优化设计一般包括数学模型建立和求解两大内容，其目标是使设计对象最优。优化设计的过程通常是：首先将设计中的实际物理模型抽象为数学模型，确定设计目标和条件并构造目标函数和约束条件；然后根据数学模型性质，选择合适的优化方法，并利用计算机求解数学模型；最后得到优化设计方案。

优化设计问题按是否存在约束条件分为无约束优化设计和约束优化设计两大类。大多优化设计都是约束优化问题，约束优化问题根据约束条件性质可分为线性优化和非线性优化问题。

6.7.5.2 优化设计算法

优化设计算法种类很多，其中无约束优化和线性约束优化算法已比较成熟，而非线性优化算法在计算效率、处理能力等方面有待完善。无约束优化算法主要有坐标轮换法、牛顿法、最速下降法、共轭梯度法、变尺度法和单纯形法等。约束优化算法主要有随机方向搜索法、复合形法、可行方向法、广义简约梯度法、罚函数法和序列线性规划等。

6.8　水工设计常用软件[❶]

6.8.1　概述

6.8.1.1　水工设计常用软件的现状与发展方向

在水利水电工程建设中，计算机技术应用于工程设计和管理的各个方面，可以为设计、科研和建设管理人员实现工程计算分析、模拟仿真、优化设计和施工建设管理等任务。水工设计常用软件涉及数学、力学、数字仿真、工程管理学与计算机技术等多领域、多学科，有限元分析技术是水工设计应用软件依托的核心技术之一。

计算机软件最早出现于20世纪40年代。60年代后，随着计算机的应用与发展，有限元技术依靠数值计算方法，得到了迅速发展。1963年由Richard MacNeal和Robert Schwendle开发了第一款结构分析软件。在以后的20多年里，软件的功能、算法得到扩充和完善，有限元技术在结构分析和场分析领域得到了成功应用，分析对象从线性发展到非线性，从结构场扩展到温度场、声波场等，从单一场向多场耦合方向发展[42]。软件一般采用结构化软件设计方法，使用FORTRAN语言。在我国，有限元分析程序从诞生开始就被用于刘家峡水电站等水利水电工程设计中。

20世纪90年代以来，CAD技术得到了迅速发展，工程设计软件采用了面向对象的软件技术，其功能不断增加，体系规模越来越庞大：前处理采用实体建模与参数化建模，有限元模型信息自动生成，后处理模块可以将有限元计算成果按照工程设计要求进行检验和判别，可实现与CAD等软件连接；对单元库、材料库和求解器进行了扩充和完善，采用先进高效的求解算法，可进行静力和拟静力的线性与非线性分析、线性与非线性动力分析、稳态与瞬态热分析、流体场分析、声场分析和结构优化等；数据库管理系统得到扩充，包含了标准构件库、典型结构图形库、常规材料特性数据库、标准规范库和知识库等[43]。软件可以在大型机、超级并行机系统上运行，也可以在微机上运行。目前，各种工程结构、流体和岩土分析等软件已在水利水电工程设计中得到了广泛应用。

随着计算机技术、网络技术的进步，计算机应用软件功能、性能及运行环境在以下诸方面[43]将会得到进一步发展：

（1）在设计分析对象方面，主要向可变形体与多体耦合分析、多相与多态（流、固、气等）介质耦合分析、多物理场（力场、渗流场和温度场等）耦合分析、多尺度模型耦合分析、从材料到整个结构性能的预测和仿真与设计优化及多目标优化设计等方向发展。

（2）在计算处理方面，复杂三维实体建模、静态和动态物理场的虚拟现实技术、计算机仿真技术将会得到很大的发展。

（3）在数据管理方面，向基于语义技术的、面向多维空间的、能管理复杂计算逻辑与多媒体对象的工程数据库管理系统发展，将有更多知识性信息及推理技术纳入工程应用软件中。

（4）在运行环境方面，向基于超级计算机和计算机群的并行计算、基于网格的计算、基于互联网的集成化与协同化、云计算环境等方向发展，能够开展多专业、异地、协同、并行化设计与分析，实现对复杂产品和工程的全面、高性能设计与分析。

6.8.1.2　水工设计常用软件汇总

水工设计常用软件见表6.8-1。

6.8.2　通用有限元分析软件

6.8.2.1　ANSYS软件

1. 概述

ANSYS是融结构、流体、电场、磁场、声场分析于一体的通用有限元分析程序，由美国ANSYS公司开发。该软件以结构力学分析为主，涵盖线性、非线性、静力、动力、疲劳、断裂、复合材料、优化设计、概率设计、热及热—结构耦合等分析功能，包括了岩土材料非线性、接触、动力学、梁壳结构、并行计算等高级求解技术。

2. 功能与原理

ANSYS软件的核心方法是有限单元法，涵盖了有限元法及相关的成熟数值计算方法，包括连续介质力学有限变形理论的单元刚度矩阵计算方法，稳定性分析中弧长计算法，求解线性代数方程矩阵的PCG、JCG、AMP等方法，接触分析计算中的罚函数法、拉格朗日法和增量朗格朗日法等。

ANSYS软件是一个体系庞大的系统软件，其软件体系可分为四个部分：

（1）软件平台。Workbench为ANSYS协同仿真工作平台，在这个平台上实现各个软件集成及参数传递、数据共享、仿真知识程序化。同时，平台可以定制开发专业分析功能。

---

❶　参加本节部分编写工作的还有陈瑞方、陆惠萍、袁建忠、聂爱军。本节在编写过程中得到了所列软件开发单位的支持与配合，在此表示感谢。

表 6.8-1 水工设计常用软件汇总表

序号	软件名称	著作权/专利/成果登记号	开发单位（著作权人）及联系方式	主要功能和适用范围	应用项目
一	通用有限元分析软件				
1	ANSYS 软件		美国 ANSYS 公司 http://www.ansys.com.cn	通用有限元分析程序，以结构力学分析为主，涵盖线性、非线性、静力、动力、疲劳、断裂、复合材料、优化设计、概率设计、热及热—结构耦合等分析功能，包括了岩土材料非线性、接触、动力学、梁壳结构、并行计算等高级求解技术	三峡水利枢纽、彭水水电站、南水北调工程中线、小浪底水利枢纽等
2	ABAQUS 软件		达索 SIMULIA 公司（原美国 ABAQUS 公司） http://www.abaqus.com.cn	通用有限元计算分析软件，适用于结构、热和连接分析。能解决结构线性和非线性、静态和动态问题，还可以进行热传导、质量扩散、热—电耦合、声场、岩土力学（流体渗透—应力耦合）及压电介质分析等	三峡水利枢纽、荆州长江大桥等
3	ADINA 软件	2009SR08892（中国国家版权局）	美国 ADINA R&D 公司 http://www.adina.com.cn	基于有限元技术的通用分析仿真平台，可用于结构场（包括线性和非线性、静力和动力）、流场、温度场分析以及三个场的耦合分析	南水北调工程渡槽、三峡水利枢纽高边坡、清江水电站边坡等
4	COMSOL Multiphysics 软件		瑞典 COMSOL 公司 http://www.comsol.com	通用有限元仿真分析软件，可以进行渗流、应力应变、温度场的多场耦合分析以及对复杂的工程问题作多角度的分析评价	溪洛渡水电站拱坝坝基、双江口水电站坝基等
5	MSC Marc 软件		美国 MSC 软件公司 http://www.mscsoftware.com.cn	通用有限元分析软件，可处理各种线性和非线性结构分析，包括线性/非线性静力分析、模态分析、简谐响应分析、频谱分析、随机振动分析、动力响应分析、自动的静/动力接触、屈曲/失稳、失效和破坏分析等	南水北调工程穿黄隧道、三峡水利枢纽、水布垭水电站、糯扎渡水电站、水口水电站等
二	水文水资源分析软件				
1	MIKE 软件	2009SR023465（中国国家版权局）	丹麦 DHI 与丹华水利环境技术（上海）有限公司共同开发 http://www.dhi-cn.com	能动态模拟河道、河口、海岸、海洋、城市给排水管道等的水动力条件、水文条件、水质、泥沙传输、波浪、油类物质传输扩散等工况，能定量地指导流域水资源管理、水污染控制、河流水质、城市防洪预报、城市给排水管网建模和规划等	太湖流域水环境风险评估与预警系统、汉江流域水资源管理决策支持系统、青草沙水库等

续表

序号	软件名称	著作权/专利/成果登记号	开发单位（著作权人）及联系方式	主要功能和适用范围	应用项目
2	Delft3D 软件		荷兰 DELFT 水力研究院 http://www.deltares.nl	三维水动力—水质模型系统，支持曲面格式，能进行水流、水动力、波浪、泥沙、水质和生态计算	长江口综合整治规划、青草沙水库、上海滩涂圈围等
3	数字流域系统应用开发软件	2010SR009018（中国国家版权局）	河海大学 王船海 http://www.hhu.edu.cn	基于 Windows 环境的流域水循环的精细模拟软件，实现了地理信息系统、模拟流域内水循环的专业模型库与数据库技术的集成，具有在线可视化建模、需求方案的定制、计算成果在线查询分析、动态显示等功能	太湖流域水资源综合规划、引江济太水量水质联合调度、太湖流域洪水预报调度系统、里下河河网水动力模型、长江河道防洪管理系统、淮河中游段淮滨—蚌埠防洪规划等
4	河流水库水流水质模拟软件 THU-ML3D	2009SRBJ7157（中国国家版权局）	清华大学 http://www.tsinghua.edu.cn	可模拟河流与水库的水体运动以及污染物在水体中的输移变化，能适应天然河道复杂岸边界、多变的水下地形和自由水面的变化	三峡水利枢纽、长江中下游热污染排放等
5	水沙数值模拟仿真系统	2008SRBJ5006（中国国家版权局）	清华大学 http://www.tsinghua.edu.cn	水沙数值模拟仿真系统，包括空间一维、二维、三维水沙模拟模块，可实现各模块间的耦合。适用于河流、水库、湖泊和河口海岸区域中水流、泥沙输移的模拟、管理和仿真	观音岩水电站、龙滩水电站、秦山核电站、华能丹东电厂等
6	三维饱和地下水流及溶质运移数值模拟软件 Visual MODFLOW		数值运算引擎开发：美国地质调查局（USGS） 图形界面集成开发：加拿大 Waterloo 水文地质公司（现为斯伦贝谢水务公司） 中文版开发：北京水森国际科技有限公司 http://www.beijingwaterltd.com	三维地下水流和污染物运移模拟的可视化软件，用于含水层系统建模、校准和评估，可评价地下水安全供水量、评价地下水修复系统、优化灌溉抽水量、圈划水源保护区、模拟自然降解过程、预测海水入侵影响等	华北平原水资源配置研究、石家庄市地下水硝酸盐污染模拟、大庆油田地下水资源评价、淮北地下水数值模拟研究等
三	水工水力学分析软件				
1	FLUENT 软件		美国 ANSYS 公司 http://www.ansys.com.cn	通用流体力学分析软件，可处理复杂自由液面的流体力学分析，可进行溢洪道、河岸淘空改善、阶梯上的水流、波浪对沿岸结构物冲击等仿真分析，在水利环境上用于河流污染方面的仿真分析，如涡流形成、污水处理厂、沉淀池设计（分离水及污泥）、溢流设计、清净池设计等问题	三峡水利枢纽、构皮滩、糯扎渡、长河坝、溪洛渡、向家坝、景洪等水电站

续表

序号	软件名称	著作权/专利/成果登记号	开发单位（著作权人）及联系方式	主要功能和适用范围	应用项目
2	水利水电工程全系统瞬变流仿真计算平台	2003SR12333（中国国家版权局）	清华大学 http://www.tsinghua.edu.cn	对装置混流式、贯流式、轴流式、冲击式机组水电站、抽水蓄能电站以及装置离心泵、轴流转浆泵的泵站引水工程进行瞬变流计算，可得到系统压力、机组转速、调压井水位等参数。对多级电站、泵站可进行全系统联合瞬变流计算	十三陵抽水蓄能电站、三峡水利枢纽地下电站、冶勒水电站、田湾河流域梯级水电站、东江—深圳供水改造工程等
3	水电站过渡过程模拟计算软件		武汉大学 http://www.whu.edu.cn	水电站和抽水蓄能电站引水发电系统恒定流及非恒定流计算，可进行大波动调节保证、小波动调节品质、水力干扰和空载稳定等计算分析，适用于装有混流式、冲击式或可逆式水轮发电机组的电站	三峡水利枢纽地下电站、锦屏、向家坝、大朝山、龙滩、溪洛渡、三板溪、麻线坪、田湾河、金平、哈萨克斯坦玛依纳、埃塞俄比亚FAN等水电站，广州、深圳、清远、白莲河、黑麋峰、溧阳等抽水蓄能电站
4	理正工程水力学计算软件	2010SRBJ1151（中国国家版权局）	北京理正软件设计研究院有限公司 http://www.lizheng.com.cn	适用于倒虹吸、渠道、水闸、水工隧洞和消能工水力学计算等	三峡水利枢纽、南水北调工程等
5	HAMMER软件		美国Bentley公司 http://www.bentley.com/zh-cn	水锤和瞬态分析软件，适用于各种输配水管道系统的水锤分析，包括长距离输水管道、城市市政配水管网、多级泵站系统、调速泵系统、厂区管网、大流量工业水系统及水电站涡轮发电机组及管路的水锤分析	大伙房水库引水工程、引黄工程、南水北调工程等
6	WaterCAD软件		美国Bentley公司 http://www.bentley.com/zh-cn	给水管网水力模型软件，主要包括供水系统基础数据管理、模型建立、运行模拟、优化管理及优化设计等功能，适用于输配水系统的规划设计以及运营管理等工作	南水北调工程、引黄工程等
四	大坝结构和边坡稳定分析软件				
1	拱坝分析与优化程序系统ADAO	960016（中国国家版权局）	浙江大学 http://www.zju.edu.cn	拱坝应力分析和体形优化软件，可进行拱梁分载法静动力线性与非线性分析、坝肩稳定分析、等效应力有限元法应力分析及体形优化设计	白鹤滩、构皮滩、溪洛渡、锦屏一级、拉西瓦、小湾等水电站拱坝

续表

序号	软件名称	著作权/专利/成果登记号	开发单位（著作权人）及联系方式	主要功能和适用范围	应用项目
2	基于有限单元法的高拱坝优化设计软件 ADAOP-HH	2009SR10134（中国国家版权局）	河海大学 http://www.hhu.edu.cn	软件由优化程序、计算程序、有限元网格剖分程序、数据处理程序组成，适用于水利水电行业的拱坝优化设计	小湾、溪洛渡等水电站拱坝
3	拱坝应力分析及体型优化系统软件 ADASO		中国水利水电科学研究院 http://www.iwhr.com	拱坝应力分析和体型优化软件，可进行常规的静力和静动力分析，拱圈线型包括单心圆、双心圆、三心圆、对数螺线、抛物线、双曲线、椭圆、统一二次曲线等，可进行拱圈线型优选，对拱坝体型优化	小湾、江口、李家峡、二滩、白鹤滩、溪洛渡、锦屏一级、拉西瓦等水电站拱坝
4	碾压混凝土拱坝仿真分析系统	2009SRBJ0644（中国国家版权局）	清华大学 http://www.tsinghua.edu.cn	适用于碾压混凝土拱坝从施工期到运行期全过程的温度场和应力场仿真分析	石门子水利枢纽、温泉堡水库、溪柄一级电站、大花水水电站等碾压混凝土拱坝
5	大体积混凝土结构施工期温度场、温度应力分析程序包 SAPTIS		中国水利水电科学研究院 http://www.iwhr.com	可用于大体积混凝土结构的温控分析和非线性超载性能分析，可仿真模拟各种复杂结构在静力荷载作用下的线性和非线性响应	小湾、溪洛渡、龙滩、锦屏、拉西瓦、光照、景洪、向家坝、白鹤滩、龙开口等水电站混凝土坝
6	温度场和温度应力仿真分析计算软件 COCE		武汉大学 http://www.whu.edu.cn	软件采用有限单元法与复合单元法，包括温度场、渗流场、应力应变场仿真分析等模块，能模拟从大坝基础开挖处理到大坝浇筑及蓄水全过程，可考虑应力应变、渗流、温度的耦合作用	小湾水电站拱坝、光照水电站重力坝等
7	FLAC/FLAC3D 软件	3526839（美国专利商标局）	美国 Itasca 咨询集团公司 http://www.itasca.cn	连续介质力学分析软件，用于岩土工程力学分析，内置弹、塑性材料本构模型，有静力、动力、蠕变、渗流、温度五种计算模式，各种模式间可相互耦合，以模拟各种复杂的工程力学行为	青草沙水库、紫坪铺水电站、泰安抽水蓄能电站等
8	GeoStudio 软件		加拿大 GEO-SLOPE 公司 http://www.geo-slope.com	岩土工程和环境岩土工程仿真分析软件，可用于边坡稳定、渗流、应力和变形、温度场、污染物运移、地下水—空气相互作用等分析	瀑布沟水电站土石坝、双江口水电站堆石坝、光明水库、彩山水库等

续表

序号	软件名称	著作权/专利/成果登记号	开发单位（著作权人）及联系方式	主要功能和适用范围	应用项目
9	高拱坝整体稳定和加固分析系统 TFINE	2009SRBJ5181（中国国家版权局）	清华大学 http://www.tsinghua.edu.cn	可用于拱坝—地基系统的线性和非线性变形、应力分析，坝肩稳定分析和加固分析，地基中软弱带的稳定和加固处理分析，地基处理措施及效果分析	溪洛渡、小湾、锦屏、大岗山、松塔、马吉、二滩、拉西瓦等水电站拱坝
10	土石坝静、动力流固耦合可视化分析软件 SDAS		河海大学 http://www.hhu.edu.cn	基于有限元技术的通用分析仿真平台，可对土石坝静、动力应力变形特性，稳定、非稳定渗流特性及应力场与渗流场的耦合问题进行二维、三维分析；可计算土石坝的湿化与流变变形，模拟土石坝工程中的各类接触问题	响水涧抽水蓄能电站、宜兴抽水蓄能电站、巴山水电站、苗尾水电站、苏洼龙水电站、瀑布沟水电站、南水北调工程东线大屯水库等土石坝
11	土石坝结构有限元分析软件		河海大学 http://www.hhu.edu.cn	可进行土石坝三维静、动力分析有限元计算。程序包含不同材料的多种静、动本构模型。适用于不同类型土石坝的应力变形、动力响应、地震永久变形计算，可能液化土层的地震液化验算分析以及高面板坝的流变计算等	水布垭、公伯峡、西流水等水电站面板堆石坝
12	土质边坡稳定分析程序 STAB		中国水利水电科学研究院 http://www.iwhr.com	程序提供边坡稳定分析领域中各种传统分析方法的计算功能。适用于土质边坡和土石坝边坡的稳定分析，对岩质边坡，特别是具有软弱夹层的问题，也有应用价值	小湾水电站、天生桥水电站、漫湾水电站、二滩水电站、糯扎渡水电站、双江口水电站、水布垭水电站、紫坪铺水电站、天荒坪抽水蓄能电站、三峡水利枢纽、小浪底水利枢纽等工程大坝和边坡
13	岩质边坡稳定分析软件 EMU		中国水利水电科学研究院 http://www.iwhr.com	对滑坡体采用倾斜条块的极限分析上限解的稳定分析程序，用于岩质边坡的稳定分析	小湾水电站、天生桥水电站、漫湾水电站、二滩水电站、紫坪铺水电站、天荒坪抽水蓄能电站、三峡水利枢纽、小浪底水利枢纽等工程边坡
14	边坡三维稳定分析软件 JSlope3D	2009SR046981（中国国家版权局）	武汉大学 http://www.whu.edu.cn	用于边坡三维稳定分析与评价，可考虑降雨、水库蓄水、库水位骤降和地震等因素对滑坡稳定性的影响，自动搜索三维临界滑裂面，对锚杆、锚索、抗滑桩以及抗剪洞等进行仿真模拟，对加固效果进行稳定复核。适用于具有任意形状滑裂面的工程边坡及库区滑坡体的三维稳定性极限平衡分析，不适用于反倾边坡的倾倒破坏分析	锦屏一级、大岗山、白鹤滩、两河口等水电站边坡
15	理正岩土工程计算分析软件	2009SRBJ8057（中国国家版权局）	北京理正软件设计研究院有限公司 http://www.lizheng.com.cn	岩土工程计算分析软件，可用于边坡稳定、渗流分析以及重力坝、软土地基堤坝、地基处理、挡土墙设计等	南水北调工程、三峡水利枢纽等

续表

序号	软件名称	著作权/专利/成果登记号	开发单位（著作权人）及联系方式	主要功能和适用范围	应用项目
16	同济启明星桩基础设计计算软件 Pile	2007SR09950（中国国家版权局）	上海同济启明星科技发展有限公司 http://www.qimstar.com	可进行桩基础、天然地基（浅基础）以及条形基础、筏式基础、独立承台等各种形式基础的设计计算，包括承载力、沉降、内力、结构计算等工作，并可应用 Mindlin 解进行相互作用有限元分析	龙津泵闸、南水北调工程东线邳州站、江尖水利枢纽等
五	隧洞结构分析软件				
1	水工隧洞钢筋混凝土衬砌计算机辅助设计软件 SD-CAD	2010SR017816（中国国家版权局）	中国水电顾问集团中南勘测设计研究院 http://www.msdi.cn	水工隧洞钢筋混凝土衬砌结构设计软件，可对隧洞衬砌进行内力计算、配筋计算和裂缝开展宽度验算，并能自动绘制钢筋图、生成计算报告书，计算方法包括边值法、圆形有压隧洞计算的公式法和有限元法	东风、向家坝、龙滩、三板溪等水电站隧洞
2	同济曙光岩土及地下工程设计与施工分析软件	2007SR12241（中国国家版权局）	上海同岩土木工程科技有限公司 http://www.tjgeo.com	提供了常规水工隧洞、TBM 水工隧洞和有限元正分析、有限元反分析，可对隧洞施工过程进行动态模拟分析，获得或预报各施工阶段岩体和结构位移、内力等，提供结构配筋计算，自动生成设计分析报告	引洮供水一期工程总干渠、宜兴抽水蓄能电站、拉西瓦水电站等地下洞室
3	MIDAS GTS 软件	2010SR012731（中国国家版权局）	北京迈达斯技术有限公司 http://cn.midasuser.com	岩土与隧道工程通用有限元软件，主要功能包括隧道、大坝、基坑等的应力分析、渗流分析、应力—渗流耦合分析、动力分析、边坡稳定分析等	溪洛渡水电站地下洞室、南水北调工程中线穿黄工程高边坡等
4	水电站钢岔管设计 CAD 系统软件		上海勘测设计研究院 http://www.sidri.com	钢岔管结构设计软件，可对卜形、Y形月牙岔以及三通、四通对称无梁钢岔管进行体型优化，自动生成结构计算模型，通过有限元分析计算结构应力，自动生成岔管钢板展开图和结构详图	沙河抽水蓄能电站、宜兴抽水蓄能电站、中山包水电站、鄂坪水利水电枢纽等钢岔管
六	厂房建筑结构分析软件				
1	水电站地面厂房 CAD 系统软件	水利部科学技术成果鉴定证书(93)水技鉴字 2067 号	中水北方勘测设计研究有限责任公司 http://www.tidi.ac.cn	水电站地面厂房设计软件，适用于立式机组河床式、坝后式、岸边式厂房，可进行厂房布置、厂房主要结构计算、稳定分析、工程量计算以及厂房布置图、施工图绘制	万家寨水利枢纽、龙口水利枢纽、李仙江水电站、英布鲁水电站等厂房

续表

序号	软件名称	著作权/专利/成果登记号	开发单位（著作权人）及联系方式	主要功能和适用范围	应用项目
2	PKPM 建筑工程 CAD 系统软件	2007SR01561（中国国家版权局）	建研科技股份有限公司上海凯创建筑科技有限公司 http://www.cabrtech.com	按我国工业与民用建筑设计规范编制的集建筑设计、结构设计、设备设计和概预算等于一体的综合 CAD 系统	棉花滩水电站、沙河抽水蓄能电站、青草沙水库等
七	GIS 软件				
1	ArcInfo 软件	国 DJY－2010－0002（中国软件行业协会软件企业及产品认定工作委员会）	美国 ESRI 公司 http://www.esrichina-bj.cn	用于水资源研究的 GIS 软件，具有数字流域生成、水系网络构建、水文数据管理和统计以及流域网络追踪分析等功能	西北某灌区水文分析、佛罗里达水资源管理系统等
2	MapInfo Professional 软件		美国 Pitney Bowes 软件有限公司 http://www.mapinfo.com.cn	地理信息系统桌面平台软件，具有地图绘制、编辑、地理分析、网格影像等功能，可完成空间数据、数据库和在线地图服务的访问、导入、格式转换，数据的投影转换，空间数据的编辑，空间查询、空间分析，专题图设计，地图布局和打印等	浙江省水利设施监控系统、南京水利资源管理系统、太仓市防汛指挥系统等
3	超图地理信息系统平台软件 SuperMap GIS	2009SRBJ0406（中国国家版权局）	北京超图软件股份有限公司 http://www.supermap.com.cn	根据地理空间属性，结合水利、环境保护及其他行业特性，按一定格式输入、存储、查询、输出成图、统计分析的基础应用软件	水利部数据库建设、国家防汛抗旱指挥系统等
4	MapGIS K9 地理信息系统	2010SR003207（中国国家版权局）	武汉中地数码科技有限公司 http://www.mapgis.com.cn	集面向网络分布式地理信息系统和数据中心集成开发为一体的综合开发和应用集成平台，可提供矢量数据处理、遥感数据处理、三维 GIS、嵌入式 GIS、国土及数字城市等	南水北调工程、小湾水电站、桐子营水利水电枢纽等
5	GIS 基础软件平台 GeoStar	2007SR17292（中国国家版权局）	武大吉奥信息技术有限公司 http://www.geostar.com.cn	基于组件开发，支持多种数据库引擎，提供数据管理、图形编辑、空间分析、空间查询、制图、数据转换、元数据管理等功能，支持多种形式的二次开发以及与其他系统的集成，实现地理信息资源的互联互通和互操作	国家电网电力防灾减灾应急指挥信息系统、福建电网综合防灾减灾与应急指挥系统、福建省输电地理信息系统等
八	其他				
1	水利水电工程设计计算程序集	2010SR039678（中国国家版权局）	乌鲁木齐正海水利科技有限公司 http://www.slsdcn.com	按照国家有关规程规范和设计中的常用算法编制，可完成中小型工程的大部分常规计算，适用于一般大型工程的可行性研究和初步设计阶段，有些可完成技术设计阶段的计算工作。共包含 15 个软件包，170 多个小程序	小浪底水利枢纽、黑孜水库等

（2）核心求解器。在水利水电工程中，常被用到的 ANSYS Multiphysics 多物理场仿真模块是其众多求解器之一，它可将结构、流体、热、电磁单场分析功能在统一模拟环境、同一数据库中进行，通过多场耦合处理工具，进行复杂的多物理场耦合分析。同时，它也可以与 ANSYS 的计算流体动力学分析软件 CFX 进行双向流—固耦合分析。

（3）前后处理器。ANSYS 有两种不同前后处理界面可供选择：①面向专业分析工程师的经典界面；②面向水利水电工程设计和应用工程师的 Workbench 平台界面。

在 Workbench 平台上，DesignModeler 模块提供了面向 CAE 需求的三维几何模型创建、CAD 模型修复、CAD 模型简化以及概念化模型创建等功能，是 CAD 与 CAE 之间的桥梁；网格划分模块 Meshing 用来创建结构、流体等各种分析所需的网格模型；DesignSimulation模块全智能化设计帮助客户完成复杂设计。

（4）专业软件模块。ANSYS CivilFEM 是基于 ANSYS 的土木工程专用软件包，适用于水利水电工程分析设计。该软件包内嵌了中国《钢结构设计规范》（GB 50017）、《混凝土结构设计规范》（GB 50010）、《建筑抗震设计规范》（GB 50011），提供了 200 余种土木材料特性库、4000 种型材截面库与自定义功能、智能载荷组合（自动计算最不利载荷分布和载荷系数）、配筋计算、地震分析、桥梁分析、预应力钢束及其预张力分析、地基刚度计算、板桩计算、边坡稳定分析、渗流分析和大坝施工过程分析等。

3. 适用范围

ANSYS 软件适用于复杂结构的仿真分析、局部细节结构设计分析、稳定性分析、岩土和混凝土非线性本构模型计算、结构动力响应分析、抗震分析，以及边坡稳定、渗流固结、加固支护、流—固—热多物理场耦合、大体积混凝土温度仿真与控制、桥梁设计分析。

6.8.2.2 ABAQUS 软件

1. 概述

ABAQUS 是通用有限元计算分析软件，由达索 SIMULIA 公司（原美国 ABAQUS 公司）开发，可解决线性及非线性问题，适用于结构、热和连接分析问题。除了能解决大量结构（应力—位移）问题，还可以进行热传导、质量扩散、热电耦合、声场、岩土力学（流体渗透—应力耦合）及压电介质分析等。

2. 功能与原理

ABAQUS 有 ABAQUS/Standard、ABAQUS/Explicit 和 ABAQUS/CFD 三个主求解器模块，还包含一个支持求解器的图形用户界面，即人机交互前后处理模块 ABAQUS/CAE。

ABAQUS/Standard 可解决线性静态分析、线性动态分析及复杂的非线性耦合物理场分析。

ABAQUS/Explicit 是求解复杂非线性动力学问题和准静态问题的程序，可用于模拟冲击和其他高度不连续事件，支持应力—位移分析、完全耦合的瞬态温度—位移分析、声—固耦合分析。

ABAQUS/CFD 是计算流体动力学的求解器，基于混合间断有限元法/有限体积法和有限单元法，可以解决与层流和湍流相关的流体力学问题，如内流场、外流场、瞬态流场和稳态流场以及时间相关的流—固耦合问题、生物流体力学、自然对流等问题。同时，可在 ABAQUS/CAE 里实现 ABAQUS/Standard、ABAQUS/Explicit 与 ABAQUS/CFD 的耦合，实现流—固耦合或耦合传热。

ABAQUS/CAE 提供了基于特征的、参数化建模方法的有限元前后处理程序，可快速创建模型，同时也能够由各种流行的 CAD 系统导入几何体，并运用上述建模方法进行编辑修改，完成求解器需要的前处理过程，还提供了可视化后处理功能。

ABAQUS 提供的混凝土、土壤和岩石本构模型主要包括：①扩展的 Druker-Prager 模型，适合于沙土等粒状材料的模拟；②Capped Drucker-Prager 模型，适合于地质、隧道挖掘等领域；③Cam-Clay 模型，适合于黏土类材料的模拟；④Mohr-Coulomb 模型，与 Druker-Prager 模型类似；⑤混凝土材料模型，应用混凝土弹塑性破坏理论，包括利用弹性断裂概念分析拉伸断裂、混凝土—钢筋交互作用以及裂纹出现后的响应；⑥解理材料模型。

ABAQUS 可解决以下问题：

（1）静态应力—位移分析，包括线性、材料和几何非线性以及结构断裂分析等。

（2）动态分析，包括结构固有频率的提取、瞬态响应分析、稳态响应分析以及随机响应分析等。

（3）黏弹性/黏塑性响应分析，可用于黏弹性/黏塑性材料结构的响应分析。

（4）热传导分析，包括传导、辐射和对流的瞬态或稳态分析。

（5）质量扩散分析，包括静水压力造成的质量扩散和渗流分析等。

（6）耦合分析，包括热—力耦合、热—电耦合、压—电耦合、流—力耦合、声—力耦合分析等。

（7）非线性动态应力—位移分析，可模拟各种随时间变化的大位移、接触分析等。

(8) 瞬态温度—位移耦合分析，解决力学和热响应及其耦合问题。

(9) 水下冲击分析，可对冲击载荷作用下的水下结构进行分析。

(10) 疲劳分析，可根据结构和材料的受载情况统计进行生存力分析和疲劳寿命预估。

3. 适用范围

ABAQUS 软件可用于岩土工程、道路、桥梁、水工结构、海洋平台和高层建筑物结构分析等领域。

6.8.2.3 ADINA 软件

1. 概述

ADINA 软件是美国 ADINA R&D 公司的产品，是基于有限元技术的通用分析仿真平台，其应用涉及各个工业领域、研究和教育机构。

2. 功能与原理

ADINA 软件具有如图 6.8-1 所示的多种求解技术和方法，增量法是数值求解非线性物理问题的最本质方法。

图 6.8-1 ADINA 的求解理论

ADINA System 是一个全集成系统，可用来求解线性、非线性、稳定性、动力学、流—固耦合以及温度—结构耦合等多方面的问题。

(1) ADINA-AUI 模块。ADINA-AUI 采用交互式图形界面对全部 ADINA 分析程序提供统一的前后处理功能。在网格划分方面，除了提供常见的网格划分外，对复杂模型能进行自动六面体网格划分，同时还提供了 Glue Mesh 功能，将不同的网格进行连接。

在接口方面，能直接读入各种 CAD 系统，可与 AutoCAD、PRO/ENGINEER、UG 等软件实现无缝链接，也可与 PATRAN、MSC. Nastran 相互交换有限元模型数据。

(2) ADINA-Structures 模块。ADINA-Structures 结构模块可用来求解线性、非线性、稳定性和动力学等多方面的问题。

ADINA-Structures 能考虑各种非线性效应，包括几何非线性、材料非线性和接触非线性等。针对混凝土、黏土和岩石等结构，可提供曲线描述的地质材料、Drucker-Prager 材料、Cam-Clay 材料、Mohr-Coulomb 材料、混凝土材料、LUBBY2 徐变模型和多孔介质材料等模型。在解决水利水电工程结构方面，采用 Rebar 单元可以处理混凝土中的钢筋、钢筋预应力及预应力损耗等问题，采用单元生死功能可以用于模拟模型中物质的增添或删除（如地下厂房开挖、大坝浇筑等施工过程分析），采用多孔介质算法可用来求解水土耦合问题等。

各种材料模式及其非线性求解功能可广泛应用于水利水电工程，如土体的固结沉降分析、堤坝开挖及回填对土体的扰动问题、混凝土坝等的渗流分析、钢筋混凝土结构徐变分析、坝体的强度及稳定性分析等。

在非线性接触方面，提供了多种接触处理技术，如约束函数法、拉格朗日乘子法、刚性目标面算法等。

在动力学方面，可提供瞬态动力学分析、模态分析、谐波响应分析、响应谱分析和随机振动分析等。除了可以考虑整个坝体的接触模态外，还可用于分析固—液耦合体的特征模态和频率（如考虑水的附加质量对坝体振动频率的影响）。此外，显式和隐式时间积分算法可以独立分析不同问题，也可以联合求解同一复杂成型问题的不同工序（如考虑船对坝体的撞击等问题）。

(3) ADINA-Thermal 模块。ADINA-Thermal 温度模块适用于固体和结构，具有温度和热流分析能力。可以考虑二维或三维导热、辐射换热、对流换热，可以做稳态和瞬态分析，具有考虑时间和温度相关材料特性、潜热效应、单元生死等多种功能，此外，还可以和 ADINA-Structures 一起做热—力耦合分析。模块内专门有 Seepage 材料，可以对水利水电工程大坝进行渗流计算。

(4) ADINA-TMC 模块。ADINA-TMC 热—力耦合模块主要用于全耦合热—力问题。对于这类问题，热分析结果影响结构，反之，结构计算结果也影响传热计算，并且对于热—力耦合问题，兼具迭代耦合和直接耦合两种算法。

以上两个模块主要用于结构由于温度场的变化引起结构产生温度应力的计算分析，在水利水电行业中应用比较广泛，例如，在大体积混凝土（各种大坝、箱筏基础）浇筑施工中，为防止水化热引起的温度变化在结构中产生过大温度应力，需要进行温度分析，以合理安排施工浇筑的顺序；模拟大坝等大型重要结构随日照升温变化而产生的不均匀温度应力；模拟大跨度钢筋混凝土结构由于温度的变化引起的附加应力和变形等。

(5) ADINA-CFD模块。ADINA-CFD流体模块提供了两种离散方法：①通过有限元和控制体积来求解各种流体动力学问题，包括二维或三维、牛顿流或非牛顿流、不可压流体、微可压流体、完全可压流体、层流或湍流、稳态或瞬态流动、包括或不包括传热分析等；②考虑传质、移动壁面、自由表面、表面张力、VOF、特殊边界以及多孔介质中的流动等问题。

使用ADINA-CFD能够处理水利水电工程中的多种流体力学问题，如水的流动过程模拟、明渠流动计算和波浪模拟等。

(6) ADINA-FSI模块。ADINA-FSI流—固耦合模块能将ADINA-Structures结构和ADINA-CFD流体的功能完全融合在一起。在流—固耦合分析中，流体和结构的网格独立划分，界面上的网格不需要一致，可用来考虑包括自由液面、移动壁面等复杂的流体与结构的相互作用问题，当流体区域发生变化时，可考虑网格重划分或跟随网格处理技术。

使用ADINA-FSI能够方便处理水利水电工程中的各种流—固耦合问题，例如，地震作用下大坝与水体的相互作用问题，大型渡槽结构在地震作用下水体与结构相互作用问题，地下水与岩土骨架的耦合分析，以及海啸模拟等。

3. 适用范围

ADINA软件可用来计算水利水电工程、岩土工程和一般结构工程等各种问题，实现对结构的力学计算、设计校核和动力响应模拟等。主要功能如下：

(1) 大坝（包括土石坝、重力坝和拱坝）的三维施工过程仿真模拟。

(2) 大坝的动力抗震分析（存在固—液耦合问题、考虑坝体开裂问题）。

(3) 渡槽、地下引水管道结构中存在的固—液耦合问题、地震响应分析及管道与土的相互作用。

(4) 水闸、底板等辅助结构的设计和分析。

(5) 各种结构的模态、参与因子、地震反应谱计算。

(6) 坝体徐变方面的分析、钢筋混凝土施工、浇筑过程等方面的应用。

(7) 土体固结、大坝渗流和地下水流动等多孔介质在坝工方面的应用。

(8) 地下厂房、空间结构施工过程模拟和围岩稳定性计算。

(9) 岩土基坑开挖和支护处理。

(10) 水工结构受到水浮力、波浪力的冲击作用。

(11) 河流、水系及溃坝洪水等流体力学计算和模拟。

6.8.3 水文水资源分析软件

6.8.3.1 MIKE软件

1. 概述

MIKE软件由丹麦DHI与丹华水利环境技术（上海）有限公司共同开发维护，主要应用于河道、河口、海岸、港口、水资源及环境工程的设计。MIKE软件主要内容见表6.8-2。MIKE ZERO是在Windows系统下整合的图形用户界面，是建立模型、前后处理分析、展示及可视化的统称。

表6.8-2　MIKE软件主要内容

应用领域	水资源	给排水 管网及污水	海洋 海岸
软件内容	MIKE 11 MIKE FLOOD MIKE 21C MIKE BASIN MIKE SHE ECO Lab Temporal Analyst FEFLOW	MIKE URBAN WEST	MIKE 21 MIKE 3 LITPACK ECO Lab MIKE Animator MIKE C-MAP MIKE Marine GIS

2. 功能与原理

根据MIKE软件主要应用领域与使用功能，软件包主要产品的功能及原理分别如下：

(1) MIKE 11一维水模拟软件。MIKE 11用于模拟任何河流流量、水位、泥沙输送和水质。基本模块包括：水动力模块（HD）采用有限差分格式对圣维南方程组进行数值求解，模拟水文特征值（水位和流量）；降雨径流模块（RR）对降雨产流和汇流进行模拟，包括NAM、UHM、URBAN、SMAP模型；对流扩散模块（AD）可模拟污染物质在水体中的对流扩散过程；水质生态模块（ECO Lab）对各种水质生化指标进行物理的、生化的过程进行模拟，可进行富营养化过程、细菌及微生物、重金属物质迁移等模拟；泥传输模块（MT）、沙传输模块（ST）对泥沙在水中的输移现象进行模拟，研究河道冲淤状况。

除上述基本模块外，还有洪水预报模块（FF）、GIS模块、溃坝分析模块（DB）和水工结构分析模块（SO）。

(2) MIKE 21二维水模拟软件。MIKE 21是一个通用的二维数字模拟系统，它可以用来模拟河口、海湾以及海洋近岸区域的水流变化。它在对二维非恒定流进行模拟的同时，还对密度变化、水下地形、潮汐变化和气象条件进行了考虑。包含水动力模块（HD）、对流扩散模块（AD）、波谱模型（SW）、Boussinesq方程波浪模块（BW）、泥传输模块（MT）、沙传输模块（ST）、水质生态模块（ECO Lab）、粒子追踪模块（PT）和溢油分析模块（SA）等。

MIKE 21模型的子模块主要涉及海岸水文学和海洋学、环境水文学、泥沙传输过程和波浪四个领域，主要应用于河口海岸结构物设计数据的评价、港口布局和海岸保护措施的优化、冷却水、海水淡化及再循环分析、河口海岸及海洋结构物的环境影响评价、海上安全操作和航行海情预报、沿海洪水和风暴潮预警以及内陆洪水及坡面流模拟等。

MIKE 21 FM包括以下几种网格：

1）单一矩形网格。传统的结构化网格模型，将研究区域划分成大小相同的矩形网格，网格大小（分辨率）由模拟区域的大小及具体应用决定，网格越小，计算精度越高，耗时也越长。

2）嵌套矩形网格。可局部加密的矩形网格形式，在同一模型中可以有大小不一的多种网格，对需要重点研究的区域可进行局部加密，以提高计算精度。

3）非结构网格。三角形、四边形或者三角形与四边形结合的网格形式。这种网格可以非常精确地对复杂地形和曲折岸线边界进行模拟，避免了矩形网格在地形模拟上的局限性，使模型计算时更好地收敛，保证了计算结果的精确度。同时，这种网格可以进行局部加密，例如，在重点区域布置较小的网格单元，非重点区域布置较大的网格单元，既可以保证结果足够精确，又可以缩短计算时间，对整个计算方案进行合理优化。

MIKE 21的水动力模块不仅可以与水质生态模块（ECO Lab）、对流扩散模块（AD）、泥传输模块（MT）、沙传输模块（ST）、粒子追踪模块（PT）进行单项及多项的实时耦合计算，还可以与这些模块进行解耦运算。MIKE 21的过程模块（包括AD、ECO Lab、PT、MT、ST）有耦合运算和解耦运算两种计算模式。耦合运算是指水动力模块和过程模块在时间步长尺度上的耦合，即两者同步计算；解耦运算是指水动力和过程模块分开计算，即事先进行水动力模块计算，得到完整的流场信息，然后通过直接调用流场信息文件，进行各个相应过程模块的计算。

（3）MIKE 3三维水模拟软件。MIKE 3是三维自由水面水流专业工程软件包，可以用于模拟河流、湖泊、水库、河口和外海的水力、水质和泥沙传输问题。能够模拟垂向密度不同的非恒定流，并同时考虑外部作用力，如气象、潮汐、流场和其他水力条件的影响。MIKE 3主要包括水动力模块（HD）、对流扩散模块（AD）、水质生态模块（ECO Lab）、泥传输模块（MT）、沙传输模块（ST）、粒子追踪模块（PT）和溢油分析模块（SA）。

MIKE 3 FM模型基于Boussinesq假定和流体静压假定的三维不可压缩雷诺平均N-S方程的数值解决方案。它由连续性方程、动量方程和温度、盐度和密度方程组成，并通过湍流理论使方程组闭合。模型通过采用σ坐标变换法来模拟自由表面的变化。空间离散方案采用有限体积法。

（4）MIKE BASIN水资源规划软件。MIKE BASIN是应用于流域或区域的水资源综合规划和管理工具。软件基于GIS平台，采用数字模型技术解决流域的地表水产汇计算、地下水资源的计算与评价和流域水环境状况分析等具体问题。模型包含进行水库的优化调度（单库、多库联调）和对水力资源进行模拟计算，对农业灌溉用水及城市工业、生活供水进行计划调配等功能模块。可对未来流域复杂的水资源计算和多目标开发利用、水环境保护、制订工程规划等专项研究提供有效工具。

MIKE BASIN分为MIKE BASIN BASIC和MIKE BASIN EXTENDED两种软件包，前者包括Temporal Analyst模块和NAM模块，后者是MIKE BASIN BASIC加上流域自动描述功能，具有空间分析能力，可进行河网自动生成及流域自动划分。此外，还有一个添加模块——WQ模块，可进行水质模拟。

（5）MIKE SHE地下水软件。MIKE SHE是一套包括整个陆相水文循环的水文模拟系统，可进行大范围陆地水循环研究，侧重地下水资源和地下水环境问题分析、规划和管理。主要包括一维非饱和带，二维、三维饱水带水量模拟模型和对流扩散模型、水质模型（包括水文地球化学模型，农作物生长模型与氮、磷循环专业模块）。应用MIKE SHE可以模拟水文循环中陆相的所有重要过程，包括对水及污染物进行跟踪模拟，从地表到土壤、地下水、再回到地表水。应用MIKE SHE，可以通过对不同过程的无缝连接对它们进行综合研究。

（6）MIKE FLOOD洪水模拟软件。MIKE FLOOD是一个独特的一维和二维模块耦合的模型——MIKE 11和MIKE 21耦合，用于模拟洪水和风暴潮分析。MIKE FLOOD可以模拟在沿海地区同时发生的河流及风暴潮洪灾，滩区详细洪淹范围，河道、运河及邻近滩区、水塘、水库、湖泊等的水交换，与溃坝相关的河道及滩区洪水演进等内容。MIKE FLOOD使得在二维环境下模拟滩区和海岸地区成为可能，并同时模拟一维河流水力系统。MIKE FLOOD为一维模型MIKE 11和二维模型MIKE 21的动态耦合计算提供了两种不同的连接方法，即标准连接和侧向连接，可适合于不同模拟情况。选择合适的连接方式是 MIKE FLOOD 建模的一个重要内容。

MIKE FLOOD 为用户提供了通用的数据文件编辑器 Data Manager、图像及动画处理工具 Plot Composer、网格生成器 Mesh Generator 和数据预览工具 Result Viewer 等一系列实用的前后处理工具，可在集成的工作环境下进行二维计算网格的生成、水下二维地形的处理、河口潮波及径流水文数据的分析、计算参数的输入等前期数据的处理输入及后期模拟结果的显示。

（7）MIKE URBAN 城市管网软件。MIKE URBAN 是用于模拟城市给水排水管网水动力和水质等的模型，具体包括输配水模型和排水模型。输配水模型主要功能和应用领域有：拟建或改建的输配水管网系统的优化和验证设计，自来水公司的实时调度、操作优化、爆管分析、费用分析、能量使用分析和损漏控制，泵房或泵站的水锤模拟和分析，建立专家系统来帮助自来水公司决定投资方向和采用合适调度策略。排水模型主要功能和应用领域有：拟建或改建的排水管网系统的优化和验证设计，排水泵站的调度，最易发生淤积的管道和城市暴雨时最易发生洪水的地点的诊断，以及分流制、合流制污水溢流问题的研究。

城市管网模型 MIKE URBAN 整合了 ESRI 的 ArcGIS、排水管网系统 CS 和给水管网 WD，形成了一套城市水模拟系统。MIKE URBAN 建立在 AO（ArcObject）的构架基础上，工程文件采取 Geodatabase 数据库作为存储格式，这使得 URBAN 与 GIS 具有天然的联系，可以提供强大的 GIS 功能。

（8）LITPACK 海岸线变迁模拟软件。LITPACK 是模拟沿岸输沙过程和海岸线变迁的模型，可用于沿岸工程影响评价、优化海滩再开发方案、海岸保护的设计和评估、估算航道回填，进行海岸线研究等。在局部或区域范围内设计和实施有效的管理策略，从而控制海滩物质传输、沉积物理过程。LITPACK 采用一个独特的确定性方法，使之成为一个强大的海岸管理应用工具。

LITPACK 的所有模块在原理上均采用决定性方法表达，这样，在程序中便可以尽可能多地考虑多种相关影响因素，如一些影响因素的经验性表达方法、一些不能采用半理论性公式表达的因素条件等。LITPACK 各独立模块应用范围如下：

1）LITSTP 模块：波流共同作用下的非黏性泥沙输移问题。

2）LITDRIFT 模块：沿岸流及沿岸输沙问题。

3）LITLINE 模块：海岸线变迁问题。

4）LITTREN 模块：沟槽泥沙问题（航道回淤）。

5）LITPROF 模块：岸滩横向剖面演变问题。

（9）FEFLOW 地下水数值模拟软件。FEFLOW 是地下水数值模拟软件，可用于模拟复杂地下水流和污染物运移、水库建设对地下水位的影响、由海岸地下水开采或采矿排水活动造成的盐水入侵、补救措施和去污策略的评估、地下水和地热源的评估、地下水管理策略的评估、水源保护区的设计以及环境影响评估的研究等。

3. 适用范围

MIKE 软件适用于河道、河口、海岸、港口、水资源及环境等工程的设计。

6.8.3.2　Delft3D 软件

1. 概述

Delft3D 是荷兰 Deltares 公司（前 DELFT 水力研究院）开发维护的三维水动力—水质模型系统，支持曲面格式。Delft3D 采用 Delft 计算格式，保证质量、动量和能量守恒；并通过与法国 EDF 合作，Delft3D 已经实现了类似 TeleMac 的有限单元法计算格式供用户选择；系统自带水质和生态过程库，能帮助用户快速建立起需要的模块。此外，在保证守恒的前提下，水质和生态模块采用了网格结合的方式，降低了运算成本。系统实现了与 GIS 的无缝链接，有前后处理功能，并与 Matlab 环境结合，支持各种格式的图形、图像和动画仿真。

2. 功能与原理

Delft3D 主要应用于自由地表水环境，能模拟二维（水平面或竖直面）和三维的水流、波浪、泥沙输移、动力地貌、水质、颗粒跟踪、生态等，模拟计算可以针对恒定流或非恒定流。各模块之间在线动态耦合，整个系统按照“即插即用”的标准设计，实现开放，满足用户二次开发和系统集成的需求。

（1）水动力模块（Delft3D-FLOW）。该模块主要用于浅水非恒定流模拟，综合考虑了潮汐、风、气压、密度差（由盐度和温度引起）、波浪、紊流（从简单常量到 $k—\varepsilon$ 模型）以及潮滩的干湿交替，集成了热量及物质传输方程求解。其他模块均可采用该模块的输出结果。

（2）波浪模块（Delft3D-WAVE）。该模块主要计算短波在非平整床底上的非稳定传播，考虑风力、底部摩阻力造成的能量消散、波浪破碎、波浪折射（由于床底地形、水位及流场）、浅水变形及方向分布。

（3）水质模块（Delft3D-WAQ）。该模块通过考虑一系列泥沙输移和水质过程来模拟远场—中场水域的水质及泥沙。该模块包含了若干对流扩散方程求解工具和一个庞大的标准化过程方程库，其方程组对应用户所选择的物质类型。

(4) 颗粒跟踪模块（Delft3D-PART）。该模块为短期的、邻近水域水质模块，通过即时跟踪个体颗粒轨迹来估算其动态、空间密度分布。污染物可以是难降解的，也可以遵循简单的一阶降解过程。该模块也可用于滨岸水域疏浚、泄漏等灾害事件模拟。

(5) 生态模块（Delft3D-ECO）。Delft 3D 采用了不同的藻类生长和营养动力学模块，例如，研究富营养化现象时，过程库里嵌入了基本控制过程模块，描述生物及非生物生态系统及其相互作用。除 Delft3D-WAQ 模块里所有和藻类相关的水质变化过程之外，生态模块还包括一些更为细化的水质过程。

(6) 泥沙输移模块（Delft3D-SED）。该模块用于模拟黏性或非黏性、有机或无机、悬移质或推移质泥沙的输移、侵蚀和沉降过程，包括若干标准运动方程，单独考虑不同的泥沙粒径。由于忽略床底地貌变化的影响，该模块仅适用于评估短期的泥沙输移过程。

(7) 动力地貌模块（Delft3D-MOR）。该模块用于计算床底地形的变化，其结果取决于泥沙输移梯度以及用户定义的和时间有关的边界条件。模块中包含风和波浪驱动力以及一系列的运输方程。该模块的突出特点是与 Delft3D FLOW 和 WAVE 模块的动态反馈。水流和波浪能够根据当地水下地形自行调整，可以给出任意时间范围的预报成果。

3. 适用范围

Delft 3D 软件可进行大尺度的水流、水动力、波浪、泥沙、水质和生态计算。

6.8.3.3 数字流域系统应用开发软件

1. 概述

数字流域系统应用开发软件是由河海大学开发的一款基于 Windows 环境的流域水循环的精细模拟软件。该软件在底层源代码级实现了地理信息系统、模拟流域内水循环的专业模型库与数据库技术的无缝集成，是解决水利水电、环境保护和交通港口等行业在流域宏观尺度和局部精细尺度水流、水质模拟等相关课题的一体化应用系统平台。

2. 功能与原理

数字流域系统应用开发软件采用自主开发的 GIS 空间分析平台，支持 AutoCAD、ArcGIS、Mapinfo 以及自定义格式等多数据源，支持任意关系数据库的水文及其他资料的数据源，能够实现在线可视化水文水动力建模、需求方案的可定制、计算成果在线查询分析、动态显示等功能，通过图、表、动画等多种可视化手段表现水流运动及水质变化情况。

该软件模型库主要包含的模型如下：

(1) 山区水文模型。该模型主要应用在流域上游山丘区，产汇流计算采用新安江模型或淮北模型，能够实现分区流量、区域出流、旁侧入流、区域平均降雨、流域平均降雨、区域平均净雨、流域平均净雨等的计算。

(2) 平原区水文模型。该模型主要应用在流域中下游平原河网地区，采用基于水田、水面、旱地和建设用地四种不同下垫面的产汇流模型，能够计算流域平均降雨、流域平均净雨、圩区内外产流流量，并对四种下垫面上的径流深、单位面积的流量等进行统计计算。

(3) 河网一维水动力模型。该模型主要针对平原一维河网，采用四点线性隐格式离散求解圣维南方程组，计算求解河网内部任意河道、任意断面的水位、流量、最高、水位、最低水位、平均水位、过水面积、底高、河宽，能够统计输出河道水面线、河道断面图、蓄量、堤线、河底高程线等信息。

(4) 湖泊、行蓄洪区零维及二维模型。该模型离散求解零维以及二维的水库蓄量方程和平面直角坐标系下的二维浅水方程，可以输出湖泊及行蓄洪区的水位、水深、面积、出入流流量、蓄量、底高、最高水位、平均水位、平均水深等，能够输出二维模型任意节点的水位、水深、X/Y 方向的流速、面积、出入流流量、蓄量、底高、平均水位、平均水深、最高水位、最低水位；能够动态显示湖泊及行蓄洪区二维的流场、水深变化，进行工程前后水位差、流速差的比较等。

(5) 河网二维模型。该模型离散求解正交贴体坐标系下的二维浅水方程，可以输出河网二维任意断面垂线的水位、ξ/η 方向的流速、水深、流量、总出入流流量、ξ/η 方向局部流量、断面平均流速、断面最大流速、水面积、蓄量、底高、平均水位、平均水深、最高水位、最低水位等；能够动态显示河道二维模型的流场、水深变化，进行工程前后水位差、流速差的比较。

(6) 堰、闸、泵水利工程模拟模型。该模型采用数值方法对堰流公式进行离散求解，模拟堰、闸、泵水利工程的运行，支持编写各种复杂类型的控制条件，对水利工程进行控制调度。

(7) 支持上述任意模型组合的水量、水质耦合求解。该模型采用隐式数值离散方法，能够反映上述水量、水质模型的相互影响，计算水动力学相应模型的 BOD、COD、DO、总磷、总氮、NH_3-N、温度等其他水质指标，支持各种模型的耦合求解。

3. 适用范围

数字流域系统应用开发软件适用于水利水电、环境保护和交通港口等行业的流域尺度的水流运动模拟和局部水利工程的精细水流运动模拟，能够在流域防洪规划、水资源综合规划、防洪影响评价、水环境评价与保护、实时洪水预报调度、实时水资源预测预报调度、水环境预测预报、水资源信息管理、二维水流泥沙模拟、航道整治和港口等工程防洪影响评价等领域完成相关的水流模拟工作。

6.8.4 水工水力学分析软件

6.8.4.1 FLUENT 软件

1. 概述

FLUENT 工程设计与分析软件是通用流体力学仿真软件，是美国 ANSYS 公司的产品。FLUENT 软件具有多物理场的流体力学仿真能力，其应用包括水利大坝流体仿真分析、机翼空气流动仿真分析、熔炉燃烧仿真分析、鼓泡塔仿真分析、玻璃制造仿真分析、血液流动仿真分析、半导体生产仿真分析、污水处理工厂的设计等，此外，还可应用于自由液面流动、气动噪声、内燃机和多相流系统等领域。

2. 功能与原理

FLUENT 软件基于有限体积法开发，为非结构化网格求解器。控制方程求解顺序如图 6.8-2 所示。

作为一款商用 CFD 软件，FLUENT 适用于满足连续介质条件下，从低速、跨音速到超音速流体热流动问题的求解。同时，可求解共轭传热、旋转机械、化学反应及多相流动问题。多相流中的 VOF 模型常用于两相自由界面（如气液交界面）的捕捉，而欧拉—欧拉模型常用于高浓度粒子流问题的求解，如泥沙沉积、流化床等。除了常用模型之外，FLUENT 软件还通过 UDF 提供软件的二次开发功能，常用 UDF 使用如图 6.8-3 所示。

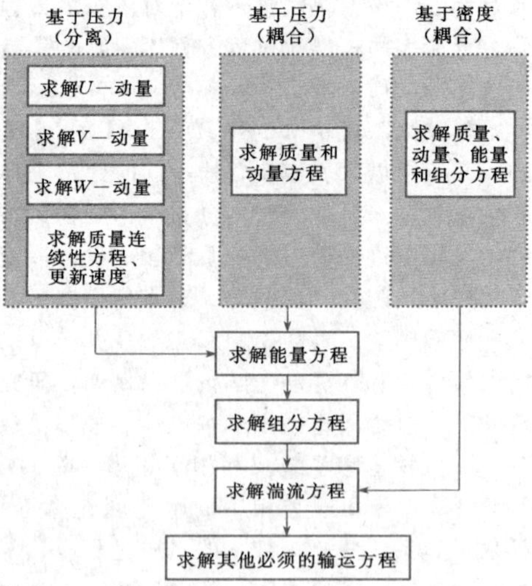

图 6.8-2 求解器

FLUENT 软件并行计算能力适用于 NT、Linux 或 Unix 平台，既适用于单机的多处理器，又适用于网络连接的多台机器。动态加载平衡功能自动监测并分析并行性能，通过调整各处理器间的网格分配平衡

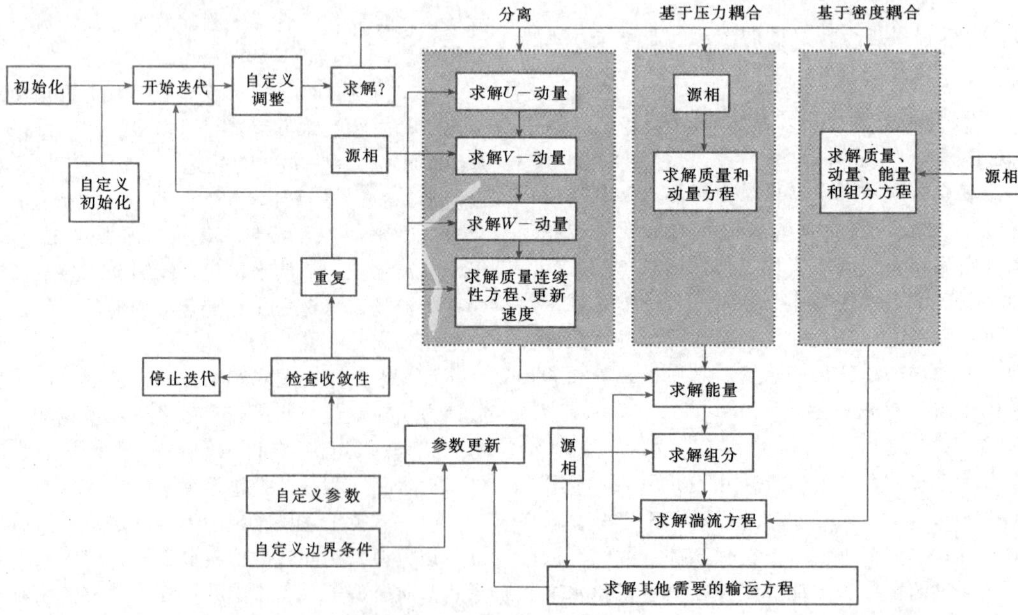

图 6.8-3 常用 UDF 使用

各CPU的计算负载。

FLUENT支持二维的四边形和三角形单元，三维的四面体核心单元、六面体核心单元、棱柱和多面体单元等多种网格单元。

3. 适用范围

FLUENT软件能够对真实物理模型无法量测的数据进行流体现象的描述。用FLUENT软件处理复杂自由液面的流体力学分析，可以进行溢洪道、河岸淘空改善、阶梯上的水流、波浪对沿岸结构物冲击等仿真分析，在水利环境上可应用于河流污染方面的仿真分析，如涡流形成、污水处理厂、沉淀池设计（分离水及污泥）、河流污水溢流设计、清净池设计等问题。

6.8.4.2 水利水电工程全系统瞬变流仿真计算平台

1. 概述

水利水电工程全系统瞬变流仿真计算平台由清华大学开发，可对管流、明流、明满流的单级或多级电站、泵站、抽水蓄能电站及混合系统等水利水电工程进行全系统瞬变流仿真计算，计算结果可用来校核系统运行的安全性、稳定性，并对系统的运行控制进行优化。

2. 功能与原理

该软件对管流、明流采用特征线法求解，对明满交替流动采用特征隐式格式法，该模型也可用来分别计算管流和明流。全系统瞬变流计算以这几种流态计算为基础，以其他水工建筑物和设备为边界条件进行计算。

涉及的计算边界模型主要有上下游水库边界、流量边界、管道连接边界、明流连接边界、管道和明流连接边界、机组边界、调压井边界、阀门边界、闸门边界、空气阀边界，其中，采用空间上的延伸来解决明流、管流联合计算时的时步衔接问题；对于机组转轮特性，在大开度区采用Suter法描述，在小开度区用长度法描述，即用曲线的长度为自变量来描述转轮特性参数的变化，既解决了Suter法在小开度区和零开度时的计算多值问题，又可以节省计算时间；对轴流和贯流机组基于螺旋桨理论建立了动态轴向水推力计算模型；考虑到水利水电工程全系统结构复杂，建立了虚拟阻抗流体网络法和零流量状态法求解系统初值，实现了全系统瞬变流计算的自动建模。在此基础上，将并行计算技术引入全系统瞬变流计算，提高了计算速度。

（1）对装置混流式、贯流式、轴流式、冲击式机组水电站及抽水蓄能电站进行瞬变流计算，得到机组转速和输水系统压力变化过程，确定输水系统沿程的最大、最小压力水头曲线，得出工程中调压井、闸门井的最高、最低涌浪值，选定导水机构合理的调节时间和启闭规律，优化机组转动惯量和调速器参数，为水道系统布置、机组参数选取及电站调节系统参数优化提供依据。

（2）对装置离心泵、轴流转桨泵的泵站引水工程进行瞬变流计算，校核系统的过流能力，得到水泵最大倒流和最大倒转速，优化水泵转动惯量和泵后阀门启闭规律，确定输水系统沿程的最大、最小压力水头曲线，优化沿程管线中空气阀的布置方案，确定沿程明渠的最高、最低水面线及不同流量运行时水面线，得出工程中调压井的最高、最低涌浪值。

（3）对多级电站、泵站工程可以进行全系统联合瞬变流计算，用来研究全系统流量平衡、调度及控制问题。

3. 适用范围

水利水电工程全系统瞬变流仿真计算平台主要用于对各种水电站、泵站引水工程进行全系统瞬变流计算，也可应用于对城市供水系统进行瞬变流计算。

6.8.4.3 理正工程水力学计算软件

1. 概述

理正工程水力学计算软件由北京理正软件设计研究院开发，主要包括倒虹吸设计、渠道设计、水闸设计、水工隧洞水力学计算、消能工计算五个模块。

2. 功能与原理

（1）倒虹吸设计模块。该模块可进行流量计算与管径设计。假定水体充满虹吸管、假定流体体积不变；根据水流运动的连续性及能量守衡原理，考虑不同类型的进口渐变段（曲面形、圆弧形和方头形）、不同类型的进水口（修角、直角和切角等）、不同类型的水管（直管、弯管和折管）、闸槽、拦污栅、不同类型的出口（截面突然变大、突然变小）及出口渐变段（曲面形、圆弧形、方头形）等的沿程水头损失及局部损失，根据伯努利方程分析计算各点的水头高度及各个断面处的流速、流量（已知断面）或设计断面尺寸（预设流量）。

（2）渠道设计模块。该模块可进行清水渠道、挟沙水流渠道的流量设计计算。对于明渠的均匀流，假定流体体积不变、过水断面形状和大小沿程不变、无局部水头损失，且在沿程流动中，重力所做的功等于摩擦阻力所做的功。依据上述假定和能量守衡原理及伯努利方程，进行设计断面、计算流量、计算任一点的水头高度、设计明渠的底坡度、校核不冲/不淤流速及优化断面设计等各项工作。

对于非均匀流，假定流体体积不变，根据能量守衡原理、伯努利方程及比能曲线判断水的流态（缓流、临界流和急流），推算棱柱形及非棱柱形明渠的水面曲线。

（3）水闸设计模块。该模块可进行流量计算、校核过流能力、闸孔宽度设计、闸门净宽设计和闸门开启度计算等。根据水闸开度与水头高度的比值判断水的流态（闸孔出流及堰流），根据能量守衡原理计算堰流的流量；计算闸（平板闸及弧形闸）孔泄流量、闸门净宽及闸门开度。

（4）水工隧洞水力学计算模块。该模块可进行无压隧洞的过流能力计算及断面设计，校核半有压隧洞的过流能力，计算有压隧洞在不同水位、不同闸门开度下的泄流量，校核已知过流量条件下的上游水位，绘制总水头线和压坡线，给出计算书。根据能量守衡原理及伯努利方程，考虑隧洞各段的沿程水头损失及局部水头损失，分析计算有压管道的流量或校核上游水深、计算沿程的总水头及测压管水头，分析计算半有压管道的流量、洞前水深及水的流态，分析计算无压管道的流量及设计断面、校核洞前水深等。

（5）消能工计算模块。该模块可进行下挖式消力池、凸槛式消力池、综合式消力池及连续式挑流鼻坎的消能设计及消能校核。根据能量守衡原理，采用不同的消能形式（底流消能、挑流消能），达到消能防冲的目的，使得高速集中的水流与下游河道的正常水流衔接起来，设计计算各种（下挖式、凸槛式和综合式）消力池的尺寸或校核其消能能力，校核挑流鼻坎消能能力。

3. 适用范围

（1）倒虹吸设计模块适用于斜管式和竖井式布置的倒虹吸管设计与计算。

（2）渠道设计模块适合于清水渠道、挟沙水流渠道的流量等设计计算。

（3）水闸设计模块适用于平底闸、宽顶堰闸和WES型实用堰闸的水力设计。

（4）水工隧洞水力学计算模块适用于矩形、圆形和拱形断面隧洞的水力设计。

（5）消能工计算模块适用于底流消能和挑流消能两种消能方式，底流消能包括下挖式消力池、凸槛式消力池和综合式消力池（包括海漫等）。

6.8.5　大坝结构和边坡稳定分析软件

6.8.5.1　拱坝分析与优化程序系统 ADAO

1. 概述

拱坝分析与优化系统软件 ADAO 由浙江大学开发，是应用于拱坝应力分析和体形优化的集成系统，可进行拱梁分载法静动力线性和非线性分析、坝肩稳定分析、等效应力有限元法应力分析及拱坝体形优化设计。

2. 功能与原理

ADAO 软件具有拱坝分载法静力线性分析、拱坝体形优化、拱坝坝肩稳定分析、拱坝动力分析、拱坝动力优化、拱坝分载法非线性分析和有限元等效应力法拱坝线性静力分析等功能。可交互输入拱坝设计和优化的基本参数，并实时提供数据输入项说明、数据建议值或缺省值，具有实时的输入数据查错检验功能，分析结果图形化、表格化。

（1）拱坝分载法静力线性分析。拱坝坝体应力多拱梁分载法静力线性分析可选用三向调整、四向调整、五向调整或全调整法进行计算，适用于现有各种常见拱圈线型及混合线型，可考虑分期封拱分期施工、表孔开口等影响。

（2）拱坝体形优化。以坝体应力和坝体几何条件为约束，以坝体方量为目标函数，以拱坝体形参数和/或封拱温度为设计变量，进行拱坝布置、体形与封拱条件优化（优化时应力约束仅限于分载法静力、线性分析）。

（3）拱坝坝肩稳定分析。基于多拱梁分载法所得的拱端推力，软件可选择坝肩的分层小块体、大块体或楔形体，采用刚体极限平衡法进行坝肩稳定分析。软件将坝肩岩体的缓倾结构面视为底裂面，将陡倾结构面视为侧裂面，按指定的陡倾结构面的可能变化范围，自动搜索不利的侧裂面方向。对于侧裂面可能在非结构面上产生的破裂破坏，可以以非结构面强度作为侧裂面的强度参数，进行更大范围的侧裂面方向的搜索分析。

（4）拱坝动力分析。基于多拱梁分载法原理建立拱坝动力方程，进行地震响应谱法坝体动力分析，可给出前数阶振型，并根据荷载组合要求自动完成静动应力叠加。

（5）拱坝动力优化。基于多拱梁分载法—地震响应谱法静动力分析，考虑静力工况与地震工况应力约束，进行拱坝体型优化。

（6）拱坝分载法非线性分析。基于多拱梁分载法，考虑坝体混凝土受拉开裂和受压达到屈服后的材料非线性，进行坝体应力非线性分析。可分析坝体受拉区开裂破坏的形态、裂缝稳定性和应力重分布的情况；在存在既有裂缝的条件下，分析坝体应力状态和裂缝稳定性；在超载条件下，对坝体从局部开裂、裂缝扩展、局部压碎，直至全断面压碎破坏的全过程进行模拟分析。

（7）有限元等效应力法拱坝线性静力分析。采用与多拱梁法应力分析相同的输入数据资料，由软件系统对拱坝和坝基作网格自动剖分，自动生成节点、单元、荷载和约束等信息后进行有限元计算，并从计算成果中自动提取拱梁网格节点上、下游坝面的等效应力。

3. 适用范围

ADAO软件适用于拱坝的设计计算和已建坝的安全评估，适用于单心圆、双心圆、三心圆等厚或变厚圆拱圈、抛物线拱圈、对数螺旋线拱圈、悬链线拱圈、椭圆拱圈和混合线型拱圈（圆锥曲线族、对数螺旋线和悬链线的混合形式）等多种拱圈形式。

6.8.5.2 拱坝应力分析及体型优化系统软件 ADASO

1. 概况

拱坝应力分析及体型优化软件ADASO由中国水利水电科学研究院开发。该软件采用拱梁分载法计算拱坝应力，进行拱坝体型优化时，可考虑静荷载或静荷载加地震荷载。

2. 功能与原理

（1）常规的拱坝静力分析和静动力分析。可用来求解拱坝在自重、水压力、沙压、温度荷载以及多种荷载组合作用下的位移、应力和拱梁分载，可考虑地震荷载，求解拱坝自振频率、振型以及振型参与系数，给出地震引起的动应力以及与静应力叠加后的总应力，并且可进行坝体开孔条件下的简化应力分析。

（2）拱坝体型优化功能。对拱坝既可进行静力优化，也可进行动力优化。优化的目标函数可以是坝体体积（单目标优化），也可以是坝体体积＋最大计算应力（双目标优化）。

优化的约束条件可满足拱坝设计的多方面要求，包括允许应力、施工期应力、中心角、倒悬和坝体厚度等。

（3）拱圈线型优选。不同的拱圈线型对坝体受力条件及坝体体积的影响很大，通过多种线型的体型优化，可优选出最优拱圈线型。

适用的拱圈线型包括单心圆、双心圆、三心圆、对数螺线、抛物线、双曲线、椭圆、统一二次曲线等。

（4）后处理功能。后处理程序可给出拱圈和拱冠梁剖面图、位移图、分载图和主应力图等。

3. 适用范围

ADASO软件主要适用于以下几方面：

（1）拱坝的应力分析。

（2）拱坝的体形优化设计，适用于V形和U形河谷的拱坝优化设计。

6.8.5.3 FLAC/FLAC3D软件

1. 概述

FLAC/FLAC3D是由美国ITASCA集团公司开发的连续介质力学分析程序，是岩土工程领域专业的分析软件。

2. 功能与原理

FLAC/FLAC3D是岩土工程力学分析软件，编制原理为显式有限差分方法求解技术和混合离散技术。内置弹性、莫尔—库仑理想弹塑性、遍布节理、双屈服、应变软化、修正剑桥和Hoek－Brown等材料本构模型，有静力、动力、蠕变、渗流和温度五种计算模式，各种模式之间可以相互耦合，用户可以自定义本构模型。

该程序可用于岩土、采矿工程分析和设计，为物理不稳定系统提供稳定解，可处理岩土体等工程材料的非线性问题，例如大变形、强烈非线性及系统物理不稳定系统（包括大面积屈服/失稳或坍塌）等问题。

FLAC/FLAC3D软件可模拟多种材料和结构，如岩体、土体或其他材料以及支护，具有梁、锚杆/锚索、桩、壳、土工织物、衬砌等多种结构单元，内嵌非线性材料本构（结构单元和岩/土介质非协调变形），可用于复杂的结构—岩/土相互作用分析。

FLAC/FLAC3D提供两种操作方式：

（1）用户图形界面：从键盘逐条输入各种命令控制程序的运行。

（2）命令流驱动模式：由文件来控制程序的运行。命令流驱动模式是主要操作方式。

FLAC/FLAC3D支持力边界、速度边界、加速度边界和自由域边界等特定的边界条件，具有图形输出功能，提供多图层项目管理功能。

3. 适用范围

FLAC/FLAC3D软件适用于水利水电、土木建筑、交通、地质、核废料处理、采矿、地震/微震解译、石油及环境工程等领域，其研究范围主要集中在以下几方面：

（1）岩、土体的渐进破坏和崩塌现象的模拟。

（2）岩体中断层、结构面的影响和加固系统（如锚杆支护、喷射混凝土等）的模拟。

（3）岩、土体材料固结过程的模拟。

（4）岩、土体材料流变现象的模拟。

（5）高放射性废料地下存储效果的模拟分析。

（6）岩、土体材料变形局部化剪切带的演化模拟。

（7）岩、土体动力稳定性分析、土与结构的相互作用分析以及液化现象的模拟等。

6.8.5.4 GeoStudio软件

1. 概述

GeoStudio是一套岩土工程和环境岩土工程仿真分析软件，由加拿大GEO-SLOPE公司开发，用于边坡稳定、渗流、应力和变形、温度场、污染物运移、地下水—空气相互作用等分析。

2. 功能与原理

GeoStudio软件包括SLOPE/W（边坡稳定性分析）、SEEP/W（地下水渗流分析）、SIGMA/W（应力和变形分析）、QUAKE/W（动力分析）、VADOSE/W（渗流区和土壤表层分析）、TEMP/W（温度场分析）、CTRAN/W（污染物运移分析）和AIR/W（多孔介质地下水—空气相互作用分析）软件。

(1) SLOPE/W。SLOPE/W软件用极限平衡理论计算岩土边坡的稳定性，可以对简单或者复杂的边坡形态、地层状况、孔隙水压力进行建模，计算天然或人工加固边坡的安全系数，进行边坡辅助设计。同时也可以用有限元法结合极限平衡理论计算边坡安全系数，可以真实考虑应力集中及土与结构相互作用。主要功能特点如下：

1）极限平衡理论的方法包括摩根斯坦—普赖斯（Morgenstern-Price）法、通用极限平衡（GLE）法、斯宾塞（Spencer）法、毕肖普（Bishop）法、瑞典（Ordinary）法、简布（Janbu）法和萨尔玛（Sarma）法等各种极限平衡分析方法。

2）土体强度模型包括莫尔—库仑准则、双线性准则、不排水准则、各向异性强度准则、切向/法向函数准则及其他强度准则等。

3）指定条块间切向—法向力函数类型。

4）孔隙水压力模型包括Ru系数、Bar系数、水位线、空间孔隙水压力定义及有限元计算的孔隙水压力。

5）滑面搜索方法包括栅格和半径线法、剪入剪出方法、折线形滑面、用户自定义滑面、软件自动搜索方法和滑面优化算法。

6）可以进行边坡失效概率分析和参数敏感性分析。

7）从SEEP/W、SIGMA/W、QUAKE/W、VADOSE/W等软件中调用孔隙水压力值，SLOPE/W软件可以分析复杂孔隙水压力分布的边坡稳定性和孔隙水压力变化的边坡稳定性。

8）SLOPE/W可以调用有限元方法（SIGMA/W、QUAKE/W）计算的地应力，用有限元法加极限平衡法分析计算边坡安全系数。

(2) SEEP/W。SEEP/W软件是一款用于分析岩土介质地下水渗流和超孔隙水压力消散的有限元软件，可分析从简单的、饱和稳态问题到复杂的、饱和—不饱和瞬态问题。主要功能如下：

1）分析边坡在饱和、非饱和条件下的孔隙水压力。

2）分析边坡瞬态渗流，如降雨工况，得到边坡不同时刻、不同点的孔隙水压力分布状况。

3）分析水库水位降低引起的超孔隙水压力的消散。

4）泻湖和废料池等储水结构下面的地下水位的抬升。

5）地表排水和注水井的影响，蓄水层被抽水引起的水位变化。

6）对诸如水汽锋面的迁移和超孔隙水压力的消散过程进行分析。

7）基坑开挖中的渗流问题。

(3) SIGMA/W。SIGMA/W软件是一款用于对岩土结构中的应力和变形进行有限元分析的专业软件。主要功能如下：

1）可以进行总应力和有效应力分析。

2）土体本构模型包括线弹性模型、各向异性的线弹性模型、非线性弹性模型、弹塑性模型和修正剑桥模型等。

3）模拟载荷作用时地基中产生的超孔隙水压力，分析施工前后边坡的稳定性。

4）模拟开挖、填筑等动态施工过程，得到岩土体应力应变和支护结构受力。

5）进行固结分析，如软土地基固结，可以模拟排水板或排水井。

(4) QUAKE/W。QUAKE/W软件是一款用来分析由于地震冲击波、爆炸产生的动态载荷或者瞬时冲击载荷等作用下的土工结构动力问题的岩土有限元分析软件。

应用该软件，可以分析土体动力过程中的应力、应变响应，进行地震液化评价。可以进行等效线性分析和完全非线性分析。计算得到的超孔隙水压力可以导入SEEP/W软件分析其消散所需时间，与SIGMA/W结合可以分析震后永久变形。

(5) VADOSE/W。VADOSE/W软件是一款分析外界环境中的水体通过地面和地下的非饱和区进入地下水体的有限元软件，可以模拟环境变化、蒸发、地表水、渗流及地下水对某个区域的影响。主要功能如下：

1）对地表环境变化（渗流、蒸发和蒸腾等）引起的非饱和区和饱和区内土体中地下水变化情况进行分析。

2）分析边坡稳定性、地下水渗流等二维热流边界问题。

3）可以输入气象数据，定义地表植被参数。

3. 适用范围

GeoStudio软件适用领域包括水利水电工程中的各种岩土工程和环境岩土工程问题数值模拟，如天然的和人工的水利水电边坡、大坝、路堤、基坑等岩土体边坡稳定性、渗流、应力和应变、动力响应、温度场等分析。

6.8.5.5 土质边坡稳定分析程序STAB

1. 概述

土质边坡稳定分析程序STAB是由中国水利水电科学研究院开发的水利水电系统土石坝设计专用程序，在小湾、天生桥、漫湾、二滩水电站和天荒坪抽水蓄能电站等大型工程边坡处理中得到应用。

2. 功能与原理

该软件主要功能特点如下：

（1）边坡稳定分析方法。该软件提供边坡稳定分析领域中各种传统的分析方法的计算功能。

1）简化方法：包括瑞典法、毕肖普法、陆军工程师团法、罗厄法和传递系数法等。

2）严格法：包括摩根斯坦—普赖斯法和斯宾塞法。

该软件具有自动搜索最小安全系数的功能。对圆弧和任意形状滑裂面，可以搜索相应最小安全系数的临界滑裂面。对任意形状滑裂面，纳入了应用随机搜索方法求解极值的加强功能。

（2）总应力法和有效应力法。根据土石坝设计规范的规定，该软件提供有效应力法的计算功能，同时也对以下三种情况提供总应力法计算功能：

1）软弱地基上快速加荷。

2）库水位骤降。

3）地震荷载条件下应用动三轴试验成果进行坝坡总应力法稳定分析。

（3）滑裂面形状。该软件具有按圆弧和任意形状滑裂面计算的功能。滑裂面顶部可根据用户要求设置拉裂缝，进行拉裂缝充水、局部充水或不充水的稳定分析。

（4）强度指标。该软件具有线性和非线性抗剪强度指标的计算功能。非线性强度指标包括：

1）R-S、Q-S组合包线。

2）邓肯的双曲线强度指标和DeMello的指数强度指标。

（5）孔隙水压力。该软件具有以下三种孔隙水压力的处理功能：

1）假定等势线垂直，程序自动根据浸润线的高程确定滑面上的孔压。

2）对一种土层具有一种孔隙水压力系数。

3）孔隙水压力以网格形式输入，程序通过内插找到滑面上的孔压。

（6）外荷载。该软件具有输入表面荷载和集中荷载的功能。

（7）可靠度分析。该软件可应用一次二阶矩法、蒙特卡洛法和Rosenblueth法进行可靠度分析，得到边坡稳定的可靠度指标，也可自动搜索相应最小可靠度指标的临界滑裂面。

（8）土压力分析。该软件具有计算主动土压力的功能。可以按要求输入墙、土接触面的摩擦角和作用点位置。

3. 适用范围

STAB软件适用于土质边坡和土石坝边坡的稳定分析，对岩质边坡，特别是具有软弱夹层的问题时，也有应用价值。

6.8.5.6 理正岩土系列软件

1. 概述

理正岩土系列软件是由北京理正软件设计研究院开发维护的边坡稳定、渗流、沉降计算分析软件。

2. 功能与原理

（1）边坡稳定计算模块。理正边坡稳定分析软件具有通用方法以及《堤防工程设计规范》（GB 50286）、《碾压式土石坝设计规范》（SL 274）、《浙江省海塘工程技术规定》等提供的方法进行边坡稳定性的分析。

在进行边坡稳定分析时，破裂面形状可选择圆弧、直线和折线三种，圆弧滑面对应的计算方法有瑞典条分法、简化毕肖普法及简布法，折线滑面对应方法有简化毕肖普法、简化简布法、摩根斯坦—普赖斯法等。不同工程地质条件采用不同方法。

自动优化搜索最小极值的边坡稳定分析方法，可快速得到边坡最危险滑面的位置及稳定安全系数，并且有自动优化搜索和定圆心、定范围、指定圆弧的入点和出点范围等搜索条件，以适应不同搜索目的的要求。

在地质方面，有等厚地层、倾斜地层和复杂地层模型，可满足各种地层条件要求。

堤坝边坡的环境条件除地质条件外，还要考虑堤坝内侧、外侧水的作用、外加荷载及地震作用等，治理措施包括锚杆、锚索和土工布等。可将渗流软件的计算结果——流场数据直接应用到稳定分析。

软件可直接读入用AutoCAD绘制的模型文件，并提供了多种结果查询方式，可查询每个土条的详细计算中间结果，绘制多种应力曲线，显示滑面搜索的全过程。

除计算边坡的稳定安全系数外，还提供 KT 及 R/K 模型计算剩余下滑力，并可实现滑面指标的反分析。

(2) 渗流计算模块。理正渗流分析计算软件主要分析土体——堤坝的渗流问题，既可采用经典非饱和土体渗流理论和有限元法直接对稳定流及非稳定流求解，又可按规范公式完成全部计算内容。

公式方法依据《堤防工程设计规范》(GB 50286) 提供的计算公式，可进行一般稳定渗流、双层地基和覆盖均质土堤稳定渗流、水位上升过程中均质土堤非稳定渗流、在水位降落过程中均质土堤非稳定渗流计算方法。

有限元法依据非饱和土理论，根据基本的渗流理论——达西定律等，采用有限元法分析稳定流及非稳定流中多种边界条件、多种材料的堤坝或土体的渗流分析。有限元法分析渗流问题是以线性达西定律为基础，因此不适应非线性达西定律的流场分析及不满足达西定律的流场分析。

软件可处理各种非匀质土层分布及复杂坝体情况，可设置给定水头、给定流量和不透水边界等多种边界条件，可自动计算浸润线（面），并将计算结果——孔隙水压力场自动传递到理正边坡稳定分析软件，用于边坡稳定性分析的有效应力场中。

系统提供自动剖分网格和手动设置迭代次数及误差精度等多种灵活计算设置。可利用 AutoCAD 直接绘图建模，再读入渗流软件中。可显示、输出等势线、流线和浸润线各种彩色云图、计算结果曲线及渗流量、渗流出口比降等。

(3) 软土地基堤坝设计模块。理正软土地基堤坝设计软件主要解决软土地基堤坝建设时分析计算堤坝的沉降及稳定性。

软土地基堤坝处理包括天然地基、浅层处置、砂垫层、水平加筋、竖向排水体预压、粒料桩和加固土桩，当几种处理方法组合时，程序自动进行相应的计算。

软件包括堤坝的稳定验算和地基的沉降验算。稳定计算采用 $\varphi=0$ 法、改进的 $\varphi=0$ 法、总应力法、有效固结应力法、有效应力法五种方法。

系统利用经验参数法、公式法计算沉降，对于主固结沉降可采用 e—p 曲线、e—$\lg p$ 曲线、压缩模量、压缩系数计算。

系统提供的固结度计算有规范法和有限元法。适应于多地层、多排水层固结计算的有限元方法，可得到不同位置、不同时间土体的固结度。可考虑复杂地基条件、堤坝的沉降及稳定计算。

系统可计算次固结沉降量和瞬时沉降量、最终沉降量、分级加载下的沉降量，并自动计算沉降引起的堤坝加宽值及增加土方量。可计算堤坝竣工时，沿横断面地基中线各土层沉降及地面线各点沉降分布，并可输出填土—时间—沉降和填土—时间—固结度的关系曲线、定时间地基各点固结度、地面盆式沉降图等。

理正边坡稳定、渗流和软土地基堤坝等各软件模块，均采用图形化交互界面，具有计算过程信息查询及计算过程图形显示功能，可自动生成计算书，软件编制技术条件及帮助文档。

3. 适用范围

边坡稳定计算模块适用于水利、公路等行业在工程建设中遇到的边坡（主要是土质边坡，岩石边坡可参考）稳定分析，可按不同工况——施工期、稳定渗流期、水位降落期计算堤坝的稳定性（包括总应力法及有效应力法）。

渗流分析计算模块适用于土堤和土坝的渗流分析、闸基的渗流分析和基坑降水的流场分析等，并可将流场的数据传递到稳定分析软件，以便分析考虑流场的稳定问题。

软土地基堤坝模块适用于均匀地层、复杂地层、复杂堤坝的沉降及稳定，并提供多种软基处理措施（浅层处理、砂垫层、水平加筋、塑料排水板、超载预压、粒料桩和加固土桩等）。

6.8.6 隧洞结构分析软件

6.8.6.1 水工隧洞钢筋混凝土衬砌计算机辅助设计软件 SDCAD

1. 概述

水工隧洞钢筋混凝土衬砌计算机辅助设计软件 SDCAD 是由中国水电顾问集团中南勘测设计研究院开发的。编制依据的主要规范为《水工隧洞设计规范》(SL 279)、《水工隧洞设计规范》(DL/T 5195)、《水工混凝土结构设计规范》(DL/T 5057)、《水工建筑物荷载设计规范》(DL 5077)。该软件可对有压和无压水工隧洞及竖井的常见断面型式的钢筋混凝土衬砌进行内力和配筋计算，绘制内力图、钢筋图，生成计算报告书。

2. 功能与原理

(1) 对水工钢筋混凝土衬砌设计中遇到的圆形、圆拱直墙形、矩形、马蹄形、矩形变圆形渐变段、圆形变矩形渐变段、圆拱直墙形变矩形渐变段和矩形变圆拱直墙形渐变段八种常用断面进行内力、配筋计算和裂缝开度验算，并能自动绘制施工用的钢筋图，生成计算报告书。

(2) 对圆弧拱、圆拱直墙底圆形、开口马蹄形、高拱形、开口方框形和对称的槽形衬砌，软件提供内力和配筋计算功能。

(3) 内力计算包括边值法、有限元法和圆形有压隧洞计算公式法。荷载工况包括运行期持久状况、运行期短暂状况、运行期偶然状况、检修期工况和施工期工况。

(4) 可考虑地震的作用。

(5) 提供的内力、配筋计算、裂缝开度验算及有关的系数均按现行规范来取值。

(6) 提供的计算报告主要成果有计算断面数据、有关计算系数、计算工况和荷载组合、内力计算成果、配筋及开裂情况、裂缝宽度验算情况、最终的配筋情况。

(7) 输入数据主要由人机交互来进行。

3. 适用范围

SDCAD软件主要用于水利水电行业有压和无压水工隧洞及竖井的钢筋混凝土衬砌结构设计。

6.8.6.2 同济曙光岩土及地下工程设计与施工分析软件

1. 概述

同济曙光岩土及地下工程设计与施工分析软件由上海同岩土木工程科技有限公司依据现行设计规范开发而成，总体分为通用有限元分析软件和专业设计分析软件，可进行隧道、洞室和基坑等结构分析计算。

2. 功能与原理

针对不同工程实际的需要，软件提供了常规水工隧洞设计、TBM (Tunnel Boring Machine) 水工隧洞设计、有限元正分析和有限元反分析模块。

(1) 常规水工隧洞设计。该模块是依据于现行的水利水电行业规范，针对普遍通用的隧洞断面编制的专业模块。软件中提供了14种断面模型、三种工况组合（即运行期、检修期和施工期）以及常用的荷载计算方法。可对衬砌结构进行配筋计算，并能自动生成计算分析报告。

(2) TBM水工隧洞设计。该模块是针对圆形、矩形管片TBM隧洞而定制的专业模块。软件提供了断面生成器、工况组合、材料编辑器等多种功能。管片拼装考虑了通缝和错缝之分，并提供了六种单元类型，即直梁均质圆环、曲梁均质圆环、直梁弹簧元、曲梁弹簧元、直梁接头元和曲梁接头元。可对衬砌结构进行配筋计算，并能自动生成计算分析报告。

(3) 有限元正分析。根据输入的已知参数对隧洞工程施工过程进行动态模拟计算，得到或预报各施工阶段岩土体及结构的位移、内力等，适用于设计和施工阶段的施工全过程力学性态分析。隧洞的形状、岩土体参数、衬砌材料和施工过程等参数均可由用户自定义。

(4) 有限元反分析。该模块提供的反分析方法以现场位移或内力增量量测值等为依据，借助优化反分析方法确定地层特性参数值，并将这些参数作为输入量算得测点位移计算值与实测值相比误差最小的量作为优化反分析解，尔后将其用作预测计算分析的依据。软件提供了五种优化方法供用户选择，有单纯形法、阻尼最小二乘法、遗传算法、遗传模拟退火算法及混合遗传算法。

3. 适用范围

同济曙光岩土及地下工程各隧洞结构设计分析软件适用范围和核心计算方法见表6.8-3。

表6.8-3　　适用范围和核心计算方法

编号	软件名称	核心计算方法	适用范围
1	常规水工隧洞分析	有限元法、荷载结构法	针对水工隧洞而定制，考虑了水利水电行业设计规范
2	TBM水工隧洞分析	惯用计算法、修正惯用计算法、多铰环计算法和梁—弹簧计算模型法	针对TBM水工隧洞而定制，考虑了水利水电行业设计规范
3	有限元正分析	有限元法	各类地下岩土工程
4	有限元反分析	有限元法、优化算法	各类地下岩土工程

6.8.6.3 水电站钢岔管设计CAD系统软件

1. 概述

水电站钢岔管设计CAD系统软件由上海勘测设计研究院开发，用于钢岔管结构分析和辅助设计，已在国内外水利水电工程中广泛应用。

2. 功能与原理

该软件具有对卜形、Y形月牙岔以及三通、四通对称无梁钢岔管的结构设计功能，可对上述体型岔管进行体型参数优化设计，自动生成三维网格剖分图作为结构有限元应力分析计算模型，通过计算形成结构主应力图，自动生成岔管钢板展开图和施工详图。

该软件为CAD系统软件，充分利用CAD三维图形处理功能，根据各相邻锥节必公切于同一球面的原理，求出准确的相贯空间曲线（椭圆线），在平面投影图上，公切球以圆代替，各锥管以两腰线代替，两锥管相贯线以腰线交点的连线代替。在所建模型的分区线上自动划分网格，形成有限元模型。根据应力计算确定钢板厚度，系统根据确定的岔管体形参数自动生成岔管体形的三维数据库，从而生成岔管钢板展开图和施工详图。

3. 适用范围

水电站钢岔管设计CAD系统软件适用于水利水电工程输水道各类钢岔管结构设计的体形参数优化、内力分析和施工图的绘制。

6.8.7 厂房建筑结构分析软件

6.8.7.1 水电站地面厂房CAD系统软件

1. 概述

水电站地面厂房CAD系统是根据《水电站厂房设计规范》（SL 266）及有关规程规范，由中水北方勘测设计研究有限责任公司（原水利部天津勘测设计研究院）开发的厂房设计软件。该系统可模拟厂房设计过程，考虑到工程设计不同阶段的要求和特点，能进行厂房布置设计、厂房主要结构计算、稳定分析、工程量计算以及厂房布置图和施工图绘制。

2. 功能与原理

该系统由厂房布置设计和厂房结构设计两部分组成。厂房布置设计有八个功能模块，厂房结构设计有12个功能模块。设有机电设备数据库和工程数据库。机电设备数据库包括水轮机、发电机、厂内吊车、调速器、油压装置和主变压器六个库。工程数据库汇集了国内已建大中型水电站地面厂房设计资料，包括电站参数、机电设备型号、厂房控制尺寸和各构件尺寸以及主要工程量等项目。

系统采用参数化构图方法，动态生成图形。图形库由固定图素、示意图素和参数图素三部分构成，具有图形编辑功能，在自动生成的布置图上，可利用系统提供的编辑菜单，进行油、气、水管路和机电设备布置设计，可对图形进行修改、补充和拼接。

系统实现了复杂钢筋图的绘制，自动生成钢筋表和材料表。钢筋库分水上和水下两部分，钢筋种类共61种，并可根据需要进行扩充。

3. 适用范围

水电站厂房CAD系统软件适用于立式机组河床式、坝后式、岸边式厂房。

6.8.7.2 PKPM建筑工程CAD系统软件

1. 概述

PKPM建筑工程CAD系统是一套按我国工业与民用建筑设计规范编制的建筑工程综合CAD系统，由建研科技股份有限公司开发维护。

2. 功能与原理

PKPM建筑工程CAD系统由结构、建筑、造型、装修、园林、设备、节能、概预算、施工、规划、信息化类系列软件组成。

系统中的结构分析软件包容纳了国内通用的多种计算方法，如平面杆系、矩形及异形楼板、高层三维壳元及薄壁杆系、梁板楼梯及异形楼梯、各类基础、砖混及底框抗震分析等。全部结构计算模块均按设计规范编制，反映了规范要求的荷载效应组合、设计表达式，抗震设计要求的强柱弱梁、强剪弱弯、节点核心、罕遇地震以及考虑扭转效应的振动耦连等计算方面的内容。

系统有结构施工图辅助设计功能，可完成框架、排架、连梁、结构平面、楼板配筋、节点大样、各类基础、楼梯、剪力墙、钢结构框架、桁架、门式刚架、预应力框架等施工图绘制。具有自动选配钢筋，按全楼或层、跨剖面归并，布置图纸版面，人机交互干预等方面特色。在砖混计算中，可考虑构造柱共同工作，计算各种砌块材料，底框上层砖房结构CAD适用于任意平面的一层或多层底框。

PKPM系列CAD软件实现了建筑与结构及设备、概预算数据共享。从建筑方案设计开始，建立建筑物整体的公用数据库，全部数据可用于后续的结构设计；各层平面布置及柱网轴线可完全公用，并自动生成建筑装修材料及围护填充墙等设计荷载，经过荷载统计分析及传递计算生成荷载数据库；可自动为上部结构及各类基础的结构计算提供数据文件，如平面框架、连续梁、高层三维分析、砖混及底框砖房抗震验算等所需的数据文件；自动生成设备设计的条件图。

PKPM系统结构类软件各模块见表6.8-4。

表6.8-4　PKPM系统结构模块

模块	名称
PMCAD	结构平面计算机辅助设计软件
PK	钢筋混凝土框架、框排架、排架、连续梁结构计算与施工图绘制软件
TAT	多层及高层建筑结构三维分析与设计软件
SATWE	多层及高层建筑结构空间有限元分析软件

续表

模 块	名 称
TAT-D	高层建筑结构动力时程分析软件
FEQ	高精度平面有限元框支剪力墙计算及配筋软件
JCCAD	基础工程计算机辅助设计软件
LTCAD	楼梯计算机辅助设计软件
JLQ	剪力墙结构计算机辅助设计软件
GJ	钢筋混凝土、砖混结构混凝土基本构件设计软件
BOX	箱形基础计算机辅助设计软件
STS	钢结构 CAD 软件
PREC	预应力混凝土结构计算机辅助设计软件
QITI	砌体结构辅助设计软件
EPDA/PUSH	弹塑性动力/静力时程分析软件
PMSAP	特殊多、高层建筑结构分析与设计软件
STPJ	钢结构重型工业厂房设计软件
SILO	钢筋混凝土筒仓结构设计软件
SLABCAD	复杂楼板分析与设计软件
STXT	钢结构详图设计软件
GSCAD	温室结构设计软件
Chimney	钢筋混凝土烟囱 CAD 软件
PKPMe	英文版 PKPM 计算分析软件
JDJG	建筑结构鉴定加固软件

3. 适用范围

PKPM 系统软件适用于遵循我国工业与民用建筑设计规范的建筑设计、结构设计、设备设计和概预算等。

参 考 文 献

[1] 张效祥. 计算机科学技术百科全书 [M]. 2 版. 北京：清华大学出版社，2005.

[2] Rorbert Sebesta. 程序设计语言概念（第七版 影印版）[M]. 北京：高等教育出版社，2006.

[3] Ravi Sethi. 程序设计语言概念和结构（英文版·第 2 版）[M]. 北京：机械工业出版社，2002.

[4] ISO. Information technology-Programming languages-Fortran-Part 1：Base Language（ISO/IEC 1539-1：2004）[S]. International Organization for Standardization，2004.

[5] ISO. Information technology-Programming languages-Full BASIC（ISO/IEC 10279：1991） [S]. International Organization for Standardization，1991.

[6] ISO. Information technology-Programming languages-C（ISO/IEC 9889：1999）[S]. International Organization for Standardization，1999.

[7] ISO. Information technology-Programming languages-C++ (ISO/IEC 14882：2003 (E)) [S]. International Organization for Standardization，2003.

[8] James Gosling，Bill Joy，Guy Steele，et al. The Java™ language specification [M/OL]. 3rd ed. [S. l.]：Addison-Wesley，2005. [2010-08-05] http://java. sun. com/docs/books/jls/third_edition/html/j3TOC. html.

[9] Harvey M. Deitel，Paul J. Deitel. Java 大学教程（第五版 英文版）[M]. 北京：电子工业出版社，2007.

[10] Roger S. Pressman. Software Engineering-A Practitioner's Approach [M] . 6th ed. New York：McGraw-Hill Companies，Inc. ，2005.

[11] 杨文龙，古天龙. 软件工程 [M]. 2 版. 北京：电子工业出版社，2005.

[12] 史济民，顾春华，李昌武，等. 软件工程——原理、方法与应用 [M]. 北京：高等教育出版社，2004.

[13] Thomas Connolly，Carolyn Begg. 数据库系统——设计、实现与管理（第四版 英文版）[M]. 北京：电子工业出版社，2008.

[14] OGMG. The Object Data Management Standard：ODMG 3.0 [S]，edited by R. G. G. Cattell，Douglas K. Barry，Mark Berler，Jeff Eastman，David Jordan，Craig Russell，Olaf Schadow，Torsten Stanienda，and Fernando Velez. [S. l.]：Morgan Kaufmann Publishers，Inc. ，2000.

[15] ISO. Information technology-Database languages-SQL-Part 1～5（ISO/IEC 9075-1～5：1999） [S]. International Organization for Standardization，1999.

[16] ISO. Information technology-Database languages-SQL-Part 1-4，9-11，13，14（ISO/IEC 9075-1～4，9～11，13，14：2003）[S]. International Organization for Standardization，2003.

[17] ISO. Information technology-Database languages-SQL-Part 1-4，9-11，13，14（ISO/IEC 9075-1～4，9～11，13，14：2008）[S]. International Organization for Standardization，2008.

[18] W3C. Extensible Markup Language（XML）1.0 (Fifth Edition) [EB/OL]，edited by Tim Bray，Jean Paoli，C. M. Sperberg-McQueen，Eve Maler，Francois Yergeau，26 November 2008. World Wide Web Consortium，2008. [2010-08-21] http://www. w3. org/TR/2008/REC-xml-20081126/.

[19] 王珊，萨师煊. 数据库系统概论 [M]. 4 版. 北京：高等教育出版社，2007.

[20] Jiawei Han，Micheline Kamber. 数据挖掘：概念与技术 [M]. 2版. 范明，孟小峰，译. 北京：机械工业出版社，2007.
[21] 孙家广，等. 计算机图形学 [M]. 3版. 北京：清华大学出版社，2001.
[22] 蔡士杰，张福炎. 三维图形系统PHIGS的原理与技术 [M]. 南京：南京大学出版社，1991.
[23] Kang-tsung Chang. 地理信息系统导论 [M]. 3版. 陈健飞，等，译. 北京：清华大学出版社，2009.
[24] 黄杏元，汤勤. 地理信息系统概论 [M]. 北京：高等教育出版社，1990.
[25] Paul A. Longley，Michael F. Goodchild，David J. Maguire，et al. Geographic Information Systems and Science [M]. Chicchester，England：Wiley，2001.
[26] Michael Zeiler. Modeling Our World：The ESRI Guide to Geodatabase Design [M]. Redlands，California：ESRI Press，1999.
[27] 邬伦，刘瑜，张晶，等. 地理信息系统——原理、方法和应用 [M]. 北京：科学出版社，2001.
[28] Paul A. Longley，Michael F. Goodchild，David J. Maguire，et al. 地理信息系统（上卷）——原理与技术（第二版）[M]. 唐中实，黄俊峰，尹平，译. 北京：电子工业出版社，2004.
[29] 汤国安，杨昕. ArcGIS地理信息系统空间分析实验教程 [M]. 北京：科学出版社，2006.
[30] 王家耀，孙群，王光霞，等. 地图学原理与方法 [M]. 北京：科学出版社，2006.
[31] 陈文伟. 决策支持系统教程 [M]. 北京：清华大学出版社，2004.
[32] 李志刚. 决策支持系统原理与应用 [M]. 北京：高等教育出版社，2005.
[33] E. C. Payne，R. C. McArthur. Developing Expert System [M]. New York：Wiley，1990.
[34] 吴中如，顾冲时. 大坝安全综合评价专家系统 [M]. 北京：北京科学技术出版社，1997.
[35] 顾冲时，吴中如. 大坝与坝基安全监控理论和方法及其应用 [M]. 南京：河海大学出版社，2006.
[36] 孙靖民. 现代机械设计方法 [M]. 哈尔滨：哈尔滨工业大学出版社，2003.
[37] 机械设计编委会. 机械设计手册（新版）：第6卷 [M]. 北京：机械工业出版社，2004.
[38] 刘振飞. 水利水电工程设计与施工新技术全书 [M]. 北京：海潮出版社，2001.
[39] 熊光楞. 并行工程的理论与实践 [M]. 北京：清华大学出版社，2001.
[40] 来可伟，殷国富. 并行设计 [M]. 北京：机械工业出版社，2003.
[41] 陈定方，罗亚波，等. 虚拟设计 [M]. 北京：机械工业出版社，2004.
[42] 董其伍，刘启玉，刘敏珊. CAE技术回顾与展望 [J]. 计算机工程与应用，2002，(14)：82-84.
[43] 崔俊芝. 计算机辅助工程（CAE）的现在与未来 [J]. 计算机辅助设计与制造，2000，(6)：3-7.

《水工设计手册》（第2版）编辑出版人员名单

总 责 任 编 辑　王国仪

副总责任编辑　穆励生　王春学　黄会明　孙春亮

阳　森　王志媛　王照瑜

第1卷　《基础理论》

责任编辑　王国仪　阳　森

文字编辑　彭天赦　殷海军

封面设计　王　鹏　芦　博

版式设计　王　鹏　王国华

描图设计　王　鹏　樊啟玲

责任校对　张　莉　黄淑娜　梁晓静　陈春嫚

出版印刷　焦　岩　孙长福　刘　萍

排　　版　中国水利水电出版社微机排版中心